Bibliothek des technischen Wissens

Industrielle Fertigung

Fertigungsverfahren, Mess- und Prüftechnik

5., überarbeitete Auflage, mit Bilder-CD

Bearbeitet von Lehrern, Professoren und Ingenieuren (s. Rückseite)

Lektorat: Prof. Dr.-Ing. Dietmar Schmid

VERLAG EUROPA-LEHRMITTEL · Nourney, Vollmer GmbH & Co. KG
Düsselberger Straße 23 · 42781 Haan-Gruiten

Europa-Nr.: 53510

Die Autoren des Buches:

Burkhard Heine, Dr. rer. nat., Prof., Aalen: *Endkonturnahe Formgebung, Spanloses Trennen, Bauteile aus Keramik, Bauteile aus Silikatglas, Fügen, Oberflächenmodifikation, Werkstoffprüfung, Werkstoffkunde.*

Schmid, Dietmar, Dr.-Ing., Prof., Essingen: *Einführung, Mech. Zerteilen, Sägemaschinen, Montage, Robotik, Bildverarbeitung, Qualifizierung von Robotern, div. Einzelbeiträge.*

Michael Dambacher, Studiendirektor, Aalen: *Zerspanungstechnik.*

Fabian Holzwart, Dr.-Ing., Prof., Adelmannsfelden: *Fertigungsmesstechnik.*

Friedrich Klein, Dr.rer. nat., Prof., Aalen: *Gießereitechnik.*

Harald Kaiser, Dr.-Ing., Prof., Heubach: *Kunststofftechnik.*

Geert Schellenberg, Dr.-Ing., Stuttgart: *Werkstoffprüfung, Bauteilprüfung.*

Manfred Behmel, Studienrat, Aalen: *Pulvermetallurgie, Umformtechnik, Wärmebehandlung von Stahl.*

Matthäus Kaufmann, Dipl.-Ing., Aalen: *Werkzeugmaschinen.*

Uwe Berger, Dr.-Ing., Prof., Aalen: *Rapid Prototyping.*

Peter Strobel, Dipl.-Ing., Aalen: *Koordinatenmessgeräte.*

Karl Schekulin, Dipl.-Ing., Prof., Reutlingen: *Funkenerosion, Elektrochemisches Abtragen.*

Eckehard Kalhöfer, Dr.-Ing., Prof. Aalen: *Qualifizierung von NC-Maschinen.*

Rolf Roller, Oberstudienrat, Herbrechtingen: *Formtechnik.*

Wolfgang Günter, Dipl.-Ing. Prof., Aalen: *Schwingungen an Maschinen und Bauteilen.*

Gerd Rohde, Dr.-Ing., Prof., Weilheim/Teck: *Schleifmaschinen.*

Lektorat und Leitung des Arbeitskreises: Dr.-Ing., Prof. Dietmar Schmid, Essingen

Bildbearbeitung: Zeichenbüro des Verlags Europa-Lehrmittel, Ostfildern

5. Auflage 2011

Druck 5 4 3 2 1: Alle Drucke derselben Auflage sind parallel einsetzbar, da sie bis auf die Behebung von Druckfehlern untereinander unverändert sind.

ISBN 978-3-8085-5355-8

Diesem Buch wurden die neuesten Ausgaben der DIN-Blätter und der VDE-Bestimmungen zugrunde gelegt. Verbindlich sind jedoch nur die DIN-Blätter und VDE-Bestimmungen selbst. Die DIN-Blätter können von der Beuth-Verlag GmbH, Burggrafenstraße 6, 10787 Berlin, und Kamekestraße 2 - 8, 50672 Köln, bezogen werden. Die VDE-Bestimmungen sind bei der VDE-Verlag GmbH, Bismarckstraße 33, 10625 Berlin, erhältlich.

Alle Rechte vorbehalten. Das Werk ist urheberrechtlich geschützt. Jede Verwertung außerhalb der gesetzlich geregelten Fälle muss vom Verlag schriftlich genehmigt werden.

Umschlaggestaltung: Grafische Produktionen Jürgen Neumann, 97222 Rimpar unter Verwendung eines Fotos der Daimler AG.

© 2011 by Verlag Europa-Lehrmittel, Nourney, Vollmer GmbH & Co. KG., 42781 Haan-Gruiten
http://www.europa-lehrmittel.de

Satz: Grafische Produktionen Jürgen Neumann, 97222 Rimpar

Druck: M. P. Media-Print Informationstechnologie GmbH, 33100 Paderborn

Vorwort zur 5. Auflage

Die industrielle Fertigung ist der Träger unseres Wohlstandes. Sie ermöglicht die hohe Verfügbarkeit der täglichen Gebrauchsgüter. Es war die industrielle Revolution mit der Massenproduktion, die große Teile der Menschheit von Hunger und Not befreite und andere Kulturgüter, wie z. B. die Medizin und das Verkehrs- und Kommunikationswesen, erst ermöglicht hat.

Die industrielle Fertigung hat in ihrem Kern den Bereich der *industriellen Fertigungsverfahren*. Zur erfolgreichen Umsetzung der industriellen Fertigung gehört zwingend die Sicherung der Qualität und somit die *Mess- und Prüftechnik*. Die Fertigungsverfahren und die Mess- und Prüftechnik sind Inhalt dieses Buches. Neben vielen einzelnen Verbesserungen, mit ca. 70 zusätzlichen Abbildungen, ist die **5. Auflage** vor allem in den Bereichen der Ultraschalltechnologie, der Spritzgießwerkzeuge und der 3D-Druckverfahren erweitert worden.

Die wichtigsten Segmente der industriellen Fertigung sind:	Die wichtigsten Felder der Mess- und Prüftechnik sind:
• Fertigen mit Metallen, • Fertigen mit Kunststoffen, Keramiken und Glas, • Fügen der Bauteile und • Behandeln der Oberflächen.	• Fertigungsmesstechnik, • Werkstoffprüfung, • Ermittlung des Bauteilverhaltens und • Qualifizierung der Fertigungsmittel.

Aufgrund der Dominanz des Metallsektors innerhalb der industriellen Fertigung ist diesem Bereich der größte Teil des Buches gewidmet. Er wird in Anlehnung an DIN 8580 in der Reihenfolge Urformen (Gießen), Umformen, Trennen (Zerspanen) behandelt, wobei die Zerspanungstechnik besonders ausführlich dargestellt ist. Damit wird ihrer Schlüsselfunktion in unserer Industriegesellschaft Rechnung getragen.

Dieses Buch vermittelt den Lehrstoff, wie er im Bereich der Fertigungstechnik in *Fachschulen für Technik* und in ingenieurwissenschaftlichen *Hochschulen* gefordert wird, aber auch wie er notwendig ist im Bereich der beruflichen *Weiterbildung*. In allen Kapiteln wird nicht nur das jeweilige Faktenwissen dargestellt und mit sehr vielen Zeichnungen und Fotos leicht verständlich und gleichsam einprägsam gemacht, sondern es werden stets auch die Zusammenhänge zum gesamtproduktionstechnischen Rahmen aufgezeigt, seien es Hinweise auf alternative Verfahren, seien es günstige Gestaltungsaspekte der Bauteile oder seien es Umweltgesichtspunkte. Damit wird das Buch der Aufgabe eines Lehrbuches gerecht. Es soll den Leser anregen zum Querdenken und zu kreativem Handeln und ihn zum verantwortungsbewussten Einordnen und Bewerten der Fertigungsmethoden befähigen. Mit Fragen, Aufgaben und Übungen wird zum Verstehen und zum Einprägen des Lehrstoffes beigetragen. In Fußnoten werden die Fremdwörter und Namen erläutert.

Die *Werkstoffe*, ihre Eigenschaften und ihr Verhalten bestimmen wesentlich die Fertigungsverfahren und werden dementsprechend an vielen Stellen angesprochen. Kenntnisse zur Werkstoffkunde werden vorausgesetzt. Um dem Leser eine zusätzliche Hilfe an die Hand zu geben, ist dem Buch eine „Kleine Werkstoffkunde für Metalle" hinzugefügt. Ein *Fachwörterbuch Deutsch–Englisch* und *Englisch–Deutsch* in Verbindung mit dem Sachwortverzeichnis leistet für Schule und Beruf einen wichtigen Beitrag zur Kommunikation im Bereich der globalisierten Fertigungstechnik.

Im Sinne der Allgemeinbildung ist bei den wichtigsten Techniken auf ihre historischen Ursprünge in der Menschheitsgeschichte Bezug genommen. Sind es doch die Fertigungsverfahren mit den zugehörigen Werkstoffen und Werkzeugen, die unsere Kulturgeschichte von der Steinzeit über die Bronze- und Eisenzeit bis hin zum Industriezeitalter geprägt haben. Nur so lässt sich der heutige Stand der Technik wirklich verstehen und in seinen Werten einordnen.

Das umfangreiche farbige und einmalige Bildmaterial wird den Nutzern des Buches auf einer CD in hoher Auflösung zur Verfügung gestellt. So können Lehrende für Unterricht, Vorlesung und Vorträge diese Bilder geschickt mit Beamer verwenden. Schüler und Studierende haben die Möglichkeit der Verwendung in Referaten und Übungsarbeiten oder unterrichtsbegleitend mit dem Notebook.

Hinweise und Verbesserungsvorschläge können dem Verlag und damit den Autoren unter der E-Mail-Adresse lektorat@europa-lehrmittel.de gerne mitgeteilt werden.

Herbst 2011　　　　　　　　　　　　　　　　　　　　　　　　　　　　　　　　　　　　Dietmar Schmid

Inhaltsverzeichnis Teil I:
Fertigungsverfahren

1 Einführung in die Fertigungstechnik   **9**

1.1   Fertigungstechnik als eine Triebfeder der Menschheit..9
1.2   Die Fertigungsverfahren im Überblick 11
1.3   Übersicht über aktuelle Entwicklungen............14
1.3.1   Werkzeugmaschinen 14
1.3.2   Werkzeuge 15
1.3.3   Fertigungsverfahren: Trends..............16
1.3.4   Leichtbau..18
1.3.5   Fertigungsprozesse programmieren...............19
1.3.6   Simulation 20
1.3.7   Virtual Environments..........................21
1.3.8   Rapid Prototyping..............................22
1.4   Geschwindigkeit und Qualität 23
1.5   Management..25
1.5.1   Produktdatenmanagement (PDM)..................25
1.5.2   ERP..25
1.5.3   Produktionsmanagement...................27
1.5.4   Wissensmanagement..........................28

2 Fertigen mit Metallen   **29**

2.1   Gießereitechnik 29
2.1.1   Gegossene Bauteile 29
2.1.2   Geschichtliche Entwicklung 33
2.1.3   Begriffe, Bezeichnungen....................38
2.1.3.1   Unterscheidung nach Werkstoffen.................38
2.1.3.2   Unterscheidung nach mechanischen Eigenschaften..38
2.1.3.3   Unterscheidung nach Gießverfahren.............39
2.1.3.4   Herstellung der Sandformen 40
2.1.3.5   Art der Formfüllung...........................41
2.1.3.6   Art des Vergießens.............................42
2.1.3.7   Sonstige Unterscheidungsmerkmale..............42
2.1.4   Gusswerkstoffe 43
2.1.5   Gießverfahren 47
2.1.5.1   Sandgießverfahren.............................47
2.1.5.2   Schwerkraftkokillengießen 48
2.1.5.3   Niederdruckkokillengießen................49
2.1.5.4   Feingießen..50
2.1.5.5   Druckgießen.......................................51
2.1.5.6   Weitere Gießverfahren......................55
2.1.5.7   Vergleich der Gießverfahren..............56
2.1.6   Formtechnik..58
2.1.6.1   Übersicht 58
2.1.6.2   Grundlagen 59
2.1.6.3   Modellarten..61
2.1.6.4   Handformen 62
2.1.6.5   Maschinenformen...............................64
2.1.6.6   Formanlagen......................................68
2.1.6.7   Kerne...69
2.1.6.8   Formstoffe...71
2.1.7   Anforderungen an Gussteile und Fertigungsbedingungen..................................72
2.1.7.1   Einleitung..72
2.1.7.2   Vollständigkeit....................................72
2.1.7.3   Vermeiden von Kaltfließstellen.........73
2.1.7.4   Vermeiden innerer Hohlräume.........74
2.1.7.5   Maßhaltigkeit.....................................76
2.1.7.6   Maßbeständigkeit..............................76
2.1.7.7   Korrosionsfestigkeit...........................77
2.1.7.8   Oberflächenbeschaffenheit................77
2.1.8   Eigenschaften metallischer Werkstoffe..........78
2.1.8.1   Volumeneigenschaften.......................78
2.1.8.2   Werkstoffkennwerte im Vergleich 80
2.1.8.3   Die Längenausdehnung.....................81
2.1.8.4   Eigenschaftsänderungen beim Übergang flüssig-fest..81
2.1.8.5   Dichte bei Legierungen 81
2.1.8.6   Aufteilen des Volumendefizits 82
2.1.8.7   Entstehen eines Innendefizits............82
2.1.8.8   Entstehen von Spannungen und Rissen.........84
2.1.8.9   Luft- und Gaseinschlüsse bei der Formfüllung.......................................87
2.1.8.10   Schwindung der Gussteile in festem Zustand...87
2.1.8.11   Thermische Eigenschaften der Gießwerkstoffe.................................89
2.1.9   Wärmeabfuhr an Formen..................92
2.1.9.1   Wärmeübergang von der Schmelze zur Form..92
2.1.9.2   Wärmebilanz einer Form...................92
2.1.9.3   Wärmedurchgangszahl......................93
2.1.9.4   Schlichten..94
2.1.9.5   Abkühlkurven für Gussteile 94
2.1.9.6   Kontakttemperatur in der Grenzfläche Schmelze/Gussteil zur Form............95
2.1.9.7   Wärmefluss im System Schmelze/Gussteil zur Form 96
2.1.9.8   Wärmeleitung in einem Körper und Bildung der Randschale..................96
2.1.9.9   Ermittlung der Erstarrungszeit 97
2.1.9.10   Der Erstarrungsmodul.....................98
2.1.10   Speisertechnik...................................99
2.1.10.1   Art der Speiser.................................99
2.1.10.2   Position und Geometrie 100
2.1.10.3   Formstoff zum Abformen der Speiser........... 100
2.1.10.4   Anforderungen an Speiser............. 102
2.1.10.5   Metallostatischer Druck................. 103
2.1.10.6   Abtrennen eines Speisers..............104
2.1.10.7   Abhängigkeit des Speisungsvolumens von thermischen Verhältnissen 105
2.1.10.8   Belüftung innenliegender Speiser....105
2.1.11   Formfüllvorgänge 106
2.1.12   Strömungsvorgänge der Schmelze 109
2.1.12.1   Schwerkraftgießen 109
2.1.12.2   Druckgießen 110
2.1.12.3   Schleudergießen............................. 110
2.1.12.4   Aufbau eines Gießsystems............. 110
2.1.12.5   Staufüllung und Strahlfüllung beim Druckgießen..................................113
2.1.13   Simulation der Formfüllung............114
2.2   **Pulvermetallurgie (PM)** **115**
2.2.1   Metallpulver 115
2.2.2   Die Herstellung pulvermetallurgischer Werkstücke durch Pressen 117
2.2.2.1   Aufbereiten der Metallpulver 117
2.2.2.2   Pressen der Grünlinge....................118
2.2.1.3   Sintern... 120
2.2.1.4   Nachbehandlung 122
2.2.3   Pulverspritzgießen..........................123
2.2.4   Sinterwerkstoffe und Sinterwerkstücke......124
2.3   **Umformtechnik**...**125**
2.3.1   Übersicht 125
2.3.2   Geschichtliche Entwicklung 127
2.3.3   Metallkundliche Grundlagen 128
2.3.4   Kenngrößen und Eigenschaften 130
2.3.5   Druckformen 133
2.3.5.1   Warmwalzen....................................133
2.3.5.2   Der Vorgang des Walzens 133
2.3.5.3   Walzverfahren.................................135
2.3.5.4   Freiformen..138
2.3.5.5   Gesenkschmieden............................141
2.3.5.6   Eindrücken.......................................143
2.3.5.7   Durchdrücken..................................145
2.3.6   Zugdruckumformen........................149
2.3.6.1   Gleitziehen......................................149

2.3.6.2	Tiefziehen	151	2.6.6	Reiben und Feinbohren	257
2.3.6.3	Drücken	153	2.6.7	Fräsen	259
2.3.7	Zugumformen	154	2.6.7.1	Fräsverfahren	259
2.3.7.1	Längen	154	2.6.7.2	Schnittgrößen beim Fräsen	261
2.3.7.2	Weiten	154	2.6.7.3	Besondere Fräsverfahren	266
2.3.7.3	Tiefen	155	2.6.8	Maschinelle Gewindeherstellung	268
2.3.8	Biegen	156	2.6.8.1	Allgemeines	268
2.3.8.1	Physikalisch-technischer Vorgang	156	2.6.8.2	Innengewindefräsen	269
2.3.8.2	Biegeverfahren	157	2.6.8.3	Gewindedrehfräsen	271
2.3.9	Schubumformen	158	2.6.8.4	Gewindewirbeln	272
2.3.10	Pressmaschinen	159	2.6.8.5	Gewindedrehen	272
2.3.10.1	Weggebundene Pressmaschinen	159	2.6.9	Räumen	275
2.3.10.2	Kraftgebundene Pressmaschinen	161	2.6.10	Hobeln und Stoßen	276
2.3.10.3	Arbeitsgebundene Pressmaschinen	162	2.6.11	Hochgeschwindigkeitsbearbeitung	278
2.4	**Endkonturnahe Formgebung**	**163**	2.6.11.1	Übersicht	278
2.4.1	Hintergrund	163	2.6.11.2	Technologischer Hintergrund	280
2.4.2	Endkonturnahe Urformgebung	164	2.6.11.3	Prozesskette und Komponenten	281
2.4.2.1	Gießen	164	2.6.11.4	Schnittdaten	282
2.4.2.2	Pulvertechnologien	165	2.6.11.5	Bearbeitungsstrategie	282
2.4.2.3	Galvanische Verfahren	166	2.6.11.6	Software und Programmierung	286
2.4.3	Endkonturnahe Umformung	167	2.6.11.7	HSC-Werkzeuge	287
2.4.3.1	Umformung durch Zugkräfte	167	2.6.11.8	Schneidstoffe	288
2.4.3.2	Umformung durch Druckkräfte	169	2.6.11.9	Werkzeugaufnahme	289
2.5	**Spanloses Trennen und Abtragen**	**171**	2.6.11.10	Unwucht	291
2.5.1	Mechanisches Zerteilen	171	2.6.12	Kühlschmierung	293
2.5.1.1	Scherschneiden	171	2.6.12.1	Kühlschmierstoffe (KSS)	294
2.5.1.2	Bruchtrennen (Cracken)	172	2.6.12.2	Aufbereitung und Entsorgung	297
2.5.1.3	Wasserstrahlschneiden	173	2.6.13	Minimalmengenschmierung	298
2.5.2	Thermisches Trennen	174	2.6.14	Trockenbearbeitung	300
2.5.2.1	Trennen mit Brenngas/Sauerstoff-Flamme	174	2.6.15	Schleifen	302
2.5.2.2	Trennen mit Lichtbogen	175	2.6.15.1	Der Schleifprozess	302
2.5.2.3	Trennen mit Plasma	176	2.6.15.2	Das Schleifkorn	303
2.5.2.4	Trennen mit Elektronenstrahl	176	2.6.15.3	Schleifmittel	304
2.5.2.5	Trennen mit Laserstrahl	177	2.6.15.4	Schleifkorngröße (Schleifmittelkörnung)	306
2.5.2.6	Abtragen mit Laser	177	2.6.15.5	Schleifmittelbindung	307
2.5.3	Abtragen durch Funkenerosion	178	2.6.15.6	Härte und Gefüge	308
2.5.4	Elektrochemisches Abtragen (ECM)	184	2.6.15.7	Schleiftechnisches Grundprinzip	309
2.5.5	Ultraschallerodieren	188	2.6.15.8	Schnittwerte beim Schleifen	310
2.6	**Zerspanungstechnik**	**189**	2.6.15.9	Schleifverfahren	311
2.6.1	Grundlagen des Zerspanens	189	2.6.15.10	Abrichten von Schleifkörpern	312
2.6.1.1	Spanbildung	192	2.6.16	Läppen	314
2.6.1.2	Zerspanungstechkräfte	195	2.6.17	Honen	315
2.6.1.3	Zerspanungsleistung	197	2.6.18	Werkzeugmaschinen	316
2.6.1.4	Werkzeugverschleiß	198	2.6.18.1	Fräsmaschinen	316
2.6.1.5	Standzeit	201	2.6.18.2	Drehmaschinen	336
2.6.2	Schneidstoffe	206	2.6.18.3	Schleifmaschinen	340
2.6.2.1	Übersicht	206	2.6.18.4	Sägemaschinen	343
2.6.2.2	Schneidstoffeigenschaften	207	2.6.19	Werkstückspanntechnik	344
2.6.2.3	Schnellarbeitsstähle	208	2.6.19.1	Spannmittel an Drehmaschinen	344
2.6.2.4	Hartmetalle	209	2.6.19.2	Spannmittel an Fräsmaschinen	346
2.6.2.5	Cermets	210	**2.7**	**Wärmebehandlung von Stahl**	**350**
2.6.2.6	Keramische Schneidstoffe und Diamant	211	2.7.1	Durchhärten	350
2.6.2.7	Auswahlkriterien	215	2.7.2	Oberflächenhärten	353
2.6.2.8	Klassifizierung der Schneidstoffe	217	2.7.2.1	Oberflächenhärten durch Wärmebehandlung	353
2.6.3	Zerspanbarkeit	221	2.7.2.2	Härten durch chemische Veränderung der Randschicht	355
2.6.3.1	Allgemeines	221	2.7.3	Glühen von Stählen	356
2.6.3.2	Einflüsse auf die Zerspanbarkeit	221			
2.6.3.3	Unlegierter Stahl	222	**3**	**Fertigen mit Nichtmetallen**	**357**
2.6.3.4	Legierter Stahl	223	**3.1**	**Bauteile aus Kunststoff**	**357**
2.6.3.5	Rostfreie Stähle	224	3.1.1	Werkstoffe	358
2.6.3.6	Gusswerkstoffe	226	3.1.2.1	Kunststoffe in der Konstruktion	358
2.6.3.7	Aluminium-Legierungen	228	3.1.2.2	Werkstoffauswahl	358
2.6.3.8	Bearbeitung harter Stahlwerkstoffe	229	3.1.2.3	Konstruktionsrelevante Kunststoff-eigenschaften	360
2.6.4	Drehen	231	3.1.3	Auslegung von Kunststoffkonstruktionen	362
2.6.4.1	Allgemeines	231	3.1.4	Kunststoffgerechtes Gestalten	364
2.6.4.2	Schnittgrößen beim Drehen	232	3.1.4.1	Allgemeine Gestaltungskriterien	364
2.6.4.3	Innenausdrehen	238	3.1.4.2	Funktionelle Gesichtspunkte	364
2.6.4.4	Abstech- und Einstechdrehen	240	3.1.4.3	Werkstofftechnische Gesichtspunkte	365
2.6.5	Bohren	241			
2.6.5.1	Bohrvorgang und Eigenschaften	241			
2.6.5.2	Bohrwerkzeuge	249			
2.6.5.3	Tiefbohren	251			

3.1.4.4	Herstellverfahrenabhängige Gesichtspunkte 366		4.2.1.2	Aktivierung von Oberflächen.............488
3.1.4.5	Design......................369		4.2.1.3	Glätten von Oberflächen.............489
3.1.4.6	Integration von Funktionen als Konstruktionsprinzip............370		4.2.1.4	Einbringen von Druckspannungen.............489
3.1.4.7	Elemente der Funktionsintegration............371		4.2.1.5	Abbau von Zugspannungen.............489
3.1.5	Die Kunststoffe.....................372		4.2.1.6	Aufrauhen von Oberflächen.............490
3.1.5.1	Einteilung und Arten..............372		4.2.2	Oberflächenmodifikation.............491
3.1.5.2	Modifizierung von Kunststoffen.......376		4.2.2.1	Modifikation durch Diffusion.............492
3.1.5.3	Die wichtigsten Kunststoffe..........376		4.2.2.2	Modifikation mit flüssigem Elektrolyten.......493
3.1.6	Fertigungsverfahren................377		4.2.2.3	Modifikation mit schmelzflüssigen/ gelösten Schichtwerkstoffen.............498
3.1.6.1	Kontinuierliche Fertigungsverfahren.........377		4.2.2.4	Beschichten aus der Gas- oder Dampfphase 506
3.1.6.2	Diskontinuierliche Fertigungsverfahren.......381		4.2.3	Nachbehandlung.............510
3.1.7	Simulation des Spitzgießprozesses..........394		4.2.3.1	Reduzieren des gelösten Wasserstoffs.......510
3.2	**Bauteile aus Keramik** **397**		4.2.3.2	Konservieren.............511
3.2.1	Einführung und geschichtliche Entwicklung 397		4.2.4	Entfernen von Schichten.............512
3.2.2	Bauteile aus Silikatkeramik............399		**4.3**	**Montagetechnik**.............**513**
3.2.2.1	Rohstoffe.......................399		4.3.1	Grundlagen.............513
3.2.2.2	Aufbereitung...................401		4.3.2	Der Materialfluss.............516
3.2.2.3	Formgebung....................402		4.3.2.1	Lagern.............516
3.2.2.4	Zwischenbearbeitung...............402		4.3.2.2	Puffern.............517
3.2.2.5	Sintern........................403		4.3.2.3	Bunkern.............518
3.2.2.6	Oberflächenmodifikation...........406		4.3.2.4	Magazinieren.............519
3.2.3	Bauteile aus Nichtsilikatkeramik.......407		4.3.2.5	Fördern.............520
3.2.3.1	Gewinnung der Rohstoffe.............408		4.3.3	Fügearbeiten.............523
3.2.3.2	Aufbereitung..................412		4.3.3.1	Fügen durch Schrauben.............523
3.2.3.3	Formgebung....................415		4.3.3.2	Fügen durch Umformen.............523
3.2.3.4	Zwischenbearbeitung..............418		4.3.3.3	Fügen durch Kleben und Abdichten.............525
3.2.3.5	Hochtemperaturbehandlung............420		4.3.3.4	Fügen durch Schweißen und Löten.............526
3.2.3.6	Endbearbeitung..................427		4.3.3.5	Fügen durch Zusammenlegen.............528
3.3	**Bauteile aus Silikatglas**..................**428**		4.3.3.6	Fügen durch Schrumpfen oder Dehnen.......528
3.3.1	Geschichte der Silikatgläser............428		4.3.4	Montagearbeitsplätze.............529
3.3.2	Silikatgläser heute.................430		4.3.4.1	Manuelle Montage.............529
3.3.3	Rohstoffe und Aufbereitung...........431		4.3.4.2	Maschinelle Montage.............523
3.3.3.1	Rohstoffe......................431		4.3.5	Montageplanung.............533
3.3.3.2	Aufbereitung...................432			
3.3.4	Schmelzen und Raffinieren............433		**5 Roboter im Fertigungsprozess**		**535**
3.3.4.1	Schmelzen......................433		**5.1**	**Einführung zur Robotertechnik**............**535**
3.3.4.2	Raffinieren....................434		**5.2**	**Einteilung**.............**535**
3.3.5	Urformgebung....................434		**5.3**	**Kinematischer Aufbau**.............**537**
3.3.5.1	Urformgebung unter Schwerkraft.......435		**5.4**	**Roboterprogrammierung**.............**541**
3.3.5.2	Urformgebung unter Druckanwendung.......436		**5.5**	**Koordinatensysteme**.............**544**
3.3.5.3	Temperung....................438		**5.6**	**Robotersensorführung**.............**545**
3.3.5.4	Urformen durch Pulvertechnologie.........439		**5.7**	**Bearbeitungsaufgaben**.............**547**
3.3.6	Spanlose Formgebung................439			
3.3.7	Spanabhebende Formgebung...........439		**6 Laser in der Fertigungstechnik**		**549**
3.3.8	Fügen........................440		**6.1**	**Grundlagen zur Lasertechnik**.............**549**
3.3.9	Oberflächenmodifikation.............440		6.1.1	Wichtige Laserarten zur Bearbeitung.............549
			6.1.2	Laserstrahlerzeugung.............550
4 Fügen, Modifizieren und Montieren		**443**	6.1.3	Aufbau von Laserstrahlquellen.............551
4.1	**Stoffschlüssiges Fügen**...................**443**		6.1.4	Betriebs- und Wartungskosten.............554
4.1.1	Fügetechniken in einer Übersicht.......443		6.1.5	Strahlführung zum Bearbeitungsort.............554
4.1.2	Schweißen von Metallen.............444		6.1.5.1	Strahlführung mit Lichtleitkabel (LLK).......554
4.1.2.1	Pressschweißverfahren..............446		6.1.5.2	Strahlführung als Freistrahl.............556
4.1.2.2	Schmelzschweißverfahren...........457		6.1.5.3	Welding-on-the-fly.............556
4.1.2.3	Werkstoffkundliche Aspekte..........468		6.1.6	Strahlformung am Bearbeitungsort.............557
4.1.3	Schweißen polymerer Werkstoffe.......472		6.1.7	Strahlqualität.............558
4.1.4	Löten........................474		**6.2**	**Werkstückbearbeitung**.............**560**
4.1.4.1	Werkstoffkundliche Aspekte..........475		6.2.1.	Grundlagen.............560
4.1.4.2	Der Lötprozess..................478		6.2.1.1	Fokussierung.............560
4.1.4.3	Werkstoffkundliche Aspekte II 478		6.2.1.2	Verschmutzungsschutz.............561
4.1.5	Kleben........................480		6.2.1.3	Absorption.............562
4.1.5.1	Bindemechanismen an der Phasengrenze Klebstoff/Grundwerkstoff 481		6.2.2	Laseranwendungen.............563
4.1.5.2	Bindemechanismen innerhalb der Klebeschicht..................483		6.2.2.1	Laserschweißen.............563
4.2	**Oberflächenmodifikation von Bauteilen** **485**		6.2.2.2	Laserschneiden.............567
4.2.1	Vorbehandlung..................485		6.2.2.3	Laserbohren.............569
4.2.1.1	Entfernen von Belägen.............486		6.2.2.4	Laserlöten.............570

6.2.2.5	Laserbeschriften und Laserstrukturieren......571		1.3.9.1	Messmikroskop und Profilprojektor............654
6.2.2.6	Laserhärten..................572		1.3.9.2	Komparator..................656
6.2.2.7	Laserbeschichten...............572		1.3.10	Mehrstellenmessgeräte..............658
			1.3.11	Laserscanner..................659

7 Rapid Prototyping (RP) — 573

7.1	Allgemeines..................573
7.2	Ziele.....................573
7.3	RP-Verfahren.................576
7.3.1	Stereolithographie...............588
7.3.2	Lasersintern..................582
7.3.3	Fused Deposition Modeling (FDM)........587
7.3.4	3D-Druckverfahren...............588
7.3.5	Bioplotter, Herstellung medizinischer Implantate..................590
7.4	Rapid Manufacturing (RM)...........591

Inhaltsverzeichnis Teil II:
Mess- und Prüftechnik

1 Fertigungsmesstechnik — 593

1.1	Grundlagen der geometrischen Messtechnik..................593
1.1.1	Messabweichungen...............596
1.1.1.1	Ordnung von Messabweichungen........597
1.1.1.2	Messabweichungen durch geometrische Einflüsse..............598
1.1.1.3	Verformungen durch Eigengewicht, Messkraft und Spannkraft...........604
1.1.1.4	Temperatureinfluss...............609
1.1.1.5	Abweichungen durch Schwingungen........611
1.2	Maßverkörperungen..............613
1.2.1	Endmaße..................613
1.2.1.1	Parallelendmaße................613
1.2.1.2	Weitere Bauformen von Endmaßen........615
1.2.2	Maßstäbe..................616
1.2.2.1	Strichmaßstäbe................616
1.2.2.2	Inkrementalmaßstäbe.............616
1.2.2.3	Absolutmaßstäbe...............620
1.3	Form und Lage................621
1.3.1	Gerade....................621
1.3.2	Ebene.....................624
1.3.2.1	Messplatten..................624
1.3.2.2	Ebenheitsprüfung...............625
1.3.3	Kreis, Zylinder................627
1.3.4	Winkelverkörperungen.............628
1.3.4.1	Rechter Winkel................628
1.3.4.2	Beliebige Winkel...............629
1.3.5	Lehren....................630
1.3.6	Anzeigende Messgeräte............633
1.3.6.1	Messschieber..................633
1.3.6.2	Messschrauben.................634
1.3.6.3	Messuhren..................636
1.3.6.4	Messtaster mit Inkrementalmaßstab......637
1.3.6.5	Feinzeiger..................637
1.3.6.6	Fühlhebelmessgeräte..............638
1.3.6.7	Winkelmessgeräte...............639
1.3.6.8	Neigungsmessgeräte..............639
1.3.6.9	Autokollimationsfernrohr............641
1.3.7	Längenmessgeräte...............645
1.3.7.1	Induktive Messtaster..............645
1.3.7.2	Trägerfrequenzverstärker............648
1.3.7.3	Pneumatische Wegaufnehmer..........649
1.3.7.4	Optische Wegaufnehmer............649
1.3.8	Messtechnische Hilfsmittel...........652
1.3.9	Messgeräte..................654

1.3.12	Formmessgeräte................659
1.3.12.1	Formmessgeräte für runde Teile........660
1.3.12.2	Geradheitsmessgeräte.............662
1.4	Interferometrische Messverfahren......663
1.4.1	Grundlagen..................663
1.4.1.1	Aufbau von Interferometern zur Wegmessung..................663
1.4.1.2	Strahlungsquellen...............665
1.4.2	Einflüsse auf die Messgenauigkeit........665
1.4.3	Anwendungen längenmessender Interferometrie................667
1.4.3.1	Kippwinkelmessung..............667
1.4.3.2	Geradheitsmessung..............668
1.4.3.3	Ebenheitsmessung..............669
1.4.4	Formprüfung.................669
1.5	Oberflächenmesstechnik............670
1.5.1	Mechanische Oberflächenmessung.......671
1.5.2	Berührungslose Oberflächenmessung......672
1.5.2.1	Optische Oberflächenmesstechnik.......672
1.5.2.2	Weißlichtinterferometer............673
1.5.2.3	Streulichtmessungen..............673
1.5.3	Rastersondenmikroskope............674
1.5.3.1	Rasterkraftmikroskop (AFM-Atomic Force Microscope)........674
1.5.3.2	Rastertunnelmikroskop (STM-Scanning-Tunnel Microscope)......675
1.5.4	Oberflächenkenngrößen............675
1.6	Koordinatenmesstechnik............677
1.6.1	Einführung..................677
1.6.2	Aufbau und Wirkungsweise...........678
1.6.3	Bauarten..................679
1.6.4	Messsysteme.................679
1.6.5	Zusatzausstattungen.............682
1.6.6	Steuerungen und Antriebe...........683
1.6.7	Messwertverarbeitung und Messwertauswertung.............683
1.6.8	Tastelementkalibrierung............686
1.6.9	Planung und Durchführung eines Messauftrags.................687
1.6.10	Messprogrammerstellung............689
1.7	Röntgen-Computertomographie (CT)......693
1.7.1	Funktionsweise................693
1.7.2	Anlagentechnik................694
1.7.3	Auflösung..................696
1.7.4	Anwendungen................697
1.8	Messen und Prüfen durch Bildverarbeitung................700
1.8.1	Grundlagen..................701
1.8.2	Szenenbeleuchtung..............704
1.8.3	2D-Bildverarbeitung..............708
1.8.4	3D-Bildaufnahme und Digitalisierung......713
1.8.5	Trackingsysteme................716

2 Werkstoffprüfung — 717

2.1	Einführung..................717
2.2	Chemische Zusammensetzung.........718
2.3	Innere Werkstofftrennungen..........721
2.3.1	Penetrationsverfahren.............721
2.3.2	Wirbelstromverfahren.............723
2.3.3	Streuflussverfahren..............724
2.3.4	Durchstrahlung................726
2.3.5	Durchschallung................728

2.4	Härteprüfung	731
2.4.1	Quasistatische Eindringhärteprüfverfahren	732
2.4.1.1	Härteprüfverfahren nach Brinell	733
2.4.1.2	Härteprüfverfahren nach Vickers	737
2.4.1.3	Härteprüfverfahren nach Rockwell	740
2.4.2	Dynamische Härteprüfverfahren	743
2.5	**Gefüge**	**745**
2.5.1	Lichtmikroskopische Darstellung	745
2.5.1.1	Probennahme	746
2.5.1.2	Herstellung des Schliffs	747
2.5.1.3	Gefügebewertung	749
2.5.2	Elektronenmikroskopische Darstellung	750
2.6	**Mechanische Eigenschaften**	**752**
2.6.1	Zugversuch	752
2.6.1.1	Versuchsanordnung	752
2.6.1.2	Versuchsablauf	753
2.6.1.3	Versuchsergebnis	754
2.6.1.4	Versuchsergebnis bei anisotropem Verformungsverhalten	758
2.6.2	Kerbschlagbiegeversuch	760
2.6.2.1	Probengeometrie und Versuchsanordnung	760
2.6.2.2	Versuchsdurchführung	761
2.6.2.3	Versuchsergebnis	761
2.6.3	Dauerschwingversuch	763
2.6.3.1	Begriffe und Bereiche der Dauerschwingbeanspruchung	765
2.6.3.2	Versuchsanordnung und Proben	766
2.6.3.3	Versuchsablauf und Auswertung	767
2.6.4	Bruchmechanik	770
2.6.4.1	Konzept der linear-elastischen Bruchmechanik (LEBM)	770
2.6.4.2	Durchführung des Versuchs	772
2.6.4.3	Konzept der Fließbruchmechanik	773
2.6.4.4	Rissausbreitungsgeschwindigkeit	774
2.6.5	Zeitstandversuch unter Zugbeanspruchung	775
2.6.5.1	Schädigungsmechanismen	775
2.6.5.2	Durchführung des Zeitstandversuchs	776
3	**Maschinen- und Bauteilverhalten**	**779**
3.1	**Bauteilprüfung**	**779**
3.1.1	Kennwerte für Werkstoffe und Bauteile	779
3.1.2	Nachweis der Betriebsfestigkeit gegenüber mechanischen Beanspruchungen	781
3.1.2.1	Auswahl schwingbruchgefährdeter Querschnitte	781
3.1.2.2	Experimentelle Beanspruchungsanalyse	782
3.1.2.3	Datenaufbereitung und Zählverfahren	783
3.1.2.4	Festlegung der Versuchslasten	785
3.1.2.5	Prüfstandsversuche	786
3.1.2.6	Serienüberwachung und Qualitätskontrolle	788
3.1.3	Innendruckprüfung	789
3.1.3.1	Pulsationsform	789
3.1.3.2	Prüfmedien	790
3.1.3.3	Prüfeinrichtung	790
3.1.3.4	Versuchsergebnisse	791
3.1.4	Umweltprüfverfahren	793
3.1.4.1	Vibrationsprüfungen und Schockprüfungen	793
3.2	**Schwingungen von Maschinen und Bauteilen**	**797**
3.2.1	Einführung	797
3.2.2	Eigenfrequenzen und Eigenformen	798
3.2.3	Modalanalyse	799
3.2.3.1	Rechnerische Modalanalyse	799
3.2.3.2	Experimentelle Modalanalyse	800
3.2.3.3	Beispiele zur Modalanalyse	803
4	**Qualifizierung von Produktionsmitteln**	**805**
4.1	**Qualifizierung von Werkzeugmaschinen**	**805**
4.1.1	Einleitung und Übersicht	805
4.1.2	Direkte Messungen der Maschineneigenschaften	806
4.1.3	Abnahme- und Prüfwerkstücke	812
4.1.4	Fähigkeitsuntersuchungen	816
4.2	**Qualifizierung von Industrierobotern**	**819**
4.2.1	Übersicht und Allgemeines	819
4.2.2	Pose-Genauigkeit und Pose-Wiederholgenauigkeit	820
4.2.3	Lineargenauigkeit/Bahngenauigkeit	823
4.2.4	Formgenauigkeit/Ebenengenauigkeit	824
4.2.5	Dynamisches Bewegungsverhalten	825
4.2.6	Positions-Stabilisierungszeit	826
4.2.7	Statische Nachgiebigkeit	827
4.2.8	Weitere Merkmale	827

Anhang: Kleine Werkstoffkunde der Metalle

1	**Einleitung**	**829**
2	**Atomaufbau und Bindungstypen**	**832**
2.1	Metallbindung	832
2.2	Atombindung	833
2.3	Ionenbindung	833
3	**Aufbau metallischer Werkstoffe**	**834**
3.1	Gitteraufbau des Idealkristalls	834
3.2	Gitterfehler beim Realkristall	836
3.2.1	Punktförmige Gitterfehler	836
3.2.1	Linienförmige Gitterfehler	838
3.2.2	Flächiger Gitterfehler	839
3.3	Gleichgewichtszustände	841
3.3.1	Bei lückenloser Mischkristallreihe	841
3.3.2	Bei Unlöslichkeit in festem Zustand	842
3.3.3	Bei begrenzter Löslichkeit in festem Zustand	842
3.3.4	Bei intermetallischer bzw. intermediärer Phase	844
3.4	Phasenumwandlungen	845
3.4.1	Erstarrung	845
3.4.2	Umwandlung im festen Zustand	850
4	**Eigenschaften metallischer Werkstoffe**	**852**
4.1	Thermische Leitfähigkeit	852
4.2	Verformung bei nur unbedeutenden Diffusionsprozessen	852
4.2.1	Elastische Verformung	852
4.2.2	Plastische Verformung	853
4.3	Verfestigung	856
4.3.1	Durch linienförmige Gitterfehler	856
4.3.3	Durch flächige Gitterfehler	857
4.3.4	Durch punktförmige Gitterfehler	861
4.4	Verfestigungsabbau	861
4.4.1	Durch Erholung	861
4.4.2	Durch Rekristallisation	862
4.5	Verformung bei merklichen Diffusionsprozessen	863

Fachwörterbuch Deutsch – Englisch, Sachwortverzeichnis   **864**

Professional Dictionary English – German, Index   **880**

Quellenverzeichnis **896**

Teil I: Fertigungsverfahren

1 Einführung in die industrielle Fertigungstechnik

1.1 Fertigungstechnik als eine Triebfeder der Menschheit

Ziel und Aufgabe

Die Fertigungstechnik hat zum Ziel Gegenstände aller Art möglichst günstig und verkaufsfähig zu fertigen. Die wichtigsten Arten der Gegenstände sind

- Gebrauchsgegenstände,
- Fertigungsmittel,
- Vorprodukte und in kleinerem Umfang auch
- Kultgegenstände und Kunstgegenstände (**Bild 1**).

Die Gegenstände können sowohl relativ einfach sein, wie z. B. ein Kochtopf, als auch sehr komplex, nämlich aus vielen zusammenwirkenden Bauteilen bestehen, wie z. B. ein Kraftfahrzeug.

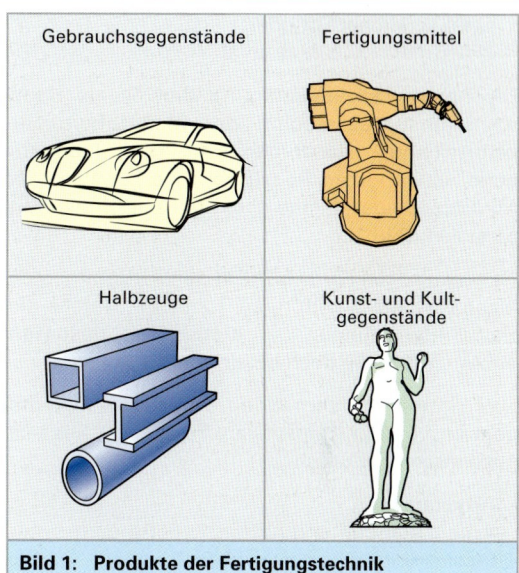

Bild 1: Produkte der Fertigungstechnik

Während die *Gebrauchsgegenstände* meist für den Endverbraucher gefertigt werden, dient die Herstellung von *Fertigungsmitteln* wiederum der Fertigung selbst.

Hierzu zählt z. B. ein Bohrer oder eine Werkzeugmaschine, also maschinelle Werkzeuge (Maschinenwerkzeuge), die die Herstellung von Gegenständen erleichtern und verbessern. Die Einzelteile der herzustellenden Gegenstände werden während des Fertigungsprozesses als *Werkstücke* bezeichnet.

Die Fertigung setzt neben den Fertigungsplänen, den *Fertigungsverfahren* und den *Fertigungsmitteln* auch die *Fertigungsrohstoffe* bzw. die *Fertigungshalbfabrikate* voraus. Die Fertigungsrohstoffe sind z. B. Metalle, Kunststoffe und Hölzer. Damit diese in einem Fertigungsprozess verarbeitet werden können sind sie in Vorproduktionen meist in eine bestimmte Form und Qualität zu bringen. So werden Metalle z. B. als *Masseln* bzw. *Barren* nach dem Erschmelzen hergestellt. Für viele Fertigungsprozesse sind Halbfabrikate praktisch und auch notwendig, z. B. Rohre, Bleche und Profilstangen.

Die Hauptschritte im Fertigungsprozess sind, ausgehend von einem konstruierten und entwickelten Produkt: Die Produktionsplanung und -steuerung, die Materialbereitstellung, die Fertigung der Werkstücke, die Montage (**Bild 2**).

Der Fertigungsprozess wird begleitet vom Qualitätsmanagement. Abgeschlossen wird der Fertigungsprozess mit einem in der Qualität gesicherten und verkaufsfähigen Produkt.

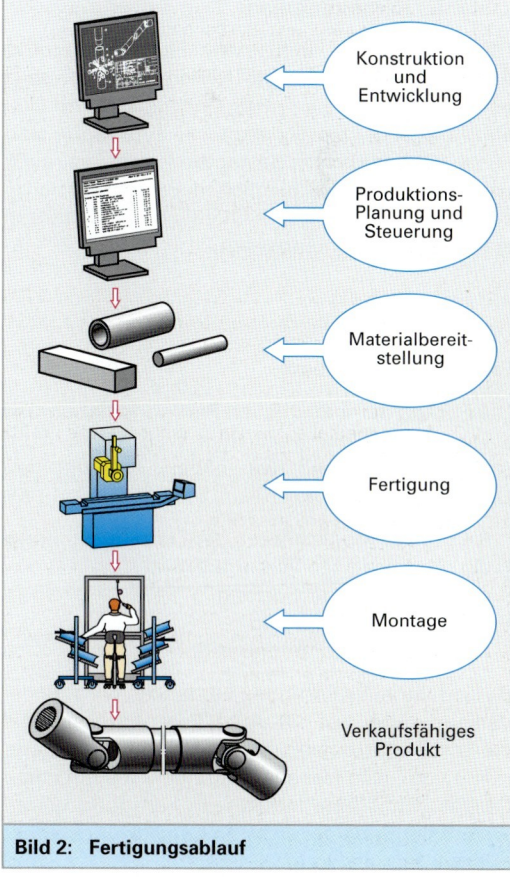

Bild 2: Fertigungsablauf

Art der Fertigung

Die Fertigung erfolgt in

- handwerklicher Art oder
- industriell.

Die handwerkliche Fertigung gibt es als Handwerkskunst seit Beginn der Menschheit. Sie kennzeichnet, zusammen mit den herausragend verwendeten Rohstoffen, die Epochen der Menschheitsgeschichte u. a. Steinzeit, Bronzezeit, Eisenzeit **(Bild 1)**.

Es sind also die Fortschritte in den Fertigungstechniken bzw. die zugehörigen Rohstoffe, welche die Hauptentwicklungen der Menschheit bestimmt haben und heute noch bestimmen.

Das 19. und 20. Jahrhundert waren entscheidend geprägt von der *industriellen Fertigung*. Diese ist gekennzeichnet durch

- Arbeitsteilung,
- Arbeitsplanung und Arbeitssteuerung,
- Einsatz von Hilfsenergie **(Bild 2)**,
- Einsatz von maschinellen Werkzeugen **(Bild 3)**, auch mit Informationsverarbeitung und technischer Kommunikation.

Die arbeitsteilige, industrielle Fertigung ermöglicht eine kostengünstige Serienfertigung, setzt aber gleichzeitig eine *hohe Genauigkeit und Qualität* voraus. Die Einzelwerkstücke einer Serie sind austauschbar und die Bestandteile müssen, auch wenn sie in unterschiedlichen Prozessen hergestellt sind und von unterschiedlichen Lieferanten stammen, zusammenpassen.

Bild 1: Handwerklicher Schmiedebetrieb, dargestellt auf einer historischen Eisengussplatte, v. l. Aphrodite, Hephaistos

Bild 2: Karikatur zur industriellen Fertigung, zu Beginn des 20. Jahrhunderts

Erfolg und Wohlstand

Die Erfolge der industriellen Fertigung haben uns – vor allem in der westlichen Welt – den Wohlstand gebracht, und zwar neben einer üppigen Grundversorgung

- die großen Möglichkeiten der Freizeitgestaltung,
- die medizinischen Versorgungen,
- die hohe Lebenserwartung,
- die große Mobilität und
- die weltweite Kommunikation.

Der industriellen Fertigung verdanken wir z. B. die Verkehrsmittel, wie z. B. Auto, Bahn, Flugzeug, die elektrische Stromversorgung, die Haushaltsgeräte u.v.m., also fast alle Dinge unseres täglichen Lebens. Ohne eine industrielle Fertigung wären wir auf der Stufe der ärmsten Entwicklungsländer mit Hunger und Not.

Bild 3: Karosseriefertigung mit Robotern

1.2 Die Fertigungsverfahren im Überblick

Die Fertigungsverfahren werden eingeteilt nach den Verfahren wie man Werkstücke formt und/oder die Stoffeigenschaften ändert. Kennzeichnend ist dabei, wie der Zusammenhalt der stofflichen Bestandteile eines Werkstücks sich darstellt. Man unterscheidet Fertigungsverfahren, welche die Bauteilform dadurch bestimmen, dass stofflicher Zusammenhalt

- geschaffen wird, → **Urformen** (Gießen)
- beibehalten wird, → **Umformen**
- vermindert wird, → **Trennen**
- vermehrt wird. → **Fügen**

Neben *formbildend* bzw. *formändernd* können die Fertigungsverfahren auch die Stoffeigenschaften verändern, z. B. durch Gefügeveränderungen (Umlagern von Stoffteilchen), durch Nitrieren (Einbringen von Stoffteilchen) oder durch Entkohlen (Aussondern von Stoffteilchen).

Entsprechend zu den Merkmalen des stofflichen Bauteilentstehens werden die Fertigungsverfahren in sechs Hauptgruppen nach DIN 8580 eingeteilt **(Bild 1,** folgende Seiten).

1. **Urformen** ist das Fertigen eines festen Körpers aus einem formlosen Stoff. Formlose Stoffe sind insbesondere flüssige Metalle und Kunststoffe, aber auch Pulver, Fasern, Granulate und Gase.

   Neu sind hierbei die *direkten generativen* Verfahren, bei denen einzelne Volumenelemente oder dünne Schichten aufeinander gesetzt werden, z. B. durch Lasersintern oder durch Stereolithographie **(Bild 1)**.

2. **Umformen** ist das Fertigen eines festen Körpers durch *bildsames*, nämlich *plastisches*[1] Ändern der Form eines festen Körpers. Dabei bleibt der Stoffzusammenhalt erhalten.

   Der Umformvorgang bezieht sich nicht immer auf das ganze Werkstück. Er kann sich auf Teilbereiche eines Werkstücks beziehen oder auch lokal fortschreitend sein, z. B. beim Walzen. Neben dem Ziel der Gestaltänderung verfolgt man beim Umformen auch das Ziel die Oberflächenbeschaffenheit und die Werkstoffeigenschaften zu verändern.

3. **Trennen** ist das Fertigen geometrisch fester Körper durch Formändern und durch Vermindern des stofflichen Zusammenhalts: das Trennen durch Zerteilen, z. B. Abschneiden, durch Spanen, z. B. Fräsen, durch Abtragen z. B. Erodieren.

4. **Fügen** ist das Fertigen eines festen Körpers durch das Zusammenbringen mehrerer fester Bauteile mit Hilfe von Verbindungselementen oder Verbindungsstoffen. Dies geschieht durch Zusammenlegen, z. B. Ineinanderschieben, durch Umformen, durch Verschrauben, durch Gießen, durch Stoffverbinden, z. B. Schweißen.

5. **Beschichten** ist Fertigen durch das Aufbringen eines formlosen pulvrigen, flüssigen oder gasförmigen Stoffes auf einen festen Körper. Durch das Beschichten verfolgt man einen Schutz der Werkstücke vor Verschleiß, Korrosion, Hitze u. a. und/oder man erzeugt gewünschte Oberflächenfarben und -texturen sowie bestimmte elektrische Eigenschaften (leitend/nicht leitend).

6. **Stoffeigenschaftändern** ist das Fertigen durch Verändern der Werkstoffeigenschaften. Dies kann auf bestimmte Orte oder auf die Werkstückoberfläche beschränkt sein. Beispiele sind das Härten, Vergüten, Magnetisieren, Entkohlen, Dehydrieren, Aufkohlen, Nitrieren.

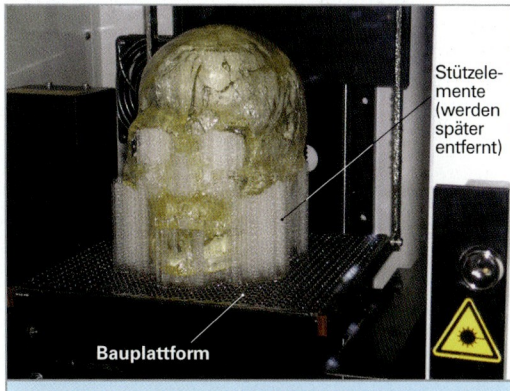

Bild 1: Stereolithographie (Beispiel)[2]

Wiederholung und Vertiefung

1. Welches Ziel verfolgt man mit der Fertigungstechnik?
2. Welches sind die Hauptschritte eines Fertigungsprozesses?
3. Durch was wird der Fertigungsprozess abgeschlossen?

---

[1] plastisch von griech. plastikos = „zum Gestalten (Formen) gehörig", Plastik = Kunst des Gestaltens
[2] Im Beispiel wird ein Replikat eines steinzeitlichen Schädels hergestellt. Die Daten wurden durch Röntgen-Computer-Tomographie (CT) gewonnen (siehe Teil II, Seite 693).

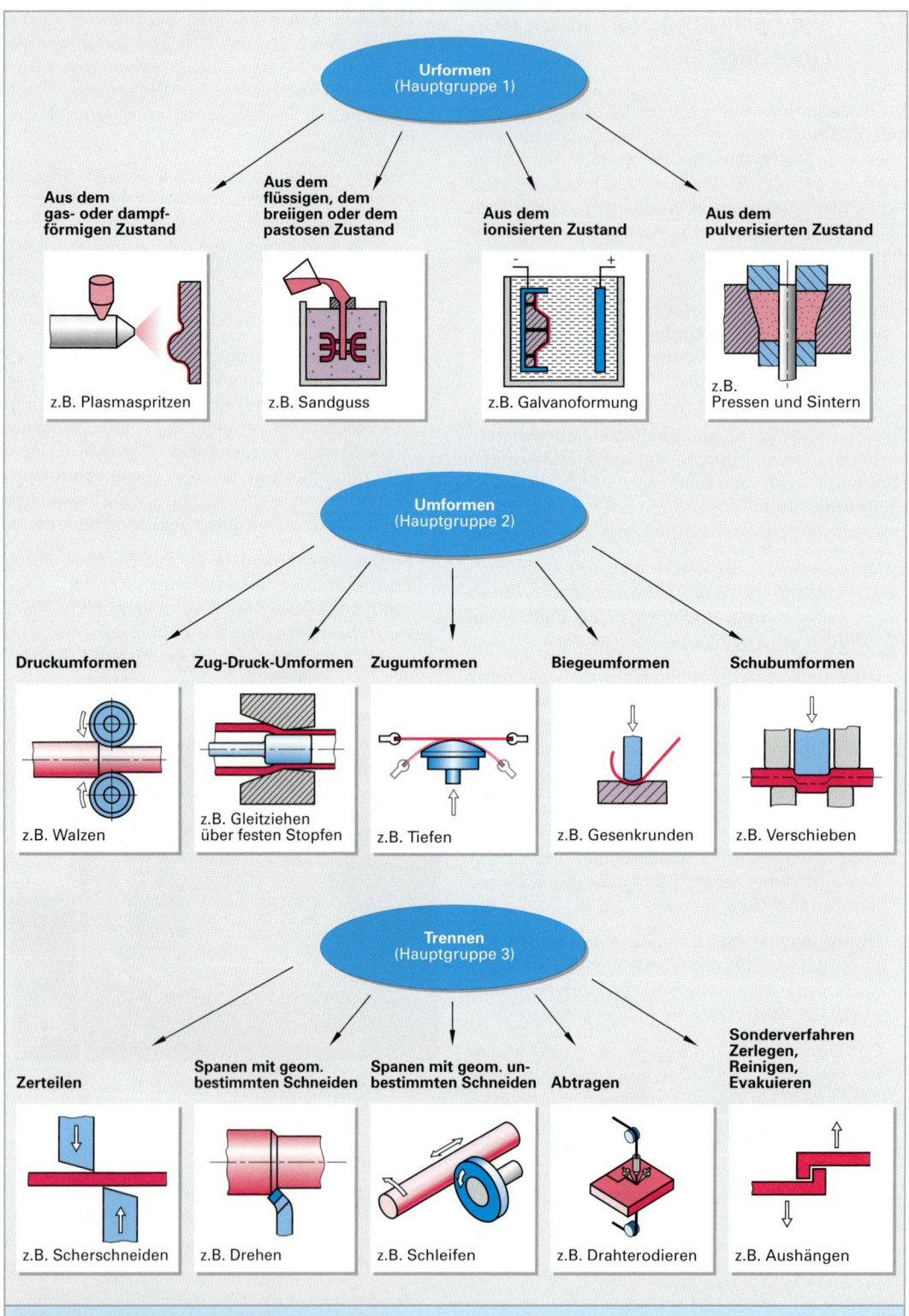

Bild 1: Die sechs Hauptgruppen der Fertigung

1.2 Die Fertigungsverfahren im Überblick

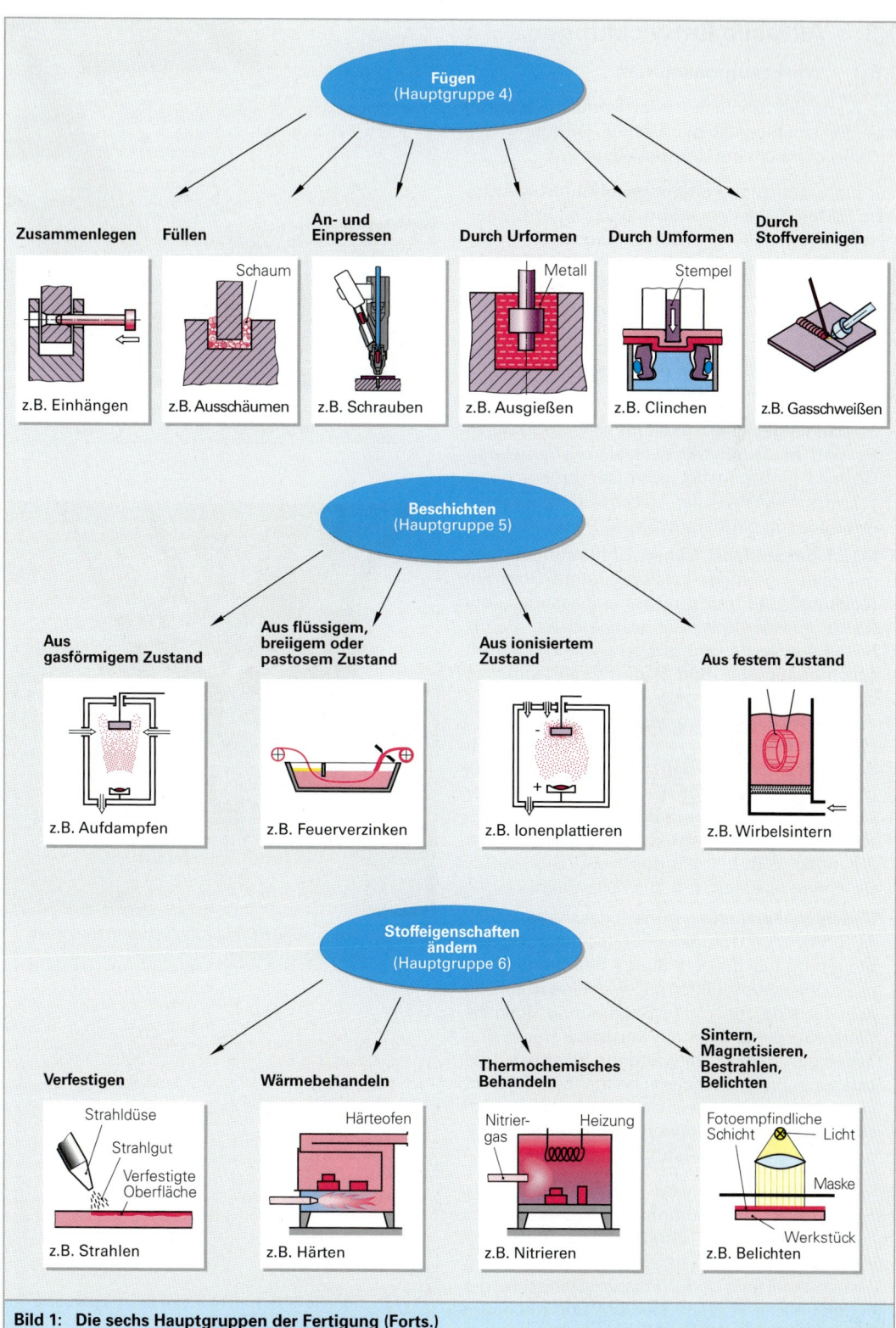

Bild 1: Die sechs Hauptgruppen der Fertigung (Forts.)

1.3 Aktuelle Entwicklungen

1.3.1 Werkzeugmaschinen

Die Werkzeugmaschine ist das Produktionsmittel, das die Leistungsfähigkeit einer Fertigung aus technischer Sicht am meisten bestimmt.

Für die wichtigsten Fertigungsverfahren wie Drehen, Fräsen, Schleifen, Warm- und Kaltumformen wurden die zugehörigen Maschinen schon im vorletzten Jahrhundert entwickelt und sind uns als Drehmaschine, Fräsmaschine, Schleifmaschine, Schmiedehammer und Exzenterpresse bekannt.

Die Maschinen von heute sind in den Grundzügen gleichgeblieben, geändert haben sich aber im Trend folgende Elemente:

- **Maschinengestelle,** früher: meist Graugussteile. Es sind heute oft Metall-Reaktionsharz-Beton-Gestelle (preisgünstig, gute Dämpfung, gutes Wärmeverhalten) oder geschweißte Gestelle (preisgünstig bei kleinen Stückzahlen).
- **Maschinenantriebe,** früher: Drehstromantriebe mit relativ geringer Leistung (ohne Drehzahlregelung) und mit Drehzahlanpassung über (teure) mechanische Zahnradgetriebe. Heute: hochdynamische, drehzahlgeregelte Drehstromsynchronantriebe (**Bild 1**) und Drehstromasynchronantriebe mit großer Leistung. Die Bremsenergie wird ins Stromnetz zurückgeliefert und fällt nicht als Verlustwärme an. Die Spindeldrehzahlen reichen für *High Speed Cutting* (HSC) über 30000 min^{-1}. Für die Erzeugung von Vorschubbewegungen verwendet man Linearmotoren mit dem Vorteil extrem hoher Beschleunigungen (z. B. bis 400 m/s^2) und sehr hohen Geschwindigkeiten (z. B. bis 300 m/min).
- **Maschinenkinematik,** früher: geschaltete EIN/AUS, VOR/ZURÜCK Bewegungserzeugung und Steuerung nur für geradlinige Bearbeitung mit einem Vorschubschlitten auf einer Linearführung oder für eine kreisrunde Bearbeitung über die Werkzeugspindel bzw. ein Karussell. Heute sind beliebige räumlich verwundene Konturen und beliebige Freiformflächen herstellbar. Erreicht wird dies mit der gleichzeitigen kontinuierlich sich verändernden und synchronisierten Bewegung von mehreren Maschinenachsen (**Bild 2**).

Wie die Maschinenachsen sich bewegen müssen, wird über eine numerische Steuerung mittels Computer (CNC-Technik) erzielt. Zur Bewegungserzeugung nämlich der Relativbewegung zwischen Werkzeug und Werkstück unterscheidet man die übliche *serielle Kinematik* und die neuartige *Parallelkinematik* (**Bild 3**).

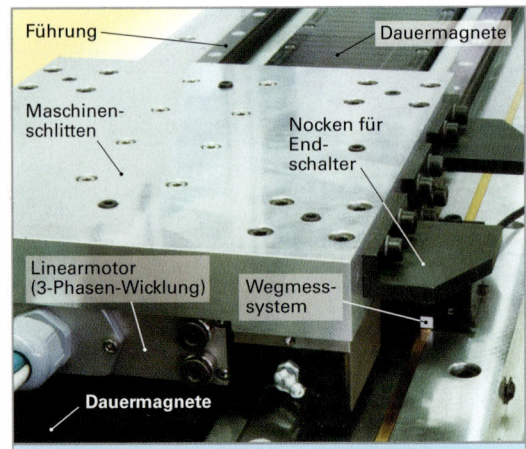

Bild 1: Linearmotor als Direktantrieb für einen Maschinentisch

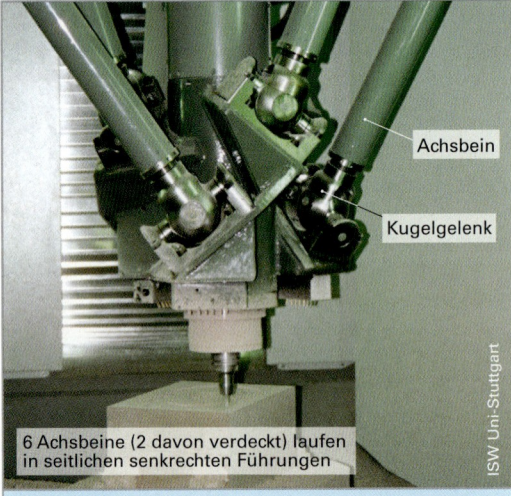

Bild 2: Gleichzeitige Steuerung von fünf und mehr Maschinenachsen

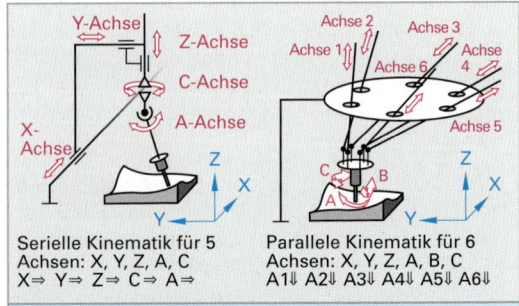

Bild 3: Serielle Maschinenkinematik und parallele Maschinenkinematik

1.3 Aktuelle Entwicklungen

Bei der seriellen Kinematik sind die Maschinenachsen aufeinanderfolgend angeordnet (z. B. erst kommt die X-Achse, auf dieser sitzt die Y-Achse und dann folgt die Z-Achse).

Heute gibt es zunehmend Werkzeugmaschinen mit Parallelkinematik z. B. sechs Linearachsen (Hexapod = Sechsfüßler) tragen gemeinsam das Werkzeug (**Bild 3**, vorhergehende Seite). Durch Verändern der Achslängen kann das Werkzeug vorwärts/rückwärts und beliebig seitwärts bewegt, sowie in der räumlichen Ausrichtung verändert werden (Neigen, Schwenken, Drehen).

Mehrachskinematiken werden zunehmend für fast alle Fertigungstechniken eingesetzt: Fräsen, Drehen, Schleifen, Beschichten, Schneiden, Sägen u. a.

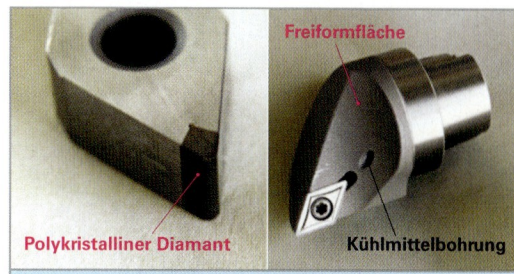

Bild 1: a) Schneidplatte mit PKD-Schneide
b) Werkzeughalter

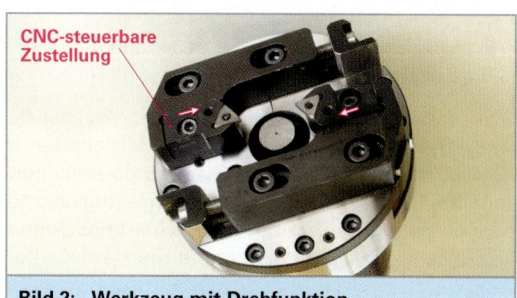

Bild 2: Werkzeug mit Drehfunktion

1.3.2 Werkzeuge

Die wichtigsten Veränderungen bei den Werkzeugen liegen in:

- den *Werkstoffen* der Werkzeuge: sehr harte verschleißarme Werkzeugschneiden durch CBN-(Cubisches Bor-Nitrid), Diamantbeschichtung oder polykristallinen Diamantschneiden (**Bild 1a**). Werkzeuge werden z. B. aus weichem, elastischem Grundmaterial hergestellt und mit harten Schneiden versehen, z. B. Bi-Metall-Sägebänder oder bei Schmiedegesenken werden die Gesenkformen in weichem Material (grob) hergestellt und die besonders beanspruchten Bereiche mit hartem Werkstoff als Schale auftragsgeschweißt.

- der *Werkzeuggeometrie*: die Form der Schneiden, Schneidplatten und Schneidplattenhalterung (**Bild 1b**) ist nach dem Fertigungsprozess optimiert und komplex, d. h. nicht einfach aus ebenen Flächen zusammengesetzt, sondern aus komplexen, d. h. nicht einfach beschreibbaren Formelementen bestehend. Damit kann die Spanbildung zugunsten kurzer und leicht entsorgbarer Späne beeinflusst werden. Zur Mikrozerspanung verwendet man Fräser mit 0,2 mm Durchmesser und kann z. B. Pyramiden mit Kantenlängen von weniger als 0,5 mm erzeugen (**Bild 3**).

- der *Werkzeugkomposition*: Werkzeuge werden oft für mehrere Aufgaben konstruiert bzw. zusammengestellt: z. B. Reibwerkzeuge oder Bohrwerkzeuge mit den Funktionen *Bohren, Schlichten, Planen, Fasen*. Werkzeuge werden ferner mit Hilfs- und Zusatzantrieben ausgestattet, z. B. Fräswerkzeug mit Drehfunktion (**Bild 2**).

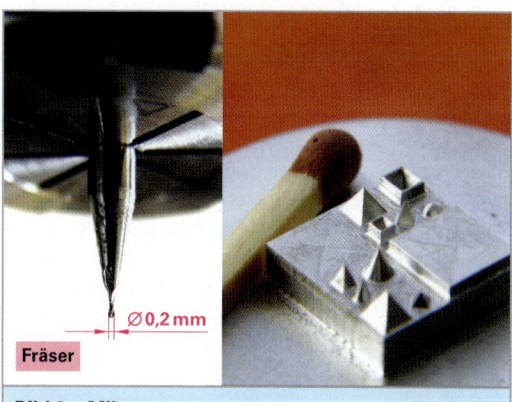

Bild 3: Mikrozerspanung

- der *Werkzeugkühlung/Werkzeugschmierung*: Im Unterschied zu früher, wo man mit großen Mengen an Kühlmitteln die Werkzeugstandzeiten zu verlängern versuchte, bemüht man sich heute um Trockenbearbeitung (keine Kühl-/Schmiermittelkosten, geringere Entsorgungskosten bei nichtverunreinigten Spänen) oder um eine Minimalmengenschmierung (MMS). Hierbei wird spezielles Kühl-/Schmiermittel, z. B. unter Hochdruck durch feine Bohrungen im Werkzeug direkt an den Werkzeugeingriff gebracht. Bei Trockenbearbeitung muss die Entstehung von Stäuben beachtet werden: um Schäden an Führungen zu vermeiden, um Staubexplosionen zu vermeiden und um Gesundheitsschäden auszuschließen.

1.3.3 Fertigungsverfahren: Trends

Hartdrehen statt Schleifen

Bei der Herstellung von Bauteilen mit gehärteter Oberfläche ist die übliche Bearbeitungsfolge:
- spanende Bearbeitung im weichen Werkstoffzustand (Weichbearbeitung), dann
- Wärmebehandlung (Härten), dann
- Schleifen und schließlich
- Honen.

Die neue Fertigungsfolge ersetzt das teure Schleifen und Honen. So ergibt sich die Arbeitsfolge:
- Weichbearbeitung,
- Wärmebehandlung,
- Präzisions-Hartdrehen (**Bild 1**).

Man erzielt dabei gleichwertige Rauigkeitswerte (z. B. Rautiefe Rz = 0,7 µm und Mittelrauwert Ra = 0,1 µm) und auch gleichwertige Bauteileigenschaften, z. B. hinsichtlich der Dauerfestigkeit und Schwingfestigkeit. Neue Drehschleifmaschinen ermöglichen auf einer Maschine die Hartbearbeitung durch Drehen oder Schleifen und beides in Kombination (**Bild 1**).

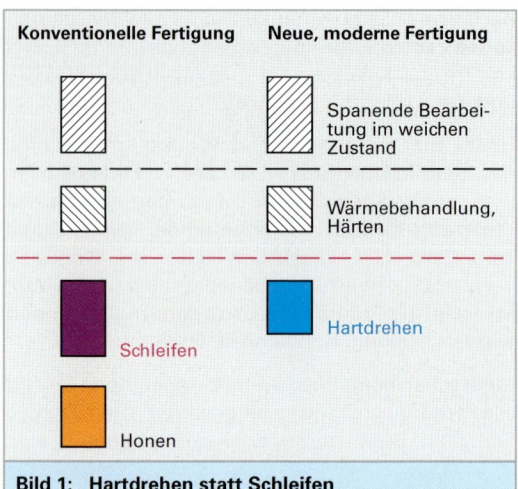

Bild 1: Hartdrehen statt Schleifen

Hochgeschwindigkeitsfräsen statt Senkerodieren

Zur Herstellung von Gesenken und Formen für die Schmiedetechnik, Druckgusstechnik und Spritzgusstechnik sind hochgenaue Formen als Negativformen der zu fertigenden Werkstücke erforderlich. Diese fertigte man meist als Elektroden aus Kupfer oder Graphit in der Positivform, um damit durch Senkerodieren die Negativform zu erhalten. Dieses Einsenken dauert relativ lange und erfordert eine sehr zeitintensive Oberflächennachbearbeitung. Beim Senkerodieren wird der Werkstoff aufgeschmolzen und entfernt. Dabei bleibt an der Oberfläche ein narbiger Bereich mit Eigenspannungen, der durch Feinschleifen, oft von Hand, abgetragen werden muss.

Bild 2: HSC-Fräsen von Formen

Die Alternative ist das direkte Fräsen der Form mit hohen Vorschubgeschwindigkeiten (**Bild 2**) und zum Schlichten mit ganz dünnen Fräsern, z. B.: mit 0,4 mm Durchmesser (**Bild 3**). Man verwendet hierbei meist ein 3-achsiges Fräsen mit 5-achsigen Fräsmaschinen. Dadurch können die Fräser in beliebiger Raumorientierung arbeiten. So ist eine gute Zugänglichkeit auch bei stark zerklüfteten Formen gegeben und die Fräser können kurz eingespannt werden.

Nur bei sehr tiefen, schmalen Kavitäten (Höhlen) ist das Senkerodieren unumgänglich. Dies ist der Fall z. B. bei sehr dünnen Rippen, da dann die Negativform tiefe schmale und steilwandige Schlitze aufweist.

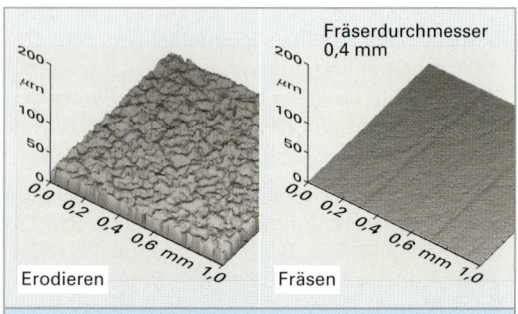

Bild 3: Rauigkeit geschlichteter Oberflächen (Beispiele)

1.3 Aktuelle Entwicklungen

Wasserstrahlschneiden statt Brennschneiden, Sägen oder Erodieren

Das Hochdruck-Wasserstrahlschneiden mit etwa 2500 bar ermöglicht Schnitte mit Tiefen von z. B. 25 mm in Stahl, ohne Beeinträchtigung der Schnittrandzonen bei gleichzeitig hoher Schnittqualität.

Druckgießen in Leichtmetall statt Blechumformen mit Stahl

Zur Herstellung dünnwandiger Stahlbauteile, z. B. Fahrzeugträgerbauteile, werden Bleche häufig gestanzt, gebogen oder in Pressen tiefgezogen. Mit Hilfe von Vorrichtungen werden diese zusammengeschweißt, anschließend kalibriert und gegebenenfalls spanend an Einzelpositionen gefräst, gebohrt und gewindegeschnitten. Es müssen also eine Vielzahl von Fertigungsoperationen durchgeführt werden (**Bild 1**).

Bei einer Herstellung im Druckguss (wenn ein Wechsel zu Aluminium oder Magnesium möglich ist) ist der Fertigungsprozess in wenigen Sekunden komplett abgeschlossen. Dabei kann das Bauteil eine noch viel komplexere Form aufweisen als bei einer Fertigung aus einzelnen Blechteilen. Der Nachteil beim Druckguss ist neben hohen Werkstoffkosten das Entstehen hoher Werkzeugkosten und auch hohe Maschinenkosten. Der Vorteil ist neben der rationellen Fertigung meist eine Gewichtsersparnis, bessere Korrosionsbeständigkeit und geringere oder keine Oberflächenbehandlungen, z. B. durch Lackieren oder Verzinken.

Drehfräsen statt Drehen

Wenn an stark unwuchtigen Drehteilen, z. B. an Kurbelwellen ein großes Spanvolumen abzutragen ist, so bietet sich das Fräsen auf der Drehmaschine an. Beim Fräsen sind gleichzeitig mehrere Scheiden im Einsatz und erzeugen eine weit höhere Spanleistung als ein einzelner Drehmeißel. Für eine hohe Oberflächengüte und für die Formgenauigkeit wird auf derselben Drehmaschine, in der selben Aufspannung, das Teil feingedreht.

Technologieintegration

Drehen, Bohren, Schleifen, Fräsen – alles in einer Maschine (**Bild 2**). Mit modernen Bearbeitungszentren können fast alle spanenden Bearbeitungsvorgänge sowohl bei der Weich- als auch bei der Hartbearbeitung in einer Maschine ausgeführt werden. Man erreicht damit kürzeste Bearbeitungszeiten und höchste Präzision.

Bild 2: Technologieintegration

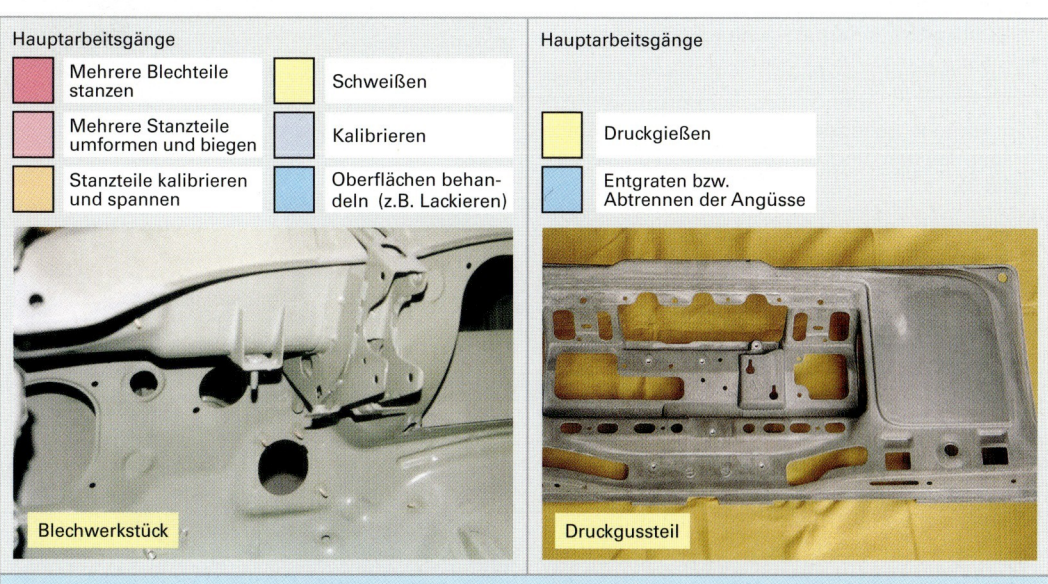

Bild 1: Druckgießen (rechts) statt Blechformen und Schweißen (links)

1.3.4 Leichtbau

Der Leichtbau ist praktisch für alle Produkte, die mobil sein müssen, eine Herausforderung und steht mit an oberster Entwicklung.

Bei Luft- und Raumfahrtfahrzeugen hat die Forderung nach möglichst geringem Gewicht bei gleichzeitig hoher Formstabilität schon immer im Mittelpunkt der Technikentwicklung gestanden. Bei Straßenfahrzeugen gehört der Leichtbau im Hinblick auf den Kraftstoffverbrauch ebenfalls zu den wichtigsten technologischen Forderungen.

Aufgrund stark zunehmender zusätzlicher (Gewichts-) Komponenten, die der Sicherheit und Bequemlichkeit dienen, sind im Gegenzug Gewichtseinsparungen an den Motorblöcken, Fahrwerken und Karosserien zu realisieren, ohne diese aber in der Funktionalität und Stabilität einzuschränken.

Erreicht wird dies durch:

- Verbesserte Konstruktionen – häufig nur in Verbindung mit Simulationen, z. B. Leichtbaukonstruktionen im Sinne der Bionik (**Bild 1**);

- Neue Fügetechniken, auch durch Verbinden unterschiedlicher Werkstoffe, z. B. durch Clinchen (Durchsetzungsumformung und Sprengplattieren);

- Neue Werkstoffe,
  z. B. Keramik anstelle von Stahl (bei Bauteilen die extrem hohen Temperaturen ausgesetzt sind)
  z. B. Kunststoffe oder Kohlenstofffasern (CFK[1], **Bild 2**) statt Metalle,
  z. B. Magnesium (4mal leichter als Stahl);

- Neue Fertigungsverfahren, z. B. Stahlleichtbauweise durch Innenhochdruckumformung (IHU). So können besonders belastete, z. B. Motorträger, leichter und billiger hergestellt werden (**Bild 3**).

- Verwendung von neuartigen Halbzeugen,
  z. B. von „Tailored[2] Blanks". Das sind Bleche mit unterschiedlicher Dicke, z. B. dicker am Türrahmen und dünner im Türmittelteil eines Pkws (**Bild 4**).
  z. B. von Metallschäumen (**Bild 5**). Diese haben Zellstrukturen ähnlich wie Knochen, sind hoch belastbar und verwindungssteif.

All diese Techniken sind nur möglich, weil die Potenziale des Computer-Aided-Designs (CAD) voll ausgeschöpft werden.

---
[1] CFK von Carbon-faserverstärktem Kunststoff, engl. carbon fibre reinforced plastic, CFRP
[2] engl. to tailor = schneidern, engl. blank = Formblatt

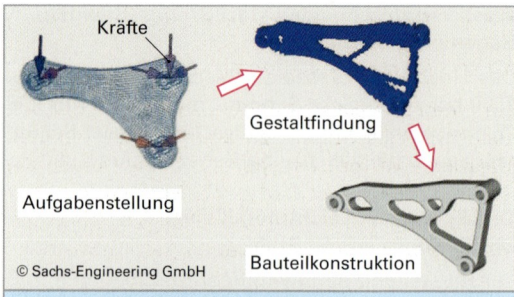

Bild 1: Bionik in der Konstruktion

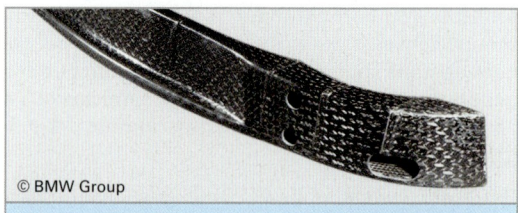

Bild 2: Stoßfänger aus CFK

Bild 3: Leichtbauweise durch IHU

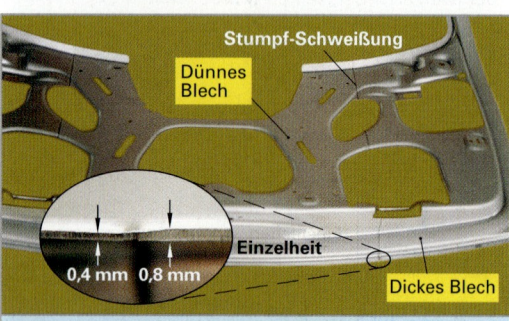

Bild 4: Karosserie mit Tailored Blanks

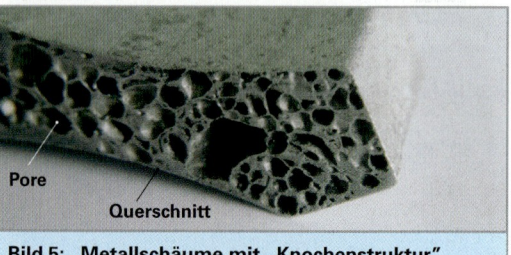

Bild 5: Metallschäume mit „Knochenstruktur"

1.3 Aktuelle Entwicklungen

1.3.5 Fertigungsprozesse programmieren

Makros für Mikrofunktionen

Für einen Prozessablauf, der sich aus immer den gleichen Teilschritten zusammensetzt, werden *Makrobefehle* prozessoptimal beim Anwender definiert. Im Unterschied zu der Verwendung von Standard-Bearbeitungszyklen können hier optimale Abläufe parametrierbar eingestellt werden.

> **Beispiel: Lichtbogenschweißen mit Roboter**
> Mit dem zugehörigen Makrobefehl LICHTBOGEN EIN werden die Gasvorströmzeit und die Zündzeit als Wartezeiten erzeugt sowie das Gasventil über einen Ausgabebefehl geöffnet. Kurze Zeit danach wird der Zündvorgang über einen weiteren Ausgabebefehl eingeleitet. Ebenso werden mit dem Befehl LICHTBOGEN AUS passende Wartezeiten im Roboterprogramm erzeugt, damit der Schweißprozess richtig mit entsprechender Nachbrennzeit und Gasnachströmzeit abgeschlossen werden kann.

Mit Hilfe solcher Makrobefehle erhält man dann ein sehr einfaches Roboterprogramm **(Bild 1)**. Diese Art der Roboterprogrammierung ist werkstattgerecht, da sie auf die Aufgabe zielt.

Die Prozessparameter, wie Schweißstrom und Pendelamplitude, sind in einer Tabelle eingetragen und können vom Werker verändert und damit optimiert werden.

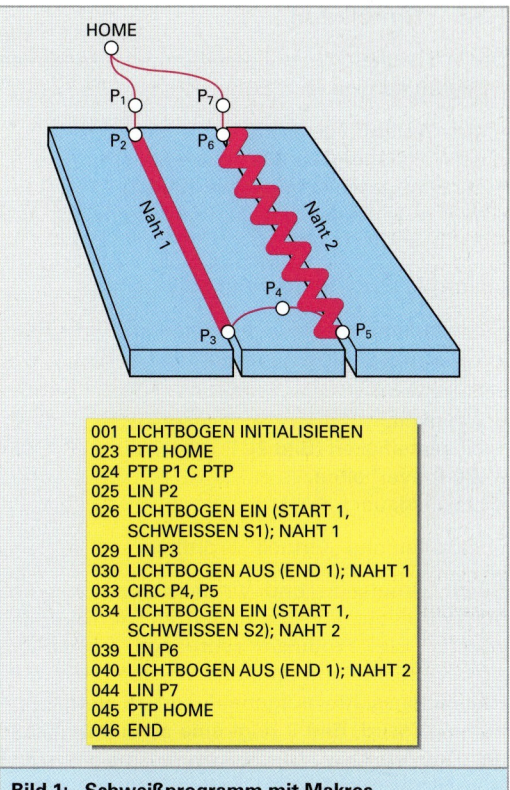

Bild 1: Schweißprogramm mit Makros

> **Beispiel: Optimierter Schleifprozess**
> Der Werker setzt „seinen Makrobefehl" aus beliebigen Teilschritten der ISO-Programmierung zusammen. Die Mikrofunktionen **(Bild 2)** werden in beliebiger Folge parametriert und zusammengefügt. Am Bildschirm der CNC-Schleifmaschine gibt es hierfür eine passende Eingabemaske.

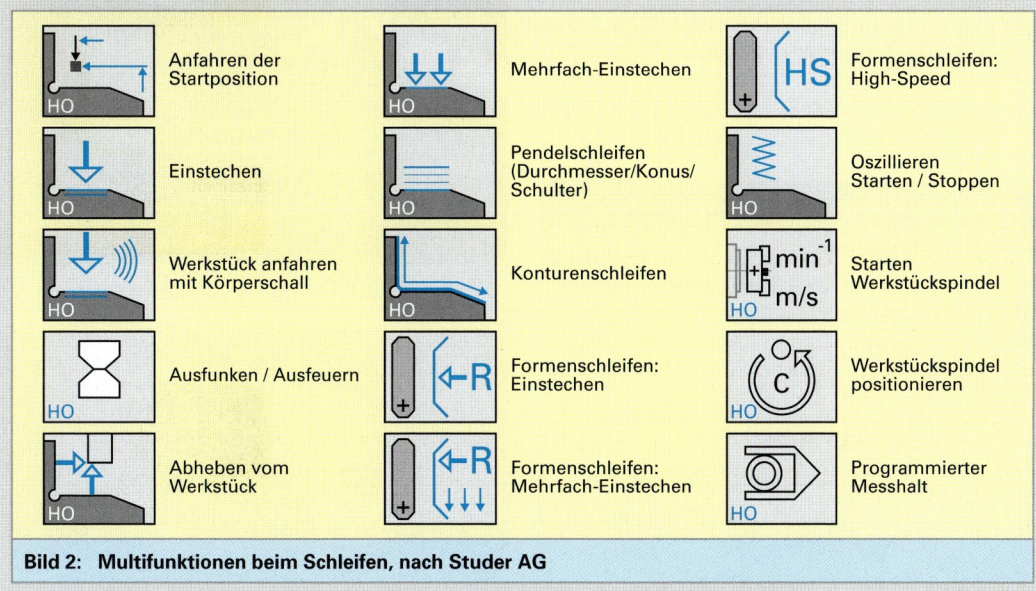

Bild 2: Multifunktionen beim Schleifen, nach Studer AG

1.3.6 Simulation

Durch Simulationen mit dem Computer kann man Fertigungsprozesse, z. B. hinsichtlich

- ihrer Ablauffolge **(Bild 1)**,
- der Vollständigkeit des Prozesses,
- der Fließgeschwindigkeiten **(Bild 2)**,
- der zu erwartenden Fertigungsqualität, z. B. Rauheit

überprüfen bzw. in Erfahrung bringen.

Bauteile kann man durch Simulation ihrer Beanspruchung auf ihr Bauteilverhalten, z. B.

- Festigkeit,
- Zähigkeit,
- Biegesteifigkeit **(Bild 2)**,
- Wärmeverhalten,
- Lebensdauer

überprüfen und „virtuell" erproben.

Durch Simulation und Virtualisierung von Produktionsanlagen bis hin zu ganzen Fabrikanlagen können die Produktionsvorgänge vollständig „durchgespielt" und optimiert werden bevor eine Produktionsstätte aufgebaut und in Betrieb genommen wird. **Bild 3** zeigt eine simulierte Szene der Pkw-Montage. Die Monteure sind als künstliche Menschen (Avatare) in den Montageprozess einbezogen.

Zur Simulation verwendet man sowohl einfache abstrakte Symbole und Graphen **(Bild 4)** als auch gegenständliche oftmals naturgetreue Objekt- und Prozessnachbildungen.

Wichtige Programmiersysteme zur Simulation sind in **Tabelle 1** zusammengestellt.

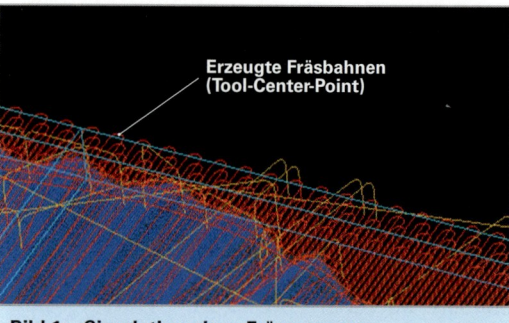

Bild 1: Simulation eines Fräsvorgangs

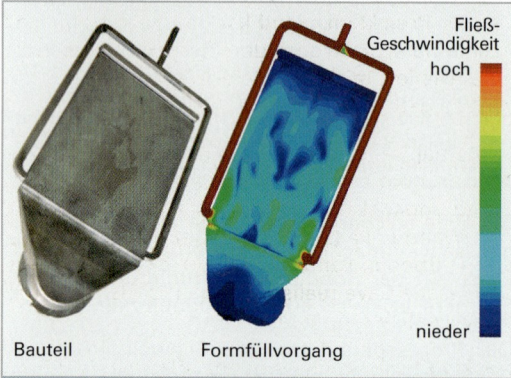

Bild 2: Simulation des Formfüllvorgangs

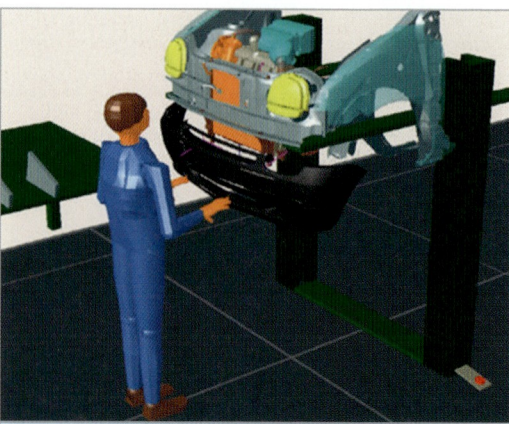

Bild 3: Simulation eines Montageprozesses

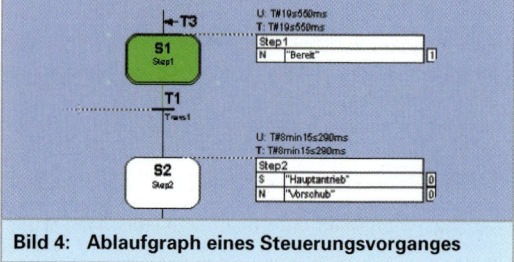

Bild 4: Ablaufgraph eines Steuerungsvorganges

Tabelle 1: Simulationssysteme (Auswahl)	
Name	Anwendung
ANSYS	Werkstoff- und Bauteilverhalten
eM-Power	Unternehmen mit verteilten Produktionsstätten
eM-plant	Produktionstechnik
ROBCAD	Produktionsprozesse, Systeme mit Robotern
IGRIP	Produktionsprozesse und Robotik
SES	Strömungsvorgänge und Fertigung mit flüssigen Stoffen
Moldflow	Kunststoff-Fertigungsprozesse

1.3.7 Virtual Environments

Prozesse, Anlagen, ja ganze Fabriken werden digital dargestellt. Meist erfolgt die Digitalisierung durch eine CAD-Konstruktion. Die Objekte sind also künstlicher Art. Man kann auch durch 3D-Scannen von natürlichen Objekten ein virtuelles Modell herstellen.

Die großflächige 3D-Projektion ermöglicht nicht nur ein Betrachten räumlich dargestellter Objekte, sondern auch ein „Eintauchen" (Immersion) in die virtuell dargestellte Welt. Man spricht von virtuellen Umgebungen (Virtual Environments, VE). Vor der Projektionswand kann man sich nämlich in eine Tiefe, die in etwa der Wandhöhe entspricht, hineinstellen mit dem Gefühl mit zur virtuellen Welt zu gehören.

Fügt man einer Projektionswand im Halbrund oder rundum weitere Projektionswände hinzu, so entsteht eine sogenannte Cave, z. B. eine Drei-Wand-Cave (**Bild 1**). Mit vier Wänden, Decke und Fußboden kann man sogar eine allseitig geschlossene Cave realisieren. Hier ist der Eindruck der Virtualisierung total.

Tracking. Zur vollkommenen Szenensteuerung werden die VE-Objekte nach dem Standort und der Blickrichtung des Nutzers ausgerichtet. Steht z. B. ein Objekt scheinbar mitten im virtuellen Raum und der Nutzer wechselt von der rechten Seite auf die linke Seite seinen Standort, so sieht er das Objekt zunächst von der rechten Seite projiziert und danach von der linken Seite. Wenn er sich bückt, erblickt er es von unten und wenn er mit dem Kopf durch das Objekt hindurchgeht, so sieht er es von innen (**Bild 2**).

Augmented Reality und Mixed Reality. Augmented Reality (AR) bedeutet erweiterte (engl. augmented) Realität. Reale Szenen werden durch virtuelle Objekte erweitert bzw. im Mix mit virtuellen Elementen betrieben. Auf die Bühne eines VE-Systems kann man reale Objekte bringen und diese mit in die virtuelle Welt einbeziehen. Man mischt die reale Welt mit der virtuellen Welt. So kann man z. B. einen virtuellen Roboter an einem realen Werkstück programmieren (**Bild 3**). Es geht auch umgekehrt. Man kann einen realen Roboter an einem virtuellen Werkstück durch *Teach-in* (Einlernen) programmieren.

Der Akteur sieht räumlich vor sich, in natürlicher Größe, das virtuelle Gebilde *und* das reale Objekt. Er kann um das reale Objekt herumgehen und die virtuelle Szene passt sich seinem Standortwechsel an.

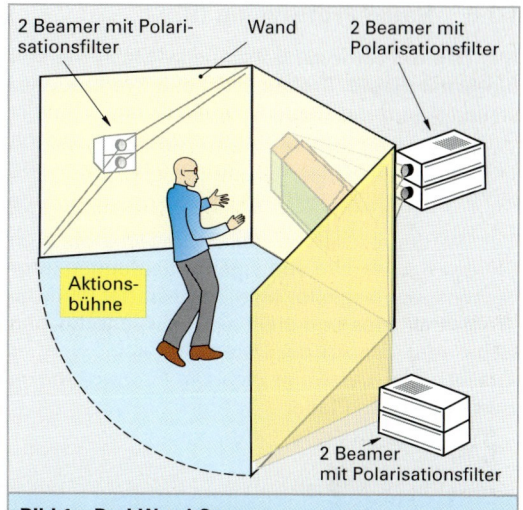

Bild 1: Drei-Wand-Cave

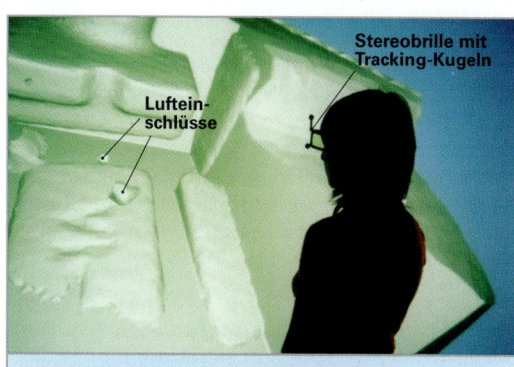

Bild 2: Blick in das Bauteilinnere

Bild 3: Ein virtueller Roboter „bearbeitet" ein reales Werkstück (Mixed Reality)

1.3.8 Rapid Prototyping (RP)

Mit **Rapid Prototyping** (schnelle Musterherstellung) mit **Rapid Tooling** (schnelle Werkzeugherstellung) und mit **Rapid Manufacturing** (schnelle Fertigung) bezeichnet man die Verfahren, die nahezu automatisch durch Aneinanderfügen von dünnen Schichten Bauteile erzeugen.

Der Werdeprozess von der *Bauteil-Idee* bis zum *fertigen Bauteil* wird von einer mitlaufenden Informationskette begleitet **(Bild 1)**. Gestartet wird der Prozess als Idee und stellt sich im menschlichen Gehirn dar. Die Art der Daten sind noch nicht erforscht. Nun verzweigt sich die *Prozesskette* in zwei alternative Pfade:

- CAD-Modell,
- körperliches Modell.

Beim **CAD-Modell** folgt nach mehreren Optimiervorgängen und Variantenkonstruktionen der Slicing-Prozess (to slice = in Scheiben schneiden). Hier wird das 3D-Volumenmodell vom jeweiligen CAD-System „gesliced", d. h. in Scheiben zerlegt und in STL-Daten (Stereolithographie-Language = Stereolithographiesprache) umgesetzt. Diese STL-Dateien stellen die Eingabeinformation für den RP-Prozess dar. Die *verfahrensspezifischen* Daten, wie sie die jeweilige RP-Anlage benötigt, werden mit der *firmenspezifischen RP-Software* aus den STL-Daten erzeugt.

Der Weg über das **körperliche Modell** geht so, dass, entsprechend der Idee, mit einfachen Mitteln, z. B. Modellschaum als Werkstoff, Raspel und Säge oder z. B. mit Knetwachs ein Modell hergestellt wird. Dieses tastet man mit einem *3D-Scanner* ab und bekommt eine *Punktewolke* der Modelloberfläche. Die Punktewolke muss nun in Flächen bzw. Flächenelemente mit einem geeigneten CAD-System umgewandelt werden. Dies ist mit z. T. großem Zeitaufwand verbunden. Man nennt diese Aufgabe *Flächenrückführung*. Nach erfolgter Flächenrückführung kann der Slicing-Prozess beginnen.

Die **Rapid-Prototyping-Anlage** erzeugt je nach Verfahren ein Wachsmodell, ein Modell zum Abformen, eine gießfähige Negativform oder ein fertiges Werkstück.

Das *Wachsmodell* wird eingeschlämmt, besandet und durch Gießen im Wachsausschmelzverfahren in ein Endwerkstück überführt.

Das *Abform-Modell* wird verwendet, um eine Gießform, z. B. mit Teilungsebenen und Kernen, herzustellen. Damit können Werkstücke in allen Gusstechniken wie z. B. Kokillenguss, Sandguss, Druckguss hergestellt werden.

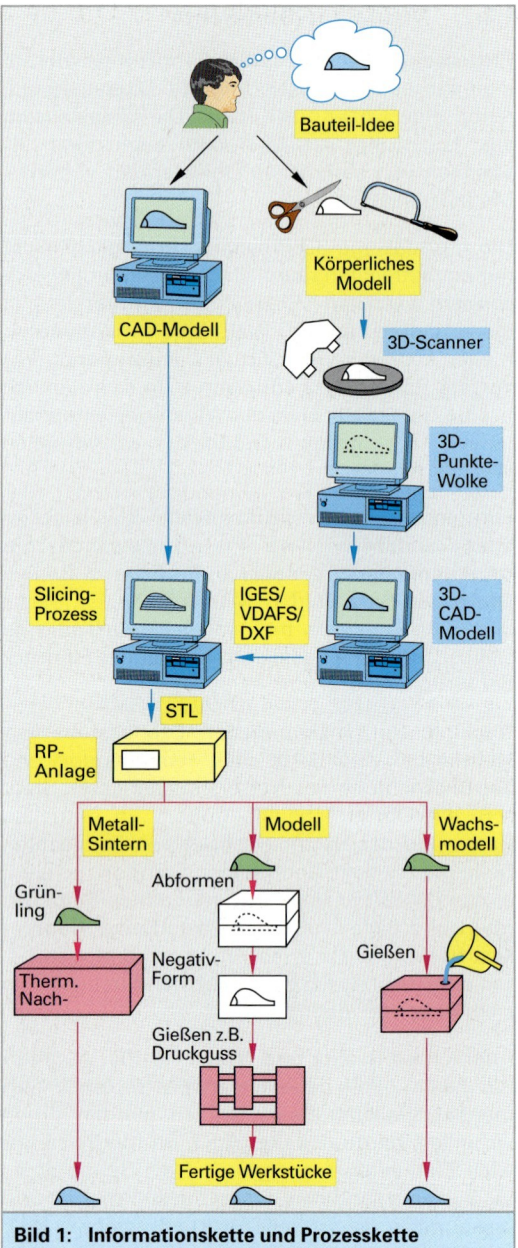

Bild 1: Informationskette und Prozesskette

Das *Negativmodell* wird als Hochtemperaturmodell erzeugt und eignet sich für Niederdruckguss und Sandguss zur Werkstückherstellung.

Die *Werkstückherstellung* durch *RP-Metallsintern* ermöglicht die direkte Herstellung metallischer Werkstücke. Zur Erhöhung der Festigkeitswerte wird das gesinterte Werkstück, nach einem Diffusionsprozess, einer Wärmebehandlung unterzogen. Die Bauteilfestigkeitswerte liegen aber unter denen der anderen Verfahrensketten.

1.4 Geschwindigkeit und Qualität

Die Geschwindigkeit steht im Zusammenhang mit der

- Qualität,
- Flexibilität und
- Menge.

Die Produktion von Teilen hoher Qualität nimmt meist viel Zeit in Anspruch oder macht hohe Investitionen erforderlich. Dabei bemisst sich die Qualität nach der Teilebeschaffenheit, die sich neben den Werkstoffeigenschaften vor allem in den Maßgenauigkeiten, Formgenauigkeiten und Oberflächengenauigkeiten ausdrückt.

Fertigungsverfahren in denen die Qualität durch eine vielfältige Bearbeitungsfolge erzielt wird, z. B. durch Schruppen, Feinbearbeitung, Polieren, dauern naturgemäß länger als Fertigungsverfahren, in denen die Endform und Endoberfläche durch einen einmaligen Vorgang, z. B. Druckgießen erreicht wird.

Dafür ist die Flexibilität und Mengenausbringung sehr unterschiedlich. Die spanenden Verfahren nützen meist universelle Werkzeuge und ermöglichen nahezu eine geometrisch unbegrenzte Werkstückgestaltung bei sehr hoher Genauigkeit und Oberflächengüte. Sie sind für Einzelwerkstücke und kleine Serien besonders geeignet.

Die umformenden Verfahren und das Druckgießen bzw. Spritzgießen bei Kunststoffen erfordern sehr teure Spezialwerkzeuge mit entsprechend großem zeitlichen Vorlauf zu deren Herstellung. Dafür ist die Mengenleistung hergestellter Werkstücke enorm. Auch sind hier die Rüstzeiten sehr beachtlich, ebenso die Höhe der notwendigen Maschineninvestitionen. Diese Verfahren lohnen sich meist nur bei einer Serienfertigung mit hohen Stückzahlen.

Massgeblich für die Qualität sind Bauteilfestigkeiten und Bauteilgestaltsabweichungen **(Bild 1)**. Man unterscheidet hier nach *Grobgestalt* mit Angaben über

- Maßabweichungen,
- Formabweichungen,
- und Lageabweichungen,

sowie nach *Feingestalt* mit Angaben zur

- Welligkeit und
- Oberflächenrauheit.

Formabweichungen sind Abweichungen von der Geradheit, Rundheit, Linienform, Ebenheit, Zylinderform bei Bauteilen mit analytisch einfach

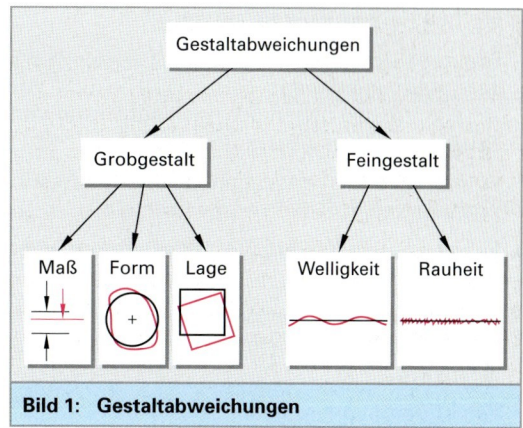

Bild 1: Gestaltabweichungen

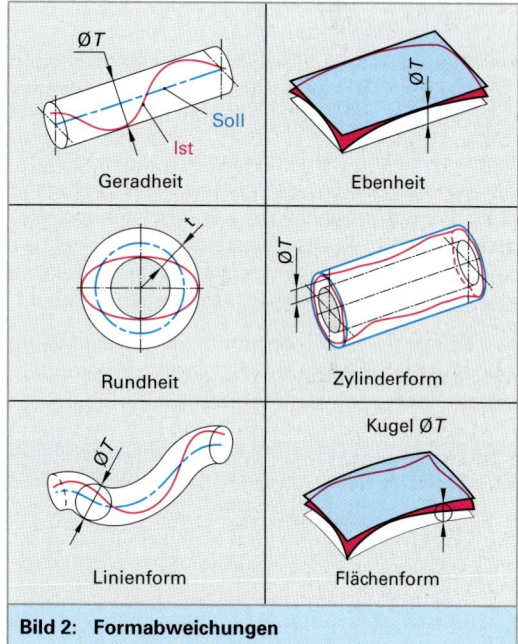

Bild 2: Formabweichungen

beschreibbaren Formen **(Bild 2)**. Diese Formabweichungen sind relativ einfach messtechnisch erfassbar. Solche Bauteile können z. B. mit üblichen Zeichengeräten (Lineal, Zirkel) konstruiert werden und z. B. mit Messschiebern und Koordinatenmessgeräten vermessen werden.

Bei Bauteilen, die sich aus Freiformflächen zusammensetzen, wie z. B. Karosserieteile sind die Abweichungen schwieriger erfassbar. Man verwendet neben Koordinatenmessgeräten auch optische 3D-Digitizer.

Ursachen für **Formabweichungen** sind:

- Fehler an den Fertigungsmitteln, z. B. den Werkzeugmaschinen, wenn diese Spiel in den Vorschubantrieben haben oder sich auf Grund von Erwärmungen und Belastungen dehnen.
- Fehler an den Werkzeugen und Werkzeugeinspannungen, z. B. Werkzeugverschleiß.
- Fehler durch fehlerhafte Werkstückaufspannungen.
- Fehler durch Wärmeverzug bei der Werkstückbearbeitung, z. B. beim Härten, Schweißen, Spanen.
- Fehler durch innere Spannungen, z. B. beim Erstarren von Gussteilen.
- Fehler durch Inhomogenitäten im Werkstoff, z. B. durch Hohlräume und durch Lufteinschlüsse bei Gussteilen.
- Fehler durch ungewollte Werkstoffumwandlungen, z. B. Kornvergröberungen beim Schweißen oder Kaltverfestigungen beim Umformen.

Lageabweichungen sind Abweichungen gegenüber Bezugspunkten, Bezugslinien und Bezugsflächen. Daraus ergeben sich z. B. Abweichungen in der *Parallelität, Rechtwinkeligkeit, Symmetrie* und *Konizität*. Ursachen sind meist fehlerhafte Werkzeugmaschinen und Werkstückaufspannungen.

Die **Feingestalt** wird bestimmt durch die Welligkeit und Oberflächenrauheit. Ursache für Welligkeiten sind vor allem Unstimmigkeiten in der bewegungserzeugenden Mechanik von Maschinen, z. B. eine außermittige Wellenlagerung, eine Wellenverbiegung, Fehler in der Getriebeverzahnung. Bei Werkzeugmaschinen mit komplexen Bewegungskinematiken, wie z. B. 5-Achsen-Fräsmaschinen oder bei einer Hexapod-Kinematik, können Welligkeiten auch durch unkorrekte oder ungenaue Koordinatentransformationen entstehen.

Ein Maß für die Oberflächengüte ist u. a. die gemittelte *Rautiefe Rz*. Tastet man die Oberfläche eines Werkstücks ab, so ergibt sich eine regellose Konturlinie. Die gemittelte Rautiefe *Rz* ist der arithmetische Mittelwert ($Z_1 ... Z_5$) von fünf aneinanderliegenden Einzelmessstrecken. (Man addiert Z_1 bis Z_5 und dividiert durch 5). Die gemittelte Rautiefe *Rz* sollte kleiner als die halbe Fertigungstoleranz sein.

Der *Mittenrauwert Ra* ist der arithmetische Mittelwert aller Ordinatenwerte (Höhenwerte) eines Oberflächenprofils gemessen von der mittleren Profillinie aus. Der *Ra*-Wert liegt etwa zwischen 1/3 ... 1/7 *Rz*.

Bestimmt wird die Rauheit durch die Fertigungsverfahren. Beim Spanen erkennt man in der Werkstückoberfläche die Art der Spanbildung und des Abreißens eines Spans. Beim Sandstrahlen erhält man in der Oberfläche kleine Einprägungen und beim Polieren ergeben sich abhängig vom Poliermittel feine Polierriefen. So bedingt jedes Fertigungsverfahren eine charakteristische Teileoberfläche mit spezifischen Rauheitswerten **(Tabelle 1)**.

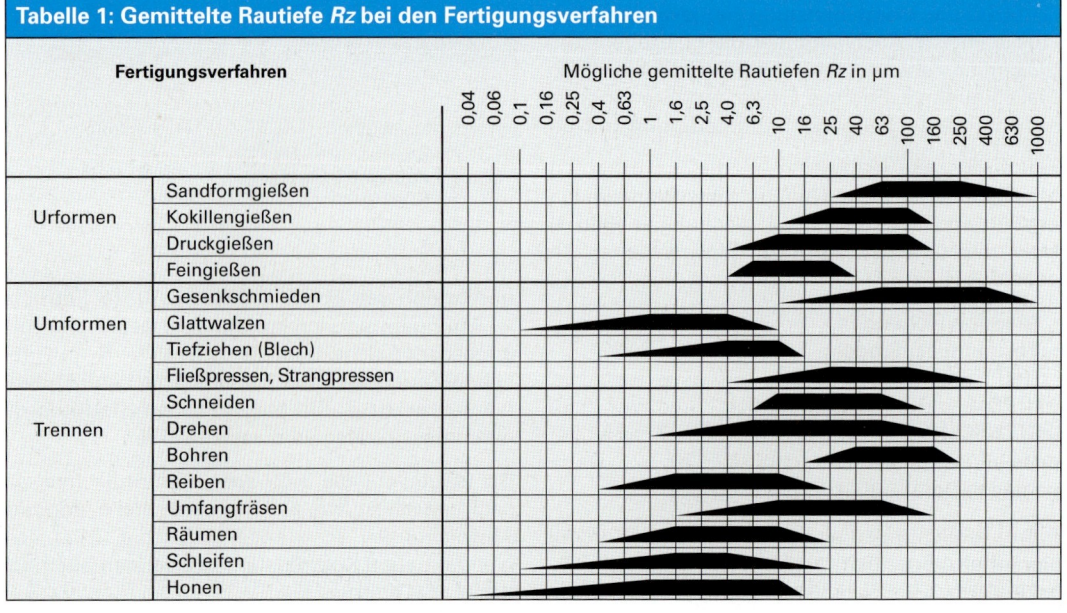

Tabelle 1: Gemittelte Rautiefe *Rz* bei den Fertigungsverfahren

1.5 Management

1.5.1 Produktdatenmanagement (PDM)

Mit dem Produktdatenmanagement wird der gesamte Lebenszyklus eines Produkts im voraus überlegt (antizipiert) und informationstechnisch begleitet. So werden Produkte in allen Phasen von dem Produktentwurf, der Produktkonstruktion über die Fertigung, den Vertrieb, der Nutzung bis hin zur Verschrottung durch Simulation und Virtualisierung getestet **(Bild 1)**.

Produktdatenmodell

Für dieses Produktdatenmanagement wird ein Produktdatenmodell erstellt **(Bild 2)**. Es beschreibt das Produkt durch Dateien für:

- die Geometrie insgesamt und für die Einzelteile,
- die Stücklisten,
- die Fertigungsvorgänge mit NC-Daten und Roboterprogrammen,
- die Werkstoffe,
- die Prüf- und Testprogramme,
- die Aufbauvorgänge (Digital Mock Up),
- die Produktpräsentation,
- die Kostenrechnung,
- die Vertriebs- und Marketingvorgänge,
- die Wartung und den Service,
- das Recycling.

1.5.2 ERP

Das PDM ermöglicht eine ganzheitliche Darstellung aller produktrelevanten Eigenschaften und es kooperiert eng mit dem ERP-System eines Unternehmens **(Bild 3)**. ERP steht für Enterprise Resource Planning = Unternehmens Quellen Planung und ist ein Informationssystem, das auf einer Datenbank alle Unternehmensressourcen, d. h. die Fertigungskapazitäten und die Lieferfähigkeiten, die Personalkapazitäten, die Dienstleistungsfähigkeiten am Bildschirm abrufbar zur Verfügung stellt. Die Nutzung heutiger ERP-Systeme wie auch das PDM erfolgt über Browser, sehr ähnlich dem Internetbrowser (www). In vielen Unternehmen ist das hausinterne Internet (= Intranet) ein ERP-System.

Mit PDM und ERP ist es möglich, Informationen und Daten so zu strukturieren und bereitzustellen, dass „Wissen" entsteht. Und „Wissen" ist das eigentliche Potenzial eines Unternehmens.

Mit „Wissen" werden neue Märkte erschlossen, neue Produkte entwickelt und so gefertigt und vertrieben, dass Gewinne entstehen.

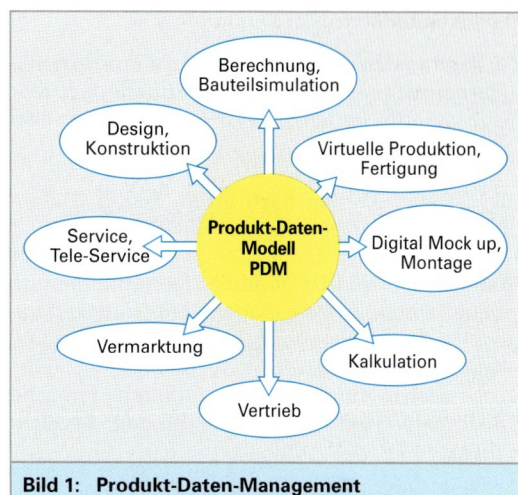

Bild 1: Produkt-Daten-Management

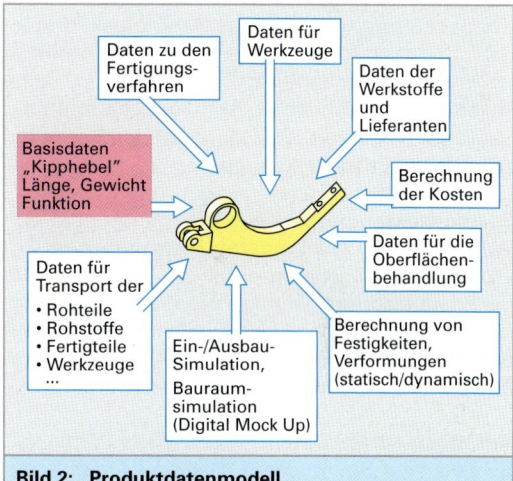

Bild 2: Produktdatenmodell

Bild 3: PDM und ERP

Produktionsdaten

Zur Auftragsabwicklung benötigt ein Produktionsunternehmen eine Fülle von Informationen über Gegenstände, Personen und Sachverhalte, also Daten.

Diese Daten werden nach ihrem Bezug (Datenobjekt) und ihrer Datenart geordnet **(Tabelle 1)**.

Stammdaten sind Daten über Eigenschaften von einem Datenobjekt, die längere Zeit Gültigkeit haben. Wichtige Datenobjekte für die Produktionsplanung und -steuerung sind Mitarbeiter, Teile, Arbeitsplätze, Kunden und Lieferanten. Typische Stammdaten sind z. B. ihre Namen oder Bezeichnungen.

Strukturdaten beschreiben die Beziehungen zwischen den Objekten nach Zahl und Art. In einem Kundenauftrag wird z. B. das Datenobjekt Kunde, das mit dem Merkmal Kundenname bestimmt ist, mit dem Datenobjekt Teil, das durch seine Teilenummer definiert ist, Mithilfe der Beziehung „bestellt" verknüpft. Das Merkmal der Bestellbeziehung ist die Bestellmenge.

Bestandsdaten beschreiben die Menge bzw. den Wert der durch Stammdaten beschriebenen Objekte. **Bewegungsdaten** enthalten Angaben, wie die Bestandsdaten geändert werden müssen, um sie der betrieblichen Wirklichkeit anzupassen. **Änderungsdaten** dagegen enthalten Angaben, wann und wie Stammdaten geändert werden müssen.

Auftragsneutrale Daten – auch Grunddaten genannt – sind Stammdaten. Sie sind unabhängig von einem konkreten Auftrag **(Bild 1)**. Sie bilden die relativ langlebige Grundlage für die sich ständig wiederholende Auftragsabwicklung. Unvollständige oder falsche Grunddaten müssen daher auf jeden Fall vermieden werden. Dies bedeutet aber, dass ein erheblicher Aufwand für die Ermittlung und Aktualisierung dieser Daten sowie für ihren Datenschutz und ihre **Datensicherung** getrieben werden muss.

Während es beim **Datenschutz** darum geht, dass die Daten vor Missbrauch geschützt werden, ist es Aufgabe der Datensicherung, einen Datenverlust zu verhindern.

Bei der Wiederholfertigung ist es sinnvoll, diese Informationen in auftragsunabhängige (auftragsneutrale) und auftragsabhängige (auftragsbezogene) Informationen zu trennen. Das hat den Vorteil, dass für verschiedene Aufträge immer wieder die selben **auftragunabhängigen Informationen** verwendet werden können.

Aufragsabhängige Informationen entstehen bei der Abwicklung von Kundenaufträgen. Sie geben vor allem Auskunft über Mengen und Termine von relativ kurzlebigen Kundenaufträgen, Fertigungsaufträgen, Bestellungen, sowie über Bestandsveränderungen der davon betroffenen Datenobjekte.

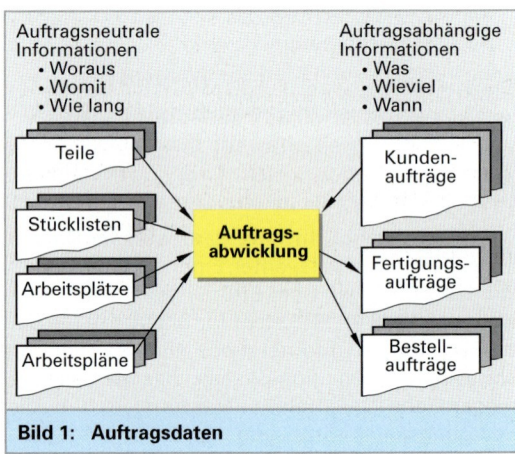

Bild 1: Auftragsdaten

Datenobjekt	Stammdaten	Strukturdaten	Bestandsdaten	Bewegungsdaten
Personal	Personalnummer, Name, Geburtstag, Qualifikation	Zuordnung zwischen Mitarbeiter und Abteilung	Anwesenheitszeit Überstunden	Kommt-Geht-Meldung
Erzeugnis, Teil	Teilenummer, Benennung, Maßeinheit, Verrechnungspreis	Zuordnung der Baugruppen, Einzelteile und Rohstoffe zum Erzeugnis	Lagerbestand, Bestellbestand, Werkstattbestand	Lagerzugänge, Bestellmenge, Ausschussmenge
Betriebsmittel	Maschinennummer, Benennung, Leistungsdaten, Platzkosten	Zuordnung der Betriebsmittel zu den zu fertigenden Teilen	verfügbare Kapazität, Abschreibungsstand	Anfang und Ende von Maschinenstörungen
Kunden	Kundennummer, Name, Adresse, A/B/C-Kunde	vom Kunden bestellte Teile	Umsatz mit Kunden	Eingang einer Kundenbestellung

Tabelle 1: Beispiele für Datenobjekte und Datenarten

1.5.3 Produktionsmanagement

Supply Chain Management (SCM). Mit SCM bezeichnen wir, wie man die Ablaufkette (Chain) für Produkte bzw. Vermögensgüter (Supply) organisiert und behandelt (managt). Man könnte auch sagen, es ist das betriebliche Logistikmanagement oder auch ganz einfach, es ist das Organisieren bei der Herstellung von Produkten. Die Gesamtheit aller Unternehmenstätigkeiten, die zur Unternehmenszielerreichung vorgenommen werden, bezeichnet man auch als Geschäftsprozess (Business Process).

Das SCM ist stärker ins Bewusstsein gerückt, so dass die Organisation der Produktherstellung (**Bild 1**) sehr detailliert gegliedert, gegebenenfalls mit spezieller Software unterstützt werden muss und oftmals eine Neuorganisation betrieblicher Abläufe bedingt.

Das SCM umfasst alle Methoden und Hilfsmittel zur Organisation betrieblicher Abläufe für

- Materialfluss,
- Informationsfluss,
- Kooperation aller beteiligten Organisationseinheiten, Einbeziehung des Wissens anderer für die eigenen Aufgaben (Wissensmanagement).

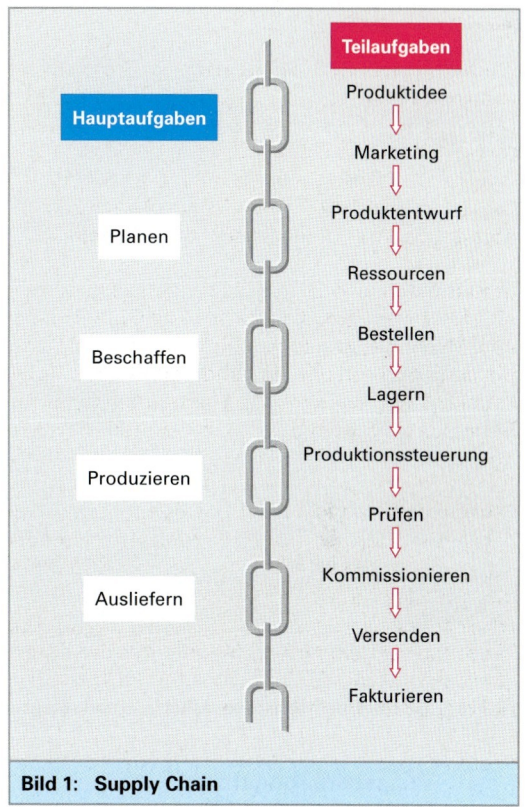

Bild 1: Supply Chain

Business Process. Geschäftsprozesse orientieren sich an der Aufgabe, dem Wertschöpfungsprozess und nicht an betrieblichen Abteilungen. Im Beispiel einer Sondermaschine beginnt der Geschäftsprozess mit der Anfrage für eine Problemlösung, z. B. Erstbearbeitung von Gusswerkstücken mit den Teilaufgaben: Entkernen, Abtrennen von Angüssen, Gussputzen, Herstellen einer Bezugsfläche, geordnetes Aufspannen, Werkstückübergeben.

Für die Durchführung des Auftrages z. B. zur Herstellung der Sondermaschine ergibt sich folgender Hauptprozess:

- Aquisition,
- Auftrag,
- Abklärung der eigenen Ressourcen und möglichen Fremdleistung,
- Auftragsbestätigung,
- Teilebeschaffung und Teileherstellung,
- Montage,
- Inbetriebnahme im Werk und Optimierung,
- Abnahme durch den Kunden,
- Kundenschulung,
- Auslieferung und Montage, Vorort-Inbetriebnahme,
- Einplanung von Serviceleistungen,
- Ersatzteilplanung, Ersatzteilhaltung.

Im Produktionsunternehmen unterscheidet man zwischen folgenden zwei Prozessketten:

- dem technischen, **produkt- und produktionsorientierten** Prozess zur **Produktentwicklung** neuer Produkte und

- dem **logistischen,** ablauforientierten Prozess zur **Kundenauftragsabwicklung (Bild 1, folgende Seite).**

Beide Prozesse laufen aufgrund des Produktlebenszyklus und der immer wieder neu zu bearbeitenden Kundenaufträge zyklisch ab. In der Wirtschaft versteht man unter Logistik ein System zur ertragsoptimierten Planung, Steuerung und Durchführung sämtlicher Material- und Warenbewegungen innerhalb und außerhalb des Unternehmens.

Life Cycle Management (LCM). Hier betrachtet man über die Technik hinausgehend den Lebenszyklus eines Produkts in ganzheitlicher Weise, also unter Einbeziehung ökonomischer und ökologischer Folgen. Für die Zukunftsfähigkeit von Produkten sind Umwelteinwirkungen und Veranlassungen für Dienstleistungen zu bewerten.

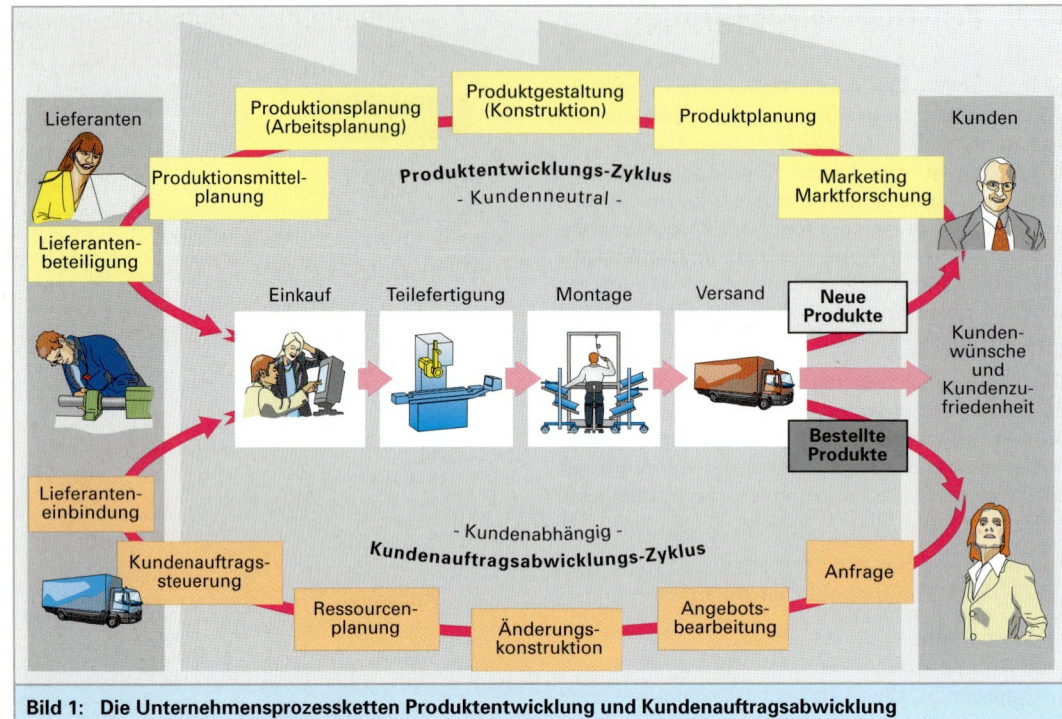

Bild 1: Die Unternehmensprozessketten Produktentwicklung und Kundenauftragsabwicklung

1.5.4 Wissensmanagement

Das Wissensmanagement sorgt dafür, dass Wissen nutzergerecht zur Verfügung steht. Es stellt z. B. dem Werker an der CNC-Maschine ergänzend zu seinen CNC-Datensätzen auch Informationen über die eingesetzten Werkstoffe, über die Nutzung der von ihm gefertigten Werkstücke und über die Kunden zur Verfügung. So wird der Werker umfassend auch über seine eigentliche Aufgabe hinaus informiert und damit auch stärker motiviert. Umgekehrt ermöglicht das Wissensmanagement die Aufnahme von Kenntnissen und Erfahrungen, die der Werker macht. Er hat z. B. eine bestimmte Technik beim Aufspannen eines Werkstücks entwickelt. Diese wird durch das Wissensmanagement aufgenommen und dann auch anderen – bei ähnlichen Aufgaben – zur Verfügung gestellt.

Durch ein systematisches Management im unternehmensbezogenen Wissen werden Wettbewerbsvorteile erzielt:

1. durch Mehrwissen,
2. durch bessere Ausnutzung des vorhandenen Wissens,
3. durch schnellere Anwendung des verfügbaren Wissens.

Das Mehrwissen erzielt man durch systematisches Sammeln („Aufsaugen") von Wissen, nämlich dem Wissen der Mitarbeiter, der Kunden und der Wettbewerber.

Die bessere Ausnutzung erreicht man neben der Bereitstellung von technischen Hilfsmitteln wie PCs mit PDM/ERP und den zugehörigen Programmen zum Wissensmanagement durch problemorientierte Teambildung mit den Aufgaben: Problemanalyse, Entwicklung von Lösungsansätzen und Umsetzung von Lösungskonzepten.

Die schnellere Anwendung des verfügbaren Wissens erfolgt durch gut strukturierte Wissensdatenbanken, die über einen Browser schnell und einfach abgefragt werden können.

Wiederholung und Vertiefung

1. Nennen Sie einige aktuelle Entwicklungstrends bei den Werkzeugmaschinen und bei den Fertigungsverfahren.
2. Wodurch unterscheidet sich die Parallelkinematik von der seriellen Kinematik einer Werkzeugmaschine?
1. Durch welche Maßnahmen erzielt man den Produktleichtbau?

2 Fertigen mit Metallen

2.1 Gießereitechnik

2.1.1 Gegossene Bauteile

Gussprodukte haben weltweit eine ständig zunehmende Bedeutung. Die größten Abnehmer sind zurzeit die Automobilindustrie, der Maschinenbau, die Elektroindustrie und die Telekommunikation.

Vor allem in der Automobilindustrie haben Gusserzeugnisse in der Zukunft durch den Einsatz der Leichtmetalle Aluminium (Al) und Magnesium (Mg) breite Einsatzgebiete im Motoren- und Getriebebau, bei der Karosserieherstellung und im Fahrzeuginnenbereich. Die Entwicklung von Gussprodukten für die Automobilindustrie wird durch folgende Anforderungen gekennzeichnet:

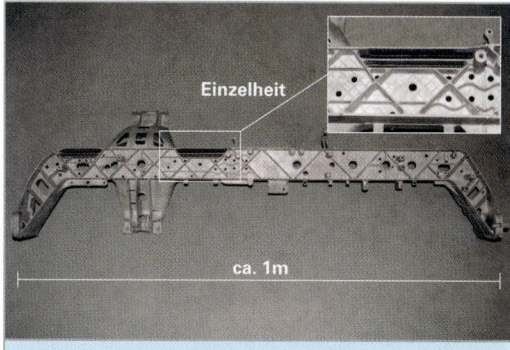

Bild 1: Instrumententräger (Smart)

Werkstücke sollen

- leicht,
- sicher,
- schnell,
- preiswert,
- energiesparend,
- umweltschonend,
- formgebungsfreundlich,

konstruiert und hergestellt werden.

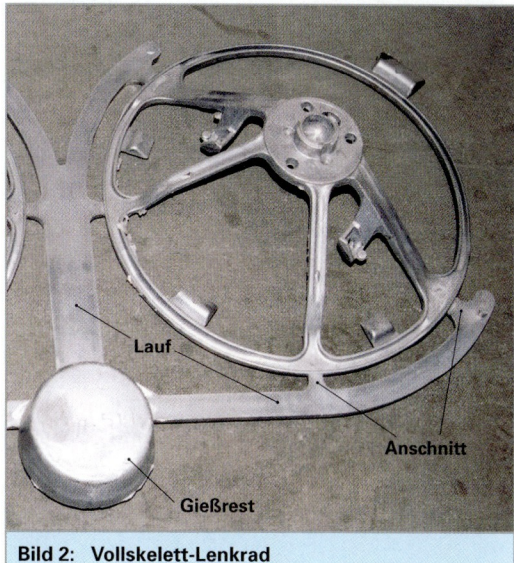

Bild 2: Vollskelett-Lenkrad

Leicht

Der Benzinverbrauch von Fahrzeugen ist vor allem abhängig von dem Gewicht der Fahrzeuge.

Das Reduzieren der Fahrzeuggewichte kann durch folgende Maßnahmen erfolgen:

1. Durch die Entwicklung integraler Bauteile, die mehrere Funktionen übernehmen **(Bild 1)**.
2. Durch Einsatz von Leichtmetallen auf Basis von Aluminiumlegierungen und Magnesiumlegierungen anstelle von Eisen und Stahl.
3. Durch neue Konstruktionsweisen, wie z. B. die Rahmenkonstruktion für die Herstellung von Pkw-Karosserien.
4. Durch die sinnvolle Kombination von Werkstoffen, wie z. B. die Knotenpunkte als Magnesiumteile und die Rahmenteile als extrudierte Teile aus Aluminiumlegierungen.

Sicher

Die Herstellung von Vollskelett-Lenkrädern **(Bild 2)** aus Al-Legierungen oder aus Mg-Legierungen ist gewichtssparend gegenüber den früheren Konstruktionen aus Stahlblech und Stahldrähten für die Speichen, bzw. einer Mischbauweise aus Stahldrähten für die Speichen eingegossen in einen Al-Druckgussring. Ein Vollskelett-Lenkrad ist aus Mg-Legierungen mit 530 g leichter als aus einer Al-Legierung mit 820 g.

Die Aufnahme vieler Funktionen (integrale Bauweise) führt zu großen, gewichtsoptimierten Gussteilen. In einem Instrumententräger **(Bild 1)** sind eine Reihe von Funktionen integriert, z. B. die Aufnahme der Lüftung/Heizung, der Lenksäule, der Armaturen mit Radio, Verkehrsleitsystem usw. Ergänzend können die Instrumententräger zur Versteifung der Fahrgastzelle beitragen.

Die Herstellung der Karosserie eines Fahrzeugs als Rahmenkonstruktion führt zu einer steiferen Karosserie und damit zu einer höheren Sicherheit für Fahrer und Insassen **(Bild 1)**. **Bild 2** zeigt eine Leichtbau-Rahmenkonstruktion von 1919 für Flugzeuge.

Schnell

Um Teile in möglichst kurzer Zeit zu entwickeln, die alle gewünschten Anforderungen aufweisen, müssen folgende Voraussetzungen erfüllt sein:

- Die Herstellung von Prototypen muss kurzfristig möglich sein.
- Die Teile müssen ohne lange Vorbereitungszeiten herstellbar sein.
- Die Teilekonstrukteure unterstützen ihre Konstruktion durch eine Bauteilsimulation. Dies setzt jedoch voraus, dass genaue Kenndaten für die eingesetzten Werkstoffe zur Verfügung stehen.

Die Gießverfahren sind die Herstellungsverfahren mit der kürzesten Durchlaufzeit. Endmaßnahe Gussteile entstehen direkt aus der Schmelze **(Bild 3)**. Im flüssigen Zustand kann praktisch jede gewünschte Zusammensetzung einer Legierung hergestellt werden, denn im flüssigen Zustand sind die Elemente des periodischen Systems praktisch unbegrenzt löslich. Unmittelbar nach dem Abgießen, der Erstarrung und der Abkühlung auf Raumtemperatur liegen die Rohgussteile zur notwendigen Endbearbeitung vor.

Bild 1: Karosserie als Al-Rahmenkonstruktion

Bild 2: Metallleichtbau bei Flugzeugen 1919

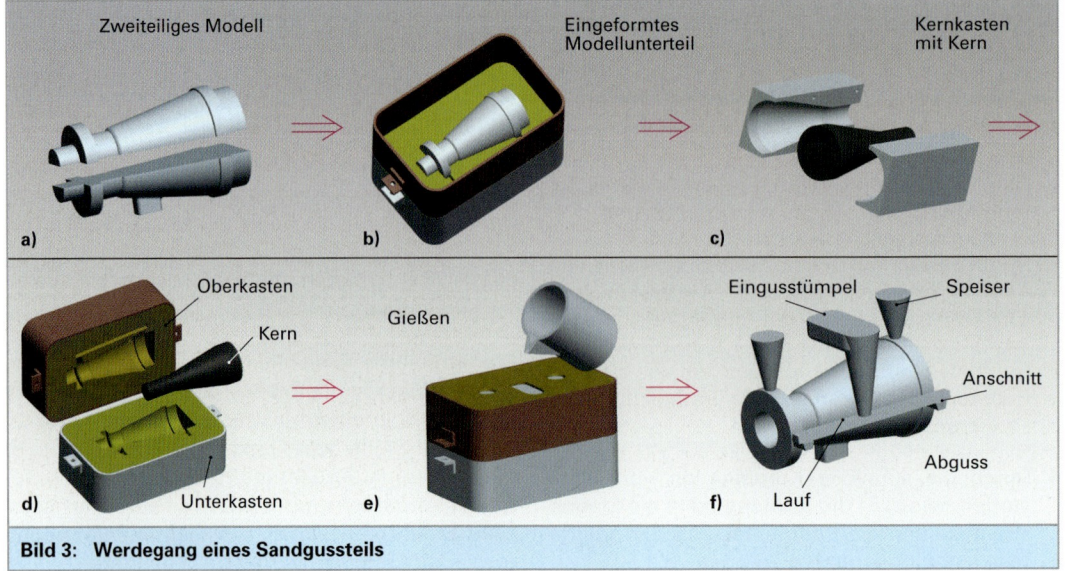

Bild 3: Werdegang eines Sandgussteils

2.1 Gießereitechnik

Formgebungsfreundlich

Verglichen mit den Fertigungsverfahren der Umformtechnik, des Trennens und des Fügens, bieten die verschiedenen Gießverfahren die weitestgehenden Gestaltungsmöglichkeiten. Die Darstellung von *Freiformflächen* bereitet keine Schwierigkeiten. Bohrungen können vorgegossen bzw. auch fertig gegossen werden.

Bei der Darstellung von *Hinterschnitten* bietet sich das Sandgießen und das Kokillengießen an, wobei die Bereiche des Hinterschnittes zweckmäßig durch Sandkerne oder einen Schieber **(Bild 1)** abgebildet werden.

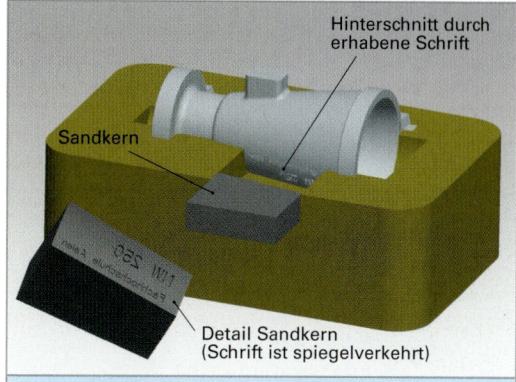

Bild 1: Gussteil mit Hinterschnitt

Preiswert

Bauteile, die aus der Gießhitze in einem Arbeitsgang einsatzfertig hergestellt werden, sind preisgünstig. Zurzeit ist die Automobilindustrie bereit, für Bauteile bei Reduzierung des Gewichtes mehr zu bezahlen, insbesondere für Teile im Frontbereich des Pkws. Man kann jedoch davon ausgehen, dass in der Zukunft die Automobilindustrie auch bei Neuteilen bei Gewichtsreduzierung keinen Mehrpreis zahlen wird.

Je nach Bauteil (Konstruktion und Beanspruchung) können Bauteile aus Magnesiumlegierungen preisgünstig hergestellt werden. Dies gilt z. B. für Lenkräder aus Magnesiumlegierungen, die wegen der hohen möglichen Produktivität verglichen mit Lenkrädern aus Aluminiumlegierungen preiswerter sind. Der Preis[1] für 1 kg Magnesium liegt derzeit bei etwa € 2,60. Die alternativ dazu eingesetzte Aluminiumlegierung ist eine Knetlegierung, die ca. € 2,60/kg kostet.

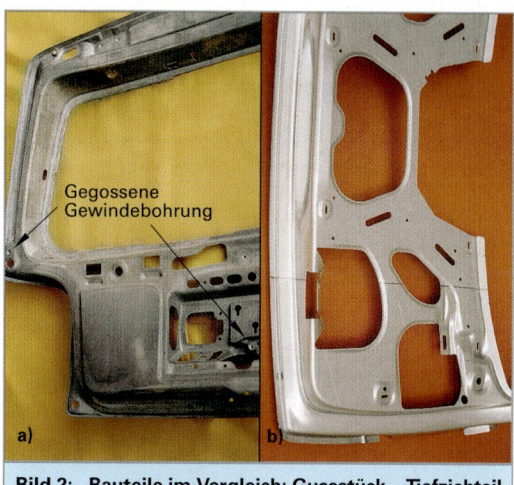

Bild 2: Bauteile im Vergleich: Gussstück – Tiefziehteil

Die Integration von mehreren Funktionen in einem Bauteil kann zu erheblichen Kostenersparnissen führen. Z. B. wurde ein Cockpit-Panel für ein Flugzeug ursprünglich aus 296 Blechteilen mit 1600 Nieten hergestellt. Die gegossene Lösung besteht aus 11 Aluminiumgussteilen mit einer Gewichtseinsparung von 25 % und einer Reduzierung der Montagezeit von 180 h auf 20 h.

Ähnlich ist die Situation bei Pkw-Karosserieteilen **(Bild 2)**. Rechts im Bild ist das Karosserieteil in mehreren Arbeitsschritten aus Blech hergestellt und muss durch weitere Blechteile ergänzt werden. Links im Bild erkennt man ein Karosserieteil als Magnesiumdruckgusswerkstück, das weitgehend einbaufertig ist, ebenso das funktionelle Abdeckbauteil für ein Motorrad **(Bild 3)**.

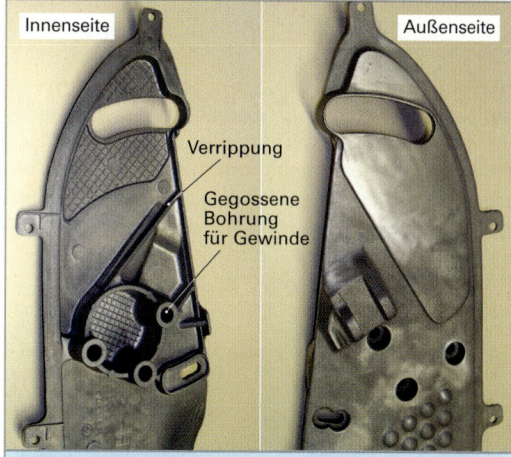

Bild 3: Abdeckung für ein Motorrad aus Magnesiumdruckguss

---

[1] Die Metallpreise werden arbeitstäglich an den Metallbörsen fixiert. Sie können in weitem Bereich variieren.

Energiesparend

Der *Verein Deutscher Gießereifachleute* hat eine Analyse des Energieaufwands in Gießereien und der Realisierung von Materialeinsparungen und von Energieeinsparungen durch Gussteile durchgeführt. Die Ergebnisse dieser Analyse sind in hohem Maße bemerkenswert. Berechnet wird auf der Grundlage der VDI-Richtlinie 4600 der kumulierte Energieaufwand.

Im Vergleich zu Bauteilen, die nach den anderen Fertigungsverfahren (Umformen, Trennen und Fügen) hergestellt werden, ist der spezifische Energieverbrauch KPA, (**K**umulierter[1] **P**rozessenergie-**A**ufwand) niedriger **(Bild 1)**.

Beim Vergleich der gegossenen Teile mit spanend aus Halbzeug hergestellten Teilen zeigt sich, dass der Energieverbrauch bei der Herstellung von Gussteilen zwischen 35 % bis 50 % des Energiebedarfs der spanend hergestellten Teile liegt. Gießen ist der direkte Weg von der Schmelze zu nahezu fertigen Teilen. Häufig wird dabei neben Energie auch Material eingespart.

Ein Vergleich des KPA für Gussteile aus Gusseisen mit Lamellengrafit mit Gussteilen aus Aluminiumlegierungen nach dem Druckgießverfahren zeigt, dass der Energiebedarf, umgerechnet auf ein Gussteil von 1 Liter Volumen, bei Graugusslegierungen zwischen 60 MJ/Liter bis 173 MJ/Liter liegt und bei der Herstellung von Aluminiumgussteilen zwischen 110 MJ/Liter und 170 MJ/Liter **(Bild 2)**.

> Der Energieaufwand für gegossene Bauteile ist wesentlich geringer als für spanend hergestellte Bauteile.

Umweltschonend

Metalle zeichnen sich gegenüber anderen Werkstoffen dadurch aus, dass sie zu 100 % wieder verwertet werden können. Sie können praktisch beliebig häufig recycelt werden. Der Anteil an Sekundäraluminium bei der Gussteilfertigung liegt nach einer Studie des VDG[2] in Deutschland im Jahr 2000 bei ca. 85 %, d. h. es werden nur 15 % Primäraluminium eingesetzt.

> Metalle können unbegrenzt oft wiederverwendet werden.

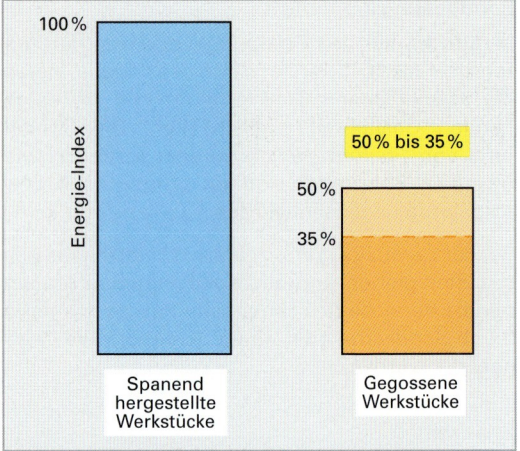

Bild 1: Energieaufwand bei unterschiedlichen Fertigungsverfahren

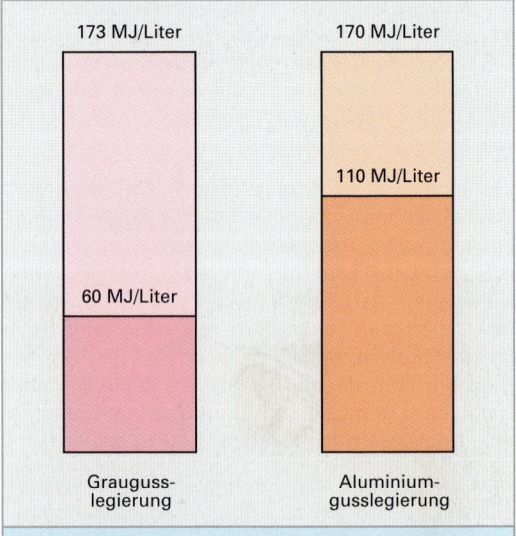

Bild 2: Spezifischer Energiebedarf

Wiederholung und Vertiefung

1. Wer sind die Hauptabnehmer für Gussteile?
2. Welche Leichtmetalle haben als Gusswerkstoffe besondere Bedeutung?
3. Welchen Anforderungen sollen Werkstücke genügen?
4. Welches Fertigungsverfahren für Serienteile führt zu den kürzesten Durchlaufzeiten?
5. Beschreiben Sie den Werdegang eines Gussstücks.
6. Wie verhält es sich mit dem Energieverbrauch bei Gussstücken im Vergleich zu spanend hergestellten Werkstücken?

---

[1] lat. cumulare = anhäufen, hier aufaddiert
[2] VDG Kurzform für Verein Deutscher Gießereifachleute

2.1.2 Geschichtliche Entwicklung

Die Herstellung von Gussteilen ist so alt wie die Herstellung von Metallen über den flüssigen Zustand aus Erzen, d. h. aus Schmelzen (**Bild 1**). Die in der Frühzeit der Menschheitsgeschichte stark eingeschränkten Möglichkeiten, durch Verformen (Umformtechnik) oder durch Abtragen von Spänen (Trennen) bzw. durch Fügen mehrerer Metallteile funktionsgerechte Teile mit gewünschter Geometrie (Messer, Handsicheln, Speerspitzen) herzustellen, zwang die Menschen der Frühzeit, die gewünschten Gegenstände direkt aus dem schmelzflüssigen Zustand in eine endkonturnahe Form zu bringen, d. h. ohne die Teile nachbearbeiten zu müssen.

Dies ist die Geburtsstunde der meisten der heute eingesetzten Gießverfahren. Einen genauen Zeitpunkt für die Entstehung der Gießverfahren kann man nicht festlegen. Die Gussteile sind immer wieder eingeschmolzen worden, da die Metalle kostbar waren.

Die Möglichkeit, Metalle unbegrenzt oft wiederzuverwenden, ist eine der wichtigsten Eigenschaften der metallischen Werkstoffe. Metalle sind umweltfreundlich, denn die Recyclingverfahren helfen entscheidend mit, Ressourcen zu schonen.

Metalle kommen in der Erdrinde in der Regel nicht gediegen vor, mit Ausnahme von Kupfer (Cu), Gold (Au) und Eisen (Fe) als Meteoreisen. Man kann jedoch davon ausgehen, dass die wenigen Funde gediegener Metalle die Fantasie der Menschen anregte, deren Eigenschaften zu untersuchen und zu nutzen.

Zu den interessanten Eigenschaften der Metalle gehören:

1. die guten Festigkeitseigenschaften,
2. die hohe Härte,
3. der metallische Glanz,
4. die thermische und elektrische Leitfähigkeit.

Metalle können durch die Änderung der Zusammensetzung (durch Legieren) im flüssigen Zustand in ihren Eigenschaften außerordentlich stark verändert werden. Sie können aufgrund der Verformbarkeit (Änderung der Form eines Metallteils z. B. durch Schmieden), im festen Zustand nachträglich in eine gewünschte Geometrie umgeformt werden.

Die Gewinnung der unterschiedlichen Metalle aus Erzen bezog sich in den Anfängen auf die Herstellung niedrig schmelzender Metalle wie Blei, Zinn und Zink, für die auch metallreiche, leicht zugängliche Erze vorliegen.

Bild 1: Antike Gießerei, dargestellt auf einer griechischen Schale[1]

---

[1] Dargestellt ist eine Bronzegießerei bei der Fertigstellung von Statuen (5. Jahrh. v. Chr.). Die Gießer sind wie griechische Gottheiten und Heroen nackt dargestellt und offenbar diesen im Ansehen gleichgestellt. Links sieht man den Schmelzofen, dahinter ist ein Mann am Blasebalg, daneben hockt ein Mann, der den Ofen schürt und ganz rechts sieht man die Bearbeitung einer Statue.

Die Metalle

Aus Erzen gewonnene Metalle sind in der Regel rein. Sie enthalten keine Legierungselemente, mit denen die Eigenschaften in gewünschter Weise verändert werden können. Begleitelemente in geringer Konzentration, welche die Eigenschaften nicht nachhaltig negativ beeinflussen, sind häufig enthalten. Daneben kommen u. U. auch Verunreinigungen vor, die die Eigenschaften negativ beeinflussen und deren Anteile daher stark eingeschränkt sind, z. B. Eisen (Fe) in Magnesiumlegierungen mit max. 0,005 % wegen der gewünscht hohen Korrosionsfestigkeit. Reine Metalle haben, verglichen mit ihren Legierungen, z. B. Bronze (Legierung aus Kupfer mit Zinn), einen höheren Schmelzpunkt.

Reine Metalle sind relativ weich, d. h. sie haben eine niedere Oberflächenhärte. Sie lassen sich hervorragend verformen, die Festigkeit ist ebenfalls relativ niedrig. Legierungen haben dem gegenüber eine höhere Oberflächenhärte, höhere Zugfestigkeit und u. U. eine geringere Dehnung. Es gibt jedoch auch Legierungen, bei denen mit zunehmendem Gehalt eines Legierungselementes die Dehnung zunimmt.

So wurden Gebrauchsgussteile aus reinem Kupfer hergestellt, wie z. B. das Beil, das der am Ötztalgletscher gefundene Mann vor 5400 Jahren bei sich trug. Zur Steigerung der Härte wurde die Schneide geschmiedet (**Bild 1**).

Für die Herstellung von Werkzeugen sind reine Metalle in der Regel nicht einsetzbar. Dies hat schon vor mehr als 4000 Jahren dazu geführt, dass man reine Metalle legiert hat. Man hat z. B. zu Kupferschmelzen Zinn gegeben, um die Eigenschaften der Kupferwerkstoffe gezielt zu verändern (**Bild 2**). Da Zinnerze nicht dort vorkommen, wo man in der Regel Kupfererze schürft, musste das Zinn über große Entfernungen zum Kupfer transportiert werden. Was Europa anbetrifft, wurde Zinn vor allem in Südengland, in Cornwall gewonnen und mit Schiffen in den Mittelmeerraum gebracht.

Eisen war ursprünglich nur als *Meteoreisen* bekannt. Wegen des sehr hohen Schmelzpunktes von 1539 °C konnte Eisen zuerst aus Erzen nicht über den flüssigen Zustand gewonnen werden. Die Darstellung von Eisen aus sulfidischen und oxidischen Eisenerzen erfolgte durch eine Direktreduktion. Sulfidische Erze wurden zuerst oxidiert, dabei brennt der Schwefel unter Bildung von Schwefeldioxid (SO_2) ab. Die oxidischen Eisenverbindungen wurden durch Zugabe von Holzkohle direkt reduziert, d. h. bei Temperaturen oberhalb

Bild 1: Beil aus Kupfer, um 3400 v. Chr.
Fund im Ötztalgletscher
© Südtiroler Amt für Bodendenkmäler

Bild 2: Bronzeguss eines Kriegers, um 2000 v. Chr.
Bronzeplastik, 11 cm hoch, aus Mesopotamien

Bild 3: Eiserne keltische Axt um 300 v. Chr.

von 850 °C bildet sich Kohlenmonoxid, das sehr stark reduzierend wirkt und die oxidischen Eisenerze an der Oberfläche reduziert.

Das kleinkörnige Erz wurde solange umgeschmiedet und dem reduzierenden Prozess unterzogen, bis das Erz vollständig reduziert war und praktisch reines Eisen vorlag, aus dem über Schmiedeprozesse die gewünschten Teile zusammengeschmiedet wurden. Die ältesten heute bekannten Eisengussteile wurden in China hergestellt und zwar im 6. Jahrhundert vor Christi Geburt.

Hoch kohlenstoffhaltige Gusseisenschmelzen haben Schmelzpunkte knapp über 1150 °C. Diese Eisenschmelzen wurden in Formen, meist aus Lehm, vergossen. Man hat vor allen Dingen Werkzeuge hergestellt (**Bild 3**).

Rohgussteile aus Gusseisen für Gebrauchsgegenstände wurden anschließend einer Grafitisierungsglühung im Temperaturbereich von 900 °C bis 1000 °C unterzogen. Dabei wandelt sich das weiße Gusseisen in Stahl um.

2.1 Gießereitechnik

Der aus dem Zerfall des Eisenkarbids entstehende Kohlenstoff wird als Temperkohle im Stahlgrundgefüge eingelagert. Auf diese Art und Weise wird das weiße, spröde Gusseisen in einen duktilen Temperguss überführt. Über zwei Jahrtausende hat sich an der Verwendung von Metallen zur Herstellung von Gussstücken wenig geändert.

1827 wurde das Leichtmetall Aluminium (Al) von *Friedrich Wöhler* erstmals dargestellt. Die großtechnische Herstellung von Aluminium am Ende des 19. Jahrhunderts wurde möglich, als elektrischer Strom für die Schmelzflusselektrolyse in ausreichenden Mengen zur Verfügung stand.

Das erste Aluminumgussteil ist eine 2,8 kg schwere Pyramide im Washington-Ehrenmal aus dem Jahre 1884. Aluminiumlegierungen haben durch die niedrige Dichte von 2,7 g/cm verglichen mit Eisen bzw. niedriggekohlten Stählen von 7,8 g/cm^3 heute eine außerordentlich große Bedeutung im Fahrzeugbau.

Weltweit werden zurzeit über 32 Mio. Tonnen Primäraluminium hergestellt **(Bild 1)**. Dazu kommt in etwa derselbe Anteil an Sekundäraluminium (Recyclingmaterial). Für die Al-Gusserzeugnisse werden ca. 85 % Kreislaufmaterial[2] eingesetzt.

Magnesium wurde 1808 von *Humphry Davy*[3] entdeckt und 1821 zum ersten Mal schmelzflüssig gewonnen. Bereits zu Beginn des 20. Jahrhunderts wurde Magnesium für ganz unterschiedliche Bauteile als Gusswerkstoff eingesetzt. In Verbindung mit Zink und Aluminium wurden z. B. 1909 luftgekühlte Motoren mit 75 PS für den Antrieb des Zeppelin-Luftschiffes hergestellt **(Bild 2)**. In Deutschland wurde in den dreißiger Jahren des 20. Jahrhunderts Magnesium in großen Mengen im Fahrzeugbau eingesetzt. So enthielt das Fahrzeug *Adler R6* 73,6 kg Magnesiumteile **(Bild 3 und Bild 4)**.

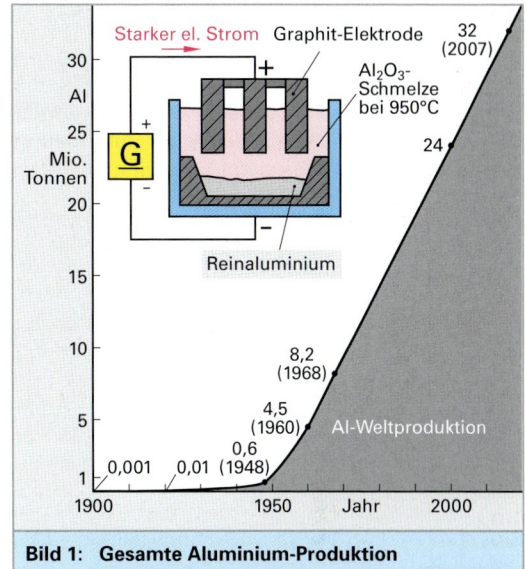

Bild 1: Gesamte Aluminium-Produktion

Bild 2: 75-PS-Luftschiffmotor aus Magnesiumlegierung, aus dem Jahr 1909

Bild 3: Fahrzeug mit Magnesiumteilen (Adler R6, um 1930)

Bild 4: Magnesium-Zylinderkopf für Adler R6 (um 1930) im Sandgussverfahren hergestellt

---

[1] *Friedrich Wöhler* (1800 – 1882), dt. Mediziner und Chemiker, Professor in Berlin, Kassel und Göttingen
[2] Unter Kreislaufmaterial versteht man das beim Gießen für den Anguss, die Speiser, u. a. benötigte Material. Dieses Material ist nicht Abfall, es wird wieder eingeschmolzen.
[3] Sir *Humphry Davy* (1778 – 1829), engl. Wissenschaftler

Antriebskräfte des Menschen für technische Entwicklungen

Metalle werden wegen ihrer Eigenschaften für die Herstellung unterschiedlicher Bauteile eingesetzt. Die Antriebskräfte des Menschen zur Entwicklung von Bauteilen und geeigneter Herstellungsverfahren sind verschieden.

Im Laufe der Menschheitsgeschichte wurden immer kompliziertere Bauteile entwickelt, mit denen der Mensch sich die Arbeit erleichtert. Es sind Werkzeuge wie z. B. Handsicheln aus Bronzen, Beile aus Kupfer, Messer, also alles Werkzeuge, die es dem Menschen erlauben, Arbeitszeit und Kraft einzusparen. Solche Teile wurden von Anbeginn von jedermann gebraucht, was bereits vor 6000 Jahren zur Serienfertigung einiger Gussteile führte (**Bild 1**).

Bild 1: Serienfertigung von Sicheln in der Antike

Ein starker Antrieb für die Entwicklung technischer Bauteile ist das Bestreben des Menschen, sich selbst aus dem Kreis seiner Mitmenschen durch besondere Leistungen, Kenntnisse und Fertigkeiten herauszuheben. Das damit verbundene *Streben nach Macht* führte zu einer Entwicklung von Waffen wie z. B. Speerspitzen aus Metallen, insbesondere Bronze, die im Wesentlichen für die Jagd aber auch bei kriegerischen Auseinandersetzungen verwendet wurden. Dabei spielen die Eigenschaften der verwendeten Metalle eine überragende Rolle. Härtere Metalle zur Herstellung von Waffen führten zur Überlegenheit des Nutzers, Waffen aus Eisen/Stahl waren denen aus Bronzen überlegen.

Die menschliche *Eitelkeit* führte zur Verwendung des sonst nutzlosen weichen Metalls Gold zur Herstellung von Schmuck wie Ketten, Armbänder, Gürtelschnallen.

Die menschliche *Angst* auf Grund der Bedrohung durch Fremde, Tiere und Umweltereignisse usw., das Verständnis der Schöpfung und der Geschöpfe führt weltweit zu religiösen Bewegungen, deren Kult häufig die Darstellung von Göttern mit sich bringt (**Bild 2**). Götterbilder, wie das goldene Kalb beim Volk Israel in der Wüste Sinai, Shiva-Figuren, Stiere aus Bronze, z. B. im alten Ägypten und Mesopotamien sind weit verbreitet. Die Gießverfahren erlauben es, eine gewünschte Anzahl von Nachbildungen von einem Modell herzustellen.

Bild 2: Griechische Götterstatue (Poseidon), Bronze, um 430 v. Chr., Höhe 2,09 m

Der Wunsch des Menschen nach *Unsterblichkeit* führte sehr früh zur Darstellung seiner selbst. Es entstanden Büsten, Plastiken und Masken, die bei Griechen, Römern und Kelten zu weitgehend getreuen Abbildungen führten. Da Metalle wegen ihrer Haltbarkeit dem Ton oder der Keramik überlegen waren, wurden sie bevorzugt zur Herstellung von Plastiken verwendet. Doch Metalle waren rar und kostbar. Darum versuchten die Künstler diese Plastiken möglichst dünnwandig zu gießen, was zum Einsatz von *Kernen* zur Abbildung der inneren Konturen führte. Sie wurden meist im Gussteil belassen.

2.1 Gießereitechnik

Formverfahren

Zu den ältesten Gießverfahren bzw. Formverfahren gehört das Feingießverfahren, ein Verfahren, bei dem modellgetreue Abbildungen möglich sind. Das darzustellende Objekt wird manchmal auch als Modell für das Gussteil verwendet, wie z. B. Käfer, kleine Tiere usw. Das Modell wird in Ton eingeformt, die Form mit Modell wird im Feuer gebrannt, durch eine Öffnung wird die zurückbleibende Asche ausgeleert, der Hohlraum wird mit Schmelze gefüllt. Heute werden formbare Massen ähnlich dem Bienenwachs zur Herstellung von Modellen verwendet und auf dieselbe Weise eingeformt und abgegossen.

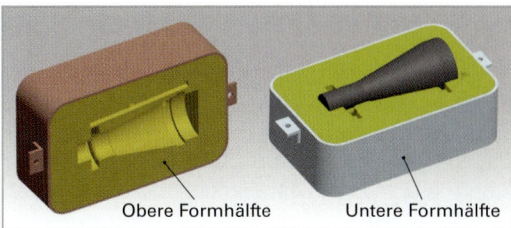

Bild 1: Zweiteilige Form mit Kern

Aus dem Feingießverfahren hat sich möglicherweise das Sandformverfahren entwickelt. Viele Teile wie Speerspitzen, Messer, Handsicheln u. a. wurden schon früh in großen Mengen gebraucht. Modelle wurden in Sanden, die natürliche Bindetone enthalten, eingeformt. Dazu werden 2-teilige Formen (untere Formhälfte, obere Formhälfte) meist mit horizontaler Teilung hergestellt. Das Modell wird entnommen und beide Formhälften werden zusammengelegt (**Bild 1**). Man erkennt meist die Grate zwischen den einzelnen Formbereichen.

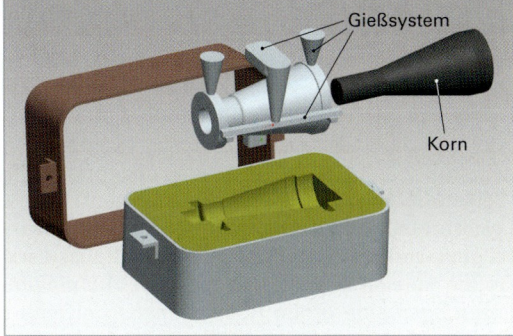

Bild 2: Unterkasten mit Modelleinrichtung

Der Formhohlraum wird über ein Gießsystem (**Bild 2**) mit Schmelze gefüllt. Beim Sandformverfahren wird für jeden Abguss eine „verlorene" Form hergestellt. **Bild 3** zeigt den Abguss einer großen Eisenfigur[1] beim Ausformen. Man erkennt das Gießsystem mit Schlackenlauf, Filtertopf, Hornanschnitt und Speiser.

Schon vor ca. 5500 Jahren wurden daher Dauerformen aus Sandstein bzw. Specksteinen hergestellt, um mit einer Form eine größere Zahl von Abgüssen anzufertigen (**Bild 4**). Dies ist die Geburtsstunde des Kokillengießverfahrens[2] (Dauerformen). Um die Produktivität zu erhöhen, vor allem aber um den Kreislaufanteil durch die Gießsysteme zu reduzieren, wurden die Kokillen so angelegt, dass mit einem Abguss mehrere Teile hergestellt werden konnten.

Die Gießsysteme wurden gleich so konstruiert, dass sie als Stiel für die Handsicheln dienten. Dies ist auch in soweit von Interesse gewesen, als das Abtrennen des Gießsystems spanabhebend kaum möglich war.

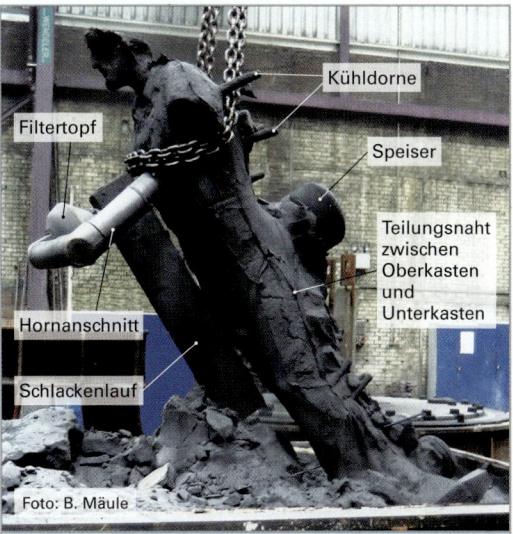

Bild 3: Ausformen einer Eisengussfigur

Bild 4: Antike Dauerform aus Sandstein

---

[1] Die Figur wurde in kleinem Format (ca. 36 cm Höhe) von *Christian Plock* (1809 bis 1882) geschaffen und in der Königlichen Eisengießerei in Wasseralfingen (heute: SHW Casting Technologies GmbH) gegossen, siehe auch Seite 43, 547 und 715).

[2] Kokille von franz. coquille = Muschel

2.1.3 Begriffe, Bezeichnungen

Es gibt zahlreiche Begriffe, welche die Worte **Gießen** bzw. **Guss** enthalten. Das Wort „Guss" weist dabei auf das Werkstück hin, das abgegossen ist. Dagegen weist das Wort „Gießen" auf das Verfahren hin, mit dem ein Werkstück gießtechnisch hergestellt wird.

2.1.3.1 Unterscheidung nach Werkstoffen

Die Gusswerkstoffe werden unterschieden nach **Eisenwerkstoffen** und **Nichteisenmetallen (Bild 1)**. Die Eisenwerkstoffe können wiederum unterteilt werden in die *Stähle* (Kohlenstoffgehalte < 2 %) und in die *Gusseisenwerkstoffe* (Kohlenstoffgehalte > 2 %). Die Nichteisenwerkstoffe (NE-Werkstoffe) werden wiederum unterteilt in die **Leichtmetallgusswerkstoffe** und die **Schwermetallgusswerkstoffe**. Bei den Leichtmetallgusswerkstoffen spielen vor allen Dingen die *Aluminiumlegierungen* eine große Rolle. Daneben erfahren die *Magnesiumgusswerkstoffe* eine zunehmende Bedeutung, insbesondere im Automobilbau. Die Schwermetallgusswerkstoffe (Dichte > 4,5 g/cm³) umfassen vor allen Dingen die *Kupfergusslegierungen* wie *Messing* (Kupfer-Zink) und *Bronze* (Kupfer-Zinn). Darüber hinaus spielen die *Zinklegierungen* eine bedeutende Rolle für die Herstellung von Gussteilen, überwiegend mit dem Druckgießverfahren.

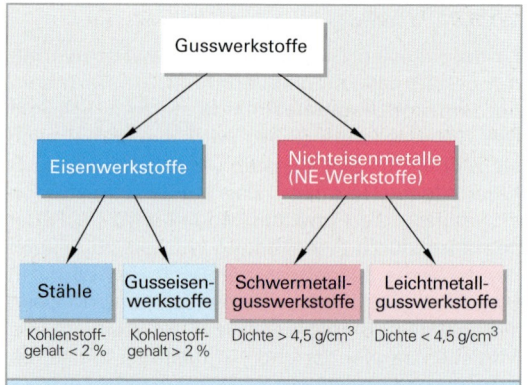

Bild 1: Gliederung der Gusswerkstoffe

2.1.3.2 Unterscheidung nach mechanischen Eigenschaften

Bei den Gusseisenwerkstoffen unterscheidet man Gussteile im Hinblick auf die Gefügeausbildung. Bei **Hartgussteilen** handelt es sich um Gussteile aus Gusseisenwerkstoffen, bei denen die Gefügeausbildung *weiß* ist **(Bild 2)**. Der Kohlenstoff ist nicht als *Grafit* ausgebildet, sondern als *Zementit* (Fe^3C), Das zementitische Gefüge ist außerordentlich hart. Die Werkstoffe sind daher verschleißfest. Im Gegensatz zu Hartguss, bei dem das Gefüge über den gesamten Querschnitt weiß ist, ist beim **Schalenhartguss** nur die Randschale weiß ausgebildet, während der Kern eine graue Gefügeausbildung aufweist, d. h. im Kern ist der Kohlenstoff als Grafit ausgeschieden.

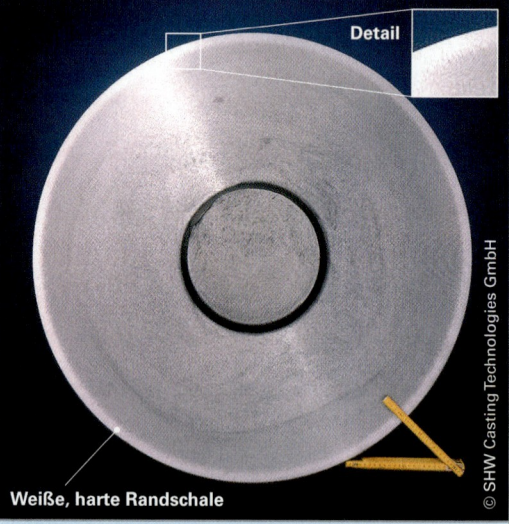

Bild 2: Querschnitt durch eine Schalenhartgusswalze

Eine spezielle Anwendung für Schalenhartguss sind die *Kalanderwalzen* **(Bild 3)**, die zur Herstellung von Papier eingesetzt werden. Dazu ist in der Oberfläche der Walzen eine hohe Verschleißfestigkeit notwendig, die durch die harte Randschale gewährleistet wird.

Bild 3: Kalanderwalze aus Schalenhartguss

2.1.3.3 Unterscheidung nach Gießverfahren

Die Herstellung der Gussteile sowie deren Eigenschaften wird maßgeblich durch die eingesetzten *Formstoffe* bestimmt, die zur Herstellung der Gießformen verwendet werden. Man unterscheidet hierbei Verfahren, bei denen für jeden Abguss eine eigene Form hergestellt werden muss *(verlorene Formen)* und den Verfahren, bei denen sogenannte Dauerformen eingesetzt werden, d. h. bei denen viele Abgüsse aus ein und derselben Form hergestellt werden können. Bei der Herstellung von Gussteilen in verlorenen Formen werden *keramische Formstoffe* eingesetzt.

Die keramischen Formstoffe bestehen entweder aus *Quarzsand*, hier handelt es sich um das Sandgießverfahren, oder aus sogenannter *Masse* (gebrannter Ton), die jedoch heute im Wesentlichen nur noch zur Herstellung von Formen für Glocken eingesetzt werden oder aus Formstoffen auf der Basis von *Aluminiumoxid, Aluminiumsilikat, Zirkonsilikat* zur Herstellung von Schalenformen für das **Feingießverfahren**.

Darüber hinaus werden für Spezialanwendungen *Chromerzsand* und *Zirkonsand* eingesetzt, die eine sehr hohe Feuerbeständigkeit besitzen. Für die Herstellung von Dauerformen werden metallische *Kokillen* für das *Kokillengießverfahren* und **Druckgießformen** für das **Druckgießverfahren** aus unterschiedlichen metallischen Werkstoffen hergestellt.

Für Kokillen, bei denen der Formhohlraum unter dem Einfluss der *Schwerkraft* mit Schmelze gefüllt wird und für das **Niederdruckkokillengießverfahren**, bei dem der Formhohlraum druckgasbeaufschlagt mit Schmelze gefüllt wird, werden überwiegend *Gusseisen*, mit Lamellengrafit, *Kupferwerkstoffe* (zur Herstellung von Messinggussteilen) und gelegentlich auch *Warmarbeitsstähle* verwendet.

Für die Herstellung von Druckgießformen werden vor allen Dingen die *konturgebenden Bereiche*, die mit der Schmelze in Kontakt stehen, aus speziell entwickelten Warmarbeitsstählen hergestellt, während die Formrahmen aus geschmiedeten Stählen gefertigt werden (z. B. Ck45 oder Ck60).

> Die Herstellung der Gussteile und deren Eigenschaften werden wesentlich durch die Art der Gießformen und der Formstoffe festgelegt.

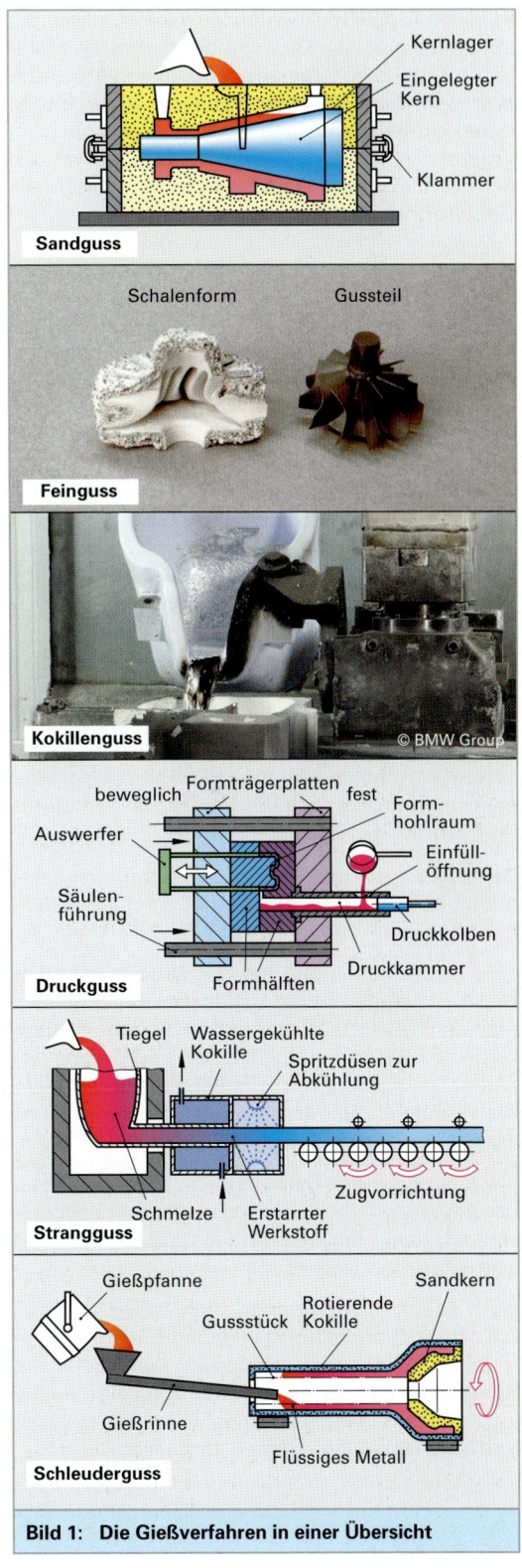

Bild 1: Die Gießverfahren in einer Übersicht

Beim **Stranggießen** werden für das Einfließen der Schmelze und das Abziehen der erstarrten Metalle (Stränge) beidseitig offene Kokillen verwendet. Hierzu werden für praktisch alle zu vergießenden Werkstoffe Kokillen aus Kupferlegierungen eingesetzt. Für die Herstellung von Gussteilen nach dem **Schleudergießverfahren** werden ebenfalls Dauerformen aus Metallen verwendet.

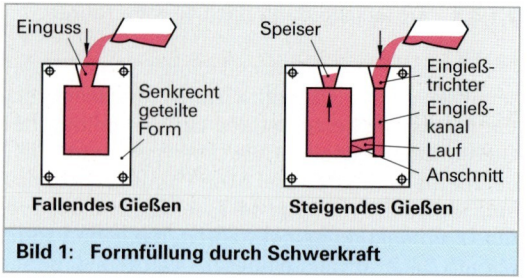

Bild 1: Formfüllung durch Schwerkraft

2.1.3.4 Art der Formfüllung

Man unterscheidet die Gusserzeugnisse nach der Art der Formfüllung **(Bild 1)**. Bei der Herstellung von Sandgussteilen sowie bei der Herstellung von Kokillengussteilen füllt die Schmelze unter dem Einfluss

- der Schwerkraft
- mit Druckgasbeaufschlagung
- unter Zentrifugalkraft und
- unter hydraulischer Förderung

den Formhohlraum.

Dabei unterscheidet man zwischen dem *fallenden* Gießen und dem *steigenden* Gießen **(Bild 2)**.

Beim **Niederdruckkokillengießen** wird die Schmelze dem Formhohlraum *druckgasbeaufschlagt* über ein Steigrohr aus dem Warmhalteofen zugeführt, die Form wird steigend gefüllt.

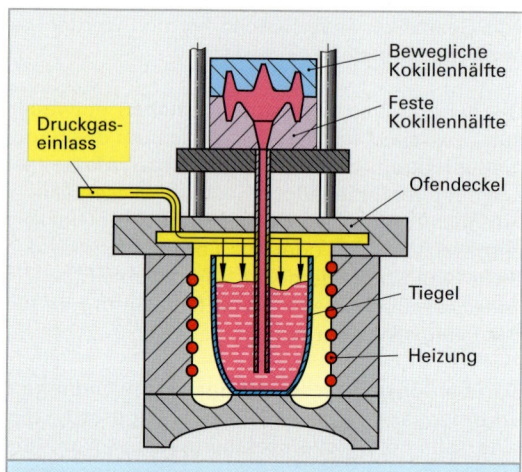

Bild 2: Formfüllung durch Druckgas

Beim **Schleudergießen** wird die Schmelze unter dem Einfluss der *Zentrifugalkraft* (Fliehkraft) dem Formhohlraum zugeführt **(Bild 3)**.

Eine große Bedeutung hat das **Druckgießverfahren**. Die Schmelze wird dabei von der Gießkammer über einen Gießkolben dem Formhohlraum zugeführt. Durch die *hydraulische Förderung* der Schmelze sind große *Gießleistungen* möglich. Man versteht unter der Gießleistung das pro Zeiteinheit vergossene Volumen.

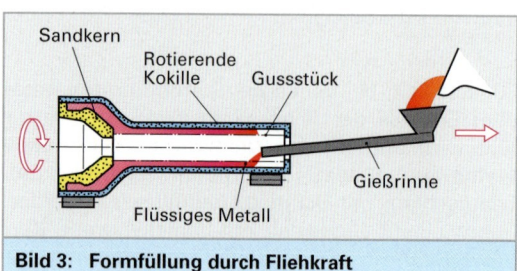

Bild 3: Formfüllung durch Fliehkraft

Nach dem **Sandgießverfahren** werden alle metallischen Werkstoffe vergossen, bevorzugt die hochschmelzenden Eisenwerkstoffe und Stähle, nicht aber Titanlegierungen[1].

Nach dem Niederdruckkokillengießen werden bevorzugt Aluminiumlegierungen und Messinge (z. B. für Armaturen) vergossen. Beim Druckgießen, durch hydraulische Förderung, werden bevorzugt Aluminiumlegierungen, Zinklegierungen und Magnesiumlegierungen vergossen.

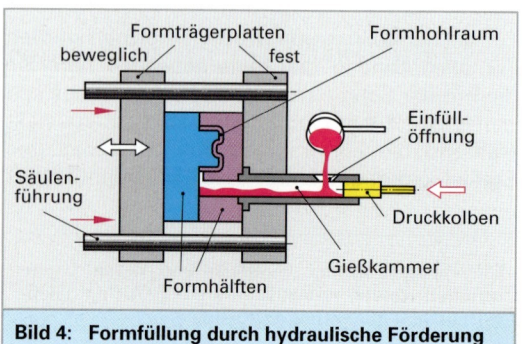

Bild 4: Formfüllung durch hydraulische Förderung

---

[1] Titanlegierungen können nicht in Sandformen gegossen werden, da Titan mit der Luft in der Sandform chemisch reagiert.

2.1.3.5 Art des Vergießens

Bei der Herstellung von Gussteilen wird die Schmelze entweder über *Löffel* für kleinere Teile **(Bild 1)** oder über *Pfannen* für größere Teile **(Bild 2)** oder direkt aus dem Ofen vergossen. Das Gießen mit Löffeln bzw. das Gießen direkt aus dem Warmhalteofen **(Bild 1)** ist möglich, wenn sich die Form bzw. die Formen in unmittelbarer Nähe des Warmhalteofens befinden **(Bild 3)**.

Beim Gießen über Pfannen kann die Pfanne der Gießstrecke zugeführt werden, auf der sich die abzugießenden Formen befinden. Die Entnahme der Schmelze mit einem Löffel aus dem Warmhalteofen bzw. das Abstechen der Schmelze aus dem Schmelz- bzw. Warmhalteofen in die Pfanne führt immer zu einem erheblichen Verlust an Wärme, was gegebenenfalls zu Problemen führt.

Metallische Schmelzen reagieren mit der umgebenden *Atmosphäre*. Um dies zu verhindern, muss der betreffende Werkstoff u. U. bereits unter einer Schutzgasatmosphäre **(Bild 4)** oder unter *Vakuum* aufgeschmolzen werden. Dies gilt natürlich auch für das Abgießen der Schmelze.

Um chemische Reaktionen während des Gießens (Formfüllung) zu vermeiden, muss auch der Formhohlraum entweder mit **Schutzgas** gefüllt werden oder aber, was in der Regel besser ist, evakuiert werden. Für Gussteile, bei denen der Formhohlraum vor der Formfüllung evakuiert wird, spricht man vom **Vakuumguss**.

Beim Druckgießverfahren kann der Formhohlraum durch ein *Vakuumsystem zwangsentlüftet* werden, man spricht dann vom **Vakuumdruckgießen**.

2.1.3.6 Sonstige Unterscheidungsmerkmale

Sind die Gussteile einer Gießerei für den eigenen Bedarf bestimmt, so spricht man von *Eigenguss* (es gibt große Verbraucher wie z. B. die Automobilindustrie, die einen Großteil der von ihnen benötigten Gussteile in eigenen Gießereien herstellen). Von *Kundenguss* spricht man, wenn in einer Kundengießerei Gussteile für Abnehmer hergestellt werden.

Der größte Teil aller Gussteile sind Funktionsbauteile für ganz unterschiedliche Anwendungen wie z. B. Maschinenbetten, Getriebegehäuse, Motorblöcke, Zylinderköpfe. Man bezeichnet solche Gussteile als *Gebrauchsguss*. Vom Gebrauchsguss unterscheidet man Teile, die von Künstlern für unterschiedliche Anwendungen wie z. B. Standbilder hergestellt werden. In diesem Fall spricht man von *Kunstguss*.

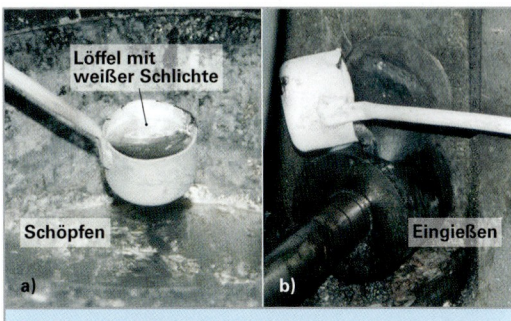

Bild 1: Vergießen mit Löffel

Bild 2: Vergießen mit Pfanne

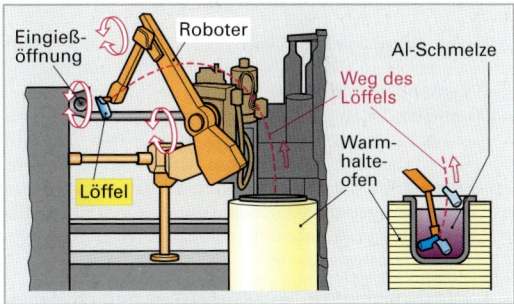

Bild 3: Vergießen mit Löffel durch Roboter

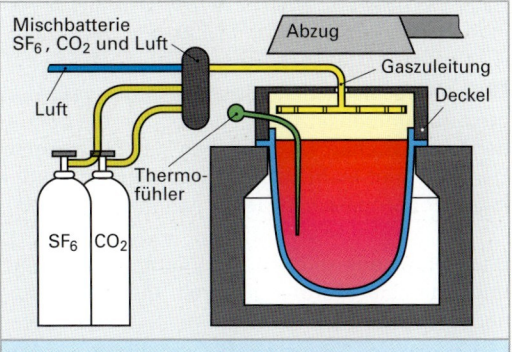

Bild 4: Schmelzen unter Schutzgas

2.1.4 Gusswerkstoffe

Einleitung

Die metallischen Werkstoffe werden sowohl eingesetzt zur:

- Herstellung von Gussteilen (Urformen),
- Herstellung von Schmiedeteilen, Walzerzeugnissen, Tiefziehteilen (Umformen),
- Herstellung von mechanisch bearbeiteten Teilen (Trennen bzw. Trennverfahren) und
- zur Herstellung von Schweiß-, Löt- oder sonstigen Fügeverbindungen (Fügen).

Bild 1: Unterschiedliche Volumen bei gleicher Masse

Für den Einsatz der metallischen Werkstoffe sind unterschiedliche Gesichtspunkte von Bedeutung:

1. **Die physikalischen, Eigenschaften,** wie z. B. Glanz, die elektrische Leitfähigkeit, die thermische Leitfähigkeit, die magnetischen Eigenschaften, die Supraleitfähigkeit, die Dichte. Die Dichte der Werkstoffe (**Bild 1**) spielt eine überragende Rolle im Automobilbau, denn das Fahrzeuggewicht soll klein sein, um dadurch den Verbrauch an Treibstoff gering zu halten.

2. **Die mechanischen Eigenschaften,** wie z. B. Zugfestigkeit, die 0,2-%-Dehngrenze, die Dehnung, die Wechselfestigkeitseigenschaften, die Kriechfestigkeit, die Schlagbiegezähigkeit. Die technologischen Eigenschaften hängen stark von der Temperatur und der Verformungsgeschwindigkeit ab.

3. **Die Korrosionsfestigkeit.** Die Metalle unterscheiden sich im Hinblick auf den Angriff durch die umgebende Atmosphäre. Werkstoffe auf Kupferbasis sind in der Regel korrosionsfest, d. h. sie werden nicht oder nur geringfügig angegriffen, sowohl in saurer wie in basischer Umgebung. Andere Werkstoffe dagegen werden stark angegriffen. Sie müssen gegen Korrosion durch Oberflächenbehandlungsmaßnahmen geschützt werden (Oberflächenveredlung).

4. **Die Verfügbarkeit.** Metallische Werkstoffe kommen in der Erdrinde in unterschiedlicher Verteilung vor. Von den wichtigen Metallen Eisen, Aluminium und Magnesium gibt es große Vorkommen. In der Erdrinde dagegen sind die Vorkommen von Kupfer, Zink, Zinn stark eingeschränkt.

5. **Die Legierbarkeit.** In flüssigem Zustand sind die meisten Elemente des periodischen Systems in einem anderen Element unbeschränkt löslich, d. h. man kann jede beliebige Zusammensetzung im flüssigen Zustand einstellen. In Ausnahmefällen, z. B. Kupfer-Blei, kann bereits im flüssigen Zustand eine nur beschränkte Löslichkeit vorliegen. Im festen Zustand sind die Elemente nur beschränkt löslich bzw. nicht löslich (z. B. Aluminium-Silizium). Legierungselemente können die Eigenschaft eines Grundwerkstoffes erheblich beeinflussen, z. B. Kohlenstoff in Eisen. Hier spielen folgende Einflussgrößen eine Rolle:

   - Vorkommen des Kohlenstoffes im Eisenwerkstoff als Graphit oder als Zementit (Fe_3C),
   - Menge an Kohlenstoff in Prozent, $C < 2\% =$ Stahl, $C > 2\% =$ Gusseisenwerkstoff. In den Gusseisenwerkstoffen spielt die Form des Graphits (lamellar oder globular) eine Rolle.
   - die Größe der Grafitkristalle,
   - die Verteilung der Grafitausscheidungen.

6. **Die Wirtschaftlichkeit,** d. h. der Preis eines Bauteils, hängt ab vor allem vom Preis des Werkstoffes, von den Herstellkosten, d. h. der Produktivität, dem Kreislaufanteil, den Kosten für das Recycling, den Modell- bzw. Formkosten, der Standzeit von Modellen und Formen, den Nachbearbeitungskosten, d. h. den Kosten für die mechanische Bearbeitung, einer möglichen Wärmebehandlung, der Oberflächenveredlung.

Die unterschiedlichen Gusswerkstoffe sind in ihrer Zusammensetzung genormt. Für die Länder der Europäischen Union gelten die EU-Normen. Daneben gibt es in den meisten Ländern außerhalb der Europäischen Union nationale Normen.

Darüber hinaus gibt es Bemühungen um eine internationale Normung durch die ISO (International Standard Organisation).

In **Tabelle 1**, folgende Seite sind die Gusseisenwerkstoffnormen nach einer Zusammenstellung des VDG (Verein Deutscher Gießereifachleute) aufgeführt. In **Tabelle 2**, folgende Seite sind die Bezeichnungen der Stahlwerkstoffe dargestellt.

Tabelle 3, Seite 44 enthält die Stahlgusssorten, wobei zu berücksichtigen ist, dass (noch) nicht für alle DIN-Normen[1] europäische Normen vorliegen. Die Normung der Nichteisenmetalle ist in **Tabelle 4**, Seite 44 zusammengefasst.

2.1 Gießereitechnik

Die meisten Metalle und Legierungen können für die Herstellung von Bauteilen nach den unterschiedlichen Fertigungsverfahren eingesetzt werden. Die Gießverfahren haben jedoch den großen Vorteil, dass man aus der Schmelzhitze direkt in einem Arbeitsgang gebrauchsfertige Funktionsteile herstellen kann, ohne dass eine nennenswerte Nachbearbeitung notwendig ist (**Bild 1**). Das dargestellte Werkstück ist ein Lampengehäuse, das bis auf die Oberflächenveredelung keine mechanische Bearbeitung erfordert. Der Bajonettverschluss passt ohne Bearbeitung.

Es gibt metallische Werkstoffe (Legierungen), die praktisch nicht verformbar sind, d. h. die nur gießtechnisch verarbeitet werden können. Dazu gehören Legierungen, die intermetallische Phasen (metallische Verbindungen wie z. B. Al_2Cu) enthalten. Die intermetallischen Phasen können außerordentlich hart und spröde sein.

Bild 2: Eisengussfigur[1], nach dem Putzen und Strahlen

Bild 1: Lampengehäuse als Druckgussteil (Beispiel)

Tabelle 1: Gusseisenwerkstoffnormen		
Werkstoffgruppe	Europäisch (EN[2])	International (ISO)
Gusseisen mit Lamellengraphit	DIN EN 1561:1997	ISO 185:1988 In Überarbeitung
Temperguss	DIN EN 1562:1997	ISO 5922:1981 In Überarbeitung
Gusseisen mit Kugelgraphit	DIN EN 1563:1997	ISO 1083:1987 In Überarbeitung
Bainitisches-austenitisches Gusseisen mit Kugelgraphit	DIN EN 1564:1997	ISO/WD17804 (Entwurf)
Austenitisches Gusseisen	PrEN 13835 (Entwurf)	ISO 2892:1973 In Überarbeitung
Verschleißbeständiges Gusseisen	DIN EN 12513:2000	ISO/WD21988

Tabelle 2: Bezeichnungen der Stahlwerkstoffe		
Position	Zeichen	Beispiel
1	Werkstoff für Stahlguss	G
2	Nach der Art der Legierung C = unlegierte Stähle mit einem mittleren Mn-Gehalt < 1 % – = unlegierte Stähle mit einem mittleren Mn-Gehalt > 1 % X = leg. Stähle, mindestens 1 Element < 5% HS = Schnellarbeitsstähle	X
3	Nach der chemischen Zusammensetzung (Ausnahme: Schnellarbeitsstähle) 1. **Zahl für das Hundertfache** des Kohlenstoffgehaltes 2. **Chemische Symbole** der Elemente, geordnet nach abnehmenden Elementgehalten (Mittelwerte) 3. **Gehalte der Elemente** in %, getrennt durch Bindestriche	5 Cr19 Ni11 Mo2
4	Zusätzliche Anforderungen	– – –

Die Bezeichnung für die Stahlsorte des Beispiels lautet: GX5CrNiMo19-11-2.

---

[1] Die Skulptur steht steht in Aalen-Wasseralfingen, Höhe 2,40 m, Gewicht 1800 kg, Vollformguss (siehe auch Seite 37, 547 und 715). Der Werkstoff ist Kugelgraphit-Gusseisen, nach DIN EN 1563: EN-GJS-400-15 (früher GGG 40), gegossen bei SHW Casting Technologies GmbH).
[2] Europäische Norm (EN)

Tabelle 3: Stahlgusssorten

Werkstoffgruppe	National (DIN)	Europäisch (EN)	International (ISO) Werkstoffe, zum Teil ähnlich
Stahlguss für allgemeine Verwendungszwecke	DIN 1681:1985		ISO 3755:1991 ISO 9477:1992
Stahlguss m. verbess. Schweißeignung für allg. Verwendung (Stahlguss f. d. Bauwesen)	DIN 17182:1992	EN 10293:1998 (in Überarbeitung) WI 031014 (Entwurf)	
Vergütungsstahlguss für allgemeine Verwendung	DIN 17205:1992		ISO 14737 (in Überarbeitung)
Hitzebeständiger Stahlguss	DIN 17465:1993	PrEN 10295 (Entwurf)	ISO 11973:1999
Stahlguss für Druckbehälter	DIN 17245:1987 (zurückgezogen) DIN 17182 (teilweise ersetzt) DIN 17445 (teilweise ersetzt)	DIN EN 10213:1996 (in Überarbeitung)	ISO 4991:1994 (in Überarbeitung)
Korrosionsbeständiger Stahlguss	DIN 17445:1984	DIN EN 10283:1998	ISO 11972:1998 (gültig)
Allgemeine Technische Lieferbedingungen	DIN 1690 (zurückgezogen)	DIN EN 1559-1:1997 DIN EN 1559-2:2000	IS0 4990:1986 (in Überarbeitung)
Bezeichnungssystem	DIN 17006 (zurückgezogen)	DIN EN 10027:1992	IS0 4949:1989

Tabelle 4: NE-Metalle

Aluminium und Aluminiumlegierungen

Werkstoffgruppe	Europäisch (EN)
Unlegiertes Al in Masseln	DIN EN 576:1995
Legiertes Al in Masseln	DIN EN 1676:1997
Gussstücke – Zusammensetzung und mechanische Eigenschaften	DIN EN 1706:1998
Gussstücke in Kontakt mit Lebensmitteln	DIN EN 601:1994
Allgemeine Technische Lieferbedingungen	DIN EN 1559-1:1997 DIN EN 1559-4:1999
Bezeichnungssystem	DIN EN 1780-1 bis -3

Magnesium und Magnesiumlegierungen

Anoden, Blockmetalle und Gussstücke	DIN EN 1753:1997
Reinmagnesium	DIN EN 12421:1998
Mg-Legierungen für Gussanoden	DIN EN 12438:1998
Allgemeine Technische Lieferbedingungen	DIN EN 1559-5:1997 DIN EN 1559-5:1997
Bezeichnungssystem	DIN EN 1754:1997

Kupfer- und Kupferlegierungen

Allgemeine Technische Lieferbedingungen	DIN EN 1559-1:1997
Bezeichnungssystem	DIN EN 1412:1994

Zink und Zinklegierungen

Gusslegierungen	DIN EN 1774:1997
Gussstücke	DIN EN 12844:1998
Allgemeine Technische Lieferbedingungen	DIN EN 1559-1:1997 DIN EN 1559-6:1998

Zinn und Zinnlegierungen

Zinn in Masseln	DIN EN 610:1995
Zinnlegierungen	DIN EN 611-1:1995
Zinngerät	DIN EN 611-2:1996
Allgemeine Technische Lieferbedingungen	DIN EN 1559-5:1997 DIN EN 1559-5:1997
Vorlegierungen	DIN EN 1981:1998
Blockmetalle und Gussstücke	DIN EN 1982:1998

Bezeichnung der Gusswerkstoffe

a) Bezeichnung nach der chemischen Zusammensetzung:

Für Stahlsorten, die nach ihrer Zusammensetzung bezeichnet werden, ist das System nach **Tabelle 2** aufgebaut.

Mit der Übernahme der Stahlsorten in die EN[2] 10283 wurde die chemische Zusammensetzung leicht angepasst. Der Mangangehalt liegt zwischen 2,0 und 2,5 Gewichtsprozent, der Nickelgehalt zwischen 9,0 und 12,0 Gewichtsprozent und der Phosphorgehalt wurde auf 0,04 Gewichtsprozent begrenzt.

b) Bezeichnung nach der Werkstoffnummer:
Die Werkstoffsorte wird mit einer fünfstelligen Werkstoffnummer bezeichnet.

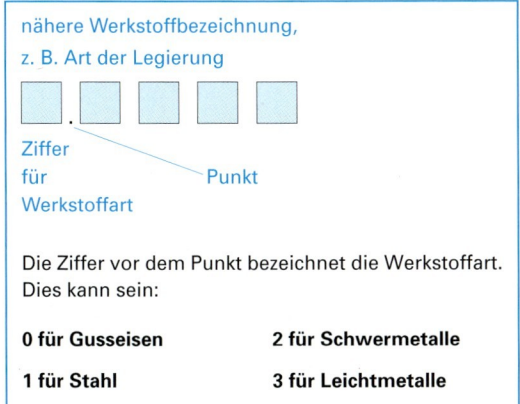

Die Ziffer vor dem Punkt bezeichnet die Werkstoffart. Dies kann sein:

| 0 für Gusseisen | 2 für Schwermetalle |
| 1 für Stahl | 3 für Leichtmetalle |

Beispiel: Bezeichnung der Stähle.

Die beiden Ziffern nach dem Punkt geben den Legierungszustand des Stahls an. Es bedeuten:

00 bis 19 = Grundstähle und Qualitätsstähle, unlegierte Edelstähle

20 bis 49 = legierte Edelstähle

50 bis 89 = legierte Edelstähle, Baustähle

Die folgenden beiden Ziffern geben die Stahlsorte an, die im Stahlschlüssel registriert ist.

Genormte Stahlsorten

In der **Tabelle 3**, vorhergehende Seite, sind die derzeit genormten Stahlsorten aufgeführt. Angegeben ist die Bezeichnung der Norm einschließlich dem Jahr der Ausgabe. Im Gegensatz zu den Gusseisenwerkstoffen ist die Einteilung der Werkstoffsorten in den DIN- und EN-Normen nicht identisch; beispielsweise ersetzt die DIN EN 10213 eine DIN-Norm vollständig und zwei andere in Teilen. Hinzu kommen viele Überschneidungen aufgrund der Einteilung der neuen europäischen Normen nach den Hauptanwendungsgebieten.

Die Übertragbarkeit der Werkstoffsorten zwischen EN-Normen und ISO-Normen ist noch weitaus komplizierter.

Die internationalen Normenvergleiche sind daher mit Vorsicht zu betrachten. Es ist zu prüfen, ob die fragliche Werkstoffsorte in der jeweiligen Norm verzeichnet ist.

Bezeichnungssysteme für Metallgusswerkstoffe:

Damit die genormten Gusswerkstoffe national und international einheitlich bezeichnet werden, wurden für jede Werkstoffgruppe Bezeichnungssysteme erarbeitet, die ihrerseits z. T. wieder Gegenstand von Normen sind und in den entsprechenden Technischen Komitees erstellt wurden.

Genormte NE-Metallgusswerkstoffe

In der **Tabelle 4, vorhergehende Seite**, sind die derzeit genormten bzw. nicht genormten Werkstoffsorten von NE-Metallgusswerkstoffen aufgeführt. Angegeben ist die Bezeichnung der Norm einschließlich des Jahres der Ausgabe.

Die entsprechenden DIN-EN-Normen enthalten Hinweise zu Werkstoffen der zurückgezogenen DIN-Normen und der neuen DIN-EN-Normen.

Wiederholung und Vertiefung

1. Welche Eigenschaften zeichnen metallische Werkstoffe aus?
2. Wie unterteilt man die metallischen Werkstoffe?
3. Warum spielt die Dichte der Werkstoffe oft eine große Rolle?
4. Welchen Vorteil haben die metallischen Werkstoffe gegenüber Kunststoffen?
5. Nennen Sie wichtige Gießverfahren.
6. Welche Arten der Formfüllung sind gebräuchlich?
7. Wann müssen Schutzgase zum Schmelzen und zum Gießen verwendet werden?
8. Welchen Vorteil bietet das Kokillengießverfahren gegenüber dem Sandgießverfahren?
9. Für welche typische Anwendung eignet sich der Schalenhartguss?

2.1.5 Gießverfahren

2.1.5.1 Sandgießverfahren

Das Sandgießverfahren ist weltweit das wichtigste Gießverfahren. Es werden Gussteile aus allen metallischen Werkstoffen hergestellt, die nicht mit den Formsanden bzw. der umgebenden Atmosphäre (z. B. Titanlegierungen) reagieren.

Ausgenommen sind daher Titanlegierungen. Es wird eingesetzt, wenn es sich um die Herstellung von Einzelteilen oder Kleinserien handelt, wie dies z. B. bei Prototypen der Fall ist. Wegen der außerordentlich hohen Produktivität wird das Sandgießverfahren vor allem für mittlere Serien und Großserien eingesetzt. Es werden Kleinteile aber auch die größten Gussteile nach dem Sandgießverfahren hergestellt, z. B. Stahlgussteile bis 500 t Gewicht (z. B. große Walzenständer). Die Sandformen werden von Hand hergestellt oder auf Formmaschinen, wobei Formen für mittlere und größere Serien meist auf vollautomatischen Formmaschinen abgeformt werden.

Die Sandgussteile können eine relativ einfache Form, jedoch auch eine komplizierte Geometrie aufweisen. Innere Hohlräume, Bohrungen und Hinterschnitte werden in der Regel durch *Kerne* abgeformt.

Für das Abformen eines Gussteils muss ein *Modell* hergestellt werden. Man unterscheidet zwischen *verlorenen Modellen* z. B. aus Styropor und *häufig verwendbaren Modellen*.

Ein Modell besteht normalerweise aus zwei *Modellhälften, die in der Teilungsebene* geteilt sind. Da die Gussteile nach erfolgter Erstarrung bis zur Abkühlung auf Raumtemperatur schwinden, müssen die Modelle mit einem *Aufmaß* hergestellt werden, das der *Schwindung* von der Erstarrungstemperatur bis Raumtemperatur entspricht.

Das Schwindmaß ist abhängig von der Art des Maßes, – schwindungsbehindert oder nicht schwindungsbehindert, von der Formfestigkeit und von der Werkstoffzusammensetzung.

> Das Schwindmaß beträgt bei den Gusseisenwerkstoffe je nach Formfestigkeit und Art des Maßes 0,4 % bis 0,8 %.

Normalerweise werden die beiden Modellhälften zusammen mit dem Gieß- und Speisersystem auf Modellplatten *aufgemustert*. Die notwendigen Kerne werden in Kernkästen hergestellt. Die Modelle werden in der Regel um sogenannte Speiser ergänzt. Zum Ausgleich der Schwindung der Schmelze bei Abkühlung von Gießtemperatur auf Erstarrungstemperatur und der Volumenschwindung beim Übergang flüssig/fest müssen *Speiser* vorgesehen werden, aus denen die Schwindungsanteile nachgespeist werden. Die Speiser müssen in dem Bereich eines Gussteils *angeschnitten* (angesetzt) werden, in dem die Erstarrung der Schmelze zum Schluss erfolgt. Dies sind meist Bereiche mit dem größten *Erstarrungsmodul* (Metallanreicherungen).

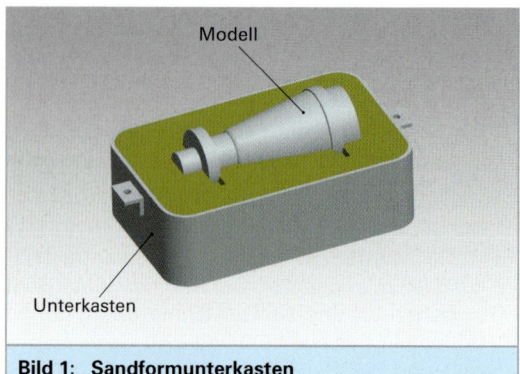

Bild 1: Sandformunterkasten

Bei horizontaler Teilung der Form wird das Modell in einem *Unterkasten* und einem *Oberkasten* eingeformt **(Bild 1)**. Nach Fertigstellung der Unter- und Oberkästen werden die Modellhälften zur Teilungsebene hin gezogen, die Kerne eingelegt, der Oberkasten gewendet und auf den Unterkasten aufgelegt. Soweit keine Beschwergewichte notwendig sind, ist die Form vergießfertig.

Um die Reaktion der Schmelze mit dem Formsand bzw. mit der Luft zu vermeiden, werden dem Formsand Zusatzstoffe, wie z. B. Glanzkohlenstoffbildner bei Gusseisenwerkstoffen (nicht bei der Herstellung von Stahlgussteilen wegen der Gefahr des Aufkohlens) oder Schwefel (bis zu 1 % des Sandvolumens) bei der Herstellung von Magnesiumgussteilen beigemischt.

Sauerstoff für eine mögliche Reaktion liegt vor:
- im Bindemittel (Bentonit),
- im Wasser (ca. 3 bis 4 % Wasser verleiht dem Bentonit die Quellfähigkeit und damit die Bindefähigkeit),
- in der Luft zwischen den Sandkörnern, sowie
- in der Luft im Formhohlraum.

Kohlenstoff aus der Schmelze kann mit Sauerstoff reagieren. Dies führt zu einer *Randentkohlung* bei Gusseisenschmelzen.

Schwefel im Formsand reagiert mit Sauerstoff unter Bildung von Schwefeldioxyd (SO_2), wobei SO_2 eine Schutzgasatmosphäre für die Magnesiumlegierungen darstellt.

2.1 Gießereitechnik

Herstellung der Sandformen

Für Einzelteile und Kleinserienteile werden die Sandformen meist von Hand geformt. Dies gilt insbesondere für große Gussteile, man spricht in diesem Fall von *handgeformtem Guss* bzw. *handgeformten Gussteilen*. Dabei werden in der Regel alle Arbeitsschritte, wie das Auflegen der Modelle, das Auflegen eines Formkastens, das Einfüllen des Formsandes, das Verdichten u. v. m. von Hand durchgeführt. Demgegenüber werden für kleinere und große Serien *Formmaschinen* eingesetzt **(Bild 1)**.

Hierbei unterscheidet man *teilautomatisierte* bzw. *vollautomatisch* arbeitende Formmaschinen. Bei den vollautomatischen Formmaschinen werden alle Arbeitsschritte zur Herstellung einer Sandform durch die Formanlage vorgenommen, lediglich das *Einlegen der Kerne* wird von einem Mitarbeiter durchgeführt.

Man unterscheidet *einteilige* Sandformen und *zwei-* und *mehrteilige Sandformen*. Darüber hinaus unterscheidet man die Sandformen danach, ob die *Teilungsebene* vertikal oder horizontal (in der Regel) gewählt wird. Einteilige Formen gibt es z. B. beim Stapelguss **(Bild 2)**, (Teilungsebene horizontal) oder beim Disamaticverfahren[1] mit vertikaler Teilungsebene. Bei den einteiligen Formen sind auf beiden Seiten die konturgebenden Bereiche für ein Gussteil abgebildet **(Bild 2)**.

In der Regel werden zweiteilige Formen zur Herstellung von Gussteilen mit einer horizontalen Teilungsebene verwendet. Sie bestehen aus einer unteren und oberen Formhälfte. Mehrteilige Formen enthalten entweder ein weiteres Formteil: bei dreiteiligen Formen z. B. das untere, das mittlere und das obere Formteil.

Für die Hohlräume in einem Gussteil werden in die Form Kerne eingelegt. Diese Kerne stellt man z. B. auf einer Kernschießanlage her (es wird Sand mit Binder z. B. durch Druckluft in einen Kernkasten, Kernnegativform eingeschossen). Gussteil-Hohlräume können sehr komplexe Gebilde sein und so müssen die Kerne häufig aus vielen Einzelteilen zusammengeklebt werden **(Bild 3)**. Formen können auch durch schichtweises Sintern von Formstoffen hergestellt werden (Seite 585).

Um Formsand zu sparen, können für Einzelteile bzw. Kleinserienteile die notwendigen *Formteile* in der gleichen Weise wie Kerne hergestellt werden. Man nennt dies Kernblockverfahren. Die Formkästen erfordern einen hohen Investitionsbedarf.

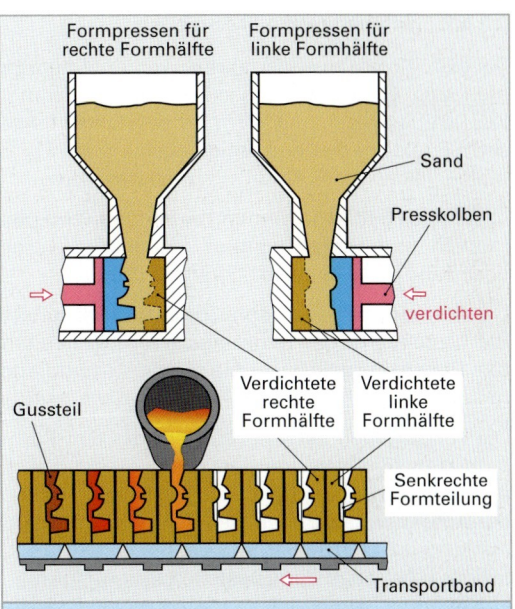

Bild 1: Kastenloses Formen mit vertikaler Formteilung

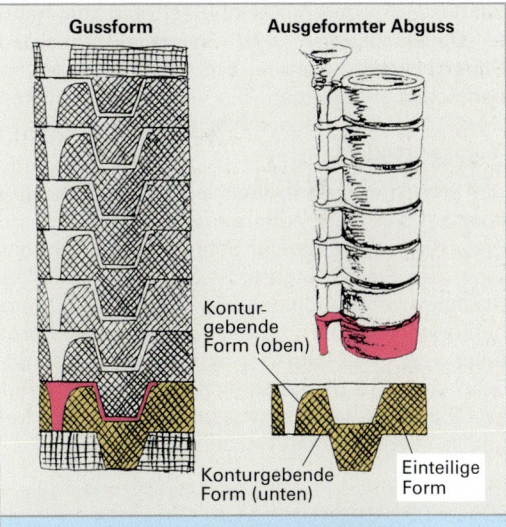

Bild 2: Stapelguss (historisches Beispiel)

Bild 3: Kern, aus mehreren Teilen geklebt

---
[1] Disamatic, Herstellerbezeichnung

2.1.5.2 Schwerkraftkokillengießen

Bei den Kokillengießverfahren werden Dauerformen aus Grauguss, Gusseisen mit Kugelgrafit, Kupferlegierungen und Warmarbeitsstählen eingesetzt. Für kleine Serien können auch andere Formmaterialien wie z. B. Grafit verwendet werden.

In die Kokille (**Bild 1**) können zur Bildung von Hohlräumen und Hinterschnitten metallische Kerne oder Sandkerne eingesetzt werden (**Bild 2**).

Die Kokillen sind horizontal oder vertikal geteilt. Sie bestehen in der Regel aus zwei Kokillenhälften. Die Kokille selbst ist oft auf einer Grundplatte montiert.

Die konturgebenden Oberflächen, die den Formhohlraum abbilden, werden in der Regel mit einer *Schlichte* überzogen. Die Schlichten haben die Aufgabe, Reaktionen der Schmelze mit dem Kokillenwerkstoff zu vermeiden. Sie sollen zusätzlich ein Abstreifen der Gussteile beim Ausformen von den Kokillenbereichen erleichtern, auf die die Gussteile aufschrumpfen.

Bei den Schlichten unterscheidet man sogenannte **Dauerschlichten** und **Verschleißschlichten**. Dauerschlichten werden direkt auf die Kokillenoberflächen aufgetragen. Die Verschleißschlichten werden auf den Dauerschlichten von Abguss zu Abguss erneuert.

Die Schlichten selbst üben einen günstigen Einfluss auf den Wärmeübergang und somit auf die Erstarrungsvorgänge der Schmelze im Formhohlraum aus. Sie verlängern die Erstarrungszeit. Die Schmelze wird durch das Gießsystem dem Formhohlraum zugeführt. In diesem Fall ist die Formfüllung steigend (**Bild 3**). Nach dem Erstarren der Schmelze wird die bewegliche Formhälfte geöffnet. Die Kerne werden gezogen. Das Teil liegt frei und kann entnommen werden.

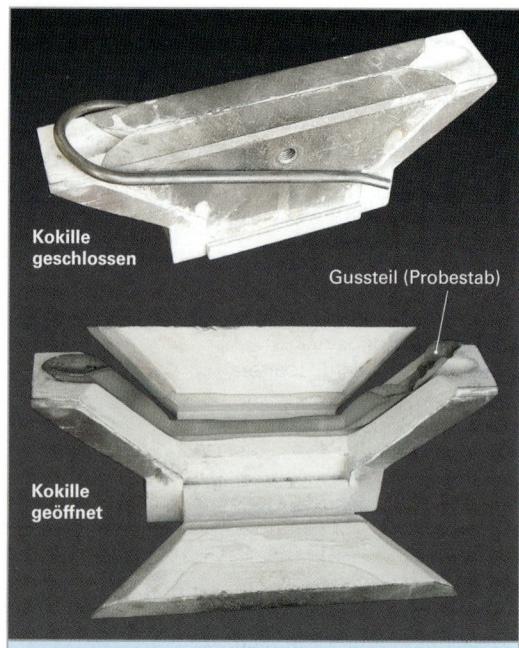

Bild 1: Kokille zum Gießen von Probestäben

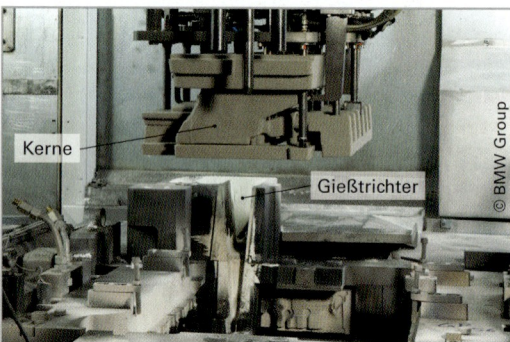

Bild 2: Einfahren eines Kerns in eine Kokille

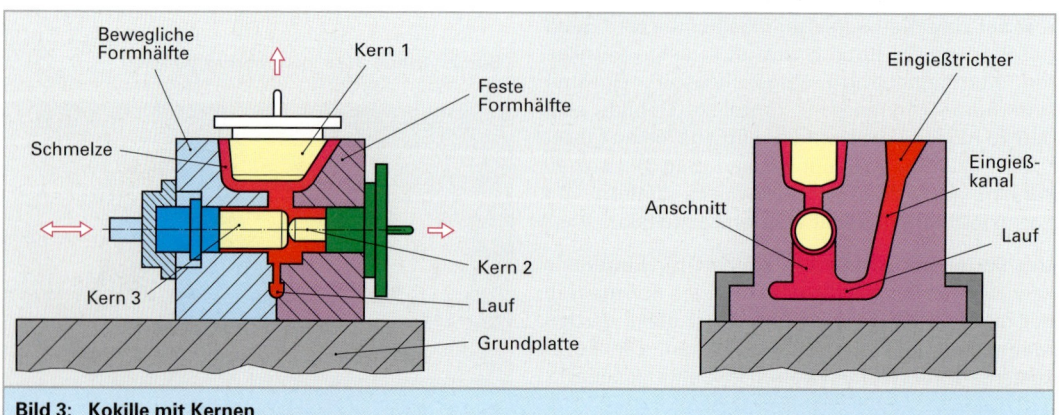

Bild 3: Kokille mit Kernen

2.1.5.3 Niederdruckkokillengießen

Nach dem Niederdruckkokillengießverfahren werden vor allem Aluminiumlegierungen vergossen. Beim Niederdruckkokillengießen wird die Kokille über eine Formschließeinheit mit der Auswerfeinheit verfahren. In der Regel ist die Kokille horizontal geteilt, mit vertikal verfahrbarer Schließeinheit (**Bild 1**).

Anlagen mit vertikaler Teilungsebene werden vor allem zum Vergießen von Messinglegierungen für Armaturen eingesetzt. Die Schmelze befindet sich in einem abgeschlossenen Ofengefäß in einem *Tiegel*. Die Schmelze wird druckgasbeaufschlagt durch das Steigrohr in den Formhohlraum gefüllt.

Es bieten sich vor allem rotationssymmetrische Gussteile an wie z. B. Räder. Die Schmelze wird über den sogenannten *Zapfenbereich* in den Formhohlraum eingefüllt, dabei wird eine möglichst niedere Geschwindigkeit der Schmelze bei der Füllung des Formhohlraums angestrebt. Dennoch sind Turbulenzen nicht zu vermeiden.

Die Folgen dieser Turbulenzen sind Lufteinschlüsse. Zur Vermeidung solcher Lufteinschlüsse ist eine von der Geometrie der Gussteile abhängige Steuerung der Formfüllvorgänge notwendig.

Zum Ende der Formfüllung soll die Erstarrung der Schmelze einsetzen. Dabei wird zur Vermeidung von *schwindungsbedingten Hohlräumen* (**Bild 2**) (Lunker) eine Erstarrung zum *Zapfen* hin angestrebt. Bild 2 zeigt beispielhaft einen Kopflunker aus einer Tatur[1]-Kokille.

Sofern eine zum Zapfen hin gerichtete Erstarrung der Schmelze vorliegt, kann der gesamte Schwindungsanteil der Schmelze im flüssigen Zustand und beim Übergang *flüssig-fest* über das Steigrohr nachgespeist werden. Die Schmelze darf im Steigrohr nicht erstarren.

Sobald die Erstarrung in den Zapfenbereich hineinreicht, wird die obere bewegliche Kokillenhälfte hochgefahren. Das Gussteil wird über die Auswerfeinheit von der konturgebenden Oberfläche der beweglichen Form abgestreift. Das Gussteil kann entnommen werden. Der Formhohlraum wird von anhaftendem *Flitter* befreit. Soweit notwendig, wird die Verschleißschlichte erneuert.

Werden Sandkerne verwendet, so legt man diese in die feste Kokillenhälfte ein. Die bewegliche Kokillenhälfte wird zugefahren und hydraulisch zugehalten. Der Gießprozess kann von neuem beginnen.

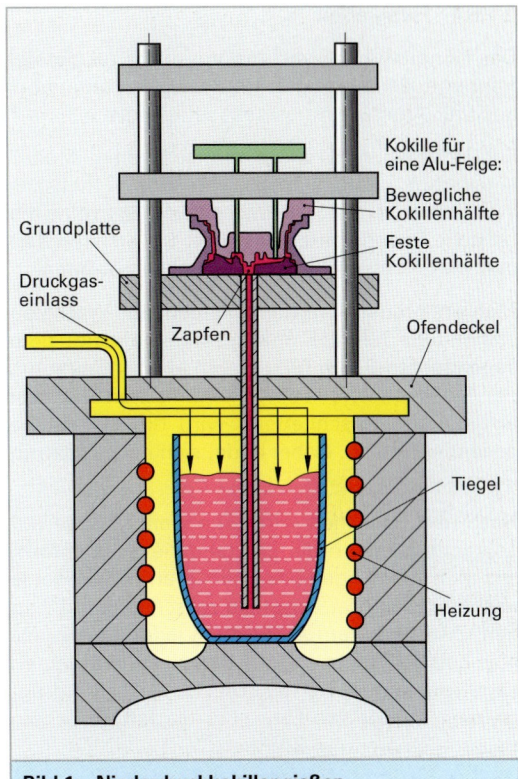

Bild 1: Niederdruckkokillengießen

Bild 2: Kopflunker

---

[1] *Tatur*, franz. Gießer

2.1.5.4 Feingießen

Das Feingießverfahren wird vor allem zur Herstellung von kleinen filigranen Stahlgussteilen, aber auch für Aluminiumgussteile, eingesetzt.

Für jedes Gussteil muss ein verlorenes Modell angefertigt werden. Dazu werden synthetische Wachse verwendet. Die Wachse werden in eine metallische Dauerform eingespritzt. Sie erkalten dort und werden als verlorenes Modell entnommen.

Mehrere Modelle werden an einem aus Wachs bestehenden Lauf mit Eingusssystem befestigt, dem sogenannten Baum (**Bild 1**). Ein fertiger Baum mit den Modellen wird in einen keramischen Schlicker eingetaucht. Anschließend wird die Oberfläche besandet (**Bild 2**). Dabei bildet sich eine harte einlagige Schale.

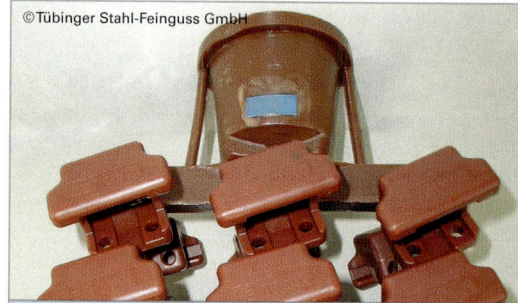

Bild 1: Baum mit Wachsmodellen (Ausschnitt)

Nach dem Trocknen wird eine weitere Lage aufgebracht. So kann die entstehende Schalenform aus mehreren Lagen bestehen. Man verwendet je nach der Dicke der Gussteile zwischen 5 und 7 Lagen. Zwischen dem Aufbringen jeder Lage muss eine Zeit zur Trocknung der letzten aufgebrachten Lage vorgesehen werden. Die Trockenzeit beträgt ca. eine Stunde pro Lage. Für die fertige Schale dauert dies mehrere Stunden.

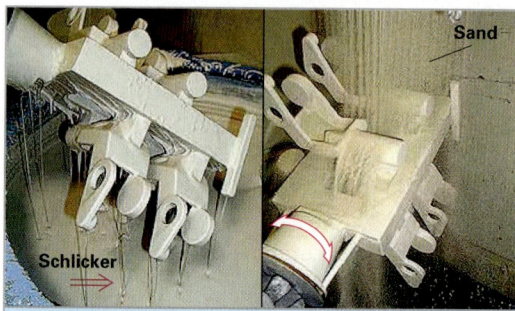

Bild 2: Eintauchen in Schlicker und Besanden

Nach der Fertigstellung der Schale wird diese einschließlich der Wachsmodelle in einen Autoklaven (Heizkessel) gebracht. Im Autoklaven wird das Wachs bei einer Temperatur von ca. 120 °C geschmolzen.

Dabei muss darauf geachtet werden, dass das Wachs von der Grenzfläche her aufschmilzt und durch den späteren Einguss aus der Schalenform ausfließt. Ein Ausdehnen der Wachse bei Erwärmung sollte vermieden werden, um Risse in der Keramikform zu vermeiden.

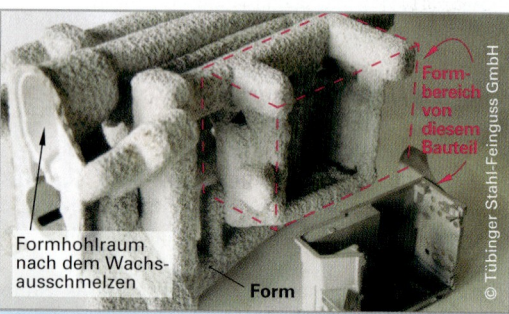

Bild 3: Wachsausschmelzen

Danach wird die Schalenform im Temperaturbereich zwischen 800 °C und 1100 °C gebrannt und mit Schmelze gefüllt (**Bild 4**). Sofern die Temperatur der Schalenform hoch ist, können sehr dünnwandige Teile hergestellt werden.

Nach dem Erstarren der Schmelze und dem Abkühlen der Gussteile auf Entnahmetemperatur wird die Schalenform zerstört. Die Gussteile werden vom Gießsystem abgetrennt, verputzt und, soweit notwendig, nachbearbeitet.

> Filigrane hochgenaue Stahlgussteile werden durch Feingießen hergestellt.

Bild 4: Gießen

2.1.5.5 Druckgießen

Ein großer Anteil der Aluminiumgussteile, Zinkgussteile und Magnesiumgussteile wird nach dem Druckgießverfahren hergestellt. Dabei werden *Warmkammerdruckgießmaschinen* und *Kaltkammerdruckgießmaschinen* eingesetzt.

Druckgießmaschinen bestehen nach DIN 24480

- aus einer **Schließeinheit**, mit der die Druckgießformen geöffnet, geschlossen und zugehalten werden,
- einer **Gießeinheit**, mit der der Formfüllvorgang durchgeführt wird,
- einer **Auswerfeinheit**, mit der nach Öffnen der Druckgießform die Druckgussteile von der konturgebenden Oberfläche der beweglichen Formhälfte, abgestreift werden,
- sowie einer **Kernzugeinheit**, über die die Kerne, bei Schließen der Druckgießform eingefahren werden, und ausgefahren werden, bevor die Teile von der konturgebenden Oberfläche abgestreift werden.

Bei der historischen Maschine (**Bild 1**) sind die Funktionseinheiten: Gießkolben, feste und bewegliche Formhälfte, Auswerfeinheit, Schließzylinder und Gießkolben besonders gut zu erkennen.

Bei den **Warmkammerdruckgießmaschinen** (**Bild 2**) befindet sich die Gießgarnitur mit Gießkammer, Gießkolben und Steigrohr *in* der Schmelze. Bei **Kaltkammerdruckgießmaschinen** befindet sich die Gießgarnitur mit Gießkammer und Gießkolben *außerhalb* der Schmelze (**Bild 3**).

Bild 1: Druckgießmaschine, um 1940

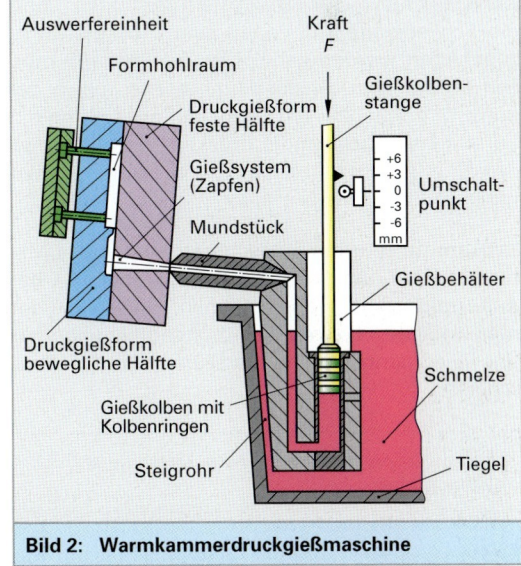

Bild 2: Warmkammerdruckgießmaschine

Bild 3: Große Kaltkammerdruckgießmaschine

Die *Gießgarnitur* (Formhälften) besteht bei den Warmkammermaschinen aus Gusseisenwerkstoffen. Bei Kaltkammerdruckgießmaschinen besteht die Gießkammer aus Warmarbeitsstählen und der Gießkolben aus einem gut thermisch leitenden Material, häufig aus Kupferlegierungen. Warmkammerdruckgießmaschinen werden zur Herstellung von Zinkdruckgussteilen aber auch von Magnesiumdruckgussteilen eingesetzt.

Voraussetzung ist, dass die Warmhaltetemperaturen der Schmelzen nicht sehr hoch sind und die Schmelzen die Eisenwerkstoffe der Gießgarnituren nicht angreifen. Dies trifft für alle Zinkdruckgusslegierungen und für die *eutektischen* und *nah-eutektischen Magnesiumlegierungen und die Aluminiumlegierungen* zu.

Kennzeichnend für Druckgießmaschinen sind die *Schließkräfte*, mit denen eine Druckgießform zugehalten werden kann. Die *Zuhaltekräfte* müssen größer sein als die *Sprengkräfte*, die in der Form während bzw. am Ende der Formfüllung die Formhälften auseinander drücken. Warmkammerdruckgießmaschinen haben Zuhaltekräfte von wenigen kN bis 8,5 MN.

Kaltkammerdruckgießmaschinen sind mit 1 MN bis 50 MN Zuhaltekraft im Einsatz **(Tabelle 1)**. Bei Kaltkammerdruckgießmaschinen unterscheidet man zwischen *horizontalen* (horizontal ausgerichtete Gießkammer) und *vertikalen Druckgießmaschinen*.

Tabelle 1: Kenngrößen von Kaltkammerdruckgießmaschinen

Kenngrößen	Einheit	Kleine Maschinen	Mittlere Maschinen	Große Maschinen
Zuhaltekraft	kN	2700	21000	52000
Schließhub	mm	500	1300	2000
Auswerferkraft	kN	128	700	900
Auswerferhub	mm	100	300	350
Formhöhe	mm	250 bis 630	600 bis 1630	900 bis 2000
Aufspannplatten	mm	800 x 800	2000 x 2000	3000 x 3000
Säulendurchmesser	mm	100	250	400
Gießkraft	kN	300	1600	3000
Abmessungen	m	6 x 2,5 x 2,5	12,5 x 4,5 x 4	18 x 4,8 x 6,5

> Druckgießmaschinen sind meist Kaltkammerdruckgießmaschinen.

Bild 1 zeigt ein typisches Zinkdruckgussteil mit Gießsystem (Zapfen, im Bild grün) und Zwangsentlüftungssystem (im Bild braun), gesehen von der festen Formhälfte aus. Das Gussteil wurde mit einer Warmkammermaschine hergestellt. Das erkennt man an dem hierfür typischen Zapfen.

Bild 2 zeigt den Abguss aus einer 2-fach-Form für ein Vollskelett-Lenkrad, gesehen von der festen Formhälfte aus. **Bild 2, Seite 29** zeigt dasselbe Gussteil von der beweglichen Formhälfte aus gesehen. Dieses Gussteil wurde mit einer Kaltkammerdruckgießmaschine hergestellt. Man erkennt dies an dem hierfür typischen Gießsystem bzw. Gießrest.

Mit Druckgießen können auch sehr kleine Bauteile hergestellt werden (**Bild 3**), z. B. aus Zinkdruckguss.

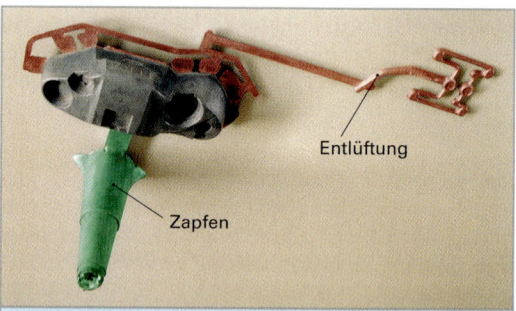

Bild 1: Zinkdruckgussteil (Kameragehäuse)

Bild 2: Aluminiumdruckgussteil

Bild 3: Zinkdruckgussteil

2.1 Gießereitechnik

Eine Weiterentwicklung der Kaltkammerdruckgießmaschine stellt die **Vacural-Druckgießmaschine (Bild 1)** dar.

Die Druckgießform wird geschlossen und der Formhohlraum einschließlich Gießkammer und Gießsystem über eine Vakuumpumpe vollständig entlüftet (Restdruck < 50 mbar). Dabei wird die Schmelze aus einem Warmhalteofen über ein Steigrohr in die Gießkammer gesaugt.

Die Dosiermenge der Schmelze hängt von der Dosierzeit ab. Nach ausreichender Dosierung verschließt der Gießkolben das Steigrohr. Der Gießprozess kann beginnen. Ein großer Vorteil des Verfahrens (Selbstkontrolle) liegt darin, dass nur bei wirksamer Entlüftung der Druckgießform die Dosierung erfolgt. Eine Schwierigkeit ist das Abdichten der Führungen für die beweglichen Teile der Druckgießform, wie z. B. die Kerne und der Auswerfer.

Die automatisierte Entnahme der Druckgussteile erfolgt mit einem Handhabungsgerät, das nach dem Öffnen der Form **(Bild 2)** das Teil entnimmt **(Bild 3)**. Als Handhabungsgeräte werden entweder kompakte, spezielle Bewegungseinheiten verwendet, die meist oberhalb der Druckgießmaschine und damit platzsparend angebracht sind, oder aber universelle Industrieroboter beigestellt. Im letzteren Falle übernehmen diese Geräte im Takt der Druckgießmaschine auch Aufgaben der Gussnachbearbeitung, wie z. B. das Abtrennen der Gießsysteme.

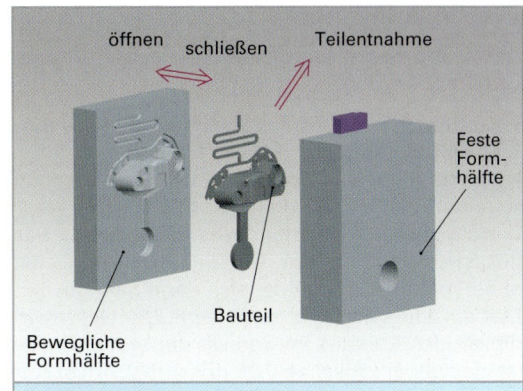

Bild 2: Gussteil und Formhälften

Bild 3: Teileentnahme mit Roboter

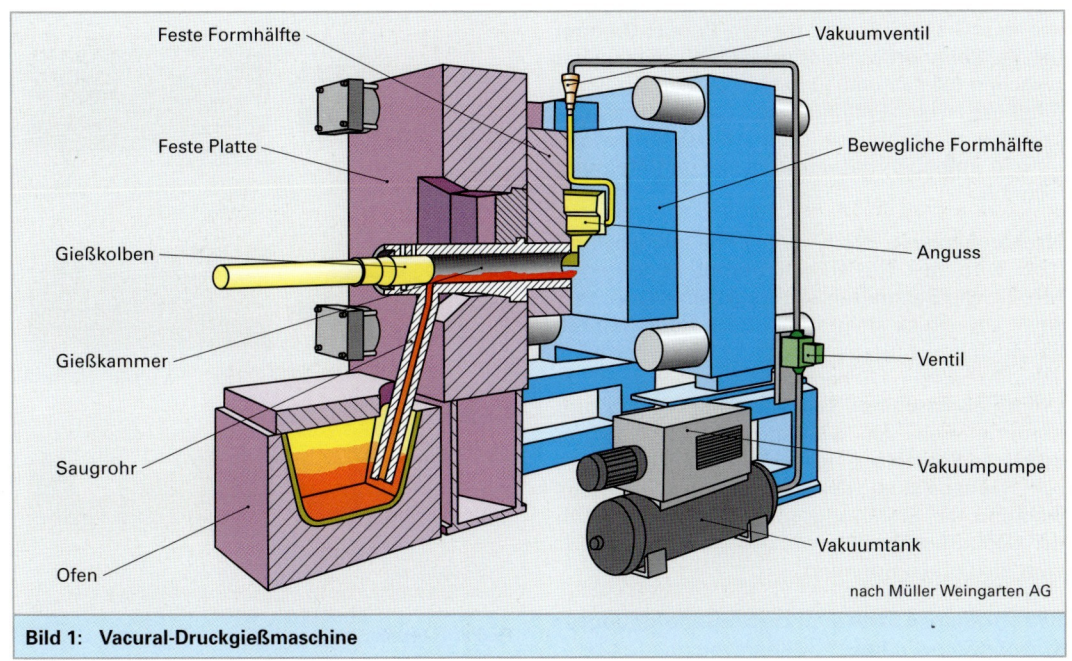

Bild 1: Vacural-Druckgießmaschine

Der Druckgießprozess

Der Gießprozess kann prinzipiell in drei Phasen eingeteilt werden:

- Vorfüllphase,
- Formfüllphase,
- Nachdruckphase (**Bild 1**).

Vorfüllphase. Die Vorfüllphase dient dazu, das flüssige Metall in der Gießkammer möglichst ohne *Verwirbelung* mit der sich darin befindlichen Luft bis zum Anschnitt zu fördern. Die Geschwindigkeit des Kolbens im Bereich der ersten Phase ist einstellbar zwischen 0,05 m/s und 0,7 m/s. Aufgrund der relativ langen Dauer der ersten Phase, kann die Luft teilweise über die Teilungsebene der Form oder über Entlüftungskanäle entweichen.

Die Geschwindigkeit des Kolbens im Bereich der Vorfüllphase ist so zu wählen, dass die vor dem Gießkolben sich ausbildende Stauwelle den gesamten Gießkammerquerschnitt ausfüllt. Wird die Vorlaufgeschwindigkeit zu gering gewählt, bildet sich keine genügend hohe Welle aus. Ist sie größer als der kritische Wert, kommt es zu einer Überschlagwelle mit entsprechendem Lufteinschluss (**Bild 2**). Die Vorfüllphase dauert zwischen 0,5 s bis maximal 6 s, je nach Größe der Druckgießmaschine bzw. der Länge der Gießkammer. Ein Teil der Schmelze erstarrt bereits in der Gießkammer.

Formfüllphase. Der Gießkolben wird innerhalb weniger Millisekunden auf eine hohe Geschwindigkeit beschleunigt (Bild 1). Die Geschwindigkeit des Gießkolbens in diesem Bereich beträgt bei Kaltkammerdruckgießmaschinen, einstellbar, zwischen 0,4 m/s und 10 m/s. In der kurzen Formfüllphase ist eine Entlüftung des Formhohlraumes praktisch nicht möglich. Überläufe tragen zur Entlüftung entgegen der vorherrschenden Meinung nicht bei.

Nachdruckphase. Nach dem Ende der Formfüllung wird der Gießkolben abrupt abgebremst. Metallische Schmelzen sind praktisch inkompressibel. Der Druck steigt dabei nach dem Aufprall bis zu einem statischen Enddruck (Speicherdruck von 100 bar bis 170 bar im Hydrauliksystem der Druckgießmaschine). Der Nachdruck dient zum Komprimieren der während der Formfüllung durch die Schmelze eingeschlossenen Luft, sowie zur Nachspeisung des Schwindungsvolumens während der Erstarrung. Je höher der Druck in der Nachdruckphase gewählt wird, desto stärker wird die Luft komprimiert.

Bild 1, folgende Seite zeigt die Messanordnung für Kolbengeschwindigkeit, Kolbenweg und Druck.

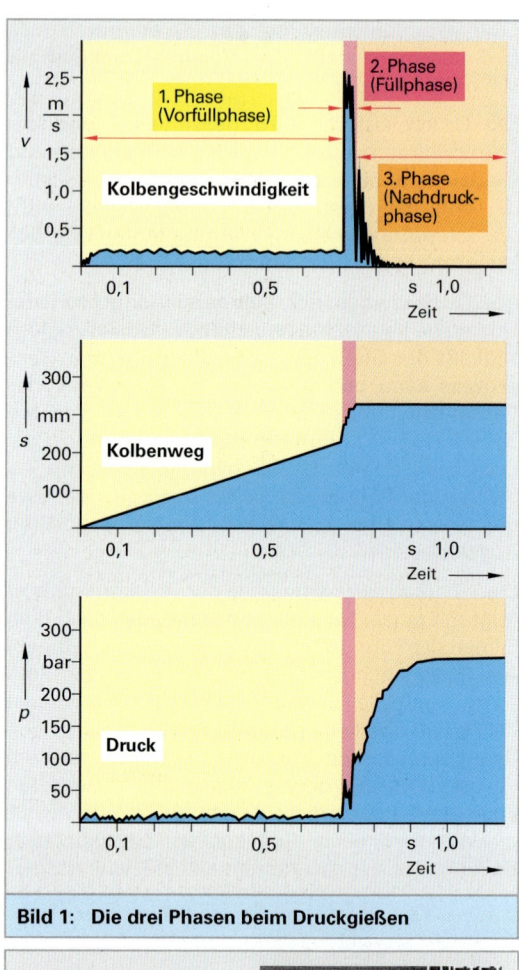

Bild 1: Die drei Phasen beim Druckgießen

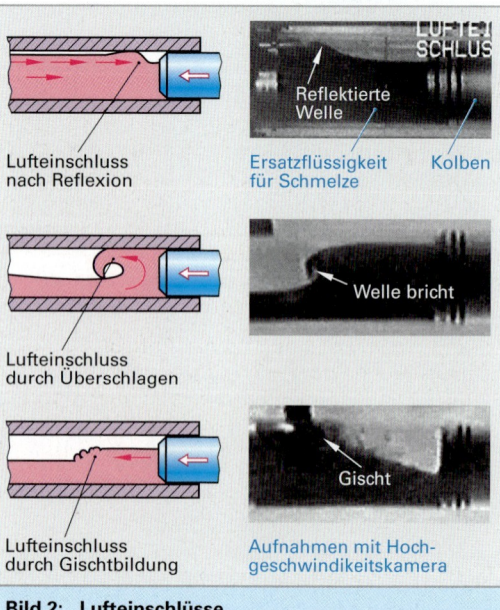

Bild 2: Lufteinschlüsse

2.1 Gießereitechnik

> **Gießbedingungen beim Druckgießen**
>
> Das Druckgießverfahren unterscheidet sich gegenüber den anderen Gießverfahren, z. B. Sandgießen, Kokillengießen, Feingießen, durch die Gießbedingungen.
>
> - Die Formfüllzeit (Formfüllphase) ist außerordentlich kurz, sie liegt zwischen 5 ms bis 60 ms je nach Legierung, Bauteilgröße und vor allem Wanddicke der Gussteile. In der kurzen Formfüllzeit kann der Formhohlraum nicht entlüftet werden, die Luft wird eingeschlossen. Nach Möglichkeit sollte die Formfüllzeit so gewählt werden, dass die Erstarrung erst nach erfolgter Formfüllung beginnt.
> - Die Strömungsgeschwindigkeit der Schmelze im Formhohlraum ist groß. Im Anschnitt kann sie genau angegeben werden. Sie liegt einstellbar im Bereich zwischen 20 bis 100 m/s. Gelegentlich können auch deutlich höhere Geschwindigkeiten erzielt werden, was jedoch wegen der dadurch eingeschränkten Lebensdauer der Druckgießform nicht erwünscht ist. Die örtliche Geschwindigkeit hat einen Einfluss auf den Wärmeübergang und somit auf die Gefügeausbildung und die mechanischen Kennwerte.
> - Der Nachdruck nach beendeter Formfüllung, unter dem die Schmelze erstarrt, ist einstellbar im Bereich zwischen 400 bis 1500 bar bei Kaltkammerdruckgießmaschinen. Er ergibt sich aus der Gießkraft der Druckgießmaschine bezogen auf die Gießkolbenquerschnittsfläche. Bei Warmkammerdruckgießmaschinen liegt der Nachdruck im Bereich von 200 bis 400 bar.
> - Die Formtemperatur liegt in der konturgebenden Oberfläche im Bereich zwischen 180 bis 260 °C. Sie hat einen erheblichen Einfluss auf die Qualitätseigenschaften der Teile bzw. auf die Fehler, wie z. B. Kaltfließstellen und Lunker.

2.1.5.6 Weitere Gießverfahren

Es gibt eine Reihe von Gießverfahren, die aus den bereits vorgestellten Verfahren weiter entwickelt wurden. Dazu gehört das **Niederdrucksandgießen**. Es ist aus dem Niederdruckkokillengießen abgeleitet. Hier wird jedoch statt einer Dauerform (Kokille) eine Sandform verwendet. Dieses Verfahren wird vor allen Dingen für die Herstellung von Prototypen und Kleinserien eingesetzt.

Dauerformen sind teuer. In der Entwicklungsphase eines neuen Bauteiles versucht man die Kosten für die Formen möglichst gering zu halten und es werden Änderungen vorgenommen. An einer metallischen Dauerform können jedoch Änderungen kaum durchgeführt werden. Deswegen bedient man sich der wesentlich preisgünstigeren Methode der Herstellung von Sandformen.

Ein weiteres Verfahren ist das **Kolbengießen**, eine Weiterentwicklung des Kokillengießverfahrens, speziell zum Gießen von dünnwandigen

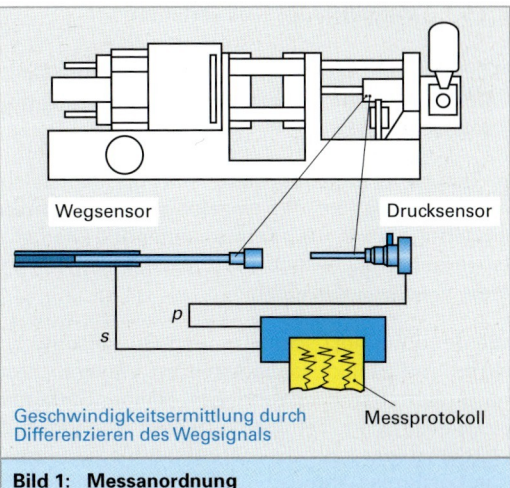

Bild 1: Messanordnung

Kolben für Verbrennungsmotoren. Ebenfalls eine Weiterentwicklung ist das **Kokillenpressgießen**. Dabei wird die offene Form unter dem Einfluss der Schwerkraft gefüllt. Anschließend taucht die zweite Formhälfte von oben in die Schmelze ein. Während der Erstarrung wird auf die Schmelze ein Druck aufgebracht.

Das **PrecoCast-Verfahren**[1] ist ein Kokillengießverfahren, das man auch als *Gegendruckgießverfahren* bezeichnen kann. Es ist abgeleitet aus dem Niederdruckkokillengießen. Dabei wird jedoch auf die Schmelze während der Erstarrung ein höherer Druck aufgebracht.

Beim **Thixoschmieden**[2] werden *untereutektische Legierungen* (man verwendet meistens Aluminium-Silizium-Legierungen) in einem halbflüssigen/halbfesten Zustand in ein *Untergesenk* eingebracht. Das *Obergesenk* taucht in das Untergesenk ein, wobei der halbflüssige/halbfeste metallische Werkstoff verformt wird. Die Erstarrung erfolgt unter Aufbringung eines höheren Druckes.

Aus dem Druckgießverfahren abgeleitet sind die Verfahren **Thixomoulding**[3], bei denen ebenfalls ein halbflüssiges/halbfestes Metall (meist werden dazu Magnesiumlegierungen wie die AZ91HP vergossen) durch eine Schnecke, ähnlich den Kunststoffspritzgießmaschinen, in den Formhohlraum gefüllt wird.

Alle weiter entwickelten Verfahren sind Spezialgießverfahren, die für wenige Produkte Erfolg versprechend sind. Sie lösen die konventionellen Gießverfahren jedoch nicht ab, sondern ergänzen diese.

---

[1] PrecoCast, eingetragenes Warenzeichen
[2] Thixotropie = unter Kraft flüssig werdend, von griech. thixis = berührend
[3] engl. to mould = formen

2.1.5.7 Vergleich der Gießverfahren

Nachfolgend werden die konventionellen Gießverfahren im Hinblick auf die wesentlichen Unterschiede verglichen.

In **Tabelle 1, folgende Seite**, sind die kennzeichnenden Merkmale der einzelnen Gießverfahren eingetragen. Aus den kennzeichnenden Merkmalen ergeben sich auch die typischen Einsatzgebiete für die Gießverfahren.

Während die hochschmelzenden Gusseisenwerkstoffe und Stahlgussqualitäten im Wesentlichen nach dem Sandgießverfahren, kleine Stahlgussteile nach dem Feingießverfahren abgegossen werden, werden die Aluminiumlegierungen, Magnesiumlegierungen und Zinklegierungen überwiegend in Dauerformen abgegossen, d. h. nach dem Schwerkraftkokillengießen, dem Niederdruckkokillengießen und dem Druckgießen. Natürlich wird auch das Sandgießverfahren, vor allem für die Aluminiumlegierungen, aber auch auch für die Magnesiumlegierungen eingesetzt. Die Schwermetallgusswerkstoffe werden sowohl im Sandgießverfahren wie im Schwerkraftkokillengießverfahren und auch im Niederdruckkokillengießverfahren abgegossen.

Mit Ausnahme des Druckgießverfahrens ist die Formfüllzeit bei den anderen Gießverfahren relativ lang. Die Geschwindigkeit, mit der die Schmelze den Formhohlraum füllt ist relativ niedrig, der Druck, unter dem die Schmelze erstarrt entspricht im Wesentlichen dem metallostatischen Druck. Nur beim Niederdruckkokillengießen ist der Nachdruck bis auf 2 bar leicht erhöht. Die Kokillengießverfahren unterscheiden sich von dem Sandgießen durch die hohen Formtemperaturen.

Hohe Formtemperaturen sind auch ein charakteristisches Merkmal des Feingießens. Sie sind zur Herstellung dünnwandiger, filigraner Stahlgussteile unbedingt erforderlich. Je höher die Formtemperatur ist, um so länger bleibt eine Schmelze bei gleicher Wanddicke der Gussteile flüssig, um so dünnwandiger können Teile gegossen werden.

Die Fertigungsbedingungen beim Druckgießen unterscheiden sich stark von den übrigen Fertigungsverfahren. Dies gilt für die extrem kurze Formfüllzeit, die sehr hohen Strömungsgeschwindigkeiten und den hohen Druck, unter dem die Schmelze erstarrt.

In **Bild 1** sind typische Gussteile dargestellt und den einzelnen Gießverfahren zugeordnet.

Sandgussteil aus Rotguss

Feingussteil aus einer Al-Legierung

Kokillengussteil aus einer Al-Legierung

Druckgussteil aus einer Magnesium-Legierung

Bild 1: Typische Gussteile

2.1 Gießereitechnik

Tabelle 1: Vergleich der Gießverfahren

Eigenschaften	Sandform-gießen	Feingießen	Schwerkraft-Kokillengießen	Niederdruck-Kokillengießen	Druckgießen
Formen	Verlorene Formen	Verlorene Formen	Metallische Dauerformen	Metallische Dauerformen	Metallische Dauerformen
Modelle	Holz, Metalle, Verlorene Modelle aus Styropor	Verlorene Modelle aus Wachs	-	-	-
Art der Teile	Einzelteile, Serienteile, Großserienteile	Serienteile, Großserienteile	Serienteile, Großserienteile	Großserienteile	Großserienteile
Legierungen	Alle	Unlegierte und legierte Stähle Al-Legierungen	Al-Legierungen Messing	Al-Legierungen	Al-, Zn- und Mg-Legierungen (Messing)
Typische Teile	Gehäuse für Getriebe, Bremsscheiben, Dieselmotoren, Maschinenständer	Kleinteile für Spinnereimaschinen, Feinwerktechnik-Industrie	Vergütbare Al-Teile für Automobilindustrie, Armaturen	Rotationssymmetrische Teile, wie Felgen	Automobilteile, wie Getriebegehäuse, Motorblöcke
Teilegewicht	Unbegrenzt bis 500 t	Wenige Gramm, bis 50 kg	Wenige Gramm, bis 35 kg	Bis 20 kg	Wenige Gramm, bis 50 kg
Produktivität	Sehr hoch bis 300 Abformungen/Std, Mehrfachformen	Hoch Trauben mit vielen Formnestern	Niedrig	Niedrig	Hoch
Kreislaufanteil	30 bis 50 %	30 bis 100 %	30 bis 50 %	5 bis 10 %	90 bis 100 %
Formmaterial	Quarzsande mit Binder	Keramik	GGL, GGG, Warmarbeitsstähle	GGL, GGG, Warmarbeitsstähle	Warmarbeitsstähle
Maßgenauigkeit/ Toleranzen	Je nach Größe der Teile: 1 bis 5 mm	0,1 bis 1 mm	0,5 bis 2 mm	0,5 bis 2 mm	10 µm bis 1 mm
Formfüllung	Unter Schwerkraft	Unter Schwerkraft	Unter Schwerkraft	Druckgasbeaufschlagt	Mechanisch mit hydraulischem Antrieb
Formfüllzeit	5 bis 50 s	5 bis 10 s	5 bis 10 s	5 bis 8 s	5 ms bis 60 ms
Geschwindigkeit der Schmelze b. d. Formfüllung	1 bis 3 m/s	1 bis 2 m/s	1 bis 2 m/s	0,3 bis 0,6 m/s	30 bis 100 m/s
Formtemperatur	~ 20 °C	500 bis 700 °C	300 bis 500 °C	300 bis 500 °C	180 bis 250 °C
Druck, unter dem die Schmelze erstarrt	Metallostatischer Druck	Metallostatischer Druck	Metallostatischer Druck	Bis 2 bar	a) 200 bis 400 bar WKM[1] b) 400 bis 1500 bar KKM[2]

---

[1] WKM Abk. für Warmkammerdruckgießmaschinen
[2] KKM Abk. für Kaltkammerdruckgießmaschinen

2.1.6 Formtechnik

2.1.6.1 Übersicht

Man unterscheidet bei der Herstellung von Formen die *Dauerformen* und die *verlorenen Formen*.

Dauerformen verwendet man beim Schwerkraftgießen für das
- Kokillengießen,
- das Stranggießen und
- das Schleudergießen.

sowie beim Gießen unter Druck für
- das Druckgießen,
- das Niederdruckgießen und
- für Sonderverfahren, z. B. Vacuralverfahren.

Die Formtechnik für verlorene Formen gliedert man nach
- der Formherstellung **(Bild 1 und Bild 2)**,
- dem Formstoffsystem **(Bild 3)** und
- der Modellverwendung **(Bild 4)**.

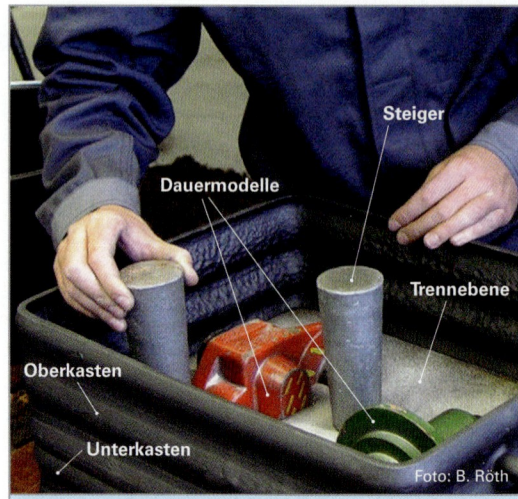

Bild 1: Handformen einer Verlorenen Form

Handformen	Maschinenformen	⇒ Formen mit Formanlagen	Kernformen
• Kastenformen • Herdformen • Handstampfen • Pressluftstampfen • Mit zu verdichtendem Formstoff • Mit aushärtendem Formstoff	• Pressen • Schießen • Saugen • Impulsverdichten • Luftstrom • Schleudern • Vibrieren	• Mechanisiert • Teilautomatisiert • Vollautomatisiert • Mit Kasten • Kastenlos • Vertikal geteilt • Horizontal geteilt	• Mit Hand • Mit Maschine

Bild 2: Arten der Formherstellung für verlorene Formen

Verfahren mit zu verdichtenden Formstoffen	Verfahren mit aushärtenden Formstoffen	Verfahren mit physikalischer Bindung	Verfahren mit keramischer Bindung
• Tongebundene Sande	• Heißharzverfahren • Kaltharzverfahren • Verfahren mit Begasung	• Unterdruckverfahren • Magnetformverfahren	• Feinguss

Bild 3: Arten der Formstoffsysteme für verlorene Formen

Formen mit Dauermodell		Formen mit verlorenem Modell	
Für Handformen • Holzmodelle • Polystyrolschaumstoffmodelle	Für Maschinenformen • Modellplatten aus Metall, Kunstharz und Holz	Vollformgießen mit Polystyrolschaumstoffmodellen	Hohlformgießen mit • Polystyrolschaumstoffmodell • Wachsmodell (Feinguss)

Bild 4: Formherstellung mit Dauermodell und mit verlorenem Modell

2.1.6.2 Grundlagen

Um ein Gussteil, das in der Fertigungszeichnung vorliegt, fertigungsreif zu machen, sind in der Arbeitsvorbereitung oder besser, bereits bei der Konstruktion, die folgenden Grundlagen der Formtechnik zu berücksichtigen:

Formschräge

Durch Neigung der in Ausheberichtung senkrechten Flächen erhalten Modelle und Formen eine **Formschräge**. Dadurch entfällt beim Ausheben ein wesentlicher Teil der Reibung, die Gefahr der Formbeschädigung wird geringer. Die Formschräge, auch Formkonus genannt, wird nach **Bild 1** in drei Möglichkeiten ausgeführt. Dabei ergeben sich unterschiedliche Abweichungen vom Zeichnungsmaß N. Meist wird die Formschräge als Materialzugabe ausgeführt. An Gusskonturen, bzw. am Modell **Tabelle 1**, ist die Formschräge größer als an Dauerformen.

Form- und Modellteilung

Damit ein Modell aus der Form oder ein Gussteil aus der Dauerform ausgehoben werden kann, müssen sowohl Modelle als auch Formen Teilungen aufweisen (siehe Beispiel Kapitel 2.1.6.4). Die einfachste Modellteilung geht waagerecht durch den größten Querschnitt. Nicht entformbar sind Hinterschneidungen. Mit Kernen (siehe Kapitel 2.1.6.7) werden Teilungen vereinfacht und das Entformen oft erst ermöglicht. Eine gut durchdachte Konstruktion vereinfacht spätere Probleme bei der Form- und Modellteilung.

Bearbeitungszugaben

Flächen an Gussteilen, die eine besondere Funktion oder Anforderung erfüllen müssen, werden zerspanend bearbeitet. In der Fertigungszeichnung sind diese durch ein Bearbeitungszeichen und am Modell farblich (meist gelb) gekennzeichnet. Die Größe der hierzu am Gussteil notwendigen Bearbeitungszugabe (ca. 2 mm bis 10 mm) ist abhängig von der Gussteilgröße, der Gussart und dem Formverfahren.

Schwindmaß

Nach dem Erstarren des Gießmetalls ziehen sich die Gussteile bis zum Erreichen der Raumtemperatur, je nach Gusswerkstoff, um einen prozentualen Betrag zusammen **(Bild 2, Nr. ③)**. Diesen Betrag bezeichnet man als Schwindmaß. Um in der Gießerei maßhaltige Gussteile fertigen zu können, muss das Modell oder die Dauerform entsprechend **größer** hergestellt werden.

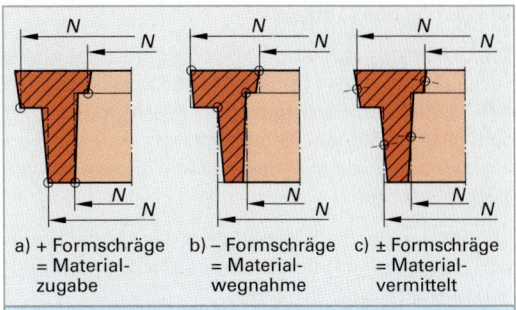

a) + Formschräge = Materialzugabe
b) – Formschräge = Materialwegnahme
c) ± Formschräge = Materialvermittelt

Bild 1: Die drei Ausführungsmöglichkeiten der Formschräge

Tabelle 1: Formschräge an Modellen nach EN 12890

Höhe in mm	Formschräge in mm
bis 30	1 bis 1,5*
über 30 bis 80	2 bis 2,5*
über 80 bis 180	2,5 bis 3*
über 180 bis 250	3 bis 4*
über 250 bis 1000	+ 1,0 je 250 Höhe
über 1000 bis 4000	+ 2,0 je 1000 Höhe

* abhängig vom Formverfahren, Genaueres siehe EN 12890

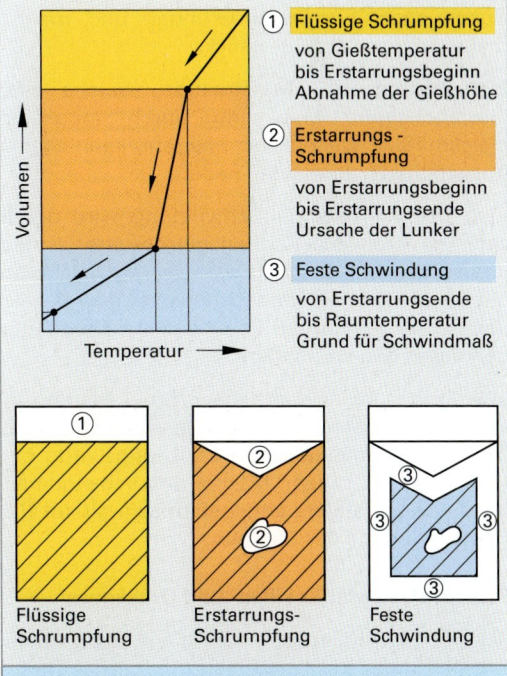

① **Flüssige Schrumpfung**
von Gießtemperatur bis Erstarrungsbeginn
Abnahme der Gießhöhe

② **Erstarrungs-Schrumpfung**
von Erstarrungsbeginn bis Erstarrungsende
Ursache der Lunker

③ **Feste Schwindung**
von Erstarrungsende bis Raumtemperatur
Grund für Schwindmaß

Flüssige Schrumpfung | Erstarrungs-Schrumpfung | Feste Schwindung

Bild 2: Bereich der Schwindung beim Abkühlen von Metallen (schematisch)

Größe des Schwindmaßes

Die Größe des Schwindmaßes ist ganz besonders vom Gusswerkstoff abhängig, deshalb muss sich der Modellbauer vor dem Bau des Modells über den vorgesehenen Gusswerkstoff informieren, um dann mit dem erforderlichen Schwindmaßstab zu arbeiten.

Anhaltspunkte, nach denen sich der Modellbauer bei der Festlegung der Größe des Schwindmaßes richtet, enthält die EN 12890.

In **Tabelle 1** werden die **durchschnittlichen** Erfahrungswerte der festen Schwindung von allen üblichen Gusswerkstoffen in Prozenten angegeben, erweitert um mögliche Abweichungen.

Behinderte Schwindung

Der Prozentsatz der Schwindung ist jedoch nicht nur vom Gusswerkstoff abhängig, sondern auch von der konstruktiven Gestalt **(Bild 1)**, den Wanddicken der Gussstücke sowie von den Festigkeitswerten der Gießform.

In der Praxis kommen deshalb auch von der Norm abweichende Schwindmaße zur Anwendung. Wegen unterschiedlicher Wanddicken und wegen Materialanhäufungen an bestimmten Stellen der Gussstücke ist ein gleichzeitiger Ablauf der Erstarrung nicht gewährleistet. Daraus ergeben sich Spannungen, Formveränderungen und manchmal auch Risse am Gussstück.

Eine gießgerechte Konstruktion, welche eine gleichgerichtete Erstarrung durch möglichst gleichmäßige Wanddicken anstrebt, kann solche Auswirkungen vermeiden helfen.

Eine Behinderung der Schwindung wird durch sehr fest verdichtete Formen, getrocknete Formen und durch sehr feste, harte Kerne verursacht. Auch die oft bei großen Kernen notwendigen Kernarmierungen (Kerneisen) können die Schwindung behindern und vermindern.

In kritischen Fällen sollte man vorher mit den zuständigen Gießereifachleuten sprechen und sich dann an die angegebenen Erfahrungswerte halten. Nicht selten kann hierbei das Schwindmaß für die Länge anders angegeben sein als für die Breite und Höhe des Modells.

Schwindmaße für Kokillen- und Druckguss

Absolut unnachgiebige metallische Dauerformen, wie sie für das Kokillengießen und für das Druckgießen erforderlich sind, wirken sich sehr hemmend auf den Schwindungsvorgang aus.

Tabelle 1: Schwindmaßrichtwerte und mögliche Abweichungen

Gusswerkstoff	Richtwert in %	Mögliche Abweichungen in %
Gusseisen		
mit Lamellengrafit	1,0	0,5 … 1,3
mit Kugelgrafit, ungeglüht	1,2	0,8 … 2,0
mit Kugelgrafit, geglüht	0,5	0,0 … 0,8
Stahlguss	2,0	1,5 … 2,5
Manganhartstahl	2,3	2,3 … 2,8
Temperguss weiß (GJMW)	1,6	1,0 … 2,0
schwarz (GJMB)	0,5	0,0 … 1,5
Aluminium-Gusslegierung	1,2	0,8 … 1,5
Magnesium-Gusslegierung	1,2	1,0 … 1,5

Tabelle 2: Schwindmaß für Kokillen und Druckguss

Gießwerkstoff	Schwindmaße in % für	
	Kokillenguss	Druckguss
Reinaluminium	0,7 … 1,2	
Aluminium-Legierungen:		
G-Al Si 12, G-Al Si 10 Mg	0,6 … 0,8	0,5 … 0,7
G-Al Si 5 Mg, G-Al Si 6 Cu 4,		
G-Al Si 7 Mg, G-Al Si 7 Cu 3	0,5 … 0,9	0,5 … 0,7
G-Al Mg 3, G-Al Mg 5, G-Al Mg 10	0,5 … 0,9	0,6 … 1,0
G-Al Cu 3 Ti, G-Al Cu 4 Ti Mg	0,5 … 0,9	
Magnesium-Legierungen:	0,8 … 1,2	0,8 … 1,2
Kupfer-Legierungen:		
Guss-Zinnbronze, Rotguss	1,0 … 1,4	
Guss-Messing	0,8 … 1,2	0,7 … 1,2
Guss-Sondermessing (Al-,Mn-legiert)	1,4 … 2,0	0,8 … 1,6
Guss-Aluminiumbronze	1,4 … 2,0	
Blei-Legierungen	0,3 … 0,6	0,3 … 0,6
Zinn-Legierungen	0,3 … 0,6	0,2 … 0,5
Zink-Legierungen	0,6 … 1,0	0,4 … 0,6

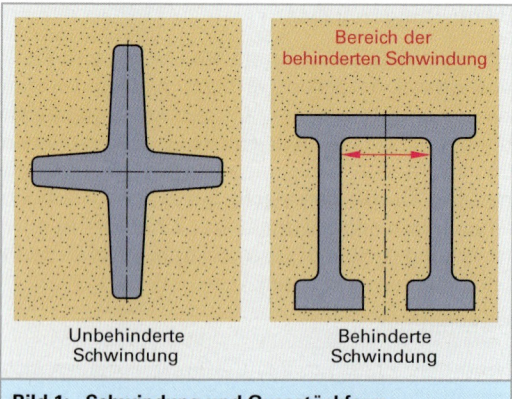

Bild 1: Schwindung und Gussstückform

Deshalb werden beim Bau von solchen Gießwerkzeugen geringere Schwindmaße als beim Sandguss berücksichtigt **(Tabelle 2)**.

2.1.6.3 Modellarten

Zur Herstellung der Verlorenen Formen werden vom Modellbau **Gießereimodelle** gefertigt. Man unterscheidet Dauermodelle und Verlorene Modelle **(Bild 1)**.

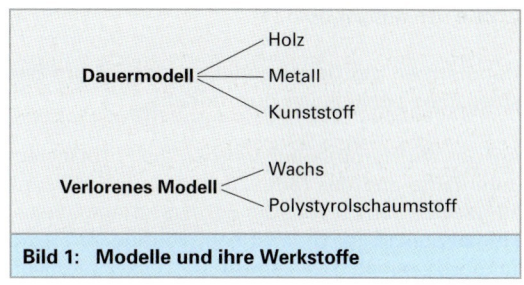

Bild 1: Modelle und ihre Werkstoffe

Modelle, die mehr als einmal eingeformt und wieder ausgeformt werden, sind Dauermodelle. Dagegen werden Verlorene Modelle nur einmal eingeformt und bei Polystyrolschaummodellen vergast oder herausgeschnitten und beim Feingussverfahren herausgeschmolzen.

Holzmodelle sind bei Güteklasse H3 und H2 aus Weichhölzern und bei den Güteklassen H1 aus Harthölzern und Hartholzfurnierplatten hergestellt. Holzmodelle kommen neben allgemeinem Einsatz besonders für große Abmessungen als Hohlmodelle zur Anwendung.

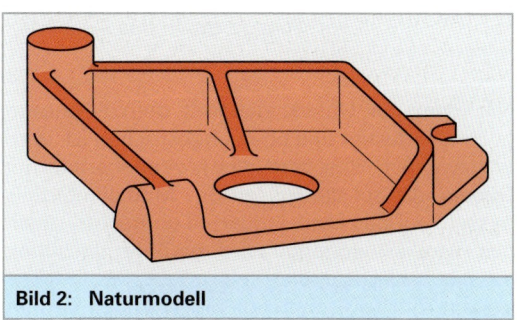

Bild 2: Naturmodell

Kunstharzmodelle werden aus Epoxydharz und Polyurethanharz mit Hilfe von Negativen abgegossen. Sie werden für höchste Stückzahlen bis zu einigen zehntausend Abformungen eingesetzt.

Metallmodelle kommen bei Verfahren mit Heißaushärtung wie z. B. Croning zur Anwendung.

Polystyrolschaumstoffmodelle werden beim **Vollformverfahren** in der Form gelassen und durch die Schmelze vergast. Aber auch lackiert, als Dauermodell, setzt sich dieses Modell für Stückzahlen bis meist 10 immer mehr durch.

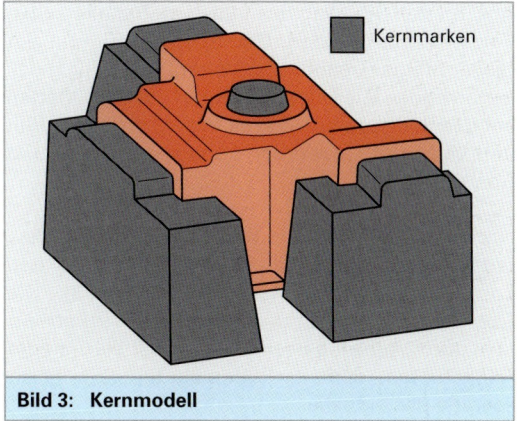

Bild 3: Kernmodell

Naturmodell – Kernmodell. Ein Modell, das genau dem Gussteil entspricht, ist ein Naturmodell **(Bild 2)**. Werden dagegen Außen- und Innenkonturen durch Kerne gebildet, so handelt es sich um ein Kernmodell. Dieses ist an den schwarz gestrichenen Kernmarken **(Bild 3)** zu erkennen.

Hohlbauweise – Massivbauweise. Kleine oder mittlere Modelle werden ohne Hohlraum, d. h. als Modell in Massivbauweise und Großmodelle mit Hohlraum d. h. als Modell in Hohlbauweise ausgeführt. Durch Hohlbauweise verringern sich Gewicht und Kosten. Diese Modelle werden in Rahmenbauweise mit Beplankung oder ähnlich aufgebaut.

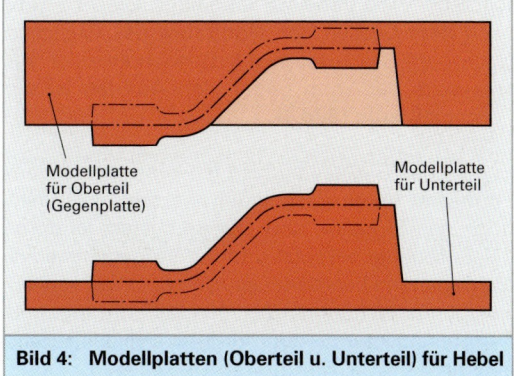

Bild 4: Modellplatten (Oberteil u. Unterteil) für Hebel

Handmodelle – Maschinenmodelle. Handmodelle sind für das Handformen und Maschinenmodelle für das Formen an Formmaschinen und automatischen Formanlagen bestimmt. Maschinenmodelle sind Modellplatten wie z. B. in **Bild 4** gezeigt.

2.1.6.4 Handformen

Handformen mit Dauermodellen, gezeigt am Beispiel eines zweiteiligen Holzmodells.

Auf den Aufstampfboden werden die Formkastenunterhälfte und das Modellunterteil (mit Hülsen) aufgesetzt. Danach wird der Formsand lagenweise aufgebracht **(Bild 1)**. Wird tongebundener Formsand verwendet, muss er durch Aufstampfen verdichtet werden. Kommt dagegen harzgebundener, z. B. Furanharzsand zur Anwendung, so erhält er seine Festigkeit vorwiegend durch das Aushärten mit einem Säurehärter.

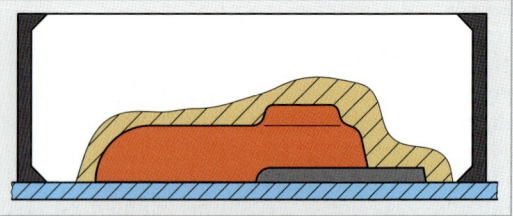

Bild 1: Formunterteil mit Modellunterteil

Nachdem der Unterkasten mit dem Formsand gefüllt, verfestigt und eben abgestrichen ist, wird er gewendet. Nun wird das Modelloberteil, mit Dübeln, die auf die Hülsen des Modellunterteils passen, auf das Modellunterteil aufgesetzt. Auch das Formkastenoberteil wird mit Führungsstiften auf das Formkastenunterteil gesetzt. Als Eingusssystem für das Gießmetall werden noch ein Einguss und ein Speiser (in **Bild 2** als Steiger) eingebracht. Der Einguss soll zusammen mit Lauf und Anschnitten den Weg des flüssigen Metalls in den Formhohlraum bilden. Der Speiser, hier ein einfacher Steiger, soll für den Volumenausgleich des erstarrenden Gießmetalls sorgen. Ist das Oberteil entsprechend dem Unterteil mit Formsand gefüllt und verfestigt, so werden zunächst Einguss und Speiser gezogen (Bild 2).

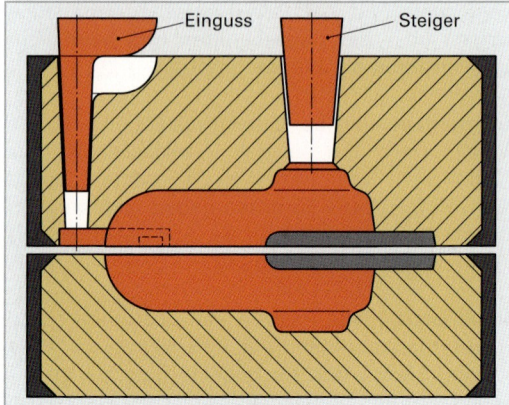

Bild 2: Ausheben von Einguss

Nach dem Abheben und Wenden des Oberteilkastens können jeweils die Modellhälften aus den Formkästen ausgehoben werden **(Bild 3)**. Die Trennung von Modell und Formsand wird ermöglicht durch Aufbringen eines Trennmittels vor dem Aufstampfen, dem Lacküberzug und der Formschräge der Modelle.

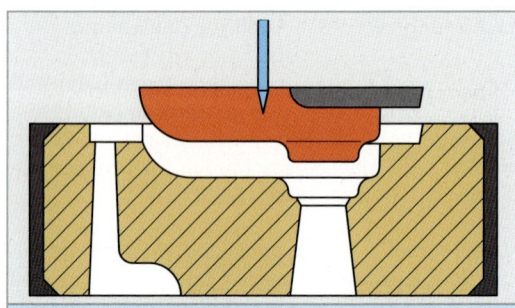

Bild 3: Ausheben einer Modellhälfte

Bevor man das Oberteil der Form auf das Unterteil setzt, wird der Kern eingelegt. Dieser ergibt nach dem Gießen den Hohlraum des Gussteils. Nach dem Beschweren mit Gewichten oder Verklammern der Form gegen den Auftrieb ist die Form gießfertig **(Bild 4)**.

Sobald das Gussteil erstarrt ist, kann es aus dem Formsand herausgeschlagen werden. Nachdem noch das Einguss- und Speisersystem entfernt, die Gussnähte verputzt und die vorgesehene Flächen spanend bearbeitet sind, ist der Weg von der Fertigungszeichnung über Modellfertigung und Formherstellung bis zum fertigen Gussteil zurückgelegt.

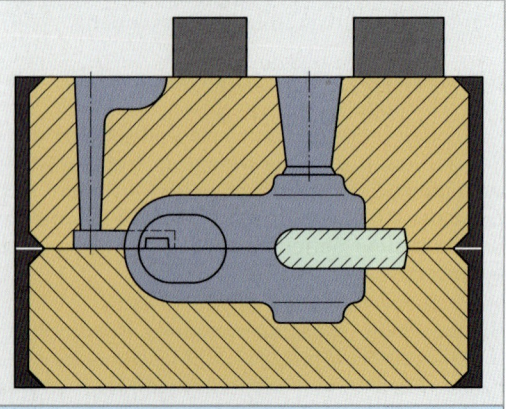

Bild 4: Form mit Rohgussteil

Handformen mit Verlorenen Modellen

Formverfahren

Die Verwendung eines Verlorenen Modells bedeutet, dass für jeden Abguss ein Modell benötigt wird. Das Verfahren welches mit Verlorenen Modellen arbeitet ist das Vollformverfahren. Während beim üblichen Hohlformverfahren das Modell wieder entformt wird und dadurch der Formhohlraum entsteht, bleibt beim Vollformverfahren ein Modell aus meist Polystyrolschaumstoff in der Form und wird durch das einfließende flüssige Metall vergast. Der Formstoff ist meist kaltaushärtend, harzgebunden oder auch ohne Binder entsprechend **Bild 1**.

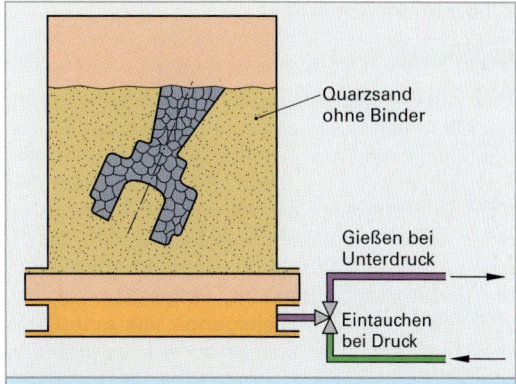

Bild 1: Unterdruck-Vollformverfahren

Anwendung des Vollformverfahrens

Die Anwendung des Vollformverfahrens erstreckte sich bisher vor allem vor allem auf kleine Stückzahlen mit großen Abmessungen. Typisch hierfür ist weltweit die Herstellung von Press- und Schnittwerkzeugen **(Bild 2)** für die Karosseriefertigung im Automobilbau. Es gibt jedoch auch Anwendungen in der Serienfertigung, bekannt als **lost foam** (verlorener Schaum) für Gussteile wie z. B. Motorblöcke.

Kennzeichen eines Vollformmodells

Aus dem Formverfahren ergeben sich für ein Vollformmodell kennzeichnende Unterschiede gegenüber einem Dauermodell. Es entfallen alle Besonderheiten zum Zweck des Aushebens wie Formschräge, Modellteilung, Aushebeinrichtungen und meist auch Kerne. Das Vollformmodell unterscheidet sich deshalb im Allgemeinen in seinen Konturen vom Gussstück nur durch das Schwindmaß.

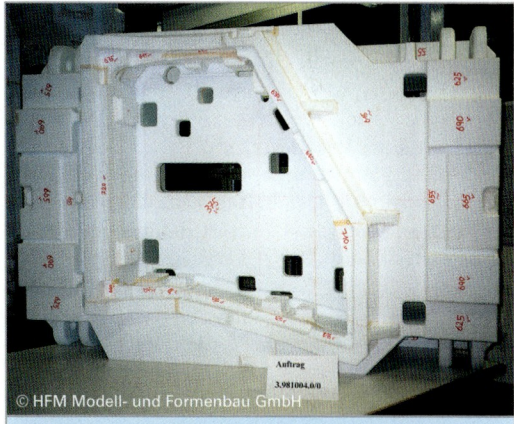

Bild 2: Schnittwerkzeug für Pkw-Türinnenteil

Werkstoff

Damit die Vergasung des Modellwerkstoffes schnell und ohne Rückstände abläuft, muss die Temperatur, bei welcher der Schaumstoff in gasförmige Bestandteile zerfällt, unter der Gießtemperatur liegen. Optimal geschieht dies deshalb bei Stahlguss.

Am häufigsten kommt Polystyrol-Schaumstoff mit einer Dichte unter 20 kg/m³ zum Einsatz. Insbesondere bei Serienmodellen wird jedoch auch ein Schaumstoff auf der Harzbasis von PMMA (Polymethylenmetacrylat) verwendet.

Modellherstellung

Einzelmodelle werden zerspanend und durch Kleben **(Bild 3)** hergestellt. Serienmodelle werden im Metallformen durch Heißdampf ausgeschäumt.

Bild 3: Das Modell der Planscheibe ist typisch für einen Aufbau durch Kleben

2.1.6.5 Maschinenformen

Einführung

Eine wirtschaftliche Gussteilherstellung bei mittleren bis hohen Stückzahlen und gleich bleibender optimaler Qualität ist nur mit Formmaschinen und Formanlagen zu erreichen. Eine **Formmaschine** führt als wichtigsten Arbeitsgang die Verdichtung des tongebundenen Formsandes durch. Hierzu gibt es verschiedene technische Möglichkeiten, die wichtigsten werden im Folgenden kurz beschrieben. Weitere Arbeitsgänge, die eine Formmaschine ausführen kann, sind das Trennen von Modell und Sandform und teilweise auch das Wenden einer Formhälfte. Die grundlegenden Arbeitsgänge einer **Formanlage** sind dieselben wie bei der Formmaschine, hinzukommen Fördereinrichtungen, Gieß-, Kühl- und Entleerstrecke.

Das Maschinenformen erfordert Modellplatten, die auf die Arbeitsweise der Formmaschinen abgestimmt sind. Voraussetzung ist auch, dass auf der Modellplatte bereits das Einguss- und Speisersystem montiert ist. In **Bild 1** zeigt der Bediener der Formanlage eine solche Modellplatte vor dem Einbau.

Bild 1: Formanlage für kastenlose, vertikal geteilte Formen

Verdichten durch Pressen

Die älteste Art des maschinellen Verdichtens ist das Pressen (**Bild 2**). Nachteilig ist, dass die Verdichtung vom Presshaupt zur Modellplatte hin stark abnimmt, es kommt deshalb vorwiegend in Kombination mit anderen Verfahren zur Anwendung. Vorteilhaft beim Pressen ist, dass es geräuscharm und modellschonend ist.

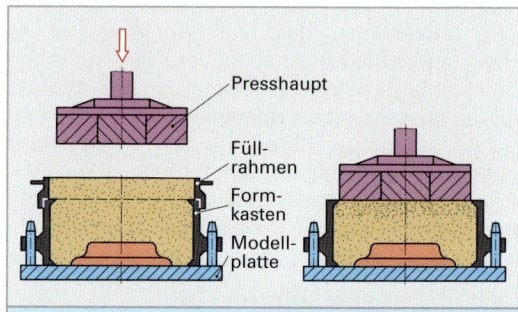

Bild 2: Sandverdichtung durch Pressen von oben

Verdichten durch Schießen

Dieses Verfahren wurde von der Kernherstellung übernommen (**Bild 3**). Beim Schießen wird durch Öffnen eines Ventils der Formsand schlagartig mit Druckluft beaufschlagt und als kompakte Sandsäule vom Sandzylinder in die Formkammer geschossen.

Verdichten durch Vakuum

Auch beim Verdichten durch Vakuum wird der Formsand als kompakte Sandsäule vom Sandzylinder in die Formkammer geschossen. Entsprechend **Bild 3** herrscht in der Formkammer statt atmosphärischem Druck ein Unterdruck von mehreren Zehntel bar und anstatt Druckluft wird der atmosphärischen Druck für den Vorgang herangezogen. Mit dem Vakuumverfahren wird gegenüber dem Schießen eine gleichmäßigere Verdichtung erzielt, die Bauweise einer Vakuumanlage ist jedoch aufwändiger.

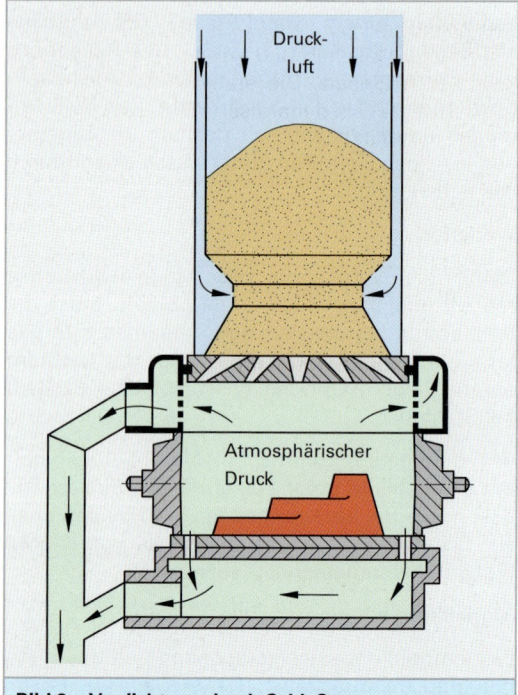

Bild 3: Verdichtung durch Schießen

2.1 Gießereitechnik

Verdichten durch Impuls

Wirkungsweise. Eine neuere Verdichtungsart ist das Verdichten durch Impuls. Der Impuls wird bewirkt durch eine schlagartige Druckwelle, die zunächst die oberste Schicht des aufgeschütteten Sandes beschleunigt. Wie bei einem Stoß pflanzt sich der Impuls nun von einer Sandschicht zur nächsten fort, bis er am Modell jäh abgebremst wird und der Sand dort seine höchste Verdichtung erhält.

Das ComPac-Verfahren ist ein Verfahren, das sich, auf diesem Prinzip beruhend, durchgesetzt hat.

Bauarten. Auffallend an den Impulsanlagen ist ein Luftkessel **(Bild 1 bis 3)**. Mit der in ihm befindlichen Druckluftmenge kann der Impuls innerhalb von Millisekunden über ein Tellerventil auf die Formsandfüllung aufgebracht werden. Die modernen Maschinen sind so gebaut, dass der Grad der Verdichtung über die Änderung des Verdichtungsdruckes von maximal 6 bar gesteuert werden kann.

Das ComPac-Verfahren ist für alle Anwendungen durch die folgenden Varianten einsetzbar:

- **Einfacher Druckimpuls** (Dynamische Verdichtung) für breite Anwendung, insbesondere mit großem Volumen **(Bild 3)**.
- **Druckimpuls in zwei Phasen** kommt für Modelle mit tiefen Taschen und geringen Modellabständen zum Einsatz. Die erste, zusätzliche Phase wird hierbei als dynamische Vorverdichtung bezeichnet **(Bild 2)**.
- **Mechanische Verdichtung zusätzlich zum Druckimpuls** kommt bei kritischen Formpartien zum Einsatz. Das Pressen mit einem flexiblen, inkompressiblen Kissen aus Kunststoff stellt eine preiswerte Alternative zum Vielstempelpressen dar **(Bild 4)**.

Arbeitsverlauf beim Luftimpulsverfahren. Die Formkammer wird mit losem Formsand gefüllt.

Die Formkammer mit der Modellplatte wird an das Luftimpulsaggregat angehoben. Das Ventil ist geschlossen.

Die Ventilzuhaltung wird geöffnet und die expandierende Luft erzeugt eine Druckwelle, die praktisch überall senkrecht auf den Formrücken auftrifft. Die Druckwelle beschleunigt den Formsand. Durch Aufschlagverzögerung des Sandes wird die Bewegungsenergie in Verdichtungsarbeit umgesetzt. Die Form ist fertig verdichtet.

Bild 1: Formanlage mit Drehkreuz-Formmaschine

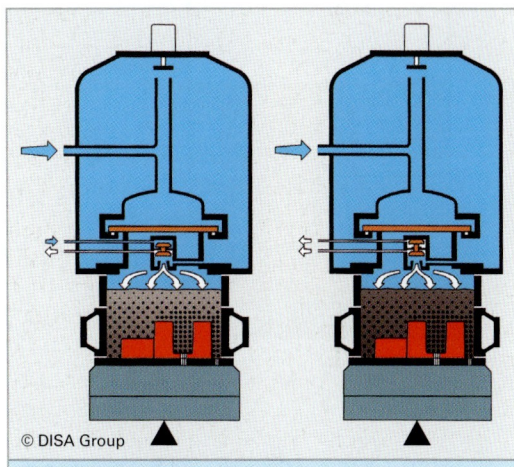

Bild 2: Dynamische Vorverdichtung

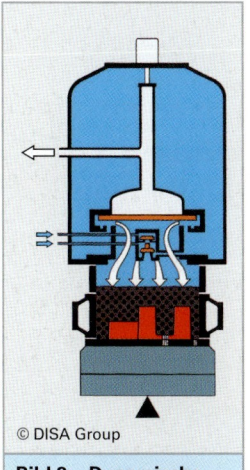

Bild 3: Dynamische Verdichtung

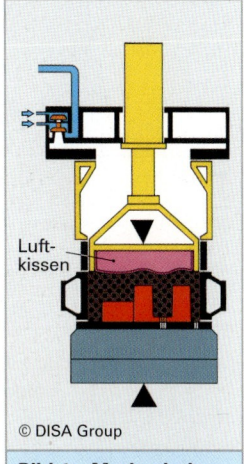

Bild 4: Mechanische Verdichtung

Luftstrom-Press-Formverfahren

Merkmale des Verfahrens

- Der Formstoff wird wie beim Impulsverdichten vor dem Verdichten in den Formkasten geschüttet.
- Beim ersten Verdichtungsteil, dem Verdichten mit Luftstrom, durchströmt Druckluft den Formsand und verdichtet dabei zunehmend zur Modellkontur. Die Luft wird durch Schlitzdüsen abgeführt.
- Ihre endgültige Festigkeit erhält die Form durch Nachpressen mit ebener Pressplatte oder Vielstempelpresse.

Vorteile des Verfahrens

- Es können Ballen bis zu einem Verhältnis von Ballenhöhe : Ballendurchmesser = 2:1 ausgeformt werden. Das bedeutet, dass Kerne und damit Kosten eingespart werden können.
- Die Formschräge kann auf 0,5° und weniger verringert werden.
- Auch an senkrechten Flächen wird eine hohe und gleichmäßige Verdichtung erreicht, sodass auch sehr enge Stege mit einer guten Festigkeit ausgeformt werden können.

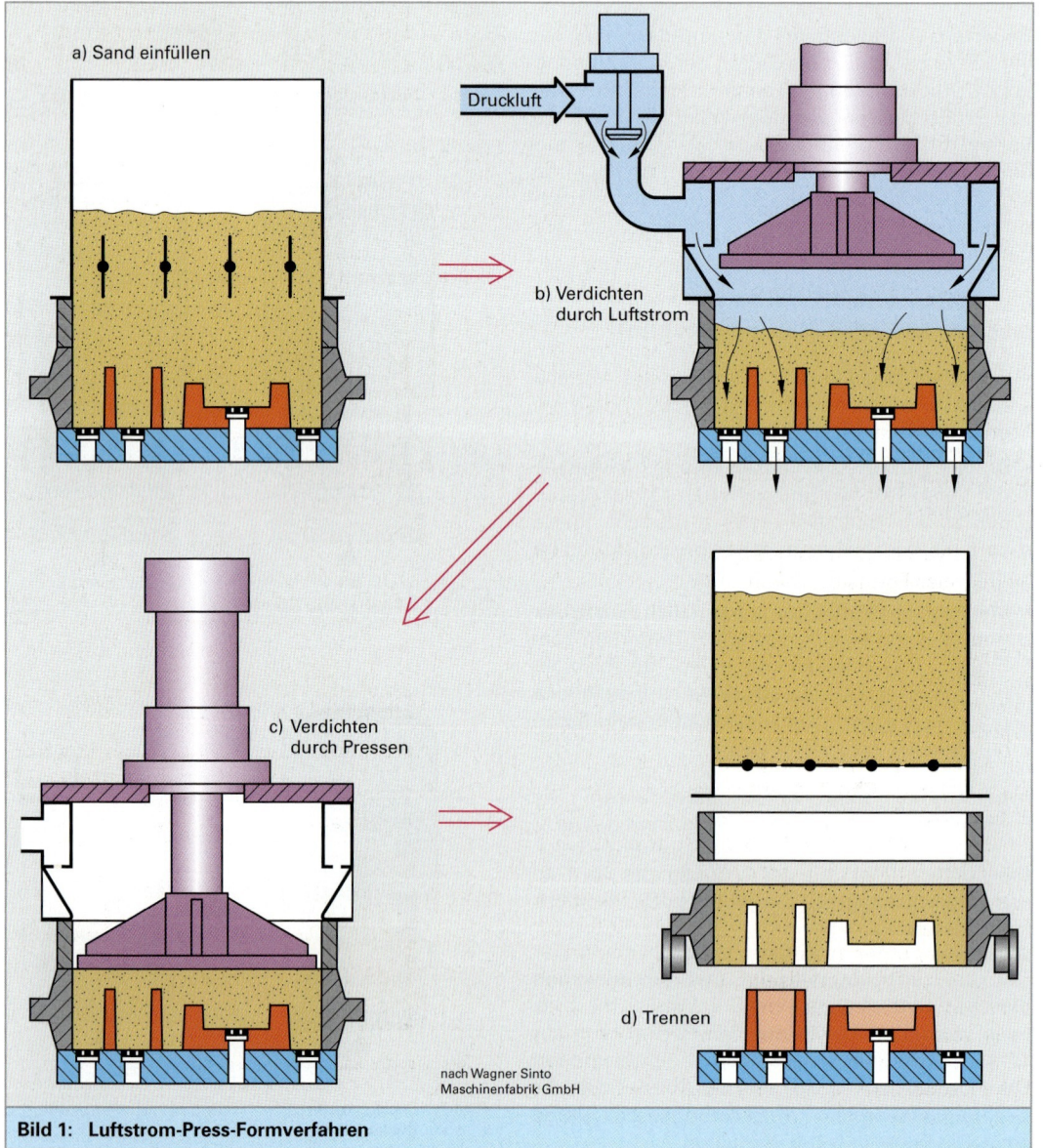

Bild 1: Luftstrom-Press-Formverfahren

Formverfahren, die nicht auf der Verdichtung tongebundener Formstoffe beruhen

Formverfahren, bei denen die Festigkeit durch das Aushärten von Furan- oder Phenolharzbindern zustande kommt, werden als **Kaltharzverfahren** bezeichnet. Für Serienfertigung kommen Formanlagen mit Füllanlage, Kastenwender, Aushärtestrecke und Gießstrecke zur Anwendung.

Ein Formverfahren mit **heiß aushärtenden Formstoffen** ist das **Maskenformverfahren**, nach seinem Erfinder auch **Croningverfahren** genannt. Anstatt eines vollen Formteils begnügt sich die Maskenform mit einer Wanddicke von meist 8 bis 22 mm. Das Verfahren kommt zwar vorwiegend für Kernherstellung zum Einsatz, es hat jedoch auch für die Formherstellung eine begrenzte Anwendung. Vorteilhaft ist hohe Maßgenauigkeit der Gussteile. Eine **Maskenformmaschine** wie in **Bild 1** hat bei hoher Produktivität nur geringen Platzbedarf.

Bild 1: Maskenformmaschine

Die wichtigsten Arbeitsgänge zeigen das Prinzip des Verfahrens: Der trocken mit Phenolharz umhüllte Formsand und daher rieselfähig, wird auf eine beheizte Modellplatte geschüttet (**Bild 2**). Bei einer Schmelztemperatur des Binders von 90 bis 115 °C ist nach 35 bis 55 Sekunden die erforderliche Maskendicke erreicht und der nicht gebundene Formstoff wird in den Vorratsbehälter zurückgekippt. Die Maske wird anschließend bei 500 bis 600 °C ausgehärtet. Die beiden Formhälften werden miteinander verklebt und zum Abgießen in ein Sandbett gelegt.

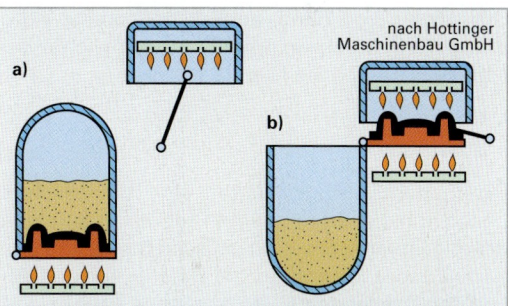
Bild 2: Anschmelzen der Maske und Aushärten der Maske

Bei **Formverfahren mit physikalischer Bindung** wird binderfreier Formstoff durch Vakuum (Quarzsand) oder mittels Magnetfeld (Eisengranulat) verfestigt.

Zurzeit hat nur das **Vakuumverfahren unter Verwendung einer Folie** eine bescheidene Bedeutung. Auch hier zeigen die wichtigsten Arbeitsgänge das Prinzip des Verfahrens: Eine 0,05 bis 0,1 mm dicke Folie aus Polyethylen mit Ethyl-Vinyl-Acetat wird entsprechend **Bild 3** thermoelastisch erwärmt, über das Modell gesenkt und von diesem aus mit einem Unterdruck von 0,3 bis 0,5 bar angesaugt. Nach dem Befüllen mit Quarzsand wird dieser mit einer zweiten Folie abgedeckt. Die Form wird, wie in **Bild 4** gezeigt, nun ebenfalls mit Unterdruck beaufschlagt, der auch beim Gießvorgang beibehalten wird. Der modellseitige Unterdruck erhält dagegen Luftdruck zur Unterstützung des Trennens von Modell und Form. Nach Einlegen von Kernen, Verklammern der Form, Gießen und Abkühlen kann der Unterdruck abgeschaltet und der ungebundene Formstoff zur Wiederverwendung abgekippt werden.

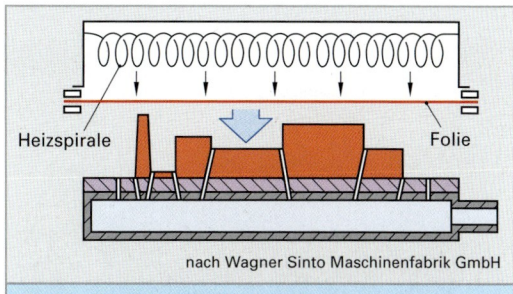
Bild 3: Modellplattenhälfte mit Vakuumkasten

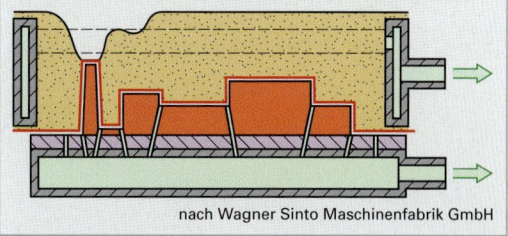
Bild 4: Verdichtung durch Unterdruck

2.1.6.6 Formanlagen

Funktionen

Das Kernstück einer Formanlage ist die Formmaschine, die nach einem der bisher beschriebenen Verdichtungsverfahren arbeitet. Folgende Funktionen kann eine Formanlage umfassen:

- Verdichten, Trennen
- Formkastenwenden
- Kerneinlegen
  Dies kann von Hand oder automatisch erfolgen.
- Aufsetzen des Formkastens auf das Unterteil und Verklammern miteinander oder Beschweren der Form
- Gießen

Das Gießen erfolgt normalerweise innerhalb der Anlage. Im einfachsten Fall erfolgt dies mit der Gießpfanne von Hand, bei entsprechender Automatisierung durch Gießeinrichtungen wie im Beispiel **Bild 1** durch ein Gießkarussell.

- Kühlen
- Ausstoßen

Bei modernen Formanlagen sind die beschriebenen Funktionen durch ein Programm aufeinander abgestimmt. Die elektronische Steuerung gibt nach diesem Programm die Befehle für den Ablauf der Arbeitsgänge.

Bei vollautomatischen Formanlagen hat der Mensch nur noch eine überwachende Funktion.

Kastenloses Formen mit horizontaler Formteilung

Bei dem Verfahren werden in Formkammern durch hohe Verdichtung Sandblöcke hergestellt und im Formautomaten zu einer kompletten Form fertig gestellt. Der kastenlose Formautomat führt somit alle Arbeitsgänge, wie Füllen von Ober- und Unterteil, Wenden und Zulegen durch.

> **Einsatzbeispiel**
>
> **Bild 1** zeigt den Einsatz eines Formautomaten in Zusammenarbeit mit einem Gießkarussell. Im Formautomat wird zunächst die komplette Form hergestellt. Über die Fördereinrichtung gelangen die Formen zum Gießkarussell. Dort werden zur Aufnahme des seitlichen Gießdruckes konische Metallrahmen, so genannte „Jackets", übergezogen. Auch die Beschwereisen werden innerhalb des Gießkarussells aufgesetzt. Eine Absenkvorrichtung bringt die abgegossenen Formen zur Kühlstrecke, an deren Ende durch Abkippen auf einen Ausleerrost der Sand vom Gussteil getrennt wird. Die im Bild gezeigte Formanlage ist je nach Ausführungsgröße für Formabmessungen von ca. 500 x 350 x 250 mm bis ca. 750 x 600 x 600 mm im Einsatz. Es werden zwischen 70 und 160 Formen pro Stunde hergestellt.
>
> Als Modellplatteneinrichtung kommt eine doppelseitige Modellplatte zum Einsatz.

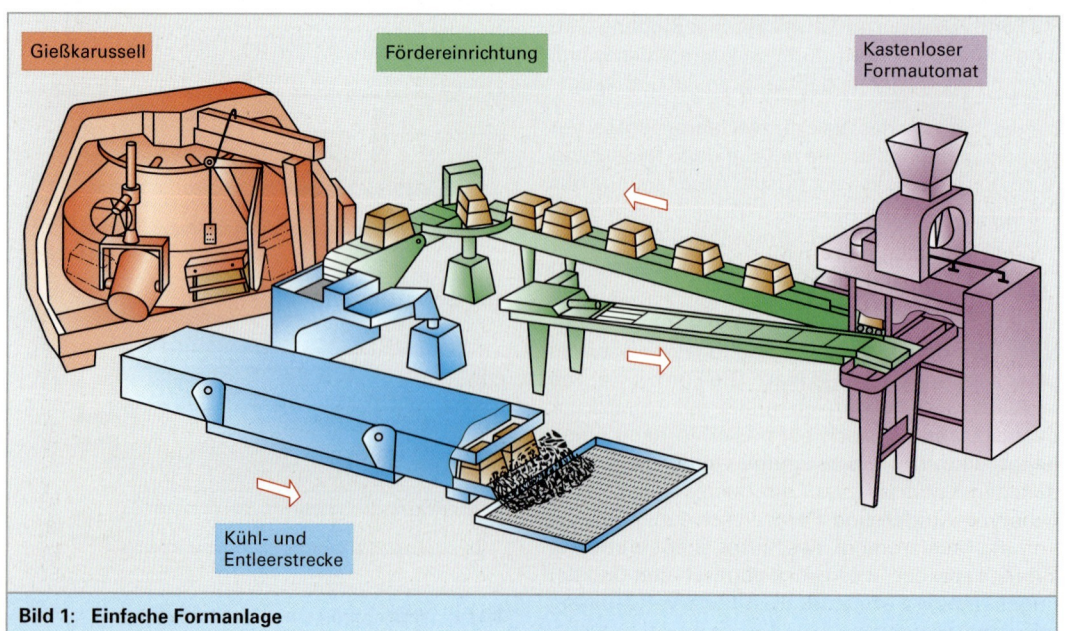

Bild 1: Einfache Formanlage

2.1.6.7 Kerne

Aufgaben der Kerne

Mithilfe von Kernen werden die Konturen der Gussteile einfacher entformbar. Insbesondere Hohlräume und Hinterschneidungen werden dadurch erst entformbar. Durch Kerne kann ein Gussteil oftmals nur wirtschaftlich und ohne aufwändige Formtechniken hergestellt werden. Welche Kerne und Modellteilungen für die Formtechnik notwendig sind, wird in der Arbeitsvorbereitung durch die Modellplanung (**Bild 1**) festgelegt.

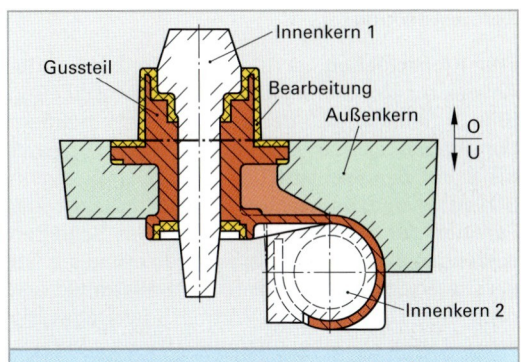

Bild 1: Modellplanung mit Innen- und Außenkern

Innenkerne bilden die Innenkontur, das heißt die Hohlräume, des Gussteils. **Außenkerne** bilden die Außenkontur. Insbesondere bei großen, komplizierten Gussteilen wird oft die gesamte Form als **Kernform** aus Kernen gebildet. Bei schwierigen Innenkonturen wird der komplizierte Gesamtkern in einfache, ineinander gelagerte Einzelkerne, aufgeteilt, die dann in einer Montagevorrichtung miteinander verklebt werden. Das so genannte **Kernpaket** wird dann als Gesamtkern in die Form eingelegt. Ein einfaches Kernpaket mit nur 2 Einzelkernen zeigt **Bild 2**.

Zur Herstellung der Kerne fertigt der Modellbauer **Kernformwerkzeuge** an. Vereinfacht und insbesondere bei Ausführung aus Holz und Kunstharz, werden diese als **Kernkästen** bezeichnet. Um Kernkästen aus Kunstharz herzustellen, werden die Kerne zuerst aus Holz oder Kunststoff hergestellt. Über diesen, als **Kernseelen** bezeichneten Abbildungen der Hohlräume, wird der Kernkasten mit Kunstharz abgegossen.

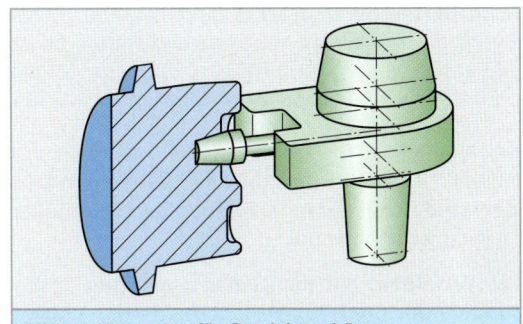

Bild 2: Kernpaket für Getriebegehäuse

Lagerung der Kerne in der Form

Damit die Kerne maßgenau in der Form gelagert werden können, sind in der Form **Kernlager** notwendig (siehe Maß a in der Form von **Bild 3**). Damit diese Kernlager in der Form geformt werden können, befinden sich am Modell **Kernmarken**. An Holzmodellen sind diese schwarz lackiert. Damit die Kerne in das Kernlager ohne Probleme eingelegt werden können, wird der Kern, d. h. auch der Kernkasten, nach Zeichnungsmaß und die Kernmarke um einige Zehntel mm, um das **Kernspiel**, größer hergestellt

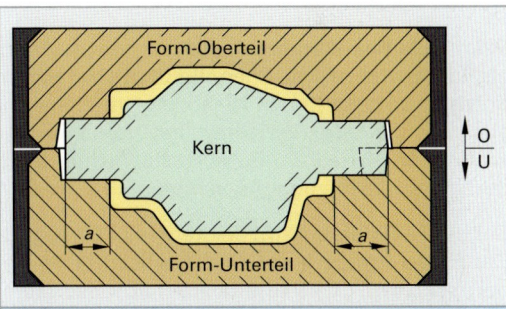

Bild 3: Kernlager (a) in der Form und am Kern

Wenn die Kerne durch die Kernlagerung allein nicht ausreichend gegen die Auftriebskräfte oder Durchbiegung gesichert sind, werden meistens vom Former noch metallische **Kernstützen** wie in **Bild 4** rot dargestellt, verwendet. Als Fremdkörper im Gussgefüge können Kernstützen in Gussteilen höherer Anforderungen zu Problemen führen.

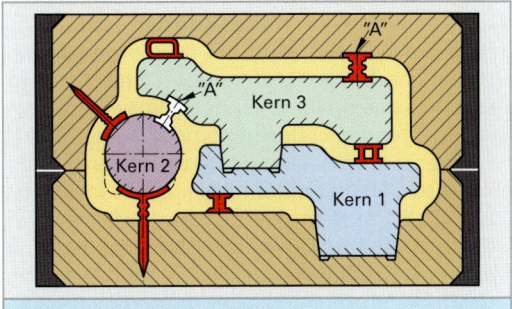

Bild 4: Verwendung von Kernstützen

Kernherstellung

Das **Kernschießen** ist die Grundfunktion jeder Anlage zur Kernherstellung. Beim Kernschießen (**Bild 1**) befindet sich der Kernformstoff in einem Vorratszylinder und wird mit Druckluft mit ca. 3 bis 8 bar beaufschlagt und dadurch mit einem Schlag in den Kernkasten gebracht. Neben der Funktion der Sandeinbringung hat das Schießen auch noch eine gleichmäßige Verdichtung zur Folge. Die endgültige Festigkeit wird allerdings erst nach dem **Härten** durch Wärme oder Begasung erreicht (**Bild 2**). Dabei reagieren das Harz und ein **schwacher Härter**, die den Formgrundstoff, z. B. Quarzsand umhüllen, miteinander.

Beim **Härten durch Wärme** bewirken 150 °C bis 250 °C das Aushärten von Harz und Härter. Es ist ein beheizbares Kernformwerkzeug aus Metall erforderlich. Wie schon beim Maskenformverfahren beschrieben, wird bei **Croningverfahren** ein mit Phenolharz trocken umhüllter Formstoff verwendet. Beim **Hot-Box** und der Variante **Warm-Box** werden mit Furanharzbinder feucht umhüllte Formstoffe angewandt.

Die **Verfahren, die mit Gasen** aushärten, insbesondere das Cold-Box-Verfahren, werden vorwiegend angewandt. Es können alle Werkstoffe zum Bau der Kernkästen bzw. Kernformwerkzeuge verwendet werden.

Beim **Cold-Box-Verfahren** wird mit einem Amin als Katalysator begast. Phenolharz und der Härter Polyisocyanat härten zu einem Polyurethanharz aus. Das Cold-Box-Verfahren hat von den verschiedenen Verfahren die kürzeste Aushärtezeit, deshalb die bevorzugte Anwendung.

Beim **CO_2-Verfahren** wird der Kern mit CO_2 begast. Der Binder Wasserglas (Natriumsilicat) bildet dabei mit diesem CO_2 Natriumcarbonat, Kieselsäure und Kristallwasser. CO_2 ist nicht giftig und kann deshalb auch beim Begasen von Hand verwendet werden.

Bei einem **einfachen zweiteiligen Kernkasten**, wie in **Bild 3** dargestellt, wird der Kernformstoff von oben eingeschossen und begast. Durch die vertikale Kernkastenteilung können die beiden Kernkastenhälften zur Entformung des Kernes (**Bild 4**) waagerecht auseinander gezogen werden. Moderne Kernschieß- und Härtemaschinen übernehmen auch das Entformen des Kernes. In diesem Fall werden dann **Kernformwerkzeuge** entsprechend **Bild 5** aus Metall benötigt, die an die Funktionen der Maschine durch Befestigungsmöglichkeiten und die Ausstoßvorrichtung angepasst sind.

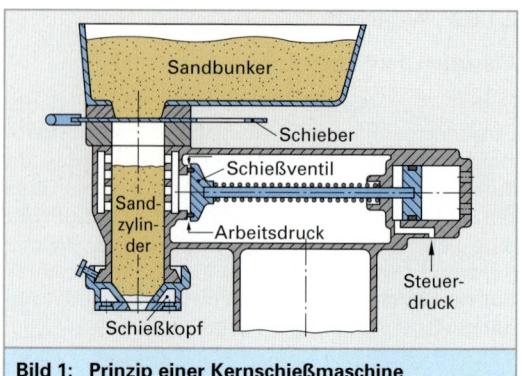

Bild 1: Prinzip einer Kernschießmaschine

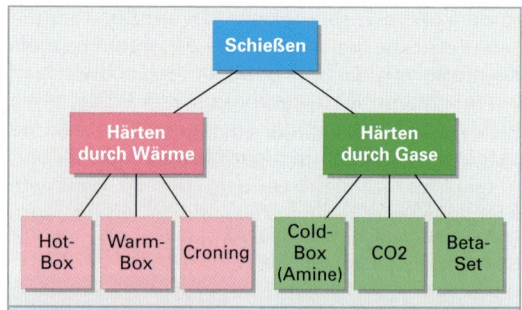

Bild 2: Möglichkeiten der Endverfestigung nach dem Schießen

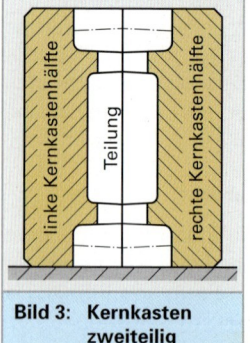

Bild 3: Kernkasten zweiteilig

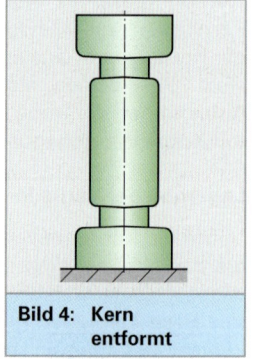

Bild 4: Kern entformt

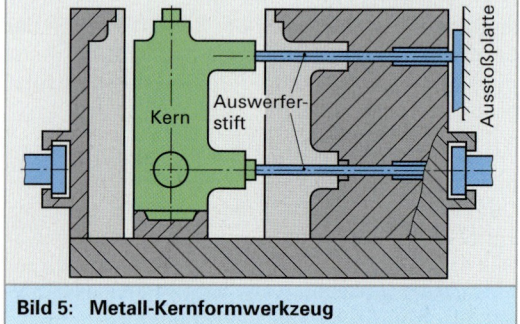

Bild 5: Metall-Kernformwerkzeug

2.1.6.8 Formstoffe

Die Formstofftechnik ist ein wichtiger und umfangreicher Bestandteil der Gießereitechnik. Diese Seite zeigt im Zusammenhang mit den vorangegangenen Seiten an einigen Beispielen, welchen Einfluss die Zusammensetzung des Formstoffes auf Einsatz und Eigenschaften besitzt.

Bestandteile und Eigenschaften

Formgrundstoff. Den Hauptanteil der Formstoffe bildet der **Formgrundstoff**, bestehend aus Sand mit einer Korngröße im unteren Zehntel-Millimeter-Bereich. Die Sandart bestimmt die **Hochtemperaturbeständigkeit** der Form gegenüber der Gießtemperatur des Gusswerkstoffes. Für Gusseisen sowie für die Leicht- und Schwermetalle genügt Quarzsand als Formgrundstoff, für Stahlguss mit seiner höheren Gießtemperatur ist Formstoff mit höherer Hochtemperaturbeständigkeit, z. B. Zirkon- oder Chromitsand, erforderlich.

Formstoffbindemittel. Sehr unterschiedliche Eigenschaften ergeben sich aus der Verwendung des **Formstoffbindemittels**, der kurz als Binder bezeichnet wird.

Die meist verwendete Tonart ist **Bentonit**. Durch seine hohe Quellfähigkeit und Bindekraft genügen schon wenige Prozente an Binder und Wasser zur Bindung. Wegen seiner **Bildsamkeit** kommt er für das Handformen und fast durchweg beim Maschinenformen als Binder zum Einsatz.

Beim Kernschießen kommt es dagegen auf die **Fließeigenschaft** an, damit der Formstoff beim Schießen auch alle Konturen ausfüllt. Hier sind die **Kunststoffbinder** vorteilhafter. Die beste Fließeigenschaft besitzt **trocken umhüllter Formstoff** mit einem Phenolharz als Binder, wie er beim Croningverfahren benützt wird.

Die **Zerfallfähigkeit** der **kunstharzgebundenen Formstoffe** bewirkt, dass durch die Einwirkung der Gießtemperatur und dem Erstarrungsschrumpfen der Binder mehr oder weniger nach dem Erstarren zerfällt. Damit werden die Kosten des Gussputzens wesentlich reduziert. Ebenfalls vorteilhaft bei den kunstharzgebundenen Formstoffen ist die **Standfestigkeit**, worunter die Festigkeitseigenschaften bei Formen bezeichnet werden. Hohe Standfestigkeit bei furan- und phenolharzgebundenen Formen ist ein Grund für die Verwendung bei großen Gussteilen.

Formstoffzusatzstoffe. Formstoffzusatzstoffe sollen bestimmte Eigenschaften, z. B. die Wärmedehnung und die Wechselwirkung zwischen Formstoff und Gießmetall günstig beeinflussen und damit formstoffbedingte Gussfehler vermeiden. **Glanzkohlenstoffbildner** wie z. B. der Steinkohlestaub, der dem bentonitgebundenen Formstoff (Maschinenformen) beigemischt wird, entwickelt in der Gießhitze den Glanzkohlenstoff. Dieser umhüllt die Sandkörner und verhindert dadurch eine Benetzung mit dem flüssigen Metall was wiederum die Oberflächenqualität des Gussteils verbessert. Mit **Eisenoxid** als Zusatzstoff werden Pinholes, kleinste Löcher an der Gussoberfläche, vermieden.

Wiederholung und Vertiefung

1. Für welche Gießverfahren werden Dauerformen verwendet?
2. Wozu sind Modell- und Formteilung notwendig?
3. Beschreiben Sie das Formverfahren mit einem Verlorenen Modell.
3. Nennen Sie Möglichkeiten der Sandverdichtung beim Maschinenformen.
5. Welchen Vorteil hat das Formen mit Kernen?
6. Beschreiben Sie die Herstellung eines Kernes mit dem Cold-Box-Verfahren.
7. Welcher Formgrundstoff ist geeignet für Stahlguss mit seiner hohen Gießtemperatur?

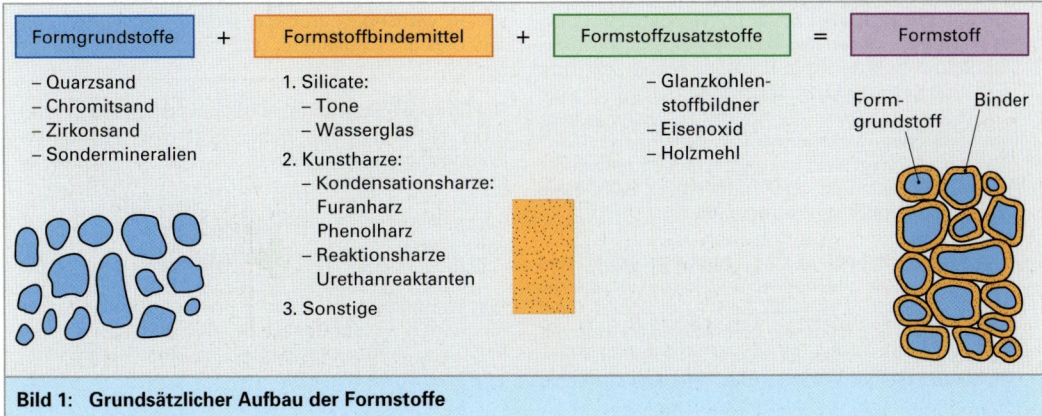

Bild 1: Grundsätzlicher Aufbau der Formstoffe

2.1.7 Anforderungen an Gussteile und Fertigungsbedingungen

2.1.7.1 Einleitung

An Gussteile werden je nach Verwendungszweck unterschiedliche Anforderungen gestellt, so müssen z. B. Hydraulikteile oder Gasventile druckdicht sein. Motorträger müssen sowohl bei Stoßbelastung als auch wechselnder Belastung hohe Festigkeitseigenschaften aufweisen. Bremsscheiben müssen eine hohe Verschleißfestigkeit haben. Walzen für die Papierherstellung (Kalanderwalzen) müssen ebenfalls eine hohe Verschleißfestigkeit aufweisen.

In vielen Fällen sind diese Anforderungen nur durch bestimmte Legierungen zu erfüllen, die auch nicht durch die anderen Fertigungsverfahren verarbeitet werden können. Die direkte Herstellung von Gussteilen aus der Schmelzhitze ermöglicht es, jede gewünschte Legierung, d. h. Metalle in jeder beliebigen Zusammensetzung zur Herstellung von Gussteilen einzusetzen.

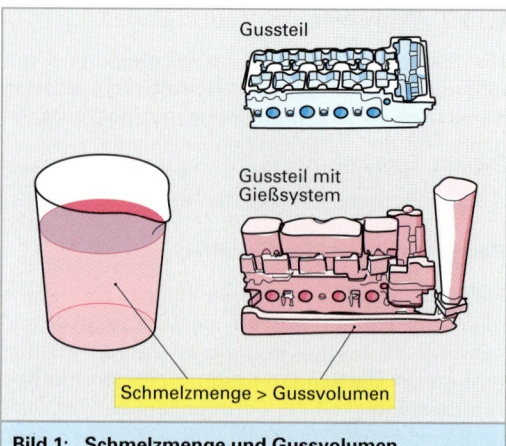

Bild 1: Schmelzmenge und Gussvolumen

2.1.7.2 Vollständigkeit

Es ist eine häufig unausgesprochene Selbstverständlichkeit, dass die Gussteile vollständig sein sollen. Für die Gießer ist es jedoch häufig eine schmerzvolle Erfahrung, dass diese Anforderung nicht immer erfüllt ist. Voraussetzung für ein vollständiges Teil ist, dass der Formhohlraum vollständig mit Schmelze gefüllt wird.

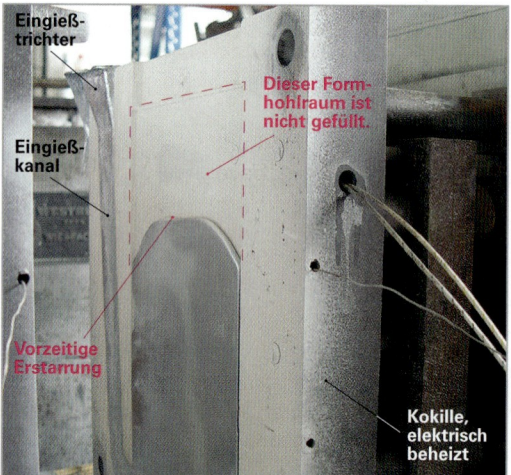

Bild 2: Bauteil mit vorzeitiger Erstarrung im dünnwandigen Bereich

> Die Schmelze muss den gesamten Formhohlraum ausfüllen und zwar möglichst bevor in dünnwandigen Bereichen die Erstarrung beginnt.

Bedingungen zur Vollständigkeit

- Die erste Bedingung ist, dass genügend Schmelze vorhanden ist. Dabei muss bei Sandguss und bei Kokillenguss das Gießsystem, der eigentliche Formhohlraum und der bzw. die Speiser mit Schmelze gefüllt werden (**Bild 1**). Bei großen Gussteilen kann es vorkommen, dass die notwendige Schmelzmenge nicht genau bekannt ist. Gussteile, die mit CAD-Systemen konstruiert werden, erlauben jedoch die genaue Berechnung der Volumina, so dass diese Bedingung erfüllt sein wird.

- Die zweite Bedingung, die unbedingt erfüllt sein muss, ist, dass die *Formfüllzeit* kleiner ist als die *Erstarrungszeit*. Wenn die Schmelze während der Formfüllung in bestimmten Bereichen des Formhohlraums bereits erstarrt ist, bevor der gesamte Formhohlraum gefüllt ist, sind die Teile unvollständig (**Bild 2**). Diese Gefahr ist insbesondere bei Druckgussteilen vorhanden, trotz der extrem kurzen Formfüllzeit. Dies gilt vorallem für dünnwandige, großflächige Teile.

Die örtliche Erstarrungszeit ist vom Quadrat der Wanddicke abhängig. Von daher bestimmt die kleinste Wanddicke die Formfüllzeit. Die Bedingung kann so formuliert werden:

$$t_G \leq t_E$$

t_G = Formfüllzeit
t_E = Erstarrungszeit

Die Formfüllzeit t_G muss kleiner gleich der Erstarrungszeit t_E in dem Bereich des Formhohlraumes sein, in dem die Erstarrungszeit am kürzesten ist; das ist der dünnwandigste Bereich.

2.1.7.3 Vermeiden von Kaltfließstellen

Kaltfließstellen sind Bereiche in einem Gussteil, in denen die Schmelze während der Formfüllung bereits ganz oder teilweise erstarrt ist **(Bild 1)**.

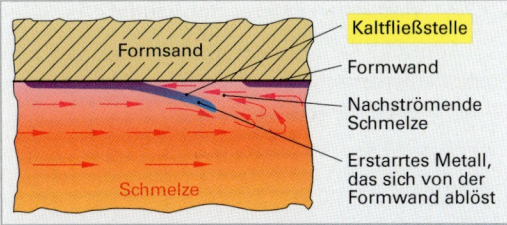

Bild 1: Entstehen einer Kaltfließstelle

Die Bedingung, dass die Formfüllung abgeschlossen ist ehe die Erstarrung beginnt, ist bei der Herstellung von Sandgussteilen in der Regel zu erfüllen. Sie macht jedoch bei Kokillengussteilen, insbesondere aber bei Druckgussteilen große Schwierigkeiten. Zwischen den während der Formfüllung erstarrten Bereichen und den nach der Formfüllung erstarrten Bereichen gibt es große Gefügeunterschiede **(Bild 2)**.

In der Grenzfläche ist häufig nur eine mechanische Haftung, jedoch keine metallische Verbindung feststellbar. Die Grenzfläche wirkt wie ein Riss. *Kaltfließstellen* können zu Oberflächenfehlern führen **(Bild 3)**. Sie können jedoch auch bei *wechselbelasteten Teilen* zur Einleitung eines Risses führen.

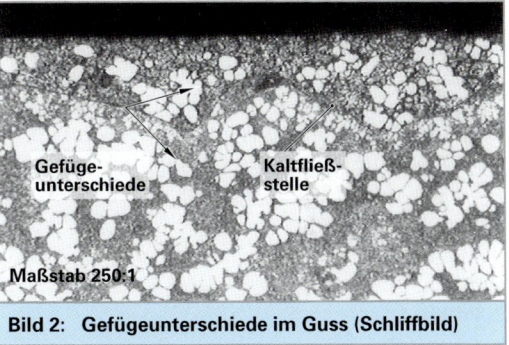

Bild 2: Gefügeunterschiede im Guss (Schliffbild)

Zur Vermeidung von Kaltfließstellen sollte die Form gefüllt werden, bevor die Erstarrung beginnt. Dies ist speziell für die Herstellung von Druckgussteilen eine außerordentlich scharfe Bedingung. Da es bisher über die Bildung einer ersten erstarrten Randschicht keine systematischen Untersuchungen gibt, ist man auf Erfahrungen der Gießer angewiesen.

Im Allgemeinen geht man bisher davon aus, dass die Formfüllzeit kleiner sein sollte als 10 % der örtlichen Erstarrungszeit, d. h.

$t_G < 0,1 \cdot t_E$ t_G = Formfüllzeit
t_E = Erstarrungszeit.

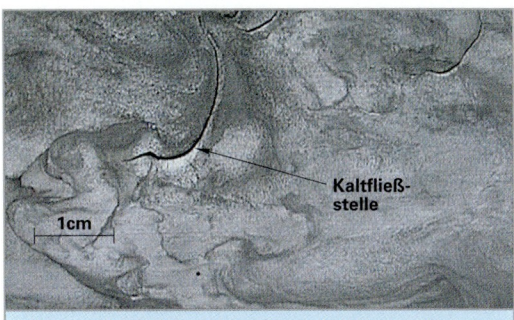

Bild 3: Oberflächenfehler durch Kaltfließstelle

Diese Bedingung ist umso schwieriger zu erfüllen, je dünnwandiger die Teile sind und je länger die Fließwege sind. Es gilt daher, dass Gussteile in dem Bereich angeschnitten werden, von dem aus der Fließweg möglichst kurz ist **(Bild 4)**. Diese Bedingung ist nicht immer zu erfüllen. Darüber hinaus steht sie anderen Bedingungen häufig entgegen.

Kaltfließstellen sind speziell bei Druckgussteilen nicht immer sicher erkennbar.

Die Form sollte vollständig gefüllt sein, ehe die Erstarrung beginnt.

Bei dünnwandigen Gussteilen ist dies oft ein großes Problem.

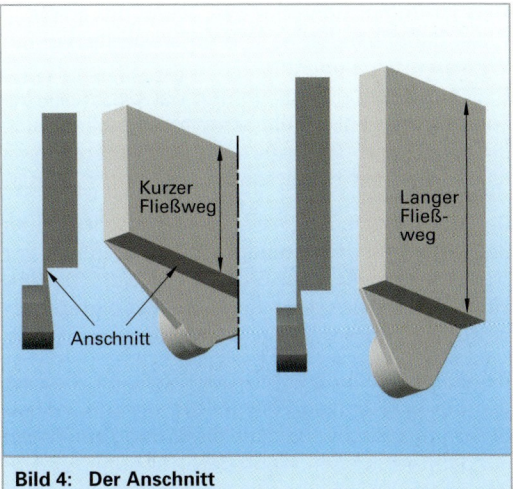

Bild 4: Der Anschnitt

2.1.7.4 Vermeiden innerer Hohlräume

Das Auftreten innerer Hohlräume stellt die häufigste Fehlerursache bei Gussteilen dar. Dazu gehören *Lunker*, *Poren* und *Risse*.

1. Lunker

Lunker entstehen durch eine unzureichende Nachspeisung des schwindungsbedingten Anteils der Schmelze bei ihrer Abkühlung im Formhohlraum sowie beim Übergang flüssig/fest. Aufgrund der unzureichenden Nachspeisung können *Mikrolunker* sowie *Makrolunker* entlang der *Korngrenzen* des Gefüges auftreten (**Bild 1**). Die Lunker, insbesondere die Mikrolunker, sind stark zerklüftet. Sie haben eine innen rauwandige Oberfläche und eine hohe *Kerbwirkung*. Bei Belastung, insbesondere bei Gussteilen, die schwingend belastet werden, können sie einen Bruch einleiten.

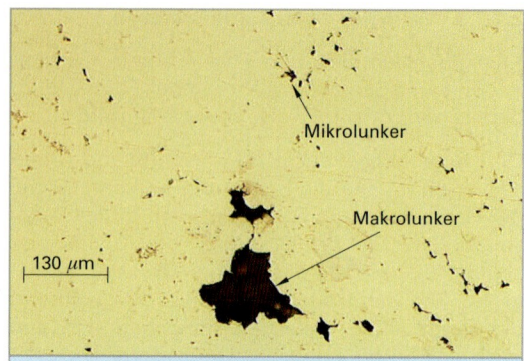

Bild 1: Mikrolunker und Makrolunker

2. Poren

Poren entstehen durch Einschlüsse von Luft und Gasen. Bei der Formfüllung werden *laminare* bzw. quasilaminare Strömungen angestrebt (**Bild 2**). Dies ist jedoch in der Regel nicht zu erreichen. Bei Turbulenzen, dies gilt insbesondere bei den Druckgießverfahren, wird Luft eingeschlossen. Es entstehen Poren, die eine runde Form besitzen, gelegentlich sind sie leicht abgeplattet. Die innere Oberfläche der Poren ist glattwandig, ihre Kerbwirkung ist relativ klein.

Bei Gießverfahren, bei denen der Formhohlraum unter dem Einfluss der Schwerkraft gefüllt wird, können sich während der Erstarrung auch Gase, die in der Schmelze gelöst sind, ausscheiden. Dies ist immer dann der Fall, wenn die gelösten Gase, dabei handelt es sich im Wesentlichen um Wasserstoff, gelegentlich auch um Stickstoff und Sauerstoff, bei der Abkühlung der Schmelze die Löslichkeitsgrenzen überschreiten. Es bildet sich dann während der Erstarrung eine innere Grenzfläche, die Gase bilden innere Hohlräume (**Bild 3**).

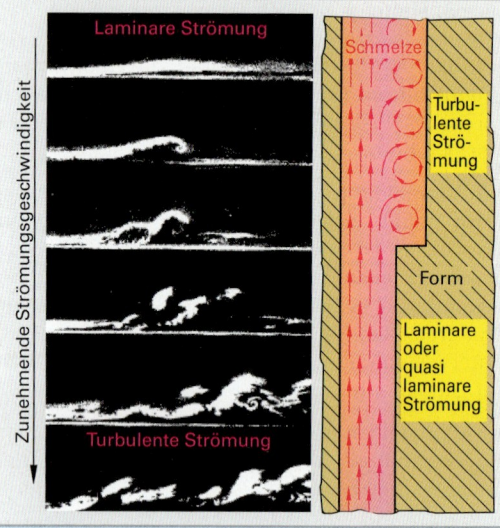

Bild 3: Laminare und turbulente Strömung

Bei Stahlgussteilen kann sich ausscheidender Sauerstoff mit dem Kohlenstoff der Schmelze verbinden und zwar unter Bildung von Kohlenmonoxid (CO). Das sich ausscheidende CO bildet ebenfalls innere Poren.

Bei der Herstellung von Druckgussteilen wird wegen der sehr kurzen Formfüllzeit und der hohen Strömungsgeschwindigkeit die Bildung von Poren nur dann vermieden, wenn der Formhohlraum vor Beginn der Formfüllung vollständig entlüftet wird.

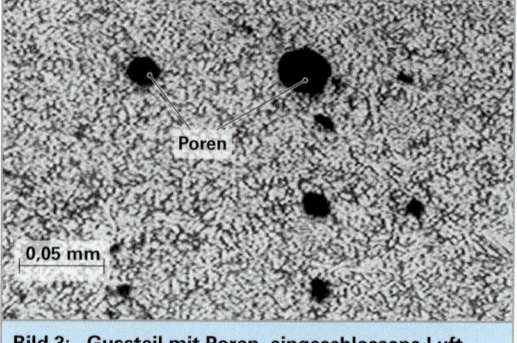

Bild 3: Gussteil mit Poren, eingeschlossene Luft

Dies ist bei Einsatz von Vakuumsystemen möglich und wenn die Form absolut dicht ist (was jedoch beim Druckgießen wegen der beweglichen Kernzüge sowie der Auswerfer kaum erreichbar ist).

2.1 Gießereitechnik

Beim Gießen auf einer *Vacuraldruckgießmaschine* können Druckgussteile nur hergestellt werden, wenn zuvor der gesamte Formhohlraum einschließlich Gießkammer und Gießsystem vollständig entlüftet ist.

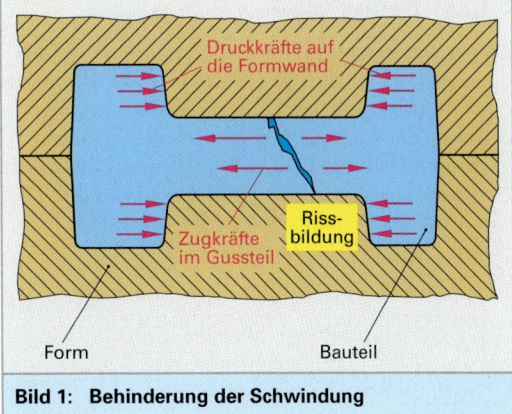

Bild 1: Behinderung der Schwindung

3. Risse

Gelegentlich treten im Innern von Gussteilen Risse auf. Risse haben ihre Ursache in der Behinderung der Schwindung **(Bild 1)** des Gusswerkstoffes bei Bildung der Randschale, der weiteren Erstarrung über den ganzen Querschnitt und der anschließenden Abkühlung auf Raumtemperatur. Die Behinderung der Schwindung verursacht innere Spannungen.

Während der Erstarrung, d. h. im Liquidus-/Solidusbereich (flüssig-/fest-Bereich) entstehen Warmrisse und unterhalb der Erstarrungstemperatur bei der Abkühlung sogenannte **Kaltrisse (Bild 2)**.

Die Gründe liegen in einer Behinderung der Schwindung beim Abkühlen des Werkstoffes von der Erstarrungstemperatur bis auf Entnahmetemperatur aus der entsprechenden Form. Die Gefahr des Auftretens von Rissen ist umso größer, je höher die *Formfestigkeit* (Festigkeit der Gussform) ist. Es gibt Maßnahmen, welche die Formfestigkeit von Sandformen durch Zusätze, z. B. Eisenoxidpulver, gering halten.

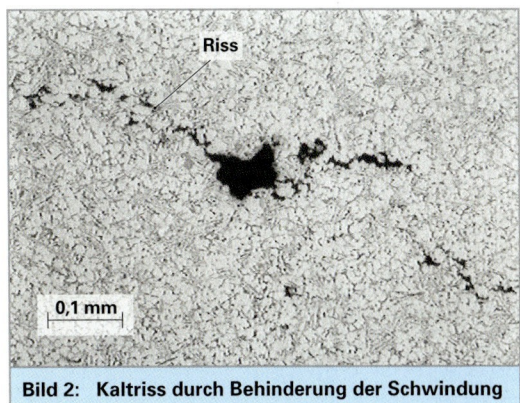

Bild 2: Kaltriss durch Behinderung der Schwindung

Bei metallischen Dauerformen ist die Formfestigkeit außerordentlich hoch. Um hier Risse zu vermeiden, muss die Ausformtemperatur der Gussteile relativ hoch sein. Sie muss im Temperaturbereich liegen, in dem die Gusswerkstoffe sehr gut plastisch verformbar sind.

Beim Auftreten von **Warmrissen** kann die Restschmelze, die noch nicht erstarrt ist, die Rissbereiche ausheilen. Man spricht dann von sogenannten *selbstausheilenden Schmelzen* **(Bild 3)**.

Die Zusammensetzung der Legierung in dem ursprünglichen Rissbereich weicht von der Zusammensetzung der Legierung in der Umgebung ab. Dies hängt mit der *Entmischung* der Schmelze während der Erstarrung zusammen. Zu den selbstausheilenden Gusswerkstoffen zählen die Gusseisenwerkstoffe.

Bei Stahlguss, den Kupfergusswerkstoffen sowie den Aluminiumwerkstoffen und Magnesiumwerkstoffen sind die Risse in der Regel nicht selbstausheilend.

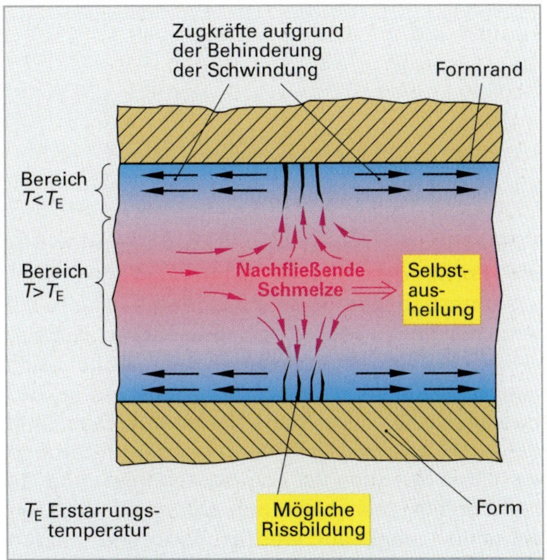

Bild 3: Selbstausheilung von Warmrissen

2.1.7.5 Maßhaltigkeit

Eine wirtschaftliche Herstellung von Gussteilen setzt voraus, dass die Gussteile nicht oder nur geringfügig *spanend* nachbearbeitet werden müssen. Um eine spanende Nachbearbeitung zu vermeiden, werden vom Teilekonstrukteur viele Maße sehr eng toleriert. Maßabweichungen bzw. Maßtoleranzen hängen von verschiedenen Einflussgrößen ab. Dazu gehören:

1. das Gießverfahren,

2. die Genauigkeit der Modelle bzw. bei Dauerformen die Genauigkeit, mit der Kokillen und Druckgießformen hergestellt sind,

3. das Einformen der Teile (formgebundene und nicht formgebundene Maße).

Man versteht unter *formgebundenen Maßen* die Maße eines Gussteiles, die in *einer* Formhälfte liegen. Unter *nicht formgebundenen Maßen* versteht man Maße, die über die Teilungsebene hinweg gehen, bzw. durch zwei zueinander bewegliche Formbereiche bestimmt werden (**Bild 1**).

Ein weiteres Unterscheidungskriterium besteht darin, ob die Maße in der Form in ihrer Schwindung nach der Erstarrung der Schmelze bei Abkühlen auf Entnahmetemperatur behindert sind, oder ob sie in der Form frei schwinden können.

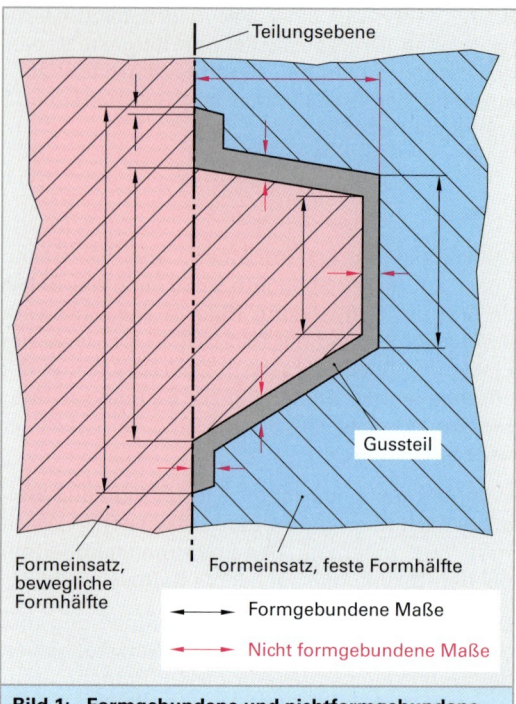

Bild 1: Formgebundene und nichtformgebundene Maße

> Dickenmaße können *frei schwinden*, während bei vorgegossenen Bohrungen in Gussteilen die Schwindung teilweise oder ganz behindert ist.

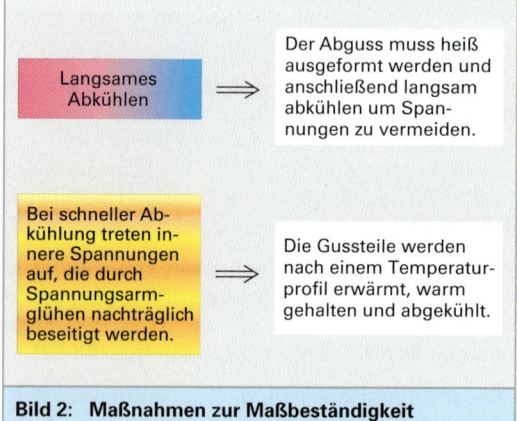

Bild 2: Maßnahmen zur Maßbeständigkeit

2.1.7.6 Maßbeständigkeit

Viele Gussteile zeigen nach dem Ausformen aus der Form, dem Putzen (Abtrennen des Gießsystems und der Speiser bei Sand- und Kokillengussteilen), sowie der spanenden Nachbearbeitung ein *Alterungsverhalten*, wobei sich gegebenenfalls die Festigkeitseigenschaften des Bauteiles und einige Maße verändern. Dies ist in der Regel dann der Fall, wenn mit dem Alterungsverhalten Spannungen abgebaut werden und Gefügeungleichgewichte durch *Diffusionsvorgänge* allmählich abgebaut werden. Während des Alterns werden insbesondere bei Druckgussteile die Maße kleiner. Das gilt auch bei Bohrungsmaßen.

Diese Vorgänge sind verbunden mit Maßänderungen. Bei sehr engtolerierten Maßen, die spanend bearbeitet werden, kann dies zu Problemen führen.

Um eine nachträgliche Maßänderung zu vermeiden, müssen die Alterungseffekte zeitlich vorweg genommen werden. Dies ist dadurch möglich, dass man die Gussteile sehr langsam abkühlen lässt bzw. einem Spannungsfreiglühen unterzieht (**Bild 2**).

2.1.7.7 Korrosionsfestigkeit

Die Korrosionsfestigkeit[1] der Gusswerkstoffe hängt im Wesentlichen von der Legierungszusammensetzung ab. Kupferfreie Aluminiumlegierungen gelten allgemein als korrosionsfest. Die Kupfergehalte dürfen einen Wert von 0,05 % nicht übersteigen.

Was die Magnesiumlegierungen anbetrifft, so werden heute überwiegend sogenannte *high purity Legierungen* eingesetzt, d. h. Legierungen die hochrein sind. Die Legierungen haben Eisengehalte < 0,005 %.

Neben der Legierungszusammensetzung können auch Probleme bei der Oberflächenbeschaffenheit der Gussteile zu einem *korrosiven Angriff* führen. Kupferwerkstoffe gelten gegenüber saurer sowie basischer Atmosphäre als korrosionsfest und werden daher bevorzugt in korrosiver Atmosphäre eingesetzt, z. B. für Pumpen in der chemischen Industrie.

Zur Korrosionsvermeidung werden Gusswerkstücke auch einer Oberflächenbehandlung, z. B. einer Galvanisierung unterworfen **(Bild 1)**.

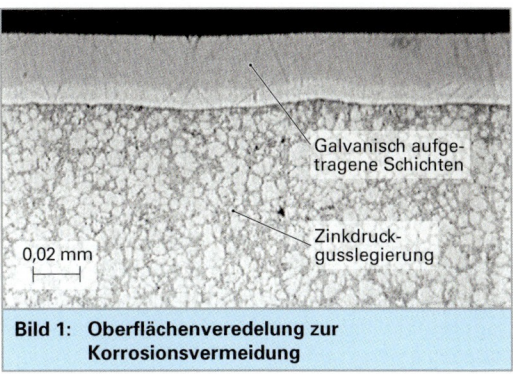

Bild 1: Oberflächenveredelung zur Korrosionsvermeidung

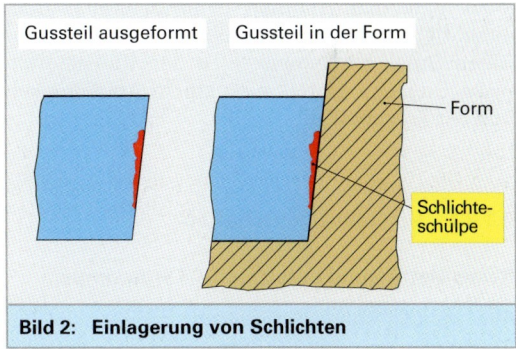

Bild 2: Einlagerung von Schlichten

2.1.7.8 Oberflächenbeschaffenheit

Die Oberfläche von Gussteilen hat sehr häufig ästhetische Bedeutung vorallem bei Sichtflächen, z. B. bei Felgen aus Aluminiumlegierungen.

Die Oberflächenausbildung hängt vom eingesetzten Gießverfahren und der nachfolgenden Bearbeitung ab. Bei Kokillengussteilen können in der Oberfläche Einlagerungen von Schlichten **(Bild 2)** vorliegen sowie Schlackeneinschlüsse **(Bild 3)**, bei Sandgussteilen können Sandeinschlüsse auftreten.

Von Zeit zu Zeit zeigen die Oberflächen auch sogenannte *Einfallstellen*. Unter den Einfallstellen im Gefüge der Gussteile sind in der Regel auch Mikro- oder Makrolunker zu erkennen. Die Einfallstellen entstehen bei der Erstarrung der Schmelze.

Wenn die Nachspeisung des schwindungsbedingten Anteils der Schmelze unzureichend ist, bildet sich in dem Bereich, in dem im Innern Lunker auftreten, ein Unterdruck, der die noch weiche Oberfläche verformt, ein Einfallen der Oberfläche **(Bild 4)** ist die Folge.

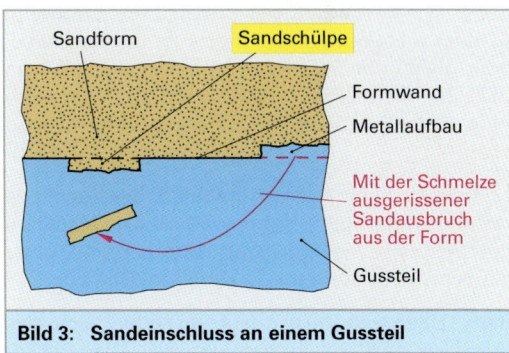

Bild 3: Sandeinschluss an einem Gussteil

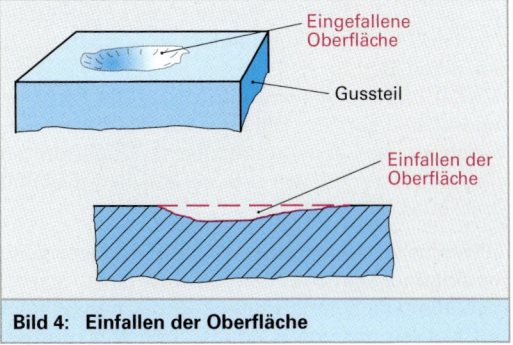

Bild 4: Einfallen der Oberfläche

---

[1] Korrosion von lat. corrodere = zernagen

2.1.8 Eigenschaften metallischer Werkstoffe

Metallische Werkstoffe werden eingesetzt zum einen wegen ihrer physikalischen Eigenschaften, zum anderen wegen ihrer hervorragenden mechanischen Eigenschaften sowie den hervorragenden Formgebungseigenschaften. Es kann jede gewünschte Geometrie abgebildet werden.

Im Folgenden werden die Eigenschaften der Werkstoffe behandelt, die auf die Qualität der Gussteile einen großen Einfluss ausüben. Dazu gehören die *Volumeneigenschaften* und die *thermischen Eigenschaften*.

Metallische Werkstoffe sind praktisch inkompressibel, d. h. das Volumen einer Schmelze oder eines Bauteils verändert sich abhängig vom äußeren Druck im Gegensatz zu den Kunststoffen nicht. Dagegen gibt es eine starke Abhängigkeit von der Temperatur.

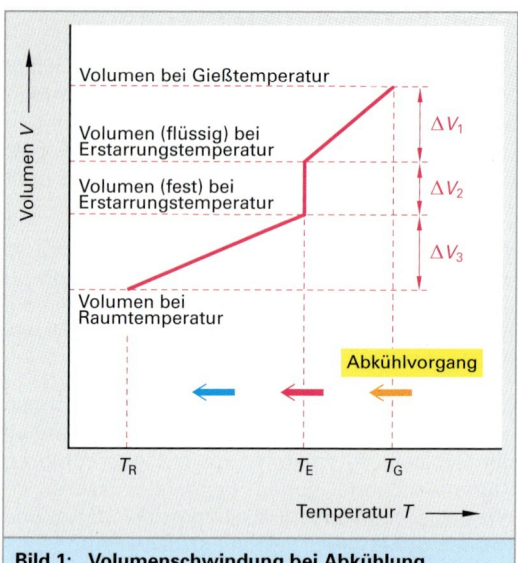

Bild 1: Volumenschwindung bei Abkühlung

2.1.8.1 Volumeneigenschaften

Reine Metalle und eutektische[1] Legierungen

Alle metallischen Schmelzen schwinden bei Abkühlung von der Gießtemperatur T_G auf die Erstarrungstemperatur T_E. Die Volumenschwindung ist ΔV_1 **(Bild 1)**. Die Erstarrungstemperatur T_E einer metallischen Schmelze ist immer kleiner oder gleich der Schmelztemperatur T_S, d. h. metallische Schmelzen *unterkühlen*. Die Unterkühlung einer Schmelze ist abhängig vom Keimzustand[2].

Technische Schmelzen enthalten in der Regel ausreichend heterogene Keime, die die Kristallisation der Schmelze bei geringer Unterkühlung unter die Schmelztemperatur T_S einleiten **(Bild 2)**.

Beim Übergang *flüssig-fest* verändert sich das Volumen meist sprunghaft um ΔV_2. Dies gilt für *reine* Schmelzen und für Legierungen.

Im festen Zustand schwindet der metallische Werkstoff bei Abkühlung auf Raumtemperatur T_R um einen Betrag ΔV_3, wobei einzelne Bereiche (Maße) in ihrer Schwindung durch die Form behindert sein können. Dies gilt vor allem bei Gießverfahren, bei denen metallische Dauerformen eingesetzt werden, wie z. B. bei Kokillenguss und Druckguss.

Je weniger artfremde (heterogene) und arteigene (homogene) Keime vorhanden sind, um so stärker unterkühlt die Schmelze. Bei technischen Schmelzen werden artfremde Keime zugesetzt, um ein

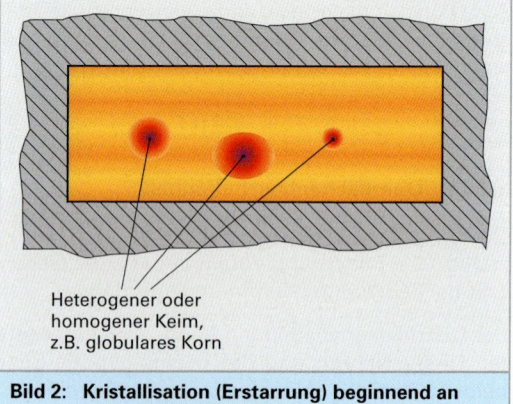

Bild 2: Kristallisation (Erstarrung) beginnend an heterogenen Keimen

möglichst gleichmäßiges, feinkörniges Gefüge zu erzielen. Man bezeichnet diesen Vorgang als *Impfen* bei den Gusseisenschmelzen und als *Kornfeinung* bei den übrigen metallischen Schmelzen.

> Die mögliche Unterkühlung beträgt $0{,}2 \times T_S$ (Schmelztemperatur).
>
> Dies gilt, wenn keine heterogene (artfremde) Keime in der Schmelze vorliegen.

---

[1] eutektische Legierungen sind Metalle in einem Legierungsverhältnis mit niedrigstem Schmelzpunkt, von griech. entektos = leicht schmelzend
[2] Keime sind der Ausgangspunkt für die Kristallisation bei der Erstarrung

Untereutektische und übereutektische Legierungen

Bei untereutektischen Legierungen und bei übereutektischen Legierungen liegt ein Erstarrungsintervall vor. Die Erstarrung beginnt bei der Liquidustemperatur T_{Liqu} (oberhalb T_{liqu} ist die gesamte Schmelze flüssig). Unterhalb T_{sol} ist die Schmelze vollständig erstarrt.

Die Temperaturabhängigkeit des Volumens ist im festen und flüssigen Zustand in erster Näherung linear. Ausnahmen treten bei Metallen auf, bei denen im festen Zustand verschiedene allotrope[1] Modifikationen vorliegen, wie z. B. Eisen, bei dem beim Aufheizen bei 909 °C das *krz-Gitter* in ein *kfz-Gitter* umgewandelt wird (Ferrit in Austenit), was mit einer sprunghaften Volumenverminderung verbunden ist **(Bild 1)**.

Die Werte des Volumenausdehnungskoeffizients α_V beim Aufheizen sind geringfügig größer als beim Abkühlen α_V^*. Das Volumendefizit ΔV_1, beim Abkühlen von der Gießtemperatur T_G auf die Erstarrungstemperatur T_E hängt bei technischen Schmelzen im Wesentlichen von der Überhitzungstemperatur, d. h. von T_G ab.

Je geringer die Schmelze überhitzt ist, um so geringer ist ΔV_1.

Gesamtvolumenschwindung:

$$\Delta V = \Delta V_1 + \Delta V_2 + \Delta V_3$$

Volumenschwindung im flüssigen Zustand:

$$\Delta V_1 + \Delta V_2 = \Delta V_{flüssig}$$

Volumenschwindung im festen Zustand:

$$\Delta V_3 = \Delta V_{fest}$$

ΔV_2 ist die sprunghafte Änderung des Volumens beim Übergang *flüssig-fest* ohne Temperaturänderung. Dies gilt insbesondere bei reinen und eutektischen Schmelzen.

Anmerkung: Das Formelzeichen für die Temperatur ist T und die Einheit ist K (Kelvin). Im Falle von Temperaturangaben in °C (Grad Celsius) wird das Formelzeichen ϑ verwendet.

---

[1] Allotropie = Vorkommen in verschiedenen Zuständen, von griech. allo = gegensätzlich verschieden und tropos = Richtung, Wendung
[2] Penetration = das Eindringen, von lat. penetrare = eindringen, durchdringen

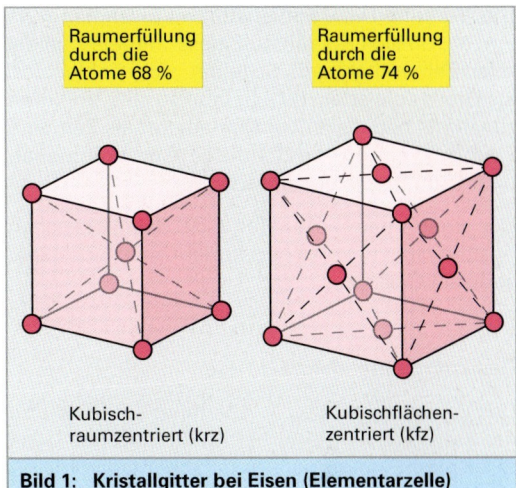

Bild 1: Kristallgitter bei Eisen (Elementarzelle)

Bereich I:
Temperaturabhängigkeit des Volumens Flüssiger Zustand, Aufheizen von T_S und T_G:

$$V_T = V_{TS}\,[1 + \alpha_V\,(T - T_S)] \qquad \alpha_V \text{ Volumenausdehnungskoeffizient}$$

Bei Abkühlung nimmt das Volumen von der Gießtemperatur T_G linear mit der Temperatur ab.

$$V_T = V_{TG}\,[1 - \alpha_V^*\,(T_G - T)] \qquad \alpha_V^* \text{ Volumenausdehnungskoeffizient bei Abkühlung}$$

Bereich II:
Volumendefizit beim Übergang *flüssig-fest*:

Beim Übergang flüssig-fest zeigen die reinen Metalle im Allgemeinen einen negativen Volumensprung bei T_E d. h., das Volumen wird sprunghaft kleiner (Schrumpfung).

Erstarrungsschrumpfung:

- Aluminium	−6,6 %	- Eisen	−3,0 %
- Antimon	+1 %	- Plutonium	+10 %
- Kupfer	−5,2 %	- Silber	−3,8 %
- Wismut	< +1 %	- Silizium	+10 %

Wichtige Legierungselemente wie Kohlenstoff (C) erfahren als *Grafit* in Eisenwerkstoffen und Silizium (Si) in Aluminiumlegierungen eine Volumenzunahme bei der Kristallisation. Die Volumenabnahme beim Übergang *flüssig-fest* führt zu Volumenfehlern in Gussstücken (Lunker), die Volumenzunahme zu zahlreichen Problemen wie z. B. die Penetration[2] der Sandformen und das *Aufdrücken* von metallischen Dauerformen mit Gratbildungen.

Das Verhalten von Kohlenstoff im Eisen hängt davon ab, ob sich Kohlenstoff als Grafit ausscheidet oder Zementit bildet. Scheidet sich Kohlenstoff als Grafit aus, erfährt die Schmelze eine Volumenzunahme, bildet sich der Kohlenstoff als Zementit Fe_3C aus, erfährt die Schmelze eine Volumenabnahme im Erstarrungsintervall.

Bei einer Volumenzunahme ist das Vorzeichen positiv. Ist $\Delta V_2 = \Delta V_1$ so spricht man vom speiserlosen Gießen.

Aufgabe: Eine Aluminiumschmelze mit einem Volumen von 1000 cm³ wird von 660° C auf 760 °C erhitzt. Der Volumenausdehnungskoeffizient beträgt:

$\alpha_v = 1{,}19 \cdot 10^{-4}$ K^{-1}.

Wie groß ist das Volumen nach dem Erhitzen auf 760 °C?

Lösung: Es gilt $V_T = V_{TS} \cdot (1 + \alpha_v \cdot (T - T_S))$ mit $V_{TS} = 1000$ cm³, $\alpha_v = 1{,}19 \cdot 10^{-4} \frac{1}{K}$, $\vartheta_S = 660$ °C, $\vartheta = 760$ °C.

$V_T = 1001{,}9$ cm³

Gesamtvolumendefizit

Das Volumendefizit beim Abkühlen der Schmelze bei der Erstarrung und bei Abkühlung des Gussteiles auf Raumtemperatur ist abhängig von:

- der Legierungszusammensetzung,
- der Art der Kristalle bei Raumtemperatur (Kohlenstoff als Grafit bzw. in Verbindung mit Eisen als Zementit, Fe_3C),
- der Gießtemperatur T_G.

Unabhängig von der Aufteilung des Gesamtvolumendefizits in mehrere Anteile ist das Gesamtvolumendefizit eines Körpers konstant.

2.1.8.2 Werkstoffkennwerte im Vergleich

Die Gusseigenschaften sind stark abhängig von den Werkstoffkennwerten **(Tabelle 1)** für:

- Zug-Druck-Schubsteifigkeit,
- Beulfestigkeit,
- Biegesteifigkeit,
- Zug-Druck-Schubfestigkeit,
- Knicksteifigkeit.

Verhalten im festen Zustand

a) Aufheizen von Raumtemperatur T_R auf Schmelztemperatur T_S:

$$V_T = V_{TR} \cdot [1 + \alpha_v \cdot (T_S - T_R)]$$

α_v	Volumenausdehnungskoeffizient	[1/K]
V_T	Volumen bei Temperatur T	[cm³]
V_{TR}	Volumen bei der Raumtemperatur	[cm³]
T_R	Raumtemperatur	[K]
T_S	Schmelztemperatur	[K]

Der Volumenausdehnungskoeffizient im festen Zustand beträgt ca. 60 % des Volumenausdehnungskoeffizienten im flüssigen Zustand.

b) Abkühlen von der Erstarrungstemperatur T_E auf Raumtemperatur T_R, wobei grundsätzlich gilt, dass $T_E \leq T_S$ sei.

$$V_T = V_{TE} \cdot [1 - \alpha^*_v \cdot (T_E - T_R)]$$

α^*_v	Volumenausdehnungskoeffizient (Schwindungskoeffizient) beim Abkühlen	[1/K]
V_{TG}	Volumen beim Gießen	[cm³]
T_E	Erstarrungstemperatur	[K]

Tabelle 1: Werkstoffkennwerte von Legierungen (Beispiele)

Legierung	E [MPa]	ϱ [g/cm³]	$R_{p0,2}$ [MPa]	Zug-Druck-Schubsteifigkeit [J/g]	Beulfestigkeit $\left[\frac{m^2}{s}\sqrt{\frac{m}{kg}}\right]$	Biegesteifigkeit $\left[\sqrt[3]{\frac{m^8}{kg^2 s^2}}\right]$	Zug-Druck-Schubfestigkeit [J/g]	Knicksteifigkeit $\left[\frac{m^2}{s}\sqrt{\frac{m}{kg}}\right]$
GD AlSi9Cu3	75000	2,8	140	26,786	4,23	1,506	50,00	97,81
ZnAl4Cu	100000	6,67	250	14,993	2,37	0,670	37,48	47,41
AZ91	45000	1,8	140	25,000	6,57	1,976	77,78	117,85
AM60	45000	1,75	130	25,714	6,52	2,033	74,29	121,22
Tiefziehstahl	220000	7,8	270	28,205	2,11	0,774	34,62	60,13

2.1.8.3 Die Längenausdehnung

Der Längenausdehnungskoeffizient α_l gibt die Längenänderung Δl, bezogen auf die Länge l bei einer Temperaturänderung von $\Delta T = 1$ K an.

Der Volumenausdehnungskoeffizient α_V gibt die Volumenänderung ΔV, bezogen auf das Volumen V bei einer Temperaturänderung von $\Delta T = 1$ K an.

> Merke: Bei allen Metallen beträgt der Längenausdehnungskoeffizient α_L ein Drittel des Volumendehnungskoeffizienten α_V.

Der Längenausdehnungskoeffizient ist für Metalle und Legierungen verschieden. Er beträgt bei Eisen und einer Reihe von Stählen etwa $12 \cdot 10^{-6}$ K^{-1}, bei Aluminiumlegierungen etwa $23 \cdot 10^{-6}$ K^{-1}.

2.1.8.4 Eigenschaftsänderungen beim Übergang flüssig – fest

Beim Übergang *flüssig – fest* ändern sich die meisten physikalischen Eigenschaften der Metalle. Dabei kann man die Eigenschaften in drei Gruppen einteilen:

1. Eigenschaften, die sich beim Übergang *flüssig – fest* **kaum verändern:**

   - Dichte,
   - alle thermischen Eigenschaften z. B. spez. Wärme, thermische Leitfähigkeit,
   - Kompressionsmodul,
   - Schallgeschwindigkeit,
   - elektrische Leitfähigkeit.

2. Eigenschaften, die sich beim Übergang *flüssig – fest* **stark verändern:**

   - Viskosität nimmt um mehrere Potenzen zu,
   - Diffusion nimmt stark ab.

3. Eigenschaften, die nach dem Übergang *fest – flüssig* **nicht mehr vorhanden sind:**

   - Elastizitätsmodul,
   - Schermodul.

2.1.8.5 Dichte bei Legierungen

Die Dichte ϱ ist eine *integrale* Größe, d. h. sie bezieht ganze Bauteilbereiche mit ein, ist also nicht auf einen engen Bereich begrenzt. Sie hängt ab von der Legierungszusammensetzung, sowie inneren Hohlräumen z. B. Lunker (**Bild 1**) und Poren (Gaseinschlüsse) sowie inhomogenen Einschlüssen (**Bild 2**).

---
[1] benannt nach *L. Vegard*, formuliert um 1921

Es gilt:

$$\varrho = \frac{m}{V}$$

ϱ Dichte
m Masse
V Volumen

Bei Legierungen aus zwei Elementen A und B wird die Dichte mit Hilfe der *Vegard*'schen[1] Regel berechnet:

$$\varrho_m = x \cdot \varrho_A + (1 - x) \cdot \varrho_B + \Delta_\varrho$$

x Mischungsverhältnis
ϱ_m Dichte der Legierung
ϱ_n Dichte von A
ϱ_B Dichte von B

Für $\Delta_\varrho = 0$ gibt die Gleichung einen linearen Verlauf der Dichte, abhängig vom Mischungsverhältnis, an.
Treten in einem Zwei- oder Mehrstoffsystem intermetallische Phasen auf, weicht der tatsächliche Verlauf der Dichte von der Geraden ab.

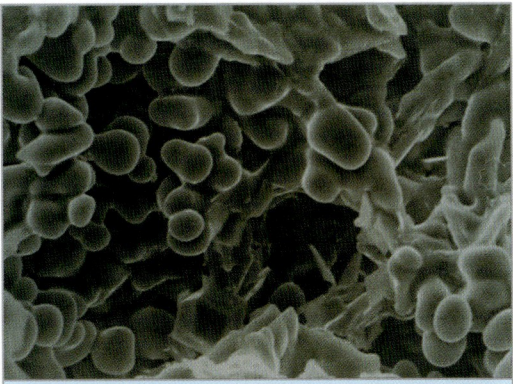

Bild 1: Lunker (REM-Aufnahme)

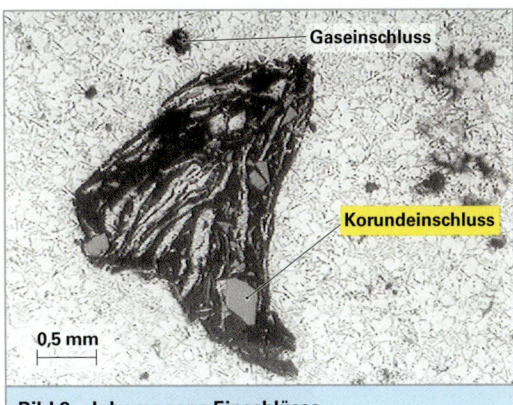

Bild 2: Inhomogene Einschlüsse

2.1.8.6 Aufteilen des Volumendefizits

Das Gesamtvolumendefizit einer Schmelze beim Abkühlen von der Gießtemperatur T_G auf Raumtemperatur T_R ist eine Konstante. Sie hängt ab von T_G, dem Volumen selbst und der Legierungszusammensetzung. Die Aufteilung des Volumendefizits in unterschiedliche Anteile (Bereiche) wird entscheidend von der Geometrie der Gussteile (dickwandig – dünnwandige Bereiche, **Bild 1**) und der örtlichen Wärmeabfuhr beeinflusst.

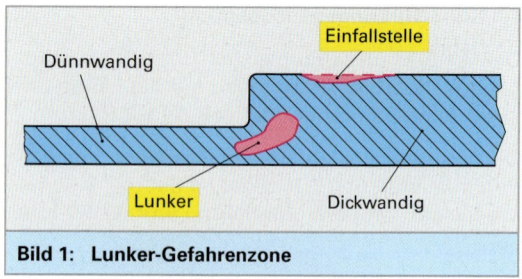

Bild 1: Lunker-Gefahrenzone

Die Wärmeabfuhr über den Boden der Form

Bei Erreichen der Erstarrungstemperatur T_E ist der Badspiegel der Schmelze abgefallen. Das Volumen wird um ΔV_1 kleiner. Im Erstarrungsintervall (zwischen T_{liq} und T_{sol}) sinkt das Volumen um ΔV_2. Unterhalb der Erstarrungstemperatur bis hin zur Raumtemperatur schwindet das Gussteil um ΔV_3 (**Bild 2**). Dabei ist zu berücksichtigen, dass die Schwindung im vorstehenden Beispiel in der Form nicht behindert ist. Bei Formgussteilen sind zahlreiche Maße durch die Form in der Schwindung behindert. Dies gilt vor allem für Bohrungsmaße und Innenmaße. Um genaue Maße bei Raumtemperatur zu erzielen, muss man die Form mit einem dementsprechendem Aufmaß versehen (**Bild 3**).

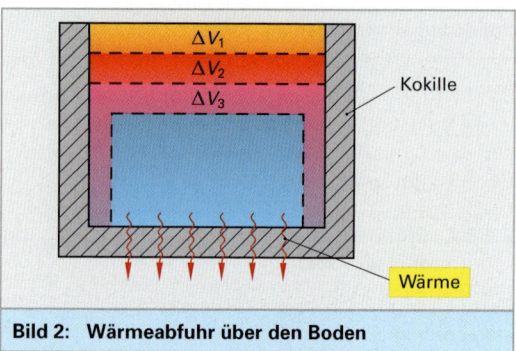

Bild 2: Wärmeabfuhr über den Boden

Annahme: Wärmeabfuhr erfolgt über die Mantelfläche und den Boden (Kokille). Die Erstarrungsfront wächst vom Boden der Kokille und von der Mantelfläche in die Schmelze. Es ergibt sich eine Situation nach **Bild 4**.

Aufteilung des Gesamtvolumendefizits

Das Gesamtvolumendefizit ΔV (**Bild 1, folgende Seite**) teilt sich auf in:

1. Außendefizit:
   - äußere Makrolunker,
   - Einfallstellen,
   - Schwindung.

2. Innendefizit
   - innere Makrolunker,
   - innere Mikrolunker.

Wie sich das Gesamtvolumendefizit örtlich aufteilt, hängt von den örtlichen Abkühlbedingungen und vor allem von der Geometrie des Gussteils ab.

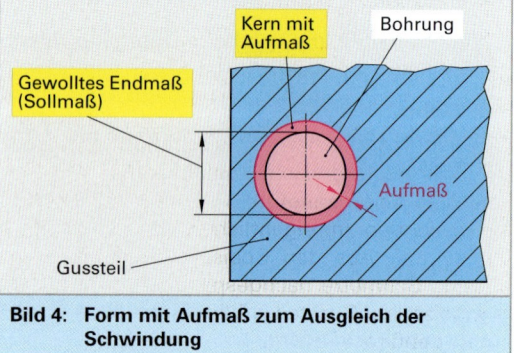

Bild 4: Form mit Aufmaß zum Ausgleich der Schwindung

2.1.8.7 Entstehen eines Innendefizits

Lunker haben ihre Ursache in der Schwindung im flüssigen Zustand. Bei Einsetzen der Kristallisation bei Unterkühlung der Schmelze wird Erstarrungswärme frei. Die Schmelze in der Grenzfläche zu den sich bildenden Kristallen erwärmt sich.

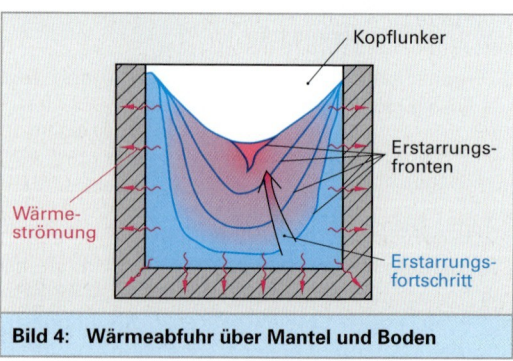

Bild 4: Wärmeabfuhr über Mantel und Boden

Erreicht die Schmelze wieder die Schmelztemperatur, wird die Kristallisation unterbrochen. Durch Wärmeabfuhr über die Form an die Umgebung wird auch die Schmelze abgekühlt.

2.1 Gießereitechnik

Sie unterkühlt unter die Schmelztemperatur. Die Kristallisation wird nach einer bestimmten Zeit fortgesetzt. Beim Fortschreiten der Erstarrungsfront wachsen die Kristalle nur solange in die Schmelze hinein, bis diese verbraucht ist.

Die Oberfläche der *Innenlunker* ist rauwandig; sie entspricht der Oberfläche der in die Schmelze hineinwachsenden Kristalle (Erstarrungsfront) **(Bild 2)**.

Wenn sich die Erstarrungsfronten nicht treffen, entstehen innere Hohlräume, die Innenlunker. Die Oberfläche der Lunker bei *globulistischer*[1] Erstarrung ist nur wenig aufgeraut.

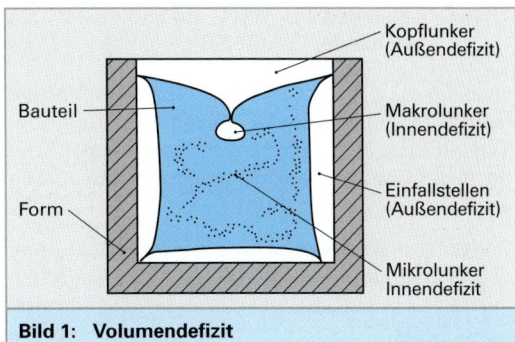

Bild 1: Volumendefizit

> Die Innenlunkeroberfläche bei dendritischer[2] Erstarrung **(Bild 1, S. 81)** ist stark rauwandig und bei globulistischer Erstarrung wenig aufgeraut.

Bei der Untersuchung unter einem Lichtmikroskop kann man die Art der Hohlräume durch die Reflexion des Lichtes unterscheiden.

- glattwandige Oberfläche: → Gaseinschluss,
- diffuse Reflektion, rauwandig: → Lunker.

Sowohl die Schwindung im flüssigen Zustand ΔV_1 und ΔV_2 als auch die Schwindung im festen Zustand ΔV_3 sind nicht zu vermeiden.

Durch Ergänzung des Gussteiles (durch Speiser) kann das Volumendefizit ΔV_1, und ΔV_2 nachgespeist werden. Im eigentlichen Gussteil tritt kein Lunker auf. Aus den Speisern muss so lange flüssige Schmelze nachgespeist werden, bis die Schmelze im Gussteil völlig erstarrt ist. Wenn nicht genügend Schmelze nachgespeist wird, bleibt in dem Bereich des Gussteils, in dem die Schmelze zum Schluss erstarrt, ein schwindungsbedingter Hohlraum, ein sogenannter Lunker.

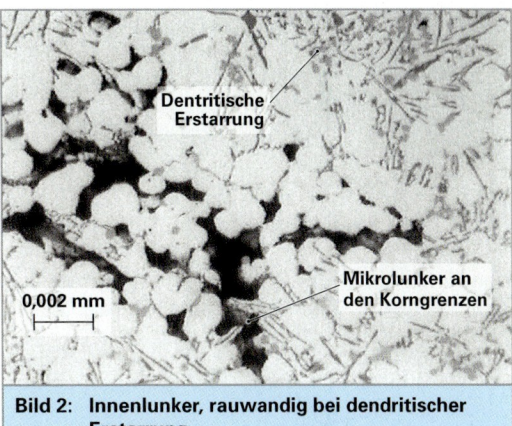

Bild 2: Innenlunker, rauwandig bei dendritischer Erstarrung

> Der Formhohlraum wird dort durch Speiser ergänzt, wo die Schmelze am längsten flüssig bleibt.

Nachteil beim Vergießen mit Speisern:

Die Speiser müssen nachträglich abgetrennt werden **(Bild 3)**. Daraus resultieren hohe Putzkosten (Putzkosten verursachen zur Zeit ca. 20 % der Fertigungskosten). Weiterhin wird der Kreislaufanteil erhöht.

> Die häufigste Ausschussursache von Gussteilen sind Volumenfehler.

Bild 3: Automatisiertes Abtrennen der Speiser

---

[1] Globulitische Erstarrung = kugelige Erstarrung, von lat. globus = Kugel
[2] von griech. dendrites = zum Baum gehörend, dendritisch = verzweigt, verästelt (mit Nadeln)

2.1.8.8 Entstehen von Luft- und Gaseinschlüssen bei der Formfüllung

Ursache für das Auftreten von Spannungen und Rissen in Gussteilen ist die Behinderung der Schwindung in den erstarrten Randschalen und im festen Zustand bei der weiteren Abkühlung auf Raumtemperatur **(Bild 1)**.

Die Behinderung der Schwindung führt zu einer *plastischen* Verformung und zu einer *elastischen* Verformung. Letztere ist verbunden mit inneren Spannungen. Übersteigen die Spannungen die von der Temperatur abhängigen Werte der $R_{p\,0,2}$-Dehngrenze, wird der Werkstoff plastisch verformt. Erreichen die Spannungen die Werte der Zugfestigkeit, entstehen Risse.

> Die Dickenmaße werden bei Gussteilen nicht in der Schwindung behindert.

Zu jedem Zeitpunkt gibt es beim Abkühlen im Inneren eine Temperaturdifferenz $\Delta T = T_2 - T_1$ zur Randzone. Wenn die Randzone die Raumtemperatur T_R erreicht hat, ist die Temperatur T im Inneren erhöht.

Bei Abkühlung im Inneren auf Raumtemperatur ist die Schwindung im Inneren behindert. Es entstehen im Inneren Zugspannungen und in den oberflächennahen Bereichen Druckspannungen **(Bild 2)**.

Zwischen den Druckspannungszonen außen und der Zugspannungszone im Inneren gibt es eine neutrale Zone, d. h. ein Bereich, in der keine Spannungen auftreten. Wenn auf einer Seite des Gussteils in der Oberfläche eine Nut eingefräst wird, werden die Druckspannungen auf dieser Außenseite abgebaut. Infolgedessen werden auch die Zugspannungen teilweise abgebaut, was zu einer *Verformung des Gussteils* führt.

Beispiel: Gussteil **(Bild 3)** verformt sich durch Einbringen einer Nut an der Außenseite wie im Bild 3 dargestellt.

Abhängig von der Zeit nach dem Abgießen werden die Spannungen abgebaut. Bei metallischen Werkstoffen sind die Festigkeitseigenschaften R_m (Zugfestigkeit), $R_{p\,0,2}$ (0,2 %-Dehngrenze), A_5 [in %] (Bruchdehnung) *temperaturabhängig*.

Wenn die bei der Abkühlung des Gussteils auftretenden Spannungen die 0,2 %-Dehngrenze überschreiten, wird das Bauteil plastisch verformt. Es verbiegt sich.

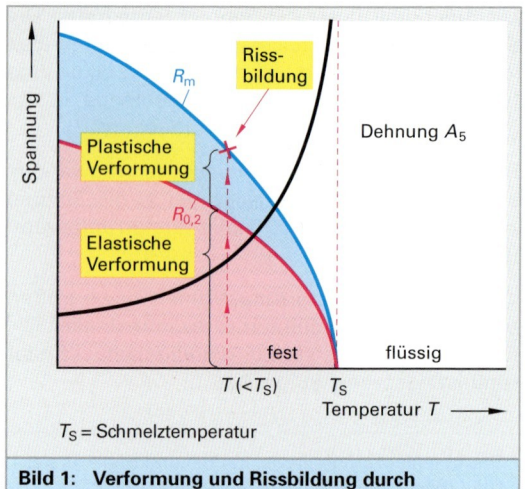

Bild 1: Verformung und Rissbildung durch Schwindungesbehinderung

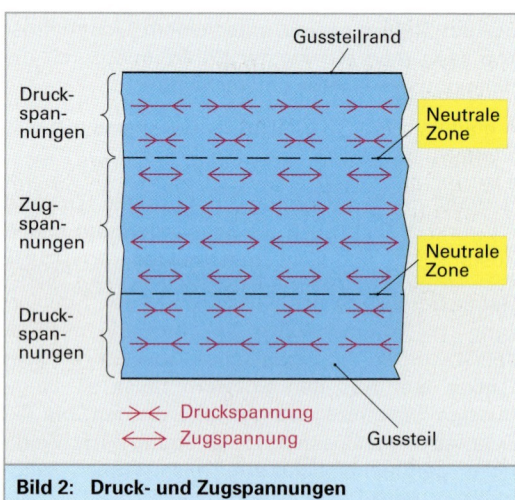

Bild 2: Druck- und Zugspannungen

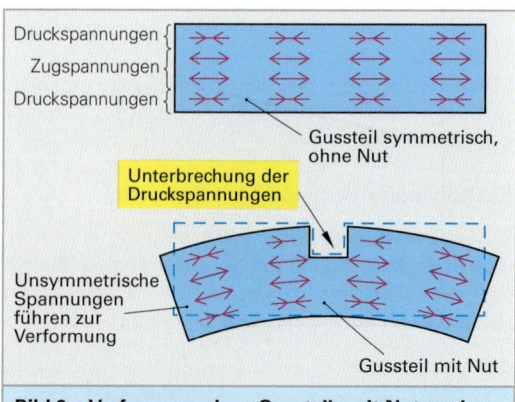

Bild 3: Verformung eines Gussteils mit Nut an der Außenseite

2.1 Gießereitechnik

Zusätzlich zur *plastischen* Verformung treten bei weiterer Abkühlung *elastische* Verformungen auf.

Für Werkstoffe, die dem linearen Hooke'schen Gesetz[1] gehorchen, gilt:

$$\sigma = E \cdot \varepsilon$$

$$\varepsilon = \frac{\Delta l}{l}$$

- σ Spannung
- E Elastizitätsmodul
- ε Dehnung
- Δl Längenänderung
- l Länge

Ein Längenmaß wird in Abhängigkeit von der Temperatur beschrieben **(Bild 1)**:

$$L_T = L_{TE} [1 - \alpha_l (T_E - T)]$$
mit $T < T_E$
$$\varepsilon = \Delta l / l = \alpha_l (T_E - T)$$

Folgerungen:

1. So lange $\sigma \leq R_{p\,0,2}$, verformt sich der Werkstoff elastisch.
2. Wenn $\sigma \geq R_{p\,0,2}$, verformt sich der Werkstoff plastisch.
3. Wird die Zugfestigkeit R_m durch auftretende Spannungen überschritten, so reißt das Bauteil.

Die Kurven in **Bild 2** stellen den Verlauf der Zugfestigkeit und der Dehngrenzen in Abhängigkeit zur Temperatur dar.

Die Werkstoffkennwerte $R_{p\,0,2}$, R_m und der E-Modul sind stark temperaturabhängig:

[1] *Robert Hooke* (1635 bis 1703), engl. Physiker

Aufgabe 1:
Berechnung von Dehnung und Spannung bei Stahl

Ein Stahlgussteil wird von 520° C auf 20° C abgekühlt, es ist fest eingespannt und kann daher nicht schwinden.

Welche Zugspannungen treten in dem Stahlgussteil auf?

Es sind:
$\alpha_l = 12 \cdot 10^{-6}$ 1/K $\Delta T = 500$ K

Die Dehnung ergibt einen Wert von:
$\varepsilon = 0,6 \cdot 10^{-2}$,

mit dem E-Modul von Stahl von 220 000 MPa ergibt sich eine Spannung von:

$\sigma = 220000$ MPa $\cdot 0,6 \cdot 10^{-2} = $ **1320** MPa.

Aufgabe 2: Berechnung der Spannung und Dehnung bei Aluminium

Eine Aluminiumlegierung (AlCu4Ti-Legierung) mit $E = 70000$ N/mm² und $\alpha_l = 23 \cdot 10^{-6}$ 1/K weist nach Abkühlung der äußeren Randschale auf Raumtemperatur einen Temperaturunterschied zum Inneren von $\Delta T = 200$ K auf.

Berechnen Sie die maximale Spannung im Gussteil!

Maximale Spannung im Gussteil:
$\sigma = 70000$ MPa $\cdot 0,0046 = 322$ MPa

Da der Wert für $R_{p\,0,2}$ durch die innere Spannung überschritten wird, kommt es zu einer plastischen Verformung des Bauteils im Inneren. Da die Zugfestigkeit R_m nicht überschritten wird, kommt es nicht zu Rissbildungen.
(AlCu4Ti: $R_m = 330$ MPa, $R_{p0,2} = 220$ MPa).

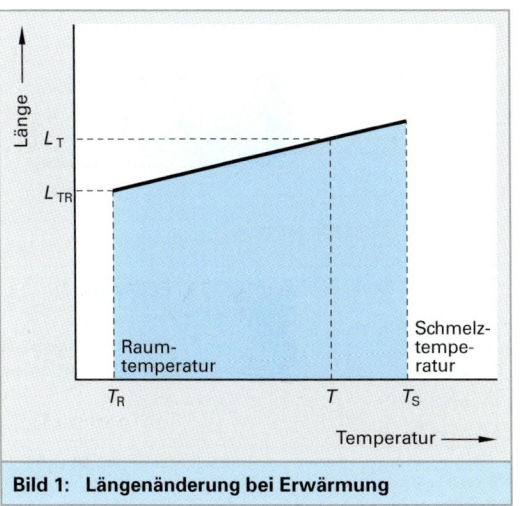

Bild 1: Längenänderung bei Erwärmung

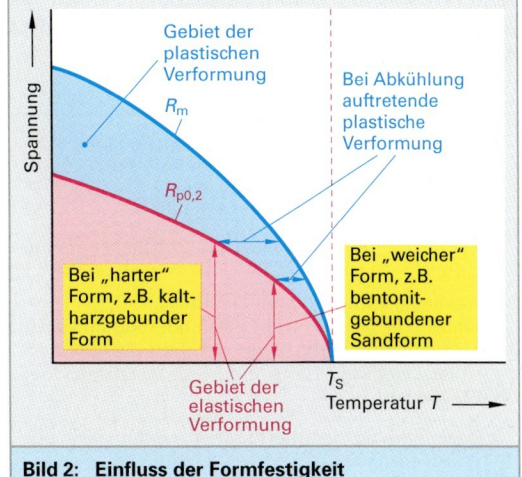

Bild 2: Einfluss der Formfestigkeit

Warmrisse und Kaltrisse

Bei der Rissbildung unterscheidet man zwei Erscheinungsformen:

1. Warmrisse:
Warmrisse *entstehen während* der Erstarrung, d. h., wenn sich bereits eine erstarrte Randschale gebildet hat **(Bild 1)**. In der erstarrten Randschale tritt auf Grund von Spannung ein Riss auf. Je nach Erstarrungsstruktur kann die Schmelze im Inneren den Riss ausheilen oder nicht ausheilen. Wenn die Schmelze den Riss ausheilt, fließt Schmelze in den Rissbereich.

Dies gilt z. B. für Gusseisen mit Lamellengrafit. Diese Art der Warmrisse sind in der Regel nach der Erstarrung von außen sichtbar oder bilden feinste Vertiefungen an der Oberfläche. Dies tritt nur ein, wenn die Legierung keine *dendritische Erstarrung* aufweist.

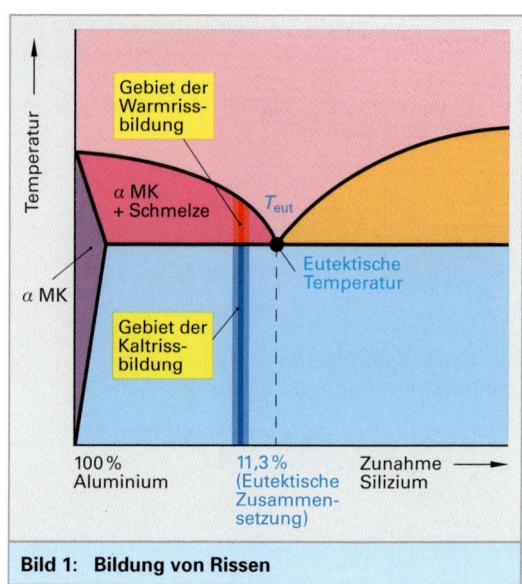
Bild 1: Bildung von Rissen

Beim Erreichen der Liquidustemperatur bildet sich eine Randschale. Bei untereutektischen Legierungen scheiden sich zunächst α-Mischkristalle (α-MK) aus. Es verändert sich hierdurch die Zusammensetzung der Restschmelze. Dies hat allerdings zur Folge, dass die „ausheilende" Schmelze eine andere Zusammensetzung hat, als sie der Werkstoff im Bereich der Randzone aufweist. Werkstoffe, die eine dendritische Erstarrungsform besitzen, gelten als „nicht selbstheilend". Zu diesen Werkstoffen gehören z. B. Cu-Werkstoffe, Stähle und Al-Legierungen.

2. Kaltrisse:
Risse, die unterhalb der Solidustemperatur (gesamte Schmelze ist erstarrt) entstehen, nennt man Kaltrisse **(Bild 2)**. Ihre Entstehung beruht auf Spannungen, die auf Grund der Temperaturunterschiede (ΔT) von Innen nach Außen bei der Abkühlung die Zugfestigkeit des Werkstoffes übersteigen.

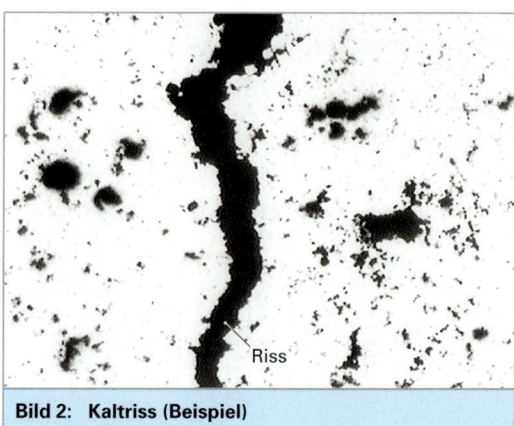
Bild 2: Kaltriss (Beispiel)

Maßnahmen zur Verhinderung von Spannungen

1. Geometrie des Gussteils so anpassen, dass das Gussteil nicht „hakt" (Konizität, **Bild 3**).

2. Formhärte und Formfestigkeit möglichst gering halten.
   Abhängig vom Werkstoff der Form:
   Metallische Formen: Starke Behinderung und Wärmeaufnahme; Form dehnt sich aus. *Sandformen*: Unterschiedliche Härte evtl. Styroporzusatz zum Formsand.

3. Beeinflussung der thermischen Leitfähigkeit des Gusswerkstoffes.

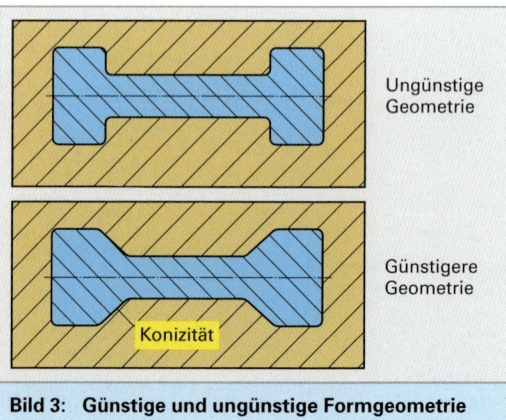
Bild 3: Günstige und ungünstige Formgeometrie

Aufgabe: Überprüfung zur Rissbildung

Stahl, S235JR wird beruhigt vergossen. Die Erstarrungstemperatur ϑ_E beträgt 1500° C.

$R_m = 250 \, \frac{N}{mm^2}$, $E = 170\,000 \, \frac{N}{mm^2}$ und
$\alpha_l = 13 \cdot 10^{-6}$ 1/K.

Die Schwindung wird nach der Erstarrung vollständig behindert. $\vartheta_R = 20\,°C$.

Bricht das Gussteil und wenn ja, bei welcher Temperatur?

Ansatz:
Da die gesamte Schmelze bereits erstarrt ist, können nur Kaltrisse auftreten.

Lösung:

a) Reißt das Gussteil?

$\Delta T = \vartheta_E - \vartheta_R = 1500\,°C - 20\,°C = 1480\,K$

$\sigma = E \cdot \alpha_l \cdot \Delta T = 170\,000 \, \frac{N}{mm^2} \cdot 13 \cdot 10^{-6} \frac{1}{K} \cdot 1480\,K$

$= 3270{,}8 \, \frac{N}{mm^2}$

Da die Zugfestigkeit überschritten wird, kommt es zur Rissbildung. Zu beachten ist hierbei, dass die Werkstoffe i. d. R. bei hohen Temperaturen eine große Dehnung aufweisen und dass bei Überschreiten der $R_{p\,0{,}2}$-Dehngrenze das Gussteil sich unter Umständen erheblich plastisch verformen kann.

b) Bei welcher Temperatur tritt die Rissbildung ein?
$\Delta T = T_E - T \quad \sigma = E \cdot \alpha_l \cdot \Delta T$

$\Delta T = \frac{\sigma_{zul}}{E \cdot \alpha_l} = \frac{250 \, \frac{N}{mm^2}}{170\,000 \, \frac{N}{mm^2} \cdot 13 \cdot 10^{-6} \cdot \frac{1}{K}} = 113\,K$

Wenn der Werkstoff sich nicht plastisch verformt, würde er bei einer Abkühlung um 113 K reißen, d. h., bei **1387 °C**.

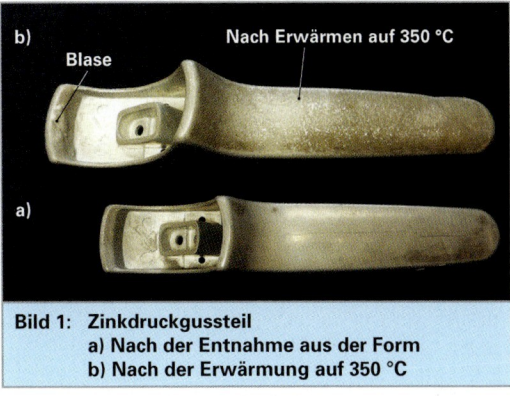

Bild 1: Zinkdruckgussteil
a) Nach der Entnahme aus der Form
b) Nach der Erwärmung auf 350 °C

2.1.8.9 Luft- und Gaseinschlüsse bei der Formfüllung

Da die Schmelze den Formhohlraum sehr schnell füllt, kommt es zu Luft- und Gaseinschlüssen, wenn er nicht vor Formfüllbeginn wirksam über Vakuumsysteme entlüftet wird. Diese Luft- und Gaseinschlüsse werden vor beendeter Formfüllung in der Nachdruckphase komprimiert und bleiben „eingefroren". Sie sind nach Entnahme aus der Form kaum feststellbar.

Werden die Teile jedoch danach wieder erwärmt, dann verursacht der Druck der Luft- und Gaseinschlüsse ein Übersteigen der Spannungen über die 0,2%-Dehngrenze des Werkstoffs und lassen das Bauteil „wachsen" und zwar mit einer bleibenden Vergrößerung **(Bild 1)**. Es entstehen auch Blasen und Blister.

2.1.8.10 Schwindung der Gussteile in festem Zustand

Aus dem Verhalten des Volumens eines Gussteils nach der Erstarrung der Schmelze, d. h. unterhalb der Erstarrungstemperatur T_E bei Abkühlung auf Raumtemperatur T_R, kann auf das lineare Schwindungsverhalten geschlossen werden.

Der Schwindungskoeffizient bzw. Längenausdehnungskoeffizient α_l ist eine Werkstoffeigenschaft.

Zwischen dem Volumenausdehnungskoeffizient α_V und dem linearen Ausdehnungskoeffizienten α_l besteht folgender Zusammenhang:

$$\alpha_l = \frac{1}{3}\alpha_V \qquad \alpha_l \quad \text{Längenausdehnungskoeffizient}$$

$$\alpha_V = 3\alpha_l \qquad \alpha_V \quad \text{Volumenausdehnungskoeffizient}$$

Aufgabe: Zeige $\alpha_l = \frac{1}{3}\alpha_V$

Betrachte einen Würfel mit der Kantenlänge a und erwärme den Würfel, wobei er sich in alle drei Raumrichtungen gleichmäßig ausdehnt. Das Volumen bei T_R ist a^3. Temperaturerhöhung bei einer Ausdehnung einer Kante a um Δa:

Lösung:

$V = (a + \Delta a)^3 = a^3 + 3a^2 \cdot \Delta a + 3a \cdot \Delta a^2 + \Delta a^3$

mit $\Delta a \ll a$ folgt: $V \approx a^3 + 3a^2 \cdot \Delta a$ und $\Delta V = 3a^2 \cdot \Delta a$

$\frac{\Delta V}{V} = \frac{3a^2 \Delta a}{a^3} = \frac{3 \Delta a}{a} = \alpha_V$

Mit $\alpha_l = \frac{\Delta a}{a}$ wird: $\alpha_V = 3\alpha_l$ bzw. $\alpha_l = \frac{1}{3}\alpha_V$

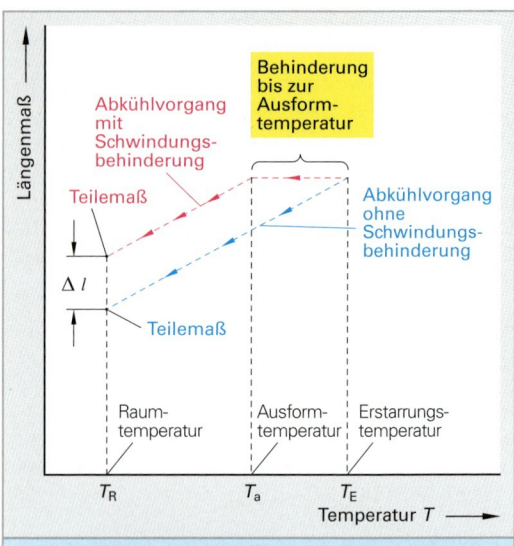

Bild 1: Einfluss der Schwindungbehinderung auf die Bauteilmaße

Um möglichst genaue Gussteile bei Raumtemperatur zu erhalten, müssen die Modelle mit einem entsprechenden Aufmaß versehen werden. Dabei muss man unterscheiden, ob die Gussteile bei Abkühlung in der Form

a) schwindungsbehindert oder

b) nicht schwindungsbehindert sind.

Darüber entscheidet in der Regel die Geometrie der Gussteile.

Bei Gussteilen mit Geometrien, die in der Abkühlphase in der Schwindung behindert sind, werden kleinere Aufmaße erforderlich. Diese hängen ab

a) von der Ausformtemperatur T_a und

b) von der Formfestigkeit.

Bei Sandgussteilen ist die *Formsandfestigkeit* eingeschränkt. Bei *Grünsanden* ist die Formfestigkeit geringer als bei *kaltharzgebundenen* Sanden (Schwindung wird stark behindert).

Bei metallischen Dauerformen wie sie beim Kokillengießen und Druckgießen verwendet werden, kühlen die Gussteile nach der Erstarrung in der Form ab. Sie sind in der Schwindung behindert. Dies gilt zumindest in den Bereichen der Form, in denen die Gussteile aufschwinden, z. B. bei Bohrungen und bei Innenmaßen von Gehäusen.

Erst nach dem Ausformen können die Teile frei schwinden. Die Bauteilmaße **(Bild 1)** werden mit abnehmender Temperatur kleiner. Je niedriger die Ausformtemperatur ist, um so größer sind die Maße eines Gussteils bei Raumtemperatur.

Aufgabe: Schwindmaß bei Gusseisen

Wie ist das Schwindmaß bei Gusseisen mit Lamellengrafit, wenn die Schmelze bei 1140 °C erstarrt, die Maße bis auf T_R (20 °C) frei schwinden können und der mittlere Längenausdehnungskoeffizient $\beta = 15 \cdot 10^{-6}$ 1/K beträgt?

Lösung:

$\varepsilon = \frac{\Delta l}{l} = \alpha_l (T_E - T_R)$

$= 15 \cdot 10^{-6} \frac{1}{K} \cdot 1120\ K$

$= 0{,}0168$

$\varepsilon = 1{,}68\ \%$

Bei nicht freier Schwindung ist das Schwindmaß kleiner.

Aufgabe: Schwindmaß bei Aluminium

Wie groß ist das Schwindmaß bei einer Legierung von GAlSi 12 und Erstarrungstemperatur $\vartheta_E = 570$ °C, wenn das Gussteil auf Raumtemperatur (20 °C) frei schwinden kann und $\alpha_l = 23 \cdot 10^{-6}$ 1/K beträgt?

Lösung:

$\varepsilon = \frac{\Delta l}{l} = \alpha_l (T_E - T_R)$

$= 23 \cdot 10^{-6} \frac{1}{K} \cdot 530\ K$

$= 0{,}01265$

$\varepsilon = 1{,}265\ \%$

2.1.8.11 Thermische Eigenschaften der Gießwerkstoffe

Bei der Herstellung von Gussteilen bedarf es bei verschiedenen Arbeitsschritten des Einsatzes von Energie. Dies gilt für die Herstellung der Metalle aus Erzen bzw. aus Schrotten, wobei für Gussteile aus Eisenlegierungen und Stahl, aus Aluminiumlegierungen und Zinklegierungen sowie aus Kupferlegierungen *Recyclingmaterialien* eingesetzt werden.

Nur zu einem geringen Teil werden Primärlegierungen, d. h. aus Erzen gewonnene Legierungen, verwendet. Für die Wiedergewinnung der Metalle aus *Kreislaufmaterial* ist ein geringer Energieanteil im Vergleich zur Herstellung aus Erzen notwendig, dies gilt insbesondere für die Aluminiumlegierungen und Magnesiumlegierungen.

In der Gießerei bzw. den Zulieferbetrieben wie Modell- und Formenbau muss an folgenden Punkten Energie eingesetzt werden:

- Herstellung der Modelle und Formeinrichtungen,
- Reinigung der Legierungen,
- Aufbereiten der Formsande in Sandgießereien,
- Herstellung der Form,
- Gießen,
- Putzen,
- Wärmebehandlung der Teile, sofern erforderlich **(Bild 1)**.

Die Energiekosten bei der Herstellung von Gussteilen liegen im Bereich von 3 % bis 5 % der Kosten für ein Gussteil. Für die Gießer von besonderem Interesse ist die Energiemenge, die notwendig ist, um die notwendige Schmelzmenge auf Gießtemperatur T_G aufzuheizen.

Die Schmelzmenge setzt sich zusammen aus der Masse des Rohgussteiles und des Kreislaufanteiles **(Bild 2)** bestehend aus Gießsystem und eventuell notwendigen Speiser. Diese Wärmemenge muss über die Formstoffe abgeführt werden.

Bei verlorenen Formen nehmen die Formstoffe die Wärme auf, sie erwärmen sich, sie müssen unter Umständen gekühlt werden. Beim Einsatz von metallischen Dauerformen muss die der Form zugeführte Wärme in den Zyklen der Fertigung über die Form abgeführt werden, d. h., die Formen müssen gekühlt werden. Die Kühlung der Formen bestimmt damit die Anzahl der pro Stunde herzustellenden Teile, d. h. die Produktivität. Die Kenntnis der zur Herstellung eines Gussteiles notwendigen Wärmemenge ist für den Gießer von besonderem Interesse.

Gesetzmäßigkeiten und Größen

Thermophysikalische Größen: Bei Einsatz metallischer Dauerformen, d. h. beim Kokillengießen und beim Druckgießen, können die Gussteile erst nach Ausformen aus der Form, d. h. abhängig von der Ausformtemperatur T_a *frei schwinden*, sofern die Maße in der Form schwindungsbehindert sind. Die Formfestigkeit ist in jedem Fall so hoch, dass die bis zur Abkühlung der Gussteile in der Form entstehenden Spannungen zur *plastischen Verformung* und zum Auftreten *elastischer Spannungen* führen **(Bild 2)**.

Je kälter die Teile ausgeformt werden, um so größer sind die Maße bei Raumtemperatur. Je heißer sie ausgeformt werden, um so kleiner sind die Maße bei Raumtemperatur T_R.

Bild 1: Energieeinsatz bei Gussteilen

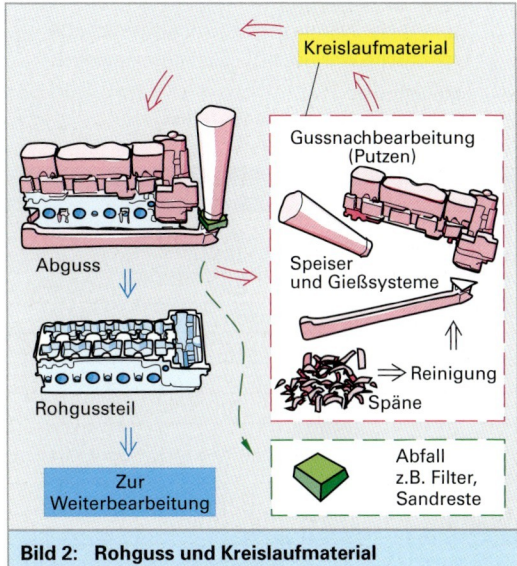

Bild 2: Rohguss und Kreislaufmaterial

Gesetzmäßigkeiten. Der erste Hauptsatz der Wärmelehre beschreibt den Wärmehaushalt eines Körpers mit der *Enthalpie H* **(Tabelle 1)**.

$$H = U + p \cdot V_U$$

- U innere Energie
- p Druck
- V_u Volumen eines Körpers

Um mit den Werten aus der Tabelle rechnen zu können, müssen die auf 1 Mol bezogenen Werte auf 1 g bzw. 1 kg umgerechnet werden. 1 Mol enthält $6{,}023 \cdot 10^{23}$ Atome. Die Masse 1 Mol eines Stoffes ist bekannt, sie beträgt für Aluminium 27 g d. h., 1 kg Aluminium besteht aus 37,04 Mol.

Die molare Schmelzentropie S_S beschreibt die Zustandsänderung eines Körpers durch Aufnahme der Schmelzwärme Q_S beim Übergang *fest-flüssig* bei der Schmelztemperatur T_S, d. h., ohne dass die Temperatur sich ändert.

$$S_S = \frac{Q_S}{T_S}$$

- S_S Schmelzentropie
- Q_S Schmelzwärme
- T_S Schmelztemperatur

Die molare Schmelzentropie S_S liegt bei allen metallischen Werkstoffen zwischen 8- bis 10 J/mol · K, d. h., die Zustandsänderung der Metalle beim Übergang *flüssig – fest* bzw. *fest – flüssig* ist ähnlich. Die **Tabelle 2** enthält für einige Metalle die Angaben für die physikalischen Größen.

Die *spezifische Wärme* einer Legierung c_{pm} lässt sich in guter Näherung aus den spezifischen Wärmen der Legierungselemente berechnen.

So gilt für eine Legierung mit den Elementen A und B:

$$c_{pm} = x \cdot c_{pA} + (1 - x) \cdot c_{pB}$$

- c_{pm} spezifische Wärme einer Legierung
- c_{pA} spezifische Wärme des Legierungselements A
- c_{pB} spezifische Wärme des Legierungselements B
- x Molenbruch (Verhältnis der Legierungsanteile)

Tabelle 1: Thermophysikalische Größen

Benennung	Größe	Bedeutung
Enthalpie	H in J	Gesamtwärme in einem Körper.
Innere Energie	U in J	Energiemenge, die den Schwingungszustand aller Masseteilchen Ionen und Moleküle eines Körpers um ihre Ruhelage beschreibt.
Temperatur	T in K ϑ in °C	Die Temperatur ist eine Zustandsgröße eines Körpers.
Entropie	S in $\frac{J}{K}$	Die Entropie gibt an, wie sich der Zustand bei Energieaufnahme ändert.
Schmelzwärme	Q_S in J	Wärmemenge, die ein Körper am Schmelzpunkt T_S aufnimmt*
Spez. Wärme	c_p in $\frac{J}{kg \cdot K}$	Wärmemenge, um 1 kg eines Stoffes um 1 K bei konstantem Druck zu erwärmen. Körper dehnt sich aus.
Spez. Wärme	c_v in $\frac{J}{kg \cdot K}$	Wärmemenge, um 1 kg eines Stoffes um 1 K bei konstantem Volumen zu erwärmen. Da sich der Stoff dabei nicht ausdehnt, ist c_v kleiner als c_p.
Wärmeleitfähigkeit	λ in $\frac{J}{K \cdot s \cdot m}$	Sie bestimmt, wie schnell die Wärmemenge von einem Punkt A zu einem Punkt B über einen bestimmten Querschnitt transportiert wird.

* Wenn er vom festen zum flüssigen Zustand übergeht, ohne dass sich dabei die Temperatur des Körpers verändert.

Tabelle 2: Thermische Eigenschaften einiger Metalle

Metall	ϑ_S in °C	q_S in kJ/mol	λ_{fl} in J/K · s · m	c_{pfl} in J/mol · K	c_{pf} in J/mol · K	Relative Atommasse in g/mol
Mg	650	8,9	–	32,4	32,6	24,30
Al	660	10,7	92	29,0	32,0	26,98
Cu	1083	13,0	–	31,1	31,0	63,54
Zn	420	7,4	59	31,1	29,3	65,38
Sn	232	7,0	31	29,5	30,5	118,69
Pb	327	4,7	16	30,4	29,1	207,20
Fe	1539	15,1	–	43,6	41,6	55,84
Co	1495	17,0	–	37,4	38,2	58,99
Ni	1453	17,7	–	38,2	37,6	58,69

ϑ_S Schmelztemperatur; q_S spez. Schmelzw.; λ_{fl} Wärmeleitfähigkeit, flüssig; c_{pfl} spez. Wärme, flüssig; c_{pf} spez. Wärme, fest

2.1 Gießereitechnik

Der Wärmeinhalt einer Schmelze

Der Wärmeinhalt einer Schmelze mit der Masse m ist:

$$Q = Q_1 + Q_S + Q_2$$

Q_1 die Wärmemenge, die notwendig ist, den Werkstoff von Raumtemperatur T_R auf die Schmelztemperatur T_S aufzuheizen; Q_2 ist die notwendige Wärmemenge, um die Schmelze von der Schmelztemperatur T_S, auf die Gießtemperatur T_G aufzuheizen.

$$Q_1 = m \cdot c_{pf} \cdot (T_S - T_R)$$

c_p spezifische Wärme bei konstantem Druck[1]

$$Q_S = m \cdot q_S$$

$$Q_2 = m \cdot c_{pfl} \cdot (T_G - T_S)$$

$$Q = m \cdot [c_{pf} \cdot (T_S - T_R) + q_S + c_{pfl} \cdot (T_G - T_S)]$$

Aufgabe 1:

Welche Wärmemenge wird benötigt, um 1 kg Aluminium (37 mol) von Raumtemperatur auf 720 °C zu bringen (ϑ_s = 660 °C)?

Lösung:
$Q = 37 \cdot [32 \cdot 640 + 10700 + 29 \cdot 60]$ MJ
$Q = 1{,}2194$ MJ

Ca. 32,5 % der Energie wird dabei zum Schmelzen des Metalls benötigt.

Für die Überhitzung der Schmelze über die Schmelztemperatur T_S wird nur ein geringer Anteil von Energie benötigt.

Aufgabe 2:

Welche Wärmemenge wird benötigt, um 1 kg Magnesium (ϑ_s = 650 °C) von 20 °C auf 720 °C aufzuheizen und zu schmelzen (41,15 mol)?

Lösung:
$Q = 41{,}15 \cdot [32{,}6 \cdot 630 + 8900 + 32{,}4 \cdot 70]$ MJ
$ = 41{,}15 \cdot 31706$ MJ = 1,305 MJ

Da die Dichte von Magnesium mit 1,738 g/cm³ deutlich niedriger ist als bei Aluminium mit 2,7 g/cm³, muss dem Magnesiumgussteil mit gleichem Volumen weniger Energie zugeführt werden als dem Aluminiumgussteil, d. h. weniger als 70 %.

Aufgabe 3:

1000 kg Eisen werden von 20 °C auf 1620 °C aufgeheizt.

Wie groß ist die benötigte Wärmemenge, die hierbei zugeführt werden muss?

ϑ_S = 1530 °C; ϑ_R 20 °C; ϑ_G 1620 °C; c_{pfl} 43,6 J/mol · K; c_{pf} = 41,6 $\frac{J}{mol}$ K; m = 1000 kg

Lösung[2]:
$$Q = m \cdot [c_{pf} \cdot (\vartheta_S - \vartheta_R) + q_S + c_{pfl} \cdot (\vartheta_G - \vartheta_S)]$$

$$Q = \frac{1000 \cdot 10^3 \text{ g}}{55{,}847 \text{ g/mol}} \cdot \left[41{,}6 \frac{J}{mol \cdot K} (1530 - 20) \text{ K} + 15{,}1 \cdot 10^3 \frac{J}{mol} + 43{,}6 \frac{J}{mol \cdot K} (1620 - 1530) \text{ K} \right] =$$

$1465{,}4 \cdot 10^6$ J = **1465 MJ**

Aufgabe 4:

Ein Aluminiumgussteil wird bei einer Temperatur von 700 °C vergossen und nach Abkühlung auf 400 °C ausgeformt (Druckgussteil). Berechnet werden soll die Menge der Wärme, die von der Druckgießform aufgenommen wird.

ϑ_G = 700 °C; $\quad \vartheta_a$ = 400 °C; $\quad \vartheta_S$ bzw. ϑ_E = 660 °C;
c_{pf} = 32 $\frac{J}{mol} \cdot$ K; $\quad c_{pfl}$ = 29 $\frac{J}{mol \cdot K}$

Lösung:
Zunächst wird die gesamte benötigte Wärmemenge berechnet:

$$Q = m \cdot [c_{pf} \cdot (\vartheta_E - \vartheta_a) + q_S + c_{pfl} \cdot (\vartheta_G - \vartheta_E)]$$

$Q = m \cdot [32 \text{ J (mol K)}^{-1} \cdot (660 - 400) \text{ K} + 10700 \text{ J/mol} + 29 \text{ J (mol K)}^{-1} \cdot (700 - 660) \text{ K}]$

$Q = m \cdot 20280$ J/mol

Die Schmelzwärme davon ist:

$Q_s = m \cdot q_s$

$Q_s = m \cdot 10700$ J/mol

Das Verhältnis von Schmelzwärme zur Gesamtwärme ist:

$$\frac{Q_s}{Q} = \frac{m \cdot 10700 \text{ J/mol}}{m \cdot 20280 \text{ J/mol}} = \mathbf{0{,}53}$$

d. h., mehr als 50 % (53 %) der an die Druckgießform bis zum Ausformen abzuführenden Wärmemenge ist die Schmelzwärme.

---

[1] weiterer Index: f steht für *fest* und fl steht für *flüssig*
[2] Die allgemeinen Formeln werden mit Absoluttemperaturen (T) angegeben.

2.1.9 Wärmeabfuhr an Formen

2.1.9.1 Wärmeübergang von der Schmelze zur Form

Die von der Schmelze an eine Form abgegebene Wärmemenge ist:

$$Q_{ab} = m_G \cdot [c_{pfl} \cdot (T_G - T_E) + q_s + c_{pf} \cdot (T_E - T_a)]$$

Q_{ab}	abgegebene Wärmemenge
m_G	Masse des Abgusses
T_G	Gießtemperatur
T_a	Ausformtemperatur
T_E	Erstarrungstemperatur
c_{pfl}	spezifische Wärme, flüssiger Zustand
c_{pf}	spezifische Wärme, fester Zustand

Die Gussteile müssen soweit in der Form abkühlen, dass die Bauteilfestigkeit eine anschließende Bearbeitung verträgt, ohne dass sich das Gussteil verformt bzw. das Gussteil beschädigt wird. Bei Sandgussteilen und Feingussteilen kühlen die Gussteile häufig in der Form auf Raumtemperatur ab. Beim Einsatz von metallischen Dauerformen wie beim Kokillengießen und Druckgießen müssen die Gussteile jedoch bei höheren Temperaturen ausgeformt werden. Bei Kokillengießverfahren, Druckgießverfahren und Feingießen ist die Formtemperatur höher als die Raumtemperatur.

- *Kokillengießen* von Aluminiumgussteilen: ϑ_F = 300 °C bis 500 °C.
- *Druckgießen:* ϑ_F = 200° bis 250 °C.
- *Feingießen:* z. B. für Stahlfeinguss, ϑ_F > 600 °C.
- *Schleudergießen* von Gusseisenwerkstoffen: ϑ_F = 550° bis 650 °C.

Die *Grenzfläche* ist von entscheidender Bedeutung für den Wärmeübergang von der Schmelze in den Formstoff **(Bild 1)**.

2.1.9.2 Wärmebilanz einer Form

Die an eine Form abgegebene Wärmemenge Q_{ab} ist:

$$Q_{ab} = \alpha \cdot A \cdot \Delta T \cdot t$$

Q_{ab}	an die Form abgegebene Wärmemenge bis zur Entnahmetemperatur
A	wärmeabgebende Fläche des Abgusses zur Form
ΔT	Temperaturdifferenz zwischen Gießtemperatur T_G und Formtemperatur T_F
α	Wärmeübergangskoeffizient
t	Zeit

Der Vorgang ist kein *statischer* Vorgang. Die Temperatur der Schmelze des Gussteiles nimmt ab, die der Form wird erhöht.

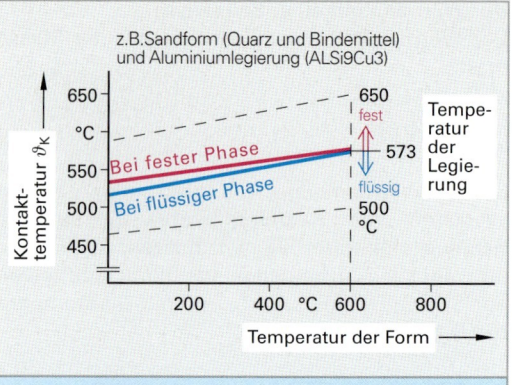

Bild 1: Temperaturverlauf an der Grenzfläche der Gießform

Bemerkungen zum Wärmeübergangskoeffizienten α:

- Im Laufe der Abkühlung ändern sich T_F und die Temperatur des Metalls permanent. → α hängt von der Zeit t und dem Ort x ab, $\alpha = f(x,t)$

- Mit zunehmendem Druck der Schmelze auf die Formwand wird der Wärmeübergang besser. → α hängt vom metallostatischen Druck ab und damit vom Gießverfahren. Er ist bei Gießverfahren, bei denen die Form unter dem Einfluss der Schwerkraft gegossen wird, klein. Beim Druckgießen ist er von der örtlichen Strömungsgeschwindigkeit der Schmelze abhängig.

- Beschaffenheit der Grenzfläche: Die Grenzflächen können mit den Wärmeübergang fördernden oder hemmenden (isolierenden) Schichten versehen werden. Derartige Beschichtungen werden als **Schlichten** bezeichnet. Beim Druckgießverfahren bezeichnet man sie als Formtrennstoff. *Isolierende* Schlichten sind z. B. auf Keramikbasis (chem. stabil Al_2O_3, ZrO). Hoch leitende Schlichten sind z. B. auf Grafitbasis (nicht bei Stahlguss). Reaktionen der Schmelze mit der Schlichte dürfen nicht auftreten (Verhinderung der Reaktion von Schmelze und Formstoffen).

- → α ändert sich sprunghaft bei Bildung eines Luftspalts zwischen erstarrter Randschale und der konturgebenden Formoberfläche infolge der Schwindung des Gusswerkstoffes.

- → α wird beim Druckgießen beeinflusst durch die thermische Zersetzung der Formtrennstoffe. Bildung von Gaspolstern – Wärmeübergang wird behindert.

- → α ist auch abhängig vom Keimzustand der Schmelze. Man stellt eine unterschiedliche Benetzbarkeit der konturgebenden Oberfläche der Formen fest, z. B. bei feinkörniger oder grobkörniger Erstarrung.

2.1 Gießereitechnik

Aufgabe:
Aluminium wird bei einer Temperatur von 700 °C vergossen und nach Abkühlung auf 400 °C ausgeformt.

ϑ_G = 700 °C; ϑ_R = 20 °C; ϑ_E bzw. ϑ_S = 660 °C;
ϑ_a = 400 °C; c_{pf} = 32 J/mol · K; c_{pfl} = 29 J/mol · K;
m_G = Masse des Abgusses

Lösung:
Zunächst wird die gesamte benötigte Wärmemenge in Abhängigkeit der Masse berechnet:

$$Q = m_G \cdot [c_{pf} \cdot (T_E - T_R) + q_S + c_{pfl} \cdot (T_G - T_E)]$$

$Q = m_G \cdot [32$ J $($mol K$)^{-1} \cdot (660 - 20)$ K $+ 10700$ J/mol $+ 29$ J $($mol K$)^{-1} \cdot (700 - 660)$ K$]$

$Q = m_G \cdot \mathbf{32340}$ **J/mol**

Die an die Form abgegebene Wärme ist:

$$Q_{ab} = m_G \cdot [c_{pf} \cdot (T_E - T_a) + q_S + c_{pfl} \cdot (T_G - T_E)]$$

$Q_{ab} = m_G \cdot [32$ J $($mol K$)^{-1} \cdot (660 - 400)$ K $+ 10700$ J/mol $+ 29$ J $($mol K$)^{-1} \cdot (700 - 660)$ K$]$

$Q_{ab} = m_G \cdot \mathbf{20180}$ **J/mol**

Prozentualer Anteil der Wärmemengen, der an die Form abgegeben wird:

$$\frac{Q_{ab}}{Q} = \frac{m_G \cdot 20180 \text{ J/mol}}{m_G \cdot 32340 \text{ J/mol}} = 0{,}624 \triangleq \mathbf{62{,}4\%}$$

2.1.9.3 Wärmedurchgangszahl

Beim Einsatz von gekühlten Formen und gekühlten Kokillen wie z. B. bei Druckgießformen oder Stranggießkokillen wird die aufgenommene Wärmemenge über innere Kühlsysteme abgeführt (**Bild 1**). Bestimmend für die Kühlleistung ist die über die Wärmeträgermedien (Wasser, Wärmeträgeröle) abgeführte Wärmemenge.

Anstelle des Wärmeübergangskoeffizienten α beschreibt man die thermischen Vorgänge beim Gießen, der Erstarrung der Schmelze und der weiteren Abkühlung durch die Wärmedurchgangszahl k, durch die die Vorgänge unter Berücksichtigung mehrerer Grenzflächen beschrieben werden (**Bild 2**).

Beispiel: Stranggießen

Die erstarrte Randschale des gegossenen Stranges muss eine bestimmte Dicke haben, wenn der Strang die Kokille verlässt. Die Randschale muss tragfähig sein, sie darf beim Abziehen nicht aufreißen. Die Geschwindigkeit, mit der der Strang gezogen wird, muss genau berechnet und eingestellt werden.

Wenn die Randschale erkennbar zu dünn ist, muss die Ziehgeschwindigkeit u. U. erhöht werden. Ein Luftspalt zwischen der Kokille und dem Strang hat zur Folge, dass die gesamte, wassergekühlte Kokille nicht zur Wärmeabfuhr genutzt werden kann.

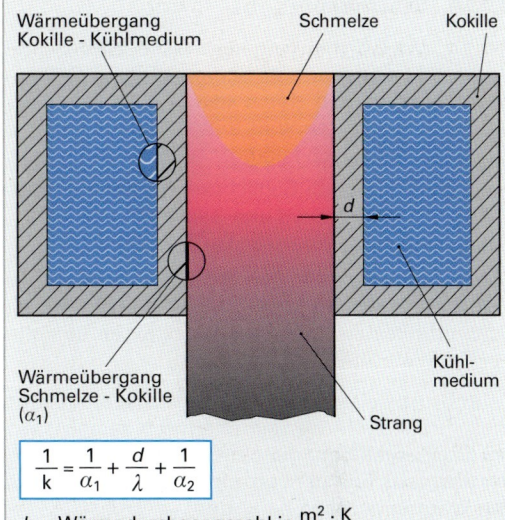

$$\frac{1}{k} = \frac{1}{\alpha_1} + \frac{d}{\lambda} + \frac{1}{\alpha_2}$$

k Wärmedurchgangszahl in $\frac{m^2 \cdot K}{W}$

α_1 Wärmeübergangskoeffizient von Schmelze zur Kokille in $\frac{W}{m^2 \cdot K}$

α_2 Wärmeübergangskoeffizient von Kokille zur Atmosphäre bzw. Kühlmedium in $\frac{W}{m^2 \cdot K}$

d Wanddicke der Kokille in m

λ Wärmeleitfähigkeit des Kokillenwerkstoffs in $\frac{W}{mK}$

Bild 1: Wärmedurchgang am Beispiel von zwei Grenzflächen

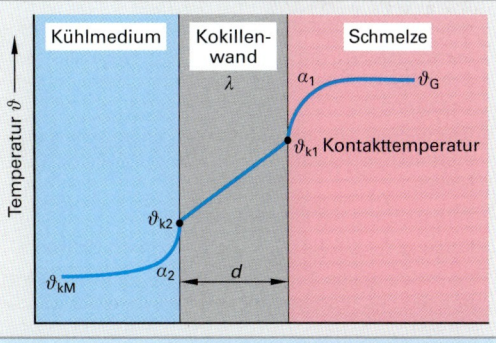

Bild 2: Wärmeübertragung von der Schmelze zum Kühlmedium

Wiederholung und Vertiefung

1. Welche Arten unterscheidet man bei Druckgießmaschinen?
2. Durch welche Kenngrößen wird eine Druckgießmaschine beschrieben?
3. Nennen Sie die drei Phasen im Druckgießprozess.
4. Wie ist die Formfüllzeit beim Druckgießen im Vergleich zu anderen Gießverfahren?

2.1.9.4 Schlichten

Der örtliche Wärmeübergang zwischen Form und Schmelze kann sehr unterschiedlich sein. Er kann beeinflusst werden durch das Aufbringen einer *Schlichte*. Schlichten sind entweder wärmeisolierend oder thermisch leitend:

- Wärmeisolierende Schlichten: Keramik (Zirkonoxid, Aluminiumoxid und Silikate)
- leitfähige Schlichten: Grafit, Bornitrit.

Schlichten finden vor allem beim Sandgießen und Kokillengießen Verwendung. Sie dürfen mit der Schmelze keine chemischen Reaktionen (wichtig bei Grafit als Schlichte) eingehen.

Beim Druckgießen werden Trennstoffe eingesetzt. Diese Trennstoffe werden chemisch zersetzt, wobei Gase entstehen, die ein Gaspolster zwischen der Schmelze und der Formoberfläche bilden, das den Wärmeübergang behindert.

Nach Bildung einer Randschale entsteht aufgrund der Schwindung der erstarrten Randschale ein Luftspalt an der konturgebenden Oberfläche[1]. Der Wärmeübergangskoeffizient verändert sich sprunghaft.

Problem: Der Örtliche Wärmeübergang muss experimentell ermittelt werden, um Aussagen über den Wärmefluss zu bekommen.

---

1. **Aufgaben der Schlichten:**
- Beeinflussung des Wärmeüberganges durch isolierende bzw. thermisch leitende Schlichten,
- Verminderung der Klebneigung zwischen der Schmelze und den Formwerkstoffen, dadurch Verbesserung der Standzeit der Formen,
- Vermeidung von unerwünschten chemischen und thermischen Reaktionen zwischen Formstoff und Metall,
- Verbesserung der Gussstückoberfläche,
- Kühlung der Kokille durch Aufbringen der Schlichte,
- Vermeidung von Penetration bei Sandformen (Eindringen des flüssigen Metalls zwischen die Sandkörner).

---

2. **Arten von Schlichten beim Kokillengießen:**
- Spezielle isolierende Schlichten verhindern beim Eingießsystem und bei den Speisern den raschen Wärmeentzug durch die Form.
- Wärmeisolierende Schlichten („Weiße Schlichten") werden an Stellen eingesetzt, wo ein schneller Wärmeentzug durch die Form verhindert werden soll (z. B. bei dünnwandigen Gusspartien).
- Grafitschlichten mit einem Grafitanteil von etwa 20 % ermöglichen einen guten Wärmeübergang zwischen Schmelze und der Kokille.

Dauerschlichten und Verschleißschlichten

Man unterscheidet zwischen *Dauerschlichten* und *Verschleißschlichten*. Dauerschlichten werden auf den konturgebenden Oberflächen der Kokillen aufgebracht. Sie müssen eine hohe Haftfestigkeit besitzen und nach Möglichkeit eine Woche halten. Verschleißschlichten werden vor jedem Abguss auf den Dauerschlichten aufgetragen. Sie sollen mit dem Gussteil ausgeformt werden, was in der Regel nicht vollständig möglich ist.

Die *Gesamtschlichteschicht* wird örtlich unterschiedlich von Abguss zu Abguss aufgebaut, wodurch die Wanddicke der Gussteile beeinträchtigt wird. Daher muss von Zeit zu Zeit die Schlichte durch Sandstrahlen abgetragen werden, was in der Regel auch zu einem Abtrag von Material aus der Kokillenoberfläche führt.

Dadurch wird die Wanddicke der Gussteile beeinträchtigt, sie kann örtlich zunehmen. Darüber hinaus erfordert das Strahlen einen erheblichen Aufwand, es beschränkt die Lebensdauer der Kokille.

2.1.9.5 Abkühlkurven für Gussteile

Die Abkühlkurven an derselben Stelle eines Gussteils sind bei unterschiedlichen Wärmeübergangskoeffizienten α_1 (z. B. Kokillengussteil) und α_2 (z. B. Druckgießen) verschieden **(Bild 1)**.

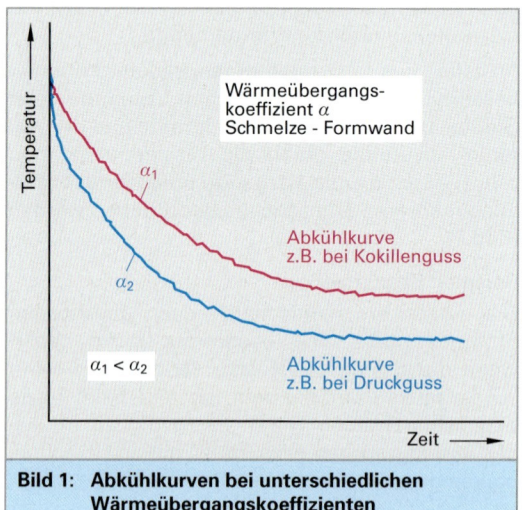

Bild 1: Abkühlkurven bei unterschiedlichen Wärmeübergangskoeffizienten

---

[1] Dies gilt, wenn die Randschale von der konturgebenden Oberfläche wegschwindet (Außenflächen). Dies gilt für Sandgussteile und Kokillengussteile, nicht jedoch bei Druckgussteilen.

2.1.9.6 Kontakttemperatur in der Grenzfläche von Schmelze/Gussteil zur Form

In der Grenzfläche stellt sich eine Temperatur ein, die zwischen der Temperatur der Schmelze und der Temperatur der Form ϑ_F liegt, die sogenannte *Kontakttemperatur* ϑ_k. Während des Wärmeübergangs von der Schmelze/Gussteil zur Form ändern sich sowohl die Temperatur der Schmelze sowie die der Form. Berechnung der Kontakttemperatur ϑ_k:

$$\vartheta_k = \frac{A\vartheta_F + \vartheta_G}{A + 1}$$

ϑ_k Kontakttemperatur in der Grenzfläche Schmelze/Form
ϑ_F Formtemperatur
ϑ_G Gießtemperatur

A Koeffizient, abhängig von den Eigenschaften der Form und der Schmelze bzw. dem Gussteil

$$A = \frac{\lambda_3 \cdot \sqrt{a_1}}{\lambda_1 \cdot \sqrt{a_3}}$$

λ_3 Wärmeleitfähigkeit der Form 3
λ_1 Wärmeleitfähigkeit von Schmelze/Gussteil

a_1 Temperaturleitfähigkeit von Schmelze/Gussteil
a_3 Temperaturleitfähigkeit des Formwerkstoffs

mit $a_1 = \dfrac{\lambda_1}{\varrho_1 \cdot c_{p1}}$ und $a_3 = \dfrac{\lambda_3}{\varrho_3 \cdot c_{p3}}$

Die Temperaturleitfähigkeiten a_1, a_3 sind temperaturabhängige Werkstoffeigenschaften:

$$a = \frac{\lambda}{\varrho \cdot c_p}$$

ϱ Dichte
c_p spez. Wärme bei konst. Druck

Aufgabe:
Berechnung der Kontakttemperatur in der Grenzfläche einer Al-Schmelze und einer Stahlform:

ϑ_G = 720 °C
ϑ_F = 250 °C
λ_1 = 0,92 J/(K · s · cm)
λ_3 = 0,15 J/(K · s · cm)
1 Mol Fe = 55,8 g
1 Mol Al = 27 g
ϱ_1 = 2,7 g/cm³ = 0,1 mol/cm³
ϱ_3 = 7,7 g/cm³ = 0,14 mol/cm³
c_{p1} = 29,0 J/(mol · K)
c_{p3} = 43,6 J/(mol · K)

Lösung:
Berechnung der Temperaturleitfähigkeit a:

$$a = \frac{\lambda}{\varrho \cdot c_p}$$

Aluminium:

$$a_1 = \frac{0{,}92 \frac{J}{K \cdot s \cdot cm}}{0{,}1 \frac{mol}{cm^3} \cdot 29 \frac{J}{mol \cdot K}} = 0{,}32 \frac{cm^2}{s}$$

Stahl:

$$a_3 = \frac{0{,}15 \frac{J}{K \cdot s \cdot cm}}{0{,}14 \frac{mol}{cm^3} \cdot 43{,}6 \frac{J}{mol \cdot K}} = 0{,}02 \frac{cm^2}{s}$$

Berechnung von A:

$$A = \frac{\lambda_3 \cdot \sqrt{a_1}}{\lambda_1 \cdot \sqrt{a_3}}$$

$$A = \frac{0{,}15 \frac{J}{K \cdot s \cdot cm} \cdot \sqrt{0{,}32 \frac{cm^2}{s}}}{0{,}92 \frac{J}{K \cdot s \cdot cm} \cdot \sqrt{0{,}02 \frac{cm^2}{s}}} = 0{,}59$$

Berechnung der Kontakttemperatur:

$$\vartheta_k = \frac{A \cdot \vartheta_F + \vartheta_G}{A + 1}$$

$$\vartheta_k = \frac{0{,}59 \cdot 250\,°C + 720\,°C}{0{,}59 + 1} = 546\,°C$$

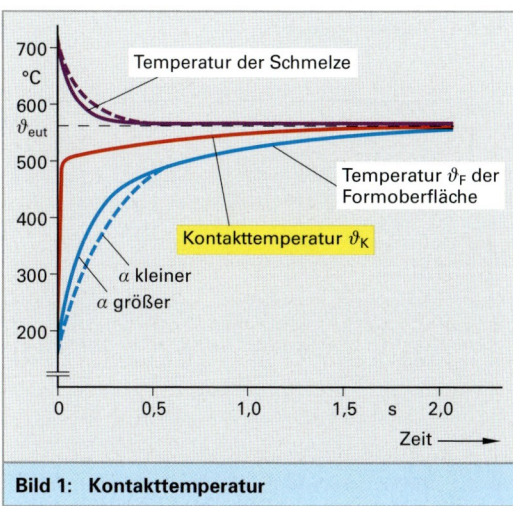

Bild 1: Kontakttemperatur

2.1.9.7 Wärmefluss im System Schmelze/Gussteil zur Form

Der Wärmefluss in dem System Schmelze/Form wird bestimmt durch den Werkstoff, dessen thermische Leitfähigkeit schlechter ist. Bei der Herstellung von Aluminiumdruckgussteilen ist dies der Warmarbeitsstahl. Der Wärmefluss wird durch den Formstoff bestimmt, wenn die thermische Leitfähigkeit der Schmelze besser ist als die des Warmarbeitsstahls.

Ist die thermische Leitfähigkeit des Formstoffes besser, so wird der Wärmefluss durch die Schmelze bestimmt. Beim Gießen von Bleigussteilen in Kupferkokillen ist dies die Bleischmelze. Im System Kupferschmelze/Quarzsand ist dies der Quarzsand.

Probleme beim Formsand: Die Grenzfläche erwärmt sich stark. Es kann Kornbruch auf Grund von Spannungen bei hochschmelzenden Legierungen wie z. B. Stahlguss auftreten.

2.1.9.8 Wärmeleitung in einem Körper und Bildung der Randschale

Sind in einem Gussteil verschiedene Bereiche auf unterschiedlicher Temperatur, findet ein Temperaturausgleich statt. Dies gilt auch für zwei Körper, die miteinander im Kontakt stehen, die jedoch unterschiedlich heiß sind, wie z. B. im System Schmelze/Form.

> Die Wärmeleitung kann beschrieben werden durch die *Fourier*'sche Differentialgleichung für die Änderung der Temperatur mit der Zeit:
>
> $$\frac{\delta T}{\delta t} = a \cdot \frac{\delta^2 T}{\delta x^2}$$
>
> a Temperaturleitfähigkeit
> T Temperatur
> t Zeit
> x Ort
>
> Die Berechnung der Erstarrungsvorgänge und Abkühlvorgänge erfolgt z. B. mit kommerziell verfügbaren Simulationsprogrammen. Durch die Rechnung sollen mögliche Fehler im Gussteil wie Lunker und Spannungen erkannt und vermieden werden. Die Berechnungen sind aufwändig und schwierig. Die zur Lösung der Differentialgleichungen (DGL) notwendigen Randbedingungen, die Wärmeübergangszahlen sind vom Gießverfahren abhängig. Sie ändern sich mit der Zeit und sind lokal u. U. außerordentlich verschieden. Eine mögliche Lösung für die DGL bietet die *Neumann*'sche Lösung¹.

[1] Die *Neumann'sche* Lösung ermöglicht eine Lösung der DGL für den flüssigen und den festen Zustand. Die DGL ist nicht lösbar für eine reine Schmelze bzw. eine eutektische Legierung. Die Erstarrung erfolgt ohne Änderung der Temperatur (konstante Erstarrungstemperatur).

Die Verminderung bzw. Vermeidung von schwindungsbedingten Hohlräumen der sogenannten Lunker setzt eine gleichmäßige Abkühlung der Schmelze voraus – bei Sand- und Kokillenguss in Richtung Speiser, bei Druckgussteilen in Richtung Gießsystem.

Die Bildung der Randschale sowie ihre Dicke kann man durch Ausleerversuche experimentell bestimmen (**Bild 1**).

Die Schmelze wird bei einer bestimmten Gießtemperatur T_G in eine Form mit definierter Formtemperatur T_F gegossen. Die Restschmelze wird nach bestimmten Zeiten ausgeleert. Die Dicke der erstarrten Randschale kann man ausmessen und in Abhängigkeit der Zeit nach dem Abgießen beschreiben (**Bild 2**).

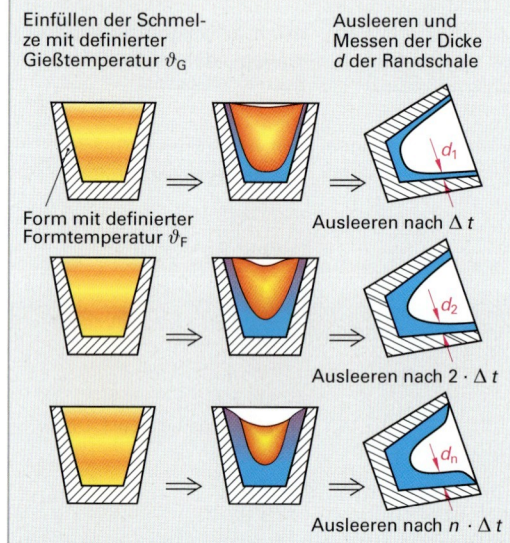

Bild 1: Ausleerversuch

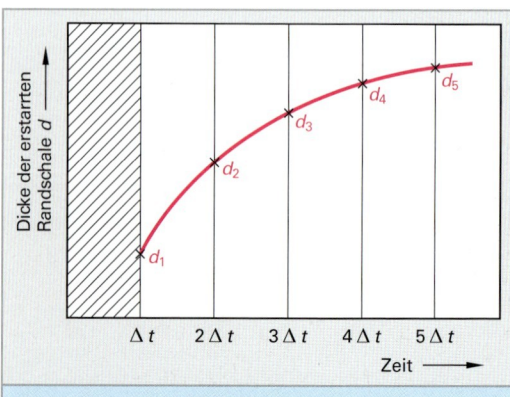

Bild 2: Dicke der Randschale

Die Randschale wächst, ausgehend von der konturgebenden Oberfläche der Form in die Schmelze, nicht kontinuierlich, sondern schrittweise (**Bild 1**). Dies hängt damit zusammen, dass die freiwerdende Schmelzwärme bei der Erstarrung zu einer Temperaturerhöhung in der Kristallisationszone führt, d. h., auch die Schmelze in der Grenzfläche wird erwärmt. Wenn die Temperatur der Schmelze die Erstarrungstemperatur erreicht, kommt das Wachstum der **Erstarrungsfront** zum Stillstand. Durch Wärmeabfuhr muss das gesamte System Randschale/Schmelze abgekühlt werden. Bei der in der Grenzfläche erstarrten Randzone muss die Temperatur unter die Erstarrungstemperatur abgekühlt sein, bevor die Kristallisation wieder einsetzt.

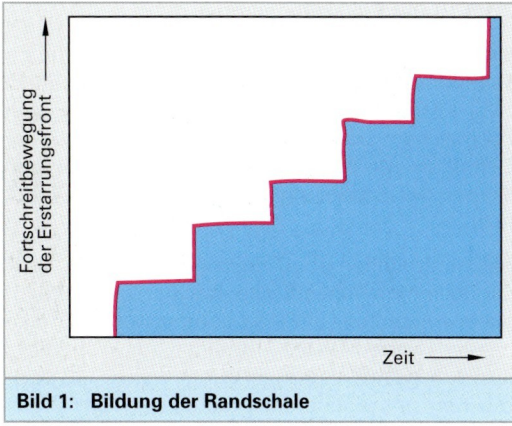

Bild 1: Bildung der Randschale

2.1.9.9 Ermittlung der Erstarrungszeit

Die Dicke x der erstarrten Randschale lässt sich abhängig von der Zeit t auf Grund der experimentellen Ergebnisse mit folgender Beziehung beschreiben:

$$x = K_1 \sqrt{t} + K_2$$

x Dicke der Randschale
t Zeit
K_1, K_2 Konstante

darin bedeuten K_1 und K_2 Konstanten, der von den jeweiligen Gießbedingungen abhängen, d. h. der eingesetzten Legierung und dem Formstoff.

Ist die Überhitzung der Schmelze über die Erstarrungstemperatur null, ist die Konstante K_2 ebenfalls null. Es ergibt sich dann:

$$x = K_1 \sqrt{t} \text{ bzw.}$$
$$x^2 = K_1^2 \, t$$

x Dicke der Randschale
t Zeit
K_1 Konstante

Wenn bei einem plattenförmigen Gussteil mit der Dicke s die Randschale gleich der halben Plattendicke ist, treffen sich die Erstarrungsfronten in der „thermischen Mitte". Hier erstarrt die Schmelze zum Schluss, die Schmelze ist über den gesamten Querschnitt erstarrt. Es gilt für die Erstarrungszeit t_E.

$$t_E = \frac{1}{4 K_1^2} s^2$$

t_E Erstarrungszeit
K_1 Konstante

Anstelle der Wanddicke wird der Erstarrungsmodul M zur Berechnung der Erstarrungszeit eingeführt. Der Erstarrungsmodul ist definiert als das Volumen eines Gussteils V_G bezogen auf die wärmeabgebende Oberfläche O.

$$M = \frac{V_G}{O}$$

M Erstarrungsmodul
V_G Gussteilvolumen
O Oberfläche

[1] *N. Chvorinov*, Publikation 1940, tschechischer Gießer

Die Einführung des Erstarrungsmoduls hat den Vorteil, dass für Körper unterschiedlicher Geometrie wie Platte, Zylinder, Hohlzylinder, Würfel, Kugel die Erstarrungszeit t_E berechnet werden kann, wenn die Erstarrungskonstante für einen Körper ermittelt wird.

$$t_E = c_1 M^2$$
$$\text{mit } c_1 = \frac{1}{K_1^2}$$

t_E Erstarrungszeit
M Erstarrungsmodul
c_1 Wärmeübergangskoeffizient
K_1 Konstante

Für Gussteile, bei denen die Gießtemperatur T_G, mit der die Schmelze den Formhohlraum füllt, über der Erstarrungstemperatur T_E liegt, gilt:

$$t_E = c_1 M^2 + c_2$$

t_E Erstarrungszeit
c_1 Wärmeübergangskoeffizient
c_2 Konstante

Diese Beziehung wurde erstmals von *Chvorinov*[1] angegeben. Man bezeichnet sie daher auch als Chvorinov'sche Beziehung oder Regel. Sie besagt, dass eine Schmelze in zwei Körpern unterschiedlicher Geometrie dieselbe Erstarrungszeit hat, wenn der Erstarrungsmodul gleich ist.

Dies erlaubt einem Gießer, ein Gussteil im Gedankenexperiment in geometrisch einfache Körper zu zerlegen und den Erstarrungsmodul in den einzelnen Bereichen zu berechnen. Auf diese Art ist sofort zu erkennen, in welchem Bereich eines Gussteiles die Schmelze zum Schluss erstarrt, wo gegebenenfalls mit erstarrungsbedingten Fehlern wie Lunker gerechnet werden muss und was man tun kann, um gegebenenfalls den Erstarrungsvorgang örtlich durch formtechnische Maßnahmen (bei Sandguss durch Anlegen einer Kokille) zu beschleunigen.

2.1.9.10 Der Erstarrungsmodul

Die Erstarrungszeit t_E einer Schmelze (gleiche Zusammensetzung, gleiche Gießtemperatur) ist in zwei Körpern unterschiedlicher Geometrie aber bei gleichem Erstarrungsmodul M gleich. Aus der Definition von M lässt sich für jeden beliebigen Körper der Erstarrungsmodul berechnen (**Tabelle 1**).

Bei Hohlzylinder ist zu beachten, dass der Kern, der die innere Mantelfläche abbildet, nur dann für die Wärmeabfuhr in Frage kommt, wenn er eine nennenswerte Masse, d. h. einen zur Wanddicke des Hohlzylinders großen Durchmesser aufweist. Der Kern muss eine entsprechende Wärmekapazität haben, diese ist direkt proportional zu der Masse des Kernes.

Merke: Ein Körper ohne Masse kann keine Wärme aufnehmen, Bohrungskerne können kaum Wärme aufnehmen.

Aufgabe:

Berechnen Sie den Erstarrungsmodul

1. für eine Platte mit der Wanddicke c, der Breite a und der Länge b,

   Lösung: $M = \dfrac{c}{2}$

2. für einen Stab mit der Länge a und den Kantenlängen b und c,

   Lösung: $M = \dfrac{b \cdot c}{b + c}$

3. für einen Würfel mit der Kantenlänge a,

   Lösung: $M = \dfrac{a}{3}$

4. für einen Zylinder mit dem Durchmesser D und der Länge l;

   Lösung: $M = \dfrac{d}{4}$

   Die Länge l hat keinen Einfluss!

5. Für einen Hohlzylinder mit D als Außendurchmesser und d als Innendurchmesser,

   Lösung: $M = \dfrac{D - d}{2}$

6. für eine Kugel mit Durchmesser D.

   Lösung: $M = \dfrac{D}{6}$

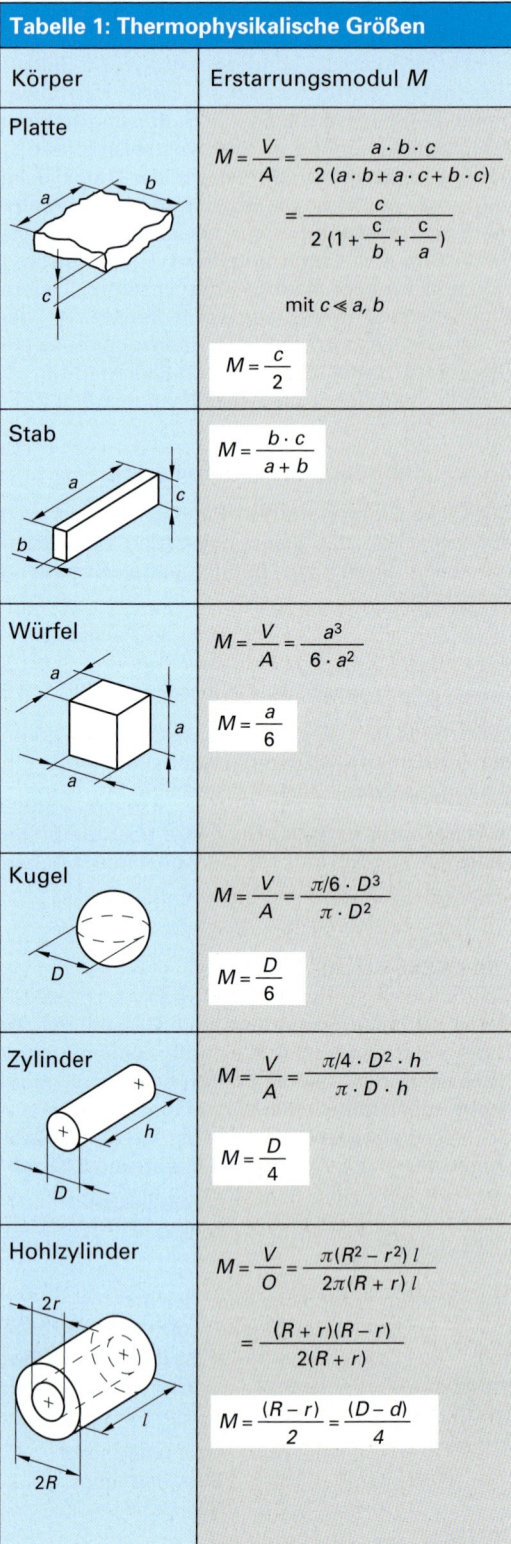

Tabelle 1: Thermophysikalische Größen

Körper	Erstarrungsmodul M
Platte	$M = \dfrac{V}{A} = \dfrac{a \cdot b \cdot c}{2(a \cdot b + a \cdot c + b \cdot c)}$ $= \dfrac{c}{2\left(1 + \dfrac{c}{b} + \dfrac{c}{a}\right)}$ mit $c \ll a, b$ $M = \dfrac{c}{2}$
Stab	$M = \dfrac{b \cdot c}{a + b}$
Würfel	$M = \dfrac{V}{A} = \dfrac{a^3}{6 \cdot a^2}$ $M = \dfrac{a}{6}$
Kugel	$M = \dfrac{V}{A} = \dfrac{\pi/6 \cdot D^3}{\pi \cdot D^2}$ $M = \dfrac{D}{6}$
Zylinder	$M = \dfrac{V}{A} = \dfrac{\pi/4 \cdot D^2 \cdot h}{\pi \cdot D \cdot h}$ $M = \dfrac{D}{4}$
Hohlzylinder	$M = \dfrac{V}{O} = \dfrac{\pi(R^2 - r^2)\, l}{2\pi(R + r)\, l}$ $= \dfrac{(R + r)(R - r)}{2(R + r)}$ $M = \dfrac{(R - r)}{2} = \dfrac{(D - d)}{4}$

2.1.10 Speisertechnik

Für praktisch alle technischen Legierungen nimmt das Volumen der Schmelze bei Abkühlung und beim Übergang *flüssig – fest* ab. Dies kann zu Volumenfehlern (Lunker) im Gussteil führen.

Die Schwindung der Schmelze im flüssigen Zustand bzw. beim Übergang flüssig – fest muss durch flüssige Schmelze, die aus den *Speisern* zugeführt wird, ausgeglichen werden.

Speiser:
Ein Speiser ergänzt das Gussteil. Er ist ein Teil des Formhohlraumes, aus dem Schmelze in den eigentlichen Formhohlraum nachgespeist wird, der Schwindungsanteil der Schmelze im Formhohlraum sollte ausgeglichen werden. Der Speiser wird dort angebracht (angeschnitten), wo die Schmelze zuletzt erstarrt **(Bild 1)**.

Im Bereich 2 (Erstarrungsmodul M_2) wird die Schmelze am längsten flüssig bleiben.
- Hier können sowohl Innen- als auch Außenlunker auftreten.
- Es müssen hier, um dies zu verhindern, Speiser seitlich angeschnitten werden **(siehe Bild 1, folgende Seite)**.

2.1.10.1 Art der Speiser

Man unterscheidet die Speiser nach folgenden Gesichtspunkten **(Bild 2)**:
- offene Speiser,
- geschlossene Speiser (innenliegende Speiser),
- abgedeckte Speiser.

Offene Speiser sind Kopfspeiser, d. h., sie sind auf dem Gussteil aufgesetzt bzw. seitlich am Gussteil angeschnitten. Sie werden mit der Formfüllung durch die Schmelze in der Regel steigend gefüllt, die Badspiegelhöhe der Schmelze im Speiser entspricht der Oberseite der Form. Die Schmelze gibt an die umgebende Luft Wärme durch Strahlung und Konvektion ab. Um dies zu vermeiden, wird die Schmelze **im Speiser** häufig **abgedeckt**, z. B. mit normalem Formsand bzw. mit sogenanntem Lunkerpulver.

Geschlossene Speiser werden in der Regel nur bei kleinen Schwindungsvolumen eingesetzt. Sie werden vollständig vom Formstoff abgebildet.

Die Schmelze gibt während der Formfüllung Wärme entlang des Fließweges an die Form ab, dabei wird die Form örtlich erhitzt, die Schmelze kühlt ab.

Je nachdem, ob ein Speiser zwischen Gießsystem und Gussteil liegt oder zuerst durch den Formhohlraum fließt, um anschließend den Bereich des Speisers zu füllen, bezeichnet man die Speiser als *heiße Speiser* oder als *kalte Speiser*. Die heißen Speiser werden zum Schluss gefüllt, die Schmelze bleibt länger flüssig als in kalten Speisern gleicher Abmessung.

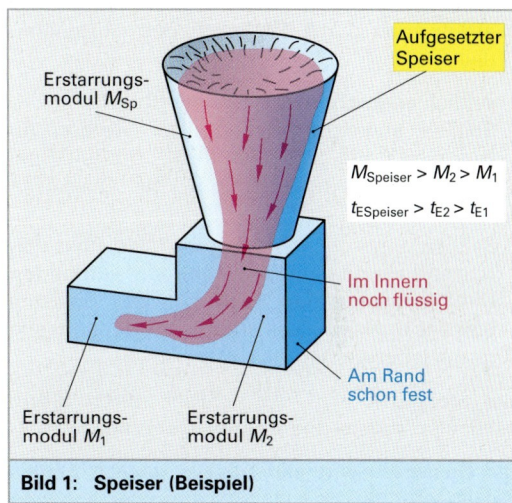

$M_{Speiser} > M_2 > M_1$
$t_{ESpeiser} > t_{E2} > t_{E1}$

Bild 1: Speiser (Beispiel)

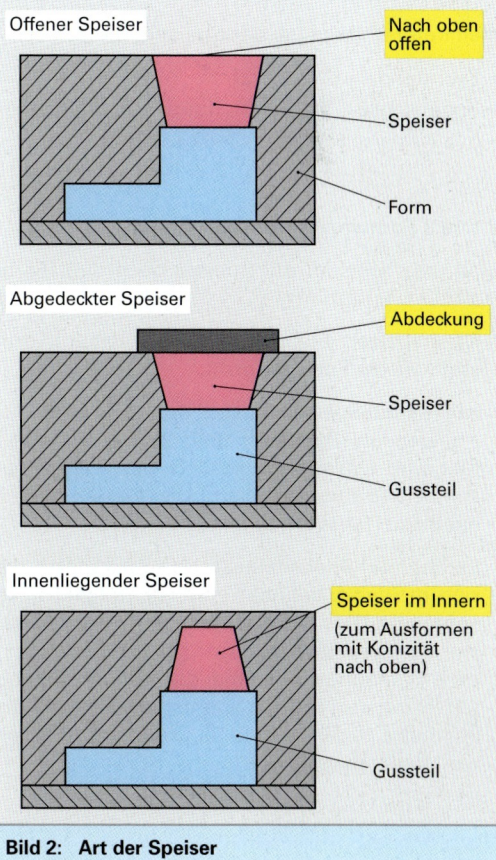

Bild 2: Art der Speiser

2.1.10.2 Position und Geometrie der Speiser

Bei der *Position* der Speiser am Gussteil unterscheidet man:

- **aufgesetzte Speiser** (**Bild 1**, vorhergehende Seite): Aufgesetzte Speiser sind in der Regel einfach abzuformen durch Ergänzen des Gussteilmodells.

- **seitlich angeschnittene Speiser (Bild 1):**
Seitlich angeschnittene Speiser werden für Gusswerkstoffe bei „unendlich" großen Speisungsweiten eingesetzt z. B. bei Gusseisenwerkstoffen.
Seitlich angeschnittene Speiser sind über den Speiserhals mit dem Formhohlraum verbunden. Die Modellteile zum Abformen des Speisers und des Speiserhalses müssen zur Teilungsebene gezogen werden.

Bei Stahlguss wird der Speiser durch Brennschneiden abgetrennt (Kopfspeiser aufgesetzt).

Bei Gusseisen wird der Speiser seitlich mittels Schlag zum Gussteil hin entlang einer angegossenen Kerbe (Sollbruchstelle) abgetrennt (Bild 1).

Man unterscheidet bei der Speisergeometrie:

- Zylinderform (M_{Sp} = r/2),
- Kugelspeiser (M_{Sp} = r/3), (Immer innenliegend),
- ovale Speiser als Kopfspeiser.

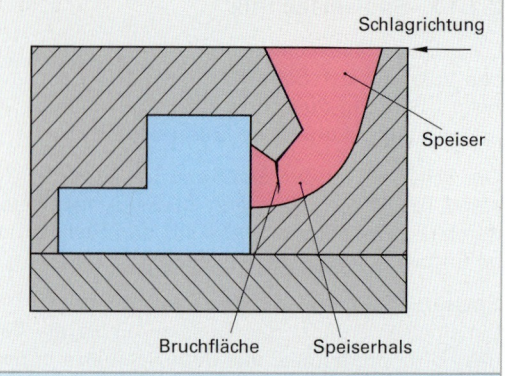

Bild 1: Seitlich angeschnittener Speiser

Bild 2: Aufgesetzte Speiser

2.1.10.3 Formstoff zum Abformen der Speiser

Man unterscheidet die Speiser nach dem Formstoff zum Abformen:

- **Naturspeiser.** Sie sind aus demselben Formstoff wie die Form geformt.

- **Isolierende Speiser.** Es sind Speisereinsätze aus isolierendem Formstoff (**Bild 2**). Die Wärmeabfuhr wird behindert, vor allem beim Vergießen von Aluminiumgussteilen. Die Erstarrungszeit nimmt zu (**Tabelle 1, folgende Seite**).

- **Exotherme[1] Speisereinsätze.** Die Schmelze, die sich im Speiser befindet, wird nachträglich noch aufgeheizt. Das Material, aus dem die Speisereinsätze (**Bild 3**) abgeformt sind, enthält Zusätze, z. B. Magnesiumspäne, die bei Formfüllung zeitverzögernd zünden und dann Wärme an die Schmelze abgeben (Bild 3). Die Erstarrungszeit wird dadurch verlängert.

Bild 3: Isolierender Speiser (oben), exothermer Speiser (unten)

---

[1] exotherm = unter Freisetzung von Wärme, von griech. exo = außen, von draußen und therme = Wärme

Naturspeiser. Der Speiser ist aus demselben Formstoff abgeformt, der für die Form verwendet wurde, z. B. bentonitgebundener Sand oder kaltharzgebundener Sand. Naturspeiser werden eingesetzt, wenn wenig Speisungsvolumen benötigt wird, was für Teile aus Gusseisen gilt. Das Speisungsvolumen, d. h., der Anteil an Schmelze, der dem Speiser zum Speisen des Gussteilbereiches zur Verfügung steht, beträgt ca. 14 % des Speisungsvolumens.

Bei Naturspeisern sollte das Verhältnis von Höhe des Speisers h zum Durchmesser $d \geq 1{,}5$ betragen, d. h., ein Speiser mit dem Durchmesser 10 cm sollte 15 cm hoch sein oder höher. Er hat z. B. ein Volumen von 1200 cm² und zum Nachspeisen stehen ca. 170 cm³ zur Verfügung.

Isolierende Speiser. Sie werden aus einem isolierenden Formstoff abgeformt, d. h., aus einem Material, das die Wärme weniger schnell abführt als der eigentliche Formwerkstoff. Es werden zylinderförmige Speisereinsätze verwendet, bei denen das Verhältnis $h: d \geq 1{,}5$ sein sollte **(Bild 2, vorhergehende Seite)**. Handelsübliche Speisereinsätze haben ein Verhältnis von 1,5:1.

Das Volumen zur Speisung des zu speisenden Gussteilbereiches beträgt $\Delta V_{sp} \geq 30\,\%$, d. h., es kann zur Nachspeisung deutlich mehr Schmelze entnommen werden als aus einem Naturspeiser.

Isolierende Speisereinsätze werden daher für die Herstellung von Gussteilen verwendet, bei denen die Schmelze ein größeres Volumendefizit aufweist, wie dies z. B. bei Aluminiumlegierungen der Fall ist.

Exotherme Speiser. Exotherme Speiser bestehen aus einem Formmaterial, das Wärme an die Schmelze im Speiser abgibt, d. h., die Schmelze erwärmt. Dem Formmaterial wird in der Regel Magnesiumpulver zugemischt. Daraus werden, ähnlich wie bei isolierenden Speisern, zylinderförmige Einsätze hergestellt, die mit dem Modell abgeformt werden **(Bild 2, vorhergehende Seite)**. Wenn die Schmelze den Formstoff nach dem Abgießen erhitzt, zündet die exotherme Masse im Speisereinsatz und gibt Wärme an die Schmelze ab.

Den Speisern können bis zu 50 % des Volumens zur Nachspeisung entnommen werden. Das Verhältnis von $h:d$ sollte größer/gleich 0,5 sein.

Normalerweise haben handelsübliche Speiser ein Verhältnis $h:d$ von 1:1. Sie werden vor allem dort eingesetzt, wo zur Nachspeisung eines Gussteilbereiches große Schmelzmengen benötigt werden, z. B. bei Stahlgussteilen und auch bei dickwandigen Teilen aus Gusseisen mit Kugelgrafit. **Bild 2** zeigt ein Aluminiumgussteil mit Gießsystem und aufgesetzten Speisern.

Tabelle 1: Speiserart und Erstarrungszeit*

Speiserart	Erstarrungszeit/min bei		
	Stahl	Kupfer	Aluminium
Naturspeiser	5,0	8,2	12,3
Naturspeiser mit exothermer Abdeckung	13,4	14,0	14,3
Isolierender Speiser	7,5	15,1	31,1
Isolierender Speiser mit exothermer Abdeckung	43,0	45,0	45,6

* nach Gießereihandbuch, bei Speisern mit 100 mm ø, 100 mm Höhe

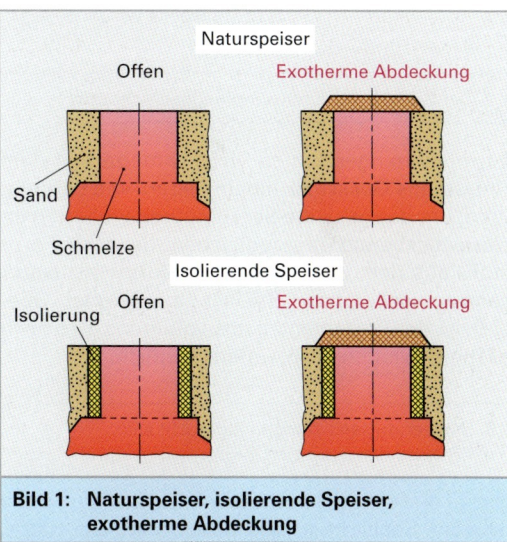

Bild 1: Naturspeiser, isolierende Speiser, exotherme Abdeckung

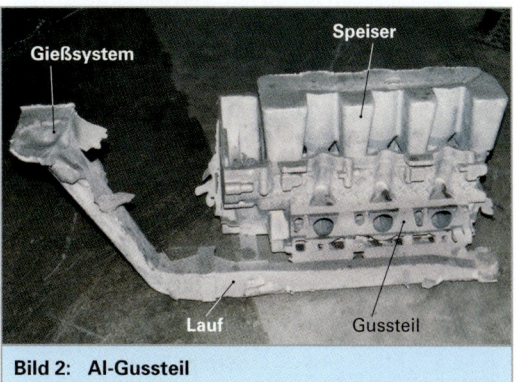

Bild 2: Al-Gussteil

2.1.10.4 Anforderungen an Speiser

> 1. Der Speiser muss modulgerecht sein (erstarrungsgerecht).

Am Ende des Speisungsvorganges muss der Modul des Speisers größer als der Modul des zu gießenden Teiles oder mindestens gleich groß sein. Der Modul des Speisers ändert sich während des Speisungsvorgangs fortwährend.

Schmelze fließt vom Speiser ins Gussteil, dadurch sinkt der Badspiegel im Speiser. Das Volumen wird kleiner, während die wärmeabführende Oberfläche gleich bleibt oder zunimmt, d. h. insgesamt nimmt der Modul des Speisers kontinuierlich ab. Am Ende des Speisungsvorganges muss $M_{Sp} \geq M_G$ sein.

Für zylindrische Speiser sollte der Speiser einen Modul M_{Sp} haben von:

$$M_{Sp} \geq 1{,}2 \cdot M_G$$

M_G Modul des Gussstückbereichs der vom Speiser gespeist wird.

> 2. Der Speiser muss schrumpfungsgerecht sein.

Es muss mindestens so viel Schmelze aus dem Speiser ins Gussstück hineinfließen, wie benötigt wird, um das gesamte Schrumpfungsvolumen im Gussstückbereich auszugleichen. Je nach Formstoff, aus dem der Speiser abgeformt ist (Naturspeiser, isolierender Speiser, exothermer Speiser), ist der Prozentanteil des Volumens, das nachgespeist werden kann, unterschiedlich.

> 3. Speiser müssen sättigungsgerecht sein.

Der zu speisende Bereich eines Gussteilbereiches ist vom Speiserrand aus beschränkt. Bei globularer Gefügeausbildung ist die Sättigungsweite theoretisch unendlich groß. Da aber nur Gusseisenwerkstoffe globular erstarren, gilt dies auch nur für diese Werkstoffe. Alle anderen Werkstoffe erstarren mehr oder weniger dendritisch, die Speisungsweite ist eingeschränkt.

Für Legierungen mit dendritischem Erstarrungsgefüge ist die Sättigungsweite:

$$W_{Sp} = 2\,d$$

W_{Sp} Sättigungsweite des Speisers

d Wanddicke des Gussteilbereichs, auf dem der Speiser aufsitzt

Beispiel:

Speiser muss modulgerecht sein

Gussteil hat den Modul 2 cm:
$M_{Sp} = 1{,}2 \cdot 2 = 2{,}4$ cm

Zylindrischer Speiser:

$M_{Sp} = \approx \dfrac{r}{2} = 2{,}4 \rightarrow r = 4{,}8$ cm

d. h., die Bedingung ist erfüllt, wenn ein zylinderförmiger Speiser einen Durchmesser von 10 cm oder größer hat.

Beispiel:

Speiser muss schrumpfungsgerecht sein

Für eine Platte mit der Wanddicke d = 2 cm ist die Speisungsweite 4 cm.

Zur Herstellung von plattenförmigen Gussteilen müssten wegen der von der Wanddicke abhängigen Speisungsweite viele Speiser verwendet werden. Für ein lunkerfreies Teil müssen sich die Sättigungsweiten der einzelnen Speiser überlappen, d. h., es müssen so viele Speiser angebracht werden, dass das gesamte Gussteil abgedeckt wird.

Die Sättigungsweite kann durch verschiedene Maßnahmen verlängert werden.

- Im Bereich der Endzone eines Gussteils wird die Sättigungsweite um $2{,}5 \cdot d$ verlängert.
  Die Sättigungsweite W_{Sp} ist um $2{,}5 \cdot d$ verlängert **(Bild 1)**.
  Die Sättigungsweite W_{Sp} ist $2 \cdot d + 2{,}5 \cdot d = 4{,}5\,d$.
  Eine Endzone ist ein Bereich, der von mindestens vier wärmeabgebenden Oberflächen umgeben ist, z. B. bildet die Ecke einer Platte eine Endzone.

- Durch Anlegen einer Kokille wird die Sättigungsweite nochmals um $0{,}5 \cdot d$ im Bereich der Endzone verlängert.

- Im Bereich der Endzone ist die Gesamtsättigungsweite dann:
  $W_{Sp} = 2 \cdot d + 2{,}5 \cdot d + 0{,}5 \cdot d = 5 \cdot d$

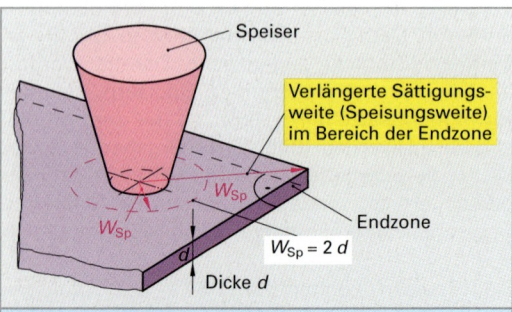

Bild 1: Verlängerung der Sättigungsweite

2.1.10.5 Metallostatischer Druck

Am Ende des Speisungsvorganges muss ein Druck von der Schmelze *(metallostatischer Druck)* im Speiser in den zu speisenden Bereich des Gussteiles vorhanden sein, d. h., die Schmelze muss im Speiser höher stehen als im zu speisenden Gussteilbereich **(Bild 1)**. Dies muss insbesondere bei innenliegenden Speisern berücksichtigt werden. Ist dies nicht der Fall, wird Schmelze aus dem Gussteil zur Speisung der Schwindung in den Speiser fließen. Das Gussteil wirkt als Speiser für den Speiser.

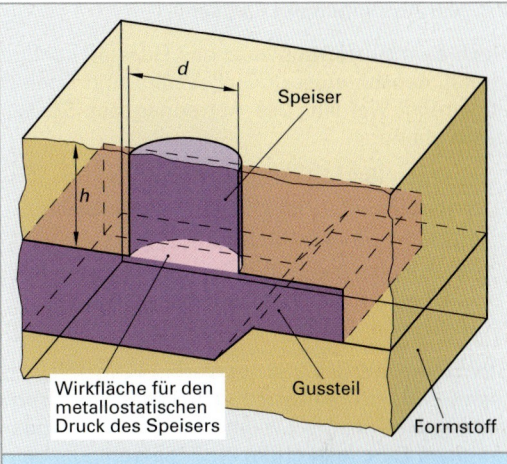

Bild 1: Metallostatischer Druck durch den Speiser

> **Aufgabe: Ermittlung der Speiser**
>
> Gegeben: Platte 1 m × 1,5 m × 4 cm **(Bild 2)**.
> Gesucht ist die Zahl, die Größe und die Verteilung der Speiser.
>
> *Lösung:*
>
> $M \approx \dfrac{s}{2}$ d. h. ein zylindrischer Speiser hat einen Durchmesser von 10 cm
>
> $V_{\text{Platte}} = 60$ dm³ → $\Delta V = 3$ dm³
>
> bei einer 5 %-Volumenschwindung beim Übergang flüssig-fest.
>
> *Annahme:* isolierender Speiser,
> $h:d = 1$; $V_{\text{Sp}} = 30\,\%$
>
> Ein Speiser hat daher ein Volumen von ca. 800 cm³ das Speisungsvolumen beträgt ca. 240 cm³, d. h., es müssen mindestens 13 Speiser verwendet werden, um das Schwindungsvolumen von 3000 cm³ nachzuspeisen **(Bild 2)**.
>
> Bei einer Wanddicke des plattenförmigen Gussteiles von 4 cm ist die Sättigungsweite ausgehend von einer Ecke:
>
> $W_{\text{Sp}} = 4{,}5\,d = 18$ cm.
>
> Bei dem Versuch, die Speiser anzuordnen, erkennt man, dass für Gussteile, bei denen der Gusswerkstoff ein dendritisches Erstarrungsgefüge aufweist, zahlreiche Speiser benötigt werden, die aufgesetzt sein müssen (Kopfspeiser).
>
> Bei Verwendung von Gusseisenwerkstoffen, bei denen die Sättigungsweite auf Grund des globularen Erstarrungsgefüges unbeschränkt ist, können der oder die Speiser seitlich angeschnitten werden, was große Vorteile beim Abtrennen mit sich bringt.

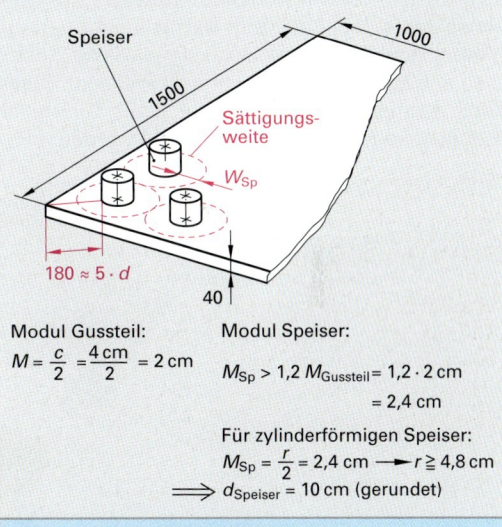

Modul Gussteil:
$M = \dfrac{c}{2} = \dfrac{4\,\text{cm}}{2} = 2$ cm

Modul Speiser:
$M_{\text{Sp}} > 1{,}2\,M_{\text{Gussteil}} = 1{,}2 \cdot 2$ cm
$= 2{,}4$ cm

Für zylinderförmigen Speiser:
$M_{\text{Sp}} = \dfrac{r}{2} = 2{,}4$ cm ⟶ $r \geqq 4{,}8$ cm
⟹ $d_{\text{Speiser}} = 10$ cm (gerundet)

Bild 2: Zu gießende Platte

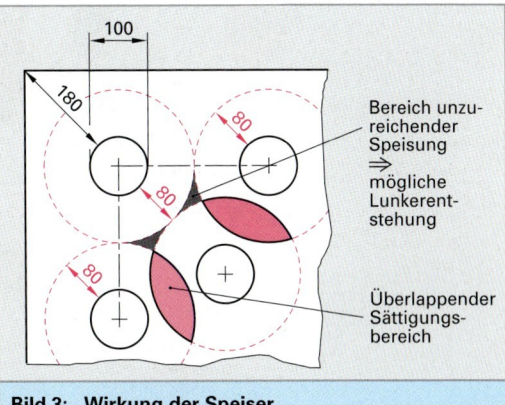

Bild 3: Wirkung der Speiser

> **Merke:**
>
> Mit Ausnahme von Gusseisenteilen können plattenförmige Gussteile in der Regel nicht ohne Volumenfehler gegossen werden.

2.1.10.6 Abtrennen der Speiser

Nach dem Ausformen wird das Gussteil sandgestrahlt, danach müssen Gießsystem und Speiser abgetrennt werden. Das Abtrennen der Speiser geschieht durch:

1. Absägen **(Bild 1)**, (duktile Werkstoffe),
2. Brennschneiden, (duktile Werkstoffe/Stähle),
3. Abflexen, (duktile Werkstoffe),
4. Abschlagen, (bei seitlich angeschnittenen Speisern bei spröden Werkstoffen z. B. GJL),
5. Abbrechen (Brechkern zw. Speiser u. Gussteil).

Brechkerne werden z. B. in Verbindung mit exothermen Speisereinsätzen verwendet. Der Brechkern ist eine dünne Scheibe mit einem zylinderförmigen Durchgang **(Bild 2)**. Er besteht aus dem gleichen Material wie der Speisereinsatz. Der Außendurchmesser des Brechkerns muss mindestens so groß sein wie der Außendurchmesser des Speisereinsatzes. Der Brechkern hat eine sehr geringe Masse, kann daher praktisch keine Wärme aufnehmen und ist somit thermisch nicht wirksam. Brechkerne können der Außenkontur eines Gussteiles, z. B. den Freiformflächen, angepasst werden.

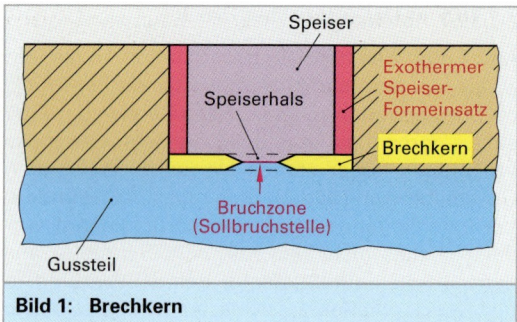

Bild 1: Brechkern

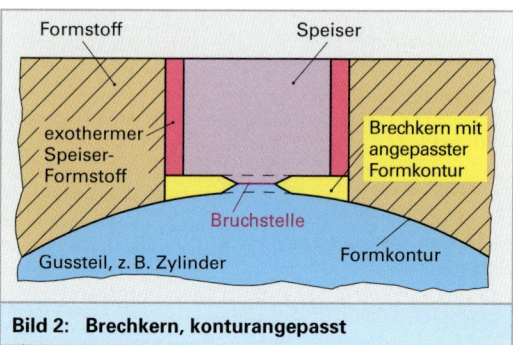

Bild 2: Brechkern, konturangepasst

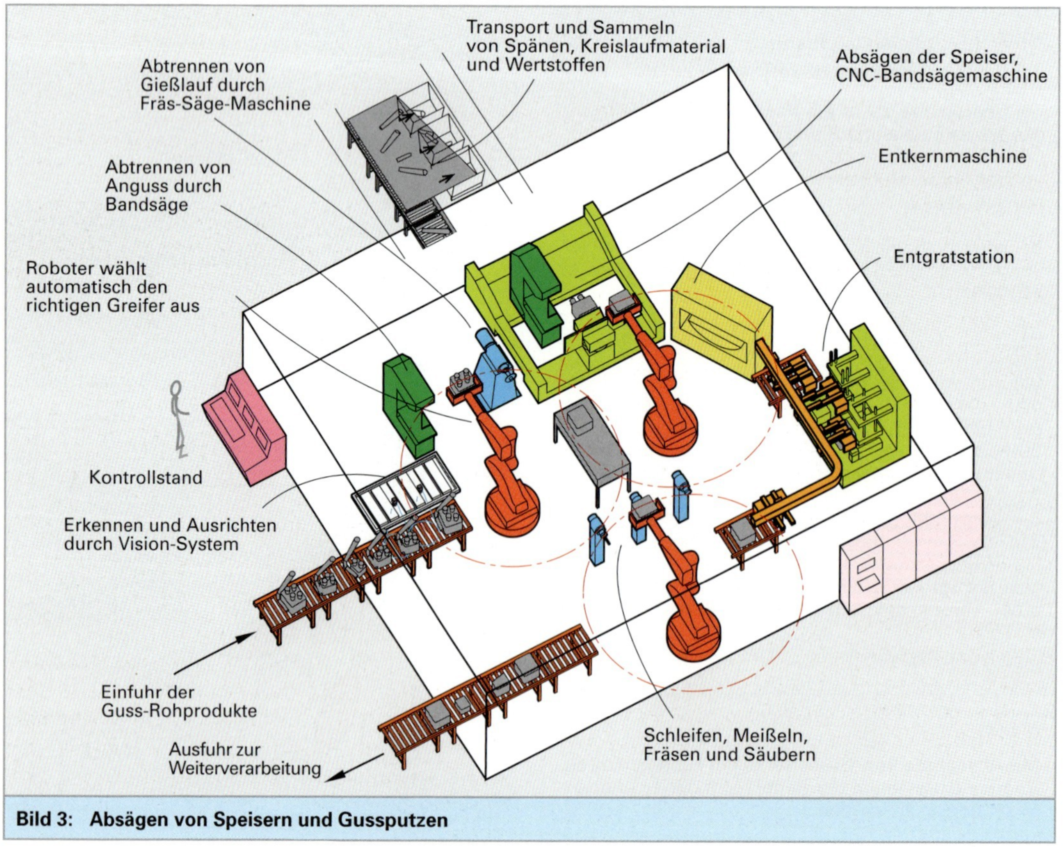

Bild 3: Absägen von Speisern und Gussputzen

2.1.10.7 Abhängigkeit des Speisungsvolumens von thermischen Verhältnissen

In den meisten Fällen kann ein offener, exothermer Speiser durch einen abgedeckten Naturspeiser ersetzt werden. Dies empfiehlt sich, wenn das benötigte Speisungsvolumen relativ klein ist im Verhältnis zum Speiservolumen.

Beispiel:

Aufgesetzter zylinderförmiger Speiser Speiserdurchmesser d = 100 mm, $h{:}d$ = 1:1 (**Bild 3, vorhergehende Seite**)

a) Naturspeiser:
   Angabe der gemessenen Erstarrungszeit t_E z. B. mit Formsand.

b) Exotherme Speiser:
   Angabe der gemessenen Erstarrungszeit t_E.

Bei der obenstehenden Darstellung um Speisungsvorgänge wurde die Wärmeabgabe der Schmelze an die Umgebung durch Strahlung und Konvektion vernachlässigt. Je höher jedoch die Gießtemperatur der Schmelze ist, um so mehr Wärme wird über die Oberfläche offener Speiser an die umgebende Luft abgegeben[1]. Die Wärmeabfuhr an die Luft kann vermieden werden, wenn die Speiser abgedeckt werden.

2.1.10.8 Belüftung innen liegender Speiser

Die Schmelze im Speiser muss bis zum Ende des Speisungsvorganges mit der Atmosphäre in Kontakt stehen. Dies ist bei offenen Speisern immer gegeben, während es bei innenliegenden (geschlossenen) zum Problem werden kann. Deshalb muss ein luftdurchlässiger Kern eingesetzt werden, über den die Schmelze mit der Atmosphäre in Kontakt steht. Dies ist bei Sandkernen in der Regel erfüllt (**Bild 1**).

Bei innen liegenden Speisern (gilt auch für Kugelspeiser) ohne Lüftungskern bildet sich zunächst eine luftundurchlässige Randschale. Die Schmelze ist von der Atmosphäre abgeschnitten, es entsteht ein Unterdruck im Speiser, der das Nachfließen der Schmelze in das Gussteil verhindert (**Bild 2**).

Der fast masselose Lüftungskern kann kaum Wärme aufnehmen. Er nimmt die Temperatur der Schmelze an, so dass sich an ihm auch keine Randschale bildet. Die Verbindung mit der Atmosphäre bleibt erhalten durch die Sandform.

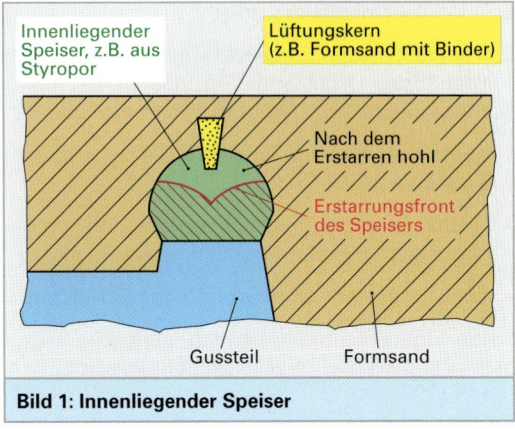

Bild 1: Innenliegender Speiser

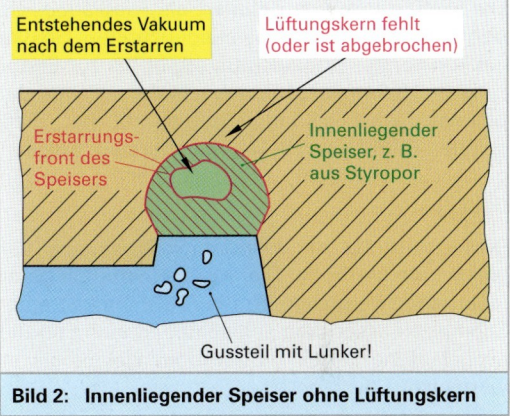

Bild 2: Innenliegender Speiser ohne Lüftungskern

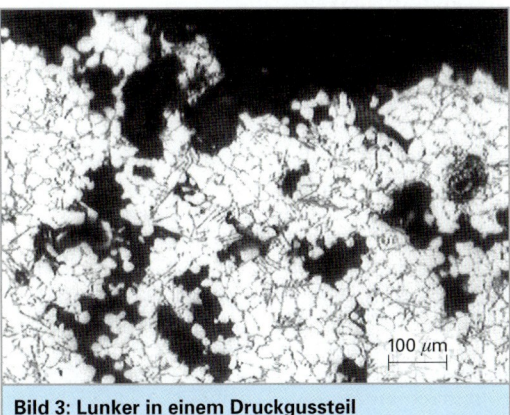

Bild 3: Lunker in einem Druckgussteil

Man kann den Lüftungskern entweder direkt aus dem Formsand mit dem Modell abformen oder einen separaten Kern einsetzen. Ob ein Speiser gespeist hat, kann man nach dem Ausformen am Lunker des Speisers erkennen. **Bild 3** zeigt Lunker in einem Druckgussteil aus der Aluminiumlegierung AlSi12.

---

[1] Die Wärmeabgabe eines Körpers an die Umgebung ist nach dem Wiener'schen Gesetz proportional der 4-ten Potenz der Temperatur (T^4) des Körpers.

2.1.11 Formfüllvorgänge

Ziel bei der Herstellung eines Gussteils ist es, den Formhohlraum vollständig abzubilden. Der Formhohlraum wird vollständig mit Schmelze gefüllt.

Die Eigenschaften der Schmelze, die bei der Formfüllung eine große Rolle spielen, sind die

- *Fließfähigkeit* (wird nicht ausschließlich von der Viskosität der Schmelze bestimmt) und die
- *Abbildungsfähigkeit* (Formfüllungsvermögen).

Beide Eigenschaften sind technologische Eigenschaften und keine physikalischen Eigenschaften.

Fließfähigkeit

Die Fließfähigkeit ist definiert als *Fließlänge*, die sich in einem horizontal ausgerichteten Gießkanal konstanten Querschnitts ergibt bis zur Erstarrung der Schmelze. Die ausgelaufene Länge der Schmelze wird in Sandgießereien mit der „Gießspirale" (**Bild 1**) und in Druckgießereien, Kokillengießereien mit dem „Gießmäander" gemessen (**Bild 2**).

Diese Messung der Fließfähigkeit ist eine vergleichende Methode. Die ausgelaufene Länge erlaubt einen Vergleich, ob die Fließfähigkeit einer Schmelze besser oder schlechter ist, d. h., ob die ausgelaufene Länge größer oder kleiner als erwartet ist.

Abbildungsfähigkeit

Die Abbildungsfähigkeit gibt an, wie genau der Formhohlraum durch die Schmelze abgebildet wird.[1] In einem rechteckigen oder in einem quadratischen Querschnitt der Gießspirale/Gießmäanders ist die Größe (R) des Kantenradius ein Maß für die Abbildungsfähigkeit (**Bild 3**). Je kleiner der Kantenradius ist, desto besser bildet eine Schmelze den Formhohlraum ab.

Fließfähigkeit verschiedener Gusswerkstoffe

Zur Beschreibung der Fließfähigkeit und Abbildungsfähigkeit verschiedener Werkstoffe dienen Untersuchungen mit horizontal ausgerichteten Gießkanälen mit verschiedenen, jeweils aber konstantem Querschnitt (**Tabelle 1**).

Bild 1: Sandform für Gießspiralen

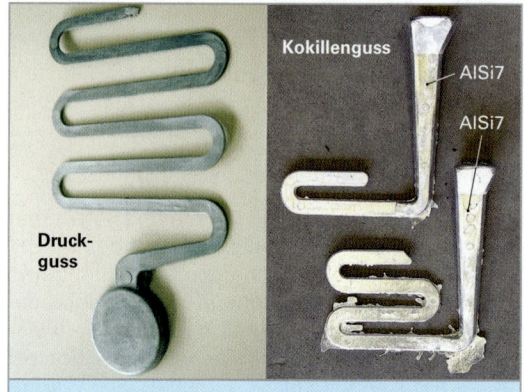

Bild 2: Gießmäander

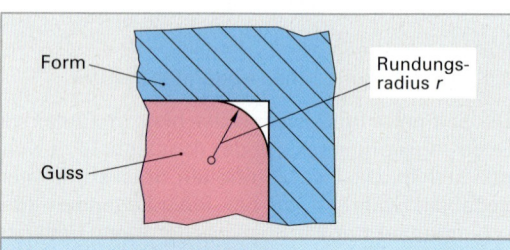

Bild 3: Abbildungsfähigkeit

Tabelle 1: Fließlängen			
Querschnitte (mm²)	3 × 3 = 9	4 × 4 = 16	5 × 5 = 25
Gusswerkstoffe	Fließlänge in cm		
Reines Al	11,2	27	17,7
Reines Zn	18,1	33,7	25,9
Reines Pb	11,1	27,6	18,8
Reines Sn	18,1	38,4	22,7
Al Si 12	2,5	15,6	6,3
Querschnitte (mm²)	3 × 5 = 15	3 × 8 = 18	–
Gusswerkstoffe	Fließlänge in cm		
Reines Al	12,1	17	–
Reines Zn	18,2	26,2	
Reines Pb	12,6	17,5	
Reines Sn	18,1	25,4	
Al Si 12	2,2	8,4	
Problem: Die Schmelze bei Zn, Sn und Pb reißt von der Oberfläche ab, bei Al und Silizium (AlSi 12) füllt die Schmelze entlang der Fließlänge den gesamten Querschnitt. Vereinbarung: Es wird die gesamte Länge gemessen.			

---

[1] Schmelzen haben eine Grenzflächenenergie (oft als Oberflächenspannung bezeichnet). Sie gibt an, welche Energie notwendig ist, wenn eine neue Oberfläche von 1 cm² gebildet wird, z. B. wenn die Schmelze fließt. Dabei wird die Oberfläche ständig vergrößert. Die Grenzflächenenergie führt zur Abrundung der Kantenradien am Gussteil.

2.1 Gießereitechnik

Der Einfluss der Gießtemperatur auf die Fließlänge L_T berechnet sich nach der Formel:

$$L_T = L_{TS} + a \cdot (T - T_S)$$

L_T Fließlänge
L_{TS} Fließlänge bei Schmelztemperatur

a ist der Temperaturbeiwert des Fließvermögens, er ist ein Werkstoffkennwert.

Die Schmelze fließt auch dann noch, wenn sie unterkühlt ist ($T < T_S$), jedoch tritt in diesem Bereich eine Abweichung von der linearen Abhängigkeit von der Temperatur auf, die Schmelze fließt deutlich weniger weit (**Bild 1**).

Mit zunehmendem Querschnitt wird die Fließlänge deutlich besser:

Der Modul (s. Seite 98) eines gegossenen Stabes mit quadratischem Querschnitt ist:

$$M = a/4$$

M Modul
a Kantenlänge

Der Modul eines gegossenen Stabes mit rechteckigem Querschnitt ist:

$$M = \frac{a \cdot b}{2 \cdot (a+b)}$$

M Modul
a, b Kantenlänge

Gießkanalquerschnitte mit gleichem Modul ergeben im Experiment etwa gleiche Fließlängen. Die Fließlängen bei unterschiedlichen Querschnitten verhalten sich wie die Quadrate der Module.

$$\left(\frac{M_1}{M_2}\right)^2 = \frac{L_{T1}}{L_{T2}}$$

M_1, M_2 Module
L_{T1}, L_{T2} Fließlängen

Ein runder Querschnitt ergibt bei gleichen Querschnittsflächen einen größeren Erstarrungsmodul, d. h., die Schmelze fließt weiter, bis sie erstarrt ist. Damit nur wenig Wärme im Gießsystem selbst abgegeben wird, ist es empfehlenswert, runde Querschnitte vorzusehen. Dadurch ergibt sich auch die am weitesten ausgelaufene Länge vor dem Erstarren. Wenn man die Fließfähigkeit der Schmelze verbessern will, ist es besser, die Schmelze nicht zu überhitzen, sondern den Erstarrungsmodul zu vergrößern.

Nachteil: Ein runder Laufquerschnitt kann nur direkt in die Teilungsebene der Form eingeformt werden. Schon ein geringer Versatz zwischen oberer und unterer Formhälfte wird die Vorteile des runden Querschnitts aufheben. Um diese Nachteile zu vermeiden, verwendet man trapezförmige Querschnitte, die vollständig in einer Formhälfte eingebettet werden können. Der Trapezquerschnitt kann so gewählt werden, dass annähernd der Modul eines Kreisquerschnittes vorliegt.

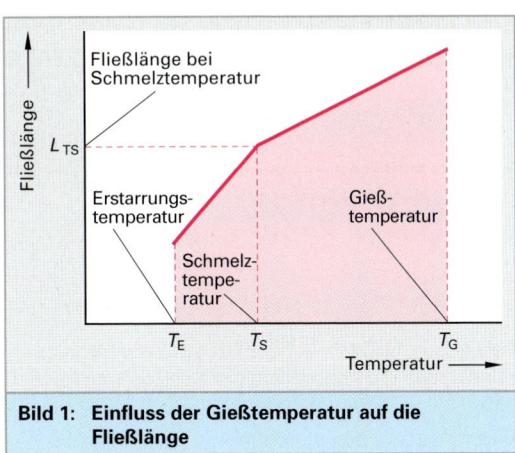

Bild 1: Einfluss der Gießtemperatur auf die Fließlänge

Die Schmelze fließt im Kanal so lange, bis sie an einer Stelle über den gesamten Querschnitt erstarrt ist.

Die bestimmenden Größen für die Fließfähigkeit sind:

a) der Wärmeinhalt (abhängig von Gießtemperatur) der Schmelze

b) die an die Form abzugebende Wärmemenge bis zur Erstarrung der Schmelze über dem Querschnitt

c) der Wärmeübergangskoeffizient α (vergl. b). Je kleiner α ist, desto weiter fließt die Schmelze.

d) der metallostatische Druck bzw. der Strömungsdruck, der dem Quadrat der Fließgeschwindigkeit proportional ist.

Abbildungsfähigkeit verschiedener Werkstoffe

Als Maß für die Abbildungsfähigkeit zieht man den Kantenradius heran (**Bild 1 und Tabelle 1, folgende Seite**).

Mit zunehmendem metallostatischem Druck werden die Kantenradien kleiner und damit die Abbildungsfähigkeit besser.

Vorteil: Der metallostatische Druck steigt mit der Höhe des Metallspiegels, d. h., im unteren Bereich der Form ist die Abbildungsfähigkeit besser und somit die Kantenradien kleiner.

Nachteil: Auf Grund des höheren metallostatischen Druckes dringt die Schmelze z. B. in porösen Formstoff ein, z. B. bei Formsand, wodurch dieser mit der Oberfläche des Gussteiles „vererzt". Dies führt in der Regel zu Ausschuss.

Eine weitere Einflussgröße ist die Grenzflächenenergie σ Dies ist die Energie, die zur Schaffung einer neuen Oberfläche notwendig ist. Je größer das Verhältnis der Grenzflächenenergie σ zur Dichte ϱ ist, desto schlechter ist die Abbildungsfähigkeit.

$\sigma/\varrho \rightarrow$ möglichst klein	σ	Grenzflächenenergie
	ϱ	Dichte

z. B.

Eisen:	$\sigma/\varrho =$	257 cm³/s²
Zinn:	$\sigma/\varrho =$	89 cm³/s²
Aluminium:	$\sigma/\varrho =$	386 cm³/s²
Zink:	$\sigma/\varrho =$	117 cm³/s²
Blei:	$\sigma/\varrho =$	46 cm³/s²

Da das Alumium das größte Verhältnis σ/ρ hat, erhält man relativ große Kantenradien, d. h., reine Aluminiumschmelzen bilden den Formhohlraum schlecht ab.

> Legierungselemente beeinflussen die Abbildungsfähigkeit, da die Grenzflächenenergie der Legierung vom Verhältnis der Legierungskomponenten bestimmt wird.

Beispiel:

Legierung A, B $\sigma_A = 1000$ cm³/s²
                                $\sigma_B = 500$ cm³/s²

A:B = 9:1

$$\sigma_{gesamt} = \frac{9 \cdot 1000 + 1 \cdot 500}{10\text{ s}} = 950\text{ cm}^3/\text{s}^2$$

Während des Fließen der Schmelze ist die Grenzflächenenergie 950 cm³/s². Bei ruhenden Schmelzen reichert sich in der Grenzflächen das Legierungselement an, das eine niedere Grenzflächenenergie aufweist, hier das Element B.

Besitzt ein Legierungselement nur eine geringe Grenzflächenenergie, so geht diese in die Oberfläche. Deshalb findet man in der Oberfläche einer Legierung die Komponente, die selbst die geringste Grenzflächenenergie besitzt. Dies kann zu einer besseren Abbildungsfähigkeit führen. Einen erheblichen Einfluss auf die Abbildungsfähigkeit hat ferner die Korngröße bzw. die Keimzahl pro Volumeneinheit.

Durch Zugabe von heterogenen Keimen nimmt zwar die Fließlänge ab, jedoch die Abbildungsfähigkeit zu.

Durch die Zugabe von heterogenen Keimen (z. B. 0,3 % Ti zu Al) kann die Keimzahl pro Volumeneinheit um das 1000-fache gesteigert werden.

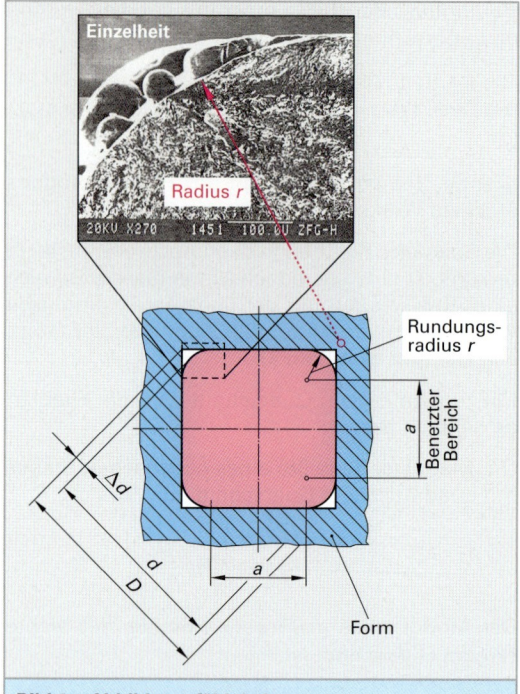

Bild 1: Abbildungsfähigkeit

Tabelle 1: Abbildungsfähigkeit

Querschnitte	3 × 3 = 9	4 × 4 = 16	5 × 5 = 25
	Kantenradien		
Reines Al	0,9	1,5	1,05
Reines Zn	0,85	1,3	1,05
Reines Pb	0,7	(0,5)	(0,5)*
Reines Sn	0,7	1,05	1,0
Al Si 12	0,35	0,5	0,4
Querschnitte (mm²)	3 × 5 = 15		3 × 5 = 24
	Kantenradien		
Reines Al	0,95		1,2
Reines Zn	1,0		1,35
Reines Pb	0,75		1,1
Reines Sn	0,8		1,0
Al Si 12	0,25		0,25

* Bleischmelzen reißen nach Einfließen in den Gießkanal von der Formoberfläche ab. Wärme wird nur an der von der Schmelze benetzten Fläche an die Form abgegeben.

> Werkstoffe mit gutem Formfüllungsvermögen (Silumin) haben schlechte Fließeigenschaften. Werkstoffe mit schlechten Formfülleigenschaften (Al) haben gute Fließeigenschaften.
>
> Die Abbildungsfähigkeit und die Fließfähigkeit sind nicht unabhängig voneinander zu verändern.

2.1.12 Strömungsvorgänge der Schmelze

In **Bild 1** ist ein Sandgussteil mit horizontaler Teilungsebene dargestellt. Die einzelnen Elemente des Gießsystems sind mit Ziffern gekennzeichnet.

Elemente des Gießsystems sind:

① Eingießtrichter
(nur bei Gusseisen wird ein Gießtümpel verwendet)
② Übergang vom Eingießtrichter zum Eingießkanal
③ Eingießkanal
④ Übergang vom Eingießkanal zum Lauf
⑤ Lauf (evtl. mit Drehmassel)
⑥ Anschnitt (Querschnittsfläche zwischen Lauf und Formhohlraum)

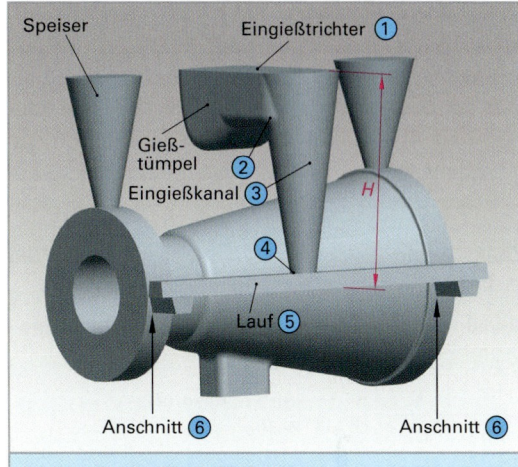

Bild 1: Gussteil mit Gießsystem

Die Strömungsvorgänge werden durch die Gesetze von *Bernoulli*[1] beschrieben.

Für die Punkte 1 und 2 gilt:

$$\frac{p_1}{\varrho \cdot g} + \frac{v_1^2}{2g} = \frac{p_2}{\varrho g} + \frac{v_2^2}{2g} = h_2 - h_1$$

p_1 Druck an Punkt 1
p_2 Druck an Punkt 2
v_1 Geschw. an Punkt 1
v_2 Geschw. an Punkt 2
h_1 Höhe der Schmelzsäule in Pkt. 1
h_2 Höhe der Schmelzsäule in Pkt. 2
ϱ Dichte der Schmelze
g Erdbeschleunigung

2.1.12.1 Schwerkraftgießen

Es handelt sich um die Gießverfahren, bei denen die Schmelze den Formhohlraum unter dem Einfluss der Schwerkraft füllt, wie z. B. beim Sandgießen und Schwerkraftkokillengießen.

Freifallende Schmelze

Für eine freifallende Schmelze ohne Reibungsverluste ist p_2 gleich Null. Betrachtet man einen Punkt in der Oberfläche der Form, d. h. im Eingießtrichter, so ist $h_1 = 0$ und v_1 ebenfalls gleich Null.

Es gilt dann:

$$v_2 = \sqrt{2 g \cdot H}$$

v_2 Geschw. in Punkt 2
H Oberkastenhöhe
g Erdbeschleunigung

Fallende Schmelze unter Reibung

Bei Reibung zwischen Schmelze und Formoberfläche z. B. im Gießsystem, insbesondere bei Umlenkungen, wie dies z. B. in der Teilungsebene bei **Bild 1** zu erkennen ist, wird die Schmelze abgebremst, p_2 ist größer Null. Bei der Berechnung wird dies mit dem Geschwindigkeitsbeiwert ζ berücksichtigt.

Die Geschwindigkeit der Schmelze in irgendeinem Punkt der Gießform bzw. des Formhohlraumes ist dann:

$$v_2 = \zeta \sqrt{2 g \cdot H}$$

v_2 Geschw. im Pkt. 2
ζ Geschwindigkeitsbeiwert
H Oberkastenhöhe
g Erdbeschleunigung

Aufgabe:

Berechnen Sie die Geschwindigkeit der freifallenden Schmelze bei einer Oberkastenhöhe von: $H_1 = 10$ cm, $H_2 = 50$ cm und $H_3 = 1$ m.

Lösung:

$v = \sqrt{2g \cdot H}$

Für H_1: $v = 1{,}41$ m/s
Für H_2: $v = 3{,}03$ m/s
Für H_3: $v = 4{,}47$ m/s

---
[1] *Johann Bernoulli* (1667 – 1748), schweizer Mathematiker

2.1.12.2 Druckgießen

Beim Druckgießen steht die Schmelze im Anschnitt unter einem Druck, der von der Gießeinheit der Druckgießmaschine aufgebracht und über den Gießkolben auf die Schmelze ausgeübt wird.

Aus dem Gesetz von *Bernoulli* ergibt sich, dass die Geschwindigkeit v_A der Schmelze hinter dem Anschnitt, also beim Einfließen in den Formhohlraum, vom Druck p_G abhängt, unter dem die Schmelze vor dem Anschnitt steht.

Es ist:

$$v_A = \sqrt{\frac{2 p_G}{\varrho}}$$

v_A Geschwindigkeit der Schmelze im Anschnitt
p_G Gießdruck (Strömungsdruck)
ϱ Dichte

2.1.12.3 Schleudergießen

Beim Schleudergießen wird die Schmelze mit Druck an die Kokille gepresst, was zu einem guten Wärmeübergang führt. Es kommt aber zu einer Entmischung, d. h., die Anteile mit hoher Dichte sind außen, die mit geringer Dichte (z. B. Schlackeneinschlüsse) sind innen. Man erreicht damit eine hohe Qualität an der Außenseite, z. B. bei Rohren. Rotationssymmetrische Hohlteile können ohne Kern gegossen werden.

2.1.12.4 Aufbau eines Gießsystems

Aufgaben des Gießsystems am Beispiel des Schwerkraftgießens:

1. Versorgen des Formhohlraums mit Schmelze in der gewünschten Formfüllzeit,
2. Verhindern des Einbringens von Schlacke und Verunreinigungen in den Formhohlraum,
3. Verhindern der Gasaufnahme durch die Schmelze während der Formfüllung.

Schlacken können durch verschiedene Maßnahmen zurückgehalten werden, z. B. durch Verschließen des Eingießkanals durch einen Sandkern. Bei gefülltem Tümpel steigt der Kern aufgrund seiner geringeren Dichte nach oben und gibt den Eingießkanal frei.

Die Schmelze fließt unter dem Badspiegel hindurch in den Formhohlraum. Schlacke und Silikate schwimmen oben auf und werden so zurückgehalten.

> Der Badspiegel darf im Gießtümpel während des Gießvorganges nicht absinken.

Zusätzliche Hilfsmittel:
- Schlackenwehr (Stahlblech oder Keramik **Bild 1**),
- Siebkern aus Keramik **(Bild 2)** und Gießfilter aus SiC-Schaum **(Bild 3)**.

Aufgabe 1:
Berechnen Sie den Druck der Schmelze vor dem Anschnitt für Aluminiumschmelzen und für Zinkschmelzen. Die Dichte für Aluminiumschmelzen am Schmelzpunkt ist 2,4 g/cm³ und für Zinkschmelzen 6,0 g/cm³.

Die Geschwindigkeiten betragen 50 m/s bzw. 100 m/s.

Lösung:
Druck für die Aluminiumschmelze:
p_{GAl} = 30 bar bzw. 120 bar

Druck für die Zinkschmelze:
p_{GZn} = 75 bar bzw. 300 bar

Aufgabe 2:
Berechnen Sie die Strömungsgeschwindigkeit der Schmelze auf die Kokille bei 3 Umdrehungen pro Sekunde, wenn der Durchmesser der Kokille

a) d = 45 cm und b) d = 55 cm ist.

Lösung:
$v = \pi \cdot d \cdot 3\ s^{-1}$
a) v = 4,24 m/s b) v = 5,18 m/s

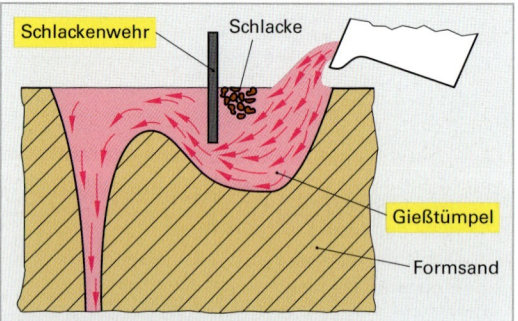

Bild 1: Gießtümpel mit Schlackenwehr

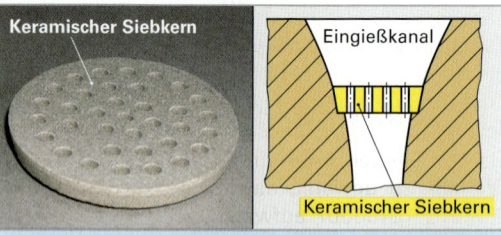

Bild 2: Gießkanal mit Siebkern

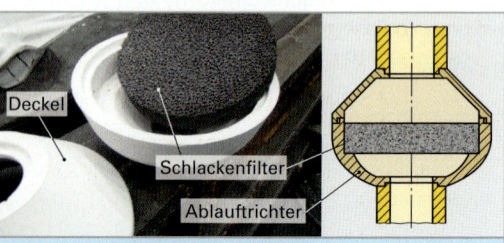

Bild 3: Schlackenfilter bei Eisenguss

Übergang Eingießtrichter zum Eingießkanal

Der Gießstrahl verjüngt sich. Bei zylindrischem Querschnitt des Gießsystems entstehen so Luftspalte.

Aus diesen Luftspalten kann die Schmelze Gase aufnehmen, die aufgrund des entstehenden Unterdruckes durch den porösen Formsand in den Hohlraum gesaugt werden. Deshalb muss der Eingießkanal dem sich verjüngenden Gießstrahl angepasst sein. Nur dann benetzt die Schmelze in allen Bereichen das Gießsystem **(Bild 1)**.

> Von der Schmelze mitgeführte Gaseinschlüsse ergeben Poren im Gussteil.

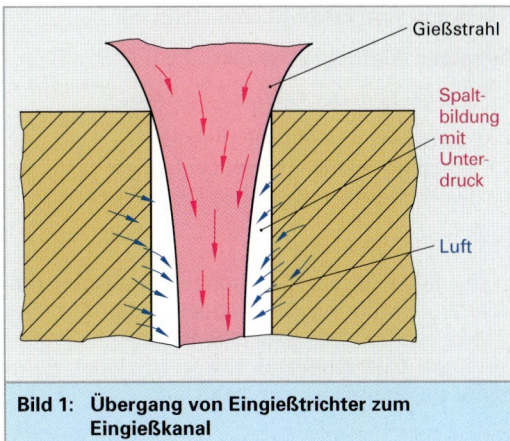

Bild 1: Übergang von Eingießtrichter zum Eingießkanal

Weitere Gesichtspunkte zur Gestaltung eines Gießsystems:

1. Das Gießsystem muss herstellbar sein. Die Schmelze darf während des Gießvorgangs im Gießsystem *nicht erstarren*. Deshalb ist auf einen Mindestquerschnitt des Laufs in der Teilungsebene zu achten. Beim Sandgießen unter Schwerkraft muss der Durchmesser mindestens 30 mm betragen.

2. Das Abgießen muss gegeben sein durch Einhalten eines Mindestdurchmessers vom Eingießtrichter (Treffsicherheit).

3. Das Schluckvermögen (pro Zeiteinheit vergossene Schmelzmenge) muss der gewünschten Gießleistung entsprechen.

Die Formfüllzeit beträgt beim Schwerkraftgießen mindestens drei Sekunden.

Für den Eingießkanal wird in der Regel ein runder Querschnitt gewählt, da dieser den günstigsten Erstarrungsmodul aufweist. Beim Kokillenguss wird jedoch aus folgenden Gründen ein trapezförmiger Querschnitt gewählt werden:

- Beim Kokillenguss ist ein Ausformen des Gießsystems in der Teilungsebene erforderlich;
- leicht ausformbarer Querschnitt;
- kostengünstig herstellbarer Querschnitt, wenn er nur aus einer Formhälfte herausgearbeitet werden muss;
- im Vergleich zum Kreisquerschnitt kann hier kein Versatz auftreten.

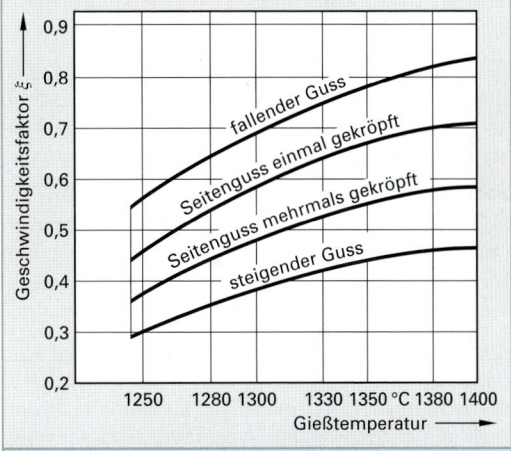

Bild 2: Abhängigkeit des Geschwindigkeitsbeiwerts*

Bemerkungen zum Geschwindigkeitsbeiwert

Grundsätzlich wird der Geschwindigkeitsbeiwert ζ experimentell bestimmt. Er hängt ab von:

- der Gießtemperatur **(Bild 2)**. Mit abnehmender Gießtemperatur nimmt auch ζ ab.[1]
- Zahl der Umlenkungen. ζ wird um so kleiner, je häufiger die Schmelze rechtwinklig umgelenkt wird.

Je geringer die Gießleistung ist, desto aufwändiger ist das Gießsystem, da der Gießkanal entsprechend oft rechtwinklig umgelenkt werden muss. Bei solchen Gussteilen ist es empfehlenswert, Mehrfachformen zu verwenden, d. h., es werden mehrere Gussteile in einem Gießvorgang gegossen. Die Folgen sind weniger Kreislaufmaterial und geringere Kosten pro Teil.

---

[1] Der Zusammenhang zwischen ζ der Zahl der rechtwinkligen Umlenkungen und der Gießtemperatur ist im VDG Merkblatt F 252 zusammengestellt.

Übergang vom Eingießkanal zum Lauf

Aufgaben des Eingießkanals:

1. Zurückhalten von Schlacke und Sand,
2. Umlenken der Schmelze **(Bild 1)**:
   - einfaches rechtwinkliges Umlenken,
   - zweifaches rechtwinkliges Umlenken.

Lauf

In der Regel ist der Lauf horizontal ausgerichtet **(Bild 2)**. Er wird mit dem Modell abgeformt. Normalerweise hat der Lauf ebenfalls einen trapezförmigen Querschnitt, damit er in einer Formhälfte eingeformt werden kann.

Zuerst füllt sich die Tasche (Übergang von Eingießkanal zum Lauf), sie wirkt wie ein Polster, so dass die Schmelze einmal rechtwinklig umgelenkt wird und in den Lauf fließt.

Schlacken können im Lauf durch eine Drehmassel zurückgehalten werden. Sie wird relativ selten verwendet. Meist wird sie bei Gusswerkstoffen verwendet, bei denen sich während des Gießens noch Schlacke bildet, z. B. bei GJL und GJS.

In der Drehmassel wird die Schmelze in eine Rotationsbewegung versetzt. Dadurch wird mitgerissener Sand oder Schlacke aufgrund der geringeren Dichte zur Mitte bzw. nach oben hin abgedrängt.

Bedingung für eine einwandfreie Funktion ist eine hohe Strömungsgeschwindigkeit der Schmelze. Die Wirkung der Drehmassel ist an den Schlackeablagerungen zu erkennen. Nachteilig sind der hohe Kreislaufanteil und das komplizierte Gießsystem.

Anschnitt

Der Anschnitt ist die Querschnittsfläche zwischen Gießsystem und Formhohlraum.

Ein Gussteil kann auch mehrfach angeschnitten sein. Meistens wird aber jedes Gussteil nur einfach angeschnitten. Weiterhin können aus einem Lauf mehrere *Formnester* angeschnitten werden. Die Anschnitte besitzen in der Regel einen leicht trapezförmigen Querschnitt. Dieser ist beim Vergießen von NE-Metallen und von Stahlguss vorteilhaft.

Es werden zwei Gießsysteme unterschieden:

1. Die Schmelze füllt den Formhohlraum drucklos, d. h., sie wird nicht ins Gießsystem zurückgestaut (druckloses System).

   Bei den drucklosen Systemen ist der Anschnittquerschnitt gleich dem Laufquerschnitt, gleich dem Eingießkanalquerschnitt.

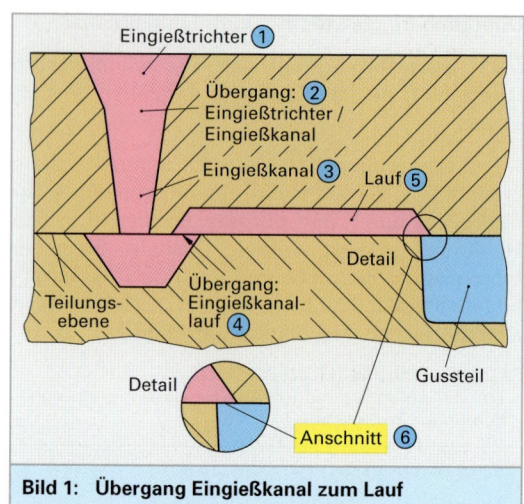

Bild 1: Übergang Eingießkanal zum Lauf

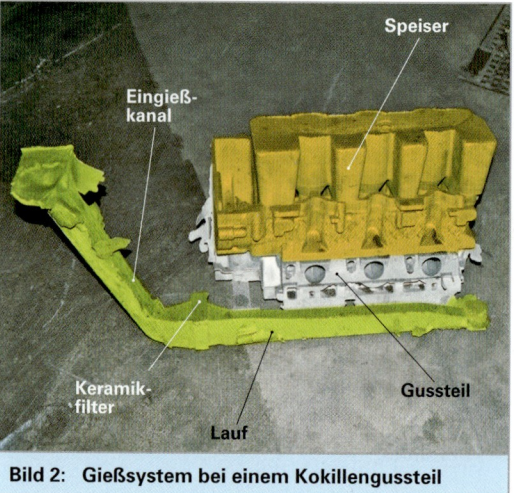

Bild 2: Gießsystem bei einem Kokillengussteil

Der Anschnittquerschnitt ist rechteckig. Das drucklose System wird meist angewendet.

$$\text{Eingießkanal-querschnitt} : \text{Laufquer-querschnitt} : \text{Anschnitt-querschnitt} = 1:1:1$$

2. Die Schmelze steht im Anschnitt unter Druck, d. h., sie wird ins Gießsystem zurückgestaut (*Drucksystem*).

   Drucksysteme werden nur bei Werkstoffen angewendet, bei denen sich während des Vergießens noch Schlacken bilden, die zurückgehalten werden müssen (z. B. GJL und GJS).

Unmittelbar vor dem Formhohlraum ist der kleinste Querschnitt, wodurch sich die Schmelze im Gießsystem zurückstaut. Die Schmelze fließt in diesem Querschnitt langsamer, wodurch Schlacke und Sandpartikel nach oben steigen.

Bewährte Querschnittsabstufungen bei Sandgussteilen aus GJL und GJS

Eingießkanalquerschnitt : Laufquerquerschnitt : Anschnittquerschnitt = 3:4:2

Messeranschnitt (Gratanschnitt)

Vorteile: Schlacketeilchen, die sich bei GJL und GJS aus dem gelösten Silizium in Form von SiO_2 bilden, werden an dem dünnen Querschnitt zurückgehalten. Das Gussteil ist leicht vom Gießsystem zu trennen **(Bild 1)**.

2.1.12.5 Staufüllung und Strahlfüllung

Abhängig vom Verhältnis Anschnittdicke zur Formhohlraumdicke ergibt sich ein unterschiedliches Füllverhalten. Man unterscheidet die *Staufüllung* und die *Strahlfüllung*.

Staufüllung

Die Staufüllung tritt auf bei hochviskosen Schmelzen (thixotrope Schmelzen) und bei metallischen Schmelzen bei sehr geringen Strömungsgeschwindigkeiten, $v_A < 0{,}5$ m/s (die jedoch beim Druckgießen nicht vorkommen).

Durch die Strahlverbreiterung bedingt, erreicht die Schmelze die Vorderseite und die Rückseite der Platte noch bevor die Deckfläche benetzt ist.

Strahlfüllung

Beim Druckgießen liegt in der Regel eine Strahlfüllung vor. Der Gießstrahl durchquert den Formhohlraum unter einer gewissen Verbreiterung, entweder geführt durch eine *Formwand* **(Bild 2a)** oder frei durch den *Formhohlraum* **(Bild 2b)** und trifft auf die dem Anschnitt gegenüberliegende Fläche. Der Gießstrahl wird dort einseitig oder zweiseitig umgelenkt, bzw. mehrfach umgelenkt und füllt den Formhohlraum zum Anschnitt hin.

Beispiel:

Formkastenhöhe: $H = 15$ cm

$\zeta = 0{,}6$

$v_{Anschnitt} \approx 1$ m/s – $v_{Lauf} \approx 0{,}5$ m/s

$v_{Gießkanal} \approx 0{,}66$ m/s

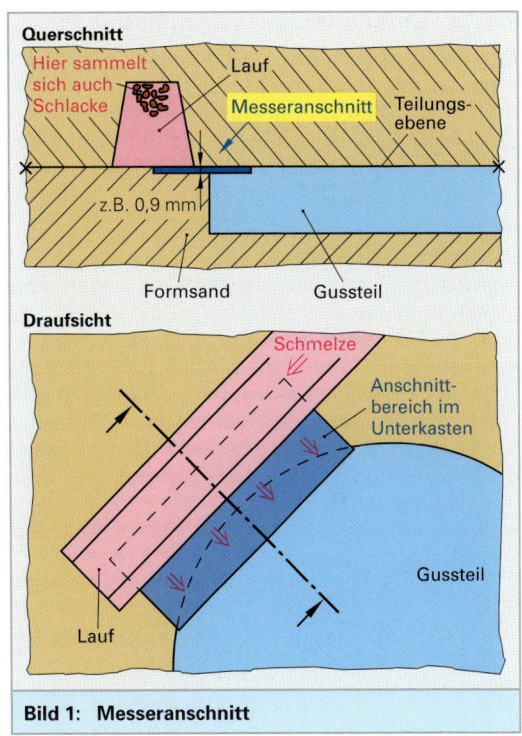

Bild 1: Messeranschnitt

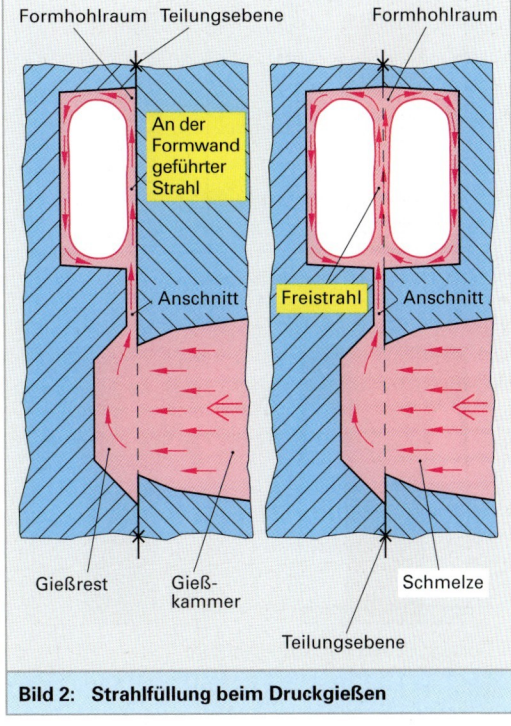

Bild 2: Strahlfüllung beim Druckgießen

2.1.13 Simulation der Formfüllung

Eine Möglichkeit zur Beschreibung und Optimierung des Gießprozesses ist die numerische Simulation (**Bild 1**). Die numerische Simulation des Gießprozesses beinhaltet die Simulation der verschiedenen physikalischen Vorgänge, die beim Gießen auftreten. Die Formfüllung ist ein komplex ablaufender physikalischer Prozess.

Dieser Prozess beinhaltet:
- transiente[1] und turbulente Strömungen von mehreren Fluiden (flüssige und teilweise erstarrte Schmelze, Gase),
- kinematische[2] und dynamische[3] Effekte an der freien Oberfläche der Schmelze (Aufreißen und Zusammenfließen der Schmelzfront, Phasenübergänge[4], Grenzflächenenergie der Schmelze,
- Transport von Wärme über Konvektion[5], Wärmeleitung und Strahlung,
- Erstarrung von Legierungen mit unterschiedlicher Zusammensetzung,
- mikrophysikalische Effekte (Dendritenbildung) und
- thermomechanische Vorgänge (Schwindung, thermisch bedingte Eigenspannungen).

Besonders schwierig ist die Simulation des Formfüllvorganges beim Druckgießen. Die Strömung beim Gießen ist auf Grund der Dichte und niedrigen Viskosität[6] der Metallschmelzen durch hohe *Reynolds*-Zahlen[7] gekennzeichnet.

Diese Strömungsvorgänge können mit den *Navier-Stokes*-Gleichungen[8] zuverlässig simuliert werden. Gegenüber den Erstarrungsvorgängen hat man hier nicht nur die Temperatur T als Unbekannte im Gleichungssystem, sondern zusätzlich die Geschwindigkeitskomponenten u, v, w und den Druck p. Eine Schwierigkeit stellt die Beschreibung der sich bildenden freien Oberfläche der Schmelze dar, die während der Formfüllung zu jedem Zeitpunkt eine andere Form annehmen kann.

---

[1] transient = einschwingen, vorübergehend, flüchtig
[2] kinematisch = sich aus der Bewegung ergebend
[3] dynamisch = bewegt
[4] Phasenübergang: Phasen sind gasförmig, flüssig, fest
[5] Konvektion = Massenströmung aufgrund von Dichteunterschieden durch unterschiedliche Temperatur, von lat. convectio = das Zusammenbringen.
[6] Viskosität = Zähflüssigkeit, von lal. viscosus = voll Leim
[7] *Reynolds-Zahl* = Verhältnis der Trägheitskräfte zu den Zähigkeitskräften bei strömenden Medien
[8] *Stokes, Sir George Gabriel* (1819 – 1903), engl. Mathematiker und Physiker

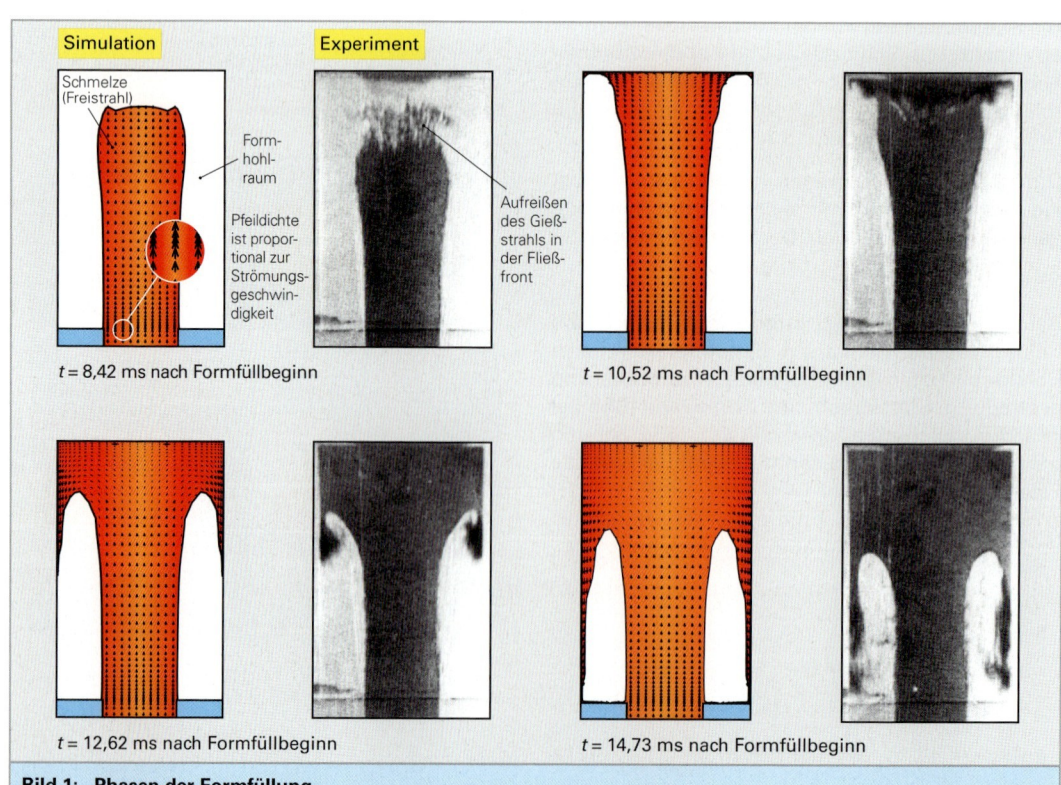

Bild 1: Phasen der Formfüllung

2.2 Pulvermetallurgie (PM)

Metallische Werkstücke (**Bild 1**) können durch Urformen auch aus metallischen Pulvern hergestellt werden. Das Metallpulver wird durch Pressen zu *endkonturnahen* Werkstückrohlingen in einem Werkzeug geformt. Der anschließende Sinterprozess[1] und weitere Nachbehandlungsverfahren ergeben ein einbaufertiges Werkstück.

Besonders im Kraftfahrzeugbau wird die Wirtschaftlichkeit der Pulvermetallurgie bei Präzisionsbauteilen in der Großserie genutzt (**Bild 2**).

Zur wirtschaftlichen Bedeutung der Pulvermetallurgie haben folgende Punkte beigetragen:

1. Gegenüber anderen Fertigungsverfahren hat sich die Pulvermetallurgie als sehr rohstoffsparend und energieeffizient erwiesen.

2. Die Art und Zahl der zur Verfügung stehenden Werkstoffe ist sehr vielfältig geworden, so dass komplexe Werkstücke mit hohen Anforderungen an die Festigkeit erfüllt werden können.

3. Es können auch bewusst poröse Metallbauteile hergestellt werden, z. B. Filterbauteile.

2.2.1 Metallpulver

Für die metallischen Sinterwerkstoffe verwendet man Eisen (Fe), Kupfer (Cu), Nickel (Ni), Molybdän (Mo), Mangan (Mn), Blei (Pb), Chrom (Cr), Zinn (Sn), und Vanadium (V). Neu sind Sinterbauteile aus Aluminiumlegierungen mit hohem Siliziumanteil (bis 14 %). Kupfer und Molybdän werden deshalb gern verwendet, da diese Elemente in der Ofenatmosphäre kaum chemisch reagieren.

Mangan, Chrom und Vanadium werden trotz ihrer Sauerstoffaffinität[2] zunehmend verwendet. Man benötigt diese Elemente bei den korrosionsbeständigen PM-Bauteilen. Das Sintern erfolgt in spezieller, sauerstoffarmer Atmosphäre.

Die nichtmetallischen Pulver, wie z. B. Kohlenstoff, Phosphor werden zur Verbesserung der Festigkeit bzw. Härte hinzugefügt. Gleitmittel und Wachse dienen der Reibungsveminderung beim Pressvorgang. Sie werden vor dem Sintern ausgebrannt.

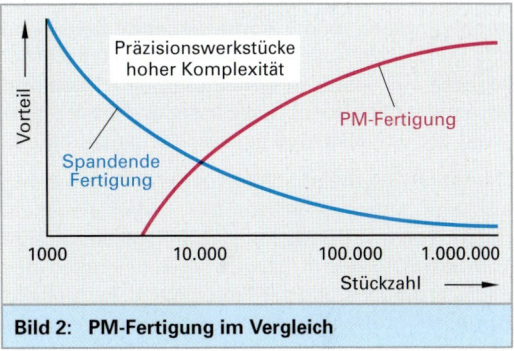

Bild 1: PM-Bauteile

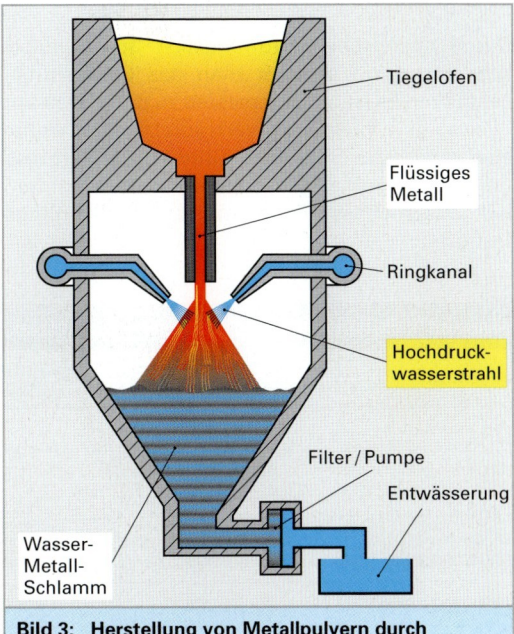

Bild 2: PM-Fertigung im Vergleich

Bild 3: Herstellung von Metallpulvern durch Wasserverdüsung

---

[1] Sintern ist abgeleitet aus dem mittelhochdeutschen Begriff *sinder* = zusammengebackene Metallschlacke.
[2] Affinität von lat. affinitas= Verwandtschaft

Die Herstellung der Metallpulver

Die Herstellung der Metallpulver erfolgt *mechanisch* durch

- Brechen,
- Mahlen,
- Granulieren,
- Zerstäuben,
- Verdüsen und

physikalisch durch

- Kondensation sowie

chemisch durch

- Elektrolyse und
- Zersetzung.

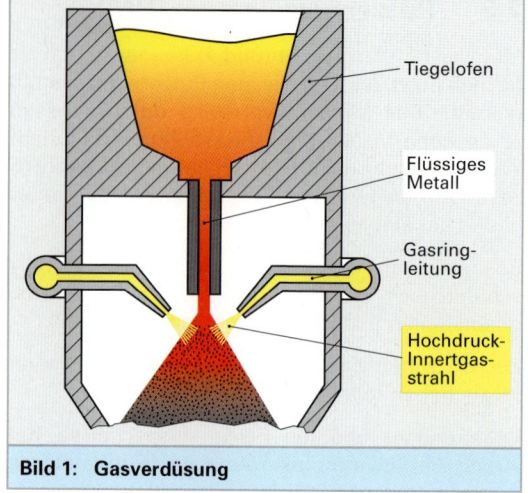

Bild 1: Gasverdüsung

Die bedeutendsten Techniken sind das Wasserstrahlverdüsen (**Bild 3, vorhergehende Seite**) und das Inertgasverdüsen (**Bild 1**). Die Metallschmelze fließt aus einem Gießtrichter in eine Düse und wird mit einem Hochdruckwasserstrahl oder Inertgasstrahl von etwa 100 bar bis 200 bar zerstäubt.

Die Wasserverdüsung liefert die zur Verpressung günstige, kugelige Teilchenform. Man erzielt dadurch hohe Pressdichten. Eine gleichmäßige, kompakte Kornform ist günstig hinsichtlich des Fließvermögens und der Fülldichte, d. h., hinsichtlich einer großen Bauteilmasse bezogen auf das Volumen des gefüllten Werkzeugs. Die Festigkeit der *Grünlinge*, das sind die geformten aber noch nicht gesinterten Teile, ist jedoch gering.

Durch chemische *Direktreduktion* aus Eisenerz bzw. Eisenoxid gewinnt man das Schwammeisenpulver. Es ist im Unterschied zu den durch Verdüsung gewonnenen Pulvern *spratzig*, d. h., es hat eine zerklüftete Oberfläche (**Bild 2**). Die Verpressbarkeit ist weniger günstig, der Pulverzusammenhalt jedoch besser und damit auch die Grünlingsfestigkeit.

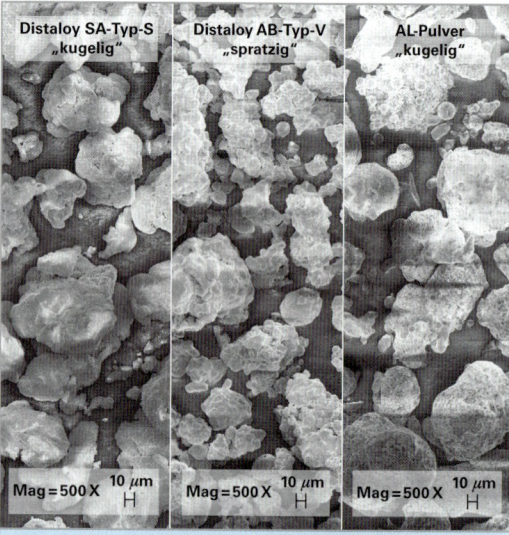

Bild 2: Erscheinungsformen von Metallpulvern

Tabelle 1: Pulverarten und Pulvereigenschaften

Pulverart	Partikelgröße in µm	Schüttdichte in g/cm³	Fließvermögen in s/50 g	Grünlings-Festigkeit in N/mm²
NC100.24*	20 bis 180	2,44	30	47
SC100.24*	20 bis 180	2,66	28	40
MH80.23*	40 bis 200	2,30	33	24
ASC100.29**	20 bis 180	2,96	24	38
ABC100.30**	30 bis 200	3,02	24	39

* Schwammeisenpulver, spratzig   ** Verdüstes Pulver, kugelig

2.2.2 Die Herstellung pulvermetallurgischer Werkstücke

Die Herstellung der PM-Teile gliedert sich in die Arbeitsgänge:

- Aufbereitung der Pulver,
- Pressen der Grünlinge,
- Sintern,
- Nachpressen und Kalibrieren[1],
- Nachbehandeln **(Bild 1)**.

2.2.2.1 Aufbereiten der Metallpulver

Die Metallpulver werden entsprechend der gewünschten Legierung gemischt. Man mischt zusätzlich noch etwa 1 % Gleitmittel bzw. Wachs hinzu um die Reibung zwischen den Pulverteilchen und die Reibung an der Werkzeugwandung zu vermindern. Die Pulverhersteller liefern auch anwenderfertige Mischungen mit bereits *anlegierten* Pulverkomponenten.

Der Vorteil von anlegierten Pulvern ist, dass sich die Diffusionszeiten beim Sintern und damit die gesamten Prozesszeiten verkürzen und die Bauteile chemisch homogener (gleichmäßiger) ausfallen.

Man kann auch Pulver aus legierten Werkstoffen herstellen **(Bild 2)**. Hier hat jedes Pulverteilchen die gewünschte Legierungszusammensetzung des Bauteils. Fertiglegierte Pulver verwendet man vor allem bei Hartmetallschneidwerkstoffen (HSS), bei Nickellegierungen und Kobaltlegierungen sowie bei Bronze und Messing.

Das Mischen der Pulver erfolgt in Behältern mit Rührwerken.

Um die Oxidation bei zum Oxidieren neigenden Pulvern zu unterdrücken (Oxide wirken sinterbehindernd), erfolgt das Mischen unter Schutzgas (meist Stickstoff oder Argon) oder im Vakuum. In Einzelfällen ist auch ein mechanisches Legieren möglich, bei dem das erste Pulvermaterial fein in einem zweiten Pulvermaterial verteilt wird.

> Für PM-Bauteile aus Metalllegierungen wird das Pulver anteilig aus den Pulvern der zu legierenden Metalle gemischt oder es wird aus bereits legiertem Metall hergestellt.

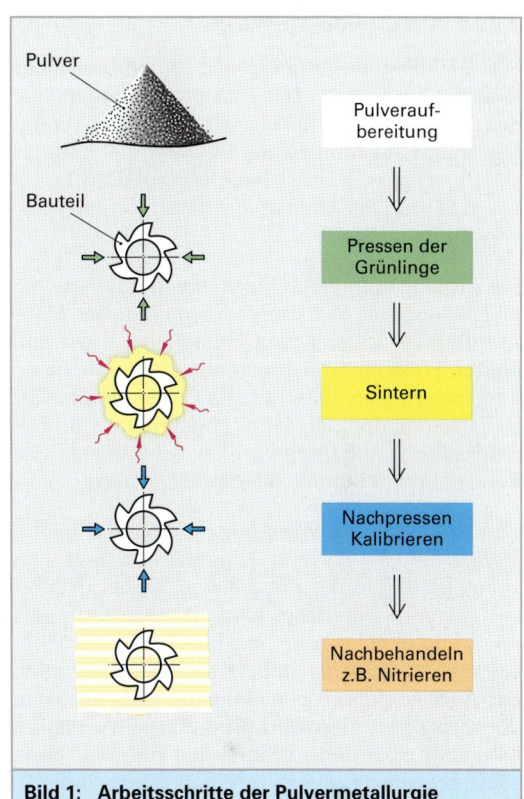

Bild 1: Arbeitsschritte der Pulvermetallurgie

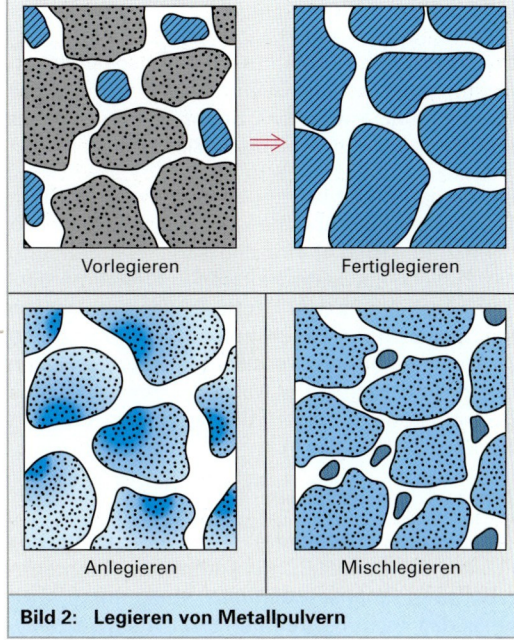

Bild 2: Legieren von Metallpulvern

---

[1] engl. to calibrate = auf Format bringen

2.2.2.2 Pressen der Grünlinge

Die Grünlinge werden meist durch koaxiales Pressen hergestellt. Die Pulvermischungen werden in einem allseits geschlossenen Werkzeug, bestehend aus Matrize aus Oberstempel und aus Unterstempel mit Druck beaufschlagt **(Bild 1)**. Für Längsbohrungen können zusätzlich Kernstempel verwendet werden.

Die Arbeitschritte beim Pressen beginnen mit der Füllstellung des Werkzeuges, wobei in der Matrize durch zurückgezogene Unterstempel ein definierter Füllhohlraum entsteht, der durch einen vorgeschobenen Füllschuh mit Pulver gefüllt wird. Der Oberstempel ist dabei abgehoben. Der Füllhohlraum ist abhängig von der Schüttdichte des Pulvers und der Enddichte des Werkstücks.

Sodann fährt das Werkzeug durch eine gegenläufige Bewegung von Oberstempel und von Unterstempel in die *Pressstellung*, wobei das Pulver zusammengepresst wird. Danach fährt das Werkzeug in die *Ausstoßstellung*, wobei der Oberstempel zurückfährt und das Werkstück durch das Aufwärtsfahren des Unterstempels aus dem Werkzeug gestoßen wird **(Bild 2)**. Das Werkstück wird dann über den vorfahrenden *Füllschuh* abgeschoben und das Presswerkzeug fährt wieder in Füllstellung für einen neuen Presszyklus.

Das gepresste Werkstück hat je nach Dichte und Art des Pulvers eine Grünlingsfestigkeit von ca. 10 bis 15 N/mm². Damit lassen sich die Pressrohlinge gut transportieren.

Bei PM-Werkstücken mit unterschiedlichen, nichtsymmetrischen Querschnitten erfolgt das Pressen mit mehreren Stempeln, bei Hinterschneidungen mit Schiebern **(Bild 3)**.

Problematisch ist bei nur einem bewegten Stempel der sehr inhomogene Verdichtungsgrad in Höhenrichtung **(Bild 4)**. Ursache ist die Wandreibung des Pulvers, sowie die Reibung der Pulverpartikel untereinander. Es wird hauptsächlich das Pressen mit **zweiseitiger Druckanwendung** benutzt, so dass eine homogene Verdichtung von zwei Seiten erfolgt und sich in der Mitte des Pressteils eine neutrale Zone mit einer etwas geringer verdichteten Zone bildet (Bild 1).

Zweimatrizen-Verfahren

Zur besseren Verteilung und Verdichtung des Pulvers bei Bauteilen mit komplexer Geometrie, z. B., wenn *Hinterschneidungen* vorkommen, wird meist das Zweimatrizen-Verfahren angewendet.

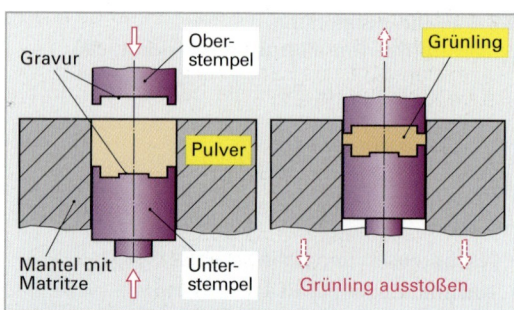

Bild 1: Pressen eines Grünlings

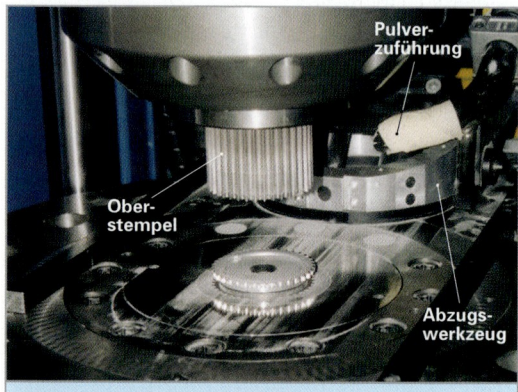

Bild 2: Presse mit Grünling

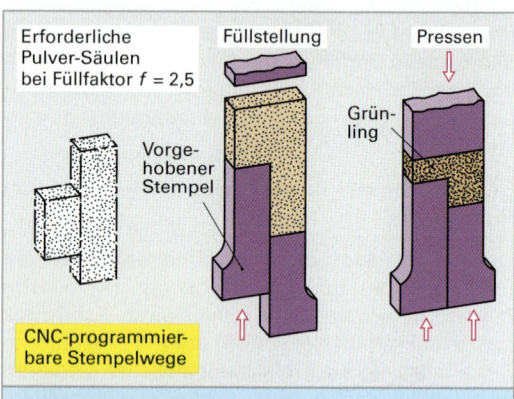

Bild 3: Mehrstempel-Pressen

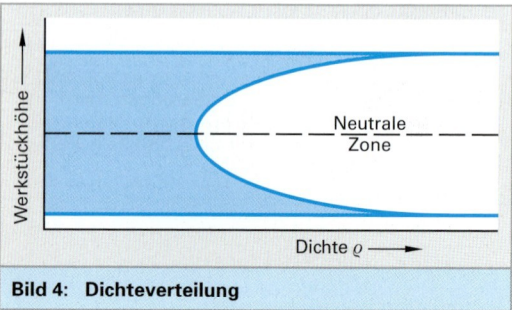

Bild 4: Dichteverteilung

2.2 Pulvermetallurgie (PM)

Hierbei liegen zwei Matrizen während des Füllvorgangs und des Pressens geschlossen aufeinander. Sie werden zum Entformen des Grünlings auseinander gefahren **(Bild 2)**.

Isostatisches Pressen

Beim kaltisostatischen Pressen wird das Pulver in eine gummi-elastische Hülle gefüllt und durch eine Flüssigkeit oder durch ein Gas als Druckmedium allseitig, mit gleichem Druck (isostatisch[1]), verdichtet. Die möglichen Bauteilgeometrien können nicht sehr zerklüftet sein. So ist dieses Verfahren in der Anwendung eingeschränkt, führt jedoch zu einem hohen gleichmäßigen Verdichtungsgrad. Ein, das Verdichten und das Sintern zu einem Schritt zusammenführendes Fertigungsverfahren ist das *heißisostatische* Pressen. Hierbei besteht die Hülle aus hochtemperaturbeständigem aber weichen metallischem Werkstoff, z. B. Reineisen.

Anwendung findet das isostatische Pressen bei Bauteilen aus hochlegierten Stählen z. B. für Filter, Gewindebuchsen, Ventilbuchsen und Werkzeugen aus Schnellarbeitsstahl.

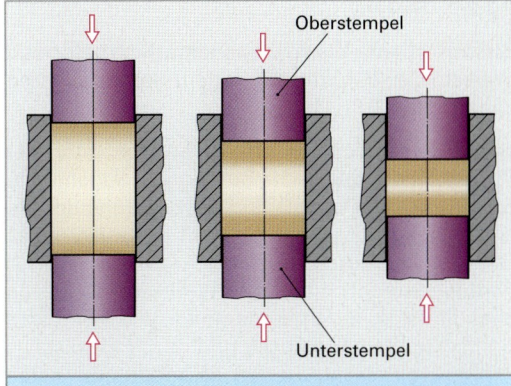

Bild 1: Verdichtung bei zweiseitiger Druckwirkung

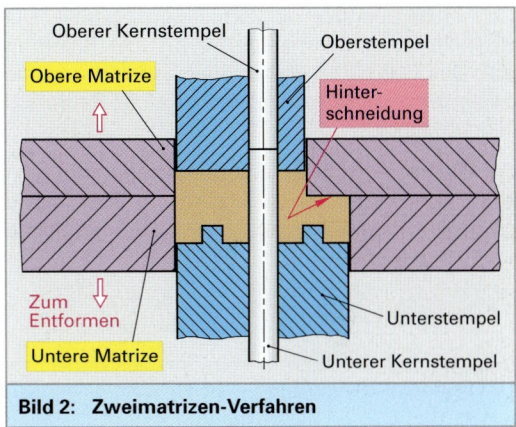

Bild 2: Zweimatrizen-Verfahren

---

[1] isostatisch = gleichermaßen wirkend, von griech. iso = gleich und statikos = zum Stillstand (ins Gleichgewicht) bringen

Aufgabe: Rotor (Bild 4)

Berechnen Sie die Pulvermenge, die für ein Werkstück zum Pressen bereitgestellt werden muss.

Lösung:

Pressfläche nach Zeichnung: $A = 991{,}87 \text{ mm}^2$

Volumen: $V = A \cdot h$

$V = 991{,}874 \text{ mm}^2 \cdot 42 \text{ mm} = 41658{,}874 \text{ mm}^3$

$V = 41{,}65 \text{ cm}^3$

Raumerfüllung nach Tabelle S. 124.

Bei Sint D30 R = 90 %

Dichte bei Stahl: $\rho = 7{,}85 \text{ g/cm}^3$.

Dichte bei Sint D30: $7{,}85 \text{ g/cm}^3 \cdot 0{,}9 = 7{,}0 \text{ g/cm}^3$

Masse: $m = \rho \cdot V = 7{,}0 \text{ g/cm}^3 \cdot 41{,}65 \text{ cm}^3 =$ **291,5 g**

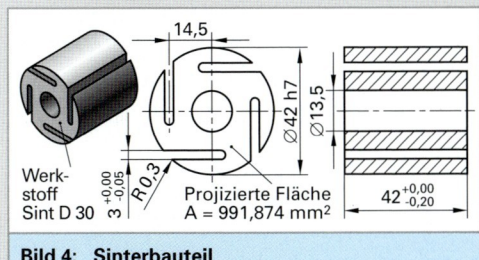

Bild 4: Sinterbauteil

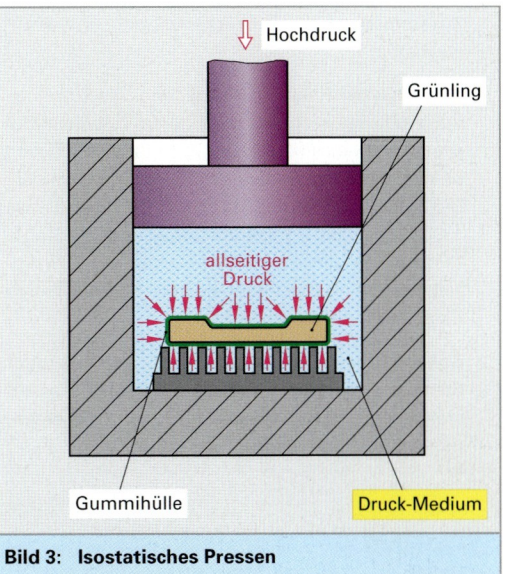

Bild 3: Isostatisches Pressen

2.2.2.3 Sintern

Sintern ist eine Wärmebehandlung vorgeformter Werkstücke (Grünlinge) unter Schutzgasatmosphäre **(Bild 1)**.

Hierbei entstehen aus adhäsiven Kontakten der Pulverkörner metallische Bindungen, sogenannte Sinterbrücken. Durch Diffusionsvorgänge und Rekristallisationsvorgänge entsteht ein völlig neues Gefüge. Der Stofftransport im Mikrobereich **(Bild 2)** wird hauptsächlich durch Gitterdiffusion, Oberflächendiffusion, durch Verdampfen und Kondensation sowie durch viskoses und durch plastisches Fließen verursacht. So gibt es neben den festen Phasen, welche die Bauteilgeometrie bestimmen, auch flüssige und gasförmige Phasen.

Der Sintervorgang beginnt schon weit unter der Schmelztemperatur der beteiligten Metalle. Die Kristallbildung weist keine bevorzugte Richtung auf. Das Gefüge ist daher quasi-isotrop und die Festigkeitseigenschaften sind in allen Raumrichtungen gleich.

Für Eisen, mit einer Schmelztemperatur von 1536 °C ist bereits beim Sintern mit 800 °C eine gewisse Bauteilfestigkeit mit Dehnungsbelastungen gegeben.

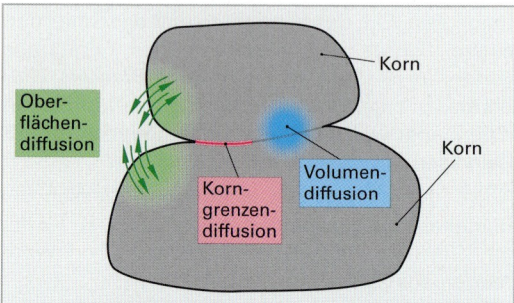

Bild 1: Sintern der Grünlinge

Bild 2: Stofftransport im Mikrobereich

$$\vartheta_{Sinter} = 0{,}75 \; \vartheta_{Schmelz}$$

ϑ_{Sinter} Sintertemperatur
$\vartheta_{Schmelz}$ Schmelztemperatur

Ablauf des Sintervorgangs:

- **Anfangsstadium bei etwa 500 °C.** Hier werden die Gleitmittel ausgebrannt. Das Porenvolumen wächst. Die Pulverteilchen erfahren einen ersten Zusammenhalt durch Brückenbildung und Kornwachstum.

- **Sintern in der Hochtemperaturzone.** Die einzelnen Pulverteilchen verbinden sich durch Volumendiffusion, Korngrenzdiffusion und Oberflächendiffusion **(Bild 3)**. Die Poren an der Oberfläche schließen sich. Die Sintertemperaturen (zwischen 750 °C und etwa 1300 °C, **Tabelle 1, folgende Seite**) und die Sinterzeitdauer werden je nach erwünschter Härte, Festigkeit und Zähigkeit der Bauteile gewählt **(Bild 4)**. Das Bauteil schwindet merklich.

- **Abkühlphase.** Auch die Abkühlung erfolgt unter Schutzgas (Exogas, Endogas, Stickstoff, Wasserstoff-Stickstoffgemisch) so dass keine Oxidation möglich ist.

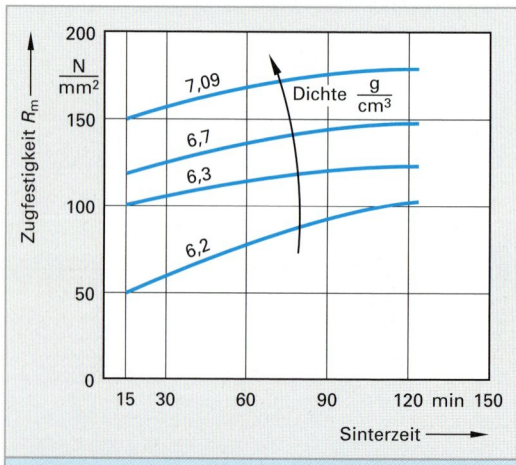

Bild 3: Grünlinge am Ofeneingang

Bild 4: Einfluss der Sinterzeit auf die Zugfestigkeit

---

[1] adhäsiv = anhaftend, von lat. adhaerere = anhaftend
[2] isotrop = nach allen Richtungen mit gleichen Eigenschaften, von griech. iso = gleich und trope = Wendung (Richtung)

Sinteröfen

Die Art der Sinteröfen richtet sich nach den erforderlichen Temperaturen, vor allem aber nach dem gewünschten Teiledurchsatz.

Man unterscheidet

- *Kammeröfen* für relativ geringe Teilemengen,
- *Banddurchlauföfen* für großen Teiledurchsatz **(Bild 1)**,
- *Hubbalkenöfen* bei hohen Sintertemperaturen und gleichzeitig großem Teiledurchsatz **(Bild 2)** und
- *Vakuumöfen* für das Sintern von Hartmetallen und Sonderlegierungen mit besonders geringem Porenanteil.

Bei den Banddurchlauföfen werden die Grünlinge direkt auf die Keramikplatten des Drahtförderbandes (aus hochtemperaturfestem Cr-Ni-Stahl) gelegt **(Bild 3)**. Der Teiledurchsatz liegt bei etwa 800 kg/h und der Temperaturbereich reicht bis 1150 °C.

Bei den Hubbalkenöfen sind die Sinterteile in Blechkästen und diese werden über den Hubbalken von der Vorwärmzone (Stearat-Abbrennzone) über die Hochtemperaturzone zur Kühlzone befördert.

Mit dem Anheben des Hubbalkens werden die Blechkästen gegriffen, mit der Vorwärtsbewegung des Hubbalkens diese allesamt auf einmal vorwärtsbewegt und dann durch das Absenken des Hubbalkens in der nun erreichten Ofenzone abgestellt.

Der Hubbalkenofen ermöglicht Sintertemperaturen bis etwa 1300 °C.

Tabelle 1: Sintertemperaturen

Werkstoffe	Sintertemperatur in °C
Aluminium-Legierungen	590 bis 620
Bronze	740 bis 780
Messing	890 bis 910
Eisen	1120 bis 1280
Eisen-Kohlenstoff	1120
Eisen-Kupfer	1120 bis 1280
Eisen-Kupfer-Nickel	1120 bis 1280
Eisen-Kupfer-Kohlenstoff	1120
Eisen-Mangan	1280
Eisen-Mangan-Kupfer	1120
Eisen-Chrom	1200 bis 1280
Eisen-Chrom-Kupfer	1200 bis 1280
Eisen-Chrom-Nickel	1200 bis 1280
Wolfram-Legierungen	1400 bis 1500
Hartmetalle	1200 bis 1400

Bild 2: Teilezufuhr am Bandofen

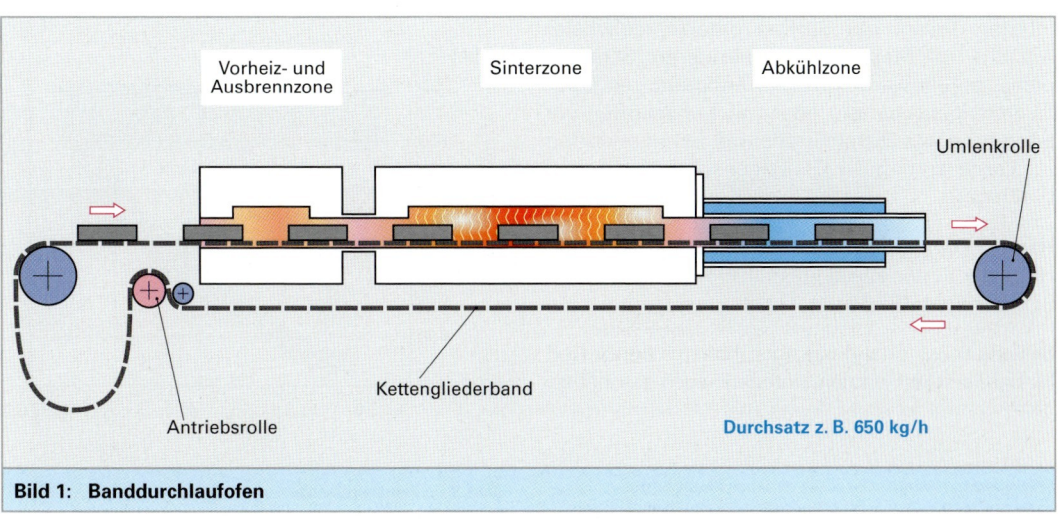

Bild 1: Banddurchlaufofen

2.2.2.4 Nachbehandlung

Kalibrieren[1]. Der Sintervorgang ist stets mit einer Volumenveränderung verbunden und so auch mit einer Maßveränderung und mit einer Formveränderung. Bei hohen Anforderungen an die Maß- und mit einer Formgenauigkeit werden die Sinterteile in Kalibrierpressen für 2 % bis 5 % Volumenanteile nachverdichtet. Neben der Formgenauigkeit erzielt man auch eine verbesserte Oberflächengüte **(Bild 1)**. Man erreicht Durchmessertoleranzen von IT6/IT7 und in Pressrichtung von etwa 0,1 mm. Durch das Nachverdichten steigt die Festigkeit und die Härte, bedingt durch eine innere Kaltverfestigung und ein Kaltverschweißen.

Zweifachsintern. Für Bauteile mit besonders hohen Anforderungen hinsichtlich Festigkeit, Härte und Dichtheit wird nachgesintert, z. B. bei etwa 800 °C **(Bild 2)**. Bei diesem nochmaligen Sintern werden die Kaltverfestigungen des vorangegangenen Nachpressens aufgehoben und man kann in einem weiteren Pressvorgang nochmals die Bauteildichte erhöhen, z. B. bei Bauteilen aus Eisenpulver von 7,1 g/cm³ auf 7,4 g/cm³.

Sinter-Schmieden. Einen noch höheren Dichtebereich (etwa 7,8 g/cm³) erreicht man erst durch „Sinter-Schmieden". Hierbei wird das heiße Bauteil aus der Sinterhitze heraus einer Warmumformung unterworfen. Die Restporosität verliert sich, wenn dieser Umformvorgang oberhalb der Rekristallisationstemperatur des Werkstoffs vorgenommen wird. Sinter-Schmiede-Teile sind dicht. Die Bauteileigenschaften sind vergleichbar mit üblichen Schmiedewerkstücken.

Infiltrieren und Tränken. Durch Infiltrieren kann der Porenraum, insbesondere bei einfach gesinterten Teilen, mit Stoffen unterschiedlichster Art, z. B. mit Metallen mit niedrigerem Schmelzpunkt, gefüllt werden (zur Veränderung der Oberflächeneigenschaften) oder mit Kunststoffen zur Erlangung von Dichtheit oder mit Schmierstoffen zur Verbesserung der Gleiteigenschaften z. B. bei Gleitlagern.

Härten. Durch eine Wärmebehandlung kann die Härte der Sinterteile eingestellt werden z. B. durch Einsatzhärten **(Bild 3)**.

Schleifen. Zur Erlangung noch höherer Form- und Maßgenauigkeit werden Sinterteile auch geschliffen.

---

[1] Kalibrieren = Werkstück auf ein genaues Maß bringen, von arabisch: *qualib* = Schusterleisten (eigentliches Fußmaß)

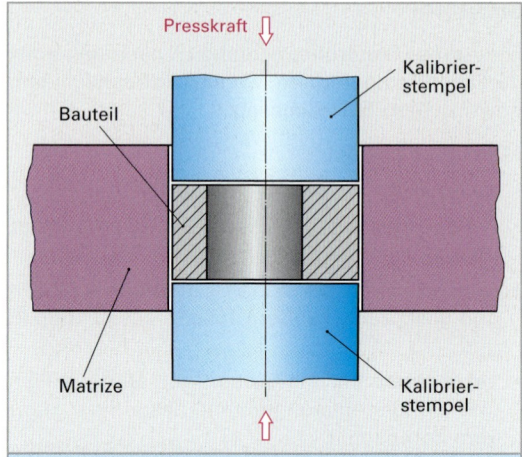

Bild 1: Nachverdichten (Kalibrieren)

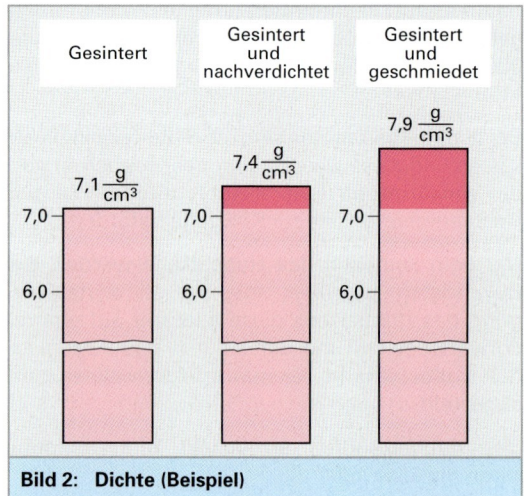

Bild 2: Dichte (Beispiel)

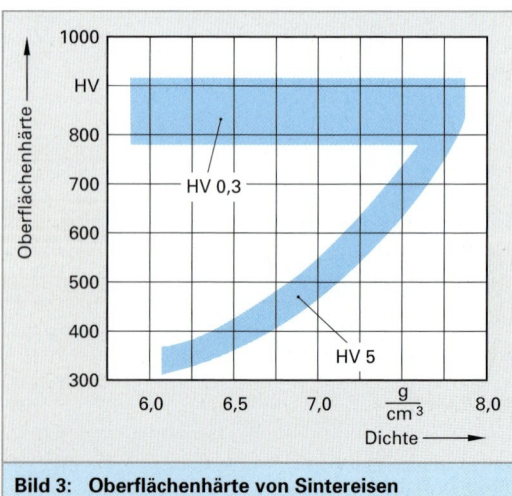

Bild 3: Oberflächenhärte von Sintereisen

2.2.3 Pulvermetallurgisches Spritzgießen

Das Spritzgießen (engl. Metal Injection Molding MIM), ähnlich dem Spritzgießen in der Kunststofftechnik und im Keramikbereich, kann auch mit Metallpulvern ausgeführt werden **(Bild 1)**.

In dieser Technik lassen sich besonders auch kleine und filigrane Metallbauteile herstellen. Das Verfahren ist für Großserienteile geeignet und liefert fast einbaufertige Bauteile.

Die Spritzgussmasse besteht aus Kunststoffpulver als Plastifizier- und Bindemittel und aus Metallpulvern. Der Verfahrensablauf gliedert sich in:

- Mischen der Metallpulver, Bindemittel und Plastifiziermittel,
- Spritzgießen,
- Austreiben der Bindemittel und Plastifiziermittel,
- Sintern und evtl.
- Nachbearbeiten.

Die verwendeten Metallpulver sind recht fein (Teilchengröße < 35 µm). Als Bindemittel und als Plastifiziermittel werden sowohl thermoplastische als auch duroplastische Polymere (Kunststoffe) verwendet.

Der Anteil dieser Zusatzstoffe ist relativ groß und beträgt bis 50 %. Notwendig sind die hohen Anteile um ein gutes Fließen durch die Spritzgießdüse **(Bild 1)** zu erhalten.

Der Binder ist notwendig um die Bauteile nach dem Spritzgießen gut und sicher handhaben zu können. Vor dem Sintern werden in einer ersten Erwärmungsstufe die Binde- und Plastifiziermittel restlos durch das porige Gefüge ausgetrieben, während erste Sinterbrücken entstehen und den stofflichen Zusammenhalt leisten. Das Austreiben erfolgt meist durch Verdampfen, aber auch durch thermisches Zersetzen.

Während des Sintervorganges schwindet nun das Bauteil in allen drei Raumrichtungen um jeweils bis zu 20 %.

Entsprechend vergrößert müssen die Bauteile geformt werden. Die Restporosität liegt bei etwa 5 Volumenprozent.

Als Werkstoffe sind ähnlich der Pulvermetallurgie mit Verpressen eine Vielzahl von Metallen und Metalllegierungen üblich: niedrig legierte bis hoch legierte Stähle, Hartmetalle, Nickel- und Kobaltlegierungen. Die Bauteilabmessungen reichen bis zu etwa 100 mm und die Stückgewichte bis etwa 50 g.

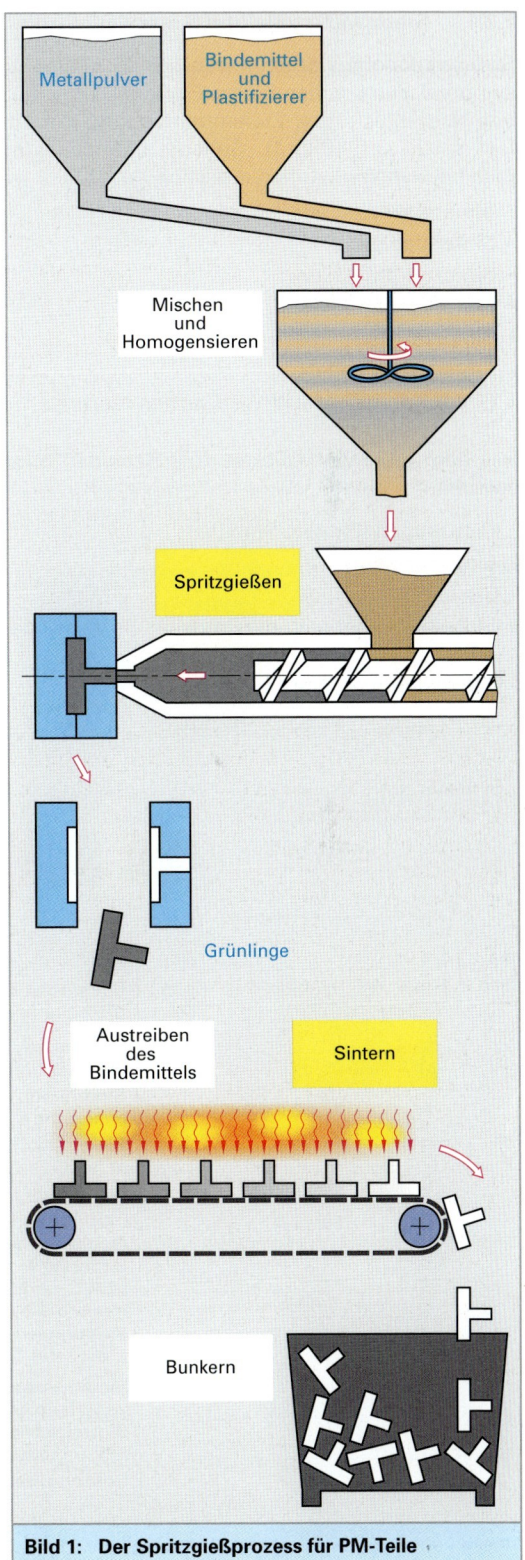

Bild 1: Der Spritzgießprozess für PM-Teile

2.2.4 Sinterwerkstoffe und Sinterwerkstücke

Sinterwerkstoffe werden in Klassen (Buchstabensymbole) entsprechend ihrer Porosität eingeteilt und hinsichtlich ihrer Zusammensetzung mit Ziffern spezifiziert **(Bild 1)**. Generell unterscheidet man bei den Werkstoffen zwischen

- Sintereisen,
- Sinterstählen,
- Sinterbuntmetallen,
- Sinterleichtmetallen,
- Sinterschwermetallen,
- Sinterhartmetallen,
- Sinter-Keramik-Metall-Werkstoffen (Cermets).

Bei den Sinterwerkstücken unterscheidet man zwischen

- Halbzeugen (Platten, Stäbe),
- Sinterformteilen,
- Sinterlager,
- Sinterfilter (hier wird die Porosität als Vorteil genutzt),
- Permanentmagnete.

2.2.5 Gestaltung von Sinterbauteilen

Ähnlich wie bei Gussteilen können Bauteile mit Hinterschneidungen und Bohrungen nicht ohne Weiteres hergestellt werden. In diesen Fällen muss die Form zusätzlich geteilt werden und für Bohrungen müssen Schieber eingebracht werden.

Auch zum leichteren Ausformen der Grünlinge sind die Bauteile mit Ausformschrägen zu versehen und sie sind so zu gestalten, dass die Grünlinge handhabbar sind und nicht bei kleinsten Belastungen brechen oder ausbrechen. Es sind also z. B. spitz zulaufende Konturen und dünne Stege zu vermeiden.

> **Wiederholung und Vertiefung**
> 1. Welche Verfahren gibt es zur Herstellung von Metallpulvern?
> 2. Nennen Sie die einzelnen Arbeitsgänge zur Herstellung von Sinterbauteilen.
> 3. In welchen Fällen benötigt man zum Pressen der Grünlinge mehrere Stempel?
> 4. In welchen drei Phasen verläuft der Sinterprozess?

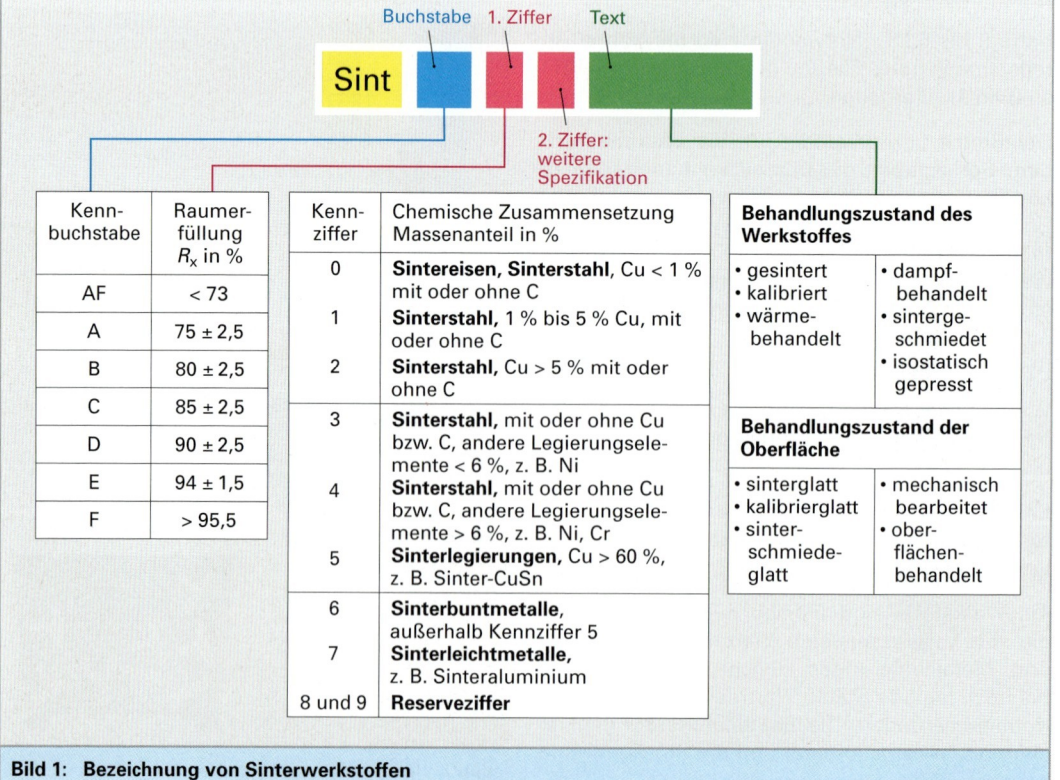

Bild 1: Bezeichnung von Sinterwerkstoffen

2.3 Umformtechnik

2.3.1 Übersicht

Umformen ist das Fertigen durch bildsames (plastisches) Ändern der Form eines festen Körpers (DIN 8580). Dabei bleibt die Werkstückmasse erhalten. Die Umformverfahren zählen zu den spanlosen Fertigungsverfahren.

Eingeteilt werden die Umformverfahren in fünf Gruppen **(Tabelle 1, folgende Seite)**:

a) *Druckformen* mit den Verfahren:

Walzen, Freiformen, Gesenkformen **(Bild 1)**, Eindrücken und Durchdrücken,

b) *Zugdruckumformen* mit den Verfahren:

Durchziehen, Tiefziehen, Kragenziehen, Drücken und Knickbauchen,

c) *Zugumformen* mit den Verfahren:

Längen, Weiten und Tiefen,

d) *Biegen*,

e) *Schubumformen*.

Bild 1: Gesenkschmieden einer Kurbelwelle mit Schmiedehammer

Neben dieser Einteilung, nach Art des im Werkstück herrschenden Spannungszustandes, gibt es noch eine Einteilung nach der Temperatur, bei welcher der Umformvorgang erfolgt (DIN 8582):

- Umformen oberhalb der Rekristallisationstemperatur → *Warmformgebung*,
- Umformen unterhalb der Rekristallisationstemperatur → *Kaltformgebung*.

Des Weiteren wird häufig unterschieden nach Art des Ausgangsmaterials. Liegt das Ausgangsmaterial als Blech vor, so spricht man von *Blechumformung*, sonst von *Massivumformung*. Dementsprechend gibt es dann das Kaltmassivumformen, z. B. das Prägen und das Warmmassivumformen, z. B. das Schmieden **(Bild 2)**.

Bild 2: Gesenkschmiedeteile

Die Warmumformung erfordert geringere Kräfte und ermöglicht höhere Formänderungen als das Kaltumformen, führt aber meist zu Zunderbildung **(Bild 3)**.

Die Kaltumformung führt zur Kaltverfestigung des Werkstoffs. Dies ist oft erwünscht, wenn nicht, so ist eine nachfolgende Wärmebehandlung erforderlich.

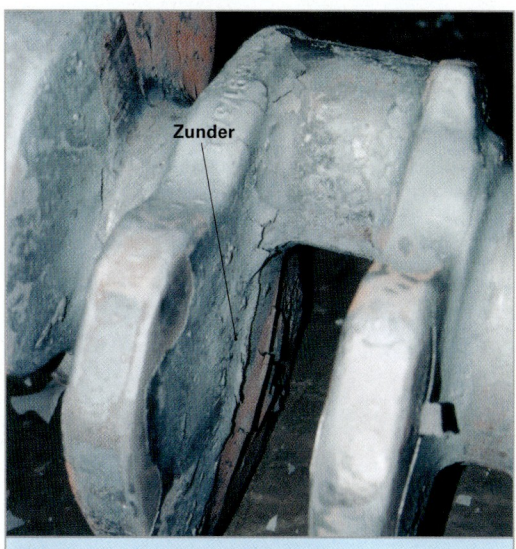

Bild 3: Zunder an einer Kurbelwelle

> Die Warmumformung hat oft eine Verzunderung zur Folge. Bei Kaltumformung entsteht meist eine Werkstoffverfestigung.

Tabelle 1: Umformverfahren

Druckumformen DIN 8583 Bl 1	Zugdruckumformen DIN 8584 Bl 1	Zugumformen DIN 8585	Biegeumformen DIN 8586	Schubumformen DIN 8587
Der plastische Zustand wird durch eine Druckbeanspruchung herbeigeführt.	Der plastische Zustand wird durch eine Zug- und Druckbeanspruchung herbeigeführt.	Der plastische Zustand wird durch eine Zugbeanspruchung herbeigeführt.	Der plastische Zustand wird durch eine Biegebeanspruchung herbeigeführt.	Der plastische Zustand wird durch eine Schubbeanspruchung herbeigeführt.
Walzen — Profilwalze	**Tiefziehen** — Ziehstempel, Niederhalter, Werkstück, Ziehring	**Längen** — Spannzange, Werkstück	**Freies Biegen** — Niederhalter, Stempel, Werkstück, Werkstückauflage	**Verschieben** — Werkzeug, Werkstück
Gesenkformen (Schmieden) — Knetbacke, Knetbacke	**Drücken** — Drückform (Drückfutter), Werkstück, Drückstab, Gegenhalter	**Weiten** — Dorn, Werkstück	**Gesenkbiegen** — Stempel, Werkstück, Biegegesenk	**Verdrehen** — Werkstück, ψ
Eindrücken — Prägestempel	**Durchziehen** — Stopfen (Dorn), Ziehring, Werkstück	**Tiefen** — Spannzange, Werkstück, Formbock	**Rundbiegen** — Werkstückanlage, Werkstück, Biegedorn, Klemmvorrichtung	

2.3.2 Geschichtliche Entwicklung

Seit die Menschheit im Besitz von Metallen ist, gibt es die Umformtechnik. So wurde in allerfrühester Zeit, vor mehr als 10000 Jahren, Gold durch Schmieden zu Schmuck verarbeitet. In der Bronzezeit (vor etwa 5000 Jahren) hat man durch *Hämmern* einerseits Gebrauchsgegenstände wie Schüsseln und Schwerter geformt **(Bild 1)** und andererseits die Schmiedetechnik dazu verwendet, die Gegenstände zu glätten und das Metall zu verfestigen, um dieses so in seiner Eigenschaft zu verbessern.

Bild 1: Keltischer Kessel, gehämmert

In der Eisenzeit, vor über 2000 Jahren, ist das Schmieden zu einer hohen Handwerkskunst herangereift. In Abbildungen zur griechischen Mythologie wird *Hephaistos* als Gott der Schmiedekunst in vielfältiger Weise dargestellt (Bild 1, Seite 10). Siehe auch die „*Schmiede des Hephaistos*" **(Bild 2)**, bzw. in der römischen Darstellung die „*Schmiede des Vulkan*".

Es haben sich sodann bis zum Mittelalter vielfältige Handwerksberufe daraus entwickelt, wie z. B. der Hufschmied, Nagelschmied, Pflugschmied.

Zunehmende Werkstückgewichte und der Zwang zum rationellen Herstellen geschmiedeter Massenwaren haben zur Entwicklung maschinell betätigter Hämmer geführt. Es entstanden Hammerwerke mit *Schwanzhämmern* **(Bild 3)**, die über Wasserräder angetrieben wurden.

Bild 2: Antike Szene: Hephaistos und Thetis[1]

Neben dem Schmieden ist das *Prägen* ebenfalls eine sehr alte Umformtechnik, insbesondere das Münzprägen. Mit einem feingeführten Prägestempel wurden die Münzen in ein Gesenk eingeschlagen und erhielten ihre Form und Wertzuweisung durch die Gesenkgravur.

Wurden sowohl beim Schmieden als auch beim Prägen ursprünglich die hohen Umformkräfte aus der kinetischen Energie des Schlagwerkzeuges abgeleitet, so hat sich dies mit der zunehmenden Verbesserung der maschinellen Antriebstechnik gewandelt, indem die Kräfte als Druck- und Zugkräfte über Hydraulikzylinder, Kurbeln oder Spindeln am Werkstück wirksam werden.

Auch das Drahtziehen ist eine sehr alte Technik. Es wurde bereits vor mehr als 4000 Jahren in Ägypten und Mesopotamien zur Herstellung von Schmuck angewandt.

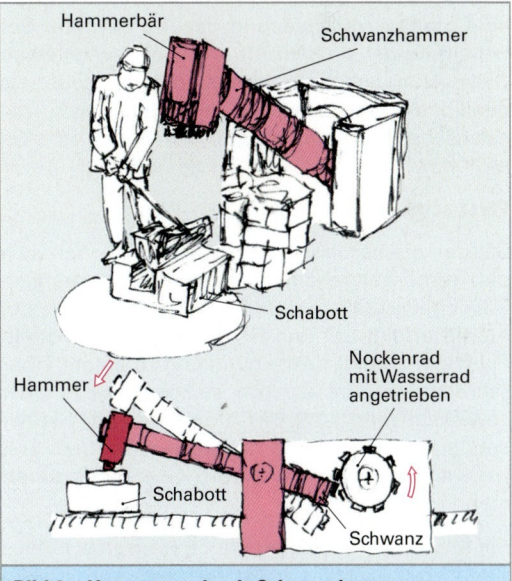

Bild 3: Hammerwerk mit Schwanzhammer

---

[1] Auf einer attisch-griechischen Schale (um 480 v. Chr.) ist der griech. Gott des Feuers, *Hephaistos* dargestellt, wie er geschmiedete Waffen für *Achill* an *Thetis* (*Achills* Mutter) übergibt.
In *Homers* Epos *Illias* wird die griechische Schmiedekunst des *Hephaistos* ausführlich beschrieben (kleiner Auszug):
...
*Wand in das Feuer die Bälg' und hieß sie mit Macht arbeiten,
Zwanzig bliesen zugleich die der Blasebälg' in die Öfen,
Allerlei Hauch aussendend des glutanfachenden Windes,*
...

*Erst nun formt er den Schild, den ungeheueren und starken,
Ganz ausschmückend mit Kunst. Ihn umzog mit schimmerndem
Dreifach und blank, und fügte das silberne schöne Gehenk an.
Aus fünf Schichten gedrängt war der Schild selbst; oben darauf nun
bildet er mancherlei Kunst mit erfindungsreichem Verstande.*
...

2.3.3 Metallkundliche Grundlagen

Die Umformbarkeit der metallischen Werkstoffe basiert auf deren kristallinen Struktur. Die kleinste Einheit eines Kristalls ist die Elementarzelle. Die wichtigsten Grundformen bei Metallen sind die *kubisch raumzentrierte, die kubisch flächenzentrierte* und die *hexagonale* Elementarzelle[1] **(Bild 1)**. Bei Formänderungen werden große Bereiche von Elementarzellen gegeneinander verschoben. Dieses Verschieben erfolgt auf sogenannten Gleitebenen. Die *kubisch flächenzentrierten* Metalle (kfz) wie z. B. Aluminium, Nickel, Kupfer und γ-Eisen haben gegenüber den *kubisch raumzentrierten* Metallen (krz) wie z. B. Chrom, Wolfram, oder α-Eisen eine größere Packungsdichte und besitzen daher die meisten Gleitebenen. Deshalb lassen sich kubisch flächenzentrierte Metalle besser verformen als kubisch raumzentrierte Metalle, oder solche mit hexagonaler Gitterstruktur.

Die Umformung eines Körpers erfolgt durch die Wirkung äußerer Kräfte auf den umzuformenden Werkstoff. Diese Kräfte führen zu *elastischen* und auch zu *plastischen* Formänderungen **(Bild 2)**.

Bildet sich ein Körper nach dem Einwirken der Kräfte in seine Ausgangsform zurück, sprechen wir von einer *elastischen*, sonst von einer *plastischen*, d. h. bleibenden Formänderung. Die elastische Formänderung verursacht im Werkstoff eine geringe Verschiebung der Atome unter Beibehaltung der stabilen Atom-Gleichgewichtslage. Diese Atomverschiebungen sind nicht größer als der übliche Atomabstand. Beschrieben wird die elastische Verformung durch das *Hooke'sche Gesetz*[2] bzw. die Hooke'sche Gerade **(Bild 3)**.

Plastische Verformung

Bei der *plastischen Verformung* verschieben sich die Atome weitgehend bis zu einer neuen stabilen Gleichgewichtslage **(Bild 3)**. Das Verschieben der Atome erfolgt auf den Gleitebenen der Kristalle. Führt die äußere Krafteinwirkung zu einem Überschreiten der Streckgrenze, so kommt es zu einer gewissen Unordnung der Atome und der Gleitwiderstand zwischen den Kristallen nimmt ab. Erst zur weiteren Verformung wird eine etwas zunehmende Kraft benötigt.

Bei Krafteinwirkung über die Streckgrenze hinaus „fließt" das Metall – es ist fast wie eine Flüssigkeit – und kann gut „in Form" gebracht werden.

[1] s. Anhang
[2] *Robert Hooke* (1635 bis 1703), engl. Physiker

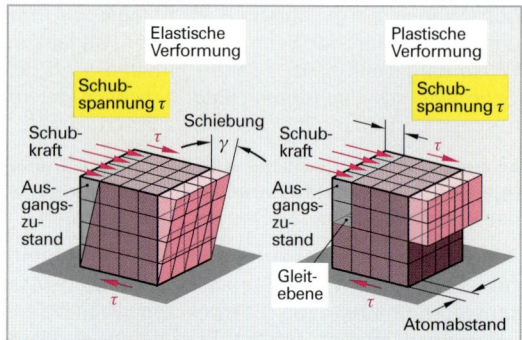

Bild 1: Elementarzellen bei Metallen und mögliche Gleitrichtungen

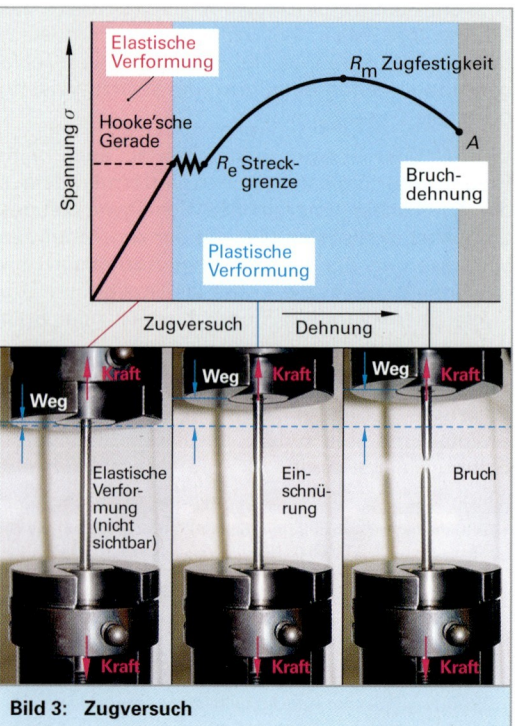

Bild 2: Modelldarstellung für die elastische und plastische Verformung

Bild 3: Zugversuch

Kaltverfestigung

Nimmt man die Krafteinwirkung zurück, so stellt man eine Festigkeitssteigerung fest. Die Atome der Gleitschichten blockieren ein Verschieben. Man spricht von Kaltverfestigung (**Bild 1**). Die großen Kristalle mit ausgeprägten Korngrenzen verschwinden. Kaltverfestigung behindert eine wiederholte Umformung. Die notwendigen Umformkräfte würden stark ansteigen und die Umformwerkzeuge stark beansprucht werden. Die Kaltverfestigung wird bei der *Kaltformgebung* meist gezielt zur Verbesserung der Werkstoffeigenschaften genutzt.

Rekristallisation

Die Wiederherstellung eines regulären Metallgitters gelingt durch Erwärmen. Hierdurch werden die Metallatome verstärkt in Schwingungen versetzt und die *Versetzungen*, die beim Umformen entstanden sind, gehen zurück. Man spricht von *Rekristallisation* (**Bild 2**).

Bei Eisen-Kohlenstoff-Legierungen erfolgt die Rekristallisation im Bereich von 400 °C bis 580 °C und ist durch einen starken Abfall der Härtewerte gekennzeichnet. Die Neustrukturierung der Metallkristalle kann mikroskopisch beobachtet werden. Im Gefüge verschwinden die gestreckten und deformierten Kristalle. Bei längerem Glühen kommt es zu Vergrößerungen einzelner Kristalle.

Anisotropie

Kristalle haben richtungsabhängig, nämlich hinsichtlich der räumlichen Orientierung ihres Atomgitters, unterschiedliche Festigkeitseigenschaften und somit Verformungseigenschaften. Kommen die Kristallorientierungen statistisch wahllos verteilt in einem Werkstoff vor, so hat dieser Werkstoff nach allen Richtungen gleiche Eigenschaften. Er verhält sich *isotrop*[1].

Sind aber die einzelnen Kristallorientierungen nicht statistisch wahllos verteilt, sondern haben durch die Vorgeschichte des Werkstoffs Vorzugsorientierungen, z. B. durch Umformen, Erwärmen, so verhält sich der Werkstoff *anisotrop*[2], also hinsichtlich seiner Eigenschaften richtungsabhängig. Das ist dann besonders ausgeprägt, wenn der Werkstoff nur wenige Gleitrichtungen besitzt, wie z. B. bei einer hexagonalen Gitterstruktur.

Das *anisotrope* Fließverhalten zeigt sich z. B. beim *Napfziehen* mit rundem Stempel aus einer Ronde (rundes Blechteil) (**Bild 3**). Man beobachtet eine Zipfelbildung.

---

[1] isotrop = nach allen Richtungen mit gleichen Eigenschaften, von griech. iso = gleich und trope = Wendung (Richtung)
[2] anisotrop = nicht isotrop, griech. a ... bzw. an ... = nicht (verneinend)

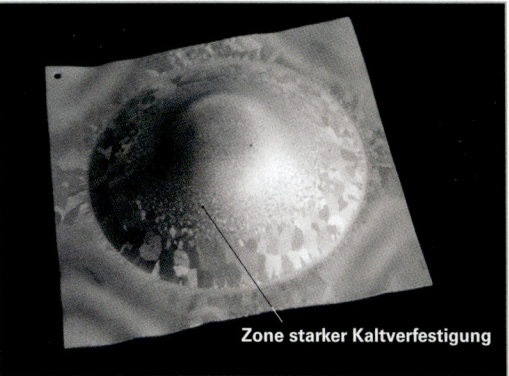

Bild 1: Kaltverfestigung bei aluminiertem Stahlblech

Bild 2: Kupfer (Schliffbild)

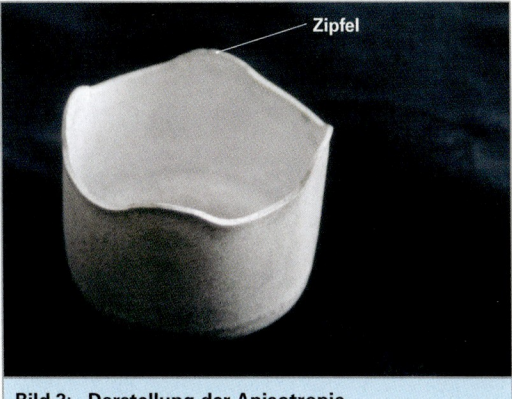

Bild 3: Darstellung der Anisotropie

2.3.4 Kenngrößen und Eigenschaften

Umformgrad

Bei der Umformung ändert sich die äußere Geometrie eines Werkstoffes, wobei das Werkstoffvolumen weitgehend unverändert bleibt. Man spricht von *Volumenkonstanz*. Unter der Annahme der Volumenkonstanz gilt für einen quaderförmigen Probekörper **(Bild 1)** mit den Abmessungen b_0, h_0, l_0 vor der Umformung und b_1, h_1, l_1 nach der Umformung für die Volumen:

$$V_1 = V_0 \rightarrow b_1 \cdot h_1 \cdot l_1 = b_0 \cdot h_0 \cdot l_0$$

Daraus folgt:

$$\frac{V_1}{V_0} = \frac{b_1}{b_0} \cdot \frac{h_1}{h_0} \cdot \frac{l_1}{l_0} = 1$$

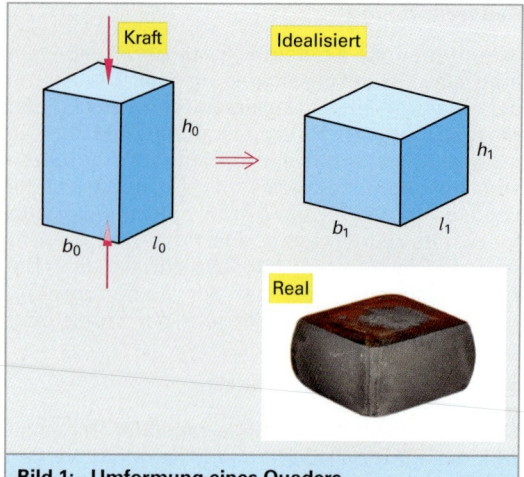

Bild 1: Umformung eines Quaders

Durch Logarithmieren erhält man die Umformgrade

$$\ln\left(\frac{b_1}{b_0} \cdot \frac{h_1}{h_0} \cdot \frac{l_1}{l_0}\right) = \ln\frac{b_1}{b_0} + \ln\frac{h_1}{h_0} + \ln\frac{l_1}{l_0} = \varphi_b + \varphi_h + \varphi_l$$

Wegen $\ln 1 = 0$ gilt:

$$\varphi_b + \varphi_h + \varphi_l = 0$$

- φ_b Breitungsgrad
- φ_h Stauchungsgrad
- φ_l Streckgrad

> Bei der Umformung bleibt das Werkstoffvolumen konstant.

Die Summe der logarithmischen Formänderungen: Breitungsgrad, Stauchungsgrad, Streckgrad ist Null. Bei Verlängerung ist φ positiv und bei Verkürzung negativ.

Erfolgt die Umformung in Stufen, z. B. in Höhenrichtung in 3 Stufen mit den Höhen h_1, h_2, h_3, so ergibt sich der Gesamtumformgrad:

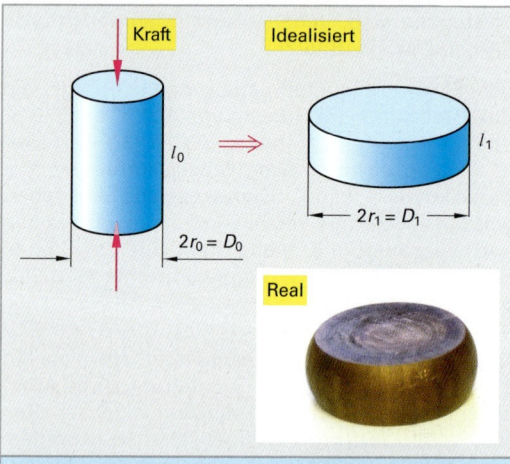

Bild 2: Umformung eines Zylinders

$\varphi_{hgs} = \varphi_{h1} + \varphi_{h2} + \varphi_{h3}$ mit

$$\varphi_{h1} = \ln\frac{h_1}{h_0}, \quad \varphi_{h2} = \ln\frac{h_2}{h_1}, \quad \varphi_{h3} = \ln\frac{h_3}{h_2}$$

> Der Gesamtumformgrad bei mehrstufiger Umformung ist gleich der Summe der Einzelumformgrade.

Für einen zylindrischen Körper **(Bild 2)** ist der axiale Umformgrad $\varphi_l = \ln\frac{l_1}{l_0}$ und der radiale Umformgrad $\varphi_r = 2\ln\frac{r_1}{r_0} = 2\ln\frac{D_1}{D_0}$

Tatsächlich erfolgt durch Reibungskräfte am Druckstempel und an der Probenauflage eine Ausbauchung am Werkstück **(Bild 3)**.

Bild 3: Stauchversuch für einen zylindrischen Probekörper

2.3 Umformtechnik

Fließspannung

Mit wahrer Spannung k_f bezeichnet man das Verhältnis der Kraft F auf die momentan vorhandene Fläche A eines Probekörpers bei plastischer Verformung **(Bild 1)**:

$$k_f = \frac{F}{A}$$

- k_f wahre Spannung
- F Kraft
- A Querschnittsfläche

Plastischer Werkstofffluss entsteht, sobald die mechanischen Spannungen im Werkstoff den Wert der Fließspannung k_f erreichen.

Im Unterschied zur einachsigen Zug- oder Druckbeanspruchung ist der Spannungszustand im Umformwerkstoff mehrachsig. Man rechnet daher mit einer korrigierten, einachsigen Vergleichsspannung σ_V.

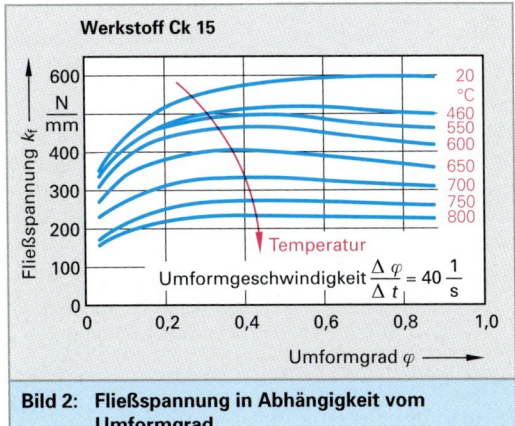

Bild 1: Ermittlung der Fließspannung im Zugversuch

Plastischer Werkstofffluss tritt ein für:

$$\sigma_V = k_f$$

- σ_V Vergleichsspannung
- k_f Fließspannung (Umformfestigkeit)

Die Fließspannung k_f hängt ab:

- vom Werkstoff,
- vom Umformgrad **(Bild 2)**,
- von der Temperatur **(Bild 3)**,
- von der Vorgeschichte des Werkstoffs und
- von der Umformgeschwindigkeit.

Die *Werkstoffzusammensetzung*, die *Wärmebehandlung* und die aktuelle *Korngröße* des Werkstoffes bestimmen wesentlich die Fließspannung. Legierungselemente, wie z. B. Molybdän, Nickel und Chrom, sowie Kohlenstoff (bis 0,6 %) wirken auf die Fließspannung bei Raumtemperatur (Kaltformung) erhöhend.

Mit zunehmendem Umformgrad steigt bei Raumtemperatur die Fließspannung prinzipiell an, allerdings sehr unterschiedlich bei den einzelnen Metallen und Metalllegierungen **(Bild 2)**.

Mit zunehmender Temperatur nimmt die Fließspannung stark ab und ist bei Warmformtemperatur weitgehend unabhängig vom Umformgrad **(Bild 3)**.

Bei Warmformtemperatur ist die Fließspannung weitgehend unabhängig vom Umformgrad.

Bild 2: Fließspannung in Abhängigkeit vom Umformgrad

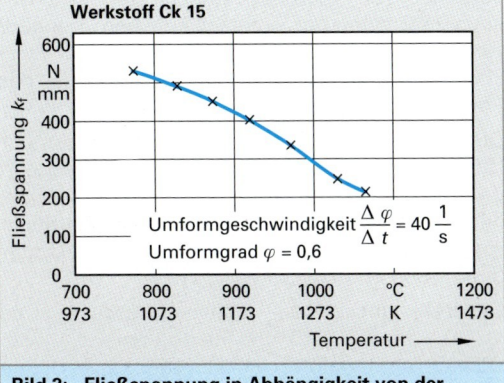

Bild 3: Fließspannung in Abhängigkeit von der Temperatur

Umformarbeit

Die Umformarbeit W ergibt sich aus der Umformkraft F multipliziert mit dem Umformweg s. Da die Umformkraft sich während der Umformung verändert ist die Umformarbeit durch Integration zu bestimmen: $\Delta W = F \cdot \Delta s \rightarrow W = \int F\,ds$.

Die ideelle Umformarbeit W_{id} kann man aus dem Volumen, der mittleren Fließspannung und dem Umformgrad in Richtung der Fließspannung bestimmen:

$$W_{id} = V \cdot k_{fm} \cdot \varphi$$

W_{id} ideelle Umformarbeit
V Werkstoffvolumen
k_{fm} mittl. Fließspannung
φ Umformgrad

Hierbei unberücksichtigt sind Reibungsarbeit (zwischen Werkstoff und Werkzeug) und innere Schiebungsarbeit. So ergibt sich der Umformwirkungsgrad:

$$\eta = \frac{W_{id}}{W}$$

W_{id} ideelle Umformarbeit
W Umformarbeit
η Umformwirkungsgrad mit $\eta = 0{,}1 \ldots 0{,}7$ je nach Umformverfahren

Hierbei ist insbesondere die Reibungsarbeit von starkem Einfluss. Sie zu mindern ist die Aufgabe der Werkzeugoptimierung und der Schmierung. Hohe Wirkungsgrade ermöglichen längere Werkzeugstandzeiten.

> Die Umformarbeit ist proportional zum umformenden Werkstoffvolumen, zur Fließspannung und zum Umformgrad.

Formänderungsvermögen

Unter dem Formänderungsvermögen eines Werkstoffs versteht man den Umformgrad bei Erreichen einer Bruchgrenze. Hierzu wählt man meist vereinfachend einen Zugversuch oder Stauchversuch und zwar bei unterschiedlichen Temperaturen. Je höher der Umformgrad bis zum Erreichen der Bruchgrenze ist, umso größer ist das Formänderungsvermögen.

Die Eignung des Werkstoffs für die Umformbarkeit kann man am Zugversuch und dem zugehörigen Einschnürverhalten des Werkstoffs erkennen (**Bild 1**) und für die Blechumformung durch eine Rasterausmessung vor und nach der Umformung (**Bild 2**).

Generell gilt, dass kohlenstoffarme Stähle (0,2 % C bis 0,3 % C) und niedriglegierte Stähle leichter kaltumgeformt werden können als Stähle mit höherem Kohlenstoffanteil. Auch die erforderlichen Umformkräfte sind hier niedriger (**Bild 3**).

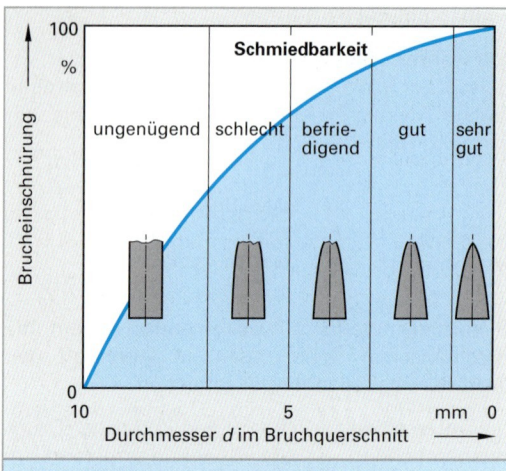

Bild 1: Brucheinschnürung als Maß für das Formänderungsvermögen

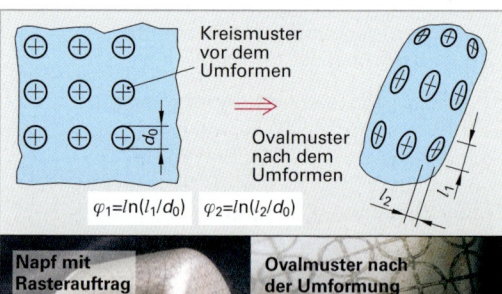

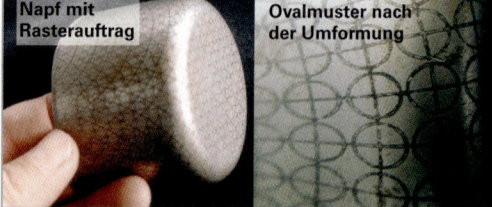

Bild 2: Rasterauftrag und Vermessung zum Formänderungsvermögen bei Blechen

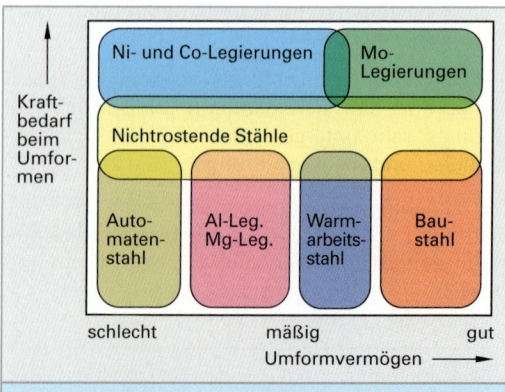

Bild 3: Kraftaufwand und Formänderungsvermögen

2.3.5 Druckformen

2.3.5.1 Warmwalzen

Nach dem Erschmelzen, z. B. von Stahl, wird dieser durch Warmwalzen zu Halbzeugen oder zu Fertigprodukten umgeformt (**Bild 1**). Der Ablauf ist z. B. so, dass Roheisen mit Schrott im LD-Stahlwerk[1] zu Rohblöcken bzw. meist zu Rohbrammen vergossen werden. Diese werden erforderlichenfalls nach dem Abtrennen von lunkerbehaftetem Kopf- und Fußende und nach dem Entzundern, dem Blockwalzwerk bzw. Brammenwalzwerk zugeführt. Es entstehen Vorblöcke bzw. Vorbrammen. Über ein Knüppelwalzwerk, Breitbandwalzwerk, oder Grobblechwalzwerk entstehen Knüppel, Breitbänder und Grobbleche. Die nächsten Walzstufen sind Rohwalzwerke, Drahtwalzwerke, Feinstahlwalzwerke, Kaltbandwalzwerke mit den Fertigprodukten nahtlose Rohre, Draht, Stabstahl, Feinstahl und Profilerzeugnisse wie Eisenbahnschienen.

2.3.5.2 Der Vorgang des Walzens

Der Walzspalt. Beim Walzen wird in den Walzspalt, das ist der Raum zwischen zwei gegensinnig laufenden Walzen, das Walzgut hineingezogen. Der Walzspalt ist um die Höhe Δh geringer, als das Walzgut dick ist (**Bild 2**). Durch das Walzen entsteht so eine Dickenabnahme um Δh, meist gleichmäßig aufgeteilt um $\Delta h/2$ für die Oberseite und die Unterseite.

---

[1] LD wurde benannt nach den Orten Linz und Donawitz. Es ist ein Verfahren zur Stahlerzeugung, bei welchem Sauerstoff mit einer Lanze auf die Schmelze geblasen wird.

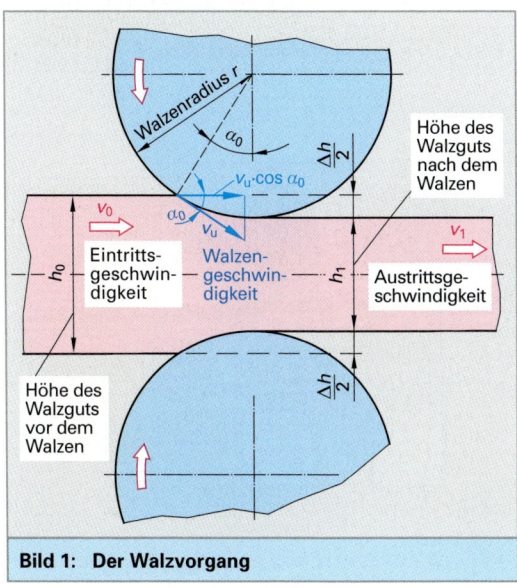

Bild 1: Der Walzvorgang

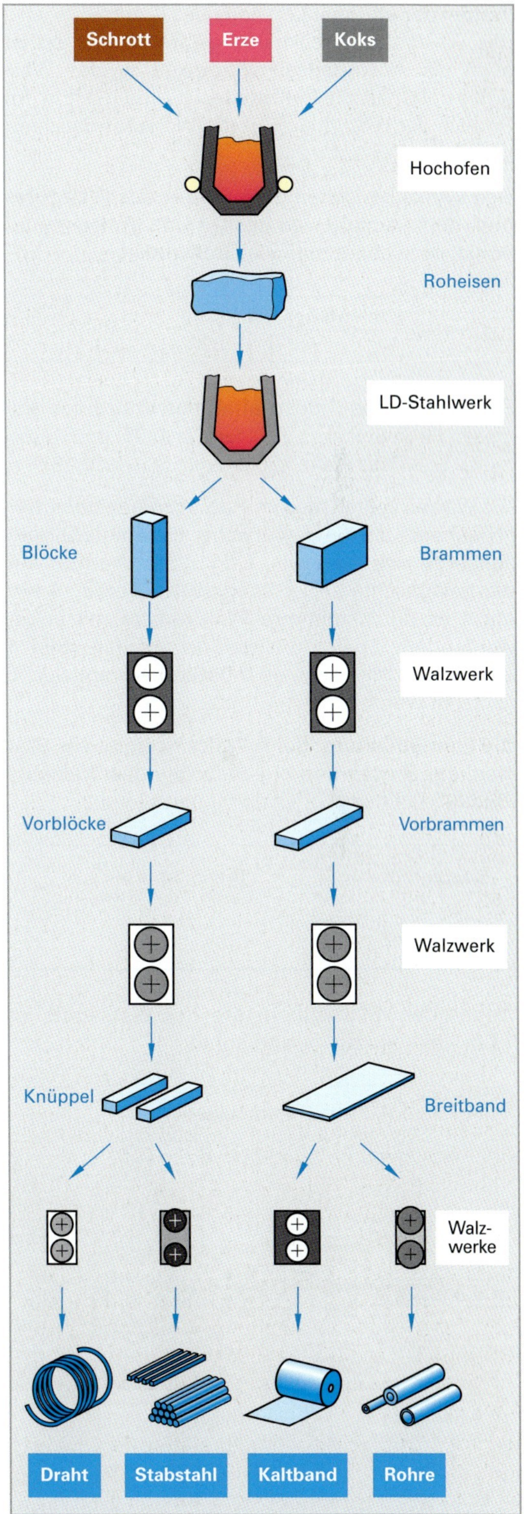

Bild 2: Vom Erz bis zu den Stahlhalbzeugen

Wegen der Volumenkonstanz des Werkstoffs wird das Walzgut gestreckt und gebreitet und so ist auch die Austrittsgeschwindigkeit v_1 des Walzgutes höher als die Eintrittsgeschwindigkeit v_0. Im Bereich der Walzen erfolgt die Werkstoffbeschleunigung von v_0 auf v_1.

Den Winkel zwischen dem Eintritt des Walzgutes und dem Austritt, gemessen im Walzenmittelpunkt, bezeichnet man als Greifwinkel α_0.

$$\alpha_0 = \arccos \frac{r - \Delta h/2}{r} \approx \sqrt{\frac{\Delta h}{r}}$$

Für ein sicheres Hineinziehen des Walzgutes soll dieser Greifwinkel $\leq 20°$ sein ($\cong 0{,}35$ im Bogenmaß). So erhält man: $0{,}35^2 > \Delta h/r \rightarrow \Delta h < 0{,}122 \cdot r$.

Die Walzen sollten also im Radius mindestens $10\times$ größer sein als die gewünschte maximale Dickenabnahme des Walzguts. Damit das Walzgut auf die gewünschte Dicke ausgewalzt werden kann, muss es durch mehrere Walzgerüste mit enger werdendem Spalt durchgeführt werden (**Bild 1 und Bild 2**). Man sagt, es müssen mehrere *Stiche* gemacht werden.

Die Formänderung. Beim Walzen erfolgt ein *Strecken*, ein *Breiten* und ein *Stauchen* des Walzguts (**Bild 3**).

Streckgrad: $\lambda = \dfrac{l_1}{l_0}$ Breitgrad: $\beta = \dfrac{b_1}{b_0}$

Stauchgrad: $\gamma = \dfrac{h_1}{h_0}$

Wegen der Volumenkonstanz des Werkstoffs ist $l_1 \cdot b_1 \cdot h_1 = l_0 \cdot b_0 \cdot h_0$ und somit:

$$\frac{l_1}{l_0} \cdot \frac{b_1}{b_0} \cdot \frac{h_1}{h_0} = \lambda \cdot \beta \cdot \gamma = 1$$

Je nach Fließwiderstand, Walzenradius und Reibung an den Walzen ergeben sich für den Streckgrad, Breitgrad und Stauchgrad unterschiedliche Werte.

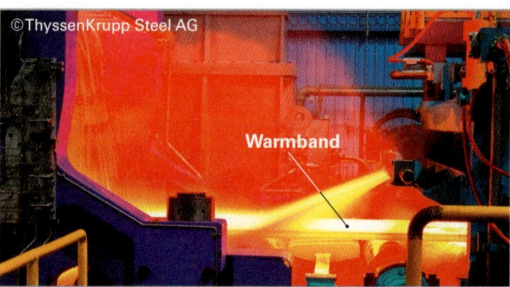

Bild 1: Durchlauf durch das Walzgerüst

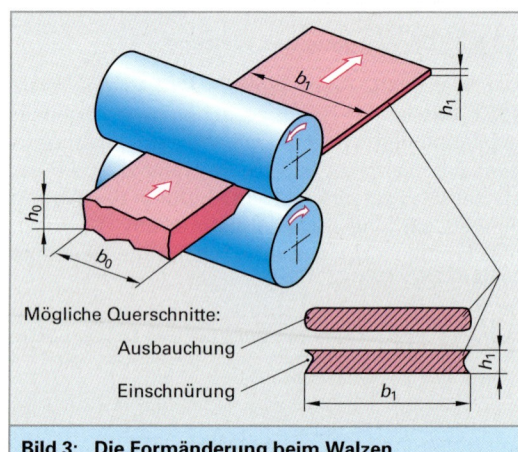

Bild 3: Die Formänderung beim Walzen

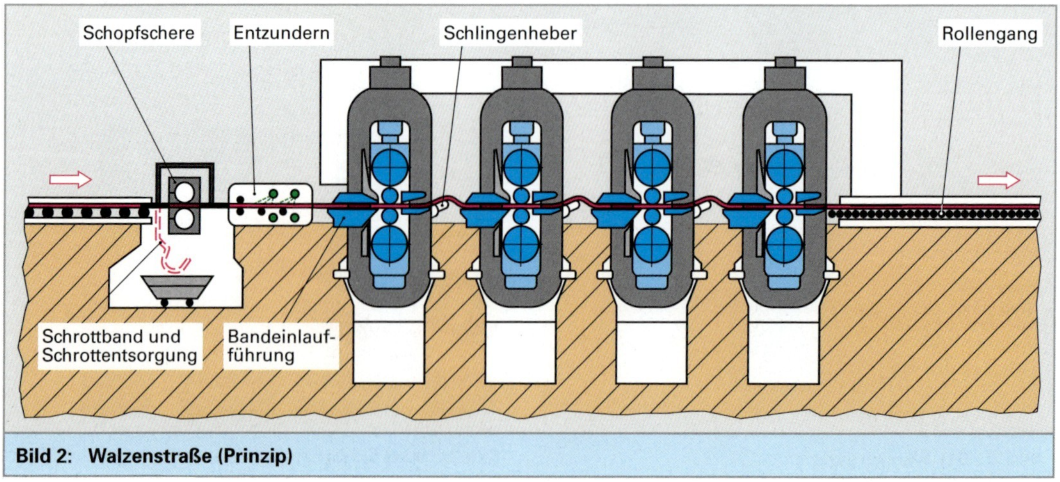

Bild 2: Walzenstraße (Prinzip)

2.3 Umformtechnik

2.3.5.3 Walzverfahren

Die wichtigsten Anwendungen des Walzens sind die Herstellung von Profilmaterial, Rohren und Blechen.

Walzen von schweren Profilen. Zu den schweren Profilen gehören Stahlträger für die Bauindustrie, Eisenbahnschienen, Vorzeuge für Rohre u. ä. Solche Profile werden mit einem Universalwalzgerüst mit Waagrechtwalzen und Senkrechtwalzen hergestellt **(Bild 1)**. Diese Walzgerüste sind schnell umrüstbar.

Zur Herstellung von Vollprofilstäben verwendet man *Kalibrierwalzen*. Diese haben z. B. runde, quadratische oder rechteckförmige Walzspalte und zwar so, dass das Stabmaterial sequentiell (nacheinander) bis auf seine Endform in mehreren Stichen gewalzt werden kann **(Bild 2)**.

Numerisches Fließformbiegen. Durch „dosiertes" numerisch gesteuertes Zustellen einer Waagerechtwalze und einer Senkrechtwalze kann der Werkstoff im Durchlauf des Werkstücks an unterschiedlichen Stellen zum Fließen gebracht werden **(Bild 3)**. So entstehen definiert gebogene Profilstangen.

Walzen von Rohren. Die Herstellung von nahtlosen Rohren erfolgt in den Schritten:
- Lochen mit dem Ergebnis eines *Hohlblocks*,
- Strecken mit dem Ergebnis einer *Luppe*,
- Reduzierwalzen mit dem Ergebnis *Rohr*.

Das *Lochen* erfolgt durch Schrägwalzen **(Bild 4)** mit Doppelkegelstumpfwalzen, festem Führungslineal und einem sich drehenden Lochdorn. Die Walzen sind 8° bis 12° gegen die Walzgutachse geneigt.

Im Stopfenwalzgerüst **(Bild 5)** wird der Hohlblock zur Luppe umgeformt, bei einer Streckung mit $\lambda \approx 1{,}8$ pro Stich. Ein angetriebener *Einstoßer* treibt den Hohlblock über den *Stopfen* in die Walzen. Die Walzen sind Arbeitswalzen und drücken das Walzgut über den Stopfen bei Reduzierung der Wandstärke und Aufweitung des Rohrinnendurchmessers. Rücktransportiert wird das Walzgut mit Hilfe der Rückholwalzen.

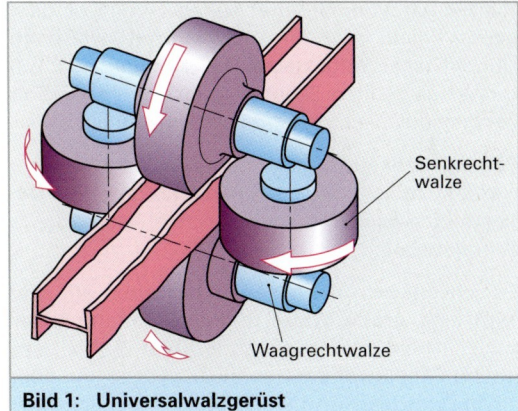

Bild 1: Universalwalzgerüst

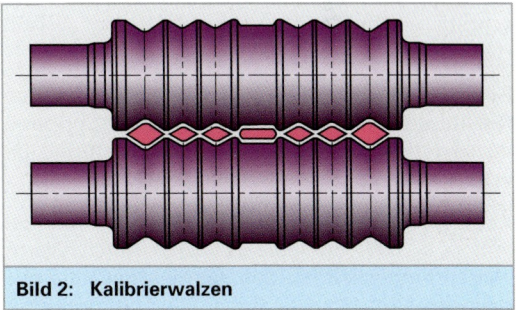

Bild 2: Kalibrierwalzen

Bild 3: Fließformbiegen

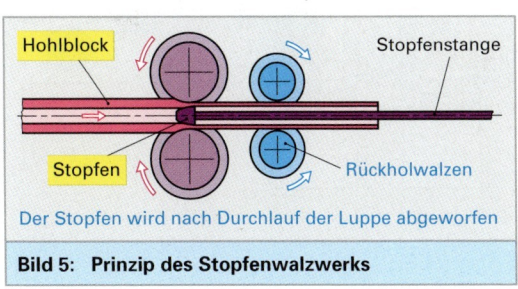

Bild 5: Prinzip des Stopfenwalzwerks

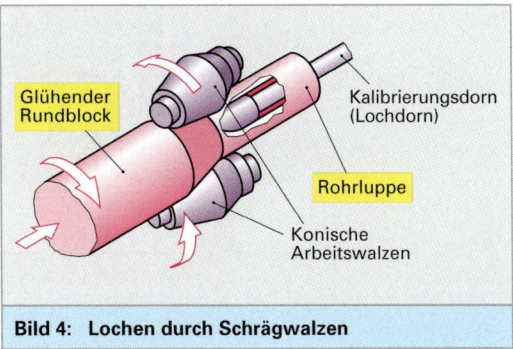

Bild 4: Lochen durch Schrägwalzen

Hierbei wird der Stopfen entfernt und vor dem neuen Stich wird ein Stopfen mit größerem Durchmesser aufgesteckt. Der Vorgang wird mit größer gewählten Stopfen mehrfach wiederholt, bis die gewünschte Wanddicke erreicht ist.

Pilgern. Sehr große Rohre größer als 400 mm ⌀ werden meist durch *Pilgern* hergestellt. Der Vorgang beginnt mit dem *Lochen*, meist durch *Schrägwalzen*.

Es schließt sich dann das Pilgerwalzen an. Hier wird eine große Walze, mit am Umfang unterschiedlichem Profil, verwendet **(Bild 1)**. Mit dem großen Maul wird der Hohlblock gefasst und über einen Dorn bis zum kleinen Maul hin ausgewalzt **(Bild 2)**. Dabei streckt sich die Luppe in Rückwärtsrichtung, also entgegen der Walzrichtung (Pilgerschritt: großer Schritt vorwärts, kleiner Schritt rückwärts).

Sobald sich die Pilgerwalze wieder zum großen Maul auftut, wird der Pilgerdorn samt Luppe in Vorwärtsrichtung durch einen Kolbenantrieb bewegt und es folgt ein neuer Pilgerschritt.

Kaltwalzen von Warmbreitbändern. Breitbänder (mit $b_0 > 600$ mm), die zunächst durch Warmwalzen hergestellt wurden, werden mit Hilfe des Kaltwalzens zu Blechen hoher Qualität (porenfrei, glatt und in der Dicke eng toleriert) gewalzt. Mit einer Abwickelhaspel wird das Warmband in das Walzgerüst eingeschoben und dort z. B. mit einer Quarto-Walzanordnung **(Bild 3)** bei jedem Stich in der Dicke reduziert.

> Je dünner das Blech ist, je kleiner muss der Walzenradius sein, damit das Metall zum Fließen kommt.

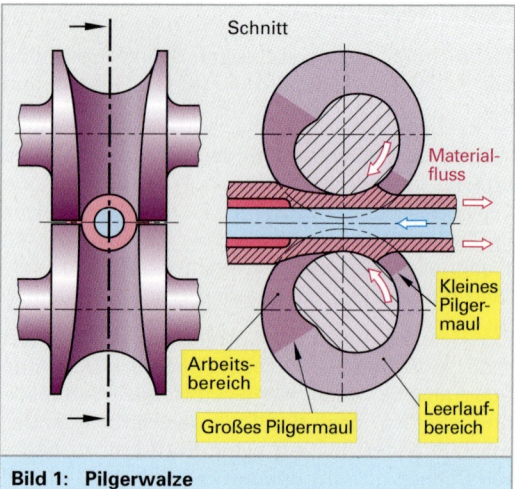

Bild 1: Pilgerwalze

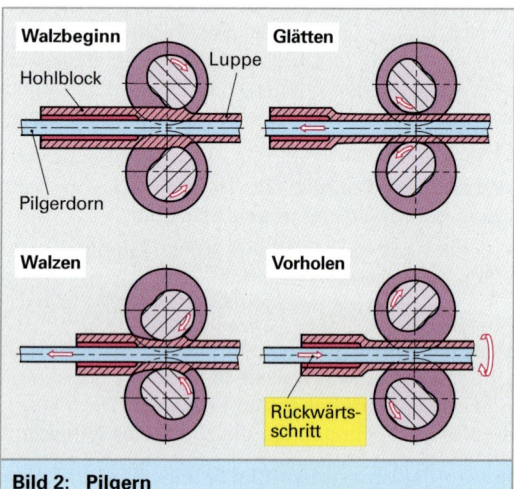

Bild 2: Pilgern

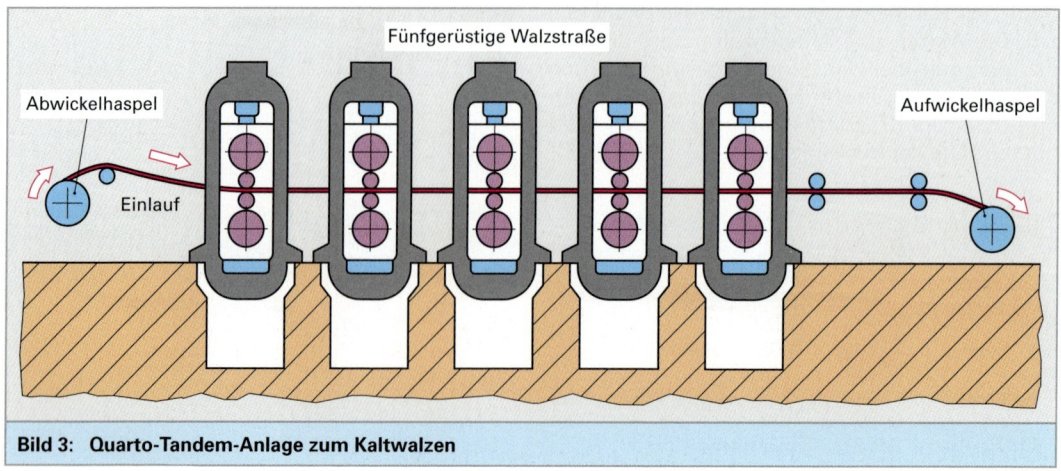

Bild 3: Quarto-Tandem-Anlage zum Kaltwalzen

2.3 Umformtechnik

Da die Kräfte auf die Walzen enorm sind und diese sich mit kleiner werdendem Durchmesser eher durchbiegen und so kein gleichmäßig dickes Blech walzen könnten, werden die Arbeitswalzen durch Stützwalzen und gegebenenfalls Zwischenwalzen abgestützt **(Bild 1)**.

Mit kleiner werdender Banddicke nimmt die Bandgeschwindigkeit proportional zu **(Tabelle 1)**. In **Bild 3, vorhergehende Seite** ist eine fünfgerüstige Kaltband-Walzstraße dargestellt. In jedem Gerüst wird individuell Walzkraft, Walzspaltweite und Walzdrehzahl so geregelt, dass die Fertigblechdicke auf hundertstel Millimeter genau eingehalten wird.

Das Feinblech wird mit Haspeln in Coils aufgewickelt (gehaspelt). Diese Blechcoils werden anschließend einer Wärmebehandlung unterzogen (rekristallisierend geglüht), um sie von den starken Kaltverfestigungen und Spannungen zu befreien. So wird die gewünschte Umformbarkeit wieder hergestellt.

Zur Verbesserung der Oberflächengüte und der Ebenheit werden sehr hochwertige Bleche nach dem Spannungsfreiglühen nachgewalzt. Dem Blech wird z. B. eine Feinstruktur aufgewalzt, welche z. B. bei einer nachfolgenden Lackierung eine verbesserte Oberfläche erbringt.

Weitere Prozesse sind das Aufbringen von Beschichtungen, z. B. mit Zink, Zinn, Nickel, Kupfer u. a. Die Verfahren sind unterschiedlich, z. B. durch Tauchung, elektrolytisches Beschichten oder Aufdampfen. Walzwerke sind stets sehr große Anlagen **(Bild 2)**.

Ringwalzen

Das Ringwalzen **(Bild 3)** wird für kleine Ringe und für große Ringe bis zu Stückgewichten von über 100 t eingesetzt.

Der Herstellungsprozess erfolgt mit gelochten Rohlingen. Diese werden durch die Hauptwalze mit drehbarem Dorn geweitet und von den Kegelwalzen in der Ringhöhe kalibriert.

Man verwendet die kegelige Form deshalb, um sich automatisch an die zunehmende Umfangsgeschwindigkeit der größerwerdenden Rings anpassen zu können.

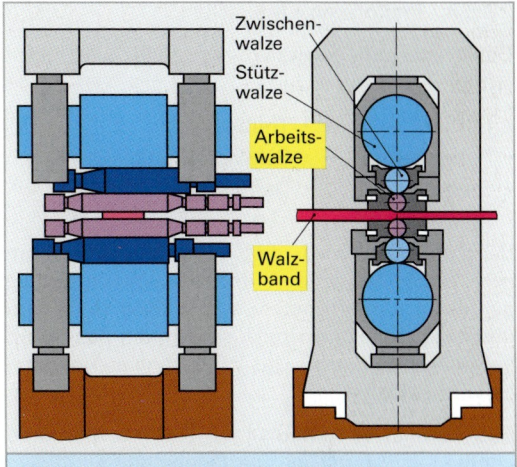

Bild 1: Sechswalzen-Gerüst (Sechto-Gerüst)

Bild 2: Kaltwalzwerk

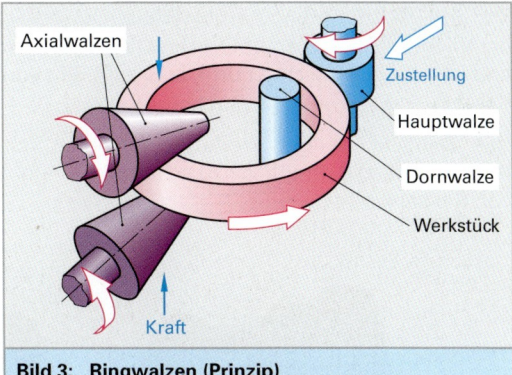

Bild 3: Ringwalzen (Prinzip)

Tabelle 1: Prozessdaten beim Kaltwalzen

Warmband-dicke [mm]	Walzdicke [mm], Gerüst				Geschwindigkeit [m/min], Gerüst				Walzkraft etwa [kN]
	1	2	3	4	1	2	3	4	
1,83	1,0	0,66	0,5	0,46	407	618	813	885	140
2,78	2,11	1,46	1,15	1,02	450	650	825	930	280
3,84	3,16	2,19	1,71	1,53	315	455	581	651	340
ø Arbeitswalze: 495 mm, ø Stützwalze: 1300 mm, Werkstoff: unlegierter Stahl									

2.3.5.4 Freiformen, Übersicht

Das Freiformen (Freiformschmieden) wird unterteilt in

- Recken,
- Treiben,
- Rundkneten,
- Schweifen und
- Breiten,
- Dengeln.
- Stauchen,

Beim **Recken** wird der Werkstückquerschnitt schrittweise vermindert und das Werkstück wegen der Volumenkonstanz länger **(Bild 1)**. Es wird gestreckt. Bei Hohlkörpern wird durch das Verringern der Wanddicken das Werkstück aufgeweitet. Es wird **geweitet**.

Das **Rundkneten (Bild 1)** ist ein Feinschmiedevorgang mit dem Ziel, die Querschnittsmaße in engerer Toleranz zu erreichen. Bei Hohlkörpern gelingt dies mit Dornen und für Außenflächen mit Knetbacken.

Das **Breiten** entspricht dem Recken, jedoch mit dem Ziel, das Werkstück statt zu *längen* eben zu *breiten*.

Beim **Stauchen (Bild 1)** wird die Werkstücklänge vermindert und die Dicke erhöht.

Das **Treiben** erzielt man durch örtliches Hämmern. So können vor allem handwerklich Schüsseln und Kessel hergestellt werden.

Beim **Schweifen** wird das Werkstück örtlich gereckt und so eine Krümmung herbeigeführt. Durch wiederholendes Recken an unterschiedlichen Stellen entsteht die gewünschte Form, z. B. zum Bau von Kesseln.

Das **Dengeln** ist ein Freiformschmieden von Blechkanten, z. B. um diese zu schärfen (Dengeln von Sensen).

Typische Beispiele für Schmiedeteile sind Kurbelwellen, Pleuel und Hebel, aber auch Hohlformen wie Kessel, Rohre und Ringe. Die Stückgewichte reichen von wenigen Gramm bis zu mehreren Tonnen.

Schmiedeteile verwendet man bevorzugt zum Übertragen von Bewegungen bei hoher Beanspruchung durch statische und dynamische Belastungen in gewichtssparenden Konstruktionen. Schmiedeteile zeichnen sich nämlich durch einen günstigen Faserverlauf im Gefüge aus **(Bild 2)**.

> Geschmiedete Werkstücke verwendet man bevorzugt, wenn hohe dynamische Bauteilbelastungen vorliegen.

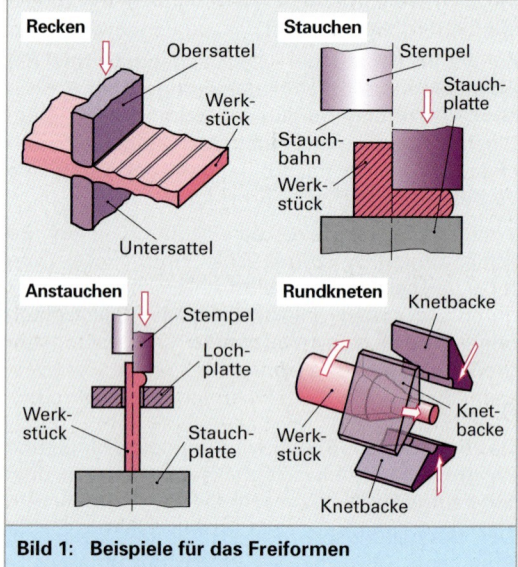

Bild 1: Beispiele für das Freiformen

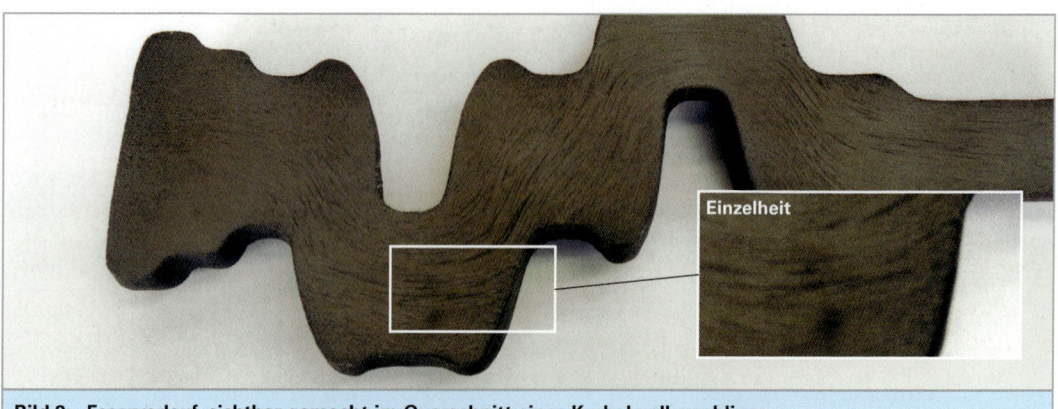

Bild 2: Faserverlauf, sichtbar gemacht im Querschnitt eines Kurbelwellenrohlings

Schmiedetemperaturen und Werkstoffe

Die Schmiedetemperatur der Werkstücke liegt je nach Stahlsorte zwischen 800 °C bis 1200 °C **(Bild 1)**. Mit steigender Temperatur nehmen die Oberflächengüte und die Maßgenauigkeit ab. Ursachen dafür sind thermisch bedingte Spannungen und Dehnungen im Werkstück und der zunehmende Werkzeugverschleiß.

Durch Erwärmung des Werkstoffes nimmt der Energieaufwand zum Umformen ab und die Verformbarkeit des Werkstoffes zu. Art und Dauer des An- und Erwärmens hängen von der Größe der Schmiedestücke und vom Legierungsgehalt der Stahlsorten ab.

Die Erwärmung der Schmiedeteile erfolgt meist induktiv oder in gasbeheizten Anlagen.

Die Schmiedbarkeit der Stähle nimmt mit zunehmendem Kohlenstoffgehalt und anderen Legierungsgehalten ab. Je geringer der C-Gehalt ist, desto größer ist der Bereich in dem geschmiedet werden kann und desto höher ist die Anfangsschmiedetemperatur **(Bild 1)**.

Der Kraftbedarf ist bei Baustählen relativ niedrig und gleichzeitig ist das Umformvermögen gut.

Der Schmiedevorgang am Beispiel des Reckens.

Beim *Reckschmieden* wird mit einfachen Werkzeugen ein Rohblock bearbeitet. Die wichtigsten Werkzeuge sind *Flachsattel, Spitzsattel, Rundsattel, Ballsattel* und der *Schmiededorn*. Alle diese Werkzeuge können in beliebiger Paarung eingesetzt werden.

Am Beispiel einer Schmiedebearbeitung mit Flachsattel ist in **Bild 2** der physikalische Vorgang dargestellt. Die Ausgangsabmessungen sind durch die Höhe h_0 und die Breite b_0 gekennzeichnet. Durch den Reckvorgang entsteht die neue Höhe h_1 und die neue Breite b_1 über die Bisslänge s_B hinweg. Die Bisslänge entspricht dem Manipulatorvorschub. Sie ist kürzer als die Sattelbreite B des Werkzeugs.

Anstelle der Querschnittsflächenverhältnisse können bei einer Kreisform auch die Durchmesserquadrate $(D_0/D_1)^2$ genommen werden oder näherungsweise die den Querschnitt dominierende geometrische Größe $(a_0/a_1)^2$.

Bei Halbzeugen mit Abmessungen von weniger als 500 mm geht der Reckgrad bis etwa 2,0. Bei größeren Längen bis 2,5. Bei unlegiertem Stahl erreicht man einen Reckgrad von 2,0, bei legiertem Stahl von 2,5 und bei hochlegierten Stählen bis zu 3,0.

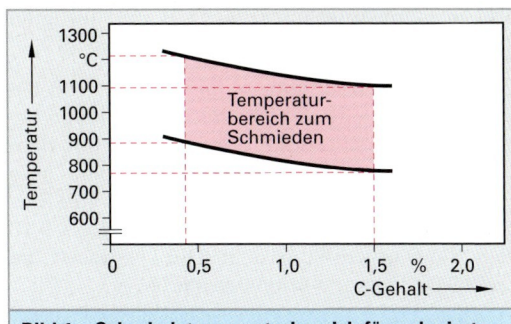

Bild 1: Schmiedetemperaturbereich für unlegierte Stähle

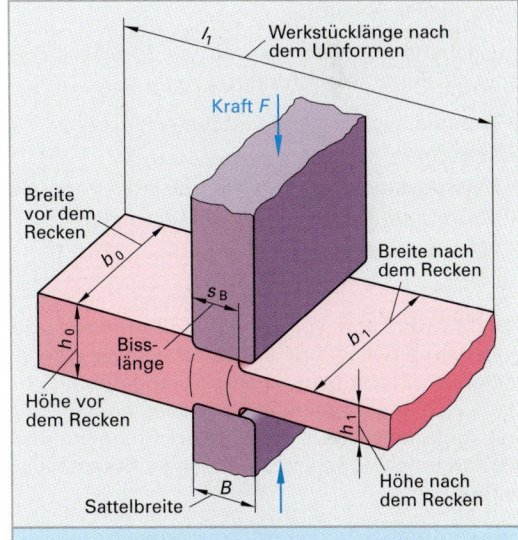

Bild 2: Die Kenngrößen beim Reckschmieden

Mit zunehmendem Kohlenstoffgehalt verschlechtert sich bei Stählen die Schmiedbarkeit.

Beim Recken vermindert sich die Querschnittsfläche. Beschrieben wird dies durch den Reckgrad λ_R.

$$\lambda_{R1} = \frac{A_0}{A_1}$$

A_0 Ausgangsquerschnitt ($\approx h_0 \cdot l_0$)
A_1 Querschnitt nach dem 1. Recken ($\approx h_1 \cdot l_1$)

Der Gesamtreckgrad λ_R ist das Produkt aus den Einzelreckgraden der jeweiligen Überschmiedung.

$$\lambda_R = \lambda_{R1} \cdot \lambda_{R2} \cdot \ldots \cdot \lambda_{Rn}$$
$$= \frac{A_0}{A_1} \cdot \frac{A_1}{A_2} \cdot \ldots \cdot \frac{A_{n-1}}{A_n}$$

Für Teile im Maschinenbau, z. B. für Turbinenschaufeln, erreicht man Reckgrade bis zu 4,5.

Die maximale Bissbreite s_B hängt außer von der verfügbaren Breite des Werkzeuges auch von der aktuellen Werkstückhöhe, der Presskraft und dem örtlichen Spannungszustand ab. Für eine gute Durchschmiedung sollte das Verhältnis von Bissbreite s_B zur Werkstückhöhe h_0 größer als 0,28 sein. Ein Bissverhältnis über 0,45 verbessert die Durchschmiedung nur unwesentlich.

$0{,}28 < s_B/h_0 < 0{,}45$

s_B Bissbreite
h_0 Werkstückhöhe

Prinzipieller Ablauf

Ausgehend von einem gewalzten Stahlabschnitt sind die Verfahrensschritte:

- Trennen,
- Erwärmen,
- Massenverteilung,
- Vorformen,
- Fertigschmieden,
- Abgraten/Lochen,
- Nachformen,
- Wärmebehandlung,
- Entzundern und
- Endfertigen (**Bild 1**).

Die notwendigen Vorform-, Hauptumform- und Nachformarbeitsgänge werden meistens auf verketteten Schmiedeaggregaten durchgeführt, d. h., die aufeinanderfolgenden Arbeitsstationen sind mit automatisierten Zuführeinrichtungen und Fördereinrichtungen, z. B. Rutschen, miteinander verbunden.

Frei geformte Schmiedestücke werden hauptsächlich unter Schmiedepressen und Schmiedehämmern hergestellt. Kleinere Teile werden auf dem Amboss gefertigt.

Beispiel: Schmieden einer großen Kurbelwelle (Bild 1)

Der Rohblock wird im Schmiedeofen erwärmt. Es folgt das Abtrennen des Blockkopfes, da dieser vom Gießen her Lunker und Seigerungen enthält. Gegebenenfalls wird auch der Blockfuß abgeschert.

Der Block wird mit einem Manipulator zu einer hydraulischen Schmiedepresse gereicht. Es folgt

- das Massenverteilen (Freiformschmieden),
- das Vorformen (Freiformschmieden),
- das Schmieden im Gesenk,
- das Verdrehen der Hubzapfen (*Twisten*),
- das Entgraten und
- das Entzundern.

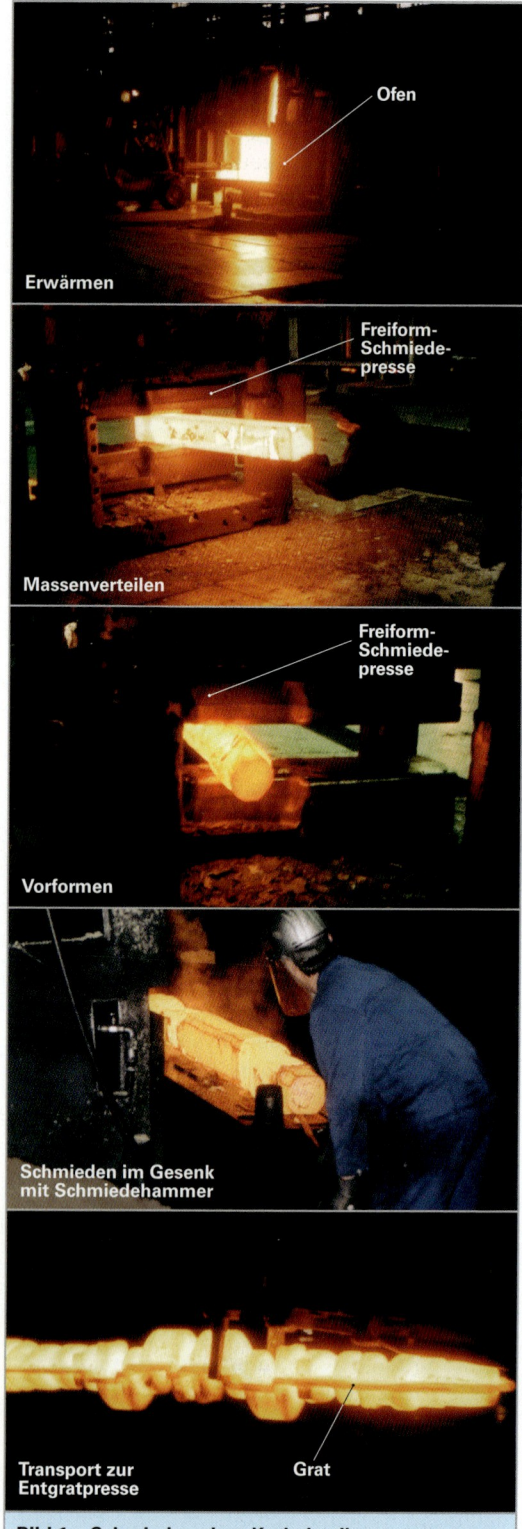

Bild 1: Schmieden einer Kurbelwelle

2.3.5.5 Gesenkschmieden

Als Gesenkschmieden bezeichnet man das Druckumformen mit gegeneinander bewegten Formwerkzeugen, *Obergesenk* und *Untergesenk* genannt **(Bild 1)**. Typische Gesenkschmiedeteile sind Pleuel, Hebel, Werkzeugschlüssel.

Die Gesenke umschließen das Werkstück ganz oder teilweise und bilden die Form **(Bild 1)**. Den Hohlraum nennt man *Gravur*[1].

Beim Gesenkschmieden unterscheidet man:

- Formstauchen,
- Schmieden mit Grat,
- Schmieden ohne Grat und
- Schmieden mit mehrfachgeteiltem Gesenk.

Nur bei sehr einfach gestalteten Werkstücken werden die Gesenkschmiedeteile durch einen einzigen Umformvorgang vom Rohteil zur Endform umgeformt. Werkstückgeometrien mit ausgeprägten Querschnittsunterschieden werden in einem mehrstufigen Prozess gefertigt.

In der Vorformung werden die Fertigungsschritten *Massenverteilung*, *Biegen* und *Querschnittsvorbildung* mit speziellem Stauch-, Reck- und Biegewerkzeugen auf zusätzlichen Maschinen durchgeführt.

Mit dem Vorformen wird das Ziel verfolgt, den Materialfluss in der Endform durch die Durchschmiedung zu verbessern und den Gratanteil zu reduzieren. Dadurch lässt sich auch die Standzeit der Gesenke erhöhen.

Bild 1: Obergesenk und Untergesenk

---

[1] von franz. graver = eine Furche ziehen, in Metall oder Stein (ein)schneiden

Bild 2: Werdeprozesse für ein geschmiedetes Pleuel

Nach den Ausgangsformen der Rohteile unterscheidet man das **Schmieden von der Stange** und das **Schmieden vom Stück**.

Beim **Schmieden von der Stange** werden Vierkantstangen oder Rundstangen auf eine Länge von ca. 2 m geschnitten. Nach dem Erwärmen der Stangenabschnitte werden die Rohteile in den einzelnen Gravuren geschmiedet. Als Stange lässt sich das Werkstück besser handhaben.

Beim **Schmieden vom Stück** werden die von Knüppeln oder Stangen gescherten Blöcke, alle mit gleichem Gewicht, auf Schmiedetemperatur gebracht. Durch Zangen werden die Blöcke in die Gravur gebracht und geschmiedet **(Bild 1)**.

Beim **Schmieden vom Spaltstück** werden durch *Blechen* mittels Formschnitt vorgeformte Rohteile abgeschert. Diese Rohteile haben weitgehend die Form des Schmiedeteils. Die Spaltstücke werden nach dem Erwärmen fertig geschmiedet **(Bild 2)**.

Man wendet diese Verfahren besonders gern bei der Fertigung von Werkzeugen, wie z. B. Schraubenschlüsseln oder einfachen Handwerkzeugen an. Hierbei ergibt sich eine wirtschaftliche Ausnutzung des Werkstoffs.

Die nachfolgenden Arbeitsgänge wie z. B. das Abgraten und das Lochen verringern bei den Schmiedeteilen die Werkstoffkosten. Auch werden Maßabweichungen verkleinert und es sind Hinterschneidungen an den Werkstücken möglich.

Zur Nachbearbeitung gehören die Warmbehandlung wie z. B. das Vergüten der Schmiedeteile, die Oberflächenveredelung durch Entzundern sowie die spanende Bearbeitung.

Bild 1: Schmiedeprozesse in Bildern

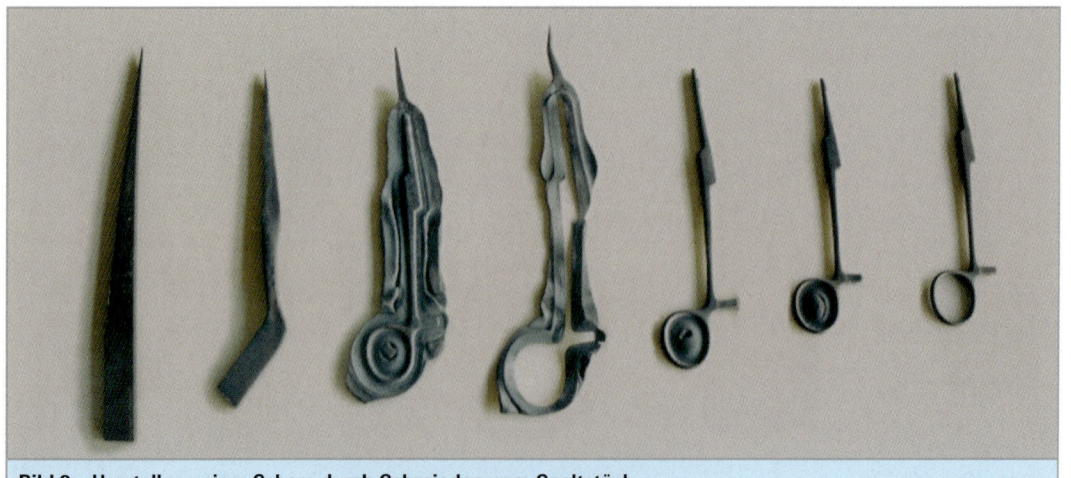

Bild 2: Herstellung einer Schere durch Schmieden vom Spaltstück

2.3.5.6 Eindrücken

Beim Eindrücken dringt das Werkzeug unter großer Kraft in das Werkstück ein.

Man unterscheidet das Eindrücken mit geradliniger Bewegung und mit umlaufender Bewegung (**Bild 1**).

Zum **Eindrücken mit geradliniger Bewegung** zählen das

- Körnen,
- Kerben,
- Einprägen,
- Einsenken,
- Dornen (Lochen),
- Hohldornen,
- Furchen und Glattdrücken,
- Richten.

Zum **Eindrücken mit umlaufender Bewegung** gehören das

- Walzprägen,
- Rändeln,
- Kordeln,
- Gewindefurchen und
- Glattdrücken.

Das **Körnen** erfolgt mit einem Körner durch Hammerschlag, z. B. zum Markieren eines Werkstücks. Beim **Kerben** wird mit einem keilförmigen Werkzeug (Kerbeisen), auch durch Hammerschlag, eine Kerbe in das Werkstück eingebracht, z. B. zum Herstellen von Teilen. Das **Einprägen** erfolgt durch Einpressen eines Prägestempels, z. B. zum Münzprägen, mit einer Spindelpresse.

Durch **Dornen** (Lochen) erzeugt man eine Vertiefung im Werkstück mit Hilfe eines Dorns. Ein Hohldorn ermöglicht die Herstellung eines Durchgangsloches. Das verdrängte Material findet im Hohlraum des Dorns Platz.

Beim **Einsenken** wird ein Formwerkzeug in ein Werkstück eingedrückt, um eine genaue Innenform herzustellen.

Beim **Kalteinsenken** wird z. B. mit einer hydraulischen Einsenkpresse ein Stempel in ein Werkstück eingesenkt und dieses, damit es nicht „wegfließt", mit einem hinreichend festen Haltering am Fließen gehindert.

Durch Einsenken von positiven Formwerkzeugen (**Bild 2**) kann man z. B. die Negativform für das Druckgießen und Spritzgießen herstellen. Als Werkstoffe kommen Einsatzstähle, Kaltarbeitsstähle, Warmarbeitsstähle und Schnellarbeitsstähle in Frage. Der erforderliche Einsenkdruck reicht bis zu 3000 N/mm² und die Einsenktiefe geht bis in die Größe des Werkstückdurchmessers.

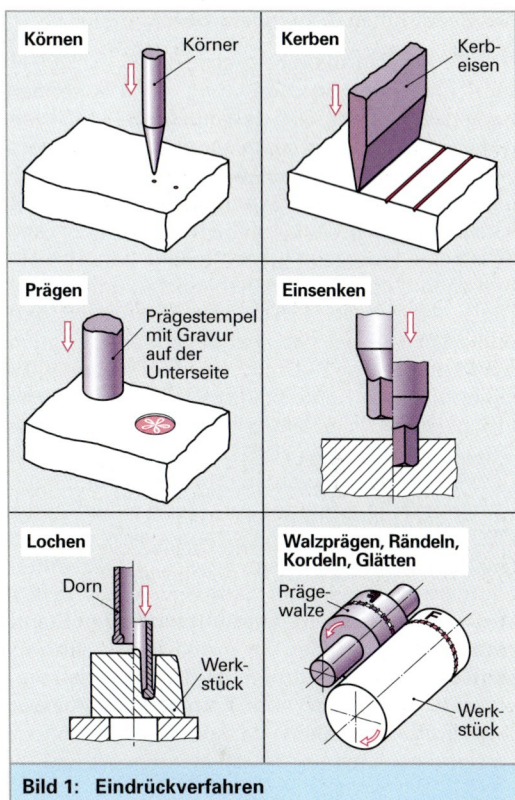

Bild 1: Eindrückverfahren

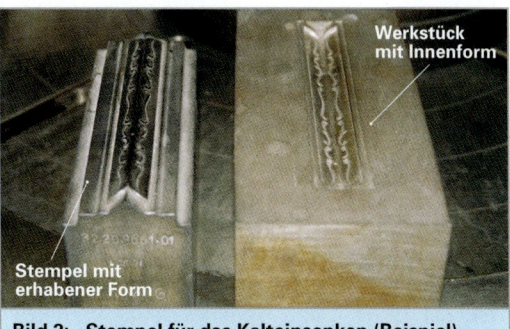

Bild 2: Stempel für das Kalteinsenken (Beispiel)

Durch **Warmeinsenken** erreicht man erheblich größere Einsenkgeschwindigkeiten (z. B. statt 0,2 mm/s erreicht man 2 mm/s) und auch größere Einsenktiefen als beim Kalteinsenken. Allerdings verringert sich die Oberflächenqualität und die erreichbare Genauigkeit. Der Stempel muss vergrößert ausgeführt werden, da das warme Werkstück beim Abkühlen schwindet. Der Vorteil bei eingesenkten Werkstücken gegenüber gefrästen Werkstücken ist der ungestörte Faserverlauf.

Gewindeformen (Gewindefurchen)

Bei Werkstoffen mit einer Festigkeit $R_m < 1200$ N/mm² und einer Bruchdehnung $A > 8\,\%$ können Innengewinde durch Gewindeformen (Gewindefurchen) in einem spanlosen Umformprozess wirtschaftlich hergestellt werden **(Bild 1)**. Durch die polygonartige Querschnittsform des Gewindeformers wird der Werkstoff beim Umformvorgang über seine Elastizitätsgrenze hinaus beansprucht und dadurch plastisch, d. h. bleibend, umgeformt. Dabei werden die Kristallebenen nur verlagert und nicht wie bei der spangebenden Fertigung durchtrennt. Durch Umformen hergestellte Gewinde haben erhöhte statische und dynamische Festigkeit und sind entsprechend belastbar. Die Gewindeformer aus HSS oder Hartmetall mit TiCN-Beschichtung werden unter Zuführung hochwertiger Schmierstoffe auf Mehrspindel- oder CNC-gesteuerten Maschinen eingesetzt. Auf einfachen Maschinen ist ein Axial-Ausgleichsfutter erforderlich. Gegenüber dem Gewindebohrwerkzeug arbeiten Gewindeformer mit höheren Standzeiten, erfordern aber ein größeres Antriebsmoment. Das Gewindeformen ist für Gewindetiefen bis zu $2 \times D$ geeignet. Der Kernlochdurchmesser D_k ist größer zu wählen als beim Gewindebohren und wird nach folgender Gleichung bestimmt:

$$D_k = D - 0{,}6 \cdot P$$

D Gewindenenndurchmesser
P Gewindesteigung

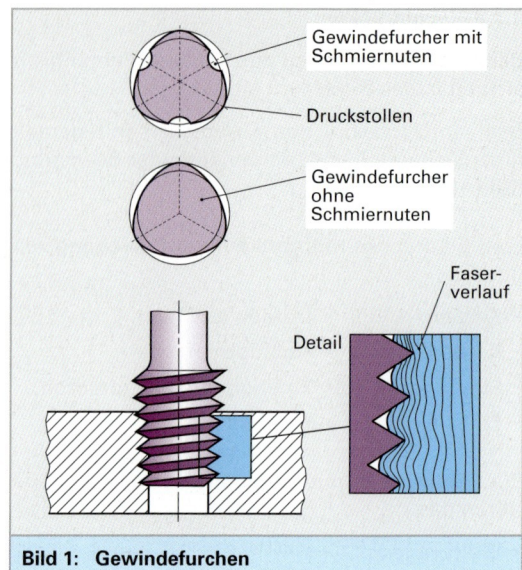

Bild 1: Gewindefurchen

Gewinderollen

Beim Gewinderollen werden durch profilierte Rollen oder Walzen Außengewinde durch Kaltumformung an einem zylindrischem Werkstück erzeugt **(Bild 2)**. Durch die Umformung des Werkstoffs entstehen hochfeste, verschleißarme Gewinde mit guter Oberflächenqualität und Maßgenauigkeit. Die nicht unterbrochene Gefügestruktur der umgeformten Gewindegänge trägt zu einer erhöhten Wechselfestigkeit und Tragkraft der so hergestellten Gewinde bei. Da der Werkstoff ein plastisches Verformungsvermögen besitzen sollte, sind Werkstoffe mit einer Zugfestigkeit $R_m < 1700$ N/mm² und einer Bruchdehnung $A > 5\,\%$ zum Gewinderollen geeignet. Hierbei kommen Werkstoffe wie Baustähle, Einsatz- und Vergütungsstahle, rostfreie Stähle und Leichtmetalle zur Anwendung. Werkstoffe mit geringerer plastischer Verformbarkeit wie Gusseisen und gehärteter Stahl sind nicht geeignet. Rollbar sind nahezu alle genormten zylindrischen und kegeligen Gewinde in einem Außendurchmesserbereich von 1 mm bis 250 mm. Auch das Rollen von Gewinden an dünnwandigen Rohrprofilen ist möglich.

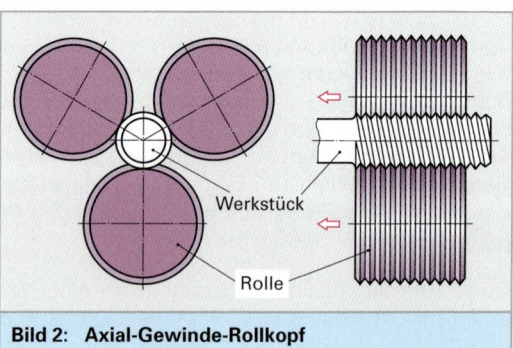

Bild 2: Axial-Gewinde-Rollkopf

Die Innenwandung des Rohres wird beim Rollvorgang durch einen eingeführten Dorn abgestützt. Zur Werkstückvorbereitung wird beim Gewinderollen vom Flankendurchmesser des fertigen Gewindes ausgegangen. Da bei spanenden Gewindeherstellverfahren der Gewindeaußendurchmesser für den Herstellprozess erforderlich ist, bedeutet dies vor allem, bei bereits auf Flankendurchmesser kaltgezogenem Halbzeug, eine erhebliche Werkstoffeinsparung.

Mit profilierten Rollen bzw. modifizierten Rollköpfen können mit diesem Verfahren auch andere Profile wie *Rändelungen*, *Kerbverzahnungen* oder *Ringnuten* für Schlauchnippel hergestellt werden. Mit *Glattwalzrollen* werden Oberflächen an zylindrischen Bauteilen durch Verdichten der Randschicht in Verschleißfestigkeit und Oberflächengüte verbessert.

Axial-Gewinderollen

Beim Axial-Verfahren wird das Gewinde fortschreitend in axialer Richtung durch einen Axial-Gewinderollkopf mit 3 bis 6 steigungsfreien Gewindeprofilrollen erzeugt (**Bild 2, vorhergehende Seite**). Durch die axiale Vorschubbewegung des Werkzeugs sind beliebig lange Gewinde möglich. Die Profilrollen sind gegenüber der Werkstückachse um wenige Winkelgrade konisch nach außen geneigt, so dass sich bei einer vollständigen Werkstückrotation die gewünschte Gewindesteigung ergibt. Es kann sowohl mit stillstehendem Gewinderollkopf und mit rotierendem Werkstück, als auch umgekehrt, gearbeitet werden.

Radial-Gewinderollen

Beim Radial-Verfahren wird das Gewinde bei nur einer ganzen Werkstückumdrehung auf seiner ganzen Länge hergestellt. Je nach Verfahren wird mit zwei oder drei, dem Gewindeprofil entsprechenden Gewinderollen, gearbeitet. Da das Gewinde ohne axiale Verfahrbewegung durch Eintauchen in radialer Richtung erzeugt wird, ist die maximale Gewindelänge durch die Rollenbreite begrenzt. Durch die radiale Eintauchbewegung des Werkezugs sind am Werkstück extrem kurze Gewindeausläufe möglich.

Tangential-Gewinderollen

Beim Tangential-Verfahren formen zwei Gewinderollen durch eine tangentiale Vorschubbewegung in mehreren Werkstückumläufen das fertige Gewinde auf seiner gesamten Länge. Stehen die Profilrollen senkrecht übereinander, ist der Umformungsvorgang beendet.

2.3.5.7 Durchdrücken

Zum Durchdrücken zählen die Verfahren

- Verjüngen,
- Strangpressen mit starren Werkzeugen,
- Fließpressen mit starren Werkzeugen und mit Wirkmedien.

Verjüngen

Das Verjüngen kann man sowohl mit Vollkörpern als auch mit Hohlkörpern vornehmen. Dabei wird das Werkstück mit einem Stempel, bzw. mit einem Stempel mit Dorn, durch eine Matrize (Düse) gedrückt (**Bild 2**). Der Durchmesser des Werkstücks vermindert sich. Zum Verjüngen eignen sich alle Werkstoffe der Kaltmassivumformung, also Stahl, Messing, Aluminium und deren Legierungen.

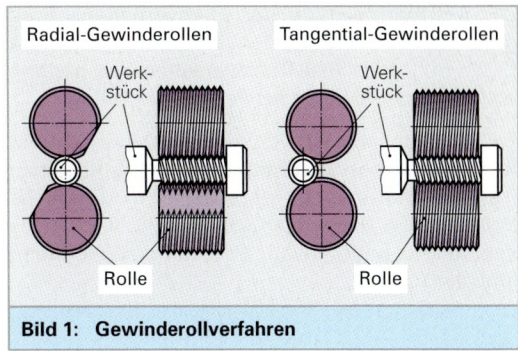

Bild 1: Gewinderollverfahren

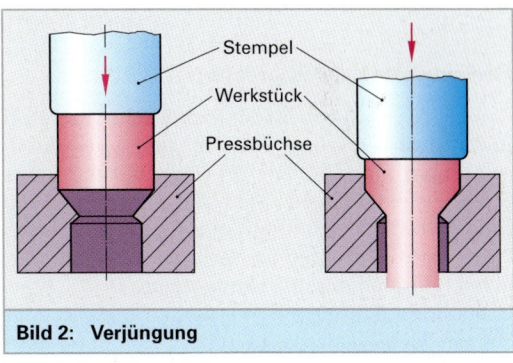

Bild 2: Verjüngung

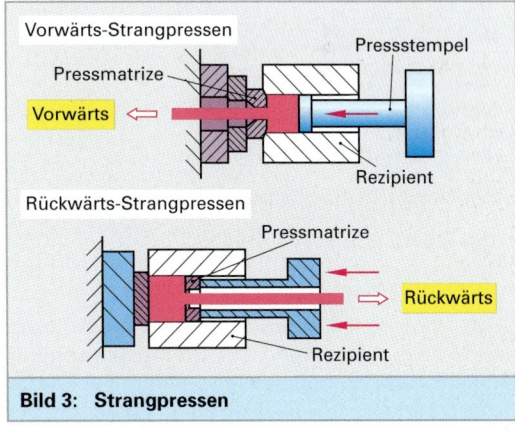

Bild 3: Strangpressen

Man erreicht bei Vollkörpern Querschnittsminderungen von bis zu 30 % und bei runden Hohlkörpern Durchmesserverringerungen bis etwa 25 %.

Strangpressen

Beim Strangpressen wird Metall in einem Zylinder unter Druck gesetzt, so, dass das Metall durch eine Matrize als *Pressstrang* fließt (**Bild 3**). Der Matrizenquerschnitt entspricht dem Strangquerschnitt und kann in sehr vielfältiger Form gewählt werden. Man stellt damit Profilstangen her.

Zur Sichtbarmachung des Fließverhaltens kann man den Pressblock teilen, mit einem gleichmäßigen quadratischen Rohr versehen und sodann wieder zusammengesetzt verpressen **(Bild 1)**.

Es zeigt sich das Fließverhalten in der Art der Verformung dieses ursprünglichen, quadratischen Rasters. Man erkennt, dass der Kern des Pressstranges den Randzonen weit voreilt, was auf einen relativ hohen Wand-Pressblock-Widerstand hinweist.

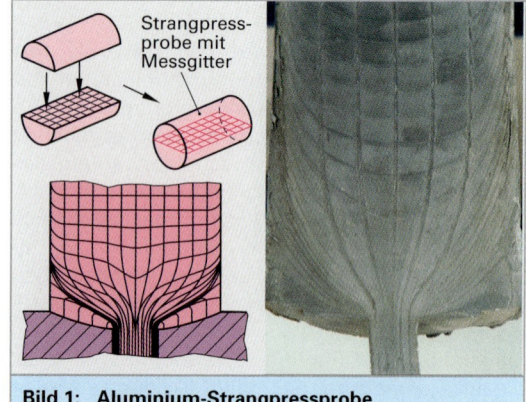

Bild 1: Aluminium-Strangpressprobe

Fließpressen, Kaltfließpressen

Beim Fließpressen fließt der metallische Werkstoff in ein Formwerkzeug (Matrize) und zwar durch Anbringen eines hohen Drucks mit Hilfe eines Stempels einer Presse. Die Matrizenform und die Stempelform bestimmen die Bauteilgeometrie. Beim Kaltfließpressen ist der Werkstoff kalt, d. h. er hat Raumtemperatur. Unter hohem Druck, etwa 20 000 MPa (200 000 N/cm²) fließen Metalle, ähnlich wie Flüssigkeiten und füllen damit den Raum zwischen Matrize und Stempel aus.

Man unterscheidet das

- Vorwärts-Fließpressen,
- das Rückwärts-Fließpressen,
- das Vorwärts-/Rückwärtsfließpressen und
- das Querfließpressen **(Bild 2)**.

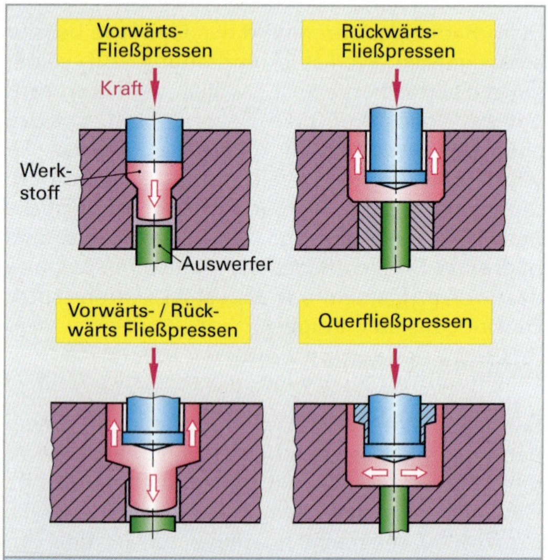

Bild 2: Hauptgruppen des Kaltfließpressens

Beim Vorwärtsfließpressen ist die Fließrichtung des Metalls in Richtung der Stempelbewegung, ähnlich dem Strangpressen. Beim Rückwärtsfließpressen ist die Fließrichtung entgegen der Stempelbewegung, rückwärts dem Stempel entlang und beim Quer-Fließpressen fließt das Metall quer zur Stempelrichtung.

Die entstehenden Werkstücke sind abhängig von der Matrizengeometrie und Stempelgeometrie napfförmig, hohl oder haben eine Vollform. Die Werkstücke sind nach dem Fließpressen häufig schon einbaufertig bzw. verwendungsfähig. Sie haben also schon ihre Endform (netshape). Ein Beispiel sind Aluminiumtuben (z. B. Tuben für Farben, Arzneien, Zahnpasten) die aus einer Ronde in einem Arbeitsgang durch Rückwärtsfließpressen hergestellt werden **(Bild 3 und 1, folgende Seite)**.

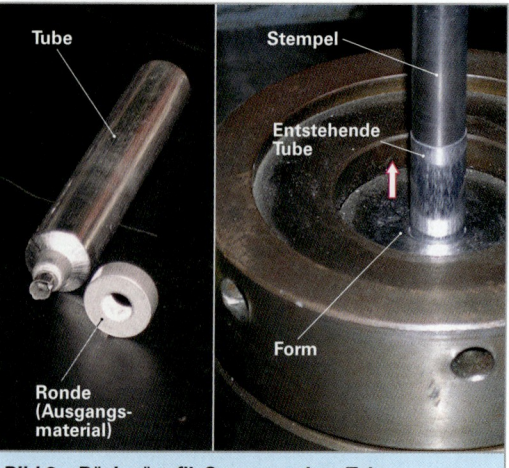

Bild 3: Rückwärtsfließpressen einer Tube

2.3 Umformtechnik

Kaltfließpressbare Werkstoffe: Zum Kaltfließpressen eignen sich vor allem

- Stähle,
- Kupfer, Kupferlegierungen,
- Aluminium und Aluminiumlegierungen.

Bei den Stählen sind verwendbar die Einsatzstähle: C12, C22, Ck15, 14Cr18, 15CrNi6, 18CrNi8, 15Cr3, 16MnCr5, 20MnCr5,
die Vergütungsstähle: 41Cr4, 30CrMoV9, 27CrAl16,
die korrosionsbeständigen Stähle: X10Cr13, X5CrNi18-9.

Elektrolytkupfer kann relativ gut kalt fließgepresst werden, leichter als Stahl. Kupferlegierungen sind nur bedingt verwendbar, z. B. muss im Messing der Zinkanteil weniger als 37 % sein. Bei Bronzen darf der Zinnanteil nicht mehr als 2 % betragen. Werden diese Grenzen nicht beachtet tritt eine starke Verfestigung und Versprödung ein.

Aluminium hat in reiner Form (z. B. als Al99,5) ausgezeichnete Kaltfließeigenschaften. Legierungsbestandteile, wie z. B. Silizium, Kupfer, Mangan reduzieren aber das Formänderungsvermögen.

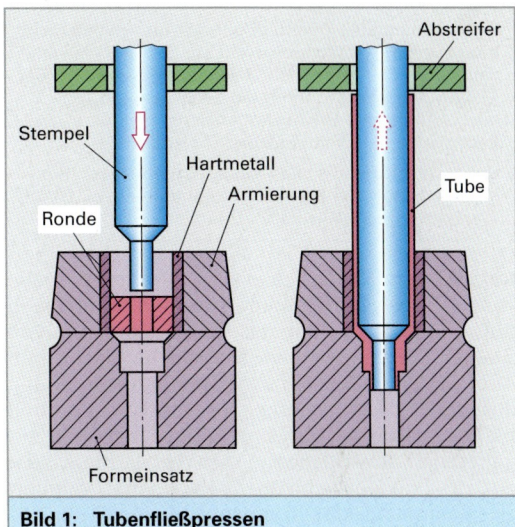

Bild 1: Tubenfließpressen

Gestaltung der Werkstücke: Kaltfließpressteile sollten möglichst Rotationsform haben, zumindest eine Achssymmetrie **(Bild 2)**, z. B. eine Sechskantform oder eine Vierkantform. Das ist wichtig damit der Stempel nicht querbelastet wird. Hierunter leidet auch die Formgenauigkeit der nicht werkzeuggebundenen Maße, z. B. solcher Wanddicken, welche durch die relative Lage von Stempel und Matrize definiert werden. Entformungsschrägen sind meist nicht notwendig, da die Werkstücke über Auswerferstempel aus der Form gepresst werden. Scharf nach innen springende Ecken sind zu vermeiden, weil die Kaltverfestigung bei dynamischer Bauteilbeanspruchung in der Nutzung zu Brüchen führen kann.

Ecken sollten verrundet sein (Radius > 1 mm). Dies sorgt für ein besseres Fließen des Werkstoffes und damit auch für eine bessere Formgenauigkeit und günstigeren Spannungsverlauf. Die Wanddicken sollten bei Stahl nicht unter 1 mm und bei NE-Metallen nicht unter 0,5 mm liegen. Hinterschnitte sollten vermieden werden, da sonst das Ausformen nur mit geteilten Werkzeugen mit Querstempeln möglich ist. Hinterschnitte werden günstiger durch spanende Nacharbeit hergestellt.

Bei komplexen Werkstückgeometrien, z. B. bei einem Hydraulikzylinder mit Bund **(Bild 3)** ist ein Werkstoffüberlauf notwendig. Das fließende Metall bildet an der vordersten Fließfront keine exakt definierte Geometrie und muss hier spanend nachgearbeitet werden.

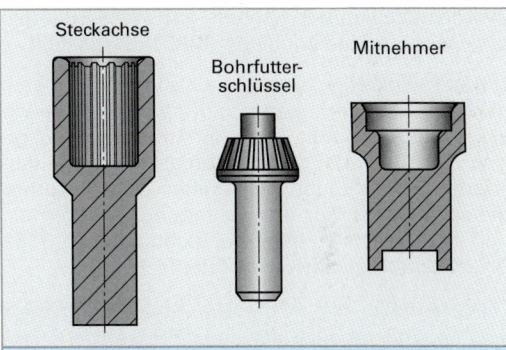

Bild 2: Kaltfließpressteile mit symmetrischer Geometrie

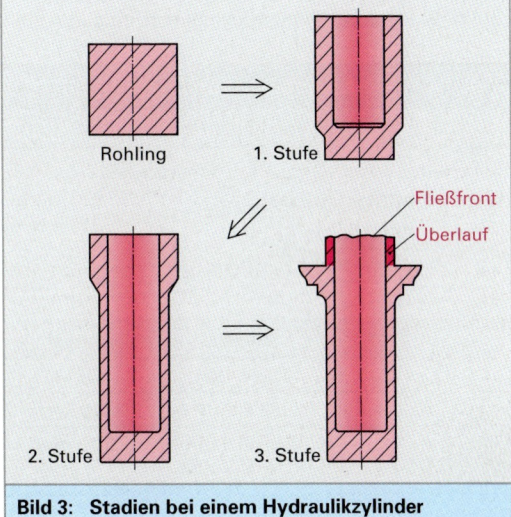

Bild 3: Stadien bei einem Hydraulikzylinder

Die Genauigkeit kaltfließgepresster Werkstücke hängt von der Werkstückgröße ab. Sie liegt im werkzeuggebundenen Bereich zwischen IT6 und IT7. Bei Maßen, die sowohl durch die Stempelgeometrie als auch durch die Büchsengeometrie definiert sind, liegt die Genauigkeit zwischen IT8 und IT12.

Die Werkstückgewichte kaltfließgepresster Werkstücke reichen von 1 g bis 50 kg. Entsprechend ist die Werkstückgröße sehr unterschiedlich.

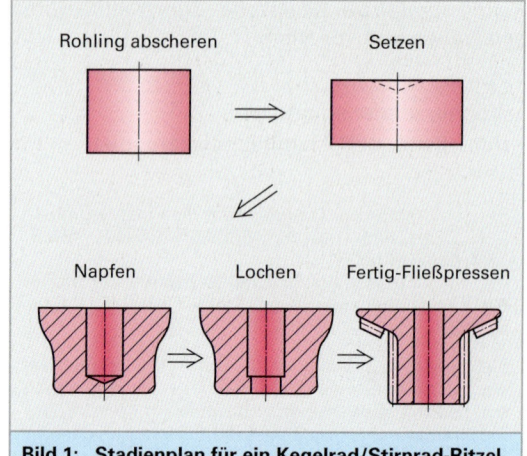

Ablauf des Kaltfließpressens: Während beim Tubenpressen von Aluminium nur ein Arbeitsgang notwendig ist, erfolgt das Kaltfließpressen von Stählen, Messingen und Bronzen häufig in mehrerer Stufen, wobei nach jedem Umformvorgang das Werkstück zwischengeglüht, phosphatiert und befettet wird. Das Zwischenglühen hebt die eingetretene Kaltverfestigung des Werkstoffs wieder auf, die Phosphatschicht (Zinkphosphat) mindert als nichtmetallische Trennschicht den Reibungsverschleiß zu der Matrize bzw. dem Stempel. Die einzelnen Bearbeitungsvorgänge führen zu den Zwischenstadien des Bauteils und werden in den sogenannten Stadienplänen **(Bild 1)** dargestellt.

Bild 1: Stadienplan für ein Kegelrad/Stirnrad-Ritzel

Umformwerkzeuge: Durch die hohen Drücke sind gewisse Auffederungen der Matrize (Pressbüchse) nicht vermeidbar. Um dies Auffederungen gering zu halten oder um ein Bersten zu vermeiden, werden Armierungen vorgesehen **(Bild 1, vorhergehende Seite)**. Für die Gestaltung der Stempel und Pressbüchsen gibt die Richtlinie VDI 3138, Bl. 2 Gestaltungshinweise **(Tabelle 1)**.

Fließpressteile, die in mehren Stufen hergestellt werden, können auch auf einer Presse mit einem Mehrstufen-Fließpresswerkzeug hergestellt werden (Bild 2). Der Teiletransport erfolgt dann innerhalb der Presse von einer Stufe zu nächsten und es sind bei jedem Pressvorgang, entsprechend der Stufenzahl, z. B. 3, auch 3 Werkstücke gleichzeitig in Arbeit.

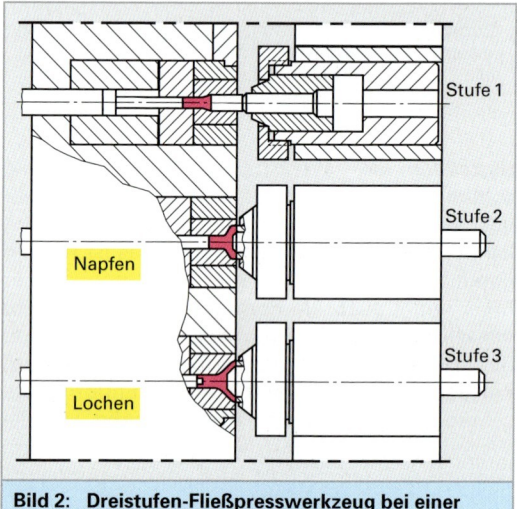

Bild 2: Dreistufen-Fließpresswerkzeug bei einer Horizontal-Mehrstufenpresse

Tabelle 1: Werkzeuggestaltung nach VDI 3138, Bl. 2

Vorwärts-Fließpressen (Pressbüchse)			Napf-Rückwärts-Fließpressen (Fließpressstempel)		
	Stähle	Leichtmetalle		Stähle	Leichtmetalle
2α	40° bis 130°	bis 180°	a	2 bis 5 mm	0,5 bis 3 mm
a	2 bis 5 mm	2 bis 3 mm	b	0,05 bis 0,2 mm	0,15 mm
b	0,05 bis 0,2 mm	0,15 mm	β	5° bis 15°	5° bis 15°
γ	< 20°	< 20°	γ	< 20°	< 20°
	$R > r$		δ	3° bis 5°	$R > 3 \cdot d$

2.3 Umformtechnik

2.3.6 Zugdruckumformen

Die Verfahren sind: *Durchziehen, Tiefziehen, Kragenziehen, Drücken* und *Knickbauchen*. Hierbei wirken auf das Werkstück sowohl Zugkräfte als auch Druckkräfte. Ausgelöst werden diese Kräfte durch Pressen und Ziehwalzen.

2.3.6.1 Gleitziehen

Beim Gleitziehen unterscheidet man das

- Drahtziehen **(Bild 1)**,
- Stabziehen und
- Flachziehen,

ausgehend von Vollmaterial, sowie das

- Hohl-Gleitziehen,
  zur Herstellung von Hohlkörpern.

Bild 1: Drahtziehen

Physikalisch mechanischer Vorgang

Das Vollmaterial oder Hohlmaterial wird beim Gleitziehen durch einen Ziehstein bzw. Ziehring durchgezogen **(Bild 2)**. Die Ziehkraft wird durch eine Greifvorrichtung an der Werkstückauslaufseite auf das Voll- oder Hohlmaterial aufgebracht. Im Ziehstein wird das Vormaterial sowohl einer Druckkraft als auch einer Zugkraft unterworfen **(Bild 3)** und es verformt sich dabei plastisch. Zur Herstellung von Rohren wird entweder über einen Stopfen bzw. Dorn gezogen, oder man hat eine innen mitlaufende Stange.

Beim Durchziehen durch den innen konisch zulaufenden Ziehstein werden die Werkstoffmasseteilchen (Kristallite) mit zuvor regelloser Kristallstruktur gestreckt und erfahren eine linienförmige Ausrichtung. Mit zunehmender Umformung erhöht sich die Festigkeit und Härte des Werkstücks. Beim Einlauf in den Ziehstein herrscht überwiegend eine Druckspannung, während beim Auslauf die Ziehkraft zu einer überwiegenden Zugspannung führt **(Bild 3)**.

Die erforderliche Ziehkraft F_Z setzt sich aus der Umformkraft F_U und der Reibkraft F_R und den inneren Schiebungskräften F_S zusammen. Die Umformkraft F_U berechnet man aus dem Ausgangsquerschnitt A_1 der Fließspannung k_F und dem Umformgrad φ:

$$F_U = A_1 \cdot k_F \, \varphi$$

$$\varphi = \ln \frac{A_0}{A_1} = \ln \left(\frac{D_0}{D_1}\right)^2 = 2 \ln \frac{D_0}{D_1}$$

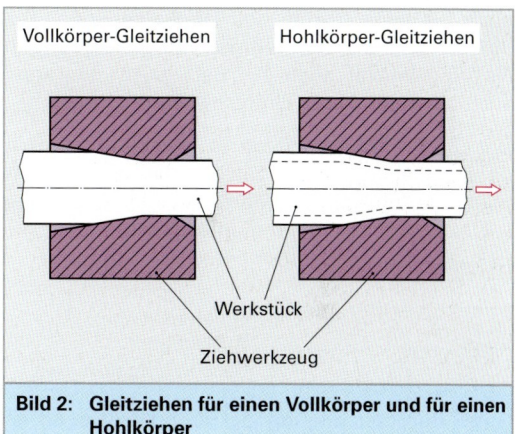

Bild 2: Gleitziehen für einen Vollkörper und für einen Hohlkörper

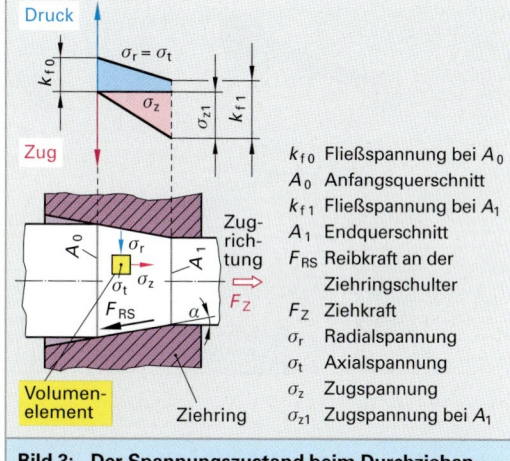

k_{f0} Fließspannung bei A_0
A_0 Anfangsquerschnitt
k_{f1} Fließspannung bei A_1
A_1 Endquerschnitt
F_{RS} Reibkraft an der Ziehringschulter
F_Z Ziehkraft
σ_r Radialspannung
σ_t Axialspannung
σ_z Zugspannung
σ_{z1} Zugspannung bei A_1

Bild 3: Der Spannungszustand beim Durchziehen

Die Reibungskraft F_R ist stark abhängig vom Neigungswinkel α des konischen Ziehsteins und vom Reibungskoeffizienten der Gleitreibung zwischen der Wandung des Ziehsteins und der des Werkstücks. Dieser wiederum hängt stark von der Oberflächenrauigkeit und der Schmierung ab.

Somit ist die gesamte Ziehkraft:

$$F_Z = F_U + F_R + F_S$$

Günstige d. h. kleine Ziehkräfte, erhält man bei Neigungswinkeln $\alpha \approx 15°$ und Schmierung mit Mineralölen und Seifenemulsionen (Nassschmierung) **(Bild 1)** oder auch mit Graphit, Wachs, Talk und Kalk (Trockenschmierung). So erzielt man Reibungskräfte, die etwa 20 % der Umformkräfte betragen. Die Ziehringe werden zur Reibungsminderung poliert und bestehen aus Hartmetall oder auch für feine Drähte aus Diamantsteinen. Die inneren Schiebkräfte nehmen mit zunehmenden Neigungswinkel auch zu. Bei $\alpha \approx 15°$ betragen auch sie ca. 20 % der Umformkräfte.

Der Ziehvorgang erfolgt in mehreren Stufen, da die Ziehkraft nicht zum Abreißen des Ziehmaterials führen darf. Man geht hier höchstens auf 70 % der maximalen Zugfestigkeit.

Damit gilt:

$$F_Z < 0{,}7 \, A_1 \cdot R_m$$

A_1 Querschnitt am Auslaufrand
R_m Maximale Zugfestigkeit

Unter Berücksichtigung der Kaltverfestigung ist ein Umformgrad von $\varphi = 0{,}5$ erzielbar. Beim Ziehen von Stahl ist zwischen den einzelnen Ziehstufen ein Glühen erforderlich.

Drahtziehen

Die Drahtherstellung ist der wichtigste Bereich des Gleitziehens. Man unterscheidet zwischen

- Grobzug (42 mm → 16 mm)
- Mittelzug (16 mm → 1,6 mm)
- Feinzug (1,6 mm → 0,7 mm)
- Kratzenzug (< 0,7 mm).

Das Ausgangsmaterial erzeugt man durch Walzen oder durch Strangpressen. In einer Mehrfachziehanlage wird der Draht nach jedem Ziehvorgang z. B. auf eine Tänzerrolle aufgewickelt und zwischengespeichert. Die Tänzerrollen laufen entsprechend der sich erhöhenden Drahtlänge unterschiedlich schnell. Zum Schluss wird der Draht einer Haspel zugeführt.

Wiederholung und Vertiefung

1. In welche fünf Gruppen teilt man die Umformverfahren ein?
2. Welche Werkstoffeigenschaft wird bei Kaltumformung meist hervorgerufen und welche nachteilige Eigenschaft hat meist die Warmumformung?
3. Was kennzeichnet eine elastische Verformung und was eine plastische Verformung?
4. An welchem Beispiel zeigt sich eine Werkstoffanisotropie besonders?
5. Welches sind die Verfahrensschritte beim Schmieden, z. B. beim Schmieden einer Kurbelwelle?
6. Wie stellt man einen Draht her?

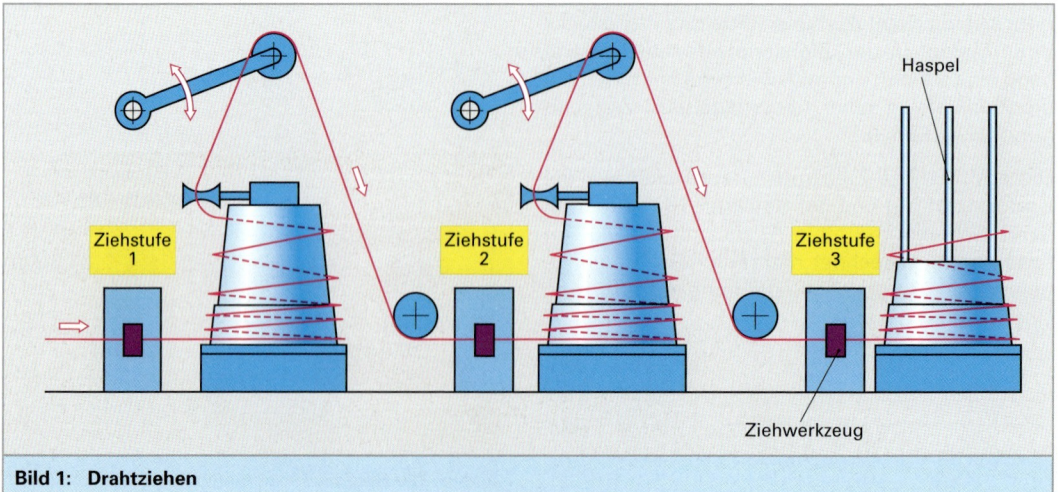

Bild 1: Drahtziehen

2.3.6.2 Tiefziehen

Beim Tiefziehen werden Blechwerkstücke, in einem Arbeitsgang oder in mehreren Arbeitsgängen (**Bild 1**), durch Ziehstempel geformt. Beispiele sind Karosserieteile, Küchenspülen, Badewannen, Getränkedosen und vielfältige Blechkonstruktionsbauteile.

Der Ziehstempel drückt das Blech

- in eine gleichartige Negativform (Matrize), oder
- gegen ein Medium, z. B. Wasser, das die Gegenkraft erzeugt (**Bild 2**).

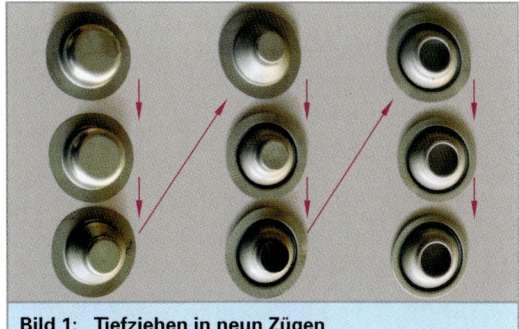

Bild 1: Tiefziehen in neun Zügen

Physikalisch mechanischer Vorgang

Am Beispiel des „Napfziehens" werden die Wirkungsmechanismen besonders gut erklärbar. Eine Blechronde wird auf die Ziehmatrize bzw. den Ziehring gelegt, mit einem Niederhalter an ihrer Berandung gehalten und sodann mit dem Ziehstempel in die Ziehmatrize gedrückt. Dabei rutscht die Ronde insgesamt in den Ziehspalt hinein. Da der Ziehspalt einen Faltenwurf verhindert, liegt ein mehrachsiger Spannungszustand vor: Druckspannungen in tangentialer Richtung zum Umfang und Zugspannungen in radialer Richtung (**Bild 3**).

Der Werkstoff fließt über die verrundete Ziehkante in den Ziehspalt *a*. Zur Verminderung der Reibung werden Schmierstoffe, z. B. Paraffin, Mineralöl oder Polyglykol auf die Bleche aufgetragen.

Die Ziehkraft wird vom Boden über die Zarge in die Umformzone übertragen. Bei zu hoher Ziehkraft reißt der Boden ab (**Bild 4**). **Das Ziehverhältnis β ist der Quotient aus Rondendurchmesser zum Ziehstempeldurchmesser.**

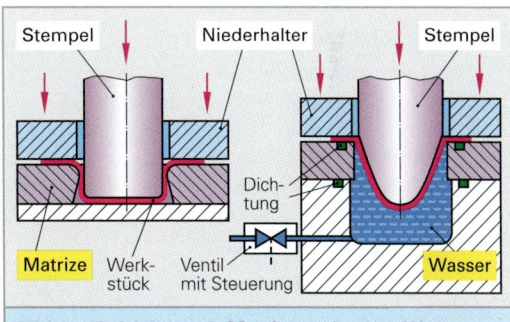

Bild 2: Tiefziehen mit Matrize und gegen Wasser

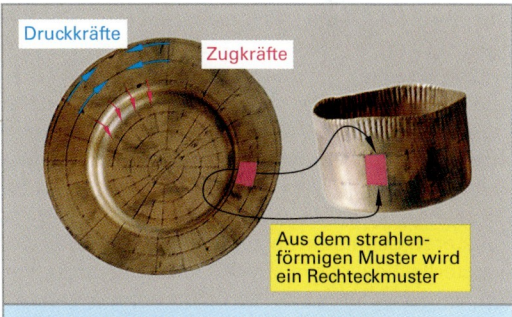

Bild 3: Fließrichtungen beim Napfziehen

Ziehverhältnis beim 1. Zug:

$$\beta_1 = \frac{D_0}{D_1}$$

D_0 Rondendurchmesser
D_1 Ziehstempeldurchmesser

Ziehverhältnis beim 2. Zug (Weiterzug):

$$\beta_2 = \frac{D_1}{D_2}$$

Ziehverhältnis beim n-ten Zug:

$$\beta_n = \frac{D_{n-1}}{D_n}$$

Gesamtziehverhältnis:

$$\beta_{ges} = \beta_1 \cdot \beta_2 \ldots \beta_n$$

Sind die einzelnen Ziehverhältnisse ermittelt, kann man den Rondendurchmesser aus dem Gesamtziehverhältnis bestimmen.

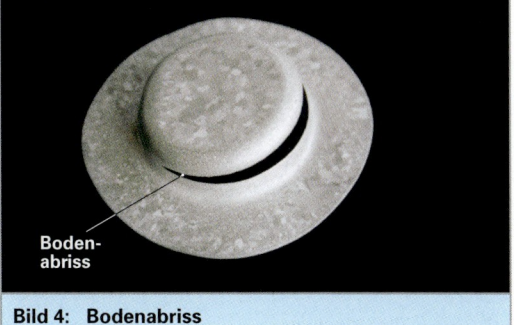

Bild 4: Bodenabriss

Bodenabreißkraft

Die Bodenabreißkraft ermittelt man aus der maximalen Zugfestigkeit (Bruchspannung) und dem ringförmigen Napfquerschnitt in der Zarge:

$A = 2\pi D_m \cdot s_0$

$F_B = A \cdot R_m$
$F_B = 2\pi D_m \cdot s_0 \cdot R_m$

F_B Bodenabreißkraft
D_m mittlerer Napfdurchmesser mit halbem Wanddickenanteil
s_0 Wanddicke
R_m Maximale Zugfestigkeit des Werkstoffs

Ziehen im Folgeverbund

Die Fertigung von kleineren Tiefziehteilen wird dadurch rationalisiert, dass man die Folgezüge aus einem Blechband oder Blechstreifen vornimmt. Die Einzelteile bleiben durch Stege verbunden. Die Folgestempel befinden sich in einem Werkzeug und mit jedem Presshub wird der Streifen durchgetaktet (geschoben) **(Bild 1)**.

Durch Freischnitte wird verhindert, dass sich der Werkstoff stark ungleichmäßig in die Form einzieht und sich der Teileabstand verändert.

Werkzeuge

Die Formwerkzeuge, insbesondere für die Herstellung großer Bauteile, sind extrem aufwändig und daher teuer. Sie müssen hinsichtlich der Ober- und Untermatrize passen und alle lokal verteilten Ziehvorgänge ohne Blechabrisse oder Faltenbildung ermöglichen. Es sei denn, die Risse oder Falten liegen in einem Bereich, welcher in einem Folgevorgang ohnehin ausgestanzt wird, z. B. in Fensterausschnitten an Karosseriebauteilen. Die Fensterflächen werden in der Nachfolge beschnitten, d. h. das dort zunächst vorhandene Blech entfernt.

Solch große Bauteile „durchwandern" zur aufeinanderfolgenden Bearbeitung eine „Pressenstraße". Beginnend mit dem Blechcoil[1] werden die Blechrohteile gestanzt, die einzelnen Tiefziehvorgänge ausgeführt, das tiefgezogene Bauteil beschnitten und Teilbereiche nachgeformt, z. B. durch Biegen und Abkanten.

Hierzu verwendet man eine Folge von Pressen und Werkzeugen, in die Schieber, Schneidelemente, Bauteilauswerfer und Niederhalter integriert sind. Die Werkzeug kosten erreichen dabei schnell Beträge über 1 Million Euro.

---
[1] engl. coil = Rolle, Wickel

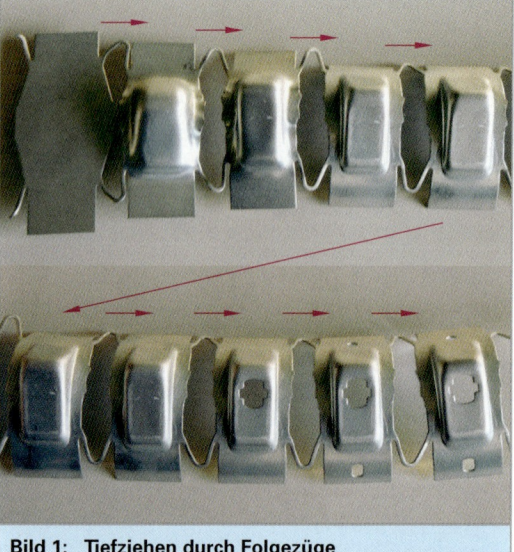

Bild 1: Tiefziehen durch Folgezüge

Bild 2: Mehrfachschnitt

Tabelle 1: Ziehspaltgrößen	
Al-Bleche	1,04 bis 1,12 × Blechdicke
Cu-Zn Bleche	1,1 bis 1,22 × Blechdicke
Stahlblech, legiert	1,12 bis 1,3 × Blechdicke
Stahlblech, rostfrei	1,2 bis 1,35 × Blechdicke

Ziehspalt

Der Ziehspalt wird häufig etwa 10 % bis 40 % größer gewählt als die Blechdicke. Damit ist der Ziehspalt weit genug, damit kein Abstrecken des Materials geschieht, und eng genug, damit keine Faltenbildung erfolgt **(Tabelle 1)**.

Ziehkantenradius

Am Ziehkantenradius des Stempels und des Ziehrings ist die Reibung und damit auch der Verschleiß besonders hoch und zwar je kleiner der Ziehkantenradius ist.

Ziehstempelgeschwindigkeit

Die Ziehstempelgeschwindigkeit ist bei Stahlblechen etwa 10 m/min bis 50 m/min. Sie hat nur geringen Einfluss auf die Kräfte am Ziehstempel.

Zuschnittermittlung

Die Zuschnittermittlung erfolgt mit Computerprogrammen unter Beachtung der Streckziehvorgänge. Vorteilhaft ist die Aufnahme mehrerer Ziehteile in Streifen mit *Mehrfachschnitten* (**Bild 2, vorhergehende Seite**).

Tiefziehen mit Wirkmedien

Bei diesem Verfahren drückt der Stempel gegen ein allseits geschlossenes „Hydraulik-Kissen". Dieses Hydraulik-Kissen ist entweder abgeschlossen, oder der Niederhalter dichtet mit dem Blech gegen das Hydraulik-Kissen ab (**Bild 1**).

Die erforderlichen Stempelkräfte sind bei diesen Verfahren weit höher als beim üblichen Tiefziehen, da zu den Umformkräften noch die Gegenkräfte des Hydraulik-Kissens dazukommen.

Da der Hydraulikdruck allseitig auf das Werkstück wirkt, können komplexe Formen (**Bild 2**), selbst Hinterschneidungen realisiert werden – sofern der Stempel geteilt ausgeführt wird und damit ein Ausformen erlaubt.

2.3.6.3 Drücken

Das *Drücken* ermöglicht die Herstellung von rotationssymmetrischen Hohlkörpern aus einer drehenden Blechronde heraus. Hierbei wird das Blech mit einer Drückwalze auf die rotierende Form aufgeprägt und geglättet (**Bild 3**). Das Material wird nur im Bereich der Drückwalze plastisch. Es ist dort einem *mehrachsigen Spannungszustand* unterworfen und zwar in radialer Richtung einer Zugspannung und in tangentialer Richtung einer Druckspannung. **Bild 4** zeigt einen Lampenschirm der durch Drücken hergestellt wurde.

Man erkennt, dass sich die Dicke des Ausgangswerkstoffs beim Aufdrücken auf die Drückform in dem Maße verringert, wie sich die Bauteiloberfläche vergrößert.

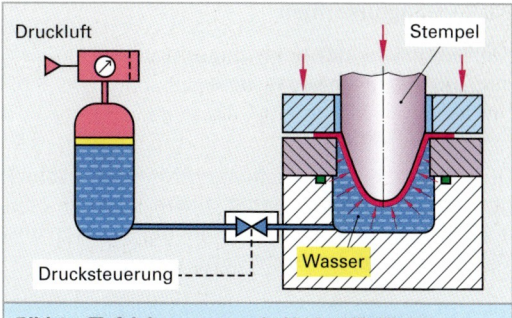

Bild 1: Tiefziehen gegen ein Hydraulik-Kissen

Bild 2: Gegen Wasser gezogene Bauteile

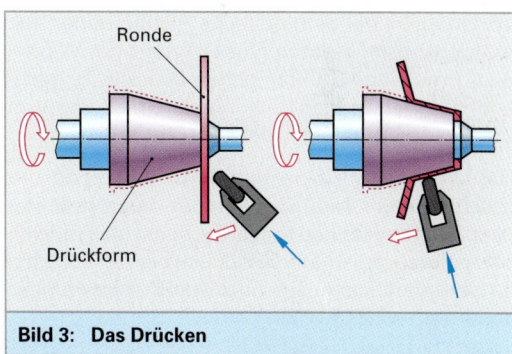

Bild 3: Das Drücken

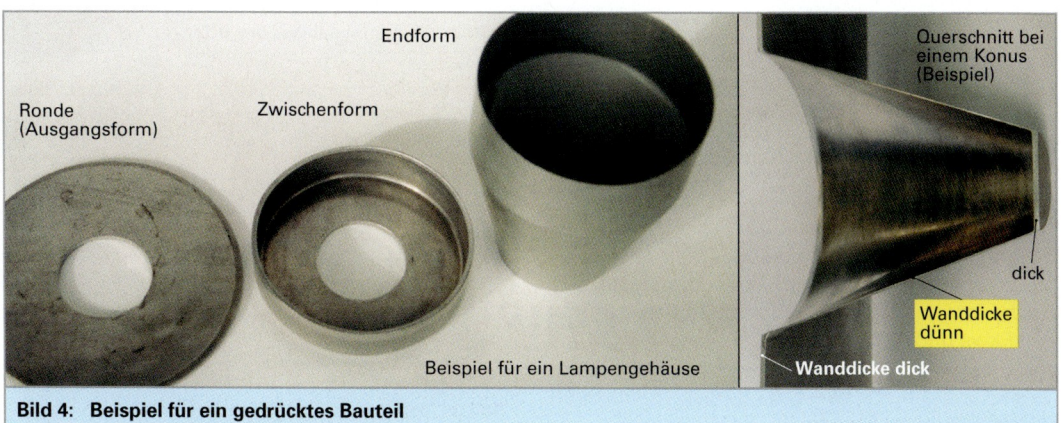

Bild 4: Beispiel für ein gedrücktes Bauteil

2.3.7 Zugumformen

Man unterscheidet beim Zugumformen das *Längen*, das *Weiten* und das *Tiefen*.

2.3.7.1 Längen

Durch Längen (Streckrichten) wird das Werkstück gedehnt. Man kann damit Stäbe, Drähte oder auch Blechte *richten*, d. h. geradlinig strecken und Wellen oder Beulen entfernen.

2.3.7.2 Weiten

Das Weiten, z. B. von Ringen und Rohren, kann mechanisch mit Spreizwerkzeugen, z. B. Spreizzangen, erfolgen. Die erzielbaren Kräfte sind relativ gering, die Werkzeuge relativ kompliziert und so erfolgt üblicherweise das Weiten über Wirkmedien und über Energieeintrag.

Als Wirkmedien kommen Luft bzw. Gase unter Hochdruck in Frage und noch wirksamer Hydraulikflüssigkeiten. Man spricht vom *Innenhochdruckumformen* (IHU) bzw. vom *Hydroforming*.

Bild 1: IHU-Bauteile (Beispiele)

Innenhochdruckformen (IHU)

Innenhochdruckformen ist ein Umformen mit Wirkmedien, bei dem einfache Platinen oder hohle Ausgangsteile durch Flüssigkeiten (Öl, Wasser oder Emulsionen) unter hohen Drücken in geteilten Formwerkzeugen zu Hohlteilen mit komplexer Geometrie umgeformt werden **(Bild 1)**.

Das Umformprinzip besteht darin, dass in den abgeschlossenen Bauteilinnenraum das zugeschnittene Ausgangsteil durch Streckzieh- oder Tiefziehbeanspruchung und durch Druck bis zu 10000 bar an die Innenfläche des *Formspeicherwerkzeuges* angepasst wird **(Bild 2)**.

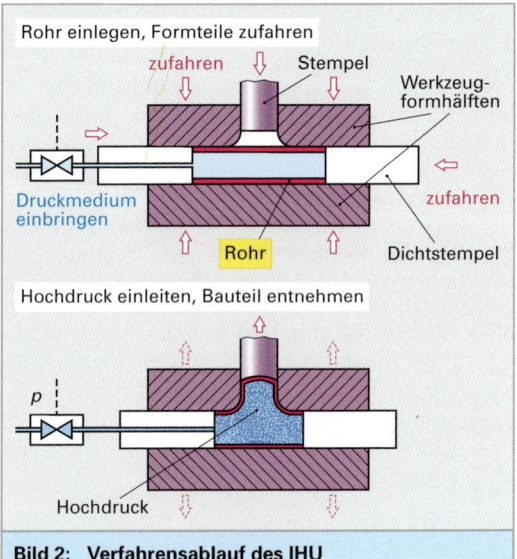

Bild 2: Verfahrensablauf des IHU

Durch IHU sind Werkstücke mit Wanddicken von 0,5 mm bis 60 mm und Längen bis 1200 mm herstellbar.

Bild 3 zeigt ein aufgeschnittenes Werkstück. Man erkennt, wie der Werkstoff in die Weitung hineingeflossen ist.

Besonders in der Automobilindustrie hat sich der Innenhochdruck-Umformprozess durchgesetzt. Typische Anwendungsbeispiele sind Abgaskrümmer von Pkws und Achsbauteile. Das Innenhochdruckverfahren wird auch mit anderen Fertigungsprozessen kombiniert, wie z. B. Biegen, Kalibrieren, Durchsetzen und Stauchen.

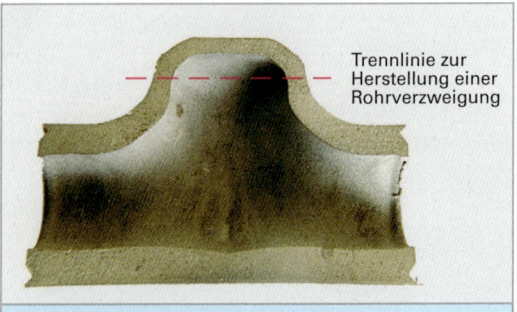

Bild 3: IHU-Werkstück, geschnitten

2.3 Umformtechnik

Magnetumformung

Bei der Magnetumformung werden die Abstoßungskräfte genutzt, die zwei stromdurchflossene Leiter erfahren. Mit Hilfe eines Stoßstromgenerators wird ein Stromimpuls I_{sp} in eine Spule mit einer oder wenigen Windungen geführt (**Bild 1**). Dabei entsteht durch Induktion ein gleichermaßen gegensinnig fließender Strom I_{ind} im umzuformenden Metall(rohr), bzw. Metallring. Beide Ströme erzeugen gegenläufige Magnetfelder und stoßen sich wegen der Lorentz[1]-Kraft ab. Das Metallrohr wird geweitet.

Die Spule muss nun so solide gebaut sein, dass sie diese Kräfte (vielmals) aufnehmen kann. Durch speziell gestaltete Kupferzwischenstücke zwischen Spule und Umformteil erzielt man einerseits eine hohe Magnetumformung und andererseits eine hohe Werkzeugstandzeit, da die eigentliche Spule von den Umformkräften entlastet werden kann.

Durch dieses Verfahren gelingt z. B. das Innenauskleiden von stählernen Hohlformen mit Messingblech, das Umbördeln von Dichtungen (**Bild 2**) und das formschlüssige Verbinden von Hohlwellenbauteilen.

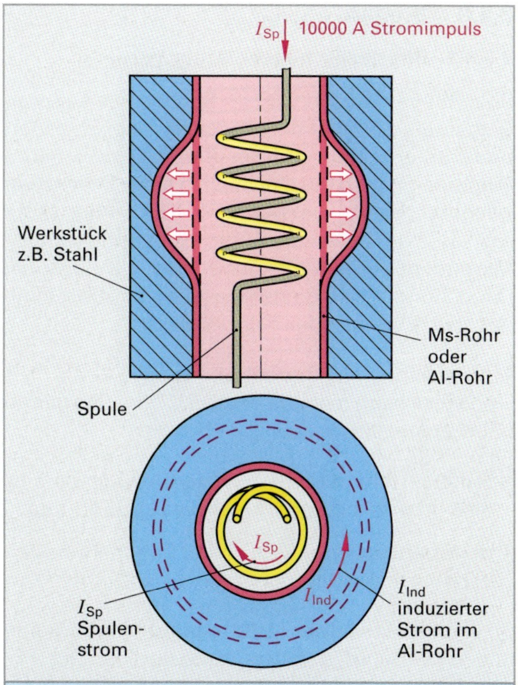

2.3.7.3 Tiefen

Durch Tiefen erhält man gewölbte Werkstücke, also Blechbauteile mit Vertiefungen. Das wichtigste Verfahren ist hierbei das Streckziehen (**Bild 3**).

Streckziehen

Bei diesem Verfahren werden Bleche mehrachsig eingespannt, d. h., das Blech wird 2-achsig gestreckt und zwar wird bis zur Streckgrenze ein formgebundener Stempel gegen das Blech gedrückt und dabei dem Blech die Form gegeben (**Bild 3**). Man spart eine teure Gegenform – z. B. auch im Unterschied zum Fließpressen.

Die Anwendung ist meist eine ganz andere als beim Fließpressen, nämlich die Herstellung von Großbauteilen in kleinen Serien oder Einzelwerkstücken wie z. B. Bleche für Flugzeugrümpfe. So gibt es z. B. die numerisch gesteuerten Ziehbänke mit Ziehlängen über 10 m und mehr als ein Dutzend numerisch gesteuerter Achsen zum Blechhalten, Blechstrecken und zur Bewegung mehrerer Stempel.

---

[1] *Hendrik A. Lorentz*, niederländischer Physiker (1853 bis 1928)

Bild 1: **Prinzip des Magnetumformens**

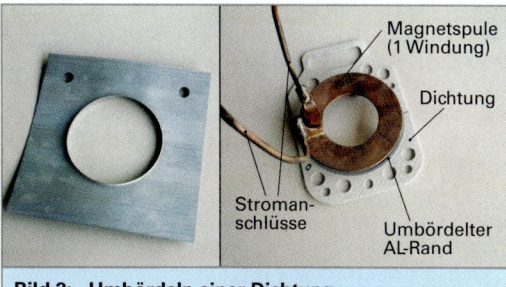

Bild 2: **Umbördeln einer Dichtung**

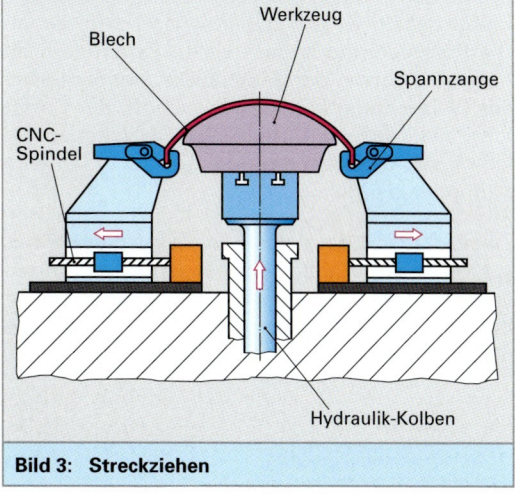

Bild 3: **Streckziehen**

2.3.8 Biegen

2.3.8.1 Physikalisch-technischer Vorgang

Beim Biegen **(Bild 1)** wird im Bereich des äußeren Biegeradius **(Bild 2)** der Werkstoff einer Zugspannung unterworfen und der Bereich des inneren Biegeradius wird gestaucht, also einer Druckspannung ausgesetzt. Dazwischen, nicht in der Mitte, gibt es eine Zone, die keine Spannung erfährt. Man nennt sie *neutrale Zone*, oder, da diese bei Darstellung eines Bauteilquerschnitts eine Linie ist, *neutrale Linie* oder *neutrale Faser*.

Bild 1: Biegevorgang

Am Beispiel eines Blechstreifens (Bild 2) als Testwerkstück kann man die physikalischen Vorgänge beim Biegen besonders gut erkennen:

- Der Querschnitt im Bereich der Druckspannung, also im inneren Bereich, wird vergrößert und
- der Querschnitt im Bereich der Zugspannungen wird vermindert.

So verbreitert sich der Teststreifen am Innenradius und er verjüngt sich am Außenradius. Der Flächenschwerpunkt bzw. die neutrale Faser ist nach außen verlagert. Die Berechnung der plastisch-mechanischen Vorgänge ist für das Biegen besonders komplex, so dass nur empirisch[1] ermittelte Parameter zur Verfügung stehen.

Während die ganz innen liegenden Biegezonen und die ganz außen liegenden Zonen Druck- bzw. Zugspannungen erfahren, die zum plastischen Spannungsbereich gehören, sind die inneren Bereiche beim Biegen nur elastisch verformt, was nach Rücknahme der Biegekraft zu einer gewissen *Rückfederung* führt **(Bild 3)**.

Damit das Bauteil trotz Rückfederung die Sollmaße behält, ist ein „Überbiegen" erforderlich. Die Rückfederung ist von vielen Parametern abhängig, u. a. von der Bauteildicke, der Festigkeit, der Walzrichtung und dem Werkstoff. Zur Ermittlung sind Versuche erforderlich. In seltenen Fällen gelingt eine Bestimmung mit Finite Elemente Methoden (FEM).

Zu beachten ist der kleinste zulässige Biegeradius r_{min}. Wird dieser unterschritten, so können Risse an den Blechrändern und der Außenseite entstehen sowie Quetschfalten an der gestauchten Innenseite.

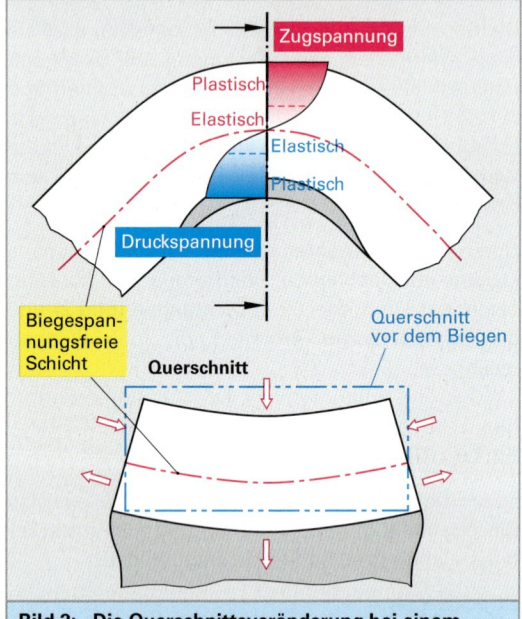

Bild 2: Die Querschnittsveränderung bei einem gebogenen Blechstreifen

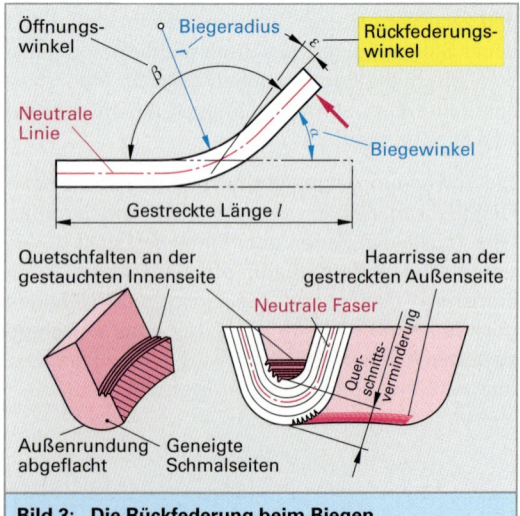

Bild 3: Die Rückfederung beim Biegen

---

[1] empirisch = erfahrungsgemäß, von griech. empeirikos = im Versuch stehend, erkundet

2.3 Umformtechnik

2.3.8.2 Biegeverfahren

Die Biegeverfahren werden eingeteilt in

- Biegen mit geradliniger Werkzeugbewegung,
- Biegen mit drehender Werkzeugbewegung,
- Biegen mit numerisch räumlich gesteuerter Biegebewegung.

Allgemein kann ein Werkstück um drei Raumachsen gebogen werden (**Bild 1**). Diese Biegevorgänge können beliebig kombiniert werden. Damit lassen sich sehr komplexe Bauteile herstellen.

Beim **freien Biegen** wird das Bauteil, meist lokal wechselnd, durch Aufbringen eines Biegemoments geformt oder aber mit Hilfe eines Stempels gebogen, indem man das Bauteil hohl auflegt.

Zum numerisch gesteuerten freien Biegen, z. B. von Rohren, verwendet man auch Roboter oder Maschinen mit NC-Schwenkachsen. Das eingespannte Werkstück kann in jede Richtung gebogen werden. Durch die Abfolge unterschiedlicher Biegerichtungen werden z. B. Auspuffrohre oder Rohrgestelle hergestellt (**Bild 2**).

Beim **Gesenkbiegen** wird das Bauteil, z. B. ein Blech, in ein Gesenk eingelegt und durch einen Formstempel eingedrückt und gebogen (**Bild 3**). Durch örtliches Versetzen des Bauteils kann man Bauteile *runden* (Gesenkrunden). Durch mehrfaches Blechbiegen erhält man Blechgehäuse (**Bild 4**).

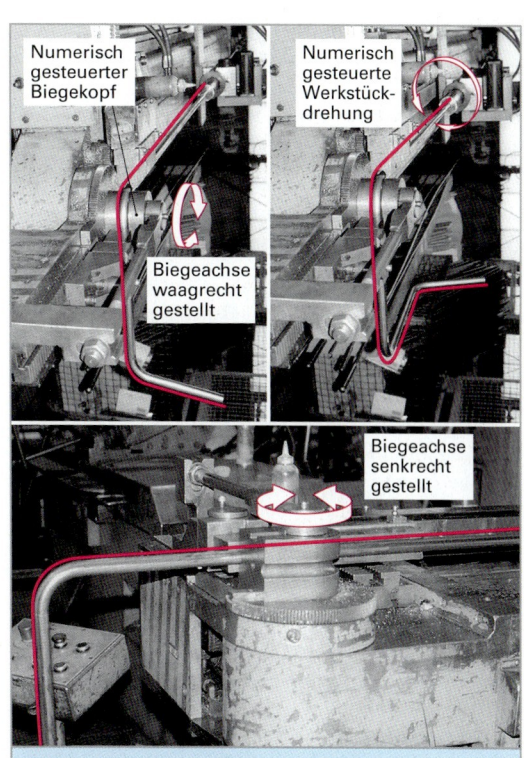

Bild 2: Numerisch gesteuertes Biegen

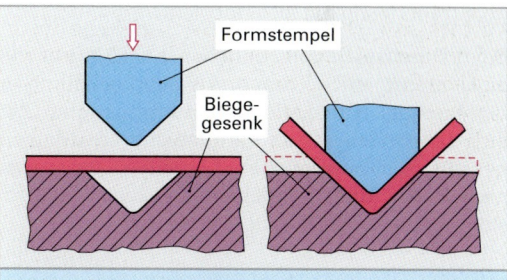

Bild 3: Biegen mit Stempel

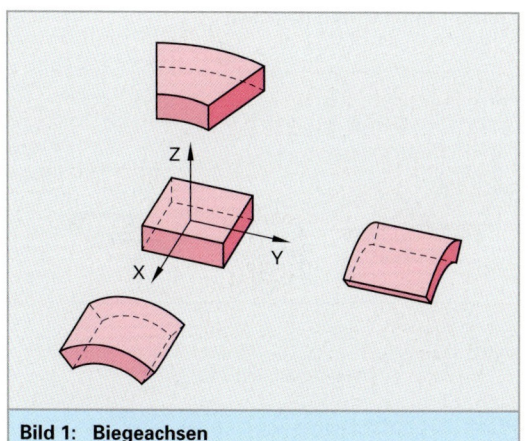

Bild 1: Biegeachsen

Bild 4: Biegefolge für ein Gehäuse

Durch **Rollbiegen (Bild 1)** erreicht man eine runde Kante an Blechwerkstücken, z. B. an Dachrinnen. Durch *Knickbiegen* können eingespannte Werkstücke mit einem Knick bzw. einer Sicke versehen werden.

Das **Walzrunden** ermöglicht die Herstellung großer Hohlkörper. So werden durch Walzrunden die Blechbauelemente für große Kessel und Schiffsrümpfe gebogen **(Bild 2)**.

Beim **Schwenkbiegen** und **Rundbiegen** wird mit einer Biegewange das Bauteil an einer Werkzeugkante abgebogen, *Abkantmaschinen* ermöglichen das versetzte Anbringen von Biegekanten, z. B. zur Herstellung von Dachrinnen in Kastenform. Eine besondere Form des Schwenkbiegens ist das *Verlappen*, um z. B. Bauteile zu befestigen und das *Falzen* um Blechbauteile ineinander zu fügen **(Bild 3)**.

2.3.9 Schubumformen

Durch Aufbringen von Schubspannungen können Werkstücke mit einem „Durchsatz" versehen werden **(Bild 4)**. Besondere Bedeutung hat das Durchsetzen, um Blechteile zu verbinden. Man spricht vom *Durchsetzfügen*. Dies ist eine sehr weit verbreitete Fügetechnik, meist mit großen Vorteilen gegenüber anderen Fügeverfahren: keine Schweißspritzer, keine Zusatzbauteile, hochfest, gute Dauerfestigkeit und gasdicht.

Beim **Durchsetzfügen (Clinchen[1])** wird meist mit einer Presse das zu fügende Blechpaar durch einen Stempel in eine Matrize mit Amboss gedrückt und dabei nach außen verquetscht. Die Matrize besteht aus beweglichen Lamellen, die dabei nach außen **(Bild 4)** abgedrängt werden. So lässt sich das Bauteil leicht aus der Matrize lösen.

[1] to clinch = festhalten, verbinden

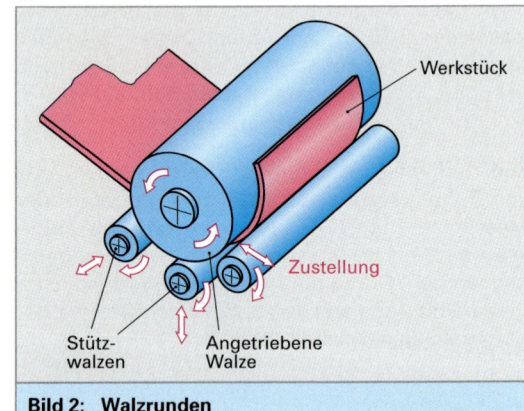

Bild 1: Rollbiegen

Bild 2: Walzrunden

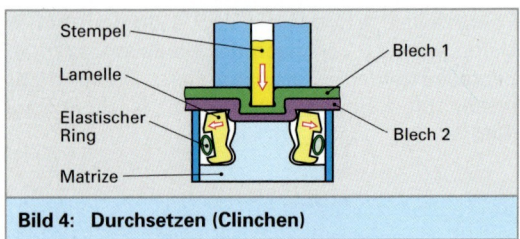

Bild 4: Durchsetzen (Clinchen)

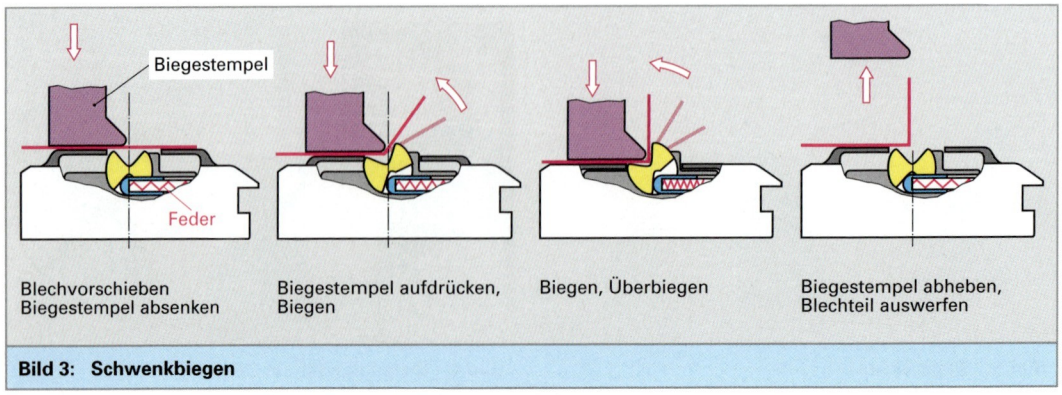

Bild 3: Schwenkbiegen

2.3.10 Pressmaschinen

Bei den Pressmaschinen unterscheidet man:

- weggebundene Maschinen,
- kraftgebundene Maschinen und
- arbeitsgebundene Maschinen (**Bild 1**).

Zu den weggebundenen Pressmaschinen gehören die *Kurbelpressen* und die *Exzenterpressen*.

Die kraftgebundenen Maschinen formen durch krafterzeugende Antriebe um. Das sind meist Hydraulikzylinder.

Die arbeitsgebundenen Maschinen stellen eine gewisse Menge Energie zur Umformung bereit, z. B.: potenzielle Energie bei einem Fallhammer, chemische Energie bei der Explosionsformung oder elektrische Entladeenergie bei der Stoßstromumformung.

2.3.10.1 Weggebundene Pressmaschinen

Kurbelpressen und Exzenterpressen

Bei den Kurbelpressen wird der Stößelweg durch eine Kurbel mit einem Pleuel erzeugt (**Bild 2**). Bei kontinuierlicher Drehung der Kurbel entsteht eine rhythmisch periodische Stößelbewegung. Der Verlauf des Stoßhubs in Abhängigkeit vom Kurbelwinkel ist beim einfachen Schubkurbelgetriebe exakt sinusförmig, ebenso bei einem Antrieb mit Exzenterwelle (**Bild 2**).

Bei mehrgelenkigen Kurbelgetrieben und bei Kniehebelantrieben sind die Wegverläufe und Geschwindigkeitsverläufe des Stößels stark abweichend von der Sinusform.

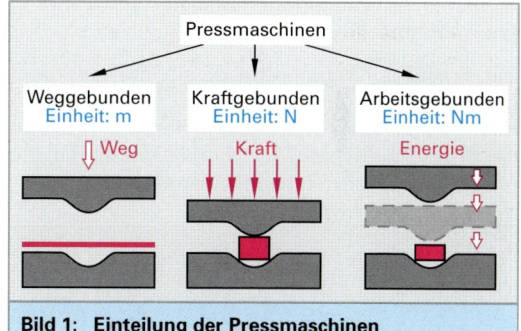

Bild 1: Einteilung der Pressmaschinen

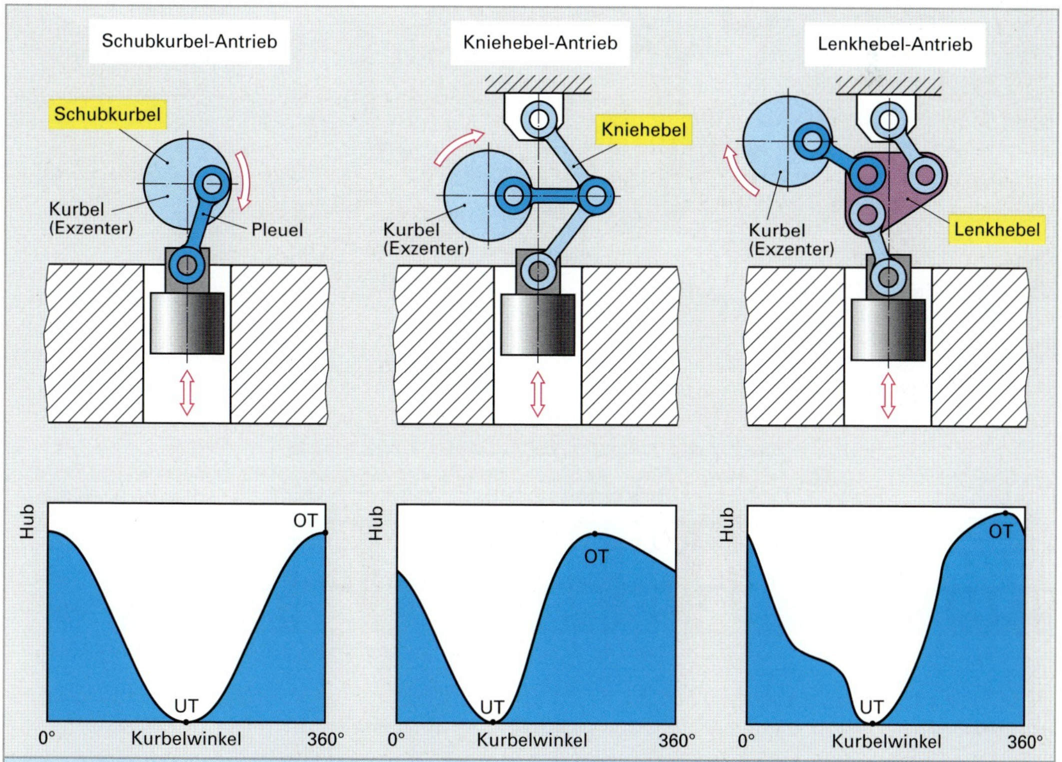

Bild 2: Kurbelpresse und Exzenterpresse (Prinzip)

Ein wichtiges Maß sind der untere Umkehrpunkt (UT) und der obere Umkehrpunkt (OT). Die halbe Hubhöhe steht in der Regel für den Umformvorgang zur Verfügung. Die Teilezuführung muss bei Beginn der Umformphase abgeschlossen sein und die Teileentnahme kann beginnen, wenn der Stößel die Matrize bzw. das Gesenk verlassen hat.

Damit eine gleichmäßige, vom Umformvorgang unbeeinflusste, Hubbewegung sichergestellt ist, haben die mechanischen Pressen große Schwungräder. Ihre Schwungmasse gleicht die starke Motorbelastung während des Umformvorgangs mit den geringen Belastungen während des Rücklaufs aus.

Der Pressenantriebsmotor ist ein drehzahlregelbarer Drehstromantrieb (früher Gleichstromantrieb). Damit kann man bei niederen Hubzahlen die Presse einrichten und beim Optimieren die maximal mögliche Hubzahl einstellen.

Die Pressenkörper sind gegossene Gestelle, oder heute häufiger, geschweißte Blechgestelle. Für kleinere Presskräfte bis etwa 2500 kN sind es meist Einständergestelle (C-Gestell).

Für große Presskräfte über 4000 kN verwendet man Portale in Zweiständerbauweise mit z. B. 4 Zugankern. Der Stößel wird zumeist mit Rollen mehrfach am Pressgestell geführt.

Zur Herstellung großer Blechwerkstücke, z. B. von Karosserieteilen, die nicht mit einem Werkzeug hergestellt werden können, verwendet man Stufen-Pressen-Straßen (**Bild 1**).

Die Einzeloperationen werden auf die nacheinanderwirkenden Pressen aufgeteilt. Die Werkstücke werden mit Greifern von einer Presse zur anderen weitergereicht.

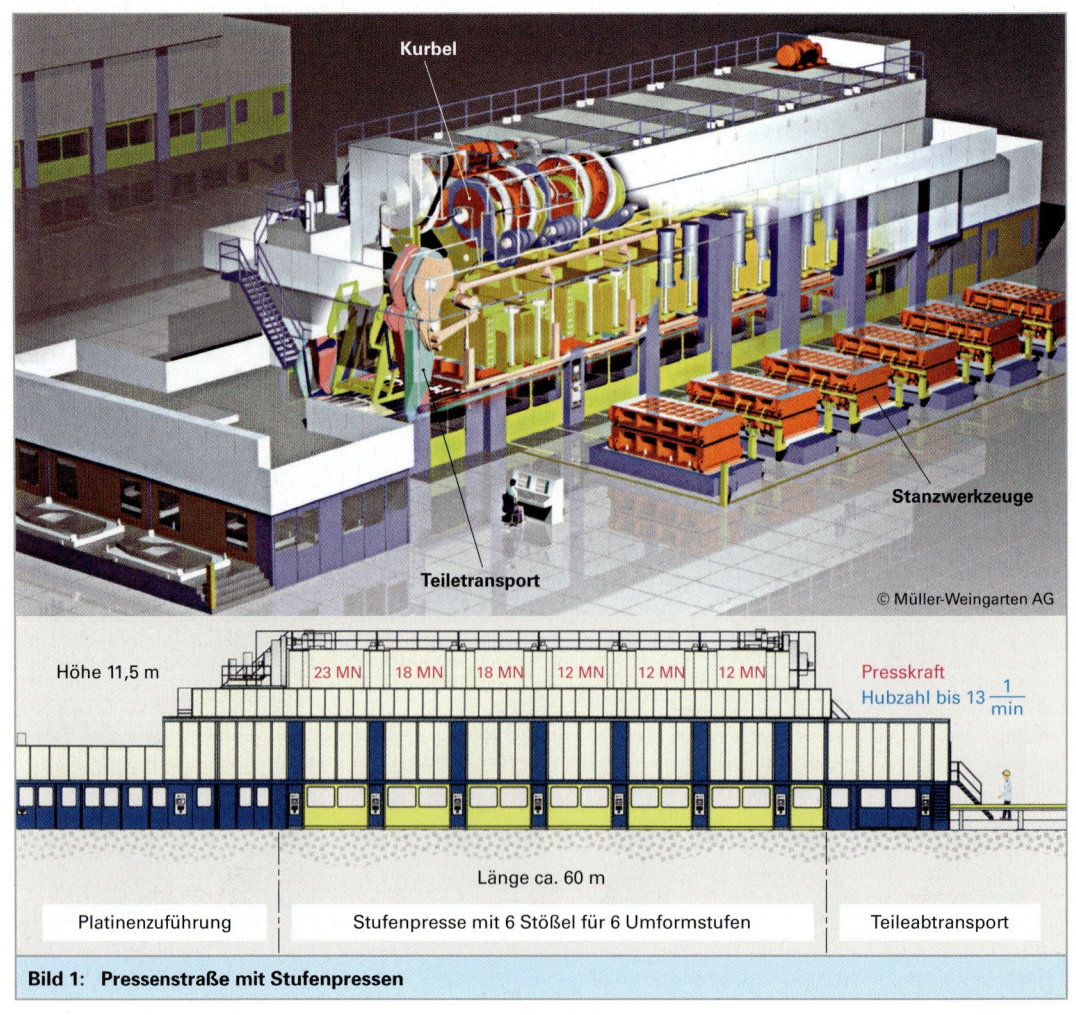

Bild 1: Pressenstraße mit Stufenpressen

2.3.10.2 Kraftgebundene Pressmaschinen

Hydraulische Pressen

Bei hydraulischen Pressen wird der Stößel durch die Kraft eines Hydraulikzylinders bewegt **(Bild 1)**. Der Weg-Zeit-Verlauf kann exakt über eine Lageregelung und die Presskräfte über eine unterlagerte Kraftregelung bauteilabhängig gesteuert werden **(Bild 2)**. Darüber hinaus wird bei Pressen mit großen Presstischen die Stößelparallelität über Hilfszylinderantriebe geregelt. Dies ist vor allem erforderlich, wenn die resultierende Umformkraft bauteilbedingt außermittig liegt **(Bild 3)**. Auch Ziehstößel und Blechhalter werden mit Hydraulikzylindern betätigt. Die Zylindersteuerung erfolgt numerisch gesteuert, lagegeregelt und damit synchron zum Hauptzylinder der Presse.

Hybridpressen

Bei den Hybridpressen sind mechanische Kurbelantriebe oder Exzenterantriebe als Basisantriebe für die großen Stößelwege im Einsatz, während für den Umformvorgang die Wegregelung und die Kraftregelung über kurzhubige Hydraulikzylinder erfolgt.

Das Oberwerkzeug wird wie bei den mechanischen Pressen meist mit einem Exzenterantrieb bis zum Aufsetzen am Werkstück bewegt. Durch die hydraulisch betätigten Zylinder wird der eigentliche Umformvorgang weggeregelt und kraftgeregelt ausgeführt. Die Hybridpresse hat eine größere Ausbringmenge als die rein hydraulische Presse.

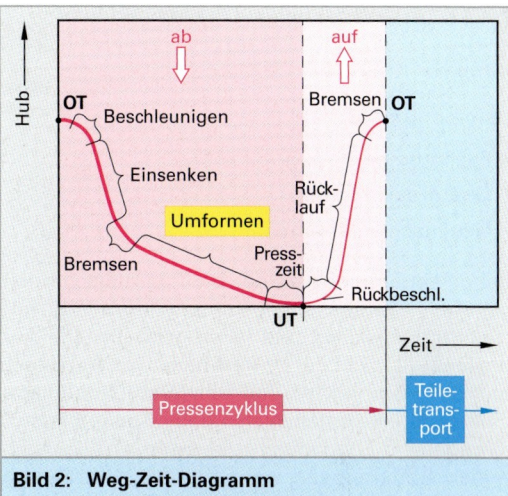

Bild 2: Weg-Zeit-Diagramm

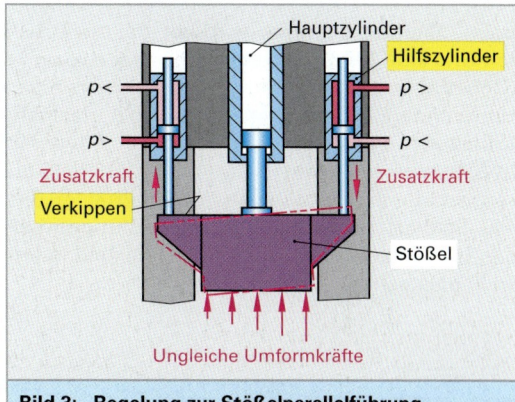

Bild 3: Regelung zur Stößelparallelführung

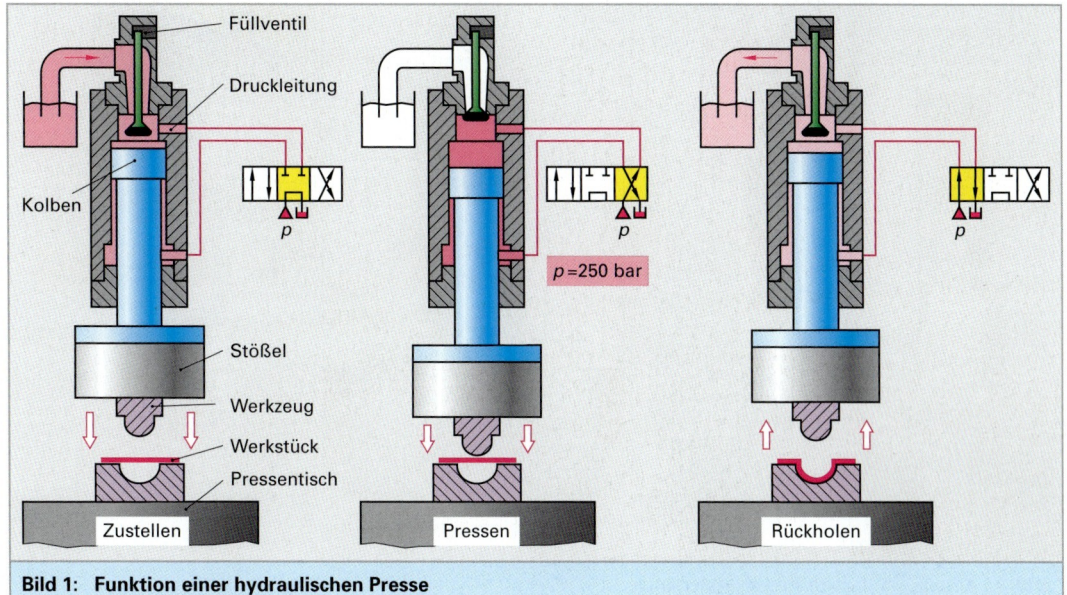

Bild 1: Funktion einer hydraulischen Presse

2.3.9.3 Arbeitsgebundene Pressmaschinen

Hämmer

Hämmer gibt es als

- Fallhämmer,
- Oberdruckhämmer,
- Gegenschlaghämmer.

Beim Fallhammer wird der Bär hydraulisch hochgehoben oder über einen Riemenantrieb (z. B. 1 m … 2 m) ausgeklingt und fallen gelassen. Die Aufprallenergie dient der Umformung. Das Werkstück ruht auf einer großen und schweren Grundplatte (Schabotte). Es ergeben sich dabei starke Erschütterungen im Fundament und diese sind in noch weiten Entfernungen wahrnehmbar. Die Schlagzahlen reichen bis zu etwa 60 Schläge pro Minute.

Beim Oberdruckhammer wird der Bär zusätzlich mit Druckluft **(Bild 1, links)** Dampf oder Hydraulik (Ölhydraulik oder Wasserhydraulik) mittels eines Hubzylinders beschleunigt. Es sind bei gleichem Arbeitsvermögen geringere Fallhöhen notwendig (z. B. 0,7 m) als beim Fallhammer und man erreicht dadurch erheblich höhere Schlagzahlen (bis 450 Schläge pro Minute). Die Erschütterungen des Fundaments sind ebenfalls erheblich und umweltbelastend.

Beim Gegenschlaghammer **(Bild 1, mitte)** gibt es einen Oberbär und Unterbär mit gegensinniger Bewegung. Beide Bären sind meist hydraulisch angetrieben und haben beim Zusammenprall etwa gleiche kinetische Energie. Die Masse des Unterbärs wird erheblich größer gewählt als die Masse des Oberbärs und so ist seine Hubbewegung kürzer und er ist weniger empfindlich auf wechselnde Werkstückmassen, da diese mit zu beschleunigen sind. Hämmer sind preisgünstiger als Pressen und werden vor allem zum Freiformschmieden eingesetzt.

Spindelpressen

Bei den Spindelpressen **(Bild 1, rechts)** wird der Stößel über einen Gewindeantrieb (meist Dreifach- oder Vierfachgewinde) bewegt. Die Spindel ist mit der Schwungscheibe verbunden und so steht die Abbremsenergie der Schwungscheibe als Umformarbeit zur Verfügung. Angetrieben wird die Schwundscheibe z. B. über ein Reibrad. Der Rückholvorgang erfolgt klassisch durch wechselweise angedrückte Reibräder oder Kegelräder. Neuerdings wird durch einen elektrischen Reversiermotor bei ausgekuppelter Spindel der Bär nach oben geholt. Man erreicht Hubzahlen bis zu 60 Hüben pro Minute. Spindelpressen werden hauptsächlich in der Schmiedetechnik und zum Prägen eingesetzt.

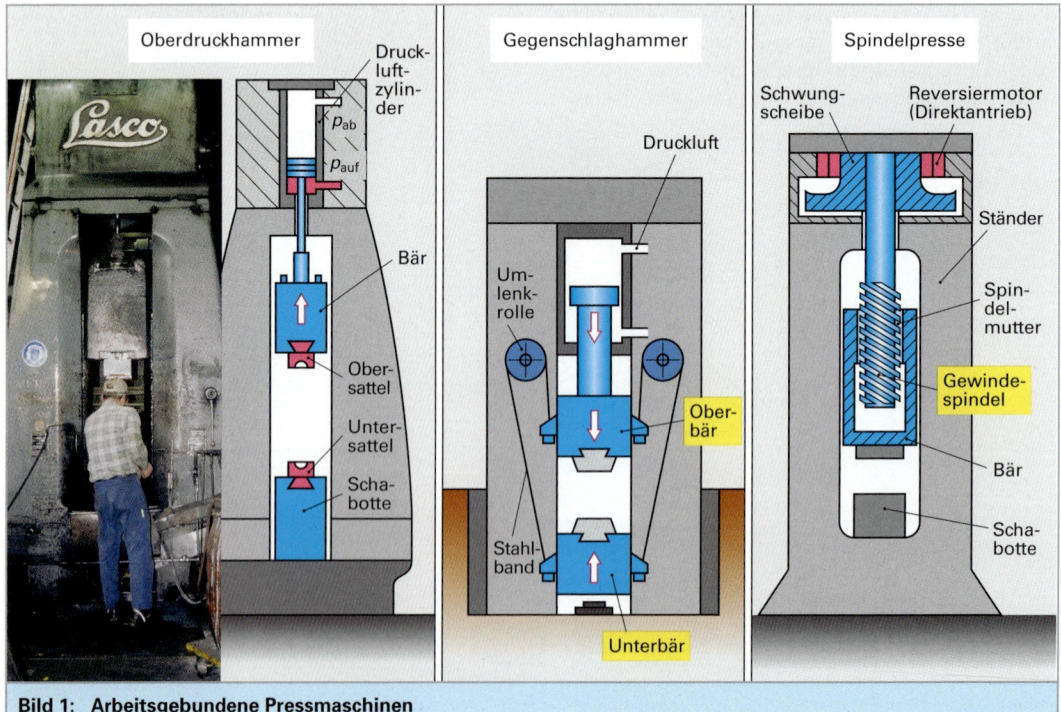

Bild 1: Arbeitsgebundene Pressmaschinen

2.4 Endkonturnahe Formgebung

2.4.1 Hintergrund

Hintergrund ist der möglichst schonende Umgang mit den verfügbaren Ressourcen und eine Kostenreduzierung bei der Fertigung wie auch bei dem Betrieb des Bauteils.

Die Schonung der **Ressourcen** wird möglich durch:
- minimalen Verbrauch an zweckdienlichem Bauteilwerkstoff sowie
- minimalen Verbrauch an Fertigungshilfsmitteln.

Die Minimierung der **Fertigungskosten** wird möglich durch:
- weniger Einzelschritte,
- weniger Einzelteile (Montage-, Füge- und Dichtarbeiten entfallen),
- weniger Toleranzabweichungen
  (spanabhebende Bearbeitung reduziert)
- einbaufertige Oberflächenqualität.

Die Minimierung der **Betriebskosten** wird möglich durch:
- weniger Energie zum Beschleunigen dynamisch bewegter Baugruppen durch hohes Festigkeit/Dichte-Verhältnis der Werkstoffe und kleinvolumige Verbindungen,
- lange Wartungsintervalle durch hohe Schadenstoleranz der Bauteile,
- geringeren Reparatur- und Ersatzteilbedarf durch hohe Festigkeit, Dauer- und Verschleißfestigkeit sowie Korrosionsbeständigkeit der Bauteile.

Den meisten Forderungen kann durch eine in möglichst wenigen Schritten und in möglichst dicht an die *Endkontur* heranführende Formgebung des Bauteils (engl. *Near-net-shape-forming*) entsprochen werden, wie die allein pulvermetallurgisch endkonturierte Bauteilen in **Bild 1** zeigen.

Die konventionellen Formgebungsverfahren ermöglichen nicht immer eine, in möglichst wenigen Schritten und möglichst dicht an die Endkontur heranführende Formgebung.

Nachteilig sind die beschränkte Abbildungstreue durch ein fehlendes konturgenaues Formfüllungsvermögen. Dies ist besonders bei komplexen und filigranen Geometrien der Fall. Ferner sind erhebliche Kräfte für eine solche Formgebung notwendig, was wiederum massive und teure Werkzeuge erfordert. Zur Vermeidung dieser Nachteile bieten sich die in **Bild 2** in einer Übersicht dargestellten endkonturnahen Formgebungsverfahren an.

Bild 1: Pulvermetallurgisch gefertigtes Zahnradpaar

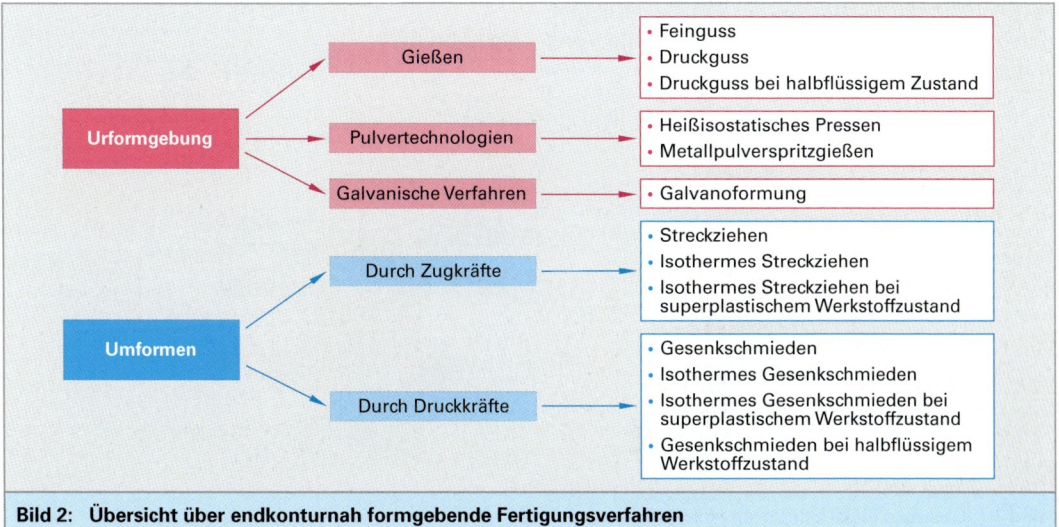

Bild 2: Übersicht über endkonturnah formgebende Fertigungsverfahren

2.4.2 Endkonturnahe Urformgebung

2.4.2.1 Gießen

Beim **Feingießen**[1] **(Bild 1)** werden nach dem Wachsausschmelzverfahren an eine Gießtraube modellierte Wachsmodelle mehrmals in einen Schlicker getaucht und besandet, schließlich getrocknet und gebrannt. Dabei fließt das Wachs aus und eine ungeteilte verlorene Form bleibt zurück. Die Schmelze wird zur Reduzierung von Turbulenzen langsam in die noch warme, aufgerichtete und mit Stahlkies hinterfütterte Form gegossen.

Nach diesem Verfahren sind alle Werkstoffe vergießbar und mit guter Maßgenauigkeit und Oberflächengüte auch komplizierte, dünnwandige und mit Hinterschneidungen versehene Bauteile darstellbar.

Das in **Bild 2** schematisch dargestellte Druckgießen arbeitet mit *geteilten* Dauerformen hoher Oberflächengüte. Sie werden von der Schmelze unter hohem Druck rasch gefüllt, wobei die eingeschlossene Luft über Kanäle entweichen kann. Der hohe anstehende Druck garantiert eine zuverlässige Formfüllung, daneben aber auch eine Zwangslösung der in der Schmelze gelösten Gase. Sie werden bei einer nachfolgenden Wärmebehandlung oder Schweißarbeit teilweise wieder frei und können innere Materialtrennungen zur Folge haben.

Durch Druckgießen sind mit hoher Genauigkeit und Oberflächenqualität auch komplizierte und dünnwandige Bauteile darstellbar. Sie dürfen aber wegen der Verwendung einer geteilten Form keine Hinterschneidungen aufweisen. Wegen eines zu befürchtenden Angriffs der Druckgießeinheit durch die Schmelze sind zudem nicht alle Werkstoffe vergießbar.

Bild 3 zeigt eine Möglichkeit für die Gewinnung des Vormaterials für eine Formgebung bei *thixotropem* Werkstoffzustand (thixotrop = ohne Scherkraft formstabil, unter Scherkraft niedrigviskos und in Scherkraftrichtung laminar fließend).

[1] siehe auch Seite 50

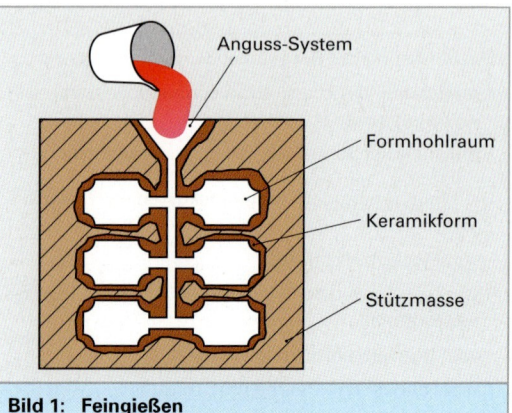

Bild 1: Feingießen

Bild 2: Druckgießen

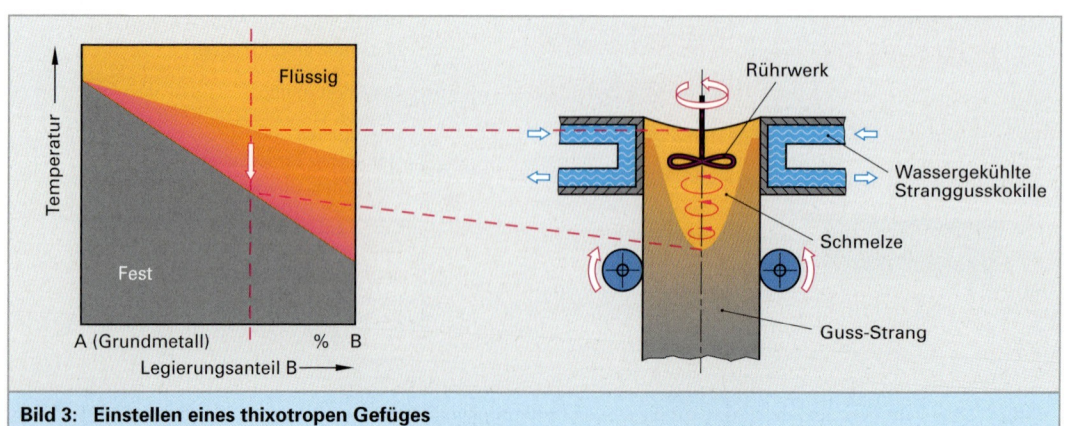

Bild 3: Einstellen eines thixotropen Gefüges

2.4 Endkonturnahe Formgebung

Durch Rühren der Schmelze beim Durchlaufen des Temperaturbereichs zwischen *Liquidustemperatur* und *Solidustemperatur* bilden sich die Primärkristalle sehr fein und äquiaxial aus. Wird ein Werkstoffabschnitt anschließend in einer Druckgießkammer wieder bis in den Temperaturbereich zwischen Solidustemperatur und Liquidustemperatur erwärmt (Fest/Flüssig-Verhältnis für Thixogießen ≈ 1:1), so verhält sich der Werkstoff infolge der aufschmelzenden Korngrenzenmasse *thixotrop*.

Das **Druckgießen bei halbflüssigem Werkstoffzustand** wird auch als Thixogießen (engl.: Thixocasting) bezeichnet **(Bild 1)**. Der zur vollständigen Formfüllung aufzuwendende Druck ist vergleichsweise gering. Wegen des deutlich reduzierten Flüssigphasengehaltes besteht kaum die Gefahr einer Zwangslösung von Gasen, weswegen auch wärmezubehandelnde Legierungen verarbeitet werden können. Es sind auch hier komplizierte und dünnwandige Bauteile mit hoher Genauigkeit und Oberflächenqualität herstellbar.

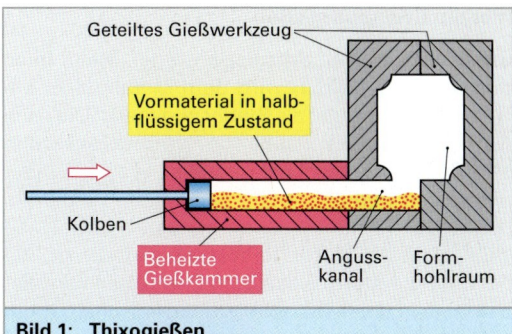

Bild 1: Thixogießen

2.4.2.2 Pulvertechnologien

Der Verfahrensablauf der **konventionellen Pulvermetallurgie** besteht aus der kalt (= bei Raumtemperatur) vorgenommenen Verdichtung eines Pulvers zu einem Grünling, die zum Erreichen einer homogenen Verdichtung mit isostatischer Druckeinwirkung erfolgen sollte. Man bezeichnet dies als *kaltisostatisches*[1] *Pressen* (*engl.* **C**old **I**sostatic **P**ressing; **Bild 2**). Anschließend wird der Grünling gesintert (**Bild 3**).

Erfolgt das Sintern drucklos, so weisen die Sinterteile mehr oder weniger intensiv Restporen auf (Bild 2), die u. a. die mechanischen Eigenschaften beeinträchtigen. Ohne Anhebung der Sintertemperatur und damit der Gefahr einer Kornvergröberung, in der Regel sogar unter Absenkung der Sintertemperatur, ist eine höhere Verdichtung durch Anwendung eines äußeren Drucks erreichbar. Dies gelingt bei einem Grünkörper, der in einer hochtemperaturbeständigen, gasdichten und nachgiebigen Hülle gekapselt vorliegt, durch **heißisostatisches Pressen** (*engl.* **H**ot **I**sostatic **P**ressing; **Bild 4**).

Nach diesem Verfahren können alle Werkstoffe, speziell solche, die gießtechnisch nicht verarbeitbar sind (z. B. schnell erstarrte, mechanisch legierte oder nanokristalline Materialien), in komplizierte Geometrien hoher Dichte gebracht werden. Von Nachteil sind die erheblichen Maßtoleranzen und geringeren Oberflächengüten, was eine weitere Bearbeitung erforderlich machen kann.

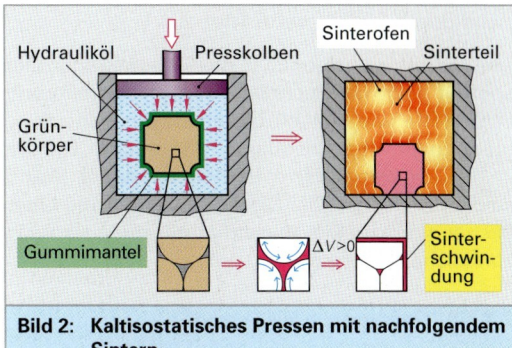

Bild 2: Kaltisostatisches Pressen mit nachfolgendem Sintern

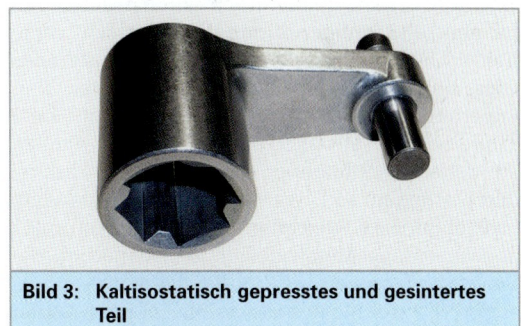

Bild 3: Kaltisostatisch gepresstes und gesintertes Teil

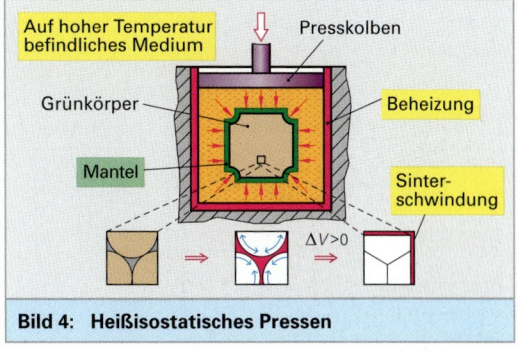

Bild 4: Heißisostatisches Pressen

---

[1] von griech. iso ... = gleich ... und statikos = zum Stillstehen bringende Kraftverhältnisse (beim Wiegen), hier: allseitig gleiche Kräfte erzeugend.

Metallpulverspritzgießen

Beim Metallpulverspritzgießen (*engl.* **M**etal **I**njection **M**olding) **(Bild 1)** wird dem Metallpulver ein Themoplastgranulat als Binder zugesetzt. Die nach dem Granulieren entstehende Formmasse wird in eine Spritzgießmaschine gegeben, wo der Binder plastifiziert und aufgeschmolzen wird. Ist die Viskosität der Formmasse weit genug abgesenkt, so wird sie in das gekühlte Werkzeug gespritzt, wo der Binder erstarrt. Nach dem Entformen wird der Binder (i. a. unter Vakuum) auf thermischem (und/oder chemischem) Weg durch Verdampfen und Zersetzen entfernt. Der *Bräunling* wird anschließend durch Sintern verdichtet.

Das Verfahren ermöglicht die Verarbeitung aller, speziell auch gießtechnisch nicht verarbeitbarer Werkstoffe wie schnell erstarrte, mechanisch legierte oder nanokristalline Materialien. Zudem sind auch komplizierte Bauteile geringer Wandstärke darstellbar. Die Maßgenauigkeit und Oberflächenqualität sind allerdings geringer als nach klassischem Sintern.

2.4.2.3 Galvanische Verfahren

Bei der **Galvanoformung** (*engl.* galvanoforming[1]) wird auf einem Metallmodell (zur besseren Entformbarkeit mit einer dünnen Trennschicht versehen; u. U. aber auch verlorene Modelle aus Wachs, Gips, Kunststoff oder niedrigschmelzenden Zinnlegierungen) als erstes eine Nickelschicht oder Kupferschicht stromlos abgeschieden. Stellen, an denen nachfolgend keine weitere Abscheidung erfolgen soll, werden mit nichtleitendem Lack abgedeckt. Anschließend wird die stromlos abgeschiedene Metallschicht zur Steigerung der Schichtbildungsrate als Katode gepolt und auf der ersten Metallschicht weiteres Nickel bzw. Kupfer galvanisch abgeschieden **(Bild 2)**. Wichtig ist, dass die Schicht in gleichmäßiger Dicke und wegen der hohen Verzugsgefahr beim Entformen möglichst spannungsarm abgeschieden wird. Dies kann durch die Wahl der Elektrolyte und Abscheidebedingungen beeinflusst werden. Das Formteil wird nach erreichter Schichtdicke vom Modell abgenommen. Es kann zur weiteren Steigerung der Wandstärke hinterfüllt werden.

Die entscheidenden Vorteile des Galvanoformens sind die Herstellung fast beliebig komplizierter Formen ohne nennenswerte Nacharbeit **(Bild 3)**.

---
[1] benannt nach *Luigi Galvani* (1737 - 1798), ital. Wissenschaftler

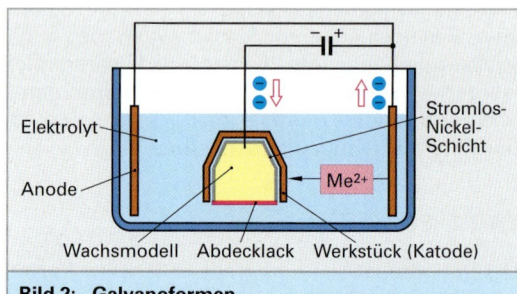

Bild 2: Galvanoformen

Bild 3: Galvanoformen einer römischen Maske

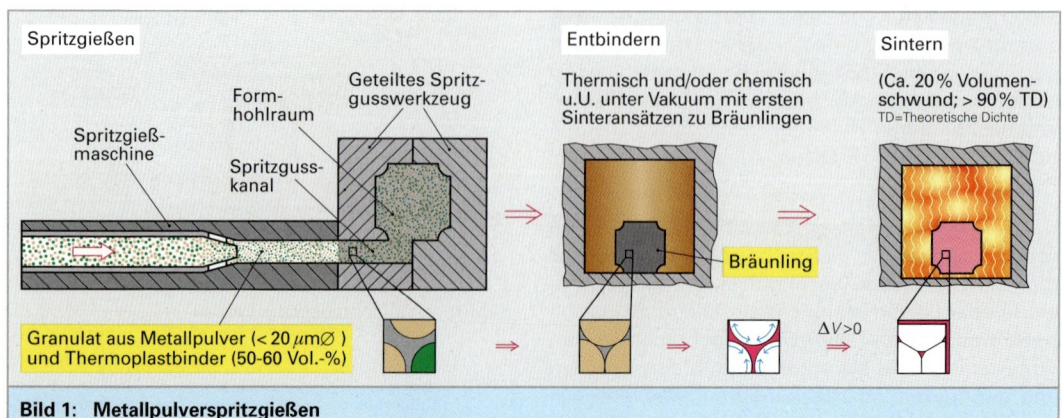

Bild 1: Metallpulverspritzgießen

2.4.3 Endkonturnahe Umformung

2.4.3.1 Umformung durch Zugkräfte

Beim **konventionelle Streckziehen** wird das Blechhalbzeug in Abhängigkeit von der *Werkstofffließfähigkeit* oder *Bauteilgeometrie* und den Anforderungen an die *Maßtoleranzen, Oberflächengüte* und *mechanischen Eigenschaften* **kalt** (Baustähle, einfache Vergütungsstähle) oder **warm** (höherfeste Stähle, hochfeste Titanlegierungen, Nickelbasis-Superlegierungen) in einem kaltem Werkzeug ausgeformt.

Infolge des Wärmeflusses aus dem Blechhalbzeug ins kalte Werkzeug verliert der auszuformende Werkstoff bald an Fließfähigkeit, so dass ein endkonturnahes Ausformen, vor allem bei filigranen Bauteilen, nicht möglich ist und eine spanabhebende Endbearbeitung erforderlich wird. Zudem ist die Wandstärke bei Negativformgebung (im Werkzeug Vakuum und in der Umgebung Normaldruck oder im Werkzeug Normaldruck und in der Umgebung Überdruck; **Bild 1**) infolge früh eintretender Werkzeugwandreibung inhomogen und nimmt proportional zur Werkzeugtiefe ab, so dass sie am „Äquator" am größten und am „Pol" am geringsten ist. Das **Negativformen** ist daher nur bei einfachen Bauteilgeometrien und geringen Werkzeugtiefen sinnvoll. Eine homogenere Wandstärkenverteilung durch wesentlich späteren Blechhalbzeug/Werkzeug-Kontakt lässt sich durch eine **Positivformgebung** mit plastischem Vorstrecken des Materials in der Polregion durch freies Aufblasen erreichen (im Werkzeug Überdruck und in der Umgebung Normaldruck; **Bild 1**). Zum Ausformen wird nach dem Einfahren des Positivwerkzeugs der Druck umgekehrt. Mit dieser Variante lassen sich größere Werkzeugtiefen und komplexere Werkzeuggeometrien mit hoher Wandstärkenkonstanz darstellen. Zudem ist durch Vorverteilung des auszuformenden Blechhalbzeugs die Gefahr von Materialüberlappungen („Falten") reduziert.

Eine bei Rohren zur Anwendung kommende Form des Streckziehens ist das **Innenhochdruckumformen**. Dabei wird ein Rohrstück in einem geteilten Werkzeug, das die Bauteilkontur als Gravur enthält, positioniert und nach dem Schließen des Werkzeugs vom flüssigen oder gasförmigen Medium bis zum Anliegen an der Werkzeugform ausgeformt (**Bild 2**). Damit lassen sich komplexe, sehr dünnwandige Bauteile hoher Maßgenauigkeit in einem Schritt herstellen.

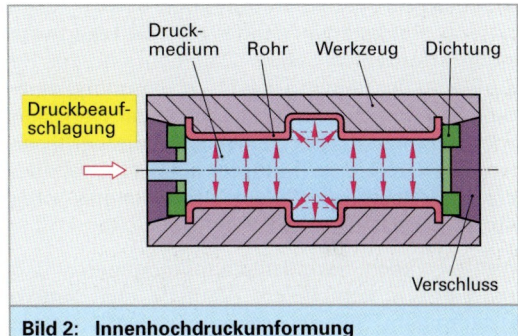

Bild 2: Innenhochdruckumformung

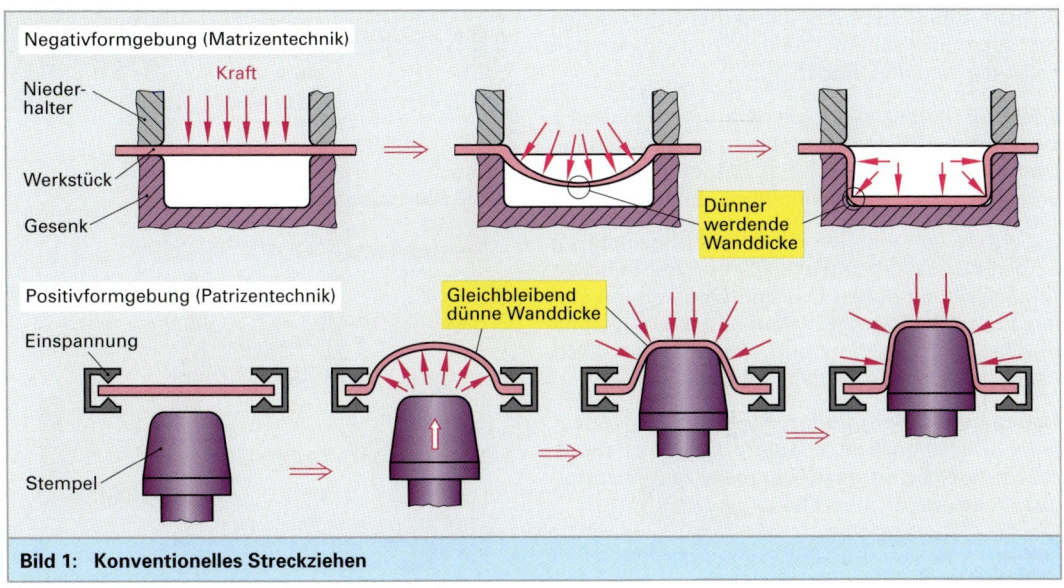

Bild 1: Konventionelles Streckziehen

Isothermes Streckziehen

Beim isothermen Streckziehen weist das ausformende Werkzeug die Temperatur des warmen Blechhalbzeugs auf, was dessen Fließfähigkeit über längere Zeit auf hohem Niveau hält. Ansonsten entsprechen die Verfahrensweisen denen beim konventionellen Streckziehen. Durch die isothermen Verhältnisse werden auch konventionell nur schwer oder gar nicht formbare Werkstoffe verarbeitbar sowie feingliedrige Bauteilgeometrien mit hoher Maßgenauigkeit darstellbar. Dies ist zudem bei einem vergleichsweise geringen Kraftaufwand möglich, was wiederum zierlichere Maschinenkonzepte ermöglicht.

Bild 1 zeigt dies für den Fall der *Negativformgebung*. Die Warmfestigkeit und die, die Oberflächengüte des ausgeformten Blechhalbzeugs bestimmende Oxidationsbeständigkeit des Werkzeugs müssen selbstverständlich hoch sein, was bis 450 °C Warmarbeitsstähle, bei 450 °C - 950 °C Nickelbasis-Superlegierungen und ab 950 °C gesinterte Refraktärwerkstoffe als Werkzeugwerkstoffe erforderlich macht. Daneben sind zur Reduzierung der Reibung sowie zur Hemmung einer Diffusionsverschweißung zwischen der Werkzeugoberfläche und der Blechhalbzeugoberfläche temperaturtolerante Trennmittel (in Alkohol oder Wasser dispergierte Pulver auf Silikatglas- oder Keramikbasis) vonnöten.

Werden noch wandstärkenhomogenere und geometrisch komplexere Bauteile mit zudem feinkörnigem Gefüge und äquiaxialen[1] Körnern gefordert, so ist das an Leistungsfähigkeit kaum zu überbietende **superplastische Umformen** zu wählen. **Bild 2** zeigt das isotherme Streckziehen bei superplastischem Werkstoffzustand für den Fall einer *Negativformgebung*.

Wegen der bei der hohen Temperatur vernachlässigbar geringen Verfestigung sind nur sehr geringe Umformdrücke (etwa 5 MPa) vonnöten, die allein von der Umformgeschwindigkeit abhängen.

Die wegen der geringen Umformgeschwindigkeit langen Prozesszeiten (Faktor 2 bis 5 der üblichen Taktzeiten) und hohen Umformtemperaturen stellen an den Werkzeugwerkstoff und die Atmosphäre, unter der das Werkzeug wie auch das Blechhalbzeug gehalten werden, hohe Ansprüche.

Neben hoher *Warmfestigkeit* werden jetzt zudem hohe *Oxidationsbeständigkeit* bzw. Oxidationsschutz durch Schutzgase oder mit den Werkstoffen nicht reagierende inerte Gase gefordert.

---

[1] isotherm = mit gleicher Temperatur, von griech. isos = gleich und therme = Wärme

Unter Superplastizität versteht man eine plastische Verformbarkeit, die Gleichmaßverformungen von mehreren hundert Prozent zulässt. Dazu muss eine sich lokal ausprägende Einschnürung des Querschnittes unterdrückt werden. Der Verformungsmechanismus wird beherrscht von einer Diffusion von Atomen über die Korngrenzen und das Korninnere in Kombination mit einem Korngrenzengleiten. Um den geschwindigkeitsbestimmenden diffusionskontrollierten Teilschritt zu begünstigen, sind allerdings folgende Forderungen zu erfüllen:

- hohe Umformtemperaturen ($T > 0{,}5 \cdot T_m$; → hohe Diffusionsgeschwindigkeit),
- geringe Umformgeschwindigkeiten (10^{-2} bis $10^{-5} s^{-1}$; → ausreichend Zeit für Diffusion),
- ein auch bei den hohen Umformtemperaturen über die gesamte Umformdauer durch speziell positionierte Zweitphasen in seiner Größe stabilisiertes globulitisches Feinkorngefüge (< 10 μm; → viele Diffusionspfade).

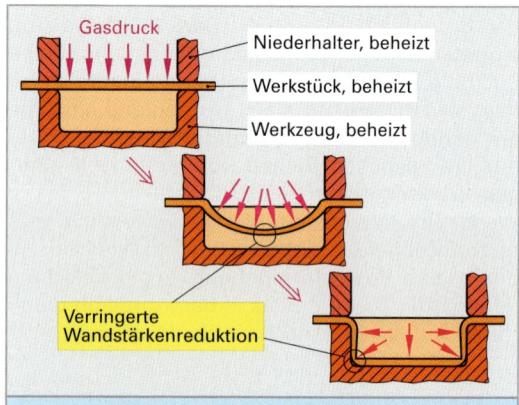

Bild 1: Isothermes Streckziehen

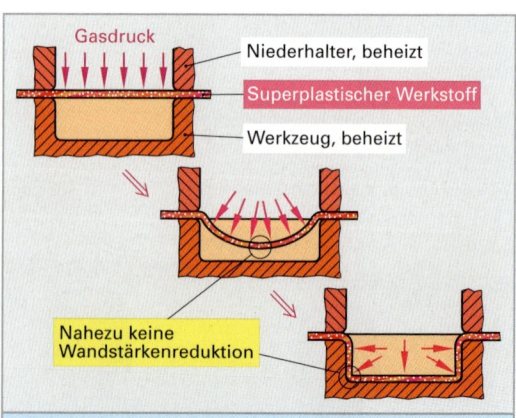

Bild 2: Isothermes Streckziehen bei superelastischem Werkstoffzustand

2.4 Endkonturnahe Formgebung

2.4.3.2 Umformung durch Druckkräfte

Das **konventionelle Schmieden** erfolgt als Freiform- oder Gesenkschmieden, wobei das Schmiedewerkzeug beim Einlegen des Rohlings kalt ist. Beim *Freiformschmieden* erfolgt die Formgebung unter Verwendung eines die Negativform des angestrebten Bauteils nur andeutungsweise aufweisenden Werkzeugs, das den Schmiederohling im konkreten Augenblick nur partiell druckbeaufschlagt. Daher ist zur (nur grob möglichen) Annäherung an die Endkontur ein permanenter Positionswechsel des Rohlings unter dem arbeitenden Schmiedewerkzeug erforderlich. Im Gegensatz dazu wird beim *Gesenkschmieden* ein als Gesenk bezeichnetes geteiltes Werkzeug verwendet, das die Negativkontur des Bauteils als Gravur aufweist (**Bild 1** – Variante 1) und damit eine Annäherung an die Endkontur (u. U. allerdings erst nach Zwischenwärmungen des Schmiedeguts; **Bild 1** – Variante 2) mit wesentlich höherer Genauigkeit ermöglicht.

In Abhängigkeit von der auszuformenden Bauteilgeometrie wird unter Beachtung der geforderten Maßtoleranzen und Oberflächengüte die Werkstofffließfähigkeit des Schmiederohlings über Erwärmung eingestellt (kalt bei Baustählen und einfachen Vergütungsstählen, warm bei höherlegierten Stählen, hochfesten Titanlegierungen und Nickelbasis-Superlegierungen).

Infolge eines unvermeidlichen Wärmeübergangs vom Schmiederohling ins Werkzeug kommt es allerdings zu einem baldigen Verlust an Fließfähigkeit, was die Ausformung komplizierter Bauteilgeometrien und geringer Wandstärken unmöglich und eine spanabhebende Nachbearbeitung erforderlich macht.

Eine genauere Abbildung der Werkzeuggravur lässt sich mit der Gesenkschmiedevariante des **Präzisionsschmiedens** erreichen. Um den Wärmeverlust zu minimieren und damit das präzise Erreichen auch *filigraner Endkonturen* und geringer Wandstärken zu ermöglichen, wird das Werkzeug erwärmt, bei der Verfahrensvariante des **isothermen Gesenkschmiedens**, die das Erreichen der Endkontur in einem einzigen Schritt möglich macht, sogar exakt auf die Temperatur des Schmiederohlings (**Bild 2**). Damit lassen sich auch konventionell nur schwer oder gar nicht schmiedbare Werkstoffe formen. Zudem sind die zur Formgebung aufzuwendenden Kräfte gegenüber den zum konventionellen Schmieden erforderlichen wesentlich reduziert.

Allerdings müssen die Warmfestigkeit und die, die Oberflächengüte des ausgeformten Schmiedegutes bestimmende Oxidationsbeständigkeit des Werkzeugs hoch sein, was bis 450 °C Warmarbeitsstähle, bei 450 bis 950 °C Nickelbasis-Superlegierungen und ab 950 °C gesinterte Refraktärwerkstoffe als Werkzeugwerkstoff erforderlich macht.

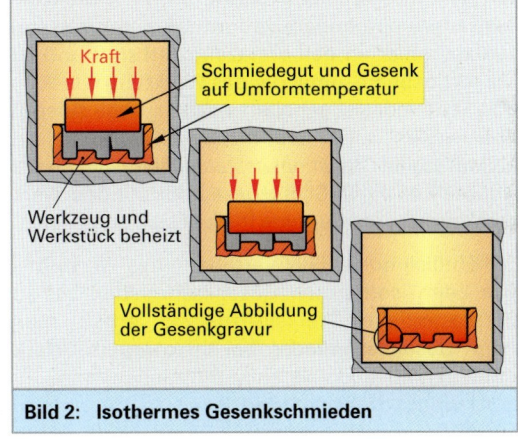

Bild 2: Isothermes Gesenkschmieden

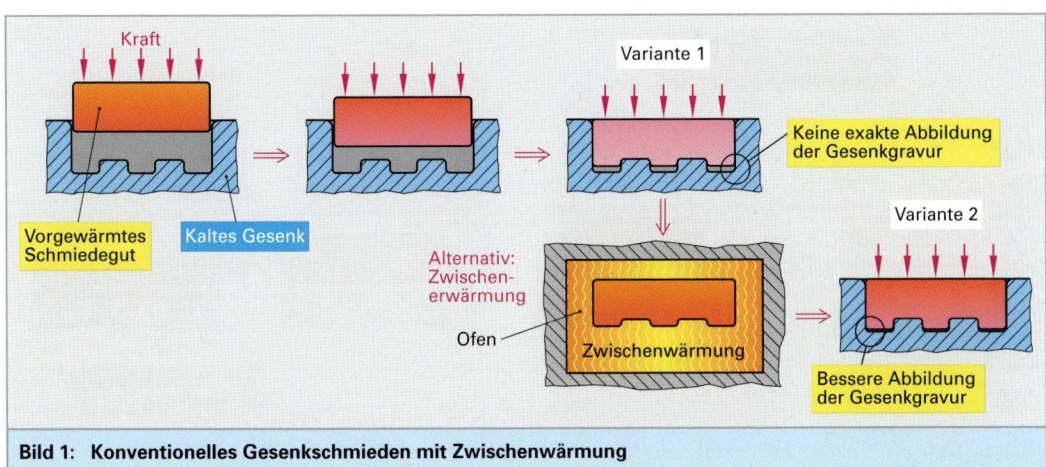

Bild 1: Konventionelles Gesenkschmieden mit Zwischenwärmung

Daneben sind zur Reduzierung der Reibung sowie zur Hemmung einer Diffusionsverschweißung zwischen Werkzeugoberfläche und Schmiedegutoberfläche temperaturtolerante Trennmittel (in Alkohol oder Wasser dispergierte Pulver auf Silikatglas- oder Keramikbasis) vonnöten.

Werden geometrisch noch komplexere Bauteile und eine noch genauere Gravurabbildung bei zudem feinkörnigem Gefüge mit äquiaxialen Körnern gefordert, so muss die Fließfähigkeit des umzuformenden Schmiederohlings nicht nur durch ein isotherm gehaltenes Werkzeug, sondern auch aus dem Werkstoff heraus gefördert werden.

Letzteres gelingt durch das Ermöglichen einer *superplastischen Verformung*, die an das Gefüge sowie die Umformparameter die bereits früher angeführten Randbedingungen stellt und ein **isothermes Gesenkschmieden bei superplastischem Werkstoffzustand** ermöglicht.

Die wegen der geringen Umformgeschwindigkeit langen Prozesszeiten (Faktor 2 bis 5 der üblichen Taktzeiten) und hohen Umformtemperaturen stellen auch hier an den Werkzeugwerkstoff und an die Atmosphäre, unter der das Werkzeug wie auch das Schmiedegut gehalten werden, hohe Ansprüche. Neben hoher *Warmfestigkeit* werden jetzt zudem hohe *Oxidationsbeständigkeit* bzw. Oxidationsschutz durch Schutzgase oder mit den Werkstoffen nicht reagierende inerte Gase gefordert.

Ein ähnlich hohes Fließvermögen des Werkstoffs wie beim isothermen Gesenkschmieden bei superplastischem Werkstoffzustand erhält man beim **Gesenkschmieden bei thixotropem[1] Werkstoffzustand**, auch als Thixoschmieden (engl. thixoforging) bezeichnet **(Bild 1)**.

Das Einstellen dieses Werkstoffzustandes wurde auf der vorhergehenden Seite geschildert. Der Anteil der flüssigen Phase im auszuformenden Werkstoff liegt beim Thixoschmieden bei 30 %. Der zur vollständigen Gravurfüllung aufzuwendende Druck ist wieder vergleichsweise gering. Es sind auch konventionell nur schwer oder gar nicht schmiedbare Werkstoffe formbar. Zudem sind auch hier mit sehr hoher Genauigkeit und Oberflächenqualität komplizierte und dünnwandige Bauteile darstellbar.

Diese dürfen wegen der Verwendung einer geteilten Form aber wieder keine Hinterschneidungen aufweisen.

---

[1] thixotrop (adj.) auf Thixotropie beruhend, von griech. thixis = Berührung und trepein = wenden, im Sinne von sich umwendender Phasen zwischen flüssig und fest.

Wiederholung und Vertiefung

1. Welche Gründe sprechen für eine endkonturnahe Fertigung?
2. Welche sind die Verfahren der endkonturnahen Fertigung?
3. Was versteht man unter Thixogießen?
4. Wie gewinnt man thixotropes Vormaterial?
5. Was kennzeichnet das isostatische Pressen?
6. Welche Vorteile hat das Galvanoformen?
7. Erläutern Sie den Verfahrensablauf des Metallpulverspritzgießens.
8. Erklären Sie das isotherme Streckziehen und welche Bedeutung hat hier superplastischer Werkstoff?

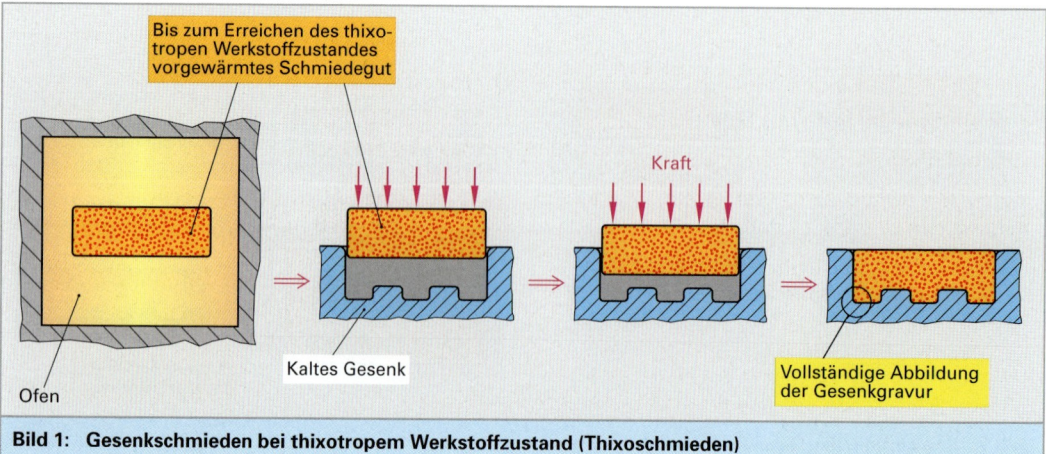

Bild 1: Gesenkschmieden bei thixotropem Werkstoffzustand (Thixoschmieden)

2.5 Spanloses Trennen und Abtragen

Das spanlose Trennen umfasst das *mechanische* Zerteilen durch:

- Scherschneiden, bzw. Stanzen und Feinschneiden
- Reißen,
- Brechen,
- das Trennen durch Wasserstrahlschneiden,

das *thermische* Trennen durch:

- Brennen mit Sauerstoff,
- Plasmaschneiden,
- Elektronenstrahlschneiden,
- Laserschneiden,
- Erodieren und das elektrochemisches Abtragen.

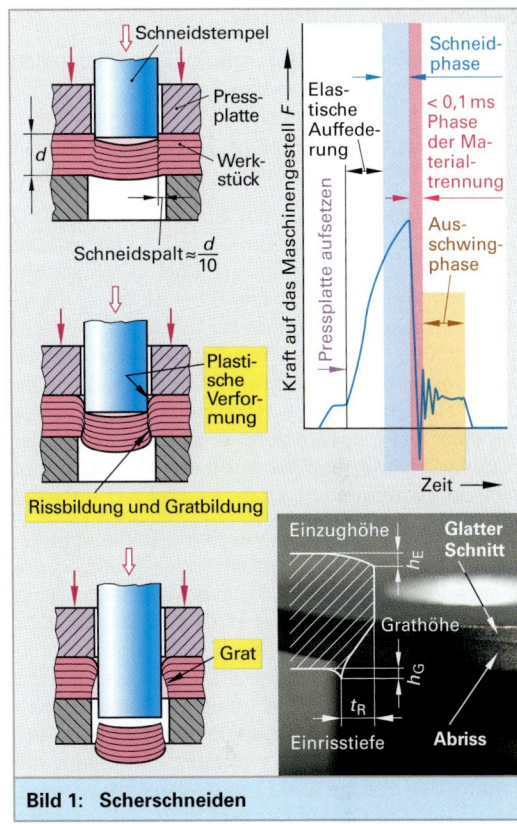

Bild 1: Scherschneiden

2.5.1 Mechanisches Zerteilen

2.5.1.1 Scherschneiden

Das Zerteilen durch Scherschneiden **(Bild 1)** erfolgt dadurch, dass zwei Schneidkeile das Werkstück im Bereich des Schneidspaltes zunächst elastisch und sodann plastisch verformen. Dabei wird die Blechkante eingezogen (Bild 1), geschnitten und bei Überschreiten der maximal möglichen Schubspannung abgerissen. Es bildet sich meist ein scharfkantiger Grad.

Das Scherschneiden kann mit Scheren erfolgen, deren Schneiden sich kreuzen (mit wanderndem Schnittpunkt) oder aber vollkantig **(Bild 2)**.

Für lange Schnitte kann das Schneiden

- durch Rollscheren erfolgen,
- durch Messerschneiden mit einem Rollmesser, z. B. für das Längsteilen von Metallbändern oder
- durch Nibbeln (fortlaufendes Stanzen von kleinen, sich überlappenden Löchern).

Durch Nibbeln können auch Kurvenschnitte für beliebige Ausschnitte, meist numerisch gesteuert, hergestellt werden **(Bild 3)**. Der Nachteil ist ein relativ breiter Schnittspalt.

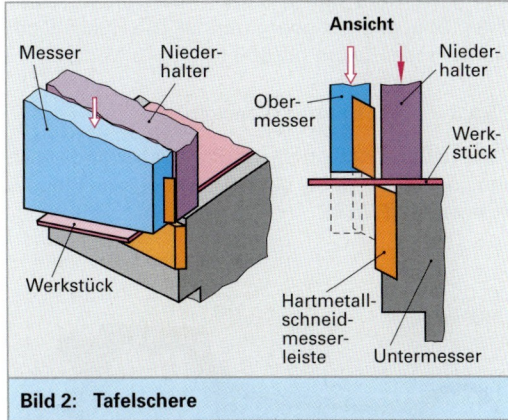

Bild 2: Tafelschere

Bild 3: NC-Blechbearbeitungsmaschine

Feinschneiden und Stanzen

Zur Herstellung von zugeschnittenen Blechteilen verwendet man kurzhubige Pressen, in die das Schneidwerkzeug, bestehend aus Schneidstempel und Schneidplatte (**Bild 1**) mit eigenen Führungssäulen, eingebaut wird.

Beim Feinschneiden ist die Abrisszone sehr kurz oder gar nicht vorhanden, sodass ein glatter Schnitt entsteht. Erreicht wird dies durch schnittkantennahes Festhalten des Bleches meist mit einer Ringzacke im Niederhalter (**Bild 2**). Mit einem Gegenhalter wird das Abreißen an dem Schnittspalt vermieden. Anwendung findet das Stanzen bzw. Feinschneiden zur Herstellung von Blechteilen aller Art, insbesondere auch für Bauteile der Feinwerktechnik und Elektrotechnik, z. B. Hebel, Klinken, Zahnrädchen u.v.m.

Mit *Stanzpaketierpressen* werden z. B. die geblechten Motorläufer und Motorständer direkt in der Presse hergestellt (**Bild 3**). Das Werkzeug ist so konstruiert, dass die ausgestanzten Bleche übereinander gestapelt und durch eine leichte Durchsetzfügung zusammengehalten werden und so als endmaßfertiger Blechstapel ausgeschleust werden können. Damit man auch bei variierender Blechdicke das Endmaß einhalten kann, wird die Anzahl der Bleche im Stapel ebenfalls variiert. Damit der Stapel nicht schief läuft bei ungleich dick gewalztem Blech, stapelt man die geschnittenen Teile gedreht übereinander. Die Hubzahl der Stanzpressen reicht bis 600 Hübe pro Minute.

2.5.1.2 Bruchtrennen (Cracken[1])

Das Bruchtrennen erspart z. B. das spanende Trennen und wird u. a. bei der Herstellung von Pleueln angewandt (**Bild 4**).

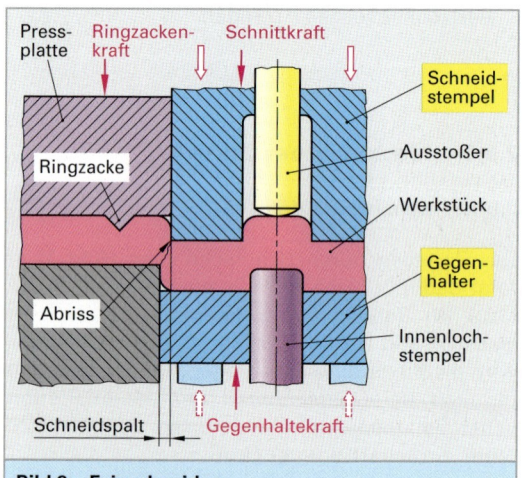

Bild 1: Feinstanzwerkzeug

Bild 2: Feinschneiden

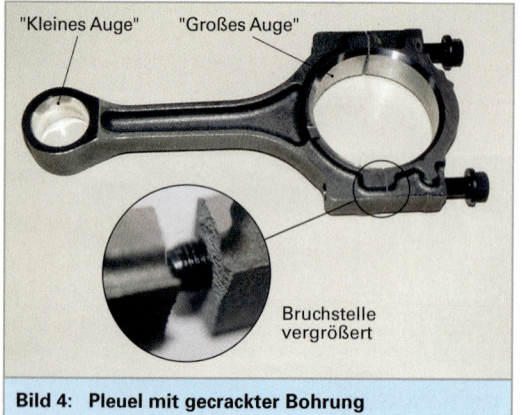

Bild 4: Pleuel mit gecrackter Bohrung

Bild 3: Stanzpaketierter Motorläufer

2.5 Spanloses Trennen und Abtragen

Da das „große Auge" (große Bohrung) im Hubzapfen der Kurbelwelle montiert werden muss, ist es geteilt herzustellen. Wegen der hohen Anforderungen an den Rundlauf wird es zunächst an einem Stück feingebohrt, dann *geritzt* und schließlich gezielt gebrochen. Das Ritzen erfolgt mit Räumnadeln oder zunehmend mit Laser. Die Ritze entsteht dabei durch Einbrennen von Sacklöchern. Die Ritze muss nicht tief sein aber scharfkantig. Die beiden Bohrungshälften werden bei der Montage wieder zusammengeschraubt. Die Bruchflächen passen exakt aufeinander.

Das Bruchtrennen ist ferner üblich bei Kurbelwellen-Lagern. Auch hier sind geteilte Lager erforderlich, damit die Kurbelwelle montiert werden kann.

2.5.1.3 Wasserstrahlschneiden

Für das spanlose Trennen aller, speziell aber thermisch empfindlicher Werkstoffe, kommt neben dem Laserstrahlschneiden das Schneiden mit einem fokussierten Hochdruckwasserstrahl in Frage („Wasserstrahlschneiden", **Bild 1 und Bild 2**).

Während bei weichen Werkstoffen allein mit Wasser gearbeitet wird, wird dem Wasser bei zu schneidenden harten Werkstoffen keramisches Pulver zugegeben **(Bild 3)**, das auch hier ein Schneiden selbst größerer Querschnitte ermöglicht. Wegen der fehlenden thermischen Beanspruchung ist die Gefahr von Gefügeveränderungen, Eigenspannungen und Rissen unterbunden.

Die Drücke liegen bei über 4000 bar. Man erreicht bei Stahl mit 5 mm Dicke z. B. eine Schnitt-Vorschubgeschwindigkeit (Schneidgeschwindigkeit) von 600 mm/min **(Tabelle 1)**. Es können hochlegierte Stähle[2] bis 100 mm Dicke geschnitten werden.

Die Wasserstrahlwerkzeuge können z. B. durch Roboter längs, räumlich komplex gewundener Bahnen geführt werden, oder auch durch kartesisch aufgebaute CNC-Maschinen.

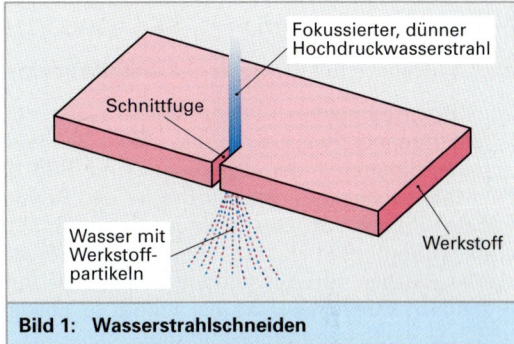

Bild 1: Wasserstrahlschneiden

Bild 2: Wasserstrahlgeschnittene Bauteile

---

[1] engl. to crack = brechen, aufknacken
[2] Die Schnittgeschwindigkeiten für dicke Stahlbleche sind im Vergleich zum Plasmaschneiden und Brennschneiden fast 10mal geringer und somit die Kosten pro lfd. Meter fast 10mal höher.

Tabelle 1: Schneidgeschwindigkeit* in mm/min

Werkstoff	Dicke				
	5 mm	10 mm	20 mm	50 mm	100 mm
Granit	3550	1560	720	251	110
Keramik	12000	5500	–	–	–
Aluminium	2380	1070	468	163	60
leg. Stahl	600	278	125	44	18
Glas	6120	2760	1240	430	206

* nach Flow Europe GmbH

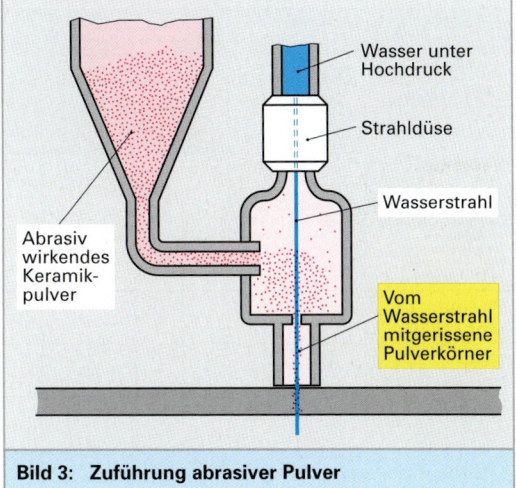

Bild 3: Zuführung abrasiver Pulver

2.5.2 Thermisches Trennen und Abtragen

Die dabei verwendeten Energieträger sind: Gase, Plasmen, Elektronenstrahlen, Photonenstrahlen und elektrische Ladungen. Daraus ergeben sich unterschiedliche Verfahren mit unterschiedlichen Eigenschaften **(Tabelle 1)**.

2.5.2.1 Trennen mit Brenngas/Sauerstoff-Flamme

Zum **Brennschneiden** dünner Bleche weist der Schneidbrenner zwei Düsen auf, die in Schneidrichtung hintereinander angeordnet sind **(Bild 1)**. Zum Brennschneiden dickerer Bleche und **Brennhobeln** (Putzen von Gussstücken; Schweißnahtvorbereitung) **(Bild 2)**, das ohnehin nur bei dickeren Blechen zur Anwendung kommt, ist die Brenngas/ Sauerstoff-Düse als Ringdüse ausgeführt, die die Sauerstoffdüse umgibt.

Als Brenngas verwendet man

- Acetylen,
- Propan,
- Erdgas,
- Wasserstoff und
- Leuchtgas (für Schnitte unter Wasser: Wasserstoff, Benzin- oder Benzoldämpfe; Zündung über Wasser oder mit in den Brenner eingebauter Glühkerze).

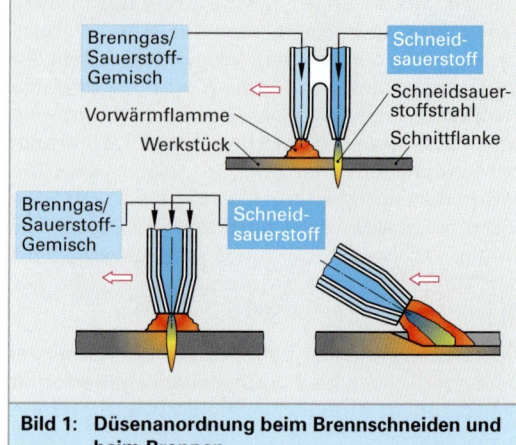

Bild 1: Düsenanordnung beim Brennschneiden und beim Brennen

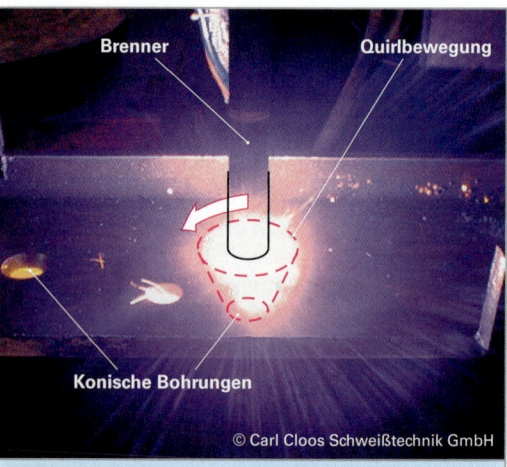

Bild 2: Brennschneiden von konischen Bohrungen

Bild 3: Schnittfläche bei 15 mm dickem Blech

Tabelle 1: Trennverfahren im Vergleich													
Eigenschaften	Beeinflusste Randzone mm		Schnittflächenrauheit R_a µm				Materialstärke mm				Beispiel[1]: 8 mm Stahl R ST 70,2		
Verfahren	>1	<1	>16	4 bis 16	1 bis 4	<1	>100	50 bis 100	10 bis 50	1 bis 10	<1	Schneidgeschw. m/min	Kosten pro Stunde €/h	Kosten pro Meter €/m
Brennschneiden	•		•	•			•	•	•	•		0,6	63	1,90
Plasmaschneiden	•		•	•			•	•	•	•		1,0	70	1,40
Lasertrennen	•	•	•	•	•				•	•	•	0,7	128	3,50
Wasserstrahlschneiden		•		•	•	•		•	•	•	•	0,08	94	22

[1] Quelle: HWK Koblenz

2.5 Spanloses Trennen und Abtragen

Der zu schneidende bzw. zu hobelnde metallische Werkstoff wird durch den Wärmeinhalt der Brenngas/Sauerstoff-Flamme (Heizflamme) bis zur Entzündungstemperatur vorgewärmt. Ist die Temperatur für die Entzündung des Metalls im Sauerstoffstrom erreicht (sie muss unter dem Schmelzpunkt des Metalls liegen), so wird der Werkstoff mit dem aus der zweiten Düse bzw. Kerndüse austretenden Sauerstoffstrahl an der gewünschten Stelle oxidiert, d. h. verbrannt (**Bild 3**).

Die niedrigviskosen flüssigen Oxidationsprodukte (der Schmelzpunkt dieser Schlacke muss gleichfalls unter dem des Metalls liegen) entfernt der Sauerstoffstrahl durch Ausblasen.

Die Wärmeentwicklung durch den Verbrennungsprozess muss die durch Wärmeleitung abgeführte Wärmemenge so weit überragen, dass zusammen mit der Wärmewirkung der *Vorwärmflamme* die Zündtemperatur an der Schnittstelle aufrecht erhalten werden kann. Die Aufschmelzzone an der durch den Trennprozess entstandenen Oberfläche weist infolge eines Legierungselementeabbrands gegenüber dem Grundwerkstoff deutliche Verschiebungen in der Legierungszusammensetzung auf. Hinter der Aufschmelzzone zeigt der Werkstoff infolge des hohen lokalen Wärmeeintrags eine wärmebeeinflusste Zone mit grobkörnigem Gefüge.

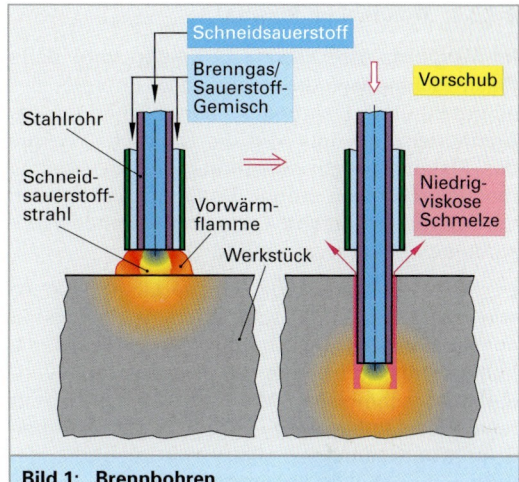

Bild 1: Brennbohren

Durch die folgenden Techniken ist beim Brennschneiden wie Brennhobeln eine Leistungssteigerung erreichbar:

- Wird dem mit Druck aufgebrachten Sauerstoff feiner *Quarzsand* zugesetzt, so ist eine Leistungssteigerung vornehmlich infolge mechanischer Entfernung der Schlacke zu erzielen.

- Der Eintrag von pulverförmigem Flussmittel über den Sauerstoffstrahl erleichtert die Entfernung der Schlacke auf chemischem Weg, indem es die Viskosität der Schlacke absenkt und damit deren Beseitigung erleichtert.

Grundsätzlich ist das Brennschneiden und Brennhobeln aber nur möglich, wenn die Zündtemperatur des Metalls und der Schmelzpunkt des entstehenden Oxids unterhalb der Schmelztemperatur des Metalls liegt, was z. B. für Eisen der Fall ist (Zündpunkt des Eisens [1150 °C], Schmelzpunkt des FeO [1370 °C] < Schmelzpunkt des Eisens [1536 °C]).

Anders ist dies bei legierten Stählen und Nichteisenmetallen, die hochschmelzende Oxide bilden. Diese Oxide machen eine erhebliche Anhebung der Temperatur der Schneidflamme erforderlich. Hierzu nutzt man die stark exotherm (wärmeerzeugend) ablaufende Verbrennung von Eisen- oder Aluminiumpulver aus, das dem Brenngas/ Sauerstoff-Gemisch zugegeben wird. Die Temperatursteigerung an der Bearbeitungsstelle ist dadurch so erheblich, dass sogar Feuerfestwerkstoffe und Beton bearbeitbar sind. Diese sehr effektive Temperaturanhebung macht auch das **Brennbohren** möglich (**Bild 1**): Der Sauerstoff wird über und zusammen mit einer Stahlrohrlanze vor Ort gebracht. Nach Zündung brennt das Eisen der mit Bohrgeschwindigkeit zugestellten Lanze in dem unter Druck zugeführten Sauerstoffstrom selbständig stetig ab. Die niedrigviskose Schmelze wird durch den Gasdruck ausgeblasen.

2.5.2.2 Trennen mit Lichtbogen

Die Anordnungen beim **Lichtbogenschneiden** und **Lichtbogenhobeln** entsprechen denen in **Bild 1, vorhergehende Seite**. Zum Erreichen der Zündtemperatur des Werkstoffs wird hier allerdings ein zwischen metallischer Sauerstofflanze und Bauteil brennender Lichtbogen verwendet. Ist die Zündtemperatur erreicht, so wird durch die Lanze Sauerstoff zugeführt.

Infolge des hohen Wärmeinhalts des Lichtbogens und der Oxidationsreaktion des Bauteils mit dem Sauerstoff brennt die Lanze kontinuierlich ab, was die Temperatur gegenüber einem zusatzwerkstofflosen Schneiden oder Hobeln deutlich anhebt. Gleichzeitig wird das metallische Bauteil aufgeschmolzen, oxidiert und wird durch den Sauerstoffstrahl weggeblasen.

Zum Brennschneiden, Brennhobeln und Brennbohren arbeitet man mit einer Brenngas/Sauerstoff-Flamme.

2.5.2.3 Trennen mit Plasma[1]

Im Vergleich zum Plasmaschweißen wird beim **Plasmaschneiden** die *thermische* Energie des eingeschnürten Lichtbogens durch Erhöhung der Brennerleistung und wird die *kinetische* Energie des Plasmas durch Steigerung der Plasmagasmenge wesentlich erhöht. Dadurch können auch durch Brennschneiden kaum zu trennende Werkstoffe bearbeitet werden **(Bild 1)**.

Der auf das Bauteil übertragene Lichtbogen sowie der Plasmastrahl schmelzen den Werkstoff an der Bauteiloberfläche lokal auf. Durch die hohe kinetische Energie des Plasmastrahls wird das aufgeschmolzene Material aus der Schnittfuge geschleudert. In der dadurch geschaffenen Schnittfuge kann, vor allem mit zunehmender Tiefe, nur noch der Plasmastrahl wirksam werden, den Werkstoff schmelzen und in diesem Zustand hinausschleudern. Die Fuge wird dadurch tiefer und breiter. Die maximalen Schneiddicken betragen bis 70 mm bei hochlegiertem Stahl. Die maximalen Schneidgeschwindigkeiten[2] sind abhängig von der Werkstoffdicke und liegen zwischen 1 m/min bis 8 m/min.

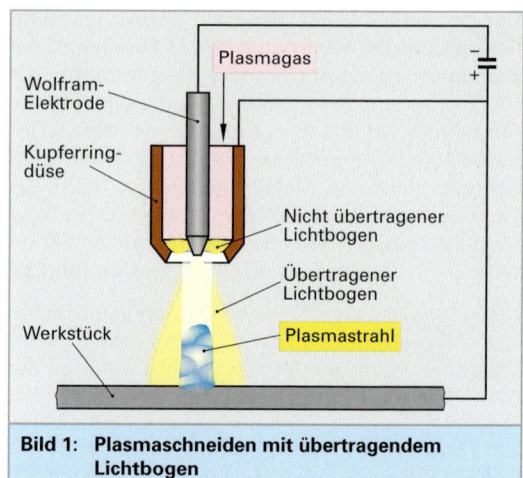

Bild 1: Plasmaschneiden mit übertragendem Lichtbogen

2.5.2.4 Trennen mit Elektronenstrahl

Der in der Leistungsdichte nur noch vom Laserstrahl übertroffene Elektronenstrahl erlaubt wegen seiner hohen Fokussierbarkeit den Werkstoff in sehr schmalen Oberflächenbereichen bis in vergleichsweise große Tiefen aufzuschmelzen und zu verdampfen und ermöglicht das **Elektronenstrahlschneiden**. Die minimale Wärmeeinflusszone, schmale Schnittfuge sowie die glatte und saubere Schnittflanke sind die markantesten Vorteile **(Bild 2)**. Man kann damit auch sehr kleine Löcher und feinste Gravuren herstellen **(Bild 3)**.

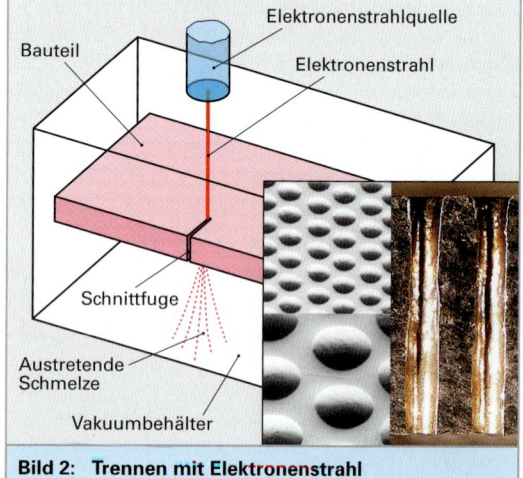

Bild 2: Trennen mit Elektronenstrahl

2.5.2.5 Trennen mit Laserstrahl

Mit einem Laserstrahl können Metalle und Nichtmetalle bei engem Schnittspalt sehr genau geschnitten werden **(Bild 3)**. Die von keinem anderen Verfahren erreichte hohe Leistungsdichte im Brennfleck des fokussierten Strahls eines CO_2-Gaslasers wird bis auf die mit hohem Reflexionsvermögen (97 %!) ausgestatteten Metalle Titan, Kupfer und Aluminium von allen übrigen metal-

Bohrung: 0,05 mm Ø mit NdYAG-Laser hergestellt

Bild 3: Laserschneiden und Laserbohren im Mikrobereich

---

[1] Plasma ist ionisiertes heißes Gas, bestehend aus neutralen Teilchen, Elektronen und Ionen, welche in ständiger Wechselwirkung untereinander und mit Photonen in sich ändernden Anregungszuständen befinden. Typisch ist ein weißblaues Leuchten. Plasma ist elektrisch gut leitfähig. Griech. plasma = Gebilde.

[2] Die Schneidgeschwindigkeiten sind i. a. etwas höher als beim Brennschneiden und so ergeben sich meist geringere Schneidkosten pro lfd. Meter.

2.5 Spanloses Trennen und Abtragen

lischen sowie nichtmetallischen Werkstoffen wie Kunststoffe, Silikatgläser und Keramiken in hohem Grad absorbiert.

Dadurch werden beim **Laserstrahlschneiden** äußerst schmale Oberflächenbereiche bis in großer Tiefe aufgeschmolzen bzw. verdampft, wonach diese Volumina mit einem stark fokussierten Inertgasstrahl aus der Schnittfuge hinausgeschleudert werden (**Bild 1**).

Eine noch höhere Schneidleistung erreicht man nur noch durch gleichzeitige und mit hoher Geschwindigkeit erfolgende koaxiale Aufgabe von Sauerstoff auf den erwärmten Bereich (**Laserbrennschneiden; Bild 2**).

Wie beim Brennschneiden oxidiert der Sauerstoff das Material in einer exotherm ablaufenden Reaktion, was gleichzeitig die Absorption der Laserstrahlung nochmals erhöht. Die nur minimale Wärmeeinflusszone, die extrem schmale Schnittfuge sowie die glatten und sauberen Schnittflächen sind auch hier hervorzuhebende Merkmale.

Zur Fokussierung des Laserstrahls auf der Werkstückoberfläche wird das Strahlwerkzeug der Werkstückgeometrie nachgeführt (**Bild 3**). Dies geschieht meist durch sensorische Erfassung des Abstandes zwischen Strahldüse und Werkstück und einer Regelung auf konstanten Abstand.

Die Sensorik arbeitet z. B. kapazitiv, indem die eine Elektrode die Strahldüse ist und die andere das Werkstück. Fehlsteuerungen gibt es, wenn Plasma entsteht, da dieses elektrisch leitend ist und die kapazitive Sensorik stört.

2.5.2.6 Abtragen mit Laser

Durch Lasergravieren (Laserhonen) können Oberflächen so strukturiert werden, dass in einer überwiegend glatten Oberfläche sich viele kleine Taschen zur Bevorratung von Schmierstoff befinden (**Bild 4**). Man erzielt dadurch besonders günstige Reibungsverhältnisse zwischen Zylinder und Kolben bei Verbrennungsmotoren.

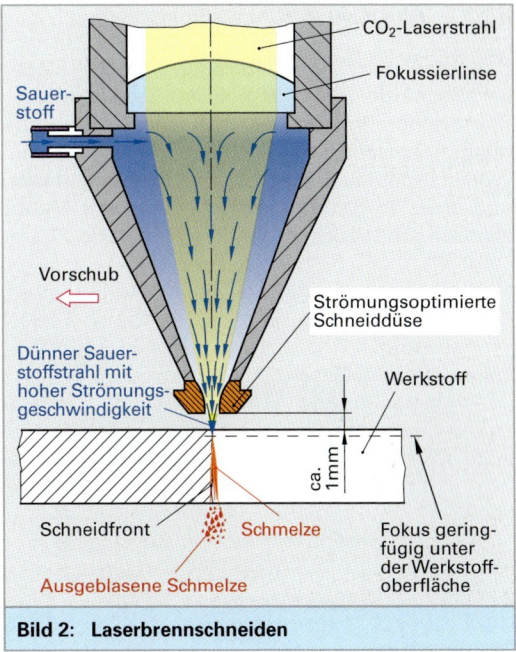

Bild 2: Laserbrennschneiden

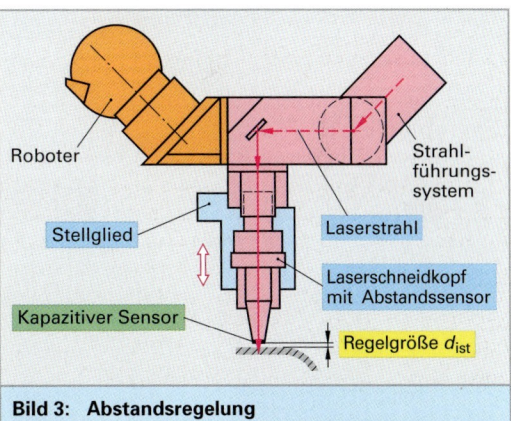

Bild 3: Abstandsregelung

Bild 1: Laserstrahlgeschnittene Rohr-Eckverbindung

Bild 4: Laserhonen bei einem Zylinderkopf

2.5.3 Abtragen durch Funkenerosion

Das funkenerosive[1] Abtragen (engl. Electrical Discharge Machining, EDM) ist ein elektrothermischer Prozess, bei dem elektrische Entladungen zwischen einer Werkzeug-Elektrode (im Werkstattgebrauch meist nur Elektrode genannt) und einer Werkstück-Elektrode zu einem Materialabtrag am Werkstück führen (**Bild 1 und 2**). Der Entladungsprozess findet in einem Dielektrikum, also in einer nichtleitenden Flüssigkeit, statt.

An Stellen mit geringstem Abstand zwischen Elektrode und Werkstück entsteht ein *Entladekanal* mit Funkenüberschlag. Nach der Zündung beginnt der Entladestrom zu fließen und die Spannung bricht auf die Brennspannung zusammen (**Bild 3**).

[1] lat. erosio = das Zerfressenwerden

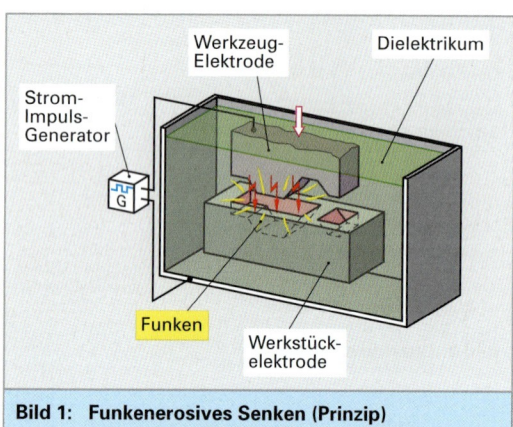

Bild 1: Funkenerosives Senken (Prinzip)

Bild 2: Senkerodieren

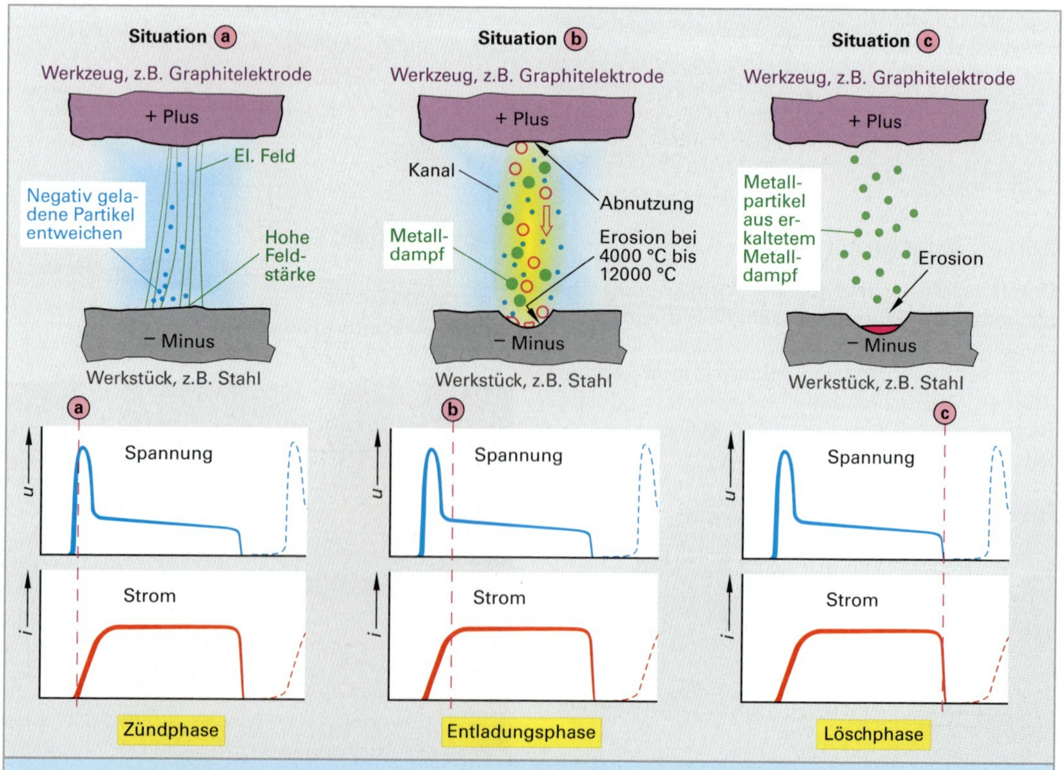

Bild 3: Spannungsverlauf und Stromverlauf

2.5 Spanloses Trennen und Abtragen

Die Zündspannung wird je nach zu bearbeitendem Werkstoff mit 70 V bis 600 V gewählt. Die Brennspannung beträgt meist 20 V bis 30 V. Beim Abschalten der Spannung implodiert der Entladekanal und die Abtragprodukte werden ins Dielektrikum geschleudert und mit diesem aus dem Arbeitsspalt abtransportiert.

Der Energieinhalt W_e eines Leistungsimpulses beträgt:

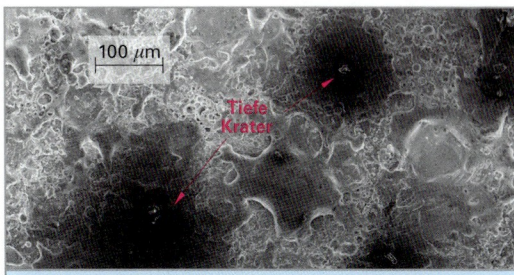

Bild 1: Werkstückoberfläche (REM-Aufnahme)

$$W_e = u \cdot i \cdot t_i$$

W_e	Energieinhalt	i	Strom
u	Spannung	t_i	Impulsdauer

Dieser Energieinhalt führt physikalisch zum Herausschmelzen einer Kugelkalotte aus der Werkstückoberfläche. Die Vielzahl der Entladungen führt zum Materialabtrag. Die Struktur der abgetragenen Oberfläche gleicht einer Kraterstruktur, **(Bild 1)** die umso feiner wird, je geringer die Entladeenergie der Einzelimpulse gewählt wird. An der Werkzeug-Elektrode wird ebenfalls Material abgetragen. Der Elektrodenverschleiß beträgt je nach Impulsparameter und Werkstoffart der Elektrode 1 % bis 30 %. Der Abstand zwischen Elektrode und Werkstück ist der Bearbeitungsspalt, der mit Hilfe eines vorgegebenen Sollwerts und eines Servomechanismus nahezu konstant gehalten wird. Die Größenordnung des Bearbeitungsspalts hängt von der Abtragrate ab. Der Sollwert soll die Vorschubgeschwindigkeit der Vorschubpinole so regeln, dass ein gleichmäßiger Abtrag erfolgt (Bild 1).

Die angestrebte hohe Funkenausbeute wird jedoch durch mehrere Einflüsse gestört. Regelt der Vorschub nicht schnell genug nach, so kommt es zu Leerlaufimpulsen. Hat der Vorschub maschinendynamisch bedingt zu weit nach vorne geregelt, kommt es zu Kurzschlussimpulsen. Ist der Arbeitsspalt durch Abtragprodukte verschmutzt, kann es zu sogenannten Lichtbogen-Impulsen kommen, die unter Umständen lokal zu thermischen Werkstoffzerstörungen führen können **(Bild 2)**. Moderne Funkenerosionsanlagen besitzen hierfür ein *optimierendes* System.

Die Abtragrate wird von der Stromstärke sowie von Impulsdauer und Impulspausendauer beeinflusst.

Man kann sogenannte „sanfte" und „scharfe" Funken wählen **(Bild 3)**. Lange Impulse und niedrige Ströme führen zu einer normalen Abtragrate bei gleichzeitig sehr niedrigem Elektrodenverschleiß. Hohe Ströme bei kurzen Impulsen steigern die Abtragrate merklich, allerdings muss ein wesentlich höherer Elektrodenverschleiß in Kauf genommen werden. Man kann also entweder *verschleißoptimiert* oder *abtragmaximiert* erodieren.

Eine hohe Abtragrate kann je nach Werkstoffart zu einer thermischen Schädigung der Werkstückoberfläche führen. Hält man die üblichen Arbeitsgänge Schruppen, Schlichten und Feinschlichten **(Bild 4)** mit jeweils reduzierten Abtragraten ein, so wird die thermisch beeinflusste Oberflächenschicht in der Regel abgetragen.

Durch stufenweises Reduzieren der Entladeenergie gelingt eine Reduzierung der Bearbeitungsrauigkeit.

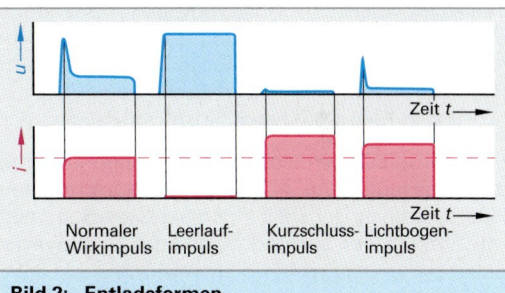

Bild 2: Entladeformen

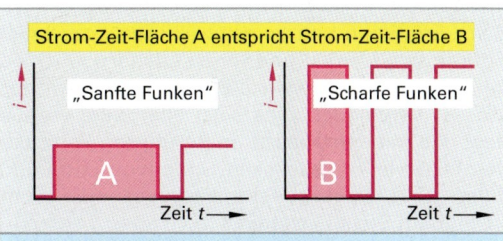

Bild 3: Sanfte und scharfe Funken

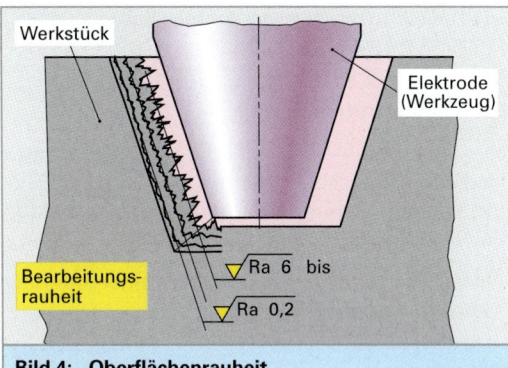

Bild 4: Oberflächenrauheit

Dielektrikum

Das Dielektrikum dient als isolierendes Wirkmedium zwischen Elektrode und Werkstück. Es hat eine geringe elektrische Leitfähigkeit. Es sollte möglichst dünnflüssig sein, damit es leicht durch die engen Arbeitsspalte gepumpt werden kann.

Das früher verwendete Petroleum und das dünnflüssige Spindelöl ist wegen der darin enthaltenen Aromaten aus gesundheitsgefährdenden Gründen nicht mehr zulässig. Petroleum ist außerdem wegen seines niedrigen Flammpunktes ungeeignet. Zum Einsatz kommen rein destillierte Kohlenwasserstoffe mit hohem Flammpunkt und extrem niedrigem Aromatenanteil. Trotzdem müssen bei unbeaufsichtigtem Erodierbetrieb automatische Feuerlöscheinrichtungen (meist CO_2) angebracht werden.

Beim Erodieren entstehen auch giftige Dämpfe, die abgesaugt und in einem nachgeschalteten Filtersystem unschädlich gemacht werden müssen. Wegen der Entzündungsgefahr und zwecks Rauchreduzierung schreibt die VDI-Richtlinie 3400 vor, dass die Erodierstelle um mindestens 40 mm mit dem Dielektrikum überdeckt wird.

Beim Erodieren von Feinststrukturen oder beim Bohren von kleinen und tiefen Löchern wird wegen der geringen Viskosität auch vollentsalztes Wasser verwendet. Dies setzt allerdings voraus, dass alle mit dem Wasser in Berührung kommenden Teile wie Arbeitsbecken, Spannvorrichtungen, Filter- und Deionisiereinrichtungen aus nichtrostendem Stahl bestehen.

> Die Abtragprodukte beim Erodieren sind Schadstoffe und müssen gemäß den gesetzlichen Bestimmungen entsorgt werden.

Spülung des Arbeitsspalts

Der Arbeitsspalt muss ständig von den Abtragprodukten freigespült werden, um Kurzschlüsse und sonstige Prozessentartungen zu vermeiden. Man unterscheidet folgende Spülarten:

- Überflutung in Verbindung mit einer Intervallbewegung der Elektrode,
- Druckspülung,
- Saugspülung,
- Bewegungsspülung durch Relativbewegungen zwischen Elektrode und Werkstück, z. B. *Planetärerodieren*. Die Relativbewegung erzeugt eine Art Pumpenwirkung.

Zum Herstellen von sehr tiefen Kavitäten verwendet man auch Elektroden mit inneren Spülkanälen **(Bild 1)**.

Bild 1: Dünne und lange Kupferelektrode mit inneren Spülkanälen

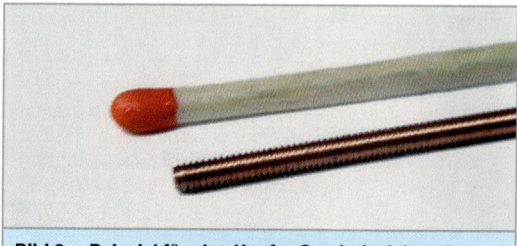

Bild 2: Beispiel für eine Kupfer-Gewindeelektrode

Bild 3: Beispiel für eine Grafitelektrode zur Gesenkherstellung

Elektrodenwerkstoffe

Gefordert sind hohe elektrische Leitfähigkeit und möglichst hoher Schmelzpunkt sowie leichte Bearbeitbarkeit. Die am meisten verwendeten Werkstoffe sind Kupfer **(Bild 2)**, feinkörniger Grafit **(Bild 3)**, aber auch Wolframkupfer, Stahl, Hartmetalle, und andere. Je nach Werkstoffart werden die Elektroden durch Spanen, Umformen, Drahterodieren, Metallspritzen, Galvanoformen, Gießen und Montieren aus Einzelteilen hergestellt.

> Das Herstellen der Elektrode als erhabene Positivform ist durch Zerspanen einfacher als das Herstellen eines Werkstücks mit tiefer Kavität (Höhlung).

2.5 Spanloses Trennen und Abtragen

Abbildungsmechanismus

Die Abtragrate ist abhängig vom Energieinhalt der Einzelimpulse. In Verbindung mit der Arbeitsspannung entsteht ein davon abhängiger Arbeitsspalt.

Um den unterschiedlichen Spalt beim Schruppen, Schlichten und Feinschlichten auszugleichen, sind maßlich unterschiedliche Elektroden erforderlich. **Bild 1** zeigt schematisch die Spaltverhältnisse beim Erodieren einer Bohrung oder eines prismatischen Durchbruchs. Nachteile dieses Arbeitsablaufs sind, dass der Verschleiß an Ecken und Kanten partiell höher ist wie bei großem Flächeneingriff, dass aufgrund des geringen Elektrodeneingriffs in Vorschubrichtung nicht genug Leistung zugeführt werden kann und dass das Fertigmaß von der richtigen Wahl der Elektrodenmaße und den Bearbeitungsparametern abhängt. Alle diese Nachteile lassen sich vermeiden, wenn die Elektrode gemäß **Bild 2** eine *Planetärbewegung* ausführt. Die Bearbeitungszeiten lassen sich dadurch drastisch reduzieren und aus dem rein abbildenden Verfahren ist ein maßerzeugendes Verfahren geworden.

Bild 3 zeigt eine Auswahl der Verfahrensmöglichkeiten mit 3 und mit 4 Achsen für die Relativbewegungen zwischen Elektrode und Werkstück. Die Erweiterung zu einem **maßerzeugenden Verfahren** macht jedoch den maschinentechnischen Einsatz von 3 oder mehr bahngesteuerten CNC-Achsen erforderlich.

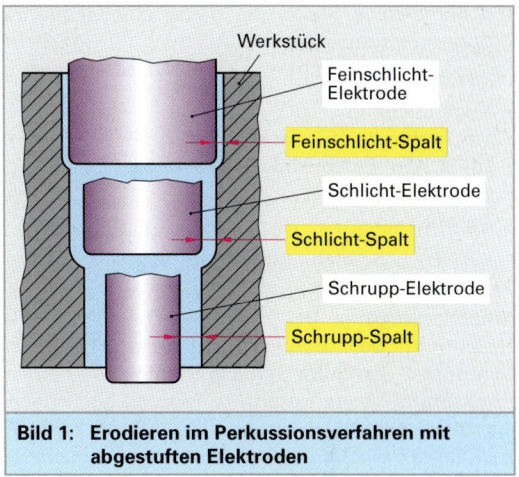

Bild 1: Erodieren im Perkussionsverfahren mit abgestuften Elektroden

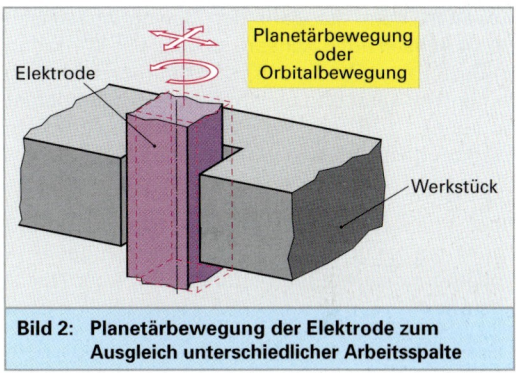

Bild 2: Planetärbewegung der Elektrode zum Ausgleich unterschiedlicher Arbeitsspalte

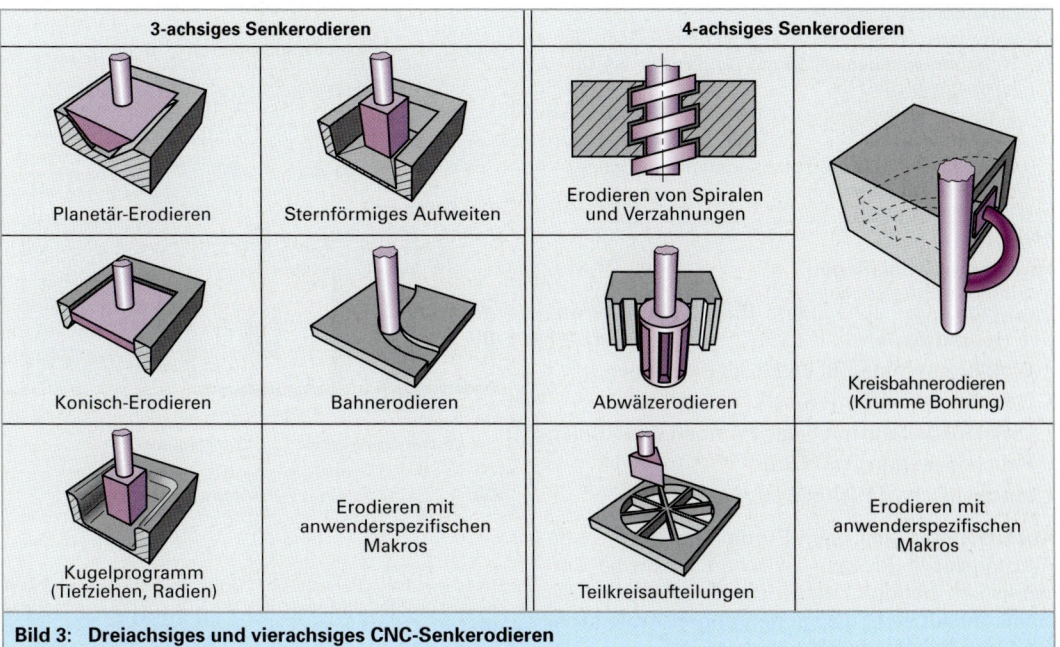

Bild 3: Dreiachsiges und vierachsiges CNC-Senkerodieren

Die numerische Steuerung bietet eine bequeme Programmierung mit Makrobefehlen für *Standardformelemente*. So gibt es z. B. *Makrobefehle* für:

- Kugelflächen,
- Verrunden von Einsenkungen,
- konischem Einsenken,
- Gewinde,
- Ausstechen.

Diese Makrobefehle beinhalten bis auf die Parameterwahl alle Einzelvorgänge wie z. B. die Anfahrbewegung, die zyklische Zustellung, die Beachtung des richtigen Funkenspalts beim Schruppen und beim Schlichten. Innerhalb eines Programms können mehrere Makros auch nacheinander gesetzt werden, so dass z. B. ein konisch zulaufender Einstich mit kreisrundem Querschnitt erzeugt wird (**Bild 1**).

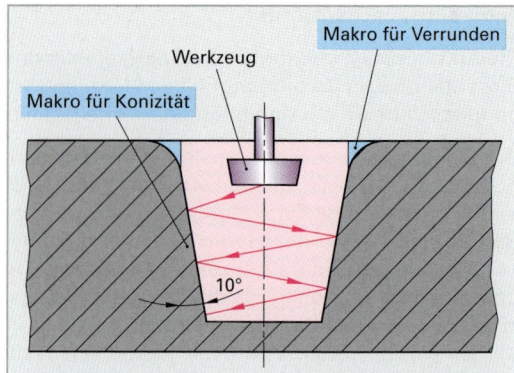

Bild 1: Senkerodieren mit Standardformelementen (Makros)

Erweitert man die Zahl der Bewegungsachsen von 4 Achsen auf 6 Achsen, so dass das Werkzeug in Bezug zum Werkstück jede Raumorientierung annehmen kann und gleichzeitig noch drehbar ist, so können z. B. räumlich verwundene Profile in Werkzeuge eingesenkt werden (**Bild 2**).

Die Funkenerodiermaschinen verfügen häufig über einen automatischen Werkzeugwechsel. So kann man mit unterschiedlichen Werkzeugen eine vollautomatisierte Bearbeitung, auch über Nacht, ausführen.

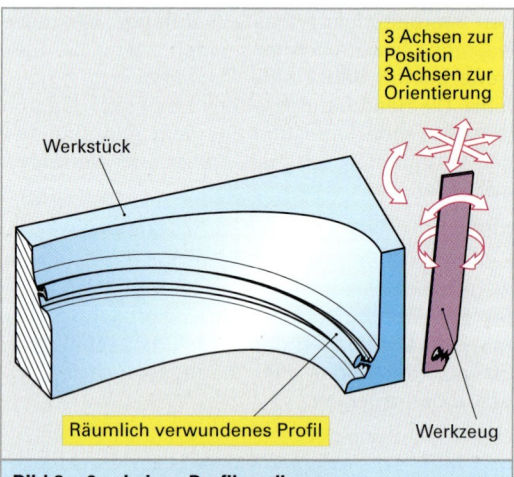

Bild 2: 6-achsiges Profilerodieren

Der Betrieb ohne Aufsicht setzt erweiterte Sicherheitsmaßnahmen voraus, u. a.:
- automatische Spannungsabschaltung, sobald die Elektrode weniger als 30 mm unterhalb des Dielektrikumspiegels ist,
- doppelte Überwachung der Temperatur der Dielektrikumsflüssigkeit,
- zusätzliche Brandschutzmaßnahmen und Zugangsschutzmaßnahmen.

Funkenerosionsanlagen

Eine Funkenerosionsanlage (**Bild 3**) besteht aus den Hauptgruppen:
- Erodiermaschine mit Elektrodenwechsler,
- Generator und Steuerung[1],
- Dielektrikumtank mit Filter, Pumpen und Kühler,
- Rauchabsaugung mit Filter,
- automatische Feuerlöscheinrichtung[2].

Auch wenn es sich beim Erodieren um einen berührungslosen Prozess zwischen Elektrode und Werkstück handelt, muss die Erodiermaschine stabil gebaut sein, da bei den engen Arbeitsspalten hohe Adhäsionskräfte wirken.

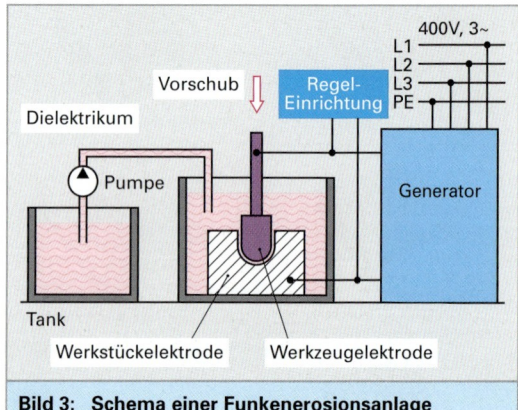

Bild 3: Schema einer Funkenerosionsanlage

---

[1] Da es sich beim Generator um Hochfrequenzanlagen handelt, müssen die Störfeldstärken nach DIN VDE 0877T2 beachtet werden.)

[2] meistens CO_2 (Kohlendioxid), Brandschutzvorschriften beachten.

2.5 Spanloses Trennen und Abtragen

Funkenerosives Schneiden mit Drahtelektrode

Dieses Verfahren wird im Werkstattgebrauch auch Drahterodieren genannt. Die Elektrode ist ein kalibrierter Draht aus Messing, Kupfer oder Wolfram, teils mit zusätzlichen Galvonobeschichtungen aus Zink oder Zinn.

Der Draht läuft unter Zugspannung zwischen einer oberen und unteren Drahtführung. Das Werkstück wird in der Regel bahngesteuert in der horizontalen Ebene relativ zur Drahtelektrode verfahren (**Bild 1**). Der fortlaufende Draht verschleißt im Arbeitsspalt und wird auf einer Spule aufgewickelt oder in kleine Stücke zerhackt in einem Abfallbehälter gesammelt. Als Dielektrikum wird deionisiertes Wasser eingesetzt, wobei die Leitfähigkeit an den zu bearbeitenden Werkstoff anzupassen ist. Das Dielektrikum wird teils unter hohem Druck koaxial in den Arbeitsspalt gepumpt.

Die meisten Drahterodiermaschinen besitzen an der oberen Drahtführung eine numerisch steuerbare u-Achse und v-Achse, so dass man Schrägen, Kegel, Pyramiden, u. a. schneiden kann (**Bild 2**).

Die Schneidhöhen reichen meist bis 200 mm Werkstückhöhe, es lassen sich jedoch auch Überhöhen bis 500 mm bearbeiten.

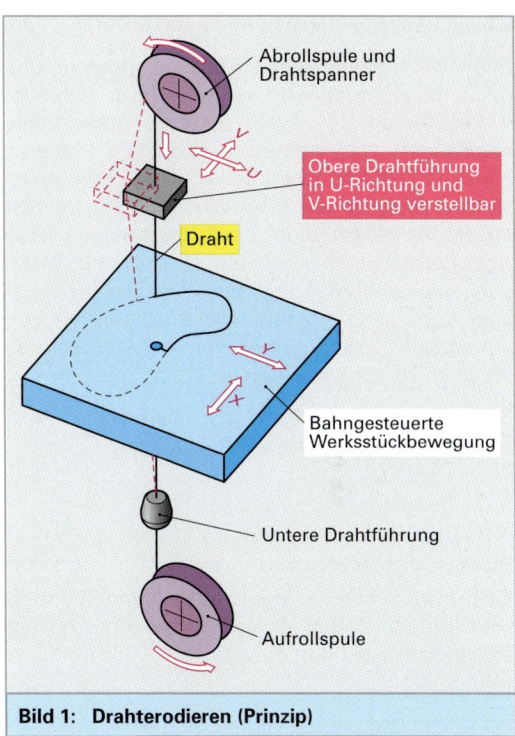

Bild 1: Drahterodieren (Prinzip)

Kombinationsverfahren

Hybrid-Erodieren. Bei diesem Verfahren handelt es sich um einen 2-stufigen seriellen Arbeitsablauf. Im 1. Arbeitsgang wird funkenerosiv gesenkt, gebohrt oder geschliffen (Dielektrikum ist also eine nichtleitende Flüssigkeit), dann wird das Werkstück entfettet und in einem 2. Arbeitsgang wird die erodierte Oberfäche elektrochemisch geglättet, wobei als Wirkmedium ein leitender Elektrolyt zum Einsatz kommt.

Misch-Prozess EDM/ECM. Bei diesem Verfahren handelt es sich um einen simultan ablaufenden Prozess von Funkenerosion und elektrochemischem Abtragen (engl: MEC = **M**ixed **E**lectrochemical **M**achining), wobei als Wirkmedium deionisiertes Wasser mit chemischen Zusätzen verwendet wird, welches sowohl als Dielektrikum als auch aufgrund einer ständigen Radikalenbildung im Arbeitsspalt als Elektrolyt wirkt.

In der Regel wird beim Elektrolyseanteil mit gepulstem Gleichstrom bis 10 kHz gearbeitet. Dieser Prozess wird ausschließlich für die Feinstbearbeitung eingesetzt. **Bild 3** zeigt schematisch den chemisch physikalischen Zusammenhang des Spannungs/Stromverlaufs beim MEC-Verfahren.

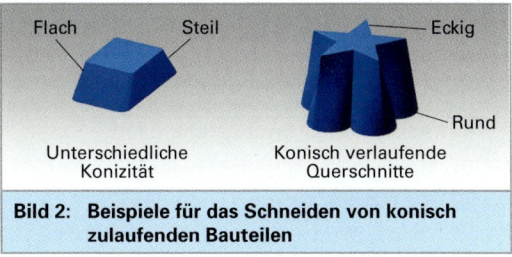

Bild 2: Beispiele für das Schneiden von konisch zulaufenden Bauteilen

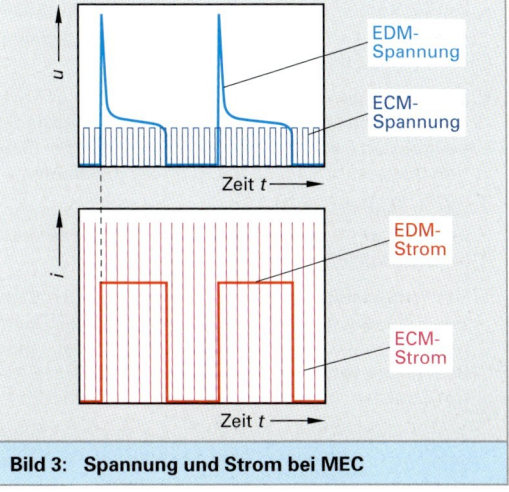

Bild 3: Spannung und Strom bei MEC

2.5.4 Elektrochemisches Abtragen (ECM)

Beim elektrochemischen Abtragen (**E**lectro **Ch**emical **M**achining) wird ein elektrisch leitender Werkstoff mit Hilfe einer äußeren Stromquelle abgetragen. Das Verfahren wird auch *Elysieren* genannt. Der Abtrag erfolgt *anodisch*. Der Strom ist ein Gleichstrom oder ein gepulster Gleichstrom. Als Wirkmedium dient meistens ein wässriger Elektrolyt. Hier werden oft Kochsalz (NaCl) oder Natriumnitrat-Lösungen (NaNO$_3$) eingesetzt, aber auch andere Salze oder auch Säuren, um abtragspezifische Eigenschaften von bestimmten Metallen zu berücksichtigen.

Bild 1 zeigt schematisch den chemisch-physikalischen Abtragvorgang am Beispiel von Eisen.

> Die Reaktionsgleichung lautet:
>
> $Fe + 2H_2O \rightarrow Fe(OH)_2 + H_2 \uparrow$

Eisen wird in Eisenhydroxid umgewandelt und es wird nur Strom und Wasser verbraucht. Der entstehende Wasserstoff entweicht.

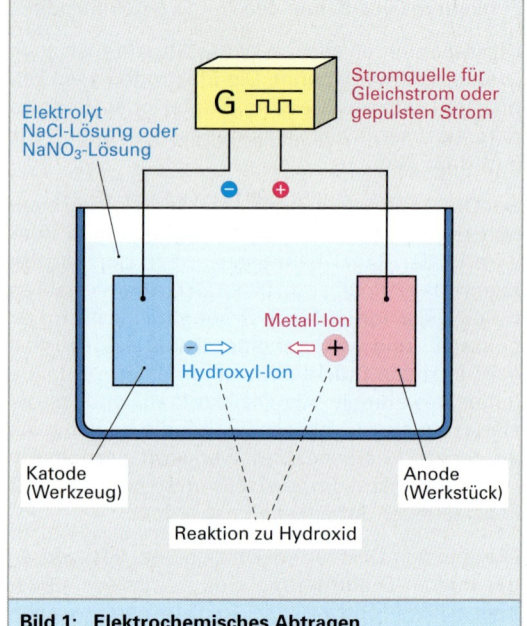

Bild 1: Elektrochemisches Abtragen

Verfahrenscharakteristiken sind:

- Die Ionen des dissoziierten Elektrolyten sind nicht an der chemischen Reaktion beteiligt, d. h., die einzige Aufgabe des Elektrolyten ist eine ausreichende Leitfähigkeit zwischen Katode (Werkzeug oder Elektrode genannt) und Anode (Werkstück) zu gewährleisten. Es wird also kein Salz verbraucht.
- Der Metallabtrag erfolgt nur anodisch (Faradaysches Gesetz) und die Katode verschleißt nicht.
- Der Abtrag am Werkstück ist unabhängig von der Werkstoffhärte. Die Abtragrate ist jedoch von der Werkstoffzusammensetzung abhängig.
- An der Katode entsteht Wasserstoff (H$_2$). Um Knallgasbildung zu vermeiden, muss das Gas abgesaugt werden. Auf Ex-Schutz achten!
- Je nach eingesetzter Elektrolytart kann an der Katode Lauge entstehen, die mit passender Säure wieder neutralisiert werden muss. Ein leicht alkalischer Elektrolyt unterstützt jedoch die Hydroxidausfällung.
- Die ausgefällte Hydroxidmenge (sogenannter Anodenschlamm) beträgt etwa das 4-fache des massiven Metallvolumens.
- Um Prozessstörungen zu vermeiden, muss der Elektrolyt ständig gefiltert werden (in der Regel Flachbett-Papierfilter, Filterpressen, Zentrifugen). Eine Restmenge von bis zu 20 % Hydroxidanteil im Elektrolytkreislauf ist prozesstechnisch noch zulässig.
- Je nach bearbeiteter Werkstoffart, z. B. CrNi-Stähle, entstehen teils giftige Bestandteile im Anodenschlamm, z. B. 6-wertige Chromate, die durch geeignete Maßnahmen entgiftet werden müssen. Vorschriften im Hinblick auf Personen- und Umweltschutz beachten!
- Der elektrische Widerstand in der elektrochemischen Zelle zwischen Katode und Anode führt je nach fließendem Strom zu Wärmebildung. Dadurch muss der Elektrolyt im Arbeitsspalt ständig ausgetauscht werden. Zunehmende Elektrolyttemperatur hat einen überproportionalen Anstieg der Leitfähigkeit und damit direkt proportional auf die Abbildungsgenauigkeit zur Folge. Daher ist der Elektrolyt ständig auf eine bestimmte Temperatur zu kühlen.
- Keine thermische Werkstoffbeeinflussung, weil in der Regel mit Elektrolyttemperaturen von 20 °C bis 30 °C gearbeitet wird.
- Die Konzentration des Elektrolyten beträgt je nach Elektrolytart und dem zu bearbeitenden Werkstoff 5 % bis 40 %. Beim Arbeiten mit geglättetem Gleichstrom liegt die Konzentration meist bei 10 % bis 15 %, bei Verwendung von gepulstem Gleichstrom in der Regel nicht unter 35 %.
- Die Oberflächengüte am Werkstück ist sehr hoch, diese liegt je nach Stromdichte und Werkstoffstruktur bei Ra = 0,2 µm bis 0,5 µm. Feinkörniger Stahl ergibt meistens eine glänzende Oberfläche.
- Abhängig von der Elektrolytart kann auch eine Passivierung der bearbeiteten Oberfläche entstehen.

2.5 Spanloses Trennen und Abtragen

Industriell eingesetzt werden meist das *elektrochemische Entgraten* mit stehender Katode und das *elektrochemische Senken* mit einer Relativbewegung zwischen Katode und Anode. Ein Hauptanwendungsgebiet beim Entgraten ist das Entfernen von Graten an Innenkonturen, z. B. Bohrungsverschneidungen und das Außenentgraten von komplexen Werkstückgeometrien.

Bild 1 zeigt schematisch das Entgraten einer Bohrungskreuzung in einem Rohr. Je nach Prozessdauer wird nicht nur der Grat entfernt, sondern es entsteht auch eine Verrundung an den Bohrungsübergängen. Von entscheidender Bedeutung ist die kontrollierte Strömung des Elektrolyten, um die Bearbeitungsstelle stets mit frischem Elektrolyt zu versorgen und vor allem um den entstehenden Wasserstoff, der eine isolierende Wirkung hat, abzuführen.

Man unterscheidet diesbezüglich drei Anordnungen: Die innere Zuströmung **(Bild 2)**, die äußere Zuströmung **(Bild 3)** und die Querströmung **(Bild 4)**.

Mit Hilfe einer Maske – entweder im Zulauf oder Ablauf des Elektrolyten – erfolgt in Verbindung mit einstellbaren Drosseln eine definierte Strömungsgeschwindigkeit, unabhängig vom Pumpendruck. Die Drosseln haben auch den Zweck, im Arbeitsspalt einen bestimmten Elektrolytdruck aufrecht zu erhalten, um je nach verwendeter Elektrolytart eine Oxidationsreaktion und damit eine Passivierungsbildung zu verhindern.

Bei komplexen Werkstückgeometrien ist auch darauf zu achten, dass über die zu bearbeitende Oberfläche ein eindeutiger und gleichmäßiger *Quell-Senken-Verlauf* der Elektrolytströmung erfolgt.

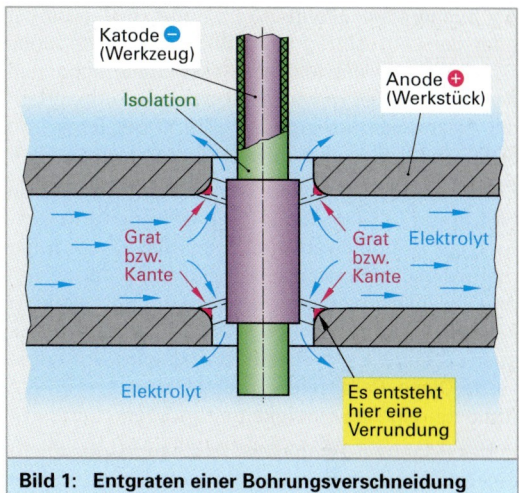

Bild 1: Entgraten einer Bohrungsverschneidung

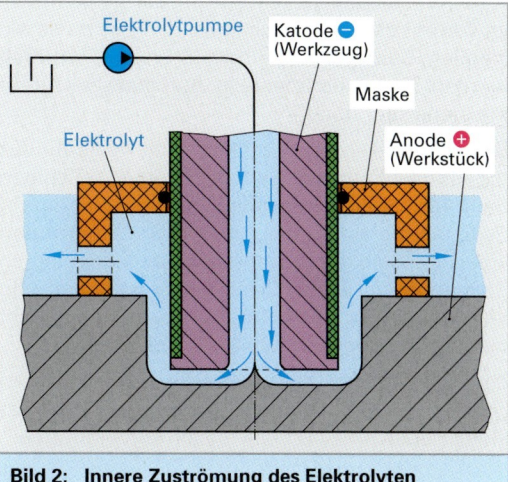

Bild 2: Innere Zuströmung des Elektrolyten

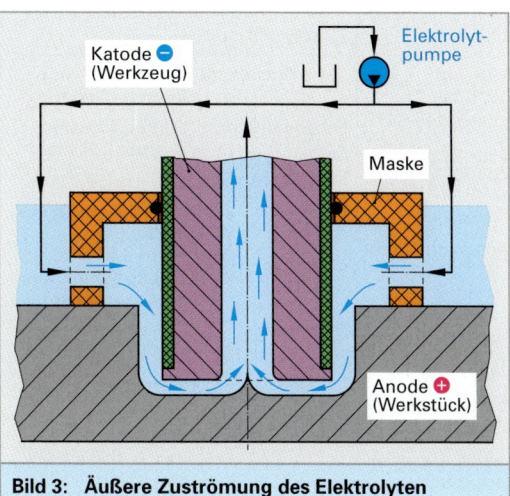

Bild 3: Äußere Zuströmung des Elektrolyten

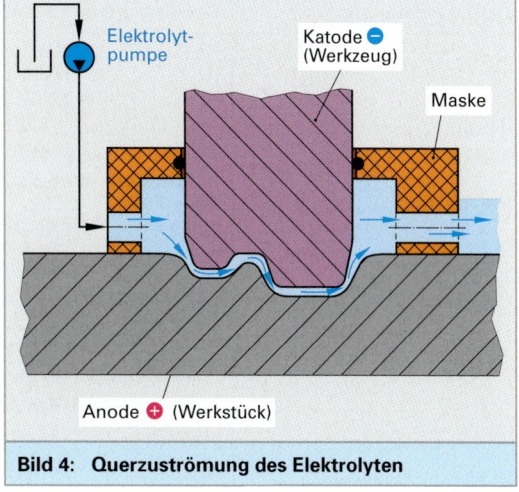

Bild 4: Querzuströmung des Elektrolyten

An eventuellen *Staupunkten* findet nur geringer oder gar kein Abtrag statt **(Bild 1)**. Im Falle eines Senkvorgangs entsteht an dieser Stelle sogar ein Kurzschluss. Der gewünschte Quell-Senken-Verlauf der Elektrolytströmung lässt sich in der Regel mit Hilfe von Masken und Abflussbohrungen erzwingen.

Beim elektrochemischen Senken führt die Katode (Werkzeug) eine gleichförmige Bewegung in Richtung zur Anode (Werkstück) aus **(Bild 2)**. Die maximal mögliche Senkgeschwindigkeit v_E hängt von drei Parametern ab: dies sind Spannung, Leitfähigkeit des Elektrolyten und Werkstoffart der Anode, ausreichende Elektrolytzuführung wird vorausgesetzt. Diese Parameter ergeben eine bestimmte Auflösungsgeschwindigkeit v_a am Werkstück.

In der Regel wird nun diese Auflösungsgeschwindigkeit experimentell ermittelt, um dieser mit der gleichen Geschwindigkeit mit der Katode nachzufahren **(Tabelle 1)**. Wird v_E größer gewählt wie v_a, kommt es zum Kurzschluss, d. h., es muss ein stabiler Gleichgewichts- oder Stirnspalt ermittelt werden. Der experimentelle Aufwand hierfür ist meistens sehr hoch.

Beim Einsenken einer seitlich nicht isolierten Katode **(Bild 1, folgende Seite)** bzw. einer beliebigen Raumform **(Bild 2, folgende Seite)** wird ständig ein Seitenabtrag stattfinden, dessen Größenordnung von der Senkgeschwindigkeit, der angelegten Spannung, der Leitfähigkeit des Elektrolyten und der Werkstoffart der Anode abhängt. Man spricht hier von der sogenannten „wilden Elektrolyse".

Zur Vermeidung dieser meist unerwünschten Formverzerrung kann man an zylindrischen Profilelektroden eine partielle Isolierung anbringen.

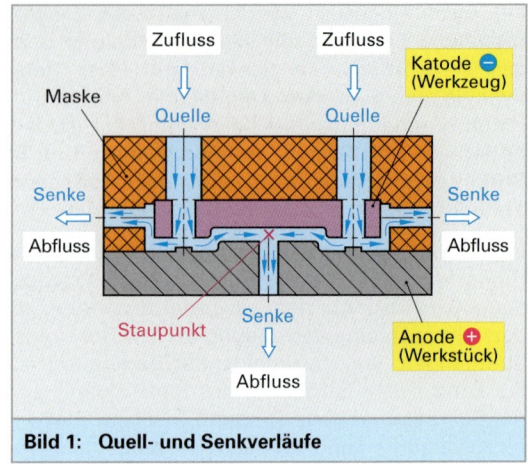

Bild 1: Quell- und Senkverläufe

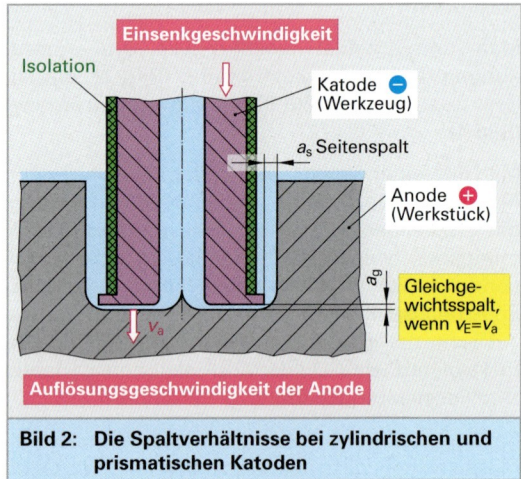

Bild 2: Die Spaltverhältnisse bei zylindrischen und prismatischen Katoden

Tabelle 1: ECM-Verfahrensparameter

Stromversorgung		Elektrolytarten/Konzentration		Prozessparameter	
Typ:	Gleichstrom bzw. Gleichspannung	Häufig:	NaCl 10 bis 15 %ig NaCO3 5 bis 15 %ig beide bis Pulsbetrieb 35 bis 40 %ig	Max. Abtragrate	ca. 2 mm³/A min (materialabhängig)
Form:	Konstant oder gepulst (uni-/bipolar)	Selten:	andere Salze und Säuren	Katodenmaterial	Kupfer, Messing, Bronze, Edelstahl
		Temperatur:	20 bis 30 °C	Min. Stirnspalt:	0,02 bis 0,3 mm
Spannung:	5 bis 50 V (teils bis 100 V)	Durchflussmenge:	min. 1 Liter/min pro 100 A	Vorschub:	0,1 bis 20 mm/min (abhängig von Form, Material und Elektrolytaustausch im Arbeitsspalt)
Strom:	5 bis 40 000 A	Strömungsgeschwindigkeit im Arbeitsspalt:	> 1 m/s (bei Pulsbetrieb auch weniger)		
Stromdichte:	0,1 bis 5 A/mm²			Toleranzen:	2D-Form: 0,05 bis 0,2 mm 3D-Form: 0,1 mm
		Eingangsdruck:	1,5 bis 30 bar		
		Ausgangsdruck:	1 bis 3 bar	Oberflächengüten:	$Rz \leq 0,3$ mm $Ra \leq 0,02$ bis $0,05$ mm
		pH-Wert:	7 bis 8,5 (in Ausnahmefällen auch stark sauer)		

2.5 Spanloses Trennen und Abtragen

Die Aufweitung der Abbildung ist dann von der nichtisolierten Profilplattendicke abhängig **(Bild 3)**. Im Falle der in Bild 2 dargestellten Katodenform ist die Katodenkontur analog der eingetretenen Formverzerrung zu korrigieren. Bei reinen Profilkatoden ist dies möglich. Im Falle von räumlichen Katodenformen ist dies äußerst schwierig, wenn nicht gar unmöglich. Sofern die Raumform relativ flach ist, lässt sich die korrigierte Katodenform ausgehend von einer bereits vorliegenden Raumform der Anode durch Umpolen erzeugen, d. h., die Anodenform (Werkstück) wird als Katode benützt. So kann man die Katodenform elektrochemisch mit allen notwendigen Formverzerrungen herstellen.

Bild 4 zeigt schematisch die Anordnung bei gepulstem Gleichstrom. Jeder Puls wird im Spannungs- und Stromverlauf detektiert und im Falle von beginnenden Entartungen wird die Vorschubgeschwindigkeit der Katode zurückgeregelt. Im Vergleich zum ungeregelten elektrochemischen Senken werden beim Pulsen sehr hohe Stromdichten gefahren. **Bild 5** zeigt als Bearbeitungsbeispiel eine eingesenkte Münzgravur mit der erkennbar hohen Abbildungsgenauigkeit in Verbindung mit einer hohen Oberflächengüte.

Mit ECM poliert man z. B. große Rohr- und Behältersegmente (Vertikalsichter) für die papiertechnische Industrie. **Bild 6** zeigt stark vergrößert die Oberfläche, aufgenommen mit Rasterelektronenmikroskop (REM). Gut zu erkennen ist die glatte und dichte Oberflächenschicht, so dass sich sogar die Korngrenzen abbilden

> Die Abtragprodukte beim elektrochemischen Bearbeiten von chromhaltigen und nickelhaltigen Stählen (Hydroxidschlämme) sind Sonderabfälle und qualifiziert zu entsorgen. Es sind dabei Schutzhandschuhe zu tragen. Die Hände sind danach sorgfältig zu reinigen.

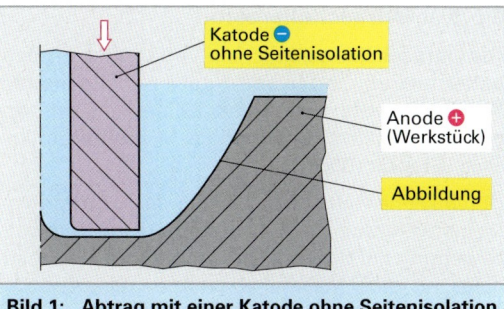

Bild 1: Abtrag mit einer Katode ohne Seitenisolation

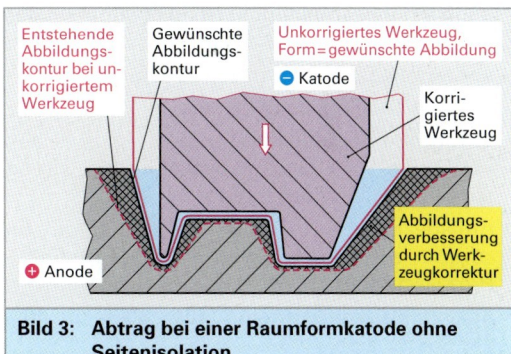

Bild 2: Seitlicher Abtrag, abhängig von Profilplattendicke

Bild 3: Abtrag bei einer Raumformkatode ohne Seitenisolation

Bild 5: Präzisionsabbildung einer Münzform

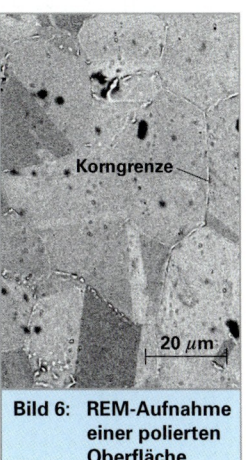

Bild 6: REM-Aufnahme einer polierten Oberfläche

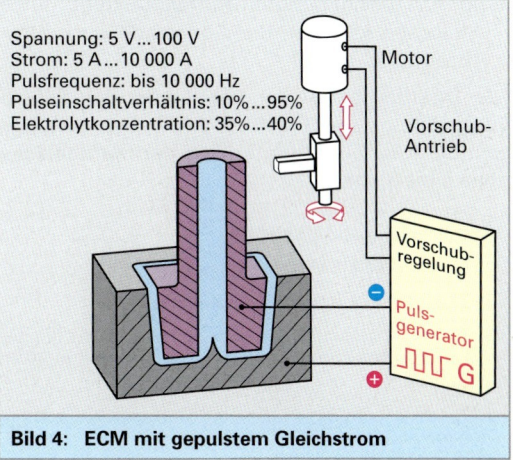

Bild 4: ECM mit gepulstem Gleichstrom

2.5.5 Ultraschallerosion

Die Ultraschallerosion ist ein Verfahren zum Bearbeiten extrem harter und zugleich nichtleitender Werkstoffe, wie z. B. Silikat-Keramik, Oxid-Keramik, Nichtoxidische Keramiken, Misch-Keramiken, Glas, Graphit (**Bild 1**).

Durch kleine Hartstoffpartikel, in der Funktion von Kleinstwerkzeugen wird mit Hilfe einer Schwingbewegung auf die Werkstückoberfläche eingehämmert und dabei Material abgetragen. Eine Sonotrode (**Bild 2**) überträgt longitudinale Schwingungen auf ein Formwerkzeug. Dem Arbeitsspalt wird ein Läppgemisch (aufgeschlämmte Schleifmittelkörper) zugeführt (**Bild 3**). Die Schleifmittelkörper müssen dabei eine größere Härte haben als der zu bearbeitende Werkstoff. Gemäß dem Erosionsfortschritt wird das Formwerkzeug nachgeführt. Das Formwerkzeug unterliegt auch einem Verschleiß. Das Werkzeug ist aber vom Werkstoff her weich und so verursachen die Schleifkörper dort lediglich eine plastische Verformung. Die Schwingungen werden mit einem Piezo-Aktor erzeugt und über einen Schallwandler auf die Sonotrode übertragen.

Die Bearbeitungsparameter sind:
- Schwingungsamplitude (etwa das doppelte des Korndurchmessers),
- Schwingungsfrequenz (meist 20 kHz oder 40 kHz),
- Geometrie des Schallwandlers,
- Korngröße des Schleifmittels (meist zwischen F 180 und F 400, vorzugsweise F 280), sie bestimmt die Oberflächengüte.
- Auflagekraft, wird meist experimentell bestimmt (zu gering = geringer Abtrag, zu groß = Prozessstörung),
- Schleifmittelkonzentration (etwa 30 % bis 40% der Suspension),
- Suspensionsaustausch im Arbeitsspalt (wichtig für gleichmäßigen Abtrag) erfolgt durch zyklisches Abheben der Sonotrode und durch Absaugung.

Die Oberflächenqualität hängt von der Schleifkorngröße ab (bei F 280 ist R_z am Bearbeitungsgrund etwa 8 bis 12 µm und an der Mantelfläche etwa 5 bis 8 µm).

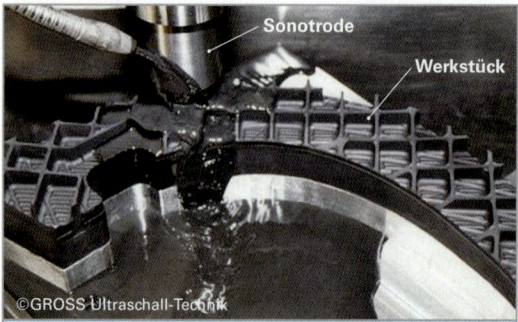

Bild 1: Ultraschallerodieren einer Graphitelektrode

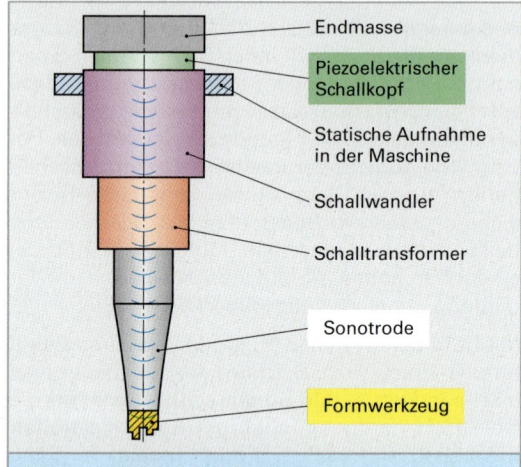

Bild 2: Aufbau eines Werkzeugs

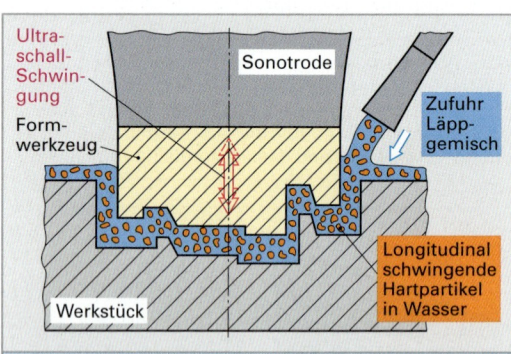

Bild 3: Prinzip der Ultraschallerosion

Wiederholung und Vertiefung

1. Nennen Sie die Verfahren des spanlosen Trennens.
2. Was versteht man unter Nibbeln?
3. Wodurch unterscheidet sich das Werkzeug für das Feinstanzen zum Werkzeug des konventionellen Stanzens?
5. Weshalb benötigt man beim thermischen Trennen häufig Sauerstoff?
4. Welche Vorteile hat das Cracken gegenüber anderen Verfahren und bei welchen Werkstücken kommt es z. B. zur Anwendung?
5. Erläutern Sie die Begriffe EDM und ECM.
6. EDM Werkzeuge werden vielfach sehr aufwändig durch NC-Fräsen hergestellt. Weshalb wird das Bauteil nicht gleich vollständig durch Fräsen produziert?
7. Erklären Sie das Ultraschallerodieren.

2.6 Zerspanungstechnik

2.6.1 Grundlagen des Zerspanens

In DIN 8580 Hauptgruppe 3 sind die Trennverfahren systematisiert, die eine Formänderung durch Überwinden der Werkstofffestigkeit eines Werkstückes erzeugen (**Bild 1**).

> Die spanabhebenden Verfahren werden unterteilt in:
> - Spanen mit geometrisch *bestimmter* Schneide und
> - Spanen mit geometrisch *unbestimmter* Schneide.

Bei allen spanabhebenden Fertigungsverfahren werden mit ein- oder mehrschneidigen, keilförmigen Werkzeugschneiden Werkstoffteilchen vom Werkstückwerkstoff abgetrennt und somit eine gewünschte Bauteilform erzeugt. Die moderne Fertigungswelt ist durch zwei zentrale Zielvorgaben bestimmt: Hohe Werkstückqualität und hohe Wirtschaftlichkeit.

Qualitätskriterien wie Oberflächengüte und Maßgenauigkeit konnten in den vergangenen Jahren immer weiter gesteigert werden. Möglich wird dies durch gezielte Innovationen in den prozessbestimmenden Teilsystemen und den Prozessparametern (**Bild 2**). Dreh- und Fräsbearbeitungszentren mit hohen Spindeldrehfrequenzen und hoher Dynamik in den Linearachsen (Beschleunigungen über 100 m/s^2) sowie automatischen Werkzeugwechselsystemen und Werkstückhandhabungseinrichtungen reduzieren die Fertigungszeiten, die Span-zu-Span-Zeit und damit die Fertigungskosten eines Produkts.

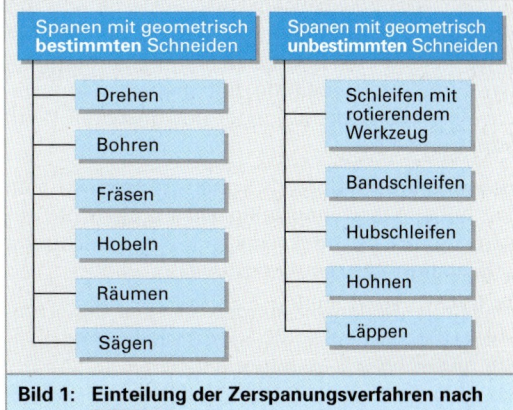

Bild 1: Einteilung der Zerspanungsverfahren nach DIN 8590

Bild 3: Al-Hochgeschwindigkeitszerspannung, 5-achsig

Bild 2: Prozessparameter der Zerspanungstechnik

Bedienerfreundliche CAD-CAM-Systeme und graphische Programmierunterstützung an der Maschinensteuerung ermöglichen in Verbindung mit der Simultanbearbeitung mit mehreren Achsen die Herstellung nahezu jeder gewünschten Werkstückgeometrie.

Schwingungsdämpfende Konstruktionsprinzipien mit hoher Maschinensteifigkeit erlauben bei entsprechender Spindelleistung hohe Vorschubgeschwindigkeiten der Werkzeuge.

Vielfältige Neuentwicklungen in den Bereichen Werkzeug-, Schneidstoff- und Beschichtungstechnik zeigen, dass in den Kernbereichen der Zerspanungstechnik noch viel Entwicklungspotenzial steckt. Weiter verbesserte oder neuartige Schneidstoffe und Hartstoffschichten ermöglichen Zerspanungsanwendungen, die vor wenigen Jahren in dieser Form noch nicht möglich waren. Schwer zu zerspanender Werkstoff wie z. B. gehärteter Stahl werden heute mit polykristallinem kubischen Bornitrid unter Anwendung hoher Schnittwerte erfolgreich zerspant. Hierbei ersetzt die Zerspanung mit geometrisch bestimmter Schneide den klassischen Schleifprozess. Unter ökonomischen und ökologischen Gesichtspunkten werden große Anstrengungen unternommen, den Anteil der Kühlschmierstoffe in der Fertigung zu reduzieren.

Mit optimierten Schneidstoffsorten kann die Nassschmierung häufig durch eine prozesssichere und wirtschaftliche Trockenbearbeitung ersetzt werden. Dort, wo die Trockenbearbeitung Probleme bereitet, führt häufig die Minimalmengenschmierung (MMS) zum Erfolg **(Bild 1)**. Bei dieser „Quasi-Trockenbearbeitung" wird eine geringe Menge (wenige ml pro Stunde) meist ökologisch abbaubares Öl, mit Hilfe eines Luftstromes zerstäubt und durch entsprechende Düsenapplikationen an die Bearbeitungsstelle gebracht.

Die spanende Fertigung ist heute durch einen zunehmenden Automatisierungsgrad geprägt. Die Forderung nach hoher Prozessstabilität erfordert den Einsatz von automatisierten Mess- und Regelkreisen. Ein Beispiel ist die Werkzeugbruch- bzw. Werkzeugverschleißüberwachung in Werkzeugmaschinen. Um die Maßhaltigkeit des Bearbeitungsvorganges sicherzustellen wird durch berührungslose Messsysteme der durch Verschleiß verursachte Schneidkantenversatz am Werkzeug im Maschinenraum laufend kontrolliert und entsprechend korrigiert **(Bild 2)**. Die Verlagerung von Sensoren und Aktoren direkt an die Werkzeugschneide ermöglichen die Feinverstellung der Schneide z. B. mit Hilfe von Piezo-Technik während der Zerspanung.

Durch Messung der Leistungsaufnahme des Hauptspindelantriebes erkennt die Maschinensteuerung den Werkzeugbruch bzw. das Standzeitende des Werkzeuges und veranlasst bei Erreichen der voreingestellten Grenzwerte einen Werkzeugwechsel.

Für spezielle Aufgaben gibt es Werkzeugmaschinen, die daraufhin entwickelt sind, so z. B. für die Gewindeherstellung an Gehäusen mit mehreren simultanen Achsbewegungen **(Bild 3)**.

Bild 1: Minimalmengenschmierung beim Fräsen

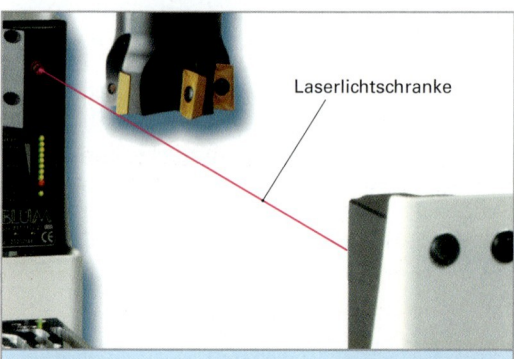

Bild 2: Berührungslose Werkzeugkorrektur

Bild 3: Zirkulargewindefräsen an einem Gehäuse

2.6 Zerspanungstechnik

Historischer Rückblick

Die Geschichte der Werkzeug- und Bearbeitungstechnik geht zurück bis in die Altsteinzeit (ca. 800 000 bis 10 000 v. Chr.). Funde aus dieser Zeit (**Bild 1**) beweisen, dass die frühen Menschen als Jäger und Sammler einfache Werkzeuge aus Stein anfertigten (Bild 1).

Bis in die Jungsteinzeit hinein (20 000 bis 3500 v. Chr.) wurden durch verbesserte Bearbeitungsverfahren, Werkzeuge wie Steinbeile, Feuersteinsicheln, Sägen und Fiedelbohrer sowie Waffen, Schmuck und Kultgegenstände hergestellt (Bild 1).

Die entscheidende Verbesserung der Herstellverfahren war die Entwicklung von einfachen Maschinen. Die älteste bekannte Darstellung einer mit Muskelkraft angetriebenen Drehmaschine stammt aus einem ägyptischen Grabrelief aus dem 3. Jhdt. v. Chr. Bereits der steinzeitliche Mensch benutzte zum Herstellen von Bohrungen in Steinen und Knochen einen Bohrapparat mit Fiedelantrieb (**Bild 2**). Der eigentliche Werkstoffabtrag wurde von Sandkörnern erbracht, die ringförmig von einem hohlen Knochen über einen mit einem Stein beschwerten Hebel aufgepresst wurden. Durch die Verwendung eines hohlen Bohrwerkzeuges erhöhte sich die Anpresskraft pro mm^2 zerspanter Fläche und der im Zentrum verbleibende Bohrkern musste nicht abgetragen werden (Kernbohren).

Ein großer Schritt für die Weiterentwicklung der Bearbeitungstechniken war um 1800 v. Chr. bis 750 v. Chr. die Gewinnung und die Anwendung von Metallen. Die ersten technisch verwendeten Metalle waren Kupfer und Zinn.

Durch Zusammenschmelzen fand man heraus, dass die Mischung der beiden damals technisch kaum verwendbaren weichen Metalle eine harte Legierung, nämlich Bronze ergab. Mit der Verbesserung der Verhüttungstechnik zur Gewinnung von Reinmetallen aus Erzen konnte bei Temperaturen von über 1000 °C auch Eisenerz erschmolzen werden. Mit Beginn der Eisenzeit entstanden geschmiedete Eisenwerkzeuge.

Durch die Industrialisierung im 19. Jahrhundert und vor allem durch die Serienfabrikation von Kraftfahrzeugen im 20. Jahrhundert entwickelte sich eine Produktionstechnik mit spezialisierten Werkzeugmaschinen (**Bild 3**).

---
[1] Diese Löwenfigur gehört zu den ältesten Kunstgegenständen der Menschheit. Sie wurde in der Lonetalhöhle bei Ulm gefunden. Im Bild zu sehen ist ein Replikat, hergestellt durch Scannen mit CT (siehe Seite 693), Stereolithographie (siehe Seite 578) und manueller Colorierung.

Faustkeil, Grundform der Werkzeugschneide

Löwenfigur aus Mammutzahn geschnitzt, um 30 000 v. Chr.[1]

Bild 1: Funde aus der Steinzeit

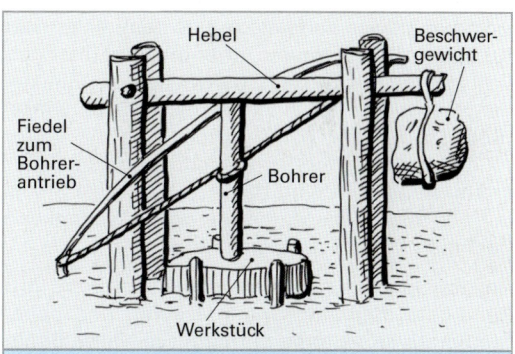

Bild 2: Steinzeitliche Bohrmaschine

Bild 3: Produktionshalle von C. Benz Söhne, um 1910

2.6.1.1 Spanbildung

Der vordringende *Schneidkeil* verformt zunächst den Werkstückwerkstoff elastisch. Nach Überschreiten der Werkstoffelastizität (Streckgrenze) verursachen die zunehmenden Schubspannungen τ (Tau) im Werkstoff eine plastische Verformung, die nach Überschreiten der Werkstofffestigkeit (Scherfestigkeit) die Werkstofftrennung durch Scherkräfte auslösen. Durch die Schneidengeometrie fließt der abgetrennte Werkstoff in *Spanform* über die Spanfläche ab.

Bei ausreichender Verformungsfähigkeit des Werkstoffs fließen die abgescherten Späne **(Bild 1)** kontinuierlich ab (Fließspan, Lamellenspan). Bei der Zerspanung von spröden Werkstoffen führt bereits eine geringe Verformung in der Umformungszone bzw. Scherebene zum vorzeitigen Spanbruch (Scherspan, Reißspan).

Durch die Gefügeumbildung in der Scherebene und die darauffolgende Stauchung des Spans auf der Spanfläche **(Bild 2)** kommt es zu einer Gefügeverhärtung im abfließenden Span. Die ursprünglichen Zähigkeitswerte des Werkstückwerkstoffs gehen dabei weitestgehend verloren. Der Scherwinkel wird kleiner und die Schnittkräfte erhöhen sich durch diese Verfestigung der Gefügestruktur im Span. Die Spanumformung hängt maßgeblich von der Größe des Spanwinkels ab. Ein kleiner Spanwinkel hat einen kleineren Scherwinkel **(Bild 3)** zur Folge, damit erhöht sich die Verformungsarbeit in der Scherebene und die Scherkräfte. Außerdem wird das Abfließen des Spans auf der Spanfläche durch die große Umlenkung behindert (Spandickenstauchung).

An der Spanunterseite herrschen aufgrund großer Kräfte (Reibung, Spanpressung) und hoher Temperaturen extreme Verhältnisse. Diese Bedingungen erzeugen häufig eine dünne Fießzone im unteren Spanbereich. Der Werkstoff nimmt hier ähnliche Eigenschaften an wie sie in einer Metallschmelze vorkommen.

Einige Werkstoffe neigen dann zum Aufbau von Werkstoffschichten, die auf der Spanfläche verschweißen (Aufbauschneide) **(Bild 4)**.

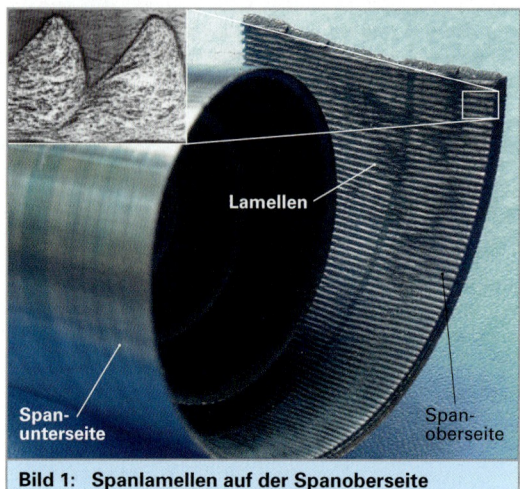

Bild 1: Spanlamellen auf der Spanoberseite Spanunterseite mit sichtbarer Fließzone

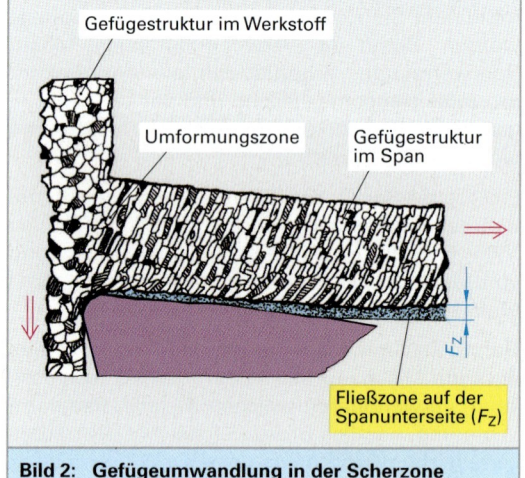

Bild 2: Gefügeumwandlung in der Scherzone

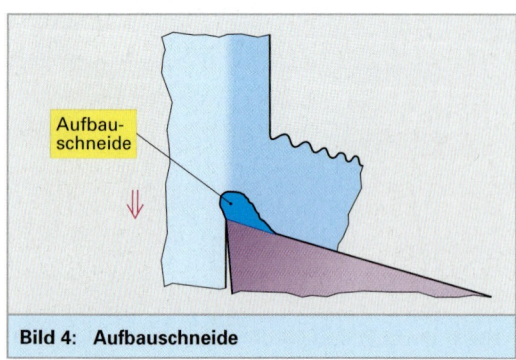

Bild 4: Aufbauschneide

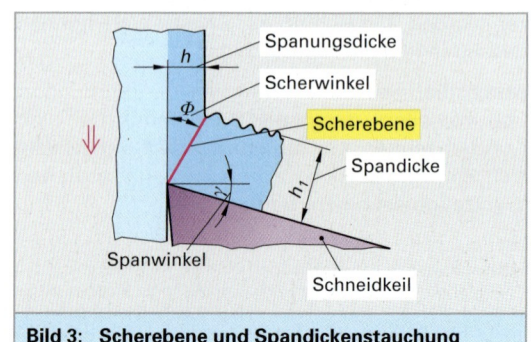

Bild 3: Scherebene und Spandickenstauchung

Spandickenstauchung

Durch die Zerspankraft wird der abgetrennte Werkstoff auf der Spanfläche gestaucht. Der ablaufende Span verändert seine Abmessungen gegenüber den eingestellten Spanungsgrößen. Eine wichtige Kenngröße stellt hierbei die Spandickenstauchung λ_h dar:

$\lambda_h = h_1/h$ $\quad \lambda_h > 1$

λ_h ist das Verhältnis zwischen gestauchter Spandicke h_1 und undeformierter Spandicke h.

Die Spandickenstauchung λ_h wird im Wesentlichen von den mechanischen Eigenschaften des Werkstückwerkstoffs und den Reibverhältnissen zwischen ablaufendem Span und der Spanfläche der Werkzeugschneide bestimmt. Man misst hierzu die Spandicke, z. B. mit einem Messschieber **(Bild 1)**.

Spangeschwindigkeit

Die Berechnung der Spangeschwindigkeit v_{sp} ist mit Hilfe der Schnittgeschwindigkeit v_c und der Spandickenstauchung λ_h möglich:

$v_{sp} = v_c/\lambda_h$ $\quad v_{sp}$ in m/min

Scherwinkel Φ

In direktem Zusammenhang zur Spandickenstauchung λ_h steht der Scherwinkel Φ **(Bild 2)**:

$\tan \Phi = \cos \gamma/(\lambda_h - \sin \gamma)$

Spanflächenreibwert

Die Reibbedingungen, die durch die Schneidstoffart bzw. Schneidstoffbeschichtung, die Oberflächengüte und Spanpressung, Temperatur und die Gleitgeschwindigkeit v_{sp} des Spans auf der Spanfläche definiert sind, werden durch den Spanflächenreibwert μ_{sp} zusammengefasst.

Bestimmung des Spanflächenreibwertes

Durch Messung der Schnittkraftkomponenten F_N und F_R kann man den Spanflächenreibwert berechnen.

$\tan \varphi = F_R/F_N = \mu_{sp}$

Die Komponenten F_N und F_R können aus F_c und F_f bestimmt werden. Für den Fall, dass der Spanwinkel $\gamma = 0°$ und der Einstellwinkel $\chi = 90°$ betragen, reduziert sich die Aufgabe auf die Messung der Schnittkraft F_c (tangentiale Schnittkraft) und der Vorschubkraft F_f (axiale Schnittkraft) **(Bild 3)**.

Für $\gamma = 0°$ und $\chi = 90°$ gilt:

$F_N = F_c$ und $F_R = F_f$.

$\mu_{sp} = F_f/F_c$ $\quad \tan \Phi = e^{-\mu_{sp} \cdot \pi/2}$

μ_{sp} kann auch Werte > 1 annehmen, da die Scherkräfte und Druckkräfte an der Freifläche die Verhältnisse auf der Spanfläche beeinflussen.

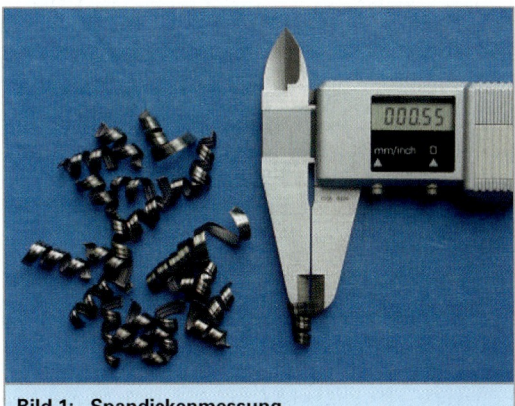

Bild 1: Spandickenmessung

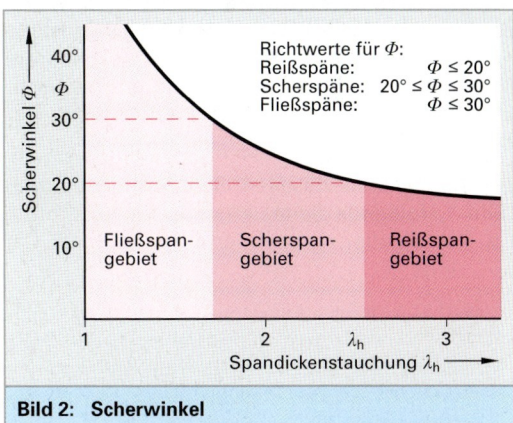

Bild 2: Scherwinkel

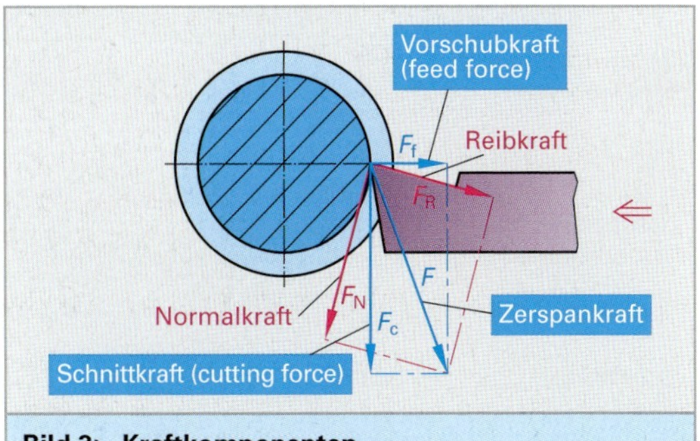

Richtwerte für Φ:
Reißspäne: $\Phi \leq 20°$
Scherspäne: $20° \leq \Phi \leq 30°$
Fließspäne: $\Phi \leq 30°$

Bild 3: Kraftkomponenten

Spanformen

Spanende Bearbeitung kann nur dann witschaftlich und prozesssicher durchgeführt werden, wenn die entstehenden Späne ausreichend verformt werden und somit den Arbeitsablauf nicht stören. Für moderne Werkzeugmaschinen mit weitgehend automatisierten Arbeitsabläufen ist eine kontrollierte Spanformung **(Bild 1)** Voraussetzung, da eine ständige Überwachung durch das Bedienungspersonal nicht gegeben ist. Produktionsstörungen wegen ungenügender Spanformung haben meist schwerwiegende wirtschaftliche und technologische Konsequenzen.

Man unterscheidet vier verschieden Spanarten: Reißspan, Scherspan, Lamellenspan und Fließspan **(Bild 2)**. Innerhalb dieser Spanarten werden entsprechend der geometrischen Form verschiedene Spanformen klassifiziert.

Die Spanformung wird überwiegend vom Werkstückwerkstoff und den Schnittwerten beeinflusst. Aber auch die Schneidkantenverrundung, Werkzeuggeometrie, Verschleißzustand und Spanformer bzw. Spanleitstufen auf der Spanfläche der Wendeschneidplatte verändern die Gestalt der entstehenden Späne.

Zur Beurteilung des Zerspanungsvorgangs ist die Art, Form und Farbe der Späne in besonderem Maße geeignet, da die Entstehung gut beobachtbar ist und das Ergebnis direkt ausgewertet werden kann.

Die herstellerspezifischen Spanformgeometrien **(Bild 1, folgende Seite)** ergeben für bestimmte f-a_p-Kombinationen optimierte Spanformen. Die Herstellerempfehlungen sollten nicht wesentlich unter- bzw. überschritten werden, da der auf der Spanfläche auftretende Span in einem vom Vorschub vorbestimmten Bereich des Spanformers auftritt und dabei die gewünschte Geometrie annimmt.

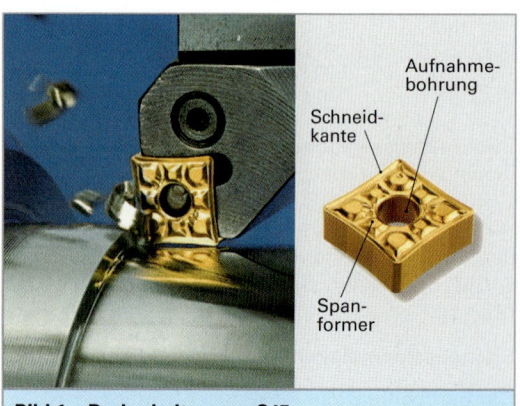

Bild 1: Dreharbeiten von C45

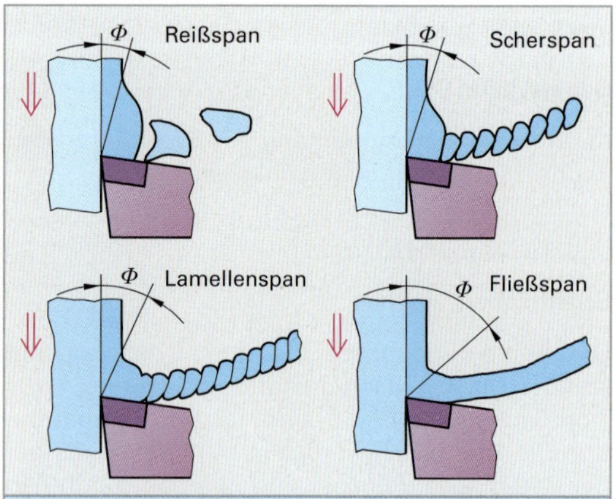

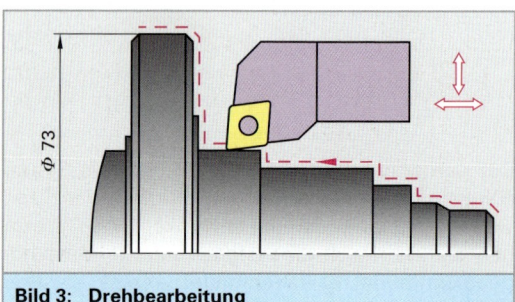

Bild 2: Spanformen

Aufgabe:

Ermittlung von Scherwinkel und Spandickenstauchung bei der Drehbearbeitung **(Bild 3)**.

Werkstoff: C45,
Schneidstoff: HC – P10
v_c = 240 m/min,
a_p = 3 mm, f = 0,2 mm
Spanwinkel γ = 6°,
Einstellwinkel χ = 93°

Lösung:

$h = f \cdot \sin \chi$ = 0,2 mm $\cdot \sin 93° \approx$ 0,2 mm
gemessene Spandicke h_1 = 0,55 mm
Spandickenstauchung $\lambda_h = h_1/h$ = 0,55 mm/0,2 mm

$\underline{\lambda_h = 2,75}$

Scherwinkel $\tan \Phi = \cos \gamma / (\lambda_h - \sin \gamma)$
$\tan \Phi = \cos 6° / (2,75 - \sin 6°) = 0,376$
$\Phi = 20,6°$

Bild 3: Drehbearbeitung

Spanformdiagramm

Zur Auswertung der Zerspanungsversuche werden die Späne in einem Spanformdiagramm nach Vorschub f und Schnitttiefe a_p zugeordnet (**Bild 1**). Dabei werden unter Beibehaltung der anderen Zerspanungskenngrößen wie Schneidstoff, Werkzeuggeometrie, Schnittgeschwindigkeit, Werkstückwerkstoff u. a. die Spanformen klassifiziert und hinsichtlich ihrer technologischen Zweckmäßigkeit in Zerspanungsbereiche zusammengefasst (**Bild 2**).

Eine scheinbar günstige Spanform muss nicht gleichbedeutend sein mit technologischer Effizienz. So verursacht ein kurzbrüchiger Bröckelspan unverhältnismäßig hohe Vibrationen und hat i.d.R. eine verkürzte Werkzeugstandzeit zur Folge. Deshalb ist die Spanform kein ausschließliches Bewertungskriterium für den Zerspanungsvorgang insgesamt.

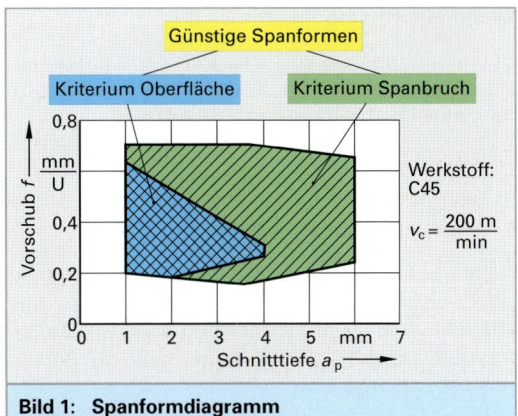

Bild 1: Spanformdiagramm

2.6.1.2 Zerspanungskräfte

Die Zerspanung von metallischen Werkstoffen ist nur mit erheblichen Kräften und Antriebsleistungen möglich. Eine hohe Zerspanungsleistung bei gleichzeitig hoher Prozesssicherheit erfordert von Werkzeugentwickler und Anwender umfangreiches Wissen über Entstehung, Art, Größe, Richtung und Wirkungen von Zerspanungskräften auf die Produktqualität und wirtschaftlichen Einsatz der Werkzeuge. Stabile Schneiden und Werkzeugsysteme, aber auch Werkstück- und Werkzeugaufnahmen bis hin zu statischen und dynamischen Eigenschaften der Werkzeugmaschinen, sind das Ergebnis grundlegender Schnittkraftuntersuchungen.

Schnittkräfte kann man berechnen. Sie sind aber auch mit Schnittkraftaufnehmern unterschiedlicher Bauart messbar. Die beim Zerspanungsprozess auftretenden Kräfte sind überwiegend Druck-, Scher- und Reibkräfte, die in verschiedenen Richtungen auf Werkzeug und Werkstück wirken. Nicht nur die Größe der Kräfte, sondern auch die Richtungsabhängigkeit ist von großer Bedeutung für den Zerspanungsprozess. Vibrationen durch Werkzeugauslenkungen, Standzeit und Verschleißerscheinungen sind ebenso das Ergebnis von Zerspanungskräften, wie die Spanbildung und letztendlich die Produktqualität.

Die größten Belastungskräfte treten entlang der Hauptschneidkante auf und schwächen sich dann entlang der Frei- und Spanfläche ab. Der Spanfläche kommt hierbei eine bedeutende Rolle bei der geometrischen Ausführung von Werkzeugschneiden und Schneidkantenstabilität zu.

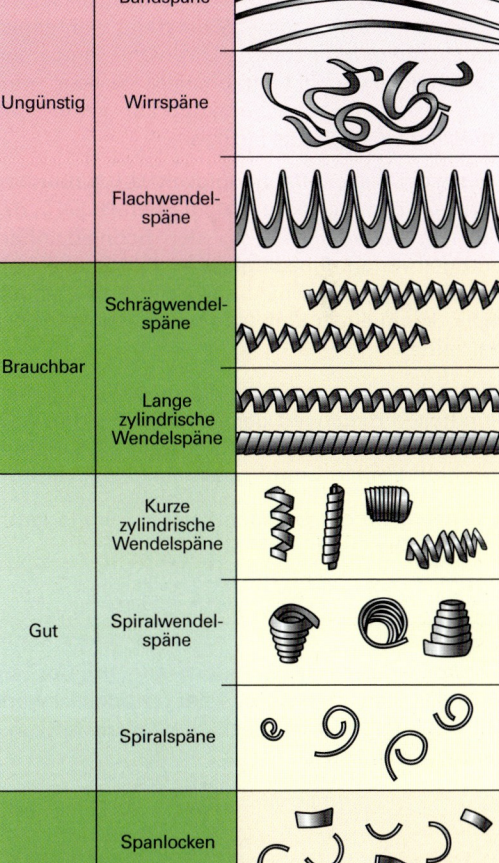

Bild 2: Spanformen (Einteilung nach König)

Zerspankraftkomponenten

Betrachtet man die Werkzeugschneide dreidimensional, so lässt sich die Zerspankraft in 3 Komponenten (**Bild 1**) zerlegen:

F_c = Schnittkraft (Tangentiale Schnittkraft),
F_p = Passivkraft (Radiale Schnittkraft),
F_f = Vorschubkraft (Axiale Schnittkraft).

Nicht unerheblich ist der Betrachtungsstandpunkt, werkzeugbezogen oder werkstückbezogen, und die definierten Koordinatenrichtungen (±x, ±y, ±z) für die Wirkrichtung der Zerspanungskraft und deren Komponenten.

Spezifische Schnittkraft

Jeder Werkstoff setzt dem Vordringen der Werkzeugschneide einen von den Festigkeitseigenschaften abhängigen Widerstand entgegen (Zerspanungswiderstand). Um vom zerspanten Spanungsquerschnitt unabhängig zu sein, wird diese erforderliche Schnittkraft auf 1 mm² des Spanungsquerschnitts bezogen.

Neben der Werkstoffabhängigkeit ist k_c außerdem von der Spanungsdicke h, dem Spanwinkel γ, der Schnittgeschwindigkeit v_c, der Schneidstoffart und der verfahrenbedingten Art der Spanabnahme abhängig. Die Spanungsbreite b bzw. a_p hat auf k_c kaum einen Einfluss (aber a_p ist proportional zu F_c!).

Hierbei bezieht man sich häufig auf den im Versuch ermittelten Hauptwert der spez. Schnittkraft $k_{c1.1}$, dem ein Spanungsquerschnitt (**Bild 2**) $A = b \cdot h$ = 1 mm · 1 mm = 1 mm² zugrunde gelegt wird.

Entsprechend der Geradengleichung im logarithmischen Diagramm (**Bild 3**) ergibt sich:

$$\log k_c = \log k_{c1.1} + (1 - m_c) \cdot \log h$$

Der Anstiegswert der Geraden ist $1 - m_c$. Der Tangens des Steigungswinkels α der Geraden ist werkstoffabhängig und wird deshalb als **Werkstoffkonstante** m_c definiert.

$$\tan \alpha = \Delta_{kc}/\Delta_h = m_c$$

Die Schnittkraft F_c wird nach folgender Gleichung berechnt:

$F_c = A \cdot k_c = b \cdot h \cdot k_c$ F_c in N

$F_c = a_p \cdot f \cdot k_c$ $k_c = k_{c1.1}/h^{mc}$ k_c in N/mm²

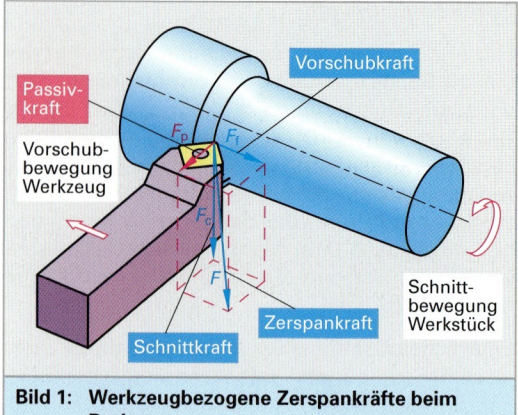

Bild 1: Werkzeugbezogene Zerspankräfte beim Drehen

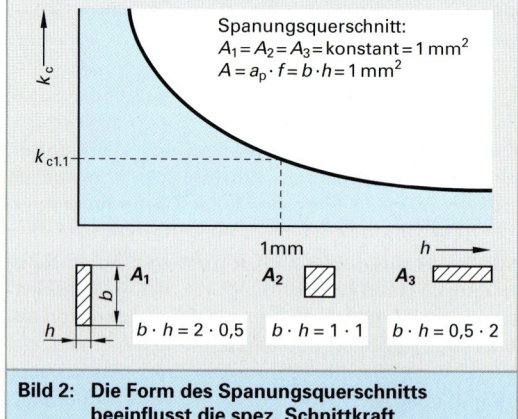

Bild 2: Die Form des Spanungsquerschnitts beeinflusst die spez. Schnittkraft

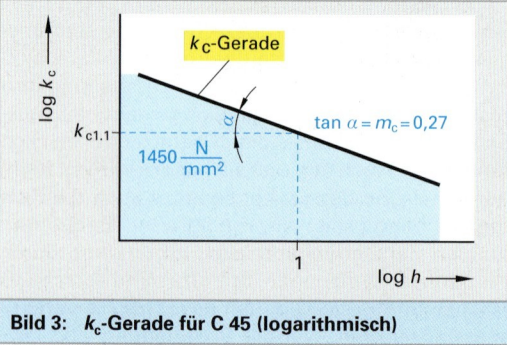

Bild 3: k_c-Gerade für C 45 (logarithmisch)

k_c ist die spezifische Schnittkraft in N/mm².

Die spezifische Schnittkraft gibt an, welche Kraft notwendig ist um 1 mm² Spanquerschnitt abzuscheren.

Es gilt (nach *Otto Kienzle*)[1]

$$F_c = k_{c1.1} \cdot b \cdot h^{(1-mc)}$$

Optimierte k_c-Werte verlangen weitere Korrekturen wie z. B. für Schnittgeschwindigkeit, Bearbeitungsverfahren, Spanwinkel, Schneidstoff und Abstumpfung der Schneidkante.

Je 0,1 mm Zunahme der Verschleißmarkenbreite an der Schneidkante steigt die Schnittkraft um ca. 10 % an, z. B. für VB = 0,3 mm.

$$F_c = k_{c1.1} \cdot b \cdot h^{(1-mc)} \cdot 1{,}3$$

Die Spanungsdicke h bzw. der Vorschub f beeinflussen die spez. Schnittkraft maßgebend.

Bei konstantem Spanungsquerschnitt A führt eine Vergrößerung von f und von h zu einer Verringerung von a_p bzw. b und damit zu einer Verringerung des k_c-Wertes und zu einer reduzierten Schnittkraft F_c und Schnittleistung P_c (**Bild 2, vorhergehende Seite**). Da die Schnitttiefe a_p bzw. die Spanungsbreite b einen geringen Einfluss auf k_c ausübt, ist es zum Erreichen einer hohen Zerspanungsleistung bei geringer Schnittkraft günstiger in mehreren Schnitten bei kleinerer a_p aber mit max. Vorschub f zu arbeiten.

Wenn überschlägige Betrachtungen genügen, kann man mit der Näherungsgleichung arbeiten:

$$k_c = (4 \ldots 5) \cdot R_m$$

R_m = Mindestzugfestigkeit in N/mm²
Faktor 4 für h = 0,2 ... 0,8 mm
Faktor 5 für h = 0,2 mm

Beispiel: Vergütungsstahl C 35

Spanungsdicke h = 0,25 mm
Zugfestigkeit R_m = 520 N/mm²
Spezifische Schnittkraft k_c = 2080 N/mm²

2.6.1.3 Zerspanungsleistung

Die tangentiale Schnittkraft wird hauptsächlich durch die Zerspanbarkeitseigenschaften (Scherfestigkeit, Härte, Zähigkeit) und durch die Umformkräfte in der Scherebene zwischen undeformierter Spanungsdicke h und der Spandicke h_1 des abfließenden Spans, den Reibungskräften an Span- und Freifläche und den Kühlschmierbedingungen an der Schneide bestimmt.

Das auftretende Drehmoment beim Zerspanungsprozess ist von der Größe der Schnittkraft abhängig und damit die erforderliche **Zerspanungsleistung P_c** an der Werkzeugschneide.

[1] *Otto Kienzle* (1893-1969), Professor, TU-Berlin

Entsprechend den physikalischen Grundgesetzen zur Leistungsberechnung ergeben sich für die Zerspanung:

in Schnittrichtung die **Schnittleistung P_c**

$$P_c = F_c \cdot v_c \qquad P_c \text{ in Nm/s = W}$$

in Vorschubrichtung die **Vorschubleistung P_f**

$$P_f = F_f \cdot v_f$$

in Wirkrichtung die **Wirkleistung P_e**

$$P_e = F_c \cdot v_c + F_f \cdot v_f$$

Beim Drehen ist die Vorschubgeschwindigkeit im Vergleich zur Schnittgeschwindigkeit klein.

Entsprechend gering fällt der Anteil der Vorschubleistung an der Wirkleistung aus ($P_f < 3\%$). Deshalb kann man näherungsweise $P_c \approx P_e$ setzen.

Zur Bestimmung der erforderlichen Maschinenleistung P wird mit der Schnittleistung gerechnet.

$$P = P_c/\eta \qquad \begin{array}{l} \eta \quad \text{Maschinenwirkungsgrad} \\ 75\% \leq \eta \leq 90\% \end{array}$$

Aus der Beziehung Arbeit = Leistung · Zeit ergibt sich die Aufteilung nach **Bild 1**.

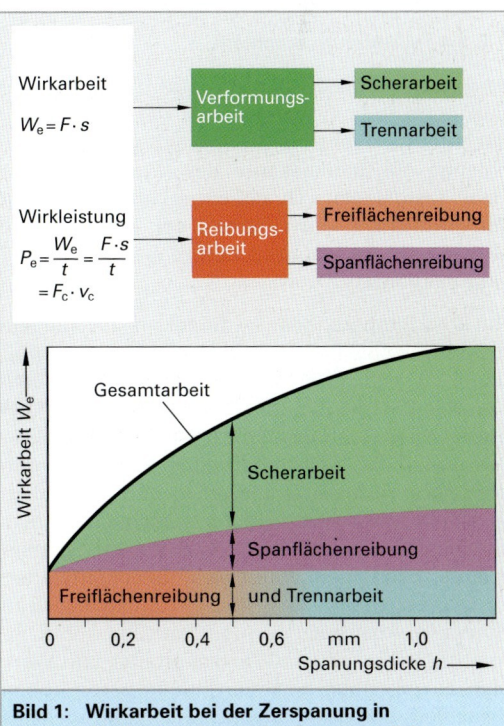

Bild 1: Wirkarbeit bei der Zerspanung in Abhängigkeit von der Spanungsdicke

Aufgabe:

Schnittkraft und Leistungsberechnung bei der Schruppbearbeitung (Bild 1)

Längsdrehen, Schruppbearbeitung mit zwei verschiedenen Spanungsquerschnittsformen

$D = \varnothing\ 60$ mm, $d = \varnothing\ 50$ mm
Werkstoff: C45,   Schneidstoff: HC–P10
$v_c = 240$ m/min,   Spanwinkel $\gamma = 6°$,
Einstellwinkel $\chi = 90°$

Gesucht: Schnittkräfte und Leistungsaufnahme

Lösung:

Schnittkraftberechnung

Spanungsquerschnitt $A_1 = A_2$

$h_1 = f_1 \cdot \sin \chi$
$h_1 = 0{,}4$ mm $\cdot \sin 90° = 0{,}4$ mm
$h_2 = f_2 \cdot \sin \chi$
$h_2 = 0{,}8$ mm $\cdot \sin 90° = 0{,}8$ mm
$k_{c1} = k_{c1.1}/h_1^{mc} = 1450$ N/mm²$/0{,}4^{0{,}27} = 1857$ N/mm²
$k_{c2} = k_{c1.1}/h_2^{mc} = 1450$ N/mm²$/0{,}8^{0{,}27} = 1540$ N/mm²
$F_{c1} = A_1 \cdot k_{c1} = 2$ mm² $\cdot 1857$ N/mm² = **3714 N**
$F_{c2} = A_2 \cdot k_{c2} = 2$ mm² $\cdot 1540$ N/mm² = **3080 N**

Schmale dicke Späne erfordern weniger Schnittkraft als breite dünne Späne!!!

$a_{p1} = 5$ mm, $f_1 = 0{,}4$ mm
$a_{p2} = 2{,}5$ mm, $f_2 = 0{,}8$ mm

Bild 1: Spanungsquerschnitt

Leistungsberechnung

$P_{c1} = F_{c1} \cdot v_c = 3714$ N $\cdot 240$ m/60 s = **14,85 kW**
$P_{c2} = F_{c2} \cdot v_c = 3080$ N $\cdot 240$ m/60 s = **12,32 kW**

Maschinenwirkungsgrad: 80 %.
Aufgenommene Maschinenleistung:

$P_1 = P_c/\eta$
$P_1 = P_{c1}/\eta = 14{,}85$ kW$/0{,}8 = 18{,}56$ kW
$P_2 = P_{c2}/\eta = 12{,}32$ kW$/0{,}8 = 15{,}40$ kW

Leistungsdifferenz: $\Delta P = 3$ kW!!!

2.6.1.4 Werkzeugverschleiß

An jedem Schneidwerkzeug wird durch den Zerspanungsvorgang ein gewisser Verschleiß verursacht. Dieser Verschleiß kann akzeptiert werden, solange die Schneidkante das Werkstück innerhalb festgelegter Qualitätsmerkmale zerspant. Die produktive Verfügbarkeit der Schneidkante wird durch die Standzeit bzw. ein Standzeitkriterium begrenzt.

Bei Schlichtoperationen bedeutet meist schon ein kleiner Verschleiß der Schneidkante das Standzeitende, da sich gute Oberflächengüten mit einer Verschleißmarkenbreite VB > 0,2 mm und einer abgenutzten Schneidenspitze nicht mehr realisieren lassen. Bei Schrupparbeiten kann aufgrund geringerer Anforderungen an Rz und Maßgenauigkeit ein wesentlich größerer Verschleiß zugelassen werden. Die optimierte Auswahl von Schneidstoffen, Schneidengeometrie und Schnittwerten sind maßgebend für hohe Produktivität und Standzeit. Aber auch geringe statische und dynamische Steifigkeit von Werkzeughalter und Werkstückaufspannung bewirken häufig einen hohen Verschleiß der Schneidkante und damit nicht zufriedenstellende Bearbeitungswirtschaftlichkeit.

Wiederholung und Vertiefung

1. In welche Hauptgruppen werden die spanabhebenden Verfahren unterteilt?

2. Zählen Sie die wichtigsten Entwicklungen auf dem Gebiet der Zerspanungstechnik der letzten Jahre auf.

3. Wie erfolgt die Spanbildung? Beschreiben Sie den Vorgang in Einzelheiten.

4. Wie hängen Spanwinkel und Scherwinkel zusammen?

5. Skizzieren Sie die Spanentstehung und tragen Sie in diese Skizze die Spanungsdicke, den Scherwinkel, die Scherebene und die Spandicke ein.

6. Erklären Sie das Entstehen einer Aufbauschneide.

7. Nennen Sie die unterschiedlichen Spanformen.

8. Welchen Nachteil kann auch ein sonst günstig beurteilter kurzbrüchiger Bröckelspan trotzdem haben?

9. Wie ist die spez. Schnittkraft $k_{c1.1}$ definiert?

2.6 Zerspanungstechnik

Werkzeugverschleiß ist ein unvermeidlicher Vorgang. Solange sich der Verschleiß bei gleichzeitig hoher Zerspanungsleistung über einen längeren Zeitraum hinweg aufbaut, ist dies nicht unbedingt als negativer Prozess anzusehen **(Bild 1)**.

Verschleiß wird erst dann zum Problem, wenn er übermäßig und unkontrollierbar auftritt und damit die Produktivität und Prozesssicherheit nachhaltig stört. Werkzeugverschleiß entsteht durch mehrere, gleichzeitig wirkende Belastungsfaktoren, die die Schneidengeometrie so verändern, dass der Zerspanungsvorgang nicht mehr optimal verläuft und das Arbeitsergebnis verschlechtert wird.

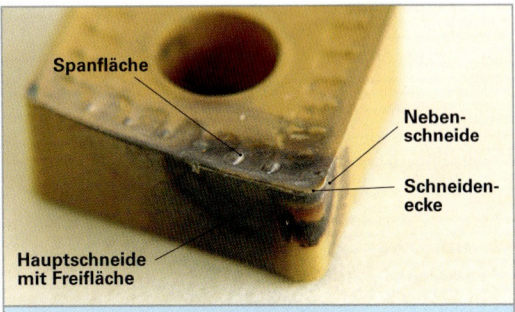

Bild 1: Verschleißgefährdete Bereiche

> Verschleiß ist das Ergebnis des Zusammenwirkens von Werkzeugeigenschaften bzw. von Schneidstoffeigenschaften und von Werkstückwerkstoff und Bearbeitungsbedingungen.

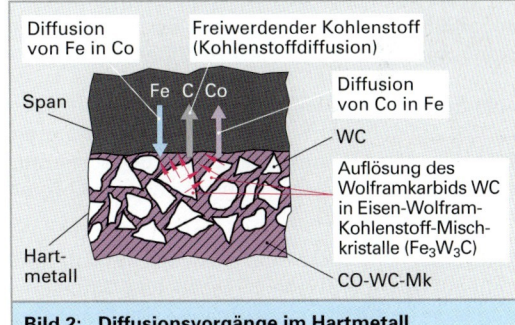

Bild 2: Diffusionsvorgänge im Hartmetall

---

[1] Abrasion: Materialabtrag durch Reibung
[2] Diffusion: Vermischung aneinandergrenzender Stoffe
[3] Oxidation: Chemische Reaktion mit Sauerstoff
[4] Adhäsion: Aneinanderhaften durch Molekularkräfte

Verschleißmechanismen:

Abrasion[1]

Die Abrasion ist die am häufigsten auftretende mechanische Verschleißform. Sie erzeugt durch abrasive Hartstoffpartikel im Werkstückwerkstoff eine ebene Fläche an der Freifläche der Schneide (Freiflächenverschleiß). Hohe Schneidstoffhärte bzw. Hartstoffbeschichtung verringern den Abrasivverschleiß.

Diffusion[2]

Die Diffusion entsteht durch chemische Affinität zwischen Schneidstoff- und Werkstoffbestandteilen. Der Diffusionsverschleiß ist von der Schneidstoffhärte unabhängig. Die Bildung des Kolks auf der Spanfläche ist überwiegend das Ergebnis der temperaturabhängigen Affinität von Kohlenstoff zu Metall bzw. Metallkarbiden **(Bild 2)**.

Oxidation[3]

Die Oxidation entsteht bei hohen Temperaturen auf metallischen Oberflächen zusammen mit Luftsauerstoff. Besonders anfällig für Oxidation ist das Wolframkarbid und Kobalt in der Hartmetallmatrix, da die poröse Oxidschicht vom ablaufenden Span leicht abgetragen werden kann. Oxidkeramische Schneidstoffe sind weniger anfällig, da Aluminiumoxid sehr hart ist.

Die Oxidschicht bildet sich bevorzugt an den Stellen der Schneidkante, an denen hohe Temperaturen auftreten und der Luftsauerstoff freien Zugang hat (Kerbverschleiß).

Bruch

Der Bruch einer Schneidkante ist häufig auf thermische und mechanische Belastungen zurückzuführen. Harte, verschleißfeste Schneidstoffe reagieren auf schlagartige Beanspruchung oder starke Temperaturschwankungen z. B. nicht gleichmäßige Kühlschmiermittelzufuhr mit Riss- und Bruchbildung. Zähere Schneidstoffe verformen sich unter großen Belastungen plastisch, dies führt zu Erhöhung der Schnittkräfte und letztendlich zum Bruch.

Adhäsion[4]

Die Adhäsion tritt meist bei geringeren Schnittwerten zwischen Schneidstoff und Werkstückwerkstoff auf. Am deutlichsten wird Adhäsion durch die Aufbauschneidenbildung auf der Spanfläche sichtbar. Zwischen Span, Schneidkante und Spanfläche verschweißen Werkstoffpartikel durch Schittdruck und hohe Bearbeitungstemperatur schichtweise aufeinander. Die aufgeschweißten Schichten führen zu einer Veränderung der Schneidengeometrie und zu einer Verschlechterung der Zerspanungsbedingungen.

Verschleißformen

Man unterscheidet, abhängig vom Erscheinungsbild und den Ursachen, unterschiedliche Verschleißformen (**Bild 1**).

Freiflächenverschleiß. Dieser Verschleiß an der Freifläche der Schneidkante hat überwiegend *abrasive Ursachen*. Der Freiflächenverschleiß ist zur Bewertung des Verschleißzustandes der Werkzeugschneide und damit für Standzeitbewertungen gut geeignet, da er gleichmäßig zunimmt und leicht meßbar ist → **Verschleißmarkenbreite VB (Bild 3)**. Der Freiflächenverschleiß wird von der ursprünglichen Schneidkante aus gemessen. Bei ungleichmäßigem Auftreten über die Schnittbreite ist ggf. der Mittelwert zu bilden.

Spanflächenverschleiß. Wie der Freiflächenverschleiß entsteht der Spanflächenverschleiß durch Abrasion. Mit zunehmender Schneidenbelastung geht der Spanflächenverschleiß in den Kolkverschleiß über (**Bild 2**).

Kolkverschleiß. Der Kolkverschleiß (**Bild 3**) entsteht auf der Spanfläche. Ursache sind Diffusionsvorgänge und Abrasionsvorgänge. Der intensive Kontakt des ablaufenden Spanes und der Spanfläche erzeugt durch Reibung sehr hohe Temperaturen, die Diffusionsvorgänge zwischen Schneidstoff und zu zerspanendem Werkstoff auslösen. Geringe Affinität der Werkstoffe, hohe Warmhärte und Verschleißbeständigkeit verringern diese Verschleißform. Tritt sie dennoch auf, verändert sich der Spanablauf bzw. die Spanbildung und die Richtung der Zerspankraft.

Plastische Deformation. Eine plastische Deformation tritt meist bei zu hoher thermischer und mechanischer Schneidkantenbelastung auf. Ursache sind hohe Festigkeitswerte des zu bearbeitenden Werkstoffs und hohe Schnitt- und Vorschubwerte. Wenn plastische Deformation auftritt, verschlechtern sich die Zerspanungsbedingungen rapide.

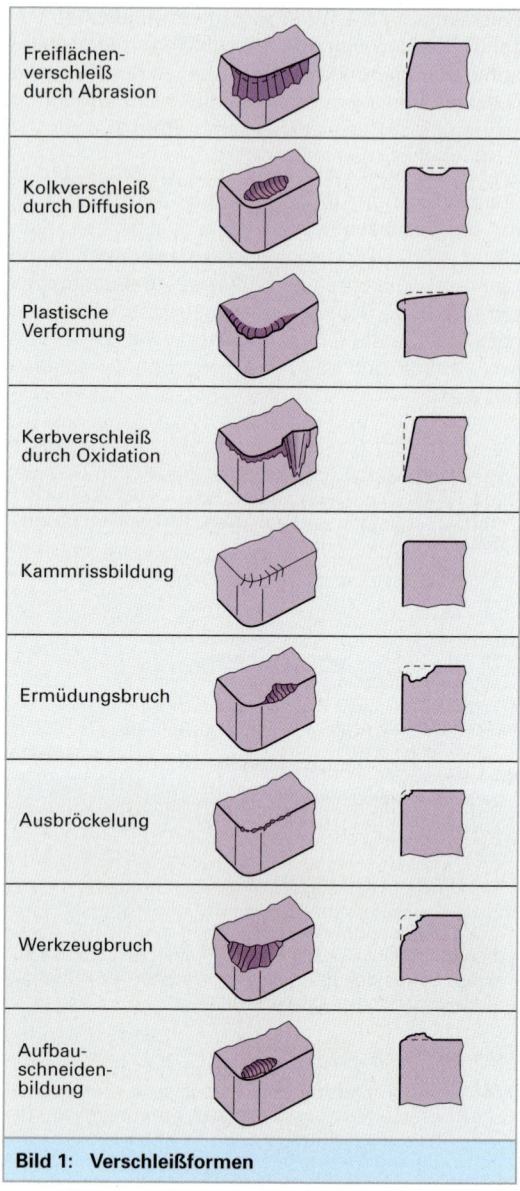

Bild 1: Verschleißformen

Bild 2: Verschleiß an Freifläche und Spanfläche

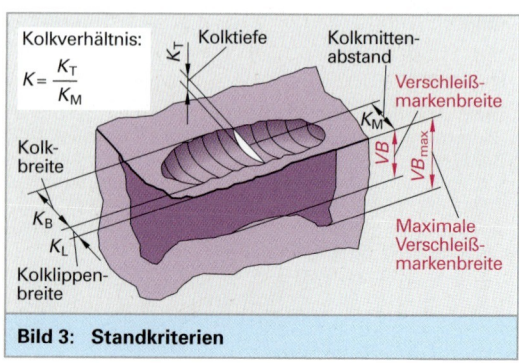

Bild 3: Standkriterien

2.6 Zerspanungstechnik

Schneidstoffe mit hoher Warmhärte, Schneidkantenverrundung und Fasen und eine stabile Schneidkantengeometrie verhindern diese Verschleißform.

Aufbauschneidenbildung. Es kommt zu einer Pressschweißung von Spanpartikeln auf der Spanfläche des Schneidkeils. Bei entsprechender Größe der Aufbauschneide brechen partiell Teile der Aufbauschneide aus und beschädigen die Oberfläche der Spanfläche. Dieser Effekt tritt i. A. in einem für den Schneidstoff niederen v_c-Bereich auf.

Mit zunehmenden Schnittwerten (v_c, f) lässt sich die Aufbauschneide häufig vermeiden. Nichtrostende Stähle, einige Aluminiumlegierungen neigen hartnäckig zu dieser Verschleißform. Hier erreicht man mit beschichteten Schneidstoffen, positiver Geometrie, Erhöhung der Schnittwerte und Kühlschmiermittel meist eine Verbesserung.

Rissbildung und Bruch. Diese sehr unangenehmen Erscheinungen sind die Folge hoher thermischer und mechanischer Belastungen der Schneidkante. Großer Verschleißfortschritt oder ungünstige Zerspanungsbedingungen sind häufig für diese Verschleißform verantwortlich.

2.6.1.5 Standzeit

Definition

Die Standzeit T eines Werkzeugs bzw. einer Werkzeugschneide wird heute meist unabhängig vom Fertigungsverfahren über ein gefordertes Qualitätskriterium am Werkstück definiert. Werkstückbezogene Merkmale wie Oberflächenqualität und Maßhaltigkeit bestimmen die Einsatzdauer der Werkzeugschneide. Die Konsequenz dieser Betrachtungsweise ist, dass dem Verschleißzustand der Schneidkante eine zweitrangige Bedeutung zukommt.

Die Standzeit lässt sich auch über maschinenbezogene Kennwerte, wie z. B. die Leistungsaufnahme während der Zerspanung festlegen. Da mit zunehmender Abstumpfung der Schneide die erforderliche Zerspanungsleistung ansteigt, lässt sich im laufenden Fertigungsprozess die Standzeit über einen max. Grenzwert der aufgenommenen Maschinenleistung P_e kontinuierlich überwachen und ggf. kann ein erforderlicher Werkzeugwechsel automatisch durchgeführt werden.

Es wird häufig mit dem Standweg L_f und der Standmenge N gearbeitet.

Standmenge

Die Standmenge N ist die Anzahl der Werkstücke, die innerhalb der Standzeit bearbeitet werden können.

$$N = T/t_h$$

N Standmenge
T Standzeit
t_h Hauptnutzungszeit in min

Verschleißmarkenbreite

Zur Verschleiß- und Standzeitermittlung werden Zerspanungsversuche durchgeführt. Die maßgebliche Abhängigkeit der Standzeit von der Schnittgeschwindigkeit ist hier in besonderem Maße geeignet. Bei konstanten Zerspanungsbedingungen (Werkzeug, Schneidstoff, Maschine, Vorschub und Schnitttiefe), wird v_c variiert und als Bewertungskriterium für den Verschleiß die Verschleißmarkenbreite VB an der Freifläche gemessen. Das Ergebnis der Versuchsreihe wird in einem v_c-T-Diagramm mit Parameter VB dargestellt (**Bild 1**).

Die Ermittlung von VB ist einfach durchzuführen, da der Übergang von der Verschleißfläche zur Freifläche in etwa parallel zur Hauptschneide verläuft. Gemessen wird von der ursprünglichen Hauptschneide aus. Geringe Unregelmäßigkeiten werden ausgeglichen.

Standweg

Der Standweg L_f ist der gesamte Vorschubweg, den eine Schneide oder bei mehrschneidigen Werkzeugen alle Schneiden zusammen innerhalb der Standzeit T zurücklegen.

$$L_f = T \cdot v_f = T \cdot n \cdot f_z \cdot z$$

L_f = Standweg,
v_f = Vorschubgeschwindigkeit in mm/min,
n = Drehzahl in 1/min,
f_z = Vorschub/Zahn in mm,
z = Zähnezahl

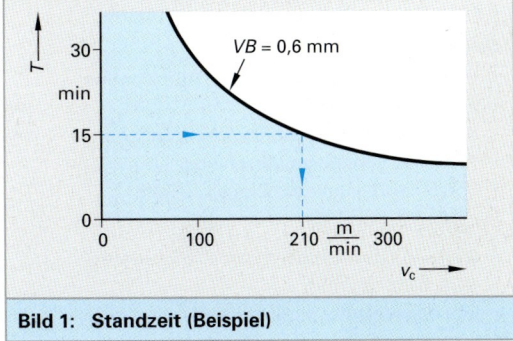

Bild 1: Standzeit (Beispiel)

Aufgabe:

Ermitteln Sie die Standmenge N für ein Drehteil (Bild 1).

Werkstoff: C45, Schneidstoff: HC-P15
Schnittwerte: a_p = 2,5 mm, f = 0,3 mm, v_c = 210 m/min^{-1}
Standzeit: T_1 = 15 min, VB = 0,6 mm

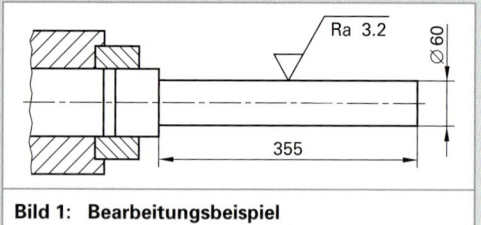

Bild 1: Bearbeitungsbeispiel

Lösung:

$n = v_c/D \cdot \pi$ = 210 m/min/0,06 m $\cdot \pi$ = <u>1115 min^{-1}</u>

$v_f = n \cdot f$ = 1115 1/min $\cdot$ 0,3 mm = <u>334,5 mm/min</u>

1. Möglichkeit mit Standweg L_f:

$L_f = T \cdot v_f$ = 15 min $\cdot$ 334,5 mm/min = 5017,5 mm

$N = L_f/l$ = 5017,5 mm/355 mm = <u>14 Werkstücke</u>

2. Möglichkeit mit Hauptnutzungszeit t_h:

$t_h = L \cdot i/n \cdot f$ = 355 min $\cdot$ 1/334,5 mm/min = 1,06 min

$N = T/t_h$ = 15 min/1,06 min = <u>14 Werkstücke</u>

Einflüsse auf die Standzeit

Die Standzeit unterliegt einer Vielzahl von Einflüssen, die sich meist nicht einzeln auswirken, sondern häufig miteinander in einem direkten oder indirektem Zusammenhang stehen. Die direkte Zuordnung der Einzelparameter zur gemessenen Standzeitveränderung ist nur möglich, wenn entsprechende Untersuchungen gezielt vorbereitet und statistisch ausgewertet werden.

Die Schnitttiefe a_p und der Vorschub f beeinflussen die Standzeit direkt und im Versuch gut nachweisbar. Im logarithmischen Diagramm lassen sich die jeweiligen Standzeitgeraden darstellen (**Bild 2**).

Mit zunehmender Schnitttiefe a_p und zunehmendem Vorschub f verringert sich die Standzeit T. Steigert man die Schnittgeschwindigkeit v_c bei gleicher Schnitttiefe und gleichem Vorschub, nimmt die Standzeit ebenfalls ab.

Ordnet man die verschiedenen Einflüsse, so ergibt sich folgender Überblick:

Werkzeug
- Art des Schneidstoffs
- Schneidstoffbeschichtung
- Werkzeugwinkel
- Eckenradius, Schneidkantenverrundung, Fase
- Stabilität Werkzeug, Ausspannlänge
- Spanabfuhr

Maschine
- dynamisches Schwingungsverhalten
- Stabilität, Werkzeug-, bzw. Werkstückaufnahme

Werkstück
- Zerspanbarkeitseigenschaften
- Legierungsbestandteile, Gefügeaufbau
- Stabilität, Form und Werkstückgeometrie

Schnittbedingungen
- Kühlschmierstoff, Art, Menge, Aufbringung
- Trockenbearbeitung
- Schnittgeschwindigkeit, Vorschub, Schnitttiefe
- Form des Spanungsquerschnitts
- Vorschubweg, unterbrochener Schnitt

Prozessbedingungen
- Bearbeitungsverfahren, Bearbeitungsstrategie
- Verschleißkriterium
- Oberflächengüte, Maßhaltigkeit

Die Schnittkraft steht in keinem direkten Zusammenhang zur Standzeit!

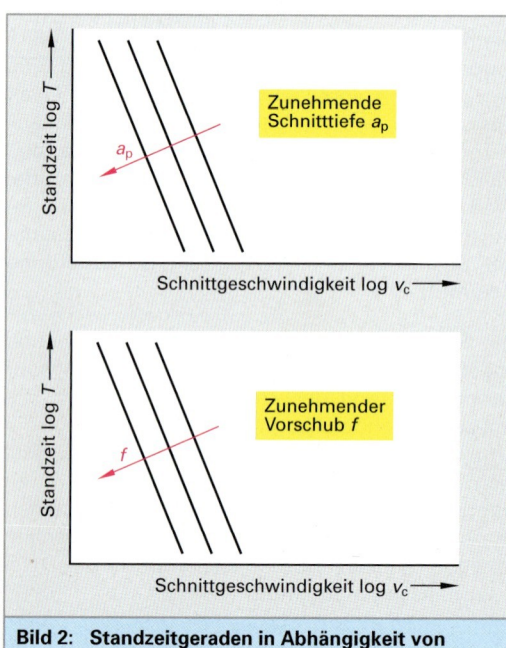

Bild 2: Standzeitgeraden in Abhängigkeit von Schnitttiefe und Vorschub

Die Zerspanungswärme

Die bei der Zerspanung notwendige mechanische Energie wird nahezu ganz in Wärmeenergie umgewandelt. Die sich einstellende Temperaturverteilung an der Schneide ergibt sich als Gleichgewichtszustand zwischen der bei der Zerspanung entstehenden und abgeführten Wärmemenge **(Bild 1)**. Sie beeinflusst das Verschleißverhalten der Schneidkante nachhaltig, wie ebenso der Verschleißzustand des Schneidkeils die Zerspanungstemperatur beeinflusst. Die Gesamtwärmemenge wird überwiegend von den Spänen abgeführt. Der Rest wird etwa zu gleichen Teilen vom Werkstück und Werkzeug aufgenommen.

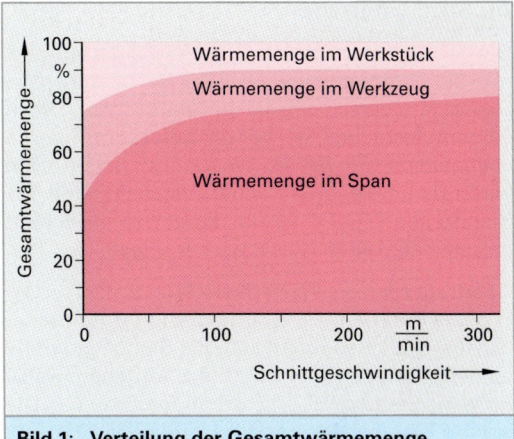

Bild 1: Verteilung der Gesamtwärmemenge

Durch Scherung des Werkstoffs, Umformung des Gefüges und Reibarbeit an Frei- und Spanfläche wird die aufgewendete Energie in Wärme umgesetzt. Die entstehende Wärmemenge hängt von dem zu bearbeitenden Werkstoff und der Schnittgeschwindigkeit ab. Idealerweise nimmt der abfließende Span ca. 80 % der Zerspanungswärme mit. Die hohen Spantemperaturen sind durch Anlassfarben auf den Spänen erkennbar. Die höchsten Temperaturen entstehen aber nicht an der Schneidkante, sondern direkt dahinter auf der Spanfläche **(Bild 2)**.

An dieser Stelle ist es notwendig durch wärmebeständige Hartstoffschichten den Kolkverschleiß zu minimieren. Damit vom Schneidstoff selbst so wenig Wärmeenergie wie möglich aufgenommen wird, bringt man wärmeisolierende Schichten (z. B. Al_2O_3) mit geringer Wärmeleitfähigkeit zwischen Hartstoffschicht und Grundsubstrat. Der abfließende Span behält seine hohe Temperatur und führt den größten Teil der Wärme ab.

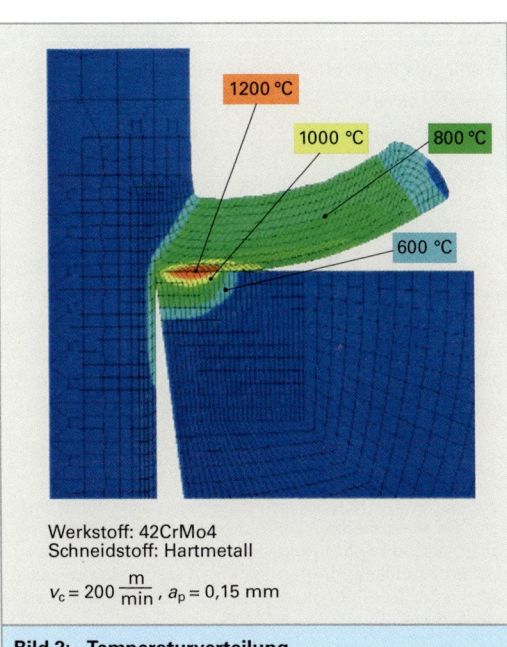

Werkstoff: 42CrMo4
Schneidstoff: Hartmetall

$v_c = 200 \frac{m}{min}$, $a_p = 0{,}15$ mm

Bild 2: Temperaturverteilung

Durch richtig ausgebildete Spanflächengeometrien wird die Kontaktlänge des Spans auf der Spanfläche auf wenige Berührungsstellen reduziert.

Wiederholung und Vertiefung

1. Wodurch entsteht Verschleiß? Nennen Sie die wichtigsten Verschleißmechanismen.
2. Welches sind die Verschleißformen?
3. Durch welche Merkmale wird die Standzeit eines Werkzeugs definiert?
4. Erklären Sie die Verschleißmarkenbreite an Hand einer Skizze.
5. Welchen Bezug hat die Schnittkraft grundsätzlich auf die Standzeit?
6. Wie ist der Standweg definiert?
7. Nennen Sie die Einflüsse auf die Standzeit gegliedert nach Werkzeugeinflüssen, Maschineneinflüssen, Werkstückeinflüssen und Schnittbedingungen und Prozessbedingungen.
8. Skizzieren Sie die logarithmische Abhängigkeit der Standzeit von der Schnittgeschwindigkeit mit dem Parameter Schnitttiefe und mit dem Parameter Vorschub.
9. Wie erfolgt die Wärmeabfuhr der stets entstehenden Zerspanungswärme?

Die Standzeitgerade

Da der Verschleißzustand der Schneidkante direkt die Fertigungsqualität beeinflusst, wird eine zulässige Verschleißmarkenbreite VB_{zul} (z. B. 0,6 mm) festgelegt, bei der die geforderte Oberflächenqualität (Ra, Rz) am Werkstück noch erreicht wird. Damit liegen in einer Versuchsreihe die Standzeiten (T_1, T_2, T_3) für die einzelnen Schnittgeschwindigkeiten (v_{c1}, $< v_{c2} < v_{c3}$) fest.

Überträgt man die Wertepaare ($T_1 - v_{c1}$), ($T_2 - v_{c2}$), ($T_3 - v_{c3}$) in ein T-v_c-Diagramm mit logarithmischer Achsenteilung, so ergibt sich die Standzeitgerade für VB_{zul}. Wiederholt man diese Vorgehensweise für verschiedene VB_{zul}, so erhält man ein T-v_c-Diagramm für einen großen Einsatzbereich.

Richtwerte für Verschleißmarkenbreite

In Herstellerinformationen werden Schnittgeschwindigkeiten meist für eine Standzeit von $T = 15$ min angegeben. Hierbei wird eine mittlere $VB = 0,6$ mm zugelassen. Sonst gilt:

- Feinbearbeitung $VB < 0,2$ mm,
- Schlichtbearbeitung $VB = 0,2...0,5$ mm,
- Schruppbearbeitung $VB = 0,5...1,0$ mm.

Der große Steigungswert des Schneidstoffs HSS bietet nur einen sehr kleinen Einstellbereich der Schnittgeschwindigkeit. D. h., bereits geringe Änderungen der v_c beeinflussen die Standzeit erheblich. Keramische Schneidstoffe bieten dem Anwender größeren Spielraum für Optimierungen.

Berechnung der Standzeit

Ausgehend von Tabellenwerten lässt sich die Standzeit für verschiedene Schnittgeschwindigkeiten auch rechnerisch bestimmen. Der Steigungswinkel α bzw. α' der Standzeitgeraden im log-T-v_c-Diagramm lässt sich mit Hilfe eines geometrischen Steigungsdreiecks berechnen.

$$\tan \alpha' = \frac{\log T_1 - \log T_3}{\log v_{c3} - \log v_{c1}} = -k \quad \text{(Steigungswert)}$$

$\alpha = 180° - \alpha' \Rightarrow \tan \alpha = \tan(180° - \alpha')$
für $\tan 180° = 0$ gilt:
$\tan(180° - \alpha') = -\tan \alpha' = k$

Nach *Taylor*[1] gilt:

$$T/T_1 = (v_{c1}/v_c)^{-k}$$

Steigungswert
$\tan \alpha' = -k$ $T = T_1 \cdot v_{c1}^{-k} \cdot v_c^{k}$

---

[1] *Winslow Taylor*, amerikanischer Ingenieur (1856–1915)

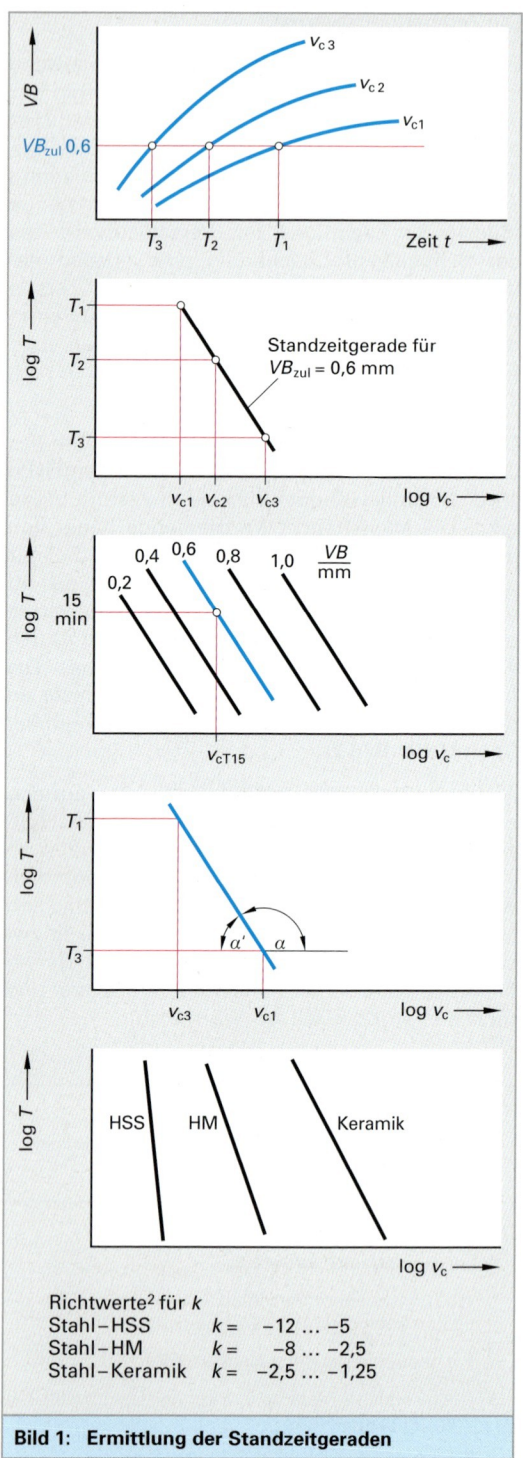

Bild 1: Ermittlung der Standzeitgeraden

Richtwerte[2] für k
Stahl–HSS $k = \quad -12 ... -5$
Stahl–HM $k = \quad -8 ... -2,5$
Stahl–Keramik $k = \quad -2,5 ... -1,25$

[2] Der Steigungswert k der Standzeitgeraden ist abhängig vom Wirkpaar Werkstoff/Schneidstoff. Aufgrund seiner Lage im Diagramm ist k negativ.

Aufgabe zur Standzeitberechnung

Zur Ermittlung der Standzeit wird ein Zerspanungsversuch ausgewertet.

Zerspanungsversuch Längsdrehen:

Schnittiefe a_p = 4 mm, Fertigdurchmesser d = 61 mm
Schneidstoff: HC–P25, χ = 90°, Werkstoff: 16MnCr5
Schmittwerte: Schnittgeschwindigkeiten:

v_{c1} = 180 m/min, v_{c2} = 240 m/min,
v_{c3} = 300 m/min,
Vorschub: $f_1 = f_2 = f_3$ = 0,3 mm

Standzeitkriterium VB = 0,4 mm, Verschleißmarkenbreite

Versuchsergebnisse:

mit v_{c1} = 180 m/min, N_1 = 20 Werkstücke,
Hauptzeit t_{h1} = 4,30 min
mit v_{c2} = 240 m/min, N_2 = 10 Werkstücke
mit v_{c3} = 300 m/min, N_3 = 6 Werkstücke

Bild 1: Längsdrehen von 16MnCr5

Gesucht:

1. Standzeitgerade in log T-v_c-Diagramm
2. Steigungswert der Standzeitgeraden
3. Wieviele Werkstücke N_4 können mit v_{c4} = 350 m/min gefertigt werden?

Lösung:

1. Berechnung der Standzeiten T_1, T_2, T_3 für v_{c1}, v_{c2} und v_{c3}

für v_{c1} = 180 m/min:
$T_1 = t_{h1} \cdot N_1$ = 4,30 min · 20 Werkst. = **86 min**

für v_{c2} = 240 m/min:
$T_2 = t_{h2} \cdot N_2$ = 3,22 min · 10 Werkst. = **32,2 min**
$t_{h1} \cdot v_{c1} = t_{h2} \cdot v_{c2} \Rightarrow t_{h2} = t_{h1} \cdot (v_{c1}/v_{c2})$
   = 4,3 min · (180/240) m/min
t_{h2} = 3,22 min

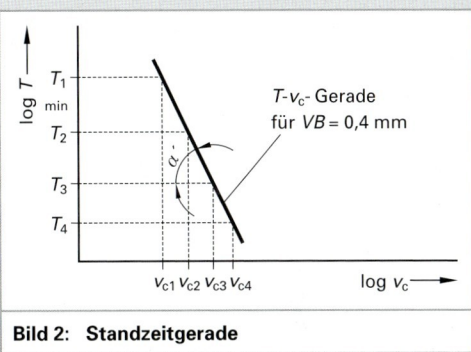

Bild 2: Standzeitgerade

für v_{c3} = 300 m/min:
$T_3 = t_{h3} \cdot N_3$ = 2,58 min · 6 Werkst. = **15,48 min**
$t_{h1} \cdot v_{c1} = t_{h3} \cdot v_{c3} \Rightarrow t_{h3} = t_{h1} \cdot (v_{c1}/v_{c3})$
   = 4,3 min · (180/300) m/min
t_{h3} = 2,58 min

aus den 3 Wertpaaren (v_{c1}, T_1), (v_{c2}, T_2), (v_{c3}, T_3) kann die T-v_c Gerade gezeichnet werden.

2. Berechnung des Steigungswertes k

$$\tan \alpha' = \frac{\log T_1 - \log T_3}{\log v_{c3} - \log v_{c1}} = -k$$

$\tan \alpha' = \dfrac{\log 86 - \log 15{,}48}{\log 300 - \log 180} = 3{,}35$

α' = 73,41°

$k = \tan \varphi' = -3{,}35$

3. Berechnung N_4 für v_{c4} = 350 m/min

Nach *Taylor* gilt:

$$T_4 = T_1 \cdot v_{c1}^{-k} \cdot v_{c4}^{k}$$

$T_4 = 86 \cdot 180^{3,35} \cdot 350^{-3,35}$ = 9,27 min

$N_4 = T_4/t_{h4}$ = 9,27 min/2,2 min = 4,2

N_4 = 4 Werkstücke

$t_{h1} \cdot v_{c1} = t_{h4} \cdot v_{c4} \Rightarrow t_{h4} = t_{h1} (v_{c1}/v_{c4})$
   = 4,3 min · (180/350) = 2,2 min

2.6.2 Schneidstoffe

2.6.2.1 Übersicht

Die zunehmende Entwicklung metallischer und nichtmetallischer Werkstoffe mit unterschiedlichen Eigenschaftsprofilen, die hohe Produktivität moderner Werkzeugmaschinen und neue Bearbeitungsstrategien wie Trockenbearbeitung, Hochgeschwindigkeits- und Hartzerspanung führen zwangsläufig zur Entwicklung und Modifizierung von Schneidstoffen, die ein großes Rationalisierungspotenzial eröffnen.

Die wichtigsten Schneidstoffe sind: Schnellarbeitsstähle, Hartmetalle, Schneidkeramiken und hochharte Schneidstoffe (**Bild 1 und Bild 2**).

Schnellarbeitsstähle werden wegen ihrer geringen Warmhärte überwiegend bei Bearbeitungsverfahren mit niedriger bis mittlerer Schnittgeschwindigkeit eingesetzt. Wegen der großen Zähigkeit und Biegefestigkeit kann dieser Schneidstoff mit großen Vorschüben bei schwierigen Bearbeitungsbedingungen zur Zerspanung von Stahlwerkstoffen mittlerer Härte, Nichteisenmetallen und Kunststoffen auch mit scharfgeschliffener Schneidkante eingesetzt werden.

Hartmetalle meist mit **Hartstoffbeschichtung**, sind in der Anwendungshäufigkeit in der Zerspanungstechnik zusammen mit den **HS-Werkzeugen** am meisten verbreitet (> 80 %). Hartmetalle erfüllen aufgrund ihrer Sortenvielfalt und Eigenschaften für viele Bearbeitungsaufgaben die Forderung nach hoher Produktivität, Prozesssicherheit und Standfestigkeit bei aktzeptablen Schneidstoffkosten. Mehrbereichssorten sind für ganze Werkstoffgruppen und Bearbeitungsverfahren gleichermaßen geeignet und machen Hartmetalle damit zu einem nahezu universell einsetzbaren Schneidstoff.

Hartmetalle auf der Basis von Titannitrid (TiN) und Titankarbid (TiC) werden als **Cermet** bezeichnet. Ihr Eigenschaftsprofil liegt zwischen dem von Hartmetallen und keramischen Schneidstoffen.

Schneidkeramiken und hochharte Schneidstoffe wie **Bornitrid** und **Diamant** erreichen bei vielen Zerspanungsprozessen sehr hohe Standzeiten und Produktivität. Sie erreichen auch höchste Qualitätsanforderungen am bearbeiteten Werkstück. Insgesamt betrachtet ist ihre Verwendung aber auf spezielle Bearbeitungsaufgaben und Werkstückwerkstoffe beschränkt, da diese Schneidstoffe aufgrund ihrer extremen Eigenschaften und Kosten nur in einem optimierten Anwendungsbereich vorteilhaft eingesetzt werden können.

Beanspruchung von Schneidstoffen

Beim Zerspanen von metallischen und nichtmetallischen Werkstoffen müssen Schneidstoffe verschiedenartigen Belastungen standhalten. Je nach Werkstoff und Fertigungsverfahren führt dies zu unterschiedlichen Anforderungs- und Eigenschaftsprofilen des Schneidstoffs.

> Idealerweise sollte ein Schneidstoff folgende Eigenschaften besitzen:
> - hohe Härte und Druckfestigkeit,
> - hohe Zähigkeit und Biegefestigkeit,
> - hohe Temperaturbeständigkeit,
> - hohe Kantenstabilität,
> - hohe Oxidationsbeständigkeit,
> - hohe Temperaturwechselbeständigkeit,
> - geringe Diffusionsneigung,
> - geringe Wärmeleitfähigkeit.

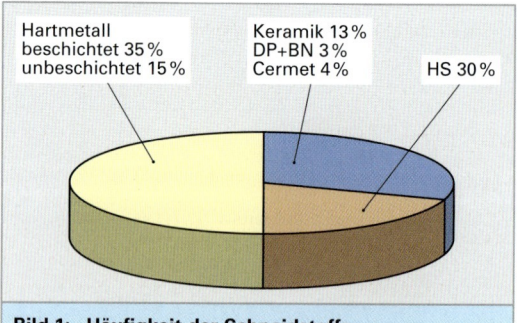

Bild 1: Häufigkeit der Schneidstoffe

Bild 2: Schneidstoffe und Schneidstoffbezeichnungen

2.6.2.2 Schneidstoffeigenschaften

Kein Schneidstoff erfüllt alle diese Bedingungen auf optimale Weise. Dem harten und verschleißfesten Schneidenwerkstoff muss eine ausreichende Zähigkeit mitgegeben werden. Er wird sonst spröde und reagiert bei geringster Beanspruchung mit Schneidkantenausbrüchen oder Bruch. Die wichtigste Eigenschaft eines Schneidstoffs ist die Fähigkeit, Verschleiß zu widerstehen (**Verschleißwiderstand**), bei Belastung eine geringe elastische Verformung zuzulassen ohne zu brechen (**Zähigkeit**) und bei hohen Zerspanungstemperaturen die Härte und chemische Beständigkeit aufrecht zu erhalten (**Warmhärte**).

Verschleißwiderstand. Die Freifläche, Spanfläche und die Schneidkante der Werkzeugschneide unterliegen vielfältigen Belastungen, die den Schneidstoff mit unterschiedlichen Wirkprinzipien verschleißen. Die Fähigkeit eines Schneidstoffs, diesen Verschleißmechanismen über einen längeren Zeitraum (Standzeit) zu widerstehen, bezeichnet man als Verschleißwiderstand.

Zähigkeit. Durch die beim Zerspanungsvorgang auftretenden Schnittkräfte wird der Schneidkeil bzw. die Schneidkante in geringem Maße elastisch, bei sehr großen Belastungen auch plastisch verformt. Die Fähigkeit eines Schneidstoffs diese Verformung ohne Bruch aufzunehmen, bezeichnet man als Zähigkeit oder Duktilität. Als Kenngröße für die Zähigkeit eines Schneidstoffs dient die *Biegebruchfestigkeit*. Hochharte Schneidstoffe wie z. B. Schneidkeramik oder Diamant besitzen im Vergleich zu HSS oder zähen Hartmetallsorten keine oder nur sehr geringe Duktilität. Sie sind spröd und haben geringe Biegebruchfestigkeit (**Bild 2**).

Warmhärte. Unter Einwirkung hoher Zerspanungstemperaturen auf den Schneidstoff verändern sich dessen mechanische Eigenschaften. Die Fähigkeit eines Schneidstoffs über einen großen Temperaturbereich hinweg Härte und Verschleißfestigkeit nahezu konstant zu halten, wird als Warmhärte bezeichnet. Tritt bei einer bestimmten Temperatur an der Schneide plötzlich übermäßiger Verschleiß an Freifläche und Spanfläche auf, bzw. kommt es zu einer plastischen Verformung der Schneidkante, ist die maximale Einsatztemperatur des Schneidstoffs überschritten. HSS verliert bei ca. 600 °C einen Großteil seiner ursprünglichen Härte („Der Schneidstoff bricht ein"), während oxidkeramische Schneidstoffe bei Temperaturen bis über 1000 °C auf der Spanfläche ohne größere Härteverluste überstehen. Hartstoffschichten mit

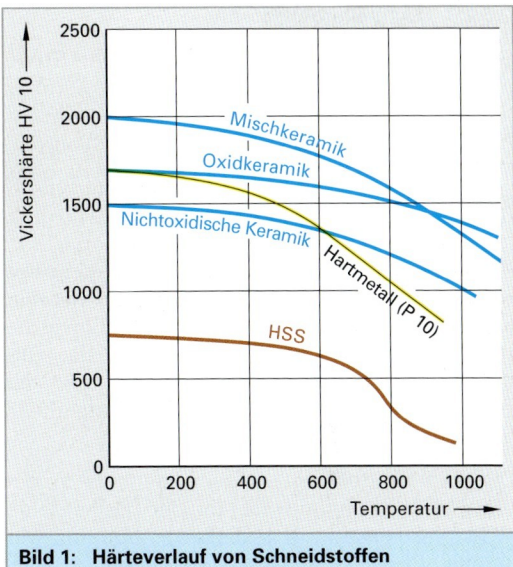

Bild 1: Härteverlauf von Schneidstoffen

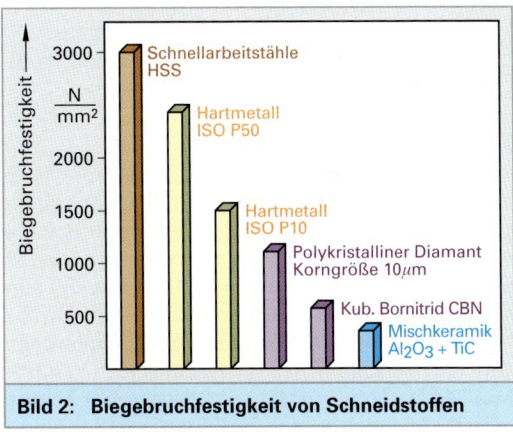

Bild 2: Biegebruchfestigkeit von Schneidstoffen

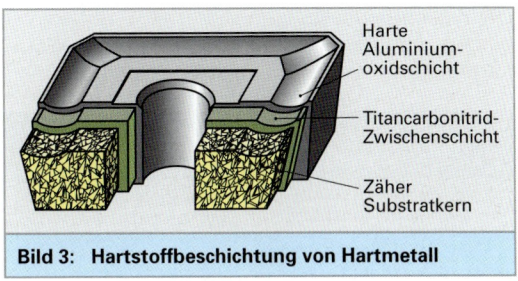

Bild 3: Hartstoffbeschichtung von Hartmetall

geringer Wärmeleitfähigkeit und hoher Warmhärte (z. B. Al_2O_3) erhöhen den Einsatzbereich von Schneidstoffen mit geringerer Warmhärte, indem sie als Hitzeschild das beschichtete Grundsubstrat vor hohen Zerspanungstemperaturen abschirmen (**Bild 3**).

2.6.2.3 Schnellarbeitsstähle

Schnellarbeitsstähle (HSS– High Speed Steel) sind hochlegierte Werkzeugstähle mit Legierungsanteilen bis zu 30 %. Das Grundgefüge besteht aus Martensit mit eingelagertem Molybdän-, Wolfram-, Chrom- und Vanadiumkarbiden. Schnellarbeitsstähle behalten ihre Härte von 60 bis 67 HRC bis zu Temperaturen von 600 °C.

Die Zusammensetzungen der in vier Legierungs- und Leistungsgruppen eingeteilten Schnellarbeitsstähle sind maßgebend für den Einsatzbereich. Schnellarbeitsstähle sind nach der DIN ISO 513 durch das Kurzzeichen „HS" und der prozentualen Angabe der Legierungsbestandteile gekennzeichnet.

Die Angabe der Legierungsbestandteile in der Werkstoffbezeichnung ist in der Reihenfolge W-Mo-V-Co festgelegt **(Tabelle 1)**. Wolfram, Molybdän, Chrom und Vanadium bilden im HSS zusammen mit Kohlenstoff hoch harte Karbide (Karbidbildner) und erhöhen dadurch die Verschleißfestigkeit. Durch Zugabe von Kobalt erhöht sich die Härtetemperatur des Gefüges und damit die Anzahl der härtebildenden Karbide.

Anwendung

Aufgrund ihrer geringen Warmhärte werden HSS-Werkzeuge bei niederen bis mittleren Schnittgeschwindigkeiten für Bearbeitungsverfahren, die eine scharfe Schneidkante erfordern, eingesetzt. Durch die große Zähigkeit und Biegebruchfestigkeit eignet sich HSS gut für auf Torsion (Verdrehung) beanspruchte Werkzeuge. Schnellarbeitsstähle der Gruppen I (18 % W) und III (6 % W + 5 % Mo) stellen den größten Anteil der HSS-Zerspanungswerkzeuge in der Fertigung wie Spiralbohrer, Gewindeschneidwerkzeuge und Schaftfräser. Die Zusammensetzungen dieser HSS-Sorten verbinden gute Zähigkeitseigenschaften und Warmhärte mit ausreichender Verschleißfestigkeit.

Herstellung

Die Gebrauchseigenschaften der HS-Stähle werden neben der Zusammensetzung auch wesentlich vom Herstellverfahren beeinflusst.

Schmelzmetallurgische Herstellung. Durch den großen Anteil und die Verschiedenartigkeit der Legierungsbestandteile treten beim Erstarrungsvorgang, der über mehrere Temperatur- und Haltestufen abläuft, partiell Struktur- und Zusammensetzungsunterschiede (Karbidseigerungen) im Gefüge auf **(Bild 1)**. Dies führt beim Werkzeugeinsatz häufig zu Standzeitstreuungen. Qualitativ hochwertige HS-Stähle verfügen über eine homogene Verteilung der Primärkarbide im Gefüge, die durch entsprechende Prozessführung beim Aufschmelzen bzw. der Erstarrung erreicht wird.

Pulvermetallurgische Herstellung. Pulvermetallurgisch hergestellte Schnellarbeitsstähle haben eine sehr gleichmäßige Karbidverteilung im Gefüge, bei sehr kleiner Korngröße. Der Anteil der Legierungsbestandteile kann bei diesem Verfahren höher sein als beim schmelzmetallurgisch hergestelltem HSS. Gute Zähigkeitseigenschaften bei hoher mechanischer Belastbarkeit, geringe Tendenz zum Härteverzug und eine hohe Schneidkantenschärfe bzw. Schneidkantenstabilität zeichnen diese, insbesondere für die Werkzeugherstellung geeigneten HSS-Stähle, besonders aus.

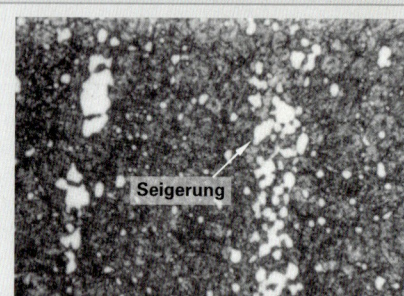

Schmelzmetallurgisch hergestellt

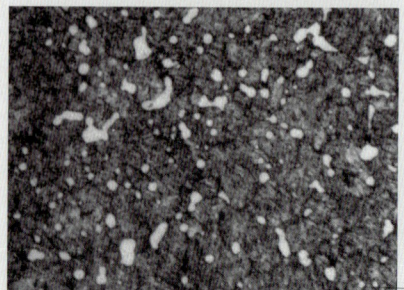

Pulvermetallurgisch hergestellt

Bild 1: Karbidseigerung bei HSS

Tabelle 1: Legierungs- und Leistungsgruppen von HS-Schneidstoffen (Auswahl)

Stahlgruppe		HSS-Bezeichnung W-Mo-V-Co
I	18 % W	HS 19 - 1 - 2 - 5 HS 18 - 1 - 2 - 10
II	12 % W	HS 12 - 1 - 2 - 3 HS 12 - 1 - 4 - 5
III	6 % W + 5 % Mo	HS 6 - 5 - 3 HS 6 - 5 - 2 - 5
IV	2 % W + 9 % Mo	HS 2 - 9 - 1 HS 2 - 9 - 2 - 5

2.6.2.4 Hartmetalle

Hartmetalle sind pulvermetallurgisch hergestellte Verbundwerkstoffe. Sie bestehen aus Metalkarbiden und einer metallischen Bindephase (Kobalt, Nickel). Metallkarbide sind chemische Verbindungen aus Metallen wie Wolfram (Wo), Titan (Ti), Tantal (Ta) und Niob (Nb) mit Kohlenstoff.

Die Metallkarbide verleihen dem Schneidstoff hohe Verschleißfestigkeit und Härte, die Kobaltbindung bindet die Hartstoffteilchen in eine ausreichend zähe Gefügematrix. Die Partikelgröße der Metallkarbide liegt zwischen 1 - 10 µm und macht ca. 80 - 95 Volumen% des Schneidstoffs aus **(Bild 1)**. Durch gezielte Zusammensetzung von Metallkarbidanteilen und Bindmetall lassen sich unterschiedlichste Schneidstoffeigenschaften zwischen Härte und Zähigkeit einstellen. Hartmetalle zeichnen sich durch hohe Druckfestigkeit und Warmhärte aus, die wesentlich höhere Schnittgeschwindigkeiten zulassen als dies bei HSS möglich ist.

Hartmetallgefüge

Die ersten Hartmetalle bestanden überwiegend aus Wolframkarbid und Kobalt (WC-Co-Hartmetalle). Diese Hartmetalle waren nur für die Bearbeitung von Gusswerkstoffen geeignet. In diesem 2-Phasen-Hartmetall wird die harte Wolframkarbidphase als α-**Phase** und das Kobaltbindemetall als β-**Phase** bezeichnet **(Bild 2, links)**. Diese HM-Sorten zeigen in der Stahlzerspanung einen auffälligen Kolkverschleiß, da die Kohlenstoffaffinität der ablaufenden Stahlspäne zum Hartmetall ein Auflösen der α-Phase des Wolframkarbids verursacht.

Titankarbide und Tantalkarbide bringen den entscheidenden Fortschritt. Es wurden sogenannte 3-Phasen-Hartmetalle mit einer zusätzlichen γ-**Phase**, bestehend aus TiC, TaC und NbC-Karbiden entwickelt. Diese HM-Typen widerstehen auch bei hohen Spanflächentemperaturen dem zuvor beobachteten Diffusionsverschleiß **(Bild 2, rechts)**.

Da Hartmetalle durch Flüssigphasen-Sintern hergestellt werden, wird die niedrigschmelzende Bindemetallphase beim Sintervorgang flüssig. Es entstehen durch Legierungsbildung Mischkristalle zwischen Co und den Metallkarbiden, die eine ausreichende Bindungsfestigkeit garantieren.

Beschichtung der Hartmetalle

Die meisten Hartmetall-Wendeschneidplatten werden durch einen Beschichtungsprozess mit Hartstoffschichten wie Titankarbid (TiC, grau), Titannitrid (TiN, goldgelb) **(Bild 3)**. Titankarbonitrid (TiCN, grauviolett), Aluminiumoxid (Al_2O_3) oder Titanaluminiumnitrid (TiAlN, schwarzviolett) mit Schichtdicken zwischen 2 - 15 µm veredelt.

Durch diese Hartstoffschichten wird der Frei- und Spanflächenverschleiß im Vergleich zum unbeschichteten Hartmetall deutlich reduziert. Durch hochtemperaturbeständige Schichten lassen sich die Schnittwerte noch einmal steigern. Ein wesentlicher Vorteil bei Hartstoffbeschichtungen liegt in der Möglichkeit, Eigenschaften des Hartmetallsubstrats (z. B. Zähigkeit) mit den verschleißfesten Eigenschaften der Hartstoffschicht entsprechend dem gewünschten Fertigungsverfahren zu kombinieren.

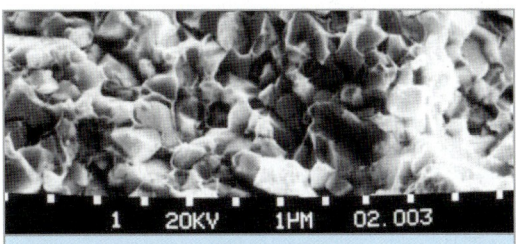

Bild 1: Hartmetallgefüge im REM[1]

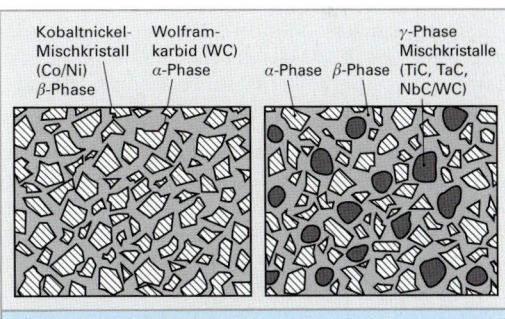

Bild 2: Gefüge bei Hartmetallen

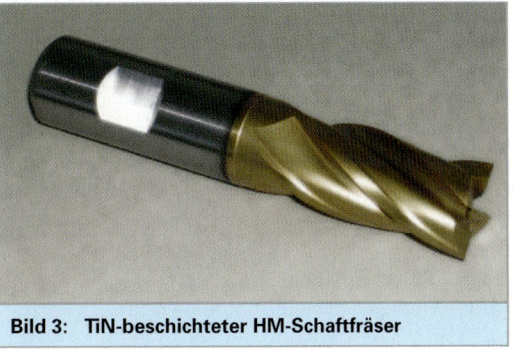

Bild 3: TiN-beschichteter HM-Schaftfräser

---

[1] REM Abk. für Raster-Elektronen-Mikroskop

Feinkornhartmetalle

Die Forderung der Anwender von Schneidstoffen nach größerer Zähigeit bei gleichzeitig hoher Härte führte zu der Entwicklung von Hartmetallen mit kleinen Korndurchmessern, bei Feinstkorn-HM < 1 µm und bei Ultrafeinstkorn-HM < 0,5 µm. Normales Hartmetall hat eine Korngröße < 2,5 µm. Die sehr verschleißfesten, aber bruchempfindlichen P-Sorten können nur bei optimalen Zerspanungsbedingungen, überwiegend Drehbearbeitung bei Stahlwerkstoffen eingesetzt werden.

Eine Reduzierung der WC-Kristallgröße unter 1 µm führt bei gleichem Bindmittelanteil in der Gefügematrix zu einer Erhöhung der Härte und Verschleißfestigkeit und gleichzeitig zu einer Verbesserung der Biegefestigkeit.

Durch die kleinen Korngrößen wird die Kantenfestigkeit des Feinkornhartmetalls wesentlich erhöht. Hierbei eröffnet sich die Möglichkeit, zähe oder schlecht zerspanbare Werkstoffe sowie harte Stähle und Gusswerkstoffe mit einer scharfen Schneide und geringer Schnitttiefe zu bearbeiten. Die bisher hier eingesetzten HS-Werkzeugen werden zunehmend durch UFHM-Werkzeuge (Ultrafeinkorn-HM) der Anwendungsgruppe K ersetzt **(Bild 1)**.

2.6.2.5 Cermets

Hartmetallschneidstoffe auf der Basis Titankarbid (TiC) und Titankarbonitrid (TiCN) mit einer Bindephase aus Kobalt, Nickel oder Molybdän werden als Cermets (HT) (**Cer**amik-**m**etall) bezeichnet **(Bild 2)**.

Cermets verbinden Schneidstoffeigenschaften, die vorwiegend der Keramik zugeordnet werden, wie Härte, Verschleißfestigkeit, Hochtemperaturbeständigkeit und Oxidationsbeständigkeit mit den Eigenschaften der Metalle wie Zähigkeit, Schlagfestigkeit und Duktilität. Sie kommen dem „idealen" Schneidstoff sehr nahe.

Bei den aktuellen Cermets handelt es sich um Multikomponenten-Legierungen bestehend aus unterschiedlichen Hartstoffen und Bindemetallen.

Die HT-Hartmetalle haben nach dem Sinterprozess folgende typische Zusammensetzung:

> (Ti, W, Ta, Nb, Mo) (C/N) – (Mo, Ni, Co)
>
> Der in der Formel linke Hartstoffteil besteht aus zwei verschiedenen Mischkristallen, die während des Sinterprozesses entstehen.

Beim Flüssigphasensintern erfolgen Lösungs- und Wiederausscheidungsreaktionen zwischen der Ni-Co-Schmelze und den Karbidkomponenten. In den Randzonen der Hartstoffpartikel scheiden sich beim Abkühlen der Schmelze Mischkarbide aus. Wegen dieser Phasen-Separations-Reaktion werden Cermets auch als Spinodal-Hartmetalle bezeichnet.

Die vereinfachte Gefügedarstellung zeigt eine dreiphasige Gefügestruktur in der zwei Hartstoffphasen TiN im Kern und (Ti, Ta, W) (C/N) in der Randzone auftreten **(Bild 3)**.

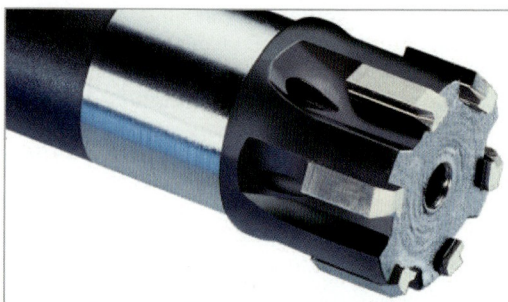

Bild 1: Reibwerkzeug mit aufgelöteten HM-Schneiden, Sorte K10

Herstellung der Cermets. Cermets werden ähnlich wie konventionelle Hartmetalle pulvermetallurgisch hergestellt. Ausgehend von einer aufbereiteten Pulvermischung werden Formkörper (Grünlinge) gepresst. Der anschließende Sinterprozess läuft unter Vakuum- bzw. Schutzgasatmosphäre bei Temperaturen von 1350° - 1500 °C ab. Je nach Verwendung werden anschließend die Plan- bzw. Schneidkanten geschliffen.

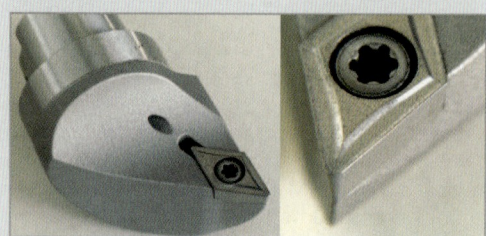

Bild 2: Cermet als Wendeschneidplatte in einem Drehwerkzeug

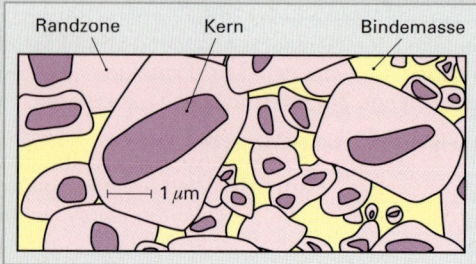

Bild 3: Typisches Cermet-Gefügebild

Anwendung der Cermets

Cermets sind von ihren Eigenschaften und ihrer Anwendung zwischen Hartmetall und Schneidkeramik einzuordnen. Der Trend in der Fertigungstechnik, Werkstücke in einer Aufspannung fertigzubearbeiten, hat die Minimierung von Aufmaßen als Konsequenz. Rohteil und Fertigteilkontur nähern sich immer mehr an (Near-Net-Shape-Technologie).

Diese Entwicklung kommt der Verwendung von Cermets mit ihrer höheren Warmhärte und Kantenstabilität entgegen. Diese Art der Bearbeitung setzt aber die Schneidkante höchsten Beanspruchungen aus. Die mechanische und thermische Belastung tritt in einer kleinen Kontaktzone im Bereich der Frei- und Spanfläche auf.

Da die Oberflächengüten und Schnitttiefen bei der Fertigbearbeitung kaum variabel sind, steht meist als Fertigungsparameter nur die Schnittgeschwindigkeit zur Verfügung. Die höhere Warmhärte in Verbindung mit der geringeren Diffusionsneigung ermöglichen gegenüber Hartmetallen beim Schlichten und Feinschlichten deutlich höhere Schnittgeschwindigkeiten, Standmengen und bessere Oberflächengüten.

Der Vorteil der Cermets liegt auch in der Ausführung der Schneidkante, die im Gegensatz zu beschichteten Hartmetallen wegen des feinkörnigen Gefüges (Korngröße < 2 µm) scharfkantig ausgeführt sein kann.

Beim Drehen von Stahlwerkstoffen bis 50 HRC, nichtrostenden Stähle und duktilen Gusseisenwerkstoffen bei kleinen bis mittleren Schnitttiefen, aber auch mit zäheren Cermetsorten bei Fräsoperationen mit kleinen Vorschüben und hohen Schnittgeschwindigkeiten spielt dieser leistungsfähige Schneidstoff auch mit Hartstoffbeschichtung seine Vorteile aus.

Gegenüber konventionellen Hartmetallsorten unterliegt der Einsatz der Cermet aber auch Grenzen:

- bei hohen Vorschüben,
- bei wechselnden Belastungen wegen geringerer Zähigkeit.

2.6.2.6 Keramische Schneidstoffe und Diamant

Keramische Schneidstoffe werden heute aufgrund ihres Leistungspotenzials überwiegend zur Zerspanung von Gusseisenwerkstoffen und in vielen Anwendungsfällen zum Schlicht- und Schruppdrehen von Stahlwerkstoffen mit mehr als 0,35 % Kohlenstoff-Gehalt eingesetzt. Sie werden entsprechend ihrer stofflichen Zusammensetzung in Aluminiumoxid, Siliziumnitrid und Bornitrid unterteilt. Cermets liegen in Zusammensetzung und Eigenschaften zwischen den Keramischen Schneidstoffen und den Hartmetallen auf karbidischer Basis. Die Härte eines Schneidstoffes wird maßgeblich durch den Anteil der Hartstoffe und den Anteil der Bindephasen bestimmt. Oxid- und Mischkeramiken enthalten nur Hartstoffe. Keramiken auf Siliziumnitrid-Basis, Cermets und Hartmetalle enthalten neben den Hartstoffanteilen auch meist metallische Bindephasen.

Bei Hartmetall und Cermets wird die Härte und Druckfestigkeit bei hohen Temperaturen (Warmhärte) über die metallische Kobalt-Bindung determiniert. Hier sind Oxidkeramiken anderen Schneidstoffen überlegen. Oxidkeramische Schneidstoffe weisen die höchste chemische Stabilität auf. Das bedeutet, dass zu metallischen Werkstoffen keine Affinität besteht und während des Zerspanungsvorgangs kaum Oxidations- und Diffusionsvorgänge ablaufen können. Diese Vorgänge sind für verschiedene Verschleißerscheinungen (z. B. Kolkverschleiß) bei Hartmetallen mitverantwortlich. Den genannten positiv zu bewertenden Eigenschaften der keramischen Schneidstoffe steht die Empfindlichkeit bei mechanischer Schlag- und thermischer Schockbeanspruchung entgegen.

Um die Sprödbruchanfälligkeit der Keramik zu verringern und damit die Produktionssicherheit zu steigern, wurden duktilisierte[1] Keramiken für die Gusszerspanung und Stahlzerspanung entwickelt. Keramische Schneidstoffe werden in zwei Hauptgruppen geordnet **(Bild 1)**.

[1] lat. ductilis = ziehbar, dehnbar, verformbar

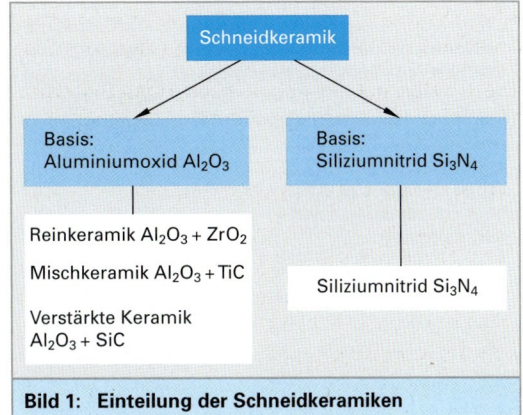

Bild 1: Einteilung der Schneidkeramiken

Aluminiumoxid-Keramik

Oxidkeramik, CA. Die weiße Oxidkeramik auf reiner Al_2O_3-Basis zeichnet sich durch große Verschleißfestigkeit aber auch durch große Sprödigkeit aus. Die fehlende Zähigkeit dieser Schneidkeramik führt häufig zum Ausbrechen der Schneidkante und damit zu Störungen im Betriebsprozess. Um die Zähigkeit und Duktilität dieser Reinkeramiksorte zu verbessern, werden geringe Mengen Zirkoniumoxid (ZrO_2) in die Al_2O_3-Gefügematrix eingelagert. Die ZrO_2-Teilchen behindern die Rissausbreitung im Aluminiumoxidgefüge und erhöhen so die Bruchdehnung der Keramik. Reinoxidkeramik wird zur Drehbearbeitung mit sehr hohen Schnittgeschwindigkeiten und bei geringen bis mittleren Vorschüben eingesetzt (**Bild 1**). Werkstoffe sind hier vor allem Gusseisen, Grauguss, Einsatz- und Vergütungsstähle (Gruppe P, K).

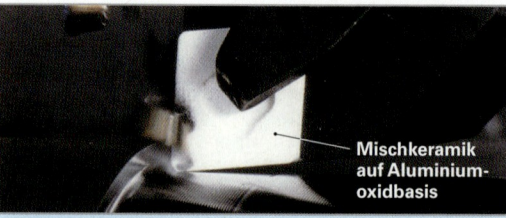

Bild 1: Drehbearbeitung

Mischkeramik, C. Um den Anwendungsbereich der aluminiumbasierenden Keramikschneidstoffe zu vergrößern, werden dem Al_2O_3-Grundgefüge nichtoxidische metallische Hartstoffe (TiN, TiC) zugemischt (Dispersionsverstärkung). Diese schwarzen Mischkeramiken haben ein sehr feinkörniges Gefüge mit verbesserter Zähigkeit und hoher Kantenstabilität. Durch die metallischen Gefügebestandteile wird die Wärmeleitfähigkeit im Vergleich zur Reinkeramik erhöht, was die Widerstandsfähigkeit bei thermischer Belastung und die Duktilität des Schneidstoffs erhöht. Mischkeramiken eigenen sich bei geringen Schnitttiefen aufgrund der guten Kantenstabilität zur Dreh- und Fräsbearbeitung von Hartguss, Grauguss und gehärtetem Stahl (Gruppe P, M, K) (**Bild 2**). Mit hohen Schnittgeschwindigkeiten und geringen Vorschüben werden beim Schlichtdrehen sehr gute Oberflächenqualitäten erzielt und ersetzten häufig eine nachträgliche Schleifbearbeitung.

Bild 2: Mischkeramikplatten

Whiskerverstärkte Keramik. Um die Eigenschaftsmerkmale der Aluminiumoxid-Keramik für die Zerspanungstechnik weiter anzupassen, wurden whiskerverstärkte Keramiken entwickelt. Hierbei wird in die Al_2O_3 Matrix bis zu 30 % Siliziumkarbid (SiC) in Form von Kristallnadeln eingelagert. Diese SiC-Kristalle haben einen Durchmesser kleiner 1 µm bei einer Länge von 20 bis 30 µm. Die Siliziumkarbidkristalle (Whisker) verstärken durch ihre hohe Festigkeit und duktilisieren, als Bruchenergieabsorber durch das unterschiedliche Ausdehnungsverhalten der Gefügekomponenten, die Schneidstoffmatrix. Eigenschaften wie Zähigkeit, Thermoschockbeständigkeit, Warmhärte und Verschleißfestigkeit werden damit verbessert. Whiskerverstärkte Mischkeramiken haben gegenüber unverstärkten Sorten bis zu 2/3 höhere Bruchdehnungswerte.

Eingesetzt wird diese Keramik bei mittleren bis hohen Schnittgeschwindigkeiten, auch mit Schnittunterbrechungen und Kühlschmierstoffen, überwiegend bei der Drehbearbeitung von Spheroguss, Grauguss, Hartguss, gehärteten und legierten Stählen (Gruppe M, K).

Bild 3: Gussbearbeitung mit Si_3N_4-Keramik

Nichtoxidische Schneidkeramik

Siliziumnitrid-Keramik, C. Durch den Bedarf an hochharten Schneidstoffen für die Zerspanung wurden Keramiken auf der Basis von Siliziumnitrid (Si_3N_4) entwickelt. Hierbei konnten gegenüber den oxidischen Keramiken elementare Schneidstoffeigenschaften wie Zähigkeit, Bruchdehnung und Temperaturwechselbeständigkeit nochmals gesteigert werden (**Bild 3**). Zu den Schneidstoffen mit nitridischem Grundgefüge gehören die Siliziumnitrid-Schneidkeramiken und Bornitride. Oxidische Bindephasen und zusätzliche Hartstoffe wie TiN sind weitere Bestandteile, die die mechanischen und chemischen Eigenschaften dieser Schneidstoffe beeinflussen. Festigkeit und Bruchdehnung von Si_3N_4 Keramiken werden durch die nadelförmigen Siliziumnitrid-Kristalle bestimmt. Der Widerstand gegen Risswachstum im Gefüge ist durch die hochfeste Kristallstruktur sehr hoch. Ein möglicher Riss wird an den Kristallen abgelenkt und muss diese umwandern bzw. sich verzweigen. Dadurch wird er verlangsamt und kommt zum Stillstand.

Anwendung. Siliziumnitrid-Keramiken werden mit sehr guten Standzeitleistungen meist zum Drehen und Fräsen von Grauguss, Sphäroguss und Temperguss (Anwendungsgruppe K) bei mittleren Schnittgeschwindigkeiten (300 m/min bis 800 m/min) und Vorschüben (0,25 mm bis 0,4 mm) auch mit Kühlschmierstoff, eingesetzt **(Bild 1)**. Die guten Zähigkeitseigenschaften und hohe Schlagfestigkeit machen diese Keramiksorte für die Serienfertigung, z. B. zum Drehen von Gussbremsscheiben und auch bei erschwerten Zerspanungsbedingungen wie Fräsen von Gussstoffen, zu einem prozesssicheren Schneidstoff.

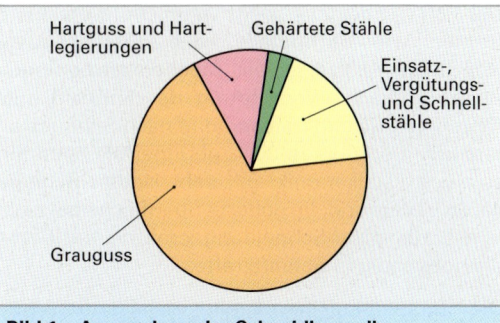

Bild 1: Anwendung der Schneidkeramik

Die chemische Affinität zu Eisen und Sauerstoff des Si_3N_4-Gefüges bei Temperaturen um 1200 °C bei der Bearbeitung von Stahlwerkstoffen führen im Vergleich zu Oxid- und Mischkeramiken zu einer größeren Verschleißneigung des Schneidkeils. Es bilden sich frühschmelzende Eisen-Siliziumverbindungen, die zur Auskolkung der Spanfläche führen. Siliziumnitrid wird auch mit Hartstoffbeschichtungen wie TiN und Al_2O_3 oder auch mit Mehrlagenschichten zur Gussbearbeitung eingesetzt.

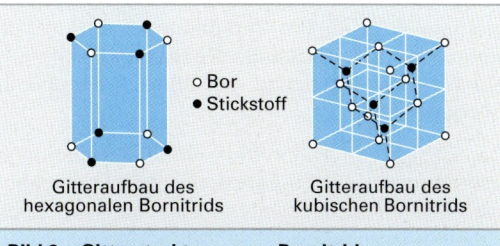

Bild 2: Gitterstrukturen von Bornitrid

Kubisches Bornitrid, BN (CBN)

Kubisches Bornitrid (bernsteinfarben) ist eine chemische Verbindung von Bor (B) und Stickstoff (N). Das natürlich vorkommende hexagonale Bornitrid („weißer Graphit") hat eine weiche, plattenförmige Struktur und ist als Schneidstoff ungeeignet. Durch einen Hochdruck-Hochtemperaturprozess wird das natürliche, hexagonale Kristallgitter in ein kubisches Kristallgitter umgewandelt **(Bild 2)**. Die Umorientierung der Gitterstruktur erfolgt bei Drücken von 90 kbar und Temperaturen um 2000 °C. BN ist nach Diamant der zweithärteste Werkstoff.

Bild 3: BN-Bruchgefüge

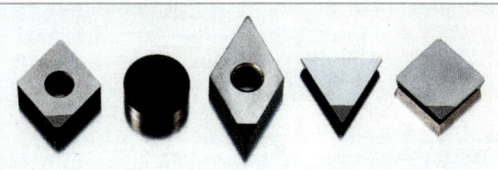

Bild 4: CBN-Schneidplatten (Auswahl)

Schneidstoffe auf der Basis von Bornitrid können weitere Hartstoffe wie z. B. TiC, TiN und metallische oder keramische Bindephasen in unterschiedlichen Anteilen enthalten. Metallische bzw. keramische Bindephasen übernehmen im BN-Gefüge keine echte Bindfunktion, wie z. B. Kobalt im Hartmetall, sondern werden zur Reaktionssteuerung bei der BN-Herstellung eingesetzt. Im fertigen BN sind nur geringe Mengen metallischer oder keramischer Phasen nachweisbar.

Die interkristalline Bindung der zusammengewachsenen BN-Kristalle ist so stark, dass im Falle einer Überbelastung und Rissbildung der Bruch nicht entlang der ursprünglichen Korngrenzen, sondern quer durch die BN-Partikel auftritt **(Bild 3)**. Die Schneidstoffeigenschaften des kubischen Bornitrits sind also in der Wendeschneidplatte voll ausgeprägt und werden nicht durch metallische oder keramische Zusätze begrenzt.

Gegenüber Eisenwerkstoffen erweist sich die Bor-Stickstoff-Verbindung als chemisch sehr stabil. Diffusions- und Oxidationsvorgänge sind bei diesem Schneidstoff keine Verschleißursache. Da die Umwandlungstemperatur in seine natürliche hexagonale Gitterstruktur oberhalb 1475 °C liegt, ist die Temperaturbeständigkeit auch bei hohen Zerspanungstemperaturen, wie sie bei der Bearbeitung von harten Werkstoffen auftreten, gewährleistet.

BN wird bei sehr hohen Drücken und Temperaturen (60 kbar, 1700 °C) auf eine Hartmetallunterlage aufgesintert. Aus diesen Platten werden Schneidensegmente **(Bild 4)** mittels Drahterodieren oder mit Laser herausgeschnitten und in eine Hartmetallschneidplatte eingelötet.

Der BN-Schneidkeil zeigt ähnliche Verschleißformen wie Hartmetalle, d. h. Freiflächenverschleiß und Kolkverschleiß. Mechanisch bedingter Abrieb kann zur Verrundung der Schneidkante führen. Die Schnittkräfte sind je nach Schneidkantenausführung bis zu 30 % geringer als beim Einsatz von Oxidkeramik. Ein sehr kleiner Schneidkantenradius und die polierte Spanfläche bei nicht zu sehr negativer Schneidengeometrie reduzieren die notwendigen Schnittkräfte.

Die Zerspanungsparameter, insbesondere die Schnittgeschwindigkeit, sollten bei der Zerspanung harter Eisenwerkstoffe mit BN so gewählt werden, dass an der Zerspanungsstelle leichte Rotglut auftritt. Glühende Späne sind ebenfalls ein Hinweis auf richtig gewählte Arbeitsbedingungen.

Der Einsatz von Kühlmitteln ist bei Zerspanungsoperationen mit BN möglich, beschränkt sich aber bei Maßhaltigkeitsproblemen auf die Werkstückkühlung, da es aufgrund der hohen Temperaturen an der Wirkstelle zum sofortigen Verdampfen kommt. Überwiegend wird BN in der Trockenzerspanung oder mit Minimalmengenschmierung eingesetzt.

Diamant

Polykristalliner Diamant, DP (PKD). Der härteste natürlich vorkommende Werkstoff ist der monokristalline Diamant. Beim synthetisch hergestellten polykristallinen Diamant werden kleine Diamantkörner in einem Hochtemperatur- (bis 1400 °C) Hochdruckprozess (bis 70 kbar) mittels einer kobalthaltigen Bindephase zu einem Kristallverbund gesintert.

Die Härte dieses DP reicht nahe an die des monokristallinen Diamanten. Beim Sinterprozess werden Hartmetallsubstrate meist direkt mit einer Schichtdicke von wenigen µm bis ca. 0,5 mm beschichtet **(Bild 1)**. Um Spannungen zwischen der harten Diamantbeschichtung und dem zähen Grundsubstrat auszugleichen, wird häufig eine weiche Zwischenschicht mit aufgesintert.

Die Diamantkristalle werden beim Sintervorgang richtungsunabhängig gebunden und bieten somit Rissen keine Vorzugsrichtung wie beispielsweise bei monokristallinen Diamanten. Polykristalliner Diamant bildet eine isotrope Schicht aus, d. h., Schneidstoffeigenschaften wie Härte und Verschleißfestigkeit sind richtungsunabhängig.

DP-Werkzeuge werden in einem CVD-Verfahren entweder komplett beschichtet oder als HM-Wendeplatten **(Bild 2 und Bild 3)** mit eingelötetem DP-Schneidenteil eingesetzt.

Bei nichtmetallischen und stark abrasiven Werkstoffen kann dieser hochharte Schneidstoff seine Vorteile ausspielen. Stark abrasive Aluminium-Silizium-Legierungen können ebenso zerspant werden wie Verbundwerkstoffe, faserverstärkte CFK und GFK-Kunststoffe, Keramik, Glas, Hartmetalle, Magnesiumlegierungen, Graphit und Holzwerkstoffe.

Anwendung. Durch die Affinität bei hohen Temperaturen (T > 600 °C) zwischen Eisenwerkstoffen und dem Kohlenstoff des Diamants und der bei hohen Temperaturen (ab ca. 700 °C) einsetzenden Graphitisierung schließt sich die Verwendung diamantbeschichteter Werkzeuge zur wirtschaftlichen Stahlbearbeitung wegen des hohen Verschleißes aus (Schneidkantenverrundung, Kolk). Richtig eingesetzt, sind mit DP-Schneiden gratfreie Schnittkanten und sehr gute Oberflächengüten bei vergleichsweise großen Standmengen möglich.

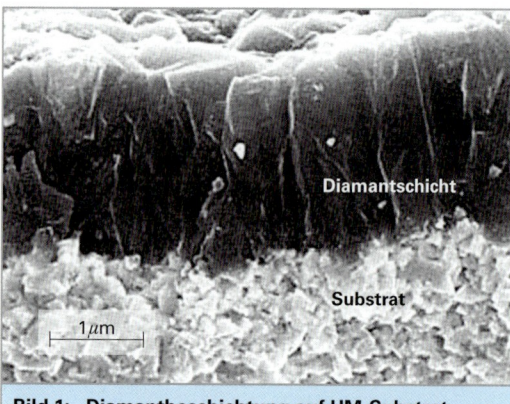

Bild 1: Diamantbeschichtung auf HM-Substrat

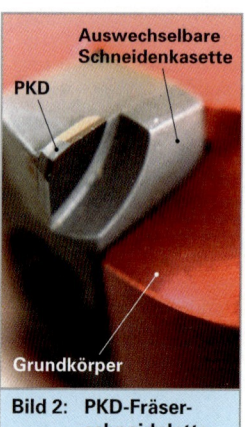

Bild 2: PKD-Fräserschneidplatte

Bild 3: PKD-beschichtete Wendeschneidplatte

2.6.2.7 Auswahlkriterien

Um den für ein bestimmtes Fertigungsverfahren und Werkstückwerkstoff optimalen Schneidstoff auszuwählen, sollten einige Faktoren **(Bild 1)** berücksichtigt werden:

- Wirtschaftlichkeit,
- Werkstück,
- Fertigung,
- Werkzeugmaschine.

Die Härte des zu bearbeitenden Werkstoffs bestimmt die erforderliche Härte des in Frage kommenden Schneidstoffs **(Bild 2)**. Bereits der frühe Mensch lernte, dass die keilförmige Werkzeugschneide härter sein musste als der zu bearbeitende Werkstoff. Dieses Grundprinzip gilt natürlich in unserer Zeit gleichermaßen. Hochharte Schneidstoffe sind sehr verschleißfest, aber aufgrund der fehlenden Zähigkeit (Duktilität) auch bruchempfindlich. Deshalb ist nicht unbedingt der härteste Schneidstoff auch der am universell einzusetzende.

Hochharte Schneidstoffe erfordern in der Anwendung gleichmäßige Zerspanungsbedingungen und benötigen für prozesssicheren und wirtschaftlichen Einsatz einen eingeschränkten und optimierten Bereich der Zerspanungsparameter. Eine enge Prozessführung, die gleichmäßige Zerspanungsbedingungen an der Schneidkante für die verschiedenen Zerspanungsverfahren gewährleistet, ist meistens nur eingeschränkt möglich.

Dies erfordert beim Schneidstoff in Bezug auf Verschleißfestigkeit und Zähigkeit Kompromisslösungen. Der ideale Schneidstoff ist hart und zäh **(Bild 3)**. Diese ambivalenten Eigenschaften lassen sich nur annähernd verwirklichen.

Bild 1: Auswahlkriterien

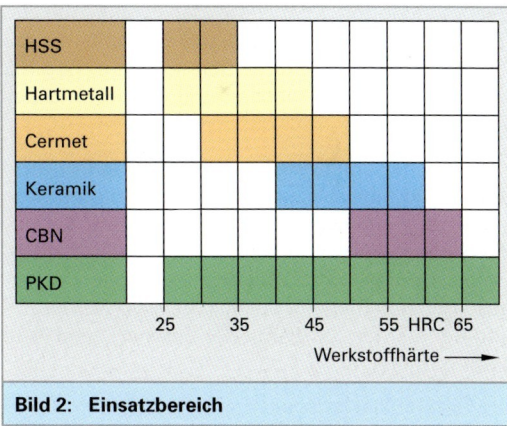

Bild 2: Einsatzbereich

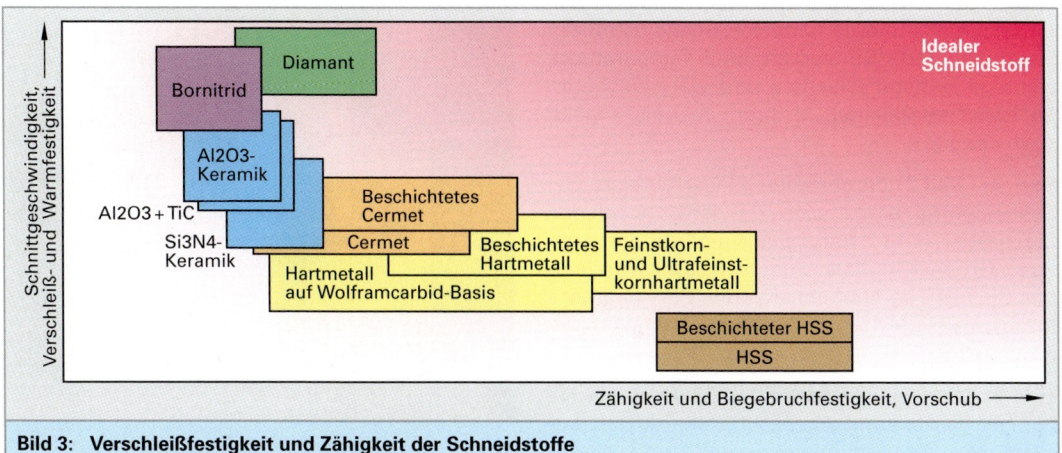

Bild 3: Verschleißfestigkeit und Zähigkeit der Schneidstoffe

Der Schneidstoff verliert mit zunehmender Härte seine Zähigkeit. Die Vielzahl der angebotenen Schneidstoffe eröffnet dem Anwender die Möglichkeit, für das jeweilige Bearbeitungsverfahren und den zu bearbeitenden Werkstoff die wirtschaftlichste und qualitativ beste Kombination zu finden. Mit Beschichtung von Schneidstoffen wird das Anwendungsspektrum zusätzlich erweitert.

Ein hochwertiges, ausreichend zähes Grundsubstrat wird mit einer oder mehreren verschleißbeständigen und temperaturbeständigen Hartstoffschichten beschichtet. Ausgleichsschichten zwischen den Hartstoffschichten und dem Grundsubstrat bauen thermische und mechanische Spannungen ab und verhindern so die Rissbildung und das partielle Abplatzen der Beschichtung.

Schneidstoffe und Werkzeuge, die bei hohen Schnittgeschwindigkeiten eingesetzt werden, erfordern wegen der zu erwartenden hohen Arbeitstemperaturen eine große *Warmhärte*.

Die höchsten Temperaturen treten im Bereich der ablaufenden Späne auf der Spanfläche auf (**Bild 1**). Wird hier die für einen Schneidstoff maximale Arbeitstemperatur überschritten, beginnt die chemische und mechanische Zerstörung des Schneidkeils.

Keramische Schneidstoffe und Kubisches Bornitrid (CBN) sind noch bei extrem hohen Temperaturen standfest und deshalb auch für höchste Schnittgeschwindigkeiten geeignet. Die gleichzeitige Erhöhung der Vorschubwerte ist wegen der eingeschränkten Biegefestigkeit dieser Schneidstoffe und der starken Zunahme der Zerspanungskräfte nicht möglich.

Die Graphitisierung des Diamants bei etwa 600 °C bis 700 °C und die starke Affinität zum Kohlenstoff in Stahl- und Gusswerkstoffen schränkt den Einsatzbereich dieses härtesten Schneidstoff ein. Hartmetall und HSS werden durch temperaturbeständige Hartstoffschichten und wärmeisolierende Zwischenschichten in ihrem Anwendungsbereich erweitert.

Der in **Bild 2** dargestellte Einsatzbereich der Schneidstoffe ergibt sich aus deren jeweiligen Eigenschaftsprofil. Hartmetalle sind für alle wichtigen Gruppen metallischer Werkstoffe verwendbar. Die hoch harten Schneidstoffe CBN und Keramik eignen sich in erster Linie zum Zerspanen der härtesten Stahl- und Gusswerkstoffe.

Eine Sonderstellung nimmt der Diamant ein. Neben der Bearbeitung von Nichteisenmetallen, vor allem von Aluminiumlegierungen, wird er mit großem Erfolg bei der Kunststoff- und Holzbearbeitung eingesetzt. Bei thermisch enger Prozessführung kann er auch zur spanenden Bearbeitung von Stahl- und Gusswerkstoffen, wie z. B. beim Feinbohren (Reiben) angewendet werden.

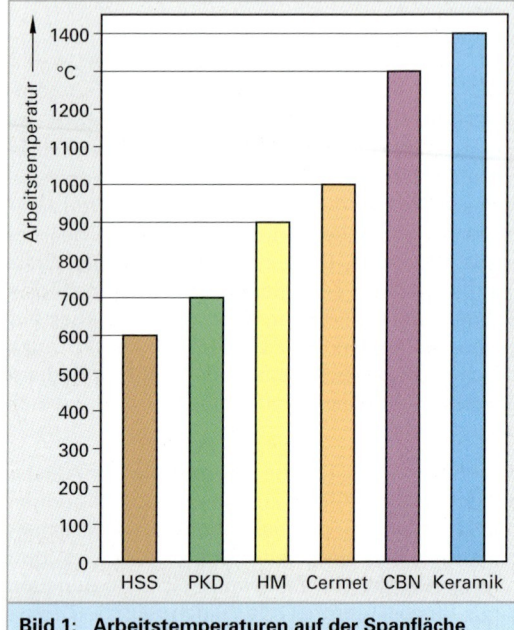

Bild 1: Arbeitstemperaturen auf der Spanfläche

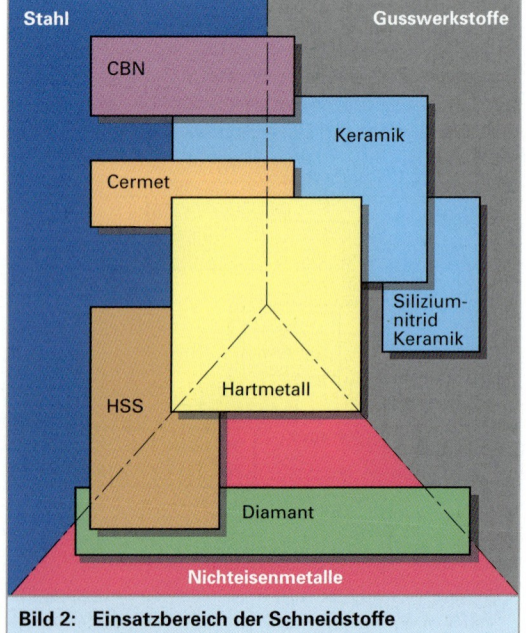

Bild 2: Einsatzbereich der Schneidstoffe

2.6.2.8 Klassifizierung der Schneidstoffe

Die DIN ISO 513 klassifiziert alle harten Schneidstoffe mit geometrisch bestimmter Schneide, wie z. B. Hartmetall und Schneidkeramik mit einem Kennbuchstaben für die Schneidstoffart und einer Anwendungsgruppe (P, M, K, N, S, H) entsprechend der Eignung Werkstoffe zu zerspanen **(Tabelle 1)**.

Die Zuordnung einer Schneidstoffsorte in eine bestimmte Anwendungsgruppe macht keine Aussage über Art, Zusammensetzung oder Leistungsfähigkeit, sondern besagt nur, dass der Schneidstoff in dieser Anwendungsgruppe ausreichende Zähigkeit, Verschleißfestigkeit und Temperaturbeständigkeit besitzt.

Die Klassifizierung eines Schneidstoffs in eine Anwendungsgruppe veranlasst der Schneidstoffhersteller. Da Schneidstoffe verschiedener Hersteller in der gleichen Anwendungsgruppe meist unterschiedliche Zerspanungseigenschaften zeigen, sind die Tabellen als Vergleichsmaßstab für Schneidstoffsorten nur bedingt geeignet.

Um innerhalb der Anwendungsgruppe weiter zu differenzieren, wird der Anwendungs-Buchstabe durch eine Zähigkeitskennzahl ergänzt.

Hartmetall z. B. mit der DIN-Bezeichnung HW-P10 ist für *langspanende* Stahlwerkstoffe bei kleinen bis mittleren Vorschüben und großer Schnittgeschwindigkeit bei schwingungsarmen Zerspanungsprozessen geeignet, da es bei hoher Härte und Verschleißfestigkeit nur geringe Zähigkeitseigenschaften besitzt.

Innerhalb dieser Anwendungsgruppe hat die Sorte HW-P50 deutlich höhere Zähigkeit bei geringerer Verschleißfestigkeit und kann deshalb für große Spanungsquerschnitte mit reduzierten Schittgeschwindigkeiten bei überwiegend schwierigen Drehoperationen eingesetzt werden.

Je größer die Zähigkeitskennzahl innerhalb einer Anwendungsgruppe, desto zäher ist der Schneidstoff und kommt deshalb bei Zerspanungsoperationen mit größeren Vorschüben, aber kleineren Schnittgeschwindigkeiten zum Einsatz. Schneidstoffsorten mit kleiner Kennzahl (01... 20) werden aufgrund ihrer hohen Härte bei geringen Vorschüben und hohen Schnittgeschwindigkeitswerten eingesetzt.

Einteilung der Zerspanungsaufgaben in Hauptanwendungsgruppen:

P Stahl: Alle Arten von Stahl und Stahlguss, ausgenommen nichtrostender Stahl mit austenitischem Gefüge.

M Nichtrostender Stahl: Nichtrostender austenitischer und austenitisch-ferritischer Stahl und Stahlguss.

K Gusseisen: Gusseisen mit Lamellengraphit, Gusseisen mit Kugelgraphit, Temperguss.

N Nichteisenmetalle: Aluminium und andere Nichteisenmetalle, Nichtmetallwerkstoffe.

S Speziallegierungen und Titan: Hochwarmfeste Speziallegierungen auf Basis von Eisen, Nickel und Kobalt, Titan und Titanlegierungen.

H Harte Werkstoffe: Gehärteter Stahl, gehärtete Gusseisenwerkstoffe, Gusseisen für Kokillenguss.

Tabelle 1: Klassifizierung der Schneidstoffe

Schneid-stoffe	Kenn-buch-staben	Werkstoffgruppe
Hart-metalle	HW	Unbeschichtetes Hartmetall, Hauptbestandteil Wolframcarbid (WC) mit Korngröße ≥ 1 µm
	HF	Unbeschichtetes Hartmetall, Hauptbestandteil Wolframcarbid (WC) mit Korngröße < 1 µm
	HT[1]	Unbeschichtetes Hartmetall, Hauptbestandteil Titancarbid (TiC) oder Titannitrid (TiN) oder beides
	HC	Hartmetalle wie oben, jedoch beschichtet
Schneid-keramik	CA	Schneidkeramik, Hauptbestandteil Aluminiumoxid (Al_2O_3)
	CM	Mischkeramik, Hauptbestandteil Aluminiumoxid (Al_2O_3), zusammen mit anderen Bestandteilen als Oxiden
	CN	Siliciumnitridkeramik, Hauptbestandteil Siliziumnitrid (Si_3N_4)
	CR	Schneidkeramik, Hauptbestandteil Aluminiumoxid (Al_2O_3), verstärkt
	CC	Schneidkeramik wie oben, jedoch beschichtet
Diamant	DP	Polykristalliner Diamant
	DM	Monokristalliner Diamant
Bornitrid	BL	Kubisch-kristallines Bornitrid mit niedrigem Bornitridgehalt
	BH	Kubisch-kristallines Bornitrid mit hohem Bornitridgehalt
	BC	Kubisch-kristallines Bornitrid wie oben, jedoch beschichtet

[1] Diese Werkstoffsorten werden auch „Cermets" genannt.

Tabelle 1: Klassifizierung harter Schneidstoffe nach Anwendungsbereich (nach DIN ISO 513)					
Hauptanwendungsgruppen			Anwendungsgruppen		
Kennbuchstabe	Kennfarbe	Werkstück-Werkstoff	Harte Schneidstoffe		
P	blau	**Stahl:** Alle Arten von Stahl und Stahlguss, ausgenommen nichtrostender Stahl mit austenitischem Gefüge	P01 P10 P20 P30 P40 P50	P05 P15 P25 P35 P45	a ↑ b ↓
M	gelb	**Nichtrostender Stahl:** Nichtrostender austenitischer und austenitisch-ferritischer Stahl und Stahlguss	M01 M10 M20 M30 M40	M05 M15 M25 M35	a ↑ b ↓
K	rot	**Gusseisen:** Gusseisen mit Lamellengraphit, Gusseisen mit Kugelgraphit, Temperguss	K01 K10 K20 K30 K40	K05 K15 K25 K35	a ↑ b ↓
N	grün	**Nichteisenmetalle:** Aluminium und andere Nichteisenmetalle, Nichtmetallwerkstoffe	N01 N10 N20 N30	N05 N15 N25	a ↑ b ↓
S	braun	**Speziallegierungen und Titan:** Hochwarmfeste Speziallegierungen auf Basis von Eisen, Nickel und Kobalt, Titan und Titanlegierungen	S01 S10 S20 S30	S05 S15 S25	a ↑ b ↓
H	grau	**Harte Werkstoffe:** Gehärteter Stahl, gehärtete Gusseisenwerkstoffe, Gusseisen für Kokillenguss	H01 H10 H20 H30	H05 H15 H25	a ↑ b ↓

[a] Zunehmende Schnittgeschwindigkeit, zunehmende Verschleißfestigkeit des Schneidstoffes.
[b] Zunehmender Vorschub, zunehmende Zähigkeit des Schneidstoffes.

2.6 Zerspanungstechnik

Schneidstofftabelle

Die Schneidstofftabelle dient sowohl Herstellern als auch Anwendern zur übersichtlichen Zuordnung der Einsatzeignung eines Schneidstoffes.

- **Anwendungsbereich**

Die Zähigkeit und der Verschleißwiderstand eines Schneidstoffs wird durch die aus der DIN ISO 513 bekannten Anwendungs- bzw. Zähigkeitskennzahl beschrieben. Damit wird innerhalb der Zerspanungs-Hauptgruppen (P, M, K, N, S, H) unter Berücksichtigung der Arbeitsbedingungen der Anwendungsbereich der Schneidstoffsorte festgelegt. Die Balkenleiste (|||■|||) in der Schneidstofftabelle 1, folgende Seite, kennzeichnet den möglichen Anwendungsbereich.

- **Werkstoffgruppen**

Die Werkstück-Werkstoffe werden entsprechend ihrer Zerspanbarkeitseigenschaften in sechs Werkstoffgruppen eingeteilt **(Tabelle 1)** und durch einen Kennbuchstaben bzw. einer Kennfarbe bezeichnet. Die verwendeten Kennbuchstaben und Kennfarben beziehen sich nur auf die in VDI-3323 festgelegten Werkstoffgruppen und stimmen nicht mit den Zerspanungs-Hauptgruppen (P, M, K, N, S, H) und den entsprechenden Kennfarben (Blau, Gelb, Rot, Grün, Braun, Grau) in der DIN ISO 513 überein!

- **Berarbeitungsverfahren**

Zuordnung einer Schneidstoffsorte entsprechend ihrer Anwendungseignung für bestimmte spanabhebende Bearbeitungsverfahren, die durch Kennbuchstaben **(Tabelle 2)** bezeichnet werden.

Innerhalb der Werkstoffgruppen (A bis H) werden die verschiedenen Werkstoffe entsprechend ihrer chemischen Zusammensetzung, Gefügeausbildung und Härte durch fortlaufende Nummern (1 ... 41) in Zerspanungsgruppen zugeordnet.

Tabelle 1: Werkstoffgruppen mit ähnlichem Zerspanungsverhalten

Kennfarbe, Kennbuchstabe	Werkstoffgruppe
BLAU A	**Stahl:** alle Arten von Stahl und Stahlguss, mit Ausnahme von nichtrostendem Stahl mit austenitischem Gefüge
GELB R	**Nichtrostender Stahl ...** nichtrostender austenitischer und austenitisch/ferritischer Stahl und Stahlguss
ROT F	**Gusseisen:** Grauguss, Gusseisen mit Kugelgraphit, Temperguss
GRÜN N	**NE-Metalle ...** Aluminium und übrige Nicht-Eisen-Metalle Nichtmetallische Werkstoffe
ORANGE S	**Schwerzerspanbare Werkstoffe ...** warmfeste Spezialleierungen auf der Basis von Eisen, Nickel, Kobalt, Titan und Titanlegierungen
WEISS H	**Harte Werkstoffe:** Gehärteter Stahl, Gehärtete Eisengusswerkstoffe, Hartguss

Anwendungseignung harter Schneidstoffe nach VDI-Richtlinie 3323

Ausgehend von der grundlegenden Norm DIN ISO 513 zur Klassifizierung harter Schneidstoffe in Zerspanungshaupt- und Anwendungsgruppen wird in der VDI-Richtlinie 3323 die Anwendungseignung der Schneidstoffe weitergehend spezifiziert **(Tabelle 1, folgende Seite)**.

Neben dem Anwendungsbereich mit Zähigkeitskennzahl wird der Schneidstoff der Werkstoffgruppe und dem Bearbeitungsverfahren zugeordnet.

Tabelle 1: Bearbeitungsverfahren

Kennbuchstabe	Bearbeitungsverfahren
T	Drehen
M	Fräsen
D	Bohren
S	Gewindedrehen
G	Einstechdrehen
P	Abstechdrehen

Tabelle 1: Schneidstofftabelle nach VDI 3323

Normbezeichnung für Schneidstoffe	Anwendungsbereich					Werkstoffgruppen						Bearbeitungsverfahren					
	01	10	20	30	40	A	R	F	N	S	H	T	M	D	S	G	P
			Zähigkeitszahl			Stahl	Nichtrostender Stahl	Gusseisen	NE-Metalle	Schwerzerspanb. Werkst.	Harte Werkstoffe	Drehen	Fräsen	Bohren	Gewindedrehen	Einstichdrehen	Abstechdrehen
Hartmetall																	
HW-K10								●				●	○				
HC-P10						●	○					●	○	●	○		
HC-K15								●				●	○	●		○	○
HC-P20						●	○	●				●	●				
Oxidkeramik																	
CA-P10								●				●				●	
CA-P20							○	●				●					
Mischkeramik																	
CM-K05								●				●	●	○			
CM-K10								●				●	●	○			●
Siliziumnitridkeramik																	
CN-K30								●				●	●				
Cermets																	
HT-P05						●	●	○				●					
HT-P15						●	○	○				●					
HT-P25						●	○	○								●	
Bornitrid																	
BN-K10								●		○	○	●					
BN-K25								●		○	○	●	●				

▬ Anwendungsbereich ● Hauptanwendung ○ Weitere Anwendung

Wiederholung und Vertiefung

1. Welches sind die wichtigsten Schneidstoffe?
2. Welche Eigenschaften sollte der Schneidstoff idealerweise haben?
3. Welche Eigenschaften verbessert man durch eine Hartstoffbeschichtung?
4. Welches sind die Anwendungen für Schnellarbeitsstähle?
5. Welche vorteilhaften Eigenschaften haben Schnellarbeitsstähle?
10. Wodurch erhalten die Hartmetalle ihre Härte und wie wirkt sich die Härte auf den Verschleiß aus?
11. Wie erreicht man bei Hartmetallen neben hoher Härte auch eine hohe Zähigkeit?
12. Erklären Sie die Bezeichnung Cermet.
13. Wie werden Cermets hergestellt?

2.6.3 Zerspanbarkeit

2.6.3.1 Allgemeines

Der Begriff der *Zerspanbarkeit* oder *Bearbeitbarkeit* ist keine eindeutig definierte, quantitativ zu bewertende Werkstoffeigenschaft. Bei der spanabhebenden Bearbeitung metallischer Werkstoffe stellen sich für die Zerspanung mehr oder weniger günstige oder ungünstige Bedingungen ein, Stähle mit mittlerem Kohlenstoffgehalt sind im Vergleich zu hochlegierten Stählen meist einfacher zu bearbeiten, da die Spanbildung und der Werkzeugverschleiß weniger Schwierigkeiten bereiten. Unterschiedliche Werkstoffeigenschaften, Zusammensetzung und Vorbehandlung eines Werkstoffs beeinflussen die Bearbeitbarkeit eines Werkstoffs ebenso, wie das angewendete Bearbeitungsverfahren und die Werkzeugparameter (**Bild 1**).

Zur Beurteilung der Zerspanbarkeit werden häufig Prozessbeobachtungen wie Spanbildung, Zerspanungskräfte, Aufbauschneidenbildung und Verschleißkenngrößen wie die Verschleißmarkenbreite VB oder der Kolkverschleiß K herangezogen, Werkstückbezogene Qualitätskriterien (Oberflächengüte und Maßhaltigkeit), wirtschaftliche Bewertungsgrößen (Werkzeugstandzeit bzw. Standmenge) und die Zerspanungskosten dienen auch als Vergleichsmöglichkeiten.

2.6.3.2 Einflüsse auf die Zerspanbarkeit

Werkstoffeigenschaften

Härte, Festigkeit und Verformungsfähigkeit stellen zentrale Eigenschaften dar und beeinflussen somit die Zerspanbarkeit eines Werkstoffs in großem Maße.

Harte Werkstoffe mit geringem plastischen Verformungsanteil begünstigen im Allgemeinen die Spanbildung, da die aufzuwendende Zerspanungsleistung durch die geringe elastische und plastische Verformung des Werkstoffs bei der Spanabnahme zum größten Teil zur Werkstofftrennung umgesetzt wird. Werkstoffe, bei denen die Zerspanbarkeit als gut zu bezeichnen ist, stellen meist einen Kompromiss zwischen Härte und Verformungsfähigkeit dar.

Gefügezusammensetzung

Bei unlegierten und niedrig legierten (Legierungsbestandteile < 5%) Qualitätsstählen wird die Zerspanbarkeit im Wesentlichen durch den Kohlenstoffgehalt und die damit zusammenhängende Gefügezusammensetzung bestimmt.

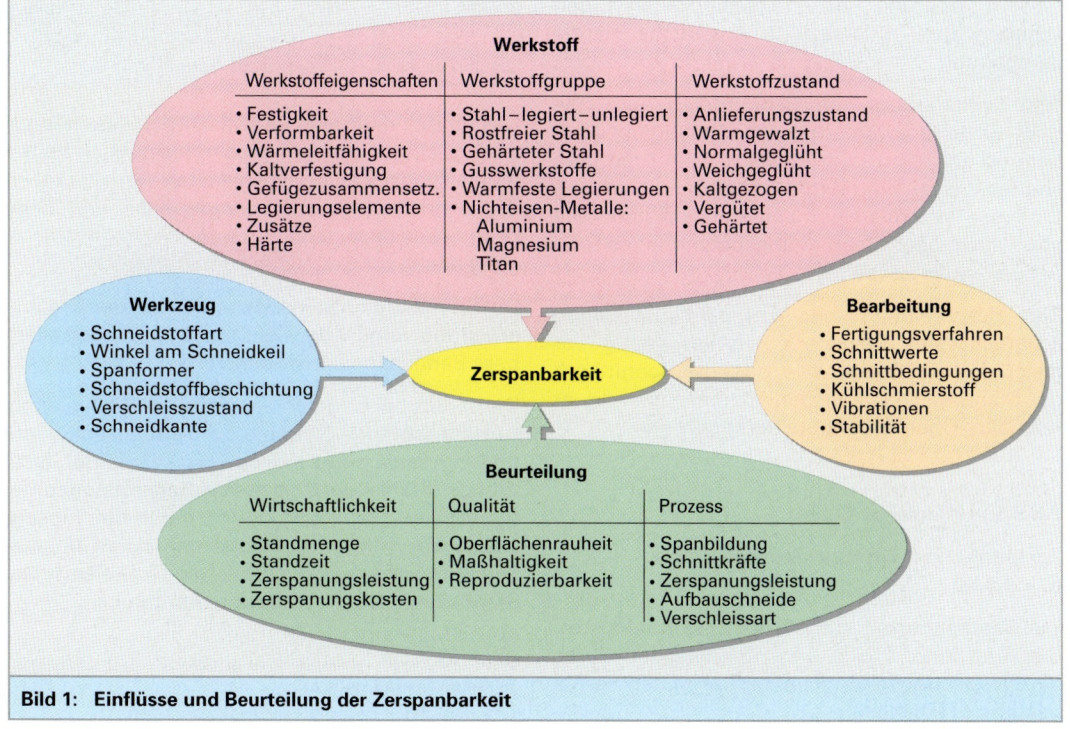

Bild 1: Einflüsse und Beurteilung der Zerspanbarkeit

Im ungehärteten Zustand setzt sich das Gefüge aus den Grundbestandteilen

- Ferrit (α-Eisen),
- Zementit (Fe_3C, Eisenkarbid) und
- Perlit

zusammen, die die Zerspanbarkeit des Stahls direkt beeinflussen **(Bild 1)**.

Ferrit: besteht aus reinem Eisen und besitzt bei geringer Härte und Festigkeit eine hohe plastische Verformungsfähigkeit und kann deshalb als weich und gut verformbar bezeichnet werden,

Zementit: ist mit einem C-Gehalt von 6,6 % der härteste Gefügebestandteil. Durch seine hohe Härte (HV 1100) wirkt sich bereits ein geringer Fe_3C-Anteil in der Gefügematrix negativ auf die Standzeit des Werkzeugs aus.

Perlit: ist mit einem C-Gehalt von 0,8 % eine eutektoide Mischung aus 87 % Ferrit und 13 % Zementit. Entsprechend dem Lösungsgleichgewicht lagert sich Zementit streifenförmig (lamellar) im Ferrit ab.

Zerspanbarkeit unterschiedlicher Werkstoffgruppen

Die Werkstoffgruppen unlegierte und legierte Stähle, Gusseisen- und Nichteisenmetalle erfordern aufgrund der unterschiedlichen Eigenschaften stark differenzierte Ansprüche an die Zerspanung.

Die Optimierung der Schnittdaten und die Schneidstoffauswahl zur spanabhebenden Bearbeitung erfordern vom Anwender ein breit gefächertes Wissen über Werkstoffzusammensetzung. Einflüsse verschiedener Legierungsbestandteile, aber auch über Bearbeitungsbedingungen und Schneidstoffauswahl.

Zur Beschreibung der Zerspanbarkeitseigenschaften eines Werkstoffs werden häufig vergleichbare Kennwerte wie z. B. die Schnittkraft, die Standzeit, das Zeitspanvolumen oder die erreichbare Oberflächengüte herangezogen.

2.6.3.3 Unlegierter Stahl

Zerspanbarkeit untereutektoider Stähle (C < 0,8 %)

Die Bearbeitbarkeit von Stählen mit Kohlenstoff-Gehalten unter 0,25 % wird überwiegend durch die Zerspanungseigenschaften des reinen Ferrits bestimmt **(Tabelle 1)**.

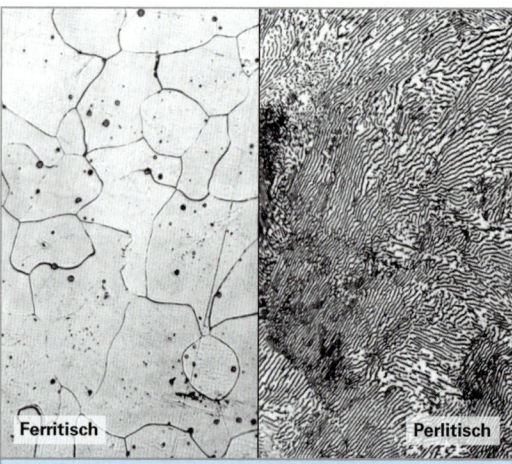

Bild 1: Ferritisches[1] und perlitisches[2] Stahlgefüge

Tabelle 1: Werkstoffeigenschaften von Kohlenstoffstählen in Abhängigkeit vom Kohlenstoffgehalt

Werkstoff		Mechanische Eigenschaften (Mittelwerte)				
	Nr.	R_e N/mm²	R_m N/mm²	A %	HV	$k_{c1.1}$ N/mm²
C22	1.0402	220	410	25	120	1390
C35	1.0501	285	520	19	160	1450
C60	1.1221	360	670	11	210	1690

R_e = Streckgrenze, A = Bruchdehnung, HV 10 = Härte nach Vickers, $k_{c1.1}$ = Spezifische Schnittkraft

Das kubisch-raumzentrierte Kristall (krz) des α-Eisens erzeugt aufgrund seiner großen plastischen Verformungsfähigkeit an der bearbeiteten Werkstückoberfläche größere Oberflächenrauigkeiten und führt beim Schneidenaustritt durch die Werkstoffverdrängung häufig zur Gratbildung am Werkstück.

Die Spanbildung ist insbesondere bei der Drehbearbeitung ungünstig, da sich schwer kontrollierbare Bandspäne entwickeln.

Die bereits bei niederen Schnittgeschwindigkeiten zu beobachtende Neigung zur Aufbauschneidenbildung kann aufgrund der Weichheit der ferritischen Stähle durch positive Schneidengeometrie (Spanwinkel γ = 6° ... 10°), durch den Einsatz geeigneter Kühlschmierstoffe und durch höhere Schnittgeschwindigkeit bei vergleichsweise guten Standzeiten deutlich reduziert werden.

---

[1] von lat. ferrum = eisen, ferritisches Gefüge = fast kohlenstofffreies Eisenkristallgefüge

[2] von engl. pearl-like luster = perlengleicher Glanz

Mit zunehmendem Kohlenstoffgehalt (0,25 % < C < 0,8 %) nimmt der Anteil der perlitischen Gefügebestandteile zu. Bei einem C-Gehalt von 0,8 % liegt ausschließlich Perlit (eutektisches Gefüge) in der Gefügematrix vor. Durch die höhere Härte und dem geringeren Verformungsanteil des Perlits werden die Zerspanungseigenschaften des Stahlgefüges jetzt überwiegend durch den Perlitanteil bestimmt.

Die sich verringernde plastische Verformungsfähigkeit der Gefügematrix verbessert die Oberflächengüte und erzeugt günstigere Spanformen bei der Zerspanung. Die Gratbildung beim Schneidenaustritt und die Bildung der Aufbauschneide auf der Spanfläche der Werkzeugschneide werden geringer.

Die harten Zementitlamellen im Perlitgefüge erzeugen neben höheren Zerspanungskräften und Temperaturen eine abrasive Verschleißwirkung auf die Schneidkante und damit einen größeren Werkzeugverschleiß **(Bild 1)**.

Die auf der Spanfläche wirkenden größeren Umformungskräfte bei der Spanbildung erzeugen durch Abrasions- und Diffusionserscheinungen, insbesondere bei unbeschichteten Schneidstoffen (HSS, HM) frühzeitig zum Standzeitende durch Auskolkung. Zur Zerspanung dieser Stähle eignen sich, auch bei höheren Schnittgeschwindigkeiten, mit verschleißfestem Titankarbid (TiC) und Titannitrid (TiN) beschichtete Schneidstoffe mit einem stabilen Schneidkeil.

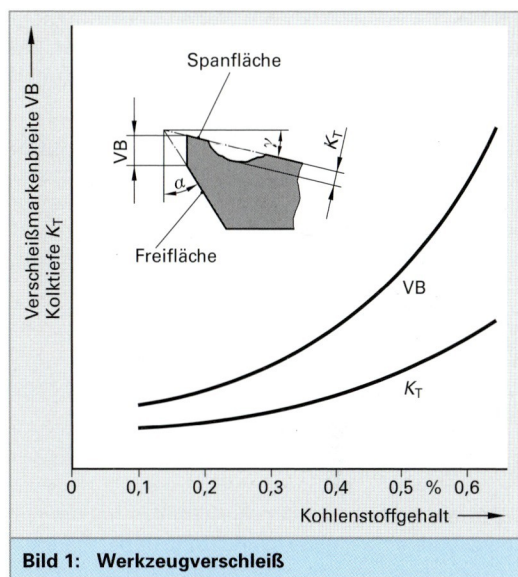

Bild 1: Werkzeugverschleiß

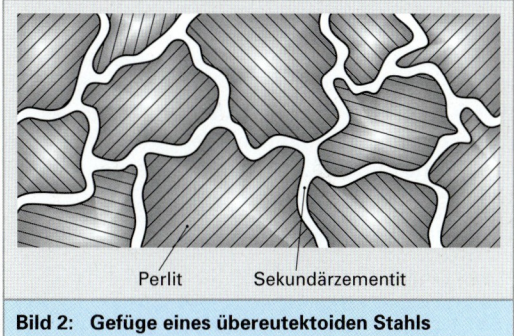

Bild 2: Gefüge eines übereutektoiden Stahls

> Zementit als Eisenkarbid ist der härteste Gefügebestandteil im Stahl.

Zerspanbarkeit übereutektoider Stähle (0,8 % < C < 2 %)

Bei Stählen mit einem übereutektoiden Gefüge ist das Lösungsgleichgewicht zwischen Ferrit und Zementit in Form von perlitischem Gefüge vollständig erreicht und bei mehr als 0,8 % Kohlenstoff überschritten **(Bild 2)**. Hierbei scheidet sich der überschüssige Kohlenstoff schalenförmig als Zementit (Fe_3C) an den Korngrenzen des Perlits (Korngrenzenzementit) im Gefüge aus.

Dieser härteste Gefügebestandteil wirkt auf die Werkzeugschneide zusätzlich abrasiv. Insbesondere bei hohen Schnittwerten erliegt die Schneidkante an Freifläche und an Spanfläche bei nicht ausreichender Verschleißfestigkeit in kurzer Zeit der großen mechanischen und thermischen Belastung.

2.6.3.4 Legierter Stahl

Einfluss der Legierungselemente

Neben dem wichtigsten Legierungselement im Stahl, dem Kohlenstoff, beeinflussen eine Reihe anderer Legierungselemente die mechanischen Eigenschaften und die Zerspanbarkeit dieses Werkstoffs. Die überwiegende Anzahl der Legierungselemente im Stahl verschlechtern seine Bearbeitbarkeit. Ausnahmen sind Phosphor (P) und Schwefel (S), die insbesondere bei Automatenstählen die Verformungsfähigkeit reduzieren und deshalb günstige Spanformen und gute Oberflächengüten ermöglichen.

Elemente wie Chrom, Molybdän, Vanadium und Wolfram wirken härtesteigernd und bilden vor allem bei Stählen mit höheren Kohlenstoffgehalten sehr harte Mischkarbide aus, die bei der Zerspanung großen Werkzeugverschleiß verursachen.

Stähle mit weniger als 5 % Anteil Legierungselemente werden als niedriglegiert bezeichnet. Beträgt der Legierungsanteil mehr als 5 % handelt es sich um hochlegierte Stähle.

Da mit zunehmendem Anteil an Legierungszusätzen die Härte und Festigkeit des Stahls gesteigert werden, stellen i. A. hochlegierte Stähle zur wirtschaftlichen Zerspanung gesteigerte Ansprüche an Schneidstoff und Zerspanungsprozess **(Tabelle 1)**.

Hochlegierter Stahl

Der mittlere Gehalt mindestens eines Legierungselements liegt über 5 %.

Rostfreier Stahl

Rostfreie Stähle stellen innerhalb der hochlegierten Stähle eine eigene Werkstoffgruppe. Hauptlegierungselement mit meist über 12 % ist Chrom, der die Korrosionsbeständigkeit und Festigkeit des Stahls deutlich verbessert. Neben Chrom werden noch andere Legierungszusätze wie Nickel und Molybdän eingesetzt, um die mechanischen Eigenschaften und damit den Anwendungsbereich dieser Stähle zu erweitern. Je nach Anteil der Legierungselemente und nach dem Kohlenstoff-Gehalt werden Rostfreie Stähle entsprechend ihrem Gefügeaufbau eingeteilt in:

- ferritisch 12 bis 30 % Cr, Ni, Mo, C < 0,2 %
- martensitisch 12 bis 20 % Cr, 2 bis 4 % Ni, 0,2 % < C < 1,0 %
- austenitisch 12 bis 30 % Cr, 7 bis 25 % Ni, C < 0,08 %.

2.6.3.5 Rostfreie Stähle

Rostfreie Stähle mit ferritischem Gefüge

Die ferritische Gefügematrix **(Bild 1)** niedrig gekohlter Stähle wird durch alleiniges Zulegieren von Chrom unwesentlich beeinflusst. D. h., nichthärtbare rostfreie Chromstähle haben ähnliche Zerspanbarkeitseigenschaften wie unlegierte Stähle mit niedrigem C-Gehalt (bei 13 % Chrom C < 0,06 %, bei 30 % Chrom C < 0,25 %). Durch die Bildung von Chrom-Karbiden in der Gefügematrix erhöhen sich die Festigkeitswerte geringfügig.

Rostfreie Stähle mit martensitischem Gefüge

Ferritische Chromstähle mit einem C-Gehalt über 0,2 % sind härtbar und bilden nach dem Härteprozess eine martensitische Gefügestruktur aus. Entsprechend dem höheren Kohlenstoffanteil steigt auch die Menge der Cr-Karbide in der ferritischen Matrix. Durch die auf die Werkzeugschneide stark abrasiv wirkenden Karbide verschlechtern sich auch die Zerspanbedingungen. Die Bearbeitung dieser Stähle erfolgt meist vor dem Härten.

Tabelle 1: Einfluss der Legierungselemente auf die Zerspanbarkeit

Legierungselement	Einfluss
Kohlenstoff C < 0,3 %, C > 0,6 % 0,3 % < C < 0,6 %	↓ ↑
Silizium	↓
Mangan bei Perlit	↓
Mangan bei Austenit	↓↓↓
Chrom	↓
Nickel bei Perlit	↓
Nickel bei Austenit	↓↓↓
Wolfram	↓↓
Vanadium	↓
Molybdän	↓
Schwefel	↑↑↑
Phosphor	↑↑

↑ verbessernder Einfluss, ↓ verschlechternder Einfluss

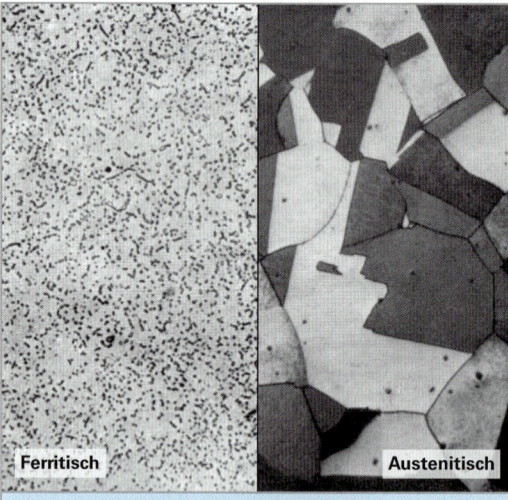

Bild 1: Ferritisches Gefüge (links) und austhentisches Gefüge (rechts)

> Der spanenden Bearbeitung ferritischer Chromstähle mit einem C-Gehalt größer 0,2 % erfolgt meist vor dem Härten.

Rostfreie Stähle mit austenitischem Gefüge

Durch Zulegieren größerer Mengen Nickel bildet sich im Rostfreien Stahl ein unmagnetisches, austenitisches Gefüge aus. Austenitische Stähle mit 18 % Chrom und 8 % Nickel (Typ 18/8) werden aufgrund ihrer guten Korrosionsbeständigkeit vor allem im Apparate- und Anlagenbau eingesetzt, Säurebeständige Stähle werden zusätzlich mit Molybdän legiert (18/8 + 2 % Mo) **(Tabelle 1)**.

Nickel als starker Austenitbildner führt in Verbindung mit Chrom zu einer Stabilisierung des Austenits bis zur Raumtemperatur. Dieser Austenit wird bei sehr tiefen Temperaturen oder bei Kaltverformung instabil und wandelt sich zum Teil in Martensit um. Dies wirkt sich bei der Hartmetallbearbeitung als Restaustenitumwandlung aus.

Tabelle 1: Werkstoffkennwerte Rostfreier Stähle

Werkstoff	Chem. Zusammensetzung in %				Mech. Eigenschaften		
	C	Cr	Ni	Mo	$R_{p0,2}$ N/mm²	R_m N/mm²	A %
ferritisch X6Cr17	0,06	17	–	–	240	400-630	20
martensitisch X39CrMo17-1	0,39	17	–	1	550	750-950	20
austenitisch X10CrNi18-8	0,10	18	8	–	195	500-750	40
X2CrNiMo18-15-4	0,02	18	15	4	220	500-750	40

Die Bearbeitbarkeit von rostfreien Stählen

Allgemein verschlechtert sich die Bearbeitbarkeit von Rostfreien Stählen mit zunehmendem Chromgehalt. Kohlenstoffgehalte über 0,8 % verursachen durch zunehmende Karbidbildung eine stark abrasive Wirkung auf die Werkzeugschneide, Mit verstärkter Karbidbildung der Legierungselemente (**Bild 1**) mit Kohlenstoff sinkt der Anteil des Restkohlenstoffs in der Stahlmatrix, was die Neigung zur Aufbauschneidenbildung steigert.

Die Bearbeitung von Rostfreien Stählen mit hohen Schnittgeschwindigkeiten bei geringem Vorschub führt wegen der großen Belastung häufig zu einer plastischen Deformation der Schneidkante oder zu übermäßigem Kolkverschleiß auf der Spanfläche. Im umgekehrten Fall mit niedriger Schnittgeschwindigkeit v_c und großem Vorschub f kann es zu einer mechanischen Überbeanspruchung der Schneidkante und zu Ausbröckelungen kommen.

Im Vergleich zu unlegierten Kohlenstoffstählen hat insbesondere austenitischer Rostfreier Stahl bei hoher Warmhärte eine geringe Wärmeleitfähigkeit.

Dies bedeutet, dass während der Bearbeitung vom Werkstoff selbst nur wenig Wärme aufgenommen wird. Aufgrund des großen Zerspanungswiderstandes austenitischer Stähle entsteht in der Scherzone eine beträchtliche Zerspanungswärme, die zum größten Teil mit dem abfließenden Span über die Spanfläche des Schneidwerkzeugs abgeführt wird.

Für eine verschleißarme Zerspanung sollte die Schneidkantentemperatur und die Spanflächentemperatur durch eine wirkungsvolle Kühlung reduziert werden.

Bild 1: Legierungsbestandteile

Bei der Zerspanung von metallischen Werkstoffen verformt sich der Werkstoff aufgrund des großen Schnittdruckes in der Scherzone abhängig von den mechanischen Eigenschaften zu einem geringen Teil plastisch. Diese Kaltverformung vor der Schneidkante verursacht einen Kaltverfestigungseffekt im Werkstoffgefüge (Verformungshärten).

Während sich das Verformungshärten bei Rostfreien Stählen mit ferritischer und martensitischer Gefügematrix, bei unlegierten und niedriglegierten Kohlenstoffstählen wegen der geringen Kaltverfestigung beim Zerspanungsvorgang kaum auswirkt, tritt dieser Effekt aber bei Stählen mit austenitischem Gefüge negativ in Erscheinung,

Die Ursache für die Härtesteigerung in der Schnittzone liegt in der Umwandlung des weichen und metastabilen austenitischen Gefüges in ein martensitisches Gefüge bei hoher Verformungsgeschwindigkeit. Aus diesem Grund sollten austenitische rostfreie Stähle mit geringeren Schnittgeschwindigkeiten und höherem Vorschub bearbeitet werden.

2.6.3.6 Gusswerkstoffe

Eisen-Kohlenstoff-Legierungen mit einem C-Gehalt von über 2 % werden als Gusswerkstoffe bezeichnet. Entscheidend über die Eigenschaften und den Verwendungszweck von Gusswerkstoffen ist die Graphitausbildung im Gefüge (**Bild 1 und 2, folgende Seite**).

Je nach Form und Größe der Graphitkristalle unterscheidet man die Haupt-Gusstypen:

- Grauguss,
- Kugelgraphitguss (Sphäroguss),
- Vermicular-Graphitguss,
- Temperguss,
- Legierter Guss und Hartguss,

Verantwortlich für die Gefügeausbildung im Guss ist die Abkühlgeschwindigkeit aus der Schmelze und die Legierungsbestandteile wie Silizium und Mangan. Bei langsamen Abkühlgeschwindigkeiten haben die C-Atome genügend Zeit zur Bildung zusammenhängender freier Graphitbereiche im Gefüge (**Bild 1**). Steht diese Zeit aufgrund schneller Abkühlung nicht zur Verfügung, bildet sich überwiegend Zementit (Fe_3C) in einem perlitischem Grundgefüge.

Da Gusswerkstücke selten in allen Querschnittbereichen konstante Wanddicken haben, bilden sich durch die unterschiedlichen Abkühlgeschwindigkeiten der Wandstärken zwangsläufig verschiedene Gefügebereiche aus, die die Eigenschaften und die Zerspanbarkeit stark beeinflussen (**Bild 2**).

Je nach Wanddicke und Abkühlgeschwindigkeit bildet sich eine ferritische Grundmatrix mit eingelagerten Graphitbereichen (ferritischer Grauguss), Mischformen mit steigendem Perlitanteil (Perlitguss) bis hin zu graphitfreiem Hartguss (Weißguss).

Neben der Abkühlgeschwindigkeit beeinflussen verschiedene Legierungselemente die Kristallisation des Graphits im Gefüge,

Graphit bildet sich vorwiegend durch Zulegieren von Silizium und bei langsamer Abkühlung, Zmentit bildet sich vorwiegend durch Zulegieren von Mangan und bei schneller Abkühlung.

Silizium als Legierungsbestandteil (1 bis 3 %) erschwert die Karbidbildung im Gefüge und begünstigt dadurch die Ausscheidung von Graphit. Graphitbildende Legierungsbestandteile sind neben Silizium noch Nickel, Aluminium und Titan. Mangan als Legierungsbestandteil (0,5 bis 1 %) begünstigt die Karbidbildung im Gefüge und steigert so Härte und Festigkeit des Gusswerkstoffs.

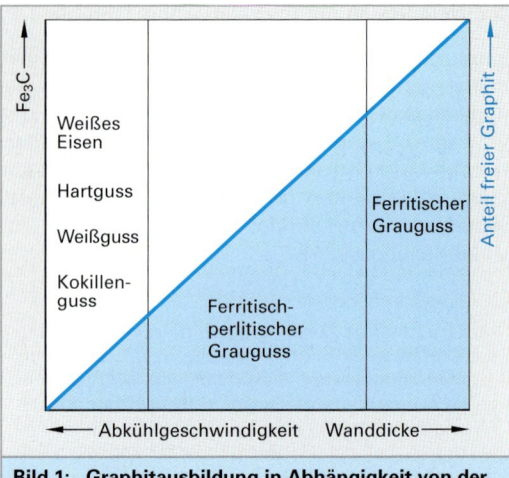

Bild 1: Graphitausbildung in Abhängigkeit von der Wanddicke und Abkühlgeschwindigkeit

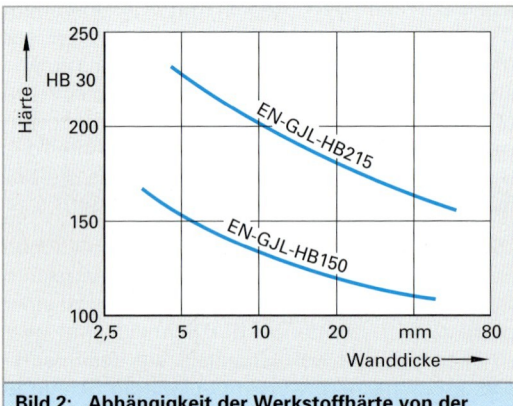

Bild 2: Abhängigkeit der Werkstoffhärte von der Wanddicke

Gusswerkstoffe mit überwiegend ferritischem Gefüge besitzen geringe Härte (< 150 HB). Das weiche und gut verformbare ferritische Grundgefüge neigt bei niedrigen Schnittwerten zur Bildung einer Aufbauschneide.

Mit zunehmenden Perlitanteil in der Gefügematrix nimmt die Härte und Festigkeit des Gusswerkstoffs zu. Je feiner die Lamellenstruktur des Perlits, desto höher sind die Festigkeitswerte des Werkstoffs. Die feinlamellare Verteilung der Fe_3C-Karbide stellt sich für die Bearbeitbarkeit als günstiger dar als eine groblamellare Struktur, da die Werkzeugschneide weniger Abrasionsverschleiß ausgesetzt ist.

Mit zunehmendem Karbidanteil im Gefüge verschlechtert sich auch die Bearbeitbarkeit des Gusswerkstoffs. Vor allem in Werkstückbereichen mit hoher Abkühlgeschwindigkeit wie z. B. Oberflächen, Ecken, Kanten und dünnwandige Bereiche wird die Bearbeitbarkeit durch die freien Karbide und durch die Mischkarbide der karbidbildenden Legierungselemente (Mangan, Molybdän, Chrom, Vanadium) deutlich erschwert.

Die spezifische Schnittkraft k_c ist im Vergleich zu den Stahlwerkstoffen niedriger. Die Schnittkraft unterliegt aber bei der Zerspanung wegen der inhomogenen Gefügeausbildung über den Bauteilquerschnitt stärkeren Schwankungen.

Werkstücke, die mit einem gießtechnischen Verfahren hergestellt wurden, zeigen häufig in Oberflächen nahen Randbereichen schlechtere Zerspanbarkeitsbedingungen als in innenliegenden Querschnittsbereichen. Diese „Gusshaut" entsteht durch die verstärkte Zementitausbildung bei rascher Abkühlung und durch nichtmetallische Einschlüsse (Formsand, Schlacke) und Oxidationsprodukten wie Verzunderung. Die differenzierte Schneidkantenbelastung erzeugt häufig an der Schneidkante ein partiell unterschiedliches Verschleißbild und führt zu einer verkürzten Standzeit.

Als Schneidstoffe für die Zerspanung von Gusswerkstoffen kommen beschichtete Hartmetalle, Keramiken und CBN zur Anwendung.

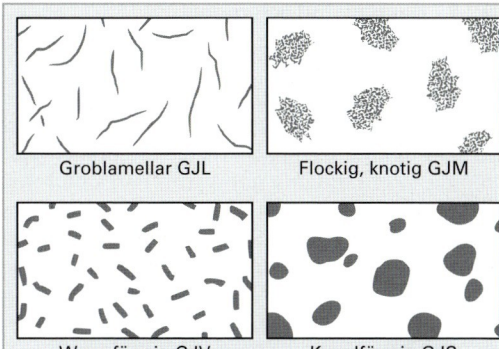

Bild 1: Graphitausbildung (schematisch) bei Gusseisenwerkstoffen

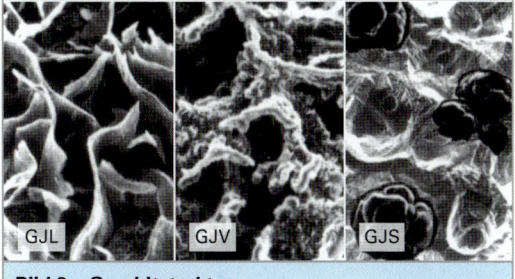

Bild 2: Graphitstruktur

Normung der Gusseisenwerkstoffe

Der Kurzname (**Tabelle 1**) besteht aus folgenden Bezeichnungspositionen (DIN EN 1560):

1. EN   Europäische Norm
2. GJ   Guss-Eisen
3. Angaben über die Graphitstruktur (**Bild 2**)
    - L   Lamellengraphit,
    - S   Kugelgraphit,
    - M   Temperkohle,
    - V   Vermiculargraphit
4. Mechanische Eigenschaften (Mindestzugfestigkeit R_m, Härte nach Brinell HB)

Tabelle 1: Gusseisensorten

Kurzbezeichnung	Gusseisensorte
EN-GJL –200	Gusseisen mit Lamellengraphit
EN-GJL –350	Gusseisen mit Lamellengraphit
EN-GJS –400	Gusseisen mit Kugelgraphit
EN-GJMW –400	entkohlend geglühter Temperguss (weiß)
EN-GJMB –450	nicht entkohlend geglühter Temperguss (schwarz)
EN-GJL –HB 215	Gusseisen mit Lamellengraphit
EN-GJL –HB 255	Gusseisen mit Lamellengraphit
EN-GJL –HB 150	Gusseisen mit Kugelgraphit
GS-45	Stahlguss
G 17CrMo5-5	Stahlguss
GX8CrNi12	Stahlguss

Wiederholung und Vertiefung

1. Welchen Einfluss hat der Kohlenstoffgehalt auf die Zerspanbarkeit von Stählen?
2. Wie ist die Zerspanbarkeit untereutektoider Stähle im Vergleich zu übereutektoider Stähle?
3. Wie kommt es zu erhöhtem Werkzeugverschleiß bei der Zerspanung legierte Stähle?
4. Beschreiben Sie ferritisches Gefüge und austenitisches Gefüge.
5. Wie wirkt sich der Siliziumgehalt auf die Zerspanbarkeit aus?
6. Welche Gefügeart führt bei Gusswerkstoffen zur Bildung von Aufbauschneiden?
7. Wie wirkt sich der Karbidanteil bei Gusswerkstoffen auf die Zerspanbarkeit aus?

2.6.3.7 Aluminium-Legierungen

Schmiede- oder Knetlegierungen

Alu-Knetlegierungen (Tabelle 1) sind wegen der vollständigen Lösung der Legierungselemente und der homogenen Mischkristallverteilung in der Aluminiumgrundmatrix gut warm- und kaltumformbar. Bei der spanenden Bearbeitung ist i. A. kein prozessbestimmender Schneidkantenverschleiß festzustellen. Die homogene Verteilung der wenig abrasiv wirkenden Mischkristalle im Gefüge (AlCuMg, Mg2Al3) erzeugt bei HM-Werkzeugen einen geringen Freiflächenverschleiß.

Die große Duktilität dieser Legierungen macht aber eine Zerspanung wegen der Schmierwirkung, Scheinspanbildung und Aufbauschneidenbildung schwierig. Zur Reduzierung dieser unerwünschten Erscheinungen und zur Vermeidung thermischer Gefügebeeinflussung (Weichfleckigkeit) wird entweder mit Kühlschmierstoff in Vollkühlung oder besser mit der Minimalmengen-Schmierung MMS gearbeitet. Bei der MMS wird ein System eingesetzt, das ca. 20 ml Öl pro Stunde in einem Luftstrom (Aerosol) auf die Spanfläche des Werkzeugs sprüht und somit als Gleit- und Trennmittel für den abfließenden Span dient.

Gusslegierungen

Alu-Gusslegierungen (Tabelle 2) sind gut zerspanbar. Hierbei handelt es sich legierungstechnisch um Zwei- oder Mehrstoffsysteme mit eutektischer Zusammensetzung. Eutektische Legierungen sind auch gut vergießbar, da sie einen niederen Schmelzpunkt haben, bei der eutektischen Temperatur ohne Haltezeit erstarren und eine geringe Schwindung besitzen. Bei entsprechender Prozessführung entsteht ein feinkörniges Gefüge mit guten Festigkeitswerten. Bei dem Zweistoffsystem Aluminium-Silizium stellt sich eine eutektische Zusammensetzung bei ca. 12 % Silizium ein.

Die Art und Menge der zulegierten Elemente beeinflussen den Gefügeaufbau und die Eigenschaftswerte der Alu-Legierung (Bild 1). Hauptlegierungselemente sind Silizium (Si), Zink (Zn), Zinn (Sn), Blei (Pb), Mangan (Mn), Magnesium (Mg), Eisen (Fe) und Kupfer (Cu) (Tabelle 3). Bei den nichtaushärtbaren Legierungen werden die Festigkeitseigenschaften durch die Mischkristallbildung der Legierungselemente und durch eine entsprechende Kaltverfestigung beim Herstellprozess der Halbzeuge (z. B. Strangpressprofile, Bleche) bestimmt. Bei kalt- oder warmaushärtbaren Alu-Legierungen wird die Festigkeitssteigerung durch die Bildung von intermetallischen Phasen wie z. B. Mg2Si, Al5Cu2Mg oder Al2Mg3Zn3 erreicht.

Aushärten

Das Ausharten ist ein diffusionsabhängiger Vorgang im Mischkristallgefüge, bei dem durch Ausscheidungsvorgänge die Gleitebenen im Gefüge blockiert werden. Dies führt zu einer Festigkeitssteigerung der Legierung, da zum Verschieben der Gleitebenen größere Kräfte notwendig sind.

Tabelle 1: Aluminium-Knetlegierungen

Aluminium-Knetlegierungen (Auswahl) EN AW-	
nicht aushärtbar	aushärtbar
AlMg3	AlCuPbMgMn
AlMg3Mn	AlCu4SiMg
AlMg4,5Mn0,7	AlZn5Mg3Cu

Tabelle 2: Aluminium-Gusslegierungen

Aluminium-Gusslegierungen (Auswahl) EN AC-	
untereutektisch	AlSi7Mg
eutektisch	AlSi12
übereutektisch	AlSi17CuNiMg

Tabelle 3: Einflüsse der Legierungsbestandteile

	Si	Zn	Pb	Mn	Mg	Fe	Cu
Festigkeit					↑	↑	↑
Bearbeitbarkeit			↑				↑
Verformbarkeit				↑			
Gießbarkeit	↑	↑		↑			
Korrosionsbeständigkeit	↑					↑	

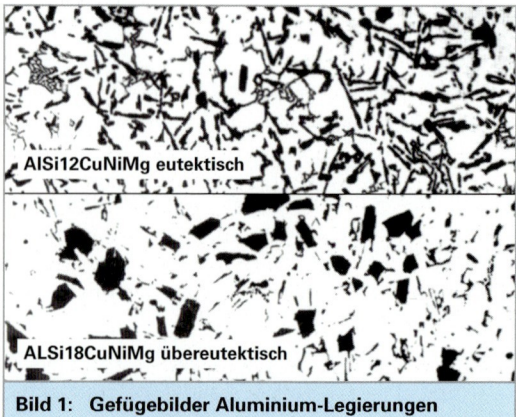

AlSi12CuNiMg eutektisch

ALSi18CuNiMg übereutektisch

Bild 1: Gefügebilder Aluminium-Legierungen

2.6.3.8 Bearbeitung harter Stahlwerkstoffe

Hart-Zerspanung

Die Bearbeitung von Stahl- und Gusseisenwerkstoffen mit Härten von 50 bis 62 HRC ist heute nicht mehr ausschließlich dem Schleifen vorbehalten. Verbesserte Kenntnisse über den Zerspanungsvorgang und die Entwicklung hochharter, verschleißbeständiger und temperaturbeständiger Schneidstoffe wie z. B. Hartmetall Schneidkeramik und Bornitrid ermöglichen eine spanende Bearbeitung mit definierter Schneidengeometrie.

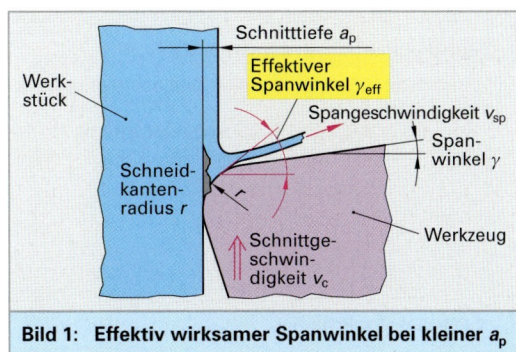

Bild 1: Effektiv wirksamer Spanwinkel bei kleiner a_p

Besondere Anforderungen an Schneidstoffe in der Hartbearbeitung:

- Abrasionsbeständigkeit und Oxidationsbeständigkeit,
- Hohe Schneidkantenstabilität,
- Wärmebeständigkeit und Warmhärte,
- Druckfestigkeit und Biegefestigkeit.

Tabelle 1: Schnittwerte für Hartfräsen

Kühlmittel ● Emulsion ● Öl ● Luft	Zugfestigkeit N/mm²	Härte	Kühlmittel	v_c m/min
Werkzeugstähle	≤ 850 850 bis 1000		● ●	153 bis 187 126 bis 154
Schnellarbeitsstähle	≤ 650 bis 1000		●	94 bis 116
Federstähle	≤ 330	HB	●	94 bis 116
Gehärtete Stähle	≤ 40 bis 48 > 48 bis 60	HRC HRC	● ●	49 bis 61 40 bis 50
Gusseisen	≤ 240 < 300	HB HB	● ● ● ●	220 bis 270 202 bis 248
Kugelgraphitguss und Temperguss	≤ 240 < 300	HB HB	● ●	180 bis 220 157 bis 193
Hartguss	≤ 350	HB	●	99 bis 121

Stahlwerkstoffe mit hoher Härte beinhalten entweder einen großen Martensitanteil im Gefüge oder eine entsprechende Menge an metallischen Kohlenstoffverbindungen (Karbide). Das bei Raumtemperatur fehlende plastische Verformungsvermögen führt gegenüber duktilen Stählen bei der Bearbeitung zu einem veränderten Zerspanungsvorgang. Wegen der großen Zerspanungskräfte und den hohen Temperaturen in der Kontaktzone der Schneidkante und dem Werkstoff müssen der Schneidkeil und die Schneidkante stabil ausgeführt werden.

Bei den üblicherweise geringen Spanungsdicken treten im Bereich der Schneidkantenverrundung durch elasto-mechanische Verformungen große Druck- bzw. Schubspannungen in Richtung der Spanwurzel auf, die die Werkstofffestigkeit überschreiten und eine Werkstofftrennung durch Rissbildung verursachen.

Das gleichzeitige Auftreten hoher spezifischer Schnittkräfte mit einem, bei kleinen Spanungsdicken effektiv negativ wirksamen Spanwinkel (**Bild 1**) und durch Reibungs-, Trenn- und Umformungsvorgänge verursachte hohe Zerspanungstemperatur an der Spanwurzel führen zu einer geringen plastischen Verformbarkeit des Spanes und ermöglichen hierbei sogar zusammenhängende Spanformen.

Die Verwendung von Schneidstoffen mit hoher Warmhärte wie Schneidkeramik und Kubisches Bornitrid (**Bild 1, folgende Seite**) ermöglichen große Schnittgeschwindigkeiten, ohne dass der Schneidkeil unter dem Einfluss der Zerspanungstemperatur erweicht und seine Härte und Verschleißfestigkeit verliert. Durch die geringe Wärmeleitfähigkeit dieser Schneidstoffe bleibt die entstehende Zerspanungswärme in der Scherzone und wird zu 80 bis 90 % mit den Spänen abgeführt.

Steigert man die Schnittgeschwindigkeit in einen Bereich, bei dem der Span zu glühen beginnt, vermindert sich die mechanische Festigkeit des Werkstückwerkstoffs in der Scherzone und im Span (**Tabelle 1**).

Nicht nur die Werkzeuge werden bei der Hartbearbeitung stark beansprucht. Auch die Maschinen müssen höchste Anforderungen hinsichtlich Steifigkeit und Dämpfungsverhalten erfüllen, damit die gewünschten Schnittwerte gefahren und die geforderte Präzision erreicht werden können.

Feinstkornhartmetall der Gruppe K
- Hohe Schneidkantenstabilität und ausreichende Warmhärte
- Korngröße < 0,7 µm, Wolframgehalt > 90 %
- Beschichtung mit TiAlN oder TiCN

Schneidkeramik

Mischkeramik, CM
- hauptsächlich Schlichtbearbeitung bei Stahl
- für kontinuierlichen Schnitt wegen geringer Zähigkeit
- Al_2O_3 + TiC (30 % bis 40 %)
- für Schnitttiefen < 0,1 mm
- Gegenüber CBN geringere Werkzeugkosten.

Siliziumnitridkeramik, CN für Gussbearbeitung

Kubisches Bornitrid BN

Für durchgehärtete Werkstücke, da weichere Gefügebestandteile eine geringere Werkzeugstandzeit ergeben. Je härter der zu bearbeitende Werkstoff, desto besser. Bei Verwendung von BN als Schneidstoff sind stabile Maschinen, Werkzeug- und Werkstückaufspannung erforderlich.

Schneidkantenverrundung und negativ gefasste Schneidkanten erhöhen die Stabilität der Wendeschneidplatte und die Prozesssicherheit der Zerspanung.

Die Zusammensetzung des BN entscheidet über den Anwendungsfall:

- Hartbearbeitung mit hoher Zerspanungsleistung
  Grobkörnige BN mit 5 bis 12µm Korngröße
  hoher BN-Gehalt (80 %)
  Geringer Bindphasenanteil.

- Feinbearbeitung mit geringer Schnitttiefe a_p und kleinem Vorschub f
  Feinkörnige BN mit Korngröße 0,5 µm bis 3 µm, niedriger BN-Anteil.

Bild 1: Schneidstoffe in der Hartbearbeitung

Hartfräsen statt Schleifen

Durch Hartfräsen soll an einem gehärtetem Werkstück eine vorgearbeitete Nut fertigbearbeitet werden (**Bild 1**).
Werkzeug: Feinstkornhartmetall-Schaftfräser TiAlN-Monolayer-Beschichtung
Durchmesser d = 10 mm
Zähnezahl z = 6; **Werkstoff:** X153CrMoV12 (1.2379);
Schnittparameter: Vorschub/Zahn f_z = 0,07 mm, Schnitttiefe a_p = 10 mm, Schnittbreite a_e = 0,2 mm.

1. In einem Zerspanungsversuch wird der Standweg in Abhängigkeit von der Schnittgeschwindigkeit untersucht.
   Wie groß ist die maximale Standmenge N?

$$N = \frac{L}{l} = \frac{\text{Standweg}}{\text{Vorschubweg}} = \frac{32000 \text{ mm}}{200 \text{ mm}} = 160$$

2. Vergleich der Hauptnutzungszeiten beim Hartfräsen und Seitenschleifen. Bearbeitungszugabe je Seite f = 0,2 mm.

Hartfräsen:
Drehzahl: $n = \frac{v_c}{\pi \cdot d} = \frac{70 \text{ m/min}}{\pi \cdot 0,01 \text{ m}} = 2228 \text{ min}^{-1}$

Vorschub: $f = f_z \cdot z$ = 0,07 mm · 6 = 0,42 mm
beidseitige Bearbeitung der Nut, Schnitt i = 2
Vorschubweg $L = l_a + l + l_u$ = 100 mm + 2 mm + 2 mm

Hauptnutzungszeit $t_h = \frac{L \cdot i}{n \cdot f}$

$t_h = \frac{104 \text{ mm} \cdot 2}{2228 \text{ min}^{-1} \cdot 0,42 \text{ mm}} = 0,22 \text{ min}$

Hauptnutzungszeit t_h = 13,3 s

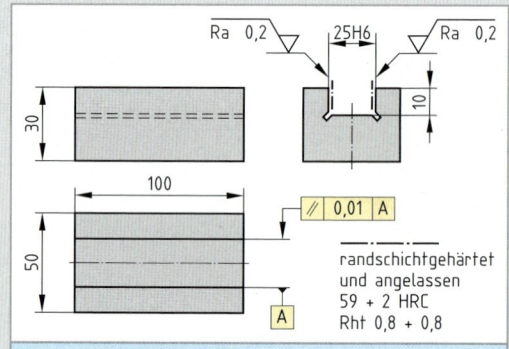

Bild 2: Hartfräsen einer Nut

Seitenschleifen:
Scheibendurchmesser: D = 200 mm
Quervorschub: f = 0,04 mm / Hub
Vorschubweg eine Nutseite: $L = l + l_a + l_u$
L = 100 mm + 45 mm + 45 mm = 190 mm
Schleifbreite B = 0,2 mm

Hubzahl $n = \frac{v_f}{L} = \frac{20 \text{ m/min}}{0,19 \text{ m}} = 105$ Hub/min

Anzahl der Schnitte $i = \frac{t}{a} + 2 = \frac{0,2 \text{ mm}}{0,04 \text{ mm}} + 2 = 7$

Hauptnutzungszeit t_h (eine Nutseite)

$t_h = \frac{i}{n} \cdot \left(\frac{B}{f} + 1\right) = \frac{7}{105 \text{ min}^{-1}} \cdot \left(\frac{0,2 \text{ mm}}{0,04 \text{ mm}} + 1\right) = 0,40 \text{ min}$

Hauptnutzungszeit t_h = 0,8 min = 48 s

Randzonenbeeinflussung bei der Hartbearbeitung.

Die großen, auf die Werkstückoberfläche wirkenden, Druckspannungen erzeugen mit zunehmendem Freiflächenverschleiß am Schneidkeil, in der oberflächennahen Randschicht der Bearbeitungsebene durch die Umwandlung des Restaustenits im Gefüge, eine Werkstoffverfestigung **(Bild 1)**. Bei hoher mechanischer Belastung und hoher Prozesstemperatur entsteht in der Bearbeitungsebene bei starker Abkühlung eine martensitische Gefügeschicht, die zusätzliche Werkstoffeigenspannungen und eine Härtesteigerung erzeugt.

Der Einsatz von Kühlschmierstoffen bei der Hartzerspanung führt aufgrund der hohen Zerspanungstemperaturen und der Thermoschockempfindlichkeit hochharter Schneidstoffe zu keiner verbesserten Situation, so dass sich bei diesen schwierigen Bedingungen die Trockenbearbeitung aus technologischen, ökonomischen und ökologischen Gründen anbietet.

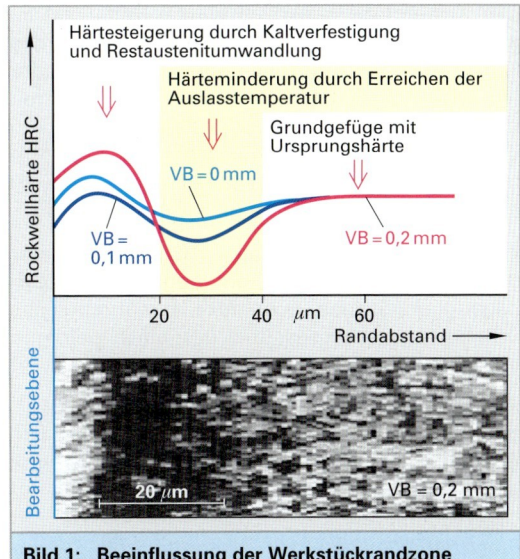

Bild 1: Beeinflussung der Werkstückrandzone

2.6.4 Drehen

2.6.4.1 Allgemeines

Für die spanabhebende Herstellung zylindrischer Werkstückgeometrien wird das Fertigungsverfahren Drehen angewendet. Bei der Drehbearbeitung führt das Werkstück eine rotatorische Hauptschnittbewegung und das einschneidige Werkzeug die Vorschubbewegung aus **(Bild 2)**. Bei entsprechender Zustelltiefe ergibt sich durch die Überlagerung von Hauptschnitt- und Vorschubbewegung eine formgebende Spanabnahme. Führt das Werkzeug eine zum Werkstück achsparallele Vorschubbewegung aus, ergibt sich in Abhängigkeit der Schnitttiefe a_p eine Reduzierung des Werkstückdurchmessers:

$$a_p = \frac{D-d}{2} \quad \text{bzw.} \quad d = D - (2 \cdot a_p)$$

In diesem Fall spricht man von Längsdrehen **(Bild 3)**. Wird die Stirnseite eines Werkstückes bearbeitet, ist die Vorschubbewegung des Werkzeugs in radialer Richtung, d. h. senkrecht zur Werkstückachse. Dieses Drehverfahren nennt man Plandrehen (Bild 3). Überlagert man die beiden möglichen Vorschubbewegungen, sind gekrümmte oder auch konische Werkstückformen herstellbar. Dieses Drehverfahren wird als Formdrehen bezeichnet **(Bild 4)**.

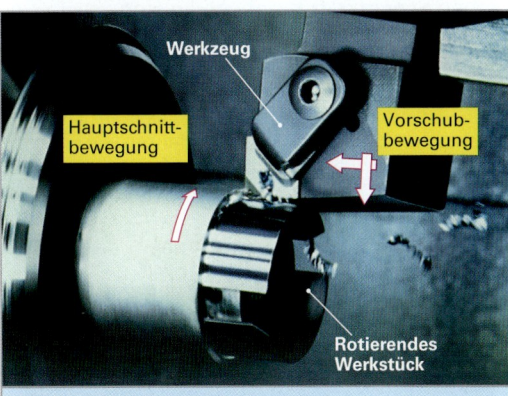

Bild 2: Drehbearbeitung

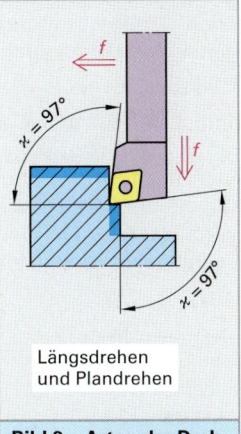

Bild 3: Arten der Drehbearbeitung

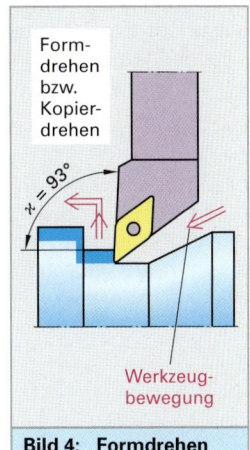

Bild 4: Formdrehen bzw. Kopierdrehen

Das Anwendungsspektrum wird erweitert durch spezielle Drehverfahren wie das Gewinde-, das Nuten-, das Abstechdrehen und das Innenausdrehen. Die eingesetzten Drehbearbeitungszentren mit leistungsfähigen CNC-Steuerungen sind in der Lage, nahezu jede gewünschte Drehteilform herzustellen und machen damit das Drehen zu einem flexiblen Bearbeitungsverfahren.

Für zerspanungstechnische Grundlagenuntersuchungen ist das Drehen wegen der guten Zugänglichkeit des Schneidkeils während des Zerspanungsprozesses und des einschneidigen Werkzeugs in idealer Weise geeignet.

Die konstante Schnittrichtung, die gleichbleibende Spanungsdicke und die ungehinderte Spanabfuhr schaffen reproduzierbare Zerspanungsbedingungen, wie sie insbesondere zu Untersuchungen der Schneidengeometrie, zu Standzeitversuchen, zur Messung von Zerspanungstemperaturen und der Ermittlung der spezifischen Schnittkraft k_c notwendig sind.

> Viele beim Drehen beobachteten grundsätzlichen Zusammenhänge zwischen den Wirkpartnern Schneidkeil und Werkstoff, lassen sich auf andere, mehrschneidige Zerspanungsverfahren wie Fräsen oder Bohren in geeigneter Weise übertragen.

2.6.4.2 Schnittgrößen beim Drehen

Beim Drehen wird die rotatorische Hauptschnittbewegung durch das sich mit der Spindeldrehzahl drehende Werkstück ausgeführt. Die Drehzahl n oder Spindelfrequenz entspricht einer bestimmten Anzahl von Umdrehungen pro Minute (1/min, min^{-1}). Die daraus resultierende Umfangsgeschwindigkeit am Werkstückumfang entspricht der Schnittgeschwindigkeit v_c, mit der sich der Werkstückumfang bei der Zerspanung auf die Schneidkante zubewegt.

Da die Umfangsgeschwindigkeit eines rotierenden Körpers bei konstanter Umdrehungsfrequenz durchmesserabhängig ist, muss der Umfang ($U = D \cdot \pi$) des zu bearbeitenden Werkstücks mit der Umdrehungsfrequenz multipliziert werden, um die tatsächliche Schnittgeschwindigkeit zu erhalten:

$$v_c = \frac{s}{t} = \frac{\pi \cdot D}{t}$$

$$v_c = \frac{\pi \cdot D \cdot n}{1000 \text{ mm/m}}$$

v_c Schnittgeschwindigkeit in m/min
D Duchmesser in mm
π Kreiskonstante 3,14
n Drehzahl, Drehfrequenz in 1/min
Korrekturfaktor 1000 mm/m

Die Schnittgeschwindigkeit v_c ist dem Werkstückdurchmesser D und der Drehzahl n proportional, d. h., es besteht ein linearer Zusammenhang zwischen v_c, D und n:

$$v_c \sim D \qquad v_c \sim n$$

Bearbeitungsbeispiel:

Plandrehen einer Bremsscheibe

Werkstück: vordere Bremsscheibe PKW EN-GJL-250, Cr-legiert 220 HB.

Schneidstoff: CBN

Schnittwerte: $a_p = 0{,}5$ mm, $f = 0{,}35$ mm/Umdr., $v_c = 300$ m/min = konstant, d_g = Übergangsdurchmesser, n_g = Grenzdrehzahl Maschine = 3000 min^{-1}.

$$d_g = \frac{v_c}{\pi \cdot n_g} = \frac{300 \text{ m/min} \cdot 1000 \text{ mm/m}}{\pi \cdot 3000 \text{ min}^{-1}} = 31{,}8 \text{ mm}$$

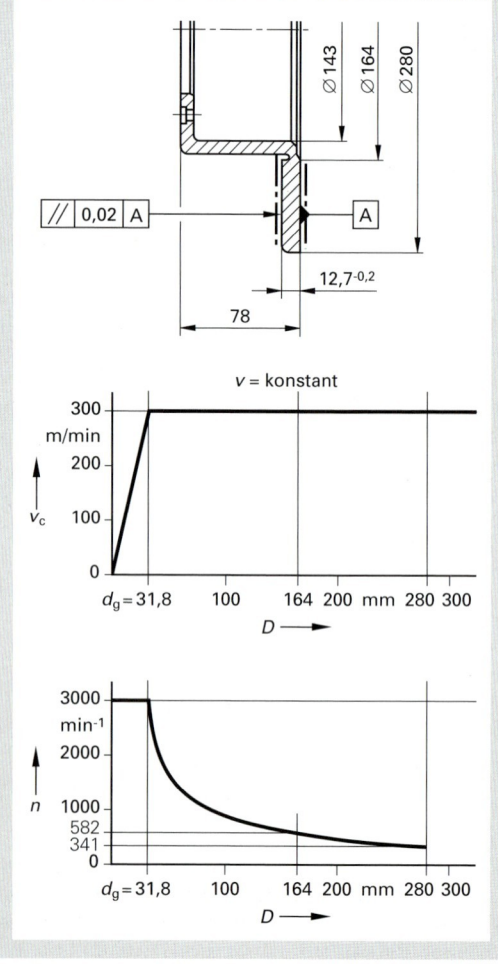

2.6 Zerspanungstechnik

Zum Bearbeitungsbeispiel:

Bei der stirnseitigen Bearbeitung von Werkstücken, beim Plandrehen, durchläuft die Werkzeugschneide in radialer Richtung, ausgehend von einem maximalen Durchmesser den gesamten Durchmesserbereich bis zur Werkstückachse ($D = 0$). Bei konstanter Spindelfrequenz nimmt die Schnittgeschwindigkeit aufgrund ihrer linearen Abhängigkeit zu D kontinuierlich ab. Dieser Zusammenhang tritt auch stirnseitig bei rotierenden Bohr- und Fräswerkzeugen in Erscheinung.

Wird ausgehend vom Außendurchmesser die notwendige Bearbeitungsfrequenz mit der vom Wirkpaar Schneidstoff – Werkstoff abhängiger Schnittgeschwindigkeit bestimmt, verschlechtern sich die Zerspanungsbedingungen an der Schneidkante mit kleiner werdendem Durchmesser zum Werkstückzentrum hin.

Ein erhöhter Werkzeugverschleiß und geringe Werkstückqualität sind die Folgen. Um die Schnittgeschwindigkeit über einen größeren Durchmesserbereich konstant zu halten, wird bei CNC-gesteuerten Drehmaschinen die Drehzahl automatisch bis zu einer maschinenabhängigen Grenzdrehzahl kontinuierlich erhöht, um die Reduzierung der Schnittgeschwindigkeit zu kompensieren.

Nach Erreichen der Grenzdrehzahl n_g, bzw. des Grenzdurchmessers d_g bleibt die Umdrehungsfrequenz des Werkstücks konstant und die Schnittgeschwindigkeit nimmt bis in das Werkstückzentrum auf Null hin ab. Auf diesem Grund werden viele Drehteile auf der Planseite mit Ausdrehungen versehen, deren Innendurchmesser d größer als der Grenzdurchmesser d_g ist ($d_g < d$).

Um bei abgesetzten Außen- und Innendurchmessern konstante Zerspanungsverhältnisse zu erhalten, wird die Drehzahl entsprechend den geometrischen Abmessungen des Werkstücks angepasst.

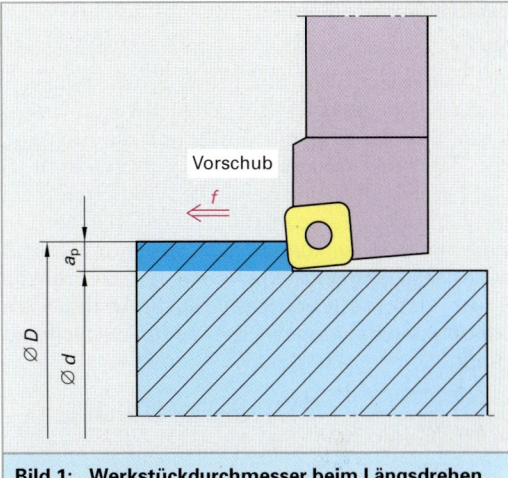

Bild 1: Werkstückdurchmesser beim Längsdrehen

Bild 2: Trockendrehen

Der Vorschub f ist der Weg in Millimeter, den die Schneidkante bei einer Werkstückumdrehung je nach Drehverfahren in axialer bzw. in radialer Richtung zurücklegt. Aus Vorschub f und Drehzahl n lässt sich die Vorschubgeschwindigkeit v_f bestimmen:

$$v_f = f \cdot n$$

$$v_f = \frac{f \cdot v_c \cdot 1000 \text{ mm/m}}{D \cdot \pi}$$

- v_f Vorschubgeschwindigkeit in mm/min
- f Vorschub in mm/Umdr.
- n Drehzahl in 1/min
- v_c Schnittgeschwindigkeit in m/mm
- D Durchmesser in mm

Die bestimmende Kenngröße für die Spanbildung und Oberflächengüte beim Drehen ist, in Abhängigkeit der eingesetzten Schneidplattengeometrie, der Vorschub f und die Schnitttiefe a_p.

Die Schnitttiefe a_p ist die senkrecht zur Vorschubrichtung eingestellte halbe Differenz zwischen dem ausgehenden Werkstückdurchmesser D und dem sich ergebenden, bearbeiteten Durchmesser d (**Bild 1**):

$$a_p = \frac{D - d}{2}$$

- a_p Schnitttiefe
- D Werkstückdurchmesser
- d Drehdurchmesser

Bei großen Schnitttiefen a_p (Schruppbearbeitung) ist es im Hinblick auf die im Eingriff befindliche Schneidkante von Vorteil, die Drehzahl bei vorgegebener Schnittgeschwindigkeit v_c mit dem großen Durchmesser D zu bestimmen.

Bei geringen Schnitttiefen (Schlichtbearbeitung) steht die Qualität der bearbeiteten Werkstückoberfläche im Vordergrund, deshalb ist es hier günstig, die Bearbeitungsdrehzahl des Werkstück mit dem Fertigdurchmesser d zu berechnen,

Alternativ kann mit einem mittleren Durchmesser d_m gearbeitet werden:

$$d_m = \frac{D + d}{2} \qquad n = \frac{v_c \cdot 1000 \text{ mm/m}}{d_m \cdot \pi}$$

Einstellwinkel χ (Kappa)

Die Lage der Hauptschneide zur Vorschubrichtung des Werkzeugs wird durch den Einstellwinkel χ beschrieben **(Bild 1)**. Der Einstellwinkel beeinflusst in erster Linie die Größe und die Richtung der Zerspankraftkomponenten Vorschubkraft F_f und Passivkraft F_p und damit die Wirkrichtung der resultierenden Zerspankraft. Ebenso hat der Einstellwinkel Auswirkungen auf die sich im Eingriff befindliche Schneidkantenlänge l_a bzw. auf die Spanungsbreite b und damit auch auf die Spanbildung und das Verschleißverhalten der Schneidkante:

$$l_a = b = \frac{a_p}{\sin \chi}$$

l_a Schneidkantenlänge
b Spanungsbreite

Je nach Bearbeitungsfall und Werkstückgeometrie kommen Einstellwinkel von $\chi = 45°$ bis $105°$ zur Anwendung. In Verbindung mit großen Schnitttiefen und stabilen Werkstücken sind kleinere Einstellwinkel vorteilhaft, da sich beim Ein- und Austritt der Schneidkante weichere Schnittkraftübergänge einstellen und die Belastung sich auf eine größere Schneidenlänge verteilt **(Bild 2)**. D. h., die spezifische Belastung pro Millimeter Schneidkantenlänge ist geringer.

Die bei einer ganzen Werstückumdrehung zerspante Querschnittsfläche ergibt sich aus der Schnitttiefe a_p und dem Vorschubwert f und wird als Spanungsquerschnitt A bezeichnet:

$$A = a_p \cdot f$$

A Spanungsquerschnitt
f Vorschub

Neben der Größe des Spanungsquerschnitts hat auch dessen geometrische Form einen entscheidenden Einfluss auf die Zerspanungsverhältnisse an der Schneidkante **(Bild 3)**. Der Zusammenhang zwischen den Abmessungen und der Form des Spanungsquerschnitts wird über den Einstellwinkel χ durch die Spanungsbreite b und die Spanungsdicke h festgelegt:

$$b = \frac{a_p}{\sin \chi} \qquad h = f \cdot \sin \chi$$

Beträgt der Einstellwinkel $\chi = 90°$, entspricht die Spanungsbreite b der Schnitttiefe a_p und die Spanungsdicke h dem Vorschub f.

Mit kleiner werdendem Einstellwinkel wird bei konstanter Schnitttiefe und konstantem Vorschub das Verhältnis von b zu h größer, d. h., der Schlankheitsgrad des Spanungsquerschnitts nimmt zu und die Späne werden dünner.

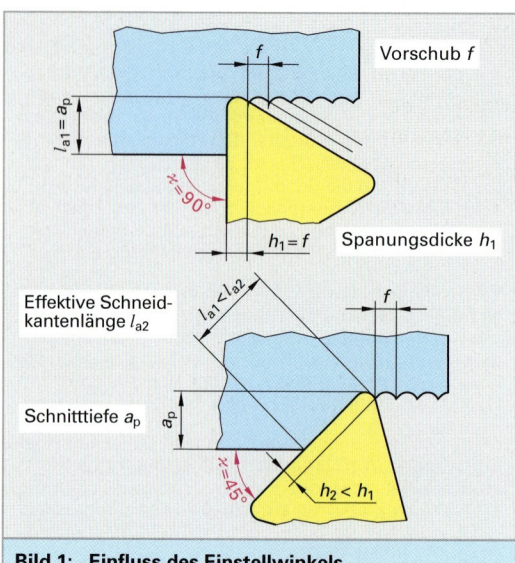

Bild 1: Einfluss des Einstellwinkels

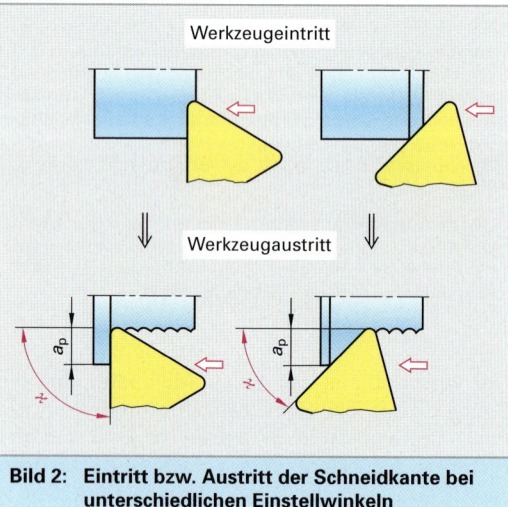

Bild 2: Eintritt bzw. Austritt der Schneidkante bei unterschiedlichen Einstellwinkeln

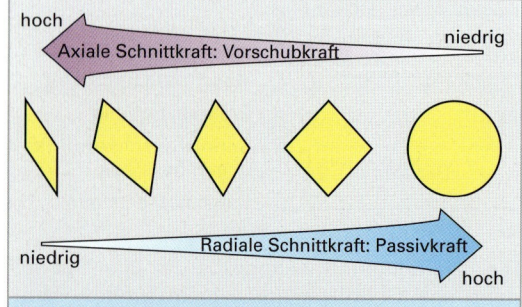

Bild 3: Zerspanungsbedingungen durch unterschiedliche Wendeschneidplatten

2.6 Zerspanungstechnik

Um eine ausreichend hohe Standzeit der Schneidkante zu erreichen, muss in Abhängigkeit der Schneidkantenverrundung, bei geringen Einstellwinkeln über die Erhöhung des Vorschubs eine Mindestspanungsdicke h_{min} erreicht werden.

Bei Werkstoffen, die zur Bildung einer Aufbauschneide neigen, ist es günstiger mit einem größeren Einstellwinkel zu arbeiten, da mit geringer werdender Spanungsbreite b die Späne dicker werden und der Schnittdruck auf die im Eingriff befindliche Schneidkantenlänge zunimmt. Damit wird das Verschweißen von Spanpartikeln auf der Spanfläche des Schneidkeils weitgehend verhindert und die Aufbauschneide reduziert.

Bei konstantem Vorschub, Schnitttiefe und Spanungsquerschnitt A nimmt mit kleiner werdendem Einstellwinkel χ die Spanungsbreite b etwa im gleichen Maße zu, wie die Spanungsdicke h abnimmt.

Die Richtung und die Größe der Zerspankraftkomponenten in der Bearbeitungsebene werden durch den Einstellwinkel χ beeinflusst. Mit größer werdendem Einstellwinkel nimmt die beim Längsdrehen in axialer Richtung auftretende Vorschubkraft F_f zu, während der Betrag der in radialer Richtung wirkenden Passivkraft F_p geringer wird (**Bild 1**). Der überwiegende Anteil der Axialkraft F_a bei größeren Einstellwinkeln führt vor allem bei langen, dünnen Wandstücken oder beim Innenausdrehen mit langauskragenden Werkzeugen zu geringeren Werkstück- bzw. Werkzeugabdrängung und damit zu schwingungsarmen und stabilen Zerspanungsbedingungen.

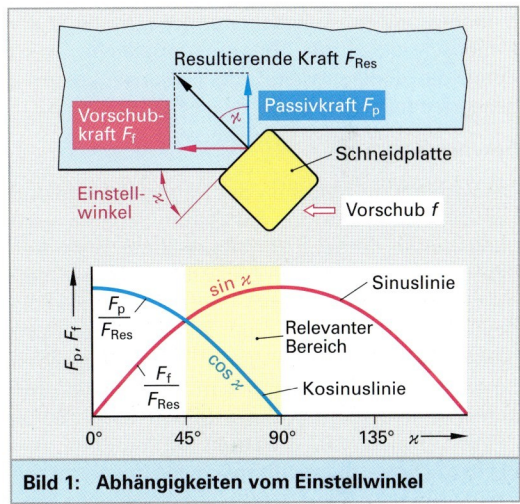

Bild 1: Abhängigkeiten vom Einstellwinkel

Aufgabe:
Zum Längsdrehen von Wellen (**Bild 2**) aus dem Werkstoff 42CrMo4 sollen die Zerspanungskräfte bestimmt werden und in einem Diagramm in Abhängigkeit vom Spanungsquerschnitt dargestellt werden (**Bild 3**).

Werkzeug: Wendeplattenhalter mit HC-P20
Schnittwerte: Schnittgeschwindigkeit 250 m/min,
Vorschub 0,3 mm/Umdrehung
Werkstoff: Vergütungsstahl 42CrMo4

Lösung:

1. Spanungsdicke h
$h = f \cdot \sin\chi = 0{,}3 \text{ mm} \cdot \sin 63°$
$h = 0{,}26 \text{ mm}$

2. spezifische Schnittkraft k_c
$k_c = \dfrac{k_{c1.1}}{h^{m_c}} = \dfrac{1565}{0{,}26^{0{,}26}} = 2122 \ \dfrac{\text{N}}{\text{mm}^2}$

3. Spanungsquerschnitt A
$A = a_p \cdot f = 3 \text{ mm} \cdot 0{,}3 \text{ mm} = 0{,}9 \text{ mm}^2$
Schnitttiefe $a_p = \dfrac{D-d}{2}$ $a_p = \dfrac{60-54}{2} = 3 \text{ mm}$

4. Tangentiale Schnittkraft F_c (**Bild 3**)
$F_c = A \cdot k_c = 0{,}9 \text{ mm} \cdot 2122 \ \dfrac{\text{N}}{\text{mm}^2} = 1909 \text{ N}$

im Versuch gemessen:
$F_c = 2000 \text{ N}, F_f = 1000 \text{ N}, F_p = 500 \text{ N}$

$F_c : F_f : F_p = 4 : 2 : 1$

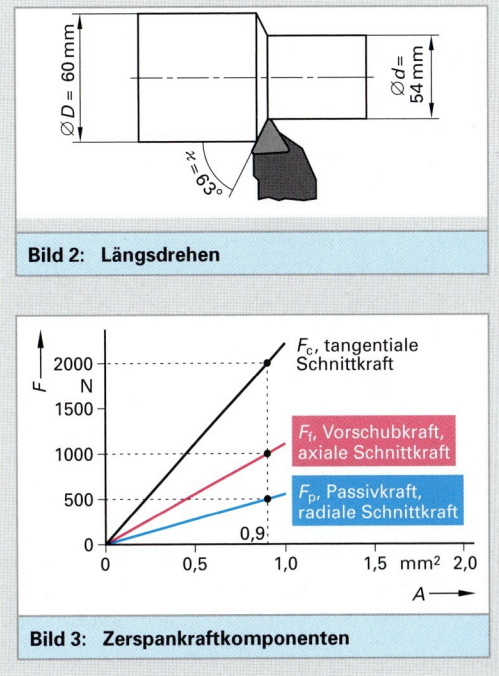

Bild 2: Längsdrehen

Bild 3: Zerspankraftkomponenten

Eckenwinkel ε (Epsilon)

Der Winkel zwischen der Haupt- und Nebenschneide wird als Spitzen- oder Eckenwinkel ε definiert (**Bild 1**). Die Stabilität und das Anwendungsspektrum der Schneidplatte ergibt sich durch die Größe des Eckenwinkels. Der Eckenwinkel variiert in einem Bereich von ε = 35° ... 90°, wobei mit größer werdendem Winkel die Wärmeableitung an der Wirkstelle und die Stabilität der Schneidplatte zunimmt. Runde Schneidplatten eigenen sich wegen der hohen Stabilität für Zerspanungsaufgaben mit großen Belastungen. Die Lage der Nebenschneide zur Bearbeitungsfläche wird durch den Einstellwinkel der Nebenschneide ε_N beschrieben.

Eckenradius r_ε

Die Verbindung zwischen der Hauptschneide und der Nebenschneide an der Schneidenecke wird durch einen tangentialen Radiusübergang, den Eckenradius r_ε (**Bild 2**), hergestellt, Dieser definierte Eckenradius hat nicht nur die Aufgabe, die Schneidkanten miteinander zu verbinden, sondern sorgt an der in den Werkstoff vordringenden Schneidenecke für ausreichende Stabilität und gute Wärmeableitung. Ein größerer Eckenradius ergibt vor allem bei größeren Schnitttiefen, wie bei der Schruppbearbeitung, wegen der sanfteren Überleitung der Schnittkräfte auf die Hauptschneide eine Schnittkraftreduzierung auf die Schneidenspitze und damit häufig bessere Standzeitergebnisse. Größere Eckenradien erzeugen bei gleichem Vorschubwert f (im Vergleich zu Schneidplatten mit kleinerem Eckenradius r_ε) Werkstückoberflächen mit geringerer Rauhtiefe. Die sich theoretische ergebende Rauhtiefe R_{th} lässt sich aus einer geometrischen Ableitung heraus wie folgt bestimmen:

$$R_{th} = \frac{f^2 \cdot 1000 \, \mu m/mm}{8 \cdot r_\varepsilon}$$

R_{th} theoretische Rauhtiefe μm
f Vorschub in mm
r_ε Eckradius in mm

Entsprechend dieser Gleichung vergrößert sich die Rauhtiefe R_{th} quadratisch mit dem Vorschubwert f und linear mit der Vergrößerung des Eckenradius r_ε. Die erreichbare Rauhtiefe hängt vor allem bei kleineren Vorschüben stark vom Verschleißzustand der Schneidenecke ab, so dass sich dadurch abweichende Ergebnisse einstellen können.

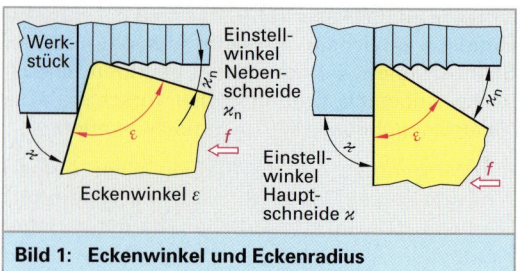

Bild 1: Eckenwinkel und Eckenradius

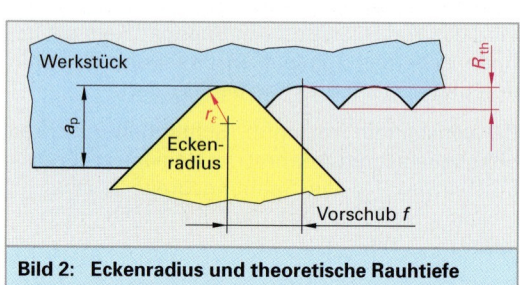

Bild 2: Eckenradius und theoretische Rauhtiefe

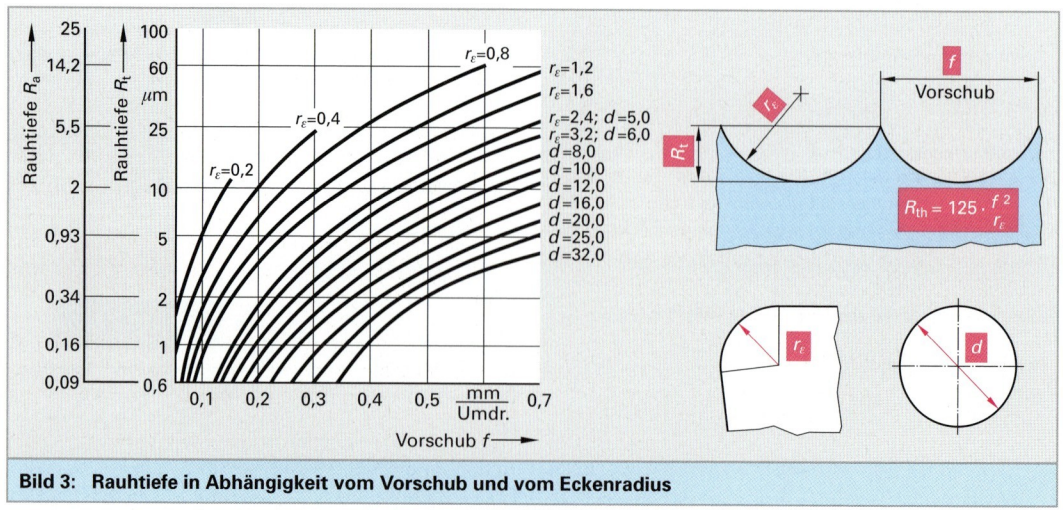

Bild 3: Rauhtiefe in Abhängigkeit vom Vorschub und vom Eckenradius

Bei der Drehbearbeitung mit geringen Schnitttiefen, beim Schlichten, wären nach den bisherigen Überlegungen Wendeschneidplatten mit größerem r_ε von Vorteil, da bei kleinen Schnitttiefen die Schneidenspitze die Hauptzerspanungsarbeit leistet. Ein großer Eckenradius verursacht aber in Verbindung mit Schnitttiefen, die geringer sind als der Eckenradius ($a_p < r_\varepsilon$) eine ungünstige Schnittkraftverteilung an der Schneidenecke (**Bild 1**).

Die Radialkraftkomponente nimmt wie bei kleinen Einstellwinkeln sehr stark zu, was zum Abdrängen des Werkzeugs und des Werkstücks führt. Die Folge sind Vibrationen an der Schneidkante und Verformungs- bzw. Quetschungsvorgänge des Werkstückwerkstoffs. Diese ungünstigen Zerspanungsbedingungen verursachen durch den großen radialen Schnittdruck Gefügeveränderungen in der Randschicht des zu bearbeitenden Werkstoffs, durch die Schwingungen an der Schneidkante geringe Oberflächengüte am Werkstück und verringerte Standzeit, einen größeren Leistungsbedarf für die Zerspanung und dadurch mehr freiwerdende Wärmeenergie an der Wirkstelle.

Die Festlegung des Eckenradius stellt also immer einen Kompromiss dar, zwischen der Schneidenstabilität, der geforderten Oberflächengüte, der Spanformung und den entstehenden Zerspanungskräften.

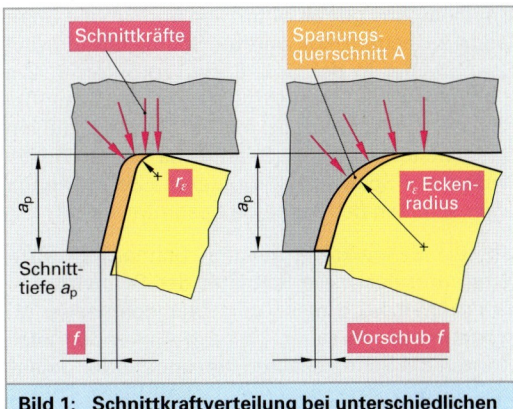

Bild 1: Schnittkraftverteilung bei unterschiedlichen Eckenradien

Richtwerte für r_ε sind:

- Schruppbearbeitung $f < 1/2\ r_\varepsilon$
- Schlichtbearbeitung $f < 1/3\ r_\varepsilon$

Neigungswinkel λ (Lambda)

Die radiale Orientierung der Spanfläche in Richtung der Hauptschneide zu einer horizontalen Ebene wird durch den Neigungswinkel λ beschrieben. Der Neigungswinkel ist durch die Einbaulage der Wendeschneidplatte im Plattensitz des Werkzeugs bestimmt und kann positiv oder negativ sein.

Die axiale Orientierung der Spanfläche senkrecht zur Hauptschneide ist durch den Spanwinkel γ (Gamma) festgelegt. Ist der Neigungswinkel λ positiv, steigt die Hauptschneide in Richtung vorderer Schneidenecke an, ist λ negativ, fällt die Hauptschneide in Richtung Schneidenecke ab.

Der Spanwinkel ist dann positiv, wenn die Spanfläche von der Hauptschneide aus betrachtet nach hinten abfällt. Steigt die Spanfläche in Richtung des ablaufenden Spanes nach hinten an, ist der Spanwinkel negativ. Beträgt der Einstellwinkel des Werkzeugs $\chi = 90°$, so stehen die Betrach-

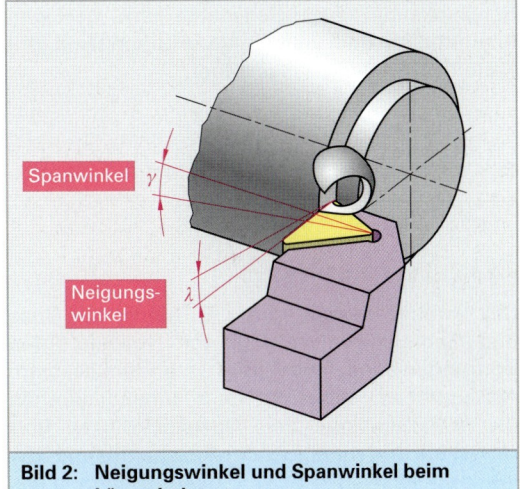

Bild 2: Neigungswinkel und Spanwinkel beim Längsdrehen

tungsebenen für den Neigungswinkel λ und für den Spanwinkel γ ebenfalls im rechten Winkel zueinander (**Bild 2**).

Damit sich bei Schneidplatten mit einem Keilwinkel $\beta = 90°$ an der Schneidenecke der notwendige Freiwinkel α ergibt, muss der Neigungswinkel negativ sein. Bei Keilwinkeln $\beta < 90°$ kann sich durch die Einbaulage der Wendeschneidplatte ein positiver Neigungswinkel und ein positiver Spanwinkel einstellen.

Ein negativer Neigungswinkel λ stabilisiert die Schneidenecke, während ein positiver Neigungswinkel λ die störungsfreie Spanabfuhr begünstigt.

Durch die Anpassung der Spanfläche und der Schneidkante an die Zerspanungsaufgabe wird der Anwendungsbereich der Schneidplatte erweitert.

Um die Späne gezielt zu formen und um die Spanlänge zu begrenzen, werden Spanleitstufen und Spanbrecher in der Spanfläche vorgeformt. Die Einbaulage der Schneidplatte im Werkzeughalter ergibt in Verbindung mit den meist positiven Spanleitstufen auf der Spanfläche einen effektiv wirksamen Spanwinkel γ_{eff}, der die Zerspanungseigenschaften der Schneide bestimmt.

Um die Schnittkräfte auf den Schneidkeil abzuleiten und damit die Stabilität der Schneidkante zu erhöhen, wird diese mit einer definierten Mikrogeometrie versehen. Je nach Anwendungsfall werden die Schneidkanten verrundet oder gefast.

Für die Schruppbearbeitung wird häufig eine stabilisierende Fase vorgesehen, die ähnlich wie der Spanwinkel die Richtung der Zerspankräfte im Schneidkantenbereich günstig beeinflusst. Schneidkanten zum Schlichten mit geringen Schnitttiefen und kleinen Vorschüben sind mit Kantenverrundung ausgestattet.

Bild 1: Innenausdrehen

2.6.4.3 Innenausdrehen

Das Innenausdrehen wird z. B. häufig bei Guss- und Schmiedewerkstücken mit vorgefertigten Bohrungen angewendet **(Bild 1)**. Anders als beim Außendrehen, entspricht beim Innenausdrehen die Werkzeuglänge der Werkstück- bzw. Bohrungstiefe. Mit zunehmender Ausspannlänge bzw. Werkzeugauskragung L wird die Abdrängung des Werkzeugs in radialer Richtung größer. Dies führt zu Prozessstörungen wie Vibrationen am Werkzeug und zu Form- und Maßabweichungen an der Bohrung.

Abhängig vom Bohrungsdurchmesser ist bei der Werkzeugwahl ein kleines Verhältnis L/D **(Bild 2)** von Werkzeugauskraglänge L zum Werkzeugdurchmesser D anzustreben, um für die Innenbearbeitung möglichst stabile Zerspanungsbedingungen sicherzustellen.

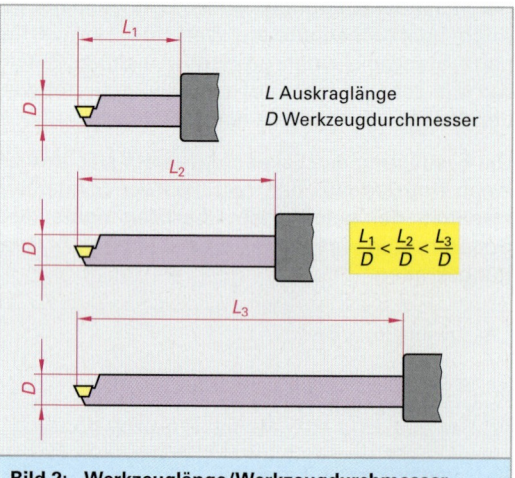

Bild 2: Werkzeuglänge/Werkzeugdurchmesser

Einfluss der Zerspanungskräfte

Die beim Bearbeitungsprozess wirkenden Zerspankraftkomponenten drängen das Werkzeug aus seiner Achsrichtung. Die Tangentialschnittkraft F_c entsteht durch den senkrecht auf die Schneidplatte anstehenden Schnittdruck und wirkt am Werkzeugumfang in tangentialer Richtung **(Bild 3)**.

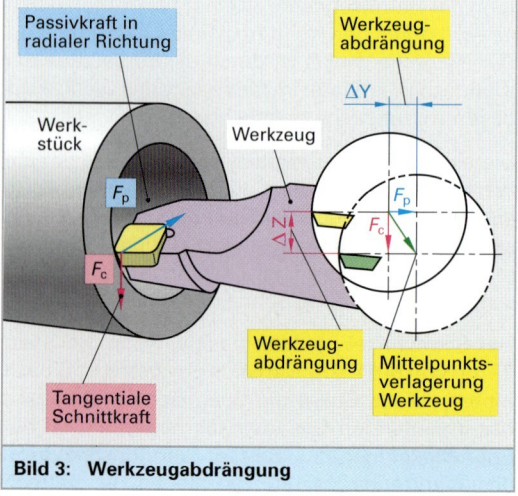

Bild 3: Werkzeugabdrängung

Die in Drehrichtung des Werkstücks gerichtete Auslenkung Δz des Werkzeugs führt wegen der radialen Krümmung der Bohrungswand zu einer Reduzierung des Spanwinkels γ und des Freiwinkels α (**Bild 1**). Durch die sich dadurch verschlechternden Zerspanungsbedingungen wird dieser Effekt noch verstärkt. Die in radialer Richtung auftretende Passivkomponente F_p der Zerspankraft erzeugt eine Werkzeugablenkung Δy in Richtung der Werkstückachse. Die daraus resultierende Reduzierung der Schnitttiefe a_p verursacht Maß- und Formungenauigkeiten. Mit der Werkzeugabdrängung entstehen dynamische Rückstellkräfte, die zu Vibrationen bzw. Schwingungen führen.

Entscheidend für das Schwingungsverhalten ist die dynamische Steifigkeit des Werkzeugs und der Werkzeugaufnahme, d. h. die Fähigkeit den durch die Krafteinwirkung entstehenden Schwingungen zu widerstehen, bzw. sie zu dämpfen.

Entscheidend für die Werkzeugabdrängung sind wie bei der Außenbearbeitung zwischen der Werkzeuggeometrie und der Schnittkraftverteilung. Durch eine positive Schneidengeometrie reduziert sich die Tangentialschnittkraft. Während sich bei einem positiven Spanwinkel γ der Keilwinkel β aufgrund der Bedingung $\alpha + \beta + \gamma = 90°$ verkleinert, verringert sich auch die Stabilität des Schneidkeils und ein kritischer Verschleißzustand an der Freifläche (Freiflächenverschleiß) wird in kürzerer Zeit erreicht.

Die Größe des Einstellwinkels χ beeinflusst das Verhältnis von radialer zu axialer Schnittkraft (**Bild 2**). Um die radiale Auslenkung des Innendrehwerkzeugs gering zu halten, ist ein großer Einstellwinkel ideal, da sich mit zunehmendem Einstellwinkel χ die in radialer Richtung wirkende Passivkomponente F_p verringert. Bei einem Einstellwinkel $\chi = 90°$ tritt nur noch die in Richtung Werkzeugaufnahme wirkende Axialkomponente der Zerspankraft auf. Für stabile Innendrehwerkzeuge und bei einem kleinen Verhältnis L/D können Einstellwinkel $\chi = 75 \ldots 90°$ gewählt werden, da das Ein- und Austrittsverhalten der Schneide und die Schnittkraftverteilung über eine größere effektive Schneidkantenlänge l_a, bzw. Spanungsbreite b, günstiger ist.

Bei kleinen Schnitttiefen a_p übt auch der Eckenradius r_ε auf die Verteilung von axialer und radialer Schnittkraftkomponenten einen bedeutenden Einfluss aus (**Bild 3**). Ist die Schnitttiefe a_p kleiner als der Eckenradius ($a_p < r_\varepsilon$) entsteht ein sehr kleiner effektiv wirksamer Einstellwinkel χ der über die resultierende Passivkraft F_p eine in radialer Richtung auftretende Werkzeugablenkung

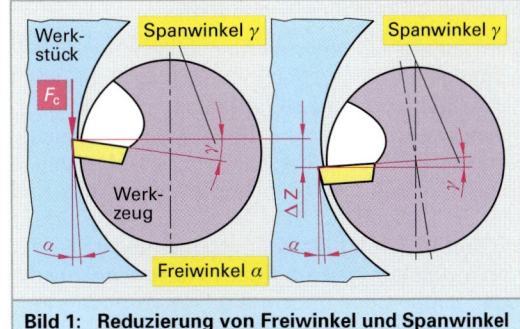

Bild 1: Reduzierung von Freiwinkel und Spanwinkel durch Werkzeugabdrängung

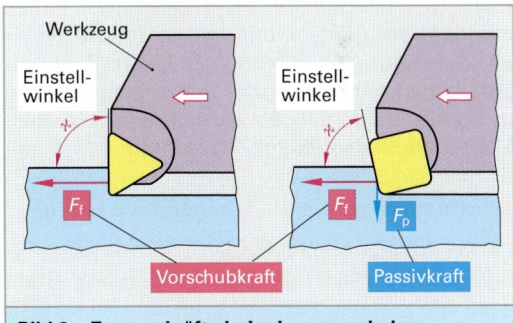

Bild 2: Zerspankräfte beim Innenausdrehen

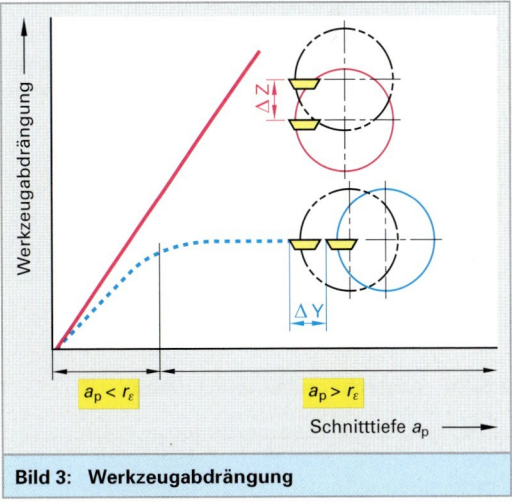

Bild 3: Werkzeugabdrängung

Δy verursacht. Ist der Eckenradius r_ε kleiner als die Schnitttiefe a_p, übernimmt die Hauptschneide mit ihrem Einstellwinkel χ die hauptsächliche Zerspanungsarbeit und damit die Verteilung der Schnittkraftkomponenten. Die Wahl des geeigneten Eckenradius ist eine Kompromisslösung zwischen der Stabilität der Schneidenecke, der Oberflächenqualität und der Vibrationsneigung des Werkzeugs.

Werkzeuge zum Innenausdrehen

Zum Innenausdrehen werden üblicherweise einschneidige Bohrstangen in einteiliger oder geteilter Ausführung mit auswechselbaren Schneidköpfen oder auch zweischneidige Ausbohrwerkzeuge verwendet. Die Abmessungen des Werkzeugs werden durch den Bohrungsdurchmesser und die Bohrungstiefe des Werkstücks bestimmt. Hierbei ist häufig ein Kompromiss zwischen der Werkzeugsteifigkeit und dem Platzbedarf für die Späneentsorgung notwendig.

Bohrstangenschäfte werden in Stahl-, Vollhartmetall- und Hartmetall-Stahl-Kombinationen ausgeführt. Bohrstangen mit Hartmetallschaft haben aufgrund des dreifach höheren E-Moduls (E_{HM} = 63 · 10^4 N/mm², E_{HSS} = 21 · 10^4 N/mm²) eine höhere dynamische Steifigkeit und zeigen auch bei großen Ausspannlängen eine geringere Auslenkung als Bohrstangen mit Stahlschaft.

Schwingungsgedämpfte Innendrehwerkzeuge

Bei Werkzeugausspannlängen $L > 7 \cdot D$ ist die Vibrationsdämpfung von Bohrstangen mit Stahl- oder Hartmetallschaft nicht mehr ausreichend. Für solche Zerspanungsaufgaben werden schwingungsgedämpfte Bohrstangen eingesetzt (**Bild 1 und Bild 2**). Ein flüssigkeitsgelagerter Schwingungskern im Inneren der Bohrstange nimmt durch Schwingungskopplung die Bearbeitungsschwingungen auf und erzeugt eine flüssigkeitsgedämpfte Resonanzschwingung.

Die Überlagerung der Anregungsschwingung und der phasenverschobenen Resonanzschwingung reduziert die Schwingungsamplitude der Bohrstange. Neben der Qualitätssteigerung der Bohrung reduziert sich der Verschleiß an der Werkzeugschneide und an der Werkzeugmaschine.

2.6.4.4 Abstech- und Einstechdrehen

In der automatisierten Fertigung von Drehteilen kommt häufig Stangenmaterial zum Einsatz. Durch einen automatischen Stangenvorschub in der Maschine wird das Rohmaterial dem Bearbeitungsprozess zugeführt und nach Fertigstellung vom Stangenmaterial abgetrennt (**Bild 3**). Neben dem Abstechen von rotationssymmetrischen Werkstücken sind an Drehteilen auch umlaufende Nuten durch das Einstechdrehen in radialer Vorschubrichtung herzustellen. Sind Einstechoperationen in axialer Richtung an der Planseite eines Drehteils notwendig, wird dies durch das Axialeinstechen realisiert (**Bild 4**).

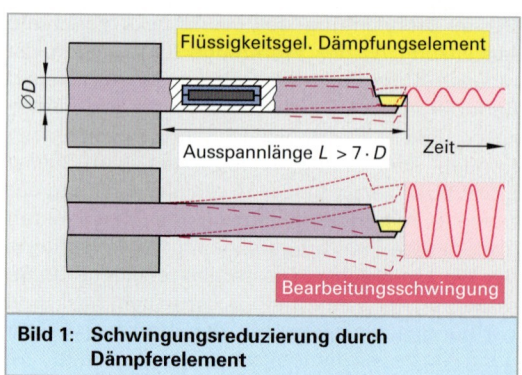

Bild 1: Schwingungsreduzierung durch Dämpferelement

Bild 2: Schwingungsgedämpfte Innendrehwerkzeuge mit Schwermetallschaft

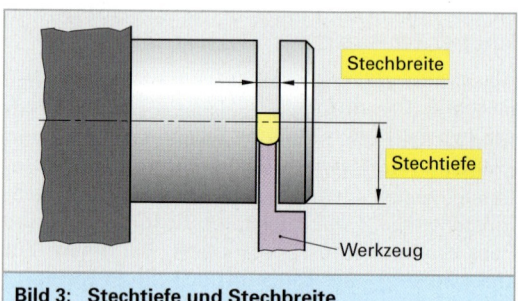

Bild 3: Stechtiefe und Stechbreite

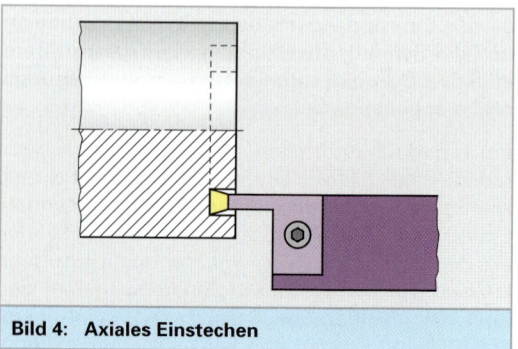

Bild 4: Axiales Einstechen

2.6 Zerspanungstechnik

Beim Abstechdrehen führt, ähnlich dem Plandrehen, das Werkzeug in radialer Richtung eine geradlinige Vorschubbewegung aus **(Bild 1)**.

Man unterscheidet das *radiale Außeneinstechen* und das *radiale Inneneinstechen* **(Bild 2)** sowie das *axiale Einstechen* **(Bild 4, vorgehende Seite)**.

Durch die Überlagerung der rotierenden Hauptschnittbewegung zur Vorschubbewegung des Werkzeugs verringert sich der Durchmesser des Werkstücks. Schließlich bricht das abzutrennende Teil unter dem Einfluss der Zerspanungskraft und Gewichtskraft ab. Beim Abstechdrehen steht während des gesamten Bearbeitungsvorgangs an der Schneide beidseitig und stirnseitig Werkstoff an.

Die schmale Ausführung des Werkzeugs (Stechbreite) und die vom Werkstückdurchmesser abhängige Werkzeugauskraglänge (Stechtiefe) vermindern die Stabilität des Abstechwerkzeugs. Die schlechte Zugänglichkeit der Schneide und die über die Abstechnut abfließenden Späne erschweren eine wirksame Kühlschmierstoffzufuhr.

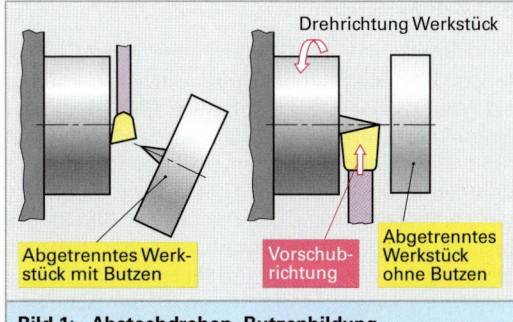

Bild 1: Abstechdrehen, Butzenbildung

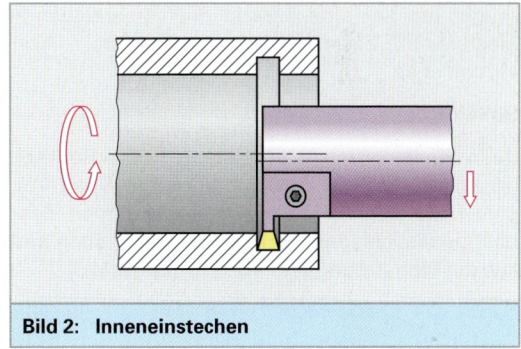

Bild 2: Inneneinstechen

Schneidengeometrie

Um das Freischneiden der Haupt- und Nebenschneiden zur Werkstückoberfläche sicherzustellen, sind passende Freiwinkel notwendig **(Bild 3)**. Der Einstellwinkel der Hauptschneide beeinflusst die Verteilung von axialer und radialer Schnittkraft beim Zerspanungsvorgang.

Mit zunehmendem Einstellwinkel χ der stirnseitigen Hauptschneide verursacht die größer werdende Axialkomponente der Zerspanungskraft ein Abdrängen des Werkzeugs aus der Vorschubrichtung, das zu konvexen bzw. konkaven Werkstückoberflächen führt.

Durch eine neutrale Schneidplatte (Einstellwinkel $\chi = 0°$) erhält man zwar eine stabile, stirnseitige Hauptschnittkante, aber der beim Abstechen obligatorische Restquerschnitt (Butzen) verbleibt immer am abgetrennten Werkstückteil.

Einstellwinkel χ über 0° ergeben einen verbleibenden Werkstoffbutzen an dem in der Maschine eingespannten Werkstückteil. Dieser kann durch Überfahren der Werkstückmitte mit dem Abstechwerkzeug entfernt werden. Die stirnseitige Ausführung des Schneideneinsatzes (Rechtsausführung oder Linksausführung) hängt von der Drehrichtung des Werkstücks ab.

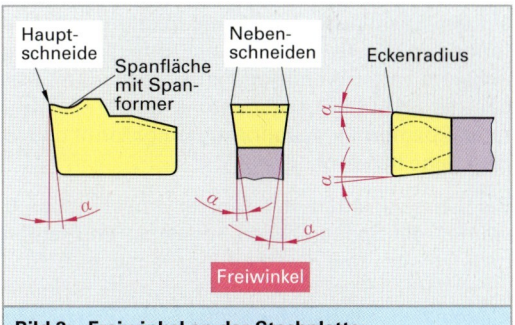

Bild 3: Freiwinkel an der Stechplatte

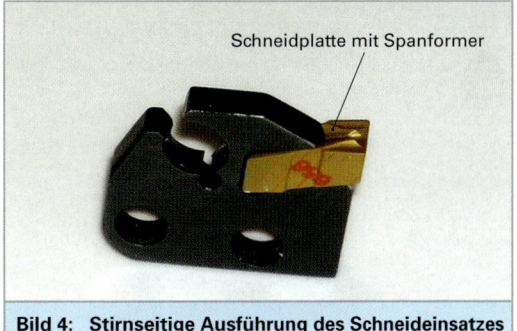

Bild 4: Stirnseitige Ausführung des Schneideinsatzes

Bearbeitungsstabilität

Abhängig vom Werkstückdurchmesser erzeugt die tangentiale Schnittkraft F_e über die Auskraglänge am Werkzeug ein Biegemoment (**Bild 1**) das zu einem tangentialen Ausweichen der Schneide führt. Die Radialschnittkraft in Vorschubrichtung drängt mit zunehmendem Abstand vom Spannfutter das Werkstück aus der Drehachse (**Bild 2**). Die resultierenden Rückstellkräfte erzeugen prozessstörende Schwingungen und Vibrationen, die das Arbeitsergebnis und die Standzeit der Schneide vermindern. Für stabile Bearbeitungsverhältnisse ist es vorteilhaft, das Werkstück in einem geringen Abstand zum Spannfutter und mit einem Werkzeughalter, der eine gerade noch ausreichende Einstechtiefe bei maximaler Halterbreite zulässt, abzustechen.

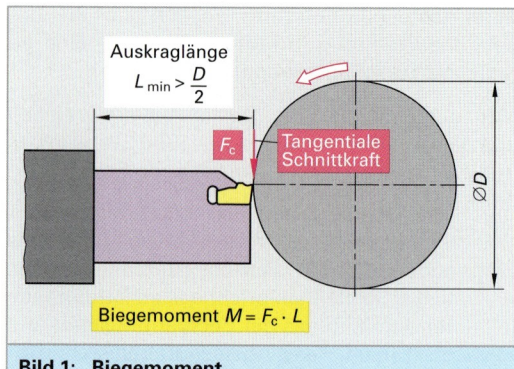

Bild 1: Biegemoment

Spanformung

Beim Einstechdrehen oder beim Abstechdrehen ist es erforderlich, den abfließenden Span von dem beidseitig zur Schneide anstehenden Bearbeitungsflächen des Werkstücks fernzuhalten und aus der Nut störungsfrei abzuführen (**Bild 3**).

Damit die Späne nicht durch Reibung die Nutflächen beschädigen und beim Abfließen nicht eingeklemmt werden, werden sie durch entsprechende Spanformer (**Bild 4, vorhergehende Seite**) auf der Spanfläche der Schneidplatte durch Umformen in der Breite reduziert. Um die Bildung unkontrollierter Wendelspäne zu verhindern, werden die Späne in Längsrichtung durch eine weiteren Spanformer spiralförmig umgeformt und in der Länge begrenzt.

Bei Schneidplatten mit Einstellwinkeln über 0° werden die Späne seitlich abgelenkt und laufen dadurch auf eine Bearbeitungsfläche auf. Günstige Verhältnisse garantieren neutrale Schneidplatten, d. h. solche mit gerader Stirn (Einstellwinkel 0°).

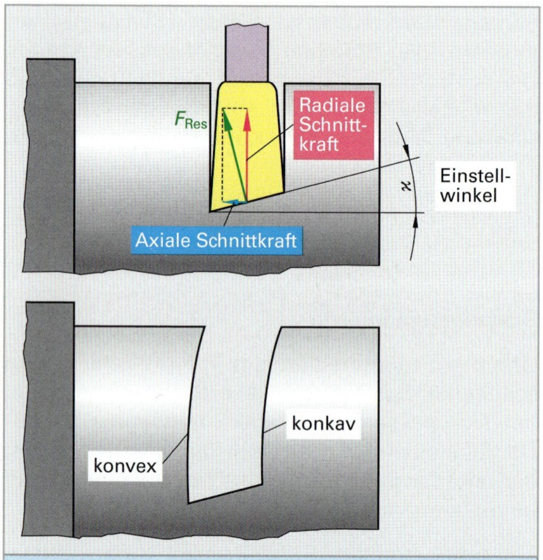

Bild 2: Werkzeugabdrängung durch resultierende Schnittkraft

Wiederholung und Vertiefung

1. Welches sind die Schnittgrößen beim Drehen?
2. Welches sind die bestimmenden Kenngrößen für die Spanbildung und die Oberflächengüte beim Drehen?
3. Wie ist der Einstellwinkel χ definiert (Skizze)?
4. In welchem Bereich liegt der Einstellwinkel Kappa?
5. Wie wirkt sich die Schneidplattengeometrie auf die axiale Schnittkraft und auf die radiale Schnittkraft aus?
6. Wofür wurden schwingungsgedämpfte Bohrstangen entwickelt und wie sind diese aufgebaut?

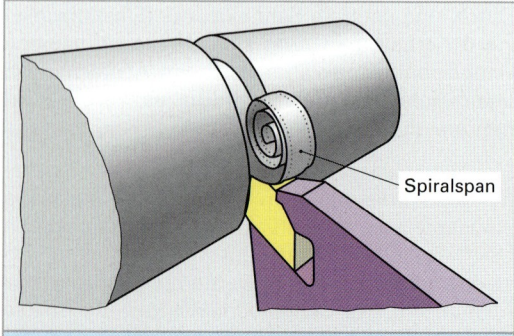

Bild 3: Spanbildung beim Stechdrehen

2.6.5 Bohren

Das Fertigungsverfahren Bohren fasst alle Bearbeitungstechniken zusammen, die mit ein- oder mehrschneidigen Zerspanungswerkzeugen zylindrische Bohrungen in Werkstücke einbringen. Besondere Bohrverfahren wie das *Senken*, das *Aufbohren* und das *Tieflochbohren* mit Einlippenbohrern sind ebenso fester Bestandteil der spanenden Formgebung wie das Reiben hochgenauer Bohrungen mit ein- und mehrschneidigen Reibwerkzeugen. Allen Bohrverfahren gemeinsam ist üblicherweise die Rotationsbewegung des Werkzeugs und die lineare Vorschubbewegung des Werkzeugs bzw. des Werkstücks. Eine Umkehrung des Bearbeitungsprinzips mit stehendem Werkzeug und sich drehendem Werkstück ist ebenfalls möglich.

Durch eine systematische Untersuchung des Bohrprozesses, die Entwicklung neuer, leistungsfähiger Schneidstoffe und Beschichtungen in Verbindung mit produktiven Bohrwerkzeugen nimmt das Bohren in der Fertigungswelt nach wie vor eine bedeutende Stellung mit großem Rationalisierungspotenzial ein. Mit werkstoffspezifischen Schneidstoffen und Schneidengeometrien sind heute beim Bohren ins Volle Bohrungsqualitäten bis zur Reibahlenqualität *IT 7* möglich. Neben den auf Mehrspindelautomaten eingesetzten Wendelbohrern (Spiralbohrer) werden auch zunehmend Bohrwerkzeuge mit Wendeschneidplatten ausgerüstet, die auf Bearbeitungszentren das Bohren ins Volle ohne vorheriges Zentrieren oder Vorbohren ermöglichen. Wendeplattenbohrwerkzeuge garantieren bei größeren Bohrungsdurchmessern eine hohe Produktivität, erreichen aber meist nicht die Bohrungsqualitäten wie optimierte Wendelbohrer. Stufenbohrwerkzeuge **(Bild 1)** und Aussteuerwerkzeuge werden zur wirtschaftlichen Herstellung abgesetzter Bohrungsdurchmesser in unterschiedlichen Bohrungstiefen, einschließlich notwendiger Fasen, verwendet.

2.6.5.1 Bohrvorgang und Eigenschaften

Das am häufigsten verwendete Werkzeug ist der Wendelbohrer (die historisch gewachsene Bezeichnung ist „Spiralbohrer") **(Bild 2)**. Der Wendelbohrer hat stirnseitig zwei, durch eine Querschneide verbundene Hauptschneiden. Die Hauptschneiden bilden an der Bohrerspitze den Spitzenwinkel σ (Sigma).

Entsprechend der Zuordnung des Spitzenwinkel zu verschiedenen Werkstückwerkstoffen unterscheidet man folgende Bohrertypen:

Typ N: σ = 118° für unlegierten Stahl, Gusswerkstoff,
Typ H: σ = 118° für harte Werkstoffe, Kunststoffe,
TYP W: σ = 140° für weiche Werkstoffe, Aluminium.

Je nach zu bearbeitetem Werkstoff werden noch Bohrer mit abweichenden Spitzenwinkel angeboten (z. B. σ = 90° für harte, abrasive Kunststoffe, σ = 130° für elastische, rückfedernde Werkstoffe).

Neben dem Spitzenwinkel σ unterscheiden sich die Bohrertypen N, H und W auch im Seitenspanwinkel γ_f (Drallwinkel) der Spannuten, der von seinem maximalen Wert γ_f an der äußeren Schneidenecke zur Bohrermitte hin abnimmt (γ_o) und im Bereich der Querschneide negativ wird:

Typ N: γ_f = 10°... 19°,
Typ H: γ_f = 19°... 40°,
Typ W: γ_f = 27°... 45°.

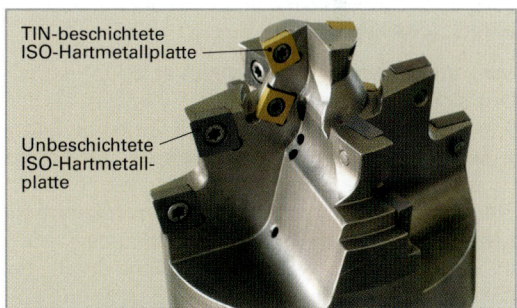

Bild 1: Stufenbohrwerkzeug mit ISO-Wendeschneidplatten

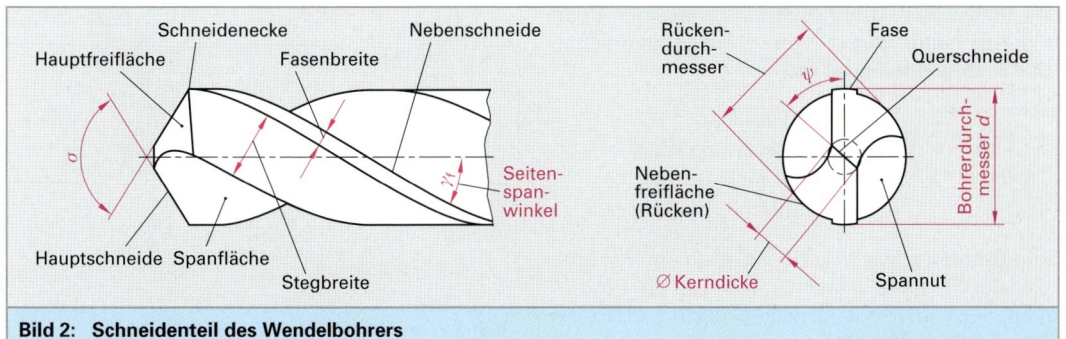

Bild 2: Schneidenteil des Wendelbohrers

Speziell für kurzspanende Werkstoffe werden auch geradgenutete Bohrer ($\gamma_f = 0°$) mit hoher Torsionssteifigkeit eingesetzt (**Bild 1**). Durch die innere Kühlmittelzufuhr (IKZ) werden die Späne aus der Bohrung ausgespült. Um das Ausweichen in radialer Richtung bei gewendelten Bohrern bei größeren Bohrungstiefen zu verhindern, können überlange Wendelbohrer einen negativen Seitenspanwinkel γ_f aufweisen. Durch die negative Steigung ergibt sich eine Schnittkraftkomponente in axialer Richtung (F_z bzw. F_{ax}), die den Bohrer vorspannt und stabilisiert (**Bild 2**).

Der Einstellwinkel χ (Kappa) des Wendelbohrers entspricht dem halben Spitzenwinkel (**Bild 3**):

$\chi = \sigma/2$ χ Einstellwinkel
                     σ Spitzenwinkel

Der Zerspanungsvorgang beim Bohren unterscheidet sich kaum von dem der Drehbearbeitung. Der kontinuierliche Schneideneingriff und die definierten Winkel am Schneidkeil sorgen für stabile Zerspanungsbedingungen. Durch die wendel- bzw. schraubenförmige Bewegung des Schneidkeils durch den Werkstoff und der damit um den Vorschubwinkel η (Eta) geneigte Bearbeitungsebene ergibt sich eine Abhängigkeit des Freiwinkels und des Spanwinkels vom Vorschubwinkel $\eta = f/\pi \cdot D$ des eingestellten Vorschubwertes f (**Bild 1, folgende Seite**).

Mit zunehmendem Werkzeugvorschub verringert sich der effektiv wirksame Freiwinkel an der Schneidkante und der tatsächlich wirkende Spanwinkel wird größer. Dies führt an der Freifläche zu ungünstigen Reibungsverhältnissen und zu erhöhtem Freiflächenverschleiß. Der Zusammenhang zwischen dem Vorschubwert und dem effektiv wirkenden Spanwinkel ermöglicht durch die Abstimmung von Schnittgeschwindigkeit und Vorschub für den speziellen Anwendungsfall eine Optimierung der Spanbildung und des Spanbruchs.

Die Spandickenstauchung λ (Lambda) als Folge des plastischen Umformvorgangs bei der Spanbildung hängt direkt vom Werkzeugvorschub (**Bild 2, folgende Seite**) ab:

$\lambda = h_1/h$ h Spanungsdicke
$h = f_z \cdot \sin \sigma/2$ h_1 gemessene Spandicke
                                  σ Spitzenwinkel
                                  $f_z = f/2$, Vorschub pro Schneide

Eine Erhöhung des Vorschubs, bzw. die Verringerung der Schnittgeschwindigkeit über die Drehfrequenz des Werkzeugs, führt aufgrund der größeren Spandickenstauchung zu kürzeren Spanlängen.

Hartmetallbohrer mit 0° Seitenspanwinkel (geradgenutet) mit Kühlmittelzufuhr durch Stege. Bohrungstiefen bis 15 × D und H7 Bohrungsqualität. Für die Bearbeitung von kurzspanenden Werkstoffen wie z. B. Gusseisen, Grauguss und Aluminium-Silizium-Legierungen.

Bild 1: Hartmetallbohrer mit $\gamma_f = 0°$

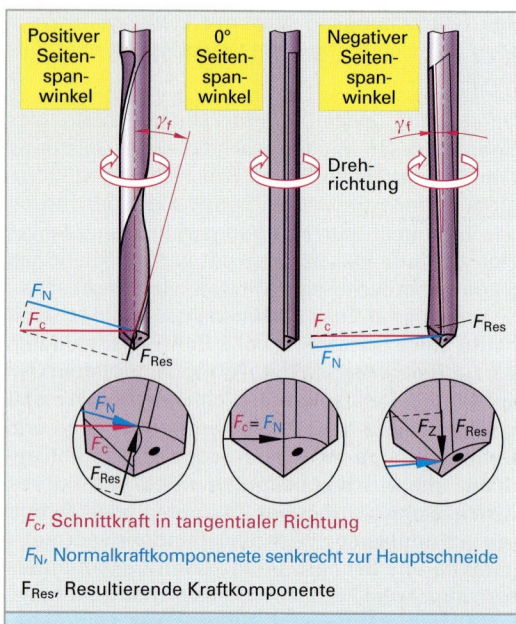

F_c, Schnittkraft in tangentialer Richtung
F_N, Normalkraftkomponenete senkrecht zur Hauptschneide
F_{Res}, Resultierende Kraftkomponente

Bild 2: Schnittkraftkomponenten in Abhängigkeit vom Seitenspanwinkel

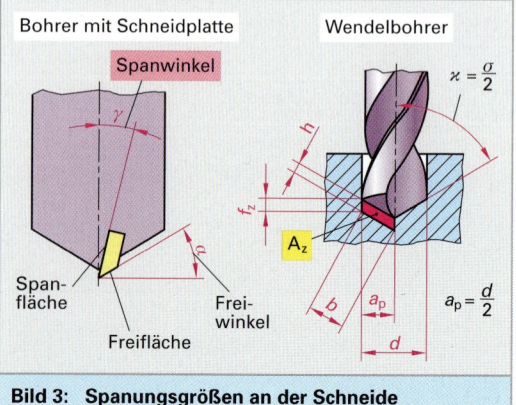

Bild 3: Spanungsgrößen an der Schneide

Nur optimal aufeinander abgestimmte Schnittdaten garantieren ein günstiges Spanbruchverhalten, damit die anfallenden Späne ohne festzuklemmen über die wendelförmigen Spannuten des Werkzeugs aus der Bohrung störungsfrei abgeführt werden können.

Die Abnahme der Schnittgeschwindigkeit und des Spanwinkels entlang der Schneidkante zur Bohrerachse hin führt durch *Abdrücken* zu einer plastischen Verformung des Werkstoffs und damit zu ungünstigen Zerspanungsbedingungen. Bei gesteigerten Vorschubwerten weichen vor allem instabile Wendelbohrwerkzeuge durch den Anstieg der axialen Vorschubkraft in radialer Richtung aus und verursachen eine unrunde Bohrung.

Die Verringerung der Axialkraft bzw. der Vorschubkraft und damit auch der Werkzeugabdrängung wird durch eine optimierte Schneidkantenführung im Bereich der Querschneide im Bohrzentrum erreicht.

Reibungsverhältnisse

Mit zunehmendem Vorschub wird der Vorschubwinkel η größer und damit verringert sich der effektiv wirksame Freiwinkel an der Schneide **(Bild 1)**. Bedingt durch die Geometrie der Bohrerspitze wird der nutzbare Freiwinkel zum Bohrerzentrum hin weiter reduziert. Die in Richtung Bohrerachse abnehmende Schnittgeschwindigkeit v_c und der sich ebenfalls verringerte Spanwinkel γ_{eff} führen zu einer Werkstoffquetschung im Querschneidenbereich und bei höheren Vorschubwerten zu ungünstigen Reibungsverhältnissen, die ein starkes Ansteigen der Axialkraftkomponente zur Folge haben.

Die in den Spannuten nach oben abgleitenden Späne verursachen dem Drehmoment entgegenwirkende Reibungskräfte an der Bohrungswandung. Durch die Verwendung innerer Kühlmittelzufuhr werden die anfallenden Späne mit hohem Druck aus der Bohrung gespült.

Schnittkräfte beim Bohren

Die beim Bohrvorgang in axialer-, radialer- und tangentialer Richtung wirkenden Kräfte unterscheiden sich im Wesentlichen nicht von denen auch bei anderen Fertigungsverfahren, wie z. B. beim Drehen entstehenden Zerspanungskräften. Die Größe und die Richtung der Zerspankraftkomponenten sind vom Werkstückwerkstoff, von der Werkzeuggeometrie, von den eingestellten Schnittwerten und von den Reibbedingungen beim Bohrprozess abhängig.

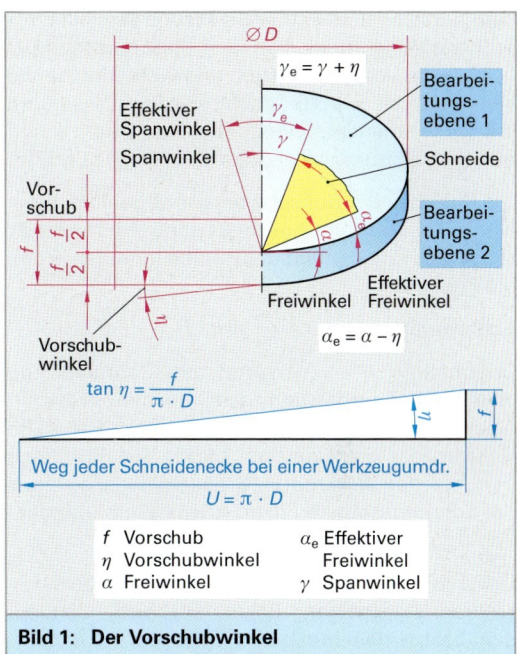

Bild 1: Der Vorschubwinkel

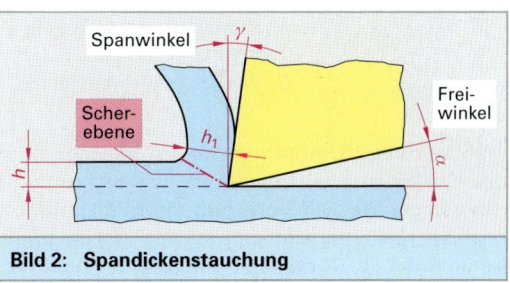

Bild 2: Spandickenstauchung

Werkstückwerkstoff

Der Widerstand des Werkstückwerkstoffs gegen das Eindringen des Schneidkeils wird durch die spezifische Schnittkraft k_c in N/mm² beschrieben. Die spez. Schnittkraft ist die in Abhängigkeit des Spanwinkels γ und der Spanungsdicke h tangential wirkende, zur Spanabnahme notwendige, Zerspankraftkomponente bezogen auf 1 mm² Spanungsquerschnittsfläche. Die k_c-Werte sind für verschiedene Werkstoffe in Tabellen dargestellt.

Werkzeuggeometrie

Mit größer werdendem Spanwinkel an der Werkzeugschneide reduziert sich die spez. Schnittkraft, da der Schneidkeil leichter im Werkstoff vordringen kann. Der Zerspanungswiderstand k_c des Werkstoffs verringert sich um ca. 1 % pro Grad Zunahme des Spanwinkels.

Zum Vordringen des Bohrwerkzeugs in axialer Vorschubrichtung muss von der Maschinenspindel, bzw. vom Vorschubantrieb eine entsprechende Vorschubkraft F_f aufgebracht werden. Diese wird mit zunehmendem Einstellwinkel bzw. zunehmendem Spitzenwinkel σ der Bohrerspitze größer.

Die Rundheit der Bohrung wird maßgeblich durch den symmetrischen Anschnitt der Bohrerspitze erzeugt. Der Hinterschliff der Hauptschneiden ergibt die Freifläche.

Schnittwerte

Unabhängig vom verwendeten Bohrwerkzeug sind die Schnittbewegungen und die daraus abgeleiteten Zerspanungsgeschwindigkeiten beim Bohrprozess grundsätzlich gleich. Die Rotationsfrequenz des Werkzeugs (Drehzahl) lässt sich aus der Schnittgeschwindigkeit v_c im m/min und dem Werkzeugdurchmesser D bestimmen.

Um den Werkzeugdurchmesser in die Formel in Millimeter einsetzen zu können, wird noch mit dem Faktor 1000 mm/m multipliziert.

$$n = v_c \cdot \frac{1000/\pi}{\text{m/mm}} \cdot D$$

- n Drehzahl in m/min
- v_c Schnittgeschwindigkeit in m/min
- D Werkzeugdurchmesser in mm

Während einer Umdrehung des Werkzeugs oder des Werkstücks wird der in axialer Richtung zurückgelegte Weg als Vorschub f in mm/Umdr. bezeichnet. Zu unterscheiden ist der Werkzeugvorschub f und der Vorschub/Zahn bzw. Schneide f_z:

$$f = f_z \cdot z$$

- f Vorschub in mm/Umdr.
- z Zähnezahl
- f_z Vorschub pro Zahn

Für zweischneidige Wendelbohrer wird in Schnittwerttabellen üblicherweise der Werkzeugvorschub $f = 2 \cdot f_z$ angegeben.

Die Vorschubgeschwindigkeit v_f ist das Produkt aus Vorschub und Drehzahl:

$$v_f = n \cdot f$$

- v_f Vorschubgeschw. in mm/min
- n Drehzahl in 1/min
- f Vorschub in mm

Die Schnittbreite bzw. die radiale Schnitttiefe a_p entspricht beim Vollbohren dem halben Werkzeugdurchmesser $a_p = D/2$

Die Schnittbreite a_p beim Aufbohren entspricht wie bei der Drehbearbeitung dem halben Durchmesserunterschied: $a_p = D - d/2$

Der bei einer vollen Werkzeugumdrehung von einer Schneide zerspante Spanungsquerschnitt A_z in mm² errechnet sich aus dem Vorschub/Schneide f_z und der radialen Schnitttiefe a_p:

$$A_z = a_p \cdot f_z = D \cdot f_z/2$$

Für den zweischneidigen Bohrer gilt $A = D \cdot f/2$

Bezogen auf eine Schneide lassen sich entsprechend den Koordinatenrichtungen folgende Schnittkraftkomponenten beschreiben:

X-Richtung → Radialkraft (Passivkraft F_p)
Y-Richtung → Tangentialkraft (Schnittkraft F_c)
Z-Richtung → Axialkraft (Vorschubkraft F_f)

Die Berechnung der Tangentialschnittkraft F_c erfolgt mit Hilfe der spezifischen Schnittkraft k_c und dem Spanungsquerschnitt A.

Bezogen auf eine Schneide gilt:

$$F_{cz} = A_z \cdot k_c = a_p \cdot f_z \cdot k_c$$
$$F_{cz} = D/2 \cdot f/2 \cdot k_c = D \cdot f/4 \cdot k_c$$
oder
$$F_{cz} = b \cdot h \cdot k_c$$

- A_z Spanungsquerschnitt/Zahn in mm²
- a_p Schnitttiefe in mm, $a_p = D/2$
- f_z Vorschub/Zahn in mm/Umdr., $f_z = f/2$
- b Spanungsbreite, $b = a_p/\sin \sigma/2 = D/2 \sin \sigma/2$
- h Spanungsdicke, $h = f_z \cdot \sin \sigma/2$

für Spitzenwinkel $\sigma = 118°$ gilt: $h = 0{,}43 \cdot f$
für Spitzenwinkel $\sigma = 140°$ gilt: $h = 0{,}46 \cdot f$

Die tangentiale Gesamtschnittkraft F_c eines achssymmetrischen zweischneidigen Bohrwerkzeuges lässt sich wie folgt berechnen:

$$F_c = F_{cz} + F_{cz} = 2 \cdot F_{cz}$$

$$A = A_z + A_z = 2 \cdot A_z = D \cdot f/2$$

$$F_c = D \cdot f/2 \cdot k_c$$

Die mit größer werdendem Einstellwinkel $\chi = \sigma/2$ zunehmende Vorschubkraft F_f in axialer Richtung wird mit folgender Gleichung bestimmt:

$$F_f = F_c \cdot \sin \sigma/2 = F_{cz} \cdot z \cdot \sin \sigma/2$$
$$F_f = D \cdot f/2 \cdot k_c \cdot \sin \sigma/2$$

Spezifische Schnittkraft k_c

Durch die Abnahme der Schnittgeschwindigkeit und des Spanwinkels zur Bohrermitte hin und die ungünstigen Reibungsverhältnisse im Querschneidenbereich einschließlich der Spanstauchungsvorgänge an der Bohrungswand sind die üblicherweise beim Drehen ermittelten k_c- Werte zur Schnittkraftberechnung **(Tabelle 1)** für das Bohren mit einem Korrekturfaktor k_{cB} nach oben anzupassen:

$$k_{cB} \cong 1{,}2 \cdot k_c \cong k_{c1.1}/h^{m_c} \cdot 1{,}2$$

damit ergibt sich die Schnittkraft F_{cB} zu **(Bild 1)**:

$$F_{cB} \cong A \cdot k_c \cdot 1{,}2$$

Für den Werkzeugverschleiß ist ggf. noch ein weiterer Korrekturwert k_{ver} zu berücksichtigen:

$$K_{ver} \cong 1{,}3$$

damit ergibt sich für k_{cB}:

$$k_{cB} \cong 1{,}2 \cdot 1{,}3 \cdot k_c$$

Schnittmoment M_c

Das Schnittmoment M_c **(Bild 2)** ergibt sich bei einem zweischneidigen Bohrwerkzeug aus der Summe der beiden Einzelschnittmomente M_{c1} + M_{c2} an den jeweiligen Schneiden.

Der rechnerische Angriffspunkt für den Hebelarm der tangentialen Zerspankraft entlang der Hauptschneide ist näherungsweise mit $r \cong D/4$ anzusetzen:

$$M_{cz} = r \cdot F_{cz} = D \cdot F_{cz}/4 = D \cdot F_c/8$$

$$M_c = 2 \cdot M_{cz}$$

$$M_c = D \cdot F_c/4 = D^2/8 \cdot f_z \cdot z \cdot k_c \cdot 1/10^3 \text{ mm/m}$$

M_c Schnittmoment in Nm
D Bohrerdurchmesser in mm
f_z Vorschub/Zahn in mm
k_c spezifische Schnittkraft in N/mm²
F_c Schnittkraft in N

Tabelle 1: $k_{c1.1}$ und m_c

Werkstoff	$k_{c1.1}$ in N/mm²	m_c
E295	1500	0,3
C35, C45	1458	0,27
C60	1690	0,22
9S20	1390	0,18
9SMn28	1310	0,18
35S20	1420	0,17
16MnCr5	1400	0,30
18CrNi8	1450	0,27
20MnCr5	1465	0,26
34CrMo4	1550	0,28
37MnSi5	1580	0,25
40Mn4	1600	0,26
42CrMo4	1565	0,26
50CrV4	1585	0,27
X210Cr12	1720	0,26
EN-GJL-200	825	0,33
EN-GJL-300	900	0,42

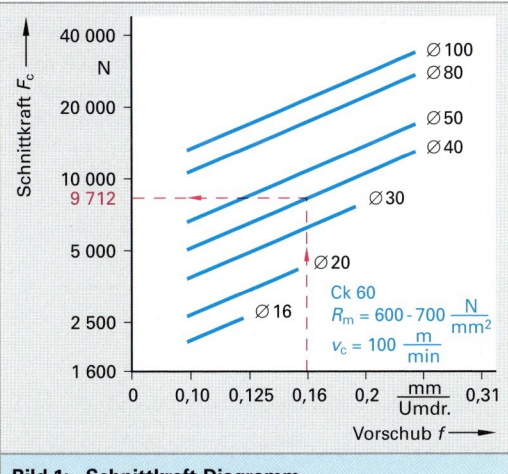

Bild 1: Schnittkraft-Diagramm

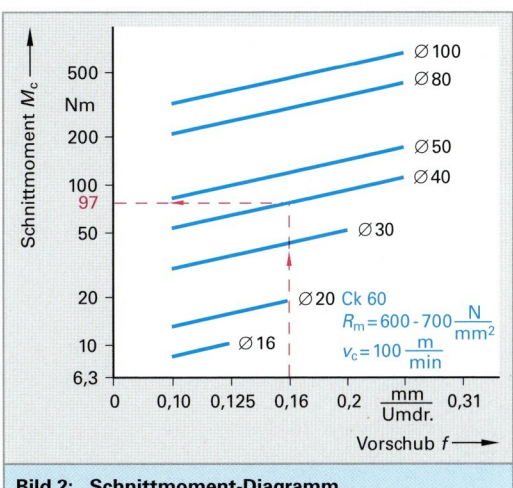

Bild 2: Schnittmoment-Diagramm

Schnittleistung P_c

Nach den Gesetzen der Mechanik lässt sich die erforderliche Schnittleistung P_c (**Bild 1**) mit dem Produkt aus Schnittmoment M_c und der Winkelgeschwindigkeit ω bestimmen:

$P_c = M_c \cdot \omega$
$\omega = 2 \cdot \pi \cdot n$

P_c Schnittleistung
M_c Schnittmoment
ω Winkelgeschwindigkeit

$P_c = F_c \cdot D/4 \cdot 2\pi \cdot n$ $n = v_c/D \cdot \pi$ in 1/min

$P_c = F_c \cdot v_c/(10^3 \text{ W/kW} \cdot 2 \cdot 60 \text{ s/min})$

F_c Schnittkraft in N
v_c Schnittgeschwindigkeit in m/min
P_c Schnittleistung in kW

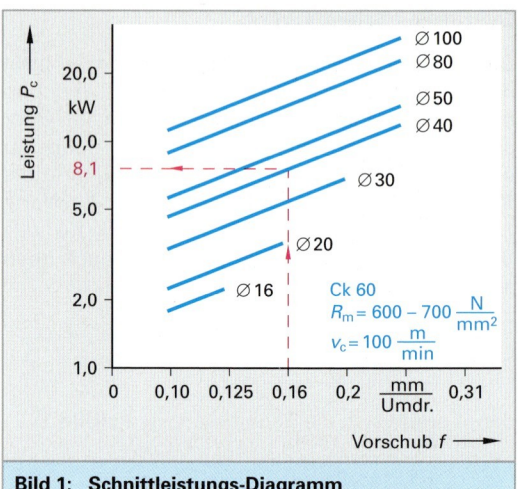

Bild 1: Schnittleistungs-Diagramm

Um die Leistung in kW zu erhalten, wird die Gleichung durch die Faktoren 10^3 W/kW und 60 s/min dividiert. Um die Antriebsleistung der Maschine zu ermitteln wird die am Werkzeug erforderliche Schnittleistung P_c durch den Maschinenwirkungsgrad η dividiert:

$P_e = P_c / \eta$

P_e Antriebsleistung
P_c Schnittleistung
η Maschinenwirkungsgrad

Für Werkzeugmaschinen gilt: $0{,}75 < \eta < 0{,}9$.

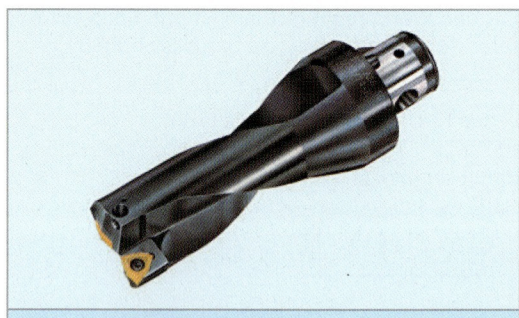

Bild 2: Wendeplattenbohrer

Aufgabe zu den Diagrammen F_c, M_c und P_c

Wendeplattenbohrer (**Bild 2**) Durchmesser:
$D_c = 40$ mm
Schnittgeschwindigkeit: $v_c = 100$ m/min
Vorschub: $f = 0{,}16$ mm
Werkstoff: Ck 60

1. **Schnittkraft F_c** (Bild 1 und Bild 2, vorhergehende Seite):

   Spanungsquerschnitt
   $A = D \cdot f/2 = 40$ mm $\cdot$ 0,16 mm/2 = 3,2 mm²
   Spezifische Schnittkraft k_c
   $k_c = k_{c1.1}/h^{mc} \cdot 1{,}2 = 1690/0{,}16^{0{,}22} \cdot 1{,}2$
   $k_c = 3035$ N/mm²
   für Wendeplattenwerkzeug gilt:
   Spanungsdicke $h \cong$ Vorschub f
   $F_c = A \cdot k_c = 3{,}2$ mm² $\cdot$ 3035 N/mm² = **9712 N**

2. **Schnittmoment M_c:**
   $M_c = D \cdot F_c/4 = 0{,}040$ m $\cdot$ 9712 N/4 = **97,12 Nm**

3. **Schnittleistung P_c (Bild 1):**
   $P_c = F_c \cdot v_c/2 \cdot 10^3 \cdot 60$ s/min
   $P_c = 9712$ N $\cdot$ 100 m/min/2 $\cdot 10^3 \cdot$ 60s/min = **8,1 kW**

Wiederholung und Vertiefung

1. Welche Zerspanungsbedingungen liegen im Bohrerzentrum vor?

2. Warum erzeugen Wendelbohrer aus Hartmetall bessere Bohrungsqualitäten als vergleichbare Bohrer aus HSS?

3. Wie verändern sich der effektiv wirksame Freiwinkel und der effektive Spanwinkel am Wendelbohrer mit zunehmendem Werkzeugvorschub?

4. Wie wirkt sich ein zu großer Werkzeugvorschub auf den Bohrvorgang aus?

5. Welche Auswirkungen hat die Spandickenstauchung im Bohrerzentrum auf die Spanbildung?

6. Warum ist bei der Bestimmung der spezifischen Schnittkraft k_c beim Bohrvorgang ein Korrekturwert von 1,2 zu berücksichtigen?

7. Welcher Zusammenhang besteht zwischen dem Werkzeugvorschub f, der Schnittkraft F_c, dem Schnittmoment M_c und der Schnittleistung P_c beim Bohrwerkzeug?

2.6.5.2 Bohrwerkzeuge

Gemeinsam haben alle Bohrwerkzeuge an ihrer Stirnseite eine oder mehrere Schneidkanten und meist wendelförmige Spannuten am Umfang.

Die Auswahl eines geeigneten Bohrers ist von werkstückbezogenen und technologischen Parametern abhängig:

- Durchmesser der Bohrung,
- Bohrungstiefe,
- Maß- und Formgenauigkeit der Bohrung,
- Werkstückwerkstoff,
- Anzahl der Bohrungen,
- Werkzeugaufnahme,
- Werkzeugmaschine.

Als besonders wichtig ist das Spanbruchverhalten und die Spanabfuhr aus der Bohrung heraus einzustufen. Hierbei kommt besonders bei größeren Bohrungstiefen dem kontrolliertem Spanbruch eine besondere Bedeutung zu, da ein Spänestau in den Spankammern und Spannuten des Bohrers zu starker Reibung an der Bohrungswand führt. Ein erhöhter Werkzeugverschleiß, eine Verminderung der Oberflächengüte an der Bohrungswand und im Extremfall der Werkzeugbruch durch das ansteigende Drehmoment sind die Folgen.

Generell wird beim Bohren zwischen Kurzbohren und Tiefbohren unterschieden. Die Zuordnung nur nach geringerer oder größerer Bohrungstiefe alleine wird den tatsachlichen Zerspanungsbedingungen beim Bohrprozess nicht gerecht. Vielmehr ist die Unterscheidung zwischen *Kurzbohren* und *Tiefbohren* von dem Verhältnis Bohrungstiefe/Bohrerdurchmesser abhängig.

Für Bohrungsdurchmesser

- *D* bis 30 mm gilt:
  Kurzbohren $L < 5 \times D <$ Tiefbohren,
- *D* über 30 mm gilt:
  Kurzbohren $L < 2{,}5 \times D <$ Tiefbohren.

Kurzbohrer

Kurzbohrer sind durch ihre symmetrische Schneidenanordnung und optimierte Schneidengeometrie meist selbstzentrierend.

Es werden zwei Hauptgruppen unterschieden:

- nachschleifbare Bohrer (Wendelbohrer) aus HM und HSS, meist in beschichteter Ausführung,
- Wendeplattenbohrer.

Wendelbohrer

Zu den nachschleifbaren Bohrern zählt in erster Linie der Wendelbohrer aus Hartmetall und HSS. Um wirtschaftliche Zerspanungsleistungen in unterschiedlichsten Werkstoffen zu erzielen, werden Bohrer mit verschiedenen Anschliffarten der Bohrerspitze eingesetzt. Der für die meisten Bearbeitungsaufgaben geeignete Spitzenanschliff ist der Kegelmantelanschliff (**Bild 1**). Um die Zentrierwirkung des Bohrers zu verbessern und die axiale Vorschubkraft zu reduzieren wird die Querschneidenlänge durch Ausspitzen des Kerns verkürzt.

> Eine gute Spanbildung und der Späneabtransport im Querschneidenbereich wird durch Korrektur des Spanwinkels und der Hauptschneidengeometrie im Zentrumsbereich des Bohrers erreicht.
>
> Wendelbohrer aus HSS werden aufgrund der höheren Verschleißfestigkeit häufig mit Hartstoffschichten wie z. B. Titannitrid (TiN) beschichtet verwendet. Bevorzugter Schnellarbeitsstahl für hochbeanspruchte Bohrwerkzeuge ist die Sorte HS 6-5-2-5 mit 6 % Wolfram (Wo), 5 % Molybdän (Mo), 2 % Vanadium (Va) und 5 % Kobalt (Co).
>
> Die pulvermetallurgisch hergestellten Vollhartmetallbohrer zeichnen sich gegenüber dem HSS Werkzeug durch höhere Druckfestigkeit und Wärmebeständigkeit aus und zeigen deshalb in der Anwendung deutliche Vorteile. Die höhere Steifigkeit des Hartmetalls verhindert ein radiales Aufdrehen des Werkzeug beim Bohrprozess und die damit entstehenden Torsionsschwingungen.
>
> Die gesteigerten Schnittgeschwindigkeits- und Vorschubwerte reduzieren die Aufbauschneidenbildung und erzeugen durch die kurze Kontaktzeit im Werkstoff eine geringere Wärmeentwicklung im Werkzeug und auf der Bohrungsoberfläche. Die Qualität der Bohrungsoberfläche und die Maß- und Formgenauigkeit der mit Vollhartmetallbohrern hergestellten Bohrungen ist gegenüber der mit HSS-Werkzeugen hergestellten Bohrungen wegen der höheren Torsions- und Biegesteifigkeit des Hartmetalls deutlich besser. Bei der Rundheitsabweichung sind Verbesserungen um mehr als drei IT-Klassen möglich. Die Geradheit der Bohrungswand bzw. der Bohrungsachse und die Oberflächenqualität kann um mehr als 50 % gesteigert werden.

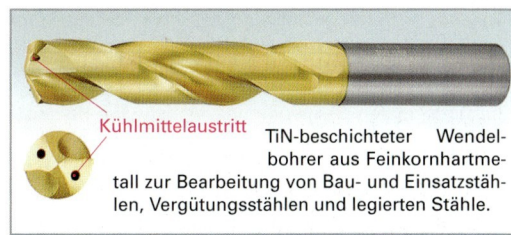

Kühlmittelaustritt

TiN-beschichteter Wendelbohrer aus Feinkornhartmetall zur Bearbeitung von Bau- und Einsatzstählen, Vergütungsstählen und legierten Stähle.

Bild 1: Wendelbohrer, beschichtet

Bei der Stahlbearbeitung und bei der Gussbearbeitung sind mit hartstoffbeschichteten (TIN, TiAlN, TiCN) Hartmetallbohrern 3-fach höhere Schnittgeschwindigkeiten und eine 30 %ige Vorschuberhöhung bei gleichem Standweg L_f im Vergleich zu beschichteten HSS-Bohrern möglich.

Hartmetallbohrer können gegenüber HSS-Werkzeugen, wegen der durch die Sprödigkeit des Hartmetalls bedingten Schneidkantenausbrüche, keine scharfe Schneide haben. Deshalb benötigt der verrundete oder gefaste HM-Schneidkeil einen Mindestvorschub f_{min} um an der Schneidkante einen vorauseilende Rissbildung und damit einen optimalen Standweg zu erreichen (**Bild 1**).

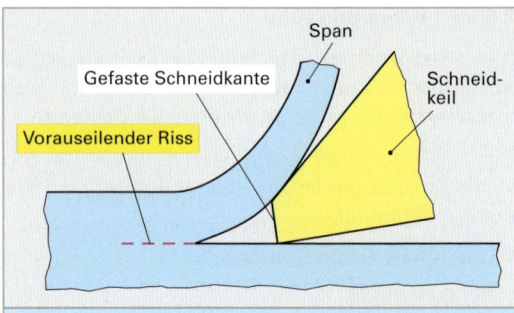

Bild 1: Vorauseilender Riss an gefastem Schneidkeil

Der technologische Leistungsvergleich zwischen TiN-beschichteten HSS Bohrern und Vollhartmetallwendelbohrern zeigt, dass der Faktor 3 die Verhältnisse am besten wiedergibt: Eine Erhöhung der Schnittgeschwindigkeit von HM gegenüber HSS um Faktor 3 ergibt bei gleichzeitiger Steigerung des Vorschubs um ca. 30 % eine Verbesserung der Bohrungsgüte von mindestens drei *IT*-Genauigkeitsklassen und eine Zunahme des Standweges um Faktor 3.

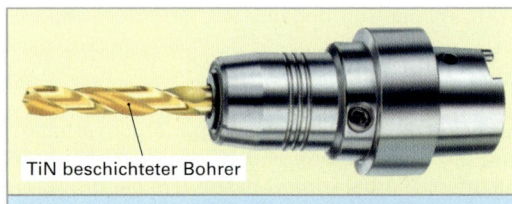

Bild 2: Hydrodehnspannfutter mit Wendelbohrer

Um das hohe Leistungspotenzial des Schneidstoffs Hartmetall wirtschaftlich nutzen zu können, muss die Werkzeugaufnahme hinsichtlich Drehmomentübertragung und Rundlaufgenauigkeit besondere Anforderungen erfüllen. Die dynamischen Rundlauffehler der Maschinenspindel und des Spannfutters übertragen sich beim Bohrvorgang direkt auf den Bohrer, mit der Folge, dass sich der Standweg und die Bohrungsqualität verringern.

Bild 3: Hartbohren von Ölbohrungen

In besonderem Maße sind Warmschrumpffutter, Kraftspannfutter, Hydrodehnspannfutter (**Bild 2**) und drehzahlfeste Spannzangenaufnahmen zum Spannen von leistungsfähigen Vollhartmetallbohrern auf stabilen Mehrspindel- und CNC-Maschinen geeignet.

Bohrer mit verdrallten Kühlkanälen können mehrfach nachgeschliffen werden.

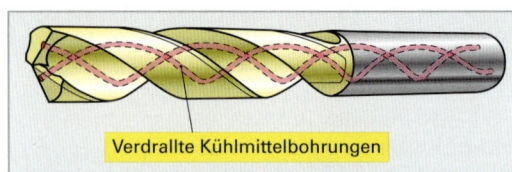

Bild 4: Verdrallte Kühlmittelbohrungen

Bei maximaler Bohrtiefe des Wendelbohrers sollte die Spannut noch mindestens um das 1 bis 1,5-fache des Werkzeugdurchmessers aus der Bohrung herausragen, damit die Späne und der Kühlschmierstoff ungehindert abgeführt werden können. Um die in kurzer Zeit anfallenden Spanvolumina effektiv aus der Bohrung zu entfernen, wird Kühlschmierstoff (KSS) als Ölemulsion unter hohem (Druck (8 bis 60 bar) durch innere Zuführung im Werkzeug (IKZ) an die Bohrerspitze gebracht. Dies geschieht entweder durch einen zentralen Kühlkanal im Bohrerkern oder mit verdrallten Kühlkanälen durch die Stege (**Bild 4**).

Werkzeuge mit verdrallten Kühlkanälen haben den Vorteil, dass sie mehrfach nachschleifbar sind und bei zwei oder drei Kanälen eine größere Kühlmittelmenge gefördert werden kann. Die erforderliche Kühlschmierstoffmenge (2 bis 25 l/min), bzw. der erforderliche KSS-Druck ist vom Bohrerdurchmesser und der Bohrungstiefe abhängig.

Die innenliegenden Kanäle werden durch metallische Einlegedrähte beim Pulverpressen erzeugt. Beim anschließenden Glühprozess (Sintern) schmilzt der Draht aus und hinterlässt den gewünschten Kanal.

Wendeplattenbohrer

Mit Wendeschneidplatten **(Bild 1)** ausgerüstete Kurzlochbohrer erzielen meist nicht die Bohrungsqualitäten wie geschliffene Wendelbohrer, überzeugen aber mit höherer Zerspanungsleistung und werden überwiegend bei größeren Bohrungsdurchmessern eingesetzt. Durch den flexiblen Einsatz unterschiedlicher Wendeplattengeometrien mit Spanleitstufen vom Werkzeugaußendurchmesser bis zum Zentrum und die Schnittaufteilung auf mehrere hintereinanderliegende Schneidkanten garantieren hohe Standleistungen und Spielraum für Optimierungen.

Mit Wendeplattenbohrern lassen sich unterschiedliche Anbohrsituationen wie konvexe, konkave oder schräge Werkstückoberflächen ohne radiale Ausweichbewegung des Bohrers realisieren. Wendeplattenbohrwerkzeuge sind sowohl zum Vollbohren als auch zum Kernbohren großer Bohrungsdurchmesser geeignet. Beim Kernbohren wird nicht das gesamte Bohrungsvolumen zerspant, sondern nur ein Kreisringzylinder. Im Zentrum der Durchgangsbohrung bleibt ein Werkstoffkern übrig.

2.6.5.3 Tiefbohren

Als tiefe Bohrungen werden Bohrungen bezeichnet, die ein großes Verhältnis von Bohrtiefe zu Bohrungsdurchmesser (*L/D*) aufweisen. Bei Bohrungstiefen L > 5 × *D* bis 150 × *D* werden aufgrund der extremen Zerspanungsverhältnisse im Bohrloch Tiefbohrverfahren angewendet, die eine spezielle Werkzeugform erfordern. Im Allgemeinen erfüllen die mit einem Tiefbohrverfahren hergestellten Bohrungen besondere Anforderungen hinsichtlich Oberflächengüte bis *Ra* = 0,1 µm, Maßtoleranzen im *IT8* Bereich und geringe Abweichungen in der Geradheit der Bohrungsachse.

Beim Tiefbohren werden auf besonders entwickelten Tiefbohrmaschinen unterschiedliche Bearbeitungsprinzipien angewendet **(Bild 2)**:

- rotierendes Werkzeug/stillstehendes Werkstück
- stillstehendes Werkzeug/rotierendes Werkstück
- rotierendes Werkzeug/rotierendes Werkstück

Rotationssymmetrische Werkstücke mit geringer Unwucht werden häufig mit stillstehendem Werkzeug bearbeitet. Dabei führt das Werkzeug die axiale Vorschubbewegung aus.

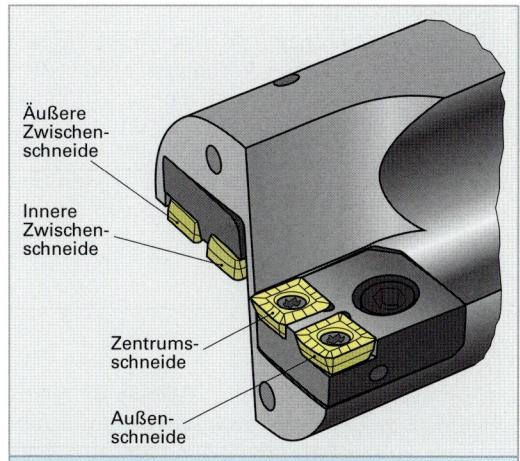

Bild 1: Wendeplattenbohrer für große Bohrungsdurchmesser mit Einbauhaltern

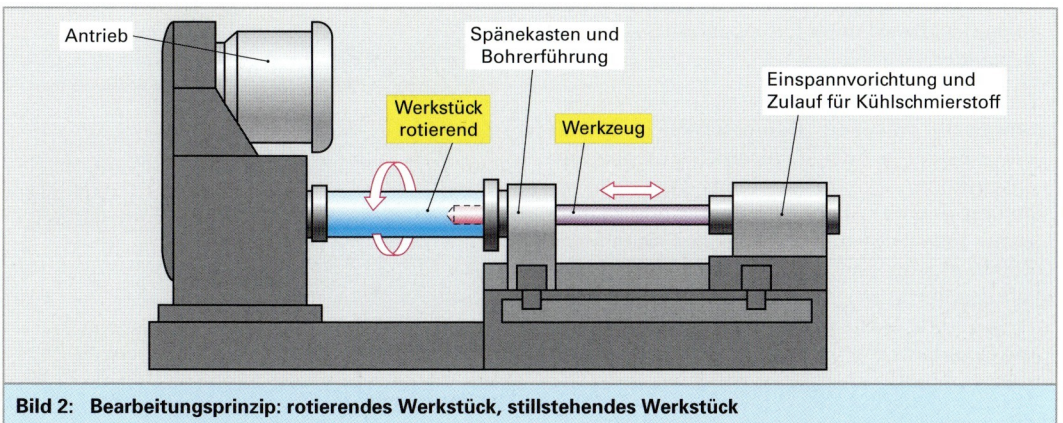

Bild 2: Bearbeitungsprinzip: rotierendes Werkstück, stillstehendes Werkstück

Wie beim Kurzlochbohren werden beim Tiefbohren verschiedene Bohrsituationen unterschieden:

- **Vollbohren (Bild 1)**
  Für kleine bis mittlere Bohrungsdurchmesser wird das Vollbohren in einem Arbeitsgang angewendet.

- **Aufbohren (Bild 2)**
  Bereits vorgefertigte Bohrungen an Guss- und Schmiedewerkstücken werden durch das Aufbohren endgefertigt. Bohrungen mit größeren Durchmessern werden häufig wegen der beim Vollbohren erforderlichen hohen Zerspanungsleistungen und der entstehenden großen Spanvolumina mit einem kleineren Durchmesser vollgebohrt und nach einer eventuell notwendigen Wärmebehandlung des Werkstücks auf den gewünschten Fertigdurchmesser aufgebohrt.

- **Kernbohren (Bild 3)**
  Um große Bohrungsdurchmesser mit geringem Leistungsbedarf ohne Vorbohren herzustellen kann das Kernbohren zum Einsatz kommen. Beim Kernbohren wird durch einen speziellen Kernbohrer nur eine außenliegende Kreisringfläche zerspant, der innenliegende, zylindrische Werkstoffkern bleibt erhalten und wird aus der Bohrung entfernt.

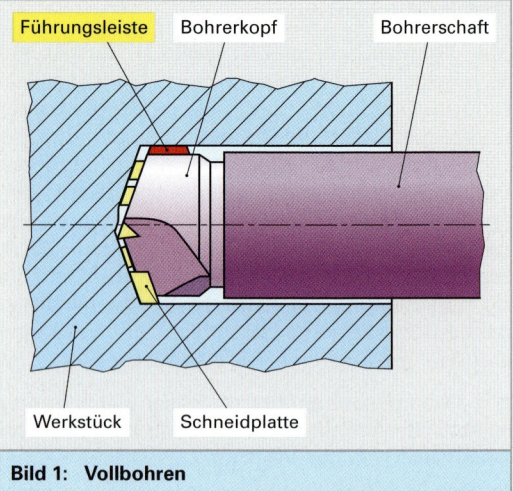

Bild 1: Vollbohren

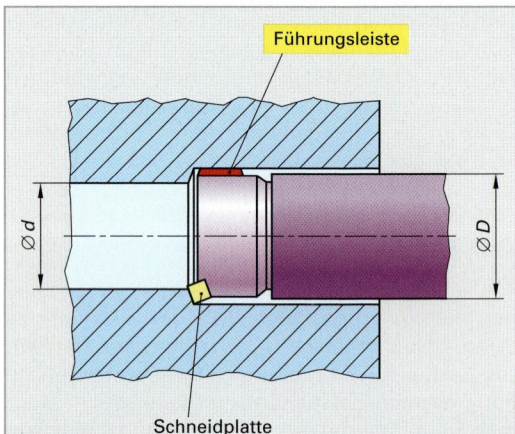

Bild 2: Aufbohren

Tiefbohrverfahren

Um Prozessstörungen beim Tiefbohren auszuschließen, werden zur Kühlschmierstoffzufuhr und zum Abtransport der Späne zwei grundsätzliche Verfahrensprinzipien angewendet:

- Der Kühlschmierstoff wird durch das Werkzeug über innenliegende Kanäle der Bohrerspitze zugeführt und der Späneabtransport erfolgt über eine Spannut außen am Bohrer. Dieses Verfahrensprinzip wird beim Einlippenbohrsystem angewendet.

- Der Kühlschmierstoff wird außen durch den Ringspalt zwischen Bohrerschaft und Bohrungswandung oder in einem als Doppelrohr ausgeführten Bohrerschaft der Wirkstelle zugeführt und der Späneabtransport erfolgt über einen innenliegenden Spänekanal durch das Bohrwerkzeug nach außen. Nach diesem Verfahrensprinzip arbeitet das Einrohrsystem (STS, Single Tube System) und das Ejectorsystem[1] mit Doppelrohr.

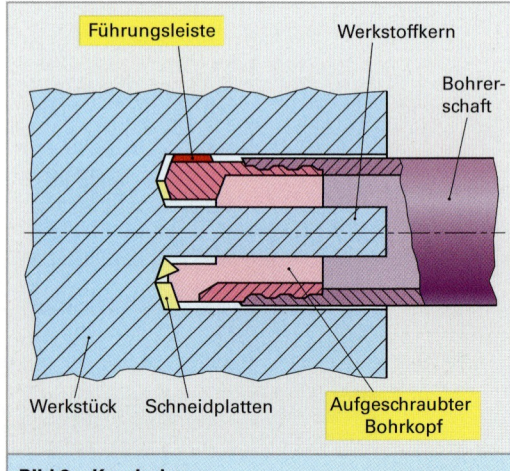

Bild 3: Kernbohren

---

[1] Ejector = Ausspritzer, von lat. eiaculare = hinauswerfen

Das Einlippenbohrsystem. Beim Einlippenbohrsystem **(Bild 1)** wird das gleiche Prinzip zur Kühlschmierstoffzufuhr (IKZ) und zum Späneabtransport wie beim Kurzlochbohren angewendet. Der Kühlschmierstoff wird durch einen im Werkzeug liegenden Kanal mit hohem Druck zur Werkzeugstirnseite gefördert. Über einen außenliegenden, geradgenuteten, V-förmigen Spänekanal werden die Späne von dem zurückfließenden Kühlschmierstoff aus der Bohrung abtransportiert.

Der aufgelötete Bohrerkopf des Einlippenbohrers wird in Vollhartmetall ausgeführt und ist häufig mit Hartstoffschichten wie TiN, TiAlN und TiCN zur Verschleißminderung beschichtet. Für kleine Bohrerdurchmesser werden auch nachschleifbare Vollhartmetallbohrer eingesetzt.

Das Tiefbohren mit Einlippenbohrern ist auf speziell entwickelten Maschinen **(Bild 1)** aber auch Bearbeitungszentren und NC-Drehmaschinen bei hohen Schnittgeschwindigkeiten (je nach Werkstoff v_c = 50 m/min bis 120 m/min) mit ausreichend hohen Kühlschmierstoffdrücken bis zu 100 bar, anwendbar.

Bei entsprechender Abstützung von Werkstück und Werkzeug über Lünetten sind Bohrungstiefen, vor allem bei kleinen Durchmessern (D = 1 mm bis 32 mm) bis zu 100 × D, möglich.

Mit Einlippenbohrern werden beim Vollbohren Maßgenauigkeiten im Bereich IT8 bis IT9, und Oberflächengüten bis Ra = 0,1 µm erreicht. Bei größeren Bohrungsdurchmessern sind die höheren Zerspanungsleistungen des STS-Systems oder des Ejectorsystems wirtschaftlicher.

Wendeplattenbestückte Tiefbohrwerkzeuge erreichen aber nicht ganz die Bohrungsqualitäten (bis IT10, Ra bis 0,3 µm) wie geschliffene Einlippenwerkzeuge.

Einlippenbohrer werden schon seit dem Mittelalter zur Waffenherstellung eingesetzt. Sie sind unter dem Namen „Kanonenbohrer" bekannt geworden.

> Ein hoher Kühlschmiermitteldruck stabilisiert das Bohrwerkzeug und unterstützt die Rückspülung der Späne.

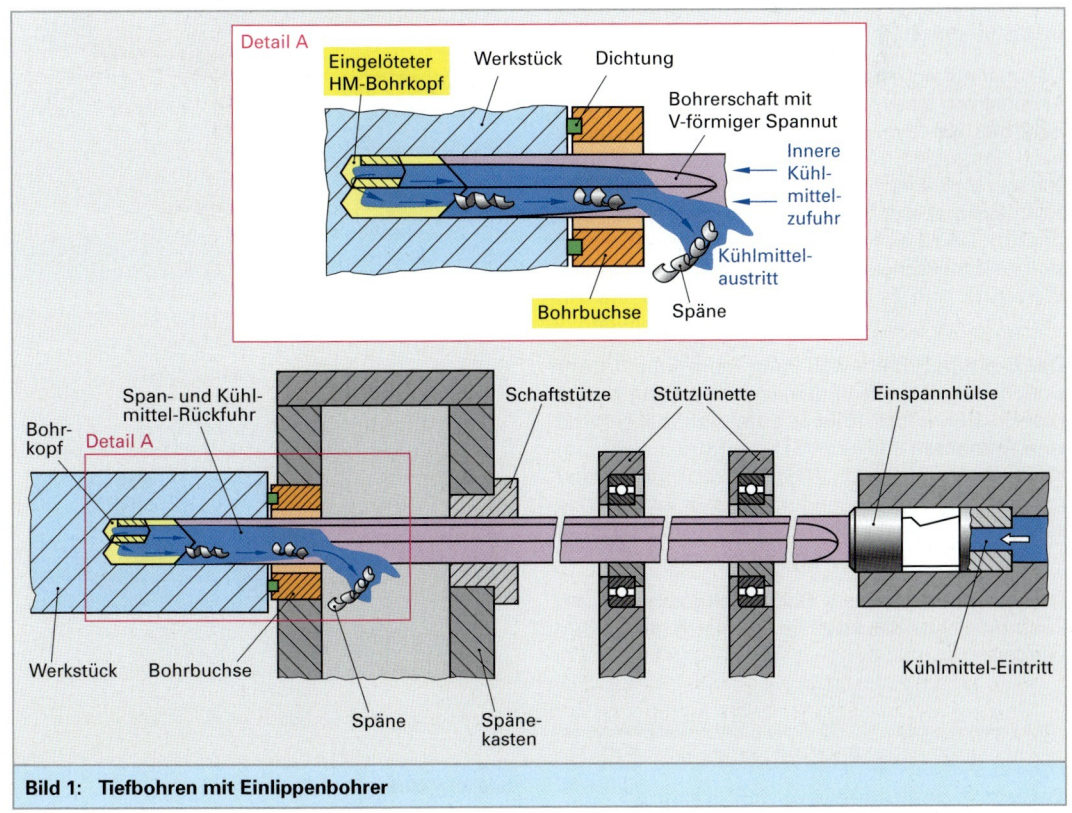

Bild 1: Tiefbohren mit Einlippenbohrer

Das Einrohrsystem STS (Single Tube System).

Beim STS-Bohren[1] **(Bild 1)** wird der Kühlschmierstoff mit hohem Druck über den Ringspalt zwischen Bohrerrohr und Bohrungswandung an den am Bohrerrohr angeschraubten Bohrerkopf gefördert. Die Späne werden zusammen mit dem Kühlschmierstoff durch das Innere des rohrförmigen Bohrerschaftes nach außen abgeleitet.

Der Einsatz des STS-Systems ist wegen der besonderen Kühlschmierstoffzuführung (Bohrölzuführungsapparat) nur auf speziellen Tiefbohrmaschinen bis Bohrungstiefen $100 \times D$ möglich.

Das Kernbohren ist mit dem STS-Verfahren möglich und wird hier vor allem zum Kernbohren großer Bohrungen angewendet.

Das Ejectorsystem.

Beim Ejectorsystem **(Bild 2)** besteht der Bohrerschaft aus zwei konzentrisch ineinanderliegenden Rohren. Der Kühlschmierstoff wird in dem zylindrischen Hohlraum zwischen Innenrohr und Außenrohr dem Bohrerkopf zugeführt. Durch eine Ringdüse im vorderen Teil des Doppelrohrsystems wird ein geringer Teil des unter hohem Druck stehenden Kühlschmierstoff direkt in das Innenrohr des Bohrers eingedüst. Der größte Teil des Kühlschmierstoffs gelangt über den Bohrkopf zusammen mit den Spänen zurück in das Innenrohr.

Der im hinteren Teil des Bohrkopfes abgezweigte Volumenstrom erzeugt im vorderen Bohrkopfbereich aufgrund der dynamischen Kontinuitätsgleichung nach *Bernoulli*[1] einen Unterdruck der den Kühlschmierstoff einschließlich der anfallenden Späne zuverlässig aus dem Wirkbereich absaugt (Ejectorprinzip). Da es sich beim Ejectorbohren um ein in sich geschlossenes System handelt, ist zwischen Werkstück und Bohrbuchse keine besondere Abdichtung, wie z. B. beim STS-Verfahren, notwendig.

Der Bohrkopf.

Beim STS- und beim Ejectorbohrsystem werden mit Wendeschneidplatten ausgerüstete Bohrköpfe **(Bild 3)** zum Vollbohren und zum Aufbohren und beim STS-Verfahren auch zum Kernbohren eingesetzt. Wie bei allen Bohrwerkzeugen führt die vom Außendurchmesser zum Bohrerzentrum hin abnehmende Schnittgeschwindigkeit zu ungleichen Zerspanungsbedingungen.

Durch eine angepasste Schneidengeometrie der Zentrumsschneiden kann ein Ausgleich geschaffen werden.

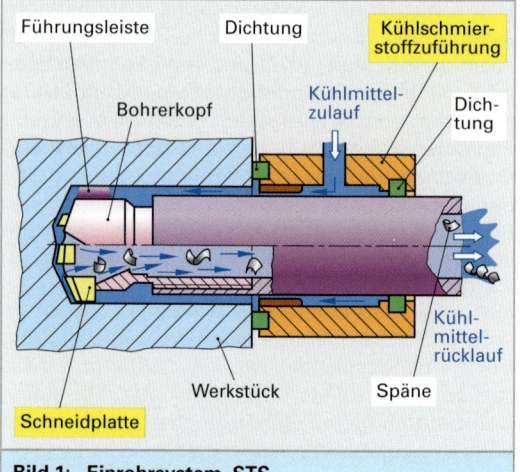

Bild 1: Einrohrsystem, STS

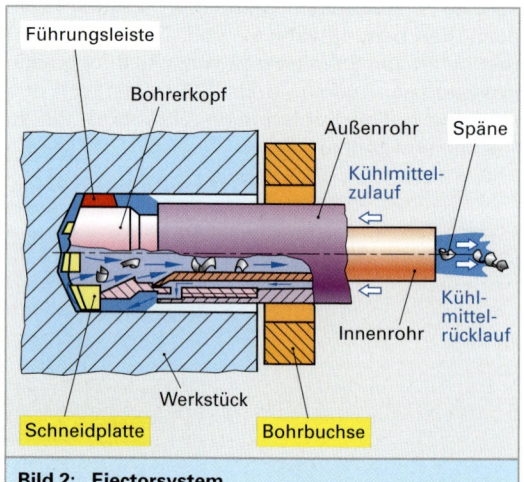

Bild 2: Ejectorsystem

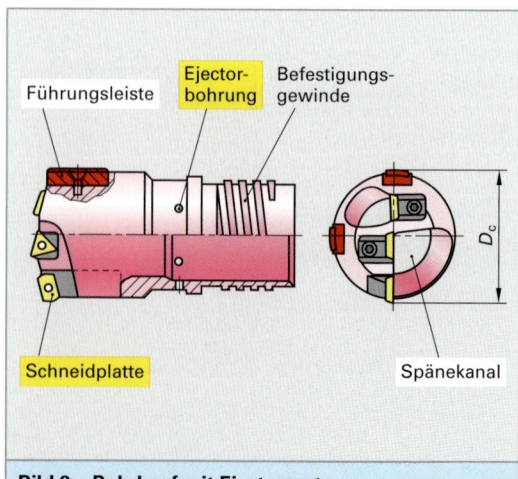

Bild 3: Bohrkopf mit Ejectorsystem

---

[1] Das Verfahren wurde von der „Boring and Trepanning Association" erstmals eingesetzt und wird deshalb auch als BTA-Verfahren bezeichnet.

[2] *Daniel Bernoulli*: schweiz. Physiker (1700 bis 1782)

2.6 Zerspanungstechnik

Durch eine in radialer Richtung unsymmetrische Anordnung der Schneidplatten und der Bohrerspitze wird die Axialkraft (**Bild 1**) beim Bohrvorgang reduziert und ein über den Bohrerquerschnitt gleichmäßigeres Spanbild erzeugt. Um die zum Bohrerzentrum hin kürzer werdenden Späne auszugleichen, werden entsprechend der radialen Lage der Schneidplatte angepasste Spanformer bzw. Spanleitstufen eingebaut, die ein kontrolliertes Spanbild garantieren und den kontinuierlichen Späneabtransport mit dem eingesetzten Kühlschmierstoff sicherstellen.

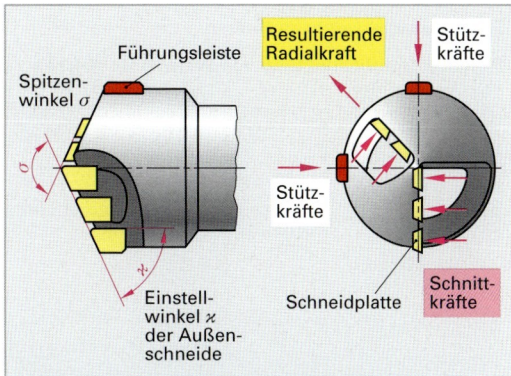

Bild 1: Kräfte und Winkel am Bohrkopf

Neben dem Werkstückwerkstoff, dem verwendeten Tiefbohröl und der Spanbrechergeometrie beeinflussen die Schnittgeschwindigkeit und der Vorschub die Geometrie der Späne.

Wie beim Kurzlochbohren hängt auch beim Tieflochbohren der effektiv wirksame Freiwinkel an den Schneidplatten vom eingestellten Vorschubwert ab. Mit zunehmendem Werkzeugvorschub f vergrößert sich der Vorschubwinkel η, damit verringert sich in gleichem Maße der tatsächlich wirkende Freiwinkel α_{eff}, ($\alpha_{eff} = \alpha - \eta$). Die Reduzierung des Freiwinkels α nimmt vom Außendurchmesser zur Bohrermitte hin zu, so dass die im Bohrerzentrum arbeitenden Schneidplatten mit einem größeren Freiwinkel ausgestattet sind, um die Zerspanungsbedingungen über den gesamten Arbeitsbereich konstant zu halten (**Bild 2**).

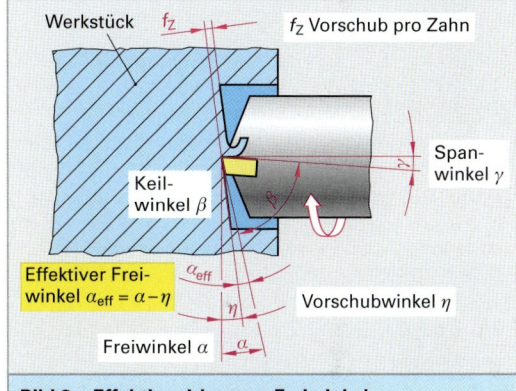

Bild 2: Effektiv wirksamer Freiwinkel

Die unsymmetrische Anordnung (**Bild 1**) der Schneidkanten führt zwangsläufig zu einer ungleichmäßigen Verteilung der Schnittkräfte in radialer Richtung. Diese Radialkraftkomponente der Schnittkraft (Passivkraft) drängt das Bohrwerkzeug aus der Achsrichtung. Kräftemäßig nicht ausbalancierte Bohrwerkzeuge benötigen am Umfang, gegenüber der resultierenden Radialkraft, eine oder mehrere Führungs- bzw. Stützleisten, die das Werkzeug an der Bohrungswand abstützen und die Radialkräfte ausgleichen.

Durch die entstehenden Reibungskräfte zwischen Führungsleisten und Bohrungswand erhöhen sich das erforderliche Drehmoment und der Leistungsbedarf der Maschine.

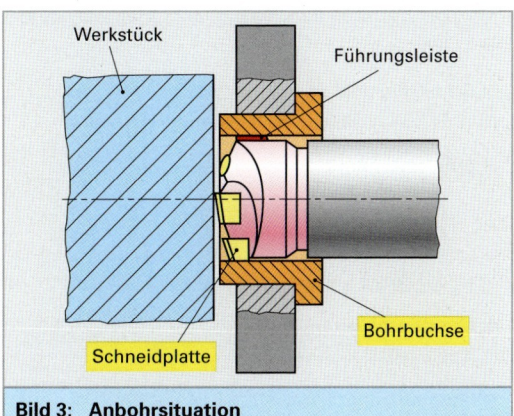

Bild 3: Anbohrsituation

Anbohrsituation beim Tiefbohren. Beim Bohrvorgang bilden die Stütz- und Führungsleisten am Werkzeugumfang gegenüber der Bohrungswandung einen Kräfteausgleich zu den in radialer Richtung auftretenden Schnittkraftkomponenten. Die Situation zu Beginn des Bohrvorgangs beim Anbohren (**Bild 3**) stellt sich aber zunächst anders dar. Die Asymmetrie der Bohrerspitze drängt den Bohrer aus der Achsrichtung ab und führt damit zu unkontrollierten Bedingungen. Damit die Führungsleisten im Bohrkopfbereich beim Anbohren bereits eine Stützwirkung aufbauen können, wird eine Bohr- bzw Führungsbüchse aus Hartmetall oder gehärtetem Stahl oder eine Führungsbohrung im Werkstück benötigt. Ab einer bestimmten Bohrungstiefe stützt sich das Werkzeug dann über die erzeugte Bohrungswand wie beschrieben selbst ab.

Hauptnutzungszeit beim Bohren

Aufgabe: Bohrbearbeitung von Wärmetauschersegmenten

Werkstoff:	42CrMo4
Maschinentyp:	Vertikal BAZ, Maschinenwirkungsgrad 80%
Bohrer:	Feinkorn-Hartmetall-Wendelbohrer mit verdrallten Kühlkanälen, TiN/TiAlN-beschichtet Spitzenwinkel = 140° Maximale Bohrungstiefe < 3 × D
Kühlschmierstoff:	IKZ, 40 bar
Bohrungen:	Bohrungsdurchmesser D = 12 mm Bohrungstiefe 20 mm, Durchgangsbohrungen
Schnittdaten:	v_c = 70 m/min, f = 0,25 mm/U
Standweg:	L_f = 20 m

Zu berechnen sind:
a) Schnittkraft F_c
b) Schnittmoment M_c
c) Schnittleistung P_c
d) Maschinenleistung P_e
e) Hauptnutzungszeit für eine Bohrung
f) Standmenge N

a) Schnittkraft F_c

Spezifische Schnittkraft $k_c = v_{c1.1}/h^{mc} \cdot 1{,}2$
Werte für $k_{c1.1}$ und m_c, siehe Tabelle 1, Seite 247
Spanungsdicke $h = f/2 \cdot \sin \sigma/2$
$h = 0{,}25 \text{ mm}/2 \cdot \sin 140°/2 = 0{,}11 \text{ mm}$
$k_c = 1565/0{,}11^{0{,}26} \cdot 1{,}2 = 3333{,}75 \text{ N/mm}^2$
$F_c = D \cdot f/2 \cdot k_c = 12 \text{ mm} \cdot 0{,}25 \text{ mm}/2 \cdot 3333{,}75 \text{ N/mm}^2$
$F_c = \underline{5000{,}62 \text{ N}} = 5 \text{ kN}$

b) Schnittmoment M_c

$M_c = F_c \cdot D/4 = 5000{,}62 \text{ N} \cdot 0{,}012 \text{ m}/4 = \underline{15 \text{ Nm}}$

c) Schnittleistung P_c

$P_c = F_c \cdot v_c/2 = \dfrac{5000{,}62 \text{ N} \cdot 70 \text{ m}}{2 \cdot 10^3 \text{ W/KW} \cdot 60\text{s}}$

$P_c = \underline{5{,}83 \text{ kW}}$

d) Maschinenleistung P_e

$P_e = P_c/\eta = 5{,}83 \text{ kW}/0{,}8 = \underline{7{,}3 \text{ kW}}$

e) Hauptnutzungszeit t_h

$t_h = \dfrac{L \cdot i}{n \cdot f}$

L Vorschubweg, $L = l + l_s + l_a + l_u$
l Bohrungstiefe
l_s Anschnitt
l_a Anlauf, l_u Überlauf
n Drehzahl, f Vorschub, i Anzahl der Bohrungen

Bild 1: Bohrbearbeitung von Wärmetauschersegmenten aus 42CrMo4 mit IKZ

Tabelle 1: Anschnittberechnung für Wendelbohrer

σ	Anschnitt l_s
80°	0,6 · D
118°	0,3 · D
130°	0,23 · D
140°	0,18 · D

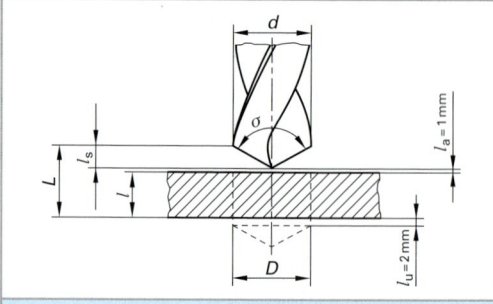

Bild 2: Berechnung des Vorschubwegs L

Drehzahl $n = \dfrac{v_c}{D \cdot \pi} = \dfrac{70 \text{ m/min} \cdot 1000 \text{ mm/m}}{12 \text{ mm} \cdot \pi}$

n = 1857 1/min

Vorschubweg $L = l + l_s + l_a + l_u$

$L = 20 \text{ mm} + 0{,}18 \cdot 12 \text{ mm} + 1 \text{ mm} + 2 \text{ mm} = 25{,}16 \text{ mm}$

$t_h = \dfrac{L \cdot i}{n \cdot f} = \dfrac{25{,}16 \text{ mm} \cdot 1}{1857 \text{ min}^{-1} \cdot 0{,}25 \text{ mm}} = 0{,}054 \text{ min} = \underline{3{,}25 \text{ s}}$

f) Standmenge N

$N = L_f/L = 20000 \text{ mm}/20 \text{ mm} = \underline{1000 \text{ Bohrungen}}$

2.6.6 Reiben und Feinbohren

Beim Reiben werden vorgefertigte Bohrungen spanabhebend mit geringer Spanungsdicke aufgebohrt. Ziel des Reibens ist die Herstellung passgenauer Bohrungen mit hoher Oberflächengüte und Formgenauigkeit. In der maschinellen Fertigung werden ein-, zwei- oder mehrschneidige Reibwerkzeuge (Reibahlen) eingesetzt. Die stirnseitig angeordneten, konischen Hauptschneiden (**Bild 1**) leisten den größten Teil der Zerspanungsarbeit.

Die am Umfang des Reibwerkzeuges liegenden Nebenschneiden erzeugen die geforderten Qualitätsmerkmale der Bohrung. Schneidengeometrien mit Doppelanschnitt ermöglichen eine Schrupp- und Schlichtzerspanung und einen für die Schneide verschleißarmen, sanften Übergang von der Haupt- zur Nebenschneide. Um zu vermeiden, dass vor allem beim Werkzeugrückzug an der Bohrungswand Bearbeitungsriefen entstehen, wird die Nebenschneide mit einer geringen axialen Verjüngung eingestellt. Reibwerkzeuge mit einer oder zwei Schneiden stützen sich beim Reibvorgang durch mindestens zwei am Umfang des Reibkopfes angeordneten Führungsleisten und durch eine entsprechend geschliffene Führungsphase im Schlichtbereich der Hauptschneide und der Nebenschneide an der Bohrungswand ab.

Beim Bearbeitungsvorgang legen sich die Führungsleisten durch die Schnitt- und Passivkräfte an der Bohrungswandung an und stabilisieren das Werkzeug. Um die Reibungswärme und den Verschleiß der Führungsleisten zu vermindern, wird durch innere Kühlschmiermittelzufuhr (IKZ) der Kühlschmierstoff (KSS) direkt an die Schneiden und die Führungsleisten appliziert. Hierbei sind Kühlschmierstoffdrücke bis 100 bar und Kühlschmierstoffmengen bis zu 300 l/min möglich. Neben der Schmierwirkung des Kühlschmiermittels ist vor allem der Späneabtransport wichtig.

Bei Reibwerkzeugen mit geklemmten Wendeschneidplatten können durch verstellbare Justierelemente die radiale Lage (Bohrungsdurchmesser) und die Neigung der Nebenschneide (Oberflächengüte, Standzeit) mit Hilfe von Einstellgeräten im μm-Bereich genau eingestellt werden (**Bild 2**). Mit hoch harten Schneidstoffen wie beschichtetes Hartmetall, Cermet, Kubisches Bornitrid (CBN, BN) und Polykristalliner Diamant (PKD, PD) lassen sich mit wirtschaftlichen Schnittwerten Stahl-, Guss- und Leichtmetallwerkstoffe bearbeiten.

Die Feinbearbeitung von Bohrungen in gehärtetem Stahl (Härtewerte 54 HRC bis 64 HRC) mit

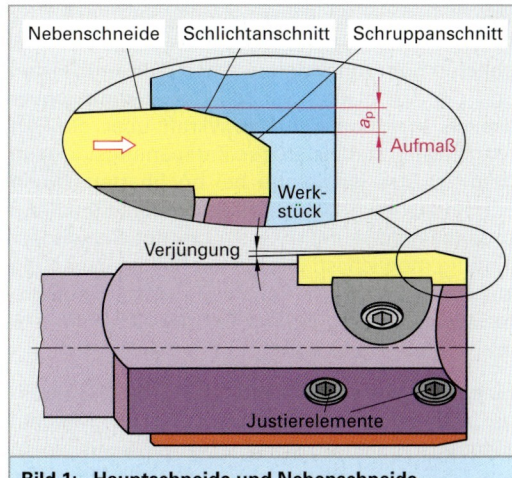

Bild 1: Hauptschneide und Nebenschneide

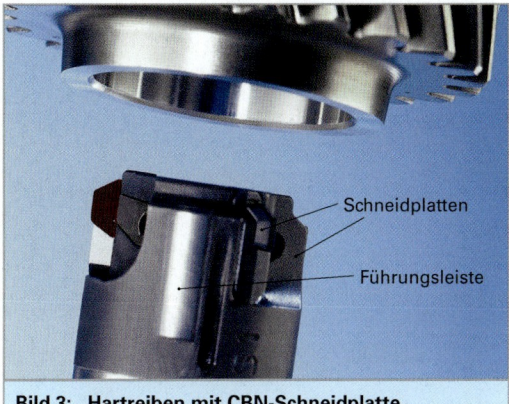

Bild 2: Spannen und Justieren der Schneidplatte

Bild 3: Hartreiben mit CBN-Schneidplatte

Zweischneidenreibahlen mit PKD-beschichteten Führungsleisten und CBN Schneidstoffen (**Bild 3**) ersetzt häufig die nachfolgende Bearbeitung durch Schleifen oder Honen.

Die Bildung eines schwingungsdämpfenden hydrodynamischen Schmierfilms zwischen der bearbeiteten Bohrungswand und den Führungsleisten und die Abstützung der mit dem Schneidenverschleiß zunehmenden Passivkraft über die Führungsleisten stabilisiert den Zerspanungsvorgang **(Bild 1)**. Dies ist gerade bei hochharten, bruchempfindlichen Schneidstoffen wichtig. Eine Randzonenbeeinflussung, wie sie bei der Schleifbearbeitung möglich ist, tritt bei der Mikrozerspanung des Hartreibens nicht auf, da die entstehende Prozesswärme gering ist und mit der Kühlschmieremulsion abgeführt wird.

Eine Möglichkeit zur Reduzierung der KSS-Menge besteht durch die Anwendung der Minimalmengenschmierung (MMS). Die MMS aus einem Luft-Öl-Gemisch (Aerosol) benetzt die Führungsleisten mit einem Schmierfilm, der die Reibung an der Bohrungswand verringert und das Aufschweißen von Werkstoffpartikeln verhindert. Die eingesetzten Wendeschneidplatten sind für die Stahl-, Guss- und Aluminiumbearbeitung mit einem positiven Spanwinkel und einem sehr kleiner Schneidkantenradius (scharfe Schneide) versehen. Dadurch wird die Trennarbeit und die Spanstauchung in der Scherzone verringert, was insgesamt weniger Prozesswärme freisetzt.

Bei hohen Vorschubgeschwindigkeiten verringert sich die Eingriffszeit und damit die Kontaktzeit der Schneide in der Scherzone. Die Zerspanungswärme bleibt im Span und wird mit diesem abgeführt. Der Abtransport der Späne aus der Bohrung muss durch entsprechende Spanformung, -lenkung und -brechung durch die Werkzeuggeometrie, bei großen Spanräumen im Werkzeug sichergestellt werden, da bei der Minimalmengenschmierung einzig der Luftstrom unterstützend wirkt.

Mit zwei- und mehrschneidigen Reibwerkzeugen lassen sich die Schnittgeschwindigkeit und die Vorschubwerte gegenüber den einschneidigen leistengeführten Reibahlen steigern. In diesem Fall sind die Schneiden radial gestuft eingestellt. Durch die Aufteilung in Vorschneid- und Fertigbearbeitungsschneiden **(Bild 2)** mit wenigen hundertstel Millimeter Spanungsdicke werden gute Oberflächen bei guter Oberflächenstruktur und hohe Standwege, auch bei schwer zu zerspanenden Werkstoffen, erreicht.

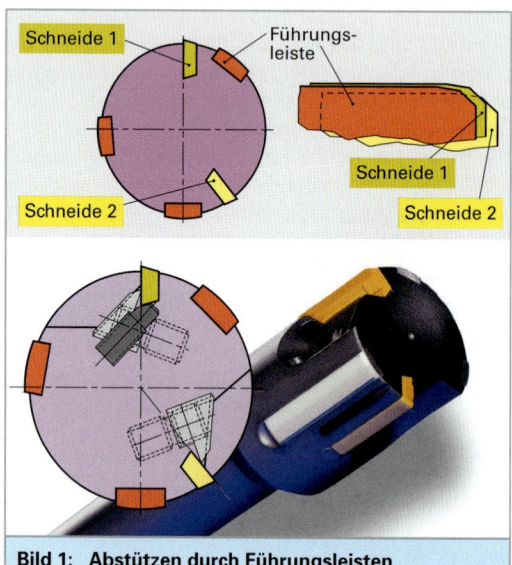

Bild 1: Abstützen durch Führungsleisten

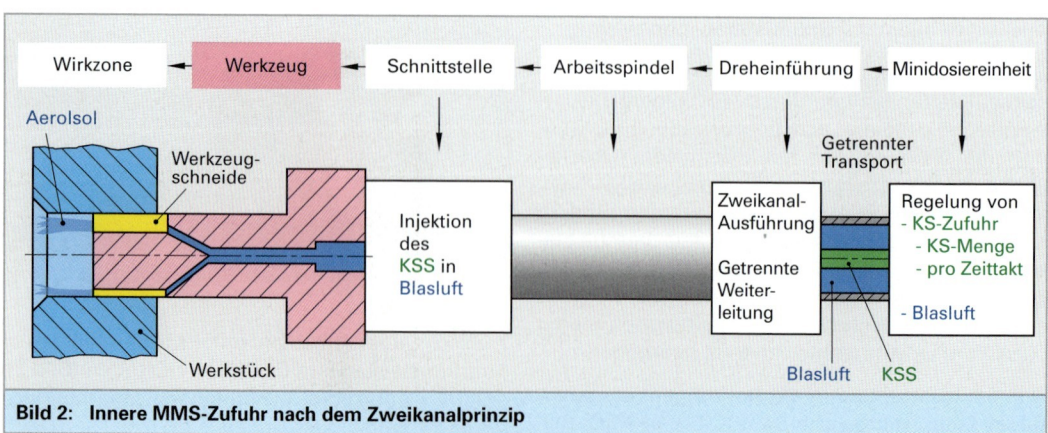

Bild 2: Innere MMS-Zufuhr nach dem Zweikanalprinzip

2.6.7 Fräsen

2.6.7.1 Fräsverfahren

Die Überlagerung der rotierenden Hauptschnittbewegung des Werkzeugs und einer vom Werkzeug oder vom Werkstück ausgeführten Vorschubbewegung ergibt bei einer entsprechenden Zustelltiefe den spanabhebenden Frässchnitt.

Je nach dem, welche Schneiden am Fräswerkzeug die Hauptzerspanungsarbeit leisten, unterscheidet man:

Bild 1: Stirnplanfräsen von Gusswerkstoff

- Stirnplanfräsen,
- Umfangsplanfräsen,
- Stirn-Umfangs-Planfräsen.

Beim Stirnplanfräsen (**Bild 1**) liegt die Schnitttiefe a_p in axialer Richtung fest. Der Zerspanungsvorgang wird hauptsächlich durch die stirnseitig am Werkzeugumfang liegenden Schneidkanten ausgeführt.

Die stirnseitigen Nebenschneiden unterstützen die Zerspanungsarbeit und sind für die Oberflächengüte verantwortlich. Die Vorschubrichtung liegt radial in einem rechten Winkel zur Werkzeugachse (**Bild 2**).

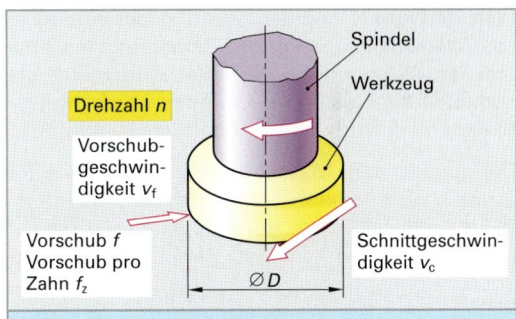

Bild 2: Bewegungen beim Stirnfräsen

Beim Umfangsfräsen (**Bild 3**) liegt die Schnitttiefe a_e in radialer Richtung des Werkzeugs fest. Der Zerspanungsvorgang wird hauptsächlich durch die am Werkzeugumfang liegenden Hauptschneiden ausgeführt. Die Vorschubrichtung liegt tangential zum Werkzeugumfang.

Das Stirnfräsen wird beim Einstechen in Nuten mit bohrfähigen Schaftfräsern angewendet. Die Vorschubrichtung liegt in Richtung der Werkzeugachse.

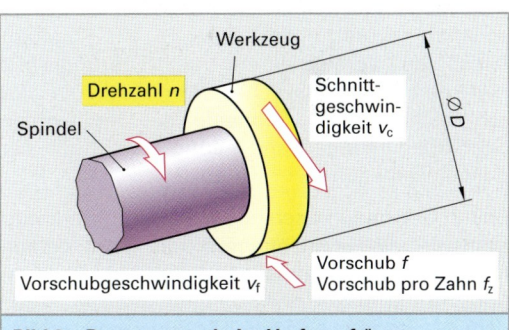

Bild 3: Bewegungen beim Umfangsfräsen

Bei bohrfähigen Fräswerkzeugen schneiden die stirnseitigen Hauptschneiden über die Mitte, damit der Fräser, ähnlich einem Bohrwerkzeug, in axialer Richtung in den Werkstoff eintauchen kann. Ist die gewünschte Frästiefe erreicht, erzeugen die Umfangsschneiden durch einen Radialvorschub die Werkstückgeometrie.

Ist der Umschlingungswinkel des Werkzeugs beim Stirn-Umfangs-Planfräsen kleiner als 180°, so spricht man vom Eckfräsen (**Bild 4**).

Unterschiedliche Fräsverfahren ergeben sich auch durch die Kombination der Drehrichtung des Werkzeugs und der Vorschubrichtung des Werkstücks.

$v_c = \dfrac{160 \text{ m}}{\text{min}}$

$f_z = 0{,}12 \text{ mm}$

$a_e = 50 \text{ mm}$

$a_p = 12 \text{ mm}$

Bild 4: Eckfräsen (Schruppen) von 42CrMo4

Ist die Hauptschnittbewegung des Werkzeugs und die Vorschubrichtung des Werkstück gleichgerichtet, so spricht man von Gleichlauffräsen **(Bild 1)**. Sind die beiden Zerspanungsbewegungen gegeneinander gerichtet, so bezeichnet man dieses Fräsverfahren mit Gegenlauffräsen. Die sich bei Gleichlauf und bei Gegenlauf einstellenden Zerspanungsbedingungen weichen stark voneinander ab.

Beim Gleichlauffräsen tritt die Werkzeugschneide mit maximaler Spanungsdicke h_{max} in den Werkstoff ein. Die Spanungsdicke nimmt bis zum Schneidenaustritt auf h_{min} = Null ab. Die Zerspankraft ist beim Schneideneintritt maximal und in das Werkstück bzw. in die Werkzeugmaschine und die Aufspannung gerichtet. Durchläuft die Schneide die Frästiefe a_e, so ändert sich die Größe und die Richtung der Tangentialschnittkraft F_c.

Die gegen den Maschinentisch wirkende Zerspankraftkomponente wird mit zunehmendem Eingriffswinkel immer geringer, während die zur Vorschubrichtung parallel gerichtete Zerspankraftkomponente bis zum Schneidenaustritt weiter zunimmt. Das Werkstück wird zum Fräswerkzeug hin gezogen.

Die Anwendung des Gleichlauffräsens setzt einen spielfreien Vorschubantrieb (z. B. mit Kugelumlaufspindel) voraus, da ein durch Führungsspiel bedingtes Nachlaufen des Werkstücks in Vorschubrichtung der Schneide zu ungünstigen Schnittbedingungen und häufig zum Bruch der Schneidkante führt.

Beim Gegenlauffräsen beginnt die Werkzeugschneide die Spanabnahme mit einer zerspanungstechnisch ungünstigen Spanungsdicke Null und tritt mit maximaler Spanungsdicke h_{max} aus dem Werkstoff aus. Die bei Schneideneintritt nur langsam zunehmende Spanungsdicke verursacht zunächst ein Aufgleiten der Schneidkante auf den Werkstoff und dadurch einen erhöhten Freiflächenverschleiß und reibungsbedingt höhere Zerspanungstemperaturen.

Ist die Materialaufwerfung vor der Spanfläche des Schneidkeils durch Werkstoffstauchung größer als die Schneidkantenverrundung und überwinden die angestiegenen Druckkräfte die Scherfestigkeit des Werkstoffs, so setzt die Abscherung des Spans ein. Die Zerspankraft ist beim Schneideneintritt minimal und entgegengesetzt zur Vorschubrichtung. Das Werkstück wird vom Werkzeug weggedrückt.

Mit zunehmendem Eingriffswinkel wird die Zerspankraft entgegen der Vorschubrichtung immer

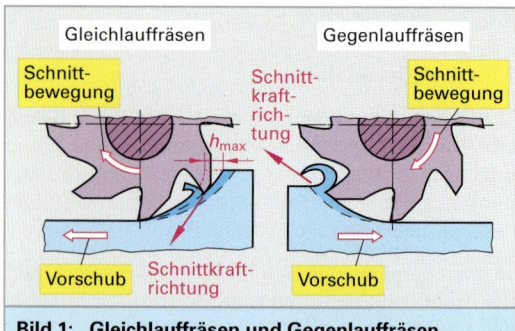

Bild 1: Gleichlauffräsen und Gegenlauffräsen

Bild 2: Gegenlauf- und Gleichlauffräsen beim Stirnplanfräsen

geringer, dafür nimmt die vom Maschinentisch weg gerichtete Zerspankraftkomponente immer mehr zu. Die Schneide tritt mit maximaler Spanungsdicke h_{max} und maximaler Schnittkraft aus dem Werkstoff aus.

Vergleicht man die Richtung der Zerspankraft bei Gleich- und Gegenlauffräsen **(Bild 1)**, so wird deutlich, dass beim Gleichlauffräsen die entstehende Zerspankraft in die Maschinenstruktur gerichtet ist, während beim Gegenlauffräsen eine maschinenabgewandte Kraftrichtung resultiert.

Moderne Werkzeugmaschinen kompensieren durch Materialeigenschaften und Konstruktionsmerkmale in die Maschinenstruktur hinein wirkende Kräfte meist ohne Probleme. Für nach außen wirkende Kräfte sind die schwingungsdämpfenden Eigenschaften und die Steifigkeit der Maschinenstrukturen meist geringer. Außerdem erfordert das Gegenlauffräsen eine stabilere Werkstückaufspannung.

Die Gefahr des Einziehens von Spänen beim Schneideneintritt ist beim Gegenlauffräsen ungleich größer, da beim Gleichlauffräsen ein von der Schneidkante mitgeführter Span beim Schneideneintritt ohne Schaden für die Schneidkante durchtrennt wird **(Bild 2)**. Die beim Schlichtfräsen im Gegenlaufverfahren häufig beobachtete bessere Qualität der Werkstückoberfläche ist auf eine beim Aufgleiten der Schneide verursachte, geringe plastische Verformung der Oberflächenschicht zurückzuführen. Dadurch verkürzt sich die Werkzeugstandzeit.

2.6.7.2 Schnittgrößen beim Fräsen

Die Schnittgeschwindigkeit in m/min ergibt sich aus dem Weg, den eine Schneide bei einer ganzen Werkzeugumdrehung zurücklegt, multipliziert mit der Anzahl von Umdrehungen pro Minute:

$$v_c = \frac{D \cdot \pi \cdot n}{1000}$$

D Werkzeugdurchmesser in mm
n Drehzahl in min^{-1}
1000 mm/m, Korrekturfaktor

Die relative Geschwindigkeit zwischen dem Werkzeug und dem Werkstück wird durch die Vorschubgeschwindigkeit v_f in mm/min beschrieben: (Tischvorschub)

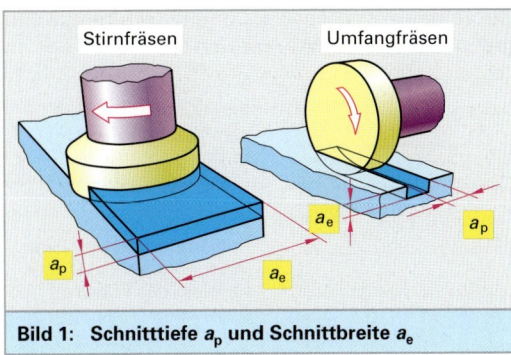

Bild 1: Schnitttiefe a_p und Schnittbreite a_e

$$v_f = f \cdot n = f_z \cdot z \cdot n$$

v_f Vorschubgeschwindigkeit
f Vorschub in mm/Umdr.
f_z Vorschub pro Zahn
z Zähnezahl des Werkzeugs

Der Vorschub pro Zahn gibt bei mehrschneidigen Fräswerkzeugen den Weg des Fräsers beim Eingriff eines Zahns in Vorschubrichtung an. Dieser Wert ist vom Fräsverfahren und vom eingesetzten Schneidstoff abhängig und ist in entsprechenden Schnittwerttabellen dargestellt.

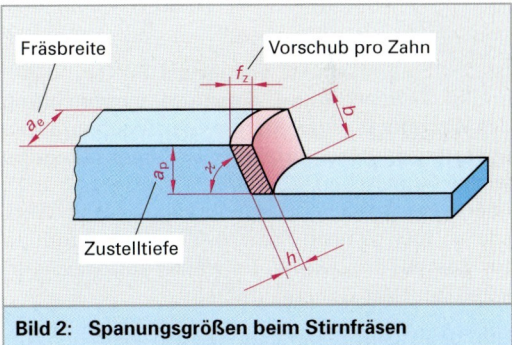

Bild 2: Spanungsgrößen beim Stirnfräsen

Die Zustellung beim Fräsen erfolgt in axialer und in radialer Werkzeugrichtung. Abhängig vom Fräsverfahren ergibt sich die Fräs- bzw. Zustelltiefe a_p beim Stirnplanfräsen und beim Umfangsfräsen in axialer Richtung des Werkzeugs. Die radiale Überdeckung des Werkzeugs mit dem Werkstück bzw. der Bearbeitungsebene bezeichnet man als Fräsbreite a_e (**Bild 1**).

Aus der Fräsbreite a_e, der Frästiefe a_p und der Vorschubgeschwindigkeit v_f lässt sich das Zeitspanvolumen Q beim Fräsen bestimmen (**Bild 2**):

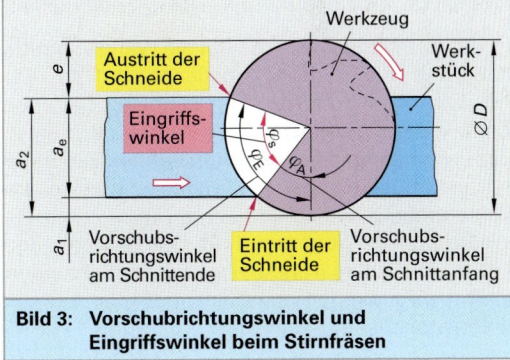

$$Q = a_e \cdot a_p \cdot v_f$$

Q Zeitspanvolumen
a_e Fräsbreite
a_p Frästiefe
v_f Vorschubgeschwindigkeit

Bild 3: Vorschubrichtungswinkel und Eingriffswinkel beim Stirnfräsen

Eingriffswinkel

Entsprechend der Eingriffslänge des Werkzeugs zwischen Schneideneintritt in das Werkstück bis zum Schneidenaustritt ergibt sich der für die Bestimmung der Schnittkraft und der Antriebsleistung notwendige Eingriffs- oder Umschlingungswinkel φ_s des Werkzeugs. Je größer der Eingriffswinkel, desto mehr Zähne sind im Eingriff (**Bild 3**).

Für das Umfangsfräsen lässt sich der Eingriffswinkel φ_s aus der Fräsbreite a_e des Werkzeugs und dem Fräserdurchmesser D bestimmen:

$$\cos \varphi_s = 1 - \frac{2 \cdot a_e}{D}$$

φ_s Eingriffswinkel
a_e Fräsbreite
D Fräserdurchmesser

Beim Stirnplanfräsen ergibt sich abhängig von der Position der Werkzeugachse zur Mittelachse der Bearbeitungsebene:

- ein Vorschubrichtungswinkel am Schnittanfang φ_A und
- ein Vorschubrichtungswinkel am Schnittende φ_E.

Die Differenz zwischen φ_E und φ_A ergibt den Eingriffswinkel φ_s des Werkzeugs:

$$\cos \varphi_A = 1 - \frac{2 \cdot a_1}{D}$$

a_1 Abstandsmaß vom Fräserdurchmesser zum Werkstückanfang in Drehrichtung des Fräsers betrachtet.

$$\cos \varphi_E = 1 - \frac{2 \cdot a_2}{D}$$

a_2 Abstandsmaß vom Fräserdurchmesser zum Werkstückende in Drehrichtung des Fräsers betrachtet.

$$\varphi_s = \varphi_E - \varphi_A$$

D Fräserdurchmesser.

Ist der Eingriffswinkel kleiner als 90° ($\varphi_s < 90°$) erfolgt die Bearbeitung, je nach Vorschubrichtung des Werkstücks, entweder im Gleichlaufverfahren oder im Gegenlaufverfahren. Bei einem Eingriffswinkel φ_s zwischen 90° und 180° (90° < φ_s < 180°) überwiegt je nach Vorschubrichtung des Werkstücks, bzw. je nach Position der Werkzeugmitte zur Bearbeitungsebene, entweder der Gleichlaufanteil oder der Gegenlaufanteil.

Um beim Stirnplanfräsen **(Bild 1)** beim Eintritt und beim Austritt der Schneide günstige Eingriffsverhältnisse zu erhalten, sollte der Fräserdurchmesser ca. 1,5 mal der Fräsbreite a_e entsprechen.

Ist das Verhältnis $D/a_e > 2$, liegt die Werkzeugmitte außerhalb der Bearbeitungsfläche und der Eintrittswinkel am Schnittanfang ist positiv. Der erste Kontakt der Schneide mit dem Werkstück findet in dem weniger stabilen, äußeren Schneidkantenbereich statt. Bei einem negativen Eintrittwinkel am Schnittanfang ist das Verhältnis $D/a_e < 2$ und die Werkzeugmitte liegt innerhalb der Bearbeitungsfläche. Die schlagartige Belastung am Schneideneintritt wird von dem massiven, mittleren Teil der Schneidplatte aufgenommen.

Zur Beurteilung der Eingriffsverhältnisse beim Fräsen ist neben dem Eintrittswinkel auch der Austrittswinkel bzw. die Fräseraustrittposition wichtig, die sich ebenfalls aus der Lage der Werkzeugmitte zur Bearbeitungsfläche ergibt. Da die Spanungsdicke h beim Fräsen nicht konstant ist, resultieren daraus betragsabhängige Zerspanungskräfte entlang der Eingriffslänge der Schneide.

Tritt die Schneide bei einem Verhältnis $D/a_e = 2$ mit maximaler Spanungsdicke h_{max} und damit größter Schnittkraft aus dem Werkstoff aus, entsteht eine plastische Werkstoffverformung, die zu ungünstigen Reibungsverhältnissen an der Schneidkante führt. Sichtbar wird dies durch Gratbildungen am Werkstück, bzw. bei harten und spröden Gusswerkstoffen durch Kantenausbröckelung und durch einen erhöhten Werkzeugverschleiß. Tritt der Schneidkeil in einem geringen Spandickenbereich aus dem Werkstück aus, stellen sich günstigere Zerspanungsbedingungen ein.

> Die Werkzeugschneide sollte nicht konturparallel aus dem Werkstück austreten.

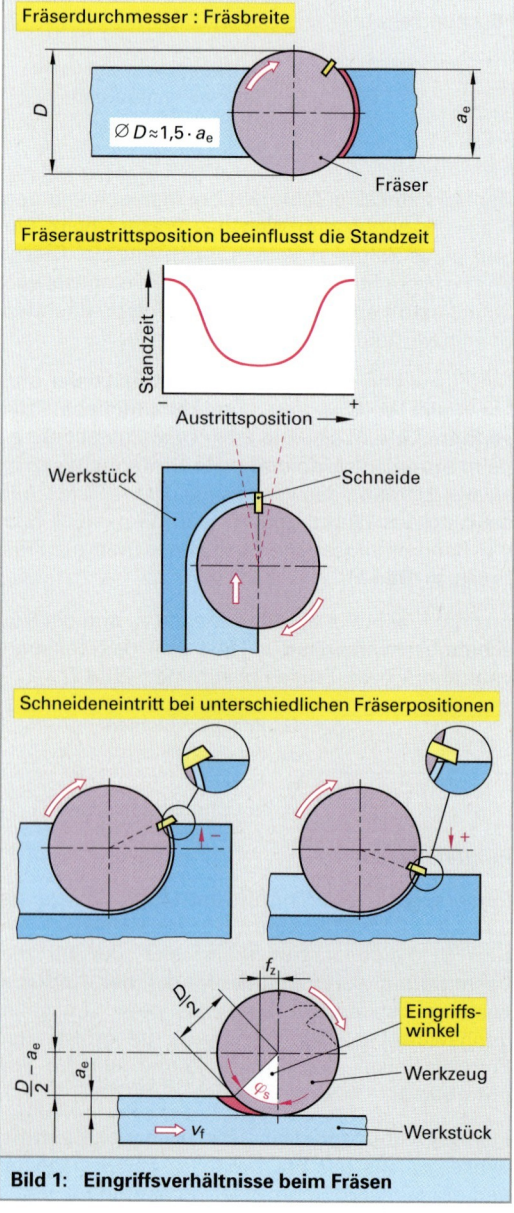

Bild 1: Eingriffsverhältnisse beim Fräsen

2.6 Zerspanungstechnik

Die mittlere Spanungsdicke h_m

Beim *Umfangsfräsen* und beim *Stirnplanfräsen* ändert sich über die Eingriffslänge des Werkzeugs die Spanungsdicke h. Um mit dieser variablen Größe rechnen zu können, wird die mittlere Spanungsdicke bzw. die Mittenspandicke h_m bestimmt **(Bild 1)**.

Für das **Umfangsfräsen** gilt:

Die Spanungsdicke h nimmt je nach Vorschubrichtung zu oder ab. Der Maximalwert h_{max} entspricht dem Vorschub pro Zahn ($h_{max} = f_z$) und wird beim Gleichlauffräsen beim Schneideneintritt, bzw. beim Gegenlauffräsen beim Austritt der Schneide aus dem Werkstoff, erreicht. Die Mittenspandicke wird beim halben Eingriffswinkel $\varphi_s/2$ bestimmt:

$$h_m = \frac{360°}{\pi \cdot \varphi_s} \cdot \frac{a_e}{D} \cdot f_z$$

h_m	Mittenspandicke
D	Fräserdurchmesser
a_e	Fräsbreite
f_z	Vorschub pro Zahn
φ_s	Eingriffswinkel

Näherungsweise gilt: $h_m \approx f_z \cdot \sqrt{a_e/D}$.

Für das **Stirnplanfräsen** gilt:

Die Spanungsdicke h ist vom Einstellwinkel χ des Fräsers abhängig. Der Einstellwinkel ergibt sich aus der Lage der durch die Hauptschneide erzeugten Fläche zu der bearbeiteten Werkstückfläche. Beträgt der Einstellwinkel, wie beim Umfangsfräsen mit Scheibenfräser oder mit Schaftfräser, $\chi = 90°$, entspricht die maximale Spanungsdicke h_{max} dem Vorschub pro Zahn f_z **(Bild 2)**.

Kleinere Einstellwinkel $\chi < 90°$ erzeugen über eine größere Schneidkantenlänge dünnere Späne. Die maximale Spanungsdicke h_{max} lässt sich über den Sinus des Einstellwinkels und f_z bestimmen:

$$h_{max} = \sin \chi \cdot f_z$$

h_{max}	maximale Spanungsdicke
χ	Einstellwinkel
f_z	Vorschub pro Zahn

Die Mittenspandicke h_m beim Stirnplanfräsen berechnet sich aus:

$$h_m = \frac{360°}{\pi \cdot \varphi_s} \cdot \frac{a_e}{D} \sin \chi \cdot f_z$$

näherungsweise gilt:

$$h_m \approx f_z \cdot \sin \chi \cdot \sqrt{a_e/D}$$

h_m	Mittelspandicke
f_z	Vorschub pro Zahn
χ	Einstellwinkel
a_e	Fräsbreite
D	Fräserdurchmesser

Bild 1: Mittlere Spanungsdicke h_m und Mittenspandicke bei runder WSP

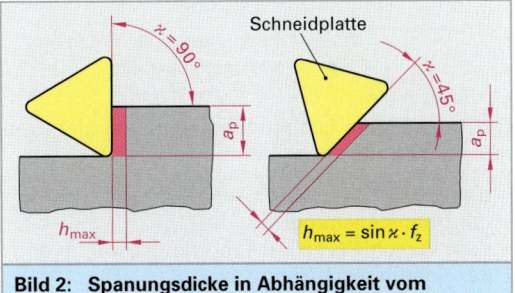

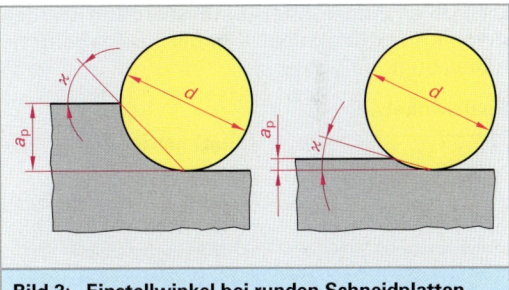

Bild 2: Spanungsdicke in Abhängigkeit vom Einstellwinkel χ

Bild 3: Einstellwinkel bei runden Schneidplatten

Beim Stirnplanfräsen mit runden Wendeschneidplatten hängt die Mittenspandicke h_m von der Schnitttiefe a_p und vom Durchmesser d der Schneidplatte ab **(Bild 3)**. Im Gegensatz zu Fräswerkzeugen mit konstantem Einstellwinkel ändert sich bei runden Schneidplatten der Einstellwinkel χ je nach Schnitttiefe von Null bis max. 45°. Bei einem effektiven Einstellwinkel von $\chi = 45°$ entspricht die Schnitttiefe dem Radius $r = d/2$ der Schneidplatte und damit der maximalen Schnitttiefe a_p.

Die Berechnung der mittleren Spanungsdicke h_m erfolgt mit folgender Formel:

$$h_m = f_z \cdot \sqrt{a_p/d}$$

h_m	Mittenspandicke
f_z	Vorschub pro Zahn
a_p	max. Schnitttiefe
d	Schneidplattendurchmesser

Die spezifische Schnittkraft beim Fräsen

Die Zerspanbarkeit des Werkstückwerkstoffs wird über die von der Spanungsdicke h und der Schneidengeometrie abhängige spezifische Schnittkraft erfasst. Sie entspricht mit ihrem Hauptwert $k_{c.1.1}$ der tangentialen Schnittkraft F_c, die erforderlich ist, um einen Span mit 1 mm² Spanungsquerschnitt bei einer Spanungsdicke h = 1 mm und einer Spanungsbreite b = 1 mm abzuscheren. Nach Kienzle wird die von der Spanungsdicke abhängige spezifische Schnittkraft wie folgt berechnet:

$$k_c = \frac{k_{c.1.1}}{h_m^{mc}}$$

$k_{c.1.1}$ Hauptwert der spez. Schnittkraft in N/mm² bezogen auf A = 1 mm²
h_m Mittenspanungsdicke in mm
m_c Werkstoffkonstante

Die spezifische Schnittkraft ist neben der Spanungsdicke auch noch von:

- der Größe des Spanwinkels γ,
- der Spanstauchung,
- dem Verschleiß an der Werkzeugschneide und
- der Schnittgeschwindigkeit v_c

abhängig.

Diese hier aufgeführten Einflussgrößen werden durch Korrekturfaktoren K in der Berechnung berücksichtigt.

Spanwinkel:

$$K_\gamma = 1 - \frac{\gamma_{tat} - \gamma_o}{100}$$

K_γ Korrekturfaktor für den Spanwinkel γ
γ_{tat} tatsächlich am Werkzeug vorhandener Spanwinkel
γ_o in ° Basisspanwinkel
(γ_o = 6° für Stahlbearbeitung)
(γ_o = 2° für Gussbearbeitung)

Spanstauchung

Vor und nach dem Abscheren des Spanes kommt es zu einer Spanstauchung. Sie ist bei jedem Arbeitsverfahren anders. Nachfolgend ein paar Richtwerte für die Korrekturfaktoren K_{st}:

- Außendrehen K_{st} = 1,0,
- Innendrehen, Bohren, Fräsen K_{st} = 1,2,
- Einstechen, Abstechen K_{st} = 1,3,
- Hobeln, Stoßen, Räumen K_{st} = 1,1.

Verschleiß an der Hauptschneide

Durch Verschleiß an der Hauptschneide kommt es zu einem Kraftanstieg. Er liegt, je nach Abstumpfung der Schneide, zwischen 30 und 50 %.

Für die Berechnung kann man als Mittelwert einen Verschleißfaktor von K_{ver} = 1,3 einsetzen.

Schnittgeschwindigkeit

Der Einfluss der Schnittgeschwindigkeit ist im Hartmetallbereich gering. Deshalb kann er vernachlässigt werden. (K_v = 1,0)

Im Schnellstahlbereich setzt man K_v = 1,2.

Mit Hilfe dieser Korrekturfaktoren kann man nun die spezifische Schnittkraft k_c wie folgt bestimmen:

$$k_c = \frac{k_{c.1.1} \cdot K_\gamma \cdot K_{st} \cdot K_v}{h_m^{mc}}$$

k_c spez. Schnittkraft in N/mm²

Hauptschnittkraft

Die Hauptschnittkraft F_c kann man nun aus der spez. Schnittkraft k_c und dem Spanungsquerschnitt A bestimmen:

$$F_c = k_c \cdot A$$

F_c Hauptschnittkraft in N
A Spanungsquerschnitt in mm²

Spanungsquerschnitt A:

$$A = a_p \cdot h_m \cdot z_e$$

a_p Schnitttiefe in mm
h_m mittlere Spanungsdicke in mm
z_e Zahl der Schneiden im Eingriff

Schneiden im Eingriff:

$$z_e = \frac{\varphi_s \cdot z}{360°}$$

φ_s Eingriffswinkel
z Gesamtzahl der Schneiden

Schnittleistung

Die Schnittleistung P_c ist die beim Zerspanungsvorgang erforderliche Leistung:

$$P_c = \frac{F_c \cdot v_c}{60 \text{ s/min} \cdot 10^3 \text{ W/kW}}$$

P_c Schnittleistung in kW
v_c Schnittgeschwindigkeit in m/min

Maschinenantriebsleistung

Unter Berücksichtigung des Maschinenwirkungsgrades η ergibt sich die erforderliche Maschinenantriebsleistung:

$$P = \frac{P_c}{\eta} = \frac{F_c \cdot v_c}{60 \cdot 10^3 \cdot \eta}$$

P Maschinenantriebsleistung in kW
η Maschinenwirkungsgrad

2.6 Zerspanungstechnik

Aufgabe:

Fräsen einer Grundplatte

Werkstoff 42 CrMo 4 (1.7225)

Werkzeug: Planfräskopf, HM
Einstellwinkel $\chi = 45°$
Spanwinkel $\gamma = 16°$
$\varnothing D = 63$ mm, $z = 5$

Schnittwerte: $v_c = 160 \frac{m}{min}$, $f_z = 0{,}3$ mm

Stirnplanfräsen mit $a_e = 50$ mm, $a_p = 5$ mm

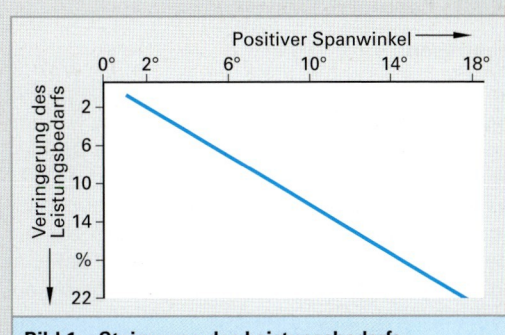

Bild 1: Steigerung des Leistungsbedarfs

Eingriffswinkel φ_s (Bild 3)

$\cos \varphi_A = 1 - \frac{2 \cdot a_1}{D} = 1 - \frac{2 \cdot 13 \text{ mm}}{63 \text{ mm}} \Rightarrow \varphi_A = 54°$

$\cos \varphi_E = 1 - \frac{2 \cdot a_2}{D} = 1 - \frac{2 \cdot 63 \text{ mm}}{63 \text{ mm}} \Rightarrow \varphi_E = 180°$

$\varphi_S = \varphi_E - \varphi_A = \mathbf{126°}$

mittlere Spanungsdicke h_m

$h_m \approx f_z \cdot \sin \chi \cdot \sqrt{\frac{a_e}{D}} = 0{,}3 \text{ mm} \cdot \sin 45° \cdot \sqrt{\frac{50 \text{ mm}}{63 \text{ mm}}}$

$h_m \approx \mathbf{0{,}18 \text{ mm}}$

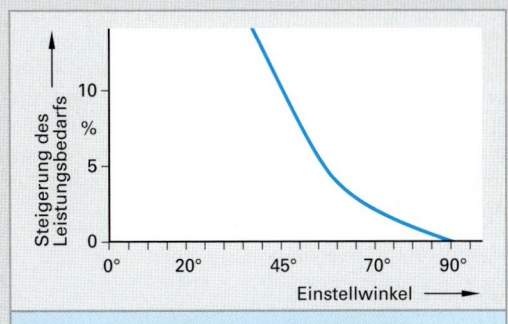

Bild 2: Verringerung des Leistungsbedarfs

Spezifische Schnittkraft

$k_{c1.1} = 1565 \frac{N}{mm^2}$,

$m_c = 0{,}26 \Leftarrow$ aus Werkstofftabelle (Seite 247)

Korrekturwerte:

Spanwinkel $k_\gamma = 1 - \frac{\gamma_{tat} - \gamma°}{100} = 1 - \frac{16° \cdot 6°}{100} = 0{,}9$

Spanstauchung $k_{St} = 1{,}2$

Verschleiß $k_{ver} = 1{,}3$

$k_c = \frac{k_{c1.1}}{h_m^{m_c}} \cdot k_\gamma \cdot k_{St} \cdot k_{ver} = \frac{1565}{0{,}18^{0{,}26}} \cdot 0{,}9 \cdot 1{,}2 \cdot 1{,}3$

$= \mathbf{3431{,}7 \frac{N}{mm^2}}$

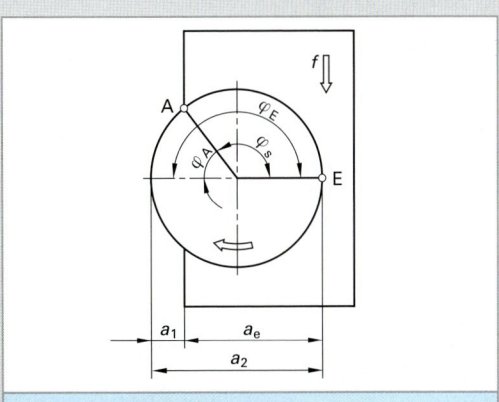

Bild 3: Eingriffsbedingungen

Spanungsquerschnitt A

$A = a_p \cdot h_m \cdot z_e = 5 \text{ mm} \cdot 0{,}18 \text{ mm} \cdot 1{,}75 = \mathbf{1{,}57 \text{ mm}^2}$

Zähne im Eingriff $z_e = \frac{\varphi_S \cdot z}{360°} = \frac{126° \cdot 5}{360°} = \mathbf{1{,}75}$

Schnittkraft F_c

$F_c = A \cdot k_c = 157 \text{ mm}^2 \cdot 3431{,}7 \frac{N}{mm^2} = \mathbf{5405 \text{ N}}$

Schnittleistung P_c

$P_c = F_c \cdot v_c = \frac{5405 \text{ N} \cdot 160 \text{ m}}{60 \text{s} \cdot 10^3} = \mathbf{14{,}4 \text{ kW}}$

2.6.7.3 Besondere Fräsverfahren

Drehfräsen

Um an nicht symmetrischen Werkstücken mit ungleicher Massenverteilung zylindrische Außen- und Innengeometrien herzustellen, ist das Drehen wegen der zu erwartenden Unwucht häufig nicht das geeignete Bearbeitungsverfahren. Durch die großen Massenkräfte der meist geschmiedeten oder gegossenen Rohlinge entstehen Schwingungen, die nur eine Bearbeitung mit geringen Werkstückdrehzahlen zulassen.

Beim Drehfräsen erfolgt durch die Überlagerung einer langsamen Drehbewegung des Werkstückes mit der rotierenden Hauptschnittbewegung des Fräswerkzeuges und der vom Werkzeug ausgeführten Vorschubbewegung die formgebende Spanabnahme. Je nach Fräsverfahren und Position des Werkzeugs zum Werkstück wird die Vorschubbewegung entweder achsparallel, orthogonal oder schraubenförmig, d. h. zirkular zur Werkstückachse ausgeführt (**Bild 1**).

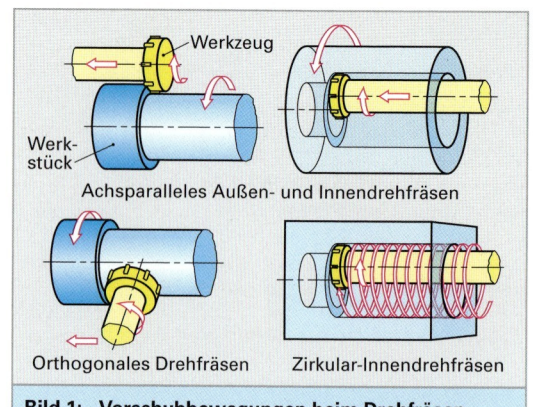

Bild 1: Vorschubbewegungen beim Drehfräsen

Außendrehfräsen

Beim achsparallelen Außendrehfräsen erfolgt die Vorschubbewegung des Werkzeugs parallel zur Werkstückachse. Die resultierende, effektive Schnittgeschwindigkeit an der Werkzeugschneide ergibt sich durch die Überlagerung der langsamen Drehfrequenz des Werkstücks mit der hohen Drehfrequenz des Werkzeugs. Die Werkstückoberfläche wird durch die am Werkzeugumfang liegenden Schneiden erzeugt (Umfangsfräsen). Der resultierende Werkzeugvorschub setzt sich aus den Werkzeug- und Werkstückbewegungen zusammen (**Bild 2**).

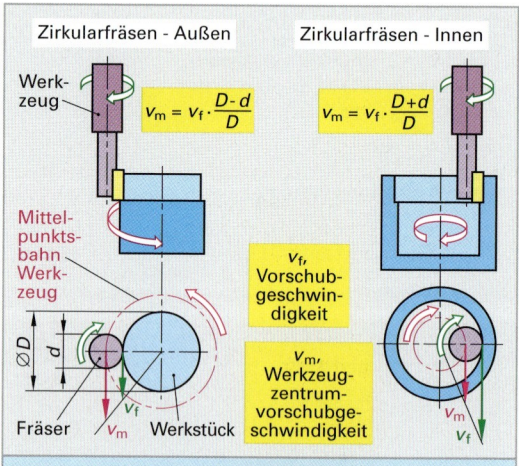

Bild 2: Korrigierter Werkzeugvorschub

Beim orthogonalen Außendrehfräsen stehen die Achsen von Werkzeug und Werkstück rechtwinklig, d. h. orthogonal zueinander. Hierbei können die beiden Achsen auf einer Ebene liegen (zentrisches Drehfräsen) oder exzentrisch zueinander (exzentrisches Drehfräsen) angeordnet sein.

Je nach Drehrichtung von Werkstück und Werkzeug kann im Gleich- oder Gegenlaufverfahren bearbeitet werden. Die Werkstückoberfläche wird durch die an der Werkzeugstirnseite liegenden Schneiden erzeugt. Die Hauptzerspanungsarbeit wird durch die am Umfang liegenden Schneidkanten geleistet (Stirnumfangsfräsen).

Die Berechnung des Eingriffswinkels φ_s des Werkzeuges beim achsparallelen Außendrehfräsen (**Bild 3**) erfolgt mit folgender Gleichung:

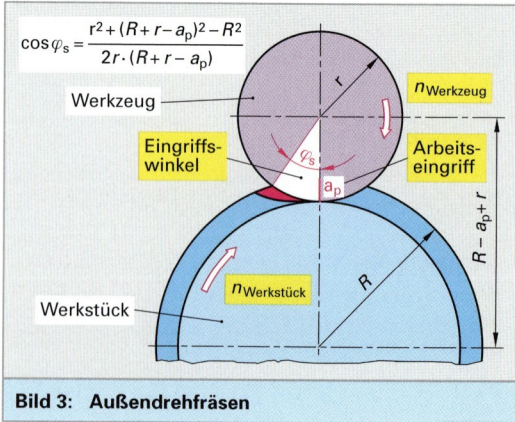

Bild 3: Außendrehfräsen

$$\cos \varphi_s = \frac{r^2 + (R + r - a_p)^2 - R^2}{2r(R + r - a_p)}$$

Beim *Wirbelfräsen* **(Bild 1)** können mit einem ringförmigen Werkzeugträger mit innenliegenden Schneideneinsätzen rotationssymmetrische Geometrien durch Drehfräsen hergestellt werden. Die außermittige Werkstückposition ergibt bei Überlagerung der hohen Rotationsfrequenz des Werzeugs und langsamer Werkstückrotation durch den Flugkreis der Schneiden eine zylindrische Werkstückgeometrie.

Dieses Verfahren wird mit entsprechenden Schneidplatten auch zur Herstellung von Gewindespindeln und Extruderschnecken eingesetzt (Gewindewirbeln).

Durch die große Anzahl von Schneiden auf dem Werkzeug sind im Vergleich zur Drehbearbeitung große Zerspanungsleistungen möglich.

Bild 1: Wirbelfräsen einer LKW-Kurbelwelle

Innendrehfräsen

Beim Innendrehfräsen **(Bild 2)** kann durch die Überlagerung der Drehbewegung von Werkstück und Werkzeug bei achsparalleler Vorschubbewegung und außermittiger Fräserposition eine vorgefertigte Bohrung auf das erforderliche Maß vergrößert werden.

Der Schnittkreis des Werkzeugs erzeugt durch Hüllschnitte eine günstige Spanform. Dieses Fräsverfahren wird auch als *Innenwirbeln* bezeichnet.

Beim *Zirkularfräsen* **(Bild 3)** ist eine Drehbewegung des Werkstücks nicht erforderlich. Das Fräswerkzeug erzeugt mit den am Umfang liegenden Schneidkanten durch die Überlagerung der rotierenden Hauptschnittbewegung des Werkzeugs und einer zur Werkstück achsparallelen wendelförmigen Fräsermittelpunktsbahn die zylindrische Werkstückkontur.

Mit diesem Fräsverfahren können vielfältige Außen- und Innenkonturen hergestellt werden. Mit dem Innenzirkularfräsen werden vorgefertigte Bohrungen vergrößert, aber auch Bohrungen im Vollmaterial und Innengewinde durch Gewindefräsen hergestellt. Mit dem Außenzirkularfräsen können zylindrische, polygonartige und eliptische Geometrien gefräst werden.

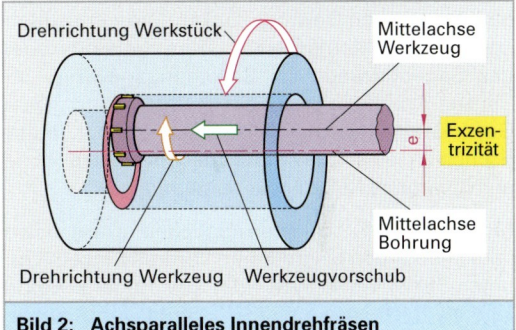

Bild 2: Achsparalleles Innendrehfräsen

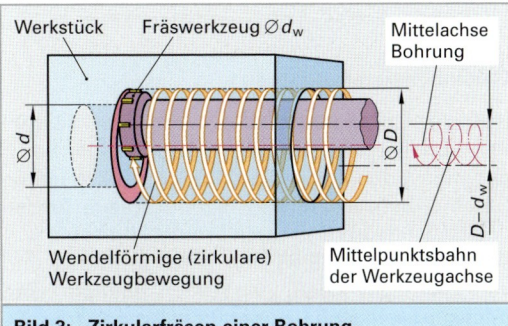

Bild 3: Zirkularfräsen einer Bohrung

Wiederholung und Vertiefung

1. Welche Zerspanungsbedingungen wirken an der Werkzeugschneide beim Gleichlauffräsen und beim Gegenlauffräsen?
2. Welche Auswirkungen hat das Aufgleiten der Schneide beim Gegenlauffräsen?
3. Beschreiben Sie für das Stirnplanfräsen günstige Schneideneintrittsbedingungen und Schneidenaustrittsbedingungen.
4. Für welche Zerspanungsaufgaben sind Fräswerkzeuge mit runden Wendeschneidplatten geeignet?

2.6.8 Maschinelle Gewindeherstellung

2.6.8.1 Allgemeines

Gewindearten

Unterschieden werden Innengewinde (Muttergewinde) und Außengewinde (Bolzengewinde) **(Bild 1)**. Kennzeichnende Merkmale für die Gewinde sind die *Gewindeart*, der *Gewindenenndurchmesser* und die *Gewindesteigung P*. Als konstruktives Element erfüllen Gewinde entweder Befestigungs- oder Bewegungsaufgaben.

In der Fügetechnik werden vor allem das Metrische ISO-Gewinde in der Ausführung als Regelgewinde oder als Feingewinde mit kleinerer Steigung verwendet **(Bild 2)**. Befestigungsgewinde sind aufgrund der geringen Gewindesteigung selbsthemmend. Für dichtende Rohrverbindungen sind die kegeligen oder zylindrischen Rohrgewinde in Zollausführung geeignet.

Zum Übertragen größerer Axialkräfte sind wegen der stabilen Gewindeflanken und der großen Tragtiefe das Metrische ISO-Trapezgewinde oder das Sägengewinde als Bewegungsgewinde im Einsatz. Durch die große Gewindesteigung dieser Gewindearten wird die Übersetzung einer rotatorischen in eine translatorische Bewegung ohne erschwerende Reibungsverluste realisiert.

Mehrgängige Gewinde ermöglichen große axiale Verschiebungen bei geringen Verdrehwinkeln von Innen- bzw. Außengewinde. Die Regelgewinde sind als Rechtsgewinde (RH = Right Hand) ausgeführt. In einigen Anwendungsfällen ist die Umkehrung des Drehsinns erforderlich, hierfür werden Linksgewinde (LH = Left Hand) eingesetzt.

Gewindeherstellverfahren

Bei der Gewindeherstellung kommen sowohl spanabhebende wie auch umformende Formgebungsverfahren zur Anwendung. Verschiedene Gewindebohrverfahren, Gewindefräsverfahren und Gewindedrehverfahren ermöglichen eine wirtschaftliche Herstellung von Innengewinden und von Außengewinden, nahezu unabhängig vom Werkstückwerkstoff und der Bauteilgeometrie.

Gewindebohren

Beim Gewindebohren **(Bild 3)** wird in einer bereits vorhandenen Kernlochbohrung durch das stufenförmige Aufeinanderfolgen der Schneiden am Gewindebohrwerkzeug (rotatorisches Räumen) in einem kontinuierlichen Schnitt der Materialabtrag in den Gewindegängen erzeugt.

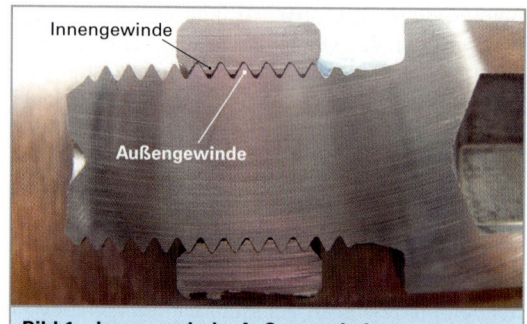

Bild 1: Innengewinde, Außengewinde

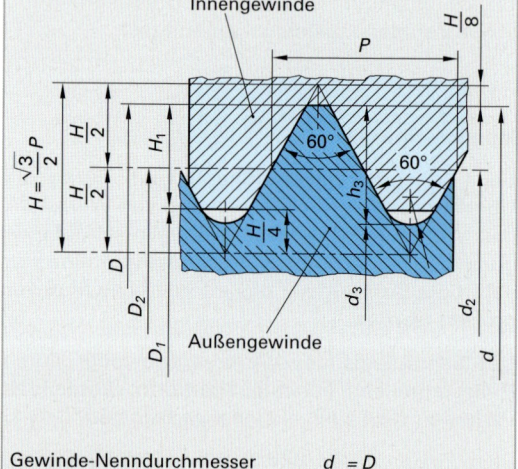

Gewinde-Nenndurchmesser	$d = D$
Steigung	P
Gewindetiefe des Außengewindes	$h_3 = 0{,}6134 \cdot P$
Gewindetiefe des Innengewindes	$H_1 = 0{,}5413 \cdot P$
Rundung	$R = 0{,}1443 \cdot P$
Flanken-$\varnothing$	$d_2 = D_2 = d - 0{,}6495 \cdot P$
Kern-$\varnothing$ des Außengewindes	$d_3 = d - 1{,}2269 \cdot P$
Kern-$\varnothing$ des Innengewindes	$D_1 = d - 1{,}0825 \cdot P$
Flankenwinkel	$\beta = 60°$

Bild 2: Kenngrößen am ISO-Gewinde

Bild 3: Gewindebohren

Gewindebohrwerkzeuge sind in HSS oder HM, auch in beschichteter Ausführung auf CNC- und Mehrspindelmaschinen mit axialem Ausgleichsfutter oder mit Gewindeschneidapparat im Einsatz. Wenn die Rotationsbewegung der Hauptspindel bei einer CNC-Maschinen keine gesteuerte Achse ist, sind zur Kompensation des axialen Nachlaufs des Werkzeugs beim Abbremsen oder Beschleunigen ein Ausgleichsfutter oder ein in Drehrichtung reversierender Gewindeschneidapparat notwendig.

Bei tiefen Gewinden besteht durch die ungünstige Spanabfuhr und die erschwerte Schmierstoffzufuhr die Gefahr des Werkzeugbruches.

2.6.8.2 Innengewindefräsen

Beim CNC-gesteuerten Fräsen von Innengewinden unterscheidet man

Gewindefräsen mit Kernloch:

- Konventionelles Gewindefräsen,
- Zirkulargewindefräsen,
- Stufenweises Gewindefräsen.

Bohrgewindefräsen (ohne Kernloch):

- Bohrgewindefräsen,
- Zirkulares Bohrgewindefräsen.

Beim Innengewindefräsen findet der *kommaförmige* Materialabtrag im unterbrochenen Schnitt durch die Überlagerung von rotatorischer und linearer Bewegung des Gewindefräswerkzeuges statt. Die Helicoidal[1]-Interpolation ist eine CNC-Funktion für eine schraubenförmige Werkzeugbewegung (**Bild 1**). Die kreisförmige Bewegung vom Anfangspunkt zum Endpunkt in der x/y-Ebene wird durch die axiale Verschiebung in der z-Achse überlagert. Bei der Gewindefräsoperation (**Bild 2**) erzeugt die Kreisbewegung des Werkzeugs durch Hüllschnitte den Gewindedurchmesser und die simultane Bewegung in z-Richtung die Gewindesteigung P.

Beim Bohrgewindefräsen (**Bild 2**) ist die Bohrungsherstellung und Gewindeherstellung, einschließlich der Senkung, in einem Arbeitsgang möglich.

---
[1] von griech. helikos = Windung, Spirale

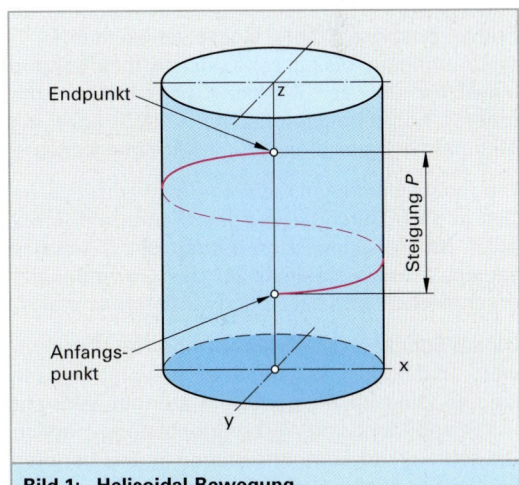

Bild 1: Helicoidal-Bewegung

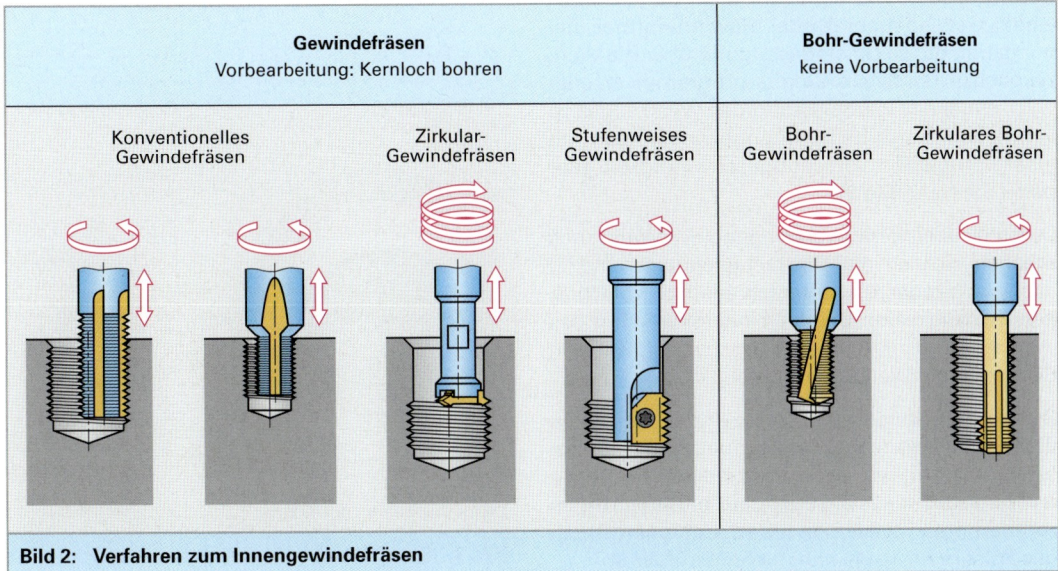

Bild 2: Verfahren zum Innengewindefräsen

Da bei gefrästen Gewinden keine Spanwurzelreste am Bohrungsgrund zurückbleiben, entspricht die nutzbare Gewindetiefe der Bohrungstiefe. Dadurch kann die Kernbohrung um 4 bis 5 × P kürzer ausgeführt werden.

Mit den Gewindefräsverfahren (**Bild 1**) können maßgenaue und formgenaue Gewinde mit guten Oberflächenqualitäten in den Gewindeflanken in Grundlöchern und in Durchgangslöchern sowohl in Rechts- als auch in Linksausführung rationell hergestellt werden.

Die konstante Spindeldrehrichtung und die geringen Schnittkräfte ermöglichen auch bei dünnwandigen Bauteilen hohe Spindeldrehzahlen. Die Vollhartmetall-Gewindefräser werden in der Qualität *Feinkorn-Hartmetall* hergestellt und sind für Stähle, Rostfreie Stähle, Gusseisenwerkstoffe, Titan, Aluminium bis hin zur Kunststoffbearbeitung einsetzbar. Je nach Werkstoff wird trocken, mit innerer Kühlschmierstoff-Zufuhr (IKZ) oder mit Minimalmengenschmierung (MMS) gearbeitet.

Die mehrschneidigen Gewindefräswerkzeuge haben je nach Durchmesser eine Zähnezahl von 2 bis 4. Bei Regelgewinden beträgt der Durchmesser des Fräsers maximal 2/3 des Gewindenenndurchmessers und bei Feingewinden maximal 3/4.

Da die Schnittgeschwindigkeit und der Vorschubwert unabhängig voneinander gewählt werden können, sind vielfältige Optimierungen hinsichtlich Spanbildung und Werkzeugbelastung möglich. Die sehr kurzen, kommaförmigen Späne bereiten bei der Spanabfuhr keine Probleme.

Das Profil des Gewindefräsers ist im Gegensatz zu einem Gewindebohrer oder Gewindeformer steigungsfrei, da die Gewindesteigung über die Werkzeugachse durch ein Zirkularprogramm erzeugt wird. Um eine Überbelastung des Werkzeuges zu vermeiden, muss beim Innengewindefräsen mit einer korrigierten Vorschubgeschwindigkeit gearbeitet werden (**Bild 2**).

Durch die kreisförmige Bewegung des Werkzeugs ergeben sich an der Werkzeugschneide und in der Werkzeugachse unterschiedliche Vorschubgeschwindigkeiten. Bei der Linearbewegung des Werkzeugs ist die Vorschubgeschwindigkeit von Schneide und Werkzeugmittelpunkt gleich groß.

Da die Maschinensteuerung mit der Geschwindigkeit der Werkzeugachse rechnet, führt dies bei einer kreisförmigen Bewegung wegen des größeren Vorschubweges am Fräseraußendurchmesser zu überhöhten Vorschubwerten, die einen Bruch des Fräsers zur Folge haben können (**Bild 3**).

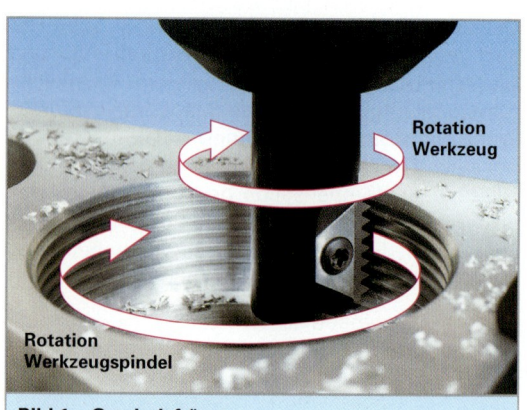

Bild 1: Gewindefräsen

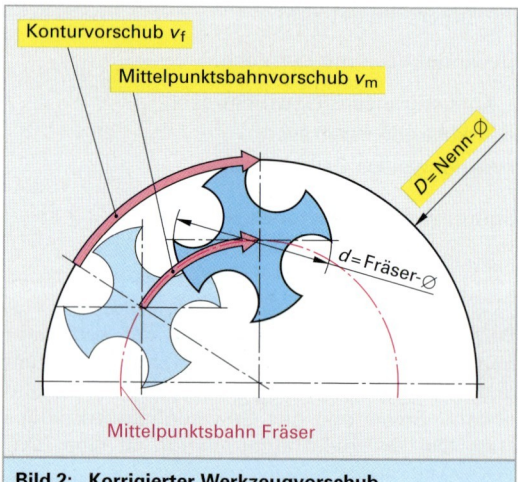

Bild 2: Korrigierter Werkzeugvorschub

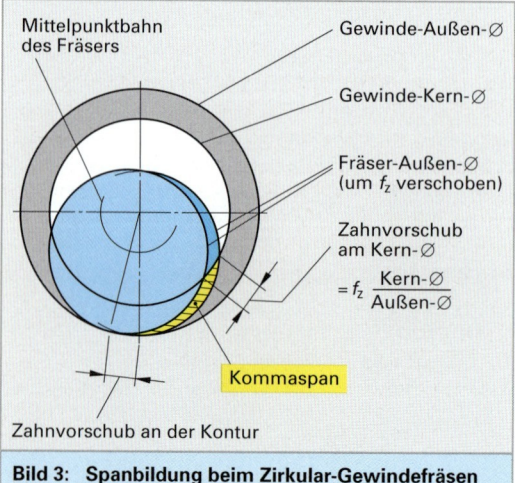

Bild 3: Spanbildung beim Zirkular-Gewindefräsen

Die Umrechnung auf den angepassten Vorschub der Mittelpunktsbahn erfolgt mittels Strahlensatz nach folgender Formel:

$$v_m = \frac{v_f \cdot (D - d)}{D}$$

v_m Vorschubgeschwindigkeit Mittelpunkt
v_f Vorschubgeschwindigkeit $v_f = n \cdot f = n \cdot f_z \cdot z$
D Gewindenenndurchmesser
d Werkzeugdurchmesser

Beim Innengewindefräsen muss die Vorschubgeschwindigkeit des Werkzeugs vermindert werden.

2.6.8.3 Gewindedrehfräsen

Zu den spanenden Gewindeherstellverfahren mit mehrschneidigen, rotierenden Werkzeugen gehört das Gewindedrehfräsen. Dabei besteht zwischen der linearen und der rotatorischen Bewegung des Werkzeuges bzw. des Werkstücks ein kinematischer Zusammenhang, der die Formgebung der Gewindesteigung und der Gewindeform sicherstellt.

Angewendet wird das Gewindedrehfräsen zum Fertigen von Außengewinden und teilweise auch zur Innengewindeherstellung. Je nach Werkzeugart und Länge des fertigen Gewindes unterscheidet man beim Gewindedrehfräsen:

- Kurzgewindefräsen,
- Langgewindefräsen,
- Gewindewirbeln.

Kurzgewinde-Drehfräsen

Beim Kurzgewinde-Drehfräsen **(Bild 1)** entspricht die Länge des mehrrilligen Gewindeform-Fräswerkzeuges annähernd der Länge des fertigen Gewindes. Die Werkstückachse und die Werkzeugachse sind parallel zueinander. Das Werkstück und das Werkzeug drehen sich gegenläufig mit unterschiedlichen Drehzahlen. Aus dem Drehzahlverhältnis ergibt sich der Werkzeugvorschub. Das Profil der Gewindeformrillen im Fräswerkzeug entspricht dem zu erzeugenden Gewindeprofil. Bei einer ganzen Werkstückumdrehung wird der Fräser während der Schnittbewegung in axialer Richtung um die Gewindesteigung P verstellt.

Bei Fräswerkzeugen, bei denen die Fräsrillen bereits im Steigungswinkel des zu fertigenden Gewindes, aber mit entgegengesetzter Stei-

gungsrichtung, angeordnet sind entfällt die axiale Werkzeugbewegung beim Gewindefräsvorgang.

Dadurch, dass das Gewinde in einem Arbeitsgang hergestellt wird, sind kurze Bearbeitungszeiten möglich. Die Aufteilung des Zerspanungsvolumens auf mehrere Schneiden und die kurze Eingriffszeit des Schneidkeils garantiert eine hohe Werkzeugstandzeit. Die Drehmomentaufteilung zwischen Werkzeugantrieb und Hauptspindelantrieb führt zu einer gleichmäßigen Leistungsverteilung auf Werkstück und Werkzeug.

Langgewinde-Drehfräsen

Beim Langgewinde-Drehfräsen **(Bild 2)** wird das zu fertigende Gewinde mit einem scheibenförmigen Vollhartmetall-Gewindeprofilfräser oder mit einem Gewindeprofilfräser mit Wendeschneidplatten hergestellt. Die Werkzeugachse ist gegenüber der Werkstückachse um den Gewindesteigungswinkel geneigt.

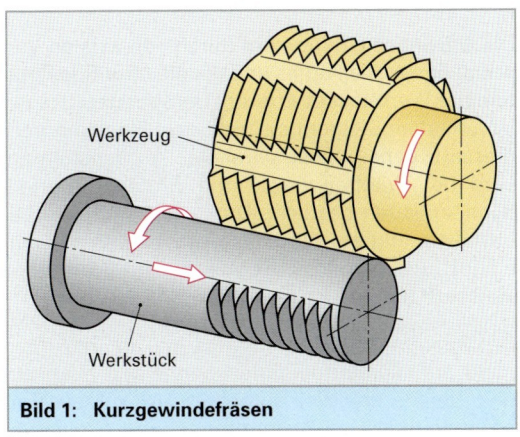

Bild 1: Kurzgewindefräsen

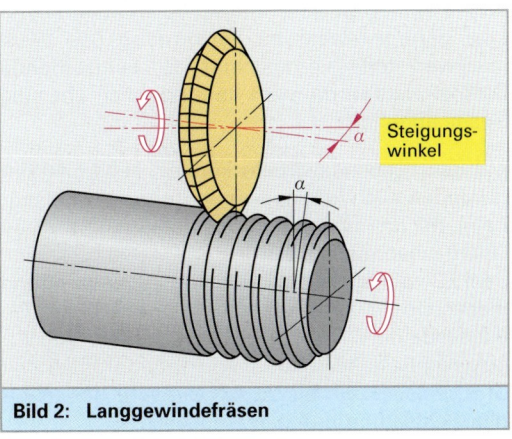

Bild 2: Langgewindefräsen

Bei Fräswerkzeugen, die eine Profilkorrektur aufweisen, entfällt die Werkzeugneigung, die Achsen von Werkzeug und Werkstück stehen dann parallel zueinander. Bei einer Werkstückumdrehung wird das Werkzeug gegenüber dem Werkstück um die Gewindesteigung axial zugestellt. Bei der Herstellung von Innengewinden ist dieses Verfahren identisch mit dem Innengewindewirbeln. Die Schnittbewegung des Fräsers kann im Gleichlauf oder im Gegenlauf erfolgen.

2.6.8.4 Gewindewirbeln

Beim Gewindewirbeln (**Bild 1**) erzeugt ein zur Werkstückachse exzentrisch angeordneter, rotierender Werkzeugträger mit innenliegenden Gewindeprofilschneiden durch Hüllschnitte die Gewindeform. Der Gewindefräsvorgang erfolgt an dem sich langsam drehenden Werkstück im Gleichlaufverfahren oder im Gegenlaufverfahren. Die Gewindetiefe wird durch die Exzentrität zwischen Werkstückachse und Werkzeugachse vorgegeben.

Die Gewindesteigung wird durch den axialen Vorschub des Wirbelkopfes und die gleichzeitige Rotation des Werkstückes erzeugt. Der Werkzeugträger ist um den Steigungswinkel des Flankendurchmessers geneigt. Bei paralleler Achsenstellung wird der Werkzeugträger mit profilkorrigierten Schneidplatten bestückt. Durch die große Rotationsbewegung des Wirbelkopfes ist der Werkzeugeingriff und damit die Kontaktzeit im Werkstückwerkstoff nur von kurzer Dauer (**Bild 2**).

Der Spanungsquerschnitt wird auf die vier oder mehr aufeinanderfolgenden Schneiden (Flanken- und Tiefenschneider) aufgeteilt, um für die Zerspanung günstige Bedingungen und Spanquerschnittsformen zu erhalten. Es bilden sich längere, dünne Späne, die gleichmäßige Schnittkräfte und eine geringe elastische Verformung des Werkstückwerkstoffs verursachen. Die entstehende Zerspanungswärme wird hauptsächlich über die Späne abgeführt.

Mit dem Gewindewirbeln können neben Außengewinden auch Innengewinde (Innengewindewirbeln) mit geringen Steigungsfehlern und guter Oberflächenqualität hergestellt werden. Neben dem Gewindeschleifen wird dieses Verfahren insbesondere zur Herstellung von langen Gewindespindeln, von Extruderschnecken, von Kugelgewindespindeln und von Innenprofilen mit Steigungswinkeln bis zu 45° bei sehr hohen Genauigkeitsanforderungen eingesetzt.

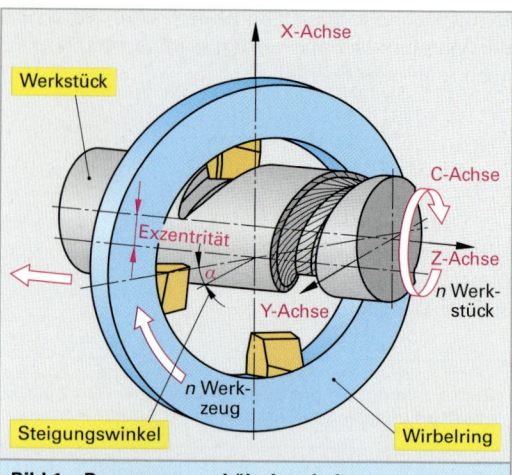

Bild 1: Bewegungsverhältnisse beim Gewindewirbeln

Bild 2: Gewindewirbeln im Gegenlaufverfahren

2.6.8.5 Gewindedrehen

Das Gewindedrehen ist sowohl für Innengewinde als auch für Außengewinde geeignet. Heute werden Gewinde meist mit standardisierten Profil-Wendeplattenwerkzeugen und NC-Gewindezyklen auf Bearbeitungszentren hergestellt.

Beim Gewindedrehen überlagert sich die rotatorische Bewegung des Werkstücks mit der translatorischen Vorschubbewegung des Werkzeugs. Der Steigungswert P des Gewindes muss dem Werkzeugvorschub entsprechen.

Das Gewindeschneiden von Außengewinden mit mehrschneidigen, selbstöffnenden Gewindeschneideisen an Revolver-Drehmaschinen und Automaten gehört nach DIN 8589 als Sonderverfahren zum Gewindedrehen.

Es werden unterschiedliche Wendeschneidplatten zum Gewindedrehen verwendet **(Bild 1)**:

Wendeschneidplatten in Einzahnausführung

Vollprofil-Wendeplatten erzeugen ein vollständiges und im Nenndurchmesser maßhaltiges Gewindeprofil **(Bild 2)**. Die Geometrie der Schneidplatte garantiert die richtige Gewindetiefe, Kopf- und Fußradien und die Gewindeprofilwinkel. Für jede Steigung und jedes Profil ist eine eigene Profilplatte erforderlich.

Teilprofil-Wendeplatten sind für einen großen Steigungsbereich bei gleichem Gewindeprofil universal einsetzbar. Teilprofil-Wendeschneidplatten bearbeiten nicht die außen liegenden Spitzen des Gewindes, deshalb muss der Außendurchmesser bei Außengewinden, bzw. der Innendurchmesser bei Innengewinden, zuvor auf den Nenndurchmesser bearbeitet werden.

Wendeschneidplatten in Mehrzahnausführung

Es gibt Vollprofilplatten mit zwei oder mit mehr Zähnen. Durch einen aufeinanderfolgenden, radialen Versatz der Schneiden reduziert sich die Anzahl der Durchgänge zur Gewindefertigstellung. Gegenüber der Einzahnausführung ist eine gesteigerte Produktivität möglich. Wegen der breiteren Ausführung der mehrschneidigen Gewindeprofilplatte ist ein größerer Gewindeauslauf am Werkstück notwendig als bei der einschneidigen Variante.

Beim *Gewindestrehlen* erfolgt die Komplettbearbeitung des Gewindes mit einer Mehrzahn-Schneidplatte in einem Schnitt.

Die Gewindeform wird durch die Geometrie des jeweiligen Schneideinsatzes erzeugt. Beim Gewindedrehen wird mit Vorschubwerten gearbeitet, die den Gewindesteigungen entsprechen und damit in der Regel größer sind als bei der sonst üblichen Drehbearbeitung. Um die Zerspanungskräfte an den Schneidplatten gering zu halten, muss bei reduzierten Zustelltiefen (a_p) das Gewinde in mehreren Durchgängen gedreht werden.

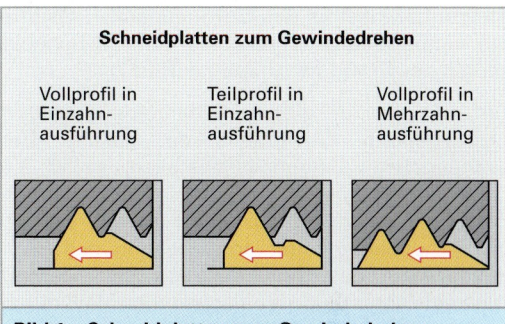

Bild 1: Schneidplatten zum Gewindedrehen

Bild 2: Gewindedrehen mit Vollprofil-Einzahnplatte

Bild 3: Zustellverfahren beim Gewindedrehen

Zustellverfahren

Man unterscheidet die Zustellverfahren:

Radialzustellung (Bild 3). Die Zustellbewegung in radialer Richtung, senkrecht zur Werkstückachse, verursacht eine symmetrische Abnutzung der Schneidplatte, aber bei großen Schnitttiefen und Steigungen eine ungünstige Spanform und durch die große Eingriffslänge der Schneidenplatte Vibrationen.

Flankenzustellung. Bei dieser Zustellungsart arbeitet das Werkzeug parallel zu einer Gewindeflanke und erzeugt dadurch eine günstige Spanform. Gegenüber der Radialzustellung verursacht die Flankenzustellung wegen der geringeren Eingriffslänge der Gewindeschneidplatte weniger Vibrationen. Um die nicht in Vorschubrichtung liegende Schneide freizustellen, wird der Zustellwinkel etwas kleiner gewählt, als der Flankenwinkel des Gewindes.

Radial-/Flankenzustellung. Bei der Flankenzustellung wird nur die im Eingriff befindliche Schneidkante belastet. Um das ganze Leistungspotenzial der Profilplatte auszunutzen, wird abwechselnd die rechte und die linke Schneidenflanke bis zur vorgegebenen Gewindetiefe zugestellt. Dieses Zustellverfahren bietet durch die wechselseitige Abnutzung, vor allem bei größeren Gewinden, hohe Standleistungen.

Neigungswinkel der Gewindeplatte

Das Werkzeug ist mit der Gewindeschneidplatte in der Maschine senkrecht (90°) zur Drehachse des Werkstücks positioniert. Durch die Gewindesteigung P und dem damit zusammenhängenden Steigungswinkel (ρ) des Gewindeganges resultieren unterschiedliche Freiwinkel an den Schneidkanten der Gewindeprofilplatte (**Bild 1**).

Um für die, in einem Gewindegang gegenüberliegenden Gewindeflanken gleiche Zerspanungsbedingungen herzustellen, muss die Lage der Profilplatte in axialer Richtung durch Zwischenlagen (Neigungswinkel $\alpha = -2° \ldots -4°$) im Wendeplattenhalter entsprechend dem Steigungswinkel des Gewindes korrigiert werden. Um ungleichmäßigen Freiflächenverschleiß durch unterschiedliche Freiwinkel α zu vermeiden, muss der Neigungswinkel der Schneidplatte dem Steigungswinkel des Gewindes entsprechen. Der erforderliche Neigungswinkel (**Bild 2**) lässt sich mit folgender Formel berechnen:

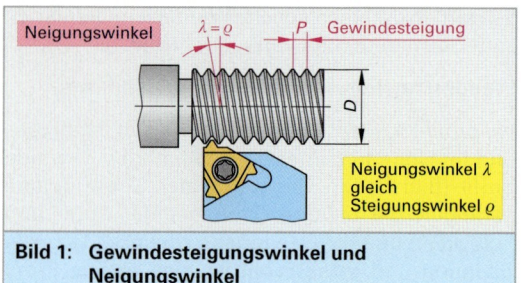

Bild 1: Gewindesteigungswinkel und Neigungswinkel

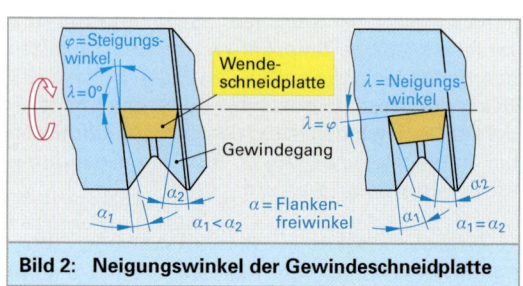

Bild 2: Neigungswinkel der Gewindeschneidplatte

$$\tan \lambda = \frac{P}{D \cdot \pi}$$

λ Neigungswinkel
P Gewindesteigung
D Gewindenenndurchmesser

Die Schneidkantenhöhe bleibt unabhängig vom axialen Neigungswinkel immer konstant.

Die Berechnung des Steigungswinkels

Projiziert man die Schraubenlinie eines Gewindeganges in die Ebene (**Bild 3**) ergibt sich ein rechtwinkliges Dreieck. Die Grundseite des Dreiecks entspricht dem Umfang U des Zylinders und die Höhe der Gewindesteigung P. Bei einer vollen Werkstückumdrehung wird ein Punkt auf dem Gewinde in axialer Richtung um den Betrag der Gewindesteigung verschoben.

Der Steigungswinkel φ wird durch das Verhältnis zwischen der Steigung P und dem Flankendurchmesser d_2 über den Tangens des Winkels bestimmt. Er entspricht dem notwendigen Neigungswinkel λ der Gewindeschneidplatte.

Schnittwerte beim Gewindeschneiden

Da die Steigung des Gewindes durch die Vorschubgeschwindigkeit v_f des Werkzeugs erzeugt wird, muss mit größer werdender Gewindesteigung die zunehmende Vorschubbewegung über eine steigende Schnittgeschwindigkeit bzw. Drehzahl gesteuert werden.

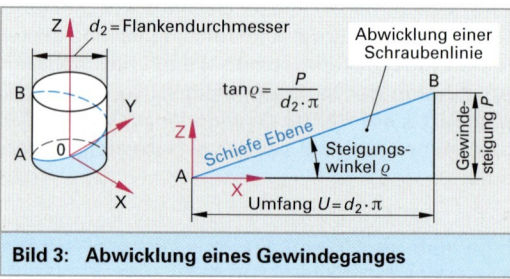

Bild 3: Abwicklung eines Gewindeganges

Die Vorschubgeschwindigkeit ist proportional zur Drehzahl und zur Schnittgeschwindigkeit zu wählen.

Aufgrund der begrenzten Wärmeaufnahme der Gewindedrehplatten ist die zulässige Schnittgeschwindigkeit zu beachten, da die Zerspanungstemperaturen schnell kritische Werte annehmen.

Bleibt die Zustelltiefe a_p bei jedem Gewindedrehdurchgang konstant, nimmt die Belastung des Werkzeuges stark zu, da die im Eingriff befindliche Schneidkante von Schnitt zu Schnitt größer wird.

Um die Zerspanungsbedingungen nahezu konstant zu halten, sollte die Zustelltiefe mit jedem Schnitt reduziert werden.

$$v_f = n \cdot f = \frac{v_c \cdot f}{D \cdot \pi}$$

n Drehzahl
v_f Vorschubgeschwindigkeit
f Vorschub
D Gewindenenndurchmesser

2.6.9 Räumen

Beim Räumen werden mehrzahnige Werkzeuge (**Bild 1**) eingesetzt, deren hintereinanderliegende Schneiden um jeweils die Spanungsdicke h versetzt in Eingriff kommen. Die zunehmende Höhe der Schneiden ersetzt über die translatorische oder rotatorische Schnittbewegung des Räumwerkzeugs eine zusätzliche Vorschubbewegung und erzeugt in einem Arbeitsgang die gewünschte Werkstückgeometrie. Je nach zu bearbeitender Werkstückkontur unterscheidet man zwischen Innenräumen und Außenräumen.

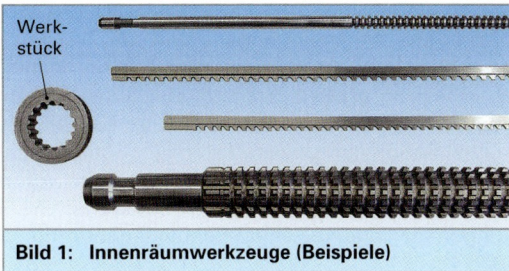

Bild 1: Innenräumwerkzeuge (Beispiele)

Räumwerkzeug. Räumwerkzeuge werden entweder in Schnellarbeitsstahl mit verschleißmindernden Hartstoffschichten (TiN, TiCN) oder mit Hartmetall-Wendeschneidplatten ausgeführt und werden meist mit ölhaltigen Kühlschmierstoffen bei geringen Schnittgeschwindigkeiten eingesetzt. Der Aufbau eines Räumwerkzeuges für die Innenbearbeitung (**Bild 2**, Räumnadel) teilt sich im Schneidenteil in drei Segmente auf, die durch unterschiedliches Steigungsmaß von Zahn zu Zahn gekennzeichnet sind. Das Steigungsmaß des Räumwerkzeugs entspricht der Spanungsdicke h, bzw. dem Vorschub pro Zahn f_z und wird mit *Schneidenstaffelung* bezeichnet (**Bild 3**).

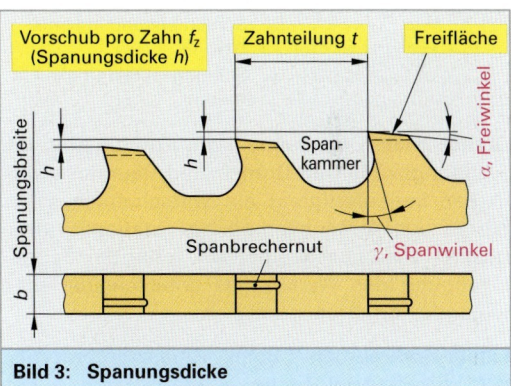

Bild 3: Spanungsdicke

Spanungsgrößen. Beim Räumen sind bis auf die Schnittgeschwindigkeit v_c die Zerspanungsgrößen durch die konstruktiven Merkmale des Räumwerkzeuges vorgegeben. Die Gesamtzustellung a_p ist durch die Anzahl der Schneiden und die Schneidenstaffelung f_z festgelegt.

Entsprechend der Teilung t der Räumnadel ergibt sich die Gesamtschnittkraft F_c aus der im Eingriff befindlichen Schneiden z_e und der Schnittkraft F_{cz} je Schneide (**Bild 4**):

$$F_c = F_{cz} \cdot z_e$$
$$F_{cz} = k_c \cdot b \cdot h$$

F_c Gesamtschnittkraft
k_c spezifische Schnittkraft
b Spanungsbreite
h Spanungsdicke

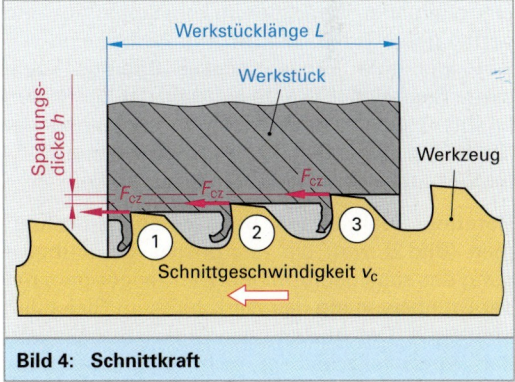

Bild 4: Schnittkraft

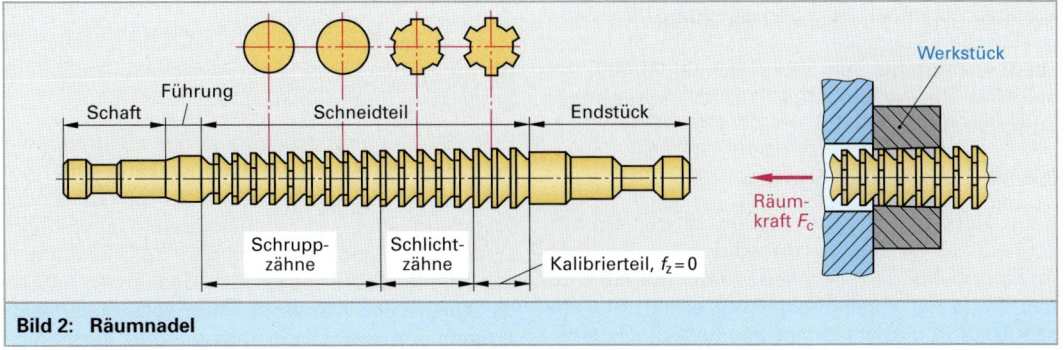

Bild 2: Räumnadel

Bei geradverzahnten Räumnadeln sollte das Verhältnis aus Werkstücklänge L und der Teilung t ganzzahlig und größer-gleich zwei sein, damit es nicht zu großen Schnittkraftschwankungen kommt. Bei nicht ganzzahligem Verhältnis L/t sollten Räumwerkzeuge mit schräger Schneidenanordnung zur Anwendung kommen. Diese verursachen geringere periodische Schnittkraftschwankungen als geradverzahnte Schneidenanordnung (**Bild 1**).

Die Schnittleistung ergibt sich aus:

$$P_c = \frac{F_c \cdot v_c}{60 \text{ s/min}}$$

P_c Schnittleistung in Nm/s bzw. W
v_c Schnittgeschwindigkeit in m/min

Drehräumen. Die kinematische Kombination der Fertigungsverfahren Drehen und Räumen ergibt in der Serienfertigung ein wirtschaftliches Verfahren zur Außenbearbeitung rotationssymmetrischer Werkstückgeometrien. Nach der Schnittbewegung des Werkzeuges unterscheidet man folgende Verfahrensprinzipien:

Linear-Drehräumen. Beim Linear-Drehräumen wird die translatorische Schnittbewegung des Räumwerkzeuges mit der Drehbewegung des Werkstücks überlagert. Das Räumwerkzeug wird am rotierenden Werkstück im konstanten Abstand vorbei geführt und entspricht in Aufbau und Wirkung der beim konventionellen Räumen eingesetzte Räumnadel. Die Gesamtzahl der Schneiden ergibt in einem Arbeitsgang entsprechend der Staffelung (Steigung, Vorschub pro Schneide f_z) die Gesamtzustellung a_p bzw. die Räumtiefe T.

Rotations-Drehräumen. Beim Rotations-Drehräumen (**Bild 2**) wird die rotatorische Schnittbewegung des scheibenförmigen Werkzeugträgers mit der Drehbewegung des Werkstücks im Gleichlauf überlagert. Der Abstand der Werkzeugachse und der Werkstückachse ist beim Bearbeitungsvorgang konstant. Dadurch wird die Spanabnahme über die spiralförmig am Umfang des Räumwerkzeuges liegenden, um den Vorschub pro Zahn gestaffelten Schneiden erreicht. Beim Drehwerkzeug werden die mit Wendeschneidplatten bestückten Kassettenmodule am Werkzeugträger angeschraubt.

2.6.10 Hobeln und Stoßen

Beim Hobeln und beim Stoßen ist nur ein einschneidiges Werkzeug während des Arbeitshubes im Eingriff. Für den anschließenden Rückhub wird das Werkzeug abgehoben. Dann erfolgt ein Vorschubschritt und der Zyklus beginnt von Neuem.

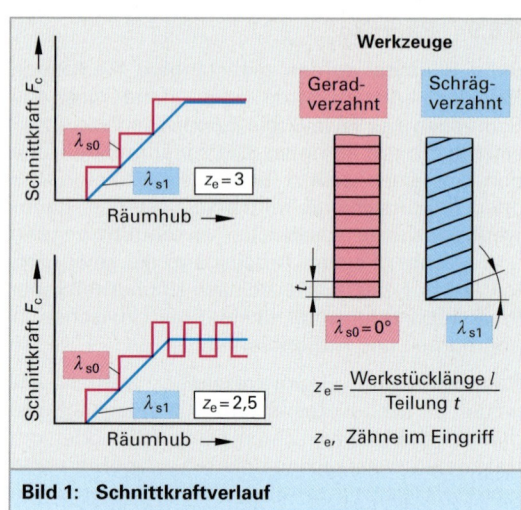

Bild 1: Schnittkraftverlauf

Bild 2: Rotationsdrehräumen von Kurbelwellenlagerstellen

Beim Hobeln führt das Werkstück die Schnittbewegung und die Rückhubbewegung aus. Der Meißel wird um den jeweiligen Vorschubschritt einachsig für eine ebene Bearbeitungsfläche bewegt und zweiachsig für Profilfläche.

Beim Stoßen führt das Werkzeug die Schnittbewegung aus. Die Vorschubbewegung kann ein-, zwei- oder dreiachsig sein und wird vom Werkstück oder Werkzeug oder auf beide aufgeteilt ausgeführt. Während wegen den geringen Spanleistungen das Hobeln heute kaum noch Bedeutung hat, ist das kurzhubige Wälzstoßen für Evolventenverzahnungen immer noch ein angewandtes Verfahren.

Berechnungsbeispiel zum Räumen

In der Bohrung eines Zahnrades soll eine Passfedernut durch Räumen hergestellt werden:

Passfeder DIN 6885 - A -12 × 8 × 35

Werkstück:

Werkstoff 16MnCr5

Bohrungsdurchmesser D = 40 mm

Werkstücklänge L = 40 mm

Nutbreite b = 12 mm

Nuttiefe T = 3,3 mm

Werkzeug:

Teilung t = 10 mm

Schneidenstaffelung $f_z = h$ = 0,08 mm

Schnittgeschwindigkeit $v_c = 10 \, \frac{m}{min}$

Zu ermitteln ist die erforderliche Maschinenleistung P_e bei einem Maschinenwirkungsgrad von 65 %.

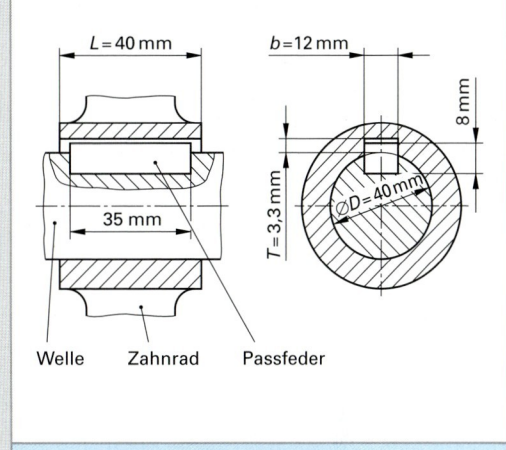

Bild 1: Passfedernut in Zahnrad

1. Zähne im Eingriff Z_e

$$z_e = \frac{L}{t} = \frac{40 \text{ mm}}{10 \text{ mm}} = 4 \text{ Zähne}$$

2. Schnittkraft pro Schneide F_{cz}

$F_{cz} = b \cdot h \cdot k_c$

$F_{cz} = 12 \text{ mm} \cdot 0{,}08 \text{ mm} \cdot 3882{,}8 \, \frac{N}{mm^2}$

$F_{cz} = 3727{,}5 \text{ N}$

k_c spezifische Schnittkraft:

$k_c = \frac{k_{c1.1}}{h_m^{mc}} \cdot 1{,}3 = \frac{1400}{0{,}08^{0,3}} \cdot 1{,}3 = 3882{,}8 \, \frac{N}{mm^2}$

$k_{c1.1}$ Hauptwert der spezifischen Schnittkraft für den Werkstoff 16 MnCr5

h Spanungsdicke

m_c Werkstoffkonstante

1,3 Korrekturfaktor für v_c

3. Gesamtschnittkraft F_c

$F_c = F_{cz} \cdot z_e = 3727{,}5 \text{ N} \cdot 4 = 14{,}9 \text{ kN}$

Bild 2: Zahnrad mit Passfeder

Schnittleistung P_c

$$P_c = F_c \cdot v_c = \frac{14910 \text{ N} \cdot 10 \text{ m}}{60 \text{ s}} = 2485 \text{ W} = 2{,}48 \text{ kW}$$

Maschinenleistung P_e für η = 0,65

$$P_e = \frac{P_c}{\eta} = \frac{2{,}48 \text{ W}}{0{,}65} = 3{,}82 \text{ kW}$$

2.6.11 Hochgeschwindigkeitsbearbeitung

2.6.11.1 Übersicht

Die permanente Forderung an die Fertigung nach Verkürzung der Bearbeitungszeiten und die Durchlaufzeiten (**Bild 1**) bei gleichzeitig hoher Maßgenauigkeit, Konturhaltigkeit und hoher Oberflächenqualität zwingt zur Einführung neuer Produktionsstrategien, die den geforderten Wirtschaftlichkeits- und Qualitätsanforderungen gerecht werden. Die Anwendung hoher Zerspanungsgeschwindigkeiten in der spanabhebenden Fertigung reicht zurück bis Anfang der 30er Jahre.

Bereits 1931 wurde ein deutsches Patent zur „Hochgeschwindigkeitsbearbeitung" erteilt. Allerdings scheiterte die praktische Umsetzung in der Fertigung an den damaligen Möglichkeiten der Maschinen- und Werkzeughersteller. Wissenschaftliche Untersuchungen erbrachten die Erkenntnisse über die Auswirkungen hoher Schnittgeschwindigkeiten auf die Zerspanungskräfte und die Zerspanungswärme (**Bild 2**).

Abgrenzung

Eine eindeutige, allgemeingültige Definition der Hochgeschwindigkeitsbearbeitung erscheint aufgrund der unterschiedlichen Anwendungsbereiche, Werkstoffe und Bearbeitungsstrategien schwierig.

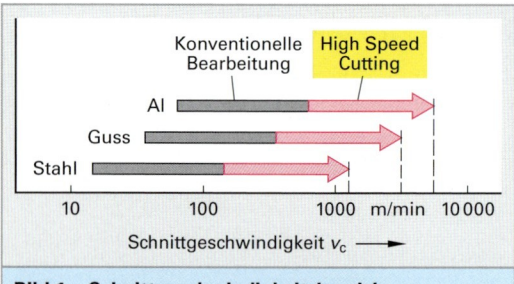

Bild 1: Schnittgeschwindigkeitsbereiche

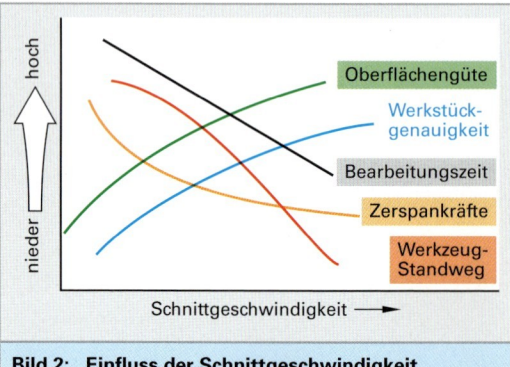

Bild 2: Einfluss der Schnittgeschwindigkeit

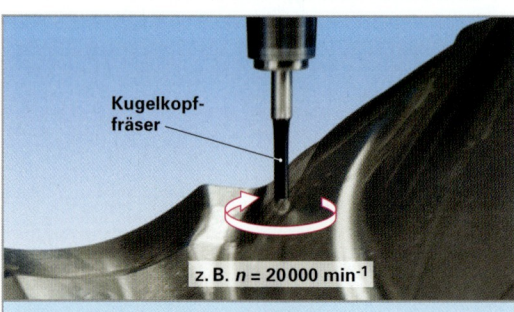

Bild 3: Fräsen von Freiformflächen

> Je nach Zerspanungsphilosophie bekommt man verschiedene Definitionen:
> - Zerspanung mit hoher Schnittgeschwindigkeit,
> - Zerspanung mit hoher Spindeldrehzahl (**Bild 4**),
> - Zerspanung mit hohen Vorschüben,
> - Zerspanung mit hoher Schnittgeschwindigkeit und großem Vorschub bei geringen Schnitttiefen,
> - Zerspanung mit hoher Produktivität.
>
> Neben den verschiedenen Definitionen für die Hochgeschwindigkeitsbearbeitung werden auch unterschiedliche Bezeichnungen verwendet, die nicht unbedingt gleichbedeutend sind:
> - HSC, High Speed Cutting,
> - HSM, High Speed Machining,
> - HVM, High Velocity Machining,
> - HPC, High Performance Cutting.

Bestimmend für die Entwicklung und Einführung einer modernen **HSC-Technologie** war der Werkzeugbau mit der Fräsbearbeitung von gehärteten Werkzeugstählen mit bis zu 50 HRC[1] bei Spritzgussformen und Umformgesenken (**Bild 3**).

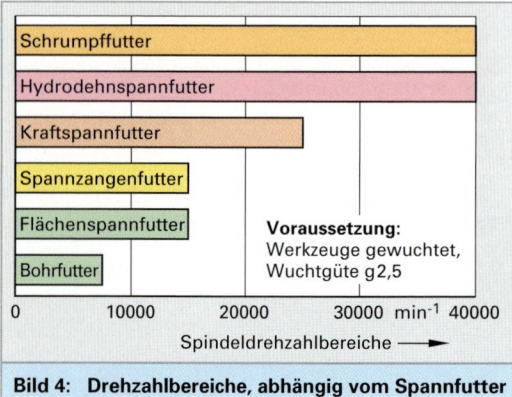

Bild 4: Drehzahlbereiche, abhängig vom Spannfutter

---
[1] HRC Abk. für Werkstoffhärte nach Rockwell, siehe Teil II

2.6 Zerspanungstechnik

Der traditionelle Formen- und Gesenkbau ist gekennzeichnet durch eine zeit- und kostenintensive Abfolge folgender Bearbeitungsschritte:

- Schruppbearbeitung und Vorschlichten des Werkstoffs im geglühten Zustand,
- Wärmebehandlung zur Erzielung der gewünschten Härte,
- Herstellung von Elektroden zum Senkerodieren, um damit kleine Radien und tiefer liegende Geometrien mit begrenzter Zugänglichkeit für Schneidwerkzeuge herstellen zu können,
- Schlichten und Feinschlichten mit hochharten Schneidstoffen,
- manuelles Polieren.

Meist ist ein großer Anteil an der Fertigungszeit die manuelle Schlichtbearbeitung (Polieren), die nach der maschinellen Schlichtbearbeitung die gewünschte Oberflächenqualität des Werkstücks sicherstellt. Die manuelle Schlichtbearbeitung beeinträchtigt jedoch i.d.R. die Maß- und Formgenauigkeit negativ. Außerdem erhöhen sich die Produktionskosten und die notwendige Vorlaufzeit zum Fertigstellungstermin.

Um ein hohes Rationalisierungspotenzial zu erzielen, ist eine ganzheitliche Betrachtung des Fertigungsprozesses nötig, da sowohl Schruppoperationen mit hoher Zerspanungsleistung bei mittleren Zerspanungsgeschwindigkeiten, als auch Schlicht- und Feinschlichtprozesse bei hohen Zerspanungsgeschwindigkeiten aber mit niedrigen axialen und radialen Schnitttiefen erforderlich sind. Durch die, je nach Werkstoff 5 bis 10 fach höhere Schnittgeschwindigkeit als bei der konventionellen Bearbeitung, verbessern sich die Oberflächengüten bis zu Schleifqualität. Es erhöht sich aber gleichzeitig das Zeitspanvolumen. Die Fertigungszeit reduziert sich erheblich.

Die Steigerung der Schnittgeschwindigkeit gegenüber den konventionellen Werten kann entweder durch Erhöhung der Rotationsgeschwindigkeit des Werkzeugs, oder bei konstanter Drehzahl durch die Vergrößerung des Werkzeugdurchmessers erfolgen. Werkzeuge mit kleinem Durchmesser benötigen sehr hohe Spindeldrehzahlen um im HSC-Bereich arbeiten zu können.

Moderne Hochfrequenzspindeln im Werkzeugmaschinenbau erreichen je nach Bauform Drehfrequenzen von 100000 U/min und mehr.

Das Werkzeug benötigt zur Spanabnahme eine von der Schnittgeschwindigkeit und Schnittkraft abhängige Zerspanungsleistung (**Bild 1 bis 3**).

$P_c = F_c \cdot v_c$

P_c Schnittleistung
F_c Schnittkraft
v_c Schnittgeschwindigkeit

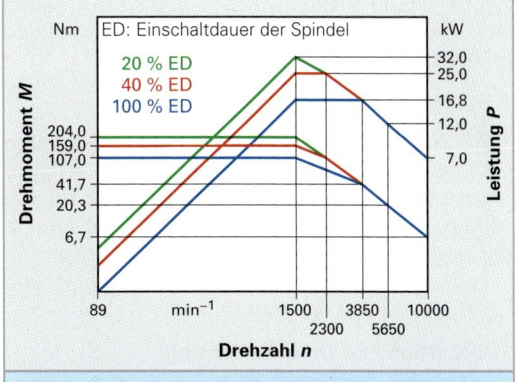

Bild 1: **Drehzahl-Drehmoment-Leistungsdiagramm (Spindel: 10 000 min⁻¹)**

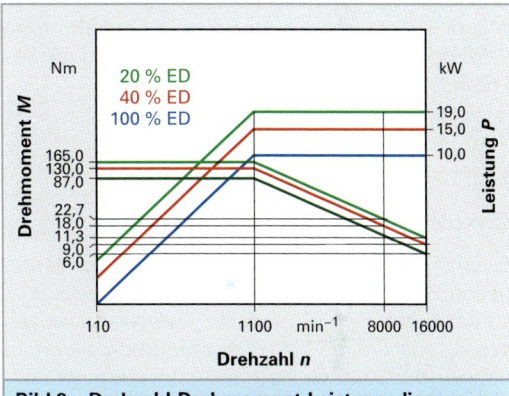

Bild 2: **Drehzahl-Drehmoment-Leistungsdiagramm (Spindel: 16 000 min⁻¹)**

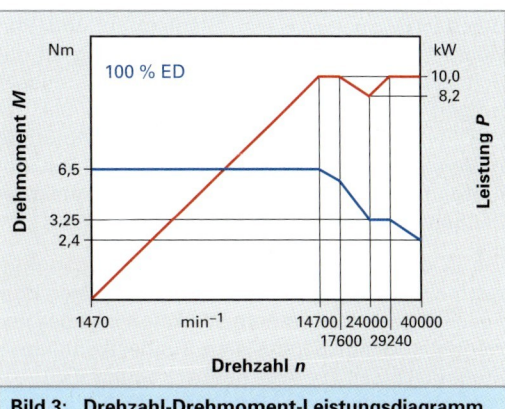

Bild 3: **Drehzahl-Drehmoment-Leistungsdiagramm (Spindel: 40 000 min⁻¹)**

Da die Spindelleistung über den gesamten Drehzahlbereich nicht gleichbleibender Höhe gehalten werden kann, sondern mit zunehmender Spindelfrequenz deutlich geringer wird, ist eine Realisierung hoher Zerspanungsleistungen im Hochgeschwindigkeitsbereich nur mit Spindeln, welche durch Getriebe untersetzt sind möglich (**Bild 3**).

Entsprechend diesen Voraussetzungen ergeben sich zwei unterschiedliche Zerspanungsphilosophien **(Bild 1)**:

1. HSC (High Speed Cutting)

Fräsbearbeitung mit sehr hoher Schnittgeschwindigkeit und Vorschubgeschwindigkeit bei geringen axialen und radialen Schnitttiefen **(Bild 2)** im Bereich kleiner bis mittleren Zerspanungsleistungen. Überwiegend Schlichten von Leichtmetalllegierungen, Kupfer, Graphit und gehärteten Stahlwerkstoffen.

2. HPC (High Performance Cutting)

Bearbeitung mit Zerspanungsgeschwindigkeiten, die in dem Übergangsbereich zwischen den konventionellen und den HSC-Werten liegen. Ziel ist, mit einem hohen Spindeldrehmoment bei mittleren Spanungsdicken ein großes Zeitspanvolumen zu erreichen.

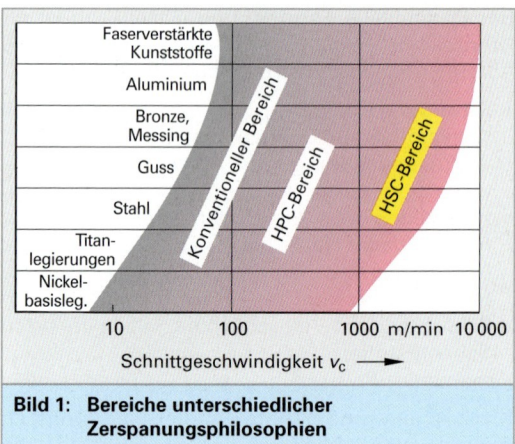

Bild 1: Bereiche unterschiedlicher Zerspanungsphilosophien

2.6.11.2 Technologischer Hintergrund

Reduzierte Schneidkantentemperatur

Erhöht man ausgehend von den konventionellen Schnittwerten die Schnittgeschwindigkeit, so beobachtet man, dass die Temperatur an der Werkzeugschneide bis zu einem Maximalwert zunimmt **(Bild 3)**. Eine weitere Schnittgeschwindigkeitszunahme bewirkt eine Abnahme der Zerspanungstemperatur.

Bei der Zerspanung von Stahlsorten und von Gusssorten fällt der Temperaturrückgang an der Schneide geringer aus als bei Aluminiumlegierungen und anderen NE-Metallen. Die bei der HSC-Bearbeitung typische geringe Schnitttiefe in Verbindung mit hohem Vorschub und Spindeldrehzahl, reduziert die Eingriffs- bzw. Kontaktzeit der Schneidkante **(Bild 1, folgende Seite)**.

Die in der Scherzone entstehende Zerspanungswärme benötigt aufgrund der physikalischen Wärmeleitung von zerspantem Werkstoff und des verwendeten Schneidstoffs eine Mindestkontaktzeit. Steht diese Zeit zur Wärmeübertragung nicht zur Verfügung und hat der Schneidstoff eine geringe Wärmeleitfähigkeit, so bleibt die entstehende Zerspanungswärme zu über 90 % im Span und wird mit diesem abgeführt.

Die thermischen Belastungen sind während der Zerspanung für das Werkzeug und für das Werkstück kalkulierbar und bringen entscheidende Vorteile hinsichtlich Werkzeugstandzeit und Werkstückqualität.

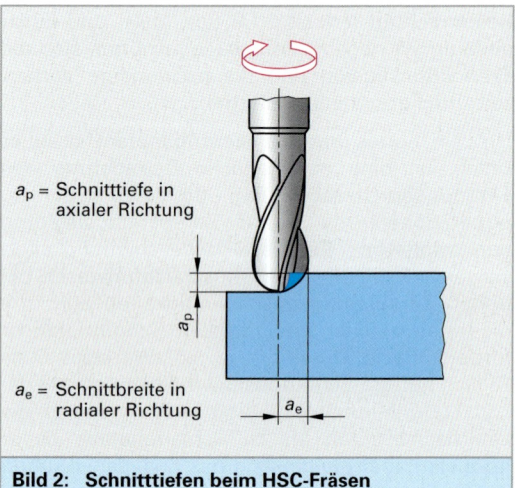

a_p = Schnitttiefe in axialer Richtung

a_e = Schnittbreite in radialer Richtung

Bild 2: Schnitttiefen beim HSC-Fräsen

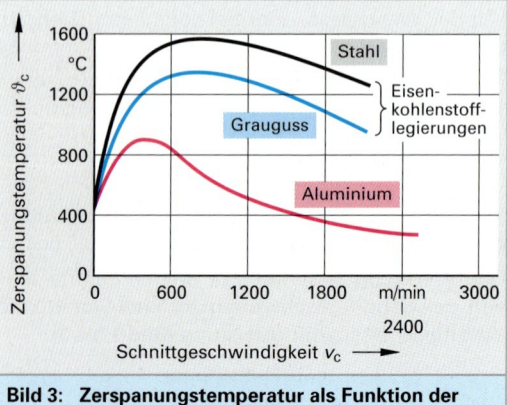

Bild 3: Zerspanungstemperatur als Funktion der Schnittgeschwindigkeit

Reduzierte Schnittkräfte

Die hohen Zerspanungsgeschwindigkeiten bei der HSC-Bearbeitung setzen in der Scherzone des Werkstoffs kurzzeitig große Energiemengen in Form von Wärme frei (**Bild 1**). Dadurch reduzieren sich in dem Scher-, Stauchungs- und Umformungsbereich des Spanes, mit zunehmender Schnittgeschwindigkeit, die spezifische Schnittkraft k_c des Werkstoffs und die daraus resultierenden Zerspanungskräfte ebenso wie die notwendige Spindelleistung P_e um bis zu 30 % (**Bild 2**).

Die geringer wirkenden Radialkräfte und Axialkräfte auf das Werkstück und das Werkzeug erlauben den Einsatz längerer Werkzeuge bei geringerem Vibrationsrisiko. Eine schwingungsarme Bearbeitung mit niedrigen Schnittkräften ermöglicht im Werkzeugbau die Herstellung form- und maßtreuer, dünnwandiger Werkstückwände, die bisher nur mit der Funkenerosion erzeugt werden konnten. Die Schneidwinkel sollte hierbei positiv sein, die Schneidkante nur eine kleine Verrundung haben und das Fräswerkzeug im Gleichlauf arbeiten.

2.6.11.3 Prozesskette und Komponenten

Das alleinige Umrüsten eines konventionellen Bearbeitungszentrums mit einer Hochfrequenzspindel reicht nicht aus, um das Rationalisierungspotenzial dieser Technologie auszuschöpfen. Viele so eingestiegene Anwender mussten erkennen, dass hohe Drehzahlen nicht allein die Lösung aller fertigungstechnischen und ökonomischen Probleme bedeuten.

Der Erfolg dieser Technologie stellt sich erst ein, wenn alle am Prozess beteiligten Komponenten optimiert und geeignet sind.

Bearbeitungsparameter

1. Effektive Schnittgeschwindigkeit v_{ceff}

Da insbesondere bei der Bearbeitung von gehärteten Werkzeugstählen mit der HSC-Technologie nur geringe Schnitttiefen in radialer Richtung (a_e) und axialer Richtung (a_p) realisierbar sind, ist es notwendig mit dem tatsächlich im Eingriff befindlichen Werkzeugdurchmesser (D_{eff}) die effektive Schnittgeschwindigkeit v_{ceff} zu bestimmen. Die v_{ceff} nimmt bei kleiner werdendem effektiv wirksamen Werkzeugdurchmesser aufgrund der linearen Abhängigkeit ab (**Bild 3**).

Um in einem für das Werkzeug optimalen Schnittgeschwindigkeitsbereich zu bleiben, ist es erforderlich, die Drehzahl zu erhöhen bzw. die optima-

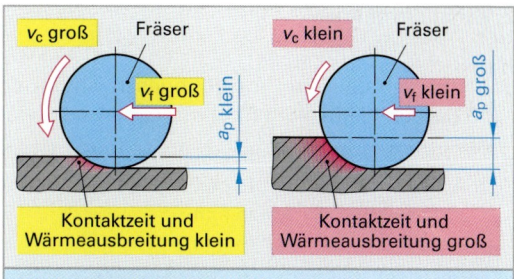

Bild 1: Kontaktzeit bei HSC und bei konventioneller Bearbeitung

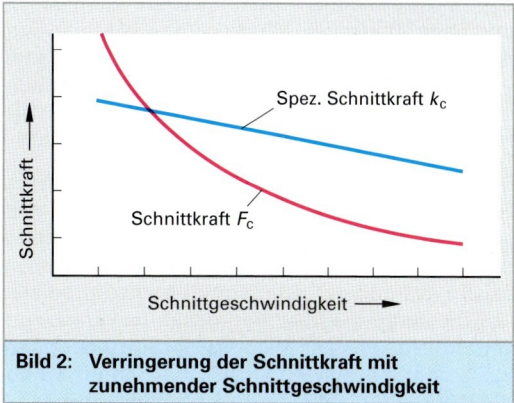

Bild 2: Verringerung der Schnittkraft mit zunehmender Schnittgeschwindigkeit

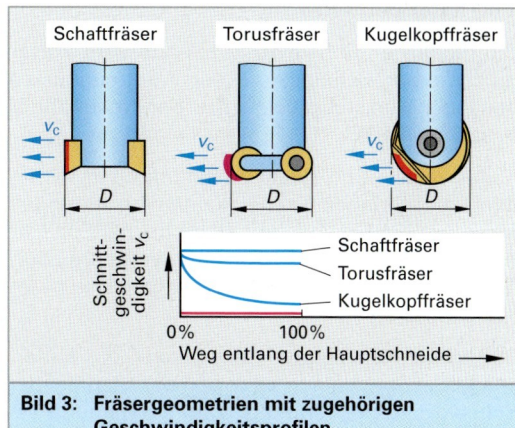

Bild 3: Fräsergeometrien mit zugehörigen Geschwindigkeitsprofilen

le Drehfrequenz des Werkzeugs mit dem effektiv wirksamen Durchmesser zu bestimmen. Die Vorschubgeschwindigkeit v_f ist ebenfalls linear an die Drehzahl bzw. die Schnittgeschwindigkeit gekoppelt. Die Konsequenz dieser proportionalen Abhängigkeit ist, dass bei geringen Schnitttiefen durch die Anpassung der Drehzahl auch die Vorschubgeschwindigkeit steigt. Der Vorschub pro Zahn f_z bleibt dabei konstant!

2. Zeitspanvolumen

Durch die Erhöhung der radialen und axialen Schnitttiefe oder der Vorschubgeschwindigkeit kann das Zeitspanvolumen Q vergrößert werden.

$$Q = \frac{a_e \cdot a_p \cdot v_f}{1000\frac{mm^3}{cm^3}}$$

Q in cm³/min
v_f in mm/min
a_e in mm
a_p in mm

Insbesondere die Steigerung des Zeitspanvolumens über die Schnitttiefe a_p führt zu dynamischen Störungen des Zerspanungsvorgangs.

Die unzureichenden dynamischen Steifigkeits- und Dämpfungseigenschaften von Werkzeug, Aufnahme, Spindel und Maschine führen zu diesem unerwünschten Effekt, der schlechte Oberflächenqualität und verkürzte Werkzeugstandzeiten bis hin zum Werkzeugbruch auslösen kann.

Besonders kritisch sind langauskragende Werkzeuge und Schaftfräser mit kleinen Durchmessern, wie sie häufig im Formen- und Werkzeugbau eingesetzt werden. Geringe Schnitttiefen in axialer (a_p) und geringe Schnittbreiten in radialer (a_e) Richtung, die über den gesamten Werkzeugverfahrweg konstant bleiben, führen zu geringen mechanischen Schwingungen und damit zu hoher Werkstückqualität und Werkzeugstandzeit.

2.6.11.4 Schnittdaten

Die möglichen Schnittwerte hängen vom Fräserdurchmesser, Schneidstoff, der Werkzeugauskragung, der Werkstückqualität und der Werkstoffhärte ab **(Tabelle 1)**.

Kleine radiale und axiale Zustellungen in Verbindung mit geringen Schneidkantenverrundungen (r = 5 µm) ermöglichen vor allem bei der Schlichtbearbeitung gesteigerte Vorschubwerte pro Zahn, da hier eine ausreichende Mittenspandicke h_m erreicht wird.

Bei kleinen Vorschubwerten f_z kann die Mittenspandicke h_m kleiner sein als der Radius der Schneidkantenverrundung. Die Zerspanung ist dabei aber überwiegend durch Stauchungs- und Quetschvorgänge bestimmt, die eine Verringerung der Werkzeugstandzeit und Oberflächengüte am Werkstück zur Folge haben.

Bei einer Steigerung der Vorschubwerte über 0,15 mm pro Zahn zeigen sich häufig Schneidkantenausbrüche, die auf eine mechanische Überlastung der Schneidkante zurückzuführen sind. Außerdem besteht bei erhöhten Vorschubwerten und langauskragenden Werkzeugen immer die Gefahr der Vibrationsbildung.

Tabelle 1: Typische Schnittdaten im Werkzeugbau

Für Vollhartmetall-Schaftfräser mit TiCN oder TiAlN-Beschichtung in gehärtetem Stahl:

Schruppen:
Echte v_c 100 bis 150 m/min,
a_p 6 % bis 8 % des Fräserdurchmessers,
a_e 25 % bis 40 % des Fräserdurchmessers,
f_z 0,05 bis 0,15 mm

Vorschlichten:
Echte v_c 100 bis 250 m/min,
a_p 3 % bis 4 % des Fräserdurchmessers,
a_e 10 % bis 25 % des Fräserdurchmessers,
f_z 0,05 bis 0,20 mm

Schlichten und Feinschlichten:
Echte v_c 250 bis 300 m/min,
a_p 0,1 % bis 0,2 % des Fräserdurchmessers,
a_e 0,1 % bis 0,2 % des Fräserdurchmessers,
f_z 0,02 bis 0,20 mm

2.6.11.5 Bearbeitungsstrategie

Die HSC-Fräsbearbeitung von hochvergüteten und gehärteten Werkzeugstählen im Formenbau beinhaltet ein erhebliches Rationalisierungspotenzial. Dies erfordert aber eine „Fräsintelligenz", die angepasste Bearbeitungsstrategien integriert. Die Programmiersoftware in der CAD-CAM-Prozesskette muss an die speziellen Erfordernisse beim HSC-Fräsen angepasst werden.

Bei konvex und konkav gekrümmten Werkzeugbahnen oder bei sehr engen Fräsbahnradien ergeben sich abhängig vom Werkzeugdurchmesser unterschiedliche Schneidkantenlängen im Eingriff. Dies verursacht stark schwankende Kräfte, Momente und elastische Werkzeugauslenkungen. Werkzeugbruch oder nicht zufriedenstellende Werkzeugstandzeiten sind oft die Folge.

Bei den meisten CNC-Programmen wird ein Vorschubwert für die gesamte Fräsbearbeitung programmiert, mit dem das Werkzeug auch die kritischen Geometriebereiche bei der Bearbeitung ohne Probleme durchläuft.

Für den weit größten Teil der Fräsbahnen ist der eingestellte Vorschubweg aber zu klein und die Maschine arbeitet weit unter ihrem tatsächlichen Leistungspotenzial. Ein Softwaremodul, das zwischen dem NC-Generator und dem Postprozessor integriert wird, errechnet unter Berücksichtigung zusätzlicher Parameter wie Fräswerkzeugtyp, Fräserdurchmesser, Fertigungsphase und Werkstoff vorausschauend (look ahead) für jede Frässituation den maximal möglichen Vorschub **(Bild 1, folgende Seite)**.

2.6 Zerspanungstechnik

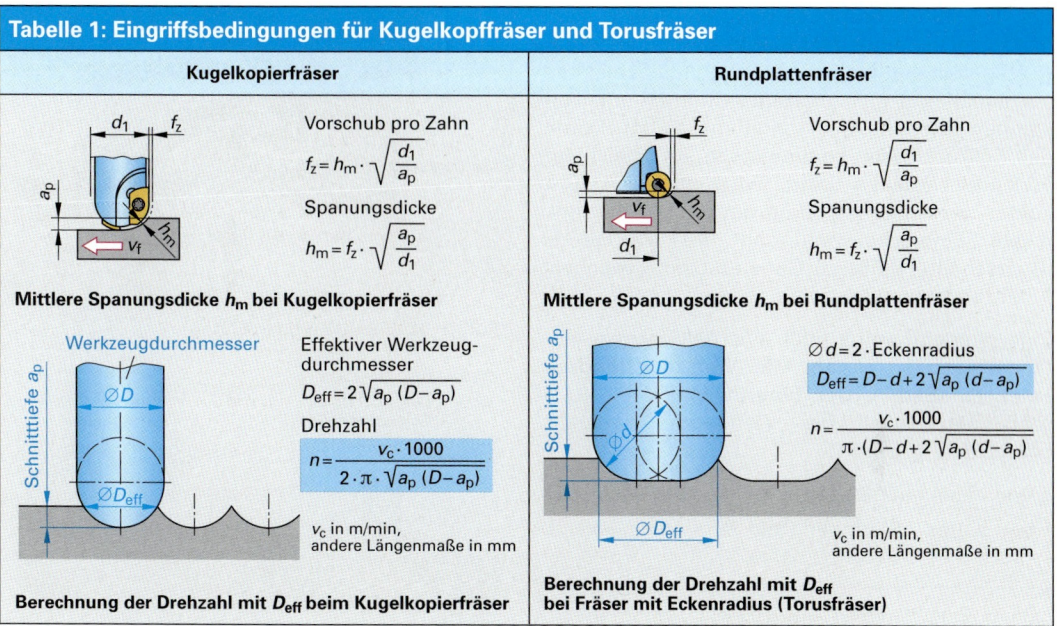

Tabelle 1: Eingriffsbedingungen für Kugelkopffräser und Torusfräser

Kugelkopierfräser

Vorschub pro Zahn
$$f_z = h_m \cdot \sqrt{\frac{d_1}{a_p}}$$

Spanungsdicke
$$h_m = f_z \cdot \sqrt{\frac{a_p}{d_1}}$$

Mittlere Spanungsdicke h_m bei Kugelkopierfräser

Effektiver Werkzeugdurchmesser
$$D_{eff} = 2\sqrt{a_p(D-a_p)}$$

Drehzahl
$$n = \frac{v_c \cdot 1000}{2 \cdot \pi \cdot \sqrt{a_p(D-a_p)}}$$

v_c in m/min, andere Längenmaße in mm

Berechnung der Drehzahl mit D_{eff} beim Kugelkopierfräser

Rundplattenfräser

Vorschub pro Zahn
$$f_z = h_m \cdot \sqrt{\frac{d_1}{a_p}}$$

Spanungsdicke
$$h_m = f_z \cdot \sqrt{\frac{a_p}{d_1}}$$

Mittlere Spanungsdicke h_m bei Rundplattenfräser

$\varnothing d = 2 \cdot$ Eckenradius
$$D_{eff} = D - d + 2\sqrt{a_p(d-a_p)}$$

$$n = \frac{v_c \cdot 1000}{\pi \cdot (D-d+2\sqrt{a_p(d-a_p)})}$$

v_c in m/min, andere Längenmaße in mm

Berechnung der Drehzahl mit D_{eff} bei Fräser mit Eckenradius (Torusfräser)

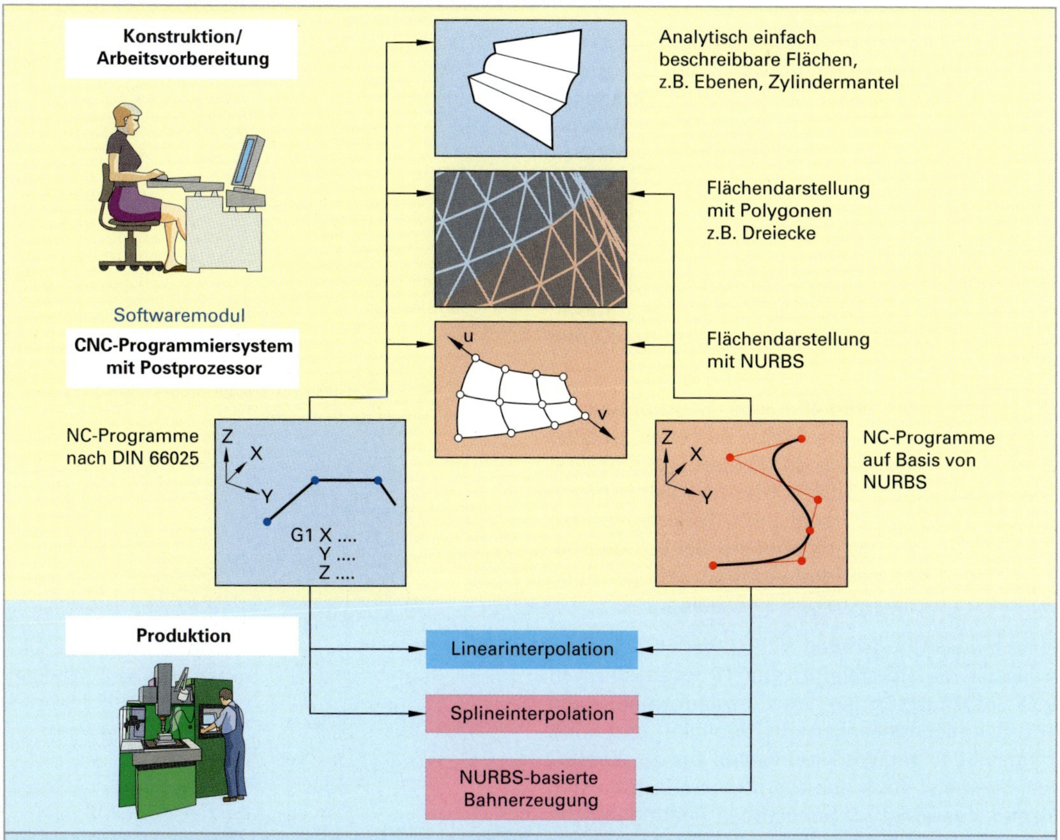

Bild 1: Verarbeitungskette der NC-Programmerstellung

Bei der HSC-Schruppbearbeitung (**Bild 1**) wird das zu zerspanende Material in konstante Schnitte aufgeteilt und für das nachfolgende Schlichten ein annähernd gleichmäßiges Aufmaß mit konstantem Spanungsquerschnitten erzeugt. Damit der Schruppfräser kontinuierlich im Gleichlaufverfahren arbeiten kann, wird die Werkstückkontur umrissförmig programmiert. Auf senkrechte Eintauchbewegungen des Werkzeugs (Bohrschnitte) sollte zu Gunsten einer „weichen" Anfahrbewegung verzichtet werden.

Bild 1: HSC-Schruppbearbeitung

Eine rampenförmige oder eine helixförmige Eintauchbewegung erhöht die Werkzeugstandzeit erheblich (**Bild 2**). **Der Eingriffswinkel** φ_S (Umschlingungswinkel) des Werkzeugs verändert beim Umfangsfräsen

- von innen nach außen oder
- von außen nach innen (**Bild 3**).

> Große Eingriffswinkel bewirken eine große Werkzeugbelastung.

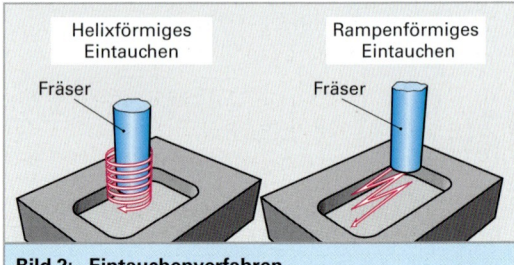

Bild 2: Eintauchenverfahren

Taucht das Werkzeug rampenförmig in das Werkstück ein und fräst dann umrissförmig von außen nach innen die Kontur ab, ist der abzutragende Werkstoff immer innenliegend. Diese Bearbeitungsstrategie ergibt Werkzeugeingriffswinkel φ_S je nach Fräsbreite a_e von meist weniger als 90°. Nachteilig ist die erste Bahn mit 180°-Eingriffswinkel.

Die umgekehrte Strategie von innen nach außen ergibt in Innenecken ungünstige Eingriffswinkel, da der Werkstoff immer außen an der Kontur steht.

Die Restrauigkeit (**Bild 4**) aus der Schruppbearbeitung entsteht durch die radiale Zustellung (Zeilensprung a_e = 35 % – 40 % des Fräserdurchmessers). Die entstehenden Stufen bzw. Werkstoffspitzen müssen in einem Vorschlichtprozess abgetragen werden, um für die eigentliche Schlichtbearbeitung ein gleichmäßiges Aufmaß mit geringen Schnittkraftschwankungen zu erzielen.

Hauptanwendungsbereich für die HSC-Technologie ist die Herstellung von Druckgussformen, von Spritzgussformen, von Tiefziehformen sowie von Schmiedegesenken aus Qualitäts- und Werkzeugstählen mit Werkstoffhärten bis zu 63 HRC. Für die meist stark gekrümmten Freiformflächen kommt das sonst zur Schlichtbearbeitung übliche achsparallele oder pendelförmige Abscannen der gesamten Geometrie nicht in Frage.

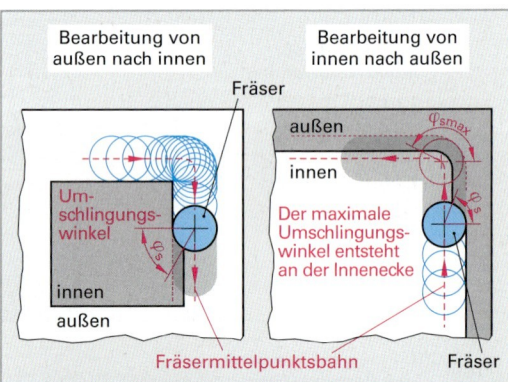

Bild 3: Bearbeitung von außen nach innen und von innen nach außen

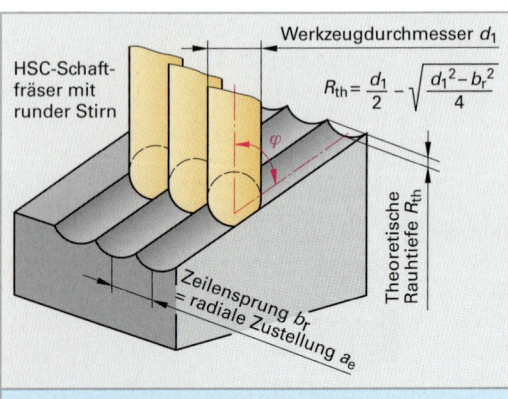

Bild 4: Berechnung der Restrauigkeit

2.6 Zerspanungstechnik

Wie bei der Schruppbearbeitung sollte eine konturbezogene Umrissbahn programmiert werden. Die Größe des Zeilensprungs (radiale Zustellung a_e) richtet sich nach der gewünschten Restrauigkeit der Oberfläche.

Bei der Schlichtbearbeitung von horizontal liegenden Konturflächen schneidet der Fräser durch die geringe axiale Zustellung nur im unteren achsnahen Zentrumsbereich. Da hier die Schnittgeschwindigkeit gegen Null geht, verschlechtern sich die Zerspanungsbedingungen und damit auch die Werkzeugstandzeit. Ein schräges Anstellen des Werkzeugs (Spindelsturz) in Fräsrichtung verbessert die Schnittverhältnisse, setzt aber im Allgemeinen eine 5-Achsen-Fräsmaschine voraus.

Bei der konturbezogenen Umrissbearbeitung bleiben vereinzelt unbearbeitete Geometriebereiche nach der Schlichtbearbeitung übrig, die durch nachträgliches *Abzeilen* mit einem abgestimmten Fräserdurchmesser nachgearbeitet werden müssen.

Die großen Werkzeugbelastungen beim HSC-Fräsen erfordern besondere Frässtrategien und Fertigungsparameter. Hierbei kommen der Führung des Werkzeuges (**Bild 1**) durch die Fräseranstellrichtung (in Vorschubrichtung bzw. quer Vorschubrichtung), durch den Anstellwinkel der Fräserachse, der Schnittrichtung (Ziehschnitt oder Bohrschnitt) und dem Bearbeitungsverfahren (Gleichlauf oder Gegenlauf) im Hinblick auf Werkzeugstandweg, Bauteilqualität und Prozesssicherheit eine besondere Bedeutung zu.

Die simultane Fünf-Achsen-Bearbeitung stellt am Fräswerkzeug immer optimale Eingriffsbedingungen sicher. Durch die aufwändige Programmierung, die erforderliche große Rechnerleistung der Steuerung bei hohen Vorschubgeschwindigkeiten und die große Massenbeschleunigung der Maschinenachsen sowie der großen erforderliche Werkzeugbewegungsraum kommt diese Bearbeitungsstrategie beim HSC-Fräsen eher selten zum Einsatz.

Um nahezu konstante Eingriffsbedingungen zu erhalten wird auch bei 5-Achsen-Werkzeugmaschinen oft dreiachsig bearbeitet und zwar mit schräg im Raum stehendem Werkzeug oder Werkstück, wechselnd von Flächenabschnitt zu Flächenabschnitt (**Bild 2**). Die Werkzeuganstellung erfolgt entweder in Vorschubrichtung oder quer dazu. Die Konturinterpolation durch die Steuerung erfolgt dreiachsig. Je nach Anstellungsebene ergibt sich für den Fräser ein Bohr- oder Ziehschnitt.

Unabhängig von der Werkzeuganstellung erfolgt die Spanabnahme bei Kugelkopffräsern immer

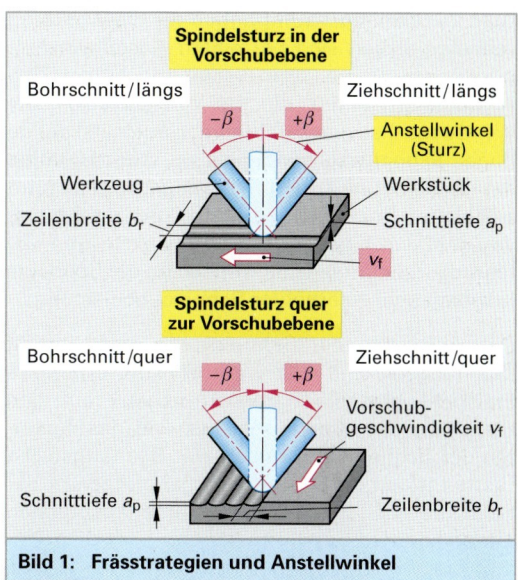

Bild 1: Frässtrategien und Anstellwinkel

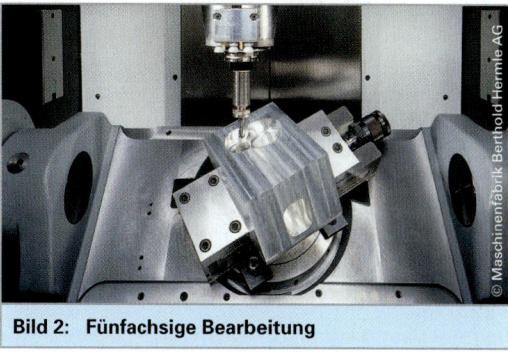

Bild 2: Fünfachsige Bearbeitung

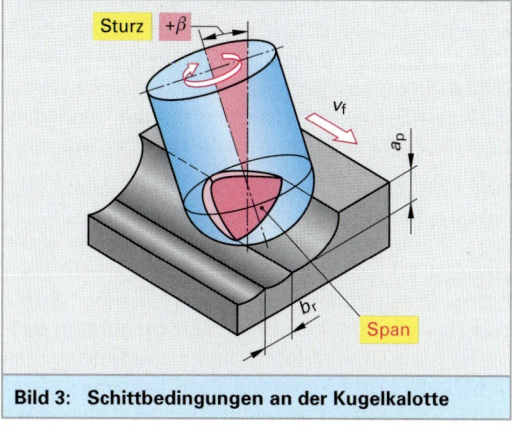

Bild 3: Schittbedingungen an der Kugelkalotte

auf der stirnseitigen Kugelkalotte (**Bild 3**). Bei sich verändernder Werkstückkontur ergeben sich bei gleichem Anstellwinkel der Werkzeugachse unterschiedliche Kontakt- und Eingriffsbedingungen.

Gute Zerspanungsbedingungen für die Werkzeugschneide stellen sich bei einem Anstellwinkel β (Sturz) von 10° bis 20° in Vorschubrichtung (Ziehschnitt/längs, **Bild 1**) ein. Bei Anstellwinkeln der Werkzeugachse unter 10° nehmen aufgrund der geringen Schnittgeschwindigkeit zur Werkzeugmitte hin die Reib- und Quetschvorgänge zu. Dies führt zu höheren Prozesstemperaturen und zur Bildung von Aufbauschneiden. Bei Kippwinkeln über 20° führt die zunehmende Eingriffslänge der Schneide (Schnittlänge) zu erhöhter Schneidenbelastung.

Das Aufgleiten der Schneidkante beim Eintritt (Spanungsdicke $h = 0$) wirkt sich mit erhöhtem Freiflächenverschleiß ebenso negativ auf den Standweg des Werkzeugs aus, wie das Austreten der Schneide mit maximaler Spanungsdicke. Hierbei treten schädliche Zugspannungen in der Schneide auf, die zu Schneidkantenausbrüchen führen können.

2.6.11.6 Software und Programmierung

Ausgehend vom CAD-System werden die Geometriedaten des Werkstücks in der Konstruktion des Bauteils erfasst. Einfache *Regelgeometrien* werden als Realgeometrie dargestellt, *Freiformgeometrien* dagegen in Interpolationsverfahren oder Näherungsverfahren. Im Werkzeug- und Formenbau ist der Anteil an schwierig zu bearbeitenden 3D-Freiformgeometrien sehr hoch, entsprechend groß ist der Aufwand zur Generierung entsprechender Fräsbahnen.

Im konventionellen CAD-System werden gekrümmte Freiformflächen aus ebenen Polygongeometrien bzw. Elementen wie Dreieck-, Trapezflächen oder Rautenflächen in einen DIN-NC-Code (G01 ... X, Y, Z) übersetzt und damit angenähert (**Bild 2, links**). Um eine gute Flächengeometrie mit geringen Sehnenfehlern zu erzeugen, sind eine hohe Anzahl von Geometriepunkten[1] notwendig.

Die sich daraus ergebende Konsequenz sind entsprechend große NC-Code-Dateien, die zur Berechnung der Fräsbahnen hohe Prozessorleistungen erfordern. Die in den meisten NC-Steuerungen angebotene Splineinterpolation (**Bild 2, rechts**) verrundet die eckige Stützpunktbahn rechnerisch durch ein Interpolationsverfahren, das das dynamische Verhalten der Maschine bei hohen Vorschubgeschwindigkeiten deutlich verbessert. Es gibt keine Beschleunigungssprünge. Die Übergänge von einem Spline zum nächsten erfolgen tangential. Allerdings wird hierbei die reale Geometrie des Bauteils nur angenähert und führt u. U. zu welligen Oberflächen.

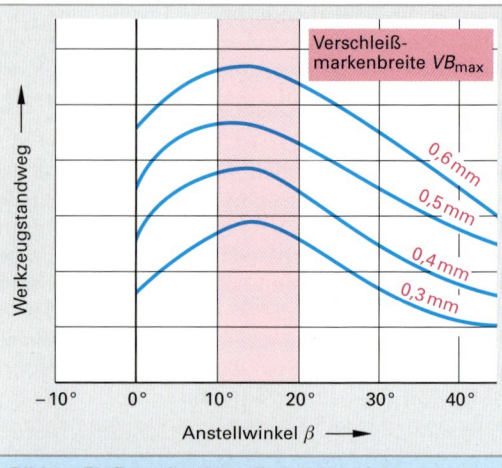

Bild 1: Einfluss des Anstellwinkels auf den Werkzeugstandweg

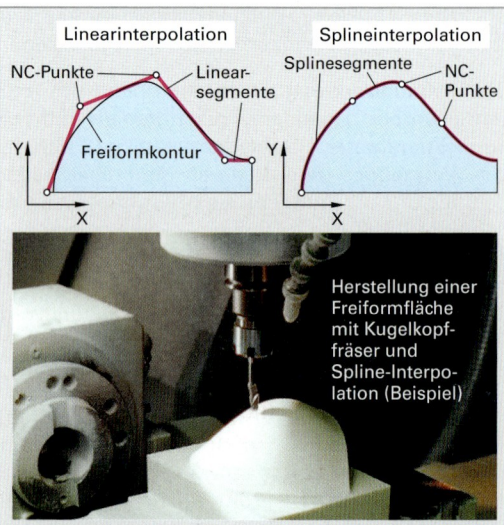

Bild 2: Interpolationsarten der NC-Bahn

Eine Verbesserung der Abbildungsqualität von Freiformgeometrien bei gleichzeitiger Reduzierung der erforderlichen Datenmenge und Bearbeitungszeit ist die NC-Code-Generierung auf der Basis von mathematischen NURBS-Elementen (Non Uniform Rational B-Splines). Voraussetzung ist eine durchgängige, auf NURBS-Mathematik- basierende Prozesskette:

- CAD-System,
- CAD-CAM-Schnittstelle mit großem NURBS-Elemente Vorrat (IGES, STEP),
- CAM-System das Fräsbahnen auf der Basis von NURBS-Elementen erstellt,
- Werkzeugmaschinensteuerung mit NURBS-NC-Code interpretation.

---
[1] siehe Bild 1 auf Seite 283

2.6.11.7 HSC-Werkzeuge

Im Werkzeug- und Formenbau werden bevorzugt Schaftfräserwerkzeuge mit gerader Stirn, Torusfräser und Kugelkopffräser eingesetzt **(Bild 1)**. Die unterschiedlichen Werkzeugformen bestimmen über die radiale Eingriffsbreite a_e neben der Oberflächenqualität auch die Bearbeitungszeit des Werkstückes. Bei vorgegebener Rautiefe ermöglicht der Schaftfräser mit gerader Stirn die größte Zeilenbreite, wobei sich aber die Schneidenecke des Fräsers im Oberflächenprofil der bearbeiteten Fläche abbildet.

Mit Torusfräser sind im Vergleich zum Kugelkopffräser bei gleich guter Oberflächengüte größere Zeilenbreiten möglich, da der Schaftfräser mit Eckenradius kleinere Restaufmaße hinterlässt. Neben diesen geometrischen Vorteilen bietet das Toruswerkzeug auch in technologischer Hinsicht Vorteile. Ein Schnittgeschwindigkeitsabfall im Zentrum des Werkzeugs bis auf Null ist nicht vorhanden. Ebenso ist der Bereich der effektiven Schnittgeschwindigkeit deutlich geringer. Dadurch lassen sich auch hoch harte und temperaturbeständige Schneidstoffe wie z. B. PKD und CBN einsetzen.

Bei der Bearbeitung von gehärtetem Stahl ist der klassische Kugelkopffräser **(Bild 2)** die beste Wahl, da er mit seinem großen Radius die Schnittkräfte und die Zerspanungswärme besser aufnehmen kann. Großflächige Werkstückgeometrien lassen sich mit einem Eckenradiusfräser (Torusfräser) wegen der, bei vergleichsweiser großen Zeilenbreite besseren Werkstückoberfläche, vorteilhaft bearbeiten. Der Schaftfräser mit ebener Stirn wird immer dann eingesetzt, wenn scharfkantige Werkstückinnenecken hergestellt werden müssen, wie sie zum Beispiel beim Aufeinandertreffen von Werkstückwänden vorkommen.

Die Schneidenecke dieses Werkzeugs ist aber für die Prozesswärme und Schnittkraft ein ständiger Angriffspunkt und unterliegt wegen der Verrundung und Ausbrechen einem großem Verschleiß. Neben den auf das Werkzeug durch die Spanabtrennung wirkenden Zerspanungskräfte, treten bei der HSC-Bearbeitung deutlich höher einzustufende Fliehkräfte auf.

Da die Fliehkraft mit der Umdrehungsfrequenz quadratisch zunimmt, stellt sie für das Werkzeug die Hauptbelastung dar. Bei Wendeplattenwerkzeugen zeigen sich drei fliehkraftbedingte Versagensursachen:

- Versagen des Werkzeuggrundkörpers,
- Versagen des Verbindungselements (Schraube),
- Versagen der Wendeschneidplatte.

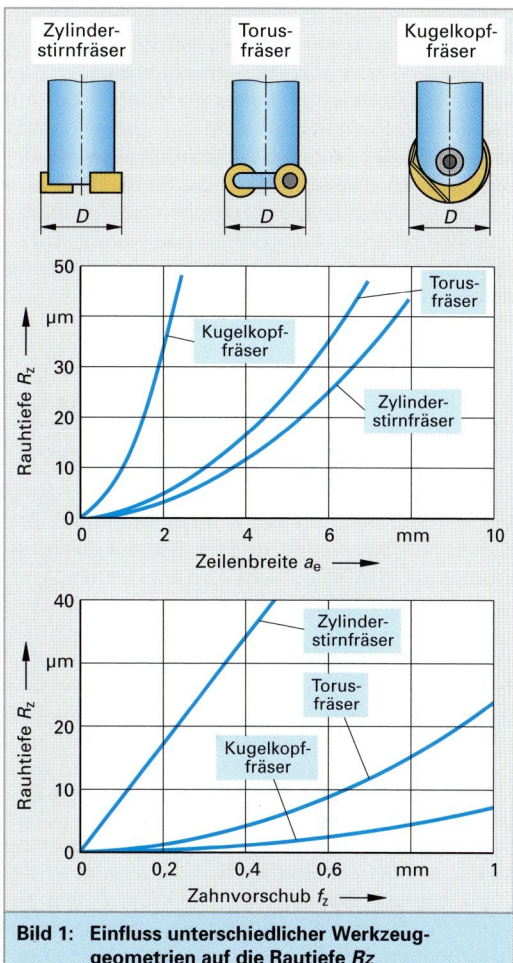

Bild 1: Einfluss unterschiedlicher Werkzeuggeometrien auf die Rautiefe R_z

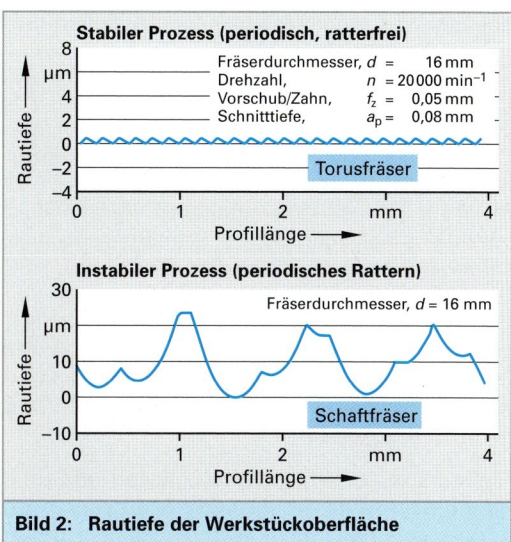

Bild 2: Rautiefe der Werkstückoberfläche

Aufgrund der im Allgemeinen geringen Durchmesserbereiche ($D < 20$ mm) der Werkzeuge, ist ein Bersten des Werkzeuggrundkörpers weitgehend ausgeschlossen. Die konstruktive Gestaltung des Schneidplattensitzes und der Schneidplatte selbst erfordert aber eine Anpassung gegenüber dem konventionellen Werkzeug. Im Idealfall wird das Verbindungselement zwischen Schneidplatte und Grundkörper durch die eingeleiteten Kräfte nicht belastet. Bei der konstruktiven Auslegung des Plattensitzes im Werkzeuggrundkörper von HSC-zugelassenen Werkzeugen wird auf eine rein kraftschlüssige Verbindung zwischen der Schneidplatte und dem Werkzeugkörper zu Gunsten einer formschlüssigen Verbindung verzichtet **(Bild 1)**.

Langauskragende Werkzeuge im Formenbau

Bei langauskragenden Werkzeugen treten häufig bei der Bearbeitung Schwingungen und Vibrationen auf. Bei einem großem Schlankheitsgrad (Verhältnis L/D) verschiebt sich die für die Anregung verantwortliche 1. *Eigenfrequenz* des Werkzeugs in Richtung zur Umdrehungsfrequenz. Die entstehenden Schwingungen führen häufig zu erhöhten Zerspanungsgeräuschen, schlechter Oberflächenqualität am Werkstück und zu Schneidkantenausbrüchen bis zum Werkzeugbruch.

Da die Schwingungsneigung bei zylindrisch ausgeführten Werkzeugen besonders groß ist, haben Schaftfräser für die HSC-Bearbeitung häufig einen konischen Schaft **(Bild 2)**. Eine Reduzierung der entstehenden Schwingungen im Werkzeugkörper wird durch die Verwendung von schwingungsdämpfenden Werkstoffen wie z. B. Hartmetall oder Schwermetall erreicht. Konisch ausgeführte Schaftfräser mit Schwermetallschaft erzielen gegenüber Werkzeugen mit zylindrischer Schaftform höhere Standzeiten.

2.6.11.8 Schneidstoffe

Eine für die Bearbeitung gehärteter Stähle notwendige Schneidkantenstabilität und Verschleißfestigkeit ist bei konventionellen Hartmetallen, vor allem bei sehr hohen Schnittgeschwindigkeiten, nur bedingt vorhanden. Die für den HSC Einsatz vorgesehene Schneidplatten und Vollhartmetallwerkzeuge werden deshalb aus Feinstkornhartmetall (Sorte K) hergestellt **(Bild 3)**. Mit abnehmender Wolframcarbid-Korngröße (< 1 μm) nehmen sowohl Härte, Kantenstabilität und Biegebruchfestigkeit zu.

Die Feinstkornhartmetalle ermöglichen auf Grund ihrer hohen Kantenfestigkeit die Bearbeitung von Formen aus gehärteten Werkzeugstählen bis zu

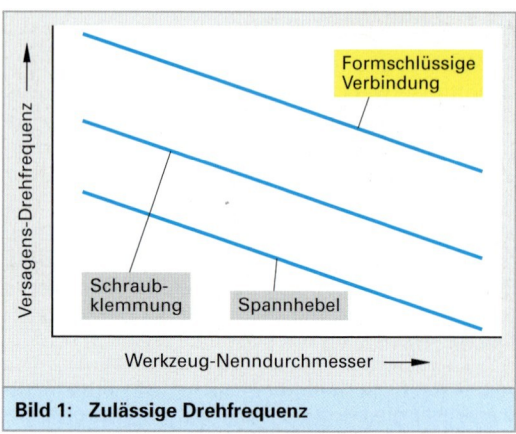

Bild 1: Zulässige Drehfrequenz

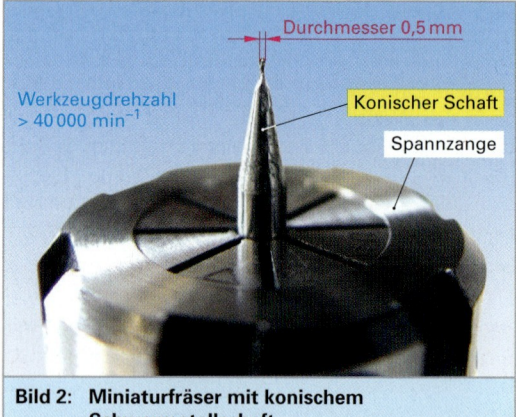

Bild 2: Miniaturfräser mit konischem Schwermetallschaft

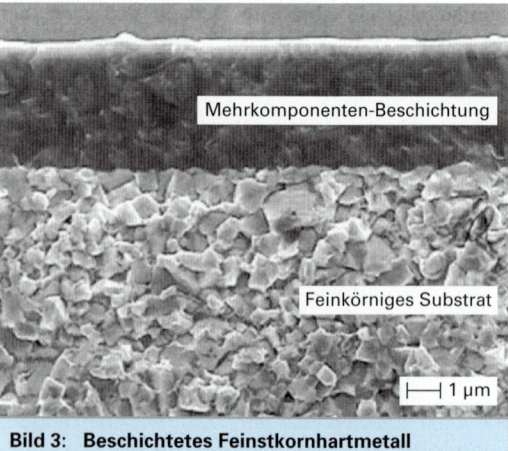

Bild 3: Beschichtetes Feinstkornhartmetall

einer Härte von 65 HRC. Durch Hartstoffbeschichtungen wird die Verschleißfestigkeit des Feinkornsubstrats weiter verbessert. Als Hartstoffschichten werden TiN, TiCN, Al2O3 und TiAlN in Einlagen- oder Mehrkomponenten-Beschichtung eingesetzt.

2.6 Zerspanungstechnik

Die maximale Arbeitstemperatur einer Titan-Aluminiumnitrid-Schicht (TiAlN) liegt bei ca. 800 °C, die einer Titancarbonitrid-Schicht (TiCN) bei ca. 400 °C. Mehrlagenschichten (Multilayer) bieten bei gleicher Schichtdicke wie Einlagenschichten (Monolayer) bessere Schichthaftung und größere Sicherheit gegen die Ausbreitung von Rissen, wobei die Dicke der einzelnen Schicht unter 0,2 µm liegt.

Bei HSC-Werkzeugen ist die Schichtdicke der Hartstoffschicht auf max. 10 µm begrenzt. Um die Schnittkräfte klein zu halten, sind bei geringen Zahnvorschüben nur geringe Schneidkantenverrundungen zulässig (scharfe Schneide). Wird durch einen geringen Zahnvorschub die Mittenspandicke kleiner als die Kantenverrundung der Schneide, so treten überwiegend Quetschvorgänge und Reibvorgänge bei der Spanabnahme auf und das Werkzeug verschleißt früher. Größere Spanungsquerschnitte führen die Wärme mit dem Span ab, so dass es weder im Werkzeug noch im Werkstück zu einem Wärmestau kommt.

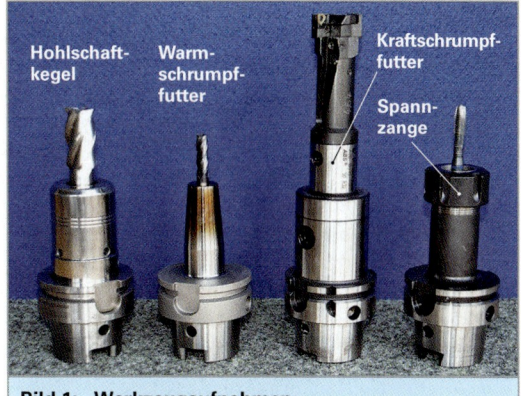

Bild 1: Werkzeugaufnahmen

Die Standzeit ist immer dort am größten, wo der größte Spanungsquerschnitt ohne Werkzeugüberlastung erzeugt werden kann. Die Verwendung von warmfesten Schneidstoffen wie Cermet oder CBN führt bei Kugelkopffräsern aufgrund der niedrigen Schnittgeschwindigkeit im achsnahen Zentrumsbereich des Werkzeugs häufig zu Schneidkantenausbrüchen. Eine angepasste Neigung der Werkzeugachse oder der Einsatz von Torusfräsern machen auch diese Schneidstoffe „HSC-fähig".

2.6.11.9 Werkzeugaufnahme

Die Werkzeugaufnahme bildet die Schnittstelle zwischen der Maschinenspindel und dem Werkzeug. Für den Einsatz in der HSC-Technologie müssen sich die Werkzeugspannsysteme durch besondere Merkmale auszeichnen:

- hohe Wechselgenauigkeit,
- hohe Rundlaufgenauigkeit,
- große Übertragungsmomente bei hoher Drehzahl,
- hohe Radialsteifigkeit,
- hohe Wuchtgüte,
- für hohe Umdrehungsfrequenzen geeignet,
- werkstattgerechte Handhabung.

Aufgrund dieser Anforderungen eignen sich folgende Werkzeugaufnahmen besonders gut (**Bild 1**):

- Warmschrumpffutter,
- Kraftschrumpffutter,
- Hydro-Dehnspannfutter
- Spannfutter mit Spannzangensystem.

Warmschrumpffutter. Schrumpffutter sind einteilige Werkzeugaufnahmen mit hochgenauer zentrischer Aufnahmebohrung. Die rotationssymmetrische Bauform des Spannfutters erreicht durch eine gleichmäßige Massenverteilung höchste Wuchtgüten.

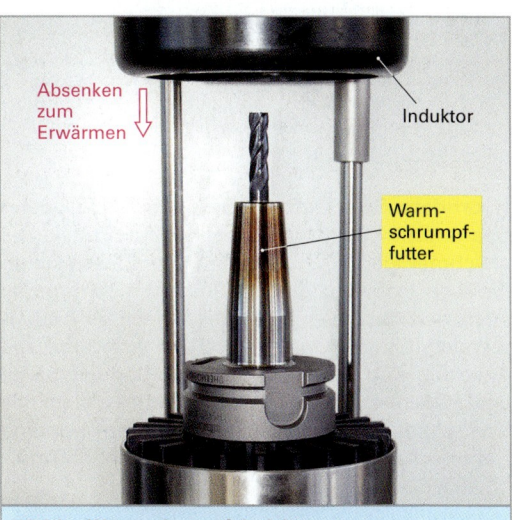

Bild 2: Warmschrumpfeinrichtung

Die Rundlaufgenauigkeit zwischen Aufnahmekegel und Werkzeugaufnahmebohrung ist < 0,003 mm, bezogen auf einen Messdorn mit $3 \times d$ Ausspannlänge (siehe auch Bild 2, folgende Seite). Da der Werkzeugschaft in der Aufnahmebohrung ohne bewegliche Teile bzw. Zwischenelemente direkt gespannt wird, verfügen Schrumpffutter über eine hohe Radialsteifigkeit und können hohe Drehmomente sicher übertragen.

Beim thermischen Schrumpfspannen wird das Spannfutter entweder mit Heißluft oder induktiv auf etwa 200 °C bis 400 °C erwärmt (**Bild 2**). Hierbei vergrößert sich der Durchmesser der Aufnahmebohrung im Futter und das Werkzeug kann gefügt werden. Zum Lösen des Werkzeugschaftes macht man sich das unterschiedliche Ausdehnungsverhalten der verschiedenen metallischen Werkstoffe zunutze.

Kraftspannfutter. Bei Kraftspannsystemen wird das Drehmoment durch die Reibung zwischen Werkzeugaufnahmebohrung und Werkzeugschaft übertragen. Im Ursprungszustand ist die Werkzeugaufnahmebohrung nicht exakt rund, sondern entspricht einem verrundetem gleichseitigem Dreieck (Polygon). Durch das Aufbringen von drei definierten Radialkräften mittels einer hydraulischen Spannvorrichtung wird die Aufnahmebohrung im Spannfutter kreisrund verformt.

Nach dem Fügen des Werkzeugs wird das Spannmittel entlastet und die Aufnahmebohrung versucht sich wieder in die ursprüngliche Polygonform elastisch zurückzuverformen. Dadurch wird der zylindrische Werkzeugschaft ausschließlich über die Rückstellkräfte des Werkstoffs gespannt **(Bild 1)**.

Das Kraftspannfutter ist komplett aus einem Stück und kommt ohne zusätzliche mechanische Teile aus. Der Spannvorgang unterliegt keinem Verschleiß und garantiert dem Anwender Rundlaufgenauigkeiten von < 0,003 mm **(Bild 2)**. Die übertragbaren Drehmomente liegen im Bereich des Warm-Schrumpffutters bzw. der Hydrodehnspanntechnik.

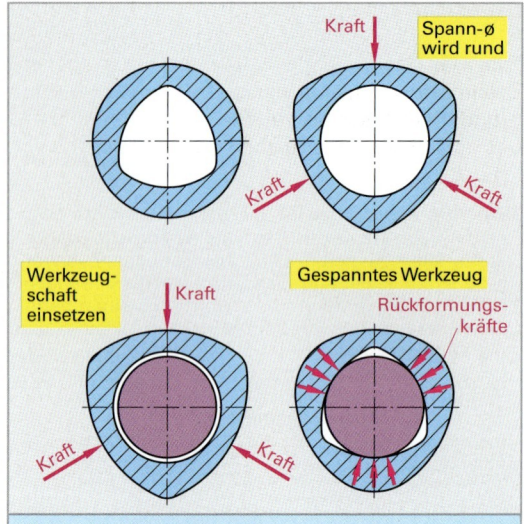

Bild 1: Kraftspanntechnik

Hydrodehn-Spannfutter. Bei der Hydrodehn-Spanntechnik wird das physikalische Prinzip der gleichmäßigen Druckverteilung in Flüssigkeiten, die sich in einem eingeschlossenen Kammersystem befinden, hier Hydrauliköl, technisch angewendet **(Bild 3)**. Über eine Spannschraube mit Anschlag wird ein Kolben betätigt. Dadurch steigt der Druck des Hydrauliköls im Kammersystem des Spannfutters an und verformt eine dünnwandige Dehnbüchse in der Werkzeugaufnahmebohrung.

Die Membrane der Dehnbüchse verformt sich auf der ganzen Länge gleichmäßig, zylindrisch und zentrisch zur Mittelachse der Aufnahmebohrung. Nach der Druckentlastung geht die Dehnbüchse wieder in ihren Ausgangsdurchmesser zurück. Durch die schwingungsdämpfenden Eigenschaften des Öls, werden Schwingungen während des Bearbeitungsprozesses gedämpft. Dadurch werden Mikroausbrüche an der Werkzeugschneide verringert. Die Standzeit des Werkzeugs und die Oberflächengüte des Werkstücks werden verbessert.

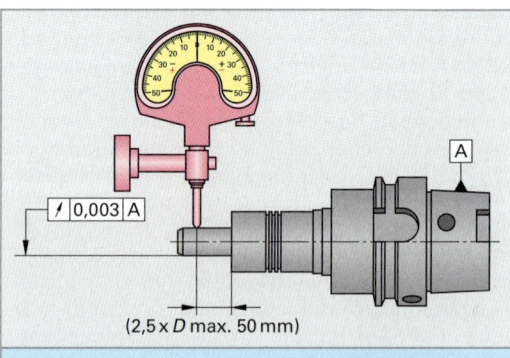

Bild 2: Messung der Rundlaufgenauigkeit

Die HSC-Bearbeitung erfordert eine besondere Werkzeugspanntechnik

Spannfutter mit Spannzangensystem

Hochgeschwindigkeitstaugliche Spannzangenfutter **(Bild 4)** werden mit speziellen Spannmuttern ausgerüstet, die bei den hohen Rotationsfrequenzen bzw. abrupten Geschwindigkeitsänderungen gegen selbstständiges Lösen gesichert sind. Durch die Vielzahl der mechanischen Bauteile im Innern des Spannfutters bauen Spannzangenfutter im Vergleich zu der Hydrodehnspannzangentechnik bzw. Schrumpfspanntechnik relativ breit und schwer.

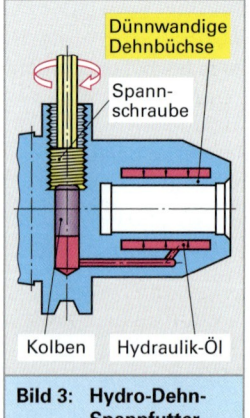

Bild 3: Hydro-Dehn-Spannfutter

Bild 4: Spannzangen-Spannfutter

2.6 Zerspanungstechnik

Die entstehenden Störkonturen sind beim Eintauchen in tiefe Kavitäten des Werkstücks oft hinderlich. Die Radialsteifigkeit und die übertragbaren Drehmomente (je nach Einspanntiefe und Werkzeugdurchmesser bis zu 3000 Nm) sind aufgrund des stabilen Konstruktionsprinzips sehr hoch (**Bild 1**).

Hohlschaftkegel (HSK). Beim Hochschaftkegel handelt es sich um ein Spannmittel mit kegliger Außenkontur (1:10) das im Inneren hohl ist (**Bild 2**). Es hat bei der spanenden Bearbeitung eine weite Verbreitung gefunden. Bei modernen Bearbeitungszentren wird die HSK-Schnittstelle gegenüber dem Steilkegel aufgrund verschiedener Vorteile bevorzugt eingesetzt:

- Steifigkeit (durch Plananlage) 5 bis 7 mal höher wie bei Steilkegel (SK)-Aufnahmen,
- Eignung für hohe Drehzahlen,
- Hohe Wechselgenauigkeit und exakte Positionierung durch Plananlage,
- Kein Abzugsbolzen,
- Schnellerer Werkzeugwechsel durch kürzere Baulängen,
- Hohe Drehmomentübertragung.

Die Drehmomentübertragung wird formschlüssig über zwei gleichbreite und unterschiedlich tiefe Mitnehmernuten am Schaftende und kraftschlüssig durch das Übermaß zwischen Aufnahme und Spindel realisiert. Die Plananlage dient zur axialen Fixierung der HSK-Schnittstelle an der Aufnahme und zum Steifigkeitsgewinn bei der Biegebelastung. Der kegelige Hohlschaft fixiert die Schnittstelle radial und bietet Platz für das innenliegende Spannsystem. Der Bunddurchmesser bestimmt die HSK-Größe (z. B. HSK 63).

2.6.11.10 Unwucht

Werkzeugmaschinen mit hochdrehenden Spindelantrieben benötigen Werkzeugaufnahmen und Werkzeuge mit geringster Unwucht. In Bezug auf die Rotationsachse verursachen ungleiche Massenverteilungen Schwingungen und Rundlauffehler im Spannfutter und Werkzeug, die auf die Spindellagerung, Oberflächengüte und Werkzeugstandzeit negative Auswirkungen haben. Aus diesem Grund werden Werkzeugkomponenten ausgewuchtet (Bild 2) und nach VDI-Richtlinie 2060 in Wuchtgüteklassen (G0,4 ... G80) klassifiziert.

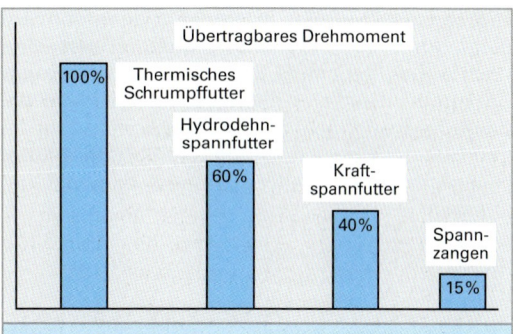

Bild 1: Übertragbare Drehmomente

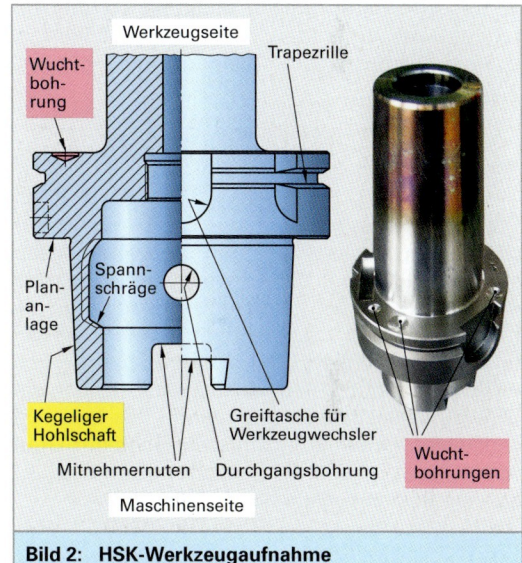

Bild 2: HSK-Werkzeugaufnahme

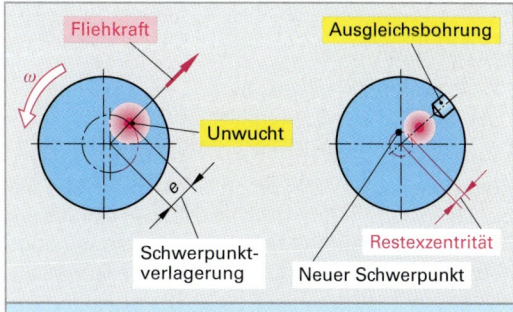

Bild 3: Schwerpunktverlagerung durch Unwucht

Man unterscheidet drei Arten der Unwucht:
- *Statische Unwucht:*
  Der Schwerpunkt eines rotierenden Systems liegt außerhalb der Rotationsachse (**Bild 3**), Schwerpunktachse und Rotationsachse sind parallel,
- *Momentenunwucht:*
  Schwerpunktachse und Rotationsachse sind nicht parallel,
- *Dynamische Unwucht:*
  Kombination aus statischer Unwucht und aus Momentenunwucht.

Die Unwucht erzeugt in einem rotierendem System durch die Trägheitskraft der Masse eine nach außen gerichtete Fliehkraft, die den Rotationskörper in radialer Richtung auslenkt und die Laufruhe beeinträchtigt. Die Fliehkraft wächst linear mit der Unwucht U und quadratisch mit der Winkelgeschwindigkeit ω (Omega) bzw. mit der Drehzahl n:

$$F = U \cdot \omega^2$$

F Fliehkraft
U Unwucht
ω Winkelgeschwindigkeit
n Drehzahl

$$\omega = 2\pi \cdot n$$

Die Unwucht U gibt an, wieviel unsymmetrisch verteilte Masse in radialer Richtung von der Rotationsachse entfernt ist. Die Unwucht wird in Grammmillimeter[1] (gmm) angegeben.

$$U = m \cdot e$$

U Unwucht
m Gesamtmasse des Wuchtkörpers
e Schwerpunktsabstand (Restexzentrität)

Durch die Unwucht wird der Schwerpunkt aus der Rotationsachse um den Schwerpunktsabstand ein Richtung der Unwucht verlagert. Um eine symmetrische Massenverteilung wieder herzustellen und die asymmetrischen Fliehkräfte auszugleichen, wird beim Auswuchten durch Ausgleichsbohrungen bzw. Ausgleichsflächen der Schwerpunktsabstand und damit die Unwucht verkleinert. Innerhalb technisch machbarer Grenzen ergibt sich dann die Restexzentrität ($e_{zulässig}$), die eine Restunwucht erzeugt **(Tabelle 1)**.

Die Wuchtgüte G entspricht der Umfangsgeschwindigkeit v des Schwerpunktes um das Rotationszentrum (z. B. $G2{,}5$ bedeutet $v_{zul} = 2{,}5$ mm/s).

Die Wuchtgüte ergibt sich zu:

$$G = e \cdot \omega$$

G Wuchtgüte
e Schwerpunktsabstand
ω Winkelgeschwindigkeit

Ersetzt man in der Gleichung $G = e \cdot \omega$ den Schwerpunktsabstand mit $e = U/m$, so lassen sich bezüglich der Wuchtgüte G folgende Zusammenhänge ableiten:

$$G = U/m \cdot \omega \qquad G \text{ ist proportional zu } \omega \ (G \sim \omega)$$

Ein Körper mit großer Unwucht kann bei geringer Drehfrequenz die gleiche Wuchtgüte haben wie ein Körper mit geringer Unwucht bei hoher Drehfrequenz!

Tabelle 1: Zulässige Restexzentrizitäten und spezifische Restunwuchten

Wucht-güte	Drehfrequenz min⁻¹					
	10 000	15 000	20 000	25 000	30 000	40 000
	Restexzentrizität µm, spezifische Restunwucht gmm/kg					
$G2{,}5$	2,5	1,7	1,25	1	0,9	0,65
$G6{,}3$	6,3	4,3	3,2	2,6	2,1	1,6
$G16$	16	11	8	6,1	5,5	4
$G40$	40	27	20	16	13	10

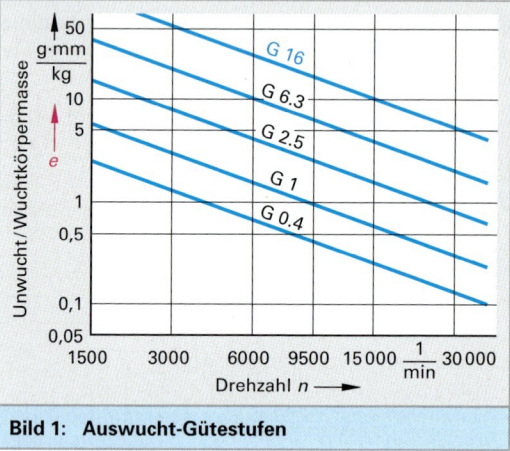

Bild 1: Auswucht-Gütestufen

Ein Körper mit einer bestimmten Unwucht hat bei einer geringeren Drehfrequenz eine bessere Wuchtgüte wie der gleiche Körper bei einer hohen Drehfrequenz. G ist umgekehrt proportional der Wuchtkörpermasse m ($G \sim 1/m$).

Mit Hilfe der angestrebten Wuchtgüte lässt sich die Restunwucht bestimmen:

$$U = G \cdot m/\omega$$
$$U = \frac{G \cdot 60 \text{ s/min} \cdot m}{2 \cdot \pi \cdot n}$$

U Restunwucht in gmm
G Wuchtgüte in mm/s
m Wuchtkörpermasse in g
n Drehzahl in min⁻¹

Ziel des Auswuchtens ist die Reduzierung der Unwucht des Spannfutters bzw. des Werkzeugs. In der Maschine ergibt sich ein Gesamtsystem bestehend aus: Maschinenspindel, Werkzeugaufnahme, Werkzeug.

Zur Bestimmung der Gesamtrestunwucht werden die Teilunwuchten addiert:

$$U_{ges} = U_{Spindel} + U_{Werkzeugaufnahme} + U_{Werkzeug}$$

Bei gleicher Drehfrequenz kann ein Körper mit geringerer Masse aber großer Unwucht die gleiche Wuchtgüte haben wie ein Körper mit geringerer Unwucht aber großer Masse!

---
[1] Hier angegeben sind Größengleichungen. Beim Eingeben von Zahlenwerten sind die jeweiligen Einheiten zu beachten.

2.6 Zerspanungstechnik

Zur Bestimmung der Gesamtwuchtgüte benötigt man die Restunwucht und die Gesamtmasse des Gesamtsystems bestehend aus Spindel, Aufnahme und Werkzeug:

$$G_{ges} = U_{ges} \cdot \omega / m_{ges}$$

$$G_{ges} = \frac{U_{ges} \cdot 2 \cdot \pi \cdot n}{60 \text{ s/min} \cdot m_{ges}}$$

G_{ges} Gesamtwuchtgüte
U_{ges} Restunwucht
n Drehzahl
m_{ges} Gesamtmasse

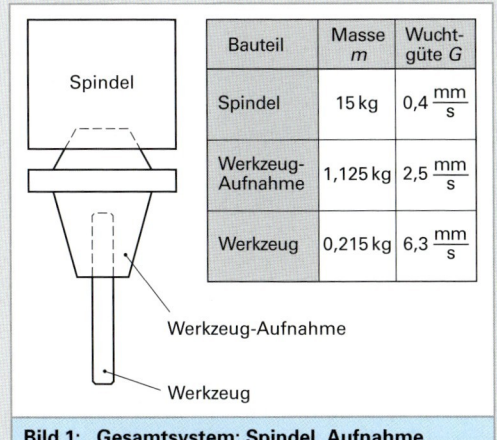

Bauteil	Masse m	Wuchtgüte G
Spindel	15 kg	0,4 $\frac{mm}{s}$
Werkzeug-Aufnahme	1,125 kg	2,5 $\frac{mm}{s}$
Werkzeug	0,215 kg	6,3 $\frac{mm}{s}$

Bild 1: Gesamtsystem: Spindel, Aufnahme, Werkzeug

Aufgabe zur Wuchtgüte

Berechnung der Restunwucht für n = 30 000 1/min

$$U = \frac{G}{2 \cdot \pi \cdot n} \cdot m$$

$$U_{Spindel} = \frac{0,4 \frac{mm}{s} \cdot 15\,000 \text{ g}}{2 \cdot \pi \cdot 30000 \frac{1}{min} \cdot \frac{1 \text{ min}}{60 \text{ s}}} = 1,910 \text{ gmm}$$

$$U_{Aufnahme} = \frac{2,5 \frac{mm}{s} \cdot 1125 \text{ g}}{2 \cdot \pi \cdot 30000 \frac{1}{min} \cdot \frac{1 \text{ min}}{60 \text{ s}}} = 0,895 \text{ gmm}$$

$$U_{Werkzeug} = \frac{6,3 \frac{mm}{s} \cdot 215 \text{ g}}{2 \cdot \pi \cdot 30000 \frac{1}{min} \cdot \frac{1 \text{ min}}{60 \text{ s}}} = 0,431 \text{ gmm}$$

m_{ges} = 16 340 g , U_{ges} = 3,236 gmm

Berechnung der Gesamtwuchtgüte G_{ges}

$$G = U_{ges} = \frac{2 \cdot \pi \cdot n}{m_{ges}}$$

$$G = 3,236 \text{ gmm} \cdot \frac{2 \cdot \pi \cdot 30\,000 \frac{1}{min}}{16\,340 \text{ g} \cdot 60 \text{ s/1 min}} = 0,62 \frac{mm}{s}$$

2.6.12 Kühlschmierung

Die Verwendung von Kühlschmierstoffen (KSS) bei der HSC-Bearbeitung bringt hinsichtlich der Werkzeugstandzeit keine entscheidenden Vorteile. Die hohe Rotationsgeschwindigkeit der Werkzeugschneide verhindert den Zutritt des KSS-Mediums in den Scherbereich des Spans, so dass „quasi" trocken gearbeitet wird. Die thermischen Schockbelastungen der Schneidplatte durch den KSS führen zu Rissbildung bzw. Schneidkantenausbrüchen und damit zu Standzeitverkürzungen. Als Ersatz für die Vollstrahl-Kühlschmierung **(Bild 2)** bewähren sich Luftkühlungssysteme und Ölnebelsysteme (Minimalmengenschmierung MMS).

Neben dem Kühleffekt bzw. Schmiereffekt entfernt der Luftstrahl auch die Späne aus dem Arbeitsbereich des Werkzeugs und verhindert so eine Beschädigung der Schneidkante durch nachträgliches Einziehen der Späne. Die Luftdüse bzw. Nebeldüse sollte so nah wie möglich am Werkzeug positioniert werden.

Bild 2: Kühlschmierung

Wiederholung und Vertiefung

1. Wodurch wird in einem rotierendem System eine Unwucht erzeugt?
2. Wie wirkt sich eine statische Unwucht und wie wirkt sich eine Momentenunwucht auf das Laufverhalten eines Rotationskörpers aus?
4. An welcher Stelle des Rotationskörpers muss eine Ausgleichsbohrung angebracht werden, um die Unwucht zu reduzieren?
4. Welcher Zusammenhang besteht zwischen dem Schwerpunktabstand und der Restexzentrizität?
5. Zwei Rotationskörper mit unterschiedlicher Masse, aber gleicher Wuchtgüte rotieren mit der gleichen Drehfrequenz. Was bedeutet dies für die jeweilige Unwucht?

2.6.12.1 Kühlschmierstoffe (KSS)

Kühlschmierstoffe (KSS) sind in der spanenden Fertigung auch heute noch ein wichtiger Bestandteil des Zerspanungsprozesses. Die Auswirkungen der mechanischen und thermischen Belastungen im Wirkbereich von Schneide und von Werkstückwerkstoff werden durch den Einsatz von Kühlschmierstoffen günstig beeinflusst. Der durch den Gesetzgeber reglementierte Umgang mit KSS zwingt die Anwender nicht zuletzt wegen der steigenden Überwachungs- und Entsorgungskosten zum Umdenken.

Nicht selten übersteigen die KSS-Kosten die Werkzeugkosten um ein Vielfaches, z. B.:

12 % bis 16 % Kühlschmierstoffkosten,
 3 % bis 4 % Werkzeugkosten **(Bild 1)**.

Bei einer werkzeugintensiven Bearbeitung können die Werkzeugkosten bis zu 8 % der Fertigungskosten betragen.

Für die Maschinenbediener sind durch Bakterien und Pilze verunreinigte oder nachlässig überwachte KSS häufig die Ursache für allergische Hautreaktionen und Atemwegserkrankungen.

Forschungen in der Anwendungstechnik konzentrieren sich aus ökonomischen und ökologischen Gründen vor allem auf die:

- Reduzierung der eingesetzten KSS-Menge,
- Steigerung der Einsatzdauer (Standzeit) der KSS,
- Verbesserung von Überwachungssystemen,
- Effektivierung von Filterung und Aufbereitung,
- Entwicklung umweltverträglicher Entsorgung,
- Minimalmengenschmierung,
- Trockenbearbeitung.

Aufgaben des Kühlschmierstoffs

Die in der Scherzone hohen Zerspanungstemperaturen entstehen durch Energieumsetzung zwischen Werkzeug und Werkstoff. Hohe Reibungskräfte am Schneidkeil, Scherung des Werkstoffs und Umformungsvorgänge im Gefüge der Werkstückoberfläche und im ablaufenden Span setzen die aufgewendete Energie zum großen Teil in frei werdende Wärmeenergie um.

Wegen der geringen Wärmeleitfähigkeit moderner Schneidstoffe und Hartstoffschichten werden ca. 75 bis 80 % der umgesetzten Wärmemenge über die ablaufenden Späne abgeführt **(Bild 2)**.

Um die Zerspanungstemperaturen vor allem an der Werkstückoberfläche und auf der Spanfläche des Werkzeug in kontrollierbaren Grenzen zu halten, kommen unterschiedliche KSS-Systeme zum Einsatz.

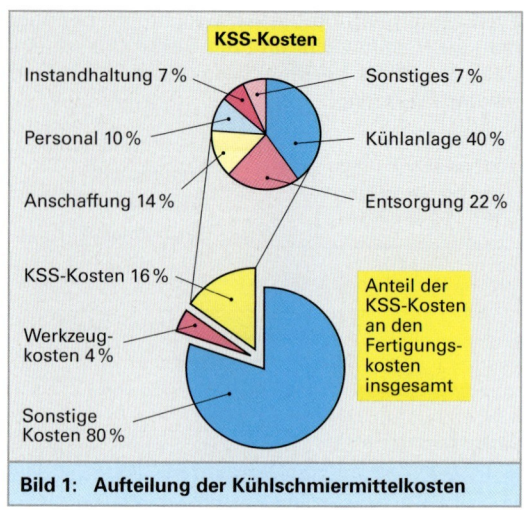

Bild 1: Aufteilung der Kühlschmiermittelkosten

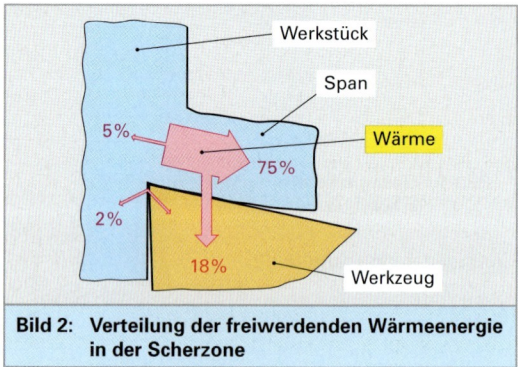

Bild 2: Verteilung der freiwerdenden Wärmeenergie in der Scherzone

Die Hauptaufgaben der Kühlschmierstoffe sind:

- Verminderung der Reibung durch Schmierstofffilm zwischen den Reibpartnern,
- Bildung von adhäsiven und chemischen Reaktionsschichten zur Trennung der Reibpartner,
- Abführen der Umformungs- und Reibwärme aus der Scherzone,
- Vermeidung thermischer Gefügeveränderungen in der Randschicht,
- Gegebenenfalls die Späneabfuhr unterstützen,
- Korrosionsschutz.

Die Anwendung von KSS führt in vielen Fällen:

- zu einer Reduzierung der Zerspanungstemperatur,
- zu einer Erhöhung der Werkzeugstandzeit,
- zu einer Erhöhung der Schnittwerte bei vermindertem Werkzeugverschleiß,
- zu einer besseren Oberflächengüte,
- zu einer besseren Maßhaltigkeit des Werkstücks.

Einteilung der Kühlschmierstoffe

Nach der DIN 51385 wird prinzipiell nach nichtwassermischbaren und wassermischbaren Kühlschmierstoffen unterschieden (**Bild 1, Tabelle 1**).

Nichtwassermischbare Kühlschmierstoffe. Nichtwassermischbare KSS bestehen im Wesentlichen aus mineralischen Ölen mit Zusätzen (Additiven) zur Bildung von haftfähigen und druckfesten Ölfilmen auf metallischen Oberflächen. Da Öle im Vergleich zu Wasser schlechte Wärmeleiter sind, eignen sie sich in erster Linie zum Schmieren bei Zerspanungsverfahren mit geringen Schnittgeschwindigkeiten. Entsprechend den spezifischen Wärmekapazitäten von Öl und Wasser ist zum Abführen derselben Wärmemenge mehr als das doppelte Volumen an Öl gegenüber Wasser in der gleichen Zeit erforderlich. Die Wärmeleitfähigkeit von Wasser ist etwa 5 mal größer als diejenige von Öl (**Tabelle 2**).

Wassermischbare Kühlschmierstoffe. Bei den wassermischbaren KSS werden unterschieden:

- Kühlschmierstoff-Emulsionen,
- Kühlschmierstoff-Lösungen.

Wasser entzieht der Scherzone die entstehende Wärme zum einen durch Wärmeleitung und zum anderen durch die aufgenommene Verdampfungswärme. Es eignet sich zum Kühlen von zerspanenden Verfahren bei denen hohe Schnittgeschwindigkeiten angewendet werden. Die Schmiereigenschaften und die Korrosionsschutzeigenschaften von Wasser sind dagegen schlecht und müssen durch Beimischen von mineralischen, pflanzlichen oder synthetischen Schmierstoffen und Additiven verbessert werden.

Kühlschmierstoff-Emulsionen. Emulgierbare KSS sind Gemische aus Mineralölen, pflanzlichen Ölen wie Rapsöl oder auch synthetisch hergestellten Kohlenwasserstoffen, Emulgatoren und weiteren Additiven wie Stabilisatoren, Antischaummittel, Bioziden und EP-Zusätzen (**Tabelle 1, folgende Seite**). Emulgatoren haben die Aufgabe, das Öl im Wasser zu dispergieren und fein verteilt zu halten. Durch Reflexion des Lichtes an den unterschiedlich großen Öltröpfchen ergibt sich eine unterschiedliche Transparenz des KSS (**Tabelle 3**).

Um die Bildung von Schaum bzw. das Vernebeln des KSS während des Bearbeitungsprozesses zu verhindern, werden Antischaumadditive und Antinebeladditive zugesetzt.

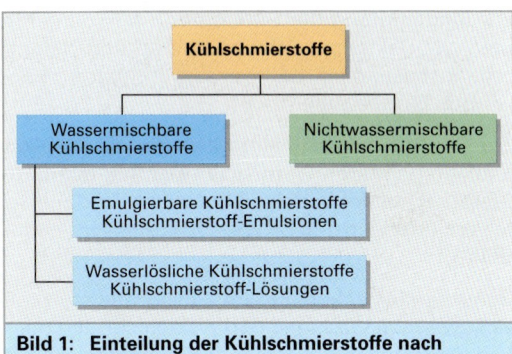

Bild 1: Einteilung der Kühlschmierstoffe nach DIN 51385

Tabelle 1: Kühlschmierstoffe

Kennbuch-staben	Benennung	Eigenschaften
S	Kühlschmierstoff	Stoff, der beim Trennen und teilweise beim Umformen von Werkstoffen zum Kühlen und Schmieren eingesetzt wird
SN	Nichtwassermischbarer Kühlschmierstoff	Kühlschmierstoff, der für die Anwendung nicht mit Wasser gemischt wird
SE	Wassermischbarer Kühlschmierstoff	Kühlschmierstoff, der von seiner Anwendung mit Wasser gemischt wird
SEM	Emulgierbarer Kühlschmierstoff	Wassermischbarer Kühlschmierstoff, der die diskontinuierliche Phase einer Öl-in-Wasser bilden kann
SES	Wasserlöslicher Kühlschmierstoff	Kühlschmierstoff, der mit Wasser gemischt Lösungen ergibt
SEW	Wassergemischter Kühlschmierstoff	Mit Wasser gemischter Kühlschmierstoff (wassermischbarer Kühlschmierstoff im Anwendungszustand)
SEMW	Kühlschmieremulsion (Öl-in-Wasser)	Mit Wasser gemischter emulgierbarer Kühlschmierstoff (gebrauchsfertige Mischung)
SESW	Kühlschmierlösung	Mit Wasser gemischter wasserlöslicher Kühlschmierstoff (gebrauchsfertige Mischung)

Tabelle 2: Kühlwirkung von Öl und Wasser

Kühlwirkung	Kenngröße	Öl	Wasser
Wärmeabfuhr	spez. Wärme in J/gK	1,8	4,2
Wärmeleitung	Wärmeleitfähigkeit in W/mK	0,13	0,6
Verdampfung	Verdampfungswärme in kJ/g	0,2	2,3

Tabelle 3: Kühlschmierstoff-Emulsionen

Tröpfchengröße	Emulsion	Farbe
1 µm bis 10 µm	grobdisperse	milchig weiß
0,01 µm bis 1 µm	feindisperse	opaleszierend
0,001 µm bis 0,01 µm	kolloid disperse	transparent

Zur Eindämmung der Bildung von Mikroorganismen wie Bakterien, Schimmelpilzen und Hefepilzen, insbesondere bei wassermischbaren KSS, werden *Biozide* zugemischt.

Zur Grenzflächenschmierung bei hohen Drücken und Temperaturen werden **EP-Additive** (extreme pressure) auf der Basis von Phosphor- und Schwefelverbindungen und Polare Wirkstoffe verwendet **(Bild 1)**.

Durch den Mineralölanteil im Kühlschmierstoff soll sich zwischen Werkzeug und Werkstück beim Bearbeitungsvorgang eine tragende Schmierfilmschicht bilden. Unter dem Einfluss hohen Druckes und den in der Folge temperaturbelasteten Gleitstellen geht die reine Flüssigkeitsreibung in eine Mischreibung über. Rauigkeitsspitzen an den Metalloberflächen können verschweißen und so zu Verschleißerscheinungen an den Werkzeugen führen.

Die Schmierwirkung der Kühlschmierstoffe kann durch die Zugabe von polaren Wirkstoffen und EP-Additiven erhöht werden. Es bilden sich Schichten aus polaren Substanzen bzw. Reaktionsschichten. Hierdurch wird der Reibungskoeffizient gesenkt. Dieser ist abhängig von der Materialpaarung an der Kontaktstelle sowie von der Größe der angreifenden Kräfte.

EP-Additive sind z. B.:

- Disulfide (inaktiver Schwefelträger – geruchslos),
- Polysulfide,
- geschwefelte Olefine,
- geschwefelte Fettsäureester und
- Phosphorsäureester.

Polare Wirkstoffe werden durch Adsorptions- und Chemiesorptionsvorgänge an die Metalloberfläche gebunden. Fettsäuren z. B. werden an der Oberfläche unter Bildung von Metallseifen gebunden. Mit Erreichen der Schmelztemperatur der entsprechenden Metallseife im Bearbeitungsprozess wird die Wirkung des polaren Wirkstoffes aufgehoben. Aus diesem Grunde endet die Wirksamkeit polarer Additive oberhalb einer Temperatur von ca. 150 °C **(Bild 1)**.

Im Unterschied zu den polaren Substanzen reagieren die EP-Additive erst bei höheren Temperaturen mit der Metalloberfläche. Als EP-Additive werden zumeist schwefel- und phosphorhaltige Verbindungen verwendet. Nicht mehr bzw. kaum noch eingesetzt werden die problematischen chlorhaltigen Verbindungen. Schwefelhaltige Additive bilden bei Eisenwerkstoffen nach vorheriger Adsorbtion und Chemiesorbtion an der Metalloberfläche Eisensulfidschichten **(Tabelle 2)**.

Tabelle 1: Die wichtigsten Arten von Inhaltsstoffen

Inhaltsstoffe	Aufgaben
Mineralöl, pflanzliches und synthetisches Öl	Basisflüssigkeit, Schmierwirkung
Emulgatoren	Ermöglichen die Bildung von Öltröpfchen, die im Wasser schweben
Korrosionsinhibitor	Verstärkung des Korrosionsschutzes für Maschinen und Werkstücke durch Bildung eines schützenden Films auf der Metalloberfläche
Polarer Schmierstoff	Erhöhung der Schmierwirkung
EP-Wirkstoff	Erhöhung der Schneidleistung bei schweren Zerspanungsoperationen
Entschäumer	Reduziert die Schaumbildung, z. B. bei hohen KSS-Drücken
Biozid Hemmstoff	Reduzierung bzw. Hemmung des mikrobiellen Befalls (Bakterien, Hefen, Pilze) in der Emulsion

Tabelle 2: Temperatureinsatzbereiche von KSS-Zusätzen (Additiven)

Additiv	Wirkstoffart	Temperaturbereich bis
Schmierungsverbessernde Zusätze	Fettöle (tierisch, pflanzlich)	120 °C
	Synthetische Fettstoffe (Ester)	180 °C
EP-Zusätze	Chlorhaltige Verbindungen	400 °C
	Phosphathaltige Verbindungen	600 °C
	Schwefelhaltige Verbindungen	800 °C
	Freier Schwefel	1000 °C

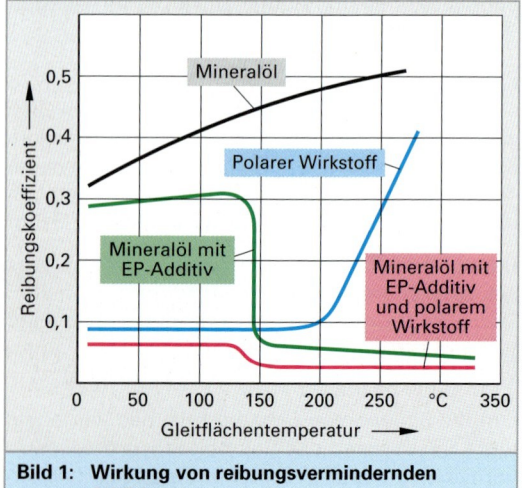

Bild 1: Wirkung von reibungsvermindernden Additiven

Der Reibungskoeffizient wird von 0,78 bei Stahl auf einen Wert von 0,39 bei Eisensulfid gesenkt.

Die Ölkonzentration beträgt bei KSS-Emulsionen je nach Verwendungszweck zwischen 1 und 10 %. KSS-Emulsionen sind die in der Metallzerspanung am häufigsten eingesetzten KSS.

Kühlschmierstoff-Lösungen. Wasserlösliche KSS sind Mischungen aus anorganischen und/oder organischen Stoffen. Sind diese synthetisch hergestellt, spricht man von synthetischen KSS. Enthalten sie keine Mineralöle, sind sie unter der Bezeichnung „vollsynthetisch" im Handel.

Durch Mischen mit Wasser ergeben sich feinere Verteilungen als bei Emulsionen, die Farben sind deswegen opaleszierend bis transparent. Wasserlösliche KSS führen die Zerspanungswärme sehr gut ab, bieten aber nicht die Schmiereigenschaften wie Emulgierbare KSS. Halbsynthetische KSS enthalten einen geringen, emulgierten Ölanteil, der die Schmierwirkung verbessert.

2.6.12.2 Aufbereitung und Entsorgung

Wassermischbare KSS verändern vor allem bei hohen Temperaturen durch das Verdunsten des Wasseranteils ihre Konzentration. KSS-Emulsionen neigen stärker zu Verunreinigungen durch Mikroorganismen wie Bakterien, Pilzen und Algen als stark ölhaltige, nichtwassermischbare KSS.

Bei wassermischbaren KSS hat eingeschlepptes Lecköl einen großen Einfluss auf die Standzeit des KSS. Bei ungenügender Umwälzung, z. B. bei Maschinenstillstandszeiten, separiert sich das Fremdöl an der Oberfläche zu einem luftundurchlässigen Ölfilm. Die Folge sind verstärktes Mikrobenwachstum in der Emulsion.

Um eine gesundheitliche Gefährdung und Geruchsbelästigung von mikrobiologisch belastetem KSS auszuschließen, sind regelmäßige Überwachungsaufgaben, ständige Aufbereitung bzw. Erneuerung der betrieblichen und maschineninternen Stoffumläufen und die Reinigung der gesamten Anlage obligatorisch.

Der Umgang und die Handhabung von KSS wird durch gesetzliche Vorgaben, Technische Regeln und Verordnungen reglementiert. Dies bedeutet nicht notwendigerweise, dass von KSS eine besonderes Gefahrenpotenzial ausgeht, sondern vielmehr sollen sie dem Anwender bei dem Einsatz, der Pflege und Überwachung und der Entsorgung von KSS eine Hilfestellung sein.

Nachfolgend sind einige Beispiele für Regelwerke angeführt:

- Technische Regeln für Gefahrstoffe (TRGS),
- Berufsgenossenschaftliche Regeln (z. B. BGR 143),
- VDI-Richlinien (VDI 3397/1 KSS für die spanende Fertigung, VDI 3397/2 Pflege von KSS in der Fertigung, VDI 3397/3 Entsorgung von KSS).

Moderne Wiederaufbereitungsanlagen filtern, messen, temperieren und erneuern den umlaufenden KSS.

Zum Abtrennen von Verunreinigungen werden Verfahren wie:

- Siebfiltration, Absieben großer Partikel,
- Sedimentation, Absetzen größerer Späne,
- Flotation, oben schwimmende Phasen,
- Zentrifugalabscheidung,
- Magnetabscheidung

angewendet.

Stark verschmutzte und verbrauchte KSS müssen durch spezielle Entsorgungsbetriebe dem Kreislauf entzogen werden und dürfen auf keinen Fall in das öffentliche Abwassersystem gelangen.

KSS sind *nachweispflichtige Abfälle*. Sie unterliegen als wassergefärdende Stoffe dem Wasserhaushaltgesetz § 19 g Abs. 5 und der Altölverordnung. Wassermischbare und mineralölhaltige KSS werden generell der Wassergefärdungsklasse 3 und nichtwassermischbare KSS i.d.R. der Wassergefährdungsklasse 2 zugeordnet und sind deshalb als Sondermüll zu betrachten und somit umweltschonend und fachgerecht zu entsorgen.

Wiederholung und Vertiefung

1. Welche Aufgaben erfüllen Kühlschmierstoffe in der Zerspanungstechnik?
2. Wie werden Kühlschmierstoffe klassifiziert?
3. Was versteht man unter Kühlwirkung und Schmierwirkung?
4. Welche Bedeutung haben die spezifische Wärme, die Wärmeleitfähigkeit und die Verdampfungswärme eines Kühlschmierstoffs für dessen Kühlwirkung?
5. Was versteht man unter einer Kühlschmierstoff-Emulsion und wie setzt sie sich zusammen?
6. Welche Additive werden Kühlschmierstoffen zugemischt und in welchen Temperaturbereichen wirken sie?
7. Wie wirken polare Wirkstoffe im Kühlschmierstoff?

2.6.13 Minimalmengenschmierung

Bei der konventionellen Zerspanung metallischer Werkstoffe mit Vollkühlung beträgt der werkstückbezogene Anteil der Kosten für Kühlschmierstoffe (KSS) an den Fertigungskosten bis zu 16 %. Hierin enthalten sind die Kosten für Beschaffung, Aufbereitung, Wartung und Entsorgung. Es ist zu erwarten, dass die Entsorgungskosten sowie der Aufwand zur Späne- und Werkstückreinigung noch steigen werden.

Deshalb ist es aus betriebswirtschaftlichen, aber auch aus ökologischen Gesichtspunkten heraus überlegenswert, ganz ohne KSS (absolute Trockenzerspanung) den Werkstoff zu bearbeiten. Die Trockenzerspanung wird bereits bei einigen Werkstoffen mit speziell beschichteten Werkzeugen (TiCN, TiAlN) beim Fräsen und Bohren angewendet und substituiert hier mit Erfolg die Nassbearbeitung (Tabelle 1, Seite 301).

Die hohen Schneidentemperaturen führen aber in vielen Anwendungsfällen zu Problemen wie geringe Werkzeugstandzeit, Aufbauschneidenbildung, thermische Gefügebeeinflussung in der Randschicht, eingeschränktem Spänetransport oder Maß- und Formungenauigkeiten wegen mangelnder Kühlung des Werkstücks.

Die Minimalmengenschmierung oder Quasi-Trockenbearbeitung vermindert weitgehend die Auswirkungen der reinen Trockenbearbeitung und reduziert die betrieblichen Stoffumläufe. Bei der MMS wird eine geringe Menge Öl mit Druckluft zerstäubt bzw. zerrissen und mittels einer Zuführeinrichtung auf die Werkstück- bzw. Werkzeugoberfläche aufgesprüht. Bei der konventionellen Vollkühlung werden ca. 20 bis 100 Liter/Stunde Kühlschmierstoff in einem überwachten Kreislaufsystem umgesetzt, während im Vergleich bei der MMS weniger als 50 ml/h Schmierstoff verbraucht werden.

Diese kleinsten Mengen an Schmierstoff reichen aus, um die Reibungsvorgänge merklich zu reduzieren und bei stark adhäsiven Werkstoffen Verklebungen auf der Spanfläche bzw. in den Spanräumen des Werkzeugs zu verhindern. Der applizierte Schmierstoff verbraucht sich während dem Bearbeitungsprozess vollständig (Verlustschmierung).

Die im Wirkbereich einbezogenen Objekte wie die Werkzeugmaschine, das Werkzeug und das Werkstück und vor allem die anfallenden Späne tragen nur unbedenkliche Rückstände. Der Anteil der Ölrückstände auf den Spänen liegt unter der Grenze von 0,3 Gewichtsprozent. Das erlaubt ein Wiedereinschmelzen ohne vorherige Reinigung.

MMS-Dosiersysteme

Ein vollständiges MMS-System besteht aus den Baugruppen Dosiereinrichtung, Misch- und Zuführsystem.

Zur Erzeugung eines definierten Aerosols ist das exakte Mischen von Schmierstoff und Druckluft notwendig. Grundsätzlich kommen hierbei zwei Funktionsprinzipien zum Einsatz:

Bei einem Aerosol-Booster entsteht das Öl-Luft-Gemisch in einem Basisgerät (Aerosolerzeuger). Der druckbeaufschlagte Schmierstoff wird mit Druckluft zerstäubt (Überdruck-Sprühsystem) und durch Zuleitungen zum Werkzeug befördert. Über den Gerätedruck wird die Konzentration gesteuert.

Bei Systemen mit Mischkopf oder Zweistoffdüsen werden nach dem Venturi[1]-Prinzip durch die Querschnittsveränderungen des Saugrohrs die Druck- und Geschwindigkeitsverhältnisse und damit die vom Luftstrom mitgenommene Schmiermittelmenge verändert (**Bild 1**).

Durch den Einsatz einer Dosierpumpe lässt sich die Ölmenge im Luftstrom genauer dosieren. Bei Kolbenpumpen wird die geförderte Ölmenge exakt über den Kolbenhub und die Kolbenfrequenz eingestellt.

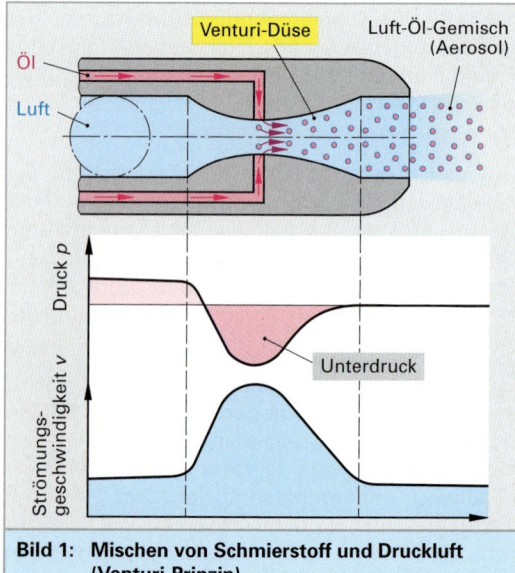

Bild 1: Mischen von Schmierstoff und Druckluft (Venturi-Prinzip)

---

[1] *Giovanni Battista Venturi* (1746 bis 1822), ital. Physiker und Arzt

MMS-Zuführung

Die Zuführung des Öl-Luft-Gemisches zur Wirkstelle kann entweder durch außen liegende Düsenanordnungen oder durch innenliegende Kanäle in der Maschinenspindel und im Werkzeug erfolgen **(Bild 1)**.

Äußere Zuführung. Die MMS-Zuführung erfolgt über Düsen **(Bild 2)**. MMS-Systeme mit außenliegender Aerosol-Führung sind wegen des geringen Investitionsaufwandes und des einfachen Aufbaus leicht nachrüstbar. Allerdings entstehen durch die Düsenanordnungen bei der Bearbeitung Störkonturen und vor allem bei hohen Verfahrgeschwindigkeiten der Maschine bzw. des Werkzeugs in der Düsenapplikation Schwingungen.

In Bearbeitungsfällen, die ein großes l/D-Verhältnis wie beim Bohren, Taschenfräsen oder Gewindebohren erfordern, ist die Wirkstelle für das Aerosol schlecht zugänglich. Bei einem Werkzeugwechsel ist die MMS-Düseneinstellung nicht mehr optimal, so dass die automatische Nachführung oder eine manuelle Anpassung erforderlich ist.

Innere Zuführung. Bei MMS-Systemen mit innerer Aerosol-Zuführung **(Bild 3)** entfallen die Schwierigkeiten der äußeren Zuführung weitestgehend. Allerdings ist die Umrüstung nur auf Maschinen möglich, die mit Hohlspindeln oder mit Drehdurchführung und für Innenkühlung geeignete Aufnahmen und Werkzeuge, ausgerüstet sind.

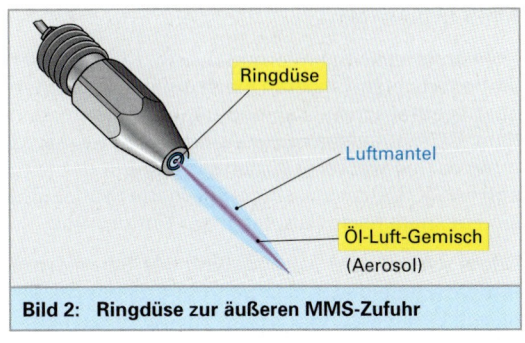

Bild 2: Ringdüse zur äußeren MMS-Zufuhr

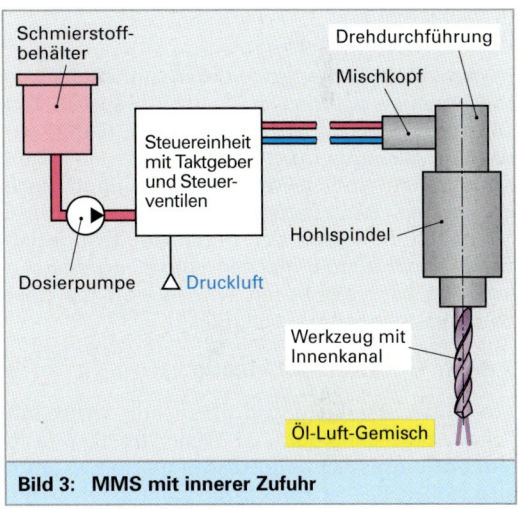

Bild 3: MMS mit innerer Zufuhr

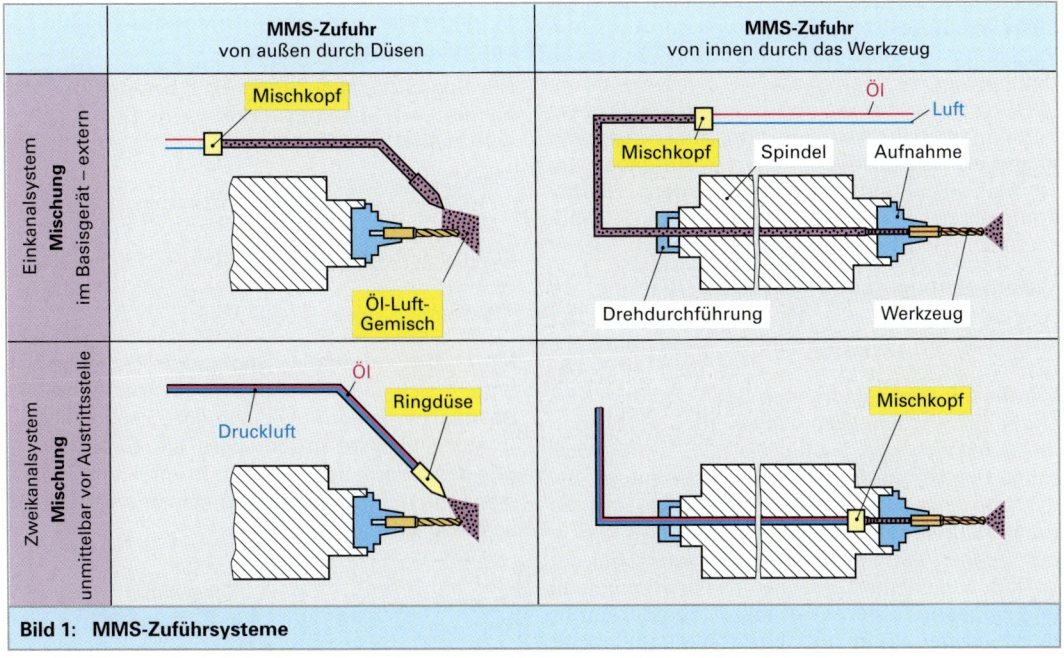

Bild 1: MMS-Zuführsysteme

MMS-Schmieröle

Konventionelle Schmiermittel und Kühlschmierstoffemulsionen basieren meist auf mineralischen oder synthetischen Ölen und gehören damit nach dem Wasserhaushaltgesetz und der Altölverordnung zu den wassergefärdenden Stoffen der Klasse 3 (WGK 3: stark wassergefährdende Stoffe) und sind deshalb nachweißpflichtiger Sondermüll.

Durch die teilweise Vernebelung des Schmiermittels im Umfeld der Bearbeitungsstelle sind bei diesen Schmierstoffen, vor allem durch die beigemischten Additive, gesundheitliche Risiken beim MMS-Einsatz zu erwarten und kommen deshalb nicht zur Anwendung.

In den MMS-Systemen werden unbedenkliche Prozessstoffe wie native Öle (z. B. Rapsöl), Fettalkohole oder synthetische Fettstoffe (Ester) verwendet, die sich durch gute Benetzungseigenschaften und geringe Verharzungsneigung, auch bei hohen Temperaturen, auszeichnen. Diese Schmierstoffe lassen sich durch Additive gezielt weiter modifizieren, machen aber dann eine Absaugung des vernebelten Aerosols an der Bearbeitungsstelle erforderlich (**Bild 1**).

2.6.14 Trockenbearbeitung

Um einen Bearbeitungsprozess aus wirtschaftlicher und technologischer Sicht „trocken zu legen", genügt es nicht, die Kühlschmiermittelzufuhr abzustellen. Bei der Trockenzerspanung fehlen die primären Funktionen des KSS wie Schmieren, Kühlen und Spülen. Dies bedeutet für den Zerspanungsprozess eine Erweiterung der Aufgabenverteilung und eine höhere thermische Belastung der beteiligten Komponeneten. Für eine erfolgversprechende Umsetzung müssen alle Prozesskomponenten in ihrem Funktionszusammenhang analysiert und für die erweiterten Aufgaben der Trockenzerspanung optimiert werden. Hierbei kommen den Schnittparametern und der Werkzeugtechnologie eine Schlüsselrolle zu.

Vollschmierung kontra Trockenbearbeitung. Betrachtet man im Falle der Vollkühlung die freiwerdende Wärmeenergie in der Umgebung der Scherzone, so ergibt sich, dass über 70 % der Wärme mit dem ablaufenden Span und dem KSS abgeführt werden. Weniger als 10 % verbleiben im Werkstück und weniger als 20 % im Werkzeug. Die Verteilung der Wärmeströme ist bei der Trockenbearbeitung ähnlich, jedoch sind die Temperaturverhältnisse in der Scherzone und in den Spänen auf einem höheren Niveau. Bei der Vollkühlung entsteht zwischen der Spanoberseite und Spanunterseite ein größerer Temperaturunterschied, der das Spanbruchverhalten und damit

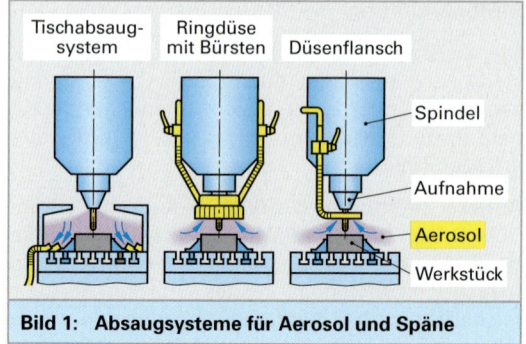

Bild 1: Absaugsysteme für Aerosol und Späne

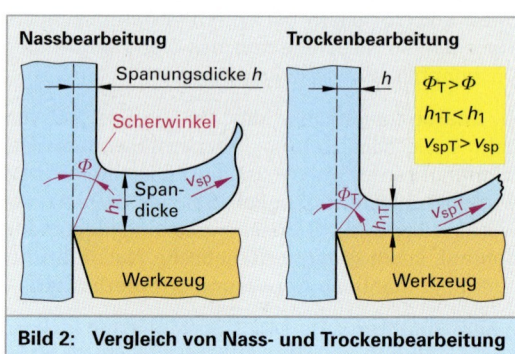

Bild 2: Vergleich von Nass- und Trockenbearbeitung

die Entstehung kürzerer Spanformen günstig beeinflusst (**Bild 2**).

Aufgrund der höheren Prozesstemperaturen bei der Trockenzerspanung erhöht sich die Spanablaufgeschwindigkeit v_{sp} gegenüber der vergleichbaren Nassbearbeitung, da die Spandicke h_1 wegen der geringeren Umformungskräfte bei der Spanbildung abnimmt.

Die Spandickenstauchung λ_h (Lambda), das Verhältnis von Spanungsdicke h_1 zu Spandicke h, wird kleiner (**Bild 2**):

$$\lambda_h = h_1/h \qquad \lambda_h \text{ Spandickenstauchung, } \lambda_h < 1$$

Die Spangeschwindigkeit v_{sp} ergibt sich zu:

$$v_{sp} = v_c/\lambda_h \qquad v_c \text{ Schnittgeschwindigkeit}$$

Mit größer werdender Spangeschwindigkeit verringert sich die Kontaktzeit des Spans auf der Spanfläche. Je geringer die Spandickenstauchung λ_h ausfällt, desto größer wird die Geschwindigkeit des ablaufenden Spans. In direktem Zusammenhang mit der Spandickenstauchung steht der Scherwinkel Φ (Phi):

$$\tan \Phi = \frac{\cos \gamma}{\lambda_h - \sin \gamma} \qquad \begin{array}{l} \Phi \text{ Scherwinkel} \\ \gamma \text{ Spanwinkel (Gamma)} \end{array}$$

2.6 Zerspanungstechnik

Wird die Spandickenstauchung λ_h geringer, wird die Neigung der Scherebene zur Bearbeitungsebene in Form des Scherwinkels Φ größer. Damit verlagert sich der, für die Spanfläche des Werkzeugs stark belastende, Kontaktbereich mehr in Richtung zur vorderen Schneidkante. Steigert man bei der Drehbearbeitung das Zeitspanvolumen Q *über den Vorschub f* bzw. die Schnittgeschwindigkeit v_c, so verringert sich die Kontaktzeit zwischen Werkzeug und Werkstück.

$$Q = a_p \cdot f \cdot v_c$$

Q Zeitspanvolumen in cm³/min

Dies führt zu einer abnehmenden Werkstücktemperatur bei nahezu konstanter Werkzeugtemperatur. Durch die Verringerung der Kontaktzeit steht für den physikalischen Wärmeübergang aus der Scherzone und Umformungszone in das Werkstück die erforderliche Zeit nicht mehr zur Verfügung. Der gestiegene Energieumsatz bleibt im Span und wird mit diesem abgeführt.

Zerspanungsverfahren mit offener Schneide, bei denen die Späne ungehindert abgeführt werden können, wie z. B. beim Drehen und Fräsen von Stählen, Gusseisenwerkstoffen und Aluminiumlegierungen, sind für die Trockenbearbeitung besonders geeignet (**Tabelle 1**). Bei den hohen Zerspanungstemperaturen **(Bild 1)** in der Kontaktzone werden Schneidstoffe bzw. Hartstoffschichten mit hoher Warmhärte und geringer Wärmeleitfähigkeit wie beschichtete Hartmetalle, Cermets, Schneidkeramiken und Bornitrit prozesssicher und wirtschaftlich eingesetzt.

Hartstoffschichten wie TiN, TiAlN, TiCN und Al_2O_3 isolieren, wegen der geringen Wärmeübertragung, thermisch das darunterliegende Grundsubstrat und sind zur Beschichtung von Werkzeugen für die Trockenbearbeitung besonders geeignet. Sie bilden ein Hitzeschild zwischen Werkzeug und Werkstück, so dass die Wärmeenergie zum größten Teil mit den Spänen abgeführt und nicht von der Werkzeugschneide aufgenommen wird (**Tabelle 2**).

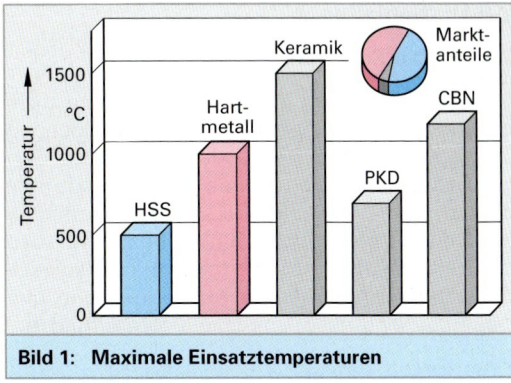

Bild 1: Maximale Einsatztemperaturen

Tabelle 1: MMS und Trockenbearbeitung

Verfahren	Werkstoff				
	Aluminium		Stahl		Guss
	Gusslegierungen	Knetlegierungen	Hochlegierte Stähle, Wälzlagerstahl	Automatenstahl, Vergütungsstahl	GG20 – GGG70
Bohren	MMS	MMS	MMS	Trocken/MMS	Trocken/MMS
Reiben	MMS	MMS	MMS	MMS	MMS
Gewindeschneiden	MMS	MMS	MMS	MMS	MMS
Gewindeformen	MMS	MMS	MMS	MMS	MMS
Tiefbohren	MMS	MMS	–	MMS	MMS
Fräsen	MMS/Trocken	MMS	Trocken	Trocken	Trocken
Drehen	MMS/Trocken	MMS/Trocken	Trocken	Trocken	Trocken
Walzfräsen	–	–	Trocken	Trocken	Trocken
Sägen	MMS	MMS	MMS	MMS	MMS
Räumen	–	–	MMS	MMS/Trocken	Trocken

Tabelle 2: Eigenschaften von Hartstoffschichten

Merkmal	TiN	TiAlN	TiCN
Struktur	mono	mono	multi
Layer	1	1	bis 7
Farbe	Gold	Schwarz-Violett	Violett
Dicke in µm	1,5 bis 3	1,5 bis 3	4 bis 8
Härte, HV 0,05	2200	3300	3000
Reibungskoeffizient	0,4	0,3	0,25
Wärmeübertragung	0,07 kW/mK	0,05	0,1
Max. Temperatur	600 °C	800 °C	450 °C

Die große, trockene Spanpressung in der Kontaktzone auf der Spanfläche induziert durch Reibung elastische und plastische Verformungen im Span. Um diese zusätzliche Wärmeentwicklung durch einen reibungsarmen und schnellen Spanabfluss möglichst gering zu halten, ist die Spanfläche des Werkzeugs im Kontaktzonenbereich in einer guten Oberflächengüte auszuführen.

Besonders kritische Zerspanungsverhältnisse herrschen beim Trockenbohren, insbesondere bei Bohrungstiefen L > 4 × d, da die Späne ohne Unterstützung eines Kühlmittelstrahl über die Spannuten des Werkzeugs aus der Bohrung abtransportiert werden müssen. Abhilfe bringen in den vergrößerten Spannuten des Bohrwerkzeugs aufgebrachte Gleit- und Schmierschichten, die den Späneabtransport aus den Spankammern verbessern. Häufig kommt hier die Minimalmengenschmierung zur Anwendung.

2.6.15 Schleifen

2.6.15.1 Der Schleifprozess

Die Schleifkörner im Schleifwerkzeug sind nicht mit einer eindeutig beschriebenen Schneidengeometrie ausgestattet. Dies bedeutet, dass die Geometrie der materialabtragenden Schneidkeile über die Kornform und damit über das Bruchverhalten des verwendeten Schleifmittels bestimmt wird. Die unterschiedlichen Kornformen, von kubisch bis spitz, beeinflussen die Spanentstehung und den Materialabtrag beim Schleifprozess (**Bild 1**).

Beim Eintritt des Korns in den Werkstoff verursacht die gerundete Oberflächenstruktur des Schleifkorns mit einem negativen Spanwinkel eine große Passivkraftkomponente in radialer Richtung auf die Werkstückoberfläche (**Bild 2**). Hierbei verformt sich der Werkstoff elastisch und plastisch. Es kommt zu plastischen Materialaufwerfungen vor und neben dem Schleifkorn.

Bei großer Werkstoffstauchung geht die Verformung in die Werkstofftrennung über. Der mit der Spanabnahme verbundene Umformungsprozess und die hohen Schnittgeschwindigkeiten haben in der Wirkzone des Schleifkorns hohe Prozesstemperaturen mit Auswirkungen auf das Werkstoffgefüge und die Bindung der Schleifscheibe zur Folge. Die werkstückbezogenen Auswirkungen der freigesetzten Wärmemenge sind Anlaufen der Werkstückoberfläche, Brandflecken, Rissbildung, Härtesteigerung bzw. Härteminderung und Verzug.

Folgende Wärmequellen treten bei der Schleifzerspanung in Erscheinung:

* Reibung im Span durch extreme Stauchung in der Scherzone,
* Reibung zwischen dem abfließenden Span und der Spanfläche,
* Reibung zwischen der Freifläche und der bearbeiteten Werkstückoberfläche durch elastische und plastische Verformung bzw. Rückverformung,
* elastische und plastische Deformation im Werkstoffgefüge (innere Reibung).

Um die große Prozesswärme aus dem Wirkbereich abzuführen, sind auch große Wärmeleitfähigkeiten des Schleifmittels, der Bindung und der Einsatz von Kühlschmiermittel erforderlich. Etwa 65 % der Zerspanungswärme beim Schleifen wird vom Kühlschmiermittel, die Restwärme wird über das Werkstück (ca. 12 %), die Späne (ca. 16 %) das Schleifwerkzeug (ca. 4 %) und an die Umgebung (ca. 3 %) abgeführt (**Bild 3**).

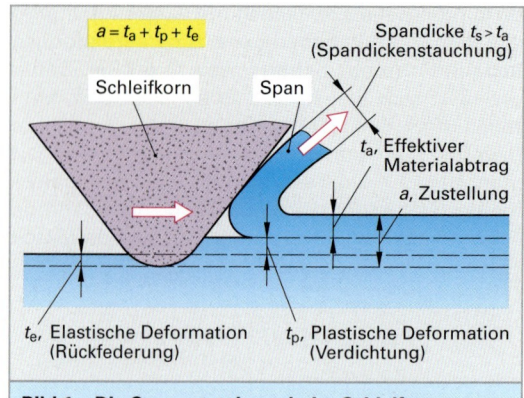

Bild 1: Die Spanentstehung beim Schleifen

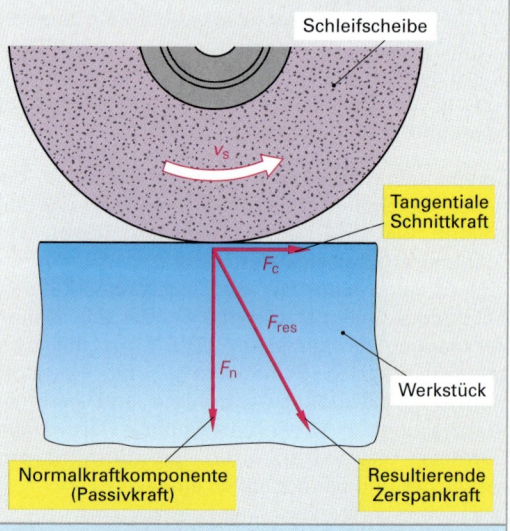

Bild 2: Werkstückbezogene Schnittkraftkomponenten beim Schleifprozess

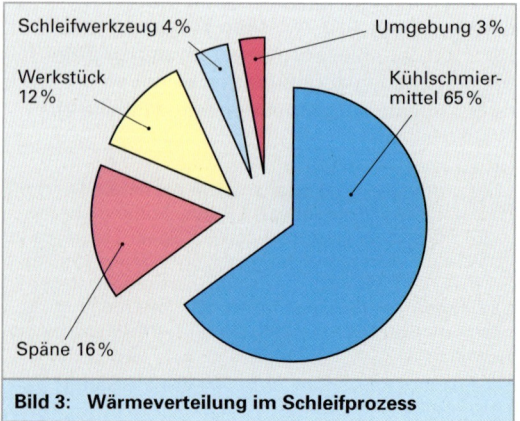

Bild 3: Wärmeverteilung im Schleifprozess

Folgende Kühlschmierstoffsysteme werden mit prozessverbessernden Zusätzen verwendet:

- Schleiföle,
- Öl in Wasser-Emulsionen,
- wässrige Lösungen.

Schneidöle werden auf Mineralölbasis oder synthetisch hergestellt. Zwar ist die Wärmeleitfähigkeit gegenüber Wasser etwa 5 mal geringer, trotzdem hat Öl durch die hohe Schmierwirkung die bessere Wärmebilanz. Beim Nassschliff mit Schleiföl reduziert sich die tangentiale Schnittkraft F_c, während die in radialer Richtung wirksame Normalkraftkomponente F_n (Passivkraft) zunimmt (**Bild 1**). Die reduzierte tangentiale Schnittkraft F_c erfordert bei gleichem Zeitspanvolumen eine geringere Antriebsleistung.

Die große Schmierwirkung des Schleiföls bewirkt ein Aufgleiten des Schleifkorns auf den Werkstoff. Es bildet sich ein Schmierkeil aus, der sich zwar verschleißmindernd und temperaturmindernd auf das Schleifkorn auswirkt, aber ein gegenseitiges Abdrängen von Werkzeug und Werkstück hervorruft. Der Einsatz von Schleiföl bedingt für den erfolgreichen Einsatz eine hohe Systemsteifigkeit der Maschine, der Werkstückaufnahme und Werkzeugaufnahme und vom Werkstück und dem Schleifwerkzeug selbst.

Wässrigen Lösungen oder Emulsionen haben eine gute Kühlwirkung und überdecken durch leistungssteigernde Zusätze ein breites Anwendungsspektrum. Die Anwendung von wässrigen Lösungen und Emulsionen machen auch Schleifprozesse mit geringerer Systemsteifigkeit möglich, fordern aber eine höhere spezifische Schleifenergie pro abgetragenen Werkstoffvolumen bei erhöhten Werkstücktemperaturen (**Bild 2**) und einen etwas größeren Werkzeugverschleiß.

Bei Schleifoperationen mit Diamantscheiben oder CBN-Scheiben wird entweder trocken oder mit Emulsionen mit 2 bis 3 % Schleifölanteil gearbeitet.

2.6.15.2 Das Schleifkorn

Das Schleifkorn stellt das wichtigste Element des Schleifprozesses dar. Seine Eigenschaften bestimmen maßgebend die Wirtschaftlichkeit und das technische Ergebnis des Schleifvorgangs. Wegen des mechanischen, abrasiven Verschleißes des Schleifkorns wird eine hohe Härte (**Bild 3**) sowie eine an das jeweilige Schleifproblem angepasste Korngröße und Kornform verlangt.

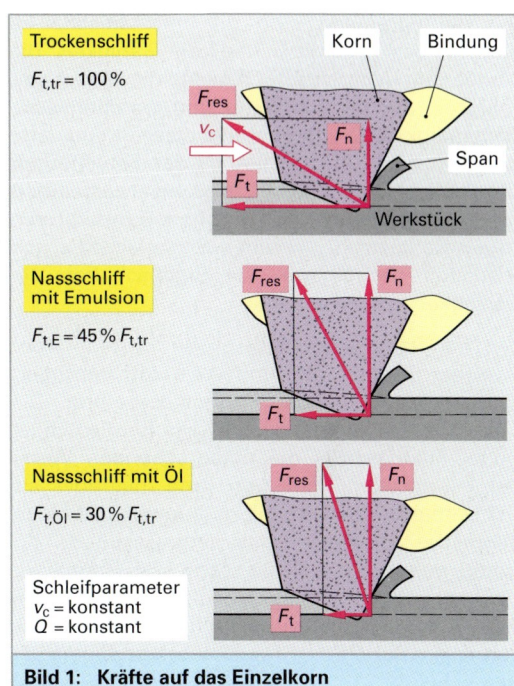

Bild 1: Kräfte auf das Einzelkorn

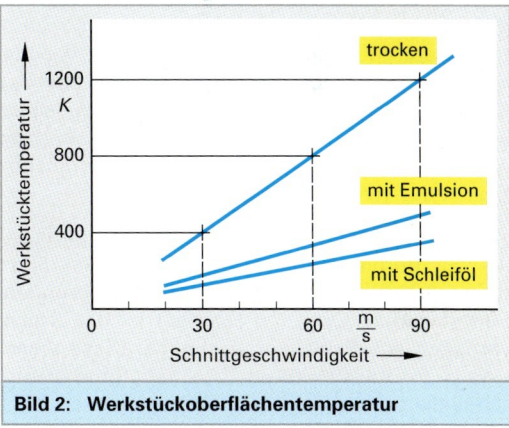

Bild 2: Werkstückoberflächentemperatur

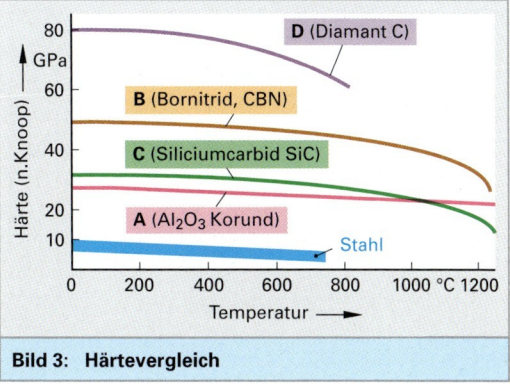

Bild 3: Härtevergleich

Weitere Parameter sind die mechanische Festigkeit, das Bruchverhalten, die Zähigkeit, die Temperaturwechselbeständigkeit, die Wärmeleitfähigkeit, die Kristallstruktur und die chemische Beständigkeit. Die Bedeutung dieser Kennwerte nimmt mit den Ansprüchen an das Schleifergebnis, die Schleifleistung und bei schwer zu bearbeitbaren Werkstoffen zu. Die hohen Temperaturen in der Kontaktzone zwischen Schleifscheibe und Werkstoff beeinflussen die Eigenschaften der Schleifkörnung zusätzlich.

Die bei Raumtemperatur große Härtedifferenz zwischen Schleifmittel und Werkstoff verringert sich mit zunehmender Prozesstemperatur. Die Werte für die Bruchzähigkeit liegen für die Schleifmittel niedriger als die entsprechenden Werte der bearbeiteten Werkstoffe bzw. niedriger als bei Schneidstoffen, die mit definierter Schneidengeometrie angewendet werden. Gesinterte Korunde weisen bei gleicher Härte wie Schmelzkorunde eine höhere Zähigkeit auf. Eine gesteigerte Härte und Bruchzähigkeit besitzen Schleifkörner aus kubischem Bornitrid und synthetischem Diamant.

Ein ideales Schleifkorn müsste die Härte des Diamanten und die Bruchzähigkeit beispielsweise von Werkzeugstahl haben. Durch die hohen Prozesstemperaturen in der Kontaktzone ist es wichtig, die entstehende Wärmemenge schnell aus der Kontaktzone abzuführen **(Bild 1)**. Hierbei leistet die Kühlschmierung einen wichtigen Beitrag. Nicht unwesentlich ist eine hohen Wärmeleitfähigkeit des verwendeten Schleifmittels.

Bei Korunden ist die Wärmeleitfähigkeit geringer als bei Bornitridkörnern oder Diamantkörnern. Bei schmelztechnisch hergestellten Korunden, Siliziumkarbid, CBN und Diamant ist das Bruchverhalten des Schleifkorns ähnlich. Diese anisotropen Kristallstrukturen brechen großflächig, schollenartig entlang von Vorzugsebenen und verlieren damit mit jedem Bruch einen großen Teil ihrer nutzbaren Wirkoberfläche. Durch den mikrokristallinen Aufbau der Sinterkorunde entsteht ein Korn mit isotropen Eigenschaften, dem diese Vorzugsebenen zur Rissbildung fehlen. Es brechen nur kleine, abgestumpfte Kristallbereiche aus dem Schleifkorn aus und geben dadurch wieder neue, scharfe Schneidkanten frei.

2.6.15.3 Schleifmittel

Neben den natürlich vorkommenden Schleifmitteln wie Granate, Quarz oder Korund werden heute meistens künstlich hergestellte (synthetische) Schleifmittel eingesetzt **(Bild 2)**. Die Synthetischen Schleifmittel garantieren reproduzierbare Eigenschaften und unterschiedliche Schleifkorngeometrien mit spezifischen Schleifeigenschaften. In Schleifwerkzeugen werden hauptsächlich Edelkorund, Siliziumkarbid, Bornitrid und Diamant verarbeitet.

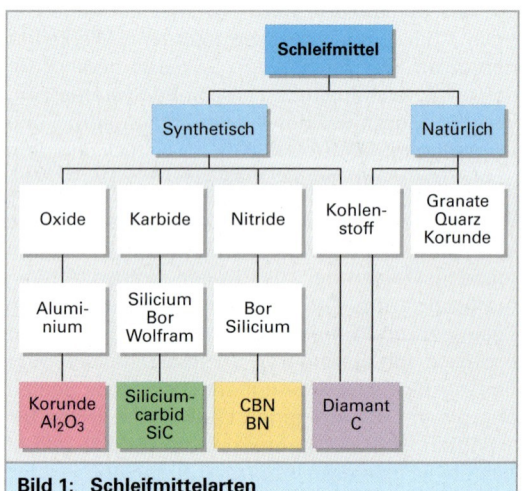

Bild 1: Schleifmittelarten

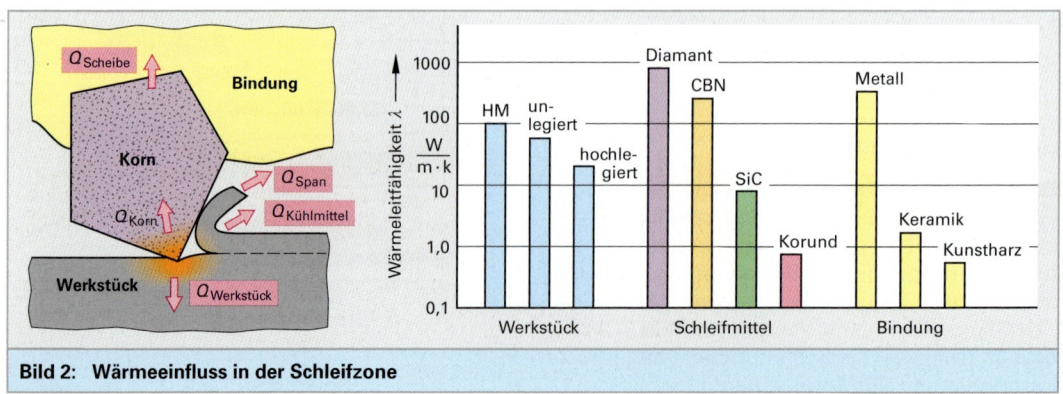

Bild 2: Wärmeeinfluss in der Schleifzone

Herstellung der Schleifmittel

Synthetischer Korund, schmelztechnisch hergestellt

Der Ausgangsrohstoff für die Herstellung von Edelkorund ist Bauxit. Abgebaut wird Bauxit in Australien, Frankreich und Südafrika. Bauxit oder Tonerde enthält als wasserhaltiges Aluminiumoxid ca. 60 - 65 % Al_2O_3. Weitere Bestandteile sind:

- Eisenoxid mit　　　　　　　　10 bis 15 % Fe_2O_3,
- Kieselsäure, Quarz, Siliziumoxid　　4 bis 7 % SiO_2,
- Kristallwasser　　　　　　　　14 bis 18 % H_2O.

Der Edelkorund steht in enger Verwandtschaft zu den Edel- und Halbedelsteinen, da diese ebenfalls aus Verbindungen mit Aluminium und Silizium bestehen.

Die schmelztechnische Herstellung von Edelkorund

Bauxit, Al_2O_3 + SiO_2 + Fe_2O_3 (Tonerde) wird getrocknet, bis 15 mm Korngröße zerkleinert, mit Reduktionskohle (C) gemischt und dem Lichtbogenofen zugeführt. Während des Schmelzprozesses bei ca. 2200 °C wird der Korund aus dem Bauxit erschmolzen. Während das Tonerdehydrat des Bauxit in Aluminiumoxid übergeht, werden die entstehenden Nebenprodukte abgestochen. Nebenprodukte sind hauptsächlich elementares Eisen und Eisen-Silizium-Verbindungen. Der freiwerdende Sauerstoff fördert die Verbrennung der Verunreinigungen. Durch die unterschiedlichen Dichten von Korund (3,75 bis 4 g/cm³) und Eisen (7,8 g/cm³) separieren sich im Schmelzofen die Phasen und können leicht getrennt werden. Der erkaltete Korundblock wird für die Weiterverarbeitung grob gebrochen. Entsprechend dem Anteil metallischer Oxide wird zwischen Normal-, Halbedel- und Edelkorund unterschieden.

Synthetischer Korund, sintertechnisch hergestellt

Schmelztechnisch hergestellte Schleifkörner aus Korund weisen nur eine kleine Anzahl von Kristallen auf. Beim Schleifprozess bricht das Schleifkorn aufgrund des Anpressdruckes flach entlang der Kristallebene. Mit jedem dieser Kristallbrüche verliert das Schleifkorn einen Großteil seiner nutzbaren Wirkoberfläche und stumpft ab. Gesintertes Aluminiumoxid besitzt dagegen eine gleichmäßige mikrokristalline Struktur, die durch das stufenweise Ausbrechen der Mikro-Kristalle (Korngröße < 1 μm) einen Selbstschärfe-Effekt bewirkt. Zur Herstellung solcher Mikrokristallstrukturen werden aufgeschlämmte, mikroskopisch kleine Aluminiumoxidteilchen gepresst und einem Trockenvorgang unterzogen. Die getrocknete Masse wird zerkleinert, entsprechend der Korngrößen ausgesiebt und anschließend gesintert. Ein so hergestelltes Schleifkorn besitzt eine isotrope Kristallstruktur mit richtungsunabhängigen Eigenschaften und ist etwa 15 % härter als konventionell erzeugter Edelkorund. Beim Schleifprozess stehen ständig neue, scharfe Schneidkanten zur Verfügung, die die Wärmebelastung für das Werkstück reduzieren und die Schneidhaltigkeit des Werkzeugs erhalten. Das gesinterte Aluminiumoxid überbrückt den großen Leistungsunterschied zwischen dem Edelkorund- und dem Bornitridkorn (BN). Die im Werkzeugbau häufig zu schleifenden hochlegierten Stähle erfordern extrem scharfe und widerstandsfähige Schleifmittel. Schleifwerkzeuge mit gesintertem Aluminiumoxid bringen bei diesen schwer zu schleifenden Werkstoffen, mit Härten bis zu 65 HRC, bei guten Standzeiten hohe Abtragsleistungen und einen kühlen Schnitt.

Siliziumkarbid, C

Siliziumkarbid ist ein elektrochemisches Produkt. Es wurde 1890 bei der Herstellung von synthetischem Diamant entdeckt. Die Dichte von Siliziumkarbid beträgt 3,2 g/cm³ und ist damit leichter als Edelkorund. Ausgangsprodukt zur Herstellung von Silziumkarbid ist Quarzsand, SiO_2. Im Gegensatz zu Edelkorund wird SiO_2 nicht erschmolzen, sondern bei ca. 2000 °C auskristallisiert. Die Kristalle wachsen um den Heizkern, Kohleelektroden mit einem halben Meter Durchmesser, über den elektrische Energie zugeführt wird. Um den Heizkern reichert sich das Siliziumkarbid stark mit Kohlenstoff an und erhält dadurch seine schwarze Farbe. Mit zunehmender Entfernung vom Heizkern verändert sich die Farbe von blaugrün bis grün. Das grüne Siliziumkarbid wird wegen seiner großen Härte überwiegend zum Präzisionsschleifen verwendet, während das schwarze SiO_2 für Schrupparbeiten mit grobkörnigen und kunstharzgebundenen Schleifscheiben eingesetzt wird.

Bornitrid (B, BN, CBN)

Bornitrid ist eine chemische Verbindung der Elemente Bor und Stickstoff und nach dem Diamant das zweithärteste Schleifmittel. Wegen des fehlenden Kohlenstoffs liegt seine Temperaturbeständigkeit über der des Diamanten, bei etwa 1200 °C. Das scharfkantige Schleifkorn aus CBN besitzt eine gute Wärmeleitfähigkeit und ist geeignet für harte, karbidbildende Werkstoffe wie harte Stahl- und Gusswerkstoffe, Nickellegierungen und Pulverstähle.

Diamant, D

Wegen seiner hohen Härte und seinem großen Verschleißwiderstand wird Diamant für harte, schwer zerspanbare Werkstoffe mit kurzen Spänen oder staubförmigem Abrieb wie z. B. Hartmetall, Glas, Keramik oder PKD eingesetzt. In der schleiftechnischen Anwendung wird in den meisten Fällen synthetisch hergestellter Diamant angewendet. Natürlicher Diamant wird manchmal in Abrichtwerkzeugen benutzt. Durch eine Metallummantelung der Diamantkörner werden in kunstharzgebundenen Schleifscheiben die Wärmeableitung und das Haftvermögen der Schleifkörner in der Bindung verbessert. Diamant- und BN-Schleifwerkzeuge bestehen aus einem metallischen Grundkörper mit hoher Präzision und dem darauf aufgebrachten Schleifbelag in Keramik- oder Metallbindung. Das Leistungspotenzial von Diamantscheiben hängt ganz entscheidend von der Konzentration, d. h. vom Volumenverhältnis Schleifkornanteil zu Bindemittelanteil ab. Definiert wird die Konzentration durch eine dimensionslose Kennzahl, die einer bestimmten Diamantmenge (Gewicht des Abrasivs) in Karat[1] pro cm³ Belagsvolumen entspricht.

---

[1] 1 Karat = 0,2 g

2.6.15.4 Schleifkorngröße (Schleifmittelkörnung)

Neben der Schleifstoffqualität bestimmt die Korngröße weitgehend die Leistung der Scheibe, den zeitlichen Werkstoffabtrag, die Wirtschaftlichkeit des Schleifvorganges und die Güte der erzielten Schleifflächen. Zur Gewährleistung der Schneidhaltigkeit bei vorgeschriebener Rautiefe sind Korngrößen in enger Kalibrierung unerlässlich; sie werden durch Siebung oder Präzisionsschlämmung erzeugt. Mit großen Körnungen erzielt man einen größeren Materialabtrag, andererseits erhöhen kleinere Körnungen die Qualität der Werkstückoberfläche.

Die Schleifkörner werden auf Rüttelsieben auf die jeweilige Korngröße sortiert **(Tabelle 1)**. Die Körnungskennzahl ist mit der Anzahl der Siebmaschen auf 1 Zoll Randlänge identisch. Eine kleine Zahl bedeutet wenig Maschen pro 1 Zoll und damit grobes Korn, eine große Kennzahl steht für kleine Siebmaschen und entsprechend feines Korn. Nach DIN liegen die Kennzahlen der Makrokörnungen von grob bis fein zwischen 4 und 220, die sehr feinen Mikrokornungen von 230 bis 1200. Bei den Schleifmitteln Korund und Siliziumkarbid entspricht diese Kennzahl nicht dem mittleren Korndurchmesser.

> Bei CBN und Diamant gelten die Normen für Körnungen nach:
> - **FEPA**, Verband Europäischer Schleifmittelhersteller, (Federation of European Producers of Abrasives),
> - **ISO**, International Standards Organization
> - **Mesh**, Amerikanische Maßeinheit für Korngrößen (engl. mesh = (Sieb-)gitter) **(Tabelle 1)**.

Die Konzentration ist das Verhältnis des Diamant-Gewichts oder CBN-Gewichts in Karat (0,2 g) zu einem Kubikzentimeter Belagvolumen. Nach FEPA entspricht die Konzentration „100" einem Diamant-Inhalt von 4,4 Karat pro Kubikzentimeter Belagvolumen; alle andern Konzentrationen sind proportional **(Tabelle 2)**. Die Konzentration beeinflusst das Schnittvermögen und die Standzeit der Scheibe stark; sie bestimmt aber auch weitgehend ihren Preis.

Die Oberflächenqualität hängt von der Korngröße, der Schleifoperation und damit auch vom Werkstoff ab. Die Richtwerte in **Tabelle 3** beziehen sich auf allgemeines Werkzeugschleifen mit Diamant und CBN in kunstharzgebundenen Topfscheiben auf der Hartmetallsorte K20 bzw. HSS. Um mit CBN eine gleichwertige Oberfläche zu erreichen, muss eine zweifach bis dreifach feinere Korngrösse gewählt werden.

> Feine Körnungen werden für harte und spröde Werkstoffe, grobe Körnungen für weiche, verformbare eingesetzt.

Tabelle 1: Körnungen für CBN-Werkzeuge und für Diamantschleifwerkzeuge (D)

Körnung	FEPA B/D	DIN ISO 848	Mesh	mittlere Korngröße in µm	Anwendung
Ultrafein			1200	3/0,25	Polierschleifen
			1000	4,5	Feinschleifen
Sehr fein	7 15 30 46	7 15 30 35	325/400	44/37	
Fein	54 64 76 91	45 55 60 85	270/325 230/270 200/230 170/200	53/44 63/53 74/63 88/74	Fertigschleifen
Mittel	107 126	90 110	140/170 120/140	105/88 125/105	
Grob	151 181	120 180	100/120 80/100	149/125 177/149	Vorschleifen
Sehr grob	213 251	200 250	70/80 60/70	210/177 250/210	
Spezial	301 426	280 350	50/60 40/50	297/250 420/297	

Tabelle 2: Übliche Konzentration

Diamant	Karat/cm³	CBN	Karat/cm³
C50	≥ 2,2 ct/cm³	V120	≥ 2,09 ct/cm³
C75	≥ 3,3 ct/cm³	V180	≥ 3,13 ct/cm³
C100	≥ 4,4 ct/cm³	V240	≥ 4,18 ct/cm³
C125	≥ 5,5 ct/cm³	V300	≥ 5,22 ct/cm³

Tabelle 3: Richtwerte für mittlere Rautiefe R_a

Schleifvorgang	FEPA-Korngrössen		Mittl. Rauwert R_a (µm)	
	Diamant	CBN	Diamant	CBN
Schruppen	– – – – – – – – – – – – – – – – – –	B301 B251 B213 B181 B151 B126	– – – – – – – – – – – – – – – – – –	301 251 213 181 151 126
Grobschleifen	D181 D151 D126	B107 B91 B76	0,53 0,50 0,45	107 91 76
Vorschleifen	D107 D91 D76	B64 B54 B46	0,40 0,33 0,25	64 54 46
Feinschleifen	D64 D54 D46	– – – – – – – – –	0,18 0,16 0,15	– – – – – – – – –
Ultrafeinschleifen	MD25 MD20 MD10	– – – – – – – – –	0,12 0,05 0,025	– – – – – – – – –

2.6.15.5 Schleifmittelbindung

Die Bindung hat die Aufgabe, das Schleifkorn in der Schleifscheibe so lange festzuhalten, bis es abgenutzt ist. Danach soll das Schleifkorn durch die angestiegenen Schnittkräfte entweder brechen und damit neu scharfe Schneidkanten freigeben oder als Ganzes aus der Bindung ausbrechen und neuen Körnern Platz machen.

Die Scheibenleistung und die Wirtschaftlichkeit der Schleifoperation werden neben der Schleifstoffqualität, der Korngröße und der Arbeitsgeschwindigkeit (**Tabelle 1**) vor allem durch eine optimal gewählte Bindung bestimmt. Neben der Kornungsgröße und der Konzentration beeinflusst die Bindung auch selbst die Schleifleistung. Im Allgemeinen haben die Scheiben mit harter Bindung eine längere Lebensdauer. Der Scheibenquervorschub und die Lebensdauer der Scheibe stehen in einem umgekehrten Verhältnis zueinander. Je höher der Scheibenquervorschub wird, desto kürzer wird die Lebensdauer der Scheibe.

Die verschiedenen Bindungen unterscheiden sich durch die allgemeinen Eigenschaften (**Bild 1**):

- Formbeständigkeit,
- Zähigkeit,
- Wärmeleitfähigkeit,
- Dämpfung (**Bild 2**),
- Temperaturbeständigkeit,
- Profilierbarkeit bzw. Abrichtbarkeit.

Die wesentlichen Anforderungen an die Schleifmittelbindung sind:
- Festhalten der scharfen Schleifkörner beim Schleifprozess,
- Festhalten der abgestumpften Körner beim Nachschärfeprozess,
- Kornbruch durch Schleifkräfte, Selbstschärfung
- Kornbruch durch Werkzeuge, Abrichtprozess
- Freigabe der abgestumpften Restkörner,
- geringer Verschleiß der Abrichtwerkzeuges,
- angepasste mechanische Eigenschaften, Festigkeit, E-Modul, Dämpfung, Zähigkeit,
- thermische Beständigkeit,
- ausreichende Wärmeleitfähigkeit und geringe Wärmeübergangswiderstände zur Ableitung der Wärme aus dem Schleifkorn,
- Absorbieren der Stoßbeanspruchung,
- Abriebbeständigkeit gegen Späne und Schleifscheibenabrieb,
- Grenzschichtbildung durch chemische Reaktion mit dem Schleifkorn,
- keine chemischen und physikalischen Reaktionen mit dem Werkstückwerkstoff bzw. den Spänen,
- Beständigkeit gegen Kühlschmiermittel,
- gute Verarbeitbarkeit bei der Scheibenherstellung.

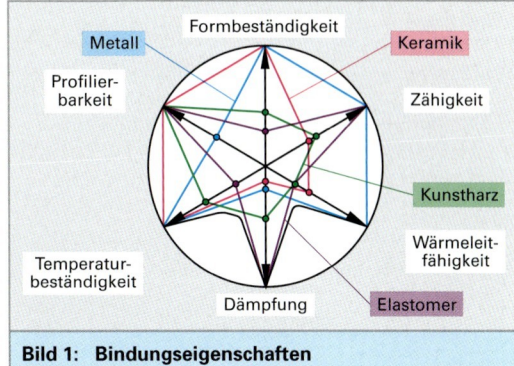

Bild 1: Bindungseigenschaften

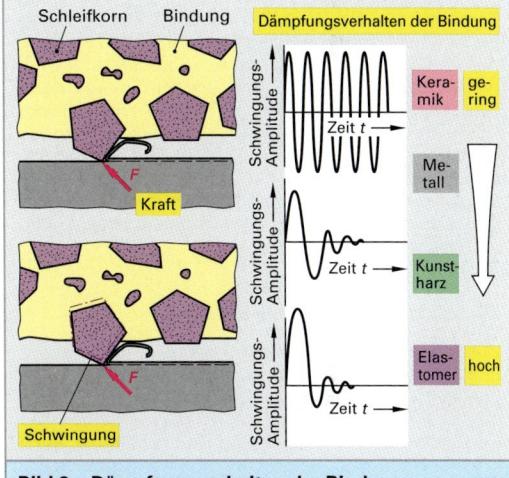

Bild 2: Dämpfungsverhalten der Bindung

Tabelle 1: Arbeitsgeschwindigkeiten für Diamantscheiben und für CBN-Scheiben

Art des Schleifens	Kunstharzbindungen		Metallbindungen	
	Nassschliff	Trockenschliff	Nassschliff	Trockenschliff
Diamant-Schleifscheiben				
Oberflächenschleifen	20 bis 30 m/s		15 bis 20 m/s	
Innenzylindrisches Schleifen	16 bis 25 m/s	15 bis 20 m/s	15 bis 20 m/s	10 bis 15 m/s
Außenzylindrisches Schleifen	20 bis 30 m/s		15 bis 25 m/s	
Werkzeugschleifen	18 bis 28 m/s	15 bis 20 m/s	15 bis 20 m/s	10 bis 15 m/s
CBN-Schleifscheiben				
Oberflächenschleifen	22 bis 35 m/s		20 bis 25 m/s	
Innenzylindrisches Schleifen	20 bis 30 m/s	18 bis 25 m/s	15 bis 25 m/s	15 bis 20 m/s
Außenzylindrisches Schleifen	22 bis 35 m/s		20 bis 25 m/s	
Werkzeugschleifen	20 bis 30 m/s	18 bis 25 m/s	15 bis 20 m/s	5 bis 25 m/s

Bindungen

Die Hauptgruppen mit Kennbuchstaben sind:
- V   keramische Bindungen,
- B   Kunstharzbindungen,
- M   Metallbindungen,
- R   Elastomer Bindung.

Keramische Bindung (Kennbuchstabe V)

Die keramische Bindung setzt sich hauptsächlich aus Tonerde, Quarz und Feldspat zusammen. Durch das Brennen bei etwa 1000 bis 1400 °C umschließt die Bindung das Schleifkorn und bildet Bindungsbrücken von Schleifkorn zu Schleifkorn mit der gewünschten Porosität des Gefüges. Die Bindungskomponenten werden beim Brennvorgang in wärme- und chemisch beständiges, sprödes Glas bzw. Porzellan umgewandelt. Keramische Bindungen werden überwiegend zum Präzisionsschleifen von Stählen mit Korundscheiben oder Siliziumkarbidscheiben verwendet. Etwa 60 % der gesamten Schleifscheibenproduktion ist keramisch gebunden. Keramisch gebundene Schleifwerkzeuge zeichnen sich durch gute Kanten- und Formstabilität aus, sind temperaturbeständig und leicht abrichtbar.

Kunstharzbindung (Kennbuchstabe B)

Hierbei handelt es sich um Reaktionsprodukte von Phenol und Formaldehyd. Es bilden sich bei etwa 160 bis 180 °C sehr feste und hochelastische Phenolharze und Phenolplaste. Diese Eigenschaften erlauben den Einsatz in Abgratscheiben oder Trennscheiben, auch mit Gewebeverstärkung bei hohen Umfangsgeschwindigkeiten und das Profilschleifen harter Werkstoffe mit Bornitrid- und Diamantschleifscheiben.

Metallbindung (Kennbuchstabe M)

Diamantschleifwerkzeuge und Bornitridschleifwerkzeuge zum Profil- und Werkzeugschleifen werden häufig mit einer galvanisch oder gesinterten Metallbindung auf einen Tragkörper aus Stahl oder Aluminium aufgebracht. Die metallische Bindung besitzt eine ausgezeichnete Formbeständigkeit, Kornhaftung und Temperaturbeständigkeit, gute Zähigkeit und eine große Wärmeleitfähigkeit, während die Dämpfungseigenschaften und die Profilierbarkeit weniger stark ausgeprägt sind.

Elastomerbindung (Kennbuchstabe R)

Gummibindungen werden aus Naturgummi (Latex), der durch Vulkanisieren gehärtet wird und aus synthetischem Gummi hergestellt. Elastomerbindungen besitzen eine hohe Dämpfung, Zähigkeit und gute Profilierungseigenschaften. Sie sind weniger formstabil und bei geringer Wärmeleitfähigkeit nicht öl- und temperaturbeständig. Elastomergebundene Schleifscheiben werden häufig in Verbindung mit feiner Körnung für höchste Oberflächengüten verwendet.

2.6.15.6 Härte und Gefüge

Der Härtebegriff ist in Bezug auf die Schleifscheibenhärte keine eindeutige Definition im physikalischen Sinne. Die Härte von Schleifscheiben wird ohne Angabe einer Dimension wie folgt definiert:

> Unter Schleifscheibenhärte versteht man den Widerstand gegen das Herauslösen von Schleifmittelkörnern aus dem Schleifkörper, der von der Haftfähigkeit der Bindung am Korn und von der Festigkeit der Bindungsbrücken abhängig ist.

Der Aufbau für ein Schleifwerkzeug ist dann optimal, wenn das abgestumpfte Korn nach der ihm zukommenden Zerspanungsarbeit von der Bindung ganz oder teilweise freigegeben wird. Bei einem Schleifwerkzeug mit einem bestimmten Bindungstyp wird die Härte von der relativen Bindungsmenge bestimmt.

Der Härtegrad ist keine Angabe der Schleifmittelhärte, sondern der Gebrauchsfestigkeit des Schleifwerkzeugs. Der Härtegrad einer Schleifscheibe wird mit einem Buchstaben von A (sehr weich) bis Z (äußerst hart) gekennzeichnet. Harte Schleifwerkzeuge erfordern in Verbindung mit feiner Körnung eine hohe Systemsteifigkeit und eine größere Antriebsleistung der Maschine.

Das Gefüge des Schleifwerkzeugs ist durch die Abstände zwischen den Schleifkörnern bestimmt und wird nach dem Volumengehalt des Schleifmittels im Schleifkörper gemessen (**Bild 1**).

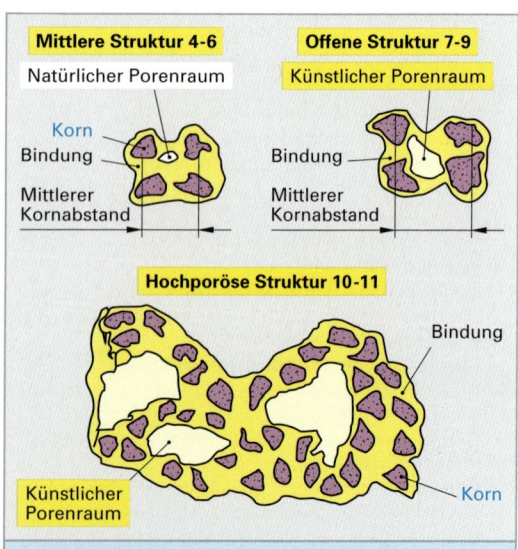

Bild 1:   Gefügestruktur

Die schneidenden Schleifmittelkörner werden von der Bindung festgehalten und die restlichen Zwischenräume bilden die Poren in der Bindungsmatrix. Die Schleifscheiben mit dem dichtesten Gefüge enthalten über 60 Volumenprozent eng aneinanderliegender Schleifkörner und sind mit den Gefügestrukturzahlen 1 oder 2 bezeichnet **(Bild 1)**.

Bei größeren Abständen zwischen den Schleifkörnern hat die Bindungsmatrix ein offenes Gefüge. Schleifscheiben mit einem offenen Gefüge und entsprechend großer Gefügeporosität werden mit den Kennzahlen 15 oder höher gekennzeichnet **(Tabelle 1)**. Die Herstellung von keramisch gebundenen Schleifkörpern mit induzierter Porosität erfolgt durch die Zugabe von porenbildenden Stoffen. Während des Brennverfahrens verbrennt das Zusatzmittel und hinterlässt ein erweitertes Porenvolumen.

Diese Schleifscheiben werden immer dann angewendet, wenn verfahrensbedingt eine größere Kontaktfläche zwischen dem Schleifwerkzeug und dem Werkstück benötigt wird oder eine kühle Schneidfähigkeit erforderlich ist.

2.6.15.7 Schleiftechnisches Grundprinzip

Je größer der Berührungsbogen bzw. die Kontakt- oder die Eingriffslänge des Schleifwerkzeuges am Werkstück ist, desto härter, dichter und feiner ist die Wirkung.

Das bedeutet, die Schleifkörperstruktur muss mit größer werdendem Berührungsbogen gröber, weicher und offener gewählt werden, um eine thermische Schädigung der Werkstückoberfläche zu vermeiden.

> Grobe Körnungen für große Eingriffsflächen, feine Körnungen für kleine Eingriffsflächen. Je kleiner die Eingriffsfläche, desto härter wählt man die Schleifscheibe.

Die Auswahl und die anteilmäßige Abstimmung der nachfolgenden Kenngrößen entscheiden über die Qualität und die Wirtschaftlichkeit des jeweiligen Schleifprozesses und dient der vollständigen Spezifikation von Schleifkörpern:

- Schleifmittel,
- Korngröße,
- Härtegrad,
- Gefügeaufbau,
- Bindung.

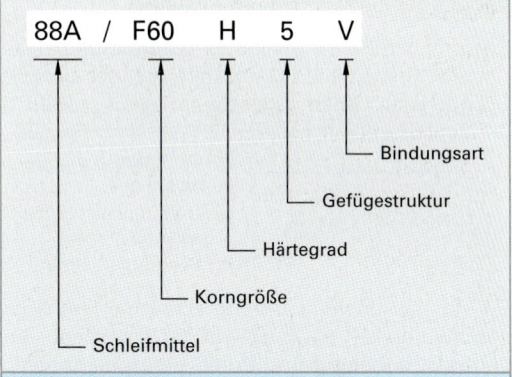

Bild 1: Spezifikation nach DIN ISO 525

Tabelle 1: Schleifmittelspezifikation nach DIN ISO 525

Schleifmittel

A	= Normalkorund	13 A	= Sinterbauoxidkorund
10A	= Normalkorund		(Stäbchenkorund)
50A	= Halbedelkorund	21A	= Zirkonkorund
21A	= Zirkonkorund	28A	= Zirkonkorund
52A	= Halbedelkorund		
28A	= Zirkonkorund	C	= Siliziumkarbid
88A	= Edelkorund rosa	B	= Bornitrid
89A	= Edelkorund weiß	D	= Diamant
90A	= Spezialkorund		
91A	= Spezialkorund		

Korngröße F

sehr grob: 8, 10, 12
grob: 14, 16, 20, 24
mittel: 30, 36, 45, 54, 60
fein: 70, 80, 90, 100, 200
sehr fein: 150, 180, 220, 240
staubfein: 280, 320, 400, 500, 600, 900, 1000,1200, 1600

Härtegrad		Gefügestruktur	
sehr weich:	D, E, F, G	dicht:	0 bis 3
weich:	H, I, J, K	mittel:	4 bis 6
mittel:	L, M, N, O	offen:	7 bis 9
hart:	P, Q, R, S	porös:	10 bis 12
sehr hart:	T, U, V, W	hoch porös:	bis 30
äußerst hart:	H, Y, Z	**Bindung**	
		Keramisch	V
		Kunstharz	B
		Gummi	R
		Metall	M

Wiederholung und Vertiefung

1. Welche Auswirkungen hat die beim Schleifprozess freigesetzte Wärmemenge?
2. Welche Wärmequellen treten beim Schleifprozess in Erscheinung?
3. Was versteht man unter der Wirkhärte einer Schleifscheibe?
4. Welches Bruchverhalten weist sintertechnisch hergestellter Korund gegenüber dem schmelztechnisch hergestellten Korund auf?
5. Was versteht man unter Wärmeleitfähigkeit und Dämpfungsverhalten bei Schleifmittelbindungen?

2.6.15.8 Schnittwerte beim Schleifen

Entsprechend dem Schleifwerkzeugdurchmesser und der eingestellten Drehzahl errechnet sich die Schnitt- oder Umfangsgeschwindigkeit v_c (**Bild 1**) der Schleifscheibe:

$$v_c = \frac{\pi \cdot d_s \cdot n}{1000 \, \frac{mm}{s} \cdot 60 \, \frac{s}{min}}$$

v_c Schnittgeschwindigkeit in m/s
d_s Durchmesser Schleifscheibe in mm
n Drehzahl in 1/min

Die für das Schleifwerkzeug zulässige Umfangsgeschwindigkeit v_{cmax} ist von der jeweiligen Bindungsart abhängig und durch einen diagonalen Farbstreifen auf dem Scheibenetikett angegeben.

Die Vorschubgeschwindigkeit v_f wird abhängig vom Schleifverfahren wie folgt bestimmt:

Umfangsplanschleifen

$$v_f = L \cdot n_H$$

L Vorschubweg
n_H Hubfrequenz in 1/min

Längsrundschleifen

$$v_f = \pi \cdot d_1 \cdot n$$

d_1 Werkstückdurchmesser
n Drehzahl des Werkstücks

Das dimensionslose Geschwindigkeitsverhältnis q ist vom zu schleifenden Werkstoff, dem Schleifverfahren bzw. von der sich damit ergebenden Eingriffslänge und von der speziellen Schleifscheibenspezifikation abhängig:

$$q = \frac{v_c}{v_f} = \frac{\text{Schnittgeschwindigkeit } v_c}{\text{Vorschubgeschwindigkeit } v_f}$$

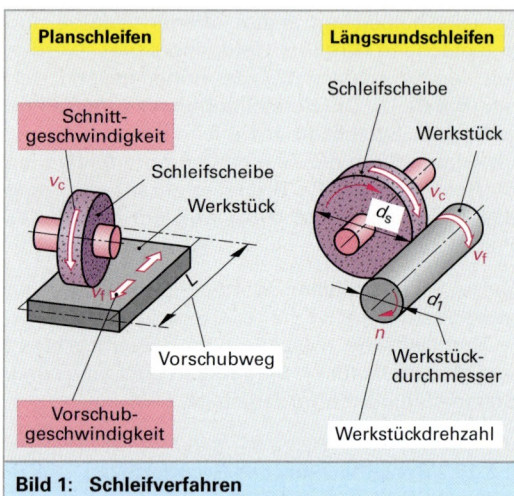

Bild 1: Schleifverfahren

Tabelle 1: Farbstreifen für höchstzulässige Umfangsgeschwindigkeiten							
Farbstreifen	blau	gelb	rot	grün	grün + gelb	blau + rot	blau + grün
v_{cmax} in m/s	50	63	80	100	125	140	160
Farbstreifen	gelb + rot	gelb + grün	rot + grün	blau + blau	gelb + gelb	rot + rot	grün + grün
v_{cmax} in m/s	180	200	225	250	280	320	360

Klassifizierung der Stahlwerkstoffe in Schleifbarkeitsgruppen:

Gruppe 1, unlegierte, niedrig legierte, ungehärtete Stähle z. B.: S235, 9S20k, 16MnCr5, C45, 100Cr6
Stähle in dieser Gruppe sind langspanend, setzen aber dem Schleifkorn einen relativ geringen Eingriffswiderstand entgegen. Geeignete Schleifrohstoffe sind unterschiedliche Korundsorten.

Gruppe 2, Hochlegierte, ungehärtete Stähle
z. B. X 12 Cr 13, X 2 CrNiMo18-15-4, X 39Cr 13
Auch diese Stähle sind langspanend und neigen zum Zusetzen der Schleifscheiben. Die Legierungsbestandteile verursachen hohe Schleifkräfte und erfordern hochwertige, harte Schleifmittel. Geeignete Schleifmittel sind einige Edelkorundsorten und Siliziumkarbid.

Gruppe 3, niedriglegierte, gehärtete Stähle
z. B. 16MnCr5, 100Cr6, C45, 34CrMo5
Wegen des martensitischen Härtegefüges und des geringen Anteil an Karbiden, neigen diese Stähle weniger zum Zusetzen der Schleifscheibenstruktur. Sie sind überwiegend mit Edelkorund gut schleifbar.

Gruppe 4, hochlegierte, gehärtete Warm- und Kaltarbeitsstähle
z. B.: X 155 CrMoV 12-1, X 210CrW 12, X 38CrMoV5-3
Durch den hohen Anteil der Karbidbildner Chrom, Molybdän, Vanadium u. ä. setzen diese Stähle dem Schleifkorn einen großen Eindringwiderstand entgegen. Sie lassen sich wirtschaftlich nur mit sehr harten Schleifmitteln zerspanen. Geeignete Schleifmittel sind Kubisches Bornitrid, Siliziumkarbid und Einkristallkorund.

Gruppe 5, Schnellarbeitsstähle
z. B.: S 6-5-2-5, S 18-1-2-5
Für HSS-Werkstoffe gilt im Prinzip das Gleiche wie für die Stähle in Gruppe 4. Der Legierungsanteil starker Karbidbildner liegt jedoch deutlich höher, so dass die Schnittkräfte weiter ansteigen. Diesem Effekt begegnet man mit feinerer Körnung, damit sich der Widerstand auf viele Körner gleichmäßig verteilt. Geeignete Schleifmittel sind Kubisches Bornitrid, Siliziumkarbid und Diamant.

2.6.15.9 Schleifverfahren

Je nach der Wirkfläche des Schleifwerkzeugs, die spanend zum Einsatz kommt, unterscheidet man zwischen Umfangs- und Seitenschleifen. Zur vollständigen Benennung des jeweiligen Schleifverfahrens dienen die kennzeichnenden Merkmale **(Bild 1)**:

- Vorschubrichtung (Längs- oder Querschleifen),
- Wirkfläche des Schleifkörpers (Umfangs- oder Seitenschleifen),
- Lage und Art der zu erzeugenden Werkstückoberfläche (Lage: Außen- oder Innenschleifen und Art: Plan-, Rund- oder Profilschleifen).

Beispiele hierzu sind das:
- Längs-Umfangs-Planschleifen,
- Längs-Seiten-Planschleifen,
- Quer-Umfangs-Außen-Profilschleifen.

Umfangs-Planschleifen

Beim Umfangs-Planschleifen ist bei großem Werkzeugdurchmesser die Eingriffslänge (Kontaktlänge) der Schleifkörner im Werkstück klein. Dies ermöglicht bei geringen Temperaturen in der Kontaktzone hohe Vorschubgeschwindigkeiten des Schleifwerkzeuges. Idealerweise entspricht die Schleifscheibenbreite der zu bearbeitenden Werkstückbreite. Ist dies bei großen Werkstückbreiten nicht möglich, wird bei geringen Schnitttiefen mit axialen Quervorschüben pro Schnitt von 1/2 bis 4/5 der Schleifscheibenbreite gearbeitet.

Umfangs-Rundschleifen

Wie beim Umfangs-Planschleifen ist beim Umfangs-Außen-Rundschleifen die Kontaktlänge zwischen Schleifwerkzeug und Werkstück klein. Bei nicht ausreichender Schleifscheibenbreite bewegt sich das Schleifwerkzeug mit einem axialen Längsvorschub am Werkstück entlang (Längs-Umfangs-Außen-Rundschleifen). Kürzere Werkstücklängen können bei entsprechend großer Schleifscheibenbreite mit dem Quer-Rundschleifen (Einstechschleifen) wirtschaftlich bearbeitet werden.

Das Fertigmaß des Werkstückes wird durch die radiale Zustellbewegung der Schleifscheibe erreicht. Hierbei entfällt der Längsvorschub des Werkzeuges. Je nach Richtung der Zustellbewegung unterscheidet man zwischen Gerad- und Schrägeinstechschleifen. Beim Innen-Rundschleifen ergeben sich durch den kleinen Werkzeugdurchmesser (etwa 6/10 bis 8/10 des Bohrungsdurchmessers) beim Schleifprozess große Kontaktlängen.

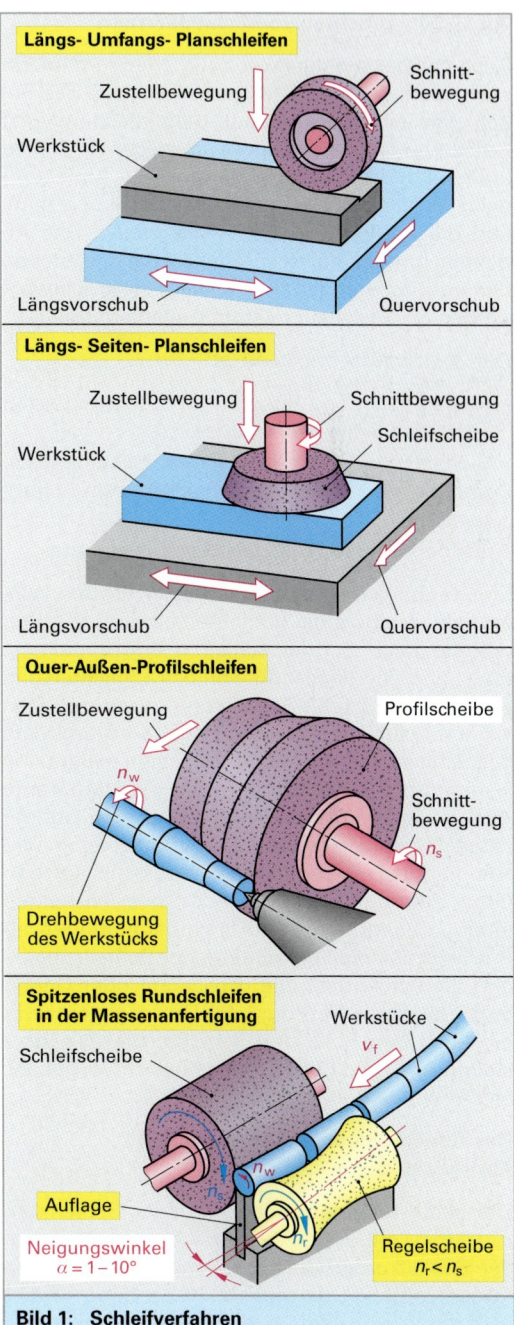

Bild 1: Schleifverfahren

Die Folge sind lange, dünne Späne, die von den Spankammern des Werkzeuges nur begrenzt aufgenommen werden können und zu großen Schleifkräften führen. Zum Innen-Rundschleifen sollten deshalb Schleifwerkzeuge mit offenem (porösem) Gefüge, grober Körnung und geringer Härte verwendet werden.

2.6.15.10 Abrichten von Schleifkörpern

Auch das beste Schleifwerkzeug unterliegt im Einsatz einem prozessbedingten Verschleiß. Die Folgen sind eine abnehmende Schnittleistung und Profilungenauigkeiten sowie ansteigende Schleifkräfte und Prozesstemperaturen. Beim Abrichtvorgang werden neue scharfe Schneidkanten erzeugt und die Profilgenauigkeit sichergestellt. Das Abrichten (profilieren, schärfen) erfolgt mit stehenden oder rotierenden bzw. bewegten Abrichtwerkzeugen im Gleichlauf oder im Gegenlauf (**Bild 1**).

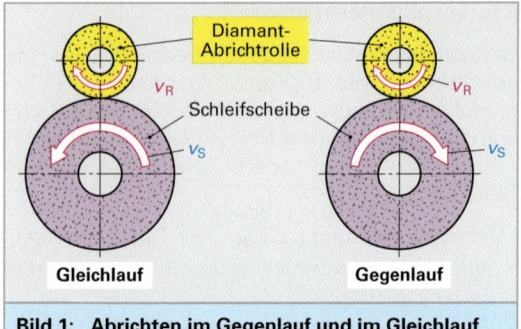

Bild 1: Abrichten im Gegenlauf und im Gleichlauf

Der Zweck des Abrichtens ist:

- Sicherstellen von Rundlauf und geometrischer Form des Schleifwerkzeuges,
- Sicherstellen der gewünschten Scheibentopographie zum Erreichen der geforderten Schnittleistung,
- Säuberung und Freilegen des Porenraumes.

Eine rauhe Schleifscheibe mit einer großen Wirkrautiefe ergibt eine hohe Zerspanungsleistung wie sie beim Schruppschleifen erforderlich ist. Eine hohe Oberflächengüte für das Schlichten und Feinschleifen ist mit Schleifkörpern mit geringen Wirkrautiefen möglich. Die richtige Wirkrautiefe des Schleifwerkzeuges ist durch einen geeigneten Abrichtprozess mit angepassten Abrichtparametern steuerbar (**Bild 2**). Es ist dabei möglich, mit demselben Schleifwerkzeug das Vorschleifen und das Fertigschleifen in einer Werkstückaufspannung durchzuführen. Die erzielbare Wirkrautiefe (R_{tso}) hängt von den Abrichtbedingungen ab. Hierbei spielt die Laufrichtung der Schleifscheibe und die der Abrichtrolle (Gleichlauf oder Gegenlauf), das Verhältnis (q_{abr}) der Umfangsgeschwindigkeiten von Rolle und Scheibe, die Abrichtzustellung a_{abr} und die Dauer des Abrichtvorganges eine wichtige Rolle (**Bild 3**).

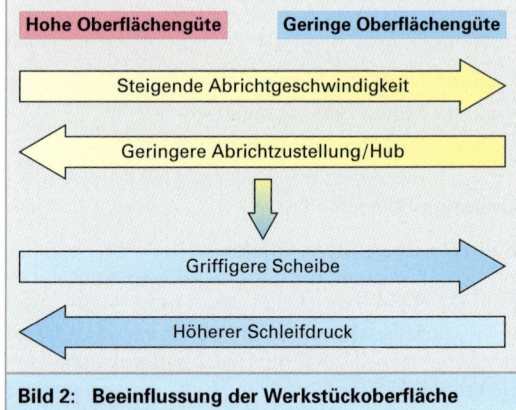

Bild 2: Beeinflussung der Werkstückoberfläche

Das Abrichten mit einem stehenden Abrichtwerkzeug

Um beim Abrichten möglichst jedes Schleifkorn zu treffen, muss die Abrichtgeschwindigkeit v_{abr} der Schleifkorngröße angepasst sein. Für einen Abrichtvorgang mit einem stehenden Abrichtwerkzeug kann die zum Schleifscheibenprofil parallele Abrichtgeschwindigkeit nach folgender Formel näherungsweise bestimmt werden:

$$v_{abr} = \frac{\text{mittlerer Korndurchmesser} \cdot n_s}{2} \cdot k$$

n_s Drehzahl der Schleifscheibe
k Korrekturfaktor für Abrichtbedingungen ($k = 1 \ldots 2$)

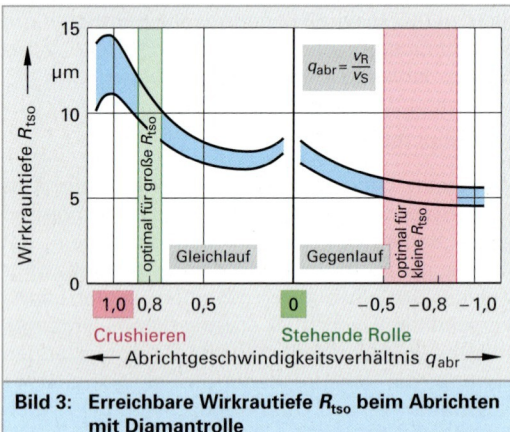

Bild 3: Erreichbare Wirkrautiefe R_{tso} beim Abrichten mit Diamantrolle

Das Abrichten mit einem rotierenden Abrichtwerkzeug

Abrichtwerkzeuge mit Diamantrollen richten mit einer Relativgeschwindigkeit ab, d. h., die Rolle hat eine schneidende Wirkung. Deshalb sollte die Schleifscheibenspezifikation um ca. ein Grad weicher gewählt werden als bei einem stehenden Abrichtwerkzeug.

Das Abrichtgeschwindigkeitsverhältnis

Die erzielbare Wirkrautiefe der Schleifscheibe bzw. die Oberflächengüte des zu schleifenden Werkstückes wird maßgeblich vom Geschwindigkeitsverhältnis q_{abr} beim Abrichtvorgang beeinflusst:

$$q_{abr} = \frac{\text{Umfangsgeschwindigkeit Abrichtrolle}}{\text{Umfangsgeschwindigkeit Schleifscheibe}} = \frac{v_R}{v_S}$$

Tauchen die Diamantkörner der Abrichtrolle mit einer größeren Geschwindigkeit in die Schleifwerkzeugoberfläche ein, so erhöht sich dessen Wirkrautiefe. Eine Erhöhung der Abrichtzustellung bewirkt eine nahezu lineare Zunahme der Wirkrautiefe. **Bild 3, vorhergehende Seite**, zeigt den Zusammenhang der Wirkrautiefe am Schleifwerkzeug und dem Geschwindigkeitsverhältnis q_{abr} für das Abrichten im Gleichlaufverfahren und im Gegenlaufverfahren.

Bewegte Abrichtwerkzeuge

Diamantprofilrolle. Der Abrichtvorgang des gesamten Profils erfolgt durch die Relativgeschwindigkeit zwischen Diamantprofilrolle **(Bild 1)** und Profilschleifscheibe. Die Zustellbewegung wird in radialer Richtung vom Abrichtwerkzeug ausgeführt.

Diamantformrolle. Mit der Diamantformrolle **(Bild 1)** werden gerade Schleifscheiben oder über eine CNC-Steuerung auch Profilscheiben abgerichtet. Die Abrichtformrolle ist in Bezug auf die Abrichtparameter mit einem stehenden Abrichtwerkzeug vergleichbar, sie rotiert jedoch noch zusätzlich im Gleichlauf bzw. im Gegenlauf. Die achsparallele Abrichtgeschwindigkeit v_{abr} wird wie bei einem stehenden Abrichtwerkzeug bestimmt. Der Korrekturfaktor k für die Abrichtbedingungen erhöht sich je nach Geschwindigkeitsverhältnis q_{abr} auf 3 bis 4.

Crushieren mit Stahlrolle. Das Crushieren[1] wird hauptsächlich bei Profilschleifscheiben eingesetzt und erfolgt ohne eigenen Antrieb des Abrichtwerkzeuges. Die Crushierrolle wird von der Schleifscheibe mitgenommen und rotiert mit ihrer durchmesserabhängigen Umfangsgeschwindigkeit. Der Verschleiß des Crushierwerkzeugs ist gering, da durch die fehlende Relativgeschwindigkeit keine Reibung zwischen Werkzeug und abzurichtender Schleifscheibe auftritt (q_{abr} = 1,0). Die Schleifkörner werden unter hohem Druck aus der Bindungsmatrix gebrochen.

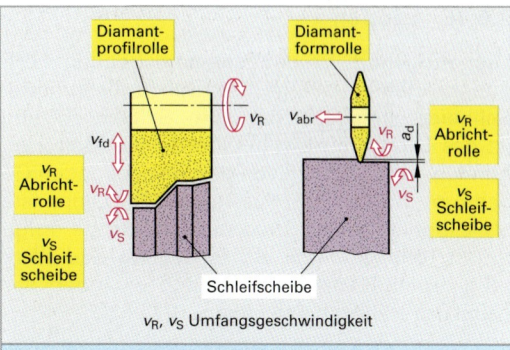

Bild 1: Abrichten mit Diamantprofilrolle und mit Diamantformrolle

CD-Abrichten, Continuous Dressing. Mit diesem Verfahren wird durch kontinuierliches Abrichten eine weitere Steigerung der Schleifleistung in der Massenfertigung erreicht. Die Schleifscheibe wird nicht zwischen den Schleifzyklen, sondern während des Schleifprozesses mit einer Diamantprofilrolle kontinuierlich abgerichtet. Die Zustellung beträgt pro Schleifscheibenumdrehung wenige Mikrometer. Sie muss so gewählt werden, dass sie größer als der natürliche Scheibenverschleiß ist. Das Verfahren hat Vorteile und auch Nachteile.

Vorteile:
- keine zusätzliche Abrichtzeiten,
- keine Formfehler,
- geringe Gefahr der thermischen Werkstückschädigung,
- Schleifkräfte bleiben über den gesamten Schleifweg konstant,
- höhere Zerspanungsleistungen möglich.

Nachteile:
- höherer Schleifmittelbedarf,
- CNC-Maschine mit automatischer Abrichtkompensation ist erforderlich.

Wiederholung und Vertiefung

1. Erläutern Sie das schleiftechnische Grundprinzip.
2. Wie werden Stahlwerkstoffe in Schleifbarkeitsgruppen klassifiziert?
3. Was bedeutet ein rot + grün Farbstreifen auf einer Schleifscheibe?
4. Wonach richtet sich die Abrichtgeschwindigkeit mit einem stehenden Abrichtwerkzeug?
5. Welche Auswirkungen auf den Abrichtprozess mit rotierender Abrichtrolle hat eine zu große Abrichtgeschwindigkeit?

---

[1] engl. to crush = zerstoßen, zermalmen

2.6.16 Läppen

Läppen gehört zu den spanabhebenden Fertigungsverfahren mit geometrisch unbestimmter Schneide. Im Gegensatz zum Schleifwerkzeug ist das Läppkorn nicht in einer festen Matrix gebunden, sondern wird von der formgebenden Gegenform in einer Läppflüssigkeit oder Läpppaste als Läppfilm auf die Werkstückoberfläche aufgedrückt (**Bild 1**). Durch die Bewegung des Werkzeugkörpers (Läppscheibe, **Bild 2**) verändert das Läppkorn ständig seine Lage.

Die im Läppspalt zwischen Werkzeug und Werkstück abrollenden Läppkörner dringen mit ihren Schneidkanten in die Werkstückoberfläche ein und tragen ein geringes Werkstoffvolumen ab.

Mit dem zu den Feinstbearbeitungsverfahren zählenden Läppen lassen sich technische Oberflächen mit geringsten Rauigkeitwerten und Formgenauigkeiten herstellen (Gemittelte Rautiefe Rz von 10 µm bis 0,04 µm, Mittenrauigkeit Ra von 0,2 µm bis 0,006 µm, enge Maßtoleranzen bis IT1). Es können nahezu alle metallischen Werkstoffe, aber auch Glas und Keramik mit Läppen bearbeitet werden. Ausgenommen sind nur Werkstoffe, die ein sehr großes plastisches oder elastisches Verformungsvermögen aufweisen.

Der Werkstoffabtrag (**Bild 3**) wird im Wesentlichen von der Form und der Größe der Läppkörner und den Bewegungsvorgängen im Läppfilm bestimmt. In der Läppflüssigkeit stellt sich je nach Viskosität, Läppspaltdicke, Korngröße und Kornform ein meist mehrschichtig aufgebauter Läppfilm ein.

Die abrollenden Läppkörner erzeugen einen gleichmäßigen Werkstoffabtrag, ohne richtungsspezifische Bearbeitungsriefen wie sie z. B. beim Schleifen oder beim Honen entstehen.

Als Läppkörner werden Schleifmittel wie Elektrokorund, Siliziumkarbid, Bornitrid, Eisen-Chromoxid und Diamant in sehr feinen Körnungen eingesetzt (**Tabelle 1**).

Läppgeschwindigkeit

Im Vergleich zum Schleifen werden beim Läppen zwischen Werkzeug und Werkstück geringere Relativgeschwindigkeiten (Läppgeschwindigkeit) von 5 m/min bis 350 m/min angewendet. Durch die Abrollbewegung des Läppkorns im Läppspalt beträgt die effektive Korngeschwindigkeit (Schnittgeschwindigkeit, v_c) abhängig vom Aufbau des Läppfilms nur noch etwa 30 % bis 50 % der Geschwindigkeit des formgebenden Werkzeugkörpers.

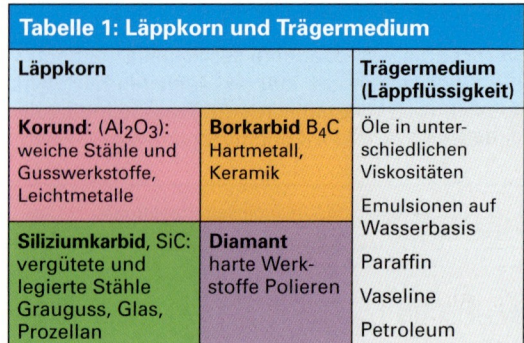

Tabelle 1: Läppkorn und Trägermedium

Läppkorn		Trägermedium (Läppflüssigkeit)
Korund: (Al$_2$O$_3$): weiche Stähle und Gusswerkstoffe, Leichtmetalle	**Borkarbid** B$_4$C Hartmetall, Keramik	Öle in unterschiedlichen Viskositäten
		Emulsionen auf Wasserbasis
Siliziumkarbid, SiC: vergütete und legierte Stähle Grauguss, Glas, Prozellan	**Diamant** harte Werkstoffe Polieren	Paraffin
		Vaseline
		Petroleum

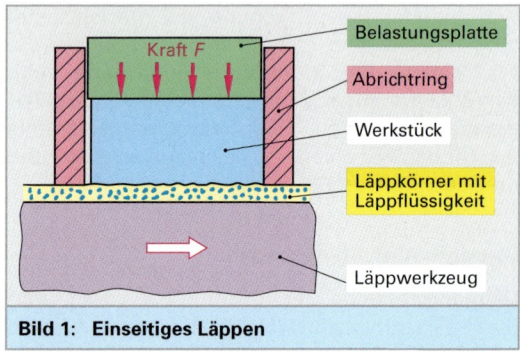

Bild 1: Einseitiges Läppen

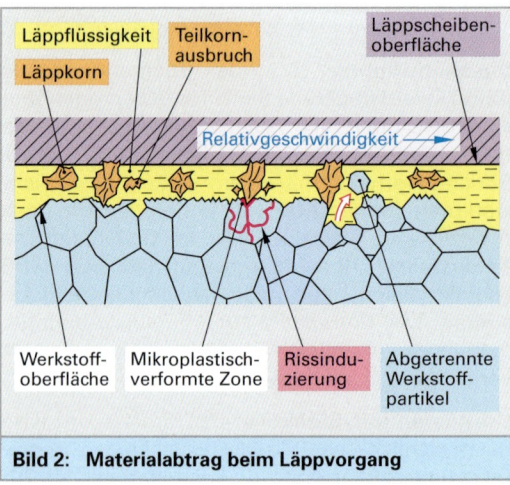

Bild 2: Materialabtrag beim Läppvorgang

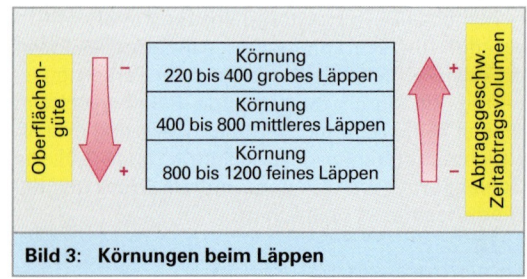

Bild 3: Körnungen beim Läppen

2.6 Zerspanungstechnik

Abtragsgeschwindigkeit

Die Abtragsgeschwindigkeit v_a in µm/min ist über das Verhältnis von Zeitspanvolumen Q in mm³/min und die Abtragsfläche A in mm² zwischen Werkstück und Werkzeug definiert.

$$v_a = \frac{Q}{A}$$

v_a Abtragsgeschwindigkeit
Q Zeitspanvolumen
A Abtragsfläche

Die Abtragsgeschwindigkeiten liegen beim Läppen üblicherweise zwischen 10 bis 100 µm/min. Mit kleiner Korngröße, dickflüssiger Läppflüssigkeit werden mit geringem Anpressdruck bessere Oberflächen erreicht, wobei die Abtragsgeschwindigkeit geringer wird.

Sie ist von folgenden Kenngrößen abhängig:

- Werkstückwerkstoff,
- Korngröße, Kornform,
- Anpressdruck,
- Viskosität des Läppmittels,
- Hydrodynamik im Läppspalt.

Bei geringem Anpressdruck verringert sich der Werkstoffabtrag und die Rautiefe der Werkstückoberfläche wird kleiner.

2.6.16 Honen

Honen ist ein Feinbearbeitungsverfahren mit geometrisch unbestimmter Schneide. Im Gegensatz zum Läppen ist das Schleifmittel in einer keramischen, metallischen oder Kunstharzbindung fest eingebettet. Die Schnittbewegung wird durch das Werkzeug (**Bild 1**, Honahle) in zwei Richtungen ausgeführt. Im Schneidenteil des Honwerkzeuges kommt als Schleifmittel synthetischer und natürlicher Diamant, kubisches Bornitrid, Korund oder Siliziumcarbid zum Einsatz.

Beim Langhubhonen überlagert sich die Rotationsbewegung mit der langhubigen, über die gesamte Werkstücklänge verlaufende Axialbewegung des Werkzeugs. Die resultierende Schnittgeschwindigkeit (v_c) ergibt sich aus der vektoriellen Addition der axialen Schnittgeschwindigkeit (v_{ca}) und der tangentialen Schnittgeschwindigkeit (v_{ct}):

$$v_c = \sqrt{v_{ca}^2 + v_{ct}^2}$$

v_c res. Schnittgeschwindigkeit
v_{ca} axiale Schnittgeschw.
v_{ct} tangentiale Schnittgeschw.

Durch die geradlinig oszillierende Axialbewegung entsteht auf der Werkstückoberfläche ein typisches Kreuzschliffbild (**Bild 2**). Der Überschneidungswinkel α der Bearbeitunsspuren ist von der Größe der Geschindigkeitskomponenten v_{ca} und v_{ct} abhängig:

$$\tan \alpha = v_{ca}/v_{ct}$$

v_{ca} axiale Schnittgeschwindigkeit
v_{ct} tangentiale Schnittgeschw.

Ein großer Werkstoffabtrag lässt sich mit großem Schnittwinkeln ($\alpha = 40° ... 75°$) und großer Schnittgeschwindigkeit v_c erzielen (**Bild 3**). Die sich kreuzenden Honspuren auf der Werkstückoberfläche ergeben geringere Rautiefen als bei Feinbearbeitungsverfahren mit parallelen Bearbeitungsriefen.

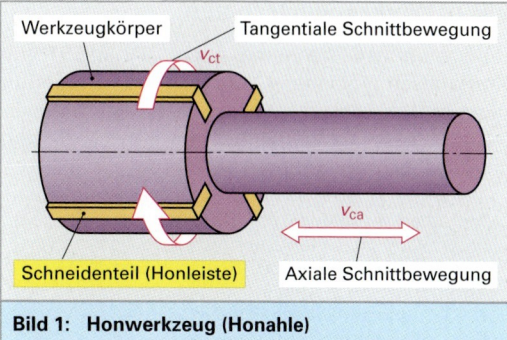

Bild 1: Honwerkzeug (Honahle)

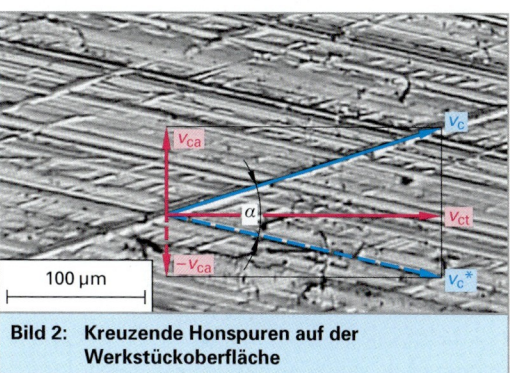

Bild 2: Kreuzende Honspuren auf der Werkstückoberfläche

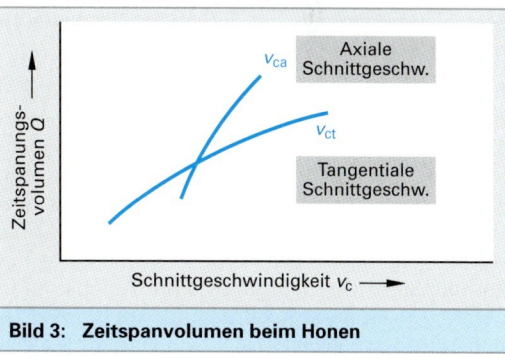

Bild 3: Zeitspanvolumen beim Honen

2.6.18 Werkzeugmaschinen

Werkzeugmaschinen sind nach DIN 69651 mit Kraftantrieb versehene, vorwiegend ortsgebundene Maschinen für verschiedene Fertigungsverfahren unter Zuhilfenahme von physikalischen, chemischen oder anderen Verfahren.

> Um 1800 entstanden in England, Amerika und Deutschland die ersten Zug- und Leitspindeldrehmaschinen mit Kreuzsupport, Reitstock und Kegelradgetriebe, ganz aus Metall gefertigt. Im Verlaufe des 19. Jahrhunderts war die Entwicklung des Werkzeugmaschinenbaus soweit fortgeschritten, dass die Herstellung der verschiedenen Maschinenelemente keine wesentlichen Schwierigkeiten mehr bereitete. Es entstanden mit Transmissionsriemen angetriebene Bohr-, Fräs- und Schleifmaschinen mit Übersetzungsgetrieben für Spindel- und Vorschubantrieb (**Bild 1**).

Bild 1: Konsolfräsmaschine um das Jahr 1900

> Werkzeugmaschinen[1] sind Maschinen-Werkzeuge, d. h. maschinelle Werkzeuge.

2.6.18.1 Fräsmaschinen

Bauformen und Einteilung

Bei den Fräsmaschinen haben sich dem Verwendungszweck entsprechende Grundbauformen entwickelt (**Bild 2**). Diese Bauformen sind auf die Art der Bearbeitung und die Werkstückgröße abgestimmt.

Konsolfräsmaschinen. Konsolfräsmaschinen (**Bild 3**) haben eine sehr große Verbreitung gefunden. Dabei handelt es sich meistens um kleinere Maschinen, welche für kleine bis mittelgroße, gut zerspanbare, prismatische Werkstücke eingesetzt werden können. Durch Erweiterungen, beispielsweise Neigungsachsen, können Werkstücke mit komplizierten Geometrien in *einer* Aufspannung gefertigt werden. Konsolfräsmaschinen haben einen kreuzbeweglichen Tisch und eine im Maschinengestell ortsfest angeordnete Spindel.

Man unterscheidet zwischen Maschinen:

- mit waagrechter Frässpindel,
- mit senkrecht angeordneter Frässpindel,
- in Universalbauweise mit schwenkbarem oder austauschbarem Fräskopf für das Waagerechtfräsen, Senkrechtfräsen oder Winkelfräsen.

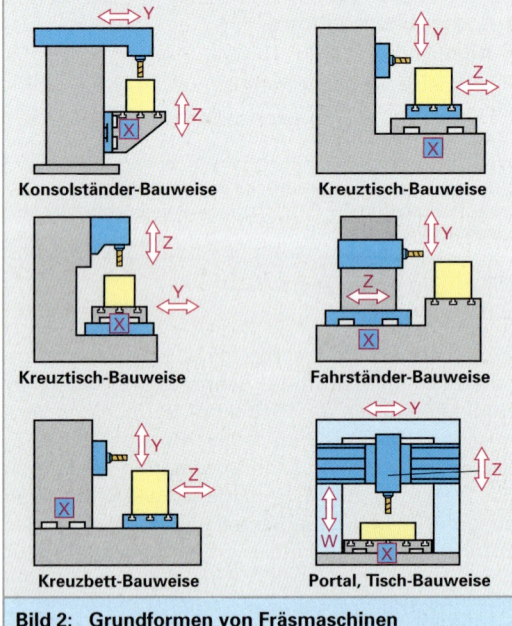

Bild 2: Grundformen von Fräsmaschinen

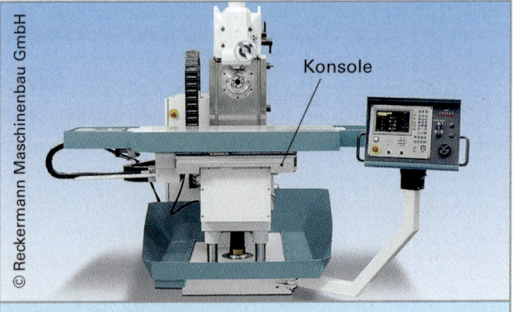

Bild 3: Konsolfräsmaschine

---

[1] Der Begriff *Werkzeugmaschine* ist leicht missverständlich. Man könnte meinen, es handelt sich um Maschinen zur Werkzeugherstellung. So ist das nicht. Es sind *Maschinen-Werkzeuge* im Unterschied zu *Hand-Werkzeugen*. Im Englischen wird das verständlicher ausgedrückt: (engl.) machine tool = (dt.) Werkzeugmaschine.

2.6 Zerspanungstechnik

Bettfräsmaschinen. Bettfräsmaschinen **(Bild 1)** haben gegenüber Konsolfräsmaschinen Vorteile bei der Be- und Entladung und damit bei der Verkettung mit anderen Anlagen. Sie besitzen ein eigensteifes Bett und sind deshalb hochbelastbar. Bei den Bettfräsmaschinen werden die Bewegungen der drei Koordinatenrichtungen auf Tisch, Ständer und Fräseinheit aufgeteilt: Der Tisch führt die Längsbewegung, der Ständer führt die Querbewegung und die Fräseinheit führt die Vertikalbewegung aus.

Bild 1: Bettfräsmaschine

Portalfräsmaschinen. Hierbei unterscheidet man Tischbauweise **(Bild 2, vorhergehende Seite)** und Gantrybauweise **(Bild 2)**.

Bei sehr langen Werkstücken werden *Gantry*-Fräsmaschinen eingesetzt. Dabei muss ein synchrones Verfahren der Ständer gewährleistet sein. Dieses wird heute durch elektronische Synchronisation erreicht, wobei ein zusätzliches mechanisches System zur Sicherheit dient. Portalfräsmaschinen haben gegenüber Gantry-Fräsmaschinen den Vorteil größerer Genauigkeit, weil Führungen und Fundament nur auf einem kurzem Stück belastet werden und nur hier sehr genau sein müssen. Der sehr große Einbauraum durch die große Bettlänge ist als nachteilig anzusehen. Das Portal wird meist ballig geformt, damit die Last des Spindelkastens aufgefangen wird.

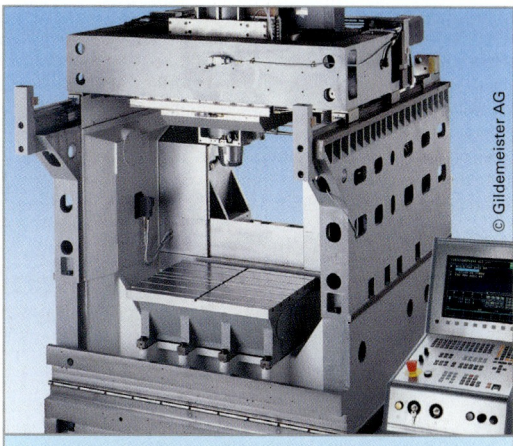

Bild 2: Portalfräsmaschine in Gantry-Bauweise

Seriellkinematik und Parallelkinematik

Bei serieller Kinematik (SK) wird zur Erzeugung einer Werkzeug- oder einer Werkstückbewegung eine Maschinenachse auf die andere gesetzt, z. B. sitzt auf der Z-Achse die Y-Achse **(Bild 3)**. Der Vorteil ist, dass mit jeder Achsbewegung das Werkstück oder das Werkzeug nur in Richtung dieser Maschinenachse bewegt wird. Das ist leicht überschaubar, relativ einfach steuerbar und entspricht bei Linearachsen dem gewohnten kartesischen Koordinatensystem.

Bei der Parallelkinematik (PK) werden zur Bewegungserzeugung mehrere Achsen, meist drei Linearachsen oder sechs Linearachsen gleichzeitig in paralleler Anordnung zwischen der Bewegungsplattform und der Aufstellebene gesteuert **(Bild 3)**.

Bei der 3-achsigen Parallelkinematik[2] spricht man auch von *Tripod* (Dreibein). Bei der 6-achsigen Anordnung von einem *Hexapod* (Sechsbein).

---

[1] engl. gantry = (doppeltes) Fasslager,
[2] Die dreiachsige Parallelkinematik ist ähnlich in der Funktion zu einem Fotostativ. Durch Verändern der Beinlänge kann man die Fotoplattform sowohl in der Höhe als auch beliebig seitwärts einstellen.

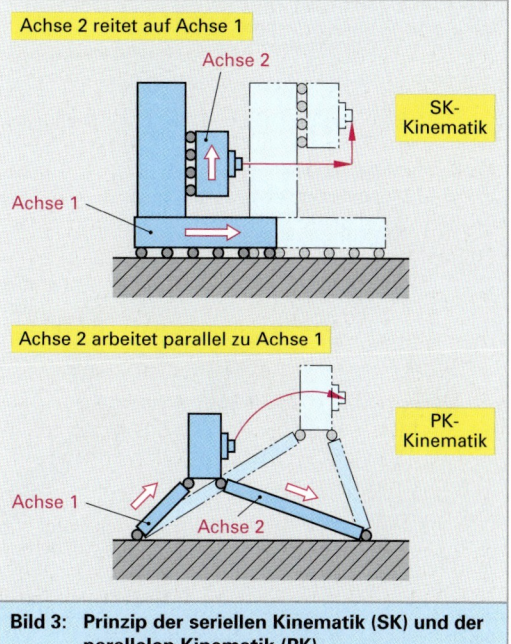

Bild 3: Prinzip der seriellen Kinematik (SK) und der parallelen Kinematik (PK)

Die Orientierungsausrichtung des Werkzeugs muss bei einem Tripod über mindestens zwei rotatorische Achsen erfolgen. Bei einer sechsachsigen Parallelkinematik wird die Werkzeugplattform sowohl in ihrer räumlichen Position als auch bezüglich der Orientierung durch die Längen der Linearachsen definiert.

Es gibt folgende Möglichkeiten für die Verbindungselemente:

- Veränderung der Länge der Verbindungselemente,
- Verschiebung des Gelenkpunktes der Verbindungselemente,
- Drehung um den Gelenkpunkt der Verbindungselemente.

Der prinzipielle Vorteil der Parallelkinematik liegt darin, dass durch die parallele Werkzeugabstützung von drei bzw. sechs Achsen höhere Maschinensteifigkeiten bei gleichzeitig geringeren bewegten Massen möglich sind **(Bild 1)**.

Eine solche Maschinenkinematik verspricht verbesserte Dynamik gegenüber dem seriellen Aufbau. Der prinzipielle Nachteil liegt darin, dass zur Erzeugung von Bearbeitungsbahnen ein enormer Rechenaufwand in der Maschinensteuerung zu leisten ist. Es sind fortlaufend in schneller Folge (< 4 ms) komplizierte Koordinatentransformationen durchzuführen.

Für die Einteilung der Parallelkinematiken **(Bild 2)** stellt die Bewegungserzeugung der Arbeitsplattform ein wichtiges Kriterium dar.

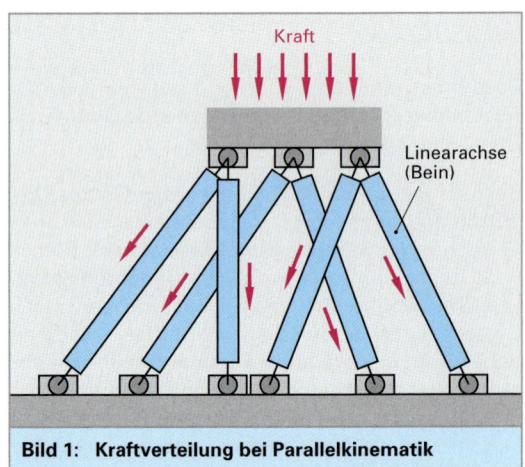

Bild 1: Kraftverteilung bei Parallelkinematik

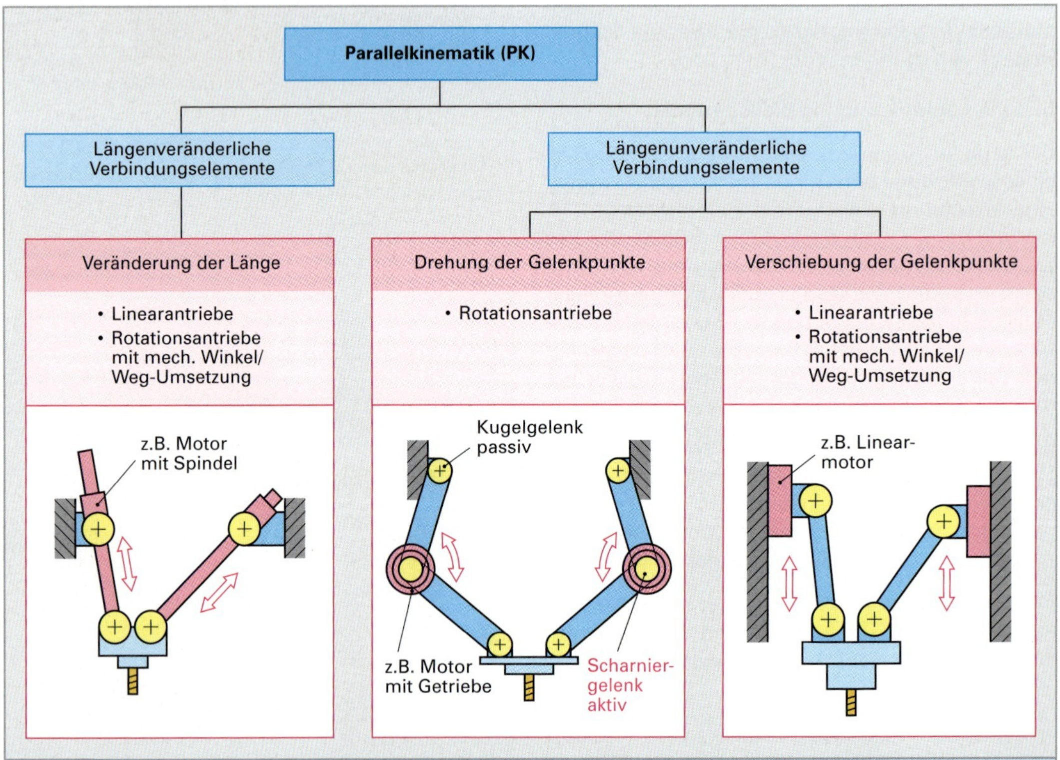

Bild 2: Einteilung von Parallelkinematiken

2.6 Zerspanungstechnik

Damit kann bei Parallelkinematiken grundsätzlich zwischen Kinematiken mit *längenveränderlichen* und *längenunveränderlichen* Verbindungselementen unterschieden werden.

Die Grundlage für die definierte Positions- und Orientierungsänderung des TCP (Tool Center Points) durch längenveränderliche Verbindungselemente liefert das Prinzip der *Stewart*-Plattform. Ein anderer Ansatz geht von längen*un*veränderlichen Verbindungselementen aus.

Die Stewart[1]-Plattform **(Bild 1)** besteht aus einer Gestellplattform und einer Arbeitsplattform, welche über sechs längenveränderliche Verbindungselemente (griech. Hexapod = Sechsfüßler) mit Hilfe von Kardangelenken oder von Kugelgelenken verbunden sind. Durch die Längenveränderung der Verbindungselemente ist es möglich, sowohl die Position als auch die Orientierung der Arbeitsplattform zu ändern. Werkzeugmaschinen dieser Art werden auch Hexapod-Maschinen genannt **(Bild 2)**.

Im Gegensatz dazu stehen die Maschinen mit längenunveränderlichen Verbindungselementen. Durch eine Parallelogrammanordnung der Verbindungselemente werden die Orientierungsfreiheitsgrade gesperrt. Dadurch wird die Arbeitsplattform im x-y-z-Raum ohne Verkippung und Verdrehung bewegt **(siehe Seite 37, Bild 1)**.

Als ein Vertreter mit längenunveränderlichen Verbindungselementen mit *translatorischer Antriebsbewegung* wird das *Linapod-Prinzip* **(Bild 3)** vorgestellt. Hierbei erfolgt der Antrieb mit Lineardirektantrieben. Dabei werden die Fußpunkte der bewegungsübertragenden Verbindungselemente mit konstanter Länge über Gelenke an sechs Schlitteneinheiten befestigt, die auf Linearführungen bewegt werden. Durch den Einsatz von linearen Direktantrieben wird die gemeinsame Nutzung des Linearführungssystems und des Messsystems sowie der Sekundärteile für jeweils zwei Schlitten ermöglicht. Deshalb werden für die sechsachsige Parallelstruktur insgesamt nur drei Führungsmodule benötigt. Über die rotatorischen Freiheitsgrade im Fußpunkt kann der TCP an der Arbeitsplattform beliebig im Raum positioniert und orientiert werden. Dadurch erhält man eine vollständige Entkopplung der Gestellbauteile und der Antriebselemente. Nachteilig ist der große Bauraum bei relativ kleinem Arbeitsraum.

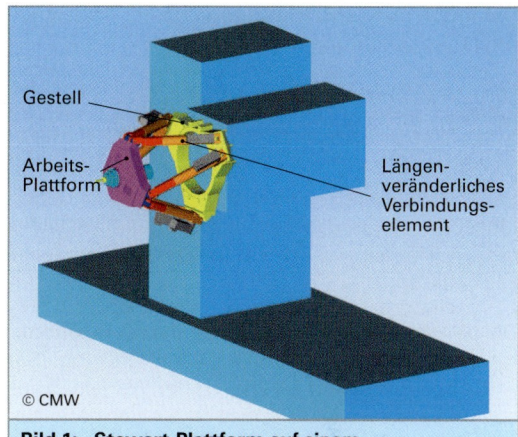

Bild 1: Stewart-Plattform auf einem Maschinenausleger

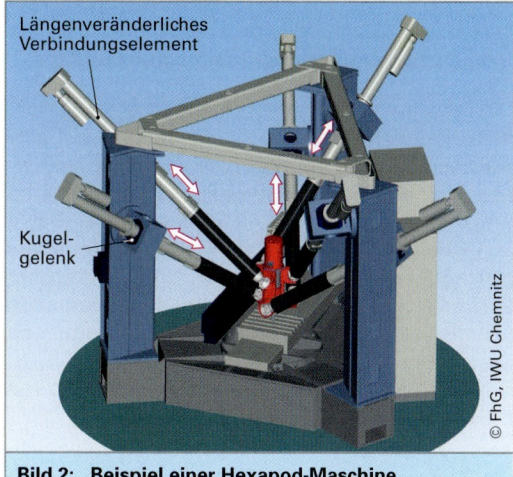

Bild 2: Beispiel einer Hexapod-Maschine

Bild 3: Linapod-Werkzeugmaschine

---

[1] Die Bewegungsplattform mit „6 Beinen" (Hexapod) wird meist als Stewart-Plattform bezeichnet, aufgrund einer Veröffentlichung von 1965. Die Erfindung geht aber auf Arbeiten von Dr. *Eric Gough*, entwickelt um 1954 in England, zurück.

Definition der Achsrichtungen und Bewegungsrichtungen

Bei Werkzeugmaschinen wird ein rechtsdrehendes, rechtwinkliges Koordinatensystem mit Drehwinkelbezeichnung verwendet (**Bild 1**). Dabei bezieht sich die Z-Achse stets auf eine angetriebene Bearbeitungsspindel. Eine Ausnahme bilden Maschinen ohne Bearbeitungsspindel. Dort steht die Z-Achse dann senkrecht auf der Werkstückaufspannfläche.

Die X-Achse ist die Hauptachse in der Positionierungsebene von Werkstück oder Werkzeug. Sie sollte horizontal und parallel zu der Werkstückaufspannfläche sein. Die Y-Achse ergibt sich dann aus dem vorher beschriebenen Koordinatensystem. Die dazugehörigen Drehachsen (um die Hauptachsen) werden mit den Buchstaben A (um die X-Achse), B (um die Y-Achse) und C (um die Z-Achse) bezeichnet. Die Festlegung der Bewegungsrichtung an der Maschine ersieht man aus **Bild 2**.

Die Bewegung in positiver Richtung einer Maschinenkomponente ist so definiert, dass dabei eine wachsende positive Maßgröße am Werkstück entsteht. Wird beispielsweise das Werkzeug bewegt, so entspricht die Achsrichtung der Bewegungsrichtung. Die positiven Richtungspfeile sind gleichgerichtet und werden mit X, Y, Z bezeichnet. Wird jedoch das Werkstück bewegt, so verlaufen Achsrichtung und Bewegungsrichtung entgegengesetzt. Diese Bewegungsrichtung wird mit X', Y', Z' bezeichnet. U, V, W sind zur Kennzeichnung von Hilfsachsen parallel zu X, Y, Z vorgesehen.

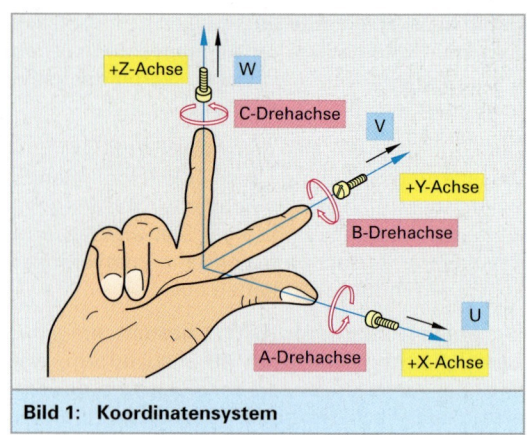

Bild 1: Koordinatensystem

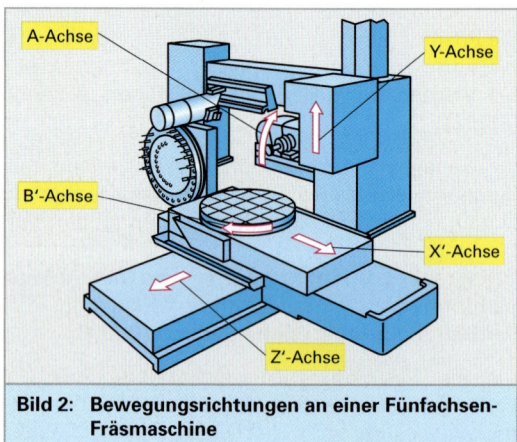

Bild 2: Bewegungsrichtungen an einer Fünfachsen-Fräsmaschine

Bearbeitungszentren, Flexible Fertigungssysteme und Transferstraßen

In einem Bearbeitungszentrum (BAZ) werden mehrere einzelne, jedoch unterschiedliche Bearbeitungsverfahren in einem Zentrum zusammengefasst. Dabei spricht man von einem BAZ, wenn dieses mindestens zwei Bearbeitungsoperationen ausführen kann und zu automatischem Werkzeugwechsel fähig ist. BAZs zeichnen sich neben dem automatischen Werkzeugwechsel durch einen eigenen Werkzeugspeicher aus.

Bearbeitungszentren (**Bild 3**) bilden die Basis für Flexible Fertigungssysteme. Mit dieser Begrifflichkeit verbindet man weitestgehend automatisierte Fertigungssysteme, welche eine Fertigung mit wenig Personal ermöglichen und Nebenzeiten produktiv überbrücken können.

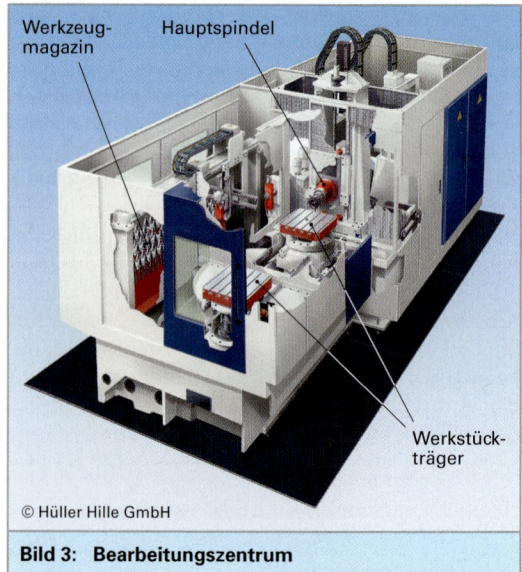

Bild 3: Bearbeitungszentrum

Bei Bearbeitungszentren unterscheidet man zwischen:

- Flexibler Fertigungszelle (FZ) und
- Flexiblem Fertigungssystem (FFS).

Die **flexible Fertigungszelle** besteht aus einer oder mehreren Bearbeitungsmaschinen, die über einen gemeinsamen Werkzeugspeicher verfügen. Dabei können auch noch Messstationen oder Handhabungsgeräte in der Zelle integriert sein. Die Koordination der einzelnen Maschinenkomponenten wird zentral über einen Zellenrechner vorgenommen.

Flexible Fertigungssysteme und **Transferstraßen** haben einen automatischen Werkstückfluss zwischen allen Stationen. In die Systeme sind Rohteillager, Bearbeitungs-, Mess- und Montagestationen integriert. Während Transferstraßen (**Bild 1**) aus vielen Einzweckmaschinen bestehen, die für eine Bearbeitungsaufgabe zusammengestellt sind (z. B. Herstellung von Zylinderblöcken), setzen sich flexible Fertigungssysteme mit numerisch gesteuerten BAZs und anderen flexiblen Einrichtungen zusammen. Ihr Anwendungsgebiet ist auf ein breites Werkstückspektrum ausgerichtet.

Gestelle

Das Gestell hat die Aufgabe, alle anderen Maschinenkomponenten aufzunehmen, den Arbeitsraum festzulegen, Kräfte aufzunehmen, Schwingungen zu dämpfen und die Wärme abzuleiten. Es muss eine hohe statische und dynamische Steifigkeit besitzen und es sollte sich bei thermischer Beanspruchung nur gering verformen. Des Weiteren sollte das Gestell fertigungs- und montagegerecht sowie wartungs- und instandhaltungsgerecht sein.

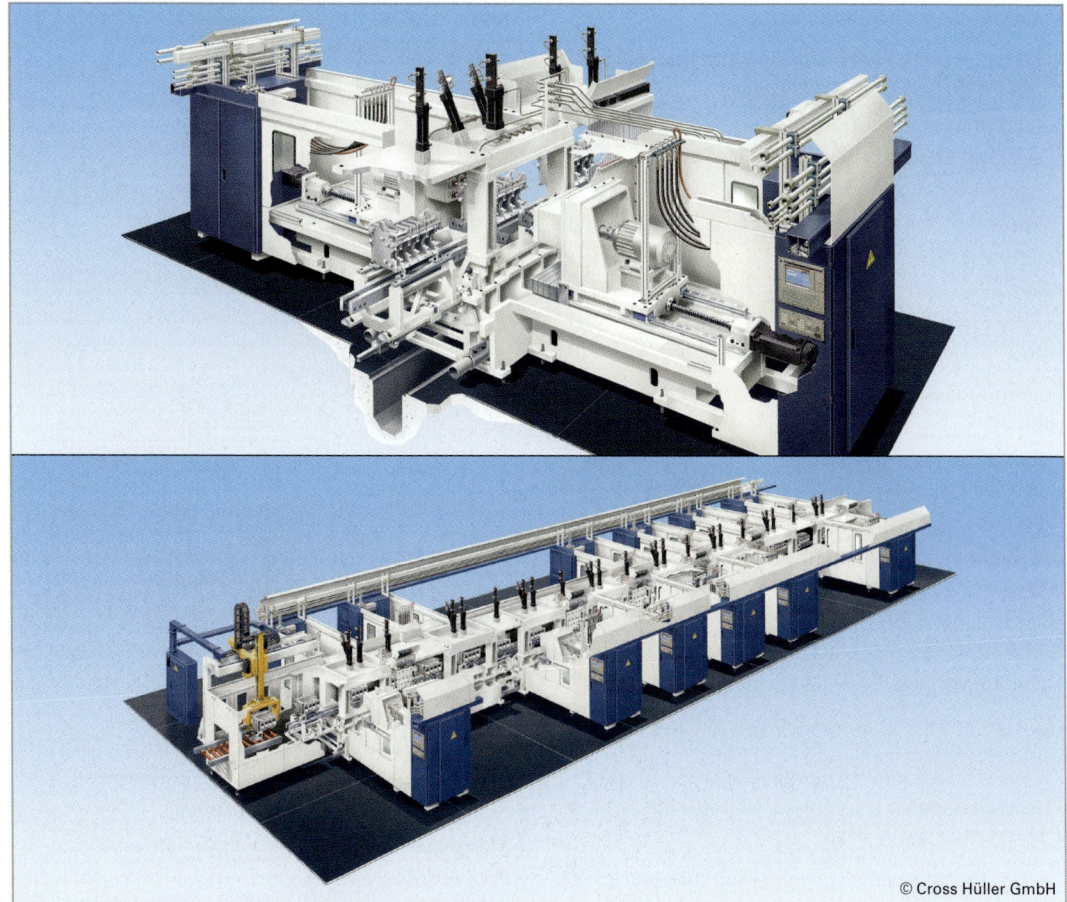

Bild 1: Transferstraße (unten) und Einzelstation (oben)

Gestaltungsgesichtspunkte sind:

- Die Geometrie der Werkstücke und die Kinematik des Fertigungsprozesses – Anordnung und Lage der Bewegungsachsen,

- Anzahl der Bewegungsachsen bzw. die Anzahl der Bearbeitungsstationen, Baugröße

- Die geforderte Mengenleistung bestimmt die notwendige Zerspanleistung und den Automatisierungsgrad. Daraus ergibt sich die notwendige Antriebsleistung, die Anzahl der Bearbeitungsstationen und Bewegungsachsen sowie die eventuelle Automatisierung der Werkzeug- und Werkstückhandhabung und der Späneentsorgung.

- Die geforderte Fertigungsgenauigkeit des Werkstücks und die Zerspankräfte bestimmen die notwendige Steifigkeit einer Gestellkonstruktion.

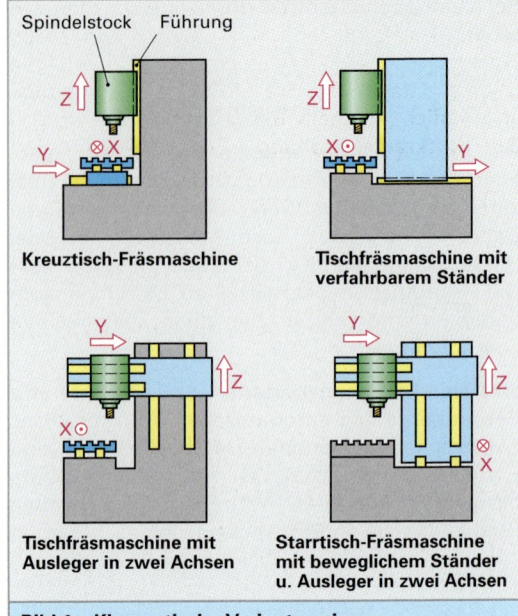

Bild 1: Kinematische Varianten einer Bettfräsmaschine

Gestellkonzepte

Ein Gestellkonzept kann sich durch kinematische Variationen unterscheiden:

- Unterschiedliche Zuordnung der Bewegungen auf Werkzeug und Werkstück:
  - Schnittbewegungen,
  - Zustellbewegungen,
  - und Vorschubbewegungen,
- Variation der Hintereinanderschaltung der Bewegungsachsen (**Bild 1**),
- Variation der Winkellagen und Abstände der Führungsebenen zum Fundament (z. B. Horizontalbett, Schrägbett oder Vertikalbett),

Folgende Gestellbauarten werden unterschieden (**Bild 2**):

- Bettgestelle,
- Winkel-Gestelle; dies sind Varianten der Bettgestellen (Schrägbett),
- C-Gestelle; Gut zugänglich, bei großen Zerspankräften ist ein Verformen möglich,
- O-Gestelle; Durch die geschlossene Bauweise gleichmäßige Kraftverteilung,
- Portale (Prinzip O-Gestell, nur größer).

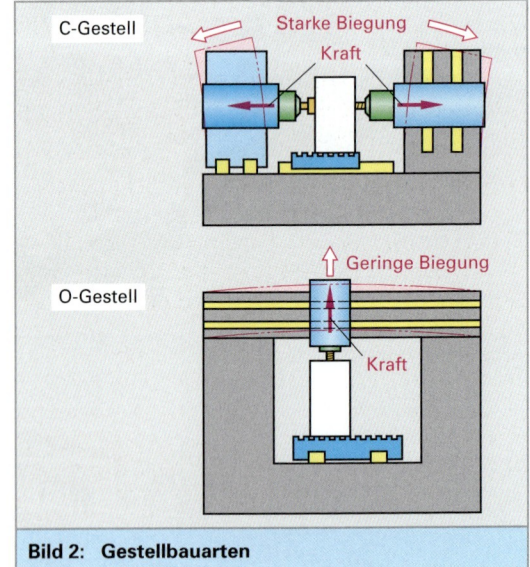

Bild 2: Gestellbauarten

Gesichtspunkte zur Werkstoffauswahl:

Die Werkstoffe für Gestelle werden nach folgenden Eigenschaften ausgewählt:

- Festigkeit (Sicherheit gegen Verformung und Bruch),
- Dichte (dynamisches Verhalten, bewegte Massen),
- E-Modul (statische und dynamische Steifigkeit),
- Dämpfung (dynamisches Verhalten),
- Relaxation (Langzeitausdehnungskoeffizienten),
- Thermisches Verhalten (thermischer Ausdehnungskoeffizient, Wärmeleitfähigkeit, Wärmeübergangszahl, thermoelastisches Verhalten (**Bild 1, Seite 324**).

Bei Verwendung von **Grauguss** erhält man eine große Gestaltungsfreiheit für komplizierte Teile, unterschiedliche Wandstärken und variablen Querschnittsformen. Hierbei ist ein Gussmodell erforderlich, weshalb die Wirtschaftlichkeit von den Stückzahlen abhängt. Die Gießkosten sind kalkulierbar nach benötigtem Materialvolumen und Anzahl der erforderlichen Kerne.

Grauguss-Gestelle sind gut zerspanbar, jedoch sind im Allgemeinen größere Bearbeitungszugaben erforderlich. Das Reibungs- und Verschleißverhalten ist schlechter als bei Stahl, diesem kann durch Härten etwas gegengesteuert werden. Dagegen hat der Grauguss eine höhere Werkstoffdämpfung als Stahl. Nachteilig hingegen wirken sich die Gussspannungen und der geringe E-Modul aus.

Stahlgestelle sind meistens Schweißkonstruktionen, seltener aus Stahlguss. Bei den Schweißkonstruktionen hat man eine geringere Gestaltungsfreiheit durch Verwendung von Standardblechen oder Standardprofilen und starke Einschränkungen wegen der Schweißbarkeit. Dafür sind nur einfache Hilfsvorrichtungen bei der Montage erforderlich, somit sind auch kürzere Produktionsdurchlaufzeiten möglich. Stahlkonstruktionen werden besonders für Sondermaschinen und Einzelkonstruktionen verwendet. Die geringere Werkstoffdämpfung im Vergleich zum Grauguss kann z. T. durch höhere Dämpfung in den Schweißnähten kompensiert werden.

Der **Mineralguss (Bild 1)** hat als Bestandteile mineralische Zuschlagstoffe (Gesteinsarten wie Granit, Quarzit, Basalt), welche durch Reaktionsharze wie Methacrylatharze, Epoxidharze oder ungesättigte Polyesterharze gebunden werden. Es ergeben sich in Abhängigkeit der unterschiedlichsten Kombinationen von Zuschlagstoffen und Bindemitteln auch unterschiedliche Verarbeitungseigenschaften des Betons. Angestrebt wird eine hohe Fließfähigkeit, geringe Aushärtungszeit sowie eine geringe Volumenschwindung. Durch einen kleinen Bindemittelanteil steigert sich der E-Modul **(Tabelle 1)**.

Mineralguss ist ungeeignet als Werkstoff für Führungsleisten. Deshalb müssen Führungsleisten aus Stahl eingegossen, aufgeklebt oder verschraubt werden. Die Werkstoffdämpfung ist höher als bei Grauguss und er besitzt eine niedrige Wärmeleitfähigkeit sowie eine hohe Wärmekapazität. Die Bauteile werden massiv ausgegossen, was einen geringen konstruktiven Aufwand beinhaltet. Nachteilig ist die teure Entsorgung von Reaktionsharzbetongestellen.

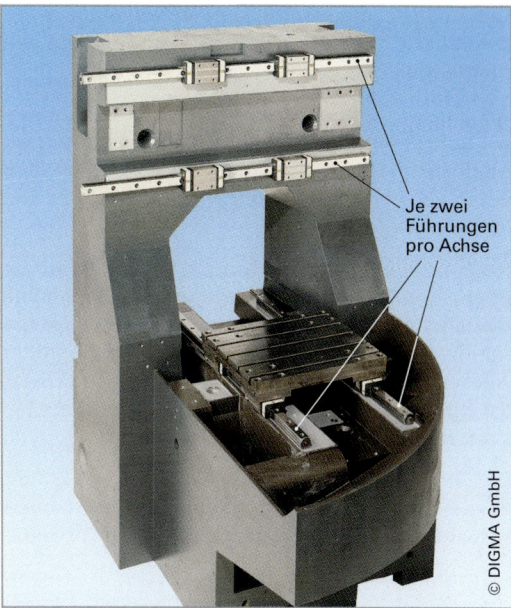

Je zwei Führungen pro Achse

© DIGMA GmbH

Bild 1: Mineralguss-Gestell einer Fräsmaschine

Tabelle 1: Eigenschaften der Gestellwerkstoffe

Eigenschaft	Stahl	Grauguss	Mineralguss
Druckfestigkeit in MPa	250 bis 1200	600 bis 100	140 bis 170
Zug-/Biegefestigkeit in MPa	400 bis 1600	150 bis 400	25 bis 40
F-Modul (Druck) in kMPa	210	80 bis 120	30 bis 40
Wärmeleitfähigkeit in W/mK	50	50	1,3 bis 2,0
thermo Ausdehnungskoeff. 10^{-6}/K	12	10	12 bis 20
Dichte in g/cm³	7,85	7,15	2,1 bis 2,4
Dämpfung (log. Dekr.)	0,002	0,003	0,02 bis 0,03

1 MPa = 1 N/mm²

Gestellverformungen werden hervorgerufen durch:

- **statische Kräfte:** Gewichtskräfte, Wirkkräfte, Spannkräfte, Klemmkräfte, Reibungskräfte,
- **dynamische Kräfte:** Unwuchten, Wirkkräfte, Getriebe, Trägheitskräfte,
- **thermische Einflüsse:** Lagererwärmung, Erwärmung durch Hydraulik, Wärme in Spänen, Getriebeverluste, externe Wärmequellen **(Bild 1, folgende Seite)**,
- **Auslösen von Eigenspannungen:** Schweißspannungen, Gussspannungen, Bearbeitungsspannungen, Härtespannungen.

Die Analyse des Kraftflusses liefert wichtige Erkenntnisse über die Beanspruchung der Bauelemente **(Bild 2)**.

An *Fugen* können Verformungen besonderer Art auftreten. Fügestellen müssen deshalb nach Möglichkeit unter Druckspannungen stehen (z. B. durch Verschraubung). *Rippen* verringern das seitliche Aufklaffen.

Noch besser ist es, den Kraftangriffspunkt in die Ebene der Schrauben zu verlagern, so dass keine Biegebeanspruchung entsteht. Hochbelastete Maschinenteile sollten auf Zug/Druck beansprucht werden, nicht auf Biegung, da sich bei Zug/Druck die Spannungen gleichmäßiger verteilen, als bei einer Biegebeanspruchung **(Bild 3)**.

Da Biegung und Torsion nie vollständig vermieden werden können, gelten für derart beanspruchte Bauteile folgende Gestaltungshinweise:

- Erhöhung der Biegesteifigkeit durch Massekonzentration in möglichst weiter Entfernung von der Biegeachse (I-Träger),
- hohe Torsionssteifigkeit durch geschlossene Querschnitte,
- Aussteifungen durch Verrippung **(Bild 4)**.

Bei der dynamischen Beanspruchung des Werkzeugmaschinen-Gestells erkennt man, dass die Schwachstellen bezüglich der statischen Steifigkeit auch dynamische Schwachstellen sind. Von zusätzlicher Relevanz sind Massenwirkung und Dämpfungswirkung.

Verbesserung des dynamischen Verhaltens

Eine Verbesserung des dynamischen Verhaltens erhält man durch:

- geringe Massen an Stellen hoher Schwingungsamplituden (Leichtbau, leichte Werkstoffe),
- hohe statische Steifigkeit in Bereichen starker Deformationen (hohe Wandstärke, starke Verrippung),
- hohe Dämpfung in Bereichen großer Relativbewegungen (z. B. Zwischenmedien in Fügestellen):
  - Werkstoffdämpfung gering im Vergleich zu Fügestellendämpfung
  - gezielte Beeinflussung der Fügestellendämpfung schwierig
  - Erhöhung der Dämpfung durch aktive oder passive Zusatzsysteme (z. B. Hilfsmassendämpfer) möglich.

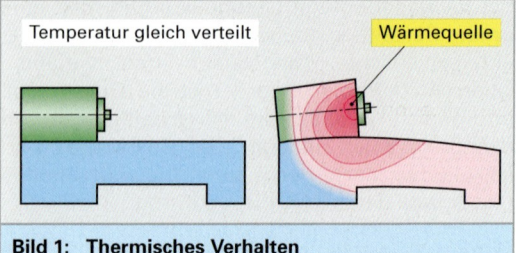

Bild 1: Thermisches Verhalten

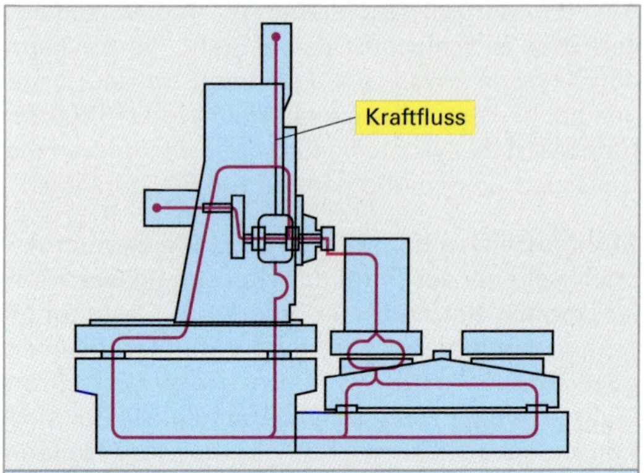

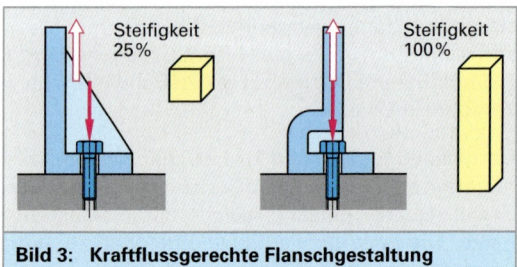

Bild 2: Kraftfluss an einer Fräsmaschine

Bild 3: Kraftflussgerechte Flanschgestaltung

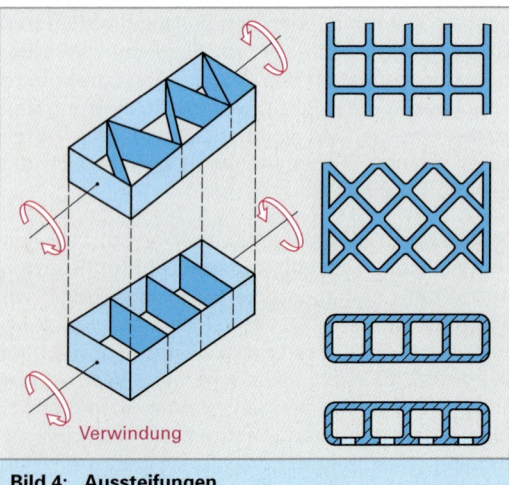

Bild 4: Aussteifungen

2.6 Zerspanungstechnik

Schwingungen an Werkzeugmaschinen werden durch *Fremderregung* oder durch *Selbsterregung* erzeugt.

Schwingungen durch Fremderregung:

- über das Fundament eingeleitete Störkräfte
- Unwuchten, Zahneingriffe, Lagerfehler,
- Messereingriffstöße.

Schwingungen durch Selbsterregung:

- Aufbauschneiden,
- Lagekopplung,
- Regenerationseffekt.

Fremderregte Schwingungen sind oft unvermeidbar. Daher muss dafür gesorgt werden, dass die Eigenfrequenz der Werkzeugmaschine nicht getroffen wird. Bei den fremderregten Schwingungen unterscheidet man impuls- oder stoßförmige Anregungen (durch Schnittkräfte oder Umformkräfte, z. B. beim Hämmern oder beim Zerspanen mit unterbrochenem Schnitt).

Das gemessene dynamische Verhalten einer WZM (**Bild 1**) wird durch den Frequenzgang, bestehend aus Amplitudengang und Phasengang beschrieben. Die Dämpfung von Schwingungen kann durch die Materialwahl und durch die Gestaltung der Maschine beeinflusst werden (**Bild 2**).

Bei der Spanabnahme wird die Spantiefe Δx im linken Fall vergrößert und damit auch die Schwingungsamplitude. Im rechten Fall ist dies umgekehrt. Hier spielt die Fugendämpfung eine wichtige Rolle. Das Dämpfungsmaß ist bei Mineralguss bis zu 16mal größer als bei Grauguss und bis zu 100mal größer als bei Stahl.

Die Fugendämpfung wird durch fünf Faktoren beeinflußt:

- geometrische Gestalt der Fuge,
- Oberflächenbeschaffenheit,
- Kontaktbedingungen,
- Größe der Flächenpressung,
- Medium zwischen den Fügeflächen.

Eine weitere Möglichkeit zur Dämpfung bieten Scheuerleisten oder geschweißte Konstruktionen. Durch eine gute Konstruktion kann Stahl ein besseres Dämpfungsverhalten erlangen als Guss evtl. sogar besser als Beton. Dabei tritt das Phänomen auf, dass eine gute statische Steifigkeit (durch gute Oberflächen gut gefügt) zu schlechten dynamischen Eigenschaften führt. Auch der Einsatz der Werkzeugmaschine ist von Bedeutung: beim Schleifen zählen eher die statischen Aspekte, beim Fräsen die dynamischen.

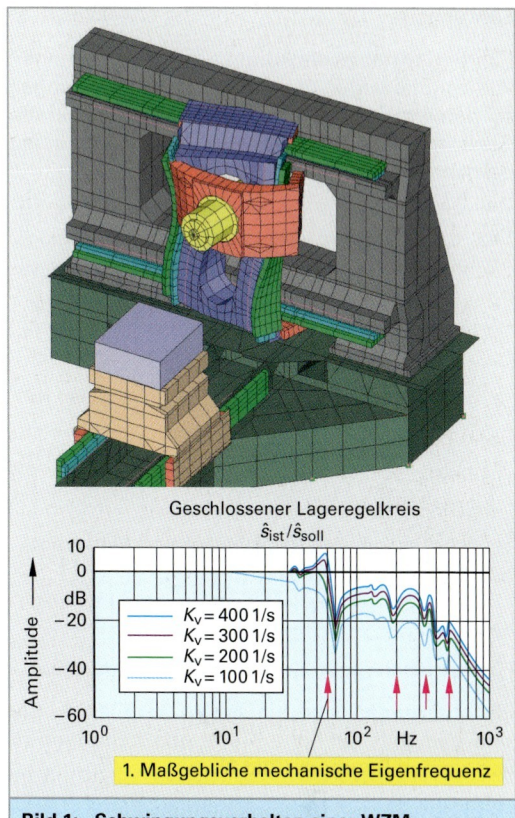

Bild 1: Schwingungsverhalten einer WZM

Bild 2: Maschinengestaltung

Konstruktive Maßnahmen gegen Schwingungen:

- Steifen Leichtbau: Steifigkeit c groß, Masse m klein, daher Eigenfrequenz hoch; die Anregungen liegen i. A. nicht über 100 Hz,
- Weicher Schwerbau (nur bei bekannten Eigenfrequenzen): c klein, m groß; die erste Eigenfrequenz wird klein, über sie muss schnell hinweggefahren werden (Gefahr von Resonanzschwingungen),
- Zusatzmassen.

Führungen

Führungen haben die Aufgabe Hauptbewegungen, Vorschubbewegungen und Zustellbewegungen zu gewährleisten sowie die Bearbeitungskräfte, Gewichtskräfte und Beschleunigungskräfte aufzunehmen **(Bild 1)**.

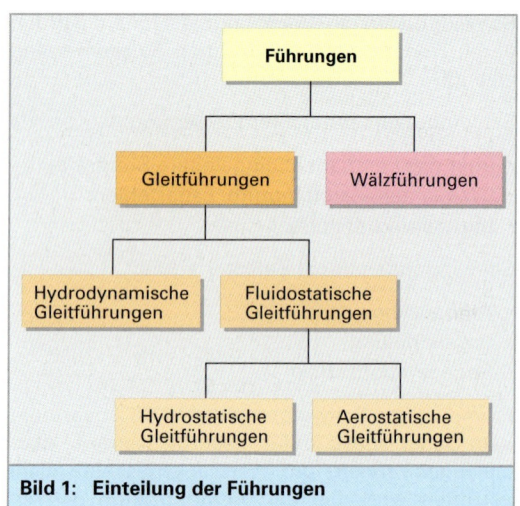

Bild 1: Einteilung der Führungen

An die Führungen stellt man folgende Anforderungen:

- hohe Führungsgenauigkeit über die gesamte Betriebsdauer,
- günstige Herstellkosten und Betriebskosten,
- geringe Haftreibung, geringe Gleitreibung und geringer Verschleiß,
- hohe statische, dynamische und thermische Steifigkeit,
- geringes Führungsspiel,
- hohe Dämpfung in Tragrichtung und in Verfahrrichtung,
- kein mechanisches und thermisches Verklemmen.

Führungsbahngeometrien von Gleitführungen

Flachführungen sind einfach zu bearbeiten. Sie sind geeignet für hohe Kräfte und benötigen einen kleinen Bauraum **(Bild 2)**.

V-Führungen und **Dachprismenführungen** sind in der Fertigung aufwendiger. Sie haben eine höhere Reibung, da die Zerlegung der Kraft in Tragrichtung Anteile liefert, die insgesamt höher sind. Dagegen stellen sie sich in gewissen Grenzen selber nach. Die Kombination von V-Führungen oder Dachprismenführungen mit Flachführung ergibt eine statisch bestimmte Anordnung. Die Dachprismenführung ist günstig für das Abgleiten von Schmutz und Spänen.

Schwalbenschwanzführungen benötigen nur einen kleinen Bauraum, der Fertigungsaufwand ist jedoch höher. Bei dieser Konstruktion ist mit nur vier Führungsflächen eine allseitige Kraftaufnahme möglich.

Rundführungen sind für eine Feinbearbeitung fertigungstechnisch günstig, da Außenrundschleifen einfach möglich ist. Bei zwei oder mehr Führungssäulen sind diese statisch überstimmt. Rundführungen sind für allseitigen Kraftangriff geeignet. Bei nur einer Führungssäule können zwei Freiheitsgrade realisiert werden.

Die Gefahr des thermischen oder des mechanischen Klemmens kann durch die Gestaltung der Führung als Schmalführung vermindert werden. Hierbei wird die gesamte Seitenführung von einer Bettseite übernommen **(Bild 3)**.

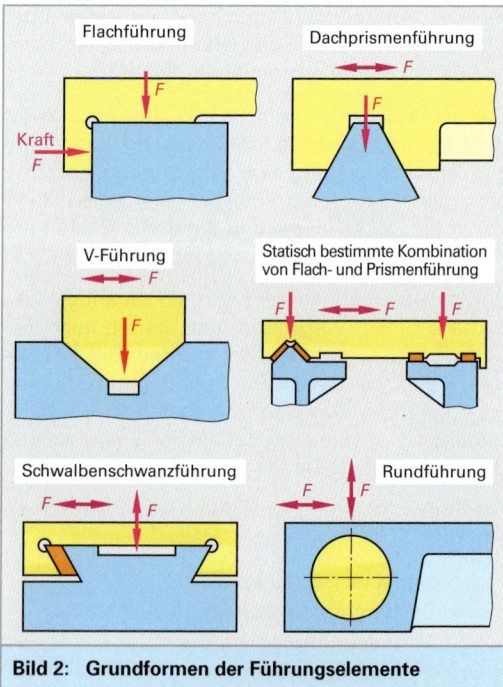

Bild 2: Grundformen der Führungselemente

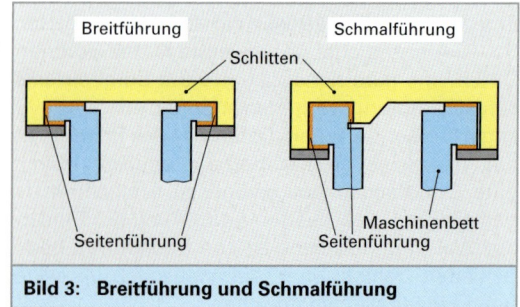

Bild 3: Breitführung und Schmalführung

Hydrodynamische Gleitführungen

Hydrodynamische Gleitführungen zeichnen sich durch folgende Eigenschaften aus:
- geringe Herstellkosten und Betriebskosten,
- hohe Genauigkeit,
- gute Dämpfungseigenschaften,
- gutes Reibungsverhalten bei Kunststoffbeschichtung,
- größerer Verschleiß und größerer Gleitreibungswiderstand als Wälzführungen.

Funktionsprinzip: In einem keilförmigen Schmierspalt erfolgt bei Relativbewegung die Mitnahme eines haftenden Schmierfilms. Es baut sich der Schmierdruck in dem sich verjüngenden Schmierspalt auf. In Abhängigkeit von der Gleitgeschwindigkeit existieren verschiedene Reibungszustände, die die charakteristische Form der *Stribeck*[1]-Kurve **(Bild 1)** verursachen. Bei keiner Relativbewegung besteht *Haftreibung*. Diese verändert sich dann bei geringer Gleitgeschwindigkeit zu einer *Festkörperreibung* ohne Schmierfilm und bei zunehmender Gleitgeschwindigkeit bewegt man sich in *Mischreibung* mit zunehmendem hydrodynamischen und abnehmenden Festkörper-Traganteil. Erst bei höheren Geschwindigkeiten herrscht *Flüssigkeitsreibung* vor **(Tabelle 1)**.

Bei Führungen kann ein *Stick-Slip-Effekt* bei geringen Vorschubgeschwindigkeiten auftreten. Dies zeigt sich an ungleichförmigen, periodischen Bewegungen des Schlittens in den Bereichen der *Stribeck*-Kurve mit negativer Steigung. Beim Anlegen einer Vorschubkraft verspannen sich die elastischen Teile des Vorschubsystems bis zur Überwindung der Haftreibung. Anschließend erfolgt ein Losreißen des Schlittens und dabei ein Abfallen der Reibkraft entsprechend der fallenden Stribeck-Kurve. Die elastischen Teile des Vorschubsystems werden dabei wieder entspannt und verzögern den Schlitten. Dadurch kommt es zu einem erneuten Stillstand des Schlittens, so dass wieder Haftreibungsbedingungen vorliegen und der Zyklus wieder von vorne beginnt **(Bild 2)**.

Der Stick-Slip-Effekt[2] kann vermieden werden durch
- hohe Steifigkeit und kleine bewegte Massen,
- erhöhte Dämpfung im Vorschubsystem und in der Führung,
- Verwendung geeigneter Führungsbahnwerkstoffe,
- durch Anbringen von Riefen quer zur Bewegungsrichtungrichtung,
- Einsatz hochviskoser Schmierstoffe.

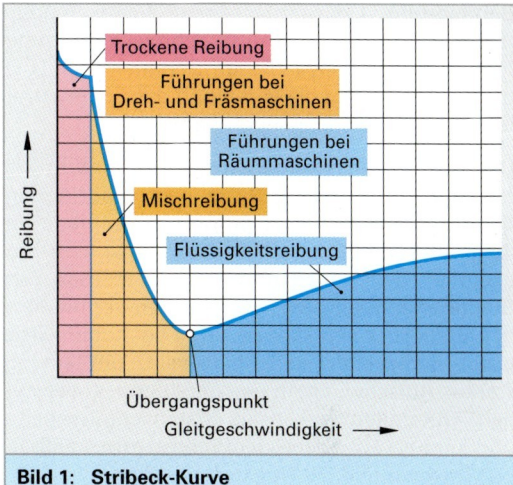

Bild 1: Stribeck-Kurve

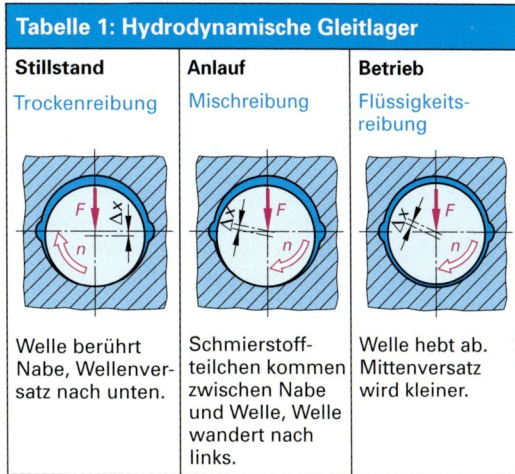

Tabelle 1: Hydrodynamische Gleitlager

Stillstand	Anlauf	Betrieb
Trockenreibung	Mischreibung	Flüssigkeitsreibung
Welle berührt Nabe, Wellenversatz nach unten.	Schmierstoffteilchen kommen zwischen Nabe und Welle, Welle wandert nach links.	Welle hebt ab. Mittenversatz wird kleiner.

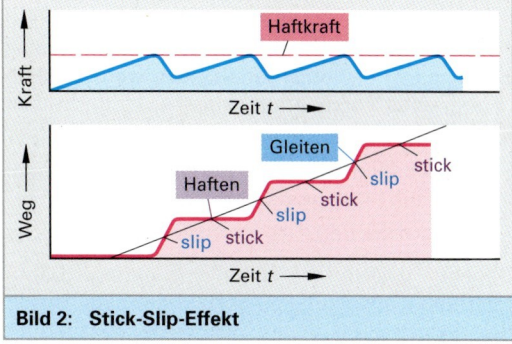

Bild 2: Stick-Slip-Effekt

---

[1] benannt nach *Richard Stribeck*, (1861 bis 1950), Prof. in München
[2] engl. to stick = stoßen, to slip = gleiten

Schmierung. Um immer einen ausreichenden Schmierfilm zu haben, muss Schmiermittel zugeführt werden. Hierzu dienen Schmiernuten, die die Zuführung und die Verteilung des Schmiermittels auf die Gleitfläche übernehmen.

Die Schmiernuten werden in die Schlittenführung mit eingearbeitet **(Bild 1)**. Je nach Anbringung der Nuten ergeben sich große Unterschiede im Schmierdruckaufbau. So sind Längsnuten ungeeignet, da sie den notwendigen Aufbau des Staudrucks verhindern. Schrägnuten vermindern den Staudruck und können somit bei hohen Gleitgeschwindigkeiten vorteilhaft sein, um ein zu starkes Aufschwimmen des Schlittens zu vermeiden. Quernuten wirken als Makroschmierspalte und können als solche den Schmierdruckaufbau begünstigen und die Tragkraft erhöhen.

Führung. Um eine genaue Führung zu gewährleisten, werden Passleisten verwendet. Sie ermöglichen eine spielfreie Einstellung des Schlittens und bewirken ein gleichmäßiges Tragbild. Des Weiteren sind sie mitverantwortlich für die Steifigkeit der Führung und vermeiden lokal überhöhte Flächenpressungen. Unterschieden wird hierbei in *angepasste* Leisten und in *einstellbare* Leisten **(Bild 2)**.

Erstere werden auf das jeweilige Maschinenmaß gefertigt. Beim Erreichen der Verschleißgrenze müssen sie ausgetauscht werden. Dagegen werden die einstellbaren Passleisten auf ein festes, meist keilförmiges Maß gefertigt. Die Einstellung erfolgt dann an der montierten Maschine über Stellschrauben. Bei Verschleiß können diese nachgestellt werden.

Wälzführungen. Wälzführungen **(Bild 3)** werden im Werkzeugmaschinenbau zunehmend als Standardführungssysteme eingesetzt. Sie zeichnen sich aus durch:

- Geringe Rollreibung, welche einen leichten, ruchfreien Lauf und geringen Verschleiß bewirkt.
- Ausreichend hohe statische Steifigkeit und erreichbare Positioniergenauigkeit, wenn die Führung unter Vorspannung spielfrei eingestellt ist.
- Eignung für höchste Verfahrgeschwindigkeiten.
- Einfache Montage sowie geringer Wartungsaufwand und niedrigem Schmiermittelbedarf.
- Standardisierung.

Dagegen besitzen sie leider eine geringe Dämpfung und die Neigung zu unruhigem Lauf. Besonders Systeme, bei denen Wälzkörper rückgeführt werden, sind davon betroffen. Wegen der hohen Anzahl an Tragelementen ist die Führung in der Regel statisch überbestimmt. **Bild 4** zeigt eine konstruktive Anordnung.

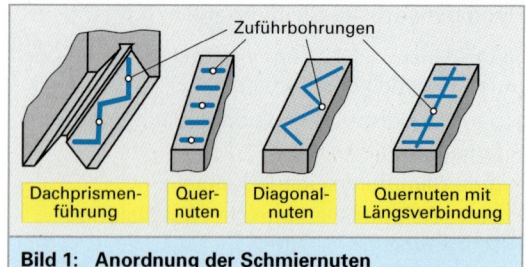

Bild 1: Anordnung der Schmiernuten

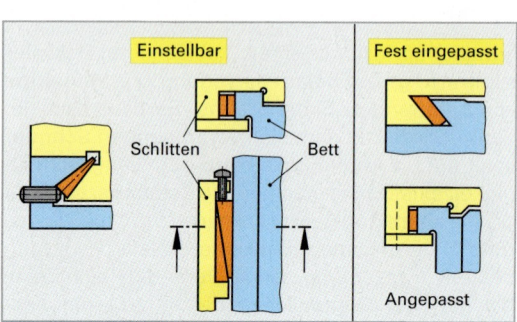

Bild 2: Einbau von Passleisten

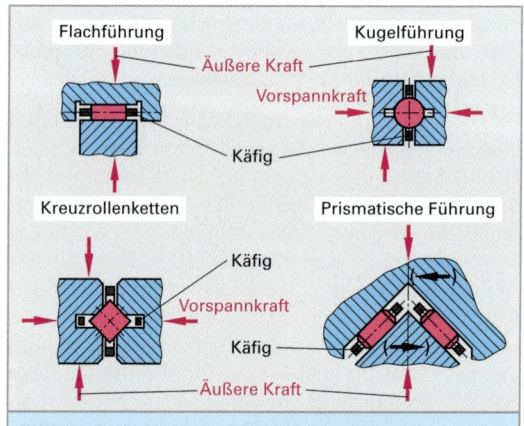

Bild 3: Anordnung von Wälzführungen

Bild 4: Konstruktive Anordnung

Als Wälzkörper werden Kugeln oder Zylinderrollen verwendet. Kugeln haben die kleinste Berührfläche (Punktberührung) und damit eine geringere Steifigkeit. Zylinderrollen haben aufgrund der Linienberührung höhere Steifigkeiten, jedoch werden hierfür engere Toleranzen gefordert. Die Wälzkörper werden wegen der notwendigen Rückführung in Führungswagen untergebracht **(Bild 1)**.

Auch bei den Wälzführungen sind die von den Gleitführungen bekannten Führungsbahngeometrien realisierbar (Flach-, Prismen-, Rundführungen), mit Festlagerfunktion und mit Loslagerfunktion. Des Weiteren können die Wälzkörper in einem Käfig gefesselt werden oder mit Wälzkörperrückführung in Umlaufschuh bzw. Umlaufeinheit ausgeführt sein. Die Profilschienen bzw. Führungsbahnen müssen wegen der hohen auftretenden Flächenpressungen gehärtet und geschliffen sein. Als Schmierung wird Öl oder Fett verwendet.

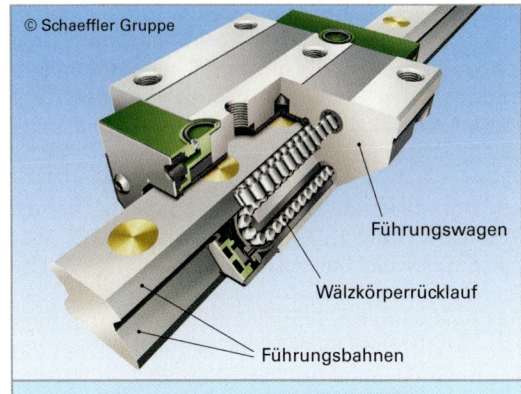

Bild 1: Führungswagen mit Rollenwälzkörpern

Die Steifigkeit einer Wälzführung steigt mit der Anzahl der Wälzelemente und mit wachsender Verformung bzw. Vorspannung, da die Wälzkörper in der Kontaktzone eine progressive Federkernlinie aufweisen. Selbst bei linear angenommener Federkennlinie steigt die Steifigkeit eines Systems mit gegenüberliegenden Wälzkörpern durch Vorspannung auf den doppelten Wert, solange die äußere Last kleiner als die doppelte Vorspannkraft ist. Erklärung: Modellierung der Wälzkörper als gegenüberliegende ideale Druckfedern, von denen ohne Vorspannung jeweils nur eine, mit Vorspannung aber beide zur Federsteifigkeit beitragen. Oft werden zur Schwingungsdämpfung Dämpfungsschlitten mitgeführt **(Bild 2)**.

Hydrostatische Gleitführungen. Bei hydrostatischen Gleitführungen wird der Schmierdruck durch Pumpen (externes Ölversorgungssystem) aufgebaut. Der Ölspalt ist deshalb immer – auch im Stillstand – vorhanden **(Bild 3)**. Dabei fließt der Ölstrom über taschenförmige Vertiefungen in der schlittenseitigen Führung zwischen den Führungsflächen hindurch und in den Rückwärtszweig des Ölkreislaufs. Die Tragkraft wird durch den Taschendruck und die Taschenfläche bestimmt.

Vorteilhaft ist die hohe Tragfähigkeit und die hohe Dämpfung in Tragrichtung (ohne jeglichen Verschleiß und ohne Ruckgleiten). Nachteilig ist die geringe Dämpfung in Verfahrrichtung und der hohe Aufwand für das Ölversorgungssystem. Die Ölversorgung der einzelnen Taschen muss von einander unabhängig erfolgen, damit sich unterschiedlichen Taschendrücke einstellen können. Dadurch ist die Aufnahme außermittiger Lasten möglich.

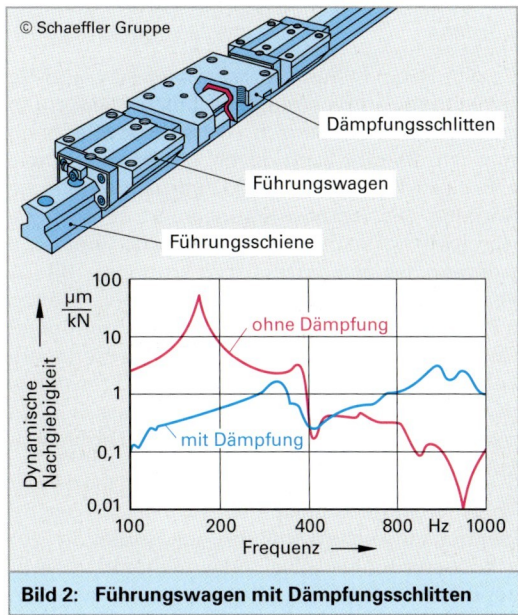

Bild 2: Führungswagen mit Dämpfungsschlitten

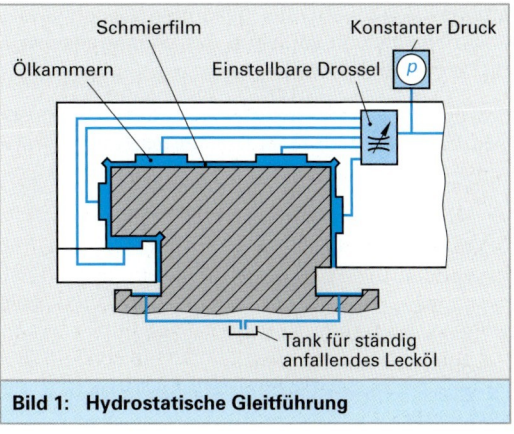

Bild 1: Hydrostatische Gleitführung

Aerostatische Führungen. Luftführungen arbeiten analog zu hydrostatischen Führungen nach dem aerostatischen Prinzip mit dem Trennmedium Luft zwischen den Gleitflächen. Auch hier wird eine Pumpe benötigt. Hinzu kommt ein Drosselventil (Blende, Kapillare, Düse) je Tasche. Aerostatische Taschen haben meist sehr kleine Abmessungen, um stark federnde Luftpolster in den Taschen zu vermeiden **(Bild 1)**. Vorteilhaft ist, dass Luft überall verfügbar ist. Dabei ist die Luft chemisch relativ inert, die umliegenden Maschinenteile werden nicht verschmutzt, und eine Rückführeinrichtung bzw. Abdichtung nach außen ist nicht notwendig. Auch die dynamische Viskosität der Luft ist sehr temperaturstabil. In **Tabelle 1** rechts, sind die Eigenschaften der verschiedenen Führungsprinzipien gegen übergestellt.

Antriebe

Es gibt Hauptantriebe, Vorschubantriebe und Nebenantriebe an Werkzeugmaschinen. Die Antriebsprinzipien sind elektrisch, hydraulisch oder pneumatisch. Es gibt auch davon Mischformen, wie z. B. elektrohydraulische und hydropneumatische Antriebe. Die *Hauptbewegungen* erfordern hohe Geschwindigkeiten und hohe Kräfte und sind während des Wirkprozesses zu erbringen **(Bild 2)**. *Vorschubbewegungen* sind bei gleichen Kräften aufzubringen, aber bei wesentlich geringerer Geschwindigkeit, erfordern also eine geringere Leistung während des Wirkprozesses. *Stellbewegungen* sind während des Wirkprozesses nicht relevant, obwohl auch sie sehr hohe Beschleunigungen erfordern können.

Vorschubantriebe dienen dem Umsetzen der Bewegungsanweisungen/Führungsgrößen in Vorschubbewegungen einer oder mehrerer Maschinenschlitten, damit die geforderte Werkstückgeometrie entsteht. Elektrische Antriebe sind im Werkzeugmaschinenbau dominierend, da sie ein stetiges Ansteuern des gesamten Geschwindigkeitsbereichs von Vorschub- bis Eilganggeschwindigkeit ermöglichen.

Es werden folgende Anforderungen gestellt:
- verzerrungsfreie Signalübertragung,
- schwingungsfreier Übergang in Positionen,
- hohe Steifigkeit und hohe Dynamik,
- spielfrei, keine Umkehrspanne,
- verzögerungsarme Ausführung von Führungsgrößenänderungen,
- Ausregeln von Störgrößen,
- Gleiches Übertragungsverhalten aller Achsen.

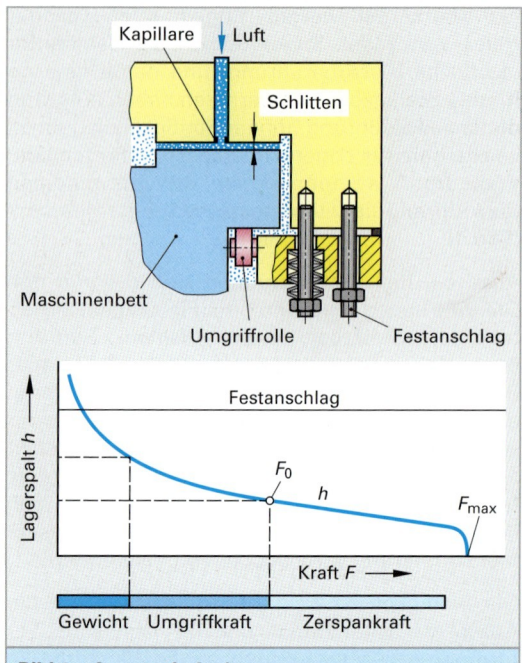

Bild 1: Aerostatische Lagerung

Tabelle 1: Eigenschaften von Führungen

Merkmale	Prinzip			
	hydrodynamisch	wälzend	hydrostatisch	aerostatisch
Steifigkeit	+++	++	+++	+
Betriebssicherheit	+++	+++	++	++
Standardisierungsgrad	+	+++	+	+
Tragfähigkeit	+++	+++	+++	+
Dämpfung	+++	+	+++	+++
Leichtgängigkeit	+	++	+++	+++
Verschleißfestigkeit	+	++	+++	+++
Stick-Slip-Freiheit	++	+++	+++	+++
Geschwindigkeitsbereich	++	+++	+++	+++
Kosten	+	++	+++	+++
Bauaufwand	+++	+++	+++	+

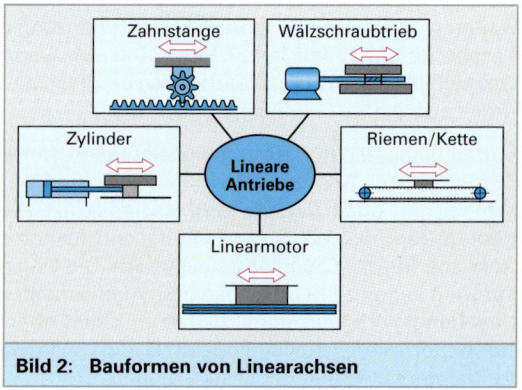

Bild 2: Bauformen von Linearachsen

2.6 Zerspanungstechnik

Elektrischer Wälzschraubtrieb (Kugelgewindetrieb). Der Wälzschraubtrieb mit einem Elektromotor wird häufig als Vorschubantrieb eingesetzt **(Bild 1)**. Es wird meist ein Drehstromasynchronmotor (AC-Motor) verwendet. Bei kleineren Leistungen werden auch Schrittmotoren eingesetzt. Die Umsetzung der Drehbewegung in eine Linearbewegung erfolgt übereinen Kugelgewindetrieb. Hierbei muss die Lagerung der Spindel spielfrei vorgespannt sein.

Die Kugelumlaufmutter ist häufig zweigeteilt, so dass auch diese vorgespannt werden kann. Somit wird erreicht, dass hierdurch keine Lose bzw. Umkehrspanne entsteht. Zusätzlich wirkt sich die elastische Nachgiebigkeit des Gesamtsystems bei wechselnder Belastung wie eine Umkehrspanne aus.

Dies ergibt beim Bahnfahren (z. B. Kreisbahn) kleine Ungenauigkeiten in der Geometrie. Die Position des Schlittens wird mit einem Wegmesssystem erfasst **(Bild 1)**.

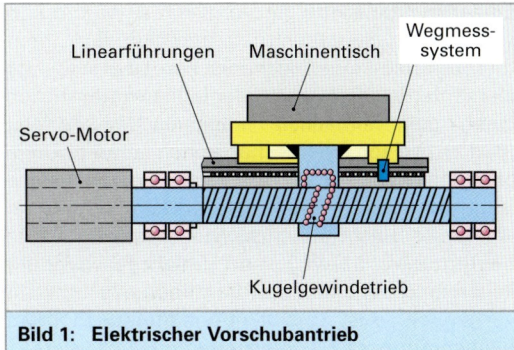

Bild 1: Elektrischer Vorschubantrieb

Hydraulische Linearachse. Hydraulische Antriebe sind als Achsen gut geeignet. Sie verkörpern für spanende Werkzeugmaschinen hinsichtlich der Bewegungsgleichförmigkeit und der Positioniergenauigkeit eine der anspruchsvollsten Lösungen **(Bild 2)**. Auf Grund der geringen bewegten Massen im Vergleich zu einem Elektromotor können sehr dynamische Vorschubantriebe gebaut werden.

Die vorliegenden Eigenfrequenzverhältnisse an Servoventilen und der Vorschubeinheit gestatten es, einen einschleifigen Regelkreis zu verwenden **(Bild 3)**. Es werden am Markt kompakte fertige Servozylindereinheiten mit integrierten Wegmesssystemen angeboten **(Bild 2)**.

Diese Einheiten können direkt an CNC-Steuerungen angekoppelt werden. Optimale Steifigkeitsverhältnisse können dann erreicht werden, wenn der Hydraulikzylinder beidseitig eingespannt ist. Dies wird bei Stetigventilen dadurch erreicht, dass die Steuerkanten so gestaltet sind, dass diese jeweils als Drosseln wirken.

Durch die Gestaltung der verschiedenen Ventilpositionen können mit einem Ventil viele Geschwindigkeiten optimal gefahren werden. Das Ventil verwendet zum schnellen Einfahren des Kolbens die Ölrückführung, also eine Umströmungsschaltung. Es können somit sehr große Einfahrgeschwindigkeiten erreicht werden. Schaltungen dieses Typs können sowohl gesteuert als auch im geschlossenen Regelkreis betrieben werden.

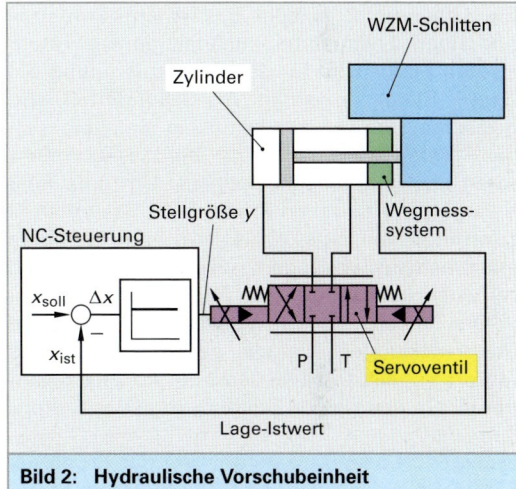

Bild 2: Hydraulische Vorschubeinheit

Bild 3: Regelkreis mit Bode-Diagramm

Lineardirektantriebe. Im Vergleich zu einem konventionellen Spindelantrieb benötigt der Linearmotorantrieb keine mechanischen Übersetzungselemente. Dadurch besitzt der Linearmotorantrieb einen sehr einfachen mechanischen Aufbau (**Bild 1**). Die von den mechanischen Übersetzungselementen bekannten Nachteile, wie zusätzliche Trägheitsmassen, Elastizitäten, Nichtlinearitäten wie Spiel- und Reibungsumkehrspannen sowie begrenzte Verfahrwege und Verfahrgeschwindigkeiten sind bei Linearmotorantrieben nicht mehr vorhanden. Als verschleißbehaftetes Element bleiben nur noch die Führungen.

Ein Linearmotor besteht aus einem Primärteil und einem Sekundärteil. In Analogie zum rotatorischen Motor wird für das Primärteil häufig der Begriff Stator verwendet. Als Sekundärteil wird dasjenige Element bezeichnet, in welchem sich die Permanentmagnete bzw. bei Asynchronmotoren das Reaktionsteil befindet. Um eine Relativbewegung zwischen Primär- und Sekundärteil zu ermöglichen, muss eines der bei den Elemente entsprechend verlängert werden. Dabei wird zwischen Langstatormotor und Kurzstatormotor unterschieden. Beim Langstatormotor sind die Statorwicklungen über die gesamte Länge des Motors verteilt. Dabei bedeckt das kürzere Sekundärteil nur den kleinen Teil der Länge des Stators.

Dagegen ist beim Kurzstatormotor das Primärteil kürzer als das Sekundärteil. Der gesamte Stator ist hierbei an der Kraftbildung beteiligt. Bei einer konventionellen Antriebsanordnung (siehe **Bild 1**, vorhergehende Seite) müssen die Schlittenführungen die gesamte Anzugskraft aufnehmen. Der Schlitten unterliegt dabei einer Biegeverformung gemäß dieser Kraft. Er muss dementsprechend steif gebaut werden. Die Führungen müssen vor allem für diesen konstanten Kraftanteil sowie für äußere Kräfte auf Steifigkeit und hohe Genauigkeit ausgelegt werden.

Bei einem zweifach kraftgefesselten System (**Bild 2**) weist das Bett ein geschlossenes Profil auf, welches die Biege- und Torsionssteifigkeit erheblich erhöht. Die Belastung der Führungen und der Schlitten erfolgt jeweils mit Kraftkomponenten entsprechend der Schräglage. Diese Konstruktion ist besonders geeignet für eine Modulbauweise in Tragwerkskonstruktionen. Mit dieser Konstruktion lassen sich Geschwindigkeitsverstärkungsfaktoren des Lageregelkreises von $K_v > 1000$ s^{-1} realisieren. Dies ist die Voraussetzung für hohe Positioniergenauigkeiten und eine hohe Gleichlaufgüte bei einem hochdynamischen Antrieb.

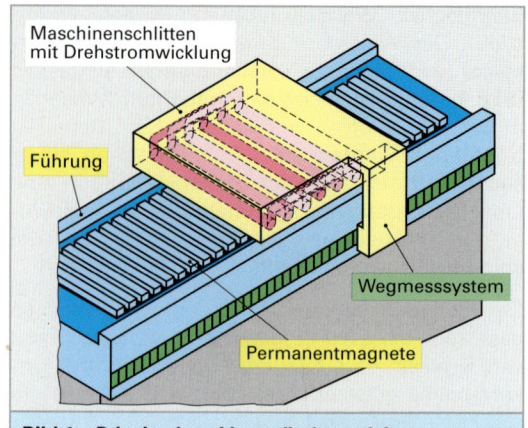

Bild 1: Prinzip eines Lineardirektantriebes

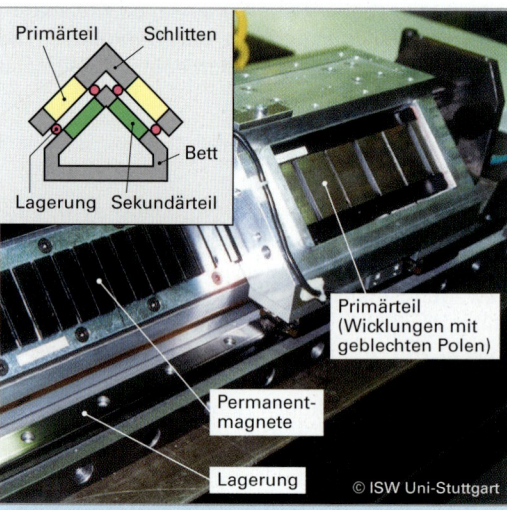

Bild 2: Selbsttragendes Direktantriebsmodul

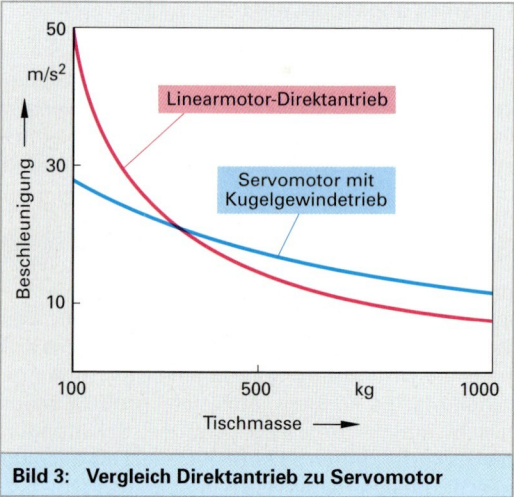

Bild 3: Vergleich Direktantrieb zu Servomotor

2.6 Zerspanungstechnik

Bei kleineren bewegten Massen werden bei Lineardirektantrieben wesentlich höhere Beschleunigungen erreicht gegenüber konventionellen Servomotoren **(Bild 3, vorhergehende Seite)**.

Hauptspindel. Bei Fräsmaschinen ist die Hauptspindel Träger des Werkzeugs und führt durch die Drehbewegung die Hauptschnittbewegung aus. Trotz hoher Anforderung an die Genauigkeit und die statische und dynamische Steifigkeit muss eine kostengünstige und fertigungsgerechte Konstruktion angestrebt werden. Eine Möglichkeit ist, nach dem Motor ein Vorgelegegetriebe anzubringen. Dieses wird von der CNC-Steuerung angesteuert. Damit wird erreicht, dass der Antriebsmotor, besonders bei schwerer Zerspanung, im optimalen Drehmomentbereich läuft **(Bild 1)**. Die Spindel wird über einen schwingungsdämpfenden Riementrieb angetrieben. Durch Einstellen der Lager wird eine spielfreie Lagerung der Spindel erreicht. Wegen des hohen Wirkungsgrades haben sich Wälzlager weitgehend durchgesetzt. Oft wird der Motor in die Spindel integriert **(Bild 2)** und auf ein Getriebe verzichtet. Das Werkzeugspannsystem wird durch die ganze Spindel geführt. Am Ende wird die hydraulische Werkzeugspanneinheit montiert. Es gibt Sensoren zur Überwachung u. a. des Werkzeugspannsystems, von Vibrationen, der Lagertemperatur und von Spindelverlagerungen. Die Anlageflächen im Kegel und auf der Planseite erbringen ein exaktes Spannen **(Bild 3)**.

Hochgeschwindigkeitsspindeln. Moderne Schneidstoffe ermöglichen sehr hohe Schnittgeschwindigkeiten, so dass Drehzahlen bis 60000 min^{-1} und Antriebsleistungen bis 50 kW notwendig werden.

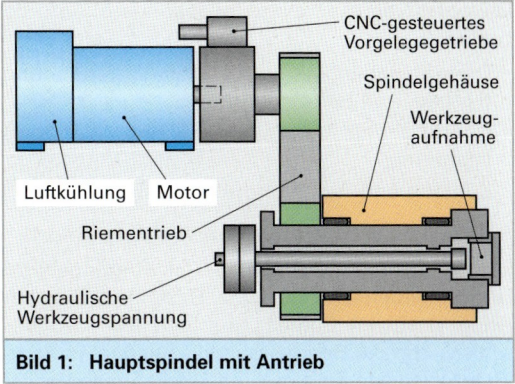

Bild 1: Hauptspindel mit Antrieb

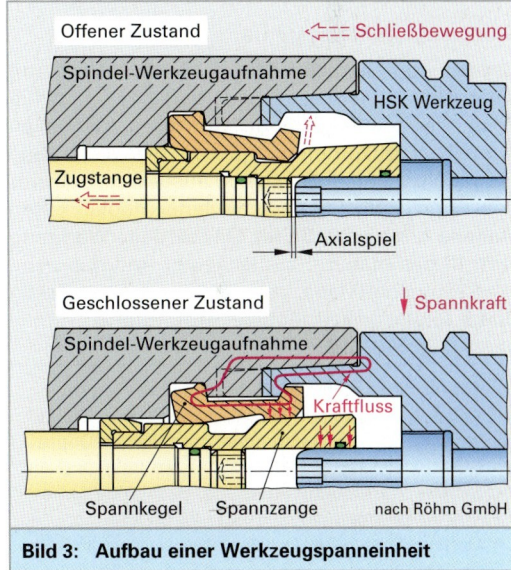

Bild 3: Aufbau einer Werkzeugspanneinheit

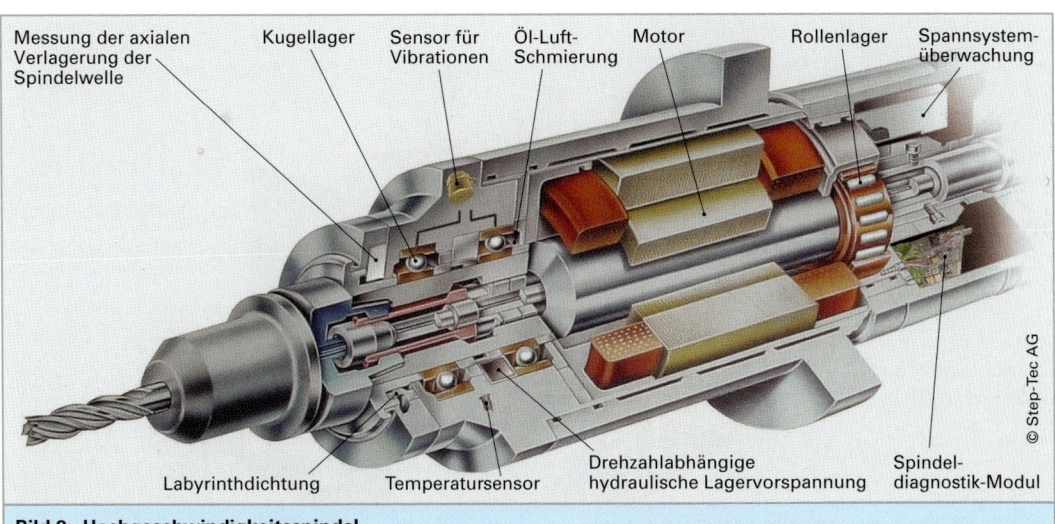

Bild 2: Hochgeschwindigkeitsspindel

Dies stellt an die Spindeln besondere Anforderungen:

- Drehzahlabhängige hydraulische Vorspannung der Lager, Öl-Luft-Schmierung,
- Überwachung der Vibration und Werkzeugspannung,
- Kühlung und Temperaturüberwachung.

Spindeln für die Ultraschallbearbeitung (Bild 1)

Hierbei wird die Spindel in Schwingungen im Ultraschallbereich versetzt (z. B. 20 kHz). Dies hat einen positiven Einfluss auf den Werkzeugverschleiß und die Bearbeitbarkeit. Besonders harte Materialien wie Keramik und Glas können besser bearbeitet werden.

Werkzeugwechselsysteme

Bei der Komplettbearbeitung auf einem Fräszentrum **(Bild 2)** werden für ein Werkstück verschiedene Werkzeuge benötigt. Um ohne manuellen Eingriff auszukommen, müssen die Werkzeuge vorgehalten und automatisch ausgewechselt werden. Hierzu gibt es verschiedene Möglichkeiten **(Tabelle 1, folgende Seite)**. Das aktuelle Werkzeug wird in das Magazin zurückgelegt und das neue Werkzeug vom Magazin in die Spindel eingesetzt. **Bild 3** zeigt ein Werkzeugwechselsystem.

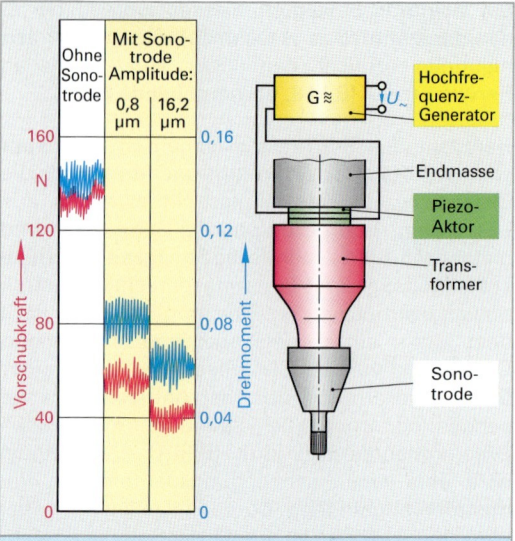

Bild 1: Ultraschalleinrichtung an einer Spindel

Anforderungen an ein Werkzeugwechselsystem:
- Kurze Wechselzeiten: Als Wechselzeit wird die Zeit von Span zu Span verstanden, mit Hilfe von Doppelgreifern sind Wechselzeiten von 1 Sekunde möglich.
- Sichere Werkzeughandhabung: Es ist eine sichere Positionierung und Fixierung notwendig.
- Genaue Positionierung des Werkzeugs im Werkzeugträger

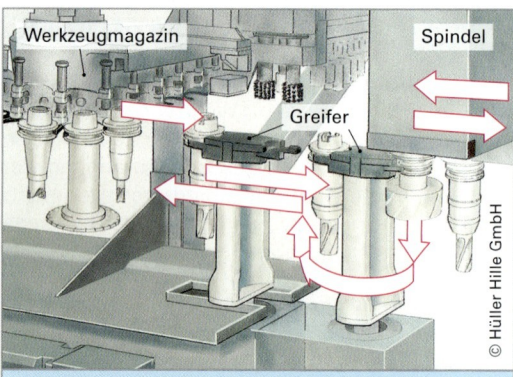

Bild 3: Fräsmaschine mit Werkzeugwechsler

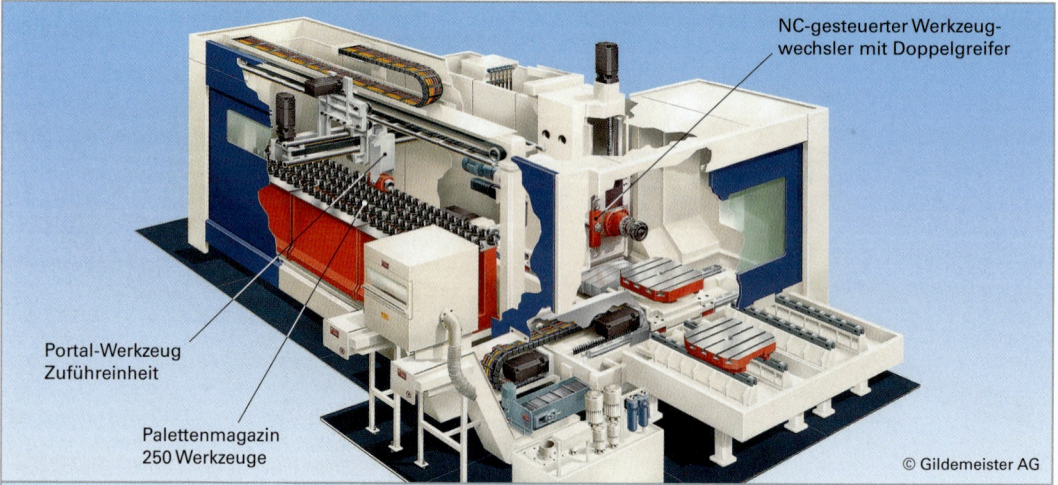

Bild 2: Bearbeitungszentrum mit Palettenmagazin

2.6 Zerspanungstechnik

Tabelle 1: Werkzeugmagazine und Werkzeugwechsel							
Werkzeugmagazin							
Bauform	bewegliche Werkzeugplätze			feststehende Werkzeugplätze		
	Scheibe	Kette	Trommel	Leiste	Palette	Regal
Anbringungsort	neben der Maschine			am Bett	am Ständer	am Spindelkasten	
Werkzeugfügeeinrichtung	parallel zur Magazinachse				senkrecht zur Magazinachse	
Werkzeugwechseleinrichtung							
Wechselprinzip	Greifer mit Hub- und Schwenkachse			Greifer mit Übergabe- bzw. Zubringeeinheit		Ohne Zusatzeinrichtung (Pick up)
Greiferbauform	ein Einarmgreifer			mehrere Einarmgreifer		Doppelarmgreifer	
						gerade	abgewinkelt
Anbringungsort	am Magazin			am Ständer		am Spindelkasten	
Greiferstellung	direkt am arbeitenden Werkzeug				Parkstellung während der Bearbeitung	

Werkzeugidentifizierung. Die Identifizierung der Werkzeuge erfolgt entweder über feste Nummern am Werkzeugmagazin oder über einen Speicherchip auf dem Werkzeug. Dann kann das Werkzeug an einem beliebigen Platz sein. Der Speicherchip beinhaltet alle für das Werkzeug relevante Daten sowie die Historie des Werkzeugs, z. B. die aktuelle Nutzungszeit **(Bild 1)**.

Werkstückorganisation. Bei der automatisierten bedienerlosen Fertigung muss die Fertigungszelle automatisch mit mehreren Werkstücken versorgt werden. Hier werden Werkstückwechselsysteme eingesetzt mit Paletten. **Bild 2** zeigt einen linienförmigen Mehrpalettenspeicher. Bei größeren Anlagen befindet sich z. B. an jeder Maschine eine Palettentausch-Station. Hierbei ist immer schon das nächste Rohteil in Wartestellung. Der Transportwagen bedient nun, über die CNC-Steuerung angesteuert, mehrere Maschinen. Die Paletten sind z. B. auch mit Schreib-Lese-Datenspeichern versehen **(Bild 3)**.

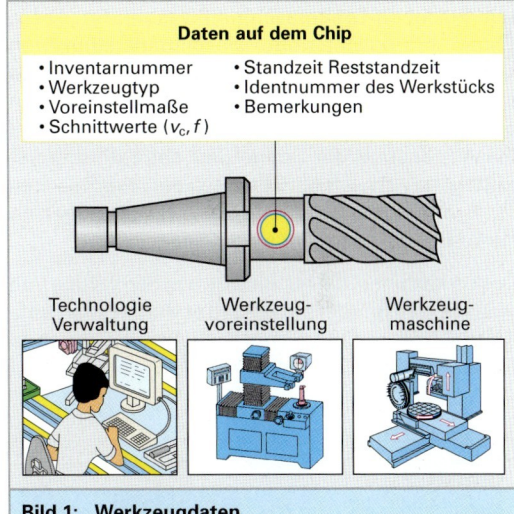

Bild 1: Werkzeugdaten

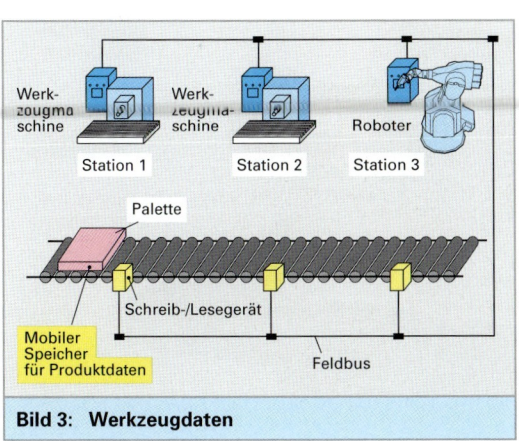

Bild 3: Werkzeugdaten

Bild 2: Werkstückwechselsystem

2.6.18.2 Drehmaschinen

Drehmaschinen sind Werkzeugmaschinen, auf denen hauptsächlich rotationssymmetrische Werkstücke bearbeitet werden. Die Schnittbewegung wird dabei in der Regel durch Rotation des Werkstücks erzeugt. Drehmaschinen sind vielfach mit Zusatzfunktionen ausgerüstet, mit denen auch fräsende und bohrende Bearbeitungsoperationen parallel, senkrecht oder in beliebigen Winkeln zur Werkstückachse durchgeführt werden können. Die verschiedenen Arten der Drehmaschinen unterscheiden sich vor allem in der relativen Lage der Werkstückachse (waagrecht/senkrecht). Dabei ist der Aufbau des Maschinenbettes sowie die Lage der Spindel ein wichtiges Klassifizierungskriterium **(Bild 1)**.

Einfache Drehmaschinen werden meist als horizontale Flachbett-Drehmaschinen ausgeführt. Diese Bauart ermöglicht hohe Maschinensteifigkeiten. Die Schrägbettbauweise ermöglicht eine gute Bedienung der Maschine. Alle Baugruppen sind gut erreichbar. Diese Bauart ermöglicht einen schnellen Abtransport der Späne und des Kühlschmiermittels, so dass die Gefahr einer thermischen Verformung des Maschinenbettes gegenüber anderen Bauformen nicht so groß ist.

Drehmaschinen dieser Bauart werden häufig mit einer Gegenspindel ausgestattet. Damit kann eine Komplettbearbeitung von Werkstücken durchgeführt werden. Außerdem ist der Werkzeugrevolver mit angetriebenen Werkzeugen ausgestattet, so dass Bohr und Fräsoperationen durchgeführt werden können. Hierbei muss die Hauptspindel als CNC-Achse ausgeführt sein und damit positionierbar sein (C-Achse). Oft wird für die Gegenspindel ein zweiter Werkzeugrevolver montiert, so dass beide Spindeln unabhängig voneinander Werkstücke bearbeiten können **(Bild 2)**. Es können natürlich auch beide Werkzeugrevolver an einem Werkstück gleichzeitig arbeiten. Die zweite Spindel wird dann solange zurückgefahren.

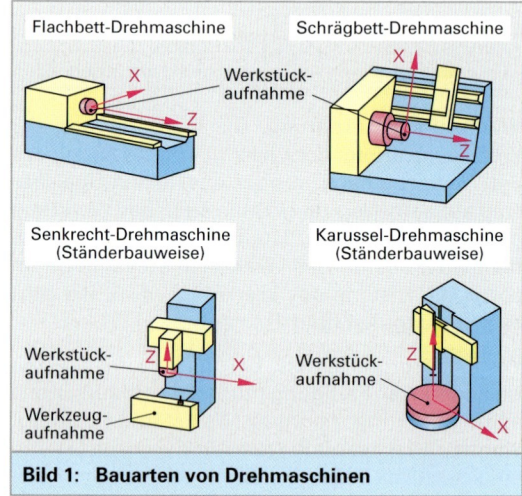

Bild 1: Bauarten von Drehmaschinen

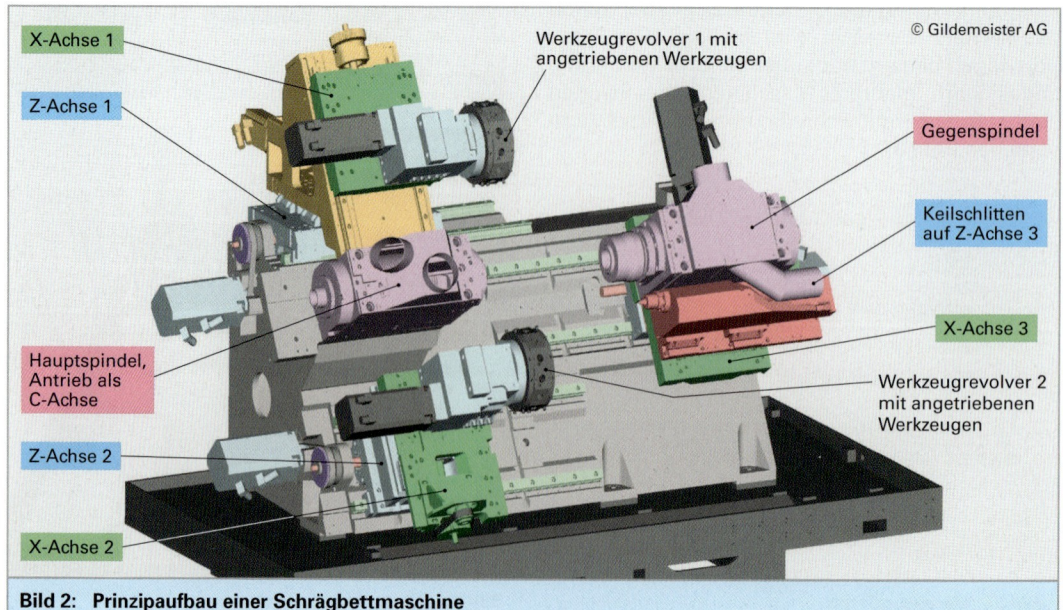

Bild 2: Prinzipaufbau einer Schrägbettmaschine

2.6 Zerspanungstechnik

Senkrechtdrehmaschinen

Das **Bild 1** zeigt eine moderne Bauart einer Senkrechtdrehmaschine. Hierbei führt das Spannfutter mit Werkstück sowohl die Drehbewegungen als auch Bewegungen in X-Y-Z aus. Es werden Eilganggeschwindigkeiten bis zu 60 m/min erreicht. Die frei verfahrbare Motorspindel bringt das Werkstück in kürzester Zeit vom Zuführband zu den Bearbeitungsstationen. Die Werkzeuge sind in stehender Ordnung fest eingebaut, ebenfalls die angetriebenen Werkzeuge zum Bohren, Fräsen, Laserschweißen und Schleifen.

Doppelspindlige Drehmaschinen

In der Großserienproduktion werden auch *doppelspindlige* Drehmaschinen eingesetzt. Ausgehend von der Erfahrung, dass die meisten Futterdrehteile beidseitig bearbeitet werden müssen, sind diese Maschinen mit zwei senkrecht stehenden Spindeln ausgerüstet **(Bild 2)**. Die linke Spindel ist in der X-Achse und in der Z-Achse beweglich. Damit kann diese Spindel die Rohteile vom Zuführband holen. Der dazugehörige Werkzeugrevolver ist feststehend. Nach der Bearbeitung übergibt die Motorspindel das Teil direkt auf die stationäre Spindel. Der dazugehörende Werkzeugrevolver kann in X-Richtung und in Z-Richtung verfahren und die Bearbeitung durchführen. Ein Werkzeugplatz ist mit einem Greifersystem besetzt. Mit diesem kann das fertige Teil auf das Transportband gelegt werden. Somit entfallen Wendestationen, Zwischenpuffer und Ladesysteme.

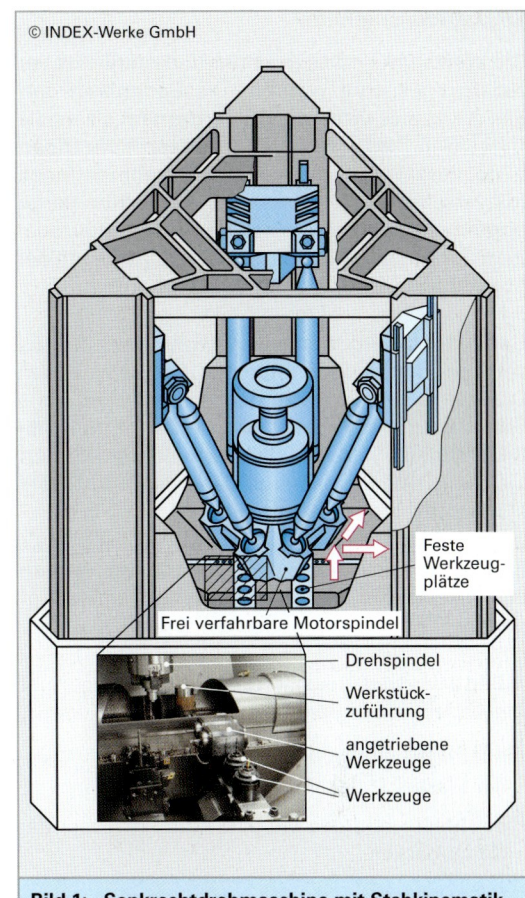

Bild 1: Senkrechtdrehmaschine mit Stabkinematik

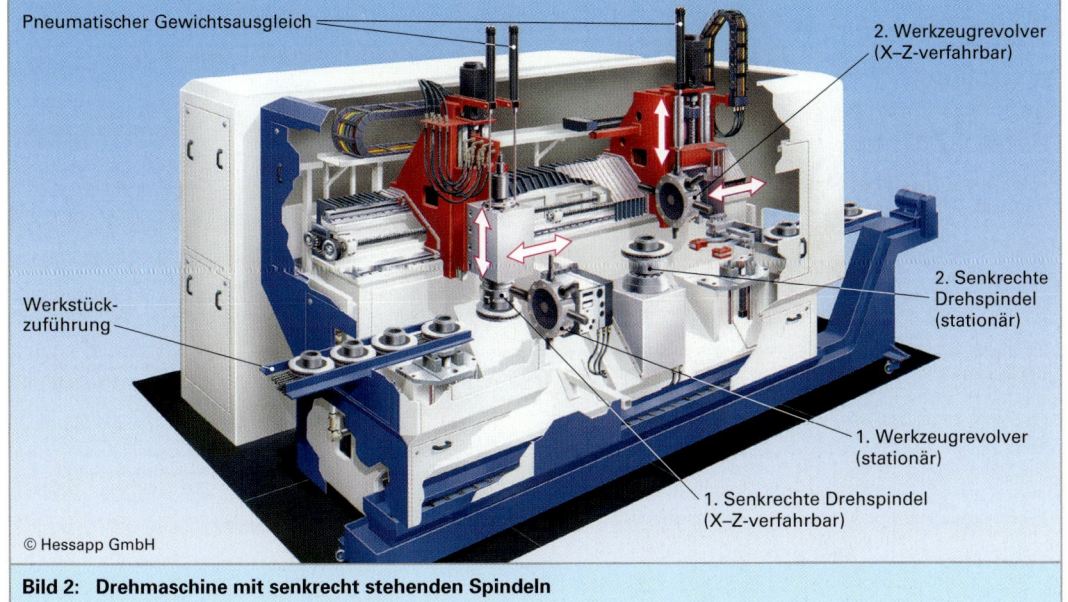

Bild 2: Drehmaschine mit senkrecht stehenden Spindeln

Werkstückspannmittel

Die Werkstücke müssen sicher und möglichst verzugsfrei gespannt werden. Die Spannkraft darf das Werkstück nicht stärker verformen, als es die Toleranzen des Fertigteils zulassen. Die Spannung des Werkstücks wird bei Drehmaschinen mit verschiedenen Arten von Spannfuttern vorgenommen. Häufig sind dies Dreibackenfutter oder Vierbackenfutter. Die Spannung erfolgt wegen der notwendigen Selbsthemmung mechanisch.

Der Antrieb wird mechanisch mit einem Schlüssel oder hydraulisch erzeugt. Bei sehr hohen Drehzahlen entstehen an den Spannbacken hohe Fliehkräfte, so dass die elastische Verformung der Spanneinrichtung zu einer verminderten Spannkraft führt und ein sicheres Bearbeiten des Werkstücks nicht mehr gewährleistet ist.

Es werden in diesen Fällen Spannfutter verwendet, welche über einen beweglichen Fliehkraftkörper die Fliehkraft kompensieren (**Bild 1**).

In **Bild 2** wird die Auswirkung der Fliehkraft gezeigt. Die Abnahme der Spannkraft ist abhängig von:

- der Elastizität des Spannfutters,
- der Elastizität des Werkstücks,
- der Masse und des Flugkreisdurchmessers der Spannbacken.

> Die Fliehkräfte sind proportional zum Quadrat der Drehzahl.

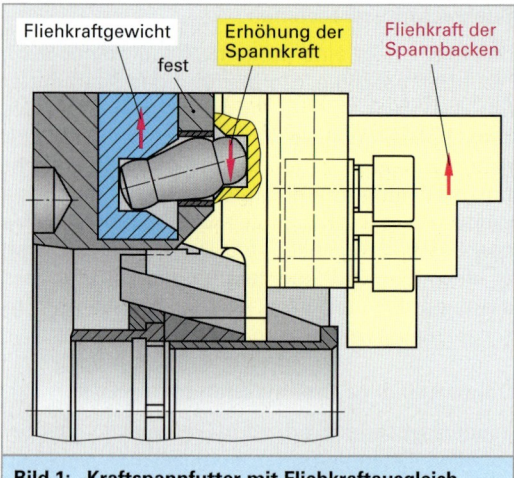

Bild 1: Kraftspannfutter mit Fliehkraftausgleich

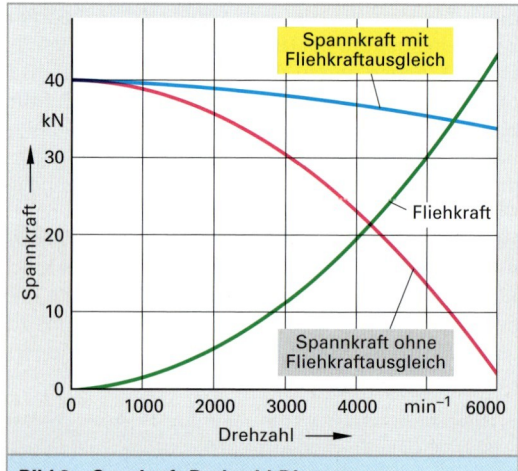

Bild 2: Spankraft-Drehzahl-Diagramm

Berechnung der Fliehkraft F_{flB} der Spannbacken

Die Fliehkraft F_{fi} eines Massepunktes mit der Masse m und dem Abstand r vom Drehpunkt ist mit der Winkelgeschwindigkeit w bzw. der Drehpunkt n:

$$F_{fi} = m \cdot r \cdot \omega^2 = m \cdot r \cdot (2\pi \cdot n)^2$$

Für die Spannbacken rechnet man näherungsweise mit der Gesamtmasse m_B eines Backensatzes und als Radius den Abstand des Schwerpunktes von der Drehachse. Fasst man $m_B \cdot R_B$ zum Fliehmoment M_{flB} zusammen so erhält man:

$$F_{flB} = m_B \cdot R_B \cdot 4\pi^2 \cdot n^2$$
$$F_{flB} = M_{flB} \cdot 4\pi^2 \cdot n^2 \quad \text{(Bild 3)}$$

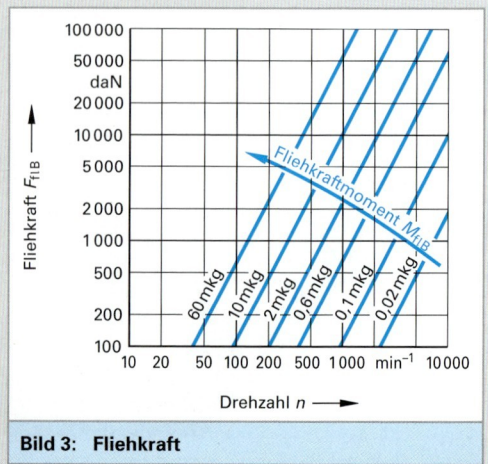

Bild 3: Fliehkraft

2.6 Zerspanungstechnik

Tatsächlich ist nicht nur das Lösen bei einer Außenspannung problematisch. Genauso kritisch ist das Innenspannen, z. B. von Rohren. Hier bewirkt die Fliehkraft eine höhere Spannung und damit eine unzulässige Verformung des Werkstücks.

Über besondere Konstruktionen von Kraftspannfuttern können Drehzahlen bis zu 10000 1/min erreicht werden. Hier hat die Fliehkraft eine geringere Wirkung. Dies geschieht durch eine besondere Art der Keilhakenverbindung (**Bild 1**). Hierbei erfolgt eine direkte Kraftübertragung des Spannkolbens auf die Spannbacke.

Bei der Bearbeitung von Serien werden in der Regel zur Werkstückspannung Spannzangen (**Bild 2**) verwendet. Der Einsatz ist dabei nur für jeweils einen Rohteildurchmesser geeignet. Es werden sehr hohe Spannkräfte erreicht. Zudem wird beim Spannen durch die Konstruktion das Rohteil an den Werkstückanschlag gezogen, so dass ein zusätzlicher Halt erzeugt wird.

Sicherheit bei Drehmaschinen

CNC-gesteuerte Drehmaschinen stellen besondere Anforderungen an die Sicherheit für die Maschine und den Bediener. So wird z. B. die Werkstückspannung während des Betriebes überwacht. Ebenso die minimale und die maximale Drehzahl der Hauptspindel.

Eine wichtige Einrichtung zum Schutz des Bedieners ist die Schutztüre. Sie ist mit Sicherheitsglas ausgerüstet und muss während der Bearbeitung geschlossen sein. Für den Einrichtebetrieb muss eine Zustimmtaste betätigt werden. Der Späneförderer muss so gesichert sein, dass ein Hineingreifen nicht möglich ist.

Wiederholung und Vertiefung

1. Erklären Sie die Begriffe Seriellkinematik und Parallelkinematik.
2. Was versteht man unter Gantry-Bauweise?
3. Skizzieren Sie eine Hexapod-Maschine.
4. Welche Werkstoffe werden für Gestelle verwendet und welche Gesichtspunkte gelten für die Werkstoffauswahl?
5. Mit welchen Maßnahmen kann man Maschinenschwingungen mindern?
6. Welche Arten von Führungen verwendet man bei Werkzeugmaschinen?
7. Welche Vorteile haben Lineardirektantriebe?
8. Welche Bedeutung haben die Fliehkräfte bei der Drehbearbeitung?

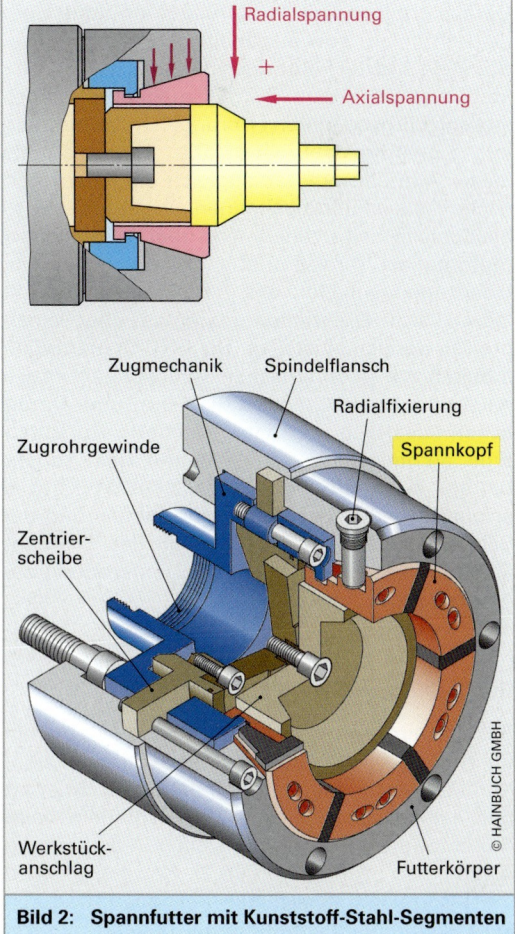

Bild 1: Kraftspannfutter

Bild 2: Spannfutter mit Kunststoff-Stahl-Segmenten

2.6.18.3 Schleifmaschinen

Die Bauformen der Schleifmaschinen werden von dem Schleifverfahren und der herzustellenden Oberflächenformen in Verbindung mit der Geometrie der Schleifscheibe bestimmt.

Man unterscheidet

- das Rundschleifen **(Bild 1)** mit Innen- und Außenrund-Schleifmaschinen,
- das Planschleifen,
- das Schraub- und Wälzschleifen,
- das Profil- und Formschleifen.

Eine Sonderstellung nimmt das Werkzeugschleifen ein.

Weitere Konstruktionsgrundlagen der Schleifmaschinen sind die Besonderheiten des Zerspanungsprozesses:

- hohe Schnittgeschwindigkeiten bis 150 m/s und
- kleine Spantiefen (0,001 mm bis 0,03 µm).

Daraus ergeben sich Forderungen an hohe Spindeldrehzahlen sowie genaue Lagerungen der Spindeln und der Führungen der Maschinentische. Man erreicht dies z. B. mit magnetisch-hydrostatisch vorgespannten Führungen in Verbindung mit Lineardirektantrieben. Die Dauermagnete dieser Antriebe pressen zugleich die Maschinentische auf die Führungsbahnen. Angetrieben wird die Schleifscheibe zunehmend über AC-Synchronmotoren als Direktantriebe ohne mechanische Übertragungsglieder, wie z. B. Riemen. Hiermit lassen sich Drehzahlen stufenlos über einen großen Bereich einstellen. Die CNC-Steuerungen arbeiten mit geometrischen Auflösungen im Bereich von 10 Nanometern (0,01 µm) und ermöglichen zusätzlich das bahngesteuerte Abrichten. Eine automatische Kompensation des Abrichtbetrags, bezogen auf das Sollmaß des Werkstücks, erfolgt über die Steuerung. Eine Profilierung der Schleifscheiben mit unterschiedlichen Diamantabrichtrollen kommt in der Massenfertigung zur Anwendung.

Rundschleifmaschinen

Bei den Produktionsmaschinen sind Maschinen für Außen- und Innenschleifbearbeitungen oder Kombinationen beider Verfahren üblich. So erlauben einschwenkbare Innenschleifspindeln beim Außenrundschleifen Teile in einer Aufspannung komplett zu bearbeiten **(Bild 2)**. Gewechselt wird die Technologie in wenigen Sekunden. Dadurch wird auch eine Bearbeitung mit gerader und mit

Bild 1: Rundschleifen

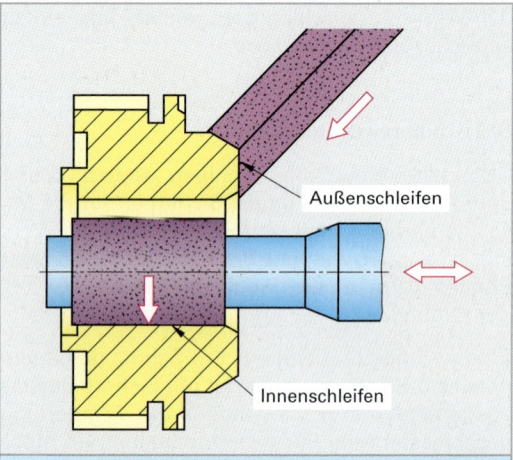

Bild 2: Gleichzeitiges Schleifen innen und außen

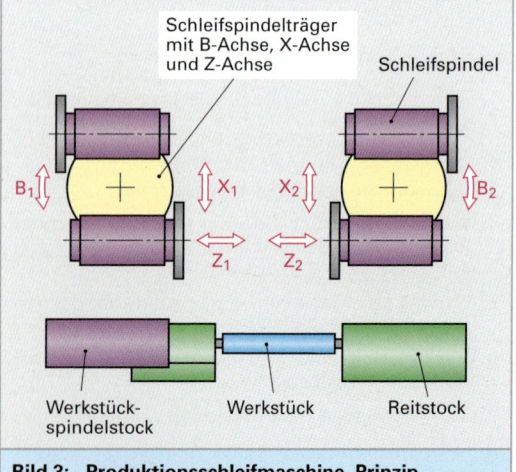

Bild 3: Produktionsschleifmaschine, Prinzip

2.6 Zerspanungstechnik

schräggestellter Schleifscheibe beim Einstech- und Längsschleifen sowie Bearbeitung von Kegeln, Radien und Konturen in einer Aufspannung möglich (**Bild 3, vorhergehende Seite**).

Der Arbeitsraum ist vollgekapselt und mit Sicherheitsscheiben ausgestattet. Zur Filterung des Kühlmittels sind meist Bandfilteranlagen im Einsatz. Für das bahngesteuerte Abrichten sind Abrichtwerkzeuge am Reitstock befestigt.

Lange Werkstücke werden über Setzstöcke abgestützt, die der Zustellung der Schleifscheibe synchron bis zum Fertigmaß folgen (**Bild 1**). Die Setzstockachsen werden als *lagegeregelte* CNC-Achsen programmiert.

Das Maschinenbett einer Schleifmaschine besteht meist aus Mineralguss. Es ist schwer und damit gut dämpfend, es ist temperaturausgleichend durch seine hohe Wärmekapazität und ferner ist es resistent gegen Kühlschmierstoffe.

Besonders hochgenaue Maschinen tragen die Spindelstöcke auf *Feinverstellplattformen* mit **Piezostellern** und ermöglichen so, während des Schleifprozesses eine Korrektur der Schleifdorndurchbiegung. Dies ist besonders bei der hochgenauen Fertigung von langen zylindrischen Bohrungen mit kleinen Bohrungsdurchmessern hilfreich, wie z. B. bei der Fertigung von Diesel-Einspritzzylindern.

Ein nahezu kontinuierlicher Abtrag des Materials erfolgt beim **spitzenlosen Außen- und Innenrundschleifen**. Diese Verfahren werden durch ihre Möglichkeit hohe Abtragsleistung zu erzielen hauptsächlich in der Massenfertigung eingesetzt. Beim spitzenlosen Außenrundschleifen liegt das Werkstück auf einer Auflageschiene (ohne dass es zwischen den Spitzen aufgenommen wird). Geführt wird es zwischen Scheibe, Auflageschiene und Regelscheibe. Die Regelscheibe besteht aus Kunstharz oder Hartgummi und ist beim Einstechschleifen zylindrisch und beim Durchgangsschleifen als Rotationshyperboloid ausgebildet. Beim Durchlaufschleifen wird die Regelscheibe zur Erzeugung der kontinuierlichen Vorschubgeschwindigkeit schräggestellt (**Bild 2**).

Umfangsplanschleifen und Profilschleifen werden auch allgemein als Flachschleifen bezeichnet und es gibt sie in vielen Varianten mit CNC-Steuerungen. Diese Maschinen gibt es auch als 5-Achs-Maschinen und sie schleifen Werkstücke in fast jede Form.

Grundsätzlich werden zwei Verfahrensvarianten unterschieden:

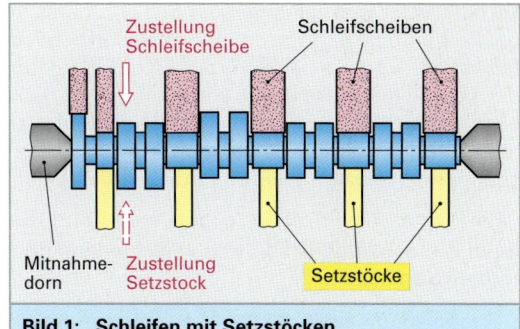

Bild 1: Schleifen mit Setzstöcken

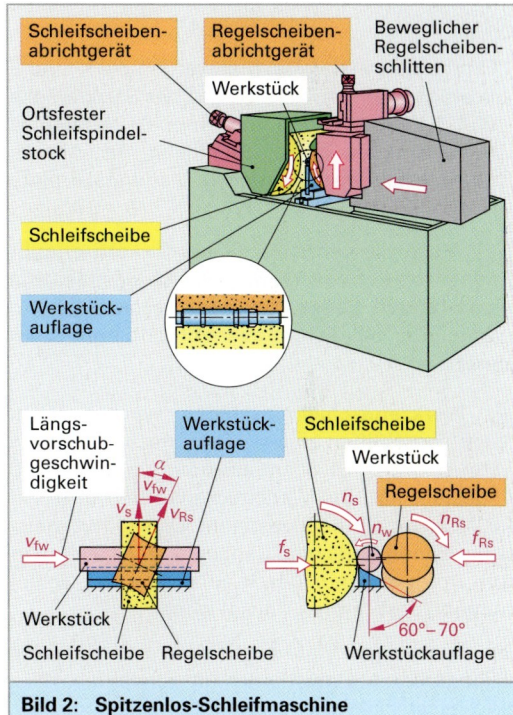

Bild 2: Spitzenlos-Schleifmaschine

- Pendelschleifen bzw. Schnellhubschleifen und
- Tiefschleifen.

Das Schnellhubschleifen ist ein numerisches Pendelschleifen mit exakt geregelten Tischbewegungen. Es erfolgt der Werkstoffabtrag meistens mit sehr kleinen Zustellungen (0,001 mm bis 0,05 mm) und hohen Vorschubgeschwindigkeiten (5 m/min bis 30 m/min). Der Quervorschub kann intermittierend nach jedem Schleifhub oder kontinuierlich während der Hubbewegung erfolgen.

Beim **Tiefschleifen** wird mit großer Zustellung (mehrere Millimeter) und langsamer Vorschubgeschwindigkeit gearbeitet (10 mm/min bis 3000 mm/min).

Da bei diesen Bearbeitungen der Schleifprozess in der Reihenfolge *Schruppen, Abrichten* und *Schlichten* abläuft, können beide Verfahren gut miteinander kombiniert werden. In Verbindung mit dem kontinuierlichen Abrichten (CD-Abrichten) ist dieses Verfahren beim Schruppen von schwer zerspanbaren Werkstoffen und komplizierten Profilen besonders geeignet.

Beim Planschleifen haben sich verschiedene Bauformen durchgesetzt:

- **Supportbauweise:** die X- und Z-Bewegungen des Werkstückes liegen im Support und die Y-Bewegung der Scheibe liegt in der feststehenden Säule.
- **Fahrständerbauweise:** hier werden die Y- und Z-Bewegungen der Scheibe auf der Ständerseite und die X-Bewegung vom Support ausgeführt. Vorteile liegen in der Steifigkeit, der Arbeitsraumgestaltung und der Bedienungsvereinfachung **(Bild 1)**.

Die Werkstücke werden, soweit es die Form erlaubt, magnetisch auf den Werkstücktisch gespannt. In allen anderen Fällen kommen mechanisch und hydraulisch betätigte Spannvorrichtungen zum Einsatz.

Mit **Werkzeugschleifmaschinen** werden Werkzeuge geschliffen oder auch nachgeschliffen, wenn sich an den Schneidkanten ein Verschleiß eingestellt hat. Die Werkstücke werden direkt in die Werkstückspindel gespannt. Diese führt meist keine kontinuierliche Drehbewegung aus, sondern dreht sich nur durch einen von der Schleifaufgabe bestimmten Winkel weiter.

Die schwierigen Platzverhältnisse bei der Werkzeugbearbeitung machen es oft notwendig, dass die Werkstückspindel und die Schleifspindel um eine vertikale und um eine horizontale Achse geschwenkt werden können. Diese Werkzeug-Schleifautomaten schleifen Werkzeuge komplett fertig.

Wiederholung und Vertiefung:

1. Welche Schleifverfahren unterscheidet man?
2. Bis zu welchen kleinsten Schleiftiefen erfolgt bei Schleifmaschinen die Zustellung?
3. Bis welchen Schnittgeschwindigkeiten werden Schleifspindeln ausgelegt?
4. Wie erreicht man höchste Genauigkeiten bei der Schlittenführung?
5. Erklären Sie den Unterschied zwischen Supportbauweise und Fahrständerbauweise.

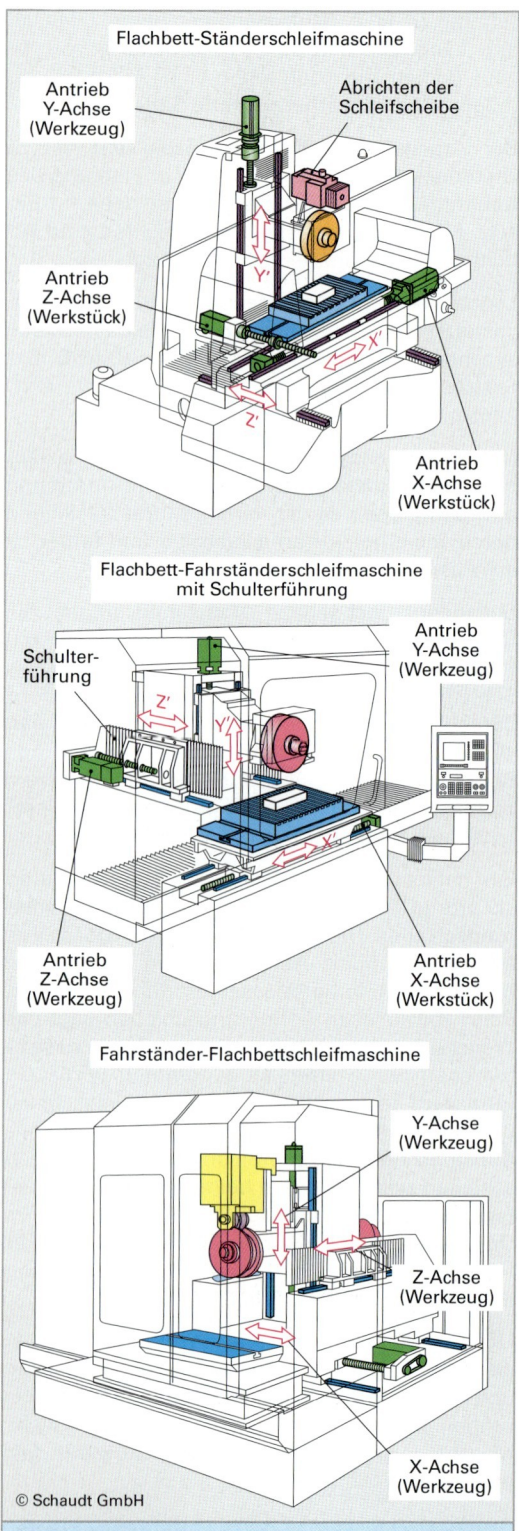

Bild 1: Flachschleifmaschinen

2.6.18.4 Sägemaschinen

Das Sägen gehört zu den Zerspanungstechniken mit *vielzahnigen* Werkzeugen. Bei den Sägemaschinen unterscheidet man zwischen Kreissägen, Bandsägen (**Bild 1**), Hubsägen (Bügelsägen) und Stichsägen.

Über die Anwendung im Handwerksbetrieb hinaus haben Kreissägen mit Sägeblattdurchmessern bis 1 m und Bandsägen mit Bauhöhen bis 7 m (**Bild 2**) eine große Anwendungsvielfalt:

- Kreissägen verwendet man vor allem zum Ablängen von Stangenmaterial und für lange gerade Schnitte.
- Bandsägen werden zur numerisch gesteuerten Gusserstbearbeitung (Abtrennen von Speisern und Angüssen, bei Brammen von Kopfteil und Fußteil), zum Entgraten, zum Zurichten von Stangenmaterial und für besondere Schnittaufgaben, z. B. in der Keramikindustrie eingesetzt.

Der Vorteil der Bandsägemaschinen ist das lange Sägeband mit der großen Zahl von Schneidzähnen und der guten Kühlmöglichkeit. Damit ergeben sich hohe Standzeiten.

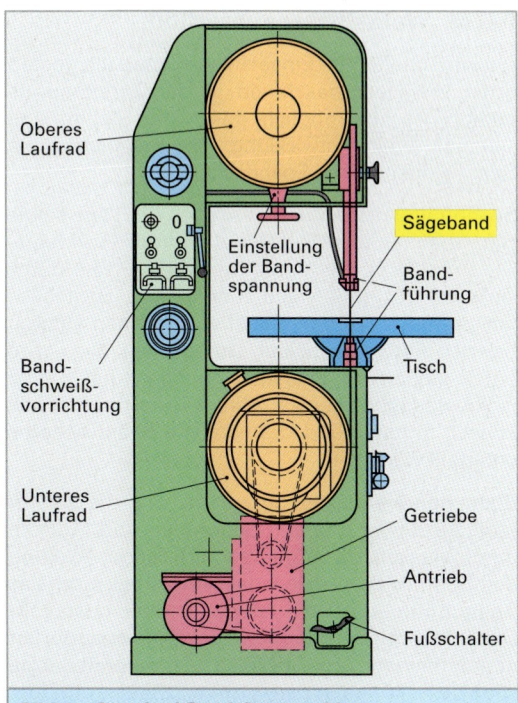

Bild 1: Standard-Bandsägemaschine

Die Sägebänder bestehen im Grundmaterial aus einem legierten Vergütungsstahl und haben z. B. aufgeschweißte Hartmetallschneiden. Sie sind optimiert hinsichtlich:

- Sägebandbreite (3 mm für Kurvenschnitte bis 125 mm für Geradschnitte in sehr dickem Material),
- Sägebanddicke (0,6 mm bis 2 mm),
- Werkstoff der Schneiden (Werkzeugstahl gehärtet: 1000 HV, Hartmetall: 1600 HV, Diamant: 9000 HV),
- Zahnform (Standard, Lückenzahn, Klauenzahn, Trapezzahn, Profilzahn),
- Schränkung (rechts - links, Stufenschränkung, **Bild 3**),
- Zahnteilung (Anzahl der Zähne pro Zoll (ZpZ): konstant oder variabel. Es müssen immer mehrere Zähne gleichzeitig im Eingriff sein.

Bild 2: Fahrständer-Bandsägemaschine

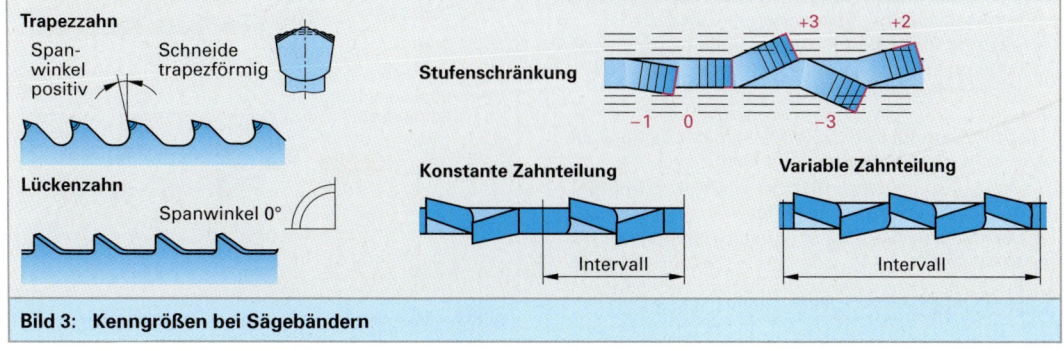

Bild 3: Kenngrößen bei Sägebändern

2.6.19 Werkstückspanntechnik

Ein wirtschaftlicher Einsatz von numerisch gesteuerten Werkzeugmaschinen in der Zerspanungstechnik ist nur möglich durch die Vielfalt und ständige Weiterentwicklung der Spannelemente, Spanneinheiten und Spannsysteme.

Spannmittel dienen zum Festlegen der Lage sowie zum Spannen des Werkstücks und des Werkzeugs. Die Anforderungen an die Spannmittel sind durch sinkende Losgrößen und zunehmende Bauteilvielfalt geprägt. Die Spannmittel sollten einen automatisierten Fertigungsablauf ermöglichen. Dies wird durch steuerbare Spannbewegungen und Signalrückmeldungen möglich (**Bild 1**). Die Spannmittel können in hand- und kraftbetätigte Spannsysteme unterteilt werden.

Beim **handbetätigten Spannen** wird die Spannkraft zur Bewegung von Schrauben und Muttern durch Muskelkraft aufgebracht. Unter der Wirkung der Spannkraft werden das Werkstück und das Spannmittel elastisch verspannt oder gestaucht. Daher benötigen handbetätigte Spannzeuge lange Spannwege. Sie müssen viel Spannenergie speichern können, damit unter Einwirkung der Zerspankräfte eine Mindestkraft erhalten bleibt.

Die Spannkraft für das **kraftbetätigte Spannen** wird meist durch Druckluft (pneumatisch) oder Drucköl (hydraulisch) aufgebracht. Da der Kolben des Spannzylinders ständig mit Druck beaufschlagt ist, folgt er sofort jeder Bewegungsänderung. Die Spannkraft bleibt daher in voller Stärke erhalten.

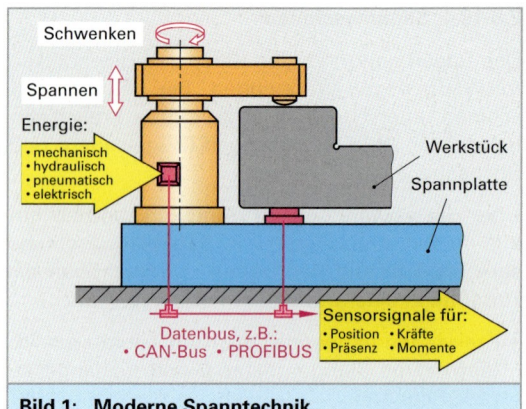

Bild 1: Moderne Spanntechnik

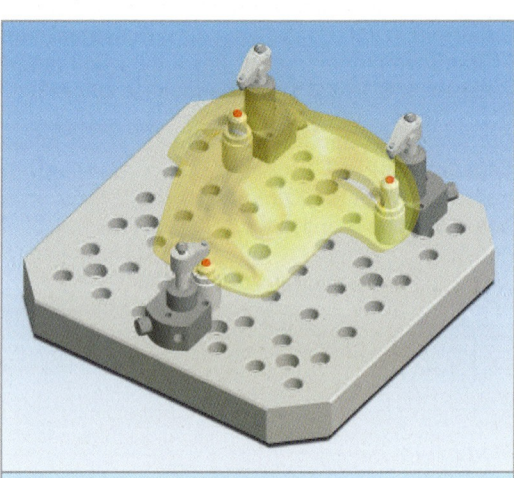

Bild 2: Drei-Punkt-Aufnahme

Die Aufgaben und Forderungen an die Werkstückspannmittel sind:

- Aufnahme und Positionierung des Werkstücks,
- Übertragen von Prozesskräften und von Massenkräften,
- Automatisieren des Spannvorgangs,
- schneller Werkstückwechsel,
- Gewährleisten der Spannsicherheit für Bedienungspersonal und Maschine,
- universelle Verwendungsmöglichkeiten durch leichten Austausch der Spannelemente sowie
- niedrige Anschaffungskosten durch Normspannelemente mit hoher Wiederverwendbarkeit und langer Lebensdauer.

Hierdurch erhöht sich die Wirtschaftlichkeit eines Bearbeitungsvorgangs in den Punkten:

- Verkürzen der Spannzeit bei größter Wiederholgenauigkeit der Spannposition,
- Verkürzen der Bearbeitungszeiten durch Mehrfachspannungen,
- Erhöhen der Fertigungsgenauigkeit bei kleinerem Prüfaufwand.

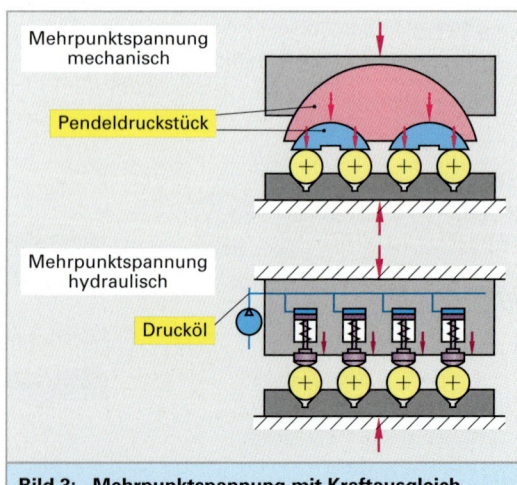

Bild 3: Mehrpunktspannung mit Kraftausgleich

Werkstücke mit fester Form spannt man an drei, nicht in Reihe liegenden Positionspunkten so, dass das Werkstück ohne innere Verspannungen aufliegt **(Bild 2, vorhergehende Seite)**. Wenn dies nicht möglich ist oder eine Mehrpunktspannung geboten ist, so muss wegen der Überbestimmtheit eine Kräfteanpassung erfolgen. Mechanisch kann dies über pendelnd gelagerte Backen geschehen und hydraulisch über den Druckausgleich durch kommunizierende Leitungen **(Bild 3, vorhergehende Seite)**.

Auch federnd nachgiebig gelagerte Spannpratzen ermöglichen ein Mehrpunktspannen. Das Mehrpunktspannen wird vor allem dann angewendet, wenn das Bauteil nachgiebig ist und durch das Spannen in seine genaue Geometrie gebracht wird, z. B. umgeformte Blechbauteile vor dem Schweißen

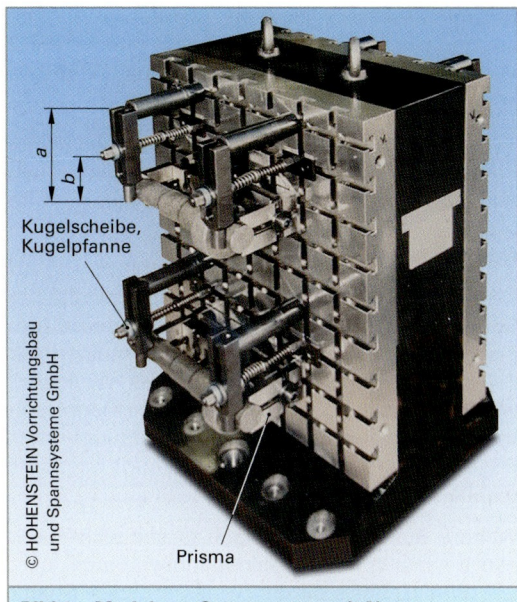

Bild 1: Modulares Spannsystem mit Nuten

Mechanische Spannsysteme

Bei diesen Spannsystemen werden die Spannkräfte durch Schrauben, Kniehebel und Spannexzenter erzeugt.

Spanneisen und Spannschrauben. Um eine günstige Spannwirkung zu erzielen, soll der Abstand a zwischen Spannschraube und Spanneisenauflage doppelt so groß sein wie der Abstand b zur Werkstückauflage **(Bild 1)**. Um Schräglagen des Spanneisens auszugleichen sind Kugelscheiben und Kugelpfannen vorzusehen.

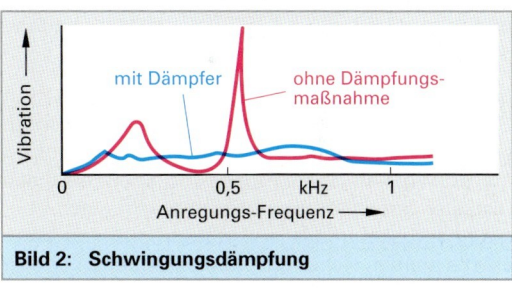

Bild 2: Schwingungsdämpfung

Modulare Spannsysteme

Mit Elementen aus Vorrichtungsbaukästen, die modular aufgebaut sind, lassen sich Vorrichtungen erstellen, die an fast jede Werkzeuggeometrie angepasst werden können. Der Haupteinsatzbereich liegt in der Einzel- und Kleinserienfertigung. Dort lohnt sich keine Herstellung werkstückgebundener Vorrichtungen. Vorrichtungsbaukästen gewährleisten eine schnelle Verfügbarkeit der Vorrichtungen.

Der Aufbau einer Spannvorrichtung bestimmt ganz wesentlich die **spätere Spannsicherheit und die Wiederholgenauigkeit**. Die Hauptbaugruppen sind:

- Grundplatte mit einheitlichen Aufnahmeelementen,
- vormontierte Spannsysteme, wie z. B. hydraulische und pneumatische Spannkraftunterstützer,
- unterschiedliche Anschlussteile mit einheitlichen Schnittstellen und
- Fixierhilfen, wie z. B. Nutensteine, Schrauben und Stifte.

Jedes Basisteil muss die wichtigsten Montageanforderungen erfüllen:

- viele Fügeflächen mit anderen Teilen,
- Montage der Vorrichtung durch einfache Fügebewegungen,
- Lagebeständigkeit und gute Zugänglichkeit
- sowie gute Zentrierfähigkeit des Werkstücks und hohe Steifigkeit der Vorrichtung.

Das **Nutsystem (Bild 1)** besteht aus einer T-genuteten Rasterplatte und unterschiedlichen Aufspannkörpern, die mit Nutensteinen und Nutenspannern formschlüssig auf der Grundplatte fixiert werden. Der Spannaufgabe angepasste Aufnahmesegmente wie Prismen und Schwenkkörper ermöglichen das Fixieren und Spannen komplizierter Bauteilformen.

Schwingungsdämpfung

Zusätzliche Dämpfungselemente in der Aufspannplatte, z. B. Zwischenlagen aus viskoelastischen

Polymerschichten nehmen Vibrationsenergien auf und bedämpfen so das Spannsystem (**Bild 2, vorhergehende Seite**) mit der Folge stark verbesserter Werkstückoberflächen.

Bei **Bohrungssystemen** sind die unterschiedlichen Elemente durch Zentrierhülsen und Schrauben miteinander verbunden. Die Bohrungen sind im oberen Teil Passbohrungen und im unteren Teil Gewindebohrungen.

In der Präzisionsfertigung und in der Einzelteilfertigung kommen vor allem **Palettensysteme** zum Einsatz. So werden die Werkzeugmaschinen mit Palettenaufnahmen versehen. Jedes Werkstück wird nur einmal auf eine Palette aufgespannt und nimmt diese zu allen Bearbeitungsstationen mit. Das erste Aufspannen der Teile erfolgt hauptzeitparallel.

Weitere Rüstzeiteinsparungen lassen sich durch den Einsatz von **Nullpunktspannsystemen** erzielen (**Bild 1**). Basis dieses Systems bilden Spannmodule, die entweder als Einbaumodule in den Maschinentisch integriert oder als Aufbauelemente montiert werden. Sind sie einmalig ausgerichtet und legen die Referenzpunkte fest.

Diese Module positionieren und fixieren Paletten, Spannelemente und Werkstücke. Hierfür nehmen sie die in den Modulen montierten Einzugsbolzen auf oder haben Spannnippel und spannen diese fest. Der Spannvorgang erfolgt mechanisch über ein Federpaket und ist selbsthemmend. Die Werkstücke bleiben sicher gespannt. Das Lösen erfolgt gegen die Federkraft meist hydraulisch.

Hydraulische und pneumatische Spannsysteme sind kraftbetätigte Spannsysteme. Sie besitzen:

- hohe Spannkraft bei minimalem Platzbedarf,
- große Steifigkeit der Spannmittel,
- flexible Einsatzmöglichkeiten bei kleiner Bauweise,
- große Rationalisierungsmöglichkeiten.

Bei hydraulischen Spannelementen wird der Druck durch Druckübersetzer oder elektromechanische Pumpen erzeugt. Die Spannelemente sind meist einfach wirkende Einschraubzylinder. Mit hydraulisch betätigten Spannklauen, die mit Schwenkzylindern bewegt werden, lässt sich der Spannraum für eine schnelle Bestückung der Bauteile leicht zugänglich gestalten (**Bild 2**).

Besonders hohe Spannkräfte erzielt man mit Keilspannern (**Bild 3**). Die langhubige Zylinderbewegung wird durch den Keil in eine kurzhubige, kraftverstärkte Spannbewegung umgesetzt.

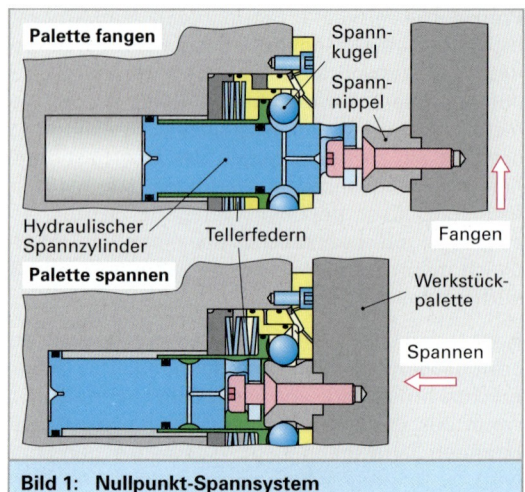

Bild 1: Nullpunkt-Spannsystem

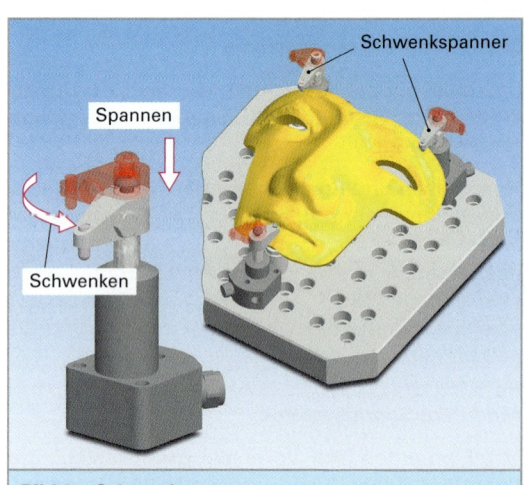

Bild 2: Schwenkspanner

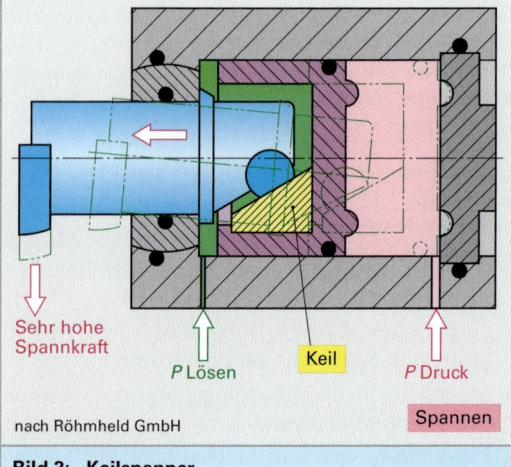

nach Röhmheld GmbH

Bild 3: Keilspanner

2.6 Zerspanungstechnik

Pneumatische Spannzylinder führen sehr schnelle Schließ- und Öffnungsbewegungen aus. Sie haben aber keine so hohen Spannkräfte wie hydraulische. Um die Kompressibilität der Luft auszugleichen, werden die Spannvorrichtungen meisten mit selbsthemmenden Kniehebelsystemen ausgerüstet.

Zentrisches Spannen

Für Rotationsteile erfolgt das Spannen wie bei Drehmaschinen, mit Spiralfutter, Keilstangenfutter, Kraftspannfutter oder Spannzangen (siehe Drehmaschinen und Drehbearbeitung).

Müssen für allgemeine Bearbeitungsaufgaben prismatische Teile zentrisch gespannt werden, so gibt es z. B. Zweibackenspannfutter mit Hydraulikantrieb und gegenläufigen Keilschiebern (**Bild 1**). Wird die Schiebestange nach links bewegt so gehen die Spannbacken mit hoher Genauigkeit gleichmäßig zu und spannen Bauteile an den Außenflächen. Bewegt man die Schiebestange nach rechts, so gehen die Spannbacken gleichmäßig auf und ermöglichen auf ihrer Rückseite das zentrische Spannen von Innenflächen.

Der Zweibackenspanner nach **Bild 2** hat doppelten Kniehebel. Die Spannbewegung erfolgt mit einer Schwenkbewegung. Beim Zweibackenspanner mit einerdrehbaren Kulisse (**Bild 3**) erzielt man eine parallele Spannbewegung mit großem Hub. Angetrieben wird die Kulisse meist über einen Druckluftmotor.

Positionsgleitendes Spannen

Beim *positionsgleitenden* Spannen wird das Werkstück festgehalten aber nach einer Bewegungsrichtung hin bleibt es verschiebbar in der Position. Damit erreicht man z. B. den Ausgleich von Lagetoleranzen. Spannelemente dieser Art haben gegenläufige Spannzylinder die mit Drucköl oder Druckluft beaufschlagt werden (**Bild 4**). Sie können sowohl für das Außenspannen als auch das Innenspannen eingesetzt werden.

Vakuum-Spannsysteme

Vakuum-Spannsysteme ermöglichen eine 5-seitige Bearbeitung da keine mechanisch aufbauenden Spannelemente im Kollisionsraum der Bearbeitung liegen. Die Spannkraft entsteht durch den atmosphärischen Luftdruck (bis 10 N/cm²). Es können große, kleine, dünnwandige, feste oder flexible Werkstücke gespannt werden und vor allem auch nichtmagnetische. Man verwendet sie bei fast allen Bearbeitungsaufgaben (Drehen, Fräsen, Schleifen, Polieren, Bohren, Reiben, Gravieren, Erodieren, Beschichten) und auch für das Messen und Prüfen.

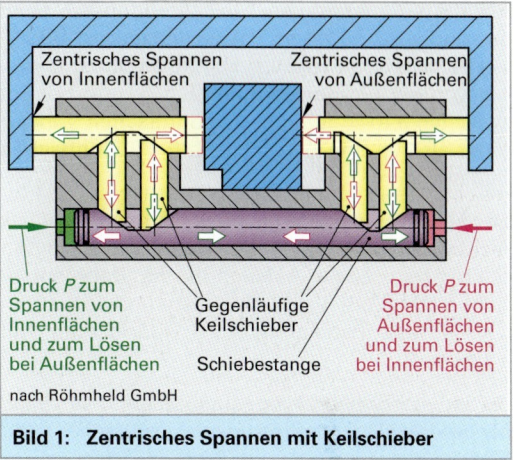

Bild 1: Zentrisches Spannen mit Keilschieber

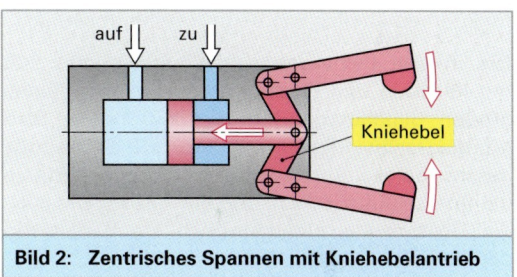

Bild 2: Zentrisches Spannen mit Kniehebelantrieb

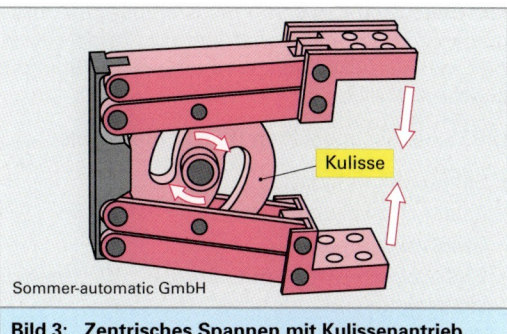

Bild 3: Zentrisches Spannen mit Kulissenantrieb

Bild 4: Positionsgleitendes Spannen

Vakuum-Spannsysteme bestehen aus einer Spannplatte und einem Vakuum-Erzeuger (**Bild 1**). Die erforderliche Vakuum-Saugleistung ist abhängig von der Größe der Spannfläche und beträgt zwischen 3 m³/h für kleine Spannflächen von weniger als 100 cm², bis 200 m³/h für Spannflächen von etwa 4 m².

Häufig kann die Spannfläche durch das Werkstück nicht vollständig abgedeckt werden oder das Bauteil hat keine ebene Aufspannfläche. Dann entstehen relativ große Vakuumverluste und es werden sowohl feste Partikel als auch Flüssigkeiten mit angesaugt.

So ist die Saugleistung entsprechend anzupassen und es sind vor allem Filter (-Kartuschen) und Flüssigkeitsabscheider vorzusehen. Dies erfolgt meist in Verbindung mit Vakuumspeichern und funktioniert ähnlich wie beim Nassstaubsauger.

Die in den Leitungen schnell strömende Luft mit Partikeln und Flüssigkeiten wird über einen großen Behälter geführt. Hier nimmt die Strömungsgeschwindigkeit stark ab (die Strömungsgeschwindigkeiten verhalten sich umgekehrt wie die Querschnittsflächen) und die Partikel wie auch die Flüssigkeiten sammeln sich am Behälterboden (**Bild 1**).

Für einen ununterbrochenen Betrieb gibt es Zweikammersysteme, die im Wechsel über Elektromagnetventile geschaltet werden: ist die eine Kammer mit Flüssigkeit voll, wird umgeschaltet in die andere Kammer.

Die Vakuumspannplatten (**Bild 2**) gibt es als

- Schlitz-Vakuumplatte,
- Raster-Nut-Vakuumplatte,
- Loch-Vakuumplatte,
- Loch-Vakuumplatte mit poröser Keramikzwischenplatte und
- Vakuumplatten mit Saugnäpfen (**Bild 3**).

Die nicht vom Werkstück abgedeckte Spannfläche wird möglichst passgenau durch eine zugeschnittene Gummiplatte abgedeckt oder mit in die Nuten eingelegten O-Ringen abgegrenzt. Bei den Saugnäpfen sind Ventile und Filter integriert.

Das Vakuum (etwa 50 mbar) wird vorteilhaft mit einer Wasserring-Pumpe erzeugt. In der Pumpe steht Wasser. Dieses wird bei Drehung des Pumpenimpellers (Flügelrad) an die innere Pumpenwandung geschleudert und dichtet so den schnelllaufenden Impeller berührungsfrei gegen die Wandung ab. Die angesaugte Luft wird z. B. über ein Polyesterfilter (3 Mikrometer) gereinigt.

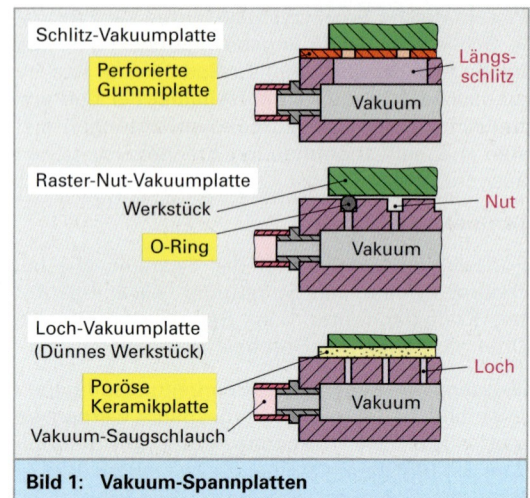

Bild 1: Vakuum-Spannplatten

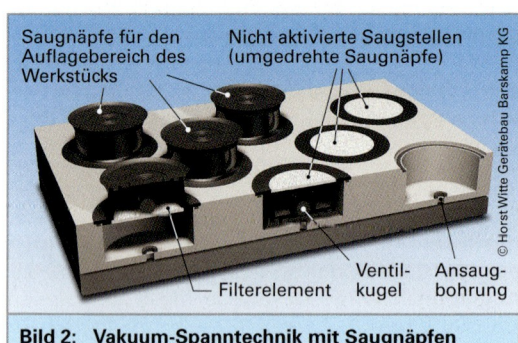

Bild 2: Vakuum-Spanntechnik mit Saugnäpfen

Spannsicherheit

Bei Vakuumverlust sackt die Spannkraft ab und das Werkstück kann sich lösen. Damit dies bei Bearbeitungsaufgaben nicht zu Störungen oder Gefährdungen führt, wird das Vakuum direkt an den Spannplatten mit Sicherheitsschaltern überwacht, die bei Druckanstieg die Bearbeitungsmaschine stillsetzen.

> Mit Vakuumspannplatten können auch flexible, kleine und dünnwandige Bauteile gespannt werden.

Magnetspanntechnik

Die Magnetspanntechnik erlaubt ein Aufspannen von ferromagnetischen Bauteilen, also aller Stahlbauteile und zwar ohne störende Spannmittelvorrichtungen. Die Magnetspanntechnik ist also geeignet für eine 5-Seitenbearbeitung und wird häufig in der Schleiftechnik angewandt.

Die Permanentmagnetspannplatten haben mechanisch verschiebbare Dauermagnete (**Bild 1**). In der Anordnung „Spannen" stehen diese so, dass die Feldlinien an der Oberfläche austreten und in der Anordnung „Entspannen" so, dass die Feldlinien magnetisch kurzgeschlossen sind.

Dies erreicht man mit einer Spannplatte in Sandwichbauweise mit abwechselnd Messing-/Stahl-Lamellen. Kurzgeschlossen sind die Magnetfeldlinien wenn die Permanentmagnete in der Ausrichtung sind wie der Lamellenverlauf ist. Die Feldlinien verbleiben in den Stahllamellen. Verschiebt man nun einen Teil der Permanentmagnete so werden die Magnetfeldlinien durch die Messinglamellen unterbrochen und die Feldlinien treten an der Spannplattenoberfläche aus und durchfließen das Werkstück.

Neben diesen Permanentmagnetspannplatten gibt es auch Elektro-Permanentmagnetspannplatten. Mit einem Elektromagnet wird die ferromagnetische Spannplatte magnetisiert und hält das Werkstück. Die Spannplatte bleibt magnetisiert auch nach Abschalten des Stromes. Durch einen Wechselstromentmagnetisierungsvorgang (Wechselstrom mit kleiner werdender Amplitude) wird die Spannplatte als auch das Werkstück zum Entspannen entmagnetisiert.

Bei der Elektromagnetspanntechnik (**Bild 2**) entsteht das Magnetfeld nur solange die Magnetspulen mit Gleichstrom oder mit Wechselstrom beaufschlagt sind.

Gefrierspanntechnik

Bei der Gefrierspanntechnik wird ein kapillarer Wasserfilm zwischen Werkstück und Gefrierspannplatte gefroren und so das Werkstück *angefroren* (**Bild 3**). Spannplatte und Zuleitungen sind gut wärmeisoliert. Die Kälte wird strömungstechnisch durch Druckluft oder durch Kompressorkälteaggregate, oder elektrisch über ein *Peltier*-Element erzeugt. Durch Anfrieren lassen sich Werkstücke aller Art, z. B. aus Kunststoff, Gummi, oder Glas, auch mit Wabenstruktur und Unebenheiten gut spannen. Die Haltekräfte liegen bei 140 N/cm².

Wiederholung und Vertiefung

1. Nennen Sie die Aufgaben und Forderungen an Spannmittel.
2. An wie vielen Punkten sollten Werkstücke aufliegen?
3. Beschreiben Sie die Funktionsweise von Schwenkspannern.

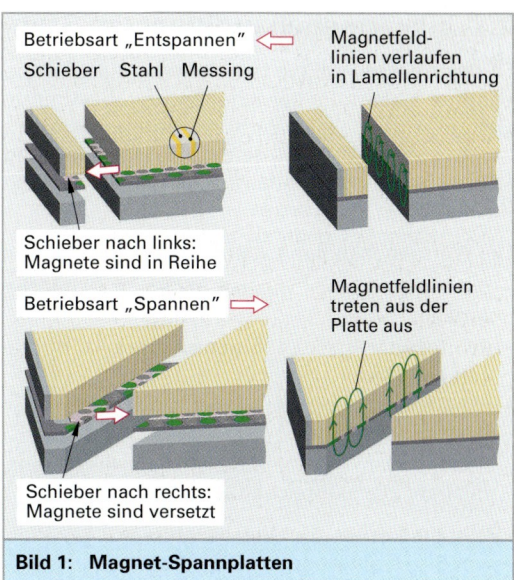

Bild 1: Magnet-Spannplatten

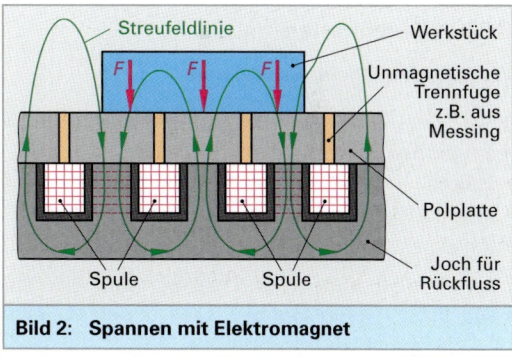

Bild 2: Spannen mit Elektromagnet

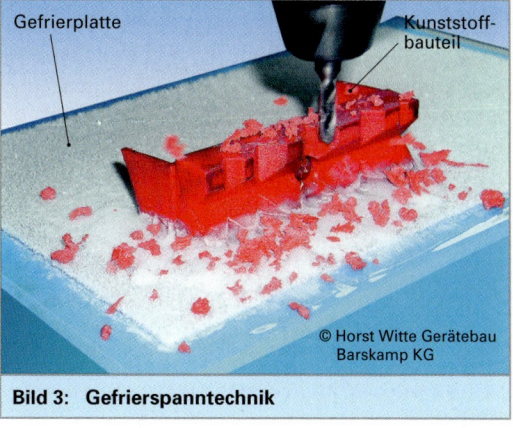

Bild 3: Gefrierspanntechnik

2.7 Wärmebehandlung von Stahl

Die Wärmebehandlung von Stahl hat das Ziel, bestimmte Werkstoffeigenschaften bzw. bestimmte Gefüge einzustellen. Hierfür werden die Werkstücke ganz oder teilweise einer Erwärmung und Abkühlung, gegebenenfalls unter Einwirkung von Zusatzstoffen, unterzogen.

Die Wärmebehandlung kann notwendig sein, um:
- die mechanischen Eigenschaften, z. B. die Festigkeit,
- die technologischen Eigenschaften, z. B. die Zerspanbarkeit,
- die Gebrauchseigenschaften, z. B. Härte zu verbessern, oder um
- Spannungen abzubauen und so eine Langzeitstabilität zu erreichen.

Eingeteilt werden die Wärmebehandlungsverfahren in die Hauptgruppen:
- Durchhärten,
- Oberflächenhärten und
- Glühen.

2.7.1 Durchhärten

Werkstoffkundliche Grundlagen

Das Härten hat bei Stahl die Prozessfolge (**Bild 1**):
- Erwärmen (**Bild 2**),
- Halten,
- Abschrecken und
- Anlassen.

Die Schritte Erwärmen und Halten nennt man bei Stahl auch *Austenitisieren*[1]. Dies bedeutet, dass im Eisenkohlenstoff-Diagramm (**Bild 3**) die GSK-Linie um etwa 50 °C bis 100 °C überschritten werden muss, damit eine Gefügeumwandlung des *kubisch-raumzentrierten Gitters* (krz-Gitter) in das *kubisch-flächenzentrierte Gitter* (kfz-Gitter) erfolgt (**Bild 4**).

Es ist sicherzustellen, dass die Austenitisierungstemperatur (= Härtetemperatur) erreicht wird und dass diese hinreichend lange gehalten wird, damit die Austenitisierung vollständig erfolgt.

Nach der Austenitisierung wird das Bauteil abgeschreckt, d. h. rasch abgekühlt. Die Härtezunahme erfolgt dabei durch die *Martensitbildung*[2]. Martensit ist eine sehr harte und feinnadelige Kristallisierungsform des Stahls.

---
[1] benannt nach *Robert Austen* (1843 bis 1902) englischer Werkstoffwissenschaftler
[2] benannt nach *Adolf Martens* (1850 bis 1914), dt. Werkstoffwissenschaftler

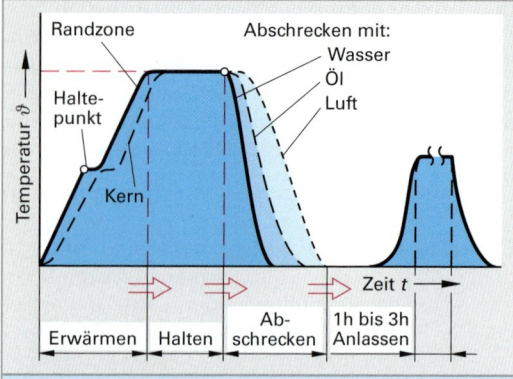

Bild 1: Arbeitsfolgen beim Durchhärten

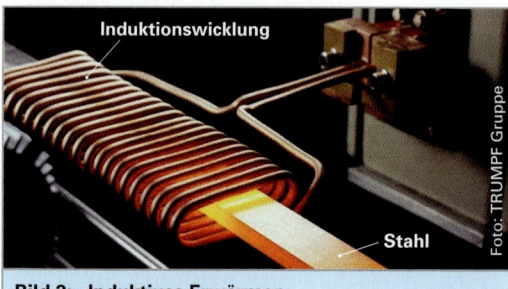

Bild 2: Induktives Erwärmen

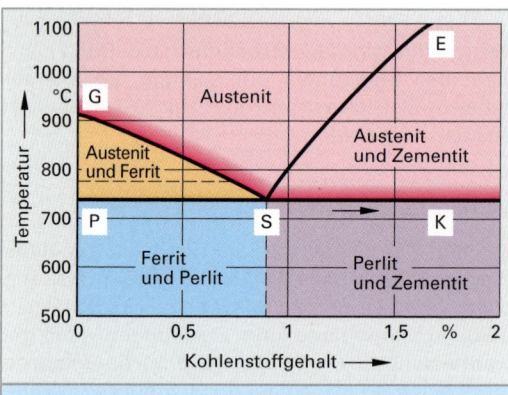

Bild 3: GSK-Linie im Eisenkohlenstoff-Diagramm

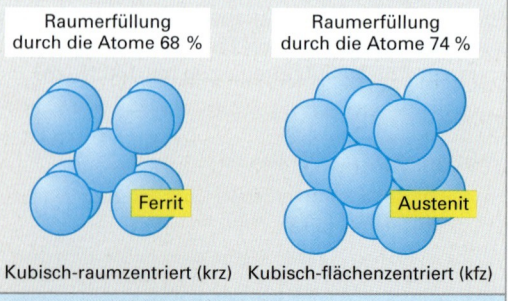

Bild 4: krz-Gitter und kfz-Gitter

2.7 Wärmebehandlung von Stahl

Die Martensitbildung. Die Kohlenstoffatome sitzen im Stahl bevorzugt an den Kristallgitterkanten. Während einer langsamen Abkühlung wandelt sich das austenitische kubischflächenzentrierte Gitter (kfz-Gitter) in das kubischraumzentrierte Gitter (krz-Gitter) um **(Bild 3, vorhergehende Seite)**. Letzteres bietet den Kohlenstoffatomen aber weniger Raum. Ein Teil der Kohlenstoffatome (C-Atome) diffundiert in andere Bereiche. Bei hoher Abkühlungsgeschwindigkeit erfolgt die Gefügeumwandlung (von kfz-Gitter in krz-Gitter) bei immer niedrigeren Temperaturen. Die Kohlenstoffatome werden beim Diffusionsvorgang behindert und verbleiben auf Zwischengitterplätzen **(Bild 1)**. Dadurch entstehen verzerrte Kristallite mit hohen Spannungen, nämlich *Martensite*.

Beim Unterschreiten der kritischen Abkühlungsgeschwindigkeit beginnt die Bildung von Martensit bei der Martensitstart-Temperatur (Ms-Temperatur). Die Austenit-Martensit-Umwandlung endet bei der Martensitfinish-Temperatur (Mf-Temperatur). Beginn und Ende der Umwandlung ist vor allem abhängig vom Kohlenstoffgehalt **(Bild 2)**. Je höher der Kohlenstoffgehalt ist, je höher sind die erziehlbaren Härtegrade.

Abschrecken. Unlegierte Stähle müssen schnell abgekühlt werden. Man schreckt sie in Wasser ab (und nennt sie Wasserhärter). Durch Zugabe von Abschrecksalzen kann die Abschreckwirkung erhöht werden. Je stärker der Stahl legiert ist, desto langsamer kann man ihn abkühlen. Die Legierungselemente Molybdän, Mangan, Chrom, Nickel und Vanadium behindern die Kohlenstoffdiffusion. Das Abkühlen kann langsam, z. B. an der Luft, erfolgen. Diese Legierungen nennt man daher auch Lufthärter.

Niedriglegierte Stähle (Ölhärter) werden in heißem Öl abgekühlt. Für das sichere Erzielen der gewünschten Gefügeausbildung gibt es für die einzelnen Stahlsorten Zeit-Temperatur-Umwandlungsschaubilder (ZTU-Schaubilder, **Bild 3**). Im ZTU-Schaubild ist die Temperatur über der Zeit (diese logarithmisch skaliert) eingetragen.

Anlassen. Nach dem Abschrecken kommt das Anlassen. Durch das Anlassen wird das Werkstück thermisch in seinem mechanischen Eigenschaften verändert. Durch das Anlassen wird die Härte soweit verringert, dass die gewünschten Zähigkeitseigenschaften (Gebrauchshärte) erreicht werden. Dabei werden auch Spannungen, die beim Härten entstanden sind, reduziert. Angelassen wird unter Schutzgas oder in Vakuum oder in Salzbädern und kann mehrmals wiederholt werden. Dies wird vor allem bei hochlegierten Stählen durchgeführt.

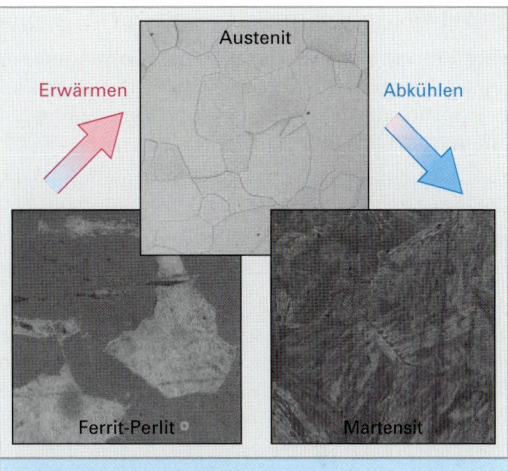

Bild 1: Gefügeumwandlungen

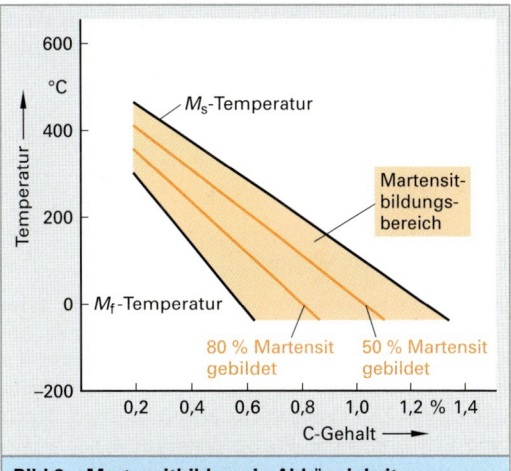

Bild 2: Martensitbildung in Abhängigkeit vom Kohlenstoffgehalt

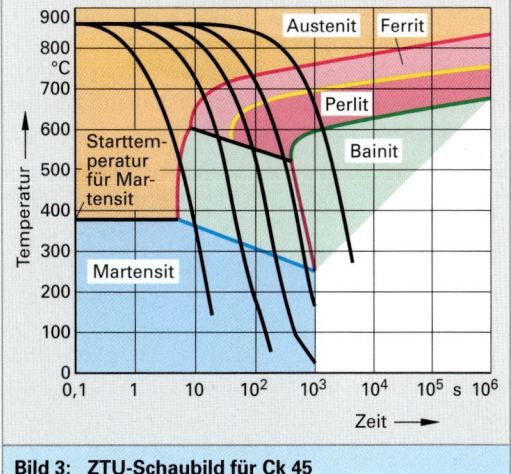

Bild 3: ZTU-Schaubild für Ck 45

Vergüten

Vergüten ist das Härten mit anschließenden Anlassen bei höheren Temperaturen, mit dem Ziel, bei bestimmter Festigkeit eine höhere Zähigkeit am Werkstück zu erzielen.

Die Anlasstemperaturen liegen beim Vergüten zwischen 400 °C und 650 °C. Die erhöhte Zähigkeit wird dadurch erreicht, dass beim Anlassen bei hoher Temperatur kleine Karbide ausscheiden werden.

Je schroffer das Abschrecken erfolgt, desto feiner wird das Gefüge nach dem Anlassen. Je höher die Anlasstemperatur ist, desto weiter fallen die Werte für Härte, für die Streckgrenze und für die Zugfestigkeit. Die *Kerbschlagzähigkeit* und die *Dehnung* steigen an.

Die erreichbaren Festigkeitswerte mit den entsprechenden Anlasstemperaturen werden aus Anlassschaubildern entnommen (**Bild 1**). In Werkstückzeichnungen wird z. B. angegeben: Vergütet und angelassen auf R_m = 900 N/mm².

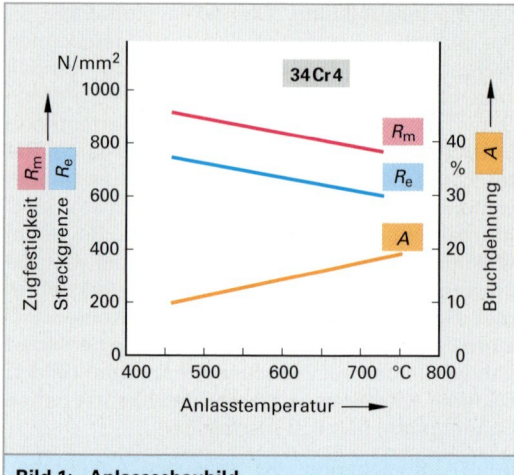

Bild 1: Anlassschaubild

> Je nach verwendetem Abschreckmittel spricht man vom Wasservergüten, vom Ölvergüten oder vom Luftvergüten.

Zwischenstufenvergüten

Durch Zwischenstufenvergüten (**Bild 2**) oder *Bainitisieren* hat man den Vorteil, dass das bei dickwandigen Bauteilen zu Rissen neigende Abschrecken entfällt und dass höhere Festigkeitswerte und Zähigkeitswerte erzielt werden. Nach dem Erwärmen des Werkstücks auf Austenitisierungstemperatur wird es in einem Öl-Warmbad abgeschreckt, bis der Austenit vollständig in das Zwischenstufengefüge *Bainit*[1] umgewandelt ist.

Die Martensitbildung wird durch das Halten der Temperatur über dem Martensitpunkt unterdrückt. Damit das Gefüge feinkörnig wird, muss die Zwischenstufentemperatur möglichst niedrig liegen (300 °C bis 400 °C).

Dieses Verfahren bietet durch das Abschrecken günstige Voraussetzungen zur Minimierung des Härteverzuges und zur Vermeidung von Härterissen.

Als Werkstoff zum Bainitisieren eignen sich die Vergütungsstähle wie C45, C75, 42CrMo4, 65Cr3 oder auch legiertes Gusseisen.

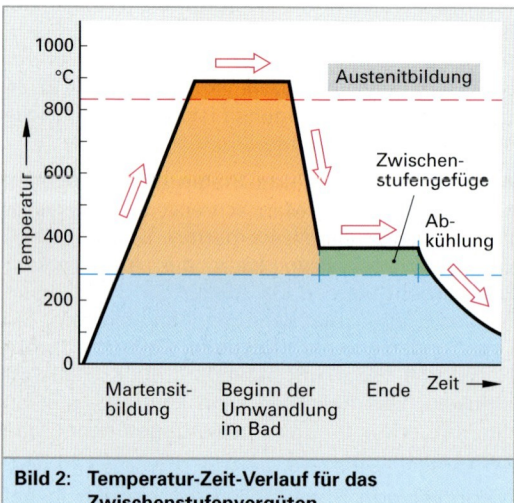

Bild 2: Temperatur-Zeit-Verlauf für das Zwischenstufenvergüten

> Dickwandige Bauteile bekommen beim Abschrecken leicht Risse.

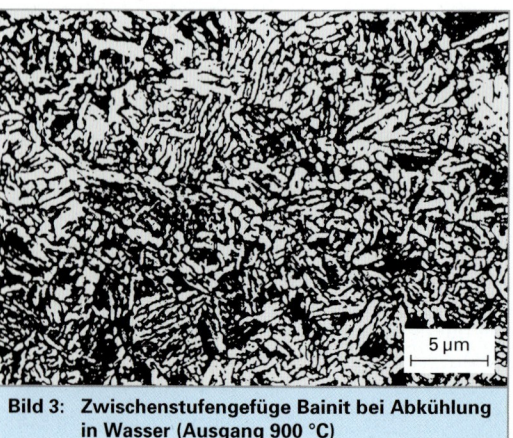

Bild 3: Zwischenstufengefüge Bainit bei Abkühlung in Wasser (Ausgang 900 °C)

---

[1] benannt nach *E. C. Bain*, amerik. Chemiker

2.7 Wärmebehandlung von Stahl

2.7.2 Oberflächenhärten

Unter Oberflächenhärten versteht man Härten an der Außenhaut (Randschicht) eines Werkstücks. Es wird eine harte Oberfläche am Werkstück erzeugt, die verschleißfest ist und hohe Flächenpressungen aufnehmen kann. Der Kern bleibt zäh und weich und kann stoßartige und wechselnde Belastungen aufnehmen. Zu den typischen Bauteilen die in der Randschicht gehärtet werden, gehören Zahnräder, Führungsbahnen, verschleißarme Gewindespindeln und Lagersitze.

Man unterscheidet Oberflächenhärteverfahren,
- bei denen die Randschicht wärmebehandelt wird und
- Oberflächenhärteverfahren, bei denen die Randschicht zusätzlich chemisch verändert wird.

2.7.2.1 Oberflächenhärten durch Wärmebehandlung

Beim *Flammhärten* wird bei dem zu härtenden Stahl die Randschicht ganz oder teilweise durch eine Gasflamme erhitzt und durch eine Wasserbrause abgeschreckt und dadurch gehärtet **(Bild 1)**. Es erfolgt keine chemische Veränderung.

Beim *Induktionshärten* wird die Wärme durch Induktion eines Wirbelstroms im Bauteil erzeugt. Eine Kupferspule, die dem Werkstück angepasst ist, wird mit hochfrequentem Wechselstrom betrieben und ein Wirbelstrom dadurch im Bauteil induziert **(Bild 2)**. Eine nachgeführte Wasserbrause schreckt anschließend die Werkstückoberfläche ab. Die Einhärtetiefe ist abhängig von der Vorschubgeschwindigkeit der Spule, der Stromstärke und der Stromfrequenz **(Bild 3 und Bild 4)**. Die erzielbare Härte hängt vom Kohlenstoffgehalt des Stahls ab. Stähle wie der C45, 42 CrMo4 oder Cf 53 werden häufig so gehärtet.

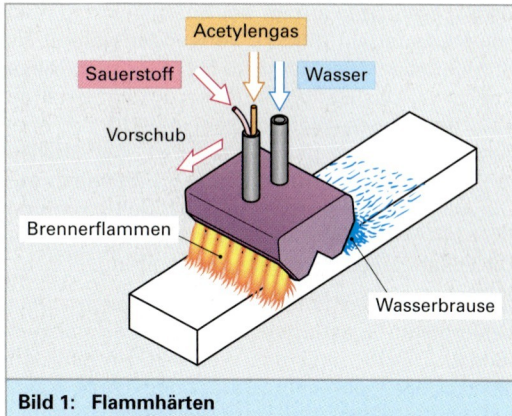

Bild 1: Flammhärten

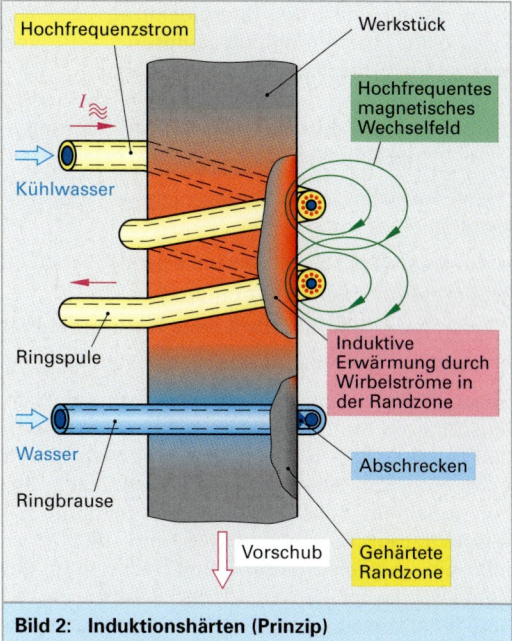

Bild 2: Induktionshärten (Prinzip)

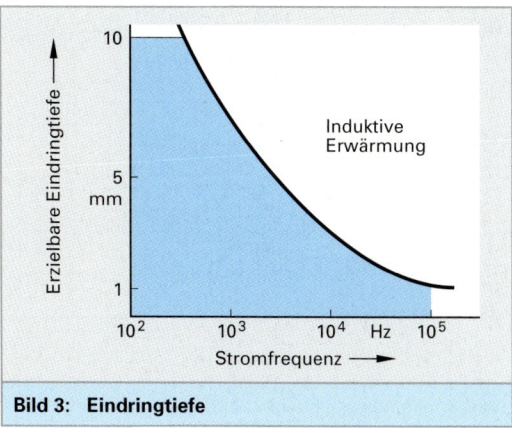

Bild 3: Eindringtiefe

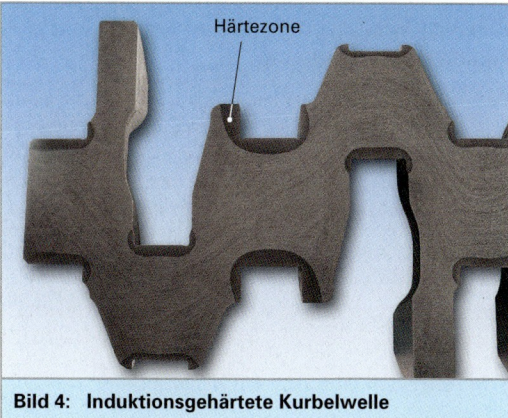

Bild 4: Induktionsgehärtete Kurbelwelle

Beim *Laserhärten* erfolgt der Energieeintrag über einen Laserstrahl **(Bild 1)**. Verwendet werden als Strahlquellen CO_2-Laser und NdYAG-Laser (Siehe Kapitel 6). Das Härten mit Laser erfolgt punktgenau, bei großen Werkstücken meist durch eine Strahlführung zu den Härtezonen, bei kleinen Werkstücken mit einer Werkstückhandhabung. Die Abkühlung erfolgt meist durch Selbstkühlung über die Erwärmung durch das Werkstück selbst. Die Gefahr eines Härteverzugs ist gering.

Das *Elektronenstrahlhärten* erfolgt durch einen gebündelten Elektronenstrahl im Hochvakuum **(Bild 2)**. Hierzu muss das Werkstück in eine luftdichte Zelle gebracht werden und diese muss evakuiert werden. Die Evakuation kostet Zeit und Geld. So verwendet man dieses Verfahren nur noch dann, wenn der Energieeintrag über die kurzwellige Laserstrahlung aufgrund z. B. von spiegelnden Oberflächen, nicht gelingt.

2.7.2.2 Härten durch chemische Veränderung der Randschicht

Durch Anreichern der Randschicht mit den Elementen

- Kohlenstoff (C) beim Einsatzhärten,
- Stickstoff(N) beim Nitrieren und
- Stickstoff und Kohlenstoff beim Nitrocarbuieren

entsteht bei Stählen eine chemische Veränderung.

Einsatzhärten. Zum *Einsatzhärten* kommen kohlenstoffarme Stähle mit Kohlenstoffgehalten von 0,05 % bis 0,22 %. Diese Stähle sind nicht durch Erwärmen und Abschrecken härtbar. Durch Glühen in einem kohlenstoffhaltigen Medium bei Temperaturen zwischen 850 °C und 1000 °C erfolgt ein „Aufkohlen" der Randschicht, d. h., der Kohlenstoffanteil nimmt in der Randschicht zu und zwar soweit, dass dieser Bereich durch Abschrecken härtet. Die Aufkohlungsmedien können fest, flüssig oder gasförmig sein. Die Tiefe der Aufkohlung in der Randschicht ist zeit- und temperaturabhängig **(Bild 2)**.

Beim anschließenden Härten durch Abschrecken erhält man dann ein zweischichtiges Werkstück. Die Oberfläche ist hart, während der Kern zäh bleibt. In einem folgenden Anlassvorgang werden die Gebrauchseigenschaften eingestellt.

Beim Einsatzhärten werden folgende Verfahren unterschieden:

- Direkthärten,
- Einfachhärten,
- Härten nach isothermem Umwandeln,
- Doppelhärten.

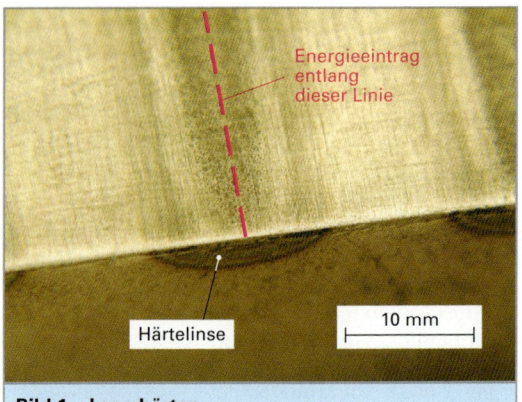

Bild 1: Laserhärten

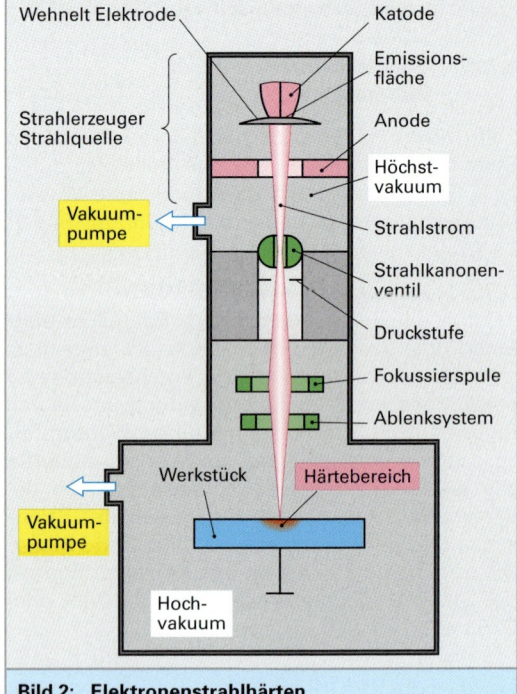

Bild 2: Elektronenstrahlhärten

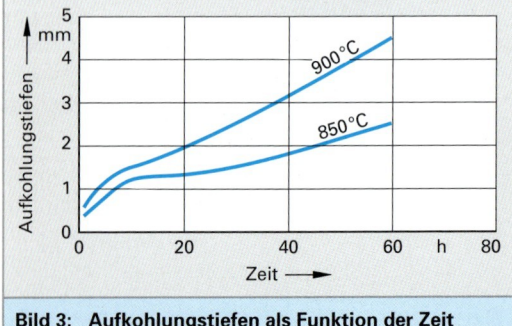

Bild 3: Aufkohlungstiefen als Funktion der Zeit

2.7 Wärmebehandlung von Stahl

Das *Direkthärten* erfolgt sofort nach der Aufkohlung mit dem noch erwärmten Werkstück.

Beim *Einfachhärten* lässt man das Werkstück auf Raumtemperatur abkühlen, erwärmt es anschließend auf Härtetemperatur und schreckt es ab.

Beim *Härten nach isothermen Umwandeln* wird das Bauteil auf ca. 600 °C (Perlitstufe) abgekühlt und auf dieser Temperatur gehalten. Durch die Umwandlung in Perlit scheiden sich feine Carbide ab. Anschließend wird wieder erwärmt und abgeschreckt.

Bei hochbeanspruchten Werkstücken wird nach dem Aufkohlen und Abkühlen zuerst das Werkstück zur Kornverfeinerung geglüht. Anschließend härtet man und dabei wird der Kern angelassen und seine Zähigkeitseigenschaften werden verbessert. Dieses Verfahren nennt man *Doppelhärtung*.

> Da die Atomradien von Kohlenstoff und Stickstoff kleiner sind als die des Eisens, können diese sich in die Zwischengitterplätze des Eisengitters einlagern. Es entstehen Eisenmischkristalle (Bild 1).

Nitrieren. Beim Nitrierhärten wird die Randschicht des Werkstücks mit Stickstoff (N) angereichert. Dies geschieht in einem Temperaturbereich von 490 °C bis 580 °C.

Durch das große Lösungsvermögen des Austenits für Stickstoff bilden sich in der Randschicht bei der Gitterumwandlung harte Nitride (**Bild 1**). Diese Eisennitride führen zur Bildung einer sehr spröden Oberflächenschicht. Durch zusätzliche Nitridbildner im Stahl, wie z. B. Chrom (Cr), Aluminium (Al) und Molybdän (Mo) werden weitere Sondernitride gebildet, die zu einer hohen Härte führen. Die Härte der Randschicht beruht nicht auf der Martensitbildung. Damit entfällt das Abschrecken. Die Nitrierschichtdicke beträgt ca. 0,05 mm bis ca. 1,2 mm. Zum Nitrieren eignen sich Vergütungsstähle, die vorher vergütet werden, um die dünne Schicht unterstützen zu können.

Man unterscheidet beim Nitrieren die Verfahren *Gasnitrieren* mit Ammoniakgas (NH$_3$) und *Badnitrieren* in zyanhaltigen Salzbädern (**Tabelle 1**).

Die Kombination aus *Aufkohlen* mit Kohlenstoff und *Aufsticken* mit Stickstoff nennt man *Carbonitrieren*. Es erfolgt in stickstoffhaltigen und kohlenstoffhaltigen Gasen wie Ammoniak und Propan sowie in Salzbädern[1] (**Bild 2**).

Tabelle 1: Nitrierverfahren

Verfahren	Nitriertiefe/ mm	Oberflächenhärte/HV	Zeit/ h	Temperatur/°C
Gasnitrieren	0,2	750	10	510
	0,3	750	30	510
Nitrocarbuieren	0,25 (mit Gas)	600	2,5	570
	0,15 (i. Salzbad)	650	1	570

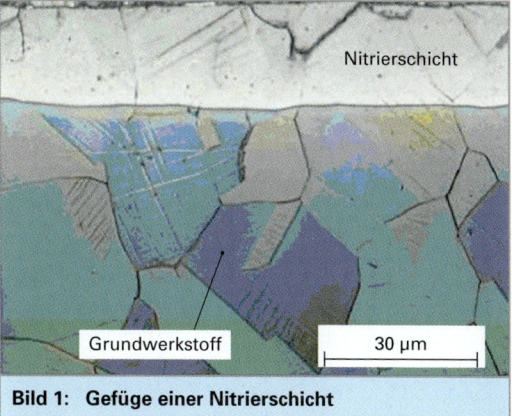

Bild 1: Gefüge einer Nitrierschicht

Bild 2: Nitrieren im Salzbad

Nitrieren findet seine Anwendung dort, wo nach dem Härten eine gute Maßbeständigkeit und keine Nacharbeit erwartet werden. Anwendungsbeispiele sind Gleit- und Wälzpaarungen an Kolben- und Getriebeteilen.

> Nitrierte Werkstücke haben eine erhöhte Korrosionsbeständigkeit, die Verschleißfestigkeit ist verbessert und die Gleiteigenschaften werden erhöht.

---

[1] Das meist angewandte Verfahren ist das TENIFER-Verfahren (Markenname der Firma Durferrit). Die Stahlwerkstücke werden in ein Nitrierbad mit gesteuertem Zyanid-Zyanat-Salzgehalt getaucht. Die Behandlung im Salzbad dauert zwischen einigen Minuten und einigen Stunden, meist etwa 90 Minuten. Die Badtemperatur beträgt zwischen 570 °C und 590 °C.

2.7.3 Glühen von Stählen

Das Glühen dient der Eigenschaftsverbesserung der Stähle durch Annäherung an den Gleichgewichtszustand. Der Verfahrensablauf besteht aus Erwärmen und Abkühlen in Luft. Die Glühtemperaturen sind verfahrensabhängig **(Bild 1, Bild 2)**.

Beim *Normalglühen* wird ein grobkörniges und unregelmäßiges Gefüge, das bei der Warmformung oder beim Gießen entstanden ist, in ein gleichmäßiges, feinkörniges Gefüge aus *Ferrit*[1] und *Perlit* umgewandelt.

Als *Weichglühen* bezeichnet man eine Warmbehandlung zur Verminderung der Härte eines Werkstoffes. Es wird in den meisten Fällen vor dem Zerspanen, Kaltumformen oder Härten angewandt. Weichgeglüht werden die Stähle bei ca. 700 °C.

Durch das *Spannungsarmglühen* werden bei Werkstücken innere Spannungen ohne Eigenschaftsänderungen abgebaut. Die Spannungen können entstehen beim Härten, beim ungleichmäßigen Erwärmen während des Schweißens, beim Zerspanen oder während einer Kaltumformung. Das Spannungsarmglühen findet meist bei ca. 650 °C statt, bei Werkzeugstählen im Bereich von 700 °C bis 780 °C und wird auch bei komplexen Werkstücken zur Rissvermeidung angewandt.

Beim *Rekristallisationsglühen* werden die bei der Kaltformung hervorgerufenen Gitterverzerrungen und Gitterverspannungen wieder beseitigt. Die Kaltverfestigung und Zähigkeitsreduzierung wird aufgehoben. Die Rekristallisationstemperatur ist von der Stahlsorte abhängig, ist aber meist zwischen 500 °C und 650 °C. Diese Art der Warmbehandlung wird vor allem zwischen einzelnen Arbeitsgängen beim Umformen vorgenommen.

Beim *Grobkornglühen* wird das Ziel verfolgt, ein möglichst grobes Korn im Gefüge herzustellen. Dieses reduziert die Zähigkeit und dient der Verbesserung der Zerspanbarkeit, z. B. bei Einsatzstählen und bei Vergütungsstählen. Nach dem Zerspanen kann das Gefüge wieder *rückgefeint* werden. Der Glühvorgang wird bei ca. 1000 °C durchgeführt.

Das *Diffusionsglühen* hat das Ziel, die Konzentrationsunterschiede der Legierungselemente im Werkstoff auszugleichen. Dies geschieht bei Temperaturen im Bereich 1050 °C bis 1250 °C. Dabei müssen die Werkstücke sehr lange auf Glühtemperatur gehalten werden (bis zu 50 h).

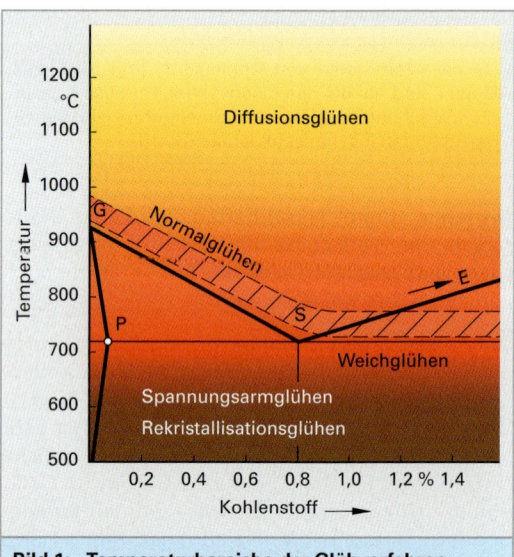

Bild 1: Temperaturbereiche der Glühverfahren

---

[1] von lat. ferrum = Eisen
[2] Perlit von engl. pearls-like luster = perlengleich glänzend

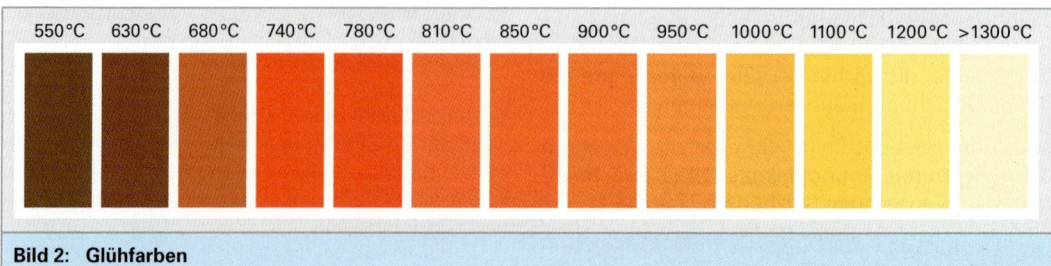

Bild 2: Glühfarben

Wiederholung und Vertiefung

1. Welche Ziele verfolgt man durch die Wärmebehandlung von Stahl?
2. Wie ist die Prozessfolge für das Härten?
3. Wie kommt es zur Martensitbildung?
4. Nennen Sie die Arbeitsfolgen beim Vergüten.
5. Welche Verfahren sind für das Oberflächenhärten üblich?
6. Weshalb werden Stähle geglüht und wie bezeichnet man die zugehörigen Verfahren?

3 Fertigen mit Nichtmetallen

3.1 Bauteile aus Kunststoff

Wie die vielfältigen Anwendungsbeispiele zeigen, haben sich die Kunststoffe immer mehr zu eigenständigen Werkstoffen entwickelt. Viele Zweige der modernen Technik (**Bild 1**), besonders die Elektrotechnik, die Nachrichtentechnik, Automobilindustrie und alltägliche Gebrauchsgüter (**Bild 2**), sind ohne sie nicht mehr denkbar. Dabei werden den synthetischen[1] Werkstoffen oft die sogenannten klassischen natürlichen Werkstoffe entgegengehalten. Aber auch diese, wie beispielsweise die Metalle und das Glas, erfordern bereits eine Aufbereitung und eine chemische Veränderung der Ausgangsmaterialien, bevor sie als Werkstoffe dienen können. Ob es sich um den Holzeinschlag handelt oder um die Gewinnung der Erze, der Grundstoffe für Glas, Porzellan, Zement usw. oder des Erdöls für die Kunststoffe, in jedem Fall muss der von der Natur gegebene Stoff erst behandelt werden.

Man kann die Werkstoffe daher auch nach dem Grad des menschlichen Zutuns unterscheiden: Bei Holz, Steinen, natürlichen Fasern und Papier sind die Veränderungen gegenüber den Ausgangsstoffen am geringsten. Metalle, z. B. Stahl, Aluminium und Buntmetalle, erfordern schon chemische Reaktionen und Glas, Zement und Kunststoffe werden durch noch weitergehende chemische Reaktionen hergestellt, es sind synthetische Werkstoffe. Was den dabei erforderlichen Energieaufwand angeht, aber auch die entstehenden Abraumhalden, die Nebenprodukte und die spätere Beseitigung der Abfälle (Recycling), schneiden die Kunststoffe gut ab.

Wenn man für eine Anwendung den optimalen Werkstoff sucht, so sind neben dem Preis die Eigenschaften ausschlaggebend. Der besondere Vorteil der Kunststoffe ist ihre große Variationsbreite. Aus kleinen, gegebenenfalls auch verschiedenen Einzelbausteinen, den Monomeren[2], lässt sich eine Vielzahl von polymeren[3] Werkstoffen aufbauen, die durch Zusätze wie Farbmittel, Stabilisatoren, Weichmacher, Verstärkungs- und Füllmaterialien noch modifiziert werden können. Dementsprechend breit ist auch das Spektrum der Eigenschaften und Kombinationsmöglichkeiten.

Da insbesondere die mechanischen Eigenschaften der Kunststoffe sehr stark von der Herstellung und der Gestalt der Probekörper oder Teilegeometrie abhängen, sind deshalb, wie bei allen anderen Werkstoffen auch, Fertigteilprüfungen vorzunehmen.

Bild 1: Historisches Telefon aus Phenolharz (1936 bis 1960)

Bild 2: Beispiel einer Kunststoffanwendung

Charakteristisch für Kunststoffe sind:
- die geringe Dichte,
- die hervorragende elektrische Isolierfähigkeit,
- die Beständigkeit gegen Korrosion, gegen Säuren, Laugen, Salze und andere Chemikalien,
- bei Kunststoffschäumen die gute Wärmedämmung und Stoßabsorption,
- die energiesparende und kostengünstige Verarbeitung,
- der günstige Volumenpreis aufgrund des geringen Gewichts,
- die geringe Umweltbelastung bei der Herstellung und der Verarbeitung.

---

[1] griech. synthetikos = zum Zusammensetzen gehörig, Synthese = Zusammenfügung, Verknüpfung einzelner Teile zu einem höheren Ganzen. In der Chemie: Aufbau komplexer Verbindungen aus einfacheren Stoffen.
[2] Monomer = aus einzelnen Molekülen bestehend – Grundbausteine (Chem.)
[3] Polymer = zusammengesetzte Riesenmoleküle, Grundbaustein ist das Monomer

Es werden weltweit ca. 48 Millionen Tonnen Kunststoffe als Werkstoffe verbraucht. In Westeuropa sind es ca. 20 Millionen Tonnen. Damit haben die Kunststoffe, auch dem Gewicht nach, schon ca. 10 % des Stahl- und Gusseisenverbrauchs und ca. 20 % des Holzverbrauchs erreicht.

In Deutschland werden etwa soviele Kunststoffe verbraucht wie Papier und Pappe, mit steigender Tendenz **(Bild 1)**.

Durch ständige Entwicklungen ergeben sich neue Eigenschaftskombinationen, die, zusammen mit der weiterentwickelten Verarbeitungstechnik besonders auf dem Gebiet der Konstruktionswerkstoffe, immer neue Anwendungsgebiete erschließen.

3.1.1 Werkstoffe

3.1.2.1 Kunststoffe in der Konstruktion

Die Entwicklung der letzten Jahre zeigt, dass Kunststoffe für immer anspruchsvollere technische Aufgaben eingesetzt werden. Sie sind mittlerweile zu Konstruktionswerkstoffen geworden. Dies zwingt den Konstrukteur, sich intensiv mit den Kunststoffen und ihren ständig zunehmenden Möglichkeiten in der technischen Anwendung auseinanderzusetzen.

Das kunststoffspezifische Wissen des Konstrukteurs konzentriert sich schwerpunktmäßig auf folgende Bereiche:

- Werkstoffeigenschaften,
- Fertigungsverfahren,
- Gestaltungsregeln,
- Berechnungsmethoden.

Diese Bereiche befinden sich in einer engen Beziehung zueinander. Es werden z. B. die Gestaltungsregeln sehr stark von dem zu verwendeten Fertigungsverfahren beeinflusst, oder die besonderen Werkstoffeigenschaften der verschiedenen Kunststoffe müssen in den Berechnungsmethoden komplett beschrieben werden.

Eine erfolgreiche Anwendung der Kunststoffe verlangt von dem Konstrukteur nicht nur gute theoretische Kenntnisse in den oben erwähnten Wissensgebieten, er braucht auch zusätzlich umfangreiche praktische Erfahrung. Eine solche Erfahrung kann aber nur aufgebaut werden, wenn Theorie und Praxis sinnvoll zusammenspielen. Nur dann kann das notwendige Vertrauen in den Werkstoff entstehen oder besser ein Vertrauen in die eigenen Fähigkeiten, mit dem Kunststoff richtig umzugehen.

Gerade dieses Vertrauen in die besonderen Eigenschaften des Kunststoffes ist wichtig für den Konstrukteur und Techniker. Denn er ist es, der aus einer Vielzahl möglicher Informationen genau den Stoff auswählt, der für seinen Anwendungsfall der geeignetste und kostengünstigste Kunststoff ist.

3.1.2.2 Werkstoffauswahl

Gerade bei den Kunststoffen mit ihrer enorm breiten Eigenschaftspalette kommt der sorgfältigen und überlegten Werkstoffauswahl eine entscheidende Bedeutung zu. Es empfiehlt sich daher, sich eine systematische Vorgehensweise anzugewöhnen.

Das nachstehend beschriebene Vorgehen kann zwar nicht jeden Fall berücksichtigen, jedoch führt es den Anwender durch die einzelnen Schritte zielsicher zum optimalen Werkstoff. Die qualitative Auswahl und die Bewertung der einzelnen Kriterien der Auswahl, bleiben nach wie vor Aufgabe des Konstrukteurs.

Es ist deshalb nicht verwunderlich, dass zwei verschiedene Personen die notwendigen Eigenschaften unterschiedlich bewerten können und somit zu anderen Ergebnissen kommen können. Dennoch ist es immer wieder erstaunlich, wie gut – trotz aller Subjektivität in der Einzelbewertung – die Übereinstimmungen letztendlich sind.

> Die Verwendung von Kunststoffen ist kontinuierlich zunehmend.

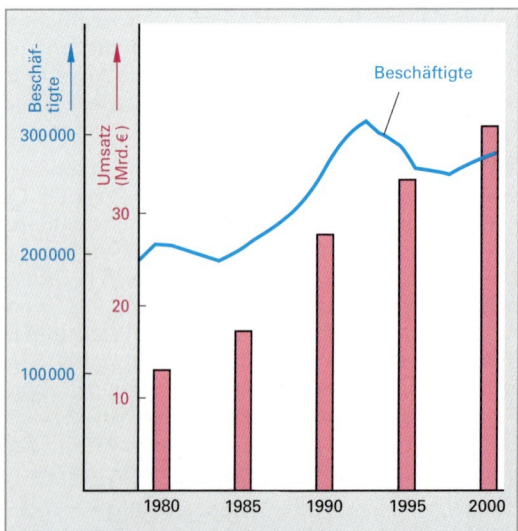

Bild 1: Entwicklung des Umsatzes und der Beschäftigten in der kunststoffverarbeitenden Industrie Deutschland (Quelle: GKV)

3.1 Bauteile aus Kunststoff

Systematische Werkstoffauswahl

Grundlage ist eine Anforderungsliste, in der alle wichtigen Eigenschaften aufgeführt und klassifiziert werden:

- Forderung (F): muss unbedingt erfüllt werden.
- Wunsch (W): ist falls möglich zu erfüllen.

Vom Konstruktionsablauf und aus Gründen der Zweckmäßigkeit gliedert sich die Werkstoffauswahl in zwei Teilschritte:

1. Vorauswahl:

Die Vorauswahl erfolgt zumeist schon in der Konzeptphase der Konstruktion, also vor dem Konstruktionsentwurf. Dies ist naheliegend, da die Auswahl des Kunststoffes sich auf das Fertigungsverfahren und die Bauteilgestalt auswirkt.

In der Vorauswahl werden prinzipiell alle jene Kunststoffe, die eine Forderung (F) nicht erfüllen, ausgeschieden. Sind noch viele Kunststoffe verwendbar, kann zur weiteren Eingrenzung durch Berücksichtigung der Wünsche (W) erfolgen. Am Ende sollten etwa vier bis acht Kunststoffe zur Auswahl stehen.

2. Endauswahl:

Die Endauswahl wird meist parallel zur endgültigen Bauteilgestaltung und den durchgeführten Berechnungen oder Prozesssimulationen getroffen. Dies ist deshalb erst nach Vorliegen des Konstruktionsentwurfes möglich.

Bei der Endauswahl geht es um die Bestimmung des optimalen Kunststoffes in einer systematischen Beurteilung der Kunststoffeigenschaften. Diese Bewertung erfolgt aufgrund einer Punktebewertung für getrennt gewichtete Stoffeigenschaften.

Optimal ist am Ende derjenige Kunststoff, der die gestellten Anforderungen unter Berücksichtigung des geltenden Beurteilungsmaßstabes und der durchgeführten Gewichtung mit der höchsten Punktzahl erfüllt (**Tabelle 1**).

In der Vorauswahl sollten nur die Forderungen an den Kunststoff genau definiert und überprüft werden. Weitere Einschränkungen sollten nicht zu diesem frühen Zeitpunkt der Teilgestaltung getroffen werden.

Tabelle 1: Systematische Werkstoffauswahl

Teilenummer:						Teilebenennung:					
Stoffeigenschaft			**Werkstoff A**			**Werkstoff B**			**Werkstoff C**		
Begriff	Einheit	Gewichtung	Eigenschaft	Bewertung	Punktzahl	Eigenschaft	Bewertung	Punktzahl	Eigenschaft	Bewertung	Punktzahl
Dichte	g/cm³	0,9	1,15	6	**5,4**	1,07	8	**7,2**	1,24	1	**0,9**
Zeitstandfestigkeit	N/mm²	1,0	45	8	**8,0**	35	4	**4,0**	40	6	**6,0**
Schwindung	%	0,6	1,0	7	**4,2**	1,1	6	**3,6**	0,8	9	**5,4**
Wasseraufnahme	%	0,5	5,0	1	**0,5**	3,5	4	**2,0**	1,0	9	**4,5**
Wärmeformbeständigkeit	°C	0,8	165	6	**4,8**	195	9	**7,2**	150	5	**4,0**
Wärmedehnzahl	l/°C	0,5	0,00007	10	**5,0**	0,00008	8	**4,0**	0,0001	6	**3,0**
Preis	/kg	1,0	2,30	1	**1,0**	0,92	10	**10,0**	1,10	9	**9,0**
		1. Gewichtung		**2. Bewertung**			**3. Punktzahl**				
Gesamtpunktzahl					28,9			38,0			32,8
Platzierung					3			1			2
Bemerkung: Punktezahl = Gewichtung x Bewertung									Datum		

3.1.2.3 Konstruktionsrelevante Kunststoffeigenschaften

Je nach der zu lösenden Konstruktionsaufgabe können die verschiedensten mechanischen, thermischen, elektrischen oder chemisch-physikalischen Eigenschaften im Vordergrund stehen und die Werkstoffwahl mehr oder weniger stark beeinflussen. Bei der Festlegung von Gestalt und Abmessungen eines Erzeugnisses als zentraler Aufgabe des Konstruktionsprozesses, sind vor allem die mechanischen Werkstoffeigenschaften entscheidend. Gemeint sind primär das *Versagensverhalten* und das *Verformungsverhalten* mit ihren vielfältigen Abhängigkeiten.

Für eine zuverlässige und wirtschaftliche Auslegung sind aussagekräftige Unterlagen über dieses Verhalten unbedingt erforderlich. Auch für die weiteren Eigenschaften, die bei der Werkstoffwahl zu berücksichtigen sind, werden verlässliche Unterlagen benötigt.

Versagensverhalten

Das Versagensverhalten der Kunststoffe wie natürlich auch bei andern Werkstoffen ist außerordentlich komplex. Die Beschreibung dieser Vorgänge ist daher Gegenstand einer eigenen wissenschaftlichen Fachdisziplin. Die hauptsächlichsten Versagenskriterien bei Kunststoffen sind:

- **Bruch**

  Bruch ist wohl eine der kritischsten Versagensursachen, ist sie doch zumeist mit beträchtlichem Schaden oder gar Gefährdung von Leib und Leben verbunden. Die beim Bruch auftretenden Spannungen und Dehnungen werden in genormten Versuchen ermittelt.

  Das Bruchverhalten der verschiedenen Kunststoffe ist nicht einheitlich, außerdem hängt es von der Belastungsgeschwindigkeit, der Temperatur, dem Spannungszustand sowie weiteren Einflussfaktoren ab. Darunter ist die Zähigkeit, d. h. das Arbeitsaufnahmevermögen von größter Bedeutung.

- **Streckspannung**

  Belastete Konstruktionen können auch durch unkontrolliert wachsende Verformungen versagen. Solche treten beispielsweise auf, wenn die aufnehmbare Spannung im Probekörper nach Überschreiten eines Maximums der Streckspannung trotz weiter zunehmender Verformung zurückgeht.

  Die Streckspannung tritt bei amorphen Thermoplasten im gummielastischen Zustand auf, bei teilkristallinen Thermoplasten verschwindet sie mit dem Erweichen der amorphen Phase. Bei Duromeren fehlt sie. Die Streckspannung ist stark temperaturabhängig, aber auch abhängig von der Belastungsgeschwindigkeit.

- **Rissbildung**

  Praktisch alle Kunststoffe werden bei relativ kleinen Dehnungen in der Größenordnung von 1 % durch Bildung von Mikrorissen und Verstreckungszonen (sog. Crazes) irreversibel geschädigt. Das heißt, dass die Struktur auch nach Entlastung geschädigt bleibt und nicht wieder ausheilt. Diese geschädigten Partien bilden die Keime für größere Verstreckungen und Risse.

- **Instabilität**

  Das Versagen durch Instabilität wie beispielsweise Knicken ist nicht werkstofftypisch, sondern durch die Geometrie des Bauteils und die Art der Belastung bestimmt. Die Knicklast unterliegt in ihrer Wirkung jedoch der Zeitabhängigkeit, was bei metallischen Konstruktionen nicht beobachtet wird.

- **Verschleiß**

  Werden Kunststoffe in Konstruktionselementen als Lager oder in Gleitpaarungen verwendet, so spielen das Gleitverhalten und das Abriebverhalten eine Rolle. Die Reibung ist eine wichtige physikalische Erscheinung, die je nach Anwendung genutzt oder als Störfaktor minimalisiert werden muss. Verschleiß und Abrieb zählen zu den Störfaktoren, welche die Lebensdauer eines Bauteils entscheidend mitbestimmen.

- **Alterung**

  Die im Laufe der Zeit in einem Kunststoff irreversibel ablaufenden chemischen und physikalischen Vorgänge werden gewöhnlich als Alterung bezeichnet. Sie äußern sich meist in einer Verschlechterung der Gebrauchseigenschaften. Häufige Ursachen sind Einwirkungen von Licht, energiereicher Strahlung (z. B. UV-Strahlung), Chemikalien, Witterung, Sauerstoff (Ozon) usw. Daher ist bei der Werkstoffwahl sorgfältig auf die Betriebs- und Umgebungsbedingungen zu achten.

- **Korrosion**

  Kunststoffe korrodieren nicht in der von den Metallen her bekannten Art. Bestimmte chemische Substanzen, welche die Oberfläche eines Kunststoffes benetzen, können aber durch Diffusion ins Innere eindringen und die Eigenschaften des Materials beeinflussen. Sie können zur Quellung und bis zur vollständigen Auflösung des Molekülverbandes führen. Unter gleichzeitiger mechanischer Beanspruchung kann die Festigkeit der Kunststoffe unter Umständen auf einen Bruchteil des Normalwertes herabgesetzt werden. Diese als Spannungsrisskorrosion bezeichnete Erscheinung ist daher schon bei der Bauteilauslegung und bei der Auswahl des Werkstoffes genau ins Auge zu fassen.

Verformungsverhalten

Das Verformungs- oder Formänderungsverhalten eines Werkstoffes spielt bei der Festigkeitsrechnung eine wesentliche Rolle, denn es liefert den Zusammenhang zwischen der Belastung und der von ihr hervorgerufenen Verformung, also die Verknüpfung von Spannung und Dehnung. Jeder Werkstoff hat sein typisches Verformungsgesetz, das in elementaren Fällen durch eine einfache Stoffgleichung, wie beispielsweise das Hook'sche Gesetz dargestellt werden kann.

Bei Kunststoffen sind die Verhältnisse komplizierter, indem nicht nur die bekannten Abhängigkeiten von Zeit und Temperatur auftreten, sondern auch Abweichungen von der Linearität und der Isotropie beobachtet werden können.

- **Zeitabhängigkeit**

  Das zeitabhängige Verformungsverhalten wird auch als Viskoelastizität[1] bezeichnet. Es kommt in zwei Standardversuchen typisch zum Ausdruck:

  - Kriechen,
    Formänderung in Abhängigkeit der Zeit bei konstant gehaltener Spannung,
  - Relaxieren[2],
    Spannungsabnahme in Abhängigkeit der Zeit bei konstant gehaltener Dehnung.

- **Temperaturabhängigkeit**

  Der Temperatureinfluss auf das Verformungsverhalten ist selbst bei geringfügigen Abweichungen von der Raumtemperatur deutlich spürbar. Höhere Temperaturen beschleunigen die Kriech- und Relaxationsvorgänge.

Kunststoffe zeigen eine vergleichsweise hohe Wärmedehnung, die selbst wiederum temperaturabhängig ist. Werden die Wärmedehnungen behindert, so entstehen Spannungen, deren Bestimmung wegen der Relaxationsprozesse nicht getrennt messtechnisch erfasst werden können.

- **Feuchtigkeitsabhängigkeit**

  Bestimmte Kunststoffe, vorab PA 6, haben die Eigenschaft, aus ihrer Umgebung Feuchtigkeit aufzunehmen. Diese Wasseraufnahme bewirkt einerseits eine Quellung, die bei Behinderung zu Spannungen analog den Wärmespannungen führen kann. Anderseits reduziert sie die Festigkeit und die Steifigkeit und beschleunigt Kriech- und Relaxationsvorgänge.

- **Nichtlinearität**

  Bei den meisten Kunststoffen besteht zwischen Spannung und Dehnung höchstens bei relativ kleinen Dehnungen ein einigermaßen linearer Zusammenhang. Außerhalb dieses begrenzten Bereiches zeigt sich ein nicht-lineares Spannungs-Dehnungs-Verhältnis. Dies kann Berechnungen erschweren, verhindert sie aber nicht.

- **Anisotropie[3]**

  Abweichungen von der Isotropie wie sie etwa durch Orientierungen und Verstreckungen entstehen, lassen sich rechnerisch kaum zuverlässig erfassen. Hingegen sind Anisotropien infolge Faserverstärkung mit klar definierter Struktur (Gewebe, Wicklung usw.) einer Festigkeitsrechnung zugänglich, wenn auch mit entsprechend großem Aufwand.

---

[1] Viskoelastizität = Elastizität im viskosen (zähflüssigen) Zustand; lat. viscosum = voll Leim, klebrig
[2] relaxieren von engl. to relax = entspannen, gelöst sein
[3] anisotrop = nicht isotrop, d. h. nicht nach allen Richtungen gleiche Eigenschaften habend, von griech. a ... = nicht, ... iso ... = gleich, ... trope = Wendung, Richtung

---

Wiederholung und Vertiefung

1. Nennen Sie unterschiedliche Produktbeispiele die aus Kunststoffen hergestellt werden.
2. Wie unterscheiden sich Monomere von Polymeren?
3. Welches sind die charakteristischen Eigenschaften der Kunststoffe?
4. Wie groß ist die weltweit erzeugte Menge an Kunststoffen und wie ist diese im Vergleich zu Stahl und Holz?
5. Wie hat sich die Zahl der Beschäftigten in der Kunststoffindustrie in Deutschland entwickelt?
6. Beschreiben Sie die Vorgehensweise bei der Auswahl von Werkstoffen.
7. Welches sind die wichtigsten konstruktionsrelevanten Kunststoffeigenschaften?
8. Welche Arten des Versagensverhaltens von Kunststoffen sind zu beachten?
9. Welche Arten des Verformungsverhaltens unterscheidet man?
10. In welchen Bereichen muss ein Konstrukteur kunststoffspezifisches Wissen haben?
11. Welche Temperaturen beschleunigen die Kriech- und Relaxationsvorgänge?
12. Wie nennt man das zeitabhängige Verformungsverhalten?
13. Was versteht man bei Kunststoffen unter Korrosion?
14. Welche Teilschritte werden innerhalb einer systematischen Werkstoffauswahl durchlaufen?

3.1.3 Auslegung von Kunststoffkonstruktionen

Festigkeitsberechnung

Beim Konstruieren hochbeanspruchter Kunststoffteile sind Berechnungen unumgänglich. Zu unterscheiden sind Berechnungen funktionell geometrischer Art, wie beispielsweise die Geometrie der Übertragung von Kräften oder Bewegungen und die Festigkeitsrechnungen. In diesen letzteren Fall werden die Beanspruchungsgrößen am Bauteil den mechanischen Eigenschaften des Kunststoffes gegenübergestellt (**Bild 1**).

Solche Festigkeitsberechnungen finden in zwei Arbeitsphasen des Konstruktionsvorganges statt (**Bild 1**). Im Sinne einer **Vorausabschätzung** werden in der Konzeptphase die wichtigsten Hauptdaten ermittelt, auf denen die weitere Konstruktionsarbeit basiert. Die eigentlichen **Festigkeitsrechnungen** werden dann – Hand in Hand – mit der Detailgestaltung in der Entwurfsphase durchgeführt. Diese Berechnungen können auch eine Hilfe sein bei der Werkstoffwahl und bei der Entscheidung, ob und welche Versuche an Funktionsmustern und Prototypen allenfalls erforderlich sind.

Für die eigentliche Festigkeitsrechnung benützt der Konstrukteur nach Möglichkeit Formeln, die in der Fachliteratur, vorzugsweise in technischen Handbüchern, zusammengestellt sind. Dabei muss er wissen, dass alle diese Lösungen auf der Gültigkeit des Hook'schen Gesetzes beruhen, das heißt insbesondere ein lineares Verformungsverhalten voraussetzen. Die äußerst praktische Konsequenz dieser Voraussetzung ist die Möglichkeit, Lösungen einfacher Probleme nach Belieben mit solchen komplizierterer Art zu überlagern.

Abweichungen von der Linearität oder von der Isotropie des Verformungsverhaltens verlangen vom Konstrukteur besondere Kenntnisse. Oft können nur noch Simulationsprogramme weiterhelfen, wie auch bei komplizierterer Bauteilgeometrie und/oder Beanspruchung. Diese Programme basieren meistens auf der Methode der Finiten Elemente (FEM), deren Anwendung einige Anforderungen an die Kenntnisse und die Erfahrung des Konstrukteurs stellen.

Im Zusammenhang mit der Festigkeitsrechnung sind vielerlei Fragen zu klären:

- **Belastungsart** (ruhend, schwingend, schlagartig),
- **Betriebsbedingungen** (Zeit, Temperatur, Medien),
- **Sicherheit** (Lebensdauer, sicheres Bestehen, beschränktes Versagen),
- **Versagenskriterium** (Bruch, Verformung, Rissbildung),
- **Spannungszustand** (einachsig, mehrachsig, hydrostatisch),
- **Werkstoffverhalten** (Versagen, Verformung),
- **Beanspruchung** (Zug, Druck, Schub, Biegung, Torsion),
- **Stabilität** (Knicken, Beulen),
- **Gestalteinflüsse** (Kraftfluss, Kerbwirkung, Bindenähte).

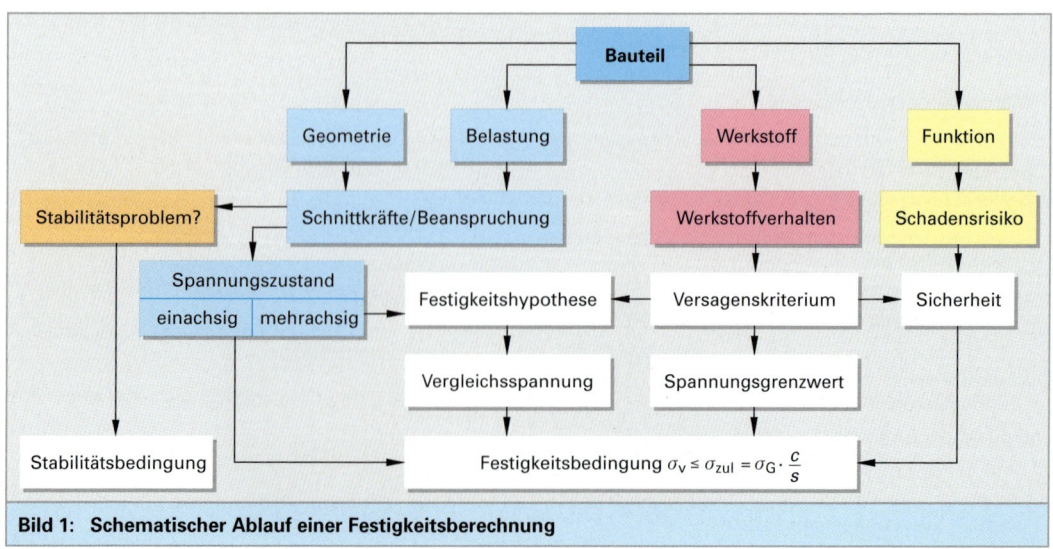

Bild 1: Schematischer Ablauf einer Festigkeitsberechnung

3.1 Bauteile aus Kunststoff

Berechnung von Maschinenelementen

Die Festigkeitsrechnung bezieht sich ausschließlich auf die mechanische Belastbarkeit der Bauteile. Die zu berechnenden Partien werden überdies in den meisten Fällen zu geometrisch einfachen Körpern abstrahiert. Die nicht-mechanischen Anforderungen, die Einflüsse einer komplizierteren Bauteilgeometrie und die Auswirkungen der praktischen Betriebsbedingungen lassen sich dabei gewöhnlich nur grob abschätzen.

Bei Bauelementen, die sehr häufig in ähnlicher Gestalt und für eine ganz bestimmte Funktion verwendet werden, wie beispielsweise Zahnräder, Laufrollen, Schrauben, Gleitlager usw. können diese spezifischen Einflüsse experimentell untersucht werden. Die so erhaltenen Ergebnisse, erhärtet durch Erfahrungen aus dem praktischen Einsatz, finden vielfach ihren Niederschlag in empirischen Berechnungsgleichungen, welche die geltenden Zusammenhänge wiedergeben. Die gemessenen Zahlenwerte werden in Diagrammen oder Tabellen dem Benutzer zugänglich gemacht. Ihre Anwendung beschränkt sich damit aber auf das betreffende Maschinenelement, eine Übertragung der ermittelten Zahlenwerte auf anders geartete Maschinenelemente ist im Allgemeinen nicht möglich. Die Vorgehensweise soll anhand einer Berechnung einer Schnapphakenverbindung dargestellt werden.

Rechenbeispiel: Schnapphakenverbindung

(Diese Verbindung nutzt die Elastizität des Kunststoffes aus)

Aus der Erfahrung hat sich gezeigt, dass eine Dimensionierung bezogen auf die kritische Randfaserdehnung anzusetzen ist.

Randfaserdehnung für einen einseitig eingespannten Biegebalken.

Die Spannung ergibt sich zu:

$$\sigma = \frac{M_b}{W_b} = \frac{M_b \cdot e}{J}$$

M_b Biegemoment
W_b Widerstandsmoment
e Abstand der neutralen Faser zur Randfaser
J Trägheitsmoment

wobei gilt:

$M_b = F \cdot l$

$J = \dfrac{b \cdot h^3}{12}$

$e = \dfrac{h}{2}$

F Biegekraft
l Biegelänge (Länge des Hakens)
E Elastizitätsmodul
b Balkenbreite (Breite des Hakens)
h Balkenhöhe (Höhe des Hakens)
Δh Durchbiegung

Bei Kunststoffen gilt das Hook'sche Gesetz bis 1 % Dehnung, deshalb gilt folgende Gleichung:

$$\varepsilon = \frac{3 \cdot \Delta h \cdot h}{2 \cdot l^2} \cdot 100\ \%$$

Das Ergebnis ist eine Gleichung für die Randfaserdehnung, wobei zu unterscheiden ist:

- einmalige Kurzzeitbeanspruchung,
- mehrmalige Kurzzeitbeanspruchung,
- Dauerbiegebeanspruchung.

Die Werte für die verschiedenen Beanspruchungen findet man in den Datenblättern der Kunststoffhersteller.

Zulässige Dehnung bei Kurzzeitbeanspruchung:

Werkstoff	Einmalig	Mehrmalig
LEXAN 161-PC	7 %	5,4 %
NORYL GFN 3	2 - 4 %	1,6 %

Zulässige Dehnung bei Dauerbiegebeanspruchung

Werkstoff	Ohne Füllstoff	Mit Füllstoff GF, CF
PC, PC-Blende	1 %	0,5 %
Mod. PPO	0,8 %	0,4 %
PEI	1 %	0,5%
ABS	1 %	0,5 %
PMMA, PS, SAN	0,8 %	
PA, POM	2 %	0,3 - 1 %

Rechenbeispiel:

Für den Fall einer einmaligen Kurzzeitbeanspruchung und zu verwendende Material LEXAN 161-PC:

Schnapphakenabmessungen:
l = 15 mm; h 0 = 3 mm; ε = 7 %
Die zulässige Durchbiegung ergibt sich zu:

$$\Delta h = \frac{2 \cdot l^2 \cdot \varepsilon}{3 \cdot h} = \frac{2 \cdot 15^2 \cdot 0{,}07\ \text{mm}}{3 \cdot 3} = 3{,}5\ \text{mm}$$

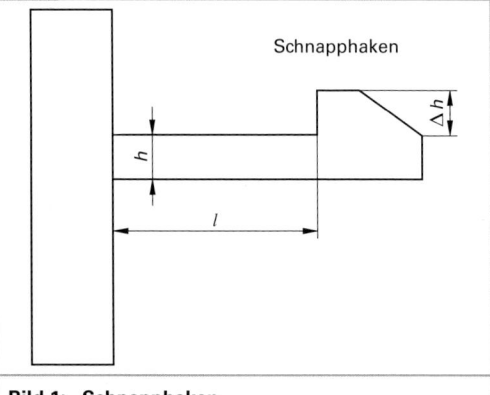

Bild 1: Schnapphaken

3.1.4 Kunststoffgerechtes Gestalten

3.1.4.1 Allgemeine Gestaltungskriterien

Die Gestaltung eines Bauteils ist eine wichtige Teilaufgabe im Rahmen des Konstruktionsvorganges. Auch bei Verwendung von Kunststoffen richtet sich die Bauteilgestalt nach vier allgemeingültigen Kriterien, die zudem untereinander in vielfältiger Beziehung stehen (**Bild 1**):

- Funktion,
- Werkstoff,
- Herstellungsverfahren,
- Design.

Eine ideale Bauteilgestalt erfordert eine optimale Abstimmung der Kriterien unter Berücksichtigung der problemspezifischen Anforderungen. Von wesentlicher Bedeutung ist dabei auch die Kostenfrage (Werkstoff, Herstellungsverfahren).

Je nach der Zweckbestimmung der Konstruktion kann die Gewichtung der einzelnen Kriterien sehr verschieden sein. Bei technischen Produkten dürften eher funktionelle Gesichtspunkte im Vordergrund stehen, während bei Gebrauchsartikeln ästhetische Gesichtspunkte oft ausschlaggebend sein können.

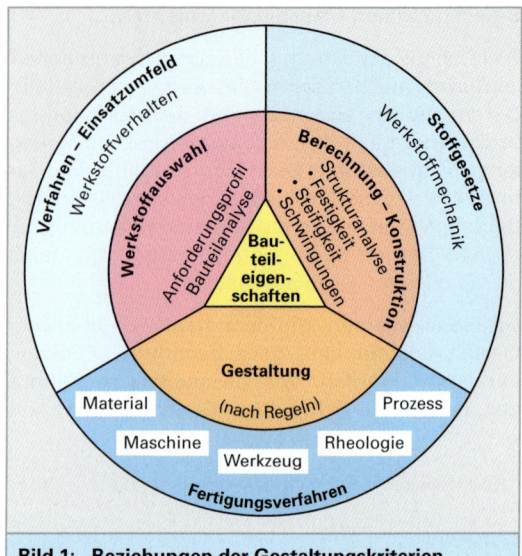

Bild 1: Beziehungen der Gestaltungskriterien

Wichtige **funktionelle Gesichtspunkte der Gestaltung** sind:

- Einsatz, Betrieb,
- Prinzip der technischen Lösung,
- Bedienung, Handhabung, Ergonomie,
- Sicherheit, Verletzungsrisiko,
- Wartung, Unterhalt,
- Austauschbarkeit.

3.1.4.2 Funktionelle Gesichtspunkte

Unter Funktion versteht man die Formulierung der Aufgabe auf einer abstrakten und lösungsneutralen Ebene. Das Prinzip der Funktion kann in Form eines Schemas dargestellt werden, das nicht selten bereits wesentliche Grundgedanken der Lösung in sich birgt. So leiten sich aus der Funktion zwangsläufig wichtige Anforderungen an die künftige **Produktgestaltung** ab.

Die Gestalt eines technischen Erzeugnisses soll daher bewusst Ausdruck der Funktion sein und weder im Gesamtbild noch in Einzelheiten den Anschein nicht funktionsgerechter Gestaltung oder Bemessung erwecken.

Ein technisch funktionsgerecht gebautes Formteil sieht nicht zwangsläufig auch funktionsrichtig aus. Diskrepanzen zwischen Funktion und visuellem Eindruck können sich beispielsweise bei Verwendung grob gestufter Normteile ergeben oder bei Verwendung von Funktionselementen aus andern Baureihen.

Bei **technischen Produkten** stehen technische Anforderungen an erster Stelle wie beispielsweise:

- Raumbedarf, Gewicht,
- Mechanische und andere physikalische Eigenschaften,
- Anschlussformen und -maße, Toleranzen.

Die **Abstimmung der Bauteilgestalt** auf die auftretende Beanspruchung ist ein wichtiger funktioneller Gesichtspunkt.

Ein Kunststoffteil ist dann beanspruchungsgerecht gestaltet, wenn es seine Funktion bei gegebenem Werkstoff mit dem kleinstmöglichen Materialaufwand zu erfüllen vermag.

In diesem Zusammenhang stehen bei Kunststoffteilen im Vordergrund:

- Steifigkeit,
- Belastbarkeit,
- Kriechneigung,
- Wärmeauswirkungen.

3.1.4.3 Werkstofftechnische Gesichtspunkte

Formteileigenschaften eines Produktes können auch werkstofftechnisch bedingt sein. Sie sollten daher bewusst als Mittel der Gestaltung eingesetzt werden, mit dem Ziel, zusammen mit geeigneter Werkstoffauswahl und Herstellungsverfahren die spezifischen Eigenschaften der Werkstoffe in optimaler Weise auszunützen.

Ein Beispiel hierfür ist der Elastizitätsmodul, der wegen seiner relativ kleinen Werte bei den Kunststoffen in vielen Fällen als nachteilig empfunden wird. Er ist aber überall dort von Vorteil, wo eine gewisse Flexibilität oder Anpassungsfähigkeit des Bauteils erwünscht ist.

Durch gezieltes Ausschöpfen der günstigen Auswirkungen der Kunststoffeigenschaften bzw. durch gezieltes Vermeiden ihrer ungünstigen Auswirkungen können zweckmäßige und mitunter recht unkonventionelle Lösungen entstehen (**Tabelle 1**).

Die Klemmbrücke (**Bild 1**) oder der Clip (**Bild 2**) lässt sich nach der Herstellung in einfacher Gestalt durch gezielte Konditionierung, d. h. Lagerung in Wasser oder Dampf, so weich machen, dass sie bei der Montage problemlos in die gewünschte Form gebracht werden kann (**Bild 1**).

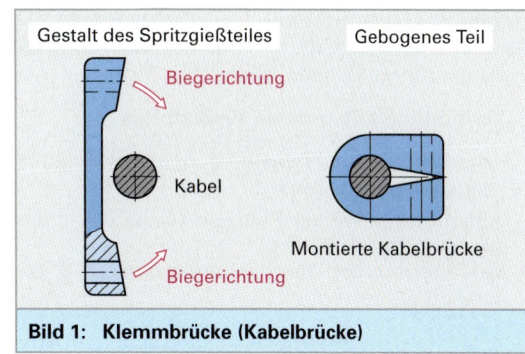

Bild 1: Klemmbrücke (Kabelbrücke)

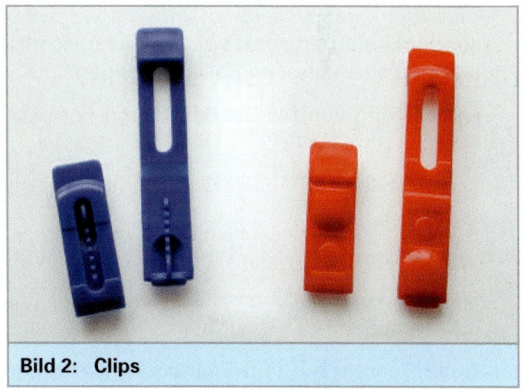

Bild 2: Clips

Tabelle 1: Kunststoffeigenschaften			
Eigenschaft		**Mögliche Auswirkungen (Beispiele)**	
		günstig	ungünstig
Elastizitätsmodul	klein	Gewollte Verformung (Filmgelenk, -scharnier)	Ungewollte Verformung, geringe Steifigkeit
	zeitabhängig	Abbau von Spannungsspitzen	Ungewolltes Lösen von kraftschlüssigen Verbindungen
	temperaturabhängig	Leichte Montage bei höheren Temperaturen	Ungenügende Formbeständigkeit bei höheren Temperaturen
Festigkeit	gering	Leichtes Öffnen von Verpackungen	Geringe Belastbarkeit von technischen Teilen
Dichte	gering	Kleines Gewicht der Teile, kleine Massekräfte	Geringes Energiespeichervermögen
Spezifische Wärmekapazität	hoch	Hohes Wärmespeichervermögen (Hitzeschutz)	Langsames Abkühlen
Wärmeleitfähigkeit	gering	Hohe Wärmeisolation (z. B. Pfannengriffe)	Wärmestau bei hitzeempfindlichen Elektronikbauteilen
Dämpfungseigenschaft	hoch	Gute Schalldämpfung geeignet für Ultraschallschweißen	Hoher Energieverlust, starke Erwärmung
Reibungskoeffizient	klein	Gute Gleiteigenschaften	Kraftschlüssige Verbindungen problematisch
Elektrische Leitfähigkeit	gering	Gute elektrische Isolationswirkung	Hohe statische Aufladung

Wichtige werkstofftechnische Gesichtspunkte, die bei der Bauteilgestaltung zu **konstruktiven Maßnahmen** führen können, sind:

- **Verbindung mit anderen Werkstoffen**
  - stoffschlüssige **(Tabelle 1)** oder formschlüssige Fügeverfahren,
  - Bildung von Werkstoffverbund-Konstruktionen.

- **Veränderung der Oberflächenstruktur** (z. B. Beschichtungen)
  - Die werkstofftypische Oberflächenstruktur sollte grundsätzlich beibehalten werden.
  - Veränderungen sind dann sinnvoll, wenn besondere Anforderungen an Oberflächenschutz, Hygiene oder Aussehen dies verlangen.

- **Verbesserung von Maßhaltigkeit** und Formstabilität
  - Formstabilität z. B. durch räumliche Form gebung

- **Wiederverwertbarkeit der Werkstoffe** (Recycling)
  - Beschränkung auf möglichst wenig verschiedene Werkstoffe
  - Gute Trennbarkeit von Elementen aus unterschiedlichen Werkstoffen
  - Materialkennzeichnung der Werkstoffe

3.1.4.4 Herstellverfahrensabhängige Gesichtspunkte

Die Gestalt eines Bauteils wird wesentlich durch das **Fertigungsverfahren** mitbestimmt. Jedes Verfahren stellt seine besonderen Anforderungen an die Bauteilgestaltung, bietet aber umgekehrt auch wieder besondere konstruktive Möglichkeiten.

Ziel einer **fertigungsgerechten Gestaltung** muss es sein, das Bauteil so einfach und kostengünstig wie möglich herzustellen, wobei natürlich die Stückzahl und die benötigten Werkzeuge eine entscheidende Rolle spielen. Besonderer Wert muss auch auf eine kunststoffgerechte Gestaltung gelegt werden **(Bild 1, folgende Seite)**. Viele Fehler lassen sich hierdurch bereits im Vorfeld verhindern und kostspielige Korrekturen können somit verhindert werden.

> Die fertigungstechnische Bauteilgestaltung ist wesentlich von der Stückzahl und den Werkzeugkosten bestimmt.

Tabelle 1: Werkstofftechnische konstruktive Maßnahmen (stoffschlüssiges Fügen)

Eigenschaften	Bemerkung
Gefüge	amorph, teilkristallin
Steifigkeit	je steifer, desto besser für das Ultraschallschweißen geeignet
Molekulargewicht	(Länge der Molekülketten) je höher das Molekulargewicht, desto schlechter für das Ultraschallschweißen geeignet
Beständigkeit der Schmelzphase	ist die chemische Stabilität auf eine schmale Temperaturzone eingeschränkt, müssen die Schweißparameter sehr exakt abgestimmt werden, um eine thermische Schädigung zu vermeiden
Dynamischer Schubmodul und mechanischer Verlustfaktor	ein hoher Schubmodul und ein niedriger mechanischer Verlustfaktor lassen auf eine gute Eignung für das Ultraschallschweißen schließen
Feuchtegehalt	Ein hoher Feuchtegehalt erhöht die Dämpfung des Kunststoffes und führt zu einer Verschlechterung der Schweißbarkeit
Verstärkungsstoffe, Füllstoffe und Zusätze	Negativer Einfluss auf die Schweißbarkeit durch diese Stoffe und Zusätze wie z.B.: • Glasfasern, Glaskugeln, mineralische Füllstoffe, • Farbstoffe, Pigmente • Flammschutzmittel • Weichmacher

Grundregeln für die Gestaltung von Kunststoff-Formteilen

- Konstante Wanddicken wählen, Materialansammlungen vermeiden (diese führen zu Eigenspannungen und Lunker im Teil, **Tabelle 1a, folgende Seite**).
- Deckel- oder Bodenflächen nicht eben, sondern gewölbt (nach außen oder innen) oder verrippt gestalten **(Tabelle 1 b, folgende Seite)**.
- Außen- und Innenecken zur Vermeidung von Rissbildung gerundet ausführen. Die Verdickung von Rundungen erhöhen die Steifigkeit **(Tabelle 1c, folgende Seite)**.
- Scharfe Kanten an der Umrandung der Teile vermeiden. Besser ist die Kanten durch Fasen oder Rundungsradien zu entschärfen und somit ein ausbrechen der Kanten zu verhindern **(Tabelle 1d, folgende Seite)**.
- Außenwände geneigt mit Entformschrägen versehen, dadurch wird die Stabilität erhöht und das Entformen erleichtert **(Tabelle 1e, folgende Seite)**.
- Hinterschneidungen aus Entformungsgründen nur auf der Außenseite anordnen **(Tabelle 1f, folgende Seite)**.
- Löcher und Durchbrüche nur mit genügend Abstand zum Rand vorsehen, um ein Ausbrechen des Lochrandes zu vermeiden **(Tabelle 1g, folgende Seite)**.

3.1 Bauteile aus Kunststoff

Tabelle 1: Kunststoffgerechte Gestaltung, Fehler und Ihre Behebung

falsch	richtig	falsch	richtig
a) 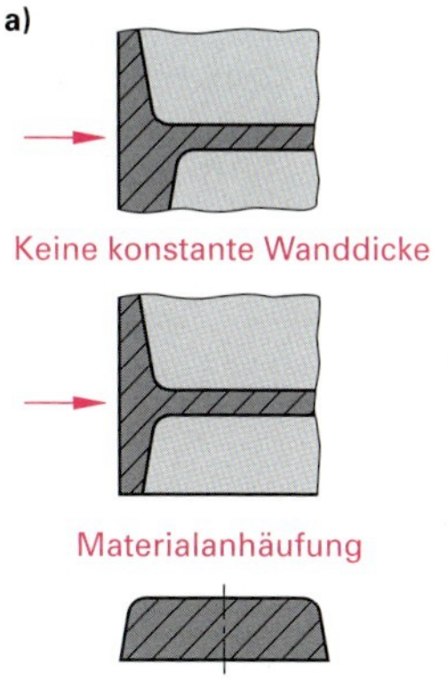 Keine konstante Wanddicke / Materialanhäufung	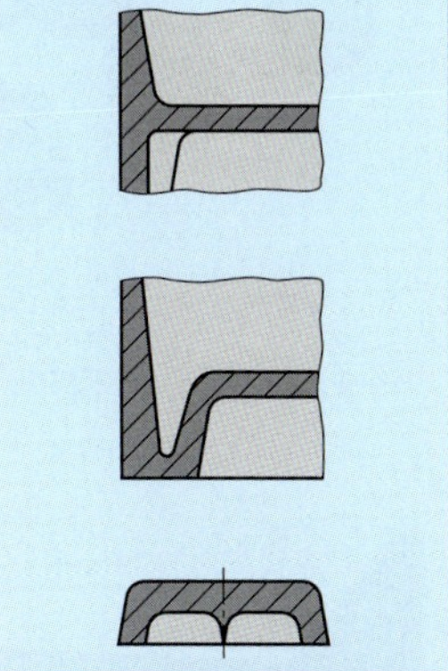	d) 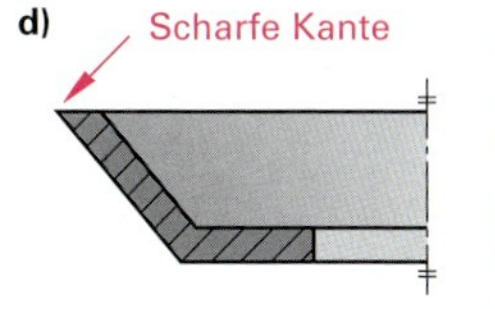 Scharfe Kante	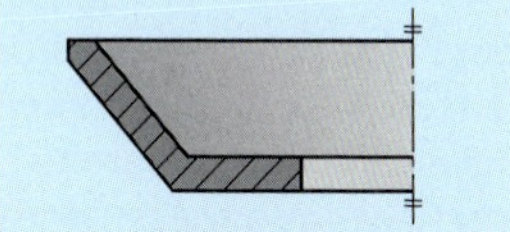
b) 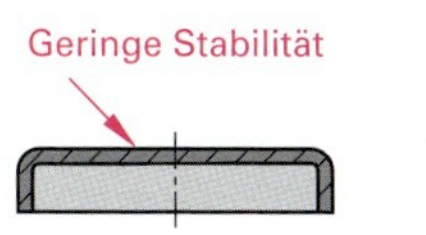 Geringe Stabilität	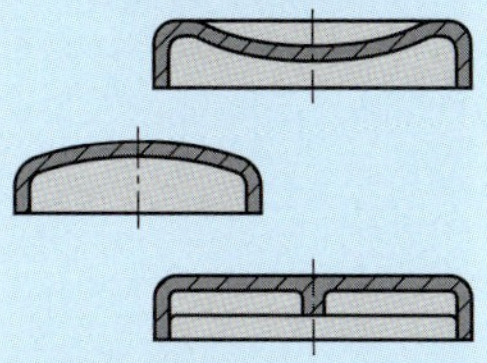	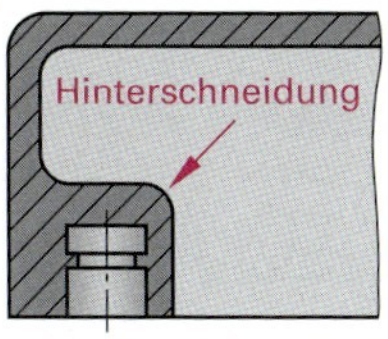 e) Keine Entformschräge (90°)	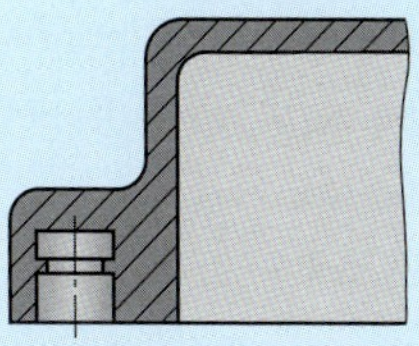 (90°)
c) Kanten nicht gerundet / Rundungen nicht verdickt	Verdickung	f) Hinterschneidung	
		g) Zu nahe am Rand	

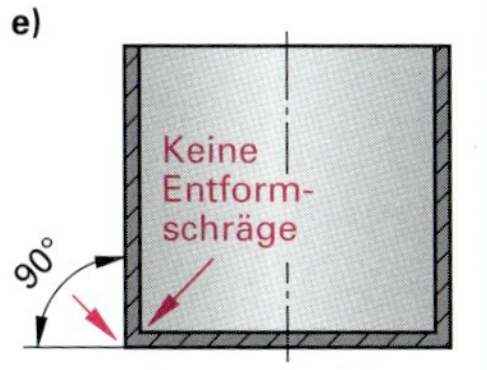

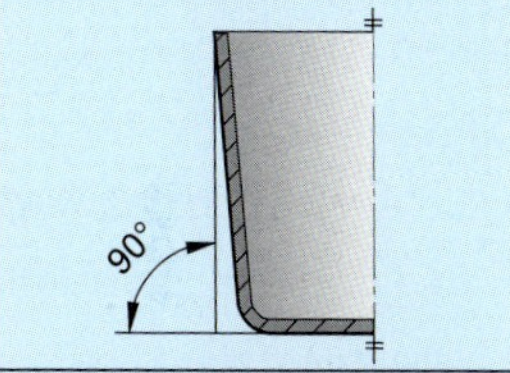

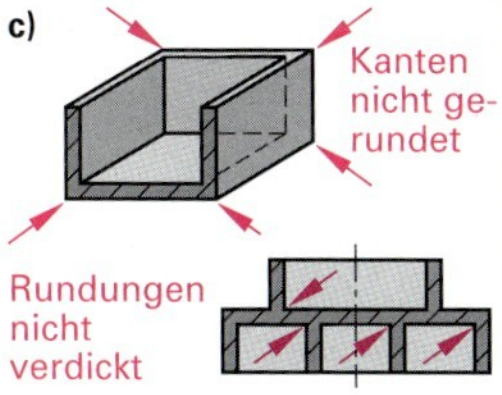

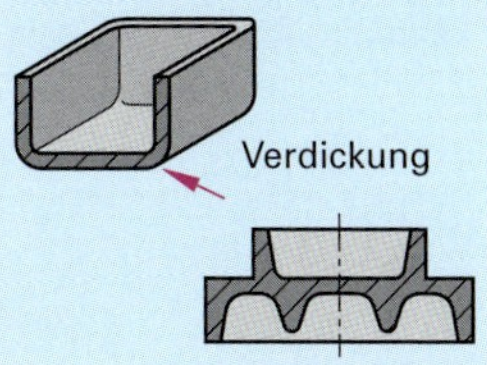

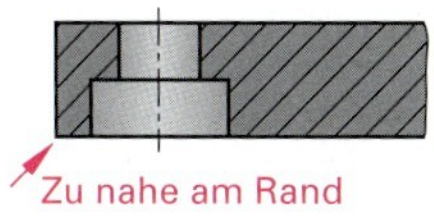

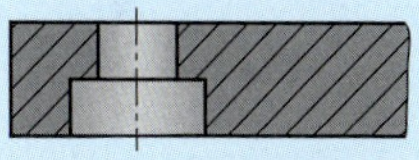

Die wichtigsten fertigungstechnischen Gesichtspunkte der Bauteilgestaltung sind:

- **Herstellbarkeit**
  Verfahrensbedingte Anforderungen an Größe, Minimal- und Höchstwandstärken, Entformbarkeit, Formfüllung, Abkühlung,
- **geometrische Verhältnisse**
  in Bezug auf Abmessungen, Form und Anordnung von Rundungen, Radien, Kanten, Wölbungen, Bohrungen, Rippen, Entformschrägen (**Bild 1**),
- **verfahrensbedingte Markierungen**
  wie z. B. Werkzeugtrennlinie, Angussbutzen (**Bild 2**),
- **konstruktive Möglichkeiten**
  Einzelne Fertigungsverfahren ermöglichen typische gestalterische Problemlösungen. Die Herstellung von Filmscharnieren ist auf wenige Verfahren beschränkt (Spritzgießen, Prägen), ebenso die Integration verschiedener Funktionselemente zu einem einzigen Bauteil (Integralbauweise bei Spritzgussteilen).

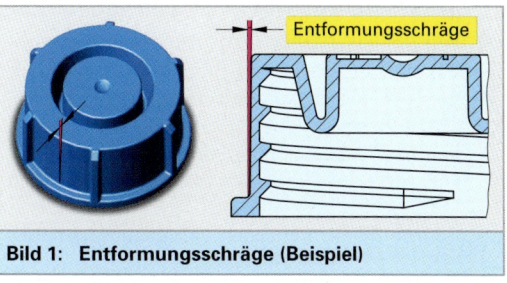

Bild 1: Entformungsschräge (Beispiel)

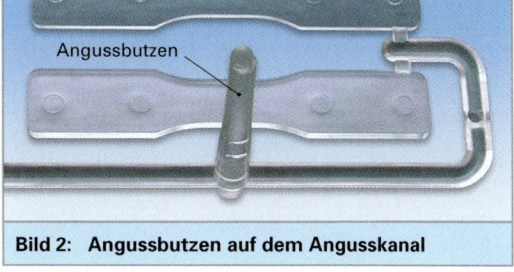

Bild 2: Angussbutzen auf dem Angusskanal

Die Optimierung dieser fertigungstechnischen Gesichtspunkte erfordert viel Erfahrung und eine gute Zusammenarbeit zwischen Teilekonstrukteur, Werkzeugkonstrukteur und Fertigungsspezialisten.

Eine große Hilfe können Rechnerprogramme leisten, mit denen entscheidende fertigungstechnische Probleme bereits bei der Bauteilgestaltung mit CAD[1] angepackt werden können. Dazu zählen Programmsysteme wie z. B. MOLDFLOW[2] für die Simulation des Formfüllvorganges bei Spritzgussteilen.

Damit können
- die Auslegung des Angusssystems (**Bild 1**),
- die Form und Lage von Anschnitten (**Bild 2**),
- der Verlauf der Fließfronten (**Bild 3**),
- die Lage von Bindenähten (**Bild 4**),
- das allfällige Auftauchen von Lufteinschlüssen,
- und der Verzug

vorausberechnet und optimiert werden.

---

[1] Computer Aided Design
[2] Simulationsprogramm im Bereich Spritzgießen

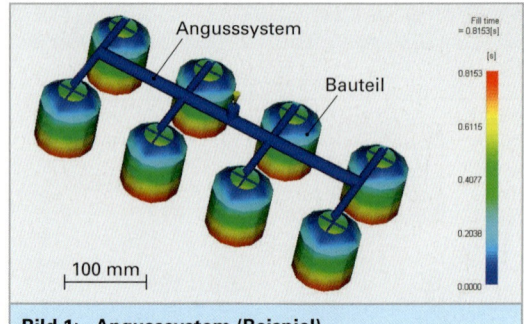

Bild 1: Angusssystem (Beispiel)

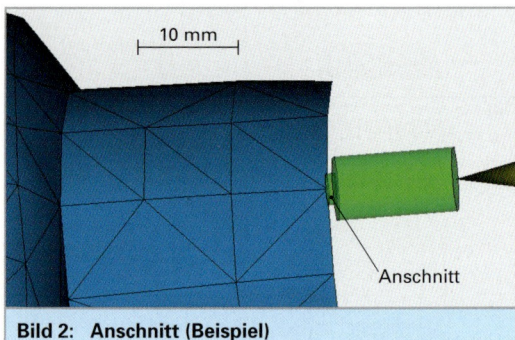

Bild 2: Anschnitt (Beispiel)

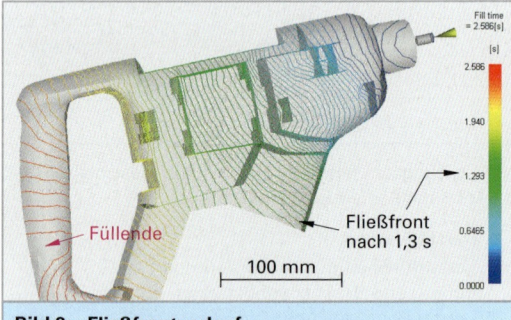

Bild 3: Fließfrontverlauf

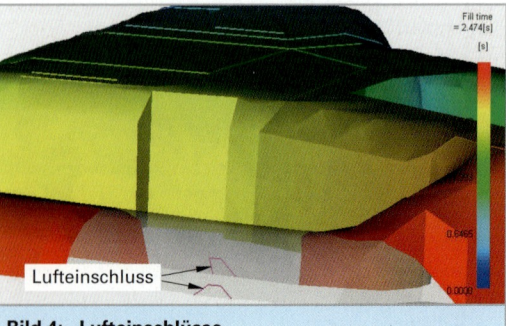

Bild 4: Lufteinschlüsse

Wiederholung und Vertiefung

1. Welche Einzelfragen sind im Zusammenhang mit der Festigkeitsrechnung bei Kunststoffen zu klären?
2. Nennen Sie die wichtigsten Gesichtspunkte für die Konstruktion von Kunststoffbauteilen?
3. Welche funktionellen Gesichtspunkte unterscheidet man dabei?
4. Welche Eigenschaften sind in Bezug zur Beanspruchung zu beachten?
5. Welchen Vorteil hat man durch den relativ geringen Elastizitätsmodul bei der Konstruktion von Kunststoffbauteilen?
6. Nennen Sie die günstigen und ungünstigen Wirkungen der Kunststoffeigenschaften.
7. Welches sind die Grundregeln der Gestaltung mit Kunststoffen?
8. Nennen Sie Beispiele für richtige und falsche Bauteilgestaltungen in Kunststoffen.
9. In welcher Konstruktionsphase findet eine Vorausabschätzung der Bauteilfestigkeiten statt?
10. Welche mathematische Berechnungsmethode wird in der Festigkeitsberechnung für komplizierte Bauteilgeometrien und nicht-lineares Verformungsverhalten eingesetzt?
11. Nach welchen Kriterien muss sich die Bauteilgestalt richten?

3.1.4.5 Design

Die Ästhetik[1] ist bei der Bauteilgestaltung von nicht zu unterschätzender Bedeutung. Bei Formteilen für Gebrauchsartikel ist eine ansprechende äußere Gestalt nicht selten für den Verkaufserfolg entscheidend. Wenn auch bei technischen Produkten ihre Gewichtung nicht so hoch sein dürfte, so sollte die Ästhetik bei ihrer Gestaltung nicht ganz außer Acht gelassen werden.

Maßgebend für die visuelle Empfindung bei der Betrachtung eines Gegenstandes ist die Wahrnehmungsfähigkeit des menschlichen Auges. Sie bestimmt letztlich auch die für die Bauteilgestaltung wichtigen ästhetischen Gesichtspunkte:

- **Funktionalität**

Einklang von Funktion und Gestalt; die Forderung, die technische Form habe sich der Funktion unterzuordnen, lässt sich durchaus mit dem Streben nach guter visueller Qualität vereinbaren.

- **Proportionen**

Die gewählten Abmessungsverhältnisse bestimmen weitgehend darüber, ob eine Form als angenehm und beruhigend oder als spannungsgeladen empfunden wird. Der Goldene Schnitt[2] beispielsweise **(Bild 1)** gilt als besonders harmonische Proportion.

- **Statik**

Das visuelle Empfinden registriert auch den statischen Eindruck einer Form, der wiederum das Gefühl von Sicherheit und Vertrauen mitbestimmt.

Beispiele:
- Gewicht: leicht/schwer,
- Standfestigkeit: stabil/labil.

Die gute technische Form kann weder eindeutig noch allgemeingültig definiert werden. Es sind aber Aussagen darüber möglich, welche Betrachtungsweisen und Gestaltungsmittel im Allgemeinen zu einer gut empfundenen Form führen, zumindest aber schlechte Formen vermeiden lassen.

> **Elemente guter technischer Formgebung:**
> - Bevorzugung durchgehender gerader oder leicht geschwungener, horizontaler Linien,
> - Vermeidung spitzer Formen,
> - Ordnung und Übersichtlichkeit,
> - sichtbare Gliederung von Funktionsgruppen,
> - bewusste Wahl einfacher, kompakter Formen und Konturen **(Bild 2)**,
> - Berücksichtigung des natürlichen Stabilitätsempfindens,
> - designverwandte Gestaltung von zusammengehörenden Teilen,
> - zweckmäßiger Einsatz von Farben sowie von Licht- und Schattenzonen.

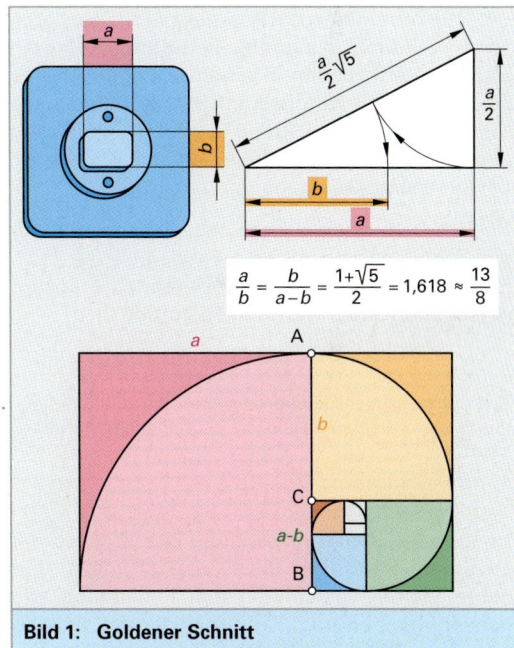

$$\frac{a}{b} = \frac{b}{a-b} = \frac{1+\sqrt{5}}{2} = 1{,}618 \approx \frac{13}{8}$$

Bild 1: Goldener Schnitt

Bild 2: Beispiel für eine einfache und kompakte Form

---

[1] Ästhetik = Wissenschaft vom Schönen, Lehre von der Harmonie, von griech. aisthetes = Mensch mit Schönheitssinn
[2] Im Zeitalter der Renaissance formuliert *Luca Pacioli* den Goldenen Schnitt als das Verhältnis, das sich ergibt wenn man eine Linie AB durch einen Punkt C so teilt, dass sich $\overline{AB}$ zu $\overline{AC}$ verhält wie $\overline{AC}$ zu $\overline{CB}$.

3.1.4.6 Integration von Funktionen als Konstruktionsprinzip

Das konsequente Ausschöpfen aller Gestaltungsmöglichkeiten wie sie die Fertigungsverfahren für Kunststoffteile bieten, eröffnet dem Konstrukteur eine Fülle von zum Teil recht unkonventionellen Lösungen, welche in der Einzelteilfertigung völlig undenkbar sind. Aus dem Versuch, die Anzahl Einzelteile eines Systems zu reduzieren, hat sich folgerichtig die **integrale Bauweise** entwickelt.

Die Grundidee besteht in der *Zusammenfassung von Einzelelementen, die derselben Funktion dienen, zu einem einzigen Bauteil* (**Bild 1**).

Die resultierende Gestalt des integrierten[1] Bauteils kann mitunter recht komplex sein. Da es aber bei Anwendung geeigneter Fertigungsverfahren wie z. B. Spritzgießen in einem einzigen Arbeitsgang hergestellt werden kann, ergibt sich je nach Stückzahl selbst bei komplizierterem Werkzeug insgesamt eine beträchtliche Senkung der Kosten für Herstellung, Montage und Lagerung.

Die integrale Bauweise eignet sich speziell für feinwerktechnische Konstruktionen, aber auch überall dort, wo komplexe Massenteile kostengünstig hergestellt werden sollen (**Bild 2**).

> Bei der integralen Bauweise werden Einzelelemente derselben Funktion zu einem Bauteil zusammengefasst.

Die logische Weiterentwicklung des Prinzips der integralen Bauweise führt letztlich dazu, Elemente für die verschiedensten Funktionen wie Befestigung, Führung, Kraftübertragung, Antrieb, Schaltung, Dichtung, Federung, Verbindung usw. in einem einzigen Bauteil zusammenzufassen. Diese sogenannte *multi*funktionale Bauweise nutzt die Möglichkeit, die v*erschiedenen, typischen Kunststoffeigenschaften in der Anwendung zweckgerichtet zu kombinieren*. Daraus resultieren nicht selten recht unkonventionelle, aber bestechende Konstruktionslösungen (**Bild 3**).

> Bei der multifunktionalen Bauweise werden die verschiedenen Kunststoffeigenschaften zweckgerichtet kombiniert.

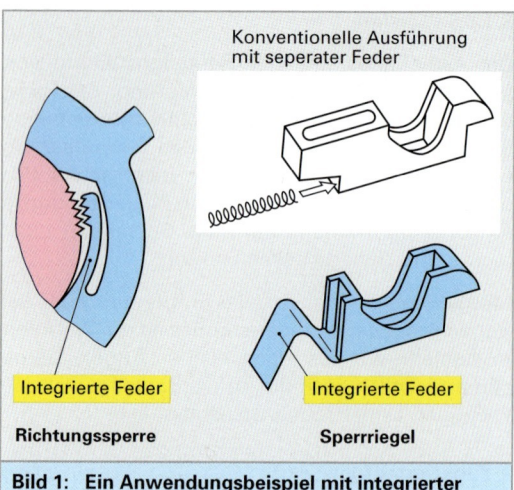

Bild 1: Ein Anwendungsbeispiel mit integrierter Kunststofffeder

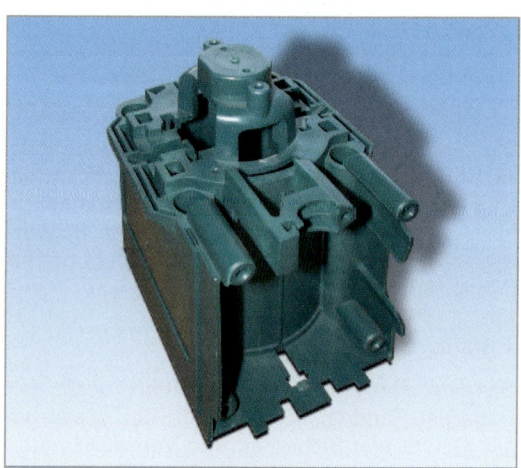

Bild 2: Beispiel für komplexes Massenteil

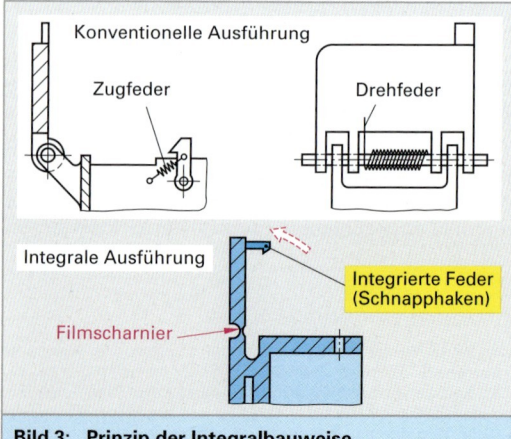

Bild 3: Prinzip der Integralbauweise

---

[1] lat. integratio = Wiederherstellung als Ganzes, integrierend = zu einem Ganzen gehörend

3.1.4.7 Elemente der Funktionsintegration

Die integrale Bauweise bedient sich besonderer Elemente wie Filmscharnieren, Federn, Schnappverbindungen, Kippgelenke und anderer stoff- oder formschlüssiger Verbindungen, die als Musterbeispiele kunststoffgerechter Konstruktionslösungen gelten können.

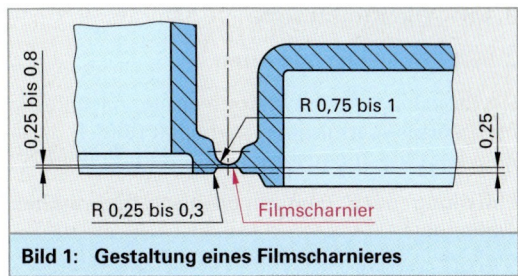

Bild 1: Gestaltung eines Filmscharnieres

- Beim **Filmscharnier** übernimmt eine beim Spritzvorgang erzeugte oder nachträglich geprägte Gelenkrille die eigentliche Scharnierfunktion. Charakteristisch ist der gegenüber den umgebenden Teilebereichen stark verjüngte Querschnitt der Gelenkrille.

  Bei Einhaltung zweckmäßiger Größenordnungen von Abmessungen und Radien (**Bild 1**) können Filmgelenke Lebensdauern bis über eine Million Gelenkbewegungen erreichen.

- **Federelemente** spielen in der integralen Bauweise eine wichtige Rolle. Es können dabei sowohl klassische als auch recht unkonventionelle Federarten verwendet werden. Bewährt hat sich die Ausnützung der Biegebeanspruchung für die Federfunktion, und zwar auch für die Realisierung von Zug- und Druckfedern (**Bild 2**).

  Grundelement der Biegefedern ist das Kniegelenk, das zwar einen geringeren Winkelausschlag gestattet als ein Filmgelenk, dafür aber weit bessere Federeigenschaften aufweist.

- **Schnappverbindungen** gestatten je nach gewählter Passflächengeometrie die lösbare oder unlösbare Verbindung von Bauteilen durch Elemente, die in das Bauteil selbst integriert sind. Dabei wird die hohe Verformbarkeit der Kunststoffe ausgenützt. Je nach Anwendungszweck und Ausführungsform (**Bild 3**) kann mit der Schnappverbindung auch die Dichtfunktion kombiniert werden.

- **Kippscharniere** dienen zur scharnierartigen Gelenkverbindung zweier Konstruktionsteile mit zwei verschiedenen stabilen Lagen (**Bild 4**). Dabei sind alle Teilelemente wie Federn, Gelenke, Hebelarme, die zur Erfüllung der Scharnierfunktion erforderlich sind, zu einem einzigen Element integriert. Kippscharniere finden überall dort Anwendung, wo zwei Bauteilhälften z. B. in den Positionen „offen" und „geschlossen" stabil gehalten werden müssen.

- Mit **Gelenken** aller Art können Kunststoffteile integral ausgeführt und hergestellt werden. Bereits erwähnt wurden Filmscharniere, Kniegelenke mit Federeigenschaften und Kippscharniere. Als Gelenk im verallgemeinerten Sinn kann eine stoffschlüssige Verbindung angesehen werden, welche Relativbewegungen in beliebiger Richtung zulässt (**Bild 5**). Sie kann z. B. dem Integrieren zweier Hälften dienen, die ungleichartige Bewegungen ausführen.

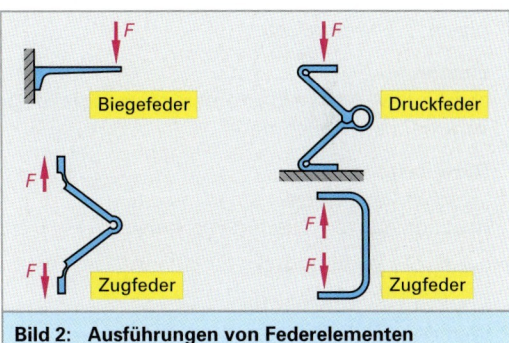

Bild 2: Ausführungen von Federelementen

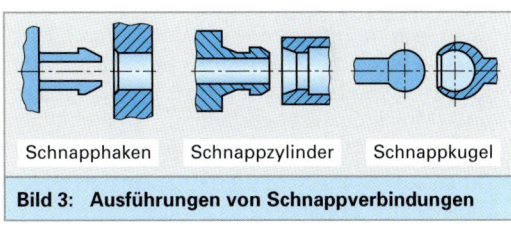

Bild 3: Ausführungen von Schnappverbindungen

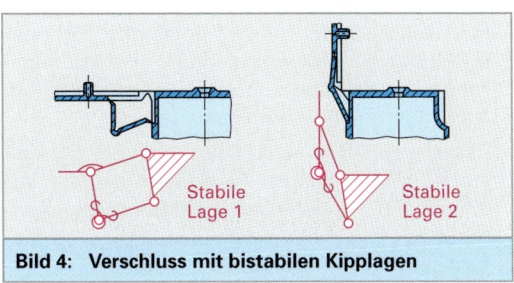

Bild 4: Verschluss mit bistabilen Kipplagen

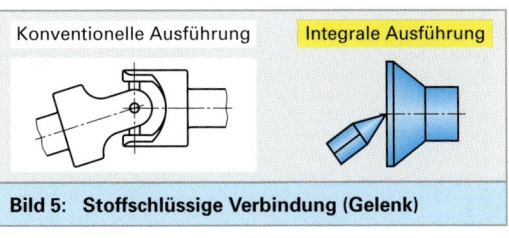

Bild 5: Stoffschlüssige Verbindung (Gelenk)

3.1.5 Die Kunststoffe

3.1.5.1 Einteilung und Arten

Die Einteilung der Kunststoffe erfolgt nach ihrem mechanisch-thermischen Verhalten (**Bild 1**), ihrer Polarität (**Bild 2**) und ihrer Modifizierung (**Bild 3**).

Einteilung nach dem mechanisch-thermischen Verhalten:

- **Thermoplaste**
  amorphe[1] Thermoplaste
  teilkristalline Thermoplaste „vernetzte Thermoplaste", Thermoelaste

- **Elastomere**
  chemisch vernetzte Elastomere thermoplastisch verarbeitbare Elastomere

- **Duroplaste**
  „Hochdruck"-Harze
  Reaktionsharze („Niederdruckharze")

Einteilung nach Polarität:
- Stark polare Kunststoffe,
- Weniger polare Kunststoffe,
- Unpolare Kunststoffe.

Einteilung nach Modifizierung:

- Chemisch modifizierte Kunststoffe, durch Steuerung der Synthesereaktionen bezüglich Kettenlänge (Polymerisationsgrad, rel. Molekülmasse) und Molekülmassenverteilung (Uneinheitlichkeit), Kristallinität, Verzweigungsgrad

- Durch chemische Veränderungen an den Makromolekülen, Copolymerisate, Nachvernetzung, Kettenabbau, andere chemische Veränderungen (z. B. Chlorieren, Fluorieren, Chlorsulfonieren)

- Physikalisch modifizierte Kunststoffe, Polymermischungen (Polymerblends[2], Polymerlegierungen, IPNs-interpenetrating networks[3]); ein- bzw. mehrphasige Gemische.

- Zusatz von Additiven[4]: Füll- und Verstärkungsstoffe, Weichmacher, Farbmittel, andere Additive (z. B. Antistatika[5], Leitfähigkeitszusätze, Stabilisatoren, Flammschutzmittel, Verarbeitungshilfen)

- Schaumkunststoffe.

---

[1] amorph heißt so viel wie „ohne Gestalt" (griech. morphos = Gestalt, a = ohne)
[2] engl. to blend = mischen, mixen; Polymerblends sind Werkstoffe aus mehreren Grundstoffen
[3] engl. to penetrate = durchdringen; Polymer mit sich durchdringenden Makromolekülen (z. B. vernetzte Polyurethane und polymerisierenden Styroll
[4] Additive: Zusatz, der in geringer Menge die Eigenschaften eines chemischen Stoffes merklich verbessert
[5] Antistatika: Mittel, das die elektronische Aufladung verhindern soll

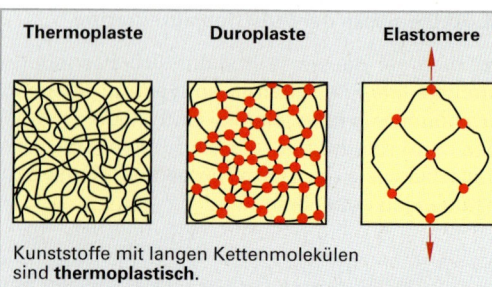

Bild 1: mechanisch-thermisches Verhalten

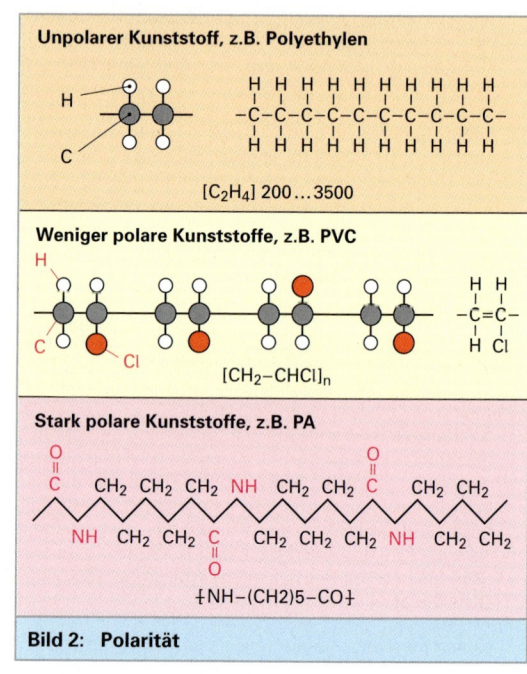

Bild 2: Polarität

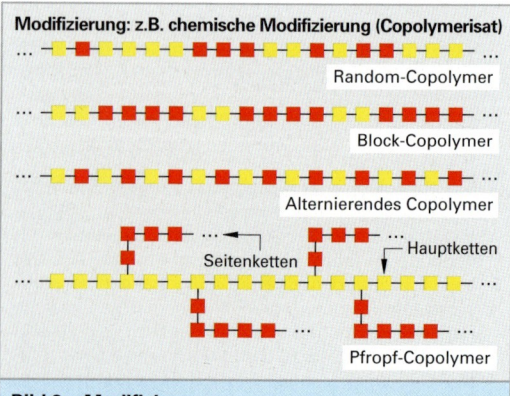

Bild 3: Modifizierung

Thermoplaste

Als Thermoplaste bezeichnet man Kunststoffe, die durch genügende Wärmezufuhr plastisch formbar oder schmelzflüssig werden und die nach Abkühlen auf Normaltemperatur wieder fest und belastbar sind. Diese durch Erwärmen und Abkühlen verursachten Veränderungen lassen sich mit demselben Material wiederholen. Thermoplast-Moleküle besitzen faden- bzw. kettenförmige Gestalt **(Bild 1)** und lassen sich auch mit dem Lichtmikroskop nicht sichtbar machen. Die Erweich-/Schmelzbarkeit der Thermoplaste bringt Vor- und Nachteile. So lassen sich Thermoplaste „warm umformen" („thermoformen"). Thermoplasthalbzeuge **(Bild 2**, Rohre, Tafelzuschnitte, Profile) können nach Erwärmen unter Übergang in einen weichgummiähnlichen, elastischen Zustand („thermoelastischer Bereich") verformt werden. Die Verformung muss durch Abkühlmaßnahmen verfestigt („eingefroren") werden. Ferner sind Thermoplaste schweißbar und Produktionsabfälle lassen sich wiederverarbeiten (Recycling). Nachteilig ist, dass durch die Erweichung beim Erwärmen die Einsatztemperaturen für Thermoplaste, vor allem bei gleichzeitiger Einwirkung von Kräften, begrenzt sind.

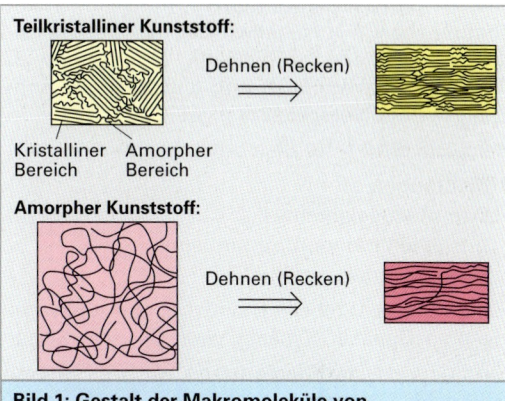

Bild 1: Gestalt der Makromoleküle von Thermoplasten

Thermoplaste sind bei hohen Temperaturen formbar (urformen, umformen), können geschweißt (fügen) werden und lassen sich recyceln. Es sind Kunststoffe aus langen Kettenmolekülen.

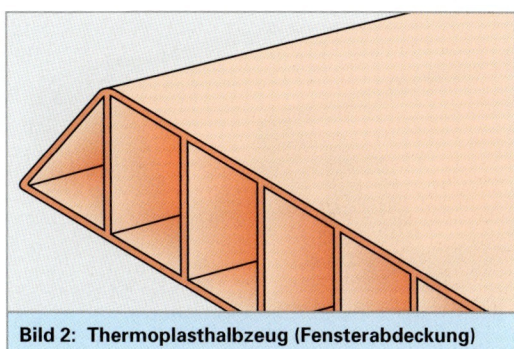

Bild 2: Thermoplasthalbzeug (Fensterabdeckung)

Amorphe Thermoplaste:
Bei diesen Kunststoffen liegen die Makromoleküle ungeordnet im Kunststoffgefüge. Amorphe Thermoplaste sind einphasig – im Gegensatz zu teilkristallinen. Wenn keine störenden Zusätze vorhanden sind, liegen sie glasklar durchsichtig vor. Amorphe Thermoplaste sind im Regelfall sprödhart bei Raumtemperatur (Beispiele: PS, PVC-U, PMMA). Liegen ihre „Einfriertemperaturen" (Umwandlungtemperatur sprödhart) zähweich bzw. eingefrorener Zustand (thermoelastischer Zustand) unterhalb der Raumtemperatur, so verhalten sie sich dann weichgummiähnlich (Beispiel: PIB oder PVC-P).

Teilkristalline Thermoplaste:
Ihre Makromoleküle liegen teilweise in geordnetem (kristallinem) Zustand vor. Die Kristallinität ist von Kunststoff zu Kunststoff verschieden. Hochkristalline Thermoplaste mit kristallinen Anteilen oberhalb von 65 % sind PE-HD, PP, POM, PTFE (dieser ist ein Thermoelast!), im mittleren Bereich (um 50 - 80 %) liegt PE-LD, geringe Kristallinität (etwa 30 % bis 40 %) besitzen PET, PBT, PA. Die Kristallinität hängt aber auch von den Verarbeitungsbedingungen ab. Rasche Abkühlung der Schmelze führt zur Unterdrückung der Kristallbildung. Zusätze, welche die Kristallbildung fördern, heißen „Nukleierungsmittel". Teilkristalline Thermoplaste sind zweiphasig (1. Phase: Kristalline Bereiche, 2.Phase amorphe Anteile). Teilkristalline Thermoplaste zeigen charakteristische Kristallitschmelzbereiche bzw. -temperaturen. PE-LD z. B. 110 °C, PE-HD 130 °C, PA 6 220 °C, PA 66 260 °C. Im Regelfall liegen die Einfriertemperaturen derteilkristallinen Thermoplaste unterhalb 0 °C. Sie sind daher bei Raumtemperatur zähfest und schlagzäh. Beim Abkühlen unterhalb ihrer Einfriertemperatur werden sie sprödhart und schlagempfindlich (Beispiele: PE, PP, POM, PA). Produkte aus teilkristallinen Thermoplasten sind milchig trüb oder sogar undurchsichtigweiß. Die Trübung hängt aber von der Höhe der Kristallinität und der Materialdicke erheblich ab.

Vernetzte Thermoplaste (Thermoelaste):
Thermoplaste können nach ihrer Herstellung, zumeist während oder nach der Formgebung, vernetzt werden. Die Vernetzungsdichte ist regelmäßig vergleichbar mit der der Elastomeren. Das Verfahren wird besonders bei Polyolfinen (PE, PP) und bei PMMA angewendet. Ziel der Vernetzung ist die Verbesserung der Formbeständigkeit in der Wärme, Einsatz bei höheren Temperaturen, PE-V z. B. bis etwa 135 °C, die Erhöhung der Chemikalien- und Witterungsbeständigkeit, sowie die Verringerung der Kriechverformung bei Langzeitbelastungen.

Elastomere:

Diese weitmaschig vernetzten Kunststoffe sind Gummi- bzw. Kautschukwerkstoffe. Sie besitzen also relativ geringe Festigkeit, aber hohes elastisches Dehnvermögen und entsprechend hohe Zähigkeit und Verschleißfestigkeit.

Beispiele (**Bild 1**) für Elastomere sind:
- Dichtungen,
- Dämpfungselemente,
- rutschhemmende Ummantelung,
- Kabelumantelungen.

Handelsnamen (**Tabelle 1**) sind u. a.: Buna, Baypren, Neopren, Oppanol, Hypanol, Viton, Silopren, Silicon.

Eine Gruppe von Elastomeren wird als thermoplastische Elastomere bezeichnet. Diese weisen im Festzustand die Eigenschaften von Elastomeren und in der Wärme sind sie jedoch schmelzbar wie Thermoplaste.

> Elastomere sind im Gebrauchszustand hochelastisch, sie haben ein gummielastisches Verhalten. Sie zersetzen sich oberhalb bestimmter Temperaturen. Die Moleküle sind räumlich weitmaschig vernetzt.

Tabelle 1: Elastomere

Bezeichnung	Shore-Härte	Temperaturgrenzen in °C	Handelsname (Beispiel)
Naturkautschuk	50 bis 91	–30 bis 60	
Styrol-Butadienkautschuk	50 bis 91	–25 bis 75	Buna
Chloroprenkautschuk	30 bis 90	–25 bis 100	Neopren
Nitrilkautschuk	20 bis 90	–25 bis 100	Perbunan
Butylkautschuk	50 bis 90	–50 bis 60	Enjay-Butyl
Polyisobutylen	35 bis 63	–50 bis 50	Oppanol
Ethylenvinylacetatkautschuk	60 bis 80	–20 bis 120	Levapren
Polyurethankautschuk	65 bis 95	–30 bis 80	Moltopren
Flourkautschuk	65 bis 70	–40 bis 180	Viton
Siliconkautschuk	30 bis 90	–60 bis 200	Silicon
Weich-Polyvinylchlorid	60 bis 85	–30 bis 80	Mipolam
Chlorsulfoniertes Polyethylen	50 bis 90	–40 bis 100	Hypalon

Bild 1: Typisches Produkt aus Elastomer (Dichtungen im KfZ-Bereich)

Chemisch vernetzte Elastomere:

Ihre Vernetzung wird in der Kautschukindustrie „Vulkanisation" genannt. Dabei entstehen durch chemische Reaktionen aus unvernetzten Vorstufen (Natur- oder Synthesekautschuk), die meist fadenartigen makromolekularen Aufbau besitzen, mittels Vernetzungsmitteln unter gleichzeitiger Formgebung die gummiartigen Endprodukt.

Im Gegensatz zu den Thermoplasten sind chemisch vernetzte Elastomere weder warmumformbar noch schweißbar. Ihre Anwendungstemperaturen werden einerseits durch das Auftreten von chemischem Abbau der Makromoleküle bei übermäßiger Wärmeeinwirkung begrenzt. Andererseits tritt in der Kälte durch „Einfrieren" ein vollständiger Verlust der Gummielastizität ein. Das heißt, sie werden hart und spröde.

Thermoplastisch verarbeitbare Elastomere:

Diese verhalten sich bei normalen Temperaturen wie die chemisch vernetzten Elastomere, d. h. weichgummiartig. Beim Erwärmen gehen sie aber in den plastisch-fließbaren bzw. schmelzflüssigen Zustand über, wie die Thermoplaste und lassen sich wie diese verarbeiten. Die Änderungen im mechanisch-thermischen Verhalten sind ebenfalls reversibel. Sie lassen sich daher – wie die Thermoplaste – auch warmumformen und schweißen.

Abfälle sind ebenfalls wiederverwertbar. Ihre Makromoleküle sind entweder chemisch, weitmaschig oder nur physikalisch vernetzt. Bei chemisch vernetzten Typen öffnet sich die Vernetzung beim Erwärmen und schließt sich wieder beim Abkühlen. Physikalisch vernetzte thermoplastische Elastomere bestehen aus fadenartig aufgebauten Makromolekülen.

Die Molekülfäden besitzen aber abschnittsweise abwechselnd zwei (ggf. auch mehrere) verschiedene Bausteine. Dabei führt einer der Bestandteile zu weichem, flexiblem Verhalten („Weichphase"), der andere zu festem, hartem infolge „physikalischer" Vernetzung durch Nebenvalenzkräfte („Hartphase").

Diese physikalische Vernetzung verschwindet infolge der Wärmebewegung der Makromoleküle bei höheren Temperaturen und stellt sich beim Abkühlen wieder ein.

Beispiele für derartig Werkstoffe gibt es aus der Gruppe der Polyolefine, Polystyrole, Polyester sowie Polyurethane. Letztere haben bisher die größte Bedeutung erlangt.

Duroplaste

Die auch bei höheren Temperaturen harten, festen Kunststoffe bezeichnet man als Duroplaste. Man erhält sie aus flüssigen oder schmelzbaren, noch niedermolekularen Vorstufen, die als Gieß- oder Reaktionsharze oder als härtbare Formmassen angewendet werden, durch engmaschige Vernetzung mit Hilfe von Reaktionsmitteln (Härter, Vernetzungsmittel, ggf. Beschleuniger), sowie in vielen Fällen – durch Anwendung höherer Temperaturen. Vollständig vernetzte Duroplaste können nicht geschweißt und nur in Sonderfällen warmumgeformt werden. Abfälle sind bestenfalls als Füllstoffe nach dem Mahlen wiederverwendbar.

Ihr Anwendungstemperaturbereich wird dadurch begrenzt, dass bei höheren Temperaturen chemisch-thermische Zersetzung eintritt.

Neben der Einteilung der Duroplaste nach ihrem Syntheseverfahren (Polymerisation, Polykondensation, Polyaddition oder Kombinationen dieser chemischen Reaktionen), kann man bei dieser Werkstoffgruppe eine Einteilung nach der Höhe des bei der Verarbeitung erforderlichen Arbeitsdruckes vornehmen in Hochdruckharze und Reaktions- oder Niederdruckharze.

> Duroplasten bleiben auch bei Erwärmung hart und spröde, ohne zu schmelzen. Sie zersetzen sich oberhalb bestimmter Temperaturen und können nicht umgeformt oder recycelt werden. Die Moleküle sind räumlich eng vernetzt.

Tabelle 1: Handelsnamen

Handelsnamen von Duromer-Formmassen:

- Alberit, Bakelit, Pertinax, Trolitan, Proliopas, Resamin
- Ultrapas, Palatal, Resopal, Vestopal, Baysilon, Kaptom, Sintimid, Vespel
- Araldit, Beckopox, Epikote, Epoxin, Eurepox, Lekutherm, Rütapox
- Baymidur, Baygal

Bild 1: Typisches Produkt aus Duromere-Formmasse

Zu den **Hochdruckharzen** gehören solche Materialien, bei deren Formgebung hohe Drücke von etwa 100 bar bis 600 bar erforderlich sind. Diese hohen Drücke sind insbesondere zum Zuhalten der Formungswerkzeuge nötig, weil diese Harze durch Polykondensation aushärten und bei dieser Reaktion niedermolekulare Spaltprodukte, meist Wasser bzw. Wasserdampf, freigesetzt werden.

Bei den üblichen Verarbeitungstemperaturen (von etwa 140° bis 180 °C) entwickelt sich also im Werkzeug bzw. in der aushärtenden Formmasse ein erheblicher Wasserdampfdruck, gegen den das Werkzeug zugehalten werden muss. Würde sich dieses öffnen, so wird das noch nicht verfestigte Formteil unter Einwirkung des Dampfes erweichen und aufreißen.

Die Verarbeitungsdrücke setzen sich hier also aus Formgebungs- und Werkzeugzuhaltedruck zusammen. Hochdruckharze sind Phenol-, Harnstoff- und Melamin-Formaldehyd-Harze.

Die **Niederdruckharze** vernetzen dagegen durch Polymerisation oder Polyaddition. Bei diesen Reaktionen werden keine niedermolekularen Spaltprodukte gebildet. Daher benötigt man die Drücke nur für Formgebung bzw. das Fließen der Massen. Sie liegen für Gießharze meist zwischen 1 bar und 5 bar.

Mit schlecht fließenden Füll- und Verstärkungsstoffen versetzte Massen benötigen natürlich höhere Drücke, ggf. auch über 100 bar. Zu dieser Duroplastgruppe gehören vor allem die ungesättigten Polyesterharze (Vernetzung durch Polymerisation) und die Expoxidharze und engmaschig vernetzte Polyurethane (Vernetzung durch Polyaddition).

3.1.5.2 Modifizierung von Kunststoffen

Die Anwender von Kunststoffen, z. B. die Fahrzeugindustrie, die Verpackungstechnik oder die Elektronik, stellen an die Lieferanten von Kunststoffteilen oft sehr detaillierte Ansprüche bezüglich der Qualitätsmerkmale („Qualitätsprofil") der Kunststoffe. Beispiele sind hierfür die Schlagzähigkeit in der Kälte, Formbeständigkeit in der Wärme, Wärmedehnverhalten, Genauigkeit und Stabilität der Abmessungen, Farbstabilität, elektrische Isolierwerte, Neigung zur elektrostatischen Aufladung, Beständigkeit gegenüber Chemikalien und Flüssigkeiten (z. B. Treibstoff, Bremsflüssigkeit, Waschmittel), Witterungsbeständigkeit, Brandverhalten und – nicht zuletzt – der Preis.

Für die Erfüllung dieser sehr vielfältigen Wünsche stehen folgende Wege für die Kunststoffhersteller oder auch die Verarbeiter zur Verfügung:
- chemische Änderungen am Polymeren,
- physikalische Modifizierung von Polymeren bzw. Kunststoffen,
- Zusatz von Additiven,
- Anwendung der Kunststoffe in Form fester Schäume.

3.1.5.3 Die wichtigsten Kunststoffe

Die Kunststoffe werden in natürliche und synthetische Kunststoffe unterteilt. Die Kunststoffe sind in DIN 7728 (Tabelle 1) hinsichtlich ihrer Benennung und Kurzzeichen genormt.

Tabelle 1: Die wichtigsten Kunststoffe und ihre Kurzzeichen

Thermoplaste			Thermoplaste	
Polyolefine			PET	Poly-(ethylenterephthalat)
PE	Polyethylen		PBT	Poly-(butylenterephthalat)
PE-LD	Polyethylen niederer Dichte (low density)		CA	Celluloseacetat
PE-LLD	Lineares Polyethylen niederer Dichte		CAB	Celluloseacetatbutyrat
PE-HD	Polyethylen hohe Dichte (high density)		CAP	Celluloseacetatpropionat
E/P	Ethylen/Propylen		CP	Cellulosepropionat
E/VA	Ethylen/Vinylacetat		**Stickstoffhaltige Thermoplaste**	
E/VAL	Ethylen/Vinylalkohol		PAN	Poly-(acrylnitril)
E/TFE	Ethylen/Tetraflourethylen (Flourkunststoff)		PA	Polyamid
PP	Polypropylen		PI	Polyimid
PIB	Polyisobutylen		PUR	Polyurethan
PB	Polybuten-1		**Schwefelhaltige Thermoplaste**	
PMP	Poly(-4-methylpenten-1)		PPS	Poly-(phenylensulfid)
Styrolpolymerisate			PPSU	Poly-(phenylensulfon)
PS	Polystyrol		PSU	Polysulfon
PS-HI	Schlagzähes Polystyrol (high impact)		PES	Polyethersulfon
S/B	Styrol/Butadien		**Duroplaste**	
SAN	Styrol/Acrylnitril		**Phenoplaste**	
ABS	Acrylnitril/Butadien/Styrol		PF	Phenol-Formaldehyd
ASA	Acrylinitril/Styrol/Acrylester		CF	Kresol-Formaldehyd
Chlor-Thermoplasten			**Aminoplaste**	
PVC	Poly-(vinylchlorid)		MF	Melamin-Formaldehyd
PVC-U	Weichmacherfreies PVC (Hart-PVC)		MPF	Melamin/Phenol-Formaldehyd
PVC-P	Weichmacherhaltiges PVC (Weich-PVC)		UF	Harnstoff-Formaldehyd
PVC-HI	Besonders schlagfestes Hart-PVC (meinst kautschukmodifiziert)		**Niederdruckharze**	
			UP	Ungesättigtes Polyester
PVDC	Poly(-vinylidenchlorid)		EP	Epoxid
PVC-C	Chloriertes PVC		PDAP	Poly-(diallyphthalat)
Fluor-Thermoplaste			**Elastomere**	
PTFE	Poly-(tetraflourethylen)		CM	Chloriertes Polyethylen
FEP	Tetraflourethylen/Hexaflourpropylen		EPDM	Ethylen/Propylen/Dien-Terpolymeres
PVF	Poly-(vinylflourid)		EPM	Ethylen/Propylen-Copolymerisat
PVDF	Poly-(vinylidenflourid)		IM	Polyisobutylen
PFA	Perflouro-alkoxyalkan		SBR	Styrol-Butadien-Kautschuk
Polyether- Thermoplaste			**Hochleistungswerkstoffe**	
POM	Polyoxymethylen		PEK	Polyetherketon
PPE	Poly-(phenylenether)		PEEK	Polyetheretherketon
Polyester-Thermoplaste			LCP	Flüssig kristalline Kunststoffe (liquid crystalline plastics)
PMMA	Poly-(metylmethacrylat)			
A/MMA	Acrylnitril/Methylmethacrylat		PI	Polyimid
PC	Polycarbonat			

3.1.6 Fertigungsverfahren

Nach DIN 8580/6.74 lassen sich in der Kunststoffverarbeitung sechs Hauptgruppen unterscheiden (Urformen, Umformen, Trennen, Fügen, Beschichten, Stoffeigenschaften ändern, **Tabelle 1**). Die spanlosen Herstellungsverfahren für Kunststoffteile werden in zwei grundlegend unterschiedliche Verfahrensgruppen eingeteilt:

- Kontinuierliche Fertigungsverfahren,
- Diskontinuierliche Fertigungsverfahren.

3.1.6.1 Kontinuierliche Fertigungsverfahren

Kontinuierliche Verfahren beschreiben die Verfahren bei denen der Kunststoff im Schmelzezustand ohne Unterbrechung aus einem Werkzeug austritt (Fließprozesse) und das Produkt andauernd hergestellt wird. Typische Verfahren sind das

- Extrudieren (z. B. Rohrextrusion, Plattenextrusion Filmextrusion, Profilextrusion),
- Folienblasen, Hohlkörperblasen,
- Kalandrieren.

Extrusion (Strangpressen)

Bei der Extrusion[1] **(Bild 1)** wird durch eine Dosierschnecke der Kunststoff als Granulat in den Trichter mit konstantem Massestrom aufgegeben und in dem Extruder **(Bild 2)** aufgeschmolzen, homogenisiert und unter Druck in das Extrusionswerkzeug (Bild 2) überführt. Die Schmelze durchströmt das Werkzeug und wird ins Freie gepresst. Anschließend wird der noch heiße Schmelzeschlauch außerhalb des Werkzeuges in einer Kalibriereinheit auf den Solldurchmesser gebracht. Es kann hierbei sowohl der Außendurchmesser als auch der Innendurchmesser kalibriert werden. In der Kühlstrecke wird das Rohr im Wasserbad abgekühlt und durch einen Abzug aufgenommen. Das Rohr wird von einer Säge abgelängt und kann dann entnommen werden. Meist werden so Rohre und Profile hergestellt (z. B. Fensterprofile).

[1] lat. extrudere = ausstoßen

Tabelle 1: Verfahren der Kunststoff-Verarbeitung

Urformen	Umformen	Trennen
Niederdruck-Urformen: Blockpolymerisation Spritz-, Gieß-, Streich-, Tauch-, Sinterverfahren Schäumverfahren	Warmbiegen Rohraufweiten Prägen Steckformen (Thermoformen) Recken	Schneiden Stanzen Hobeln Drehen Fräsen Bohren Reiben Sägen Schleifen Feilen Polieren
Kompressionsformen: Pressen mit Presswerkzeugen Presssintern		
Extrudieren (Strangpressen): Extrusionsblasen Folienblasen		
Injektionsformen: Spritzpressen Spritzprägen Spritzgießen Schaumgießen		
Kalandrieren (Walzen)		
Änderung der Stoffeigenschaften	**Beschichten**	**Fügen**
Konditionieren Tempern Nachhärten	Metallisieren Lackieren Bedampfen	Schweißen Kleben Mechanische Verbindungsverfahren

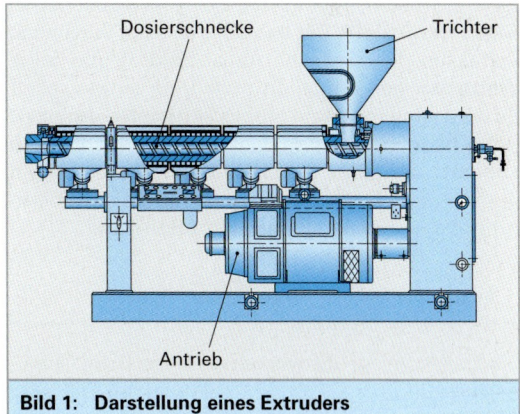

Bild 1: Darstellung eines Extruders

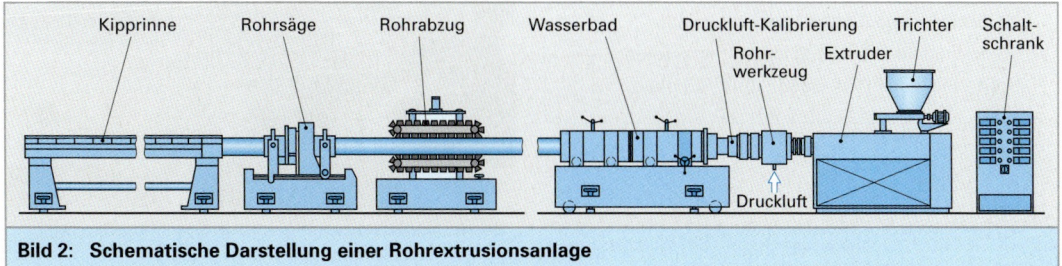

Bild 2: Schematische Darstellung einer Rohrextrusionsanlage

Der Extruder besteht aus einem außen beheiztem Zylinder mit innen liegender Förderschnecke (**Bild 1**) die sowohl das Granulat als auch die Schmelze fördert und außerdem das Granulat plastifiziert und homogenisiert, so dass es als Schmelze weiterverarbeitet werden kann.

Die Schnecke wird durch einen Motor und Getriebe angetrieben und dreht sich im Zylinder. Das Spiel der Schneckstege im Zylinder ist sehr klein, so dass ein Rückströmen der Schmelze verhindert wird.

Zu Beginn liegt das Material in Granulatform oder Pulverform vor, es wird jedoch durch äußerer Heizung und innerer Reibung aufgeschmolzen. Die Schnecke befindet sich dazu in einem Zylinder, der durch elektrische Heizbänder von außen beheizt wird. Im Extruder wird auch der Extrusionsdruck für die nachgeschaltete Extrusionsdüse aufgebaut.

Jede Extrusionsdüse hat einen Düsenwiderstand und dieser Widerstand muss durch den Extrusionsdruck überwunden werden. Der Druckverlauf im Extruder und in der Düse ist in **Bild 2** dargestellt. Wobei die *Kurve a* eine Düse mit kleinem Düsenwiderstand und *Kurve b* eine Düse mit hohem Düsenwiderstand beschreibt.

Eine Extrusionsanlage mit *Breitschlitzdüse* ist in **Bild 3** dargestellt. Die extrudierte Folie wird nach Verlassen der Breitschlitzdüse (**Bild 3**) über eine Walzenwickler aufgenommen und aufgewickelt. Es wird auch meist ein *Wechsler* benutzt, um ohne Betriebsunterbrechungen den Wickel wechseln zu können. Auf dem Materialaufgabetrichter befindet sich eine Dosiereinrichtung zur gleichzeitigen Aufgabe von Kunststoffen und Additiven.

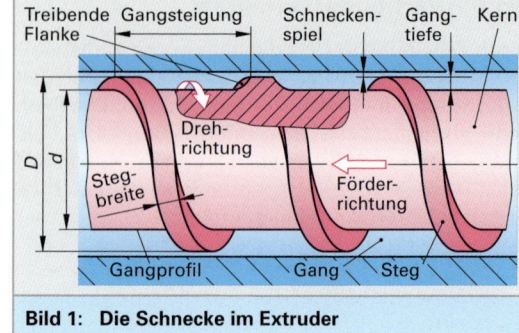

Bild 1: Die Schnecke im Extruder

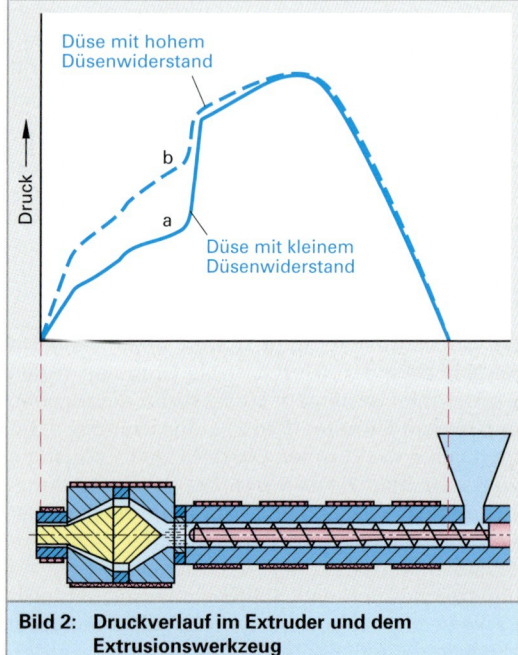

Bild 2: Druckverlauf im Extruder und dem Extrusionswerkzeug

Folgende Werkzeugarten werden beim Extrudieren eingesetzt:

- Vollstabwerkzeuge für Rundstäbe,
- Rohrwerkzeuge (Rohrkopf) für Rohre und Schläuche,
- Profilwerkzeuge für Voll- und Hohlprofile,
- Werkzeuge für Draht- und Kabelummantelung,
- Breitschlitzdüsen für Platten und für Folien.

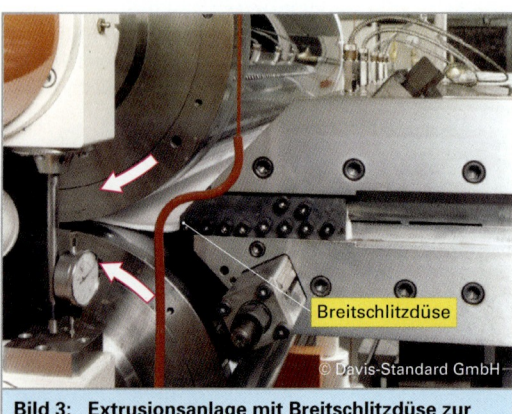

Bild 3: Extrusionsanlage mit Breitschlitzdüse zur Herstellung von Folien

---

[1] lat. granulum = das Körnchen, Granulat = aus Körner bestehend
[2] griech. homo = ... gleich, gleichartig (in Wortzusammensetzungen), homogenisieren = gleich machen

Folienblasen

Beim Folienblasen wird wieder ein Extruder zum Fördern, Plastifizieren und Homogenisieren verwendet. Die Schmelze wird nach dem Extruder in dem Blaskopf **(Bild 1)** um 90° umgelenkt und ein Schlauch senkrecht nach oben extrudiert. Nach dem Verlassen der Düse wird die Folie von außen durch Kühlluft gekühlt und die sich ergebende Blase stabilisiert. Durch eine Luftzuführung **(Bild 2)** wird die Blasluft in das Innere der Blase gebracht und der Schlauch aufgeblasen. Der Kunststoffschlauch wird dabei in Umfangsrichtung gereckt. Er wird dann von den Leitblechen flachgelegt und durch die Quetschwalzen erfasst.

Zum Zeitpunkt der Abquetschung muss der Schlauch bereits soweit abgekühlt sein, dass er nicht mehr verschweißt. Die Quetschwalzen definieren dabei das Ende der Blase und ziehen außerdem den Schlauch mit einer höheren Geschwindigkeit ab, als er aus dem Blaskopf austritt. Dies bedeutet, dass die Folie auch in der Abzugsrichtung gereckt wird. Die Folie wird bei diesem Prozess biaxial gereckt. Zur Erhöhung der Kühlleistung wird zusätzlich zu der außen strömenden Kaltluft auch die Luft im Inneren der Blase ausgetauscht.

Da die Blase jedoch nur begrenzt durch den Innendruck belastet werden kann, ist bei der Innenkühlung nicht nur der Zustrom der kalten Luft zu kontrollieren, es muss auch die erwärmte Luft über ein Gebläse abgesaugt werden. Die Regelung zwischen zuströmender und abströmender Luftmenge erfolgt über den Tastarm. Der Tastarm ermittelt die Außenkontur der Folienblase und regelt dadurch das Verhältnis der beiden Luftströme. Durch diese intensive Kühlung kann der Massedurchsatz an der Folienblasanlage stark gesteigert werden.

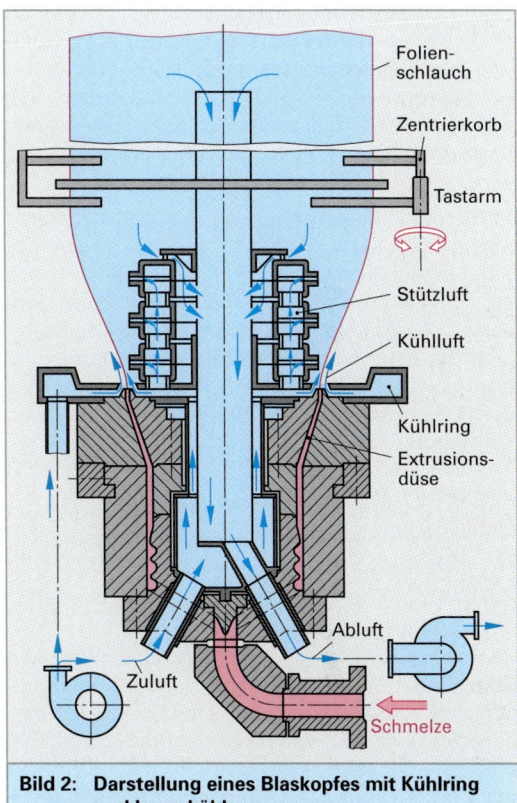

Bild 2: Darstellung eines Blaskopfes mit Kühlring und Innenkühlung

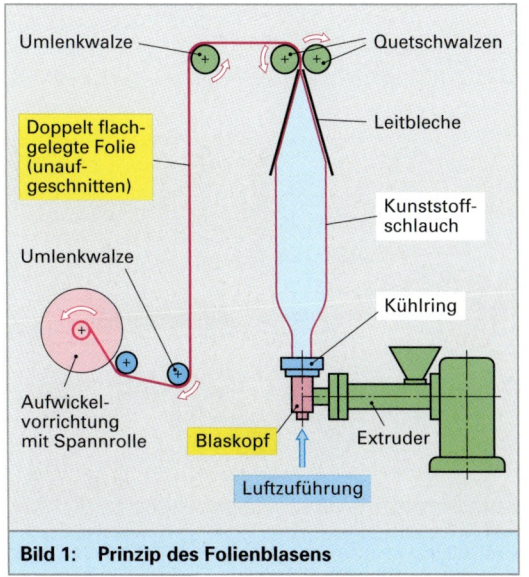

Bild 1: Prinzip des Folienblasens

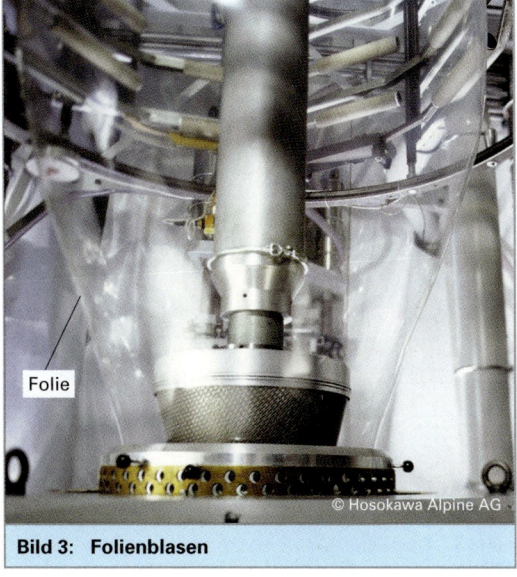

Bild 3: Folienblasen

Kalandrieren

Kalander sind Walzwerke, auf denen kontinuierlich hochwertige Folienbahnen von 0,1 mm bis 0,8 mm Dicke und bis ca. 3 m Breite gefertigt werden. Der thermoplastische Kunststoff wird zunächst in einem Innenmischer **(Bild 1)** plastifiziert und homogenisiert. Die plastifizierte Schmelze wird dann an ein Mischwalzwerk übergeben. Von dort wird über Transportbänder der Film an den Kalander weitergeleitet.

Der Kalander besteht aus vier bis fünf beheizten, hochglanzpolierten Walzen, die auf einem Maschinengestell montiert sind. Im Kalander wird der Film auf Foliendicke ausgestrichen. Nach dem Verlassen des Kalanders wird dann die Folie eventuell mit einer Struktur versehen, den Kühl- und Abzugswalzen zugeführt. Nach dem Durchlaufen der Dickenkontrolle wird die Folie in der Wickelvorrichtung aufgewickelt.

Durch Kalandrieren wird hauptsächlich Gummi und Hart-PVC verarbeitet. Das Kalandrieren eignet sich auch zur Herstellung von mehrschichtigen und kaschierten Folien.

Flachfolien können auch über Breitschlitzdüsen **(Bild 2)** extrudiert und dann auf Kalander ausgewalzt werden. Damit eine gleichmäßige Dicke der Folie nach dem Verlassen der Breitschlitzdüse erreicht wird, setzt man häufig Flachschlitzdüsen mit einer Kleiderbügelkanalgeometrie **(Bild 3)** ein.

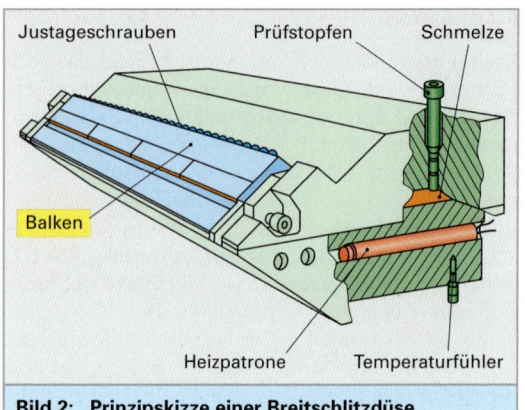

Bild 2: Prinzipskizze einer Breitschlitzdüse

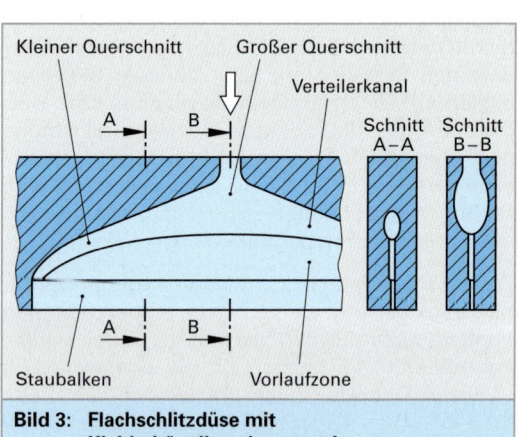

Bild 3: Flachschlitzdüse mit Kleiderbügelkanalgeometrie

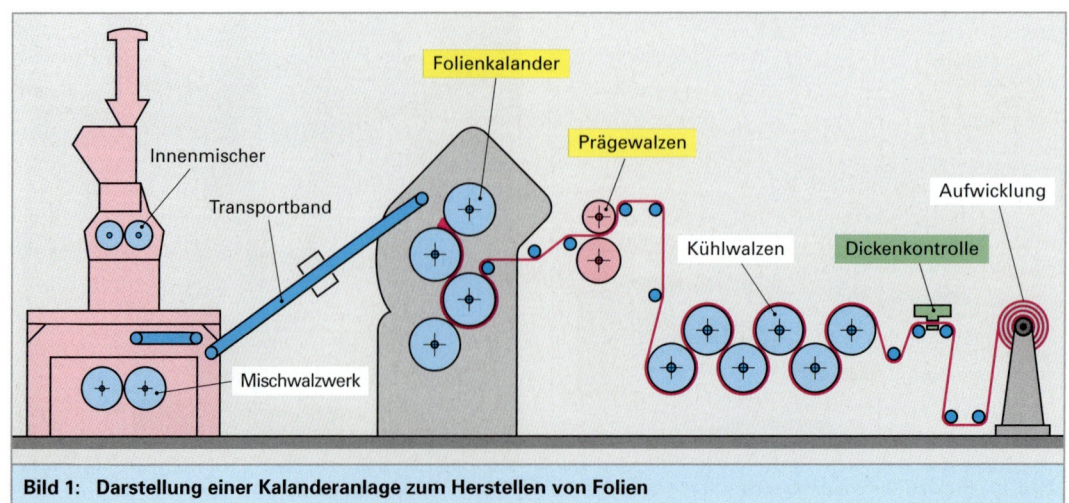

Bild 1: Darstellung einer Kalanderanlage zum Herstellen von Folien

3.1.6.2 Diskontinuierliche Fertigungsverfahren

Die *diskontinuierliche* Verfahren bezeichnen alle Herstellungsverfahren, die Teile oder Produkte nacheinander in Schritten (Stückprozesse) herstellen.

Typische Verfahren sind das

- Spritzgießen (Sonderverfahren: Gasinnendruck-, Mehrkomponenten-, Metallpulververarbeitung),
- Hohlkörperblasen,
- Thermoformen,
- Kompressionsformen.

An einigen Verfahren werden nun die diskontinuierlichen Verfahren vorgestellt werden.

Spritzgießen

Das Spritzgießen mit Spritzgießwerkzeug ist (nach DIN 8583 Teil 6/8.69 Formen der Formmasse) ein diskontinuierliches Herstellungsverfahren von Kunststoffteilen. In einem Massezylinder wird das Kunststoffmaterial unter Wärmeeinwirkung plastisch erweicht und unter Druck durch eine Düse in den Hohlraum eines Werkzeuges gepresst. Die Kunststoffschmelze wird dann im Werkzeug abgekühlt, hierbei schwindet die Kunststoffschmelze. Der Massezylinder der Spritzgießmaschine **(Bild 1 und Bild 2)** enthält dabei mehr geschmolzenes Material als ein Spritzgießvorgang benötigt.

Beim Spritzgießen laufen hintereinander bei jedem Arbeitszyklus die folgenden fünf Arbeitstakte ab:

Spritzaggregat mit Düse anlegen, Schmelze einspritzen, Nachdrücken, Abkühlen des Spritzlings und Entformen **(Bild 1, folgende Seite)**.

Das Spritzgießen wird vorzugsweise bei nichthärtbaren Formmassen angewendet. Das thermoplastische Material erstarrt im Werkzeug durch Abkühlen. Spritzgießen wird überwiegend zur Herstellung komplizierter Formteile aus thermoplastischem Kunststoff, bei hoher Stückzahl, eingesetzt.

Auch härtbare Formmassen können im Spritzgießverfahren verarbeitet werden, das sich vom Spritzpressen durch die kontinuierliche Erzeugung einer spritzgießfähigen Schmelze unterscheidet. Während beim Spritzpressen in der Vorkammer nur immer die Masse für einen einzigen Spritzvorgang vorhanden ist, ist beim Spritzgießen im Schneckenzylinder Material für mehrere Spritzvorgänge vorhanden. Die Formmasse wird von der Schnecke fortlaufend aus dem Fülltrichter eingezogen.

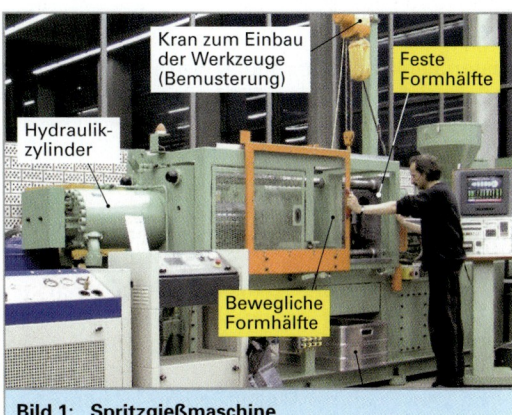

Bild 1: Spritzgießmaschine

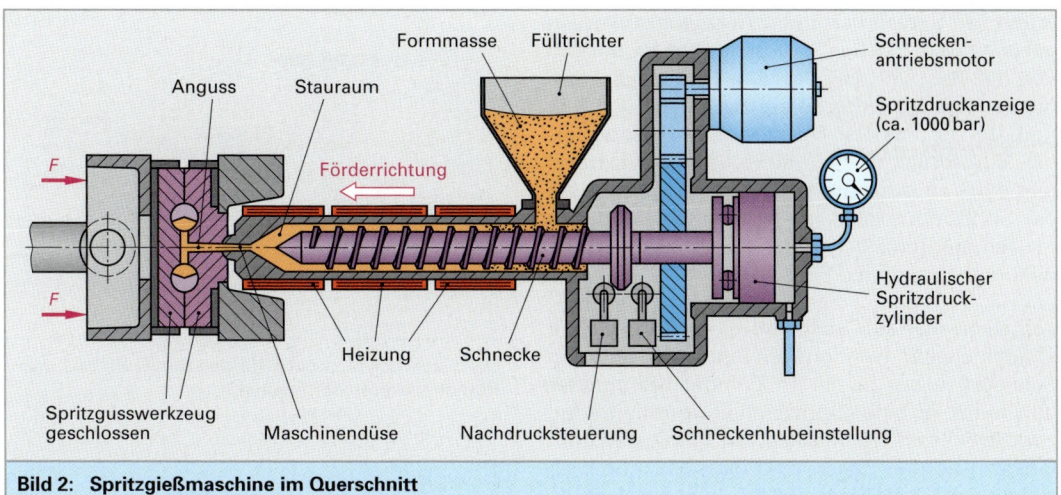

Bild 2: Spritzgießmaschine im Querschnitt

Härtbare Formmassen können auf normalen Schneckenspritzgießmaschinen verarbeitet werden. Man braucht aber für das Duroplast-Spritzgießen spezielle härtbare Spritzgussmassen, die so eingestellt sind, dass sie bei einer Temperatur von 80 °C bis 120 °C etwa 10 min bis 12 min im Schneckenzylinder der Maschine verweilen können. In dieser Zeit dürfen sie wohl erweichen, aber nicht so stark vernetzen, dass die Fließfähigkeit behindert wird. In der Form sollen sie aber dann bei einer Temperatur von 140 °C bis 180 °C annähernd ebenso rasch aushärten wie die Pressmassen.

Spritzeinheit

Die plastifizierte[1] Formmasse wird von der Schnecke zum Stauraum vor der Schneckenspitze gefördert, währenddessen neuer Kunststoff aus dem Trichter in den Schneckenzylinder eingezogen wird. Die Schnecke bewegt sich während der Plastifizierung nach hinten. Mit dem Staudruck (der materialabhängig ist, **Bild 1**) wird dieses Zurückweichen der Schnecke behindert und somit erreicht, dass das aufgeschmolzene Material besser durchmischt und homogenisiert[2] wird.

Je besser die Homogenität der Schmelze, um so höher kann ohne Zersetzungsgefahr die Temperatur der Schmelze sein, desto besser fließt die Schmelze (geringere Viskosität) und dadurch können Formteile mit geringerer Wanddicke hergestellt werden.

Nach dem Ende der Plastifizierung ist genügend Schmelze (Teilevolumen + Angussvolumen + Nachdruckvolumen + Reservemassepolster) vor der Schneckenspitze und die Schmelze wird durch den Spritzdruck in die Werkzeugkavität eingespritzt (Bild 1). (Der Staudruck liegt im Bereich von 10^6 Pa ... 10^7 Pa. Der zum Füllen der Form notwendige Spritzdruck liegt zwischen $5 \cdot 10^7$ Pa und $15 \cdot 10^7$ Pa). Der Nachdruck ist geringer als der Spritzdruck (50 % - 80 % vom Spritzdruck) und muss so lange aufrecht erhalten werden, bis der Spritzling erkaltet ist. Andernfalls entstehen im Teil aufgrund der Materialschwindung beim Abkühlen Lunker und Einfallstellen.

Vergleicht man die Schnecke einer Spritzeinheit mit der eines konventionellen Extruders, so ist die Schnecke kürzer, da sie im Zylinder bewegt werden muss. In einer Spritzeinheit kommen sogenannte Dreizonenschnecken am häufigsten zum Einsatz. Die drei Zonen sind Einzugs-, Kompressions- und Ausstoßzone **(Bild 1, folgende Seite)**.

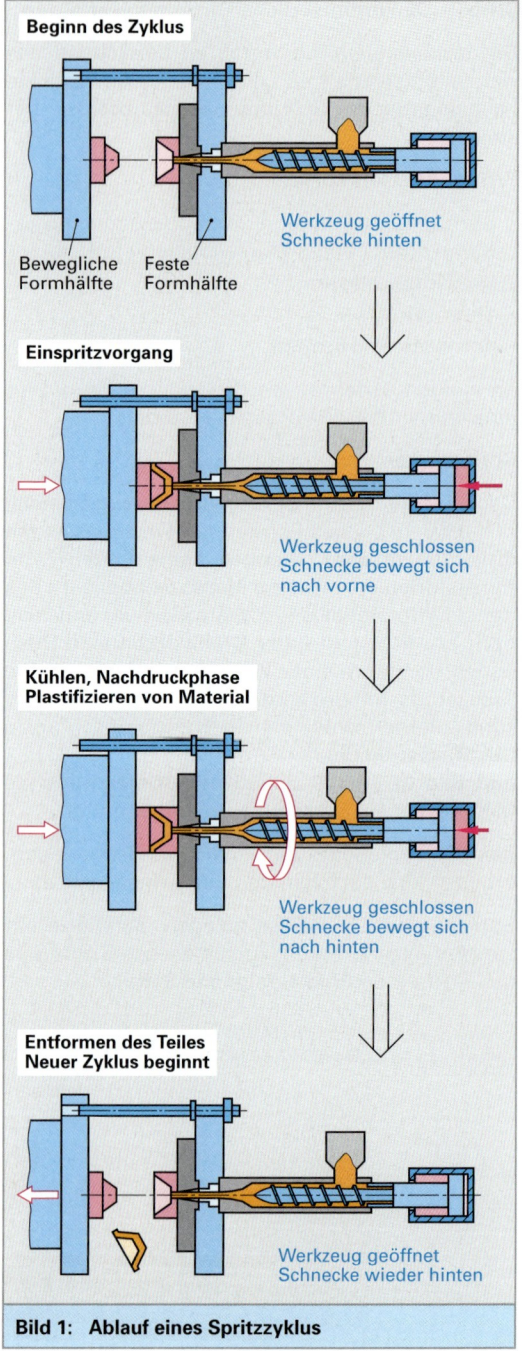

Bild 1:   Ablauf eines Spritzzyklus

Der Staudruck ist wichtig für das Durchmischen und Homogenisieren der Schmelze.

---
[1] plastifizieren = aufschmelzen
[2] homogenisieren = vereinheitlichen, mischen

3.1 Bauteile aus Kunststoff

Die Abkühldauer (Kühlzeit) bis zum Entformen des Kunststoffteiles hängt stark vom Material und der Wanddicke ab. Die Abhängigkeit von der Wanddicke ist etwa quadratisch, d. h., doppelte Wanddicke ergibt vierfache Kühlzeit.

Beim Einspritzen fährt das Spritzaggregat mit der Maschinendüse **(Bild 2)** an die Angussbuchse heran und mit dem Anpressdruck an der Angussbuchse wird verhindert, dass zwischen Angussbuchse und Maschinendüse Material austritt. Die Schmelze fließt aus der Düsenbohrung durch den Angusskanal in die Form.

Fährt das Spritzaggregat wieder zurück, wird die heiße Schmelze in der Düse von der erstarrten Masse des Angusses abgerissen. Ist die Zähigkeit des Materials gering muss die Maschinendüse durch eine Verschlussdüse **(Bild 3)** abgedichtet werden.

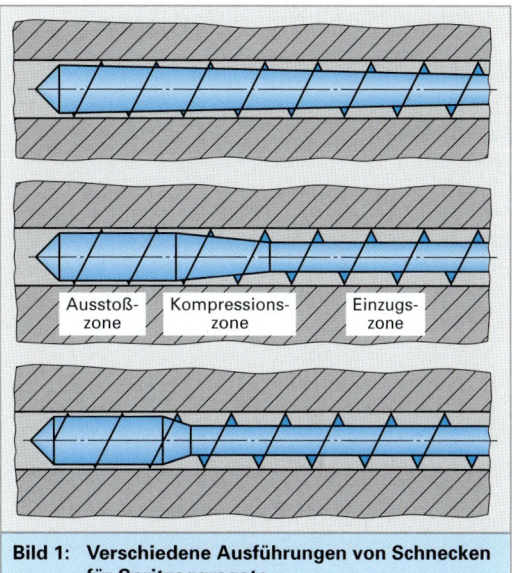

Bild 1: Verschiedene Ausführungen von Schnecken für Spritzaggregate

Spritzgießwerkzeuge

Spritzgießwerkzeuge werden eingeteilt
- nach Art der Entformung,
- nach der Anzahl der Trennebenen,
- nach der Angusstemperierung und
- nach der Kraftaufnahme **(Bild 4)**.

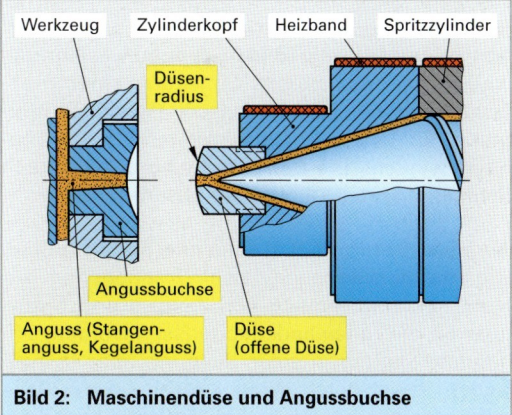

Bild 2: Maschinendüse und Angussbuchse

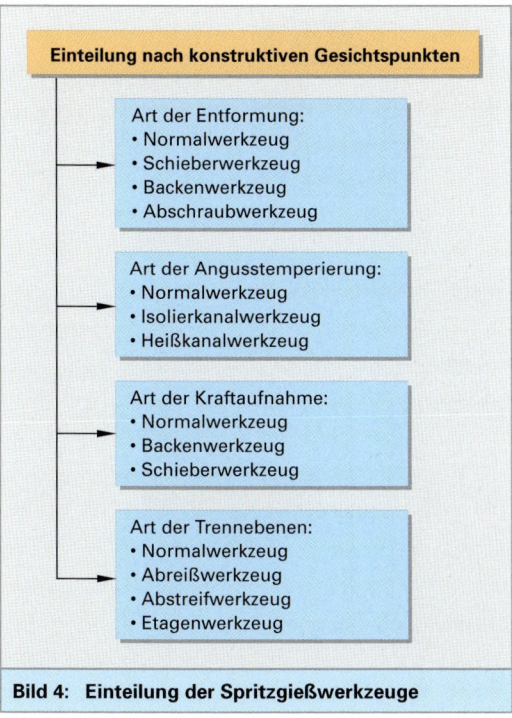

Bild 4: Einteilung der Spritzgießwerkzeuge

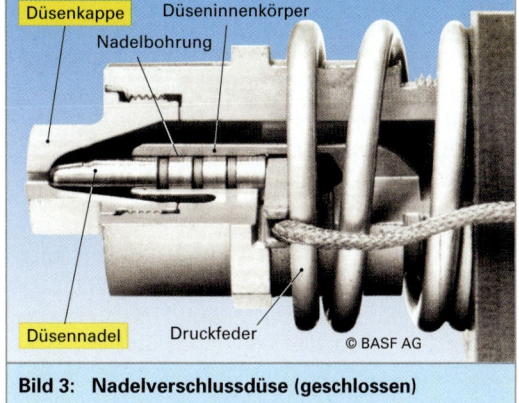

Bild 3: Nadelverschlussdüse (geschlossen)

Bezeichnungen der Spritzgießwerkzeuge

Normalwerkzeug (Bild 1): Einfachste Bauart, eine Trennebene, Öffnungsbewegung nur in eine Richtung, Entformung meist durch Schwerkraft, Auswerfer oft mit Rückdrückstiften (für Teile aller Art ohne Hinterschneidungen).

Schieberwerkzeug (Bild 2): Eine Trennebene, Öffnungsbewegung in Hauptrichtungen und quer dazu geführte Schieber (für flache Teile mit nicht zu tiefen seitlichen Hinterschneidungen).

Abstreifwerkzeug (Bild 3): Aufbau wie Normalwerkzeug, jedoch Entformung durch eine zusätzliche Abstreifplatte (für becherförmige, dünnwandige Teile ohne Hinterschneidungen).

Backenwerkzeug (Bild 4): Eine Trennebene, Öffnungsbewegung in Hauptrichtungen quer dazu durch auf schrägen Ebene geführte Backen. Die Backen können Seitenkräfte aufnehmen (für längliche Teile mit ausgedehnten, seitlichen Hinterschneidungen).

Abschraubwerkzeug (Bild 5): Aufbau wie Normalwerkzeuge, mechanische Einleitung einer Drehbewegung zur automatischen Gewindeentformung (für Teile mit Innengewinden oder mit Außengewinden). Die Drehbewegung erfolgt durch Steilgewindespindel oder mit Elektromotor.

Abrisswerkzeug (Bild 1, folgende Seite): Aufbau wie Normalwerkzeuge, zwei Trennebenen zur getrennten Entformung von Anguss und Spritzgussteil, die voneinander abgerissen werden, Öffnungsbewegung in einer Richtung aber in zwei Stufen, meist durch einen Klinkenzug (für Teile mit automatischer Angussabtrennung meist bei mehreren Formnestern).

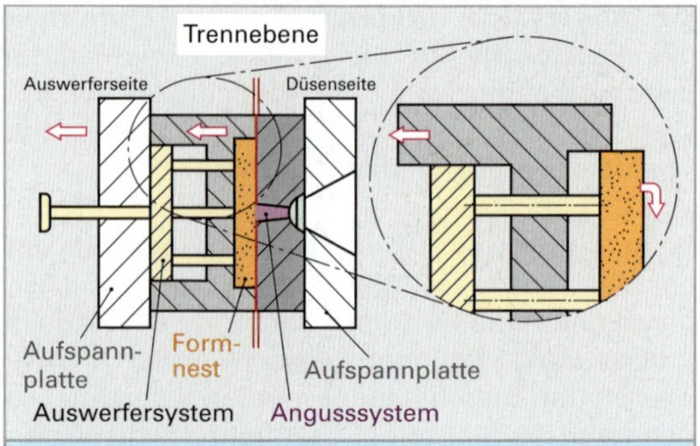

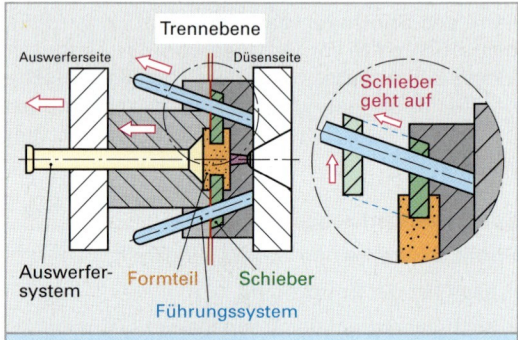

Bild 1: Normalwerkzeug

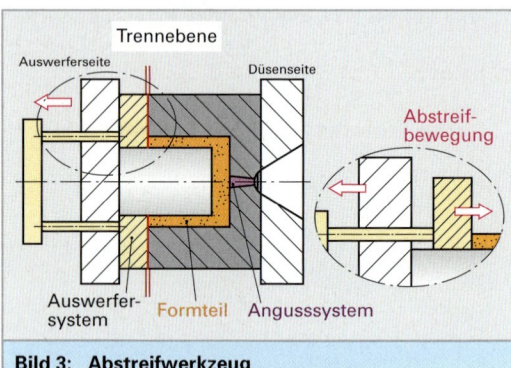

Bild 2: Schieberwerkzeug

Bild 3: Abstreifwerkzeug

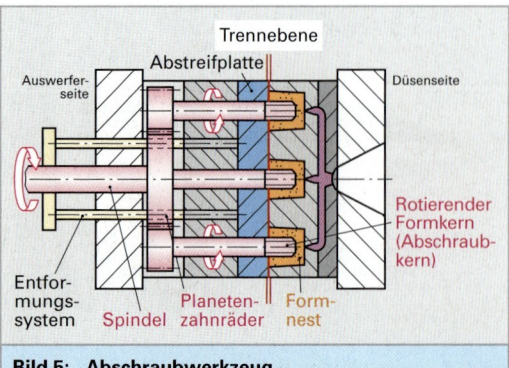

Bild 5: Abschraubwerkzeug

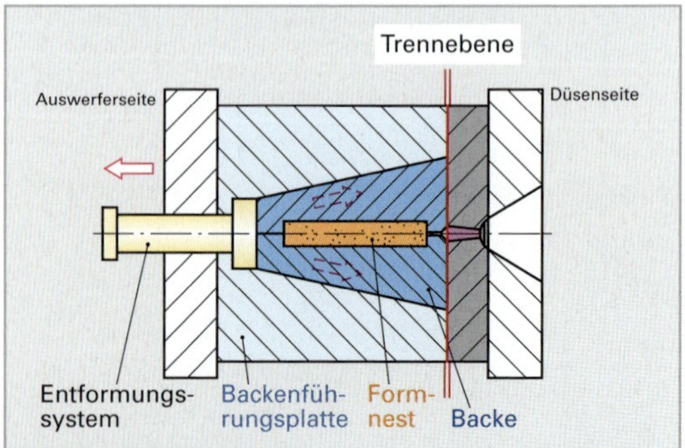

Bild 4: Backenwerkzeug

3.1 Bauteile aus Kunststoff

Etagenwerkzeug (Bild 2): Formteile sind in mehreren Teilungsebenen angeordnet. Die synchrone Öffnungsbewegung erfolgt durch Zahnstangen oder Kniehebel (Etagen).

Isolierkanalwerkzeug (Bild 3): Zwei Trennebenen, Angusssystem mit größeren Kanalquerschnitten, damit sich eine „plastische Seele" innerhalb einer erstarrten Randschicht ausbilden kann (Teile mit sehr kurzer Zykluszeit). Das Material im Isolierkanal bleibt immer auf Schmelztemperatur. Nur bei Störungen muss die Trennebene 1 geöffnet werden und das Angusssystem entformt werden.

Heißkanalwerkzeug (Bild 4): Angusssystem mit elektrisch beheizten Verteilerkanälen und Düsen (nur für thermisch unempfindliche Materialien). Das Kunststoffmaterial im Heißkanal bleibt auf Schmelztemperatur und muss nicht separat entfernt werden.

Bei Spritzgießwerkzeugen unterscheidet man zwischen:
- Normalwerkzeugen,
- Schieberwerkzeugen,
- Backenwerkzeugen,
- Abschraubwerkzeugen,
- Abrisswerkzeugen,
- Etagenwerkzeugen,
- Isolierkanalwerkzeugen und
- Heißkanalwerkzeugen.

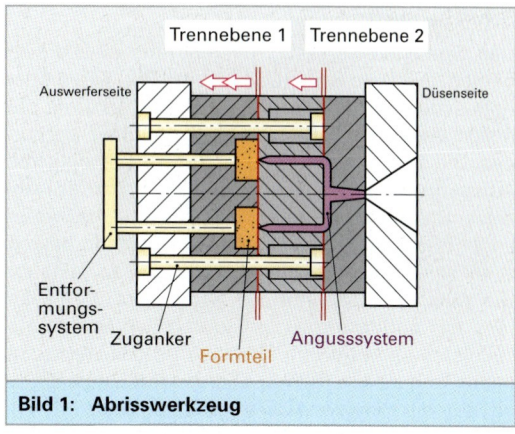

Bild 1: Abrisswerkzeug

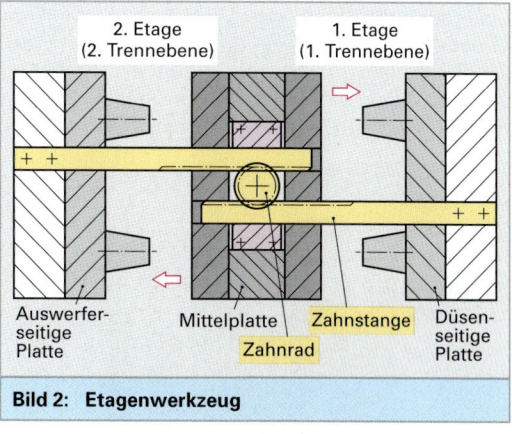

Bild 2: Etagenwerkzeug

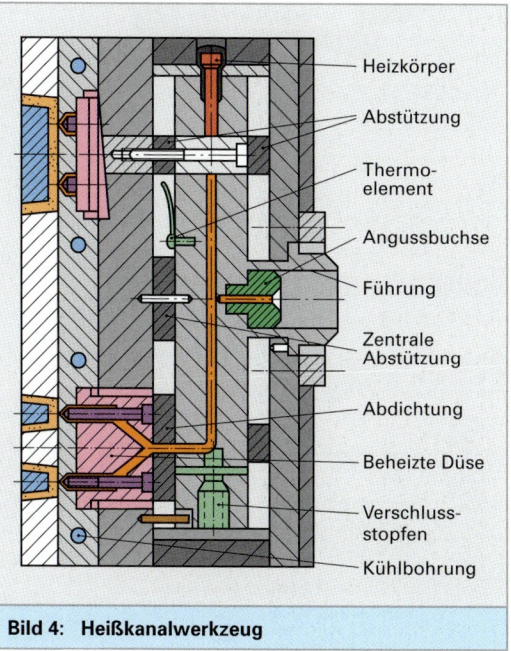

Bild 4: Heißkanalwerkzeug

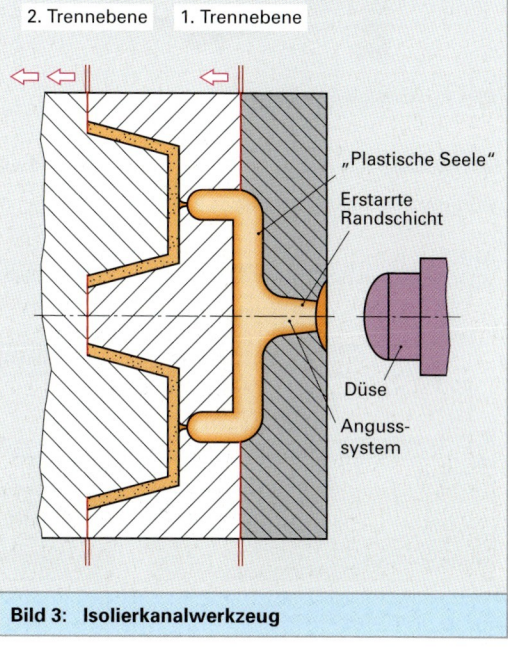

Bild 3: Isolierkanalwerkzeug

Schließeinheit

Das Spritzgießwerkzeug besteht aus zwei Formhälften. Die feste Seite (Düsenseite, **Bild 1a**) mit der Angussbuchse und dem Angusskanal wird mit der festen Aufspannplatte der Schließeinheit verbunden. Die andere Formhälfte ist auf der beweglichen Aufspannplatte der Schließeinheit befestigt. Auf dieser Seite sind normalerweise auch die Auswerfer angeordnet. Diese Formhälfte wird deshalb *bewegliche Seite* (**Bild 1b**) oder Auswerferseite genannt. Die Aufspannplatte mit der Formhälfte wird während der Entformbewegung durch den Schließmechanismus bewegt und öffnet somit das Werkzeug in der Trennebene (**Bild 1**). Die bei den Formhälften werden mit Hilfe von Führungssäulen zentriert.

Bei der Entformung fahren die Formhälften auseinander und öffnen das Werkzeug in der Trennebene zwischen fester und beweglicher Werkzeughälfte. Normalerweise bleibt der Spritzling am Kern der beweglichen Formhälfte hängen und wird durch Auswerfer ausgeworfen. Die Schließeinheit muss nicht nur die Fahrbewegung der beiden Werkzeughälften ermöglichen, sie muss auch der Auftriebskraft, hervorgerufen durch den Spritzdruck im Werkzeughohlraum, entgegenwirken. Die Schließeinheit muss die sogenannte Zuhaltekraft, die gleich oder größer der Auftriebskraft sein muss aufbringen.

Die benötigte Kraft kann mechanisch über Kniehebelsysteme, hydraulisch mit Hydraulikzylindern (**Bild 2**) oder elektrisch mit Elektromotoren und Getrieben aufgebracht werden. Zur Unterstützung der Auswerfer, die nur einen begrenzten Hub haben, wird manchmal noch Druckluft eingesetzt. Zum Auswerfen dienen Stifte, Teller und Ringe.

Die notwendige Zuhaltekraft ergibt sich wie folgt:

Zuhaltekraft:

$$F_{zu} \geq Z_N \cdot A_{proj} \cdot p_{Spritz}$$

F_{zu} Zuhaltekraft
Z_N Zahl der Formnester
A_{proj} projektierte Fläche eines Teiles bezüglich der Trennebene
p_{Spritz} Spritzdruck

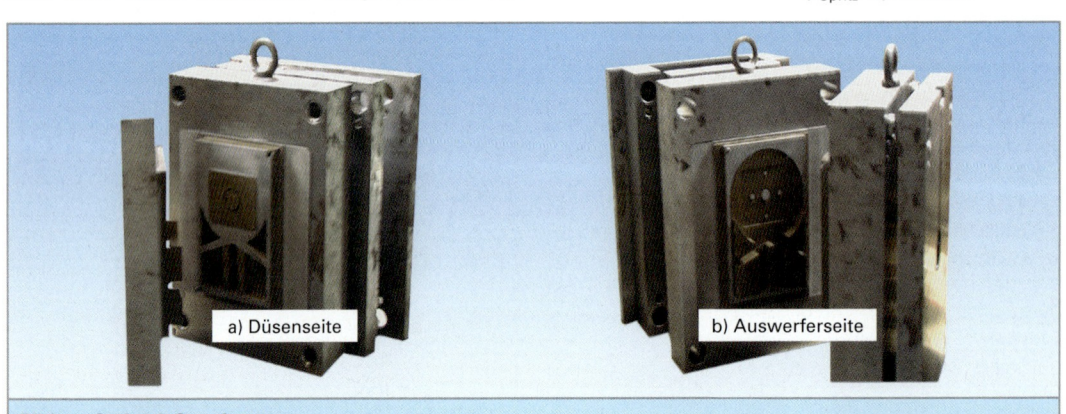

Bild 1: Spritzgießwerkzeug

a) Düsenseite
b) Auswerferseite

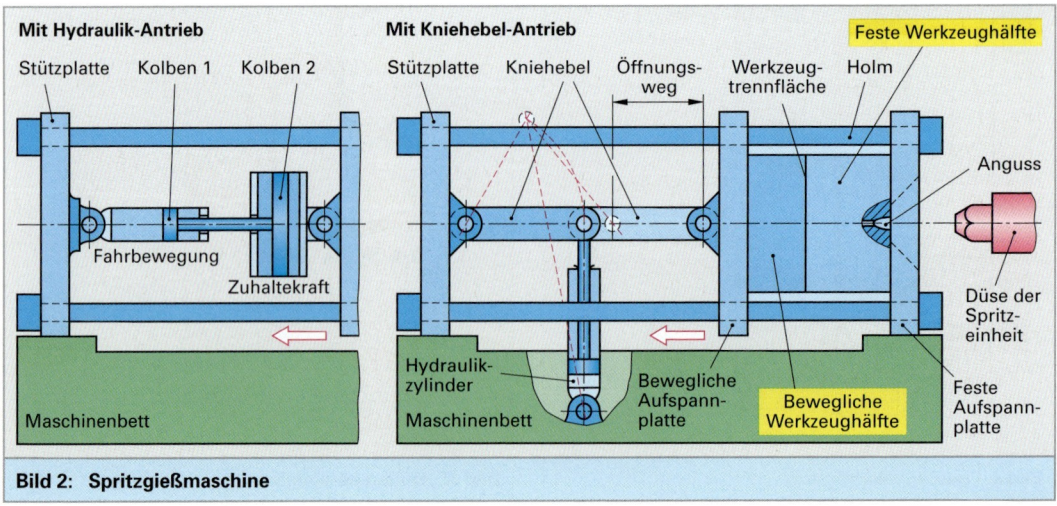

Bild 2: Spritzgießmaschine

Angusssystem

Die von einer Düse kommende Masse wird durch einen Kanal oder ein Kanalsystem im Werkzeug zu einem oder mehreren Formhohlräumen (Kavitäten) des gekühlten Spritzgusswerkzeuges geleitet. Sowohl das Kanalsystem als auch die darin enthaltene Masse wird als Anguss **(Bild 1)** bezeichnet.

Der Anschnitt ist der kleine Querschnitt am Übergang von Anguss zu Formhohlraum. Die Lage und die Form des Angusssystems als auch des Anschnittes hat einen entscheidenden Einfluss auf die Güte des späteren Kunststoffteiles und den erforderlichen Druckbedarf zum Einspritzen.

Bild 1: Beispiel eines Angusssystems

Der Druckverlauf im Angusssystem und in verschiedenen Bereichen ist unterschiedlich. Während des Einspritzvorganges (Einspritzzeit) ist der Druck im Angusssystem am höchsten und im Teil an unterschiedlichen Stellen, je weiter vom Anschnitt entfernt, kleiner **(Bild 2)**.

Durch eine optimale Wahl des Anguss- und Anschnittquerschnittes kann die Zykluszeit verkürzt, das zu recycelnde Angussmaterial verringert und Nacharbeit gespart werden. Wird eine sehr komplizierte Anbindung benötigt oder ist der Angusskanal sehr lang, kommt oft ein beheizter Angusskanal zum Einsatz. In diesem Angusskanal bzw. Angusskanalsystem erstarrt die Kunststoffschmelze nicht, deshalb muss in diesem Fall das Angusskanalsystem nicht mit dem Teil entformt werden. Solche Kanalsysteme sind beheizte Düsen oder *Heißkanalsysteme*.

Gebräuchliche Angussarten **(Bild 3)** sind der *Punktanguss*, der *Stangenanguss*, der *Tunnelanguss*, der *Ring- oder Schirmanguss* und der *Bandanguss*.

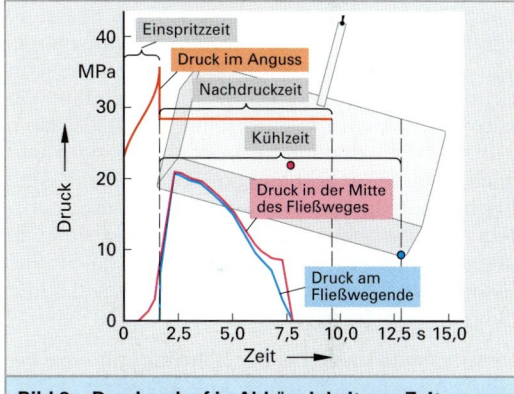

Bild 2: Druckverlauf in Abhängigkeit von Zeit

Das Angusssystem hat mehrere Anforderungen zu erfüllen:

- Das Fließen der Kunststoffschmelze möglichst wenig behindern.
- Das Volumen des Angusssystem sollte möglichst gering sein, da beim konventionellen Angusssystem dieses Materialvolumen recycelt werden muss.
- Leicht vom Spritzgießteil zu trennen.
- Keine sichtbare Markierung an der Außenfläche des Spritzgießteils.
- Die Wirkung des Nachdruckes möglichst lange ermöglichen.

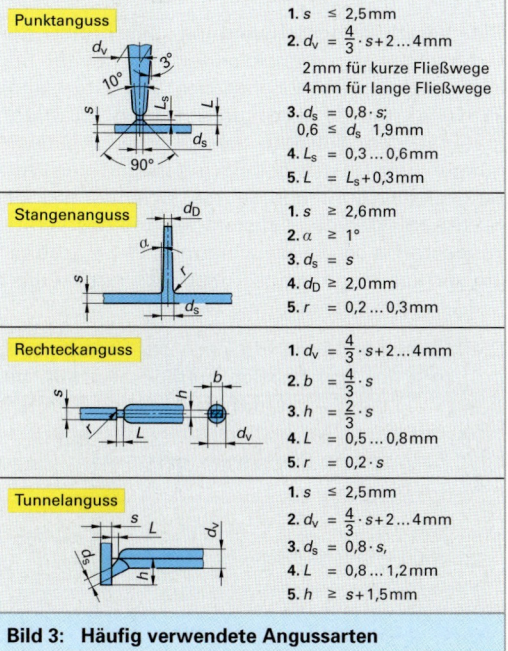

Bild 3: Häufig verwendete Angussarten

Muss ein sehr langes Teil hergestellt werden, ist es erforderlich, das maximal mögliche Fließweg-Wanddickenverhältnis des verwendeten Spritzgießmaterial zu kennen und zu beachten. Wird die kritische Länge des Fließweges überschritten muss eine Mehrfachanbindung für dieses Teil vorgesehen werden. Zur Bestimmung dieser kritischen Fließweglänge besteht die Möglichkeit, Daten vom Materialhersteller zu beziehen **(Bild 1)**. Eine weitere Möglichkeit besteht in einer vereinfachten Berechnung nach dem *Hagen-Poiseuill'schen Gesetz*[1].

Vereinfachte Berechnung des maximalen Fließweges nach Haagen-Poiseuille'schen Gesetz:

amorphe Thermoplasten:

$$L = 32.05 \cdot H^2$$

teilkristalline Thermoplasten:

$$L = 49.02 \cdot H^2$$

$$L = \frac{B \cdot D}{2 \cdot (B + D)}$$

H Hydraulischer Radius
L maximale Fließweglänge
B Breite des Teiles
D Wanddicke des Teiles

Schwindung

Bei der Dimensionierung der Kavität muss die Schwindung berücksichtigt werden. Die Schwindung hat zur Folge, dass sich die Maße des abgekühlten Teiles verändern. Würden die Maße direkt von der Teilekonstruktion in die Werkzeugkonstruktion übernommen, so würden nach dem Abkühlen und Auswerfen des Teiles, das Teil zu klein sein. Die Schwindung ist materialabhängig und auch verarbeitungsabhängig. Entscheidend sind hierbei der Spritzdruck und der Nachdruck. Unterschiede ergeben sich auch bei teilkristallinen und amorphen Stoffen und die Art des Füllstoffes. Eine Übersicht der empfohlenen Verarbeitsbedingungen ist in **Tabelle 1, folgende Seite** zu sehen.

Unterschieden wird bei der Schwindung eine *Verarbeitungsschwindung* und eine *Nachschwindung* **(Bild 2)**. Werden beide Schwindungsarten addiert, ergibt sich die *Gesamtschwindung*.

Die **Verarbeitungsschwindung** beschreibt den Unterschied der Abmessungen der Kavität und des ausgeworfenen Formteiles (bei Normklima 23°/50 %). Sie ist abhängig von dem Kunststoffmaterial, dem Füllstoff, den Verarbeitungsbedingungen, der Gestalt des Formteils und der Werkzeugkonstruktion. Infolge der Orientierung der Makromoleküle des Kunststoffes und des Verstärkungsstoffes ist die Schwindung richtungsabhängig und kann für manche Kunststoffe nur in einem Größenbereich angegeben werden.

Die **Nachschwindung** tritt nach der Verarbeitung im Laufe der Zeit bei Raumtemperatur auf. Verstärkt wird diese Änderung bei höheren Temperaturen durch eine Nachkristallisation, Nachhärtung oder Veränderung des Wassergehaltes.

> Die Gesamtschwindung setzt sich aus Verarbeitungsschwindung und Nachschwindung zusammen

[1] *Jean-Louis Marie Poiseuille* (1799 bis 1869), franz. Arzt und Physiker *Gotthilf Heinrich Ludwig Hagen* (1797 bis 1884), dt. Ingenieur

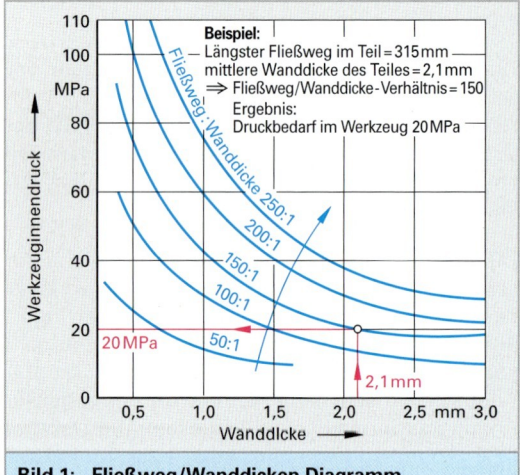

Bild 1: Fließweg/Wanddicken Diagramm

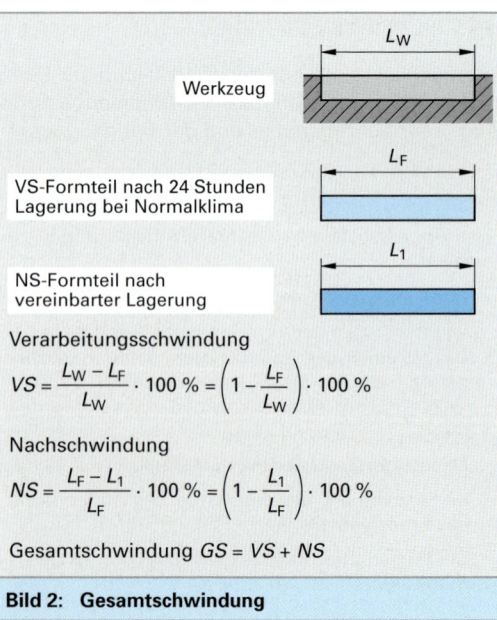

Verarbeitungsschwindung

$$VS = \frac{L_W - L_F}{L_W} \cdot 100\,\% = \left(1 - \frac{L_F}{L_W}\right) \cdot 100\,\%$$

Nachschwindung

$$NS = \frac{L_F - L_1}{L_F} \cdot 100\,\% = \left(1 - \frac{L_1}{L_F}\right) \cdot 100\,\%$$

Gesamtschwindung $GS = VS + NS$

Bild 2: Gesamtschwindung

3.1 Bauteile aus Kunststoff

Tabelle 1: Richtwerte für das Spritzgießen von Formmassen

Kurz-zeichen	Verarbeitungs-temperatur °C	Vortrocknen °C/Stunden	Werkzeugtemperatur		Verarbeitungsschwindung		
			normal °C	geschäumt °C	normal in %	verstärkt GF30 in %	geschäumt in %
PE-LD	160 bis 270	-	20 bis 60	-	1,0 bis 3,0	-	-
PE-HD	200 bis 300	-	10 bis 60	10 bis 20	1,5 bis 3,0	-	1,5 bis 3,0
EVA	130 bis 240	-	10 bis 50	-	0,8 bis 2,2	-	-
PP	200 bis 300	-	20 bis 90	10 bis 20	1,3 bis 2,5	1,2 bis 2,0	1,5 bis 2,5
PB	200 bis 290	-	10 bis 60	-	1,5 bis 2,6	-	-
PVC-U	170 bis 210	-	20 bis 60	10 bis 20	0,4 bis 0,8	-	0,5 bis 0,7
PVC-P	160 bis 190	-	20 bis 60	10 bis 20	0,7 bis 3,0	-	0,7 bis 3,0
PS	170 bis 280	-	10 bis 60	10 bis 20	0,4 bis 0,7	-	0,4 bis 0,6
SAN	200 bis 260	85/2 bis 4	50 bis 80	-	0,4 bis 0,6	0,2 bis 0,3	-
SB	190 bis 280	-	10 bis 80	10 bis 60	0,4 bis 0,7	-	0,4 bis 0,7
ABS	200 bis 260	70 bis 60/2	50 bis 80	10 bis 40	0,4 bis 0,7	0,1 bis 0,3	0,4 bis 0,7
ASA	200 bis 260	70 bis 60/2 bis 4	50 bis 85	-	0,4 bis 0,7	-	-
PMMA	190 bis 290	70 bis 100/2 bis 6	40 bis 90	-	0,3 bis 0,8	-	-
POM	180 bis 230	110/2	60 bis 120	-	1,5 bis 2,5	0,5 bis 0,1	-
PA6	240 bis 290	80/8 bis 15	40 bis 120	-	0,8 bis 2,5	0,2 bis 1,2	-
PA66	260 bis 300	80/8 bis 15	40 bis 120	-	0,8 bis 2,5	0,2 bis 1,2	-
PA610	230 bis 290	80/8 bis 15	40 bis 120	-	0,8 bis 2	-	-
PA11	200 bis 270	70 bis 80/4 bis 6	40 bis 80	-	1,0 bis 2,0	0,3 bis 0,7	-
PA12	200 bis 270	100/4	20 bis 100	-	1,0 bis 2,0	0,5 bis 1,5	-
PA6-3-T	250 bis 310	100/8	70 bis 90	-	0,5 bis 0,6	0,16 bis 0,2	-
PC	270 bis 380	110 bis 120/4	80 bis 120	60 bis 90	0,6 bis 0,7	0,2 bis 0,4	0,7 bis 0,9
PET	260 bis 300	120/4	130 bis 150	-	1,8 bis 2,0	0,2 bis 2,0	-
PBT	230 bis 280	120/4	40 bis 80	50 bis 60	1,0 bis 2,2	0,5 bis 1,5	2,0 bis 2,5
PSU	340 bis 390	120/5	100 bis 160	-	0,6 bis 0,8	0,2 bis 0,4	-
PES	320 bis 390	160/5	100-bis 160	-	0,6	0,15	-
PEK	350 bis 380	150/3	150 bis 180	-	1,0	0,1 bis 0,4	-
PPE mod	230 bis 270	100/2	40 bis 110	10 bis 80	0,5 bis 0,8	0,2	0,6 bis 0,8
PEI	340 bis 425	150/4	65 bis 175	-	0,5 bis 0,7	0,2 bis 0,4	-
TPU	190 bis 220	100 bis 100/2	10 bis 20	-	0,2 bis 2,0	-	-
CA	180 bis 220	80/2 bis 4	40 bis 80	-	0,4 bis 0,7	-	-
CP	190 bis 230	80/2 bis 4	40 bis 80	-	0,4 bis 0,7	-	-
CAB	190 bis 230	80/2 bis 4	40 bis 80	-	0,4 bis 0,7	-	-

Wiederholung und Vertiefung

1. Bei welchen Formmassen wird das Spritzgießen vorzugsweise angewandt?
2. Skizzieren Sie die Spritzeinheit mit Schnecke.
3. Beschreiben Sie den Prozess des Spritzgießens. Welche fünf Arbeitstakte laufen hierbei ab?
4. In welchen Fällen braucht man eine Verschlussdüse?
5. Wie erfolgt das Ausformen bei Spritzgießmaschinen?
6. Beschreiben Sie das Angusssystem.
7. Welche Anforderungen hat das Angusssystem zu erfüllen?
8. Welche Schwindungsarten werden unterschieden?
9. Nennen Sie die Gründe für die Schwindung.

Gasinnendruck-Verfahren (GID)

Beim Spritzgießen nach dem *Gasinnendruck-Verfahren* werden zwei Stoffe, zunächst Kunststoffmaterial und dann Gas (meist Stickstoff), in die Kavität eingeleitet. Dieses Verfahren kann bei dickwandigen Teilen oder bei dünnwandigen Teilen mit einer ausgeprägten Verrippung eingesetzt werden. Werden dickwandige Teile **(Bild 3)** mit dem herkömmlichen Spritzgieß-Verfahren hergestellt, ergeben sich aufgrund der hohen Schwindung Einfallstellen oder sogar Lunker im Teil. Außerdem benötigen dickwandige Teile eine sehr lange Kühlzeit, dies bedeutet eine lange Zykluszeit und dadurch werden solche Teile sehr teuer.

Durch das GID-Verfahren können beide Probleme gelöst werden. Außerdem wird durch die Verdrängung der plastischen Seele in der Teilemitte Material eingespart (bis zu 45 %) und damit reduziert sich außerdem das Teilegewicht außerordentlich. Die zwei gebräuchlichsten Verfahren sind in **Bild 1** und **Bild 2** dargestellt.

Bei der erste Variante wird das Gas über die Maschinendüse des Spritzaggregates eingeleitet. Zunächst wird konventionell die Kavität mit Schmelze gefüllt. Im Gegensatz zum konventionellen Spritzgießen wird die Kavität jedoch nur zum Teil (55 % bis 60 %) gefüllt. Nach einer kurzen Wartezeit (Verzögerungszeit) wird über die spezielle GID-Maschinendüse Gas (meist Stickstoff) in die Kavität eingeleitet. Das eingeleitete Gas verdrängt den vor ihm liegenden Kunststoff und füllt dadurch die Kavität vollständig. Der Gasdruck übernimmt nun die Funktion des Nachdruckes.

Der Gasdruck kann wesentlich kleiner sein als der Nachdruck beim konventionellen Verfahren. Die Druckweiterleitung von Gasen ist wesentlich besser als von Kunststoffschmelzen. Wichtig ist nur, dass der Gasdruck vor dem Entformen wieder entweichen kann, um ein Platzen des Kunststoffteiles zu verhindern.

Durch dieses Verfahren entstehen Teile mit geringen Eigenspannungen. Das *Problem der Höhe* der im konventionellen Verfahren in die Kavität gespritzte Vorlage. Die Höhe der Teilfüllung ist nur schwer ohne Versuche oder Simulationen vorherzusagen. Wird die *Vorlage* zu gering gewählt, so wird die in der Kavität vorhandene Schmelze nicht ausreichen und das Gas wird am Ende durch die Kunststoffwand durchbrechen (Gasdurchbruch). Solch ein Teil ist nicht zu gebrauchen. Ist Vorlage zu hoch wird Material verschwendet.

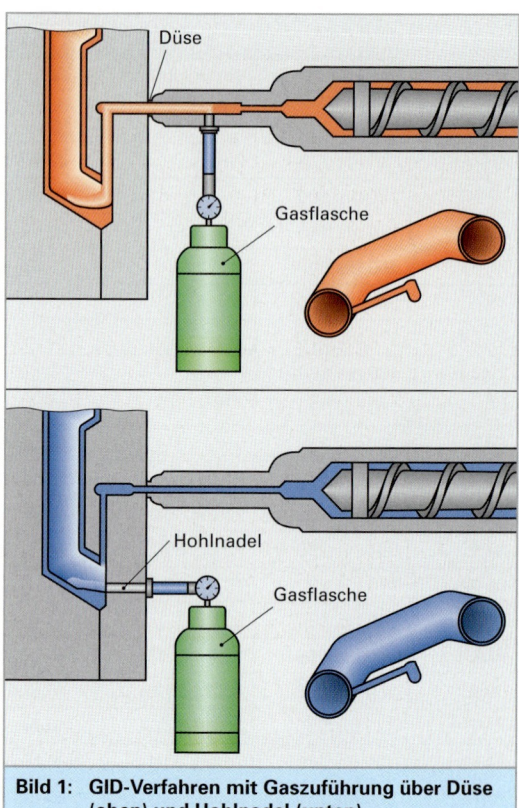

Bild 1: GID-Verfahren mit Gaszuführung über Düse (oben) und Hohlnadel (unten)

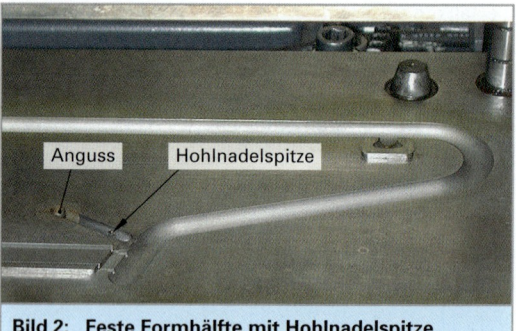

Bild 2: Feste Formhälfte mit Hohlnadelspitze

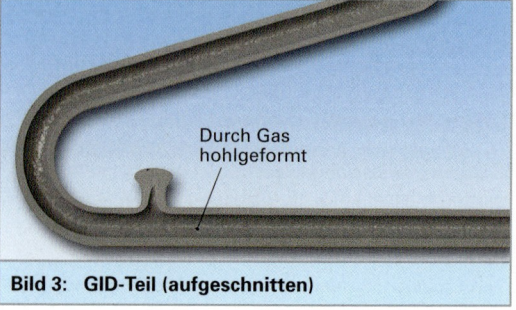

Bild 3: GID-Teil (aufgeschnitten)

3.1 Bauteile aus Kunststoff

Mehrfachwerkzeuge können mit diesem Verfahren nur bedingt benutzt werden, da geringste Abweichungen in den Wanddicken und Temperaturverteilungen unweigerlich zu verschiedenen Teilen führen. Aufgrund unterschiedlicher Temperaturen ergeben sich unterschiedliche Viskositäten der Kunststoffmaterialien und da das Gas immer den Weg des geringsten Widerstandes geht, werden dann die Gasblasen in den verschiedenen Kavitäten unterschiedlich ausfallen.

Bei der zweiten Variante wird das Gas über einen speziellen Werkzeugeinsatz über eine Hohlnadel direkt in das Teil eingeleitet. Auch bei diesem Verfahren wird zunächst Kunststoffmaterial konventionell in die Kavität eingespritzt und dann das Gas zu einem späteren Zeitpunkt eingeleitet. Die Gaseinleitung kann nun gezielt an bestimmten Partien des Formteiles positioniert werden. Dies ermöglicht sehr einfach, Mehrfachwerkzeuge herzustellen und jede Kavität mit einer eigenen Gaseinleitung zu versehen. Dadurch können die Probleme, wie in der ersten Variante beschrieben, minimiert werden.

Mehrkomponenten-Spritzgießverfahren

Beim Mehrkomponenten-Verfahren werden verschiedene Kunststoffmaterialien mit *unterschiedlichen Stoffeigenschaften* (z. B. unterschiedliche Farbe oder unterschiedliche Härte) zur Herstellung eines Formteiles verwendet (**Bild 1**). Dieses Verfahren benötigt mehrere Schritte. Im ersten Schritt wird der Grundkörper in der ersten Komponente (z. B. gelb) hergestellt. Das Werkzeug wird über einen Drehteller geschwenkt (es ist auch ein Handling-System zum Umsetzen möglich). Im zweiten Schritt wird wieder ein Grundkörper mit Komponente 1 hergestellt, doch diesmal auch parallel der untere Grundkörper mit Komponente 2 umspritzt. Im Werkzeug befindet sich oben der Grundkörper und unten das fertig umspritzte Endteil. Dieses Endteil wird nun ausgeworfen. In jedem weiteren Schritt wird sowohl ein Grundkörper als auch ein endgültiges Teil gespritzt und ausgeworfen. Außer *Materialien mit unterschiedlichen Farben* ist auch eine *Hartkomponente und eine Weichkomponente* möglich. Dies wird sehr häufig für Tasten eingesetzt.

Eine zweite Variante ist das Verdrängen von einer Komponente durch die zweite Komponente (**Bild 2**). Dies ähnelt sehr stark dem Gasinnendruckverfahren, jedoch wird hier in der Teilmitte kein Gas eingeleitet sondern die zweite Komponente. Die innere Komponente kann nun aus kostengünstigerem Material (z. B. Recycling-Material) sein.

> Besonders wichtig ist hierbei die Umschaltmöglichkeit von Komponente 1 zu Komponente 2. Es besteht auch die Möglichkeit nach der zweiten Komponente wieder die erste Komponente nachzuspritzen, um die zweite Komponente völlig unsichtbar zu machen. Die Komponente 1 kleidet die Kavität zunächst aus und sollte eine niedrigere Viskosität haben. Die höher viskose Komponente 2 verdrängt dann die dünnflüssigere Komponente 1 wie beim GID-Verfahren. Es muss nur darauf geachtet werden, dass Komponente 2 nirgends durchbricht und außen am Teil sichtbar wird.

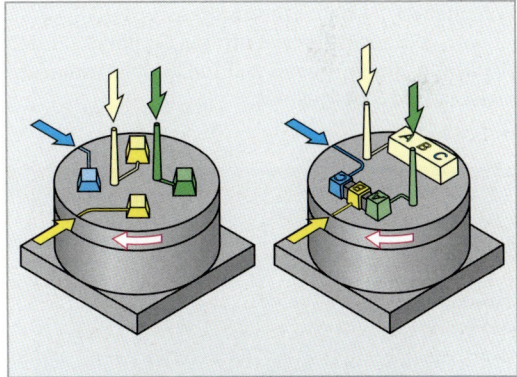

Bild 1: Spritzen von vier Komponenten mit unterschiedlichen Stoffeigenschaften

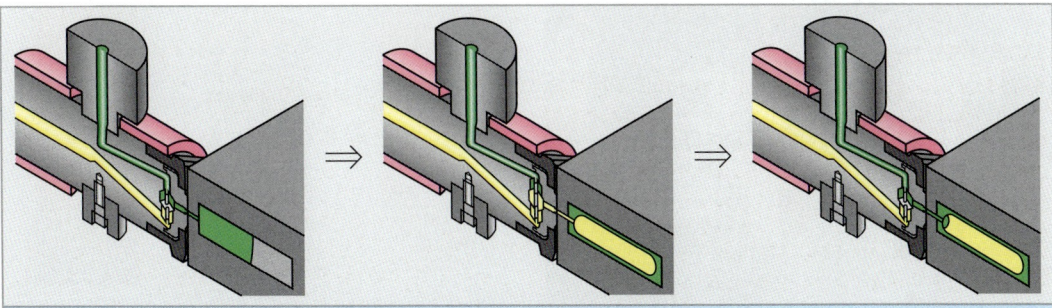

Bild 2: Spritzen von zwei Komponenten innen und außen (Materialverdrängen)

Hohlkörperblasen (Blasformen)

Das Hohlkörperblasen erfolgt in vier Schritten (**Bild 1**). Im ersten Schritt wird ein Vorformling durch Extrusion eines Schlauches hergestellt.

Im zweiten Schritt wird dieser Schlauch vom Blasformwerkzeug erfasst, abgequetscht und abgeschnitten.

Im dritten Schritt wird das Werkzeug von der Schlauchstation an die Blasstation übergeben und mit dem Blasdorn wird innen in den Vorformling Luft mit Überdruck (Blasluft) eingebracht. Durch die Blasluft im Inneren des Vorformlings wird der Schlauch an das Werkzeug von innen angedrückt.

Nach dem Abkühlen kann das fertige Teil im vierten Schritt aus dem Werkzeug entnommen werden. Am Teil müssen noch der Hals- und Bodenbutzen entfernt werden.

Das Werkzeug fährt wieder in die Ausgangsposition zurück und ein neuer Zyklus kann beginnen. Typische Teile, die durch das Blasformen hergestellt werden, sind Getränkeflaschen (**Bild 2**). In den letzten Jahren wird dieses Verfahren auch häufig für sehr komplexe Geometrien eingesetzt. Es sind dann Handlingsystem zum Einlegen des Schlauches in das Werkzeug erforderlich oder es wird mit zusätzlicher Luft der Schlauch in das Werkzeug hinein gesaugt. Eine Blasformmaschine ist in **Bild 3** dargestellt.

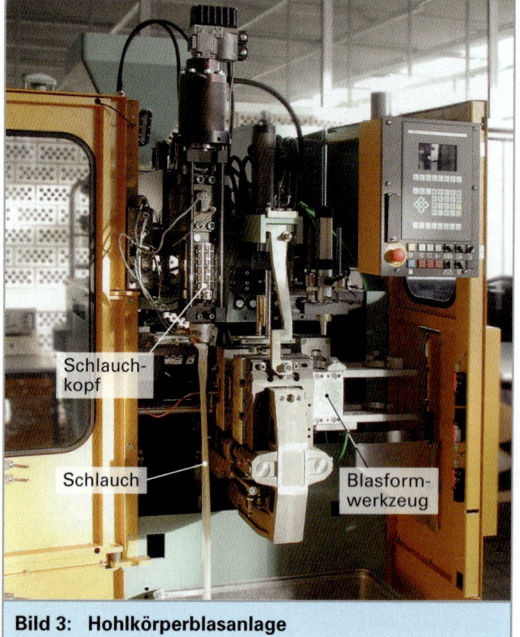

Bild 1: Ablauf des Hohlkörperblasens

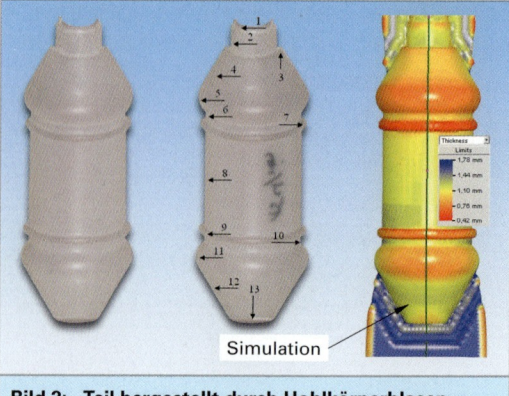

Bild 3: Hohlkörperblasanlage

Bild 2: Teil hergestellt durch Hohlkörperblasen

Thermoformen

Bei diesem Verfahren wird ein Halbzeug (Kunststoffplatten) unter Wärmeeinwirkung umgeformt. Es können hierfür recht einfache Werkzeuge verwendet werden. Es wird hierbei unterschieden in Verfahren mit Stempel oder Unterdruck.

Wird ein Stempel verwendet (**Bild 1**), so wird die Platte durch Niederhalter festgehalten. Durch Infrarotstrahler wird die Platte erwärmt. Anschließend wird durch die Abwärtsbewegung des Stempels die Platte umgeformt. Wichtig sind die Entlüftungsbohrungen an der Unterseite des Werkzeuges.

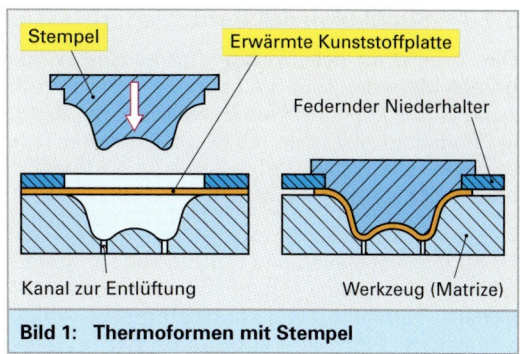

Bild 1: Thermoformen mit Stempel

Verwendet man Unterdruck (**Bild 2**) zum Thermoformen, so wird auch hierbei die Platte durch Niederhalter gehalten. Die durch Infrarotstrahler erwärmte Platte wird nun nicht durch einen Stempel verformt, sondern durch Unterdruck an die Matrize angesaugt. Hierbei ist eine gute Abdichtung im Werkzeug und zur Platte zu beachten. Durch die geringe Kraft, die durch den Unterdruck aufgebracht werden kann, ist dieses Verfahren und die Konturtreue begrenzt. Insbesondere bei tiefen Teilen wird deshalb oft eine Mischung aus beiden Verfahren angewendet und sowohl ein Stempel als auch Unterdruck eingesetzt.

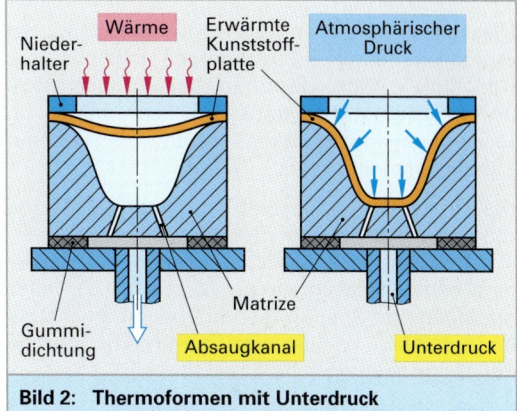

Bild 2: Thermoformen mit Unterdruck

Angewendet werden diese Verfahren z. B. zum Herstellen von Transportbehältern mit Abformungen für die zu transportierenden Waren oder für die Innenauskleidung von Kühlgeräten (**Bild 3**).

> Die Werkzeuge für das Thermoformen können sehr einfach und damit kostengünstig hergestellt werden.

Wiederholung und Vertiefung

1. Welchen Einfluss hat der Werkzeuginnendruck auf die Wanddicke?
2. Wie wird der mit Schmelze gefüllte Raum vor der Schneckenspitze genannt?
3. Welche vereinfachte Abhängigkeit gibt es zwischen der Wanddicke und der Kühlzeit?
4. Wie werden die zwei Hälften eines Spritzgießwerkzeuges bezeichnet?
5. Beschreiben Sie das Gasinnendruckverfahren.
6. Welchen Vorteile bringt GID?
7. Welche Ziele verfolgt man mit dem Mehrkomponenten Spritzgießverfahren?
8. Beschreiben Sie das Hohlkörperblasen.
9. Wie ist der Prozess des Thermoumformens?
10. Wie erfolgt die Werkstofferwärmung bei der Thermoumformung?

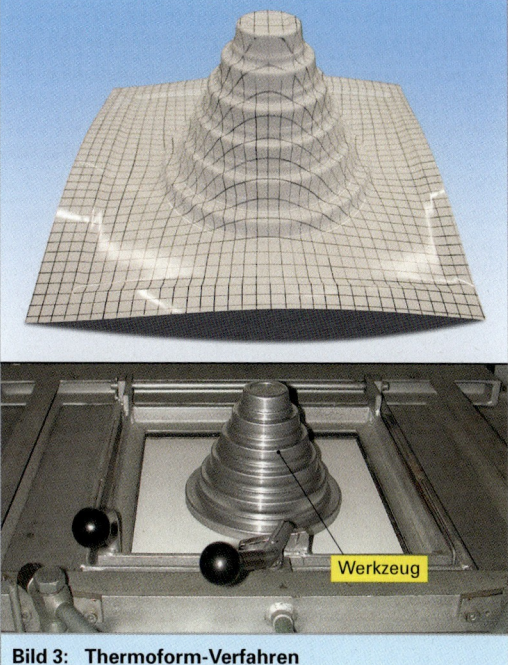

Bild 3: Thermoform-Verfahren

3.1.7 Simulation des Spritzgießprozesses

Die Simulation des Spritzgießprozesses wurde bereits Mitte der 70 Jahre begonnen. Schon frühzeitig wurde von mehreren Entwicklern der Kunststoffteilen erkannt, dass die Komplexität der Teile und der eigentlichen Herstellungsvorgang näher untersucht werden musste.

Die Qualität der Teile war nur sehr schwer auf Dauer sicherzustellen und nur mit sehr großer Erfahrung waren gute Ergebnisse erreichbar. Eine sichere Fertigung von Kunststoffteilen unterschiedlicher Form und Größe erfordert eine genaue Kenntnis der Problemstellen im Teil und optimale Einstellungen an der Spritzgießmaschine.

Dies führte bereits in der Vergangenheit zu der Einführung einer eigenständigen Disziplin, der Rheologie[1]. Diese Disziplin besteht seit 1930 und beschäftigt sich mit der Beschreibung von Erscheinungen, die beim Fließen verschiedener Flüssigkeiten auftreten.

Die Rheologie ist deshalb mit der Physik, der physikalischen Chemie und den Ingenieurwissenschaften eng verbunden. Es ergeben sich außerdem enge Beziehungen zur Mechanik, da Deformationen und Spannungen hierbei eine wichtige Rolle spielen. Wichtig sind außerdem optische und thermodynamische Aspekte.

Es wird deshalb versucht die Optimierung durch eine modellmäßige Beschreibung aller Teilprozesse mit analytischen und numerischen Verfahren zu erzielen. Das Optimierungsziel soll in möglichst kurzer Zeit, mit großer Sicherheit und geringem Kostenaufwand erreicht werden. Die Programme, die zur Simulation des Spritzgießprozesses verwendet werden, bezeichnet man deshalb auch oft als *rheologische* Simulationsprogramme.

> Mit Hilfe von Simulationsprogrammen können in der Entwicklungsphase bereits Problemstellen an Werkzeugen und Teilen untersucht werden, ohne dass das Werkzeug oder Teil in der Realität vorhanden sein muss.

Die Beschreibung der einzelnen Vorgänge erfolgt durch Differentialgleichungen. Zur Lösung des Systems von Differentialgleichungen werden FEM-Verfahren (Finite Elemente Verfahren) eingesetzt. Diese Programme bestehen meist aus mehreren Modulen. Die verschiedenen Module beschreiben verschiedene Teilprozesse:

- Füllberechnung,
- Nachdruckberechnung,
- Schwindungs-/Verzugberechnung,
- Kühlberechnung,
- Gasinnendruck-Simulation,
- Zweikomponentenspritzgieß-Simulation,
- Spritzprägen.

Zur Berechnung muss die Geometrie des Spritzgießteiles bekannt sein. Die Geometrie kann in dem Programmpaket erzeugt werden, besser ist es allerdings, sie von einem CAD-Programm zu übernehmen (**Bild 1**).

> Es sind dabei grundsätzlich mehrere Wege möglich.
> - Ist die Geometrie als Volumenmodell (Solid) im CAD-System vorhanden, kann die Geometrie unter Benutzung der Stereolithografie-Schnittstelle (STL-Datei) direkt in das rheologische Programmpaket übernommen werden.
>   Ein zweiter Weg ist unter Verwendung eines speziellen Programmes, eines sogenannten Mittelflächengenerators (Midplane), möglich.
> - Ist die Geometrie als Flächenmodell (Freiformflächen) erzeugt worden, muss eine CAD-Schnittstelle (z. B. IGES-Schnittstelle) benutzt werden. Dadurch werden die CAD-Daten (Geometrie) in das Simulationsprogramm übertragen.
> - Werden andere Geometriebeschreibungen benutzt, müssen zum Teil eigene Schnittstellen dafür definiert und programmiert werden.

Werden nun der Anschnitt[2], das zu verwendende Material (im Beispiel ein PA 6 mit 35 % Glasfasern) und die Verarbeitungsparameter (z. B. Einspritzzeit, Spritzdruck, Schmelzetemperatur, Werkzeugtemperatur) festgelegt, kann eine Simulation gestartet werden. Als erster Berechnungsschritt wird eine Füllberechnung durchgeführt.

---

[1] Rheologie = Lehre des Fließenverhaltens, der Deformationen und Spannungen in Flüssigkeiten

[2] Anschnitt = Bereich zwischen Angusskanal und Spritzgießteil

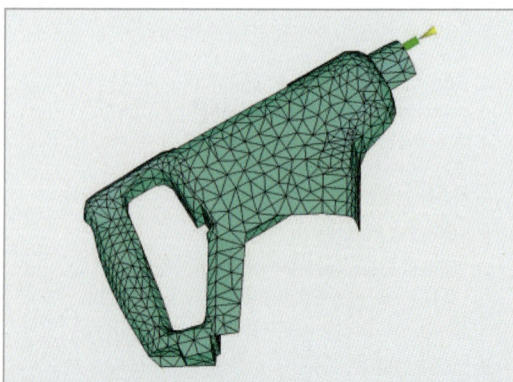

Bild 1: Geometriemodell als FEM-Netz im Simulationsprogramm

3.1 Bauteile aus Kunststoff

Dazu wird schrittweise die Werkzeugkavität[1] mit Kunststoffschmelze gefüllt. Dies kann auch in der Praxis durchgeführt werden und wird dort dann eine Füllstudie genannt. Das Teil wird in der Simulation zunächst vom Angusskanal über den Anschnitt mit Kunststoff gefüllt **(Bild 1)**. Im zweiten Schritt wird der vordere Bereich gefüllt **(Bild 2)**. Der Schmelzestrom wird dann aufgeteilt und füllt den Griffbereich von beiden Seiten **(Bild 3)**.

> Mit Hilfe der Füllsimulation können Bindenähte (Schwachstellen) oder Lufteinschlüsse untersucht, optimiert und falls nötig an unbedenkliche Stellen verschoben werden.

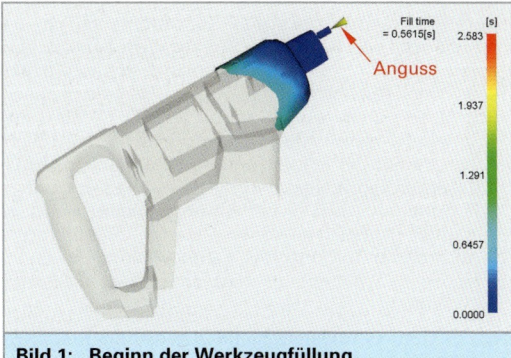

Bild 1: Beginn der Werkzeugfüllung

Es wird sich deshalb in der unteren Griffhälfte eine Bindenaht ergeben (violett dargestellt Linie in **Bild 4**). Dies ist nur eine der sich ergebenden Bindenähte, jedoch ist diese Bindenaht von entscheidender Bedeutung für die Festigkeit des Teiles im Griffbereich. Die Bindenähte stellen im Allgemeinen Schwachstellen in der Teilefestigkeit dar und müssen deshalb sehr genau bekannt sein. Ist eine Bindenaht in einem Bereich des Teiles der hoch belastet wird, so kann dies zu einem Bruch des Teiles führen.

Ist die Werkzeugkavität komplett mit Schmelze gefüllt, ergibt die Simulation ein vollständiges Füllbild **(Bild 5)**. Jede Farbe stellt hierbei einen Zeitschritt (Isochrone) dar.

Nach dem Ende der Füllphase muss das Material auf Entformungstemperatur abgekühlt werden, bevor das Teil entformt und ausgeworfen werden kann. Die *Schwindung* von Kunststoffmaterialien ist sehr hoch, deshalb wird in dieser Abkühlphase noch zusätzlich das Werkzeug unter Nachdruck gehalten, damit noch zusätzliches Material in die Kavität gedrückt wird und dieser Schwindung entgegen wirkt.

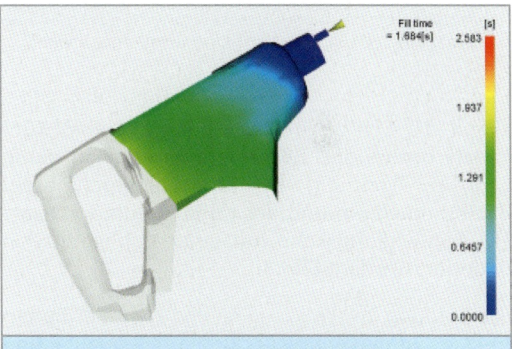

Bild 2: Werkzeugkavität zu 60 % gefüllt

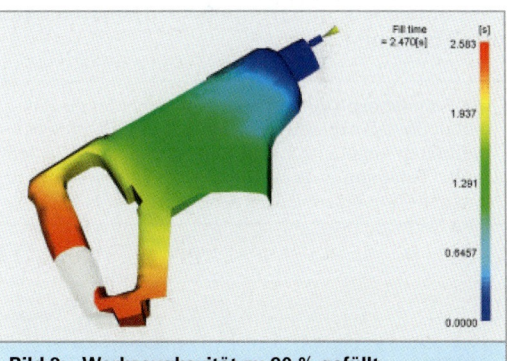

Bild 3: Werkzeugkavität zu 90 % gefüllt

[1] Werkzeugkavität = Werkzeughohlraum (entspricht der Teilekontur plus Schwindung)

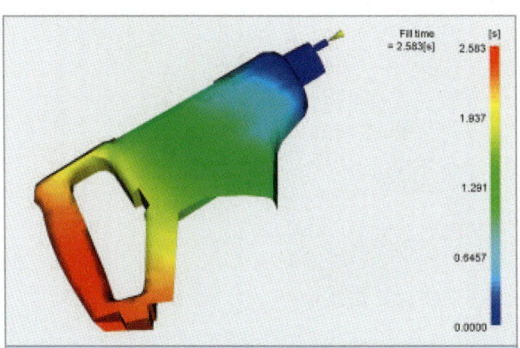

Bild 5: Komplettes Füllbild (Isochronen)

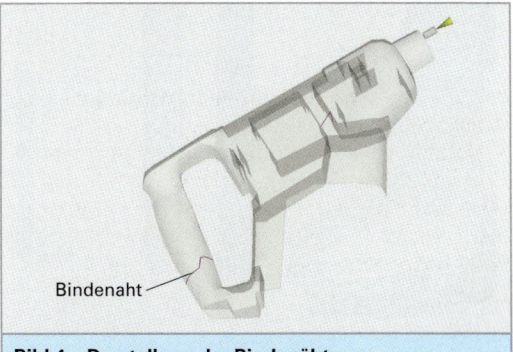

Bild 4: Darstellung der Bindenähte

Im Herstellungsprozess von Kunststoffteilen ist die Nachdruck- und Kühlphase für die Teilequalität von entscheidender Bedeutung. Betrachtet man zum Beispiel den Abkühlvorgang in der Nachdruckphase und in der Kühlphase, so ist für ihn die momentane Schmelzetemperatur **(Bild 1)** des Teiles wichtig. Sind einige Partien im Teil besonders heiß, kann das Material an diesen Stellen thermisch geschädigt werden. Das Material würde eventuell verbrennen und sich verfärben. Außerdem können starke Temperaturunterschiede im Teil und das damit verbundene unterschiedliche *Schwindungsverhalten* einen *Teileverzug* hervorrufen.

Durch Optimierungsmaßnahmen muss nun versucht werden diesen Temperaturunterschied zu verringern. Dies kann z. B. durch eine Änderung der Spritzgießparameter oder durch eine Veränderung der Wandstärke in einzelnen Bereichen des Teiles versucht werden.

Die Schmelzetemperatur ist nur eine von vielen wichtigen Ergebnissen der Simulation, die untersucht werden muss. Andere zu überprüfende Ergebnisse sind z. B. die Schergeschwindigkeit, die Kühlzeit, die volumetrische Schwindung und die Faserorientierungen.

Trotzdem wird ein Unterschied der Schwindungswerte innerhalb des Teiles bestehen bleiben und zum Teileverzug führen. Der zu erwartende Teileverzug lässt sich durch eine Schwindung- und Verzugssimulation **(Bild 2)** vorhersagen. Es ist der gesamte Verzug dargestellt. Besonders deutlich ist der Verzug in der linken Ecke (rote Farbe) zu sehen. Das Teil wird sich dort nach oben verbiegen. Durch die Vorhersage besteht damit die Möglichkeit, verschiedene Maßnahmen zur Verringerung des Teileverzugs auf deren Wirksamkeit zu untersuchen.

Damit die Schmelze abgekühlt wird, sind Kühlkanäle notwendig. Besonders wichtig ist: deren Lage im Werkzeug, der Kühlkanaldurchmesser, das Kühlmedium und der Kühlmediumdurchsatz. Die Kühlwirkung kann mit einer Kühlsimulation optimiert werden **(Bild 3)**.

Die Kühlung im Werkzeug ist von zentraler Bedeutung. Es wird damit nicht nur die Teilequalität und der Verzug des Teiles beeinflusst, auch die Dauer des kompletten Spritzvorganges (*Zykluszeit*) wird damit bestimmt.

Die Simulatiosprogramme sind entscheidende Hilfsmittel, um Spritzgießwerkzeuge vor der eigentlichen Werkzeugherstellung zu optimieren und somit Fehler in der Teilegeometrie, an den Spritzgießparametern und der Kühlung zu vermeiden.

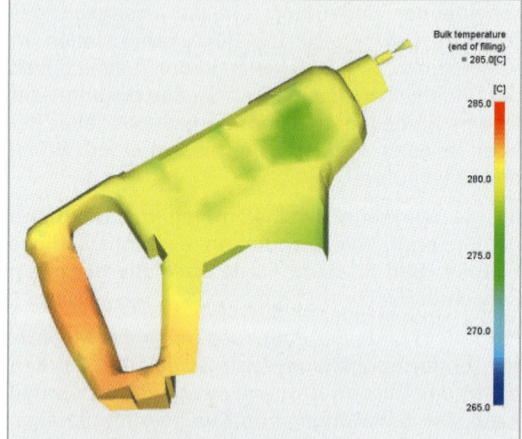

Bild 1: Mittlere Schmelzetemperatur

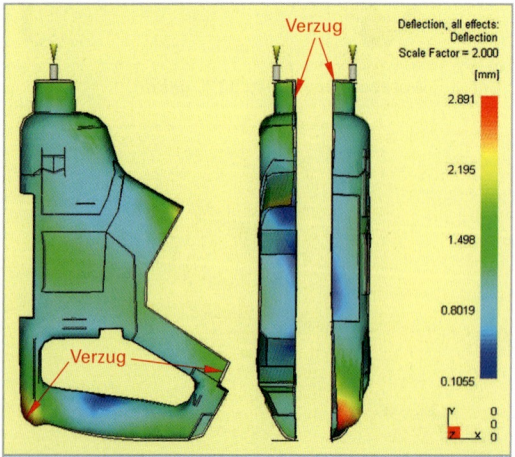

Bild 2: Gesamter Teileverzug

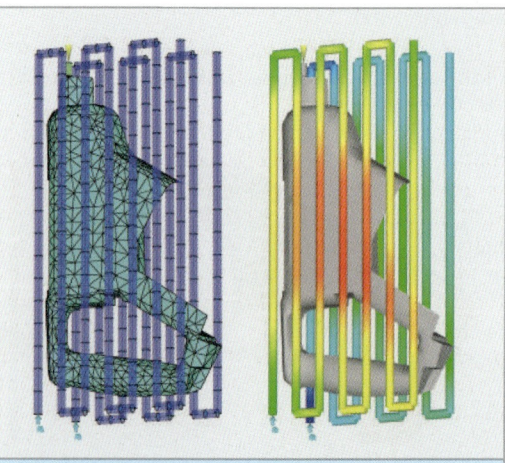

Bild 3: Kühlkanäle und Kühlmitteltemperatur

3.2 Bauteile aus Keramik

3.2.1 Einführung und geschichtliche Entwicklung

Keramische[1] Werkstoffe sind nichtmetallisch-anorganischer Natur. Wegen der dominierenden Ionen- und Atombindung weisen sie neben den für zahlreiche Anwendungsfälle vorteilhaften auch einige nachteilige Gebrauchseigenschaften auf **(Bild 1)**. Der gravierendste Nachteil ist sicherlich die im Vergleich zu den meisten Metallen und Polymeren geringe Zähigkeit. Sie resultiert aus dem nicht vorhandenen Vermögen der keramischen Werkstoffe, lokale Spannungsspitzen durch plastische Verformung abzubauen. Das hat auch zur Folge, dass bei der Formgebung keramischer Bauteile die urformenden Formgebungsverfahren im Vordergrund stehen.

Die Nutzung der vorteilhaften Eigenschaften und das Umgehen lernen mit den kritischen Eigenschaften der Keramiken bildet sich in der Geschichte der Entwicklung keramischer Werkstoffe ab.

Bis zum Beginn des 20. Jahrhunderts war dem Werkstoffanwender der Einblick in den Zusammenhang zwischen den Werkstoffeigenschaften und dem sie verursachenden strukturellen Aufbau der Werkstoffe noch nicht zugänglich. Dennoch hatte er bereits seit der Frühgeschichte der Menschheit mit zufälligen Erfahrungen sowie mehr oder weniger systematischem Probieren erhebliche Erfolge bei seiner ersten bewussten Werkstoffherstellung. Dies belegen Funde figürlicher Keramiken **(Bild 2)** und Gefäße **(Bild 3)**, die – bereits ab 13 000 v. Chr. – aus bildsamen keramischen Massen geformt und durch den Brand verfestigt wurden.

Mit dem Sesshaftwerden der Menschen – in Mesopotamien und Indien ca. 2000 v. Chr. – sind auch die ersten Ziegelsteine gebrannt worden. Aber nicht nur die hohe *Steifigkeit, Festigkeit* und *Härte* der Keramiken machte man sich früh zunutze, sondern auch deren hohe Warmfestigkeit. So kam es bereits im 16. Jahrhundert zur Entwicklung synthetischer Feuerfestwerkstoffe, was das großtechnische Erschmelzen von Metallen und Glas sowie das Herstellen von Koks, Zement und Keramik ermöglichte. Die hohe Korrosionsbeständigkeit von *Steinzeug* und *Porzellan* gegenüber vielen Medien war eine wichtige Voraussetzung für die euphorische Entwicklung der chemischen Industrie. Im 19. Jahrhundert wurden die grundlegenden Lösungen für die elektrische Isolation auf der Basis von Porzellan geschaffen (Bild 3).

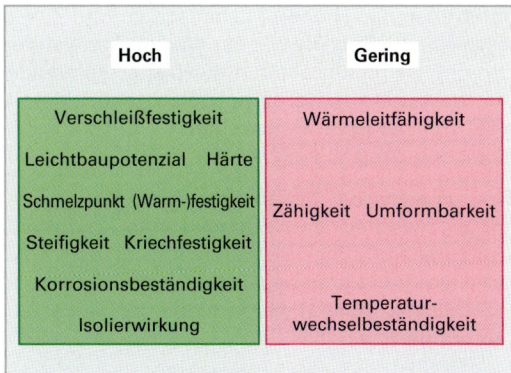

Bild 1: Eigenschaften der Keramiken

Bild 2: Tonfigur aus der Jungsteinzeit, um 10 000 v. Chr. (Mesopotamien)

Bild 3: Attische Keramikschale, um 500 v. Chr.

---

[1] Keramik, abgeleitet von griech. Keramikos dem Namen eines historischen Töpferviertels bei Athen

Im Streben nach höherer Lebensdauer und Zuverlässigkeit der Bauteile war der Werkstoffanwender bemüht, die Eigenschaften der bisher verwendeten Werkstoffe zu verbessern bzw. neue Materialien mit besseren Eigenschaften auf möglichst einfachem Weg zu erschließen.

Eine analytische Betrachtung des Zusammenhangs zwischen den Eigenschaften und dem strukturellen Aufbau der Werkstoffe und damit die gezielte Entwicklung neuer Werkstoffe und neuer Technologien (**Bild 1**) wurde erst im Laufe des 20. Jahrhunderts möglich.

Bereits frühzeitig erkannte man dabei die vorallem bei den keramischen Werkstoffen äußerst enge *Verflechtung* zwischen *Bauteileigenschaften, Gefüge, konstruktiver Gestaltung und Fertigungsverfahren* (**Bild 2**).

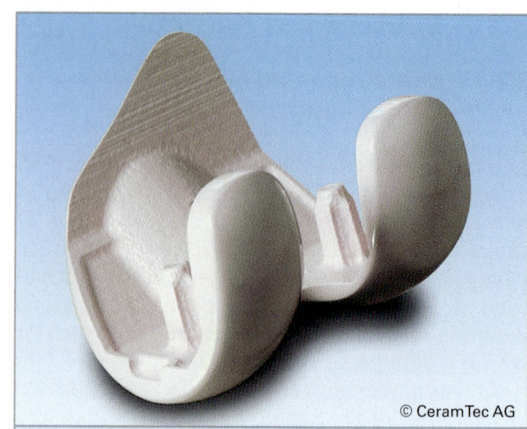

Bild 1: Teil eines künstlichen Kniegelenks aus Keramik

> Keramische Werkstoffe zeigen neben einer hohen Steifigkeit, Festigkeit, Härte und Verschleißfestigkeit eine geringe Zähigkeit und Umformbarkeit.

Das jetzt vorliegende Wissen ermöglichte erstmals das „Maßschneidern" moderner keramischer Werkstoffe:

- Bestanden die ersten keramischen „High-Tech"-Strukturwerkstoffe aus Aluminiumoxid – einem wegen seiner Biokompatibilität für die Medizin bis heute interessanten Werkstoff (Knieimplantat in **Bild 1**) – und später aus Zirkonoxid, so wurden um 1970 die hervorragenden (Hochtemperatur-)Eigenschaften der über Atombindung gebundenen Werkstoffe auf Siliziumbasis (Siliziumkarbid, Siliziumnitrid und SIALONe) erkannt und genutzt.

- Mit der Entwicklung von Quarzporzellan wurde auch beim elektrisch isolierenden Porzellan eine deutliche Steigerung der Festigkeit erreicht, die zwischen 1960 und 1970 mit der systematischen Entwicklung von Tonerdeporzellan nochmals eine Verbesserung erfuhr und eine erhebliche Gewichtsreduzierung bei Großisolatoren möglich machte; keramische Isolationswerkstoffe, die sich auch in Hochfrequenzfeldern nicht erwärmen, führten zu den heute noch verwendeten Werkstoffen *Steatit* und *Forsterit*. Ein weiterer wichtiger Meilenstein war die Einführung des Zündkerzenisolators aus *Sinterkorund* sowie mit der Entwicklung der Mikroelektronik die Entwicklung von Aluminiumoxidwerkstoffen als Trägermaterialien für Substrate und für Gehäuse.

- Zwischen 1940 und 1950 begann die Erforschung der oxidischen *Magnetwerkstoffe* (Hart-/Weichferrite), der Kondensatorwerkstoffe auf *Titanoxid-Basis* und die Untersuchungen über die ferroelektrischen sowie piezoelektrischen Eigenschaften der *Perowskite* ($BaTiO_3$). Der vorerst letzte große Schritt wurde 1986 mit der Entwicklung der *Hochtemperatur-Supraleiter* auf Basis des YBaCuO mit Sprungtemperaturen oberhalb 90 K getan.

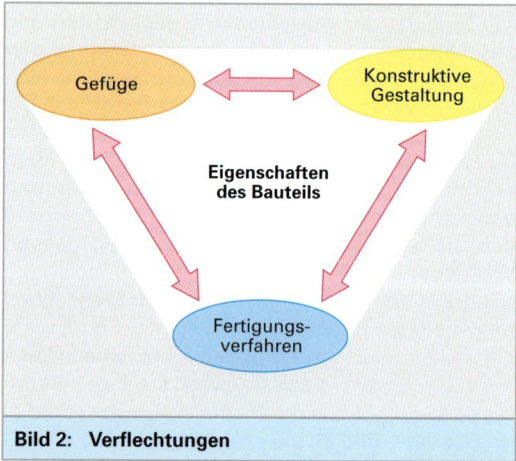

Bild 2: Verflechtungen

Bild 3: Arbeiten in einer Tongrube (7. Jahrh. v. Chr.)

3.2 Bauteile aus Keramik

Verarbeitungstechnische und historische Gründe führten zu einer Unterteilung der keramischen Werkstoffe in Silikatkeramiken und Nichtsilikatkeramiken **(Bild 1)**.

Dabei stellen die Silikatkeramiken wegen der nahezu unbegrenzten Verfügbarkeit, der kostengünstig aus natürlichen Lagerstätten zu gewinnenden Komponenten, der vergleichsweise niedrigen Verarbeitungstemperatur und der guten Prozessbeherrschung die älteste und nach wie vor dominierende Gruppe der Keramiken dar.

3.2.2 Bauteile aus Silikatkeramik

Silikatkeramik unterteilt man in Grobkeramik und in Feinkeramik **(Bild 2)**. Die Fertigung erfolgt in den Schritten:

- Exploration der Rohstoffe: Tonmineral, Quarz, Feldspat;
- Reinigen, Mahlen, Sieben;
- Aufbereiten der Formmasse;
- Formgebung, Trocknen;
- Sintern und ggf. Nachbearbeiten.

3.2.2.1 Rohstoffe

Der für die Silikatkeramiken wichtigste und auch mengenmäßig vorherrschende Rohstoff ist eine durch Wasser plastifizierbare Tonsubstanz. Mengenmäßig nachgeordnet sind die nichtplastifizierbaren Zusätze Quarz und Feldspat **(Bild 3)**.

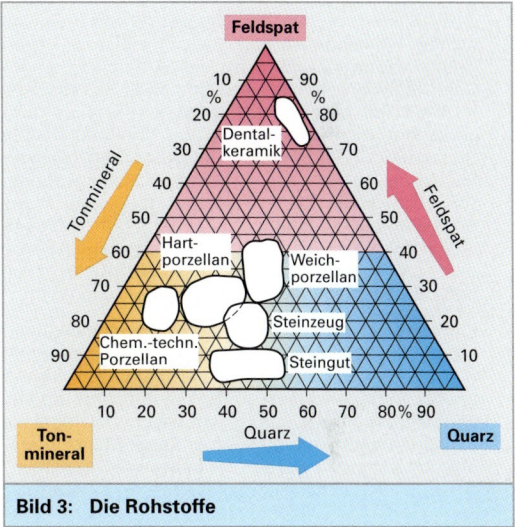

Bild 2: Wichtige silikatkeramische Formmassen

Bild 3: Die Rohstoffe

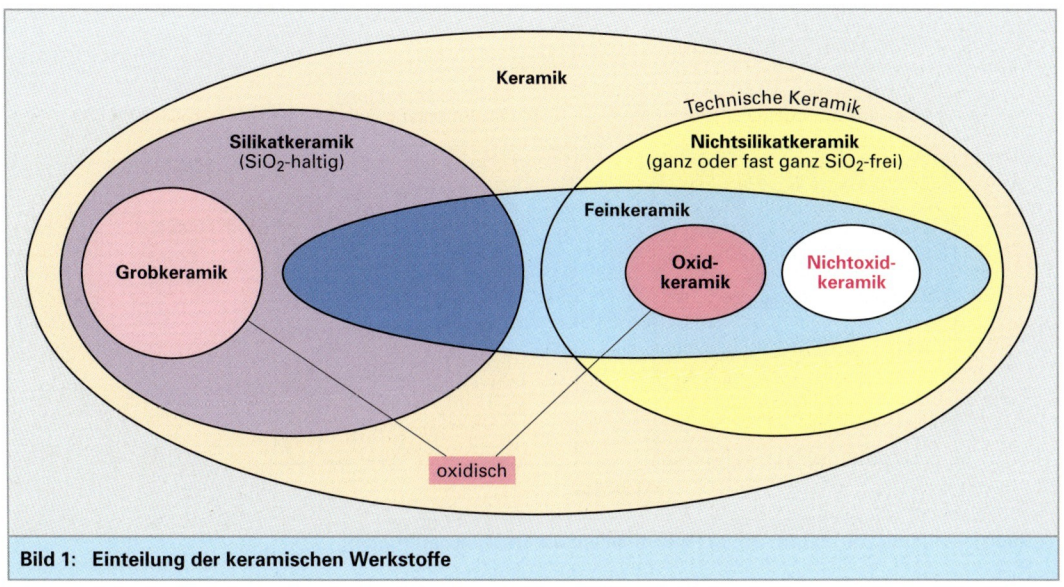

Bild 1: Einteilung der keramischen Werkstoffe

Die Rohstoffe

Granit oder Gneis sind Gemenge aus im Wesentlichen *Feldspat* (Alumosilikat [Al_2O_3-SiO_2] mit einem oder mehreren der Oxide K_2O, Na_2O, CaO), daneben aber auch Quarz (SiO_2) und auch als Pottasche bezeichnetem Glimmer (K_2CO_3). Ein langzeitiger Angriff von Wasser und Kohlensäure lässt den enthaltenen Feldspat verwittern, wodurch Tonsubstanzen entstehen:

- Die Verwitterung von Kalifeldspat ($K_2O \cdot Al_2O_3 \cdot 6\,SiO_2$) liefert neben Quarz und Glimmer das Tonmineral Kaolinit ($Al_2O_3 \cdot 2\,SiO_2 \cdot 2\,H_2O$), das plättchenförmig auftritt und bei dem zwischen den Plättchen Wasser eingelagert ist:

  $K_2O \cdot Al_2O_3 \cdot 6\,SiO_2 + 2\,H_2O + CO_2 \rightarrow Al_2O_2 \cdot 2\,SiO_2 \cdot 2\,H_2O + 4\,SiO_2 + K_2CO_3$

  Das Gemenge aus Kaolinit, Quarz und Glimmer – an seinem Entstehungsort als Kaolin bezeichnet – wird durch Wasser von dort forttransportiert und an anderer Stelle durch Sedimentation abgesetzt und erst jetzt als **Ton** bezeichnet. Infolge der Transportprozesse sind die Abmessungen der Kaolinitplättchen im Ton (0,5 μm Durchmesser; 0,05 μm Dicke) geringer als bei denen der Kaoline. Während Kaoline zudem nur noch unverwitterte Feldspatreste sowie Quarz und Glimmer in lagerstättenabhängigen Gehalten enthalten, nehmen sie beim Transport häufig Eisenoxide und andere Verunreinigungen auf, die dem Ton beim Brennen charakteristische Färbungen geben.

- Ein anderes, aber seltener vorkommendes Verwitterungsprodukt des Feldspats ist das Tonmineral Montmorillonit, bei dem zwischen den Montmorillonitteilchen gleichfalls Wasser eingelagert ist. Die Größe der Montmorillonitteilchen ist mit weniger als 0,01 μm noch kleiner als die der Tone. Montmorillonitische Rohstoffe werden als **Bentonite** bezeichnet.

Die in der Natur vorkommenden Tonminerale weichen in ihrer chemischen Zusammensetzung mehr oder weniger von der idealen chemischen Zusammensetzung in sofern ab, als einige Si^{4+}-Kationen durch eine gleiche Zahl von Al^{3+}-Kationen ersetzt sind.

Die Ladungsdifferenz wirkt an der Oberfläche der Tonmineralteilchen nach außen und führt dazu, dass sie zusammenkleben. Sind zwischen den Tonmineralteilchen jedoch Wassermoleküle mit ihrem Dipolcharakter eingelagert, so sättigen diese die Ladungen ab und geben den Ton bzw. Bentonit enthaltenden silikatkeramischen Formmassen eine plastische Formbarkeit, die um so größer ist, je kleiner die Teilchen der jeweiligen Tonsubstanz sind. Bentonite können Formmassen daher schon bei vergleichsweise geringen Bentonitanteilen eine für viele Verarbeitungswege ausreichende Plastizität verleihen.

- Die Einlagerung von Wasser zwischen den Teilchen der Tonsubstanz ist aber nicht nur mit einer plastischen Formbarkeit, sondern auch mit einer Quellung der Tonsubstanz verbunden, die beim wasseraustreibenden Trocknungsschritt zu einer entsprechenden Schrumpfung führt **(Bild 1)**. Um dies zu reduzieren, werden der silikatkeramischen Masse als nichtplastifizierbarer Füllstoff **Quarz** in der Form von Sand zugesetzt.

- Als dritter Rohstoff kommt **Feldspat** zum Einsatz, wegen der nachgenannten Eigenschaften meistens K-Na-Feldspat. Er ist gleichfalls nicht plastifizierbar und übt daher eine Stützfunktion aus **(Bild 1)**. Er zersetzt sich oberhalb 1150 °C zu einer die übrigen Rohstoffe in gewissem Umfang lösenden Schmelze und der erst bei wesentlich höherer Temperatur schmelzenden festen Phase Leucit. Man spricht auch von einem inkongruenten Schmelzen. Über die Temperatur kann der Schmelzanteil und damit die Viskosität des teilflüssigen Feldspats eingestellt werden. Der bei Sintertemperatur teilflüssige Feldspat (daneben aber auch Kalk, Talk, Glimmer und Speckstein [Mg-Silikat]) ermöglicht ein den Verdichtungsprozess intensivierendes Flüssigphasensintern.

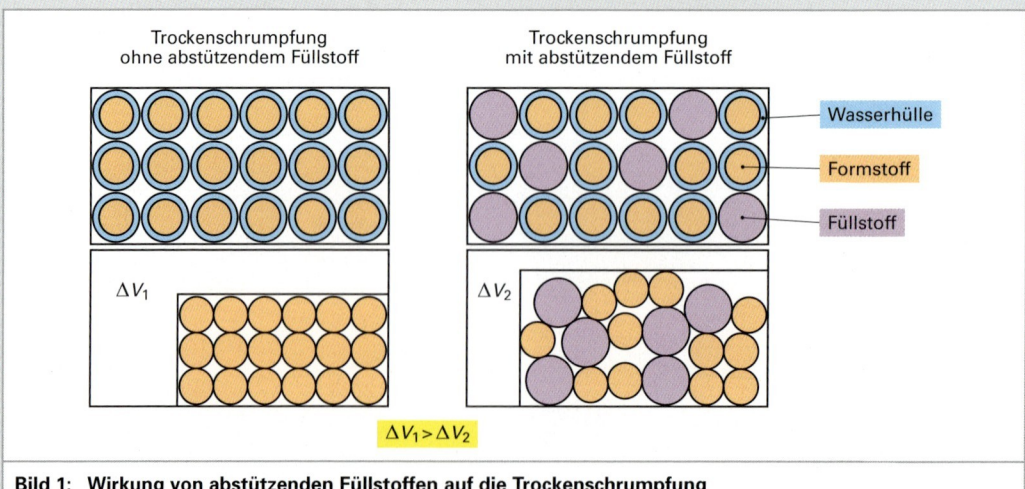

Bild 1: Wirkung von abstützenden Füllstoffen auf die Trockenschrumpfung

3.2 Bauteile aus Keramik

3.2.2.2 Aufbereitung

Bevor die Rohstoffgemische zum *Grünkörper* oder *Grünling* genannten Formkörper verdichtet werden können, ist eine Aufbereitung erforderlich. Um dem Grünkörper beim sich anschließenden Sintern eine hohe *Sinteraktivität* und dem dann entstehenden Sinterteil eine hohe Festigkeit zu verleihen, sollte die Korngröße bereits beim Grünkörper möglichst gering sein.

Da die Reinheit und die Korngröße der silikatkeramischen Rohstoffe aber i. A. nicht in der gewünschten Größenordnung liegen, werden die Rohstoffe aufbereitet für grobkeramische Formmassen (sie zeigen noch mit dem bloßen Auge erkennbare Bestandteile) durch **Reinigen** und **Mahlen** und für feinkeramische Formmassen (sie zeigen keine mit bloßem Auge erkennbaren Bestandteile mehr) durch Reinigen, Mahlen und **Sieben (Bild 1)**.

Die durch Wassereinlagerung einstellbare Plastifizierbarkeit der Tonminerale macht man sich wegen deren vorherrschendem Auftreten in den silikatkeramischen Formmassen auch bei der sich anschließenden Urformgebung zunutze: Während ein Gesamtwassergehalt von 5 bis 15 Vol.-% nur eine *krümelige Formmasse* zur Folge hat, führt ein Gesamtwassergehalt von 15 bis 25 Vol.-% bereits zu einer *pastenartigen Formmasse* und ein Gesamtwassergehalt von 25 bis 40 Vol.-% zu einer *breiigen Suspension*,[1] auch Schlicker genannt (**Bild 2**).

Nach **Einstellung des Gesamtwassergehaltes** werden die Rohstoffe zum Abschluss der Aufbereitung im richtigen Mengenverhältnis gemischt und in ihrer Verteilung homogenisiert.

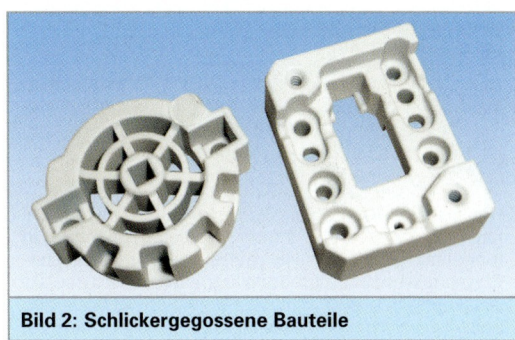

Bild 1: Aufbereitung silikatkeramischer Rohstoffe

Bild 2: Schlickergegossene Bauteile

[1] lat. suspendere = in der Schwebe lassen, aufhängen, hier: Aufschwemmung feinstverteilter fester Stoffe in Wasser

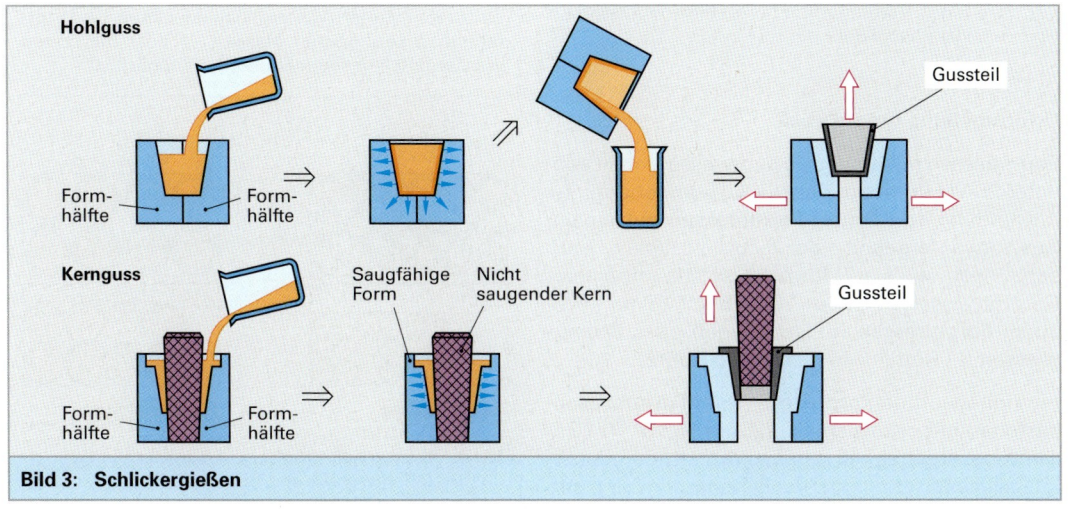

Bild 3: Schlickergießen

3.2.2.3 Formgebung

Ziel ist das Urformen von Grünkörpern. Um eine ausreichende Grünfestigkeit zu erzielen und auf dem Weg zum Sinterteil die Sinterzeit und Sinterschrumpfung zu reduzieren und letzteres, über das gesamte Bauteilvolumen gesehen, gleichmäßig ausfallen zu lassen, sollten die Porengröße im Grünkörper möglichst gering und die Poren möglichst gleichmäßig über das gesamte Grünkörpervolumen verteilt sein. Gleiches gilt im Hinblick auf eine möglichst hohe Festigkeit und Bruchzähigkeit des späteren Sinterteils.

Urformgebung durch Gießen

Das Gießen silikatkeramischer Formmassen setzt eine gießgünstig geringe Viskosität der aufbereiteten Formmasse voraus, was mit Schlickern und Gesamtwassergehalten über 25 Vol.-% gegeben ist **(Schlickergießen; Bild 3, vorhergehende Seite)**.

> Der Schlicker wird zur Reduzierung von Lufteinschlüssen langsam und ohne zu große Turbulenzen in eine poröse, wassersaugende Form gegossen; bei komplizierteren Bauteilen ist die Form u. U. mehrteilig und mit Kernen versehen.
>
> Durch den einsetzenden Wasserentzug bildet sich an der Formwand schnell eine festere Schale. Der mit dem Festwerden des Schlickers durch Wasserentzug einhergehende Volumenschwund muss durch Nachfließen des Schlicker ausgeglichen werden.
>
> Um das Schrumpfmaß niedrig und die Zeit für das nachher erforderliche Trocknen kurz zu halten, sind möglichst geringe Wassergehalte in der Schlickermasse erwünscht. Um auch bei einem Gesamtwassergehalt von nur 25 Vol.-% einen leicht gießfähigen Schlicker zu erhalten, muss das vorzeitige Zusammenkleben der Tonmineralteilchen verhindert werden.
>
> Den vergleichsweise geringen Wassergehalt können Zusätze einer Natriumverbindung, Elektrolytzusätze genannt, kompensieren.

Urformgebung unter Druck

Formmassen mit einem Gesamtwassergehalt von unter 25 Vol.-% benötigen zur Urformgebung die Anwendung von Druck: Formmassen mit einem Gesamtwassergehalt von 25 bis 20 Vol.-% sind dabei noch von Hand formbar, solche mit einem Gesamtwassergehalt von 20 bis 5 Vol.-% nur noch durch **Formpressen** (→ Dachziegel) oder **Strangpressen** (→ Profile wie Ziegel und Rohre).

Für höherwertige Produkte werden Formmassen pastenartiger Konsistenz (25 bis 15 Vol.-% Gesamtwassergehalt) in einem Vorextruder durch intensives Mischen nochmals homogenisiert, zur Vermeidung von Lufteinschlüssen entgast und schließlich vom Hauptextruder **extrudiert**.

3.2.2.4 Zwischenbearbeitung

Vor dem bei hohen Temperaturen stattfindenden Sintern muss dem Grünkörper das die Plastifizierung bewirkende Wasser durch **Trocknen** so weit als möglich entzogen werden. Andernfalls käme es beim Brennen in Kavitäten des Formteils zur Wasserdampfbildung, die bei hohen Dampfdrücken eine Rissbildung zur Folge haben kann.

Mit dem Wasserentzug ist so lange eine *Volumenschrumpfung* (20 Vol.-% und mehr) und – bei ungleichmäßiger Schrumpfung – ein Verzug verbunden, bis sich die Tonmineralteilchen untereinander berühren und dadurch gegenseitig abstützen. Werden zwischen die Tonmineralteilchen aber bereits bei der Aufbereitung nichtplastifizierbare Bestandteile wie Quarz und Feldspat eingebracht, so kann es bereits nach geringer Schrumpfung zur Abstützung kommen. Ein weiterer Wasserentzug führt dann nicht mehr zu einer Schrumpfung, sondern zur *Porenbildung* (bis zu 25 bis 50 Vol.-%).

Neben nichtplastifizierbaren Bestandteilen nimmt auch die Größe der Tonmineralteilchen Einfluss auf den Schrumpfungsumfang: Je feinkörniger die Tonmineralteilchen sind, desto größer ist ihre wasserbindende Oberfläche und desto dichter rücken die Tonmineralteilchen beim Trocknen zusammen.

Beides zusammen hat mit abnehmender Teilchengröße eine größere Volumenschrumpfung, dafür aber ein kleineres Porenvolumen im getrockneten Zustand zur Folge **(Bild 1)**.

> Ein zunehmender Wassergehalt erleichtert die Urformgebung keramischer Massen, so dass bei hohen Wassergehalten sogar ein Gießen möglich ist.

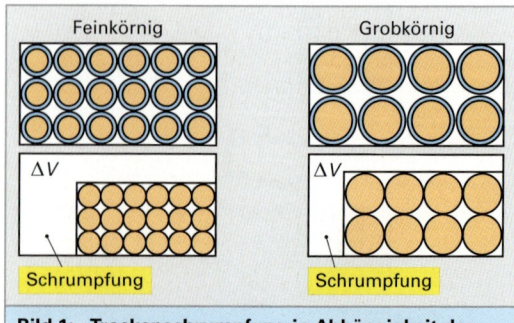

Bild 1: Trockenschrumpfung in Abhängigkeit der Teilchengröße der Tonminerale

3.2 Bauteile aus Keramik

3.2.2.5 Sintern

Durch das *Sintern* – es wird wegen der dabei zum Einsatz kommenden hohen Temperaturen auch als *Brennen* bezeichnet – soll der Grünkörper seine *Porosität* wenn möglich ganz verlieren (Ziel ist 100 % TD [TD = Theoretische Dichte]) und dadurch Festigkeit gewinnen. Die Reduzierung der Porosität wird dabei von einer weiteren *Schrumpfung* des Bauteils begleitet. Der Hochtemperaturprozess des Sinterns muss dabei so geführt werden, dass es nicht zu einer festigkeitsreduzierenden Kornvergröberung kommt. Die elektronische Temperaturregelung der Sinteröfen **(Bild 1)** ermöglicht das genaue Einhalten von Temperaturprofilen.

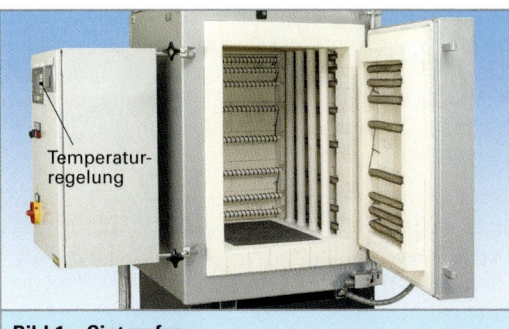

Bild 1: Sinterofen

> Beim Sintern kommt es im Grünkörper zu Atomumlagerungen durch Diffusion. Dadurch wird die Porosität zunehmend geringer und nähert sich Dichte dem theoretischen Wert von 100 % an.

Werkstoffkundliche Aspekte

Treibende Kraft des Sinterprozesses ist die Reduzierung des hohen Anteils an freier Oberfläche. Dieser treibenden Kraft kann der Grünkörper bei thermischer Anregung über Diffusionsprozesse, Verdampfungsprozesse und Kondensationsprozesse sowie Nachschieben der Partikel – im einfachsten Fall durch das Eigengewicht – folgen: Die an der Oberfläche und im Innern der Pulverpartikel bei allen Temperaturen ablaufende Oberflächen- und Volumendiffusion **(Bild 2)** wird mit zunehmender Temperatur intensiver.

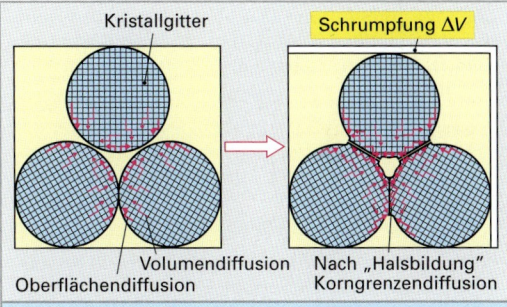

Bild 2: Diffusionswege beim Festphasensintern

Dies führt mit Erreichen der Sintertemperatur T_{Sinter} ($\approx (0{,}70 - 0{,}95) \cdot T_m$ [T_m = Schmelzpunkt der Pulverkörner, gerechnet in Kelvin]) zu gravierenden Veränderungen im Gefüge. Zunächst bilden die Pulverkörner an ihren Kontaktstellen *Materialbrücken* aus („Halsbildung"; **Bild 2** und **Bild 3**).

Das Wachsen dieser Materialbrücken führt dazu, dass das zwischen den Körnern befindliche Hohlraumnetzwerk zunehmend eine Abschnür- und Verrundungstendenz zeigt, wobei die Verdichtung und die damit einhergehende Schrumpfung allerdings noch gering sind.

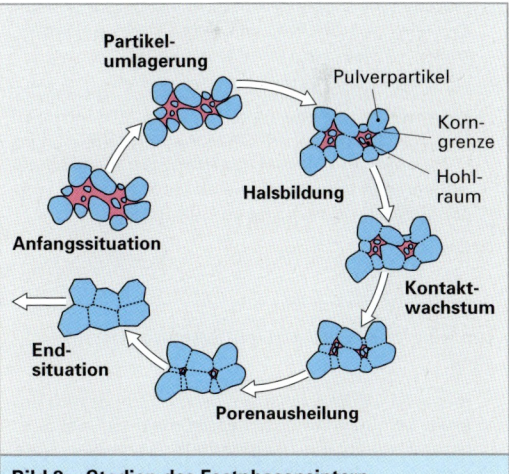

Bild 3: Stadien des Festphasensintern

Ist das Hohlraumnetzwerk gänzlich in Poren zerteilt, die in sich abgeschlossen und verrundet sind **(Bild 3)**, so kommt es abschließend vor allem über *Korngrenzendiffusion*, daneben aber auch über *Volumendiffusion*, zur Poreneliminierung, womit eine hohe Verdichtung und Schrumpfung des Körpers einhergeht.

Wegen der beherrschenden Rolle der Korngrenzendiffusion kommt dabei der *Korngrenzenhäufigkeit*, der *Korngröße* also, eine entscheidende Bedeutung zu.

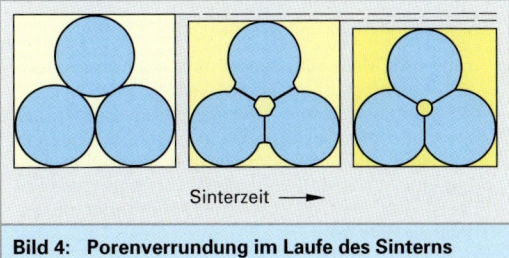

Bild 4: Porenverrundung im Laufe des Sinterns

Mit gegen Null gehendem Porenvolumen verringert sich die Sintergeschwindigkeit beträchtlich. Die Verdichtungsgeschwindigkeit gehorcht damit der in **Bild 1** dargestellten Zeitabhängigkeit, wobei diese Zeitabhängigkeit auch von der Grünkörperverdichtung abhängt.

> Höher verdichtete Grünkörper sintern schneller als weniger verdichtete.

Der Sinterprozess kann allerdings auch vor Erreichen der theoretischen Dichte zum Stillstand kommen (**Bild 1**), wofür die folgenden Gründe verantwortlich sein können:

- Ist in den Poren Gas eingeschlossen, das von der Matrix nicht gelöst werden kann, so stoppt der Sintervorgang, sobald die Poren abgeschlossen sind und ein Entweichen des Gases nicht mehr möglich ist. Hier hilft ein Sintern unter Vakuum.
- Die mit dem Sintern verbundene Hochtemperaturanwendung birgt grundsätzlich die Gefahr einer Kornvergröberung, die Folge einer Korngrenzenwanderung ist. Um durch den Sinterprozess innerhalb vertretbarer Zeiträume möglichst nahe an die theoretische Dichte herankommen zu können, darf die Kornvergröberung aber erst dann einsetzen, wenn die Porenvernichtung abgeschlossen ist.

Setzt die Kornvergröberung vor Abschluss der Poreneliminierung ein, lösen sich die Korngrenzen also von den Poren, so liegen die Poren danach im Korninnern und können nur noch über die sehr viel langsamere Volumendiffusion dichtgespeist werden (**Bild 2**), was sehr lange Glühzeiten benötigt.

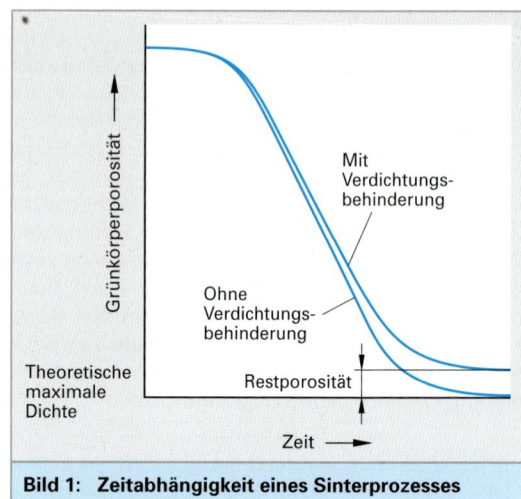

Bild 1: Zeitabhängigkeit eines Sinterprozesses

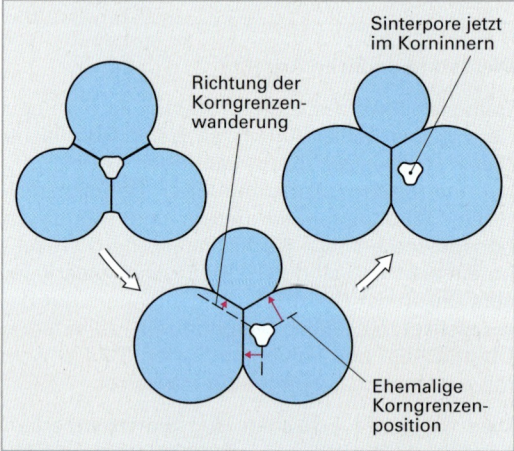

Bild 2: Kornvergröberung vor dem Dichtsintern

Um eine möglichst geringe Restporosität zu erreichen,

- muss das Kornwachstum durch Temperaturkontrolle verhindert werden. Es ist maximal die Temperatur erlaubt, bei der innerhalb der notwendigen Sinterdauer gerade noch kein Kornwachstum einsetzt.
- muss die Korngrenzenwanderung durch korngrenzenverankernde Partikel verhindert werden.
- muss der Materialtransport über die Korngrenzen von Anfang an beschleunigt werden. Erheblich beschleunigend wirken Additive, die im Grünkörper zwischen den Pulverpartikeln im festen Zustand vorliegen, bei Sintertemperatur aufschmelzen [die eigentlichen Sinterpulverpartikel sind nach wie vor fest!] und über die gesamte Sinterdauer flüssig bleiben (**Bild 3**).

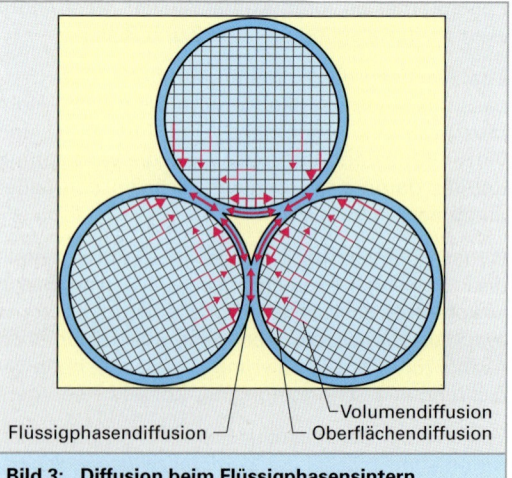

Bild 3: Diffusion beim Flüssigphasensintern

Durch das Auftreten der *flüssigen Phase* treten die Mechanismen des *Festphasensinterns* in den Hintergrund und wird der Sinterprozess durch das kapillare[1] Eindringen der flüssigen Phase in die inneren Hohlräume, viskose Teilchenumlagerungen sowie Löse- und Wiederausscheidungsvorgänge an der Flüssig/Fest-Grenzfläche wesentlich erleichtert.

Dies bietet den Vorteil, dass die Sinterprozesse im Vergleich zum Festphasensintern schon bei niedrigeren Temperaturen mit höherer Geschwindigkeit und Effektivität ablaufen (geringere Restporosität, besonders wenn der Anteil der flüssigen Phase groß ist und die Pulverpartikel sehr feinkörnig sind). Mit zunehmendem Flüssigphasenanteil besteht allerdings die Gefahr eines zunehmenden Verlustes der Geometrietreue bis hin zum breiigen Auseinanderlaufen des Formkörpers.

Das Flüssigphasensintern muss daher in einem engen Sintertemperaturintervall erfolgen. Verfahrenstechnisch günstig ist es, wenn bereits bei minimalem Flüssigphasenanteil eine maximale Benetzung der Sinterpulverpartikel durch die Flüssigphase gegeben ist. Die flüssigen Korngrenzenfilme erstarren zudem bei Abkühlung von Sinter- auf Raumtemperatur vielfach amorph (= glasig), was die Gebrauchseigenschaften der Werkstoffe beeinträchtigt.

Sintern von Silikatkeramiken

Auch das Sintern von Silikatkeramiken erfolgt bei erhöhter (= additiver) Zugabe von Feldspat als Flüssigphasensintern. Die sich dadurch bei langsamer Erwärmung (wegen der sich sonst gefährlich entwickelnden thermischen Spannungen) bis dicht unter 1400 °C abspielenden Reaktionen verdeutlicht **Bild 1**:

Ab etwa 600 °C beginnen die Tonminerale Wasser abzuspalten, das durch die noch vorhandenen Hohlräume ohne Schädigung des Formteils entweichen kann. Durch Reaktion des Rohstoffs Feldspat mit den anderen Rohstoffen kommt es bereits ab etwa 925 °C und nicht erst bei 1150 °C zur Bildung erster Flüssigphasenanteile. Oberhalb von 1000 °C entsteht aus den Tonmineralen und durch Reaktion der Tonminerale mit dem geschmolzenen Feldspat die Phase Mullit. Ab etwa 1200 °C löst sich Quarz zu einem Teil in der Schmelze. Die maximal angesteuerte Temperatur liegt i. A. unter 1400 °C.

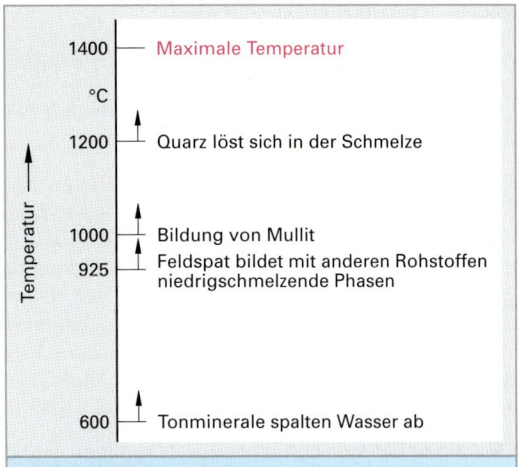

Bild 1: Reaktionen beim Flüssiggassintern von Silikatkeramiken

Beim Sintern entstehen infolge von Diffusionsprozessen zwischen den Pulverpartikeln Materialbrücken unter Reduzierung des Porenvolumens.

Ist das Sintern abgeschlossen, so wird das Sinterteil wegen der sich sonst gefährlich entwickelnden thermischen Spannungen langsam wieder abgekühlt. Beim Unterschreiten der Glastemperatur (sie liegt bei 900 °C bis 800 °C) erstarrt die zunehmend viskoser gewordenen Schmelze amorph. Unterhalb dieser Temperatur besteht das Gefüge des Sinterteils aus den beiden kristallinen Phasen Mullit und nicht aufgeschmolzenem Quarz und einer amorphen Phase auf den Korngrenzen.

Der Volumenanteil, die Zusammensetzung und Ausbildungsform der kristallinen und der amorphen Phase hängen von dem Mengenverhältnis der Rohstoffe sowie Sintertemperatur und -dauer ab.

Das Flüssigphasensintern führt zwar zu einem relativ porenarmen, d. h. dichten Gefüge, dadurch aber auch zu einer vergleichsweise hohen Schwindung.

Alle Maßnahmen, die eine Verringerung der Porosität zum Ziel haben, wie der Einsatz feinkörniger Pulver, die Anhebung der Sintertemperatur und der Zusatz von Feldspat (= Anhebung des Flüssigphasengehaltes) bewirken also gleichzeitig auch eine höhere Sinterschwindung. So ist zum Erreichen einer Enddichte von 90 % bis 95 % *TD* (*TD* = Theoretische Dichte) eine Schwindung von bis zu 35 Vol.-% in Kauf zu nehmen.

---

[1] lat. capillus = zum Haar (gehörend),
kapillar = haarfein, haarfeines Röhrchen mit Saugwirkung

3.2.2.6 Oberflächenmodifikation

Aus der beim Sintern viskos fließenden Korngrenzenmasse ragen Kristalle heraus und tun dies auch nach dem Abkühlen. Rauhe Oberflächen sind die Folge **(Bild 1)**.

Neben Schleifen und Polieren ist ein Glätten der Oberfläche auch durch das Aufbringen einer dünnen und u. U. flüssigkeitsdichten Glasur möglich, die über den Zusatz von Metalloxiden, *Pigmente* genannt, auch ein Einfärben erlaubt. Vor allem verbessert die Glasur aber ganz entscheidend viele wichtige Eigenschaften des keramischen Produktes wie die *mechanischen Eigenschaften*, das *elektrische Verhalten*, die *chemische Beständigkeit*.

Die Glasur wird als Schlicker durch Tauchen, Spritzen oder mit dem Pinsel aufgebracht. Die Festbestandteile des Schlickers ähneln in ihrer Zusammensetzung der feldspatreichen amorphen Phase auf den Korngrenzen der fertig gebrannten Keramik, des „Scherbens". Sie löst diese beim Glasurbrand ein wenig an, was die Haftfestigkeit steigert.

Teilweise wird die Glasur aber auch schon auf ungesinterte Keramik aufgetragen, was den gleichzeitig erfolgenden Sinter- und Glasurbrand ermöglicht.

Zu beachten ist, dass der Wärmeausdehnungskoeffizient der Glasur zur Vermeidung von Zugspannungen in der Glasur auf keinen Fall größer als der der Keramik sein darf. Ist er etwas kleiner, so führt das beim Abkühlen in der Glasur sogar zu *schadenstoleranzanhebenden Druckspannungen*. Soll der Glasurbrand nach dem Sintern erfolgen, so muss er bei etwas tieferen Temperaturen als das Sintern vorgenommen werden, was auch einen niedrigeren Schmelzpunkt der Glasur erfordert. Dies lässt sich über einen höheren Feldspatgehalt einstellen.

3.2.3 Bauteile aus Nichtsilikatkeramik

Soll das spätere Bauteil eng tolerierten und hohen Ansprüchen hinsichtlich (Warm-) Festigkeit und Bruchzähigkeit genügen, wie z. B. bei der Schneidkeramik **(Bild 2)**, so ist bereits bei den Rohstoffen eine weitestgehende Vermeidung von SiO_2 erforderlich. Diese Gruppe der keramischen Werkstoffe trägt die Bezeichnung *Nichtsilikatkeramiken*.

SiO_2 enthaltende Phasen schmelzen während des Sinterns bereits bei relativ niedrigen Temperaturen auf, was zwar die Sintergeschwindigkeit anhebt, die maximal mögliche Einsatztemperatur aber absenkt. Zudem erstarren die aufgeschmolzenen Phasen amorph, was die Festigkeit und Bruchzähigkeit reduziert. Die erforderliche hohe Reinheit können die natürlichen Vorkommen der Rohstoffe wegen der stets vorhandenen Verunreinigungen nicht bieten. Dies ist der Grund, warum einige Rohstoffe trotz ihres natürlichen Vorkommens dennoch synthetisch hergestellt werden. Sucht man nach Rohstoffen, die, zum Bauteil verarbeitet, eine noch höhere Warmfestigkeit zeigen als sie auch natürlich vorkommende nicht-silikatische Rohstoffe aufweisen, so ist man sogar ausschließlich auf Syntheseverfahren angewiesen.

Wie schon bei den Silikatkeramiken erkannt, ist ein wichtiger Rohstoffparameter die *Partikelkorngröße*. Dies ist der Grund, warum bereits die Gewinnung und Aufbereitung der Rohstoffe Schlüsselfunktionen bei der Fertigung von Nichtsilikatkeramiken einnehmen. **Bild 1** zeigt die möglichen Abläufe zur Fertigung nichtsilikatkeramischer Bauteile schematisch.

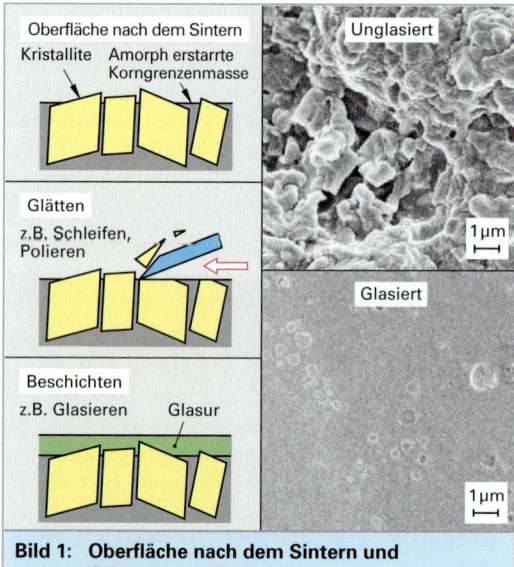

Bild 1: Oberfläche nach dem Sintern und Glättungsmaßnahmen

Bild 2: Schneidkeramik

3.2 Bauteile aus Keramik

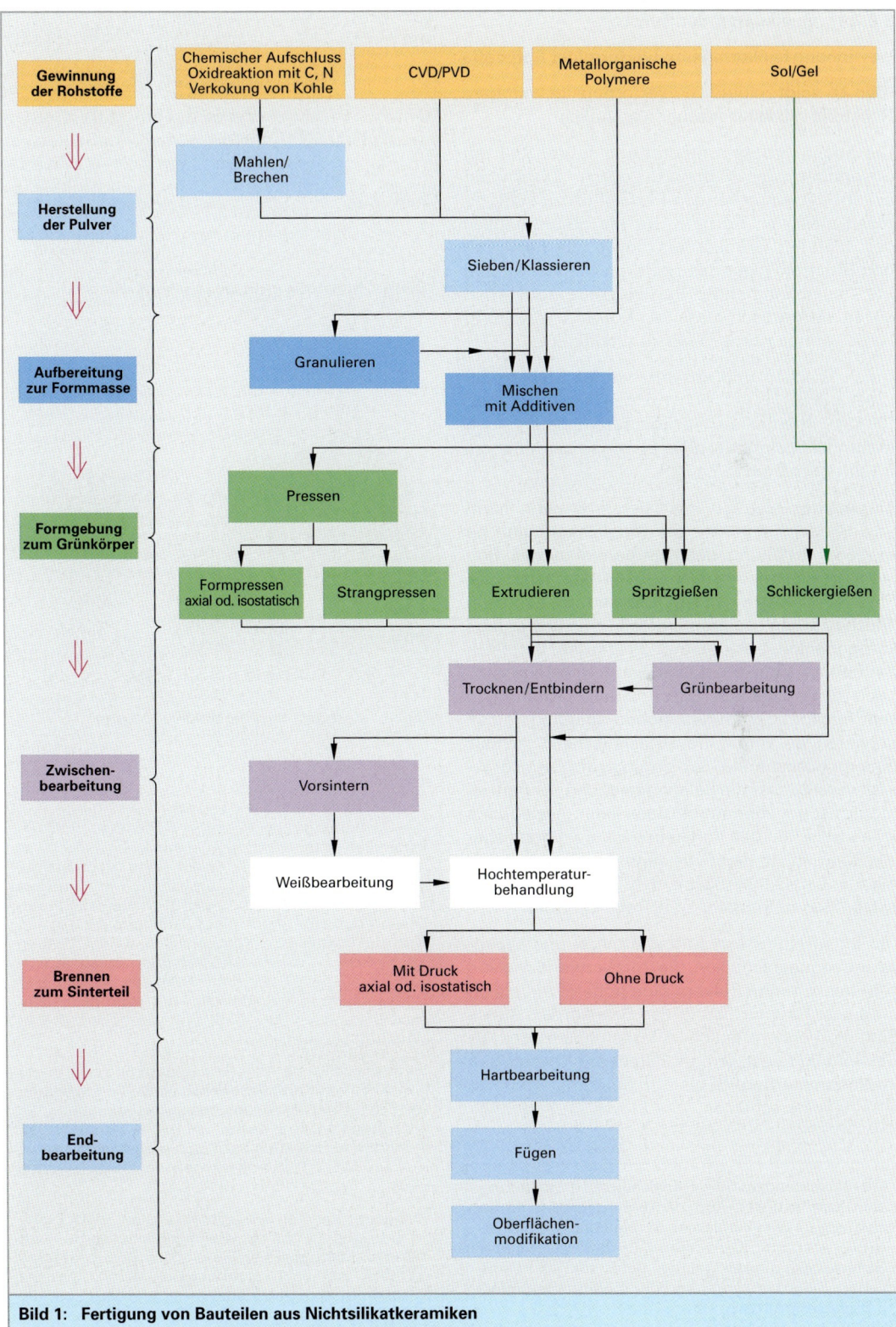

Bild 1: Fertigung von Bauteilen aus Nichtsilikatkeramiken

3.2.3.1 Gewinnung der Rohstoffe

Gewinnung feinkörniger pulverförmiger Rohstoffe

(Bild 1) zeigt einige pulverförmig gewinnbare Rohstoffe nichtsilikatischer Keramiken.

Die hohen Prozesstemperaturen führen bei der Gewinnung der Rohstoffe durch Zusammensintern der entstehenden Partikel oft zu stark porösen massiven Körpern. Da die Sinterfähigkeit des späteren Grünkörpers sowie die Festigkeit und Bruchzähigkeit des späteren Sinterteils aber nur mit abnehmender Partikelgröße zunehmen, gilt es, die porösen massiven Körper bis auf möglichst geringe Korngrößen zu zerkleinern.

Durch Brechen und anschließendes **Mahlen** der Bruchstücke lassen sich Korngrößen von unter 100 µm, in einer als Attritor bezeichneten Hochleistungskugelmühle **(Bild 2)** sogar bis hinab zu 0,1 µm gewinnen.

Ein **Attritor** bietet wegen der intensiven Mahlarbeit zudem nicht nur die Möglichkeit, eine homogene Verteilung der Komponenten von Rohstoffgemischen zu erreichen, sondern setzt auch Phasenreaktionen in Gang. Sie sind mit den beim „Mechanischen Legieren" metallischer Legierungskomponenten ablaufenden Prozessen vergleichbar und ermöglichen die Gewinnung keramischer Legierungen wie z. B. Mischoxiden. Schüttungen sehr feinkörniger Partikel haben allerdings einen gravierenden verarbeitungstechnischen Nachteil: Eine möglichst hohe Verdichtung zum Grünkörper setzt voraus, dass die Relativbewegung der Partikel möglichst ungehemmt erfolgen kann. Anziehungskräfte zwischen den Partikeln beeinträchtigen aber die Fähigkeit zur Relativbewegung, was mit zunehmender Partikeloberfläche, d. h. abnehmender Partikelgröße immer mehr zum Tragen kommt.

Die Entwicklung von Aufbereitungs- und Weiterverarbeitungstechniken, die trotz Verwendung von sehr feinkörnigen Pulvern eine höhere und gleichmäßigere Raumerfüllung des Grünkörpers sowie Sinterkörpers ermöglichen, lassen heute auch die Gewinnung feinstkörniger Pulver mit Korngrößen im Nanometerbereich bis zum Mikrometerbereich als sinnvoll erscheinen.

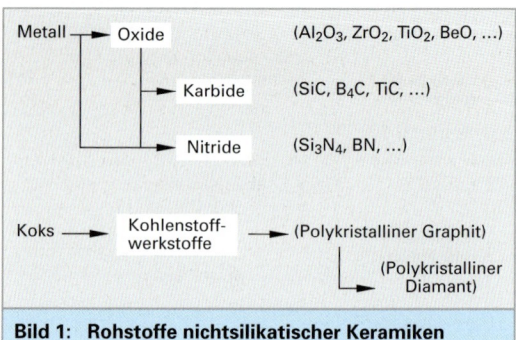

Bild 1: Rohstoffe nichtsilikatischer Keramiken

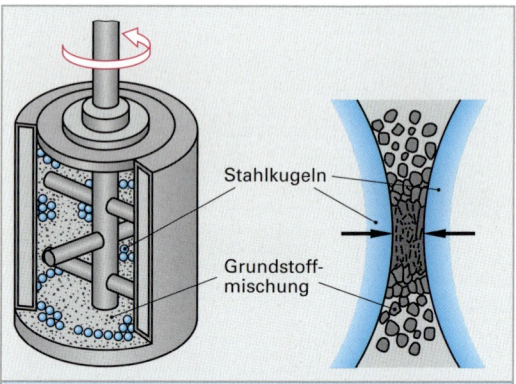

Bild 2: Hochleistungskugelmühle (Attritor)

Die Gewinnung pulverförmiger Rohstoffe von **Oxidkeramiken** beginnt mit dem chemischen Aufschluss von Mineralien, die die metallische Komponente des gewünschten Oxids enthalten. Dazu werden die Minerale durch saure oder basische Laugung in Lösung gebracht. Nach einer Reinigung der Lösung wird die metallische Komponente aus der Lösung als Hydroxid, Carbonat, Oxalat oder Acetat in Pulverform ausgefällt. Zur Entfernung des Wassers und Umwandlung in die oxidische Form wird das Pulver anschließend auf über 1000 °C erwärmt, was als Calcinierung bezeichnet wird.

Voraussetzung für die Gewinnung pulverförmiger Rohstoffe von **Karbidkeramiken** ist die Bereitstellung von Oxiden der jeweiligen metallischen Komponente. Sie werden mit Kohlenstoff bei hohen Temperaturen in inerter Atmosphäre zur Reaktion gebracht, wobei sich der Rohstoff der entsprechenden Karbidkeramik bildet (z. B. $MO_2 + 3\,C \rightarrow MC + 2\,CO$).

(Bei dem – weil vorherrschend kovalent gebunden – mit nur geringer Sinteraktivität versehenen SiC wird dessen Bildung zur Erleichterung des Sinterprozesses oft auch erst beim Sintern durchgeführt, was als Reaktionssintern bezeichnet wird, oder aber über die Pyrolyse siliziumorganischer Kunstharze gewonnen.)

Mit abnehmendem SiO_2-Gehalt sind eine Steigerung der Warmfestigkeit und der Bruchzähigkeit sowie eine engere Bauteiltoleranz verbunden. Optimal ist ein Verzicht auf SiO_2, was mit der Entwicklung von Nichtsilikatkeramiken gelang. Dafür sind allerdings höhere Sintertemperaturen oder modifizierte Sinterprozesse erforderlich.

3.2 Bauteile aus Keramik

Voraussetzung für die Gewinnung pulverförmiger Rohstoffe von **Nitridkeramiken** ist die Bereitstellung der jeweiligen metallischen Komponente oder von Oxiden der jeweiligen metallischen Komponente. Sie werden bei hohen Temperaturen mit Stickstoff, Ammoniak oder einer anderen stickstoffhaltigen gasförmigen Substanz zur Reaktion gebracht, wobei sich der entsprechende Rohstoff der Nitridkeramik bildet.

(Bei dem – weil vorherrschend kovalent gebunden – mit einer nur geringen Sinteraktivität versehenen Si_3N_4 wird dessen Bildung zur Erleichterung des Sinterprozesses oft auch erst beim Sintern durchgeführt, was als Reaktionssintern bezeichnet wird, oder aber über die Pyrolyse siliziumorganischer Kunstharze gewonnen.)

Rohstoff der **Kohlenstoffwerkstoffe** polykristalliner Graphit und des aus ihm herstellbaren polykristallinen Diamanten ist der aus Braunkohle (65 - 75 % Kohlenstoffgehalt), Steinkohle (75 - 90 % Kohlenstoffgehalt) oder Anthrazitkohle (95 % Kohlenstoffgehalt) zu gewinnende und (im Gegensatz beispielsweise zu Ruß) bereits mit hoher struktureller Ordnung versehene Koks (**Bild 1**).

Zur Abspaltung und Austreibung flüchtiger Verbindungen und dadurch Anreicherung des Kohlenstoffgehaltes auf den des Kokses wird die Kohle unter Sauerstoffausschluss bis auf ca. 1200 °C erwärmt („Verkokung").

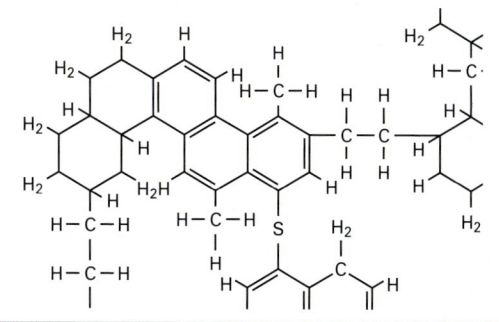

Bild 1: Strukturelle Ordnung von Koks (Ausschnitt)

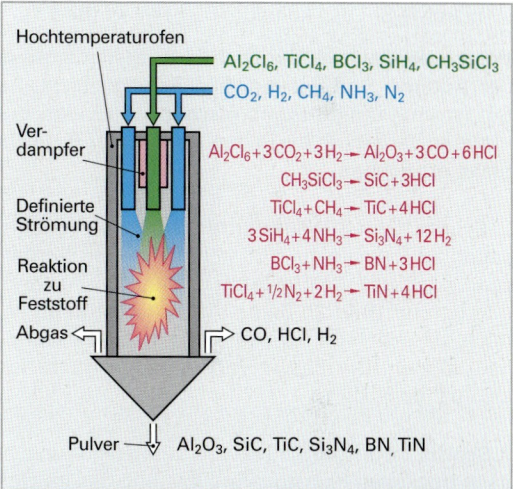

Bild 2: Gewinnung von Feinstpulvern nach dem CVD-Prozess

Gewinnung feinstkörniger pulverförmiger Rohstoffe

Die aus der Dünnschichttechnik bekannten Verfahren des **Chemical-Vapour-Deposition** und **Physical-Vapour-Deposition** bieten die Möglichkeit, oxid-, karbid- oder nitridkeramische Stoffe im Reaktionsraum eines Autoklaven zu bilden (CVD) oder aber auf haftungsunterbindenden Substraten als Schichten abzuscheiden (PVD).

- Beim **CVD-Prozess** bringt man dabei ein flüchtiges Chlorid oder eine metallorganische Verbindung mit Prozessgasen zur Reaktion (**Bild 2**):

- Beim **PVD-Prozess** wird die metallische Komponente verdampft, reagiert mit dem gleichzeitig in den Reaktor eingelassenen entsprechenden Prozessgas spontan und scheidet sich auf einem haftungsunterbindenden Substrat als eine sehr dünne keramische Schicht ab (**Bild 3**).

Durch ein in der Regel mechanisches Ablösen des Schichtmaterials ist ein extrem reines, feinstkörniges (1 nm bis einige 100 nm) und gleichmäßiges Pulver zu gewinnen.

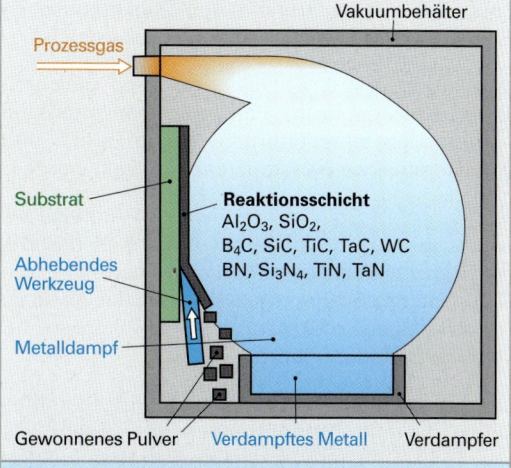

Bild 3: Gewinnung von Feinstpulvern nach dem PVD-Prozess

Die nasschemisch ablaufende **Sol-Gel-Technik** bietet ebenfalls die Möglichkeit, sehr feinkörnige (Nanometer-Bereich) und gleichmäßige oxidkeramische und nach einer Hochtemperaturbehandlung karbidkeramische Pulver und nitridkeramische Pulver herzustellen, was in drei Schritten erfolgt:

1. Schritt. Im ersten Schritt wird ein Oxihydroxid (z. B. Al-Oxihydroxid) sowie, soweit erforderlich, *Additive*, beides mit einer Teilchengröße im Nanometer-Bereich, mit einem hohen Volumenanteil in einer bereits ansatzweise polykondensierenden Lösung (Sol-Zustand) von Methoxisilanen (sie sind Ausgangsstoffe für die Synthese von Polysiloxan [-R_2Si-O-]$_n$) kolloidal dispergiert **(Bild 1)**.

Wegen der Feinheit der Oxihydroxidteilchen und der Additive und deren freien Beweglichkeit im Sol ist eine innige Durchmischung und eine homogene Verteilung bis in den Nanometer-Bereich hinab erreichbar.

2. Schritt. Durch Weiterführung der Polykondensation zu Polysiloxan mit seiner lockeren Vernetzung wird der Sol-Zustand in den Gel-Zustand übergeführt **(Bild 2)**. Seine Viskosität ist dann so hoch, dass sich die Partikel nicht mehr frei bewegen können. Die Partikelverteilung im Raum ist also nahezu fixiert.

3. Schritt. Im dritten Schritt wird, wenn der Wunsch nach trockenen Feinstpulvern besteht, das im Gel eingeschlossene Dispersionsmittel zur Freisetzung der Festbestandteile abgetrennt. Der Dispersionsmittelabtrennung schließt sich noch eine Trocknung und Hochtemperaturbehandlung bei 1500 °C zur Überführung in den oxidkeramischen Zustand an (Al_2O_3 [+SiO_2 aus Gel-Substanz]).

Aus diesen extrem feinkörnigen und gleichmäßigen oxidkeramischen Pulvern können durch eine weitere Hochtemperaturbehandlung karbid- und nitridkeramische Feinstpulver hergestellt werden.

Wurden dem Sol die gewünschten Additive bereits zugesetzt, so kann das Abtrennen des Dispersionsmittels aus dem Gel aber auch schon ein Teilschritt des Schlickergießens sein, das direkt zu feinstkörnigen oxidkeramischen Grünkörpern hoher Raumerfüllung führt.

Die Wandstärke der Grünkörper wird allerdings durch die mit dem Abtrennen des Lösemittels, der Trocknung und Hochtemperaturbehandlung verbundene Schrumpfung mit den sich dadurch ergebenden Eigenspannungen begrenzt.

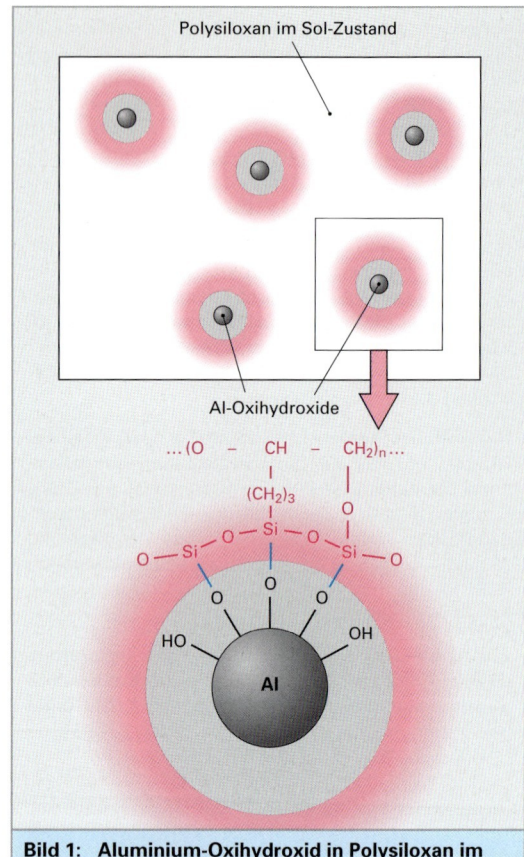

Bild 1: Aluminium-Oxihydroxid in Polysiloxan im Sol-Zustand

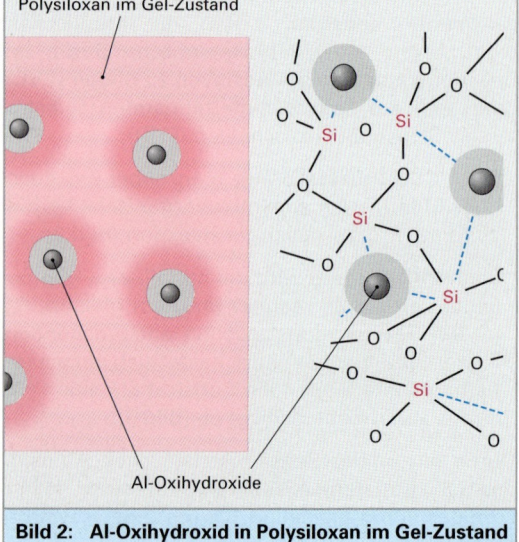

Bild 2: Al-Oxihydroxid in Polysiloxan im Gel-Zustand

Siliziumorganische thermoplastische Kunstharzvorstufen als Rohstoffe

Der Sinterschritt der üblichen Herstellungsroute keramischer Bauteile macht vor allem bei den dominant über Atombindung gebundenen keramischen Rohstoffen SiC und Si_3N_4 sehr hohe Temperaturen erforderlich und hinterlässt wegen der ebenfalls in der vorherrschenden Atombindung begründeten fehlenden Sinteraktivität z. T. dennoch eine Restporosität sowie (vor allem bei dickwandigen Bauteilen) Geometrieabweichungen. In der Regel ist daher ein spanabhebendes Bearbeiten notwendig.

Die thermische Zersetzung von siliziumorganischen Kunstharzen unter Sauerstoffausschluss zu keramischen Substanzen, *Pyrolyse* genannt, bietet die Möglichkeit einer endkonturnahen Formgebung von Bauteilen bereits bei Temperaturen unter 1500 °C **(Bild 1)**.

Zur Herstellung von Grünkörpern aus siliziumorganischen Kunstharzen werden thermoplastisch formbare Kunstharzvorstufen verwendet, die bei der Pyrolyse nicht wie Thermoplaste verdampfen.

Die Polymersynthese eines SiC-Vorläufers (engl.: Precursor) beginnt mit der Synthese eines sehr reinen Chloro-Organosiliziums als Monomer:

$$SiO_2 + C \rightarrow Si + CO_2$$
$$\downarrow$$
$$Si + (CH_3)_xCl \rightarrow (CH_3)_2SiCl_2$$

Durch katalytische Dechlorierung wird Polysilan gebildet, bei dem die $(CH_3)_2Si$-Einheiten unmittelbar miteinander verkettet sind:

$$(CH_3)_2SiCl_2 + 2\,Na \rightarrow [-(CH_3)_2Si-]_n + 2\,NaCl$$

woraus Polycarbosilan gebildet werden kann, bei dem die $(CH_3)_2Si$-Einheiten durch CH_2-Einheiten getrennt sind

$$[-(CH_3)_2Si-CH_2-]_n$$

In analoger Weise lassen sich auch Polysiloxane gewinnen, bei denen die $(CH_3)_2Si$-Einheiten über Sauerstoffatome verbunden sind:

$$[-(CH_3)_2Si-O-]_n$$

Zur Synthese von Siliziumkarbonitriden und heterogenen SiC/Si_3N_4-Werkstoffen lässt sich Polysilazan verwenden, bei dem die $(CH_3)_2Si$-Einheiten durch NH_2-Einheiten getrennt sind:

$$([-(CH_3)_2Si-NH_2-]_n)$$

Heute sind eine Vielzahl von zu Silan sowie Silazan führenden Monomeren verfügbar, die B, Al und Ti enthalten. Speziell aus Polyborosilazan synthetisierbare B-haltige Polymere führen zu Si-C-N-B-Keramiken, die bis 1600 °C amorph bleiben und dadurch bis zu dieser Temperatur eine hohe Oxidations- und Kristallisationsresistenz zeigen.

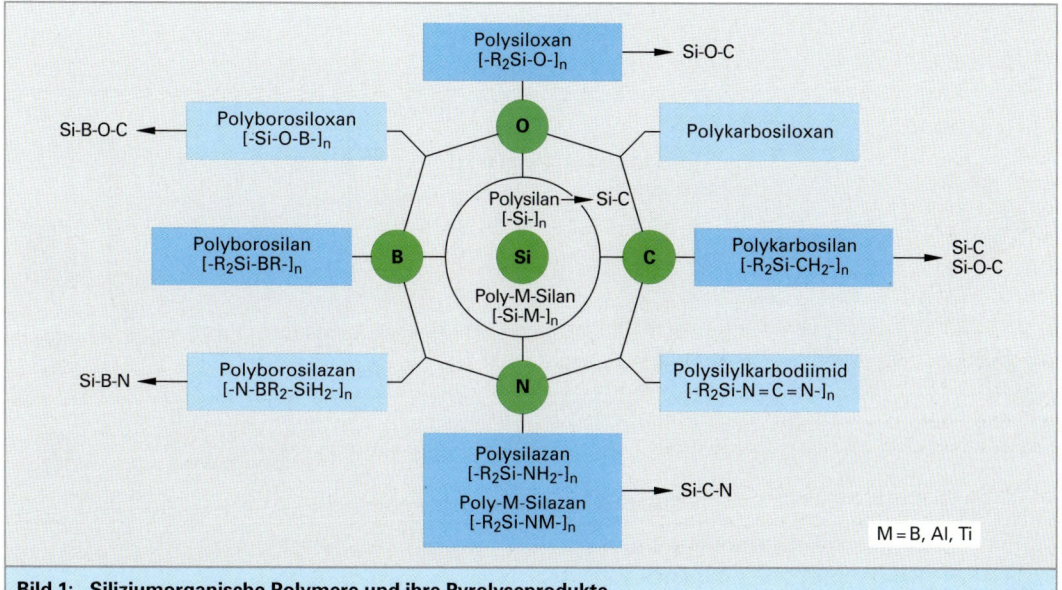

Bild 1: Siliziumorganische Polymere und ihre Pyrolyseprodukte

3.2.3.2 Aufbereitung

Eine Aufbereitung ist vor allem bei solchen Rohstoffen erforderlich, die als Feinstpulver anfallen. Denn hohe Festigkeit und Bruchzähigkeit setzen eine möglichst geringe Restporosität ($\equiv$ hohe Dichte) bereits im Grünkörper voraus. Eine Eigenschaft, der sich Pulverschüttungen mit abnehmender Korngröße zunehmend widersetzen.

> Mit abnehmender Korngröße sind die Pulverpartikel zunehmend kohäsiv, was das Verdichten erheblich erschwert. So lassen sich mit sehr feinkörnigen Partikeln teilweise nur noch Grünkörperraumerfüllungen von 20 % bis 40 % TD (TD = Theoretische Dichte) erreichen, die sich zudem mit abnehmender Partikelgröße im Grünkörper von Ort zu Ort immer stärker ändern.
>
> Die geringe Raumerfüllung führt beim Sintern für den Fall, dass sich die theoretische Dichte überhaupt erreichen lässt, zu einer linearen Schwindung von 25 bis 40 %. Für den Fall, dass die theoretische Dichte nicht erreicht werden kann, bleiben festigkeitsreduzierende und bruchzähigkeitsreduzierende Poren zurück. Eine von Ort zu Ort wechselnde Raumerfüllung und damit lineare Schwindung hat zudem Eigenspannungen zur Folge. Für eine optimale Formgebung und Verdichtung des Grünkörpers müssen die Pulver mit abnehmender Partikelgröße zunehmend den Transportprozessen zugänglich gemacht werden.

Aufbereitung von Nichtkohlenstoffpulvern

Als erste Maßnahme werden die Pulverpartikel – vor allem die der Feinstpulver – zur Reduzierung der Kohäsion aus Flüssigkeiten heraus durch Aufbaugranulation oder aus Suspensionen heraus durch Sprühtrocknung zu Agglomeraten von 20 bis 300 µm Durchmesser vereinigt **(Bild 1)**, was man als Granulieren bezeichnet.

> Die in beiden Fällen beteiligte Flüssigkeit ermöglicht über Kapillarkräfte eine hohe Packungsdichte innerhalb der einzelnen Granalien ohne Vergröberung der in ihnen enthaltenen einzelnen Pulverpartikel. Die sphärische Granalienform und die Reduzierung des Verhältnisses Granalienkohäsionskräfte zu Granaliengewicht führt zu einer guten Fließfähigkeit der Granulate.
>
> Es ist einsichtig, dass eine Schüttung kugelförmiger und statistisch regellos angeordneter Partikel bei polydisperser Partikelgrößenverteilung (= Partikel mehrerer Größenklassen) eine weitaus höhere Raumerfüllungen als bei monodisperser Partikelgrößenverteilung (= Partikel nur einer Größenklasse) erreicht, wobei die feineren Partikel die Zwischenräume zwischen den größeren weitestgehend ausfüllen. Nach einem Trennen der Partikel (Pulver, Granalien) nach ihrer Größe durch Sieben wird daher als weitere Maßnahme durch das Mischen von Partikeln unterschiedlicher Größenverteilungen (z. B. 70 % grobere und 30 % feinere Partikel) eine sinterbeschleunigende und sinterschrumpfmindernde maximale Verdichtung von bis zu 90 % TD (TD = Theoretische Dichte) erreicht, was die maximal erreichbare Dichte darstellt.
>
> Um die Reibung der Pulverpartikel/Granalien untereinander sowie mit der Werkzeugwand zu reduzieren und dem Grünkörper nach dessen Herstellung eine handling- und bearbeitungstaugliche Grünfestigkeit mitgeben zu können, werden der Pulver-/Granalienmischung Additive zugesetzt.

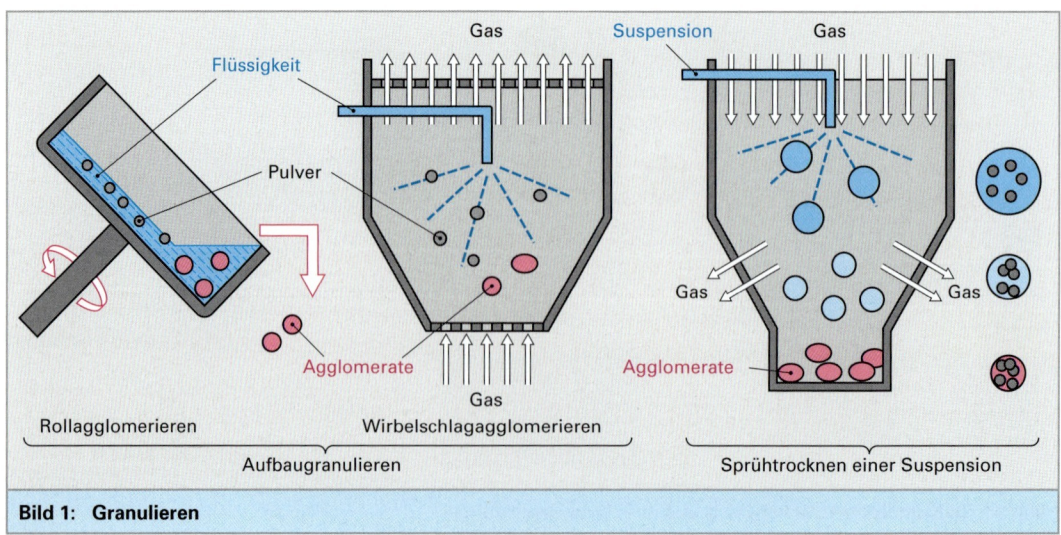

Bild 1: Granulieren

3.2 Bauteile aus Keramik

Da diese Additive nach der Formgebung und gegebenenfalls Zwischenbearbeitung und vor dem Sintern wieder entfernt werden müssen, werden sie als **temporäre Additive** bezeichnet.

Als solche kommen in Abhängigkeit von dem zur Formgebung gewählten Verfahren in Wasser gelöste bindende *Methylcellulose* oder *Polyvinylalkohol* oder aber plastifizierende und gleichzeitig bindende Wachse, Paraffine, Stearate oder Thermoplaste in Frage. **Tabelle 1** zeigt in Abhängigkeit vom Formgebungsverfahren die Feststoff-Bindemittel-Zuordnungen.

> Ziel der Aufbereitung ist eine möglichst geringe Restporosität im Grünkörper.

Aufbereitungsverfahren

- Für eine Formgebung durch **Formpressen (Bild 1)** muss die Formmasse rieselfähig sein und eine „trockene" bis „nasse" Konsistenz aufweisen. Um dies zu erreichen, wird der Pulver-/Granalienmischung 5 Vol.-% (Trockenpressen) bis 15 Vol.-% (Nasspressen) binderhaltiges Wasser oder aber eine dieser Wassermenge gleichwertige Menge an Wachsen, Paraffinen oder Stearaten zugegeben.

- Für eine Formgebung durch **Strangpressen (Bild 1)** ist die Konsistenz der Formmasse derart einzustellen, dass eine Formgebung kräfteschonend erfolgen kann und nach vollzogener Formgebung dennoch eine ausreichende Formstabilität gegeben ist. Die als pastös zu beschreibende Formmassenkonsistenz erreicht man durch Zusatz von etwa 40 Vol.-% binderhaltigem Wasser oder aber einer dieser Wassermenge gleichwertigen Menge an Wachsen, Paraffinen oder Stearaten. Wegen des hohen Anteils an plastifizierendem Additiv lassen sich sogar Feinstpulver ohne vorheriges Granulieren verarbeiten.

- Für eine Formgebung durch **Extrusion (Bild 1)** oder Spritzguss muss die Formmasse wegen der Verarbeitung über einen Extruder bzw. eine Spritzgießmaschine rieselfähig sein und bei Wärmezufuhr eine der Strangpressformmasse vergleichbare Konsistenz mit der Möglichkeit einer kräfteschonenden Formgebung und danach ausreichenden Formstabilität aufweisen. Dazu wird die Pulver-/Granalienmischung in einem Kneter oder Scherwalzenextruder mit 30 bis 50 Vol.-% plastifizierbarem und bindendem Thermoplastgranulat bei erhöhter Temperatur versetzt und anschließend unter Kühlung granuliert. Wegen des hohen Anteils an plastifizierbarem Additiv lassen sich Feinstpulver sogar ohne vorheriges Granulieren verarbeiten.

Tabelle 1: Feststoff-Bindemittel-Zuordnung

Verarbeitung	Feststoff	Bindemittel
Formpressen	Pulver, Granalien	5 bis 15 Vol.-% binderhaltiges Wasser, Wachse, Paraffin, Stearat
Strangpressen	Feinstpulver, Pulver, Granalien	40 Vol.-% binderhaltiges Wasser, Wachse, Paraffin, Stearat
Extrusion/ Spritzguss	Feinstpulver, Pulver, Granalien	30 bis 50 Vol.-% Thermoplastgranulat
Gießen	Feinstpulver, Pulver	40 bis 70 Vol.-% binderhaltige wässrige Lösung/ organische Lösung

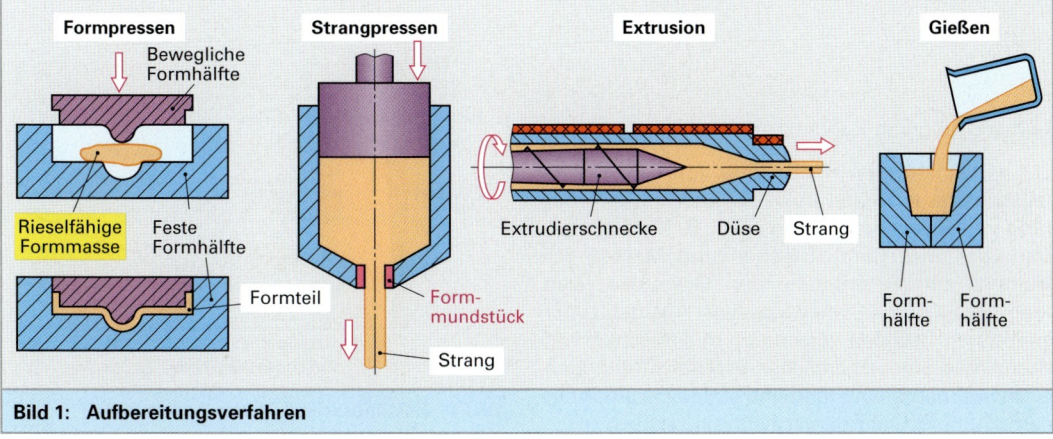

Bild 1: Aufbereitungsverfahren

- Eine Formgebung durch **Gießen (Bild 1, vorhergehende Seite)** setzt für die Formmasse trotz einem Pulvergehalt von 30 bis 60 Vol.-% eine gute Fließfähigkeit voraus. In der Flüssigphase (70 bis 40 Vol.-%, davon ca. 2 Vol.-% Binder) der als Schlicker bezeichneten Formmasse lassen Feinstpulverpartikel unter gewissen Randbedingungen auch über längere Zeit homogen dispergieren:

Für das Einstellen einer homogenen Dispersion ist ein hohes Benetzungsvermögen der Flüssigkeit erforderlich. Dies ist bei oxidischen Pulvern [Al_2O_3, ZrO_2, MgO, SiO_2] in wässrigen Flüssigkeiten und bei nichtoxidischen Pulvern [SiC, Si_3N_4 BN, AlN] in organischen Flüssigkeiten wie Alkohol oder Toluol uneingeschränkt gegeben; die Verarbeitung nichtoxidischer Pulver in wässrigen Flüssigkeiten macht allerdings den Zusatz von hydrophilen Additiven erforderlich, die Oberflächenladungen der Pulverpartikel absättigen. Eine langzeitige Stabilität der homogenen Dispersion setzt voraus, dass es nicht zur Agglomeration (Flockung) der Partikel kommt. Dies gelingt beispielsweise dadurch, dass auf den Oberflächen der Pulverpartikel gleichnamige elektrische Ladungen oder Adsorbate von Makromolekülen aufgebracht werden.

Neben den temporären Additiven werden auch Additive im Rahmen der Aufbereitung eingebracht, die ihre Wirkung im Grünkörperinnern erst während des Sinterns entfalten und deren Reaktionsprodukte auch nach dem Sintern dauerhaft ihre Wirkung zeigen, weswegen man sie als **permanente Additive** bezeichnet:

- Stimulieren der Sinterprozesse durch Flüssigphasen, die im Grünkörper vorliegende Hohlräume füllen (→ Flüssigphasensintern mit permanent [amorphe Erstarrung beeinträchtigt allerdings Festigkeit und Bruchzähigkeit, z. B. durch SiO_2 in Al_2O_3 oder MgO, Al_2O_3 und Y_2O_3 in Si_3N_4] oder transient flüssiger Phase)
- Platzieren von Festphasen auf den Korngrenzen (→ Korngrenzenverankerung, z. B. bei Al_2O_3 durch MgO)
- „Legierungszusätze" zur Mischkristallverfestigung oder Farbgebung (→ Al_2O_3 durch Cr_2O_3).

Aufbereitung von Kohlenstoffpulvern

Zur wirtschaftlichen Herstellung von Graphitbauteilen bietet sich eine pulvertechnische Verarbeitung von Graphitvorläufern wie z. B. Koks an.
Der Koks wird durch Brechen und Mahlen zerkleinert und die entstehenden Granulate nach ihrer Größe durch Sieben klassiert. Aus den zuvor erläuterten Gründen wird durch das Mischen von Granulaten unterschiedlicher Größenverteilungen eine sinterbeschleunigend und sinterschrumpfmindernd hohe Grünkörperverdichtung begünstigt.

Um die Reibung der Granulatpartikel untereinander sowie mit der Werkzeugwand zu reduzieren, dem Grünkörper eine handling- und bearbeitungstaugliche Grünfestigkeit mitgeben zu können und die infolge des kovalenten Bindungszustandes des Kokses fehlende Sinteraktivität zu kompensieren, wird dem Koksgranulat ein durch erhöhte Formgebungstemperatur plastifizierbares und bindendes permanentes Additiv zugesetzt. Als solches kommen Pech sowie flüssige und erst in einer Temperung vernetzende Kunstharzvorstufen in Frage.

Für die Herstellung der Kohlenstoffmodifikation **Diamant** kommt wegen der sehr hohen Drücke ein Gießen von vornherein nicht in Frage **(Bild 1)**. Dominanter Rohstoff zu seiner Synthese ist zuvor zu synthetisierendes polykristallines Graphitgranulat, dem als permanentes Additiv ein metallischer Katalysator wie Cr, Mn, Ni, Co, Fe zugesetzt wird.

Aufbereitung von siliziumorganischen thermoplastischen Kunstharzvorstufen

Zur Reduzierung der die Pyrolyse begleitenden Schwindung und der Porenbildung können den Formmassen aus siliziumorganischen, thermoplastisch formbaren Kunstharzvorstufen passive und aktive **permanente Additive** mit einer Korngröße von 1 bis 10 µm zugegeben werden.

Eine der Wirkung des Quarzes bei den silikatkeramischen Werkstoffen vergleichbare Wirkung – nämlich eine schrumpfbehindernde Stützwirkung – üben volumeninerte (daher als passive Additive bezeichnet) und der späteren Matrix chemisch entsprechende SiC-, Si_3N_4-, B_4C- oder BN-Granulate aus. Aktive Additive dagegen expandieren sogar während des später dargestellten Hochtemperaturschritts der Konversion durch Reaktion mit den Zerfallsprodukten. Als in dieser Weise wirkende Additive kommen u. a. Ti, Cr, V, Si, $CrSi_2$, $MoSi_2$ und AlN in Frage. Ist deren Gehalt auf die Schwindung und Porenbildungstendenz abgestimmt, können endkonturnahe Bauteile gefertigt werden.

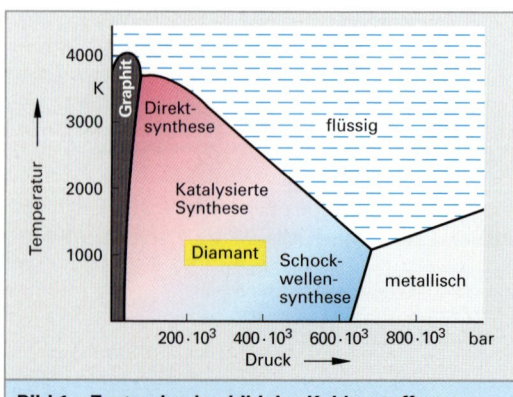

Bild 1: Zustandsschaubild des Kohlenstoffs

3.2 Bauteile aus Keramik

3.2.3.3 Formgebung

Formgebung von Formmassen aus Pulvern

Die Verfahren zur Formgebung der Formmassen zu Grünkörpern sind den bei der Formgebung von Silikatkeramiken kennengelernten entlehnt: Die Grünkörperformgebung kann bei trockenen bis feuchten Formmassen durch Formpressen, bei pastösen Formmassen durch Strangpressen/Extrudieren und bei dünnflüssigen Formmassen durch Schlickergießen erfolgen. Hinzu kommt das Spritzgießen.

Stets wird dabei eine Partikelpackung angestrebt, die einer dichten Zufallspackung möglichst nahe kommt, so dass die Partikel nach der sich anschließenden Trocknung/Entbinderung bereits in ausreichendem Umfang aneinander angebunden sind und die Schwindung beim Sintern möglichst klein bleibt.

Ziel einer Formgebung ist daher eine Verdichtung auf 50 % bis 75 % *TD* (*TD* = Theoretische Dichte), was einer linearen Schwindung beim Sintern von nur noch 20 % bis 10 % entspricht, und eine handling- sowie bearbeitungsdienliche Festigkeit des Grünkörpers garantiert.

Dichteunterschiede und Texturen sollten dabei möglichst vermieden werden, denn sie würden beim Sintern zu inneren mechanischen Spannungen, u. U. sogar zu Verformungen und zu Rissen führen. Die Wahl des Formgebungsverfahrens wird daher von der Geometrie und den Abmessungen des zu fertigenden Bauteils bestimmt.

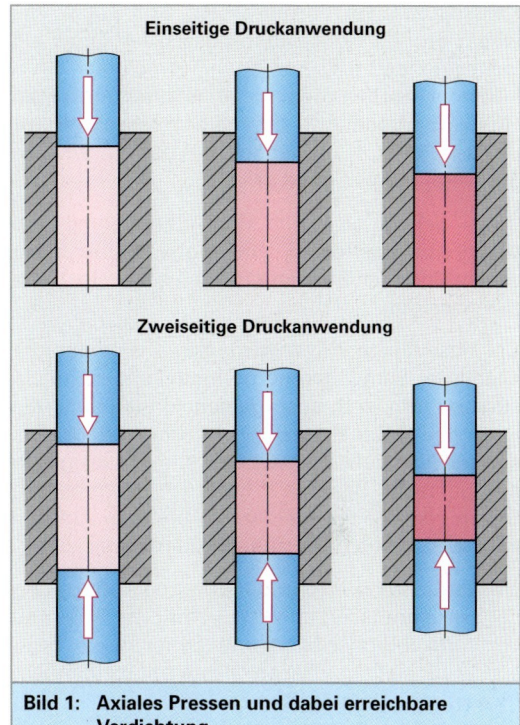

Bild 1: Axiales Pressen und dabei erreichbare Verdichtung

Erster Schritt der Formgebung ist das Herstellen von Grünkörpern. Sie haben nach dem Verdichten eine kreideartige Festigkeit.

Axiales Formpressen. Beim axialen Formpressen (20 bis 100 MPa) arbeiten in der Pressmatrize nur ein Ober- und ein Unterstempel **(Bild 1)**. Daher lassen sich hiermit nur bei glatter prismatischer oder zylindrischer Teilegeometrie aus rieselfähigem „trockenem" bis „nassem" Nichtkohlenstoff- wie auch Kohlenstoffpulver maßgenaue Grünkörper herstellen.

Das rieselfähige trockene Kohlenstoffpulver führt zu einer ungleichmäßigen Dichteverteilung mit wenig Trocknungsaufwand/Entbinderungsaufwand bei hoher Maßhaltigkeit.

Das nasse Pulver führt hingegen zu einer gleichmäßigeren Dichteverteilung verursacht aber einen erhöhten Trocknungsaufwand/Entbinderungsaufwand und weist eine geringere Maßhaltigkeit auf.

Mit dem axialen Formpressen lassen sich allerdings lediglich in die Grünkörperenden in Pressrichtung eingetiefte Höhenunterschiede einarbeiten, bei nicht zu großen Höhenunterschieden durch einfache Stempelprofilierung, bei größeren Höhenunterschieden durch getrennt bewegliche Stempelsegmente.

Durch die zwischen Pulver und Pressmatrizenwand sowie Stempeloberfläche im Verdichtungsprozess auftretende Reibung nimmt der Pressdruck in der Pulver-/Granulatschüttung zudem mit zunehmender Entfernung vom Stempel ab. Beim einseitigen axialen Pressen führt dies im Grünkörper zu einer ungleichmäßigen Verdichtung.

Das hat besonders bei einem großen Höhe/Durchmesser-Verhältnis des Grünkörpers während des Sinterns eine ungleichmäßige Schwindung und, bei ungünstiger Ausbildung der weniger dichten Zonen, zusätzlich einen Verzug der Teile zur Folge.

Dieses Problem wird durch höhere Zugabe von gleitfördernden Additiven und/oder ein beidseitiges axiales Pressen reduziert. Trotzdem bleibt das realisierbare Höhe/Durchmesser-Verhältnis auf etwa 1,5 beschränkt.

Kaltisostatisches Formpressen. Soll selbst bei einem großen Höhe/Durchmesser-Verhältnis ein weitestgehend und homogen verdichteter Grünkörper erzeugt werden, so ist bei einer einfachen Grünkörpergeometrie das kaltisostatische Formpressen (engl.: **C**old **I**sostatic **P**ressing; 100 bis 500 MPa) möglich **(Bild 1)**.

Dabei gelingt es durch die Ausschaltung von Wandreibungseffekten, eine hohe Dichte einzustellen und Dichteveränderungen sowie Texturen zu vermeiden.

Das rieselfähige Pulver wird dazu in eine entsprechend der Bauteilgeometrie innenkonturierte elastische Form (z. B. aus Kautschuk) eingefüllt, die Form mit einem ebenfalls elastischen Deckel flüssigkeitsdicht verschlossen und in ein Flüssigkeitsbad gebracht, das den Pressdruck hydrostatisch (= von allen Seiten gleichzeitig und gleichmäßig wirkend) auf die Pulverfüllung überträgt.

Die Verdichtung erfolgt dabei durch Verformung der Einzelgranalien sowie durch Komprimierung der Partikel-Binder-Mischung. Es ist so ein Grünkörper herstellbar, dessen Dichte mit steigendem Pressdruck zunimmt **(Bild 2)**.

Die Nachteile des kaltisostatischen Pressens liegen in den größeren geometrischen Toleranzen und der geringeren Oberflächenqualität.

> Beim kaltisostatischen Formpressen erzielt man eine hohe Formteildichte. Allerdings sind die geometrischen Toleranzen größer und die Oberflächengüte ist reduziert.

Strangpressen. Das Strangpressen (15 bis 100 MPa) verwendet Formmassen, die zur gesteigerten Plastifizierung gegenüber den beim Formpressen verwendeten Formmassen einen erhöhten Anteil an temporären Additiven aufweisen. Das hat einen größeren Trocknungsaufwand zur Folge. Die Formgebung entspricht den von der Verarbeitung metallischer Werkstoffe her bekannten Verfahrensweisen. Sie führt wegen der über den Presslingsquerschnitt sehr gleichmäßig verteilten und hohen Verdichtung zu maßgenauen Profilen oder Rohren, die allerdings Texturen aufweisen können.

Extrudieren. Beim Extrudieren wird das in der Aufbereitung mit einem thermoplastischen Binder versehene rieselfähige Granulat in einem Extruder bei 100 °C bis 180 °C vorverdichtet und der Binder plastifiziert und im plastischen Zustand durch die formgebende Düse kontinuierlich ausgetrieben **(Bild 3)**.

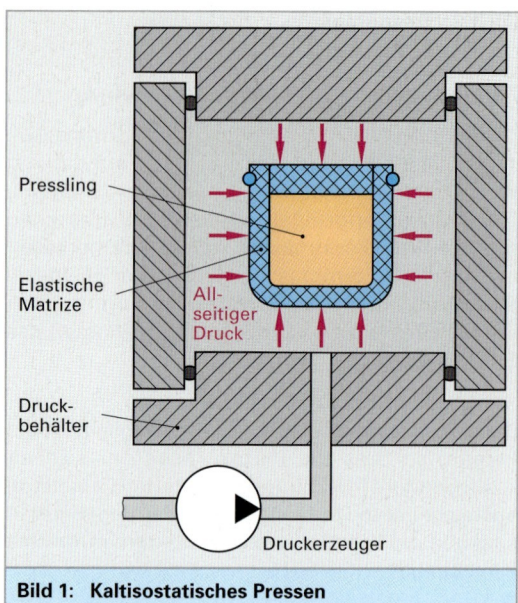

Bild 1: Kaltisostatisches Pressen

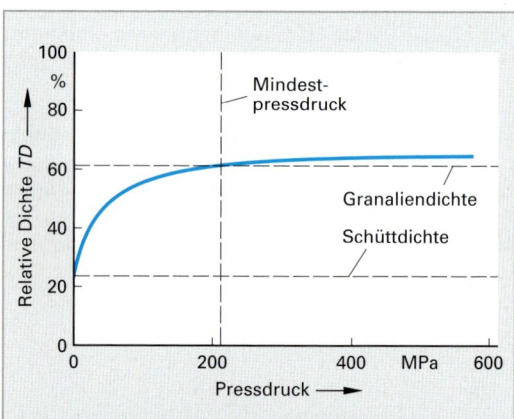

Bild 2: Verdichtung beim axialen Pressen granulierter Keramikpulver

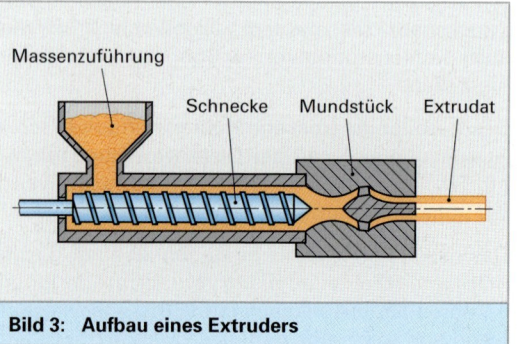

Bild 3: Aufbau eines Extruders

3.2 Bauteile aus Keramik

Spritzgießen. Beim Spritzgießen wird das aufbereitete Material in einer Spritzgießmaschine vorverdichtet, der Binder plastifiziert und aufgeschmolzen. Das Material wird entsprechend dem Spritzlingsvolumen dosiert und schließlich durch Axialbewegung der Schnecke unter hohem Druck in das gekühlte Werkzeug gespritzt, wo der thermoplastische Binder erstarrt (engl.: **C**eramic **I**njection **M**oulding; **Bild 1**). Die erstarrungs- und abkühlungsbedingt einsetzende Schwindung kann durch eine entsprechende Formmassennachförderung in der Nachdruckphase weitestgehend ausgeglichen werden.

In beiden Fällen ergeben sich Grünkörper hoher Festigkeit und daher sicherer Handhabbarkeit. Die Formgebung führt wegen der sehr gleichmäßig verteilten und hohen Verdichtung zu sehr maßgenauen Halbzeugen bzw. Formteilen, selbst bei stark variierender Wandstärke bzw. sehr komplexer Geometrie und sehr hoher Oberflächenqualität und Konturschärfe, daneben allerdings auch zu aufwändigen Entbinderungsprozessen.

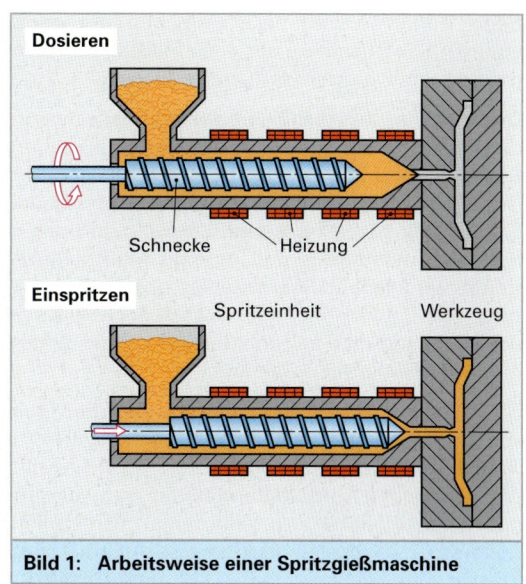

Bild 1: Arbeitsweise einer Spritzgießmaschine

Formteilschlickergießen. Komplex geformte Formteile nicht zu großer Wanddicken, vergleichsweise rauer Oberfläche sowie deutlicher Trockenschwindung (→ eingeschränkte Geometrietreue und hohe Maßtoleranz) sind auch durch Formteilschlickergießen herstellbar. Voraussetzung hierfür ist ein fließfähiges Pulver/Flüssigkeit-System, bei dem die Pulverpartikel auch über längere Zeit homogen dispergiert vorliegen. Ein solches System stellt die Aufbereitung als Schlicker, die Sol/Gel-Technik sogar ohne Aufbereitung als Gel bereit. Die erheblichen Mengen an abzuführender Flüssigkeit und die damit einhergehende Schrumpfung lassen Spannungen entstehen, die beim Überschreiten eines kritischen Wertes zur Rissbildung führen. Aus diesem Grund beschränkt sich das Schlickergießen nur auf Bauteile mit geringen Wandstärken (**Bild 2**).

Bei Wandstärken unter ca. 10 mm kommt der Schwerkraftschlickerguss zum Einsatz. Hierbei wird das Pulver/Flüssigkeit-System in eine i. A. geteilte, saugfähige Form (z. B. Gips) gegossen. Die Kapillarkräfte des porösen Formenmaterials bewirken ein Absaugen der Flüssigphase, so dass die Pulverpartikel eine auf der Formwand aufwachsende poröse Schicht ausbilden.

Beim *Kernguss* wird über ein Reservoir an der Oberseite der Form ständig Formmasse nachgeliefert, so dass die Scherbenbildung bis ins Teileinnere hinein möglich ist (Bild 2).

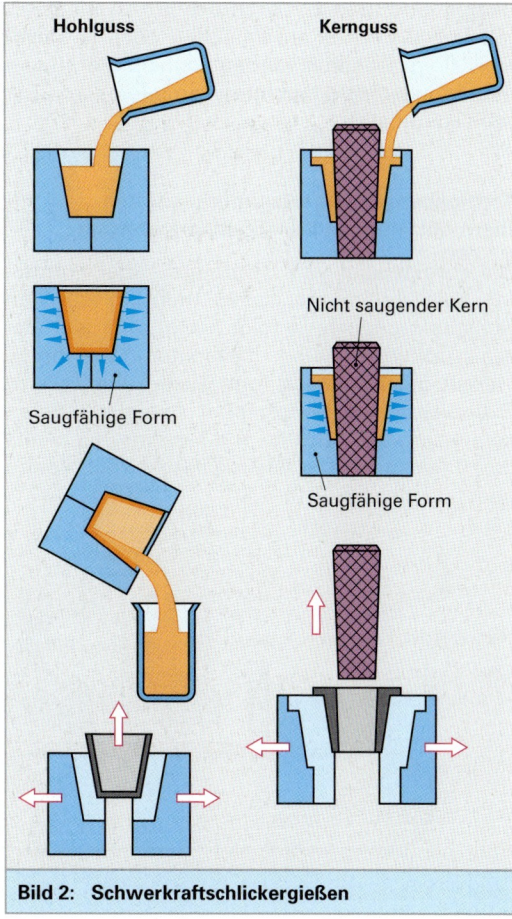

Bild 2: Schwerkraftschlickergießen

Beim *Hohlguss* wird nach Erreichen der angestrebten Scherbendicke der noch fließfähige Formmassenanteil aus der Form ausgegossen.

Die Tatsache, dass die Scherbenbildungsgeschwindigkeit proportional zur Druckdifferenz zwischen Schlicker- und Formwandseite anwächst und der Restflüssigkeitsgehalt des Scherbens proportional fällt (→ sehr kleine Trockenschwindung und daher hohe Geometrietreue und geringe Maßtoleranz), führte, vor allem bei Wandstärken oberhalb ca. 10 mm, zur Entwicklung des *Druckschlickergusses*, der mit Überdruck auf der Schlicker- oder Unterdruck auf der Formenseite arbeitet.

Das *Folienschlickergießen* erlaubt das Fertigen von großflächigen, dünnen (0,5 bis 1,5 mm) Keramikteilen. Man verwendet dabei Schlicker mit einer ähnlichen Konsistenz wie beim Schwerkraft- oder Druckschlickerguss, allerdings mit deutlich höherem Binderanteil als dort und Alkohol statt Wasser. Der Schlicker läuft durch eine Schlitzdüse auf ein nicht flüssigkeitssaugendes Gießband **(Bild 1)**, wo der Alkohol im Warmluftstrom verdampft wird (**Bild 2**). Durch den hohen Binderanteil sind die Folien anschließend noch so duktil, dass sie geschnitten werden können. Mehrlagenanordnungen sind durch ein Laminieren von Einzelfolien möglich.

Formgebungen aus siliziumorganischen thermoplastischen Kunstharzvorstufen

Die Formgebung von Halbzeugen oder Formteilen aus siliziumorganischen thermoplastischen Kunstharzvorstufen erfolgt nach den aus der Kunststoffverarbeitung bekannten Verfahrensweisen durch Pressen (und Ziehen bei Fasern), Extrudieren und Spritzgießen sowie Infiltrieren keramischer Schwämme und Faserarrangements durch entsprechend niedrigviskose Schmelzen oder Lösungen **(Bild 3)**.

3.2.3.4 Zwischenbearbeitung

Grünbearbeitung

Die spanabhebende Bearbeitung von Grünkörpern, *Grünbearbeitung* genannt, wird angewendet, um Geometriedetails einzuarbeiten, die über Urformgebung aus technischen Gründen (Querbohrungen, Nuten) oder Kostengründen (Kleinserie, Prototyp) nicht herstellbar waren.

Sie wird von der geringen Grünkörperfestigkeit begünstigt, setzt aber andererseits bereits eine gewisse Grünkörperfestigkeit, also geeignete Binder, voraus und erfolgt mit geometrisch definierten Schneiden (Drehen, Bohren, Fräsen) und/oder mit geometrisch nicht definierten Schneiden (Schleifen). Als Werkzeugwerkstoffe kommen Hartmetalle, kubisches Bornitrid (CBN) und polykristalliner Diamant (PKD) zur Anwendung.

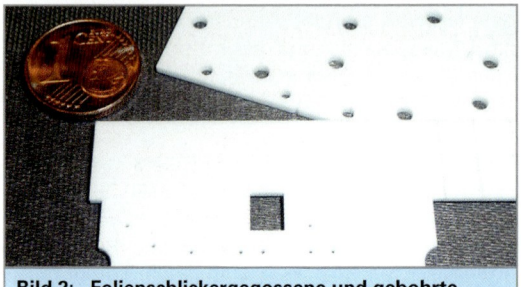

Bild 2: Folienschlickergegossene und gebohrte Keramikplatten

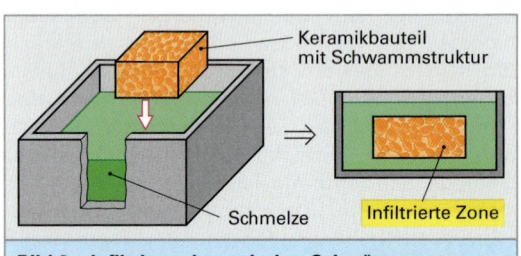

Bild 3: Infiltrieren keramischer Schwämme

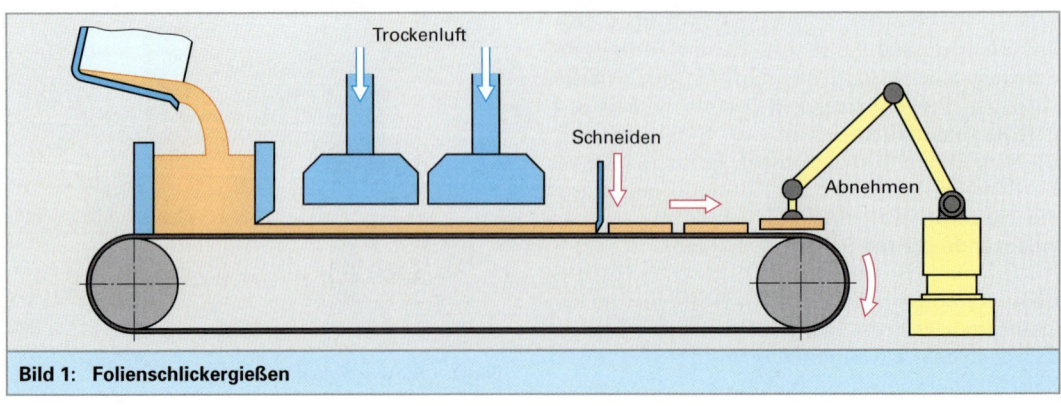

Bild 1: Folienschlickergießen

3.2 Bauteile aus Keramik

Austreiben der temporären Additive

Enthält der aus pulver-/granulathaltigen Formmassen hergestellte Grünkörper nach der Formgebung neben den Pulver-/Granulatmischungen sowie den permanenten Additiven bei Sintertemperatur verdampfende/verflüchtigende bzw. bei Sauerstoffkontakt verbrennende Flüssigphasen (Wasser/organische Lösemittel) und/oder Plastifizierungs- und Bindemittel, so müssen diese vor dem Sintern aus dem Grünkörper entfernt werden **(Bild 1)**.

Nach dem Trocknen/Verflüchtigen sowie Entbindern repräsentiert das Gefüge des Grünkörpers ein „Pulverhaufwerk in Bauteilform". Dabei werden die Pulverpartikel im Wesentlichen durch vergleichsweise schwache Adhäsionskräfte und mechanische Verklammerung zusammengehalten.

In geringem Umfang festigkeitssteigernd wirken auch nach dem Entbindern noch in Resten vorhandene Binderanteile. Die Grünkörperfestigkeiten sind denen von Tafelkreide vergleichbar.

Im Falle siliziumorganischer thermoplastischer Kunstharzvorstufen als Formmasse wird der Grünkörper nach der Formgebung bei 100 °C bis 250 °C vernetzt, auch *Aushärtung* genannt, wodurch er unschmelzbar und bis zur Zersetzungstemperatur des thermoplastischen Binders (warm-)fest und geometrietreu wird.

Austreibverfahren

- Flüssigphasen entweichen aus dem Grünkörper wegen dessen Porosität recht leicht und bereits bei niedrigen Temperaturen, was man als **Trocknen** (Wasser) oder **Verflüchtigen** (organische Lösemittel) bezeichnet. Mit der Abgabe der Flüssigphase rücken die Pulverteilchen einander näher, was eine der Höhe des Flüssigphasengehaltes proportionale Trockenschwindung genannte Volumenabnahme zur Folge hat. Durch zu schnelles Trocknen kann es zum Verzug oder sogar zur Rissbildung kommen.

- Beim auch als **Entbindern** bezeichneten Ausbrennen erfolgt ein Austreiben der noch verbliebenen temporären Additive aus dem porösen Grünkörper. Erreicht wird dies durch Erwärmung unter oxidierender Atmosphäre. Da die Zwischenräume zwischen den Pulverpartikeln nach einer Formgebung durch Extrudieren/Spritzgießen komplett mit dem thermoplastischen temporären Additiv ausfüllt sind, sind für das Entbindern bei allein thermischer Behandlung allerdings lange Zeiträume (bis zu mehreren Tagen) anzusetzen. Eine Reduzierung der Entbinderungszeit gelingt durch vorherige katalytische Zersetzung des Binders oder Anwendung eines „auswaschenden" Lösemittels.

Eine bei der Formgebung der schlecht sinternder Karbidkeramiken SiC angewendete Variante des Entbinderns ist das Verkoken. Dabei wird der organische Binder unter Sauerstoffausschluss bei hohen Temperaturen (etwa 1000 °C) in Kohlenstoff umgewandelt, der im Gefüge verbleibt und sich im anschließenden Sinterschritt mit vor dem Sintern zugeführten Reaktionspartnern zu einer keramischen Matrix umsetzt (→ Reaktionssintern).

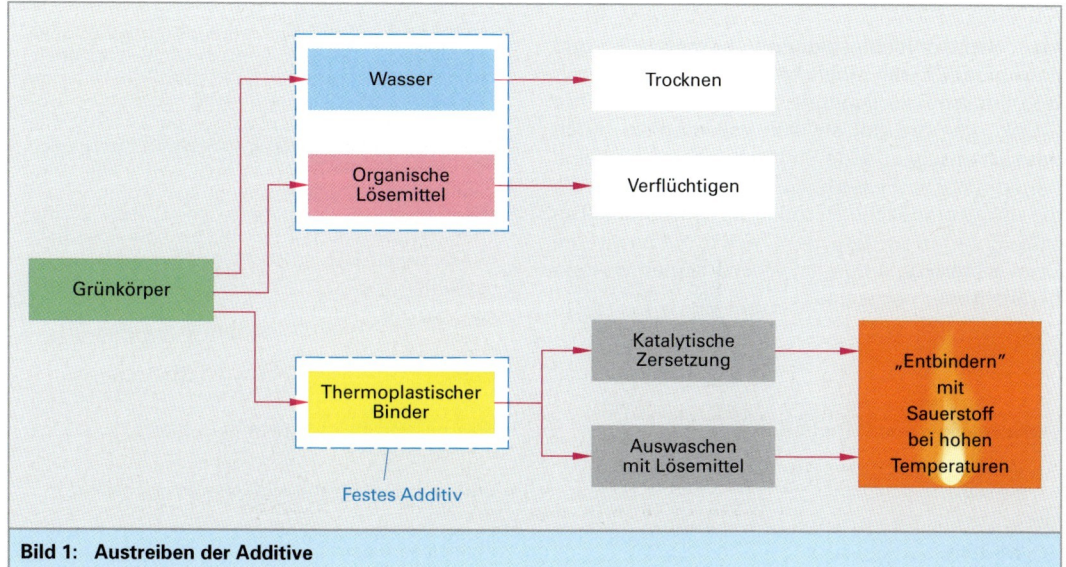

Bild 1: Austreiben der Additive

Weißbearbeitung

Ist das Risiko einer Grünbearbeitung zu groß, so besteht statt einer Grünbearbeitung die Möglichkeit einer *Weißbearbeitung*. Aus pulver-/granulathaltigen Formmassen hergestellte Grünkörper werden dazu nach dem Austreiben der temporären Additive einem *Verglühen* genannten Vorsintern unterzogen. Aufgabe dieses Schrittes ist eine maßvolle Vorverfestigung. Als Werkzeugwerkstoffe für eine Weißbearbeitung kommen die bei der Grünbearbeitung angeführten zum Einsatz.

3.2.3.5 Hochtemperaturbehandlung

Ziel der Hochtemperaturbehandlung ist ein maximal (im Idealfall auf 100 % TD [TD = Theoretische Dichte]) verdichtetes und optimale mechanische Eigenschaften aufweisendes Bauteil. Abgesehen vom Sintern von Oxidkeramiken und dem Fall der Sinterbegünstigung durch Reaktionssintern müssen die Sinterprozesse unter Inertgas oder Vakuum durchgeführt werden.

Speziell bei der Sinterung von Karbiden, Nitriden sowie Boriden müssen Oxidationsprozesse vermieden werden. Bei Verwendung einer Inertgasatmosphäre ist aber zu beachten, dass hochdichte Sinterteile nur zu erreichen sind, wenn das in den Poren eingeschlossene Inertgas sich im Zuge der Poreneliminierung in der Matrix lösen oder über Diffusionsprozesse aus dem Sinterkörper hinausgelangen kann.

Sintern von Grünkörper aus binderhaltigen Nichtkohlenstoffpulvern

Aus Nichtkohlenstoffpulvern hergestellte und nach einer Zwischenbearbeitung wasser-/lösemittel-/binderfrei vorliegende Grünkörper sollen ihre Grünkörperporosität so weit wie möglich durch das sich anschließende Sintern verlieren und eine höhere (Warm-)Festigkeit und Bruchzähigkeit als die silikatkeramischen Grünkörper gewinnen. (Die zum Sintern erforderlichen Triebkräfte sowie die beim Sintern ablaufenden Mechanismen wurden bereits früher dargestellt.)

Hauptaugenmerk beim Sintern der Grünkörper liegt daher auf einer Porenminimierung, einer zeitlich stabilen geringen Korngröße sowie Glasphasenfreiheit.

Die Stabilität der zwischen den Atomen der Matrix herrschenden Bindung (hohe Stabilität bei vorherrschend kovalentem Bindungsanteil, etwas geringere Stabilität bei vorherrschendem Ionenbindungsanteil) bestimmt auch hier die Diffusionsprozesse und damit die Sinteraktivität.

> **Die Sinteraktivität**
>
> - Vorwiegend über Ionenbindung (mittlere Bindungsstabilität ⇒ mittlere Sinteraktivität) gebundene keramische Substanzen (z. B. Al_2O_3) lassen sich noch über **Festphasensintern** vollständig verdichten. Um die geringe Ausgangskorngröße auch im Sinterkörper wiederzufinden, muss die Kornvergröberung durch Temperaturkontrolle oder durch sich auf Korngrenzen anreichernde und die Korngrenzen dadurch verankernde permanente Additive (MgO bei Al_2O_3) verhindert werden.
>
> Muss die Sintertemperatur aus irgend welchen (nicht im Sintern begründeten!) Gründen unter die für das Festphasensintern erforderliche abgesenkt werden, so besteht – allerdings unter Beeinträchtigung der (Warm-)Festigkeit und Bruchzähigkeit – die Möglichkeit der Bildung einer sinterbegünstigenden und daher schon bei niedrigeren Temperaturen „arbeitenden" permanent flüssigen silikatischen Phase, was man als **Flüssigphasensintern mit permanent flüssiger Phase** bezeichnet.
>
> Dazu werden dem Al_2O_3 im Rahmen der Aufbereitung 2–15 Vol.-% SiO_2 zugegeben, die durch Wechselwirkung der auf den Korngrenzen aneinandergrenzenden Phasen SiO_2 und Al_2O_3 dort zu einer sinterbeschleunigenden flüssigen silikatischen Phase führen.
>
> - Vorherrschend über Atombindung (hohe Bindungsstabilität ⇒ geringe Sinteraktivität) gebundene keramische Substanzen (z. B. SiC, Si_3N_4) machen für ein Festphasensintern im Vergleich zu den vorwiegend über Ionenbindung gebundenen Stoffen eine nochmals gesteigerte Triebkraft erforderlich. Der Versuch, die Triebkraft allein über Temperaturanhebung zu steigern, gelingt noch beim SiC und macht hier eine Temperatur von ca. 1900 °C erforderlich (S[intered]SiC), verbietet sich aber beim Si_3N_4 wegen dessen ab 1800 °C erfolgenden Zersetzung.

> **Wiederholung und Vertiefung**
>
> 1. Welche Rohstoffe werden für die Herstellung von Silikatkeramiken benötigt?
> 2. Nennen Sie die Schritte zur Aufbereitung der Kohlenstoffe.
> 3. Was passiert beim Sintern auf werkstoffkundlicher Ebene?
> 4. Welche Vorteile bietet das Flüssigphasensintern?
> 5. In welchen Fällen benötigen Bauteile aus Silikatkeramik eine Glasur?

3.2 Bauteile aus Keramik

Das **Flüssigphasensintern** mit permanent flüssiger Phase stellt einen Ausweg dar. So werden dem Si_3N_4 zum Flüssigphasensintern im Rahmen der Aufbereitung MgO, Al_2O_3 oder Y_2O_3 zugegeben, die durch Wechselwirkung mit dem auf den Si_3N_4-Teilchen vorliegenden SiO_2 zu sinterbegünstigenden flüssigen Phasen führen (S[intered]SN).

Von Nachteil ist bei der Flüssigphasensinterung wieder, dass die schmelzflüssigen Korngrenzenfilme erst bei niedrigen Temperaturen und vielfach amorph erstarren, was sich beides negativ auf die Gebrauchseigenschaften der Werkstoffe auswirkt.

Eine Möglichkeit, den bei Si_3N_4 bisher zwingend notwendigen Anteil an Flüssigphase zu reduzieren, besteht in einer Anhebung der Zersetzungstemperatur des Si_3N_4, was durch Erhöhung des äußeren Drucks, hier des N_2-Drucks (G[as] P[ressure sintered] SN) gelingt.

Die Möglichkeit, einen flüssigphasengesinterten Si_3N_4-Körper ohne permanent flüssige und amorph erstarrende Korngrenzenmasse zu erhalten, bietet das **Flüssigphasensintern mit transient flüssiger Phase**.

Dabei setzt man im Rahmen der Aufbereitung permanente Additive zu, die bei Sintertemperatur zunächst die Bildung einer flüssigen Phase zulassen, im Laufe der Sinterung aber mehr und mehr über Diffusionsprozesse in den Matrixwerkstoff eingebaut wird und schließlich als schmelzflüssige Phase verschwunden ist.

Bild 1 stellt diesen Prozess des Flüssigphasensintern mit transienter Flüssigphase dem Flüssigphasensintern mit permanenter Flüssigphase gegenüber.

Im Si_3N_4/Al_2O_3-System nutzt man dabei die Möglichkeit, dass Si- und N-Ionen des Si_3N_4-Kristalls gegen Al- und O-Ionen des permanenten Additivs Al_2O_3 austauschbar sind. Nach vollzogener Flüssigphasensinterung kommt es daher hier nicht zu einer Erstarrung des permanenten Additivs, sondern wird die Flüssigphase über diffusionskontrollierte Austauschprozesse unter Bildung von SiAlON aufgezehrt.

Schwierig ist allerdings die Kontrolle der Geschwindigkeit der Flüssigphasenbildung und der Diffusionserstarrung: Eine zu frühe Diffusionserstarrung führt zu Restporosität mit geringen Mengen an nicht eingebauter und amorph erstarrender Korngrenzenmasse.

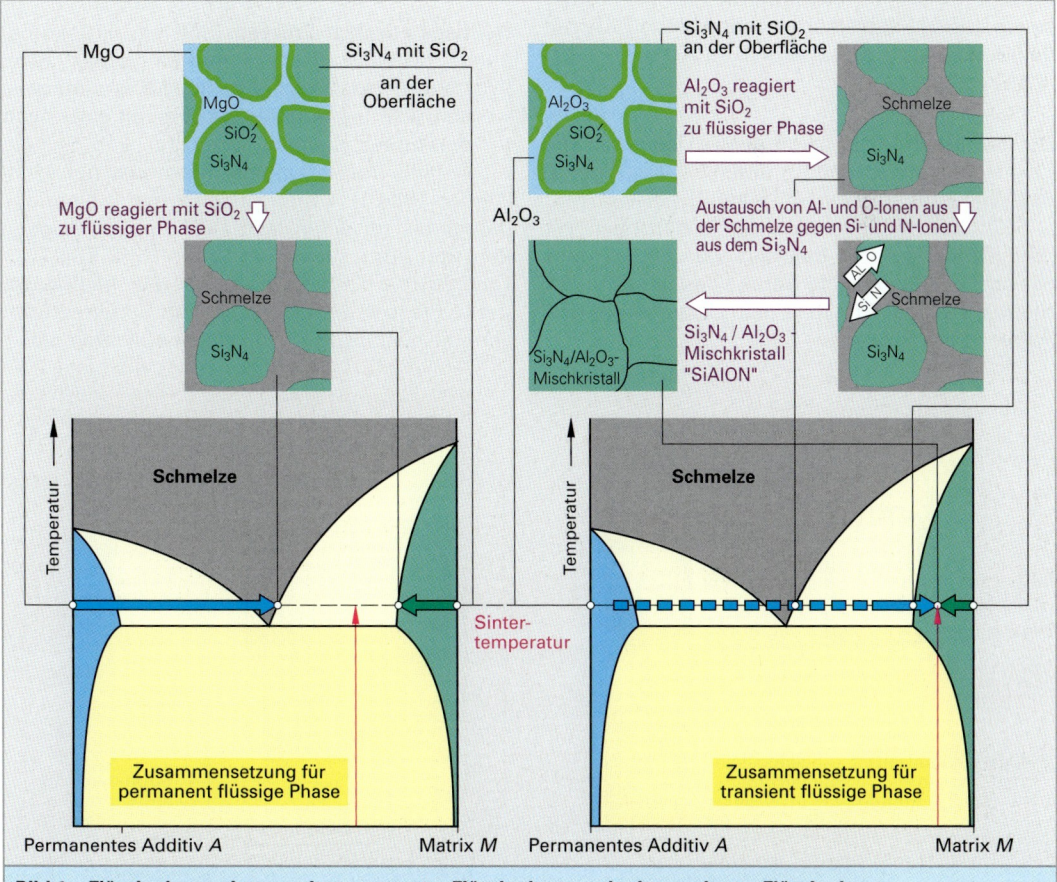

Bild 1: Flüssigphasensintern mit permanenter Flüssigphase und mit transienter Flüssigphase

Nachteil der Festphasensinterung, mehr aber noch der der Flüssigphasensinterung, ist der Sinterschwund, der ein Schwindaufmaß notwendig macht. Daher macht man sich neben der SiC- und Si_3N_4-Synthese über die Pyrolysetechnik (s. u.) den Weg über das Reaktionssintern und/oder das außendruckunterstützte Sintern zunutze.

Reaktionssintern. Beim Reaktionssintern werden die *Synthese* der keramischen Substanz *und* die *Sinterung* in einen Schritt zusammengeführt:

R(eaction-sintered)SiC wird hergestellt, indem SiC- und Si-Pulver oder SiC- und C-Pulver jeweils unter Zusatz von temporären Additiven gemischt und zu einem Grünkörper verpresst wird, dessen Dichte wegen der leichteren Verpressbarkeit der Elementarpulver höher als die eines reinen SiC-Pulvers ist.

Der poröse SiC/Si-Grünkörper wird dann bei 2300 bis 2500 °C unter CO-Atmosphäre zur Reaktion gebracht. Dadurch reagieren die Si-Pulverkörner sowie das alle Pulverkörner umhüllende SiO_2 mit dem Kohlenstoff zu SiC (Si + C → SiC; SiO_2 + 3 C → SiC + 2 CO).

Der poröse SiC/C-Grünkörper wird dagegen bei vergleichbarer Temperatur unter Si-Dampf gehalten, was ebenfalls zur SiC-Bildung führt (Si + C → SiC). Anschließend kann das Skelett noch mit schmelzflüssigem Si infiltriert werden, so dass das abschließend dichte Gefüge des Si(liziuminfiltriertes)SiC aus primärem und sekundärem SiC sowie freiem Si besteht.

Reaktionsgesintertes Si_3N_4 (R[eaction]B[onded]SN) wird gewonnen, indem Si-Pulver unter Zuhilfenahme von temporären Additiven zu einem porösen Grünkörper verpresst wird, dessen Dichte wegen der leichteren Verpressbarkeit des Elementarpulvers höher als die eines aus Si_3N_4-Pulver gepressten Grünkörpers ist. Der Grünkörper wird in stickstoffhaltiger Atmosphäre (N_2, NH_3) bei 1200 °C (unter dem Schmelzpunkt des Si!) gesintert. Der Grünkörper nimmt dadurch auf dem Weg zum Sinterkörper um 60 % Masse zu. Allerdings liegt die erreichbare Sinterdichte bei maximal 90 % TD (TD = Theoretische Dichte).

Die simultane Synthese der keramischen Substanz und Sinterung des Grünkörpers führt in beiden Fällen zu Sinterschrumpfungen von unter 1 %, so dass hiermit vergleichsweise maßgenaue Produkte hergestellt werden können.

Die Anhebung der Sintertriebkraft ist aber nicht nur durch eine Anhebung der Sintertemperatur oder die Schaffung von Flüssigphasen auf den Korngrenzen zu erreichen, sondern auch durch ein außendruckunterstütztes Sintern:

Heißisostatisches Pressen. Soll ein Grünkörper durch heißisostatisches Pressen (engl.: H[ot] I[sostatic]-P[ressing]; bis zu 300 MPa) verdichtet werden, so muss er unter Vakuum mit einer hochtemperaturbeständigen, gasdichten und nachgiebigen Hülle aus Tantal oder Kieselglas gekapselt werden **(Bild 1)**. Ist der „Grünkörper" allerdings bereits bis zu einer nach außen geschlossenen Porosität vorgesintert (85 % bis 95 % TD; TD = Theoretische Dichte), so kann das heiß-isostatische Pressen am ungekapselten Sinterteil erfolgen und stellt lediglich ein Nachverdichten dar.

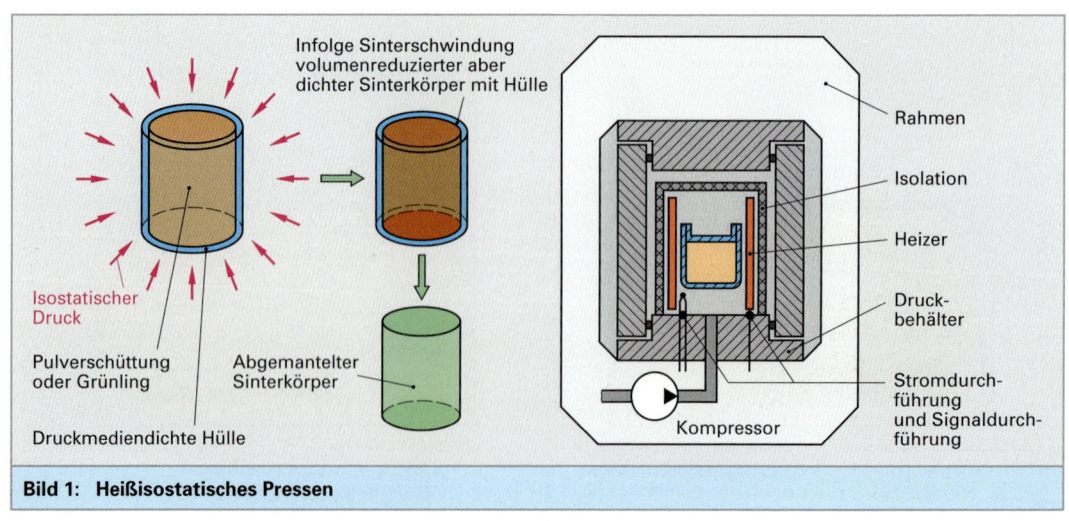

Bild 1: Heißisostatisches Pressen

3.2 Bauteile aus Keramik

Uniaxiales Heißpressen. Das *uniaxiale Heißpressen* (5 bis 50 MPa) macht sogar die Zusammenführung der Schritte der Formgebung und der Sinterung in einen Schritt möglich, beschränkt sich in seiner Handhabung aber nur auf einfache prismatische Sinterteilgeometrien. Zum Heißpressen wird eine binderfreie Granulatmischung bei Sintertemperatur in einer reaktionsinerten Matrize axial verdichtet und unter dem anstehenden Verdichtungsdruck auch gesintert (**Bild 1**). Durch die uniaxiale Druckaufbringung wird allerdings eine gewisse Anisotropie der Eigenschaften hervorgerufen.

Bei beiden Heißpressvarianten werden durch die zusätzlich wirkenden plastischen Verformungsprozesse die porenmindernden Diffusionsprozesse stimuliert, was geringere Prozesstemperaturen als bei druckloser Verfahrensweise möglich macht (**Bild 2**).

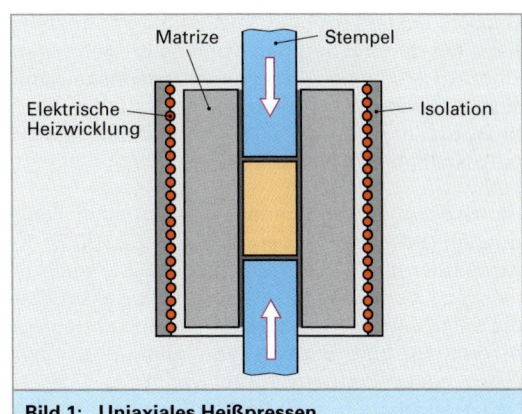

Bild 1: Uniaxiales Heißpressen

Hochtemperaturbehandlung von Grünkörpern aus binderhaltigen Kohlenstoffpulvern

Die Herstellung von Sinterkörpern aus synthetischem Graphit (**Bild 3**) erfolgt in zwei Schritten, die beide unter Luftausschluss laufen (**Bild 4**).

Im *ersten Schritt* wird der pechgebundene Grünkörper bei etwa 1200 °C über mehrere Tage bis Wochen gebrannt, wobei zahlreiche Bindungen des Binders unter Abspaltung organischer Reste aufgetrennt und neue gebildet werden. Dadurch werden die zyklischen Kohlenwasserstoffe zu Schichtgittern mit hexagonaler Anordnung der Kohlenstoffatome umgesetzt (**Carbonisierung**).

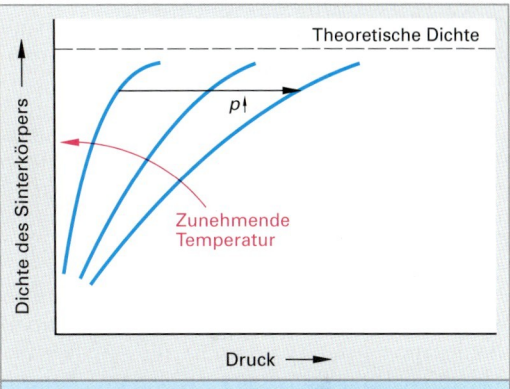

Bild 2: Erreichen einer konstanten Dichte in Abhängigkeit von Sintertemperaturen und Sinterdruck

Die Schichten sind anfangs allerdings noch weitestgehend ungeregelt angeordnet, bilden also noch keine Schichtpakete, weswegen man den entstehenden Kohlenstoff als amorphen Kohlenstoff (Pyrokohlenstoff) bezeichnet. Parallel zu diesen mikrostrukturellen Änderungen stellt der Binder über Sinterreaktionen Brücken zwischen den einzelnen Kokskörnern her, wodurch ein poröses und mäßig festes Gerüst entsteht, das sich durch Imprägnieren mit dem Binder und erneutes Brennen verdichten und damit verfestigen lässt.

Bild 3: Schrauben mit kohlenstofffaserverstärktem Kohlenstoff

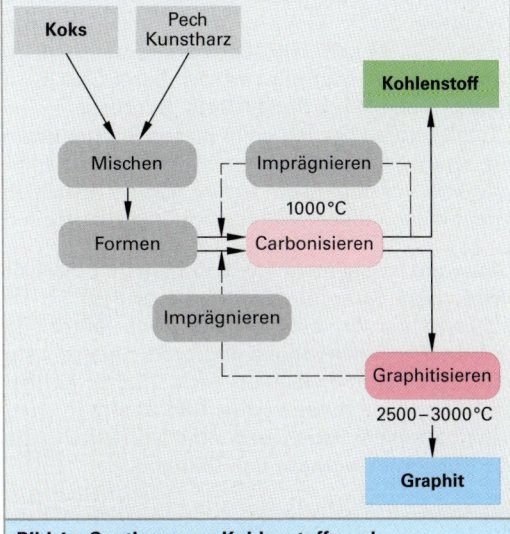

Bild 4: Synthese von Kohlenstoff- und Graphitwerkstoffen

Danach besteht es aus teilkristallinen Kokskörnern, die durch amorphen Kohlenstoff gebunden sind. Im Laufe der Carbonisierungsphase kann sich in dem aus dem Binder entstandenen amorphen Kohlenstoffskelett über eine Kristallisation teilkristalliner Kohlenstoff bilden.

Im *zweiten Schritt* können sich in einer langzeitigen Behandlung bei 2500 °C bis 3000 °C (**Graphitierung**) in den Kokskörnern wie auch in dem aus dem Binder entstandenen Koksskelett die kristallinen Bereiche durch Lösen zahlreicher Bindungen und Bildung von Bindungen zwischen neuen Partnern immer weiter ausprägen. Das erreichbare Verhältnis von Kornvolumen zu Korngrenzenvolumen („Graphitierungsgrad") ist dabei von der bereits im Koks anzutreffenden Korngröße und den Graphitierbedingungen abhängig: Mit zunehmender Graphitiertemperatur und -dauer nimmt der kristalline Anteil zu.

Die Erwärmung erfolgt in der Graphitisierungsphase in der Regel durch direkten Stromdurchgang infolge Ohm'schen Widerstandes, weswegen der synthetisch hergestellte Graphit auch als Elektrographit bezeichnet wird.

Für die Synthese von Diamant aus Graphit benötigt man Bedingungen, unter denen die Graphitmodifikation instabil wird und in die stabilere Diamantmodifikation übergeht („Diamant"-Bereich in **Bild 1, Seite 414**).

Eine für technische Belange ausreichende Synthesegeschwindigkeit wird bei 3000 °C und 150 kbar erreicht (**„Direktsynthese"**). Allerdings kann die Synthese durch Zugabe metallischer „Katalsatoren" (Cr, Mn, Ni, Co, Fe) bereits bei 1500 °C und 50 bis 100 kbar mit vergleichbarer Geschwindigkeit ablaufen (**„Katalysierte Synthese"**): Die „Katalysatoren" liegen unter diesen Bedingungen als schmelzflüssige Filme zwischen den Graphitpartikeln vor und lösen den im nun metastabilen Graphit gebundenen Kohlenstoff in Karbidform.

Sättigung ist bei etwa 4,0 % Kohlenstoff erreicht. Wird diese Konzentration überschritten, so kristallisiert der Kohlenstoff dann in der unter den gegebenen Bedingungen thermodynamisch stabilen Diamantmodifikation (etwa 3,6 % Kohlenstoff) über Keimbildung aus. **Bild 2** zeigt in einer schematischen Darstellung eine Vorrichtung für die Hochdrucksynthese von Diamant.

Die Größe der so synthetisierten polykristallinen Diamanten (P[oly]K[ristalliner]D[iamant]), Naturdiamanten treten im Gegensatz dazu einkristallin (monokristallin) auf (M[ono]K[ristalliner] D[iamant]) ist proportional zur Reaktionsdauer, wobei mit einer Stunde Reaktionszeit Größen von 0,1 mm realisierbar sind. Über die Variation von Temperatur und Druck kann neben der Größe auch die Form und Oberflächenbeschaffenheit der Diamanten eingestellt werden. Sind nur kleine Diamantkristalle herzustellen, so kann man auch durch Sprengstoff erzeugte Stoßwellen durch Graphitpulver laufen lassen (**„Schockwellensynthese"**): Bei dem in den Stoßwellen herrschenden Druck wandelt sich der Graphit teilweise in Diamant um.

> Die Synthese von Diamant aus Graphit erfolgt bei 3000 °C und 150 kbar; durch Katalysatoren können Temperartur und Druck wesentlich reduziert werden.

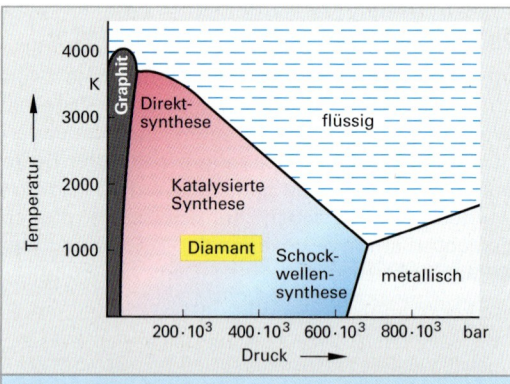

Bild 1: Gleichgewichtszustandsschaubild des Diamant

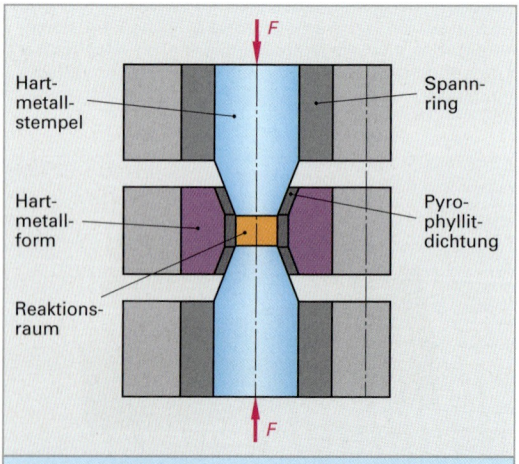

Bild 2: Vorrichtung für die Hochdrucksynthese von Diamant

Hochtemperaturbehandlung von Grünkörpern aus siliziumorganischen Kunstharzen

Wird das vernetzte Kunstharz des Grünkörpers unter Sauerstoffausschluss wärmebehandelt, so kommt es zwischen etwa 400 °C und etwa 900 °C zur Kunstharz → Keramik-Konversion:

Bei einer Formmasse auf Polysiloxan-Basis ($[-(CH_3)_2Si-O-]_n$) oder Polycarbosilan-Basis ($[-(CH_3)_2Si-CH_2-]_n$) findet zwischen 400 °C und 800 °C und bei einer Formmasse auf Polysilazan-Basis ($[-(CH_3)_2Si-NH_2-]_n$) zwischen 400 °C und 900 °C zunächst eine Abspaltung organischer Reste wie z. B. CH_4, C_6H_6, CH_3NH_2 statt („Zersetzung"), die den Grünkörper in gasförmigem Zustand verlassen (**Bild 1** und **Bild 2**).

Damit gehen ein *Gewichtsverlust* von 10 % bis 30 %, bei fehlenden permanenten Additiven eine *Volumenschwindung* von bis zu 50 % und die Bildung eines offenen Kanalsystems einher (⇒ Wanddickenbeschränkung auf solche von Fasern und Beschichtungen, da sonst übermäßige Porenbildung und sogar Rissbildung).

Alle drei Effekte zusammen haben bei Formmassen auf Polycarbosilan-Basis wie auf Polysilazan-Basis eine Steigerung der Dichte des „Grünkörpers" von etwa 1 g/cm³ auf 3,0 bis 3,2 g/cm³ zur Folge.

> Durch Wärmebehandlung der Grünkörper erreicht man eine Steigerung der Dichte und eine Volumenschwindung.

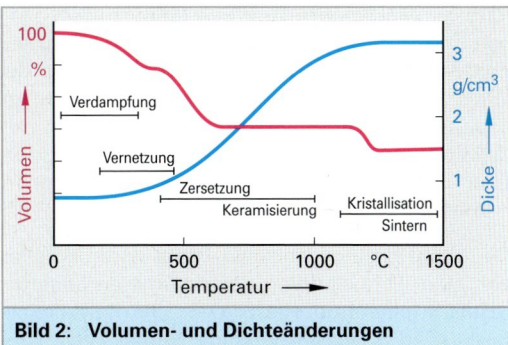

Bild 2: Volumen- und Dichteänderungen

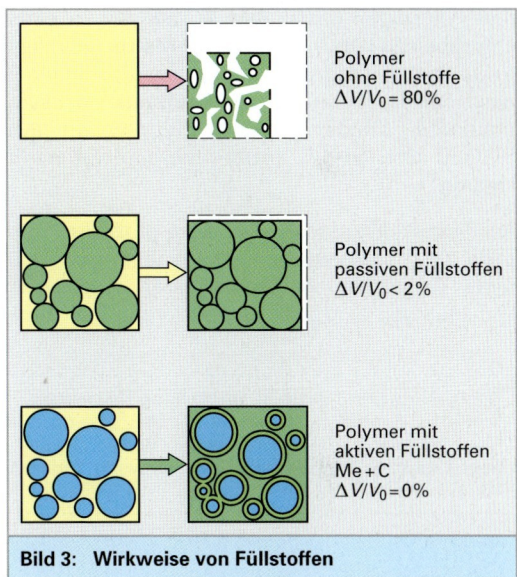

Bild 3: Wirkweise von Füllstoffen

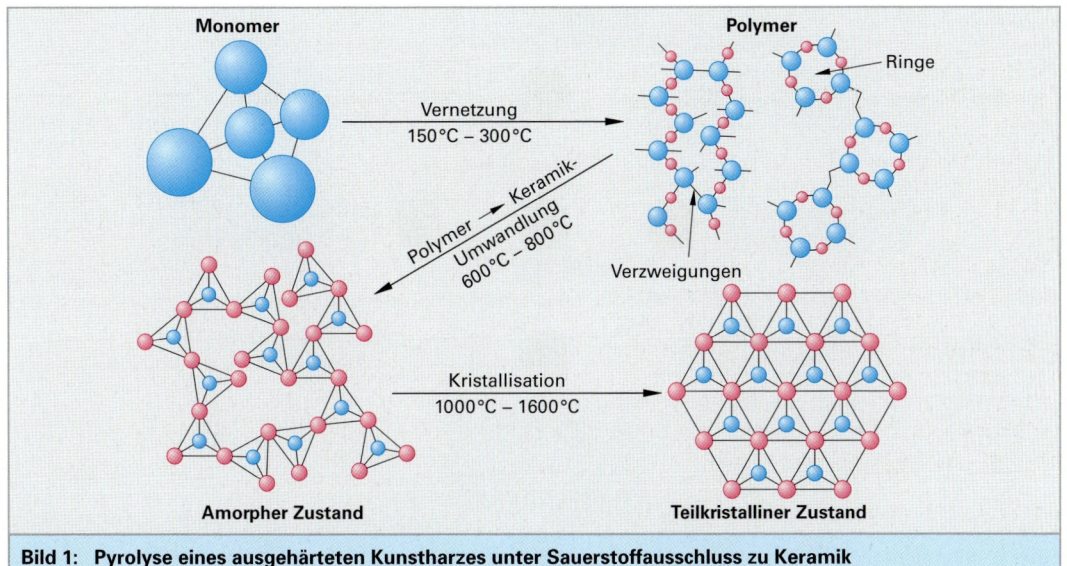

Bild 1: Pyrolyse eines ausgehärteten Kunstharzes unter Sauerstoffausschluss zu Keramik

Passive permanente Additive („Füllstoffe") können diesen Effekt etwas mildern **(Bild 3, vorhergehende Seite)**, während *aktive permanente Additive* („Füllstoffe") den Volumenverlust über zur Expansion der Additive führende Reaktionen mit den abgespaltenen organischen Resten bei „richtiger" Dosierung sogar kompensieren können (→endkonturnahe Bauteile).

Die Abspaltung organischer Reste wird begleitet von einer Umwandlung des polymeren Leitergerüstes in eine amorphe Si-O-C- (bei Polysiloxan-Basis; **Bild 1, vorhergehende Seite**), Si-C- (bei Polycarbosilan-Basis; **Bild 1**) bzw. Si-C-N-Keramik (bei Polysilazan-Basis; **Bild 1**), bei der in einer amorphen Si-(O)-C- bzw. Si-N-C-Matrix (kovalent gebundenes amorphes Netzwerk) zueinander noch statistisch regellos angeordnete hochsymmetrische, dreidimensionale Baugruppen aus Si-(O)-C bzw. Si-N-C anzutreffen sind **(„Keramisierung")**.

Aus Festigkeitsgründen sind diese großteils amorphen Zustände erwünscht. Diese thermisch induzierte Zersetzung hochmolekularer organischer Verbindungen und die Keramisierung genannte Überführung in nichtmetallisch-anorganische Feststoffe bezeichnet man zusammen als **Pyrolyse**. Sie ermöglicht das Herstellen keramischer Stoffe bei Temperaturen unter den sintertechnisch möglichen.

Oberhalb von 1100 °C (Si-C) bzw. 1200 °C (Si-C-N) kommt es zur **Kristallisation** und dadurch nochmals zu einer Dichtesteigerung. Die letztendlich erreichte Kristallitgröße liegt bei 100 nm bis 200 nm.

Die temperaturabhängige Stabilität des kovalent gebundenen amorphen Netzwerkes ist von der An- bzw. Abwesenheit netzwerkmodifizierender Elemente abhängig: So beginnt die Kristallisation bei merklichen Restgehalten an Bor (System Si-C-N-B [Polyborosilazane]) sogar erst bei 1600 °C **(Bild 2)**.

Die Pyrolyse ermöglicht die Herstellung keramischer Stoffe bei Temperaturen, die unter den sintertechnisch üblichen Temperaturen liegen. Aktive permanente Additive können den Sinterschwund zudem kompensieren.

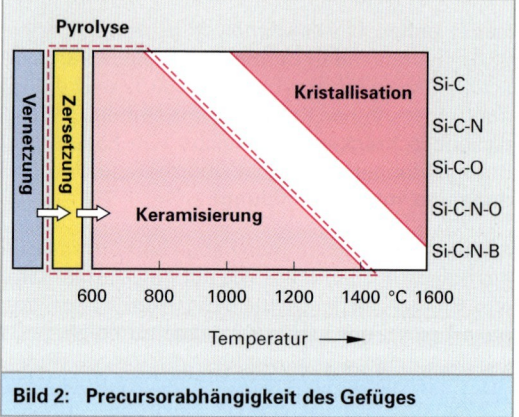

Bild 2: Precursorabhängigkeit des Gefüges

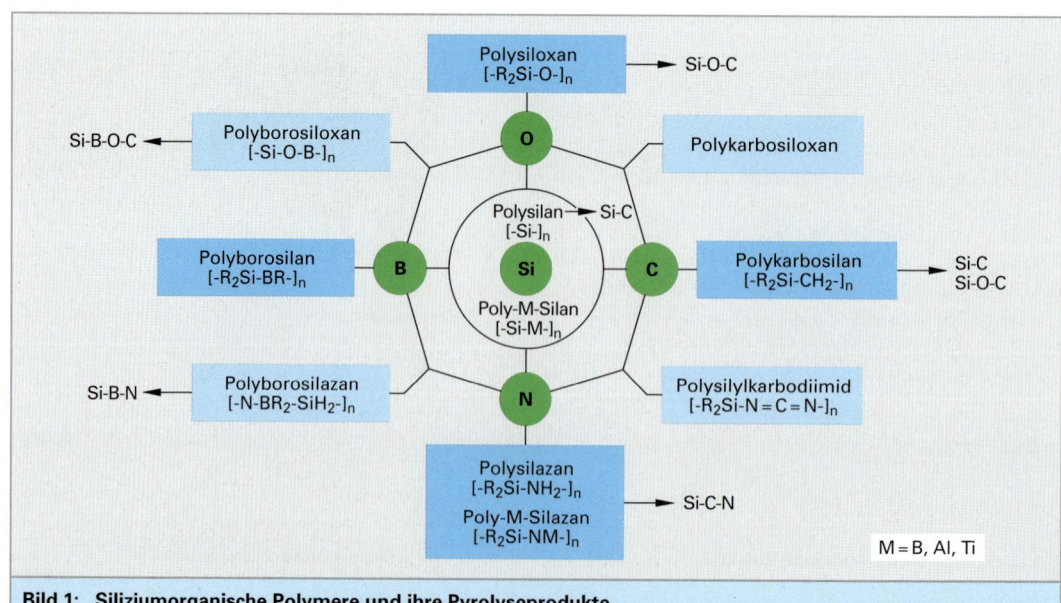

Bild 1: Siliziumorganische Polymere und ihre Pyrolyseprodukte

3.2.3.6 Endbearbeitung

Hartbearbeitung

Nach dem Sintern ist eine Hartbearbeitung möglich. Die Hartbearbeitung erfolgt fast ausschließlich mit geometrisch nicht definierter Schneide (Schleifen [räumlich gleichgerichtete Bearbeitungsspuren], Läppen und Polieren [bei bei den räumlich nicht gleichgerichtete Bearbeitungsspuren]) und sehr harten Werkzeugwerkstoffen (PKD [Schleifen, Polieren] und B_4C [Läppen]).

Hauptproblem ist die Beeinträchtigung der Schadenstoleranz durch in die Oberfläche eingebrachte Schädigungen, wobei die erzielbare Oberflächengüte durch kleinere Schneidstoffkorngrößen verbessert werden kann.

Spanlose Formgebung

Im Falle eines sehr feinkörnigen und auch bei hohen Temperaturen ($T > 0,5 \cdot T_m$) infolge von Korngrenzenbesetzungen korngrößenstabilen Gefüges (Y_2O_3-stabilisiertes ZrO_2; B_4C/BN-stabilisiertes SiC oder Si_3N_4) besteht bei hohen Temperaturen ($T > 0,5 \cdot T_m$) die Möglichkeit einer superplastischen Umformung. Auch hierbei wird angenommen, dass der Verformungsmechanismus im Wesentlichen in einem viskosen Materietransport in den Korngrenzen besteht und möglicherweise durch die Existenz einer sehr schmalen interkristallinen viskos fließenden Glasphase gefördert wird.

Fügen

Für stoffschlüssiges Fügen nichtsilikatischer Keramiken kommt neben dem Kleben und dem Diffusionsschweißen mit passenden Zwischenschichten das Aktivlöten in Frage (**Bild 1**). Bei letzterem werden Hartlote auf Ag- oder Cu-Basis, für Hochtemperaturanwendungen auch Pd- oder Au-Basislote zur Anwendung. Wechselwirkungen zwischen Lot und Keramik kommen allerdings erst bei geringem Zusatz (< 5 %) von phasengrenzflächenaktivem Ti, Zr, Hf, In, Sn u. a. oder Metallisierung der Keramik und zusätzlicher Anwendung von Inertgas oder Vakuum in Gang.

Oberflächenmodifikation

Metallische Schichten zur Oberflächenmodifikation nichtsilikatischer Keramiken können durch PVD und durch Einbrennen aufgebracht werden.

Mit **P**hysical-**V**apour-**D**eposition (PVD) können Oberflächenmodifikationen aufgebracht werden, wobei Oxidkeramiken wegen des bei ihnen dominierenden Ionenbindungsanteils zu den Metallkationen der späteren Schicht eine wesentlich bessere Verbindung und damit Haftfestigkeit als die dominant kovalent gebundenen Nichtoxidkeramiken haben.

Mit **Einbrennen** von Dispersionen können Oberflächenmodifikationen aufgebracht werden, die das entsprechende Metall sehr feindispers enthalten („Glasuren"). Haftungsverbessernd wirkt, wenn die Flüssigphase beim Einbrennen mit dem Substrat Bindungswechselwirkungen eingeht, was sich in einer Benetzung des Substrats äußert. Gegebenenfalls wird die benetzende Flüssigphase auch erst im Zuge der Bindungsreaktion gebildet.

Die anschließende galvanische Ni- oder Cu-Abscheidung kann die eingebrannte Metallschicht zusätzlich verstärken. Mitunter werden Metallbeschichtungen auf Keramikteilen auch benutzt, um die Keramikteile durch eine Lötung miteinander oder mit Metallteilen zu verbinden.

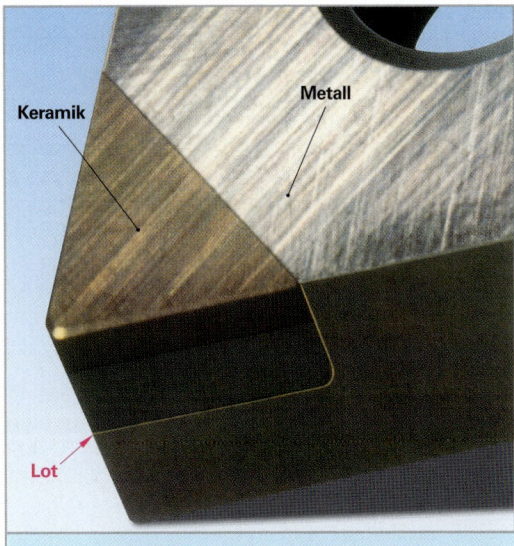

Bild 1: Aktivgelötete Keramik/Metall-Verbindungen

Wiederholung und Vertiefung

1. Beschreiben Sie die drei Verfahren der Diamantsynthese.
2. Wie erfolgt die Hochtemperaturbehandlung von Grünkörpern aus siliziumorganischen Kunstharzen?
3. Welche Endbearbeitungsverfahren kommen für Keramik in Frage?
4. Können Metalle mit Keramiken verlötet werden?

3.3 Bauteile aus Silikatglas

Silikatgläser sind nichtmetallisch-anorganischer sowie nichtkristalliner Natur. Wegen der dominierenden Ionenbindung weisen sie neben den in **Bild 1** aufgeführten für zahlreiche Anwendungsfälle vorteilhaften auch einige nachteilige Gebrauchseigenschaften auf. Der bemerkenswerteste Vorzug ist sicherlich die Transparenz im sichtbaren Wellenlängenbereich, während der gravierendste Nachteil die im Vergleich zu den meisten Metallen und Polymeren geringe Zähigkeit ist. Sie resultiert aus dem nicht vorhandenen Vermögen der Silikatgläser, lokale Spannungsspitzen durch plastische Verformung abzubauen. Das hat auch zur Folge, dass bei der Formgebung von Silikatgläsern die urformenden Formgebungsverfahren im Vordergrund stehen.

Die Nutzung der vorteilhaften Eigenschaften und das Umgehen lernen mit den kritischen Eigenschaften der Silikatgläser bildet sich in der Geschichte der Entwicklung der Silikatgläser ab.

3.3.1 Geschichte der Silikatgläser

Obwohl dem Werkstoffanwender der Einblick in den Zusammenhang zwischen den Werkstoffeigenschaften und dem sie verursachenden strukturellen Aufbau der Werkstoffe bis zum Beginn des 20. Jahrhunderts noch nicht zugänglich war, hatte er dennoch bereits früh mit zufälligen Erfahrungen sowie mehr oder weniger systematischem Probieren erhebliche Erfolge bei seiner ersten bewussten Werkstoffherstellung.

Dies belegen Funde von Schmuckstücken aus Silikatglas, die bereits um 3500 v. Chr. in Ägypten und Mesopotamien hergestellt wurden. Dabei wurde das Rohstoffgemenge soweit erwärmt, dass die Teilchen zusammenbackten. Diese Masse wurde zerkleinert und aufgeschmolzen. Das Ergebnis war eine undurchsichtige und von Luftblasen durchsetzte Glasmasse.

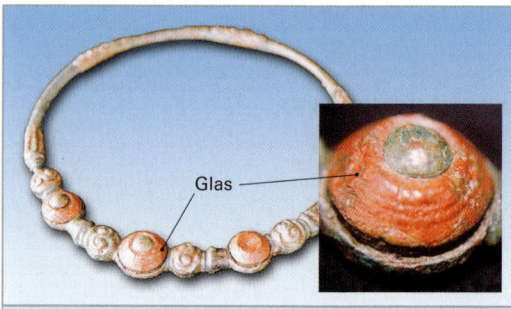

Bild 1: Eigenschaften der Silikatgläser

Bild 2: Glas in keltischem Halsring

Bild 3: Hohlgläser aus den Anfängen

Die ältesten Funde von Glasvasen und damit die Wurzeln der Hohlglasfertigung reichen zurück bis 1600 v. Chr. und wurzeln in Mesopotamien, zeitlich dicht gefolgt von Ägypten, Griechenland und China. Im um 1500 v. Chr. politisch und wirtschaftlich dominierenden Ägypten wurden die Hohlgläser dabei dadurch gefertigt, dass ein tongebundener Sandkern in geschmolzenes Glas getaucht und der Glasüberzug im noch weichen Zustand durch Rollen auf einer Steinplatte geglättet wurde. Die Kelten verwendeten um 350 v. Chr. als Schmuck Glassteine **(Bild 2)**.

Um 1350 v. Chr. gelang den Ägyptern auch die Herstellung durchsichtigen Glases. Die neuen Erkenntnisse wurden in der Folgezeit bis nach Italien weitergetragen.

Der nächste bedeutende Entwicklungsschritt gelang syrischen Handwerkern um 200 v. Chr. mit der Entwicklung der Glasmacherpfeife und mit ihr der Technik des Blasens dünnwandiger Hohlgläser **(Bild 3)**. Im letzten Jahrhundert v. Chr. übernahmen auch die Römer die Kunst des Glasblasens.

3.2 Bauteile aus Silikatglas

Flachglas trat erstmals um 750 v. Chr. in Assyrien und Persien auf und wurde nachfolgend als transparentes Flachglas trotz seiner geringen optischen Qualität von den Römern als *Architekturglas* eingesetzt.

Unter den Römern verbreiteten sich die Technologien der Glasherstellung bis ca. 300 n. Chr. nicht nur in ganz Italien, sondern auch in der Schweiz, in Frankreich, Deutschland (Zentrum der Glasindustrie wurde hier Köln), ja sogar bis nach China. Aus dieser Zeit stammt die Entwicklung des Zwischengoldglases (doppelwandiges Glas mit zwischengelegter Goldfolie), Überfangglases (Glas schichtweise aus farblich differenten Gläsern aufgebaut), Fadenglases (auf Glasblase aufgeschmolzene Glasfäden), Netzglases (auf Glasblase sich kreuzend aufgeschmolzene Glasfäden), Diatretglases (doppelwandiges Glas mit teilweise ausgeschliffenem Glasmantel und Glasfäden als Abstandshalter) sowie *Millefioriglas* (parallel liegende und miteinander verschmolzene Glasstäbchen wurden geschnitten, die sich ergebenden Streifen erneut nebeneinandergelegt und verschmolzen).

Um 1300 n. Chr. befanden sich die meisten Glashütten Europas auf der Insel Murano bei Venedig. Hier wurde auch eine aus dem 11. Jahrhundert n. Chr. stammende Entwicklung der Herstellung von dünnen Glasplatten weiterentwickelt. Dabei wurde eine *Glashohlkugel geblasen* (**Bild 1**) und durch vertikales Schwingen in Zigarrenform gebracht. In noch heißem Zustand wurden die Enden abgeschnitten, der erhaltene Zylinder längs aufgetrennt und flach ausgebreitet. Zu einer anderen Art von Flachglas führte das *Mondglasverfahren*. Hierbei wird eine Glaskugel geblasen und anschließend durch rasches Drehen zu einer runden Scheibe geschleudert. Diese Scheiben wurden mit Bleistreifen zu Fenstern zusammengesetzt.; bemalte Glasfenster erreichten ihren Höhepunkt zum Ende des Mittelalters. Um 1250 n. Chr. befasste man sich in Murano auch schon mit der Brillenherstellung.

Im 14./15. Jahrhundert begann die eigentliche Entwicklung des *europäischen Kunstglases*. In der zweiten Hälfte des 15. Jahrhunderts lernten Handwerker, für die Glasherstellung ein Gemenge aus *Quarzsand* und *Pottasche* zu verwenden, was zu klarem *Kristallglas* führte und im 16. Jahrhundert in der Entwicklung einer verfeinerten farblosen Glasmasse gipfelte und die Herstellung erster einfacher *Mikroskope* und *Fernrohre* ermöglichte. Im 17. Jahrhundert n. Chr. gelang dadurch, dass anstelle von Pottasche Bleioxid verwendet wurde, die Entwicklung von Bleikristall, das infolge seiner starken Lichtbrechung eine hohe Brillanz aufweist.

In der zweiten Hälfte des 17. Jahrhundert n. Chr. entstand in Frankreich eine neue Epoche der Flachglasproduktion. Das geschmolzene Glas wurde jetzt auf eine plane Unterlage gegossen, ausgewalzt und nach dem Erkalten geschliffen und poliert.

Immer mehr war der Werkstoffanwender bemüht, die Eigenschaften der bisher verwendeten Werkstoffe und Verfahren zu verbessern.

Zu Beginn des 19. Jahrhunderts gelang es *Fraunhofer*[1] und nachfolgend *Schott*[2] und *Abbe*[3] die Herstellung des Glases unter eine wissenschaftliche Kontrolle zu bringen und neue Materialien mit besseren Eigenschaften zu entwickeln.

Dabei half eine *analytische Betrachtung* des Zusammenhangs zwischen den Eigenschaften und dem strukturellen Aufbau der Werkstoffe und damit die gezielte Entwicklung neuer Werkstoffe, damit wiederum die Erschließung neuer Technologien, basierend auf erweiterten naturwissenschaftlichen Kenntnissen.

Das jetzt vorliegende Wissen ermöglichte erstmals das **Maßschneidern** moderner Silikatgläser und die leistungsfähigeren Schmelzaggregate die Massenproduktion.

Bild 1: Hohe Kunst der Hohlglasfertigung

---

[1] *Joseph von Fraunhofer* (1787 bis 1826), dt. Physiker
[2] *Friedrich Otto Schott* (1851 bis 1935), dt. Chemiker
[3] *Ernst Abbe* (1840 bis 1905), dt. Physiker und Gründer der Carl-Zeiss-Stiftung

3.3.2 Silikatgläser heute

Wichtige Produkte aus Silikatgläsern sind:

- Großflächige Flachglasprodukte mit hoher Oberflächengüte **(Bild 1)**,
- großflächige Flachglasprodukte mit höherer Schlagbeständigkeit,
- großvolumige Gussprodukte mit geringer Wärmedehnung,
- optische Gläser mit hoher Fehlerfreiheit und Homogenität,
- lichtleitende und matrixverstärkende Glasfasern **(Bild 2)**,
- wärmeresistente Produkte,
- chemisch resistente Produkte,
- Beschichtungen.

Bild 3 zeigt die möglichen Wege zur Fertigung von Bauteilen aus Silikatglas.

In der deutschen Glasindustrie werden 7 Millionen Tonnen Glas verarbeitet. Die Glasindustrie beschäftigt ca. 50 000 Personen. Der Umsatz von etwa 8 Milliarden Euro wird etwa zur Hälfte im Bereich Flachglasproduktion und der Flachglasveredelung erzielt und etwa zu einem Viertel in der Behälterglasproduktion. Das restliche Viertel sind Spezialgläser und Glasfasern.

Im Bereich der Welt-Flachglasproduktion ist China mit 40 % führend und stellt den größten Anteil der deutschen Glaswarenimporte. Deutsche Exporte gehen überwiegend in die Euro-Länder und die USA.

Bild 2: Glasfasern

Bild 1: Moderne Flachglasproduktion

Bild 3: Mögliche Wege zur Fertigung von Bauteilen aus Silikatglas

- **Rohstoffe:** Netzwerkbildner, Netzwerkwandler
- **Aufbereiten:** Reinigen, Mahlen, Mischen
- **Schmelzen im:** Tiegel, Hafenofen, Wannenofen
- **Raffinieren:** Homogenisieren, Läutern
- **Urformen unter Schwerkraft:** Senkrechtziehen, Waagerechtziehen, Floatverfahren, Gießen zwischen Walzen
- **Urformen unter Druckanwendung:** Blasen, Schleudergießen, Pressen, Strangpressen
- **Eventuelle weitere Verfahren:** Spanlose Formgebung, Spanabhebende Formgebung, Fügen, Oberflächenmodifikation

3.3.3 Rohstoffe und Aufbereitung

3.3.3.1 Rohstoffe

Die Hauptbestandteile der Silikatgläser werden eingeteilt in die **Netzwerkbildner** und die auch als Flussmittel bezeichneten **Netzwerkwandler**.

Einige Netzwerkbildner und Netzwerkwandler tragen über die Netzwerkbeeinflussung hinaus auch zur Steigerung der Beständigkeit gegen chemischen Angriff bei, weswegen sie in dieser Hinsicht auch als Stabilisatoren bezeichnet werden und, wenn auch vielleicht keine weitere netzwerkbildende oder netzwerkwandelnde Wirkung mehr vonnöten ist, zugesetzt werden.

Werkstoffkundliche Aspekte

Netzwerkbildende Oxide bilden bereits im schmelzflüssigen Zustand ein unregelmäßiges, über Sauerstoff räumlich verkettetes Netzwerk bestimmter Bauelemente (z. B. SiO_4-Tetraeder; in **Bild 1** in Projektion zu sehen).

Diese Bauelemente werden mit abnehmender Temperatur immer unbeweglicher, wodurch eine Kristallisation unterdrückt und die Schmelze unterkühlt wird. Ohne einen definierten Erstarrungspunkt aufzuweisen, wird sie immer hochviskoser und friert schließlich amorph[1] ein. Der Glaspunkt ist experimentell nur über eine Tangentenkonstruktion entsprechend **Bild 2** zu ermitteln.

Die Alkali- und Erdalkalimetalloxide sind allein nicht in der Lage, glasartig zu erstarren. Sie lassen sich jedoch bis zu einem bestimmten Anteil in andere Gläser einbauen, wobei damit infolge der Größe der Kationen stets eine Verminderung des Vernetzungsgrades der Netzwerkbildner verbunden ist **(Bild 3)**.

Sie werden daher auch als *netzwerkwandelnde Oxide* und, da die Glastemperatur des Netzwerkbildners mit zunehmender Reaktion mit dem Netzwerkwandler und damit abnehmendem Vernetzungsgrad absinkt, auch als *Flussmittel* bezeichnet.

Stabilisatoren sollen das Glas chemisch beständig machen. Als solche wirken Verbindungen von Erdalkalimetallen sowie des Bleis und Zinks.

Bild 1, folgende Seite zeigt Netzwerkbildner und Netzwerkwandler und die sie liefernden Rohstoffe.

> Netzwerkwandler reduzieren die Tendenz zur Netzwerkbildung und senken dadurch die Glastemperatur ab, weswegen sie auch als Flussmittel bezeichnet werden.

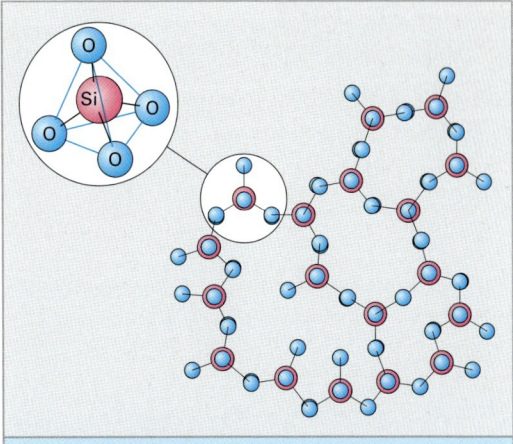

Bild 1: Fehlende Fernordnung des SiO_4-Tetraedernetzwerks beim Kieselglas

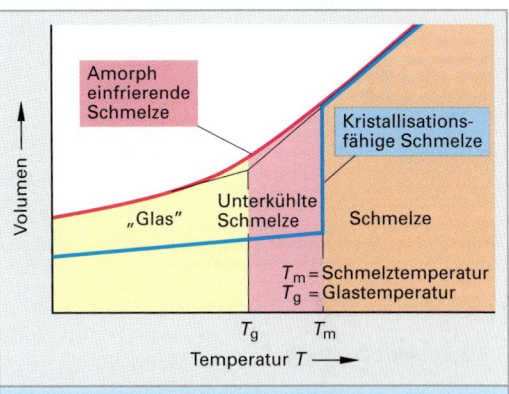

Bild 2: Temperaturabhängigkeit des Volumens bei Kristallisation und Glasbildung

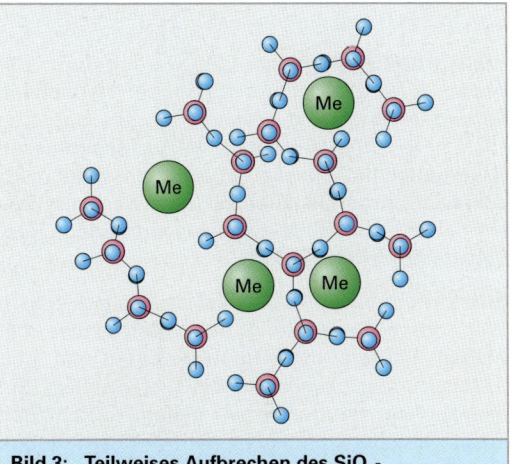

Bild 3: Teilweises Aufbrechen des SiO_4-Tetraedernetzwerks durch Einbau von netzwerkwandelnden Oxiden

---

[1] amorph = formlos, von griech. a ... = un ... und morphe = Gestalt.

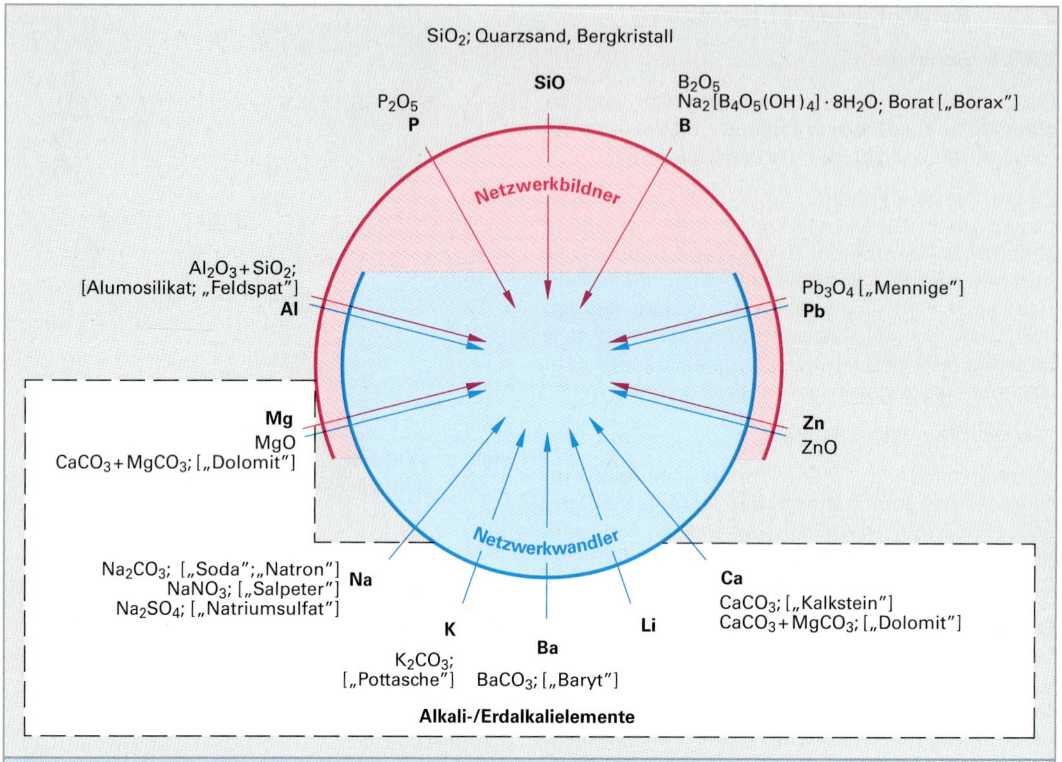

Bild 1: Netzwerkbildner und Netzwerkwandler sowie die sie liefernden Rohstoffe

3.3.3.2 Aufbereitung

Der wichtigste Netzwerkbildner silikatischer Gläser, das Siliziumdioxid (SiO_2), ist nicht nur im Bergkristall, sondern mit sehr hohen Gehalten auch im Quarzsand anzutreffen. Allerdings ist er dort in der Regel verunreinigt.

Erste grobe Verunreinigungen werden durch **Reinigen**, durch Waschen ausgetragen. Verbliebene Verunreinigungen, die die Farbe des späteren Glases in unerwünschter Weise beeinflussen (Übergangsmetalloxide, vor allem das Eisenoxid), sollten in ihren Gehalten für hochwertiges Glas auf nahezu Null, für Massenglas auf geringe Restgehalte reduziert werden.

Eine Entfernung von Eisenoxid ist auf chemischem Weg durch Behandlung des Quarzsandes mit heißen Säuren, eine Neutralisierung auf chemischem oder physikalischem Weg möglich. Ein chemisches Neutralisieren gelingt durch den Zusatz entsprechender Oxidations- bzw. Reduktionsmittel oder über entsprechende Reaktionsatmosphären. In beiden Fällen werden die färbenden Oxide von der farbverändernden in eine

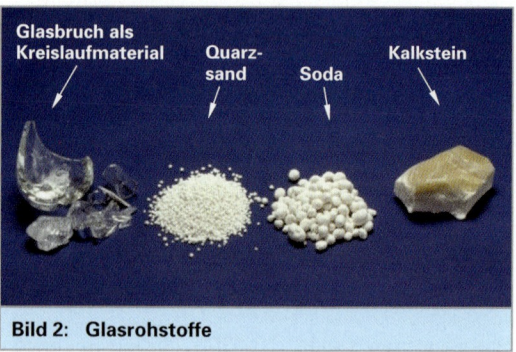

Bild 2: Glasrohstoffe

nichtfarbverändernde Oxidationsstufe überführt. Ein physikalisches Neutralisieren gelingt durch Zusätze mit der jeweiligen Komplementärfarbe.

Die übrigen Netzwerkbildner und die Netzwerkwandler werden gleichfalls in möglichst reiner Form bereitgestellt.

Alle Komponenten **(Bild 2)** werden durch **Mahlen** auf eine Partikelgröße von 0,1 bis 0,5 µm gebracht und im gewünschten Verhältnis **gemischt**.

3.3.4 Schmelzen und Raffinieren

3.3.4.1 Schmelzen

Das Schmelzen kleinerer Mengen erfolgt diskontinuierlich in **Tiegeln**, das Schmelzen größerer Mengen von hochwertigen Spezial- und Sondergläsern in diskontinuierlich betriebenen **Hafenöfen** und das Schmelzen größerer Mengen von Standardhohl- oder -flachglas in kontinuierlich betriebenen **Wannenöfen (Bild 1 und Bild 2)**.

Die sich im Ofen im Gemenge bei langsamer Erwärmung bis auf etwa 1500 °C abspielenden Vorgänge laufen über mehrere Reaktionsstufen ab, die nachfolgend am Beispiel eines Kalk-Natron-Silikatglases erläutert seien:

Oberhalb von 600 °C sintert das Gemenge zusammen und es kommt über Reaktionen zwischen den Komponenten SiO_2 (Schmelzpunkt 1710 °C) und $CaCO_3$, Na_2CO_3 unter Freisetzung von CO_2 zur Bildung von Alkali- und Erdalkalisilikaten sowie Doppelcarbonaten, die anschließend ab etwa 800 °C unter lebhafter Gasabgabe aufzuschmelzen beginnen. Das Ausmaß der Aufschmelzungen nimmt mit weiter steigender Temperatur immer weiter zu, wodurch die Viskosität abnimmt.

Bei etwa 1100 °C liegen in der zähflüssigen Schmelze neben gasförmigen Reaktionsprodukten nur noch die höherschmelzenden Komponenten (vor allem reines SiO_2) in geringen Anteilen als Festphase vor. Das vollständige Inlösunggehen des SiO_2 gelingt erst durch weitere Erwärmung bis auf 1500 °C, benötigt aber wegen der diffusionsbehindernden Restviskosität der Schmelze immer noch eine längere Zeit.

Sind alle Festphasen gelöst, so ist das Schmelzen abgeschlossen. Die jetzt vorliegende Rauhschmelze kann infolge eines unzureichenden Schmelzens unaufgeschmolzene Gemengebestandteile, chemisch differente Bereiche und Gasblasen enthalten. Sie würden später die mechanischen (innere Kerben) und korrosiven Eigenschaften (differente Korrosionssensibilität) sowie, wenn ihre Abmessungen oberhalb der halben Wellenlänge des sichtbaren Lichtes liegen, die Qualität optischer Gläser in unzulässiger Weise beeinträchtigen (Transparenz; Verzerrungsfreiheit: keine „Schlieren" durch von Ort zu Ort differente Brechungsindizes).

> Am Ende der Schmelzphase können in der Schmelze unaufgeschmolzene Rohstoffe sowie chemisch differente Bereiche und Gasblasen vorliegen.

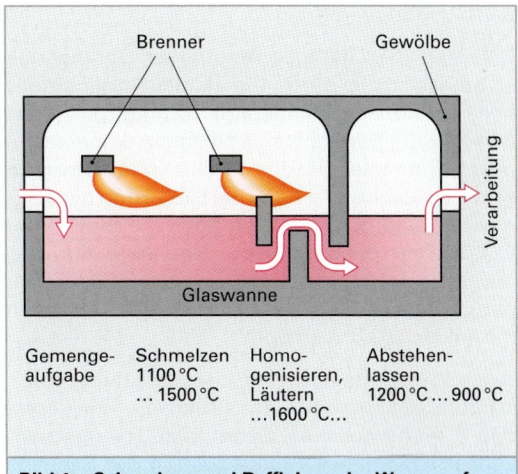

Bild 1: Schmelzen und Raffinieren im Wannenofen

Bild 2: Blick in den Wannenofen

Wiederholung und Vertiefung

1. Charakterisieren Sie die Haupteigenschaften der Bauteile aus Silikatglas.
2. Nennen Sie die wichtigsten Produkte aus Silikatgläsern.
3. In welche Hauptbestandteile werden die Rohstoffe für Silikatgläser eingeteilt?
4. Welche Aufgaben haben Netzwerkbildner und Netzwerkwandler bei der Glasherstellung?
5. Beschreiben Sie die Schritte der Rohstoffaufbereitung bei der Glasherstellung.
6. Welche Temperatur ist erforderlich, damit alle Festphasen in der Glasschmelze gelöst werden und das Schmelzen abgeschlossen ist?

3.3.4.2 Raffinieren

Während die unaufgeschmolzenen Gemengebestandteile allein durch ein länger andauerndes oder bei höherer Temperatur zu Ende gehendes Schmelzen beseitigt werden können, können chemisch differente Bereiche durch ein **Homogenisieren** und Gasblasen durch eine **Läuterung** beseitigt werden **(Bild 1)**. Die letzten beiden Schritte sind Aufgabe der Blankschmelze. Eine erste Homogenisierung der Schmelze und ein erstes Austreiben der Gasblasen wird bereits durch ein Erwärmen bis auf ca. 1600 °C erreicht.

Beide Teilschritte werden in ihrer Effektivität durch scherungsanregende konstruktive (Barrieren; **Bild 1 vorhergehende Seite**) und zwangsbewegende Maßnahmen (Rührwerke) in der Schmelzwanne sowie gasfreisetzende und auftriebsverleihende Zusätze begünstigt (aus As_2O_5, Sb_2O_5, Na_2SO_4 [Läuterungsmittel] freigesetzte große O_2- bzw. SO_2-Gasblasen nehmen die vorhandenen kleinen Gasblasen auf, was deren Auftrieb und damit den Gasaustrag steigert).

Abschließend wird die Schmelze abstehen gelassen, was die Läuterung vervollkommnet, und auf eine Verarbeitungstemperatur von etwa 900 bis 1000 °C abgekühlt. Mit Erreichen dieser Temperatur kann das Glas der Schmelzwanne in zähflüssiger Konsistenz entnommen und der Formgebung zugeführt werden.

3.3.5 Urformgebung

Die Temperaturabhängigkeit der Viskosität **(Bild 2)** macht in Abhängigkeit von der Temperatur ein Urformen durch Gießen ohne (höherer Temperaturbereich) oder unter Anwendung von äußerem Druck (niedriger Temperaturbereich) möglich. Netzwerkwandelnde Zusätze können über Viskositätsabsenkung die Verarbeitungstemperatur absenken (daneben aber auch die Dauergebrauchstemperaturen!).

In Abhängigkeit von der Viskosität ist ein Urformen durch Gießen, Blasen, Pressen und Walzen möglich. Um ein Ankleben der Glasmasse an der jeweiligen Werkzeugwandung zu vermeiden, kann die Werkzeugwandung mit einem als „Paste" bezeichneten wasserhaltigen Trennmittel beschichtet werden.

Durch die Wärmestrahlung der Formmasse verdampft zudem das in der Paste enthaltene Wasser und bildet zwischen Formmasse und Werkzeugwandung ein thermisch isolierendes Dampfpolster, wodurch die Abkühlgeschwindigkeit reduziert und damit die Viskosität längere Zeit auf einem geringen Niveau gehalten wird.

Phänomen	Unaufgeschmolzene Rohstoffe	Chemisch differenter Bereich	Gasblasen
Maßnahmen	Temperatur länger halten		
	Höhere Temperatur		
		Scherungsanregende Maßnahmen	
			Gas freisetzende und Auftrieb verleihende Zusätze
			Abstehenlassen

Bild 1: Phänomene und Maßnahmen bei Glasschmelzen

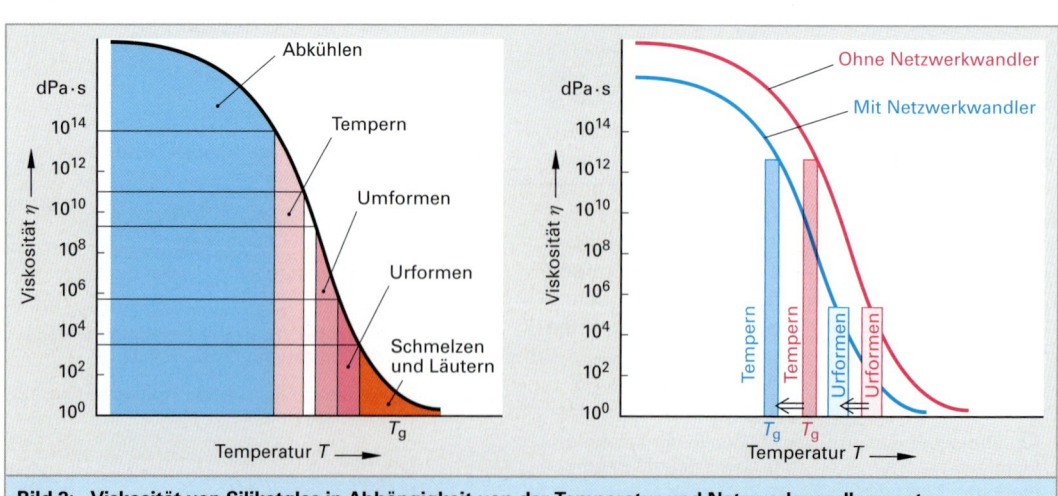

Bild 2: Viskosität von Silikatglas in Abhängigkeit von der Temperatur und Netzwerkwandlerzusatz

3.3.5.1 Urformgebung unter Schwerkraft

Die Formgebung allein unter der Wirkung der Schwerkraft setzt voraus, dass die Viskosität der Schmelze hinreichend gering ist. Die hiernach arbeitenden Verfahrensvarianten dienen der Fertigung von Flachglaserzeugnissen.

Während *Tafelglas* früher diskontinuierlich durch Ausgießen auf eine plane Unterlage und Walzen nach Erreichen einer hinreichenden Viskosität (*Spiegelglas* zusätzlich mit abschließendem Schleifen und Polieren) hergestellt wurde, wurden zu Beginn des 20. Jahrhunderts kontinuierliche Verfahren entwickelt, die zudem die Fertigung fehlerfreier Gläser mit höherer Oberflächengüte möglich machten.

Kontinuierliche Verfahren

Beim **Senkrechtziehverfahren** erfolgt das Abziehen der viskosen Glasmasse durch eine Schamotteschlitzdüse, die in die Schmelze gedrückt wird **(Bild 1)**. Durch sie wird das Glasband stetig nach oben in einen senkrechten Schacht gezogen und dabei spannungsfrei gekühlt.

Beim **Waagerechtziehverfahren** wird das Glas aus der freien Oberfläche der Schmelze gezogen. Das Glasband wird über eine gekühlte Stahlwalze umgelenkt und in einen waagerecht angeordneten Ziehkanal gezogen und spannungsfrei gekühlt.

Beim **Walzengießverfahren** wird die kontinuierlich zufließende Schmelze zwischen zwei rotierenden Walzen geformt.

Sind die Walzen profiliert, so lässt sich mit diesem Verfahren *Ornamentglas* herstellen. Durch Einführen von Drahtgeflechten stellt man *Drahtglas* her, beides Gläser, die früher diskontinuierlich durch Ausgießen auf eine entsprechend profilierte Unterlage bzw. Ausgießen und Einlegen von Drahtgeflechten hergestellt wurden.

Über diese Technik konnten auch aus mehreren Wannen gleichzeitig Flachgläser gezogen und zu einer Mehrschichtscheibe zusammengeführt werden, die eine höhere Schadenstoleranz aufwies.

Die Verfahren konnten allerdings den im Laufe der Zeit immer größer werdenden nach gefragten Mengen und Abmessungen (→ Architekturglas) sowie Qualitätsansprüchen an Oberflächengüte und Fehlerfreiheit (zur Fertigung von Spiegelglas war das abschließende Schleifen und Polieren immer noch nötig) nicht mehr entsprechen.

Nach 1960 entwickelte man das **Floatglasverfahren (Bild 2)**, bei dem die Glasschmelze auf ein großflächiges Zinnbad aufgegossen wird, auf dem sie schwimmend kontinuierlich von der auf etwa 1000 °C temperierten Einlaufzone in die auf etwa 600 °C temperierte Auslaufzone abgekühlt und abgezogen wird. Die hohe Oberflächengüte macht ein Schleifen und Polieren überflüssig, d. h., man erreicht mit dem *Floatglas* Spiegelglasqualität.

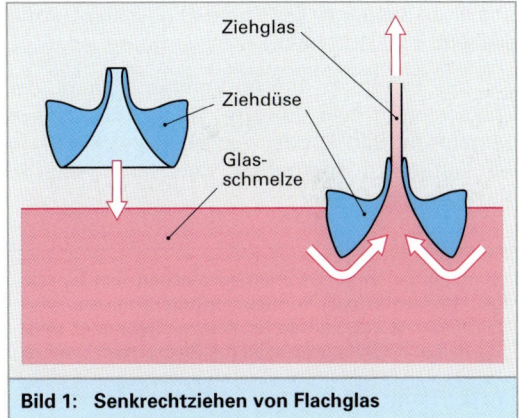

Bild 1: Senkrechtziehen von Flachglas

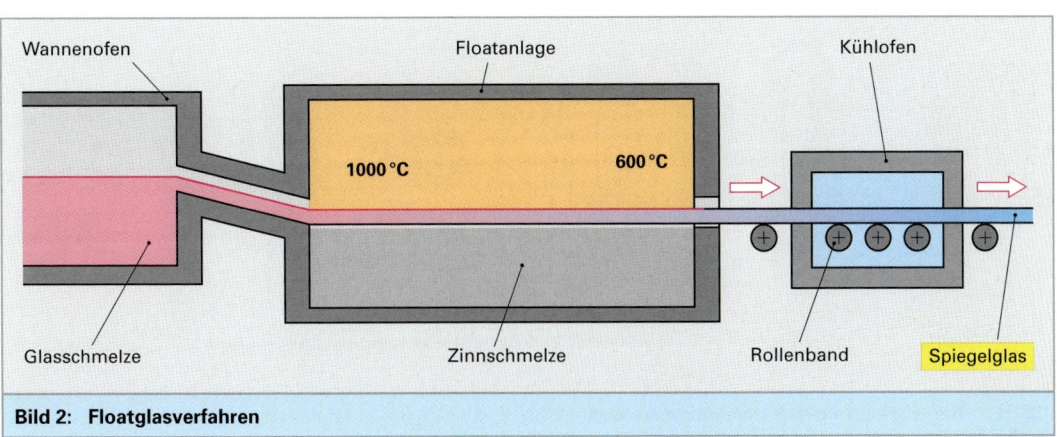

Bild 2: Floatglasverfahren

3.3.5.2 Urformgebung unter Druckanwendung

Zum Ausformen von komplex geformten Geometrien, von Geometrien mit nicht äquidistanten und/oder gewölbten Oberflächen sowie von filigranen Geometrien bis hin zu Fasern ist die Verwendung geometriegebender Formen erforderlich. Um die Werkzeuggravur zuverlässig füllen zu können, was bei den in der Regel vergleichsweise kalten und damit beschleunigt Wärme abführenden Formwerkstoffen nochmals erschwert ist, müssen angesichts der Viskosität der Glasschmelze über die Schwerkraft hinausgehende äußere Kräfte angewendet werden (Druck, Fliehkraft).

Fertigen von Hohlgläsern

Das Fertigen dünnwandiger Hohlgläser (→ *Flaschen, Trinkgläser, Kolben für Beleuchtungskörper*) erfolgt durch **Blasen**, bei geringer Stückzahl durch Mundblasen, bei großer Stückzahl auf Automaten. Beim Mundblasen wird der Glasposten vom Glasmacher mit der Glasmacherpfeife aufgenommen und frei oder in Hohlformen unter ständigem Drehen ausgeblasen und in die gewünschte Form gebracht, sodann von der Pfeife abgeschlagen und gekühlt.

Bei der Fertigung auf Automaten gelangt der Glasposten in eine Vorform, wo er mechanisch vorgeformt (**Bild 1**) oder vorgeblasen (**Bild 2**), in die Fertigform übergeben, dort fertiggeblasen und ausgeworfen wird.

> Komplex geformte Geometrien machen den Einsatz geometriegebender Formen erforderlich, die vergleichsweise kalt und daher Wärme abführend sind. Die dadurch höhere Viskosität der Glasschmelze macht zur exakten Abbildung der Werkzeuggravur die Aufgabe von Druck erforderlich.

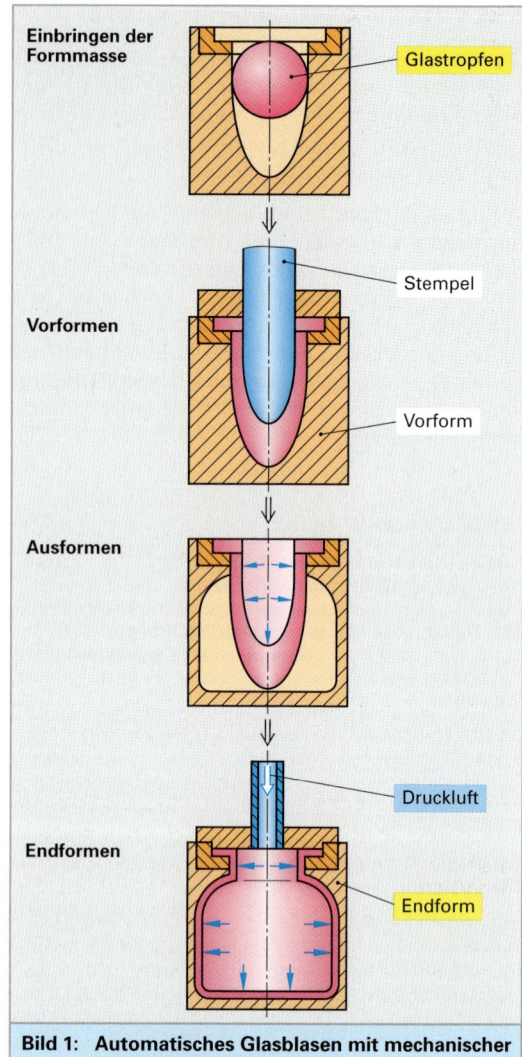

Bild 1: Automatisches Glasblasen mit mechanischer Vorformung

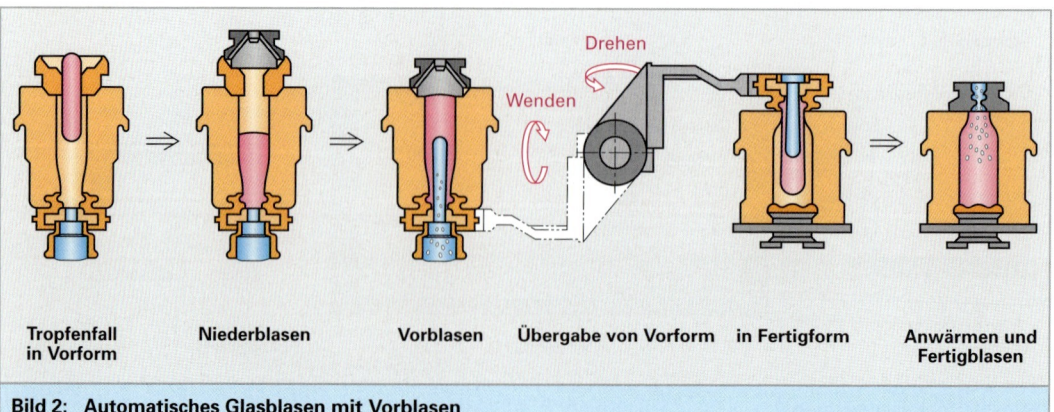

Bild 2: Automatisches Glasblasen mit Vorblasen

3.2 Bauteile aus Silikatglas

Über weite Strecken können zylindrische, dünnwandige Hohlgläser (→ *Röhren, Reagenzgläser, Ampullen, Lampenkolben*) mit der Dannerpfeife automatisch gefertigt werden (**Bild 1**). Hierbei läuft eine höherviskose Glasschmelze auf ein leicht abwärts gerichtetes und langsam rotierendes Tonrohr.

Durch Zufuhr von Luft durch das Rohr entsteht ein Glasrohr, das am Ende der Pfeife zur Einstellung der Dicke kontinuierlich abgezogen wird. Soll der Durchmesser des Rohres weiter reduziert werden (→ *Kapillarrohre*), so gelingt dies durch abschließendes **Ziehen**.

Im Falle der Fertigung von einseitig verschlossenen Hohlkörpern gelingt das **Verschließen durch verschweißendes Abscheren** des noch zähen Rohres an der vorgesehenen Verschlussstelle.

Zum Fertigen großer und/oder dickwandiger, weitestgehend zylindrischer Hohlgläser wird auch das **Schleudergießen** eingesetzt.

Fertigen von Massivbauteilen

Zylindrische Massivbauteile (→ *Stangen, Profile*) werden durch **Strangpressen** oder **Ziehen** hergestellt.

Großflächige Bauteile mit nicht äquidistanten und/ oder gewölbten Oberflächen (→ *Beleuchtungsabdeckungen, Bildschirm und Trichter für Fernsehbildröhren, optische Linsen*) sowie großvolumige Bauteile werden durch **Pressen** hergestellt. Hierbei wird in den Unterteil der Form ein genau bemessener Glasposten eingebracht, der dann durch den Stempel seine endgültige Form erhält.

Auch zur Fertigung von *Fasern*, die in der Verbundwerkstofftechnik der Verstärkung anderer Matrizes dienen sollen (→ *Glasfaserverstärkte Kunststoffe* [GFK]), wird die Schmelze durch Pressen geformt.

Zur Herstellung von Langfasern wird sie durch Düsen gepresst und die infolge fortschreitender Abkühlung hochviskos gewordene Faser über ein Rollenwerk auf den gewünschten Enddurchmesser (einigen µm) abgezogen (**Bild 2**). Solche als *Filamente* bezeichnete Einzelfasern werden zu einem *Roving*[1] genannten *Faserbündel* zusammengefasst.

> Glasfaserrovings bestehen aus zahlreichen Glasfaserfilamenten

[1] engl. to rove = vorspinnen, ausfasern

Die Fasern erhalten meist eine „Schlichte" genannte Beschichtung, die als Korrosionsschutz und/oder Gleitmittel für eine Weiterverarbeitung zu Geweben, Gestricken oder Geflechten dient (Die Schlichte muss, falls die Glasfaser in einer Kunstharzmatrix elastizitätsmodulsteigernd und festigkeitssteigernd wirken soll, zur Verbesserung der Matrixanbindung vor dem Einbringen in die Matrix durch eine thermische Behandlung bei etwa 600 °C entfernt (Entschlichtung) und durch einen Haftvermittler (meist eine Silanverbindung) ersetzt werden).

Kurzfasern werden durch Zerblasen bereits hochviskos gewordener Langfasern (Düsenblasverfahren) oder durch Zerschleudern eines flüssigen Schmelzstrahls beim Auftreffen auf eine rotierende Scheibe hergestellt.

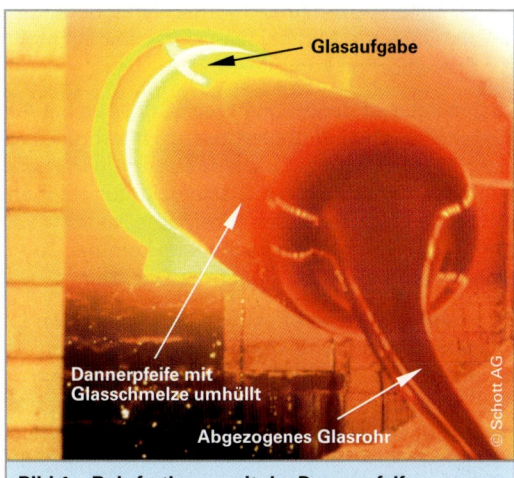

Bild 1: Rohrfertigung mit der Dannerpfeife

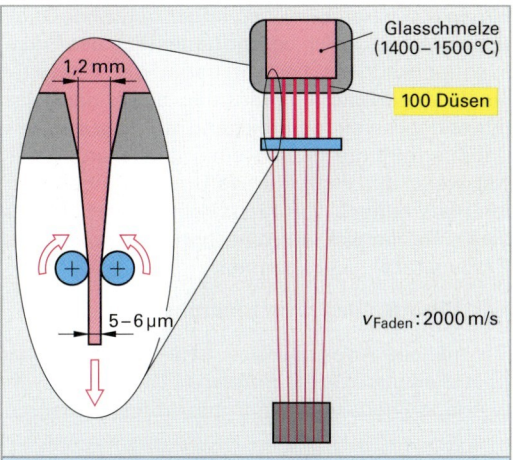

Bild 2: Düsenziehverfahren zur Herstellung von Glasfaserrovings

3.3.5.3 Temperung

Ziel einer Temperung kann ein Spannungsabbau, eine kontrollierte Kristallisation oder eine gezielte Entmischung sein.

Spannungsabbau

Im Allgemeinen wird bei den silikatischen Gläsern eine amorphe Mikrostruktur angestrebt, ist also eine Unterdrückung der Kristallisation erforderlich. Um dies zu gewährleisten, muss, da die Formgebungstemperaturen in der Regel in den Bereich erhöhter Kristallisationsneigung hineinreichen, die Formgebung abgeschlossen sein, bevor eine Kristallisation einsetzt. Auch die sich anschließende Abkühlung muss so rasch erfolgen, dass es in der wärmeleitungsbedingt am langsamsten abkühlenden Partie eines Bauteils – dies ist stets die Mitte eines Querschnitts – nicht zur Kristallisation kommt.

Zu beachten ist dabei andererseits, dass es bei Abkühlungsgeschwindigkeiten, die zur Unterdrückung einer Kristallisation hinreichend hoch sein müssen, infolge der unterhalb der Glastemperatur stark ansteigenden Viskosität der Glasmasse kaum noch zum Abbau von Abkühlspannungen kommen kann, Eigenspannungen also eingefroren werden.

Zu einem möglichst effektiven Vermeiden von Eigenspannungen wird die Abkühlung *kontrolliert* in einem Kühlofen vorgenommen. Sie erfolgt – von Temperaturen wenig oberhalb der Glastemperatur ausgehend – zunächst langsam, um dem unterschiedlich schnellen Erkalten der Bauteile von Oberflächen- und Kernmaterial gerecht zu werden, und wird erst nach Passieren der Glastemperatur beschleunigt.

Ein anderer, zum Erreichen hoher optischer Qualitäten u. U. zusätzlich beschrittener Weg des Eigenspannungsabbaus besteht darin, die Viskosität durch längerzeitige Erwärmung bis in den Glastemperaturbereich hinreichend weit abzusenken. Dabei erfolgt gleichzeitig eine Stabilisierung des Netzwerks durch strukturelle Umlagerungen während des Haltens. Zur Kristallisation darf es allerdings im Hinblick auf eine hohe optische Güte (Transparenz) nicht kommen.

Kristallisation des zuvor amorphen Glases

Für manche Anwendungen ist ein kontrolliertes Kristallisieren, das als *Entglasen* bezeichnet wird, zweckmäßiger als ein amorpher Werkstoffzustand.

> Bei optischen Gläsern mit hoher Transparenz darf es nicht zur Kristallisation kommen.

Glaskeramik bietet diesen zwischen Glas und Keramik angesiedelten Gefügestatus **(Bild 1)**. Für die Herstellung von Glaskeramiken wird die chemische Zusammensetzung der Glasmasse bereits in der Aufbereitung so gewählt, dass sie nahe bei der Zusammensetzung der gewünschten Kristallphase liegt. Zusätzlich werden dem Rohstoffgemenge Substanzen zugegeben, die später als Keime eine kontrollierte Kristallisation möglich machen.

Die Formgebung erfolgt mit den vorgenannten Verfahren und führt nach dem Abkühlen zu einem Formkörper mit amorphem Zustand. Erst in einer sich anschließenden Temperung **(Bild 2)** werden die Keimbildner aktiv und lagern sich zu Keimen zusammen, auf denen bei weiterer Temperaturerhöhung feine Kristalle aufwachsen.

Der erreichbare kristalline Gefügeanteil kann zwischen 50 % und nahezu 100 % liegen. Da sich die Kristallisation im Innern des Formteil/Halbzeug vollzieht, sind die Glaskeramiken wie die amorphen Gläser porenfrei.

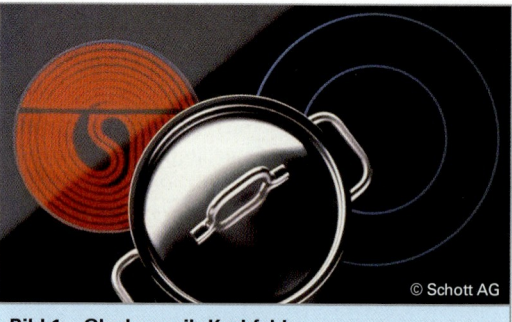

Bild 1: Glaskeramik-Kochfeld

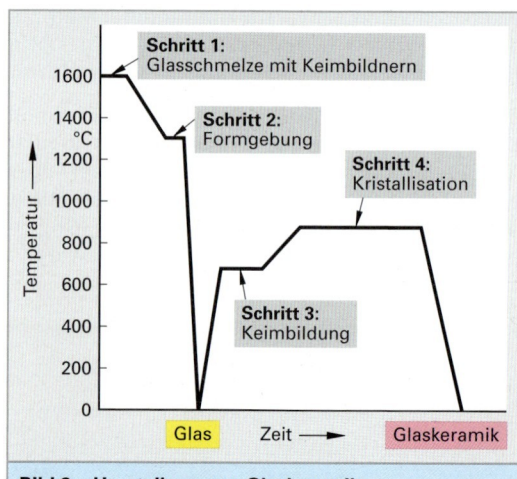

Bild 2: Herstellung von Glaskeramiken

Entmischung des zuvor homogenen Glases

Es wurde erwähnt, dass Glas ein metastabiler Zustand ist, weswegen chemisch entsprechend zusammengesetzte Gläser im Bereich der Glastemperatur in zwei oder mehrere Phasen entmischen können. Sind die Abmessungen solcher Inhomogenitäten kleiner als die halbe Wellenlänge des sichtbaren Lichtes, so beeinflussen sie das Absorptionsverhalten, nicht aber die Transparenz des Glases.

Sind die Entmischungen dagegen größer als die halbe Wellenlänge des sichtbaren Lichtes, so wird auch die Transparenz des Glases beeinträchtigt und dieses zeigt sich nur noch als transluszent bis weißopak.

- Entmischungen mit einer „unsichtbaren" Größe der ausgeschiedenen Phase werden bei phototropen Gläsern genutzt ($\rightarrow$ *phototrope Brillengläser* (**Bild 1**): Silberhalogenidhaltiges Glas entmischt sich bei Wärmebehandlung im Bereich der Glastemperatur und scheidet das Silberhalogenid aus.

  Durch UV-Strahlung werden die Silberionen wie bei der Photographie zu Silber reduziert, was das Glas dunkel erscheinen lässt und einfallendes Sonnenlicht absorbiert. Nach der UV-Strahlung wandelt sich das Silber wieder zu Silberhalogenid um und das Glas wird wieder hell.

- Hochborhaltiges Na-Borosilikatglas entmischt bei Temperung im Bereich der Glastemperatur in eine SiO_2- und eine Na-Borathaltige Phase. Letzte lässt sich leicht in Säuren lösen, was zu offen porösen Gläsern mit einem Porendurchmesser von 10 - 1000 nm führt ($\rightarrow$ *Meerwasserentsalzung; Dialyse; Emulsionsaufbereitung und Proteintrennung*).

  Die anschließend verbleibende SiO_2-Phase lässt sich bei Temperaturen deutlich unter der Glastemperatur zu 96 %-igem Kieselglas zusammensintern ($\rightarrow$ *Hochleistungslampen*), was gegenüber den zum direkten Urformen von Kieselglas erforderlichen Temperaturen eine deutliche Energieersparnis bedeutet.

3.3.5.4 Urformen durch Pulvertechnologie

Zunehmend gewinnen Sinterprodukte aus Glaspulver oder aus Mischungen von Glas- mit Keramikpulvern an Bedeutung. Von Vorteil sind die vergleichsweise niedrigen Prozesstemperaturen von unter 1000 °C ($\rightarrow$ *Substrate für Multilayerchips*) sowie die einstellbaren Porositätsanteile (bis zu 40 Vol.-%) und Porendurchmesser (μm-Bereich). Offene Porositäten machen die Produkte nutzbar für *Filtrationen*.

Ein noch höherer Porenanteil und eine genauere Einstellung der Porengröße ($\rightarrow$ *schnellaufende Filter* für Abwasseraufbereitung und Bakterienabtrennung) lässt sich erreichen, wenn dem Glaspulver vor dem Sintern in definierter Menge ein Salz definierter Korngröße zugegeben wird, wobei dessen Schmelzpunkt über der Sintertemperatur des Glases liegt. Nach der Sinterung wird das Salz aus der Struktur herausgelöst und führt zu einer offenen Porosität.

3.3.6 Spanlose Formgebung

Die spanlose Formgebung erfolgt bei Temperaturen oberhalb der Glastemperatur (**vergl. Seite 418**) und ermöglicht das **Biegen** und **Wölben**. Die Nachbearbeitung von Röhren und Stäben von Hand erfolgt dabei oft mit einer Glasbläserlampe (**Bild 2**).

Bild 1: Phototrope Brillengläser

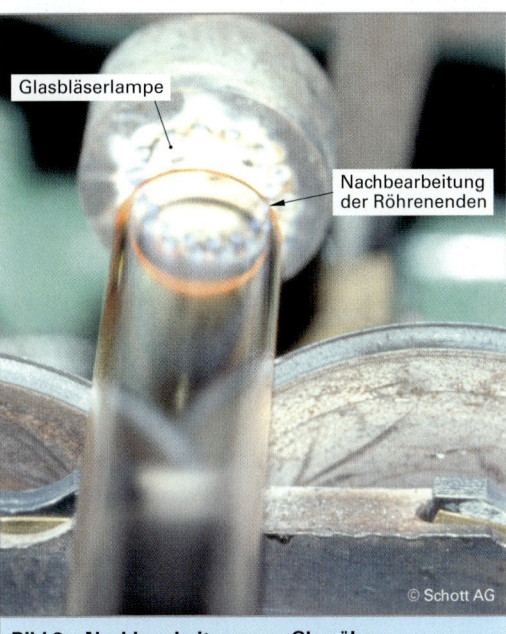

Bild 2: Nachbearbeitung von Glasröhren

3.3.7 Spanabhebende Formgebung

Eine spanabhebende Formgebung erfolgt bei Raumtemperatur und zur Vermeidung von spannungs- oder sogar rissbegünstigen Wärmestaus oftmals auch unter Wasserkühlung. Es kann dabei **geschnitten, gebohrt (Bild 1), graviert (Bild 2), geschliffen (Bild 3)** und **poliert (Bild 4)** werden.

3.3.8 Fügen

Grundsätzlich kann Glas durch Schweißen, Löten und Kleben verbunden werden.

Das **Schweißen** von Gläsern (**Bild 5**) erfordert wegen der unvermeidlichen Schweißspannungen und der bei niedrigen Temperaturen hohen Sprödigkeit ein langsames Aufwärmen und Abkühlen, unter Umständen zum Spannungsabbau sogar eine nachfolgende Temperung. Problemloser ist das Verbinden von Glas mit ausgewählten Keramiken und Metallen über **Löten** mit einem Glaslot sowie mit allen Werkstoffen über **Kleben** mit einem Klebstoff. Mit Glasloten lassen sich starre, elektrisch isolierende und gasdichte Verbindungen sowie Glas/Metall-Durchführungen herstellen. Glaslote sind Sintergläser mit besonders niedriger Erweichungstemperatur.

Die Verbindung wird hergestellt, wenn das Glaslot eine Viskosität von 10^4 bis 10^6 dPas und die Fügepartner die Glastemperatur erreicht haben. Neben den stabilen Glasloten, die sich wie dauerhaft amorphe Gläser verhalten, gibt es auch kristallisierende Glaslote, die sich dadurch auszeichnen, dass sie während des Lötens kristallisieren und in einen keramikartigen Zustand übergehen. Dadurch steigt die Viskosität des Glaslotes schon bei Löttemperatur steil an und verhindert einen Verzug bei erhöhter Temperatur.

3.3.9 Oberflächenmodifikation

Glätten

Durch selektives Verdampfen bei allen mit hohen Temperaturen ablaufenden Prozessen (einschließlich der Formgebung) entsteht eine rissfreie polierte Oberfläche, was man als Feuerpolieren bezeichnet. Sie weist eine höhere mechanische Festigkeit auf als eine naturraue Glasoberfläche. Eine vergleichbare Oberflächengüte kann auch durch chemisches Abtragen der Spitzen des Oberflächengebirges erreicht werden.

Bild 1: Bohren von Teleskopspiegeln

Bild 3: Schleifen eines Glasblocks

Bild 4: Polieren von Glaskeramik

Bild 2: Graviertes Glas

Bild 5: Verschweißte Glasteile

3.2 Bauteile aus Silikatglas

Härten

Eine Steigerung der Festigkeit und Schadenstoleranz wird durch den Einbau von Druckspannungen in die Oberfläche erreicht, was als *Vorspannen* bezeichnet wird. Dies gelingt auf thermischem wie auch chemischem Weg.

Härten auf thermischem Weg. Durch Erwärmen bis dicht unter die Glastemperatur und rasches Abkühlen wird in einer Oberflächenschicht von Formteilen/Halbzeugen eine aufgeweitete Struktur eingefroren, was hier zu einer Druckvorspannung und im Querschnittsinnern zu einer Zugvorspannung führt. Derartig oberflächenvorgespannte Silikatgläser werden in schlag- (Alkali/Erdalkali-Silikat-Gläser) bzw. brandgefährdeten Bereichen (Borosilikat-Glas) eingesetzt.

Durch gießtechnisches „Aufziehen" zweier dünner Glasschichten mit niedrigem Wärmeausdehnungskoeffizienten auf ein Kernflachglas mit hohem Wärmeausdehnungskoeffizienten stellt sich beim Abkühlen von Gießtemperatur eine Druckvorspannung in der Oberflächenschicht ein, die von der Differenz der Wärmeausdehnungskoeffizienten und dem Verhältnis der Schichtdicken abhängig ist ($\rightarrow$ *gläsernes Tafelgeschirr*).

Härten auf chemischem Weg. Durch Ionenaustausch werden bei einem Li_2O- oder Na_2O-haltigen Alumosilikat-Glas unterhalb der Glastemperatur die kleinen Li^+- oder Na^+-Ionen gegen die großen K^+-Ionen ausgetauscht und dadurch das Gitter im Bereich der schichtartig angeordneten ausgetauschten Ionen aufgeweitet. Die erzielbare Druckvorspannung liegt höher als die thermisch erzeugbaren ($\rightarrow$ *Flugzeugverglasung, Scheinwerferabdeckungen*).

Beschichten

Beschichten zum Erzielen optischer Effekte. Über Beschichtungen lassen sich, neben dekorativen Effekten sowie Korrosionsschutz und Verschleißschutz, auch die optischen Eigenschaften zielgerichtet hinsichtlich Reflexion, Absorption und Transmission im sichtbaren, IR- und UV-Bereich einstellen **(Tabelle 1)**.

Die hierzu erforderlichen Schichten haben maximale Schichtdicken von unter 1 µm. Metallische Schichten ($\rightarrow$ *Spiegel*) lassen sich aus reduzierenden Lösungen von Edelmetallverbindungen (Cu, Ag, Au) abscheiden. UV-reflektierende ($\rightarrow$ *Sonnenschutzverglasung*) metallische (Cr, Fe, Ni, Co, Mo, Ti, Zr; allerdings starke Reduzierung der Transmission im sichtbaren Bereich!) und metalloxidische Schichten lassen sich auch durch **C**(hemical)**V**(apour)-**D**(eposition) aufbringen **(Bild 1)**.

Bild 1: Beschichten von Reflektoren

Tabelle 1: Optische Effekte von Beschichtungen		
Maßnahme	**physikalischer Effekt**	**Anwendung**
Wärmereflektierende Beschichtung	Hohe Transmission im sichtbaren Bereich Hohe Reflexion im IR-Bereich	Beleuchtungskörper Auoverglasung
Wärmedurchlässige Spiegel (Kaltlichtspiegel)	Hohe Reflexion im sichbaren Bereich Hohe Transmission im IR-Bereich	Reflektoren für Projektionslampen, Operationsleuchten, Bestrahlungsgeräte
Achromatische Lichtteiler	Teildurchlässigkeit	Abblendbox für Rückspiegel für Fahrzeuge
UV-Filter	hohe UV-Absorption	UV-Brenner, Blitzlampen
Entspiegelungen	sehr geringe Reflexion im sichtbaren Bereich	Brillengläser, Bilderverglasungen, Instrumentenverglasungen
UV-Reflexion	hohe Reflexion im UV-Bereich gute Transmission im sichtbaren Bereich	Sonnenschutzverglasungen

Die Totalreflexion im sichtbaren Wellenlängenbereich an der Oberfläche von Glasfasern wird bei den für Lichtleitzwecke benötigten *Lichtleitern* bzw. *Bildleitern* (**Bild 1**) und *Lichtleitfasern* über eine besondere Beschichtungstechnik erreicht. Hierzu wird ein Kernglasstab mit hoher Transparenz (→ *Kieselglas*) und hoher Brechungszahl n_K (mit dem Netzwerkbildner Germaniumoxid dotiert) mit einer Glashülle versehen, die eine niedrigere Brechungszahl n_M (mit Fluor dotiertes Kieselglas) aufweist ($n_K > n_M$; **Bild 2**).

Dazu wird der Kernglasstab in ein im Innendurchmesser dem Durchmesser des Kernglasstabs nahezu entsprechendes Mantelglasrohr geschoben. Der Stab wird mit dem Rohr in einem Ofen verschmolzen und der Verbund dann in einer Ziehanlage (**Bild 3**) zu hochfesten und dabei doch sehr elastischen Glasfasern von einigen µm Durchmesser verarbeitet.

Bei geeigneter Wahl der Brechungsverhältnisse wird erreicht, dass ein innerhalb eines bestimmten Winkels in die Lichtleitfaser einfallender Lichtstrahl durch ständige Totalreflexion an der Kern/Mantel-Grenzfläche in der Faser gehalten wird und erst am anderen Ende der Leitfaser wieder austritt. Erwähnt sei, dass die Verringerung der Brechungszahl im Randbereich einer Lichtleitfaser auch durch Ionenimplantation möglich ist.

Beschichten zur Steigerung der Bruchunempfindlichkeit. Sollen die feuerpolierten Oberflächen von Gläsern noch weiter vor Kerbrissen geschützt werden, so werden auf die noch heiße Glasoberfläche flüssig angebotene metallorganische Verbindungen aufgenebelt. Durch Pyrolyse entstehen TiO_2- oder SnO_2-Schichten.

Bild 1: Bildleiter

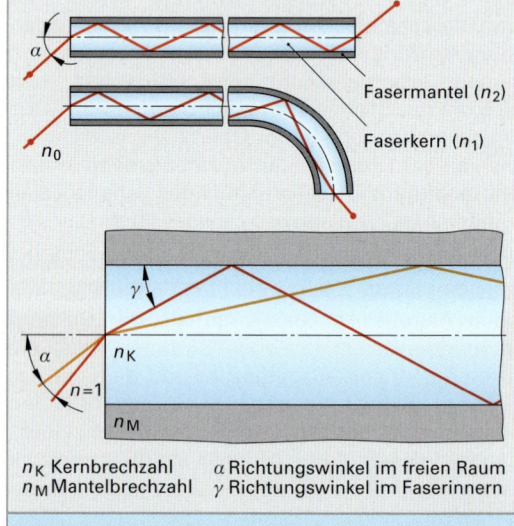

n_K Kernbrechzahl α Richtungswinkel im freien Raum
n_M Mantelbrechzahl γ Richtungswinkel im Faserinnern

Bild 2: Reflexionsbedingungen in einer Lichtleitfaser

Wiederholung und Vertiefung

1. Welche Aufgaben hat das Raffinieren von Glasschmelzen?
2. Welche kontinuierlichen Verfahren zur Herstellung von Flachglas gibt es?
3. Welche Verfahren zum Abbau von Spannungen kennen Sie?
4. Beschreiben Sie die Herstellung von Glaskeramik.
5. Was passiert bei phototropen Brillengläsern beim Abdichten?
6. Wie werden Glasfilter für z. B. die Meerwasserentsalzungsanlagen hergestellt?
7. Wie gelingt das Glätten von Glasbauteilen?

Bild 3: Ziehen und Aufhaspeln von Glasfasern

4 Fügen, Modifizieren und Montieren

4.1 Stoffschlüssiges Fügen

4.1.1 Fügetechniken in einer Übersicht

Unter stoffschlüssigem Fügen versteht man das Verbinden von Werkstoffen zu einer Einheit, die als unlösbar bezeichnet wird, weil sie nicht mit einfachen Mitteln zerlegt und wieder zusammengesetzt werden kann. **Bild 1** zeigt die stoffschlüssigen Fügetechniken in einer Übersicht.

Unter **Schweißen** versteht man das unlösbare Verbinden (Verbindungsschweißung) und Auftragen von Werkstoff zum *Ergänzen* bzw. *Vergrößern* des Volumens oder zum *Schutz* gegen Korrosion bzw. Verschleiß (Auftragschweißung). Das Verbindungsschweißen sowie das Auftragschweißen erfolgen unter Anwendung von *Wärme* oder von *Druck* oder von bei dem, ohne oder mit metallischem Schweißzusatzwerkstoff.

Hinsichtlich der Unlösbarkeit der Verbindung und der Verwendung eines metallischen Zusatzwerkstoffs steht dem Schweißen das **Löten** nahe. Hierbei wird allerdings ein Zusatzwerkstoff verwendet, der einen niedrigeren Schmelzpunkt besitzt als die zu verbindenden Grundwerkstoffe.

Beim **Metallkleben** kommt die unlösbare Verbindung unter Verwendung eines polymeren Zusatzwerkstoffs zustande, der mit oder ohne Anwendung von Wärme und Druck bei Temperaturen weit unter dem Schmelzpunkt der zu verbindenden Grundwerkstoffe „kalt" oder „warm" aushärtet.

Das Einwalzen von Rohren in Böden, das Aufschrumpfen von Naben auf Wellen und das Nieten überlappter oder mit Laschen versehener Bleche sowie die in der Dünnblechverarbeitung angewandten Verfahren wie das Falzen und Bördeln gehören in die Gruppe der **unlösbaren mechanischen Verbindungsverfahren**, die durch Reibungskraft oder durch konstruktive Gestaltung bzw. Formgebung eine unlösbare Verbindung auf mechanischem Wege herstellen.

Zu den *lösbaren und zusammensetzbaren mechanischen Verbindungen* zählen das Verschrauben und Verstiften sowie die Kupplungsarten für die Übertragung von Drehbewegungen (siehe Kapitel 4.3.3).

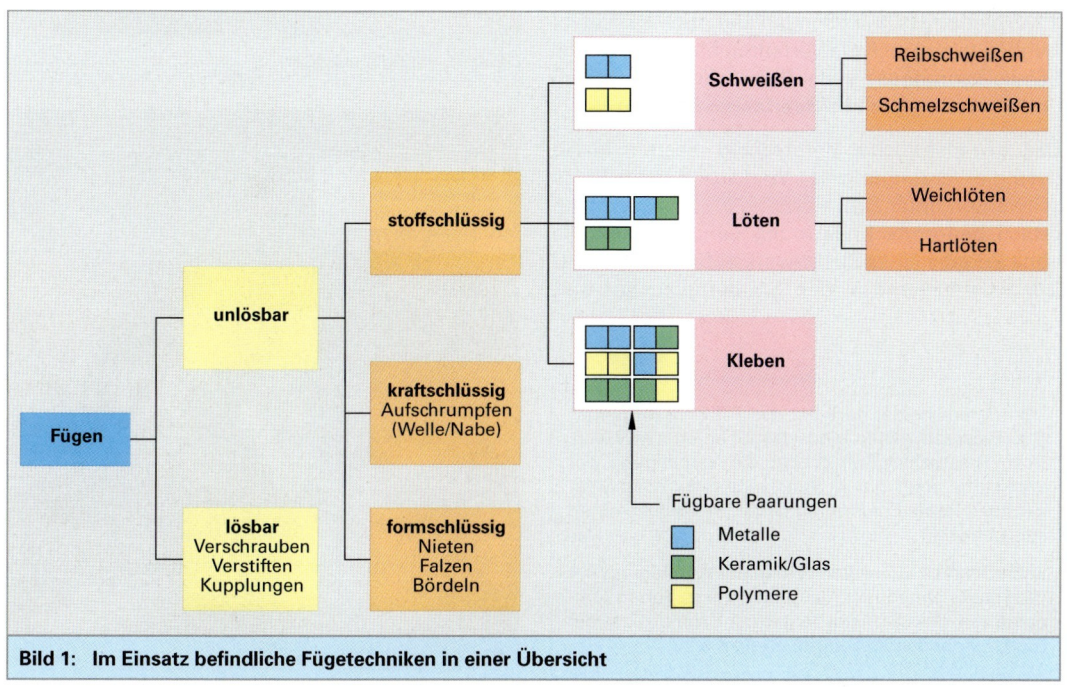

Bild 1: Im Einsatz befindliche Fügetechniken in einer Übersicht

4.1.2 Schweißen von Metallen

Entwicklungstendenzen

Seit der Verwendung schmiedbaren Eisens ist das Verbindungsschweißen in Form des Pressschweißens bekannt und wird noch heute im Rahmen des Schmiedehandwerks genutzt. Erst mit der Anwendung von Sauerstoff in Mischung mit Brenngasen konnte eine so heiße Flamme erzeugt werden, dass eine Schmelzschweißung ohne Anwendung von Druck möglich wurde. Inzwischen hat die Nutzung der elektrischen Energie die Pressschweißtechnik, z. B. das Punktschweißen **(Bild 1)** wie auch die Schmelzschweißtechnik z. B. das Lichtbogenschweißen **(Bild 2)** revolutioniert.

Diese Entwicklungen führten dazu, dass die bis um die vorletzte Jahrhundertwende in Hoch- und Kesselbau vorherrschende Nietverbindung durch die gewichtsreduzierende und elegantere Schweißverbindung abgelöst wurde. Nahtlos gewalzte Rohre erhielten durch geschweißte Rohre Konkurrenz. Viele Gusskonstruktionen wurden durch Schweißkonstruktionen ersetzt, wodurch in manchen Fällen komplexere Geometrien überhaupt erst realisierbar wurden. Bei der Reparatur beschädigter oder durch Verschleiß abgenutzter großer und wertvoller Teile trägt das Schweißen zur Erhaltung von Werten bei.

Die Schweißverfahren

Neben der Einteilung nach dem Anwendungszweck in Verbindungsschweißungen und Auftragsschweißungen lassen sich die Verfahren nach der Art des Schweißvorganges in die **Pressschweißverfahren** und die **Schmelzschweißverfahren** gliedern.

Der grundsätzliche Unterschied besteht darin, dass die Vereinigung der Werkstoffe beim Pressschweißen unter Druck erfolgt, wobei meist eine örtlich begrenzte Erwärmung der Schweißstelle ohne Zugabe eines Zusatzwerkstoffes der Schweißung vorausgeht; in den Sonderfällen der Kaltpressschweißung, Ultraschallschweißung und Sprengschweißung wird sogar überhaupt keine Wärme von außen zugeführt, dafür jedoch ein besonders hoher Druck aufgebracht **(Bild 1)**.

Im Gegensatz hierzu erfolgt die Verbindung der Werkstoffe bei einer Schmelzschweißung nur unter Anwendung von Wärme ohne Druck durch einen örtlich begrenzten Schmelzfluss, wobei man ohne oder mit Zusatzwerkstoff arbeitet.

Bild 1, folgende Seite gibt einen Überblick über die Verfahren der Pressschweißung und der Schmelzschweißung sowie über die Nahtformen.

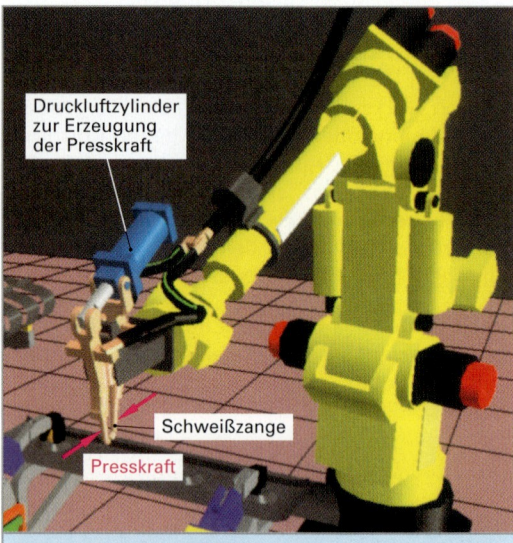

Bild 1: Punktschweißen

Bild 2: Lichtbogenschweißen

Man unterscheidet nach Art des Schweißvorganges das Pressschweißen und das Schmelzschweißen. Beim Pressschweißen erfolgt die Vereinigung der Werkstoffe unter Druck, wobei eine mehr oder weniger hohe lokale Erwärmung der Schweißstelle unterstützend wirkt.

Beim Schmelzschweißen erfolgt die Vereinigung der Werkstoffe ohne Druck, dafür aber bei so hohen Temperaturen, dass ein lokal begrenzter Schmelzfluss der zu verbindenden Werkstoffe erreicht wird.

4.1 Stoffschlüssiges Fügen

Pressschweißen	Energieeintrag durch Ausnutzung…	Schmelzschweißen
Kaltpressschweißen Schockschweißen	⇐ … der kinetischen Energie sich berührender und normal zueinander bewegender Fügepartner	
Reibschweißen Ultraschallschweißen	⇐ … der kinetischen Energie sich berührender und lateral zueinander bewegender Fügepartner	
Diffusionsschweißen	⇐ … eines erwärmten Werkzeugs	
Walzschweißen	⇐ … eines vorgeschalteten Ofens	
Gießpressschweißen	⇐ … des Wärmeinhalts einer Schmelze ⇒	Gießschmelzschweißen
Pressstumpfschweißen Abbrennstumpfschweißen Punktschweißen Rollennahtschweißen Buckelschweißen	⇐ … der Wärmeentwicklung infolge ohmscher Widerstände ⇒	Elektroschlackeschweißen
Gaspressschweißen Bolzenschweißen	⇐ … der Verbrennungswärme einer Gasflamme … der Wärmeinhalts eines Lichtbogens ⇒	Gasschmelzschweißen an Normalatmosphäre mit umhüllter abschmelzender Elektrode unter Schutzgasatmosphäre mit nicht umhüllter abschmelzender Elektrode unter schutzgasumspülter nicht abschmelzender Elektrode Unterpulver-Schweißen Unterschieneschweißen
	… der Wärmeinhalts eines Elektrostrahls ⇒	Elektronenstrahlschweißen
	… der Wärmeinhalts eines Laserstrahls ⇒	Laserstrahlschweißen
	… der Wärmeinhalts eines thermischen Plasmas ⇒	Plasmaschweißen

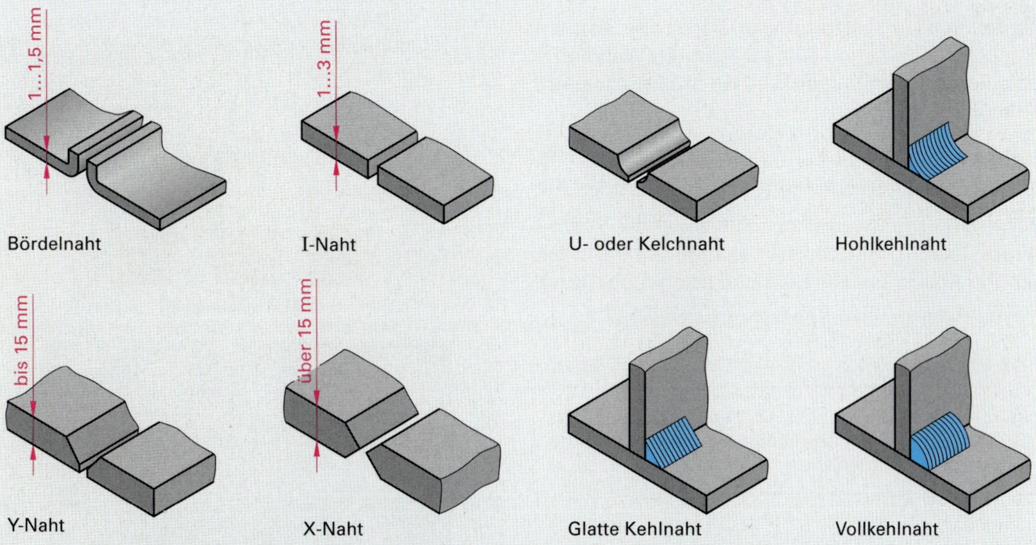

Bördelnaht (1…1,5 mm)

I-Naht (1…3 mm)

U- oder Kelchnaht

Hohlkehlnaht

Y-Naht (bis 15 mm)

X-Naht (über 15 mm)

Glatte Kehlnaht

Vollkehlnaht

Bild 1: Übersicht über die Schweißverfahren

4.1.2.1 Pressschweißverfahren

Ausnutzung der kinetischen Energie der Fügepartner

Vor einer **Kaltpressschweißung** werden die Werkstückoberflächen gereinigt und aktiviert, was mit abnehmender Effektivität durch Drahtbürsten, Fräsen, Drehen, Sägen, Schleifen, Schmirgeln, Strahlen und Beizen gelingt. Anschließend werden die Werkstücke bei Raumtemperatur durch Anwendung eines zu plastischer Verformung führenden Drucks verbunden (**Bild 1**), wodurch die *kaltverformten* Zonen anschließend eine höhere Festigkeit aufweisen.

Ausschlaggebend für eine ausreichende Schweißnahtgüte ist das Erreichen eines hinreichend hohen Verformungsgrads, was im Falle eines Stumpfstoßes bei unterschiedlich gut plastisch verformbaren Werkstoffen durch differente Einspannlängen erreicht wird: Durch die mit dem *Fließen* verbundene Reibung wird die störende, sich bei Kontakt mit der umgebenden Atmosphäre ausbildende Deckschicht aufgerissen, so dass reaktive Grundwerkstoffe an der Oberfläche in Berührung kommen, weswegen Werkstoffe mit spröden Deckschichten besser kaltpressschweißbar sind.

Zwischen den Oberflächen, die sich zu Beginn des Schweißvorganges nur in einzelnen Punkten berührten, kommt es zu einer Anpassung durch Einebnung, wobei sich die Fügeflächen bis auf atomaren Abstand annähern und Bindungen zustande kommen sowie Interdiffusionsprozesse ablaufen (**Bild 2**).

Plastisch kaum verformbare Werkstoffe können durch Zwischenlegen eines weicheren Werkstoffs miteinander verbunden werden (Kaltpresslöten) (**Bild 3**).

Anwendungsbeispiele sind das Verbinden elektrischer Leiter und Kontakte sowie dünner Bleche.

Bei der Drahtwickel-Anschlusstechnik (Wire-Wrap[1]-Technik, **Bild 3**) kerbt sich der Draht in die kantige Anschlussfahne ein und es entsteht durch Kaltfluss eine innige metallische Verbindung.

> Beim Kaltpressschweißen ist zur Aktivierung der Fügeflächen eine hinreichende intensive plastische Verformung erforderlich.

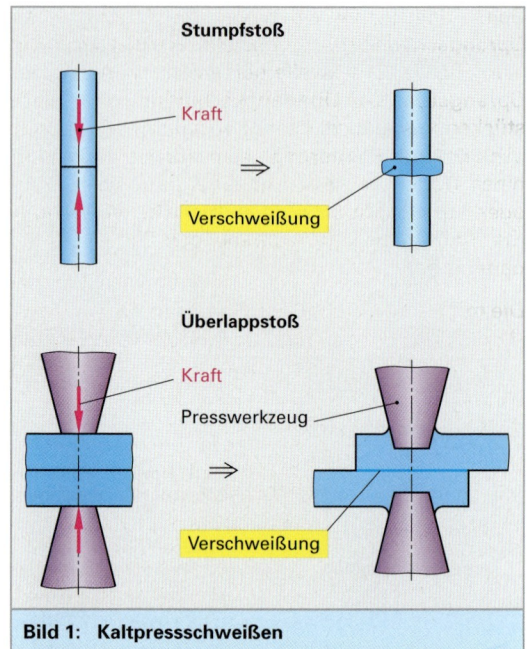

Bild 1: Kaltpressschweißen

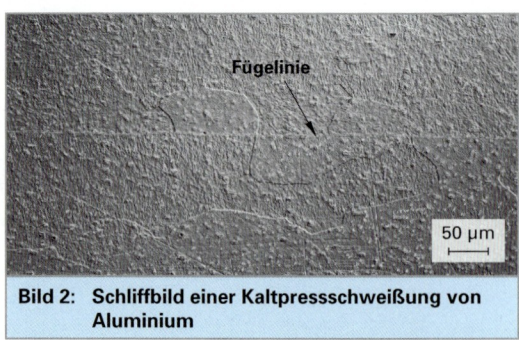

Bild 2: Schliffbild einer Kaltpressschweißung von Aluminium

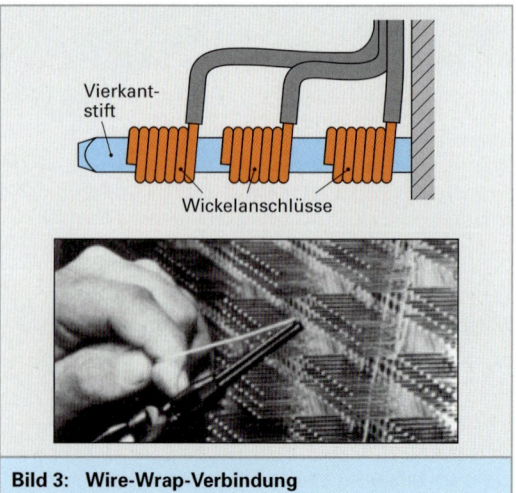

Bild 3: Wire-Wrap-Verbindung

---

[1] engl. to wrap = wickeln

4.1 Stoffschlüssiges Fügen

Beim **Schockschweißen** sei die Variante des **Sprengschweißens** dargestellt. Hierbei wird die Wirkung der Druckwelle bei der Detonation eines Sprengstoffs zur Überlappverbindung von Werkstücken ausgenutzt. Dieses Verfahren wird hauptsächlich zur Plattierung, also zur Beschichtung eines Trägerwerkstoffs mit einer korrosions- und/oder verschleißbeständigen Schicht, verwendet. Ein Tiefziehvorgang während des Plattierens ist dabei möglich.

Die mit metallisch blanker Oberfläche versehenen Werkstücke werden parallel (bei kleinerer Abmessung) oder unter einem bestimmten Winkel (bei größerer Abmessung) mit Abstandhaltern übereinander angeordnet **(Bild 1)**.

Die Außenseite des Plattierungswerkstoffs wird mit dem in fester Konsistenz vorliegenden Sprengstoff beschichtet, wobei Art und Menge des Sprengstoffs von der Dicke der Plattierschicht und den Eigenschaften der zu verbindenden Werkstoffe abhängen.

Die Sprengstoffauflage wird von einer Linie oder von einem Punkt aus zur Detonation gebracht. Entlang der Kollisionslinie schmelzen die Werkstoffe durch die Druckbeanspruchung auf. Die sich ergebende Verbindungsebene bildet sich in der Regel wellenförmig **(Bild 2)** zwischen beiden Werkstücken aus, wodurch die erzielbare Festigkeit der Verbindungszone die vieler anderer Plattierungsverfahren übertrifft.

Die Haftfestigkeit der spenggeschweißten Verbindung ist meist besser als die Festigkeit des weicheren Metallpartners, da beim Verschweißen eine Kaltverfestigung entsteht.

Ein Vorteil des Sprengschweißens liegt in der Verbindung von Werkstoffen, die keine Löslichkeit untereinander zeigen, deren Unterschiede in den Schmelztemperaturen und Formänderungsfestigkeiten groß sind und die spröde, intermetallische Verbindungen bilden.

Bei Temperaturwechselbelastungen ist nicht mit einer Ablösung des plattierten Werkstoffs zu rechnen, auch wenn die Wärmeausdehnungskoeffizienten der verbundenen Metalle sehr verschieden sind. Anwendungsbeispiele sind das Plattieren von Blechen, Kesselschüsseln und Kesselböden **(Bild 3)** z. B. von korrosionsbeständigen Druckbehältern.

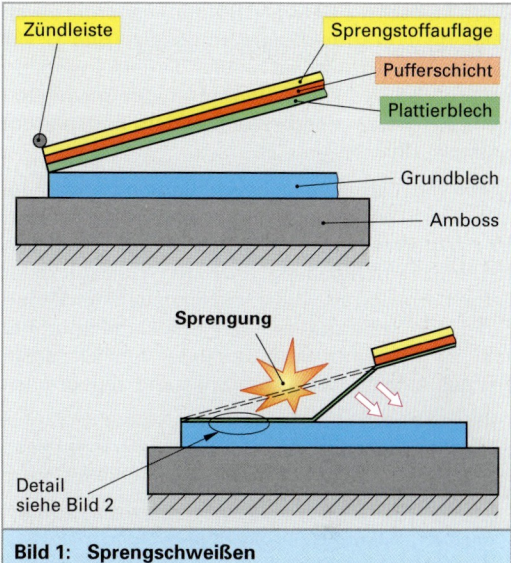
Bild 1: Sprengschweißen

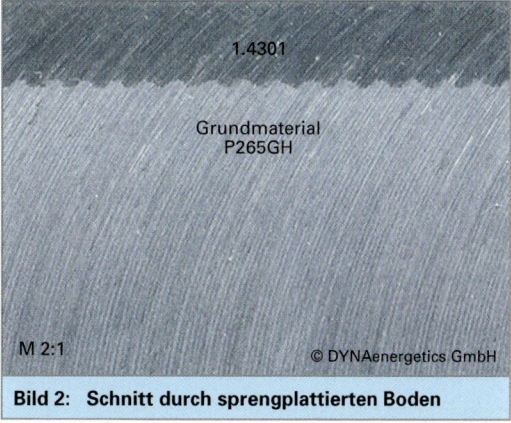
Bild 2: Schnitt durch sprengplattierten Boden

Bild 3: Titanplattierter Rohrboden

> Beim Sprengschweißen bildet sich eine intensiv verzahnende wellenförmige Fügenaht aus.

Beim **Reibschweißen** wird Rotationsenergie durch Reibung in Wärmeenergie umgesetzt **(Bild 1)**. Unter der Einwirkung des axialen Druckes wird ein rotierendes Werkstück während der gewählten Reibzeit gegen den feststehenden Fügepartner gepresst **(Bild 2)**.

Durch die hierbei entstehende Reibung erwärmen sich die in Berührung gebrachten Fügeteilenden. Ist nach einer bestimmten Reibzeit die gewünschte Temperaturverteilung über den Werkstückquerschnitt erreicht, so wird zum Herstellen der Verbindung der Reibdruck auf den Stauchdruck erhöht und das rotierende Werkstück unter dem jetzt anstehenden Axialdruck bis zum Stillstand abgebremst.

Bild 1: Reibschweißen

Durch die Warmfriktionsvorgänge rekristallisiert das Gefüge in der Fügezone fortwährend, so dass nach beendetem Schweißvorgang ein feinkörniges Gefüge vorliegt, das in seiner mechanisch-technologischen Qualität einem Schmiedegefüge vergleichbar ist. Damit kein Flächenanteil der zu verschweißenden Flächen außer Eingriff gelangt und oxidiert, sollte zumindest eines der bei den Werkstücke in der Fügeebene einen rotationssymmetrischen Querschnitt aufweisen **(Bild 3)**. Dies erspart auch ein Synchronisieren der Torsionsbewegung oder Nachtordieren.

Das Reibverschweißen stumpf gestoßener oder überlappender Bleche aus Leichtmetallen ermöglicht das **Reibrührschweißen (Bild 4)**. Hierbei wird ein rotierender Stift in den Stumpfstoß bzw. die Überlappung bewegt. Dadurch wird der Grundwerkstoff bei geringem Verzug der Fügeteile erwärmt und „verrührt", was eine dynamische Rekristallisation des Gefüges mit einer hohen Festigkeit und Zähigkeit zur Folge hat. Besonders die hochfesten ausgehärteten Aluminiumlegierungen, die nach dem Schmelzschweißen einen zum Teil erheblichen Festigkeitsverlust zeigen und daher als nur bedingt schmelzbar gelten, lassen sich durch das Reibrührschweißen unter nur geringem Festigkeitsabfall verschweißen.

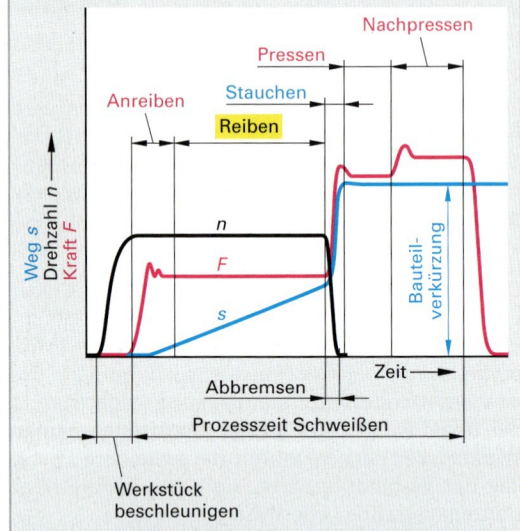

Bild 2: Zustellung, Kraft und Drehzahl beim Reibschweißvorgang

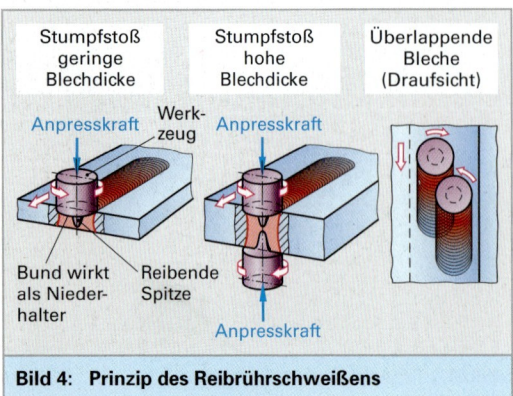

Bild 4: Prinzip des Reibrührschweißens

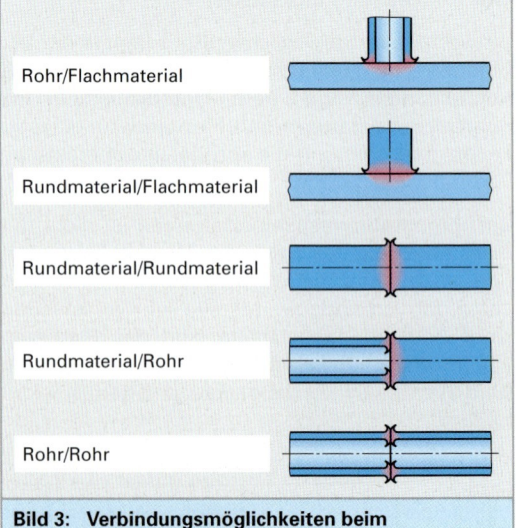

Bild 3: Verbindungsmöglichkeiten beim Reibschweißen

Anwendungsbeispiele sind das Schweißen von Auslassventilen, Gelenkwellen **(Bild 1)**, Hinterachsen und Getriebeteilen, auch mit Paarungen unterschiedlicher Werkstoffe.

Neben dem dargestellten Reibverbindungsschweißen gibt es auch die Möglichkeit des Reibauftragschweißens, das bei Panzerungen und Reparaturschweißungen, zum Beispiel beim Runderneuern von Wellen, zum Einsatz kommt. Der Auftrag wird dabei durch stab- oder pulverförmig angebotenen Zusatzwerkstoff erzeugt, der über Reibung erwärmt wird.

Beim **Ultraschallschweißen** werden die Werkstücke ohne Oberflächenvorbereitung (sogar Oxidschichten und Lackschichten sind zulässig) ohne Zusatzwerkstoff aufeinandergepresst und eines der Werkstücke über ein schwingungsfähiges mechanisches System (Sonotrode) zu Ultraschallschwingungen parallel zur Fügefläche angeregt **(Bild 2)**.

Die zu Beginn mit einer Deckschicht versehenen Werkstücke berühren sich zunächst nur in den Spitzen der Deckschichtgebirge. Mit zunehmendem Anpressdruck und intensiver werdender Relativbewegung ebnen sich die Oberflächengebirge zunehmend ein, reißen auf und werden seitlich verschoben, wodurch immer größere Flächenanteile der Fügepartner aus blankem Grundwerkstoff bestehen und hinsichtlich ihres Abstands zueinander in den Bereich der die Verbindung herstellenden interatomarer Kräfte kommen, was zum Bindungsaufbau führt **(Bild 3)**.

Zusätzlich hat eine Temperaturerhöhung in der Fügezone, infolge der Reibungsvorgänge bis nahe an die Schmelztemperatur eines oder beider Grundwerkstoffe, vermehrt Interdiffusionsvorgänge zur Folge. (Die Temperatur des Grundwerkstoffes bleibt nahe bei der Raumtemperatur. Damit sind auch wärmeempfindliche Werkstoffe schweißbar). Aufgrund der plastischen Verformung und Wärmeentwicklung kommt es parallel in der Friktionszone[1] zur Rekristalisation, was ein feinkörniges Gefüge zur Folge hat.

Anwendungsbeispiele sind das Verbinden dünner Drähte sowie Folien. Verfahrensvarianten stellen das Mikro-Ultraschallschweißen und das Ultraschall-Rollennahtschweißen dar.

Das Ultraschallschweißen ermöglicht das Verschweißen von Blechen die einseitig auch kunststoffbeschichtet sein können.

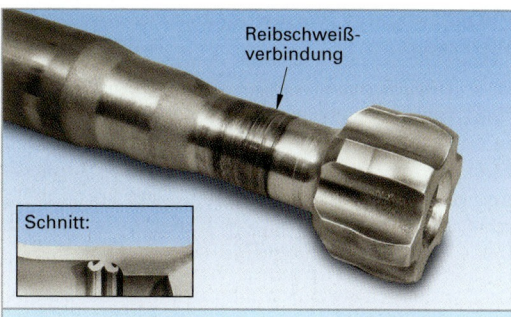

Bild 1: Reibschweißen einer Antriebswelle

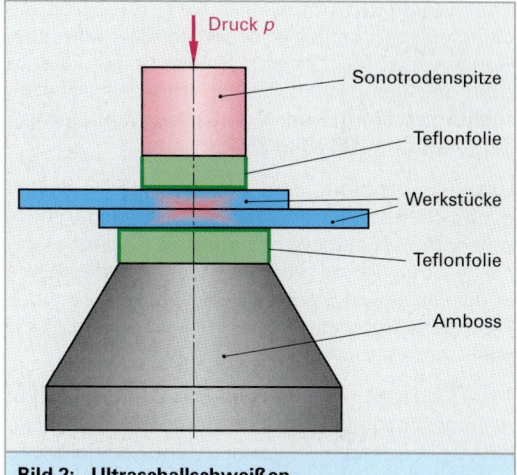

Bild 2: Ultraschallschweißen

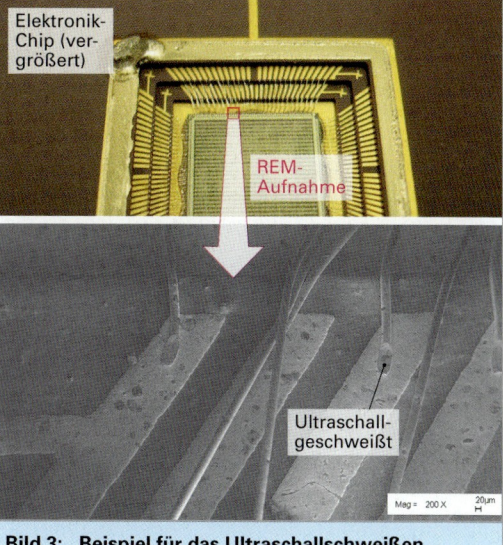

Bild 3: Beispiel für das Ultraschallschweißen

---

[1] franz. friction = die Reibung

Ausnutzung des Wärmeinhalts eines erwärmten Werkzeugs

Beim **Diffusionsschweißen** werden möglichst geringe plastische Verformungen der sich nur senkrecht zur Berührfläche zueinander bewegenden Fügepartner angestrebt, weswegen die Anpressdrücke nur gering sein dürfen. Dies kompensierend, sind Temperaturen im Bereich von (0,5 bis 0,9) · T_s [K] erforderlich **(Bild 1)**.

Da Deckschichten durch die nur minimale Relativbewegung von Oberflächenbereichen zueinander nur uneffektiv aufgerissen werden können, zum Aufbau von Bindungen zwischen den Atomen der Fügepartner in der Berührungsebene aber eine Annäherung der Atome bis in die Größenordnung der Gitterparameter erforderlich ist, sind eine Feinbearbeitung (Läppen; Polieren) der Fügeflächen und das dauerhafte Entfernen von Oberflächenschichten (Beizen; Schutzgas/Vakuumanwendung) erforderlich **(Bild 2)**.

Unter Anwendung von (minimalem) Druck bei hohen Temperaturen werden Oberflächenrauigkeiten so weit eingeebnet, dass eine Annäherung der Atome der zu verbindenden Atomsysteme in der gesamten Fläche bis in den Bereich eines Wechselwirkungsabstandes gegeben ist und interatomare Bindungen zustande kommen.

Zusätzlich kommt es infolge der hohen Temperatur zu Interdiffusionsprozessen über die Fügeebene hinweg. Allgemein entsteht in der Schweißzone durch epitaktisches Kornwachstum und Rekristallisation über die Grenzflächen hinweg ein feinkörniges Gefüge.

Um die „Täler" des Oberflächengebirges so zuverlässig auszufüllen, dass keine Poren zurückbleiben, kann die Verwendung dünner Zwischenfolien aus hochreinen und daher weichen Metallen notwendig werden. Sie fließen in diese anfänglichen Hohlräume, sollten aber zur Vermeidung einer ungenügenden Festigkeit der Verbindung über Interdiffusion aus den Grundwerkstoffen zuverlässig auflegiert werden können, weswegen sie nicht zu dick sein dürfen.

Durch Einlegen einer Zwischenschicht aus einem Metall, das in die zu verbindenden Werkstoffe schneller eindiffundiert als die zu fügenden Werkstoffe ineinander, kann das Diffusionsschweißen außerdem beschleunigt werden. Grundsätzlich ist auch bei der Wahl des Zwischenschichtwerkstoffes die Bildung spröde intermetallische Phasen zu vermeiden.

Anwendungsbeispiele sind Fügeaufgaben an Werkstoffen oder Werkstoffkombinationen, die

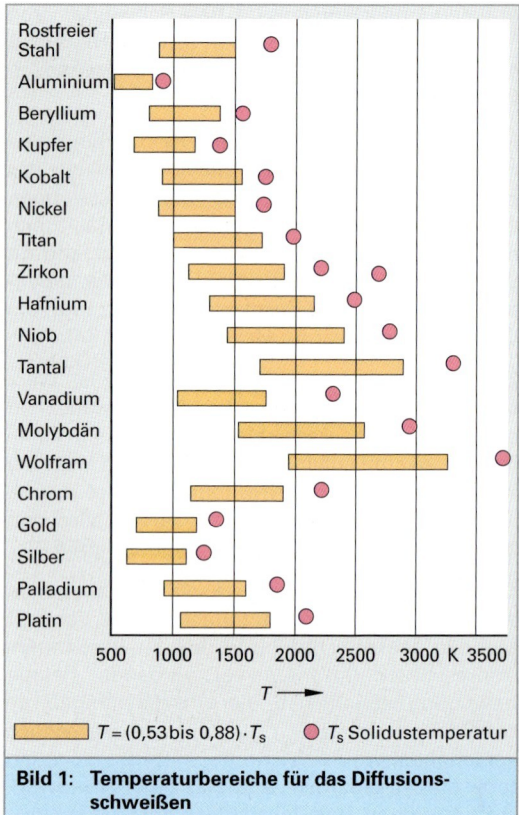

Bild 1: Temperaturbereiche für das Diffusionsschweißen

Bild 2: Diffusionsschweißen

mit anderen Verfahren nicht oder nur mit minderer Qualität machbar waren. Gekoppelt ist die Verbindungsgüte allerdings an Werkstoffpaarungen mit nahezu gleichen Diffusionsgeschwindigkeiten ineinander.

> Die nur minimale Relativbewegung von Oberflächenbereichen reduzieren die Verzugsgefahr, machen andererseits aber eine vorausgehende Feinbearbeitung der Fügeflächen und das dauerhafte Entfernen von Oberflächenschichten erforderlich.

Ausnutzung des Wärmeinhalts eines Ofens

Beim **Walzschweißen** sei allein die Variante des **Walzplattierens** dargestellt. Dieses Verfahren kann bei einer großflächigen Verbindung gut walzverschweißbarer Werkstoffe zur Anwendung kommen. Die gereinigten Platinen und Plattierungsbleche werden dazu zwischen „Knopfblechen" plaziert, wobei Trennmittelbeschichtungen ein Verschweißen der Knopfbleche mit den Platinen- und Plattierungsblechen während des Schweißprozesses verhindern sollen. Soll die Oxidation der Fügeflächen reduziert werden, so wird das zu verschweißende Blechpaket über den Schweißprozess hinweg unter Schutzgas gehalten.

Das Blechpaket wird auf die vom Schmelzpunkt der zu verbindenden Werkstoffe abhängende Walztemperatur erwärmt, nach deren Erreichen ausgewalzt **(Bild 1)** und der Blechverbund nach dem Erkalten von den Knopfblechen befreit.

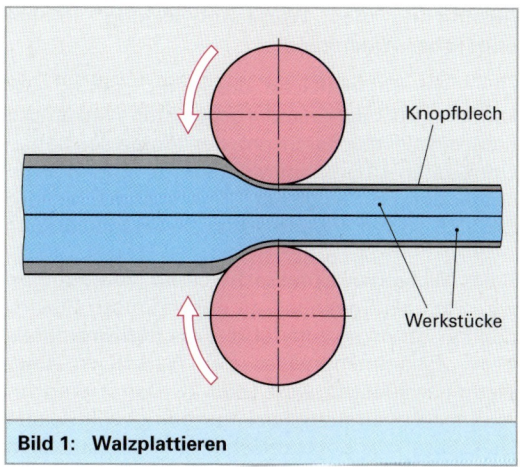

Bild 1: Walzplattieren

Anwendung findet dieses Verfahren beim Plattieren hochfester ausgehärteter Aluminiumbleche für den Flugzeugbau. Die höchste Festigkeit bei leider dadurch erhöhter Korrosionsanfälligkeit wird hierbei durch Cu-haltige Ausscheidungen erreicht, weswegen diese Bleche einseitig oder sogar beidseitig mit korrosionsbeständigem Reinaluminium plattiert werden.

Ausnutzung des Wärmeinhaltes einer Schmelze

Beim **Gießpressschweißen** wird die Schweißstelle über den Wärmeinhalt einer Metallschmelze vorgewärmt. Wegen seiner geringen Wirtschaftlichkeit hat das Verfahren allerdings nur noch im Rahmen der Reparatur von Gussstücken Bedeutung.

Im Gegensatz zum Gießpressschweißen dient bei dem auch als **Thermit-Pressschweißen** bezeichneten aluminothermischen Pressschweißen die bei der exotherm verlaufenden Reaktion von Eisenoxid und Aluminiumpulver (Thermit) zu Aluminiumoxid und reduziertem Eisen ($Fe_2O_3 + 2\,Al = Al_2O_3 + 2\,Fe +$ Wärme) freiwerdende Energie als Wärmequelle. Die Reaktion läuft nach Zündung des Gemischs durch Bariumsuperoxid bei 1200 °C selbsttätig ab, wobei ein Schmelzbad von etwa 3000 °C entsteht **(Bild 2)**.

Zur Herstellung der Verbindung lässt man schmelzflüssige Schlacke und Eisen so lange über die Schweißstelle fließen, bis sich diese auf Schweißtemperatur erwärmt hat. Dann wird unter Anwendung von Druck die Verbindung hergestellt. Anwendung findet dieses Verfahren seit langem beim Verschweißen von Schienen **(Bild 2)** und Rohren großer Wandstärken. Die Schmelze erwärmt die Fügepartner für die Pressverschweißung. Beim Schienenfuß und dem Schienensteg dient die Schmelze auch zur schmelzflüssigen Verschweißung mit Zusatzwerkstoff.

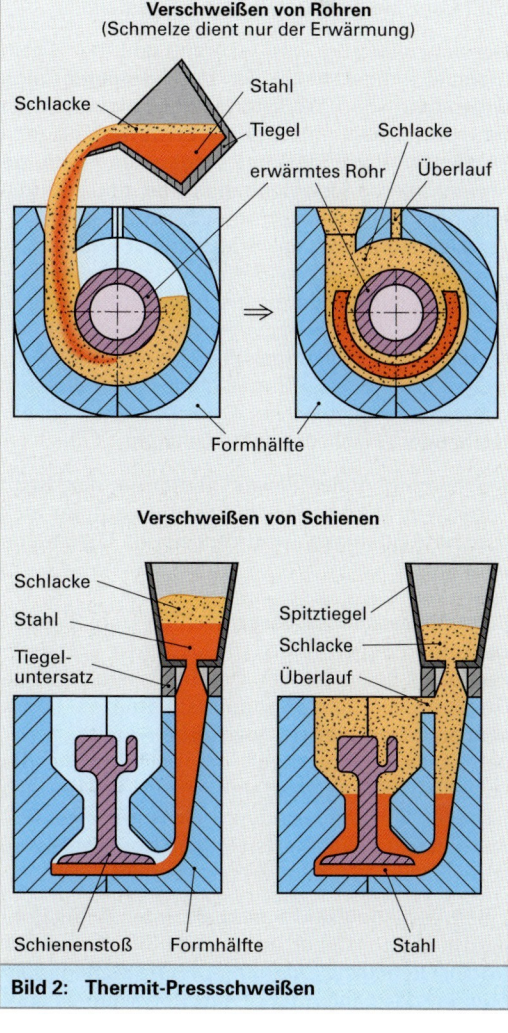

Bild 2: Thermit-Pressschweißen

Ausnutzung der Wärmeentwicklung infolge ohm'scher Widerstände

Über die Kontaktfläche der unter ständig wirkendem Druck aufeinandergepressten Werkstücke fließt ein elektrischer Strom, der infolge des hohen Ohm'schen Übergangswiderstands eine Wärmeentwicklung zur Folge hat. Die Kontaktfläche wird dadurch soweit erwärmt, dass sie verschweißt.

Beim **Widerstandspressschweißen von Profilen** wird den als Spannbacken ausgeführten Elektroden der Strom so zugeführt, dass der Stromkreis beim Zusammenpressen der Werkstücke über diese geschlossen wird (**Bild 1**). Damit eine homogene Erwärmung der Fügezone gewährleistet ist, müssen die Kontaktflächen der Werkstücke in Größe und Form übereinstimmen und zueinander planparallel sowie frei von Deckschichten sein. Die Verbindung wird nach hinreichender Erwärmung der Fügezone durch Stauchen hergestellt.

Der Schweißstrom wird während oder nach dem Stauchen abgeschaltet. Da der Formänderungswiderstand der Werkstoffe mit zunehmender Temperatur abnimmt und die Erwärmungszonen beiderseits der Fügeebene wegen des relativ geringen Übergangswiderstands und der dadurch erforderlichen hohen Stromdichte breit sind, wird der Werkstoff durch das Stauchen in radialer Richtung verdrängt und bildet einen Wulst. Da aber kein Schmelzfluss erreicht wurde, ist es erst mit Erreichen einer Mindestverformung möglich, Verunreinigungen wirkungsvoll durch den Stauchvorgang aus der Schweißfuge hinaus in den Wulst zu quetschen und reaktiven Grundwerkstoff in hinreichendem Flächenanteil freizulegen.

Anwendung findet dieses Verfahren nur beim Fügen von Werkstoffen mit relativ geringer elektrischer Leitfähigkeit und reduzierter Oxidationsneigung.

Beim **Widerstandspressschweißen** von Blechen **zu Rohren** sollen Rohre mit geringen Wandstärken auch bei größeren Durchmessern, kleinen Durchmesser- und Wanddicketoleranzen sowie sauberen und glatten Oberflächen gefertigt werden. Dies gelingt durch die nachfolgend dargestellten Schweißverfahren. Sie haben den weiteren Vorzug, dass dünne Schichten von Fett, Schmutz oder Zunder den Schweißprozess kaum stören, also akzeptiert werden können:

Einem aus endlosem Band geformten Schlitzrohr wird der Strom über wassergekühlte Rollenelektroden konduktiv zugeführt. Das Aufeinanderpressen der Kanten führt zum Kurzschluss, infolge des hohen Übergangswiderstandes zu einer Erwärmung und letztendlich zum Verschweißen der Fügezone (**Bild 1**).

Wesentlich höhere Schweißgeschwindigkeiten erreicht man durch eine konduktive Schweißstromzufuhr über Kontaktelektroden, die in Nähe der Schlitzrohrkanten geführt werden (**Bild 1**); die bei vielen Stählen entscheidende Abkühlgeschwindigkeit kann über induktive Nachwärmung reduziert werden. Der Strom fließt infolge des Skineffekts vorwiegend an der Oberfläche der Schlitzrohrkanten und mit besonders hoher Dichte über deren Berührungsstellen.

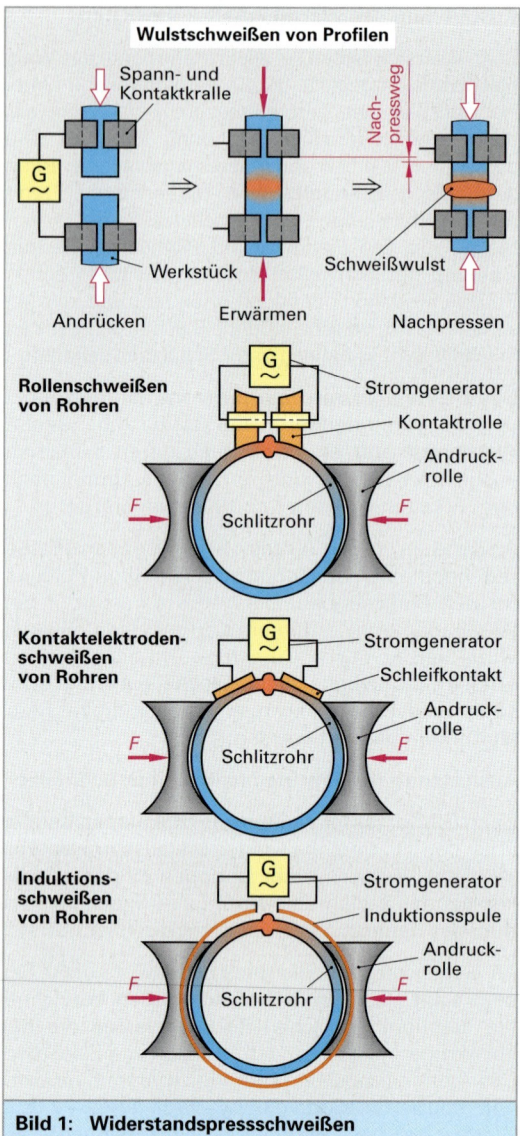

Bild 1: Widerstandspressschweißen

Werden die Stromzuleitungen zusätzlich in Nähe der Schlitzrohrkanten zu den Kontaktelektroden geführt, so kann zusätzlich eine induktive Energieübertragung zur Vorwärmung der Kanten erreicht werden. Die hohe Temperatur an der Schweißstelle macht nur geringe Anpresskräfte der Druckrollen erforderlich. Gleichzeitig ist auch der Schweißgrat geringer.

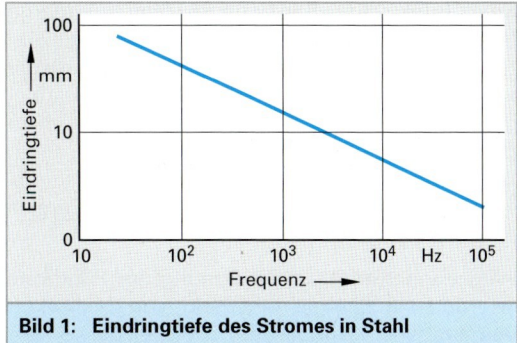

Bild 1: Eindringtiefe des Stromes in Stahl

Über eine koaxial geführte Spule kann die Schweißstelle durch induzierte Wirbelströme erwärmt werden (**Bild 1, vorhergehende Seite**), die infolge des Skin-Effektes wieder vorwiegend an der Oberfläche der Schlitzrohrkanten und mit besonders hoher Dichte über deren Berührungsstellen fließen, wobei die von ihnen durchsetzte Oberflächenschicht mit zunehmender Frequenz immer dünner wird (**Bild 1**).

Um eine hohe Schweißgeschwindigkeit zu realisieren, sollte die Wandstärke nicht wesentlich von der Eindringtiefe des Stroms abweichen.

Das **Abbrennstumpfschweißen** eignet sich zum Verbinden großer Querschnitte. Die Anordnung der Werkstücke und Art der Stromzuführung entspricht der Anordnung in **Bild 1**, vorhergehende Seite. Bei angelegter elektrischer Spannung werden die beiden kalten Werkstücke (weswegen auch die Bezeichnung Kaltabbrennstumpfschweißen verwendet wird) bis zum Zustandekommen eines Kontaktes aufeinander zu bewegt (**Bild 2**).

Bild 2: Abbrennstumpfschweißen von Rohren

Infolge der hohen Stromdichte in diesen ersten Kontakten werden die Materialbrücken sehr schnell erwärmt, aufgeschmolzen und unter Bildung absterbender Lichtbögen verdampft. Dies geschieht in schneller Folge an immer anderen Stellen des Querschnitts. Der hohe Dampfdruck schleudert schmelzflüssigen Werkstoff aus der Schweißfuge hinaus und führt zu einem Funkensprühen.

Um den Prozess aufrecht zu erhalten, müssen die Werkstoffe zur Kompensation des Abbrandes mit dessen Geschwindigkeit aufeinander zu bewegt werden. Sind die Stoßflächen gleichmäßig und hinreichend weit erwärmt, wird die Schweißfuge durch schlagartiges Stauchen unter Bildung eines Stauchgrates geschlossen. Durch den in der Anfangsphase der Stauchung noch weiter fließenden Strom und den daraus resultierenden Ohm'schen Widerstand wird die Temperatur auf so hohem Niveau gehalten, dass Verunreinigungen vom flüssigen Werkstoff aus der Schweißfuge ausgetragen werden können.

Noch größere Querschnitte lassen sich durch eine Vorwärmung der Werkstücken durch Widerstandserwärmung verbinden (weswegen auch die Bezeichnung Warmabbrennstumpfschweißen verwendet wird). Die vorgeschaltete Widerstandserwärmung erfolgt durch abwechselndes Kurzschließen durch Anpressen und Trennen der Fügeflächen. Sind die Fügezonen hinreichend vorgewärmt, so wird der zuvor beschriebene Abbrennvorgang eingeleitet.

Durch diese Arbeitsweise erzielt man ein geringeres Temperaturgefälle beiderseits der Schweißnaht und damit eine geringere Abkühlgeschwindigkeit. Sie kann durch eine nachfolgende konduktive Nachwärmung noch weiter reduziert werden. Das Gefüge der Fügezone ist wegen des erheblichen Wärmeeintrags grobkörnig und kann nur bei umwandelnden Werkstoffen durch Normalisieren korngrößenreduziert werden.

Anwendungsbeispiele sind das stumpfe Verbinden von Profilen wie Schienen, Achsen, Wellen, Rohren und Kettengliedern (**Bild 2**).

Beim **Punktschweißen** werden übereinandergelegte Werkstücke über stiftförmige, wassergekühlte Elektroden aus einer warmfesten Kupferlegierung mit meist balliger Stirnfläche aufeinander gepresst. Dann wird ihnen der Schweißstrom zugeführt (**Bild 1**). Die Schweißstelle wird, vornehmlich infolge des hohen Übergangswiderstands, so weit erwärmt, bis ein linsenförmiger Bereich schmelzflüssig vorliegt (**Bild 2**).

Wird die gesamte zur Erwärmung der Fügezone erforderliche Energie innerhalb von Millisekunden aus einem Kondensator freigesetzt, so spielen eine Oxidation der Fügeteiloberflächen an der Fügestelle und Wärmeverluste durch Wärmeableitung ins Werkstück praktisch keine Rolle mehr. Es können sogar einseitig kunststoffbeschichtete Bleche ohne Beschädigung der Beschichtung verschweißt werden und entstehen beinahe unsichtbare Schweißpunkte, wobei aber die Elektrodenauflagefläche sauber bearbeitet sein muss (Kondensatorimpulsschweißen).

Anwendung findet das Punktschweißen z. B. im Karosseriebau und hier häufig mit Robotern (**Bild 3**).

Die Presskraft wird dabei meist zweiseitig mit einer *Schweißzange* aufgebracht, seltener durch Andrücken über nur eine Elektrode. In diesem Fall liegen die Fügeteile in einem Gesenk.

Das **Rollennahtschweißen** wird zur Herstellung von Steppnähten oder von durchgehenden Nähten verwendet. Hier wird ein Paar wassergekühlter, scheibenförmiger Rollenelektroden eingesetzt, das die übereinandergelegten Werkstücke aufeinander presst und ihnen dann den Schweißstrom zuführt (**Bild 4**).

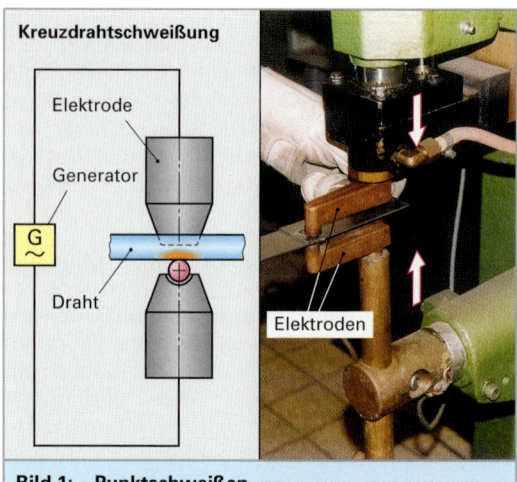

Bild 1: Punktschweißen

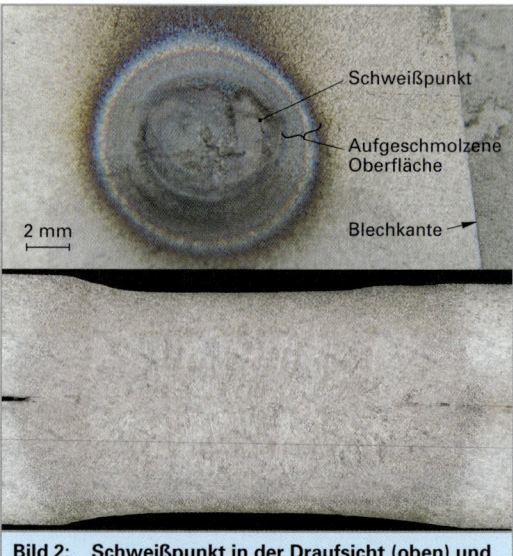

Bild 2: Schweißpunkt in der Draufsicht (oben) und im Querschnitt (unten)

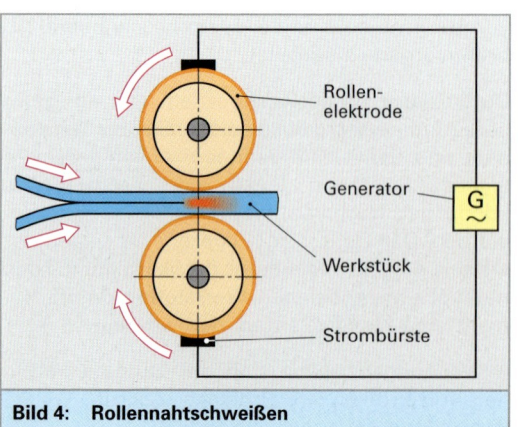

Bild 4: Rollennahtschweißen

Bild 3: Punktschweißen mit Industrieroboter

4.1 Stoffschlüssiges Fügen

Modifikationen sind das Rollennahtschweißen angeschrägter übereinandergelegter Kanten sowie das Quetschnahtschweißen, bei dem eine schmale Überlappung durch den Rollendruck in die Blechebene gequetscht wird. Bei unterbrochenem Stromfluss (Schrittnahtschweißung mit periodischer stromloser Drehbewegung und anschließender Schweißung bei ruhenden Rollen oder Impulsrollennahtschweißung mit kontinuierlich rotierenden Elektroden und Steuerung von Strom- und Pausenzeiten) werden *Steppnähte*, bei stetigem Stromfluss zwischen den Rollen *durchgehende Schweißnähte* gefertigt.

Beim **Buckelschweißen**, auch als Warzen- oder Reliefschweißen bezeichnet, werden in eines der beiden Bleche Ausbeulungen mit einer Höhe des 0,3 bis 1,0-fachen der Blechdicke eingedrückt und in der in **Bild 1** gezeigten Weise mit einem planen Blech zusammengelegt. In der Schweißpresse entstehen zwischen großflächigen ebenen Plattenelektroden entsprechend der Anzahl der Buckel Schweißpunkte. Dabei werden die Buckel durch den Anpressdruck der Plattenelektroden weitestgehend eingeebnet.

Von Nachteil ist die relativ große Streuung der Festigkeitswerte der buckelgeschweißten Verbindungen. Ursache sind eine starke Streuung der Buckelgeometrie, eine nicht exakt planparallele Führung der Elektroden und unterschiedliche Strompfadwiderstände.

Ausnutzung der Verbrennungswärme einer Gasflamme

Mittels **Gaspressschweißen** können Profile mit geometrisch identischen Querschnitten bis zu sehr großen Flächen stumpf miteinander verschweißt werden. Dazu werden die Profile so ausgerichtet, dass ihre Stirnflächen parallel zueinander angeordnet sind und einander berühren. Die Profilenden werden anschließend durch an die Werkstückgeometrie angepasste Gasbrenner bis zum teigigen Zustand erwärmt. Ist die Schweißtemperatur auch in Profilmitte erreicht, so wird die Schweißung durch Stauchen fertiggestellt. Die dabei stattfindende Werkstoffverdrängung hat eine Gratbildung zur Folge **(Bild 2)**. Wegen der langandauernden Erwärmung entsteht ein grobkörniges Gefüge.

Beim Gaspressschweißen von Blechen zu Rohren werden die Kanten des aus einem Endlosband geformten Schlitzrohrs im Durchlaufofen örtlich mit Gasbrennern auf Schweißtemperatur erwärmt, durch Druckrollen aufeinander gepresst und dadurch pressverschweißt **(Bild 3)**.

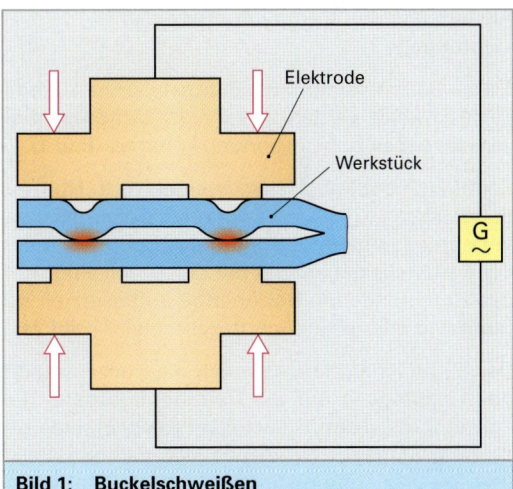

Bild 1: Buckelschweißen

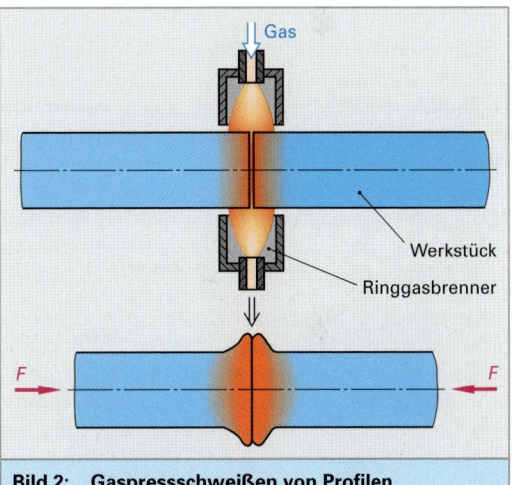

Bild 2: Gaspressschweißen von Profilen

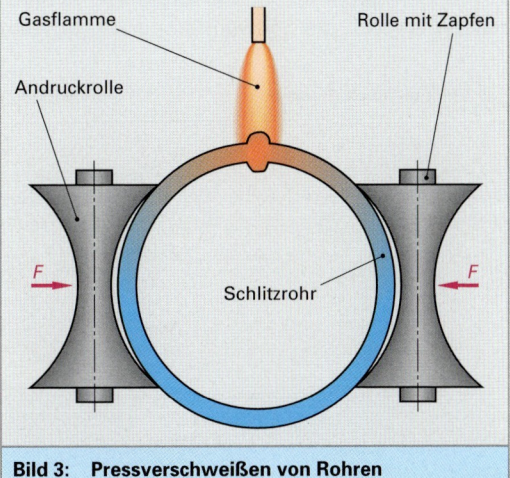

Bild 3: Pressverschweißen von Rohren

Ausnutzung der Wärmeinhaltes eines Lichtbogens

Sollen Bolzen stumpf auf eine metallische Unterlage geschweißt werden, so kann das **Lichtbogenbolzenschweißen** zur Anwendung kommen **(Bild 1)**.

Beim Lichtbogenbolzenschweißen mit Hubzündung, auch „Cyc-Arc-Verfahren" oder „Nelson-Verfahren" genannt, erfolgt die Abschirmung der Schweißstelle gegenüber der Luft durch einen auf das zu verbindende Bolzenende aufgesetzten Keramikring oder einen Schutzgasschleier **(Bild 2a)**.

Der Keramikring hat zusätzlich die Konzentration des Lichtbogens auf die Verbindungsstelle, die Formung der beim Stauchschritt seitlich weg gedrückten Schmelze zu einem gleichmäßigen Wulst und eine Verringerung der Abkühlgeschwindigkeit zur Aufgabe.

Ohne Keramikring, dafür aber unter Schutzgasatmosphäre und mit freier Formung des seitlich verdrängten Werkstoffs, wird nur bei Nichteisenmetallen gearbeitet. Zur Vorwärmung der Schweißstelle wird kurzzeitig ein Kurzschluss herbeigeführt, der Bolzen zur Zündung des Lichtbogens anschließend kurz abgehoben. Nach Erreichen der Schweißtemperatur werden dann Bolzen und Unterlage zur Herstellung der Verbindung aufeinandergepresst.

Beim Lichtbogenbolzenschweißen mit *Zündring* **(Bild 2b)**, auch als „Philips-Verfahren" bezeichnet, weist der Zündring aus halbleitender Elektrodenumhüllungsmasse einen Bund auf und übernimmt neben den vorgenannten Aufgaben auch die der „Schweißzeiteinstellung": Zur Vorwärmung der Schweißstelle wird kurzzeitig ein Kurzschluss über den Zündring herbeigeführt und anschließend der Lichtbogen gezündet. Ist der Bund abgeschmolzen, so ist auch die Schweißtemperatur erreicht und es presst eine Feder Bolzen und Unterlage zur Herstellung der Verbindung aufeinander.

Beim Lichtbogenbolzenschweißen mit *Zündspitze* **(Bild 2c)**, auch „Graham-Verfahren" genannt, nützt man die in Kondensatoren gespeicherte elektrische Energie für die Wärmeentwicklung an der Schweißstelle aus, wobei diese durch einen Lichtbogen von weniger als einer Millisekunde Brenndauer erwärmt wird. Während des gesamten Schweißprozesses wirkt eine Federkraft auf den Bolzen und drückt diesen auf die Unterlage. Durch die gleichzeitig nur geringe Wärmeentwicklung ist es möglich, Bolzen auf die Rückseite z. B. kunststoffbeschichteter Bleche zu schweißen, ohne die Beschichtung zu beschädigen.

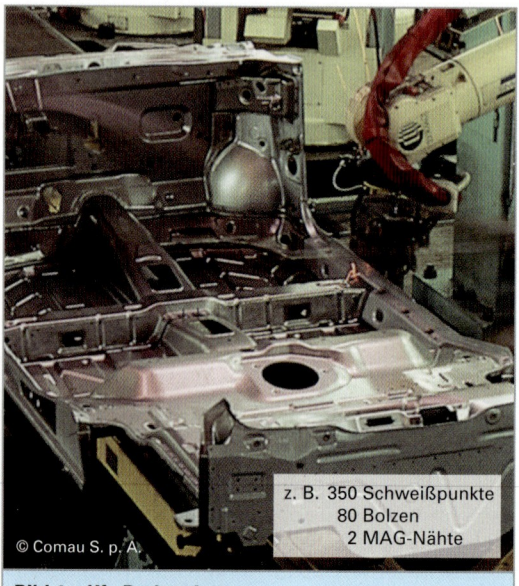

z. B. 350 Schweißpunkte
80 Bolzen
2 MAG-Nähte

Bild 1: Kfz-Bodenplatte

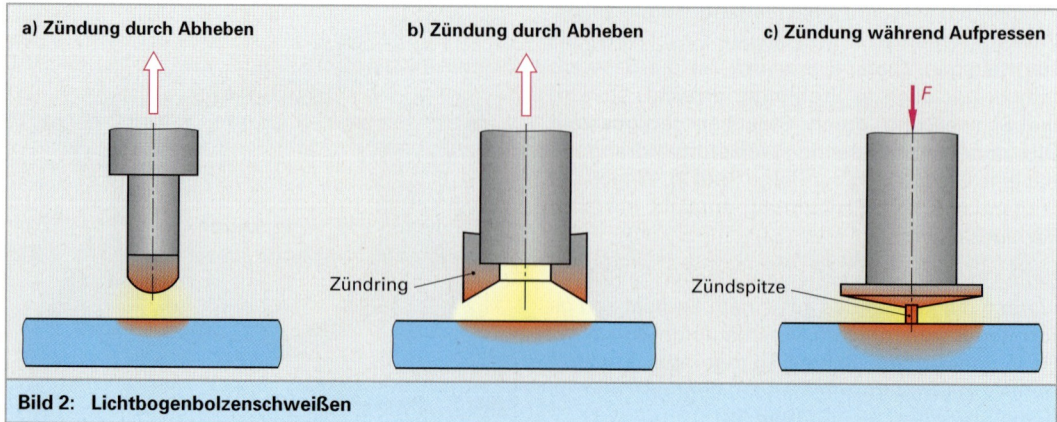

Bild 2: Lichtbogenbolzenschweißen

4.1.2.2 Schmelzschweißverfahren

In jedem Fall wird hierbei der Grundwerkstoff lokal aufgeschmolzen und falls erforderlich wird zusätzlich auch ein Zusatzwerkstoff hinzugefügt.

Ausnutzung des Wärmeinhalts einer Schmelze

Das bei Eisenwerkstoffen noch praktizierte **Gießschmelzschweißen** setzt eine in einem Tiegel bereitgestellte oder durch aluminothermische Umsetzung von Eisenoxid mit Aluminiumpulver erst erzeugte Reineisenschmelze voraus. Aufgabe der Schmelze ist das Anschmelzen der Fugenflanken und das Auffüllen der Schweißfuge (**Bild 1**).

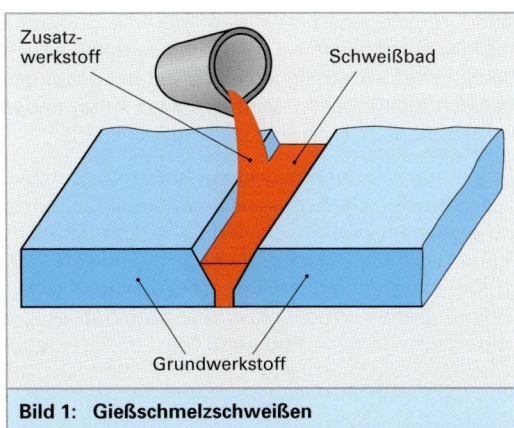

Bild 1: Gießschmelzschweißen

Ausnutzung der Wärmeentwicklung infolge ohmscher Widerstände

Mit der hier beschriebenen Variante des **Elektroschlackeschweißens** werden vornehmlich bei großen Blechquerschnitten Stumpfnähte geschweißt, daneben aber auch Auftragschweißungen (**Bild 2**).

Beim Stumpfnahtschweißen wird das Schweißbad durch die Fugenflanken sowie ein Paar sich vertikal bewegender wassergekühlter Kupferschuhe begrenzt (**Bild 3**).

Um die zu Beginn (ungenügender Einbrand, Einschlüsse) und am Ende der Schweißung (Lunker, Einschlüsse) auftretenden Schweißfehler aus dem Werkstück hinauszuverlegen, werden An- und Auslaufstücke verwendet.

Bild 2: Elektroschlacke-Auftragschweißen

Der Schweißstrom wird über eine umhüllte Metallelektrode zugeführt, die bei nicht zu großem Nahtquerschnitt als Drahtelektrode, bei größerem Nahtquerschnitt als Mehrfachdraht- oder sogar Plattenelektrode ausgeführt wird.

Bei beabsichtigter Endloszuführung der Elektroden ergeben sich zwei Schwierigkeiten: Die Elektrodenumhüllung ist im Allgemeinen spröde und platzt bei zu starker Krümmung der Elektroden, wie sie zwangsläufig bei endloser Gestaltung der Elektroden nötig wird, ab.

Um daneben Energieverluste und eine zu starke Erwärmung des Drahtes/Bandes hinter der Lichtbogenansatzstelle zu vermeiden, sollte die Stromzuführung möglichst nahe an der Schweißstelle erfolgen. Da die nichtmetallische Umhüllung den Strom nicht leitet, muss daher eine Kontaktstelle mit dem Kerndraht geschaffen werden oder die Umhüllung erst hinter der Stromzuführung aufgebracht werden.

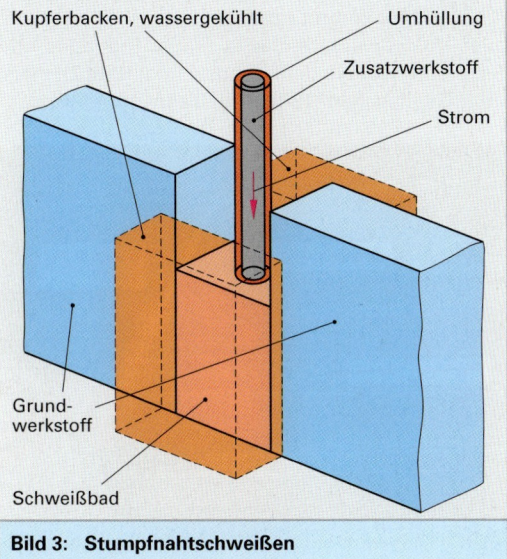

Bild 3: Stumpfnahtschweißen

Bild 1 zeigt einige Elektroden, die eine Endloszuführung ermöglichen. Zu Beginn des Schweißvorgangs wird kurzzeitig ein Lichtbogen gezündet, der das nichtleitende Mineralpulver zu leitender Schlacke aufschmilzt und dann erlischt.

Durch die Wärmeentwicklung beim Durchgang des Stroms durch das nun elektrisch leitende Schlackebad werden die Grundwerkstoffflanken an- und die Metallelektrode abgeschmolzen. Das große Volumen und die langsame Abkühlung des Schmelzbades ermöglichen eine gute Entgasung und damit eine weitgehend porenfreie Erstarrung des Schmelzbades sowie bei Stählen mit höherem Kohlenstoffgehalt die Vermeidung einer Aufhärtung. Von Nachteil ist allerdings die Ausbildung eines grobkörnigen Gefüges. Neben linearen Schweißnähten können mit diesem Verfahren auch Rundnähte an dickwandigen Behältern mit großen Durchmessern erstellt werden.

Die zu verbindenden Werkstücke liegen dabei auf einem Rollenbock und drehen sich entsprechend der Schweißgeschwindigkeit, so dass das Schweißbad stets in Äquatorhöhe bleibt.

Ausnutzung der Verbrennungswärme einer Gasflamme

Beim Gasschmelzschweißen, auch als autogenes Schmelzschweißen bezeichnet, sind sowohl Verbindungsschweißungen wie auch Auftragschweißungen möglich. Durch die Verbrennungswärme einer Brenngas/Sauerstoff-Flamme wird der Grundwerkstoff angeschmolzen und der drahtförmig angebotene Zusatzwerkstoff aufgeschmolzen. Als Brenngas kommt Acetylen, seltener Wasserstoff oder Kohlenwasserstoffe in Frage. Brenngas und Sauerstoff werden dem Handbrenner **(Bild 2)**, meist über Gasflaschen[1] **(Bild 3)** getrennt zugeführt.

Das Gasgemisch verlässt den Brenner nach der Zündung als Stichflamme, deren Größe nach der zu verschweißenden Blechdicke durch Brennereinsätze eingestellt wird.

[1] Bei hohem Druck kann Acetylen in C und H_2 zerfallen und explodieren. Dem wird mit bei der Acetylen-Flasche durch eine poröse Masse aus Calciumsilikat mit Aceton getränkt vorgebeugt.

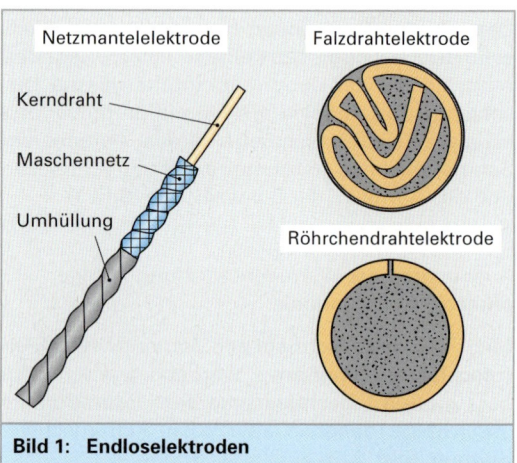

Bild 1: Endloselektroden

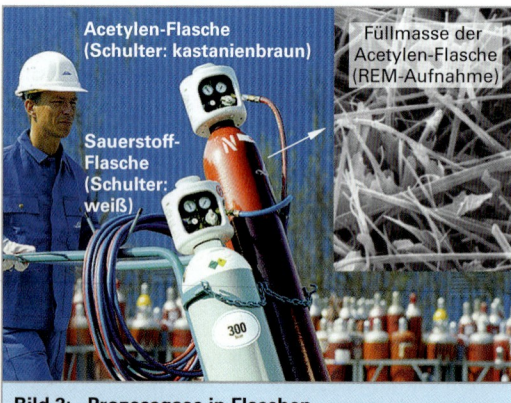

Bild 3: Prozessgase in Flaschen

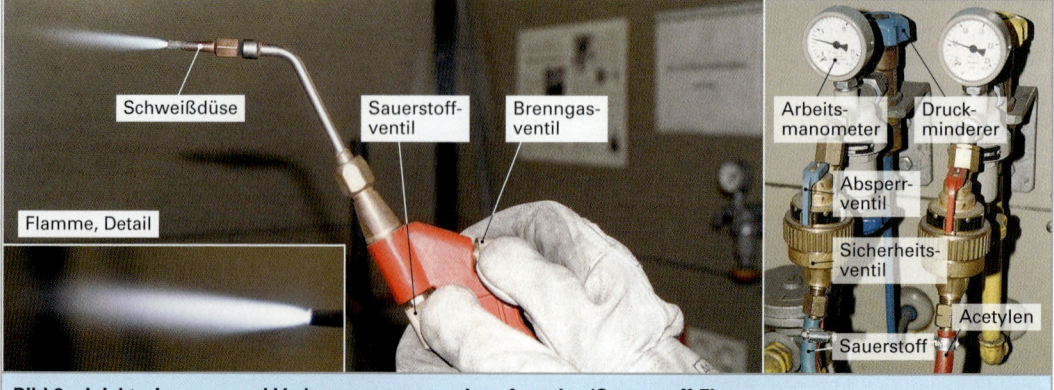

Bild 2: Injektorbrenner und Verbrennungzonen einer Acetylen/Sauerstoff-Flamme

Einstellung der Flamme

Die Flamme weist vier Zonen auf **(Bild 1)**, in denen unterschiedliche Effekte beim Werkstoff zustande kommen, wenn man den Abstand zwischen Düse und Werkstückoberfläche entsprechend einstellt:

- dunkler Flammenkern:
  unbeeinflusstes Gasgemisch

- weißglühende Zone:
  Acetylenzerfall:

$$2\,C_2H_2 \rightarrow 4\,C + 2\,H_2$$

Liegt das Schweißbad in dieser Zone, so wird es aufgekohlt.

- unsichtbare Zone:
  Verbrennung der Zerfallsprodukte des Acetylens:

$$4\,C + 2\,H_2 + 2\,O_2 \rightarrow 4\,CO + 2\,H_2$$

Liegt das Schweißbad in dieser Zone, so wirkt die Flamme reduzierend.

- sichtbare Zone:
  Verbrennung der Verbrennungsprodukte ohne Badreinigung:

$$4\,CO + 2\,H_2 + 3\,O_2 \rightarrow 4\,CO_2 + 2\,H_2O$$

Liegt das Schweißbad in dieser Zone, so besteht infolge von Oxidation die Gefahr von oxidischen Einschlüssen.

$$2\,C_2H_2 + 5\,O_2 \rightarrow 4\,CO_2 + 2\,H_2O$$

ergibt sich als Summenreaktion.

Brenngas/Sauerstoffverhältnis

Die Güte der Schweißung wird aber nicht nur durch den Abstand der Flamme vom Schweißgut, sondern auch vom Brenngas/Sauerstoff-Verhältnis mitbestimmt:

- Brenngas/Sauerstoff-Verhältnis = 1:1

  („neutrale" Flamme; zur vollständigen Verbrennung sind nach der Summenreaktionsgleichung noch drei Volumenanteile Sauerstoff erforderlich, die der Luft entnommen werden müssen).

- Brenngas/Sauerstoff-Verhältnis > 1:1

  (Brenngasüberschuss; Acetylenzerfall überragt die Verbrennung der Zerfallprodukte [weißglühende Zone vergrößert]): aufkohlende Wirkung

- Brenngas/Sauerstoff-Verhältnis < 1:1

  (Brenngasunterschuss; es ist mehr Sauerstoff vorhanden, als zur Verbrennung der Zerfallsprodukte des Acetylens sowie zur Verbrennung dieser Verbrennungsprodukte benötigt wird [weißglühende und unsichtbare Zone verkleinert]): oxidierende Wirkung.

Sicherheitsmaßnahmen:

Wegen der zur Verbrennung des Acetylens notwendigen Bereitstellung großer Mengen von Sauerstoff, ist beim Gasschmelzschweißen für eine ausreichende Belüftung des Schweißplatzes zu sorgen.

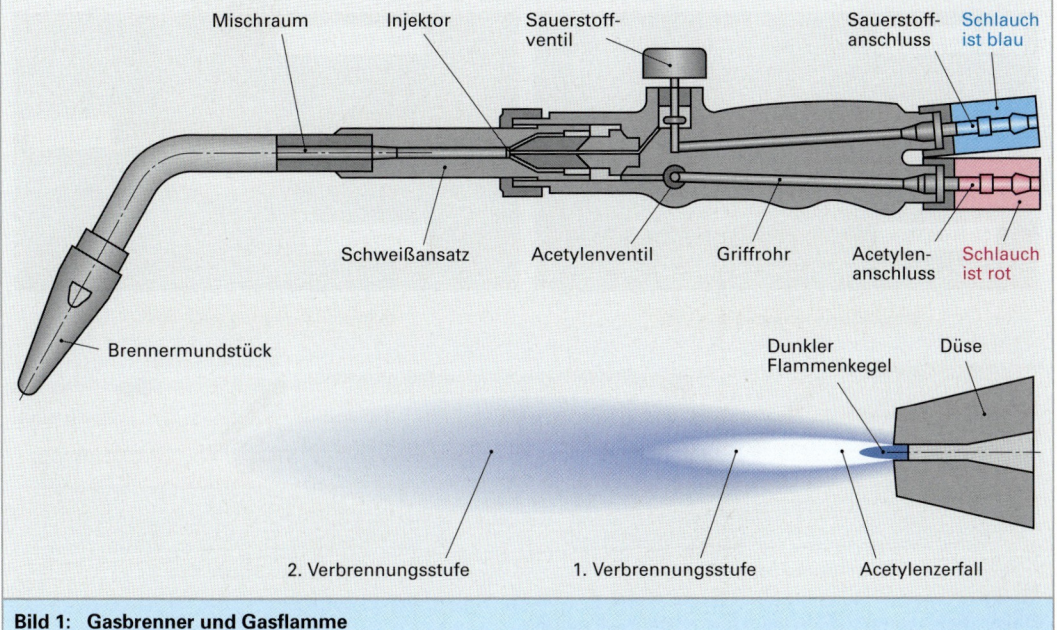

Bild 1: Gasbrenner und Gasflamme

Bei der Gasschmelzschweißung **(Bild 1 und Bild 2)** wird der Schweißbrenner mit der rechten und der meist erforderliche Zusatzwerkstoff mit der linken Hand geführt, wobei grundsätzlich zwei Bewegungsabläufe zu unterscheiden sind **(Bild 3)**.

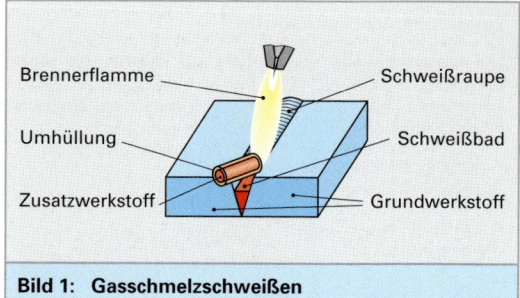

Bild 1: Gasschmelzschweißen

- **Nach-Links-Schweißung**

  (Vorwärtsschweißung; bei Grauguss, Kupfer, Aluminium, Nickel, Zink und Blei):

  In Schweißrichtung gesehen folgen nach dem fertigen Nahtstück („Schweißraupe") die Schweißflamme des meist pendelnd bewegten Schweißbrenners, die durch geringfügige Vorwärtsneigung die Schweißfuge vorwärmt, und zuletzt der zur Entgasung des Schweißbades in diesem leicht rührend bewegte Zusatzwerkstoff.

- **Nach-Rechts-Schweißung**

  (Rückwärtsschweißung; bei Stählen):

  In Schweißrichtung gesehen folgen nach dem fertigen Nahtstück („Schweißraupe") der, zur Entgasung des Schweißbades in diesem leicht rührend, bewegte Zusatzwerkstoff und zuletzt erst die Schweißflamme des geradlinig bewegten Schweißbrenners. Durch leichte Rückwärtsneigung vermeidet sie das Vorlaufen der Schmelze in die Schweißfuge („Kaltstellen"), wärmt das Schweißbad und die fertige Naht zur Reduzierung der Abkühlgeschwindigkeit nach und übt auf das Schweißbad eine reduzierende Wirkung aus.

Bild 2: Gasschmelzschweißer

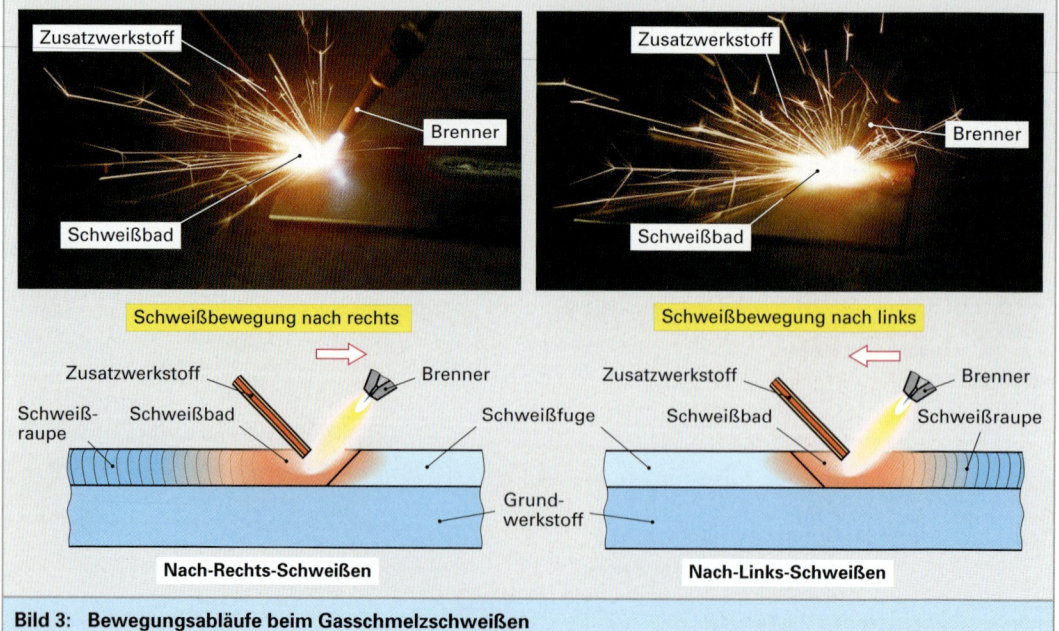

Bild 3: Bewegungsabläufe beim Gasschmelzschweißen

4.1 Stoffschlüssiges Fügen

Die relativ geringe Leistungsdichte erlaubt zwar nur geringe Schweißgeschwindigkeiten, bietet aber den Vorteil kleinerer Temperaturanstiege. Weiterhin kann die Erwärmung der Schweißstelle durch entsprechende Führung und Einstellung der Flamme unabhängig von der Zuführung des Zusatzwerkstoffes gesteuert werden. Damit ergibt sich eine hohe Anpassungsfähigkeit an die jeweilige Fügeaufgabe und den verwendeten Werkstoff, was insbesondere bei Auftragschweißungen von Bedeutung sein kann.

Ausnutzung des Wärmeinhalts eines Lichtbogens

Dem Anschmelzen des Grundwerkstoffs dient entsprechend **Bild 1** ein

nicht übertragener Lichtbogen zwischen

- Kohleelektroden (gegebenenfalls notwendiger Zusatzwerkstoff wird stromlos in den Lichtbogen eingeführt) oder

übertragener Lichtbogen zwischen

- Kohleelektrode und lokal aufschmelzendem Werkstück (gegebenenfalls notwendig werdender Zusatzwerkstoff wird stromlos in den Lichtbogen eingeführt),
- nicht abschmelzender Metallelektrode [in der Regel Wolfram] und lokal aufschmelzendem Werkstück (gegebenenfalls notwendig werdender Zusatzwerkstoff wird stromlos in den Lichtbogen eingeführt),
- abschmelzender Metallelektrode (in der Regel drahtförmig vorliegender Zusatzwerkstoff) und lokal aufschmelzendem Werkstück.

Durch den Lichtbogen fließt ein elektrischer Strom, weswegen der Lichtbogen von einem rotationssymmetrischen Magnetfeld (magnetisches Eigenfeld) umschlossen ist. Dieses Feld übt auf den Lichtbogen senkrecht zu den Feldlinien des Eigenfeldes stehende nach innen gerichtete Kräfte mit kontrahierender (zusammenziehender) Wirkung aus (Pincheffekt[1]) **(Bild 2)**. Die gleichen kontrahierenden Kräfte sind neben der Oberflächenspannung auch für die Abschnürung eines Schmelztropfens verantwortlich, der sich an der Elektrodenspitze entwickelt.

Grundsätzlich unterscheidet man zwischen Lichtbogenschweißen mit *offenem* Lichtbogen und solchem mit *verdecktem* Lichtbogen.

Beim Lichtbogenschweißen kommt ein übertragener oder ein nicht übertragener Lichtbogen zur Anwendung.

[1] engl. to pinch = kneifen

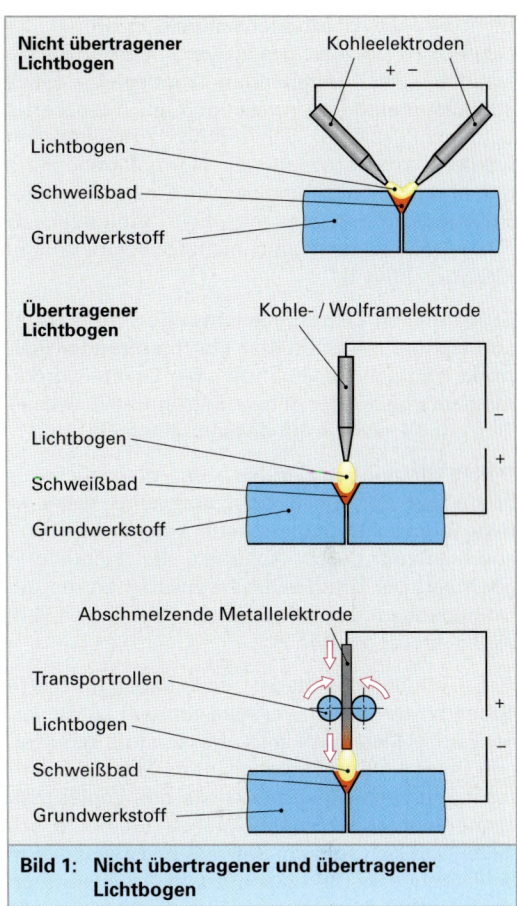

Bild 1: Nicht übertragener und übertragener Lichtbogen

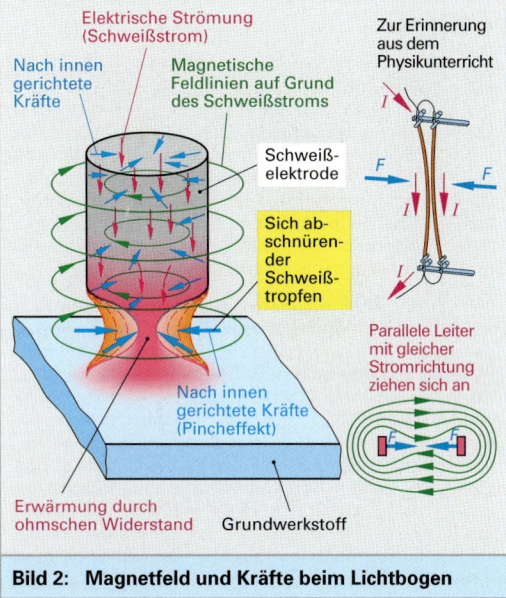

Bild 2: Magnetfeld und Kräfte beim Lichtbogen

Beim **offenen Lichtbogenschweißen** brennt der Lichtbogen sichtbar. Um zu verhindern, dass Bestandteile der umgebenden Atmosphäre (Stickstoff, Sauerstoff und Wasserstoff aus dissoziierter Luftfeuchtigkeit) ins Schweißbad aufgenommen werden, arbeitet man an Normalatmosphäre mit umhüllter abschmelzender Elektrode, unter Schutzgasatmosphäre mit nicht umhüllter abschmelzender oder mit nicht abschmelzender Elektrode **(Bild 1)**.

Beim **offenen Lichtbogenschweißen an Normalatmosphäre mit umhüllter abschmelzender Elektrode** wird das blanke Ende einer Drahtelektrode mit dem Pluspol der Schweißstromquelle verbunden, das Werkstück mit dessen Minuspol.

Durch kurzzeitiges Berühren der Werkstückoberfläche mit der Elektrodenspitze wird diese infolge ohm'scher Widerstände vorgewärmt und anschließend durch Abheben der Lichtbogen gezündet. Der Draht schmilzt zusammen mit der Umhüllung im Lichtbogen ab und der Grundwerkstoff schmilzt an **(Bild 2)**.

Das Umhüllungsmaterial setzt dabei ionisierte Gase frei, die das Schweißbad vor dem Zutritt von Stickstoff, Sauerstoff und Wasserstoff schützen und den Lichtbogen stabilisieren. Daneben sind zusätzlich desoxidierende sowie den Legierungselementabbrand kompensierende Elemente enthalten. Die sich auf dem Schweißbad ausbildende Schlackendecke **(Bild 3)** schützt die Schweißraupe vor zu rascher Abkühlung. Wird die Naht in mehreren Lagen aufgebaut, so ist vor dem Aufbringen jeder neuen Lage die Schlackendecke sorgfältig zu entfernen.

Für eine gleichmäßig gute Nahtgeometrie und Nahtqualität müssen die Schweißparameter möglichst konstant gehalten werden. Dies gilt besonders für die Gleichmäßigkeit der Zusatzwerkstoffzufuhr, was beim Handschweißen im Allgemeinen nicht möglich ist. Zwangsläufig eintretende Variationen der Lichtbogenlänge haben in der Schweißnaht Fehler zur Folge. Soweit dies möglich ist, führt man die Schweißelektrode daher mechanisiert zu.

Um die durch Elektrodenwechsel entstehende Prozessunterbrechung mit ihrem Zeitverlust zu vermeiden, sind Endloselektroden erwünscht. Bei konventioneller Elektrodenumhüllung kommt es bei starker Krümmung der aufgespulten und vor dem Schweißkopf wieder gerade zu richtenden Elektroden zum Abplatzen der Umhüllung. Daneben sollte die Stromzuführung möglichst nahe an der Schweißstelle und in gleichbleibendem Abstand von dieser erfolgen, um Energieverluste durch eine zu weiträumige Erwärmung des Drahtendes hinter der Lichtbogenansatzstelle sowie die damit einhergehenden Verformungen zu vermeiden.

Neben den Endloselektrodenformen bieten sich infolge des Magnetfeldes des stromdurchflossenen Drahtes noch das **Magnetpulververfahren** (pulverförmiges eisenhaltiges Umhüllungsmaterial bleibt am Draht haften) und das **Mantelkettenschweißen** an (Mantelketten mit Gliedern aus gepresstem eisenhaltigem Umhüllungsmaterial bleiben am Draht haften).

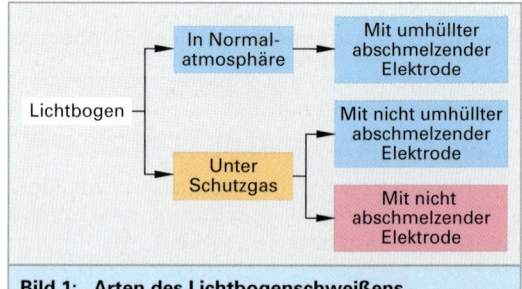

Bild 1: Arten des Lichtbogenschweißens

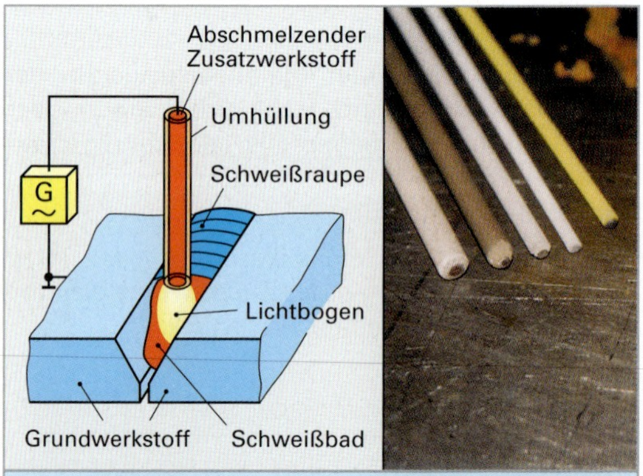

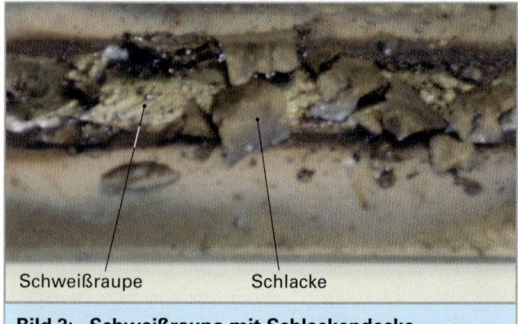

Bild 2: Lichtbogenschweißen an Normalatmosphäre mit umhüllter abschmelzender Elektrode

Bild 3: Schweißraupe mit Schlackendecke

4.1 Stoffschlüssiges Fügen

Beim **offenen Lichtbogenschweißen unter Schutzgas mit nicht umhüllter abschmelzender Elektrode** liegt der Zusatzwerkstoff als endloser „nackter" Volldraht oder Seelenelektrode mit eingewalzter Füllung vor, die im aufgeschmolzenen Zustand nur lichtbogenstabilisierend wirkt.

Der Zusatzwerkstoff wird mit dem Pluspol der Schweißstromquelle verbunden, wobei der Schweißstrom in unmittelbarer Nähe des Lichtbogens zugeführt wird, damit die Energieverluste durch eine zu weiträumige Erwärmung des Drahtes hinter der Lichtbogenansatzstelle sowie die damit einhergehenden Verformungen vermieden werden.

Durch kurzzeitiges Berühren der Werkstückoberfläche mit der Elektrodenspitze wird diese infolge Ohm'scher Widerstände vorgewärmt und anschließend durch Abheben der Lichtbogen gezündet.

Zur weiteren Lichtbogenstabilisierung sowie zum Schutz vor Atmosphärenzutritt wird die Schweißstelle mit dem Zünden des Lichtbogens mit einem **Schutzgasschleier** abgedeckt **(Bild 1)**.

In Abhängigkeit davon, ob ein inertes oder aktives Schutzgas verwendet wird, unterscheidet man zwischen dem **M**(etall)-**I**(nert)-**G**(as)-Schweißen **(MIG)** und dem **M**(etall)-**A**(ktiv)-**G**(as)-Schweißen **(MAG)**. Eine Werkstückhandhabung und ein ortsfester Brenner **(Bild 2)** ermöglichen vorteilhaft stets eine waagerechte Schmelzwannenlage.

Ein Variante des MAG-Schweißens ist das Elektrogasschweißen zum Fertigen aufsteigender Stumpfnähte **(Bild 1, folgende Seite)**. Hierbei wird das Schweißbad durch die Grundwerkstoffflanken sowie ein Paar sich vertikal bewegender wassergekühlter Kupferschuhe begrenzt.

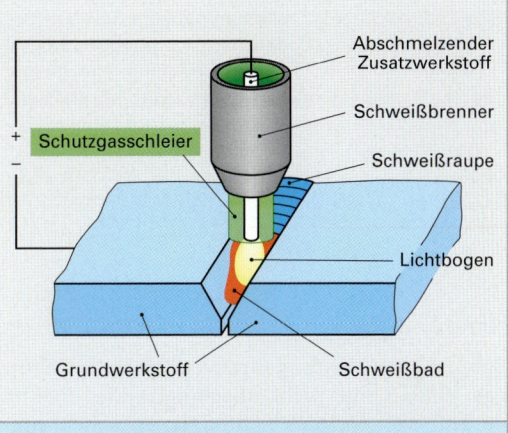

Bild 1: Lichtbogenschweißen unter Schutzgas mit nicht umhüllter abschmelzender Elektrode

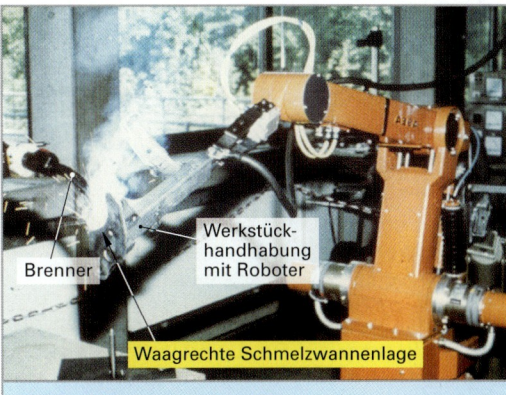

Bild 2: Lichtbogenschweißen

MIG-Schweißen

Beim MIG-Schweißen kommen als inerte Schutzgase im wesentlichen Argon, Helium und Argon/Helium-Gemische zum Einsatz. Der Schutz vor Atmosphärenzutritt ist dadurch so gut, dass die chemische Zusammensetzung des Zusatzwerkstoffs mit der des zu verschweißenden Werkstoffs nahezu übereinstimmt und zunderfreie Schweißraupenoberflächen erhalten werden.

MAG-Schweißen

Beim MAG-Schweißen werden als aktive Schutzgase
- CO_2 [MAG$C(O_2)$] sowie
- Ar/O_2-, Ar/O_2- und Ar/O_2/CO_2-Mischgase [MAG-*M*(ischgas)] verwendet.

Hierdurch ist der Schutz vor Atmosphärenzutritt im Falle von Nichteisenmetallen so gut, dass die chemische Zusammensetzung des Zusatzwerkstoffs mit der des zu verschweißenden Werkstoffs nahezu übereinstimmt.

Dies gilt jedoch nicht beim MAG-Schweißen von unlegiertem und von niedriglegiertem Stahl: CO_2 dissoziiert im Lichtbogen in CO und O_2. Der Sauerstoff begünstigt den Abbrand der Legierungselemente und infolge der hohen Sauerstofflöslichkeit des Schweißbades eine CO-Blasenbildung. Zur Kompensation des Abbrands muss der Zusatzwerkstoff hinsichtlich der Legierungselemente *überlegiert* werden sowie desoxidierende Elemente enthalten; der Abbrand ist bei den höher- und hochlegierten Stählen sogar so hoch, dass er durch Überlegieren des Zusatzwerkstoffs nicht mehr ausgeglichen werden kann und das Schweißen nur mit deutlich abgesenkten CO_2-Gehalten im Schutzgas möglich ist. Welche Stähle mit CO_2-haltigen Gasen verschweißt werden können, ist also vom CO_2-Gehalt abhängig!

Der Lichtbogen wird zwischen der kontinuierlich zugeführter Drahtelektrode (meist Fülldraht) und dem flüssigen Schweißbad aufrechterhalten. Um die zu Beginn (ungenügender Einbrand, Einschlüsse) und am Ende der Schweißung (Lunkerbildung, Einschlüsse) auftretenden Schweißfehler aus dem eigentlichen Werkstück hinauszuverlegen, werden An- und Auslaufstücke verwendet.

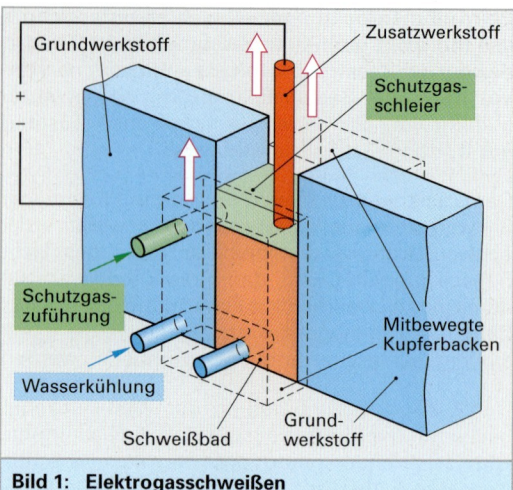

Bild 1: Elektrogasschweißen

Beim **offenen Lichtbogenschweißen unter Schutzgas (Bild 2) mit nicht abschmelzender Elektrode** tritt, während der Lichtbogen zwischen einer lichtbogenseitig angespitzten Wolframelektrode und der Werkstückoberfläche bzw. dem Schweißbad brennt, zum Schutz vor der Atmosphäre aus einem Ringspalt zwischen der Wolframelektrode und einer keramischen oder wassergekühlten metallischen Ringdüse inertes *Schutzgas* aus **(Bild 3)**. Es legt sich schleierartig über die Schweißstelle. Dies gab dem Verfahren die Bezeichnung **W**(olfram)-**I**(nert)-**G**(as)-Schweißen **(WIG)**.

Muss ein Zusatzwerkstoff eingebracht werden, so kann er artgleich mit dem Grundwerkstoff sein, da in der inerten Atmosphäre kein Abbrand an Legierungselementen zu befürchten ist. Das WIG-Schweißen wird vor allem bei Edelstahlwerkstücken verwendet. Es gibt hier keine „Schweißspritzer".

Eine Variante ist das **WIG-Punktschweißen**, bei dem der Brenner auf die zu verbindenden Bleche aufgesetzt wird und der Lichtbogen lokal das Oberblech aufschmilzt und infolge Wärmeleitung das Unterblech anschmilzt.

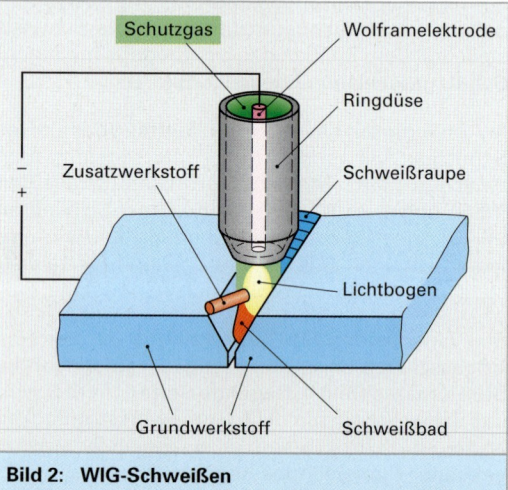

Bild 2: WIG-Schweißen

Bild 4: WIG-Schweißbeispiel

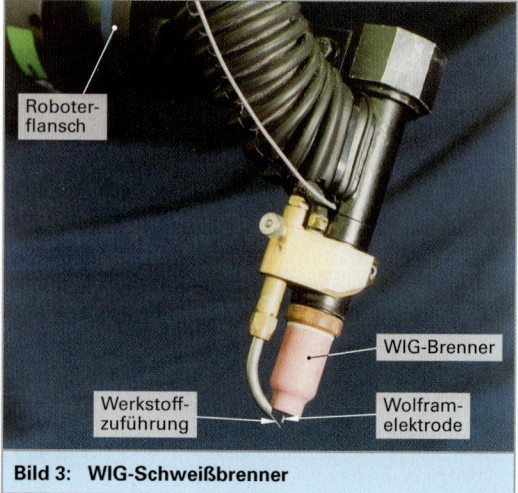

Bild 3: WIG-Schweißbrenner

4.1 Stoffschlüssiges Fügen

Beim verdeckten Lichtbogenschweißen brennt der Lichtbogen für das Auge unsichtbar. Das Schweißbad wird vor dem Atmosphärenkontakt durch Pulver oder konstruktive Maßnahmen geschützt.

Beim **verdeckten Lichtbogenschweißen unter Pulver**, auch Unterpulverschweißen (UP-Schweißen) genannt, wird eine nicht umhüllte Elektrode unter Schweißpulver abgeschmolzen **(Bild 1)**. Zur Anhebung der Abschmelzleistung kann zusätzlich zum stromführenden Draht die Schweißfuge mit metallhaltigen Pulvern gefüllt oder ein stromloser („kalter") Draht im Lichtbogen mit abgeschmolzen werden **(Bild 1)**.

Zur weiteren Steigerung der Abschmelzleistung können die *beiden* oder auch *weitere* nicht umhüllte Drähte dem Schweißbad elektrisch parallel (Lichtbogen brennt zwischen Elektroden und Werkstück; **Bild 2**) oder in Reihe geschaltet (Lichtbogen brennt zwischen den Elektroden, d. h. Werkstück wird nur durch Strahlungswärme angeschmolzen, was zu flachen und breiten Schweißraupen mit geringem Einbrand führt; **Bild 2**) in Parallelanordnung oder in Tandemanordnung zugeführt werden.

Ein nochmals leistungsgesteigertes Verbindungsschweißen, das auch beim Auftragschweißen Verwendung findet, ist durch die Verwendung von **Bandelektroden (Bild 3)** möglich, die der Schweißstelle beim Verbindungsschweißen parallel und beim Auftragschweißen schräg oder quer zur Schweißrichtung gestellt zugeführt werden. Die Lichtbogenansatzstellen wandern dabei an der Abschmelzkante des Bandes und werkstückseitig statistisch regellos hin und her, was über die Bandbreite zu einer gleichmäßigen Wärmeentwicklung und Abschmelzleistung führt.

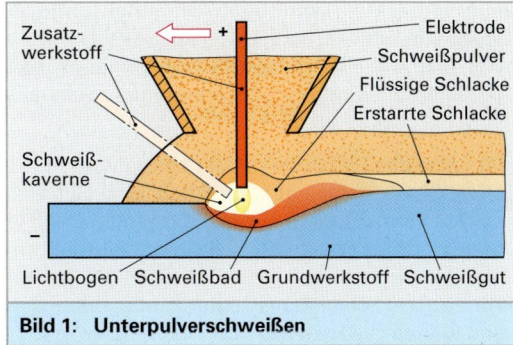

Bild 1: Unterpulverschweißen

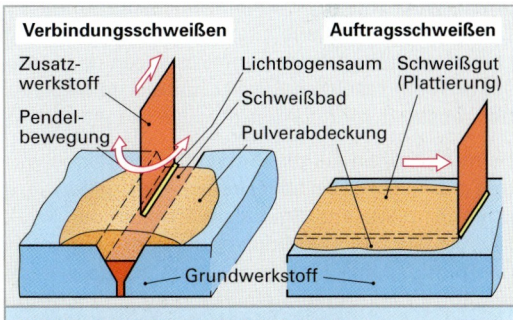

Bild 2: Anordnung beim Doppelkopfschweißen

Bild 3: Schweißen mit Bandelektrode

Das Schweißpulver enthält ionisierbare Minerale zur Steigerung der Lichtbogenstabilität sowie Legierungselemente zur Kompensation des Abbrandverlustes. Daneben übernehmen verdampfende Pulverbestandteile durch die aus ihnen in der Schweißkaverne gebildete Atmosphäre sowie die flüssige Schlacke den Schutz des Schweißbades vor der Atmosphäre.

Darüber hinaus hat die Schlacke die Aufgabe, die Schweißnaht zu formen und eine zu schnelle Abkühlung des Schweißgutes zu verhindern. Wegen der nachteilig langen Schweiß- und Schlackenbäder und der Pulverabdeckung muss eine nahezu horizontale Lage der Schweißnaht gewährleistet sein.

Das Schweißpulver **(Bild 4, links)** ist für das Verbindungsschweißen von Baustählen. Es enthält Manganoxide. Das Schweißpulver **(Bild 4, rechts)** ist für das Auftragsschweißen. Es erbringt die für die Härte notwendigen Legierungsanteile.

Bild 4: Schweißpulver

Beim **verdeckten Lichtbogenschweißen unter einer Abdeckschiene**, auch Unterschieneschweißen oder auch *Elin-Hafergut-Verfahren*[1] genannt, können lineare, waagerecht verlaufende Schweißnähte hergestellt werden.

Eine umhüllte Elektrode großer Länge wird in die Schweißfuge eingelegt und durch eine Schiene aus (zur Vermeidung einer Lichtbogenablenkung) unmagnetischem Werkstoff (Kupfer, Aluminium) unter Dazwischenlegen einer Papierschicht (brennt während des Schweißens ab und bindet dabei den Luftsauerstoff) gegen Abheben fixiert **(Bild 1)**.

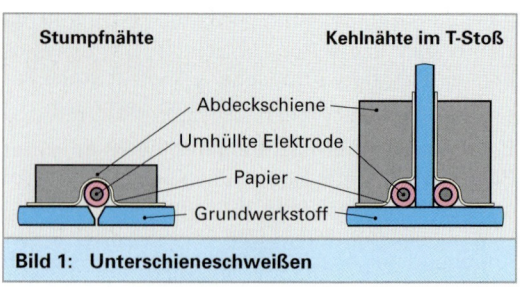

Bild 1: Unterschieneschweißen

Ausnutzung des Energieinhalts eines Elektronenstrahls

Das Elektronenstrahlschweißen ist ein Fügeverfahren mit sehr hoher Wärmekonzentration (bis zu 10^8 W/cm²): Die aus der Elektronenstrahlquelle austretenden Elektronen treffen mit hoher kinetischer Energie und durch elektromagnetische Linsen feinfokussiert (0,1–1,0 mm Strahldurchmesser) auf die Werkstückoberfläche **(Bild 2)**, wobei die Leistungsdichte durch Veränderung der Strahlleistung und der Lage des Strahlbrennpunktes variiert werden kann.

Um den Verlust an kinetischer Energie der Elektronen zu minimieren, ist in der Regel das gesamte System evakuiert. Bei Atmosphärenschweißanlagen wird der Elektronenstrahl über mehrere Druckstufen herausgeleitet. Da er seine hohe Leistungsdichte jedoch beim Passieren der Atmosphäre sehr rasch verliert, ist nur ein geringer Arbeitsabstand vor der Austrittsdüse möglich.

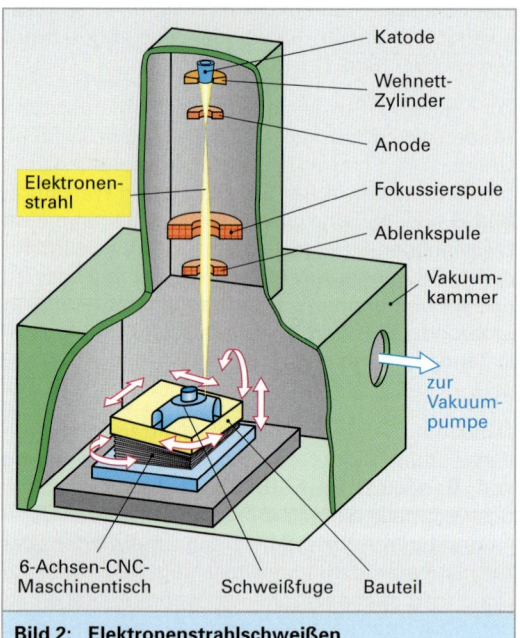

Bild 2: Elektronenstrahlschweißen

Beim Auftreffen auf die Werkstückoberfläche werden die Elektronen abgebremst und geben ihre Energie im Wesentlichen als Wärme an den Werkstoff ab. Dadurch wird dieser bis über seinen Verdampfungspunkt hinaus erwärmt, so dass nachfolgende Elektronen tiefer in die Schweißfuge eindringen können. Am Strahlauftreffpunkt bildet sich also eine Dampfkapillare aus, die von einem Mantel aus schmelzflüssigem Material umgeben ist. Werden die Werkstücke relativ zum Strahl bewegt, so wird der Werkstoff an der Vorderseite des Elektronenstrahls aufgeschmolzen, über seinen Siedepunkt erhitzt und erstarrt an der Rückseite zu einer schmalen, tiefreichenden Schweißnaht.

Die hohe Leistungsdichte bewirkt nur geringen Verzug der Werkstücke, so dass sie fertigbearbeitet ohne Nacharbeit geschweißt werden können.

Bild 3: Elektronenstrahlbearbeitungsanlage

---

[1] Elin-Hafergut-Verfahren (EHV) ist bekannt nach einer österreichischen Firma Elin, in welcher von Ing. Hafergut um 1940 das EHV-Verfahrten entwickelt wurde.

Ausnutzung des Energieinhalts eines Laserstrahls

Für das Schweißen werden zumeist NdYAG-Laser (Wellenlänge 1,06 μm) und CO_2-Laser (Wellenlänge 10,6 μm) verwendet und zwar im Dauerbetrieb oder im Impulsbetrieb (Näheres siehe Kapitel 6 Lasertechnik) **(Bild 1)**.

Die Leistungsdichte des Laserstrahls sowie die Dauer und die Frequenz der einzelnen „Laserschüsse" müssen so bemessen sein, dass der Werkstoff nicht eruptiv verdampft. Werkstückseitig wird dies mitbestimmt von der Oberflächenrauigkeit, werkstoffseitig von Absorptionskoeffizient, Wärmeleitfähigkeit, Schmelz- und Verdampfungstemperatur sowie Schmelz- und Verdampfungswärme. Es ist möglich, ohne oder auch mit einem seitlich in den Elektronenstrahl eingeführten Zusatzwerkstoff zu schweißen.

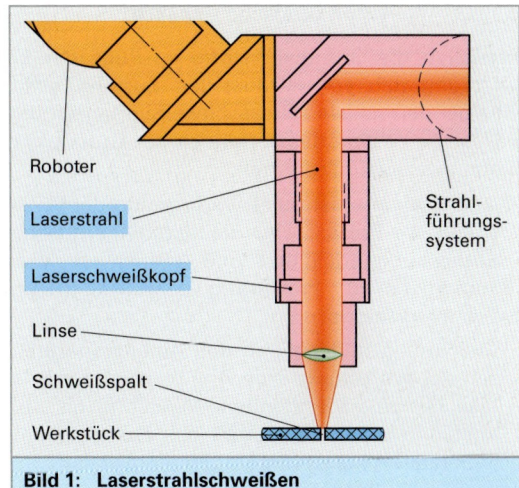

Bild 1: Laserstrahlschweißen

Ausnutzung der Energie eines Plasmas

Bild 2, rechts zeigt einen Plasmastrahlschweißkopf schematisch. Zwischen der als Katode geschalteten Wolframelektrode und der als Anode geschalteten, wassergekühlten und schutz- sowie plasmagasdurchströmten Kupferringdüse (He, Ar, Ar/H, N, CO_2) springt zur Zündung ein Funken über. Hierdurch wird das Gas so weit ionisiert, dass ein Pilotlichtbogen genannter Hilfslichtbogen zwischen Katode und Anode entsteht.

Dieser Pilotlichtbogen ionisiert die Gassäule weiter, was zum Zünden des Hauptlichtbogens führt, der durch die Düse eingeschnürt vorliegt **(Bild 3)**. Infolge der elektrischen Leitfähigkeit des Plasmas kann der Plasmazustand durch Aufrechterhalten des elektrischen Stroms stabil gehalten werden. Es nimmt seine Temperatur infolge Widerstandserwärmung weiter zu, wodurch wesentlich höhere Werte als mit einem Lichtbogen erzielbar sind. Zusätzlich wird bei der Rekombination des nach dem Düsendurchtritt abkühlenden ionisierten Gases Energie frei.

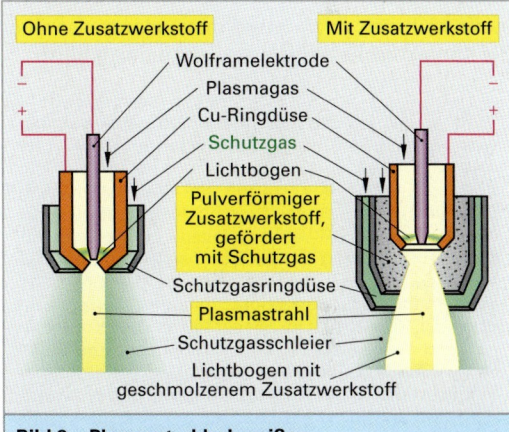

Bild 2: Plasmastrahlschweißen

Mit dem **Plasmastrahlschweißen** ist ein Verbindungsschweißen ohne oder mit Zusatzwerkstoff wie auch ein Auftragschweißen möglich. Beim *Verbindungsschweißen* schmilzt der Plasmastrahl an seiner Vorderseite den Werkstoff auf und verdampft ihn teilweise. Hinter dem Plasmastrahl fließt der schmelzflüssige Werkstoff infolge der Oberflächenspannung des Schmelzbades und des Dampfdruckes in der Schweißfuge wieder zusammen und bildet die Schweißnaht.

Beim *Plasmastrahlauftragschweißen* wird zum An-/Aufschmelzen des durch einen Ringspalt mit Schutzgas geförderten pulverförmigen Zusatzwerkstoffs zusätzlich ein übertragener Lichtbogen zwischen Wolframelektrode und Werkstück benötigt **(Bild 3)**. Durch die Enddüse wird die zu beschichtende Bauteilpartie mit einem Schutzgasschleier abgedeckt.

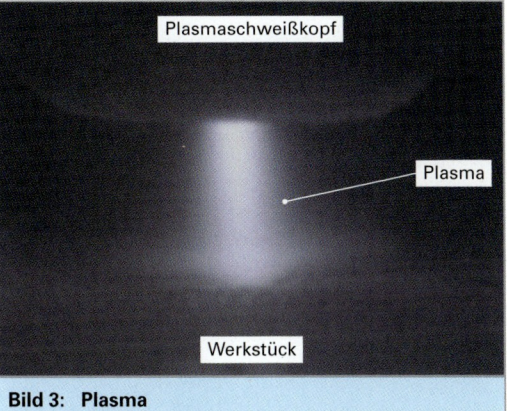

Bild 3: Plasma

Zunächst wird der innere Lichtbogen gezündet. Brennt dieser, dann zündet der übertragene Bogen bei Annäherung an das Bauteil selbsttätig **(Bild 2, rechts)**.

4.1.2.3 Werkstoffkundliche Aspekte

Erreichen die Grundwerkstoffe im Zuge der Erwärmung den schmelzflüssigen Zustand nicht, was bei den meisten Pressschweißverfahren der Fall ist, so besteht das Verbinden der Grundwerkstoffe aus zwei Teilschritten:

- Infolge einer plastischen Verformung der Werkstücke im Pressschritt, die durch thermische Erweichung erleichtert und intensiviert wird, kommt es zur Freilegung deckschichtfreien Grundwerkstoffs.
- Gleichzeitig findet durch das Aufeinanderpressen der Werkstücke eine Annäherung der Kristalle der zu verbindenden Werkstoffe bis auf Abstände statt, bei denen ein Zustandekommen interatomarer Bindungen möglich ist.

Mit geringer werdender Differenz zwischen Prozesstemperatur und Schmelzpunkt des Grundwerkstoffs kommen noch Interdiffusionsprozesse über die Kontaktfläche der Werkstücke hinweg hinzu.

Wird in der Erwärmungsphase Schmelze gebildet, was bei einigen Pressschweißverfahren der Fall ist, und wird diese spätestens durch eine hinreichend hohe plastische Verformung im Pressschritt zum Großteil aus der Schweißfuge hinausbefördert, so ist ein im Zuge der Abkühlung entstehendes Schweißgut nur nachrangig am Aufbau der Verbindung zwischen den Werkstücken beteiligt. Ist die plastische Verformung der Werkstücke dagegen gering und dient der Pressdruck im Wesentlichen der Kontaktierung der Werkstücke, so ist ein Hinausbefördern des Schweißbades aus der Schweißfuge nur minimal möglich (z. B. beim Punktschweißen, Bolzenschweißen) und dominiert ein im Zuge der Abkühlung entstehendes Schweißgut den Aufbau der Verbindung.

Bei den Schmelzschweißverfahren wird nahezu keine oder überhaupt keine Presskraft ausgeübt, weswegen hier das sich aus dem erstarrenden Schweißbad bildende Schweißgut nahezu oder ganz allein für das Zustandekommen der Verbindung verantwortlich ist. Wird das Zustandekommen der Verbindung vom Erstarren des Schweißbades dominiert, so kommt hinsichtlich der Qualität der Verbindung dem Gefüge des Schweißgutes sowie der wärmebeeinflussten Zone (WEZ) der Werkstücke große Bedeutung zu.

Verfahrensseitig einflussnehmen auf das Gefüge ist dabei die Temperatur-Zeit-Abhängigkeit (**Bild 1**), d. h. die Erwärmungs- (bei Schmelzschweißung bis 1000 K/s) und die Abkühlungsgeschwindigkeit (bei Schmelzschweißung mehrere 100 K/s) sowie die Verweilzeit bei Höchsttemperatur (bei Schmelzschweißung einige Sekunden) und wie hoch der Anpressdruck ist.

Das aus dem Schweißbad entstehende Schweißgut zeigt die Charakteristika eines Gussgefüges, die von der erreichten Spitzentemperatur und Abkühlungsgeschwindigkeit von Spitzentemperatur abhängig sind: Neben dendritischer Kristallstruktur kommt es zu Ungleichgewichtsgefügen mit einer Ortsabhängigkeit der chemischen Zusammensetzung im

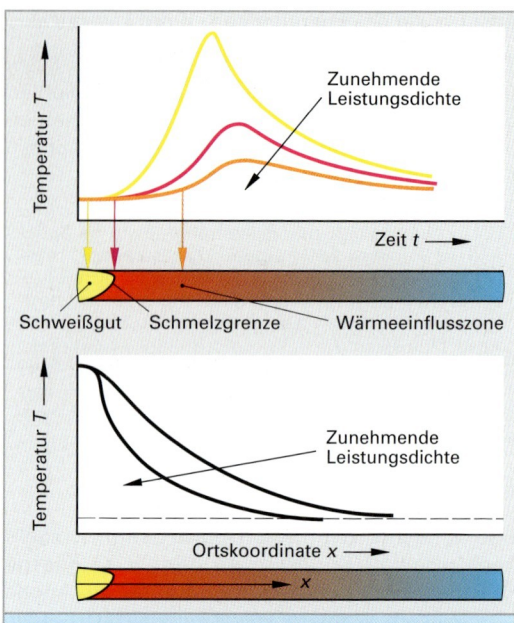

Bild 1: Temperaturverlauf in der Wärmeeinflusszone einer Schmelzgeschweißten Verbindung

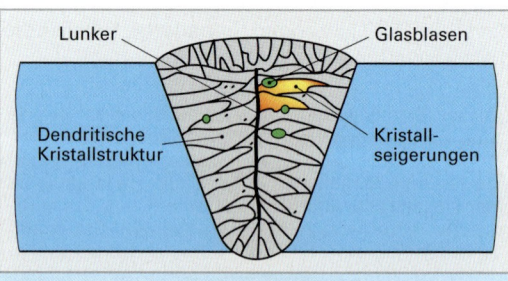

Bild 2: Schweißgut einer Schmelzschweißung

Schweißgut (Kristallseigerungen mit niedrigschmelzenden Gefügebereichen [→ Heißrissgefahr]) und bei unzureichendem Anpressdruck zu Lunkern (**Bild 2**).

Neben Lunkern können in der Abkühlphase im Schweißgut, infolge des mit der Temperatur abnehmenden Lösevermögens für Gase und rasch zunehmender Viskosität der Schmelze, Gasblasen entstehen und „einfrieren" (Bild 1 [→ Vorbeugung durch Einsatz vakuumerschmolzener Zusatzwerkstoffe, metallurgische Reaktionen des Umhüllungsmaterials mit der Schmelze, unter Vakuum arbeitende Schweißverfahren, Verminderung der Abkühlungsgeschwindigkeit]).

Zusätzlich können infolge von Reaktionen des Schweißbades mit der Atmosphäre und – soweit vorhanden – Umhüllung des Zusatzwerkstoff/Abdeckung des Schweißbades im Schweißbad nichtmetallische Partikel vorliegen und infolge rasch zunehmender Viskosität der Schmelze als Einschlüsse „einfrieren" [→ Vorbeugung durch Unterbinden von Reaktionen mit der Atmosphäre bzw. Entfernen der Partikel durch entsprechende Schweißprozessführung].

4.1 Stoffschlüssiges Fügen

Der durch die eingebrachte Wärme nicht aufgeschmolzene aber gefügeseitig beeinflusste Grundwerkstoff wird als Wärmeeinflusszone (WEZ) bezeichnet und von der Erwärmungs- und Abkühlphase beeinflusst. Dabei geschieht unter Umständen folgendes:

- eine Gasaufnahme,
- ansatzweise ein Ausgleich von Kristallseigerungen (bei gegossenen Werkstoffen),
- eine Erholung und Rekristallisation (bei kaltverfestigten Werkstoffen),
- eine Auflösung von Ausscheidungen (bei ausscheidungshaltigen Werkstoffen; macht ein erneutes Aushärten nach dem Schweißen erforderlich),
- Kristallstrukturänderungen (bei allotrop umwandlungsfähigen Werkstoffen; in Abhängigkeit von der lokalen Abkühlungsgeschwindigkeit Gefahr der Aufhärtung bei umwandlungsfähigen Stählen) sowie
- bei schmelzpunktnahen Temperaturen eine Kornvergröberung (**Bild 1**; bei Werkstoffen mit ausscheidungs- bzw. dispersoidfreien Korngrenzen).

Die Breite der WEZ nimmt mit zunehmender Leistungsdichte des Schweißverfahrens ab.

Beim Schweißen wird lokal in die zu verschweißenden Werkstücke eine, zum Teil große, Wärmemenge eingebracht (**Bild 2**).

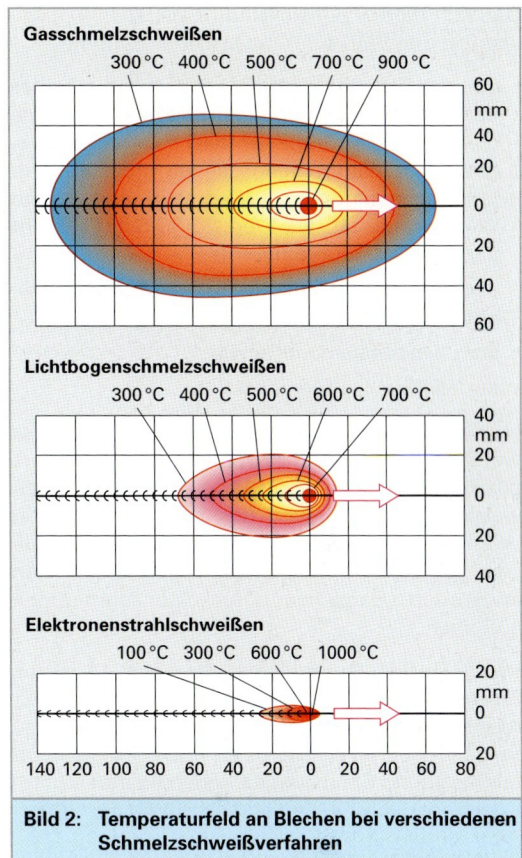

Bild 2: Temperaturfeld an Blechen bei verschiedenen Schmelzschweißverfahren

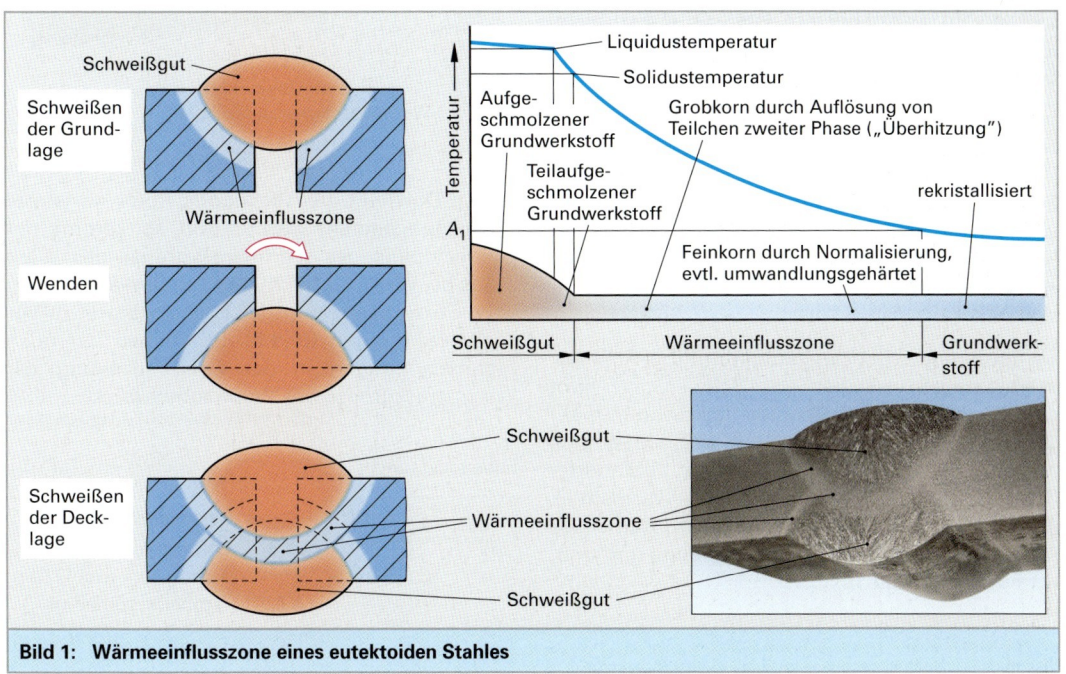

Bild 1: Wärmeeinflusszone eines eutektoiden Stahles

Der sich daraus entwickelnde *Eigenspannungszustand* in den Werkstücken wird entscheidend

- von der *Zeitabhängigkeit* des Wärmehaushaltes der verschweißten Werkstücke (gegeben durch die, auf die Schweißnahtfläche bezogene eingebrachte Wärmemenge sowie die Wärmeableitungsbedingungen [Wärmeleitfähigkeit und Wärmekapazität des Werkstoffs, Schweißnahtfläche, Werkstückvolumen])
- dem bei den jeweiligen Temperaturen vorliegenden *Wärmeausdehnungskoeffizienten*,
- dem *Elastizitätsmodul* sowie
- der *Fließgrenze* beeinflusst.

In der Erwärmungsphase wollen sich die erwärmten Bereiche der zu verschweißenden Werkstücke entsprechend ihrer Temperatur ausdehnen, werden daran aber von den infolge begrenzter Wärmeleitfähigkeit kälteren Bereichen mehr oder weniger stark behindert, weswegen sich in den erwärmten Bereichen Druckeigenspannungen aufbauen.

Ist die Duktilität[1] des Werkstoffs hoch, so ist die Rissbildungsgefahr gering und es kommt mit Erreichen der Warmstreckgrenze des Werkstoffs zu Stauchungen. Ist sie allerdings noch gering, so treten Risse und Stauchungen nebeneinander, unter Umständen Rissbildung auch allein für sich auf.

In der ersten Phase der Abkühlung nach erfolgter Verbindung bauen sich die Druckeigenspannungen im wärmebeeinflussten Grundwerkstoff allmählich ab. Soweit vorhanden ist das erstarrte Schweißgut dabei noch spannungsfrei.

Infolge der großen zu durchlaufenden Temperaturspanne können sich im eventuell vorhandenen Schweißgut wie auch in Grundwerkstoff durch Schrumpfungsbehinderung Eigenspannungen wieder aufbauen und zwar verursacht durch das Nebeneinander warmer und kalter Bereiche, eine *steife Konstruktion* oder *feste Einspannung* der Werkstücke.

Da der Bereich höchster Temperatur (bei Schmelzschweißungen ist dies das Schweißgut) infolge der ursprünglich höchsten Temperatur mehr schrumpfen will als der nur wärmebeeinflusste Grundwerkstoff, entstehen bei behinderter Schrumpfung infolge zunehmender Warmstreckgrenze (→ plastische Verformung wird immer weniger möglich) Eigenspannungen längs und quer zur Fügenaht **(Bild 1)**.

---
[1] lat. ductilis = ziehbar, dehnbar, Duktilität = Verformbarkeit

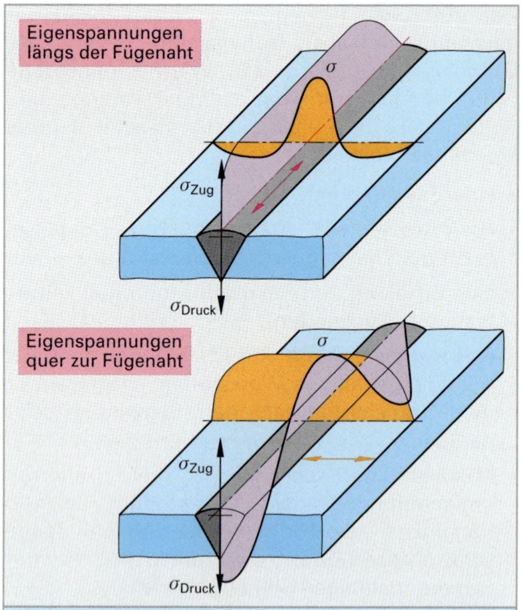

Bild 1: Eigenspannungen bei schmelzgeschweißter Stumpfnahme

Bild 2: Verzug durch Überschreiten der Warmstreckgrenze (Beispiel)

Ist die Duktilität des Werkstoffs hoch, so ist die Rissbildungsgefahr gering und es kommt mit Überschreiten der Warmstreckgrenze des Werkstoffs bei Werkstücken mit geringen Wandstärken bzw. Durchmessern in der Reaktionszone zu Verzug/Verwerfungen **(Bild 2)**. Es bleiben nur noch Eigenspannungen in der Größenordnung der Warmstreckgrenze des Werkstoffs zurück.

Eigenspannung:

$$\sigma_{eigen} = E \cdot \alpha \cdot \Delta T$$

σ_{eigen} Eigenspannung
E Elastizitätsmodul
α Ausdehnungskoeffizient
ΔT Temperaturdifferenz
($\Delta T = T_{Ort1} - T_{Ort2}$)

Ist die Duktilität des Werkstoffs gering (infolge abgesunkener Temperatur; größer dimensionierter Werkstückquerschnitte; Sprödphasen), so treten „Kaltrisse" und Verzug/Verwerfungen nebeneinander, unter Umständen „Kaltrisse" auch allein auf **(Bild 1)**.

Eine Rissbildung durch Zugeigenspannungen kann allerdings auch bei hohen Temperaturen („Heißrisse") auftreten.

Ursache kann das Vorliegen von teilflüssigem Schweißgut ($\rightarrow$ Aufreißungen entlang der mit Restschmelze belegten Korngrenzen der Primärkristalle), niedrigschmelzenden Eutektika auf den Korngrenzen ($\rightarrow$ Aufreißungen entlang der mit aufgeschmolzenem Eutektikum belegten Korngrenzen der Primärkristalle) oder das Eindiffundieren von Elementen über die Korngrenzen sein, die auf den Korngrenzen schmelzflüssige Phasen bilden ($\rightarrow$ „Lötbrüchigkeit").

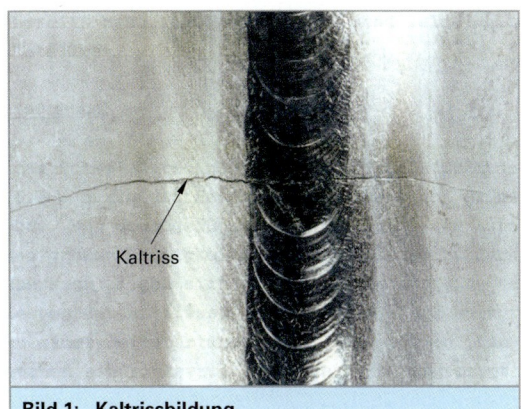

Bild 1: Kaltrissbildung

Um einer Kaltrissbildung vorzubeugen, ist ein möglichst geringer Eigenspannungszustand einzustellen. Dies gelingt

- durch geeignetes Vorspannen ($\rightarrow$ Druckeigenspannung in den Fügeflanken) durch lokales Vorwärmen,
- durch geringes Temperaturgefälle ($\rightarrow$ Vorwärmen),
- durch Minimierung der Schrumpfungsbehinderung ($\rightarrow$ „schwimmende" Einspannung, Schweißfolge mit freier Schrumpfung über möglichst lange Zeit) sowie
- durch ein dem Schweißprozess unmittelbar folgendes Spannungsarmglühen [= Erholung]) der gesamten Struktur.

Umgekehrt können Eigenspannungen zum Beseitigen von Unebenheiten in dünnen Blechen (Wellen, Beulen), Verkrümmungen von dünnwandigen Profilen und zum Richten verzogener Werkstücke

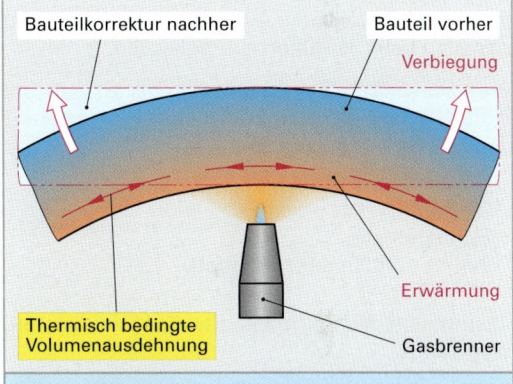

Bild 2: Einbringen von Eigenspannungen zum Beseitigen von Verbiegungen

gezielt genutzt und bewusst durch örtliche Erwärmung eingebracht werden **(Bild 2)**. Ziel sind lokalisierte plastische Stauchungen durch Behinderung der Wärmedehnung durch das umliegende kalte Material.

Wiederholung und Vertiefung

1. Wie arbeitet das Lichtbogenbolzenschweißen mit Zündspitze?
2. Wie läuft das Elektronenstrahlschweißen ab?
3. Welche Reaktionen laufen in der Flamme beim Glasschmelzschweißen ab?
4. Welche metallurgische Wirkung hat eine Gasflamme mit einem Brenngas/Sauerstoffverhältnis < 1?
5. Mit welcher Lichtbogentechnik arbeitet das Wolfram-Inert-Gas-Schweißen?
6. Welche Aufgabe hat das Pulver beim Unter-Pulver-Schweißen?
7. Welche Atmosphärenbedingungen sind beim Elektronenstrahlschweißen erforderlich?
8. Welchen Aufbau zeigt eine Schmelzschweißnaht?
9. Wie entstehen Eigenspannungen?
10. Auf welchem Weg können Eigenspannungen entfernt werden?

4.1.3 Schweißen polymerer Werkstoffe

Wegen der niedrigen Zersetzungstemperaturen lassen sich polymere Werkstoffe und von diesen auch nur die *Thermoplaste* (Duroplaste lassen sich nicht in den schmelzflüssigen Zustand überführen) und diese auch nur mit ihresgleichen im Temperaturbereich zwischen dem Beginn des plastischen Fließens und des voll aufgeschmolzenem Zustandes durch Schweißen verbinden (**Bild 1**). Die Verbindung kommt wegen des im Vergleich zu den Metallen andersartigen molekularen Aufbaus der Bausteine durch Aufschmelzen und Durchdringen mit Verschlaufen der Makromoleküle beider Randzonen zustande. Dazu muss die Viskosität der Schmelzen beider Partner hinreichend weit abgesenkt werden. Da die für ein Durchdringen der Schmelzen einzustellende Viskosität für ein freies Fließen oft noch zu hoch ist, ist ein gewisser Pressdruck erforderlich, der gleichzeitig die Aufgabe hat, den Volumenschwund beim Abkühlen auszugleichen.

Pressschweißen. Zur Erwärmung der Grundwerkstoffe stehen folgende Energieformen zur Verfügung durch Ausnutzen von:
- Erwärmten Werkzeugen,
- Warmluft,
- Lichtstrahlen,
- äußerer und innerer Reibung.

Ausnutzung des Wärmeinhalts eines erwärmten Werkzeugs

Beim **Heizelementschweißen** (**Bild 2**) erfolgt das Anschmelzen der Fügeflächen durch Heizelemente. Diese werden gegen Verkleben mit PTFE (Polytetrafluorethylen) überzogen (**Bild 3**).

Ausnutzung der Verbrennungswärme einer Gasflamme

Beim **Warmgasschweißen** wird der Grundwerkstoff durch heiße Druckluft bis zum Erreichen des plastischen Zustands erwärmt. Der Zusatzwerkstoff kann gleichfalls durch heiße Druckluft bis

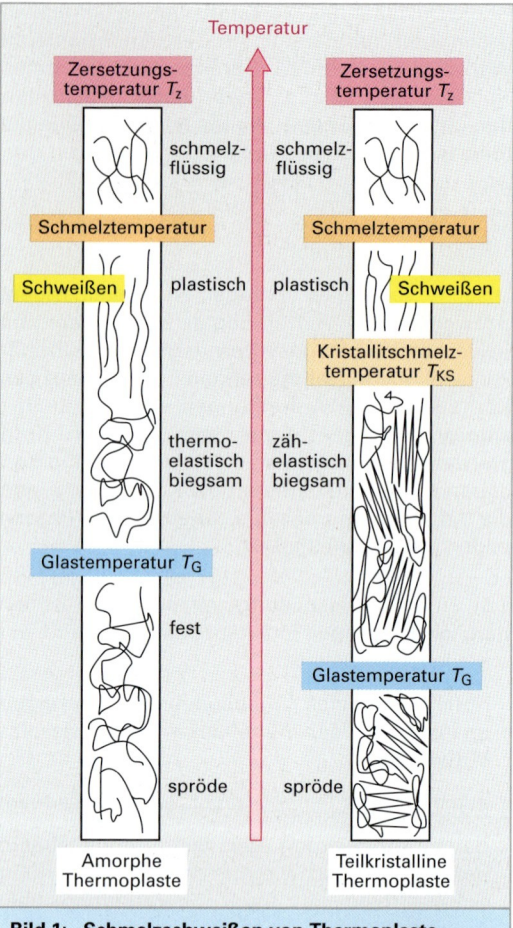

Bild 1: Schmelzschweißen von Thermoplaste

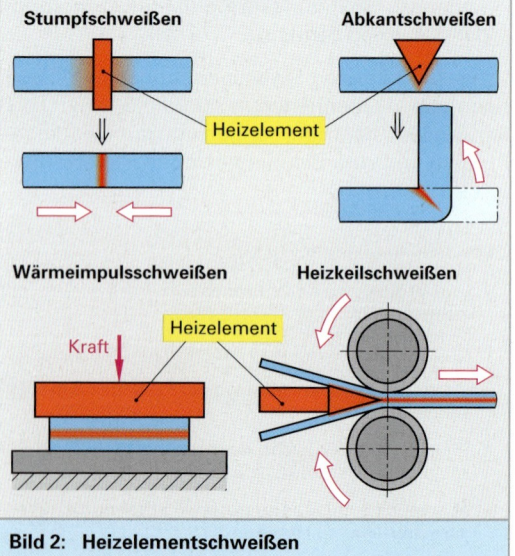

Bild 2: Heizelementschweißen

Bild 3: Heizelementschweißungen

4.1 Stoffschlüssiges Fügen

zum Erreichen des plastischen Zustands erwärmt werden und unter Druck verschweißt werden **(Bild 1)** oder wird aus einem Extruder bereitgestellt und ohne Druckanwendung verschweißt.

Ausnutzung des Wärmeinhalts eines Lichtstrahls
Beim selten angewendeten Lichtstrahlschweißen wird das Licht glühender, in Halogenlampen positionierter Kohle- oder Wolframfäden auf den Schweißpunkt fokussiert.

Ausnutzung der kinetischen Energie sich berührender Fügepartner

Beim **Reibschweißen** werden die Werkstücke, von denen mindestens eines einen rotationssymmetrischen Querschnitt aufweisen muss, gegeneinandergepresst und nachfolgend in eine entgegengesetzt zueinander orientierte Rotationsbewegung um eine gemeinsame Achse versetzt. **(Bild 2)**. Sobald die Schweißtemperatur in der Fügenaht erreicht ist, wird die Rotationsbewegung aufgehoben und die Werkstücke durch Stauchen verbunden.

Beim **Ultraschallschweißen** werden die zu verbindenden Werkstücke übereinandergelegt und von einer die Ultraschallschwingungen einkoppelnden Sonotrode auf einen Amboß gedrückt **(Bild 3)**. Mit Erreichen der Schweißtemperatur in der Fügestelle ist die Verbindung hergestellt.

Beim **Hochfrequenzschweißen** befinden sich die zu verschweißenden Werkstoffe zwischen zusätzlich den mechanischen Druck übertragenden Platten eines Plattenkondensators, übernehmen also die Funktion eines Dielektrikums. Sind in den zu verschweißenden Werkstoffen polare Gruppen vorhanden, so können sie in einem elektrischen Hochfrequenzfeld zu Änderungen ihrer Lage im Raum veranlasst werden. Die dabei stattfindende innere Reibung setzt Wärme frei, durch die der Werkstoff bis in den schmelzflüssigen Zustand gelangen kann und das Herstellen einer Verbindung ermöglicht **(Bild 4)**.

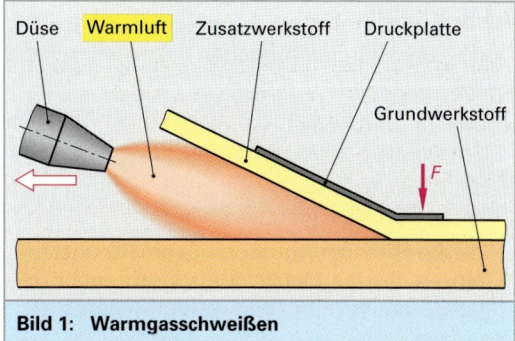
Bild 1: Warmgasschweißen

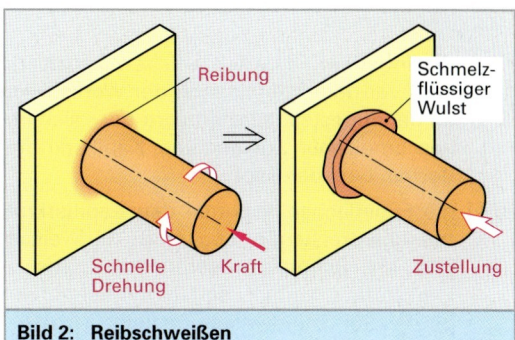
Bild 2: Reibschweißen

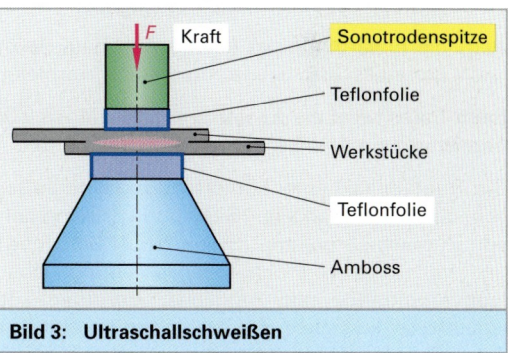
Bild 3: Ultraschallschweißen

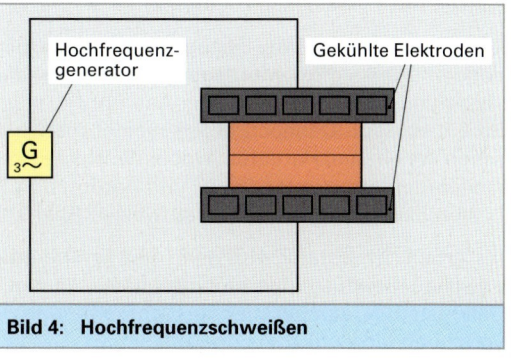
Bild 4: Hochfrequenzschweißen

Wiederholung und Vertiefung

1. Welche Kunststoffarten lassen sich überhaupt schweißen?
2. In welchem Temperaturbereich ist ein Schweißen möglich?
3. Welche Aufgabe hat der Anpressdruck beim Schweißen der Polymere?
4. Welche Polymere eigenen sich zum Hochfrequenzschweißen?

4.1.4 Löten

Durch Löten können Aufgaben gelöst werden bei denen

a) Stellen verbunden werden sollen, die mit Schweißverfahren nicht erreicht werden;
b) die Werkstücke weder plastisch verformt noch angeschmolzen werden sollen;
c) Werkstoffe mit großen Schmelzpunktdifferenzen (Metall-Metall; Metall-Hartmetall; Metall-Keramik) verbunden werden sollen;
d) Bauteile gut elektrisch leitend verbunden werden sollen.

Dies gelingt, wenn

zu a) der in jedem Fall erforderliche Zusatzwerkstoff vor dem Kontaktieren der Werkstücke an der Fügestelle plaziert wird oder sich im geschmolzenen Zustand über Kapillarkräfte dorthin begeben kann;

zu b) die Fügeflächen maximal den Kapillarkräften entsprechende Spaltmaße aufweisen und die Schmelztemperatur des Zusatzwerkstoffs unterhalb derjenigen der zu verbindenden Grundwerkstoffe liegt;

zu c) die Schmelztemperatur des Zusatzwerkstoffs unterhalb desjenigen des tiefer schmelzenden Grundwerkstoffs liegt.

zu d) die Erwärmung der elektrischen Bauteile in den zulässigen Grenztemperaturen verbleibt.

Beim Löten wird als Zusatzwerkstoff ein als *Lot* bezeichneter metallischer Werkstoff verwendet.

Die Tragfähigkeit einer Lötverbindung wird außer von deren konstruktiver Gestaltung (Vermeiden von Zugbeanspruchung [Stumpfstoß; Schälung] und Vorziehen von *Scherbeanspruchung* [Überlappverbindung] mit möglichst geringer Lötspaltbreite [Festigkeit der Verbindung steigt mit abnehmender Lötspaltbreite]) und der Fügeflächenüberdeckung (möglichst groß) von der Festigkeit des Lotes bestimmt **(Bild 2)**.

Letztere ist generell der Festigkeit der zu verbindenden Werkstoffe unterlegen, weswegen die Verbindung selbst bei optimaler Ausführung stets im Lot versagt. Dennoch unterscheidet man zwischen Weich- und Hartloten, wobei Weichlote Solidustemperaturen unter 450 °C und Hartloten Solidustemperaturen über 450 °C aufweisen **(Bild 3)**.

Als Arbeitstemperatur wird dann eine Temperatur zwischen Solidustemperatur des Lotes und der Solidustemperatur des niedrigerschmelzenden zu verbindenden Werkstoffs gewählt.

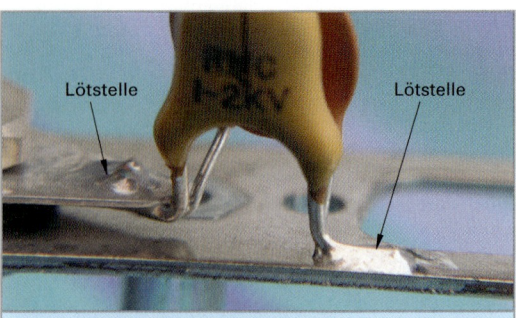

Bild 1: Löten elektrischer Kontakte

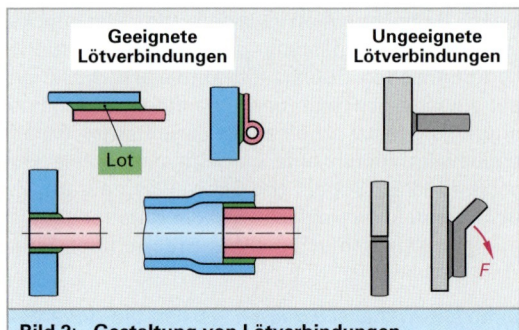

Bild 2: Gestaltung von Lötverbindungen

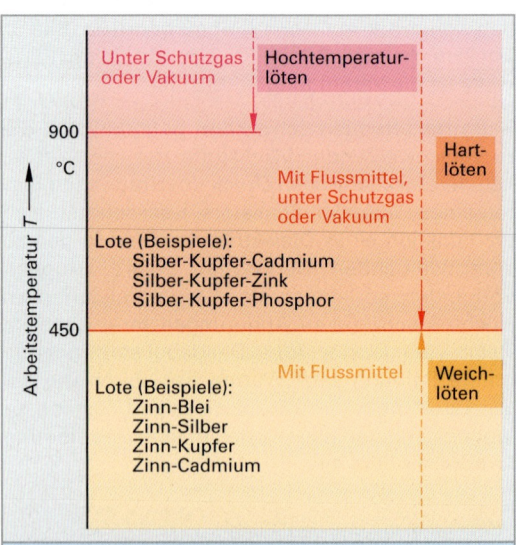

Bild 3: Löttemperaturbereiche

- Lötverbindungen sollten möglichst auf Scherung beansprucht sein.
- Die Lötspaltbreite sollte gering sein.
- Die Fügeflächenüberdeckung sollte groß sein.
- Die Festigkeit entspricht maximal der Festigkeit des Lots.

4.1.4.1 Werkstoffkundliche Aspekte I

Die zu fügenden Werkstücke können nur dann miteinander verlötet werden, wenn zusätzlich die folgenden Bedingungen erfüllt sind:

a) Sollen in den Lötspalt einzubringende Lotdepots vermieden und am Lötspalt angesetzte Lotdepots verwendet werden, so muss über den kapillaren Fülldruck ein „Verschießen" in den Spalt möglich sein **(Bild 1)**. Je höher dieser Fülldruck ist, um so höher ist die Steighöhe des Lotes und damit der Füllgrad eines Lötspalts **(Bild 2)**. Ein hoher Fülldruck und damit auch eine hohe Steighöhe ist nun unmittelbar mit einem kleinen Benetzungswinkel verbunden, dessen Größe wiederum von den herrschenden Oberflächenspannungen abhängt **(Bild 3)**. Die Oberflächenspannungen wiederum werden bestimmt von der

- a-1. Rautiefe und chemischen Zusammensetzung der Werkstückoberfläche,
- a-2. Zusammensetzung der Lötatmosphäre,
- a-3. Zusammensetzung und Temperatur des Lotes.

b) Da der Grundwerkstoff nicht durch Relativbewegung der Werkstücke oder durch Anschmelzen von seiner stets vorhandenen Deckschicht freigelegt wird, ist dies durch eine werkstoffspezifische Einstellung der

- b-1. Rautiefe und chemische Zusammensetzung der Werkstückoberflächen,
- b-2. Zusammensetzung der Lötatmosphäre

zumindest für die Dauer des Lötprozesses zu bewerkstelligen.

Ideal hinsichtlich der Bedingungen a-1. und b-1. sind möglichst glatte und deckschichtfreie Oberflächen. Eine Minimierung der Rautiefe der Werkstückoberflächen gelingt über spanabhebende (Polieren) sowie elektrochemische (Elektropolieren) Verfahren. Deckschichtfreiheit erfordert als erstes ein Befreien der Werkstückoberflächen von Fetten/Ölen, Farben, Rost und Schlacken auf mechanischem und/oder chemischem Weg. Das Reduzieren der bei Metallen nachfolgend (infolge ihrer Stabilität) möglicherweise noch vorliegenden oder (infolge Atmosphärenkontakt) wieder gebildeten Passivoxidschicht und das Fernhalten von Luftsauerstoff (begünstigt Neubildung der Passivoxidschicht) zumindest für die Dauer des Lötprozesses gelingt durch den Einsatz von Flussmitteln oder durch ein flussmittelfreies Löten in reduzierendem Gas, Inertgas oder sogar unter Vakuum.

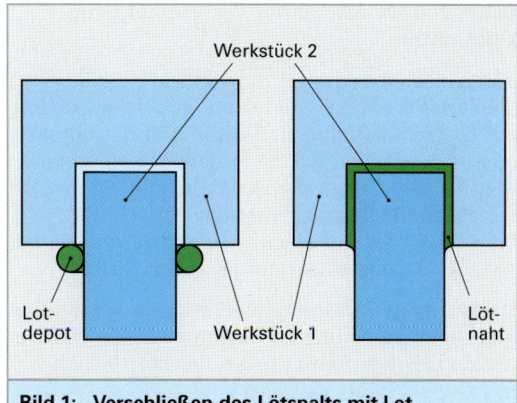

Bild 1: Verschließen des Lötspalts mit Lot

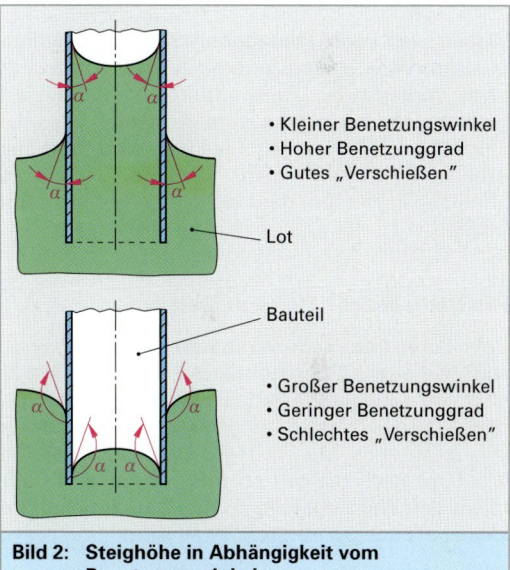

- Kleiner Benetzungswinkel
- Hoher Benetzunggrad
- Gutes „Verschießen"

- Großer Benetzungswinkel
- Geringer Benetzunggrad
- Schlechtes „Verschießen"

Bild 2: Steighöhe in Abhängigkeit vom Benetzungswinkel

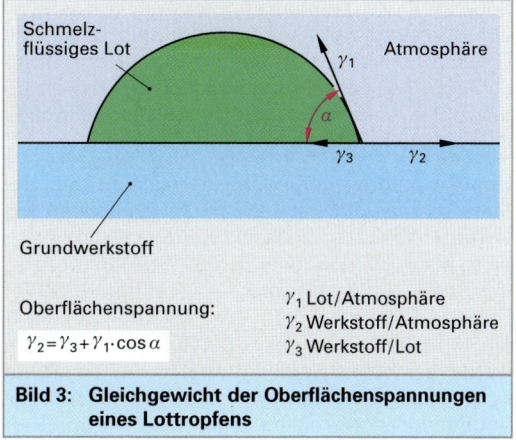

Oberflächenspannung:

$\gamma_2 = \gamma_3 + \gamma_1 \cdot \cos \alpha$

γ_1 Lot/Atmosphäre
γ_2 Werkstoff/Atmosphäre
γ_3 Werkstoff/Lot

Bild 3: Gleichgewicht der Oberflächenspannungen eines Lottropfens

Löten von Metallen unter Verwendung von Flussmitteln

Passivoxid- und damit grundwerkstoffspezifisch reagierende Flussmittel werden als Tauchbeschichtung auf Lotdraht/Lotfolie, als Bestandteil der Lotpaste oder in Lotdrähten auf die Fügefläche aufgetragen (**Bild 1**). Sie haben die Aufgabe, die *Passivoxidschicht zu reduzieren*, bevor das Lot schmilzt, d. h., die Wirktemperatur eines Flussmittels muss unterhalb der Arbeitstemperatur des Lotes liegen.

Die Wahl des Flussmittels richtet sich daher nicht nur nach der Art der zu lösenden Oxide (schwer löslich z. B. bei Titan, Chrom, leichter löslich z. B. bei Kupfer, Stahl), sondern auch nach der Arbeitstemperatur des Lotes, weswegen es kein Universalflussmittel zum Löten der verschiedenartigsten Grundwerkstoffe gibt.

Wegen der sonst gegebenen Korrosionsgefahr müssen die in der Lötzone nach dem Lötprozess noch vorliegenden Flussmittelreste neutralisiert werden. Darüber hinaus ist festzuhalten, dass die Flussmittel i. A. umweltbelastend sind und bei Arbeitstemperaturen über 1000 bis 1200 °C so dünnflüssig werden, dass sie keinen Schutz mehr bieten.

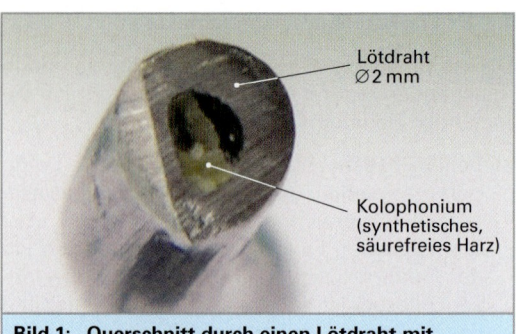

Bild 1: Querschnitt durch einen Lötdraht mit Flussmittel

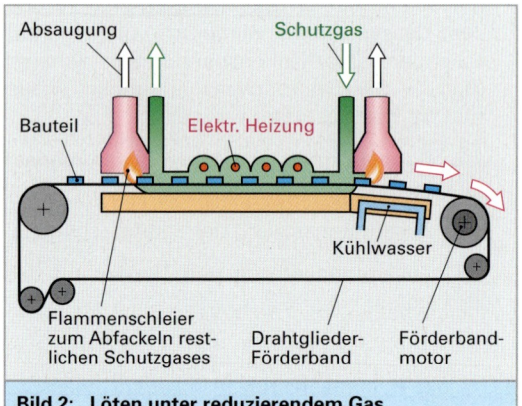

Bild 2: Löten unter reduzierendem Gas

Flussmittelfreies Löten von Metallen

Beim **Löten unter reduzierendem Gas** wird Wasserstoff (seltener Kohlenmonoxid) bevorzugt (**Bild 2**), da er die auf dem Werkstück und dem Lot vorhandenen Oxide zu Metall und Wasser reduziert ($Me_m O_n + n \cdot Hz \Leftrightarrow m \cdot Me + n \cdot H_2O$). Damit die Reaktion von links nach rechts und nicht umgekehrt läuft, muss der Wassergehalt in der Ofenatmosphäre kleiner als der Wasserstoffgehalt sein.

Beim **Löten unter Inertgas** werden vorwiegend Argon und Helium eingesetzt, deren Qualität allerdings durch Restgehalte an deckschichtbildendem Sauerstoff und daneben an Stickstoff, Wasserstoff und Wasserdampf beeinträchtigt sein kann. Das Löten unter Inertgasen ist dann angebracht, wenn aus dem Lot oder Grundwerkstoff bei einem Löten unter Vakuum Legierungsbestandteile ausdampfen würden.

Um einwandfreie Lötungen zu erreichen, kann der Sauerstoffpartialdruck auch durch Evakuieren (**Löten unter Vakuum**) abgesenkt werden, für Lötungen beispielsweise von unlegierten Stählen notwendigerweise auf $3 \cdot 10^{-2}$ bar, für Lötungen rostfreier Stähle auf 10^{-7} bar und für Lötungen von Zirkon, Titan, Niob, Tantal, Molybdän, Beryllium und Wolfram wegen der hohen Stabilität ihrer Oxide sogar auf noch niedrigere Werte. Hilfreich sind sogenannte Gettermetalle Me_2, die im Vakuum bereits vor Erreichen der Solidustemperatur des Lotes verdampfen und eine höhere Sauerstoffaffinität als der zu verlötende Werkstoff Me_1 aufweisen. Das entstehende Getteroxid wird, wenn es im Schwebezustand (feste Partikel) vorliegt, abgesaugt oder schlägt sich, wenn es dampfförmig vorliegt, nieder.

Das flussmittelfreie Löten unter Vakuum bietet neben Vorteilen auch Beschränkungen: Es dürfen nur solche Grundwerkstoffe vakuumverlötet werden und es kommen nur solche Lote als Vakuumlote in Frage, deren Legierungselemente bei der Löttemperatur unter Vakuum keinen hohen Dampfdruck haben (= nicht bereits bei niedrigen Temperaturen sieden und verdampfen). Als Grundwerkstoffe kommen daher sauerstofffreies Kupfer und Nickel sowie Kupfer- und Nickellegierungen, daneben bei Eisen und Eisenlegierungen (mit Ni, Co und Cr), Molybdän und Molybdänlegierungen sowie Wolfram und Wolframlegierungen in Frage.

> Die dauerhafte Entfernung von Passivoxidschichten von den zu verlötenden Grundwerkstoffen gelingt durch die Verwendung von Flussmitteln oder von reduzierenden Gasen.

Als Vakuumlote sind Lote aus Reinkupfer, Reinsilber, Reingold und Reinplatin sowie deren Legierungen geeignet. Grundwerkstoffe wie Lote werden unter Vakuum erschmolzen und sind dadurch praktisch frei von flüchtigen metallischen und nichtmetallischen Verunreinigungen wie z. B. gelösten oder eingeschlossenen Gasen, insbesondere Sauerstoff.

Die Lote werden zusätzlich ohne organische Hilfsmittel zu Lotdraht oder -blech verarbeitet, damit sich beim Vakuumlöten keine Verkokungsrückstände bilden, die benetzungshemmend wirken könnten. Fehlen im Grundwerkstoff wie Lot Komponenten mit niedrigem Dampfdruck, so sind mit ihnen auch vakuumtaugliche Baugruppen zu fertigen, von denen erwartet wird, dass sie selbst bei höheren Temperaturen noch keine Emissionen aufweisen (Gefahr von Porositäten der Wand!).

Unter Vakuum gelötete Werkstücke kommen metallisch blank aus dem Prozess und müssen nicht erst chemisch oder mechanisch nach bearbeitet werden.

Löten von Keramik, Graphit, Diamant und Glas

Wie die Passivoxidschichten der Metalle, so werden auch die Oberflächen keramischer Werkstoffe sowie Graphit, Diamant und Glas wegen ihrer Verwandtschaft von konventionellen Loten nicht benetzt.

Bei oxidkeramischen Werkstoffen kann als benetzungsförderliche Vorbehandlung auf den Grundwerkstoff eine metallische Schicht so aufgebracht werden, dass anschließend ein konventionelles Löten möglich ist (Al_2O_3 als Grundwerkstoff: Mo-MnO-SiO_2-TiO_2-Paste über Siebdruck, Sintern zur Reaktion von Paste und Glasphase der Keramik [1500 °C/Wasserstoff] galvanisches Vernickeln).

Bei Oxid- wie Nichtoxidkeramiken bieten Aktivlote die Möglichkeit einer Benetzung ohne Vorbehandlung. Sie sind von Hause aus Hartlote, die als grenzflächenaktive Elemente Titan, Zirkon oder Hafnium enthalten. Diese Elemente senken die Oberflächenspannung Keramik/Lot so weit ab, dass eine Benetzung erfolgen kann: Aufgrund der hohen Reaktionsfreudigkeit der genannten Elemente mit dem Sauerstoff, Stickstoff und Kohlenstoff der einzelnen Keramik diffundieren sie zur Grenzfläche Aktivlot/Keramik und reichern sich dort im Aktivlot in einer wenige μm breiten Zone an (**Bild 1 und Bild 2**).

An der Phasengrenze Aktivlot/Metall kommt es zu Interdiffusionsprozessen und Reaktionen mit dem Metall. Beides führt zu deutlichen Festigkeitssteigerung der Lötungen.

Um die Anreicherung der grenzflächenaktiven Elemente allerdings nicht durch den Sauerstoff und Stickstoff der Luft schon vor dem eigentlichen Lötprozess ablaufen zu lassen, muss die Lötung unter Inertgas oder Vakuum durchgeführt werden.

Von Nachteil ist das eingeschränkte Fließvermögen des Aktivlotes, so dass die Kapillarkräfte nur bedingt nutzbar sind.

Mit Aktivloten lassen sich auch Graphit, Diamant und Glas unter Vakuum verlöten. Die Haftung des Lotes wird nach Zugabe von Titan, Zirkon oder Niob-Hydrid zum Lot über eine Karbidreaktion erzielt. Die Verbindungen sind hochfest, bleiben duktil und helfen Spannungsspitzen abzubauen.

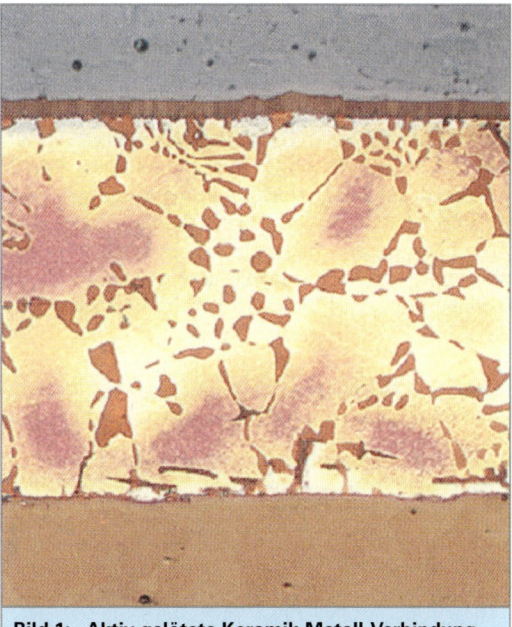

Bild 1: Aktiv gelötete Keramik-Metall-Verbindung

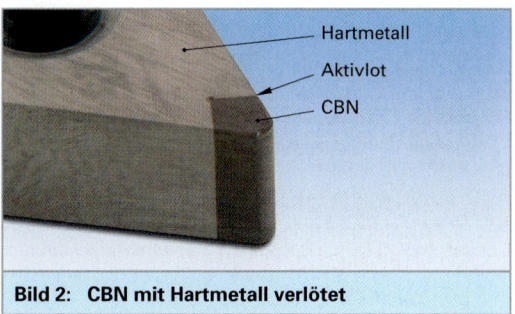

Bild 2: CBN mit Hartmetall verlötet

4.1.4.2 Lötprozess

Die Werkstückbereiche, die mit Lot benetzt werden sollen, werden nach dem Entfetten (u. U. bereits unter einer kontrollierten Atmosphäre) gebeizt. Die Bereiche, die nicht durch das Lot benetzt werden sollen, werden mit einem benetzungshemmenden Mittel („Lotstop") abgegrenzt **(Bild 1)**.

Werden keine Lotdepots in Form von Lotpasten, Lotfolien oder Lotplattierungen in den Lötspalt eingebracht, sondern ist ein Lotdepot am Spaltaustritt vorgesetzt, so sollten die Spaltbreiten zur optimalen Nutzung der Kapillarkräfte beim Maschinenlöten bei 0,05 bis 0,2 mm liegen. Sind die Spaltbreiten größer (0,2 bis 0,5 mm), so ist nur noch das Handlöten möglich, bei dem Wärme- und Lotzufuhr individuell dosiert werden können.

Nach Einstellung des Lötspaltes und Plazierung des Lotmaterials wird die zu fügende Verbindung auf Arbeitstemperatur erwärmt. Darf dies unter Normalatmosphäre erfolgen, so kommt der Wärmeeintrag durch eine Flamme (Flammlöten, **Bild 2**), einen widerstandserwärmten Kolben (Kolbenlöten, **Bild 2**), durch Induktion (Induktionslöten, **Bild 2**), in einem auf Arbeitstemperatur gebrachten Ofen (Ofenlötung) in Frage; durch Tauchen in ein auf Arbeitstemperatur gebrachtes Lotbad (Tauchlöten) kann das Einbringen des Lotes und Erwärmen auf Arbeitstemperatur in einem Schritt erfolgen.

Ist eine kontrollierte Atmosphäre (Schutzgas bis Vakuum) einzuhalten, so kommen widerstandsbeheizte Vorrichtungen (Graphit oder Molybdän als Heizleiter) oder induktionsbeheizte Vorrichtungen aus hitzebeständigem Stahl oder Graphit in Schutzgasöfen oder in Vakuumöfen zum Einsatz.

Die Vakuumöfen sind dabei i. A. als Kaltwandöfen ausgeführt, wobei die Beheizung im Inneren des Vakuumrezipienten liegt und die Kesselwand gekühlt und in den meisten Fällen durch Strahlungsschutzschilde vom Heizraum abgeschirmt ist.

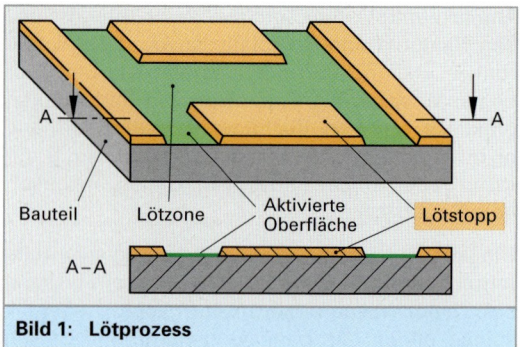

Bild 1: Lötprozess

Bild 2: Diffusionsprozesse an der Phasengrenze Lot/Grundwerkstoff während des Lötens

4.1.4.3 Werkstoffkundliche Aspekte II

Die für den Bindevorgang entscheidenden Vorgänge laufen an der Phasengrenze flüssiges Lot/fester Grundwerkstoff ab. Ist eine mehr oder weniger intensiv ausgeprägte Mischbarkeit von Lot- und Grundwerkstoff ineinander gegeben, so kommt es über Interdiffusionsvorgänge zum Auflegieren von Lot und Grundwerkstoff **(Bild 3)**, deren Intensität (Grad des Auflegierens) und Reichweite (Breite der Legierungszone) mit abnehmender Differenz zwischen Schmelzpunkt des Werkstoff und Arbeitstemperatur des Lotes zunimmt; ist umgekehrt

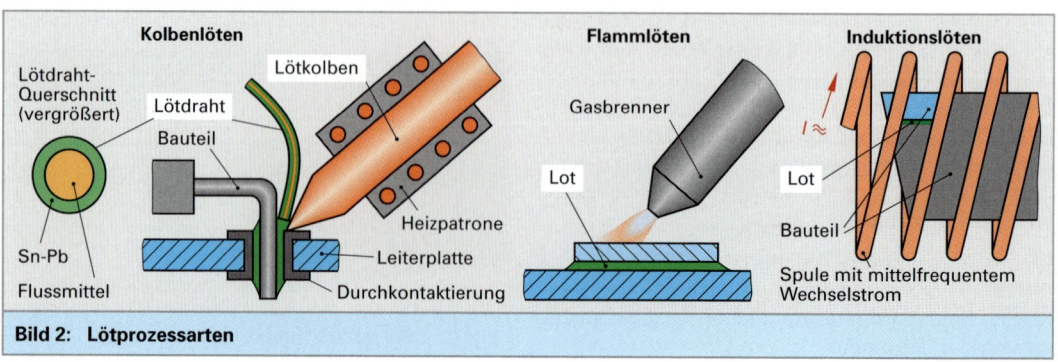

Bild 2: Lötprozessarten

4.1 Stoffschlüssiges Fügen

eine Mischbarkeit von Lot- und Grundwerkstoff ineinander nicht gegeben, so sind solche Paarungen nicht ohne weiteres lötbar.

Das nach der Erstarrung mit einer Gussstruktur vorliegende Lot **(Bild 1)** sowie der Grundwerkstoff weisen in Nähe der ehemaligen Phasengrenze infolge des Auflegierens meist höhere Festigkeiten (Mischkristallverfestigung) als der Grundwerkstoff auf.

Weitere Verschiebungen der Grundwerkstoffeigenschaften hängen vom Wärmehaushalt der Werkstücke über den gesamten Lötprozess sowie nach geschalteten Schritten ab:

- Bei kaltverfestigten Grundwerkstoffen besteht die Möglichkeit eines Abbaus der inneren Spannungen bei nur geringem Festigkeitsverlust durch Erholung, eines Absinkens der Festigkeit und Anstiegs der Bruchdehnung auf die vor der Kaltverformung vorliegenden Werte durch Rekristallisation und eines Festigkeits- und Zähigkeitsverlustes durch Kornvergröberung. Infolge der ganz spezifischen Zeitabhängigkeiten dieser Prozesse sind normalerweise als negativ zu beurteilende hohe Arbeitstemperaturen bei kurzzeitiger Anwendung unschädlich **(Bild 2)**.
- Bei ausscheidungsverfestigten Werkstoffen nehmen die Arbeitstemperaturen, vor allem unter Berücksichtigung der kurzen Zeiten, in der Regel keinen negativen Einfluss auf die Werkstoffeigenschaften.
- Werden gelötete Verbindungen längere Zeit höheren Temperaturen ausgesetzt, so besteht die Möglichkeit des Kirkendalleffektes[1], der die Bildung von Poren parallel zur Lötnaht zur Folge haben kann **(Bild 3)**.

Wird der zu lötende Verbund erwärmt oder kühlt der Lötverbund ab, so können Eigenspannungen entstehen.

Es kommt hinzu, dass hinsichtlich Wärmeleitfähigkeit, Wärmeausdehnungskoeffizient, Fließgrenze und Elastizitätsmodul deutlich differente Werkstoffe miteinander verbunden werden. Dadurch können sich in der Kontaktfläche der Fügepartner bei Temperaturänderungen Schubspannungen entwickeln. Lote mit einer niedrigeren Arbeitstemperatur und höheren Duktilität können die Schubspannungen reduzieren.

In gleicher Weise wirkt eine Verbreiterung der Lötnaht. Da hierbei allerdings gleichzeitig die Festigkeit der Verbindung herabgesetzt wird, ergibt sich für jede Grundwerkstoff/Lot/Grundwerkstoff-Kombination eine optimale Lötnahtbreite.

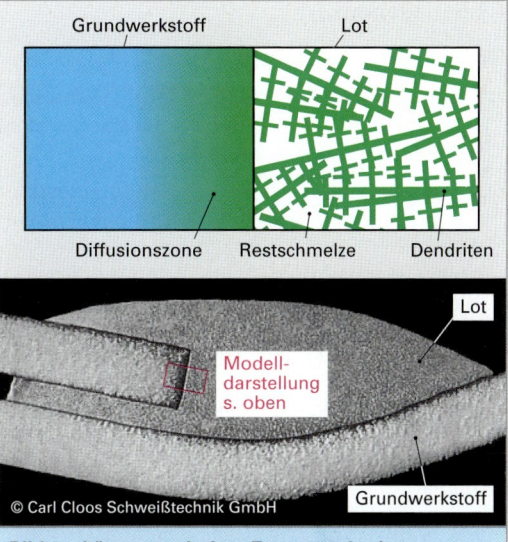

Bild 1: Lötung nach dem Erstarren des Lotes

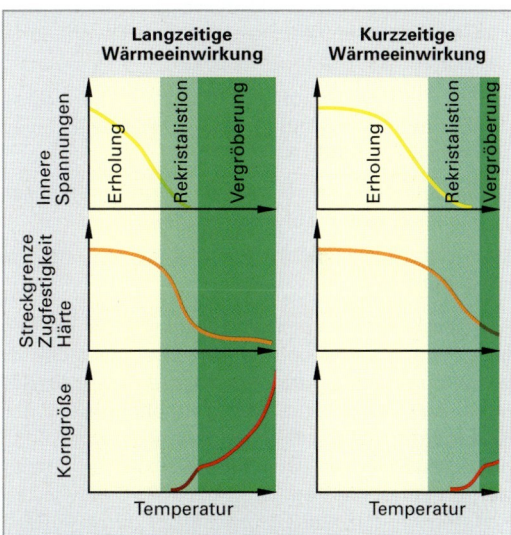

Bild 2: Eigenschaften nach langzeitiger und nach kurzzeitiger Wärmeanwendung

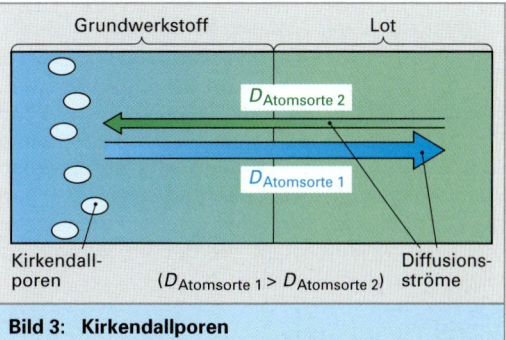

Bild 3: Kirkendallporen

[1] Benannt nach *Ernest O. Kirkendall* amerik. Wissenschaftler. Er erforschte um 1940 das Diffusionsverhalten bei Metallen.

4.1.5 Kleben

Aufgabenstellungen, bei denen

a) Werkstückbereiche miteinander verbunden werden sollen, die mit Schweißverfahren nicht erreicht werden können **(Bild 1)**;
b) die zu fügenden Werkstoffe weder plastisch verformt oder angeschmolzen (wie beim Schweißen) noch chemisch verändert werden sollen (wie beim Löten), u. U. sogar überhaupt nicht wärmebeeinflusst werden sollen;
c) beliebige Werkstoffpaarungen gefügt werden sollen;
d) eine punktuelle Lasteinleitung unzulässig ist (also kein Schrauben und Nieten, die zusätzlich noch Lochleibungsspannungen zur Folge haben);
e) Korrosionsbeständigkeit des Zusatzwerkstoffs gefordert wird;
f) geringe bis keine elektrische, thermische und Körperschallleitfähigkeit des Zusatzwerkstoffs gegeben sein soll;
g) der Zusatzwerkstoff Dichtungsfunktion übernehmen kann **(Bild 2)** und zum Sealen[1] verwendet wird **(Bild 3)**;
h) der Zusatzwerkstoff möglichst geringes spezifisches Gewicht aufweisen soll,

kann durch den Einsatz von Klebstoffen entsprochen werden[2].

Als Nachteile sind hierbei allerdings die im Vergleich zum Schweißen und Löten bei gleichem Fügenahtquerschnitt *geringere Lasttragfähigkeit,* die erhebliche Temperatur- und Zeitabhängigkeit der Klebenahtfestigkeit schon bei relativ geringen Temperaturen (Kriechen bei einigen Klebstoffen bereits bei Temperaturen von 60 °C bis 100 °C) sowie die *Reduzierung der Klebenahtfestigkeit* durch äußere Einflüsse wie Lösemittel, Wasser und UV-Strahlung.

Auf die im Vergleich zum Schweißen und Löten bei gleichem Fügenahtquerschnitt geringere Lasttragfähigkeit einer Klebung kann durch klebespezifische kontruktive Maßnahmen reagiert werden: Neben dem Vermeiden von Zug- (Stumpfstoß; Schälung; **Bild 1, folgende Seite**) und Vorziehen von Scherbeanspruchung (Überlappverbindung) sollten von der spezifischen Festigkeit des Klebstoffs abhängige Klebespaltbreiten von 0,1 mm bis 0,3 mm und möglichst große Fügeflächenüberdeckung eingestellt werden (maximale Festigkeit der Verbindung).

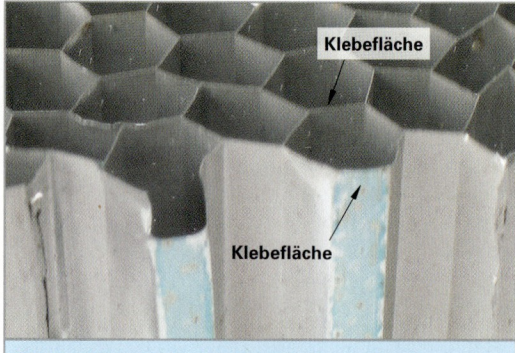

Bild 1: Klebestellen bei Aluminiumwaben

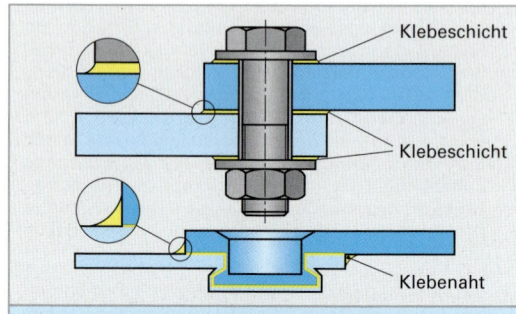

Bild 2: Klebstoff übernimmt Abdichtfunktion

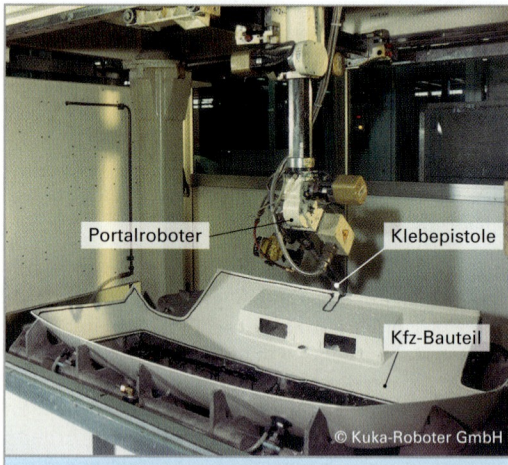

Bild 3: Verkleben und Abdichten von Karosserieteilen

> Klebeverbindungen sollten möglichst auf Scherung beansprucht werden.

---

[1] engl. to seal = abdichten

[2] Für eine PKW-Limousine werden bis zu 15 kg Klebstoff verarbeitet; zum Verbinden, zum Dichten, zum Entdröhnen, zum Dämpfen und zum Eingießen kleiner Bauteile

4.1 Stoffschlüssiges Fügen

Letztere ist der Festigkeit der zu verbindenden Werkstoffe generell unterlegen, weswegen die Verbindung bei optimaler Ausführung stets in der Klebung selbst versagt. Um diese optimale Ausführung erreichen zu können, sind die Bindemechanismen an der Phasengrenze Klebstoff/ Grundwerkstoff und innerhalb der Klebstoffschicht zu beachten.

4.1.5.1 Werkstoffkundliche Aspekte

Bindemechanismen an der Phasengrenze Klebstoff/Grundwerkstoff

Da der Grundwerkstoff nicht durch Relativbewegung der Werkstücke (wie beim Pressschweißen), Anschmelzen (wie beim Schmelzschweißen) oder Flussmittel bzw. reduzierende Atmosphären (wie beim Löten) von seiner stets vorhandenen äußeren Grenzschicht (**Bild 2**) freigelegt wird, ist der Oberflächenzustand des Werkstücks durch eine werkstoffspezifische Vorbehandlung einzustellen.

Abgesehen von einer Reinigung, die im Falle von Adsorptionsschichten (Schmutz, Staub, Fett, Öl, Feuchtigkeit) stets unumgänglich ist, kann man sich eine weitergehende Vorbehandlung nur dann ersparen, wenn die Oberfläche des Werkstücks porös (Papier, Holz) oder stark zerklüftet (gebrochenes Gestein, Oxide auf Metallen) vorliegt.

Hier kann der schmelzflüssig oder gelöst mit niedriger Viskosität vorliegende Zusatzwerkstoff Klebstoff über Kapillarkräfte in die Poren/Zerklüftungen gesaugt werden. Durch das Aushärten des Klebstoffs kommt es zu einer mechanischen Verankerung des Klebstoffs in der Werkstückoberfläche („Druckknopf-Prinzip"), was auch als mechanische Adhäsion bezeichnet wird.

Bei glatten Werkstückoberflächen kann man sich allein die chemischen und physikalischen Adhäsionsmechanismen zunutze machen (**Bild 3**). Dabei ist den zwar nur kurzreichweitigen aber mit einer hohen Bindungsenergie ausgestatteten Hauptvalenzbindungen (Atom- und Ionenbindungen zwischen Molekülgruppen der Klebstoffe und der Reaktionsproduktschicht) der Vorzug vor den weitreichweitigen aber mit einer geringen Bindungsenergie versehenen Restvalenzbindungen (Vander-Waals-Bindungen: Dipol-Dipol-, Dipol-Induktions- und Dispersionskräfte) zu geben.

Eine Klebeverbindung reagiert sehr sensibel auf Zugspannungen. Günstig sind dagegen Scherbeanspruchungen.

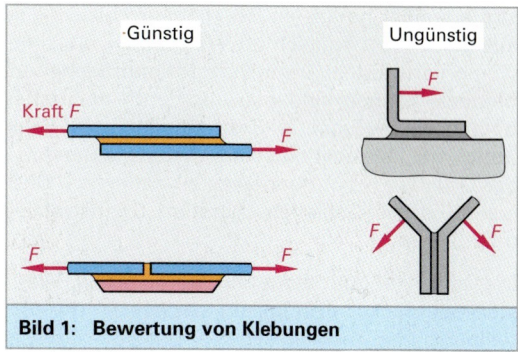

Bild 1: Bewertung von Klebungen

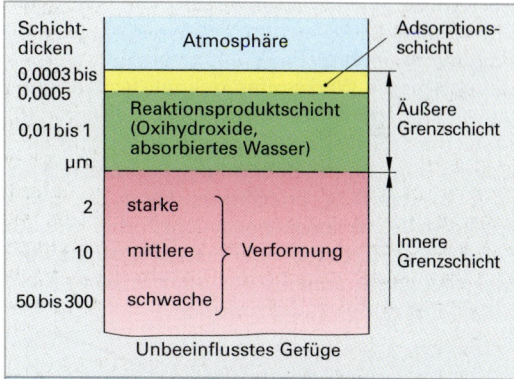

Bild 2: Aufbau einer technischen Oberfläche

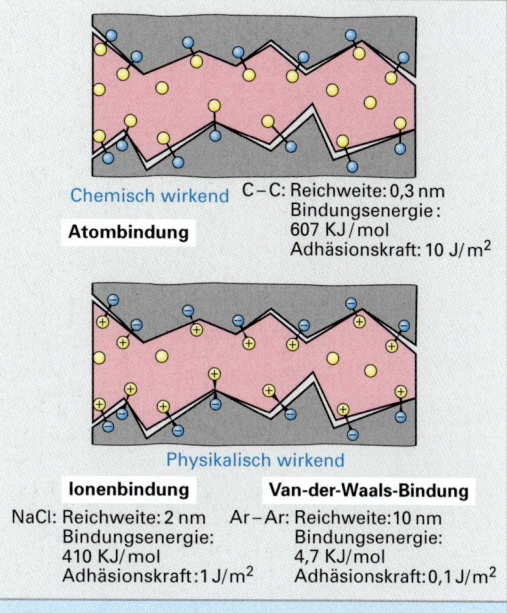

Bild 3: Wirkweise von Adhäsionsmechanismen

Um auf einer haftfesten Reaktionsproduktschicht auf einer (im Vergleich zu Walzhäuten etc.) nur wenig verformten Grundwerkstoffoberfläche aufbauen zu können, sind lose anhaftende und daher bindungsschwächende Bestandteilen der Reaktionsproduktschicht und stark verformte Bereiche der Grundwerkstoffoberfläche zu entfernen. Dies gelingt durch Schleifen, Bürsten, Sandstrahlen oder Beizen.

Die anschließend aufgeraut vorliegende Werkstückoberfläche ermöglicht zusätzlich die Beteiligung der mechanischen Adhäsion am Zustandekommen der Verbindung. Eine haftfeste Reaktionsproduktschicht stellt sich nachfolgend im Kontakt mit der Atmosphäre von selbst ein und kann bei Metallen durch ein Anodisieren oder Passivieren in ihrer Dicke auch verstärkt werden. Bei polymeren Werkstoffen gelingt das Abtragen von Presshäuten mit einem gleichzeitigen Aufrauen durch Schleifen, Bürsten und Sandstrahlen). Um die Bindung mit dem artgleichen Zusatzwerkstoff Klebstoff zu erleichtern, kann die Werkstückoberfläche, soweit noch nicht vorhanden, zur Schaffung von reaktionsbereiten Endgruppen der Makromoleküle abgeflammt oder in einer Lichtbogenentladung aktiviert werden.

Es ist aber auch möglich, die Werkstückoberfläche durch Lösemittel (teilweise auch dem Klebstoff zugesetzt) anzulösen.

Da die Reichweite der mit der höchsten Adhäsionskraft versehenen Atombindung kleiner als 0,5 nm ist und damit um Größenordnungen unter der Rautiefe selbst polierter Oberflächen liegt, müssen die Klebstoffmoleküle über Fließen, unter Umständen unter gleichzeitiger Anwendung von Druck, hinreichend dicht an die Werkstückoberfläche gebracht werden.

Dieser Adhäsionsschritt kann statt dem Klebstoff aber auch eine vor der Klebstoffapplikation aufgebrachte und als Haftvermittler bezeichnete organische Zwischenschicht übernehmen; **Bild 1** zeigt deren Wirkung bei metallischen Werkstücken.

Die Bindung zwischen dieser Zwischenschicht und dem eigentlichen Klebstoff erfolgt dann durch Wechselwirkung artgleicher Moleküle, ist also hoch tragfähig. Der Klebstoff kann dadurch hinsichtlich seiner zweiten Aufgabe, eine hohe Kohäsion[1] aufzuweisen, optimiert werden.

---
[1] Kohäsion von lal. cohaesens = zusammenhängend; hier: innerer Zusammenhalt der Moleküle

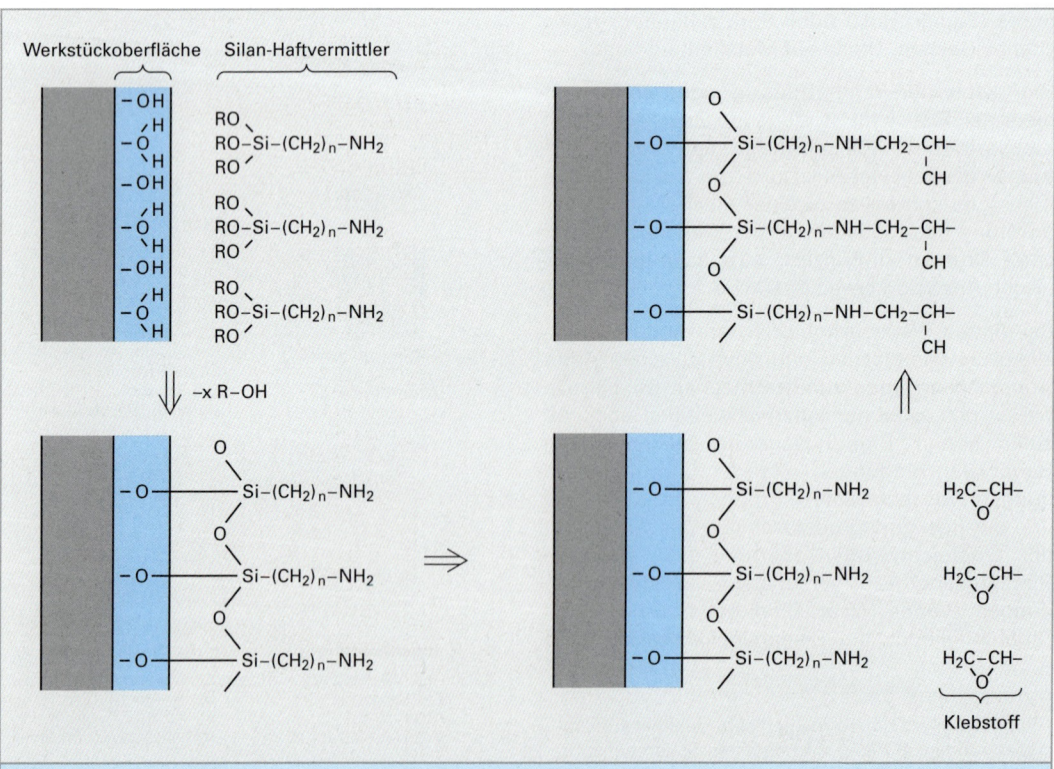

Bild 1: Reaktion eines Haftvermittlers mit Reaktionsproduktschicht des Werkstücks und mit Klebstoff

4.1.5.2 Bindemechanismen innerhalb der Klebstoffschicht

Neben einer hoher Adhäsionsneigung[1] zum Werkstück muss der Klebstoff auch durch seine innere Festigkeit die Klebung zu einem kräfteübertragenden Verbund machen **(Bild 1)**, was als Kohäsion bezeichnet wird und seine Ursache in den chemischen und physikalischen Mechanismen innerhalb und zwischen den Makromolekülen hat.

Reaktionsklebstoffe liegen im Ausgangszustand in monomerer oder präpolymerer[2] und damit flüssiger bis zähflüssiger Form vor und härten auf chemischem Weg, d. h. durch Polykondensation[3], Polymerisation oder Polyaddition[4] **(Bild 2)** zu einer vernetzten, also duromeren makromolekularen Struktur aus, die dann nicht mehr schmelzbar und löslich sowie dauerhaft fest sind.

Die chemische Reaktion darf selbstverständlich erst in der Klebefuge ablaufen. Bei **Einkomponentensystemen (Tabelle 1)**, die über *Polykondensation* und *Polyaddition* aushärten, ist für das Anlaufen der Reaktion eine Erwärmung erforderlich.

Ausnahmen stellen nur einige über Polyaddition aushärtende Systeme dar, die ihre Reaktion nach Sauerstoffausschluss, Zugabe von Feuchtigkeit oder Licht-/UV-Bestrahlung beginnen.

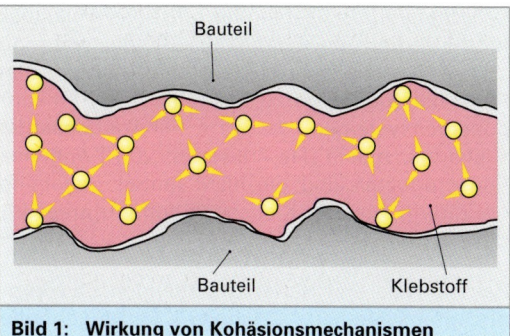

Bild 1: Wirkung von Kohäsionsmechanismen

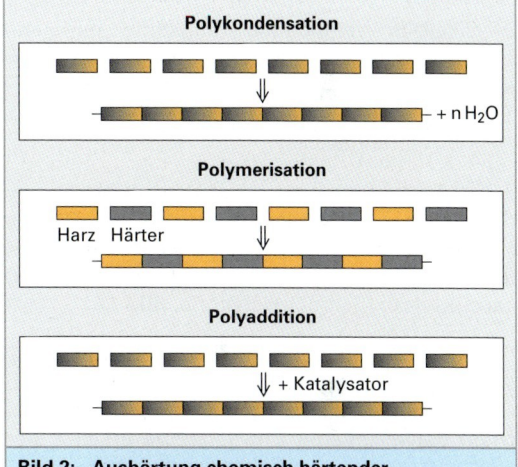

Bild 2: Aushärtung chemisch härtender Reaktionsklebstoffe

---

[1] Adhäsion, aus lat. adhaesio = das Anhaften
[2] präpolymer = Eigenschaft einer Großmolekülvorstufe, lat. prae = vor, griech. polys = viel, meros = Teil (hier: Großmolekül)
[3] Polykondensation = Vielfachvereinigung zu einem Großmolekül, von griech. poly = viel und lat. condensatum = Niederschlag
[4] Polyaddition = Vielfachzusammensetzen, von griech. poly = viel und lat. additio = Hinzufügung

Tabelle 1: Chemisch härtender Klebstoff und ihr Vernetzungsstart		
Klebstoffart	**Vernetzung durch**	**Bemerkung**
Einkomponenten-Klebstoffe		
• Warmhärtende Epoxidharze	• Erwärmung	Polyimide. Bismaleinimide und Polybenzimide erreichen durch starke Vernetzung eine hohe Warmfestigkeit. Die Polykondensation macht hohe Anpressdrücke erforderlich.
• Reaktive Schmelzklebstoffe		
• Formaldehydkondensate		
• Polyimide		
• Bismaleinimide		
• Polybenzimidazole		
• Anaerobe Klebstoffe	• Luftausschluss	
• Feuchtigkeitshärtende Silikone	• Zugabe von Feuchtigkeit	
• Licht- und UV-härtende Systeme	• Licht-/UV-Bestrahlung	
Zweikomponenten-Klebstoffe		
• Methacrylate	• Mischen und Erwärmen	
• Zweikomponenten-Silikone	• Mischen und Erwärmen	
• Kalthärtende Epoxidharze	• Mischen	
• Kalthärtende Polyurethane	• Mischen	

Bei *lichthärtenden* Klebstoffen muss das Werkstück für die Vernetzung lichtdurchlässig sein, während es bei *lichtaktivierbaren* Klebstoffen genügt, den Rand der Klebefuge zu bestrahlen. Bei Einkomponentensystemen, die über Polykondensation aushärten, macht das Freisetzen von Kondensationsprodukten und die nicht immer gegebene Abführung aus dem Klebespalt hohe Anpressdrücke erforderlich.

Bei aus Harz und Härter bestehenden **Zweikomponentensystemen (Tabelle 1, vorhergehende Seite)** beginnt die Polymerisationsreaktion unmittelbar nach dem Zusammen mischen der Komponenten, bei einigen allerdings so träge, dass eine Erwärmung notwendig ist.

Physikalisch abbindende Klebstoffe enthalten bereits das fertige Polymer, sind also als **Einkomponentenklebstoffe** zu bezeichnen **(Tabelle 1)**. Sie sind wegen ihres plastomeren Charakters schmelzbar und löslich.

Zur Verarbeitung wird der Klebstoff in Wasser dispergiert[1] (Dispersionsklebstoffe), in Wasser [→ Leime] oder organischen Lösemitteln gelöst (Lösemittelkleber) oder durch Wärmezufuhr aufgeschmolzen (Schmelzklebstoffe, **Bild 1**).

Der Klebstoff bindet ab, sobald das Dispersions-/Lösemittel (erheblicher Volumenschwund; Klebstoff muss vor dem Zulegen zum Großteil entweichen) entweicht bzw. die Schmelze erstarrt (vergleichsweise geringer Volumenschwund).

Eine Sonderstellung der Lösemittelkleber stellen die **Haftkleber** dar: Die Abdampfrate des Lösemittels ist so gering, dass sie dauerhaft elastisch und klebfähig bleiben. Die Adhäsionskräfte sind zudem so gering, dass ein mehrmaliges Trennen der Verbindung möglich ist **(Bild 2)**.

Eine Mittelstellung zwischen Lösemittelklebern und Reaktionsklebern nehmen **Kontaktkleber** ein. Es handelt sich dabei um *Thermoplaste*, die in einem Lösemittel gelöst vorliegen und vor der Applikation mit vernetzenden Härtern gemischt werden. Nach dem Abdunsten des Lösemittels (physikalisch abbindender Schritt) und vor dem Vernetzungsbeginn (chemisch härtender Schritt) wird die Verbindung unter hohem Druck hergestellt und die Aushärtung im Laufe der Zeit abgeschlossen.

---

[1] dispergieren = zerstreuen, feinverteilen, von lat. dispergere = ausstreuen, verbreiten

Tabelle 1: Physikalisch abbindende Einkomponenten-Klebstoffe

Klebstoffart	Abbindestart durch
Schmelzklebstoffe	Wärmeentzug
Dispersionsklebstoffe	Entweichen des Dispersionsmittels
Lösemittelklebstoffe	Entweichen des Lösemittels

Bild 1: Schmelzkleben

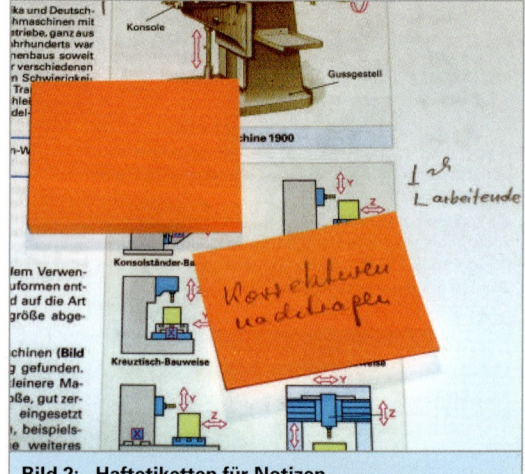

Bild 2: Haftetiketten für Notizen

Wiederholung und Vertiefung

1. Wie muss eine tragfähige Lötverbindung geometrisch aussehen?
2. Wie sind Weichlote und Hochlote abgegrenzt?
3. Welchen Einfluss hat die Lötatmosphäre auf das Lötergebnis?
4. Welche Aufgabe hat das Flussmittel beim Löten?
5. Welche Umgebungsbedingungen müssen beim flussmittelfreien Löten herrschen?
6. Was versteht man unter Aktivlöten?
7. Warum ist der Lötspalt genau einzuhalten?
8. Bei welchen Aufgaben ist ein Kleben angebracht?

4.2 Oberflächenmodifikation von Bauteilen

Die Festigkeit und Steifigkeit sowie Zähigkeit eines Bauteils wird im Wesentlichen vom Grundwerkstoff erbracht. Um jedoch auch *dekorativen* Ansprüchen wie Farbgebung, Glanzgrad und Reflexionsgrad gerecht werden zu können oder weitere funktionelle Eigenschaften wie *elektrische* und *thermische Leitfähigkeit, Korrosionsbeständigkeit* oder *Verschleißfestigkeit* aufzuweisen, benötigen die Bauteile oft am Ende ihrer Fertigung eine **Oberflächenmodifikation**[1] **(Bild 1)**.

4.2.1 Vorbehandlung

Die Vorbehandlung hat zum Ziel, die Oberfläche eines Bauteils für *Diffusionsprozesse* zugänglich zu machen bzw. in einen für eine einwandfreie Schichthaftung geeigneten Zustand zu versetzen.

Dabei darf das Bauteil keinen unerwünscht hohen Abtrag, keinen selektiven Angriff und keine Spannungsrisskorrosion erleiden.

Zu den Vorbehandlungsverfahren zählen:

- das Entfernen von Belägen und Reaktionsproduktschichten,
- das Glätten der Bauteiloberfläche sowie
- das Einbringen von Druckeigenspannungen und
- der Abbau von Zugeigenspannungen.

Unter Vorbehandlung werden aber auch solche Verfahren verstanden, die Oberflächen von Bauteilen vor einer elektrolytischen oder stromlosen Metallabscheidung sowie Oberflächen polymerer Bauteile vor dem Applizieren[2] eines Lacks aktivieren.

---
[1] Modifikation = Abwandlung, veränderung, von lat. modificare = gehörig abmessen, mäßigen
[2] applizieren = anbringen, von lat. applicare = anfügen

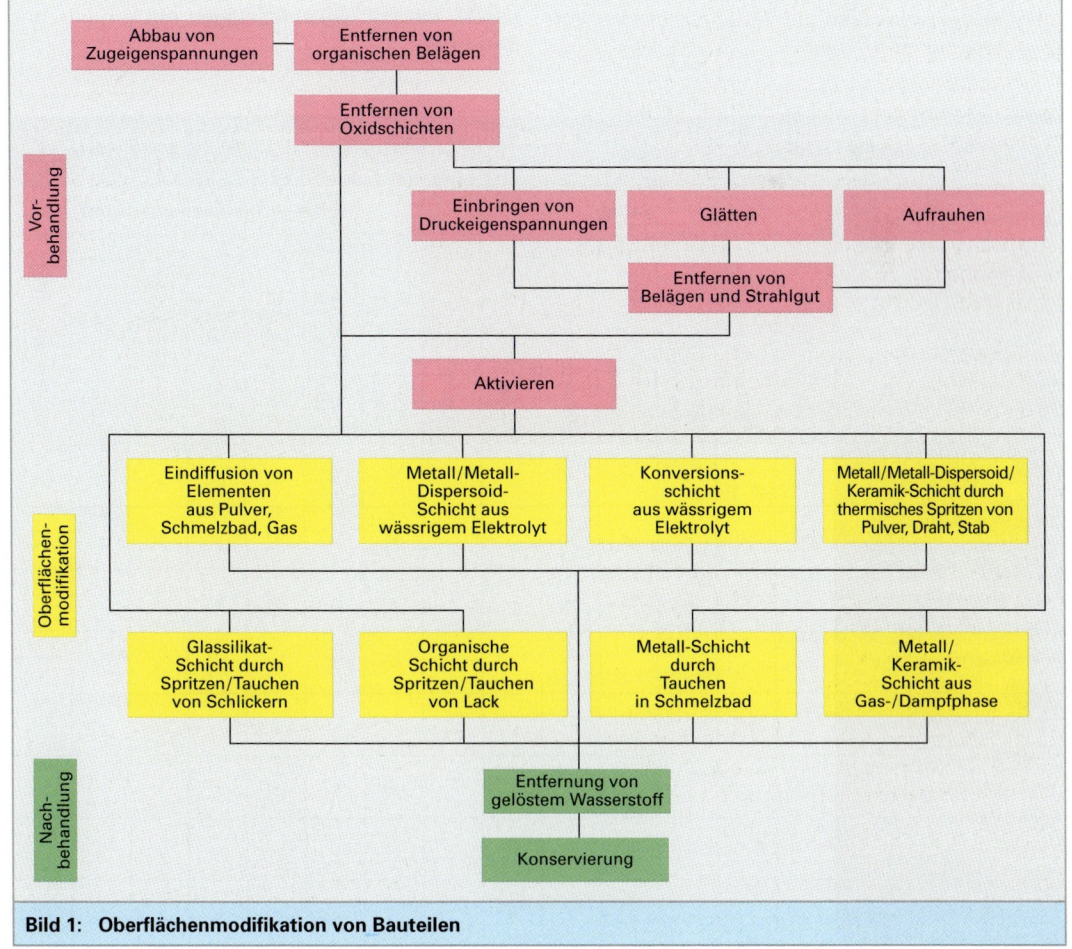

Bild 1: Oberflächenmodifikation von Bauteilen

4.2.1.1 Entfernen von Belägen

Die Oberflächen der Bauteile haben während des Fertigungsablaufs vielfach Kontakt mit verschiedenen Stoffen.

Öle, Fette, Wachse, Polierpasten, Ruß und Ölkohle

Vielfach liegen auf der Bauteiloberfläche Schneidöle, Tiefziehfette, Wachse, Polierpasten, Ruß und Ölkohle vor. Sie müssen vor den nachfolgenden Arbeitsgängen entfernt werden, da ihre Gegenwart diese behindern würde. **Tabelle 1** ist zu entnehmen, welche Reinigungsverfahren bei welchen Belägen angewendet werden müssen und welche Reinigungsverfahren an welchen metallischen Werkstoffen angewendet werden dürfen.

Fette, Öle und Wachse bleiben bei Anwendung von Kohlenwasserstoffen und neutralen Lösungen stets in geringen Mengen in diesen gelöst und bilden beim Entnehmen des Bauteils aus dem Reinigungsbad einen dünnen Film auf der Bauteiloberfläche, weswegen die Verfahren nur zur Vorreinigung dienen können.

Mit alkalischen Lösungen wie NaOH sowie in Perchlorethendampf entfettet, sind die Bauteile dagegen absolut fettfrei. Da NaOH Nichteisenwerkstoffe auf der Basis von Magnesium, Aluminium, Titan und Kupfer (nicht aber Stahl!) aber nicht nur entfettet, sondern fettfrei gewordene Bereiche auch korrosiv angreift (anfangs – durchaus erwünscht – nur die Oxidschicht, später – unerwünscht – den Grundwerkstoff), wird der Lösung zur Reduzierung der Korrosion in diesen Fällen ein silikatischer Zusatz wie Na_2SiO_3 zugegeben, der sich auf die fettfrei gewordenen Oberflächenbereiche legt.

Im Gegensatz zum **Entfetten** mit alkalischen Lösungen, das vor der weiterführenden Vorbehandlung noch ein **Spülen** und **Trocknen** erfordert, entfernt das **Dampfentfetten** in Perchlorethendampf zudem auch Wasser. Die Bauteile stehen dadurch direkt trocken für eine weiterführende Vorbehandlung zur Verfügung.

Die Entfernung von Rußbelägen gelingt ebenfalls mit alkalischen Lösungen (hier gilt das vorgesagte), die von Ölkohlebelägen mit organischen Entfernern.

Tabelle 1: Entfetten von Fett-, Öl- und Wachs- sowie Ruß- und Ölkohlebelägen und Verfahrensverträglichkeit verschiedener metallischer Grundwerkstoffe

Reinigungsverfahren	Belag							Verträglicher Grundwerkstoff						
	Fett, Öl, Wachs	Tiefziehfett	Schneidöl/-emulsion	Funkenerosionsschlamm	Polierpasten	Ruß/Kohle	Wasser	Magnesiumwerkstoffe	Aluminiumwerkstoffe	Titanwerkstoffe	alle Stähle	Nickelwerkstoffe	Kobaltwerkstoffe	Kupferwerkstoffe
Kohlenwasserstoff-Lösemittel	X	X	X	X	X			X	X	X	X	X	X	X
Neutralreiniger	X	X	X	X	X			X	X	X	X	X	X	X
Schwach alkalischer Reiniger	X	X	X	X	X			X	X	X	X	X	X	
Stark alkalischer Reiniger		X								X	X	X	X	
Per-Dampfentfetten	X	X					X	X	X		X	X	X	X
Schwach alkalischer Rußentferner						X		X	X	X	X	X	X	X
Alkalischer Rußentferner						X			X		X	X	X	
Organische Ölkohleentferner						X		X	X	X	X	X	X	X

Oxidschichten

Grundwerkstoff, Atmosphäre und Expositionstemperatur bestimmen die Art und Dicke der auf der Bauteiloberfläche vorliegenden *Oxidschichten*. Sie erscheinen, gegebenenfalls mit *Schutzfilmen* belegt, nach dem Entfernen der Beläge mehr oder weniger dunkel.

Oxidschicht und Schutzfilme müssen entfernt werden, da beide die nachfolgende Oberflächenmodifikation behindern und schlecht haftende Beschichtungen zur Folge haben.

Ziel der chemisch arbeitenden Verfahren ist, die Oxide nach einer Aufbereitung in alkalischer Lösung (Umwandlung der bestehenden in leichter lösliche Oxide) zu unterwandern und abzulösen, was in vielen Fällen durch Anwendung saurer Lösungen, bei einigen Grundwerkstoffen auch durch Anwendung alkalischer Lösungen, gelingt **(Tabelle 1)**.

Während das Entfernen dünner Oxidschichten, auch als **Dekapieren**[1] bezeichnet, bereits mit vergleichsweise gering konzentrierten Lösungen gelingt, sind zum Entfernen dicker Oxidbeläge, auch als Beizen bezeichnet, andere Lösungen und diese in höherer Konzentration anzusetzen. Zur Minimierung und Homogenisierung des Grundwerkstoffangriffs sowie der entstehenden Menge an Wasserstoff werden den Beizen Inhibitoren zugesetzt und dann als Sparbeizen bezeichnet.

Da die Dekapier-/Beizlösungsreste durch eine Wasserspülung nicht zuverlässig von der Bauteiloberfläche zu entfernen sind und eine Korrosionsgefahr heraufbeschwören, schließt sich dem Dekapieren/Beizen und Spülen oft ein Neutralisieren mit Spülen an, bei alkalischen Dekapier-/Beizbädern in einem sauren, bei sauren Dekapier-/Beizbädern in einem alkalischen Neutralisierbad **(Bild 1)**.

> Besondere Beachtung verlangt die am Bauteil oft stattfindende Wasserstoffentwicklung (alkalische Lösung: $2 H_2O + 2 e^- \rightarrow 2 OH^- + 2 H$; saure Lösung: $2 H^+ + 2 e^- \rightarrow 2 H$). Der überwiegende Teil des Wasserstoffs entweicht nach Rekombination zu H_2 als Gasblasen, dessen Ablösung von der Bauteiloberfläche durch oberflächenaktive Netzmittel und eine Badbewegung erleichtert wird. Ein Teil des atomar entstehenden Wasserstoffs wird aber auch in die Schicht eingebaut und über diese sogar vom Grundwerkstoff aufgenommen, was bei hochfesten Werkstoffen zur Wasserstoffversprödung führt und eine Nachbehandlung (siehe dort) erforderlich macht.

---
[1] lat. decapere = wegnehmen, entfernen

Tabelle 1: Entfernen von Oxidschichten

Prozess-schritte	Niedriglegierter Stahl Chromstahl	Chrom-Nickel-Stahl Nickelwerkstoffe Kobaldwerkstoffe	Titanwerkstoffe
Aufbereitung	NaOH + KMnO$_4$	NaOH + KMnO$_4$	NaOH + K$_2$CrO$_4$
Unterwanderung und Ablösung	NaH$_2$PO$_4$	HO-R-COOH	HNO$_3$ NH$_4$HF$_2$

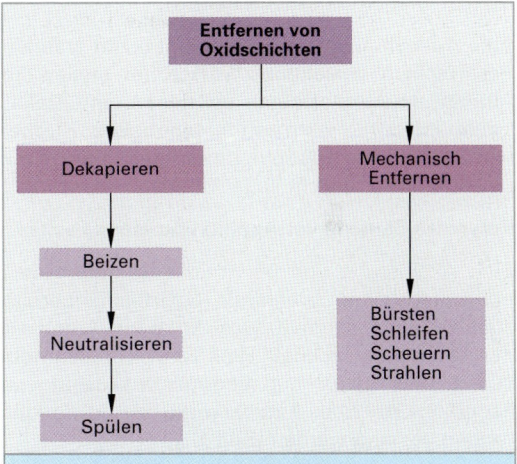

Bild 1: Entfernen von Oxidschichten

Bild 2: Entfernen einer Oxidschicht durch Hochdruck-Wasserstrahlen

Das Entfernen von Oxidschichten und Schutzfilmen gelingt auch auf mechanischem Weg durch Bürsten, Schleifen, Scheuern oder Strahlen **(Bild 2)**. Bei letzterem wird hartes Strahlgut wie Bimsmehl, Glasperlen, Aluminiumoxid, Stahlkies, Sand oder Nusskernschrot mit Druckluft, Druckwasser oder Dampf auf die Oberfläche aufgeschleudert, was die Fremdstoffe auf abrasive Weise entfernt **(Bild 2)**. Im Fall von Druckwasser können die Feststoffe auch fehlen, gegebenenfalls sogar durch Reinigungsmittel ersetzt werden.

4.2.1.2 Aktivierung von Oberflächen

Metallische Bauteile vor einer elektrolytischen oder stromlosen Metallabscheidung

Bauteile aus Werkstoffen, die sich nach dem Neutralisieren mit Spülen – z. T. bereits während dieser Schritte – sehr rasch mit einer sehr stabilen Passivschicht überziehen, benötigen unmittelbar vor dem elektrolytischen oder stromlosen Abscheiden einer metallischen Zwischenschicht eine nasschemische Aktivierung, die diese Passivschicht wieder entfernt **(Tabelle 1)**.

Eine Ausnahme unter den mit einer sehr stabilen Passivschicht versehenen Werkstoffen stellen die Aluminiumwerkstoffe dar, bei denen eine Zinkatbehandlung die Aktivierung beinhaltet: Hierbei wird oberflächlich Aluminium aufgelöst und Zink als lückenlose Schicht abgeschieden.

Polymere Bauteile vor Applikation eines Lackes

Eine Aktivierung von polymeren Bauteilen darf nur unterbleiben, wenn die Oberfläche bereits stark zerklüftet vorliegt, was durch ein Aufrauen der Oberfläche gelingt. Hier kann der schmelzflüssig oder gelöst mit niedriger Viskosität vorliegende Lack über Kapillarkräfte in die Zerklüftungen gesaugt werden **(Bild 1)**.

Durch das Aushärten des Lacks kommt es zu einer *mechanischen Verankerung des Lacks* in der Bauteiloberfläche („Druckknopf-Prinzip"), was auch als mechanische Adhäsion bezeichnet wird. Ist ein Aufrauen nicht möglich (Polyolefine) oder nicht zulässig, so kann die Bauteiloberfläche zur Schaffung von polaren Endgruppen, die bereit sind, mit dem artgleichen Lack zu reagieren, abgeflammt oder in einer Lichtbogenentladung aktiviert werden, wobei Oxidationsreaktionen ablaufen. Es ist aber auch möglich, die Bauteiloberfläche durch die in Flüssiglacksystemen enthaltenen Lösemittel anzulösen.

Nach der Vorbehandlung befindet sich die Bauteiloberfläche in einem sehr reaktionsbereiten Zustand, weswegen eine schützende Beschichtung vor einer erneuten Verunreinigung, d. h. möglichst bald nach der Reinigungsbehandlung, aufzubringen ist.

Ist die Applikation einer organischen Beschichtung, vorgesehen, so kann der Zeitpunkt der Beschichtung nur dadurch hinausgezögert werden, dass eine temporär schützende organische Beschichtung, ein sogenannter *Wash-Primer*, bis zur Applikation der letztendlichen Beschichtung den Oberflächenschutz übernimmt.

> Neugebildete Oxidschichten auf metallischen Werkstoffen müssen nasschemisch entfernt werden. Polymere Werkstoffe werden zur Aktivierung abgeflammt oder durch eine Lichtbogenentladung geführt.

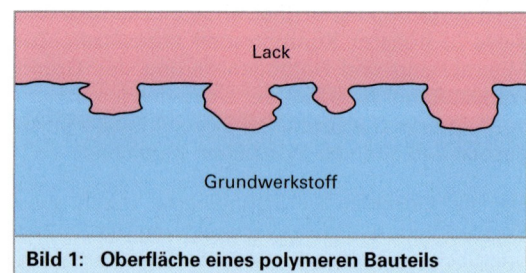

Bild 1: Oberfläche eines polymeren Bauteils

Tabelle 1: Vorbehandlung metallischer Grundwerkstoffe vor dem Beschichten mit metallischem Schichtwerkstoff

Ablauf ↓	Magnesium-werkstoffe	Aluminium-werkstoffe	Titanwerkstoffe	Niedriglegierter Stahl	Chrom-Stahl Chrom-Nickel-Stahl Nickelwerkstoffe Kobaltwerkstoffe Kupferwerkstoffe
	Entfetten	Entfetten	Entfetten	Entfetten	Entfetten
	Dekapieren/Beizen	Dekapieren/Beizen	Dekapieren/Beizen	Dekapieren/Beizen	Dekapieren/Beizen
	Neutralisieren	Neutralisieren	Neutralisieren	Neutralisieren	Neutralisieren
	Aktivieren	Zinkat-Behandeln	Aktivieren	Aktivieren	Aktivieren
	Zn (galv.)		Ni, Fe, Zn (galv.)		Ni (galv.)

4.2 Oberflächenmodifikation von Bauteilen

4.2.1.3 Glätten von Oberflächen

Durch eine abtragende und doch stets minimal aufrauende Vorbehandlung wird die Dauerfestigkeit von Bauteilen herabgesetzt, was besonders bei hochfesten Grundwerkstoffen gilt **(Bild 1)**. Hier ist eine Glättung der Oberfläche vonnöten, was durch ein **Verdichtungsstrahlen** der Oberfläche z. B. mit Aluminiumoxid feiner Körnung gelingt **(Bild 2)**.

4.2.1.4 Einbringen von Druckspannungen

Zur Steigerung der Dauerfestigkeit werden auf mechanischem Weg durch **Verdichtungsstrahlen** mit z. B. Aluminiumoxid feiner Körnung Druckeigenspannungen in die Bauteiloberfläche eingebracht **(Bild 3 und Bild 4)**.

4.2.1.5 Abbau von Zugspannungen

Durch spanlose wie auch durch spanabhebende Bearbeitung, durch Montage und auch Betriebsbeanspruchungen können in Oberflächen *Zugeigenspannungen* aufgebaut werden.

Ist der Grundwerkstoff hochfest (Zugfestigkeit über 1000 MPa), so kann er die Spannungen fast nicht mehr durch plastische Verformung abbauen. Es kommt – beim Vorliegen von korrosiv wirkenden angreifenden Medien noch weiter begünstigt – zu Rissen.

Die Zugeigenspannungen müssen daher durch kompensierendes Überlagern mit Druckeigenspannungen oder durch eine entspannende Wärmebehandlung abgebaut werden, wozu bei Stählen eine Auslagerung bei 200 °C über 1 h erforderlich ist.

So werden z. B. Turbinenlaufräder zur Erhöhung der Schwingfestigkeit gestrahlt.

> Werkstücke mit Zugeigenspannungen, z. B. geschweißte Stahlgestelle, müssen durch Erwärmen oder durch Verdichtungsstrahlen spannungsfrei gemacht werden.

Bild 1: Korundgestrahlter Aluminiumwerkstoff

Bild 2: Glätten einer Oberfläche

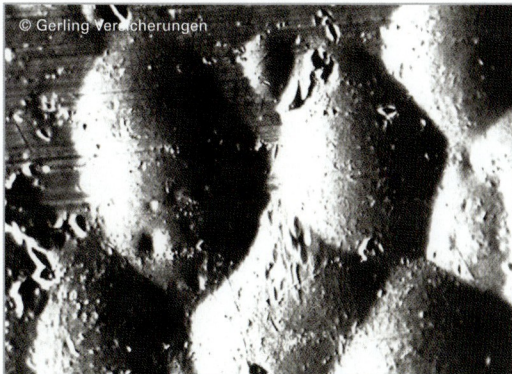

Bild 4: Verdichtungsgestrahlte Oberfläche

Bild 3: Verdichtungsstrahlen

4.2.1.6 Aufrauen von Oberflächen

Bei polymeren Werkstoffen gelingt das Abtragen von Presshäuten mit einem gleichzeitigen Aufrauen durch Schleifen, Bürsten, Sandstrahlen und Plasmaaktivieren (**Bild 1**).

Stets muss eine Aufrauung der Oberfläche dem thermischen Spritzen metallischer und keramischer Schichtwerkstoffe auf alle Oberflächen, dem Spritzen/Tauchen organischer Schichtwerkstoffe auf metallische Oberflächen sowie dem stromlosen Abscheiden metallischer Schichtwerkstoffe auf polymeren Oberflächen vorhergehen.

Dies gelingt auf mechanischem Weg durch *Strahlen* mit Aluminiumoxid. Bei zweiphasigen polymeren Grundwerkstoffen wie ABS und PP-Copolymerisaten gelingt dies auch durch *selektives Herauslösen einer* beiden *Phasen* (im Falle des ABS der Butadienpartikel) oder durch *Beizen* gelingt (Druckknopfeffekt).

Organischen Schichtwerkstoffen wird auf metallischen Grundwerkstoffen auch durch das Aufbringen von *zerklüfteten Konversionsschichten* die Möglichkeit der Verankerung gegeben (**Bild 2**); da im Temperaturanwendungsbereich von Hochtemperaturlacken (bis 500 °C) die Konversionsschichten[1] nicht mehr beständig sind, wird hier allein das Strahlen angewendet (**Bild 3**).

> Das Glätten und Einbringen von Druckspannungen in eine Oberfläche verbessert die Dauerfestigkeit.

---

[1] lat. conversio = sich hinwenden, umwandeln, wechseln

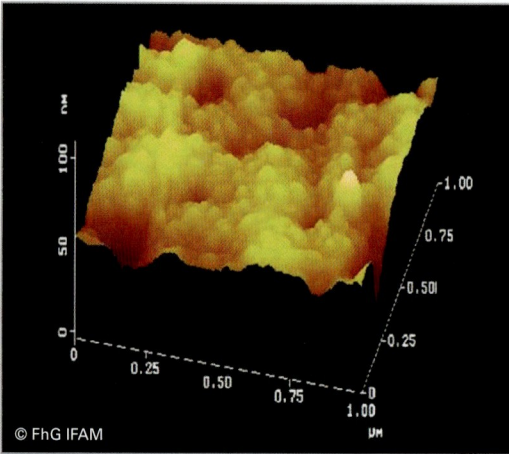

Bild 1: Aufgeraute Kunststoffoberfläche

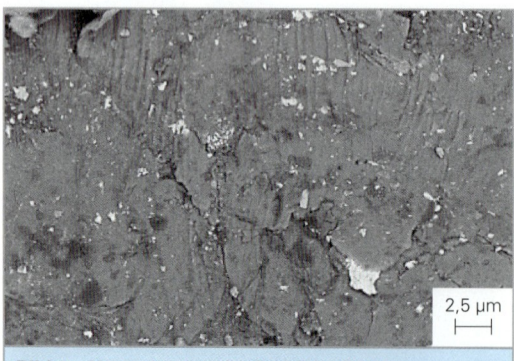

Bild 3: Korundgestrahlte Stahloberfläche

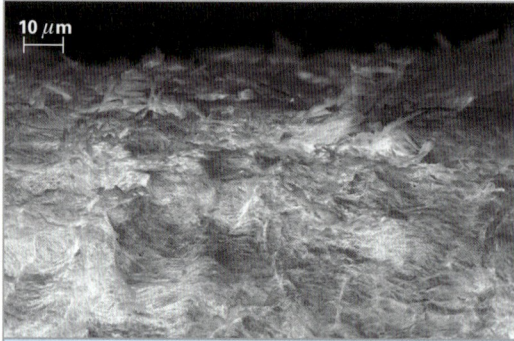

Bild 2: Zerklüftete Konversionsschicht

Tabelle 1: Oberflächenvorbehandlung metallischer Grundwerkstoffe vor dem Aufbringen organischer Schichten						
Grundwerkstoff						
Magnesium-werkstoffe	Aluminium-werkstoffe	Niedriglegierter Stahl	Chrom-Stahl	Chrom-Nickel-Stahl	Nickelwerkstoffe
Anodisieren Chromatieren Strahlen	Anodisieren Passivieren Strahlen	Phosphatieren Strahlen	Passivieren Strahlen	Passivieren Strahlen	Passivieren Strahlen

4.2 Oberflächenmodifikation von Bauteilen

4.2.2 Oberflächenmodifikation

In **Bild 1** sind die zur Verfügung stehenden Oberflächenmodifikationsverfahren aufgeführt.

Für eine erste Entscheidungsfindung, welches Verfahren für das Erreichen der einzelnen Zielsetzung in Frage kommen könnte, sind in **Bild 2** die Temperaturbeanspruchungen des Grundwerkstoffs während der Oberflächenmodifikation dargestellt.

In **Bild 1, folgende Seite** sind die Beschichtungsgeschwindigkeiten möglicher Oberflächenmodifikationsverfahren dargestellt.

Bild 2, folgende Seite zeigt die funktionellen Schichtdicken. Mit Erreichen dieser Schichtdicken wird das Ziel der Oberflächenmodifikation erstmals erbracht.

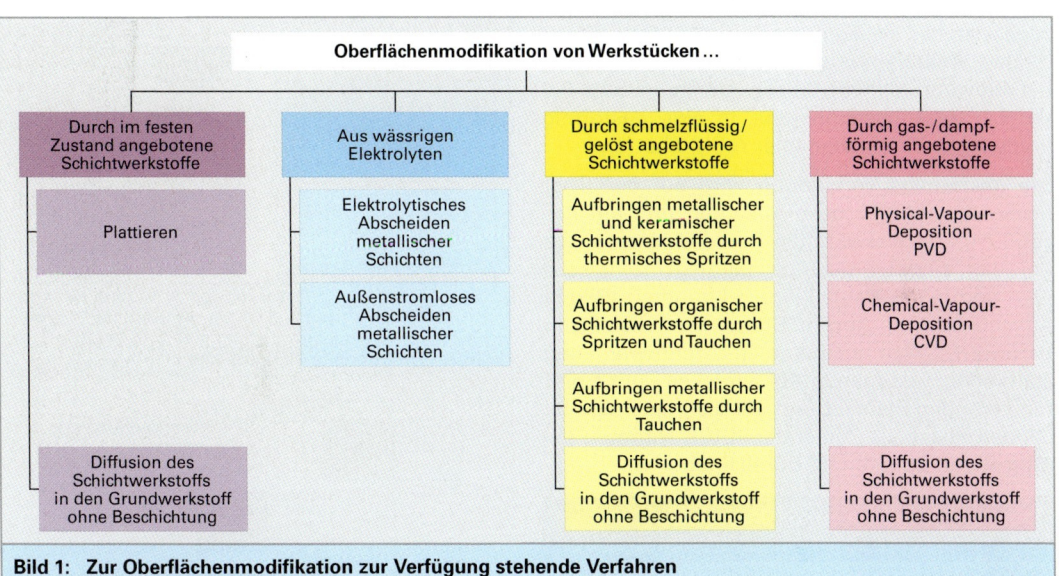

Bild 1: Zur Oberflächenmodifikation zur Verfügung stehende Verfahren

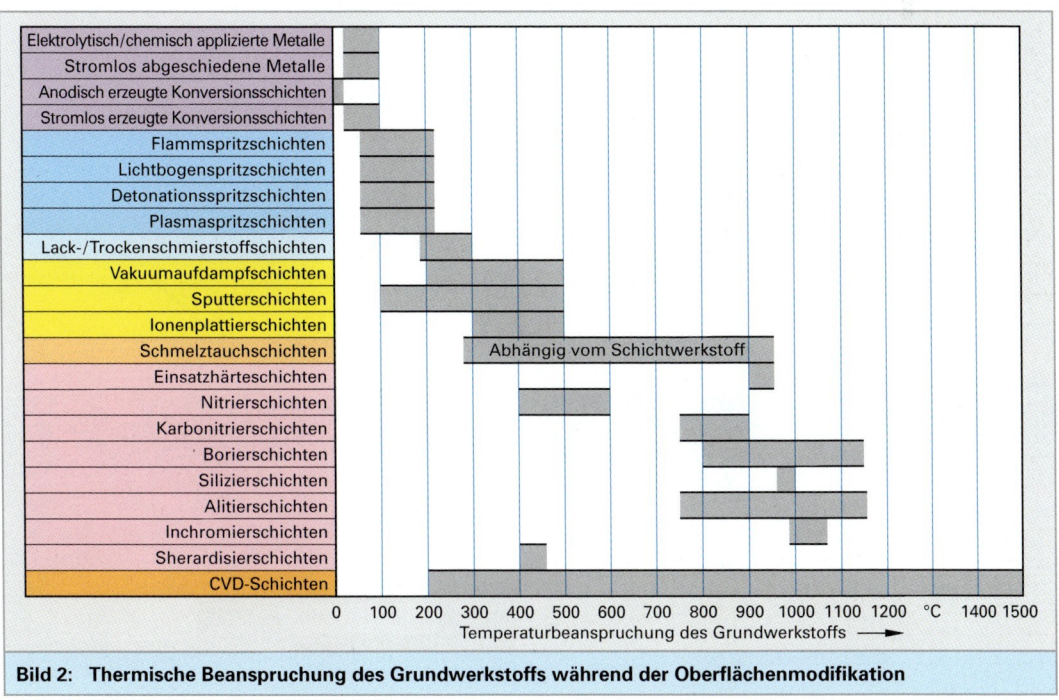

Bild 2: Thermische Beanspruchung des Grundwerkstoffs während der Oberflächenmodifikation

4.2.2.1 Modifikation durch Diffusion

Hierbei wird das durch Diffusion ins Bauteilinnere zu transportierende Element (**Tabelle 1** zeigt mögliche eindiffundierende Elemente sowie die erreichbaren Ziele) in einem Pulver, Schmelzbad oder in einer gasförmigen Verbindung gebunden angeboten (**Tabelle 2**).

Liegt das Einsatzmittel (z. B. Al) pulverförmig vor, so wird oft ein neutrales Füllmaterial (hier Al_2O_3) zugesetzt, das ein Agglomerieren des Pulvers verhindert. Weiterhin wird zur Prozessbeschleunigung ein Aktivator (hier NH_4Cl) zugegeben, der das Pulver bei Reaktionstemperatur in eine gasförmig vorliegende Verbindung (hier $AlCl_3$) überführt.

Die gasförmige Verbindung wird auf der Oberfläche des von ihr beaufschlagten und auf Prozesstemperatur erwärmten Bauteils zersetzt, wobei das eindiffundierende Element freigesetzt wird und in das Bauteil hineindiffundiert (**Bild 3**). Ausgehend von diesem Status kann bei Eisenbasiswerkstoffen noch eine Gefügeumwandlung stattfinden, was man in Abhängigkeit vom eindiffundierenden Element und der sich als Folge bildenden Phase als Zementieren (C), Nitrieren (N) (**Bild 4**) und Borieren (B) bezeichnet.

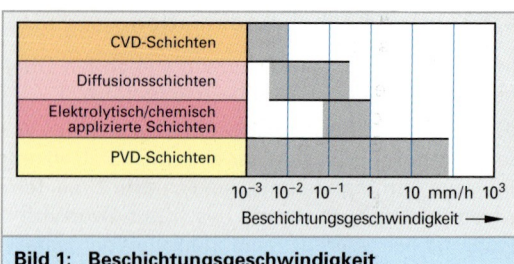

Bild 1: Beschichtungsgeschwindigkeit

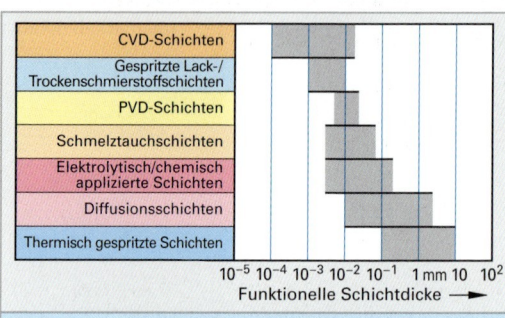

Bild 2: Funktionelle Schichtdicke

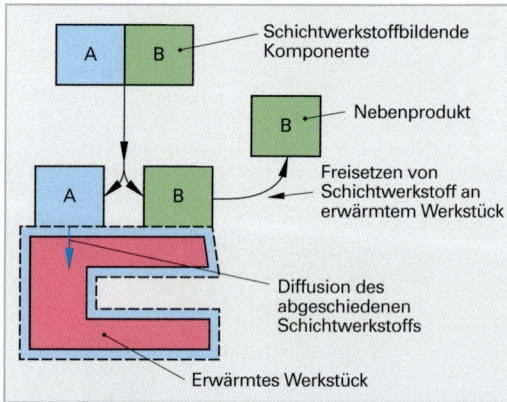

Bild 3: Modifizieren einer Oberflächenschicht des Grundwerkstoffs durch Diffusion

Tabelle 1: Mögliche eindiffundierende Elemente sowie die erreichbaren Ziele

Korrosionsschutz	Oxidationsschutz	Verschleißschutz	Gleitbegünstigung	Haftschicht	Wärmedämmung	Eindiffundierende Elemente
		×				C (Einsatzhärten)
	×	×				N (Nitrieren)
	×	×				C+N (Karbonitrieren)
		×				B (Borieren)
		×				S (Silizieren)
×	×					Al (Alitieren)
×	×					Cr (Inchromieren)
×						Zn (Sherardisieren)

Tabelle 2: Darbietungsformen

Element	Pulver	Schmelze	Gas
C	×		×
N	×	×	×
C + N		×	×
B	×	×	×
Si	×		×
Al	×		
Cr	×		
Zn	×		

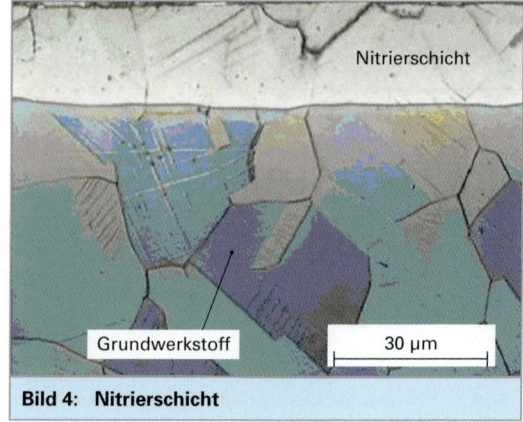

Bild 4: Nitrierschicht

4.2.2.2 Modifikation unter Verwendung eines flüssigen Elektrolyten

Bei den hierzu zählenden Verfahren geschieht die Abscheidung des Schichtwerkstoffs in einem wässrigen Elektrolyten unter Anwendung von Außenstrom, man sagt *elektrolytisch* oder *außenstromlos* **(Tabelle 1).**

Elektrolytisches und stromloses Abscheiden eines metallischen Schichtwerkstoffs

Die Ziele der metallischen Beschichtung sind:
- Korrosionsschutz[1],
- Oxidationsschutz,
- Verschleißschutz,
- Gleitbegünstigung,
- Versehen mit Haftschicht,
- Wärmedämmung.

Tabelle 1 führt, zusammen mit den erreichbaren Zielen, beispielhaft die elektrolytisch und die stromlos abscheidbaren metallischen Schichtwerkstoffe an.

Beim **elektrolytischen Abscheiden** eines metallischen Schichtwerkstoffs ist das vorbehandelte Bauteil als Katode und der auf dem Bauteil abzuscheidende Schichtwerkstoff in Festform als Anode zu polen und beide in einen Elektrolyten (wässrige alkalische oder saure Salzlösung) einzubringen, der den abzuscheidenden Schichtwerkstoff als Metallionen gelöst enthält **(Bild 1).** Am Bauteil werden die im Elektrolyten gelöst vorliegenden Metallionen der Anode in einer Reduktionsreaktion durch den fließenden Gleichstrom entladen (Me^{2+} + 2e$^-$ → Me) und auf dem Bauteil als metallische Schicht abgeschieden.

Sind die in die Elektrolytlösung eingehängten Anoden im Elektrolyten löslich, so schicken sie in Äquivalenz zu diesem Prozess in einer Oxidationsreaktion Metallionen in Lösung (Me – 2e$^-$ → Me^{2+}).

Bei der Abscheidung von z. B. Cr, Au oder Rh dagegen werden im Elektrolyten unlösliche Elektroden aus hochlegiertem Stahl oder Pt-beschichtetem Titan verwendet, weswegen die an der Anode ablaufende Reaktion in einer Oxidation von Elektrolytbestandteilen besteht und die auf der Bauteiloberfläche abgeschiedene Metallmenge durch entsprechende Salzzugabe zum Elektrolyten ersetzt werden muss (Nachschärfen des Elektrolyten).

---
[1] korrodieren von lat. corrodere = zernagen, lat corrosio = Zerstörung

Tabelle 1: Beispiele für elektrolytische und stromlose Metallbeschichtungen

Zielsetzung						Eindiffundierende Elemente
Korrosionsschutz	Oxidationsschutz	Verschleißschutz	Gleitbegünstigung	Haftschicht	Wärmedämmung	
×		×				Al
×						Cr
×						Co
×		×				Ni
×						Ni stromlos
×		×				NiCd
			×	×		Cu
				×		Cu stromlos
×			×	×		CuZn
×				×		CuSn
×						Zn
×			×			Ag
×			×			Cd
×			×			Sn
×			×			Pb
×			×			PbSn

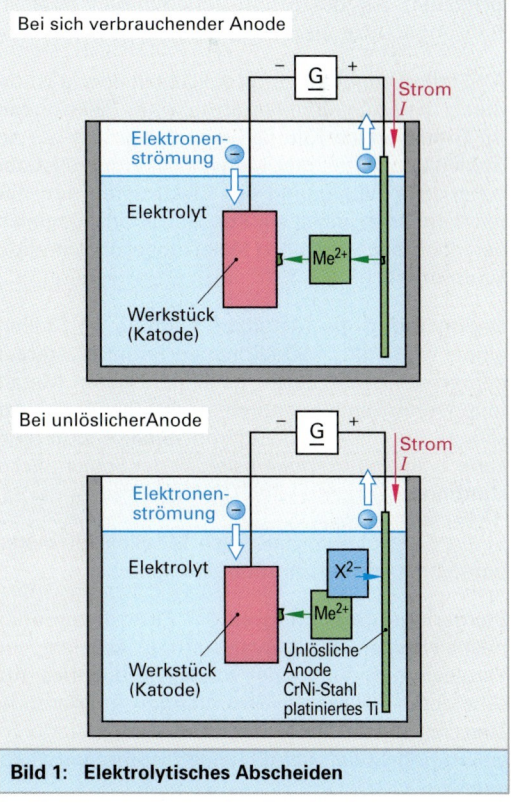

Bild 1: Elektrolytisches Abscheiden

Es ist grundsätzlich auch möglich, Legierungen galvanisch abzuscheiden. Da die Legierungskomponenten im Elektrolyten aber als individuelle Ionenkomplexe vorliegen und dadurch ein eigenes Abscheidungsverhalten aufweisen, weist die elektrolytisch abgeschiedene Schicht eine andere chemische Zusammensetzung als die Anode und der Elektrolyt auf.

Die Abscheidungsrate jeder einzelnen Legierungskomponenten lässt sich aber über die Elektrolytzusammensetzung sowie die Abscheidungsbedingungen beeinflussen.

Die durch elektrolytisches Abscheiden erreichbaren Schichtdicken liegen in der Regel bei einigen µm, können aber durchaus auch in den mm-Bereich kommen, was man als Dickgalvanisieren bezeichnet (**Bild 1**).

Elektrolytisch abgeschiedene Schichten sind bei Bauteilen mit komplizierter Geometrie infolge der über die Bauteiloberfläche inhomogenen Feldliniendichte (Kanten, Ecken ↔ Flächen, Hinterschneidungen, Bohrungen) oft nicht konturtreu:

An Kanten und Ecken werden dickere Schichten als auf planen Flächen und hier nochmals dickere Schichten als bei Hinterschneidungen oder in Bohrungen erzeugt (**Bild 2**).

An Stellen begünstigter Metallabscheidung ist dadurch die Metallionenverarmung im Elektrolyten im Grenzbereich Katode/Elektrolyt größer als an Stellen benachteiligter Metallabscheidung. Ist der elektrische Widerstand des Elektrolyten nun hinreichend hoch, so ist ein Konzentrationsausgleich der inhomogen verteilten Metallionenkonzentration kaum möglich.

Dadurch wird die Metallabscheidung an Stellen einer erhöhten Metallionenverarmung stärker gebremst als an Stellen einer geringeren Metallionenverarmung, wodurch nachfolgend die Abscheidung an ungünstigeren Stellen aufholen kann, also eine *Homogenisierung* der Schichtdicke stattfindet.

Einen Elektrolyten, der diese Möglichkeit bietet, bezeichnet man als *hochstreufähig*.

Bei geringer Streufähigkeit des Elektrolyten oder beabsichtigter Dickgalvanisierung können zur Vergleichmäßigung oder Intensivierung des Abscheideprozesses als Stromfänger fungierende Zusatzanoden (**Bild 3** zeigt eine Innenanode in einem Rohr) oder nichtleitende Stromblenden angeordnet werden.

Bild 1: Einseitig stromlos dick verkupferte Silikonform

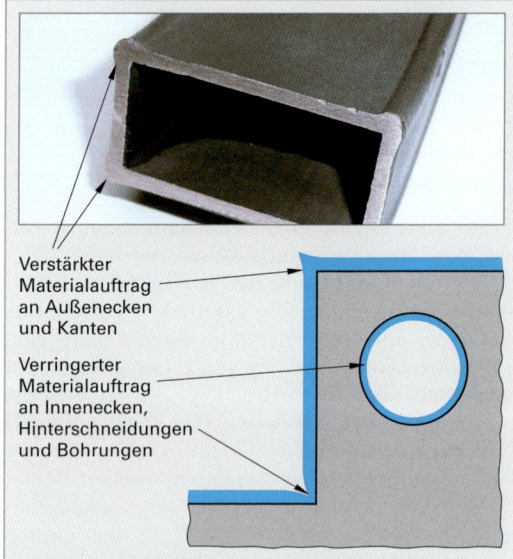

Bild 2: Typische Bauteilgeometrien mit starkem und mit magerem Schichtauftrag

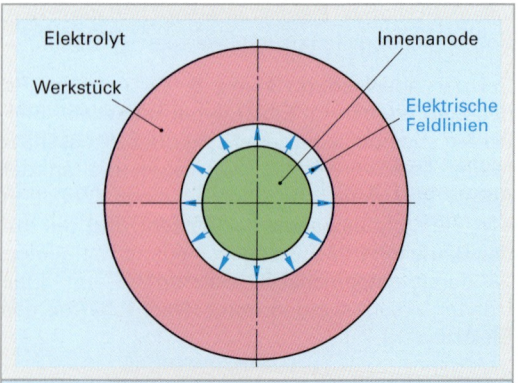

Bild 3: Elektrolytisches Abscheiden bei geometrisch komplizierten Bauteilen

4.2 Oberflächenmodifikation von Bauteilen

Die galvanisch abgeschiedenen Schichten wachsen unter idealen Bedingungen epitaktisch auf der Unterlage, d. h. kohärent zum Substratkristallgitter auf (**Bild 1**). Dabei führen Abweichungen des Substratgitters von idealen Kristallgitter und die Unterschiede zwischen den Gitterparametern von Substratwerkstoff und von Schichtwerkstoff zu Eigenspannungen in der Schicht, die im Falle von Zugeigenspannungen zu Beeinträchtigungen der Dauerfestigkeit führen können.

Stark beeinflusst wird der Eigenspannungszustand der Schicht zudem von den Abscheidebedingungen wie Badtemperatur, pH-Wert, Stromdichte und einem Fremdstoffeinbau. Aus diesem Grund weisen galvanische Schichten in den meisten Fällen andere Eigenschaften auf, als wenn der Schichtwerkstoff schmelzmetallurgisch hergestellt worden wäre.

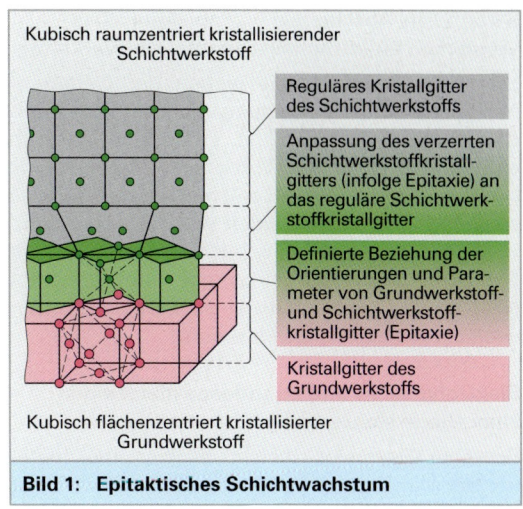

Bild 1: Epitaktisches Schichtwachstum

Beim **stromlosen (= chemischen) Abscheiden** eines metallischen Schichtwerkstoffs erfolgt die Reduktion der Metallionen an der Bauteiloberfläche durch ein elektronenspendendes Reduktionsmittel (**Bild 2**). Elektrolytzusätze müssen dabei allerdings sicherstellen, dass die Metallionen nicht im Elektrolyten, sondern auf der diesen Prozess katalysierenden Bauteiloberfläche zum Metall reduziert werden. Da das Abscheiden von Metall zu Lasten der Metallionenkonzentration des Bades geht, sind die durch Abscheidung nicht mehr verfügbaren Metallionenmengen laufend zu ergänzen (Nachschärfen des Elektrolyten).

Stromlos abgeschiedene Schichten sind *sehr konturtreu* und bereiten *keine Streufähigkeitsprobleme*, d. h., auch Hinterschneidungen und Bohrungen können beschichtet werden. Zudem können auch elektrische Nichtleiter wie Bauteile aus Keramik und Polymeren mit metallischen Schichtwerkstoffen versehen werden, wobei die Haftung der Metallschicht auf dem Bauteil von dessen Rauigkeit gesteuert ist. Die nichtmetallischen Bauteile werden zunächst stromlos dünn mit einer zähen und elektrisch gut leitfähigen Schicht (z. B. Cu) versehen, die elektrolytisch verdickt oder mit einer chemisch anders gearteten metallischen Deckschicht (z. B. Ni oder Cr) versehen werden kann.

Besondere Beachtung verlangt beim elektrolytischen wie auch beim stromlosen Abscheiden die an der Katode oft stattfindende Mitabschei-

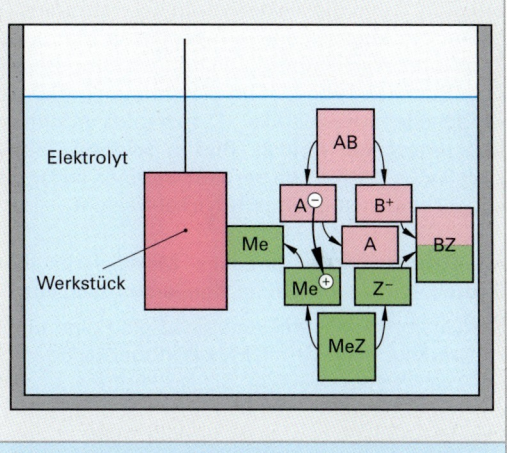

Bild 2: Stromloses Abscheiden eines metallischen Schichtwerkstoffs

dung von Wasserstoff (saurer Elektrolyt: $2\,H^+ + 2e^- \rightarrow 2\,H$; alkalischer Elektrolyt: $2\,H_2O + 2e^- \rightarrow 2\,OH^- + 2\,H$). Der überwiegende Teil des Wasserstoffs entweicht nach Rekombination zu H_2 als Gasblasen, dessen Ablösung von der Katodenoberfläche durch oberflächenaktive Netzmittel und eine Badbewegung erleichtert wird.

Ein Teil des atomar entstehenden Wasserstoffs wird aber auch in die Schicht eingebaut und über diese sogar vom Grundwerkstoff aufgenommen, was bei hochfesten Werkstoffen zur Wasserstoffversprödung führt und eine Nachbehandlung (siehe dort) erforderlich macht.

Stromloses Abscheiden und mechanisches Verstärken eines metallischen Schichtwerkstoffs

Liegen Bauteile vor, die wegen der Gefahr einer Wasserstoffversprödung nicht elektrolytisch beschichtet werden sollten, so können sie nach einer entsprechenden Vorbehandlung stromlos (= chemisch) mit Kupfer versehen werden, auf das stromlos Zink abgeschieden wird. Abschließend wird pulverförmiges Zink mit Glasperlen auf die Bauteiloberfläche aufgetrommelt und verdichtet (**Bild 1**). Diese Vorgehensweise bezeichnet man auch als mechanisches Plattieren.

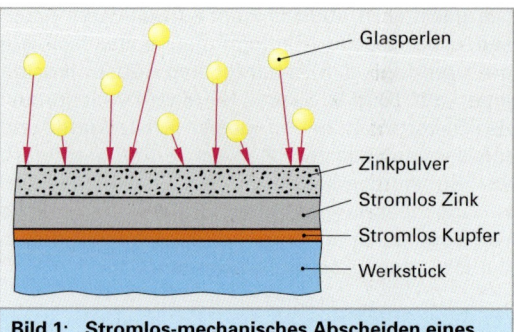

Bild 1: Stromlos-mechanisches Abscheiden eines metallischen Schichtwerkstoffs

Elektrolytisches und stromloses Abscheiden einer Dispersionsschicht

Bei einer Dispersionsschicht[1] liegt in einer metallischen Matrix zu 20 Vol.-% bis 30 Vol.-% in feiner Verteilung ein Dispersoid vor. **Tabelle 1** zeigt Beispiele von Dispersionsschichten sowie die erreichbaren Ziele. Eine Dispersionsschicht wird erhalten, wenn die elektrolytisch oder stromlos (= chemisch) abgeschiedene metallische Matrix im Zuge ihres Wachstums durch Rühren, Umpumpen oder Einblasen von Luft im Elektrolyten in Schwebe gehaltene Festpartikel (Dispersoid) aufnimmt und umschließt (**Bild 2**). **Bild 1, folgende Seite** zeigt PFTE-Partikel, dispergiert in einer stromlos abgeschiedenen Chemisch-Nickel-Schicht.

Anodisches und stromloses Modifizieren der Bauteiloberfläche zu einer Konversionsschicht

Konversionsschichten[2] entstehen als Folge einer Umwandlung der Grundwerkstoffoberfläche in einer chemischen Reaktion. Sie sind haftfest und in der Regel zerklüftet, bieten daher nachfolgenden Beschichtungen wie z. B. Lacken Halt. Zudem bieten sie oft bereits einen mäßigen Korrosionsschutz (z. B. gegen Handschweiß) und Verschleißschutz. **Tabelle 2** zeigt Beispiele für Konversionsschichten sowie die erreichbaren Ziele.

Beim **anodischen Konvertieren der Bauteiloberfläche** werden die vorbehandelten Bauteile in geeigneten Elektrolytsystemen im Gegensatz zur elektrolytischen Beschichtung nicht als Katode, sondern als Anode gepolt.

> Ein stromloses Abscheiden eines metallischen Schichtwerkstoffes führt zu sehr homogenen Schichtdicken.

Tabelle 1: Dispersionsschichten

Zielsetzung						Stoffe
Korrosionsschutz	Oxidationsschutz	Verschleißschutz	Gleitbegünstigung	Haftschicht	Wärmedämmung	
		×	×			Co + Dispersoid
		×	×			Ni + Dispersoid

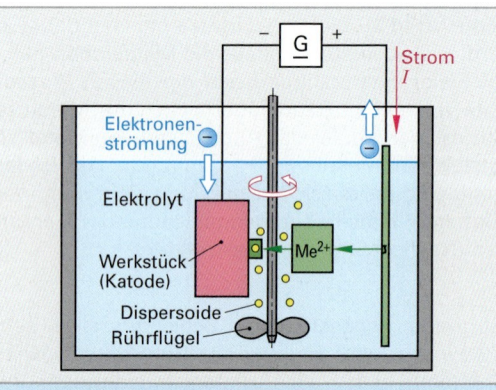

Bild 2: Elektrolytisches Abscheiden von Dispersionsschichten

Tabelle 2: Konversionsschichten

Zielsetzung						Konversionsschicht auf
Korrosionsschutz	Oxidationsschutz	Verschleißschutz	Gleitbegünstigung	Haftschicht	Wärmedämmung	
×		×		×		Mg
×				×		Al
×			×	×		Ti
×			×	×		Fe
×				×		Fe-Cr/Fe-Cr-Ni

---

[1] lat. dispergere = ausstreuen, Dispersion = feinste Verteilung eines Stoffes in einen anderen Stoff;
[2] lat. conversio = der Übertritt, Konversionsschicht = umgewandelte Schicht

4.2 Oberflächenmodifikation von Bauteilen

Die anodisch in Lösung gebrachten Metallionen des Substratwerkstoffs reagieren auf der Bauteiloberfläche mit Komponenten des Elektrolyten zu einer auf der Bauteiloberfläche aufwachsenden und das Bauteilvolumen insgesamt vergrößernden Konversionsschicht (**Bild 2**). Aufgrund der beschränkten Streufähigkeit lassen sich geometrisch komplexe Bauteile nicht immer allseitig modifizieren.

Breitere technische Anwendung hat die anodische Konvertierung zur Verstärkung der natürlichen Passivschicht beim Aluminium, auch als Anodisieren oder Eloxieren bezeichnet. Dabei wird das Bauteil, z. B. in einem schwefelsauren Elektrolyt, anodisch polarisiert, wodurch es zur Bildung einer im Vergleich zur natürlichen (0,01 μm) um 2 bis 3 Größenordnungen dickeren Oxidschicht kommt.

Beim **stromlosen Konvertieren der Bauteiloberfläche** reagieren die vorbehandelten Bauteile mit Komponenten des Elektrolyten zu einer auf der Bauteiloberfläche aufwachsenden und das Bauteilvolumen vergrößernden Schicht (**Bild 3**).

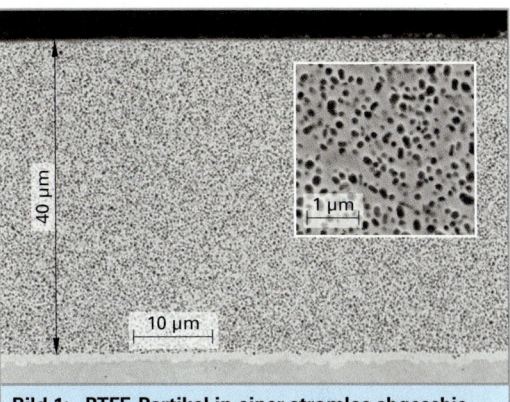

Bild 1: PTFE-Partikel in einer stromlos abgeschiedenen chemisch-Nickel-Schicht dispergiert

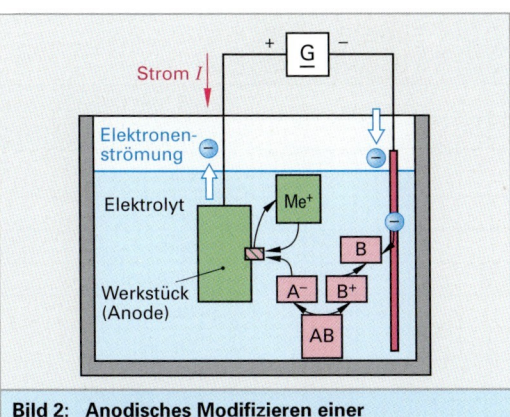

Bild 2: Anodisches Modifizieren einer Oberflächenschicht

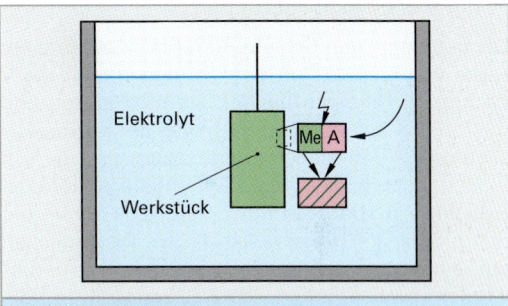

Bild 3: Stromloses Modifizieren einer Oberflächenschicht

- Bei dem in erster Linie bei niedriglegierten Stählen, verzinkten Stählen sowie Aluminium angewendeten Phosphatieren unterscheidet man in Abhängigkeit von der entstehenden Konversionsschicht zwischen Zink-Phosphatieren und Mangan-Phosphatieren. Beim hier exemplarisch dargestellten Zink-Phosphatieren, auch Bondern genannt, dient eine wässrige Lösung aus sauren Phosphatsalzen und Phosphorsäure als Bad. Beim Eintauchen des Bauteils findet bis zum Verbrauch der Phosphorsäure zunächst eine Beizreaktion statt, der eine Ausscheidung unlöslicher Phosphate folgt:

$3 Zn(H_2PO_4)_2 + 2 NaClO_3 + 4 Fe \rightarrow Zn_3(PO_4)_2 +$
$FePO_4 + 6 H_2O + 2 NaCl$

- Bei dem bei Nichteisenmetallen wie Aluminium, Kupfer, Zink und Magnesium angewendeten Chromatieren wird das Bauteil in ein wässriges Bad aus Chromsäure getaucht. Die Reaktionen an der Aluminiumoberfläche erfolgt bei der Transparentchromatierung und bei der Gelbchromatierung in zwei Teilschritten.

Blitzreaktion beim Chromatieren von **Aluminium**:
$2Al + 6H^+ \rightarrow 2Al^{3+} + 3 H_2$

Schichtbildungsreaktionen beim Chromatieren von **Aluminium**:
$2CrO_3 + 3H_2 \rightarrow 2Cr(OH)_3 + 3 H_2O$
$Al^{3+} + 3OH^- \rightarrow Al(OH)_3$

Die Chrom(VI)-Verbindungen werden als Chromate während der Schichtbildung mit eingeschlossen.

- Die stromlose Verstärkung der natürlichen Oxidschicht/Passivschicht erfolgt in einem Oxidieren/Passivieren genannten Schritt. Bekannt ist hierbei das Bläuen von un- und niedriglegiertem Stahl in Wasserdampf, das Brünieren von un- und niedriglegiertem Stahl in Bädern (140 °C), die alkalisch (NaOH) sind und oxidierende (Nitrite, Nitrate) sowie färbende Salze (Phosphate, Sulfide) enthalten (schwarze Fe_3O_4-Schichten; etwa 10 μm) sowie die oxidierende/passivierende Behandlung von korrosionsbeständigen Stählen, Aluminium- und Kupferwerkstoffen.

4.2.2.3 Modifikation unter Verwendung des schmelzflüssig oder gelöst vorliegenden Schichtwerkstoffs

Aufbringen eines metallischen und keramischen Schichtwerkstoffs durch thermisches Spritzen

Beim thermischen Spritzen wird der drahtförmig, stabförmig oder pulverförmig angebotene Schichtwerkstoff (**Tabelle 1** zeigt Beispiele für thermisch spritzbare Schichtwerkstoffe sowie die erreichbaren Ziele) aufgeschmolzen und mit hoher Geschwindigkeit auf die vorbehandelte Oberfläche des Bauteils geschleudert.

Die Bauteiloberfläche wird dabei nicht angeschmolzen und kann bei geeigneter Kühlung sogar auf unter 100 °C gehalten werden. Ein Einfluss des Verfahrens auf den Werkstoff des Bauteils ist daher nur in seltenen Fällen gegeben. Werden als Schichtwerkstoffe Oxide oder Gemische aus Oxiden und Metallen eingesetzt, so werden diese nicht direkt auf die Bauteiloberfläche, sondern auf einen zuvor thermisch gespritzten metallischen Haftgrund aufgebracht.

Die aufgespritzten Schichten decken erst ab einer Dicke von etwa 20 µm den Grundwerkstoff ganzflächig ab. Dennoch bleiben sie mikroporös und mikrorissig (bis zu 15 Vol.-%), was bei Korrosionsschutzabsichten eine Imprägnierung erforderlich macht. Zudem sind die Zughaftfestigkeiten der Schichten auf dem Grundwerkstoff, da die Verbindung Schicht-/Grundwerkstoff im Wesentlichen auf einem mechanischen Verklammern beruht, vergleichsweise gering, die Zugfestigkeit und die elektrische Leitfähigkeit der Schichten geringer als die der korrespondierenden Massivwerkstoffe und die Rauigkeit der Schichten vergleichsweise hoch.

Beim **Aufschmelzen des Schichtwerkstoffs in einer Flamme** wird der drahtförmig, stabförmig oder pulverförmig vorliegende Spritzwerkstoff in einer Acetylen/Sauerstoffflamme aufgeschmolzen, zerstäubt und mit dem Druck der Brenngase auf die Bauteiloberfläche gebracht (**Bild 1**).

Am Düsenausgang werden Temperaturen von bis zu 2500 °C und Geschwindigkeiten der Schmelzetröpfchen von 50 bis 120 m/s erreicht. Erfolgt der Prozess an Normalatmosphäre, so sind bei metallischen Spritzwerkstoffen Oxidationsprozesse zu befürchten, die das Verschweißen der auf die Bauteiloberfläche auftreffenden Schmelzetröpfchen untereinander sowie mit der Bauteiloberfläche beeinträchtigen oder sogar verhindern.

Zudem kühlen die Schmelzetröpfchen, die sich im äußeren Bereich des Spritzkegels bewegen, während des Fluges stark ab, erreichen teigig die Bauteiloberfläche vielfach erstarrt und werden ohne feste Bindung von der übrigen gespritzten Schicht eingeschlossen.

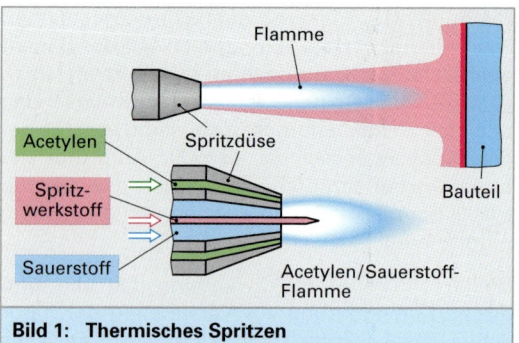

Bild 1: Thermisches Spritzen

Tabelle 1: Thermischspritzbare Schichtwerkstoffe und Ziele

Korrosionsschutz	Oxidationsschutz	Verschleißschutz	Gleitbegünstigung	Haftschicht	Wärmedämmung	Schichtwerkstoffe
x						Al
x						AlMg
			x			Ni
			x			NiAl
			x			NiCr
x	x					NiCrAlY
		x	x	x		Mo
x						Zn
x						Pb
x		x				FeCr/Fe-Cr-Ni
x	x					FeCrAlY
				x		CoMoSi
x	x			x		CoCrAlY
			x			CuZn
			x			CuSu
		x	x			Co + Dispersanten
	x					Ni + Dispersanten
		x	x			TiB$_2$, ZrB$_2$
		x				TiC, Cr$_3$C$_2$, NbC, TaC, WC, WC-TiC, TaC-NbC, Cr$_3$C$_2$-NiCr, WC-Co
	x				x	Al$_2$O$_3$, TiO$_2$, Cr$_2$O$_3$, ZrO$_2$, Al$_2$O$_3$-TiO$_2$/MgO, Cr$_2$O$_3$-TiO$_2$, ZrO$_2$-MgO/CaO/SiO$_2$

Tröpfchen im inneren Bereich des Spritzkegels treffen dagegen flüssig oder zumindest teigig auf die Oberfläche auf und verklammern sich durch die durch die rasche Abkühlung hervorgerufene Schrumpfung am aufgerauten Untergrund.

4.2 Oberflächenmodifikation von Bauteilen

Zur Haftung kommt es durch mechanisches Verklammern, durch Verschweißen und durch Adhäsion. Die Haftung ist vergleichsweise schlecht. Zudem zeigen die Schichten erhöht Oxideinschlüsse und einen Porengehalt von bis zu 15 Vol.-%.

Bei der Verfahrensvariante des **Detonationsflammspritzens**, auch als **Flammschockspritzen** bezeichnet, werden im Reaktionsraum einer Detonationskanone die Reaktionsgase Acetylen und Sauerstoff gemeinsam mit dem pulverförmig vorliegenden Schichtwerkstoff 4 bis 8 mal pro Sekunde gezündet (**Bild 1**). Das Pulver wird dadurch bis auf 4700 °C erwärmt und mit einer Geschwindigkeit von etwa 800 m/s auf die Bauteiloberfläche geschleudert, was zu einer hohen Haftfestigkeit auf dem Bauteil führt.

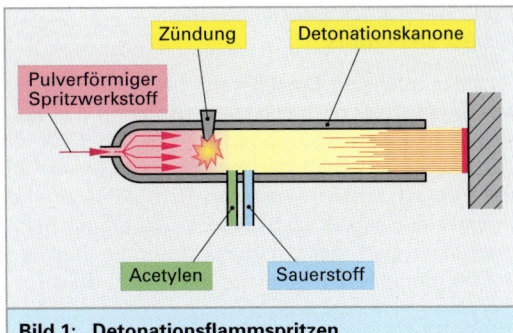

Bild 1: Detonationsflammspritzen

Beim **Aufschmelzen des Schichtwerkstoffs in einem Lichtbogen** werden drahtförmige, elektrisch leitende Spritzwerkstoffe in einem zwischen beiden Elektroden brennenden Lichtbogen (ca. 4000 °C) aufgeschmolzen, durch ein Verdüsungsgas zerstäubt und in Richtung Bauteiloberfläche beschleunigt (**Bild 2**). Bei Verwendung von Drähten aus verschiedenen Metallen können Legierungen aufgebaut werden.

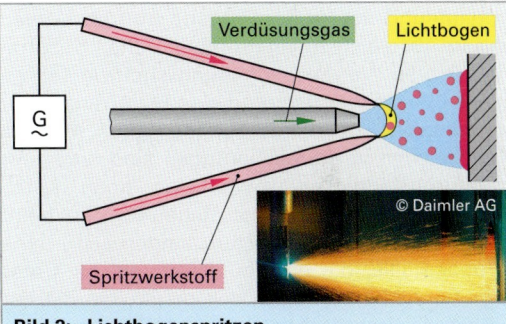

Bild 2: Lichtbogenspritzen

Beim **Aufschmelzen des Schichtwerkstoffs in einem Plasma** wird zwischen einer stabförmigen Wolframkatode und einer koaxialen ringförmigen Kupferanode (beide wassergekühlt) ein Lichtbogen hoher Energiedichte erzeugt. Das durch den Lichtbogen geleitete Plasmagas (Helium, Argon, Wasserstoff, Stickstoff) wird zunächst allein durch die Lichtbogenwärme ionisiert, was teilweise gelingt. Infolge der dadurch bereits im geringen Maße gegebenen elektrischen Leitfähigkeit lässt sich die Temperatur über Ohm'sche Erwärmung weit über die Lichtbogentemperatur steigern, was parallel die Ionisierung immer vollkommener werden lässt.

Das nun zur Verfügung stehende Plasma hat Temperaturen bis 30 000 °C (gestattet das Aufbringen sogar hochschmelzender Schichtwerkstoffe) und eine Düsenaustrittsgeschwindigkeit von 200 m/s bis 300 m/s beim Normalgeschwindigkeitsplasmaspritzen und von 600 m/s bis 800 m/s beim Hochgeschwindigkeitsplasmaspritzen. Mit einem Trägergas ins Plasma eingeblasener, pulverförmig angebotener Spritzwerkstoff wird dort aufgeschmolzen, zerstäubt und in Richtung Bauteiloberfläche beschleunigt (**Bild 3**).

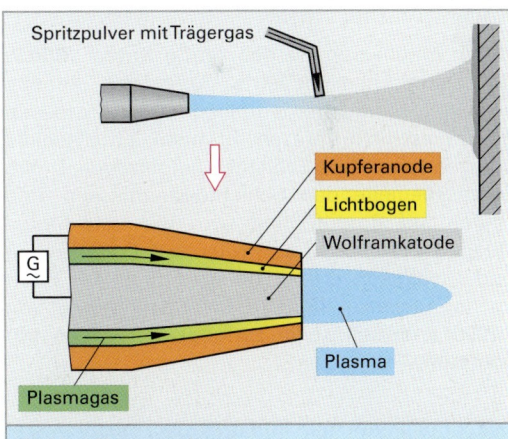

Bild 3: Plasmaspritzen

Der Vermeidung von Oxidation und damit dem Erreichen von Schichten hoher Dichte, hoher Reinheit und hoher Haftfestigkeit dienende Varianten sind das *Niederdruckplasmaspritzen* in Schutzgas unter vermindertem Sauerstoffpartialdruck und das Vakuumplasmaspritzen.

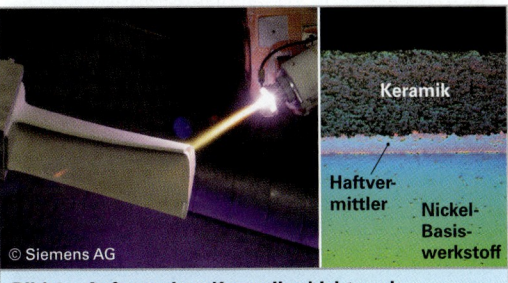

Bild 4: Auftrag einer Keramikschicht und Schichtaufbau

Aufbringen eines glassilikatischen Schichtwerkstoffs

Zu dem auch als **Emaillieren**[1] bezeichneten Verfahren wird der glassilikatische Rohstoff aus den entsprechenden Komponenten wie ein Glas erschmolzen und nach der Erstarrung zu einem feinen Pulver („Fritte") gemahlen. Dieses Pulver wird in einer Flüssigkeit (z. B. Wasser) zu einem Schlicker dispergiert, der durch Spritzen oder Tauchen auf der Bauteiloberfläche appliziert wird (**Bild 1**).

Durch ein Brennen bei Temperaturen zwischen 800 °C und 950 °C schmilzt das Glaspulver auf, verläuft und erstarrt nachfolgend amorph. Wegen des im Vergleich zu einem metallischen Substrat niedrigeren Wärmeausdehnungskoeffizienten gelangt die Emaille während des Erstarrens unter vorteilhafte Druckeigenspannungen. Weitere Kennzeichen von Emaillierungen sind eine Temperaturbeständigkeit sowie eine hohe Korrosionsbeständigkeit. In der Regel werden beim Emaillieren zwei Schichten aufgebracht, eine Grundemaille, die eine gute Haftung zur Unterlage herstellt, und eine Deckemaille, die die mechanisch, thermischen und chemischen Eigenschaften sicherstellt.

Durch Emaillieren werden große Kessel (**Bild 2**) der chemischen Industrie porendicht innenbeschichtet. Häufig werden hierzu in der Prozessfolge Emailschicht spritzen, Brennen, Emailschicht spritzen ... mehrere Schichten aufgetragen. Durch prozessbegleitendes Schichtdickenmessen und Prüfen auf Porenfreiheit wird die notwendige Qualität gesichert. Das Prüfen auf Porenfreiheit und Dichtigkeit erfolgt häufig mit einem Hochspannungsbesen (**Bild 3**). Bei Spannungen von 20 000 V dürfen keine Ladungsableitungen vorkommen

Das Emaillieren hat in Form der Emailmalerei eine lange Tradition. So werden sehr haltbar und abriebfest Kunstgegenstände und Apparate emailliert (**Bild 4**).

Bild 1: Spritzen von Email auf Kesselwandung

Bild 2: Innenemaillierte Kessel

20 000 Volt-Hochspannungs-Prüfbesen

Bild 3: Prüfen der Emailleschicht

Bild 4: Emaillierter Himmelsglobus[2], um 1769

---

[1] emaillieren, von franz. émail = Schmelzüberzug, von lat. smeltum = Schmelze, Schmelzglas

[2] Globusuhr, von *Ph. M. Hahn* und *P. G. Staudt*, Onstmettingen 1769.

4.2 Oberflächenmodifikation von Bauteilen

Aufbringen eines organischen Schichtwerkstoffs durch Spritzen oder Tauchen

Spritzbare und auftauchbare organische Schichtwerkstoffe werden als **Lacke** bezeichnet.

Lacke umfassen **Bindemittel, Pigmente und Hilfsstoffe (Tabelle 1)**:

Das **Bindemittel** befindet sich vor der Filmbildung im Falle eines thermoplastischen (und daher löslichen) Bindemittels (Vinylharz, Acrylharz, gesättigte Polyester) bereits im makromolekularen Zustand.

Um eine ausreichende Fließfähigkeit zu erreichen, müssen dem Bindemittel organische Lösemittel mit mehr als 30 Vol.-% zugesetzt werden, denn eine Verringerung der Molekulargewichtes, womit eine verbesserte Fließfähigkeit auch erreichbar wäre, verbietet sich aus Rücksicht auf die mechanischen Eigenschaften der späteren Beschichtung, deren Glastemperatur nicht unter 25 °C liegen sollte.

Da die Filmtrocknung wegen der Unvernetzbarkeit des Bindemittels nur durch Verdunsten des organischen Lösemittels möglich ist, ist der Lack selbst nach seiner Trocknung noch gegenüber organischen Lösemitteln empfindlich. Das Bindemittel befindet sich vor der Filmbildung bei einem durch Vernetzung härtenden Bindemittel noch im niedermolekularen Zustand.

Um eine ausreichende Fließfähigkeit zu erreichen, muss dem Bindemittel nur vergleichsweise wenig organische Lösemittel (max. 30 Vol.-%) zugesetzt werden, denn das geringe Molekulargewicht hat bereits eine gute Fließfähigkeit zur Folge. Im Zuge der Filmtrocknung vernetzen die niedermolekularen Komponenten durch Polymerisation (ungesättigtes Polyesterharz), Polykondensation (Phenolharz, Melamin-Harnstoff-Harz) oder Polyaddition (Epoxidharz, Polyurethanharz) und werden dadurch selbst für organische Lösemittel unangreifbar.

Tabelle 1: Bestandteile von Lacken

Bindemittel	Pigmente	Hilfsstoffe
thermoplastisch[1] Vinylharz Acrylharz gesättigte Polyester	Korrosionsschutz aktive Pigmente inaktive Pigmente	Lösemittel Weichmacher Beschleuniger Benetzungsmittel Emulgatoren Fungizide Bakterizide Antifoulingszusätze
duroplastisch[2] ungesättigte Polyester Phenolharz Melamin-Harnstoff-Harz Epoxidharze Polyurethanharze	Farbgebung	

[1] durch Lösemittelabdampfen filmbildend
[2] durch Vernetzen filmbildend

Bei **einkomponentigen Lacksystemen** (sie stellen bereits von Anfang an eine Mischung aus den beiden Netzwerkkomponenten und dem Katalysator dar) wird die Vernetzung durch Wärmezufuhr ausgelöst, weswegen sie als warmhärtende Lacksysteme bezeichnet werden.

Zweikomponentige Lacksysteme benötigen über die von den einkomponentigen Lacksystemen her bekannte Mischung hinaus einen sogenannten Härter, der die Katalysatorreaktion bereits bei Raumtemperatur anregt (kalthärtende Lacksysteme) und daher getrennt gelagert und erst unmittelbar vor der Applikation des Lacks zugemischt werden darf, denn die Topfzeit des Lacks ist begrenzt.

Da die Lösemittel die Umwelt erheblich belasten, ist man bemüht, lösemittelarme oder sogar lösemittelfreie Lacksysteme zu entwickeln und zu verarbeiten.

Einkomponentensysteme:
- lösemittelarm
- infolge stark hydrophiler polarer Hydroxid-, Carboxyl- oder Amidgruppen wasserverdünnbar und damit noch lösemittelärmer
- lösemittelfrei (Pulverlacke)

Zweikomponentensystem:
- lösemittelarm
- lösemittelfrei

Wiederholung und Vertiefung

1. Welche Verfahren ermöglichen das Entfetten von Bauteilen?
2. Wann wird das Dekapieren angewendet?
3. Wie werden Oberflächen von Polymerbauteilen aktiviert?
4. Wie werden Zugeigenspannungen abgebaut und wie Druckeigenspannungen eingebracht?
5. Beschreiben Sie die Funktionsweise einer Plasmaspritzpistole.
6. Welche Elemente werden beim Oberflächenmodifizieren durch Diffusion in ein Bauteil eingebracht?
7. Was passiert an der Bauteiloberfläche beim galvanischen Abscheiden eines metallischen Schichtwerkstoffs?
8. Wie läuft das Emaillieren ab?
9. Aus welchen Komponenten besteht ein Lack?
10. Wie erfolgt das Aushärten eines einkomponentigen Lackes und wie das eines zweikomponentigen Lackes?

Zu den **Pigmenten** zählen im Bindemittel unlösliche organische oder anorganische Farbmittel sowie aktiv oder inaktive korrosionsschutzbietende Bestandteile.

Korrosionsschutzwirkung aktiver und inaktiver Pigmente

Aktive Pigmente:

- $ZnCrO_4$ (Feuerverzinkung)
- Zinkstaub
- $Zn_3(PO_4)$

chemisch bzw. elektrochemisch wirkend

- Bindung des diffundierenden Korrosionspartners
- kathodische Schutzwirkung (Opferanodenfunktion)
- passive Wirkung
- inhibierende Wirkung

Inaktive Pigmente:

- TiO_2
- Fe_2O_3
- Fe_3O_4
- Al
- Graphit

hemmen infolge ihrer plättchenförmigen Gestalt die Diffusion des Korrosionspartners.

Zu den **Hilfsmitteln** zählen u. a.

- Lösemittel,
- Benetzungsmittel,
- Reaktionsbeschleuniger,
- Weichmacher,
- Trockenschmierstoffe,
- Fungizide,
- Bakterizide,
- Antifoulingzusätze.

Bei den Lacken wird unterschieden zwischen organischen Niedertemperaturlacken, die bis 200 °C einsetzbar sind, organischen Hochtemperaturlacken, die bis 500 °C einsetzbar sind, keramisierenden organischen Hochtemperaturlacken, die bis 600 °C einsetzbar sind, und Lacken, die mit Trockenschmierstoffen pigmentiert sind. **Tabelle 1** zeigt Beispiele für spritzbare organische Schichtwerkstoffe sowie die erreichbaren Ziele.

Eine korrosionsschutzbietende Beschichtung besteht in jedem Fall aus mindestens zwei Schichten unterschiedlicher Zusammensetzung und Aufgabenstellung, einer Grundierung und einer Deckbeschichtung. Die Grundierung hat die Haftung zur Unterlage sicherzustellen und als Depot von Korrosionschutzpigmenten den Korrosionsschutz wahrzunehmen.

Die Deckbeschichtung hat die Aufgabe, schädliche äußere Einwirkungen, insbesondere mechanische und chemische Einflüsse von der Grundierung fernzuhalten, damit diese ihre Korrosionsschutzfunktion möglichst lange erfüllen kann. Die Pigmente der Deckbeschichtung werden primär nach ihren dekorativen Wirkungen gewählt.

Die wichtigsten Beschichtungsverfahren, die mit Flüssiglacksystemen arbeiten, sind neben den manuellen Verfahren des Streichens mit einem Pinsel und des Rollens mit einer Walze das automatisierbare Spritzen **(Bild 1)** und das Tauchen. Sowohl beim Spritzen als auch beim Tauchen existieren elektrostatisch arbeitende Verfahrensvarianten.

Tabelle 1: Beschichten mit organischen Schichtwerkstoffen

Zielsetzung						Schichtwerkstoff
Korrosionsschutz	Oxidationsschutz	Verschleißschutz	Gleitbegünstigung	Haftschicht	Wärmedämmung	
×						Organische Niedertemperaturlacke
×						Organische Hochtemperaturlacke
×	×					Anorganische Hochtemperaturlacke
		×				PTFE
			×			MoS_2
			×			Graphit
			×			BN

Bild 1: Lackieren mit Roboter

4.2 Oberflächenmodifikation von Bauteilen

Beim konventionellen **Spritzlackieren** wird der Lack mit Druckluft (2 bis 8 bar) zerstäubt und auf die zu lackierende Fläche gesprüht **(Bild 1)**. Nachteilig ist der das Bauteil nicht treffende Anteil des Lacknebels (engl.: Overspray), der bis zu 50 % ausmachen kann. Eine deutlich bessere Lackausbeute lässt sich durch Höchstdruckspritzen erreichen, bei dem der Lack ohne Druckluftzugabe (engl.: Airless Spraying) mit 60 bis 350 bar durch feine Düsen gepresst und infolge des Druckabfalls beim Austritt aus den Düsenöffnungen vernebelt wird. Lösemittelarme Lacke lassen sich nach beiden Verfahren verarbeiten, setzen aber eine Lacktemperatur von ca. 80 °C voraus, was als Heißspritzen bezeichnet wird.

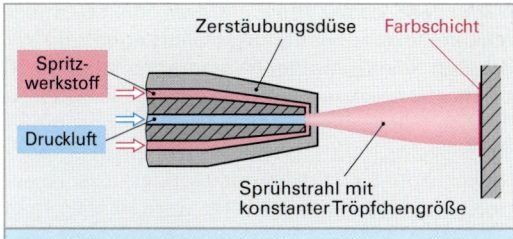

Bild 1: Spritzwerkzeug

Beim elektrostatischen Spritzlackieren **(Bild 2)** liegt zwischen dem Kopf der Spritzpistole und dem Werkstück eine Hochspannung von etwa 100 kV an. Die Lackteilchen laden sich beim Verlassen des Sprühkopfs infolge Wandreibung negativ auf und folgen den zwischen Sprühkopf und Werkstück verlaufenden Feldlinien.

Es ergeben sich sehr gleichmäßige Schichten und sehr geringe Lackverluste. Von Nachteil ist, dass der elektrostatisch gerichtete Lackstrom nächstliegende Stellen leicht, entfernter oder sogar im Windschatten liegende schlechter erreicht.

Bild 2: Elektrostatisches Spritzlackieren

Beim konventionellen **Tauchlackieren** wird das vorbehandelte Bauteil ins Lackbad getaucht und die Lackschichtdicke (10 µm bis 50 µm bei organischen und 30 µm bis 100 µm bei anorganischen Lacken) durch abschließendes Abtropfen oder Abschleudern (Dip-Spin-Verfahren) eingestellt.

Eine Sonderform des Tauchlackierens ist das **Coil-Coating**, bei dem nicht erst das einzelne endkonturierte Bauteil lackiert wird, sondern bereits das noch plane Blechhalbzeug. Der Lack wird dazu über die gesamte Blechbreite über eine Schlitzdüse zugeführt und über eine im entsprechenden Abstand über der Blechoberfläche angeordneten Leiste in der Schichtdicke eingestellt.

Bei der **elektrostatischen Tauchlackierung** (Elektrophorese; 100 bis 200 V) kann das Bauteil anodisch (Anaphorese; A[naphoretische] T[auch] L[ackierung]) oder katodisch (Kataphorese; K[ataphoretische] T[auch] L[ackierung]) gepolt sein. Es hat sich allerdings gezeigt, dass die kataphoretische Verfahrensweise deutlich bessere Schichteigenschaften hervorruft. Ein großer Vorteil des elektrostatischen Tauchlackierens ist, dass die Abscheidung mit Erreichen einer elektrisch isolierenden Schichtdicke aufhört und Beschichtungsmaterial nur noch an Stellen unzureichender Schichtdicke abgeschieden wird.

Auf diese Weise werden dichte und sehr gleichmäßige Lackschichten erreicht **(Bild 3)**. Andererseits lässt sich mit dem elektrostatischen Tauchen nur eine Lackschicht (i. A. Grundierung) aufbringen.

Bild 3: Tauchlackieren

Bild 4: Trocknung im Durchlauf-Umlauf-Ofen

Nach dem Lackauftrag müssen die warmhärtenden Einkomponentenbeschichtungen zum Verdunsten des Lösemittel-/Wasseranteils bei 80 °C bis 120 °C **trocknen** und bei bis zu 190 °C (organischer Niedertemperaturlack, Trockenschmierstoffschicht), 300 °C (organischer Hochtemperaturlack) oder 350 °C (keramisierender organischer Hochtemperaturlack) **vernetzt** werden, was man als Aushärtung oder Einbrennen bezeichnet.

Die Trocknungsstufe darf, besonders bei hohen Lösemittel- oder Wassergehalten, nicht zu schnell durchlaufen werden, da ein zu schnelles Verdunsten/Verdampfen des Lösemittelanteils zur Blasenbildung und zu Schrumpfspannungen führt.

Die Trocknung erfolgt bei der Serienfertigung meist in einem Umluftofen, der im Durchlaufbetrieb betrieben wird **(Bild 4, vorhergehende Seite)**.

Pulverförmige Lacksysteme haben die gleiche Zusammensetzung wie die spätere Beschichtung, setzen also bei der *Temperung* keine Lösemittel und keinen Wasserdampf frei. Die Applikation der Pulver erfolgt bei thermoplastischen Schichtwerkstoffen (z. B. PE, PVC, PA) durch *Aufsintern*, bei duroplastischen Schichtwerkstoffen (z. B. EP) durch *elektrostatisches Spritzen* oder *Aufwirbeln* mit nachfolgender Temperung.

Beim **Wirbelsintern (Bild 1)** erfolgt der Auftrag im Wirbelbett. Die zu beschichtenden Bauteile gelangen hierbei bereits erwärmt in das Wirbelbett, so dass die Pulverteilchen durch Anschmelzen haften.

Beim **elektrostatischen Pulverspritzen (Bild 2)** werden die Pulverpartikel an der Spritzpistole mittels Hochspannung aufgeladen und gelangen, unterstützt vom fördernden Gas, auf die Oberfläche des auf Masse liegenden Bauteils.

Beim **Aufwirbeln (Bild 3)** werden die Pulverpartikel an der perforierten und an Hochspannung liegenden Bodenplatte, durch die sie mit einem Gas auch gefördert werden, aufgeladen und gelangen, unterstützt vom Fördergas, auf die Oberfläche des auf Masse liegenden Bauteils.

Nichthaftendes, überschüssiges Pulver ist in allen drei Fällen wiederverwendbar. Das aufgetragene Pulver wird in einem Ofen zusammengesintert.

Nach den gleichen Verfahren wie bei den metallischen Bauteilen gelingt auch das **Nasslackieren polymerer Bauteile**. Zu beachten ist allerdings, dass das Lösemittel des Lackes mit dem Grundwerkstoff verträglich ist, damit es nicht zu einem übermäßigen Anlösen oder sogar zur Spannungsrissbildung kommt.

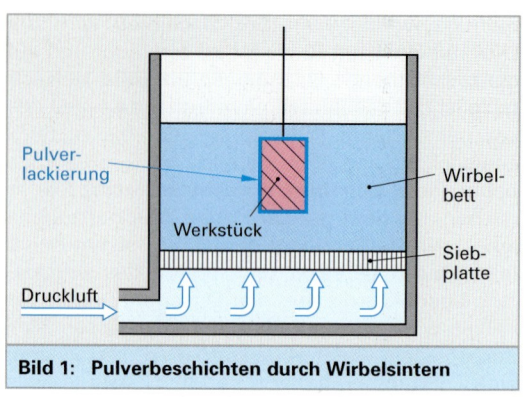

Bild 1: Pulverbeschichten durch Wirbelsintern

Bild 2: Elektrostatisches Pulverspritzen

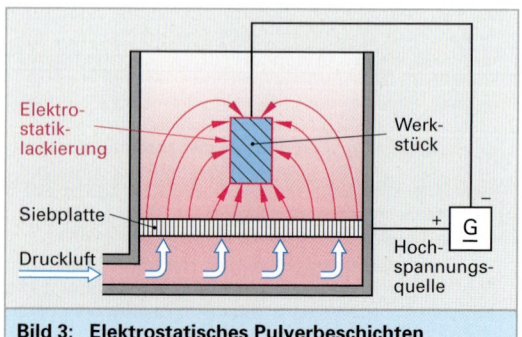

Bild 3: Elektrostatisches Pulverbeschichten

4.2 Oberflächenmodifikation von Bauteilen

Aufbringen eines metallischen Schichtwerkstoffs durch Tauchen

Bauteile (**Bild 1**) und Halbzeuge (**Bild 2**) werden zunächst entfettet und durch Beizen oberflächenaktiviert. Anschließend werden sie im Flussmittelbad mit einem Flussmittelfilm versehen, der getrocknet wird. Beim nachfolgenden einmaligen oder mehrmaligen Durchlaufen des Schmelztauchbades (**Tabelle 1**) bildet sich dann die Schmelztauchschicht. Der zuvor aufgebrachte Flussmittelfilm verhindert kurzzeitig die erneute Oxidation der Bauteiloberfläche bzw. Halbzeugoberfläche, zersetzt die auf dem Schmelztauchbad schwimmende Oxidhaut und verhindert dadurch deren Einbau in die Schelztauchschicht. Er erhöht ferner die Benetzbarkeit der Bauteiloberfläche bzw. Halbzeugoberfläche durch die Metallschmelze. Bei Blechhalbzeugen wird die Dicke der Schmelztauchschicht nach dem Verlassen des Schmelztauchbades durch Abstreifer eingestellt.

Während des Aufenthaltes des aktivierten Bauteils bzw. Halbzeugs in der Metallschmelze kommt es an der Grenzfläche Bauteil/Metallschmelze bzw. Halbzeug/Metallschmelze über Diffusion zur Legierungsbildung, wobei die Legierungszone alle im Gleichgewichtszustandsdiagramm auftretenden (leider auch die spröden!) Phasen bildet.

Bild 3 zeigt das Verzinken von Bauteilen und **Bild 4** zeigt das Verzinken von Blechband.

Tabelle 1: Schmelztauchbäder

Zielsetzung						Schichtwerkstoffe
Korrosionsschutz	Oxidationsschutz	Verschleißschutz	Gleitbegünstigung	Haftschicht	Wärmedämmung	
×	×					Al
×						Zn
×			×			Sn
×			×			Pb

Bild 3: Stückverzinkung

Bild 4: Bandverzinkung

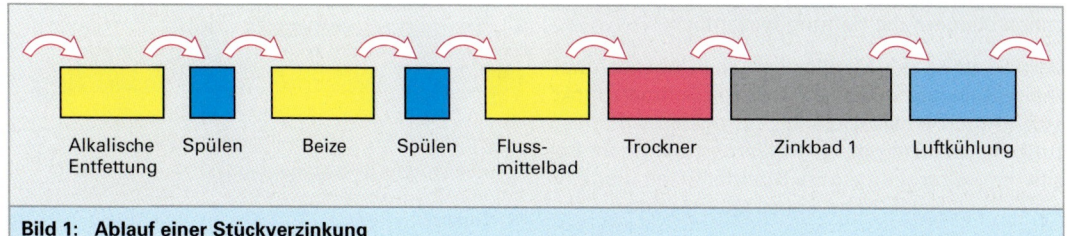

Bild 1: Ablauf einer Stückverzinkung

Bild 2: Ablauf einer Bandverzinkung

4.2.2.4 Beschichten aus der Gas- oder Dampfphase

Für eine Erhöhung der Verschleißfestigkeit werden Hartstoffschichten benötigt. Wegen der unterschiedlichen thermischen Ausdehnungskoeffizienten von Hartstoff- und metallischem Substratmaterial bleibt eine gute Haftung nur bei sehr dünnen Schichten mit nur bis zu 10-15 µm Schichtdicke erhalten.

Derart dünne Schichten müssen zur Steigerung der Verschleißfestigkeit einen niedrigen Reibungskoeffizienten und eine geringe chemische Aktivität aufweisen und benötigen bei punktförmiger Beanspruchung zudem ausreichend harte metallische Substrate, da sie sonst durchbrechen.

Aufbringen eines metallischen oder keramischen Schichtwerkstoffs aus der Gasphase

Tabelle 1 enthält Beispiele von Schichtwerkstoffen, die aus der Gasphase abscheidbar sind sowie die erreichbaren Ziele. Der Schichtwerkstoff wird an der vorbehandelten und zur Steigerung der Beschichtungsgeschwindigkeit, der Schichthaftung und Schichtgüte erwärmten Bauteiloberfläche in einer chemischen Reaktion gebildet und abgeschieden **(Bild 1)**. Man bezeichnet dies als CVD[1].

Nach Abscheidung einer ersten Schicht kommt es infolge der vergleichsweise hohen Temperaturen rasch zur Interdiffusion zwischen Grund- und Schichtwerkstoff. Die sich ergebenden Diffusionszonen steigern die Haftung wesentlich.

Vorteilhaft ist die Möglichkeit, auch hochschmelzende Substanzen weit unter deren Schmelzpunkt aufzutragen sowie die Dicke und Zusammensetzung der Schicht gut kontrollieren zu können. Positiv ist weiterhin die gute Streufähigkeit, negativ die teilweise sehr hohe Substrattemperatur.

Eine Verfahrensvariante ist das plasmaunterstützte CVD, kurz Plasma-CVD. Hierbei werden die für das Fortschreiten der Reaktion erforderlichen Temperaturen nicht vom erwärmten Bauteil, sondern von einem zwischen Bauteil und Reaktorwandung brennenden thermischen Plasma bereitgestellt.

Gegenüber dem zuerst beschriebenen CVD-Verfahren ist die thermische Belastung des Bauteils deutlich geringer und die Abscheidegeschwindigkeit deutlich erhöht.

---

[1] CVD Kunstwort für Chemical Vapour Deposition = chemische Dampfabscheidung

Tabelle 1: Schichtwerkstoffe, aus der Gasphase abscheidbar

Korrosionsschutz	Oxidationsschutz	Verschleißschutz	Gleitbegünstigung	Haftschicht	Wärmedämmung	Schichtwerkstoffe
×						Al
×						Ti
		×				Cr
×						Ni
		×	×			Mo
×						Ta
						W
		×				NiB
×		×				FeB/Fe$_2$B
		×				SiC, TiC, TiCN
		×				TiC + TiN, TiC + Al$_2$O$_3$
×		×				CrC, Cr$_7$C$_3$
×		×				TiN
		×				FeN
		×				Al$_2$O$_3$

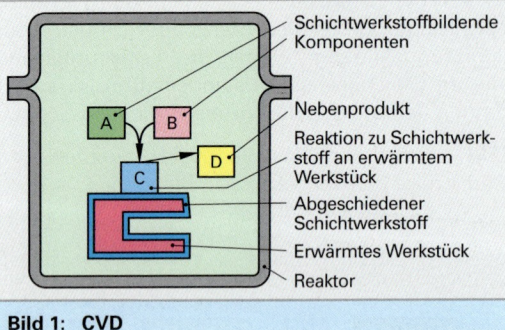

Bild 1: CVD

Zum CVD-Prozess werden gasförmig vorliegende
- metallorganische Verbindungen bei unter 350 °C,

Beispiel:
Ni(CO)$_4$ → Ni + 4 CO (180 °C)

- Metallhalogenide bei Wasserstoffzusatz bei höheren Temperaturen

Beispiel:
WCl$_6$ + 3 H$_2$ → W + 6 HCl (700-900 °C)

in Metalle, unter Zusatz entsprechender gasförmiger Partner in Silizide, Boride, Nitride, Karbide

Beispiel:
TiCl$_4$ + CH$_4$ → TiC + 4 HCl (900-1000 °C)

oder durch Hydrolyse in Oxide übergeführt

Beispiel:
2 AlCl$_3$ + 3 H$_2$O → Al$_2$O$_3$ + 6 HCl (1050-1100 °C)

4.2 Oberflächenmodifikation von Bauteilen

Aufbringen eines metallischen oder keramischen Schichtwerkstoffs aus der Dampfphase

Für viele Grundwerkstoffe sind die hohen Prozesstemperaturen des CVD nicht akzeptabel, weswegen man das Verdampfen des Schichtwerkstoffs anstrebte. Da keramische Schichtwerkstoffe aber vielfach wegen ihrer hohen Schmelzpunkte oder Zersetzung nicht verdampfbar sind, wird zu ihrer Erzeugung wie zur Abscheidung metallischer Schichtwerkstoffe metallisches Material verdampft und erst über Zugabe von Kohlenwasserstoffen (Methan), Stickstoff oder Sauerstoff in karbidische, nitridische und oxidische Schichtwerkstoffe übergeführt.

Die Schichtbildung beruht auf physikalischen Prozessen. Daher fasst man die nachfolgend beschriebenen Beschichtungsverfahrensvarianten unter der Sammelbezeichnung **PVD**[1] zusammen. **Tabelle 1** enthält Beispiele von Schichtwerkstoffen, die so aus der Dampfphase abscheidbar sind.

Beim **Vakuumbedampfen** wird Metall im Vakuum (10^{-3} bis 10^{-4} Pa sorgt für eine freie Weglänge von einigen Metern) über Widerstandsheizung oder Hochfrequenzheizung oder aber mit einem Elektronenstrahl oder Laserstrahl bis über den Verdampfungspunkt erwärmt (**Bild 1**). Zwei oder mehr Verdampfungsquellen ermöglichen die Abscheidung mehrlagiger (**Bild 2**) und/oder legierter Schichten. Der freigesetzte Dampf scheidet sich dabei auch auf dem im Reaktor befindlichen metallischen keramischen oder polymeren Bauteil ab.

Die kinetische Energie, mit der die verdampften Metallpartikel auf der Bauteiloberfläche auftreffen, ist gering und nicht ausreichend, um eine gute Haftung der Schicht zu erzielen. Die Streufähigkeit des Verfahrens, d. h. seine Fähigkeit, Bauteile komplexer Geometrie ohne Manipulation auf allen Flächen gleichmäßig zu beschichten, ist begrenzt. Das Vakuumbedampfen von polymeren Werkstoffen gelingt, wenn der Werkstoff vor dem Einbringen in der Reaktor mit Klebstoff versehen wird.

---

[1] PVD Kunstwort für Physical Vapour Deposition = physikalische Dampfabscheidung

Tabelle 1: Schichtwerkstoffe, aus der Dampfphase abscheidbar

Zielsetzung						Schichtwerkstoff
Korrosionsschutz	Oxidationsschutz	Verschleißschutz	Gleitbegünstigung	Haftschicht	Wärmedämmung	
×						Al
×						Ti
		×				Cr
		×				CrNi
			×			Co
×	×					CoCrAlY
×			×	×		Cu
			×			Ag
			×			Cd
			×			In
			×			Sn
			×			Au
			×			Pb
×	×					NiCrAlY
×	×					FeCrAlY
		×				SiC, TiC, TiC-TiN, CrC, Cr_3C_2, WC
				×		FeC
				×		BN
×		×				TiN
		×				Al_2O_3
			×			PbO
			×			CaF_2
×			×			Fe_2B
			×			$MoSe_2$, WS_2
			×			$MoSe_2$, WSe_2
			×			PTFE

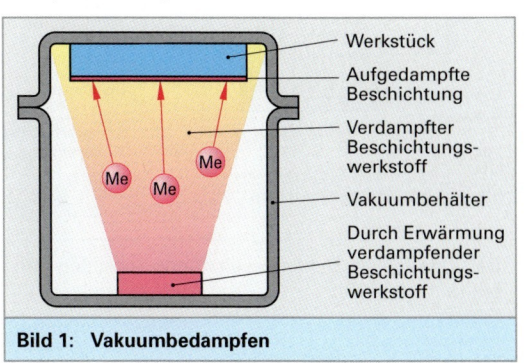

Bild 1: Vakuumbedampfen

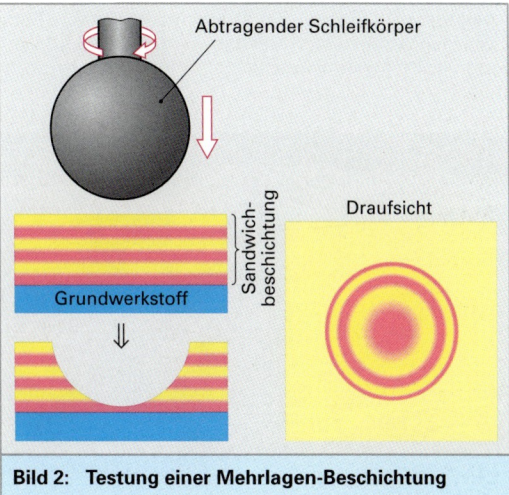

Bild 2: Testung einer Mehrlagen-Beschichtung

Beim **(Katoden-)Aufstäuben** (Sputtering[1]) wird zwischen der metallischen Katode auf der einen und dem Bauteil sowie der Vakuumbehälterwand auf der anderen Seite (beide liegen an Masse) eine Glimmentladung angeregt, die aus eingebrachtem Argongas ein Argonplasma entstehen lässt.

Entsprechend der Polung der die Glimmentladung erzeugenden Gleichspannung werden die Argonionen in Richtung Katode beschleunigt, wo sie infolge ihrer hohen kinetischen Energie Metall atomar abtragen. Zur Abscheidung von Legierungen werden diese entweder unmittelbar als Katodenmaterial oder aus zwei oder mehr abwechselnd aktivierten Katoden freigesetzt. Der so erhaltene Metalldampf scheidet sich nachfolgend auch auf dem Bauteil ab **(Bild 1)**. Die Abscheidung keramischer Verbindungen gelingt, wenn man dem Metalldampf ein entsprechendes Gas zugibt **(Bild 2)**.

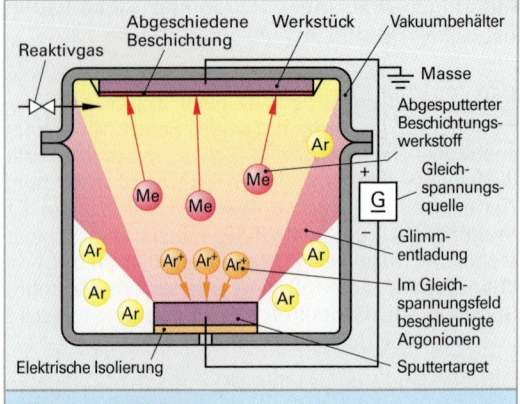

Bild 1: Aufstäuben

Die erreichbaren Beschichtungsraten sind geringer als die des Vakuumbedampfens. Wegen der höheren kinetischen Energie des abgestäubten Materials ist deren Haftfestigkeit auf dem Bauteil höher als beim Vakuumbedampfen, wenn auch von der kinetischen Energie einiges infolge der elastischen Stöße des abgestäubten Materials mit dem Plasmagas verloren geht und *eine höhere Streufähigkeit* zur Folge hat.

Die Haftfestigkeit wird zudem über Interdiffusion zwischen Schichtwerkstoff und Grundwerkstoff gesteigert, denn durch den Beschuss des Bauteils (sowie der Behälterwand) durch Sekundärelektronen können sich beide erwärmen (im Extremfall bis auf 300 °C bis 500 °C).

Eine Steigerung der Beschichtungsrate ist zu verzeichnen, wenn an der Katode ein Magnetsystem so angeordnet wird, das das Argonplasma im Katodenbereich konzentriert wird, was man als *Magnetronsputtern* oder *Hochleistungsaufstäuben* bezeichnet **(Bild 3)**. Gleichzeitig kann dadurch die Bauteiltemperatur auf 100 °C bis 250 °C beschränkt werden. Mit der Magnetronsputter-Anlagen werden z. B. Bauteile der Elektroindustrie beschichtet **(Bild 4)**.

Bild 2: Beschichten mit einer Sputteranlage

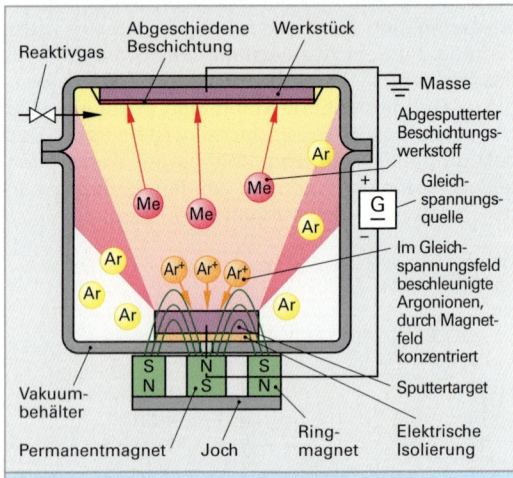

Bild 3: Magnetronsputtern

Das Katodenaufstäuben erzielt dünne Schichten hoher Haftfestigkeit.

Bild 4: Doppelschicht aus AlCrN/SiN

[1] engl. to sputter = sprudeln, spritzen

4.2 Oberflächenmodifikation von Bauteilen

(Bild 1) zeigt das Beschicken einer Dünnschicht-Beschichtungsanlage.

Beim **Ionenplattieren** wird zwischen der metallischen Anode und dem als Katode geschalteten Bauteil eine Glimmentladung angeregt, die eingebrachtes Argon ionisiert. Infolge der Polung der die Glimmentladung erzeugenden Gleichspannung werden die Argonionen, im Gegensatz zum Aufstäuben, in Richtung Katode beschleunigt und stäuben dort zunächst nur restliche Verunreinigungen ab und aktivieren die Oberfläche.

Parallel wird in das Argonplasma aus der durch Widerstands- oder Induktionsbeheizung, Elektronen- oder Laserstrahlung erwärmten metallischen Anode Schichtwerkstoff eingedampft, dort durch Stoßionisation ionisiert und im elektrischen Feld zum Bauteil hin beschleunigt. Die beschleunigten ionisierten Teilchen verlieren durch Umladung ihre Ladung zwar wieder, behalten aber auch in diesem Zustand ihre als Ion erhaltene Geschwindigkeit bei und treffen mit hoher Energie auf die Bauteiloberfläche auf, wo sie sich abscheiden **(Bild 2)**. Das Abscheiden nicht verdampfbarer keramischer Verbindungen erfolgt durch Zugabe eines Reaktivgases.

Das Eindringen der beschleunigten Teilchen in die Substratoberfläche führt dort zu einer Art *Diffusionsschicht*, die für eine *ausgezeichnete Haftfestigkeit* sorgt. Das gleichzeitig wirkende Ätzen der Argonionen sorgt dafür, dass keine Verunreinigungen eingebaut und nur wenig haftfester Schichtwerkstoff sofort wieder abgestäubt wird. Das Ionenplattieren kann bei relativ niedriger Substrattemperatur erfolgen und zeichnet sich durch mittlere Streufähigkeit aus. **Bild 3** zeigt ein beschichtetes Werkzeug.

Eine Variante des Ionenplattierens ist das **Ionenimplantieren**[1]. Hierbei wird der zu implantierende Werkstoff wie zuvor beschrieben verdampft, dann aber über Hochspannung als hochenergetischer Ionenstrahl auf und in das Bauteil geschossen. Mit dieser Technik lassen sich beliebige Fremdatomsorten unabhängig von ihrer Löslichkeit in die Matrix einbauen. Realisierbar sind bei hoher Strahlenergie Eindringtiefen bis zu einigem µm.

> Beim Ionenplattieren werden die verdampften Metallpartikel ionisiert und im Hochspannungsfeld beschleunigt.

[1] Implantat = in einem Körper „eingepflanztes" Teil, von lat. plantare = pflanzen und lat. im = hinein

Bild 1: Dünnschicht-Beschichtungsanlage

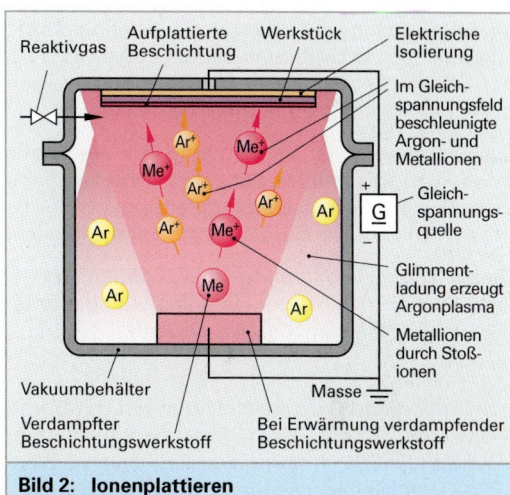

Bild 2: Ionenplattieren

Bild 3: PVD-beschichtetes Werkzeug

Wiederholung und Vertiefung

1. Beschreiben Sie den Beschichtungsprozess beim CVD-Verfahren.
2. In welchem Bereich müssen die Bauteiltemperaturen beim CVD-Verfahren liegen?
3. Was läuft beim Beschichten nach dem PVD-Verfahren ab?
4. Stellen Sie mit einer Skizze die Funktionsweise des Ionenplattierens dar.

4.2.3 Nachbehandlung

Hier sollen nachteilige Auswirkungen des Oberflächenmodifikationsverfahrens auf das Bauteil eliminiert oder zumindest auf ein erträgliches Maß gemindert werden.

4.2.3.1 Reduzierung des gelösten Wasserstoffs

Beim Entfetten, Beizen und Aktivieren sowie bei der elektrolytischen und chemischen Metallabscheidung wird Wasserstoff atomar freigesetzt und kann in dieser Form auch vom Grundwerkstoff aufgenommen werden. Werkstoffe mit Zugfestigkeiten über ca. 1000 MPa können dadurch so effektiv versprödet werden, dass sie ohne eine Entgasungsbehandlung bereits vor einer mechanischen Beanspruchung zur Rissbildung und zum Rissfortschritt bis zum Bruch neigen; Werkstoffe mit einer Zugfestigkeit über 1400 MPa sollten daher überhaupt keiner Oberflächenmodifikation unterzogen werden, bei der eine Wasserstoffaufnahme denkbar ist.

Zur Reduzierung der Versprödung des Werkstoffs macht man sich zunutze, dass der im Werkstoff atomar vorliegende Wasserstoff bereits bei vergleichsweise niedrigen Temperaturen diffusionsfähig ist.

Durch Wärmebehandlung (bei Stählen 200 °C über 1 bis 12 h), die unter Umständen sogar unter Vakuum erfolgt, kann der Wasserstoff

- weitestgehend wieder entfernt werden,
- beim Vorliegen von Beschichtungen mit Barrierewirkung (Kupfer, Zink, Silber) zwar nicht mehr weitestgehend entfernt werden, die im Werkstoff verbleibende Wasserstoffmenge aber über das gesamte Bauteil gleichmäßig verteilt werden und dadurch unter die kritische Konzentration fallen. Die erforderlichen Ausgasungszeiten müssen mit steigender Schichtdicke natürlich länger werden.

4.2.3.2 Konservieren

Oberflächenmodifizierte Bauteile können bei Lagerung und/oder Einsatz *korrodieren*, wenn die Oberflächenmodifikation nicht allumfassend und eine Beschichtung nicht poren- und rissfrei ist **(Bild 1)**.

> Thermisch gespritzte Schichten sind durchweg porös und können korridieren.

Bei der sich zwangsläufig einstellenden Reaktion mit dem angreifenden Medium dürfen Grundwerkstoff und Schichtwerkstoff aber nicht isoliert für sich betrachtet werden. Es kommt daneben infolge des heterogenen Zustandes (Grundwerkstoff in Kontakt mit Schichtwerkstoff) zu einem beschleunigten Korrosionsangriff des unedleren (vergleichsweise wenig korrosionsbeständig) und einem verlangsamten Angriff des edleren (vergleichsweise höher korrosionsbeständig) Partners (Kontaktkorrosion) **Bild 1**.

Ein Maß für die Kontaktkorrosionsgefahr ist die Differenz der Potenziale der kontaktierenden Werkstoffe auf der Normalspannungsskala **(Tabelle 1)**.

Bild 1: Korrosion an porösen Stellen

Tabelle 1: Normalspannung wichtiger Werkstoffe

Werkstoff	Normalspannung in Volt	
+Pt/Pt^{2+}	+ 1,60	
Au/Au^{3+}	+ 1,38	
Hg/Hg^{2+}	+ 0,86	edel
Ag/Ag$^+$	+ 0,81	
Cu/Cu^{2+}	+ 0,35	
H$_2$/H$_3$O$^+$	0,00	
Pb/Pb^{2+}	– 0,13	
Sn/Sn^{2+}	– 0,16	
Ni/Ni^{2+}	– 0,25	
Co/Co^{2+}	– 0,29	
Cd/Cd^{2+}	– 0,40	
Fe/Fe^{2+}	– 0,44	
Cr/Cr^{2+}	– 0,51	
Zn/Zn^{2+}	– 0,76	unedel
Mn/Mn^{2+}	– 1,10	
Al/Al^{3+}	– 1,69	
Mg/Mg^{2+}	– 2,40	
Na/Na$^+$	– 2,71	
Ca/Ca^{2+}	– 2,76	
K/K$^+$	– 2,92	

Ablesebeispiel für Kupfer-Zink:

$U_H = U_{HCu} - U_{HZn} = 0{,}35\,V - (-0{,}76\,V) = 1{,}11\,V$

4.2 Oberflächenmodifikation von Bauteilen

Als Elektrolyt genügt schon ein dünner, durch die Luftfeuchtigkeit auf einer kühleren Oberfläche gebildeter Wasserfilm (hohe Luftfeuchtigkeit; Regen) oder der Rest einer wässrigen Bearbeitungsflüssigkeit (Kühlschmiermittel; Reinigungsflüssigkeit).

Da eine Grundwerkstoff/Schichtwerkstoff-Kombination oft als gegeben hingenommen werden muss, kann eine unerwünscht hohe Korrosion, so diese Gefahr gegeben ist, nur dadurch verhindert werden, dass der Elektrolyt von der Metalloberfläche entfernt und dauerhaft ferngehalten wird, was man als Konservierung bezeichnet (**Bild 1 und Bild 2**).

Dabei wird auf die Oberfläche mit wasser- und/oder kühlschmiermittelverdrängenden Konservierungsmitteln durch Tauchen benetzt, die die Oberfläche mit einem Öl- oder Wachsfilm von 1 bis 100 µm Dicke überziehen.

Bei lösemittelhaltigen Konservierungsmitteln ist nach dem Herausnehmen aus dem Konservierungsbad ein Ablüften erforderlich. Weitere Applikationsverfahren sind das Niederdrucksprühen, das elektrostatische Sprühen oder auch das Aufpinseln. Bei Beschichtungen, die gegenüber den Konservierungsmitteln nicht beständig sind, werden die beschichteten Bauteile statt dessen in evakuierte Kunststoffsäcke eingeschweißt.

Als Transportschutz ist eine Noppenfolie zu empfehlen (**Bild 3**). Soll gleichzeitig ein Korrosionsschutz gewährleistet sein, so sind VCI-Papiere (**Bild 4**; VCI = Volatile-Corrosions-Inhibitor) oder VCI-Folien angeraten, die mit einem Korrosionsinhibitor ausgerüstet sind, der über längere Zeit dampfförmig freigesetzt wird und das Bauteil schützt.

> Zum Korrosionsschutz muss das korrodierende Medium entfernt werden oder Werkstoff und Medium trennende Konservierungsmittel aufgebracht werden.

Wiederholung und Vertiefung

1. Wie gelingt das Reduzieren des im Werkstoff gelösten (und schädlichen!) Wasserstoffs?
2. Was muss mit dem Wasserstoff geschehen, wenn eine Beschichtung mit einer Wasserstoffbarrierewirkung aufgebracht wurde?
3. Wie muss eine Beschichtung aufgebaut sein, dass eine Konservierung zwingend erforderlich wird?
4. Woraus bestehen Konservierungsmittel?
5. Welche Aufgabe hat das Konservierungsmittel?

Bild 1: Die Nachbehandlung

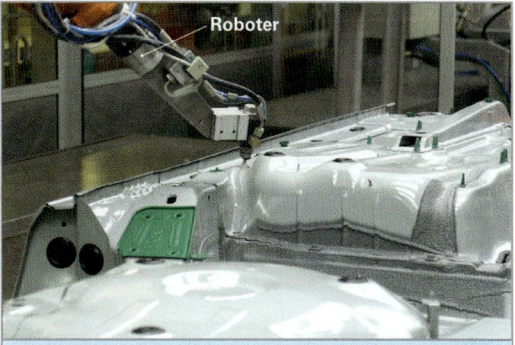

Bild 2: Aufbringen von Unterbodenschutz

Bild 3: Schlagschutz und Korrosionsschutz durch Noppenfolie

Bild 4: Bauteil, verpackt in VCI-Papier

4.2.4 Entfernen von Schichten

Das partielle oder allumfassende Entfernen von Schichten wird bei fehlerhaften oder unvollständigen Beschichtungen in der Neuteilfertigung oder bei abgenutzten und nicht mehr funktionsfähigen Beschichtungen an Bauteilen erforderlich.

Metallische Beschichtungen. Das Auflösen des metallischen Schichtwerkstoffs gelingt elektrolytisch, wobei das Bauteil als Anode geschaltet ist **(Bild 1)**, oder stromlos in einem oxidierenden Elektrolyten.

Dabei ist entscheidend, dass allein die Beschichtung und nicht der Grundwerkstoff angegriffen wird. Dazu muss der Schichtwerkstoff eine wesentlich größere elektrochemische Reaktivität als der Grundwerkstoff aufweisen und wird dem Elektrolyten ein Inhibitor[1] zugegeben, der vom Grundwerkstoff adsorbiert wird und diesen schützt.

Konversionsschichten. Zum Entfernen von Konversionsschichten müssen zum Schutz des Grundwerkstoffs Elektrolyte verwendet werden, die den Grundwerkstoff nicht angreifen, die Konversionsschicht aber in Lösung bringen, was durch die Verwendung nichtoxidierender Lösungen wie Säure- und Alkalilösungen gelingt.

Thermisch gespritzte Schichten. Der Abtrag der in der Regel vergleichsweise dicken Schichten sollte zum Anfang mechanisch z. B. durch Drehen, Schleifen oder Strahlen erfolgen. Abschließend kann der Abtrag chemisch erfolgen, wobei wegen der Porosität der Beschichtung diese durch Auflösung der Haftvermittlerschicht und damit durch Unterwanderung abgelöst wird.

Lacke. Sie können mechanisch durch Strahlen und/oder Temperatureinwirkung oder chemisch durch Lösemittel („Entlackungsmittel") entfernt werden **(Bild 2)**. Die Entlackungsmittel wirken durch Auflösen des Lacks, Durchdringen und Zerstören der Haftung, Unterwandern und Abheben. Das Entlackungsmittel sollte dabei den Grundwerkstoff nicht angreifen.

Konservierungsmittel. Sie sind durch Tauchen in Entfettungsbädern auf Lösemittelbasis entfernbar.

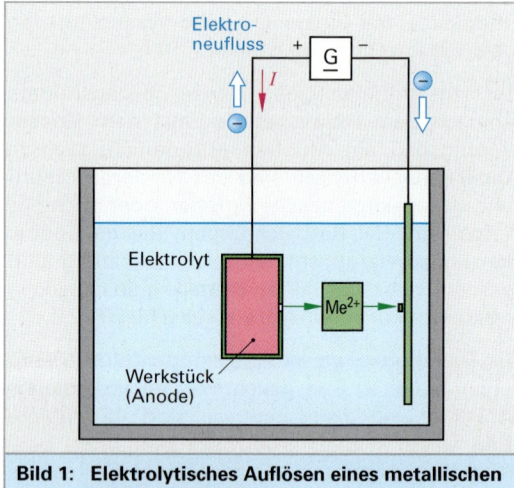

Bild 1: Elektrolytisches Auflösen eines metallischen Schichtwerkstoffs

[1] Inhibitor = Hemmstoff von lat. inhibitio = Hemmung

Bild 2: Schichtentfernen mit Entschlackungsmittel

4.3 Montagetechnik

4.3.1 Grundlagen

Die Montage[1] von Bauteilen zu Baugruppen und von Baugruppen zu fertigen Geräten, Maschinen und Anlagen erfolgt vielfach in Handarbeit. Die Serienmontage, d. h. die Montage von Serienteilen erfordert „flinke Hände" und ist wegen der Monotonie der Tätigkeit und der ständig gleichartigen Arbeitsbelastung eine für den Menschen sehr belastende Arbeit.

Diese Serienmontage erfolgt als Fließmontage und wird zunehmend mit Robotern und speziellen Montagemaschinen automatisiert ausgeführt **(Bild 1)**. Sofern eine nicht automatisierbare Montagearbeit übrig bleibt, ist darauf zu achten, dass diese Montage-Restarbeitsplätze nicht in den Maschinentakt der Montagelinie ohne hinreichende Teilepufferung eingeplant werden.

Die Hauptfunktionen der Montage sind:
- Fügen,
- Justieren und Prüfen,
- Handhaben,
- Fördern und
- Sondertätigkeiten.

Montagegerechte Produkte

Der Montageaufwand und die Montagequalität, besonders bei Serienfabrikaten, sind entscheidend für die Kosten und die Qualität des fertigen Fabrikats und somit entscheidend für den Erfolg eines verkaufsfähigen Produkts.

Die Kosten eines Produkts werden zu etwa 75 % im Rahmen der Konstruktion festgelegt und dabei wird auch festgelegt, wie hoch der Montageaufwand ist.

Demontage

Demontageaufgaben gibt es bei Wartungs- und Reparaturarbeiten und zunehmend zum Recycling von Wertstoffen oder bei Austauschteilen.

Die Kosten der Demontage schlagen sich erst im weiteren Produktlebenszyklus nieder und werden beim Kauf eines Produkts oft nicht beachtet. Produkte mit leichter Demontage ermöglichen:

- kostengünstigen Austausch von Bauteilen und Baugruppen,
- Wiederverwendung gebrauchter Bauteile und Baugruppen,
- einfache Fehlersuche durch Bauteiletausch,
- Recycling wertvoller Werkstoffe,
- Trennung von Schadstoffen.

---
[1] franz. le montage = der Aufbau, das Zusammensetzen

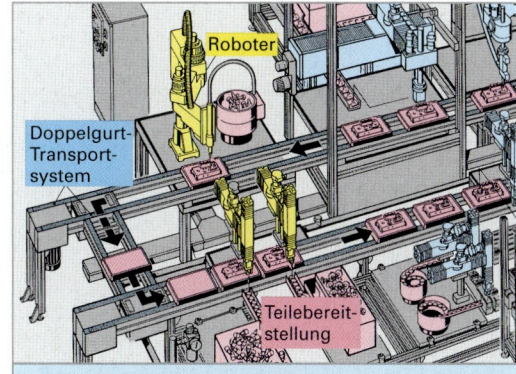

Bild 1: Serienmontage mit Robotern

Grundregeln montage- und demontagegerechter Produktgestaltung:
- Ein Produkt sollte aus möglichst wenigen Teilen zusammengesetzt werden; also je weniger Teile um so günstiger ist i. A. die Montage. Die Produktkomplexität wird meist durch die Zahl der Bauteile bestimmt.
- Komplexe Produkte, wie z. B. Fahrzeuge müssen in Baugruppen (Fahrwerk, Motor, Lenkung usw.) aufgegliedert werden und diese Baugruppen wiederum in Unterbaugruppen, die vormontiert werden können, bevor sie getestet und geprüft werden.
- Jede Unterbaugruppe sollte möglichst wenige weitere Verbindungen zu anderen Unterbaugruppen haben.
- Produktvarianten sollten sich in den Unterbaugruppen unterscheiden und nicht in der produktneutralen Baugruppenmontage.

- Soweit wie möglich sollten die Unterbaugruppenmontagen der Produktvarianten etwa gleich viele Arbeitsschritte enthalten.
- Die Bauteile sollten möglichst symmetrisch sein.
- Wenn die Bauteile unsymmetrisch sind, so sollten sie sich deutlich unsymmetrisch zeigen.
- Die Zuführbarkeit der Bauteile sollte einfach automatisierbar sein. Biegeschlaffe Teile sollten vermieden werden, also möglichst keine Teile aus Textilien u. ä.
- Die Montagerichtungen bzw. Fügerichtungen sollten möglichst einheitlich und minimal sein, z. B. nur senkrechtes Fügen.
- Verbundwerkstoffe sollten vermieden werden, damit Werkstoffe sortenrein rückgewonnen werden können.

Tabelle 1: Symbole für Handhabungs- und Montageoperationen

Symbol	Bezeichnung	Symbol	Bezeichnung	Symbol	Bezeichnung
	Geordnete Speicherung		Wenden		Loslassen
	Teilweise geordnete Speicherung		Verschieben		Prüfen
	Ungeordnete Speicherung		Ausrichten		Messen
	Trennen		Positionieren		Verfügbarkeit prüfen
	Verbinden		In Reihe bringen		Identität prüfen
	Aufteilen		Führen		Form prüfen
	Anordnen		Befördern		Abmessung prüfen
	Verzweigen		Hängen		Farbe prüfen
	Zusammenführen		Anhalten		Gewicht prüfen
	Sortieren		Freigeben		Position prüfen
	Drehen		Festhalten		Zählen

Beispiel:

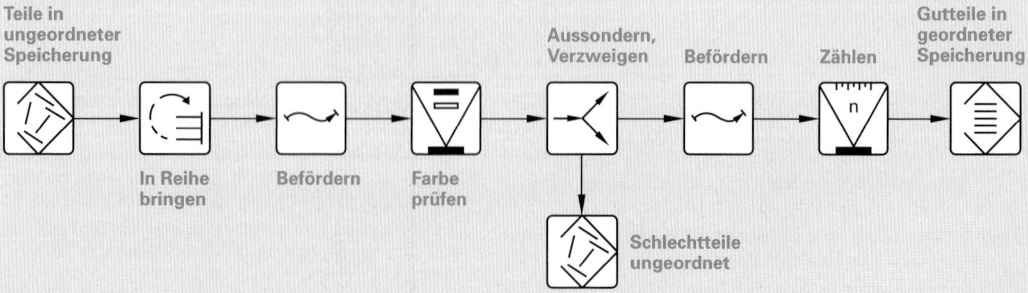

Teile in ungeordneter Speicherung → In Reihe bringen → Befördern → Farbe prüfen → Aussondern, Verzweigen → Befördern → Zählen → Gutteile in geordneter Speicherung

Schlechtteile ungeordnet

4.3 Montagetechnik

Basiswerkstück

Mit dem Basiswerkstück wird das Produkt bzw. Gerät „geboren". Es ist häufig eine Platte, z. B. das Motherboard bei einem PC oder eine Bodenplatte, z. B. die Bodenplatte bei einem Kraftfahrzeug **(Bild 1)**. Dieses Basiswerkstück erhält dann eine Fertigungskennzahl, z. B. eine Seriennummer und je nach Art des Produkts eine Zuordnung zu einem Kunden bzw. zu einer Auftragsnummer.

Das Basiswerkstück wird nun im Laufe der Montage *von einem* Montageplatz *zum nächsten* weitertransportiert. Bei Produkten mit kleinen Abmessungen wird das Basiswerkstück häufig auf einer Montageplattform fixiert und diese Montageplattform wird von einer Station zur nächsten weitertransportiert **(Bild 2)**. Eine Montageplattform mit wohldefinierten und gleichbleibenden, nämlich produktunabhängigen Abmessungen kann leicht gehandhabt, fixiert und mit einem Datenspeicher zur Produkt- und Arbeitsidentifikation ausgestattet werden. Große Werkstücke, z. B. Bodenplattformen bei einem Kfz werden ohne Werkstückträger gehandhabt. Solche Basiswerkstücke müssen Kanten und Bohrungen aufweisen, welche eine leichte „Zentrierung" ermöglichen. Das Basiswerkstück muss sich möglichst durch eine einzige Spannbewegung fixieren lassen.

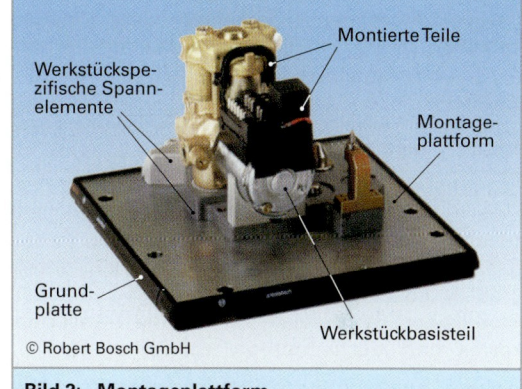

Bild 2: Montageplattform

Bild 1: Bodenplatte bei einem Kfz als Aufbauplattform

4.3.2 Der Materialfluss

Zur Montage von Produkten müssen die Einzelteile zu Baugruppen und diese zu den fertigen Produkten zusammengesetzt werden. Die anfallenden Aufgaben des gesamten Materialflusses, nämlich des Lagerns, Förderns, Handhabens, Fügens, Prüfens kann auf sehr unterschiedliche Weise gelöst werden. Dabei ist meist, im Sinne einer flexiblen Montage, zu beachten, dass Produktvarianten und auch neue Produkte auf vorhandenen Montagelinien/Montageplätzen montiert werden können.

4.3.2.1 Lagern

Lager haben die Aufgabe Rohstoffe, Vorprodukte, Zwischenprodukte und Fertigwaren zeitweilig aufzunehmen. Damit können Schwankungen in der Beschaffung und Lieferung ausgeglichen, durch größere Lose günstige Beschaffungs- und/oder Produktionspreise erzielt werden und Transporte kosten- und/oder zeitoptimal realisiert werden.

Bei den Lagern unterscheidet man zwischen

- Zentrallager,
- dezentraler Lagerung und
- Umlauflager.

Zentrallager werden meist als **Regalzeilenlager** (Hochregallager) gebaut **(Bild 1)**. Die Teilelagerung erfolgt in den Regalfächern unmittelbar bei Großteilen oder in Behältern, in den Regalfächern bei Kleinteilen.

Über manuell gesteuerte oder über automatisch arbeitende Regalförderzeuge (RFZ) werden die Lagerteile ein- und ausgelagert **(Bild 2)**. Die RFZ fahren auf Schienen am Boden und stützen sich an Führungsschienen ab. Gesteuert werden die RFZ meist über eine SPS oder einen Lagerverwaltungsrechner (LVR).

Die Kommissionierung[1] d. h. die Zusammenstellung von Artikeln zu einem Auftrag erfolgt in Kommissionierstationen. Diese befinden sich meist vor den Gängen der Regallager. Die Kommissionierarbeitsplätze werden oft über Rollenförderer miteinander verbunden (Bild 1).

> Gelagert werden sollte so wenig wie möglich und so kurzzeitig wie möglich.

Bei zentraler Lagerung werden die Güter konzentriert in einem Lagergebäude untergebracht mit dem Risiko, dass bei einer Zerstörung, z. B. durch Brand, die gesamte Produktion in schwerste Mitleidenschaft gezogen wird.

---

[1] lat. commisso = Auftrag

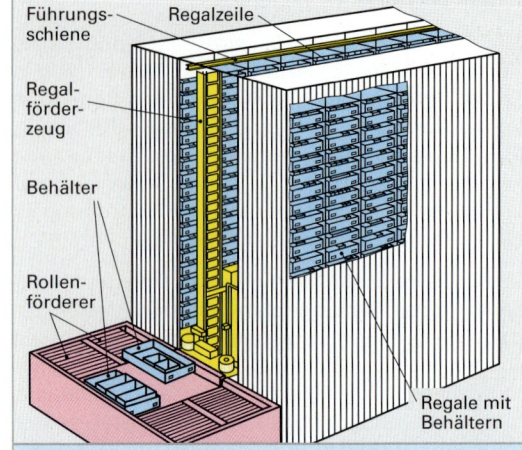

Bild 1: Automatisches Regalzeilenlager

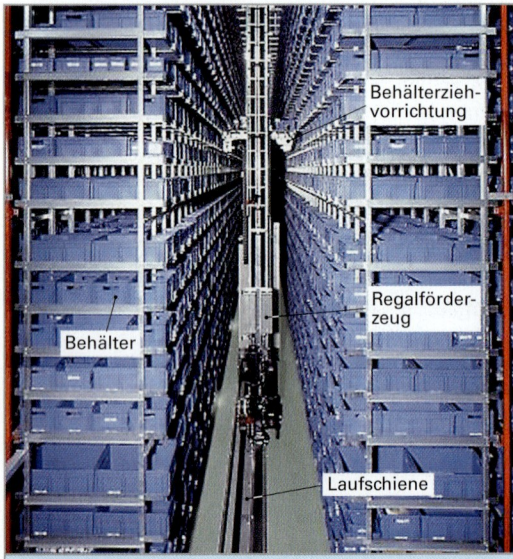

Bild 2: Blick in den Regalgang

Bild 3: Regallager mit Roboterbedienung

4.3 Montagetechnik

Geringere Risiken, gegebenenfalls auch günstigere Transportbedingungen, z. B. geringere Transportwege, liegen bei *dezentralen Lagern* vor.

Bei den **Umlauflagern** erfolgt die Lagerung im Transportmittel. Man spart sich Lagerräume, hat nur geringes Risiko und hohe Lieferbereitschaft. Es gibt nur Umschlagplätze und Abnahmestellen (z. B. bei der Gemüseversorgung. Die Lager befinden sich in den LKWs auf der Straße).

Im industriellen Bereich organisiert man Zentrallager häufig als Hochregallager mit selbstfahrenden Regalförderzeugen und automatisierter Einlagerung und Auslagerung. Dabei können die Waren bestimmten Lagerplätzen zugeordnet werden oder in regelloser Weise gelagert werden. Der Computer merkt sich die Einlagerposition.

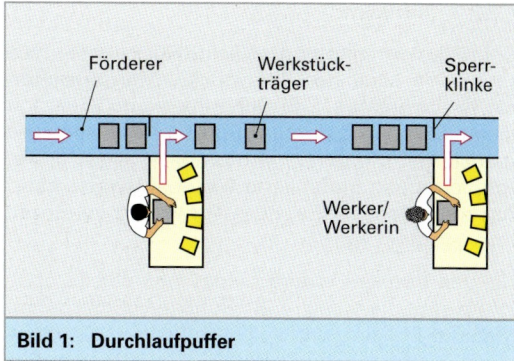

Bild 1: Durchlaufpuffer

4.3.2.2 Puffern

Pufferspeicher dienen zum Überbrücken von Störungen bei automatisierten Montageanlagen und zur Ermöglichung von Pausen bei manuellen Montagen sowie zur Vermeidung einer strengen Taktbindung. Man unterscheidet:

- Durchlaufpuffer **(Bild 1)**,
- Rücklaufpuffer **(Bild 2)**,
- Umlaufpuffer **(Bild 3)**,
- Direktzugriffpuffer **(Bild 4)**.

Als **Durchlaufpuffer** bieten sich fast alle Transporttechniken an, z. B. Gurtförderer, Hängebahnförderer, Rollenbahnen (Bild 1). Ist zwischen den Arbeitsstationen kein größerer Abstand, so verwendet man **Rücklaufpuffer** (Bild 2), die nur gefüllt werden, wenn die Teileaufnahmekapazität zeitweilig nicht ausreicht.

Eine Umlaufpufferung wird vor allem bei manuellen Montagearbeitsplätzen eingerichtet, wenn mehrere Arbeitsplätze damit versorgt werden müssen und wenn dabei sehr unterschiedliche Montagezeiten anfallen sowie wenn eine hohe Fluktuation in der Platzbesetzung vorliegt (Bild 3).

Durch Puffer wird eine starre Verkettung von Arbeitsstationen vermieden. Sie führen zur *Entkopplung* von einem Maschinentakt, ermöglichen Pausen und vermindern Produktionsausfälle bei Störungen.

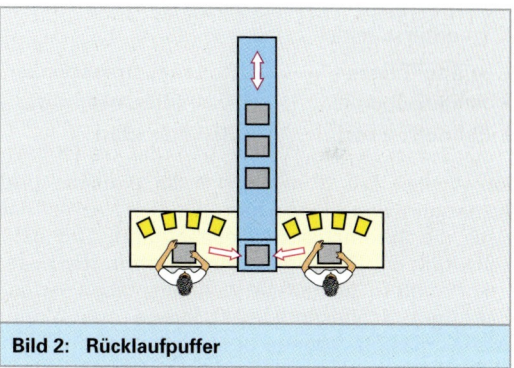

Bild 2: Rücklaufpuffer

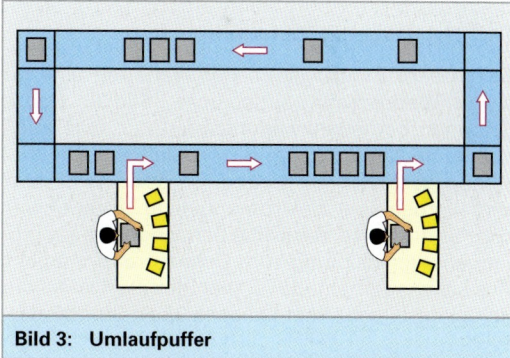

Bild 3: Umlaufpuffer

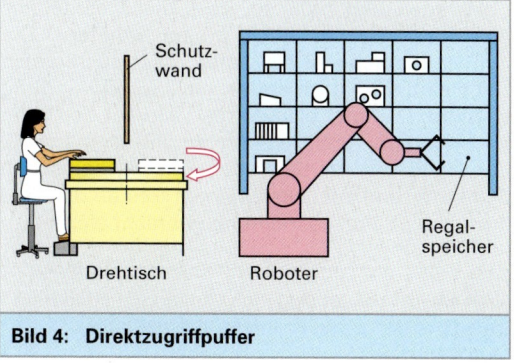

Bild 4: Direktzugriffpuffer

> Mit Puffern gelingt eine Anpassung an unterschiedliche Arbeitsgeschwindigkeiten.

4.3.2.3 Bunkern

Beim Bunkern nimmt man keine Rücksicht auf die räumliche Lage der Werkstücke. Man speichert sie als *Schüttgut*, z. B. Schrauben und Montagekleinteile oder Gussteile **(Bild 1)**. Bei einer automatisierten Montage hat man dann meist große Probleme das gebunkerte Material wieder handhaben zu können. Es muss aufwändig vereinzelt und geordnet werden.

Bei den Bunkern unterscheidet man solche *ohne Werkstückbewegung*, z. B. Behälter, Gitterboxen, (Schäfer-)Kästen, und solche *mit Werkstückbewegung*. Letztere ermöglichen häufig auch das **Entwirren**, das **Vereinzeln** und das **Ordnen**.

Bild 1: Bunkern von Gussteilen in einer Gitterbox

Man unterscheidet:

- Trichterbunker,
- Schaukelbunker,
- Schöpfbunker,
- Kettenaustragsbunker,
- Nachfüllbunker und
- Behälter **(Bild 2)**.

Der Vorteil des Bunkerns ist die einfache und kostengünstige Einspeicherung. Der Nachteil ist, dass die automatisierte Teileentnahme oft sehr schwierig ist. Der sogenannte „Griff in die Kiste" mit Robotern ist nur in wenigen Fällen gelöst. Schüttgut, insbesondere Kleinteile aus Metall und Kunststoff, können aber vorteilhaft in Trichterbunkern mit Vibrationsaustrag gebunkert und geordnet entnommenwerden.

Trichterbunker mit Vibrationsaustrag

Bei diesem Bunker ist an der Wandung eine gestufte Wendelbahn angebracht **(Bild 3)**. Damit gelangen bei jedem Füllungsgrad die Teile auch auf die nach oben führende Wendelbahn. Die drei schräg gestellten Blattfederfüße des Trichterbunkers werden über Elektromagnete in Vibration versetzt und zwar so, dass eine Schwingbewegung in tangentialer Richtung zum Behälterrand entsteht. Die Schwingamplitude ist weniger als 1 mm, die Schwingfrequenz liegt bei etwa 25 Hz bis 100 Hz.

Durch die Schwingbewegung werden auch Bewegungskräfte auf die gebunkerten Kleinteile übertragen und zwar so, dass diese allmählich die wendelförmige Bahn hinauf wandern. Die Schwingrichtung ist so justiert, dass auch gleichzeitig eine Kraft nach außen zur Trichterwandung entsteht. Dadurch bleiben die Teile auf der Bahn und wandern vereinzelt (wie im „Gänsemarsch") der Wand entlang nach oben. Mit mechanischen *Schikanen* und mit *Leitelementen* können die Teile auch in eine Vorzugsrichtung gebracht werden.

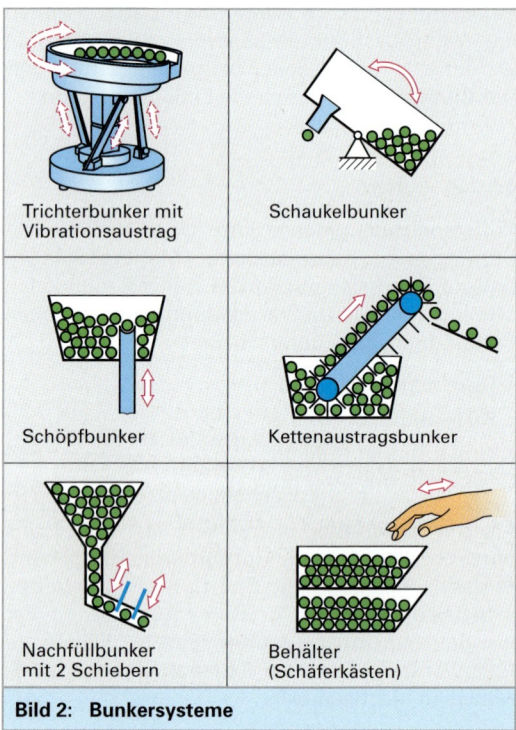

Bild 2: Bunkersysteme

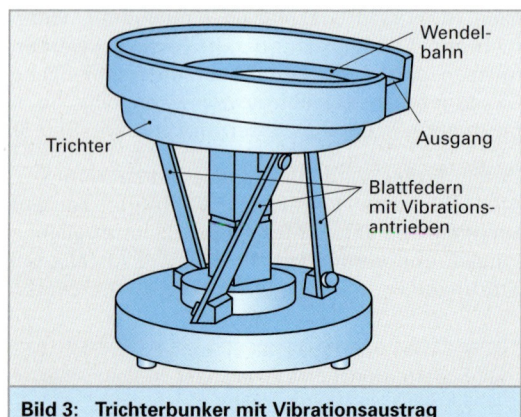

Bild 3: Trichterbunker mit Vibrationsaustrag

> Mit einem Trichterbunker mit Vibrationsaustrag kann man bunkern, fördern, ordnen und vereinzeln.

4.3 Montagetechnik

4.3.2.4 Magazinieren

Magazine sind Speicher für die *geordnete* Zwischenaufnahme von Werkstücken, z. B. auf einer Palette **(Bild 1)**.

Man benötigt sie sowohl bei manueller Montage als auch bei maschineller Montage, vor allem, wenn der Montageprozess räumlich auseinandergerissen ist. Wir unterscheiden:

- Trichtermagazine,
- Schachtmagazine,
- Stufenmagazine,
- Rollbahnmagazine,
- Gleitbahnmagazine,
- Kanalmagazine,
- Förderbandmagazine,
- Hubmagazine,
- Kettenmagazine,
- Revolvermagazine,
- Trommelmagazine,
- Palettenmagazine **(Bild 2)**.

Bild 1: Palettenmagazin auf einem Förderband

Günstig ist es, wenn sich in die Transportaufgabe bzw. in die Magazinier- bzw. Pufferaufgabe ein Teilprozess der Fertigung einbeziehen lässt, z. B. ein Trocknungsprozess oder ein Abkühlprozess. Die Pufferstrecke bzw. Pufferzeit wird dann häufig auf diesen Prozess abgestimmt, sodass dieser nach der Durchlaufzeit sicher abgeschlossen ist. Beispiele sind Montageprozesse von Gussteilen und Schmiedeteilen.

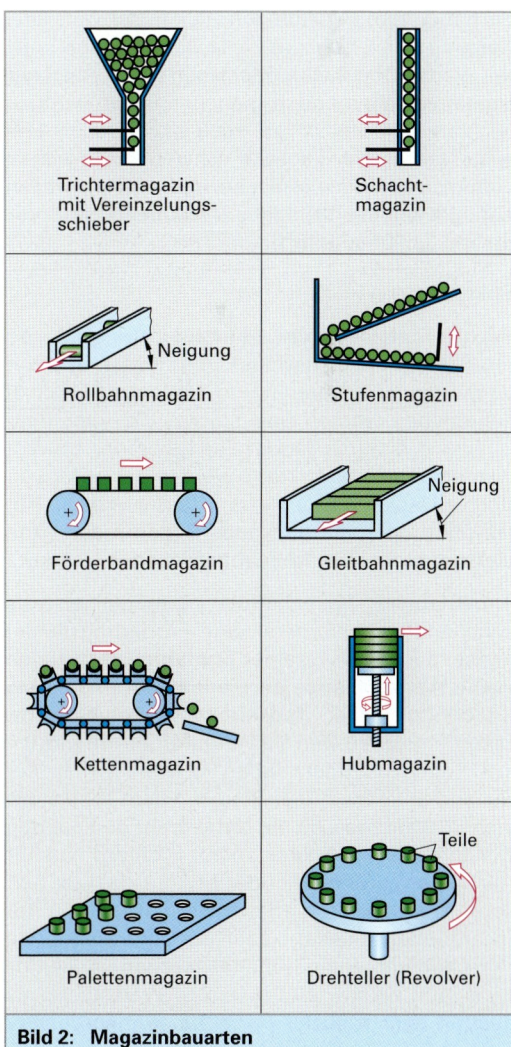

Bild 2: Magazinbauarten

Wiederholung und Vertiefung

1. Nennen Sie die Hauptfunktionen der Montage.
2. Was ist für eine montagegerechte Produktgestaltung zu beachten?
3. Welche Bedeutung hat das Basiswerkstück für die weitere Montage und wie ist es zu gestalten?
4. Nennen Sie Beispiele für Lager!
5. Welche Probleme ergeben sich beim Bunkern mit Behältern, wenn eine automatische Montage geplant ist?
6. Welche Aufgaben können mit einem Trichterbunker mit Vibrationsaustrag gelöst werden?
7. Wie erreicht man eine Ausrichtung der Teile beim Vibrationsaustrag?
8. Wodurch unterscheiden sich Magazine von Bunkern?
9. Skizzieren Sie ein Schachtmagazin und ein Hubmagazin.

4.3.2.5 Fördern

Zur Beförderung von Werkstücken von einer Bearbeitungs- bzw. Montagestation zur nächsten oder von einem Speicher zu den Montageplätzen werden Flurfahrzeuge oder fördernde Bewegungssysteme verwendet.

Die wichtigsten Fördersysteme sind:
- Rutschen, Transporttische,
- Rollenförderer,
- Gurtförderer,
- Kettenförderer,
- Hängebahnförderer und
- fahrerlose Transportsysteme (FTS).

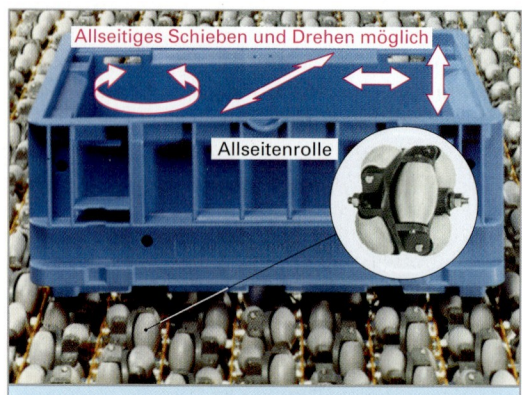

Bild 1: Transporttische mit Allseitenrollen

Rutschen und Transporttische

Die Rutschen sind die einfachsten Fördermittel. Sie haben zum selbsttätigen Gleiten der Teile eine Neigung von 2 % bis ca. 7 %. Die Rutschbahn ist mit glatter Oberfläche oder aber sie ist mit Tragkugeln versehen und in manchen Fällen wird zur leichteren Beweglichkeit auch über Düsen Luft eingeblasen und die Teile schweben auf einem Luftpolster. Transporttische mit *Allseitenrollen* ermöglichen ein allseitiges Verschieben und Verdrehen der Teile **(Bild 1)**.

Rollenförderer

Bei den Rollenförderern **(Bild 2)** gibt es solche deren Rollen mit Formschluss über Ketten und Kettenräder oder Zahnräder und Zahnriemen **(Bild 3)** angetrieben werden und solche, die über Reibschluss, z. B. durch Bänder und Reibräder, bewegt werden. Die Antriebskräfte werden entweder von Rolle zu Rolle oder insgesamt auf sämtliche Rollen übertragen. Es gibt auch Rollenförderer mit elektromotorisch einzeln angetriebenen Rollen.

Bild 2: Rollenförderer mit Ausschleuseweiche und Plattendrehung

Angetriebene Rollenbahnen ermöglichen als sogenannte *Stauförderer* eine Förderung in der Weise, dass sich vor einer Entnahmestation eine kleine Warteschlange der Teile bildet und so bei diskontinuierlicher Teileabnahme keine Wartezeiten entstehen. Bei den Stauförderern werden z. B. Rollen mit Rutschnaben verwendet, d. h., der Rollenmantel bleibt bei Stau mit dem Werkstück stehen, während sich die Nabe dreht und auf den Rollenmantel ein konstantes Moment ausübt. Auch über berührende oder berührungslose Sensoren kann der Stau erfasst werden und die Rollenantriebe stillgesetzt oder auf ein verringertes Vorschubmoment geschaltet werden. Rollenförderer gibt es sowohl für leichte Werkstücke als auch in sehr robuster Form für tonnenschwere Teile, z. B. in der Gießereitechnik.

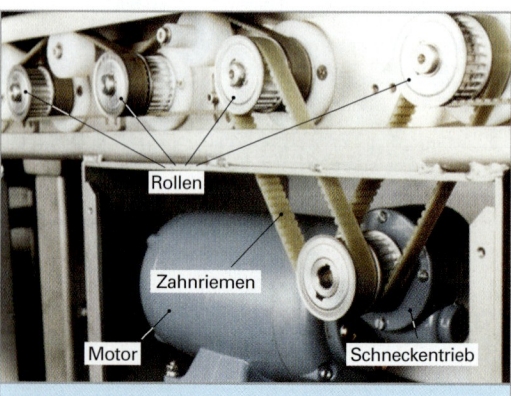

Bild 3: Rollenantrieb über Zahnriemen

Gurtförderer

Gurtförderer fördern über Gurte bzw. Bänder. Diese umschlingen zwei Rollen. Dabei wird eine Rolle elektromotorisch angetrieben. Häufig werden zum Transport von Werkstückträgern Doppelgurtförderer verwendet **(Bild 1)**. Beim Doppelgurtförderer kann man durch die mittlere Freizone zusätzliche Operationen vornehmen, z. B. durch einen Hubzylinder ein Teil bzw. den Werkstückträger anheben und ausschleusen. Die Gurte gibt es in unterschiedlichen Ausführungsformen, z. B. glatt, mit Kunststoffbelag, mit Gummi oder auch mit Stollen, um bei Schrägen ein Abrutschen zu verhindern. Mit Doppelgurtförderern lassen sich praktisch alle Formen von *Montagetopologien*, z. B. mit Linienstruktur oder Karreestruktur in beliebigen Verschachtelungen verwirklichen (Bild 1).

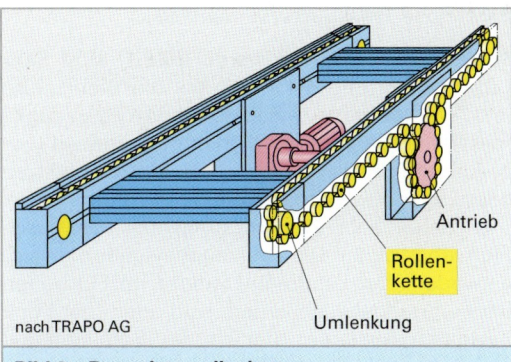

Bild 2: Doppelstaurollenkette

Doppelstaurollenkette

Ähnlich dem Doppelgurtförderer ist der Förderer mit Doppelstaurollenkette aufgebaut. Anstelle der Gurte gibt es eine Kette mit Rollen **(Bild 2)**. Diese Rollen sind drehbar gelagert und tragen den Werkstückträger. Kommt es zum Stau, dann läuft die Kette weiter, die Rollen drehen sich in den Kettengliedern, sodass nur geringe Antriebskräfte auf die Werkstückträger wirken.

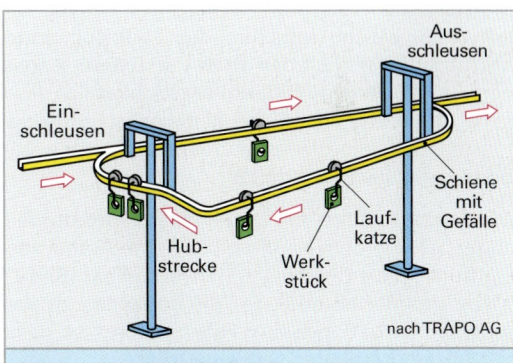

Bild 3: Hängebahnförderer

Hängeförderer

Hängeförderer gibt es mit Kettenantrieben, Seilantrieben (ähnlich Skilift) und mit Laufschienen **(Bild 3** und **Bild 4)**.

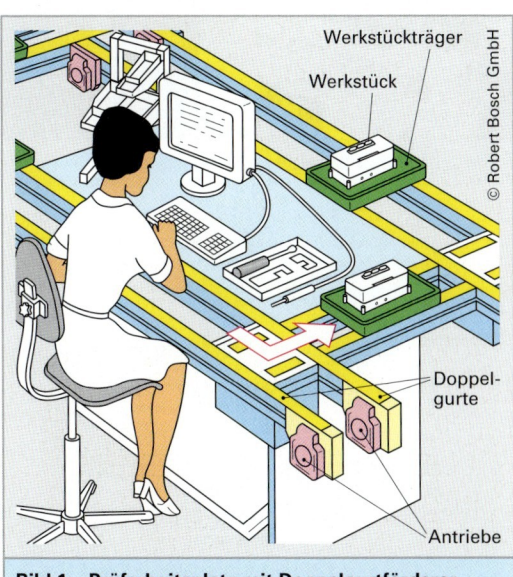

Bild 1: Prüfarbeitsplatz mit Doppelgurtförderer

Bild 4: Hängebahnförderer und Robot-Carrier zur Kfz-Montage

Fahrerlose Transportsysteme (FTS)

Fahrerlose Transportsysteme **(Bild 1)** sind Fahrzeuge, meist mit Elektroantrieb, die Werkstücke und Werkzeuge auf Paletten oder Fahrzeugkarosserien automatisch aufnehmen und an vorbestimmten Abgabestellen, z. B. Montageplätzen oder Läger abgeben. Der Zielort wird über induktive Transponder, über Infrarotsender oder durch Funk übertragen. Die Fahrzeugnavigation erfolgt entweder über Leitdrähte, welche im Flurboden der Fertigungshallen verlegt sind oder über Funknavigationssysteme, ähnlich der Satellitennavigationstechnik bei Kraftfahrzeugen (GPS) oder abschnittsweise über eine Kreiselsteuerung und Referenzierung durch optische oder magnetische Markierungen längs der Wege. Mit Ultraschallsensoren, welche rund um das Fahrzeug angebracht sind (ähnlich den PKW-Parkhilfen), erkennen die FTS etwaige Hindernisse. Schließlich sind in Fahrtrichtung vorwärts und rückwärts Stoßleisten mit Schaltkontakten angebracht, welche bei Berührung das FTS stoppen.

Die Lastaufnahme muss der Transportaufgabe angepasst werden. Häufig gibt es eine Aufnahmeplattform, die individuell höhenverstellbar **(Bild 2)** sowie drehbar ist und/oder die horizontal zu verschieben ist, z. B. quer zur Fahrtrichtung, so dass das Ab- und Aufladen seitlich erfolgt.

Die Vorteile von FTS für die Montage sind:

- größtmögliche Verkettungsflexibilität in einem Montagewerk. Alle Teile können automatisiert an jeden Standort gebracht werden.
- kein Taktzwang. Die Abfolge der Fahrziele ist beliebig individualisierbar. Wenn die Montage fertig ist wird das FTS weggeschickt.
- einfache Bildung von Montageinseln.
- Ermöglichung der Montage im Typenmix.
- Möglichkeit der beliebigen Erweiterung bei Verfügbarkeiten von zusätzlichen Flächen/Hallen.

Nachteilig sind die relativ hohen Kosten und der relativ große Platzbedarf für Fahr-, Rangier- und Ausweichbewegungen.

Bei der Montage mit FTS als Transportmittel sind folgende Aufgaben zu lösen:

1. **Fahrzeugoperationen:** Fahrkurs mit Fahrzeiten, Ausweichstrategien, Zeiten für Andockvorgänge, Lastaufnahme, Lastabgabe, Batterieaufladen, FTS-Inspektion/Wartung **(Bild 3)**.
2. **Einsatzorganisation:** Zielvorgabe, Zuordnung von Transportaufgaben zu freiwerdenden oder freien Fahrzeugen, Zielvorgabe für leere Fahrzeuge.

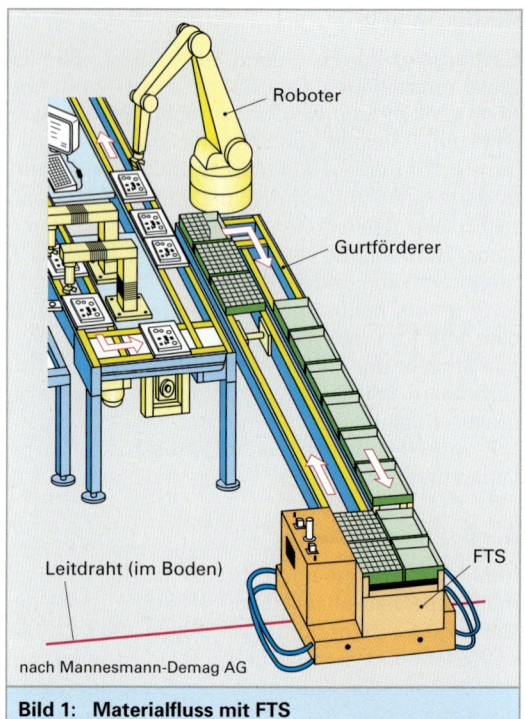

Bild 1: Materialfluss mit FTS

Bild 2: FTS mit Übergabe einer Gitterbox

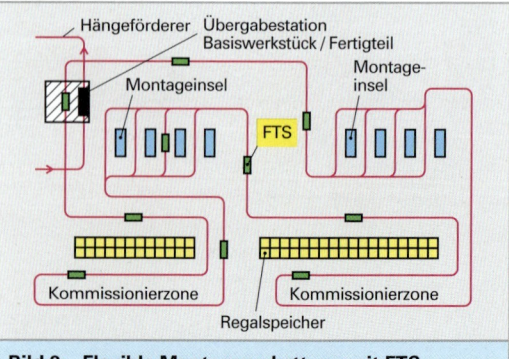

Bild 3: Flexible Montageverkettung mit FTS

4.3.3 Fügearbeiten

4.3.3.1 Fügen durch Schrauben

Schraubverbindungen sind die wichtigsten lösbaren Verbindungen. Es gibt sie in einer großen Form- und Artenvielfalt bezüglich der Kopfform und des dafür erforderlichen Schraubendrehwerkzeugs (Schlitzschraube, Kreuzschlitzschraube, Innen/Außensechskantschraube) mit und ohne Verdrehsicherung. Zum Fügen von Blechen gibt es spezielle Bohrschrauben, die beim Fügevorgang die Bohroperation mit übernehmen. Eine sichere Schraubverbindung kommt dann zustande, wenn beim Anziehen der Schraube auch eine Schraubenvorspannung entsteht **(Bild 1)**. Das Anziehmoment wird jedoch hauptsächlich durch das Reibmoment zwischen Schraubenkopf und Unterlage bestimmt und ist damit stark von der Oberflächenbeschaffenheit der zu fügenden Bauteile abhängig.

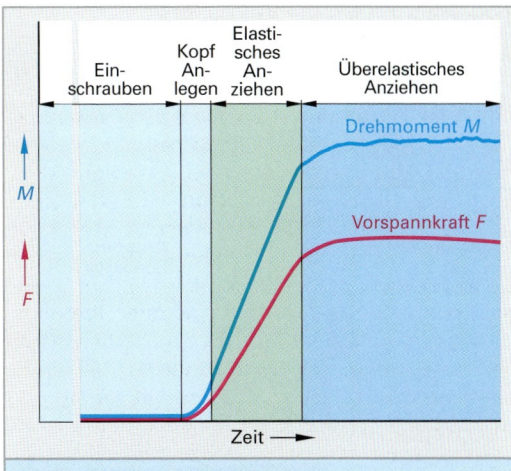

Bild 1: Phasen beim Schrauben

Zur Montage werden Schrauben mit *Drehwinkelsteuerung* und *Drehmomentsteuerung* sowie impulsgesteuerte *Schlagschrauber* verwendet. Sensoren erfassen das Drehmoment und den Drehwinkel.

Zum *automatisierten* Schrauben werden die Schrauber mit Zuführungen für die Schrauben ausgestattete **(Bild 2)**. Die Schraube wird seitlich zum Schraubendreher zugeführt. Sodann wird der Schraubendreher zugestellt und in Rotation versetzt.

4.3.3.2 Fügen durch Umformen

Die Fügeverfahren durch Umformen können meist mit relativ einfachen Werkzeugen vorgenommen werden – auch durch Handhabung mit Robotern, wenn die Gegenkräfte vom Werkzeug aufgenommen werden, z. B. bei einer Kerbzange. Mehrmaliges Lösen dieser Fügeverbindungen ist aber meist problematisch, da sich an der Wirkstelle das Material verfestigt und beim wiederholten Fügen leicht Risse bilden.

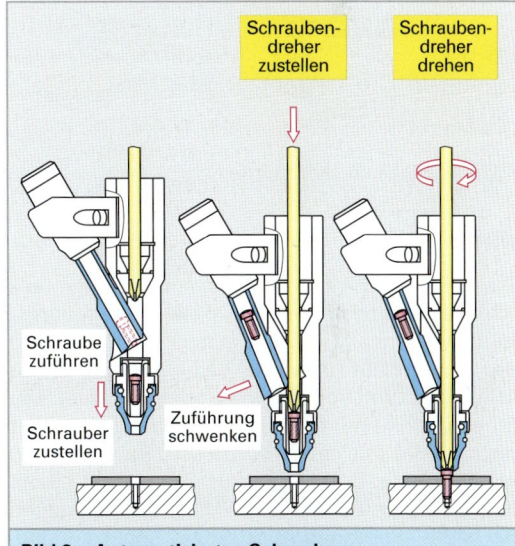

Bild 2: Automatisiertes Schrauben

Die wichtigsten Verfahren sind:
- Kerben,
- Einhalsen,
- Nieten **(Bild 3)**,
- Körnen,
- Bördeln,
- Clinchen.
- Aufweiten,
- Falzen,
- Spreizen,
- Biegen,
- Engen,
- Verlappen
  (Bild 1, folgende Seite).

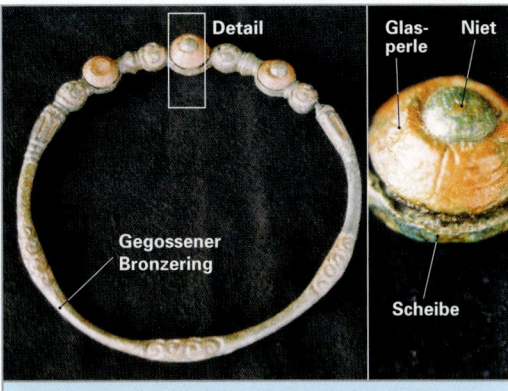

Bild 3: Scheibenhalsring mit Nietverbindung[1]

---

[1] Der Scheibenhalsring stammt aus der Latène-Zeit (um 300 v. Chr.) und ist aus Bronze gegossen. Die Perlen sind aus Glas und aufgenietet.

Kerben
Kerbe
Kerb-
werkzeug
Körnen
Körner
Einkerbung
Spreizen
Dorn
Fügeteil
Gegen-
haltung
Aufweiten
Aufweiten
Drücken,
Einhalsen
Drück-
rolle
Bördeln
Bördel
Drück-
rolle
Falzen
Schritt 1
Schritt 2
Schritt 3
Wickeln
Biegeverlappen
Drehverlappen

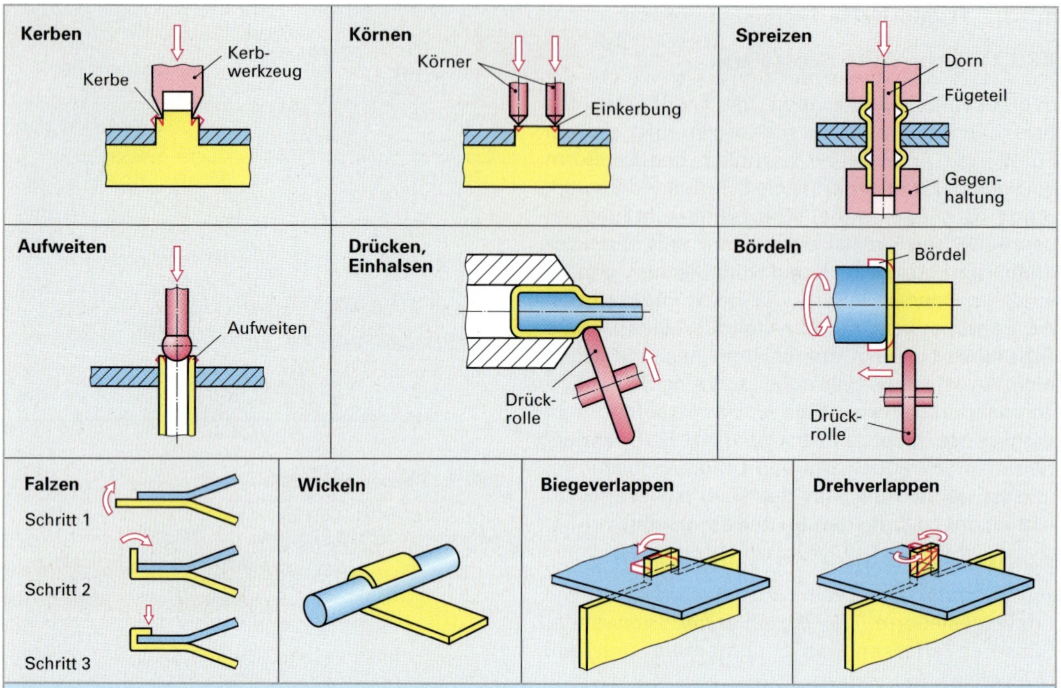

Bild 1: Fügen durch Umformen

Nieten

Durch Stauchen eines Bolzens, eines Hohlzapfens oder einer Hülse werden Teile zusammengefügt. Man nennt diese Technik „Nieten" und das verwendete Hilfsmittel „Niet" mit der Unterscheidung: Vollniet, Hohlniet oder Blindniet. Der Einbau erfolgt mit einem Niethammer, einer Nietpistole oder mit einer Nietpresse. Bei den Blindnieten wird z. B. die Niet zusammen mit einem Nietdorn geliefert. Dieser wird zum Nieten gegen die Niete abgezogen **(Bild 2)** und bricht an einer Sollbruchstelle. Damit ist die Nietung fertig. Bei Verarbeitung mit speziellem Nietmagazin und Nietwerkzeug sind Hohlvernietungen auch mit wiederverwendbaren Dornen möglich.

Neben der Aufgabe des Verbindens von Bauteilen verwendet man das Nieten mit sogenannten „Passnieten" auch zur positionsgenauen Montage und mit „Dichtnieten" zum Abdichten von Bohrungen.

Niet
einsetzen
⇒
Niet
verformen
⇒
Nietung
ist fertig
Teil 1
Teil 2
Kerbe
Dorn
Abriss
Niet
Dorn

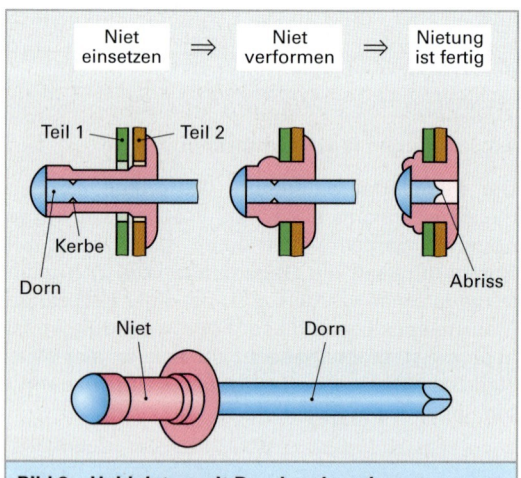

Bild 2: Hohlnieten mit Dornbruchwerkzeug

Clinchen (Durchsetzfügen)

Das Clinchen[1] ist ein Nieten ohne Hilfsbauteil. Mit der Clinchzange werden Bleche punktuell zusammengefügt **(Bild 3)**. Durch den Hinterschnitt im Fügepunkt entsteht eine innige Verbindung.

Stempel
Lamelle
Elasti-
scher
Ring
Matrize
Blech 1
Blech 2
Hinterschnitt

Bild 3: Clinch-Verbindung

[1] to clinch = festhalten. vernieten

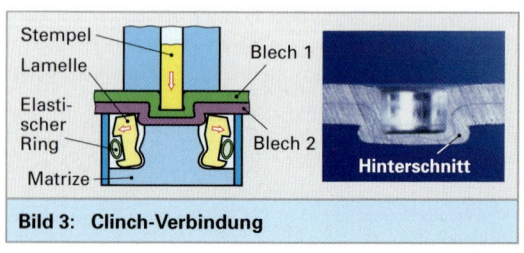

4.3.3.3 Fügen durch Kleben und Abdichten

Klebeverbindungen dienen zum Verbinden und auch zum Abdichten von Bauteilen sowohl gleicher als auch verschiedener Werkstoffe. Im Fahrzeugbau werden z. B. die Glasscheiben auf den (lackierten) Metallrahmen geklebt. Wichtig für eine gute Klebeverbindung ist die einwandfreie Benetzung der Fügeteile durch den Kleber. Es ist das Phänomen der *Adhäsion*[1], das den Kleber über die Werkstückoberfläche, (einer gegebenenfalls vorbehandelten Werkstückoberfläche) hauchdünn überzieht. Nach einer vorbestimmten Zeit wird der zunächst dünnflüssige Kleber zäh und härtet schließlich aus. Damit sind die Fügeteile fest miteinander verbunden. Die Kleber haben hinsichtlich Aushärtetemperatur, Festigkeit, Verformbarkeit, Wärmebeständigkeit und Alterung unterschiedliche Eigenschaften **(Tabelle 1)**. Der Kleberauftrag erfolgt meist durch Sprühen, Spritzen und Walzen **(Bild 1)**.

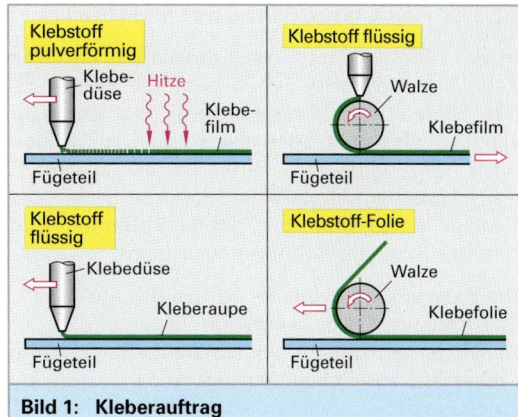

Bild 1: Kleberauftrag

> Klebeverbindungen dürfen nur auf Scherung beansprucht werden.

Die Aufgabe des Abdichtens (Sealen[1]) ist dem Kleben sehr ähnlich. Beim Abdichten ist die Festigkeit der Verbindung unbedeutend. Die Verformbarkeit muss im Allgemeinen über lange Zeit gewährleistet sein. Der Abdichtwerkstoff darf nicht spröde werden. Kleben und Abdichten wird häufig mit Robotern durchgeführt **(Bild 2 und 3)**. Damit man einen gleichmäßigen Materialauftrag erhält, wird über eine steuerbare Dosierpumpe die Kleberausbringung bzw. Dichtmaterialausbringung der aktuellen Roboterbahngeschwindigkeit angepasst. Denn die Roboterbahngeschwindigkeit verändert sich z. B. beim Umfahren von Ecken und beim Erreichen von Zielpositionen.

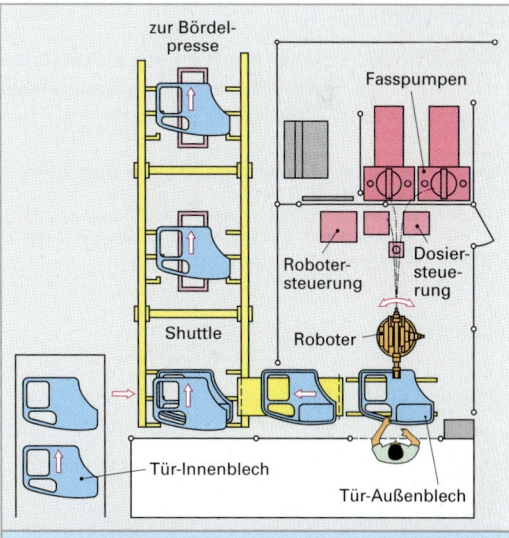

Bild 2: Roboterarbeitszelle zum Kleberauftrag und zur Türabdichtung

Tabelle 1: Metallklebestoffe (Auswahl)

Name	Festigkeit	Verformbarkeit	Wärmebeständigkeit
Epoxidharz (2 Komponenten)	sehr gut	gut	80 °C
Epoxidharz	sehr gut	gut	200 °C
Epoxid-Phenolharz	sehr gut	mäßig	250 °C
Phenolharz	sehr gut	mäßig	200 °C
Diacrylsäureester, schnellhärtend	gering	gut	120 °C
Heißschmelzklebestoff	gering	gut	100 °C

Bild 3: Roboter beim Kleben

[1] lat. adhaesio = das Kleben; [1] to seal = versiegeln

4.3.3.4 Fügen durch Schweißen und Löten

In der Montage, z. B. von Karosserien und von Fahrwerkteilen wird neben dem Clinchen auch das Widerstandspressschweißen mit Schweißzangen verwendet oder das Schmelzschweißen nach dem MIG/MAG-Verfahren (Metall-Innert-Gasschweißen/Metall-Aktiv-Gasschweißen). Die Schweißzange bzw. der Schweißbrenner wird häufig von einem Roboter gehandhabt.

Die Presskraft wird bei der Schweißzange **(Bild 1)** über pneumatisch gesteuerte Druckzylinder erzeugt. Der zeitliche Verlauf von Zangenbewegung, Presskraft und Schweißstrom muss in genauer Folge gesteuert werden **(Bild 2)**. Die Schweißpunkte können in schneller Folge vom Roboter gesetzt werden.

Die Schmelzenergie wird mit einem elektrischen Lichtbogen erzeugt oder mit einem Laserstrahl (meist CO_2-Laser[1] oder NdYAG-Laser[2]).

© KUKA AG

Bild 1: Roboter mit Schweißzange zum Widerstands-Punktschweißen

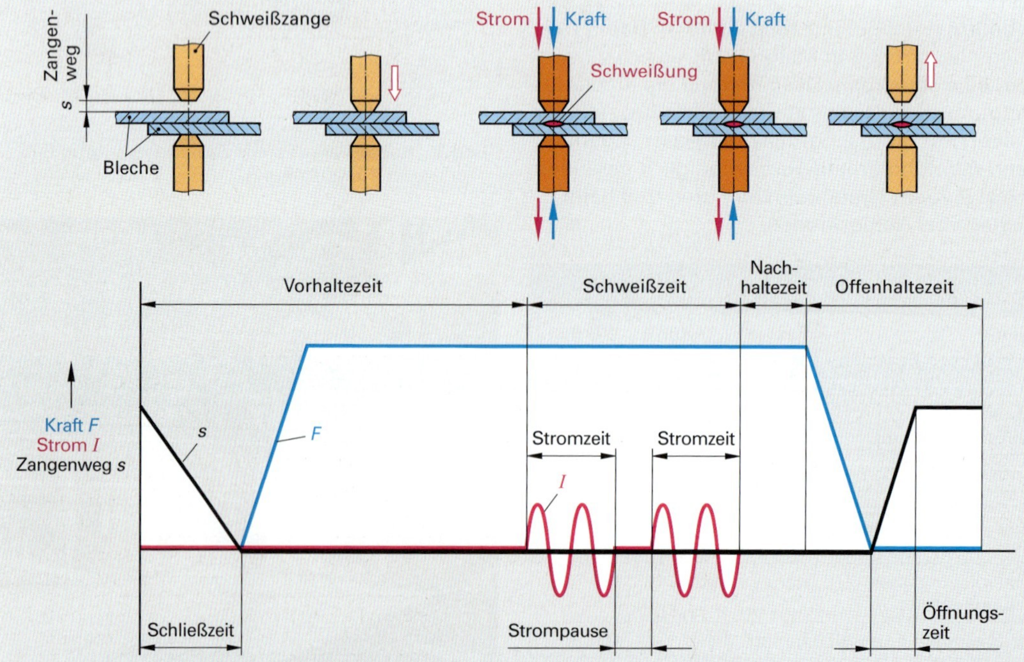

---

[1] Der CO_2-Laser ist ein Gaslaser mit Kohlendioxid als Wirtsgas. Die Wellenlänge beträgt 10.6 µm.
[2] Der NdYAG-Laser ist ein Festkörperlaser mit Granat ($Y_3Al_5O_2$) als Wirtsmaterial, dotiert mit Neodym (Nd). Die Wellenlänge beträgt 1.06 µm.

Bild 2: Zeitlicher Ablauf beim Punktschweißen

4.3 Montagetechnik

Die Roboterhandhabung von Laserstrahlwerkzeugen ist besonders einfach, wenn der Laserstrahl über eine Glasfaser geführt werden kann, wie z. B. bei dem kurzweiligen NdYAG-Laser (Wellenlänge 1,06 μm). Beim Schweißen mit CO_2-Laser (Wellenlänge 10,6 μm) muss der Laserstrahl über Spiegel bzw. Prismen an jedem Robotergelenk umgelenkt werden. Wichtig beim Laserstrahlschweißen ist, dass sich der Brennpunkt des Laserstrahls geringfügig unterhalb der Nahtoberfläche befindet. Dies erreicht man z. B. durch eine Abstandsregelung mit kapazitiver Abstandsmessung.

Löten

Das Löten mit Weichloten wird vor allem zur Montage elektronischer Bauteile eingesetzt. Die Lötverbindung dient dabei sowohl der mechanischen Verbindung als auch zur Spannungs- und Stromübertragung.

Als Weichlote werden Zinn-Bleilegierungen verwendet **(Tabelle 1)**. Der Montageprozess erfolgt bei Bauelementen mit Anschlussfahnen/Anschlussdrähten indem die Anschlüsse durch die Bohrungen der Leiterplatten gesteckt werden und sodann kurzzeitig in flüssiges Lot getaucht werden (Tauchlöten).

Beim Reflow-Löten fixiert man die Oberflächen-Montierbaren-Schaltkreise (SMD, von Surface Mounted Device) mit Lötpaste (Zinnpulver mit Flussmittel) und erwärmt die Platinenoberfläche mit Heißluft bis das Lot fließt.

Beim Doppel-Wellenlöten wird mit der ersten flüssigen Lotwelle das Löten durchgeführt und mit einer zweiten Welle überschüssiges Lot entfernt **(Bild 1)**. Das Verfahren ist auch für eine gemischte Bestückung SMD und bedrahtete Bauelemente geeignet **(Bild 2)**.

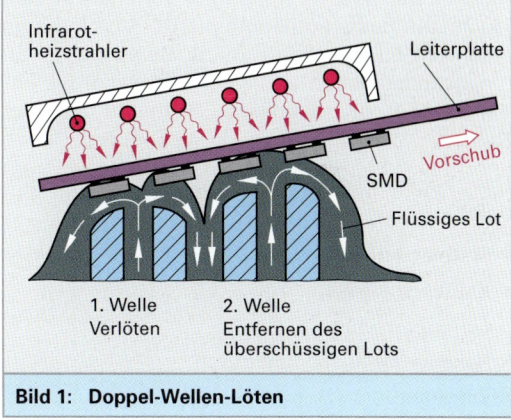

Bild 1: Doppel-Wellen-Löten

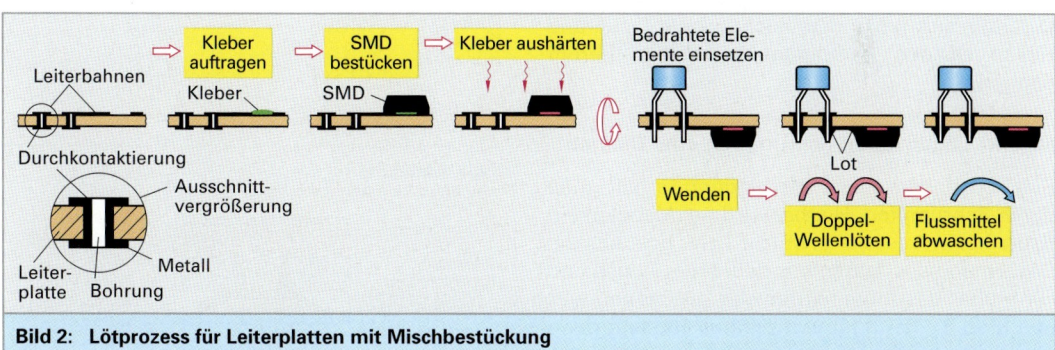

Bild 2: Lötprozess für Leiterplatten mit Mischbestückung

Tabelle 1: Weichlote und Hartlote

Hartlote			Weichlote		
Lot-Legierung	Löttemp.	Anwendung	Lot-Legierung	Löttemp.	Anwendung
B-Ag5OCDZnCU-620/640	640 °C	Stähle, Edelmetalle, Kupferlegierungen	S-Sn42Bi58	138 °C	Temperaturempf. Elektronik
B-Cu48ZnAG(Si)-800/830	830 °C	Stähle, Temperg., Kupfer, Cu-Leg., Ni-Leg.	S-Sn96Ag4	221 °C	Elektronik, Feinwerktechnik
B-Cu100(P)-1085	1100 °C	Stähle	S-Sn97Cu3	250 °C	Feinmechanik, Kältetechnik
B-Al92Si-575/615	610 °C	Aluminium, Al-Legierungen	S-Pb95Ag5	320 °C	Elektromotoren, hohe Temp.

4.3.3.5 Fügen durch Zusammenlegen

Die wichtigsten Verfahren bei formstabilen Werkstücken sind:

- Einlegen,
- Ineinanderlegen,
- Einhängen,
- Einrenken (Bajonettverschluss),
- Einspreizen **(Bild 1)**.

Das Fügen elastischer Werkstücke, vor allem von Kunststoffteilen, erfolgt mit *Schnappverschlüssen* **(Bild 2)**. Die *Klipsverbindungen* vereinen in sich meist eine Reihe von kombinierten Verbindungstechniken und werden z. B. zur Befestigung von Innenverkleidungen an PKWs eingesetzt. Sie enthalten federnde, metallische Elemente und/oder Kunststoffteile.

Das Fügen *biegeschlaffer* Werkstücke erfolgt durch:

- Klettverschlüsse,
- Reißverschlüsse,
- Schnürverschlüsse,
- Hakenverschlüsse und durch
- Vernähen.

Die Bajonettverschlüsse und die Klettverschlüsse lassen sich besonders leicht wieder lösen und zählen zu den *demontagefreundlichen* Verbindungen.

4.3.3.6 Fügen durch Schrumpfen oder Dehnen

Eine besonders feste Verbindung erhält man durch Schrumpfen. Hierbei wird bei Metallen ein Bauteil mit Presssitz erwärmt bzw. gekühlt. Bei Erwärmung des Außenteils dehnt dieses sich und kann über das Innenteil hinweg geschoben werden **(Bild 3)**. Bei Raumtemperatur entsteht dann eine kraftschlüssige feste Verbindung.

In entsprechender Weise kann ein Innenteil auch gekühlt werden. Es vermindert dabei sein Volumen und kann in das Außenteil eingelegt werden. Bei Raumtemperatur entsteht dann durch Dehnung des Innenteils eine feste Verbindung.

Mit Hilfe von „Kunststoff-Schrumpfschläuchen" können Teile leicht zusammengefügt werden. Durch Erwärmen, z. B. mit Heißluft, ziehen sich die Schrumpfschläuche zusammen und halten die innenliegenden Teile fest. Man verwendet sie häufig bei elektrischen und elektronischen Montagearbeiten. Sie können ohne Zerstörung nicht gelöst werden.

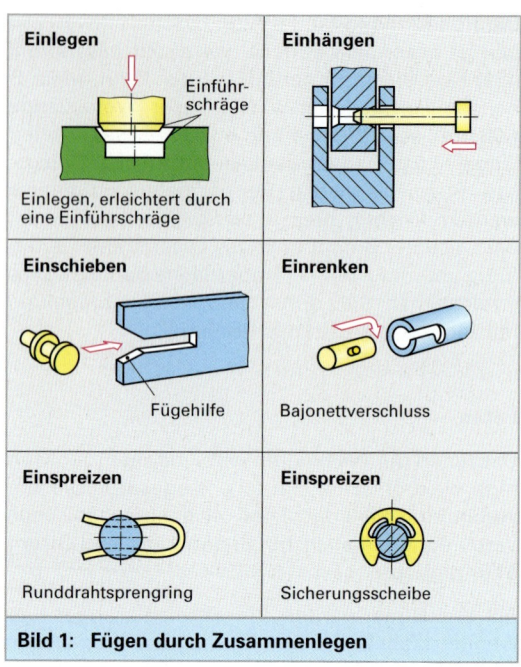

Bild 1: Fügen durch Zusammenlegen

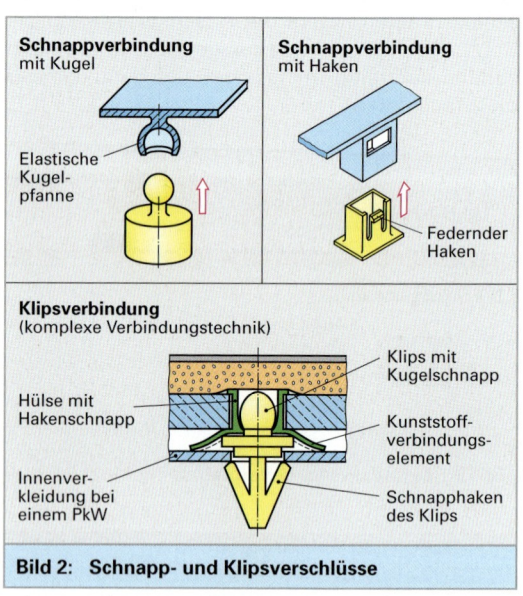

Bild 2: Schnapp- und Klipsverschlüsse

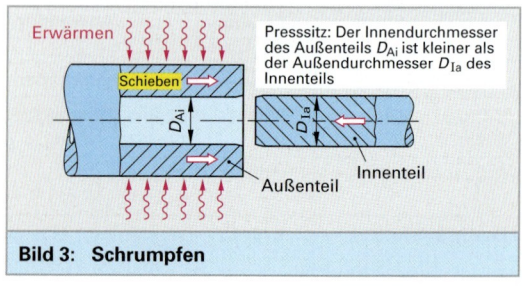

Bild 3: Schrumpfen

4.3 Montagetechnik

4.3.4 Montagearbeitsplätze

4.3.4.1 Manuelle Montage

Bei der manuellen Montage sind die Montageplätze *ergonomisch*, d. h. menschengerecht zu gestalten. Der Mitarbeiter bzw. die Mitarbeiterin sollte zwischen *Sitz*arbeitsplatz und *Steh*arbeitsplatz abwechseln können.

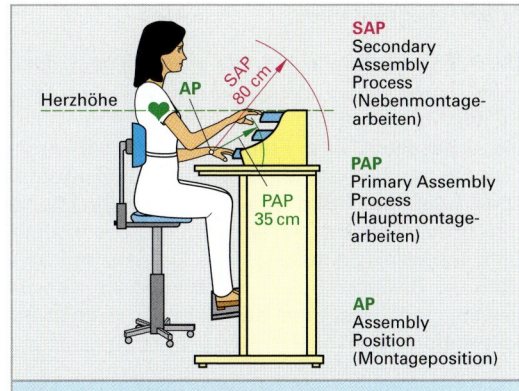

Bild 1: Der Montagearbeitsplatz

Es ist zu beachten:
- Alle *Greifwege* sind so kurz wie möglich zu halten (**Bild 1**).

  Dies ist insbesondere in Richtung des Arbeitsablaufes zu verwirklichen und je nach Arbeitsaufgabe
  - von links nach rechts arbeiten oder besser
  - von außen nach innen (Beidhandarbeit).

- Alle Behälter sind im *optimalen Greifraum* zu platzieren (**Bild 1**).

  Die am häufigsten zu greifenden Behälter platziert man zentral vor den Montageort ebenso die Werkzeuge und Stellteile.
  Die Hauptmontagearbeiten PAP (Primary Assembly Process) sollten unterhalb der Herzhöhe liegen.

- Alle Möglichkeiten der *Beidhandarbeit* sind auszuschöpfen (**Bild 2**).
  - Man bevorratet die zwei zu montierenden Teile links und rechts im gleichen Winkel und arbeitet von außen nach innen.
  - Die häufigsten Teile sollten mittig sortiert sein.
  - Kleinstteile. z. B. Scheiben, Muttern, Ringe und Hilfsstoffe. z. B. Fett, Kleber, Pasten können auch zentral mittig vor dem Montageort platziert werden.

- Die Platzierung von großen Teilebehältern und schweren Teilen muss besonders untersucht werden.
  - Große Behälter sollten immer links oder rechts vom Haupt-Blickfeld positioniert werden. Die Mitarbeiter dürfen nicht „eingebaut" werden. Es sind evtl. zwei Behälter einzuplanen.
  - Schwere Teile sollten möglichst nicht angehoben werden, sondern auf dem Arbeitsplatz *geschoben* werden (**Bild 3**).
  - Es sind gegebenenfalls größere Teilebehälter in einem *Paternoster* zu speichern (**Bild 4**).

Alle Beschäftigte sollten zwischen einem Sitzarbeitsplatz und einem Steharbeitsplatz wechseln können.

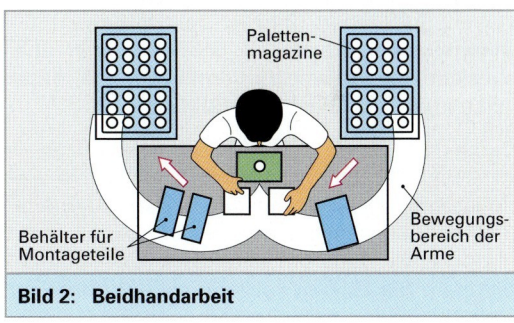

Bild 2: Beidhandarbeit

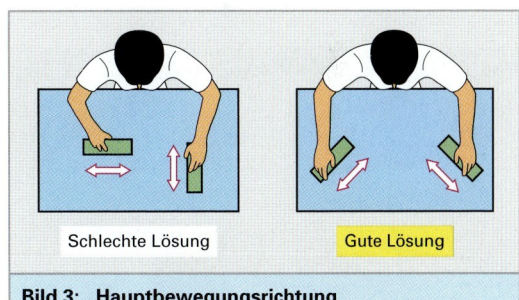

Bild 3: Hauptbewegungsrichtung

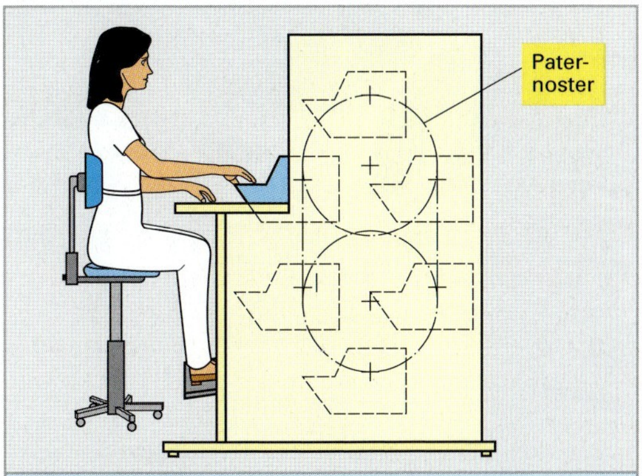

Bild 4: Paternoster-Behältersystem

Arbeitsplatzgestaltung

Der Arbeitsplatz sollte stets so gestaltet sein, dass er in hinreichender Weise der individuellen Größe des Menschen angepasst werden kann. Dabei ist zu beachten, dass Frauen durchschnittlich etwas kleiner sind als Männer und z. B. Fußbänkchen benötigen (**Bild 1**) und dementsprechend die Arbeitsflächen, Sitzhöhen und Greifräume unterschiedlich dimensioniert werden müssen (**Bild 2**). Balancer halten Werkzeuge im Gleichgewicht, so dass man nur geringe Haltekräfte aufbringen muss.

Die Körperhaltung soll bei der Arbeit gewechselt werden können durch verschiedene Sitzpositionen oder durch ein Wechseln zwischen sitzen, stehen und gehen (**Bild 3**). Das verbessert die Durchblutung. Arbeiten in gebückter oder überstreckter Haltung sind zu vermeiden, z. B. durch verstellbare Montageträger (**Bild 4**).

Durch das dynamische Sitzen, d. h. Sitzen in unterschiedlichen Sitzhaltungen wird eine Verringerung der Belastung der Rückenmuskulatur und des Stützapparates erreicht. Damit steigt die Arbeitsleistung der Mitarbeiter und Mitarbeiterinnen. Sie können konzentriert und motiviert, ohne Verspannungen durcharbeiten.

> Die Körperhaltung soll sich bei der Arbeit abwechseln zwischen sitzen, stehen und gehen.

Bild 1: Zündkerzenmontage, um 1920

Bild 2: Ergonomisch gestalteter Montagearbeitsplatz

Bild 4: PKW-Montage

Bild 3: Sitz-Stehkonzept

4.3 Montagetechnik

Die Abmessung des Wirk- oder Greifraumes ist durch die Länge und Beweglichkeit des Arms gegeben; aber nicht alle Zonen im Raum lassen einen harmonischen Bewegungsfluss zu. Günstige oder weniger günstige Gelenkstellungen schränken den Bewegungsraum ein **(Bild 1)**.

Bei der Gestaltung des Arbeitsplatzes sollen alle Stellteile, Werkzeuge und Werkstücke innerhalb des maximalen Greifraumes angeordnet sein. Ist dies nicht möglich, sollten die selten benötigten Teile oder Stellteile so angeordnet sein, dass sie durch eine einfache Rumpfbewegung erreichbar sind. Bei stehender Arbeitsweise wird der Wirkraum deutlich erweitert **(Bild 2)**.

Greifräume, somit die **Reichweiten** von Händen, Armen und Beinen müssen sicherheitstechnisch überprüft werden. Die Vorschriften über **Sicherheitsabstände** sind nach **DIN EN 294** sehr streng und ausführlichst geregelt.

Die Abstände der Schutzeinrichtung (Gitter, Zaun) von der zu schützenden Konstruktion, z. B. Pressen, drehende Wellen, sind in Form von Tabellen vorgegeben. Dabei sind je nach Risikoabschätzung kleine oder kleinere Abstände anzuwenden. Es ist die Eintrittswahrscheinlichkeit und die voraussichtliche Schwere einer Verletzung zu berücksichtigen. Ein geringes Risiko besteht z. B. bei einer Gefährdung durch Reibung oder Abrieb, ein hohes Risiko z. B. bei einer Gefährdung durch Aufwickeln.

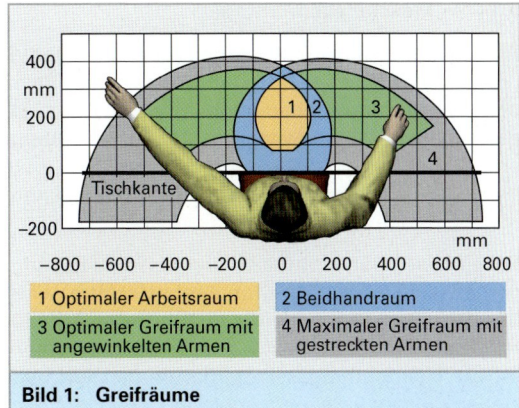

Bild 1: Greifräume

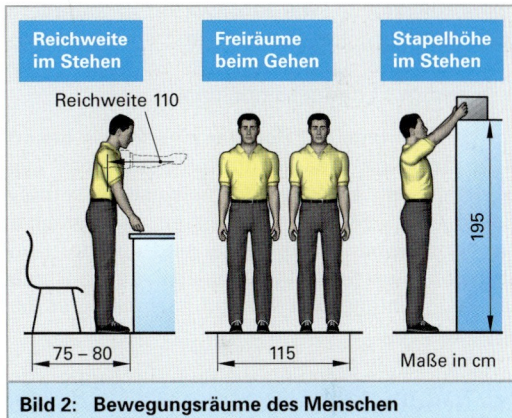

Bild 2: Bewegungsräume des Menschen

Grundsätze:

- Die Arbeitsposition der Hände sollte nicht über der Herzhöhe liegen.
- Statische Haltearbeit, d. h. dauernde Haltearbeit, sollte unbedingt vermieden werden.
- Überkopfarbeit sollte nur selten und nur für kurze Zeit erforderlich sein.
- Körperlich schwere Arbeit sollte durch Arbeitshilfen, z. B. Hebehilfen, Kran, vermieden werden.
- Die Arbeit sollte abwechslungsreich und nicht monoton sein.
- Der Arbeitsgegenstand sollte im richtigen Blickwinkel und in der richtigen Sehentfernung liegen.
- Die Beleuchtung muss stimmen **(Tabelle 1)**.

Tabelle 1: Beleuchtungsstärken

lx[1]	Art der Arbeit	typische Berufe
250	Arbeiten mit leichten Sehaufgaben, einfache Montagearbeiten	Bäcker Fleischer Buchbinder
500	Laboratorien, Montagearbeiten, Bildschirmarbeitsplätze	Tischler Modellschreiner
750	Kontrollarbeiten mit Farbprüfung, Feinmontage	Metallwerker
1000	Zeichenräume, feinmechanische Arbeiten	Arbeitsplaner Konstrukteur
1500	Montage feinster elektronischer Bauteile, sehr feine Arbeiten der Feinmechanik und Optik	Elektroniker Optiker Mechatroniker
2000	feinste Arbeiten	Uhrmacher Goldschmied

[1] Lux, Maßeinheit lx (lat. lux = Licht) = Lichtstrom in lm/Fläche in m²

4.3.4.2 Maschinelle Montage

Zur automatisierten Montage von Aggregaten und Geräten ist eine Anordnung zu treffen, dass der Teilezusammenbau vorzugsweise nur in senkrechter oder in waagerechter Fügerichtung erfolgt. Lediglich Hilfsbewegungen, wie z. B. das Verriegeln über einen Bajonettverschluss, kann auch in anderen Richtungen geschehen.

Bei einer solchen Montage bietet sich eine Lösung gemäß **Bild 1** an. Die Montagebasisplatte wird über ein Transportsystem zugeführt. Die Aufbauteile werden in *Vibrationsbunkern* oder *Magazinen* um ein Handhabungssystem herum platziert und stehen diesem *vereinzelt, geordnet* und *lagerichtig positioniert* zur Handhabung zur Verfügung. Einfache Kleinstteile, wie Blechwinkel, Drahtfedern u. ä. werden gegebenenfalls erst an der Montagestation vom Band hergestellt. So entfällt eine aufwändige Ordnungseinrichtung.

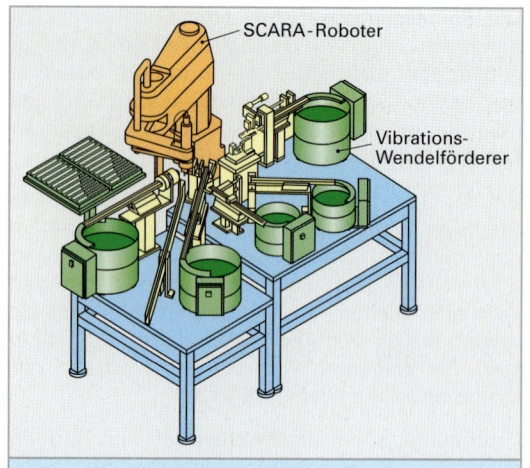

Bild 1: Flexible Montagestation

Bei der **Montage mit Roboter** eignen sich besonders 4-achsige Waagrechtarmroboter vom Typ SCARA (von Selective Compliance Assembly Robot Arm = Montageroboter mit ausgewählter Nachgiebigkeit). Diese Geräte sind von der Konstruktion her sehr steif und genau in der senkrechten Fügerichtung und sie sind nachgiebig in der Querrichtung.

In senkrechter Richtung werden alle Kräfte von den Gelenkscharnieren aufgenommen, während quer dazu die motorischen Antriebe die Kräfte bereitstellen und somit auch steuerbar sind. Dies hat den Vorteil, dass bei Fügeoperationen ein Verklemmen vermieden wird.

Nachteilig bei einer Montagestation mit Roboter ist, dass nur an einer Stelle, nämlich da wo die Roboterhand sich gerade befindet, gearbeitet wird.

Rundtaktmontagemaschinen drehen mit jedem Takt das Montageteil um eine Station weiter. Jede Montagestation „arbeitet" bei jedem Takt **(Bild 2)**. Entsprechend den Montagearbeiten werden die Montagewerkzeuge an den Ständer des Rundtaktdrehtellers angeflanscht.

Es sind Rundtaktmontagemaschinen mit 8, 12, 16 und 24 Stationen üblich. Das Layout richtet sich nach der Aufgabe und den Platzverhältnissen. Als Speicher verwendet man hierbei oft Vibratonstricherspeicher **(Bild 3)**.

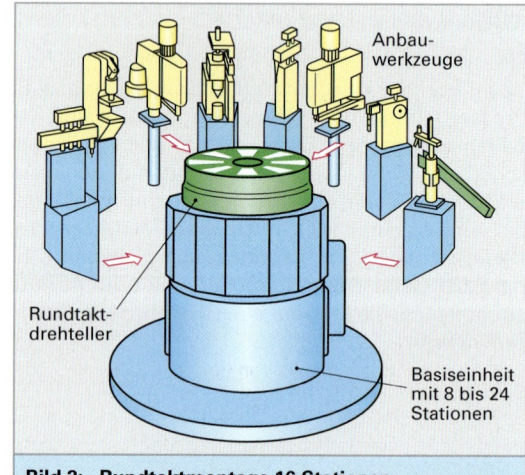

Bild 2: Rundtaktmontage 16 Stationen

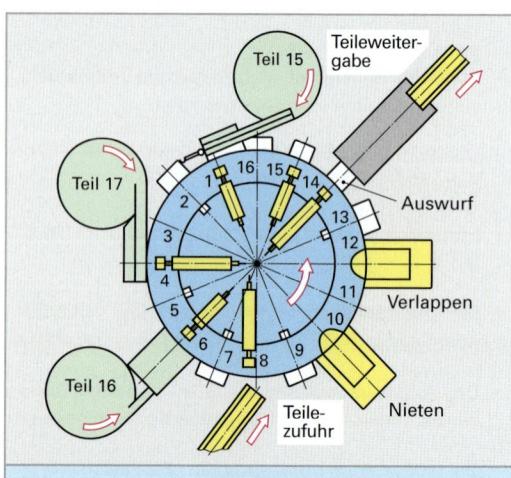

Bild 3: Layout einer Rundtaktmontage

> Fügeoperationen sollten möglichst von oben nach unten erfolgen oder in waagerechter Richtung.

4.3.5 Montageplanung

Topologie

Die Montagestationen und Montagearbeitsplätze werden so zusammengestellt, dass in Fließrichtung zur Montagebasisplatte der Montagefortschritt erfolgt. Die Anordnung (Topologie[1]) der Montagestationen ist dann eine *Linie*, ein *Ring*, ein *Karree* oder ein Mix aus diesen Anordnungen. Teile, die bei der Qualitätsprüfung, z. B. bei der Funktionsprüfung, auffallen, werden ausgeschleust, kommen gegebenenfalls in eine (Teil-) Demontagelinie und werden nochmals in den Montageprozess eingereiht. Hierfür sind in den Transportlinien Weichen einzuplanen.

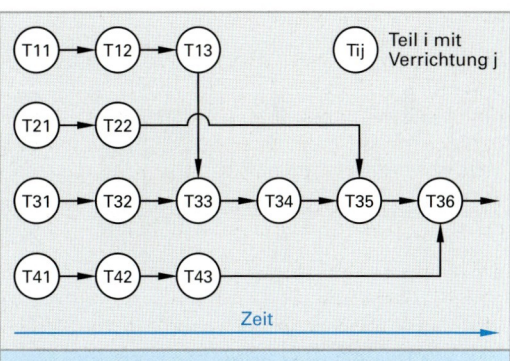

Bild 1: Vorganggraph für den Montageablauf

Montageablauf

Der Montageablauf wird in *Teilverrichtungen* gegliedert und diese werden nach ihrer zeitlichen Reihenfolge nummeriert (**Bild 1**). Es steht Tij für die „j-te" Teilverrichtung des Montageteils „Ti".

Beispiel: T34, bedeutet, dass das Montageteil T3 (Schraube) in der Montageoperation j = 4 verschraubt wird. So ergeben sich für die Anordnung sogenannte „Vorranggraphen" (**Bild 1**).

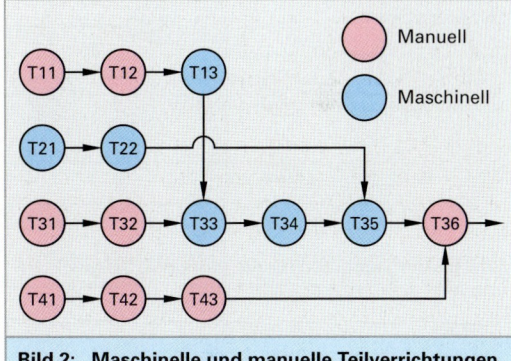

Bild 2: Maschinelle und manuelle Teilverrichtungen

---

[1] Topologie = Lehre von der Lage im Raum, griech. topos = Ort, ...logie = Nachsilbe mit der Bedeutung „Lehre"

Bei der Erstellung der Vorranggraphen geht man folgendermaßen vor:

- Man schreibt/skizziert die Teilverrichtungen auf Kärtchen und schätzt/ermittelt die Montagezeit.

- Die Kärtchen werden unter Berücksichtigung der vorhergehenden und der nachfolgenden Teilverrichtung an eine Steckwand geheftet. Es entstehen Zeilen mit der zeitlichen Reihenfolge der Teilverrichtungen.

- Jede Teilverrichtung wird so angeheftet wie sie zum frühesten Zeitpunkt erledigt werden kann. Man erhält die Grobstruktur des Vorranggraphen.

- Es werden nun in den Vorranggraphen die Verbindungslinien eingezeichnet (**Bild 2**).

- Die Kärtchen und Verbindungslinien werden jetzt so variiert, dass Blöcke entstehen, die zusammengehörend automatisierbar sind und solche die lohnintensiv (und nicht automatisierbar) sind (**Bild 1, folgende Seite**).

- Die nichtautomatisierbaren Teilverrichtungen sollten nicht vereinzelt in bzw. zwischen automatisierbaren Teilverrichtungen liegen, damit keine enge Taktbindung entsteht. Für die Handmontagen sind Entkopplungen vom Montagetakt durch Pufferspeicher vorzusehen.

- Die Handmontageplätze sind so anzuordnen, dass die Mitarbeiter/innen nicht isoliert sind, dass sie also im Blickkontakt stehen und miteinander kommunizieren können.

- Die manuellen Arbeitsplätze sind so zu gestalten, dass diese als Sitz-/Steharbeitsplätze eingerichtet werden.

- Die Teilverrichtungen an manuellen Arbeitsplätzen sind möglichst mit überlappenden Tätigkeiten zum Vorgängerarbeitsplatz und zum Nachfolgearbeitsplatz auszustatten. Damit ist es möglich, dass bei Problemen im Arbeitstempo der Vorgänger oder der Nachfolger Teilaufgaben mit übernehmen kann.

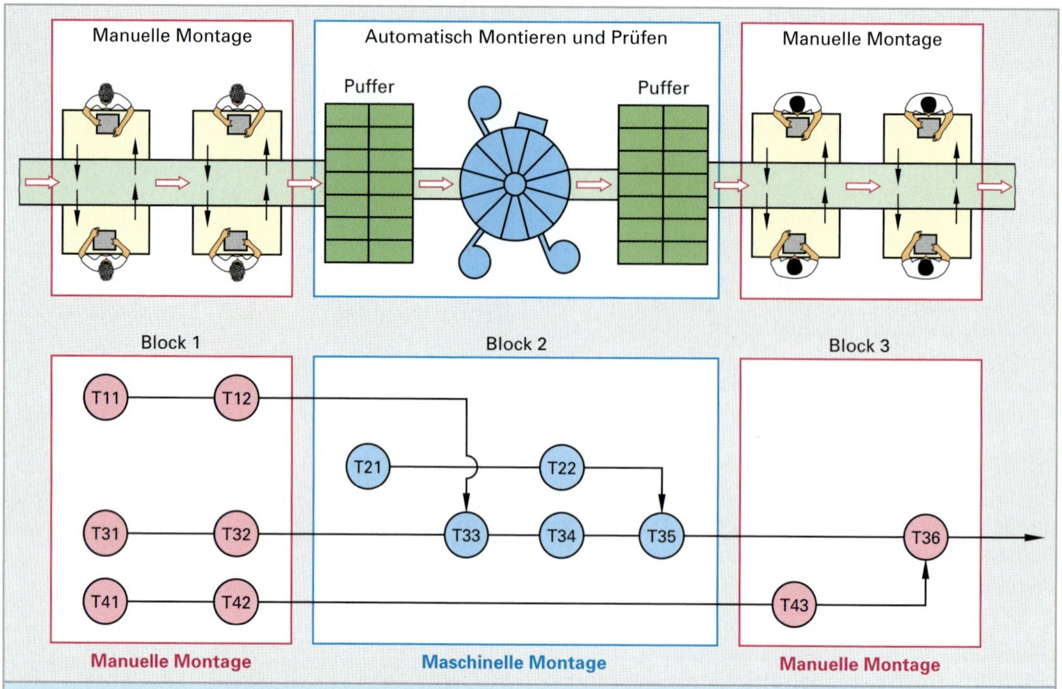

Bild 1: Vorganggraph für die Montage (Beispiel)

Zur betriebssicheren Montage werden die Montagestationen und Montagearbeitsplätze mit „sich ersetzender Funktionalität" mehrfach ausgebildet.

Man erreicht eine hohe Montageflexibilität, wenn diese „sich ersetzenden" Montageplätze durch *flexible* Transportsysteme (fast) beliebig verkettet werden können. So kann bei einfachen Operationen durch „Parallelschalten" die Ausbringung erhöht und durch „Reihenschalten" die Montagekomplexität vergrößert werden (**Bild 2**).

Wiederholung und Vertiefung

1. Nennen Sie die wichtigsten Fördersysteme.
2. Welche Fügeverfahren eignen sich sowohl für die Montage als auch für die Demontage?
3. Beschreiben Sie den Vorgang und das Ergebnis des Clinchens!
4. Wie dürfen Klebeverbindungen nur beansprucht werden?
5. Was ist bei der Planung eines manuellen Montagearbeitsplatzes zu beachten?
6. Wodurch zeichnet sich eine Robotermontagestation und eine Montage-Rundtaktmaschine aus?
7. Wie erfolgt die Montageplanung?
8. Wieso benötigt man bei Handmontageplätzen Pufferspeicher?

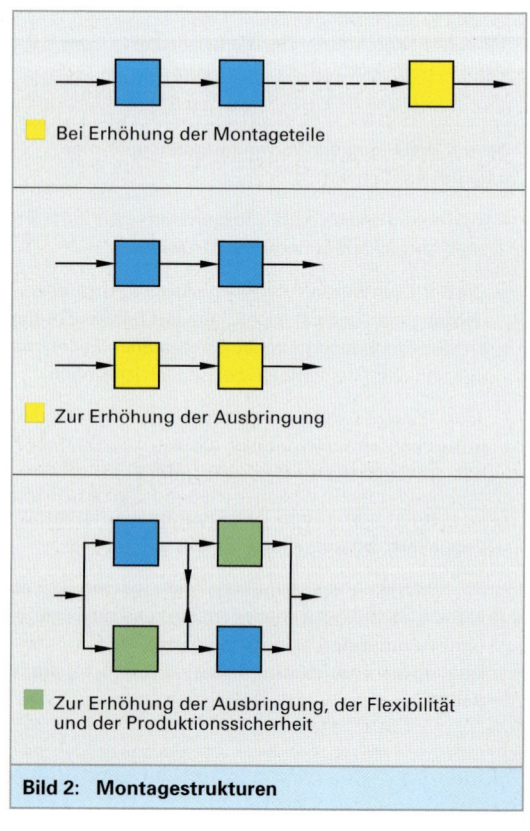

Bild 2: Montagestrukturen

5 Roboter im Fertigungsprozess

5.1 Einführung zur Robotertechnik

Den Begriff „Roboter" prägte der tschechische Schriftsteller *Karel Capek*. Das war im Jahre 1921. Capek beschrieb für das Theaterstück R.U.R. (Rossums Universal Robots) als Vision einer Zukunftsgesellschaft *menschenähnliche Maschinen*, die er *Roboter* und *Roboterinnen* nannte (tschech. robota = Schwerarbeit leisten). Sie haben die Aufgabe, Fronarbeit, also schwere Arbeit, zu leisten.

Aus der Anschauung der Produktionsverhältnisse jener Zeit entstand die Vision der Robotergesellschaft. Die 20er Jahre stehen für eine Zeit mit breit einsetzender Massenproduktion. *Arbeitsteilige* Fertigung wird bis heute in konsequenter Weise betrieben. Arbeitsinhalte reduzieren sich häufig auf flinke *monotone Handlungen*, welche an den Takt der Maschine oder an das Fließband gebunden sind.

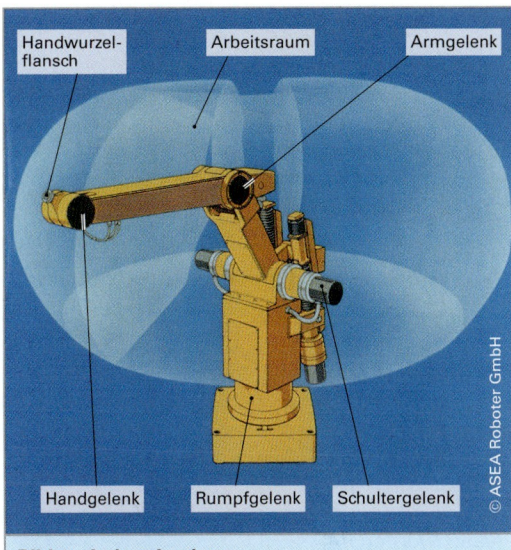

Bild 1: Industrieroboter

Kennzeichen dieser „Fließbandgesellschaft" sind die Arbeitsbelastungen durch:
- Monotonie in der Arbeit.
- Stress, Lärm, Staub, Hitze,
- physische, schwere der Arbeit.

Roboter sind geeignet solche Arbeiten zu verrichten.

Roboter sind überwiegend als Gelenkroboter mit „Schultergelenk", „Armgelenk" und „Handgelenk" aufgebaut **(Bild 1)**. Der Arbeitsraum entspricht bei Geräten mittlerer Größe etwa dem eines stehenden Werkers. Das Handhabungsgewicht liegt meist bei etwa 300 N. Es gibt aber auch Roboter für mehr als 5000 N. Die Arbeitsgeschwindigkeiten sind meist deutlich höher als bei manueller Arbeit und betragen etwa 1 m/s.

Damit das Zusammenspiel der einzelnen Gelenkbewegungen zu einer zielgerichteten, z. B. *geradlinigen*, Roboterhandbewegung führt, sind sehr schnell rechnende Mehrprozessorsteuerungen notwendig, wobei mehrere Millionen Rechenschritte pro Sekunde auszuführen sind **(Bild 2)**.

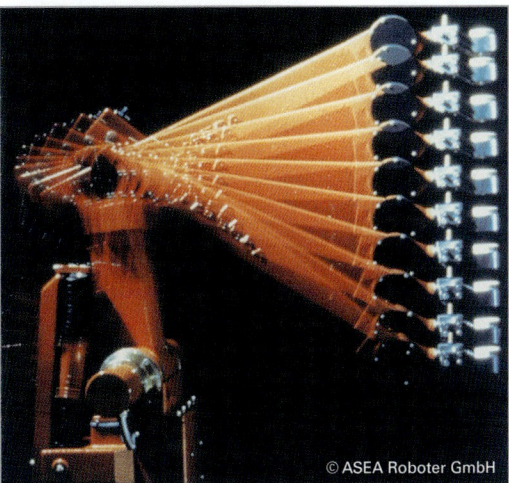

Bild 2: Zusammenspiel mehrerer Bewegungsachsen zum Erzeugen einer geraden Linie

Roboter verwendet man zu Handhabungsaufgaben, wie z. B. zur Entnahme von Werkstücken aus einer Druckgießmaschine oder zum Einlegen von Teilen bei der Montage und zu Bearbeitungsaufgaben, wie z. B. zum Entgraten und Lackieren **(Bild 3)**. Die prozentuale Verteilung hat sich in den letzten Jahren zugunsten der Montagetechnik verändert. Der Bereich der Werkstückbearbeitung ist jetzt stark zunehmend.

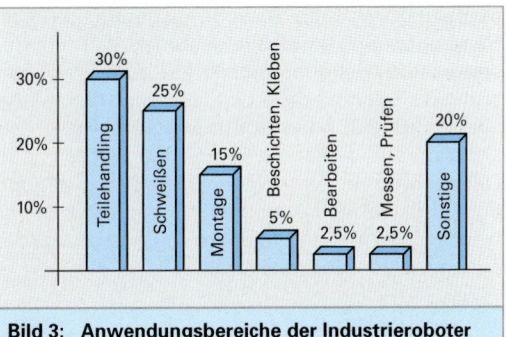

Bild 3: Anwendungsbereiche der Industrieroboter

5.2 Einteilung

Handhabungsgeräte sehen sich äußerlich häufig sehr ähnlich, unterscheiden sich aber bezüglich der Steuerung, der Programmierung und Anwendung. Man unterscheidet zwischen den **Manipulatoren**[1], den **Pick-and-Place-Geräten**[2] und den eigentlichen **Industrierobotern (Bild 1)**.

> **Roboter** sind universell einsetzbare Bewegungsautomaten mit mehreren Achsen.

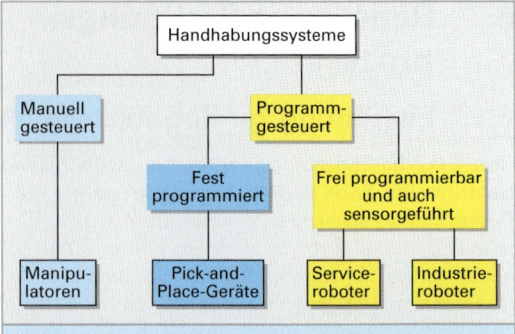

Bild 1: Einteilung der Handhabungssysteme

Die Bewegungen sind hinsichtlich der Bewegungsfolge und der Bewegungsbahnen **frei programmierbar**. Ein mechanischer Eingriff, z. B. ein Verstellen von Grenzschaltern ist nicht notwendig. Darüber hinaus können die Bewegungsbahnen und die Bewegungsfolgen über Sensoren gesteuert werden.

> **Serviceroboter** sind z. B. selbstfahrende Automaten für Transportaufgaben oder auch Roboter für den Kantinenservice **(Bild 2)**.

Beispiele sind fahrerlose Transportfahrzeuge (FTS) für den innerbetrieblichen Transport von Werkstücken. Die FTS dienen der flexiblen Verkettung von Werkzeugmaschinen und Montagearbeitsplätzen.

> **Festprogrammierte Handhabungsautomaten** verwendet man für immer gleich bleibende Bewegungsvorgänge, z. B. zum Beschicken einer Presse oder zur Montage von Serienfabrikaten.

Diese Geräte sind meist mit pneumatisch betriebenen Hub- und Drehzylindern ausgerüstet. Geräte dieser Art bezeichnet man auch als Pick-and-Place-Geräte, da sie zum Aufnehmen und Ablegen von Werkstücken in gleichbleibender Reihenfolge Verwendung finden.

Bild 2: Serviceroboter in der Kantine

Manipulatoren sind Bewegungsgeräte, die von **Hand unter Sichtkontrolle gesteuert** werden. Beispiele sind Handhabungsgeräte zum Bewegen schwerer Schmiedewerkstücke an Schmiedepressen **(Bild 3)** oder großer Meißel bei Abbrucharbeiten. Bei *fernbedienten* Manipulatoren, den **Teleoperatoren**, wird der Bewegungsvorgang über Bildschirme kontrolliert. Teleoperatoren verwendet man z. B. in radioaktiven Räumen bei der Zerlegung von Kernreaktoren.

---

[1] lat. manus = die Hand
[2] engl. to pick = aufnehmen; engl. to place = ablegen

Bild 3: Manipulator für Schmiedearbeiten

5.3 Kinematischer Aufbau

Art, Anordnung und Zahl der Bewegungseinheiten (Achsen) bestimmen bei einem Roboter die äußere Gestalt, den Arbeitsraum, die Verwendbarkeit und den steuerungstechnischen Aufwand. Die Bewegungseinheiten sind *Drehgelenke* (rotatorische Achsen, *R-Achsen*) oder *geradlinige Führungen* (translatorische Achsen, *T-Achsen*).

Um verschiedene *Punkte im Raum* erreichen zu können, sind *drei Achsen* erforderlich. Diese Achsen nennt man **Hauptachsen**. Sie bilden den **Roboterarm**. Zur Einstellung eines Greifers oder Werkzeugs in beliebiger räumlicher Richtung (Orientierung) sind *weitere drei Achsen* erforderlich (**Bild 1**). Diese nennt man **Handachsen**. Handachsen sind stets rotatorische Achsen.

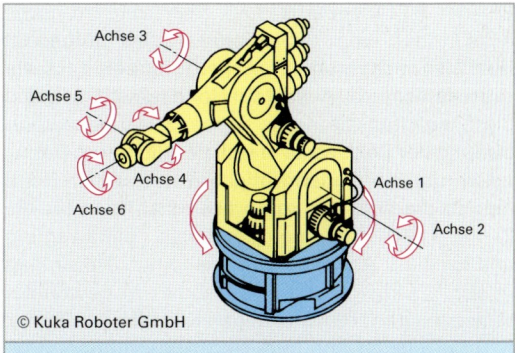

Bild 1: Die 6 Achsen eines Roboters zur Einstellung der Position und zur Orientierung

> Zur Einstellung des Roboters auf eine Position im Roboterarbeitsraum sind insgesamt 6 Achsen, entsprechend den 6 Freiheitsgraden der Bewegung eines Körpers im Raum, erforderlich.

Man unterscheidet 3 Freiheitsgrade für die Position, z. B. mit den Koordinaten X, Y, Z, und 3 Freiheitsgrade für die Orientierung mit den Drehachsen D für die **Rollbewegung**, E für die **Nickbewegung** und P für die **Gierbewegung (Bild 2)**.

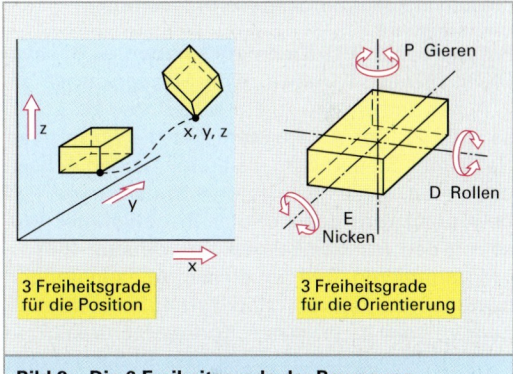

Bild 2: Die 6 Freiheitsgrade der Bewegung

> Die Roboter werden nach ihrer **Kinematik**[1], d. h. nach der Art ihrer Bewegungen, unterteilt.

Bei der **TTT-Kinematik** folgen, beginnend bei der Roboteraufstellfläche, *drei translatorische* Hauptachsen aufeinander (**Bild 3**). Diese Art von Robotern verwendet man z. B. als **Portalgeräte** zum Beladen und Entladen von Paletten und zur Montage. Ihr Arbeitsraum ist quaderförmig; die Kantenlängen entsprechen den Längen der X-, Y- und Z-Achse. Für geradlinige Bewegungen im Arbeitsraum müssen die einzelnen Achsen mit unterschiedlichen, aber konstanten Achsengeschwindigkeiten verfahren werden. Die Steuerung ist der einer NC-Fräsmaschine ähnlich. Steuert man im Handbetrieb die Achsen einzeln an, ergeben sich geradlinige Teilbewegungen in einem **kartesischen Koordinatensystem**.

> Portalroboter ermöglichen sehr große Arbeitsräume.

---

[1] griech. kinema = das Bewegte, Kinematik = Beweglichkeitslehre, Bewegungsart

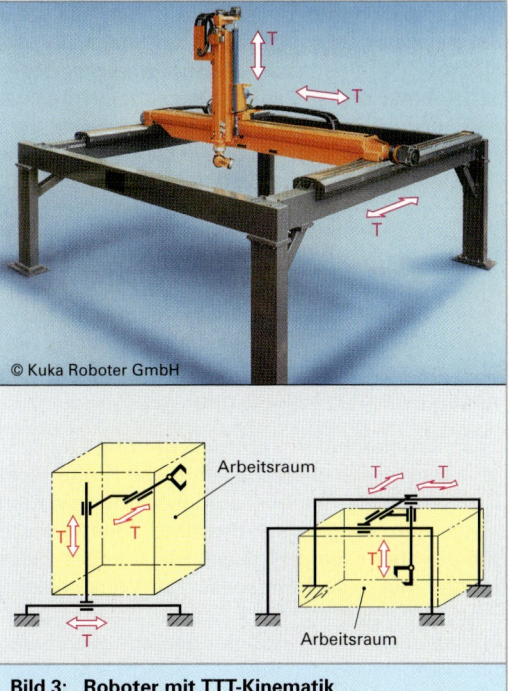

Bild 3: Roboter mit TTT-Kinematik

Bei der **RTT-Kinematik** sind *zwei translatorische Achsen* auf *eine rotatorische Achse* aufgesetzt **(Bild 1)**. Ein Drehturm (1. Achse) trägt eine translatorische Achse (2. Achse) zur Höheneinstellung und diese eine translatorische Achse (3. Achse) zur Einstellung der Reichweite in radialer Richtung. Der Arbeitsraum ist zylinderförmig. Steuert man im Handbetrieb die Achsen einzeln an, erhält man für die 2. und 3. Achse je eine geradlinige Teilbewegung und für die 1. Achse einen Kreisbogen. Dieser liegt in der X/Y-Ebene. Um den Roboter in gewohnter Weise mit den rechtwinkeligen Koordinaten X, Y, Z programmieren und in diesen Achsrichtungen bewegen zu können, sind in der Robotersteuerung fortlaufend Umrechnungen von kartesischen Koordinaten in **Polarkoordinaten** vorzunehmen.

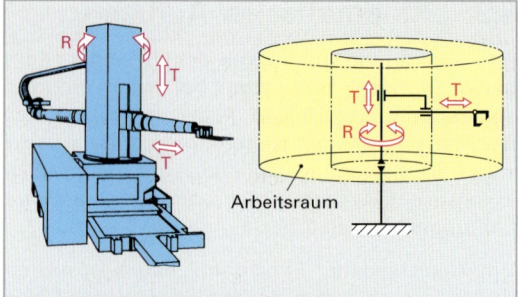

Bild 1: Roboter mit RTT-Kinematik

Roboter mit **RRT-Kinematik** haben z. B. *eine Drehachse* als 1. Achse, *eine Schwenkachse* als 2. Achse und *eine translatorische Achse* als 3. Achse **(Bild 2)**. Der Arbeitsraum hat die Form einer Halbkugel. Steuert man die ersten beiden Achsen einzeln an, erhält man je eine kreisförmige Teilbewegung. Um den Roboter in gewohnter Weise mit den rechtwinkeligen Koordinaten X, Y, Z programmieren und in diesen Achsrichtungen bewegen zu können, sind fortlaufend Umrechnungen vom kartesischen Koordinatensystem in ein **Kugelkoordinatensystem**, das Roboterkoordinatensystem, vorzunehmen.

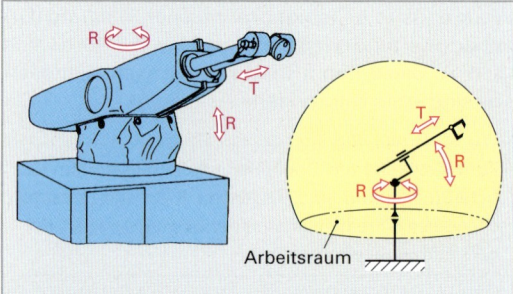

Bild 2: Roboter mit RRT-Kinematik

Auch der Roboter in der Bauform nach **Bild 3** hat als translatorische Achse keine Linearführung, sondern Gelenke nach einem Parallelogramm. Der Roboter dieser Bauform erreicht große Auskraglängen mit dünnem Arm und ist besonders für das Punktschweißen von Karosserien mit Hilfe einer Schweißzange geeignet.

Eine häufige Achsenanordnung, insbesondere für Roboter zur Montage ist die **RRT-Kinematik mit waagrechtem Arm**. Aufbauend auf zwei rotatorischen Achsen für einen in waagrechter Richtung beweglichen Arm folgt eine translatorische Achse für eine senkrechte Hubbewegung **(Bild 4)**. Der Arbeitsraum ist zylinderförmig.

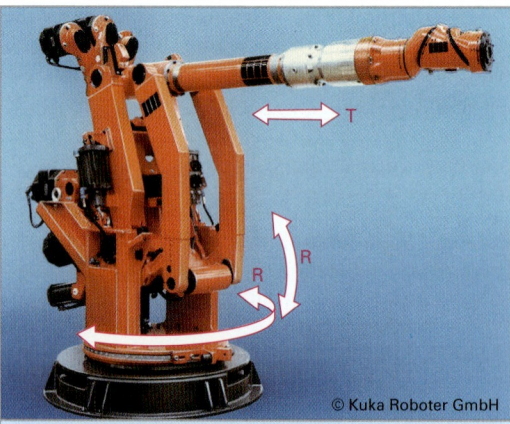

Bild 3: Beispiel für einen Roboter in RRT-Kinematik mit Parallelogrammgelenk

Diese Roboterbauform ermöglicht hohe Fügekräfte in senkrechter Richtung, da diese Kräfte nicht über die Gelenkantriebe aufgenommen werden müssen. In waagrechter Richtung können diese Roboter aber nachgiebig sein. Meist haben diese Roboter nur eine Handachse zur Werkstückdrehung, also insgesamt nur 4 Achsen. Diese Roboter werden auch SCARA-Roboter genannt (von Selective Compliance Assembly Robot Arm = Montageroboterarm mit ausgewählter Nachgiebigkeit).

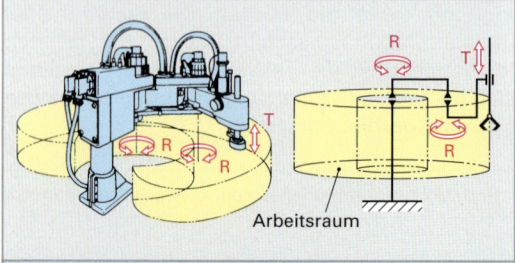

Bild 4: Roboter mit RRT-Kinematik und waagrechtem Arm (SCARA)

5.3 Der kinematische Aufbau

Bei der **RRR-Kinematik** werden alle Bewegungen über Drehgelenke ausgeführt. Man spricht hier auch von **Gelenkrobotern (Bild 1)**. Gelenkroboter haben bezüglich ihres Arbeitsraums den geringsten Platzbedarf und brauchen für schnelle Bewegungen die kleinsten Beschleunigungskräfte. Sie sind bei gleichen Beschleunigungsmassen bzw. Trägheitskräften steifer und robuster als Roboter anderer Kinematik.

Diese Roboter gibt es in sehr unterschiedlichen Größen mit Handhabungsmassen von 1 kg bis über 500 kg. Die Antriebe für die Handachsen befinden sich am „Ellenbogengelenk". Die Kraftübertragung zu den Handgelenken erfolgt meist über Gelenkwellen und Zahnriemen.

> Die Mehrzahl der Roboter haben einen Aufbau entsprechend der RRR-Kinematik.

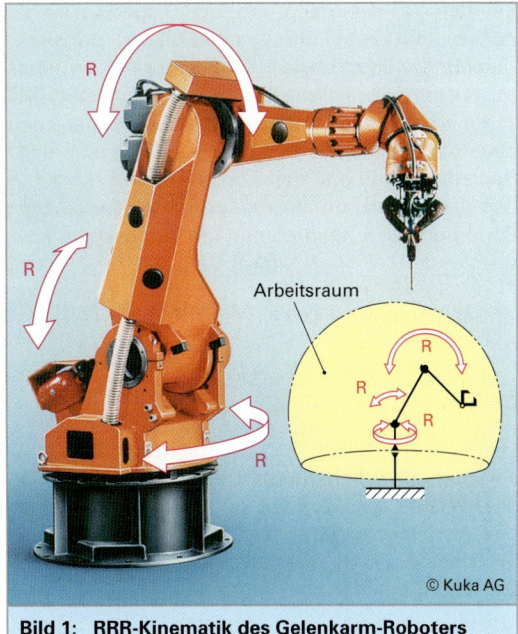

Bild 1: RRR-Kinematik des Gelenkarm-Roboters

Parallelkinematiken

Bei einer Parallelkinematik wird das Werkzeug bzw. der Endeffektor des Roboters durch Achsen bewegt, welche *parallel* zueinander auf den Endeffektor einwirken und sich dabei einerseits an diesem und andererseits am Boden bzw. einer ortsfesten Wandung abstützen. Z. B. erreicht man mit den drei „Beinen" eines Fotostativs sowohl unterschiedliche Höhen als auch seitliche Verschiebungen der Fotoplattform, wenn man diese in ihrer Länge verstellt (siehe auch Kapitel 2.6.18).

Als Vorteile für Parallelkinematiken gelten:

- geringe zu bewegende Massen,
- hohe Beschleunigungen,
- Belastung der Bauteile nur auf Zug und Druck,
- hohe Steifigkeit.

Neben der reinen Parallelkinematik, z. B. beim Hexapod gibt es auch Mischformen mit paralleler Kinematik und serieller Kinematik, z. B. beim Tripod.

Beim **Hexapod** (griech. Hexapode = Sechsfüßler) werden 6 Stäbe in der Länge verändert **(Bild 2)**. Die notwendige Rechenleistung zur richtigen Steuerung der 6 Stäbe ist bei dieser Kinematik sehr erheblich.

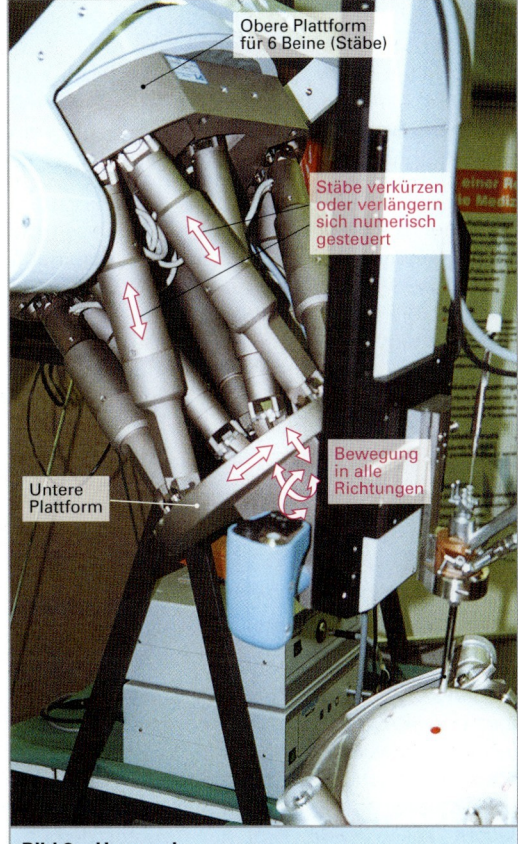

Bild 2: Hexapod

Einfacher in der Steuerung sind **Tripods** (Dreibeiner) mit mittlerem Führungsstab **(Bild 1)**. Bei dieser Kinematik hält sich die Endeffektorplattform stets in gleicher Ausrichtung wie der Führungsstab. Diese Kinematik ist sehr trägkeitsarm und daher hochdynamisch. Anwendungsgebiete sind vor allem die Bauteilmontage und das Sortieren von Teilen, z. B. das Auflesen einzelner Pralinen oder Kekse vom Band und das Einsortieren in die Verpackung.

> Hexapods und Tripods sind hochdynamische Handhabungsgeräte.

Achserweiterungen

Häufig werden den 6 Roboterachsen noch eine **7. Achse** zur *Arbeitsraumerweiterung* hinzugefügt, indem man den Roboter auf eine Schiene setzt oder an eine Schiene hängt **(Bild 2)**. So können Werkstücke, z. B. für den Modellbau mit über 30 m Länge hergestellt werden.

> Mit der 7. Achse kann der Roboterarbeitsraum stark erweitert werden.

Die Erweiterung mit einem **Dreh-Kipptisch**, also mit einer 7. Achse und **8. Achse (Bild 3)** ermöglicht eine besonders günstige Zuordnung vom Bearbeitungswerkstück zu dem vom Roboter bewegten Bearbeitungswerkzeug.

Bei einer solchen Achserweiterung müssen die Bewegungen der Zusatzachsen bei der Bahnerzeugung in der Steuerung mitberücksichtigt werden. Alle 7 oder 8 Achsen können gleichzeitig in Bewegung sein, z. B. in der Weise, dass beim Schweißen von räumlich gewundenen Werkstücken stets ein waagerecht liegendes Schmelzbad vorhanden zustande kommt.

> Mit einem Dreh-Kipptisch erreicht man beim Schweißen stets ein waagrechtes Schmelzbad.

Man kann damit das Werkstück dem Roboter stets von der günstigsten Richtung zur Bearbeitung präsentieren **(Bild 3)**.

Für die Teach-in-Programmierung kann man den Dreh-Kipptisch abschnittsweise in einzelne feste Positionen bringen, den Roboter mit seinen 6 Achsen üblich programmieren und sodann den Dreh-Kipptisch in kontinuierlicher Bewegung „laufen lassen" Jetzt folgt der Roboter dem bewegten Dreh-Kipptisch.

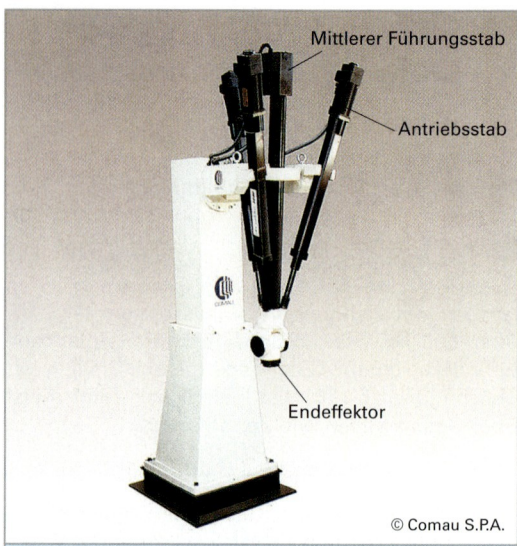

Bild 1: Tripod mit mittlerem Führungsstab

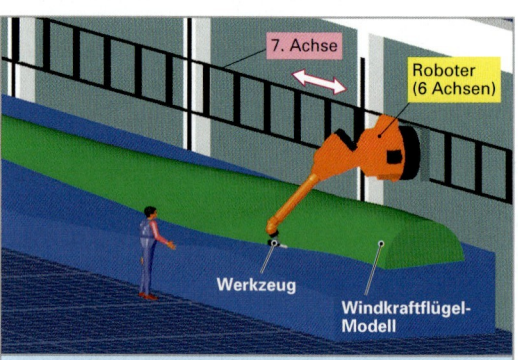

Bild 2: Roboter mit Arbeitsraumerweiterung durch eine 7. Achse

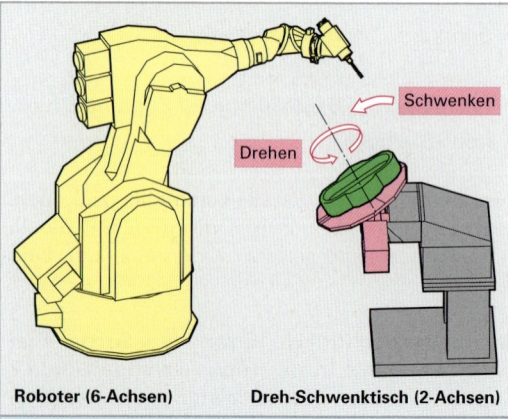

Bild 3: Roboter mit Dreh-Kipptisch

5.4 Roboterprogrammierung

Die Programmierung von Robotern ist im Vergleich zur Programmierung von NC-Maschinen wesentlich schwieriger, da neben Positionspunkten auch Werkzeugorientierungen bzw. Greiferorientierungen zu programmieren sind. Werkzeugorientierungen, z. B. die Orientierung eines Schweißbrenners beim Bahnschweißen gekrümmter Fahrwerksteile, können meist nicht aus Werkstückzeichnungen abgeleitet werden.

Bild 1: Play-Back-Programmierung

Übliche Programmierverfahren sind das Play-Back-Verfahren, das Teach-In-Verfahren und die Off-Line-Programmierung bzw. die grafisch-interaktive Programmierung.

Die Play-Back-Programmierung (Bild 1)

Bei einfachen Geräten, z. B. bei Robotern für Lackierungsaufgaben, wird die Bewegung direkt manuell vorgemacht, indem man die Roboterhand in der vorgesehenen Bahn und Orientierung von Hand führt. Die Steuerung speichert während der Führung etwa alle 20 ms die Positionswerte der einzelnen Roboterachsen. Im nachfolgenden Programmablauf wird die von Hand geführte Bahn wiederholt. Die bei der Programmierung gespeicherten Positionswerte dienen dabei als Sollwerte. Man spricht von der Play-Back-Programmierung (to play back = wiederabspielen). Diese Programmiertechnik ist weniger genau als die Teach-In-Programmierung, da der Roboterarm beim Programmieren durch die Handführung ganz anders belastet wird als beim automatischen Arbeitsablauf. Bei der Handführung wird z. B. der Arm durch die Handbewegung gezogen, während im automatischen Ablauf der Antrieb den Roboterarm vorschiebt. Ein weiterer Nachteil der Play-Back-Programmierung ist, dass sich der Programmierer gemeinsam mit dem Roboter im Roboterarbeitsraum bewegen muss. Diese Tätigkeit ist häufig aufgrund räumlicher Enge, z. B. beim Innenbeschichten von Karosserien, außerordentlich schwierig und belastend.

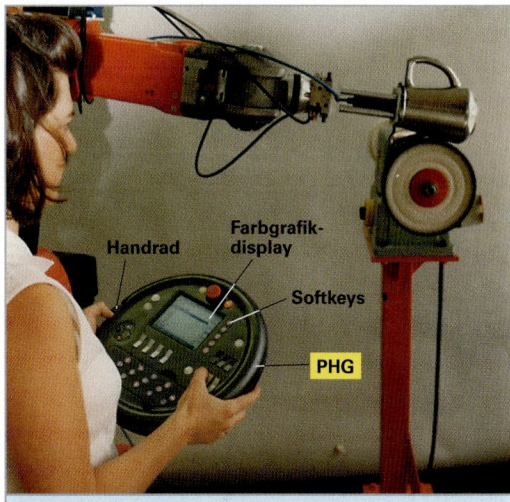

Bild 2: Teach-in-Programmierung

Die Teach-In-Programmierung (Bild 2)

Bei der Teach-In-Programmierung (to teach in = einlernen) wird der Roboter durch den Bediener mit Hilfe der Bedientasten oder mit einem Steuerknüppel des Programmierhandgeräts (PHG) zu den Handhabungspositionen oder Bearbeitungspunkten bewegt (**Bild 3**). Dabei wird auch die gewünschte Orientierung eingestellt. Sind die gewünschte Position und die Orientierung eingestellt, kann diese Position unter der Adressnummer eines Bewegungssatzes abgespeichert und die nächste Position und Orientierung eingestellt werden. Im Automatikbetrieb werden dann diese Positionen mit aufsteigender Satznummer abgefahren.

Bild 3: Programmierhandgerät mit Steuerknüppel zur Roboterbewegung

> Positionen und Orientierungen werden durch Handsteuern Punkt für Punkt eingelernt. Die übrigen Anweisungen werden am Roboter oder mit einem PC editiert.

Die Programmierung ist bei Robotern nicht so einheitlich wie bei NC-Maschinen. Neuere Roboter können meist wahlweise in einer PASCAL-ähnlichen Hochsprache oder in einer Anwendersprache mit *Makros* programmiert werden. Die Makros werden vom Roboterhersteller oder dem Systemlieferanten für den Anwender passend zusammengestellt.

Programmieren mit einer Hochsprache

Die Programmierung mit einer Hochsprache ist *strukturiert*, d. h. gegliedert in Hauptprogramme (HP) und Unterprogramme (UP) **(Bild 1)** und erfolgt bis auf die Eingabe der Positions- und Orientierungsdaten meist an einem PC, seltener direkt über das Roboterbedienfeld. So gegliederte Programme führen zu einem übersichtlichen Programm. Dieses ist abschnittsweise testbar bzw. ablauffähig.

Im **Hauptprogramm** werden alle allgemein gültigen Funktionen definiert, z. B. die maximale Geschwindigkeit, die maximale Beschleunigung, die Nullpunktkorrektur, das Koordinatensystem, die Startposition.

In den **Unterprogrammen** werden die einzelnen Arbeitsaufgaben mit all den vielen Positions- und Orientierungsdaten beschrieben. Die Ausgänge werden gesetzt und die Eingänge abgefragt.

Alle **Programme** sind streng gegliedert in einen **Vereinbarungsteil** und in einen **Anweisungsteil** (**Bild 2** und **Tabelle 1**). Im Vereinbarungsteil steht der Programmname und beim Hauptprogramm die Namen der globalen Unterprogramme sowie die vereinbarten Variablen. Im Anweisungsteil stehen die durchzuführenden Anweisungen. Die globalen Unterprogramme wirken während des gesamten Programmablaufs. Dagegen sind die lokalen Unterprogramme nur im betreffenden Arbeitsabschnitt aktiviert.

Beispiel: Im Satz 3 und 4 **(Tabelle 1)** werden externe Unterprogramme vereinbart und im Satz 5 eine Integervariable. Im Anweisungsteil, Satz 6 bis 16, werden über globale Unterprogramme Variable gesetzt. In Satz 12 fährt der Roboter in die Startposition. Mit den Anweisungen 13 bis 16 wird die Schweißbewegung gesteuert. Geschweißt wird im UP-Schweißen mit 4 Schweißpunkten, entsprechend der Datenliste.

Die Roboterprogrammierung erfolgt in einer Hochsprache oder in einer Anwendersprache mit *Makros*.

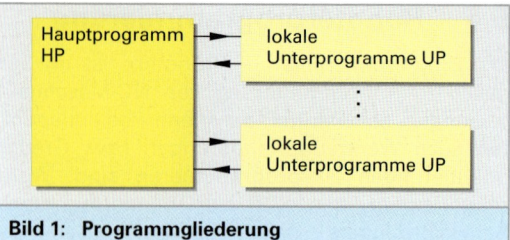

Bild 1: Programmgliederung

Vereinbarungsteil	Name Definition der Variablen
Anweisungsteil	Anweisung Anweisung ⋮

Bild 2: Programmstruktur

Tabelle 1: Programmbeispiel

```
1   DEF EUROPA BSP ()
2   ; Beispiel Schweißen
3   EXT GESALL (INT)         ; globales UP für Achsgeschw.
4   EXT BESALL (INT)         ; globales UP für Achsbeschl.
5   INT I
6   GESALL (50)              ; UP-Aufruf Geschw. 50 %
7   BESALL (50)              ; UP-Aufruf Beschl. 50 %
8   $ BASE = {X 0.0, Y 0.0, Z 0.0, A 0.0, B 0.0, C 0.0}
9   ; Nullpunktkorrektur
10  $ TOOL = {X0, Y0, Z100, A0, B0, C0}
11  ; Werkzeugkorrektur 100 mm in Z-Richt.
12  PTP START
13  FOR I = 1 TO 4
14      PTP PUNKT (I)
15      SCHWEISSEN ()
16  END FOR
17  PTP {X 100.0, Y 100.0, Z 100.0}; Home-Pkt
18
19  Lokales UP Schweißen
20  DEF SCHWEISSEN ()
21  $ OUT [13] = TRUE; Ausg. 13 setzen = Zange zu
22  WAIT FOR $ IN [31]; Eing. 31 = ? Zange zu?
23  $ OUT [14] = TRUE; Ausg. 14 setzen = Schweißen
24  WAIT FOR $ IN [41]; Eing. 41 =? Schweißen Ende
25  $ OUT [13] = FALSE; Ausg. 13 rücksetzen = Zange auf
26  END
```

```
1   DEF DATA EUROPA BSP
2   POS PUNKT [4]; Positionswerte von 4 Schweißpunkten
3   PUNKT [1] = {X220.0, Y230.0, Z200.0, A 10.1, B20.0, C30.0}
4   PUNKT [2] = {X230.0, Y240.0}
5   PUNKT [3] = {X240.0}
6   PUNKT [4] = {X250.0}
7   ENDDAT
```

```
1   DEF GESALL; globales UP Geschw.Achsen 1 bis 6
2   INT I
3   FOR I = 1  TO 6
4       $ VEL_AXIS [I] = 50 %
5   END FOR
6   END
```

```
1   DEF BESALL; globales UP Beschl. Achsen 1 bis 6
2   INT I
3   FOR I = 1 TO 6
4       $ACC_Axis [I] = 50
5   ENDFOR
6   END
```

5.4 Roboterprogrammierung

Programmieren mit Makros

Bei der Programmierung mit Makros werden über einen Befehlsnamen, z. B. SCHWEISSEN S1, die, für diesen Schweißtypus S1, vorgeplanten Parameter für Bahngeschwindigkeit, Pendelamplitude, Pendelfrequenz, Schweißstrom und Schweißnahtvorschub automatisch generiert. Es werden also sowohl Bewegungsanweisungen als auch Ein-/Ausgabeanweisungen für die Peripherie, nämlich die Schweißstromquelle, erzeugt.

Grafisch-interaktive Programmierung

Hierbei werden grafisch-interaktiv neben den Programmablaufanweisungen und den Bewegungsanweisungen auch die Positions- und Orientierungsdaten am Programmierarbeitsplatz erzeugt (**Bild 1**). Dieser Programmierarbeitsplatz ist ein sehr komfortabler CAD-Arbeitsplatz, welcher eine farbschattierte Simulation der Roboterzelle mit beweglichem Roboter ermöglicht. Die Roboteraufgabe wird vollständig am Bildschirm in Form einer **virtuellen Realität (VR)** durchgeführt und dabei wird das Roboterprogramm automatisch erstellt. Zur Bewegungssteuerung des „Bildschirmroboters" verwendet man entweder dieselben Befehle wie für den realen Roboter oder eine steuerungsneutrale Sprache, z. B. die Simulationssprache des Simulationssystems.

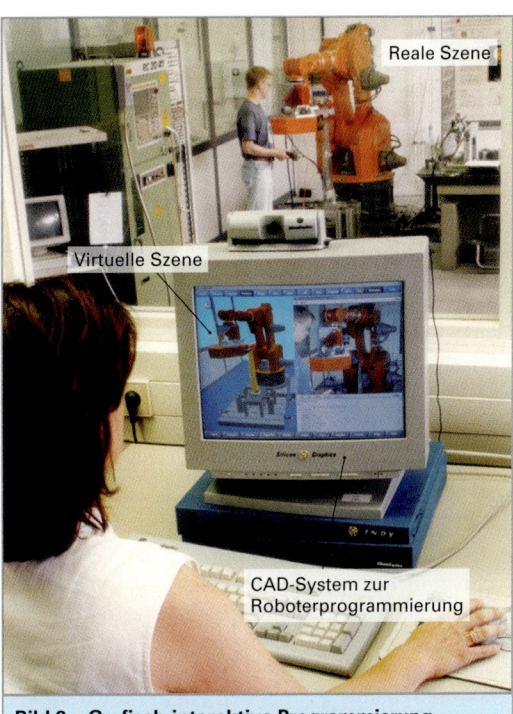

Bild 2: Grafisch-interaktive Programmierung

Test und Optimierung in virtueller Umgebung

Roboterbearbeitungsprozesse und Handhabungsabläufe werden geschickterweise in Originalgröße in *virtuellen Umgebungen*[1] (Virtual Environments, VE) getestet und optimiert. Hierzu werden der Roboter und alle relevanten Komponenten, gegebenenfalls auch Werker als 3D-Objekte in die VE-Zelle geladen, stereoskopisch dargestellt und animiert. Zur Optimierung und zum Test begibt man sich in die VE-Zelle, kann dort mit Hilfe eines 6D-Steuergeräts alle Anordnungen in der Position und Ausrichtung verändern und die Roboterprogramme und Bearbeitungsprozesse starten. Alle Elemente sind in natürlicher Größe. Kollisionen werden durch Farbumschlag angezeigt. Alles geschieht gefahrlos (**Bild 2**).

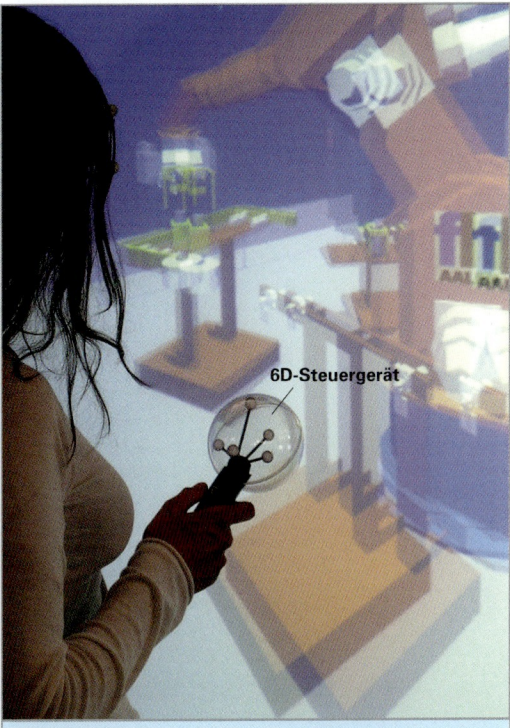

Bild 2: Virtual Environment mit Roboter

---

[1] Eine virtuelle Umgebung entsteht durch Stereoprojektion in einem abgegrenzten Raum, indem hinter den Mattscheibenwänden mit mehreren Projektoren Szenarien, z. B. Roboter, Transporteinrichtungen aber auch Menschen, abhängig von der Blickrichtung so projiziert werden, dass der Betrachter eine reale Umgebung, in welcher er sich bewegen kann, empfindet. Er kann dabei auch Arbeitshandlungen vornehmen.

5.5 Koordinatensysteme

Zur Bewegungssteuerung eines Roboters ist eine exakte Beschreibung des Roboters in seinem Arbeitsraum und in Bezug zu den Werkstücken, die vom Roboter bearbeitet oder gehandhabt werden, erforderlich. Man beschreibt die Zuordnung des Roboters zu seiner Umgebung und zu den Werkstücken mit rechtwinkligen, d. h. kartesischen[1] Koordinatensystemen[2] **(Bild 1)**. Die Koordinatensysteme, die dem Anwender zur Bewegungssteuerung und zur Programmierung der Roboter zur Verfügung gestellt werden, nennt man **Programmierkoordinatensysteme** oder **Anwenderkoordinatensysteme**.

Das Weltkoordinatensystem

Das Weltkoordinatensystem ist das Ursprungskoordinatensystem. Es ist fest zugeordnet zum Betriebsbereich des Roboters. Bei nichtortsbeweglichen Robotern beschreibt das Weltkoordinatensystem die Roboterarbeitszelle mit den Koordinatenachsen X_{WE}, Y_{WE}, Z_{WE}. Dabei zeigt die Z-Achse senkrecht nach oben. Dieses Koordinatensystem bleibt, einmal festgelegt, unverändert.

Das Roboterbasiskoordinatensystem

Das Roboterbasiskoordinatensystem ist ein Koordinatensystem, das sich auf den Roboter bezieht und meist so definiert ist, dass die Aufstellfläche in der X_{RB}- Y_{RB}-Ebene liegt und die Z_{RB}-Achse sich in der Robotermitte befindet.

Wird der Roboter auf einer ebenen Fläche aufgestellt und waagerecht bzw. senkrecht ausgerichtet, dann besteht zwischen dem Weltkoordinatensystem und dem Roboterbasiskoordinatensystem nur eine Verschiebung und um die Z-Richtung eine Verdrehung.

Das Werkstückkoordinatensystem

Das Werkstückkoordinatensystem beschreibt das Werkstück bezüglich der Werkstückgeometrie. Es hat eine feste Beziehung zu dem Werkstückbasiskoordinatensystem und ist meist nur achsparallel zu diesem verschoben. Die Roboter-Off-Line-Programmierung erfolgt für Bearbeitungsaufgaben meist in diesem Koordinatensystem. Damit werden die Roboterprogramme unabhängig von der Aufspannlage des Werkstücks. Dieses Koordinatensystem nennt man auch Werkstückframe (engl. frame = Rahmen).

> Die Koordinatenangaben der Roboterprogramme beziehen sich günstigerweise auf das Werkstückkoordinatensystem.

---

[1] René Descartes (Renatus Cartesius), franz. Philosoph (1596 bis 1650)

[2] lat. ordinare = ordnen. Mit Koordinaten werden Punkte im Raum festgelegt.

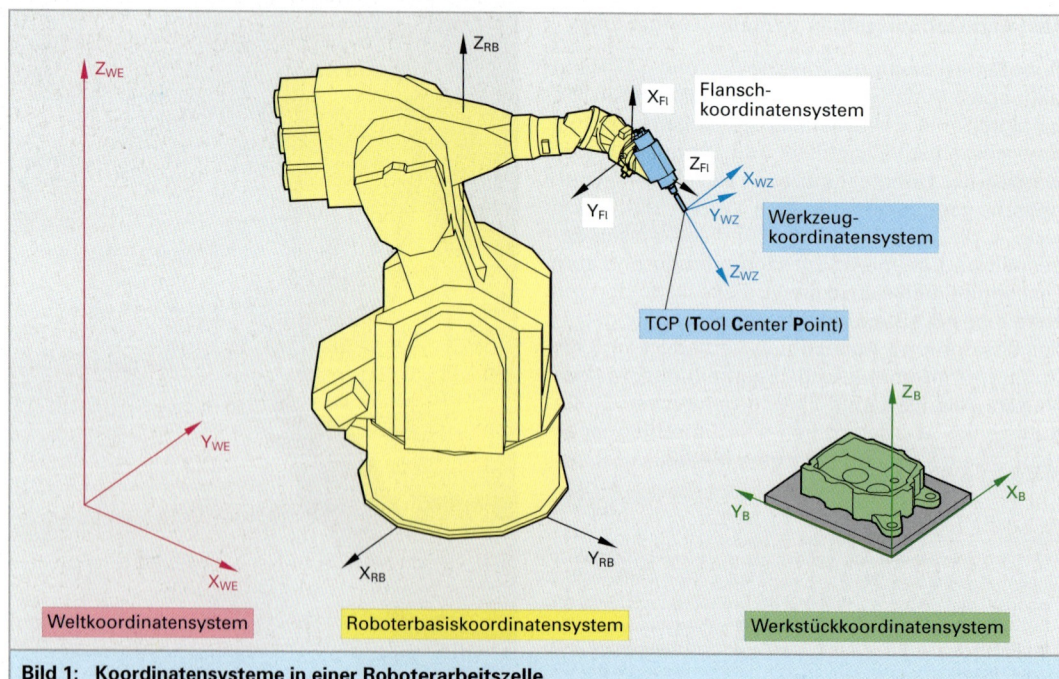

Bild 1: Koordinatensysteme in einer Roboterarbeitszelle

5.6 Robotersensorführung

Seit Beginn der Robotertechnik besteht der Wunsch, Roboter nicht nur einen starren Bewegungsablauf ausführen zu lassen, sondern sie mit Eigenschaften auszustatten, die ein selbsttätiges Anpassen an äußere Gegebenheiten erlauben.

Die Robotersensorik dient vorallem:
- der Qualitätssicherung,
- der Leistungssteigerung,
- dem Ausgleich von Positionierungsungenauigkeiten,
- der Erhöhung der Flexibilität,
- der Vereinfachung der Programmerstellung,
- dem Ersatz von Programmkorrekturen.

Beispiele zur Sensoranwendung

Mit **Leistungssensoren** kann die Bearbeitungsgeschwindigkeit dem Bearbeitungswerkzeug angepasst und so eine minimale Bearbeitungszeit erreicht werden.

Hier dient also die Sensorik der Produktivitätssteigerung. Erfasst wird dabei die Leistung des Bearbeitungswerkzeugs. Die Vorteile dieses Verfahrens sind die geringe Störempfindlichkeit des Sensors und dass der Sensor relativ weit vom Bearbeitungswerkzeug entfernt installiert werden kann.

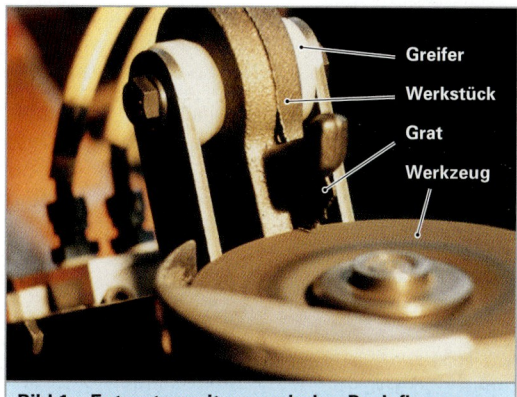

Bild 1: Entgraten mit sensorischer Beeinflussung der Bahngeschwindigkeit

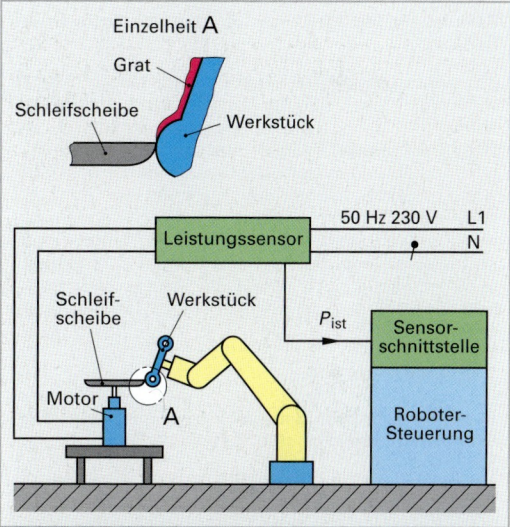

Bild 2: Anpassen der Bearbeitungsgeschwindigkeit mit Leistungssensor

Beispiel: Entgraten

Beim Entgraten verändern sich Gratstärke, Gratbreite, Werkstoffhärte und Werkzeugzustand sehr häufig. Ein Indiz für „schwerer gehende Bearbeitung" ist das Ansteigen der **elektrischen Antriebsleistung (Bild 1)**. Bei einer elektrisch angetriebenen Schleifscheibe wird dann die elektrische Leistung durch Strom-Spannungs-Multiplikation (Leistungssensor) ermittelt und bei zunehmender Entgratleistung die Roboterbahngeschwindigkeit so reduziert, dass die aufgenommene Leistung etwa konstant bleibt **(Bild 2)**. Auf diese Weise können Teile mit geringer Gratausprägung schneller bearbeitet werden als Werkstücke mit starker Gratausprägung, und zugleich wird das Werkzeug vor Überlastung geschützt.

Beispiel: Ausgleich von Lagetoleranzen mit induktivem Näherungssensor.

Das Palettieren und auch das Entpalettieren von Werkstücken organisiert man sehr flexibel mit sensorgeführtem Suchen. Durch Einlernen einer Fahrstrecke mit Anfangspunkt und Endpunkt wird eine Suchstrecke im Roboterprogramm definiert. Mit dem Eintreffen eines Sensorsignals wird, relativ zur momentanen Position, eine neue Bewegung, z. B. eine Werkstückgreifbewegung, ausgeführt. Auf diese Weise gelingt die Aufnahme von Werkstücken, die in einer Linie aufgereiht sind, ohne dass deren Position innerhalb der Linie im Programm fixiert ist **(Bild 3)**.

Bild 3: Ausgleich von Lagetoleranzen durch eine Suchbewegung mit induktivem Sensor

Beispiel: Bestimmung der Werkstücklage durch Bildverarbeitung. Eine besondere Schwierigkeit bereitet das geordnete Zuführen von Werkstücken.

Das auf hellem Untergrund liegende Werkstück wird durch eine Videokamera aufgenommen und als Binärbild im Rechner gespeichert. Der Computer ermittelt die Konturlinien des Werkstücks und seinen Flächenschwerpunkt **(Bild 1)**. Sodann wird um den Flächenschwerpunkt ein Kreis gelegt und die Schnittpunkte des Kreises mit der Konturlinie bestimmt.

Die Drehwinkel zwischen diesen Schnittpunkten und dem Schwerpunkt charakterisieren die Drehlage des Werkstücks. Der Schwerpunkt bestimmt die Werkstückposition.

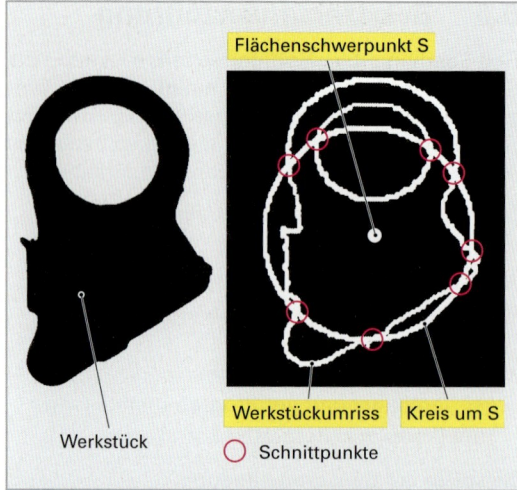

Bild 1: Bestimmung der Werkstücklage

Beispiel: Schweißfugenverfolgung mit Laser-Scan-Sensor.

Mit einem pendelnden Laserabstandssensor **(Bild 2)** wird nach dem Triangulationsverfahren das Werkstückprofil dem Schweißbrenner vorlaufend erfasst und mittels Rechner bezüglich Seitenversatz und Abstand analysiert. Das Verfahren ist sehr aufwändig. Der Sensorvorlauf muss bei der Roboterkorrekturbewegung laufend miteingerechnet werden. Das Verfahren eignet sich nur für relativ lange und wenig verwundene Schweißnähte. Problematisch ist häufig auch der relativ große Platzbedarf bzw. der notwendige Kollisionsraum für den sperrigen Sensor.

Beispiel: Schweißfugenverfolgung mit Mehrfach-Lichtschnittprojektion und Videokamera.

Bei diesem Verfahren werden vor der Bearbeitung über einen ortsfest angebrachten Mehrfach-Lichtschnittprojektor mehrere Lichtschnitte auf das Werkstück mit der Schweißfuge projiziert **(Bild 3)** und über eine oder mehrere ortsfeste Videokameras die Lichtschnitte aufgenommen und in einem Rechner ausgewertet.

Bild 3: Lichtschnittprojektion für das Schweißen von Überlappnähten

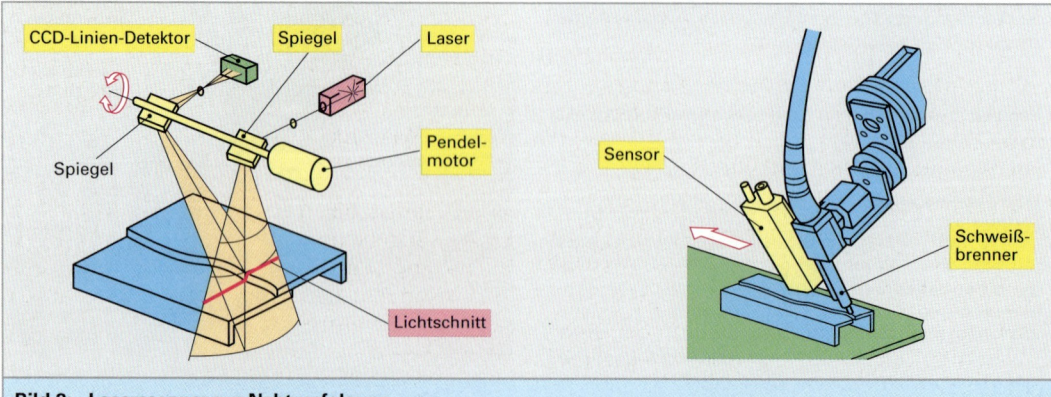

Bild 2: Laserscanner zur Nahtverfolgung

5.7 Bearbeitungsaufgaben

Für Bearbeitungsaufgaben, wie z. B. Entgraten, Gussputzen, Schneiden ersetzen Roboter vielfach manuelle Arbeitsplätze oder bei Großserien auch Sondermaschinen.

> Roboter ersetzen die manuellen Verrichtungen aufgrund der:
> - höheren Produktionsleistungen (Rationalisierungsaspekt),
> - starken Belastungen der Beschäftigten (Humanisierungsaspekt),
> - höheren Fertigungsgenauigkeit (Qualitätsaspekt),
> - Möglichkeit zur mannlosen Fertigung (Automatisierungsaspekt).

Bild 1: Werkzeughandhabung zum Fräsen

Da in den zurückliegenden Jahren die Arbeitskosten stetig gestiegen sind, die Kosten für Roboter jedoch stark gefallen sind, bei gleichzeitig höheren Leistungsdaten (Größe, Handhabungsgewicht, Geschwindigkeit, Programmierung), ist ein anhaltend vermehrter Robotereinsatz im Bereich von Bearbeitungsaufgaben festzustellen.

Für die Großserienproduktion sind Einzweckautomaten die übliche Lösung, z. B. zum Herstellen von serienidentischen Blechformen durch Stanzen. Gleichwohl ist die Anwendung von programmierten Robotern, z. B. mit Laserschneidwerkzeugen auch eine Möglichkeit der Blechformherstellung, wenn die Stückzahl unbekannt bzw. unsicher ist und eine große Produktflexibilität berücksichtigt werden muss. Dann übersteigen die Werkzeugkosten und die Zeiten der Produktionsvorplanung leicht den zulässigen Kostenrahmen bzw. Zeitrahmen und eine Produktion mit Roboter ist eine echte Alternative.

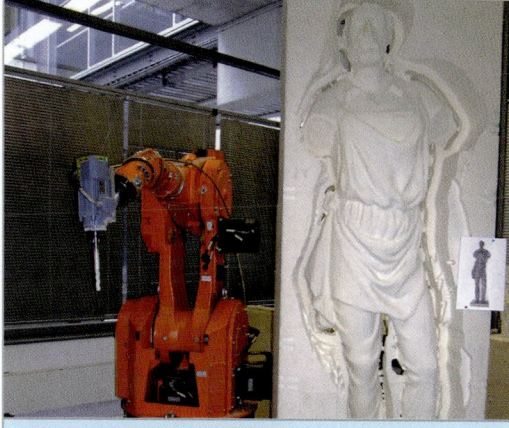

Bild 2: Mit Roboter gefrästes Gießereimodell

Werkzeughandhabung oder Werkstückhandhabung

Bei der Planung eines Roboterarbeitsplatzes ist als erstes zu klären erfolgt die Problemlösung besser durch

- eine Werkzeughandhabung: Der Roboter trägt an seinem Endeffektor ein Werkzeug, fest montiert oder über eine Werkzeugwechselflansch aufgenommen **(Bild 1 und Bild 2)**,
- oder durch eine Werkstückaufnahme: Der Roboter trägt an seinem Endeffektor einen Werkstückgreifer Gesichtspunkte zur Werkzeughandhabung **(Bild 3)**.

Die **Werkzeughandhabung** wird häufig genutzt in Verbindung mit sonst üblichen Handwerkzeugen: Spritzpistolen, Schweißgeräte, Schleif- und Poliermaschinen. Der besondere Vorteil gegenüber

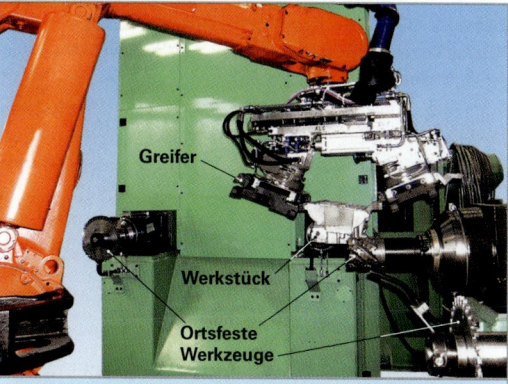

Bild 3: Werkstückhandhabung zur Gussnachbearbeitung von Al-Zylinderköpfen

Werkzeugmaschinen ist der große Arbeitsraum. So verwendet man sehr günstig Roboter, z. B. zur Herstellung von Gießereimodellen durch Fräsen (Bild 1 und Bild 2). Ein Handhabungsgewicht von 30 dN ist da meist schon hinreichend.

---

[1] Das Naturmodell für die Eisenguss-Skulptur, Seite 37, 43 und 715, entstand im Labor für Robotik und Virtuelle Systeme, HTW-Aalen.

Die Aufteilung der Gewichte (Massen) ist etwa so:

- 3 dN (3 kg) für den Wechselflansch,
- 7 dN (7 kg) für das eigentliche Werkzeug,
- 20 dN Prozesskräfte (Anpresskraft, Vorschubkraft). Der Rest ist Reserve.

Das Problem der Werkstückzuführung, des Positionierens, des Spannens und des Abtransportierens der Werkstücke muss für einen automatisierten Ablauf gelöst werden. Dies ist meist recht aufwändig und teuer. Ein händisches Bestücken und Transportieren der Werkstücke ist aber zu vermeiden:

1. Wegen der Taktbindung,
2. wegen der meist sehr kurzzyklischen Bearbeitungsphasen und
3. wegen aufwändiger Maßnahmen zur Absicherung der Arbeitsbereiche.

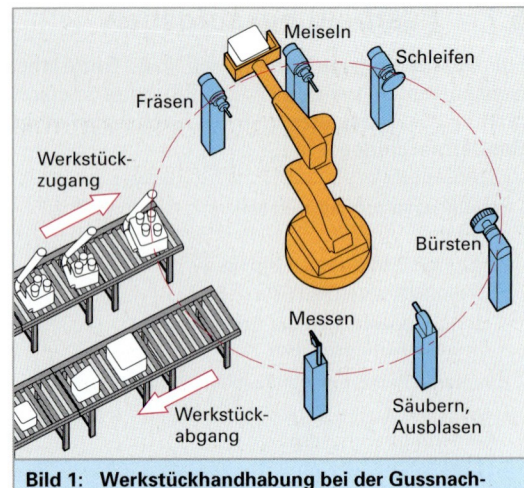

Bild 1: Werkstückhandhabung bei der Gussnachbearbeitung

Bei der **Werkstückhandhabung** kann der Roboter das zu bearbeitende Bauteil von der Endposition einer Förderstrecke abnehmen, gegebenenfalls mit Hilfe eines Kamerasystems identifizieren und an den vorgesehenen Stellen greifen. Sodann erfolgt die Werkstückbearbeitung durch die räumliche Relativbewegung (in allen 6 Raumrichtungen) gegenüber dem ortsfest angebrachten Werkzeug.

Für die Bearbeitung mit mehreren Werkzeugen werden diese in Kreisform um den Roboter herum platziert **(Bild 1)**. So ist ohne eine Wechseleinrichtung die Werkstückhandhabung möglich. Für die Werkstückhandhabung bei Werkstückfamilien können die Greifer meist mit geringen „Fingeranpassungen" auskommen. Häufig ist am Roboterendeffektor auch hinreichend Platz (ohne Kollisionsgefahr) um zwei oder mehr Greifer unterzubringen. Für eine allseitige Werkstückbearbeitung wird dieses abgelegt und der Roboter greift es von anderer Seite erneut.

Grundsätzlich nachteilig bzw. aufwändiger ist die **Teach-in-Programmierung** bei einer *Werkstück*-handhabung. Während man bei der *Werkzeug*handhabung meist gleichbleibende Abstände zwischen dem Roboter-Handwurzelflansch und dem Werkzeugbezugspunkt (Tool Center Point) hat ist dies bei der *Werkstück*handhabung nicht der Fall. So kann man mit einer *Werkzeug*handhabung eine Werkzeugkorrektur programmieren und beim Handsteuern die voraussichtliche Roboterbewegung vorhersehen bzw. richtig vermuten. Bei der *Werkstück*handhabung mit wechselnden Abständen und Orientierungen in Bezug auf den Bearbeitungspunkt ist das Handsteuern für das Programmieren schwierig und erfordert sehr viel Erfahrung.

Völlig anders ist die Situation, wenn aus der Bauteilgeometrie heraus das Roboterprogramm direkt über ein Roboterprogrammiersystem maschinell erstellt werden kann. Das ist in all den Anwendungen so, in denen der Roboter als Ersatz für eine 5- bzw. 6-Achsen-CNC-Maschine zum Einsatz kommt, z. B. zum NC-Fräsen von Gießformen oder von großformatigen Schaumstoffmodellen oder beim Schleifen und Laserschneiden großformatiger Stahlbauteile.

Für die Werkstückhandhabung sind häufig große und leistungsstarke Roboter erforderlich, so werden z. B. zum Abtrennen von Gießsystemen an Motorblöcken Roboter mit Handhabungsgewichten von 500 dN verwendet. Die Lastaufteilung ist dann etwa so:

- 100 dN (100 kg) Werkstückgewicht,
- 100 dN (100 kg) Multifunktionsgreifer-Gewicht,
- 200 dN Bearbeitungskräfte,
- 100 dN Reserve (wenn mal ein Span klemmt).

Eingeschränkt wird die Werkstückhandhabung, wenn die Bauteile noch erheblich schwerer sind (es gibt aber Roboter für 1000 kg [Handhabungsgewichte]) oder wenn die Bauteile sehr sperrig sind, z. B. mit Abmessungen über 2 m.

6 Laser in der Fertigungstechnik

6.1 Grundlagen zur Lasertechnik

Laserstrahlung[1] ist – wie natürliches Licht – eine elektromagnetische Strahlung. Jedoch grenzt sich Laserstrahlung von natürlichem Licht durch einige besondere Eigenschaften ab **(Bild 1)**.

> Laserstrahlung
> - ist monochromatisch.
>   ⇒ Alle Wellen haben gleiche Länge;
> - ist kohärent,
>   ⇒ Alle Wellenzüge sind in Phase;
> - breitet sich – abgesehen von Beugungseffekten – nur in eine Richtung aus.

6.1.1 Wichtige Laserarten zur Bearbeitung

Die wichtigsten Laser für die Materialbearbeitung sind:

- CO_2-Laser $\quad \lambda = 10{,}6\ \mu m$
- YAG-Laser $\quad \lambda = 1{,}03\ \mu m$ bis $1{,}06\ \mu m$
  bzw. ca. 530 nm bei Frequenzverdoppelung zur Mikrobearbeitung
- Excimer-Laser $\quad \lambda \approx 300\ \mu m$
- Diodenlaser $\quad \lambda \approx 800\ \mu m$ bis $1000\ \mu m$

Wie geeignet ein Lasertyp für einen bestimmten Einsatzfall ist, hängt wesentlich davon ab, wie gut es mit diesem Laser möglich ist, die für die Anwendung nötige Leistung und Fokussierbarkeit zu erreichen **(Tabelle 1)**. Die Wellenlängen (λ) der in der Fertigungstechnik wichtigen Laser liegen außerhalb des für das menschliche Auge sichtbaren Bereiches **(Bild 2)**.

[1] Laser, Kunstwort von *engl.* **L**ight **A**mplification by **S**timulated **E**mission of **R**adiation = Lichtverstärkung durch angeregte Emission von Strahlung

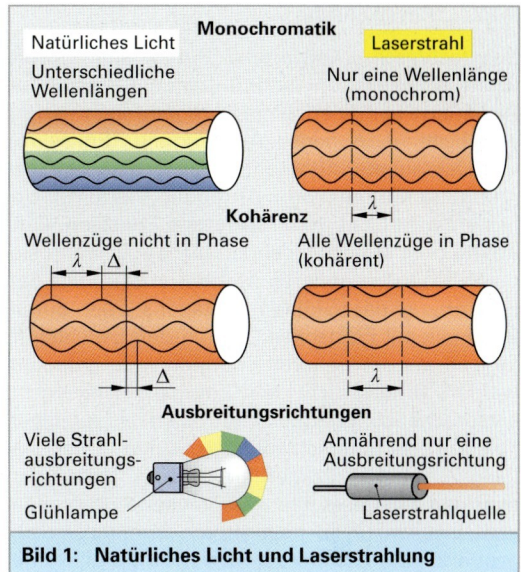

Bild 1: Natürliches Licht und Laserstrahlung

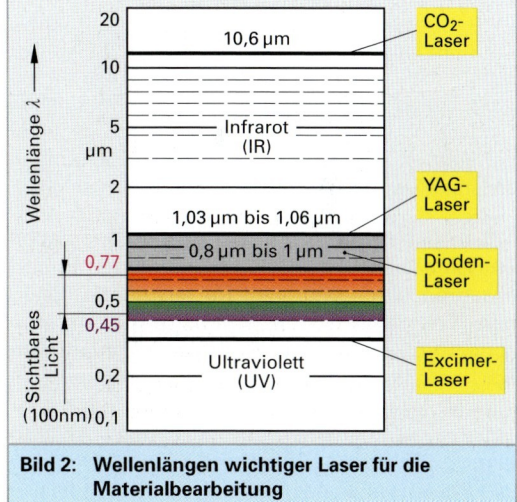

Bild 2: Wellenlängen wichtiger Laser für die Materialbearbeitung

Tabelle 1: Eignung gängiger Laser für unterschiedliche Fertigungsverfahren			
Laserart	Wellenlänge	Leistungsbereich	Hauptanwendungen in der Fertigungstechnik
CO_2-Laser	10,6 µm	bis ca. 15 kW	Schneiden, Schweißen, Material auftragen (Beschichten, Generieren)
YAG-Laser (Scheibenlaser)	1,03 µm bis 1,06 µm	bis ca. 16 kW	Schweißen, Löten, Schneiden, Material auftragen (Beschichten, Generieren), Beschriften, Bohren
Excimer-Laser	0,3 µm	bis ca. 100 W	Schneiden, Ritzen und Bohren an Mikrostrukturen
Diodenlaser	0,8 µm bis 1 µm	bis ca. 6 kW	Löten, Härten, Beschichten

6.1.2 Physikalische Grundlagen

Das technisch-physikalische Prinzip der LASER (**L**ight **A**mplifikation by **S**timulated **E**mission of **R**adiation) beruht auf einer *stimulierten* Emission von Licht, d. h. einer Aussendung (Emission) von Lichtquanten (Photonen) durch eine gezielte Anregung (Stimulation = Anregung, Reizung). Üblich entsteht Licht durch **spontane Emission**, d. h. Atome bzw. Moleküle senden Licht aus, wenn sie durch Stöße mit anderen Atomen, z. B. infolge der Erwärmung des Glühlampenfadens oder durch Beschuss mit Elektronen, z. B. in den Leuchtstofflampen auf ein höheres Energieniveau gebracht werden. Dieses, nicht dem Energiegleichgewicht entsprechende Energieniveau wird in zufälliger Folge und in unterschiedlichen Stufen in den stabilen Zustand zurückgeführt (**Bild 1**). Dabei werden, den Energiestufen entsprechend, Photonen bzw. Lichtwellen in bestimmten Frequenzen abgestrahlt. Die Lichtfrequenz v, multipliziert mit der sogenannten *Planck*[1]-Konstante h entspricht der Energiestufe. Das bedeutet, dass abhängig von den chemischen Elementen auch nur ein bestimmtes nämlich charakteristisches Lichtspektrum erzeugt werden kann. So ist es z. B. möglich aus dem Lichtspektrum der Sterne deren Stoffzusammensetzung zu bestimmen. Die Abstrahlrichtungen sind völlig zufällig. Da an einem solchen Lichterzeugungsvorgang sehr viele Atome beteiligt sind ist die Lichtabgabe für alle Richtungen gleichmäßig verteilt.

Neben der natürlich vorkommenden spontanen Emission bewirkt man beim Laser einen Emissionsanreiz durch Photonen für bestimmte, geeignete Energieniveaus bzw. Energiestufen. Man spricht von **stimulierter Emission**[2]. Treffen nämlich Photonen auf ein dermaßen angeregtes Atom oder Molekül, so kann dieses in ein niederes Energieniveau übergehen und zwar unter Abstrahlung von Photonen in gleicher Richtung, Frequenz und Phase wie es das auslösende Photon besitzt (**Bild 2**). Um einen leistungsstarken Lichtstrahl zu erhalten müssen die aus der stimulierten Emission erhaltenen Photonen wiederum zur Emission verwendet werden. Das gelingt mit Hilfe eines Resonators mit zwei Spiegeln. Die Photonen werden von den Spiegeln reflektiert bzw. im Resonator entsteht eine stehende Lichtwelle die zu immer mehr Emissionen führt (**Bild 3**).

---

[1] *Max Planck*, dt. Physiker (1858 bis 1947)
[2] *Albert Einstein* (1879 bis 1955), dt. Physiker beschrieb 1917 erstmalig die stimulierte Emission. Um 1950 zeigte *Charles H. Townes*, (geb. 1915 in USA), wie man mit Hilfe der stimulierten Emission eine Lichtquelle herstellen kann.

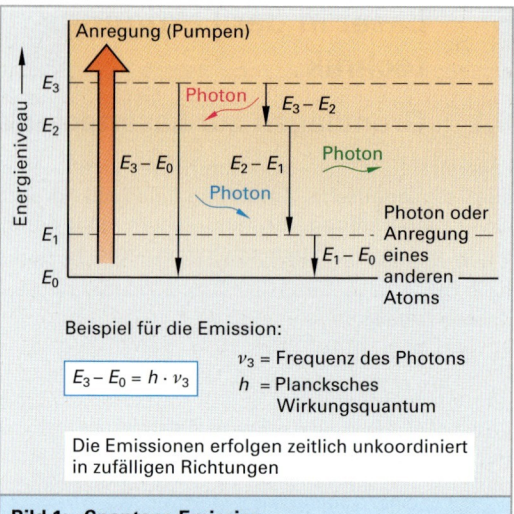

Bild 1: Spontane Emission

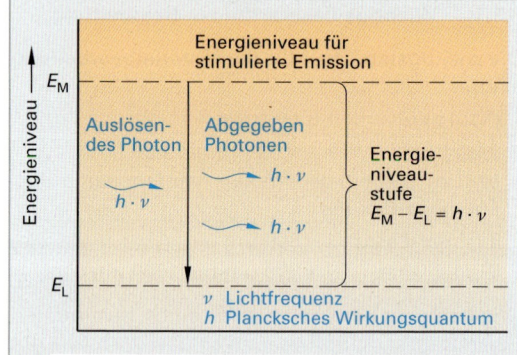

Bild 2: Stimulierte Emission

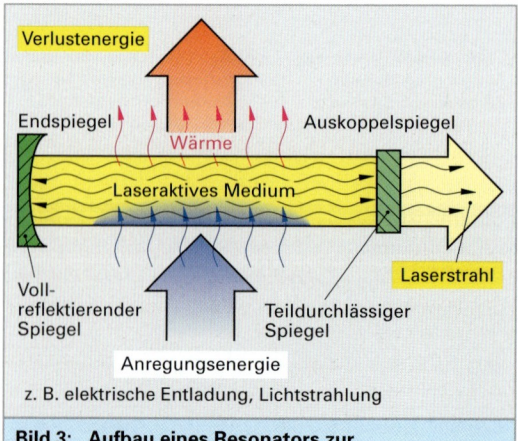

Bild 3: Aufbau eines Resonators zur Laserstrahlerzeugung

6.1 Grundlagen zur Lasertechnik

Die Lichterzeugung verstärkt sich, bis die Zahl der zur Emission fähigen Atome bzw. Moleküle erschöpft ist (Amplifikation = Verstärkung). Macht man einen der Spiegel teildurchlässig, so kann man hier das entstandene Licht auskoppeln. Man hat einen Laserstrahl, bestehend aus Licht gleicher Frequenz, Phase und Schwingebene (Polarisation).

Zur Aufrechterhaltung muss natürlich das beteiligte Medium in einem zur Emission angeregten Zustand erhalten bleiben, d. h. man muss beständig Energie zuführen, z. B. durch Licht oder Elektronenbeschuss. Man spricht von Pumpen und von **Pumpenergie**. Je nach Laserart ist eine unterschiedliche Anzahl von Energieniveaus beteiligt. So werden z. B. beim CO_2-Laser (Kohlendioxidlaser), er ist ein Gaslaser, vier Energieniveaus genutzt (**Bild 1**). Man spricht auch vom Vierniveaulaser. Neben dem CO_2-Gas befindet sich im Resonator noch gasförmiger Stickstoff (N_2) und Helium (He).

Die Stickstoffmoleküle (N_2-Moleküle) werden im Resonator durch eine Gasentladung zu mechanischen Schwingen angeregt und zwar in zwei möglichen Schwingungsformen. Sie erreichen dabei das Energieniveau von etwa 0,6 eV (Elektronenvolt). Mit hoher Wahrscheinlichkeit gibt es dabei Stöße mit CO_2-Molekühlen, die dann die Schwingungsenergie übernehmen. Im Weiteren verlieren sie das Energieniveau, verbleiben kurze Zeit bei 0,3 eV und gehen durch Photonenanregung in ein Zwischenniveau und zwar unter Emission von Licht der Wellenlänge 10,6 µm (Licht im Infrarotbereich). Danach geben die CO_2-Moleküle ihre kinetische Energie durch Stoß an die Heliumatome ab und befinden sich wieder im Grundzustand.

6.1.3 Aufbau von Laserstrahlquellen

CO_2-Laser[1]

Der CO_2-Laser ist ein Gaslaser, d. h. im Resonator befindet sich als laseraktives Medium eine Mischung aus hochreinem CO_2, N_2 und He. Das Gas befindet sich in einem Glasrohrsystem. Es wird mittels Gebläse (Turbine) umgewälzt und durch einen Gaskühler geleitet, um die Verlustwärme bei der Strahlerzeugung abzuführen (**Bild 2**). Die Anregung des Gases geschieht durch hochfrequenten Wechselstrom, meist mit 13,56 MHz. Er wird mittels Kondensatorplatten (Elektroden), die das Glasrohrsystem umgeben, in das Gas eingekoppelt. CO_2-Laser sind für den fertigungstechnischen Einsatz mit Strahlleistungen bis zu ca. 15 kW gebräuchlich.

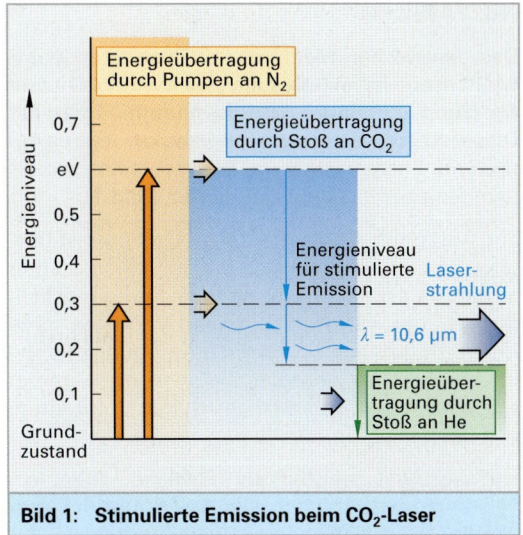

Bild 1: Stimulierte Emission beim CO_2-Laser

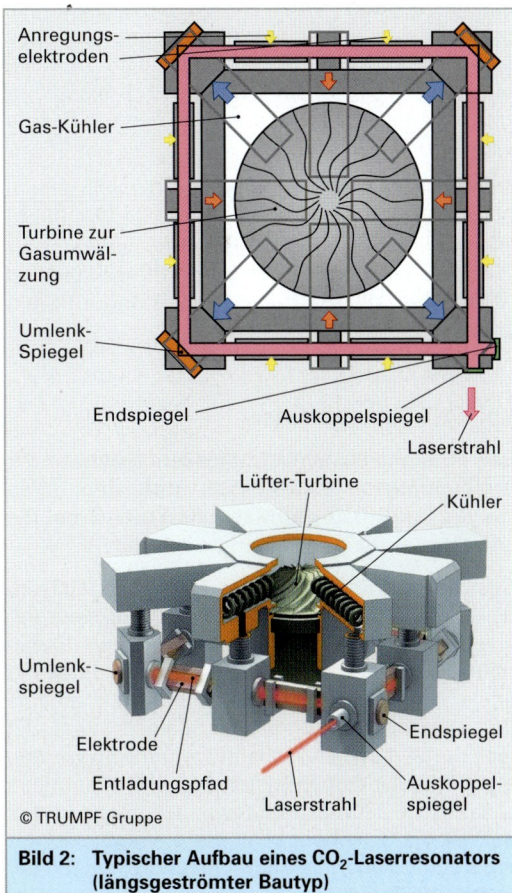

© TRUMPF Gruppe

Bild 2: Typischer Aufbau eines CO_2-Laserresonators (längsgeströmter Bautyp)

---

[1] Der Aufbau wird am Beispiel des HF-angeregten längsgeströmten Typs erläutert.

Nd: YAG-Laser

Das laseraktive Medium im Resonator eines YAG-Lasers ist ein Kristall. Beim Nd:YAG-Laser ein **N**eo**d**ymdotierter **Y**ttrium-**A**luminium-**G**ranat. Dieser Kristall wird zur Laserstrahlerzeugung optisch mit Energie angeregt. Dies geschieht mittels Lampen oder InGaAs-Laserdioden **(Bild 1)**.

Zur Anregung des laseraktiven Mediums stellen Laserdioden technologisch die günstigere Variante dar, da sie das nutzbringende Anregungslicht mit weniger wärmeerzeugenden Verlusten generieren. Heutzutage sind jedoch Anregungsdioden im Vergleich zu Anregungslampen noch immer erheblich teurer, was zu einer weiten Verbreitung von lampengepumpten Typen führt.

Nd:YAG-Laser werden als Pulslaser (gepulste Leistungsabgabe) oder als cw-Dauerstrichlaser (kontinuierliche Leistungsabgabe) verwendet.

Zur Erzeugung von Nd:YAG-Laserleistungen größer als ca. 500 W, werden mehrere Kavitäten zwischen End- und Auskoppelspiegel modular hintereinander gruppiert. Die in den Kavitäten erzeugten Leistungen addieren sich dann, z. B. 8 Kavitäten für **4 kW (Bild 2)**.

Nd:YAG-Laser sind je nach fertigungstechnischem Einsatz entweder als Dauerstrichlaser mit Strahlleistungen bis zu ca. 5 kW gebräuchlich, oder als Pulslaser mit bis zu ca. 1 kW mittlerer Leistung (= zeitlicher Mittelwert aus Pulsleistung im Multikilowattbereich und Pulspause).

Yb: YAG-Scheibenlaser

Der moderne Bautyp Yb:YAG-Scheibenlaser (**Y**tter**b**iumdotierter YAG-Kristall) nutzt den besseren Wirkungsgrad des Materials Yb:YAG bei der Laserstrahlerzeugung aus.

Das laseraktive Medium ist eine etwa 200 µm dicke YAG-Kristallscheibe, auf der Rückseite verspiegelt, mit einem Durchmesser von etwa 10 mm **(Bild 2)**. Das Diodenpumplicht (940 nm) reflektiert an der verspiegelten Rückseite der Kristallscheibe und wird über ein kompaktes Spiegelsystem vielfach durch die Kristalischeibe geführt. So werden etwa 70 % der eingespeisten Pumplichtenergie in Laserlicht (1030 nm) umgewandelt. Sehr vorteilhaft ist die Scheibengeometrie 1. wegen der guten Kühlung über die Rückseite und 2. wegen der relativ gleichmäßigen Scheibenerwärmung d. h. wegen den dadurch geringen geometrischen Verzerrungen. Damit erhält man eine exzellent gute Strahlgeometrie.

Mehrere Scheibenlaser können zur Leistungssteigerung zusammengeschaltet werden **(Bild 3)**. So erreicht man Leistungen z. B. bis 10 kW. Der Laserstrahl kann, da nahe am sichtbaren Licht, mit Glasfasern und Glasoptiken weitergeleitet werden. Der Yb:YAG-Scheibenlaser ist zum idealen Bearbeitungslaser in der Fertigungstechnik geworden.

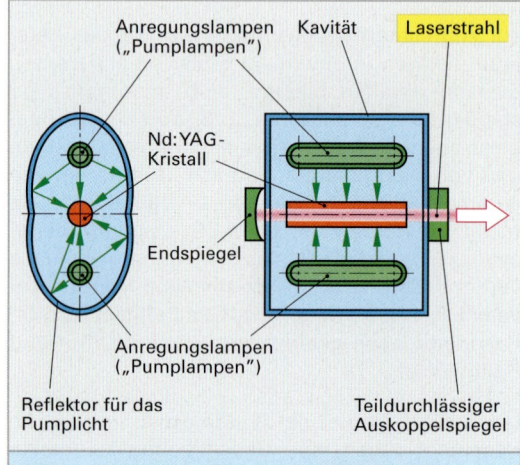

Bild 1: Typischer Aufbau eines Nd:YAG-Lasers

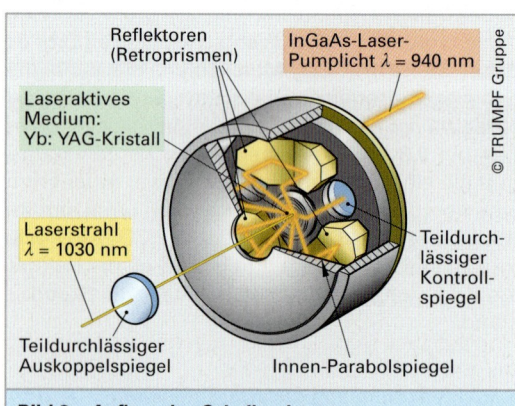

Bild 2: Aufbau des Scheibenlasers

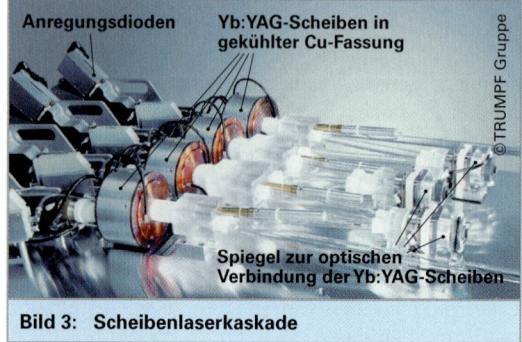

Bild 3: Scheibenlaserkaskade

Diodenlaser

Hier entsteht der Laserstrahl in der Halbleiterschicht einer Diode. Die Halbleiterschichten werden sehr dünn gestaltet und sind von wassergekühlten Metallschichten eingefasst, die die Verlustwärme bei der Laserstrahlerzeugung aus dem Halbleitermaterial abführen **(Bild 1)**.

Bedingt durch diese physikalisch notwendige Bauform einer sehr schmalen und gut kühlbaren Einzeldiode, besteht ein Diodenlaser höherer Leistung (> 1 W) zwangsweise aus gestapelten Diodenbarren. Der entsprechende Diodenlaserstrahl besteht daher aus vielen Einzelstrahlen, die mittels anspruchsvoller mehrstufiger Kollimationsoptiken so gut wie möglich zu einem kompakten Laserstrahl zusammengeführt werden **(Bild 1)**.

Durch den Aufbau des Diodenlaserstrahles aus vielen und sehr schmalen Einzelstrahlen, ist seine Fokussierbarkeit schlechter als bei einem einteiligen Laserstrahl. Dies verhindert seinen Einsatz zu Fertigungsverfahren mit hoher Strahlintensität, wie z. B. Laserschneiden, Laserbohren oder Lasertiefschweißen.

Eine andere aus dem Bauprinzip eines Hochleistungs-Diodenlasers resultierende Tatsache muss ebenfalls vor einem geplanten Einsatz überprüft werden:

Ein Diodenlaser besitzt keine Verschleißteile im üblichen Sinn – der Diodenstapel selbst ist das Verschleißteil. Dies kommt im Verschleißfall einem kompletten Laseraustausch nahe. Daher sind unbedingt die von den Herstellern garantierten Lebensdauern (mehrere Tausend Stunden) und die Kosten im Verschleißfall an der geplanten Fertigungsaufgabe wirtschaftlich durchzukalkulieren.

Hochleistungs-Diodenlaser werden mit ständig wachsenden Maximalleistungen angeboten, derzeit schon bis in den Bereich mehrerer Kilowatt. Dabei werden Einzeldioden in immer höherer Stückzahl kombiniert.

Excimerlaser

Der Excimerlaser[1] ist, wie der CO_2-Laser, ein Gaslaser. Jedoch besteht beim Excimerlaser das laseraktive Medium aus giftigen Gasen. Beim Betrieb bestehen daher hohe Sicherheitsanforderungen bezüglich Gasflaschenlagerung und Lecküberwachung. Excimerlaser sind als Pulslaser mit kleinen mittleren Leistungen gebräuchlich (Mikrobearbeitung).

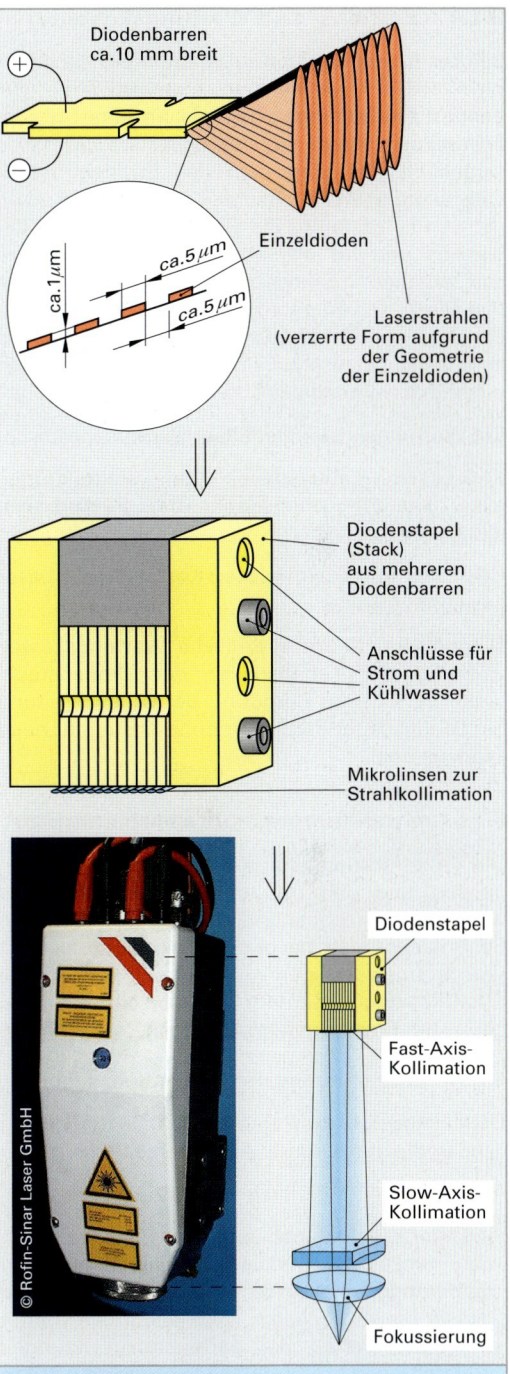

Bild 1: Hochleistungs-Diodenlaser im Kilowatt-Bereich

Hochleistungsdiodenlaser erzielt man durch dichte Packung der Einzeldioden in gestapelten Barren.

---
[1] Kunstwort von engl. *exited dimer*, to excite = erregen. to dim = verdunkeln, vergehen

6.1.4 Betriebs- und Wartungskosten

Bei der Erzeugung von Laserstrahlung entsteht – physikalisch unvermeidbar – Verlustwärme. Bei hohen Laserleistungen, wie sie für eine Materialbearbeitung nötig sind, sind daher alle Laser wassergekühlt. Kalkuliert man den Stromverbrauch vollständig und betrachtet den Energieaufwand für die Strahlerzeugung, die Bereitstellung des Kühlwassers und für alle notwendigen Nebenaggregate, ergeben sich insgesamt hohe Verlustenergien **(Tabelle 1)**. Die Folgerung ist, dass für den Betrieb eines Lasers im Kilowatt-Bereich starke Stromanschlüsse vorzusehen sind und ein hoher Stromverbrauch während der Strahlproduktion besteht.

Die Wartungskosten der Laser sind typspezifisch:

YAG-Laser: Lebensdauer der Pumplampen (ca. 2000 h), Lebensdauer der Pumpdioden (ca. 20 000 h).

CO_2-Laser und Excimerlaser: Kosten für die Lasergase (Reinstgase)

Diodenlaser: Kaum spezifische Wartungskosten während der Lebensdauer der Diodenstapel (mehrere tausend Stunden). Bei Überschreitung der Lebensdauer dann sehr hohe Kosten für neue Diodenstapel.

6.1.5 Strahlführung zum Bearbeitungsort

Die Strahlführung zum Fertigungsort soll kostengünstig und dem rauhen Fertigungsalltag gewachsen, also robust und wenig störanfällig sein. Bei Anlagentypen, bei denen der Laserstrahl auch Vorschubbewegungen auszuführen hat, muss die Strahlführung außerdem den Vorschub in allen geplanten Richtungen ermöglichen.

6.1.5.1 Strahlführung mit Lichtleitkabel (LLK)

Lichtleitkabel bieten eine sehr robuste, bewegliche und platzsparende Art der Strahlführung.

Anwendung

- Lichtleitkabel können zum Transport der Strahlen von Festkörperlasern eingesetzt werden. LLK-Längen bis zu 50 m funktionieren zuverlässig bis zu höchsten Laserleistungen **(Bild 1, folgende Seite)**. Bei geringeren Leistungen können noch größere Längen realisiert werden.

- Nicht eingesetzt werden können Lichtleitkabel zum Transport der Strahlen von CO_2-Lasern, da für die Wellenlänge des CO_2-Lasers (λ = 10,6 µm) Glas nicht durchsichtig ist und auch kein anderes für den CO_2-Laser geeignetes Lichtleitkabelmaterial existiert.

Aufbau und Funktionsprinzip von Lichtleitkabeln:

In einem Lichtleitkabel (LLK) wird der Laserstrahl mittels des physikalischen Prinzips der „Totalreflexion" im Faserkern geführt **(Bild 1)**. Damit der Effekt einer Totalreflexion und die erwünschten Mantelspiegelungen eintreten, müssen folgende zwei Bedingungen erfüllt sein:

- Der Lichtstrahl muss in einem Medium verlaufen, dessen Brechzahl n_1 höher ist als die Brechzahl n_2 des an dieses Medium angrenzenden Umgebungsmediums.

- Der Strahl darf die Grenzfläche zwischen den bei den Medien nur streifend mit großen Winkeln φ berühren, für die gilt: $\sin \varphi > n_2/n_1$.

Tabelle 1: Wirkungsgrade

Lasertyp:	Wirkungsgrad „Steckdose-zu-Laserstrahl"
YAG-Laser	bis 30 %
CO_2-Laser	bis 20 %
Diodenlaser	bis 30 %

Definition des Wirkungsgrades η „Steckdose-zu-Laserstrahl":

$$\eta = \frac{\text{Leistung des erzeugten Laserstrahls [kW]}}{\text{Stomverbrauch des Lasergerätes inkl. aller notwendigen Peripheriegeräte (z. B. Kühlwasserbereitstellung)}}$$

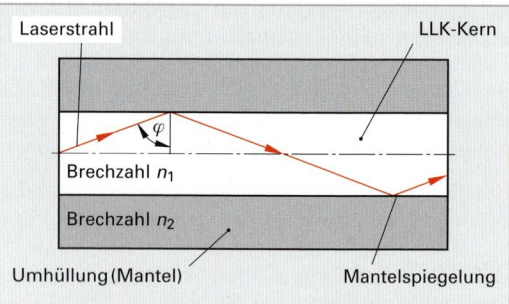

Totalreflexion mit Mantelspiegelungen bei:

- Brechzahlverhältnis $n_1 > n_2$
- Auftreffwinkel φ mit

$\sin \varphi > \sin \frac{n_2}{n_1}$, also: $\varphi > \arcsin \left(\frac{n_2}{n_1}\right)$.

Bild 1: Strahltransport im LKK

Der Strahltransport im LLK erfolgt durch Totalreflexion und Mantelspiegelung.

6.1 Grundlagen zur Lasertechnik

Ein Lichtleitkabel besteht aus mehreren Schichten **(Bild 2)**.

- Der Kern beinhaltet den zu führenden Licht- oder Laserstrahl. Er besteht meist aus Glas, seltener auch aus transparentem Kunststoff.
- Der Kernmantel hat die Aufgabe, durch seine Brechzahl $n_2 < n_1$ den Totalreflexionseffekt sicherzustellen. $n_2 < n_1$ bedeutet, dass der Mantel aus einem sogar noch transparenteren Material als der Kern bestehen muss (auch Glas bzw. transparenter Kunststoff).
- Die weiteren Ummantelungsschichten sowie die Kevlarlitzen[1] haben folgende Aufgaben:

1. Möglichst langer Strahlenschutz der Umgebung im Fall eines Bruchs des LLK-Kerns.
2. Verhinderung zu kleiner Biegeradien beim Einsatz des LLK zur Einhaltung von $\varphi > \arcsin(n_2/n_1)$ im LLK-Kern **(Bild 3)** und zur Verhinderung einer mechanischen Zerstörung (Bruch).

Für eine gute Fokussierung eines zuvor durch ein LLK geleiteten Strahles gilt: Die Fokussierbarkeit ist umso besser, je kleiner der Kerndurchmesser des LLK war. Für die Durchmesser der eingesetzten LLK bestehen aber Mindestwerte, die nicht unterschritten werden können.

Betriebskosten, Wartungseigenschaften

Bei korrektem Betrieb fallen für ein Lichtleitkabel keine Betriebskosten und keine Wartungskosten an.

Folgende Störfälle im Betrieb eines Lichtleitkabels können Reparaturaufwände verursachen:

- Kommt es zu einem mechanischen Bruch des LLK durch eine Anlagenkollision oder eine unzulässige Bewegung, die den minimalen Biegeradius unterschreitet, muss das komplette LLK ersetzt werden.
- Kommt es zu einem Versagen der Wasserkühlung der Stecker an den Faserenden während der Bearbeitung hochreflektierender Metalle, so kann ein Reparaturschleifen der Faserenden notwendig werden.

> Bei Lichtleitkabeln (LLK) fallen keine Betriebskosten und keine Wartungskosten an.

[1] Kevlar. eingetragenes Warenzeichen für eine Kunststofffaser, entwickelt bei DuPont

Bild 1: Strahlwerkzeug mit LLK

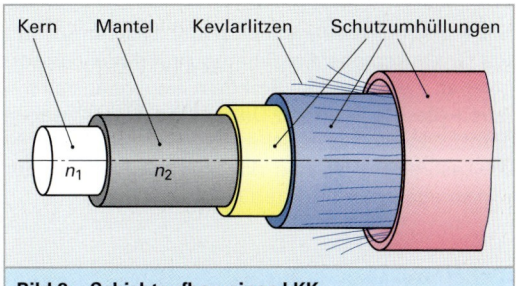

Bild 2: Schichtaufbau eines LKK

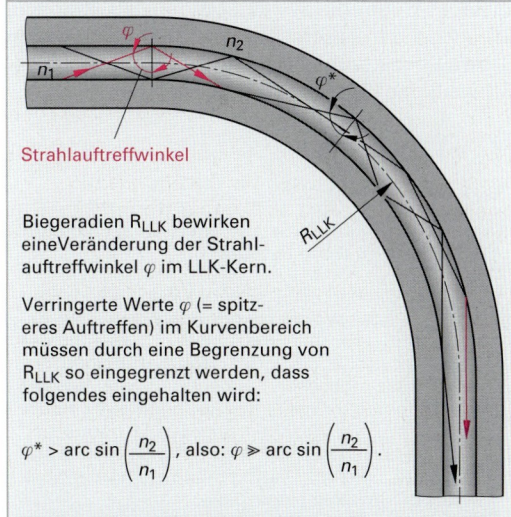

Strahlauftreffwinkel

Biegeradien R_{LLK} bewirken eine Veränderung der Strahlauftreffwinkel φ im LLK-Kern.

Verringerte Werte φ (= spitzeres Auftreffen) im Kurvenbereich müssen durch eine Begrenzung von R_{LLK} so eingegrenzt werden, dass folgendes eingehalten wird:

$$\varphi^* > \arcsin\left(\frac{n_2}{n_1}\right), \text{ also: } \varphi \geqslant \arcsin\left(\frac{n_2}{n_1}\right).$$

Bild 3: Strahlverlauf bei gebogenem LLK

Wiederholung und Vertiefung

1. Welche drei Eigenschaften unterscheiden Laserstrahlung von natürlichem Licht?
2. Welche drei Laserarten sind in Leistungsstärken im Kilowatt-Bereich erhältlich?
3. Wie ist der Resonator eines Lasers schematisch aufgebaut?
4. Welche Materialien eignen sich als laseraktive Medien (LAM)?

6.1.5.2 Strahlführung als Freistrahl

Hierunter wird der Transport von Laserstrahlen in freier Ausbreitung (Propagation) verstanden. Nur an einigen Stellen wird der Laserstrahl durch Spiegel umgelenkt.

Die Robustheit bzw. Störanfälligkeit dieses Strahlführungsprinzips hängt entscheidend von der Länge des Strahlwegs sowie der Zahl der in der Strahlführung eingesetzten Umlenkspiegel ab. Für CO_2-Laser ist die Strahlführung als Freistrahl die einzige Möglichkeit, denn für die Wellenlänge des CO_2-Lasers gibt es kein LLK.

Bei Freistrahlführungen wird der Laserstrahl mittels Umlenkspiegeln in Richtung auf den Einsatzort geleitet. Zwischen den Spiegeln bewegt er sich frei durch die Atmosphäre. Daher sind hier zwischen den Umlenkspiegeln Schutzrohre erforderlich, die die Lasersicherheit und die Staubfreiheit der Umlenkspiegel gewährleisten **(Bild 1)**.

6.1.5.3 Welding-on-the-fly

Beim diesem Verfahren führt ein Roboterarm die Laseroptik über die Werkstücke hinweg. Kippspiegel lenken den Laserstrahl blitzschnell von einem Schweißpunkt zum nächsten oder entlang einer Schweißlinie **(Bild 2)**.

Der Roboter bewegt sich im „groben Arbeitsbereich der Schweißung" (on the fly = im Vorbeiflug) und die Strahlablenkung macht im Feinbereich die exakte Strahlführung (**Bild 1, folgende Seite**). Meist wird ein Scheibenlaser mit einer cw-Leistung von bis zu 8 kW verwendet. Zur robotergeführten Schweißoptik verwendet man ein Lichtleitkabel.

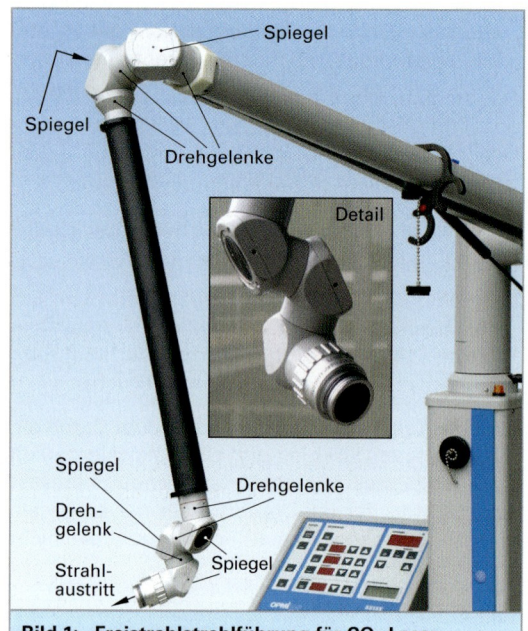

Bild 1: Freistrahlstrahlführung für CO_2-Laser

Eine Freistrahlführung ist naturgemäß empfindlich gegen Verschmutzung und Dejustage.

- Verschmutzungen auf den optischen Elementen (Spiegeln) sorgen durch die Absorption von Laserstrahlung für eine Erhitzung der Umgebung des Schmutzpartikels bis hin zu einer thermischen Zerstörung des optischen Elements. Als Staubschutz ist daher eine permanente Gasspülung der Rohre erforderlich. Da das Rohrsystem nie hermetisch dicht zu bekommen ist, wird ein möglichst preisgünstiges sauberes Gas mit minimalem Überdruck in das Rohrsystem eingespeist.

  An den undichten Stellen tritt permanent Spülgas aus. So kann nie Außenluft, die Verschmutzungen enthalten könnte, eindringen.

- Für eine Unempfindlichkeit gegenüber Dejustage ist ein massiver Anlagenbau zwischen der Laserquelle und dem Ort der Fokussierung am Werkstück erforderlich. Denn jede kleine Verkippung eines Spiegels hat – entsprechend den Gesetzen des Strahlensatzes – auf der Strecke des weiteren Strahltransports ein Auswandern des Strahls zur Folge. Der Strahl kommt dann bei langen Strahlwegen nicht mehr störungsfrei bis zum Werkstück.

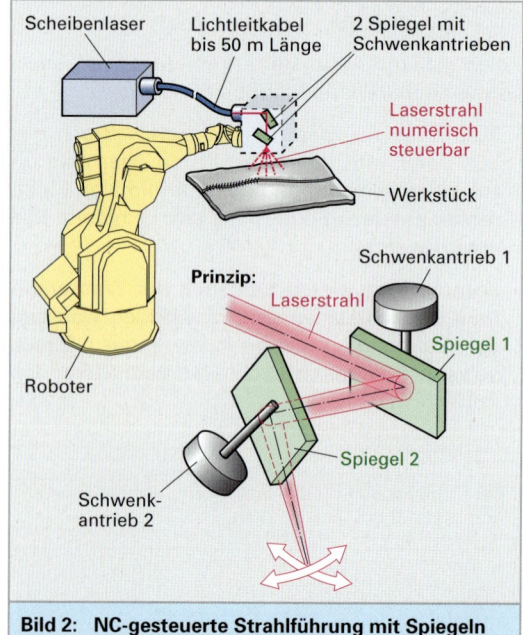

Bild 2: NC-gesteuerte Strahlführung mit Spiegeln

6.1 Grundlagen zur Lasertechnik

Der Roboter muss also nicht mehr die einzelnen Schweißpositionen oder Schweißbahnen mit seiner relativ großen Arm- und Werkzeugmasse anfahren. Der masselose Laserstrahl wird in 2 Achsen in einem Bereich von etwa 100 x 200 mm NC-gesteuert abgelenkt. Dabei überlagert sich die Spiegelbewegung der Roboterbewegung.

Lediglich zur Laserstrahl-Fokussierung ist ein gewisses Einhalten des Abstandes zwischen Laseroptik und Werkstückoberfläche durch den Roboter erforderlich. Die Dynamikverbesserung ist mehr das 50-fache. Während die Grenzfrequenz zur Bahngenerierung bei Robotern (mit Werkzeugbewegungen) maximal bei etwa 20 Hz liegt, können hier rund 50 mal schnellere Bewegungen ausgeführt werden. Es sind ja (nur) die relativ geringen Massen der Spiegel mit Kühlung und deren Antriebe zu bewegen.

6.1.6 Strahlformung am Bearbeitungsort

Formung von Freistrahlen

Als Freistrahl transportierte Laserstrahlen werden am Ort der Materialbearbeitung durch Linsenoptiken oder durch Spiegel zum gewünschten Strahlfleck abgebildet **(Bild 2)**.

Linsenoptiken für YAG-Laser oder Diodenlaser bestehen aus Glas und sind ähnlich den Linsenoptiken für sichtbares Licht. Für CO_2-Laser werden Linsen aus Zinkselenid (ZnSe) verwendet.

Ein per LLK transportierter Strahl tritt stark divergierend aus dem LLK-Ende aus. Daher besteht eine Optik zur Formung von aus LLK austretenden Strahlen aus mindestens zwei Linsen. Die erste Linse, auf die die Strahlen treffen, ist die *Kollimierlinse*, deren Aufgabe es ist, aus dem Strahl wieder einen annähernd parallelen Freistrahl zu machen. Dieser trifft auf die zweite Linse, die eigentliche *Fokussierlinse*. Sie bildet aus dem Freistrahl den gewünschten Strahlfleck am Werkstück **(Bild 3)**.

Bild 1: Schweißen „on the fly" mit YAG-Scheibenlaser

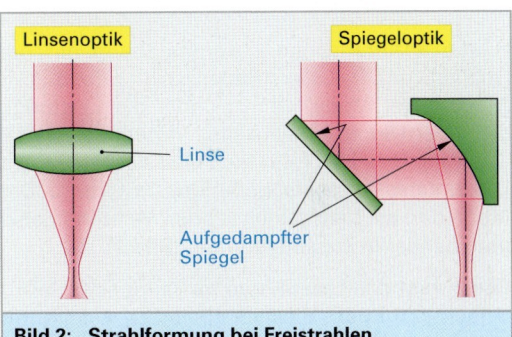

Bild 2: Strahlformung bei Freistrahlen

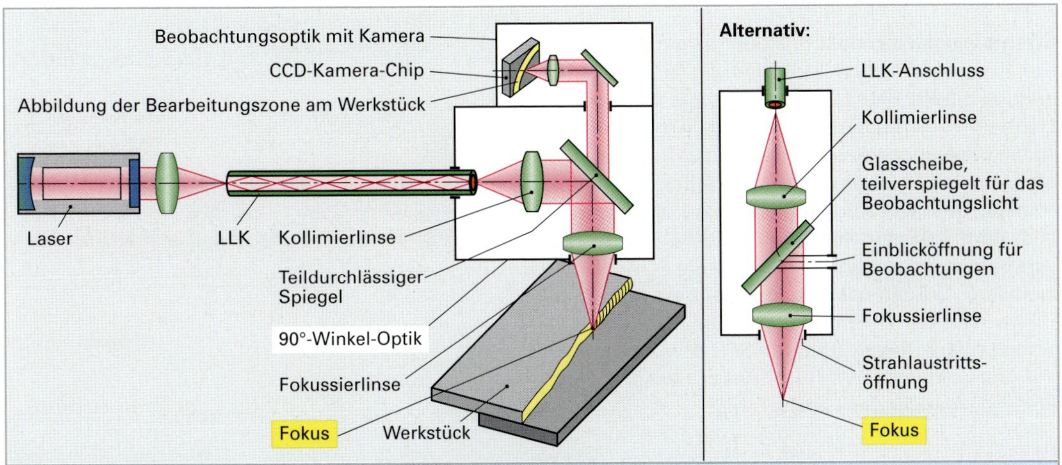

Bild 3: Optiken zur Formung von LKK-geführten Laserstrahlen

6.1.7 Strahlqualität

Wichtigstes Qualitätskriterium für einen Laserstrahl ist seine Fokussierbarkeit. Entsprechend sind die im praktischen Lasereinsatz gebräuchlichsten Angaben zur Strahlqualität solche Kenngrößen, die die Fokussierbarkeit des Laserstrahls ausdrücken. Abhängig davon, ob der Laserstrahl auf seinem Weg bis zum Werkstück durch ein Lichtleitkabel geleitet wird oder nicht, sind unterschiedliche Qualitätsangaben gebräuchlich:

Bei Freistrahlen. Die Strahlqualität wird gekennzeichnet durch die Strahlqualitätskennzahlen K und M^2:

K mit Wertebereich $K = 0 \ldots 1$.

Idealer Laserstrahl: $K = 1$.

$M^2 = 1/K$ mit Wertebereich $M^2 = 1 \ldots \infty$.

Idealer Laserstrahl: $M^2 = 1$.

Die Verwendung der Strahlqualitätsangaben K oder M^2 ist gängig bei CO_2-Lasern. Sie kennzeichnen die Fokussierbarkeit relativ zu einem technisch idealen Laser.

Häufig anzutreffen im Zusammenhang mit der Qualität von CO_2-Laserstrahlen ist auch der Begriff „Mode". Der Mode[1] kennzeichnet die Leistungsdichteverteilung („Helligkeits"-Verteilung) im Laserstrahl. Dies ist ein für die Fokussierbarkeit des Laserstrahls ausschlaggebendes Kriterium. Der Mode und die Kennzahlen K oder M^2 stehen also miteinander in Zusammenhang (**Bild 1**).

Bild 2 zeigt den Laser-Mode im Verlauf der Strahllänge bis 5 m am Beispiel eines CO_2-Lasers mit einer Leistung von 1,5 kW. Es ist ein Laser mit der Strahlqualitätskennzahl $K = 0,3$ (Mischung aus Ringmode und Multimode).

Strahlparameterprodukt *SPP* oder q (in mm × mrad). Die Angabe *SPP* bzw. q ist gängig als Qualitätsangabe bei Nd:YAG-Laserstrahlen, die nicht durch Lichtleitkabel transportiert wurden. Nd:YAG-Laser zum Bohren oder Beschriften sind z. B. Laser, die oft bis zum Einsatzort am Werkstück ohne LLK transportiert werden. Definiert sind *SPP* bzw. q aus dem halben Strahldurchmesser eines Laserstrahls am Ort seiner Strahltaille (Ort seines kleinsten Durchmessers), multipliziert mit dem Halbwinkel der Divergenz, den der Strahl an der Strahltaille aufweist (**Bild 3**). *SPP* bzw. q ist stets > 0. Je kleiner der Wert ist, desto besser ist die Fokussierbarkeit des Laserstrahls.

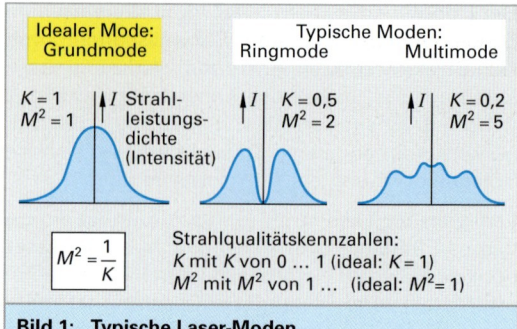

Bild 1: Typische Laser-Moden

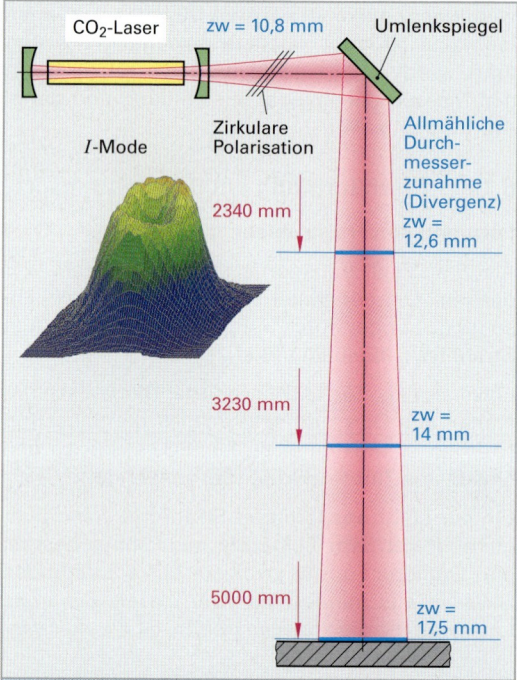

Bild 2: Strahldurchmesser und Lasermode eines CO_2-Lasers (Beispiel)

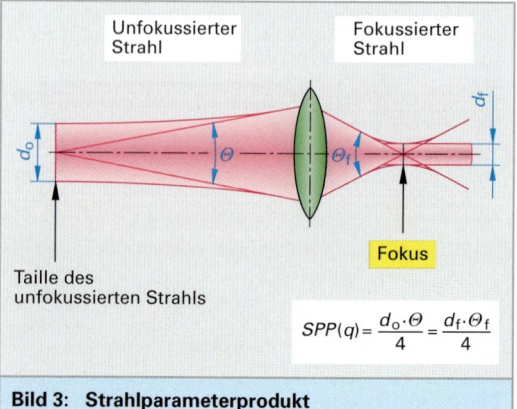

Bild 3: Strahlparameterprodukt

---

[1] *engl.* mode = Erscheinungsform, von lat. modus = Art

6.1 Grundlagen zur Lasertechnik

Bei Lichtleitkabeln. Die Strahlqualität wird angegeben durch den kleinstmöglichen verwendbaren LLK-Durchmesser.

Die Fokussierbarkeit von Laserstrahlen, die mittels LLK transportiert werden, ist direkt davon abhängig, welchen Kerndurchmesser dieses LLK hat. Je kleiner der LLK-Durchmesser ist, umso kleinere Fokusdurchmesser sind bei der anschließenden Fokussierung erzielbar.

Für eine Verringerung des verwendeten LLK-Kerndurchmessers gibt es jedoch Grenzen **(Bild 1)**:

1. Zum Eintritt in den Faserkern muss der Strahl zu einem Durchmesser d_{Ein} gebündelt werden, der aufgrund der Toleranzen bei der Justierung in der Praxis kleiner als der Kerndurchmesser d_{Kern} sein muss: $d_{Ein} < d_{Kern}$.
2. Die Divergenz θ_{Ein}, die er bei diesem Taillendurchmesser d_{Ein} hat, darf nicht zu groß werden. θ_{Ein} muss nach Eintritt in den Faserkern einen Winkel φ ergeben, bei dem sich Totalreflexion ergibt. Es muss gelten: $\varphi > \varphi_{Total}$, mit $\sin \varphi_{Total} = n_2/n_1$.

Diese direkte Abhängigkeit des kleinstmöglichen LLK-Kerndurchmessers von den Größen „Taillendurchmesser" und „Taillendivergenzwinkel" des Strahls bedeutet also einen direkten Zusammenhang mit der Strahlqualitätskenngröße „Strahlparameterprodukt".

Daher wird im Fall der Verwendung von LLK üblicherweise als besonders griffige und zweckmäßige Angabe zur Strahlqualität der kleinstmögliche LLK-Durchmesser genannt, der zum Transport dieses Laserstrahls verwendet werden kann. Ungefähre Grenzen der LLK-Kerndurchmesser bei YAG-Lasern sind:

- Leistungsbereich oberhalb ca. 1 kW:
  - Nd:YAG: ca. 0,4 mm bis 0,6 mm
  - Yb:YAG: ca. 0,2 mm bis 0,4 mm
- Leistungsbereich bis ca. 1 kW:
  - Nd:YAG: ca. 0,2 mm bis 0,3 mm
  - Yb:YAG: ca. 0,1 mm (100-µm-Faser)

> Der kleinstmöglich verwendbare LLK-Durchmesser ist direkt vom Strahlparameterprodukt abhängig.

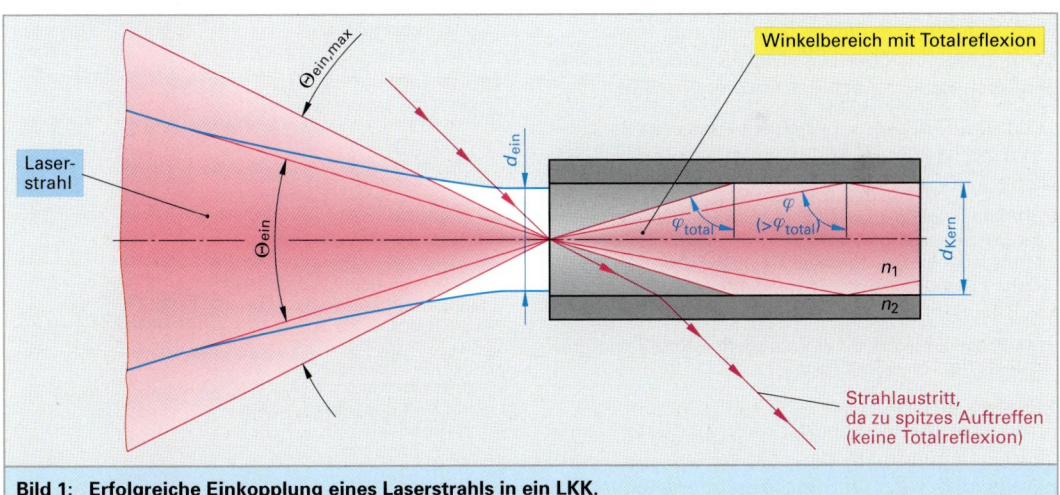

Bild 1: Erfolgreiche Einkopplung eines Laserstrahls in ein LKK.

Wiederholung und Vertiefung

1. Was kennzeichnet das Kürzel LLK im Zusammenhang mit Lasertechnik?
2. Für welche der in der Fertigungstechnik genutzten Laserarten können Lichtleitkabel zum Strahltransport eingesetzt werden?
3. Was ist Totalreflexion?
4. Was muss erfüllt sein, damit ein Licht- oder Laserstrahl mittels Totalreflexion gespiegelt wird?
5. Welches sind die zwei Gründe, wegen denen der Biegeradius eines Lichtleitkabels begrenzt werden muss?
6. Wovon hängt prinzipbedingt die Robustheit bzw. Störanfälligkeit einer Strahlführung mittels Freistrahl stark ab?
7. Wie kann mit Hilfe von Gasen ein Staubschutz für ein Freistrahl-Strahlführungssystem realisiert werden?
8. In welchen Fällen und warum wird auch der Strahl eines YAG-Lasers manchmal als Freistrahl zum Werkstück geführt?

6.2 Werkstückbearbeitung

6.2.1 Grundlagen

Die Wirtschaftlichkeit eines Lasereinsatzes zur Materialbearbeitung steht und fällt mit dem erfolgreichen Gelingen einer gezielten und eng begrenzten Wärmeeinbringung in die Bauteile. Daher sind fast immer eine möglichst gute Fokussierung des Laserstrahls und eine möglichst hohe Absorption des Laserstrahls in den Bauteilen von entscheidender Bedeutung.

6.2.1.1 Fokussierung

Mit der Fokussierung eines Laserstrahls werden insbesondere zwei Strahlkenngrössen beeinflusst, die bei der Materialbearbeitung wichtig sind:

- Fokusdurchmesser d_f ⇒ beeinflusst die Strahlleistungsdichte I im Fokus
  (Intensität $I = P_L(\pi/4 \cdot d_f^2)$).
- Schärfentiefe ⇒ beeinflusst die Abstandsunempfindlichkeit während der Bearbeitung und die Eignung zur Bearbeitung dicker Werkstücke.

Fokussieren eines Freistrahls mit Linsenoptik: Hier entstehen kleinere Fokusdurchmesser als beim Transport über LLK. Der Fokusdurchmesser d_f berechnet sich nach der Formel aus **Bild 1**.

> Nun könnte man auf Basis der Formel aus **Bild 1** folgende FALSCHANNAHME treffen: *„Ein Laserstrahl schlechterer Qualität (kleines K, bzw. großes M^2) bringt bei der Fokussierung keine Nachteile. Denn zur Erzeugung eines gewünschten Fokusdurchmessers d_f muss dann einfach nur eine kleinere Fokussierbrennweite f genommen werden, siehe Formel."*
>
> Diese Annahme ist falsch, da der Einsatz einer kürzeren Brennweite f zu einer Verringerung der Schärfentiefe z_{Rf} führen würde **(Bild 2)**.

Eine verringerte Schärfentiefe bedeutet, dass ober- und unterhalb der Fokusebene der Strahl bereits nach kürzerer Strecke an Intensität verliert, da er mit einem größeren Divergenzwinkel auseinanderläuft **(Bild 2)**.

Die Folgen einer geringeren Brennweite und damit einer geringeren Schärfentiefe sind

- herabgesetzte Tolerierbarkeit von Abstandsschwankungen zwischen Optik und Werkstück,
- herabgesetzte Eignung zur Bearbeitung dicker Werkstücke,
- verschlechterte Zugänglichkeit zum Werkstück und größere Verschmutzungsgefahr der Linse. Sie ist näher am Werkstück wegen kürzerer Brennweite.

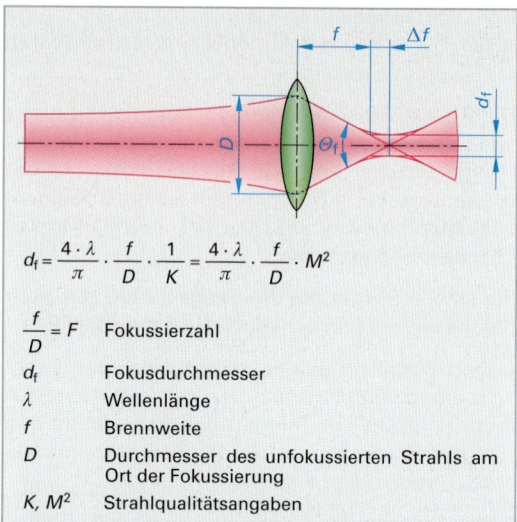

$$d_f = \frac{4 \cdot \lambda}{\pi} \cdot \frac{f}{D} \cdot \frac{1}{K} = \frac{4 \cdot \lambda}{\pi} \cdot \frac{f}{D} \cdot M^2$$

$\frac{f}{D} = F$ Fokussierzahl

d_f Fokusdurchmesser
λ Wellenlänge
f Brennweite
D Durchmesser des unfokussierten Strahls am Ort der Fokussierung
K, M^2 Strahlqualitätsangaben

Bild 1: Fokussierung eines Freistrahls

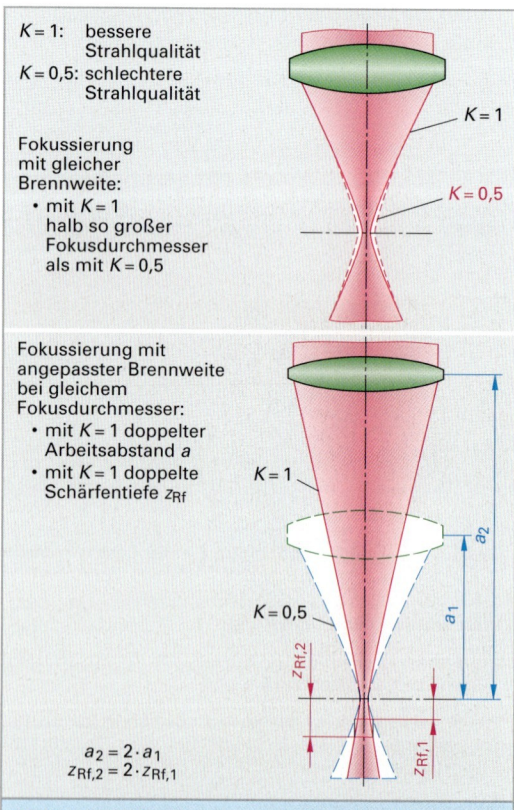

$K = 1$: bessere Strahlqualität
$K = 0,5$: schlechtere Strahlqualität

Fokussierung mit gleicher Brennweite:
- mit $K = 1$ halb so großer Fokusdurchmesser als mit $K = 0,5$

Fokussierung mit angepasster Brennweite bei gleichem Fokusdurchmesser:
- mit $K = 1$ doppelter Arbeitsabstand a
- mit $K = 1$ doppelte Schärfentiefe z_{Rf}

$a_2 = 2 \cdot a_1$
$z_{Rf,2} = 2 \cdot z_{Rf,1}$

Bild 2: Vorteile einer besseren Strahlqualität bei der Fokussierung

---

[1] Fokus = Brennpunkt, *lat.* focus = Feuerstätte

6.2 Werkstückbearbeitung

> „Eine hohe Strahlqualität (hohes K, bzw. niedriges M^2) ist durch nichts zu ersetzen."

Weitere wichtige Kenngrößen sind:

- Divergenz $\theta_f \approx D/f$.
  θ_f ist ein wichtiges Maß für Zugänglichkeitsbetrachtungen zur Bearbeitungsstelle. Es ist auch das Maß, das man im Bearbeitungskopf für den Strahl freihalten muss.

- Unterschied Δf zwischen Linsenbrennweite f und tatsächlicher Fokuslage auf dem Werkstück: Δf ist abhängig von der Divergenz θ des auf die Fokussierlinse auftreffenden Strahles. Diese Größe ist nur aufwändig messbar. Daher wird die wirkliche Fokuslage $(f + \Delta f)$ experimentell durch Einstellversuche bestimmt.

Fokussierung eines Strahls, der durch ein LLK geführt wurde: Der Durchgang durch das LLK bringt aufgrund der zahllosen Mantelspiegelungen, die meistens ungleichmäßig sind, eine starke Verschlechterung der Kohärenz und der Parallelität des Laserstrahls. Zur Ermittlung des Fokusflecks geht man davon aus, dass die Kollimierlinse[1] und die Fokussierlinse ein Abbild des Faserendes auf das Werkstück projizieren. Das Abbildungsverhältnis von d_f/d_{LLK} entspricht dem Verhältnis f_{Fok}/f_{Koll} (**Bild 1**).

Eine hohe Strahlqualität ermöglicht die Verwendung eines möglichst kleinen LLK-Durchmessers für den Laserstrahl.

6.2.1.2 Verschmutzungsschutz

Die Laseroptik ist vor Verschmutzung zu schützen, insbesondere auch vor Schweißspritzern und Schweißdämpfen. Hierzu verwendet man einerseits Schutzscheiben. Sie schützen die teure Optik und oft zusätzlich einen starken Luftstrahl Crossjet) quer zum Laserstrahl (**Bild 2**). Er verhindert wie ein Vorhang das Eindringen von Schmutzpartikeln.

[1] Kollimation = geradlinig ausrichten (Strahlen verlaufen parallel), von lat. collimare bzw. collineare = in gerade Linie bringen

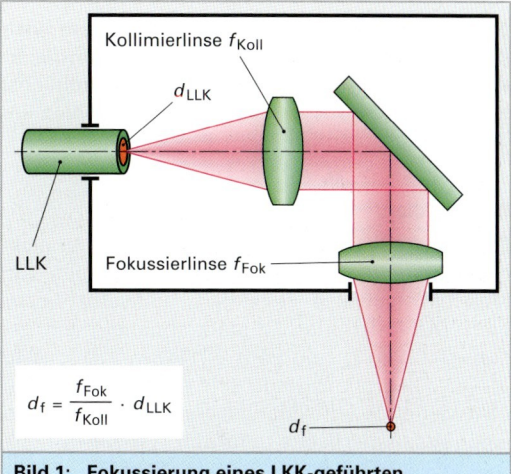

$$d_f = \frac{f_{Fok}}{f_{Koll}} \cdot d_{LLK}$$

Bild 1: Fokussierung eines LKK-geführten Laserstrahls

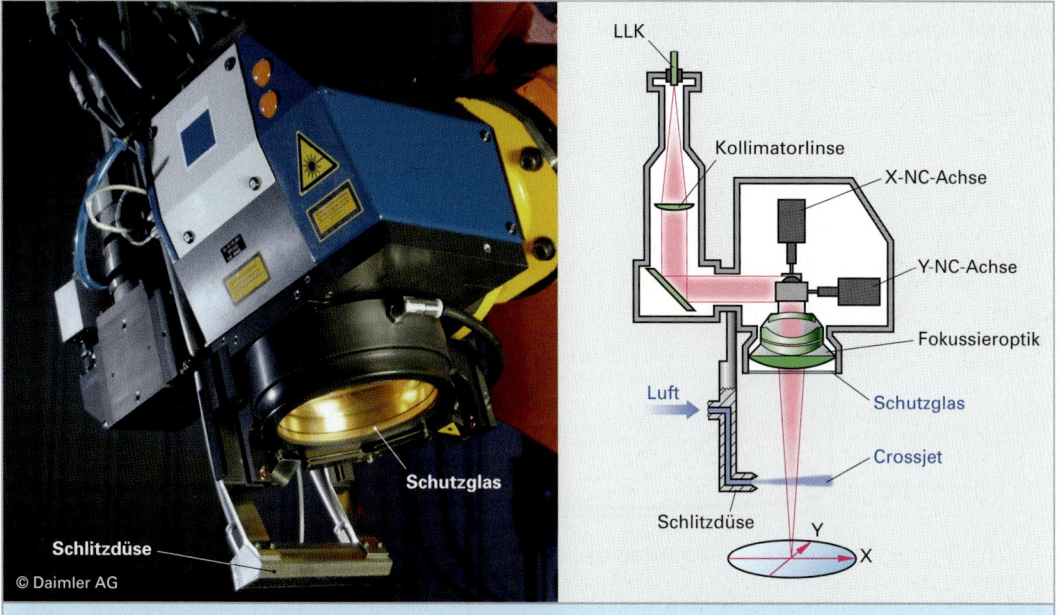

Bild 2: Strahlwerkzeug mit Crossjet und zwei NC-Achsen

6.2.1.3 Absorption

Trifft Laserstrahlung auf einen Werkstoff, so kann es zu drei verschiedenen Arten der Wechselwirkung kommen (**Bild 1**):

- **Reflexion:** Die Werkstoffoberfläche wirft die Laserstrahlung zurück.
- **Absorption:** Die Laserstrahlung dringt in den Werkstoff ein und wird in ihm in Wärme umgewandelt.
- **Transmission:** Die Laserstrahlung durchdringt den Werkstoff verlustfrei.

Die für eine Materialbearbeitung mit Laser wichtige Eigenschaft ist die Absorption, also die Erwärmung des Werkstoffs. Es ist also ein möglichst hoher Absorptionsgrad A der Laserstrahlen im Werkstoff anzustreben.

Bei Metallen:

Durch Metalle können Laserstrahlen fast gar nicht transmittieren ($T \approx 0$). Laserstrahlen werden von Metallen teilweise reflektiert, teilweise absorbiert. Die Absorption ist stark abhängig von der *Metallart* (**Bild 2**) und vom *Einfallswinkel* α: (**Bild 3**). Die Absorptionsgrade sind relativ gering. Der überwiegende Anteil der Laserstrahlung wird von einer Metalloberfläche reflektiert (**Tabelle 1**).

Es sei an dieser Stelle schon mal darauf hingewiesen, dass die Gesamtabsorption beim Laserschneiden oder Laserschweißen von Metallen jedoch oft erheblich höher ist (bis > 90 %). Dies liegt an einem *Mehrfachreflexion* genannten Effekt, der im nachfolgenden Kapitel Laserschweißen erläutert wird.

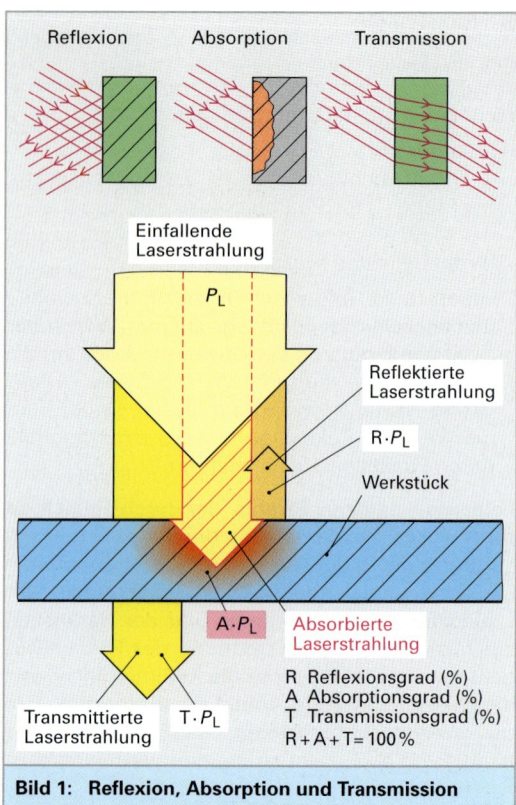

Bild 1: Reflexion, Absorption und Transmission

Tabelle 1: Absorptionsgrade A

Werkstoff	CO_2-Laser:	YAG-Laser:
Stahl-Legierungen	ca. 10 %	ca. 30 %
Al-Legierungen	ca. 4 %	ca. 10 %

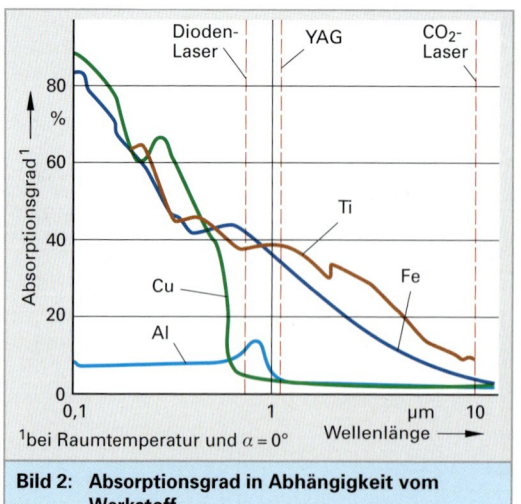

Bild 2: Absorptionsgrad in Abhängigkeit vom Werkstoff

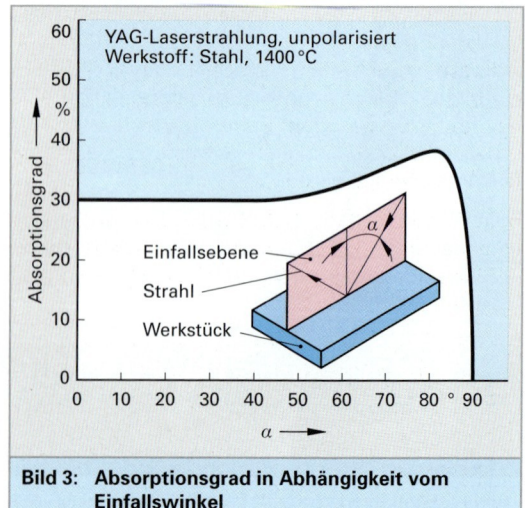

Bild 3: Absorptionsgrad in Abhängigkeit vom Einfallswinkel

Bei Kunststoffen:

CO₂-Laserstrahlung. CO_2-Laserstrahlung wird in der Polymer-Matrix eines Kunststoffes zu über 90 % absorbiert, was eine hervorragende Bearbeitbarkeit sichert.

YAG- und Diodenlaserstrahlung. Hier besteht durch das Einmischen von Pigmenten in die Polymer-Matrix des Kunststoffes die Möglichkeit, Absorptions- und Transmissionsgrade in weitem Umfang zu beeinflussen: Ohne Pigmente ist die Polymer-Matrix deutlich transparent und weist eine Absorption von unter 10 % auf.

Durch die Einmischung angepasster Pigmente kann die Absorption für die verwendete Laserwellenlänge gezielt auf hohe Werte für eine günstige Bearbeitung gesteigert werden **(Bild 1)**.

6.2.2 Laseranwendungen

6.2.2.1 Laserschweißen

Laserschweißen ist ein Schweißverfahren mit immer höherer Verbreitung. Die Gründe hierfür sind die Fähigkeit, die Wärme gezielt und mit wenig Verzug einzubringen sowie die hohen erzielbaren Schweißgeschwindigkeiten.

Durch passende Einstellung von Laserleistung, Schweißgeschwindigkeit und Strahlfleckdurchmesser sind zwei unterschiedliche Varianten des Laserschweißens einstellbar **(Bild 2)**.

Am wichtigsten und meistverbreitet ist das Schweißen mit „Tiefschweißeffekt": Hierzu muss der Laserstrahl so stark fokussiert werden, dass eine hohe Strahlintensität erzeugt wird **(Tabelle 1)**. Dadurch wird im auftreffenden Strahlfleck ein geringer Teil des Werkstoffs verdampft. Durch die nachdringenden Strahlen bildet sich eine Verdampfungskapillare im Werkstoff aus. So kann der Laserstrahl bis in große Tiefen des Werkstücks eindringen. Der Druck des abströmenden Dampfes hält die Kapillare offen. Beim Schweißen mit Tiefschweißeffekt können sehr schmale und dabei tiefe Nähte erzeugt werden.

Beim Schweißen mit Tiefschweißeffekt ergibt sich eine deutliche Erhöhung der Gesamtabsorption der Laserstrahlung im Werkstoff auf Werte von teilweise über 90 %.

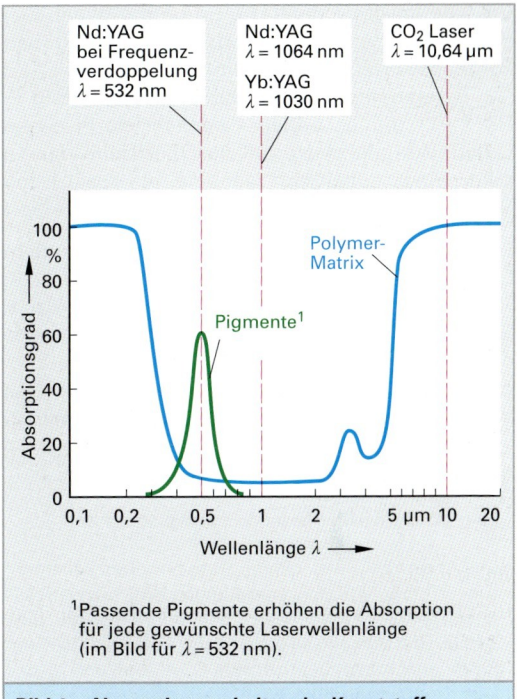

[1] Passende Pigmente erhöhen die Absorption für jede gewünschte Laserwellenlänge (im Bild für $\lambda = 532$ nm).

Bild 1: Absorptionsverhalten der Kunststoffe

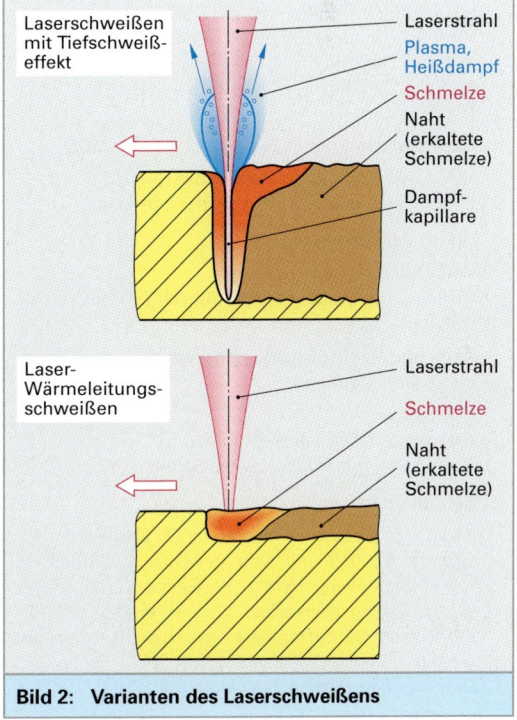

Bild 2: Varianten des Laserschweißens

Tabelle 1: Mindest-Strahlintensitäten für das Tiefschweißen		
Werkstoff	CO₂-Laser:	YAG-Laser:
Stahllegierungen	ca. $2 \cdot 10^6$ W/cm²	ca. $0{,}6 \cdot 10^6$ W/cm²
Al-Legierungen:	ca. $5 \cdot 10^6$ W/cm²	ca. $1{,}6 \cdot 10^6$ W/cm²

Ursache für diese deutliche Erhöhung gegenüber den im Abschnitt *Absorption* genannten Grundabsorptionswerten ist der Mehrfachreflexions-Effekt der Laserstrahlen in der Dampfkapillare **(Bild 1)**: Die Laserstrahlen treffen – ähnlich wie in einem Labyrinth – mehrfach auf die Oberfläche der Kapillaren auf, dabei wird jedesmal ein zusätzlicher Teil der weiter reflektierten Strahlen absorbiert.

Laserschweißwerkzeuge umfassen neben dem Optikteil zur Formung des Strahlflecks in der Regel auch ein Quergebläse (Cross-Jet) zum Schutz der Optik vor Rauch und Partikeln sowie eine Prozessgaszufuhr. Erfordern es die Toleranzen oder die Metallurgie der Werkstücke, so verwendet man auch Zusatzwerkstoffe **(Bild 2)**.

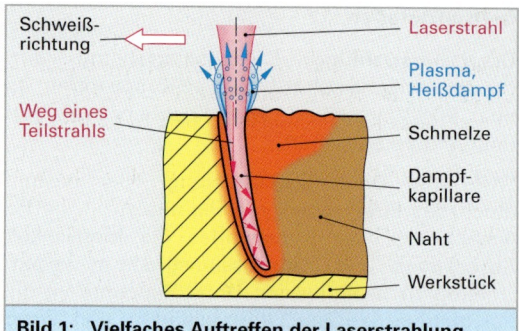

Bild 1: Vielfaches Auftreffen der Laserstrahlung

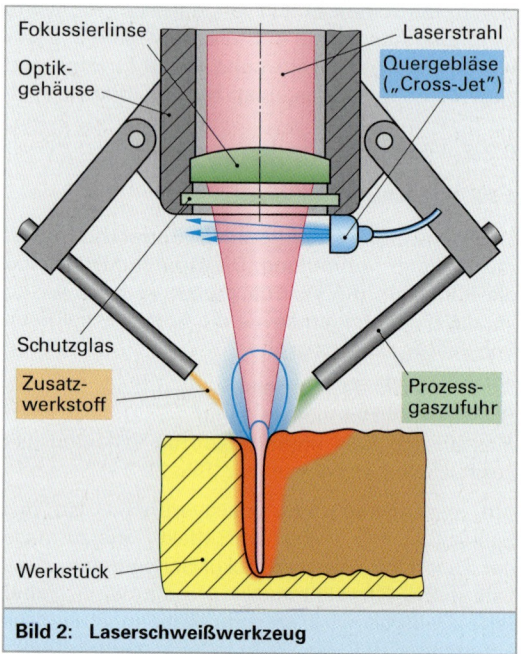

Bild 2: Laserschweißwerkzeug

Zum Laserschweißen besonders geeignete Laser:

Das Laserschweißen benötigt Laser hoher Leistung (Dauer- bzw. Pulsspitzenleistungen im Kilowattbereich) bei gleichzeitig guter Fokussierbarkeit (für die Bildung der Dampfkapillaren). Aufgrund dieser beiden Forderungen kommen fast nur CO_2-Laser und YAG-Laser zum Einsatz **(Bild 3)**.

Die je nach Werkstückspektrum am häufigsten verwendeten Laser sind:

- **Filigrane, wenig wärmebelastbare Bauteile:**
  Gepulste YAG-Laser ohne Lichtleitkabel.
  Gründe: Hohe Pulsleistung bei geringer mittlerer Leistung (geringe Wärmeschädigung) sowie ein kleiner Fokusdurchmesser (gezielte örtliche Einwirkung).

- **NE-Metalle mit hoher Reflexion (z. B. Al, Cu):**
  YAG-Laser, mit oder ohne Lichtleitkabel.
  Grund: Bessere Absorption als der CO_2-Laser.

- **Bei 3D-Anwendungen:**
  YAG-Laser mit Lichtleitkabel.
  Grund: Unaufwändige Strahlführung mittels Lichtleitkabel.

- **Stahl und niedrig reflektierende NE-Metalle (z. B. Ti) in 2D-Anwendungen:**
  CO_2-Laser.
  Gründe: Der CO_2-Laser ist hierzu gut geeignet und dabei kostengünstiger (Invest, Strom).

- **Sehr dünnwandige Bauteile:**
  YAG-Laser geringer Leistung oder Diodenlaser.
  Gründe: Bauteile mit sehr geringen Wanddicken, z. B. Metallfolien, werden entweder durch reines Wärmeleitungsschweißen, also ohne absorptionserhöhende Dampfkapillare, geschweißt oder sie werden gepulst geschweißt mit YAG-Pulslasern. Daher ist keine hohe Strahlintensität nötig.

Bild 3: CO_2-Laserschweißen

6.2 Werkstückbearbeitung

Schweißergebnisse:

Schweißtiefen und Schweißgeschwindigkeiten verhalten sich beim Laserschweißen in Vollmaterial etwa umgekehrt proportional (**Bild 1** und **Bild 2**).

Spalttoleranzen zwischen den zu schweißenden Bauteilen sind beim Laserschweißen nur in sehr engen Grenzen zulässig. Während bei Stumpfstoßanordnungen oft nur Hundertstel Millimeter Spalt zulässig sind, sind bei Überlappstößen teilweise sogar einige Zehntel Millimeter überbrückbar (**Bild 3**).

Schweißen verzinkter Bleche: Eine häufige Schweißanwendung bei Produkten aus Blech, z. B. Automobilkarosserien, ist das Verschweißen verzinkter Stahlbleche. Hier kann es bei Überlappanordnungen der Bleche während des Laserschweißens zu Schmelzauswürfen kommen, die die Schweißnaht zerstören (**Bild 4**).

Die Ursache dafür liegt in den unterschiedlichen Schmelz- und Verdampfungstemperaturen von Stahl und Zink. Zu dem Zeitpunkt, an dem die von der Werkstückoberfläche her in das Innere des Bauteils vordringende Schmelzzone (1530 °C) das im Fügestoß gefangene Zink erreicht, ist dieses schon längst dampfförmig (ab 907 °C) und damit ein wie in einem Druckbehälter vorgespannter Heißdampf.

Wird nun die vom Oberblech gebildete „Druckbehälterwand" plötzlich zur Schmelze, also flüssig, so entlädt sich der Zinkdampfdruck schlagartig durch die Schmelze hindurch ins Freie und reißt die Schmelze zu großen Teilen mit. Es entsteht eine Fehlstelle in der Naht.

Eine pragmatische Lösung dieses Problems besteht in einer laserschweißgerechten Gestaltung der Fügestellen. Dabei muss eine Entgasungsmöglichkeit für den Zinkdampf gewährleistet werden.

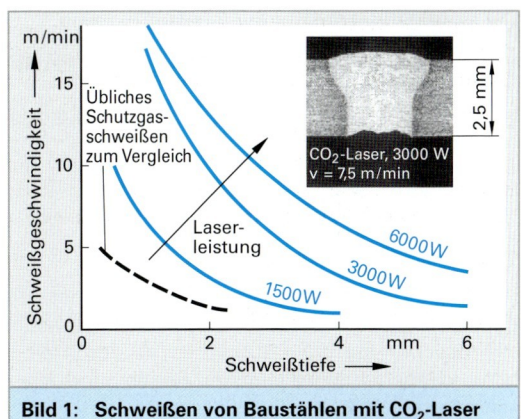

Bild 1: Schweißen von Baustählen mit CO_2-Laser

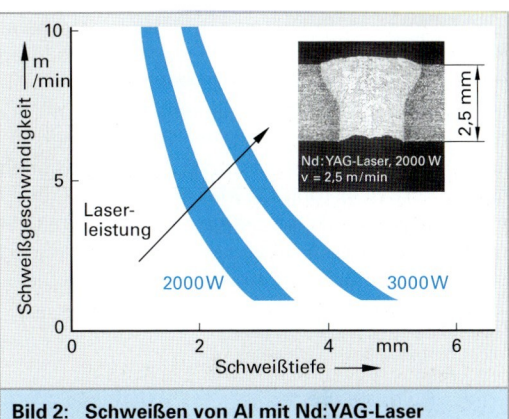

Bild 2: Schweißen von Al mit Nd:YAG-Laser

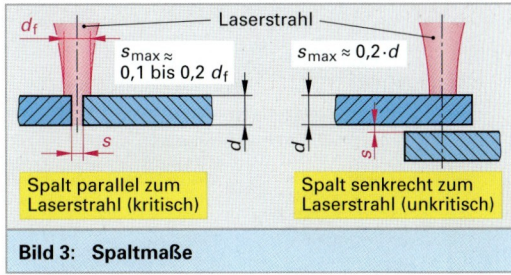

Bild 3: Spaltmaße

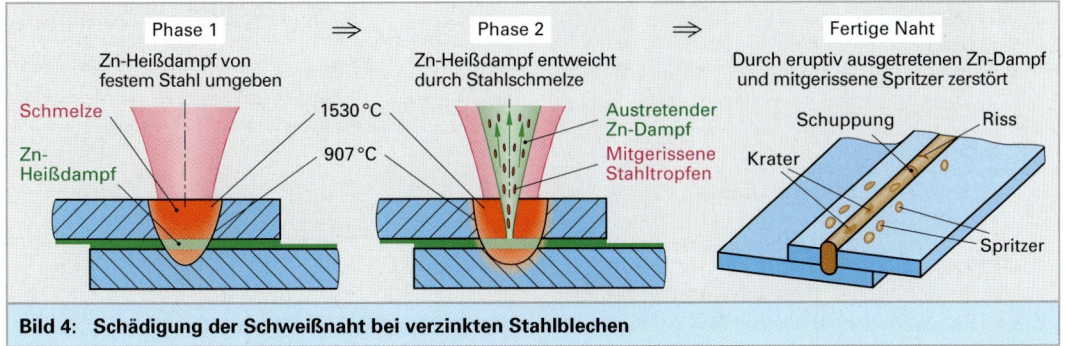

Bild 4: Schädigung der Schweißnaht bei verzinkten Stahlblechen

Die gängigsten konstruktiven Lösungen sind:

- ein keilförmiger Schrägstand der überlappenden Bleche zueinander,
- das Schweißen einer Kehlnaht an der Kante des Überlappstoßes oder
- die Änderung der Stoßgeometrie zu einem Stumpfstoß **(Bild 1)**.

Fertigungstechnische Beispiele:

Typische Einsätze des Laserschweißens in der Fertigung sind gekennzeichnet durch hohe Präzision, Wärmeschonung der Bauteile sowie durch eine hohe Wirtschaftlichkeit in der Serien- und Massenfertigung z. B. gasdicht zugeschweißte Herzschrittmacher **(Bild 2)**.

Ein neuartiger Anwendungstrend des Laserschweißens ist die Herstellung sogenannter *Tailored Blanks*[1], die vor allem im Karosseriebau schon häufig genutzt werden. Dabei handelt es sich um die Herstellung maßgeschneiderter Blechplatinen für anschließendes Umformen, z. B. durch Tiefziehen **(Bild 3** und **Bild 4)**. Möglich wird diese Technik durch ein günstiges Werkstoffgefüge mit eng begrenzter Aufhärtungszone im Bereich der Laserschweißung, so dass diese noch umgeformt werden kann.

---
[1] engl. tailored = maßgeschneidert
engl. blank = unbearbeitetes Blatt

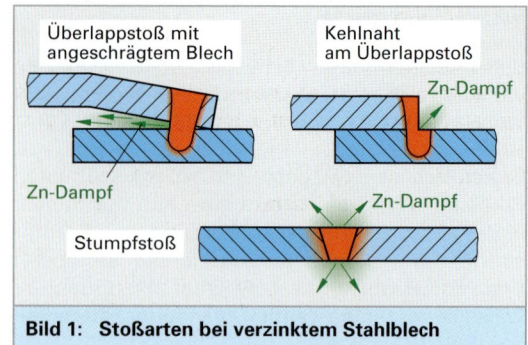

Bild 1: Stoßarten bei verzinktem Stahlblech

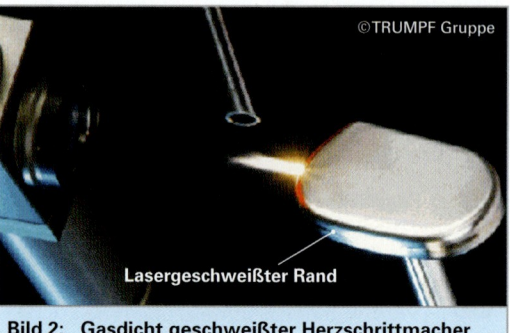

Bild 2: Gasdicht geschweißter Herzschrittmacher

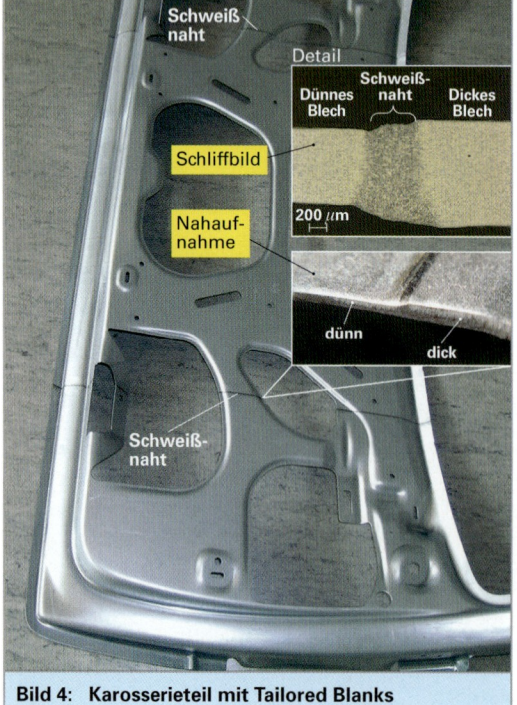

Bild 4: Karosserieteil mit Tailored Blanks

Bild 3: Herstellen von Tailored Blanks

6.2.2.2 Laserschneiden

Das Laserschneiden ist ein schon seit vielen Jahren etabliertes thermisches Trennverfahren. Zum Einsatz kommt es bei fast allen Metallen, bei Kunststoffen und Holz. Bei Metallen wird es am häufigsten an Blechen eingesetzt. Hier besticht es durch relativ hohe Prozessgeschwindigkeiten sowie durch eine geringe Wärmebelastung der Bauteile.

Die Abgrenzung der Einsatzbereiche gegenüber dem Stanzen von Blechen ergibt sich, wenn aufgrund der Stückzahlen oder der Geometrie (z. B. Rohre) ein Stanzen nicht in Frage kommt. Die Abgrenzung der Einsatzbereiche gegenüber dem Wasserstrahlschneiden ergibt sich meist durch die Dicke der Werkstücke. Ein etwaiger Grenzwert, ab dem sich ein Wirtschaftlichkeitsvergleich mit dem Wasserstrahlschneiden lohnt, liegt bei Dicken von ca. 15 bis 20 mm.

Wie bei anderen thermischen Trennverfahren auch, ist beim Laserschneiden durch die Wahl des Schneidgases entweder ein Schmelzschneiden mit inerten Gasen oder ein Brennschneiden mit reaktiven Gasen (O_2) möglich.

Hierzu erwärmt der Laserstrahl das Werkstück auf Schmelztemperatur, bzw. beim Brennschneiden auf die niedriger liegende Entzündungstemperatur, anschließend werden mittels des Schneidgasstrahles die Schmelze bzw. die Abbrandprodukte ausgetrieben **(Bild 1)**. So entsteht eine Schnittfuge, die auch bei dickeren Werkstücken sehr schmal bleibt (in der Regel ≪ 1 mm).

Damit das Laserschneiden auch bei hohen Schneidgeschwindigkeiten noch störungs- und kollisionsfrei abläuft, insbesondere an Werkstücken, die Toleranzen aufweisen oder die sich während des Schneidens durch die Erwärmung verziehen, werden sogenannte Autofokussysteme eingesetzt **(Bild 2)**.

Bei Autofokussystemen wird mittels Sensorik der Abstand zwischen Schneiddüse und Werkstück gemessen und mittels einer hochdynamischen kurzhubigen Verstellachse konstant gehalten. Schneiddüse und Fokussierlinse bilden dabei eine Einheit und werden gemeinsam verstellt.

Die Schneiddüse muss während des Schneidens konstant auf einem sehr geringen Abstand (max. ca. 1 mm) zum Werkstück gehalten werden, so dass der für ein gutes Eindringen des Schneidgases in die Trennfuge nötige Staudruck aufrecht erhalten bleibt. Die Fokussierlinse muss wegen der Konstanthaltung der Fokuslage und damit der Gewährleistung der notwendigen hohen Strahlintensität mit verfahren werden.

Autofokus-Systeme mit kapazitiv arbeitender Abstandssensorik sind zu einer Standardkomponente von Laserschneidanlagen geworden.

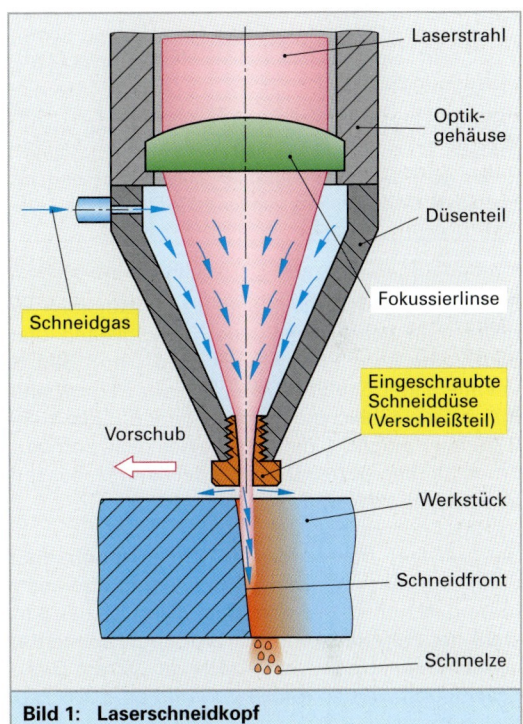

Bild 1: Laserschneidkopf

Bild 2: Autofokus-Laserwerkzeug für das Laserschneiden

> **Zum Laserschneiden besonders geeignete Laser:**
>
> Das Laserschneiden benötigt Laser relativ hoher Leistung (Dauer- bzw. Pulsspitzenleistungen im Bereich mehrerer hundert Watt bis Kilowatt) bei gleichzeitig sehr guter Fokussierbarkeit.
>
> Speziell wegen seiner Möglichkeit einer sehr guten und gleichzeitig sehr konstanten Fokussierung, kommen zum Schneiden nahezu aller Metalle meist CO_2-Laser zum Einsatz.
>
> Der Einsatz anderer Laserarten ist dann sinnvoll, wenn wegen 3D-Konturen Lichtleitkabel von Vorteil sind oder wenn aufgrund filigraner Bauteilabmessungen gepulste Laserstrahlung verwendet werden soll.

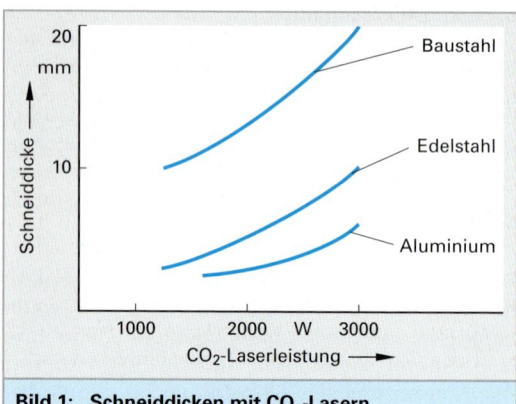

Bild 1: Schneiddicken mit CO_2-Lasern

Schneidergebnisse: Mit dem Laserschneiden erreicht man hohe Schneidgeschwindigkeiten und damit eine hohe Produktivität (**Bild 1** und **Bild 2**). Vor allem im Dünnblechbereich, bis ca. 1 mm, sind mit handelsüblichen Laserleistungen Geschwindigkeiten möglich, die im Praxiseinsatz oft aufgrund der begrenzten Dynamik der Anlagenachsen gar nicht nutzbar sind.

Bei größeren Materialdicken ist die Trennbarkeit dann am besten, wenn mit Sauerstoffeinsatz brenngeschnitten werden kann. Dies ist bei Baustahl der Fall. Hier kann mit typischen Schneidlaserleistungen bis in den Bereich von 20 mm Dicke geschnitten werden (**Bild 1** und **Bild 2**).

Die entstehenden Rauigkeiten von Laserschnitten sind hauptsächlich abhängig

- vom Material,
- von der Dicke (dünn besser als dick),
- von der Gasart (Brennschneiden besser als Schmelzschneiden).

Die typischen Rautiefen von Laserschnitten sind in **Bild 3** dargestellt.

Der häufigste Einsatz des Laserschneidens erfolgt an ebenen Blechbauteilen (**Bild 4**). Hier befindet sich das Laserschneiden zum Teil in wirtschaftlicher Konkurrenz zum Stanzen. Je nach Einsatzfall macht dabei auch die Kombination des Stanzens (bei höheren Wiederholzahlen) und des Laserschneidens (bei niedrigeren Wiederholzahlen einer Kontur) wirtschaftlichen Sinn. Entsprechenderweise wurden daher auch Kombinationsmaschinen Stanzen/Laserschneiden geschaffen (**Bild 1, folgende Seite**).

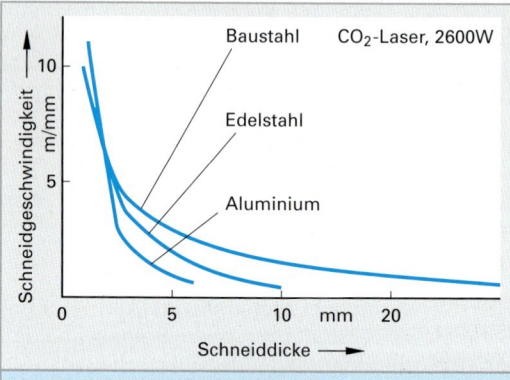

Bild 2: Schneidgeschwindigkeiten

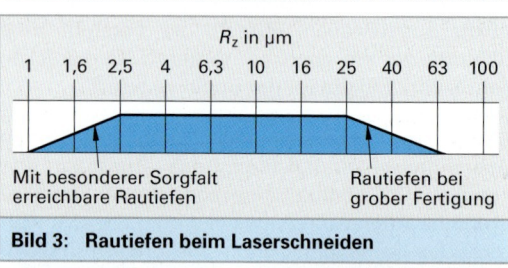

Bild 3: Rautiefen beim Laserschneiden

Bild 4: Laserschneiden von Blechen

6.2 Werkstückbearbeitung

Zum räumlichen Schneiden (**Bild 2**) wird das Strahlwerkzeug z. B. in 5 Maschinenkoordinaten bewegt (wie bei einer 5-Achsen-Werkzeugmaschine: 3x translatorisch und 2x rotatorisch). Hinzu kommen häufig noch 1 oder 2 weitere Achsen für eine Werkstückdrehung und Werkstückneigung oder eine Arbeitsraumverlängerung

Laserschneiden wird auch an Keramiken durchgeführt, meist mit gepulsten Lasern. Für das Laserschneiden von Kunststoffen oder Holz sind schon kleine Laserleistungen ausreichend. Es muss jedoch eine thermische Beeinflussung der Schnittkanten zulässig, bzw. erwünscht sein. Ein Beispiel dafür sind glasfaserverstärkte Kunststoffe, bei denen die, an die Schnittkanten heranragenden, Glasfasern durch die Laserwärme umgeschmolzen und versiegelt werden.

> Beim Laserschneiden muss die Gasdüse sehr knapp über die Werkstückoberfläche geführt werden (Abstand etwa 1 mm). Ermöglicht wird dies am besten mit **Autofokussystemen** mit Abstandsregelung.

6.2.2.3 Laserbohren

Richtet man Pulse hoher Laserleistung im Kilowattbereich eng fokussiert auf eine metallische Werkstückoberfläche, so wird diese an der Auftreffstelle der Laserstrahlung erst schmelzflüssig, Bruchteile von Sekunden später verdampft der Werkstoff. Die Dampfbildung geschieht so schnell, dass sie einen explosionsartigen Druckanstieg über der Bearbeitungszone verursacht.

Durch diesen Druckanstieg wird auch die an der Bearbeitungsstelle entstandene Schmelze ausgetrieben. Dadurch verbleibt eine Vertiefung in der Werkstückoberfläche – das Bohrloch (**Bild 3**).

Neue Möglichkeiten ermöglicht das Laserbohren insbesondere dadurch, dass Schrägbohrungen in Bauteile eingebracht werden können (**Bild 4**).

Bild 1: Maschine für Stanzen und Lasern

Bild 2: Räumliches Laserschneiden

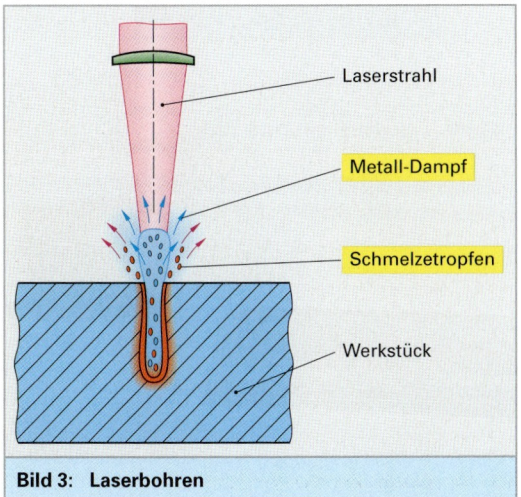

Bild 3: Laserbohren

Bild 4: Laserbohren (Ölbohrung für Pleuel)

Beim Laserbohren von Sieblöcher (z. B. für Diesel-Kraftstofffilter) werden mehr als 500 Löcher in einer Prozesszeit von 5 s gebohrt. Jeder Laserpuls bohrt ein Siebloch. Das Bauteil wird währenddessen mittels Drehachse kontinuierlich unter dem Laserstrahl bewegt (**Bild 1**).

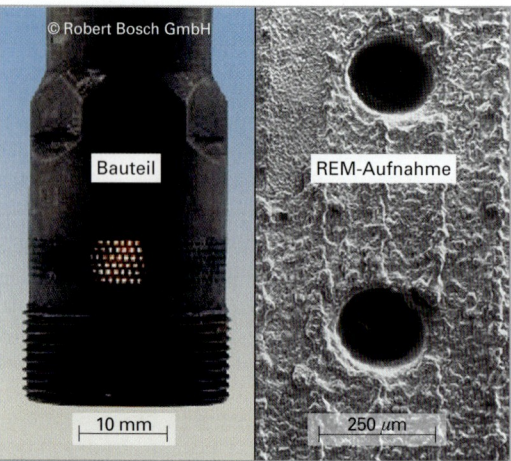

Bild 1: Lasergebohrte Filterlöcher

6.2.2.4 Laserlöten

Laserlöten wird hauptsächlich zum Weichlöten in der Elektronikfertigung angewandt. Zum Einbringen des Lots an die Lötstellen gibt es, wie bei konventionellen Lötverfahren auch, unterschiedliche Varianten. Auch eine 1-stufige Bearbeitung, also ein Löten ohne einen zusätzlichen Arbeitsschritt zum Vorbeloten der Lötstelle wird möglich, wenn das Lot als Draht beim Löten zugeführt wird. Zur Sicherstellung einer hohen Prozesssicherheit in der automatisierten Fertigung, kann die zugeführte Laserleistung sehr präzise, z. B. mittels einer berührungslosen Temperaturmessung der Lötstelle, geregelt werden (**Bild 2**).

Ideal zum Löten sind Blech-Blech-Verbindungsstellen. Sollen Blech-Draht-Verbindungen prozesssicher lasergelötet werden, so ist die korrekte Positionierung des Drahtendes sicherzustellen, z. B. durch vorheriges Einklemmen des Drahtendes in das Blechteil.

Das Hartlöten mit Laser gewinnt an Bedeutung. So wird z. B. im Karosseriebau an Fügestellen, wo durch Zusatzwerkstoff Toleranzen und Spalte zu überbrücken sind, das Laserschweißen mit Zusatzdraht oft durch das Laserlöten substituiert. Grund dafürsind in diesen Fällen insbesondere die geringeren Verzüge aufgrund der niedrigeren Temperaturen.

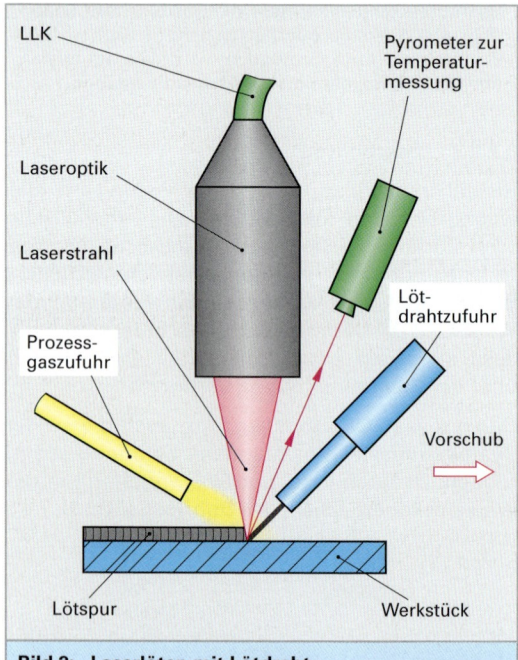

Bild 2: Laserlöten mit Lötdraht

6.2.2.5 Laserbearbeiten von Diamantwerkzeugen

Mit diodengepumten Nd:YAG-Lasern werden z. B. Werkzeuge aus PKD, CBN und CVD durch Schneiden bzw. Abtragen hergestellt (**Bild 3**). Die Schneidkanten sind ohne thermische Randzonenschädigungen oder Randzonenenausbrüchen bei Genauigkeiten besser als 2 µm. Man hat fast völlige Freiheit in der Gestaltung der Spanformungsgeometrie der Schneidplatten.

Bild 3: Gelaserte Kerbung in einer Diamantschneidplatte

6.2.2.6 Laserbeschriften und Laserstrukturieren

Zum Beschriften von Kunststoffen sind CO_2-Laser, YAG-Laser und Diodenlaser geeignet. Metalle werden vorzugsweise mit YAG-Laser beschriftet, für Glas sind der CO_2- und der Excimerlaser geeignet.

Zum Beschriften sind relativ kleine Laserleistungen ausreichend. Eine sehr gute Fokussierung und eine ungepulste Leistungsabgabe sind hilfreich, um ein möglichst feines Schriftbild zu erzeugen.

Bei Metallen entsteht das Schriftbild auf dem Werkstück entweder durch einen wärmebedingten Farbumschlag des Metalls (Anlasseffekt, Oxidation) oder durch einen Oberflächenabtrag (Gravur) **(Bild 1)**. Die Gravur ergibt einen, die Schrift bildenden, Kontrast. Dies geschieht durch den Schattenwurf des Umgebungslichtes oder dadurch, dass der Abtrag eine Deckschicht (z. B. Lack oder Eloxat) entfernt und andersfarbiges Grundmaterial sichtbar wird **(Bild 2)**.

Beim Beschriften von Kunststoffen ergeben sich werkstoffseitig noch mehr Möglichkeiten. So kann Kunststoff verwendet werden, der durch die Laserwärme aufschäumt **(Bild 3)**.

Ein sehr bekanntes Beispiel für das Laserbeschriften von Kunststoffen ist die Herstellung von Kfz-Bedienelementen mit „Nacht-Design": Transparenter Kunststoff wird mit einer kontrastbildenden Deckschicht (Lack) versehen, die durch das Laserbeschriften wieder gezielt entfernt wird. Ein Kontrast ist dann sowohl bei Auflicht (Umgebungslicht) erkennbar, aber auch bei Dunkelheit, wenn der transparente Kunststoff hinterleuchtet wird **(Bild 4)**.

Die Strukturierung einer Oberfläche mit Laser entspricht technologisch der Erzeugung einer tiefen Beschriftungsgravur.

> Bei Metalloberflächen entsteht das Schriftbild durch Farbumschlag oder Oberflächenabtrag.

Bild 1: Laserbeschriften

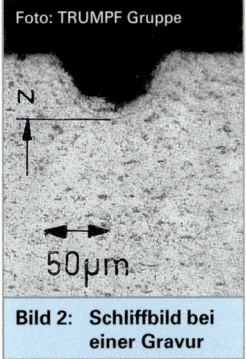

Bild 2: Schliffbild bei einer Gravur

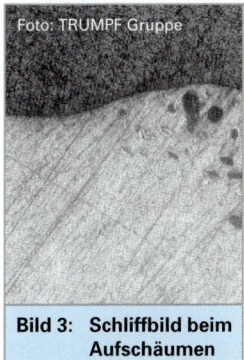

Bild 3: Schliffbild beim Aufschäumen

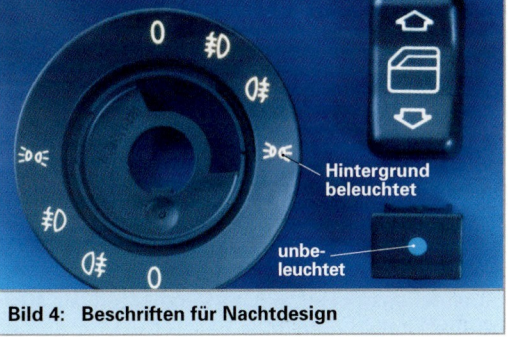

Bild 4: Beschriften für Nachtdesign

Wiederholung und Vertiefung

1. Durch welche Abläufe im Material des Werkstücks kann es beim Laserschweißen zur Ausbildung eines „Tiefschweißeffektes" kommen?
2. Was ist die Aufgabe eines „Cross-Jets" an einem Laserbearbeitungskopf?
3. Erklären Sie die Abläufe im Material beim Laserschweißen von verzinkten Stahlblechen.
4. Welche Komponenten umfasst ein Autofokussystem an einer Optik zum Laserschneiden?

6.2.2.7 Laserhärten

Das Laserhärten wird meistens als martensitisches Umwandlungshärten angewendet, seltener auch an Gussteilen als Umschmelzhärten. Es ist ein Härteverfahren zur partiellen Randschichthärtung.

Eine Besonderheit des Laserhärtens ist die Selbstabschreckung der gehärteten Bauteile **(Bild 1)**. Selbstabschreckung bedeutet, dass auf Abschreckmedien, z. B. Wasser oder Öl, verzichtet werden kann. Dies ist dadurch ermöglicht, dass nur eine relativ kleine, zu härtende Zone vom Laser erhitzt wird.

Da der Rest des Werkstücks kalt bleibt, findet durch das große Temperaturgefälle im Bauteil eine sehr rasche Wärmeabfuhr in den kalten Grundwerkstoff und damit eine Selbstabschreckung der Härtungszone statt.

An Massenteilen wird das Laserhärten nur dann eingesetzt, wenn das äußerst kostengünstige Konkurrenzverfahren Induktionshärten aus technischen Gründen ausscheidet.

Das größte Potenzial des Laserhärtens liegt im Bereich von Einzelfertigungsstückzahlen. Speziell an Stanzwerkzeugen oder Umformwerkzeugen kann das Laserhärten zu großen Wirtschaftlichkeitsverbesserungen bei der Werkzeugherstellung führen.

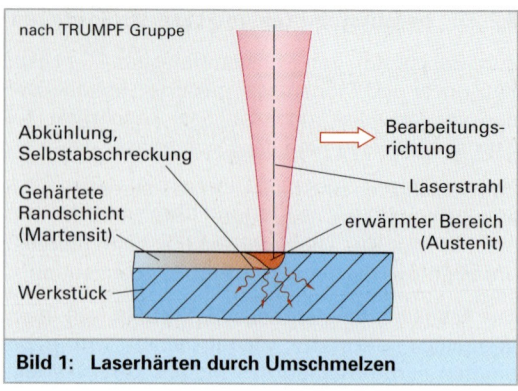

Bild 1: Laserhärten durch Umschmelzen

Bild 2: Laserbeschichteter Ziehdorn

6.2.2.8 Laserbeschichten

Wird, während der Laserstrahl ein Werkstück erwärmt, gleichzeitig Zusatzmaterial eingebracht, so entstehen – abhängig von Temperaturführung und Pulvertyp – Beschichtungen oder Legierungen der Oberfläche. In der Regel wird pulverförmiges Zusatzmaterial verwendet.

Häufigste und bekannteste Fälle sind das Aufbringen von Hartmetall (Stellite: Karbide in Kobaltmatrix) auf Stahlteile, z. B. auf einen Ziehdorn **(Bild 2)** oder von siliziumhaltigen Hartschichten auf Aluminiumteile.

Im Vergleich zu anderen Beschichtungsverfahren, wie z. B. dem Plasmabeschichten, ist das Haupteinsatzgebiet des Lasers die Erzeugung lokal begrenzter Beschichtungszonen. Dies ist sowohl an Serienteilen der Fall, z. B. an Ventilsitzen, als auch bei Einzelteilen **(Bild 3)**.

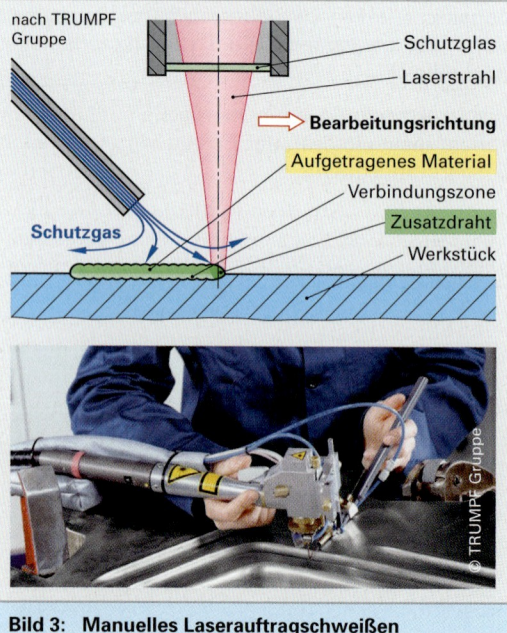

Bild 3: Manuelles Laserauftragschweißen

7 Rapid Prototyping (RP)

7.1 Allgemeines

RP (Rapid Prototyping[1]) ist die Bezeichnung für die **direkte, generative**[2] Herstellung von Teilen. „Direkt" bedeutet, dass die Geometrie des zu erzeugenden Gegenstands unmittelbar aus der digitalen, d. h. in der EDV vorliegenden Darstellung abgeleitet wird. „Generativ" besagt, dass das Teilevolumen schichtenweise anwächst, bis es sein Endvolumen gemäß dem digitalen Modell einnimmt (**Bild 1** und **Bild 2**).

Die generativen Herstellungsverfahren nutzt man zunehmend auch für die *seriennahe* Teileherstellung. Demgemäß wird im Zusammenhang mit RP auch von werkzeugloser Fertigung gesprochen.

> Durch RP werden Werkstücke schichtweise aufgebaut.

Damit lassen sich die meisten RP-Verfahren in der Systematik der Fertigungsverfahren nach DIN 8580 unter „Urformen" oder in einer Kombination von „Fügen" und „Trennen" einordnen, je nachdem ob das eingesetzte Rohmaterial *flüssig, pulverförmig* oder in *vorgefertigten Schichten* vorliegt.

7.2 Ziele

Für Produktionsunternehmen ist die Zielgröße im Wettbewerb um die Märkte die Maximierung des Gewinns unter den Randbedingungen

- zunehmende Qualitätsanforderungen bei
- höherer Teilekomplexität und
- abnehmenden Losgrößen bei
- wachsender Teilevielfalt.

Abnehmende Losgrößen bis hin zu Einzelwerkstücken und wachsende Teilevielfalt bedeuten hohe Produktdifferenzierung und entsprechend erhöhten Aufwand für Entwicklung und Fertigung. Zu den immer häufiger auftretenden Produktinnovationszyklen kommt, dass diese immer kürzer werden. Um die damit verbundenen Kostensteigerungen auffangen zu können, sind neue innovative Unternehmensstrategien notwendig.

> Heutige Produktionsunternehmen haben eine wachsende Teilevielfalt und abnehmende Losgrößen.

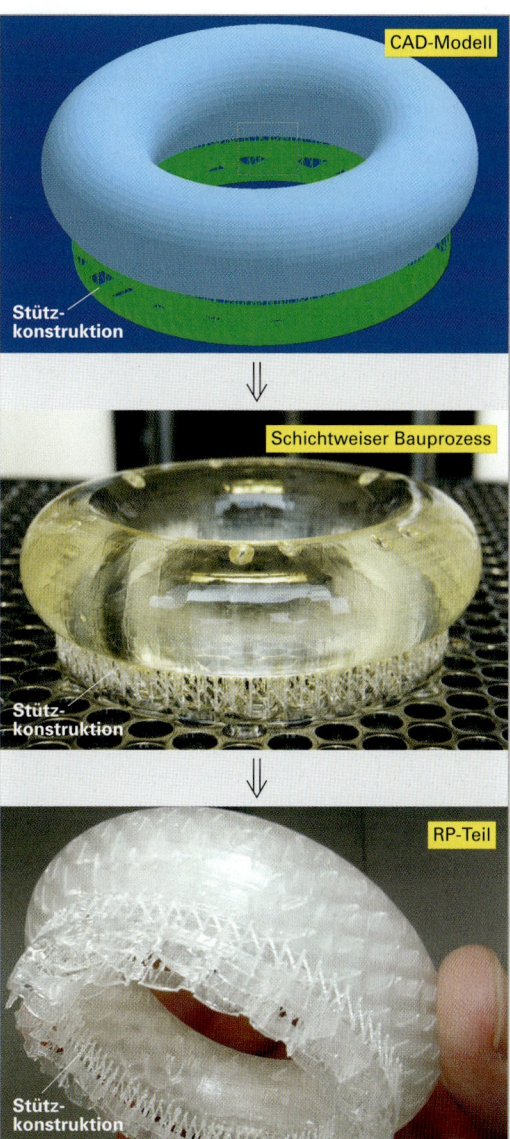

Bild 1: Vom CAD-Modell zum RP-Teil

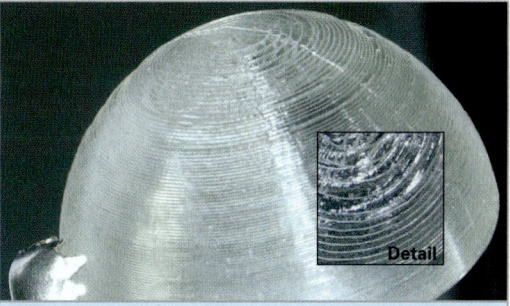

Bild 2: Schichtenweises Anwachsen des RP-Teils

---

[1] *engl.* Rapid Prototyping = schnelle Herstellung einer ersten Bauform von *griech.* protos = erstes, vorderstes und typos = Form, Bauart
[2] *lat.* generare = zeugen, hervorbringen

RP ist ein strategisches[1] Werkzeug in der Produktionsprozesskette. Es zielt im Wesentlichen auf die Verkürzung der Entwicklungszeiten für die Bereitstellung von neuen Produktvarianten ab. Der hierfür erforderliche finanzielle Mehraufwand fließt als Unternehmensgewinn um ein Mehrfaches zurück, solange ein zeitlicher Vorsprung im Neuigkeitsgrad des Produkts gegenüber dem Mitwettbewerb vorhanden ist.

In **Bild 1** ist die Produktqualität in Abhängigkeit von der Entwicklungszeit dargestellt, und zwar für eine Produktentwicklung

- mittels RP,
- mittels digitaler Produktmodellbildung (digital mock-up[2]),
- mittels konventioneller Produktherstellung (physical mock-up).

Es wird ersichtlich, dass der RP-Einsatz bereits in einem frühen Produktentwicklungsstadium eine hohe Produktqualität ermöglicht, woraus sich Zeiteinsparungen ergeben.

Wegen der überproportional hohen Kostenfestlegung während der Entwicklungsphase ist die Herstellung von prototypischen Produktmodellen in möglichst kurzen Zeiten strategisches Mittel für das Produktionsunternehmen.

Die aus **Bild 2** ersichtliche Einsparung von Entwicklungszeit resultiert aus der Verkürzung der Entwurfs-, Konstruktions- und Arbeitsvorbereitungszeiten und ergibt im Gesamtproduktionszyklus auch Vorteile des *Rapid Prototypings* im Vergleich zum *Simultaneous Engineering* als alternativer Unternehmensstrategie.

Je nach der Phase im Produktionsablauf werden unterschiedliche Anforderungen an ein gegenständliches Modell gestellt **(Bild 1)**. In der Ideen- und Konzeptphase wird gewünscht, dass es bezüglich Geometrie und Oberflächen dem geplanten Serienteil gleicht.

Das *Designmodell* dient als Entscheidungsgrundlage sowohl für das Marketing als auch für die Fertigungs- und Montageplanung.

> Rapid Prototyping verhilft in immer kürzeren Zeitspannen zu neuen Produkten und sichert so die Wettbewerbsfähigkeit der Unternehmen.

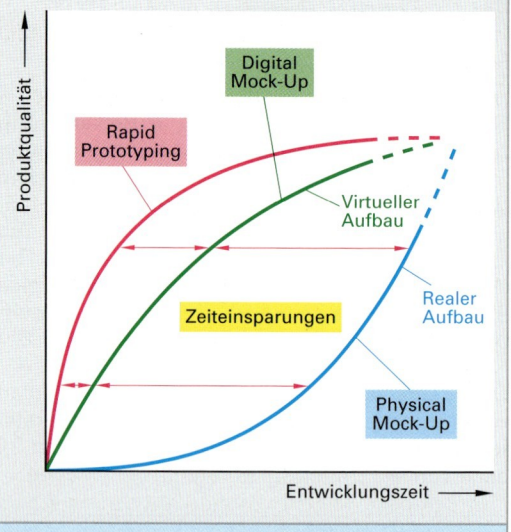

Bild 1: Einsparung von Entwicklungszeit durch Einsatz von Rapid Prototyping

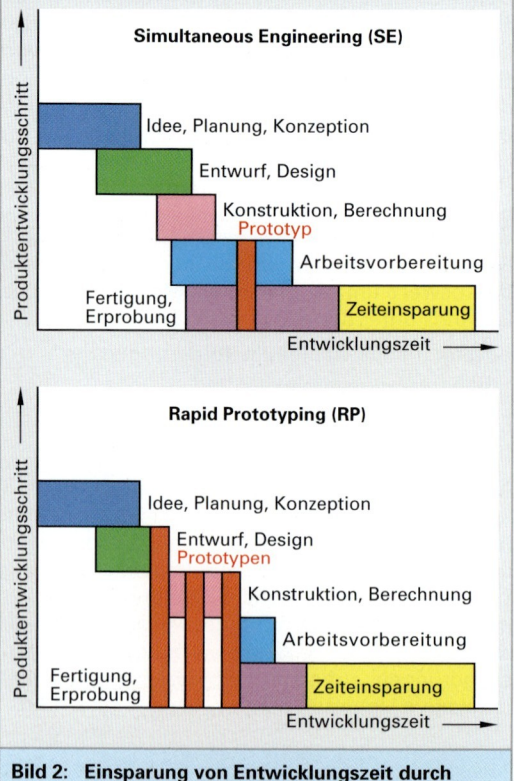

Bild 2: Einsparung von Entwicklungszeit durch Einsatz von Rapid Prototyping im Vergleich zu Simultaneous Engineering

---

[1] strategisch = genau vorgeplant. von *griech.* strategia = umfassende vorbereitende Planung (eines Krieges) unter Einbeziehung aller wesentlichen Faktoren

[2] *engl.* mock-up = maßlich genaues und gestaltlich voll ausgebildetes gegenständliches Modell zu Anschauung, Test und Studien

7.2 Ziele

Das *Designmodell* dient als Entscheidungsgrundlage sowohl für das Marketing als auch für die Fertigungs- und Montageplanung.

Das *Funktionsmodell* wird für die Verifizierung und Optimierung der Funktionsweise, aber auch schon für erste in-situ-Tests[1] benötigt. Es sollte dem Serienwerkstoff vergleichbare Eigenschaften aufweisen, wobei dessen Dauerfestigkeit noch nicht erreicht werden muss.

Technische Prototypen dienen zur Optimierung des Fertigungsverfahrens. Sie werden im Serienwerkstoff mittels *Rapid-Tooling*[2] hergestellt und müssen die für das Serienteil geforderten Dauerfestigkeitseigenschaften aufweisen. Hierzu werden im RP-Verfahren metallische Vorserienformen bzw. Formeinsätze erzeugt. Darüber hinaus werden im **Rapid Tooling** auch direkt-generativ hergestellte Sandformen, Sandkerne sowie verlorene Feingussmodelle eingesetzt.

Rapid-Tooling, die schnelle Herstellung von Modellen, Werkzeugen und Formen, d. h. in wenigen Wochen anstelle von Monaten wie bei konventionellen Fertigungsmethoden, ermöglicht die Herstellung von serienidentischen Teilen.

Das Werkzeug zum Spritzgießen von Kunststoffteilen **(Bild 2)** ist als 2-fach-Werkzeug mit zwei Stahlschiebern und durch Rapid-Tooling hergestellten Formeinsätzen ausgeführt.

Die technologische Weiterentwicklung ist besonders auf das sogenannte „Rapid Manufacturing" bzw. „Direct Manufacturing" ausgerichtet. Hierbei handelt es sich um die Bereitstellung von maßgeschneiderten oder kundenspezifischen Produkten in möglichst seriennahen Materialien in kürzesten Zeitfristen, d. h. Stunden oder Tagen anstelle von Wochen und Monaten, und im Vergleich mit konventionellen Fertigungsverfahren zu relativ niedrigen Stückkosten auch bei geringen Stückzahlen bis hin zu Losgröße 1.

> Die direkten, generativen Fertigungsverfahren sind so weit fortgeschritten, dass sie zur Herstellung von Serienteilen genutzt werden können.

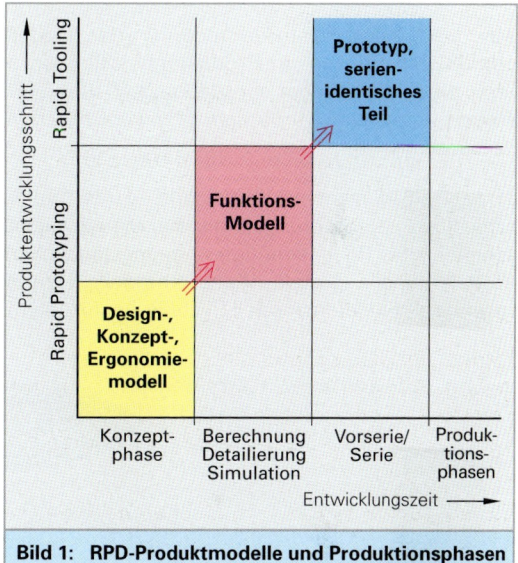

Bild 1: RPD-Produktmodelle und Produktionsphasen

---

[1] lat. in situ = in (eingebauter) Lage
[1] engl. tooling = Bearbeitung, von tool = Werkzeug

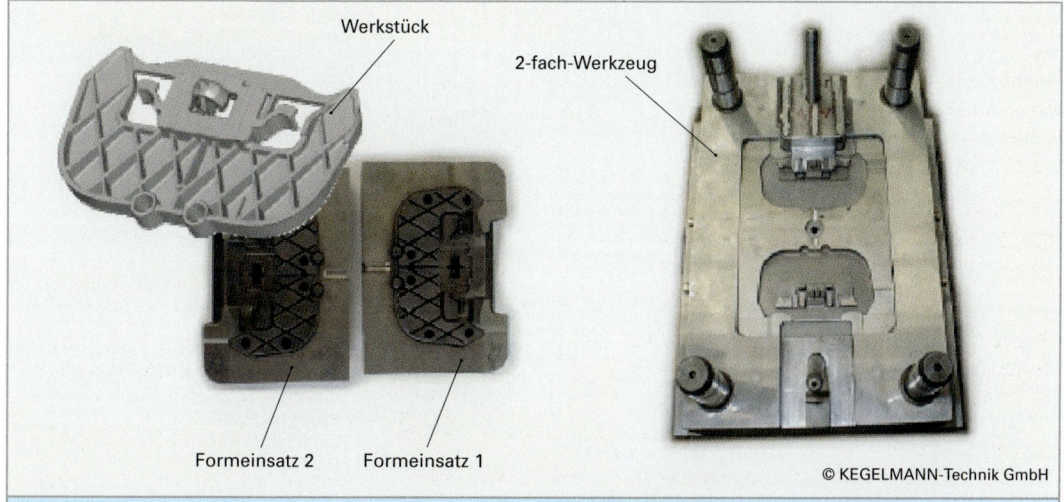

Bild 2: Herstellung von serienidentischen Teilen im Rapid Prototyping-/Rapid Tooling Verfahren

7.3 RP-Verfahren

Bild 1 zeigt in einer klassifizierenden Übersicht, dass bei den direkten generativen Fertigungsverfahren als wesentliches Unterscheidungsmerkmal die Anwendung von nichtmetallischen bzw. metallischen Werkstoffen zu Grunde liegt. Weiterhin kann danach unterteilt werden, ob der Grundzustand flüssig, *pulverförmig, drahtförmig oder laminiert*[1] ist.

Aus den Werkstoffanforderungen an das Modell gemäß den Phasen im Produktentwicklungsprozess resultiert, ob der Grundbaustoff durch *Erstarren, Verkleben, Verbacken oder Verschmelzen* verbunden wird.

Je nach Produktentwicklungsschritt werden unterschiedliche Anforderungen an die Materialeigenschaften des hier benötigten gegenständlichen Produktmodells gestellt (Konzeptmodell, Ergonomiemodell, Funktionsmodell, Technischer Prototyp).

Der Rapid-Prototyping-Markt ist durch eine entsprechende Spezialisierung der Anbieter mit dem Streben nach besonderen Alleinstellungsmerkmalen im Mitwettbewerb geprägt, z. B. schnelle und kostengünstige Bereitstellung von Konzeptmodellen, Herstellung hochpräziser und filigraner Gießmodelle, flexible Auswahl von Werkstoffen zur Fertigung von Funktionmodellen, besondere Eignung für die Werkzeugherstellung, das Tooling.

Zunehmend wird angestrebt, direkte generative Fertigungsverfahren zur Herstellung von Serienteilen einzusetzen (Rapid-Manufacturing). Hierzu werden neue Hochleistungsmaterialien und maßgeschneiderte Werkstoffe entwickelt. Auch neue Anwendungsbereiche werden erschlossen. Beispiele sind das Rapid-Prototyping in der Mikroteilefertigung sowie das Biomanufacturing. Letzteres zielt auf die Herstellung von organischem Gewebe z. B. für Transplantationen im medizinischen Bereich ab.

[1] laminiert = aus Blättern (Schichten) bestehend, von lat. lamina = Blatt

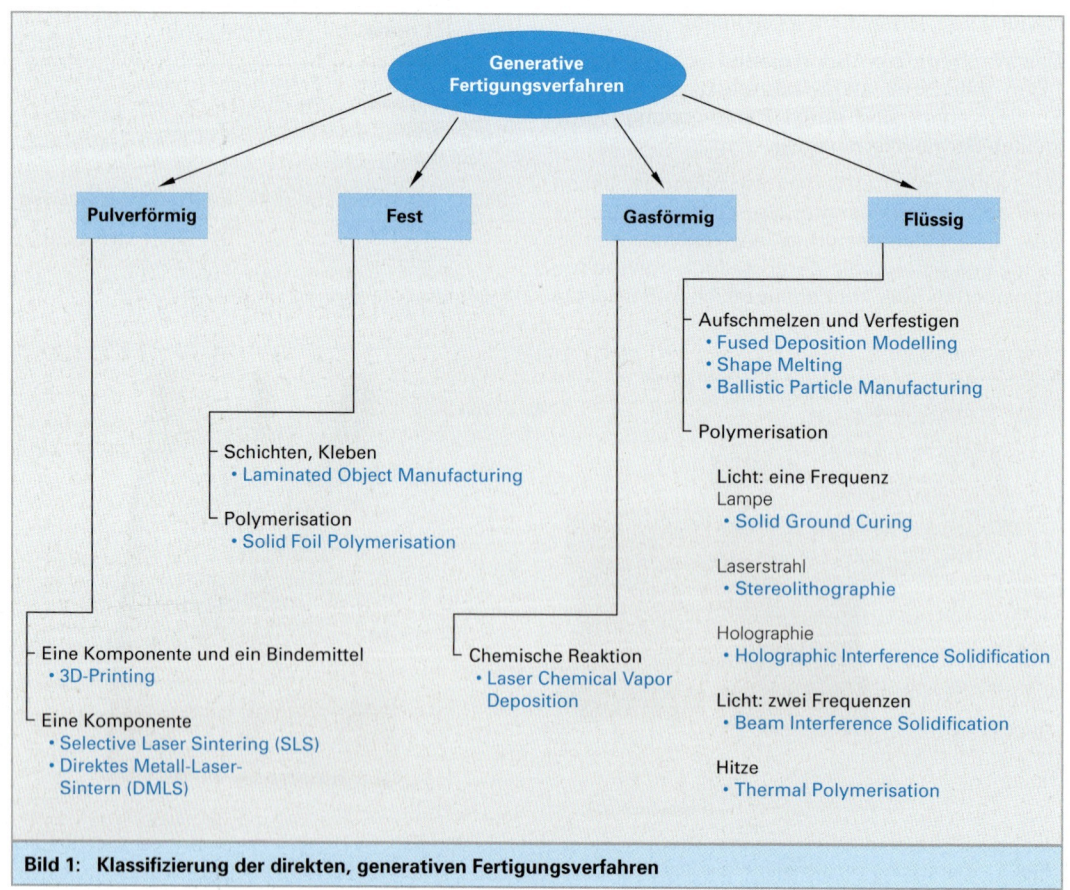

Bild 1: Klassifizierung der direkten, generativen Fertigungsverfahren

7.3 RP-Verfahren

Die Bedeutung der einzelnen RP-Verfahren ist je nach Anwendungsbereich unterschiedlich (**Bild 1**). Seitens der Anwender bestimmen das einzusetzende Material, die realisierbare Maßhaltigkeit und Oberflächenqualität sowie Kostenbetrachtungen die Systemauswahl. In **Bild 1** sind die direkten, generativen Verfahren nach ihren Einsatzschwerpunkten dargestellt. Wie aus dem **Bild 2** ersichtlich, gibt es kein universell in allen Bereichen optimales Rapid-Prototypingverfahren. Aus diesem Grund betreiben viele RP-Dienstleister Systeme verschiedener Hersteller nebeneinander. **Bild 2** zeigt die Bedeutung der verschiedenen Modellarten für den RP-Markt.

Die wichtigsten Anwendungen sind:

- Anschauungsmuster,
- Funktionsprototypen,
- Geometrieprototypen und
- Modelle für Prototypenwerkzeug.

Wiederholung und Vertiefung

1. Unter welchen Randbedingungen verfolgen Unternehmen die Maximierung des Gewinns?
2. Weshalb ist RP ein strategisches Werkzeug?
3. Nennen Sie die RPD-Produktmodelle.
4. Wie werden die direkten generativen Fertigungsverfahren klassifiziert?

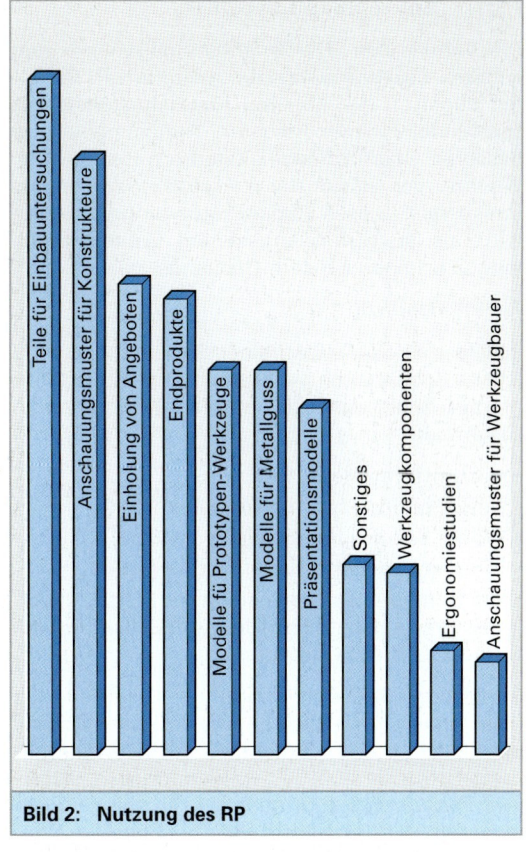

Bild 2: Nutzung des RP

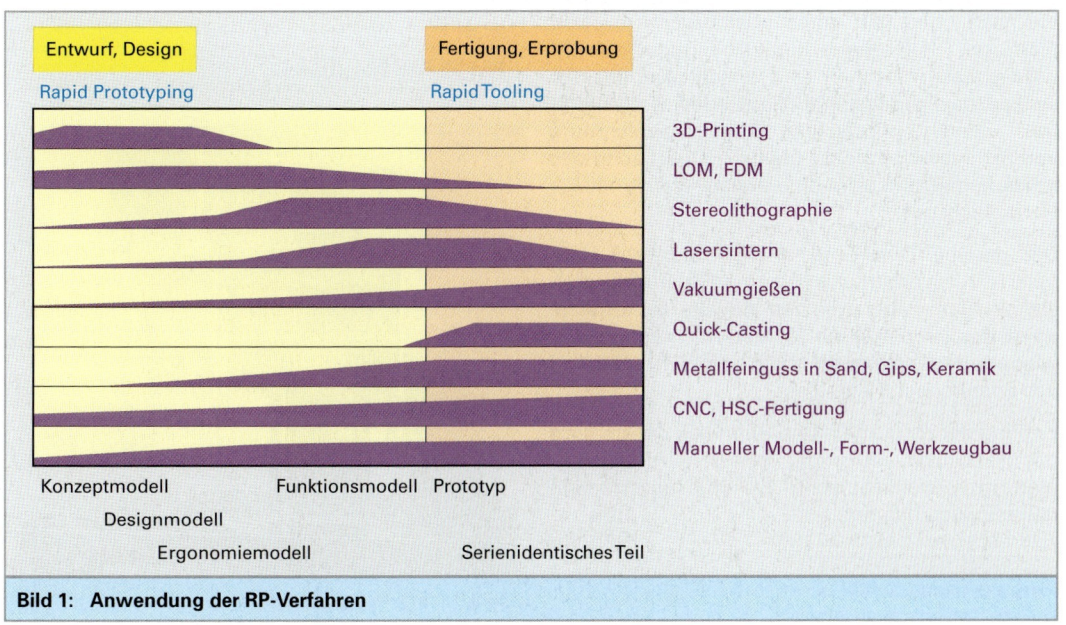

Bild 1: Anwendung der RP-Verfahren

7.3.1 Stereolithographie[1] (STL)

Die Vorteile des *STL-Verfahrens* gegenüber den anderen bekannten direkten, generativen Verfahren liegen in der höheren Maßhaltigkeit (0,1 % zur Modellvorlage), feineren Auflösungen und besseren Oberflächenqualitäten am Bauteil. Des Weiteren verhält sich der Werkstoff *isotrop* und ist *transparent*. Dieses Rapid-Prototyping-Verfahren wird als ausgereift angesehen, Weiterentwicklungen erfolgen auf dem Gebiet der Harze.

Funktionsprinzip

In **Bild 1** ist der Aufbau einer Stereolithographieanlage schematisch dargestellt. Eine Stereolithographie-Anlage setzt sich aus fünf Komponenten zusammen:

- einem Ultraviolett-Laser,
- einem optischen Umlenksystem,
- einem Bad aus photosensitivem Harz,
- einer höhenverstellbaren Plattform und
- der Software, die die Position der Plattform und des Lasers kontrolliert sowie die Belichtung der Harz-Oberfläche steuert.

Gemäß den CAD-Daten härtet der Laser jede der ultradünnen Harzschichten aus und baut Schicht um Schicht präzise Prototypen mit feinster Oberflächenstruktur auf. Die Anwendungen reichen von *Passformtests, Urmodellen* für den Vakuumguss und Windkanaltests über hochgenaue Komponenten mit feinsten Details bis zu Urmodellen für Spritzgießeinsätze.

Im klimatisierten flüssigen Harz befindet sich die nach oben und unten positionierbare „Bauplattform". Auf dieser baut sich durch schichtweises Laser-Scannen und anschließendes Absenken das gegenständliche Modell auf **(Bild 2)**. Der „Zephyr"-Beschichter (Markenbezeichnung von 3D Systems) gleitet über die Oberfläche des Harzspiegels und trägt eine dünne, gleichmäßige Harzschicht auf.

Die genaue Dosierung erfolgt über ein Harzreservoir in Verbindung mit einer Vakuumpumpe. Nach jedem Überstreichen der Harzoberfläche muss das Harzreservoir für den nächsten Zyklus wiederaufgefüllt werden. Dies geschieht während des Scannens mit dem Laser.

Entlang der zurückgelegten Bahn des Lasers wird das Harz lokal verfestigt. Danach wird die Bauplattform um eine Schichtdicke abgesenkt und ein neuer Zyklus beginnt.

[1] griech. stereos = starr, fest; griech. lithos = Stein; griech. graphein = ritzen, schreiben

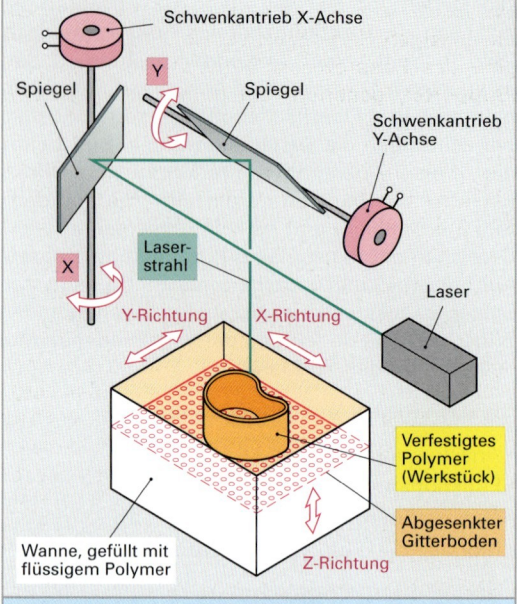

Bild 1: Aufbau einer STL-Anlage

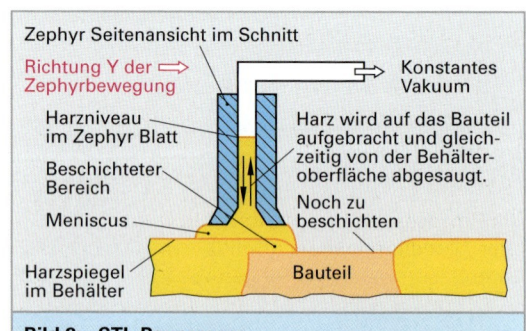

Bild 2: STL-Bauprozess

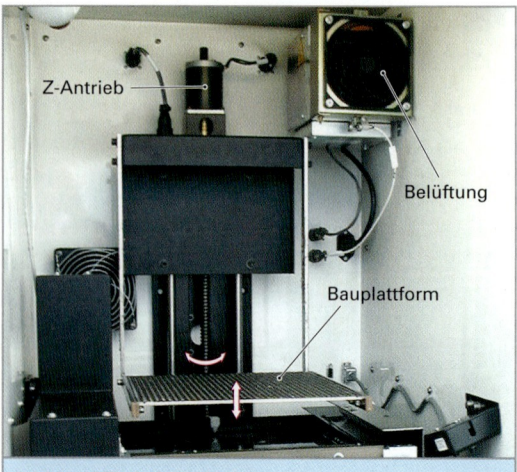

Bild 3: STL-Anlage, innen

7.3 RP-Verfahren

Da das so erstellte gegenständliche Harzmodell im flüssigen Harz fixiert sein muss, wird zu Beginn des Bauprozesses zunächst ein Stützwerk (Supports[1]) generiert, auf dem das eigentliche Bauteil aufsetzt.

Für diese Supportgenerierung steht ein besonderer Konstruktionsbaukasten im Prozessschritt „Teilevorbereitung" zur Verfügung.

Nach Abschluss des Bauprozesses fährt die Bauplattform nach oben, so dass das verfestigte Teil entnommen werden kann (**Bild 3, vorhergehende Seite**).

Die Stereolithographieanlagen gibt es für unterschiedliche Bauteilabmessungen und Schichtdicken (**Tabelle 1**). Sie können neben der Standardbetriebsweise auch in einem hochauflösenden Modus genutzt werden. Die Strahldurchmesser des Nd:YVO$_4$-Festkörperlasers mit 354,7 nm Wellenlänge liegen dann bei 0,25 +/– 0,025 bzw. 0,07 +/– 0,015mm, und das Modell kann mit Schichtdicken von 0,1 bzw. 0,025 mm gebaut werden. Die Laserleistung beträgt 100 mW.

Prozesskette

Die zugehörigen Prozessschritte sind:

1. Import des digitalen 3D-Modells,
2. Teilevorbereitung für STL-Verfahren,
3. Anfertigung,
4. Nachbearbeitung.

Die Prozesskette beginnt mit dem *Import* des digitalen Modells entweder unmittelbar aus einer CAD-Datenbasis oder aus einer gemessenen Punktewolke. Für den Herstellungsschritt „Teilevorbereitung" wird diese Modellgeometrie üblicherweise in das **STL[1]-Datenformat** überführt (**Bild 1**).

Das STL-Datenformat entstammt der Stereolithographie und steht mittlerweile bei vielen CAD-Systemen gleichsam als Industriestandard für den Datenexport zur Verfügung.

Hierbei wird die Modelloberfäche aus Facetten aufgebaut, deren Anzahl sich nach einer an der CAD-STL-Schnittstelle einzugebenden Oberflächentoleranz richtet. **Bild 1** zeigt den Aufbau einer einzelnen Facette aus drei Eckpunktkoordinaten X_i, Y_i, Z_i, und dem Flächennormalenvektor mit den Komponenten X_n, Y_n, Z_n.

Alternativ zum STL-Datenformat kann die Modellgeometrie auch im sogenannten SLICE-Format für den Bauprozess bereitgestellt werden. Hierbei wird die 3D-Geometrie in ebenen, gleichabständigen Konturschnittkurven beschrieben. Der Ebenenabstand entspricht der Bauschichtstärke.

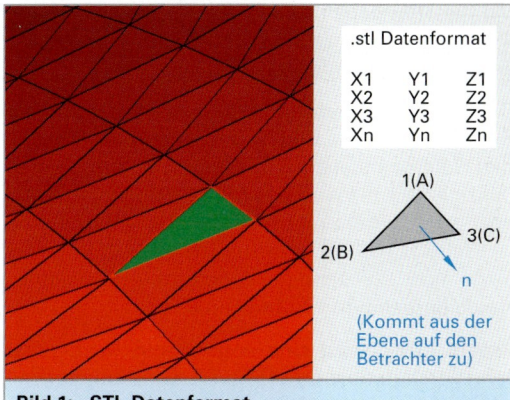

Bild 1: STL-Datenformat

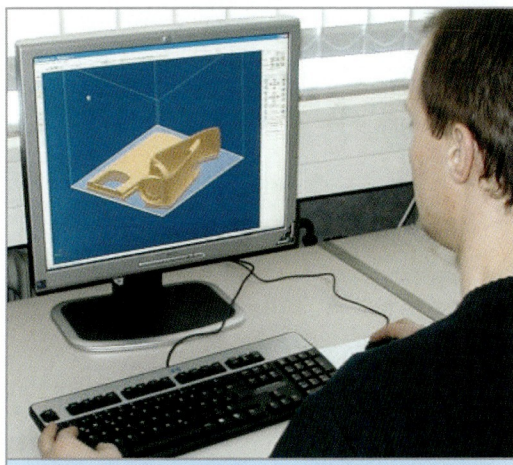

Bild 2: Teilevorbereitung

Tabelle 1: Typische Kenngrößen für STL

Bauraum	508 × 508 × 600 mm
minimale Schichtstärke	0,025 mm
Strahldurchmesser HR	0,075 mm
Standard-Strahldurchmesser	0,25 mm
Lasertyp	Festkörperlaser

Die *Teilevorbereitung* (**Bild 2**) umfasst:

- Überprüfen der STL-Daten,
- Ausrichten für den Bauprozess,
- Generieren von Stützkonstruktionen, Festlegen von Bauparametern,
- Slicen und Generieren der Baudaten.

---

[1] *franz.* supporter = (unter)stützen, tragen
[2] STL, Kunstwort für **S**urface **T**esselation **L**anguage (engl. tesselation = Dreieckfacetten)

Mit der Übergabe der Baudateien erfolgt nun die *Anfertigung* des gegenständlichen Modells aus dem digitalen Modell.

Dieses muss *nachbearbeitet* werden, d. h. die Supports (Stützen, **Bild 1**) werden entfernt. Sie haben Sollbruchstellen. Zum Entfernen von Resten flüssigen Harzes wird das Modell mit Isopropanol oder Aceton gereinigt. Für die Nachbearbeitung ist Schutzkleidung erforderlich **(Bild 2)**, da das noch nicht vollständig ausgehärtete Epoxidharz Hautallergien hervorrufen kann.

Anschließend wird eine sogenannte *Nachvernetzung* durchgeführt. Das Teil wird dabei solange mit UV-Licht bestrahlt, bis es vollständig ausgehärtet ist. Da entsprechend dem schichtweisen Herstellungsprozess eine feine Treppenstruktur auf Oberflächenschrägen auftritt, kann eine weitere Nachbehandlung, z. B. durch Sandstrahlen, folgen.

Bild 1: Stützkonstruktion

Harze

Es gibt eine Vielzahl von Epoxidharzen für unterschiedliche Anwendungen.

Die Entwicklung von speziellen Stereolithographieharzen zielt auf:
- Maßhaltigkeit,
- Beständigkeit gegen Luftfeuchtigkeit,
- Temperaturfestigkeit,
- Grünfestigkeit,
- Optische Klarheit,
- Baugeschwindigkeit,
- niedrigen Aschegehalt,
- Schlagzähigkeit,
- Flexibilität.

Die Parameter lassen sich dabei z. T. nur gegenläufig beeinflussen.

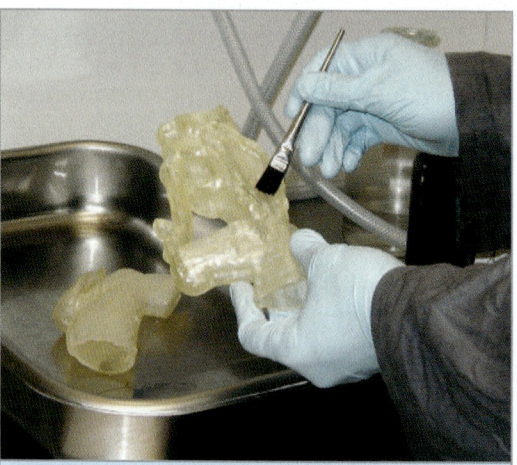

Bild 2: Nachbearbeitung mit Schutzkleidung

Tabelle 1: Eigenschaften eines Allzweckharzes (Beispiel)	
D_p	0,11 mm
E_{ckrit}	10 mJ/cm²
Viskosität des flüssigen Harzes (30 °C)	650 cP
Zugmodul nach UV-Nachhärtung	3210 MPa
Zugfestigkeit nach UV-Nachhärtung	67 MPa
Reißdehnung	4 %
Schlagzähigkeit nach UV-Nachhärtung	67 MPa
ϑ_g (Glasübergangstemperatur)	81 °C

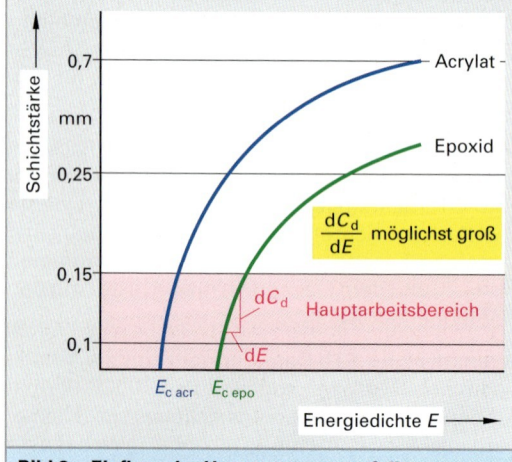

Bild 3: Einfluss der Harzparameter auf die anwendbare Schichtdicke

7.3 RP-Verfahren

Die Harze sind nach den oben genannten Primäreigenschaften oder auch für Allzweckverwendbarkeit auswählbar. **Tabelle 1, vorhergehende Seite** zeigt als Beispiel das Datenblatt eines Allzweckharzes.

In **Bild 3, vorhergehende Seite** ist der Zusammenhang zwischen der vom Laser induzierten Energiedichte E, der Harzreaktivität dC_d/dE und der generierten Schichtstärke für Acrylat und Epoxidharz dargestellt (C_d = Einhärtetiefe). Man sieht, dass eine Mindestenergie E_{Ckrit} zugeführt werden muss, damit überhaupt eine Harzverfestigung eintritt.

Zum anderen nimmt die Harzreaktivität mit zunehmender Schichtstärke ab. Beide Parameter sind für die sogenannten „Baustile" maßgeblich, die der Hersteller als Richtwertdatensätze für jeden Harztyp bereitstellt, um einen optimalen Bauprozess zu ermöglichen.

Diese Maschinenparameter setzen sich im Wesentlichen zusammen aus:

- *Scan*-Zeit: Belichten mit dem UV-Laser,
- *Pre-Dip-Delay*: Wartezeit zum Erhärten der belichteten Harzschicht (kann bei manchen Harzen entfallen),
- *Recoating*-Zeit: Beschleunigen der Bauplattform auf bestimmte Verfahrgeschwindigkeit und für definierten Verfahrweg, danach Wartezeit (*Post-Dip-Delay*),
- *Sweeping* (Wischen): Erzeugen einer Harzschicht definierter Stärke auf der Bauplattform,
- *Leveling* (Z-wait): Nivellieren der Harzoberfläche mit Wartezeit zum Ruhigstellen des Bades.

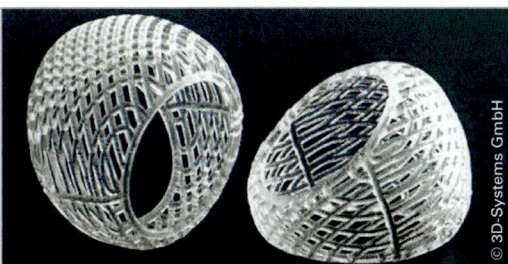
Bild 1: Beispiel für Schmuck

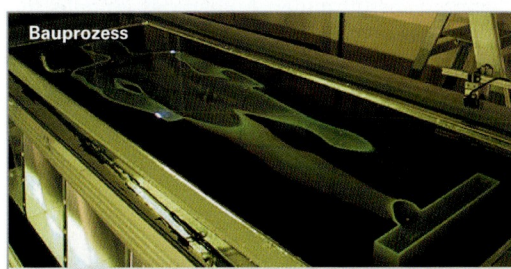

Berechnungsbeispiel für die Bauzeit einer quadratischen Fläche mit 10 mm Kantenlänge in einem Universalharz:	
Scannen	6 s
Recoating	5 s
Sweeping	5 s
Leveling	5 s
Insgesamt	21 s

Bevorzugte Anwendungen sind:

- Hochgenaue Modelle mit feinen Details **(Bild 1)**, auch großformatige Repliken von archäologischen Objekten **(Bild 2)**,
- Passform-Modelle (z. B. Schnappverschlüsse),
- Modelle für Funktionstests, z. B. spannungsoptische Analysen, Strömungsversuche, Windkanaltests.

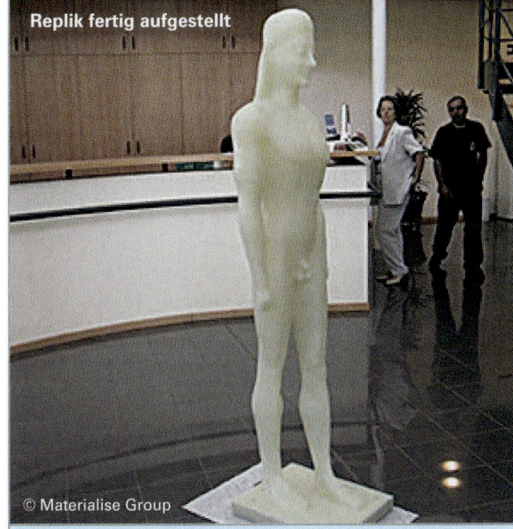
Bild 2: Beispiel für eine archäologische Replik (Kouros, Gesamthöhe 1,86 m)

Rapid Tooling *(Schnelle Werkzeugherstellung)*

Indirekte Herstellung technischer Prototypen:

- Urmodelle für Folgeprozesse z. B. für Vakuumguss, *3D-Keltool-Prozess* (mehrstufiges Rapid-Tooling-Verfahren für Werkzeugeinsätze hoher Detailtreue und Belastbarkeit), *Spin-Casting*[1] (Schleudergussverfahren zur Herstellung von Kleinserien in hochfesten Zinklegierungen und duroplastischen Werkstoffen).
- *Quick Cast*™-Modelle für Vollformgießen, (Quick Cast™ ist ein spezieller STL-Baustil, der durch einen wabenförmigen Aufbau des Modells mit geschlossener Außenhaut beispielsweise Feingießen mit verlorenem Modell bei einem Restascheanteil von ca. 6 % ermöglicht **(Bild1)**.
- Prototypische Werkzeugeinsätze.

Bild 1: Titanabguss

6.3.2 Lasersintern

Das **Selektive**[2] **Lasersintern** (SLS) kann als eine Folgetechnik der Stereolithographie angesehen werden, indem hier der Nachteil, ausschließlich auf den Werkstoff Harz beschränkt zu sein, aufgehoben wird. Verfügbare Materialien sind Kunststoff, Metall oder Formensand.

Des Weiteren sind keine gesonderten Stützkonstruktionen im Bauprozess zwingend erforderlich, da der unverschmolzene Werkstoff als stützende Umgebung genutzt werden kann. **Tabelle 1** zeigt am Beispiel von Kunststoffen die Einsatzbreite der Lasersintertechnik. Je nach dem Zielwerkstoff Kunststoff, Metall oder Quarzsand für das zu fertigende Teil können *Konzeptmodelle, Funktionsmodelle* oder *Werkzeuge* hergestellt werden.

Funktionsprinzip

Es werden in der SLS-Sinteranlage dreidimensionale Objekte aus Pulvern mit Hilfe der Energie eines CO_2-Laserstrahls erstellt. **Bild 2** zeigt den Maschinenaufbau einer Lasersinteranlage.

Die Komponenten der Anlage entsprechen im Wesentlichen denen der Stereolithographie. Anstatt eines Behälters für das Harz wird ein Bauraum mit Pulver verwendet. Gesteuert von den CAD-Daten erhitzt der Laserstrahl die Pulverschicht.

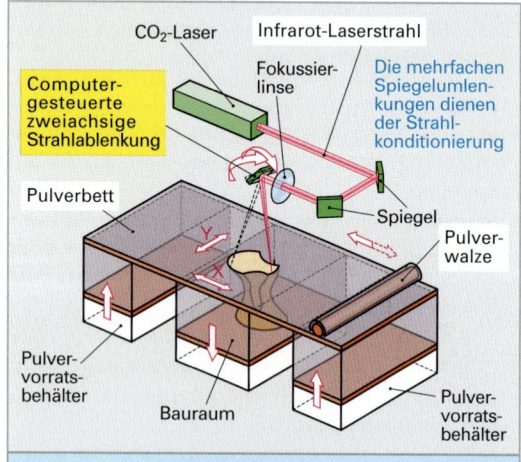

Bild 2: SLS-Maschinenaufbau

> Durch Lasersintern können metallene Werkstücke werkzeuglos hergestellt werden.

Tabelle 1: SLS-Werkstoffeigenschaften für Kunststoffe

SLS-Werkstoff	Duraform PA	Duraform GF	PP	ABS	PA 6.6
Zugfestigkeit MPa	44	38	32 bis 37	32 bis 45	65
E-Modul MPa	1500	5000	700 bis 1600	1900 bis 3000	2000
Bruchdehnung %	9	2	650	20	150
Biegemodul N/mm²	1200	235	–	–	–
Kerbschlagarbeit gekerbt J/m	216	90	60	300	–
Wärmeformbeständigkeit N/°C	177	175	45 bis 150	64 bis 100	–

---

[1] to cast = gießen, to spin = schleudern
[1] selektiv = auswählend, trennend von *lat.* selectio = die Auswahl

7.3 RP-Verfahren

Der Bauprozess erfolgt wie bei allen direkt-generativen Verfahren in Schichten, wobei die Arbeitsplattform in z-Richtung (nach unten) verfährt.

Die einzelnen Körnchen z. B. aus Glas, Sand, Metall sind mit einer *Polymerbinderschicht* ummantelt. Diese verschmilzt und hält das Materialgefüge zusammen. Die Partikeldurchmesser liegen zwischen 20 µm und 100 µm. Bei ummantelten Stahlteilchen ist der Herstellungsprozess dreistufig **(Bild 1)**. Nach dem Lasersintern dient ein erster Ofenzyklus dazu, den Polymerbinder auszutreiben und ein weiterer Ofenzyklus im gleichen Ofen zum Infiltrieren mit Kupfer **(Bild 2)**. **Tabelle 1** zeigt die Eigenschaften für den Werkstoff Laser-Form ST-100.

Die Schichtdicken können unterschiedlich eingestellt werden, z. B. 0,15 mm (Standard) oder 0,1 mm (hochauflösend). Die Leistung der CO_2-Laser liegt abgestuft zwischen 25 W und 200 W.

Ein verwandtes Verfahren ist das **Direkte Metall-Laser-Sintern (DMLS)** bei dem feinkörniges, bronze- oder stahlbasiertes Metallpulver direkt mittels eines 200 W-CO_2-Lasers bei 800 °C durch Flüssigphase-Sintern verbunden wird. Als Binder dient eine zweite metallische Komponente mit niedrigerem Schmelzpunkt als Stahl oder Bronze und entgegengesetztem Wärmeausdehnungskoeffizient, um den Schrumpf zu eliminieren.

Abhängig von der zugeführten Laserenergie liegt die relative Materialdichte nach dem Sintern zwischen 70 % und 100 %. Bei großer Porosität kann in einer zweiten Stufe mit Hochtemperatur-Epoxidharz infiltriert werden.

Das Lasersintern ermöglicht im Unterschied zu den anderen Verfahren die Prototypherstellung in sehr unterschiedlichen Werkstoffen.

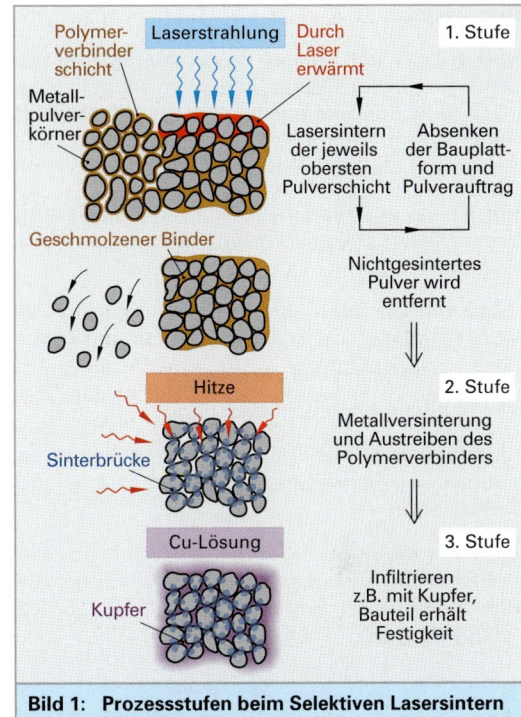

Bild 1: Prozessstufen beim Selektiven Lasersintern (SLS)

Tabelle 1: SLS-Werkstoffeigenschaften ST-100

Werkstoff	Einheit	LaserForm ST-100	C35
Dichte	g/cm³	7,7	7,65
Thermische Leitfähigkeit	W/mK	49	45
Zugfestigkeit	MPa	587	580 bis 650
Dehngrenze	MPa	326	365
Bruchdehnung	%	12	12
Härte	HV	165	170

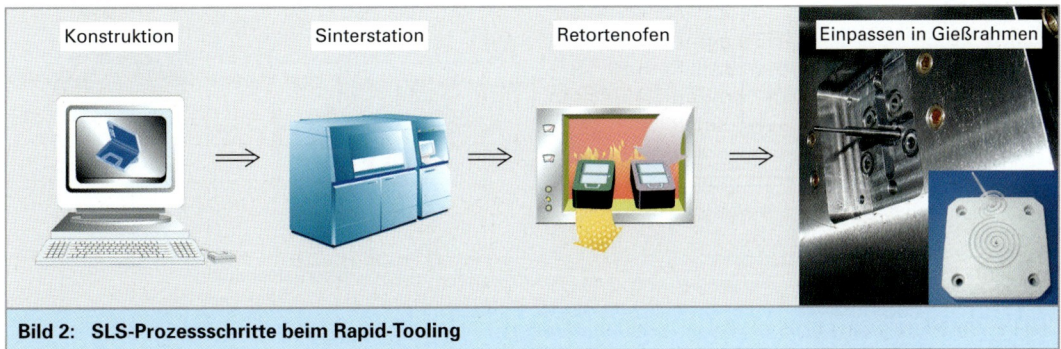

Bild 2: SLS-Prozessschritte beim Rapid-Tooling

Prozesskette

Im SLS-Verfahren können thermomechanisch belastbare Funktionsprototypen, Werkzeugeinsätze sowie individualisierte Produkte, Kleinserien und mittlere Losgrößen aus unterschiedlichen Kunststoffen und Metallen gebaut werden.

Bild 1 zeigt eine Rapid Prototyping-Prozesskette zur schnellen Herstellung von Metallgussteilen. Sie besteht aus:

1. Datenimport und „Slicen" des digitalen 3D-CAD-Modells,
2. SLS-Anfertigung des Werkzeugs,
3. Prototypen-/Serienteilherstellung

mit integrierter Teile-Entpackstation, Pulveraufbereitung zum Werkstoffrecycling und Misch- und Dosierstation.

Das nicht genutzte Pulvermaterial kann nur teilweise wiederverwendet werden. Es wird über die Misch- und Dosierstation in den Kreislauf zurückgeführt **(Bild 1)**.

> Durch Selektives-Laser-Sintern können Teile in Kunststoffen, Metallen und mit Sand hergestellt werden.

> **Materialien und bevorzugte Anwendungen des SLS-Verfahrens:**
>
> Die Vorteile des Selektiven Lasersinterns gegenüber anderen Rapid-Prototyping-Techniken liegen in der Vielzahl unterschiedlicher Pulverausgangsstoffe für den Lasersinterprozess. Man hat hier die Möglichkeit, dem Serienwerkstoff nahekommende Eigenschaften einzusetzen.
>
> In der Übersicht **Tabelle 1, folgende Seite** sind Materialien und Anwendungen gegenübergestellt.

Kunststoffteile:

Für die Herstellung von verlorenen Gießmodellen werden **polystrolbasierte Werkstoffe** anstelle von Gießereiwachs eingesetzt. Der Restaschegehalt wird mit < 2 % angegeben.

Polyamide, auch glasgefüllt, kupfer- oder zweikomponentenharzinfiltriert, eignen sich für Vakuumgussmodelle, Abformmodelle für Sandguss-Serienteile, Technische Prototypen, Klein- und Vorserien, Spritzgusswerkzeugeinsätze, Funktionsprototypen, Form-, Pass- und Einrastmodelle sowie für Tests.

Zum Rapid-Prototyping von hochflexiblen Teilen wie Dichtungen, Manschetten, Schläuchen werden **Elastomere** auf Polyesterbasis eingesetzt.

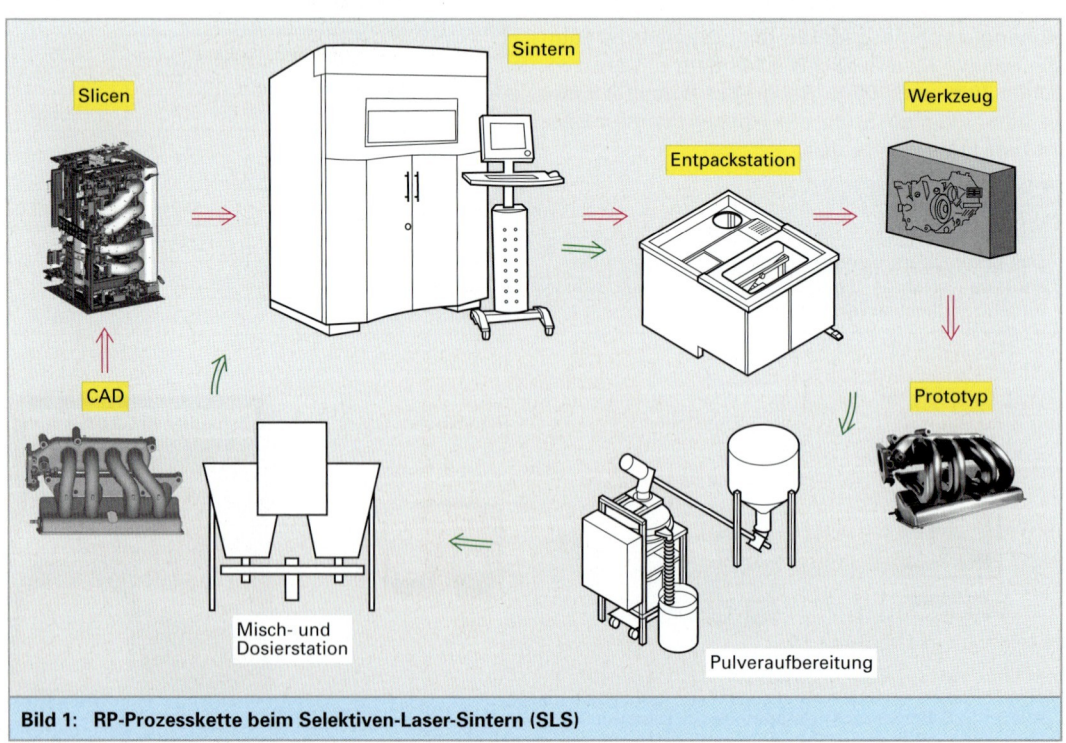

Bild 1: RP-Prozesskette beim Selektiven-Laser-Sintern (SLS)

Tabelle 1: Material und Anwendung beim Selektiven-Laser-Sintern (SLS)

Kunststoffe

Polyamid, glasgefülltes Polyamid

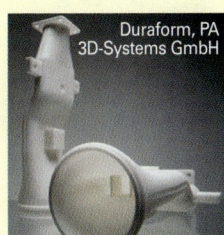
Duraform, PA
3D-Systems GmbH

Vakuummodelle,
Abformmodelle für
Sandguss-Serienteile

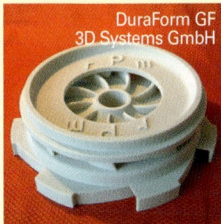
DuraForm GF
3D Systems GmbH

Technische Prototypen,
Klein- und Vorserien,
Spritzgusswerkzeugeinsätze

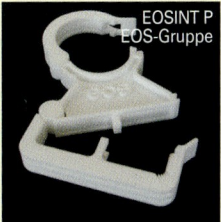
EOSINT P
EOS-Gruppe

Funktionsprototypen,
Form-, Pass-, Einrastmodelle,
Tests in eingebautem Zustand

Polystyrol

EOSINT P
EOS-Gruppe

Feinguss-Urmodelle

Polyester (Elastomer)

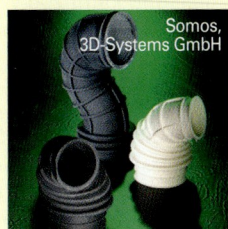
Somos,
3D-Systems GmbH

Funktionsprototypen,
Tests in eingebautem Zustand

Metalle

**Stahl mit Bronze infiltriert,
Bronze mit Epoxidharz
infiltriert**

Laserform
3D-Systems GmbH

Funktionsprototypen
Einzelteile
Druckgusswerkzeugeinsätze

Sande

Quarzsand, Zirkonsand

Sandform 3D-Systems
DirectCast EOS-Gruppe

Werkzeuglos aufgebaute
Formen und Kerne für
Sandguss

Biologische Zellen

Hydrogele

Implantate für
Menschen und Tiere

Metallteile:

Für Funktionsprototypen, direkt erzeugte Einzelteile, direkt erzeugte Druckgusswerkzeugeinsätze werden **Stahl-Bronze-Gemisch** (60 %/40 %), **CrNi-Stahl**, **Standardbronze** (89 % Cu/11 % Zn) eingesetzt. Die problemlose Integration von frei im Raum liegenden Kühlkanälen in die Formeinsätze ist ein Vorteil des SLS-Verfahrens gegenüber der konventionellen Herstellung. Typische Anwendungen sind Spritzgießwerkzeuge und Spritzgießeinsätze mit Standmengen von mehr als 100000 Spritzgießteilen, Druckgusswerkzeuge für Kleinserien von bis zu 1000 Leichtmetallteilen und metallische Funktionsprototypen.

Beim Direkten Metall-Laser-Schmelzen (DMLS) wird in einer Inertgasatmosphäre Schicht für Schicht komplett aufgeschmolzen und dabei eine 100%ige Bauteildichte erreicht. Die Fa. Laser Concept GmbH bezeichnet ihr entsprechendes Verfahren als LaserCUSING®. Verfügbare Werkstoffe u. a. sind Edelstahl (1.4404), Warmarbeitsstahl (1.2709), Inconel 718, Aluminium (AlSi12), Titan (TiAl6V4). Die Laserleistung kann 200 W betragen. **Bild 1** zeigt ein im LaserCUSING-Verfahren hergestelltes Teil.

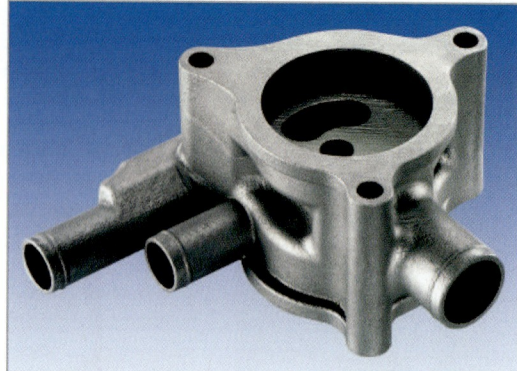

Bild 1: Pumpengehäuse mit LaserCUSING-Verfahren hergestellt

Sandteile:

Quarzsand (SiO_2) und **Zirkonsand** ($ZrSiO_4$) werden im Selektiven Lasersinterverfahren zur Herstellung von Sandkernen **(Bild 2)** und Formen für die Prototypen und Vorserienproduktion genutzt.

Der Sandwerkstoff ist binderbeschichtet und wird durch schichtenweises Scannen mit einem CO_2-Laser lokal verfestigt. In einem Wärmeofen kann eine kurze Nachvernetzung für einige Minuten erfolgen, danach ist der Niederdruck-Sandguss in allen gießbaren Metallen möglich. Quarzsand hat eine geringere Dichte, Zirkonsand die höhere thermische Leitfähigkeit.

Wiederholung und Vertiefung

1. Welches sind die Vorteile des STL-Verfahrens gegenüber den anderen direkten generativen Verfahren?
2. Erläutern Sie das Funktionsprinzip des STL-Verfahrens und der beteiligten fünf Komponenten.
3. Erklären Sie an Hand einer Skizze das STL-Datenformat.
4. Welche Anforderungen werden allgemein an die Harze gestellt?
5. Was unterscheidet das Rapid Tooling vom Rapid Prototyping?
6. Wie ist das Funktionsprinzip des Lasersinterns?
7. Welche Werkstoffe sind für das Lasersintern üblich?
8. Wodurch unterscheiden sich die Verfahren SLS und DMLS?

Bild 2: Sandkern und Gussteil

7.3.3 Fused Deposition Modeling (FDM)

Beim *Fused Deposition Modeling*[1] (FDM) wird durch Aufschmelzen eines drahtförmigen Werkstoffes das Modell schichtweise aufgebaut (**Bild 1 und Bild 2**). Hierzu kann eine beheizbare Düse dienen. Es handelt sich um ein Extrusionsverfahren. Als Baumaterial ist z. B. ABS üblich (**Tabelle 1**). Ähnlich wie beim Stereolithographieverfahren werden Stützkonstruktionen zum Fixieren des Teils während des Bauprozesses benötigt, die später z. B. durch Auswaschen leicht entfernt werden können.

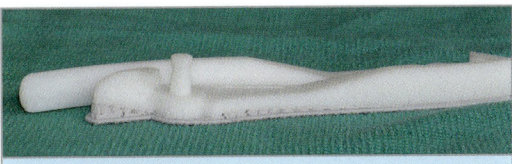

Bild 1: FDM-Modell

Funktionsprinzip

Eine FDM-Anlage besteht aus Bauplattform mit Bauteil und Support, dem FDM-Kopf und einer nachladbaren Spule mit dem Baumaterial. Der drahtförmige Modellwerkstoff wird in den Maschinenkopf gezogen, dort in einer Düse bis knapp unter den Schmelzpunkt erhitzt und dann auf die Bauplattform aufgebracht, wobei sich das Material durch thermisches Verschmelzen verbindet und sofort verfestigt. Der Kopf wird hierbei in der X-Y-Ebene positioniert. Das Modell wird so Schicht für Schicht erzeugt. **Bild 3** zeigt den typischen Maschinenaufbau.

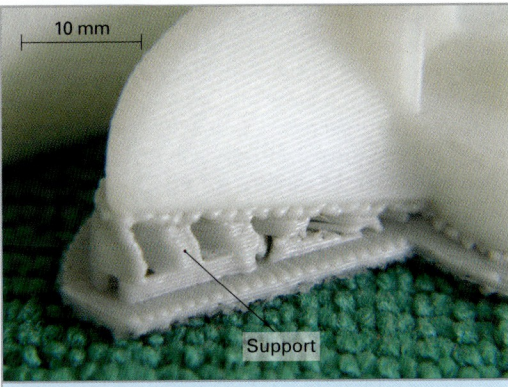

Bild 2: FDM-Modell mit Support (Detail)

Prozesskette

Der FDM-Prozess beginnt mit der Aufbereitung der STL-Daten mittels der zum System gehörenden Software. Damit wird das zu erstellende Modell für den Bauprozess in die richtige Lage positioniert und anschließend in mathematisch berechnete Schichten zerlegt (Slicen). Die Stützkonstruktionen werden automatisch berechnet. Danach so aufbereiteten Baudaten werden an die FDM-Anlage übertragen.

Die Prozessschritte sind:

1. Import des digitalen 3D-CAD-Modells,
2. Orientieren,
3. Slicen,
4. Stützenberechnung,
5. Toolpath (Werkzeugbahn) ermitteln,
6. Teil bauen,
7. Nachbearbeiten.

In der Nachbearbeitung können die Stützen in einem Ultraschallbad aufgelöst werden.

Materialien und Anwendungen

Im FDM-Verfahren können Geometrieprototypen, thermomechanisch belastbare Funktionsprototypen und technische Prototypen gebaut werden, z. B. für Einbauuntersuchungen, Strömungsversuche und Funktionstests. Im Rapid-Tooling-Verfahren können Kunststoffprototypen hergestellt werden. Die Bauschichtdicken liegen je nach Maschinentyp zwischen 0,178 mm und 0,33 mm.

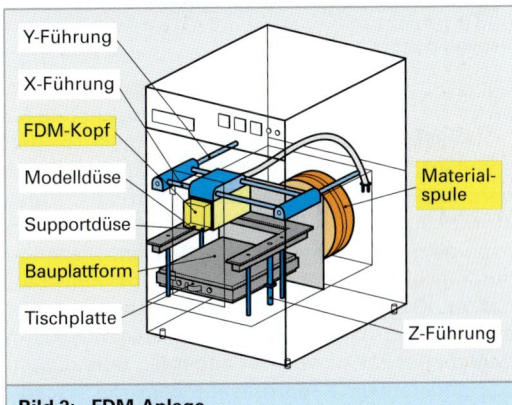

Bild 3: FDM-Anlage

Tabelle 1: FDM-Werkstoffeigenschaften				
		PC[1]	PPSU[2]	ABS[3]
Biegefestigkeit	MPa	100	92	66
Zugfestigkeit	MPa	64	70	35
E-Modul	MPa	2450	2380	2517
Temperaturbeständigkeit	°C	207	125	95
[1] Polycarbonat; [2] Polyphenylsulfon; [3] Acrylnitrilbutadienstyrol				

---

[1] *engl.* fuse = schmelzen, deposition = Ablagerung, modeling = Modellerstellung

7.3.4 3D-Druckverfahren

Funktionsprinzip

Beim *3D-Direktdruckverfahren* wird ähnlich wie beim Tintenstrahldruckverfahren ein Polymer aus feinen Düsen schichtweise aufgetragen und so das Modell aufgebaut. Der Druckkopf verfährt hierbei die zu druckende Fläche streifenweise ab, Auflösungen bis 600 dpi (42,3 µm) können erreicht werden. Falls ein Photopolymer zur Anwendung kommt, erfolgt das Aushärten durch UV-Belichtung, wodurch eine bessere Maßhaltigkeit als beim rein thermisch wirkenden 3D-Printing erzielt wird. Im Direktdruckverfahren hergestellte überhängende Bauteilpartien erfordern zusätzliche Stützelemente, die nach Beendigung des Bauprozesses entfernt werden müssen.

Wie beim Direktdruckverfahren wird bei *pulververarbeitenden 3D-Druckverfahren* ein flüssiger Binder mittels Düsenkopf selektiv auf einen Pulverwerkstoff gedruckt und so das Modell Schicht für Schicht aufgebaut. Mehrere Modelle können hierbei neben- und übereinander im Pulverbett liegen und benötigen daher keine Stützgeometrie.

Prozessketten

Mit entsprechender Anwendungssoftware werden 3D-CAD-Daten in das STL-Format gebracht und für den Druckprozess vorbereitet. Die Bauteile werden orientiert, positioniert und in Schichten definierbarer Dicke umgerechnet. **Bild 1** zeigt die Prozessschritte auf einer pulververarbeitenden Maschine nach dem Übertragen der Baudateien. Diese laufen ähnlich ab wie beim Lasersintern: Pulveraufnahme, Pulverauftrag, Pulverüberschuss abstreifen, Druckvorgang und Pulverabsenken. Sodann beginnt der Zyklus von neuem. Nach Beendigung des generativen Bauprozesses folgt die Nachbearbeitung. Die gedruckten Teile werden „entpackt", d. h. vom anhaftenden Pulver befreit.

Beim Direktdruckverfahren müssen im Gegensatz hierzu die gefertigten Teile zunächst von der Bauplattform getrennt und danach vorhandenes Stützwerk entfernt werden.

Materialien und Anwendungen

Das direkte 3D-Druckverfahren (Objet Geometries) verwendet Photopolymerharze, die in Kartuschen zu 2 kg bzw. 3,6 kg geliefert werden. Es sind sowohl elastische wie auch feste Materialeigenschaften (z. B. 60 MPa) verfügbar. Es fällt keine Nachvernetzung an, da bereits während des Bauprozesses mit UV-Licht voll ausgehärtet wird. Das Stützwerk wird aus geleeartigem Material hergestellt und kann in der Nachbehandlung ausgewaschen werden.

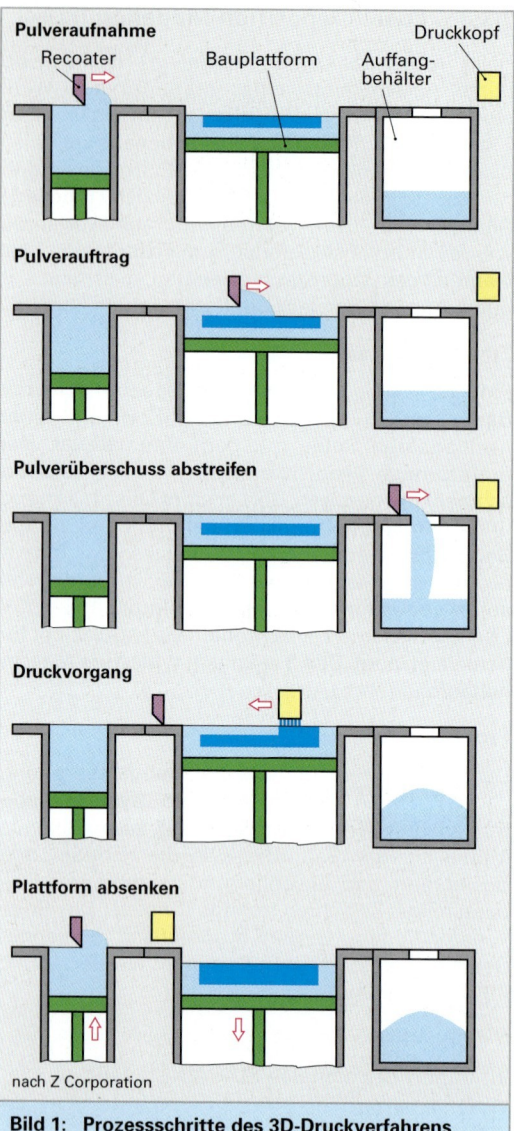

nach Z Corporation

Bild 1: Prozessschritte des 3D-Druckverfahrens

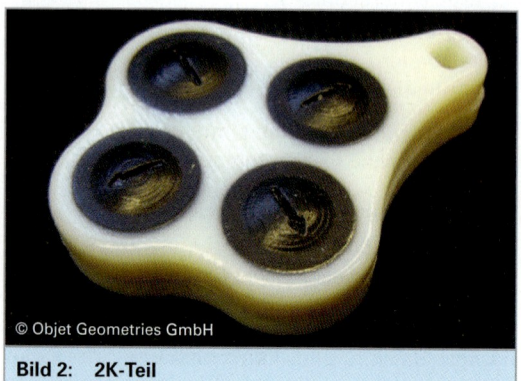

© Objet Geometries GmbH

Bild 2: 2K-Teil

Eine Besonderheit unter den 3D-Druckverfahren ist die Möglichkeit, so genannte 2K-Modelle in nur einem Bauvorgang herstellen zu können (**Bild 2, vorhergehende Seite**). Je nach Mischungsverhältnis können aus zwei Materialien zusammengesetzte Verbundstrukturen mit lokal maßgeschneiderten mechanischen Eigenschaften erzeugt werden. Bauschichtstärken bis zu 16 µm bei einem Bauraum von 500 x 400 x 200 mm sind möglich.

Beim pulververarbeitende 3D-Druckverfahren (Z Corporation) verwendet man gipsbasierte oder stärkebasierte Materialien, die mit Wasser bzw. Kunstharz infiltriert werden können, um auf diese Weise das Bauteil zu verfestigen oder zu versiegeln. Das Infiltrieren mit einem Zweikomponenten-Epoxid ermöglicht gummiähnliche Elastizität. Die Bauschichtstärken liegen bei 0.1 mm, die Bauraumgrößen sind eher kleinformatig, z. B. 254 x 381 x 203 mm.

Eine Besonderheit unter den direkten generativen Fertigungsverfahren ist die Fähigkeit zum 3D-Farbdruck (**Bild 1**). Design- und Anschauungsmodelle können mit mehr als 18 Bit Farbtiefe erzeugt werden.

Bei Verwendung von Gipskeramik-Kompositpulver als Grundwerkstoff können Metallprototypen im direkten Verfahren hergestellt werden.

Das pulververarbeitende 3D-Druckverfahren (voxeljet technology) nutzt als Basiswerkstoff PMMA (Polymethylmethacrylat). **Bild 2** zeigt ein in diesem auch *Polyporverfahren* genannten Verfahren hergestelltes Anschauungsmodell. Die Teileeigenschaften können durch Nachbehandeln mit Wachs, Epoxidharz, PU-Harz oder Acryl spezifisch „eingestellt" werden. Zum nahezu rückstandsfreien Ausschmelzen von Modellen wird mit Wachs infiltriert, für die Herstellung von Funktionsmodellen höherer Festigkeit (z. B. 30 MPa) mit Harzen. Es kann mit Schichtstärken von 80 µm großformatig gebaut werden (850 x 450 x 500 mm).

Mit der Sanddrucktechnik (voxeljet technology) können Sandgussformen in einem Bauvolumen von bis zu 4000 x 2000 x 1000 mm hergestellt werden. Hierbei wird Quarzsand unter Anwendung eines Zweikomponentenbindersystems (Furanharz) schichtweise selektiv verfestigt. In einer Entpackstation wird der lose gebliebene Sand abgesaugt, die Formteile können in einem Ofen zur schnelleren Aushärtung nachgetrocknet werden. Die Bauschichtstärken liegen bei 0,2 bis 0,4 mm. **Bild 3** zeigt beispielhaft Sandgussformen mit Kern und Abguss.

Bild 1: 3D-Print-Modell im Mehrfachmodus

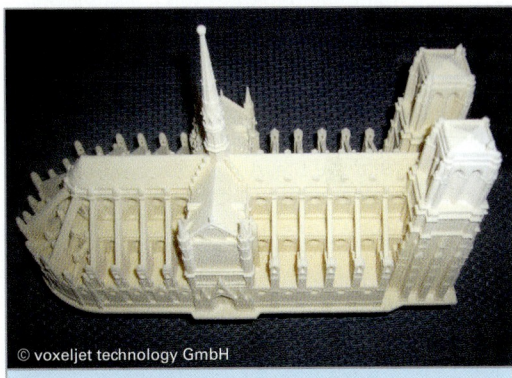

Bild 2: PMMA-Teil

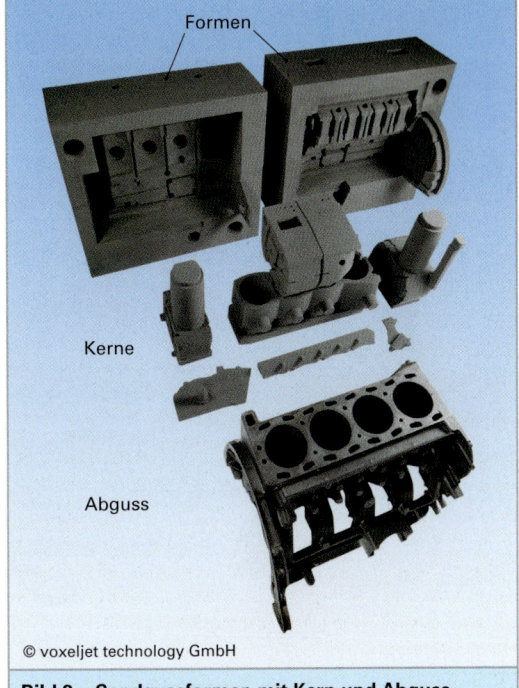

Bild 3: Sandgussformen mit Kern und Abguss

7.3.5 Bioplotter, Herstellung medizinischer Implantate

Bioplotter werden im sogenannten *Tissue Engineering*[1] für die regenerative Medizin eingesetzt. Hierbei werden lebende Zellen eines Organismus in vitro[2], d. h. außerhalb des Zielgewebes, kultiviert und mit dem Bioplotverfahren in eine definierte Form gebracht. Der in diesem Verfahren hergestellte Zellträger kann dann in den Organismus implantiert werden, um eine Gewebefunktion zu erhalten oder wiederherzustellen.

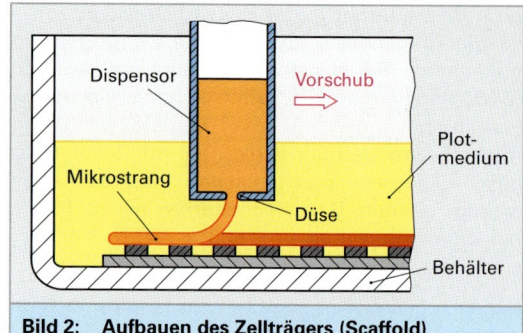

Bild 2: Aufbauen des Zellträgers (Scaffold)

In **Bild 1** ist die Prozesskette zu der am Freiburger Materialforschungszentrum entwickelten 3D-Bioplottechnologie dargestellt. Der Zellträger, auch als Scaffold[3] bezeichnet, wird mit einem 3D-positionierbaren Dispensor in einer Flüssigkeit durch Positionieren von Mikropunkten oder Mikrosträngen ähnlich wie beim FDM-Verfahren aufgebaut **(Bild 2)**. Die Anwendung co-reaktiver Materialkombinationen erlaubt ein breites Materialspektrum. So können auch 3D-Strukturen aus Hydrogelen (z. B. Na-Alginat) realisiert werden, indem die Hydrogel-Vernetzung an der Düse zur Formgebung im Medium genutzt wird. Da keine toxischen Zusatzstoffe oder erhöhte Temperaturen auftreten, bietet das Plotten von Hydrogelen dem Tissue Engineering erstmals die Möglichkeit, auch lebende Zellen in den Bauprozess direkt einzufügen. **Bild 3** zeigt das Funktionsprinzip zum Aufbau eines Zellträgers.

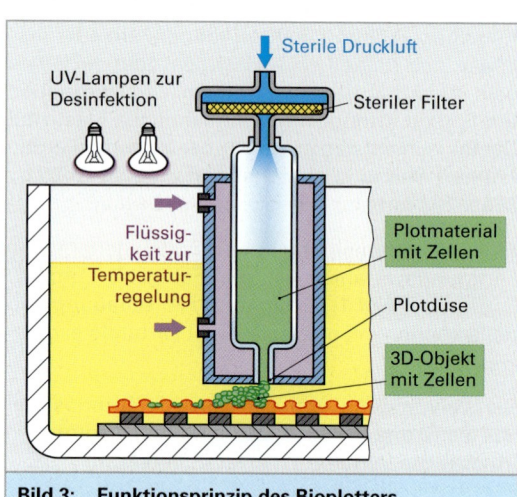

Bild 3: Funktionsprinzip des Bioplotters

---

[1] *engl.* tissue engineering = Gewebezüchtung; [2] *lat.* in vitro = im Reagenzglas; [3] *engl.* scaffold = Gerüst;
Text und Bilder orientieren sich an den Forschungsarbeiten von: Schanz JT, Lim TC, Ning C, Teoh SH, Tan KC, Wang SC, Hutmacher DW, National University of Singapore.

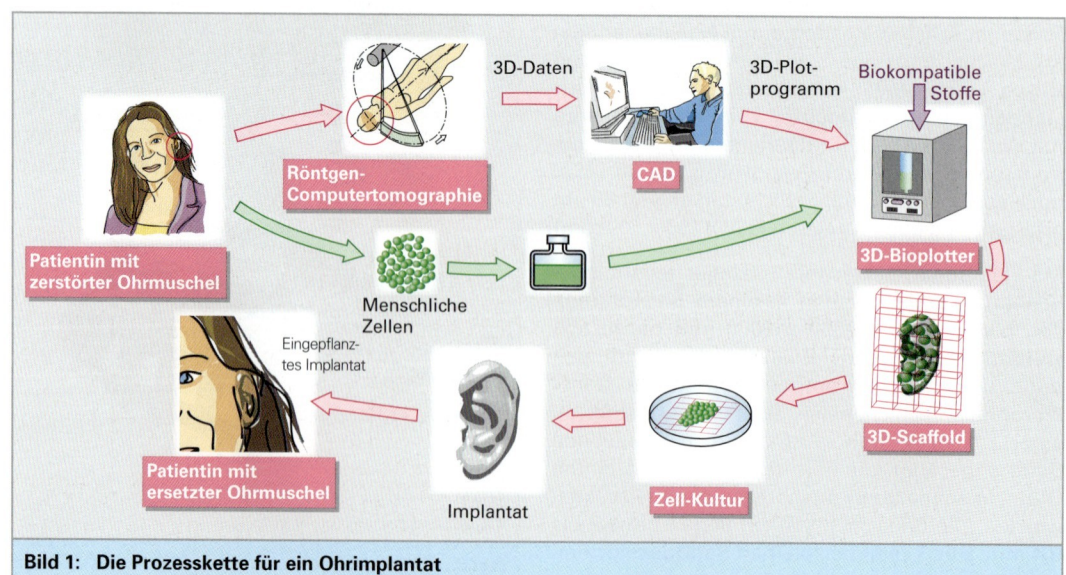

Bild 1: Die Prozesskette für ein Ohrimplantat

7.4 Rapid Manufacturing (RM)

Mit RM wird die Anwendung additiver Prozesse zur Herstellung von seriennahen Teilen bezeichnet. Der hervorstechende Vorteil von RM gegenüber den konventionellen urformenden, umformenden und spanenden Fertigungsverfahren ist, dass das Modell, der Prototyp oder das seriennahe Teil werkzeuglos gefertigt wird, wodurch die Durchlaufzeiten und Herstellungskosten erheblich reduziert werden können. Hinzu kommt, dass die geometrische Komplexität des herzustellenden Teils nahezu keine Rolle mehr spielt.

RM ermöglicht es, insbesondere dann innovative und qualitativ hochstehende Produkte mit Kostenvorteilen herzustellen, wenn bereits in der Entwurfsphase der Konstruktion ein ganzheitliches Konzept für den Produktionsablauf vorliegt.

Ein Beispiel hierfür ist der in **Bild 1** dargestellte pneumatische Greifer, bestehend aus Adapter für den automatischen Greiferwechsel und dem eigentlichen Werkzeug mit Greifbacken. Der Adapter ist noch aus diskreten Einzelteilen aufgebaut. Die Konstruktion des auswechselbaren Greifwerkzeugs folgt einem ganzheitlichen Konzept, das die Vorteile der additiven Herstellung nutzt, indem es als Integralteil gestaltet wird **(Bild 2)**. Die Alternative wäre eine Baugruppe bestehend aus 11 Einzelteilen, die separat gefertigt und dann montiert werden müssten.

Die Auslegung des Greifers erfolgt durch Parametrierung eines typisiert vorliegenden CAD-Modells, wobei Greifkraft und Zangenspiel vorzugeben sind. Die FEM-Simulation **(Bild 2)** liefert eine Greifkraftkennlinie mit dem in **Bild 3** eingezeichneten Arbeitspunkt gemäß den oben vorgegebenen Parametern. Sie gewährleistet sicheres Funktionieren bis zu mehr als zehntausend Lastspielen.

Die Greiferbacken werden individuell formschlüssig an das zu greifende Objekt angepasst. Der Greifer kann auftragsspezifisch innerhalb weniger Stunden im Stereolithographieverfahren hergestellt werden.

RM ermöglicht eine werkzeuglose Fertigung mit starker Reduzierung der Anzahl von Teilen und des Montageaufwandes.

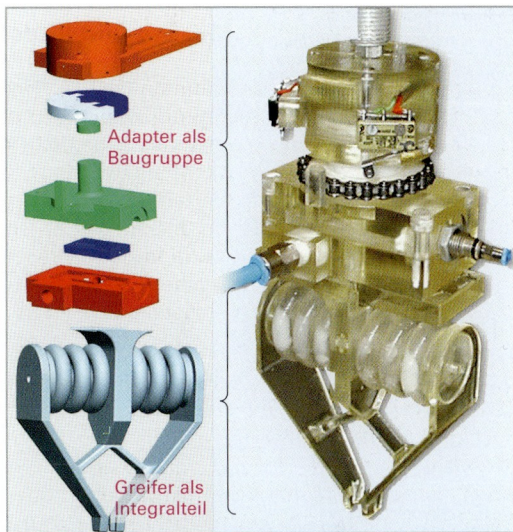

Bild 1: Pneumatischer Greifer mit Adapterbaugruppe und Werkzeug als Integralteil

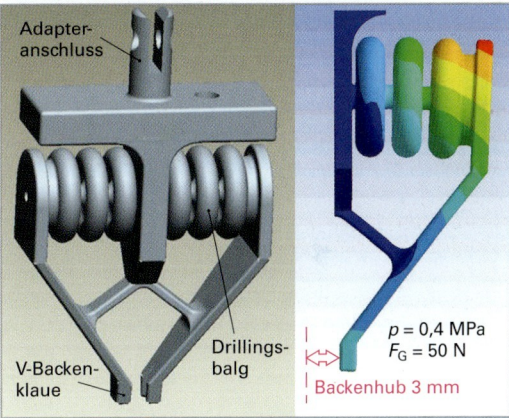

Bild 2: Werkzeug in Integralausführung und FEM-Simulation

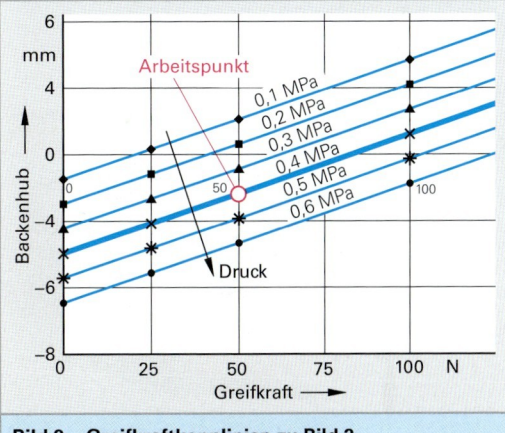

Bild 3: Greifkraftkennlinien zu Bild 2

Messen und Prüfen im Wandel der Zeit

... für Macht und Herrlichkeit

Die Ägypter hatten in einer sehr frühen Zeit verbindliche standardisierte Maßeinheiten. Orientiert hat sich das Längenmaß z. B. an dem ausgestreckten Unterarm des Königs und betrug 52,4 cm. Diese Länge wurde unterteilt in 7 Handbreiten (1 Hand = 7,48 cm) und eine Handbreite wurde weiter unterteilt in 4 Fingerbreiten (1 Finger = 1,87 cm). Das Relief links zeigt die Investitur des sumerischen Königs *Ur-Nammu* (2111 bis 2094 v. Chr.). Der König steht vor dem Mondgott Nanna und empfängt aus seinen Händen die Symbole der Gerechtigkeit: einen Maßstab und ein Senkgewicht.

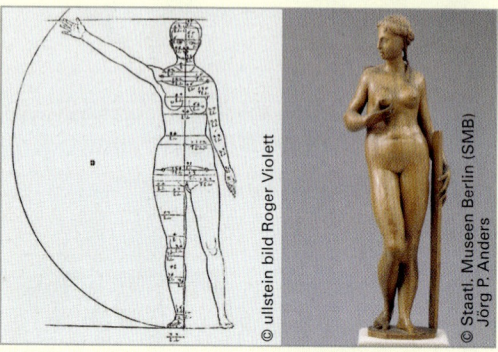

... für Schönheit und Harmonie

In der Zeit der Renaissance stand die Ästhetik der Proportionen und dabei auch die Schönheit des Menschen im Vordergrund der Künste. Es wurden Geräte und Hilfsmittel geschaffen zum Vermessen des Menschen und zum Umsetzen dieser Maße in Gemälden und Skulpturen.
Die Zeichnung links ist nach dem Buch der Proportionen von *Albrecht Dürer* (1471 bis 1526) in der Ecole Superieure des Beaux-Arts, Paris, entstanden. Die Skulptur rechts daneben zeigt eine weibliche Schönheit mit einem Messholz als Allegorie zur Architektur (um 1600).

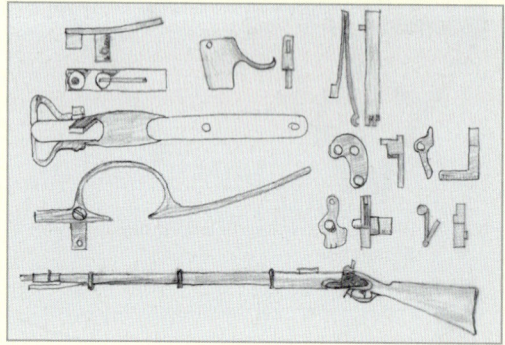

... für Massenfertigung in Großserien

Zur Herstellung von 10 000 Musketen (Vorderladergewehre) für die amerikanischen Regierung wurde von *Eli Whitney* (1765 bis 1825) die Fließfertigung eingeführt. Abweichend von der bis dahin üblichen handwerklichen Fertigung, nämlich Gewehr für Gewehr, hat Whitney erstmals eine Serienfabrikation mit austauschbaren, identischen Einzelteilen aufgebaut. Für die Serienmontage war diese Austauschbarkeit der rund 50 Bauteile eine Voraussetzung. Ermöglicht wurde dies nur durch ein produktionsbegleitendes Messen und Prüfen der Bauteile.

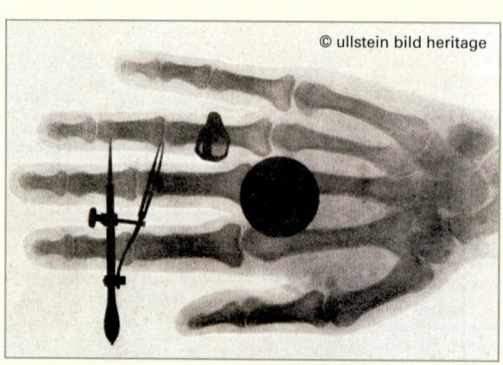

... für Sicherheit und Gesundheit

Mit der Entdeckung der Röntgenstrahlen durch *Wilhelm Conrad Röntgen* (1845 bis 1923) konnte man ins Innere von Menschen und Objekten „sehen". Genutzt wird diese Technik heute auch für die automatisierte Serienprüfung bei Sicherheitsbauteilen. Durch die Vielzahl von Projektionsaufnahmen und deren Verknüpfung mit einem Computer können durch Computertomographie (CT) nun Bauteile vollständig in ihrer Geometrie: innen wie außen, sichtbar gemacht werden. Das Bild zeigt eine Aufnahme der Hand von Frau Röntgen, im Jahr 1896.

Teil II: Mess- und Prüftechnik

1 Fertigungsmesstechnik

1.1 Grundlagen der geometrischen Messtechnik

Die Funktion eines Bauteiles ergibt sich aus der Kombination seiner Gestalt und dem Stoff, aus dem es besteht. Die Gestalt wird durch die Begrenzungsflächen bestimmt. Man kann dabei weiter in „Grobgestalt" (Maß, Form, Lage) und in „Feingestalt" (Welligkeit, Rauheit) unterteilen **(Bild 1)**.

Werkstücke haben stets Abweichungen von der idealen Geometrie. Sind diese Abweichungen zu groß, ist die Funktion des Werkstückes nicht mehr gegeben. Um die festgelegten Eigenschaften zu gewährleisten, ist es notwendig, unter anderem während der Fertigung, bestimmte Bauteileigenschaften (hier: geometrische Größen) zu messen. In diesem Zusammenhang spricht man auch von **Fertigungsmesstechnik**.

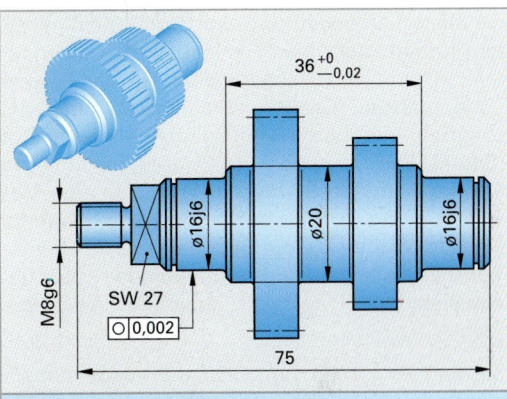

Bild 2: Konstruktionszeichnung (Beispiel)

In der Konstruktionszeichnung **(Bild 2)** sind besonders häufig geometrische Größen, wie Abstände, Dicken, Längen, Winkel, Form- und Lagetoleranzen oder Oberflächenkenngrößen, festgelegt. Sie ist die Grundlage für jede Prüfung. Die Erfassung solcher Größen wird auch als geometrisches oder dimensionelles Messen bezeichnet.

Wenn nicht alle Merkmale, also z. B. nur funktionswichtige Maße, geprüft werden sollen oder wenn die Zeichnung sehr komplex ist, fertigt man auch besondere „Prüfzeichnungen" an, die nur die zu prüfenden Merkmale enthalten. Zusätzlich gibt es Prüfpläne, die weitere Informationen, wie das zu verwendende Prüfmittel, liefern **(Bild 3)**.

Die Maße werden in Vielfachen oder in Teilen der Maßeinheit ausgedrückt.

Messlabor		Prüfplan	Prüfplan-Nr.: 0815-4711		Blatt 1 von 1
Zeichnungs-Nr.: 123-4567-01		Bezeichnung: Prüfplatte	Bearbeiter: Hugo Messer		Datum: 06.12.2005
Nr.	Prüfmerkmal	Grenzwerte	Prüfmittel	Prüf-häufigkeit	Bemerkungen
1	Durchmesser 16j6	15,997 16,008	Feinzeiger-messschraube	10 %	
2	Durchmesser 20	19,8 20,2	Messschieber	5 pro Los	
3	Länge 75	74,5 75,0	Messschieber	5 pro Los	
4	Abstand 36	36,0 35,98	Bügel-messschraube	5 pro Los	
5	Gewinde M8 — 6g		Gewinde-lehrringe	5 pro Los	
6	Schlüssel-weite 27	26,8 27,0	Messschieber	5 pro Los	
7	Rundheit	0,002	Form-messgerät	1 pro Los	

Bild 3: Prüfplan (Beispiel)

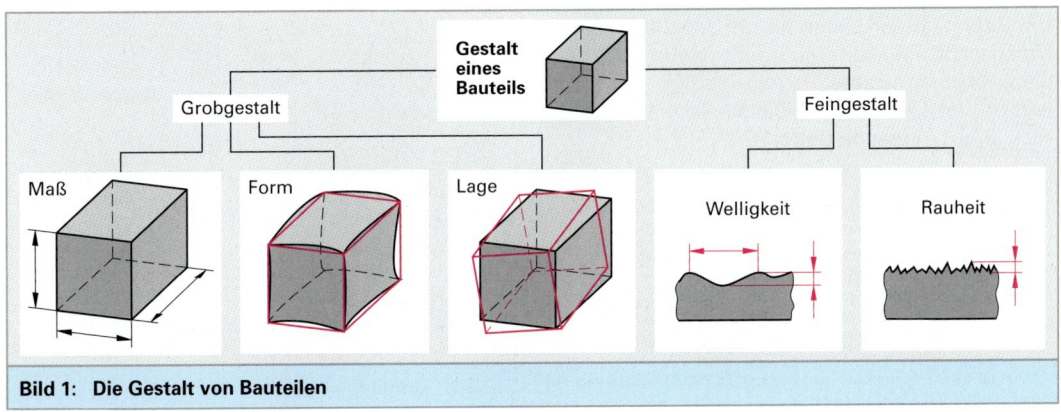

Bild 1: Die Gestalt von Bauteilen

> Die **geometrische Messtechnik** befasst sich mit der Bestimmung von Größen, die sich mit der Einheit „Meter" und deren Vielfachen und deren Bruchteilen ausdrücken lassen.

Längenmessungen sind schon seit langer Zeit für die Menschen bedeutungsvoll. Der Handel mit Gütern forderte sehr bald Festlegungen von Längenmaßen- und von Flächenmaßen. In der Bezeichnung mancher Größen erkennt man noch den Ursprung der damaligen Längendefinition: Fuß (**Bild 1**), Elle, Tagwerk. Die Längendefinition war also im wahrsten Sinne des Wortes an eine Maßverkörperung (z. B. Fußlänge oder Daumenbreite eines Herrschers) gebunden. Bald wurde aber der Wunsch nach genaueren, unveränderlichen und vor allem überall nachvollziehbaren Festlegungen laut.

Bild 1: Maßverkörperung „Fuß"

So definierte man um 1790 die Länge anhand geografischer Größen: Der Abstand Dünkirchen-Barcelona wurde auf genau 1000 km festgelegt (**Bild 2**). Die Messung dieser Strecke stellte zu dieser Zeit sicher eine messtechnische Meisterleistung dar, doch war 1 Meter[1] von damals nach der heutigen Längenfestlegung um 0,2 mm zu kurz.

Aufgrund dieser Messungen erstellte man 1799 das erste Urmeter (Ein-Meter-Maß aus Platin). 1875 wurde 1 m als 40.000.000ter Teil des durch Paris laufenden Erdumfanges in Form der Länge eines neuen Urmeters festgelegt. Auf einem Stab aus einer Platin-Iridium-Legierung (90 % Pt, 10 % Ir) sind Strichmarkierungen im Abstand 1 m angebracht (**Bild 3**). Damit erreichte man damals immerhin eine Längenunsicherheit von $\pm 2 \cdot 10^{-7}$.

Als nichtkörperliche Längendefinition wurde 1960 die Wellenlänge des Lichtes einer Kryptonlampe (eine Gasentladungslampe) zugrunde gelegt. Man erreichte damit eine Längenunsicherheit von $\pm 4 \cdot 10^{-9}$.

Die Definition der Länge beruht seit 1983 auf der Lichtgeschwindigkeit. Man geht davon aus, dass diese Naturkonstante unveränderlich ist. Licht[2] legt im Vakuum in 1/299792458 Sekunde 1 m zurück (**Bild 1, folgende Seite**).

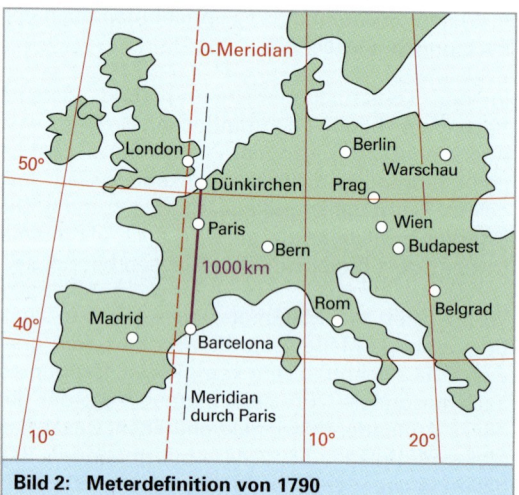

Bild 2: Meterdefinition von 1790

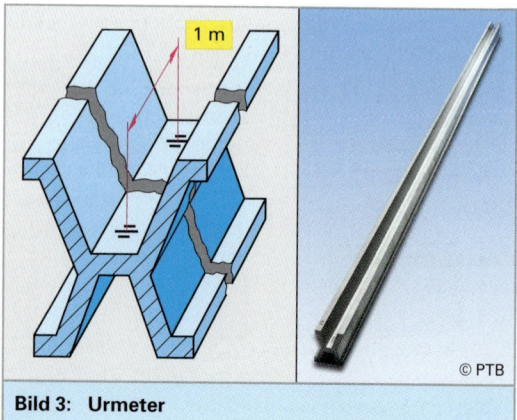

Bild 3: Urmeter

---

[1] Um kein Land zu bevorzugen, wurde die Längeneinheit *mètre* genannt, abgeleitet vom altgriechischen „metron" = Maß

[2] Als Licht wird vom Internationalen Komitee für Maße und Gewichte (Comité/International des Poids et Mesures, CIPM) das Licht vorgeschlagen, das stabilisiert ist aus Strahlungsübergängen im Jodmolekül mit den Wellenlängen 640 nm, 633 nm, 612 nm, 576 nm und 514 nm und ferner mit 657 nm, stabilisiert durch den Strahlungsübergang von Calcium. Des weiteren kann die Absorptionslinie von Methan bei 3390 nm verwendet werden (liegt im Infrarotbereich).

1.1 Grundlagen der geometrischen Messtechnik

Über die Beziehung

$$c = \lambda \cdot f$$

- c Lichtgeschwindigkeit (Einheit m/s)
- λ Wellenlänge des Lichtes (Einheit m)
- f Frequenz der Lichtwellen (Einheit 1/s)

ist die Längendefinition direkt mit der Zeitdefinition verknüpft.

Die Zeit kann derzeit mit Messunsicherheiten von ca. 10^{-15} bestimmt werden. Sie ist damit die am genauesten messbare Größe.

Die heute erreichbare Unsicherheit der Maßverkörperung „Länge" mittels eines Normallasers beträgt im Extremfall 10^{-11}. Dies entspricht dem Durchmesser eines Haares auf einer Strecke von 5000 km. Einrichtungen mit dieser Genauigkeit sind z. B. an der Physikalisch-Technischen Bundesanstalt in Braunschweig vorhanden. Die PTB[2] stellt den nationalen Standard für unter anderem die Länge in Deutschland. Die Zertifizierung eines Qualitätsmanagementsystems nach DIN EN ISO 9000 ff fordert unter anderem, dass alle Längenmessungen auf einen solchen Standard zurückgeführt werden müssen.

Die Definition der Längeneinheit über die Lichtgeschwindigkeit ist für den täglichen Gebrauch nicht praktikabel. Daher stellt man Längen durch **Maßverkörperungen** dar **(Bild 2)**. Längen sind dabei zum Beispiel durch den Abstand paralleler Flächen (Parallelendmaße), durch Abstände von Strichen (Strichmaßstäbe) oder durch einen Ringdurchmesser festgelegt.

Messabweichungen

Messabweichungen, die unter „Wiederholbedingungen" konstant bleiben, nennt man **systematische Messabweichungen**. Konstante Wiederholbedingungen liegen vor, wenn alle Einflussgrössen konstant gehalten werden. Systematische Messabweichungen sind so nicht feststellbar, sondern können erst unter „Vergleichsbedingungen", also durch Vergleich mit einem genaueren Messgerät oder einem bekannten Normal, ermittelt werden.

Selbst wenn man alle Einflussgrößen bei einer Messung konstant hält, ergibt sich bei der Wiederholung einer Messung eine Streuung der Messwerte und damit auch der Messabweichungen. Man nennt Messabweichungen, für die ein Streubereich angegeben werden kann, **zufällige Messabweichungen**. Man kann sie durch statistische Methoden erfassen **(Bild 3)**.

Systematische Messabweichungen verfälschen das Messergebnis, zufällige Messabweichungen machen es unsicher.

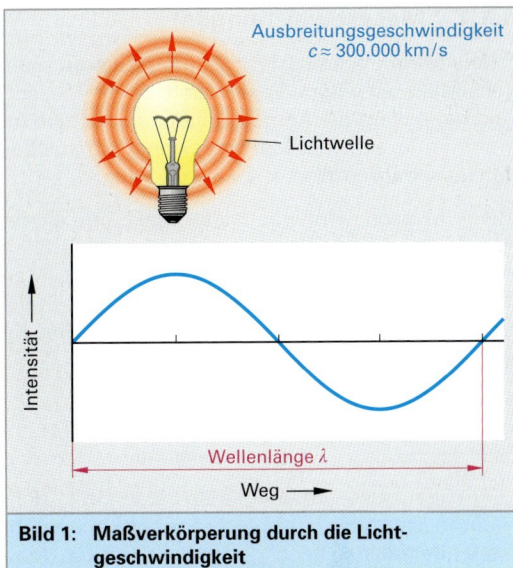

Bild 1: Maßverkörperung durch die Lichtgeschwindigkeit

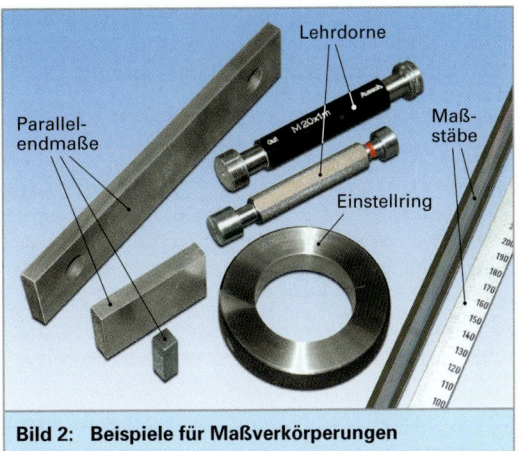

Bild 2: Beispiele für Maßverkörperungen

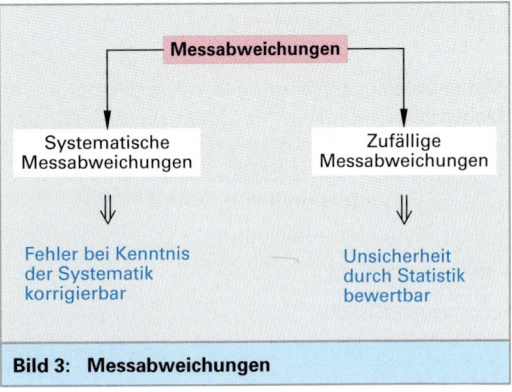

Bild 3: Messabweichungen

---

[1] PTB ist die Abkürzung für die Physikalisch-Technische Bundesanstalt in Braunschweig.

1.1.1 Messabweichungen

In der Fertigungsmesstechnik interessieren meistens Maße an einem Gegenstand. Jedes Messobjekt hat bestimmte Abmessungen, die für sich genommen exakt sind. Man bezeichnet ein solches Maß als **wahren Wert** x_w.

Beim Messen wird das Messobjekt mit einem Messnormal verglichen. Am dabei verwendeten Messgerät wird ein Messergebnis angezeigt. Man nennt es den **Istwert** x_a der Messung, der meist vom wahren Wert abweicht. Die Differenz bezeichnet man als **Messabweichung** Δx.

$\Delta x = x_a - x_w$	Δx	Messabweichung
	x_a	Istwert
	x_w	wahrer Wert

Sinnvollerweise arbeitet man statt mit dem wahren Wert, der ja nicht bekannt ist, mit einem Wert, der ausreichend genau bekannt ist. Man nennt ihn den **richtigen Wert** x_r.

Die Genauigkeit, mit der x_r bekannt sein muss, hängt vom jeweiligen Anwendungsfall ab. Die Messabweichung wird damit definiert als

$\Delta x = x_a - x_r$	Δx	Messabweichung
	x_a	Istwert
	x_r	richtiger Wert

Beispiel:
Zur Prüfung von Bügelmessschrauben (geforderte Messunsicherheit wenige µm) verwendet man Endmaße, deren Länge auf wesentlich weniger als 1 µm bekannt ist. Dies ist ausreichend, um die genormte Genauigkeit von Messschrauben nachzuweisen.

Messen ist Vergleichen. Die beim Vergleichen entstehenden Abweichungen bezeichnet man als Messabweichungen.

Messabweichungen können viele Ursachen haben, z. B.:
- Temperatur,
- Führungsabweichungen in Messgeräten,
- nicht-ideale Messflächen,
- Reibung, Spiel,
- Schmutz **(Bild 2)**.

Die Temperatur hat fast immer einen Einfluss auf Messwerte und auf die Abmessungen der Messobjekte.

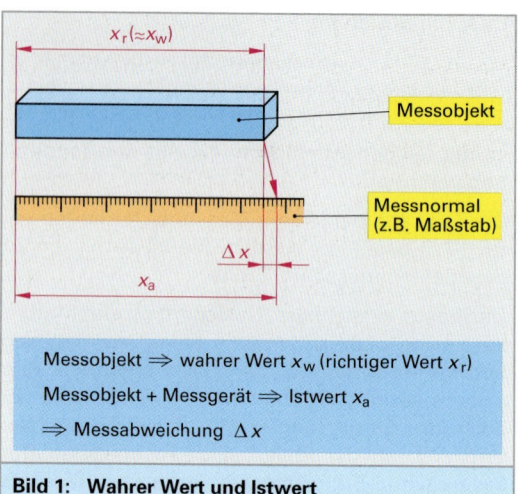

Bild 1: Wahrer Wert und Istwert

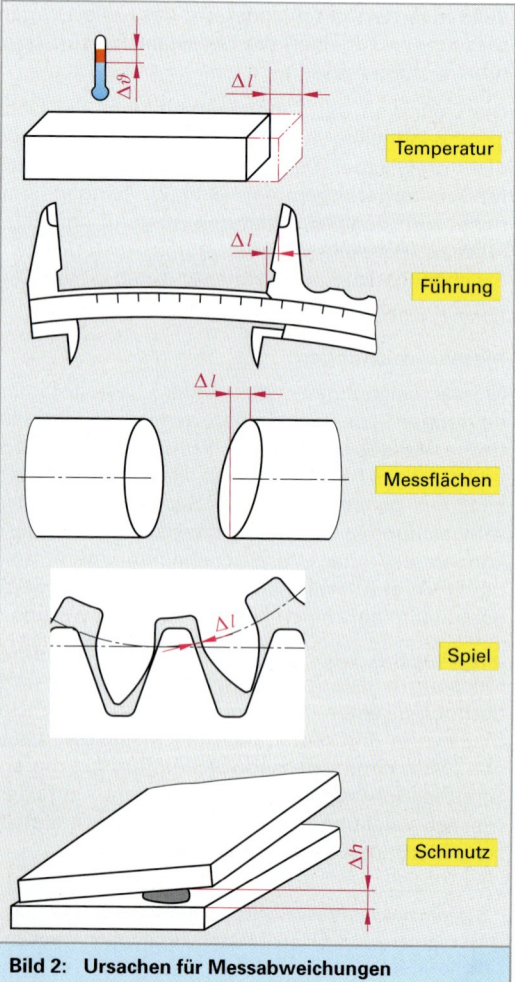

Bild 2: Ursachen für Messabweichungen

1.1 Grundlagen der geometrischen Messtechnik

1.1.1.1 Ordnung von Messabweichungen

Messanordnungen können durch eine Ordnungszahl hinsichtlich ihrer Empfindlichkeit gegen störende Einflüsse charakterisiert werden. Eine Messabweichung entsteht immer als Folge einer verursachenden Größe u. Die sich ergebende Messabweichung kann als Potenzreihe (Polynom) dargestellt werden (**Bild 1**).

$$\Delta x = a_0 + a_1 u + a_2 u^2 + a_3 u^3 + \ldots$$

Δx Messabweichung
$a_0, a_1 \ldots$ Parameter
u verursachende Größe

Die Parameter a_0, a_1, a_2 ... ergeben sich aus der Art der Messanordnung. Die Ordnung einer Messabweichung bestimmt man, indem man die Reihe nach dem ersten Term, der u enthält und der ungleich 0 ist, abbricht. Der Exponent von u in diesem Term kennzeichnet die Ordnung. Da die Ursache u klein ist, kann man die Beiträge der höheren Ordnungen vernachlässigen, denn wenn kleine Werte miteinander multipliziert werden, erhält man noch sehr viel kleinere Werte.

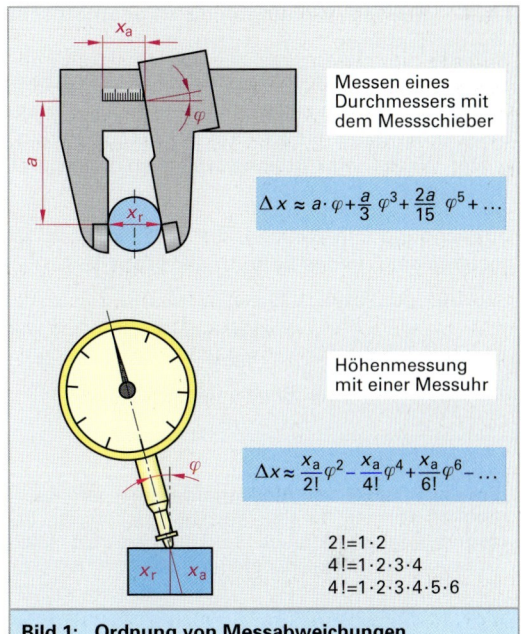

Bild 1: Ordnung von Messabweichungen

Man erhält Ausdrücke der Form:
$\Delta x = a_0 + \text{const.} \cdot u$ → Abweichung 1. Ordnung
$\Delta x = a_0 + \text{const.} \cdot u^2$ → Abweichung 2. Ordnung

Abweichungen 2. Ordnung sind viel kleiner als Abweichungen 1. Ordnung.

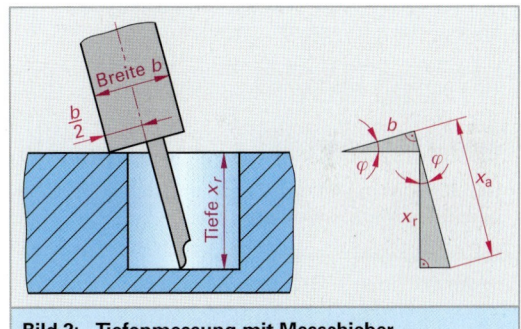

Bild 2: Tiefenmessung mit Messschieber

Beispiel:
Bei der Tiefenmessung mit einem Messschieber (**Bild 2**) ergeben sich durch die Schrägstellung um den Winkel φ folgende Messabweichungen:

$$\Delta x = \frac{b}{2}\varphi + \frac{x_r}{2}\varphi^2 + \frac{b}{6}\varphi^3 + \ldots$$

In dieser Gleichung taucht die Ursache (Schrägstellung um den Winkel φ) mit den Exponenten 1, 2, 3 ... auf. Die Faktoren der einzelnen Summanden ergeben sich aus der Messanordnung, z. B. Breite b des Messschiebers, zu messende Tiefe x_r (handelsübliche Messschieber haben eine Breite von ca. 16 mm). Wird damit eine Tiefe von z. B. 50 mm gemessen und der Messschieber um $\varphi = 0{,}05$ rad (= ca. 3°) schräg gehalten, beträgt der Istwert der Messung ca. 50,46 mm. Die Messabweichung Δx ergibt sich aus den Anteilen:

$\Delta x =$ 400 µm + 62,5 µm + 0,33 µm
         1. Ordnung   2. Ordnung   3. Ordnung

Beitrag der 1. Ordnung:
(resultierend aus Verkippung und Breite des Messschiebers): 400 µm (= 86,4 % der gesamten Messabweichung)

Beitrag der 2. Ordnung:
(resultierend aus Verkippung und gemessener Tiefe): 62,5 µm (= 13,5 % der gesamten Messabweichung)

Beitrag der 3. Ordnung:
(resultierend aus Verkippung und Breite des Messschiebers): 0,33 µm (= weniger als 0,1 % der Messabweichung)

→ die 1. Ordnung hat den größten Einfluss!

1.1.1.2 Messabweichungen durch geometrische Einflüsse

In der geometrischen Messtechnik treten Abweichungen sehr oft in Folge von Schieflagen auf. Die Ursache ist dabei eine kleine Winkelabweichung φ. Der Winkel wird üblicherweise im Bogenmaß angegeben.

Umrechnung von Winkeln, die in Winkelgrad[1] angegeben sind, in das Bogenmaß[2] (**Tabelle 1**):

$$\varphi \text{ (Bogenmaß)} = \frac{\alpha \text{ (Winkelgrad)} \cdot \pi}{180°},$$

$$\alpha \text{ (Winkelgrad)} = \frac{\varphi \text{ (Bogenmaß)} \cdot 180°}{\pi}.$$

Tabelle 1: Umrechnung von Winkelmaßen

Radiant		Grad, Minute, Sekunde	
1 rad	= 1000 mrad	1°	≈ 0,017 rad
1 rad	≈ 0,636 ∟	1°	≈ 17,453 mrad
1 rad	≈ 57,295°	1'	≈ 0,000 291 rad
1 rad	≈ 3437,746'	1'	≈ 290,888 µrad
1 mrad	≈ 3,437'	1"	≈ 4,848 µrad
1 rad	≈ 206264,806''		
1 µrad	≈ 0,206''	1 ∟	≈ 1,57 rad
1 rad	≈ 63,661 gon	1 ∟	= 90°

Bei der Analyse von Messanordnungen ergeben sich oft Formeln für die Messabweichungen, in denen Winkelfunktionen vorkommen. Um die Ordnung der Messabweichung bestimmen zu können, nähert man die Winkelfunktionen durch Polynome an (Reihenentwicklung, Taylorreihen von Funktionen).

Reihenentwicklungen einiger wichtiger Winkelfunktionen mit Näherungen für kleine Winkel φ:

$$\tan \varphi = \varphi + \frac{1}{3}\varphi^3 + \frac{2}{15}\varphi^5 \ldots \approx \varphi$$

$$\sin \varphi = \varphi - \frac{1}{3!}\varphi^3 + \frac{1}{5!}\varphi^5 + \ldots \approx \varphi$$

$$\cos \varphi = 1 - \frac{1}{2!}\varphi^2 + \frac{1}{4!}\varphi^4 - \approx 1 + \frac{1}{2}\varphi^2 \approx 1$$

Damit findet man die Ordnung der sich jeweils ergebenden Messabweichung:

$\Delta x = const \cdot \tan \varphi \rightarrow \Delta x = const \cdot \varphi^1$
→ Abweichung 1. Ordnung

$\Delta x = const \cdot \sin \varphi \rightarrow \Delta x = const \cdot \varphi^1$
→ Abweichung 1. Ordnung

$\Delta x = const \cdot (1 - \cos) \varphi \rightarrow \Delta x \approx const \cdot \frac{1}{2}\varphi^2$
→ Abweichung 2. Ordnung

Abweichungen, die sich mit dem Sinus oder Tangens einer Schieflage ausdrücken lassen sind Abweich-ungen 1. Ordnung.
Abweichungen, die sich mit dem Kosinus einer Schieflage ausdrücken lassen sind Abweichungen 2. Ordnung.

Messabweichungen durch Führungsabweichungen. In sehr vielen Messgeräten werden Linearführungen eingesetzt. Selbst die besten Führungen haben Abweichungen von der idealen Geraden und es kommt dadurch zum Verkippen von Messeinrichtungen (**Bild 1**).

Messen mit Höhenmessgerät (Höhenreißer). Höhenmessgeräte (**Bild 1, rechts**) werden eingesetzt, um unter anderem vertikale Abstände an Messobjekten zu bestimmen. Der Maßstab ist senkrecht am Gerätegrundkörper des Messgerätes angebracht. Zum Messen wird das Messobjekt z. B. mittels eines Tasters, der am Messschlitten angebracht ist, angetastet. Am Vertikalmaßstab kann nun das Maß abgelesen werden.

Durch Führungsabweichungen kommt es zum Verkippen des Messschlittens. Es ergeben sich Messabweichungen, die umso größer werden je größer der Verkippungswinkel φ ist und je größer der seitliche Abstand a des Maßstabs vom Messobjekt ist.

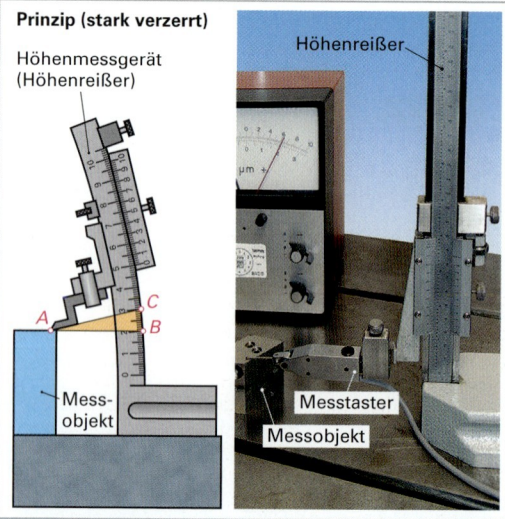

Bild 1: Messen mit Höhenmessgerät

---

[1] Darstellung von Winkeln: 1 Winkelgrad 1° = 60 Bogenminuten (60') = 3600 Bogensekunden (3600"). Bruchteile von Bogensekunden werden dezimal angegeben. Winkel werden oft insgesamt dezimal angegeben: Beispiel: 5° 12' 5,4" = 5° + (12/60)° + (5,4/3600)° = 5,2015°.

[2] Die Einheit des Bogenmaßes ist m/m = rad (sprich: Radiant). Bruchteile: mrad (Milliradiant) = 0,001 rad, µrad (Mikroradiant) = 0,000 001 rad.

1.1 Grundlagen der geometrischen Messtechnik

Die Forderung zur Minimierung der Abweichungen liegt dem Abbé'schen[1] Komparatorprinzip zugrunde.

Abbé'sches Komparatorprinzip:
Messobjekt und Messnormal sollen in einer Linie fluchtend in Messrichtung angeordnet sein **(Bild 1)**.

Wenn das Abbé'sche Komparatorprinzip verletzt ist, treten durch Führungsabweichungen Messabweichungen 1. Ordnung auf.
Abhilfe: genaue Fertigung der Führungen (teuer!), rechnerische Kompensation der Abweichungen durch *Kalibrierung* mit einem Normal (nur sinnvoll, wenn kein Spiel vorhanden ist).
Bei einigen Messgeräten, wie zum Beispiel Messuhren und Messtastern ist das *Komparatorprinzip* weitgehend eingehalten. In hochwertigen Messtastern setzt man sehr genaue Maßstäbe ein, die Messgenauigkeiten bis unter 1 µm erlauben. Der Maßstab ist in der Messachse angeordnet, so dass das Abbé'sche Komparatorprinzip eingehalten ist. Beim Einbau eines solchen Messtasters in ein Messstativ ergibt sich immer eine gewisse Schrägstellung infolge Fertigungsstreuungen **(Bild 1, rechts)**. Die Frage ist nur, wie groß diese sein dürfen.

Aus dem Dreieck ABC ergibt sich der folgende Zusammenhang:

$$\frac{x_r}{x_a} = \cos \varphi$$

x_r Ankathete im Dreieck ABC
x_a Hypotenuse im Dreieck ABC

Bei genauen Messtastern liegen die zulässigen Messabweichungen bei einem Messweg von $x_r = 100$ mm unter 1 µm. Damit ergibt sich eine zulässige Schiefstellung von $\varphi = 0{,}0045$ rad, entsprechend $15' = 0{,}25°$. Dies ist bei guten Messständern einfach zu erreichen.

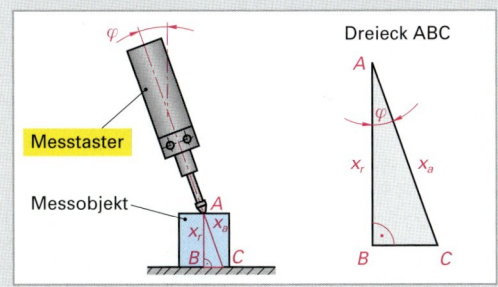

Beim **Komparator** ist das Komparatorprinzip eingehalten. Maßstab und Messobjekt sind in einer Linie angeordnet **(Bild 2)**

Hier ergibt sich die Messabweichung zu:

$$|\Delta x| = b \left| \frac{1}{\cos \varphi} - \cos \varphi \right| = \frac{1}{2} b \varphi^2 \quad \rightarrow \text{Abweichung 2. Ordnung}$$

---
[1] *Ernst Karl Abbé* (1840 bis 1905) arbeitete mit *Carl Zeiss* zusammen und war Mitbegründer der Schott-Glaswerke.

Komparatoren **(Bild 3)** sind sehr genaue Messgeräte mit zulässigen Abweichungen von höchstens einigen zehntel Mikrometern.

Wenn das Komparatorprinzip eingehalten wird, verursachen Führungsabweichungen nur Messabweichungen 2. Ordnung.

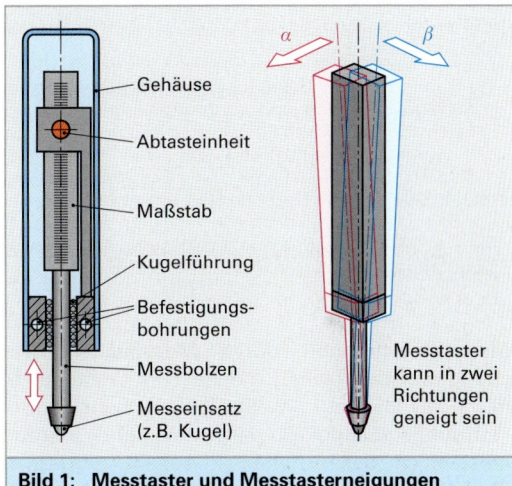

Bild 1: Messtaster und Messtasterneigungen

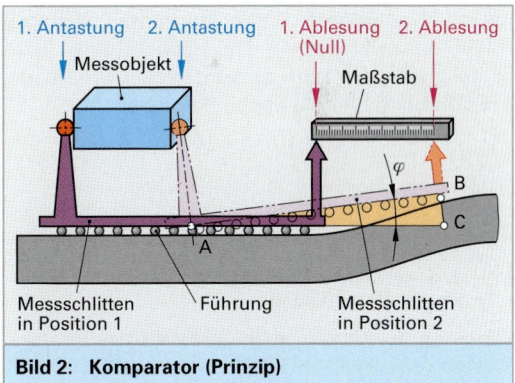

Bild 2: Komparator (Prinzip)

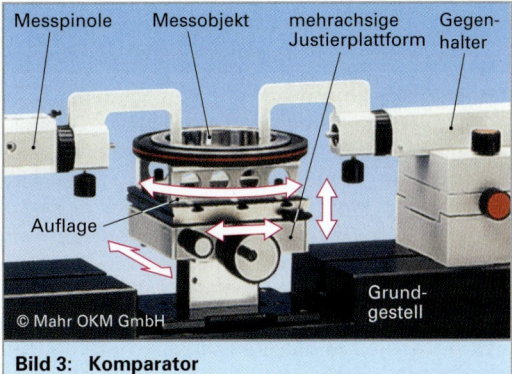

Bild 3: Komparator

Beispiel für das Zustandekommen von Messabweichungen 1. Ordnung:

Führungsabweichungen bei der Formprüfung

Bei einer Bauform von Geradheitsmessgeräten wird das Messobjekt mit einem Geradheitsnormal (z. B. Lineal oder sehr genaue Führung) verglichen. Dazu wird das Messobjekt mit einem Messtaster, der auf der Vergleichsführung gleitet, abgetastet. Bei dieser Art der Messung gehen die Formabweichungen des Normals voll als Abweichungen 1. Ordnung in das Messergebnis ein.

Zur Erinnerung: Die Schieflage des Messtasters verursacht nur Abweichungen 2. Ordnung.
Folglich müssen Normale zur Formprüfung sehr genau hergestellt sein (Führungen von Geradheitsmessgeräten, Spindellager bei Rundheitsmessgeräten). Sehr genaue Normale sind entsprechend teuer – z. B. kostet eine hochgenaue Führung aus Keramik mit l = 500 mm und < 1 µm zulässiger Abweichung samt luftgelagertem Schlitten ca. 10 000 €.

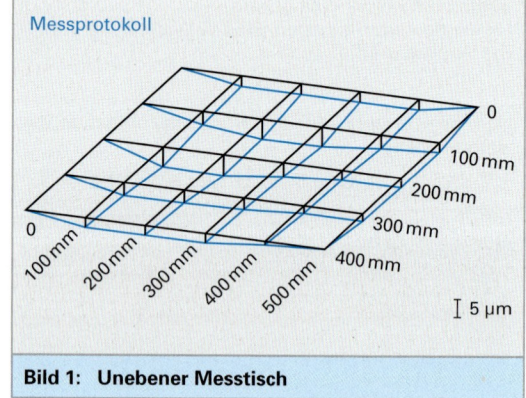

Messabweichungen durch Messflächenabweichungen. Messflächen dienen zum Antasten eines Messobjektes. Sie werden mit sehr großer Fertigungsgenauigkeit hergestellt und werden hinsichtlich der erzielten Ebenheit vermessen (**Bild 1**). Es kommen in der Regel sehr harte, verschleißfeste Werkstoffe zum Einsatz. Man verwendet gehärteten Stahl, Hartmetall, Keramik, Rubin oder Hartgestein. Die Flächen (meist eben, kugelig oder zylindrisch) werden feinstbearbeitet, z. B. durch Schleifen, Läppen, Polieren.

Unebener Messtisch: Auf Messtischen werden oft Höhen von Bauteilen mit Feinzeigern gemessen. Zunächst wird der in einem Messstativ eingespannte Feinzeiger mittels eines Endmaßes auf „Null" gestellt. Anschließend wird das Bauteil mit dem Feinzeiger angetastet (**Bild 2**).

In Folge der Unebenheit des Messtisches und der unterschiedlichen Auflagepunkte von Endmaß und Bauteil entsteht eine Messabweichung 1. Ordnung, denn der Höhenunterschied Δh geht direkt in das Messergebnis ein.

Genaue Messung der Dicke von Bauteilen. Um die Dicke von Bauteilen mit höchster Genauigkeit (<< 1 µm) zu messen, muss der Einfluss des Messtisches ausgeschaltet werden. Dies wird durch einen Messaufbau erreicht, der in **Bild 3** dargestellt ist. Das Messobjekt wird von oben und unten mit einem Messtaster angetastet. Die Dicke entspricht der Summe der Messwerte der beiden Messtaster. Das Messergebnis ist unabhängig von der Wölbung des Messobjektes und den Unebenheiten des Messtisches[1].

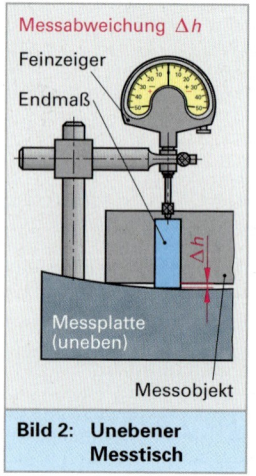

Bild 2: Unebener Messtisch

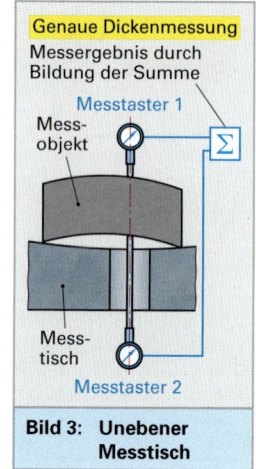

Bild 3: Unebener Messtisch

---

[1] So werden unter anderem Endmaße geprüft.

1.1 Grundlagen der geometrischen Messtechnik

Beispiel: Messschraube mit schiefen Messflächen

Messschrauben sind erhältlich mit drehendem Messbolzen (preisgünstige Ausführung) und mit nicht drehendem Messbolzen (hochwertige Ausführung, Messschrauben mit auswechselbaren Messeinsätzen) **(Bild 1)**.
Generell sollen die Messflächen senkrecht zur Messrichtung stehen. Schiefstellungen der Messflächen wirken sich bei drehendem und nicht drehendem Messbolzen unterschiedlich aus **(Bild 2)**.

Drehender Messbolzen:

$\beta < \alpha: \Delta x \approx d \cdot \beta + \frac{1}{2} x_r \cdot \alpha^2 \quad \rightarrow \quad$ Abweichung 1. Ordnung

$\beta > \alpha: \Delta x \approx d \cdot \alpha + \frac{1}{2} x_r \cdot \alpha^2 \quad \rightarrow \quad$ Abweichung 1. Ordnung

Die Abweichungen hängen hier auch von der Drehlage der Spindel ab.

Nicht drehender Messbolzen:

Hier hat der Messbolzen immer dieselbe Drehlage.

$\Delta x \approx \frac{1}{2} x_r \cdot \alpha^2 \quad \rightarrow \quad$ Abweichung 2. Ordnung

Die Schieflage der Messfläche am Messbolzen wirkt sich nicht aus. Sie wirkt im Prinzip wie eine Messspitze, solange das Messobjekt an der feststehenden Messfläche anliegt.

Nicht parallele Messflächen führen auch bei nicht drehendem Messbolzen zu Abweichungen 1. Ordnung, weil sich beim Nullstellen und Messen unterschiedliche Berührpunkte ergeben.

Diese Abweichungen sind auch bei den genauesten Messgeräten (z. B. Komparatoren) möglich. Deshalb ist es besonders wichtig, die Parallelität der Messflächen zu überprüfen. Dies kann bei geringeren Anforderungen mit einem planparallelen Prüfglas erfolgen. Die auftretenden Interferenzstreifen[1] müssen durch entsprechende Justierung der Messflächen zum Verschwinden gebracht werden. Man erkennt mit dieser Methode noch eine Parallelitätsabweichung von ca. 0,3 μm.

Genauer, aber nur punktweise, ist die Messung der Bewegung der Messpinole beim Querverschieben einer Kugel zwischen den Messflächen **(Bild 3)**. Die Längsbewegung der Messpinole muss möglichst klein werden.

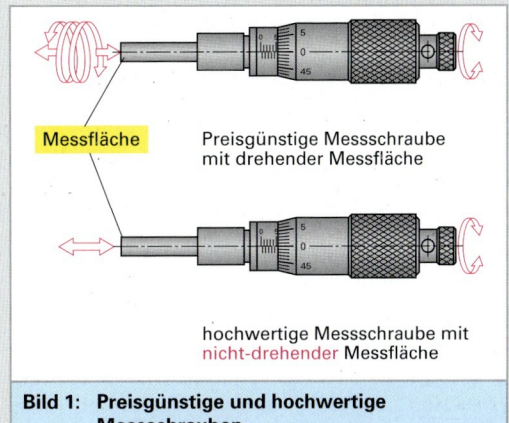

Bild 1: Preisgünstige und hochwertige Messschrauben

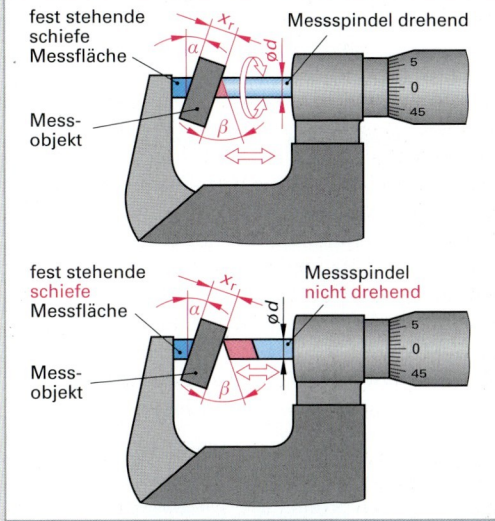

Bild 2: Nicht parallele Messflächen

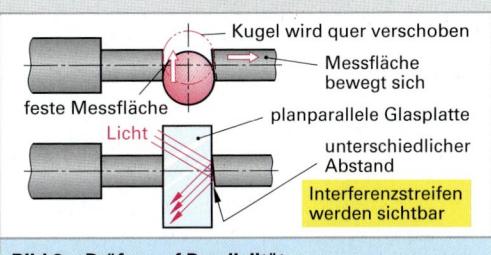

Bild 3: Prüfen auf Parallelität

---

[1] Interferenzen entstehen, wenn sich Lichtwellen überlagern. Beim Auflegen eines Planglases auf ein spiegelndes Werkstück werden Lichtwellen sowohl an der Glasoberfläche als auch an der Werkstückoberfläche reflektiert. Sie treffen gemeinsam z. B. in das Auge eines Beobachters. Dort überlagern sich die beiden Wellen. Je nach Wegunterschied kommt es zu einer Verstärkung oder Schwächung der Lichtintensität. Bei der Verwendung von einfarbigem („monochromatischem") Licht erkennt man helle und dunkle Interferenzringe. Wird mit weißem Licht (dieses umfasst einen größeren Wellenlängenbereich) gearbeitet, erkennt man farbig schillernde Streifen (wie bei einem Ölfilm auf Wasser oder bei Seifenblasen). Eine Farbe ist dann erkennbar, wenn der Wegunterschied der beiden reflektierten Wellen ein Vielfaches der Wellenlänge ist.

Messabweichungen durch Reibung und Spiel

Die Messwertumkehrspanne (oft auch nur Umkehrspanne oder Hysterese[1] genannt) ist die Differenz der Messwerte, die man erhält, wenn man denselben Wert einer Messgröße in Richtung steigender und in Richtung fallender Anzeige einstellt.

Zum Beispiel ist bei Messuhren mit Zahnradgetriebe stets Reibung und Spiel vorhanden, was zu einer Messwertumkehrspanne führt (**Bild 1**).

Eine Möglichkeit Messuhren zu prüfen ist die Verwendung eines speziellen Messuhrenprüfgerätes. Es besteht je nach Ausführungsform im Wesentlichen aus einer sehr genau einstellbaren Messschraube (eventuell mit Untersetzung).

Ein gewähltes Maß wird zuerst mit steigender und danach mit fallender Anzeige eingestellt. Die Differenz der sich ergebenden Anzeigen an der Messuhr ist die Messwertumkehrspanne.

Messabweichungen durch ungenaues Ausrichten

Wenn Werkstücke auf x-y-Messtischen vermessen werden, ist es wichtig, dass die Werkstückachsen möglichst genau parallel zu den Messachsen ausgerichtet sind. Bei einfachen Messtischen erfolgt dies durch abwechselndes Verdrehen des Werkstückes und Prüfen der Ausrichtung. Dieser zeitaufwändige Vorgang lässt sich etwas erleichtern, wenn sich auf dem Messtisch eine feinfühlig verstellbare Drehplatte befindet (**Bild 2**).

Bei Geräten mit Auswerterechner erfolgt die Ausrichtung sinnvollerweise rechnerisch (höhere Genauigkeit, Zeitvorteil). Die Messwerte, die vom Messgerät mit seinen Messachsen erzeugt werden, werden dabei automatisch in das Werkstückkoordinatensystem (**Bild 3**) umgerechnet (Koordinatentransformation).

[1] griech. hysteresis = das Zurückbleiben

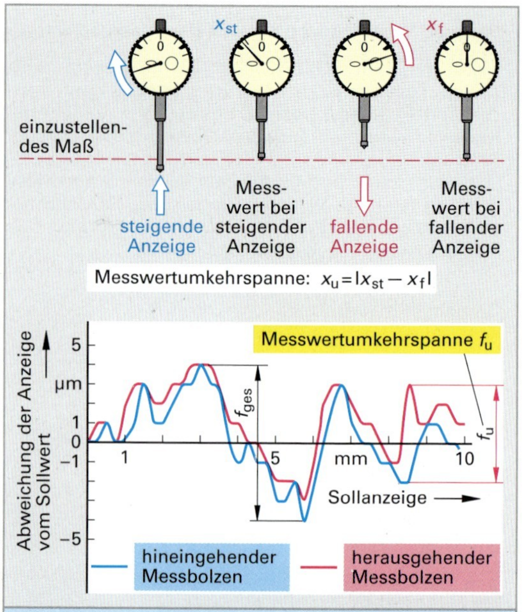

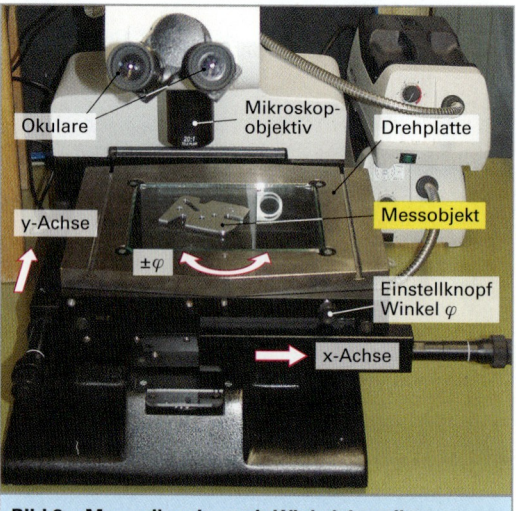

Bild 1: Wirkung von Spiel und Reibung

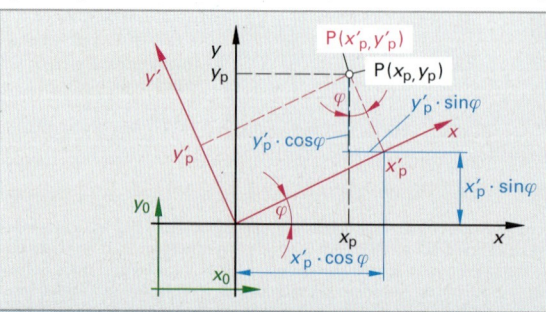

Bild 2: Messmikroskop mit Winkeleinstellung

Koordinatendrehung

$x_p = x'_p \cdot \cos\varphi - y'_p \cdot \sin\varphi$
$y_p = x'_p \cdot \sin\varphi - y'_p \cdot \cos\varphi$

Koordinatendrehung und Nullpunktverschiebung

$x_p = x'_p \cdot \cos\varphi - y'_p \cdot \sin\varphi + x_0$
$y_p = x'_p \cdot \sin\varphi - y'_p \cdot \cos\varphi + y_0$

Bild 3: Umrechnung der Messachsen in das Werkstückkoordinatensystem

1.1 Grundlagen der geometrischen Messtechnik

Beispiel: Ausrichten eines Werkstückes auf dem Kreuztisch eines Messmikroskopes.

Ein Werkstück wird beliebig auf den Messtisch gelegt. Durch die unvollkommene Ausrichtung (Verdrehung seiner Bezugskante zur Messachse des Tisches um den Winkel φ) ergibt sich eine Messabweichung der Größe:

$x_a = x_r \cdot \cos \varphi + \Delta x \rightarrow \Delta x = x_a - x_r \cdot \cos \varphi$

$\Delta x = x_r / \cos \varphi - x_r \cdot \cos \varphi$

$\Delta x = x_r \left(\dfrac{1}{\cos \varphi} - \cos \varphi \right) \approx \dfrac{1}{2} x_r \cdot \varphi^2$

$\rightarrow$ Abweichung 2. Ordnung

Zahlenbeispiel:

Mit einer Bauteilabmessung von $x_r = 100$ mm und einer zulässigen Messabweichung $\Delta x_{zul} = 0{,}5$ µm ergibt sich die zulässige Schieflage zu $\varphi_{zul} = 10^{-3}$. Das Bauteil muss also auf weniger als 0,3 mm parallel zur Messachse ausgerichtet werden.

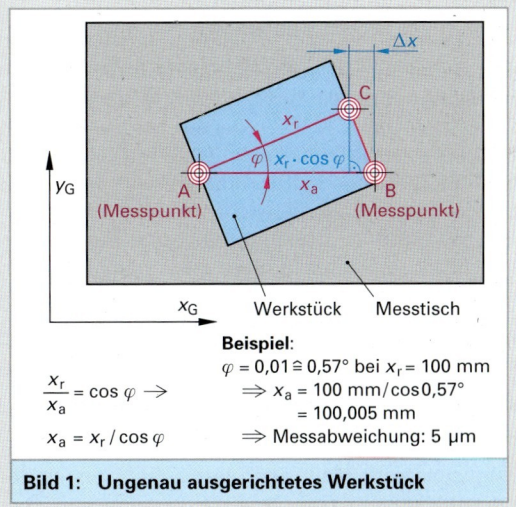

$\dfrac{x_r}{x_a} = \cos \varphi \rightarrow$

$x_a = x_r / \cos \varphi$

Beispiel:
$\varphi = 0{,}01 \stackrel{\wedge}{=} 0{,}57°$ bei $x_r = 100$ mm
$\Rightarrow x_a = 100$ mm/cos 0,57°
$= 100{,}005$ mm
$\Rightarrow$ Messabweichung: 5 µm

Bild 1: Ungenau ausgerichtetes Werkstück

Das Ausrichten der Werkstücke

Man unterscheidet zwei Verfahren zum Ausrichten von Werkstücken:

Mechanisches Ausrichten:

1. Abwechselndes Anvisieren zweier Punkte P_1 und P_2 auf der Werkstück-x-Achse **(Bild 2)**.
2. Durch abwechselndes Verdrehen des Werkstückes und Nachprüfen wird das Werkstückkoordinatensystem mechanisch in das Gerätekoordinatensystem gedreht.
3. Nullstellen des x-Messsystems auf der y-Werkstückkante und Nullstellen des y-Messsystems auf der x-Werkstückkante.

Rechnerisches Ausrichten:

1. Bestimmen der Lage der x_w-Achse des Werkstückkoordinatensystems durch Anfahren mindestens zweier Punkte auf der Werkstück-x-Achse (x_w-Kante) und Berechnung einer Ausgleichsgeraden[1] – hier aus P_{x1}, P_{x2}, P_{x3} **(Bild 3)**.
2. Bestimmen des Nullpunktes der x-Achse durch Nullstellen der Anzeige auf der y-Werkstückkante (hier P_{y1}).

Das mechanische Ausrichten ist aufwändig und weniger genau als das rechnerische.

> Große Werkstücke müssen besonders genau ausgerichtet werden.

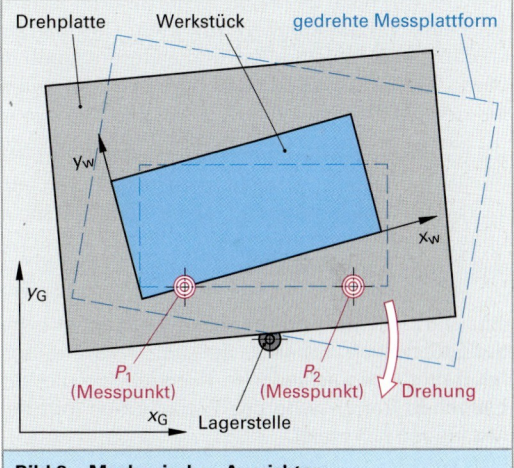

Bild 2: Mechanisches Ausrichten

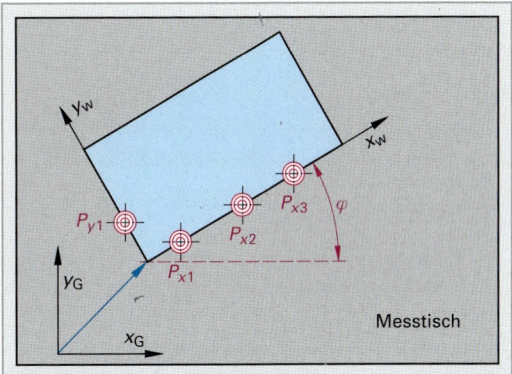

Bild 3: Rechnerisches Ausrichten

---

[1] Eine Ausgleichsgerade wird mittels Ausgleichsrechnung so in die gemessenen Punkte eingefügt, dass die Abweichungen zur Ausgleichsgeraden minimal werden (Gauß-Einpassung).

1.1.1.3 Verformungen durch Eigengewicht, Messkraft, Spannkraft

Alle Bauteile sind auch als elastische Körper zu betrachten, die sich beim Einwirken von Kräften verformen. Beim Messen wirken Messkräfte wie z. B. die Andruckkraft eines Tasters oder die Antastkraft bei einem Koordinatenmessgerät. Die Gewichtskraft (Eigengewicht des Bauteils) führt insbesondere bei labilen Bauteilen zu Verformungen (**Bild 1**). Ebenfalls nicht zu vernachlässigen sind die Auswirkungen von Spannkräften.

Aufstellen von langen Bauteilen (lange Endmaße, Lineale, Maßstäbe)

Für das Aufstellen gibt es zwei ganz unterschiedliche Methoden:

- statisch bestimmte Lagerung,
- ganzflächige Auflage (**Bild 2**).

Mit einer statisch bestimmten Lagerung wird dafür gesorgt, dass bei leicht verformbaren Bauteilen keine Verspannungen auftreten. Das Bauteil ist dabei exakt positioniert und es treten keine inneren Kräfte auf. Die Lagerkräfte sind eindeutig berechenbar.

Bei einem balkenförmigen Werkstück (hier in der Ebene dargestellt) erreicht man dies durch ein *Festlager* – nur Verkippung, keine Längsverschiebung möglich und durch ein *Loslager* – Verkippung und Längsverschiebung möglich (**Bild 3**). Es ist offensichtlich, dass durch das Eigengewicht eine Durchbiegung auftritt, die auch von der Lage der Stützstellen abhängt. Je nach Anwendungsfall gelten unterschiedliche Kriterien für die verbleibende Verformung des Werkstückes (oder eines langen Normals).

Die jeweils günstigsten Punkte bezeichnet man als *Besselpunkte*[1] (**Bild 4**).

[1] *Friedrich Wilhelm Bessel*: geb. am 22. 7. 1784 in Minden, gest. am 17. 3.1846 in Königsberg, Mathematiker und Astronom.

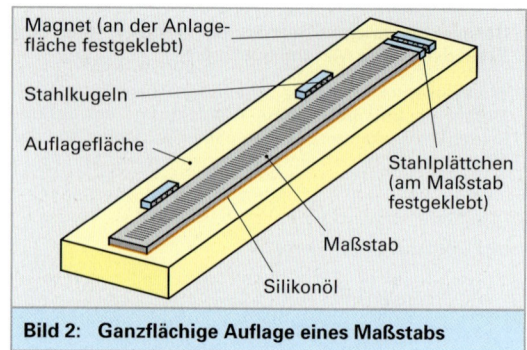

Bild 2: Ganzflächige Auflage eines Maßstabs

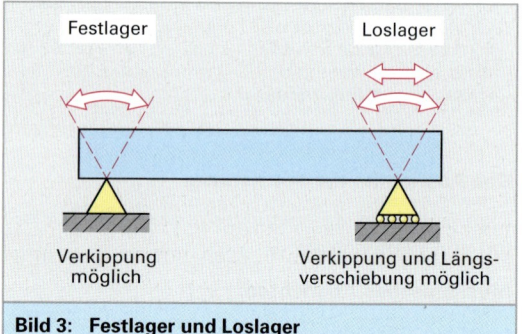

Bild 3: Festlager und Loslager

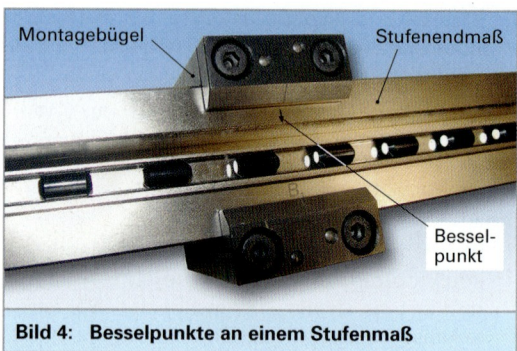

Bild 4: Besselpunkte an einem Stufenmaß

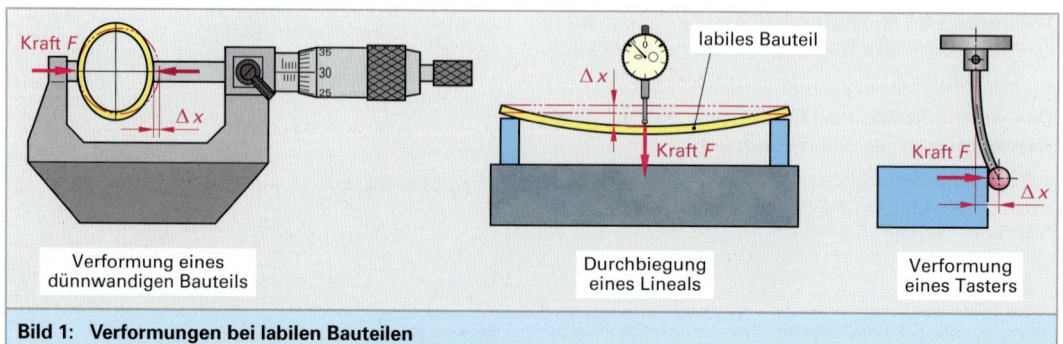

Bild 1: Verformungen bei labilen Bauteilen

1.1 Grundlagen der geometrischen Messtechnik

Besselpunkte für verschiedene Anwendungsfälle

1. Maßstäbe mit der Teilung in der neutralen Faser **(Bild 1)**.
   Minimale Längenänderung für
   $$a \approx 0{,}22 \cdot l.$$
   Mit „neutraler Faser" bezeichnet man den Bereich eines Körpers, der bei Biegung keine Längenänderung erfährt. Die neutrale Faser liegt normalerweise im Schwerpunkt der Querschnittfläche.

2. Maßstäbe mit der Teilung an der oberen Fläche **(Bild 2)** und lange Endmaße
   $$a \approx 0{,}211 \cdot l.$$

3. Lineale **(Bild 3)**, die über die ganze Länge benutzt werden (Geradheitsnormal)
   $$a \approx 0{,}223 \cdot l.$$

4. Lineale **(Bild 4)**, die zwischen den Auflagepunkten benutzt werden
   $$a \approx 0{,}239 \cdot l.$$

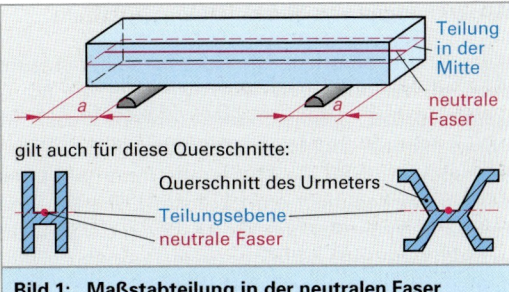

Bild 1: **Maßstabteilung in der neutralen Faser**

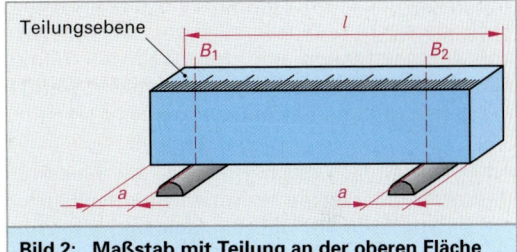

Bild 2: **Maßstab mit Teilung an der oberen Fläche**

Durchbiegungen infolge des Eigengewichtes treten auch bei Messplatten auf **(Bild 5)**. Messplatten lagert man oft auf drei Punkten (statisch bestimmt). Zur Kippsicherheit fügt man zwei Anschläge mit etwas Abstand zur Unterseite der Messplatte hinzu.

Die statisch bestimmte Lagerung ist nur bei mechanisch stabilen, kurzen Maßstäben bzw. kurzen Bauteilen sinnvoll.

Ganzflächige Auflage. Sehr lange Maßstäbe müssen auf ihrer ganzen Länge aufgelegt werden. Sie nehmen dabei die Kontur der Unterlage an. Dies wird z. B. bei Inkrementalmaßstäben an Koordinatenmessgeräten angewandt. Eine Möglichkeit, einen solchen Maßstab ohne verspannende Kräfte zu lagern, ist in Bild 2, vorhergehende Seite dargestellt. Der Maßstab haftet mit einer dünnen Schicht Öl an der Unterlage.

Die Längs- und Querpositionierung erfolgt über kleine, magnetisch gehaltene Kugeln. Die Unterlage kann sich so bei Temperaturänderungen ausdehnen, der Maßstab (aus z. B. Zerodur®) bleibt davon unbeeinflusst.

Eine andere Möglichkeit ist die Klemmung auf der ganzen Länge. Dies ist erforderlich bei Maßstäben, die im Durchlicht abgetastet werden. Bei dieser Methode können sich durch unterschiedliche Wärmedehnungen von Maßstab und Unterlage Verspannungen ergeben.

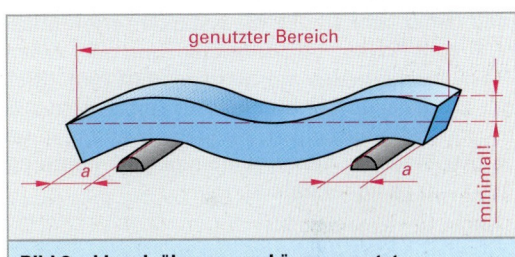

Bild 3: **Lineal, über ganze Länge genutzt**

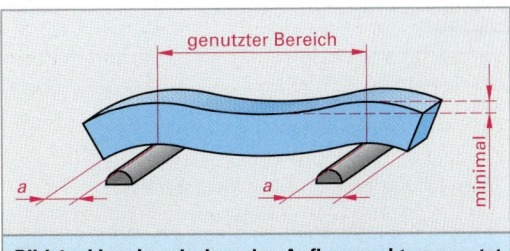

Bild 4: **Lineal, zwischen den Auflagepunkten genutzt**

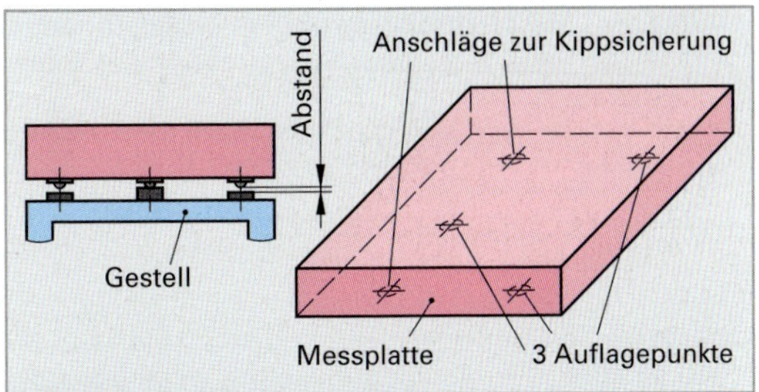

® Zerodur, eingetragenes Warenzeichen, Glaskeramik mit Wärmedehnung $\alpha \approx 0$

Bild 5: **Messplatte**

Auswirkungen von Messkräften

Auch Kräfte, die durch Messgeräte selbst erzeugt werden, verformen Messobjekte oder die Messgeräte selbst. Insbesondere führen Messkraftschwankungen zu Messabweichungen. Bei vielen Messgeräten sind die Messkräfte innerhalb ihres Messbereiches nicht ganz konstant. Die Ursache liegt z. B. in der Art und Weise, wie die Messkraft erzeugt wird (oft: mit einer Feder) und in der Reibung in den Messgeräten **(Tabelle 1)**.

Die Messkraftschwankungen sind besonders kritisch, da sie zu unterschiedlichen Verformungen von Messaufbauten und Messobjekten führen können. Diese Verformungsunterschiede werden mit gemessen und normalerweise nicht erkannt.

Allein durch die Unsicherheit bei der Messkraft (Messkraftunterschied zwischen dem Nullstellen mit einem Endmaß und der Messung am Werkstück) entstehen Messabweichungen, die erheblich sein können. Für sehr genaue Messungen sind daher sehr stabile Messständer erforderlich (z. B. zum Prüfen von Endmaßen, hier geht es um Messunsicherheiten im Bereich 0,01 µm). Dies gilt ebenfalls für Messungen mit Feinzeigern z. B. an Werkzeugmaschinen. Handelsübliche Magnetstative sind bei hohen Genauigkeitsanforderungen nicht geeignet **(Bild 1)**.

> Für genaue Messungen benötigt man stabile Messständer.

Tabelle 1: Messkräfte und zulässige Messkraftschwankungen

Messgerät	Mittlere Messkraft	Zulässiger Messkraftbereich
Messuhr	0,3 N ... 1,5 N	0,5 N
Feinzeiger	0,3 N ... 1,5 N	0,5 N
Fühlhebeltaster	max. 0,5 N	0,1 N
Bügelmessschraube	5 N ... 10 N	10 N

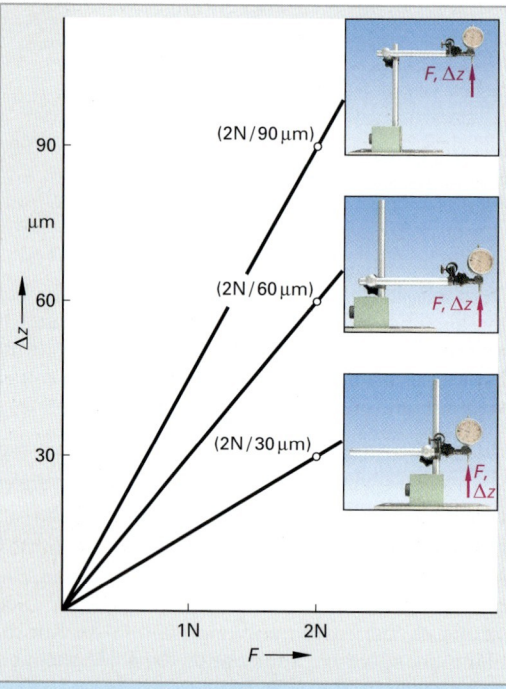

Bild 1: Verformung eines Magnetstativs durch Messkräfte

Beispiel: Verformung eines Messständers

Messständer bestehen meistens aus einer senkrechten und einer waagrechten Stahlstange (E = 210 GPa) an der z. B. ein Feinzeiger befestigt werden kann. Aus der Messkraft ergibt sich eine gewisse Verformung des Aufbaues. Messkraftschwankungen erzeugen unterschiedliche Verformungen.

Insgesamt verlagert sich der Punkt A um die Strecke:

$$\Delta h_{ges} = \frac{64\,Fa^2}{\pi\,Ed^4}\left(h+\frac{a}{3}\right) \approx \frac{20\,Fa^2}{Ed^4}\left(h+\frac{a}{3}\right)$$

Die Werte, die in der Realität auftreten, sind noch höher, da an der Verbindungsstelle der beiden Stangen zusätzliche Verformungen auftreten.

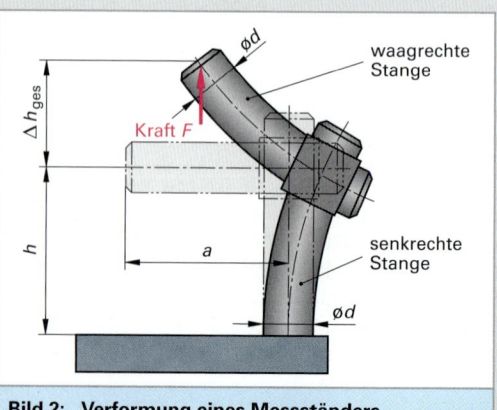

Bild 2: Verformung eines Messständers

1.1 Grundlagen der geometrischen Messtechnik

Biegung von Taststiften

In mechanisch berührenden Koordinatenmessgeräten (KMG) werden meistens einzelne Taststifte oder Taststiftkombinationen eingesetzt **(Bild 1)**. Sowohl die Normale zur Taststiftbestimmung (Tasterkalibrierung) als auch die Messobjekte werden mit einer Messkraft angetastet. Sie liegt üblicherweise im Bereich von 0,1 N. Vor allem lange, dünne Taststifte werden dabei elastisch verformt **(Bild 2)**.

Bei geraden Taststiften ergeben sich in Querrichtung größere Auslenkungen, während solche Taststifte in Längsrichtung relativ steif sind. **(Bild 2)** zeigt, dass sich ohne Korrektur der Taststiftbiegung bei Innenmessungen ein zu großer und bei Außenmessungen ein zu kleiner Wert ergeben würde **(Bild 3)**.

Früher wurden die elastischen Eigenschaften von Taststiften nur in den Achsrichtungen der Koordinatenmessgeräte bestimmt, doch sobald man schräg im Raum liegende Flächen antastete, führte dies zu Messabweichungen. Deshalb gibt man heute die Elastizität eines Taststiftes für alle Kraftrichtungen an. Es ergibt sich ein Elastizitäts-Ellipsoid.

Mathematisch wird der Zusammenhang zwischen dem wirkenden Kraftvektor (Größe und Richtung der Kraft) und der Verformung des Taststiftes durch einen *Elastizitätstensor*[1] hergestellt. Ein Tensor ist eine Rechenvorschrift, welche Vektoren (hier die Größe und Richtung der Messkraft und die Größe und Richtung der Auslenkung der Tastkugel) miteinander verknüpft.

Um die geometrischen und elastischen Eigenschaften des aktuell verwendeten Taststiftes zu bestimmen, wird eine Kugel, deren Durchmesser sehr genau bekannt ist, aus unterschiedlichen Richtungen angetastet **(Bild 4)**. Aus den ermittelten Messwerten kann der *Elastizitätstensor* berechnet werden.

---

[1] Ein Tensor ist eine mathematische, in Komponenten gegliederte Beschreibung einer räumlich gerichteten mechanischen Spannung oder Kraft.

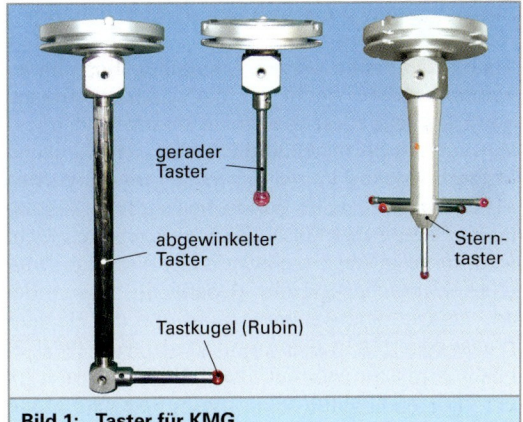

Bild 1: Taster für KMG

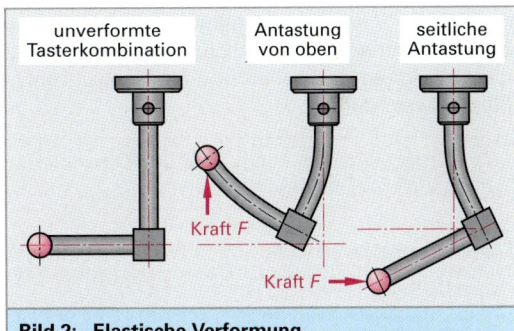

Bild 2: Elastische Verformung

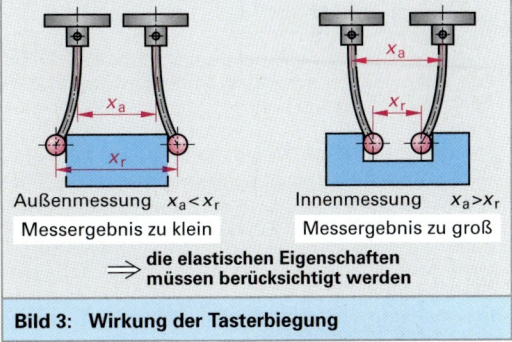

Außenmessung $x_a < x_r$
Messergebnis zu klein

Innenmessung $x_a > x_r$
Messergebnis zu groß

$\Rightarrow$ die elastischen Eigenschaften müssen berücksichtigt werden

Bild 3: Wirkung der Tasterbiegung

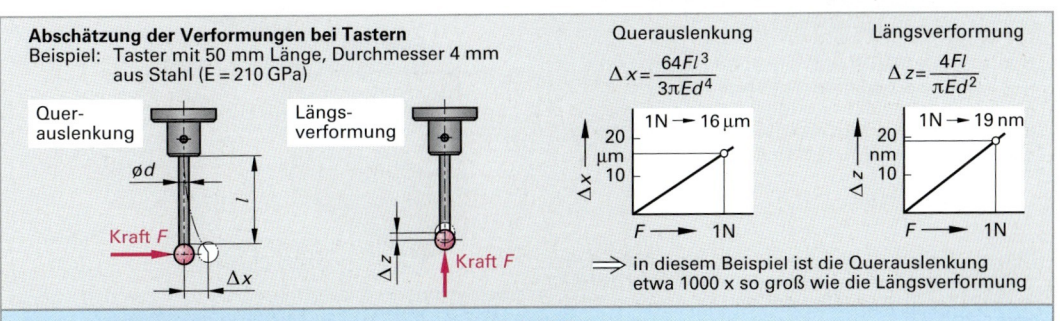

Abschätzung der Verformungen bei Tastern
Beispiel: Taster mit 50 mm Länge, Durchmesser 4 mm aus Stahl (E = 210 GPa)

Querauslenkung
$$\Delta x = \frac{64Fl^3}{3\pi E d^4}$$
1N → 16 µm

Längsverformung
$$\Delta z = \frac{4Fl}{\pi E d^2}$$
1N → 19 nm

$\Rightarrow$ in diesem Beispiel ist die Querauslenkung etwa 1000 x so groß wie die Längsverformung

Bild 4: Abschätzung der Verformung eines Tasters (Beispiel)

Abplattung bei punktförmiger und bei linienförmiger Berührung

Messflächen sind oft eben, kugelförmig oder zylindrisch. Wenn damit ein Werkstück angetastet wird, ergibt sich sehr oft eine theoretisch punktförmige Berührfläche (**Bild 1**). Da beim mechanischen Messen immer mit einer gewissen Messkraft gearbeitet wird, würde die Flächenpressung (Kraft/Fläche) unendlich groß werden, was nicht sein kann. In der Realität passen sich die Werkstückoberfläche und die Messfläche aneinander an – es tritt eine Abplattung auf und die Flächenpressung erreicht einen endlichen Wert (**Bild 2**). Flächenpressungen bei theoretisch punktförmiger oder bei linienförmiger Berührung nennt man *Hertz'sche Pressung*[1]. Je nach Kombination der Berührpartner und je nach der wirkenden Kraft rücken die Bauteile um einen gewissen Betrag Δx aufeinander zu. Unterschiedliche Berührverhältnisse beim Nullstellen und Messen führen zu Messabweichungen.

> Messkräfte verformen Messgeräte und Messobjekte und führen zu Messabweichungen.

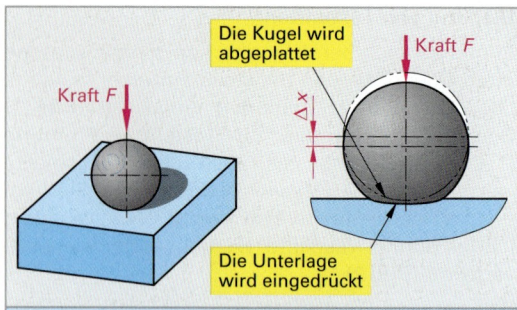

Bild 1: Messflächen mit Abplattungen

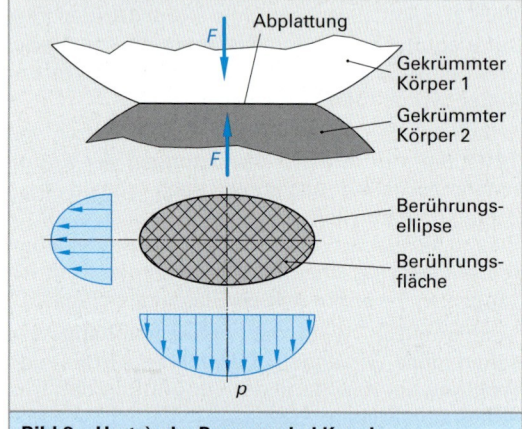

Bild 2: Hertz'sche Pressung bei Kugeln

[1] *Heinrich Rudolf Hertz*, geb. 22. 2. 1857 in Hamburg, gest. 1. 1. 1894 in Bonn, Professor für Experimentalphysik in Karlsruhe. Nach ihm benannt ist die Einheit der Frequenz: 1 Hz (Hertz) = 1 Schwingung pro Sekunde, die Hertz`sche Pressung = Druckspannung an gekrümmten Flächen, der Hertz`sche Dipol = elektromagnetischer Strahler.

Beispiel:

Messung eines Wellendurchmessers mit einer Bügelmessschraube mit schneidenförmigen Messeinsätzen (**Bild 3**).

Um Durchmesser an Wellen mit schmalen Einstichen (ringförmige Eindrehung) zu messen, kann man Bügelmessschrauben mit schneidenförmigen Messeinsätzen verwenden. Vor dem eigentlichen Messvorgang muss die Messschraube nullgestellt werden. Es tritt eine Messkraft von ca. 8 N auf. Die Messeinsätze sind zylinderförmig mit einem Radius von 0,5 mm und einer Länge von 3 mm. Sie bestehen aus Stahl (Elastizitätsmodul E = 210 GPa). Es berühren sich also zwei parallele Zylinder, und es ergibt sich dabei eine Abplattung von ca. $\Delta x_1 \approx -0{,}16$ µm.

Nun soll eine stählerne Welle mit d = 2 mm gemessen werden. Dabei berühren sich zwei gekreuzte Zylinder. An jeder Berührstelle (sowohl links als auch rechts) ergibt sich nun eine Abplattung von $\Delta x_2 \approx -1{,}9$ µm. Insgesamt ergibt sich damit eine Messabweichung von

$$\Delta x = (2 \cdot \Delta x_2 - \Delta x_1) \approx -3{,}6 \text{ µm}$$

Dieser Wert überschreitet die zulässige Messabweichung einer Bügelmessschraube mit 25 mm Messbereich. Zulässig sind ± 2 µm.

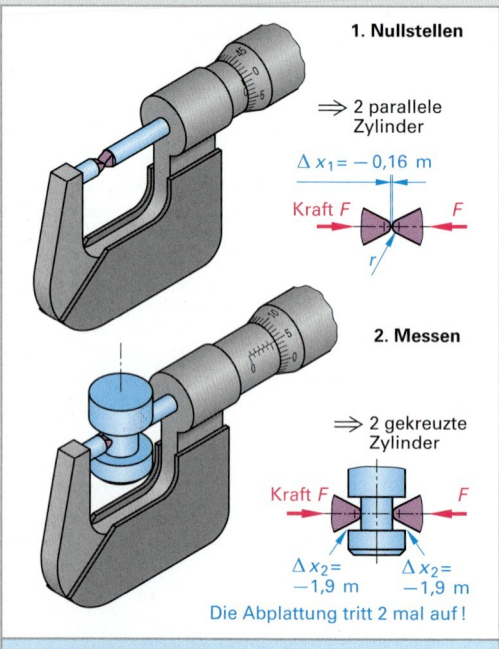

Bild 3: Messung eines Wellendurchmessers

1.1.1.4 Temperatureinfluss

Fast alle Materialien dehnen sich bei steigender Temperatur aus. Damit ergeben sich bei unterschiedlichen Werkstück- oder Messgerätetemperaturen unterschiedliche Messwerte.

> Die Bezugstemperatur für technische Messungen beträgt 20 °C.

Davon abweichende Temperaturen führen zu Längenänderungen Δl:

$$\Delta l = l_0 \cdot \alpha \cdot \Delta T$$

- l_0 die ursprüngliche Werkstücklänge
- α der thermische Längenausdehnungskoeffizient (Materialkennwert, **Tabelle 1**)
- ΔT die Temperaturänderung[1]

Diese Formel gilt bei nicht zu großen Temperaturänderungen.

> **Beispiel:** Stahlstab mit l_0 = 1 m, α = 11,5 · 10^{-6} K^{-1}, Temperaturänderung ΔT = 1 K (z. B. Temperaturänderung von 20 °C auf 21 °C)
> Es ergibt sich eine Längenänderung von 11,5 µm (**Bild 1**).

> Vor allem bei größeren Bauteilen können sich durch Temperaturänderungen erhebliche Messabweichungen ergeben. Auch Normale unterliegen Temperaturänderungen!

Bei genaueren Messungen ist es sinnvoll, die Bezugstemperatur 20 °C möglichst gut einzuhalten. Messräume sind daher mindestens mit einer Temperaturregelung ausgerüstet. Um Werkstücke auf 20 °C zu temperieren, ist eine gewisse Wartezeit erforderlich.

Durch Messen der Werkstücktemperatur und der Messgerätetemperatur kann der Temperatureinfluss zum Teil kompensiert werden. Dabei ist es wichtig, den thermischen Längenausdehnungskoeffizienten möglichst genau anzugeben. Lange Endmaße, die zur Kalibrierung von Koordinatenmessgeräten dienen, werden oft „α-kalibriert", d. h., es wird die Endmaßlänge bei unterschiedlichen Temperaturen gemessen und der Ausdehnungskoeffizient berechnet.

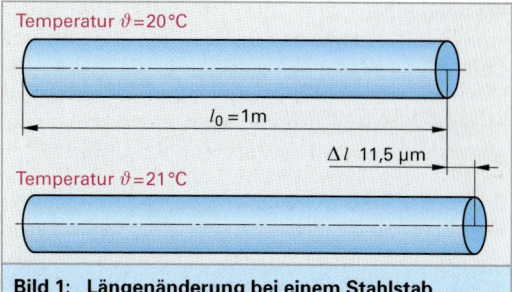

Bild 1: Längenänderung bei einem Stahlstab

Tabelle 1: Längenausdehnungskoeffizient

Werkstoff	$\alpha/10^{-6}$ K^{-1}
Metalle	
Aluminiumlegierungen	23 – 24
Blei	28,3
Bronze (CuSn6)	17,3
Grauguss (Gusseisen)	10,5
Hartmetall (Wolframcarbid)	5,5
„Invar" (FeNi36,5)	1,5
Kupfer	16,2
Magnesium	24,5
Messing (CuSn37)	19
Stähle (un- und niedriglegiert)	11,5
„Superinvar" (FeNi32Co4)	0,08
Tantal	6,6
Titan	10,8
Wolfram	4,5
Austenitischer Stahl X5CrNi1810 („V2A-Stahl")	16
Zink	29
Zinn	23
Keramische und mineralische Werkstoffe, Gläser	
Al$_2$O$_3$-Keramik, Rubin, Saphir	7,5 – 8,5
Beton (Zementbeton)	7 – 13
Glas (Fensterglas)	7,9
Granit, Hartgesteine	6,5 – 8,5
Polymerbeton (kunststoffgebundener Beton)	12 – 20
Quarzglas	0,5
SiC (Siliziumcarbid)	4,4
Zerodur® (Glaskeramik, beste Qualität)	< ± 0,02
ZrO$_2$-Keramik	10 – 11
Kunststoffe	
ABS	74
PMMA (Plexiglas®)	70 – 85
Polyamid 6.6 (Nylon®)	90
Polyethylen (LDPE)	250
Polyethylen (HDPE)	110 – 130
PTFE (Teflon®)	100
Polycarbonat (Makrolon®)	70
Polystyrol	70
PVC	68
CFK (kohlefaserverstärkter Kunststoff)	– 0,4
GFK (glasfaserverstärkter Kunststoff)	axial 7 radial 32

---

[1] Absoluttemperaturen und Temperaturdifferenzen haben die Einheit Kelvin, das Einheitenzeichen K und das Formelzeichen T bzw. ΔT. Für Celsiustemperaturangaben (°C) verwendet man das Formelzeichen ϑ.

Wärmequellen sind zum Beispiel: Sonneneinstrahlung, elektrische Geräte wie Bildschirme, Computer, Maschinensteuerungen, Heizkörper, Lampen, Menschen (jeder Mensch entwickelt in Ruhe eine Heizleistung von ca. 100 W), Handwärme, Restwärme aus der Fertigung **(Bild 1)**.

Besonders kritisch sind **Temperaturunterschiede** innerhalb eines Werkstückes oder im Messgerät. Temperaturgradienten[1] (Temperaturgefälle) in Bauteilen führen zu örtlich unterschiedlicher Ausdehnung. Das bedeutet, dass sich z. B. Werkstücke, Führungen oder Messtische verbiegen können **(Bild 2)**. So verursacht z. B. eine Temperaturdifferenz von nur 0,1 K zwischen der Vorder- und Rückseite eines Lineals oder einer Führung aus Stahl mit 100 mm Breite und 1 m Länge bereits eine Durchbiegung um fast 3 μm.

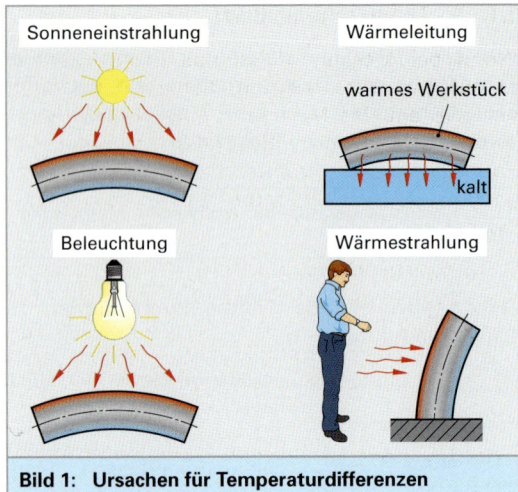

Bild 1: Ursachen für Temperaturdifferenzen

Ähnliches gilt für Messplatten. Bei hochgenauen Koordinatenmessgeräten misst man deshalb die Temperatur der Messplatte oben und unten und korrigiert die gewonnenen Messwerte entsprechend („Plattenbiegungskorrektur").

Ursachen für ungleichmäßige Temperaturverteilungen:

- Das Werkstück ist kälter oder wärmer als die Werkstückauflage des Messgerätes → Wärmefluss,
- Einstrahlung, zu geringe Raumhöhe und/oder fehlende Luftumwälzung erzeugt einen Wärmestau,
- Zugluft führt zu Temperaturunterschieden im Werkstück und Messgerät **(Bild 2)**.

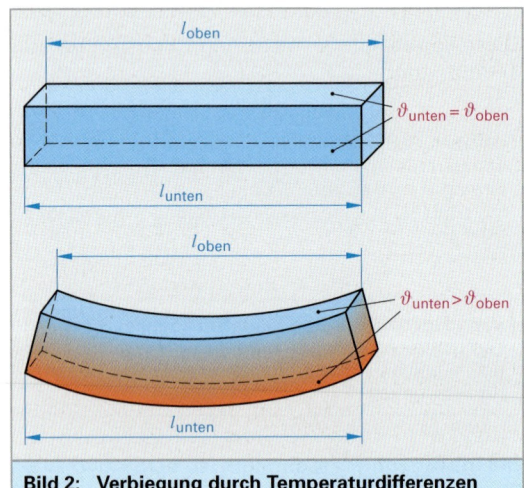

Bild 2: Verbiegung durch Temperaturdifferenzen

Thermische Drift[2]
Wenn sich nach der Temperaturmessung für die Temperaturkorrektur die Temperatur des Werkstückes oder Messgerätes verändert, führt dies zu Messabweichungen **(Bild 3)**. Zur Kontrolle sollte man am Beginn und Ende einer länger dauernden Messung (z. B. mit einem Koordinatenmessgerät) dasselbe Bauteil nochmals messen.

Temperaturunterschiede in Bauteilen oder in Messgeräten verursachen Messabweichungen.

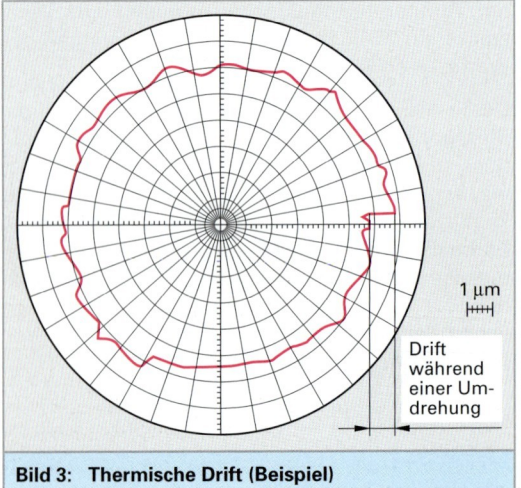

Bild 3: Thermische Drift (Beispiel)

---

[1] Gradient von lat. gradi = (einher) schreiten, math. die Neigung oder Steigung
[2] engl. to drift = treiben, abwandern

1.1 Grundlagen der geometrischen Messtechnik

1.1.1.5 Abweichungen durch Schwingungen

Wenn bei Messungen kontinuierlich Messwerte aufgenommen werden, können Schwingungen, die auf das Messgerät einwirken zu Messabweichungen führen. Besonders gefährdet sind Formmessgeräte, scannende Koordinatenmessgeräte und Oberflächenmessgeräte mit Freitastsystemen.

Schwingungsquellen sind zum Beispiel Maschinen, Straßenverkehr, Baustellen und auch Menschen (**Bild 1**). Bei sehr empfindlichen Messgeräten (z. B. Rasterkraftmikroskop) kann es auch durch den Luftschall zu Fehlmessungen kommen.

Jedes mechanische System ist prinzipiell schwingungsfähig (**Bild 2**). Erschütterungen oder andauernde Schwingungen von außen bringen es zum Schwingen. Die Auswirkungen sind umso größer, je näher die Frequenz der anregenden Schwingung der Eigenfrequenz des Messgerätes ist.

Für ein ungedämpftes System bestehend aus einer Masse (m) und einer Feder (Federkonstande c) ist die Eigenfrequenz gleich der Resonanzfrequenz:

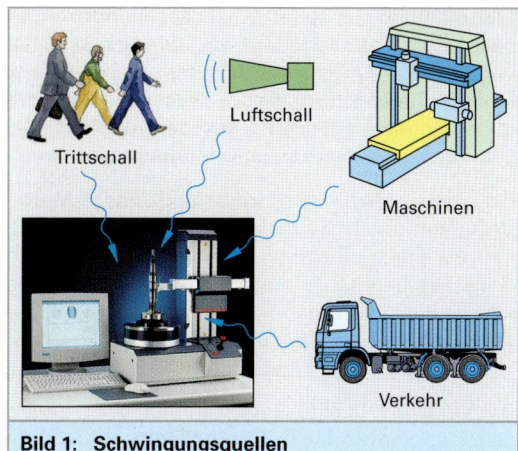

Bild 1: Schwingungsquellen

$$f_{res} = \frac{1}{2\pi}\sqrt{\frac{c}{m}}$$

f_{res} Resonanzfrequenz
c Federsteifigkeit
m Masse

Wird mit der Eigenfrequenz von außen angeregt, wird laufend Schwingungsenergie in das System eingebracht. Die Schwingungsamplitude nimmt zu und erreicht bei *Resonanz* ein Maximum. Die Schwingungsamplitude wird bei kontinuierlicher Messwertaufnahme mitgemessen und verfälscht das Messergebnis.

Um Schwingungen vom Messgerät fernzuhalten, sollte dieses fernab von Schwingungsquellen sein und zusätzlich schwingungsgedämpft aufgestellt werden.

Eine Methode hierfür ist die *passive Dämpfung* durch Lagerung z. B. von Messplatten auf Federn und Schwingungsdämpfern (**Bild 2**).

Dabei wird auf eine Niveauregulierung verzichtet. Dies ist problematisch, da die Platte kippt, wenn schwere Teile auf der Messplatte oder im Messgerät bewegt werden.

Bei der passiven Dämpfung mit Niveauregulierung (**Bild 3**) wird das Messgerät z. B. durch geregelte Druckluftfedern immer waagrecht ausgerichtet. Diese Methode wird oft bei Koordinatenmessgeräten eingesetzt.

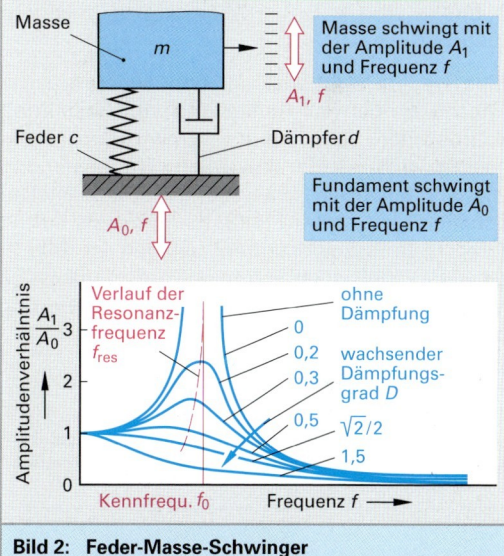

Bild 2: Feder-Masse-Schwinger

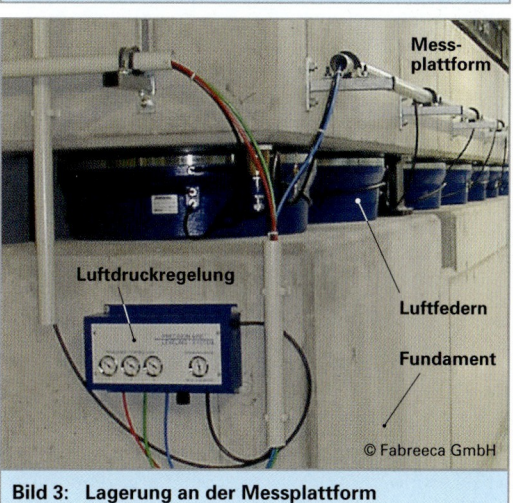

Bild 3: Lagerung an der Messplattform

Eine wichtige Größe ist dabei die *untere Grenzfrequenz* f_g, d. h. die Frequenz, bei der noch 63 % der von außen anregenden Schwingungsamplitude am Messgerät auftritt. Es wird eine tiefe Grenzfrequenz angestrebt, um Frequenzen im Resonanzbereich des Messgerätes zu unterdrücken.

Bei den oben beschriebenen Feder-Masse-Systemen muss die Masse dazu möglichst groß und die Federkonstante klein sein („weiche" Feder). Dies bereitet mitunter Probleme, denn eine weiche Feder wird dabei um eine sehr große Strecke zusammengedrückt und es besteht die Gefahr, dass die Feder seitlich ausknickt.

Empfindliche, leichte Geräte können auch an langen Zugfedern oder Gummibändern aufgehängt werden. Diese sehr preisgünstige und effektive Methode wird z. B. bei Mikroskopen praktiziert **(Bild 1)**.

Eine weitere Methode, die bei kleinen Messgeräten (z. B. bei der Aufstellung von Rasterkraftmikroskopen oder Interferenzmikroskopen) eingesetzt wird, ist die aktive Schwingungstilgung. Hierbei stehen die schwingungsfrei aufzustellenden Geräte auf einer Platte, die ihrerseits auf Aktoren (z. B. Piezoelementen) gelagert ist **(Bild 2)**. Es wird die Beschleunigung der Aufstellfläche gemessen und durch entsprechende Ansteuerung der Aktoren auf „Null" geregelt.

Generell sollen schwingungsempfindliche Messgeräte in den am tiefsten liegenden Räumen eines Gebäudes, möglichst weit weg von Schwingungsquellen aufgestellt werden.

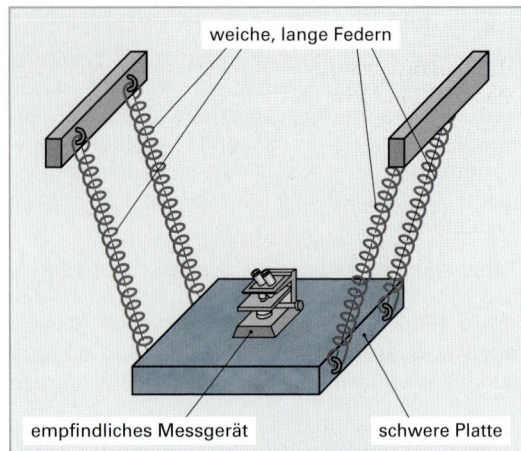

Bild 1: „Weiche" Feder für leichte Geräte

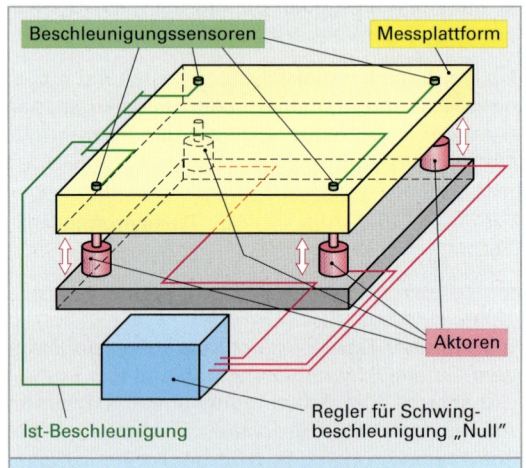

Bild 2: Schwingungstilger-Platte (Prinzip)

Berechnungsbeispiel:
Eine Messplatte aus Hartgestein ($L \times B \times H$ = 2 m $\times$ 1 m $\times$ 0,25 m, Dichte ρ = 2,9 · 10^3 kg/m^3 soll auf vier Federelementen gelagert werden. Bei einer zentrischen Belastung von F_z = 1000 N soll die Lagerung um höchstens Δs = 1 mm nachgeben. Wie groß ist die Federkonstante c eines Federelementes und wie groß ist die Eigenfrequenz f_0 der Plattenlagerung?

Lösung:
Federkonstante:
$$c = \frac{F_z}{\Delta s} = \frac{1000\,\text{N}}{10^{-3}\,\text{m}} \cdot \frac{1}{4} = 0{,}25 \cdot 10^6\,\text{N/m}$$

Eigenfrequenz: Masse:
$$f_0 = \frac{1}{2\pi}\sqrt{\frac{c}{m}}$$
$m = L \cdot B \cdot H \cdot \rho$
$m = 2 \cdot 1 \cdot 0{,}25\,\text{m}^3 \cdot 2{,}9 \cdot 10^3\,\text{kg/m}^3$
$$f_0 = \frac{1}{2\pi}\sqrt{\frac{0{,}25 \cdot 10^6\,\text{N}}{1450\,\text{kgm}}}$$
m = 1450 kg
f_0 = **2,09 Hz**

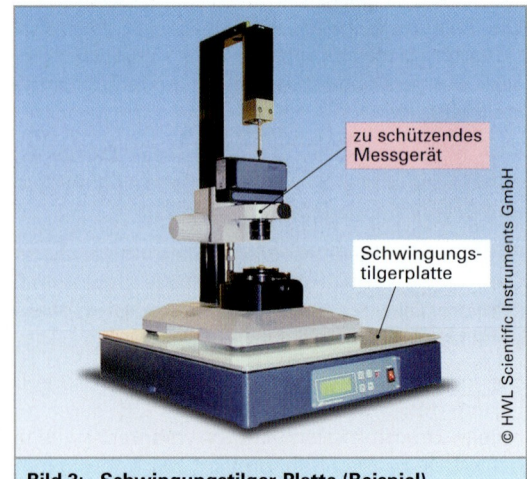

Bild 3: Schwingungstilger-Platte (Beispiel)

1.2 Maßverkörperungen

Maßverkörperungen sind Darstellungen von Messgrößen. Sie werden oft als *Normale* bezeichnet. In der Regel verwendet man materielle Verkörperungen wie z. B. *Endmaße* oder *Maßstäbe* (Bild 1). Ein Längenmaß lässt sich aber auch durch die Wellenlänge von Licht darstellen. Sie wird z. B. in der Interferometrie benutzt.

1.2.1 Endmaße

1.2.1.1 Parallelendmaße

Parallelendmaße[1] (DIN ISO 3650) verkörpern die Länge durch den Abstand ihrer beiden parallelen Endflächen. Sie sind die wichtigste Maßverkörperung für die Fertigungsmesstechnik und bestehen oft aus Stahl oder Keramik (pflegeleicht!), seltener aus Hartmetall (Schutzendmaße) und für höchste Ansprüche aus Zerodur®[2].

Endmaße sind zwischen 0,5 mm und 3 m Länge erhältlich. Von 0,5 mm bis 10,1 mm Länge haben sie einen Querschnitt von 30 mm x 9 mm, von 10,1 mm bis 1 m: 35 mm x 9 mm. Endmaße mit mehr als 100 mm Länge haben Querbohrungen zum Einsetzten von Verbindungselementen. Außerdem sind bei ihnen die *Besselpunkte* zur korrekten Lagerung markiert (Bild 2).

Unterschiedliche Längen können durch Kombination („Ansprengen") von Endmaßen erreicht werden. Da die Endmaßflächen sehr eben sind und nur sehr geringe Rauheit aufweisen, haften Endmaße infolge der molekularen Anziehungskräfte aneinander.

Parallelendmaße sind in unterschiedlichen Toleranzklassen (K, 0, I und II) erhältlich (Tabelle 1). Die Toleranzklasse 00 wird aufgrund des hohen Fertigungsaufwandes kaum noch hergestellt. Das Istmaß muss dabei besonders genau dem Nennmaß entsprechen und die Abweichungsspanne muss sehr klein sein. Bei Endmaßen der Toleranzklasse K ist die Abweichungsspanne gleich wie bei Klasse 00, das Istmaß darf aber wie bei Klasse 1 vom Nennmaß abweichen (Tabelle 1).

> Parallelendmaße sind die genauesten handelsüblichen Maßverkörperungen.

[1] Parallelendmaße wurden erstmals 1896 von *C. E. Johannson* hergestellt
[2] Zerordur ist eine Glaskeramik mit nahezu keiner Wärmedehnung ($\alpha < 0{,}02 \cdot 10^{-6}$ K^{-1})

Zubehör

Wenn man Endmaßkombinationen als z. B. Rachenlehren verwenden möchte, verwendet man üblicherweise zusätzliche Messschnäbel und einen Endmaßhalter. Der Endmaßhalter ist eine Spannvorrichtung zum Zusammenspannen der Endmaße. Messschnäbel gibt es in unterschiedlichen Ausführungsformen: flach oder mit einer Spitze zum Anreißen oder mit einer Zentrierspitze (Bild 1, folgende Seite).

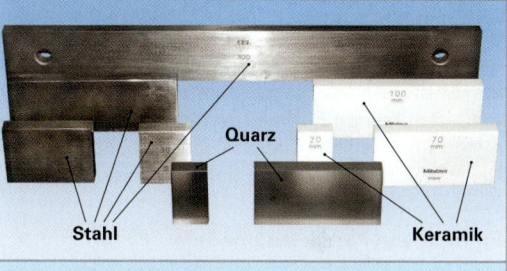

Bild 1: Parallelendmaße

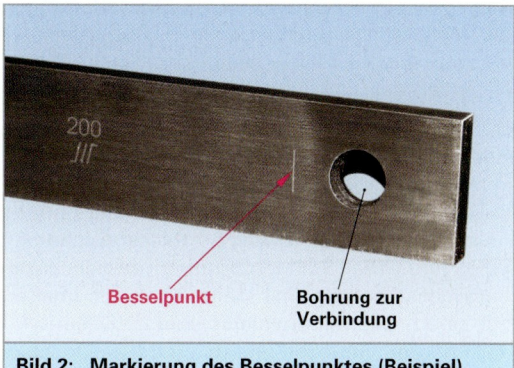

Bild 2: Markierung des Besselpunktes (Beispiel)

Tabelle 1: Toleranzklassen (ISO 3650)

Nennmaß l_n in mm	Toleranzklasse							
	K		0		1		2	
	t_e	t_v	t_e	t_v	t_e	t_v	t_e	t_v
> 0,5 ... ≤ 10	± 0,2	0,05	± 0,12	0,1	± 0,2	0,16	± 0,45	0,3
> 10 ... ≤ 25	± 0,3	0,05	± 0,14	0,1	± 0,3	0,16	± 0,6	0,3
> 25 ... ≤ 50	± 0,4	0,06	± 0,2	0,1	± 0,4	0,18	± 0,8	0,3
> 50 ... ≤ 75	± 0,5	0,06	± 0,25	0,12	± 0,5	0,18	± 1,0	0,35
> 75 ... 100	± 0,6	0,07	± 0,3	0,12	± 0,6	0,2	± 1,2	0,35
> 100 ... ≤ 150	± 0,8	0,08	± 0,4	0,14	± 0,8	0,2	± 1,6	0,4
> 200 ... ≤ 250	± 1,2	0,1	± 0,6	0,16	± 1,2	0,25	± 2,4	0,45
> 500 ... ≤ 600	± 2,6	0,16	± 1,3	0,25	± 2,6	0,4	± 5,0	0,7
> 900 ... ≤ 1000	± 4,2	0,25	± 2,0	0,4	± 4,2	0,6	± 8,0	1,0

t_e Maßtoleranz an beliebiger Stelle des Endmaßes Abweichungen in μm
t_v Abweichungsspanne (Unterschied zwischen größter und kleinster Länge

Anwendung von Parallelendmaßen

Endmaße sind in vielen Betrieben die wichtigste Maßverkörperung. Über sie erfolgt die Rückführung auf nationale Längenstandards. Endmaße dienen zum Einstellen, Kalibrieren und Überprüfen von Längenmessgeräten.

Beispiele: Prüfung von Bügelmessschrauben mit einem speziellen Endmaßsatz, Einstellen eines Feinzeigers in einem Messständer, Überwachung von Koordinatenmessgeräten mit Stufenendmaßen oder einem *Endmaßstapel*. Endmaße können auch als Lehren verwendet werden.

Innenmaße können durch versetztes Ansprengen von Endmaßen dargestellt werden. Oft verwendet man dabei einen Endmaßhalter, um die Endmaße mit einen gewissen Druck zusammenzuhalten. Die Messunsicherheit erhöht sich dabei etwas **(Bild 1)**.

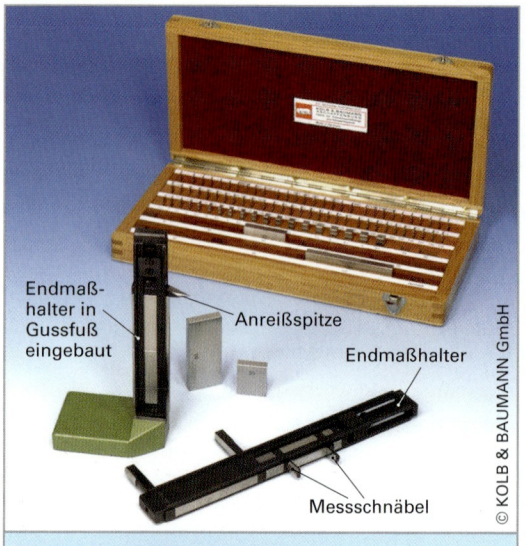

Bild 1: Zubehör für Endmaße

Prüfung von Parallelendmaßen

Endmaße müssen von Zeit zu Zeit geprüft werden, da sich beim Gebrauch Maßänderungen infolge Verschleiß und Alterung sowie Beschädigungen der Messflächen ergeben können. Außerdem fordert z. B. die DIN EN ISO 9000 ff den regelmäßigen Nachweis der Rückführbarkeit der Prüfmittel eines Betriebes auf nationale Standards.

Hochgenaue Endmaße werden mit Interferenzkomparatoren geprüft. Da diese Methode sehr aufwändig ist, wird sie nur bei besonders hohen Anforderungen angewandt (Messunsicherheit < 0,05 µm). Die Standardprüfung erfolgt durch Vergleichsmessung mit kalibrierten Endmaßen auf einem Endmaßprüfstand **(Bild 2)**. Dabei wird das Endmaß von oben und unten mit elektrischen Wegaufnehmern nacheinander an fünf Punkten angetastet **(Bild 3)**. Die Ebenheit der Messflächen wird qualitativ durch Auflegen von Planglasplatten geprüft. Dabei werden Interferenzstreifen sichtbar. Ein Streifenabstand entspricht bei der Verwendung weißen Lichtes ca. 0,3 µm Abstandsunterschied. Kurze Endmaße müssen angesprengt sein, wenn man ihre Ebenheit prüft. Im nicht angesprengten Zustand sind sie oft uneben.

Bei langen Endmaßen bestimmt man oft auch den tatsächlichen thermischen Ausdehnungskoeffizienten (α-Kalibrierung), um sie auch bei von 20 °C abweichenden Temperaturen als sehr genaues Normal verwenden zu können. Dazu wird die Länge des Endmaßes bei unterschiedlichen Temperaturen gemessen. Beim Prüfen von Endmaßen muss die Temperatur sehr genau bestimmt werden. Man verwendet dazu Kontaktthermometer mit einer Messgenauigkeit < 0,1 K.

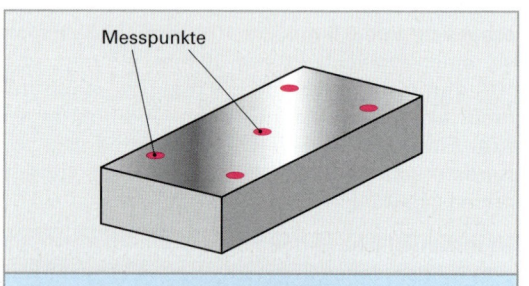

Bild 2: Messpunkte bei Endmaßen

Bild 3: Endmaßprüfstand

1.2 Maßverkörperungen

1.2.1.2 Weitere Bauformen von Parallelendmaßen

Stufenendmaße

Zur Überwachung von Koordinatenmessgeräten verwendet man unter anderem Stufenendmaße (**Bild 1**). Diese verkörpern eine Reihe von Maßen.

Bei der Bauform, wie sie in Bild 1 dargestellt ist, befindet sich die Mitte der Endmaßflächen in der neutralen Faser[1] des Trägerprofils. Am Stufenendmaßgrundkörper sind die Besselpunkte markiert. Für Stufenendmaße gibt es Montagematerial, mit dem es schräg im Messvolumen eines Koordinatenmessgerätes aufgestellt werden kann.

Kugelendmaße

Die Messflächen von Kugelendmaßen sind Teil einer gemeinsamen Kugeloberfläche. Man verwendet sie z. B. als Lehren für Bohrungsdurchmesser, zur Abstandsmessung bei parallelen Flächen und zum Kalibrieren von Messgeräten.

Weitere Bauformen

Ebenfalls zu den Endmaßen gehören Kugelplatten. Sie dienen u.a. zur Überwachung von Koordinatenmessgeräten (**Bild 2**).

Kugelplatten bestehen üblicherweise aus einer Trägerplatte, in der sehr genaue Kugeln in ihrer Position unveränderlich fixiert sind. Ihre Positionen sind sehr genau bekannt. Als weitere Bauform gibt es Platten mit Hohlkugeln oder mit zylindrischen Bohrungen. Durch Versetzen der Kugelplatte in der Weise, dass sich einige Kugelpositionen aufeinander folgender Plattenpositionen überdekken, lassen sich größere Bereiche des Messvolumens von Messgeräten überwachen. Die Platten bestehen aus Stahl[2] oder Aluminium. Um das Gewicht der Platten zu reduzieren, verwendet man auch Faserkeramik. Die Kugeln sind fast immer aus Keramik (verschleißfest und korrosionsbeständig). Für höchste Ansprüche fertigt man Platten aus Zerodur®.

> Mit Stufenendmaßen überprüft man Koordinatenmessgeräte.

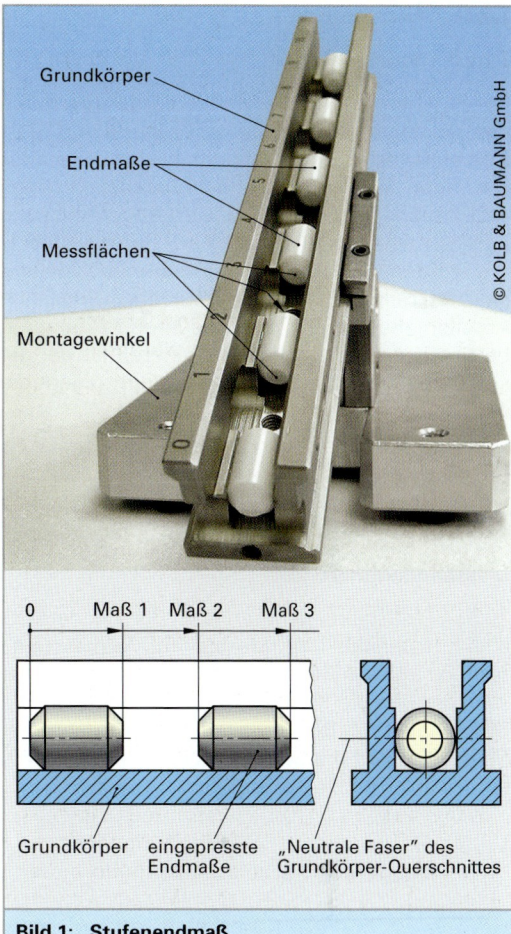

Bild 1: Stufenendmaß

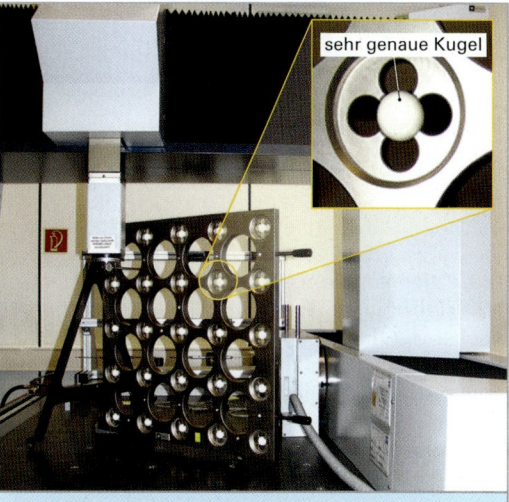

Bild 2: Kugelplatte im Koordinatenmessgerät

---

[1] In der neutralen Faser eines Querschnittes ergeben sich bei der Biegung keine Längsspannungen. Die Länge bleibt also konstant. Für kleine Durchbiegungen liegt die neutrale Faser im Flächenschwerpunkt.

[2] Stahlendmaße können bei nicht ausreichender Pflege rosten und werden dadurch wertlos. Sie sind vor Luftfeuchtigkeit, aggressiven Gasen und Fingerabdrücken durch säurefreies Fett, Öl oder Vaseline zu schützen. Vor Gebrauch müssen Endmaße mit einem rückstandsfreien Reinigungsmittel (Benzin — aus dem Chemikalienhandel, nicht von der Tankstelle!) gereinigt werden. Dazu sind fusselfreie Tücher oder Watte zu verwenden.

1.2.2 Maßstäbe

1.2.2.1 Strichmaße

Bei Strichmaßen ist die Maßverkörperung durch den Abstand von Strichmarkierungen realisiert. Der einfachste Strichmaßstab besitzt zwei Markierungen (vgl. Urmeter). Gebräuchliche, visuell abzulesende Maßstäbe für die Längenmessung besitzen eine dekadische (10-er) Teilung **(Bild 1)**. Sie werden z. B. als Werkstattmaßstäbe (oft mit geätzter Teilung auf einem Stahlband) eingesetzt. Arbeitsmaßstäbe und die genaueren Prüfmaßstäbe bestehen aus Flachstahl. Generell ist bei diesen Maßstäben die Strichbreite klein gegenüber dem Teilungsabstand.

Wichtige Normen:

Prüfmaßstäbe, DIN 865;
Arbeitsmaßstäbe, DIN 866;
Messbänder, DIN 6403.

Zu den Maßstäben gehören auch der Gliedermaßstab („Meterstab"), die Messlatten (Vermessungstechnik) und die Messbänder. Bei einfachen Messschiebern ist die Maßverkörperung ebenfalls ein Strichmaßstab. Beim visuellen Abmessen der Maßstäbe wird die Strichposition je nach Verfahren unterschiedlich genau erfasst **(Tabelle 1)**.

Die Toleranz von Strichmaßstäben wird in der Form

$T = (e + a \cdot l_{kj}/m)$ µm

angegeben. Dabei gibt e die Grundtoleranz an und a den längenabhängigen Anteil für zwei Striche im Abstand l_{kj} bezogen auf 1 m.

1.2.2.2 Inkrementalmaßstäbe

Die Maßverkörperung besteht bei Inkrementalmaßstäben[1] aus periodischen Strukturen, die meist optisch, magnetisch oder kapazitiv abgetastet werden **(Bild 2)**. Den Abstand gleicher Strukturen nennt man Teilungsperiode oder einfach Maßstabsteilung. Beim Messen erfasst man zunächst die Anzahl der überstrichenen Teilungen. Bei den meisten Inkrementalmaßstäben werden in der Abtasteinrichtung zwei Signale erzeugt, die um $1/4$-Teilungsperiode gegeneinander versetzt sind **(Bild 1, folgende Seite)**.

[1] lat. incrementum = Zuwachs

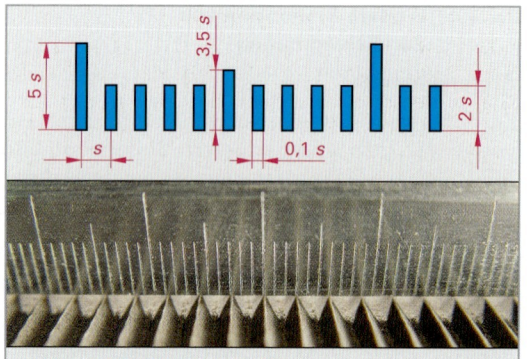

- Teilung dekadisch ausführen
- kleinste Teilung s für freiäugige Beobachtung: 0,7 mm
- Strichstärke $0,1 \cdot s$
- Normalstriche doppelt so lang wie s
- übergeordnete Striche $3,5\,s$ und $5\,s$ lang

Bild 1: Strichteilung für visuelles Ablesen

Tabelle 1: Messunsicherheiten

Einfache Überdeckung	Einfache Koinzidenz	Symmetrisches Einfangen
Zeiger über Zifferblatt	Maßstabsstrich und Indexstrich gegenüberliegend (d möglichst klein)	Maßstabsstrich zwischen zwei Indexstrichen
Messunsicherheit bei freiäugiger Beobachtung in 25 cm Entfernung: $x = \pm 75$ µm	Messunsicherheit bei freiäugiger Beobachtung in 25 cm Entfernung: $x = \pm 20$ µm	Messunsicherheit bei freiäugiger Beobachtung in 25 cm Entfernung: $x = \pm 6$ µm

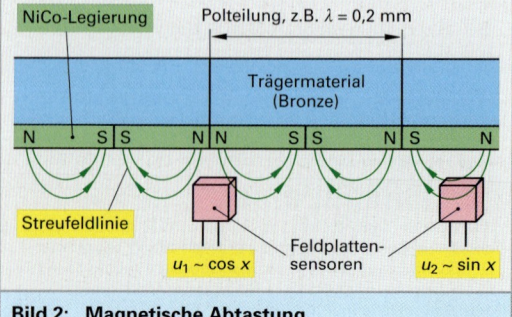

Bild 2: Magnetische Abtastung

1.2 Maßverkörperungen

Je nach Bauart ergibt sich ein dreieckförmiger oder sinus- bzw. cosinusförmiger Signalverlauf. Eine Teilungsperiode entspricht dabei 360°, der Gangunterschied zwischen den beiden Signalen beträgt dann 90° (Bild 1). Trägt man das eine Signal auf der x-Achse und das andere Signal auf der y-Achse eines Koordinatensystems auf, ergibt sich ein Punkt, der pro überstrichener Teilungsperiode einen vollen Umlauf macht.

Bei Dreieckssignalen ergibt sich ein auf der Spitze stehendes Quadrat, bei Sinussignalen ein Kreis (Bild 1). Je nach Bewegungsrichtung der Ableseeinheit erfolgt dieser Umlauf links- oder rechtsherum. Daraus lässt sich die Bewegungsrichtung ermitteln. Jedes der zwei Signale zeigt innerhalb einer Teilungsperiode zwei Nulldurchgänge. Man erhält damit sehr einfach Positionsinformationen mit einem Viertel der Maßstabsteilung.

Wenn man den Weg genauer messen möchte, muss man *interpolieren*[1] (Zwischenwerte bilden). Im x-y-Diagramm entspricht dies einer Winkelberechnung. Man erreicht Auflösungen im Bereich von Nanometern.

> **Beispiel:**
> Die Teilungsperiode soll mit einer Auflösung von 1 ‰ interpoliert werden. Man berechnet mit 4-stelliger Genauigkeit:
>
> $$\tan \alpha = \frac{\sin \alpha}{\cos \alpha} = \frac{\text{Signalwert A}}{\text{Signalwert B}}$$
>
> $$\alpha = \arctan \left(\frac{\text{Signalwert A}}{\text{Signalwert B}} \right)$$
>
> Die Zwischenwerte innerhalb einer Teilungsperiode sind Absolutwerte.

Nach dem Einschalten ist bei Inkrementalmaßstäben die Absolutposition nicht bekannt. Deshalb werden sie oft mit *Referenzmarken* versehen (**Bild 2**). Dies ist im einfachsten Fall eine einzelne Markierung auf einer zweiten Maßstabsspur, die bei einem Referenzlauf erkannt wird. Vor allem bei größeren Messstrecken ist diese Methode ungünstig, denn es müssen unter Umständen große Strecken zum Auffinden der Referenzmarke gefahren werden.

Es gibt daher auch *abstandscodierte* Maßstäbe, bei denen die absolute Position nach Überfahren zweier benachbarter Referenzmarken bekannt ist. Bei diesen Maßstäben haben alle Referenzmarken unterschiedliche Abstände voneinander. So ist nach z. B. 10 mm die aktuelle Absolutposition bekannt (Bild 2).

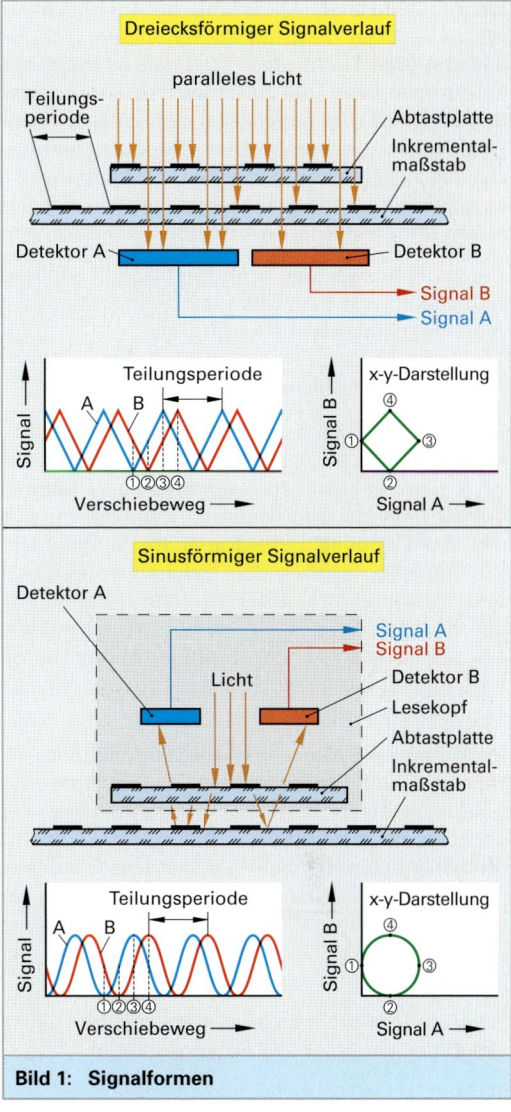

Bild 1: Signalformen

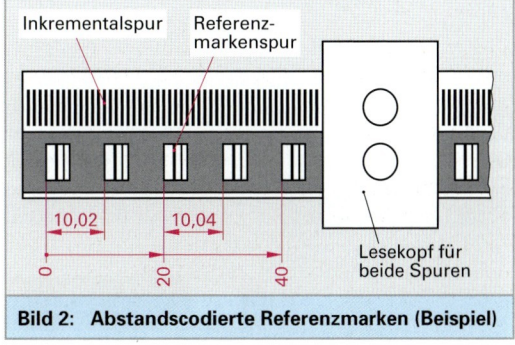

Bild 2: Abstandscodierte Referenzmarken (Beispiel)

---

[1] aus lat. interpolare = eigentl. „Schriften entstellen", hier: Werte zwischen bekannten Werten berechnen

Bei der optischen **Abtastung im Durchlichtverfahren** wird der Maßstab mit parallelem Licht beleuchtet **(Bild 1)**. Vor dem Maßstab befindet sich eine Abtastplatte, die mit zwei Teilungen versehen ist. Diese sind gegeneinander um eine viertel Teilungsperiode verschoben. Dahinter befindet sich jeweils eine Fotodiode, deren Signale weiter ausgewertet werden. Die entstehenden Signale haben dreiecksförmigen Verlauf.

Durch die Auswertung größerer Flächen der Maßstabsteilung werden Teilungsabweichungen einzelner Maßstabsstriche verringert.

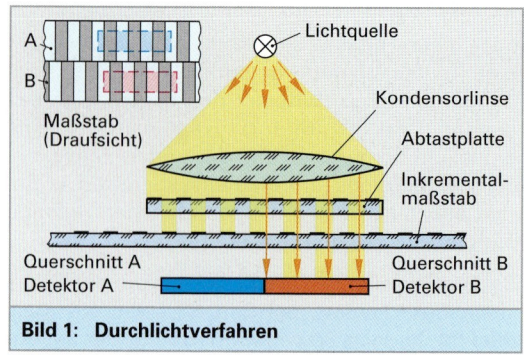

Bild 1: Durchlichtverfahren

Abtastung im Auflicht

Reflexionsmaßstäbe. Auf nicht durchsichtigen Materialien (z. B. Stahl) lassen sich Maßstäbe nach dem Reflexionsprinzip herstellen **(Bild 2)**. Auf die polierte Oberfläche werden Stiche, z. B. aus Gold (hoher Reflexionsgrad) aufgebracht. Die Bereiche zwischen den Strichen werden mattiert (Ätzverfahren). Über die Abtastplatte und die Stichstruktur des Maßstabes wird das Licht auf die Detektoren der Empfangseinheit projiziert. Das Verfahren wird bei Teilungsperioden ab 40 µm angewandt.

Interferenzmaßstäbe. Inkrementalmaßstäbe mit kleinen Teilungsperioden wirken als optisches Beugungsgitter, d. h., das eingestrahlte Licht wird verstärkt in bestimmte Richtungen abgelenkt **(Bild 3)**. Im Lesekopf befindet sich eine Glasplatte mit einer Gitterstruktur. Dadurch werden die zurückkommenden Lichtstrahlen auf Fotodioden im Lesekopf gelenkt. Die entstehenden Signale sind sinusförmig und cosinusförmig.

Zu den Inkrementalmaßstäben gehören auch Laserinterferometer und Polygonspiegel.

Optisch abgetastete Inkrementalmaßstäbe werden aus Glas, Zerodur® oder Stahl **(Bild 4)** hergestellt.

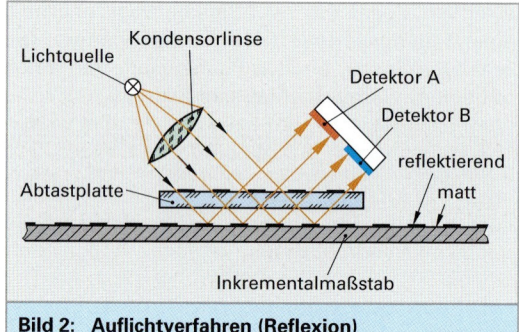

Bild 2: Auflichtverfahren (Reflexion)

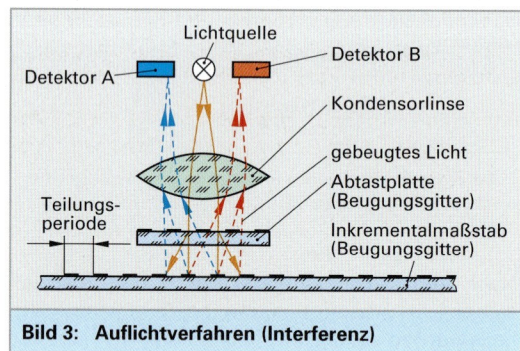

Bild 3: Auflichtverfahren (Interferenz)

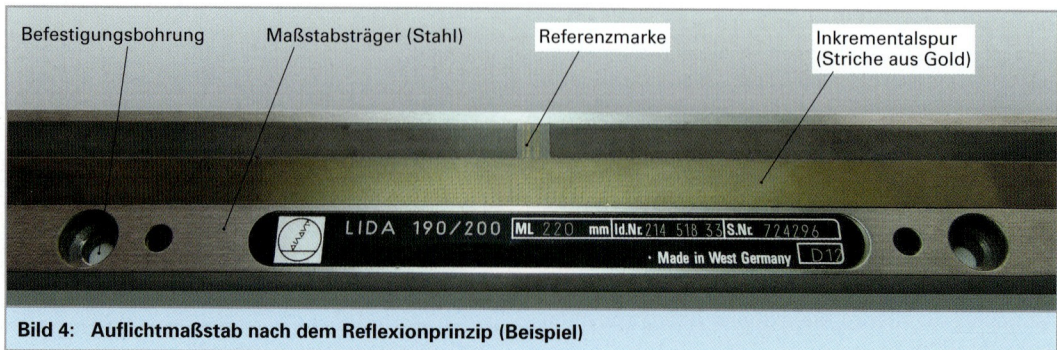

Bild 4: Auflichtmaßstab nach dem Reflexionprinzip (Beispiel)

1.2 Maßverkörperungen

Anwendung

Inkrementalmaßstäbe werden sehr häufig in Werkzeugmaschinen und Messgeräten aller Art eingesetzt. In Messschiebern **(Bild 1)** findet man auch kapazitive Inkrementalmaßstäbe. In Koordinatenmessgeräten und NC-Bearbeitungsmaschinen werden die Maßstäbe meist optisch abgetastet.

Inkrementale Kreisteilungen verwendet man für Winkelmesssysteme und Drehgeber **(Bild 2)**.

Wichtig bei der Verwendung von Inkrementalmaßstäben ist die korrekte Ausrichtung des Lesekopfes zur Maßstabsspur. Diese ist um so kritischer je kleiner die Maßstabsteilung und je breiter die analysierte Maßstabsspur und je kleiner die Teilungsperiode des Maßstabes ist. Vor allem muss darauf geachtet werden, dass die Striche der Analysatorplatte im Lesekopf parallel zu den Maßstabsstrichen ausgerichtet ist. Andernfalls wird die Signalamplitude (Modulation) kleiner, im Extremfall wird sie Null **(Bild 3)**.

Die mechanische Ausrichtung kann mittels eines Oszilloskopes, das die beiden Signale in x-y-Darstellung anzeigt, optimiert werden. Bei langsamer Bewegung des Lesekopfes wird auf dem Bildschirm ein Kreis sichtbar. Beim mechanischen Justieren des Lesekopfes ist es das Ziel, den Kreis bestmöglich zu zentrieren, den Durchmesser möglichst groß einzustellen und eine möglichst gute Kreisform zu erreichen.

Nur so funktioniert die Interpolation von Zwischenwerten zufriedenstellend. Hersteller von inkrementalen Messsystemen bieten Messkarten zu ihren Messsystemen an, bei denen der Signalverlauf mit einem PC dargestellt werden kann. Zusätzlich besteht die Möglichkeit, durch Verändern der Verstärkung und der Offsetspannungen per Software die Signale optimal und sehr bequem einzustellen.

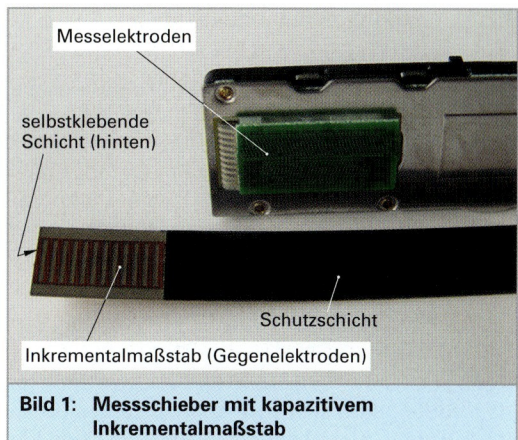

Bild 1: Messschieber mit kapazitivem Inkrementalmaßstab

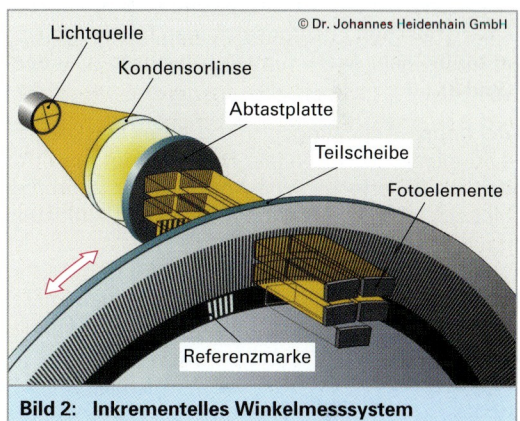

Bild 2: Inkrementelles Winkelmesssystem

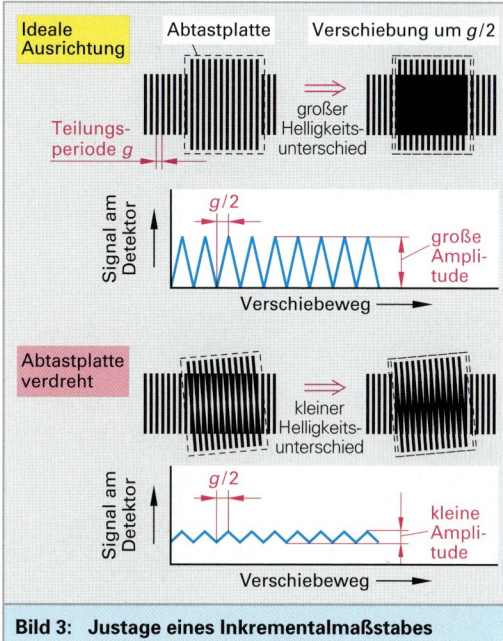

Bild 3: Justage eines Inkrementalmaßstabes

Vorteile inkrementaler Maßstäbe:
- Hohe Messauflösung,
- Nur eine Maßstabsspur erforderlich (evtl. eine zweite Spur für die Referenzmarke(n),
- Maßstäbe anreihbar.

Nachteile inkrementaler Maßstäbe:
- Absolutposition beim Einschalten ist nicht bekannt,
- Störimpulse verursachen Positionsabweichungen bis zum Überfahren des nächsten Referenzpunktes.

1.2.2.3 Absolutmaßstäbe

Inkrementale Messsysteme haben den Nachteil, dass nach dem Einschalten die absolute Position nicht sofort bekannt ist. Dies ist für Anwendungen, bei denen es nicht möglich ist, nach dem Einschalten eine Referenzposition anzufahren, aber unbedingt erforderlich. Man verwendet deshalb Maßstäbe, bei denen jede Position eindeutig codiert ist. Dazu sind allerdings viele Spuren notwendig **(Bild 1)**. Mittels einer speziell angepassten Signalverarbeitung ergibt sich der absolute Positionswert.

Übliche Absolutmaßstäbe sind binär codiert: Dual-Code oder Gray[1]-Code **(Bild 2)**. Der Gray-Code hat den Vorteil, dass sich von Position zu Position jeweils nur ein Signal ändert. Beim Dual-Code können kleine Lageabweichungen der Maßstabsstriche zu falschen Positionsanzeigen führen, da sich mitunter sehr viele Signale gleichzeitig ändern **(Bild 2)**.

Bei hohen Auflösungen und großen Messlängen sind allerdings sehr viele Maßstabsspuren erforderlich. Die erforderliche Anzahl *N* der Spuren ergibt sich aus der Messlänge *l* und der Auflösung *g* zu:

$$N = \log_2 \frac{l}{a}$$

N   Anzahl der Spuren
l   Messlänge
a   Auflösung

Beispiel:
Ein Absolutmaßstab mit einer Messlänge von 500 mm und einer Auflösung von 20 µm erfordert bereits 15 Spuren. Jede Spur benötigt dabei einen eigenen Detektor. Der Aufwand ist also beträchtlich. Für Linearmaßstäbe hat sich deshalb die Absolutcodierung kaum durchgesetzt. Die Hauptanwendung liegt in absoluten Winkelgebern, bei denen die Spuren auf einer runden Codescheibe angeordnet sind **(Bild 3)**.

Vorteile absolut codierter Messsysteme:
- Anzeige weitgehend unempfindlich gegen Störimpulse,
- Position sofort nach dem Einschalten bekannt.

Nachteile:
- Für hohe Messauflösungen sind viele Spuren erforderlich,
- Maßstäbe sind nicht anreihbar.

[1] *E. Gray*, amerik. Wissenschaftler (1835 bis 1901)

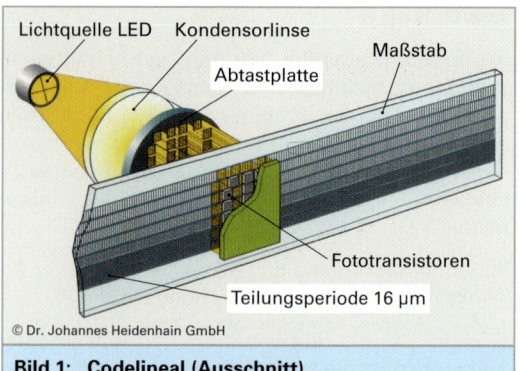

Bild 1: Codelineal (Ausschnitt)

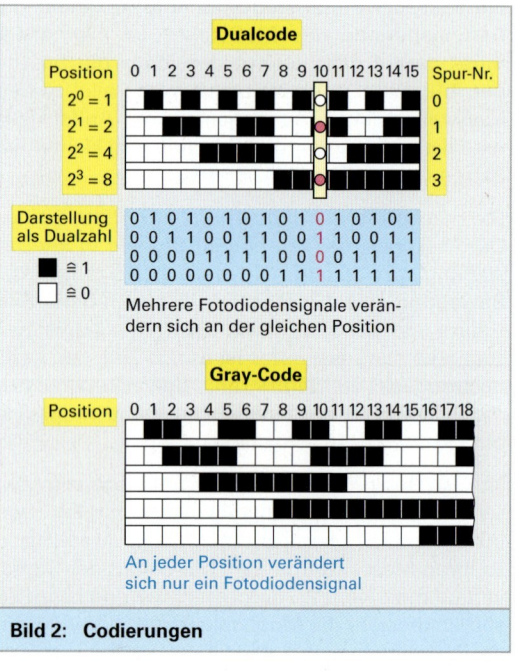

Bild 2: Codierungen

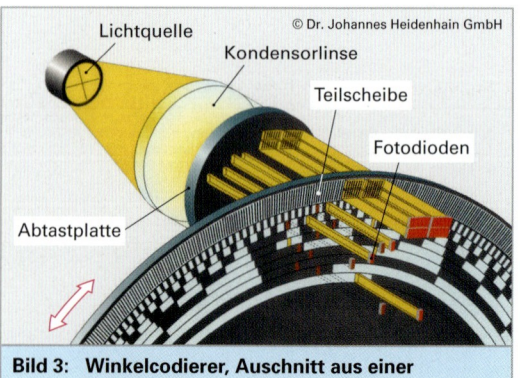

Bild 3: Winkelcodierer, Auschnitt aus einer Codescheibe

1.3 Form und Lage

Die Formabweichung **(Tabelle 1)** eines Werkstückmerkmales bezieht sich immer auf die geometrische Idealform. Solche Idealformen sind z. B.

- Geradheit → Gerade
- Ebenheit → Ebene
- Rundheit → Kreis
- Zylinderform → Zylinder
- Linienform → geometrisch ideale Linie
- Flächenform → geometrisch ideale Fläche

Formabweichungen werden definiert, indem man die Istkontur eines Messobjektes mit zwei geometrisch idealen Grenzflächen, die zueinander minimalen Abstand haben, einhüllt. Man bezeichnet dies als *Zoneneinpassung* oder *Tschebyschew Einpassung*[1]. Der minimal mögliche Abstand gibt die Größe der Formabweichung an.

---

[1] *Pafnutij Lwowitsch Tschebyschew*, (1821 bis 1894), russ. Mathematiker

1.3.1 Gerade

Mathematisch ist eine Gerade durch die kürzeste Verbindung von zwei Punkten definiert. In der Fertigungsmesstechnik verwendet man oft **Haarlineale (Bild 1)** nach DIN 874 als Geradheitsnormale. Sie besitzen eine geläppte Schneide mit einer zulässigen Geradheitstoleranz von

$$t = \pm \left(2 + \frac{l}{250\ \text{mm}}\right)\ \mu m$$

t Geradheitstoleranz
l Lineallänge

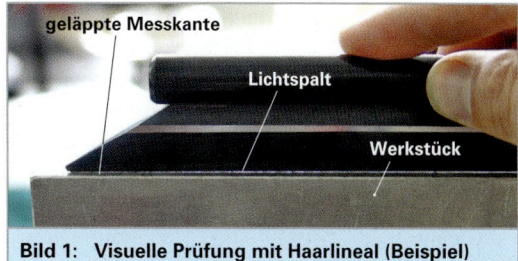

Bild 1: Visuelle Prüfung mit Haarlineal (Beispiel)

Tabelle 1: Formabweichung

Benennung	Formabweichung	Anwendungsbeispiele	
Garadheit		⌀ 0,03	Die Achse des zylindrischen Teiles des Bolzens muss innerhalb eines Zylinders vom Durchmesser $t = 0,03$ mm liegen.
Ebenheit		0,05	Die tolerierte Fläche muss zwischen zwei parallelen Ebenen vom Abstand $t = 0,05$ mm liegen.
Rundheit		◯ 0,02	Die Umfangslinie jedes Querschnittes muss in einem Kreisring von der Breite $t = 0,02$ mm enthalten sein.
Zylinderform		0,05	Die tolerierte Fläche muss zwischen zwei koaxialen Zylindern liegen, die einen radialen Abstand von $t = 0,05$ mm haben.
Linienform		⌒ 0,08	Die tolerierte Linie muss zwischen zwei äquidistanten Linien liegen, die zueinander den Abstand $t = 0,08$ mm haben.
Flächenform	Kugel ⌀t	⌓ 0,02	Die tolerierte Fläche muss zwischen zwei äquidistanten Flächen liegen, die zueinander den Abstand $t = 0,02$ mm haben.

Das **Haarlineal** wird zur visuellen Prüfung verwendet. Dazu setzt man es vorsichtig auf den zu prüfenden Werkstückbereich. Das Haarlineal hat dabei meistens an zwei Punkten Kontakt zur Werkstückoberfläche.

Man betrachtet gegen eine Lichtquelle den sichtbaren Lichtspalt **(Bild 1, vorhergehende Seite)**. Diese Prüfung ist nicht sehr zuverlässig. Geradheitsabweichungen > 2 µm sind feststellbar. Eine zahlenmäßige Angabe der Geradheitsabweichung ist nicht möglich. Um Verbiegungen infolge der Handwärme zu vermeiden, ist das Haarlineal mit einer Griffisolation versehen. Haarlineale müssen sehr sorgfältig behandelt werden, da jede Beschädigung der Linealkante das Lineal wertlos macht. Rostfreie Ausführungen sind trotz des höheren Preises zu bevorzugen.

Für die Prüfung großer Bauteile hinsichtlich der Geradheit verwendet man Prüflineale. Sie sind bis 5 m Länge verfügbar. Hartgestein-Lineale[1] und Keramiklineale erreichen hohe Genauigkeiten.

Weitere Verkörperungen der Geraden sind:
- Gespannter Draht (Durchhang beachten!)
- Lichtstrahl (siehe AKF Seite 641 und Geradheitsinterferometer Seite 668).

Auch ein **Zylinder** (siehe Prüfzylinder Seite 628) kann als Geradheitsnormal eingesetzt werden, wenn man genau achsparallel misst.

Als Geradheitsnormal gut handhabbar sind **Linearführungen**. Mit sehr guten Messschlitten erreicht man Geradheitsabweichungen von < 0,1 µm pro 100 mm. Man setzt sie in Verbindung mit Messtastern zur Geradheitsprüfung an Bauteilen ein. Besonders genau arbeiten luftgelagerte Linearführungen **(Bild 1)**. Die Führung besteht hierbei aus Hartgestein oder bei besonders hohen Anforderungen aus Keramik oder Zerodur®.

Umschlagsmessung

Wenn extreme Genauigkeit gefordert wird, kann nicht mehr mit Normalen gearbeitet werden, denn deren Abweichungen sind dann nicht mehr vernachlässigbar. Man verwendet stattdessen Fehlertrennmethoden wie die *Umschlagsmessung* **(Bild 2)**. Dies gilt insbesondere für die Prüfung von Normalen. Eine sehr einfache Anwendung der Fehlertrennung ist die Prüfung einer Wasserwaage: Man legt sie auf eine ebene Unterlage, so dass die Libelle „0" zeigt. Beim Wenden der Wasserwaage um 180° muss die 0-Stellung erhalten bleiben.

[1] Hartgesteine werden fälschlicherweise oft als Granit bezeichnet.

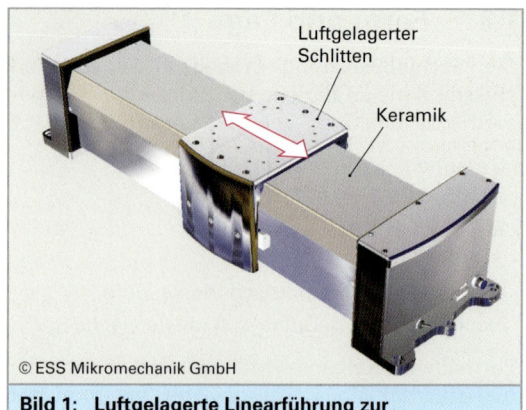

Bild 1: Luftgelagerte Linearführung zur Geradheitsmessung

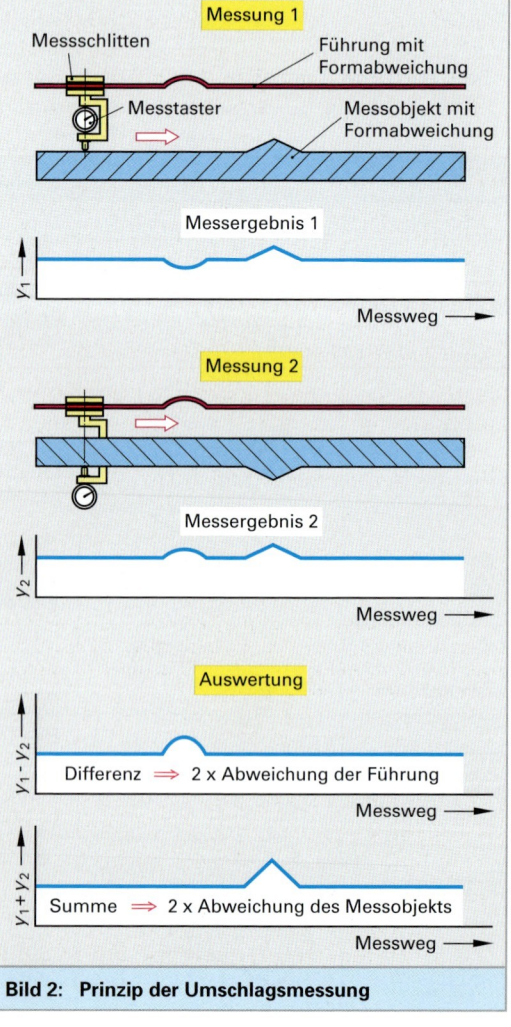

Bild 2: Prinzip der Umschlagsmessung

1.3 Form und Lage

Geradheitsmessung mit der Umschlagmethode

Zunächst misst man die Abweichungen des Werkstückes zum Normal z. B. mit einem elektronischen Feintaster, der an einer Schlittenführung angebracht ist. In einem zweiten Durchgang wird das Werkstück um 180° gedreht (umgeschlagen) und der Feintaster so umgesetzt, dass er wieder die Abweichungen zur angetasteten Fläche aufnimmt.

Die Hälfte der Differenz der beiden Messungen entspricht den Abweichungen des Normals von der Geraden, an der umgeschlagen wurde. Diese Gerade ist mathematisch exakt. Der Mittelwert der beiden Messergebnisse entspricht der Geradheitsabweichung des Messobjektes. Wenn keine ausreichend reproduzierbare Führung verfügbar ist, kann mit einem zweiten Feintaster gegen ein festes Lineal gemessen werden.

Der Vorteil von Umschlagsmessungen liegt in der Tatsache, dass kein körperliches Normal benötigt wird. Das eigentliche *Normal* ist die exakte Gerade, an der das Messobjekt gewendet wurde.

Die Grenzen des Verfahrens liegen in der Reproduzierbarkeit der verwendeten Führung, in der Linearität des Wegaufnehmers und in Verformungen des Werkstückes, die beim Umschlagen auftreten können (z. B. durch Handwärme). Das **Rosettenverfahren** zur Prüfung von Winkelmesstischen beruht ebenfalls auf einer mehrfachen Umschlagsmessung **(Bild 1)**.

Auch bei Rundheitsmessungen kann das Verfahren angewandt werden. In der Koordinatenmesstechnik werden mit Umschlagsmessungen die Winkelabweichungen ermittelt **(Bild 2)**.

> Mit Umschlagsmessungen können hochgenaue Form- und Winkelprüfungen ohne materielles Messnormal durchgeführt werden. Messobjekte können „in sich" vermessen werden.

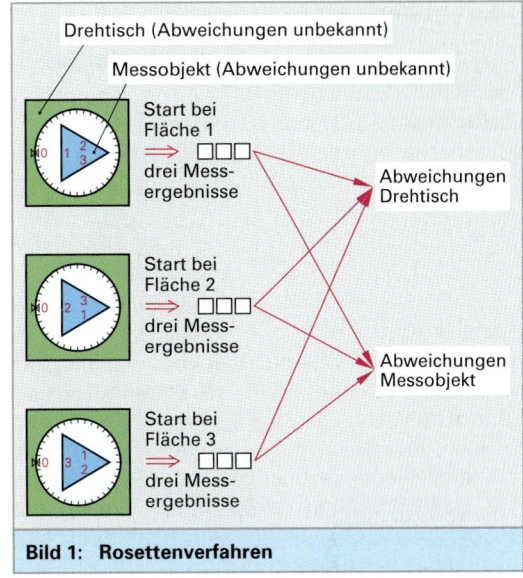

Bild 1: Rosettenverfahren

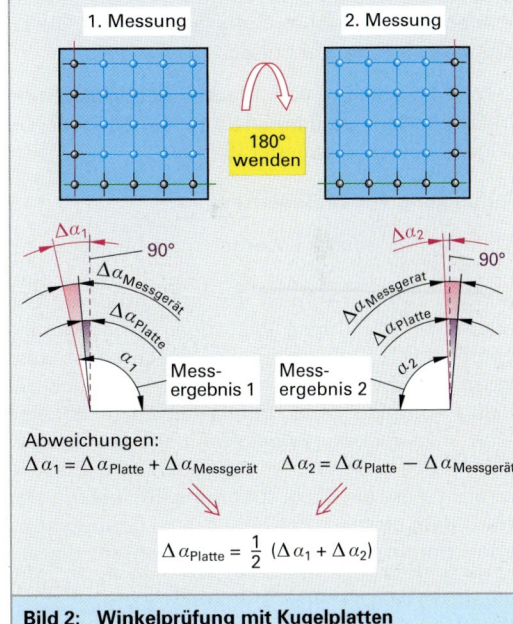

Abweichungen:
$\Delta a_1 = \Delta a_{Platte} + \Delta a_{Messgerät}$ $\Delta a_2 = \Delta a_{Platte} - \Delta a_{Messgerät}$

$$\Delta a_{Platte} = \frac{1}{2}(\Delta a_1 + \Delta a_2)$$

Bild 2: Winkelprüfung mit Kugelplatten

Wiederholung und Vertiefung

1. Skizzieren Sie die Stricheinteilung für eine 10-er Teilung bei Strichmaßstäben.
2. Welche Signalformen sind bei Inkrementalmaßstäben üblich?
3. Wofür dienen Referenzmarken und weshalb gibt es häufig mehrere bei einem Inkrementalmaßstab?
4. Wie kann man bei Inkrementalmaßstäben interpolieren und welcher typische Rechenalgorithmus wird hierfür verwendet?
5. Welche prinzipiell unterschiedlichen Techniken verwendet man zur Abtastung von Auflichtmaßstäben?
6. Nennen Sie Anwendungsbeispiele für Inkrementalmaßstäbe.

1.3.2 Ebene

Eine Ebene ist definiert durch drei Punkte, die nicht auf einer Geraden liegen.

Für viele Messaufgaben ist eine möglichst ebene Messfläche erforderlich. Deshalb ist eine Messplatte in jedem Messraum vorhanden. Sie dient als Unterlage für z. B. Höhenmessgeräte oder Messstative mit Messuhren oder Feinzeigern. Sie kann auch zum Anreißen verwendet werden.

1.3.2.1 Messplatten

Messplatten sind in DIN 876 genormt und mit Kantenlängen bis zu mehreren Metern erhältlich **(Bild 1)**. Sie bestehen oft aus Hartgestein (Gabbro, Diabas), Gusseisen oder bei extremen Anforderungen aus Keramik oder Glaskeramik (Zerodur®). Die Feinbearbeitung erfolgt durch Läppen[1] bis die geforderte Ebenheit erreicht ist **(Bild 2)**. Eine Ebenheitsabweichung von 1 µm pro 1000 mm ist herstellbar. Gusseisen ist für Anreißplatten gebräuchlich. In Messstativen kommen auch Messplatten aus gehärtetem Stahl zum Einsatz. Sie besitzen oft Schmutzfangrillen.

Zum Festspannen von Messeinrichtungen und Messobjekten werden T-Nut-Schienen oder Gewindebuchsen verwendet **(Bild 3)**.

Aufstellung von Messplatten

Kleinere Messplatten werden üblicherweise auf drei Punkten gelagert, so dass sich keine Verspannungen ergeben können. Bei sehr großen Messplatten sind fünf oder noch mehr Auflagepunkte gebräuchlich, wobei hierbei zu beachten ist, dass es so zu Verspannungen und Verformungen der Platte kommen kann. Eine Alternative ist eine Vierpunktlagerung, wobei zwei Lagerstellen über eine Wippe miteinander verbunden sind. So wird erreicht, dass die Platte spannungsfrei gelagert ist. Nach dem gleichen Prinzip wird bei Grundplatten von Koordinatenmessgeräten verfahren, die auf Luftfedern gelagert sind. Hierbei sind zwei Luftfedern über einen Schlauch miteinander verbunden.

> Messplatten dürfen nur zum Messen verwendet werden, keinesfalls zum Richten oder Ankörnen von Werkstücken.

---

[1] Läppen ist ein Schleifverfahren mit losem Korn. Beim manuellen Planläppen wird auf dem Werkstück Läpppaste (Schleifmittel, meist Silizium-Carbid, mit Öl oder Wasser) aufgetragen und eine Läpppplatte hin und her bewegt. Kleine Werkstücke werden oft auf Läppmaschinen bearbeitet. Dies ist im Wesentlichen eine rotierende Scheibe aus Gusseisen, auf die die Läpppaste aufgetragen wird. Das Werkstück wird darauf gedrückt. Man erreicht so eine sehr gute Ebenheit und hohe Oberflächenqualität.

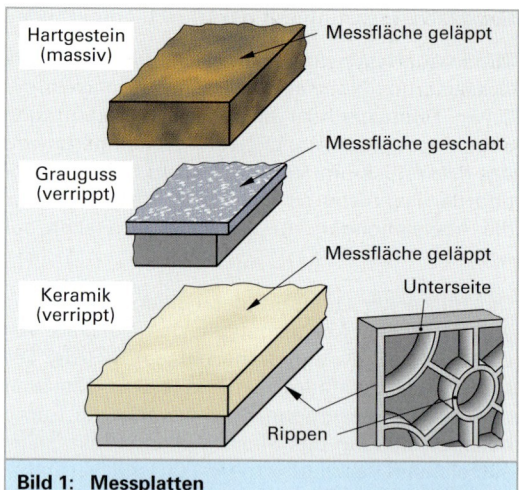

Bild 1: Messplatten

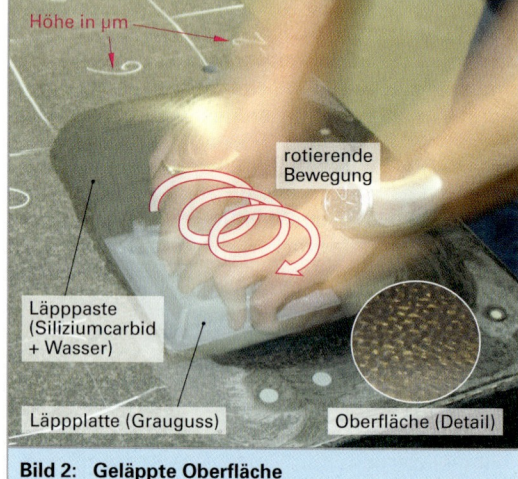

Bild 2: Geläppte Oberfläche

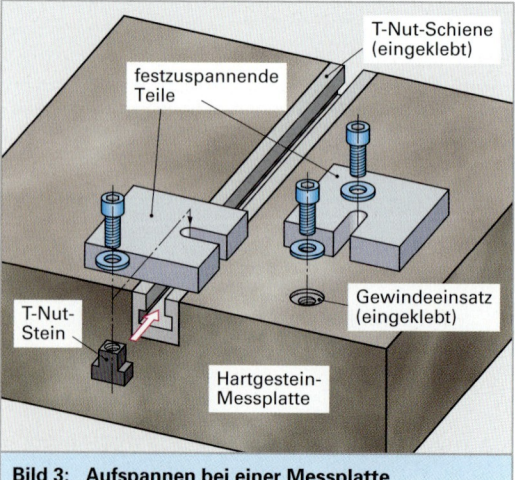

Bild 3: Aufspannen bei einer Messplatte

1.3 Form und Lage

Handhabung von Messplatten

Messplatten müssen sorgfältig behandelt werden. Gusseiserne Platten müssen z. B. mit säurefreiem Öl vor Rost geschützt werden. Beschädigungen führen zu Materialaufwürfen, die vorsichtig mit einem Abziehstein entfernt werden können. Dabei ist darauf zu achten, dass keine weitere Vertiefung in die Platte geschliffen wird, Messplatten aus Hartgestein sind pflegeleichter, denn sie können nicht rosten. Aussplitterungen führen zu keinem Materialaufwurf. Von Zeit zu Zeit sollten Hartgestein-Messplatten mit einem Steinpflegemittel (vom Messplattenhersteller zu beziehen) behandelt werden.

Häufig benutzte Bereiche der Platten verschleißen, d. h., es bildet sich eine Vertiefung, die zu Messabweichungen führen kann. Die Ebenheit von Messplatten muss daher überwacht werden. Die Prüfintervalle richten sich nach der Beanspruchung der Platte. Verschlissene Hartgestein-Messplatten lassen sich relativ preisgünstig überarbeiten.

1.3.2.2 Ebenheitsprüfung

Zur Prüfung der Ebenheit verwendet man Verfahren, die flächenhaft arbeiten, wie interferenzielle Prüfverfahren und Tuschierplatten oder Verfahren, die punktweise arbeiten. Man kann die Messung auf die Geradheitsmessung zurückführen. Dabei werden mehrere Geraden auf der zu prüfenden Fläche gemessen und miteinander rechnerisch verknüpft.

Punktweise Ebenheitsprüfung

Beim **Moody-Verfahren**[1] wird die Geradheit entlang der Seiten und über die Diagonalen der Messplatte gemessen (**Bild 1**).

Beim **Gitterverfahren** wird die Geradheit in mehreren parallelen Geraden geprüft. Das Verfahren ist aufwändiger als das Moody-Verfahren, liefert aber die Ebenheitsabweichungen in einem engeren Raster (**Bild 2**).

Sehr genaue Ebenen sind **optische Probegläser**. Mit ihnen kann sehr einfach die Ebenheit spiegelnder Flächen geprüft werden. Beim Auflegen werden bei geeigneter Beleuchtung Interferenzstreifen sichtbar (**Bild 3**). Ein Streifenabstand entspricht einer Höhendifferenz von ca. 0,3 µm (bei weißem Licht).

---

[1] engl. moody = launisch, hier kreuz und quer. Es ist auch der Begriff „Union-Jack-Verfahren", also „wie die britische Fahne", üblich.

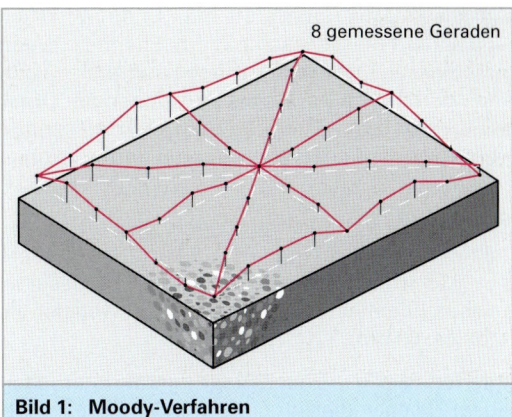

Bild 1: Moody-Verfahren

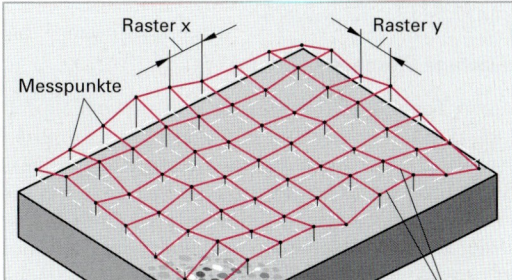

Bild 2: Gitter-Verfahren

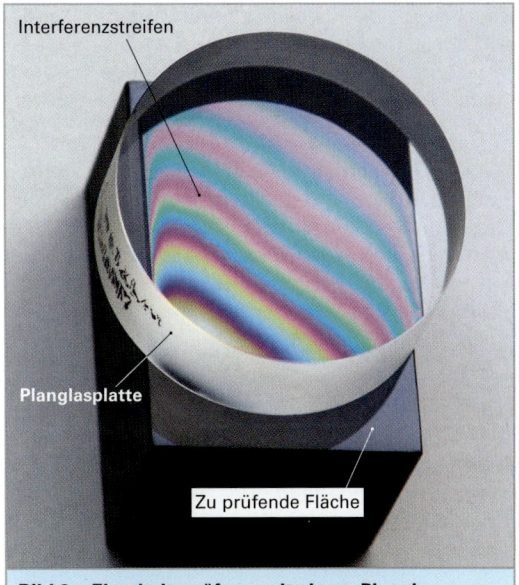

Bild 3: Ebenheitsprüfung mit einem Planglas

Auf diese Weise überprüft man Endmaßflächen und andere Messflächen auf ihre Ebenheit. Wenn geschlossene Interferenzringe auftreten, kann man durch leichten, wechselnd kippenden Druck eine Vertiefung unterscheiden (Interferenzringe verschwinden) oder eine Kuppe (Interferenzringe wandern).

Die Qualität von Planglasplatten wird oft im Verhältnis zur Wellenlänge des Helium-Neon-Lasers (λ = 633 nm) angegeben. Sehr gute Prüfgläser erreichen Ebenheitsabweichungen von weniger als $\lambda/10$ (ca. 60 nm).

Interferenzielle Ebenheitsprüfgeräte arbeiten ebenfalls nach diesem Prinzip. Beim *Fizeau*[1]-*Interferometer* überlagern sich mehrfach reflektierte Lichtwellen, so dass sehr kontrastreiche Interferenzlinien sichtbar werden.

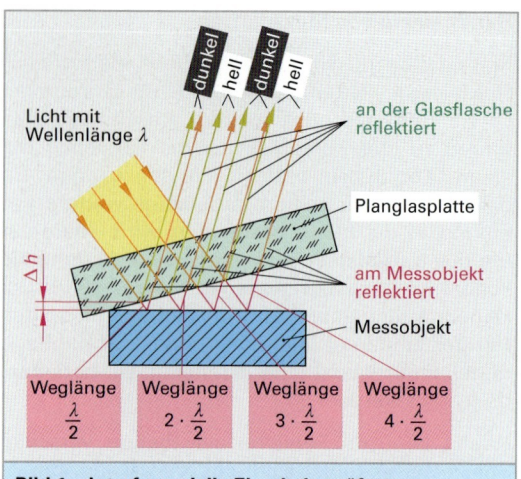

Bild 1: Interferenzielle Ebenheitsprüfung

Flächige Ebenheitsprüfung

Beim **Tuschieren** handelt es sich um ein Verfahren, das seit langer Zeit praktiziert wird. Ein Ebenheitsnormal (*Tuschierplatte*, meist aus Gusseisen) wird dünn mit Tuschierfarbe bestrichen, dann auf die zu prüfende Fläche gelegt und hin und her bewegt **(Bild 2)**. Nach dem Abheben der Tuschierplatte ist die Gestalt der Prüfobjekt-Oberfläche anhand der übergegangenen Farbe erkennbar: An der höchsten Stellen bleibt die Farbe nur sehr dünn haften, sie erscheinen nur leicht angefärbt. Am Übergang zu Vertiefungen ist die Farbe intensiver, während in stärkeren Vertiefungen keine Farbe vorhanden ist.

Tuschieren ist ein sehr zeitaufwändiges Verfahren das keine quantitativen Aussagen erlaubt. Es wurde früher beim Schaben (manuelle Feinbearbeitung) von Maschinenführungen zur Prüfung eingesetzt.

Auch **Flüssigkeitsoberflächen** sind Verkörperungen der Ebene (eigentlich einer Kugel mit dem Erdradius 6370 km). Bei ausreichend großem Abstand vom Flüssigkeitsrand ist die Maßverkörperung sogar sehr genau. Längere Zeit wurden Quecksilberoberflächen als Ebenheitsstandards in der PTB eingesetzt.

Ein dort neu entwickeltes Messverfahren nutzt die geradlinige Ausbreitung von Licht. Es wird dabei mit einem Autokollimationsfernrohr der Winkelunterschied gemessen, der sich ergibt, wenn man den Strahlengang quer zu einer spiegelnden Oberfläche verschiebt **(Bild 3)**.

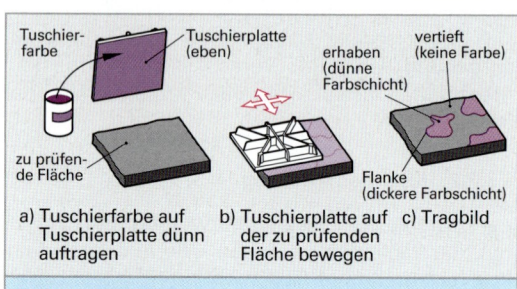

Bild 2: Tuschieren

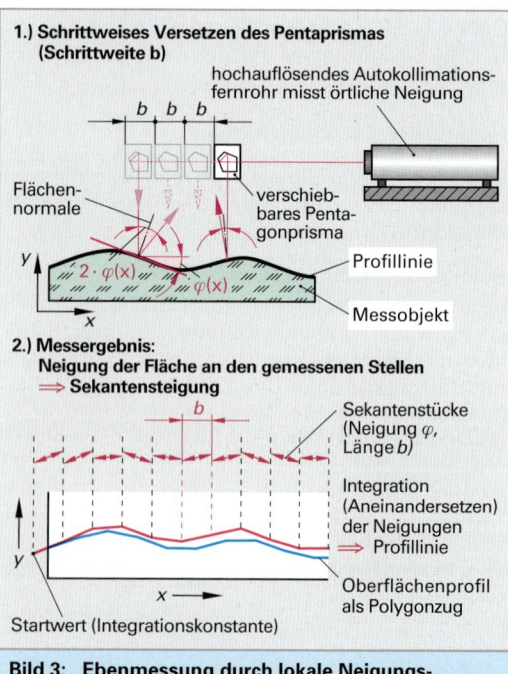

Bild 3: Ebenmessung durch lokale Neigungsmessung

---
[1] *Armand-Hyppolyte-Louis Fizeau*, franz. Physiker (1819 bis 1896)

1.3 Form und Lage

Die Querverschiebung erfolgt mit einem Pentagonprisma. Dieses hat die Eigenschaft, dass die rechtwinklige Strahlablenkung unabhängig von Verkippungen ist. Das Verfahren soll als Ersatz für das frühere Quecksilber-Ebenheitsnormal der PTB dienen. Es wird eine Genauigkeit von weit weniger als 1 nm auf einer Fläche mit 400 mm Durchmesser erreicht.

Ebenfalls als Ebenenverkörperung kann ein Kreuztisch dienen, was in vielen Messgeräten (Koordinatenmessgeräte, Messmikroskope, Topografiemessgeräte) eingesetzt wird **(Bild 1)**. Ebenheitsabweichungen von 0,1 µm/100 mm sind machbar.

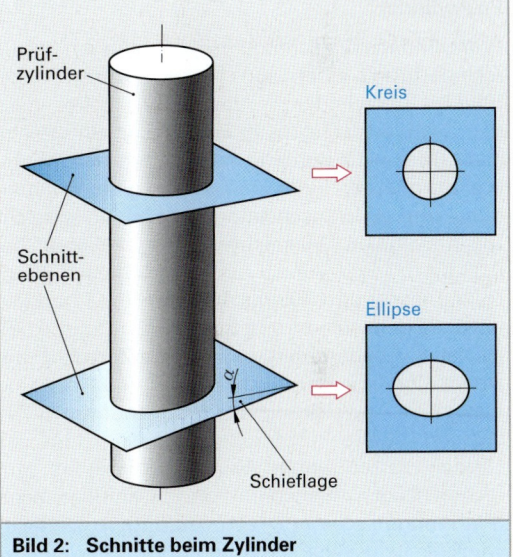

Bild 1: X-Y-Tisch als Verkörperung einer Ebene

1.3.3 Kreis, Zylinder

Beim Kreis liegen alle Punkte in einer Ebene und haben den gleichen Abstand vom Mittelpunkt. In der Messtechnik wird ein Kreis als Schnittebene eines Zylinders oder einer Kugel definiert **(Bild 2)**.

Bei der Kugel stellt jeder ebene Schnitt senkrecht zur Achse einen Kreis dar. Beim Zylinder muss darauf geachtet werden, dass die Schnittebene senkrecht zur Zylinderachse liegt. Andernfalls erhält man Ellipsen **(Bild 2)**.

Prüfzylinder werden aus Stahl, Keramik oder Zerodur® angefertigt.

Bestimmung der zulässigen Schieflage:
- Radius: 50 mm
- Zulässige Abweichung: 1 µm
- Zulässige Schieflage: 0,36°

Diese Winkelabweichung ist mit den Augen nicht mehr ohne weiteres erkennbar.

Für weniger hohe Anforderungen kann man auch Kugellagerkugeln, Wälzlagerrollen oder gehärtete Zylinderstifte als preisgünstige Elemente verwenden **(Bild 3)**.

Wichtige Normen sind: Für Prüfstifte DIN 2269 und für Einstellringe DIN 2250-1 und DIN 2250-2. Messdrähte für die Gewindeprüfung gehören ebenfalls zu den Prüfstiften.

Bild 2: Schnitte beim Zylinder

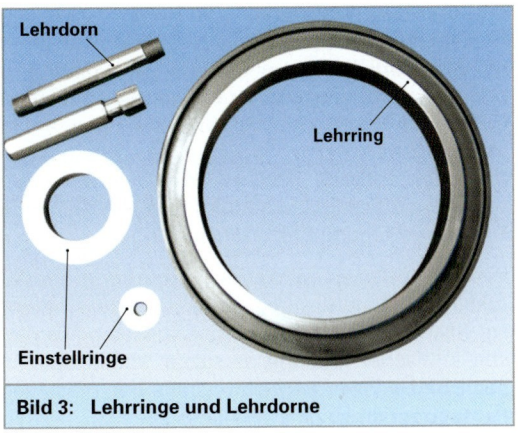

Bild 3: Lehrringe und Lehrdorne

> **Wiederholung und Vertiefung**
> 1. Aus welchen Werkstoffen sind Messplatten hergestellt und wie sind die Oberflächen bearbeitet?
> 2. Auf wie vielen Auflagepunkten lagert man Messplatten?
> 3. Beschreiben Sie das Moody-Verfahren zur Ebenheitsprüfung von Messplatten.

1.3.4 Winkelverkörperungen

1.3.4.1 Rechter Winkel

Die am häufigsten verwendeten Verkörperungen des rechten Winkels sind die Winkel nach DIN 875. Man unterscheidet: Flachwinkel, Anschlagwinkel und Haarwinkel (**Bild 1**).

Mit Haarwinkeln erreicht man die höchste Genauigkeit. Die Messkanten sind geläppt. Wie bei Haarlinealen müssen die Kanten vor jeder Beschädigung geschützt werden. Mit dem Haarwinkel prüft man die Rechtwinkligkeit anhand des sichtbaren Lichtspaltes qualitativ.

Auf Anreißplatten werden oft Winkelplatten aus Hartgestein oder Keramik verwendet. Die Winkeltoleranzen liegen meist unter 1 Bogensekunde.

Form: **A** Flachwinkel **B** Anschlagwinkel **C** Haarwinkel

Toleranzklasse	für Form	Rechtwinkligkeitstoleranz
00	C	$(2 + \frac{L_1}{100})$ m
0	A, B	$(5 + \frac{L_1}{50})$ m
1	A, B	$(10 + \frac{L_1}{20})$ m
2	A, B	$(20 + \frac{L_1}{10})$ m

Länge L_1 in mm

Bild 1: Winkeltoleranzen von rechten Winkeln (nach Din 875)

Prüfzylinder

Prüfzylinder sind nicht nur Verkörperungen für die Zylinderform sondern auch für den rechten Winkel (**Bild 2**). Prüfzylinder werden so bearbeitet, dass der Zylindermantel rechtwinklig zur Stirnfläche steht. Dies wird durch Rundschleifen der Mantel- und Stirnflächen eines Zylinders in einer Aufspannung und ggf. anschließendes Läppen erreicht. Die maximalen Winkelabweichungen liegen bei 0,3" bis 1". Prüfzylinder sind von 50 bis 200 mm Durchmesser und 100 bis 700 mm Höhe handelsüblich. Sie bestehen aus Stahl oder Keramik. Es gibt auch Sonderanfertigungen aus Zerodur® mit einem Durchmesser 200 mm, Höhe 600 mm und maximaler Abweichung von der Zylinderform von 0,08 µm. Große Prüfzylinder sind hohl, um das Gewicht zu reduzieren. Man verwendet sie zum rechtwinkligen Ausrichten von Maschinenachsen (Werkzeugmaschinen), zur Prüfung von Rechtwinkligkeitsmessgeräten und Formprüfgeräten.

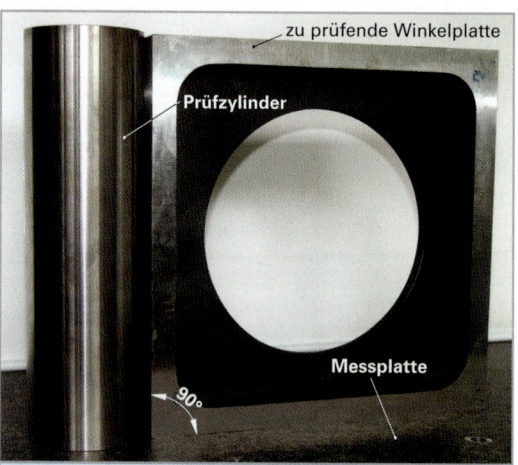

Bild 2: Prüfzylinder und Winkelplatte

Pentagonprisma, Winkelspiegel

Für optische Messungen von rechten Winkeln ist eine möglichst genaue Strahlumlenkung um 90° erforderlich. Dies wird durch das Pentagonprisma[1] (auch Penta-Prisma genannt) realisiert (**Bild 3**). Es besitzt zwei verspiegelte Flächen. Unabhängig von der Verkippung des Prismas beträgt der optische Ablenkwinkel 90°. Bei einer Verkippung des Prismas ergibt sich lediglich eine Querverschiebung des Strahlenganges.

Pentagonprismen werden in Verbindung mit Autokollimationsfernrohren oder Interferometern zur Rechtwinkligkeitsprüfung eingesetzt. Die gleiche optische Wirkung besitzen Winkelspiegel nach **Bild 3**. Die Langzeitkonstanz der massiven Pentagonprismen ist etwas besser.

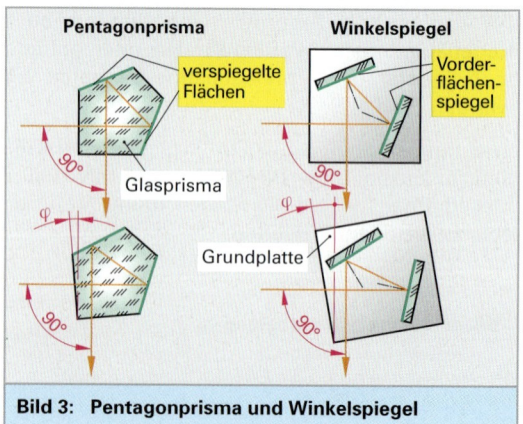

Bild 3: Pentagonprisma und Winkelspiegel

---

[1] griech. pentagon = Fünfeck, von griech. pente = fünf und gon = Eck, Winkel

1.3 Form und Lage

1.3.4.2 Beliebige Winkel

Sinuslineal, Sinustisch

Winkel zwischen 0° und ca. 60° lassen sich mit einem Sinuslineal **(Bild 1)** in Verbindung mit Endmaßen mit guter Genauigkeit darstellen. Bei größeren Winkeln steigt die Winkelunsicherheit schnell an. Ein Sinuslineal besteht aus einem Grundkörper, der zwei gehärtete Zylinderrollen mit definiertem Abstand *l* trägt. Wenn unter eine dieser Rollen eine Endmaßkombination mit der Höhe gelegt wird, ergibt sich der Winkel α **(Bild 2)**:

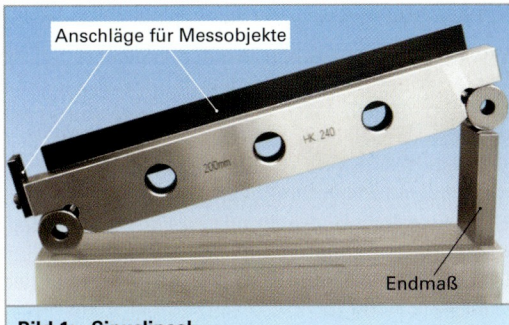

Bild 1: Sinuslineal

$$\alpha = \arcsin \frac{h}{l}$$

h Höhe
l Abstand

Die Winkelabweichungen liegen im Bereich weniger Winkelsekunden.

Um sehr kleine Winkel definiert zu erzeugen, kann man Sinustische mit einer spielfreien Blattfederlagerung verwenden. Der Winkel kann z. B. mittels eines inkrementalen Messtasters in definiertem Abstand von der Lagerstelle gemessen werden. Damit können z. B. Autokollimtionsfernrohre oder Neigungsmessgeräte kalibriert werden.

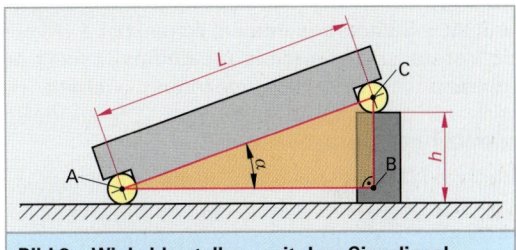

Bild 2: Winkeldarstellung mit dem Sinuslineal

Sinustische zum Aufspannen von Werkstücken oder Vorrichtungen gibt es einachsig **(Bild 3)** oder auch zweiachsig **(Bild 4)**.

Inkrementale Winkelmesssysteme

Höchste Auflösungen und Genauigkeit erreicht man mit inkrementalen Winkelmesssystemen **(Bild 1,** folgende Seite). Wie die inkrementalen Längenmesssysteme besitzen sie eine periodische Strichteilung auf einer runden Glasplatte, die mit einem oder mehreren Leseköpfen abgetastet wird. Handelsübliche Winkelmesssysteme erreichen Messunsicherheiten bis 0,2" und Auflösungen von weniger als 0,1".

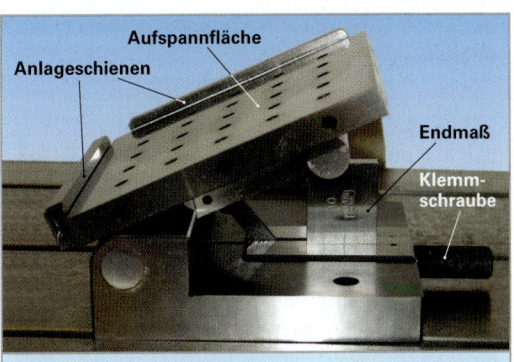

Bild 3: Einachsiger Sinustisch

Ein spezieller Winkelkomparator der PTB erreicht eine Messunsicherheit im Bereich von 0,001 Winkelsekunden. Er besitzt einen optischen Teilkreis mit 400 mm Durchmesser und 2^{17} (= 131 072) Teilstrichen. Um die extreme Genauigkeit zu erreichen, werden acht Leseköpfe an seinem Umfang ausgewertet.

Ein zweiter Teilkreis, der in beliebiger Winkellage zum Hauptmesssystem positioniert werden kann, erlaubt die Selbstkalibrierung des Systems.

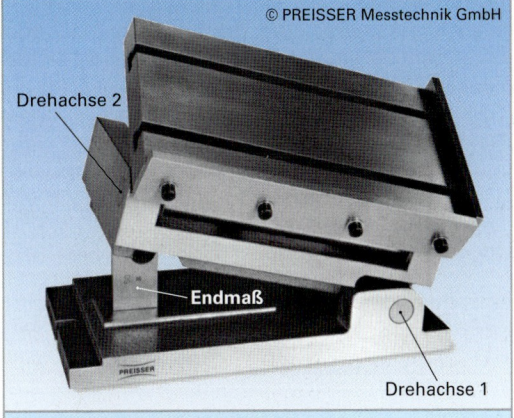

Bild 4: Zweiachsiger Sinustisch

Winkelendmaße

Winkelendmaße verkörpern den Winkel mit ihren beiden Messflächen. Wie bei den Parallelendmaßen lassen sich fast beliebige Winkel durch Ansprengen passender Winkelendmaße einstellen. Je nach Orientierung der Winkelendmaße zueinander ergibt sich eine Winkeladdition bzw. Winkelsubtraktion. Dadurch sind nur z. B. 14 Winkelendmaße zur Darstellung aller Winkel zwischen 0° und 90° mit einer Stufung von 10" erforderlich (Beispiele siehe rechts).

Die maximalen Winkelabweichungen einzelner sehr guter Winkelendmaße liegen im Bereich ± 0,25". Standardqualitäten liegen bei ± 1". Es ist darauf zu achten, dass die Endmaße nicht gegeneinander verdreht angesprengt werden, da sich sonst Winkelabweichungen („Pyramidalabweichungen") ergeben (**Bild 2**).

Winkelendmaße werden nur sehr selten verwendet. Sie sind daher ziemlich teuer. Winkel können meistens mit ausreichender Genauigkeit mit einem Sinuslineal in Verbindung mit Parallelendmaßen dargestellt werden.

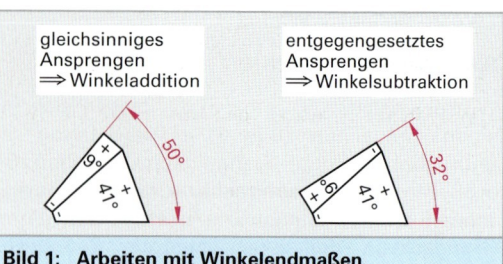

Bild 1: Arbeiten mit Winkelendmaßen

Bild 2: Pyramidalabweichung

Polygonspiegel

Zur Prüfung der Winkelgenauigkeit von Drehtischen setzt man auch Spiegelpolygone[1] ein (**Bild 3**). Dies sind in der Regel massive Glas- oder Metallkörper, die 4, 8, 12, 36 oder 72 Spiegelflächen haben. Sie werden zusammen mit Autokollimationsfernrohren (Seite 641) eingesetzt, um Winkelmesssysteme zu kalibrieren. Polygonspiegel sind mit Winkelabweichungen bis unter 1" erhältlich.

1.3.5 Lehren

Lehren (**Bild 4**) verkörpern das Maß und die Form eines Werkstückes. Die Prüfung von Maß oder Form mittels einer Lehre orientiert sich an der Funktion des Messobjektes. Es wird geprüft, ob Teile passen oder ob zu viel Spiel vorhanden ist. Da die Montierbarkeit geprüft wird, ist das Prüfen mit Lehren praxisgerecht. Es ist normalerweise sehr einfach und schnell möglich und auch von angelernten Werkern ausführbar. Die Grenze für eine Prüfung mit Lehren liegt ungefähr bei IT 5.

> Zu einer korrekten Lehrenprüfung sind immer zwei Lehren erforderlich:
> Gutlehre und Ausschusslehre

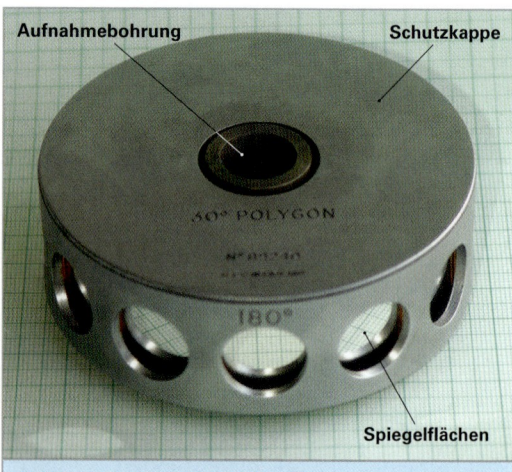

Bild 3: Polygonspiegel (Prinzip)

Bild 4: Beispiele für Lehren

---

[1] polygon = Vieleck, aus griech. poly = viel und gon = Eck, Winkel

1.3 Form und Lage

Es kann nur eine Gut-Schlecht-Nacharbeit-Aussage getroffen werden. Bei einer Lehrenprüfung sind drei Ergebnisse möglich:

Nacharbeit: Weder die Gut- noch die Ausschusslehre sind fügbar.
Gut: Die Gutlehre ist fügbar, die Ausschusslehre ist nicht fügbar.
Ausschuss: Die Ausschusslehre ist fügbar.

Eine Prüfung mit Lehren ist sinnvoll, wenn eine Gut-Schlecht-Aussage ausreichend ist und die Werkstücktoleranzen nicht zu klein sind.

Taylor'sche Grundsätze zur Gestaltung von Lehren

William Taylor[1] definierte 1905 die Grundsätze der Lehrenprüfung:

Gutlehre:
Die Gutlehre dient zur Entscheidung, ob ein Werkstück montierbar ist. Sie soll die Gestalt des Gegenstückes eines Messobjektes haben. Sie muss fügbar sein.

Ausschusslehre:
Die Ausschusslehre dient zur Entscheidung, ob zwischen dem Messobjekt und seinem Gegenstück an irgend einer Stelle zu viel Spiel vorhanden ist. Sie darf an keiner Stelle des Messobjektes fügbar sein.

Bauformen

Ideale Lehren erfüllen den Taylor'schen Grundsatz vollständig **(Bild 1)**. Beispiele: Für eine Bohrung ist eine ideale Gutlehre ein ausreichend langer Lehrdorn, die ideale Ausschusslehre ist ein Stichmaß **(Bild 2)**.

Es ist nicht immer möglich, mit idealen Lehren zu prüfen. Ideale (also punktförmig berührende) Ausschusslehren können empfindliche Werkstücke beschädigen, ideale Gutlehren können nicht immer an den zu prüfenden Bereich herangebracht werden, ideale Ausschusslehren können nicht ausreichend klein gefertigt werden. **Bild 3** zeigt Beispiele für Messobjekte, die nicht mit einer idealen Gutlehre prüfbar sind.
Bei Werkstücken, bei denen hinreichend sicher ist, dass die Formabweichungen gering sind (z. B. durch Drehen hergestellte Teile), kann die Gutlehre auch nicht ideal ausgeführt sein. Rachenlehren sind einfacher handzuhaben als Lehrringe.
Ausschusslehren werden oft mit roter Farbe gekennzeichnet.

---

[1] *Frederick Winslow Taylor*, geb. 20. März 1856 in Germantown; gest. 13. März 1915 Philadelphia, US-amerikanischer Ingenieur. Er ist Begründer der Lehre der wissenschaftlichen Betriebsführung, dem nach ihm benannten **Taylorismus**. Er leistete wichtige Beiträge zur Rationalisierung von Arbeitsabläufen.

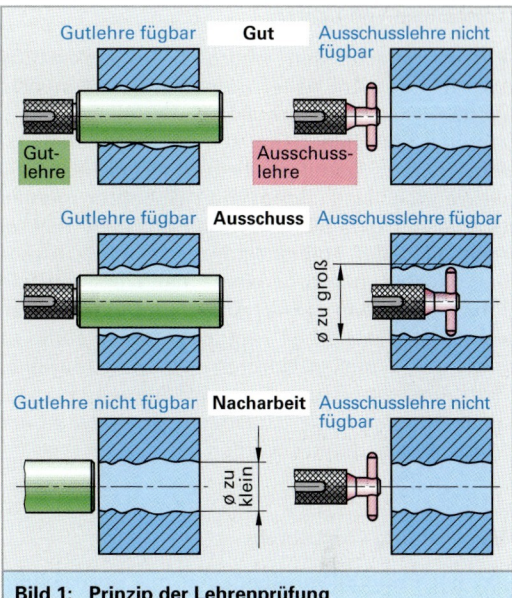

Bild 1: Prinzip der Lehrenprüfung

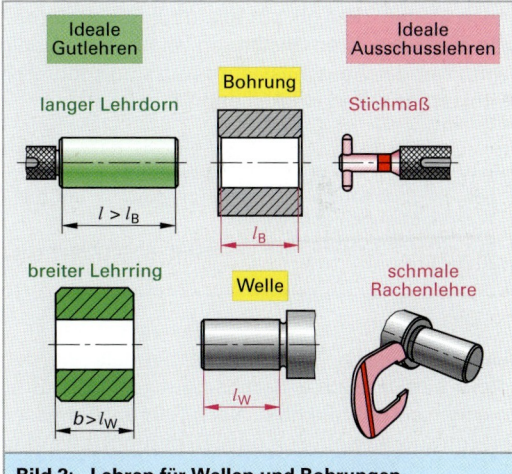

Bild 2: Lehren für Wellen und Bohrungen

Bild 3: Für Prüfung mit Lehre ungeeignete Werkstücke

Toleranzen von Lehren

Lehren verschleißen während des Gebrauchs. Lehren müssen daher regelmäßig überwacht werden → DIN EN ISO 9000 ff. Vor allem Gutlehren sind betroffen, denn sie können meistens gefügt werden. Damit die Lehren möglichst lange verwendbar sind, fertigt man Gutlehren gemäß der derzeit geltenden Normen so, dass das Istmaß nicht der Toleranzgrenze des Werkstückes entspricht, sondern bereits in der Werkstücktoleranz liegt. Wenn ein Werkstück mit einer neuen Lehre als „Nacharbeit" eingestuft wird, sollte es nach den aktuellen Normen nochmals mit einer *Revisionslehre* (Gutseite zu 2/3 abgenutzt) oder einer *Abnahmelehre* (Gutseite liegt an der Abnutzungsgrenze) geprüft werden.

Handhabung von Lehren

Bei der Prüfung von Bauteilen mit Grenzlehren müssen diese ohne Kraftanwendung an das Messobjekt angesetzt werden. Die Gutlehre soll mit ihrem Eigengewicht auf den zu prüfenden Bereich gleiten. Dies gilt vor allem für Rachenlehren, die aufgrund ihrer Gestaltung relativ nachgiebig sind. Mit der Ausschusslehre muss an mehreren Punkten des Werkstückes geprüft werden.

> Lehren dürfen nur mit ihrem Eigengewicht auf das Werkstück angebracht werden.
>
> Mit Ausschusslehren ist an mehreren Punkten zu prüfen.

Lehren müssen sorgfältig behandelt werden, denn bereits leichte Beschädigungen oder Rost machen sie unbrauchbar. Nach Gebrauch müssen sie mit säurefreiem Fett oder Öl geschützt werden.

> Achtung: An Bearbeitungsmaschinen darf nur bei stehendem Werkstück geprüft werden!

> **Beispiel: Lehrenmaße für eine Welle ø 12g6 nach DIN 7162**
> Welle ø 12g6 = ø $12^{-0,006}_{-0,017}$
> (Größtmaß: 11,994 mm, Kleinstmaß 11,983 mm)
> Dafür verwendet man folgende Lehren:
>
> Gutseite (Lehrring): Größtmaß +2,5 μm ± Herstelltoleranz = (11,9915 ± 0,0015) mm. Die neue Gutlehre schränkt die Toleranz um 2,5 μm ein.
>
> Gutseite „abgenutzt": Größtmaß +2 μm = 11,996 mm. Die Toleranz ist um 2 μm erweitert. Ausschussseite (Rachenlehre): Kleinstmaß ± Herstellertoleranz = (11,983 ± 0,0015) mm.
>
> Die Ausschussseite hat das Kleinstmaß der zu prüfenden Toleranz.
>
> Bohrung ø 12H7 = $12^{+0,018}_{0}$
> (Größtmaß: 12,018 mm, Kleinstmaß 12,000 mm)
> Dafür verwendet man folgende Lehren:
>
> Gutseite „neu": Kleinstmaß + 0,0025 μm ± Herstellertoleranz (12,0025 ± 0,0015) mm. Die neue Gutlehre (Lehrdorn) schränkt die Toleranz um 2,5 μm ein.
>
> Gutseite „abgenutzt": Kleinstmaß −2 μm = 11,998 mm. Die Toleranz ist um 2 μm erweitert.
>
> Ausschusslehre (Stichmaß): Größtmaß ± Herstellertoleranz = (12,018 ± 0,0015) mm

> **Wiederholung und Vertiefung**
> 1. Wie kann man mit Winkelverkörperungen die Rechtwinkligkeit prüfen und welche Arten von Winkelverkörperungen unterscheidet man?
> 2. Wofür verwendet man Prüfzylinder, aus welchen Werkstoffen bestehen diese und wie ist ihre Oberfläche bearbeitet?
> 3. Skizzieren Sie den Strahlengang bei einem Pentagonprisma. Was kann man mit einem Pentagonprisma prüfen?

Tabelle 1: Vorteile und Nachteile von Lehren

Vorteile	Nachteile
• wirtschaftliche Prüfung in der Fertigung durch kurze Nebenzeiten (besonders in der Massenfertigung) • kostengünstig in der Anschaffung • praxisgerecht, relativ unempfindlich • keine besondere Qualifikation des Anwenders erforderlich • komplizierte Geometrien einfach mit Formenlehre prüfbar	• Lehren liefern keinen Messwert, nur die Entscheidung i.O. bzw. n.i.O. (in **O**rdnung bzw. **n**icht **in O**rdnung) • Lehren unterliegen einem Verschleiß und müssen deshalb regelmäßig überprüft werden. • relativ große Prüfunsicherheit • nicht universell einsetzbar, da eine Lehre nur für ein Maß mit einer Toleranz geeignet ist. Es muss deshalb ein großes Lehrensortiment vorhanden sein.

1.3 Form und Lage

1.3.6 Anzeigende Messgeräte

Anzeigende Messgeräte liefern einen Messwert (Zahlenwert mit Messeinheit). Damit sind auch statistische Auswertungen möglich. Zu den anzeigenden Messgeräten gehören Messzeuge wie Messschieber (**Bild 1**), Messschrauben, Messuhren, aber auch Messgeräte wie Form-Messgeräte und Oberflächenmessgeräte.

1.3.6.1 Messschieber

Der Messschieber ist das am häufigsten gebrauchte Messmittel. Die Ausführung nach DIN 862 lässt die Messung von Außendurchmessern und Innendurchmessern sowie Tiefenmessungen zu. Einfache Messschieber besitzen einen Strichmaßstab, der mittels eines Nonius[1] auf 0,1 mm, 0,05 mm oder (seltener) auf 0,02 mm ablesbar ist (**Bild 2**). Komfortabler sind Messschieber mit Rundskalen (Messauflösung meist 0,02 mm) oder mit Ziffernanzeige („Digitalmessschieber"). Bei letzteren ist die Maßverkörperung ein kapazitiv abgetasteter Inkrementalmaßstab. Zusätzlich zur sehr guten Ablesbarkeit lässt sich die Anzeige an jeder Stelle auf „0" stellen, so dass Unterschiedsmessungen einfach möglich sind. Eine Schnittstelle zur elektronischen Messwerterfassung ist vorhanden.

Trotz der hohen Auflösung der Anzeige (0,01 mm) betragen die zulässigen Messabweichungen ± 0,02 mm bei einer Messlänge von 150 mm. Es ist zu beachten, dass beim Messen von Außenmaßen das Abbé'sche Komparatorprinzip nicht eingehalten ist. Spiel in der Messschieberführung oder zu große Messkraft, die die Schiene verbiegt, verursachen eine Verkippung des beweglichen Schiebers. Es tritt eine Messabweichung 1. Ordnung auf, die leicht in die Größenordnung der zulässigen Messabweichung kommt. Bei Tiefenmessungen mit der Tiefenmessstange ist das Komparatorprinzip dagegen eingehalten.

> Beim Messschieber ist beim Messen von Durchmessern das Komparatorprinzip verletzt. Eine Schieflage des beweglichen Schiebers verursacht Messabweichungen 1. Ordnung.

---

[1] Die Noniusskala wurde 1631 durch den franz. Mathematiker Pierre Vernier eingeführt. Die Bezeichnung geht auf den Portugiesen *Pedro Nunes*, 1502 bis 1578, (lat. Name: *Petrus Nonius*) zurück. Bei einem 0,1-mm-Nonius wird die Strecke 9 mm in 10 gleiche Abschnitte eingeteilt. Bei einem 0,05-mm-Nonius werden 19 mm in 20 gleiche Teile geteilt und bei einem 0,02-mm-Nonius 49 mm in 50 gleiche Teile geteilt.

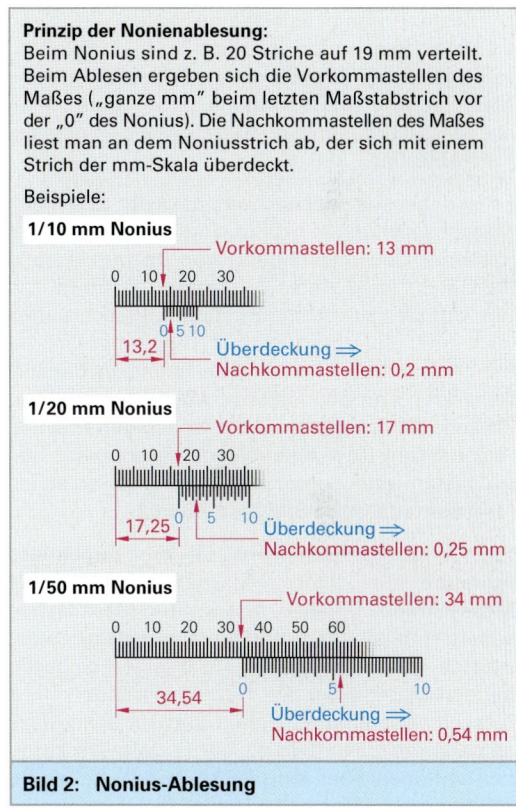

Prinzip der Nonienablesung:
Beim Nonius sind z. B. 20 Striche auf 19 mm verteilt. Beim Ablesen ergeben sich die Vorkommastellen des Maßes („ganze mm" beim letzten Maßstabstrich vor der „0" des Nonius). Die Nachkommastellen des Maßes liest man an dem Noniusstrich ab, der sich mit einem Strich der mm-Skala überdeckt.

Beispiele:

1/10 mm Nonius
Vorkommastellen: 13 mm
13,2
Überdeckung ⇒ Nachkommastellen: 0,2 mm

1/20 mm Nonius
Vorkommastellen: 17 mm
17,25
Überdeckung ⇒ Nachkommastellen: 0,25 mm

1/50 mm Nonius
Vorkommastellen: 34 mm
34,54
Überdeckung ⇒ Nachkommastellen: 0,54 mm

Bild 2: Nonius-Ablesung

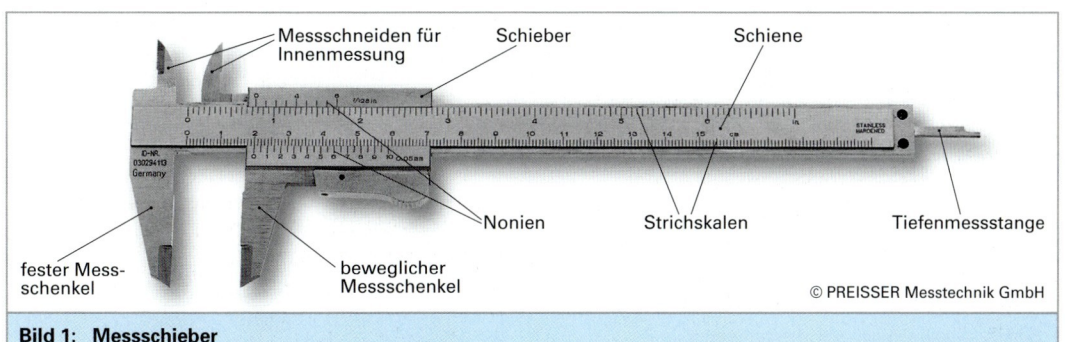

© PREISSER Messtechnik GmbH

Bild 1: Messschieber

1.3.6.2 Messschrauben

Mit Messschrauben werden wesentlich geringere Messunsicherheiten als mit Messschiebern erreicht. Das Komparatorprinzip ist eingehalten, da die Maßverkörperung (Gewinde) in einer Linie mit der Messstrecke angeordnet ist. Jede Umdrehung der Gewindespindel erzeugt eine definierte Längsverschiebung (meist 0,5 mm), die an der Messschraube ablesbar ist.

Die einfacheren Messschrauben haben einen Strichmaßstab auf der Skalenhülse, mit dem das Maß auf 0,5 mm abgelesen werden kann **(Bild 1)**. Die Skalentrommel besitzt eine Skalenteilung von 0,01 mm. Zusammen mit dem an der Skalenhülse abgelesenen Wert ergibt sich das eigentliche Maß mit einer Messauflösung von 10 µm. Manche Messschrauben sind mittels eines Nonius auf 1 µm ablesbar.

Es ist dabei aber zu beachten, dass die zulässigen Messabweichungen größer sind. Bei der Bauform mit einer Gewindesteigung von 0,5 mm besteht die Gefahr, dass Ablesefehler um 0,5 mm auftreten. Um dies zu verhindern, sind Messschrauben auch mit Ziffernanzeigen („Digitalmessschrauben") erhältlich. Ihre Vorteile liegen in der viel sichereren und bequemeren Ablesung, der Möglichkeit, die Anzeige an jeder beliebigen Position rückzusetzen (für Unterschiedsmessungen), und sie bieten eine Schnittstelle zur elektronischen Messwerterfassung **Bild 2** und **Bild 3**.

Im Werkstattbereich wird oft die **Bügelmessschraube** mit 25 mm Messbereich verwendet. Messschrauben haben fast immer Messflächen aus Hartmetall (hart und verschleißfest). Hochwertige Messschrauben besitzen einen nicht-drehenden Messbolzen. Oft besteht die Möglichkeit, Messeinsätze auszutauschen, um spezielle Messaufgaben zu lösen **(Bild 4)**. Alle Bügelmessschrauben verfügen über eine Rutschkupplung zur Begrenzung der Messkraft auf ca. 8 N.

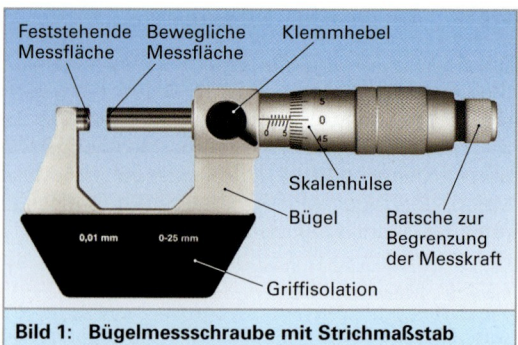

Bild 1: Bügelmessschraube mit Strichmaßstab

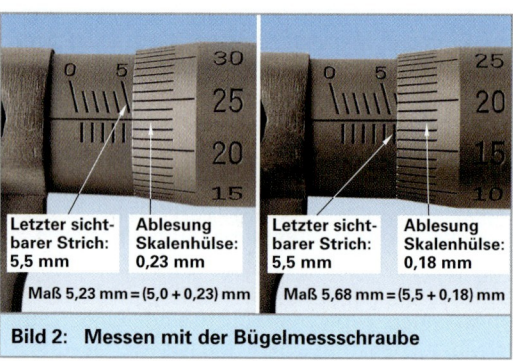

Bild 2: Messen mit der Bügelmessschraube

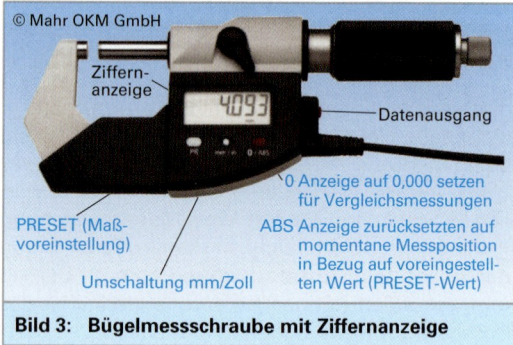

Bild 3: Bügelmessschraube mit Ziffernanzeige

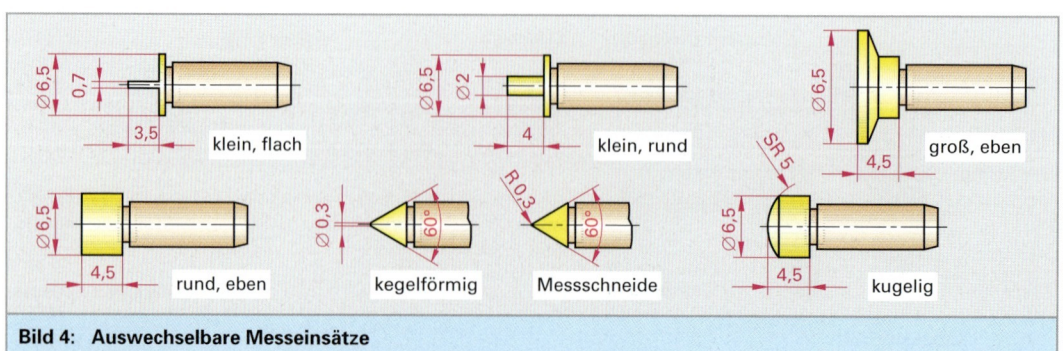

Bild 4: Auswechselbare Messeinsätze

1.3 Form und Lage

Prüfung von Bügelmessschrauben

Bei Bügelmessschrauben ist besonders wichtig, dass die Messflächen eben und bei jeder Drehlage der Messspindel parallel zueinander sind. Diese Eigenschaften prüft man mit Planparallelgläsern, deren Dicke sich um ein Drittel oder ein Viertel der Spindelsteigung unterscheidet. Auf den Messflächen sind bei geeigneter Beleuchtung Interferenzstreifen[1] sichtbar. Ein Streifenabstand entspricht 0,3 µm Abstandsunterschied **(Bild 1)**. Die Parallelitätsprüfung muss unter Verwendung der Rutschkupplung erfolgen, da sich der Messbügel durch die Messkraft verformt. Bügelmessschrauben für größere Durchmesser müssen mit Einstellmaßen geprüft werden, da sie nicht einfach durch Zusammenfahren der Messflächen auf Null gestellt werden können.

Arbeiten mit Messschrauben

Häufig verwendet man Bügelmessschrauben zur Erfassung von Außenmaßen. Dabei ist zu beachten, dass die Messspindel nur durch Verwenden der Rutschkupplung an das zu messende Werkstück herangefahren werden darf. Nur so ist gewährleistet, dass die Messkraft im zulässigen Bereich bleibt.

Bei Messschrauben mit Ziffernanzeige muss die Nullstellung vor dem Messen überprüft werden. Am Messbügel befindet sich eine Isolation gegen die Handwärme, um thermische Verformungen zu vermeiden. Die Messschraube sollte immer dort angefasst werden. Für Serienprüfungen kann die Messschraube auch in einen Messschraubenhalter eingespannt werden.

Bügelmessschrauben für größere Maße haben jeweils nur einen Messbereich von ± 25 mm. Um mit ihnen zuverlässig zu messen, sind Einstellnormale erforderlich. Dies gilt insbesondere für Messschrauben mit Digitalanzeige, die an jeder Stelle auf „0" gestellt werden können.

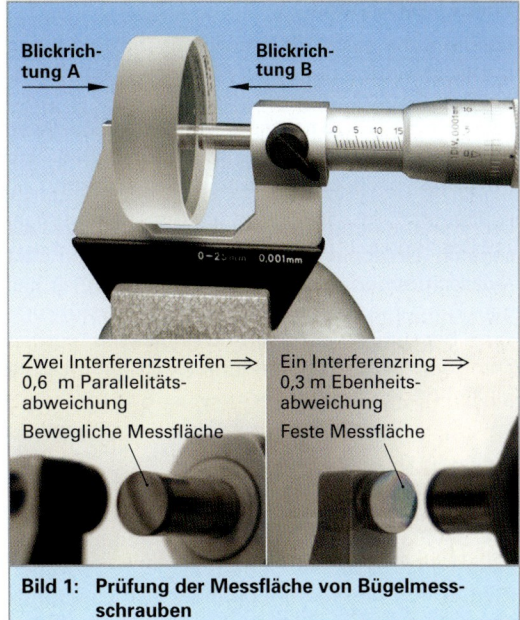

Bild 1: Prüfung der Messfläche von Bügelmessschrauben

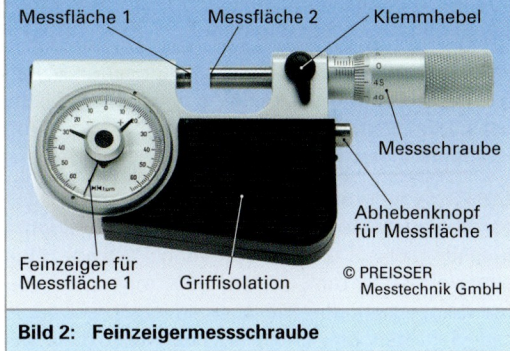

Bild 2: Feinzeigermessschraube

[1] von lat. inter = zwischen und ferire = schlagen, treffen, interferieren = sich überlagern

Bügelmessschrauben mit Feinzeiger „Feinzeigermessschrauben". Bei dieser Bauform **(Bild 2)** ist der sonst feststehende Messamboss beweglich und er bringt die Messkraft auf. Seine Position ist über einen Feinzeiger ablesbar.

Anwendung

Kompensationsmethode. Mit der Messspindel wird so weit zugestellt, bis der Feinzeiger „(0)" anzeigt. Das Werkstückmaß wird an der Messschraube abgelesen. So wird bei jeder Messung dieselbe Messkraft erreicht, der Feinzeiger dient nur als Nullindikator.

Unterschiedsmessung. Die Messschraube wird entweder mit einem Endmaß oder durch Einstellen des gewünschten Messwertes an der Messspindel eingestellt. Die Messspindel wird festgeklemmt. Die Maßabweichungen sind am Feinzeiger ablesbar.
Um Werkstücke einfacher in die Messschraube bringen zu können, ist der bewegliche Messamboss mittels eines Hebels abhebbar.

Weitere Bauformen

Innendurchmesser können mit Zwei-Punkt-Innenmessschrauben gemessen werden. Der Durchmesser der Bohrung muss mindestens so groß sein, wie die Länge der Innenmessschraube. Beim Messen muss das kleinste Maß durch Hin- und Herkippen der Messschraube gesucht werden.

Drei-Punkt-Innenmessschrauben (**Bild 1**) sind wesentlich einfacher zu zentrieren als Zwei-Punkt-Messschrauben, außerdem sind sie auch für kleinere Durchmesser geeignet. Je nach Ausführung kann bis zum Bohrungsgrund gemessen werden. Zum Einstellen von Innenmessschrauben sind Einstellringe erforderlich.

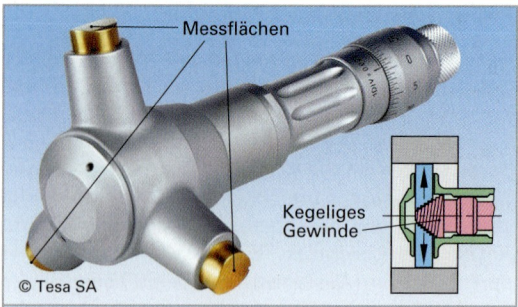

Bild 1: Drei-Punkt-Innenmessschraube

1.3.6.3 Messuhren

Bei mechanischen Messuhren nach DIN 878 wird die Bewegung des Messbolzens mittels eines Zahnradgetriebes auf einen Zeiger übertragen (**Bild 2**). Am Messbolzen befindet sich eine längs verschiebbare Zahnstangenhülse, die angefedert ist. Bei Stößen auf den Messbolzen hebt die Hülse ab und die Zahnräder werden nicht beschädigt. Das Getriebe ist mit einer Spiralfeder spielfrei verspannt. Die Messkraft wird über einen Augleichshebel nahezu konstant gehalten.

Messuhren werden an ihrem zylindrischen Schaft (meist 8 mm Durchmesser) eingespannt. Dabei ist zu beachten, dass die Spannkraft nicht zu groß ist, denn andernfalls klemmt der Messbolzen.

Der Anzeigebereich beträgt sehr oft 10 mm, doch es gibt auch Messuhren mit 3 mm oder 25 mm Messbereich. Die Skalenteilung beträgt üblicherweise 0,01 mm, selten 0,002 mm. Ein zweiter Zeiger zeigt die Messbolzenverschiebung in mm-Schritten an. Es ist zu beachten, dass bei Messuhren eine Messwertumkehrspanne von einigen µm zulässig ist. Daher ist die Verwendung von mechanischen Messuhren mit einer Skalenteilung von 0,001 mm wenig sinnvoll. „Digitale Messuhren" verwenden einen Inkrementalmaßstab als Maßverkörperung. Die Messgenauigkeit ist höher und die Umkehrspanne ist geringer als bei mechanischen Messuhren.

Messgeräte mit Messuhren

Messuhren werden in vielerlei Messgeräten eingesetzt, bei denen mittlere Messgenauigkeit und großer Messbereich gefordert sind.

Dickenmessgeräte, wie in **Bild 3** dargestellt, besitzen einen stabilen Messbügel (oft des Gewichtes

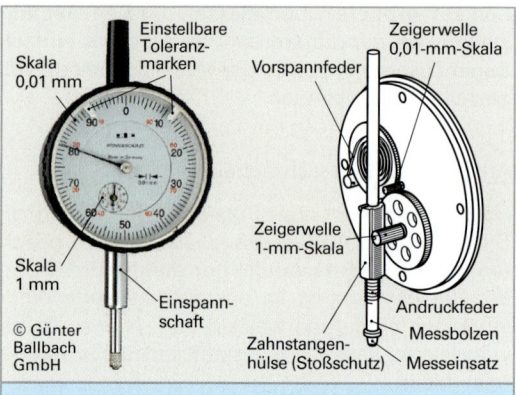

Bild 2: Messuhr, Prinzip und Beispiel

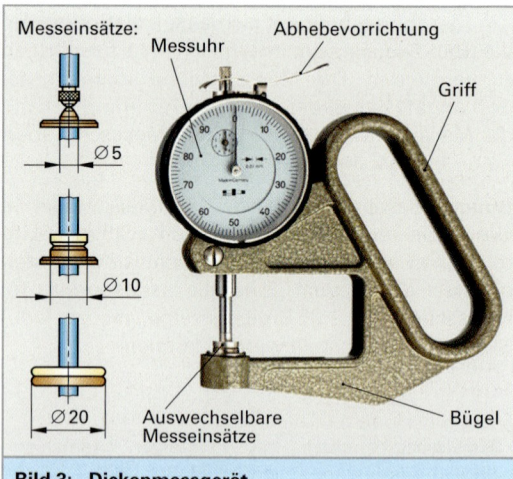

Bild 3: Dickenmessgerät

wegen aus Aluminium), wobei der Griff gegen die Handwärme isoliert ist, und eine Abhebeeinrichtung für die Messuhr. Für die Dickenmessung an weichen Materialien (Papier, Filz, Gummi, Gewebe) verwendet man plane Messflächen. Für harte Werkstoffe (Glas, Bleche, Hartkunststoffe, Holz) bevorzugt man sphärische Messflächen.

1.3 Form und Lage

Für **Tiefenmessungen** gibt es Messbrücken, in die eine Messuhr eingebaut werden kann. Um unterschiedliche Tiefenmessbereiche zu realisieren, gibt es unterschiedlich lange Messbolzen, üblicherweise in 10-mm-Stufung. Die Einstellung erfolgt mittels Parallelendmaßen.

1.3.6.4 Messtaster mit Inkrementalmaßstab

Wenn höhere Messgenauigkeit und -auflösung gefordert ist, als mit einer Messuhr möglich, oder wenn die Kopplung an ein Datenerfassungssystem notwendig ist, ist der Einsatz von inkrementalen Messtastern angebracht. Ihre Maßverkörperung ist ein Inkrementalmaßstab, der in der Regel optisch abgetastet wird. Inkrementaltaster werden meist mit einem separaten Anzeigegerät verwendet. Die Einspannung erfolgt wie bei einer Messuhr an einem Schaft mit 8 mm Durchmesser. Inkrementale Messtaster gibt es sowohl mit Sinus-Cosinus-Ausgang, was die Interpolation im Auswertegerät ermöglicht, als auch mit Rechteck-Ausgangssignalen zum Anschluss an einfache Vor-Rückwärtszähler.

Sehr hochwertige Inkrementalmesstaster werden bereits in Endmaßprüfständen eingesetzt, wobei es die Messgenauigkeit von < 0,1 μm erlaubt, mit weniger Referenzendmaßen auszukommen.

1.3.6.5 Feinzeiger

Bei mechanischen Feinzeigern nach DIN 879 überstreicht der Zeiger weniger als 360°. Die Messauflösung ist höher und die Messwertumkehrspanne geringer als bei der mechanischen Messuhr. Die Übersetzung der Messbewegung des Messbolzens erfolgt in einer ersten Stufe über ein Hebelgetriebe. Die weiteren Stufen sind Kombinationen von Zahnradsegmenten und Ritzeln **(Bild 1)**.

Feinzeiger haben sehr oft einen Anzeigebereich von ± 50 μm mit einer Skalenteilung von 1 μm. Sie werden in vielen Messgeräten zur Toleranzüberwachung eingesetzt (Feinzeiger-Bügelmessschraube, Innenmessgeräte, Messbügel).

An der Skala sind zwei Grenzmarken einstellbar, um eine Gut-Schlecht-Aussage einfach durchführen zu können **(Bild 2)**. Auch elektrische Grenzkontakte sind möglich. Messungen mit Feinzeigern müssen mit ausreichend stabilen Messständern durchgeführt werden, Messkraftschwankungen (zulässig 0,5 N) würden zu unterschiedlichen Verformungen führen, die mitgemessen würden.

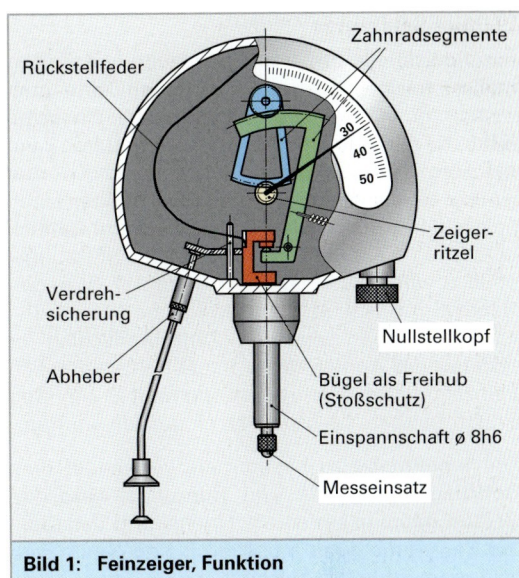

Bild 1: Feinzeiger, Funktion

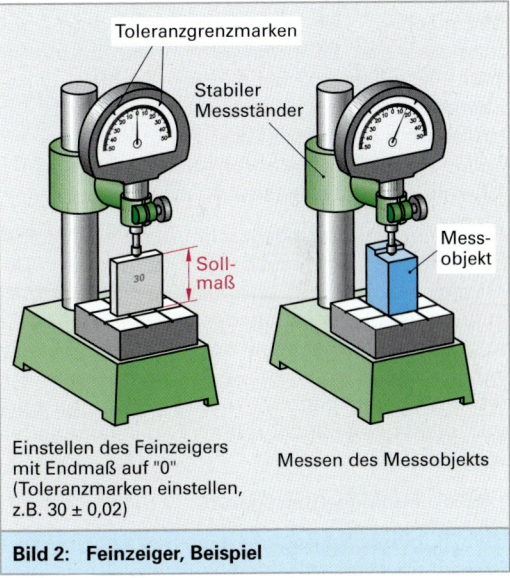

Bild 2: Feinzeiger, Beispiel

Übliche Magnetstative reichen nicht aus, um z. B. ein Werkstück in einer Bearbeitungsspindel auf 1 μm zu zentrieren.

> Feinzeiger müssen in stabilen Messständern eingesetzt werden.

Feinzeiger mit induktivem Messsystem und Ziffernanzeige ermöglichen größere Messwege als mechanische Feinzeiger. Außerdem ist die Datenerfassung elektronisch möglich.

Messgeräte mit Feinzeigern

Für die schnelle und genaue Prüfung von **Außenmaßen** an eng tolerierten Bauteilen kann man vorteilhaft *Feinzeiger-Rachenlehren* einsetzen **(Bild 1)**. Sie ähneln Bügelmessschrauben, wobei eine Messfläche grob justier- und fixierbar ist und die Verschiebung der anderen über einen Feinzeiger messbar ist. Da hier im μm-Bereich gemessen werden muss, besteht der Messbügel üblicherweise aus Stahl. Der Handgriff ist gegen Handwärme isoliert. Die bewegliche Messfläche kann abhebbar sein. Ein Zentrieranschlag erleichtert das Auffinden der Bauteilmitte erheblich. Feinzeiger-Rachenlehren müssen mit Endmaßen, Prüfstiften oder Messdornen eingestellt werden.

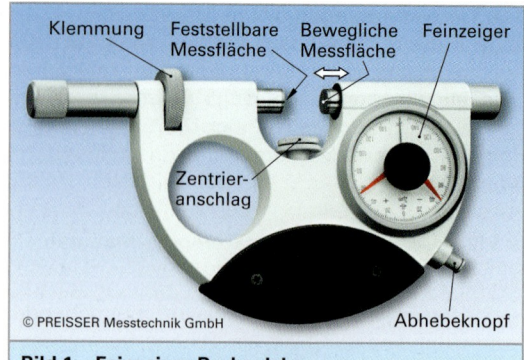

Bild 1: Feinzeiger-Rachenlehre

Um **Innenmaße** zu bestimmen, verwendet man Bohrungsmessgeräte und Bohrungsmessdorne. Beiden gemeinsam ist die Umlenkung der radialen Bewegung eines Messbolzens auf einen Feinzeiger am Ende des Messgerätes.

Bohrungsmessdorne besitzen zwei bewegliche Messflächen. Der Führungszylinder muss der zu messenden Bohrung recht genau angepasst sein – er sollte 0,02 bis 0,07 mm kleiner als das Kleinstmaß der zu prüfenden Bohrung sein. Die Umlenkung der Messbewegung erfolgt über ein Keilgetriebe **(Bild 2)**. Bohrungen ab 4 mm bis über 200 mm Durchmesser sind so prüfbar.

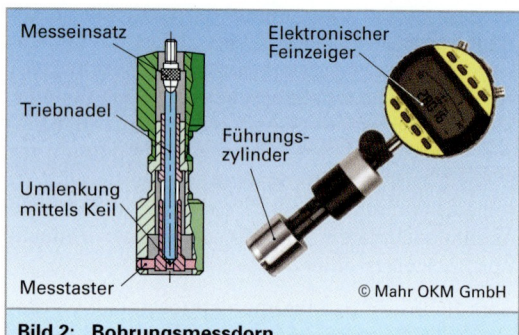

Bild 2: Bohrungsmessdorn

Für kleinere Bohrungsdurchmesser sind selbstzentrierende Innenmessgeräte verfügbar. Der Messeinsatz ist längs geschlitzt und federnd ausgeführt. Die Umlenkung der Messbewegung erfolgt auch hier über ein Keilgetriebe. Ein Messeinsatz überdeckt einen größeren Messbereich. Für die Einstellung benötigt man Einstellringe oder man stellt das Sollmaß mittels Parallelendmaßen dar.

1.3.6.6 Fühlhebelmessgeräte

Beim Fühlhebelmessgerät nach DIN 2270 wird die Bewegung eines winkelbeweglichen Messeinsatzes über einen Doppelhebel und Zahnsegmentgetriebe auf den Zeiger übertragen **(Bild 3)**. Der Doppelhebel hat den Zweck, dass die Anzeigerichtung des Zeigers unabhängig von der Auslenkungsrichtung des Messeinsatzes ist. Der Messeinsatz ist schwenkbar, wobei die Rutschkupplung gleichzeitig als Überlastschutz dient. Fühlhebelmessgeräte besitzen nur einen kleinen Anzeigebereich. Die Messkraft ist mit 0,2 N relativ gering. Die kleine Messwertumkehrspanne macht sie besonders geeignet für Formprüfungen und Ausrichtearbeiten (z. B. Zentrierung von Werkstücken, Ausrichten von Schraubstöcken auf Fräsmaschinen).

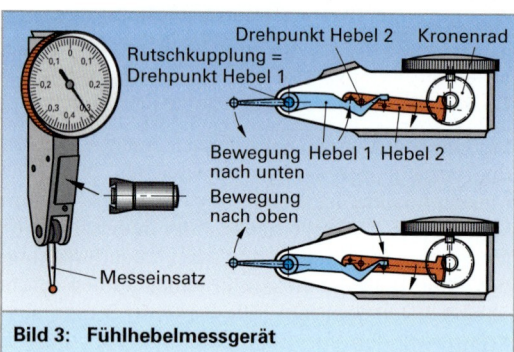

Bild 3: Fühlhebelmessgerät

Wichtig ist, dass beim Messen der Messeinsatz möglichst senkrecht zur Messbewegung ausgerichtet ist, andernfalls entstehen Messabweichungen. Bei Fühlhebelmessgeräten geht die Länge des Messeinsatzes in den Messwert mit ein. Daher dürfen nur die zum Gerät gehörigen Einsätze verwendet werden. Zur Befestigung befinden sich am Gerätegehäuse Schwalbenschwanzschienen. An diese kann z. B. ein Einspannbolzen für Messständer befestigt werden.

> Der Messeinsatz muss senkrecht zur Messrichtung ausgerichtet sein.

1.3 Form und Lage

1.3.6.7 Winkelmessgeräte

Winkelmesser

Winkelmesser gibt es mit Strichmaßstab, mit Uhrenablesung oder mit elektronisch abgetastetem Inkrementalmaßstab und Digitalanzeige. Im Werkstattbereich wird oft der einfache Winkelmesser (Gradmesser) verwendet. Genauere Geräte verfügen über einen Nonius, mit dem Winkel auf 1/20° (= 3') ablesbar sind. Ein Messschenkel ist verschiebbar, zur Anpassung an unterschiedliche Messaufgaben **(Bild 1)**. Noch höhere Genauigkeit und Winkelauflösung erreicht man mit Winkelmessern mit Digitalanzeige. Die Messauflösung beträgt dabei 1', die Messunsicherheit etwa 2'.

1.3.6.8 Neigungsmessgeräte

Die Neigung bezieht sich auf die Richtung der Erdanziehungskraft. Sie wird schon seit langem als sehr genaues Normal für Ebenheit, Geradheit und den rechten Winkel verwendet (Wasserwaage, Lot). Die systematischen Abweichungen von der idealen Geraden betragen

$$\Delta h \approx 0{,}02 \cdot l^2$$

Δh Abweichung in µm
l Länge in m

Diese Formel gilt mit guter Genauigkeit bis mehrere km. Bei einer Strecke von z. B. 10 m ergibt sich eine Abweichung von nur 2 µm. Diese Abweichung ist systematisch, d. h. man könnte sie korrigieren, was aber angesichts ihrer Kleinheit meistens nicht erforderlich ist.

Wasserwaage

Das einfachste Neigungsmessgerät ist die Wasserwaage. Hochauflösende Wasserwaagen bezeichnet man auch als *Maschinenrichtwaage* **(Bild 2)**, da mit ihnen oft Werkzeugmaschinen waagrecht ausgerichtet werden.

Als Messelement dient ein gebogenes Glasrohr, in dem sich eine Flüssigkeit mit einer Luftblase befindet. Die Messempfindlichkeit (Skalenteilungswert) liegt bei etwa 0,01 mm/m. Wasserwaagen sind auch als *Rahmenwasserwaagen* erhältlich **(Bild 3)**. Mit ihnen können auch senkrechte Flächen ausgerichtet werden.

Als Indikator für eine waagrechte oder senkrechte Ausrichtung sind Wasserwaagen gut geeignet, jedoch erlauben sie keine genaueren quantitativen Aussagen über eine davon abweichende Neigung. Die Nullstellung sollte regelmäßig durch eine Umschlagsmessung (Wenden auf einer waagerechten Fläche) geprüft werden.

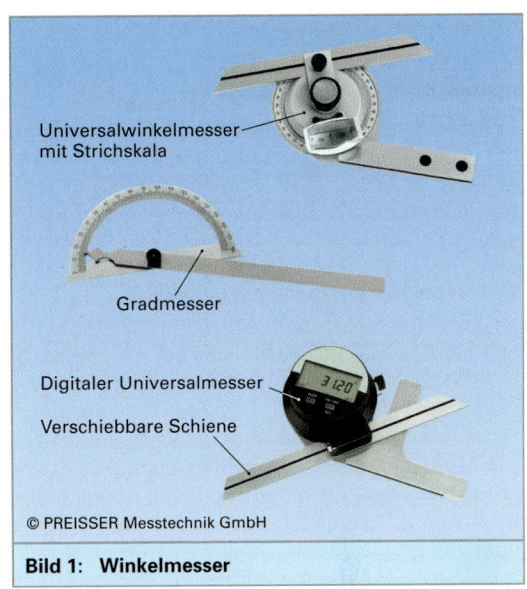

Bild 1: Winkelmesser

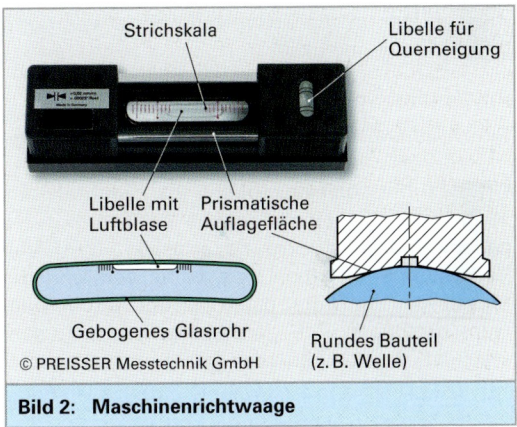

Bild 2: Maschinenrichtwaage

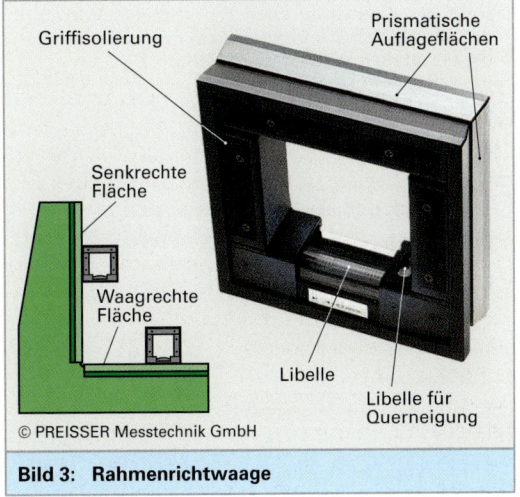

Bild 3: Rahmenrichtwaage

Elektronische Neigungsmessgeräte (Inklinometer[1])

Einachsige Neigungsmessgeräte

Elektronische Neigungsmessgeräte arbeiten z. B. mit einem Pendel **(Bild 1 und Bild 2)**, dessen Auslenkung kapazitiv oder induktiv gemessen wird. Damit wird eine Messauflösung von etwa 1 µm/m erreicht.

Zweiachsige Neigungsmessgeräte

In einer Bauform dient eine Flüssigkeitsoberfläche als Spiegel, mit dem Licht auf ein positionsempfindliches Element gelenkt wird. Mit diesem Gerät kann die Neigung um zwei Achsen gleichzeitig erfasst werden **(Bild 3)**. Es kann auf Platten mit Aufstellpunkten unterschiedlichen Abstandes gesetzt werden. Damit können z. B. Messplatten schnell mit wenigen Messpunkten geprüft werden. Im Vergleich zur Geradheitsmessung oder zur Ebenheitsmessung mit dem AKF oder mit dem Laserinterferometer hat man mit Neigungsmessgeräten große Zeitvorteile bei etwas geringerer Messgenauigkeit.

Anwendung von Neigungsmessgeräten

Sinnvollerweise verwendet man zwei Neigungsmessgeräte, wobei eines immer am gleichen Ort des Messobjektes bleibt. Es dient als feste Referenz, um eine mögliche Verlagerung des gesamten Werkstückes zu erfassen. Merkliche Verkippungen ergeben sich, wenn während der Messung in der Nähe Lasten bewegt werden oder wenn der Boden unter dem Messobjekt nicht sehr stabil ist und sich Personen im Raum bewegen.

> Die Geradheitsmessung und die Ebenheitsmessung mit dem Neigungsmessgerät basiert auf der Messung der Kippwinkel beim schrittweisen Versetzen des Messgerätes und anschließendem Summieren der ermittelten Höhenunterschiede.

[1] lat. inclinatio = Neigung, Inklinometer = Neigungsmesser

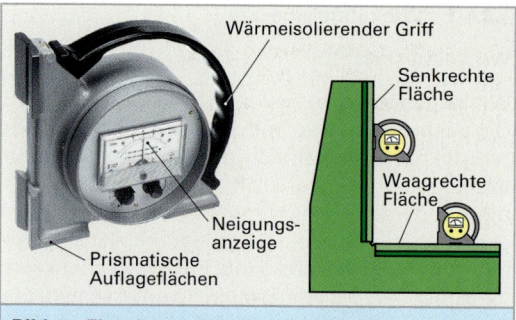

Bild 1: Einachsiges Neigungsmessgerät

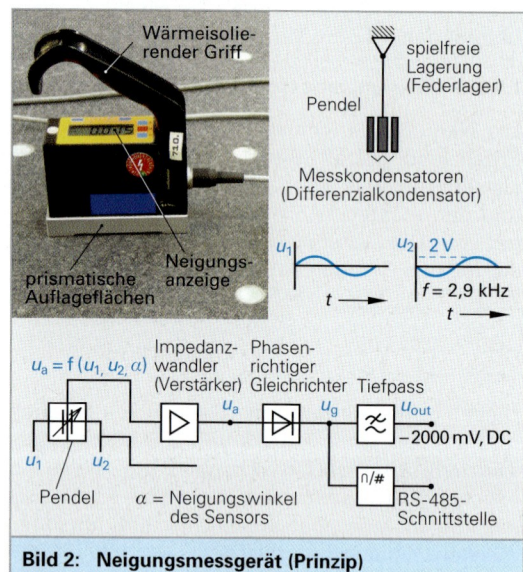

Bild 2: Neigungsmessgerät (Prinzip)

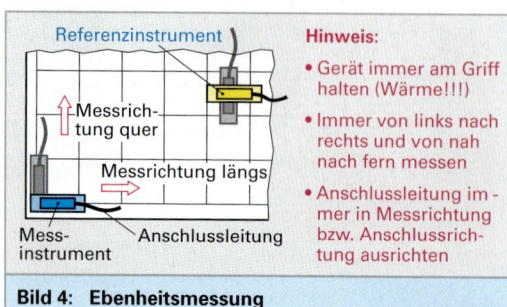

Bild 4: Ebenheitsmessung

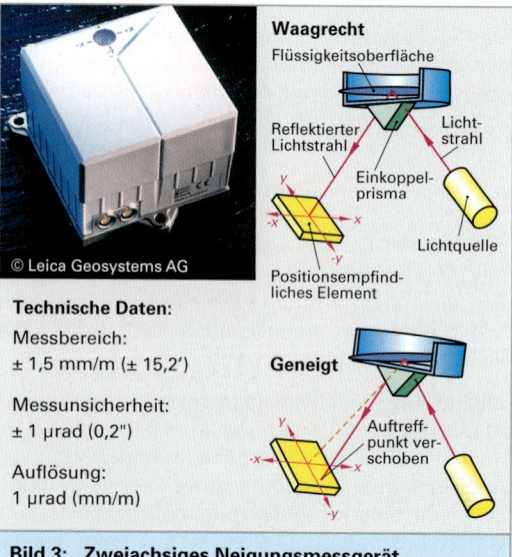

Bild 3: Zweiachsiges Neigungsmessgerät

1.3.6.9 Autokollimationsfernrohr (AKF)

Ein Autokollimationsfernrohr[1] (AKF) ist ein optisches Winkelmessgerät für kleine Winkel. Man misst damit die Verkippung eines Spiegels zur optischen Achse – das AKF ist daher eigentlich ein Rechtwinkligkeitsmessgerät. Das AKF basiert auf der geradlinigen Ausbreitung von Licht. Es ist daher empfindlich gegen Brechzahlunterschiede entlang des Strahlenganges.

Der Messbereich *visueller AKF's* (mit dem Auge abgelesen) beträgt bis zu 30 Bogenminuten mit einer Messgenauigkeit von wenigen Bogensekunden. In kleinen Bereichen sind 0,1 Bogensekunden erreichbar. *Fotoelektrische AKF's* erreichen Messauflösungen von 0,01 Bogensekunden. Mit hohem Aufwand (große Brennweite und Aufbau aus Zerodur®) sind 0,001 Bogensekunden erreichbar.

Das AKF ist optisch gesehen ein Fernrohr, das auf „unendlich" eingestellt ist. Beim visuellen AKF wird ein Strichkreuz, das sich in der Brennebene[2] der Objektivlinse befindet (Brennweite f_1') ins Unendliche abgebildet. Diese Strichmarke befindet sich auf einer Glasplatte und wird beleuchtet. Im Strahlengang vor dem AKF wird ein Spiegel aufgestellt, der die Lichtstrahlen wieder zurück in das AKF wirft **(Bild 1)**. Dabei wird die Strichmarke wieder in die Brennebene der Objektivlinse abgebildet. Der zurückkommende Strahlengang wird über einen Strahlteiler umgelenkt, damit er mit einem Okular (Lupe) beobachtet werden kann **(Bild 2)**. Den Vorgang des Abgleichens eines AKF's bezeichnet man auch als „Einfangen". Statt des Spiegels kann auch jede beliebige reflektierende Fläche verwendet werden.

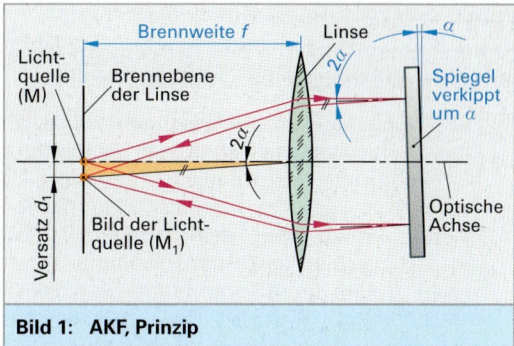

Bild 1: AKF, Prinzip

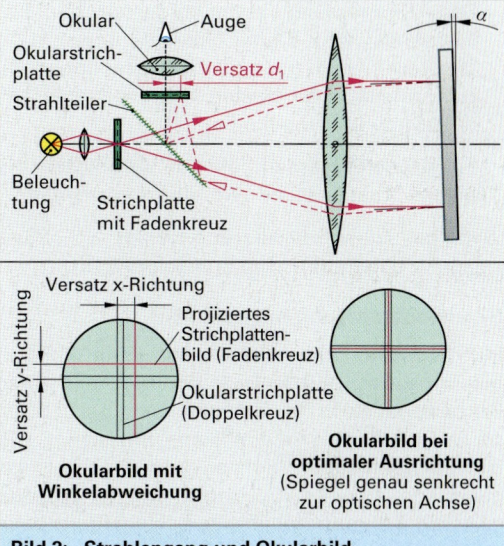

Bild 2: Strahlengang und Okularbild

Wenn der Spiegel um einen Winkel α schräg steht, wird der Strahlengang um 2α abgelenkt. Dies führt in der Brennebene der Objektivlinse zu einer Querverschiebung des Strichmarkenbildes um die Strecke d_1. Im Dreieck MH_1M_1 gilt (Bild 1):

$$\tan(2\alpha) = \frac{d_1}{f_1}$$

In der Objektivbrennebene befindet sich bei visuellen AKF's eine weitere Strichplatte (Okularstrichplatte), die üblicherweise ein doppeltes Strichkreuz trägt und die durch ein Okular betrachtet werden kann. Mittels zweier Messschrauben kann das Strichkreuzbild im doppelten Strichkreuz symmetrisch eingefangen werden.

Beim visuellen Stricheinfang erreicht man beim Symmetrieeinfang die höchste Genauigkeit. Aus dem Maß der Querverschiebung ergibt sich der Kippwinkel des Spiegels um zwei Achsen mit

$$\alpha = \frac{1}{2}\arctan\left(\frac{d_1}{f_1}\right)$$

Viele AKF's haben eine Objektivbrennweite von 500 mm. Die visuell gerade noch sicher erfassbare Verschiebung des Strichkreuzes um 0,5 µm entspricht einem Kippwinkel des Spiegels von etwa 0,1 Bogensekunden. Bei fotoelektrischen AKF's befindet sich anstelle der Okularstrichplatte ein positionsempfindliches Element (PSD, CCD-Zeilen- oder CCD-Flächensensor), auf das ein Lichtpunkt abgebildet wird.

---

[1] griech. auto = selbst (Vorsilbe), lat. collimare = zusammenfließen, hier: Strahlen selbst bündeln (auf Parallelität einstellen)
[2] In der der Brennebene einer Linse auf der optischen Achse liegt der Brennpunkt. Dies ist der Punkt, in dem sich alle Lichtstrahlen treffen, die vor der Linse achsparallel verlaufen. Umgekehrt werden aus Lichtstrahlen, die durch den Brennpunkt gehen, nach der Linse achsparallele Lichtstrahlen (= „Kollimation").

Anwendung des Autokollimationsfernrohres

Um mit einem AKF korrekte Messergebnisse zu erhalten, sind einige Punkte zu berücksichtigen:

- Für hochgenaue AKF-Messungen muss für eine möglichst gleichmäßige Temperaturverteilung und für möglichst geringe Luftturbulenzen gesorgt werden. Eine Temperaturschichtung über dem Werkstück lässt die Lichtstrahlen gekrümmt verlaufen, Luftwirbel führen zu einem Zittern des Strichmarkenbildes. Höchste Genauigkeiten lassen sich nur bei kurzen Messentfernungen erreichen.

- Das AKF muss sehr stabil aufgestellt sein. Der Messkreis AKF-Bauteil-Spiegel muss möglichst klein sein, um zusätzliche Verkippungen zu vermeiden. Am besten fixiert man das AKF an dem zu messenden Bauteil.

- Für spezielle Messaufgaben in Verbindung mit einem Drehtisch sind zwei AKF's vorteilhaft.

Wichtiges Zubehör: Halterung für das AKF, Basisspiegel, Pentagonprisma, Spiegelpolygon.

Geradheitsmessung mit dem AKF

Mit dem AKF kann man die Geradheit von Bauteilen messen (**Bild 1**). Dazu benötigt man einen *Basisspiegel*, der drei Aufstellflächen besitzt. Dieser wird schrittweise um seine Basislänge (oft $b = 100$ mm) versetzt und es wird sein Kippwinkel gemessen. Aus dem Kippwinkel und der Basislänge erhält man den Höhenunterschied der Auflagepunkte. Wenn man diese aneinanderreiht erhält man die Kontur des Bauteiles. Dieses Verfahren nennt man auch *Neigungsintegrationsverfahren*, da man die Höhenunterschiede der Auflagepunkte des Basisspiegels über der Messstrecke aufsummiert.

Zunächst wird eine Ausgleichsgerade berechnet und von den Rohdaten abgezogen.

Um die eigentliche Geradheitsabweichung zu ermitteln, wird der Konturverlauf zwischen zwei parallele Geraden mit zueinander kleinstmöglichem Abstand eingepasst (Zoneneinpassung). Der Abstand der beiden Geraden ist die Geradheitsabweichung der Bauteilkontur.

> Viele AKF's liefern den Kippwinkel um zwei Achsen. Damit kann die Geradheitsabweichung in zwei Koordinaten angegeben werden. Hierin liegt ein Vorteil des AKF's gegenüber dem Laserinterferometer, mit dem dafür zwei Messungen gemacht werden müssen.

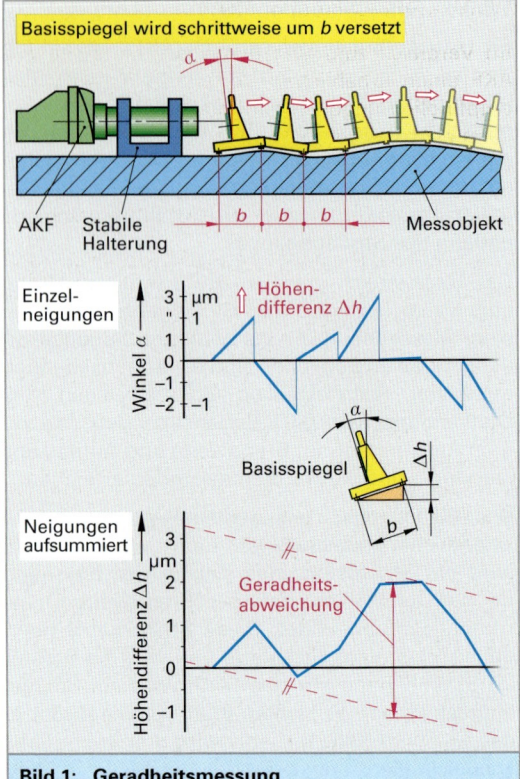

Bild 1: Geradheitsmessung

Wiederholung und Vertiefung

1. Wie kann es beim Messen eines Durchmessers mit Messschieber zu Messabweichungen kommen und welches Messprinzip wird dabei verletzt?
2. Weshalb ist es beim Arbeiten mit Höhenmessschieber die Ebenheit der Messplatte von besonderer Bedeutung?
3. Wie wird das Anreißen besonders deutlich?
4. Welche Bauformen von Messschiebern unterscheidet man?
5. Wofür dient die Rutschkupplung bei Messschrauben und wann kommt diese zur Wirkung?
6. Beschreiben Sie den Aufbau und die Funktion der Dreipunkt-Innenmessschraube.
7. Wie erfolgt die Dickenmessung und wofür gibt es unterschiedliche Messeinsätze?
8. Beschreiben Sie den Aufbau einen Fühlhebelmessgerätes.
9. Wofür dienen Neigungsmessgeräte und worauf bezieht sich die Neigung?
10. Welches ist das einfachste Neigungsmessgerät?

1.3 Form und Lage

Winkelprüfung mit dem AKF

Im Vergleich zum Winkelinterferometer hat das AKF einen erheblichen Vorteil: Es ist völlig unempfindlich gegen Strahlunterbrechungen. Man kann es daher sehr vorteilhaft in Verbindung mit einem Winkelmesstisch zur Messung von z.B. Prismenwinkeln einsetzen. Das AKF dient hier zum optischen Einfangen der Flächennormalen.

Zusammen mit einem Winkelnormal (z. B. Spiegelpolygon) können auch Drehtische hinsichtlich ihrer Winkelabweichungen überprüft werden (**Bild 1**). Auf den zu prüfenden Drehtisch wird ein Spiegelpolygon gelegt und die einzelnen Spiegelflächen werden nacheinander in den Strahlengang des AKF gedreht. Wenn man die Winkel am Spiegelpolygon kennt, kann man sehr einfach die Winkelabweichungen des Drehtisches ermitteln. Das Verfahren ist unempfindlich gegen eine Exzentrizität des Polygons.

Durch Umschlagsmessungen nach dem *Rosettenverfahren* können die zunächst unbekannten Abweichungen des Polygons und des Drehtisches voneinander getrennt ermittelt werden.

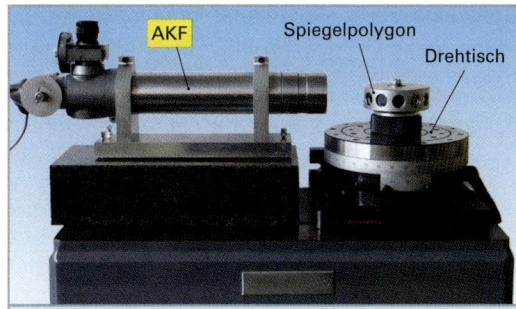

Bild 1: Drehtischmessung mit AKF und Polygon

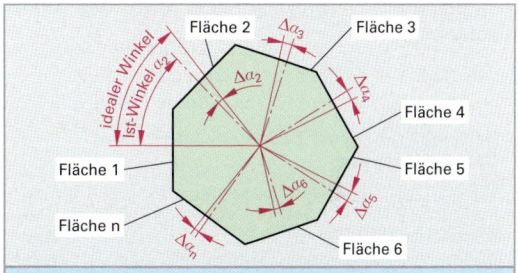

Bild 2: Winkelabweichungen am Polygon

Rosettenverfahren – Fehlertrennmethode für Polygone und Drehtische

Das Rosettenverfahren beruht auf der Eigenschaft, dass ein Vollkreis **genau** 360° hat. Das bedeutet, dass bei einem n-flächigen Polygon (**Bild 2**) die Summe aller einzelnen Winkelabweichungen vom Sollwinkel genau 0 ergibt. Dies gilt ebenso für einen Drehtisch, dessen Winkelmesssystem auch immer mit Abweichungen behaftet ist. Platziert man ein Polygon mit n Flächen auf dem Drehtisch und misst damit die Winkellage jeder Polygonfläche, erhält man jeweils ein Messergebnis das die Summe der Winkelabweichung des Polygonwinkels und der Messabweichung des Drehtisches beinhaltet. Beide sind zunächst unbekannt.

$$\text{Drehtisch-Messergebnis} = \Delta\alpha_i + \Delta\beta_i$$
$$\text{mit } i = 1 \ldots n$$

Um diese Abweichungen zu trennen, versetzt man das Polygon nach jeder Messreihe um eine Drehtischumdrehung („Umschlagen"). Mit dieser neuen „Startfläche" führt man dann wieder eine Messreihe durch usw. So erhält man n Messreihen mit allen Kombinationen von Polygonflächen und Drehtischpositionen ⇒ insgesamt n^2 Einzelmessungen für $2n$ Unbekannte. Die Messergebnisse stellt man in Form einer Matrix dar.

Aus dieser Matrix geht zunächst offensichtlich hervor, dass die **Mittelwerte der Spalten** die Abweichungen $\Delta\beta_i$ des Drehtisches an den Messpositionen ergeben, z. B. Mittelwert der Spalte „β_1":

$$\frac{1}{n}(\Delta\alpha_1 + \Delta\beta_1 + \Delta\alpha_2 + \Delta\beta_1 + \Delta\alpha_3 + \Delta\beta_1 + ..\Delta\alpha_n + \Delta\beta_1) =$$
$$\frac{1}{n}\underbrace{(\Delta\alpha_1 + \Delta\alpha_2 + \Delta\alpha_3 + ..\Delta\alpha_n)}_{=0} = \underbrace{\frac{1}{n}(\Delta\beta_1 + \Delta\beta_1 + \Delta\beta_1 + ...+ \Delta\beta_1)}_{=\Delta\beta_1}$$

Ganz anschaulich wird ein Winkel β des Drehtisches mit allen Polygonwinkeln verglichen; wodurch sich die Abweichungen des Polygons herausmitteln.

Die Abweichungen eines Polygonwinkels erhält man als **Mittelwerte der Matrixdiagonalen**, die von links unten nach rechts oben verlaufen und die den jeweiligen Flächenindex beinhalten.

Z. B. Polygonwinkel α_3 (mit der Abweichung $\Delta\alpha_3$):

$$\frac{1}{n}(\Delta\alpha_3 + \Delta\beta_1 + \Delta\alpha_3 + \Delta\beta_2 + \Delta\alpha_3 + \Delta\beta_3 + ..\Delta\alpha_3 + \Delta\beta_n) =$$
$$\frac{1}{n}\underbrace{(\Delta\alpha_3 + \Delta\alpha_3 + \Delta\alpha_3 + ..\Delta\alpha_n)}_{=\Delta\alpha_3} = \underbrace{\frac{1}{n}(\Delta\beta_1 + \Delta\beta_2 + \Delta\beta_3 + ...+ \Delta\beta_n)}_{=0}$$

Startfläche (Bei Drehtisch „0")	Drehtischmesswert					
	β_1	β_2	β_3	...	β_{n-1}	β_n
Fläche 1	$\Delta\alpha_1 + \Delta\beta_1$	$\Delta\alpha_2 + \Delta\beta_2$	$\Delta\alpha_3 + \Delta\beta_3$	...	$\Delta\alpha_{n-1} + \Delta\beta_{n-1}$	$\Delta\alpha_n + \Delta\beta_n$
Fläche 2	$\Delta\alpha_2 + \Delta\beta_1$	$\Delta\alpha_3 + \Delta\beta_2$	$\Delta\alpha_4 + \Delta\beta_3$	...	$\Delta\alpha_n + \Delta\beta_{n-1}$	$\Delta\alpha_1 + \Delta\beta_n$
Fläche 3	$\Delta\alpha_3 + \Delta\beta_1$	$\Delta\alpha_4 + \Delta\beta_2$	$\Delta\alpha_5 + \Delta\beta_3$	...	$\Delta\alpha_1 + \Delta\beta_{n-1}$	$\Delta\alpha_2 + \Delta\beta_n$
Fläche 4	$\Delta\alpha_4 + \Delta\beta_1$	$\Delta\alpha_5 + \Delta\beta_2$	$\Delta\alpha_6 + \Delta\beta_3$	...	$\Delta\alpha_2 + \Delta\beta_{n-1}$	$\Delta\alpha_3 + \Delta\beta_n$
Fläche 5	$\Delta\alpha_5 + \Delta\beta_1$	$\Delta\alpha_6 + \Delta\beta_2$	$\Delta\alpha_7 + \Delta\beta_3$	...	$\Delta\alpha_3 + \Delta\beta_{n-1}$	$\Delta\alpha_4 + \Delta\beta_n$
...	...	...	...	...	...	...
n	$\Delta\alpha_n + \Delta\beta_1$	$\Delta\alpha_1 + \Delta\beta_2$	$\Delta\alpha_2 + \Delta\beta_3$	...	$\Delta\alpha_{n-2} + \Delta\beta_{n-1}$	$\Delta\alpha_{n-1} + \Delta\beta_n$
Spaltenmittelwert	$\Delta\beta_1$	$\Delta\beta_2$	$\Delta\beta_3$	...	$\Delta\beta_{n-1}$	$\Delta\beta_n$

Statt eines Spiegelpolygons kann auch ein genauer Indextisch verwendet werden, der nur einen einzelnen Spiegel trägt. Der Indextisch wird auf den zu prüfenden Drehtisch gesetzt und der Spiegel auf symmetrischen Strichmarkeneinfang des AKF eingestellt (**Bild 1**). Dann wird der Indextisch entgegen der Drehrichtung des Drehtisches in die nächste Position weitergeschaltet. Am Drehtisch wird der Winkel nun so eingestellt, dass die Strichmarke im AKF wieder eingefangen wird. Unter der Voraussetzung, dass der Indextisch ausreichend genau ist, ergibt sich die Winkelabweichung des Drehtisches als die Differenz des eingestellten Drehtischwinkels und des Indextischwinkels.

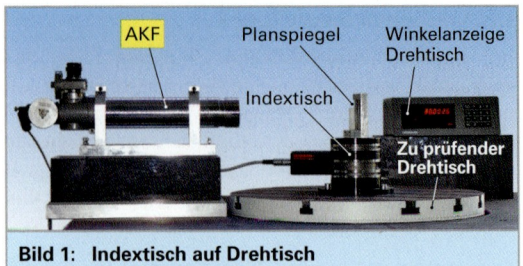

Bild 1: Indextisch auf Drehtisch

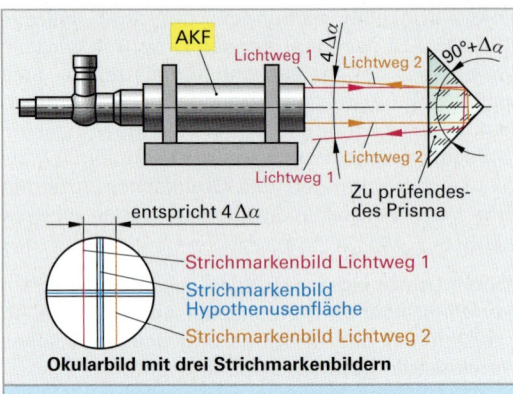

Bild 2: Dachkantprisma, Rechtwinkligkeitsprüfung

Beispiel: Prüfung der Rechtwinkligkeit eines Dachkantprismas

Dachkantprismen werden häufig zur Strahlumlenkung in optischen Systemen verwendet (**Bild 2**). Hierbei ist wichtig, dass die beiden Prismenflächen zueinander möglichst genau rechtwinklig stehen. Wenn man sich die Reflexionseigenschaften des Prismas zunutze macht, kann man seine Rechtwinkligkeit sehr elegant prüfen. Man richtet das AKF auf die Hypotenusenfläche des Prismas. Über die beiden Kathetenflächen erhält man zwei gegenläufige Strahlengänge, die das Strichmarkenbild jeweils zurück ins AKF lenken. Im Okular sind daher zwei Bilder zu sehen, aus deren Abstand sich das Vierfache der Abweichung vom rechten Winkel ergibt. Bei exakter Rechtwinkligkeit fallen diese Bilder zusammen.

Weitere Anwendungen des AKF

Taumelmessung an Drehachsen. Hierzu wird ein Planspiegel auf der Stirnseite der Drehachse angebracht (**Bild 3**). Nun wird die Position des Strichmarkenbildes bei unterschiedlichen Drehlagen gemessen. Das Strichbild wird, wenn keine Taumelabweichung vorliegt, auf einem Kreis liegen. Die Abweichungen von diesem Kreis ergeben die Taumelabweichung der Drehachse.

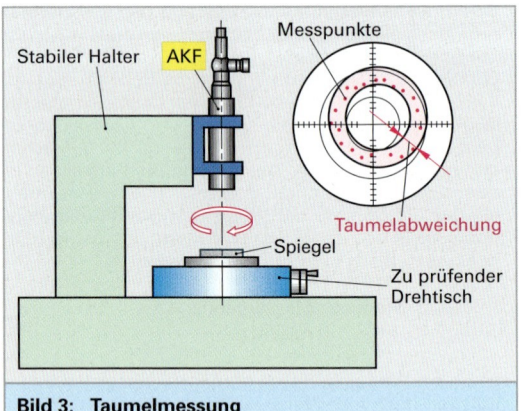

Bild 3: Taumelmessung

Rechtwinkligkeitsmessung. Mit einem Basisspiegel und einem Pentagonprisma können z. B. Führungsbahnen von Maschinen auf ihre Rechtwinkligkeit hin geprüft werden (**Bild 4**). Zunächst justiert man das Strichmarkenbild mit dem Basisspiegel auf der einen Führungsbahn ein. Dann setzt man den Basisspiegel auf die zweite Führungsbahn um und misst durch das Pentagonprisma hindurch die Winkelabweichung des Basisspiegels und damit die Abweichung der zweiten Führungsbahn vom rechten Winkel.

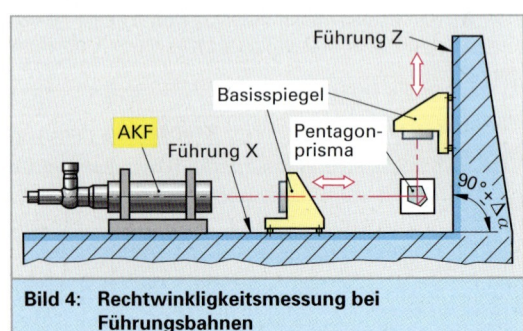

Bild 4: Rechtwinkligkeitsmessung bei Führungsbahnen

1.3.7 Längenmessgeräte

Bei vielen Messaufgaben ist es erforderlich, den Messwert als Digitalsignal zur Verfügung zu haben. Vor allem bei der computergestützten Dokumentation von Messungen ist dies notwendig. Neben der bequemeren Auswertung erreicht man damit eine viel höhere Sicherheit gegen Ablesefehler als bei der manuellen Auswertung.

Analoge Messung bedeutet im Unterschied zur **digitalen Messung,** dass ein kontinuierlicher Zusammenhang zwischen Messgröße und Ausgangssignal des Messgerätes besteht. Bei der digitalen Messung ändert sich das Ausgangssignal sprungartig und bleibt dann über einen kleinen Bereich des Eingangssignales konstant.

Vorteile von digitalen Messgeräten:
- Messwertverarbeitung mittels Computer ist prozesssicher,
- Messgerät und Anzeige können weit voneinander entfernt sein,
- elektrische Messwertaufnehmer können sehr klein gebaut werden,
- Signale in digitaler Form lassen sich beliebig miteinander verknüpfen,
- sehr schnelle Messungen sind möglich,
- Vielstellenmessungen sind möglich.

Bild 1: LVDT, Funtionsweise und Aufbau

1.3.7.1 Induktive Messtaster

Das induktive Verfahren ist das am weitesten verbreitete analoge elektrische Längenmessverfahren in der Fertigungstechnik. Hierbei wird ausgenutzt, dass sich der induktive Widerstand einer Spule bzw. sich die induktive Kopplung zwischen Spulen verändert, wenn sich ein ferromagnetischer Kern bewegt. Man unterscheidet Messtaster mit Differenzialtransformator **(Bild 1)** und mit Differenzialdrossel. Vorteilhaft ist bei der induktiven Messtechnik, dass sich die Induktivitäten auf Grund von Temperaturänderungen fast nicht verändern.

Differenzialtransformator LVDT[1]

Der Ferritkern (Bild 1) bewegt sich in einem System aus einer Primärspule (1), die von Wechselstrom durchflossen wird, und zwei Sekundärspulen (2) und (3). Wenn sich der Kern genau in der Mitte zwischen den Sekundärspulen befindet, wird in den Sekundärspulen jeweils die gleiche Wechselspannung induziert.

Die Differenzspannung ist dann Null (mechanischer und elektrischer Nullpunkt des Messtasters). Bei der Auslenkung des Kernes nach oben vergrößert sich die in Spule (2) induzierte Spannung, die in (3) verringert sich.

Bei der Verschiebung des Kerns nach unten sind die Verhältnisse genau umgekehrt. Zusätzlich zur Amplitude der Sekundär-Differenzspannung muss auch deren Phasenlage zur Primärspannung berücksichtigt werden, um die Verschiebungsrichtung zu erkennen. Dazu dient ein **Trägerfrequenzverfahren**, mit dem das Ausgangssignal (Wechselspannung) des eigentlichen Wegaufnehmers in ein wegproportionales Gleichspannungssignal umgewandelt wird.

In einem gewissen Bereich um die Mittellage ist das Ausgangssignal weitgehend proportional zum Verschiebeweg des Ferritkernes. Man lässt bestimmte Linearitätsabweichungen zu (z. B. ± 1 % vom Messbereichsendwert).

---
[1] LVDT von Linear Variable Differential Transducer

Differenzialdrossel

Bei Differenzialdrosselaufnehmern („induktive Halbbrücke") **(Bild 1)** wird der induktive Differenzwiderstand zweier Spulen (Drosseln) erfasst **(Bild 2)**. Die beiden Spulen (1) und (2) werden mit Widerständen zu einer Vollbrücke ergänzt. Die Spannung in der Brückendiagonalen wird mit einem Trägerfrequenz-Messverstärker in das Messsignal umgewandelt.

> **Zylindrische Bauform**
> Weit verbreitet sind induktive Feintaster mit einem Durchmesser von 8_{h6} **(Bild 3)**. Die Messkraft wird durch eine Feder erzeugt. Sie beträgt meistens 0,75 N. Um andere Kräfte zu erzeugen, sind die Federn austauschbar. Die Messbereiche reichen von ± 0,5 mm bis ± 5 mm. Um den Taster vor dem Eindringen von Schmutz zu schützen, wird ein Faltenbalg aus Elastomer verwendet.
>
> **Induktive Fühlhebelmesstaster**
> Die Bauform ist an die der mechanischen Fühlhebelmessgeräte angelehnt. Allerdings sind nur Auslenkungen in eine Richtung messbar.

Einsatzbeispiele sind Vielstellenmessgeräte, Endmaßprüfung, Dickenmessung, Winkelmessung.

Wirbelstromsensoren

Für Abstandsmessungen zu nicht ferromagnetischen Materialoberflächen können Wirbelstromsensoren eingesetzt werden **(Bild 4)**. Dabei macht man sich zunutze, dass hochfrequente Magnetfelder einer Spule in elektrisch leitfähigen Materialien in ihrer Nähe Ströme induzieren und so zu Verlusten führen. Dies hängt, stark nichtlinear, vom Abstand der Materialoberfläche zur Spule ab. Da der Effekt materialabhängig ist, müssen Sensoren, die nach diesem Prinzip arbeiten, für das jeweilige Material kalibriert werden.

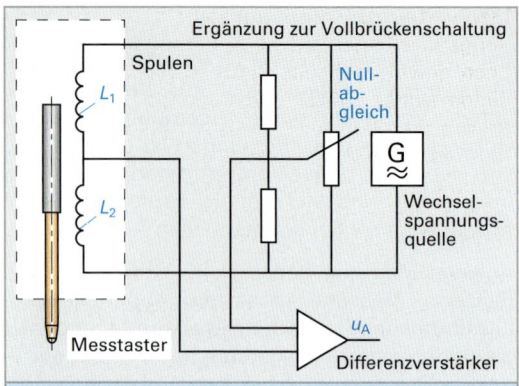

Bild 1: Differenzialdrossel

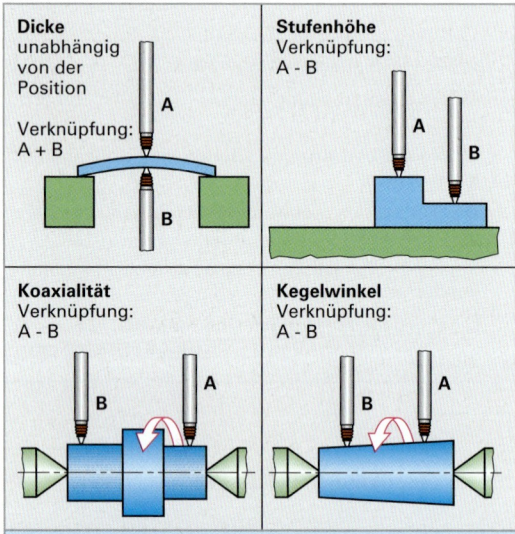

Bild 3: Feintaster mit Differenzialdrossel

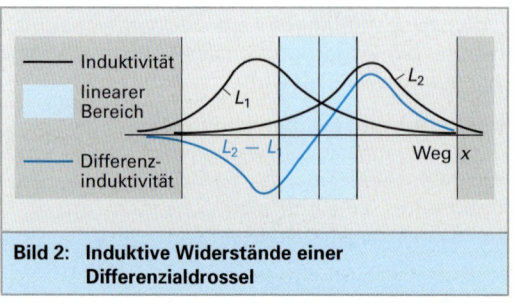

Bild 2: Induktive Widerstände einer Differenzialdrossel

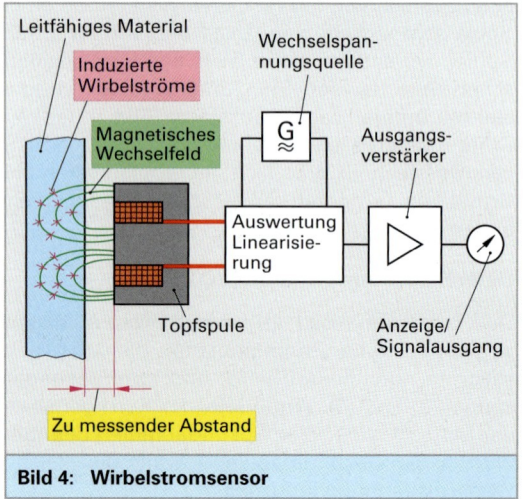

Bild 4: Wirbelstromsensor

1.3 Form und Lage

Man verwendet solche Sensoren z. B. für Schwingungsmessungen. Die Trägerfrequenz wird sehr hoch gewählt (oft über 1 MHz), um schnelle Vorgänge sicher erfassen zu können. Nach diesem Prinzip arbeiten auch induktive Näherungsschalter **(Bild 1)**. Ihr Ausgangssignal wird mittels eines Komparators[1] entweder auf 0 oder 1 gesetzt.

Kapazitive Wegaufnehmer

Kapazitive Längenmessverfahren zeichnen sich durch sehr hohe Messauflösungen aus. Man verwendet sie z. B. in Verschiebetischen zur höchstgenauen Positionierung von Elementen im Nanometerbereich als Positionsmesssysteme.

Da die Kapazität eines einzelnen Kondensators und die Verschiebung einer Platte nicht-linear voneinander abhängen, wird oft der **„Differenzialkondensator"** mit seiner nahezu linearen Kennlinie verwendet. Für die Kapazität eines Einzelkondensators gilt **(Bild 2)**:

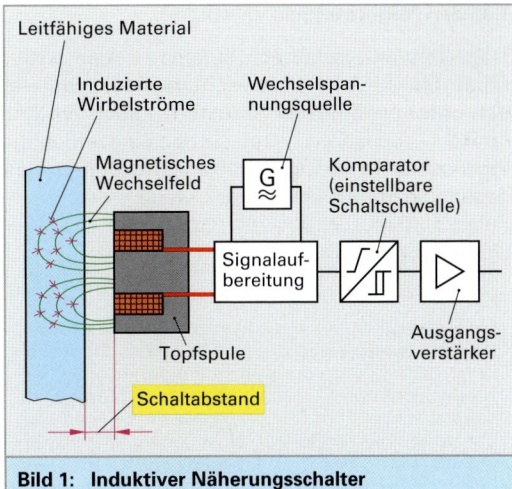

Bild 1: Induktiver Näherungsschalter

$$C = \varepsilon_0 \varepsilon_r \frac{A}{d}$$

- C Kapazität
- ε_0 el. Feldkonstante
- ε_r Permittivitätszahl
- A Fläche
- d Abstand

Beim Differenzialkondensator **(Bild 3)** ergibt sich die Differenzkapazität zu:

$$C_{\text{diff}} \approx 2\,\Delta s \cdot \frac{\varepsilon_0 \varepsilon_r A}{s_0^2 - \Delta s^2}$$

- C Kapazität
- s Verschiebeweg
- s_0 Abstand
- ε_0 el. Feldkonstante
- ε_r Permittivitätszahl

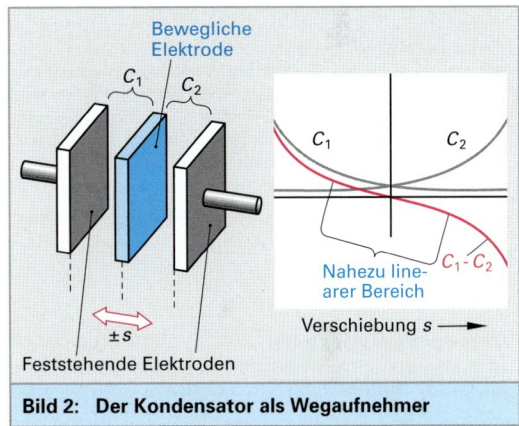

Bild 2: Der Kondensator als Wegaufnehmer

Die Kapazität ist also im Wesentlichen proportional zur Verschiebung der mittleren Kondensatorplatte. Für kleine Verschiebungen Δs kann der Term Δs^2 vernachlässigt werden. Die Kennlinie ist bei Verschiebungen um die Mittellage nahezu linear. Die bei größeren Verschiebungen auftretenden Nichtlinearitäten werden unter anderem durch das nicht mehr vernachlässigbare Δs^2 verursacht.

Gebräuchlich sind auch kapazitive Abstandssensoren mit nur einer Elektrode. Sie erlauben höchste Messauflösungen (z. B. 0,01 nm bei einem Messbereich von 0,05 mm). Um Streufelder abzuschirmen, umgibt die eigentliche Messelektrode eine ringförmige Schutzelektrode.

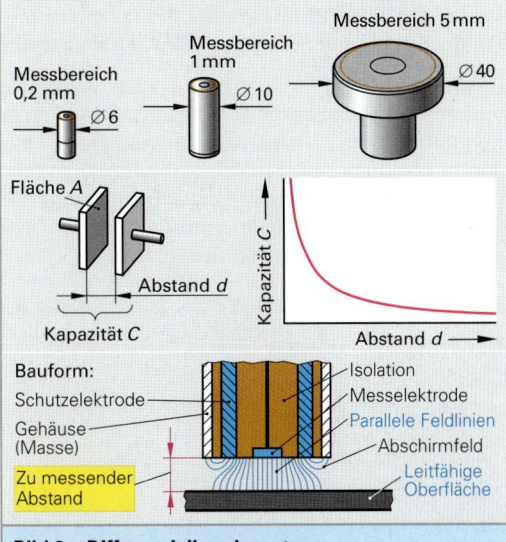

Bild 3: Differenzialkondensator

---

[1] Ein Komparator ist eine elektronische Schaltung, die ihr Ausgangssignal beim Ansteigen des Eingangssignals über eine bestimmte Schwelle von „low" = 0 V auf „high" = 5 V ändert. Dies ist die einfachste Form der Analog-Digitalumsetzung mit nur 1 bit Auflösung.

1.3.7.2 Trägerfrequenzverstärker

Trägerfrequenzverfahren[1] spielen in der elektrischen Messtechnik eine wichtige Rolle. Sie werden unter anderem für induktive, kapazitive und optische Sensoren eingesetzt. Eine wichtige Eigenschaft ist die Möglichkeit, Störungen weitgehend zu unterdrücken.

> Funktionsweise am Beispiel eines induktiven Wegsensors (Differenzialdrossel):
>
> Die Primärspule des induktiven Wegsensors (**Bild 1**) wird von einer stabilisierten Wechselspannungsquelle gespeist (Signal u_1). Das Differenzsignal der Sekundärspulen wird zunächst verstärkt (Signal u_2) und dann synchron zum Rhythmus der Primärspannung umgepolt (das entspricht einer Multiplikation des Signals mit + 1 bzw. – 1). Als Steuersignal dient eine Rechteckspannung, die gleichphasig zur Speisespannung ist. Man bezeichnet dies als Synchrongleichrichtung. Das so erhaltene pulsierende Gleichspannungssignal (u_3) wird geglättet (Tiefpassfilterung). Die Ausgangsspannung (u_4) ist proportional zur Lage des Kernes im Spulensystem. Das Ausgangssignal „0" entspricht der Mittellage des Kernes. Die maximale Frequenz, mit der Positionsveränderungen des Kernes noch erfasst werden können, beträgt etwa ein Zehntel der Trägerfrequenz und das Doppelte der Grenzfrequenz des elektrischen Tiefpassfilters.
>
> Die Systeme arbeiten oft mit einer Trägerfrequenz von 5 kHz. Für spezielle Anwendungen verwendet man Trägerfrequenzen bis in den MHz-Bereich.

Störsignale werden bei der Synchrongleichrichtung ebenfalls im Rhythmus der Steuerspannung umgepolt. **Bild 2** zeigt ein niederfrequentes Störsignal (z. B. Einstreuung der Netzspannung mit 50 Hz). Es entsteht dabei ein Wechselsignal, das bei der Tiefpassfilterung weitgehend entfernt wird. Für hochfrequente Störungen (**Bild 3**) gilt dasselbe.

Es ergibt sich ein Frequenzgang nach **Bild 4**. Signale mit ungeradzahligem Vielfachen der Trägerfrequenz führen zu Ausgangssignalen, die mit steigender Frequenz exponentiell abnehmen. Wenn man das Differenzsignal mit einem Sinussignal zur Synchrongleichrichtung multipliziert, lassen sich diese Frequenzvielfachen unterdrücken.

---

[1] Das Nutzsignal (Messsignal) wird von einem Schwingungssignal, meist in Form der Schwingungsamplitude getragen.

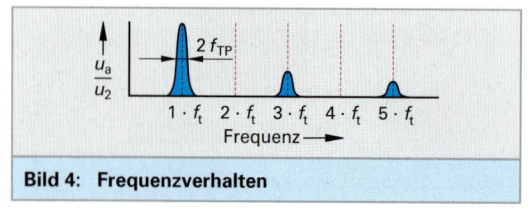

Bild 4: Frequenzverhalten

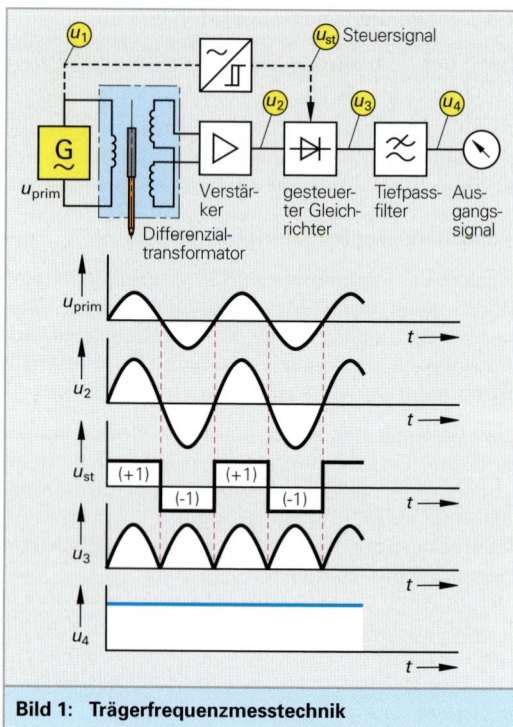

Bild 1: Trägerfrequenzmesstechnik

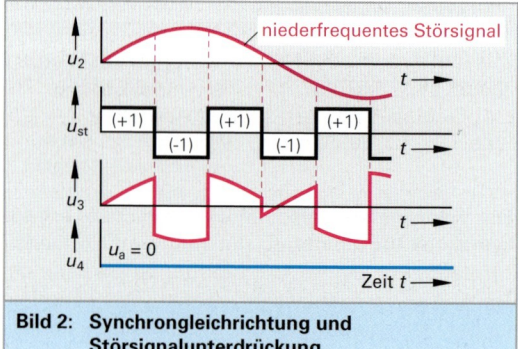

Bild 2: Synchrongleichrichtung und Störsignalunterdrückung

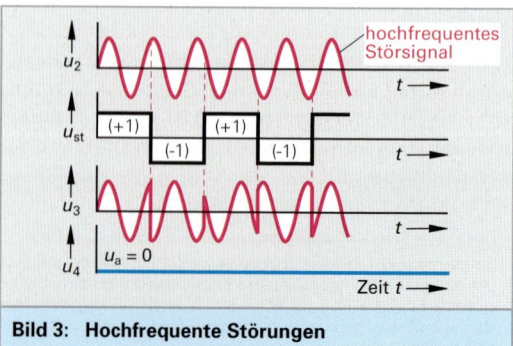

Bild 3: Hochfrequente Störungen

1.3 Form und Lage

1.3.7.3 Pneumatische Wegaufnehmer

Bei der pneumatischen Längenmesstechnik durchströmt Luft den Bereich, in welchem die zu messende Größe liegt **(Bild 1)**. Es verändert sich dabei der Volumenstrom, welcher sich messtechnisch erfassen lässt.

Bei der Durchflussmessung wird der Volumenstrom direkt gemessen. Beim Druckmessverfahren dient der Druckabfall am Messspalt als Messgröße.

In der Serienfertigung sind pneumatische Messgeräte für manuelle Prüfaufgaben vor allem an Bohrungen (seltener an Wellen) von Bedeutung.

1.3.7.4 Optische Wegaufnehmer

Optischer Triangulationssensor

Optische Abstandssensoren, die nach dem Triangulationsprinzip arbeiten, sind sehr verbreitet. Das Prinzip beruht auf Winkel- und Längenbeziehungen in einem Dreieck (lateinisch: Triangulum = Dreieck). In der technischen Ausführung wir mittels eines Halbleiterlasers (Laserdiode) ein Lichtpunkt auf eine Oberfläche projiziert. Dieser Punkt wird über eine schräg angeordnete Abbildungsoptik auf ein positionsempfindliches Element abgebildet. Dies kann eine Differenzial-Fotodiode, eine positionsempfindliche Fotodiode (PSD) oder eine CCD-Zeile[1] sein. Je nach Abstand der Oberfläche ändert sich der Ort des Lichtpunktbildes auf der Empfängerzeile. Damit dort die Abbildung stets scharf ist, ist das *Scheimpflugprinzip*[2] einzuhalten.

Der Zusammenhang zwischen Abstandsänderungen Δz und der Verschiebung des Lichtpunktbildes Δx ist nichtlinear.

Das Messergebnis ist auch abhängig von der Oberfläche des Messobjektes. Bei diffus reflektierenden, ebenen, hellen Oberflächen (Papier, Keramik) können sehr hohe Messauflösungen erreicht werden. Problematisch sind hingegen gerichtet reflektierende Oberflächen (polierte Metalloberflächen), im Volumen streuende Materialien und Werkstückkanten. Hier treten unter Umständen erhebliche Messabweichungen auf. Bei der optischen Triangulation muss auch darauf geachtet werden, dass es im Strahlengang nicht zu Abschattungen kommt.

---

[1] CCD, von Charge-Coupled Device
[2] Scheimpflugprinzip: Die Strahlachse, die Empfängerebene und die Hauptebene der Abbildungsoptik müssen sich in einem Punkt schneiden. Dies erfordert eine Schrägstellung entweder der Abbildungsoptik oder des Empfängerelementes. *Theodor Scheimpflug*, österr. Geograph (1865 bis 1911)

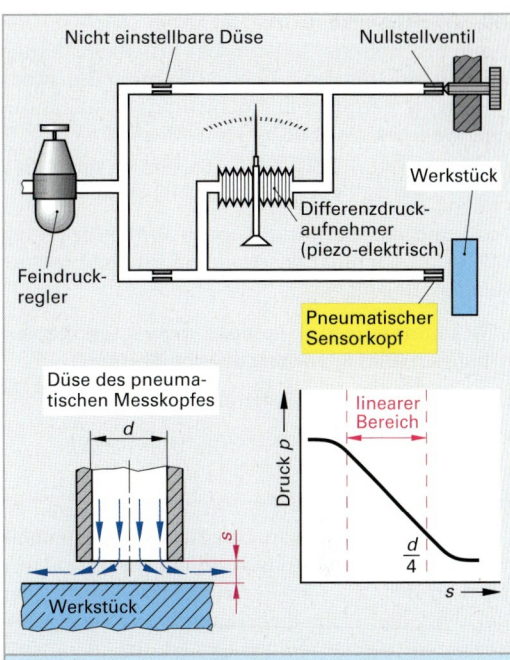

Bild 1: Pneumatischer Wegaufnehmer (Prinzip)

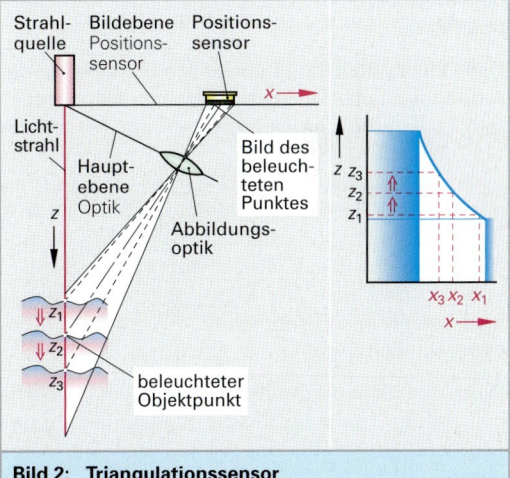

Bild 2: Triangulationssensor

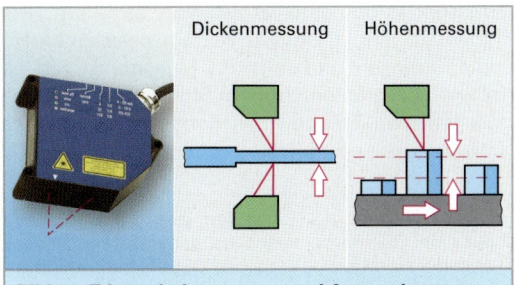

Bild 3: Triangulationssensor und Anwendungen

Die Messbereiche der Sensoren reichen von 1 mm bis mehrere 100 mm bei Arbeitsabständen von 10 mm bis weit über 1000 mm. Die Messauflösung beträgt bei hochwertigen Ausführungen weniger als 0,05 % vom Messbereich (z. B. < 0,5 µm bei 1 mm) und die Messunsicherheit liegt im Bereich von 0,1 % des Messbereiches.

Aufgrund des berührungslosen Wirkprinzips eignen sich Triangulationssensoren für viele Anwendungen. Beispiele:

- Dickenmessung an schnell bewegten Papierbahnen (**Bild 3, vorhergehende Seite**),
- Höhenmessung an Paketen,
- Konturmessungen an bewegten Objekten.

Autofokus-Sensoren

In der berührungslosen Oberflächenmesstechnik wird unter anderem das Autofokusprinzip zur Erfassung der Oberflächenstrukturen benutzt. Hierbei wird das Licht einer Laserdiode nach dem Passieren eines Strahlteilers durch eine feststehende Kollimatoroptik (Linse 1) parallelisiert (**Bild 1**). Das vertikal bewegliche Messobjektiv (Linse 2) fokussiert das Licht auf die Werkstückoberfläche.

Das Objektiv besitzt ein sehr schnell arbeitendes Antriebssystem (Tauchspulenaktor). Der beleuchtete Punkt wird umgekehrt durch das Messobjektiv, die Kollimatoroptik und den Strahlteiler auf einen Fokusdetektor abgebildet. Sobald hier festgestellt wird, dass der Punkt defokussiert ist, wird die vertikale Position des Messobjektives nachgeregelt, bis der Fokus wieder optimal ist. So wird erreicht, dass sich die Messoptik immer genau im Abstand ihrer Brennweite von der Werkstückoberfläche befindet.

Wird der Sensor geradlinig über eine Oberfläche geführt, kann aus dem Stellsignal für den Tauchspulenaktor die Oberflächengestalt ermittelt werden (**Bild 2**). Solche Messsysteme werden z. B. in Oberflächenmessgeräten eingesetzt. Der Fokuspunkt hat eine Größe von ca. 2 µm. Die maximale Signalfrequenz beträgt bei kleinen Höhendifferenzen und leichten Messobjektiven ca. 1,2 kHz. Bei steilen, hohen Stufen begrenzt die mechanische Trägheit des Systems die Messgeschwindigkeit erheblich.

> Durch selbsttätiges Einstellen des Fokuspunktes auf eine Oberfläche kann aus dem Stellsignal der Abstand zwischen Objektiv und Oberfläche bestimmt werden.

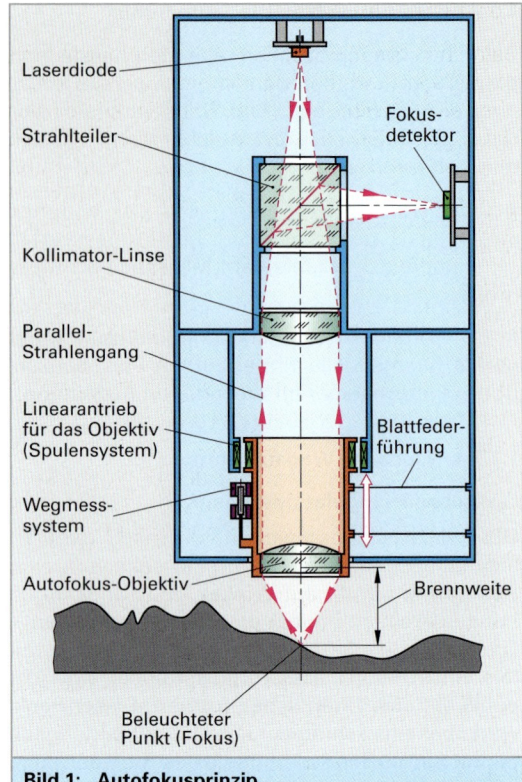

Bild 1: Autofokusprinzip

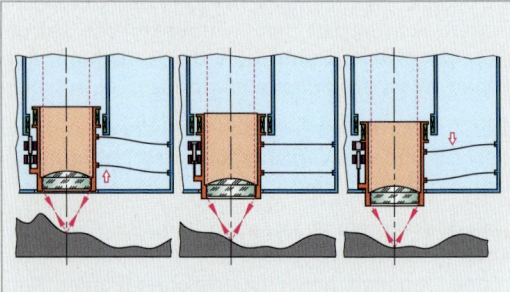

Bild 2: Erfassen der Oberflächengestalt

Wiederholung und Vertiefung

1. Beschreiben sie den Ablauf der Winkelprüfung mit AKF.
2. Wie prüft man ein Dachkantenprisma?
3. Welche drei Prinzipien kommen bei induktiven Messtastern zur Anwendung?
4. Beschreiben Sie die Funktionsweise von Trägerfrequenzmessverstärkern.
5. Wodurch ist die maximale Frequenz von Positionsverschiebungen bei Trägerfrequenzverstärkern festgelegt?

1.3 Form und Lage

Konfokale Sensoren

Beim herkömmlichen konfokalen[1] Abstandssensor wird ein Lichtpunkt (eine sehr kleine Blende) über ein Objektiv auf eine Oberfläche projiziert. Die beleuchtete Stelle wird ihrerseits wieder durch die Abbildungsoptik und einen Strahlteiler auf eine Empfangsblende abgebildet (**Bild 1**). Bereits kleinste Abstandsänderungen der Probenoberfläche zum Objektiv führen dazu, dass viel Licht an der Empfangsblende vorbei geht. Nur dann, wenn das Licht optimal auf die Probenoberfläche fokussiert ist, geht ein maximaler Lichtstrom durch die Empfangsblende. Dies ist bei einem genau definierten Abstand des Objektives von der Oberfläche der Fall. Man erreicht damit Vertikalauflösungen von < 0,05 µm. Durch Scannen der x-y-Ebene und gleichzeitiges vertikales Verfahren kann auch ein Oberflächenbild (Topografie) der Probe erzeugt werden → Laser-Scan-Mikroskop.

Das vertikale Scannen entfällt bei dem *konfokalen Weißlichtsensor* (**Bild 2**). Bei ihm wird das aus dem Ende einer Lichtleitfaser austretende Weißlicht über eine spezielle Optik auf die Probenoberfläche abgebildet. Diese Optik hat für unterschiedliche Lichtwellenlängen sehr unterschiedliche Brennweiten, d. h., es entsteht ein vertikal ausgedehnter Fokusbereich, in dem sich die fokussierte Lichtwellenlänge von unten nach oben ändert. Man nennt dies *Farblängsfehler*. Befindet sich eine Oberfläche innerhalb dieses Bereiches, erfolgt gemäß dem konfokalen Prinzip eine Abbildung des Oberflächenpunktes wieder zurück in die Lichtleitfaser. Allerdings tritt im zurückkommenden Licht die Wellenlänge verstärkt auf, die an der Probenoberfläche ihren Fokus hat. Das Licht wird über einen Strahlteiler aus der Faser ausgekoppelt und mittels eines Spektrometers analysiert.

Aus der Wellenlänge, bei der das Leistungsmaximum auftritt, wird der Abstand zur Probenoberfläche ermittelt.

Die Farbe[2] der Oberfläche spielt beim konfokalen Weißlichtsensor keine Rolle. Es ändert sich lediglich die Höhe des Maximums im reflektierten Spektrum. Die Wellenlänge reflektierten Lichtes wird durch die Farbe einer Oberfläche nicht verändert.

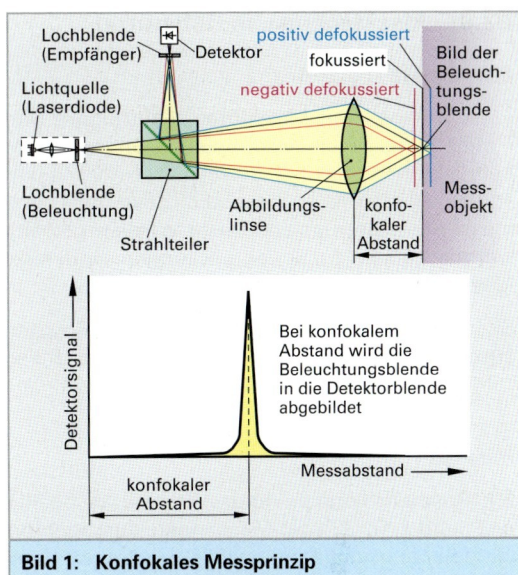

Bild 1: Konfokales Messprinzip

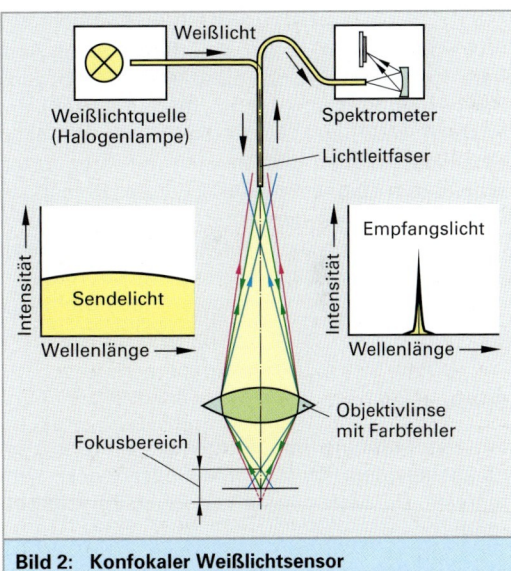

Bild 2: Konfokaler Weißlichtsensor

Diese Art von Sensoren wird bei optischen Oberflächenmessgeräten verwendet. Messbereich: 300 µm, Messauflösung 10 nm, Linearitätsabweichung < 0,2 %, max. Messfrequenz 1 kHz.

Da bei diesem Sensor nicht mechanisch gescannt werden muss, ist die Messfrequenz unabhängig von Stufenhöhen. Der Durchmesser des Messfleckes beträgt ca. 2 µm.

Konfokale Weißlichtsensoren mit größerem Messbereich, z. B. 10 mm werden auch in Koordinatenmessgeräten zum Scannen von Werkstücken eingesetzt.

---

[1] konfokal = mit gleichen Brennpunkten, von lat. con = angeglichen und focus = Feuerstätte (Brennpunkt)
[2] Die Farbwirkung kommt durch den wellenlängenabhängigen Reflexionsgrad zustande, d. h., Licht mit unterschiedlichen Wellenlängen wird unterschiedlich stark reflektiert bzw. gestreut.

1.3.8 Messtechnische Hilfsmittel

Messstative

Für die Arbeit mit Messuhren, Feinzeigern und Fühlhebelmesstastern sind stabile Stative unentbehrlich. Sehr flexibel einsetzbar sind Magnetstative. Hierbei ist zu beachten, dass der Durchmesser der Stativstangen nicht zu klein gewählt werden sollte. Für Serienmessungen sind feste Messstative vorzuziehen.

Kleinere Messstative sind oft mit Messplatten ausgerüstet. Diese bestehen aus Stahl mit Rillen zur Schmutzaufnahme oder aus Hartgestein.

Prismen

Mit Prismen[1] können runde Werkstücke positioniert und z. B. 3-Punkt-Messungen durchgeführt werden. Je nach Prismenwinkel sind „Oval" und „Gleichdick" mehr oder weniger im Messergebnis erkennbar.

Prismen bestehen oft aus gehärtetem Stahl. Rostfreie Ausführungen sind vorzuziehen. Es gibt auch Hartgestein-Prismen (rostfrei, unmagnetisch). Für Prismen sind Bügel zum Festspannen von Teilen erhältlich. Prismen gibt es auch mit integrierten schaltbaren Magneten (**Bild 1**). Für das Befestigen von Stahlteilen ist dies einerseits vorteilhaft, andererseits können die Teile dadurch magnetisch werden, was z. B. beim Messen auf Koordinatenmessgeräten mit Scheibentastern (aus Stahl!) zu größeren Fehlmessungen führen kann.

Spitzenbock

Für die Messung von Rundlauf, Konzentrizität, Parallelität und Planlauf sind Spitzenböcke sehr hilfreich. Die Messobjekte benötigen Zentrierbohrungen.

Auf diese Weise ist „Rundheit" aber nicht messbar. Dazu benötigt man ein Rundheitsmessgerät.

Spannen von Messobjekten

Das Befestigen von Messobjekten zu Messzwecken stellt oft ein Problem dar, denn Spannkräfte können zu unerkannten Verformungen führen, die dann mitgemessen werden.

Es sollten die folgenden Punkte berücksichtigt werden:

- Auflagepunkte in der Kraftwirkungslinie der Spannkraft anordnen.
- Messobjekte statisch bestimmt spannen → keine inneren Kräfte und Verspannungen.
- An mechanisch stabilen Stellen spannen.
- Mit möglichst geringer Kraft spannen.
- Messobjekte entweder in der gleichen Lage messen, wie sie später eingesetzt werden oder
- Messobjekte so messen, dass die Gewichtskraft möglichst wenig Einfluss hat (z. B. stehende Messung einer Kurbelwelle, um Durchhang zu vermeiden).
- Zugänglichkeit für Messgeräte erhalten.

> Stets anzustreben ist:
>
> „Spannen ohne Verspannen"
>
> Die Spannkraft soll so klein wie möglich und so groß wie nötig sein.

Je nach Messaufgabe kann unterschiedliches Spannen erforderlich sein:

Messen zur Beurteilung der Fertigung:

Das Werkstück sollte wie bei der Bearbeitung gespannt werden, d. h., es sollte in der Spannvorrichtung gemessen werden, ohne dass es ausgespannt wurde. So können Korrekturdaten für die Fertigungsmaschinen ermittelt werden.

Messen zur Beurteilung der Funktion:

Um die Funktion zu prüfen, muss das Werkstück unverspannt gemessen werden.

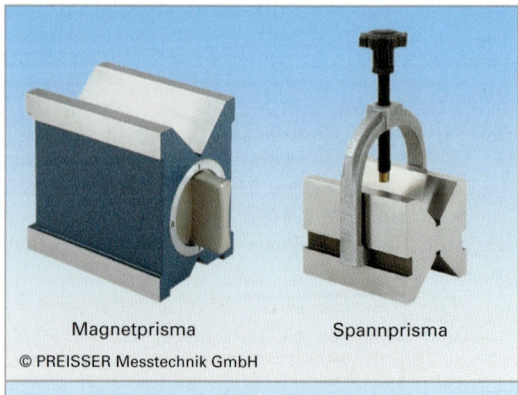

Magnetprisma   Spannprisma
© PREISSER Messtechnik GmbH

Bild 1: Prismen zum Spannen runder Teile

---

[1] griech.-lat. prisma = das Zersägte, von ebenen Flächen begrenzte

1.3 Form und Lage

Spannmittel

Zum Messen werden häufig die gleichen Spannmittel wie in der mechanischen Fertigung verwendet. Dies sind:

- Schraubstock,
- Backenfutter,
- Spitzenbock.

Vor allem beim Schraubstock und beim Backenfutter muss darauf geachtet werden, dass die Spannkraft nicht zu hoch wird.

Sehr beliebt ist das Spannen mit **Magneten** (**Bild 1**). Werkstücke, die noch magnetisch sind, können bei Verwendung stählerner Tastelemente (z. B. Scheibentaster im Koordinatenmessgerät) zu Messabweichungen führen. Außerdem können dünne Bleche durch Magnetspannplatten deformiert werden. Neben speziell konstruierten Messaufnahmen sind Baukastensysteme erhältlich, mit denen sich Messvorrichtungen sehr flexibel gestalten lassen.

Vakuumspannen. Flache Teile kann man vorteilhaft durch Unterdruck fixieren (**Bild 2**). Vakuumspannplatten sind oft an die Bauteilkontur angepasst. Das Verfahren eignet sich vor allem für größere flache Teile. Zu beachten ist, dass sich die Teile durch den Luftdruck der Vakuumspannplatte anpassen (Verspannungen!).

Kleben. Kleine Teile werden häufig zum Messen aufgeklebt. Dabei ist zu beachten, dass der Klebstoff später wieder restlos entfernt werden kann. Das Bauteil darf weder durch den Klebstoff noch durch ein Lösemittel, das zum Lösen des Klebstoffes verwendet wird, angegriffen werden.

Kitten. Bei optischen Messungen (z. B. mit einem Messmikroskop oder einem Profilprojektor) ist es oft nicht erforderlich, die zu prüfenden Teile besonders fest zu spannen. Bei leichten Teilen wird mitunter mit einfacher Knetmasse gearbeitet (**Bild 3**). Der Vorteil dieser Methode liegt in der einfachen, schnellen Fixierung, bei der man ohne Vorrichtung auskommt. Für Serienmessungen ist diese Methode allerdings nicht zu empfehlen.

Gefrierspannen. Kleine Teile können auch durch Abkühlen einer Wasserschicht „angefroren" werden. Die Methode wird sowohl zur Bearbeitung als auch zu deren Messung von kleineren Teilen eingesetzt. Unter Beachtung des Temperatureinflusses können Genauigkeiten im Bereich ± 3 μm erreicht werden.

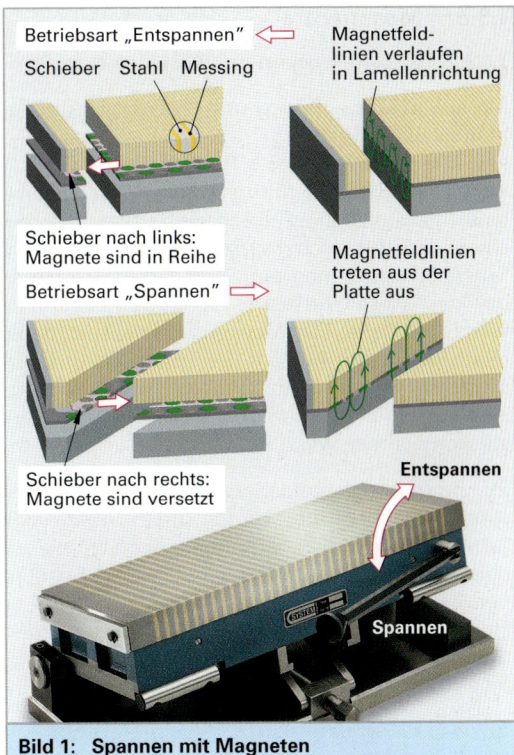

Bild 1: Spannen mit Magneten

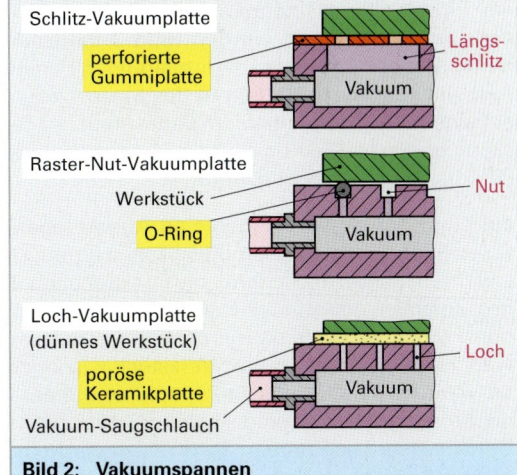

Bild 2: Vakuumspannen

Bild 3: Kitten am Beispiel einer Glühlampe

1.3.9 Messgeräte

1.3.9.1 Messmikroskop und Profilprojektor

Messmikroskope (**Bild 1**) und Profilprojektoren erzeugen ein maßstabsgetreues vergrößertes Bild des Messobjektes. Beim Profilprojektor (**Bild 2**) erfolgt die Bildbetrachtung auf einer Mattscheibe, beim Messmikroskop durch ein Okular bzw. auf einem Video-Bildschirm. Bei der Betrachtung im Durchlicht sieht man ein Schattenbild des Messobjektes. Dieses Verfahren eignet sich besonders für dünne Teile. Die Messunsicherheit ist dabei relativ gering. Im Auflicht (Beleuchtung von oben, achsparallel zum Beobachtungsstrahlengang) sind auch Merkmale an der Oberfläche von Werkstücken sichtbar, wie z. B. Bohrungen und Absätze.

Es können sehr einfach zweidimensionale Messungen durchgeführt werden. Beim Profilprojektor wird häufig mit Schablonen gearbeitet, die auf der Mattscheibe befestigt werden. Die Schablonen können z. B. mittels eines CAD-Systems erstellt und auf verzugsarme Folie gedruckt werden. So können komplexere Konturen relativ einfach hinsichtlich ihrer Formabweichungen geprüft werden.

Bei dieser Messung „im Bild" gehen Verzeichnungen des Messobjektives mit in die Messung ein. Einzelne Punkte können genauer durch Messen „am Bild" erfasst werden (**Bild 3, folgende Seite**). Dabei werden die interessierenden Punkte nacheinander durch Verfahren des Messobjektes auf einem x-y-Tisch mit einem Fadenkreuz zur Deckung gebracht. Die Koordinaten können an einer Ziffernanzeige abgelesen werden.

Für einfache 2-D-Messungen sind Auswertegeräte verfügbar, die die Messmöglichkeiten erheblich erweitern. Man erreicht damit die Funktionalität eines einfachen optischen 2-D-Koordinatenmessgerätes. Das Koordinatensystem, in dem gemessen wird, kann elektronisch am Werkstück ausgerichtet werden. Damit entfällt das mühsame mechanische Ausrichten. Es sind Abstände, Winkel und Durchmesser bestimmbar. Bei Kreisen wird eine Ausgleichsrechnung nach *Gauß*[1] vorgenommen und es werden der Durchmesser bzw. Radius und die Mittelpunktskoordinaten angezeigt.

Manuelle Messungen an Serienteilen sind sehr mühsam. Hier bieten sich Bildverarbeitungssysteme in Verbindung mit einem motorisch angetriebenen x-y-Tisch an, so dass Geometrien automatisch gemessen werden können (**Bild 1, folgende Seite**). Dies ist der Übergang zur optischen Koordinatenmesstechnik.

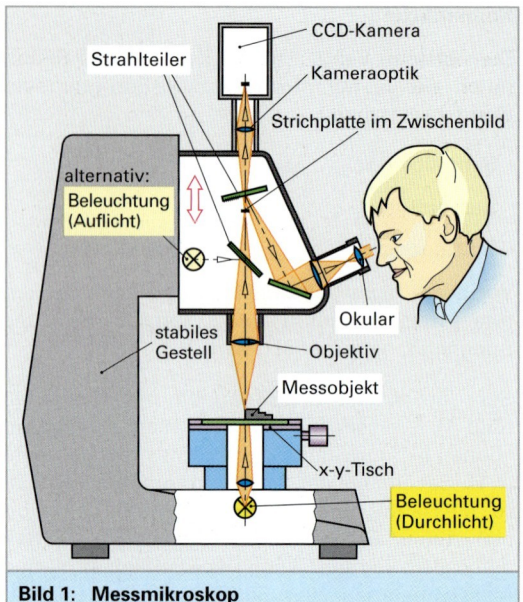

Bild 1: Messmikroskop

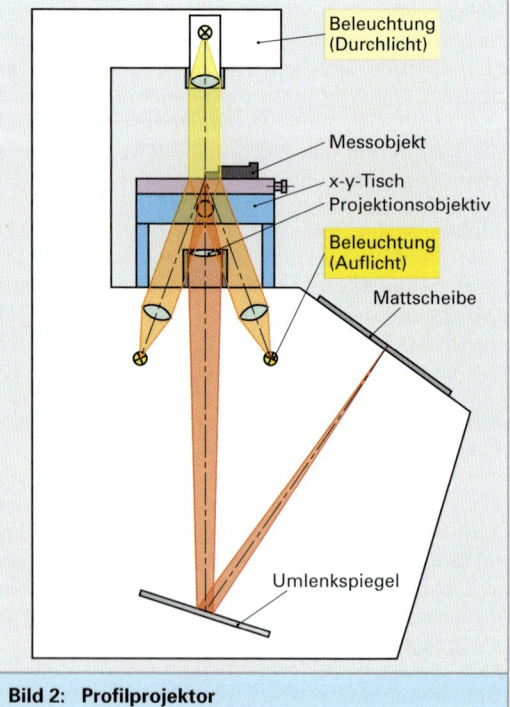

Bild 2: Profilprojektor

---

[1] *Johann Carl Friedrich Gauß*: geb. 30. 4. 1777 in Braunschweig, gest. 23. 2. 1855 in Göttingen, Mathematiker, Astronom, Geodät, Physiker. Nach Gauß wird die Einheit für die Induktion des Erdmagnetfeldes benannt.

Vergrößerung

Die optische Vergrößerung **(Bild 2)** ist definiert durch den Tangens des Sehwinkels *mit* dem Gerät, bezogen auf den Tangens des Sehwinkels *ohne* Gerät.

$$V = \frac{\tan \varepsilon_m}{\tan \varepsilon_o} \approx \frac{\varepsilon_m}{\varepsilon_o}$$

V Vergrößern
ε_m Sehwinkel mit Gerät
ε_o Sehwinkel ohne Gerät

Beim Mikroskop wird die Vergrößerung durch Multiplikation der Objektivvergrößerung und der Okularvergrößerung berechnet. Okulare haben häufig 10-fache Vergrößerung. Objektive sind von 0,5-facher bis 100-facher Vergrößerung erhältlich. Für die meisten Messungen reicht eine relativ geringe Gesamtvergrößerung aus. Selbst bei 20-facher Vergrößerung können Kanten mit µm-Genauigkeit erfasst werden. Geringe Vergrößerung bedeutet, dass ein größerer Bereich des Werkstückes sichtbar ist und die Orientierung leichter fällt.

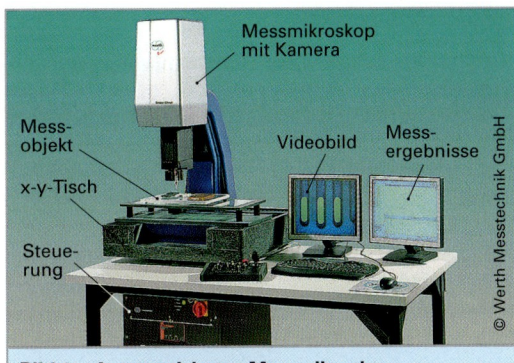

Bild 1: Automatisiertes Messmikroskop

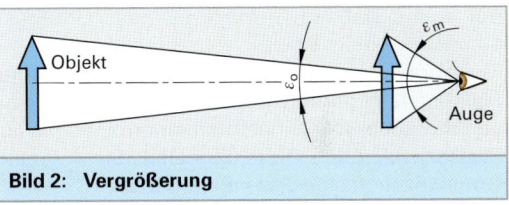

Bild 2: Vergrößerung

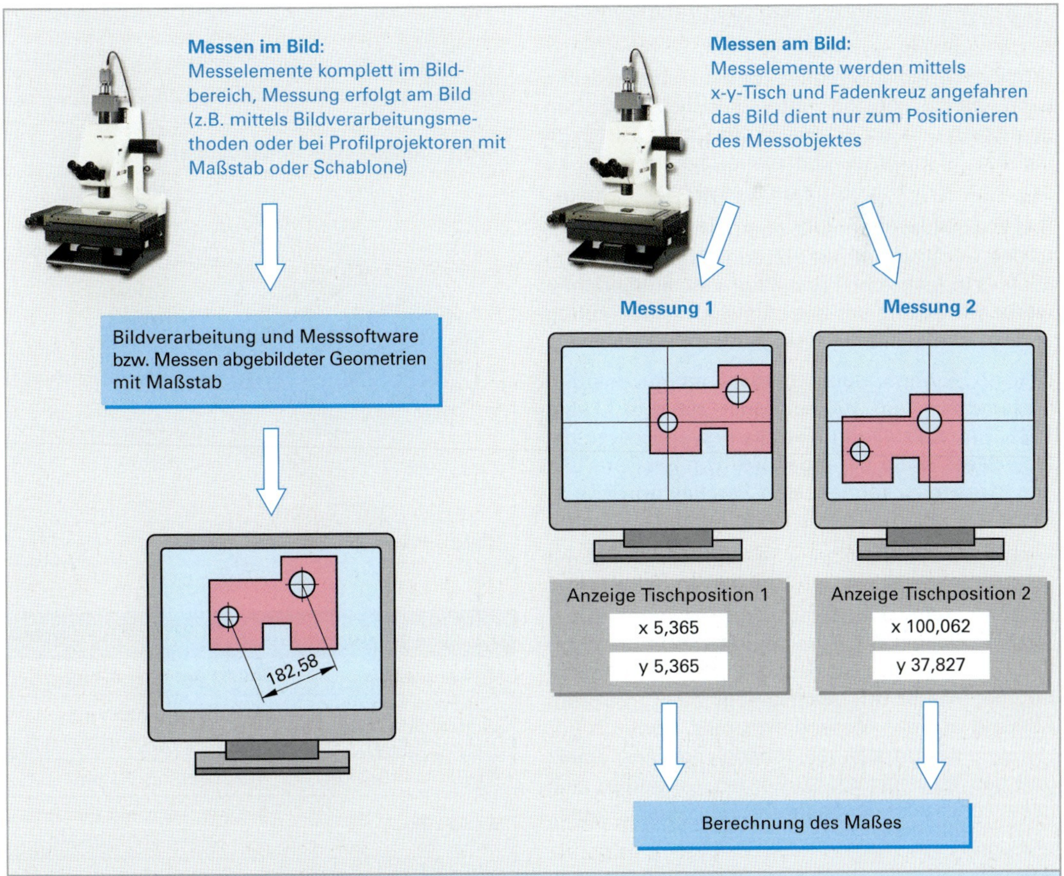

Bild 3: Messen im Bild und Messen am Bild

1.3.9.2 Komparator

Komparatoren[1] gehören zu den genauesten eindimensionalen Längenmessgeräten (**Bild 1**). Sie werden ausschließlich im Labor eingesetzt, da die hohe Genauigkeit besonders stabile Temperaturverhältnisse voraussetzt. Das Abbe'sche Komparatorprinzip ist konsequent eingehalten. Da die Messungen verhältnismäßig aufwändig sind, dienen sie meist nur zum Kalibrieren von Normalen oder für Messungen, die besonders hohe Genauigkeit erfordern. Die erreichbaren Messunsicherheiten liegen bei Außenmessungen und einer Temperatur 20 °C ± 0,1 K bei ± (0,1 + $L/2000$) µm.

Auf einem stabilen Grundkörper (aus Grauguss oder Hartgestein) ist eine Aufnahme für eine feste Messpinole angeordnet (**Bild 2**). Sie kann in einer beliebigen Position festgeklemmt werden. Ihr gegenüber steht eine Einheit mit einer beweglichen Messpinole. Auch diese Einheit kann auf dem Grundkörper festgeklemmt werden.

Als Normal dient meistens ein Inkrementalmaßstab hoher Genauigkeit. Die Messkraft ist in Stufen einstellbar, so dass der Einfluss der Abplattung der Messflächen bei Bedarf ermittelt werden kann. Hierzu wird bei unterschiedlichen Kräften gemessen und auf die Messkraft „Null" zurückgerechnet. Man verwendet plane, zylindrische, kugel- oder schneidenförmige Messeinsätze.

Das Messobjekt kann auf einem Tisch in der Mitte des Gerätes platziert werden (**Bild 3**). Mit ihm kann es in mehreren Freiheitsgraden ausgerichtet werden (Kippung um zwei Achsen, Verschiebung vertikal und quer zur Messrichtung).

Übliche Komparatoren haben einen direkten Messbereich von 100 mm oder 200 mm (**Tabelle 1**). Zur Nullstellung wird die bewegliche an die feste Messfläche herangeführt. Um größere Längen messen zu können, sind Parallelendmaße erforderlich, mit denen das Gerät nullgestellt wird.

Mitentscheidend für eine genaue Messung mit planen Messflächen ist deren parallele Ausrichtung (vgl. Parallelitätsprüfung von Bügelmessschrauben mit Planglas oder Kugel). Unbedingt zu beachten ist, dass die Messpinole nicht mit der Messkraft beaufschlagt aus größerem Abstand auf das Messobjekt prallt. Dadurch entstehen unter Umständen Schäden am Messobjekt und den Messflächen. Außerdem verändert sich dabei sehr leicht der Nullpunkt des Messgerätes.

[1] Der Begriff Komparator kommt aus dem Lateinischen: comparare = vergleichen.

Bild 1: Komparator, Beispiel

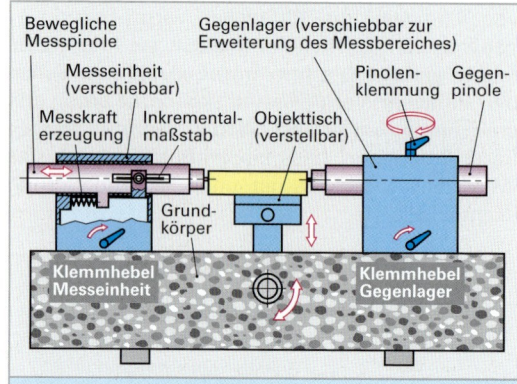

Bild 2: Aufbau eines Komparators

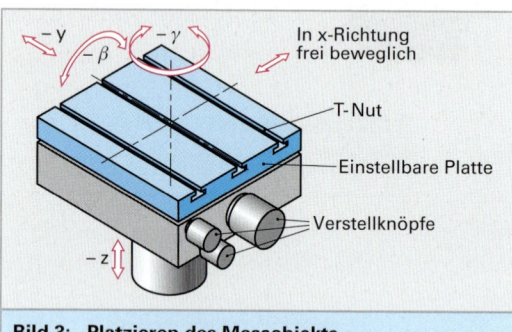

Bild 3: Platzieren des Messobjekts

Tabelle 1: Kenngrößen eines Komparators	
Messauflösung	0,01 µm oder 0,1 µm
Längenmessabweichung	≤ (0,1 + $L/2000$) µm (Messlänge L in m)
Wiederholpräzision	0,05 µm bis 0,1 µm
Messkräfte	0,2 N; 1,0 N bis 4,5 N in Stufen von 0,25 N
Erforderliche Temperaturkonstanz	20° C ± 0,1 K

1.3 Form und Lage

Messung von Außenmaßen

Das Messobjekt wird auf dem Werkstücktisch platziert (**Bild 1**). Wellenförmige Bauteile können in V-Prismen liegend oder zwischen Spitzen aufgenommen gemessen werden. Die Längsklemmung des Tisches muss gelöst werden, damit sich das Messobjekt mit der Messkraft an die feste Messfläche anlegen kann. Die bewegliche Messfläche wird dann an das Werkstück angelegt. Erst jetzt wird sie mit der Messkraft beaufschlagt. Nun kann das Werkstück so ausgerichtet werden, dass die Zylinderachse senkrecht zu den Messflächen steht. Man erkennt dies am Minimum des Messwertes.

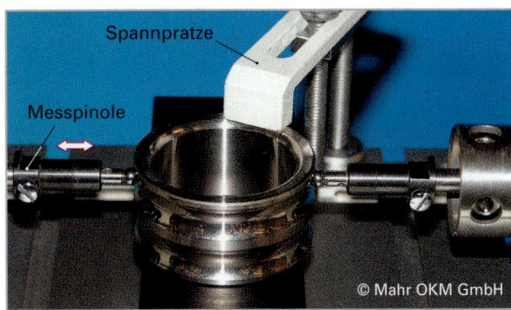

Bild 1: Messung von Außenmaßen, Beispiel

Messung von Innenmaßen

Zur Messung von Innenmaßen sind spezielle Messbügel erforderlich, die an die Messpinolen montiert werden (**Bild 2**). Die Messflächen sind kugelförmig (Hinweis: Abplattung der Messflächen beachten!). Die Nullstellung erfolgt üblicherweise mit einem sehr genau bekannten Einstellring. Das Messobjekt wird wie bei der Außenmessung durch Aufsuchen von Umkehrpunkten ausgerichtet. Die Messunsicherheit ist bei Innenmessungen bedingt durch den Einstellring größer als bei Außenmessungen.

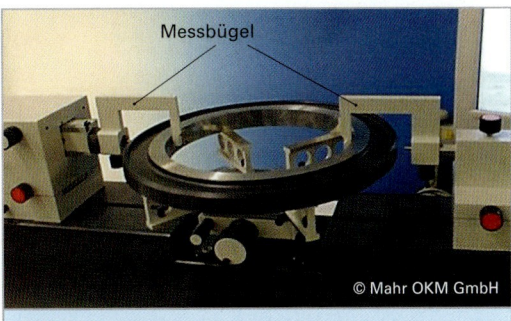

Bild 2: Messung von Innenmaßen

Messung des Flankendurchmessers von Gewinden

Der Flankendurchmesser (**Bild 3**) bei einem Gewinde ist definiert als der Durchmesser, bei dem der Gewindegang und die „Lücke" zwischen zwei Gewindegängen gleich groß sind. Die Messung mit „Kimme und Korn" wird mit Bügelmessschrauben oder Komparatoren durchgeführt.

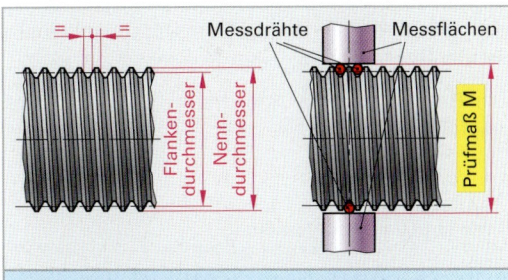

Bild 3: Dreidraht-Messmethode für Gewinde

Die „Dreidraht-Messmethode" wird meistens mit Komparatoren durchgeführt. Dabei werden in die Gewindegänge Messdrähte gelegt und es wird über die drei Drähte ein „Prüfmaß M" bestimmt. Daraus ergibt sich der Flankendurchmesser d_2:

$$d_2 = M - d \cdot \left(1 - \frac{1}{\sin\frac{\alpha}{2}}\right) + \frac{p}{2} \cdot \cot\frac{\alpha}{2} - \delta_S + \delta_F$$

- d mittlerer Messdrahtdurchmesser
- α Flankenwinkel (beim metrischen Gewinde ist $\alpha = 60°$)
- p Gewindesteigung

Die Schieflage δ_S der Messdrähte infolge der Gewindesteigung und die Abplattung δ_F infolge der Messkraft werden meistens vernachlässigt. δ_S beträgt im Bereich M1 bis M10 ca. 1 μm. Zu jeder Gewindesteigung gehört ein optimaler Messdrahtdurchmesser, bei dem die Messdrähte im Flankendurchmesser anliegen, so dass der Einfluss von Abweichungen des Flankenwinkels kleinstmöglich wird.

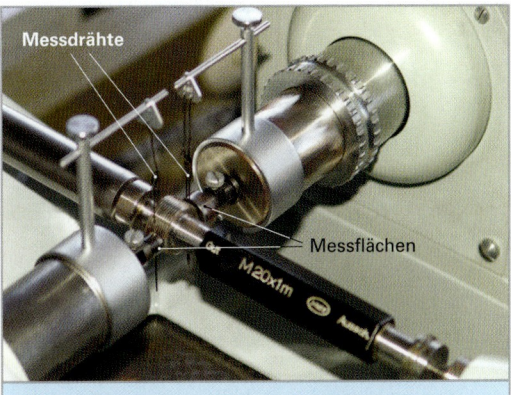

Bild 4: Messung von Flankendurchmessern

Den Flankendurchmesser von Innengewinden bestimmt man mit dem „Zwei-Kugel-Verfahren". Man verwendet Innenmessbügel mit kugelförmigen Messeinsätzen. Der Komparator wird dabei mit einem sehr genauen Lehrring eingestellt.

Kegelmessung

Am zu prüfenden Kegel werden Durchmesser an mehreren Stellen gemessen **(Bild 1 und Bild 2)**. Dazu wird der zu prüfende Kegel längs seiner Achse um eine bekannte Strecke verschoben (im Bild durch Anheben des Auflagetisches um eine bestimmte Strecke). Man verwendet dazu zylinderförmige Messeinsätze oder Prüfstifte.

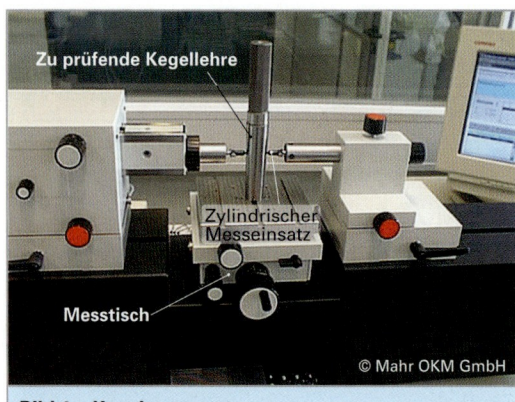

Bild 1: Kegelmessung

1.3.10 Mehrstellenmessgeräte

Zum wirtschaftlichen Messen sind spezielle Mehrstellenmessgeräte erhältlich. In ihnen sind meist elektronische (induktive) Messtaster eingebaut, deren Messergebnisse sich beliebig kombinieren lassen. Die Komponenten für Mehrstellenmessgeräte sind meist in Baukastenform erhältlich, so dass sich Vorrichtungen sehr einfach an neue Messaufgaben anpassen lassen.

Ein wichtiges Einsatzgebiet für Mehrstellenmessungen ist die Fertigung von Drehteilen, insbesondere von Wellen.

Ein Beispiel für die Anordnung der Messtaster zeigt **Bild 3**.

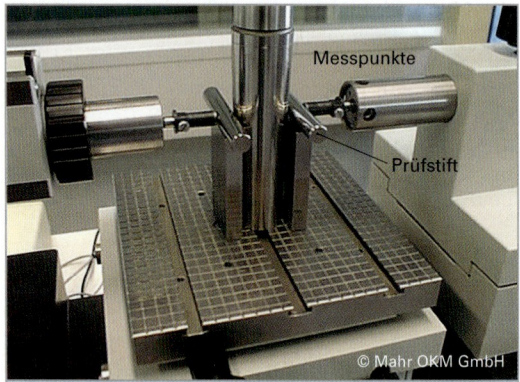

Bild 2: Kegelmessung (Detail)

Wiederholung und Vertiefung

1. Erklären Sie die Funktionsweise von konfokalen Sensoren.
2. Was ist beim Spannen von Messobjekten anzustreben?
3. Nennen sie die wichtigsten Spanntechniken.
4. Beschreiben Sie den Aufbau und die Funktionsweise eines Profilprojektors.
5. Wie ist die *Vergrößerung* definiert?
6. Worin besteht der Unterschied zwischen dem *Messen im Bild* und dem *Messen am Bild*?
7. Wie ist ein Komparator aufgebaut?
8. Wie erfolgt beispielhaft die Messung von Gewindeflanken?
9. Wie erfolgt die Kegelmessung?
10. Mit welchem Messgerät misst man bevorzugt Wellen?

Bild 3: Mehrstellenmessgerät für Wellen

1.3 Form und Lage

1.3.11 Laserscanner

Zur Prüfung von Durchmessern kann ein Laufzeitverfahren nach dem Scanning-Prinzip eingesetzt werden. Dabei wird ein Lichtstrahl (Laser) über einen schnell rotierenden Spiegel durch eine erste Linse geschickt (**Bild 1**). Da sich der Drehpunkt des Spiegels (= Auftreffpunkt des Laserstrahles) im Brennpunkt der Linse 1 befindet, entsteht nach dieser Linse ein Bereich, in dem der Lichtstrahl parallel zu sich selbst verschoben wird. Mit einer zweiten Linse wird der Lichtstrahl auf einen Empfänger (Fotodiode) gelenkt.

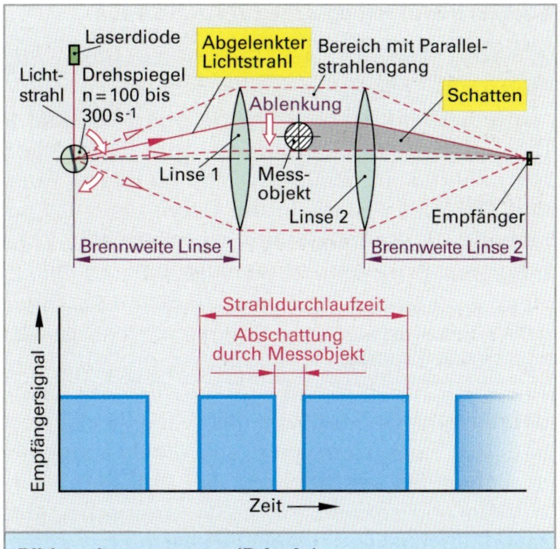

Befindet sich zwischen den Linsen ein Messobjekt (**Bild 2**), fällt das Signal am Empfänger für eine bestimmte Zeit aus. Die Zeitdauer dieser Signalunterbrechung ist ein Maß für den Durchmesser des Messobjektes.

Die Zeit zwischen zwei Strahldurchläufen liegt in der Größenordnung von 10 ms, die Messgenauigkeit kann 1 µm erreichen (**Tabelle 1**).

Anwendung: Schnelle Prüfung von runden Teilen, Regelung des Walzenabstandes an einem Profilwalzwerk durch kontinuierliches Messen.

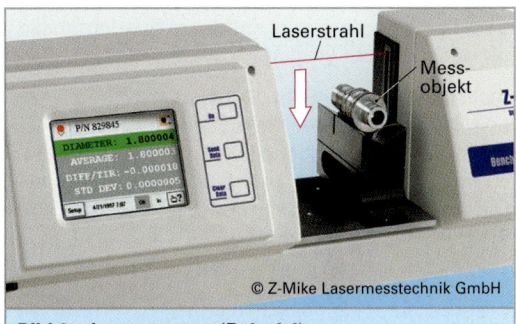

Bild 1: Laserscanner (Prinzip)

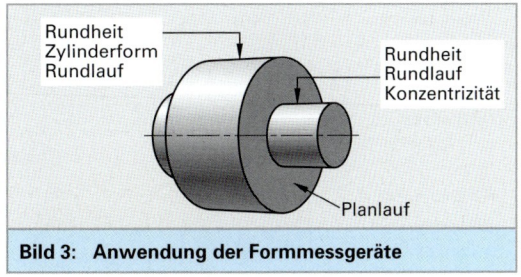

Bild 2: Laserscanner (Beispiel)

1.3.12 Formmessgeräte

Unter *Form* versteht man die großflächigen geometrischen Eigenschaften von Werkstücken[1]. In der Fertigungsmesstechnik ist vor allem die Messung der Rundheit und Zylinderform von großer Bedeutung (**Bild 3**).

Deshalb bezeichnet der Begriff *Formmessgerät* heute hauptsächlich Geräte, die zur Erfassung dieser Größen dienen. Trotzdem umfasst die Formprüfung auch z. B. die Prüfung von Geradheit, Verzahnungen und Freiformflächen.

Obwohl Formmessungen auch mit Koordinatenmessgeräten durchgeführt werden können, ist ein separates Formprüfgerät in der Präzisionsfertigung unverzichtbar. Selbst mit den genauesten Koordinatenmessgeräten sind Messunsicherheiten um 1 µm zu erwarten. Bei zulässigen Formabweichungen unterhalb ca. 5 µm würden sich zu große Unsicherheiten in der Nähe der Formtoleranzgrenzen ergeben.

Bild 3: Anwendung der Formmessgeräte

Tabelle 1: Kenngrößen eines Laserscanners

Messbereich	0,5 mm bis 50 mm
Längenmessabweichung	≤ ± 1,5 µm
Wiederholpräzision	0,5 µm
Messauflösung	0,5 µm
Scangeschwindigkeit	100 m/s

---
[1] Wichtige Richtlinie: VDI/VDE 2631 Formprüfung

1.3.12.1 Formmessgeräte für runde Teile

Zentrales Element von Formmessgeräten (für kreisrunde Teile) ist stets eine sehr genaue Rundführung (Drehtisch oder Spindellagerung) **(Bild 1)**. Diese kann als Gleitführung oder luftgelagert ausgeführt sein. Die Abweichungen des Rund- und Planlaufes liegen in der Regel unter 0,1 µm **(Tabelle 1)**. Spitzengeräte erreichen hier Lagerungsgenauigkeiten von wenigen nm.

> Die Formabweichungen werden meist mit induktiven Messtastern erfasst.

Bei kleineren Geräten wird das Werkstück bewegt und das Tastsystem steht still (Drehtischgeräte, im Folgenden beschrieben). Bei größeren Werkstücken und solchen mit unsymmetrischer Masseverteilung ist es sinnvoll, Geräte mit bewegtem Messtaster einzusetzen (Drehspindelgeräte). Diese Methode ist z. B. auch bei Messen von schräg liegenden Bohrungen (Motorblöcke) vorteilhaft, da sich die Messspindel einfacher ausrichten lässt als ein schweres Werkstück.

Als Tastsystem verwendet man meistens induktive Wegaufnehmer. Das Werkstück wird über einen winkelbeweglichen Hebel mit einem Tastelement (z. B. Kugel) mechanisch berührt **(Bild 2)**. Die Antastkräfte liegen im Bereich von 0,03 N bis 0,1 N.

Einflüsse auf das Messergebnis. Da bei der Formprüfung sehr kleine Abweichungen erfasst werden müssen, bestehen besondere Anforderungen **(Bild 3)**.

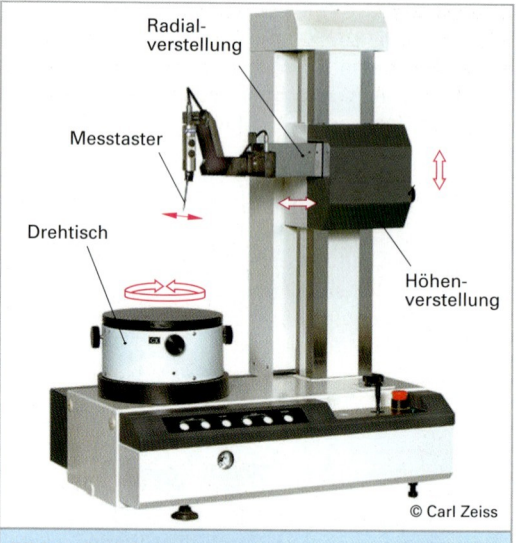

Bild 1: Kreisformmessgerät

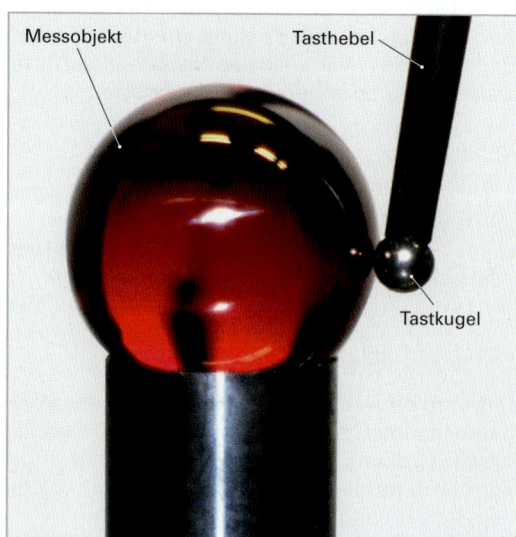

Bild 2: Antastung eines Messobjektes

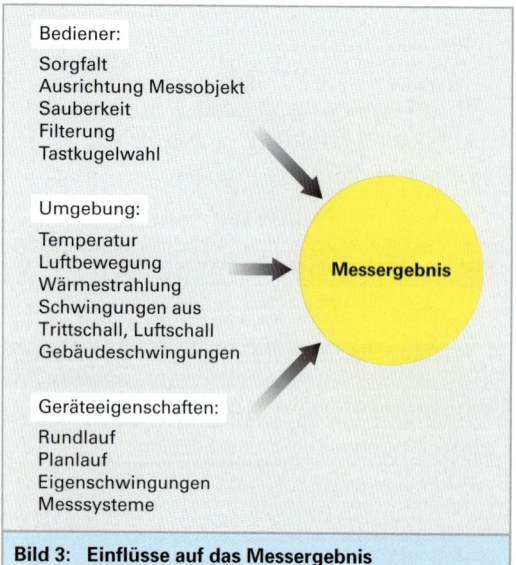

Bild 3: Einflüsse auf das Messergebnis

Bediener:
Sorgfalt
Ausrichtung Messobjekt
Sauberkeit
Filterung
Tastkugelwahl

Umgebung:
Temperatur
Luftbewegung
Wärmestrahlung
Schwingungen aus Trittschall, Luftschall
Gebäudeschwingungen

Geräteeigenschaften:
Rundlauf
Planlauf
Eigenschwingungen
Messsysteme

Tabelle 1: Kenngrößen eines Formmessgerätes	
Rundheitsmessabweichung	±(0,015 + 0,0002 h/mm) µm (Messhöhe in mm)
Planlaufmessabweichung	±(0,02 + 0,0001 R/mm) µm (Radius in mm)
Geradheitsmessabweichung	±(0,2 µm / 100 mm)
Tischdrehzahl	0,1 ... 10 min^{-1}
Anforderung an die Temperaturkonstanz	20 °C ± 1 K

1.3 Form und Lage

Messstrategie, Messpunktezahl. Um korrekte Messergebnisse zu erhalten, sollten möglichst viele Punkte aufgenommen werden **(Bild 1)**. Richtwert: Punktabstand höchstens 1/7 (besser 1/10) der Grenzwellenlänge λc.

Die Prüfung der Zylinderform stellt wesentlich höhere Anforderungen an das Messgerät als die Kreisformprüfung. Da in unterschiedlichen Axialpositionen gemessen wird, muss die Führung, an der der Taster entlang der Zylinderachse verfahren wird, möglichst parallel zur Drehtischachse ausgerichtet sein.

Auch die Messstrategie ist hier besonders wichtig. Bei der Prüfung der Zylinderform sollten stets volle Kreise gemessen werden, denn der Anfangs- und Endpunkt eines Kreisscans müssen identisch sein. Ist das nicht der Fall, ist das ein Indiz für z. B. thermische Drift. Nach Beseitigen der Ursache kann die Messung wiederholt werden.

Man gewinnt bei geschlossenen Kreisen zusätzliche Informationen, die z. B. bei einem schraubenlinienförmigen Scan nicht vorhanden sind. Je mehr Schnittebenen man an einem Zylinder zur Auswertung heranzieht, desto verlässlicher werden die Werte, allerdings dauert die Prüfung dadurch auch länger.

Tasterkalibrierung

Da die Tastarme **(Bild 2)** bei Formmessgeräten unterschiedlich ausgeführt sein können, ist auch die Messempfindlichkeit des Tastsystems unterschiedlich. Zur Kalibrierung verwendet man üblicherweise ein *Vergrößerungsnormal* (Zylinder mit bekannter Abflachung, auch *Flick-Normal* genannt).

Zur Kalibrierung der Filter verwendet man *Wellennormale*. Das sind runde Teile mit einer gezielt erzeugten Umfangswelligkeit **(Bild 4)**.

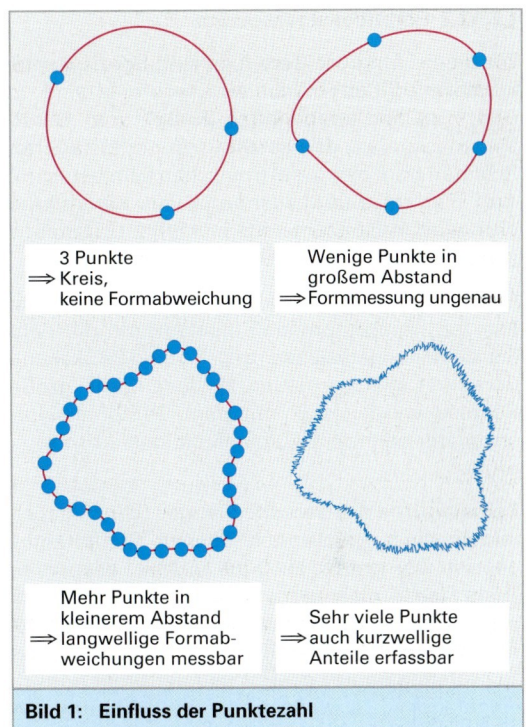

Bild 1: Einfluss der Punktezahl

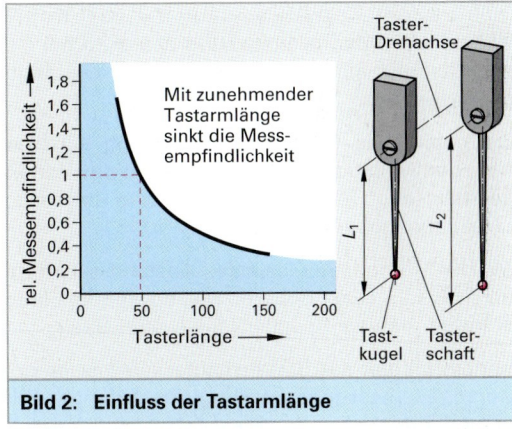

Bild 2: Einfluss der Tastarmlänge

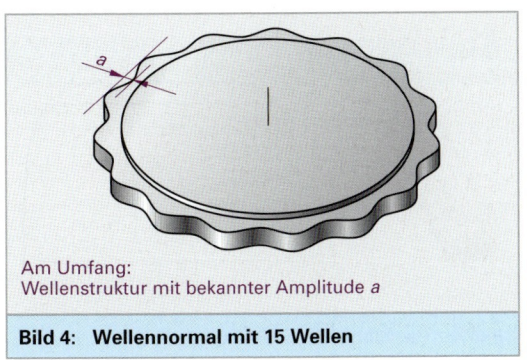

Bild 4: Wellennormal mit 15 Wellen

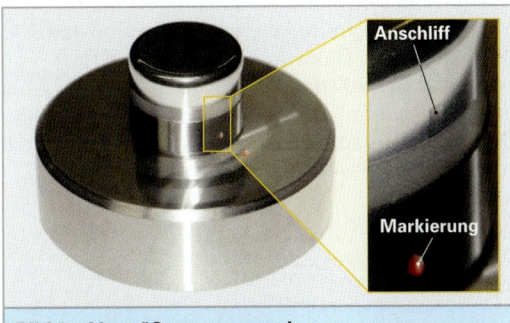

Bild 3: Vergrößerungsnormal

1.3.12.2 Geradheitsmessgeräte

Für die Prüfung der Geradheit sind Spezialgeräte erhältlich, die aber nicht sehr verbreitet sind. In **Bild 1** ist ein kombiniertes Winkel- und Geradheitsmessgerät dargestellt. Ein luftgelagerter Schlitten trägt einen elektronischen Feintaster, mit dem hier ein Geradheitsnormal aus Keramik geprüft wird. Auch die bereits erwähnte Umschlagsmessung lässt sich damit durchführen.

Auf den Drehtisch im Vordergrund des Bildes können z. B. Winkelnormale aufgelegt und mit dem Feinzeiger angetastet werden. So sind Winkel und Geradheit gleichermaßen prüfbar. Sehr große Bauteile werden z. B. mit dem Geradheitsinterferometer oder dem Autokollimationsfernrohr geprüft.

Früher wurde die Geradheit langer Bauteile auch mittels eines gespannten dünnen Stahldrahtes geprüft. Der fast bis zur *Streckgrenze*[1] gespannte Draht stellt eine recht gute Geradheitsverkörperung dar, wenn man ihn von oben betrachtet **(Bild 2)**. Zum Messen wird ein Mikroskop auf das zu prüfende Bauteil gesetzt und der Draht optisch eingefangen. Bei waagrechter Beobachtungsrichtung tritt der Durchhang des Drahtes als systematische Abweichung auf.

Wie bei der Rundheitsmessung bestehen bei Geradheitsmessungen mehrere Größen, die angegeben werden.

Die eigentliche Geradheitsabweichung wird gemäß der Definition als Abstand der beiden Zonengeraden (engl. MZLI – Minimum Zone Reference Lines) angegeben **(Bild 3)**.

Mit der Methode der kleinsten Abstandsquadrate (engl. LSLI – Least Squares mean reference line) ermittelt man die Ausgleichslinie nach *Gauß*.

Anders als bei der Rundheitsmessung ist es bei Geradheitsmessungen wichtig, die Anfangspunkte und Endpunkte der Messung genau zu definieren, da sich andernfalls unterschiedliche Geradheitsabweichungen ergeben können **(Bild 4)**. Das kann vor allem in den Randbereichen von Werkstücken auftreten. Die Messpositionen müssen genau definiert sein – z. B. durch Angaben im Prüfplan. Geradheitsmessgeräte werden durch Umschlagsmessung kalibriert.

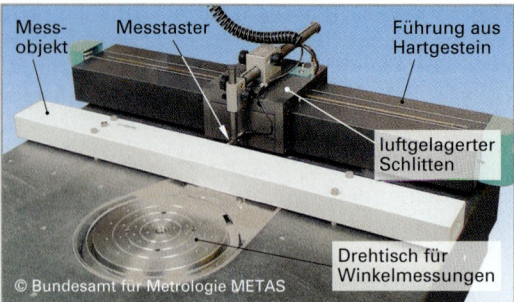

Bild 1: Geradheitsmessgerät

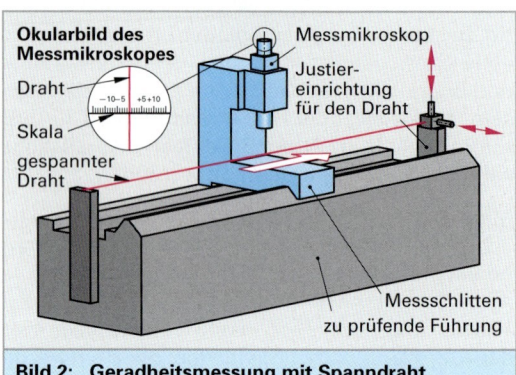

Bild 2: Geradheitsmessung mit Spanndraht

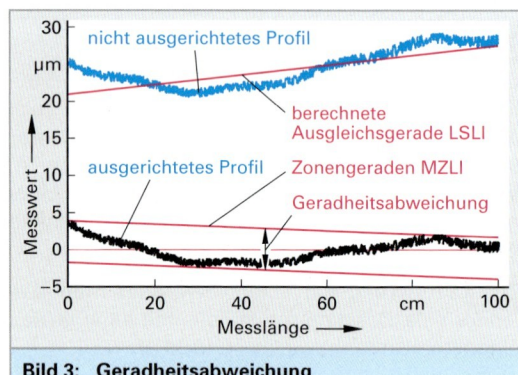

Bild 3: Geradheitsabweichung

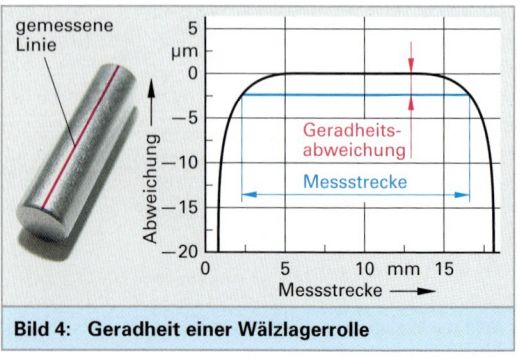

Bild 4: Geradheit einer Wälzlagerrolle

---

[1] Die Streckgrenze von Werkstoffen ist die Spannung (= Kraft/Querschnittsfläche), unterhalb der noch keine bleibende Verformung auftritt.

1.4 Interferometrische Messverfahren

1.4.1 Grundlagen

Interferenzen entstehen bei der Überlagerung von Lichtwellen. Wenn diese phasengleich vorliegen, kommt es zur Intensitätsverstärkung, bei gegenphasiger Überlagerung ergibt sich eine Auslöschung (**Bild 1**). Man kann mit Interferometern Wege sehr hoch aufgelöst messen und Formen von Oberflächen sehr genau erfassen.

> Die Interferometrie setzt man zu hochpräzisen Längenmessungen und zur Prüfung von Flächenformen ein.

Interferometer zur Längenmessung zeigen den Verschiebeweg mit einer Auflösung von 0,001 μm bis 0,01 μm an. Dies darf nicht darüber hinwegtäuschen, dass die eigentliche Messgenauigkeit insbesondere bei größeren Messstrecken auf Grund der klimatischen Einflüsse im Bereich von $\pm 10^{-6}$ liegt (also bei 1 m ca. ± 1 μm).

Mit sehr hohem Aufwand (z. B. beim „Nanometerkomparator" der PTB, der mit einem speziell stabilisierten Laser arbeitet) erreicht man eine Messgenauigkeit von etwa 10^{-9}.

1.4.1.1 Aufbau von Interferometern zur Wegmessung

Im Interferometer zur Wegmessung wird das Licht zunächst in zwei Strahlengänge aufgeteilt, die nach dem Durchlaufen unterschiedlicher optischer Wege wieder vereinigt werden (Zweistrahlinterferenz). Der wichtigste Zweistrahlinterferometer-Grundtyp ist das Michelson[1]-Interferometer (**Bild 2**).

Ein Laserstrahl wird an einem Strahlteiler in zwei gleiche Anteile aufgeteilt, die dann eine Messstrecke s_2 bzw. eine Vergleichsstrecke s_1 durchlaufen. Bei einer Veränderung der Wegdifferenz der beiden Strahlengänge um $\lambda/2$ beobachtet man am Detektor einen Übergang von hell nach dunkel (**Bild 3**). Eine optische Wegdifferenz um $\lambda/2$ ergibt sich bei der Verschiebung eines der beiden Spiegel um $\lambda/4$. Das System verhält sich damit im Prinzip wie ein Inkrementalmaßstab mit der Periode $\lambda/2$ (beim Helium-Neon-Laser mit 633 nm Wellenlänge also ca. 316 nm).

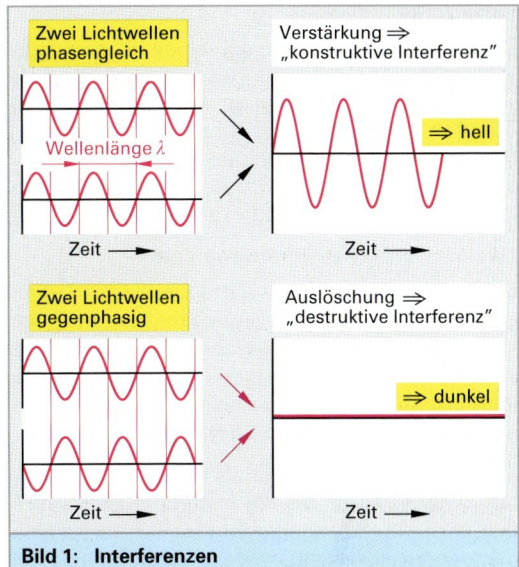

Bild 1: Interferenzen

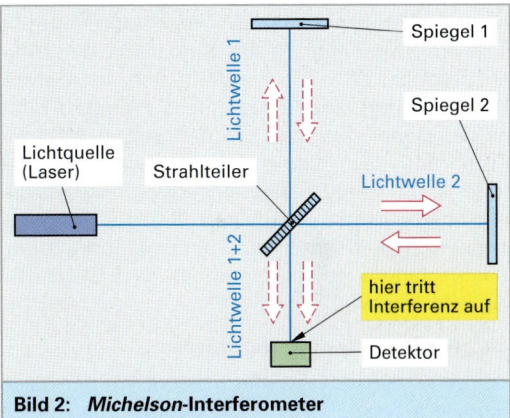

Bild 2: Michelson-Interferometer

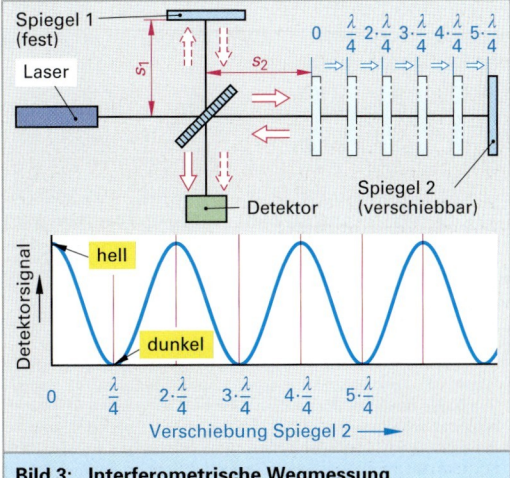

Bild 3: Interferometrische Wegmessung

---

[1] Abraham Albert Michelson, Physiker, geb. 19. 12. 1852 in Strelno (heutiges Polen) † 9.5.1931 (USA), 1907 Nobelpreis für Physik

Reflektoren

Da die exakte Ausrichtung eines Planspiegels senkrecht zum Lichtstrahl bei der Interferometrie sehr schwierig ist, verwendet man fast ausschließlich *Retroreflektoren*. Dies sind Würfelecken aus Glas, die einen einfallenden Lichtstrahl parallel zu sich selbst reflektieren. Solche Reflektoren nennt man auch *Tripelprismen*.

Zweifrequenz-Laser-Interferometer

Die Strahlungsquelle (Zweifrequenz-Laser) emittiert ständig Strahlung in zwei Frequenzen f_1 und f_2 (das entspricht 2 Wellenlängen λ_1 und λ_2), die senkrecht zueinander polarisiert sind **(Bild 1)**. Im Interferometer werden die beiden durch einen polarisationsempfindlichen Strahlteiler getrennt.

Die Strahlung mit λ_1 dient als Messstrahlung, die mit λ_2 als Referenz, die am festen Reflektor reflektiert wird. Am Strahlteiler werden die zurückkommenden Strahlengänge wieder vereinigt und treffen auf einen Detektor.

Auch bei stillstehenden Messreflektoren ergibt sich am Empfänger E_2 ein Signal mit der Differenzfrequenz $\Delta f = f_2 - f_1$. Wenn sich der Messreflektor bewegt, ändert sich diese Frequenz infolge des *Dopplereffektes*[1] um den Betrag Δf_M, der proportional zur Verschiebegeschwindigkeit ist **(Bild 2)**. In dieser Dopplerfrequenz steckt die Verschieberichtung des Messreflektors. Der Weg ergibt sich durch Integration der Dopplerfrequenz. Das Verfahren ist also eigentlich eine Geschwindigkeitsmessung.

Einfrequenz-Laser-Interferometer

Bei dieser Art des Interferometers werden zwei Signale erzeugt, die um $\lambda/4$ gegeneinander verschoben sind **(Bild 3)**. Dazu dient eine optische Verzögerungsplatte ($\lambda/4$-Platte). Diese Wegdifferenz ist erforderlich, um die Bewegungsrichtung des Reflektors zu erfassen.

Im Unterschied zur Zweifrequenzmethode ergibt sich hier kein andauerndes Wechselsignal, sondern man wertet die Bestrahlungsstärke an den Empfängern aus. Bei einer Verschiebung des Reflektors um $\lambda/4$ ergibt sich dort ein Wechsel von Hell nach Dunkel, wobei die Signale der Empfänger um eine viertel Wellenlänge gegeneinander verschoben sind.

---

[1] Chr. Doppler, österr. Physiker (1803 bis 1953). Dopplereffekt: Wenn sich eine Lichtquelle bewegt, verändert sich die Wellenlänge des davon ausgehenden Lichtes. Der gleiche Effekt tritt auch bei Schallwellen auf, die von bewegten Quellen ausgehen. Beispiel: Beim vorbeifahrenden Feuerwehrauto mit Martinshorn ist der Ton höher, wenn es sich auf einen zubewegt und tiefer, wenn es sich von einem wegbewegt.

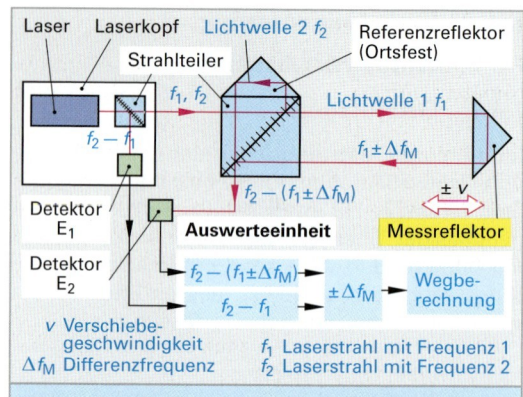

Bild 1: Zweifrequenz-Laser-Interferometer

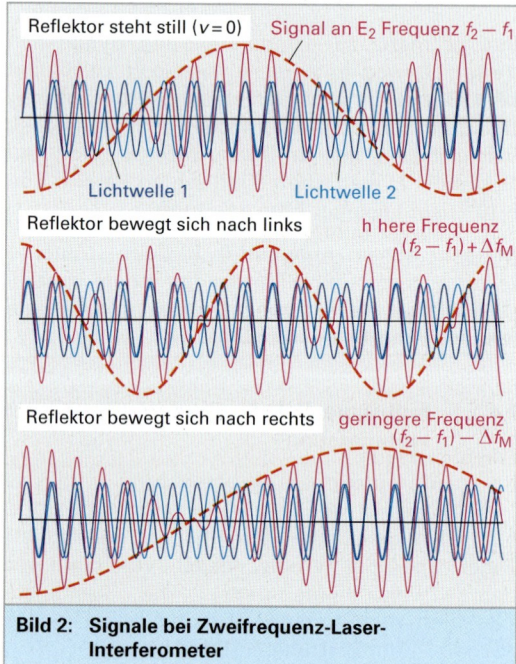

Bild 2: Signale bei Zweifrequenz-Laser-Interferometer

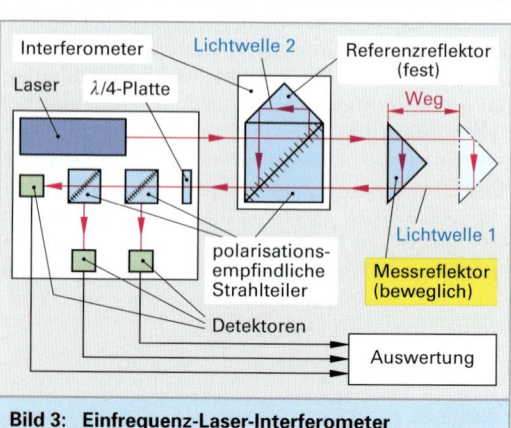

Bild 3: Einfrequenz-Laser-Interferometer

1.4.1.2 Strahlungsquellen

Als Strahlungsquelle für handelsübliche Interferometer werden Helium-Neon-Laser oder auch Halbleiterlaser verwendet. Wichtig für die interferometrische Messung größerer Wege ist eine möglichst große Kohärenzlänge, d. h. lange, zusammenhängende Wellenzüge der Strahlungsquelle, was beim He-Ne-Laser **(Bild 1)** sehr gut gegeben ist.

He-Ne-Laser, λ ca. 633 nm:

- mit Stabilisierung hohe zeitliche Konstanz der Laserwellenlänge ($< 10^{-9}$),
- gute Strahlqualität (geringe Divergenz 0,5 mrad),
- hohe Kohärenzlänge.

Halbleiterlaser (Laserdioden), λ ca. 860 nm:

- preisgünstig,
- langlebig,
- Zusatzoptik zur Stahlparallelisierung erforderlich,
- geringere Kohärenzlänge,
- geringe Wellenlängenstabilität.

Halbleiterlaser **(Bild 2)** verwendet man für Mikrointerferometer.

1.4.2 Einflüsse auf die Messgenauigkeit

Klimatische Einflüsse

Die interferometrische Wegmessung erreicht hohe Genauigkeiten, wenn man einige Voraussetzungen beachtet: Ein Interferometer misst immer eine optische Wegdifferenz. Im Vakuum entspricht diese der geometrischen Wegdifferenz. Wenn man jedoch in normaler Umgebung arbeitet, muss man die aktuelle Brechzahl der Luft berücksichtigen. Diese beeinflusst die Lichtgeschwindigkeit und damit die Wellenlänge des Lichtes.

Es gilt:

$$\Delta l_{geom} = \frac{1}{n_{Luft}} \cdot \Delta l_{opt}$$

Δl_{geom} Wegdifferenz (geometrisch)
n_{Luft} Brechzahl
Δl_{opt} Wegdifferenz (optisch)

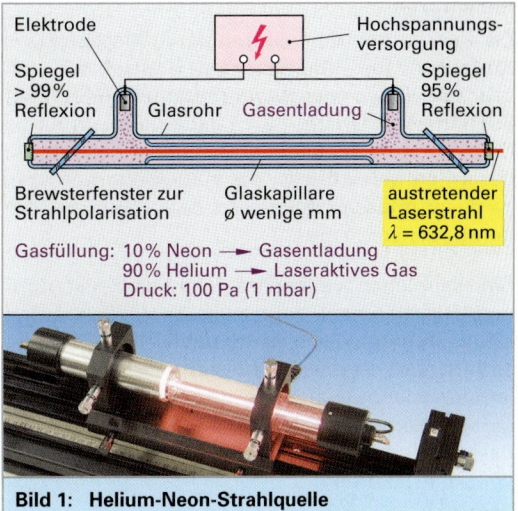

Bild 1: Helium-Neon-Strahlquelle

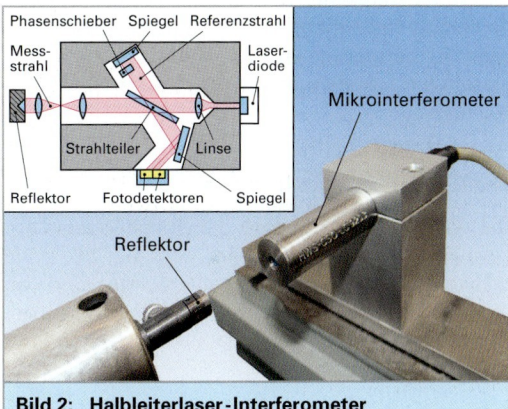

Bild 2: Halbleiterlaser-Interferometer

Die Brechzahl der Luft hängt hauptsächlich von der Temperatur, dem Druck und der Luftfeuchte ab. Auch der CO_2-Gehalt spielt eine gewisse Rolle. Die Brechzahl kann näherungsweise mit der empirisch gefundenen *Edlén*[1]*-Gleichung* berechnet werden.

$$n = 1 + \frac{2{,}879294 \cdot 10^{-9} \cdot (1 + 0{,}54 \cdot 10^{-6}(C - 300))\, P}{1 + 0{,}003671 \cdot T} - 0{,}42063 \cdot 10^{-9} \cdot F$$

C der CO_2-Gehalt in ppm
F der Partialdruck des Wasserdampfes in Pa
P der Luftdruck in Pa
T die Temperatur in °C

Die ungefähre Abhängigkeit der Wegmessgenauigkeit ergibt sich für folgende Änderungen:

Lufttemperatur ($\pm$ 1 K $\rightarrow \Delta l \approx \pm 1 \cdot 10^{-6}$),
Luftdruck ($\pm$ 1 hPa $\rightarrow \Delta l \approx \pm 3 \cdot 10^{-7}$),
Luftfeuchte ($\pm$ 1 % RF $\rightarrow \Delta l \approx \pm 1 \cdot 10^{-9}$),
Werkstücktemperatur ($\pm$ 0,1 K $\rightarrow \Delta l \approx \pm 1 \cdot 10^{-6}$).

---

[1] *Bengt Edlén*, schwedischer Wissenschaftler (1906 bis 1993)

Man berücksichtigt die klimatischen Größen in der Interferometrie meistens durch Messung und Korrektur des Interferometer-Messwertes mittels der *Edlén-Gleichung* (Parameter-Methode). Besonders schwierig ist es dabei, die Lufttemperatur mit ausreichender Genauigkeit entlang der gesamten Messstrecke, die viele Meter betragen kann, zu erfassen. Man setzt dazu mehrere Temperatursensoren ein.

Man kann auch die Brechzahl der Luft direkt mit einem Refraktometer (optisches Brechzahlmessgerät) bestimmen. Da hier der tatsächliche Wert bestimmt wird, ist diese Methode die genauere. Sie ist aber viel aufwändiger, da ein weiteres Messgerät benötigt wird. Dabei ist auch problematisch, dass die Brechzahl nur an einer Stelle der Messstrecke erfasst wird.

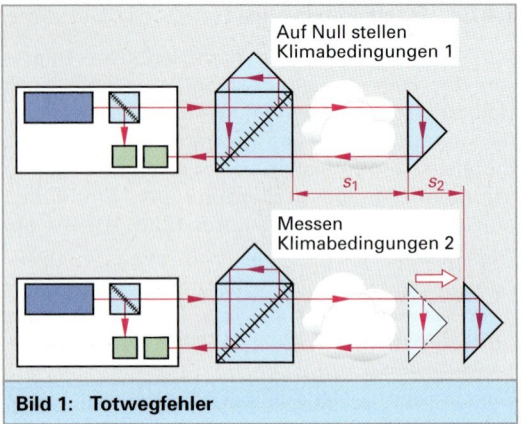

Bild 1: Totwegfehler

In unklimatisierten Fertigungsbereichen sind Messungen mit Interferometern ohne Klimakompensation stets mit größeren Messunsicherheiten behaftet. Längenmessungen sind dann mit einem wesentlich preisgünstigeren Inkrementalmaßstab genauer.

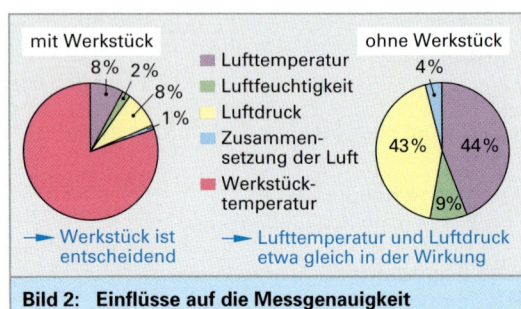

Bild 2: Einflüsse auf die Messgenauigkeit

Einfluss der Laserwellenlänge

Die Wellenlängenkonstanz der üblicherweise eingesetzten stabilisierten Laser liegt bei 10^{-8}. Die Schwankungen der Laserwellenlänge sind gegenüber den klimatischen Einflüssen, die in der Größenordnung 10^{-7} bis 10^{-6} liegen, weitgehend vernachlässigbar.

Totwegfehler

Ein Totwegfehler **(Bild 1)** tritt dann auf, wenn die folgenden Bedingungen zutreffen:

- der Interferometermesswert wird automatisch mit den Klimamesswerten korrigiert,
- die Nullposition wird bei größerem Abstand des Retroreflektors vom Interferometer vorgenommen,
- die Klimabedingungen ändern sich während der Messung.

Beispiel: Das Interferometer wird beim Abstand s_1 des Reflektors zum Interferometer auf Null gesetzt. Wenn sich die Umgebungsbedingungen während der Messung ändern, verändert sich die optische Weglänge. Die Wegkompensation mit den Klimadaten erfolgt aber nur für die Strecke s_2. Die nicht kompensierte Strecke s_1 führt zu Messabweichungen.

Der Reflektor sollte sich beim Nullstellen des Messwertes möglichst nahe am Interferometer befinden (max. 10 mm Abstand). Falls dies nicht möglich ist, muss der Abstandes s_2 zur Korrektur bekannt sein. Damit wird der Abstand der Optiken beim Nullsetzen in der Klimakompensation berücksichtigt.

Temperaturabweichungen des Messobjektes

Wenn man die volle Messgenauigkeit **(Bild 2)** eines längenmessenden Interferometers nutzen will, spielt die thermische Ausdehnung des Messobjektes eine wichtige Rolle. Sie lässt sich, wenn man den thermischen Längenausdehnungskoeffizienten α und die Temperatur kennt, weitgehend kompensieren.

Besonders bei größeren Objekten muss darauf geachtet werden, dass die Temperatur an ausreichend viele Stellen des Messobjektes erfasst wird, denn Temperaturunterschiede im Werkstück führen auch zu örtlich unterschiedlicher Wärmedehnung. Üblicherweise verwendet man Temperatursensoren mit Haftmagneten, die sich an Stahlteilen leicht befestigen lassen.

1.4.3 Anwendungen der längenmessenden Interferometrie

Man benutzt Interferometer unter anderem zur Kalibrierung von Maßstäben, zur Steuerung sehr genauer Maschinen (Maßstabsteilmaschinen, Ultrapräzisionsmaschinen) und zur Überwachung von Messgeräten **(Bild 1)**.

Der Aufwand für die exakte Winkeljustierung der Planspiegel im *Michelson-Interferometer* ist sehr groß. Deshalb verwendet man in der Praxis häufig Retroreflektoren **(Bild 1)**. Dies sind Würfelekken, die einen einfallenden Strahl parallel zur Einfallsrichtung aber mit seitlichem Versatz reflektieren. Die Reflexionsrichtung ist unabhängig von der Verkippung des Reflektors.

Der Strahlversatz ist für die Präzisionswegmessung oft vorteilhaft, denn die Rückreflexion der Laserstrahlung in die Laserquelle muss vermieden werden. Diese würde die Wellenlängenstabilisierung im Laser stören.

Das eigentliche Interferometer zur Wegmessung besteht aus einem Strahlteiler und einem Referenzreflektor, die fest miteinander verbunden sind. Der Strahlteiler lässt Strahlung je nach deren Polarisationsrichtung durch oder lenkt sie um 90° ab.

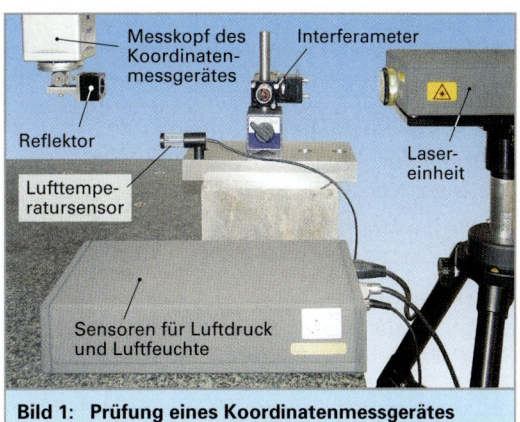

Bild 1: Prüfung eines Koordinatenmessgerätes

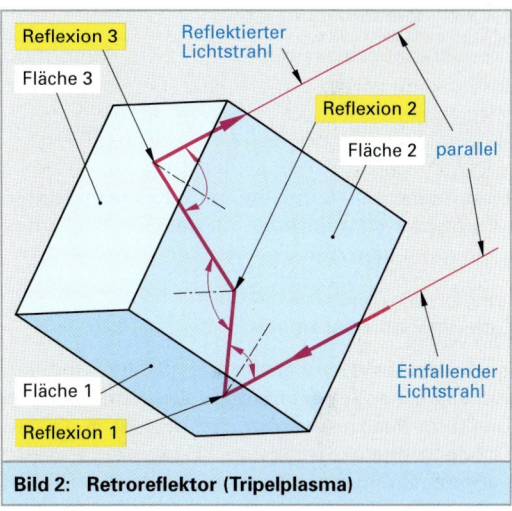

Bild 2: Retroreflektor (Tripelplasma)

1.4.3.1 Kippwinkelmessung

Um Kippwinkel interferometrisch zu messen, führt man den Winkel auf einen Wegunterschied zurück. Ein Winkelinterferometer besteht aus einem Strahlteiler mit Strahlumlenkung und einem Doppelreflektor **(Bild 3)**. Es erzeugt zwei Strahlengänge mit Parallelversatz. Die Verkippung des Doppelreflektors führt zu einer Wegdifferenz der beiden Strahlengänge. Mit dem seitlichen Versatz lässt sich der Kippwinkel bestimmen.

Im Unterschied zur interferometrischen Wegmessung ist dabei keine Umweltkompensation erforderlich, denn die beiden optischen Wege sind nahezu gleich lang und dicht benachbart, so dass sich Schwankungen des Klimas gleich auswirken.

Messbar sind der Nickwinkel und der Gierwinkel. Der Rollwinkel (Drehung um die Messachse) ist interferometrisch nur mit sehr hohem Aufwand messbar. Man setzt hierzu oft elektronische Neigungsmessgeräte ein.

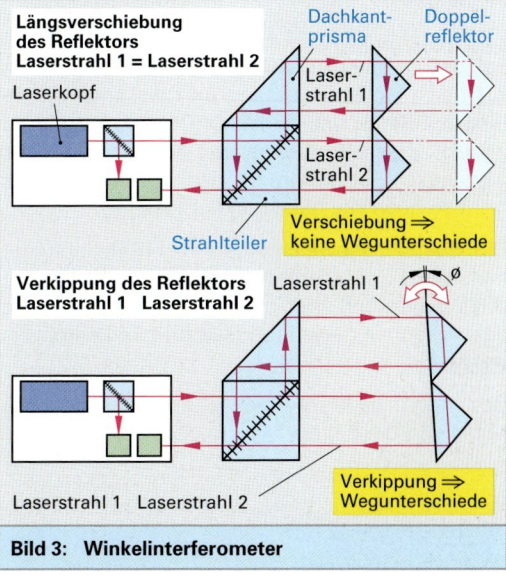

Bild 3: Winkelinterferometer

Der Winkelmessbereich von Winkelinterferometern beträgt bis zu ± 10°. In Kombination mit einem sehr genauen Drehtisch können beliebige Winkel gemessen werden. Für kleine Winkel stellt das Winkelinterferometer eine der genauesten Messmethoden, die mit optoelektronischen Autokollimationsfernrohren konkurrieren kann. Ein Nachteil liegt in der Tatsache, dass der Strahlengang beim interferometrischen Messen nie unterbrochen werden darf.

Die Messabweichungen des Winkelinterferometers steigen bei größeren Winkeln schnell an. Hochwertige inkrementale Winkelmessgeräte sind bei Winkeln ab einigen Grad unter Umständen genauer und preisgünstiger.

Bild 1: Geradheitsinterferometer

1.4.3.2 Geradheitsmessung

Die Geradheitsmessung ist auf zwei Arten möglich:

- kontinuierlich mit einem *Geradheitsinterferometer*,
- schrittweise mit einem Kippwinkelinterferometer (vergleichbar mit der Geradheitsmessung mit dem AKF).

Geradheitsinterferometer

Auch die Abweichung von der idealen Geraden kann auf eine Wegdifferenz zurückgeführt werden. Das Geradheits-Interferometer besteht in diesem Fall aus einem Strahlteiler (*Wollaston*[1]-Prisma), der zwei Strahlengänge erzeugt. Diese verlaufen unter relativ spitzem Winkel zueinander. Sie werden an einem speziellen Winkelspiegel reflektiert und im Wollaston-Prisma wieder vereint **(Bild 1)**.

Bei der Querverschiebung des Strahlteilers verkürzt sich ein Strahlengang und der andere wird länger **(Bild 2)**. Das Wollaston-Prisma ist unempfindlich gegen Verdrehen und Kippen. Die Messgenauigkeit ist aufgrund des spitzen Winkels nicht so hoch wie bei der Wegmessung.

Die Ebenheitsabweichungen des Reflektors gehen in das Messergebnis mit ein. Durch Umschlagsmessung mit gedrehtem Geradheitsreflektor können diese Einflüsse zum Teil eliminiert werden.

Das endgültige Messergebnis ergibt sich dann als Mittelwert der beiden Messungen.

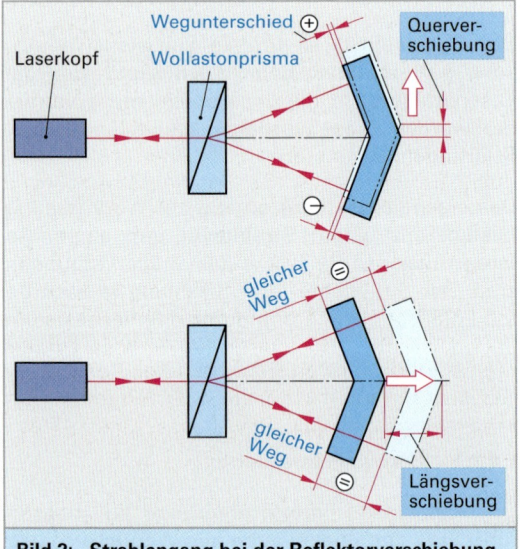

Bild 2: Strahlengang bei der Reflektorverschiebung

Da die beiden optischen Weglängen ungefähr gleich sind und nahe beieinander liegen, ist keine Klimakompensation erforderlich.

Quellen von Messabweichungen: Luftturbulenzen, Schwingungen, Neigungsfehler, Abweichungen der Optiken, mangelhafte optische Ausrichtung, lokale Wärmequellen, lokale und globale Temperaturänderungen im Messobjekt während der Messung, unzureichender Temperaturausgleich in den Optiken (Handwärme bei der Justierung).

> Bei der Interferometrie darf der Strahlengang nie unterbrochen werden.

---

[1] *William Hyde Wollaston* (1766 bis 1828), engl. Physiker

Schrittweise Messung mit dem Winkelinterferometer

Der Doppelreflektor des Winkelinterferometers wird auf eine Basisplatte mit definiertem Abstand der Auflagepunkte montiert. Diese Kombination wird jeweils um genau den Basisabstand versetzt. Die Geradheitsabweichungen ergeben sich durch Summieren der Neigungen (Neigungsintegrationsverfahren). Die Genauigkeit entspricht etwa der bei der Verwendung fotoelektrischer AKF's.

1.4.3.3 Ebenheitsmessung

Mit den Methoden zur Geradheitsmessung können auch Ebenheitsmessungen an plattenförmigen Bauteilen vorgenommen werden. Es wird die Geradheit längs, quer und diagonal gemessen. Daraus kann die Ebenheitsabweichung bestimmt werden. Der Justieraufwand ist dabei recht hoch. Einfacher, aber nicht ganz so genau: Messung mit Neigungsmessgeräten.

Die Ebenheit spiegelnder Flächen kann auch durch flächenhaft arbeitende interferometrische Verfahren erfasst werden.

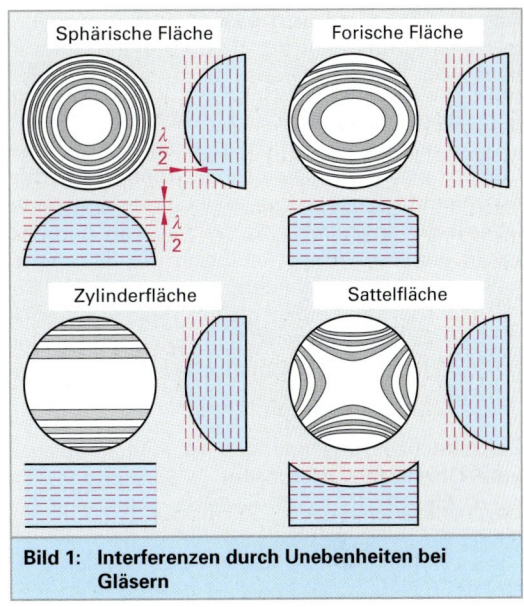

Bild 1: Interferenzen durch Unebenheiten bei Gläsern

1.4.4 Formprüfung

Zur Prüfung optischer Flächen werden seit langem optische Probegläser verwendet. Hierbei ergeben sich Interferenzen zwischen den beiden Glasflächen, so dass Formabweichungen als Unregelmäßigkeiten der Interferenzstreifen (*Fizeau*-Streifen[1]) erkennbar sind **(Bild 1)**.

Bei diesem Verfahren ist für jede Flächenform ein spezielles Probeglas erforderlich, denn die eingesetzten Lichtquellen haben nur sehr geringe Kohärenzlängen. Laser mit großer Kohärenzlänge ermöglichen Interferenzen auch über große Strecken. In den meisten Interferometern zu Formprüfung wird zunächst eine ebene Wellenfront erzeugt.

Um sphärische Flächen zu prüfen, benötigt man ein Prüfobjektiv, das daraus eine Kugelwelle bildet **(Bild 2)**. Bei der Reflexion an der zu prüfenden Oberfläche führen Formabweichungen zu Verzerrungen der Wellenfronten, die im Interferenzbild sichtbar werden. Um Flächen mit unterschiedlichen Radien zu prüfen, muss lediglich der passende Abstand zum Prüfobjektiv eingestellt werden.

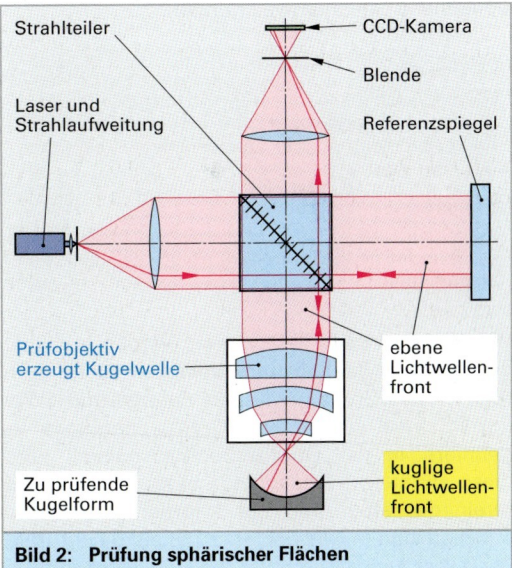

Bild 2: Prüfung sphärischer Flächen

Es sind konvexe und konkave Flächen prüfbar. Wesentlich aufwändiger ist die Prüfung *asphärischer*[2] Flächen. Man benötigt dazu Prüfobjektive, die die Wellenfronten so formen, dass sie der zu prüfenden Oberfläche entsprechen. Solche Objektive sind sehr teuer. Für jede Asphärenform ist ein spezielles Objektiv erforderlich. Man setzt auch holografische Korrekturplatten ein (CGH = computergenerierte Hologramme), die den gleichen Effekt haben.

---

[1] *Armand Hippolyte Louis Fizeau*, franz. Physiker (1819 bis 1896)
[2] Asphäre bedeutet „nicht-kugelförmig". Im weitesten Sinne ist also jede beliebig geformte Oberfläche eine Asphäre. Optische Asphären sind oft rotationssymmetrisch (z. B. Parabolspiegel).

1.5 Oberflächenmesstechnik

Bei vielen Bauteilen spielt das Einhalten bestimmter Oberflächenstrukturen eine wichtige Rolle. Zum Beispiel ist es bei den Kolbenlaufbahnen im Verbrennungsmotor wichtig, dass die Oberfläche nur wenig verschleißt, gleichzeitig aber das Schmiermittel gut halten bleibt. Hier wird eine Oberfläche angestrebt, die plateauartig geformt ist. In den Vertiefungen soll sich das Schmieröl halten, auf den erhabenen, verschleißfesten Bereichen soll der Kolben gleiten. Solche Oberflächen erreicht man z. B. durch Honen (Ziehschleifen) und durch anschließendes Ätzen bestimmter Aluminium-Silizium-Legierungen.

Bei manchen Anwendungen ist eine möglichst gute Oberfläche erforderlich (z. B. optische Flächen, Messflächen), bei anderen muss eine bestimmte Rauheit erreicht werden (z. B. Klebeflächen, Flächen, die beschichtet werden sollen).

Je nach Fertigungsverfahren und den verwendeten Fertigungsparametern ergeben sich unterschiedliche Gestaltabweichungen.

Welligkeit:
Formabweichungen, die sich über größere Werkstückbereiche erstrecken sind langwellig. Die Vertikalausdehnung ist klein gegenüber der seitlichen Aus-dehnung.

Rauheit:
lokale, kurzwellige Formabweichungen. Die Vertikalausdehnung ist in der Größenordnung der seitlichen Ausdehnung.

Die Messwerte des Tastsystems werden zunächst gefiltert, um Rauheit und Welligkeit zu trennen **(Bild 1)**. Die Grenze zwischen *Rauheit* und „Welligkeit" wird durch eine Grenzwellenlänge λ_c definiert. In der Oberflächenmesstechnik wird diese als *cut-off-Wellenlänge* bezeichnet. Die Filtereigenschaften und die erforderlichen Messstrecken sind in DIN EN ISO 4288 festgelegt **(Bild 2)**. Dabei werden periodische und aperiodische (nicht-periodische) Profile unterschieden.

Periodische Profile entstehen z. B. beim Drehen. Es entstehen regelmäßige Wellen durch Zusammenwirken der Form der Werkzeugschneide und Vorschubbewegung **(Bild 3)**. Aperiodische Profile entstehen z. B. beim Schleifen oder Polieren. An den Werkstücken sind dabei keine regelmäßigen Strukturen erkennbar. Wenn bestimmte Anforderungen hinsichtlich der Oberflächenqualität bestehen, sind diese in den Fertigungsunterlagen vermerkt und müssen also auch geprüft werden.

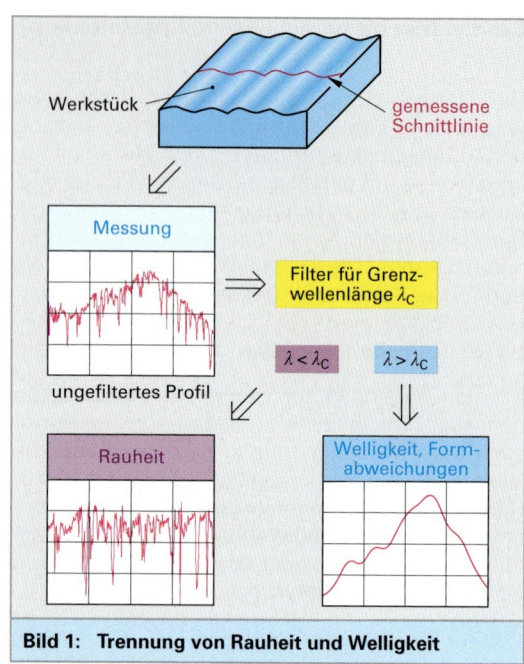

Bild 1: Trennung von Rauheit und Welligkeit

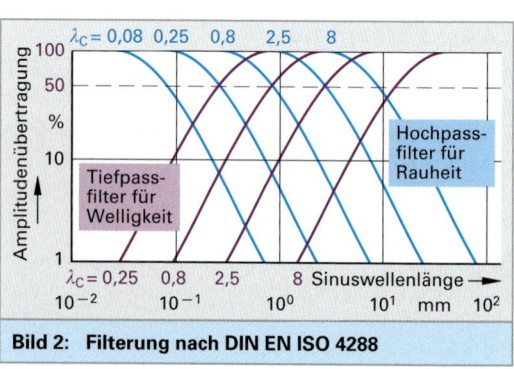

Bild 2: Filterung nach DIN EN ISO 4288

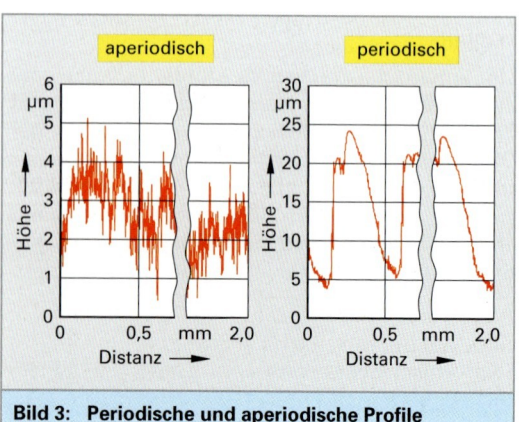

Bild 3: Periodische und aperiodische Profile

1.5 Oberflächenmesstechnik

1.5.1 Mechanische Oberflächenmessung

Die mechanische Abtastung der Oberfläche mit einem **Tastschnittgerät** ist derzeit das Standardverfahren der Oberflächenprüfung. Die aktuelle Normung bezieht sich auf dieses Verfahren, obwohl es auch Anstrengungen gibt, z. B. optisch ermittelte Oberflächenkenngrößen in die Normen mit aufzunehmen.

Eine feine Spitze (üblicherweise Diamant mit einem Spitzenradius von 2 bis 10 µm und 60° oder 90° Spitzenwinkel wird über die Oberfläche gezogen und ihre Vertikalauslenkung (meist mit einem induktiven Messsystem) erfasst **(Bild 1)**.

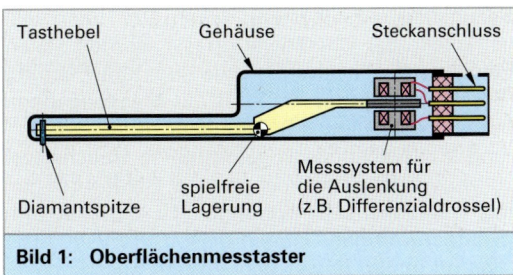

Bild 1: Oberflächenmesstaster

Die Linearbewegung wird mittels eines Vorschubgerätes erzeugt. Es wird bei einfachen Geräten direkt auf das Werkstück aufgesetzt, was bei großen Werkstücken vorteilhaft ist **(Bild 2)**. Laborgeräte werden stationär eingesetzt. Das Vorschubgerät kann dabei an einer stabilen senkrechten Führung in der Höhe positioniert werden **(Bild 3)**.

Das Werkstück wird auf einer Platte aufgelegt. Werkstück und Vorschubgerät können zueinander ausgerichtet werden. Wenn nicht nur ein einziger Profilschnitt erforderlich ist, sondern wenn ein ganzer Oberflächenbereich abgetastet werden soll, wird das Werkstück auf einen steuerbaren Lineartisch aufgelegt, so dass viele nebeneinander liegende Profilschnitte erzeugt werden können.

Bild 2: Tragbares Tastschnittgerät

Tastsysteme

Kufentastsystem. Am Taster **(Bild 4)** befindet sich eine Gleitkufe, die auf die zu prüfende Oberfläche aufgesetzt wird. Damit folgt der gesamte Taster der Kontur des Werkstückes. Langwellige Gestaltabweichungen werden dadurch herausgefiltert. Die Tastnadel, die durch eine Öffnung in der Gleitkufe ragt, wird nur noch durch die kurzwelligen Rauheiten ausgelenkt.

Kufentastsysteme sind sehr robust und unempfindlich gegen Schwingungen, da der Messkreis sehr klein ist. Sie werden bei einfachen Rauheitsmessgeräten (z. B. zum Aufsetzen von Hand) verwendet. Sie sind nicht geeignet für empfindliche Oberflächen. Die erfassbare Gestaltabweichungen ist die Rauheit.

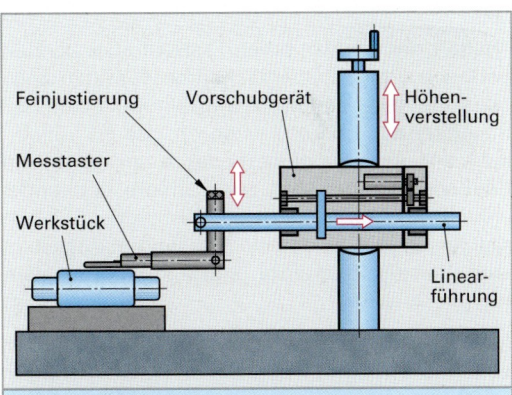

Bild 3: Aufbau eines Tastschnittgeräts

Pendeltastsystem. Ähnlich wie beim Kufentaster folgt hier das gesamte Tastsystem der Oberfläche. Pendeltastsysteme werden z. B. bei Oberflächenmessungen an Blechteilen verwendet. Die erfassbare Gestaltabweichungen ist die Rauheit.

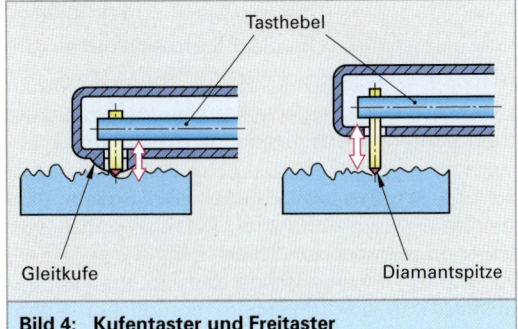

Bild 4: Kufentaster und Freitaster

Bezugsflächentastsystem. Wenn auch langwellige Anteile der Oberfläche erfasst werden sollen, benötigt das Tastsystem eine separate Führung (Bezugsfläche), auf die sich die Messung dann bezieht. Dies kann z. B. eine sehr gute Geradführung im Vorschubgerät sein **(Bild 1)**. Üblicherweise verwendet man hochgenaue Gleitführungen mit Geradheitsabweichungen < 1 µm/100 mm (bei hochwertigen Geräten bis < 0,1 µm/100 mm). Gleitführungen haben den Vorteil, dass kurzwellige Abweichungen, die als Rauheit interpretiert würden, kaum auftreten. Bei hochwertigen Wälzführungen erreicht das Rauschen (nicht reproduzierbare kurzwellige Führungsabweichungen) Amplituden von max. 0,05 µm, was ungefähr einem R_a von 6 nm entspricht.

Bezugsflächentastsysteme sind universell anwendbar, denn sowohl Rauheit als auch Welligkeit sind erfassbar. Hohe Auflösungen erfordern stabile, schwingungsisolierte Messaufbauten, denn der Messkreis ist sehr groß.

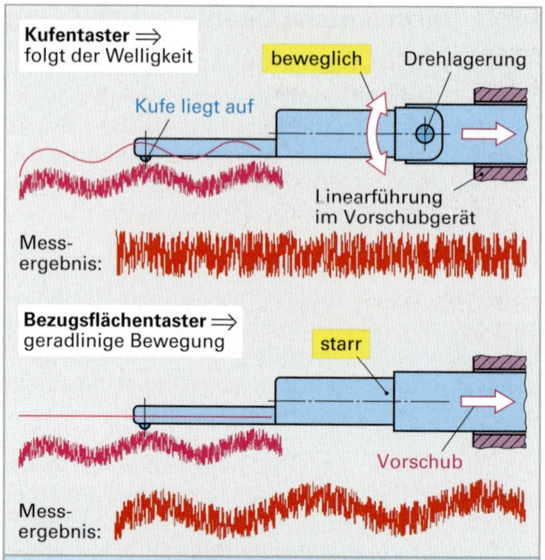

Bild 1: Bezugsflächentastsystem

1.5.2 Berührungslose Oberflächenmessung

1.5.2.1 Optische Oberflächenmesstechnik

Anstelle des mechanischen Tastsystemes können bei hochwertigen Oberflächenmessgeräten auch optische Taster eingesetzt werden. Dies sind normalerweise Autofokussensoren, doch können auch z. B. Triangulationssensoren und konfokale Weißlichtsensoren und auch andere verwendet werden. Es existieren einige Messgeräte, die speziell für optisch scannende Messungen ausgelegt sind (Beispiel: MicroProf, **Bild 2**, mit konfokalem Weißlichtsensor).

Man kann dabei scannende und flächenhaft arbeitende Verfahren unterscheiden. Beim Scannen wird jeweils nur ein einzelner Oberflächenpunkt erfasst, wobei entweder der Sensor oder die Probe zeilenweise verschoben wird. Dies erfordert eine gewisse Zeit. Flächenhafte Verfahren nehmen einen ganzen Oberflächenbereich auf einmal auf.

Bei dem in Bild 2 dargestellten Messgerät wird die Probe unter dem feststehenden Abstandssensor (konfokaler Weißlichtsensor) mittels eines hochwertigen x-y-Tisches verfahren. Der Scanbereich beträgt 100 mm × 100 mm. Die Ebenheitsabweichungen betragen über diese Fläche weniger als 1 µm, das Vertikalrauschen des Tisches liegt bei 50 nm$_{PV}$[1], so dass Rauheiten von üblichen technischen Oberflächen gut messbar sind.

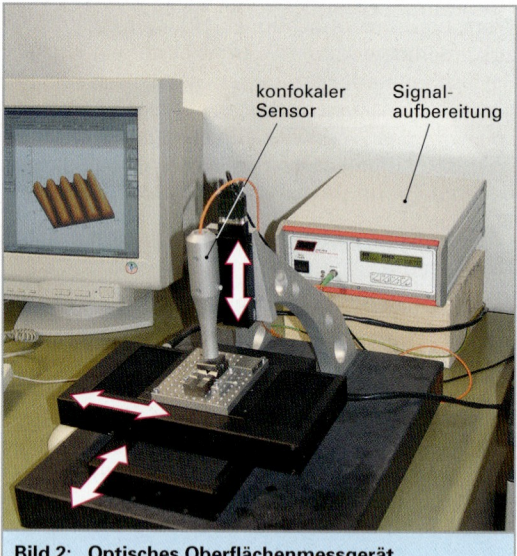

Bild 2: Optisches Oberflächenmessgerät

Rauheit = kurzwellige Gestaltsabweichungen
Welligkeit = langwellige Gestaltsabweichungen

---

[1] PV = von Peak to Valley, auch „Spitze-Spitze" genannt, ist ein Maß für die Größe des Streubereiches.

1.5.2.2 Weißlichtinterferometer

Im Unterschied zur Interferometrie mit *kohärentem*[1] Licht wird bei der Weißlichtinterferometrie gezielt die kurze Kohärenzlänge weißen Lichtes verwendet. Damit wird erreicht, dass Interferenzen nur in ganz bestimmtem Abstand von der Probenoberfläche auftreten.

Aufbau eines Weißlicht-Interferenzmikroskopes:

Über einen Strahlteiler wird weißes Licht in ein Mikroskop eingestrahlt und trifft über ein Mikroskopobjektiv mit integriertem Interferometer (*Michelson*[2]-Interferometer) auf die Probenoberfläche **(Bild 1)**. Wenn die Weglänge des Lichtes vom Strahlteiler zum Referenzspiegel gleich der Wellenlänge vom Strahlteiler zur Probenoberfläche ist, dann ergeben sich Weißlichtinterferenzen. Sie sind als Intensitätsmodulation beim vertikalen Verfahren des Objektives mittels eines Piezoantriebes feststellbar.

Als Sensorelement dient eine CCD-Kamera. Das Auftreten dieser Interferenzen wird an jeder Position der Kamerapixel mit der Vertikalposition des Objektives verknüpft und führt zur Darstellung der Oberflächentopografie. Der Messbereich moderner Weißlichtinterferenzmikroskope reicht bis mehrere 100 µm, so dass auch steile Stufen ohne weiteres messbar sind. Die vertikale Messauflösung ist extrem hoch – Höhenunterschiede von weniger als 0,1 nm sind feststellbar.

Die Ortsauflösung in Querrichtung wird durch die Wellenlänge des Lichtes begrenzt. Sie liegt je nach Objektiv bei bestenfalls 0,5 µm. Ein großer Vorteil des Verfahrens liegt neben der sehr hohen Vertikalauflösung in der Tatsache, dass ein Oberflächenbereich quasi gleichzeitig erfasst wird.

1.5.2.3 Streulichtmessungen

Die Erfahrung zeigt, dass die Lichtstreueigenschaften von Oberflächen stark von der Oberflächenqualität abhängen. Sehr glatte Oberflächen reflektieren gerichtet, an rauen Oberflächen erfolgt die Reflexion diffus in einen größeren Raumbereich. Die räumliche Verteilung des reflektierten Lichtes kann z. B. mit Fotodioden erfolgen, die um die bestrahlte Stelle angeordnet sind **(Bild 2)**. Zur Klassifizierung von Oberflächen, die gleich hergestellt wurden, ist der Vergleich der Lichtstreueigenschaften gut geeignet, vor allem bei glatten Oberflächen.

Kratzer sind hier sehr gut nachweisbar. Streulichtverfahren sind sehr schnelle Messverfahren. Die Ortsauflösung ist dabei sehr gering.

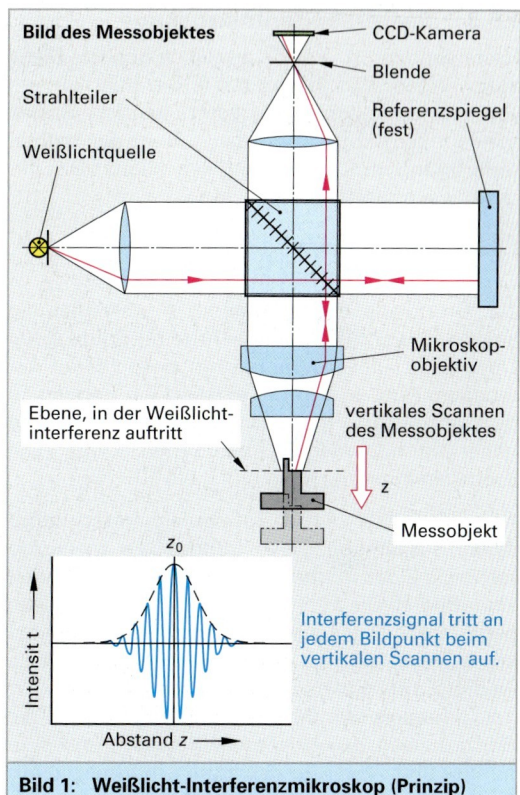

Bild 1: Weißlicht-Interferenzmikroskop (Prinzip)

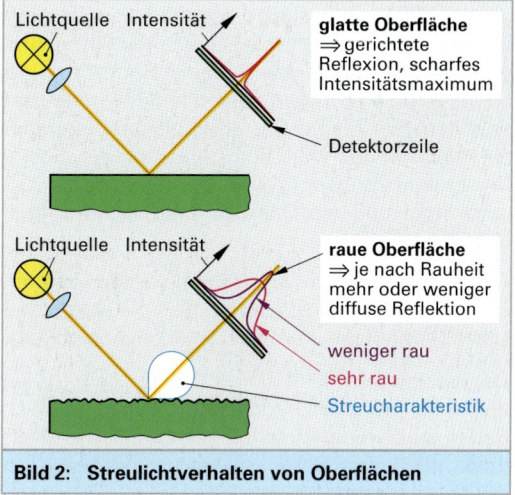

Bild 2: Streulichtverhalten von Oberflächen

---

[1] lat. cohaerens = zusammenhängend. Kohärent bedeutet, dass die Wellenzüge im Licht über sehr lange Strecken gleichphasig sind.

[2] *Albert Abraham Michelson*, dt.-am. Physiker (1852 bis 1931)

1.5.3 Rastersondenmikroskope

Rastersondenmikroskope erreichen höchste Messauflösungen. Mit besonderen Geräten können sogar einzelne Atome „ertastet" werden. Rastersondenmikroskope setzt man z. B. in der Halbleiterfertigung und zur Prüfung sehr glatter Oberflächen, wie optischer Linsen, ein.

1.5.3.1 Rasterkraftmikroskop (AFM – Atomic Force Microscope)

Die Grundlage dieser Technik sind Kräfte, die auftreten, wenn sich eine sehr feine Spitze einer Oberfläche nähert. Wenige nm bevor es zu materiellem Kontakt kommt, existiert ein Bereich, in dem anziehende Kräfte wirken. Bei weiterer Annäherung überwiegen abstoßende Kräfte. Die Kräfte sind äußerst klein (10^{-11} bis 10^{-9} N).

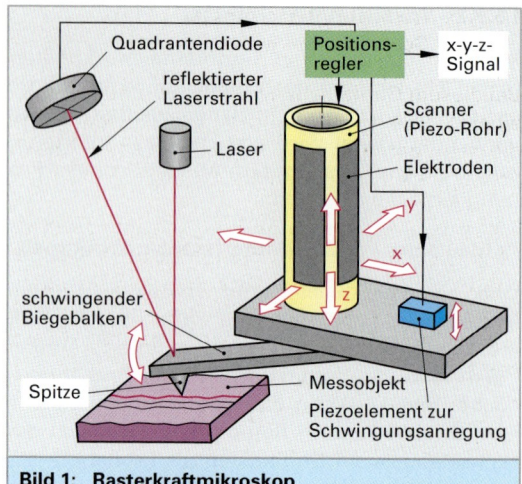

Bild 1: Rasterkraftmikroskop

Normalerweise werden mikromechanisch hergestellte Siliziumspitzen verwendet, die am vorderen Ende eines dünnen Biegebalkens angeordnet sind (**Bild 1**). Die Federkonstante der Biegebalken liegt zwischen 0,1 und 10 N/m. Dieser Biegebalken (Länge 300 µm, Breite einige 10 µm, Dicke wenige µm) wird piezoelektrisch zu Schwingungen (Frequenz ca. 300 kHz) angeregt. Wenn die Spitze in den beschriebenen Bereich von Anziehungs- und Abstoßungskräften eindringt, verändern sich die Schwingungseigenschaften, was einfach zu detektieren ist. Als Messsystem dient z. B. ein Laserstrahl, der von der Oberseite des Biegebalkens auf eine Quadrantendiode[1] reflektiert wird. Die Spitze wird mittels Piezoscannern (piezoelektrische Verschiebeeinheiten) in x- und y-Richtung über die Oberfläche geführt. Der z-Abstand wird so geregelt, dass das Schwingungssignal konstant bleibt. Das z-Regelsignal ist daher ein Maß für die Vertikalauslenkung der Spitze. Dieses wird abhängig von der x-y-Position aufgezeichnet und als Oberflächentopografiesignal (**Bild 2**) verwendet.

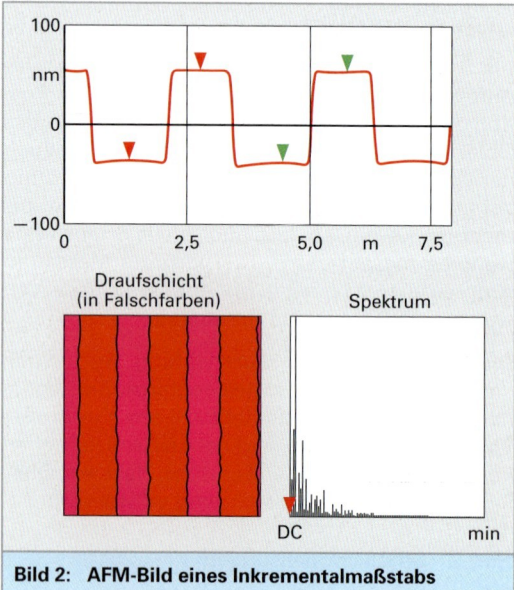

Bild 2: AFM-Bild eines Inkrementalmaßstabs

Das Spektrum reicht von kleinen Geräten, die auf die Proben aufgesetzt werden bis zu vollautomatischen Geräten mit motorisierter Probenbewegung.

Der Vorteil von AFM's liegt in der sehr guten x-y- und extremen Vertikalauflösung (je nach Bauart sind weniger als 0,1 nm möglich, so dass unter günstigen Voraussetzungen einzelne Atome sichtbar gemacht werden können. Neben der Mikrorauheitsmessung setzt man AFM's in der Materialforschung und in der biologischen Forschung ein. Messtechnisch besonders anspruchsvoll sind *metrologische* AFM's. Bei ihnen wird die Spitzenposition über separate Positionssensoren messtechnisch rückführbar erfasst.

Mit magnetischen Spitzen lassen sich auch die magnetischen Eigenschaften im Mikro- und Nanobereich untersuchen. Das wichtigste Einsatzfeld ist dabei die Prüfung von magnetischen Festplattenspeichern. Bei nichtleitenden Proben muss elektrostatische Aufladung vermieden werden, da andernfalls keine korrekte Messung möglich ist.

---

[1] Eine Quadrantendiode ist eine Bauform von Fotodioden. Vier Elemente sind eng benachbart angeordnet. Fällt ein Lichtpunkt auf die lichtempfindlichen Bereiche, lässt sich aus den Signalen, die in den Quadranten entstehen, die Position des Lichtpunktes sehr genau bestimmen.

1.5.3.2 Rastertunnelmikroskop (STM – Scanning Tunnel Microskope)

Bei diesem Gerät fließt im Hochvakuum zwischen einer Spitze (z. B. Wolfram) und einer Probe, die sehr geringen Abstand voneinander haben (< 1 nm), ein Strom **(Bild 1)**.

Dieser sogenannte Tunnelstrom ist sehr stark abhängig vom Abstand und kann dazu verwendet werden, die Spitze beim Scannen in konstanten Abstand von der Probe zu halten. Das Regelsignal des Scannsystems dient dabei als Höhenmesswert.

Eigenschaften des STM

Rastertunnelmikroskope haben die höchste Orts- und Höhenauflösung (x-y-z-Auflösung im Bereich < 0,1 nm). Einzelne Atome können detektiert werden, wobei Hochvakuum erforderlich ist. Auf Grund des Funktionsprinzips können nur leitende Proben untersucht werden.

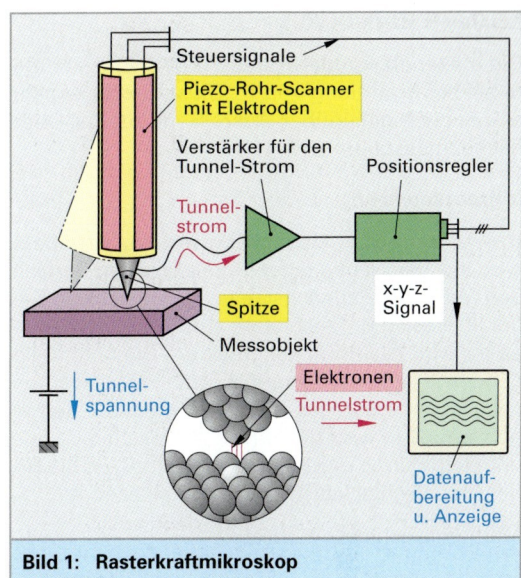

Bild 1: Rasterkraftmikroskop

1.5.4 Oberflächenkenngrößen

Zur Charakterisierung von Oberflächen gibt es eine Vielzahl von Kenngrößen (Hier wird nur auf die wichtigsten näher eingegangen). Diese werden aus einzelnen Profilschnitten ermittelt. Oberflächenkenngrößen, die flächige Aussagen erlauben, sind eigentlich sinnvoller, doch ist die Normung diesbezüglich noch nicht abgeschlossen. Außerdem erfordert die Aufnahme von Oberflächentopografien (flächenhafte Darstellung der Oberfläche) sehr viel mehr Aufwand, als die Ermittlung eines einzelnen Profilschnittes.

Für die meisten Anwendungen ist es aber ausreichend, die Werkstückoberfläche durch einen oder mehrere Profilschnitte zu charakterisieren. Die Lage der Profilschnitte richtet sich nach der Funktion der Oberfläche.

Gemittelte Rautiefe R_z (DIN EN ISO 4287)

Das Profil wird zunächst an seiner Ausgleichsgeraden ausgerichtet und die Messstrecke in 5 gleiche Abschnitte (Einzelmessstrecke) eingeteilt **(Bild 2)**. Das ausgerichtete Profil (Rauheitsprofil) besitzt in jedem der Abschnitte ein Minimum und ein Maximum. Deren Differenz bezeichnet man als Einzelrautiefen (Z_1 bis Z_5).

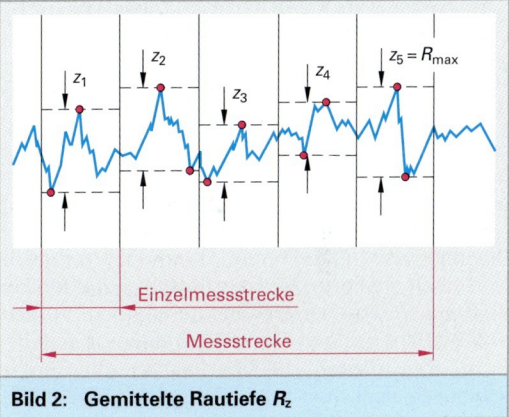

Bild 2: Gemittelte Rautiefe R_z

Der Mittelwert der fünf Einzelrautiefen ist die gemittelte Rautiefe R_z.

$$R_z = \frac{Z_1 + Z_2 + Z_3 + Z_4 + Z_5}{5}$$

R_z wird also aus 10 Punkten des Profils gebildet. Merkhilfe: „z wie zehn".

Eigenschaften von R_z

Profilspitzen und Ausreißer gehen nur zu 1/5 in das Ergebnis ein. Es werden nur 10 Punkte des gesamten Profils verwendet.

R_z ist gut geeignet, um z. B. Lagerflächen zu charakterisieren.

Maximale Rautiefe R_{max}

Die maximale Rautiefe ist die größte Einzelrautiefe bei der Ermittlung von R_z. Diese Größe ist sehr empfindlich gegenüber Ausreißern bei der Oberflächenmessung.

Mittenrauwert R_a

Um diesen Oberflächenkennwert zu ermitteln, wird aus dem rauheitsgefilterten Profil im Bereich der Messlänge zunächst eine Ausgleichsgerade gebildet **(Bild 1)**. Diese stellt eine Art 0-Linie dar – an ihr wird das Profil ausgerichtet. Die unter 0 liegenden Anteile des ausgerichteten Profils werden nach oben gespiegelt, d. h., es wird der Betrag gebildet. Nun wird die Fläche A zwischen 0-Linie und dem Betrag des Profils ermittelt. R_a ist die Höhe eines Rechteckes mit derselben Fläche A.

Mathematisch ausgedrückt:

$$R_a = \frac{1}{l_m} \int_0^{l_m} |z(x)|\, dx$$

R_a Mittenrauwert
l_m Messlänge
z Profilhöhe
x Messweg

Eigenschaften von R_a: Einzelne Profilspitzen (oder Ausreißer der Messung) fallen kaum ins Gewicht. Alle Messpunkte gehen in das Messergebnis ein. Die Aussagekraft des R_a-Wertes ist relativ gering.

Profil-Traganteilkurve (*Abbott*-Kurve)

Bei den bisher erwähnten Oberflächenkenngrößen spielt die Form der Oberflächenrauheiten keine Rolle. So ergeben sich bei den beiden Profilen aus **Bild 2** dieselben Oberflächenkenngrößen R_a, R_z, R_t, R_{max}, obwohl die Oberflächen völlig unterschiedlich aussehen und auch ganz unterschiedliche Eigenschaften haben. Aus diesem Grund wurden *Profiltraganteile* definiert, die aus der Traganteilkurve ermittelt werden **(Bild 3)**.

Die Traganteilkurve (*Abbott*[1]-Kurve) erhält man, indem man das Oberflächenprofil in unterschiedlichen Höhen schneidet und den materialerfüllten Anteil der Messstrecke über der Schnitttiefe aufträgt. Diese Kurve kann weiter ausgewertet werden, indem man ihre Ausgleichsgerade bildet. Die Schnittpunkte der Ausgleichsgeraden mit der y-Achse bei 0 % und 100 % Materialanteil definieren die Größen M_{r1} und M_{r2}.

Die zugehörigen y-Werte ergeben die reduzierte Spitzenhöhe R_{PK}, die Kernrautiefe R_K und die reduzierte Riefentiefe R_{VK}.

[1] E.J. Abbott und F. Firestone bauten 1933 das erste moderne Oberflächenmessgerät mit einem elektrischen Messsystem.

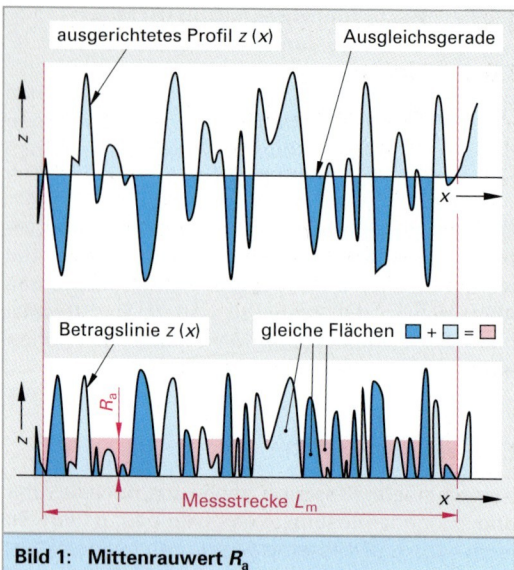

Bild 1: Mittenrauwert R_a

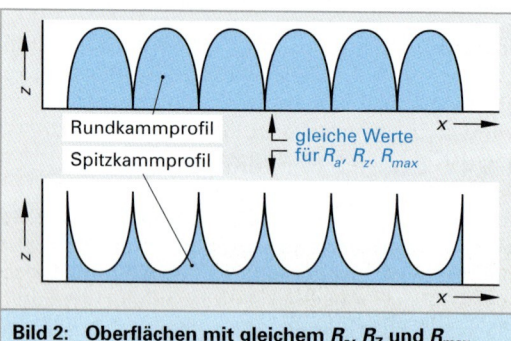

Bild 2: Oberflächen mit gleichem R_a, R_Z und R_{max}

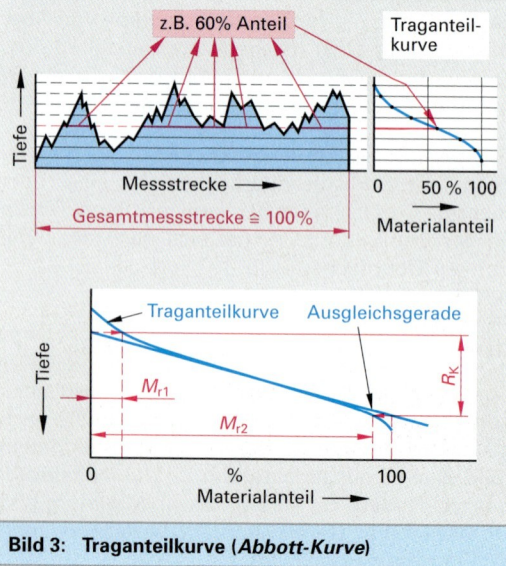

Bild 3: Traganteilkurve (*Abbott*-Kurve)

1.6 Koordinatenmesstechnik

1.6.1 Einführung

Die **Koordinatenmesstechnik (KMT)** hat in der industriellen Qualitätssicherung eine bedeutende Rolle. Dies beruht darauf, dass es mit Hilfe leistungsfähiger Rechner möglich wurde, mathematisch exakte **Geometrieberechnung** innerhalb kürzester Zeit durchzuführen. Dadurch wurde eine technische Voraussetzung dafür geschaffen, dass man *Maße, Form* und *Lage* der geometrischen Elemente von einfachen Werkstücken in **einer Aufspannung** erfassen und auswerten kann.

Im Gegensatz zu den klassischen Messmitteln, wie z. B. Messschieber, Messmikroskop und Profilprojektor sind Koordinatenmessgeräte **(KMG)** als **universelle flexible Messeinrichtungen** mit erheblich kürzeren Prüfzeiten zudem wirtschaftlich einzusetzen. Die Koordinatenmesstechnik erlaubt auch die vollständige Integration in Fertigungslinien.

Innerhalb der industriellen Qualitätssicherung werden die Koordinatenmessgeräte meist in klimatisierten Messräumen unter gleichbleibenden Umgebungsbedingungen betrieben und für unterschiedliche Messaufgaben eingesetzt.

Beispiele für Messaufgaben:

- Prüfungen von Musterteilen, Bemusterung,
- Abnahme von Erstteilen vor Beginn der Serienproduktion,
- Stichprobenprüfungen aus der laufenden Fertigung,
- Überwachung von Prüfmitteln, Einstelllehren und Längennormalien.

Trotz der für das Messen schlechten Umgebungsbedingungen wie Temperatur- und Luftfeuchtigkeitsänderungen, Schwingungen, Staub und Ölnebelgehalt in der Luft, werden **Koordinatenmessgeräte immer häufiger direkt in der Fertigung** eingesetzt **(Bild 1)**.

Im Vergleich zum Messen im Messraum bringt das Messen in der räumlichen Nähe der Fertigung folgende Vorteile:

- **kurze Transportwege** der Werkstücke zwischen Fertigung und Messung,
- **kurze Liegezeiten,**
- **kurze Reaktions-** und **Eingriffszeiten** für qualitätsregelnde Maßnahmen und Prozesssteuerungen,
- **kurze Prüfzeiten** mit sofortiger Auswertung der Prüfergebnisse.

Bild 1: Koordinatenmessgerät, integriert in ein flexibles Fertigungssystem

Diese Vorteile bedeuten eine Steigerung der Produktivität des Fertigungsprozesses durch kleinere Ausschussquoten und kürzere Stillstandszeiten von teuren Fertigungs- und Produktionsanlagen.

Sie tragen dadurch entscheidend zu einer wirtschaftlichen Fertigung bei.

1.6.2 Aufbau und Wirkungsweise

Beim klassischen Aufbau eines Mehrkoordinatenmessgeräts bilden die drei Messgeräteschlitten (Längsführungen) ein rechtwinkliges Koordinatensystem (**Bild 1**).

Durch Kombination von Längs- und Drehführungen lassen sich auch Sonderkonstruktionen realisieren.

Beim Messen und Prüfen mit Koordinatenmessgeräten wird die Oberfläche des Werkstücks mittels optischer oder **mechanischer Antastung** durch den Messkopf – englisch: probe – punktweise erfasst (**Bild 2**). Aus den gemessenen Positionswerten (Koordinaten X,Y,Z) berechnet der Computer die, anhand der Messaufgabe geforderten, geometrischen Größen zur Beurteilung der *Gestalt* eines Werkstücks.

Dabei darf das Werkstück *beliebig* im Messbereich angeordnet sein, solange die gewünschten Antastpunkte vom Tastelement am Werkstück **ohne Kollision** erreicht werden können.

Im Unterschied zum Messen mit konventionellen Messgeräten ist ein mechanisches Ausrichten des Werkstückes vor der Messung nicht erforderlich, da der Computer ein Bezugskoodinatensystem der jeweiligen Werkstücklage anpasst.

Die Systemkomponenten einer Koordinatenmessanlage bestehen im Wesentlichen aus Koordinatenmessgerät, Steuerung, netzwerkfähigem Computer und Drucker zur numerischen Ausgabe und zur grafischen Darstellung der Messergebnisse.

Über lokale Datennetze und das Internet können Messprogramme und Messergebniss z. B. zur Arbeitsvorbereitung, Fertigung oder zum Kunden übertragen werden.

> Eine körperliche Ausrichtung der zu messenden Werkstücke ist entbehrlich. Die Ausrichtung erfolgt durch den Computer, in dem er das Bezugskoordinatensystem der Werkstücklage anpasst.

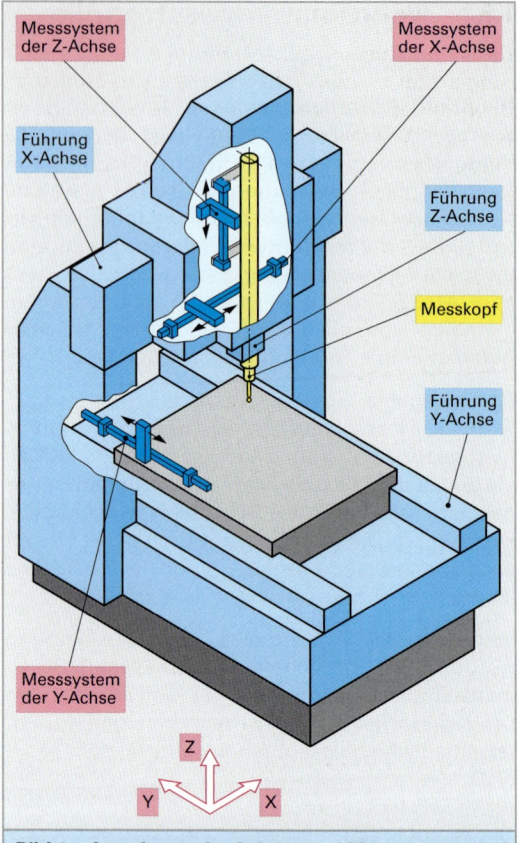

Bild 1: Anordnung der Achsen und Messsysteme bei einem KMG in Portalbauweise

Bild 2: Antastung am Werkstück mit einer Tastkugel

1.6.3 Bauarten

Die unterschiedlichen Anordnungen und Ausführungen der in den Achsrichtungen beweglichen Baugruppen führen zu verschiedenen Bauarten von Koordinatenmessgeräten. Koordinatenmessgeräte mit Linearführungen lassen sich hinsichtlich ihres mechanischen Aufbaus in vier **Grundbauarten** einteilen **(Tabelle 1)**. Sie werden für die unterschiedlichsten Messaufgaben und Werkstückgrößen eingesetzt und weisen typische Merkmale auf.

Ständerbauart:
- kleine Messbereiche (z. B. 500 mm × 200 mm × 300 mm),
- gute Zugänglichkeit,
- geringe Messunsicherheit.

Auslegerbauart oder Horizontalarmbauart (Messroboter):
- große Messlängen im Bereich des Messtisches,
- geringe Messlängen in Richtung des Auslegers,
- gute Zugänglichkeit,
- durch geringe bewegte Massen sind hohe Verfahrgeschwindigkeiten möglich,
- größere Messunsicherheiten.

Portalbauart:
- mittlere bis größere Messbereiche,
- beeinträchtigte Zugänglichkeit durch das Portal,
- hohe Maschensteifigkeit,
- geringe Messunsicherheit.

Brückenbauart:
- sehr große Messbereiche (bis ca. 20 m × 6 m × 4 m),
- eingeschränkte Zugänglichkeit,
- mittlere Messunsicherheit.

1.6.4 Messsysteme

Auf den drei senkrecht zueinander stehenden Messgeräteschlitten sind **inkrementale Längenmesssysteme** angeordnet. Sie bestehen aus einer Maßverkörperung und einem Ablesesystem. Die **Maßverkörperung** (Maßstab) wird dabei meist am feststehenden Teil der Verschiebeschlitten angebracht und das Ablesesystem durch die Verschiebung am Maßstab vorbeibewegt. Das am häufigsten eingesetzte Längenmessverfahren ist das optische Längenmesssystem mit einem Strichgitter. Mit diesem System kann eine Gesamtauflösung bis zu 0,1 μm und eine Messlänge von mehreren Metern erreicht werden. Dabei wird oft ein Glasmaßstab mit einer Gitterteilung von ca. 20 μm verwendet.

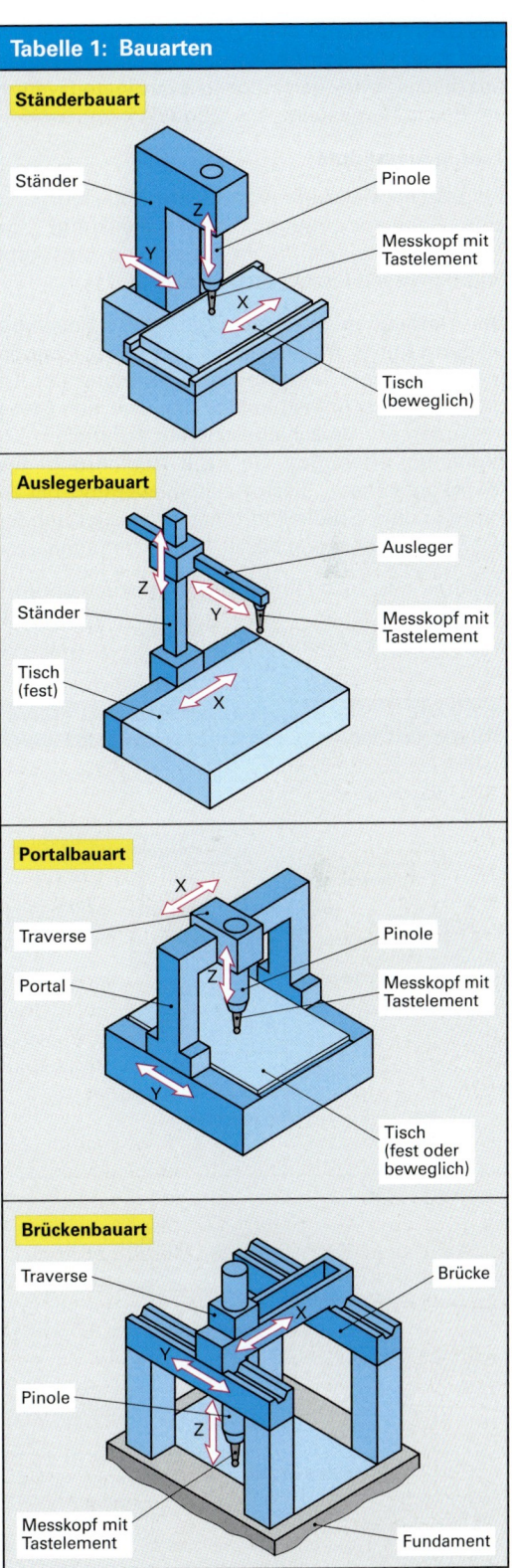

Tabelle 1: Bauarten

Mit dem **Messkopf** des Koordinatenmessgerätes wird zwischen den Antastpunkten der Werkstückoberfläche und dem Gerätekoordinatensystem ein Bezug hergestellt.

Taktile Messköpfe

Bei taktilen Messköpfen tritt beim Antastvorgang eine Relativbewegung (Tasterauslenkung) zwischen dem in der Pinole befestigten Messkopf und dem Tastelement auf **(Tabelle 1)**.

Bei messenden Systemen wird diese Relativbewegung durch Wegmesssysteme, meist analoge Induktivtaster, erfasst und zur Ermittlung der Koordinaten des Antastpunktes den, mit den Messsystemen der Verschiebeschlitten ermittelten Koordinaten, überlagert. Je nach Ausführung des Messkopfes kann diese Relativbewegung bis zu 1 mm und bei Spezialkoordinatenmessgeräten für die Zahnradmessung bis zu 10 mm betragen.

Solange das Tastelement das Werkstück berührt, herrscht zwischen Tastelement und Werkstück eine konstante Antastkraft von ca. 0,1 N bis 0,5 N.

Mit einem derartigen Messkopf kann eine **Werkstückkontur** mit **stetiger Messwertübernahme** in vorgegebener Schrittweite abgefahren werden. Dieses Verfahren nennt man das Scanning-Messverfahren (engl. to scan = abtasten).

Bei **schaltenden Systemen** wird beim Erreichen einer definierten Auslenkung durch **Kontakte** oder durch zug- bzw. druckempfindliche Sensoren ein Signal zum Übernehmen der Koordinaten der Messgeräteschlitten ausgelöst. Nach der Messwertübernahme muss das Tastelement entgegen der Antastrichtung vom Werkstück wegbewegt werden. Dabei wird der bewegte Teil des Messkopfes über Federn wieder in seine Ausgangslage gezogen. Erst danach kann die nächste Antastung vorgenommen werden. Auf Grund des geringeren mechanischen Aufwandes von schaltenden Systemen gegenüber messenden Systemen können diese wesentlich kleiner gebaut werden und lassen durch ihre geringere Masse auch höhere Verfahrgeschwindigkeiten zu.

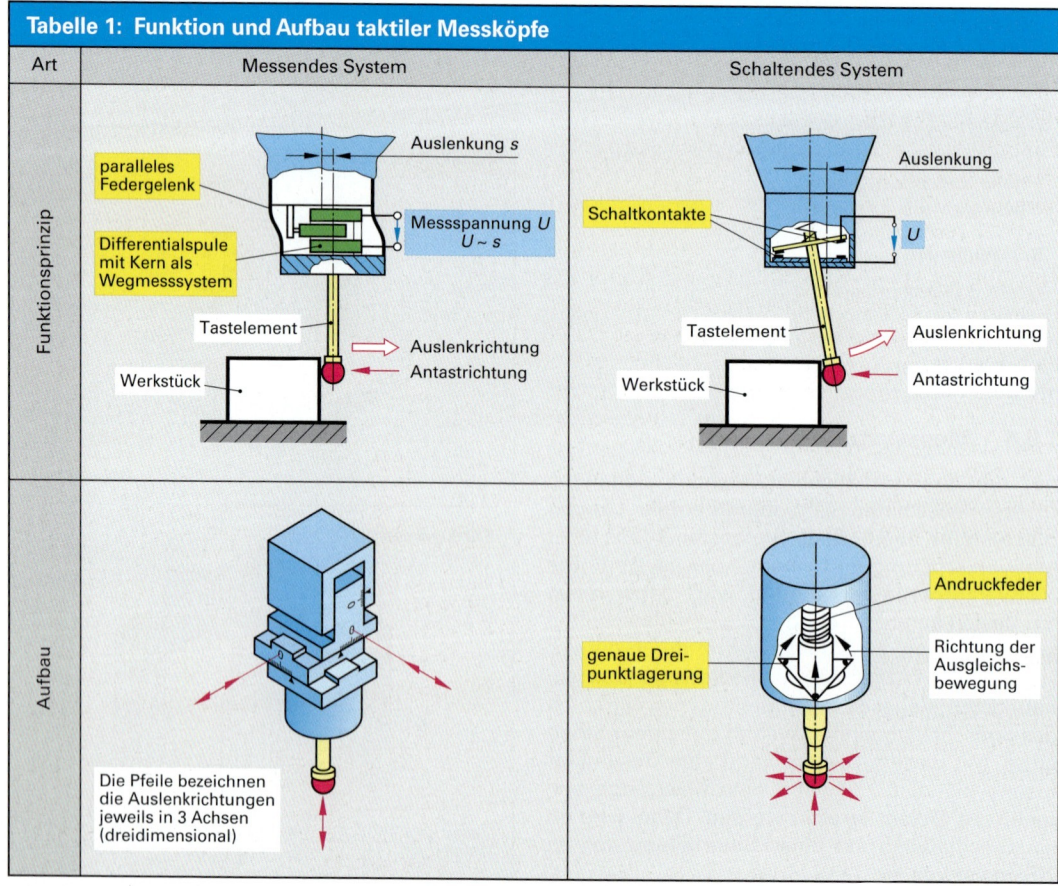

Tabelle 1: Funktion und Aufbau taktiler Messköpfe

1.6 Koordinatenmesstechnik

Optoelektronische Messköpfe

Im Gegensatz zu taktilen (berührenden) Messköpfen arbeiten optoelektronische Messköpfe **berührungslos und damit verschleißfrei (Bild 1)**.

Mit diesen Systemen können auch empfindliche, weiche und nachgiebige Werkstücke, wie z. B. dünne Blechteile, dünnwandige Kunststoffteile, Schaumstoffteile und Modelle aus Plastilinen vermessen werden. Die Funktionsweise von optoelektronischen Messköpfen erfolgt durch Auswertung von Lichtreflexionen des auf die Werkstückoberfläche projizierten Lichtes. In der Koordinatenmesstechnik kommen meist **schaltende** Messköpfe auf der Basis des **Reflexionsverfahrens** und **messende** Messköpfe unter Anwendung des **Triangulationsverfahrens**[1] zum Einsatz.

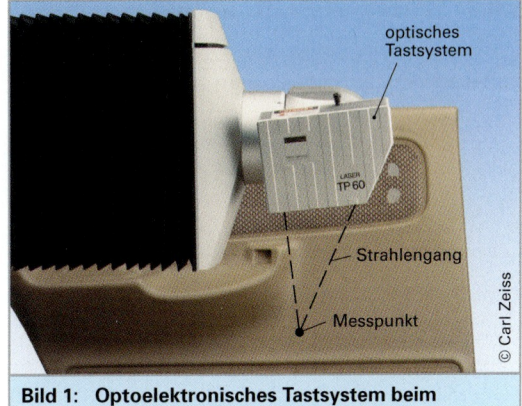

Bild 1: Optoelektronisches Tastsystem beim Vermessen eines Karosserieteils

Optoelektronische Reflexionsverfahren. Beim Annähern des Tastsystemes an die Werkstückoberfläche verändert der reflektierte Lichtstrahl seine Position auf der Empfängerdiode **(Bild 2)**. Diese Diode liefert der Auswerteschaltung eine analoge Ausgangsspannung. Erreicht bei der Annäherung des Tastsystems an das Werkstück diese Ausgangsspannung einen vorgegebenen Schwellenwert, so wird ein Signal erzeugt, welches dann die Übernahme der Koordinaten der Verschiebeschlitten veranlasst. Über den bekannten Schaltabstand (ca. 30 bis 50 mm) werden daraus die Koordinaten der Werkstückoberfläche berechnet. Die Wiederholgenauigkeit derartiger Systeme beträgt ca. 30 bis 50 µm.

Triangulations-Verfahren. Sie sind meist mit Infrarotdioden oder Halbleiterlasern als Lichtquelle bestückt **(Bild 3)**. Diese Lichtquelle erzeugt auf dem Werkstück einen Lichtfleck, welcher von einer unter 45° angeordneten Abbildungsoptik auf eine Positionsdiode oder Diodenzeile abgebildet wird. Über die mathematische Verknüpfung von 2 Dreiecken, die im Zentrum der Abbildungsoptik einen gemeinsamen Punkt haben, wird der Abstand des Werkstückes vom Tastkopf berechnet.

Videokamera. Als weiteres optoelektronisches System kann eine Kamera mit Optik und Beleuchtungseinheit einer **Bildverarbeitungsanlage** an der Pinole eines Koordinatenmessgerätes eingesetzt werden. Wird zusätzlich ein taktiler (berührender) Messkopf mit Tastelement verwendet, so ist eine kombinierte Messung ohne aufwändigen Wechsel der Sensorik durchführbar.

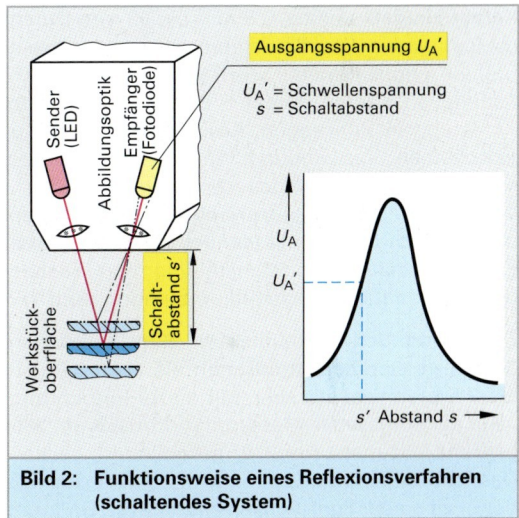

Bild 2: Funktionsweise eines Reflexionsverfahren (schaltendes System)

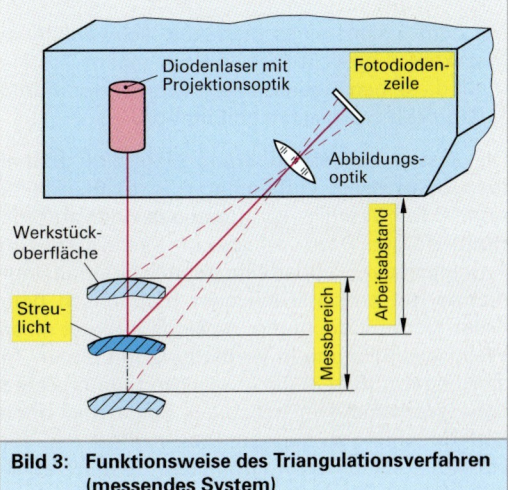

Bild 3: Funktionsweise des Triangulationsverfahren (messendes System)

---

[1] Triangulation, lat. triangulare = zu einem Dreieck machen

1.6.5 Zusatzausstattungen

Wesentliches Zubehör bzw. Zusatzeinrichtungen von Koordinatenmessgeräten sind:

- Verschiedenartige Tastelemente,
- Dreh- und Schwenkeinheiten,
- Tasterwechseleinrichtungen,
- Drehtische für die Werkstücke,
- Palettenzuführungssysteme.

Verschiedenartige Messaufgaben und die Zugänglichkeit des Werkstückes erfordern die unterschiedlichsten Abmessungen und Anordnungen von **Tastelementen**.

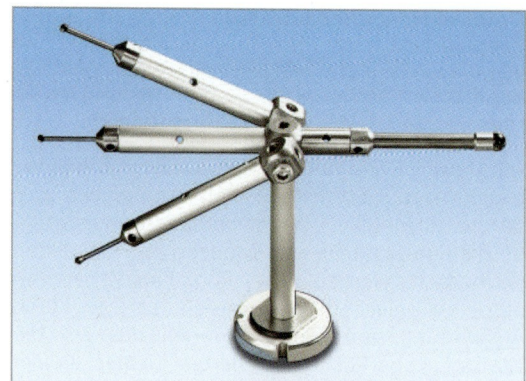

Bild 1: Taststiftkombination bestehend aus vier Tastelementen (Tastkugel)

Dabei finden vor allem harte **Rubinkugeln** oder **Keramikkugeln** von ca. 0,3 mm bis 30 mm Durchmesser sowie Standardelemente aus legierten Stählen und Hartmetall wie **Zylinder** z. B. zur Antastung an Kanten, **Kegel** z. B. für zentrierende Antastung in Bohrungen, **Kreisscheiben** und **Kugelscheiben** Verwendung. Diese Tastelemente sind meist über Gewindeverbindungen und leichten aber biegestabilen Verlängerungselementen in allen Richtungen miteinander zu kombinieren. Eine derartige Zusammenstellung von Tastelementen nennt man Taststiftkombination **(Bild 1)**.

Dreh- und Schwenkeinheiten (Bild 2) können sowohl mit optoelektronischen als auch taktilen Messköpfen bestückt sein. Mit dieser Einrichtung kann der eingesetzte Messkopf **motorisch** um 360° **gedreht** und meist um 270° **geschwenkt** werden. Das Koordinatenmessgerät wird mit diesem Zubehör zu einem **Fünf-Achsen-Messgerät**. Dadurch kann in den meisten Fällen das Tastelement senkrecht zur Werkstückoberfläche eingestellt werden.

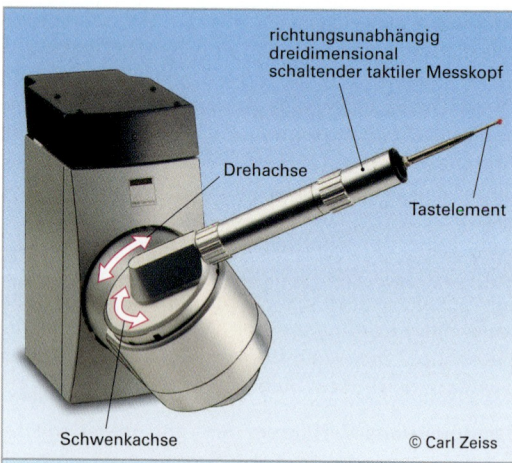

Bild 2: Dreh- und Schwenkeinheit

Mit dem Einsatz eines dreh- und schwenkbaren Messkopfes erreicht man mit nur einem Tastelement dieselben Eigenschaften wie mit der in Bild 1 dargestellten Taststiftkombination.

Die **Tasterwechseleinrichtung** dient zum schnellen Auswechseln vorbereiteter Taststiftkombinationen. Der Wechsel kann manuell oder automatisch erfolgen. Dazu verfügen die Tastsysteme im Anschlussbereich über eine genaue Dreipunktaufnahme mit pneumatisch oder magnetisch betätigter Klemmvorrichtung. Außerdem bietet diese Wechseleinrichtung in Verbindung mit einem Tastermagazin **(Bild 3)** die Möglichkeit, unterschiedliche Werkstücke in beliebiger Folge und ohne Unterbrechung zu messen. Dies eröffnet den verstärkten Einsatz von Koordinatenmessgeräten direkt in der Fertigung.

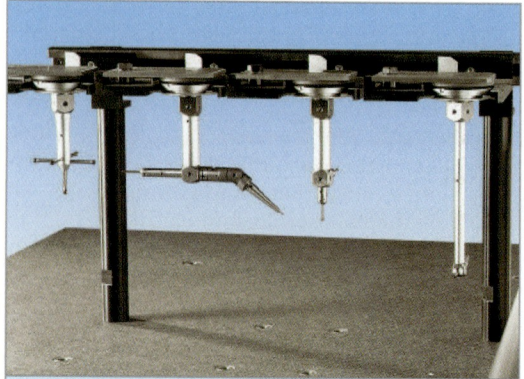

Bild 3: Tastermagazin bestückt mit vier verschiedenen Taststiftkombinationen

1.6 Koordinatenmesstechnik

Drehtische werden auf Koordinatenmessgeräten hauptsächlich für Messaufgaben an rotationssymmetrischen Werkstücken eingesetzt **(Bild 1)**.

> Mit einem Drehtisch ergeben sich folgende Vorteile:
> - Vereinfachung der Messung,
> - Verkürzung der Messzeit,
> - Vergrößerung des nutzbaren Messbereiches,
> - Vereinfachung der Taststiftanordnungen.

Drehtische werden als separate oder als fest in den Messtisch eingebaute Einrichtungen am Koordinatenmessgerät verwendet. Zur vollen Ausnutzung der Vorteile dieser zusätzlichen Bewegungsachse ist die Einbindung des Drehtisches in die Gerätesoftware und in die Steuerung notwendig.

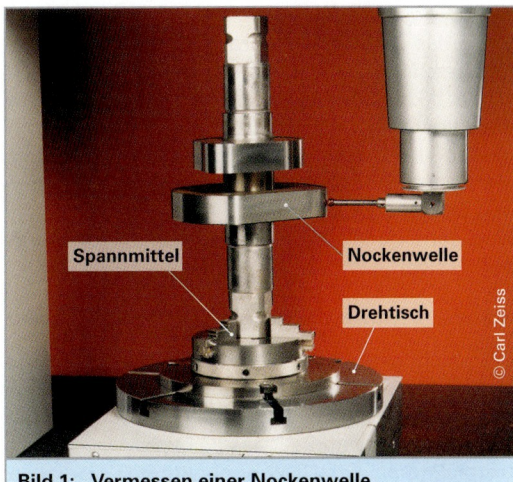

Bild 1: Vermessen einer Nockenwelle

Die Werkstückzuführung zum Koordinatenmessgerät erfolgt z. B. von Robotern aus einem Magazin oder Teilelager in die auf dem Koordinatenmessgerät befestigte Aufnahmevorrichtung.

Bei unterschiedlichen Werkstücken werden diese z. B. auf codierten Paletten gespannt und mit Hilfe eines **Palettenzuführsystems (Bild 2)** dem Koordinatenmessgerät zugeführt. Nach dem Fixieren der Palette auf dem Koordinatenmessgerät wird die Codierung gelesen und das entsprechende Messprogramm einschließlich der erforderlichen Taststiftkombination für die Messung bereitgestellt.

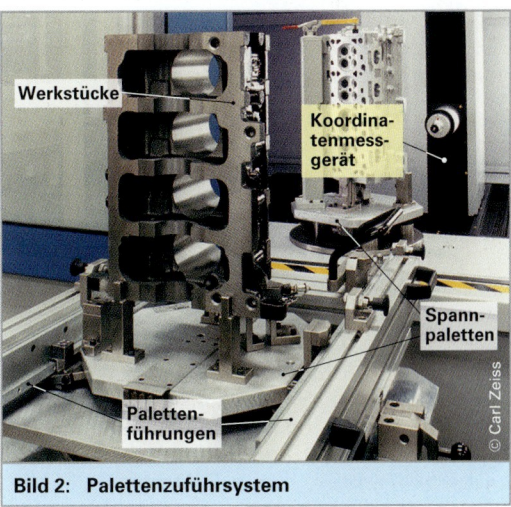

Bild 2: Palettenzuführsystem

1.6.6 Steuerungen und Antriebe

Koordinatenmessgeräte gibt es in folgenden Automatisierungsstufen:

- handgeführte Koordinatenmessgeräte ohne motorischen Antrieb – der Messkopf wird von Hand bewegt,
- motorgeführte Koordinatenmessgeräte über Steuerknüppel manuell bedient,
- CNC-betriebene Koordinatenmessgeräte, mit Steuerung durch einen Computer.

Mit Koordinatenmessgeräten der letzten Gruppe ist ein vollautomatischer Betrieb möglich.

Die von NC-Werkzeugmaschinen her bekannten numerischen Steuerungen, wie Punktsteuerung und Bahnsteuerung finden bei CNC-betriebenen Koordinatenmessgeräten ebenso Verwendung.

1.6.7 Messwertverarbeitung und Messwertauswertung

Die Verarbeitung und Auswertung der gemessenen Koordinaten wird mit Hilfe leistungsfähiger Programme (Software) durchgeführt. Im Zeitpunkt der Messwertübernahme werden die drei Koordinaten der Verschiebeschlitten und bei messenden Messköpfen deren Auslenkwege vom Rechner übernommen. Durch die nachfolgende rechnerische Korrektur der Koordinaten werden Gerätefehler ausgeglichen.

Solche Fehler sind z. B. Führungsabweichungen der Messgeräteschlitten, Teilungsfehler der Maßstäbe und Fehler durch Unterschiede zwischen Maßstabtemperatur, Werkstücktemperatur und Gerätetemperatur.

Danach werden die korrigierten Gerätekoordinaten in das vorhandene Bezugskoordinatensystem umgerechnet. Beim Einsatz von elektromechanischen taktilen Messköpfen beziehen sich diese Koordinaten bei der Verarbeitung im Rechner immer auf den Mittelpunkt des verwendeten Tastelements. Bei der Protokollausgabe der Koordinaten des Berührpunktes auf der Werkstückoberfläche wird dann der Tastkugelradius des Tastelements berücksichtigt.

Standardformelemente und Ausgleichsrechnung

Die wichtigste Aufgabe der Koordinatenmesstechnik ist die festgelegte Sollgeometrie des Werkstückes mit der Istgeometrie zu überprüfen. Dazu ist es notwendig, dass nicht nur einzelne Antastpunkte als Oberflächenpunkte am Werkstück beschrieben werden, sondern es müssen mehrere dieser Punkte zu geometrischen Elementen, sogenannten **Standardformelementen (Tabelle 1)**, verarbeitet werden. Für jedes dieser Formelemente ist eine **Mindestantastpunktzahl** notwendig.

Die Berechnung der Formelemente aus den Koordinaten vorhandener Antastpunkte wird durch eine Ausgleichsrechnung durchgeführt. Auf Grund der zu lösenden Messaufgabe wird das entsprechende Formelement vom Bediener gewählt oder beim Antasten vom Rechner vorgeschlagen. Bei der Messung einer Bohrung ist der Kreis das entsprechende Formelement, die Antastung erfolgt z. B. durch 6 Messpunkte. Danach werden die Mittelpunktskoordinaten (X_0, Y_0), der Radius R bzw. der Durchmesser D des Formelementes

Kreis sowie die Spannweite (Differenz) der Punkte mit maximalem Radius (R_{max}) und mit minimalem Radius (R_{min}) mittels einer Ausgleichsrechnung berechnet und protokolliert **(Bild 1)**.

Tabelle 1: Beispiele für Standardformelemente

Standardformelemenet	Mindestpunktzahl	Antastpunkte und Ausgleichselement
Punkt	1	
Gerade	2	
Ebene/Fläche	3	
Kreis	3	
Kugel	4	
Ellipse	5	
Zylinder	5	
Kegel	6	
Torus	7	

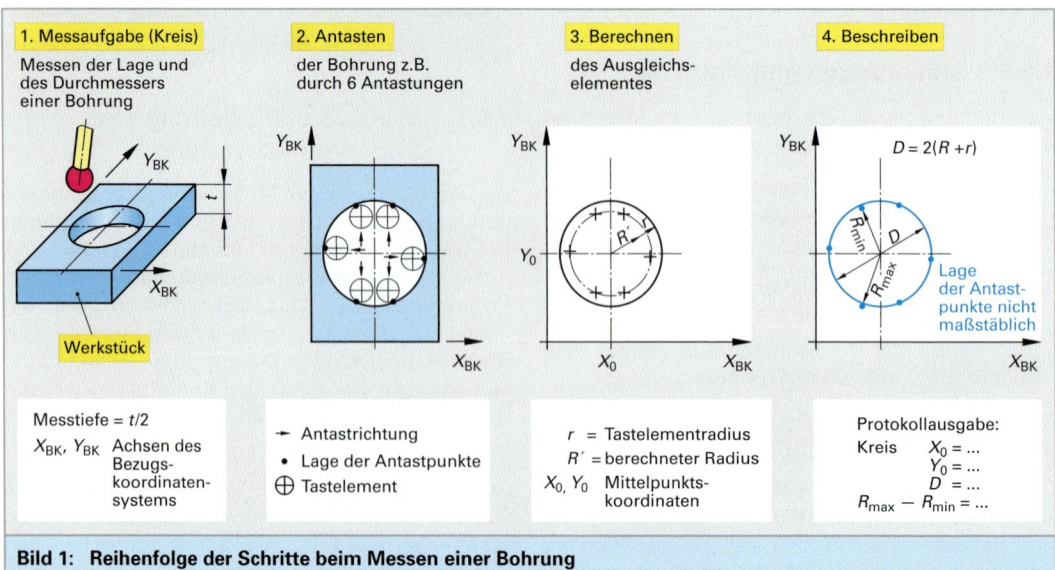

Bild 1: Reihenfolge der Schritte beim Messen einer Bohrung

1.6 Koordinatenmesstechnik

Bei einer hohen Anzahl von Antastpunkten kann zusätzlich eine Formprüfung der Elemente nach DIN EN ISO 1101 durchgeführt werden.

Formprüfung auf:
- **Rundheit** bei Kreisen (Zapfen oder Bohrungen)
- **Geradheit** bei Geraden (Körperkanten, Achsen)
- **Ebenheit** bei Flächen bzw. Ebenen (Anlage- und Dichtflächen)
- **Zylinderform** bei Zylindern (Zapfen und Bohrungen mit großer Höhe)

Verknüpfungen

Verknüpfungen sind *berechnete* Standardformelemente, welche sich nicht direkt antasten lassen. Es gibt Verbindungen, Schnitte und Symmetrien **(Bild 1)**.

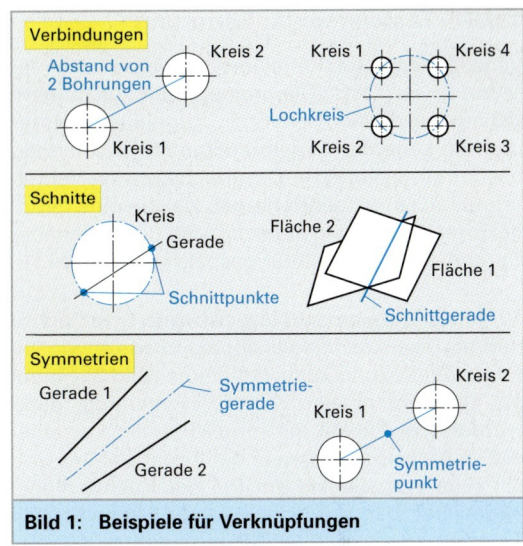

Bild 1: Beispiele für Verknüpfungen

Koordinatensysteme

In der Koordinatenmesstechnik sind grundsätzlich drei Koordinatensysteme verfügbar. Es sind dies das **Gerätekoordinatensystem** X_G, Y_G, Z_G, das **Bezugskoordinatensystem** X_{BK}, Y_{BK}, Z_{BK} und bei CNC-betriebenen Koordinatenmessgeräten das **Steuerkoordinatensystem** X_{St}, Y_{St}, Z_{St} **(Bild 2)**. Das Gerätekoordinatensystem wird in der Richtung durch die Führungen der Verschiebeschlitten und seine Lage durch einen Referenzpunkt (Nullpunkt) definiert. Das Bezugskoordinatensystem orientiert sich in Richtung und Lage am aufgespannten Werkstück und dient als Basis für den Vergleich der Sollgeometrie (Maße in der Zeichnung) mit der Istgeometrie (Messergebnisse). Zur Bestimmung dieses Koordinatensystems sind Antastungen am Werkstück durchzuführen. Das Steuerkoordinatensystem wird ebenfalls von der Lage des Werkstücks vorgegeben und dient zur kollisionsfreien Steuerung der Tastelemente.

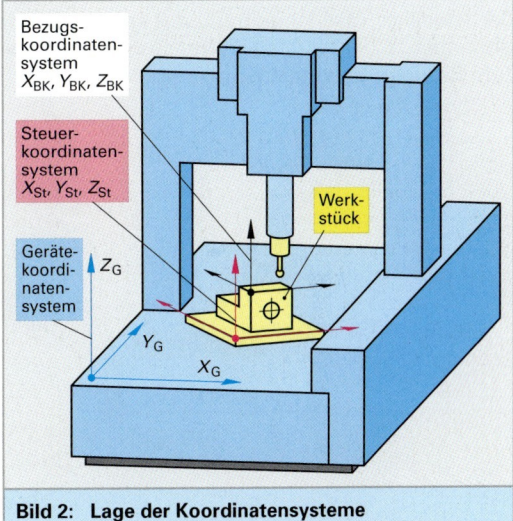

Bild 2: Lage der Koordinatensysteme

Die Bestimmung eines Bezugskoordinatensystems erfolgt in drei Schritten **(Bild 3)**.

① **Festlegen einer Hauptrichtung (HR).** Dabei wird das Koordinatensystem auf Grund der gemessenen Lage eines räumlich definierten Standardformelements durch *Drehung um zwei Koordinatenachsen* räumlich der Lage diesem Element angepasst. Die dritte Achse wird als Raumachse definiert.

② **Festlegen einer Nebenrichtung (NR).** Bei diesem Schritt wird das Koordinatensystem um die zuvor definierte Raumachse *gedreht*.

③ **Festlegen des Nullpunkts (NP)** durch *Verschieben* (Translation) des Koordinatensystems in den *drei* Achsrichtungen.

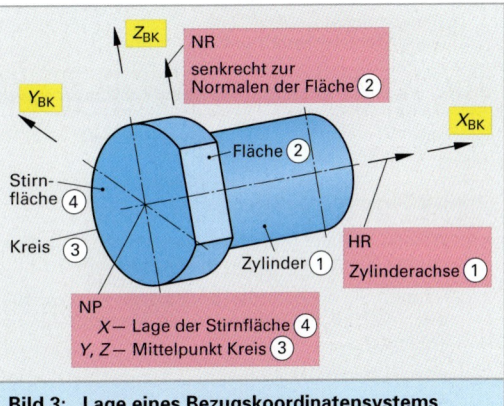

Bild 3: Lage eines Bezugskoordinatensystems

1.6.8 Tastelementkalibrierung

Verschiedenartige Tastelemente werden vor der Messung zu **Taststiftkombinationen** zusammengebaut und die Abmessungen, Kugeldurchmesser und die Lage der Kugelmittelpunkte zueinander, bestimmt (kalibriert). Dieses Kalibrierverfahren erfolgt an einer **Kalibrierkugel**, welche eine geringe Formabweichung aufweist, und deren genauer Durchmesser im Rechner gespeichert ist (**Bild 1**).

Für jedes Tastelement lässt sich eine Schaftachse und dazu senkrecht eine *Äquatorebene* sowie ein *Pol* an der Kalibrierkugel definieren (**Bild 2**). Findet als Tastelement eine Kugel Verwendung, dann werden vier Punkte mit möglichst vier verschiedenen Antastrichtungen in der Äquatorebene und ein oder zwei Punkte am Pol der Kalibrierkugel angetastet. Den Vorgang wiederholt man für alle Tastelemente einer Taststiftkombination. Aus der Lage und Größe der berechneten Hüllkugel wird der jeweilige Tastelementradius R sowie die Koordinaten X_M, Y_M, Z_M der Mittelpunktsabstände zum Bezugstastelement berechnet.

Mit den kalibrierten Tastelementen können in den nachfolgenden Messungen die Messpunkte am Werkstück angetastet werden.

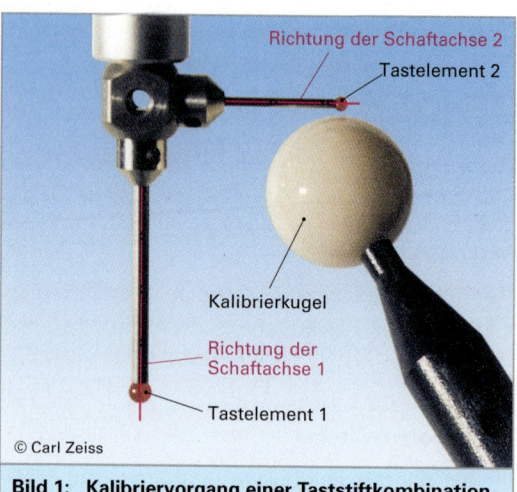

Bild 1: Kalibriervorgang einer Taststiftkombination

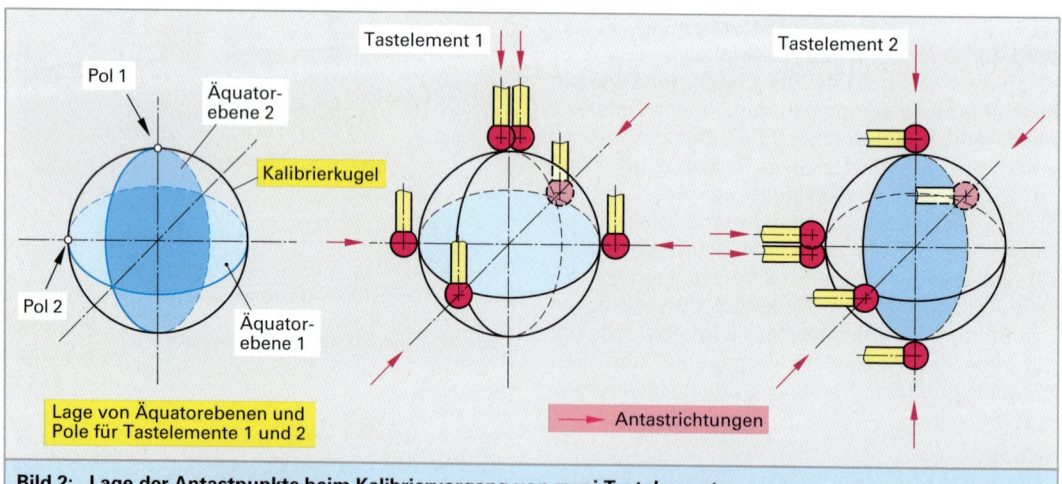

Bild 2: Lage der Antastpunkte beim Kalibriervorgang von zwei Tastelementen

---

Wiederholung und Vertiefung

1. Welche Vorteile bringt das Messen mit Koordinatenmessgeräten direkt in der Fertigung?
2. Nennen Sie die Bauarten der Koordinatenmessgeräte. Welche Art wird auch als Messroboter bezeichnet?
3. Welche Arten von Messköpfen werden bei Koordinatenmessgeräten eingesetzt?
4. Was ist der entscheidende Vorteil einer Tasterwechseleinrichtung?
5. Nennen Sie die Reihenfolge der notwendigen Schritte beim Messen einer Bohrung.
6. Welche verschiedenen Koordinatenmesssysteme kennt man in der Koordinatenmesstechnik?

1.6.9 Planung und Durchführung eines Messauftrags

Beim Einsatz von Koordinatenmessgeräten im Bereich der Fertigung kommt der **Messplanung** eine besondere Bedeutung zu. Ihre Aufgabe besteht darin, dass nach dem Vorliegen eines **Messauftrags** alle möglichen vorbereitenden Maßnahmen festgelegt und durchgeführt werden. Dadurch ist es möglich, die anfallenden Prüfkosten so gering wie möglich zu halten, sowie bei auftretenden Fehlern in der Fertigung durch kurze Reaktionszeiten die Ausschussquoten und damit Ausschusskosten zu reduzieren.

Umfang eines Messauftrages

Jedes technische Gerät besteht meist aus mehreren Einzelteilen. Durch die Konstruktion, mit der Festlegung der geometrischen Abmessungen und der Toleranzen der Einzelteile, soll nach der Montage der Einzelteile das Gerät eine vorgegebene definierte Funktion erfüllen. Messaufträge innerhalb der industriellen Qualitätssicherung werden bis auf wenige Ausnahmen mit Einzelteilen durchgeführt. Ein Messauftrag beginnt meist bereits in der Konstruktionsphase des Gerätes oder spätestens mit dem Vorliegen der Zeichnungen für die zu prüfenden Einzelteile. Beendet wird der Messauftrag nach Durchführung der Messung mit dem Vorliegen der Messergebnisse. Ein Messauftrag lässt sich in fünf Arbeitsbereiche einteilen **(Bild 1)**.

Messaufgabe

Die Messaufgabe wird durch die geometrische Festlegung der Werkstückform sowie durch Maß und Toleranzangaben einer technischen Zeichnung beschrieben. Sie kann in Form eines Blatt Papiers oder als gespeicherte Daten eines CAD-Systems vorliegen.

Messplanung

Bei der **Messplanung (Bild 2,** nächste Seite) wird auf Grund der im Betrieb vorhandenen Messgeräte und Messmittel das Messverfahren ausgewählt. Dann erfolgt die Festlegung der Anzahl der zu prüfenden Werkstücke sowie die Festlegung des Prüfumfangs. Dieser wird, z. B. in Form von nummerierten Markierungen als Merkmalskennung, direkt in die Zeichnung eingetragen. Der Umfang der Protokollierung und die Speicherung der Messergebnisse für spätere statistische Auswertungen wie z. B. für Trendanalysen und Maschinenfähigkeitsuntersuchungen werden festgelegt.

Aus dem vorhandenen **Tastelementbaukasten** werden die für die Messung geeigneten Tastelemente ausgewählt und zusammengestellt. Nach erfolgter **Kalibrierung** stehen die für die Messung erforderlichen **Tastelementedaten** bereit. Anordnung, Lage und Art der vorgesehenen Tastelemente werden dokumentiert **(Bild 2)**.

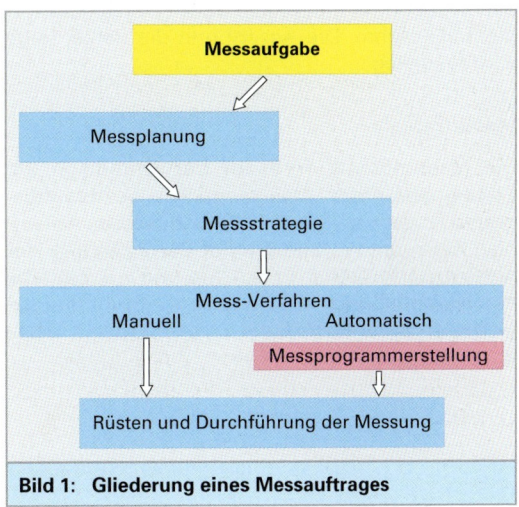

Bild 1: Gliederung eines Messauftrages

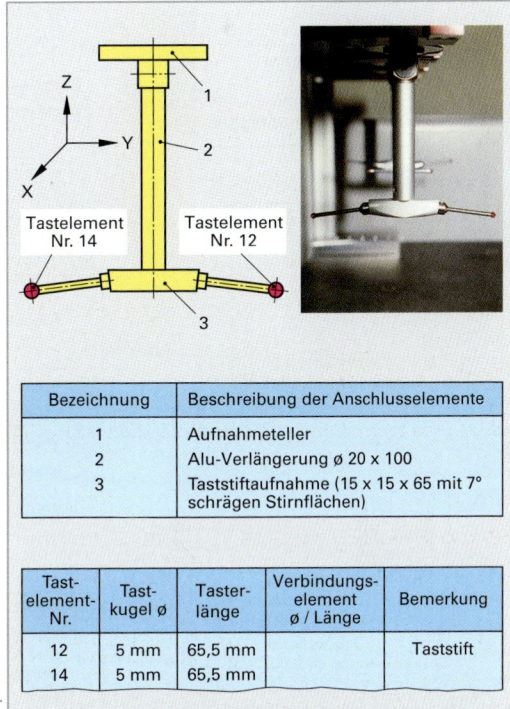

Bild 2: Dokumentation einer Taststiftkombination

Auf Grund des vereinbarten Prüfumfanges und der zur Messung erforderlichen Zugänglichkeit des Werkstückes legt man geeignete Spannmittel, wie z. B. Magnetprisma, Messschraubstock oder dem Werkstück angepasste Mehrfachspannvorrichtungen fest **(Bild 1)**.

Die mit dem **Prüfumfang** festgelegten **Prüfmerkmale** erfordern bei der nachfolgenden Messung die Festlegung entsprechender Werkstückkoordinatensysteme. Die Anzahl und die Reihenfolge wird festgelegt.

Messstrategie

Die Messstrategie wird auf der Grundlage der Festlegungen der *Messplanung* als **Ablaufdiagramm** zusammengestellt **(Bild 2)**. Dieses Ablaufdiagramm enthält alle für die Durchführung der Messung erforderlichen Schritte, wie z. B. Eingabe von **Nennmaßen** und **Toleranzen,** Anzahl und Lage der vorgesehenen Antastpunkte, Art der Messelemente und Koordinatentransformationen.

Bild 1: Mehrfachaufspannung gleicher Prüflinge auf der Messplattform

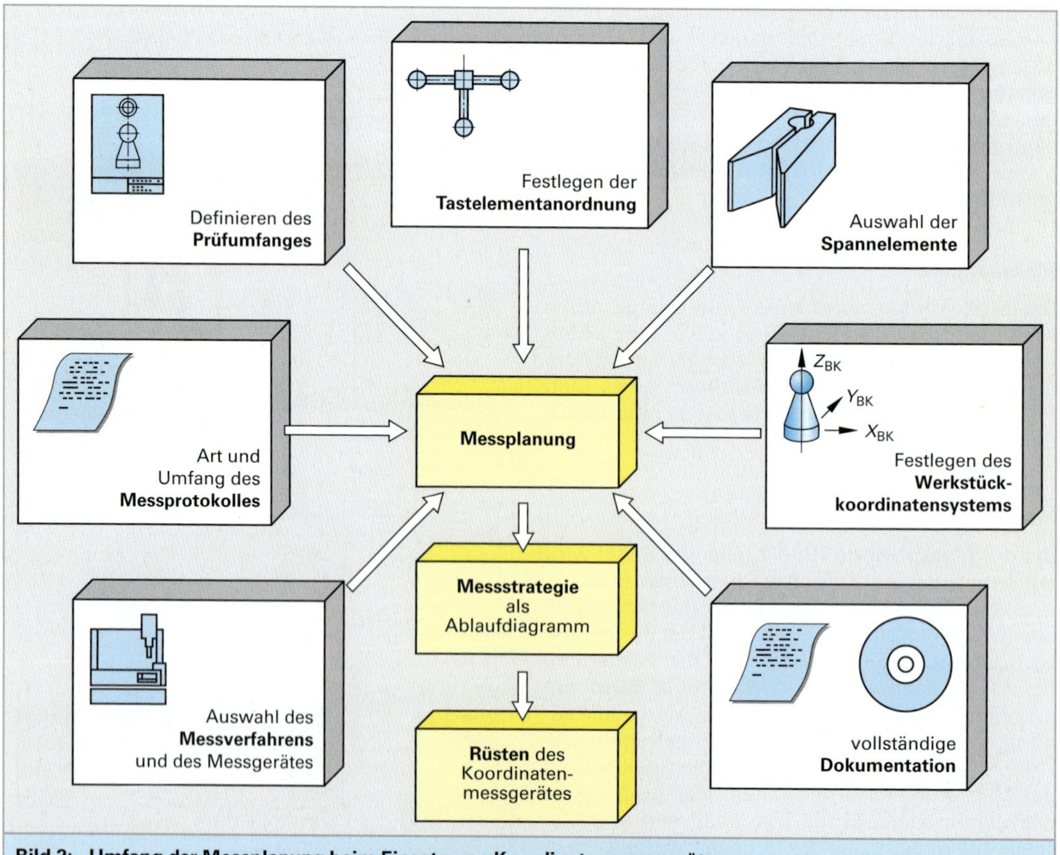

Bild 2: Umfang der Messplanung beim Einsatz von Koordinatenmessgeräten

1.6 Koordinatenmesstechnik

1.6.10 Messprogrammerstellung

Zur Durchführung automatischer Messungen ist ein **Messprogramm** erforderlich. Es enthält alle notwendigen Befehle und Steuerparameter. Das Messprogramm wird auf der Basis eines **Ablaufdiagramms** erstellt.

Bei der **Lernprogrammierung** (Teach-in-Programmierung) erfolgt die Programmerstellung am Koordinatenmessgerät. Der Ablauf entspricht in der Regel einer manuellen Messung **(Bild 1)** mit dem Unterschied, dass zusätzlich Zwischenpunkte vor den Antastpunkten zum sicheren kollisionsfreien Umfahren des Werkstückes mit dem Tastelement angefahren werden müssen. Der Nachteil dieser Methode ist die große Belegzeit des Koordinatenmessgerätes für die Programmerstellung und für die Programmoptimierung.

Bei der **Messprogrammerstellung** mit grafischer **3D-Prozessvisualisierung** wird direkt auf vorhandene Werkstückdaten des CAD-Systems zugegriffen. Das Messprogramm wird mit Unterstützung aller grafischen Hilfsmittel erstellt. Ferner können Teile der Messplanung, wie z. B. Festlegen der Spannvorrichtung, Tastelemente und deren Anordnung sowie eine *Simulation* des Messablaufes mit Kollisionskontrolle durchgeführt werden **(Bild 2)**.

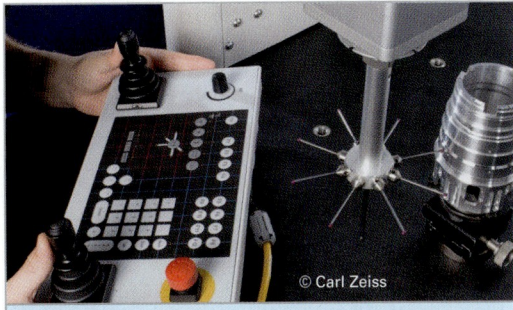

Bild 1: Teach-in-Programmierung

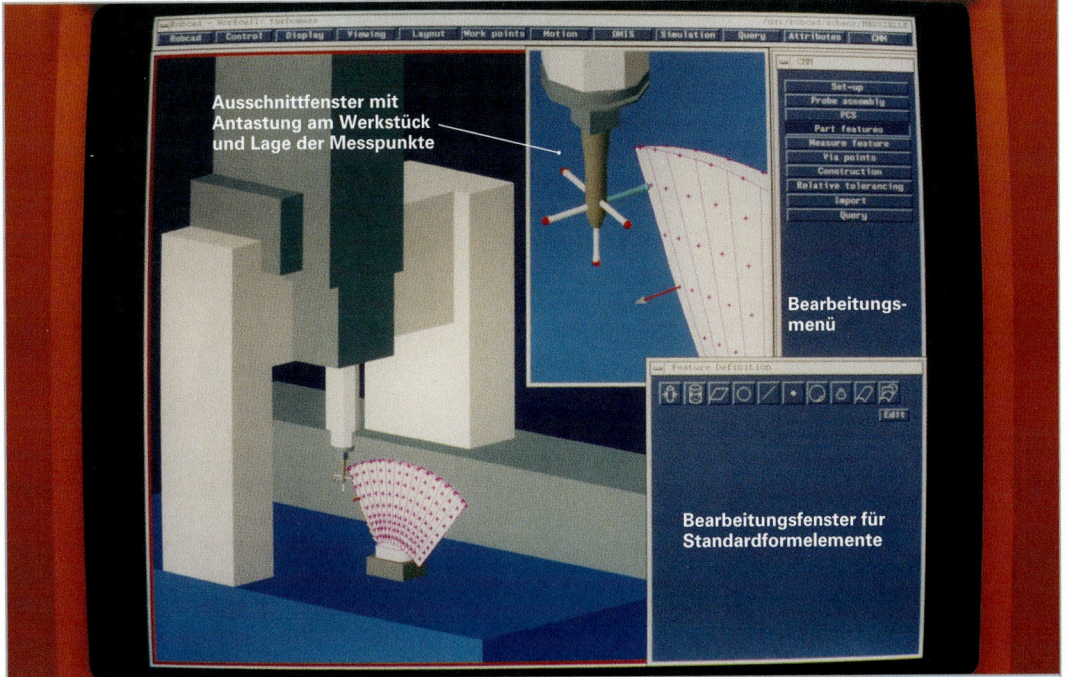

Bild 2: Off-line-Programmierung mit grafischer Simulation und Animation

---

Wiederholung und Vertiefung

1. In welche einzelne Schritte gliedert sich ein Messauftrag?
2. Welchen Umfang umfasst die Messplanung beim Prüfen mit Koordinatenmessgeräten?
3. Was soll mit einem Ablaufdiagramm beschrieben werden?
4. Welche verschiedenen Verfahren der Messprogrammerstellung werden in der Koordinatenmesstechnik angewandt?
5. Wie ist die Vorgehensweise bei der Definition eines Bezugskoordinatensystems?

Beispiel eines Messauftrages

Die wichtigsten Schritte der Messplanung werden am Beispiel des Messauftrages „Kugelaufnahme" nachfolgend beschrieben. Die Messaufgabe ist in der Zeichnung (**Bild 1**) vorgegeben.

Messverfahren

Das Werkstück soll mit einem CNC-betriebenen Koordinatenmessgerät und messendem mechanischen Tastsystem vermessen werden. Mit diesem Messgerät können die Messpunkte als Einzelpunkte oder im Scanningverfahren (to scan = abtasten) kontinuierlich am Werkstück aufgenommen werden. Die Messung wird als Stichprobe von 25 Stück aus einer Losgröße von 400 Teilen durchgeführt.

Prüfumfang und Protokollierung

Die Istmaße werden den Zeichnungsnennmaßen nummerisch gegenübergestellt. Für die **Formprüfung** der Kugel reicht die Messung eines Kreisschnittes im Bereich der Rotationsachse. Das Ergebnis ist grafisch und nummerisch zu dokumentieren. Die Gewindebohrung ist nicht zu vermessen. Die entsprechenden Merkmalskennungen der zu prüfenden Maße sind in der Einzelteilzeichnung (Bild 1) eingetragen.

Aufspannung

Als Spannmittel ist ein Magnetprisma mit seitlichen, für die Messung abnehmbaren, Anschlägen vorgesehen. Um auch im Bereich der Stirnfläche Antastungen vornehmen zu können, liegt das Werkstück nur teilweise auf den magnetischen Spannflächen auf (**Bild 2**).

Tastelemente

Damit der Kegel über seine gesamte Länge und die Kugel über ihre gesamte Oberfläche angelastet werden können, sind mindestens zwei Tastelemente vorzusehen. Gewählt wurde die sogenannte **Sterntaststiftkombination** mit fünf, in verschiedenen Richtungen angeordneten Tastkugeln vom Durchmesser 5 mm (Bild 2). Die bei der Tastelementkalibrierung ermittelten Werte werden in einer Liste (**Bild 3**) ausgegeben.

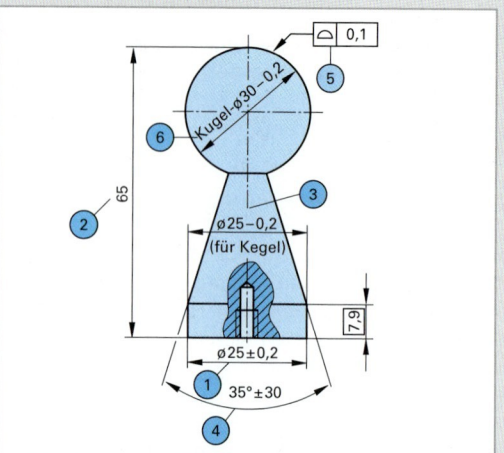

Bild 1: Einzelteilzeichnung der Kugelaufnahme mit Maßkennung

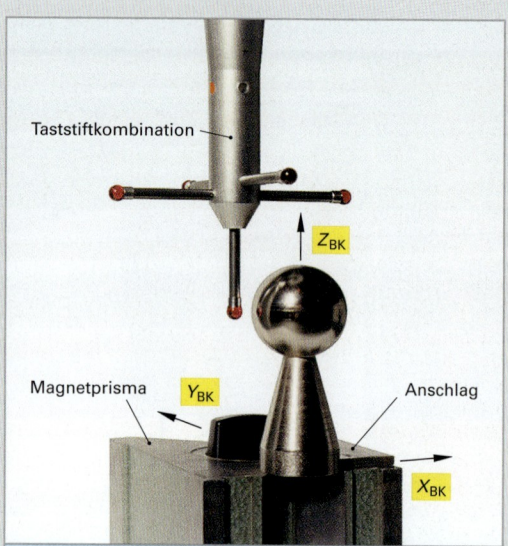

Bild 2: Werkstückspannung, Taststiftkombination und Lage des Bezugskoordinatensystems

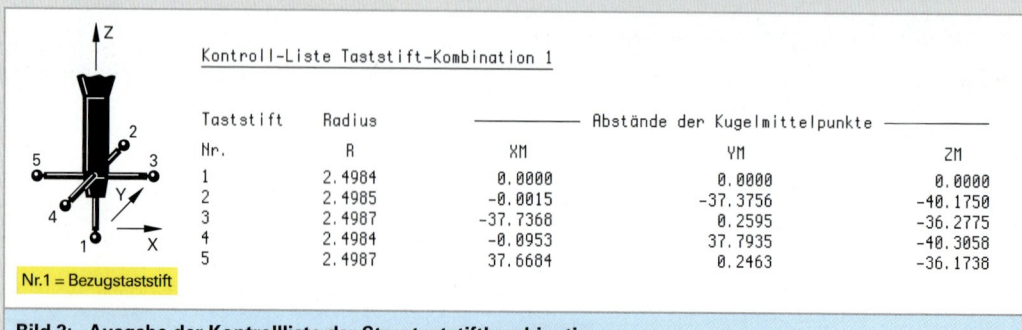

Kontroll-Liste Taststift-Kombination 1

Taststift Nr.	Radius R	Abstände der Kugelmittelpunkte		
		XM	YM	ZM
1	2.4984	0.0000	0.0000	0.0000
2	2.4985	-0.0015	-37.3756	-40.1750
3	2.4987	-37.7368	0.2595	-36.2775
4	2.4984	-0.0953	37.7935	-40.3058
5	2.4987	37.6684	0.2463	-36.1738

Nr.1 = Bezugstaststift

Bild 3: Ausgabe der Kontrollliste der Sterntaststiftkombination

Koordinatensysteme

Das **Bezugskoordinatensystem** als stabile und reproduzierbare Basis für die nachfolgende Messung wird mit den drei rotatorischen Freiheitsgraden (Drehen um drei Koordinatenachsen) und den drei translatorischen Freiheitsgraden (Verschieben in Richtung der drei Koordinatenachsen) am Werkstück festgelegt.

Festlegen der Hauptrichtung (HR)

Die Z-Achse des Bezugskoordinatensystems ist räumlich an der Rotationsachse auszurichten. Dazu muss das Bezugskoordinatensystem eine Drehung um die Y-Achse und die X-Achse erfahren (2 Rotationen). Bei dieser Operation erfährt die Z-Achse eine räumliche Drehung und wird deshalb als Raumachse bezeichnet.

Festlegen der Nebenrichtung (NR)

Die Drehung des WK um die Z-Achse (Raumachse) kann entfallen, da es sich um ein rotationssymmetrisches Werkstück handelt.

Festlegen des Nullpunkts (NP)

Nach der Zeichnung stellt der räumliche Durchstoßpunkt der Rotationsachse (Z-Achse) mit der Stirnfläche den Bezug für die Messung dar. Dazu ist der Ursprung des Bezugskoordinatensystems (BK) durch Verschieben in den drei Achsrichtungen in diesen Durchstoßpunkt zu legen.

Das Steuerkoordinatensystem für die Messung ist mit dem Bezugskoordinatensystem identisch **(Bild 2,** vorhergehende Seite).

Messstrategie

Die Vorgehensweise bei der Messung und damit der gesamte Messablauf wird mit einem Ablaufdiagramm dargestellt **(Bild 1, folgende Seite)**. Dieses Diagramm beinhaltet alle durchzuführenden Schritte und stellt damit die Grundlage für die folgende Messprogrammerstellung dar.

Messung

Nach dem Rüsten des Koordinatenmessgerätes, dem Bereitstellen und Kalibrieren der Taststiftkombination, dem Festlegen des Steuerkoordinatensystems am aufgespannten Werkstück wird die CNC-gesteuerte Messung am Rechner gestartet.

Bei der Messung wird das gewählte Messprogramm Schritt für Schritt abgearbeitet und das Werkstück vermessen.

Nach dem Antasten der vorgesehenen Elemente werden daraus als Ersatzelemente die Standardformelemente berechnet und im Messprotokoll (Bild 1, folgende Seite) unter der Spalte „AUFGABE" unter Zuordnung einer laufenden Adresse (Spalte „ADR") beschrieben.

In der letzten Zeile jedes gemessenen Elementes wird die Anzahl der Messpunkte, der Streuwert der Messpunkte und die Ausgabe der beiden Extremwerte (S/MIN/MAX) dokumentiert.

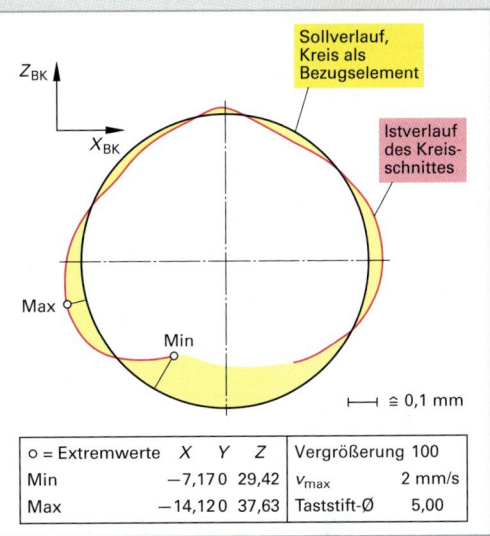

Bild 1: Formabweichung der Kugel (gemessen als Kreisschnitt)

Bei eingegebenen Nennmaßen mit entsprechender Merkmalskennung (Spalte „BEZ") erfolgt eine Differenzberechnung zwischen Nennmaßen und Istmaßen. Diese Abweichung wird im Messprotokoll in der Spalte „ABW" eingetragen.

Die Spalte „UEB" beschreibt in einem Histogramm die Lage des Istmaßes im Toleranzfeld oder bei Überschreiten der Toleranz den Wert der Überschreitung.

Elemente, deren Form nach DIN EN ISO 1101 überprüft werden, müssen mit einer hohen Anzahl von Anlastpunkten vermessen werden. Für die Aufnahme dieser Messpunkte eignet sich das sogenannte Scanningverfahren.

Bei diesem Verfahren wird das Tastelement berührend auf einer vorgegebenen Bahn über die Werkstückoberfläche geführt und dabei kontinuierlich Messpunkte erfasst. Im Anschluss an die Berechnung des Standardformelementes und der nummerischen Protokollausgabe kann außerdem das Messergebnis **grafisch** dargestellt werden (Bild 1).

Bei dieser Darstellung werden die Abweichungen aller Messpunkte von der idealgeometrischen Form (im Beispiel ist es der eingezeichnete Kreis) aufgetragen.

Der Überhöhungsfaktor (Vergrößerungsfaktor) der Abweichung kann frei gewählt werden. Die Lage der beiden Extremwerte der Messpunkte (min, max) werden in der Darstellung markiert und die Koordinaten dokumentiert.

Als Ergänzung zum numerischen Ergebnis ist es somit möglich, die Form und die Größe der Formabweichung auf einen Blick zu erkennen.

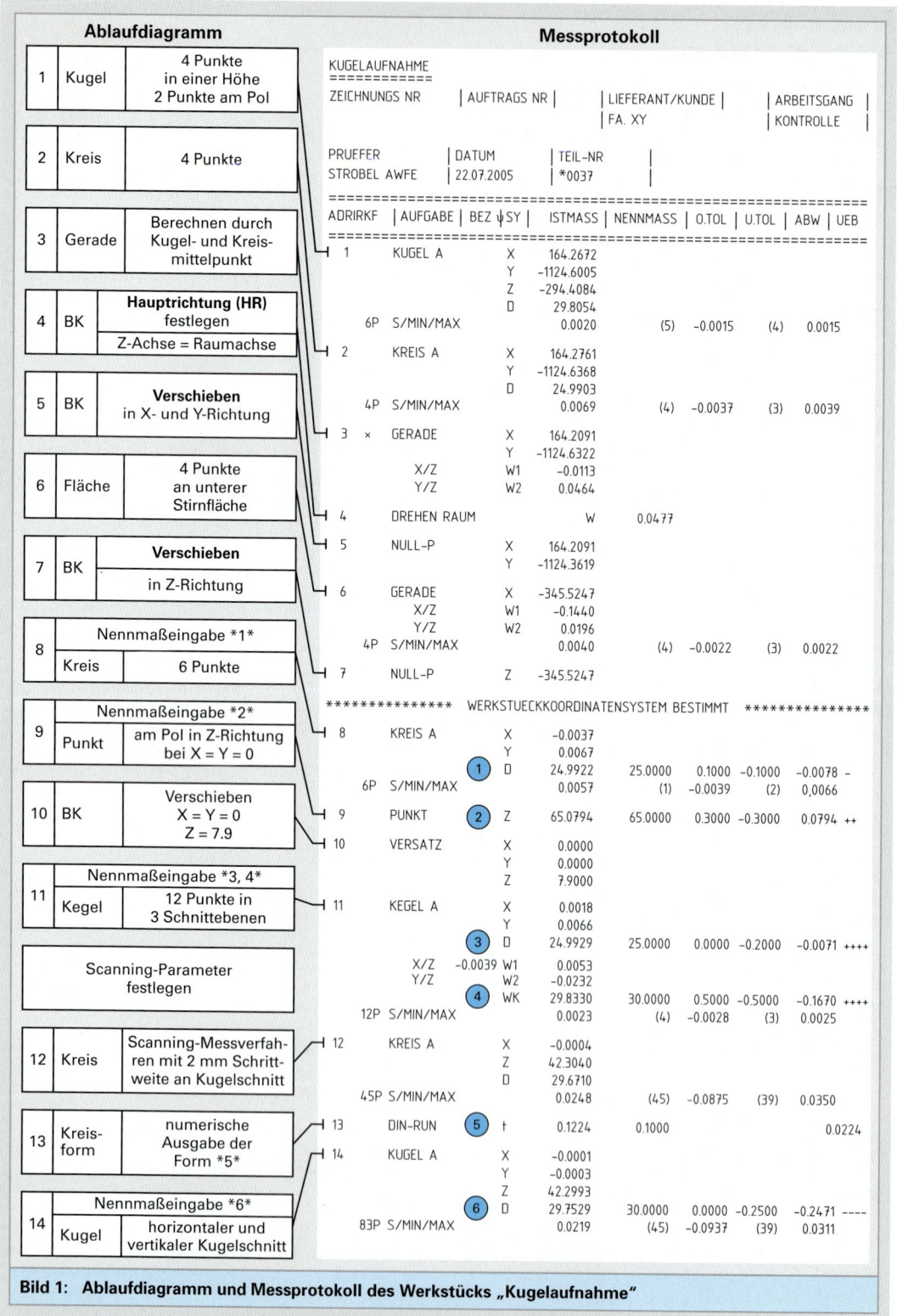

Bild 1: Ablaufdiagramm und Messprotokoll des Werkstücks „Kugelaufnahme"

1.7 Röntgen-Computertomographie (CT)

Die industrielle Röntgen[1]-3D-Computertomographie[2] (3D-CT) bietet die Möglichkeit zerstörungsfrei Werkstücke, z. B. Gussteile, auf Gussfehler wie Lunker, Gasporen und Einschlüsse zu untersuchen, sowie die Geometriedaten von inneren und äußeren Strukturen zu erhalten[3].

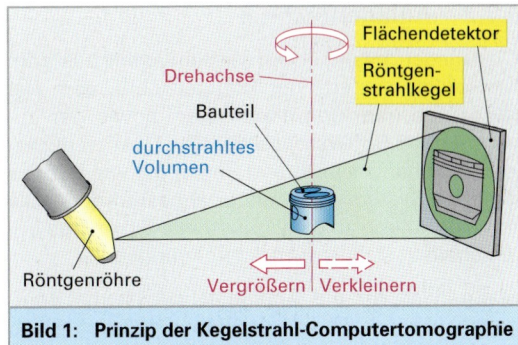

Bild 1: Prinzip der Kegelstrahl-Computertomographie

1.7.1 Funktionsweise

Man verwendet einen 3D-Scanner nach dem Prinzip der Kegelstrahl-Tomographie **(Bild 1)**. Hierbei wird der gesamte konusförmige Röntgenstrahl genutzt, der das Messobjekt durchdringt und auf einen Flächendetektor trifft. Der Detektor misst die Abschwächung der Röntgenstrahlung beim Durchdringen des Objektes und es entsteht ein Radiographiebild bzw. eine Projektion. Während der Messung wird das Objekt im Röntgenkonus einmal um 360° gedreht und es werden dabei Bilder in mehreren hundert Winkelpositionen aufgenommen. Aus den zweidimensionalen Projektionen wird mit Hilfe mathematischer Algorithmen die dreidimensionale Rekonstruktion **(Bild 2)** berechnet. Damit steht mit einer Umdrehung die dreidimensionale Struktur des Objektes bei gleicher Auflösung in allen Raumrichtungen als dreidimensionale Rekonstruktionsmatrix zur Verfügung.

Das kleinste Element der Rekonstruktionsmatrix (Volumenelement) wird als Voxel bezeichnet (Bild 2). Die Kantenlänge eine Voxels ist die Voxelgröße[4]. Sie stellt ein Maß für die Detailerkennbarkeit dar und kann näherungsweise mit der Ortsauflösung gleichgesetzt werden. Ein weiterer Vorteil der 3D-CT ist, dass diese Anlagen auch für die Radioskopie (Röntgendurchleuchtung in Echtzeit) eingesetzt werden können.

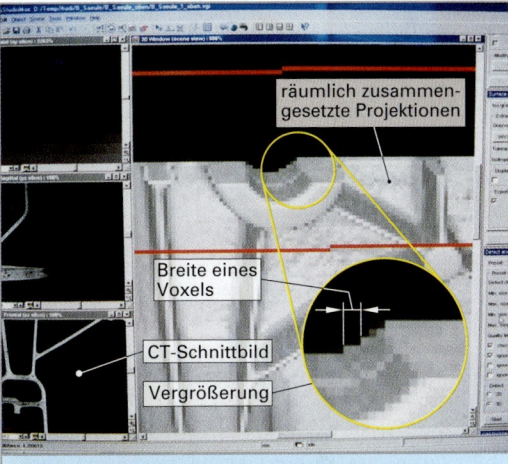

Bild 2: Visualisierung der dreidimensionalen Rekonstruktion

---

[1] *Röntgen, Wilhelm Conrad*, dt. Physiker (1845 bis 1923), Entdecker der Röntgenstrahlen (X-Rays).

[2] CT von Computer-Tomographie = Computer-Schicht-Zeichnungen, Körper werden schichtweise und als Ganzes vom Computer dargestellt. Die Schichten selbst werden an Hand vieler Projektionsaufnahmen rechnerisch ermittelt.

[3] Die Röntgen-Computertomographie (Röntgen-CT) wird seit vielen Jahren in der medizinischen Diagnostik eingesetzt. Diese Anlagen sind jedoch auf die Untersuchung von Menschen optimiert und sind deshalb in den meisten Fällen nicht für technische Anwendungen geeignet. Es handelt sich hierbei um 2D-Tomographen **(Bild 3)**, deren Ortsauflösung im Bereich von 0,1 mm bis 0,4 mm liegt und somit nicht den hohen Anforderungen im industriellen Einsatz genügt. Durch die Weiterentwicklung der Komponenten (z. B. Röntgenröhren, Flächendetektoren, Computer) wurden Voraussetzungen geschaffen, um Bauteile nach industriellen Maßstäben wie kurze Messzeit, kurze Rekonstruktionszeit und hohe Detailerkennbarkeit untersuchen zu können.

[4] Voxel von engl. Volume Picture Element = Volumen-Bild-Element

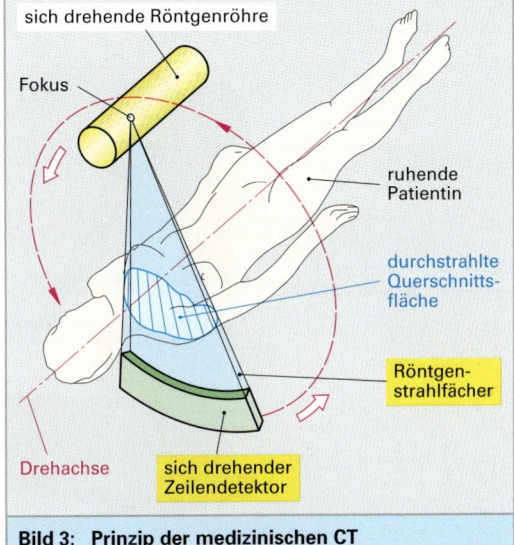

Bild 3: Prinzip der medizinischen CT

1.7.2 Anlagentechnik

CT-Anlagen bestehen im Wesentlichen aus dem Manipulatorsystem, der Röntgenröhre, dem Detektor und dem Computersystem sowie den zugehörenden Softwarepaketen. Die Qualität der Ergebnisse hängt außerdem davon ab, wie gut das gesamte System aufeinander abgestimmt ist. Die Anforderungen an eine industrielle CT-Anlage unterscheiden sich je nach Anwendungsfall.

Maßgeblich für die Anlagetechnik ist die Röntgenabsorption, die von der Bauteilgeometrie und dem Bauteilwerkstoff abhängt, sowie die geforderte Detailerkennbarkeit und die Messzeit. Mit einer 450 kV-Röntgenröhre können Aluminiumlegierungen bis zu 300 mm und Stahl bis zu 30 mm maximaler Durchstrahlungslänge durchstrahlt werden. Die Brennfleckgröße[1] einer solchen Röhre beträgt ca. 1,0 mm.

Nach dem derzeitigen Stand der Technik werden bei 450 kV-Anlagen nur Zeilendetektoren eingesetzt, da bei der Durchstrahlung von großen dickwandigen Bauteilen bei Flächendetektoren Probleme auftreten. Die Zeilendetektoren haben zwischen 512 bis 2048 Pixel. Die Pixelgröße (Ortsauflösung in Zeilenrichtung) liegt im Bereich von 0,2 mm bis 0,4 mm, der Abstand zwischen den Schichten kann definiert werden und liegt üblicherweise zwischen 0,2 mm und 1,0 mm. Typische Untersuchungsobjekte sind Aluminium-Zylinderköpfe, die im Kokillengießverfahren hergestellt werden.

---

[1] Bei kleinen Objekten sollte die Brennfleckgröße in der Größenordnung der gewünschten Auflösung liegen

CT-Anlage mit Mikrofokusröhre

Mikrofokusröhren **(Bild 1)** haben einen kleinen Brennfleck von 0,1 mm und weniger, aber auch eine geringe Arbeitsspannung (bis 225 kV) und somit geringere Durchdringungsfähigkeit. Je kleiner der Brennfleck ist, je höher ist die Detailerkennbarkeit.

Auf Grund der geringeren Durchdringungsfähigkeit einer 225 kV-Mikrofokusröhre können Aluminiumlegierungen bis ca. 150 mm und Stahl bis ca. 15 mm maximaler Durchdringungslänge untersucht werden. Die Messzeit ergibt sich u. a. aus den technischen Daten der Röntgenröhre und des Detektors und den Qualitätsanforderungen der Messungen.

Eine typische Anlage ist aus folgenden Komponenten aufgebaut: ein Präzisions-Manipulatorsystem, eine Mikrofokus-Röntgenröhre, ein Flächendetektor **(Bild 2)** und ein Computersystem.

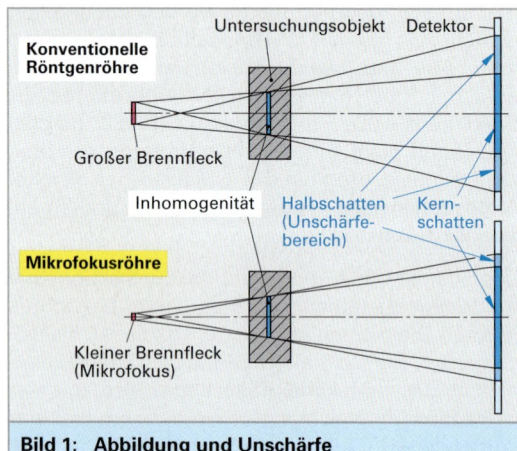

Bild 1: Abbildung und Unschärfe

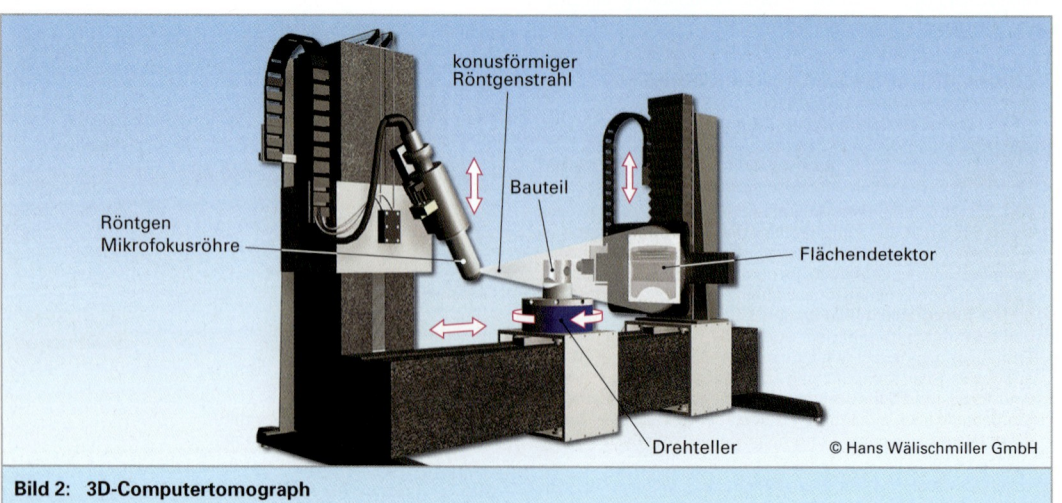

Bild 2: 3D-Computertomograph

1.7 Röntgen-Computertomographie (CT)

Der **Präzisions-Manipulator** besteht in seiner Grundkonstruktion aus geschliffenen Granitbalken, auf denen Schlitten über Luftlager laufen. Die Linearmesssysteme und die Präzisionssteuerung gewährleisten eine Führungs- und Positionsgenauigkeit von ca. 1 µm.

Die **Mikrofokus-Röntgenröhre** und der Flachbett-Röntgendetektor **(Bild 1)** können entlang der vertikalen Achsen bewegt werden, damit kann der vertikale Ausschnitt festgelegt werden. Zur optimalen Positionierung des Messobjektes und zur Bestimmung der geometrischen Vergrößerung kann der Drehtisch in horizontaler Richtung zwischen Röntgenröhre und Detektor verschoben werden.

Kleine Objekte werden nahe bei der Röntgenröhre positioniert, wodurch ihr Bild vergrößert auf den Flächendetektor projiziert wird (Mikro-CT).

Die Ortsauflösung liegt hierbei abhängig von der Objektgröße im Bereich von 0,005 mm bis 0,05 mm. Große Objekte bis 300 mm Durchmesser werden hingegen nahe beim Detektor positioniert, um die volle Größe des Detektors auszunutzen. Die übliche Ortsauflösung beträgt je nach Objektgröße normalerweise 0,05 mm bis 0,3 mm. Durch die horizontale Messkreiserweiterung können Bauteile gemessen werden, die breiter als die Detektorbreite sind.

Die Mikrofokus-Röntgenröhre kann zwischen 10 kV und 225 kV und 0,01 mA und 3 mA betrieben werden. Sie bietet den Vorteil, dass sowohl ein kleiner Brennfleck vorliegt als auch mit hohen Leistungen gemessen werden kann.

---

[1] lat. szintillare = funkeln, mit Blitzen sprühen

Der **Flachbett-Röntgendetektor** mit einer Auflösung von 1024 × 1024 Pixel besteht aus amorphem Silizium **(Bild 2)**. Die nutzbare Fläche des Detektors beträgt 300 mm × 300 mm. Der Detektor wandelt in einer ersten Stufe die einfallenden Röntgenstrahlen durch *Szintillation* in Licht (Lichtblitze) um. Ein lichtempfindliches Dioden-Array detektiert diese Lichtblitze und erzeugt elektrische Signale. Mit einem TFT (Thin Film Transistor-Array) werden diese Signale aufgezeichnet und als Videobild dem Computer übertragen. Das Computersystem besteht aus drei Einzelsystemen. Das erste Computersystem dient zur Anlagensteuerung und Datenerfassung und hilft dem Benutzer über ein integriertes Expertensystem die optimalen Messeinstellungen auszuwählen. Das zweite Computersystem, der Rekonstruktions-Cluster, berechnet die Rekonstruktion parallel zur Messung und stellt die fertige Rekonstruktionsmatrix dem Visualisierungsrechner zur Verfügung. Das dritte Computersystem dient zur Visualisierung und Weiterverarbeitung der Rekonstruktionen und ermöglicht die graphische Darstellung des Rekonstruktionsergebnisses.

In einer Datenbank werden alle Parameter, Einstellungen, Messungen und Rekonstruktionen verwaltet und können vom Benutzer jederzeit eingesehen und für Folgemessungen herangezogen werden.

Das **visualisierte Rekonstruktionsergebnis** wird als **Tomogramm** bezeichnet. Das dreidimensionale Tomogramm beinhaltet sowohl die Geometriedaten der Außenkontur des Bauteils als auch die Geometrie interner, dreidimensionaler Strukturen.

Es können innere Inhomogenitäten bezüglich Art, Größe, Zahl und Verteilung mit hoher Detailerkennbarkeit dreidimensional erfasst werden. Weiterhin sind Informationen über verschiedene Materialien innerhalb des Objekts erkennbar. Luft zeigt sich im Tomogramm als schwarze Bereiche bzw. Voxel, Material ist am hellen Grauwert zu erkennen.

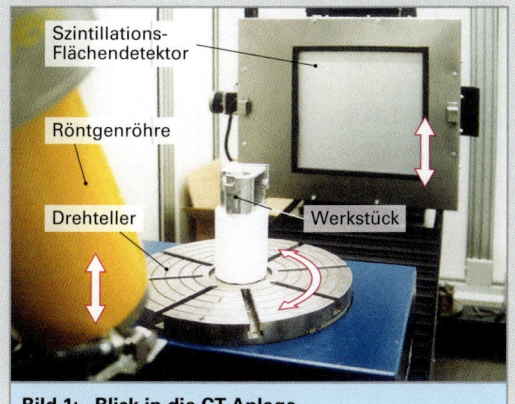

Bild 1: Blick in die CT-Anlage

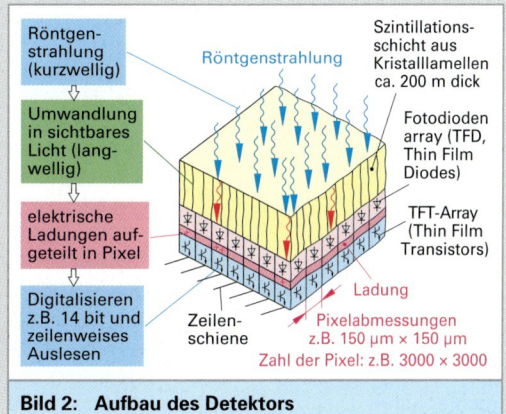

Bild 2: Aufbau des Detektors

1.7.3 Auflösung

Bei der Computertomographie wird generell zwischen zwei Arten der Auflösung unterschieden: Ortsauflösung und Dichteauflösung.

Ortsauflösung

Ein Voxel ist ein dreidimensionales Pixel, das einen bestimmten Grauwert enthält. Die Ortsauflösung bzw. die Detailerkennbarkeit kann annähernd mit der Voxelgröße gleichgesetzt werden. Die Voxelgröße kann abgeschätzt werden, indem der maximale Bauteildurchmesser durch die Anzahl der Detektorpixel in der jeweiligen Raumrichtung dividiert wird.

Beim Vermessen von Strukturen (z. B. Wanddicken eines Bauteils, Durchmesser von Poren und Lunker), deren Größe deutlich größer als die Voxelgröße ist, kann die Ortsauflösung besser sein als die Voxelgröße. Liegt beispielsweise der Randbereich der Struktur (Übergang von Luft zu Material) genau in der Mitte des Voxels, so ist das Voxel nur teilweise „gefüllt" d. h., der Grauwert des Voxels beträgt z. B. nur 50 % vom Grauwert des Materials. Um diese Struktur genau zu vermessen, wird auch das zu 50 % gefüllte Voxel berücksichtigt **(Bild 1)**. In diesem Fall nimmt die Ortsauflösung zur Geometrievermessung bessere Werte als die Voxelgröße an.

Weiterhin können Strukturen, deren Größe gleich oder etwas kleiner als die Voxelgröße sind, zwar nicht genau vermessen werden, sie sind jedoch im Tomogramm noch zu erkennen.

Die Ortsauflösung einer CT-Anlage wird durch die einzelnen Anlagekomponenten und deren technischen Daten, deren optimierter Anpassung sowie der Scanparameter (wie z. B. Röntgenparameter, Achsposition, Anzahl der Projektionen, Rekonstruktionsparameter, Vorfilter) bestimmt.

Bei Bedarf muss die Ortsauflösung mit Prüf- und Kalibrierkörpern, die auf das jeweilige Untersuchungsziel abgestimmt sein müssen, experimentell bestimmt werden.

Dichteauflösung

Die Dichteauflösung beschreibt die Fähigkeit einer CT-Anlage, Dichteunterschiede im Material auflösen zu können. Dies wird häufig auch als Kontrast bezeichnet. Bei der Untersuchung eines Objektes, das aus verschiedenen Materialien unterschiedlicher Dichte besteht, spiegelt sich die jeweilige Dichte im Grauwert des Voxels wieder.

Materialien mit hoher Dichte weisen einen helleren Grauwert im Voxel auf als Materialien mit niedrigerer Dichte. Daneben wird der Grauwert von der zu durchstrahlenden Dicke des Materials beeinflusst. In **Bild 2** ist ein Einschluss in einem Gussteil dargestellt, der eine höhere Dichte und damit hellerer Grauwert als das Material aufweist.

Zur genauen Bestimmung der Dichteauflösung sind ebenfalls Experimente mit geeigneten Prüf- und Kalibrierkörper, die auf das jeweilige Untersuchungsziel abgestimmt sein müssen, erforderlich.

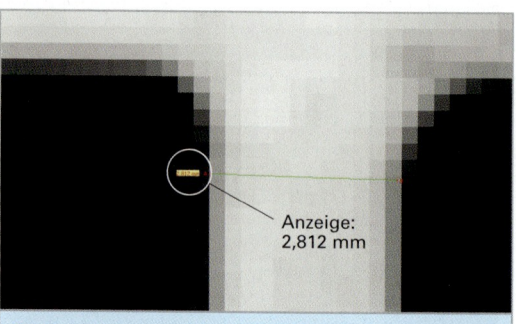

Bild 1: Vermessen einer Wanddicke

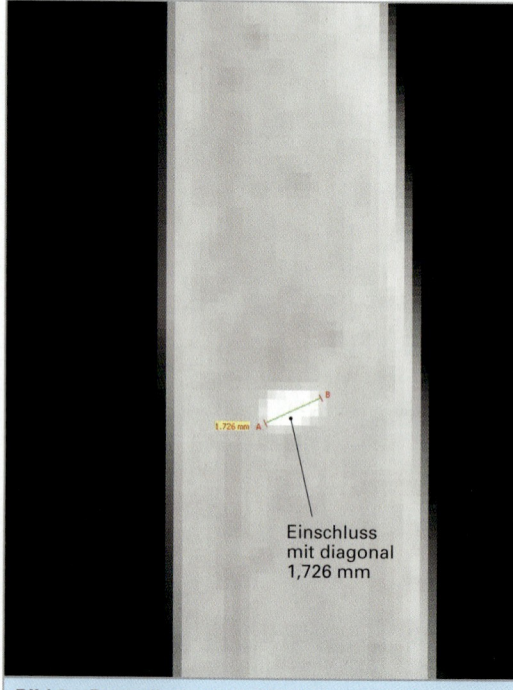

Bild 2: Darstellung eines Einschlusses in einem Gussteil

Artefakte

Als Artefakte[1] werden alle Strukturen im Tomogramm bezeichnet, die nicht in der Realität vorliegen und durch die Messung hervorgerufen werden.

Artefakte können beispielsweise durch falsch kalibrierte Komponenten der Röntgenanlage hervorgerufen werden. Sie können in der Regel anlagetechnisch beseitigt werden. Hierzu zählen z. B. sogenannte Ringartefakte, die durch fehlerhaft arbeitende Detektorpixel zu Stande kommen. Sie können durch eine geeignete Detektorkalibrierung reduziert oder beseitigt werden.

Eine andere Art von Artefakte sind solche, die durch das Messsystem verursacht werden. Diese Artefakte stören das Messergebnis nicht, wenn der Bediener der CT-Anlage diese Artefakte und deren Entstehung kennt. Sie können bei der Interpretation des Tomogramms einfach ignoriert werden. Ein Beispiel hierfür ist der sogenannte Strahlaufhärtungsartefakt.

Verursacht wird dieser Artefakt durch die Veränderung des Spektrums der Röntgenstrahlung, das vom durchstrahlten Material abhängig ist. Dies führt beispielsweise bei einem zylinderförmigen Bauteil zu scheinbaren Dichtegradienten von der äußeren Zone zum Zentrum des Objektes. Die äußeren Zonen zeigen einen helleren Grauwert als die Zonen im Innern. Zu untersuchende Dichteverläufe im Prüfobjekt können hierdurch beeinträchtigt werden, ebenso wie die Festlegung von optimalen Schwellwerten bei der Flächenextraktion aus Tomographiedaten.

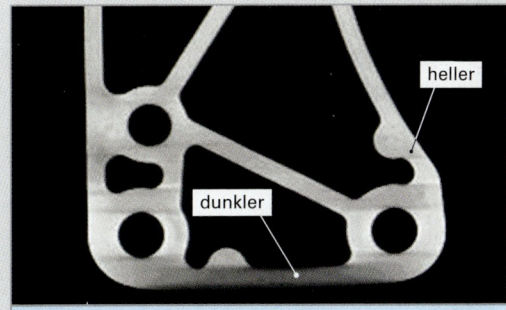

Bild 1: Strahlaufhärtungsartefakte

Durch den Einsatz metallischer Vorfilter kann das Spektrum vor der Durchstrahlung des Objektes „aufgehärtet" werden, d. h. langwellige Bereiche herausgefiltert werden. Dadurch können Strahlaufhärtungseffekte z. T. erheblich reduziert werden. Bei der Untersuchung von metallischen Bauteilen reicht jedoch häufig dieser Filtereffekt nicht aus, um einen homogenen Grauwert im Material zu erhalten.

Strahlaufhärtungsartefakte stellen sich bei der Untersuchung metallischer Bauteile durch unterschiedliche Grauwerte im Tomogramm dar. Sie werden durch unterschiedliche zu durchstrahlende Materialdicken hervorgerufen, die durch die Kontur des Bauteils bestimmt werden **(Bild 1)**.

1.7.4 Anwendungen

Bauteilprüfung

Mit Hilfe der CT können innere Inhomogenitäten in Bauteilen nachgewiesen und dreidimensional dargestellt werden. Die Visualisierungssoftware ermöglicht neben der dreidimensionalen Darstellung des Bauteils, die Darstellung und das Vermessen der inneren Inhomogenitäten in den drei Raumrichtungen (axial, frontal, sagittal[2]) in Form von virtuellen Schnitten **(Bild 2)**.

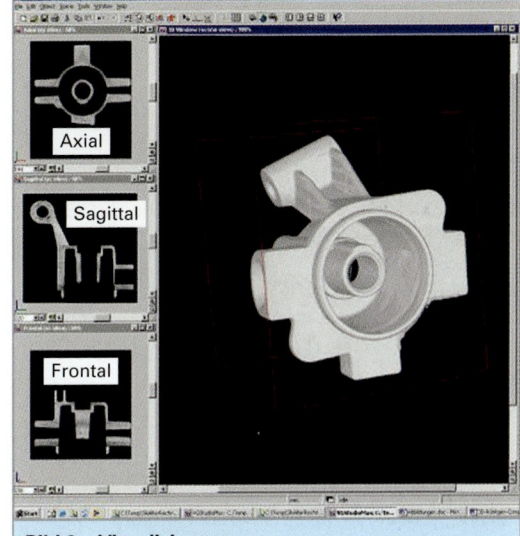

Bild 2: Visualisierung

---

[1] artefakt von lat. arte factum = mit Kunst gemacht. Mit Artefakt bezeichnet man künstlich hervorgerufene Veränderungen (die es eigentlich nicht gibt)

[2] Die Bezeichnungen sind angelehnt an die Schnittebenen des menschlichen Körpers: axial ≙ quer zur Körperachse, frontal ≙ von vorne und sagittal von lat. sagitta = Pfeil, in Richtung der Schädelpfeilnaht oder einer Ebene daneben.

In **Bild 1** ist ein Schaltdeckel aus der Magnesiumlegierung AZ91HP dreidimensional dargestellt. **Bild 2** zeigt einen Lunker im sagittalen, virtuellen 2D-Schnitt. Weiterhin sind Erstarrungslinien in **Bild 3,** die eine geringere Dichte als die Legierung aufweisen, erkennbar. Einschlüsse, mit einer höheren Dichte können ebenfalls im Bauteil nachgewiesen werden **(Bild 4)**.

Die CT-Untersuchung des Schaltdeckels zeigt, dass im anschnittsfernen Bereich viele Lunker vorliegen. Dies lässt den Schluss zu, dass keine ausreichende Nachspeisung in diesem Bereich vorliegt. Als Maßnahme könnte eine Änderung der Prozessparameter (Formfüllzeit, Schmelztemperatur, Nachdruckzeit), eine Änderung der Formtemperierung oder eine konstruktive Anpassung des Anschnitts und des Bauteils vorgenommen werden.

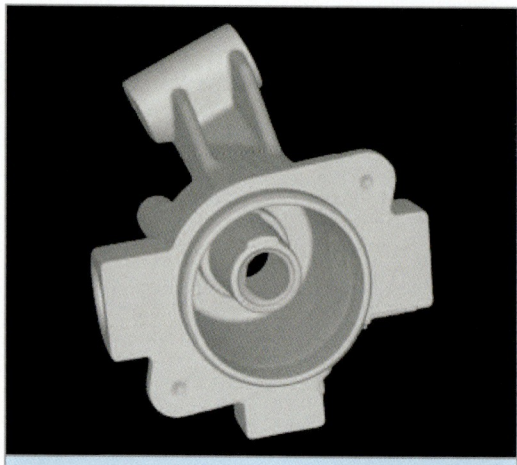

Bild 1: Virtuelle 3D-Darstellung des Schaltdeckels

Mit der Röntgen-CT können Bauteilinhomogenitäten, z. B. Bauteilfehler wie Lunker, Einschlüsse und Poren, nachgewiesen und dargestellt werden, aber auch sonstige Dichtenunterschiede wie sie z. B. an Erstarrungsflächen vorkommen.

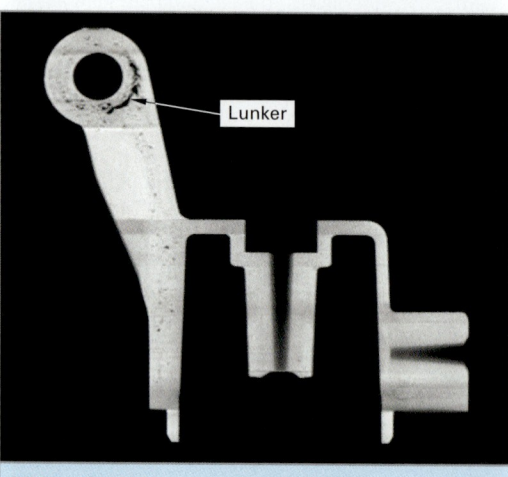

Bild 2: Sagittaler, virtueller 2D-Schnitt

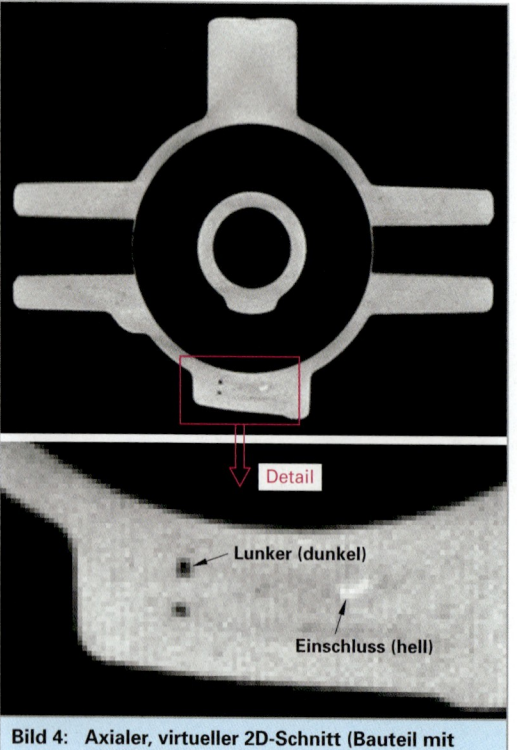

Bild 4: Axialer, virtueller 2D-Schnitt (Bauteil mit Einschluss)

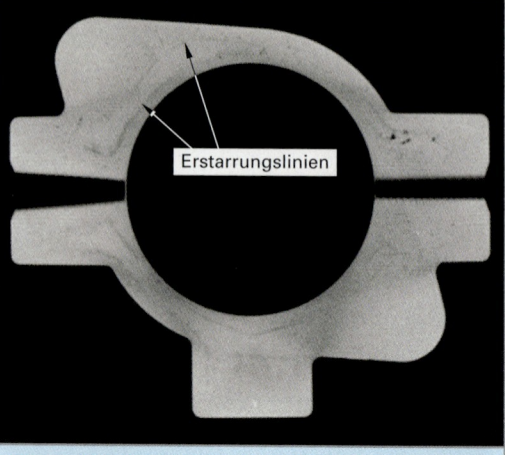

Bild 3: Axialer, virtueller 2D-Schnitt (Bauteil mit Erstarrungslinie)

1.7 Röntgen-Computertomographie (CT)

Bauteilvermessung

Die CT ermöglicht sowohl die Ermittlung von äußeren als auch von inneren Bauteilflächen. So können insbesondere komplexe Strukturen auch, oder gerade, von kleinen Bauteilen erfasst werden **(Bild 1)**. Eine besonders genaue Bauteilausrichtung ist nicht erforderlich, auch müssen keine speziellen Abtastprogramme erstellt werden. An die Bauteilfestigkeit werden im Unterschied zu tastenden Messmaschinen auch keine Ansprüche gestellt, so können weiche, dünne, selbst gallertartige, durchsichtige oder auch spiegelnde Bauteile[1] vermessen werden **(Bild 2)**. Im Tomogramm erkennt man, dass das Brillenpad aus zwei Kunststoffarten unterschiedlicher Dichte hergestellt ist und dass diese z. T. nicht innig verbunden sind.

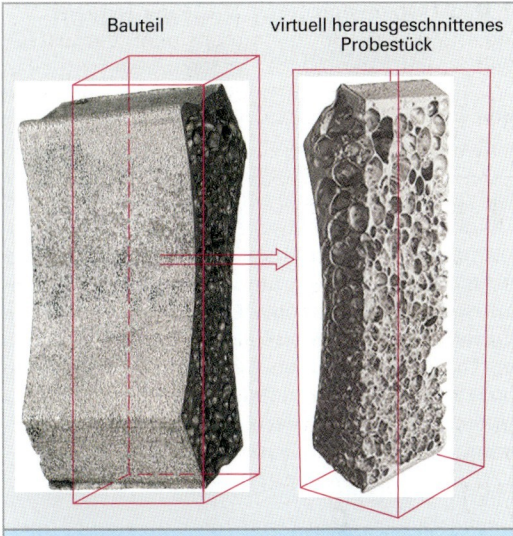

Bild 1: Virtueller 3D-Schnitt durch einen Aluminium-Schaum

> Mit der Röntgen-CT können Bauteile sowohl hinsichtlich ihrer äußeren als auch ihrer inneren Geometrie vermessen und dargestellt werden.

Immersive Stereoprojektion

Die räumlich erfassten Geometriedaten können in Form von VRML-Programmen in virtuellen Räumen präsentiert und als virtuelle Körper mit Innen- und Außengeometrien stereoskopisch erlebt werden. Der Betrachter kann in das Körperinnere eintauchen **(Bild 3)**.

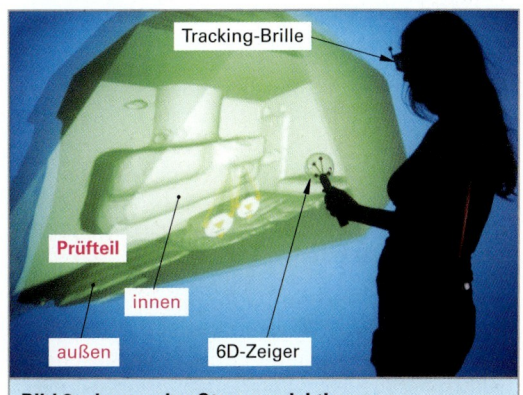

Bild 3: Immersive Stereoprojektion

---

[1] Auf Grund der besseren Auflösung des industriellen 3D-Computertomographen im Vergleich zu medizinischen Anlagen stößt dieses Verfahren auch im Forschungsbereich der Zoologie, Botanik, Archäologie und Restaurierung auf wachsendes Interesse. Größter Vorteil ist hierbei, dass einzigartige und wertvolle Objekte zerstörungsfrei untersucht werden können.

[2] lat. immersio = Eintauchung

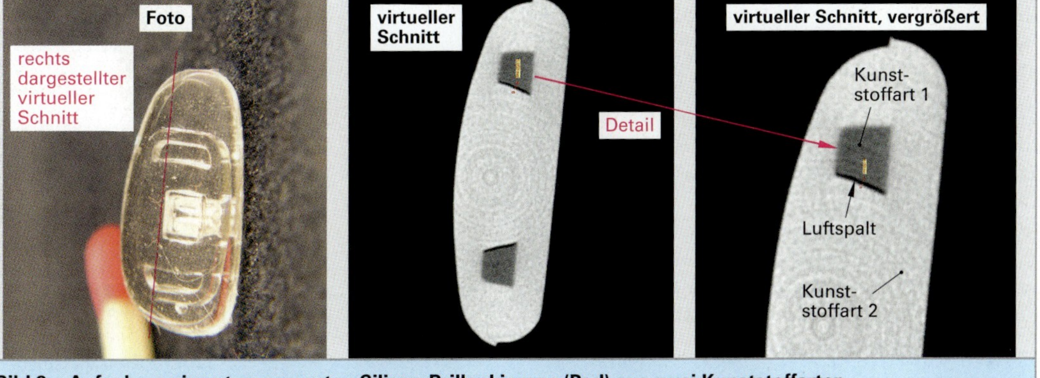

Bild 2: Aufnahme eines transparenten Silicon-Brillenkissens (Pad) aus zwei Kunststoffarten

1.8 Messen und Prüfen durch Bildverarbeitung

Das visuelle Prüfen, also die **Sichtprüfung (Bild 1)** von Bauteilen, z. B. auf Vollständigkeit und auf Fehlerfreiheit gehört wesentlich zur Sicherung der Qualität. Es ist eine sehr verantwortungsvolle Tätigkeit, sie erfordert hohe Fachkenntnis, Urteilsvermögen und Konzentration. So qualifiziert die Arbeit des Prüfens im Einzelfall ist, bei Großserien ist die Sichtprüfung stets problematisch. Die Prüfer und Prüferinnen haben eine sehr monotone Tätigkeit und laufen Gefahr durch Ermüdung unaufmerksam zu werden. In der Serienprüfung sind daher **automatisierte Verfahren mit Bildverarbeitung** unumgänglich.

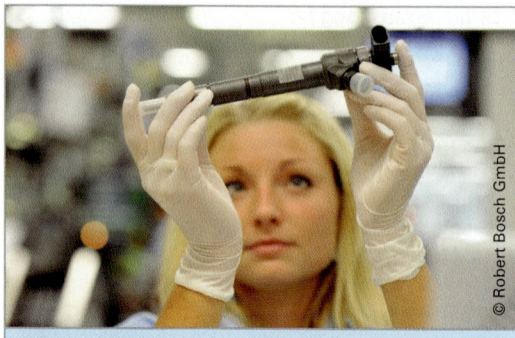

Bild 1: Sichtprüfung

Mit Hilfe der Bildverarbeitung können Bilder eines Gegenstandes erfasst und mit dem zugehörigen Computer analysiert werden. Die Bildverarbeitung ermöglicht z. B. das automatische Erkennen von Werkstücken. Dabei wird meist ein Bild des zu prüfenden Werkstücks mit einem fehlerfreien Werkstück bzw. einem „Meisterwerkstück" verglichen **(Bild 2)**.

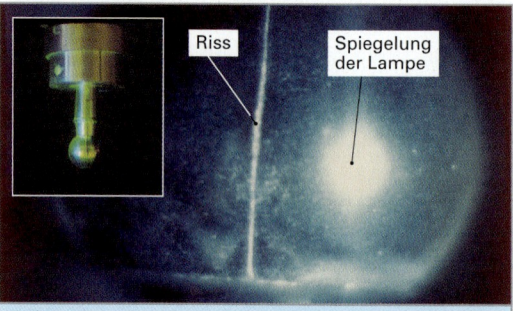

Bild 2: Magnetpulver-Rissprüfung

Innenbereiche, z. B. von gegossenen Ventilblöcken **(Bild 3)**, überprüft man mit einer Endoskop-Kamera. Linsenketten oder Glasfasern ermöglichen beim Endoskop ein Hineinschauen in Hohlräume von Körpern. Lediglich ein schmaler Zugang von einem oder von wenigen Millimetern Durchmesser ist erforderlich.

Da die Bildinformation im Computer digital vorliegt, können durch Anwenden von Rechenoperationen die Bilder verändert und Fehler besonders deutlich herausgestellt und quantifiziert werden.

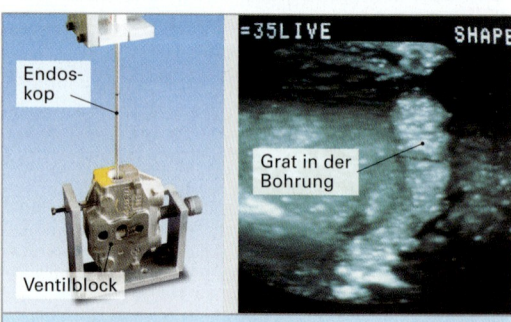

Bild 3: Prüfen mit Endoskop

Beim Messen und Prüfen von Werkstücken durch Bildverarbeitung kommt es vor allem darauf an, eine günstige Beleuchtungssituation zu schaffen und dafür zu sorgen, dass die Absorptions- und Reflexionseigenschaften der fehlerfreien Werkstücke gleichbleibend sind.

Ziel der Bildverarbeitung ist es, durch mathematische Operationen bestimmte Merkmale eines Bildes bzw. einer Szene hervorzuheben und die Bildinformation digital darzustellen **(Bild 4)**. Im Falle des Messens werden Maßangaben (Zahlenwert mit Einheit), z. B. eine Länge oder ein Flächeninhalt, errechnet und im Falle des Prüfens ist die Feststellung zu treffen: Gut-Teil oder Ausschuss-Teil.

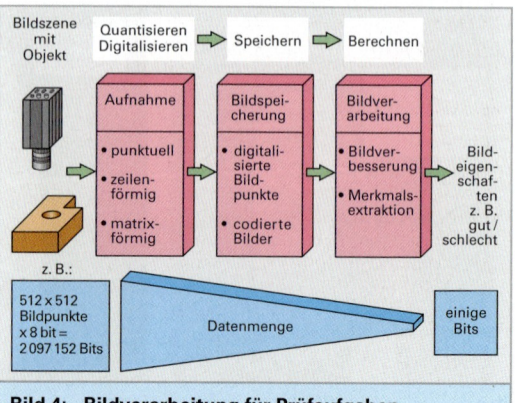

Bild 4: Bildverarbeitung für Prüfaufgaben

---

[1] griech. endo... = innen..., griech. skopia = Beobachtung

1.8 Messen und Prüfen durch Bildverarbeitung

1.8.1 Grundlagen

Bei der Bildverarbeitung erfolgt die Bildaufnahme durch eine Kamera, die

- punktuell, Bildpunkt für Bildpunkt, oder
- zeilenweise, Bildzeile für Bildzeile, oder
- als Matrix-Kamera ein Teilbild oder ein Vollbild

erfasst (**Bild 1**).

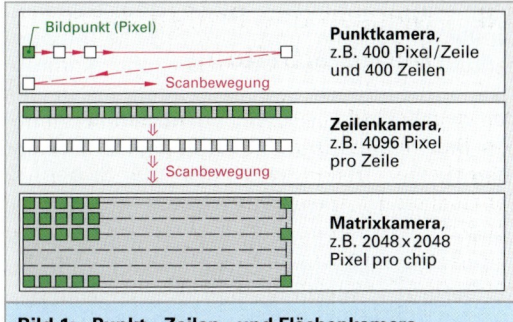

Bild 1: Punkt-, Zeilen-, und Flächenkamera

Punktkamera

Die *punktweise* Ermittlung verwendet man z. B. bei hochgenauen Wärmebildkameras (**Bild 2**). Hier wird die Wärmestrahlung über Linsen, die für Infrarotstrahlung gut durchlässig sind (z. B. Gläser aus Zink-Selen), auf einen Infrarot-Fotodetektor projiziert. Mit Hilfe eines Polygonspiegels wird mit jeder Facette ein Bildpunkt nach dem anderen auf den Fotodetektor übertragen und durch sukzessives Kippen des Polygonspiegelrades wird eine Zeile nach der anderen erfasst. Das hochtourig laufende Polygonspiegelrad erzeugt so z. B. alle 20 ms ein Vollbild mit 480 × 480 Bildpunkten. Der Infrarot-Fotodetektor wird über ein Peltier-Element gekühlt auf z. B. – 20 °C und bei dieser Temperatur exakt konstant gehalten. So wird eine hochgenaue Temperaturmessung (besser als 0,1 °C) möglich. **Bild 3** zeigt die Wärmesituation bei einer Fräsbearbeitung (Rot ⇒ 34 °C, Weiß ⇒ 100 °C, Blau < 22 °C

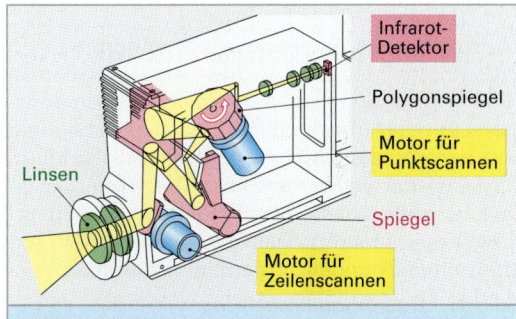

Bild 2: Thermokamera mit punktweiser Bildaufnahme

Zeilenkamera

Zeilenkameras enthalten CCD-Zeilen zur optischen Aufnahme einer einzelnen Bildzeile. Es gibt diese CCD-Zeilen (CCD von Charge Coupled Device = Ladungsgekoppelter Schaltkreis) z. B. mit 4096 Bildpunkten. Um ein flächiges Bild zu erhalten, ist entweder die Zeilenkamera oder das Bauteil zu bewegen. Letzteres wird z. B. bei Förderanlagen gemacht: Hier ist die Zeilenkamera fix über dem Transportband angeordnet und die Bauteile wandern auf dem Transportband an der Kamera vorbei. Es entsteht ein „Endlosbild" (**Bild 4**).

Müssen bei einem Produktionsprozess nur einzelne Schnittlinien gemacht werden, z. B. zur schnellen und laufenden Vermessung bzw. Mengenermittlung von flüssigem Metall beim Gießen, so sind diese Zeilenkameras besonders geeignet, da sie mit hohen Taktraten, z. B. 0,1 ms je Bildzeile gelesen werden können.

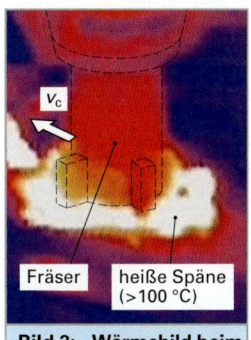
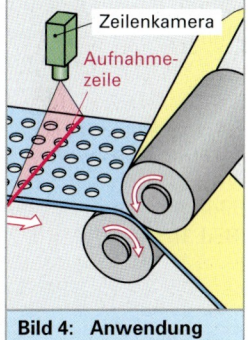

Bild 3: Wärmebild beim Fräsen in Falschfarben

Bild 4: Anwendung einer Zeilen-Kamera

Matrix-Kamera

Übliche Kameras sind meist CCD-Matrix-Kameras. Der CCD-Schaltkreis (**Bild 5**) ist ein flächiger Halbleiterschaltkreis mit einer Matrixstruktur für z. B. 1280 x 1024 Bildpunkte, wobei jeder Einzelbildpunkt eine Ausdehnung von 6,45 μm hat. Mit der zugehörigen Optik und der elektronischen Datenübertragung, z. B. RS – 232C oder IEEE 1395 (Fire-Wire) kann eine solche Kamera direkt an die Bildverarbeitungskarte angeschlossen werden. Diese Bildverarbeitungskarte übernimmt die Kamerasteuerung, wie z. B. die Synchronisierung und den Weißabgleich, und speichert die Bildfolgen bis diese weiter verarbeitet sind.

Bild 5: CCD-Element

Kompakte Bildverarbeitungskameras enthalten sämtliche optische und elektronische Komponenten einschließlich Computer und Kommunikationsbaugruppe und zwar integriert in das Kameragehäuse. Ein PC wird nur noch zur Parametrierung der Bildverarbeitungssoftware benötigt (**Bild 1**).

Zur genauen und gleichbleibenden Grauwertermittlung eines Bildpunktes gibt es Kameras mit elektronisch gekühltem CCD-Chip und auch mit Shuttern, d. h. elektronischen Lichtverschlüssen (to shut = schließen) um genaue Belichtungszeiten zu erreichen, z. B. Belichtungszeiten wählbar zwischen 70 µs bis 10 s.

Matrix-Kameras für spezielle Anwendungen sind z. B. Röntgendetektoren. Diese sind großflächig (**Bild 2**) und bestehen aus einem Szintillationswerkstoff als Deckschicht, welcher abhängig von der Röntgenstrahlung Lichtquanten erzeugt. Diese wiederum werden über CCD-Elemente in übliche Videosignale überführt und der Bildverarbeitung zugeführt. Damit können u. a. Werkstoffuntersuchungen vorgenommen werden.

Bei der *Binärbildverarbeitung* wird das aufgenommene Bild in Schwarz/Weiß-Punkte zerlegt. Man erhält ein Bild entsprechend einem Scherenschnitt. Bei der *Grauwertbildverarbeitung* werden Bilder mit ihren Grauwertschattierungen und bei der *Farbbildverarbeitung* mit ihren Farben verarbeitet.

Ziel der Bildverarbeitung ist es, durch mathematische Operationen bestimmte Merkmale eines Bildes bzw. einer Szene hervorzuheben oder die Bildinformation auf wenige Daten zu reduzieren (**Bild 3**).

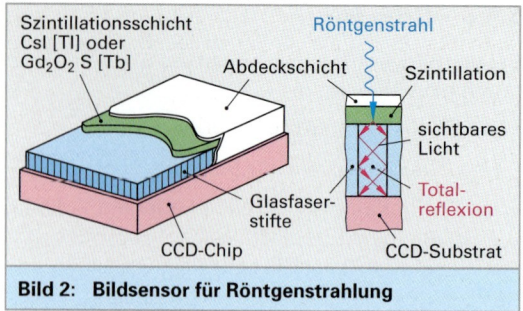

Bild 2: Bildsensor für Röntgenstrahlung

Bild 3: Bilddatenreduktion

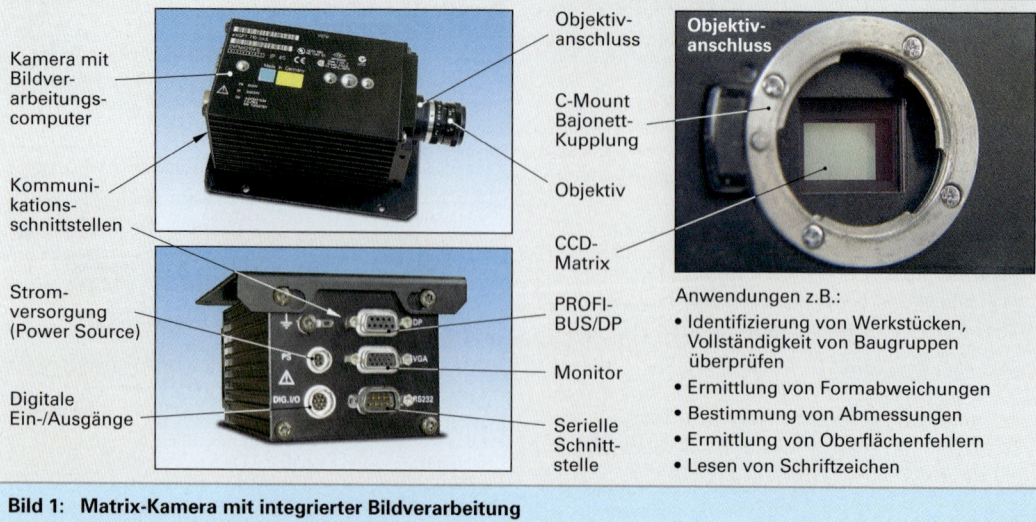

Bild 1: Matrix-Kamera mit integrierter Bildverarbeitung

1.8 Messen und Prüfen durch Bildverarbeitung

Grauwertbild. Über eine Videokamera wird fortlaufend, z. B. im Takt von 40 ms, ein Bild nach dem anderen aufgenommen **(Bild 1)**. Ein solches Videobild zerlegt man durch *Quantisierung* in z. B. 512 · 512 = 262 144 *Bildpunkte* (Pixel[1]) und durch *Digitalisierung* in 256 *Grauwertstufen*. Der zugehörige Analog-Digital-Umsetzer (AD-Umsetzer) setzt z. B. in 25 ms oder 40 Mal je Sekunde für 512 · 512 = 262 144 Bildpunkte das Videosignal in ein 8-Bit-Digitalsignal um. Man erhält ein 8-Bit-Grauwertbild.

Das so digitalisierte Videosignal kann in einer ersten Bildverarbeitungsoperation über Look-up-Tables (Bewertungstabellen) in der Weise verändert werden, dass bestimmte Helligkeitsstufen unterdrückt, andere besonders hervorgehoben oder z. B. auf 8 oder 4 unterschiedliche Werte begrenzt werden.

Binärbild. Man kann auch ab einer bestimmten Helligkeit dem Bildpunkt die Farbe Weiß und unterhalb dieser Helligkeit die Farbe Schwarz zuordnen, also ein Binärbild erzeugen.

Farbbild. Das menschliche Auge empfindet elektromagnetische Strahlung mit der Wellenlänge zwischen 390 nm und 700 nm als Licht und zwar von Violettblau über Grün, Gelb, Orange bis Dunkelrot. Ein beleuchteter Körper reflektiert seine Körperfarbe. Ein grüner Körper reflektiert grünes Licht mit der Wellenlänge von 546 nm. Ein weißer Körper reflektiert das Licht aller Farben, ein schwarzer Körper absorbiert das Licht. Die Körperfarben entstehen durch *subtraktive Farbmischung*, nämlich durch spektrale Subtraktion von Lichtfarben. So erscheint ein Körper Rot, wenn er alle Lichtfarben außer Rot absorbiert **(Bild 2)**.

Durch *additive Mischung* von drei Lichtwellenlängen, z. B. rotem Licht, grünem Licht und blauem Licht, lassen sich je nach Leuchtdichte dieser drei Lichtquellen alle Lichtfarben darstellen. So ergibt: Rot + Grün = Gelb.

Zur Farbbilderzeugung wird das Licht mit drei Farbauszugsfiltern in drei Grauwertbilder für die Farben Rot, Grün und Blau zerlegt. Diese Farbzerlegung kann auf unterschiedliche Weise geschehen:

1. Ein Strahlteiler führt über drei Farbauszugsfilter das Bild auf drei CCD-Chips.
2. Die drei Bilder entstehen in schneller Folge mit einem CCD-Chip, in dem dieser nacheinander drei Aufnahmen über die Farbauszugsfilter macht.
3. Auf dem CCD-Chip sind aufgedampfte Mosaikfilter für die drei Farben. Es gibt also Bildelemente für Rot, für Grün und für Blau.

---
[1] Pixel von engl. picture element = Bildelement

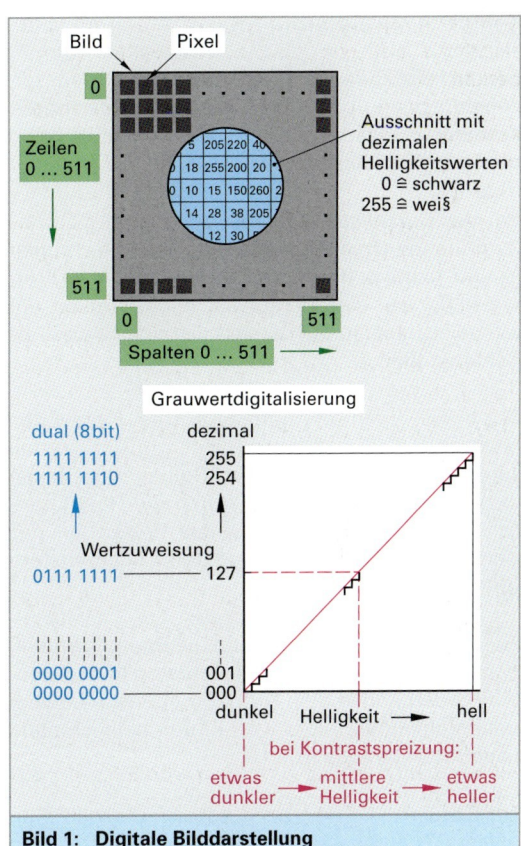

Bild 1: Digitale Bilddarstellung

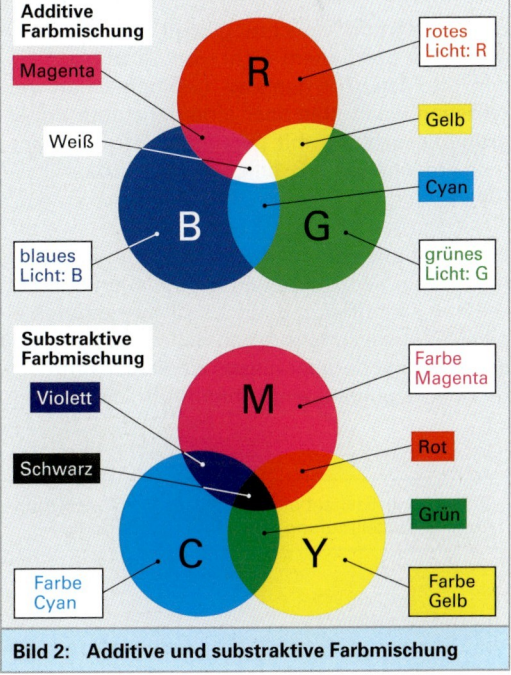

Bild 2: Additive und substraktive Farbmischung

1.8.2 Szenenbeleuchtung

Die richtige Szenenbeleuchtung ist Voraussetzung für eine erfolgreiche Bildanalyse. Man unterscheidet zwischen der Auflichtbeleuchtung und der Durchlichtbeleuchtung.

Bei der *Durchlichtbeleuchtung* befindet sich das zu prüfende Objekt zwischen flächiger Lichtquelle und Kamera (**Bild 1**). Man legt z. B. das Prüfwerkstück auf eine Mattglasscheibe, die von unten beleuchtet ist. Die Kamera sieht das Objekt als Schatten (**Bild 2**).

Wir haben einen sehr hohen Kontrast. Anwenden lässt sich dieses Verfahren mit großem Vorteil zum Prüfen und Messen von Bauteilen in denen sich das Qualitätsmerkmal durch die Hauptquerschnittsfläche abbildet, z. B. das Prüfen auf das Vorhandensein von relevanten Lochmustern (**Bild 2**).

Für die Serienprüfung werden die Bauteile entweder auf einem von unten beleuchteten transparenten Förderband in dem Aufnahmebereich bewegt oder stehend vor einer, von hinten beleuchteten, Leuchtwand transportiert.

Objektdefekte können bei durchscheinenden Bauteilen, z. B. Luftblasen bei hellen Kunststoffteilchen und bei Glaswaren, detektiert werden (**Bild 3**).

Die Hintergrundbeleuchtung kann in vielen Fällen mit diffus gestreutem Licht von Leuchtstofflampen erfolgen. Zur genauen geometrischen Vermessung wählt man aber eine gerichtete Hintergrundbeleuchtung mit parallelem Strahlengang. Man erreicht dies z. B. durch eine Kollimatorlinse[1] (**Bild 4**).

Um Irritationen durch Staub und Schmutz zu vermeiden sind Vorkehrungen für geringen Schmutzeintrag zu treffen, z. B. die Leuchtwand durch einen ständigen Luftstrom von Schmutzpartikeln zu schützen und darüber hinaus ist die gesamte Szene einer regelmäßigen Reinigung zu unterwerfen.

> Die richtige Szenenbeleuchtung ist Vorraussetzung für eine Bauteilprüfung durch Bildverarbeitung.

---

[1] lat. collimare = zusammenfließen, hier: Strahlen parallel bündeln

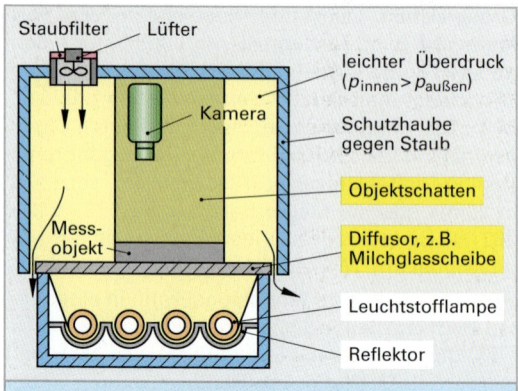

Bild 1: Durchlichtbeleuchtung (Prinzip)

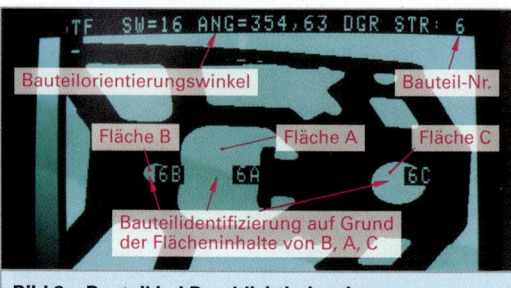

Bild 2: Bauteil bei Durchlichtbeleuchtung

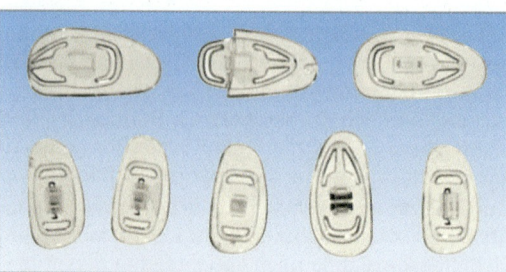

Bild 3: Duchlichtbeleuchtung bei transparenten Bauteilen

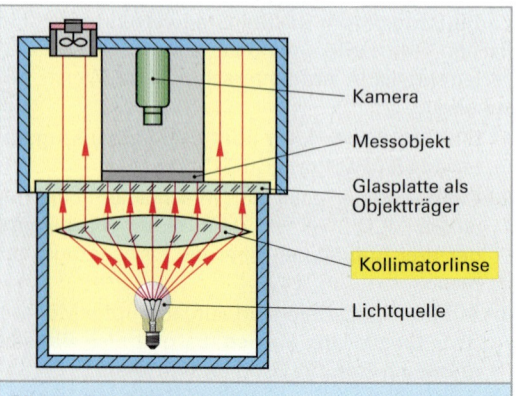

Bild 4: Durchlichtbeleuchtung mit Kollimatorlinse

1.8 Messen und Prüfen durch Bildverarbeitung

Um ein Einstauben zu verhindern, wird die Bildszene vorteilhaft durch eine Haube abgedeckt und ein leichter Überdruck mit einem Lüfter mit Staubfilter erzeugt, so dass nur gereinigte Luft einströmen kann.

Bei der *Auflichtbeleuchtung* unterscheiden wir zwischen Hellfeldbeleuchtung und Dunkelfeldbeleuchtung,

Zur **Hellfeldbeleuchtung (Bild1)** verwendet man großflächige, diffus leuchtende Leuchtmittel, meist mehrere Leuchtstofflampen. Dabei wird die gesamte Szene mitsamt dem Prüfobjekt gut ausgeleuchtet und zwar weitgehend ohne Schattenbild **(Bild 2)**.

Die Kontraste sind nicht hoch. Es sind aber meist alle, auch für unser Auge gut sichtbaren Prüfmerkmale erfassbar.

Bei der **Dunkelfeldbeleuchtung (Bild 3)** wird mit einem Scheinwerfer gerichtetes Licht schräg zur Beobachtungsrichtung auf das Prüfwerkstück gebracht. Dabei zeigt sich die Prüfteiloberflächentextur durch Schattierungen und partielle Reflexionen **(Bild 4)**. So können z. B. Kerben, Riefen, Roststellen oder Schriftzeichen gut erkannt werden.

Bei der Dunkelfeldbeleuchtung erscheinen glatte Oberflächen dunkel, Risse und Kratzer dagegen hell.

Vermeidung von Reflexionen und Spiegelungen

Durch Beleuchtung mit polarisiertem Licht und einer Bildaufnahme mit einem über Kreuz angebrachten Polarisationsfilter können Reflexionen und metallische Spiegelungen unterdrückt oder abgeschwächt werden **(Bild 1, folgende Seite)**.

Der Effekt beruht darauf, dass zunächst nur Licht in einer Ebene schwingend auf das Prüfwerkstück kommt. Das direkt reflektierende Licht hat dieselbe Schwingungsebene und wird von dem um 90° gedrehten Kamerapolarisationsfilter unterdrückt, während das „wild" gestreute Licht alle Schwingungsvorrichtungen aufweist und nur wenig abgeschwächt den Kamerapolarisationsfilter passiert **(Bild 2, folgende Seite)**.

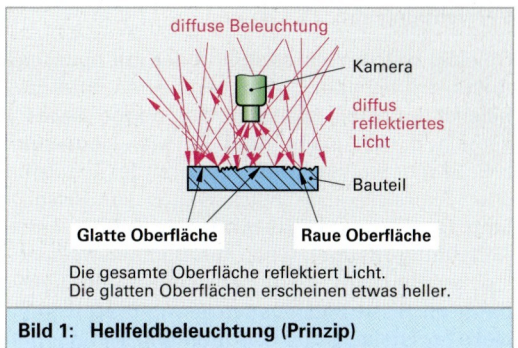

Bild 1: Hellfeldbeleuchtung (Prinzip)

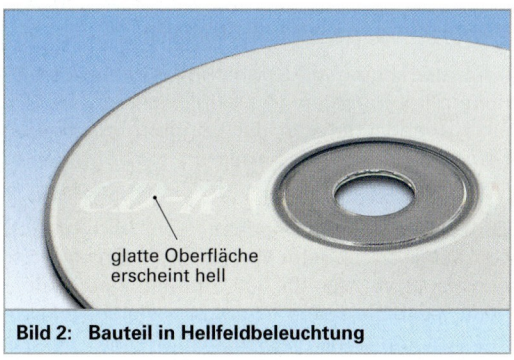

Bild 2: Bauteil in Hellfeldbeleuchtung

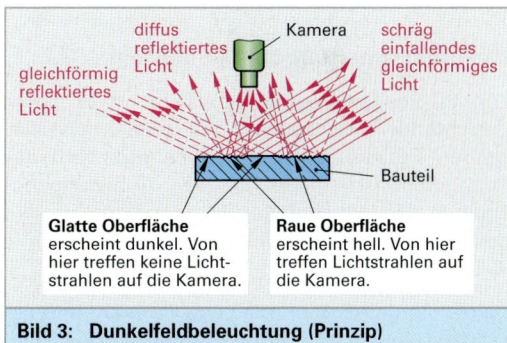

Bild 3: Dunkelfeldbeleuchtung (Prinzip)

Bild 4: Bauteil in Dunkelfeldbeleuchtung

Verwendung von UV-Lampen

Objekte, welche fluoreszieren oder mit optischen Aufhellern behandelt sind, erscheinen unter UV-Beleuchtung hell, während der übrige Szenenbereich dunkel bleibt **(Bild 3)**. Man verwendet z. B. Magnetpulver in fluoreszierender Emulsion oder fluoreszierende Flüssigkeiten zur Rissprüfung. Das Magnetpulver bildet an den Rissen eine Anhäufung (Raupe), wenn die Bauteile magnetisiert werden, bzw. die fluoreszierende Flüssigkeit dringt in Risse und Spalten ein und so werden diese Fehlstellen unter UV-Strahlung sichtbar und können durch Bildverarbeitung erkannt werden.

Verwendung von Infrarot-Strahlern

Infrarotstrahlung (IR-Strahlung) wird in Verbindung mit Infrarotkameras eingesetzt um z. B. Objekte unabhängig von der übrigen Beleuchtung durch Bildverarbeitung erfassen und verfolgen zu können.

Zur Bauteilprüfung eigenen sich Infrarot-LED-Lampen in besonderer Weise, da sie bei einer Lebensdauer von ca. 100 000 Stunden eine weitgehend gleichbleibende Strahlungsleistung haben. In Verbindung mit Tageslichtsperrfiltern für das sichtbare Licht gelingt es Störungen durch Umgebungslicht praktisch auszuschalten **(Bild 4)**.

3D-Positionsmessung mit IR-Strahlung

Zur 3D-Positionsmessung erfasst man einen „leuchtenden Messpunkt" mit zwei hochauflösenden CCD-Kameras und bestimmt nach der Triangulationsmethode aus den Abbildungspositionen des „leuchtenden Messpunktes" in den beiden Kameras die Winkel α, β, γ des Dreiecks A, B, C (Bild 4).

Da die Länge AB als Basislänge konstant und bekannt ist, kann man die Entfernung als Höhe h einfach berechnen. Die Neigung δ des Dreiecks ABC gegenüber der Kameraorientierung erfasst man auch aus der Lage der Abbildungen des „leuchtungen Messpunktes". Als „leuchtenden Messpunkt" könnte eine kleine Glühlampe verwendet werden (sofern das Messen im Dunkeln erfolgt). Üblich sind Messungen von diffus-reflektierenden diamantsplitterbesetzten Kugeln **(Bild 4)**. Mit drei Kugeln kann man außer der Position auch die *Orientierung* der Messplattform (Target[1]) erfassen (6D-Messung).

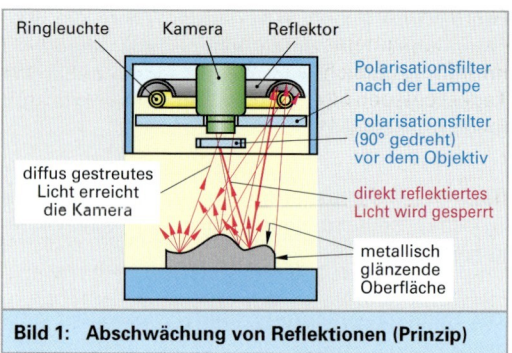

Bild 1: Abschwächung von Reflektionen (Prinzip)

Bild 2: Objekt, aufgenommen mit und ohne Polarisationsfilter

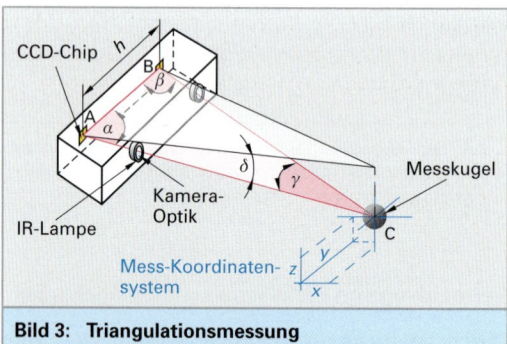

Bild 3: Triangulationsmessung

Bild 4: Messtarget mit drei Kugeln

---

[1] engl. target = (Ziel-) Scheibe

1.8 Messen und Prüfen durch Bildverarbeitung

Als Aufnahmekameras können oftmals auch übliche CCD-Kameras verwendet werden. Sie haben im Infrarotbereich, also im Durchlassbereich des Tageslichtsperrfilters, noch eine erhebliche Empfindlichkeit **(Bild 1)**.

Blitzlicht

LED-Lampen können „geblitzt" betrieben werden. Damit kann man z. B. die Unschärfe von bewegten Objekten ausschalten bzw. stark vermindern. Nur während der kurzen Blitzbeleuchtung wird das Bild erzeugt und erscheint so wie von einem ruhenden Objekt.

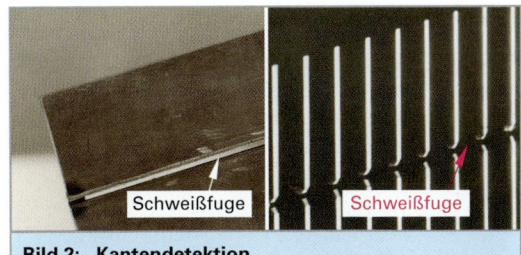

Bild 2: Kantendetektion

> Mit Blitzlicht kann Bewegungsunschärfe vermindert werden.

Strukturierte Beleuchtung

Strukturiertes Licht, z. B. Linienmuster, werden verwendet, um die räumliche Ausprägung eines Objektes zu erfassen. Beispiele sind die Erfassung von Kanten, Schweißnahtverläufen **(Bild 2)**, aber auch das Erkennen von Dellen und Vertiefungen **(Bild 3)**. Die systematische Anwendung von Lichtschnitten ermöglicht ein dreidimensionales Erfassen von Bauteilen. Anwendung findet die strukturierte Beleuchtung z. B. auch bei 3D-Scannern und zur Prüfung von Karosserien **(Bild 4)**.

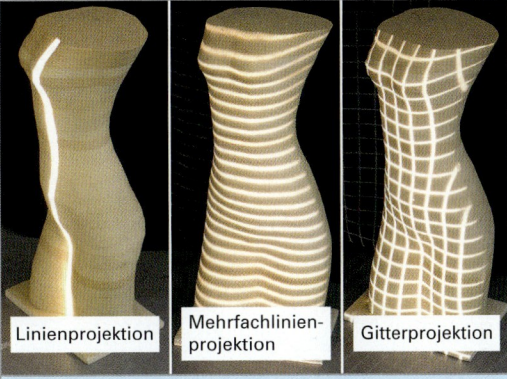

Bild 3: Strukturierte Beleuchtungen

Bild 4: Spiegelung von Lichtleisten

> Durch strukturierte Beleuchtung können Kanten und Wölbungen deutlich gemacht werden.

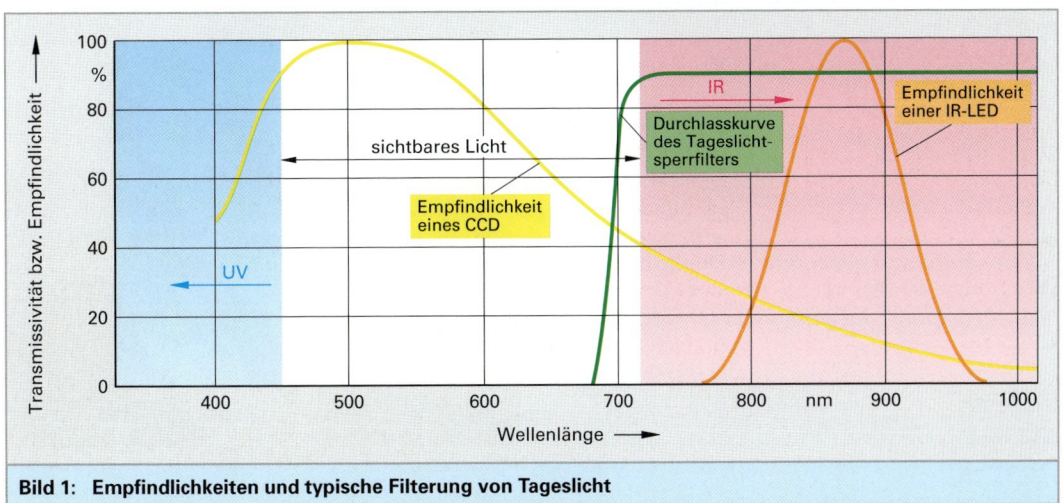

Bild 1: Empfindlichkeiten und typische Filterung von Tageslicht

1.8.3 2D-Bildverarbeitung

Bei der 2D-Bildverarbeitung wird ein Bild aufgenommen und in einem Bildspeicher Pixel für Pixel einer Bildebene (meist mit x/y-Koordinaten) zugeordnet. Ein solcher Zuordnungsvorgang wird mit unterschiedlicher Gesetzmäßigkeit, nämlich entsprechend zu den Bildverarbeitungsalgorithmen, vorgenommen. Die wichtigsten sind die Look-up-Tabelle[1] und die Filter.

Die-Look-Up-Tabelle (LUT)
Mit der LUT[1] ordnet man, entsprechend der gewählten LUT, jedem Pixel mit dem Helligkeitswert H_Q des **Quellbildes** einen neuen Helligkeitswert H_Z zu und erhält so ein verändertes **Zielbild**.

Lineare LUT. Bei der linearen LUT werden den Eingangshelligkeitswerten dieselben Ausgangshelligkeitswerte zugeordnet **(Tabelle 1)**. Das Zielbild ist identisch mit dem Quellbild.

Invertierung. Eine fallende LUT-Funktion überführt helle Bildpunkte in dunkle Bildpunkte und umgekehrt. Aus einem Negativbild wird ein Positivbild und umgekehrt. Bei Binärbildern werden die schwarzen Pixel weiß und die weißen Pixel schwarz.

Kontrastspreizung. Soll ein relativ helles Bild mit geringem Kontrast, z. B. alle Helligkeitswerte befinden sich zwischen 100 und 200, kontrastreicher dargestellt werden, dann programmiert man eine lineare LUT, aber erst beginnend beim Eingangshelligkeitswert 100. Das Zielbild zeigt nun deutliche Kontraste. Die ansteigende Flanke der LUT-Funktion legt man in den interessierenden Helligkeitsbereich.

Binarisierung (Threshold). Hier hat die LUT-Funktion an der Binarisierungsschwelle (threshold = Schwelle) einen Sprung. Helligkeitswerte unterhalb dieser Schwelle werden auf 0 gesetzt und erscheinen schwarz, Helligkeitswerte oberhalb dieser Schwelle werden auf 255 gesetzt und erscheinen weiß. Aus dem Grauwertbild wird ein Binärbild.

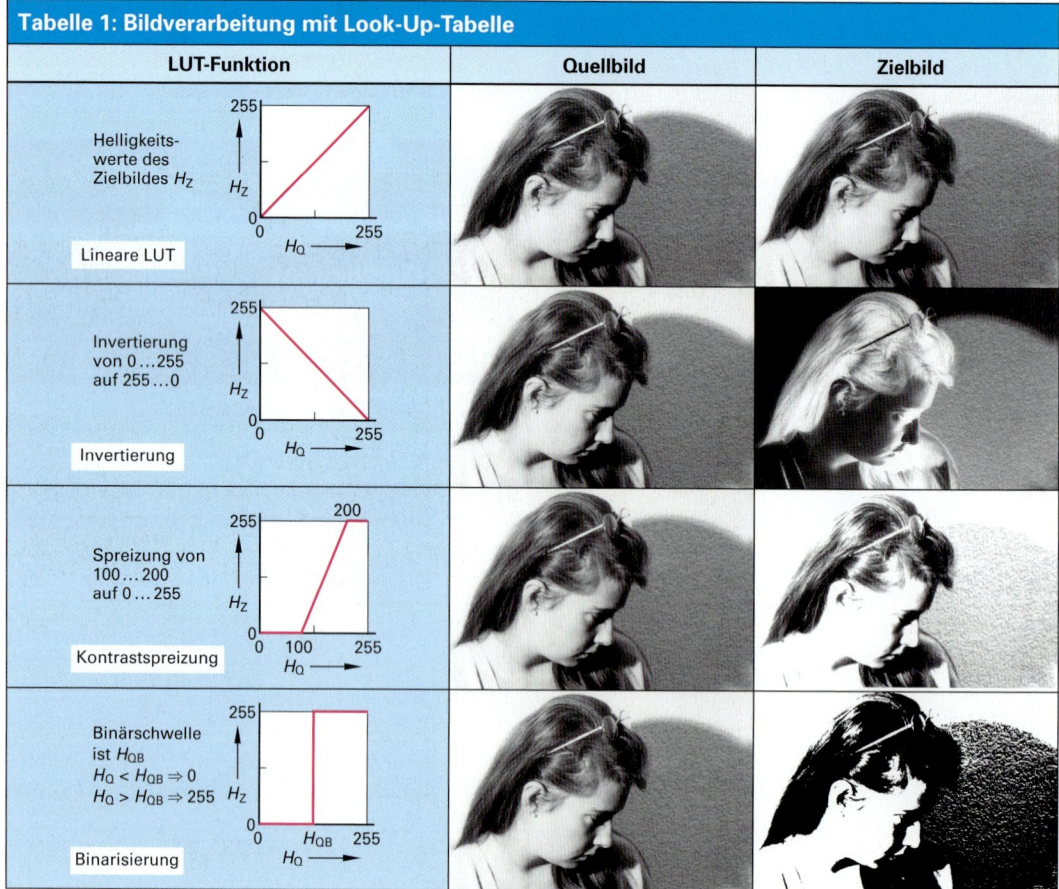

Tabelle 1: Bildverarbeitung mit Look-Up-Tabelle

[1] LUT von engl. Look Up Table = Nachschautabelle, to look up = nachschauen

1.8 Messen und Prüfen durch Bildverarbeitung

Filter

Bei den lokalen Filtern berechnet man die neuen Helligkeitswerte des Zielbildpixels in Abhängigkeit von der lokalen Umgebung des Quellbildpixels (**Bild 1**). Jedes Pixel e im Quellbild hat, abgesehen von den am Rand liegenden Pixeln, 8 Nachbarpixel a, b, c, d, f, g, h, i mit den Helligkeitswerten H_{Qa}, H_{Qb}, H_{Qc}, H_{Qd}, H_{Qf}, H_{Qg}, H_{Qh}, H_{Qi}. Der Helligkeitswert H_{Qe} gehört zum Quellbildpixel e. Der Helligkeitswert eines jeden Zielbildpixels H_{Ze} wird nun berechnet als Funktion der Helligkeitswerte H_{Qa} ... H_{Qi}. Die Filteroperationen können mehrfach angewendet werden. Hierzu wird das Zielbild erneut als Quellbild definiert.

Durch die Tiefpassfilterung wird das Bild „weicher". Scharfe Kanten werden verschwommen. Helle oder dunkle Bildstörungen als Einzelpixel verschwinden.

> Lokale Filter berechnen die Helligkeit eines jeden Bildpunktes neu und zwar in Abhängigkeit von den Helligkeitswerten der Bildpunkte aus der ursprünglichen Umgebung.

Tiefpassfilter

Beim Tiefpassfilter errechnet man H_{Ze} als Mittelwert von H_{Qa} bis H_{Qi} und dividiert durch 9 bzw. $2^3 = 8$. Die Division mit $2^3 = 8$ ist bei Integerzahlen eine Stellenverschiebung um 3 Binärstellen und somit weniger rechenintensiv. Das Zielbild wird dadurch geringfügig heller als das Quellbild. Zur vereinfachten Darstellung der Filterfunktion wird eine „lokale Maske" mit den Multiplikatoren für H_a ... H_i aufgestellt (**Tabelle 1**).

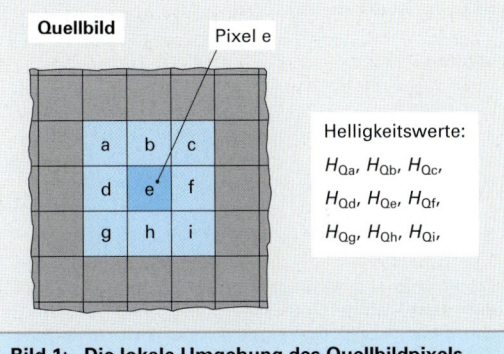

Bild 1: Die lokale Umgebung des Quellbildpixels

Tabelle 1: Tiefpassfilter

Filterfuntion/Maske	Quellbild	Zielbild
Tiefpass / Maske: a b c — 1 1 1 d e f — 1 1 1 g h i — 1 1 1	(Bild: Schraubenschlüssel)	(Bild: Schraubenschlüssel, weichgezeichnet)
Rechenbeispiel für e: $H_{Ze} = (8 + 0 + 16 +$ $8 + 8 + 16 +$ $8 + 8 + 32) : 8 = 13$ Das Tiefpassfilter vermindert lokale Helligkeitsschwankungen	Ausschnitt im Quellbild: 8 8 8 16 16 16 8 8 0 16 16 16 8 8 8 16 16 16 8 8 8 32 16 16 8 8 8 16 16 16	Ausschnitt im Zielbild: * * * * * * * 8 11 14 18 * * 8 13 16 20 * * 9 14 17 20 * * * * * * *

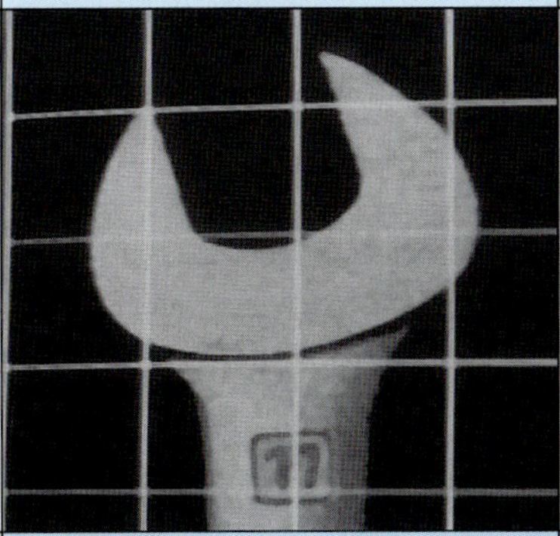

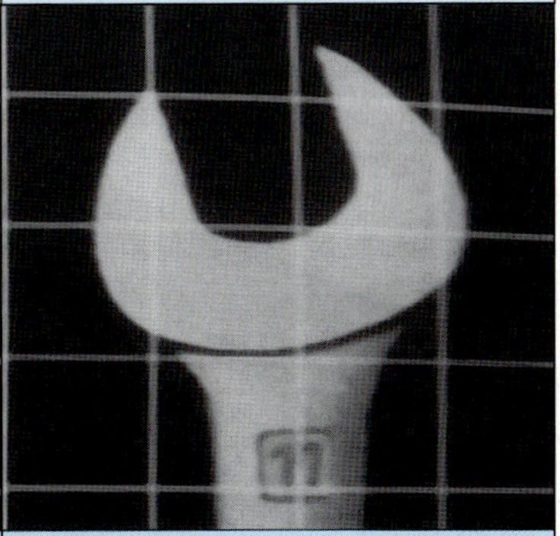

Hochpassfilter

Bei den Hochpassfiltern errechnet man H_{Ze} aus Differenzhelligkeitswerten der lokalen Umgebung von H_{Qe}. Ist die lokale Umgebung von H_{Qe} gleichermaßen hell, so wird $H_{Ze} = 0$. Der neue Pixelwert wird also schwarz.

Wirkung: Durch einen Hochpassfilter werden Helligkeitsveränderungen im Quellbild sehr stark hervorgehoben, während gleichermaßen helle Bereiche schwarz werden **(Tabelle 1, folgende Seite)**. Ergibt die Berechnung der Helligkeitswerte eine negative Zahl, so wird das Ergebnispixel auf den Wert Null gesetzt. Denn negative Helligkeiten gibt es nicht. Schwarz ist der dunkelste Wert.

Laplace-Filter

Das Laplace-Filter[1] erzeugt helle Punkte, wenn Helligkeitsdifferenzen von links nach rechts oder von oben nach unten vorhanden sind (Tabelle 1, folgende Seite). Man kann damit Kanten erkennen. Das Laplace-Filter bezeichnet man daher auch als Kantenfilter.

Sobel-Filter

Das Sobel-Filter[2] ist auch ein Kantenfilter. Im Unterschied zum Laplace-Filter erzeugt das Sobel-Filter eine sehr kräftige Umrisslinie der im Bild vorhandenen Objekte. Zur Objekterkennung wird meist eine Sobel-Filterung durchgeführt. Durch Analyse der Randlinie, z. B. über die Ermittlung von Art und Zahl der Ecken sowie von Schnittpunkten der Randlinie mit Kreisen und Linien, werden die Objekte identifiziert **(Bild 1)**.

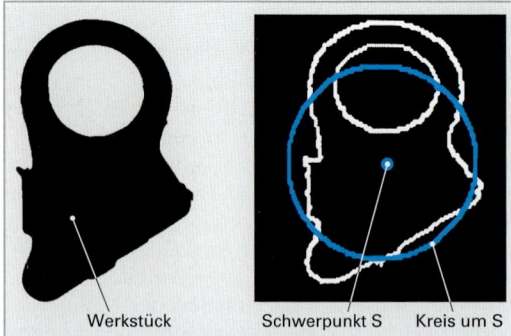

Bild 1: Objekterkennung durch Sobel-Filterung und Schnitt mit Kreis um Flächenschwerpunkt

> Mit dem Sobel-Filter erhält man weiße Objektkanten.

Rangordnungsfilter

Bei den Rangordnungsfiltern ordnet man die Bildpunkte a ... i entsprechend ihrer Helligkeit **(Tabelle 1)**. Beim **Erosionsfilter**[3] erhält H_{Ze} den minimalen Wert aus $H_{Qa} \ldots H_{Qi}$. Beim **Dilatationsfilter**[4] erhält H_{Ze} den maximalen Wert aus $H_{Qa} \ldots H_{Qi}$ und beim **Medianfilter**[5] wird H_{Ze} der fünftgrößte Wert von $H_{Qa} \ldots H_{Qi}$ zugewiesen. Bei Binärbildern bewirkt die Erosion eine Verkleinerung der hellen Objekte. Kleine helle Störungen fallen ganz weg. Die Dilatation vergrößert alle hellen Objekte.

Kleine dunkle Störungen fallen ganz weg. Das Medianfilter wirkt ähnlich wie ein Tiefpassfilter, sowohl einzelne helle Bildpunkte als auch einzelne dunkle Bildpunkte verschwinden.

> Durch Erosion entfernt man kleine helle Störungen und durch Dilatation kleine dunkle Störungen.

Tabelle 1: Rangordnungsfilter

Man ordnet die Helligkeitswerte $H_{Qa} \ldots H_{Qi}$ nach ihrer Größe

Erosion: H_{Ze} = min $(H_{Qa} \ldots H_{Qi})$ (kleinster Wert)

Median: H_{Ze} = fünftgrößter Wert aus $(H_{Qa} \ldots H_{Qi})$ (mittlerer Wert)

Dilatation: H_{Ze} = max $(H_{Qa} \ldots H_{Qi})$ (größter Wert)

Größe		
a	b	c
d	e	f
g	h	i

Quellbild	Zielbild
Erosion	
Median	
Dilatation	

---

[1] *Pierre Simon, Marquis de Laplace* (1749 bis 1829), franz. Mathematiker und Physiker;
[2] *Sobel*, Erfinder;
[3] lat. erodere = wegnagen;
[4] lat. dilatare = ausbreiten;
[5] lat. medialis = in der Mitte

Tabelle 1: Hochpassfilter und Gradientenfilter

Hochpass

Filterfunktion/Maske	Quellbild	Zielbild

lokale Maske:

a	b	c
d	e	f
g	h	i

−1	−1	−1
−1	+8	−1
−1	−1	−1

$H_{Ze} = -1 \cdot H_{Qa} - 1 \cdot H_{Qb} - 1 \cdot H_{Qc}$
$\quad\quad -1 \cdot H_{Qd} + 1 \cdot H_{Qe} - 1 \cdot H_{Qf}$
$\quad\quad -1 \cdot H_{Qg} + 1 \cdot H_{Qh} - 1 \cdot H_{Qi}$

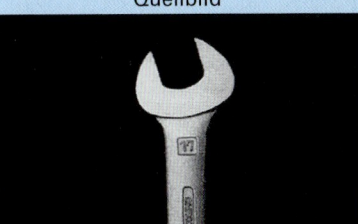

Rechenbeispiel für ■:

$H_{Ze} = (-8) + (-8) + (-16) +$
$\quad\quad (-8) + (8 \cdot 8) + (-16) +$
$\quad\quad (-8) + (-8) + (-16)$
$\quad\quad - 24 \Rightarrow 0$

Bemerkung:
H_{Ze}-Werte kleiner null werden auf null gesetzt

Ausschnitt im Quellbild

8	8	8	16	16	16
8	8	8	16	16	16
8	8	8	16	16	16
8	8	8	16	16	16
8	8	8	16	16	16

Ausschnitt im Zielbild

*	*	*	*	*	*
*	0	0	24	0	*
*	0	0	24	0	*
*	0	0	24	0	*
*	*	*	*	*	*

Laplace-Filter

a	b	c
d	e	f
g	h	i

*	1	*
1	−4	1
*	1	*

$H_{Ze} = +1 \cdot H_{Qd} - 4 \cdot H_{Qe} + 1 \cdot H_{Qf}$
$\quad\quad +1 \cdot H_{Qb} \quad\quad\quad +1 \cdot H_{Qh}$

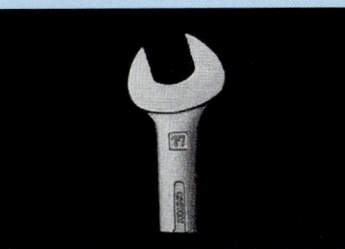

Rechenbeispiel für ■:

$H_{Ze} = +8 - 4 \cdot 8 + 16$
$\quad\quad +8 \quad\quad +8$
$\quad\quad = 8$

Ausschnitt im Quellbild

8	8	8	8	8	8
8	8	8	8	8	8
8	8	8	16	16	16
8	8	8	16	16	16
8	8	8	16	16	16

Ausschnitt im Zielbild

*	*	*	*	*	*
*	0	0	8	8	*
*	0	8	0	0	*
*	0	8	0	0	*
*	*	*	*	*	*

Sobel-Filter

$H_{Ze} = |(1 \cdot H_{Qa} + 2 \cdot H_{Qb} + 1 \cdot H_{Qc}) -$
$\quad\quad (1 \cdot H_{Qg} + 2 \cdot H_{Qh} + 1 \cdot H_{Qi})| +$
$\quad\quad |(1 \cdot H_{Qa} + 2 \cdot H_{Qd} + 1 \cdot H_{Qg}) -$
$\quad\quad (1 \cdot H_{Qc} + 2 \cdot H_{Qf} + 1 \cdot H_{Qi})|$

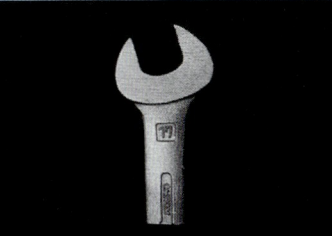

Rechenbeispiel für ■:

$H_{Ze} = |(8 + 16 + 8) -$
$\quad\quad (8 + 16 + 8)| +$
$\quad\quad |(8 + 16 + 8) -$
$\quad\quad (8 + 16 + 16)| +$
$\quad\quad = 16$

Ausschnitt im Quellbild

8	8	8	8	8	8
8	8	8	8	8	8
8	8	8	16	16	16
8	8	8	16	16	16
8	8	8	16	16	16

Ausschnitt im Zielbild

*	*	*	*	*	*
*	0	16	32	32	*
*	0	32	48	32	*
*	0	32	32	0	*
*	*	*	*	*	*

Etikettieren

Zur Ermittlung der *Anzahl der Objekte* in einem Bild und zur weiteren Untersuchung der Objekte, z. B. nach Flächeninhalt (Anzahl schwarzer bzw. weißer Pixel), ordnet man den einzelnen Objekten „Etiketten" zu, z. B. Zahlen oder Farben. Man durchsucht das Bild Zeile für Zeile von oben links nach unten rechts und kennzeichnet den ersten weißen Bildpunkt **(Bild 1)** mit einer 1, den folgenden weißen Bildpunkt auch mit 1, sofern der linke oder obere Nachbarbildpunkt auch das Etikett 1 hat, sonst mit 2 usw. Wächst ein Objekt, das zunächst als getrennt ermittelt wurde, im Bild weiter unten zusammen, so wird auf die kleinere Nummer umnummeriert (Bild 1).

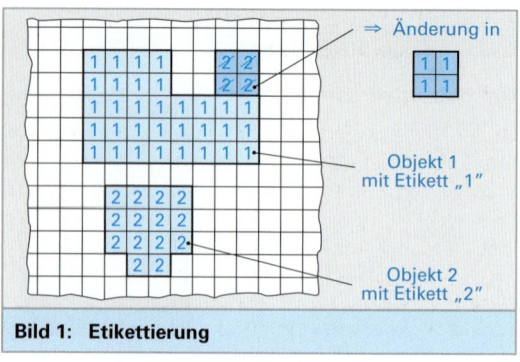

Bild 1: Etikettierung

Binärbildverarbeitung

Da die Bildverarbeitung sehr rechenintensiv ist, versucht man mit möglichst wenig Daten Bildszenen zu beschreiben. Die geringste Datenmenge haben Binärbilder. Die Bildpunkte sind bei Binärbildern entweder schwarz oder weiß und können somit durch ein Bit je Bildpunkt beschrieben werden. Zur weiteren Datenreduktion, aber auch zur Objekterkennung, werden insbesondere binärisierte Bilder nicht Punkt für Punkt, sondern in Bezug auf ihre Nachbarschaft beschrieben. Bei der *Lauflängencodierung* speichert man den Anfangspunkt eines Objektes und die sich anschließende Lauflänge **(Bild 2, oben)**. Bei der Codierung mit *Richtungsketten* beschreibt man den Objektrand durch die Richtung des jeweils nächsten Nachbarn, entsprechend der 8 möglichen Richtungen **(Bild 2, unten)**.

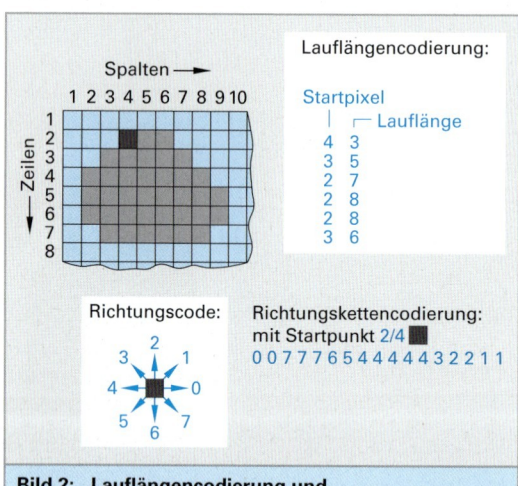

Bild 2: Lauflängencodierung und Richtungskettencodierung

Beispiel: Gussgratkontrolle

Durch Subtraktion mit einem Referenzbild kann man z. B. Gussgrate erfassen. Von dem Binärbild des Werkstücks mit Gussgrat wird das Binärbild eines Werkstücks ohne Gussgrat subtrahiert. So erhält man ein Binärbild, welches nur den Gussgrat zeigt **(Bild 3)**.

In einer weiteren Rechenoperation kann die verbliebene weiße Fläche einfach durch Zählen der hellen Bildpunkte bestimmt werden.

> Mit der Bildsubtraktion stellt man die Unterschiede zu einem Referenzbild dar.

Zur Ermittlung von *Umrisslinien* setzt man bei jedem Hell-Dunkel-Übergang einen hellen Punkt. Die Länge der Umrisslinien wird dann durch Zählen der hellen Punkte bestimmt. Zur *Mustererkennung* verwendet man oft Fläche und Umrisslänge eines Werkstückbildes.

Bild 3: Bildsubtraktion und Erzeugen von Umrisslinien

1.8.4 3D-Bildaufnahme und Digitalisierung

Lichtschnittverfahren

Neben dem optischen Abtasten von Einzelpunkten, kann man z. B. mit *Lichtschnitten* und einer Videokamera eine Profillinie erfassen **(Bild 1)**. Hierzu wird eine Lichtlinie auf das Werkstück projiziert und unter einem Winkel von ca. 15° bis 35° mit einer CCD-Kamera beobachtet. Bei nicht ebenem Werkstück ist der Lichtschnitt unlinear verformt. Aus dem Abstand und dem *Beobachtungswinkel* wird wie bei der *Punkttriangulation*[1] die Profilgeometrie berechnet. Zur Vermessung eines ganzen Werkstücks wird dieses relativ zum Lichtschnitt bewegt **(Bild 2)** oder aber es werden Mehrfachlichtschnitte projiziert **(Bild 3)**.

Codierte Lichtschnitte

Bei feinen Lichtschnittlinien, wie bei Bild 3, gibt es Probleme, sobald der Linienabstand in die Größenordnung der Profilhöhe kommt, da dann die Linien nicht mehr eindeutig verfolgt werden können. Zur Herstellung eindeutiger Zusammenhänge wird das Objekt zunächst mit nur einer Lichtschnittlinie beleuchtet und dann mit jeweils einer Verdoppelung der Lichtschnitte. Damit erhält man ein Codemuster, das dem Dualcode oder dem Gray-Code entspricht **(Bild 4)**. Die Codemuster werden über ein lichtdurchlässiges *LCD-Element* (Liquid Crystal Device = Flüssigkristallschaltkreis) oder *DLP-Element* (Digital Light Processing) und eine Projektorlampe erzeugt.

Die Berechnung der Höhenmesswerte erfolgt wie bei der *Triangulation*, nur dass jetzt eben ein ganzes Objekt mit einer ganzen Bildfolge erfasst wird. Die Auflösung liegt bei ca. 11 bit, d. h. bei einem Beobachtungswürfel von z. B. 204,8 mm Kantenlänge bei etwa 1/10 mm.

> Mit Lichtschnittfolgen können Werkstückgeometrien optisch erfasst werden.

Probleme gibt es, wie bei allen optischen Formerfassungsverfahren, wenn die Objektoberfläche spiegelt oder matt-schwarz ist.

Die besten Messergebnisse erzielt man mit mattweißer Objektoberfläche. Metallische Werkstücke sprüht man daher oft mit einem Kreidespray ein.

> Die Aufnahmeobjekte dürfen nicht spiegeln.

---
[1] Triangulation, von lat triangulare = zu einem Dreieck machen

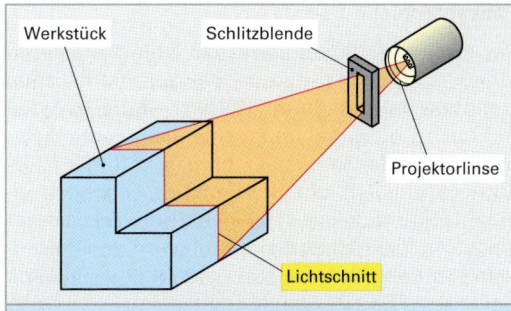

Bild 1: Lichtschnittprojektion (Prinzip)

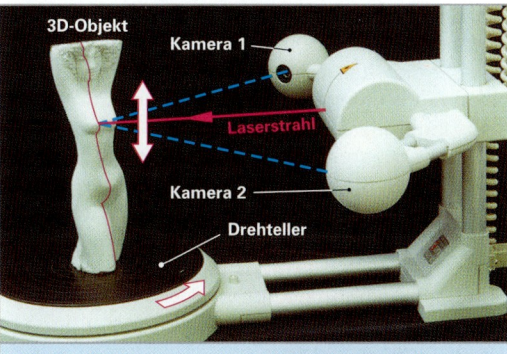

Bild 2: 3D-Scanner mit Licht-Schnitt-Technik

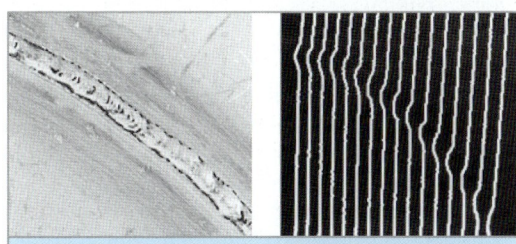

Bild 3: Erfassen des Bahnverlaufs einer Schweißraupe durch mehrfachen Lichtschnitt

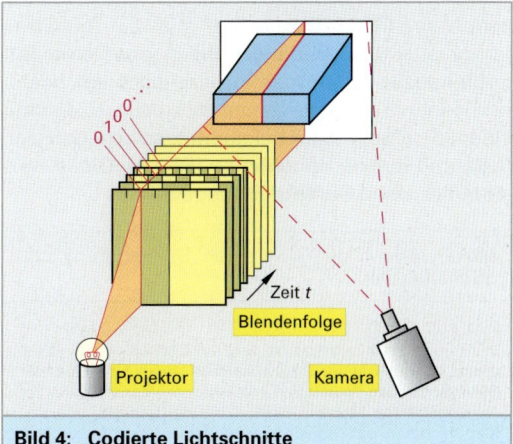

Bild 4: Codierte Lichtschnitte

Phasen-Schiebe-Verfahren

Bei diesem Verfahren wird das Objekt mit *Lichtstreifen* beleuchtet, deren Helligkeit sinusförmig zunimmt bzw. abnimmt (**Bild 1**). Dabei werden meist zwei oder drei unterschiedlich dichte Lichtstreifen auf das Werkstück projiziert. In der CCD-Kamera entsteht ein Streifenbild, das auch sinusförmig modulierte Helligkeit aufweist. Dieser sinusförmige Helligkeitsverlauf wird in Phasenwinkel umgerechnet und in neue Helligkeitswerte umgesetzt (**Bild 2**). Damit entsteht nun ein linear ansteigender Helligkeitsverlauf, der sich periodisch wiederholt und zwar entsprechend der Anzahl der projizierten Linien. Wie beim Lichtschnittverfahren werden nun nach den mathematischen Vorschriften der *Triangulation* die Höhenkoordinaten längs einer Linie berechnet und zwar längs einer Linie gleichen Grenzwertes. Die Lichtstreifen werden nun in kleinen Schritten verschoben. Damit erzielt man sehr hohe Auflösungen. Da die Bildverarbeitung häufig 8 bit = 256 Grauwerte unterscheiden kann, kommen 256 Grundwertlinien pro Sinusprojektionslinie zur Auswertung. Durch mathematische Interpolation zwischen den gemessenen Grauwerten können noch höhere Auflösungen erzielt werden.

Moiré-Technik[1]

Es gibt bei dieser Technik sehr unterschiedliche Methoden, solche, die zur Ermittlung feinster Ungenauigkeiten geeignet sind, aber nur geringe Profilhöhen zulassen, und solche, die ähnlich dem Lichtschnittverfahren das Messen von stark profilierten Werkstücken ermöglichen. Moiré-Streifen entstehen durch die *Überlagerung* von zwei *periodischen Helligkeitsverteilungen*, wie z. B. bei zwei übereinanderliegenden Webstoffen. Streifenmuster, die über eine Videokamera beobachtet werden, führen zusammen mit den Kamerazeilen zum Moiré-Effekt. Beobachtet man ein mit Streifen beleuchtetes Bildfeld (**Bild 3**) über eine Gitterblende, so erhält man in periodisch wechselnden Höhenlagen helle Zonen. Wird eine Szene mit einem Streifenmuster beleuchtet, so ergeben sich helle und dunkle Höhenlinien (**Bild 4**). Diese werden über einen Computer ausgewertet.

> Moiré-Linien bilden sich durch Überlagerung von Streifenmustern.

---

[1] Das fanz. Wort moiré kommt vom arabischen muhayyar und dieses bedeutet feiner Ziegenhaarstoff. Beim Übereinanderlegen von dünnen Webstoffen entstehen schillernde Linienmuster, sogenannte Moiré-Streifen. Den Moiré-Effekt beobachtet man auch bei Fernsehbildern, wenn Objekte mit feinen Linien in Zeilenrichtung aufgenommen werden.

Bild 1: Lichtstreifen mit sinusförmiger Helligkeit

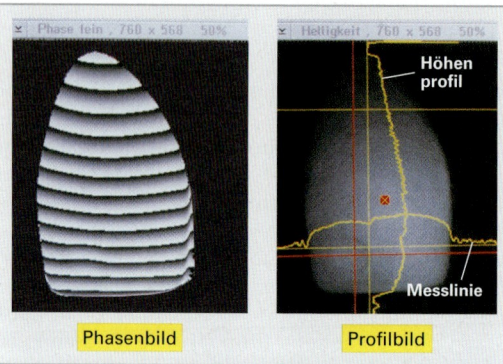

Bild 2: Phasenbild und Profillinien

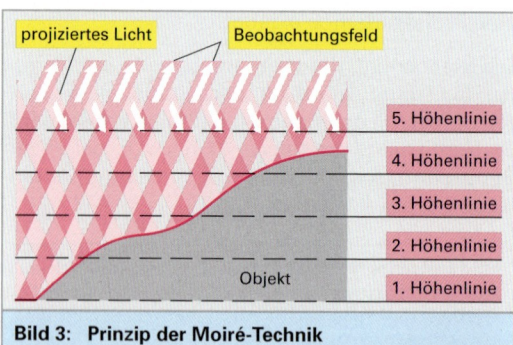

Bild 3: Prinzip der Moiré-Technik

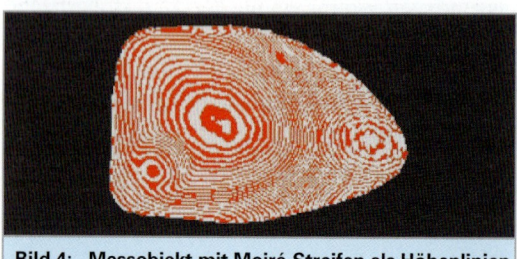

Bild 4: Messobjekt mit Moiré-Streifen als Höhenlinien

1.8 Messen und Prüfen durch Bildverarbeitung

3D-Digitalisierung

Ein zu digitalisierender Gegenstand, z. B. eine Skulptur wird rundherum gescannt.

Im Beispiel sind es die Arme einer Skulptur[1] (**Bild 1a**). Hierfür macht man etwa 10 bis 20 Aufnahmen. Das Objekt stellt man dazu auf einen Drehtisch und dreht bzw. kippt das Objekt in mehreren Stellungen. Der 3D-Scanner überstreicht in jeder Stellung mit einem feinen Laserstrahl das Objekt und ermittelt 3D-Daten der Objektoberfläche. Bei einem ortsfesten oder sehr großen Objekt wird der 3D-Scanner in seiner Aufnahmeposition bewegt. Man macht aus vielen Richtungen, auch von oben und unten Aufnahmen, so dass das Objekt möglichst vollständig erfasst wird. Von jeder Aufnahme erhält man am Monitor eine Hauptansicht, eine Draufsicht und eine Seitenansicht (**Bild 1b**). Man benötigt so viele Aufnahmen, bis man die Objektoberfläche durch Zusammenfügen der Einzelaufnahmen vollständig ist. Man spricht vom „Merging" der Scans (engl. to merge = verschmelzen).

Es gibt hier das Problem, dass sich die Einzelaufnahmen

- überlappen,
- in der Größe (im Maßstab) unterschiedlich vorliegen sowie
- in der Perspektive verdreht und verkippt sein können.

Man muss daher diese Einzelaufnahmen, orientiert mit Hilfe von zuvor angebrachten Markierungen vergrößern/verkleinern, drehen, neigen und schwenken sowie in der Höhe verschieben und auch seitwärts verschieben.

Moderne 3D-Scanner verfügen über sehr leistungsfähige Algorithmen (Registration), die diese Arbeit stark erleichtern oder gar selbsttätig ausführen.

Liegt das Objekt vollständig digitalisiert vor, so gibt es meist Stellen, die trotz unterschiedlicher Aufnahmepositionen nicht erfasst sind, z. B. tiefe Falten oder spiegelnde Stellen oder schwarze Flächenelemente. Solche nicht geschlossene Oberflächenpartien werden automatisch als „Löcher" erkannt und im Monitorbild mit roter Randlinie markiert (**Bild 1c**). Sie müssen von Hand geschlossen werden. Hierzu gibt es mehrere Hilfsprogramme, die ein Füllen, z. B. mit zu den Umrisslinien passenden Krümmungen, vornehmen. Oft ist aber aus der Kenntnis der weiteren Lochumgebung eine komplexe Füllflächenanpassung erforderlich.

Sind alle Löcher geschlossen und der Umgebungsgeometrie angepasst (**Bild 1d**), dann kann man z. B. ein NC-Programm aus der 3D-digitalisierten Oberfläche erzeugen und danach ein Objektreplikat herstellen (**Bild 1e**).

[1] siehe auch S. 37, 43 und 547

a) Objektoriginal

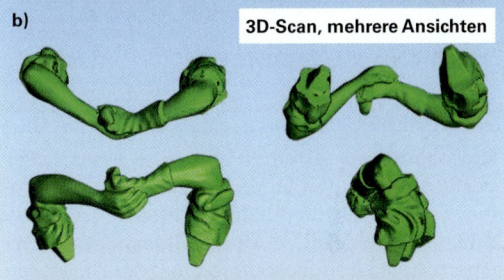
b) 3D-Scan, mehrere Ansichten

c) Löcher

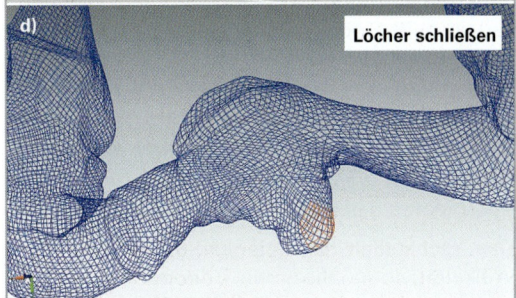
d) Löcher schließen

e) 5-fach vergrößert gefräst

Aufnahmen: R. Röth

Bild 1: 3D-Digitalisierung zur Herstellung einer Gießereiform (Detail)

1.12 Laser-Trackingsysteme

Laser-Trackingsysteme[1] **(Bild 1)** sind Koordinatenmessgeräte, die

- optisch und damit berührungslos arbeiten,
- mobil sind, d. h. auch zu großvolumigen Bauteilen gebracht werden können, wie z. B. zu Flugzeugen,
- eine hohe Genauigkeit haben (besser als 1/100 mm pro Meter Objektgröße **Tabelle 1**),
- mit einer Zusatzkamera außer den x, y, z-Messpositionsparametern auch Orientierungsparameter (Orientierungswinkel α, β, γ) erfassen.

Funktionsweise:

Der Lasertracker ermittelt mit Hilfe eines Laser-Interferometers (laufende Genaumessung) und einem Laufzeitlaser-Abstandsmesser (Absolute Distance Meter, ADM) den Abstand D zwischen seinem Aufstellungsort und einem speziellen, am Messort befestigten, Reflektor **(Bild 2)**.

Der Laserstrahl wird über einen horizontal drehbaren und einen vertikal schwenkbaren Spiegel auf den Reflektor gerichtet. Damit werden 3 geometrische Größen, nämlich der *Horizontalwinkel* α, der *Vertikalwinkel* β und die *Entfernung D* bestimmt. Hieraus kann man die Positionswerte x, y, z des Reflektorspiegels bezüglich des Laser-Tracker-Standortes berechnen. Aus diesen Reflektorkoordinaten werden dann durch Koordinatentransformation (Kugelkoordinatensystem in kartesisches Koordinatensystem) die Werkstückpositionswerte bestimmt.

Verändert man den Standort des Reflektors, so folgt der Laserstrahl des Laser-Trackers durch drehen und schwenken des Ablenkspiegels dem Reflektor. Es werden so laufend die veränderten Koordinaten des Reflektors erfasst.

Das Nachstellen des Spiegels erfolgt durch eine Winkelregelung. Hiezu wird der zurückkommende Laserstrahl auf eine Positions-Sensitive Diode (PSD) gelenkt **(Bild 3)**. Kommt der zurückkommende Laserstrahl nicht mittig an, so wird bei $\Delta x = Ux$ an der PSD der Spiegel gedreht und bei $\Delta y = Uy$ an der PSD, der Spiegel geschwenkt. Über hochgenaue Winkelmesssysteme ermittelt man die aktuellen Spiegelwinkel α und β.

> Lasertracker sind genaue Koordinatenmesssysteme für großvolumige Bauteile und Maschinen.

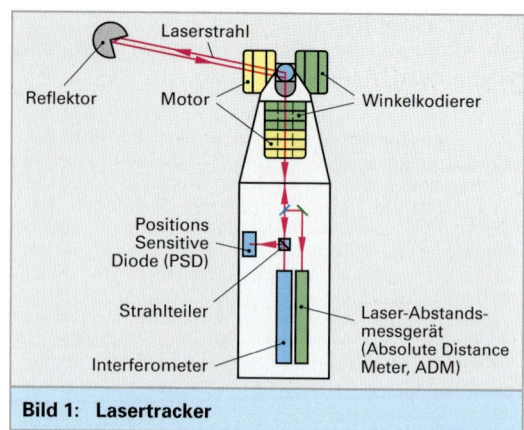

Bild 1: Lasertracker

Tabelle 1: Typische Kenngrößen

Messvolumen		Auflösung	
Messbereich:	0 bis 40 mm	Entfernung:	ca. 1 µm
Messwinkel, horizontal:	± 235°	Winkel:	ca. 0,14′
Messwinkel, vertikal:	± 45°	**Genauigkeit**	
Tracking		ruhende Objekte: ca. 25 µm	
		bewegte Objekte: ca. 40 µm	
Messpunkte:	bis 3000 $\frac{Punkte}{s}$	**Laserspezifikation**	
Folgegeschwindigkeit:	bis 6000 $\frac{mm}{s}$	Interferometer: $\lambda = 633$ nm 0,3 mW, CW	
Folgebeschleunigung: bis	20 $\frac{mm}{s^2}$	ADM: $\lambda = 780$ nm 0,5 mW, 2s	

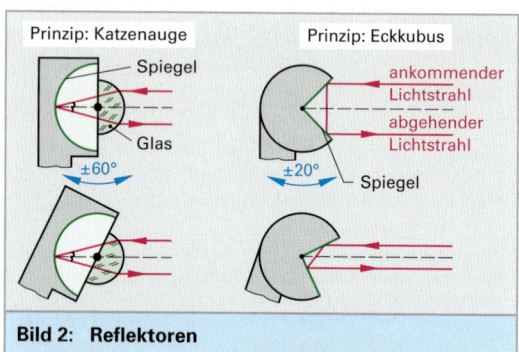

Bild 2: Reflektoren

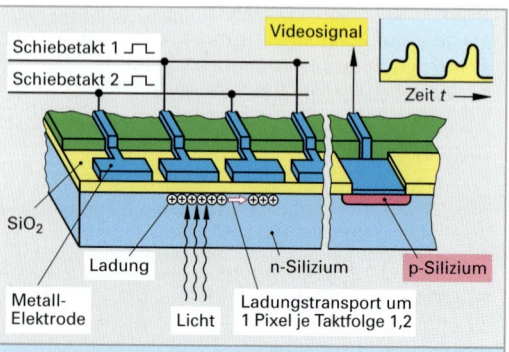

Bild 3: PSD (Positions-Sensitive-Diode)

---

[1] engl. to track = folgen

2 Werkstoffprüfung

2.1 Einführung

Im Zuge einer Eingangsprüfung ist nach einer Maßkontrolle des Bauteils **zerstörungsfrei (Bild 1)**

- die **chemische Zusammensetzung** des Bauteils zu ermitteln und
- das Nichtvorhandensein von **Werkstofftrennungen**, z. B. Risse nachzuweisen,

denn beide beeinflussen die Reaktionen des Bauteils auf Beanspruchungen.

Zur zerstörungsfreien Bewertung der zumindest an der Bauteiloberfläche anzutreffenden Festigkeit bedient man sich der **Härteprüfung**.

Letztendlich wird man aber nicht umhin kommen, einige Bauteile „auf Herz und Nieren" zu prüfen. Dazu werden nach einem Entnahmeplan der Fertigungslinie nach für die Bauteileigenschaften kritischen Fertigungsschritten Bauteile entnommen. Um sie bis in den Kern untersuchen zu können, werden die Bauteile – zur Vermeidung von Veränderungen des Innenlebens möglichst ohne Erwärmung – durch Schnitte zerteilt, können also nachher nicht wieder verwendet werden. Alle nachfolgend vorgestellten Untersuchungsverfahren sind daher **zerstörend** (Bild 1).

Bauteil-Teilstücke werden zweckdienlich in Form gebracht und die dann vorliegenden Teile als **Proben** bezeichnet. Beim Zerteilen **(Bild 2)** des Bauteils und der Herausarbeitung der Proben ist deren räumliche Lage im Bauteil zu dokumentieren.

Anhand der Proben ist

- eine repräsentative Aussage über das **Gefüge** möglich. Neben der chemischen Zusammensetzung und dem Vorhandensein bzw. Nichtvorhandensein von Werkstofftrennungen beeinflusst es als dritte Komponente die Reaktionen des Bauteils auf Beanspruchungen. Die Darstellung und Bewertung des Gefüges ist nach einer metallographischen Präparation **(Bild 3)** unter dem Mikroskop möglich.

- eine Beschreibung der **mechanischen Eigenschaften** von hinsichtlich ihrer Geometrie genormten Proben unter genormten Bedingungen mit Kennwerten möglich. Zwar leidet durch die Verwendung genormter Proben und Prüfbedingungen die Übertragbarkeit der erhaltenen Kennwerte auf das Bauteil, aber es bietet sich die Möglichkeit des Vergleichs von Werkstoffen.

Bild 1: Zerstörungsfreie und zerstörende Prüfung

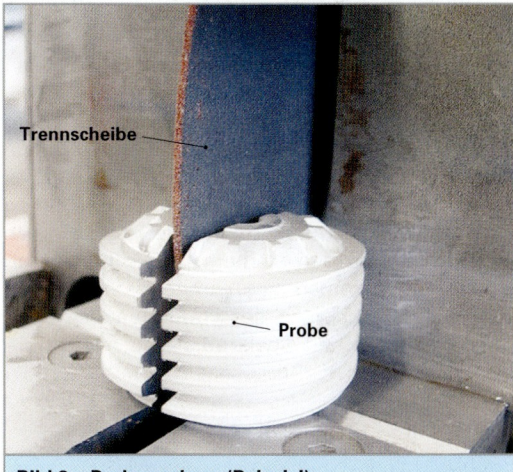

Bild 2: Probennahme (Beispiel)

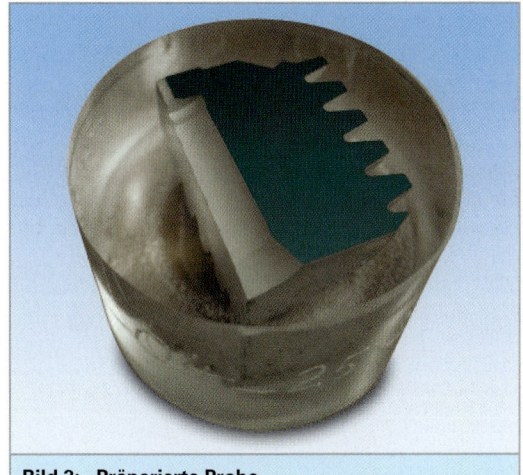

Bild 3: Präparierte Probe

2.2 Chemische Zusammensetzung

In einem einzelnen Atom nehmen die Elektronen **Energieniveaus** ein, deren Beträge elementspezifisch sind **(Bild 1)**.

Bei Energiezufuhr springen die Elektronen auf ein höheres Energieniveau und befinden sich jetzt in einem **angeregten Zustand**. Nach kurzer Verweildauer fallen sie auf ein niedrigeres Energieniveau zurück und befinden sich jetzt wieder im **Grundzustand**. Dabei geben sie eine elementspezifische Energie ab **(Bild 2)**.

Nun besteht ein Werkstoff nicht nur aus einem chemischen Element, sondern aus einer ganzen Reihe von Elementen. Die elementspezifische Zuordnung der von allen Elementen freigesetzten Energiebeträge ist Gegenstand der **Spektroskopie**[1].

Ist das Atom in einen Atomverband eingebunden, so werden die Energieniveaus mehr oder weniger intensiv vom Bindungszustand beeinflusst und spalten dadurch in **Energiebänder** auf. Für die atomkernnahen Energieniveaus ist die Bandbreite vergleichsweise gering, sie nimmt aber mit zunehmender Entfernung der Atome kontinuierlich zu **(Bild 3)**. Von den elementspezifischen Eigenschaften der Atome eines Verbandes, z. B. eines Festkörpers, ist wegen des von ihnen freigesetzten kontinuierlichen Spektrums also nicht mehr viel zu erkennen.

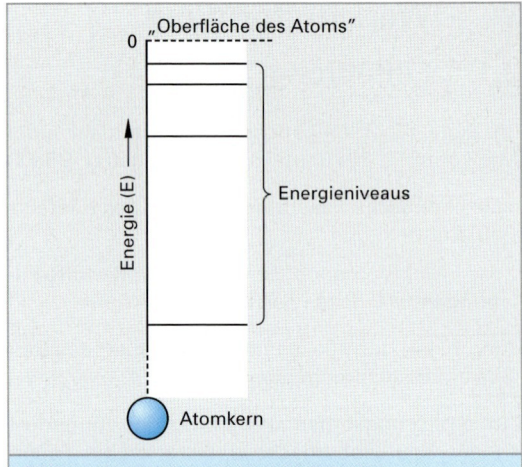

Bild 1: Energieniveaus der Elektronen

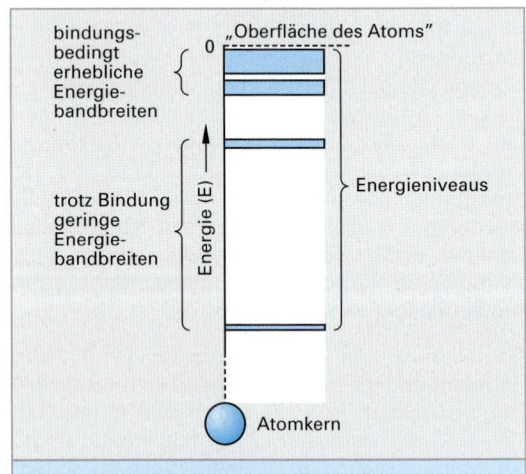

Bild 3: Energiezustände der Elektroden

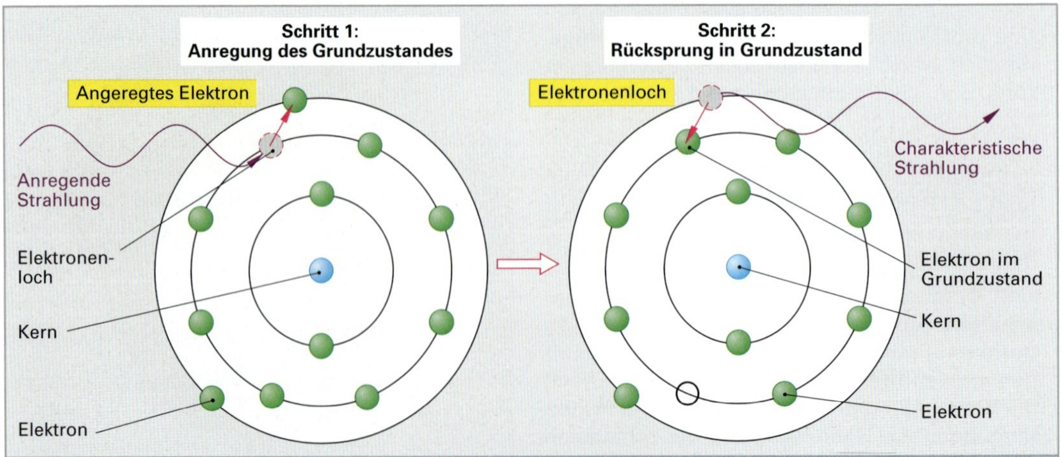

---

[1] von lat. specere = sehen, spectrum = Erscheinung; Spektroskopie = Betrachtung von Spektren (zerlegtem Licht); griech. scopein = betrachten

Bild 2: Elektronenübergänge bei Anregung und bei Rückfall in den Grundzustand

2.2 Chemische Zusammensetzung

Aus dem kontinuierlichen Spektrum schälen sich erst dann zunehmend schärfer werdende Spektrallinien heraus, wenn die Atome mehr und mehr auseinanderrücken. Dass jedes Atom aber nach einer Anregung der Elektronen Strahlung mit elementspezifischen Frequenzen emittiert, zeigt sich erst, wenn die Atome aus dem Atomverband herausgelöst werden und getrennt voneinander vorliegen.

Die isolierten Atome geben nach Anregung und Rücksprung der angeregten Elektronen auf den Grundzustand eine Lichtstrahlung ab, deren Wellenlänge elementspezifisch ist. Die Intensität der Strahlung ist der Konzentration des angeregten Elementes in der Probe proportional. Da es hierbei darum geht, Lichtstrahlung zu erfassen, zählt dieses Verfahren zu denen der Lichtspektroskopie, die man auch als Spektralanalyse bezeichnet.

Bild 1: Mobile Spektralanalyseanlage

Bild 1 zeigt eine mobile Spektralanalyseanlage, die so kompakt gebaut ist, dass man damit im Betrieb eine chemische Analyse durchführen kann. Dies ist hilfreich, wenn ein Bauteil nur schwer transportiert werden kann oder infolge seiner Abmessung nicht in die in **Bild 2** dargestellte stationäre Spektralanalyseanlage eingebracht werden kann. Kann vom Bauteil eine Probe genommen werden oder ist das Bauteil klein genug, so kann sie auch in einer stationären Spektralanalyseanlage untersucht werden. In jedem Fall ist mit dem Kunden zu klären, an welcher Stelle des Bauteils die chemische Analyse vorgenommen werden darf bzw. vorgenommen werden soll. Der erste Punkt betrifft optische Beeinträchtigungen der Oberflächengüte an der Analysenstelle **(Bild 3)**, der zweite Punkt die Repräsentativität der chemischen Zusammensetzung der gewählten Stelle.

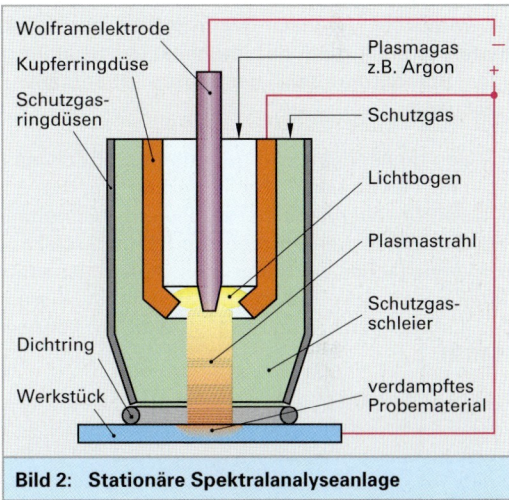

Bild 2: Stationäre Spektralanalyseanlage

Zum Erzielen reproduzierbarer Ergebnisse sollte die Probe chemisch homogen und am Analysenfleck frei von Oxidschichten, Fett, Schmutz und Feuchtigkeit sein. Verdampfung, Atomisierung und gleichzeitige Anregung erfolgen in einem Argonplasma, das in einem entsprechenden Behälter durch Funkenentladungen zwischen der als Festkörper vorliegenden Probe und einer Wolframelektrode entwickelt wird **(Bild 2)**.

Nach einer Vorfunkzeit, die zum Erreichen eines Gleichgewichtes bei der Verdampfung wichtig ist, erfolgt die Analyse: Die beim Rücksprung auf den Grundzustand emittierte Strahlung wird nach einer Strahlparallelisierung spektral zerlegt.

Bild 3: Analysenfleck

Dazu werden fast ausschließlich **Beugungsgitter** verwendet **(Bild 1)**. Diese bestehen aus einem geritzten polierten Metallspiegel, wobei der Ritzabstand so gering ist, dass die auftreffende Strahlung auf Grund von Interferenzen spektral zerlegt wird. Jede Linie des entstehenden Linienspektrums wird durch den Anteil der emittierten Strahlung hervorgerufen, der eine definierte Wellenlänge aufweist.

Die unter elementspezifischen Winkeln reflektierte Strahlung wird Linie für Linie abgefragt. Die Zuordnung Linienlage-Atomsorte und Linienintensität-Atomsortengehalt gelingt durch Vergleich der Linienlage mit Vergleichsspektren und anschließendem Rückschluss auf die Anwesenheit der Atomsorte (qualitativer Nachweis).

Die Konzentration eines vorkommenden Elementes wird über Vergleich der Intensität der reflektierten Strahlung mit der Intensität der Strahlung von **Standardproben** bestimmt (quantitativer Nachweis).

Für den qualitativen und quantitativen Nachweis ist eine elektronische Registrierung mit Sekundärelektronenvervielfachern üblich. Bei Simultanspektrometern werden mehrere Sekundärelektronenvervielfacher so hinter den Austrittsspalten angeordnet, dass die Intensitäten interessierender Linien gleichzeitig erfasst werden können **(Bild 2)**.

Mit der Spektralanalyse können in kurzer Zeit viele Elemente gleichzeitig erfasst werden. Zudem können auch leichte Elemente wie Be, B und C quantitativ ermittelt werden. Da die Atome des, hinsichtlich seiner chemischen Zusammensetzung darzustellenden Stoffs, dabei „vereinzelt" werden müssen, sind mit der Lichtspektroskopie aber nur Aussagen über größere Stoffvolumina (Durchmesser des Analysenflecks ca. 5 mm) möglich.

> Mit der Spektralanalyse können schnell die Elemente eines Stoffes qualitativ und quantitativ erfasst werden.

Bild 2: Spektralanalyse

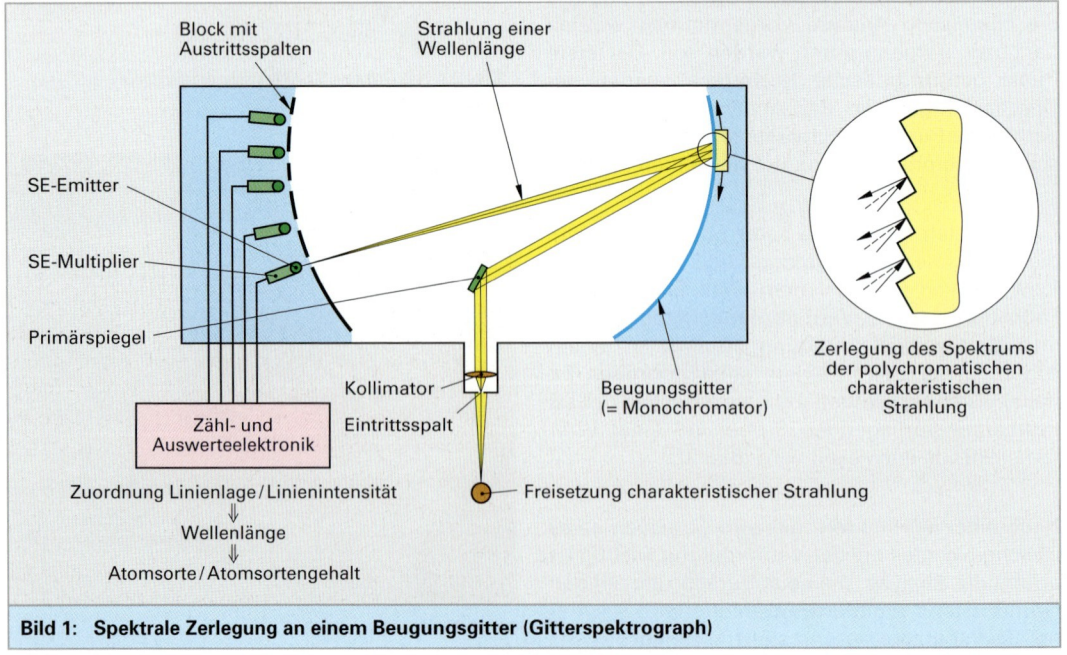

Bild 1: Spektrale Zerlegung an einem Beugungsgitter (Gitterspektrograph)

2.3 Innere Werkstofftrennungen

Ziel der nachfolgend vorgestellten Verfahren ist die Beantwortung der Frage, ob ein entsprechend der vorgesehenen Belastung dimensioniertes Bauteil nach dessen Fertigung auch risikolos eingesetzt werden kann. Dazu wird zum einen vorausgesetzt, dass im Bauteil keine den Querschnitt reduzierenden sowie den Spannungszustand unvorhersehbar verschärfenden **Poren** und **Risse** vorliegen.

Da beides nie ganz ausgeschlossen werden kann, müssen bereits bei der Dimensionierung eines Bauteils gewisse Sicherheitsbeiwerte berücksichtigt werden. Dennoch bleibt im Rahmen der Bauteildarstellung die Forderung bestehen, an allen als kritisch angenommenen oder sogar auf Grund von Berechnungen als kritisch erkannten Stellen eines gefertigten Bauteils zu prüfen, ob es dort *fehlerfrei* oder *fehlerhaft* ist.

Werden *Werkstofftrennungen* erkannt, so ist in Abhängigkeit von deren Lage und Ausdehnung eine Beurteilung hinsichtlich der Möglichkeit einer Weiterverwendbarkeit und, wenn dies gegeben ist, die Überwachung des fehlerbehafteten Bauteils während des anschließenden Betriebs möglich.

Da eine Zerstörung des Bauteils zu diesem Zeitpunkt zu vermeiden ist, kommen allein zerstörungsfrei arbeitende Darstellungsverfahren in Frage.

2.3.1 Penetrationsverfahren[1]

Dieses auch als **Farbeindringverfahren** bezeichnete Verfahren begründet sich darauf, dass geeignete (gefärbte) Flüssigkeiten auch in feine Trennungen an Oberflächen eindringen, wenn man sie lange genug einwirken lässt und diese Trennungen nicht durch Verunreinigungen verschlossen sind. Treibende Kraft ist hierbei die Kapillarwirkung der schmalen Oberflächenrisse **(Bild 1)**.

Damit Risse in ihrem Verlauf frei zugänglich sind, werden die zu prüfenden Oberflächenbereiche von anhaftenden Verschmutzungen und Fetten gereinigt sowie von Farbschichten und Oxidschichten befreit.

Bild 1: Penetrationsverfahren mit farbigem Kontraststoff

- **Ausgangssituation**
  Oberfläche frei von Verschmutzung, Fett, Farb- und Oxidschicht — Riss
- **Prüfflüssigkeitsapplikation**
  niedrigviskose Flüssigkeit mit Farbstoff oder fluoreszierendem Stoff
- **Entfernen der überschüssigen Prüfflüssigkeit**
- **Entwicklerapplikation**
  weißes Pulver oder Beleuchten mit UV-Strahlung

Danach wird die Prüfflüssigkeit aufgesprüht oder das ganze Bauteil darin eingetaucht. Die Prüfflüssigkeit besteht aus Kohlenwasserstoffen, denen farbige oder fluoreszierende Kontrastierstoffe zugesetzt sind. Auf Grund der größeren Empfindlichkeit wird eine fluoreszierende einer farbigen Prüfflüssigkeit vorgezogen; letztere dominiert wegen der leichteren Handhabbarkeit vor allem bei der mobilen Rissprüfung.

> Die Prüfflüssigkeit dringt in Fehler ein und füllt diese ganz oder teilweise aus, wozu je nach Rissbreite eine gewisse Zeit erforderlich ist.

---
[1] lat. penetrare = eindringen

Die überschüssige Prüfflüssigkeit wird danach so von der Oberfläche entfernt, dass die in die Werkstofftrennungen eingedrungene Prüfflüssigkeit weitestgehend erhalten bleibt. Dies gelingt in Abhängigkeit von der Zusammensetzung der Prüfflüssigkeit durch bloßes Abwischen oder Abwaschen.

Nach dem Entfernen der überschüssigen Prüfflüssigkeit von der Oberfläche wird im Falle eines farbigen Kontrastierstoffs abschließend ein Entwickler auf die Oberfläche aufgetragen. Der Entwickler besteht im Allgemeinen aus Talkum, das in Wasser oder einem Lösemittel dispergiert oder sogar trocken verwendet wird.

Daneben gibt es wasserlösliche Entwickler, die beim Trocknen auf der Prüffläche kristallisieren und einen weißen Überzug bilden. Der Entwickler saugt das in den Rissen verbliebene Prüfmittel an, verbreitert dadurch die Anzeige und erhöht den Anzeigekontrast **(Bild 1)**.

Die intensive Färbung des Eindringmittels hebt sich von dem weißen Untergrund des Entwicklers ab, so dass innere Werkstofftrennungen nach kurzer Zeit deutlich sichtbar sind. Der Effekt kann u. U. durch eine Erwärmung des Bauteiles nach Aufgabe des Entwicklers noch verstärkt werden, denn durch die Wärmeausdehnung des Werkstoffes schließen sich Risse und wird die Kontrollflüssigkeit an die Oberfläche gedrängt.

Bei fluoreszierendem Farbstoff wird auf den Entwickler verzichtet und die Oberfläche mit dem UV-Licht einer Quarzlampe beleuchtet.

Die Oberflächenrisse fluoreszieren dann und geben so ein besonders kontrastreiches Bild. Die Auswertung erfolgt durch visuelle Kontrolle, bei neuen Systemen auch mittels einer Bildauswertung über Kamerasysteme und Computer.

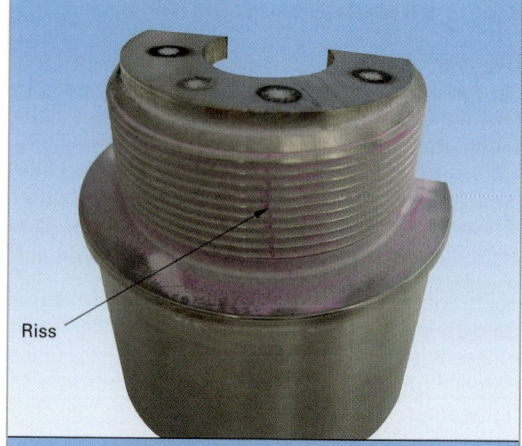

Bild 1: Beispiele von Rissanzeigen

> Durch Erwärmung des Bauteils nach Aufgabe des Entwicklers wird die Rissanzeige meist noch verstärkt, da dies die Kontrollflüssigkeit an die Oberfläche treibt.

Wiederholung und Vertiefung

1. Welches Ziel hat die Spektralanalyse?
2. Was passiert bei der Anregung eines Atoms?
3. Warum ist die beim Rücksprung eines Elektrons auf ein atomkernnahes Niveau abgegebene Energie elementspezifisch?
4. Warum müssen Atome für eine Spektralanalyse „vereinzelt" werden?
5. Warum werden vor einer Spektralanalyse Standardproben vermessen?
6. Warum müssen innere Werkstofftrennungn detektiert werden?
7. Können mit dem Penetrationsverfahren auch Risse entdeckt werden, die zur Bauteiloberfläche keine Verbindung haben?
8. Bei welcher Variante des Penetrationsverfahrens ist kein Entwickler zur Rissdetektion erforderlich?

2.3 Innere Werkstofftrennungen

2.3.2 Wirbelstromverfahren

Das Wirbelstromverfahren[1] **(Bild 1)** ermöglicht den Nachweis von inneren Werkstofftrennungen an der Bauteiloberfläche sowie dicht unter der Bauteiloberfläche.

Als Prüfanordnung wird zur Prüfung planer Bauteile eine von Wechselstrom durchflossene **Tast-Erregerspule (Bild 2)**, zur Prüfung rotationssymmetrischer Bauteile eine von Wechselstrom durchflossene **Durchlauf-Erregerspule** verwendet **(Bild 3)**.

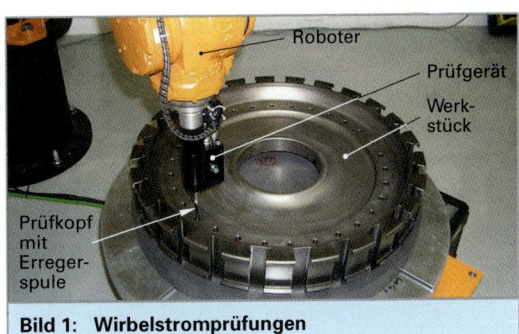

Bild 1: Wirbelstromprüfungen

Die Erregerspule induziert in einem elektrisch leitfähigen Bauteil, das in ihre Nähe gebracht wird, einen **Wirbelstrom,** der seinerseits ein magnetisches Wechselfeld hervorruft, das dem von der Erregerspule erzeugten Erregermagnetfeld entgegenwirkt. Dadurch wird in einer jeweils koaxial angeordneten **Empfängerspule** eine Messspannung U_s erzeugt, die der Differenz beider Magnetfelder proportional ist. Diese Differenz ändert sich, wenn sich der elektrische Widerstand des Bauteils im Bereich der Wirbelströme verändert.

Zur Prüfung wird das Bauteil in die Nähe einer Tasterregerspule bzw. ins Innere einer Durchlauferregerspule gebracht und unter dieser bzw. durch diese hindurchbewegt. Parallel wird die Spannung in der Wicklung der Empfängerspule gemessen: Der von der Erregerspule im Bauteil induzierte Wirbelstrom ist in seiner Intensität ein direktes Maß für die Leitfähigkeit des vorliegenden Werkstoffs.

Ändert sich die Leitfähigkeit, z. B. durch Veränderungen in der Werkstoffzusammensetzung oder durch das Vorliegen von Kavitäten (Bild 2 unten), so ändert sich als Prüfergebnis auch der Stromfluss in der Wicklung der Empfängerspule, was als Spannungsänderung erfasst wird. Dabei ist die Intensität der Spannungsänderung ein direktes Maß für die Ausprägung der Werkstofftrennung.

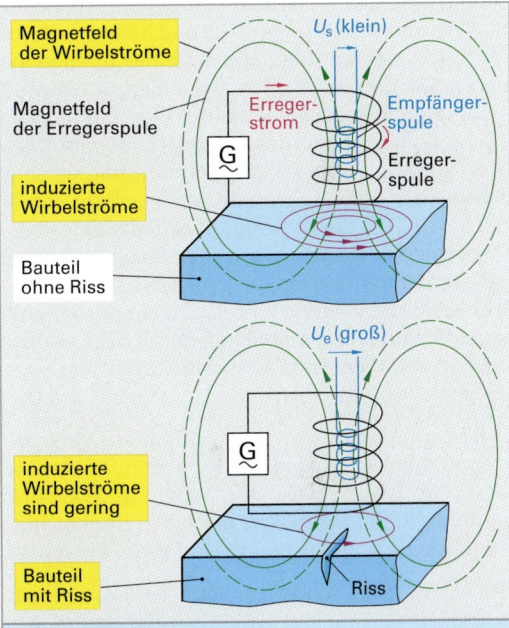

Bild 2: Anordnung beim Wirbelstromprüfen planer Bauteile

> Notwendig ist die Kalibrierung der Prüfeinrichtung an fehlerfreien Referenzprüfkörpern.

Zum Aufspüren von kleinen inneren Werkstofftrennungen müssen die Tasterregerspulen auch klein sein. Ihre Tiefenwirkung ist entsprechend gering.

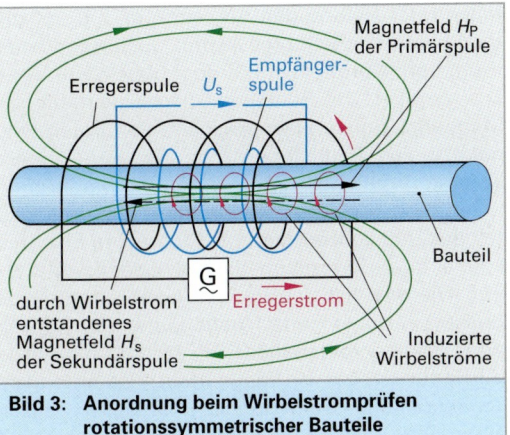

Bild 3: Anordnung beim Wirbelstromprüfen rotationssymmetrischer Bauteile

---
[1] engl. eddy currant testing, eddy = Strudel, Wirbel

2.3 Innere Werkstofftrennungen

2.3.2 Wirbelstromverfahren

Das Wirbelstromverfahren[1] **(Bild 1)** ermöglicht den Nachweis von inneren Werkstofftrennungen an der Bauteiloberfläche sowie dicht unter der Bauteiloberfläche.

Als Prüfanordnung wird zur Prüfung planer Bauteile eine von Wechselstrom durchflossene **Tast-Erregerspule (Bild 2)**, zur Prüfung rotationssymmetrischer Bauteile eine von Wechselstrom durchflossene **Durchlauf-Erregerspule** verwendet **(Bild 3)**.

Bild 1: Wirbelstromprüfungen

Die Erregerspule induziert in einem elektrisch leitfähigen Bauteil, das in ihre Nähe gebracht wird, einen **Wirbelstrom,** der seinerseits ein magnetisches Wechselfeld hervorruft, das dem von der Erregerspule erzeugten Erregermagnetfeld entgegenwirkt. Dadurch wird in einer jeweils koaxial angeordneten **Empfängerspule** eine Messspannung U_s erzeugt, die der Differenz beider Magnetfelder proportional ist. Diese Differenz ändert sich, wenn sich der elektrische Widerstand des Bauteils im Bereich der Wirbelströme verändert.

Zur Prüfung wird das Bauteil in die Nähe einer Tasterregerspule bzw. ins Innere einer Durchlauferregerspule gebracht und unter dieser bzw. durch diese hindurchbewegt. Parallel wird die Spannung in der Wicklung der Empfängerspule gemessen: Der von der Erregerspule im Bauteil induzierte Wirbelstrom ist in seiner Intensität ein direktes Maß für die Leitfähigkeit des vorliegenden Werkstoffs.

Ändert sich die Leitfähigkeit, z. B. durch Veränderungen in der Werkstoffzusammensetzung oder durch das Vorliegen von Kavitäten (Bild 2 unten), so ändert sich als Prüfergebnis auch der Stromfluss in der Wicklung der Empfängerspule, was als Spannungsänderung erfasst wird. Dabei ist die Intensität der Spannungsänderung ein direktes Maß für die Ausprägung der Werkstofftrennung.

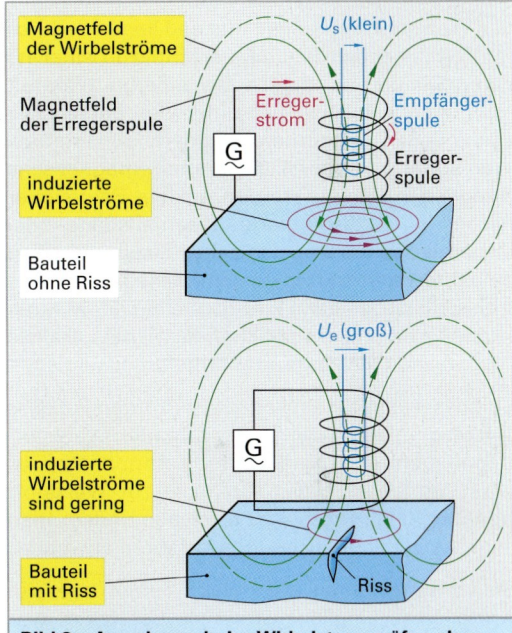

Bild 2: Anordnung beim Wirbelstromprüfen planer Bauteile

> Notwendig ist die Kalibrierung der Prüfeinrichtung an fehlerfreien Referenzprüfkörpern.

Zum Aufspüren von kleinen inneren Werkstofftrennungen müssen die Tasterregerspulen auch klein sein. Ihre Tiefenwirkung ist entsprechend gering.

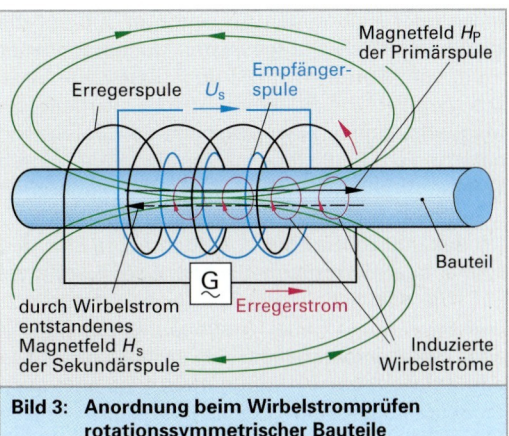

Bild 3: Anordnung beim Wirbelstromprüfen rotationssymmetrischer Bauteile

---

[1] engl. eddy currant testing, eddy = Strudel, Wirbel

2.3.3 Streuflussverfahren

Dieses auch als **Magnetpulververfahren** bezeichnete Prüfverfahren dient dem Nachweis von Werkstofftrennungen an Oberflächen oder dicht unter der Oberfläche von Bauteilen aus ferromagnetischen Werkstoffen; an paramagnetischen Werkstoffen wie z. B. austenitischen Stählen ist dieses Verfahren nicht einsetzbar.

Weist ein Bauteil, das aus einem ferromagnetischen Werkstoff hergestellt wurde, innere Werkstofftrennungen auf, so ist der magnetische Fluss im Bauteilquerschnitt gestört. Die den Bauteilquerschnitt durchsetzenden Magnetfeldlinien weichen den Werkstofftrennungen aus und liegen dadurch im Verbleibenden Bauteilquerschnitt in einer höheren Dichte vor. Sofern die inneren Wekstofftrennungen nicht zu tief unter der Bauteiloberfläche liegen, können die Magnetfeldlinien ihren Weg sogar durch die Luft nehmen (magnetische Streufelder; **Bild 1**). Werden auf die Bauteiloberfläche, in Öl dispergierte, Eisenfeilspäne oder dispergiertes ferromagnetisches Eisenoxidpulver aufgebracht, so sammeln sich diese an den Austrittsstellen sowie den Eintrittsstellen der Magnetfeldlinien an und ermöglichen damit die Lokalisierung innerer Werkstofftrennungen.

Voraussetzung für eine effektive Prüfung ist, dass das Magnetfeld zu den zu erwartenden Werkstofftrennungen eine senkrechte Komponente aufweist, im Idealfall also senkrecht zur Werkstofftrennung liegt. Dies ist zu erreichen, indem man angepasste Magnetisierungsverfahren anwendet.

So verwendet man z. B., wenn Fehler quer zur Achse eines länglichen Bauteils befürchtet werden, die **Jochmagnetisierung (Bild 2 und Bild 3)** oder die **Magnetisierung mit einer Spule (Bild 4)**.

Die Jochmagnetisierung findet bei planen Bauteilen oder Halbzeugen Anwendung. Ein auf die Bauteiloberfläche aufgesetzter Jochmagnet erzeugt vom Nordpol zum Südpol über weite Strecken parallel zur Bauteiloberfläche verlaufende Magnetfeldlinien. Liegt zwischen den Polen eine nahezu zur Bauteiloberfläche liegende innere Werkstofftrennung vor, so treten die Magnetfeldlinien hier, wie oben beschrieben, aus dem Bauteil aus und konzentrieren aufgebrachte Eisenfeilspäne oder ferromagnetisches Eisenoxidpulver auf. Die Magnetisierung mit einer stromdurchflossenen Spule findet Anwendung bei Rohren oder Stangenmaterialien. Die stromdurchflossene Spule erzeugt ein Magnetfeld, das sich auch im Bauteil über weite Strecken parallel zu dessen Oberfläche ausbreitet. Radial verlaufende Risse,

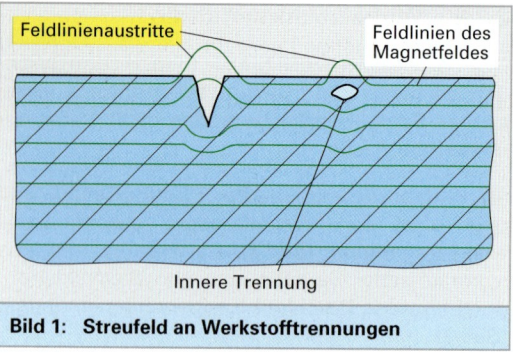

Bild 1: Streufeld an Werkstofftrennungen

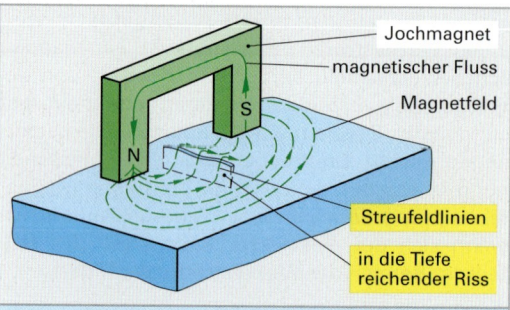

Bild 2: Nachweis von Querfehlern durch Polmagnetisierung mit einem Joch

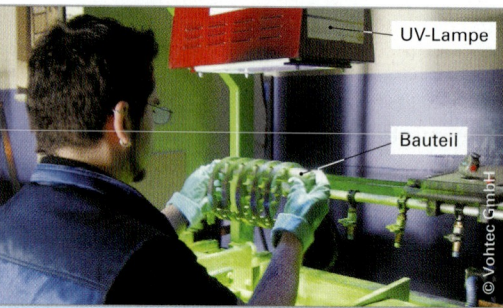

Bild 3: Magnetpulverprüfung mit fluoreszierendem Farbstoff

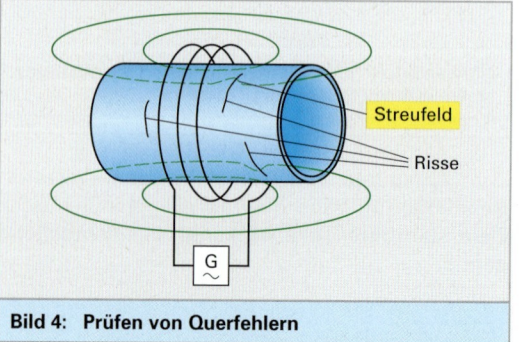

Bild 4: Prüfen von Querfehlern

2.3 Innere Werkstofftrennungen

die dicht unter der Bauteiloberfläche liegen, lassen die Magnetfeldlinien aus der Bauteiloberfläche austreten, was man, wie zuvor beschrieben, mit Eisenfeilspänen oder ferromagnetischem Eisenoxidpulver sichtbar machen kann.

Werden längs der Bauteilachse verlaufende Werkstofftrennungen befürchtet, so kommt eine Magnetisierung als Folge einer **Selbstdurchflutung** oder **Hilfsdurchflutung** zum Einsatz, bei der man einen Strom durch die Probe oder einen Hilfskörper schickt, dessen zirkuläres Magnetfeld dann die geforderte Voraussetzung erfüllt **(Bild 1)**.

Zum Nachweis werden als Indikatoren Eisenfeilspäne oder das Eisenoxid Fe_3O_4 trocken, als Pulver oder in einem Öl dispergiert, auf das darzustellende Bauteil aufgebracht. Während der Prüfung ordnen sich die Indikatoren im Laufe der Zeit entlang den an der Bauteiloberfläche austretenden Magnetfeldlinien an. Zeigen sich als Prüfergebnis charakteristische Ansammlungen der Indikatoren, so spricht dies für an oder dicht unter der Bauteiloberfläche liegende Werkstofftrennungen. Eine Kontraststeigerung ist durch Verwendung einer fluoreszierenden Kontrastfarbe möglich **(Bild 2)**.

Für die automatisierte Bauteilprüfung verwendet man auch Roboter mit einem Verfahrensablauf nach **Bild 3**:

- Bauteil mit Elektrodengreifzange greifen,
- Bauteil gegen die Gegnelektrode pressen,
- magnetisieren durch Stromfluss,
- mit fluoreszierendem Kontrastmittel besprühen,
- mit Kamerasensor und Bildverarbeitung prüfen,
- ablegen als Gutteil oder als Schlechtteil.

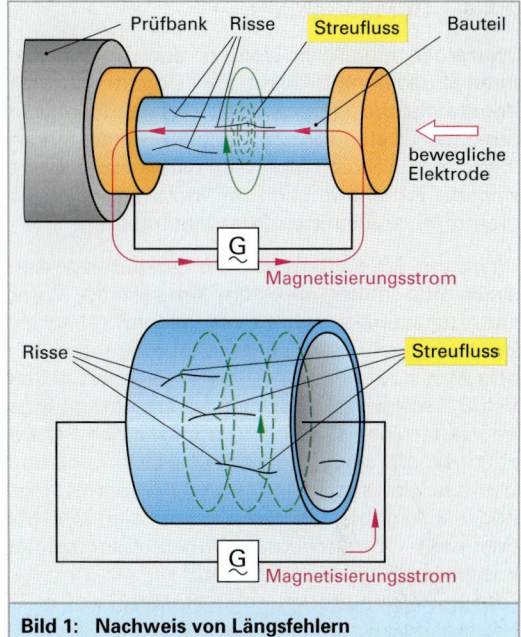

Bild 1: Nachweis von Längsfehlern

Bild 2: Bauteilprüfung mit fluoreszierendem Kontrastmittel unter UV-Strahlung

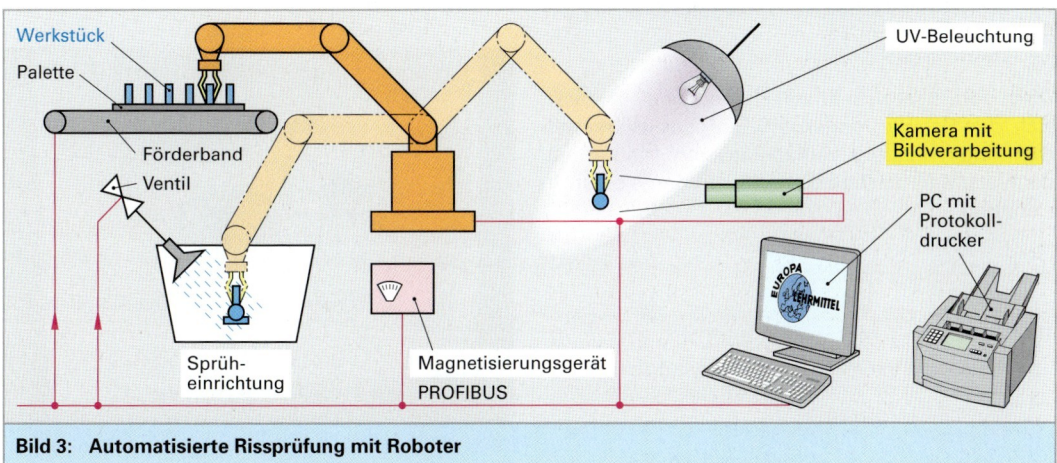

Bild 3: Automatisierte Rissprüfung mit Roboter

2.3.4 Durchstrahlung

Werkstofftrennungen werden auch durch die Intensitätsdifferenz der beim Durchtritt durch den werkstofftrennungsfreien und werkstofftrennungsbehafteten Teil des Bauteils unterschiedlich stark geschwächten Strahlung detektierbar: **Bild 1** zeigt die Prüfanordnung zum Nachweis von Werkstofftrennungen mittels **Röntgenstrahlung**.

Im Innern des Bauteils von der Dicke d liegt eine Werkstofftrennung mit dem Querschnitt x vor. Die Intensität I_0 der auf das Bauteil auftreffenden Strahlung reduziert sich beim Durchgang durch den werkstofftrennungsfreien Bereich auf I_1 und beim Durchgang durch den werkstofftrennungsbehafteten Bereich auf I_2. Wenn man den Schwächungskoeffizienten des Werkstoffs mit μ_1 und den des Werkstofftrennungsvolumens mit μ_2 bezeichnet, ergeben sich für die Intensität der aus dem werkstofftrennungsfreien Bauteilquerschnitt wieder austretenden Strahlung:

$$I_1 = I_0 \cdot e^{-\mu_1 \cdot d}$$

- I_1 Intensität im werkstofftrennenden Bereich
- I_0 Intensität der auftreffenden Strahlung
- μ_1 Schwächungskoeffizient
- d Bauteildicke

Der korrespondierende Wert liegt beim werkstofftrennungsbehafteten Bauteilquerschnitt bei

$$I_2 = I_0 \cdot e^{-\mu_1 \cdot (d-x) - \mu_2 \cdot x}$$

- I_2 Intensität im werkstofftrennenden Bereich
- I_0 Intensität der auftretenden Strahlung
- μ_1 Schwächungskoeffizient des Werkstoffs
- μ_2 Schwächungskoeffizient des Trennungsvolumens
- d Bauteildicke
- x Querschnittslänge der Werkstofftrennung

Da in der Regel μ_2 sehr viel kleiner als μ_1 ist, lässt sich der Schwächungskoeffizient des Werkstofftrennungsvolumens vernachlässigen. Man erhält dann als Maß für die Erkennbarkeit der Werkstofftrennung

$$I_2/I_1 = e^{\mu_1 \cdot x}$$

- I_2 Intensität im werkstofftrennenden Bereich
- I_1 Intensität im werkstofftrennenden und im werkstofftrennungsfreien Bereich
- μ_1 Schwächungskoeffizient
- x Querschnittlänge der Werkstofftrennung

Dieses Verhältnis ist um so größer und damit die Erkennbarkeit der Werkstofftrennung um so besser, je größer x ist. Die Lage der Werkstofftrennung bezüglich der Richtung der durchtretenden Strahlung ist also entscheidend für dessen Erkennbarkeit: Innere Werkstofftrennungen mit zweidimensionaler Erstreckung lassen sich dann gut nachweisen, wenn die Richtung der Strahlung nahezu senkrecht zur Werkstofftrennung verläuft **(Bild 2)**. Dies ist aber nicht der Regelfall.

Meistens tritt die Strahlung unter einem davon mehr oder weniger abweichenden Winkel hindurch. Für eine dennoch ausreichende Fehlererkennbarkeit wird man daher bei derart geringen wirksamen Werkstofftrennungsquerschnitten einen größeren μ_1-Wert anstreben. Geringe wirksame Werkstofftrennungsquerschnitte werden daher mit weicher Strahlung eher erkannt.

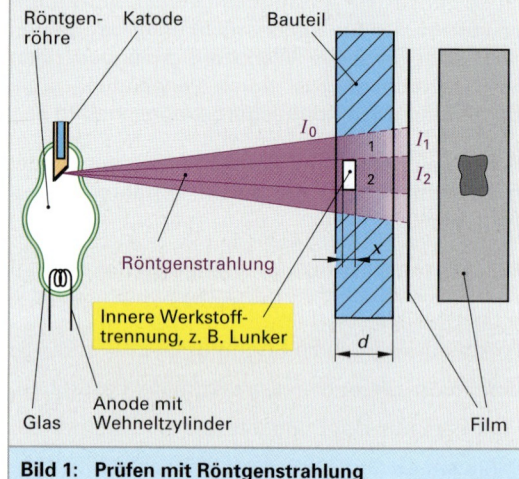

Bild 1: Prüfen mit Röntgenstrahlung

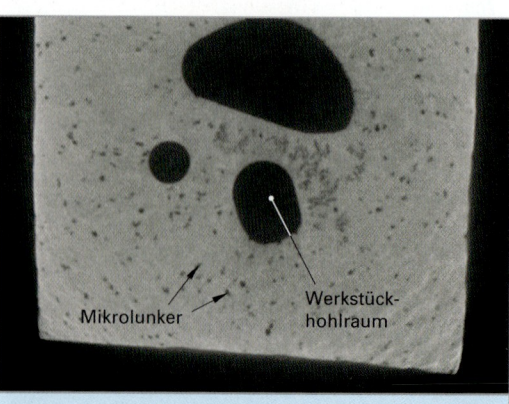

Bild 2: Innere Werkstofftrennungen, z. B. Lunker

2.3 Innere Werkstofftrennungen

Größere, wirksame Werkstofftrennungsquerschnitte werden dagegen auch mit harter Strahlung ausreichend sicher erkannt. Die Anwendung von weicher Strahlung ist allerdings zum einen wegen der unverhältnismäßig langen Belichtungszeiten und zum andern auch im Hinblick auf die Lebensdauer der Röntgenröhre problematisch.

Die Prüfung besteht in der Erfassung des Intensitätsverhältnisses I_2/I_1, die mit folgenden Versuchsanordnungen möglich ist.

Beim **fotografischen Verfahren** bringt man einen röntgenstrahlungssensitiven Film an die der Röntgenquelle entgegengesetzte Seite des zu prüfenden Bauteils. Die durch die werkstofftrennungsbehaftete Stelle durchgetretene Strahlung (Intensität I_2) erzeugt eine stärkere Schwärzung als die durch das werkstofftrennungsfreie Material durchgetretene Strahlung (Intensität I_1). Die fotografische Aufnahme und Auswertung von Fehlern ist bei hoher Genauigkeit allerdings ein verhältnismäßig langwieriges und kostspieliges Verfahren.

Das **Durchleuchtungsverfahren** führt schneller und kostengünstiger zu brauchbaren Ergebnissen **(Bild 1 und Bild 2)**. Hierbei wird die Aufgabe des Films von einem Leuchtschirm übernommen, der mit fluoreszierendem Zinksulfid beschichtet ist, das unter Einwirkung von Röntgenstrahlung Licht emittiert. Infolge der im Vergleich zum Film gröberen Körnung der Zinksulfidschicht ist die Fehler-erkennbarkeit allerdings geringer. Die geringe Lichtstärke der Leuchtschirme kann durch elektronische Bildverstärker zusammen mit einem Monitor verbessert werden.

Die begrenzte Brauchbarkeit der Prüfung mit Röntgenstrahlung zeigt sich besonders darin, dass sie die Forderungen der Praxis hinsichtlich größerer Prüftiefe und eines zuverlässigeren Nachweises der Fehlergröße nicht immer befriedigt. Die dreidimensionale Objektstruktur wird als Schattenbild auf dem zweidimensionalen Detektormedium Film oder Bildwandler abgebildet, was zur Folge hat, dass sich die Objektstrukturen in Durchstrahlungsrichtung überlagern und flächige Inhomogenitäten, die nahezu oder gänzlich senkrecht zur Durchstrahlungsrichtung verlaufen, nur schwer zu erkennen sind.

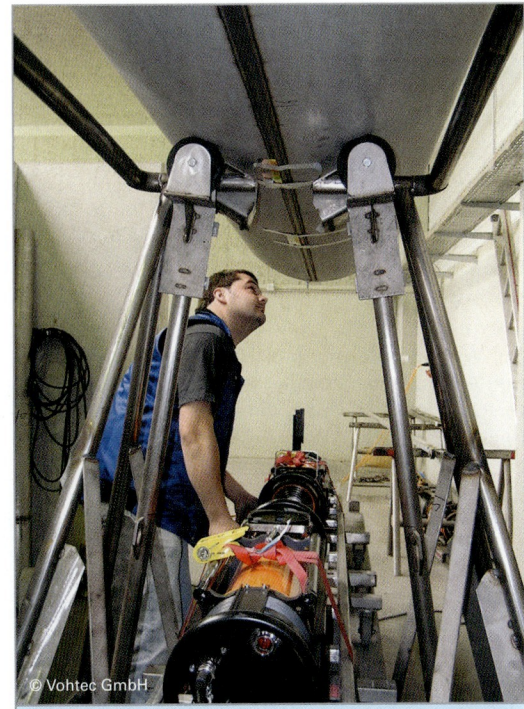

Bild 1: Röntgenprüfung

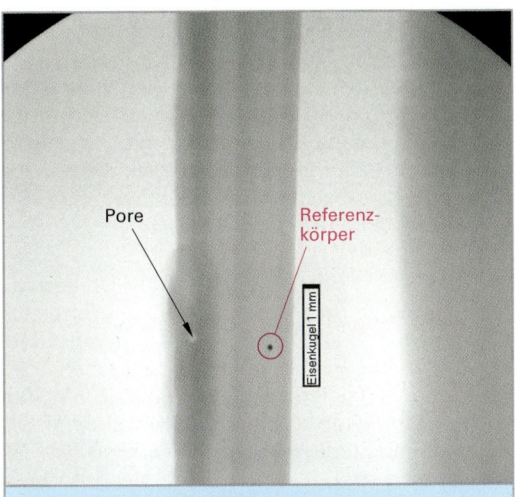

Bild 2: Schattenbild bei Durchleuchtung

Darüber hinaus ist es nicht möglich, aus einer Aufnahme die Ausrichtung und die Geometrie einer Inhomogenität zu ermitteln. Verbesserungen schafft die **Röntgen-Computertomographie** (CT).

Sie arbeitet zerstörungsfrei und bildet den inneren Aufbau von Bauteilen dreidimensional und dabei dennoch überlagerungsfrei berührungslos ab (siehe Seite 693 bis 699).

2.3.5 Durchschallung

Ultraschallwellen pflanzen sich in werkstofftrennungsfreien Bauteilen mit so geringer Absorption fort, dass sich gegenüber der Prüfung mit Röntgenstrahlung die Möglichkeit einer praktisch unbegrenzten Prüftiefe bietet. An *Phasengrenzen* zu gas- oder flüssigkeitsgefüllten Werkstofftrennungen kommt es zu einer nahezu vollständigen Reflexion **(Bild 1)**, was die Darstellung solcher Werkstofftrennungen ermöglicht.

Bei Werkstofftrennungen **(Bild 2)** in metallischen Bauteilen tritt schon bei Werkstofftrennungsbreiten von etwa 10^{-5} mm eine fast vollständige Reflexion auf, d. h., Werkstofftrennungsbreiten von 10^{-5} mm und mehr sind mit hoher Sicherheit darstellbar. Innere Werkstofftrennungen, deren Erstreckung senkrecht zur Einschallrichtung allerdings kleiner als die halbe Wellenlänge ist, können nicht mehr ausreichend reflektieren und entziehen sich über Beugung der Ultraschallwelle an den Werkstofftrennungsrändern einer Darstellung.

Zur Prüfanordnung gehört ein **Prüfkopf**, in dem der piezoelektrisch angeregte Kristall, Schwinger genannt, untergebracht ist, der die erzeugte Ultraschallschwingung über eine Schutzschicht nach außen abgibt **(Bild 3)**.

Normalprüfköpfe geben die Ultraschallschwingung senkrecht zur Schutzschichtfläche, Winkelprüfköpfe über einen Keil aus Acrylglas unter einem bestimmten Winkel zur Schutzschichtfläche ab. Bei beiden Prüfkopftypen gibt es solche für Sender- oder Empfängerbetrieb mit einem Schwinger und solche für Sender/Empfänger-Betrieb mit zwei Schwingern.

Da die vom Prüfkopf angebotene Ultraschallschwingung an der Phasengrenze Schutzschicht/Luft und Luft/Bauteil fast vollständig reflektiert werden würde, ist es notwendig, zwischen Prüfkopf und zu untersuchendes Bauteil ein **Ankopplungsmedium** zu bringen (Bild 3). Bietet der Prüfkopf Longitudinalwellen an, so kann dies Öl, Wasser oder ein Gel sein.

> Ultraschallwellen werden an Phasengrenzen zu gasgefüllten oder zu flüssigkeitsgefüllten Werkstofftrennungen reflektiert.

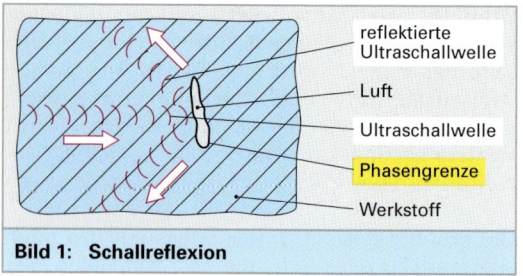

Bild 1: Schallreflexion

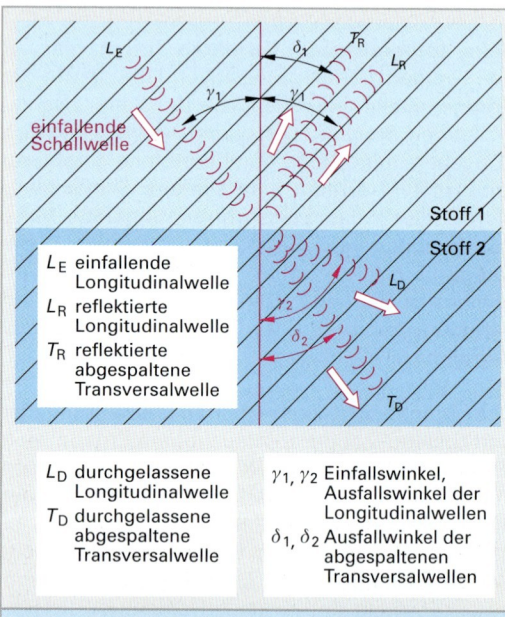

L_E einfallende Longitudinalwelle
L_R reflektierte Longitudinalwelle
T_R reflektierte abgespaltene Transversalwelle
L_D durchgelassene Longitudinalwelle
T_D durchgelassene abgespaltene Transversalwelle
γ_1, γ_2 Einfallswinkel, Ausfallswinkel der Longitudinalwellen
δ_1, δ_2 Ausfallwinkel der abgespaltenen Transversalwellen

Bild 2: Schallreflexion an Phasengrenzen

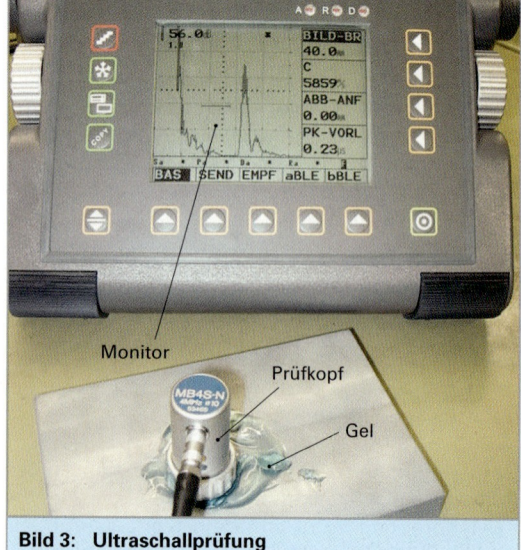

Bild 3: Ultraschallprüfung

2.3 Innere Werkstofftrennungen

Beim **Durchschallungsverfahren** wird die Ultraschallschwingung vom Sender auf der Vorderseite des Bauteils in dieses eingeleitet und der Restschalldruck auf der Rückseite des Bauteils durch einen Empfänger gemessen und mit dem, an einem fehlerfreien Referenzbauteil erhaltenen, verglichen **(Bild 1)**.

Von Nachteil ist:

- die Notwendigkeit zweier Prüfköpfe,
- deren aufwändige Positionierung (sie müssen einander exakt gegenüberliegen),
- die Ansprüche an die Oberflächen (planparallel),
- die oft nicht gegebene Zugänglichkeit der Bauteilrückseite,
- die Unmöglichkeit, die Fehleranzahl in einer Ebene zu bestimmen und
- die Unmöglichkeit die Position einer Werkstofftrennung in der Vertikalen zu ermitteln.

Da das Bauteil nur einmal von den Ultraschallwellen durchlaufen werden muss, eignet sich dieses Verfahren vor allem für größere Wandstärken.

Auch beim **Impuls-Laufzeit-Verfahren (Impuls-Echo-Verfahren)** durchlaufen die Ultraschallwellen das Bauteil und werden an der Oberfläche einer Werkstofftrennung, spätestens jedoch an der Bauteilrückwand, reflektiert: Die reflektierten Ultraschallwellen treffen auf der Eintrittsseite wieder auf den Prüfkopf, der nach der Sendephase auf Empfang geschaltet wurde, werden in ihm in elektrische Impulse umgewandelt, die wiederum am Monitor sichtbar gemacht werden.

In der Horizontalen wird dabei die verstrichene Zeit zwischen Einspeisung der Ultraschallwellen und dem Echoempfang, in der Vertikalen die Echointensität dargestellt. Die Zeitachse kann wegen der für einen Werkstoff charakteristischen Schallgeschwindigkeit dabei auch als Laufweg verstanden und dargestellt werden. Dadurch ergibt sich die Möglichkeit, aus Laufweg und Einschallrichtung den Fehlerort zu lokalisieren. Aus der Echointensität kann die Größe der Werkstofftrennung bestimmt werden **(Bild 2)**.

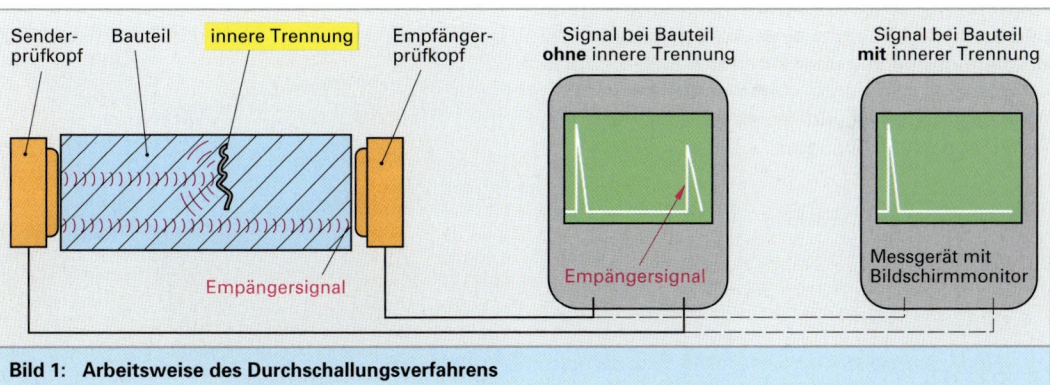

Bild 1: Arbeitsweise des Durchschallungsverfahrens

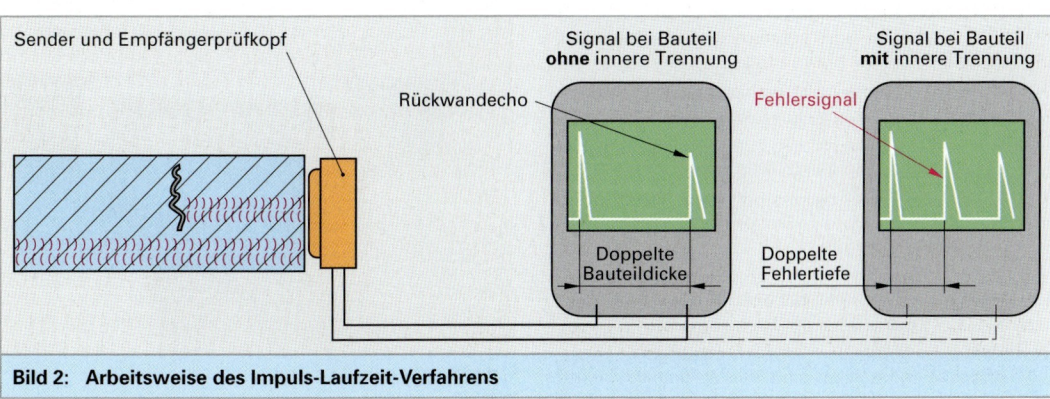

Bild 2: Arbeitsweise des Impuls-Laufzeit-Verfahrens

Bei Abwesenheit einer Werkstofftrennung findet man auf dem Schirm nur zwei Echos, die sich dem Sendeimpuls und dem Rückwandecho zuordnen lassen. Die von einer Werkstofftrennung reflektierten Ultraschallwellen erreichen den Empfänger früher als die von der Rückwand reflektierten Wellen und erscheinen auf dem Oszilloscope zwischen Sendeimpuls und Rückwandecho.

Anhand der Höhe des Fehlerechos lässt sich die Größe der inneren Werkstofftrennung abschätzen, aus der Lage des Echos zwischen Sendeimpuls und Rückwandecho der Ort der Werkstofftrennung im Bauteil bestimmen. Die Beurteilung der Werkstofftrennungsgröße ist aber auch anhand der Prüfung von Referenzbauteilen mit definierten Fehlern wie Nuten oder Querbohrungen möglich. Am zweckmäßigsten schätzt man die Größe der Werkstofftrennung anhand des Verhältnisses des Echos der Werkstofftrennung zum Echo der Rückwand ab. Dies ist aber nur dann möglich, wenn die Werkstofftrennung so klein ist, dass ein Teil des Strahlenbündels auch die Rückwand trifft.

Weiterhin muss das Strahlenbündel die Ebene der maximalen Erstreckung der Werkstofftrennung senkrecht treffen. Oft ist hierzu eine Schrägeinschallung mit Winkelprüfköpfen erforderlich. **Bild 1** und **Bild 2** zeigen einen **Winkelprüfkopf** mit Schrägeinschallung über einen Keil aus Acrylglas. Über die transparente Unterseite erkennt man links den Absorber und rechts die helle, schräge Planfläche des Schwingers.

Bild 3 verdeutlicht die stellenweise erfüllte Bedingung für Totalfeflexion an Rissflanken. Diese weisen durch ihre Rauhigkeit stets Flächenelemente auf die quer zur Welle stehen.

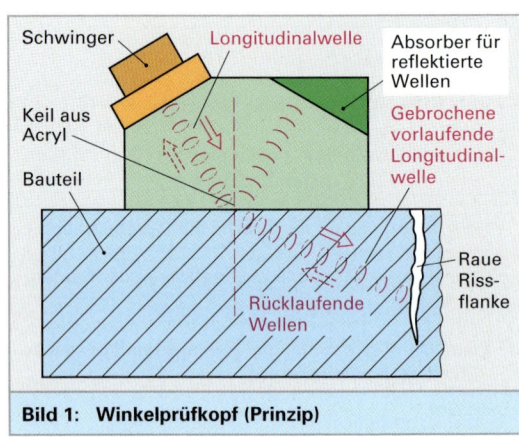

Bild 1: Winkelprüfkopf (Prinzip)

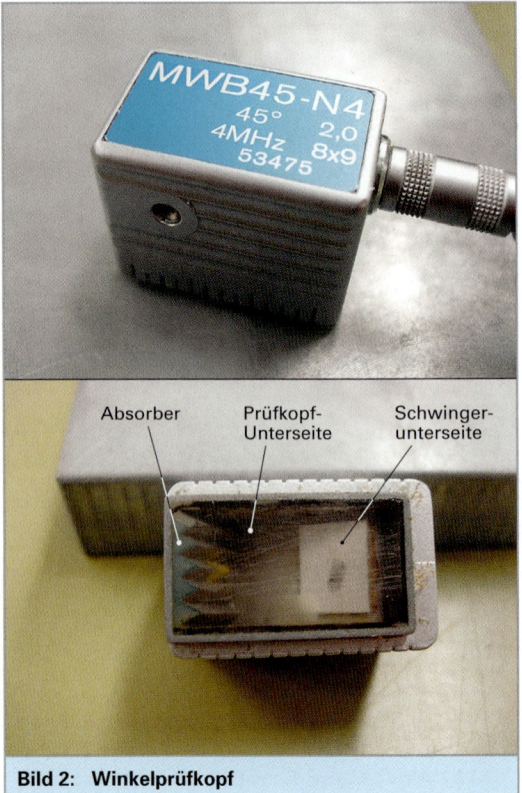

Bild 2: Winkelprüfkopf

> **Wiederholung und Vertiefung**
>
> 1. Welche Funktion haben die beiden Spulen beim Wirbelstromprüfen?
> 2. Wie sind die beiden Spulen zueinander angeordnet?
> 3. Sind auch elektrisch nichtleitende Bauteile mit dem Wirbelstromverfahren prüfbar?
> 4. Muss zum Detektieren von kleineren inneren Werkstofftrennungen die Erregerspule eher groß oder eher klein sein, gemessen an der zu detektierenden Werkstofftrennung?
> 5. Ist das Streuflussverfahren auch auf nichtferromagnetische Werkstoffe anwendbar?
> 6. Wie sollte das Magnetfeld zum Riss liegen, damit ein deutliches Signal erhalten wird?
> 7. Beschreiben Sie beispielhaft eine Anordnung zur automatisierten Rissprüfung nach dem Streuflussverfahren.
> 8. Worauf beruht die Erkennbarkeit innerer Werkstofftrennungen bei einer Röntgenprüfung?
> 9. Durch welche beiden Arten werden bei der Röntgenprüfung die Werkstofftrennungen sichtbar gemacht und welches sind die Vor- und Nachteile?

2.4 Härteprüfung

Allgemein versteht man nach *Martens*[1] unter Härte eines Werkstoffs den Widerstand, den der Werkstoff einer elastisch/plastischen Verformung beim Eindrücken eines Prüfkörpers entgegensetzt **(Bild 1)**. Auf Grund einer Härtemessung ist demnach auch eine Aussage über die Festigkeit des Werkstoffs möglich.

Dabei ist allerdings zu beachten, dass

1. das Eindringvermögen von der Gestalt und Eigenhärte des Prüfkörpers sowie der Art und Höhe der Belastung abhängt,

2. der erhaltene Härte- bzw. Festigkeitswert nur die Härte bzw. Festigkeit des untersuchten Werkstoffvolumens an der jeweiligen Stelle der Werkstückoberfläche beschreibt,

3. sich unter dem eindrückenden Prüfkörper im Werkstoff stets ein dreiachsiger Druckspannungszustand ausbildet, der oft dazu führt, dass

    a) sich in Werkstoffen, die sich im Zugversuch als vergleichsweise spröde darstellen, dennoch ohne Rissbildung hinreichend gut ausgeprägte Eindrücke erzeugen lassen,

    b) in Werkstoffen, die sich im Zugversuch als sehr duktil darstellen, die Ausbildung eines Eindrucks bereits bei einer Flächenpressung zum Stillstand kommt, die weit unter der ermittelten Fließgrenze liegt.

Ist ein Werkstück ohne dessen Zerteilung prüfbar, so können die nachfolgend beschriebenen Härteprüfverfahren wegen ihres geringen Eingriffs in die Werkstückoberfläche und der dadurch meistens gegebenen Weiterverwendbarkeit des geprüften Werkstücks als bedingt zerstörungsfrei betrachtet werden.

---
[1] *Adolf Martens* (1850 bis 1914), dt. Metallkundler

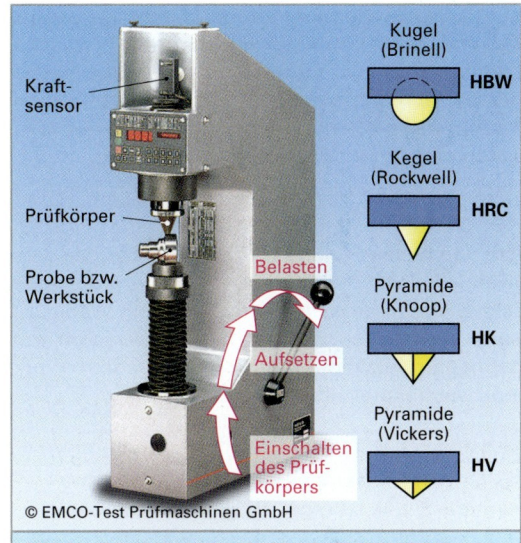

Bild 1: Quasistatisch arbeitende Eindringhärteprüfanlage

Für eine den Werkstoffzustand realitätsnah beschreibende Härteprüfung muss allerdings gewährleistet sein, dass

1. die elastische Verformung des Prüfkörpers bei der Eindruckerzeugung so gering ist (plastische Verformungen sind natürlich gänzlich unzulässig!), dass die hervorgerufene Abweichung von seiner Nenngeometrie das Prüfergebnis noch nicht beeinflusst,

2. die Werkstückoberfläche metallisch blank und nicht mit harten Belägen jedweder Art versehen ist, die nicht Gegenstand der Prüfung sind,

3. die Werkstückoberfläche wegen der angestrebten Symmetrie der einzubringenden Eindrücke möglichst plan und bei den Eindringhärteprüfverfahren senkrecht zur Wirkrichtung des nachfolgend eingedrückten Prüfkörpers ausgerichtet vorliegt,

4. die Auflagefläche der Härteprüfvorrichtung mit ihren eigenen Werkstoffeigenschaften nicht verfälschend auf das Prüfergebnis einwirkt, dass also das elastisch/plastisch verformte Volumen des zu prüfenden Werkstücks nicht bis zur Auflagefläche des Werkstücks reicht,

5. das zu prüfende Werkstück dem sich eindrückenden Prüfkörper nicht ausweicht, was eine möglichst steife Prüfeinrichtung sowie eine lagefixierende Werkstückaufspannung oder auch Planparallelität von Prüffläche und Auflagefläche des Werkstücks voraussetzt.

Forderung 1. kann durch die Wahl eines Härteprüfverfahrens entsprochen werden, das mit harten Prüfkörpern günstiger Geometrie arbeitet. Den Forderungen 2. und 3. kann durch gezielte Vorbehandlung bzw. Ausrichtung der zu prüfenden Werkstückoberfläche, der Forderung 4. oft bereits durch eine Verringerung der Prüfkraft oder die Wahl eines größeren Prüfkörpers entsprochen werden. Zur Erfüllung der Forderung 5. kann allerdings häufig doch ein Zerteilen des Werkstücks notwendig werden. Dies kann aber auch von vornherein ganz gezielt angestrebt werden, wofür die Ermittlung von Härteprofilen z. B. senkrecht zur Werkstückoberfläche ein Beispiel ist.

Bei den Härteprüfverfahren ist zu unterscheiden zwischen Prüfungen, bei denen der Prüfkörper unter einem flachen Winkel (Ritzhärteprüfung) oder senkrecht (Eindringhärteprüfung) in die Werkstückoberfläche eindringt oder aber nach elastischer Verformung zurückgeschleudert wird (Rückprallhärteprüfung).

Bei der **Ritzhärteprüfung (Bild 1),** die noch heute für die Untersuchung von Verschleißmechanismen zum Einsatz kommt, ergeben sich bei einer Verfahrensweise nach *Mohs*[1] Härtegrade von 1 bis 10. Wegen der aber häufig undefiniert geführten und damit nicht reproduzierbaren Versuchsbedingungen konzentrierte sich die Entwicklung der Härteprüfverfahren auf Eindringhärteprüfverfahren. Diese operieren entweder mit einer statischen oder einer dynamischen Belastung.

Unter Ritzhärte versteht man den Widerstand eines Werkstoffs gegen ein Ritzen seiner Oberfläche durch einen anderen Werkstoff. Für den relativen Vergleich der Härtewerte stellte *Mohs* eine zehnteilige Härteskala auf, nach der ein Werkstoff einer bestimmten Ritzhärte jeden Werkstoff mit geringerer Ritzhärte ritzt und von jedem Werkstoff mit höherer Ritzhärte geritzt wird.

Ritzhärte 1, z. B. Talk Ritzhärte 6, z. B. Feldspat
Ritzhärte 2, z. B. Gips Ritzhärte 7, z. B. Quarz
Ritzhärte 3, z. B. Kalkspat Ritzhärte 8, z. B. Topas
Ritzhärte 4, z. B. Flußspat Ritzhärte 9, z. B. Korund
Ritzhärte 5, z. B. Apatit Ritzhärte 10, z. B. Diamant

> Bei der Bestimmung der Ritzhärte werden mit dem Werkstoff, dessen Härte zu bestimmen ist die Werkstoffe der Skala vom kleinsten Härtegrad an aufwärts so lange geritzt, bis ein Ritzen nicht mehr gelingt.

2.4.1 Quasistatische Eindringhärteprüfverfahren

Bei diesen Eindringhärteprüfverfahren wird ein harter Prüfkörper definierter Form (Kugel, Kegel, Pyramide) und definierter Abmessung langsam aber stetig (daher quasistatisch) mit einer – in einigen Fällen auch stufenweise – auf einen Höchstwert anwachsenden Prüfkraft senkrecht zur Werkstückoberfläche in diese eingedrückt **(Bild 2)**, wobei vorrangig der Werkstoff des Werkstücks örtlich elastisch/plastisch verformt wird. **Bild 3** zeigt eine quasistatisch arbeitende Eindringhärteprüfanlage.

[1] Friedrich Mohs, dt. Mineraloge (1773 bis 1839)

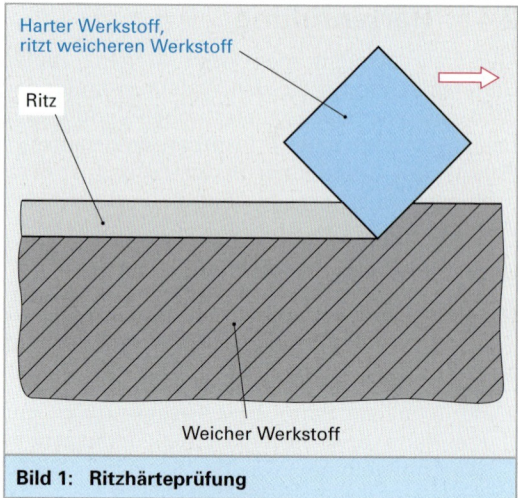

Bild 1: Ritzhärteprüfung

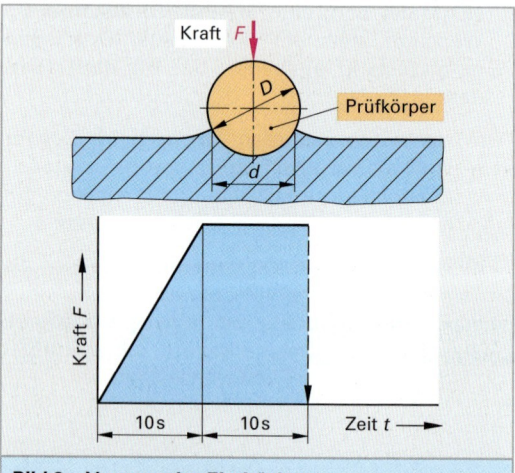

Bild 2: Vorgang des Eindrückens

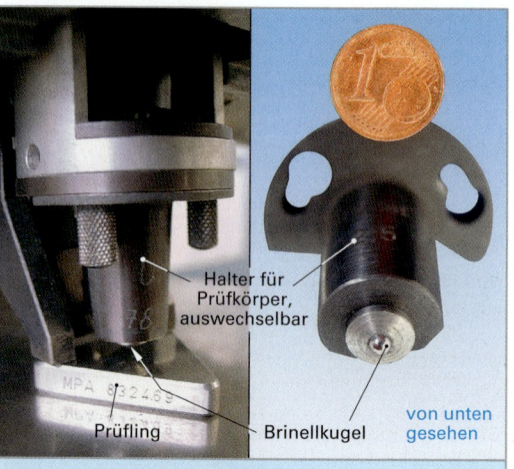

Bild 3: Eindringhärteprüfanlage

2.4 Härteprüfung

Der Bestimmung des Härtewertes wird nur der plastische Anteil der Verformung zugrunde gelegt und entweder über die Fläche oder die Tiefe des Eindrucks bestimmt. **Tabelle 1** gibt Entscheidungshilfen an die Hand, welches der nachfolgend beschriebenen Härteprüfverfahren bei welcher Prüfaufgabe am zweckmäßigsten sein dürfte.

2.4.1.1 Härteprüfverfahren nach Brinell

Das Verfahren nach *Brinell*[1] (DIN EN ISO 6506) ist das älteste Eindringhärteprüfverfahren. Es eignet sich wegen der relativ großen Prüfeindrücke insbesondere für die Bestimmung des Härtewertes bei weichen bis mittelharten Werkstoffen und Werkstoffen mit heterogenen Gefügen. Die Werkstoffhärte wird in HBW angegeben.

Als Prüfkörper wird eine Hartmetallkugel (HBW [W für Hartmetall]) verwendet. Sie sind mit Durchmessern von $D = 1$ mm, 2,5 mm, 5 mm und 10 mm verfügbar **(Bild 1)**.

Der Standardversuch sieht eine Prüfung mit einem Kugeldurchmesser von $D = 10$ mm vor.

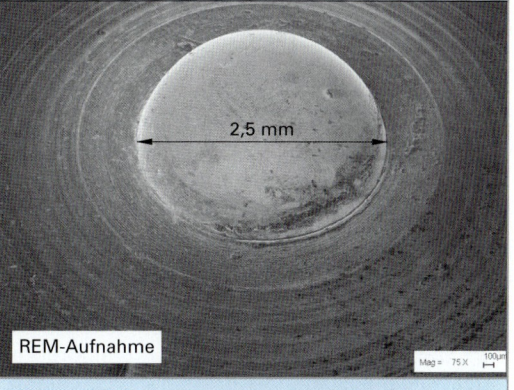

Bild 1: Prüfkörper für Prüfung nach *Brinell*

---
[1] *J. A. Brinell* (1849 bis 1925), schwedischer Ingenieur

Tabelle 1: Härteprüfverfahren				
Prüfkörper und Bennenung	**Kugel** Brinell (HB) Rockwell B (HRB)	**Kegel** Rockwell C (HRC)	**Pyramide** Knoop (HK)	**Pyramide** Vickers (HV)
Form des Prüfkörpers – Seitenansicht –	○	▽	▽	▽
Form des Prüfkörpers – Draufsicht –	○	○	◇	◇
Eignung für Prüfung von heterogenen Gefügen	hoch	mäßig	mäßig	mäßig
Eindruckausprägung bei hochfesten Werkstoffen	gering	hoch	hoch	hoch
Sicherheit vor Rissbildung bei hochfesten Werkstoffen	hoch	hoch	hoch	gering

Kleinere Kugeldurchmesser werden erforderlich:

- wenn kein Platz oder keine Zugänglichkeit für einen normalgroßen Härteeindruck vorhanden ist;

- bei der Prüfung von Werkstücken, die in Eindrückrichtung eine so geringe Wandstärke aufweisen, dass der Eindruck einer großen Kugel Verformungen bis in den Bereich der gegenüberliegenden Auflagefläche verursachen würde. Eine Beurteilung der Gültigkeit der vorgenommenen Härtebestimmung und die Konkretisierung gegebenenfalls zu treffender Maßnahmen ist allerdings erst nach einem ersten Versuch möglich!

- wenn die Eindruckstelle so nahe am Rand des Werkstücks liegen muss, dass eine Verfälschung des Messergebnisses durch seitliches Wegfließen des Werkstoffs zu befürchten ist.

Der Randabstand a_R jedes Härteeindrucks und – wegen der Gefahr einer Verfälschung des Härteprüfergebnisses durch verfestigte Bereiche im Umfeld bereits vorhandener Prüfeindrücke – der Mittenabstand benachbarter Härteeindrücke a_M sollte daher in Bezug auf den Eindruckdurchmesser d wie folgt bemessen sein:

HBW < 150: $a_R > 3 \cdot d$ $a_M > 6 \cdot d$

HBW > 150: $a_R > 2{,}5 \cdot d$ $a_M > 4 \cdot d$

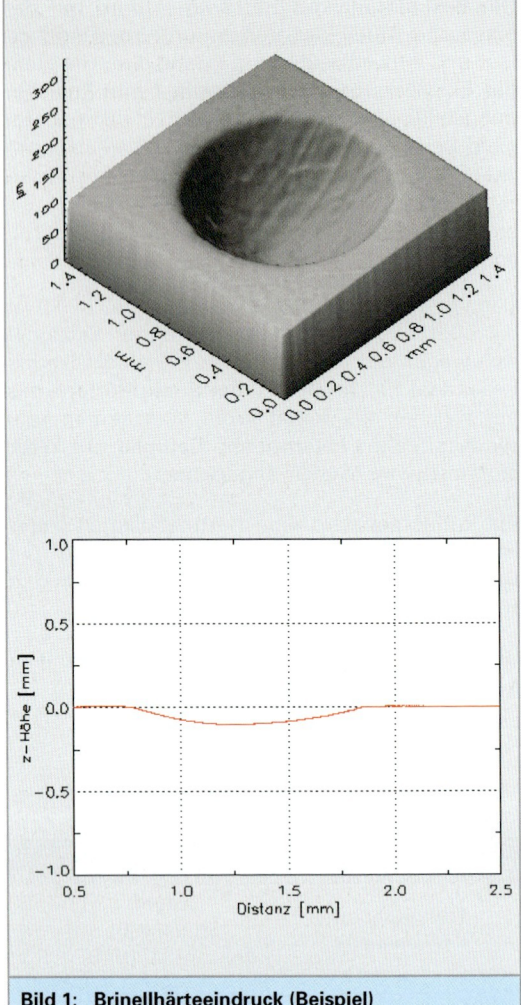

Bild 1: Brinellhärteeindruck (Beispiel)

Der Prüfkörper wird in die Werkstückoberfläche über eine gewisse Zeit (Standard sind 10 s), mit einer Prüfkraft F eingedrückt (**Bild 1**). Währenddessen steigt die Prüfkraft auf den Sollwert an und wird anschließend gehalten (Standard sind wiederum 10 s bis 15 s).

Der Durchmesser d des entstandenen bleibenden Eindrucks wird nach der Entlastung und dem Wegnehmen des Prüfkörpers (elastische Rückverformung reduziert den Härteeindruck geringfügig!) über ein Messmikroskop (**Bild 2**) ausgemessen. Ergibt sich trotz ordnungsgemäßer Positionierung des Prüfkörpers auf der Werkstückoberfläche ein unrunder Härteeindruck, wie dies z. B. infolge einer Texturausbildung möglich ist, so ist der Mittelwert aus zwei senkrecht zueinander stehenden Durchmessern zu bilden.

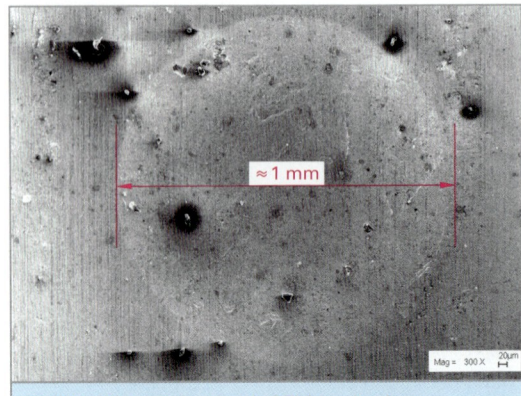

Bild 2: Härteeindruck mit REM beobachtet

2.4 Härteprüfung

Damit der Durchmesser d des Eindrucks gut ausgemessen werden kann, sollte er zwischen $0{,}2 \cdot D$ und $0{,}7 \cdot D$ liegen; kleinere Eindrücke als $0{,}2 \cdot D$ haben einen unscharfen Rand, während Eindrücke, die größer als $0{,}7 \cdot D$ sind, die Gefahr mit sich bringen, dass das Material so stark seitlich weggequetscht wird, dass der Eindringkörper trotz weiter steigender Eindringtiefe kaum noch steigende Eindruckdurchmesser erzeugt. Hinzu kommt eine schlechte Auswertbarkeit infolge des lichtmikroskopisch nur schwer darstellbaren „Kraterrandes".

Um dieser Forderung an den Eindruckdurchmesser d möglichst bereits von Anfang an gerecht werden zu können, werden für konkrete Werkstoffgruppen infolge ihrer zu erwartenden Brinellhärte die in **Tabelle 1** aufgeführten Belastungsgrade x empfohlen:

Liegt der Eindruckdurchmesser doch außerhalb des „Fensters", so kann der Belastungsgrad bei konstant gehaltenem Kugeldurchmesser D über eine Veränderung der Prüfkraft F angepasst werden.

Liegt der Eindruckdurchmesser innerhalb des „Fensters", so kann die vorläufige Brinellhärte berechnet werden. Sie ergibt sich anhand der Eingangsparameter D und F sowie mit dem mittleren gemessenen Eindruckdurchmesser d entweder anhand der unten stehenden Formel oder lässt sich Tabellen entnehmen, die für jede normentsprechende D-F-Kombination verfügbar sind.

$$HBW = \frac{F}{9{,}81 \cdot A_{Kugelkalotte}}$$

HBW	Brinellhärte
F	Prüfkraft in N
A	Abdruckfläche in mm²

$$x = \frac{F}{9{,}81 \cdot D^2}$$

x	Belastungsgrad in MPa
F	Prüfkraft in N
D	Kugeldurchmesser in mm

$$HBW = \frac{F}{9{,}81 \cdot \pi \cdot D \cdot \left(\sqrt{D - D^2 - d^2}\right)/2}$$

Bei der Kennzeichnung von Werkstoffen durch Härtewerte muss man beachten, dass

- die mit unterschiedlich großen Kugeln bei gleichem Belastungsgrad bestimmten Härtewerte sich unterscheiden können,
- die mit gleich großen Kugeln aber unterschiedlichen Belastungsgraden bestimmten Härtewerte nicht miteinander vergleichbar sind,
- die nach unterschiedlichen Härteprüfverfahren ermittelten Kennwerte zahlenmäßig unterschiedlich sind.

Tabelle 1: Prüfkraft					
Belastungsgrad x	30 MPa	10 MPa	5 MPa	2,5 MPa	1 MPa
Kugeldurchmesser D	Prüfkraft F in N				
10 mm	29 430	9 800	4 900	2 450	980
5 mm	7 355	2 450	1 225	613	245
2,5 mm	1 840	613	306,5	153,2	61,5
1 mm	294	98	49	24,5	9,8
erfassbarer Bereich der Brinellhärte	96 … 650	32 … 218	16 … 109	8 … 55	3,2 … 30
zu verwenden bei der Härteprüfung	Hochfeste Werkstoffe wie Stahl und Gusseisen	Cu, Ni und deren Legierungen	Al, Mg, Zn und deren Legierungen	Lagerlegierungen	Pb, Sn, Weißlegierungen

Als Normversuch gilt der Versuch bei einem Kugeldurchmesser D von 10 mm, einer Prüfkraft F von 29 420 N und einer Einwirkdauer t von 10 s bis 15 s. Werden andere Kugeldurchmesser, Prüfkräfte und Einwirkzeiten als im Normversuch verwendet, so müssen diese in dieser Reihenfolge hinter dem Härtewert angegeben werden.

Damit die vorläufige Brinellhärte zur endgültigen Brinellhärte wird, muss auch eine Verformung bis in den Bereich der gegenüberliegenden Auflagefläche und damit deren Einflussnahme auf das Prüfergebnis vermieden werden. Dies wird mit hinreichender Sicherheit vermieden, wenn für die Mindestdicke s_{min} gilt:

$$s_{min} = 8 \cdot \text{Eindringtiefe}$$

X HBW D/P/t

X	Härtwert
HBW	Kennbuchstaben für Brinellhärte
W	Kennbuchstabe für Kugelwerkstoff, hier Hartmetall
D	Kugeldurchmesser
p	Kennziffer für Prüfkraft = Prüfkraft F in N · 0,102
t	Einwirkdauer in Sekunden

Die sich daraus ergebende Mindestdicke s_{min} in Abhängigkeit von der vorläufigen Brinellhärte des Prüflings sowie den Prüfbedingungen (Belastungsgrad, Kugeldurchmesser) zeigt **Bild 1**.

Es ermöglicht bei Unterschreiten der Mindestdicke auch Maßnahmen wie ein Absenken des Belastungsgrades oder ein Anheben des Kugeldurchmessers.

Erst wenn alle Randbedingungen erfüllt sind, entspricht die endgültige Brinellhärte der vorläufigen Brinellhärte. Andernfalls muss die Härteprüfung mit einer reduzierten Prüfkraft wiederholt werden.

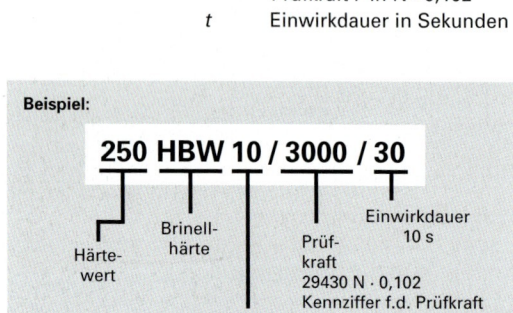

Beispiel:

250 HBW 10 / 3000 / 30

- Härtewert
- Brinellhärte
- Kugeldurchmesser 10 mm
- Prüfkraft 29430 N · 0,102 Kennziffer f.d. Prüfkraft
- Einwirkdauer 10 s

Die Kennziffer für die Prüfkraft ermittelt man aus der Prüfkraft in N mal 0,102. Dies entspricht einer Prüfkraft in Kilopond.

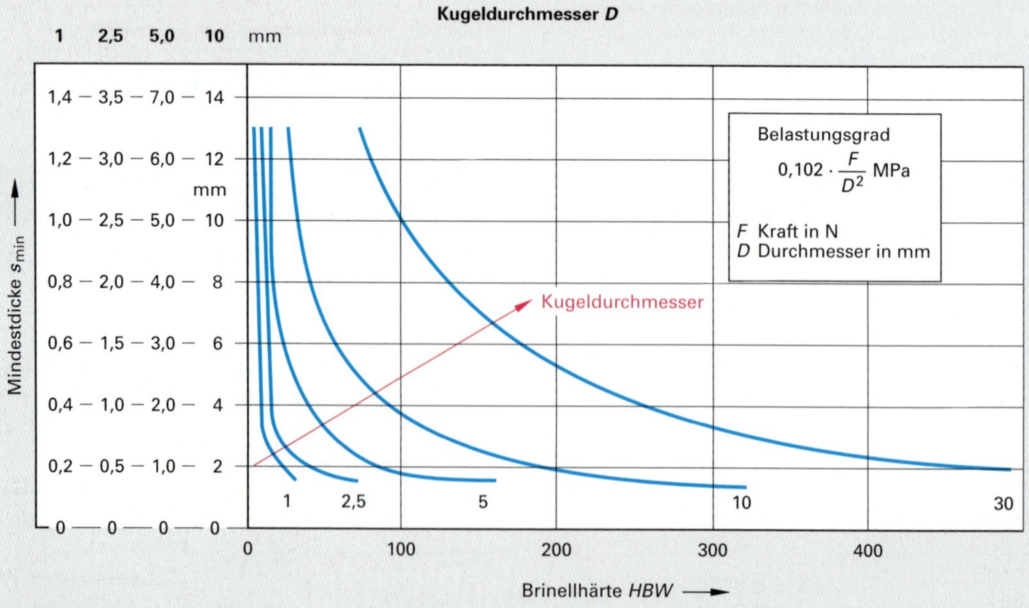

Bild 1: Mindestdicke

2.4 Härteprüfung

2.4.1.2 Härteprüfverfahren nach Vickers

Das Härteprüfverfahren nach *Vickers*[1] (DIN ISO 4516; DIN EN ISO 6507) ist das universellste Verfahren: Durch die Möglichkeit, infolge der generell besseren Auswertbarkeit des Prüfkörpereindrucks auch mit sehr geringen Kräften prüfen zu können, ergeben sich für die Härteprüfung nach Vickers wesentlich geringere Mindestdicken als für die Härteprüfung nach Brinell und dürfen die Werkstoffe sowohl sehr weich als auch sehr hart sein.

Die Prüfkraft wird dabei den Prüferfordernissen innerhalb gewisser Grenzen angepasst. Für die einzelnen Prüfkraftbereiche verwendet man die in **Bild 1** angeführte Bezeichnungsweise.

Neben der universelleren Einsetzbarkeit besteht ein weiterer Vorteil darin, dass die in HV angegebenen Werkstoffhärtewerte, im Gegensatz zu anderen Prüfverfahren, im Normallastbereich ($F > 49{,}05$ N) von der Prüfkraft unabhängig sind **(Bild 2)**. Härtewerte, die mit Prüfkräften oberhalb dieses Wertes ermittelt wurden, können also miteinander verglichen werden!

Der Prüfkörper besteht aus Diamant und ist als Pyramide mit quadratischer Grundfläche ausgebildet **(Bild 3)**. Der Öffnungswinkel zwischen den gegenüberliegenden Pyramidenflächen wurde mit 136° mit der Absicht gewählt, nach dem Vickers- und nach dem Brinellverfahren HB 30 identische Werte zu erreichen:

Der Winkel zwischen den Pyramidenflächen ist gleich dem Winkel zwischen den Tangenten einer Brinellkugel wie er an der Stelle des oberen Eindruckrandes ist, wenn diese einen Eindruckdurchmesser d von $0{,}375 \cdot D$ erzeugt **(Bild 4)**. Tatsächlich wurde die Korrelation aber nur bis zu Härten von 450 HV bzw. 450 HBW realisiert.

---

[1] *Vickers* ist ein britisches Unternehmen. Die Prüfmethode wurde 1925 bei der Fa. Vickers eingeführt.

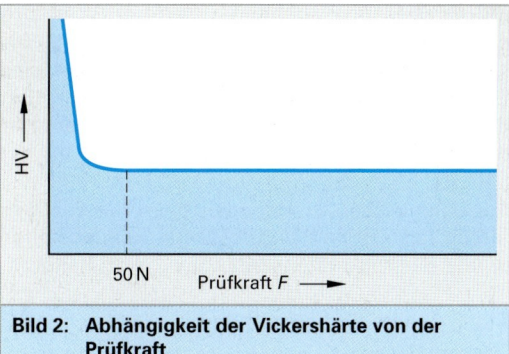

Bild 2: Abhängigkeit der Vickershärte von der Prüfkraft

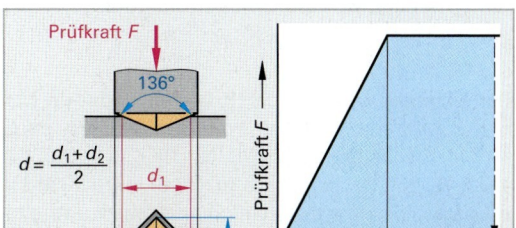

Bild 3: Prinzip der Vickershärteprüfung

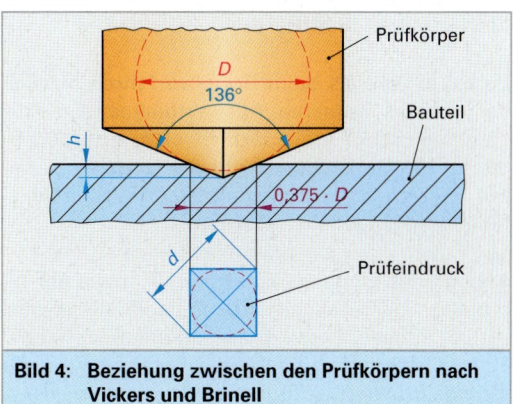

Bild 4: Beziehung zwischen den Prüfkörpern nach Vickers und Brinell

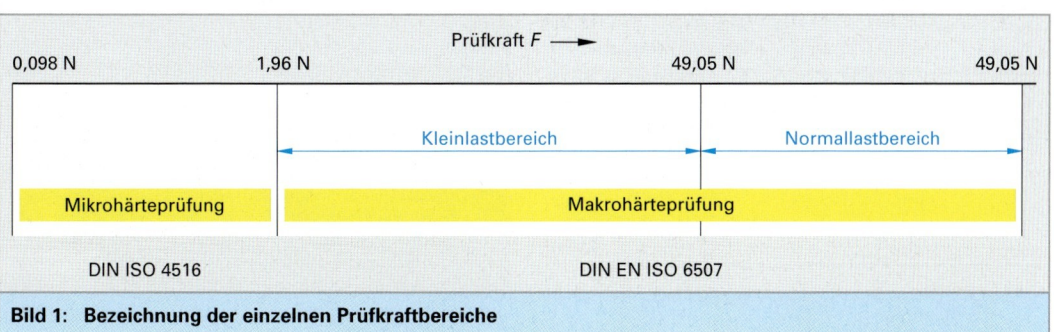

Bild 1: Bezeichnung der einzelnen Prüfkraftbereiche

Mit darüber hinausgehender Härte ergeben sich nach dem Vickersverfahren höhere Werte als nach dem Brinellverfahren. Der Grund ist elastische Verformung der Kugeln, die größere Eindruckdurchmesser hinterlassen, was kleinere Härtewerte vortäuscht.

Aus den gleichen Gründen wie beim Härteprüfverfahren nach Brinell sind folgende Randabstände a_R und Eindruckmittenabstände a_M einzuhalten:

Stahl, Cu und Cu-Legierungen:
$a_r > 2{,}5 \cdot d$ $a_M > 3{,}0 \cdot d$

Leichtmetalle, Pb- und Sn-Legierungen:
$a_R > 3{,}0 \cdot d$ $a_M > 6{,}0 \cdot d$

Der Diamant wird mit der Prüfkraft F, die im Makrohärtebereich sowohl im Kleinlast- als auch im Normallastbereich (98,1 N; 196,2 N; 294,3 N; 490,5 N; 981 N) liegen kann, über eine Kraftanstiegszeit (Standard sind 10 s) und eine Krafthaltezeit t (Standard sind 10 s) in die Werkstücksoberfläche eingedrückt (Bild 3, vorhergehende Seite). Nach Entlastung und Wegnahme des Prüfkörpers (elastische Rückverformung reduziert den Härteeindruck geringfügig) werden die beiden Diagonalen des Eindrucks ausgemessen und arithmetisch gemittelt (**Bild 1**).

Da es, anders als beim Brinellverfahren, infolge der generell besseren Auswertbarkeit des Prüfkörpereindrucks grundsätzlich nicht erforderlich ist, für die Größe des Eindrucks Grenzen zu setzen, muss auch kein werkstoffspezifischer Belastungsgrad eingehalten werden.

Anhand des Eingangsparameters F sowie der gemittelten gemessenen Diagonalenlänge d wird die vorläufige Vickershärte nach unten stehender Formel berechnet oder Tabellen entnommen, die für jede Prüfkraft verfügbar sind.

Sie weisen die Vickershärte aus, die sich aus einer konkreten gemittelten Diagonalenlänge d ergibt. Die Prüfkraft und – wenn sie vom Normversuch abweicht – auch die Prüfdauer müssen hinter dem Härtewert angegeben werden.

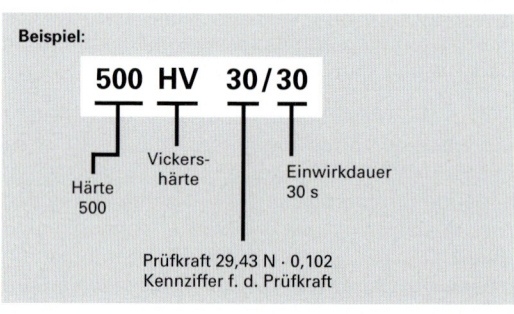

X HV P/t

X	Härtwert
HV	Kennbuchstaben für Vickershärte
p	Kennziffer für Prüfkraft = Prüfkraft F [N] · 0,102
t	Einwirkdauer in Sekunden

Beispiel:

500 HV 30/30

Härte 500
Vickershärte
Einwirkdauer 30 s

Prüfkraft 29,43 N · 0,102
Kennziffer f. d. Prüfkraft

$$HV = \frac{F}{9{,}81 \cdot A_{\text{Pyramidenmantel}}}$$

HV Vickershärte
F   Prüfkraft in N
A   Abdruckfläche in mm²
d   Diagonalenlänge in mm

$$HV = \frac{F}{9{,}81 \cdot d^2/2 \cdot \sin 136°/2} = 0{,}1891 \cdot \frac{F}{d^2}$$

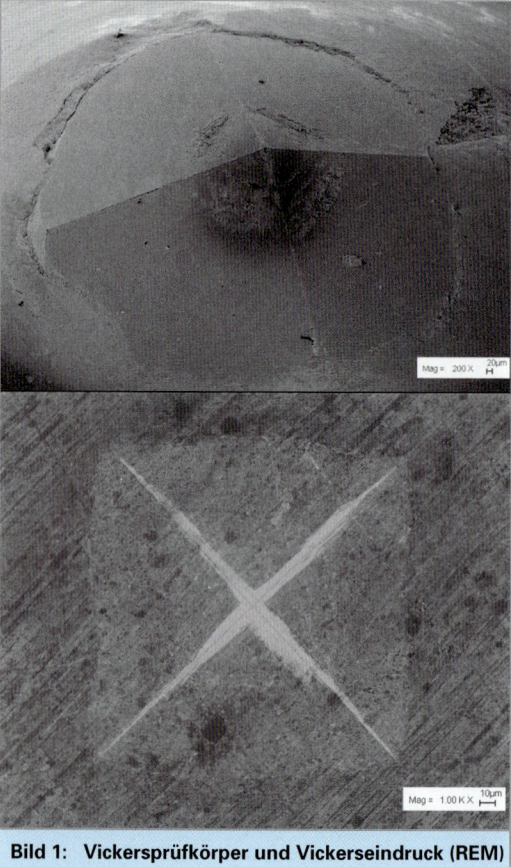

Bild 1: Vickersprüfkörper und Vickerseindruck (REM)

2.4 Härteprüfung

Damit die vorläufige Vickershärte zur endgültigen Vickershärte wird, muss aber auch hier eine Verformung bis in den Bereich der gegenüberliegenden Auflagefläche und damit deren Einflussnahme auf das Prüfergebnis vermieden werden.

Dies wird mit hinreichender Sicherheit vermieden, wenn für die Mindestdicke s_{min} gilt:

$s_{min} = 1{,}5 \cdot$ mittlere Länge der Eindruckdiagonalen

Die sich daraus ergebende Mindestdicke s_{min} in Abhängigkeit von der vorläufigen Vickershärte des Werkstoffs sowie der Prüfkraft zeigt **Bild 1**. Es ermöglicht bei Unterschreiten der Mindestdicke auch ein zielgerichtetes Absenken der Prüfkraft. Erst wenn alle Randbedingungen erfüllt sind, entspricht die endgültige Vickershärte der vorläufigen Vickershärte. Andernfalls muss die Härteprüfung mit einer reduzierten Prüfkraft wiederholt werden.

Oft weisen die zu prüfenden Werkstücke geringe Wandstärken auf, sind die Härtewerte von Schichten oder sogar Gefügebestandteilen **(Bild 2)** zu ermitteln. Hier kommen Prüfkräfte im Mikro-Härtebereich, d. h. unter 1,96 N, zur Anwendung.

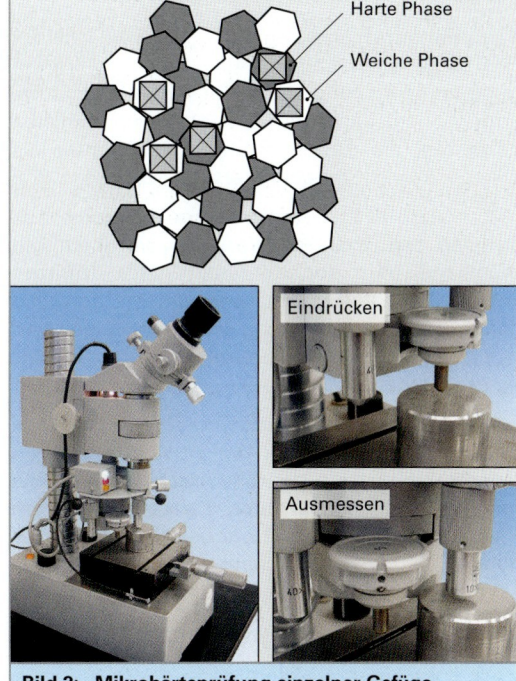

Bild 2: Mikrohärteprüfung einzelner Gefügebestandteile

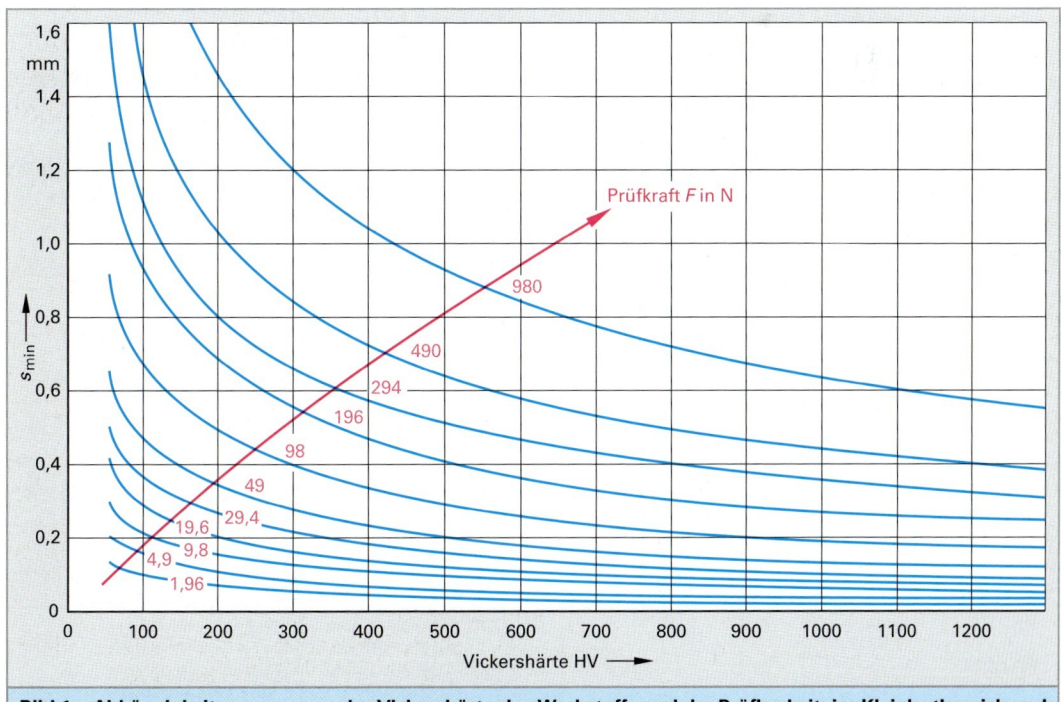

Bild 1: Abhängigkeit von s_{min} von der Vickershärte des Werkstoffs und der Prüfbarkeit, im Kleinlastbereich und im Normallastbereich

2.4.1.3 Härteprüfverfahren nach Rockwell

Beim Härteprüfverfahren nach *Rockwell*[1] (DIN EN ISO 6508) unterscheidet man zwischen Verfahren, die die Prüfung auch sehr harter Werkstoffe ermöglichen (Varianten *A, C, D, N*), und solchen Verfahren, die für die Prüfung mittelharter bis weicher Werkstoffe geeignet sind (Varianten *B, E, F, G, H, T*).

Bei den erstgenannten Varianten wird ein Diamantkegel mit abgerundeter Spitze (Spitzenwinkel 120 °) verwendet, während bei den letztgenannten Varianten eine Hartmetallkugel und meistens 1,5875 mm Durchmesser zum Einsatz kommt **(Tabelle 1)**.

Es sind an die Eindruckpositionierung folgende Bedingungen zu stellen: Der Abstand zwischen den Mitten zweier benachbarter Prüfeindrücke und der Mitte eines jeden Prüfeindrucks vom Rand der Prüffläche soll bei den Verfahrensvarianten folgende Werte haben:

- *A, C, B* und *F*   3,0 mm
- *N*   1,0 mm
- *T*   2,0 mm

Für den Fall, dass bei dünnwandigen Werkstücken wie Feinblechen selbst bei den im unteren Lastbereich arbeitenden Verfahren *B, F* und *T* auf der Auflagefläche noch sichtbare Verformungen eintreten, sind Modifikationen dieser Verfahrensweisen möglich.

---

[1] *Stanley P. Rockwell*, amerik. Unternehmer, entwickelte um 1920 das nach ihm benannte Verfahren

Zur Kalibrierung der HRA- bzw. HRC-Härteskalen wurde vereinbart **(Bild 1, folgende Seite)**:

0 HRA bzw. HRC: $t_{bmax} = 0{,}20$ mm (max. mögliche Eindringtiefe)

100 HRA bzw. HRC: $t_{bmin} = 0$ mm (min. mögliche Eindringtiefe)

sowie für die Kalibrierung der HRB-Härteskalen **(Bild 1)**:

0 HRB: $t_{bmax} = 0{,}26$ mm (max. mögliche Eindringtiefe)

130 HRB: $t_{bmin} = 0$ mm (min. mögliche Eindringtiefe)

Tabelle 1: Härteprüfverfahren nach Rockwell

Kurzbezeichnung	Eindringkörper	Prüfvorkraft in N	Prüfgesamtkraft in N	Messbereich	Anwendungsgebiete
HRA	Diamantkegel	98	588,4	20 . . . 88	Gehärtete und gehärtet angelassene Stähle mit geringerer Dicke bzw. dünnerer Randschichten als nach HRC
HRB	Kugel ø 1,5875 mm	98	980,7	20 . . . 100	Weiche Baustähle, Nichteisenmetalle
HRC	Diamantkegel	98	1471	20 . . . 70	Gehärtete und gehärtet angelassene Stähle mit höherer Dicke bzw. dickerer Randschichten als nach HRA
HRD	Diamantkegel	98	980,7	40 . . . 77	Oberflächengehärtete Teile mit mittelharten Randschichten
HRE	Kugel ø 3,1750 mm	98	980,7	70 . . . 100	Gusseisen, Al- und Mg-Legierungen, Lagermetalle
HRF	Kugel ø 1,5875 mm	98	588,4	60 . . . 100	Kaltgewalzte Feinbleche aus Stahl, Messing (weichgeglüht), Cu (weichgeglüht)
HRG	Kugel ø 1,5875 mm	98	1471	30 . . . 94	Phosphorbronze, Berylliumkupfer, Temperguss nicht zu hoher Härte
HRH	Kugel ø 3,1750 mm	98	588,4	80 . . . 100	Al, Zn, Pb und deren Legierungen
HR 15 N	Diamantkegel	29,42	147,1	70 . . . 94	Stähle wie bei HRS, HRC, HRD soweit dünne Teile bzw. Randschichten vorliegen
HR 30 N	Diamantkegel	29,42	294,2	42 . . . 86	Stähle wie bei HRS, HRC, HRD soweit dünne Teile bzw. Randschichten vorliegen
HR 45 N	Diamantkegel	29,42	441,3	20 . . . 77	Stähle wie bei HRS, HRC, HRD soweit dünne Teile bzw. Randschichten vorliegen
HR 15 T	Kugel ø 1,5875	29,42	147,1	67 . . . 93	Weiche Stähle und Nichteisenmetalle wie bei HRB, HRF soweit dünne Teile vorliegen
HR 30 T	Kugel ø 1,5875	29,42	294,2	29 . . . 82	Weiche Stähle und Nichteisenmetalle wie bei HRB, HRF soweit dünne Teile vorliegen
HR 45 T	Kugel ø 1,5875	29,42	441,3	1 . . . 72	Weiche Stähle und Nichteisenmetalle wie bei HRB, HRF soweit dünne Teile vorliegen

2.4 Härteprüfung

Der Prüfkörper wird bei den Varianten A ... H entsprechend Tabelle 1, vorhergehende Seite zunächst mit einer Vorlast von 98 N in die Werkstückoberfläche eingedrückt (**Bild 1**). Nach Erreichen der Vorlast wird die die Eindringtiefe verfolgende Messuhr an der Härteprüfvorrichtung auf Null gestellt. Nachfolgend wird die Last innerhalb von 5 bis 8 s auf 588,4 N, 980,7 N bzw. 1471 N erhöht und eine gewisse Zeit konstant gehalten (Standard: 10 s). Die Haltedauer richtet sich nach der Zeitabhängigkeit des plastischen Verformungsvermögens des Werkstoffs bei der Prüftemperatur.

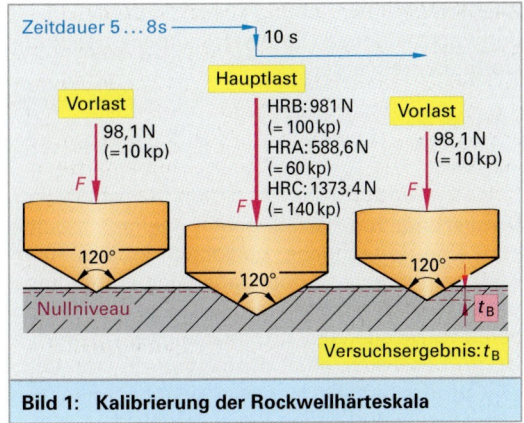

Bild 1: Kalibrierung der Rockwellhärteskala

Man unterscheidet:
- kein zeitabhängiges plastisches Verformungsverhalten: Haltedauer 2 s,
- erkennbares zeitabhängiges plastisches Verformungsverhalten: Haltedauer 5 s bis 8 s,
- beträchtliches zeitabhängiges plastisches Verformungsverhalten: Haltedauer 20 s bis 25 s.

Abschließend wird die Last auf die Vorkraft von 98 N reduziert, wodurch die elastischen Anteile der Härteprüfvorrichtung wie Verformungen des Gerätestativs weitestgehend eliminiert werden. An der Messuhr kann unmittelbar die bleibende Eindringtiefe t_b abgelesen werden.

Erst wenn alle Randbedingungen erfüllt sind, entspricht die endgültige Rockwellhärte der vorläufigen Rockwellhärte. Andernfalls muss die Härteprüfung mit einer reduzierten Prüfkraft wiederholt werden.

Bild 2: Härteeindruck unter dem Mikroskop

Die vorläufige Rockwellhärte ergibt sich dadurch aus einem verfahrensabhängigen Maximalwert abzüglich dem Quotienten aus der bleibenden Eindringtiefe t_b in mm und der Eindringtiefe pro Rockwellhärteeinheit:

$$HR = N - \frac{h}{0{,}002\ mm}$$

HR Rockwellhärte
h bleibende Eindringtiefe

In dem in 0,002 mm große Eindringtiefeschritte untergeteilten Härtebereich kann die HRA bzw. HRC-Härte aus der bleibenden Eindringtiefe t_b [mm] nach

$$HRA\ bzw.\ HRC = 100 - \frac{t_b}{0{,}002\ mm}$$

sowie die HRB-Härte aus der konkreten Eindringtiefe t_b [mm] nach

$$HRB = 130 - \frac{t_b}{0{,}002\ mm}\ errechnet\ werden.$$

Oft ist aber bereits die Skala der Messuhr in Rockwellhärtegraden kalibriert und kann unmittelbar abgelesen werden. Wenn die Prüfung vom Normversuch abweicht, muss die Prüfdauer hinter dem Härtewert angegeben werden.

$X\ HRY/t$

X Härtewert
HR Kennbuchstaben für Vickershärte
Y Kennbuchstaben für Verfahrensvariante
t Einwirkdauer in s

Beispiel:

65 HRC

Härtewert — Rockwellhärte Variante C

Damit die vorläufige Rockwellhärte zur endgültigen Rockwellhärte wird, muss aber auch hier eine Verformung bis in den Bereich der gegenüberliegenden Auflagefläche und damit deren Einflussnahme auf das Prüfergebnis vermieden werden. Dies wird mit hinreichender Sicherheit vermieden, wenn für die Mindestdicke s_{min} gilt:

$s_{min} = 10 \cdot$ bleibende Eindringtiefe t_b

Die sich daraus ergebende Mindestdicke s_{min} in Abhängigkeit von der vorläufigen Rockwellhärte des Prüflings zeigt **Bild 1, folgende Seite**.

Bild 2 zeigt die Beziehung zwischen Zugfestigkeit und verschiedenen Härtewerten sowie der Härtewerte untereinander.

> Bei der Härteprüfung nach Rockwell werden werkstoffabhängig unterschiedliche Eindringkörper verwendet.

Umwertung von Härteangaben. Vielfach möchte man eine Härteangabe, gewonnen in dem einen Verfahren in eine Härteangabe nach einem anderen Verfahren umrechnen. Hierfür gibt es Methoden und Tabellen (EN ISO 18265). Das Umwerten ist grundsätzlich aber problematisch, da auch Werkstoffparameter zu berücksichtigen sind. Einfache Richtwerte finden Sie in **Tabelle 1**.

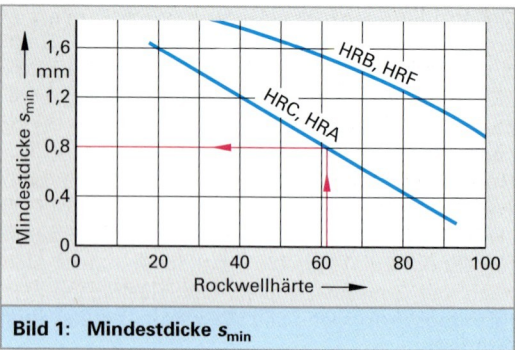

Bild 1: Mindestdicke s_{min}

Tabelle 1: Umwertungen

$HB \approx 0{,}95\ HV$
$HRB \approx 176 - 1165/\sqrt{HB}$
$HRC \approx 116 - 1500/\sqrt{HV}$
$HV \approx HK$ (im Kleinlastbereich)

$R_m \approx c \cdot HB$

Werkstoff	c
Cu und Cu-Legierungen geglüht	5,5
Cu und Cu-Legierungen kaltverformt	4,0
Al und Al-Legierungen	3,7
Stahl (krz - Fe-Matrix)	3,5

Wiederholung und Vertiefung

1. Bei welchen Werkstoffhärten ist eine Brinellhärteprüfung sinnvoll?
2. Welche Gefahr läuft der Brinellhärteprüfkörper bei hochharten Werkstoffen?
3. Warum ist bei allen Härteprüfverfahren ein Randabstand sowie ein Mittenabstand der Härteeindrücke zu wahren?
4. Warum sind bei allen Härteprüfverfahren Mindestdicken des Halbzeugs/Bauteils zu beachten?
5. Welche Geometrie hat der Prüfkörper bei der Vickershärteprüfung und aus welchem Werkstoff wird er gefertigt?
6. Welchen Vorteil bietet eine Härteprüfung nach Rockwell?
7. Welches Härteprüfverfahren ermöglicht auch die Härteprüfung einzelner Gefügebestandteile?
8. Bei welchem Härteprüfverfahren kann der Belastungsgrad variiert werden?
9. Bei welchem Härteprüfverfahren ist die Härte ab einer Mindestprüfkraft unabhängig von dieser Prüfkraft?
10. Wie muss die Oberfläche der zu prüfenden Werkstücke beschaffen sein, damit ein einwandfreies Härteprüfergebnis möglich ist?

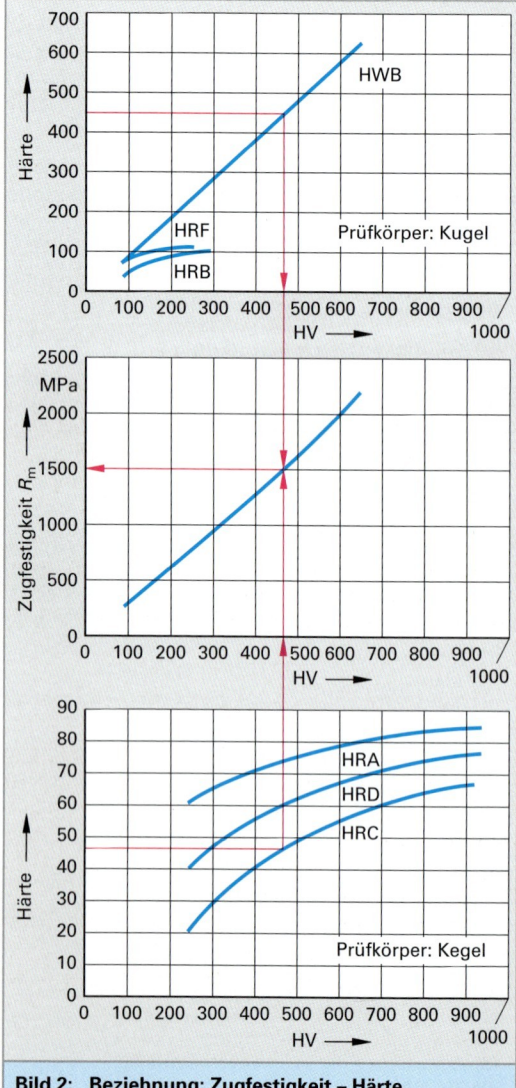

Bild 2: Beziehung: Zugfestigkeit – Härte

2.4.2 Dynamische Härteprüfverfahren

Im Betrieb ist es oft erforderlich, die Qualität von Werkstücken zu überprüfen, die zu groß und/oder zu schwer sind, als dass sie mit den Prüfapparaturen der quasistatischen Härteprüfverfahren untersucht werden könnten. Hierfür wurden Härteprüfverfahren entwickelt, die mit kleinen und handlichen sowie nicht ortsgebundenen Vorrichtungen durchführbar sind. Hierbei kann die Prüfkraft allerdings nicht, wie bei den quasistatischen Prüfverfahren üblich, hydraulisch aufgebracht werden.

Es wird die kinetische Energie eines beschleunigt auf die Prüffläche auftreffenden Prüfkörpers genutzt. Um die kinetische Energie definiert aufbringen zu können, wird der Prüfkörper aus einem definierten Abstand gegen das Prüfstück gestoßen. Dadurch kommt es zu einer elastischen oder sogar elastisch/plastischen Verformung des Werkstoffs an der Auftreffstelle.

Bei rein elastischer Verformung

Besonders harte Werkstoffe zeigen nur ein sehr geringes plastisches Verformungsvermögen, so dass die Bestimmung der Härte derartiger Werkstoffe besser über die Ermittlung von deren elastischem Verformungsvermögen gelingt.

Dazu wird die infolge der elastischen Verformung des Werkstücks der kinetischen Energie des Prüfkörpers entzogene Energiemenge ermittelt. Sie kann aus der Differenz zwischen der Ausgangshöhe eines Prüfkörpers vor dem Auftreffen und der Rücksprunghöhe des Prüfkörpers nach dem Auftreffen berechnet werden. Nach diesem Prinzip arbeiten der **Pendelhammer** *(Duroskop[1])* **(Bild 1)** sowie der **Fallhammer** *(Skleroskop[2])* nach *Shore*[3] **(Bild 2 und Bild 3)**.

Der nicht in plastische Verformung umgesetzte Teil der Fallenergie wird in elastische Verformung von Pendelhammer/Fallhammer und Werkstück umgesetzt und als Rücksprunghöhe an den Pendelhammer/Fallhammer zurückgegeben, weswegen die Rücksprunghöhe mit der Härte des Prüflings steigt. Die Rücksprungskala ist in 100 gleiche Teile eingeteilt. Zur Kalibrierung wird unlegierter eutektoider gehärteter Stahl verwendet und mit dem Rücksprungwert 100 belegt. Eine zahlenmäßige Beziehung zu HB und HV besteht nicht.

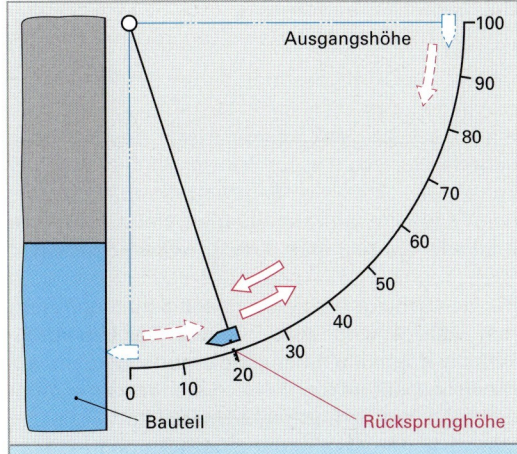

Bild 1: Pendelhammer

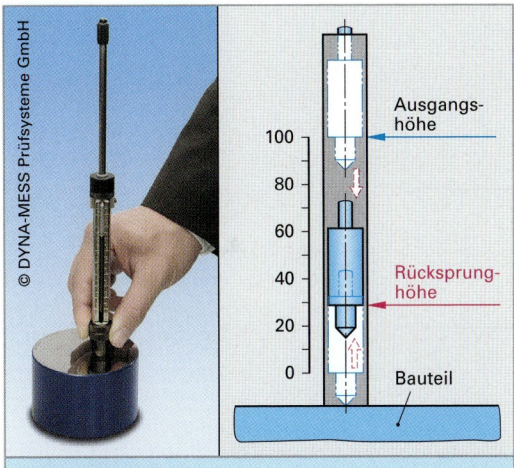

Bild 2: Fallhammer

Bild 3: Fallhammer mit elektronischer Anzeige

---

[1] lat. dura = hart, engl. scope = Umfang, Reichweite
[2] griech. skleros = hart
[3] *Albert Shore*, engl. Ingenieur

Bei plastischer Verformung

Hierbei wird, wie bei den quasistatischen Prüfverfahren, die Größe des bleibenden Eindrucks, den der gegen das Werkstück gestoßene Prüfkörper hinterlässt, als Maß für die Härte des Prüflings aufgefasst. Nach diesem Prinzip arbeiten der über Federkraft aktivierte **Baumann-Hammer** sowie der mit einem Hammer und über einen Fallbolzen mit Federvorspannung betätigte **Poldi-Hammer**.

Bei der Schlaghärteprüfung mit dem *Poldi*-Hammer **(Bild 1)** wird auf einen Vergleichsstab bekannter Härte und, über eine Hartmetallkugel, auf die Probe geschlagen. Auf diese Weise erzeugt die Kugel mit dem Durchmesser D im Vergleichsstab die Eindruckkalotte mit dem Durchmesser d_v und in der Probenoberfläche einen Eindruck vom Durchmesser d_p.

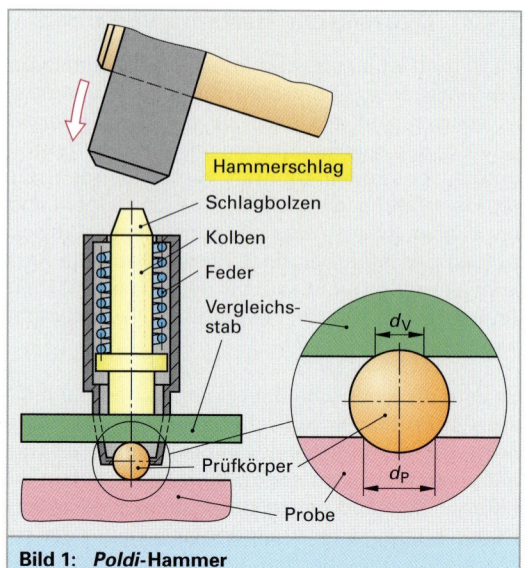

Bild 1: *Poldi*-Hammer

Es hat sich gezeigt, dass sich die Härten der Werkstoffe verhalten wie der reziproke Wert aus den Oberflächen der Eindruckkalotten (Mantelflächen M_v und M_p), weswegen die Brinellhärte des Werkstücks sich errechnen lässt nach:

$$\frac{HBW_p}{HBW_v} = \frac{M_p}{M_v} \rightarrow = HBW_p = HBW_v \cdot \frac{D - \sqrt{D^2 - d_v^2}}{D - \sqrt{D^2 - d_p^2}}$$

Sie kann aber auch direkt Tabellen entnommen werden.

Der *Baumann*-Hammer **(Bild 2)** wird mit seinem in einer Prüfkugel von 5 mm Durchmesser endenden Schlagbolzen senkrecht auf die Prüffläche aufgesetzt und angedrückt, wodurch sich der Schlagbolzen ohne plastische Verformung der Probe in das Gerät hineinschiebt und eine Feder zusammenschiebt. Mit Erreichen einer Endstellung wird die Feder entspannt und beschleunigt einen Schlagring, der nachfolgend gegen einen Bund des Schlagbolzens trifft, wodurch sich dessen Kugel in die Probe eindrückt **(Bild 3)**.

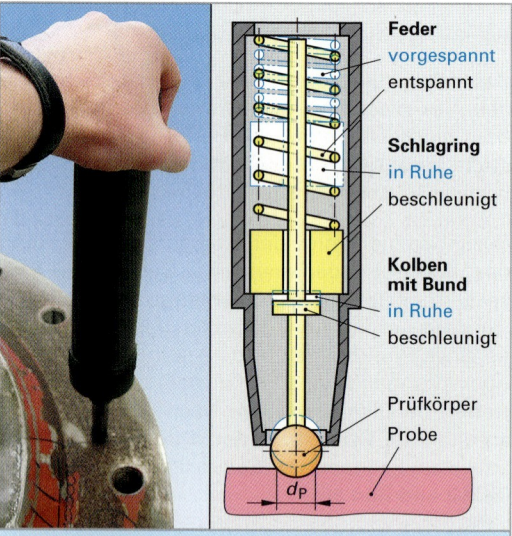

Bild 2: *Baumann*-Hammer

Der unbestimmte Hammerschlag wird also durch einen Schlag bestimmter Stärke ersetzt, so dass sich die Benutzung eines Vergleichsstabes erübrigt. Der Eindruckdurchmesser ergibt nach einer Kalibriertabelle angenähert die Brinellhärte der Probe.

---

[1] *Richerd Baumann*, (1879 bis 1928), dt. Metallkundler
[2] Poldi-Hammer ist benannt nach der tschechischen Poldihütte

Bild 3: Prüfprobe mit *Baumann*-Hammer (REM)

2.5 Gefüge

Steigende Ansprüche an die Zuverlässigkeit einer Konstruktion erfordern die Ermittlung von immer mehr Eigenschaften und in letzter Konsequenz aller Eigenschaften des Werkstoffs (Werkstoffkennwerte). Mit dieser Aufgabe wäre jede Qualitätskontrolle überfordert. Als Ausweg bietet es sich an, anstelle der Vielzahl von Werkstoffkennwerten nur die Parameter zu bestimmen, die für die Materialeigenschaften letztlich verantwortlich sind. Dazu gehört unter anderem das Gefüge, worunter die innere Struktur des Werkstoffs zu verstehen ist. Es wird

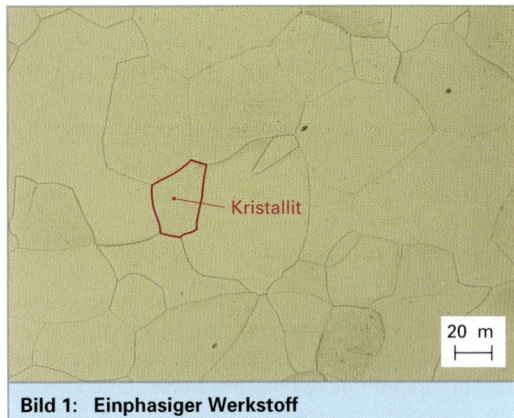

Bild 1: Einphasiger Werkstoff

- bei einphasigen Werkstoffen durch die Erfassung der Häufigkeit von Korngrenzen beschrieben (**Bild 1**). Über sie wird die Einzelgröße, Form und – soweit vorhanden – die räumliche Orientierung der Kristallite eines einphasigen Gefüges qualitativ und quantitativ erfasst.

- bei mehrphasigen Werkstoffen durch die Erfassung der Häufigkeit von Phasengrenzen beschrieben (**Bild 2**). Über sie wird die Einzelgröße, Form, räumliche Verteilung und – soweit vorhanden – Orientierung von zweiten Phasen in einem mehrphasigen Gefüge qualitativ und quantitativ erfasst.

Die qualitative und quantitative Beschreibung des durch die Häufigkeit von Korngrenzen und Phasengrenzen gekennzeichneten Gefüges ist licht- wie auch elektronenmikroskopisch möglich. Letzteres ermöglicht die Erfassung auch kleinster Bereiche.

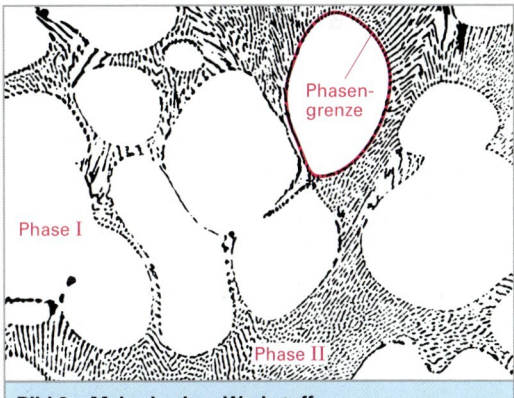

Bild 2: Mehrphasiger Werkstoff

2.5.1 Lichtmikroskopische Darstellung

Metallische Werkstoffe sind undurchlässig für elektromagnetische Strahlung im sichtbaren Wellenlängenbereich. Daher muss ihre Struktur unter dem **Auflichtmikroskop**[1] untersucht werden (**Bild 3**).

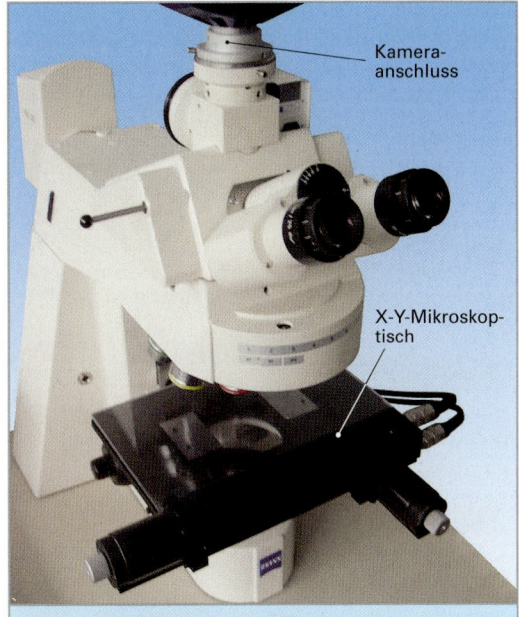

Bild 3: Das Auflichtmikroskop

---

[1] Die Entwicklung des Auflichtmikroskops kann als abgeschlossen betrachtet werden. Dennoch behält die Auflichtmikroskopie ihre Bedeutung, da Änderungen einer großen Zahl der Gebrauchseigenschaften der Werkstoffe hinreichend genau über die im Bereich des Auflösungsvermögens des Auflichtmikroskops liegenden Gefügeveränderungen verfolgt werden können. Zudem ist für eine Qualitätsbeurteilung vielfach eine Auswertung großer Flächenbereiche notwendig, eine Aufgabenstellung, die mit dem Elektronenmikroskop praktisch nicht zu bewältigen ist. Die lichtoptischen Untersuchungen haben somit nach wie vor ihren festen Platz.

Wegen der vergleichsweise geringen Schärfentiefe wird von der Oberfläche eine hohe Ebenheit bei ausreichender Randschärfe gefordert. Um eine solche Oberfläche zu erhalten, bedarf es mehrerer Schritte zur Erlangung eines präparierten Anschliffs.

2.5.1.1 Probennahme

Die Probennahme beginnt bei der **Probenwahl**. Sie kann gezielt oder systematisch erfolgen, je nachdem, ob die Probe Aufschluss über die Beschaffenheit einer definierten Stelle, eines größeren Bereiches oder gar die Gesamtheit des Materials geben soll. Danach erfolgt die Festlegung der Lage der **Anschliffebene**. Das Material muss grundsätzlich so geschnitten werden, dass der interessierende Werkstückbereich in der späteren Schlifffläche liegt.

Man unterscheidet drei Lagen der Schliffe **(Bild 2)**. Beim **Flachschliff** liegt die Schlifffläche in Werkstückebene und parallel zur Walzrichtung. Beim **Längsschliff** dagegen liegt die Schlifffläche senkrecht zur Werkstückebene und parallel zur Walzrichtung. Beim **Querschliff** schließlich liegt die Schlifffläche senkrecht zu Werkstückebene und Walzrichtung.

Zur **Entnahme** der Probe steht eine große Zahl von Verfahren zur Auswahl **(Bild 3)**. Generell besteht bei der Entnahme der Probe die Gefahr, dass es durch Wärmeeinfluss und Kaltverformung zu einer Veränderung des Gefüges und/oder Verstärkung bzw. Neubildung von Rissen kommt. Das Verfahren zur Entnahme der Probe sollte daher so gewählt werden, dass diese Gefahrenpunkte minimiert werden.

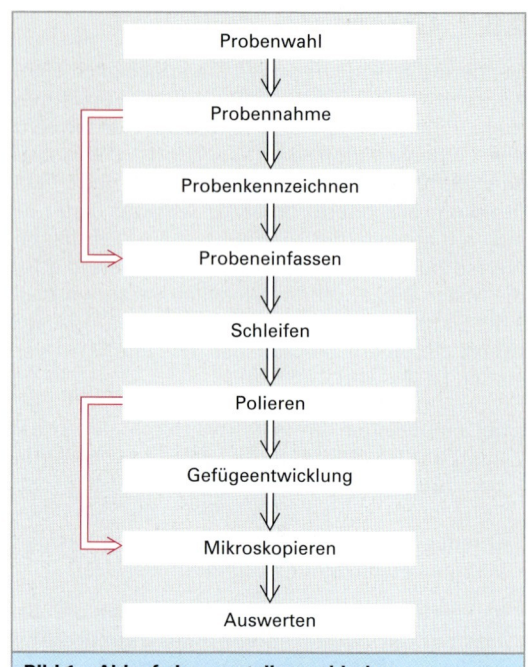

Bild 1: Ablauf einer metallographischen Untersuchung

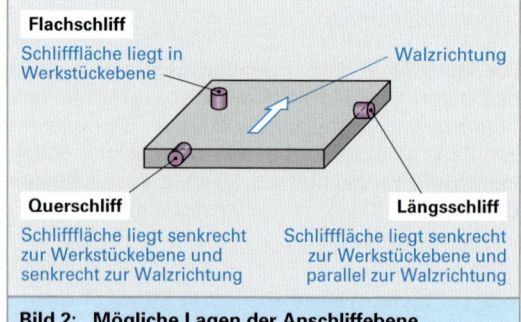

Bild 2: Mögliche Lagen der Anschliffebene

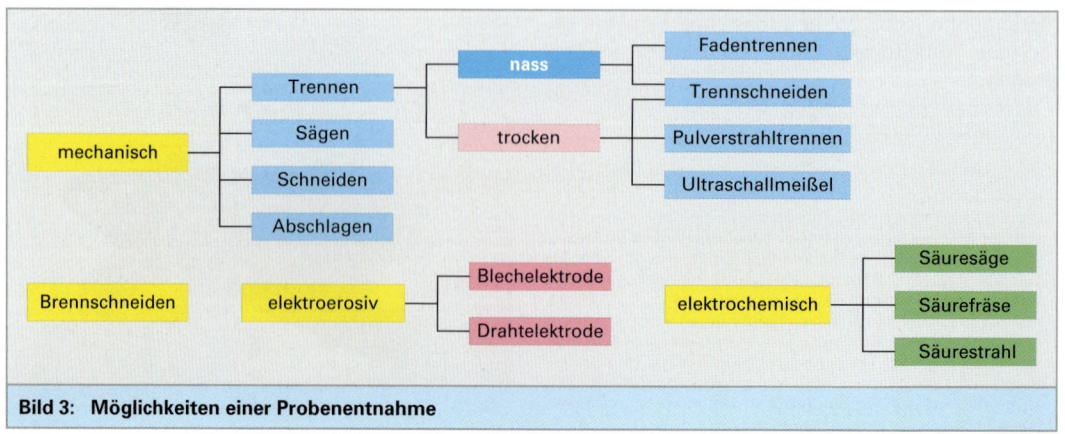

Bild 3: Möglichkeiten einer Probenentnahme

2.5.1.2 Herstellung des Schliffs

Ziel ist die Herstellung eines ebenen und randscharfen Schliffes, der keine durch die Vorbereitung bedingten Verformungen, Unebenheiten oder Kratzer aufweist. Um ihn herzustellen, ist ein Materialabtrag der entnommenen Probe erforderlich.

Um der Probe handgerechte oder maschinengerechte Formen und Abmessungen zu geben, weichen, porösen, brüchigen oder randrissigen Proben Halt zu geben und die Probenränder vor Verrundung beim Schleifen und Polieren zu schützen, erfolgt als erstes eine **Probeneinfassung**.

Dazu werden die entnommenen Proben in der Regel in ein gießfähiges polymeres oder metallisches Material eingebettet **(Bild 1)**. Dabei kommen kalt- oder warmaushärtende Kunstharze und niedrigschmelzende metallische Legierungen zum Einsatz. Bei der Warmeinbettung ist infolge der Prozesstemperaturen mit Strukturveränderungen innerhalb der Probe zu rechnen, die dann zu einer falschen Beurteilung des Gefüges führen können. Das Einbettmittel ist daher so zu wählen, dass keine Veränderung des Gefüges der Probe eintreten kann.

Die Probenoberfläche stellt nach der Entnahme aus dem Werkstück einen analyseungeeigneten hochverformten Oberflächenbereich hoher Rautiefe dar. Ein Abtrag zur Beseitigung der hochverformten Randpartie sowie Einebnung der Präparatoberfläche kann durch vorsichtiges Schleifen und mechanisches oder elektrochemisches Polieren erfolgen, wobei sich beide Abtragsmechanismen in einigen Fällen sogar wirkungsvoll miteinander kombinieren lassen **(Bild 2 und Bild 3)**.

Bild 1: Einfassen einer Probe

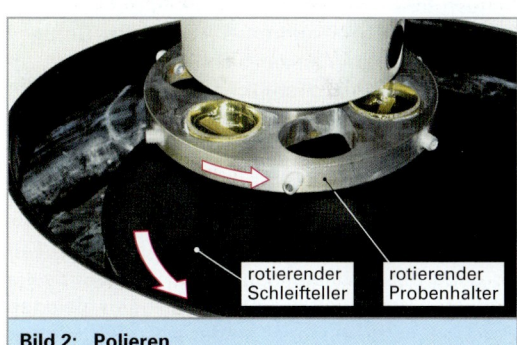

Bild 2: Polieren

Bild 3: Schleifen und Polieren

Ziel von **Schleifen** und **Polieren** ist es, der Probenoberfläche durch schrittweise Abnahme des Korndurchmessers des Schleifsteins oder -papiers eine möglichst geringe Oberflächenrauigkeit zu geben.

Das Schleifen erfolgt auf Schleifsteinen und -papieren bei schrittweise abnehmendem Korndurchmesser. Das Polieren erfolgt auf rotierenden, mit Samt- oder Wolltüchern bespannten Polierscheiben. Die Poliermittel Al_2O_3 und SiC werden als Suspension (wässrige Aufschlämmung), Diamant als Paste angeboten. Daneben besteht auch die Möglichkeit des elektrochemischen Polierens.

Nach der bisher erfolgten Probenvorbereitung steht ein polierter Schliff zur Verfügung, auf dem sich, wenn vorhanden, bereits Werkstofftrennungen wie Lunker, Poren und Risse sowie nichtmetallische Einschlüsse auf Grund einer Topographieausbildung infolge ihrer im Vergleich zur Matrix oft höheren Härte detektieren lassen. Weitere Gefügedetails sind nicht zu erkennen: Das Gefüge muss noch „entwickelt" werden (**Gefügeentwicklung** [Kontrastierung]), so dass es sich danach in ausreichendem Kontrast darstellt, wobei ein wirklichkeitsgetreues Abbild des Gefüges angestrebt wird. Man kann vom Reaktionsprinzip her zwischen den chemischen und den physikalischen Methoden der Gefügeentwicklung, auch als Ätzen bezeichnet, unterscheiden.

Beim **chemischen Ätzen (Bild 1)** handelt es sich grundsätzlich um einen außenstromlosen elektrochemischen Vorgang, bei dem der anodische Teilvorgang der Metallauflösung und die katodische Redukton von Ionen des Ätzmittels beim gleichen Potenzial nebeneinander an der sich auflösenden Oberfläche ablaufen. Die Korngrenzenbereiche sind infolge von Verunreinigungen in der Korngrenzenzone in der Regel unedler als die Kornsubstanz, wodurch sich ein Korrosionselement ausbildet und die Geschwindigkeit des Angriffs an diesen Stellen erhöht wird. Einfallendes Licht wird an den freigelegten Furchen in anderer Weise reflektiert als an den Kornflächen **(Bild 2)**, so dass sie mit einer anderen Helligkeit erscheinen.

Obwohl durch ein Bewegen der Proben im Elektrolyten Konzentrationsunterschiede im Elektrolyten ausgeglichen werden, führt das unkontrollierte elektrochemische Potenzial zu nicht reproduzierbaren Kontrastierungen. Das **potenziostatische Ätzen,** bei dem der Probe durch eine elektrische Außenschaltung ein konstantes elektrochemisches Potenzial aufgeprägt wird, liefert reproduzierbaren Kontrast **(Bild 3)**.

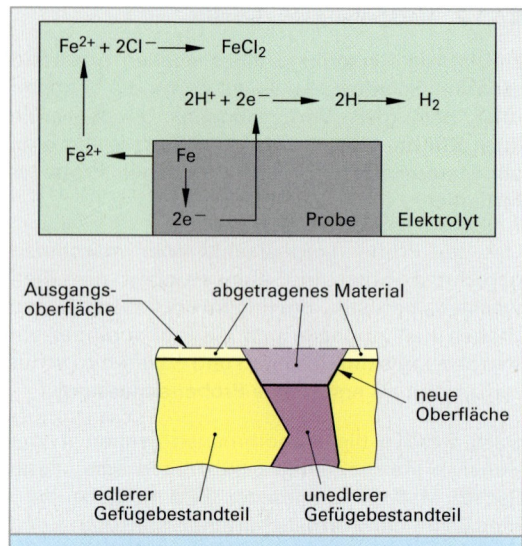

Bild 1: Gefügeentwicklung durch chemisches Ätzen

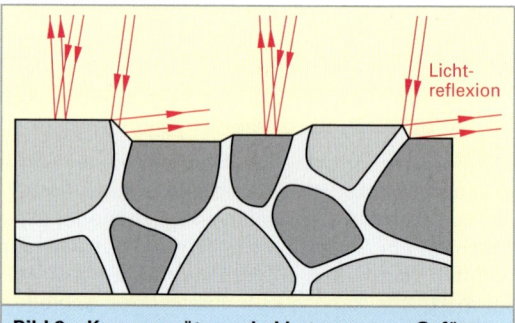

Bild 2: Korngrenzätzung bei heterogenem Gefüge

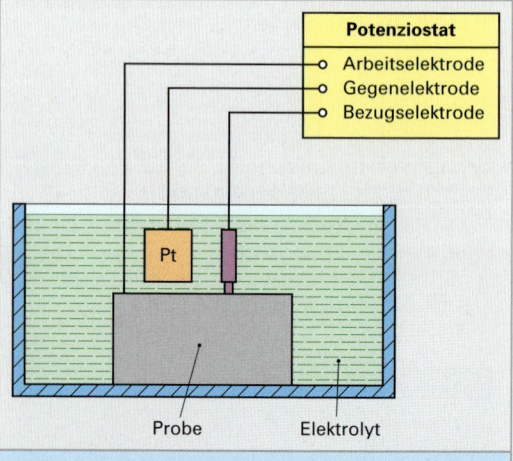

Bild 3: Gefügeentwicklung durch potenziostatisches Ätzen

2.5.1.3 Gefügebewertung

Größere Fehler wie Lunker, Poren und Risse sowie Gefügeunregelmäßigkeiten wie Seigerungen, Dopplungen und Faserverläufe in umgeformten Werkstücken lassen sich bereits bei 2- bis 50facher Vergrößerung, d. h. bei makroskopischer Darstellung des Schliffs unter dem (Stereo-) Auflichtmikroskop wiedergeben **(Bild 1)**.

Ein Auflichtmikroskop macht jedoch Vergrößerungen von bis zu 1000:1 möglich (Höhere Vergrößerungen als 1000 sind möglich, bringen aber keinen weiteren Gewinn an Auflösung). Eine Darstellung des Schliffs mit einem Auflichtmikroskop **(Bild 1)** erlaubt somit bereits die Wiedergabe von Kristalliten bzw. Phasen.

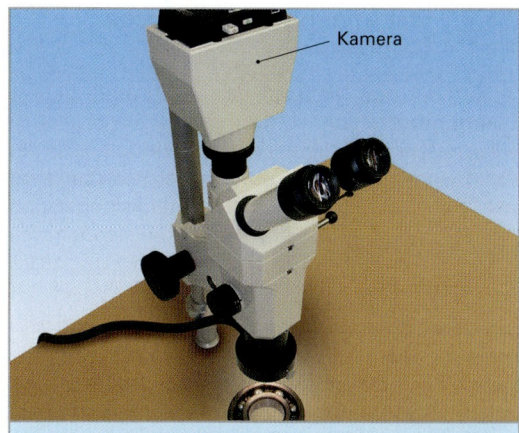

Bild 1: Stereo-Auflichtmikroskop

Zur Gefügebewertung werden die entwickelten Schliffe im Allgemeinen bei senkrechter Beleuchtung, d. h. im **Hellfeld** dargestellt **(Bild 1)**: Der seitlich einfallende Lichtstrahl wird vom Planglas so reflektiert, dass er durch das Objektiv auf die Schliffoberfläche fällt. Bei glatter Oberfläche wird er über Objektiv, Planglas und Okular zum Betrachter zurückgeworfen. Die Oberfläche erscheint hell. An geneigten Flächenteilen wird der senkrecht bzw. steilschräg einfallende Lichtstrahl in andere Richtung reflektiert und gelangt nicht ins Okular.

Bei der Beleuchtung im **Dunkelfeld** werden die Lichtstrahlen durch einen zusätzlichen Ringspiegel unter einem so flachen Winkel auf die Probenoberfläche gelenkt, dass sie nach der Reflexion an einer vollständig glatten Fläche nicht ins Objektiv gelangen **(Bild 2)**. Das Gesichtsfeld erscheint dunkel. Dagegen können aufgeraute und daher diffus reflektierende Stellen hell erscheinen, wenn ein Teil des Lichtes in das Objektiv gelangt. Diese Gefügeteile erscheinen daher hell auf dunklem Grund.

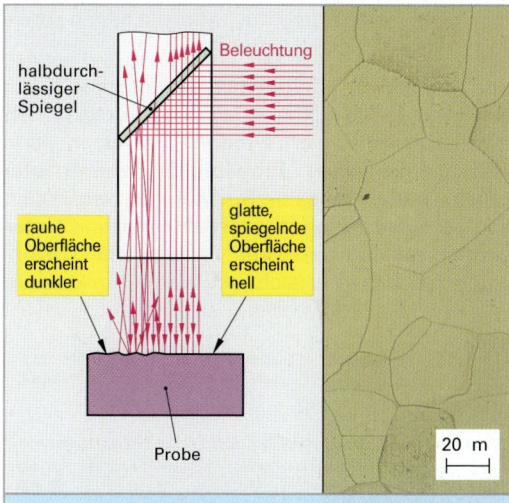

Bild 2: Hellfeldabbildung

Manche nichtmetallische Einschlüsse, kleine Poren und Lunker sowie feine Kratzer und Risse, die im Hellfeld überstrahlt werden, sind nur im Dunkelfeld zu erkennen. Das Hellfeldbild und Dunkelfeldbild verhält sich daher etwa wie Positiv und Negativ einer fotografischen Aufnahme.

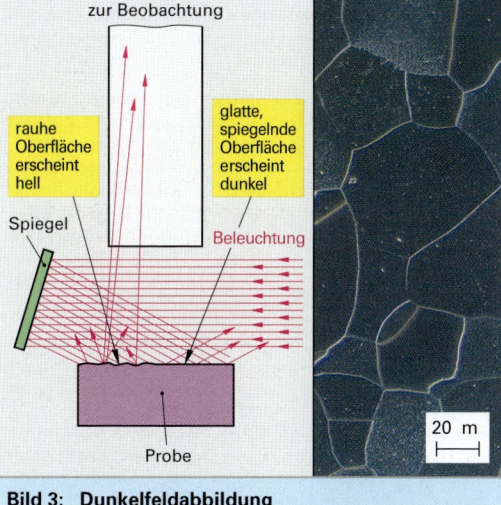

Bild 3: Dunkelfeldabbildung

> Bei der Hellfeldbeleuchtung erscheinen Oberflächen meist hell. Bei der Dunkelflächenbeleuchtung erscheinen glatte Oberflächen dunkel.

2.5.2 Elektronenmikroskopische Darstellung

Verwendet man anstelle des sichtbaren Lichtes **Elektronenstrahlen,** so können hiermit erheblich kürzere Wellenlängen realisiert werden, was für Auflösungsgrenze, förderliche Vergrößerung sowie Schärfentiefe erhebliche Steigerungen bedeutet.

Rasterelektronenmikroskop (REM)

Mit dem Rasterelektronenmikroskop ist nach nur geringer oder gar keiner Probenvorbereitung die Darstellung der Oberflächenbeschaffenheit möglich. Sie kommt vor allem zur Anwendung bei der Darstellung von Oberflächenmodifikationen wie z. B. durch Beschichtungen, von Verschleiß-, Korrosions-, Erosions- und Kavitationsschäden sowie von Brüchen (Fraktographie[1]).

Von *korrelativer Mikroskopie* spricht man, wenn ein Lichtmikroskop und ein Rasterelektronenmikroskop kombiniert werden. Sie haben dann einen gemeinsamen Probenhalter und Adapter sowie eine gemeinsame Software zum schnellen und automatisierten Wiederauffinden und Untersuchen ein und derselben Probenstelle sowohl unter dem Licht- als auch im Elekronenmikroskop.

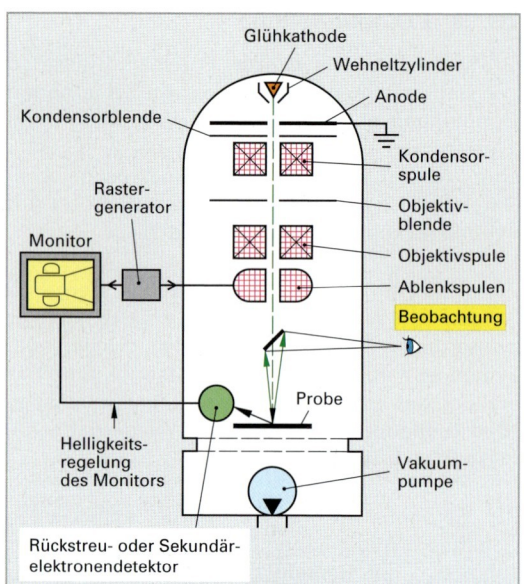

Bild 1: Schematischer Aufbau eines Rasterelektronenmikroskops (REM)

In **Bild 1** ist der Aufbau eines Rasterelektronenmikroskops schematisch dargestellt. **Bild 2** zeigt ein Rasterelektronenmikroskop.

Das gesamte System ist bis auf einen Restdruck von unter 5 mPa evakuiert, um Kollisionen der Elektronen mit dem Restgas auszuschließen. Aus einer Wolframglühkathode werden bei 2600 K bis 3000 K Elektronen freigesetzt und durch eine Hochspannung von 10 kV bis 50 kV zu einer auf Nullpotenzial liegenden ringförmigen Anode beschleunigt. Der die Kathode umgebende und auf negativem Potenzial liegende *Wehneltzylinder*[2] bündelt den Elektronenstrahl.

Der aus dem Wehneltzylinder austretende Elektronenstrahl wird nachfolgend auf das Objekt gelenkt und dort abrasternd bewegt. Ein rotationssymmetrisches inhomogenes Magnetfeld übt dagegen einen ähnlichen Einfluss auf Elektronen aus wie Glaslinsen auf sichtbares Licht: Im Magnetfeld wirkt infolge des Spulenstroms auf ein durch die Spule hindurchfliegendes Elektron die *Lorentzkraft*,[3] deren Vektor auf der Richtung der magnetischen Feldlinien und auf der Flugbahn des Elektrons senkrecht steht.

Die Beugung der Elektronenstrahlen kann man gezielt zu deren Fokussierung einsetzen. In einem Elektronenmikroskop müssen demnach elektromagnetische Linsen zur Elektronenstrahllenkung benutzt werden. Elektromagnetische Linsen fokussieren den Strahl auf der Probe auf einen Durchmesser von etwa 5 nm. Ablenkspulen wiederum führen diesen gebündelten Strahl rasterförmig über die Probe.

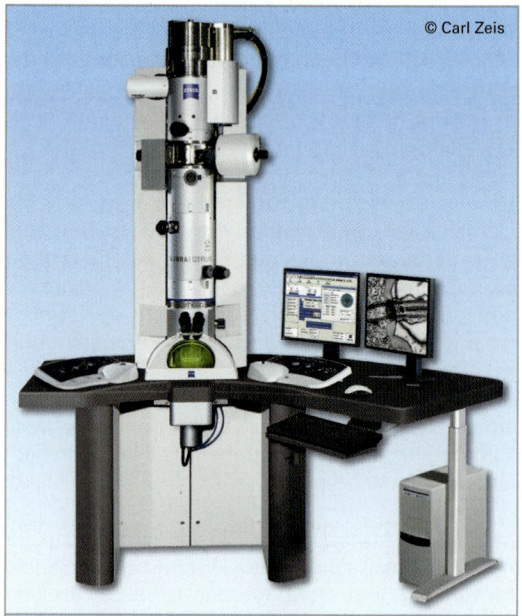

Bild 2: Rasterelektronenmikroskop

Die Elektronenmikroskopie ermöglicht sehr hohe Auflösung bei gleichzeitig hoher Schärfentiefe.

---

[1] von lat. fractura = Bruch und griech. graphein = aufzeichnen
[2] *Arthur R. Wehnelt* (1871 bis 1944) dt. Physiker, Professor in Erlangen
[3] *Hendrik A. Lorentz*, niederländischer Physiker (1853 bis 1928)

2.5 Gefüge

Zur Abbildung der Probenoberfläche können Rückstreuelektronen und Sekundärelektronen genutzt werden. Da **Rückstreuelektronen** eine wesentlich größere Austrittstiefe aus der Probe besitzen, erscheinen im Rückstreubild auch Partikel des Gefüges, die sich nicht unmittelbar an der Oberfläche der Probe befinden.

Für die Rückstreuelektronen ist die Oberfläche sozusagen durchsichtig. Inverse Aussagen sind für die Abbildung mit **Sekundärelektronen** zu machen, weswegen diese zur Abbildung der unmittelbaren Probenoberfläche hervorragend geeignet sind **(Bild 1)**. Aufgrund ihrer geringen Energie stammen sie aus sehr oberflächennahen Bereichen.

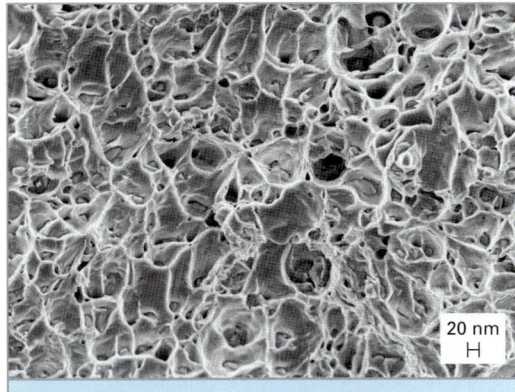

Bild 1: REM-Aufnahme einer Bruchfläche

Die Darstellung des Bildes erfolgt mit einem Monitor. Die emittierten Elektronen werden von einem Elektronenkollektor aufgefangen und zu einem Signal verarbeitet. Proportional zur Signalintensität wird über eine Verstärkeranordnung die Helligkeit des Monitorbildes gesteuert. Die Signalintensitätsverteilung über die Probenoberfläche wird durch *Abrastern* der Probe durch den Primärelektronenstrahl ermittelt.

Die Vergrößerung ergibt sich aus dem Verhältnis der Zeilenlänge auf dem Bildschirm zu derjenigen auf der Probe. Durch Veränderung der Zeilenlänge auf der Probe bei gleichbleibender Zeilenlänge auf dem Bildschirm und damit der Vergrößerung lassen sich stufenlos veränderliche Vergrößerungen von 10:1 bis ca. 100 000:1 erreichen **(Bild 2)** wobei für die Fraktographie die nützliche Vergrößerung bis etwa 10 000:1 reicht.

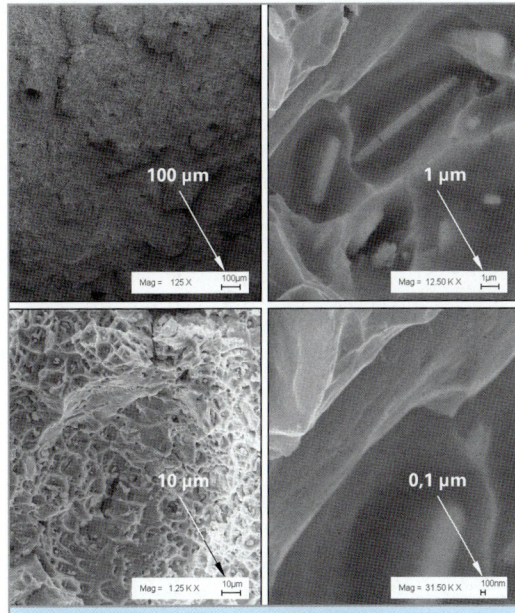

Bild 2: Beispiele für Vergrößerungen

Bei den Rasterelektronenmikroskopen können Proben mit Durchmessern von etwa 25 mm und Höhen von etwa 15 mm auf einem um 360° drehbaren und gegen die Vertikale um 60° kippbaren Probenhalter positioniert werden **(Bild 3)**. Ein Probenwechsel erfordert keinen großen zeitlichen Aufwand, da das Einsetzen der Proben in das Mikroskop durch eine Vakuumschleuse erfolgt.

Weisen Werkstoffe elektrisch nichtleitende Phasen auf, so können diese Phasen die von der Anode her kommenden Elektronen nicht ableiten. Als Folge überstrahlen diese Bereiche in einer elektronenmikroskopischen Darstellung elektrisch gut leitende Bereiche. Um dies zu verhindern, werden Werkstoffe, die elektrisch nichtleitende Phasen enthalten, zur elektrischen Kontaktierung mit dem metallischen Probenhalter (er bildet den Masseschluss) allseitig mit Kohlenstoff oder Gold bedampft. Dieser Belag ist dabei so dünn zu halten, dass er die Strukturen der Werkstoffoberfläche nur unwesentlich zudeckt.

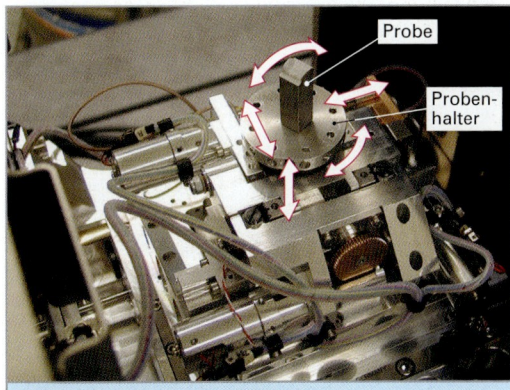

Bild 3: Probenhalter im REM

2.6 Mechanische Eigenschaften

Anhand von glatten Normproben werden im langsamen Zugversuch die mechanischen Eigenschaften ermittelt. Sie sind aber nur bedingt auf das Bauteil übertragbar. Ursache sind Differenzen in der Oberflächengüte sowie zwischen den Prüfparametern und den am Bauteil real vorliegenden Beanspruchungsparametern. Tiefe Temperaturen, hohe Verformungsgeschwindigkeiten sowie mehrachsige Spannungszustände infolge innerer (= gefügebedingt) und äußerer (= in der Oberflächengestaltung beruhend) Kerben wirken sich negativ auf die Bruchdehnung aus.

2.6.1 Zugversuch

Der Zugversuch nach DIN EN ISO 6892 dient der Ermittlung des Werkstoffverhaltens bei einer stoßfrei aufgebrachten, stetig anwachsenden und über den gesamten Querschnitt gleichmäßig verteilten äußeren Zugbeanspruchung. Seine zentrale Bedeutung in der mechanischen Werkstoffprüfung beruht auf der wenig aufwändigen Probenherstellung z. B. durch Drehen, Schneiden oder Gießen (**Bild 3**) und der einfachen Versuchsdurchführung.

2.6.1.1 Versuchsanordnung

Meistens verwendet man zylindrische **Rundzugproben (Bild 1)** oder prismatische **Flachzugproben (Bild 2)** da so – zumindest in der Anfangsphase der Beanspruchung – in guter Näherung ein einachsiger Spannungszustand gesichert ist. Da einige Kenngrößen, wie beispielsweise die Gesamtdehnung, von der Geometrie der Probe abhängig sind, ist es erforderlich, genormte Proben zu verwenden, um so eine Vergleichbarkeit der Ergebnisse zu sichern.

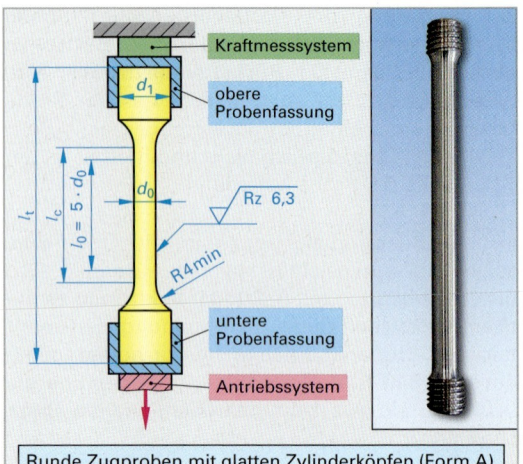

Runde Zugproben mit glatten Zylinderköpfen (Form A) oder Gewindeköpfen (Form B)											
	d_0	4	5	6	8	10	12	14	16	18	20	25
	l_0	20	25	30	40	50	60	70	80	90	100	125
	l_c min.	24	30	36	48	60	72	84	96	108	120	150
A	d_1	5	6	8	10	12	15	17	20	22	24	30
	l_t min.	65	80	95	115	140	160	185	205	230	250	300
B	d_1	M6	M8	M10	M12	M16	M18	M20	M24	M27	M30	M33
	l_t min.	40	50	60	75	90	110	125	145	160	175	220

Bild 1: Rundzugprobe

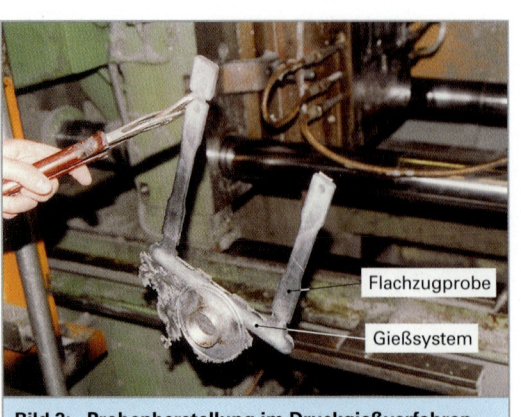

Bild 3: Probenherstellung im Druckgießverfahren

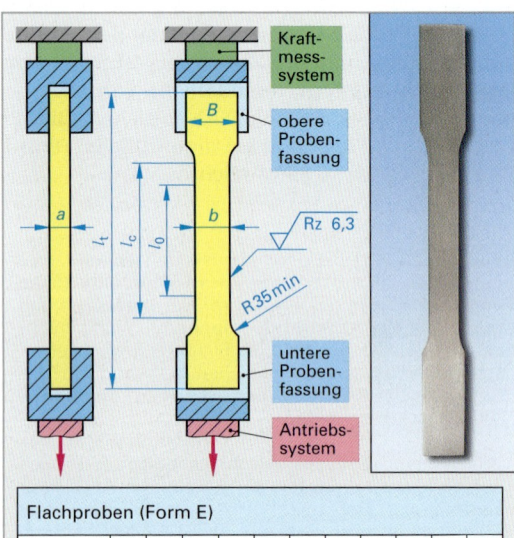

Flachproben (Form E)										
a	3	4	5	5	6	8	10	10	12	15	18
b	8	10	10	16	20	25	25	30	26	30	30
l_0	30	35	40	50	60	80	90	100	100	120	130
B min.	12	15	15	22	27	33	33	40	34	40	40
l_c min.	38	45	50	65	80	105	115	125	125	150	160
l_t min.	115	135	140	175	210	260	270	300	295	325	335

Bild 2: Flachzugprobe

2.6 Mechanische Eigenschaften

Danach sollen bei Rundzugproben Durchmesser und Messlänge in einem festen Verhältnis zueinander stehen, wie $l_0 = 5 \cdot d_0$ (kurzer Proportionalstab) oder $l_0 = 10 \cdot d_0$ (langer Proportionalstab).

Die wichtigsten Versuchsparameter sind die Dehngeschwindigkeit (im elastischen Verformungsbereich $2,5 \cdot 10^{-4}$ bis $2,5 \cdot 10^{-3}$ s^{-1}). Zur Einstellung bestimmter Probentemperaturen können Kühlkammern oder Öfen verwendet werden.

2.6.1.2 Versuchsablauf

Eine Probe aus dem zu prüfenden Material wird in der Zugprüfmaschine einer langsam und stetig steigenden Verformung (< 5 mm/min) oder Kraft (< 10 MPa/s) unterworfen **(Bild 1)**.

Meistens wird eine konstante Querhauptgeschwindigkeit vorgegeben und die Kraft in Abhängigkeit von der relativen Verschiebung zweier Punkte des zylindrischen Teils der Probe gemessen **(Bild 2)**.

Mit zunehmender Verformung verformt sich die Probe zunächst elastisch und ab einem bestimmten Wert der Verformung zusätzlich plastisch. Oberhalb einer bestimmten plastischen Dehnung setzt sich eine bei geringeren Dehnungen noch stabilisierbare Verformungsinstabilität durch, wodurch die weitere Verformung nicht mehr homogen innerhalb der gesamten Messlänge erfolgt, sondern nur noch aus der Verformung eines kleinen Bereiches der Probe resultiert und eine Probeneinschnürung zur Folge hat **(Bild 3)**. Die Kontur des Einschnürbereiches wird kontinuierlich ausgemessen, wozu sowohl mechanische Abtastverfahren als auch optische Methoden eingesetzt werden. Bei einer bestimmten, für den Werkstoff und seinen Zustand typischen Verformung, geht die Probe zu Bruch.

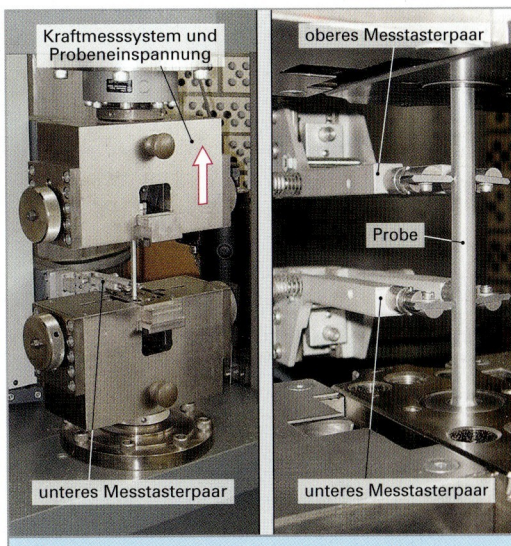

Bild 1: Der Zugversuch (Detail, rechts Bild)

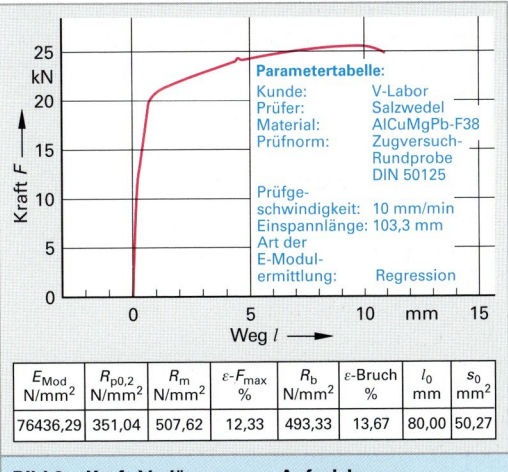

E_{Mod} N/mm²	$R_{p0,2}$ N/mm²	R_m N/mm²	$\varepsilon\text{-}F_{max}$ %	R_b N/mm²	ε-Bruch %	l_0 mm	s_0 mm²
76436,29	351,04	507,62	12,33	493,33	13,67	80,00	50,27

Bild 2: Kraft-Verlängerungs-Aufzeichnung

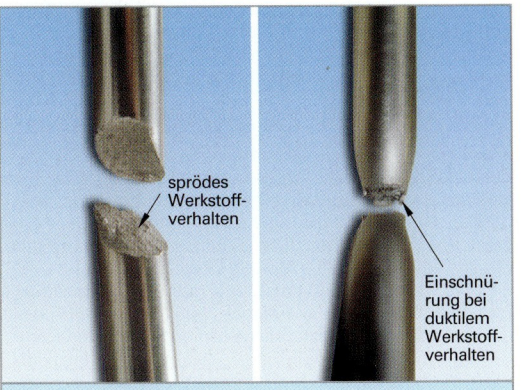

Bild 4: Bruch mit Bruchgefüge

Bild 3: Verlauf der Einschnürung

2.6.1.3 Versuchsergebnis

Aus der Kraft-Verschiebungs-Kurve berechnet man die konventionelle Spannungs-Dehnungs-Kurve. Sie wird als konventionell bezeichnet, da die Spannung als auf den Ausgangsquerschnitt A_0 bezogene Kraft F und die Dehnung als auf die Ausgangslänge l_0 bezogener Längenzuwachs $\Delta l = (l - l_0)$ berechnet werden.

Tritt neben der elastischen auch plastische Verformung auf, was oberhalb der Proportionalitätsgrenze der Fall ist, so ist dies messtechnisch durch eine Abweichung der Spannungs-Dehnungs-Kurve vom linearen Verlauf zu erkennen. Üblicherweise liegt bei Metallen ein kontinuierlicher Übergang zwischen dem elastischen und dem plastischen Verformungsbereich vor. In einigen Fällen, zu denen auch die niedriglegierten Kohlenstoffstähle zählen, wird ein diskontinuierlicher Übergang beobachtet. Somit muss man zwischen zwei Typen von Spannungs-Dehnungs-Kurven unterscheiden.

Bild 1 zeigt eine σ-ε-Kurve mit kontinuierlichem Übergang vom elastischen zum elastisch/plastischen Verhalten schematisch.

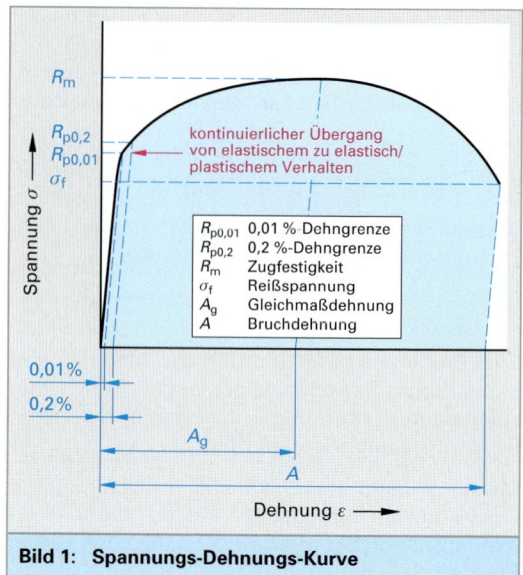

Bild 1: Spannungs-Dehnungs-Kurve

[1] Robert Hooke (1635 bis 1703), engl. Physiker
[2] Simeon Denise Poisson (1781 bis 1840), franz. Physiker und Mathematiker

---

Die scheinbare Spannung σ berechnet man nach der Formel

$$\sigma = \frac{F}{A_0}$$

σ Spannung
F Kraft
A_0 Ausgangsquerschitt

und die Dehnung ε wird nach der Formel

$$\varepsilon = \frac{l - l_0}{l_0} = \frac{\Delta l}{l_0}$$

ε Dehnung
l Länge
l_0 Ausgangslänge
Δl Längenzuwachs

Mit steigender Belastung treten zunächst nur elastische, später dann zusätzlich auch plastische Dehnungen auf.
Elastische Dehnungen sind reversibel, d. h., nach Wegnahme der Belastung nimmt die Probe ihre ursprüngliche Form wieder an. Spannung und Dehnung sind in diesem Bereich der Verformung proportional. Es gilt das *Hooke'sche Gesetz*.[1]

$$\sigma = E \cdot \varepsilon$$

σ Spannung
E Elastizitätsmodul
ε Dehnung

Neben der Verlängerung der Probe ist auch eine Abnahme des Durchmessers zu beobachten.

$$\frac{-\Delta d}{d_0} = v \cdot \varepsilon$$

Δd Durchmesserdifferenz
d_0 Ausgangsdurchmeser
v Querkontraktionszahl

Dabei wird v als **Querkontraktionszahl** oder **Poisson-Zahl**[2] bezeichnet.

$$v = \frac{Querkontraktion}{Längsdehnung}$$

Bei Gültigkeit der Volumenkonstanz müsste sich für isotrop elastisches Werkstoffverhalten ein Wert von 0,25 und für isotrop plastisches Werkstoffverhalten ein Wert von 0,5 ergeben. Die experimentell ermittelten Werte liegen jedoch für Metalle zwischen 0,25 und 0,40 und nehmen mit der Temperatur geringfügig zu. Dies verdeutlicht, dass die elastische Verformung unter geringfügiger Volumenzunahme erfolgt. Die elastische Verformung ist homogen, d. h., die örtliche elastische Verformung und die Querkontraktion sind im gesamten zylindrischen Teil der Probe konstant.

2.6 Mechanische Eigenschaften

Im Fall eines kontinuierlichen Übergangs ist der Beginn der plastischen Verformung durch die Elastizitätsgrenze charakterisiert. Sie stellt eine physikalische Größe dar, deren Bestimmung einen hohen messtechnischen Aufwand erfordert. Um dem aus dem Weg zu gehen, charakterisiert man in der Praxis den Beginn des Fließens durch die technische Elastizitätsgrenze, bei der die nichtproportionale Dehnung bereits einen bestimmten Betrag erreicht. Sie wird über eine Parallelverschiebung der elastischen Geraden um einen bestimmten Dehnungsbetrag in der in **Bild 1** links dargestellten Weise ermittelt.

Die Bestimmung der 0,2 %-Dehngrenze $R_{p0,2}$ erfolgt durch Parallele zur Hooke'schen Geraden im Abstand von 0,2 % plastischer Dehnung oder zur Mittellinie der Hysterese im Abstand von 0,2 % plastischer Dehnung (rechts).

Ist keine ausgeprägte elastische Gerade zu erkennen, so verwendet man zur Bestimmung der technischen Elastizitätsgrenze die Mittellinie einer Belastung/Entlastung-Hysterese in der in Bild 1 rechts dargestellten Weise. Die 0,01 %-**Dehngrenze** $R_{p0,01}$ bzw. die 0,2 %-Dehngrenze $R_{p0,2}$ sind die zugehörigen Spannungen.

> Bei kontinuierlichem Übergang vom elastischen zum elastisch/plastischem Verhalten wird der Beginn der plastischen Verformung durch die Elastizitätsgrenze charakterisiert.

Bild 2 zeigt eine σ-ε-Kurve mit diskontinuierlichem Übergang vom elastischen zum elastisch/plastischen Verhalten schematisch. Zur Beschreibung des diskontinuierlichen Übergangs zwischen dem elastischen und dem elastisch/plastischen Verformungsbereich verwendet man die obere Streckgrenze R_{eH}, die untere Streckgrenze R_{eL} sowie die Lüdersdehnung $A_{Lüd}$.

Erreicht die Spannung den Wert der **oberen Streckgrenze** R_{eH}, so erfolgt eine weitere Zunahme der Dehnung bei gleichzeitigem Abfall der Spannung auf den Wert der **unteren Streckgrenze** R_{eL}, bei der sich der Werkstoff ohne Anstieg der auf den Anfangsquerschnitt bezogenen Kraft, u. U. allerdings bei geringfügigen Schwankungen der Spannung, dehnt.

Diese Verformung erfolgt nicht gleichmäßig auf der gesamten Probenlänge, sondern breitet sich, wie in **Bild 3** schematisch dargestellt ist, in Form eines oder mehrerer **Lüdersbänder**, in der Regel von den Probenschultern ausgehend, über die Messlänge aus.

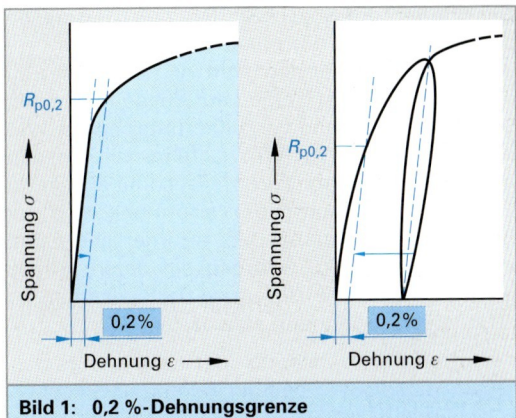

Bild 1: 0,2 %-Dehnungsgrenze

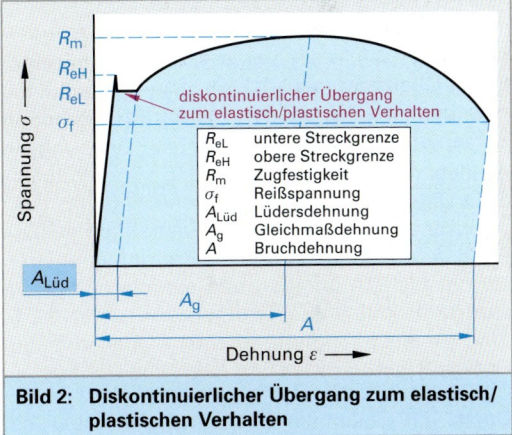

Bild 2: Diskontinuierlicher Übergang zum elastisch/plastischen Verhalten

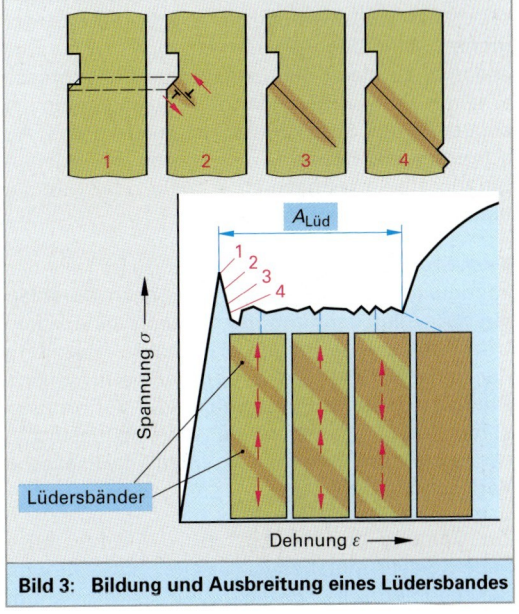

Bild 3: Bildung und Ausbreitung eines Lüdersbandes

Die Fronten der Lüdersbänder, zwischen denen die plastische Verformung vom Wert Null vor der Lüdersfront auf den Wert $A_{Lüd}$ hinter der Lüdersfront anwächst, folgen der Ebene maximaler Schubspannung und verlaufen unter einem Winkel von etwa 45° zur Wirkrichtung der Zugspannung. Die obere Streckgrenze ist somit als die zur Einleitung der plastischen Verformung, d. h. zur Bildung der Lüdersbänder, erforderliche Spannung zu verstehen, während die untere Streckgrenze als die zur Ausbreitung der Lüdersbänder, erforderliche Spannung aufzufassen ist.

> Die Fronten der Lüdersbänder folgen der Ebene maximaler Schubspannung und verlaufen etwa unter 45° zur Wirkrichtung der Zugspannung

Erst nachdem die Lüdersbänder die gesamte Messlänge der Probe erfasst haben und somit die Dehnung überall den Wert der **Lüdersdehnung** $A_{Lüd}$ erreicht hat, erfolgt mit weiterer Dehnung ein Anstieg der Spannung. Für den diskontinuierlichen Übergang von der elastischen zur elastisch/plastischen Verformung sind interstitiell gelöste Fremdatome verantwortlich. Dies demonstrieren als Beispiel die bereits oben erwähnten Kohlenstoffstähle mit Kohlenstoffgehalten unter 0,2 %. Sind sie niedriglegiert, so sind Kohlenstoff und Stickstoff zum größten Teil interstitiell gelöst.

Durch ein Entkohlen und Entsticken oder ein Legieren mit karbidbildenden und gleichzeitig auch mit nitridbildenden Elementen (Chrom, Titan, Niob) verschwindet die ausgeprägte Streckgrenze. Wird dagegen nur entstickt, nicht aber entkohlt, so bleibt die ausgeprägte Streckgrenze erhalten. Ein vorübergehendes Verschwinden der ausgeprägten Streckgrenze ist auch durch Abschrecken von hohen Temperaturen zu erreichen. Sie tritt allerdings nach einer mehr oder weniger langen Auslagerung wieder auf.

Nach Erreichen der Elastizitätsgrenze im Falle des kontinuierlichen Übergangs bzw. nach Durchlaufen der Lüdersdehnung beim diskontinuierlichen Übergang ist eine weitere plastische Verformung nur unter weiterer Steigerung der Kraft möglich. Dies ist auf eine, mit fortschreitender Verformung, kontinuierlich zunehmende Versetzungsdichte zurückzuführen, was man als metallphysikalische Verfestigung bezeichnet.

Zur Deutung des Verlaufs der σ-ε-Kurve muss neben dieser metallphysikalischen **Verfestigung** die geometrische **Entfestigung** berücksichtigt werden, denn auf Grund der Volumenkonstanz nimmt bei der Verlängerung der Probe der Querschnitt ab.

Zu Beginn der plastischen Verformung ist die metallphysikalische Verfestigung größer als die geometrische Entfestigung, woraus eine monoton steigende σ-ε-Kurve resultiert. Hat sich in diesem Bereich eine zufällige Einschnürung gebildet, so ist die Kraft, die notwendig ist, um das stärker verfestigte Scheibchen der Probe mit kleinerem Querschnitt weiter zu dehnen, größer als die, die man benötigt, um die benachbarten, weniger verfestigten Scheibchen der Probe mit größerem Querschnitt zu verformen (**Bild 1**). Querschnittsschwankungen gleichen sich somit aus.

Makroskopisch beobachtet man daher über die gesamte Probenlänge eine homogene, d. h. gleichmäßig erfolgende elastisch/plastische Verformung, weswegen dieser Verformungsbereich als **Gleichmaßdehnungsbereich** bezeichnet wird.

Da mit steigendem Spannungsniveau einerseits das Losreißen blockierter Versetzungen wahrscheinlicher wird und andererseits neue Gleitsysteme aktiviert werden können, nimmt die metallphysikalische Verfestigung mit zunehmender plastischer Verformung ab.

> Im Gleichmaßdehnungsbereich kann eine zufällig entstehende Einschnürung durch metallphysikalische Verfestigung stabilisiert werden. Im später vorgestellten Einschnürungsdehnbereich ist das nicht mehr der Fall.

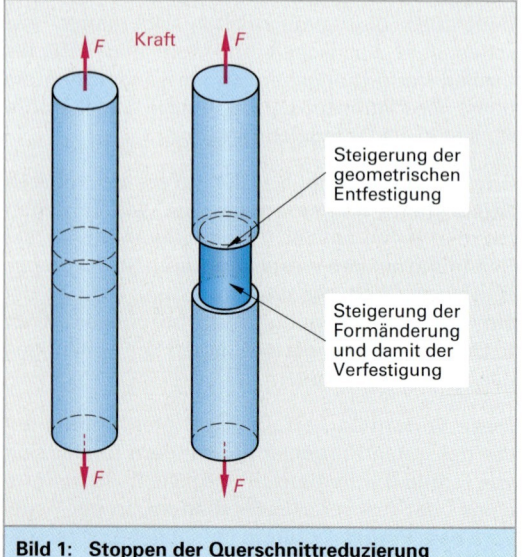

Bild 1: Stoppen der Querschnittreduzierung

2.6 Mechanische Eigenschaften

Mit Erreichen einer bestimmten Dehnung ist die metallphysikalische Verfestigung der geometrischen Entfestigung betragsmäßig gleich, wodurch die σ-ε-Kurve auch ihr Spannungsmaximum, **Zugfestigkeit** R_m genannt, erreicht hat.

Da die metallphysikalische Verfestigung bei Überschreiten dieser bestimmten Dehnung die geometrische Entfestigung zunehmend unterschreitet, kann der Spannungsanstieg in einem einmal geflossenen und somit querschnittsreduzierten Scheibchen der Probe nicht mehr kompensiert werden, weswegen sich eine zufällig entstandene lokale Einschnürung stabilisiert, d. h. immer schärfer ausprägt

Bild 1 zeigt die Entwicklung der Einschnürung während des Zugversuchs. Dieser Verformungsbereich wird als **Einschnürdehnungsbereich** bezeichnet. Die mit Erreichen der Zugfestigkeit erfahrene plastische Dehnung bezeichnet man als Gleichmaßdehnung A_g und die vom Durchlaufen der Zugfestigkeit bis zum Bruchmoment erfahrene plastische Dehnung als Einschnürdehnung.

Die im Einschnürdehnungsbereich erfolgende Stabilisierung einer zufällig entstandenen lokalen Einschnürung hat zur Folge, dass die von der Probe tragbare konventionelle Spannung immer weiter zurückgeht. Zudem treten im Probeninnern jetzt auch inhomogene Spannungs- und Verformungsverhältnisse auf: Auf Grund der einschnürungsbedingten Kerbwirkung treten zusätzlich Spannungen in Radial- und Tangentialrichtung der Probe auf; der **Spannungszustand** ist jetzt **mehrachsig**.

Weil sich die plastische Verformung im Einschnürdehnungsbereich fast ausschließlich im verjüngten Probenteil abspielt, ist die auf die Anfangslänge bezogene Bruchdehnung $A_{5,65}$ ($l_0 = 5 \cdot d_0$; siehe hierzu DIN EN ISO 6892) immer größer als die Bruchdehnung $A_{11,28}$ ($l_0 = 10 \cdot d_0$; siehe hierzu ebenfalls DIN EN ISO 6892) desselben Stabes. Die Bruchdehnung ist also von der Messlänge abhängig und daher als Werkstoffkenngröße wenig geeignet.

Im Gegensatz dazu ist die Brucheinschnürung unabhängig von der Messlänge, weswegen die **Brucheinschnürung Z** zur Beschreibung des Verformungsverhaltens stets dazugehört.

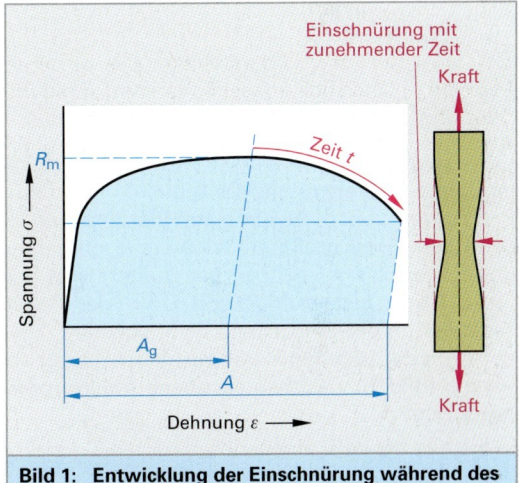

Bild 1: Entwicklung der Einschnürung während des Zugversuchs

Bei einer bestimmten Dehnung geht die Probe, in der Regel ausgehend vom Probeninnern, zu Bruch. Anhand der beiden Probenhälften können neben der **Bruchdehnung A** (= Gleichmaßdehnung + Einschnürdehnung; A_5 bei kurzem, A_{10} bei langem Proportionalstab) als weitere Kennwerte die **(wahre) Bruchspannung** σ_f

$$\sigma_f = \frac{F_f}{A_{min}}$$

σ_f wahre Bruchspannung
F_f Kraft beim Bruch
A_{min} minimaler Querschnitt

sowie die **Brucheinschnürung Z** ermittelt werden.

$$Z = \frac{A_0 - A_{min}}{A_0}$$

Z Brucheinschnürung
A_0 Ausgangsquerschnitt
A_{min} minimaler Querschnitt

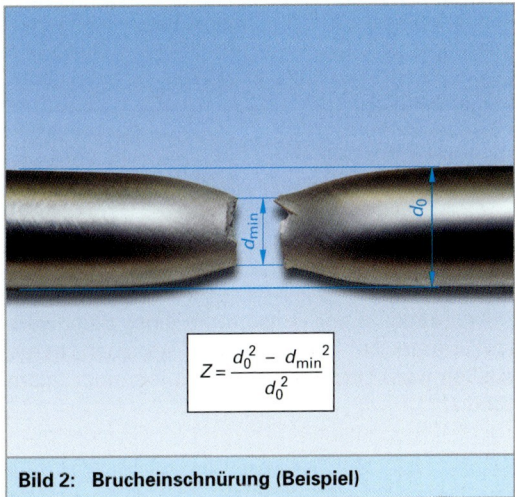

$$Z = \frac{d_0^2 - d_{min}^2}{d_0^2}$$

Bild 2: Brucheinschnürung (Beispiel)

2.6.1.4 Versuchsergebnis bei anisotropem Verformungsverhalten

Oft verfügt ein Werkstoff herstellungsbedingt nicht in allen Richtungen über die gleichen Eigenschaften. Dies bezeichnet man als Textur. Zur Erfassung der daraus resultierenden Anisotropie des Verformungsverhaltens von Blechhalbzeug wird im Zugversuch an Blechstreifen die **senkrechte Anisotropie**[1], der r-Wert ermittelt.

Der r-Wert ist unter der Annahme der Volumenkonstanz als das Verhältnis der Umformgrade in Breiten- und Dickenrichtung einer Streifenzugprobe definiert (Index „0": Form vor der Verformung, Index „1": Form nach der Verformung; **Bild 1**).

$$r = \frac{\varphi_2}{\varphi_3} = \frac{\varphi_b}{\varphi_s} = \frac{\ln \frac{b_1}{b_0}}{\ln \frac{s_1}{s_0}}$$

$r = 1$ zeigt, dass der Werkstoff gleiche Formänderungen in Breiten- und Dickenrichtung erfährt. Bei Werten von $r > 1$ setzt das Blech Dickenänderungen einen größeren Widerstand entgegen und verformt sich mehr in der Breite als in der Dicke. Für $r < 1$ ist es umgekehrt. Oft ist der r-Wert zusätzlich in der Blechebene nicht konstant, sondern von der Lage der Probe zur Walzrichtung abhängig (**Bild 1**), was man als **ebene Anisotropie** bezeichnet.

Der Mittelwert $\bar{r}$ ergibt sich aus den r-Werten, die unter bestimmten Winkeln (z. B. 0°, 45°, 90°) zur Walzrichtung ermittelt werden.

$$\bar{r} = \frac{r_{0°} + 2 \cdot r_{45°} + r_{90°}}{4}$$

$\bar{r}$ mittlerer r-Wert
$r_{0°}, r_{45°}, r_{90°}$ r-Werte unter bestimmten Winkeln zur Walzrichtung ermittelt

Für die Ausprägung der ebenen Anisotropie ist die Höhe der Abweichung Δr des $r_{45°}$-Wertes vom Mittelwert aus dem $r_{0°}$- und dem $r_{90°}$-Wert ein Maß.

$$\Delta r = \frac{r_{0°} + r_{90°}}{2} - r_{45°}$$

Δr Größe der Anisotropie
$r_{0°}, r_{45°}, r_{90°}$ r-Werte unter bestimmten Winkeln zur Walzrichtung ermittelt

Ausgeprägte ebene Anisotropie eines Blechwerkstoffs führt bei einem durch Tiefziehen hergestellten Napf zur Bildung von Zipfeln und Tälern (**Bild 2**).

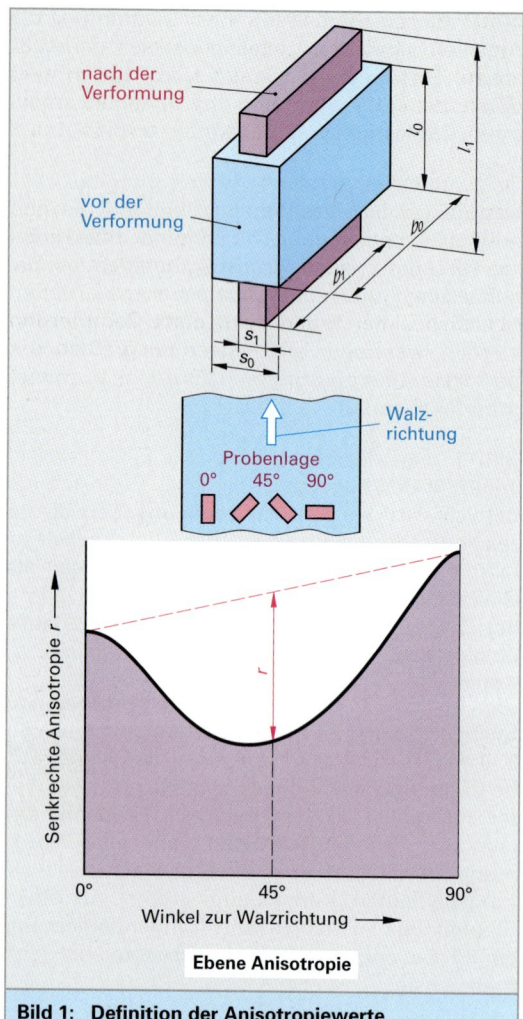

Bild 1: Definition der Anisotropiewerte

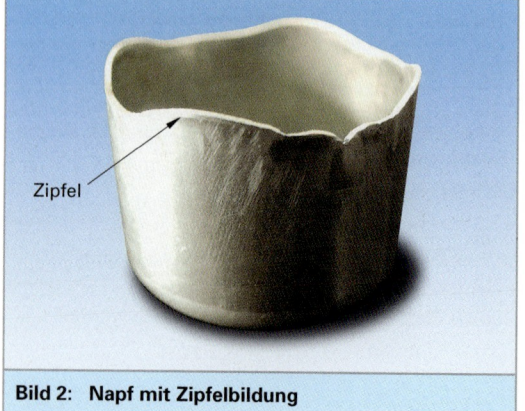

Bild 2: Napf mit Zipfelbildung

---

[1] isotrop = nach allen Richtungen mit gleichen Eigenschaften, von griech. iso = gleich und trope = Wendung (Richtung) anisotrop = nicht isotrop, griech. a ... 2 bzw. an ... = nicht (verneinend)

2.6 Mechanische Eigenschaften

In Richtungen mit hohen r-Werten kommt es zur Zipfelbildung, in Richtungen mit niedrigen r-Werten zur Ausbildung von Tälern **(Bild 1)**. Die Höhendifferenz zwischen Zipfel und Tal ist dabei um so größer, je höher der Wert Δr der ebenen Anisotropie ist.

Das Phänomen eines Zipfels ist zudem mit einer hohen Wandstärkenkonstanz und das Phänomen eines Tales mit einer Wandstärkenreduktion korreliert: Richtungen mit hohen r-Werten, in denen sich also Zipfel bilden, wird einer Reduzierung in Dickenrichtung ein größerer Widerstand entgegengesetzt als in Breitenrichtung und schnürt der Werkstoff bevorzugt in der Breiten- bzw. Umfangsrichtung ein. In Richtungen mit niedrigen r-Werten, in denen sich also Täler bilden, ist es genau umgekehrt:

Einer Reduzierung in Breitenrichtung wird ein größerer Widerstand entgegengesetzt als in Dickenrichtung und schnürt der Werkstoff bevorzugt in Dickenrichtung ein. Als Konsequenz fließt der Werkstoff aus den Partien mit niedrigeren r-Werten unter Abbau von Wandstärke in die Partien höherer r-Werte, die eine nahezu unveränderte Wandstärke aufweisen.

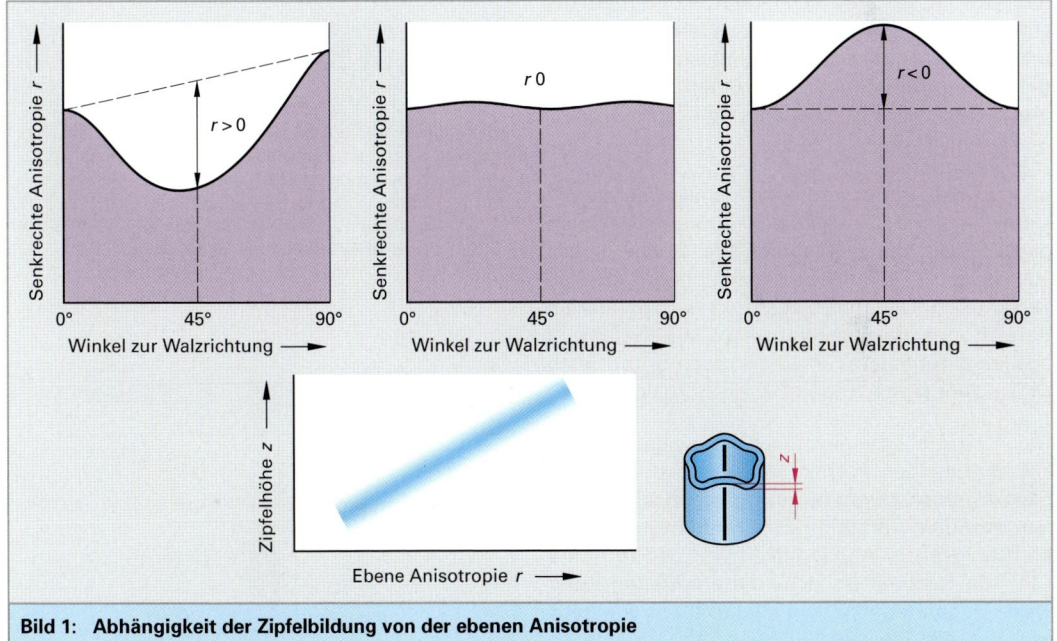

Bild 1: Abhängigkeit der Zipfelbildung von der ebenen Anisotropie

Wiederholung und Vertiefung

1. Worin unterscheiden sich Flachschliff/Längsschliff und Querschliff?
2. Welches Ziel hat eine Probeneinfassung?
3. Was versteht man unter einer Gefügeentwicklung?
4. Worin besteht der Unterschied zwischen Hell- und Dunkelfeldabbildung?
5. Warum muss in einem REM ein Hochvakuum vorliegen?
6. Warum müssen Proben ab einem gewissen Gehalt an elektrisch nichtleitenden Phasen, die im REM dargestellt werden sollen, mit Kohlenstoff oder Gold bedampft werden?
7. Welchen Vorteil bietet eine Abbildung der Probenoberfläche mit Sekundärelektronen?
8. Was gibt der $R_{p0,2}$-Wert an?
9. Wie verformt sich eine Zugprobe bis zum Erreichen der Zugfestigkeit?
10. Welche Kennwerte beschreiben einen diskontinuierlichen Übergang vom elastischen zum elastisch/plastischen Verformungsbereich im Zugversuch?
11. Wie berechnet man Bruchdehnung und Brucheinschnürung?
12. Was beschreibt der r-Wert?

2.6.2 Kerbschlagbiegeversuch

Der sichere Betrieb eines Bauteils setzt voraus, dass die größte vorgesehene Betriebsbelastung unterhalb der Spannung bleibt, mit deren Erreichen es zum Bruch kommt. Dass dem aber nicht zwingend eine makroskopisch feststellbare plastische Verformung vorausgehen muss, zeigen Zugversuche an glatten Proben aus einem niedrigfesten ferritischen Stahl.

Bei Temperaturen oberhalb eines kritischen Wertes, Übergangstemperatur genannt, kommt es noch nach einer makroskopisch feststellbaren plastischen Verformung **(Zähbruch)** bei einer oberhalb der Fließgrenze liegenden Bruchspannung zum Bruch. Bei Temperaturen unterhalb der Übergangstemperatur kommt es allerdings ohne makroskopisch feststellbare plastische Verformung **(Sprödbruch)** bei einer unterhalb der Fließgrenze liegenden Bruchspannung σ_f zum Bruch.

Die Übergangstemperatur wird bei Metallen, die im krz-Kristallgitter und hdp-Kristallgitter kristallisieren, mit zunehmender Verformungsgeschwindigkeit und durch mehrachsige Spannungszustände zum Teil erheblich zu höheren Werten verschoben. Dadurch besteht oftmals bereits im Bereich der Betriebstemperatur die Gefahr eines katastrophalen Versagens durch Sprödbruch. Diese Übergangstemperatur gilt es zu ermitteln.

Der Kerbschlagbiegeversuch ist wegen seiner kostengünstigen Probenfertigung und der einfachen Versuchsdurchführung das am häufigsten angewendete Verfahren zur Ermittlung der Werkstoffzähigkeit in Abhängigkeit von der Temperatur. Von Nachteil ist, dass die ermittelten Kennwerte geometrieabhängig sind und nur qualitativ auf Bauteile desselben Werkstoffs übertragen werden können, einen Vergleich verschiedener Werkstoffe untereinander aber zulassen.

Zur Ermittlung der Übergangstemperatur wählt man den Spannungszustand und die Verformungsgeschwindigkeit so, dass der Sprödbruch begünstigt wird, d. h., man macht Versuche an gekerbten Proben mit hoher Verformungsgeschwindigkeit. Der Einfluss der Temperatur, des Spannungszustandes und der Verformungsgeschwindigkeit auf die Übergangstemperaturen wird durch Variation der Probentemperatur, der Kerbgeometrie sowie der Schlaggeschwindigkeit ermittelt.

[1] *G. Charpy*, franz. Metallkundler

2.6.2.1 Probengeometrie und Versuchsanordnung

Der Kerbschlagbiegeversuch nach *Charpy*[1] (DIN EN 10 045) verwendet die in **Bild 1** dargestellte Probenform, die mit einem Rund- oder mit einem Spitzkerb versehen ist. Die Normprobe ist 55 mm lang und hat einen quadratischen Querschnitt von 10 mm Kantenlänge; bei Blechdicken unter 10 mm sind auch Untermaße möglich.

> Die Kerbe ist in der Mitte der Probenlänge spanabhebend eingearbeitet. Die Probengeometrie wird für eine Versuchsreihe konstant gehalten. Variiert wird dagegen von Versuch zu Versuch die Probentemperatur. Bei von Raumtemperatur abweichenden Prüftemperaturen wird die Probe so lange in einem Medium entsprechender Zieltemperatur gelagert, bis die angestrebte Temperatur über den gesamten Probenquerschnitt erreicht ist.
>
> Zum Aufbringen einer hohen Verformungsgeschwindigkeit verwendet man einen Pendelhammer, dessen Arbeitsvermögen unter Normbedingungen bei 300 J (es sind aber auch Maschinen mit einem davon abweichenden Arbeitsvermögen zulässig) und dessen Auftreffgeschwindigkeit auf die Probe bei 5,0 m/s bis 5,5 m/s liegt (**Bild 1, folgende Seite**).

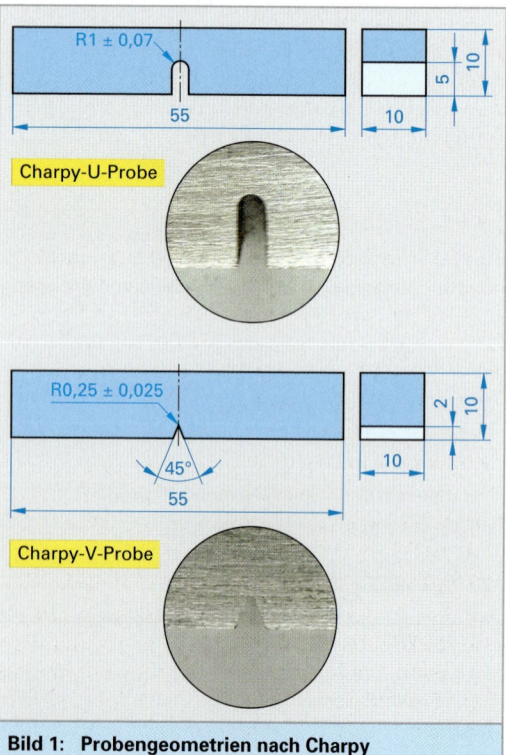

Bild 1: Probengeometrien nach Charpy

2.6 Mechanische Eigenschaften

2.6.2.2 Versuchsdurchführung

Zur Prüfung wird die Probe, wie in **Bild 1** dargestellt, so auf zwei Auflagern gegen zwei Widerlager gelegt, dass die Kerbe zur Widerlagerseite weist. Dadurch liegt sie beim nachfolgenden Biegeschlag auf der Zugseite der Kerbschlagbiegeprobe.

Die Schlaggeschwindigkeit wird für eine Versuchsreihe konstant gehalten. Dazu fällt ein Pendelhammer definierter Masse von einer definierten Ausgangshöhe herab und trifft auf die im tiefsten Punkt seiner Kreisbahn angeordnete Probe so, dass die Hammerfinne in Kerbebene auf der der Kerbe gegenüberliegenden Seite der Probe auftrifft. Dadurch wird die Probe verformt und zerbrochen.

Nach dem Verformen und Zerbrechen der Probe steigt der Pendelhammer auf eine bestimmte Endhöhe, die ein Maß für die verbrauchte Arbeit ist. Sie setzt sich zusammen aus der zur elastischen und plastischen Verformung, zum Risswachstum sowie zur Beschleunigung der Bruchstücke erforderlichen Arbeit.

Je höher der Hammer steigt, desto weniger Arbeit wurde verbraucht. Die Angabe der Kerbschlagarbeit K [J] (im nachfolgenden Beispiel 129 J) erfolgt unter Vermerk der verwendeten Kerbgeometrie (U für den normentsprechenden U-Kerb und V für den normentsprechenden V-Kerb) und wenn sie von der Norm abweicht, des Arbeitsvermögens (im nachfolgenden Beispiel 100 J) des Pendelhammer, so zum Beispiel KU 100 = 129 J.

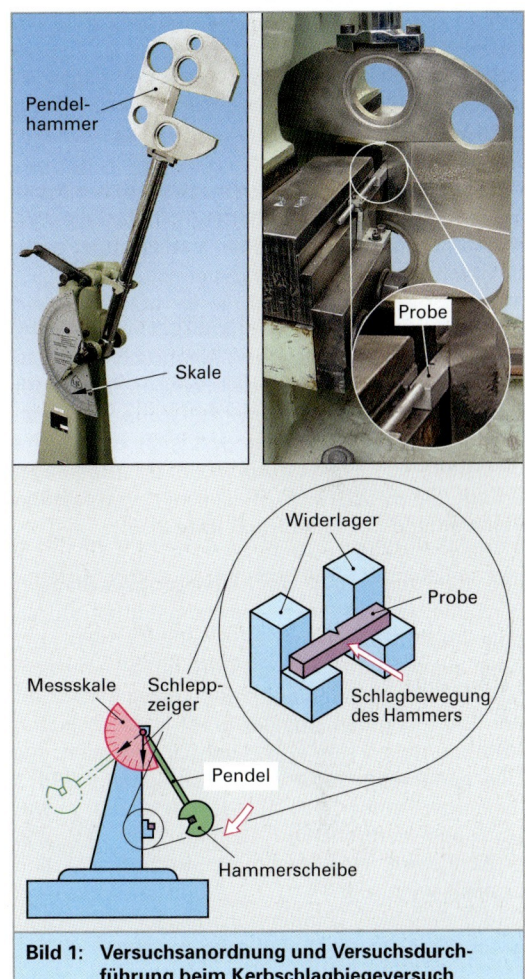

Bild 1: Versuchsanordnung und Versuchsdurchführung beim Kerbschlagbiegeversuch

2.6.2.3 Versuchsergebnis

Bei den Werkstoffen, die in einem werkstoffspezifischen Temperaturbereich einen Übergang vom zähen zum spröden Bruchverhalten aufweisen (z. B. krz-Werkstoffe und hdp-Werkstoffe), ergibt sich in Abhängigkeit von der Temperatur ein S-förmiger Verlauf der **Kerbschlagarbeit-Temperatur-Kurve (Bild 2)**.

Demnach erfordert das Verformen und Zerbrechen der Probe sowie Beschleunigen der Bruchstücke bei tiefen Temperaturen eine geringe, bei mittleren Temperaturen eine höhere und bei hohen Temperaturen eine hohe Kerbschlagarbeit.

Dabei zeigt sich besonders im Übergangsbereich eine starke Streuung der Werte. Sie wird dadurch verursacht, dass die Proben aus unterschiedlichen Stellen des Halbzeugs bzw. des Bauteils stammen. Diese weisen ihrerseits Gefügedifferenzen auf.

Bild 2: Kerbschlagarbeit

Neben der Ermittlung der für den Probenbruch aufzuwendenden Arbeit erfolgt eine qualitative Bewertung des plastischen Verformungsgrades sowie des Erscheinungsbildes der Bruchfläche **(Bild 1)**.

In der „**Tieflage**" erfolgt der Bruch als reiner **Spaltbruch (Bild 1)** mit gar keiner (sehr tiefe Temperatur) bis geringer plastischer Verformung (tiefe Temperatur). Im „**Übergangsbereich**" bildet sich an der Spitze der plastisch verformten Zone ein Gleitbruch aus, der nach einem gewissen Wachstum in einen spaltbrüchigen Restbruch übergeht **(Mischbruch)**. Mit steigender Temperatur vergrößern sich die plastisch verformte Zone sowie der Gleitbruchanteil und verringert sich die Fläche des spaltbrüchigen Restbruchs. In der „**Hochlage**" erfolgt der Bruch nach plastischer Verformung vollständig durch **Gleitbruch (Bild 2)**.

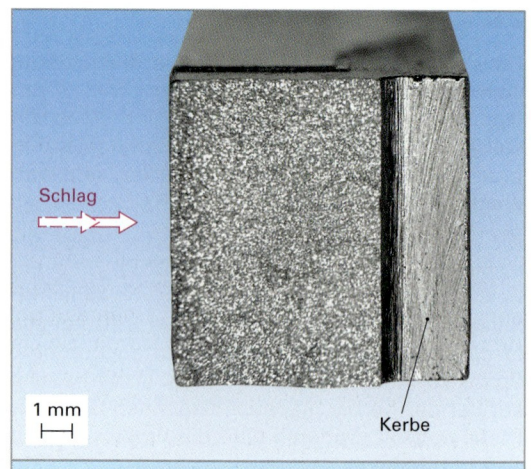

Bild 1: Spaltbruch

Zur Kennzeichnung des Übergangsverhaltens wird die Angabe von Übergangstemperaturen angestrebt. Da sich der Übergangsbereich aber über ein größeres Temperaturintervall erstreckt, gibt es kein allgemeingültiges Übergangskriterium. Die folgenden, aus der Empirie entwickelten Kriterien haben sich als brauchbar erwiesen: Als **Übergangstemperatur** gilt entsprechend **Bild 3** diejenige Temperatur, bei der 50 % der in der Hochlage verbrauchten Schlagarbeit ($KV_{max}/2$) erreicht wird, eine bestimmte Kerbschlagarbeit erreicht wird (z. B. $T_{27\,J}$, $T_{40\,J}$) und entsprechend Bild 1 diejenige Temperatur, bei der 50 % Gleitbruchanteil auf der Bruchfläche vorliegt.

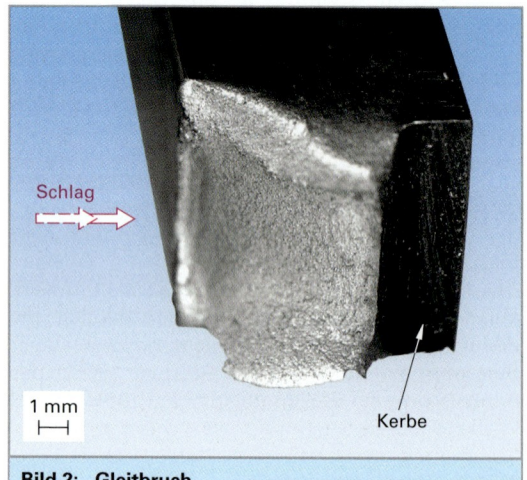

Bild 2: Gleitbruch

Wiederholung und Vertiefung

1. Welche Probengeometrien unterscheidet man beim Kerbschlagbiegeversuch nach *Charpy*?

2. Was zeichnet den Kerbschlagbiegeversuch aus und welche Bauteileigenschaft kann damit geprüft werden?

3. Beschreiben Sie den Ablauf des Kerbschlagbiegeversuchs.

4. Skizzieren Sie den Funktionsverlauf der Kerbschlagarbeit in Abhängigkeit von der Temperatur.

5. Welche Brucherscheinungsformen unterscheidet man und wie sind diese dem Diagramm nach Frage 3 zuzuordnen?

6. Nach welchen Kriterien werden Übergangstemperaturen ermittelt?

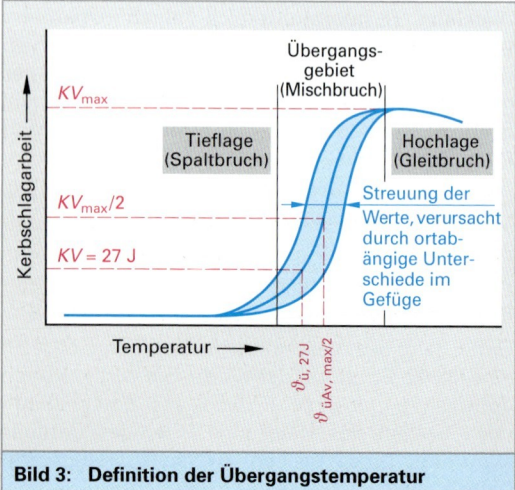

Bild 3: Definition der Übergangstemperatur

2.6.3 Dauerschwingversuch

Dauerschwingversuche werden zur Bestimmung von Werkstoffkennwerten durchgeführt, wenn der Werkstoffwiderstand gegenüber einer einstufigen, zyklisch wiederholten Beanspruchung bestimmt werden soll. Das Verfahren mit kraftkontrollierter Beanspruchung ist in DIN 50 100 genormt, die Beanspruchung kann aber auch als Momentänderung oder als Formänderung vorgegeben sein. Der Dauerschwingversuch wird abgegrenzt von Versuchen mit mehrstufiger Blocklastfolgen-Beanspruchung und mit Zufallslastfolgen-Beanspruchung. Diese werden im Kapitel Betriebsfestigkeitsversuche behandelt.

Eine häufig wiederholte Belastung kann im Werkstoff zu einer als *Ermüdung* bezeichneten Schädigung führen, auch wenn nur Beanspruchungen unterhalb der Streckgrenze auftreten. Die Ursache für dieses Verhalten liegt im Auftreten von lokal begrenzten plastischen Verformungen auf atomaren Gleitebenen. Der Mechanismus entspricht der Bildung von *Lüdersbändern* im Zugversuch und findet bevorzugt auf Gleitebenen mit 45°-Orientierung zur angreifenden Belastung statt. Diese Verformungen bleiben zunächst auf einzelne Gleitebenen (sogenannte persistente Gleitbänder) beschränkt.

Die aktivierten Ebenen gleiten bei Entfernung der äußeren Beanspruchung nie wieder auf ihre alte Position zurück, gleiten aber bei jeder neuen Aktivierung ein Stück weiter. An Kerbstellen des Bauteils oder an Stellen mit Inhomogenitäten des Werkstoffes werden durch die dort auftretenden Spannungskonzentrationen bereits bei geringer äußerer Last solche Prozesse aktiviert.

So entstehen nach wiederholter Belastung gegeneinander verschobene Gefügebereiche. Je nach Belastungshöhe sind viele Lastwechsel notwendig, bis aus dieser Werkstofftrennung auf atomarer Ebene ein *transkristalliner Riss* wächst, der letztlich zum Funktionsverlust des Bauteils führt (**Bild 1**). Beim Auftreten von *Ermüdungsrissen* werden nur die unmittelbar angrenzenden Werkstoffbereiche verformt.

Der *Dauerschwingbruch* unterscheidet sich damit deutlich vom *duktilen*[1] *Gewaltbruch* (**Bild 2 und Bild 3**). In **Bild 1 und 2, folgende Seite** sind Beispiele für eine Bruchausbildung unter ruhender und unter zyklischer Beanspruchung in Abhängigkeit vom Werkstoffverhalten sowie in Abhängigkeit vom Lastfall gegenübergestellt.

---
[1] duktil von lat. ductilis = ziehbar, dehnbar

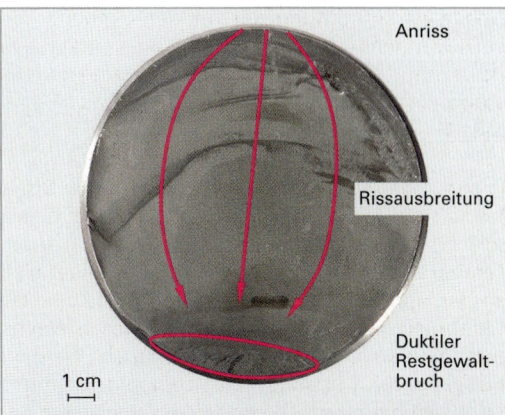

Bruchfläche eines Gewindebolzens infolge Ermüdungsbruch mit Anriss im Gewindegrund. Anhand der Oberflächenstruktur auf der Bruchfläche sind die Bereiche zyklische Rissausbreitung und statischer Restgewaltbruch zu unterscheiden.

Bild 1: Ermüdungsbruch

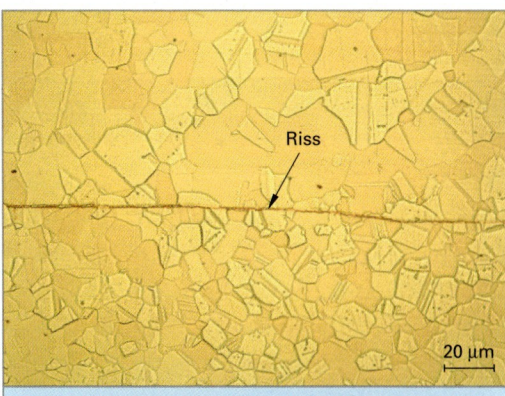

Bild 2: Schwingriss mit transkristalliner Werkstofftrennung, Metallografischer Schliff

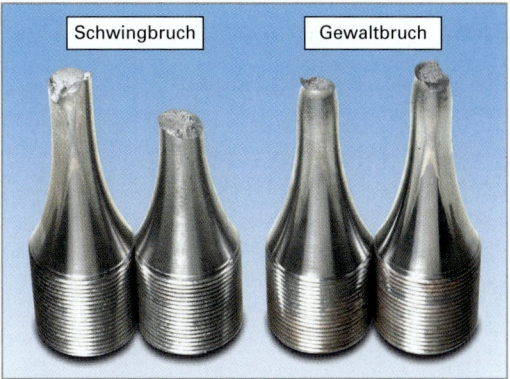

Bild 3: Makroskopisch verformungsloser Schwingbruch (links) im Vergleich zum duktilen Gewaltbruch im Zugversuch (rechts)

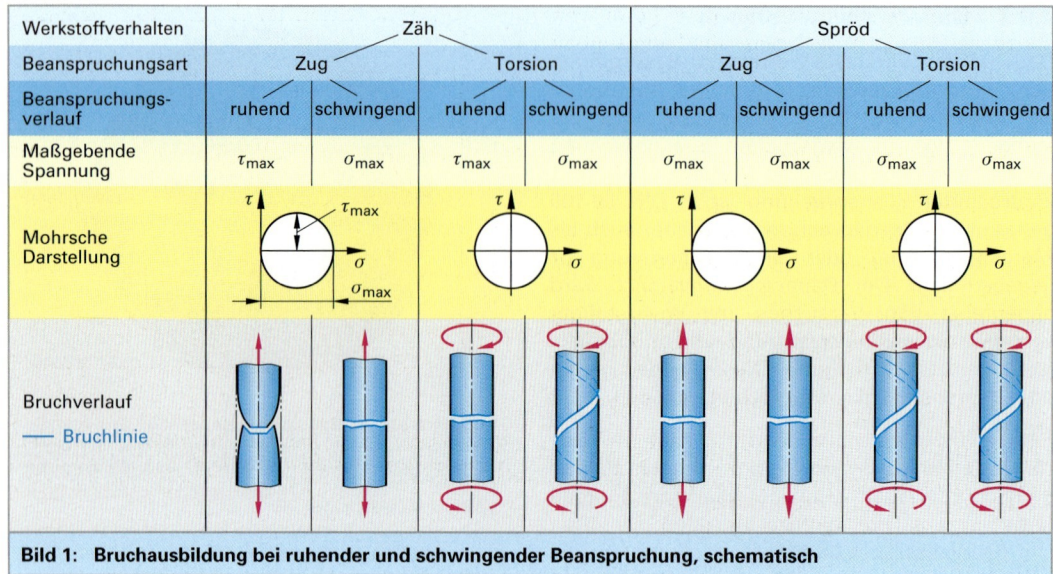

Bild 1: Bruchausbildung bei ruhender und schwingender Beanspruchung, schematisch

Beanspruchungsart	Zeitlicher Belastungsverlauf	Belastungsschema	Bruchaussehen
Zug	schwellend		
Druck	schwellend		
Biegung	schwellend	F_{sch}	Dauerbruch — Gewaltbruch
Biegung	wechselnd	$\pm F_w$	
Biegung	umlaufend	F, ω	
Torsion	schwellend	$\pm \varphi$, M_{tsch}	
Torsion	wechselnd	$\pm \varphi$, M_{tw}	

Bild 2: Bruchausbildung bei unterschiedlichen Lastfällen, schematisch

2.6 Mechanische Eigenschaften

Ermüdungsrisse sind die häufigste Form von Schadensfällen im Maschinen- und Fahrzeugbau und können gravierende Folgeschäden verursachen, zumal eine beginnende Ermüdungsschädigung nur relativ schwer mit zerstörungsfreien Prüfmethoden festzustellen ist.

Typische Erscheinungsformen einer *Schwingbelastung* sind Motorschwingungen, Anregungen aus Fahrbahnunebenheiten oder Druckschwankungen in einem geschlossenen Drucksystem. Bei Vorliegen zyklischer Beanspruchungen müssen Schwingfestigkeitskennwerte zur rechnerischen Dimensionierung von Bauteilen verwendet werden. Diese werden im *Dauerschwingversuch* ermittelt.

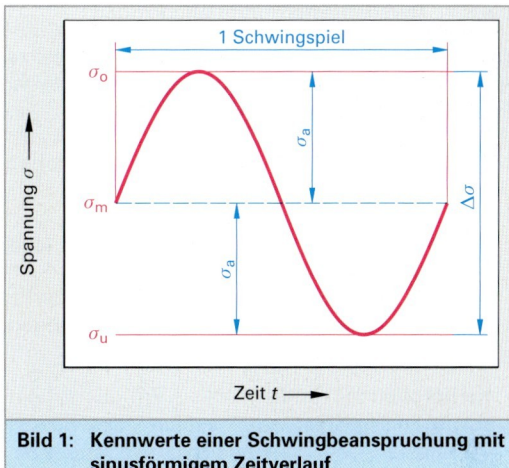

Bild 1: Kennwerte einer Schwingbeanspruchung mit sinusförmigem Zeitverlauf

2.6.3.1 Begriffe und Bereiche der Dauerschwingbeanspruchung

Begriffe, Zeichen, Durchführung und Auswertung von Dauerschwingversuchen sind in DIN 50 100 geregelt. Nachfolgend werden die wichtigsten Begriffe am Beispiel einer *Nennspannung* erläutert.

Die kleinste Periode einer zyklischen Belastung **(Bild 1)** wird als *Schwingspiel* bezeichnet. Die Frequenz kennzeichnet die Anzahl der Perioden pro Zeiteinheit und wird meist als Vielfaches der Einheit *Herz* angegeben (1 Hz = 1 Schwingspiel/1 Sekunde). Während eines Schwingspiels wird genau einmal ein Minimum (σ_u) und ein Maximum (σ_o) der Beanspruchung erreicht. Der Spannungsbereich zwischen Minwert und Maxwert ist die Schwingbreite $\Delta\sigma = \sigma_o - \sigma_u$. Der Spannungsausschlag σ_a wird als Amplitude bezeichnet.

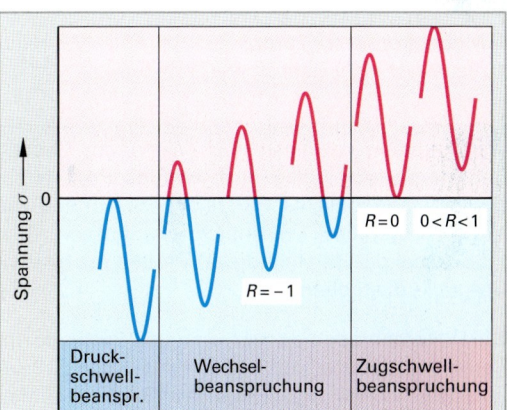

Bild 2: Spannungsverhältnis im Schwingversuch

Bei einer symmetrischen Belastung gilt:

| $\Delta\sigma$ | Schwingbreite |
| σ_a | Schwingamplitude |

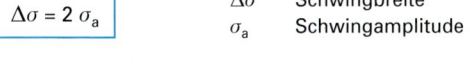

σ_m	Mittelspannung
σ_o	Spannungsmaximum
σ_u	Spannungsminimum

Findet die Beanspruchung ausschließlich im Zugbereich statt, spricht man von einer *Zugschwellbelastung*. Ist die Beanspruchung ausschließlich im Druckbereich, spricht man von *Druckschwellbelastung*. Im *Wechselbereich* wechselt das Vorzeichen der Belastung **(Bild 2)**.

Generell sind bei den Zahlenwerten die Vorzeichen zu beachten. Es gilt die Konvention, dass den *Zugbeanspruchungen positive Zahlenwerte* zugeordnet werden und den *Druckbeanspruchungen negative*. Entsprechend zu der Nomenklatur bei Nennspannungen können auch *Schubspannungen* mit τ, Zug-, Druck- und Biegeverformungen mit ε und Momente mit M bezeichnet werden.

Zur Verdeutlichung der Beanspruchungsart werden die Formelzeichen auch mit einem Index versehen: z für Zugbeanspruchung, d für Druckbeanspruchung und b für Biegebeanspruchung.

Zur weiteren Kennzeichnung dient der Wert für das Spannungsverhältnis $R = \sigma_u/\sigma_o$.

2.6.3.2 Versuchsanordnung und Proben

Zielstellung der Dauerschwingversuche ist es, *reproduzierbare* und vor allem *vergleichbare Werkstoffkennwerte* zu ermitteln.

Je nach Fragestellung werden folgende Proben verwendet:

- **Werkstoffproben** mit rundem, vollem oder hohlem Prüfquerschnitt sowie Flachproben zur Prüfung der Werkstoffeigenschaften, Oberflächeneigenschaften oder der Randschichteigenschaften **(Bild 1)**,

- **Kerbproben** mit rundem, vollem Prüfquerschnitt sowie Flachproben zur Abbildung des Bauteilverhaltens an Spannungskonzentrationsstellen. Die Übertragbarkeit wird verbessert, wenn Formzahl, Spannungsgradient und örtlicher Spannungszustand ähnlich zum realen Bauteil gewählt werden.

- **Modellkörper** für komplexe und große Bauteile, die selbst nicht geprüft werden können.

Für die Durchführung von Schwingversuchen werden mehrere, hinsichtlich Werkstoff, Gestalt und Herstellung völlig gleichwertige Proben benötigt. Unerwünschte Randeinflüsse können dabei die Ergebnisse wesentlich beeinflussen. Deshalb ist bei der Herstellung der Proben mit großer Sorgfalt vorzugehen.

Die Dokumentation der verwendeten Probenform, deren Herstellung sowie der verwendeten Prüf- und Messtechnik ist wesentlicher Bestandteil der Versuchsdokumentation im Hinblick auf die Bewertung der Ergebnisse und die Weiterführung von Untersuchungen.

Die Proben werden über eine Einspannvorrichtung mit folgender Wirkungsweise in der Prüfmaschine aufgenommen:

- Klemmvorrichtungen mit Reibschluss (mechanisch oder hydraulisch),

- Klemmvorrichtungen mit Form- und Reibschluss,

- Gewindeeinspannungen **(Bild 2)**.

In jedem Fall ist auf zentrischen Sitz der Probe zu achten, da anderenfalls überlagerte Biegemomente und Querkräfte auftreten, die das Messergebnis verfälschen. Gegebenenfalls sind Zentrierungen an der Probe und der Einspannung oder Montagehilfen notwendig. Gewinde sind nicht selbstzentrierend!

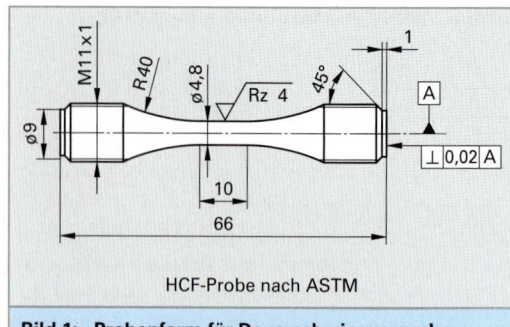

Bild 1: Probenform für Dauerschwingversuche

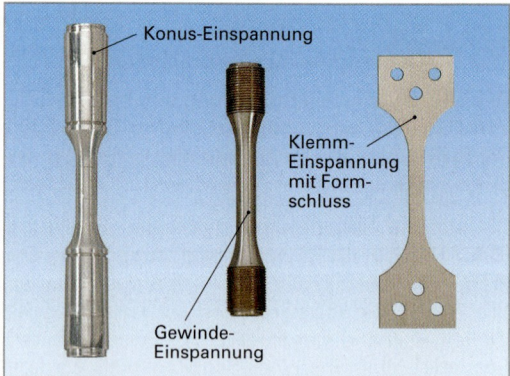

Bild 2: Werkstoffproben mit unterschiedlichen Spannköpfen

Probenherstellung:

- **Entnahmerichtung** der Proben aus dem Halbzeug festlegen und dokumentieren,

- der gesamte Probenumfang sollte einer **Charge** entnommen werden, bzw. der Chargeneinfluss ist anhand von Stichprobenversuchen zu ermitteln,

- Fertigung glatter Proben mit hoher **Oberflächenqualität**, wenn Werkstoffeigenschaften ermittelt werden sollen, anderenfalls Oberflächenausführung an Bauteil anpassen,

- Schleifen kann verfälschende Eigenspannungen in der Randschicht erzeugen,

- Fläche im Einspannquerschnitt $\geq 4 \cdot$ Fläche des Prüfquerschnitts, anderenfalls können auch Brüche in der Einspannung auftreten,

- keine **Kennzeichnung** der Proben im versagensrelevanten Prüfquerschnitt, besser im Bereich der Einspannköpfe.

2.6.3.3 Versuchsablauf und Auswertung

Im *Wöhlerversuch*[1] (auch Einstufen-Dauerschwingversuch) wird die Probe einer Belastung mit einstufiger, sinusförmiger Kraftamplitude bei konstantem Mittelwert unterworfen. Die eingestellte Belastung wird während des Versuches nicht verändert. Als Versuchsergebnis wird eine Schwingspielzahl N bis zum Bruch der Probe registriert.

Zur Bestimmung der *Dauerfestigkeit* werden nacheinander mehrere gleichwertige Proben *gestaffelten* Beanspruchungen unterworfen. Zweckmäßigerweise erfolgt zuerst eine Belastung auf hohem Spannungsniveau, um einen Bruch zu erzeugen. Bei weiteren Versuchen werden Mittelspannung und/oder Spannungsamplitude soweit reduziert, bis die höchste Belastungskombination gefunden ist, bei der gerade noch die Grenzschwingspielzahl erreicht wird.

Wenn möglich, sollten je Spannungsniveau mehrere Versuche durchgeführt werden. Es kann dann die Aussagefähigkeit der Ergebnisse durch eine statische Auswertung hinsichtlich Mittelwert und Streubreite erhöht werden.

Die Darstellung der Versuchsergebnisse erfolgt zumeist im *Wöhler-Diagramm* (**Bild 1**). Meist wird die Spannungsamplitude als Beanspruchungsmaßstab verwendet. Beide Achsen werden logarithmisch unterteilt.

Durch die einzelnen Versuchspunkte wird eine *mittelnde Gerade* gelegt (**Bild 1, folgende Seite**):

$$N_D = N_A \cdot (\sigma_D / \sigma_A)^{-k}$$

für
$\sigma_A \geq \sigma_D$

N_D	Schwingspielzahl der Dauerfestigkeit
N_A	Schwingspielzahl der Zeitgeschwindigkeit
σ_D	Dauerschwingfestigkeit
σ_A	Kurzzeitschwingfestigkeit
k	Wöhlerexponent

Der Übergang von der Kurzzeitfestigkeit zur Zeitfestigkeit ist fließend, als Grenzwert wird eine Schwingspielzahl von $5 \cdot 10^4$ bzw. eine Spannungsamplitude $\sigma_A^K \approx 0{,}5 \cdot R_{p0,2} \cdot (1-R)$ angenommen. Der Kurzzeitfestigkeitsbereich wird als „Low Cycle Fatigue"-Bereich bezeichnet und ist gewöhnlich nicht Gegenstand des Wöhlerversuches, dafür werden Untersuchungen mit dehnungskontrollierter Beanspruchung benötigt.

Dauerfestigkeit:

Der Begriff der Dauerfestigkeit ist eine starke Vereinfachung, wie neuere Untersuchungsergebnisse zeigen. Unterhalb des Abknickpunktes der *Wöhlerlinie* ist mit zunehmender Schwingspielzahl weiterhin eine Verringerung der Festigkeit zu berücksichtigen.

Dabei ist die Neigung der Festigkeitslinie für unlegierte Stähle und Titan (kubisch-raumzentrierter Gitteraufbau) sehr flach ($\Delta\sigma \approx 2\,\%$ /Dekade), für Aluminium, austenitische bzw. höherlegierte Stähle u. Ä. ist die Neigung stärker ($\Delta\sigma \approx 10\,\%$/Dekade).

Da für diesen Bereich wenig Versuchsergebnisse vorliegen, erfolgt die Berücksichtigung der Unsicherheit über einen Sicherheitsfaktor.

Beim Auftreten von einzelnen Überlasten, bei überhöhter Temperatur bzw. in korrosiver Umgebung existiert generell keine Dauerfestigkeit.

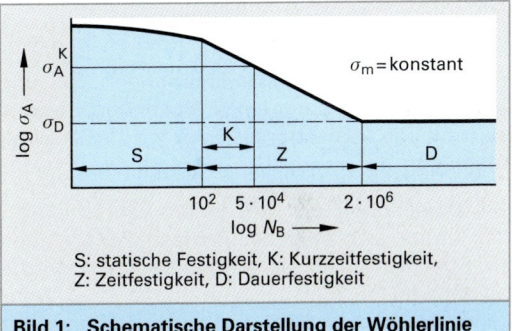

S: statische Festigkeit, K: Kurzzeitfestigkeit,
Z: Zeitfestigkeit, D: Dauerfestigkeit

Bild 1: Schematische Darstellung der Wöhlerlinie

Die **Dauerschwingfestigkeit** ist der jeweils höchste Wert für eine Kombination aus Mittelspannung und Spannungsamplitude, bei der eine Probe „unendlich oft" ohne Bruch und ohne unzulässige Verformung beansprucht werden kann. Statt „unendlich oft" wird technisch eine endliche Grenzschwingspielzahl angegeben. Technisch relevant sind für Stahl $1 \cdot 10^7$ Schwingspiele, für Leichtmetalle $1 \cdot 10^8$ Schwingspiele, es können aber auch kleinere Grenzschwingspielzahlen vereinbart werden. Die Dauerfestigkeit wird mit einem kennzeichnenden Index versehen: $\sigma_{D(10^7)}$.

Gerechtfertigt ist die Verwendung einer Grenzschwingspielzahl durch die asymptotische Näherung der Lebensdauerlinie im Bereich hoher Schwingspielzahlen an die Dauerfestigkeit, eine große Änderung in der zu prüfenden Schwingspielzahl resultiert nur in einer kleinen Unsicherheit in der Spannung.

---
[1] Zu Ehren von August Wöhler (1819 bis 1914) der um 1870 erstmalig systematische Untersuchungen zum Zusammenhang zwischen Belastung und Bruchschwingspielzahl an Eisenbahnachsen durchführte, wird der Schwingversuch häufig Wöhlerversuch und die entsprechende Auswertung Wöhler-Diagramm genannt.

Die **Wechselfestigkeit** ist der Sonderfall der Dauerschwingfestigkeit für eine Mittelspannung Null, die Spannung wechselt zwischen positiven und negativen Spannungen mit gleichem Betrag (**Bild 1**).

Beispiel:
Zug-Druck-Wechselfestigkeit: $\sigma_{zdW} = \pm 200$ N/mm²

Die **Schwellfestigkeit** ist der Sonderfall der Dauerfestigkeit für eine zwischen Null und einem Höchstwert an- und abschwellende Spannung.

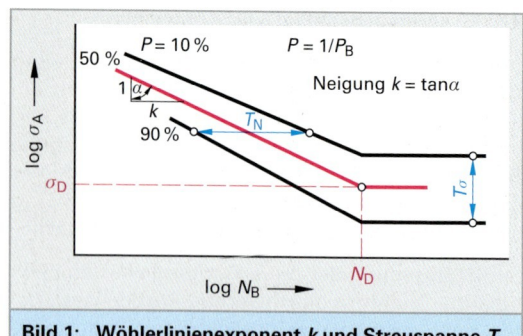

Bild 1: Wöhlerlinienexponent k und Streuspanne T_N

Beispiel:
Zug-Schwellfestigkeit: $\sigma_{zSch} = 400$ N/mm²

Zeitschwingfestigkeit heißt der Spannungswert σ_D für Bruchschwingspielzahlen, die geringer als die Grenzschwingspielzahl sind:

$\sigma_{D\,(5\cdot 10)} = +300 \pm 250$ N/mm².

Auf Grund von Werkstoffstreuungen ist eine mehrfache Belegung eines Spannungsniveaus sinnvoll. Die Auswertung erfolgt mit statistischen Methoden.

Bei Berechnung der Überlebenswahrscheinlichkeit ergibt sich statt der Zeitfestigkeitsgeraden ein Streubereich, dessen untere Streubandgrenze angibt, welche Schwingspielzahl mit einer Wahrscheinlichkeit von 90 % erreicht oder überschritten wird. Analog dazu wird eine obere Streubandgrenze für $P_\text{ü} = 10$ % verwendet.

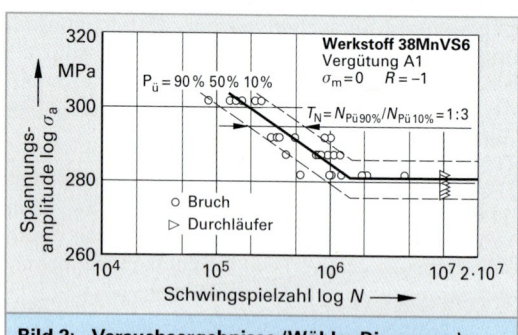

Bild 2: Versuchsergebnisse (Wöhler-Diagramm)

In **Bild 2** ist eine solche Auswertung für eine Serie von Messdaten unter Annahme einer logarithmischen Normalverteilung dargestellt. Die Bestimmung von Mittelwert und Streubandgrenzen erfolgt für jedes Spannungsniveau im Wahrscheinlichkeitsnetz (**Bild 3**).

Aus den Streubandgrenzen kann im Zeitfestigkeitsbereich die *Streuspanne*, das Verhältnis der Schwingspielzahlen für 10 % und 90 % Überlebenswahrscheinlichkeit berechnet werden:

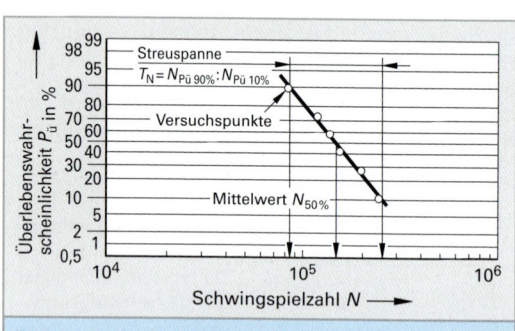

Bild 3: Statistische Auswertung

$T_N = N_{\text{PÜ}90\%} / N_{\text{PÜ}10\%}$

	T_N	Streuspanne
	$N_{\text{PÜ}90\%}$	90 % Überlebenswahrscheinlichkeit
	$N_{\text{PÜ}10\%}$	10 % Überlebenswahrscheinlichkeit

Bei Berechnung der Überlebenswahrscheinlichkeit ergibt sich, statt der Zeitfestigkeitsgeraden, ein Streubereich.

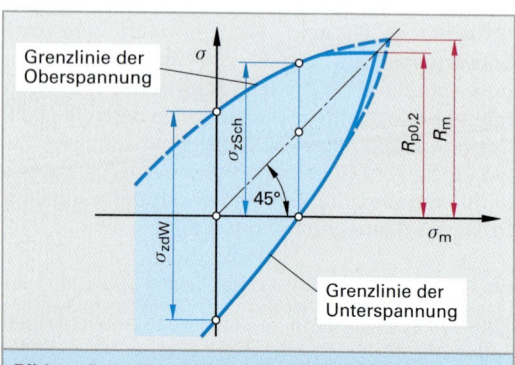

Bild 4: Dauerfestigkeitsschaubild nach Smith

2.6 Mechanische Eigenschaften

Die Streuspanne gibt, wie die *Standardabweichung*, eine Information über die Streubreite der Versuchsergebnisse. Es können bei entsprechender Anzahl von Versuchsergebnissen auch andere Überlebenswahrscheinlichkeiten berechnet werden (z. B. 95 %, 99 %). Die zugrunde liegenden statistischen Gesetzmäßigkeiten bezüglich anzusetzender Verteilungsfunktion und Stichprobenumfang sowie eine Formelsammlung sind bei E. Haibach[1] enthalten. Kommerzielle Software wird heute vielfach bei der statistischen Auswertung eingesetzt.

Eine genauere Bestimmung zum Wert der Dauerfestigkeit sowie Angaben zur statistischen Aussagekraft diese Wertes ermöglicht das **Treppenstufenverfahren** nach *M. Hück*[2]. Die notwendige Probenanzahl liegt zwischen 15 und 40 und orientiert sich an der gewünschten statistischen Aussagesicherheit.

Der zu erwartende Streubereich der Dauerfestigkeit wird in Stufen eingeteilt, der Stufensprung ist abhängig von der geplanten Anzahl der Versuche. Der erste Versuch wird in der Mitte des Streubereiches gestartet. Bricht die Probe vor Erreichen der Grenzschwingspielzahl, wird der folgende Versuch auf der nächst niedrigeren Laststufe gestartet. Wird ein Durchläufer erreicht, erfolgt die Belastung auf der nächst höheren Stufe, siehe Beispiel. Die Ergebnisse ordnen sich um einen Mittelwert der Dauerfestigkeit. Die Auswertung erfolgt, indem die Häufigkeit der Ereignisse auf jeder Stufe addiert werden und die Summen für A, B und F gebildet werden.

Außer dem Mittelwert der Dauerfestigkeit für 50 %ige Überlebenswahrscheinlichkeit können weitere Kenngrößen wie der Standardfehler sowie die Dauerfestigkeit für höhere Überlebenswahrscheinlichkeiten unter Annahme eines Konfidenzbereiches berechnet werden.

Die Ergebnisse von Dauerschwingversuchen können weiterhin in den Dauerfestigkeitsschaubildern nach *Smith*[3] und *Haigh* ausgewertet werden. Dort sind jeweils Werte der Dauerfestigkeit für verschiedene Beanspruchungsbereiche enthalten und es lassen sich die Zusammenhänge zwischen Mittelspannung, Spannungsamplitude sowie Oberspannung und Unterspannung erkennen.

Beispiele:
Treppenstufenauswertung nach **Hück**[2]

σ_a (MPa)	Probennummer																					Schema				
	1	2	3	4	5	6	7	8	9	10	11	12	13	14	15	16	17	18	19	20	i	f_i	$i \cdot f_i$	$i^2 \cdot f_i$
1250											•		•		•							3	3	9	27
1200	•				•				○		○		○		•				•			2	7	14	28
1150		•		○		•		○								•		○		#		1	7	7	7
σ_0 1100			○			○											○					0	3	0	0
																					Σ	20	30	62
																					F	A	B	

Erläuterung:

○ ... Durchläufer

• ... Bruch

d ... Stufensprung = 50 MPa

... fiktiver Versuch

$F = \Sigma f_i$

$A = \Sigma i \cdot f_i$

$B = \Sigma i^2 \cdot f_j$

Versuchsergebnis:

Dauerfestigkeit $\sigma_{D(PÜ\ =\ 50\%)} : \sigma_{D50\%} = \sigma_0 + d\dfrac{A}{F} = 1175$ MPa

Varianz: $k = \dfrac{F \cdot B - A^2}{F^2} = 0{,}85$

---

[1] *Haibach, E.*: Betriebsfestigkeit. Verfahren und Daten zur Bauteilberechnung. VDI-Verlag GmbH, Düsseldorf, 1989
[2] *Hück, M.*: Ein verbessertes Verfahren für die Auswertung von Treppenstufenversuchen. Z. Werkstofftechnik 14 (1983), 406 bis 417.
[3] *Smith, J. H.* veröffentlichte 1910 die Ergebnisse von Dauerschwingversuchen in The Journal of Iron and Steel Institute, Vol. II, p. 246 bis 318.

2.6.4 Bruchmechanik

Beim Bruchmechanikkonzept wird, anders als beim Nennspannungskonzept (Zug- oder Schwingversuch), von der *Annahme eines fehlerbehafteten Bauteils* ausgegangen. Es wird die *Fehlertoleranz* beurteilt, der Werkstoffwiderstand gegenüber Risseinleitung und Rissausbreitung.

Hintergrund ist die Tatsache, dass rissartige Fehlstellen aus Herstellung oder Betrieb des Bauteils nicht vollständig ausgeschlossen werden können. So sind z. B. mittels zerstörungsfreier Prüfverfahren Fehler unterhalb einer verfahrensbedingten Auflösungsgrenze nicht erkennbar. Ziel bruchmechanischer Untersuchungen ist die Absicherung gegenüber Rissausbreitung und Versagen. Dies geschieht über die Ermittlung einer kritischen Fehlergröße, bei der Risswachstum oder spontanes Versagen eintritt. In diese Betrachtung wird der Werkstoff- und Beanspruchungszustand des Bauteils einbezogen.

Die dafür notwendigen Kennwerte werden in Bruchmechanikversuchen ermittelt. Je nach Werkstoffverhalten und Beanspruchung kommen Verfahren der linear-elastischen-Bruchmechanik bzw. der Fließbruchmechanik zur Anwendung.

2.6.4.1 Konzept der linear-elastischen Bruchmechanik (LEBM)

Die LEBM gilt für den Teilbereich des spröden Werkstoffverhaltens. Im elastischen Spannungsfeld vor einer Rissspitze existiert bei strikter Anwendung der Nennspannungstheorie eine unendlich hohe Nennspannung **(Bild 1)**. Daraus wird ersichtlich, dass die Spannung kein geeigneter Parameter zur Beschreibung von Beanspruchung und Beanspruchbarkeit beim Vorhandensein von Rissen ist.

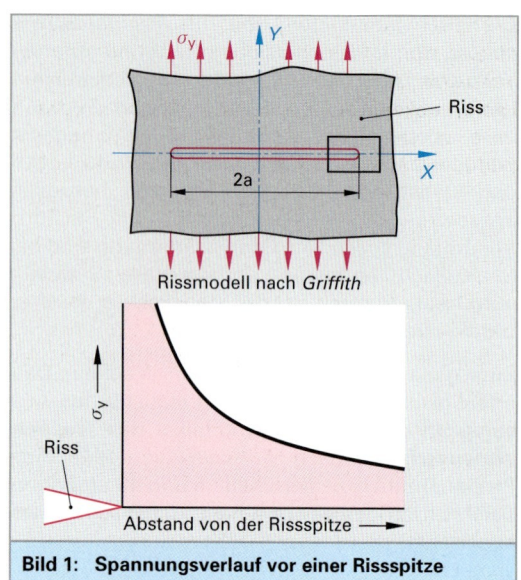

Bild 1: Spannungsverlauf vor einer Rissspitze

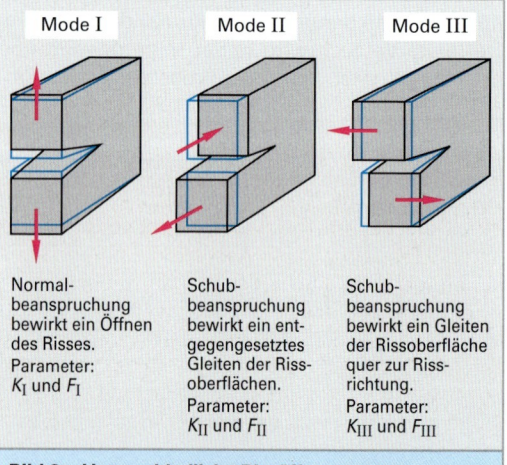

Bild 2: Unterschiedliche Rissöffnungsarten

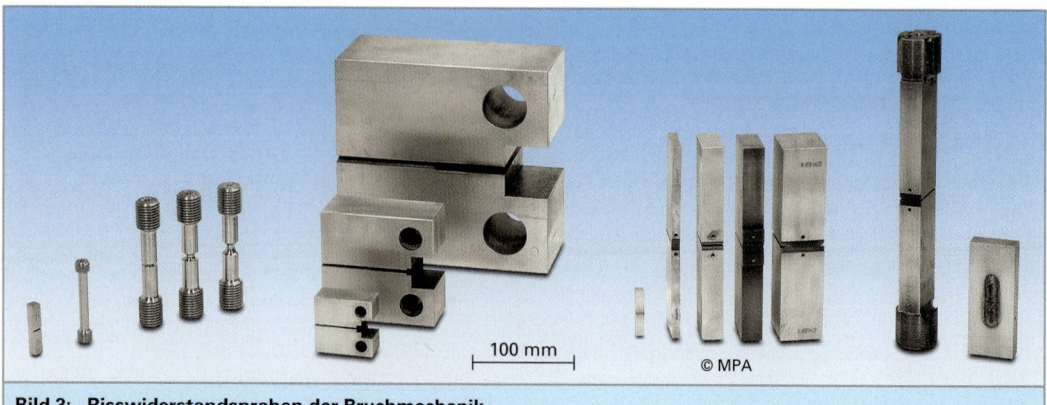

Bild 3: Risswiderstandsproben der Bruchmechanik

2.6 Mechanische Eigenschaften

Deshalb wurde der Begriff der *Spannungsintensität* eingeführt. Diese wird durch einen *Spannungsintensitätsfaktor* K_I (SIF, engl. Stress Intensity Factor) gekennzeichnet. Für eine unendlich breite Platte unter Zugspannung (Rissöffnungsmodus I, **Bild 2**) mit einem mittigen Riss der Länge 2a gilt:

$$K_I = \sigma \sqrt{\pi a}$$

K_I Spannungsintensitätsfaktor
σ Spannung
a Risslänge

In nahezu allen Konstruktionswerkstoffen erfolgt bei Spannungen oberhalb der Streckgrenze R_p eine lokale Plastifizierung des Werkstoffes vor der Rissspitze.

Die plastische Zone muss entsprechend der Anwendungskriterien der LEBM klein gegenüber den Proben- und Bauteilabmessungen sein und wird durch einen risslängenabhängigen Korrekturfaktor berücksichtigt (ebenso die Bauteilgeometrie und -abmessung).

$$K_I = \sigma \sqrt{\pi a} \cdot f(a/W)$$

K_I Spannungsintensitätsfaktor
σ Spannung
a Risslänge
$f(a/W)$ Funtion der Probengeometrie

Die Beanspruchung in Probe oder Bauteil, ausgedrückt durch K, ist also im Wesentlichen bestimmt durch die äußere Belastung (Bruttospannung) σ und die Risslänge a. Für K existiert ein Grenzwert K_{Ic}, bei dem instabiles Risswachstum einsetzt. Instabil bedeutet, dass die Rissausbreitung schnell und ohne weitere äußere Belastungszunahme abläuft. Der Wert für K_{Ic} stellt einen Werkstoffkennwert dar und wird in Versuchen nach ASTM E-399 ermittelt. Dazu werden Proben nach **Bild 1** eingesetzt.

Da zur Ermittlung eines gültigen K_{Ic}-Wertes ein ebener Dehnungszustand vorliegen muss, d. h. der plastisch verformte Bereich an der Rissspitze klein im Vergleich zur Rissgröße und den Probenabmessungen im Prüfquerschnitt sein soll, ist die Probendicke hoch zu wählen (**Bild 3, vorhergehende Seite**).

Die Proben werden aus dem zu untersuchenden Blech, Schmiedestück oder Formstück entnommen, wobei die Lage der Probe bezüglich Längs-, Quer- oder Dickenrichtung zu kennzeichnen ist (**Bild 2**). Die Kerbform kann nach ASTM E 399[1] verschiedenartig ausgebildet werden. Alle Proben erhalten als Startkerbe zusätzlich einen Ermüdungsriss (ein kleiner Rissspitzenradius mit höchster Kerbschärfe wird nur durch einen natürlichen Riss erreicht). Der Ermüdungsriss soll flach und senkrecht zur Probenstirnseite eingebracht werden, wobei die zyklische Belastung klein im Verhältnis zur erwarteten Prüfbelastung zu halten ist.

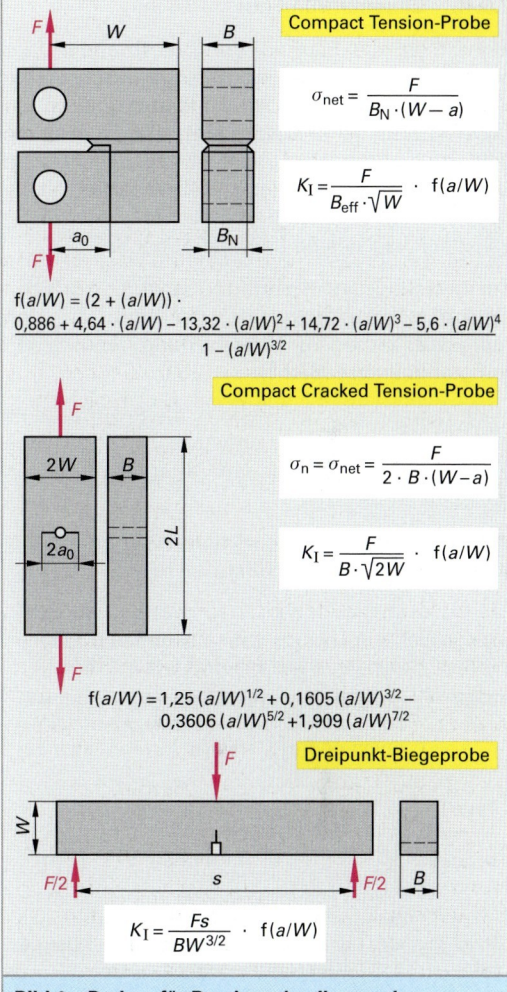

Bild 1: Proben für Bruchmechanikversuche

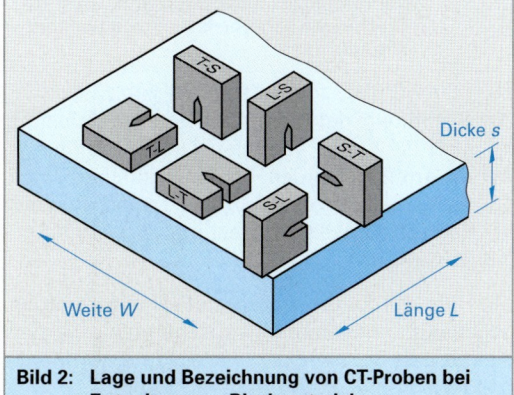

Bild 2: Lage und Bezeichnung von CT-Proben bei Entnahme aus Blechmaterial

---
[1] American Society for Testing and Materials: Norm ASTM E 399 „Standard Test Method for Plane-Strain Fracture Toughness of Metallic Materials"

2.6.4.2 Durchführung des Versuchs

Ziel ist es, die Rissinitiierung, d. h. den Übergang von einem ruhenden zu einem wachsenden Riss, für den vorliegenden Werkstoff und die Einflussfaktoren Temperatur, Belastungsgeschwindigkeit u. a. durch Kenngrößen zu beschreiben. Durch den Vergleich dieser Risszähigkeit mit Referenzwerten wird ein bruchmechanischer Festigkeitsnachweis des Bauteils[1] ermöglicht.

Zur Messung der Rissöffnung wird an der Stirnseite der Probe mittig über der Kerbe ein Dehnungsaufnehmer zur Bestimmung der Rissöffnung angebracht **(Bild 1)**.

Nach dem Einbau der Probe in die Prüfmaschine und dem Einstellen der gewünschten Prüftemperatur wird die Probe mit definierter Spannungsintensitätsrate belastet.

Während des Versuches wird die Rissöffnung V in Abhängigkeit von der Prüfkraft F registriert.

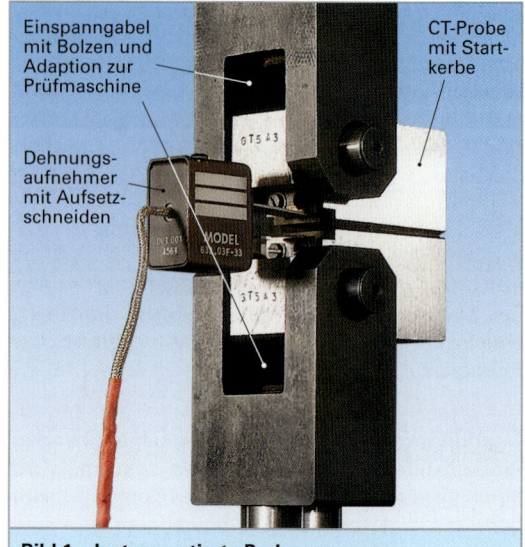

Bild 1: Instrumentierte Probe

Die dabei auftretenden Kraft-Rissöffnungs-Kurven können folgendermaßen unterteilt werden **(Bild 2)**:	
Teil I	Stellt den für zähe Werkstoff zu erwartenden Kurvenverlauf mit plastischer Verformung und evtl. stabiler Rissverlängerung dar.
Type II	Verhalten von Proben aus nur mäßig zähem Werkstoff oder aber mit spröden Bereichen in zäher Matrix. Durch örtliche Rissverlängerungen, wobei der Riss selbst wieder aufgefangen wird, tritt ein Kraftabfall (pop in[2]) bei gleichzeitiger Rissöffnung ein. Der vollständige Bruch der Probe tritt erst nach Erreichen von F_{max} ein.
Type III	Entsteht bei sehr spröden Werkstoffen. Während bei Type I und II noch plastische Verformungen aufgetreten sind, weist die Bruchfläche bei Type III nur noch Spaltbrüche auf.

Zur Ermittlung des Spannungsintensitätsfaktors K_Q muss die Kraft F_Q aus den Kraft-Rissöffnungs-Kurven ermittelt werden. Ferner ist zu überprüfen, ob das Verhältnis von $F_{max}/F_Q \leq 1{,}1$ ist, da sonst der Versuch zur weiteren Bestimmung von K_{IC} ungültig wäre.

Mit Hilfe der für die einzelnen Probenformen angegebenen Bestimmungsgleichungen werden die der Last F_Q sowie der Last F_{max} zugeordneten K_Q-Werte bzw. K_{max}-Werte berechnet.

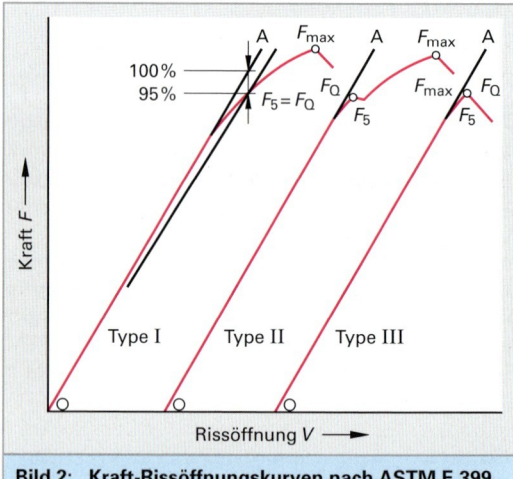

Bild 2: Kraft-Rissöffnungskurven nach ASTM E 399

Um zu bestimmen, ob der K_Q-Wert ein gültiger K_{IC}-Wert ist, muss ein ebener Dehnungszustand nachgewiesen sein. Das geschieht nach ASTM E 399 nach folgender Abschätzung:

Probendicke: $\quad B \geq 2{,}5 \cdot \left(\dfrac{K_{IC}}{R_{p0,2}}\right)^2$

Risslänge: $\quad a \geq 2{,}5 \cdot \left(\dfrac{K_{IC}}{R_{p0,2}}\right)^2$

---

[1] vergl. z. B. *Bruchmechanischer Festigkeitsnachweis für Maschinenbauteile*, VDMA-Verlag Frankfurt a. M.

[2] engl. to pop = puffen, knallen, to pop in = einfallen, abfallen

2.6.4.3 Konzept der Fließbruchmechanik

Das Konzept der LEBM verliert beim Auftreten ausgedehnter Bereiche mit plastischer Verformung vor der Rissspitze seine Gültigkeit. Der Bruchvorgang wird dann von einer kritischen plastischen Verformung an der Rissspitze kontrolliert. Das wichtigste Konzept der Fließbruchmechanik ist das J-Integral-Konzept. Für die Anwendung von Versagenskonzepten auf der Basis des J-Integrals werden experimentell ermittelte Risswiderstandskurven, sogenannte J_R-Kurven, benötigt. Probengeometrien, Versuchsdurchführung und die Gültigkeitsgrenzen der J_R-Kurven-Ermittlung sind in ASTM E 813 festgelegt. Die Vorgehensweise bei der Mehr- und Einprobentechnik wird im folgenden beschrieben.

Bei der Mehrprobentechnik werden mehrere Proben unterschiedlich hoch belastet und nach Anlauffärbung der „stabil" erweiterten Rissfläche zur Vermessung der Rissverlängerung Δa aufgebrochen **(Bild 1)**. Für jede Probe wird der J-Wert gesondert berechnet.

Die Einprobentechnik wird mit Teilentlastungen von ca. 20 % durchgeführt. Zunächst wird der zum jeweiligen Teilentlastungszeitpunkt zuzuordnende J-Wert ermittelt. Gleichzeitig wird aus der Nachgiebigkeit C der Probe, die aus der Steigung des Last-Rissöffnungs-Verlaufs der jeweiligen Teilentlastung abzuleiten ist, die Risslänge a und damit die Rissverlängerung Δa bestimmt.

Nach ASTM E 813-81 ist die J_R-Kurve als Regressionsgerade (Methode der kleinsten Fehlerquadrate) durch die ermittelten J-Δa-Werte zwischen der *0.15 mm Offset Line* und der *1.5 mm Offset Line* definiert. Als *Initiierungswert* J_{IC} wird der Schnittpunkt der J_RKurve mit einer berechneten Rissabstumpfungsgeraden (Blunting line) festgelegt **(Bild 2)**.

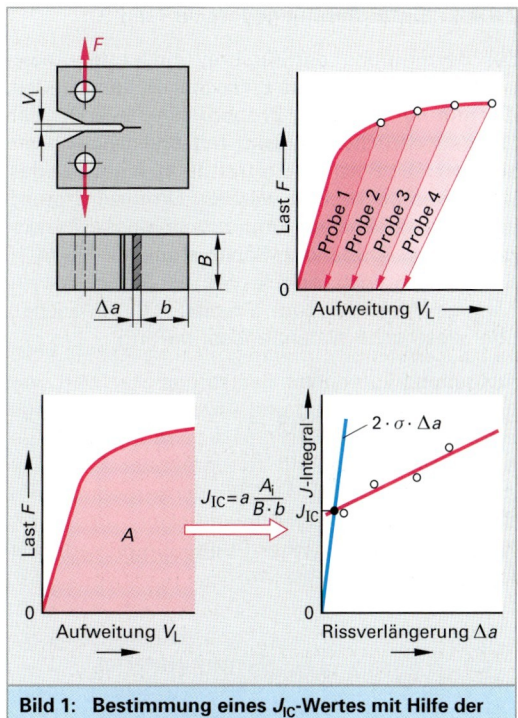

Bild 1: Bestimmung eines J_{IC}-Wertes mit Hilfe der Mehrprobentechnik

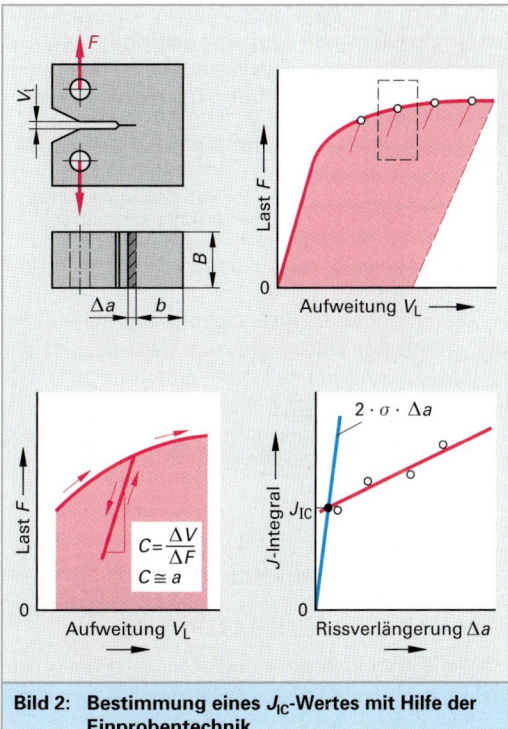

Bild 2: Bestimmung eines J_{IC}-Wertes mit Hilfe der Einprobentechnik

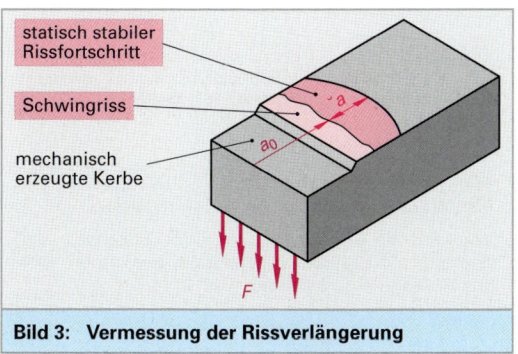

Bild 3: Vermessung der Rissverlängerung

2.6.4.4 Rissausbreitungsgeschwindigkeit

Zur Bestimmung der Ausbreitungsgeschwindigkeit eines Risses unter zyklischer Belastung werden die vorgestellten Probenformen verwendet. Die Beanspruchung erfolgt mit zyklischem Kraftsollwert. Die Risslänge muss dabei während des Versuches beobachtet werden. Dazu wird meist eine optische Bestimmung mittels Messmikroskopen auf der Probenoberfläche eingesetzt **(Bild 1)**. Es kommen auch indirekt von der Rissgröße abhängige Verfahren zum Einsatz, z. B. Ultraschall oder elektrische Widerstandsänderung.

Ausgehend von einem Belastungs-Startwert werden Rissverlängerung und Anzahl der Belastungszyklen gemessen. Während die Kraft konstant gehalten wird, steigt mit zunehmender Risslänge die Beanspruchung. Als Versuchsergebnis wird die Risswachstumsgeschwindigkeit da/dN als Funktion des zyklischen Spannungsintensitätsfaktors ΔK dargestellt:

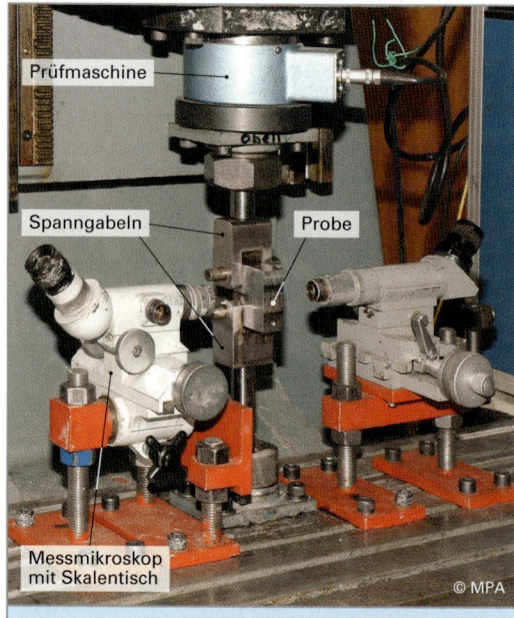

Bild 1: Optische Bestimmung der Risslänge

$$\Delta K = \Delta \sigma \sqrt{\pi a}$$

- ΔK Zyklischer Spannungsintensitätsfaktor
- $\Delta \sigma$ Schwingbreite der Nennspannung
- a Risslänge

Es ergibt sich der in **Bild 2** dargestellte Kurvenverlauf. Im mittleren, technischen interessanten Bereich besteht bei doppeltlogarithmischer Auftragung ein linearer Zusammenhang, der durch die *Paris-Erdogan-Gleichung*[1] beschrieben wird:

$$\frac{da}{dN} = C (\Delta K_I)^m$$

- da/dN Zyklischer Spannungsintensitätsfaktor
- C Schwingbreite der Nennspannung
- ΔK_I Risslänge
- m Exponent

Im Bereich hoher Risswachstumsgeschwindigkeit erfolgt der Übergang zum Gewaltbruch bei K_{IC} bzw. K_Q. Im Bereich kleiner Spannungsintensitäten existiert ein Schwellenwert zyklischer Rissausbreitung ΔK_{th}. Unterhalb dieses Wertes findet keine Rissausbreitung mehr statt (bruchmechanische Dauerfestigkeit).

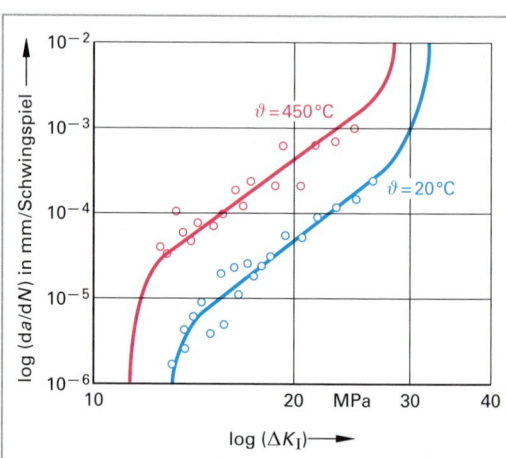

Bild 2: Risswachstumsgeschwindigkeit als Funktion des Spannungsintensitätsfaktors

[1] *Paris, P.C.F. Erdogan*: A critical analysis of crack propagation laws. Journal of Basic Engineering 85, 528–34

Wiederholung und Vertiefung

1. Welcher Bruchmodus ist beim Auftreten einer Ermüdungsbeanspruchung charakteristisch?
2. Wie wird die Frequenz einer Schwingung berechnet?
3. Kennzeichnen Sie Schwingbreite, Amplitude und Periode einer sinusförmigen Schwingung.
4. Was ist bei der Entnahme von Schwingproben aus einem Vormaterial oder Bauteil zu beachten?
5. Wie wird die Streuspanne im Zeitfestigkeitsbereich, bezogen auf die Schwingspielzahl, berechnet? Welche Aussage ergibt sich daraus?

2.6.5 Zeitstandversuch unter Zugbeanspruchung

Im Hochtemperaturbereich ist das Festigkeitsverhalten der Werkstoffe zeitabhängig. Es ist dadurch gekennzeichnet, dass nach Lastaufbringung sich kein Gleichgewicht zwischen Belastung und Verformung einstellt, sondern auch bei gleichbleibender Beanspruchung eine stetige Dehnungszunahme erfolgt. Die dabei auftretende Verformung wird als Kriechen bezeichnet.

Der Temperaturbereich, in dem technisch relevantes zeitabhängiges Werkstoffverhalten auftritt, liegt je nach Werkstoff bei > 50 °C (Polymere Kunststoffe), > 100 °C (Aluminium), > 400 °C (unlegierte und legierte Stähle) und > 600 °C (Hochtemperaturlegierungen).

2.6.5.1 Schädigungsmechanismen

In **Bild 1** ist ein typischer zeitlicher Verformungsverlauf bei einem Stahlwerkstoff unter Zeitstandbeanspruchung dargestellt. Die *Bereiche 1 und 2* sind gekennzeichnet durch zunehmende Kriechdehnung aber abnehmende Geschwindigkeit der Kriechdehnung. In der Mikrostruktur des Werkstoffes wird eine abnehmende *Versetzungsdichte* eingestellt. Aufgrund von Diffusionsvorgängen können bei langzeitiger Beanspruchung *Koagulationen*[1] von Ausscheidungen auftreten (im Eisen gelöster Legierungsatome sammeln sich in Ausscheidungen) oder sich neue Ausscheidungen wie Karbide bilden. Diese Prozesse sind reversibel, d. h., sie sind durch eine neuerliche Wärmebehandlung rückgängig zu machen.

Im *Bereich 3* wird der Werkstoff *irreversibel geschädigt*. Dabei bilden sich im Werkstoffinneren vorwiegend auf Korngrenzen bzw. an großen Ausscheidungen Hohlräume, sogenannte *Kriechporen* (**Bild 2**). Insbesondere an Korngrenzen, die rechtwinklig zur angreifenden äußeren Belastung orientiert sind, kommt es bei weiterer Belastung zur Porenvergrößerung und zur Bildung großer Schädigungsbereiche (**Bild 3**). Durch die bereits beschriebenen Änderungen in der Mikrostruktur sowie durch die Spannungserhöhung infolge Abnahme des tragenden Querschnittes wird eine progressive Zunahme der Kriechgeschwindigkeit gemessen. Bei fortgesetzter Belastung bilden sich aus diesen Poren Mikrorisse, die bei ausreichender Größe zum Versagen der Probe oder des Bauteils führen. Kennzeichnend für die *Zeitstandschädigung* bzw. für die *Kriechschädigung* ist der interkristalline Rissverlauf.

---

[1] Koagulation = Ausflockung, von lat. coagulare = gerinnen

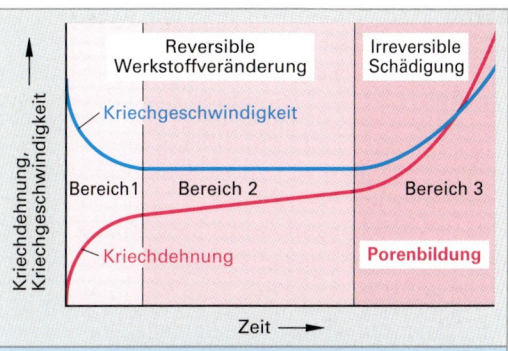

Bild 1: Verlauf von Dehnung und Dehngeschwindigkeit unter Zeitstandbeanspruchung

Bild 2: Kriechporen im Stahl 13CrMo4-4 (Rasterelektronenmikroskopische Aufnahme eines geätzten Schliffes)

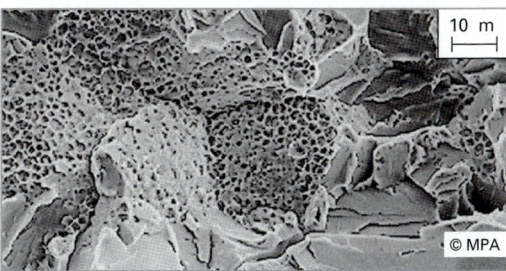

Bild 3: Freigelegte Korngrenzen mit Porenbildung auf einer Bruchfläche

Bild 4: Zeitstandsversagen

Die Beanspruchungsdauer ist ein wesentlicher Einflussparameter für die Kriechdehnung, da die beschriebenen Schädigungsprozesse zeitabhängig sind. Die Geschwindigkeit der Verformungsänderung ist zudem abhängig von

- der Temperatur,
- der Spannung bzw. Kraft,
- der chemischen Zusammensetzung und
- dem Werkstoffzustand.

Diese Zeitabhängigkeit der Festigkeit muss bei der Dimensionierung von Bauteilen berücksichtigt werden.

In Abhängigkeit von der zugrunde gelegten Lebensdauer von

- 50 000 h bei Crackerrohren und Reformerrohren in Chemieanlagen,
- 100 000 h bei Gasturbinenschaufeln und Gasturbinenwellen,
- 200 000 h bei Kraftwerksrohrleitungen

erfolgt die Dimensionierung mit Kennwerten der Zeitstandfestigkeit.

2.6.5.2 Durchführung des Zeitstandversuchs

Die Kennwerte der Zeitstandfestigkeit werden in einachsigen Zeitstandversuchen unter Zugbeanspruchung ermittelt (Norm EN 10 291). Der Versuch wird bei statischer, während des Versuches gleichbleibender Zugkraft und konstanter Temperatur durchgeführt. Die Verformung der Probe wird kontinuierlich oder in bestimmten Zeitabständen gemessen. Der Versuch wird bis zu einer bestimmten Dehnung oder bis zum Bruch der Probe durchgeführt.

Es werden glatte und gekerbte Proben mit rundem Querschnitt und Gewindeeinspannung verwendet. Die Proben können dem homogenen Werkstoff oder aus Schweißverbindungen entnommen sein. Die Temperatur als wesentliche Beanspruchungsgröße muss exakt eingestellt und zeitlich konstant geführt werden. Dazu befinden sich die Probe und die Spannköpfe in einem Ofen. Über auf der Oberfläche befestigte Thermoelemente wird die Temperatur direkt gemessen und aufgezeichnet.

Bei Temperaturen > 800 °C kommen auch berührungslose Strahlungspyrometer[1] zum Einsatz.

Nach Erwärmung der Probe auf die Prüftemperatur und Aufbringen der Prüflast wird die bleibende Dehnung gemessen. Diese bleibende Dehnung über der Beanspruchungsdauer aufgetragen, ergibt das Zeitdehnschaubild **(Bild 1 oben)**.

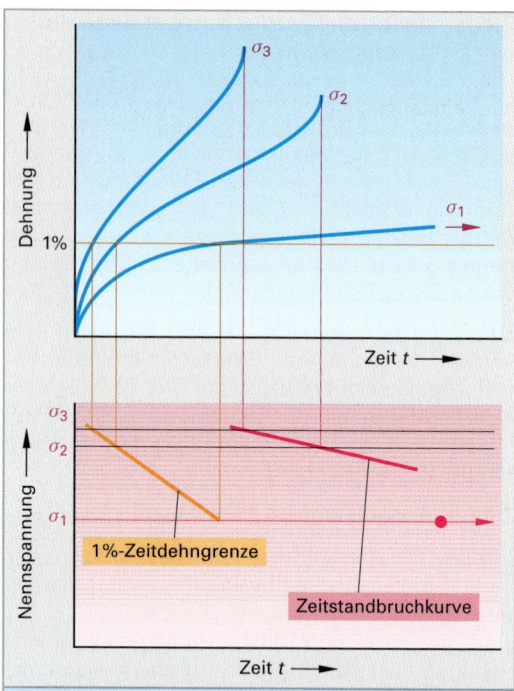

Bild 1: Bestimmung von Zeitdehnlinien im Versuch (oben) und Auswertung in einem Zeitstandschaubild

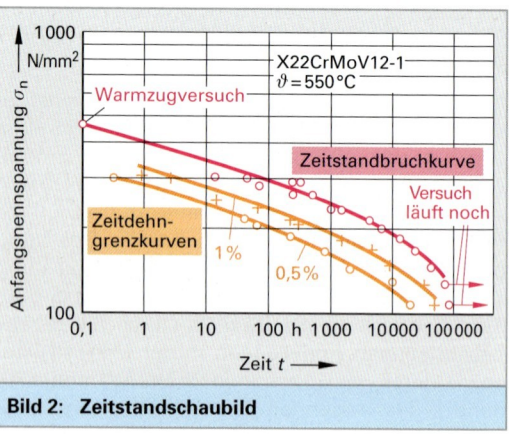

Bild 2: Zeitstandschaubild

---

[1] Temperaturmessung mit Strahlungspyrometer: Ein glühender Körper, dessen Temperatur ermittelt werden soll, sendet Wärmestrahlung aus. Diese wird im Pyrometer mit einer Strahlung bekannter Größe verglichen. Die Auswertung erfolgt auf Basis der Strahlungsgesetze und der Planck-Formel. griech. pyr . . . = Feuer . . ., Hitze . . .

2.6 Mechanische Eigenschaften

Zur Ermittlung der Zeitdehngrenzkurven werden die Zeitdehnkurven mehrerer, auf unterschiedlichen Spannungsniveaus geprüfter Proben, in ein Zeitstandschaubild mit doppeltlogaritmischer Skalenteilung umgezeichnet (**Bild 2, vorhergehende Seite**). Die Zeitbruchkurve ergibt sich aus den Bruchzeiten der Proben.

Die Ergebnisse mehrerer Proben werden durch Interpolationen verbunden. Zur Aufnahme der Kriechdehnungskurven wird bei Versuchen < 1000 h die Verformung meist direkt gemessen, dazu sind entweder temperaturbeständige Aufnehmer auf der Probenoberfläche anzubringen oder die Dehnung wird über ein Messgestänge auf einen außerhalb des Ofens angebrachten Dehnungsaufnehmer übertragen (**Bild 1**).

Bei Langzeitversuchen kann die Verformung nach festgelegten Intervallen gemessen werden, dazu wird die Probe entlastet, abgekühlt, aus dem Ofen entnommen und optisch vermessen und der Versuch anschließend fortgesetzt.

Die Belastung erfolgt nahezu ausschließlich über Maschinen mit Federbelastung oder Gewichtsbelastung (**Bild 2**) und Hebelübersetzung. Die Belastung mit Gewichten hat gegenüber elektrischen oder hydraulischen Antrieben den Vorteil, zeitlich absolut konstant zu sein. Durch ein Hebelverhältnis von 1:25 werden Prüflasten bis 100 kN möglich. Höhere Prüflasten werden nur bei der Prüfung von gekerbten Großproben notwendig, in diesen Sonderfällen wird die Prüfkraft hydraulisch erzeugt.

Die Bestimmung der Mittelwertskurven von Zeitdehngrenze und Zeitstandbruchkurve erfolgt nummerisch, dabei muss die Ergebnisstreuung berücksichtigt werden. Der Streubereich wird mit ≈ 20 % des Mittelwertes der Zeitstandfestigkeit festgelegt. Aus der Zeitbruchkurve wird die Zeitstandfestigkeit $R_m t/T$ abgegriffen (Bild 2, vorhergehende Seite).

Die Berechnung der Mittelwertskurven erfolgt mit hohem Rechenaufwand unter Verwendung komplizierter Verfahren. Das hat folgende Gründe: im Bereich langer Versuchszeiten (> 10 000 h) liegen meist nur wenige Versuchsergebnisse vor, da diese Versuche sehr aufwändig und entsprechend teuer sind. Gerade diese Ergebnisse werden aber für abgesicherte Kennwerte benötigt, da vielfach eine Extrapolation zu noch längeren Auslegungszeiten gewünscht wird.

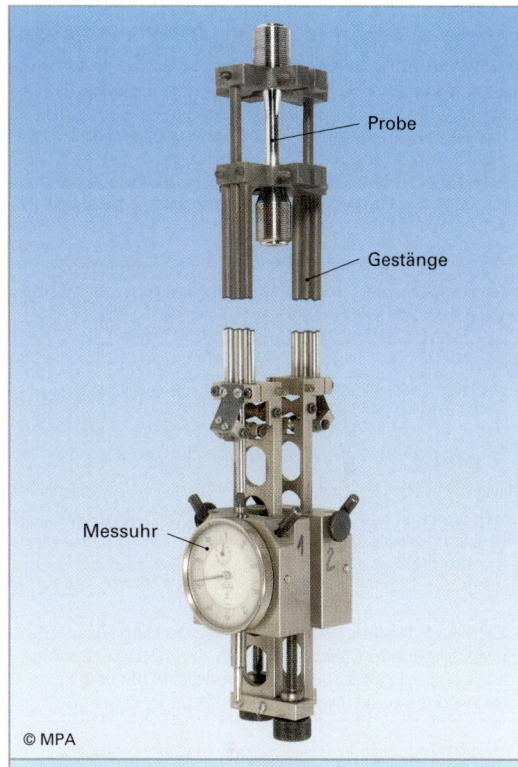

Bild 1: Messgestänge mit Dehnungsaufnehmer

Bild 2: Gewichtsbelastung der Proben

Die wichtigsten **Kenngrößen des Zeitstandversuches** sind:

Zeitdehngrenze R_p t/T: Nennspannung, die bei einer konstanten Prüftemperatur T und der Prüfzeit t zu einem angegebenen Betrag bleibender Dehnung führt. Für Kennwertangaben sind Dehnbeträge von 0,1, 0,2 und 1,0 % üblich. Die Nennspannung wird auf die ursprüngliche Querschnittsfläche der Probe bezogen.

> **Beispiel:** R_p 0,2/1000/650 = 170 MPa; Nennspannung, die bei einer Beanspruchungsdauer von 1000 h und einer Prüftemperatur von 650 °C zu einer bleibenden Dehnung von 0,2 % führt.

Zeitstandfestigkeit R_m t/T: Nennspannung, die bei der Prüftemperatur T und der Prüfzeit t bei konstanter Zugkraft zum Bruch der Probe führt.

> **Beispiel:** R_m 100 000/550 = 110 MPa; Zeitstandfestigkeit, ermittelt bei einer Beanspruchungsdauer t = 100 000 h und einer Prüftemperatur 550 °C.

Zeitbruchdehnung A_u: Plastische Verlängerung der ursprünglichen Messlänge nach dem Bruch der Probe, bei der Prüftemperatur T und der Prüfzeit t, bezogen auf die ursprüngliche Messlänge in Prozent.

> **Beispiel:** A_{u75}^{450} = 8,9 % Zeitbruchdehnung unter einer Spannung von 75 MPa bei einer Temperatur von 450 °C.

Zeitbrucheinschnürung Z_u: Verringerung der ursprünglichen Querschnittsfläche an der Bruchstelle der Probe in Prozent.

> **Beispiel:** Z_{u75}^{450} = 45 % Zeitbruchschnürung unter einer Spannung von 75 MPa bei einer Temperatur von 450 °C.

Diese Begrenzung ist notwendig, da die im Werkstoff ablaufenden Veränderungen der chemischen Zusammensetzung und der Kornstruktur nicht bekannt sind und auch nach langer Beanspruchungsdauer noch deutliche Versprödungs- bzw. Entfestigungsvorgänge auftreten können.

Das führt dazu, dass neuentwickelte warmfeste Werkstoffe eine sehr lange Testphase durchlaufen müssen, ehe Daten für die Auslegung von Chemieanlagen und Kraftwerken mit projektierten Einsatzzeiten bis 200 000 h zur Verfügung stehen. In **Bild 1** ist die 100 000 h Zeitstandfestigkeit eines neuen Werkstoffs vom Typ 9%Cr1%Mo1%WVNb den Festigkeitskennwerten bisher eingesetzter Stähle gegenübergestellt.

Durch Ausnutzung der ca. 50 MPa höheren Festigkeit dieses Werkstoffes können Bauteile bei gleichen Einsatzbedingungen kleiner und leichter dimensioniert werden **(Bild 2)**. Oder bei gleicher Festigkeit kann die Einsatztemperatur um ca. 30 °C erhöht werden, was meist mit einem verbesserten Wirkungsgrad der Anlagenprozesse verbunden ist.

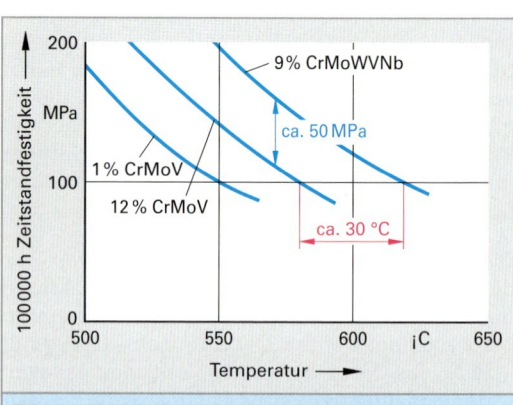

Bild 1: Erweiterung der Einsatzgrenzen durch verbesserte Zeitstandeigenschaften

Die ausgewerteten Kennwerte werden in Werkstoffdatenblättern oder in Werkstoffdatenbanken gesammelt. Auf ihrer Basis erfolgt die Dimensionierung von Hochtemperaturbauteilen sowie die Bewertung des Schädigungszustandes betriebsbeanspruchter Komponenten. Zwischen den Werten kann hinsichtlich Zeit und Temperatur interpoliert werden.

Wenn keine ausreichend langzeitigen Versuchsdaten vorliegen, ist eine Extrapolation der ertragbaren Spannung zu längeren Versuchszeiten zulässig, allerdings maximal bis zu einem Faktor 3.

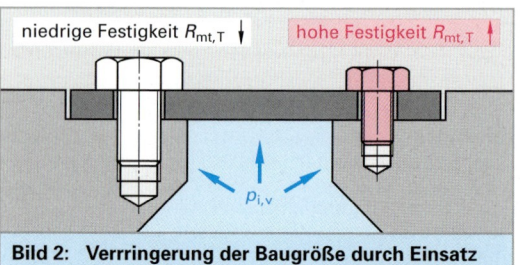

Bild 2: Verrringerung der Baugröße durch Einsatz von Werkstoffen mit höherer Festigkeit

3 Maschinen- und Bauteilverhalten

3.1 Bauteilprüfung

In Bauteilversuchen wird unter betriebsnahen Bedingungen das *Tragverhalten*, das *Verformungsverhalten*, das *Bruchverhalten* und das *Schwingverhalten* einschließlich des *Eigenschwingverhaltens* von bauteilähnlichen Proben, von Einzelbauteilen oder von ganzen Bauteilgruppen untersucht. Dabei werden die Untersuchungen sowohl nach genormten Verfahren als auch auf der Grundlage herstellerspezifischer oder anwenderspezifischer Richtlinien in Verbindung mit Umweltprüfungen durchgeführt.

Zielsetzung ist die Ermittlung der *Betriebsbewährung* bzw. das Erkennen von *Versagensstellen* unter Berücksichtigung statistischer Grundlagen sowie von Auslegungs- und Berechnungskennwerten.

Die Belastungen können sowohl unter vereinfachten Bedingungen als auch in Form der exakten Abbildung der Betriebsbelastung durch Innendruck, Kräfte, Momente und Schwingungsanregung erfolgen. Die Überlagerung von statischen und schwingenden Beanspruchungen, einachsig oder mehrachsig, ist möglich.

Es können die lebensdauerbegrenzenden Prozesse

- Korrosion,
- Verschleiß,
- Ermüdung,
- Überlastung,
- Kriechen,
- Alterung,

betrachtet werden.

3.1.1 Kennwerte für Werkstoffe und Bauteile

Die Festlegung zulässiger Beanspruchungsgrenzen für Bauteile auf der Basis von Werkstoffkennwerten ist immer mit Unsicherheiten verbunden. Im Wesentlichen bezieht sich das auf *Kerbwirkungen*, die am Bauteil zu berücksichtigen sind sowie auf Veränderungen, die der Werkstoff im Laufe seiner Verarbeitung zum Bauteil erfährt (**Bild 1**). Diese Einflüsse können teilweise rechnerisch über die Methode der Finiten Elemente (FEM) berücksichtigt werden oder über Abminderungsfaktoren abgeschätzt werden. In Bezug auf die Ermüdungsfestigkeit sind das die in **Tabelle 1** genannten Einflussfaktoren.

Diese Verminderung der Beanspruchbarkeit muss bei der Konstruktion berücksichtigt werden. Als Beispiel ist die Abminderung der Dauerfestigkeit durch zunehmende Oberflächenrauigkeit in **Bild 2** dargestellt.

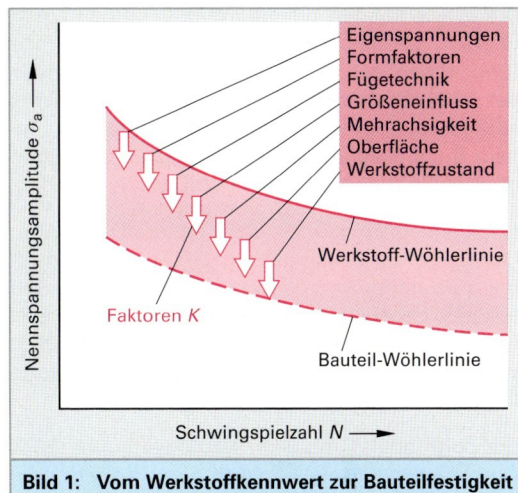

Bild 1: Vom Werkstoffkennwert zur Bauteilfestigkeit

Tabelle 1: Einflussfaktoren auf die Ermüdungsfestigkeit von Bauteilen

- Werkstoff,
- Mehrachsigkeit der Beanspruchung,
- Belastungsart,
- Oberflächenzustand und Oberflächenrauigkeit,
- Herstellungsverfahren und Fügetechnik,
- Eigenspannungen,
- Korrosion,
- Temperatur.

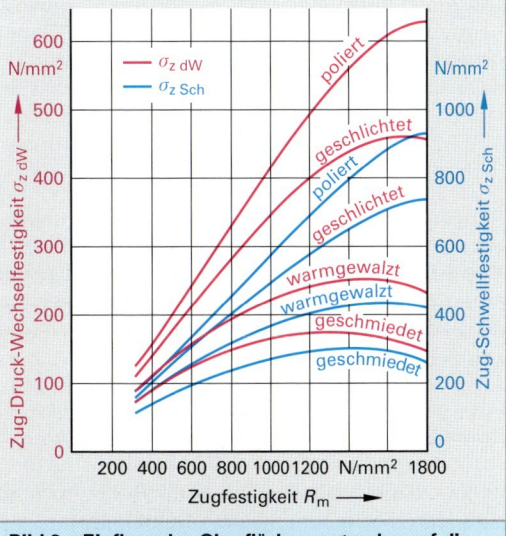

Bild 2: Einfluss des Oberflächenzustandes auf die Schwingfestigkeit

Die Werte können nur begrenzt verallgemeinert werden, da das Ausmaß der Festigkeitsminderung neben der Oberflächenrauigkeit auch von der mikrostrukturellen Homogenität des Werkstoffes abhängt. Feinkörnige Werkstoffe mit hohem Reinheitsgrad zeigen eine geringere Abminderung als stärker inhomogene Gusswerkstoffe.

Hochfeste Werkstoffe sind generell kerbempfindlicher; die Abminderung der Dauerfestigkeit beim Übergang von der polierten Probe zum Bauteil fällt dabei deutlicher aus. Auch das Herstellungsverfahren beeinflusst die Beanspruchbarkeit und führt zu Streuungen der Eigenschaftswerte (**Tabelle 1**).

Die Zugrundelegung einer Mittelwertkurve (50 % Überlebenswahrscheinlichkeit) von Proben- oder Bauteilversuchen kann zu erheblichen Unsicherheiten bei der Lebensdauerberechnung führen. In **Tabelle 2** sind einige Streuspannen (Streuspanne siehe Schwingversuch) aus Referenzuntersuchungen an einer Vielzahl von gleichartigen Teilen genannt.

> Eine Streuspanne von $T_N = N_{90\%} : N_{10\%} = 1:5,5$ bedeutet, dass einige Bauteile (mit 10 %iger Überlebenswahrscheinlichkeit) die gewünschte Grenzschwingspielzahl von $2 \cdot 10^6$ Schwingspielen erreichen.
>
> Für eine 90 %ige Überlebenswahrscheinlich-keit muss jedoch eine Versagensdauer von nur $\approx 360\,000$ Schwingspielen berücksichtigt werden.

Die Übertragbarkeit von Werkstoffkennwerten wird noch durch einen weiteren Effekt erschwert: Kennwerte, wie z. B. Zeitfestigkeit und die Dauerfestigkeit, werden bei zeitlich konstanter Amplitude ermittelt. Für die Betriebsbelastung interessiert jedoch die Beanspruchbarkeit bei veränderlicher Amplitude. Diese ist über Näherungsfunktionen (Miner-Regel) nur ungenau abzuschätzen.

Berechnungsergebnisse sind im Allgemeinen ausreichend, wenn an einem bewährten Bauteil geringfügige konstruktive Änderungen vorgenommen werden und ausreichend Sorgfalt auf die FEM-Analyse der hochbeanspruchten Bereiche verwendet wird.

Für einfache Bauteile mit „überschaubarer" Spannungsverteilung und nachgeordneten Ansprüchen an Leichtbau und Werkstoffausnutzung genügt dabei vielfach eine analytische Abschätzung der maximal möglichen Betriebslasten, auf deren Basis eine konservative (Über-)Dimensionierung erfolgen kann.

Tabelle 1: Beeinflussung der Ermüdungsfestigkeit durch das Herstellungsverfahren

- Ausführung von Schweißnähten (Poren, Bindefehler),
- Gießverfahren (Poren, Lunker, Seigerungen),
- Schmieden (Randentkohlung, Oberflächennarben durch Zunderrückstände, Grate),
- spanende Oberflächenbearbeitung (Eigenspannungen unterschiedlicher Art und Tiefe, Bearbeitungsriefen, Rauhigkeitsprofil der Oberfläche),
- Formtoleranzen durch Gesenkverschleiß bei Umformprozessen.

Tabelle 2: Erfahrungswerte zu Streuspannen [nach Haib]:

Einflüsse	$T_N = N_{90\%} : N_{10\%}$
Werkstoff- und Fertigungseinfluss	
Spanabhabend bearbeitete Kerbstäbe aus Stahl, unter überwachten Bedingungen gefertigt	1 : 2,5
Spanabhebend gefertigte Bauteile aus Eisengusswerkstoffen, gekerbt ohne Chargeneinflüsse	1 : 4,0
Oberflächen- und Größentoleranzeinfluss	
Geschmiedete und vergütete Bauteile aus Stahl, belassene Schmiedeoberfläche, Querschnittstreuung durch Gesenkabnutzung	1 : 5,5
Einfluss Fügeverfahren	
Fachgerechte Schweißverbindung aus AL-Legierungen, unter betriebsüblichen Bedingungen ausgeführt	1 : 5,0

> Teilweise sind Konstruktion und Dimensionierung bereits schon in Normen und Richtlinien geregelt. Anderenfalls kann ein rechnerischer oder experimenteller Betriebsfestigkeitsnachweis erforderlich sein bei:
>
> - Neukonstruktionen,
> - Einsatz von Bauteilvarianten mit unterschiedlicher, optimierter Geometrie,
> - Einsatz von Verfahren zur Steigerung der Schwingfestigkeit,
> - Einsatz alternativer Fertigungsverfahren
>
> oder bei
>
> - Veränderungen im Einsatzprofil einer bewährten Konstruktion (Häufigkeit, Dauer, Belastungshöhe).

3.1.2 Nachweis der Betriebsfestigkeit gegenüber mechanischen Beanspruchungen

Die Betriebsfestigkeit hat die Aufgabe sicherzustellen, dass eine Komponente hinsichtlich Werkstoff und Konstruktion so ausgelegt ist, dass innerhalb einer begrenzten Lebensdauer keine Schäden auftreten. Dazu muss ihre Beanspruchbarkeit auf die Beanspruchungen aus allen möglichen Einsatzfällen abgestimmt werden und ein rechnerischer und/oder experimenteller Nachweis geführt werden **(Bild 1)**.

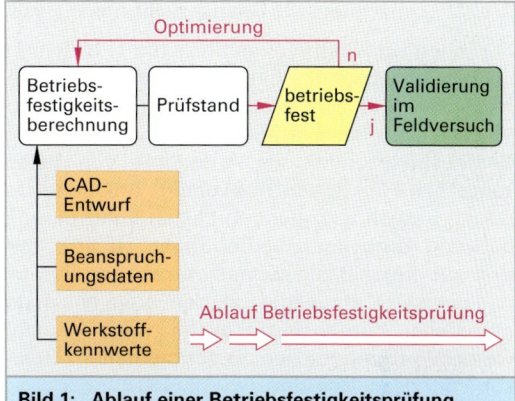

Bild 1: Ablauf einer Betriebsfestigkeitsprüfung

3.1.2.1 Auswahl schwingbruchgefährdeter Querschnitte

Für den Betriebsfestigkeitsnachweis gilt es, die Bereiche mit örtlicher Maximalbeanspruchung zu ermitteln. Das sind erfahrungsgemäß:

- Kerbstellen,
- Stellen mit Kantenpressungen,
- Krafteinleitungsstellen,
- Steifigkeitssprünge,
- Schweiß-, Schraub- und Nietverbindungen,
- Querschnitte mit verminderten Festigkeitseigenschaften oder Abmessungen,
- Verformungskonzentrationen.

Wesentliche Hinweise zum Auffinden dieser Bereiche geben Finite-Element-Berechnungen (FEM[2]), Messungen der örtlichen Dehnung oder beispielsweise der Einsatz einer Thermokamera[1] (Wärmeentwicklung proportional zur Spannungsänderung) **(Bild 2)**. Die Temperaturen werden im Beispiel Farben zugeordnet (Hellblau = 32 °C bis Dunkelrot = 52 °C). Man nennt dies Falschfarbendarstellung.

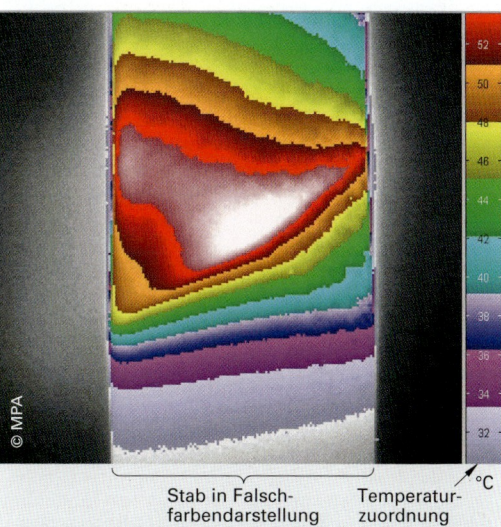

Bild 2: Glatter Zugstab bei beginnender plastischer Verformung, Anwendung der Thermografie zum Auffinden hochbeanspruchter Werkstoffbereiche

In **Bild 3** ist die Verbindung von zwei Abgasrohren zum Schalldämpfergehäuse zu sehen. An dieser Stelle treten Biegemomente aus den Rohrschwingungen auf, zudem treffen mehrere Schweißnähte aufeinander. Damit handelt es sich um einen fertigungstechnisch und spannungsmechanisch schwierigen Bereich, der genauer zu untersuchen ist, da mit dem Auftreten von Schwingrissen im Bereich der Schweißnähte zu rechnen ist.

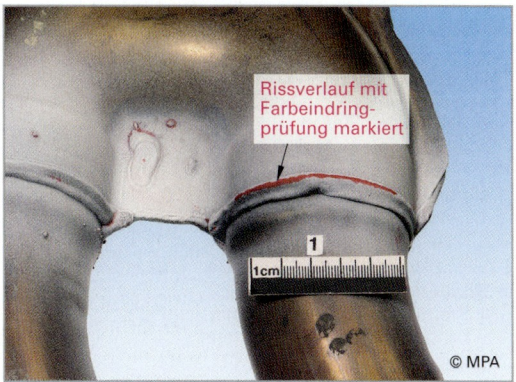

Bild 3: Ermüdungsbruch an einer Schweißnaht eines Schalldämpfers

---

[1] Arbeitsprinzip: Thermoelastischer Effekt, lokale Temperaturänderung am Bauteil ist proportional zur Änderung des hydrostatischen Spannungszustandes.

[2] FEM Kunstwort für Finite Elemente Methoden. Man berechnet Bauteileigenschaften aufgrund einer Bauteilzerlegung in endlich viele Elemente.

3.1.2.2 Experimentelle Beanspruchungsanalyse

Für jeden schwingbruchgefährdeten Querschnitt sind die einwirkenden Betriebslasten nach Größe, Häufigkeit und Wirkungsrichtung zu bestimmen. Vielfach ist für die Bestimmung der einwirkenden Betriebsbelastungen die Aufnahme von **Belastungs-Zeit-Funktionen** notwendig, um Kenntnis der im Betrieb auftretenden Lasten unter den gegebenen Umgebungsbedingungen zu erlangen. Erst auf dieser Basis können zutreffende Berechnungsansätze abgeleitet werden oder ein experimenteller Betriebsfestigkeitsnachweis geplant werden. Werkzeuge der experimentellen Beanspruchungsanalyse sind:

- **Sensoren** für Beschleunigung, Dehnung, Weg, Drehzahl, Geschwindigkeit, Druck, Temperatur,
- **Datenerfassungsgeräte** mit ausreichend hoher Abtastrate (z. B. 100 Werte/h für die Temperatur in einer Rohrleitung im Dampfkraftwerk bei einer Messdauer von 10 Jahren oder 20 000 Werte/s bei Beschleunigungsmessung an Fahrzeugbauteilen auf einer Prüfstrecke, Messdauer 20 min),
- **Datenübertragung** zwischen Sensor und Messgerät bzw. Funk-Datenübertragung (Telemetrie) bei geringen Platzverhältnissen oder räumlichen Bewegungen,
- **Auswerte- und Klassiermöglichkeiten** der gemessenen Daten.

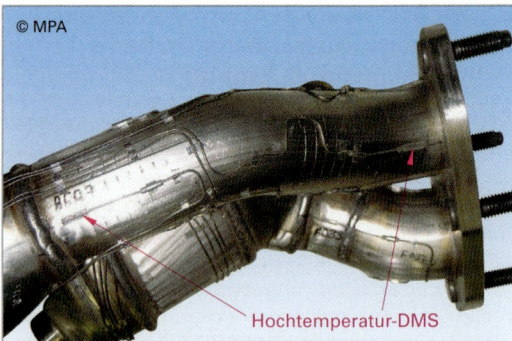

Bild 1: Instrumentierung eines Abgas-Rohrflansches mit Hochtemperatur-DMS

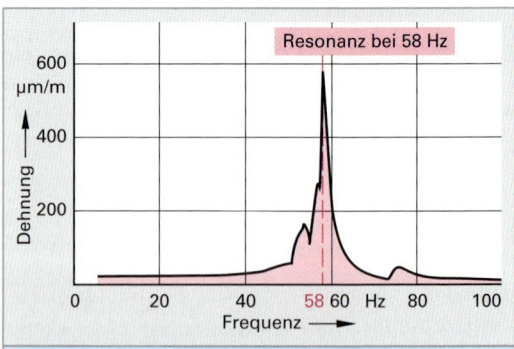

Bild 2: Dehnungssignal als Funktion der Anregungsfrequenz

Im **Bild 1** sind Hochtemperatur-Dehnmessstreifen an einer Abgasanlage appliziert. Aus den gemessenen Dehnungen, **Bild 2**, können unter Annahme eines linear-elastischen Verhaltens die Spannungen im Werkstoff errechnet werden und mit den entsprechenden Werkstoffkennwerten – z. B. Dauerfestigkeit – verglichen werden. Die gemessenen Dehnungen können auch als Belastungsgrößen im Versuch verwendet werden.

Die Dauer der Messung hängt vom zu untersuchenden Prozess ab. Alle relevanten Beanspruchungen müssen sicher ermittelt werden können, z. B. Leer-, Volllastbetrieb des Motors, Normalstrecke, Rüttelstrecke, Umgebungstemperaturen, Klimazone, Hitzestau unter Abdeckung), Einsatzprofile der Länder, Fahrweisen, Sonderereignisse, Missbrauch.

Standardereignis:
- Kurvenfahrt
- Beschleunigen/Bremsen
- Schlechtwegstrecke

Sonderereignis:
- Bremsen in ein Schlagloch
- Langsame Bordsteinüberfahrt

Missbrauchsereignis:
- dynamischer Bordsteinkontakt
- Schnelle Hindernisüberfahrt

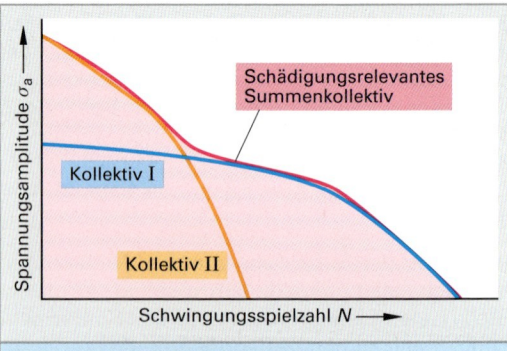

Bild 3: Bildung eines Summenkollektivs aus Einzelmessungen für unterschiedliche Beanspruchungen

Die Extrapolation aus Kurzzeitmessungen kann zu groben Fehlern führen, da selten auftretende Ereignisse nicht gemessen werden oder die Summenhäufigkeit für einzelne Elemente falsch eingeschätzt werden. Es können auch Einzelmessungen zu jeweils typischen Beanspruchungen durchgeführt werden, die dann zu einem gemeinsamen Kollektiv zusammengeführt werden (**Bild 3**).

Ist der höchstbeanspruchte oder versagenskritische Bereich am Bauteil für eine direkte Messung nicht zugänglich (beispielsweise innen liegend oder unter Medieneinfluss), erfolgt die Messung in einem besser zugänglichen Bereich. Dann ist eine Korrelation zwischen der gemessenen Beanspruchung und der Beanspruchung am Versagensort erforderlich. Das kann über Vergleichsmessungen oder über eine detaillierte Finite-Element-Analyse erfolgen.

3.1.2.3 Datenaufbereitung und Zählverfahren

Die gemessenen Daten können sofort im Prüffeld als sog. Drive-Signal verwendet werden. Vielfach ist es jedoch notwendig, die Messdaten aufzubereiten, weil sie mit anderen Untersuchungen verglichen werden sollen oder eine Eliminierung nichtschädigungsrelevanter Anteile und damit eine Verkürzung des Zeitsignals sinnvoll erscheint. Um gemessene Beanspruchungs-Zeit-Verläufe auszuwerten, werden Zählverfahren eingesetzt.

Für Betriebsfestigkeitsuntersuchungen interessiert in erster Linie die Größe der Beanspruchung und deren Häufigkeit. Die Frequenz und die Reihenfolge des Auftretens kann vernachlässigt werden und kann somit in den gemessenen Zeitverläufen reduziert werden (außer bei Beanspruchungen bei hoher Temperatur und Korrosionsvorgängen, diese sind auch zeitabhängig und damit frequenzabhängig und lassen sich somit nicht reduzieren).

Das Ergebnis einer Zählung ist eine Häufigkeitsmatrix. Die kennzeichnenden Größen sind die Amplitude und der Mittelwert eines Schwingspiels bzw. deren Maximum oder Minimum. Je nachdem, ob die Amplitude bzw. Klassengrenze allein gezählt wird oder die Zählung dem Wertepaar Amplitude und Mittelwert bzw. Maximum und Minimum gilt, unterscheidet man ein- und zweiparametrische Zählverfahren.

Einparametrische Zählverfahren

Für die **Spitzenwertzählung** *(peak counting)* werden nur die Maxima (Extremwerte, Umkehrpunkte) in definierten Klassen gezählt, das Ergebnis ist eine Summenhäufigkeit H_i (**Bild 1**). Das Verfahren ist das einfachste Zählverfahren und liefert für viele Anwendungen brauchbare Ergebnisse, die im Kollektiv dargestellten Schwingbreiten sind aber i. A. größer als in der Messung.

Die **Klassengrenzüberschreitung** *(level crossing counting)* liefert die Häufigkeit der Überschreitung von äquidistanten Klassengrenzen (**Bild 2**).

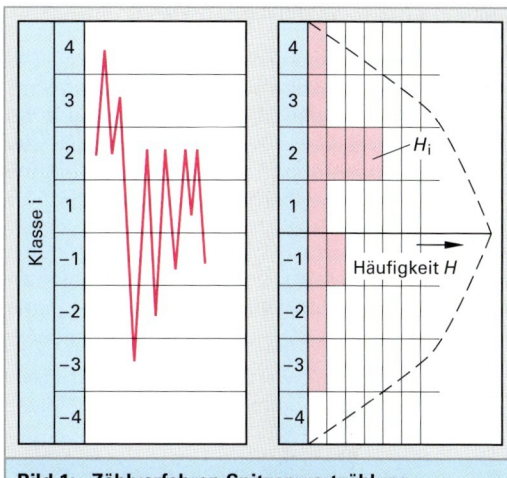

Bild 1: Zählverfahren Spitzenwertzählung

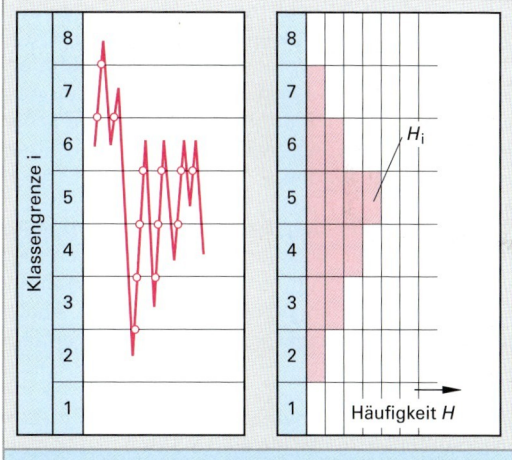

Bild 2: Zählverfahren Klassengrenzüberschreitung

Die Überschreitung kann entweder nur an der aufsteigenden Flanke des Zeitsignals gezählt werden oder nur an der absteigenden Flanke. Dabei werden die Absolutwerte der Messgröße erfasst, die Informationen über Amplitude und Mittelwert der einzelnen Schwingung werden jedoch nicht berücksichtigt.

Für den Fall periodisch veränderlicher Mittelspannung (z. B. überlagerte Zusatzbeanspruchung oder unterschiedliche Grundbeanspruchung aus Beladungszuständen) liefert das Verfahren der Klassengrenzenüberschreitung eine Überschätzung der auftretenden Amplituden und eine Unterschätzung der Schwingspielzahl.

Zweiparametrische Zählverfahren:

Zählung in eine **Übergangsmatrix** *(Markov[1]-Matrix)*: In der Zeitfunktion werden nur die Umkehrpunkte, d. h. nur die Ober- und Unterwerte betrachtet. In der Matrix werden die Anzahl der Übergänge „nach oben" von einer Start- in eine Zielklasse und die Übergänge „nach unten" erfasst **(Bild 1)**.

In einer solchen Matrix-Darstellung sind unter anderem folgende Informationen enthalten:

- die Informationen der einparametrigen Verfahren wie Spitzenwerte und Klassengrenzenüberschreitungen, jedoch nicht Bereichspaarzählung,
- das zweiparametrige Kollektiv (Zähldaten) der Spannen und Mittelwerte und
- der Unregelmäßigkeitsfaktor.

Das Verfahren ist sehr gut für eine Online-Klassierung geeignet und seine Auswertung lässt auf übersichtliche Art Veränderungen (Amplitudenunterdrückung o. ä.) im Zeitsignal erkennen. Aus einer vorhandenen Matrix können mit *Gauß'scher* Häufigkeitsverteilung wiederum Sollwert-Funktionen erzeugt werden.

Die **Rainflow-Zählung** *(rain flow counting)* stellt heute eines der wichtigsten Zählverfahren dar und ist eng verwandt mit dem Matrix-Verfahren. Es werden Dehnungs-Zeit-Funktionen in Analogie zu einem Regenwasserfluss vom Dach erfasst **(Bild 2)**.

Diese werden als Spannungs-Dehnungs-Funktionen betrachtet, wobei die werkstoffmechanischen Gesetzmäßigkeiten von elastischem und plastischem Werkstoffverhalten berücksichtigt werden.

Jeder volle Zyklus entspricht einer geschlossenen Hystereseschleife, dadurch wird das Schädigungsverhalten des Werkstoffes weitgehend realistisch erfasst. Die Eckpunkte der Schleifen werden in einer Matrix klassiert, die alle o. g. Informationen enthält.

Weitere Zählverfahren sind die Verweildauerzählung und die Momentanwertzählung, jeweils mit einem Parameter oder zwei Parametern.

---
[1] *Andrei A. Markov* (1856 bis 1922), russ. Mathematiker

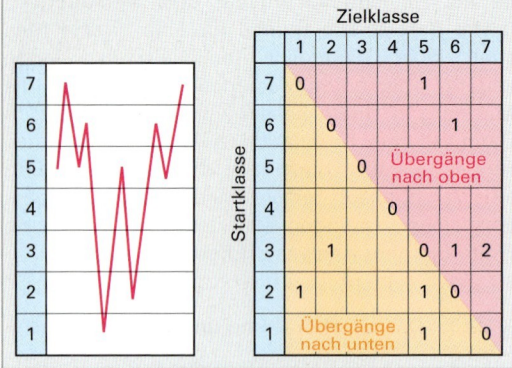

Bild 1: Zählung in eine Übergangsmatrix

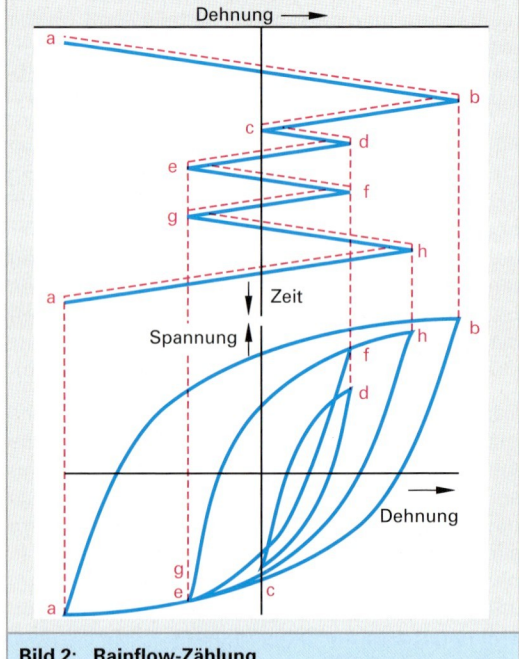

Bild 2: Rainflow-Zählung

Grundsätzlich ist für Betriebsfestigkeitsuntersuchungen oder Betriebsfestigkeitsberechnungen das Zählverfahren am besten geeignet, welches den geringsten Unterschied zwischen rechnerischer Lebensdauerabschätzung und experimentell bestimmter Lebensdauer liefert.

Zweiparametrige Verfahren wie die *Rainflowmatrix* oder die *Übergangsmatrix* sind aufwändiger aber meist zu bevorzugen, weil die werkstoffmechanischen Ursachen der Schädigung (Spannungs- oder Dehnungszyklus mit geschlossener Hystereseschleife) stärker berücksichtigt werden.

3.1 Bauteilprüfung

Der Einsatz von Zählverfahren ermöglicht eine

- wissenschaftlich exakte Extrapolation von gemessenen Zeitsignalen zu längeren Versuchszeiten, gezielte Manipulation der Daten, z. B. Unterdrücken von Beanspruchungsspitzen,
- Reduktion kleiner, nicht schädigungsrelevanter Amplituden und damit Verkürzung der Versuchszeit.

> Für Neukonstruktionen können keine Betriebsbelastungen direkt gemessen werden, sondern die Lastannahme erfolgt auf Basis der an Vorläufern gemessenen Zeitverläufe, kombiniert mit Festlegungen aus dem Lastenheft der Konstruktion, beispielsweise Geometrie, Feder-Dämpfer-Charakteristik des Fahrzeuges o. Ä.
>
> Eventuell werden die getroffenen Lastannahmen nach Verfügbarkeit der Neukonstruktion als Realbauteil zu einem späteren Zeitpunkt verifiziert.

3.1.2.4 Festlegung der Versuchslasten

Nach der Aufbereitung und Auswertung der Messdaten ist zu entscheiden ob

- in erster Näherung eine schädigungsäquivalente Einstufenlast für den Versuch ausreichend ist,
- ein vereinfachtes Blockprogramm mit einzelnen Blöcken aus Schwingspielen gleicher Amplitude erstellt wird,
- eine vordefinierte und standardisierte Lastfolge, die typische Elemente der Belastung für einen bestimmten Struktur- oder Einsatzbereich enthält, verwendet werden soll, z. B.
  - **CARLOS** – **CAR LO**ading **S**tandard für PKW-Achsbauteile,
  - **WASH** – **W**ave **A**ction **S**tandard **H**istory für Offshore-Plattformen,
  - **TWIST** – **T**ransport aircraft **W**ing **S**tandard für **T**ransportflugzeuge
- oder eine eigene, aus den gemessenen und aufbereiteten Daten bestehende Lastfolge für die Durchführung der experimentellen Betriebsfestigkeitsprüfung verwendet wird.

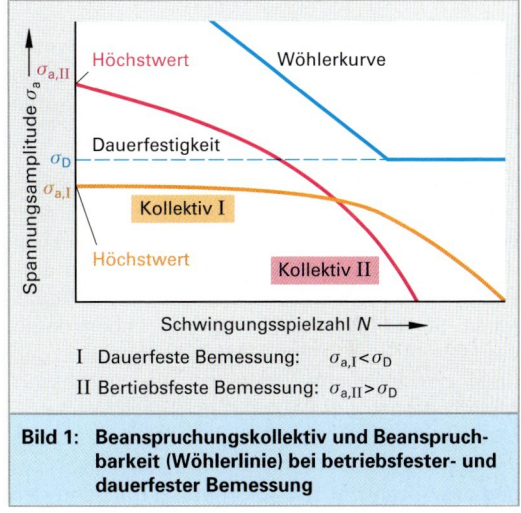

Bild 1: Beanspruchungskollektiv und Beanspruchbarkeit (Wöhlerlinie) bei betriebsfester- und dauerfester Bemessung

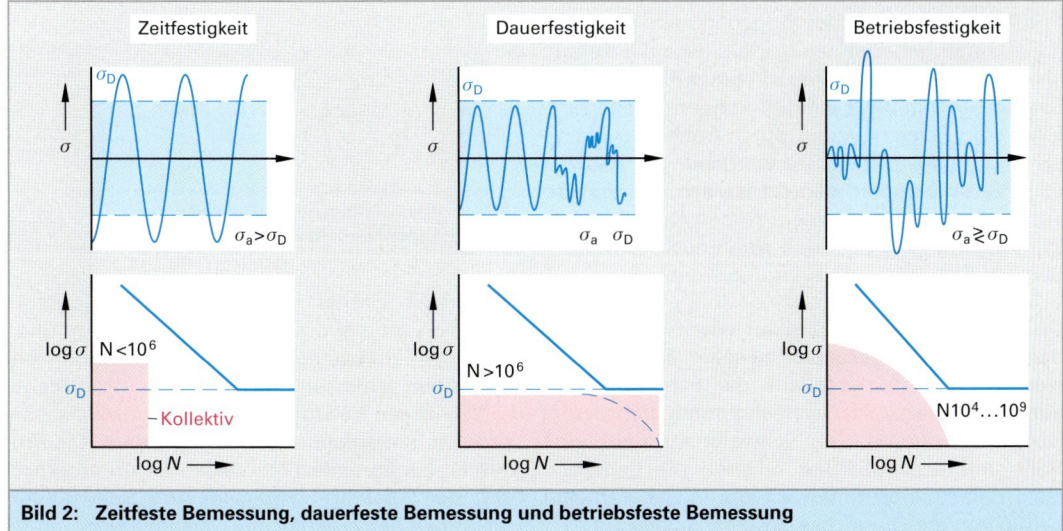

Bild 2: Zeitfeste Bemessung, dauerfeste Bemessung und betriebsfeste Bemessung

3.1.2.5 Prüfstandsversuche

Festzulegen ist, ob der Festigkeitsnachweis am höchstbeanspruchten Bereich eines Bauteils, am gesamten Bauteil oder am Bauteil in Einbausituation (z. B. Gesamtfahrzeugprüfung) vorgenommen werden muss, wobei Aufwand, Kosten und Zeit sehr unterschiedlich ausfallen können (**Bild 1**).

Die Prüfeinrichtungen werden unterteilt in

- Komponentenprüfstände für Einzelteile mit vereinfachten Beanspruchungen,
- Baugruppenprüfstände bestehend aus mehreren montierten Bauteilen
- und Strukturprüfstände mit hoher Komplexität und bis zu 27 Belastungskomponenten.

Zukünftig ist zu erwarten, dass Komponentenprüfstände stärker durch die nummerische Simulation ersetzt werden und dem Prüffeld die Aufgabe der Gesamtfahrzeugvalidierung zufällt.

Fortgeschrittene Simulationsverfahren ergänzen den experimentellen Nachweis durch eine sinnvolle Kombination von Berechnung und Versuch. Vorteile ergeben sich beispielsweise durch eine Verkürzung von Versuchszeiten, denn die begleitende Schädigungsrechnung und Lebensdauervorhersage wird anhand der anfallenden Ergebnisse der Versuche „trainiert" und verbessert. Modifikationen am Bauteil hinsichtlich Werkstoff und konstruktiver Ausführung können so bereits vor dem Versuch auf ihr Potenzial hin untersucht und die Anzahl der zur Absicherung notwendigen Hardware-Iterationsschleifen verringert werden.

Prüfstandsversuche haben gegenüber Straßendauerläufen generell den Vorteil, dass die Versuche im 24-Stunden-Betrieb mit guter Reproduzierbarkeit durchgeführt werden können. Weiterhin kann eine Zeitverkürzung durch Entfernen nichtschädigungsrelevanter Beanspruchungen (bis zu 80 % Versuchsdauer) genutzt werden. Bauteilversuche sind bereits in einem frühen Stadium der Entwicklung möglich, auch wenn noch kein fahrbereites Fahrzeug zur Verfügung steht.

In **Bild 1** ist eine Prüfung an einem Endschalldämpfer einer Abgasanlage zu sehen. Im Versuch werden Biegemomente aus der Fahrbahnanregung simuliert. Als schwingbruchgefährdeter Querschnitt wurde eine Schweißnaht zwischen Rohr und Schalldämpfer erkannt, die betrieblichen Belastungen treten sowohl in der Vertikal- als auch in der Querachse des Fahrzeuges auf.

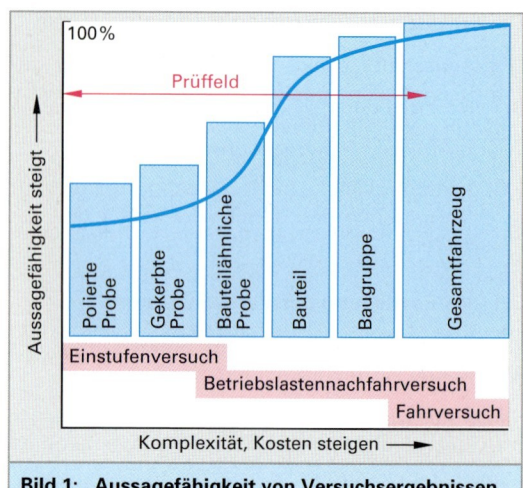

Bild 1: **Aussagefähigkeit von Versuchsergebnissen**

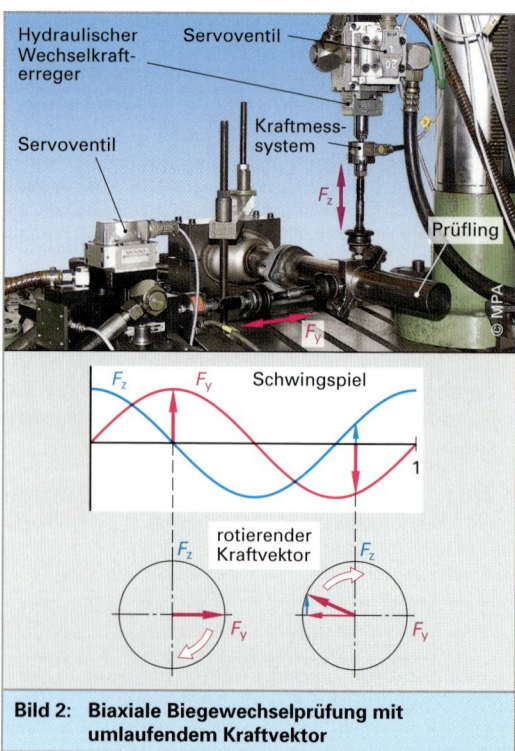

Bild 2: **Biaxiale Biegewechselprüfung mit umlaufendem Kraftvektor**

Im Versuch werden die vordefinierten Kraftsollwerte von servohydraulischen Prüfzylindern über gelenkige Schubstangen in das Bauteil eingeleitet. Über einen zeitlichen Phasenversatz im Kraftsollwert zwischen Horizontalachse und Vertikalachse wird eine umlaufende Biegung generiert. Die Prüfung ist ein vereinfachtes Verfahren zur Überprüfung der Ausführungsqualität von Schweißverbindungen bei vereinfachter Lastannahme.

3.1 Bauteilprüfung

In **Bild 1** ist ein Prüfstand für eine gesamte Abgasanlage dargestellt. Dabei werden die Motor- und Fahrbahnanregungen mittels gemessener Daten an vier Positionen mit unabhängigen Hydraulikzylindern simuliert.

Zusätzlich können Spannungen aus thermischen Dehnungen überlagert werden. Gegenüber einer Einzelteilprüfung wird eine bessere Aussage zur Beanspruchbarkeit erzielt.

Der hohe experimentielle Aufwand ist nur gerechtfertigt, wenn die Konstruktion bereits ausgereift ist und in der Ausführung weitgehend dem Serienstand entspricht.

Für alle Prüfungen gilt gleichermaßen:
- Beim Transport, bei der Instrumentierung und bei dem Einbau in die Prüfanlage ist sicherzustellen, dass der Zustand der Bauteile nicht durch unzulässige Beanspruchungen und Umgebungseinflüsse, wie z. B. Temperatur oder Korrosion, verändert wird.
- Die Versuchsanordnung (Probe, Prüfeinrichtung, Prüf- und Messmittel) ist so vorzunehmen, dass vor und während des Versuchs keine Zusatzbeanspruchungen und Messfehler auftreten, die das Prüfergebnis verfälschen. Lassen sich derartige Zusatzbeanspruchungen aus versuchstechnischen Gründen, z. B. Reibung in Aufspanngelenken, Steifigkeit der Prüfvorrichtung usw., nicht vermeiden, müssen diese bei der Bewertung der Ergebnisse berücksichtigt werden.
- Bei Erhöhung der Prüffrequenz ist darauf zu achten, dass Resonanzbereiche und massendynamische Zusatzbeanspruchungen sowie Temperaturerhöhungen an der Probe ausgeschlossen sind.

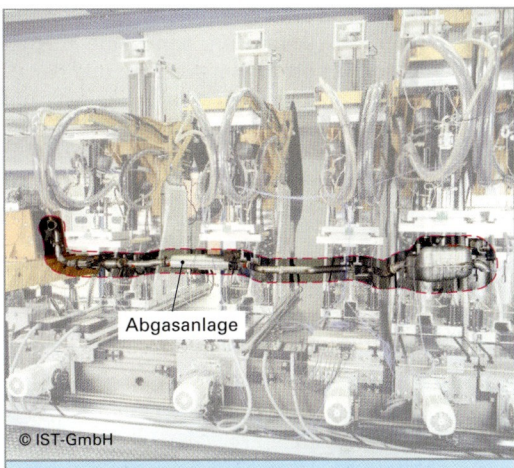

Bild 1: Prüfanlage zur Betriebsfestigkeitsprüfung von Abgasanlagen

Als Ergebnis der Bauteilversuche wird nachgewiesen, dass die getesteten Bauteile den zuvor definierten Beanspruchungen standgehalten haben. Die Ergebnisse zur Bauteilfestigkeit streuen, d. h., die Festigkeit jedes produzierten Bauteils ist unterschiedlich und unterliegt einer bestimmten statistischen Verteilung.

Deshalb ist die Bestimmung der Ausfallwahrscheinlichkeit für Serienbauteile wiederum ein statistisches Problem und kann anhand von Verteilungskurven in **Bild 2** verdeutlicht werden.

Es kann ein Ergebnisstreuband zwischen den Überlebenswahrscheinlichkeiten $P_{\ddot{u}} = 10\,\%$ und $90\,\%$ definiert werden. Auch die Beanspruchung variiert, beim Beispiel PKW-Abgasanlage wird der „Normalfahrer" berücksichtigt mit einer Eintretenswahrscheinlichkeit $P_e = 50\,\%$; der „sportliche Fahrer", der eine höhere Beanspruchung erzeugt, tritt selten auf, Eintretenswahrscheinlichkeit $P_e = 5\,\%$.

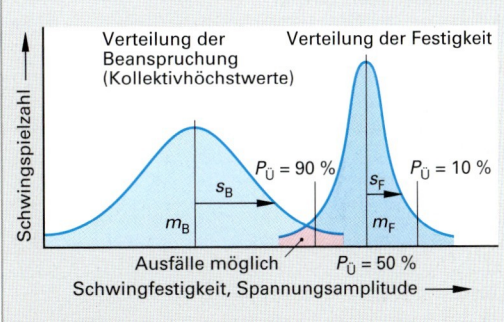

Festigkeit:
normalverteilt mit Mittelwert m_F und Standardabweichung s_F

Auftretende Beanspruchung:
normalverteilt mit Mittelwert m_B und Standardabweichung s_B

$$m = m_F - m_B \quad s = \sqrt{s_F^2 + s_B^2}$$

Die Ausfallsicherheit ist groß, wenn m ↑ und s ↓

Bild 2: Ausfallwahrscheinlichkeit eines schwingbeanspruchten Bauteils

Lage und Aussehen der in solchen Betriebsfestigkeitsversuchen entstehenden Schwingungsbrüche sind weitestgehend betriebsähnlich, was im Einstufen- oder Wöhlerversuch nicht immer der Fall sein muss.

Wenn sich, wie in Bild 2, vorhergehende Seite beide Kurven überschneiden, kann eine Ausfallwahrscheinlichkeit berechnet werden, aus der zu entnehmen ist, mit welcher Wahrscheinlichkeit ein Bauteil im Betrieb ausfällt. Die Ausfallwahrscheinlichkeit steigt bei größer werdender Überdeckung der Dichtefunktionen. Liegt dieser Wert höher, als für eine betriebsfeste Konstruktion akzeptabel, so bleibt:

- die Zahl der auftretenden Kollektivhöchstwerte (Schwingspielzahl) zu begrenzen
- oder die Festigkeit zu erhöhen.

3.1.2.6 Serienüberwachung und Qualitätskontrolle

Der experimentelle Nachweis der Betriebssicherheit wird meist in der Konstruktions- und Entwicklungsphase einer Konstruktion erbracht. Anhand von begleitenden Überwachungsmaßnahmen muss zusätzlich sichergestellt werden, dass eine akzeptabel geringe Ausfallwahrscheinlichkeit auch in der Serienproduktion unter Termin- und Kostendruck eingehalten werden kann.

> Die Freigabe der Serie erfolgt, wenn eine festgelegte Anzahl von Prüfteilen die Mindestlastwechselzahl erreicht oder überschreitet.

Dazu sind umfassende Prüf- und Kontrollmöglichkeiten aller Elemente der Produktion notwendig, die die Betriebsfestigkeit beeinflussen. Das betrifft die verwendeten Werkstoffe und die eingesetzten Verfahren und Einrichtungen. So sind z. B. Größentoleranzen für Einzelteile, Verschleißgrenzen für Werkzeuge oder Diagnoseverfahren für einzelne Fertigungsschritte zu definieren.

Bei Großserienprodukten kann zusätzlich die begleitende experimentelle Prüfungen von Bauteilen notwendig sein **(Bild 1)**. Weiterhin werden ständig Betriebserfahrungen von im Einsatz befindlichen Bauteilen ausgewertet um zu erkennen, inwieweit die Anforderung der Zuverlässigkeit tatsächlich erfüllt werden.

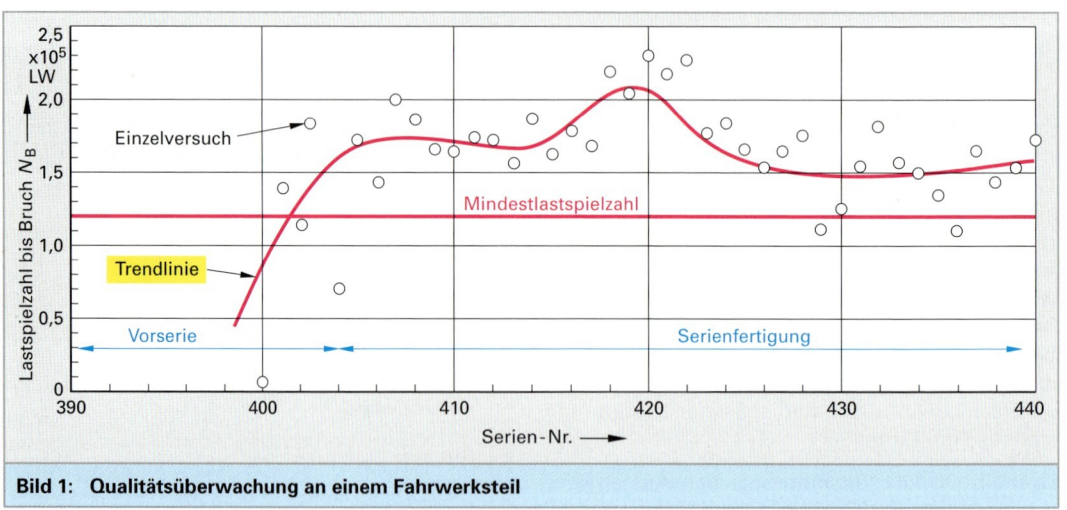

Bild 1: Qualitätsüberwachung an einem Fahrwerksteil

Wiederholung und Vertiefung

1. Was ist bei der Dimensionierung eines Bauteils mit Hilfe von Werkstoffkennwerten zu beachten?
2. Was sind typische schwingbruchgefährdete Bereiche im Bauteil? Weshalb? Wie lassen sich solche Bereiche bereits in der Konstruktionsphase erkennen?
3. Wozu werden Zählverfahren eingesetzt? Welche Verfahren gibt es?
4. Bei welcher Art von zyklischen Belastungen kann die Belastungsfrequenz bei der Beurteilung der Schädigung nicht vernachlässigt werden?
5. Unter welchen Voraussetzungen ist es möglich, Messwerte von Einzelereignissen zu Beanspruchungskollektiven zusammenzuführen?

3.1 Bauteilprüfung

3.1.3 Innendruckprüfung

Innendruckprüfungen werden an flüssigkeitsgefüllten oder an gasgefüllten Prüfkörpern vorgenommen um Dichtigkeit, Maßhaltigkeit und Festigkeit von Konstruktionskomponenten (Bauteilen oder Baugruppen) und bauteilähnlichen Proben, z. B. bei:

- Gehäusen,
- Formstücken,
- Behältern,
- Schlauchleitungen.
- Rohren,

Die Versuchsbedingungen werden soweit möglich an den Einsatzbedingungen ausgerichtet **Bild 1**. Je nach Anforderung werden Versuche mit statischer sowie pulsierender Innendruckbelastung durchgeführt. Die Prüfbedingungen gelten sinngemäß auch für den Spezialfall des Berstversuches, bei dem der Überlastungsfall untersucht wird.

Die Prüfung ist gekennzeichnet durch die folgenden Parameter:

- Durchführung quasistatisch oder schwellend,
- zeitlicher Druckverlauf,
- Prüffrequenz,
- Prüfmedium,
- Druckhöhe,
- Dauer der Beanspruchung.

3.1.3.1 Pulsationsform

Der zeitliche Druckverlauf zwischen den zwei Grenzdruckniveaus p_{min} und p_{max} kann mit sinusförmiger, trapezförmiger oder rechteckförmiger Charakteristik erfolgen. Die Druckpulsation muss, wie jede andere Prüfbeanspruchung, reproduzierbar sein, d. h., es müssen in einem Prüfblock ständig die gleichen Spitzenwerte erreicht werden und die Pulsationsform muss unverändert bleiben.

Der **sinusförmige Druckverlauf** nach **Bild 2** ist die Standardbeanspruchung. Sie ist meist ausreichend praxisnah und einfach zu erzeugen. Die Bezeichnung der Kenngrößen ist in Bild 2 dargestellt und erfolgt in enger Anlehnung an die Nomenklatur im Dauerschwingversuch.

Ein **trapezförmiger Druckverlauf** stellt auf Grund seines impulsartigen Druckanstiegs eine schärfere Belastungsart für den Prüfkörper dar, **Bild 3**. Die Druckanstiegsgeschwindigkeit kennzeichnet die zeitliche Zuordnung des Druckverlaufes zwischen p_{min} und p_{max}. Die Zeitspannen konstanten Innendrucks bei p_{max} bzw. bei p_{min} werden als Druckhaltezeiten bezeichnet. Für Prüfungen mit definierter Druckanstiegsgeschwindigkeit wird häufig die

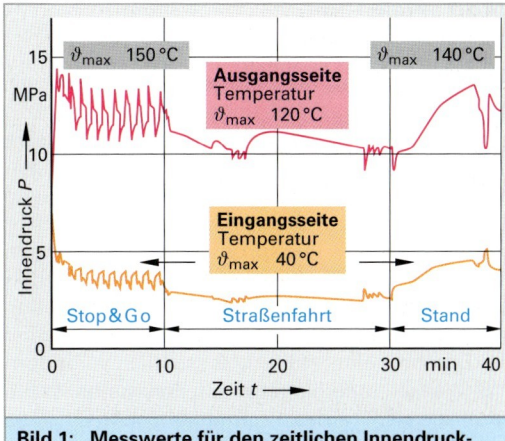

Bild 1: Messwerte für den zeitlichen Innendruckverlauf einer Fahrzeugkomponente

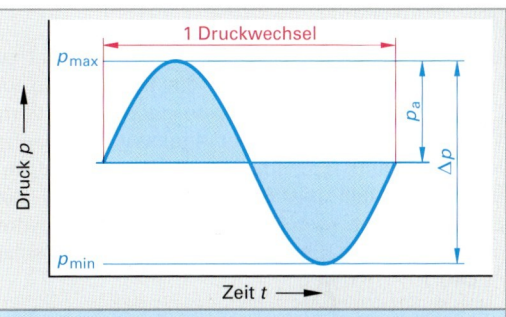

Bild 2: Kenngrößen einer Innendruckschwellbeanspruchung mit sinusförmigem Druckverlauf

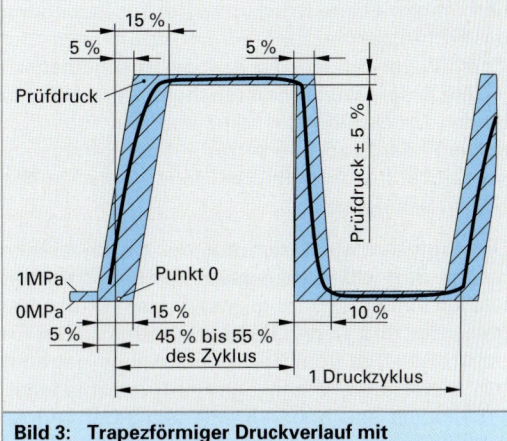

Bild 3: Trapezförmiger Druckverlauf mit Toleranzband nach DIN EN ISO 6803

Bezeichnung Impulsdruckprüfung verwendet. Der zeitliche Druckverlauf sowie dessen zulässige Toleranz übt einen starken Einfluss auf das Ergebnis aus und ist daher vor der Prüfung zu definieren.

3.1.3.2 Prüfmedien

Als Prüfmedien werden zumeist gasfreie Flüssigkeiten verwendet, die bei niedrigen Drücken als nahezu inkompressibel angesehen werden können. Bei der Wahl des Mediums ist zu berücksichtigen, dass dadurch u. U. eine wesentliche Sekundärbeanspruchung erzeugt werden kann. So kann das Prüfmedium z. B. eine Alterung am Prüfkörper verursachen (Versprödung an Dichtungen, Korrosion des Metallgewebes in Schlauchleitungen). Auch die Permeationsneigung (Permeation von lat. permeare = durchgehen) von Gasen kann das Ergebnis einer Prüfung wesentlich verändern, z. B. Wasserstoffeinlagerung in Polymeren. In diesen Fällen sollte das Prüfmedium möglichst genau anhand der Einsatzbedingungen ausgewählt werden. Anderenfalls können Standardmedien wie Hydauliköl, Glycol oder Wasser zur Druckübertragung benutzt werden.

Bei Verwendung gasförmiger Prüfmedien ist zu berücksichtigen, dass durch die Verdichtung im Prüfmedium sehr viel Energie gespeichert wird. Wird diese Energie im Versagensfall freigesetzt, können Sekundärschäden an der Prüfeinrichtung auftreten. Auch die Bruchausbildung und die Bruchlänge ist vom Energieinhalt des Druckmediums abhängig. Beispiel: geborstene Gasflasche in **Bild 1**.

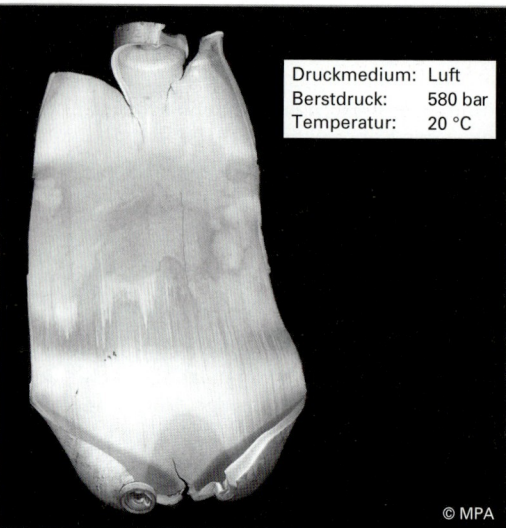

Bild 1: Standard-Gasflasche aus AlMg5 nach statischer Druckprüfung (Berstversuch) bei Raumtemperatur

3.1.3.3 Prüfeinrichtung

Als Prüfanlagen werden mechanisch oder hydraulisch angetriebene Druckumsetzer zur Erzeugung des Prüfdrucks und zur Trennung von Arbeits- und Prüffluid verwendet. Der Aufbau ist schematisch in **Bild 2** dargestellt. Entsprechend des einzustellenden Drucksollwertes wird über ein Proportionalventil der Druckübersetzer auf der Primärseite mit Druck aus einer hydraulischen Versorgungseinheit beaufschlagt.

Der Prüfdruck stellt sich auf der Sekundärseite gemäß dem Übersetzungsverhältnis der Kolbenflächen ein. Er wird möglichst nah am Prüfkörper gemessen und an den Regler rückgeführt. Der Primärkreislauf ist vom Sekundärkreislauf getrennt, das bietet den Vorteil, dass mit verschiedenen Prüfmedien und hohen Medientemperaturen gearbeitet werden kann. Auf der Sekundärseite sind weitere Einrichtungen zur gleichmäßigen Temperierung der Prüfkörper angebracht, wie z. B. Heizung, Kühlung und Spülung. Hydraulische Druckumsetzer arbeiten mit Prüffrequenzen von zwischen 1 Hz und 50 Hz, der Prüfdruck liegt zwischen 0,5 MPa und 100 MPa.

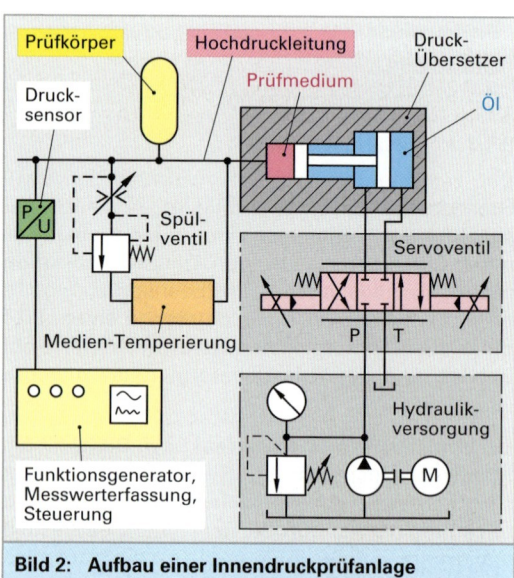

Bild 2: Aufbau einer Innendruckprüfanlage

Vor dem Aufbringen des Innendrucks müssen alle Prüflinge und Anschlussteile sorgfältig entlüftet werden. Die Verwendung von Füllkörpern zur Volumenverminderung des Prüfkörpers ist zulässig. Es ist sicherzustellen, dass sich die Füllkörper während des Versuches nicht gegenüber der Wand des Prüfkörpers verspannen können.

3.1.3.4 Versuchsergebnisse

Als Ergebnis von Innendruckprüfungen können

- bleibende Verformungen der Prüfkörper,
- Leckage,
- oder ein globales Versagen (Bersten)

auftreten.

Versagensgefährdete Bereiche – Verschwächungen, Stutzen o. Ä. – sollten dazu bereits vor dem Versuch mit Dehnmessstreifen bestückt werden. Undichtigkeiten bzw. Leckagen entstehen durch Anrissbildung oder durch das Versagen von Dichtungselementen. Um im Interesse der besseren Vergleichbarkeit von Ergebnissen unterschiedlicher Untersuchungen den unscharfen Begriff „Dicht/Undicht" zu definieren, sind z. B. in [SAE J 1176][1] Leckageklassen festgelegt. In denen wird eine Unterteilung zwischen „feucht" bis „Tropfen fallend" vorgenommen. Die Prüfeinrichtung muss über die Möglichkeit einer grenzwertkontrollierten Versuchsabschaltung verfügen, die mit der Leckage in qualitativem Zusammenhang steht.

Das Auftreten einer Leckage als Funktion der Zyklenzahl stellt die Grundlage für eine statistische Auswertung zur Ausfallwahrscheinlichkeit der Bauteile dar.

Teilweise tritt auch ein vollständiges Versagen des Prüfkörpers durch Bersten ein **(Bilder 1 und 2)**. Anhand solcher Ergebnisse kann eine kritische Fehlerlänge bestimmt werden, oberhalb der ein wanddurchdringender Riss instabil wird und Berstversagen auftritt.

Bei einer Berstprüfung müssen Schäden durch die im Druckmedium gespeicherte Energie an der Prüfeinrichtung und der Umgebung durch eine geeignete Versuchsführung ausgeschlossen werden.

Alle oben beschriebenen Prüfverfahren werden teilweise mit Temperaturzyklen und mit Feuchtzyklen kombiniert. Bei Schlauchleitungen werden zusätzlich mechanische Bewegungen überlagert, um die betrieblichen Einflussfaktoren möglichst genau nachzubilden.

---

[1] [SAEJ1176] SAE J 1176: External Leakage Classifications for Hydraulic Systems [ISO6803] DIN EN ISO 6803: 1997: Gummi- und Kunststoffschläuche und -schlauchleitungen – Hydraulik-Druck-Impulsprüfung ohne Biegung

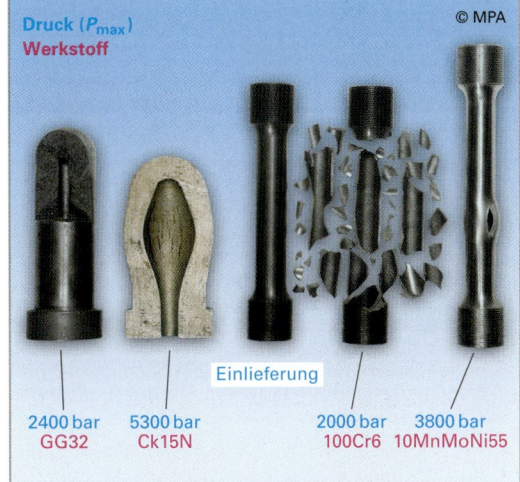

Bild 2: Einfluss des Werkstoffes bzw. des Verformungsvermögens auf die Bruchausbildung

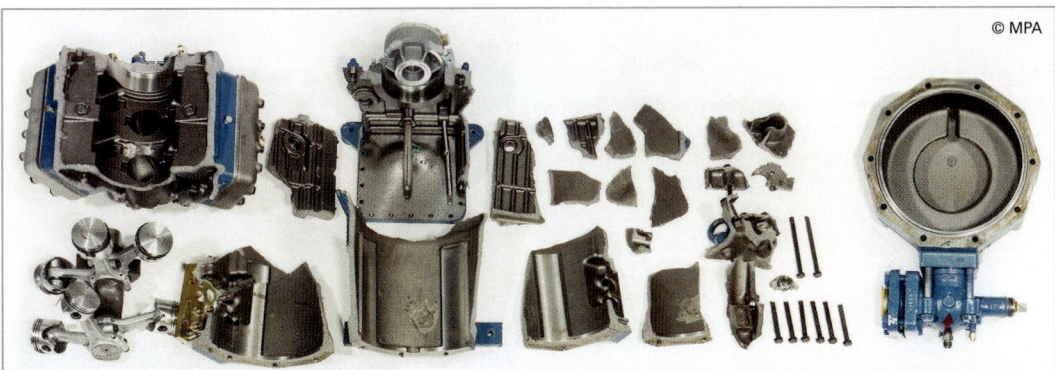

Bild 1: Berstdruckprüfung an einem Kältemittel-Verdichter aus Werkstoff GG30 bei Raumtemperatur mit Druckmedium Luft: Berstdruck 68,4 bar

Innendruckprüfung Ariane-Booster

Vor der Einführung der europäischen Ariane 5-Rakete wurden mehrere Belastungsversuche an den Feststofftanks der Rakete durchgeführt. Die Tanks mit einer Höhe von 25 m und einem Durchmesser von 3,1 m sind aus ≈ 8 mm dicken Blechen eines hochfesten Stahls gefertigt; die Einzelstücke sind verschweißt und die Segmente mit Clevis-Tank-Verbindungen zusammengefügt.

Die Versuche fanden in einem unterirdischen Prüfschacht der Materialprüfungsanstalt der Universität Stuttgart statt, **Bild 1**. Für die Prüfungen mussten die Hauptbelastungen des Bauteils während der Start und Flugphase simuliert werden:

- Innendruck,
- Axialkraft aus Antrieb (unten) und Luftverdrängung (oben),
- Reaktionskräfte in der Befestigung zwischen Tank und Hauptsektion der Rakete.

Als Innendruckmedium wurde Wasser verwendet, die äußeren Kräfte wurden servohydraulisch über Prüfzylinder aufgebracht.

Im **Bild 2** ist ein Ergebnis der Tests zu sehen. Der Bruch vollzieht sich teilweise in axialer Richtung sowie in Umfangsrichtung. Das ist auf die Wirkung des mehraxialen Spannungszustandes durch die oben genannten Kräfte zurückzuführen. Unmittelbar vor dem Bruch traten starke plastische Verformungen auf. Deren Ort und Größe waren bei der Konstruktion sehr gut vorausberechnet worden (**Bild 3**). Der gemessene Berstdruck von 135,6 bar stimmte ebenfalls gut mit den Rechnungen überein, es konnte ein ausreichend großer „Sicherheitsabstand" zu den Einsatzbedingungen nachgewiesen werden.

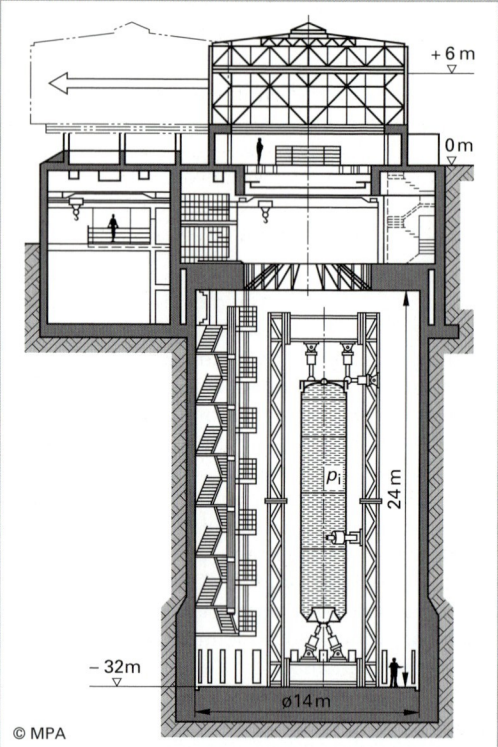

Bild 1: Prüfschacht für kombinierte Innendruck- und Axialbeanspruchung

Bild 2: Rissbeginn an der Verbindungsstelle unterschiedlicher Segmente, Rissverlauf

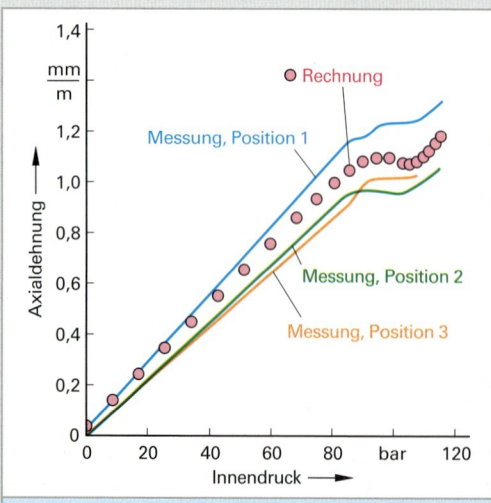

Bild 3: Vergleich zwischen gemessener und berechneter Axialdehnung an einer Verbindung

3.1.4 Umweltprüfverfahren

Die Auswirkungen von Umweltparametern wie Vibrationen, Stöße, Temperaturen, Feuchte, Staub, Spritzwasser, Korrosion sowie deren Veränderungsgradienten auf mechanisch oder elektrisch belastete Systeme sind vielfach auf Grund ihrer nicht überschaubaren Wechselwirkungen nicht berechenbar. Hier sind Aussagen zur Lebensdauer nur mit Hilfe des Experiments zu erlangen.

3.1.4.1 Vibrationsprüfungen und Schockprüfungen

Vibrationsprüfungen und Schockprüfungen werden nahezu nie an Proben sondern zumeist an Bauteilen oder Baugruppen durchgeführt. Dabei werden die im betrieblichen Einsatz auftretenden Vibrationen aus der Bauteilumgebung (Motorschwingungen, Fahrbahnstöße bei Fahrzeugteilen, Grundschwingungen bei Maschinenbauteilen) simuliert. Zudem werden oft die beim Transport (z. B. LKW auf Schlechtwegstrecke) oder der Lagerhaltung der Bauteile auftretenden Schwinganregungen mit berücksichtigt.

Ziel ist es:
- einen Nachweis der Eignung im Betrieb zu erlangen,
- die konstruktive Ausführung zu beurteilen und Schwachstellen aufzudecken,
- eine Funktionsprüfung unter Umgebungsbedingungen durchzuführen, indem der Prüfkörper ständig oder periodisch in Funktion gehalten wird,
- einen Lebensdauernachweis zu führen, wobei dazu die Einsatzbedingungen detailliert bekannt sein müssen.

Als Ergebnis der Prüfung können Schädigungen wie Anrissbildung, Verschleiß oder Funktionsverlust auftreten.

Vibrationsprüfungen und Schockprüfungen werden meist auf einem elektrodynamischen Schwingerzeuger (auch bezeichnet als Shaker) durchgeführt (**Bild 1**). Der mechanische Aufbau eines solchen Gerätes ist in **Bild 2** dargestellt. Das Arbeitsprinzip ähnelt dem eines Lautsprechers.

Im Zentrum befindet sich ein rotationssymmetrischer Kern mit einer Schwingspule, der durch Elastomerlager in einer Ruheposition gehalten wird. Im äußeren Ring sind zwei oder vier Ringspulen angeordnet und fest mit dem Gehäuse verbunden.

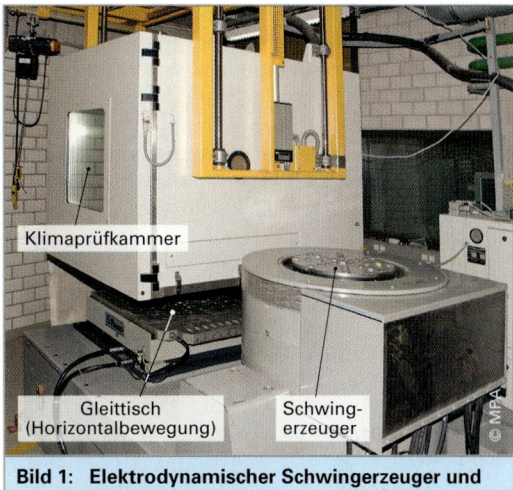

Bild 1: Elektrodynamischer Schwingerzeuger und Klimaprüfkammer

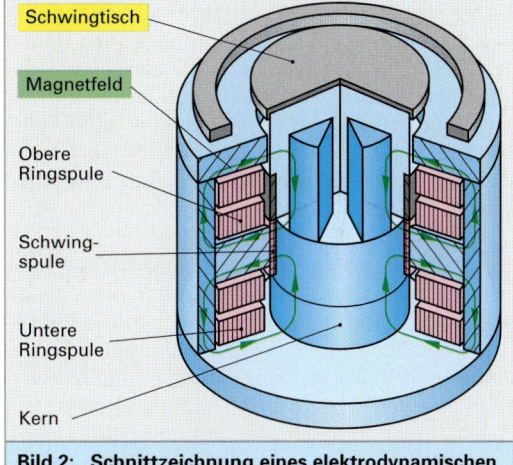

Bild 2: Schnittzeichnung eines elektrodynamischen Schwingerzeugers

Werden die Ringspulen von einem pulsierenden Gleichstrom durchflossen, wird der Kern, abhängig von der Stromstärke, durch ein gegenpoliges Magnetfeld aus der Ruheposition heraus bewegt. So entsteht eine einachsige mechanische Bewegung entlang der Achse des Kernkörpers. Elektrodynamische Schwingerreger arbeiten nahezu reibungsfrei und können sehr hochfrequente Schwingungen bis zu 5 kHz erzeugen.

Auf der – Schwingtisch genannten – Oberseite des Kerns werden die Prüfkörper montiert. Im Gegensatz zu anderen mechanischen Prüfungen ist der Prüfkörper nur einseitig gefesselt, es besteht kein Kraftschluss zu einem Gegenlager.

Die Hauptaufgabe der Aufspannvorrichtung ist die getreue Übertragung der geforderten Belastung von der Prüfanlage auf den Prüfling und die Einleitung in die Befestigungspunkte des Prüflings. Sofern die vorgesehenen Befestigungsvorrichtungen vorhanden sind, sollten diese zur Befestigung des zu prüfenden Gerätes auf dem Schwingtisch verwendet werden. Zusätzliche Befestigungen oder Versteifungen sollten vermieden werden. Prüflinge, die für den Gebrauch mit Schwingungsdämpfern vorgesehen sind, müssen zusammen mit diesen geprüft werden. An definierten Messpunkten werden am Prüfling Beschleunigungsaufnehmer angebracht, z. B. geschraubt oder geklebt. Diese liefern das Messsignal. An einem Kontrollpunkt an der Aufspannvorrichtung, dem Schwingtisch oder einem Befestigungspunkt des Prüflings wird die Einhaltung der Prüfbedingungen sichergestellt.

Wenn nicht anders angegeben, erfolgt die Prüfung in drei zueinander senkrecht stehenden Achsen. Damit wird berücksichtigt, dass viele Bauteile in verschiedenen Positionen, horizontal oder vertikal eingebaut werden können. Wenn die Wirkung der Schwerkraft für das Bauteil keine Rolle spielt, z. B. bei kleinen Bauteilen, kann der Shaker dazu in (normaler) vertikaler Position betrieben werden.

Die Bauteile werden nur auf einer Montagevorrichtung gedreht, um nacheinander oder gleichzeitig alle drei Raumachsen zu prüfen (**Bild 1**). Anderenfalls – bzw. bei großen Bauteilen immer – muss der Shaker gekippt und an einen Schwingtisch angeschlossen werden, auf dem horizontale Bewegungen möglich sind. Vibrationsprüfungen und Schockprüfungen werden meist nach den folgenden Verfahren durchgeführt.

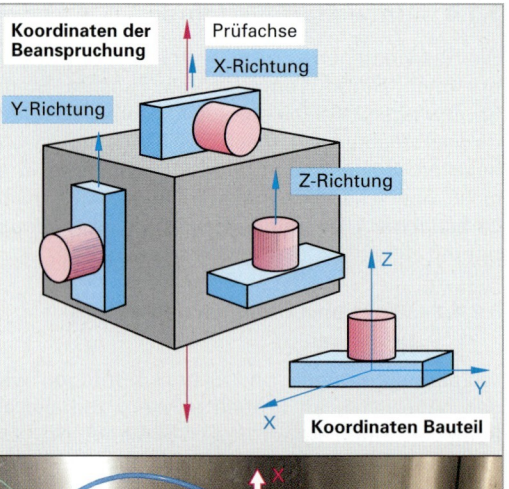
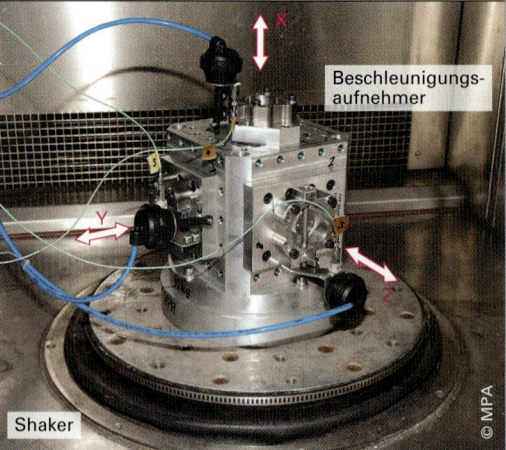

Bild 1: Prüfung in unterschiedlichen Raumrichtungen

Sinusförmiges Schwingen mit fester oder variabler Frequenz (DIN EN 60 068-2-6)

Dabei wird eine Dauerbeanspruchung in einem vorgegebenen Frequenzbereich mit einer harmonischen Sinusschwingung ausgeführt. Es wird entweder bei einer Festfrequenz geprüft oder es wird ein Frequenzzyklus (**Bild 2**) von f_1 nach f_2 und wieder zurück nach f_1 mehrfach durchlaufen (Sinussweep[1]). Die Durchlaufgeschwindigkeit ist dabei zu definieren, z. B. eine Oktave/min. (Oktave = Bereich zwischen einer Frequenz und ihrem doppelten Wert).

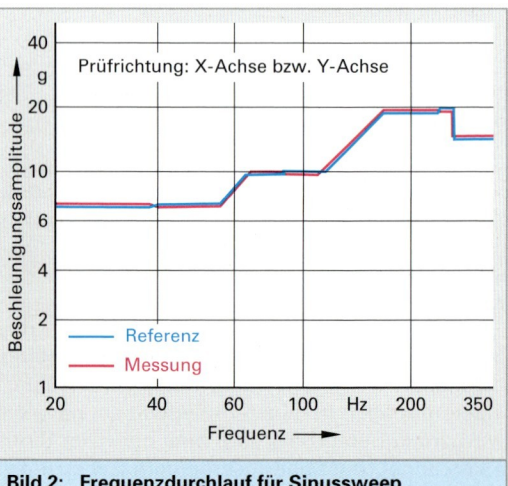

Bild 2: Frequenzdurchlauf für Sinussweep

---

[1] engl. to sweep = fegen, hinwegstreichen

3.1 Bauteilprüfung

Die Prüfung ist gekennzeichnet durch die folgenden Parameter:

- Prüffrequenzbereich (z. B. 1 Hz bis 3 kHz),
- Schwingwegamplitude oder alternativ Beschleunigungsamplitude,
- Dauer der Beanspruchung.

Bei einer harmonischen Schwingung sind Schwingwegamplitude y, Beschleunigungsamplitude a und Frequenz f miteinander über folgende Beziehung verknüpft:

$$a = 4 \pi^2 f^2 y$$

- a Beschleunigungsamplitude
- f Frequenz
- y Schwingwegamplitude

Beim Durchfahren eines Frequenzbereiches wird bei hoher Frequenz im Fall einer konstanten Beschleunigungsamplitude der Schwingweg sehr klein, im anderen Fall steigt bei konstantem Schwingweg die Beschleunigungsamplitude. Da im Versuch oft ein breites Frequenzspektrum durchfahren werden soll, wird eine Übergangsfrequenz definiert bis zu der bei konstanter Schwingwegamplitude und oberhalb mit konstanter Beschleunigungsamplitude gearbeitet wird.

Während der Untersuchung wird so geregelt, dass ein am Bauteil definierter Bezugspunkt genau die vordefinierten Belastungen erfährt. Bei größeren Bauteilen können Querschwingungen oder lokale Eigenresonanzen auftreten. Dann kann die Verwendung einer Mehrpunktregelung mit mehreren Bezugspunkten sinnvoll sein, um eine Überbeanspruchung einzelner Bauteilbereiche zu vermeiden.

Üblicherweise wird das Schwingverhalten vor und nach der Dauerbeanspruchung ermittelt, dazu werden die am Prüfling gemessenen Antwortsignale auf charakteristische Frequenzen untersucht. Das sind häufig mechanische Resonanzen, **Bild 1**, können aber auch Fehlfunktionen (Klappern) sein[1]. Bei einer äußeren Anregung im Bereich der Eigenfrequenz kann eine Schädigung des Prüfkörpers auftreten, dieser Frequenzbereich ist bei betrieblichem Einsatz, beispielsweise durch Verwendung geeigneter Dämpfer, zu vermeiden.

Wird bei dem Vergleich der Eigenfrequenzen während und nach der Prüfung eine Veränderung festgestellt, kann das auf Werkstoffermüdung bzw. beginnende Schäden an der Struktur hindeuten. Für einen Vergleich von Ergebnissen unterschiedlicher Untersuchungen gilt, dass der Schärfegrad einer Prüfung steigt, je häufiger innerhalb der Prüfdauer Bereiche mit Eigenresonanz durchlaufen werden.

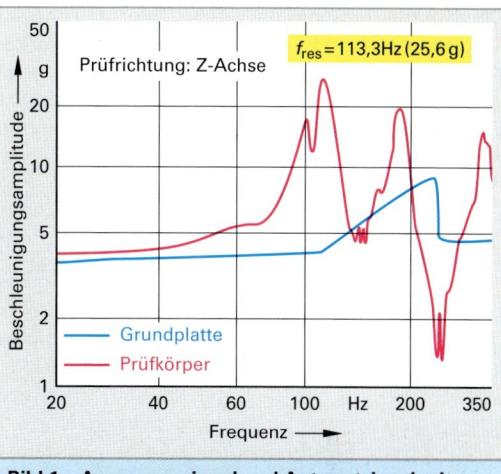

Bild 1: Anregungssignal und Antwortsignal mit mehreren Eigenresonanzen

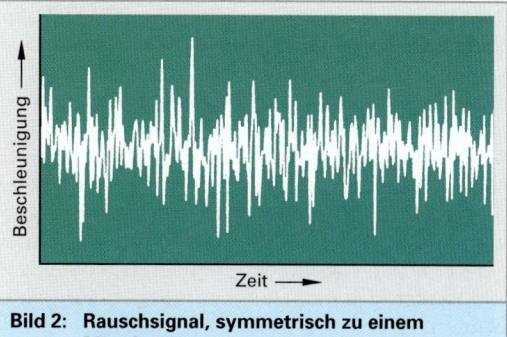

Bild 2: Rauschsignal, symmetrisch zu einem Mittelwert

Breitbandrauschen (DIN EN 60 068-2-64)

Die Belastung erfolgt mit einem digital erzeugten Rauschsignal (**Bild 2**) mit stochastischer Verteilung, das aus einem charakteristischen Beschleunigungsamplitudenspektrum und einem Frequenzbereich gebildet wird.

Die Prüfung ist gekennzeichnet durch die Parameter:

- Prüffrequenzbereich (z. B. 1 Hz bis 3 kHz),
- spektrale Beschleunigungsdichte (z. B. 0,05 bis 100 $(m/s^2)^2/Hz$),
- Form des Beschleunigungsspektrums,
- Dauer der Beanspruchung.

---

[1] Die Regelung der Beschleunigungsamplitude erfolgte am Schwingtisch des Shakers. Bei niedriger Frequenz ist die am Bauteil gemessene Beschleunigungsamplitude zum Sollwert identisch, steigt aber mit zunehmender Frequenz überproportional an. Bei 113 Hz liegt eine Resonanzfrequenz vor. Innerhalb des Frequenzbereiches bis 350 Hz treten zwei weitere Resonanzstellen auf.

Die spektrale Beschleunigungsdichte[1] ist ein Maß für die zugeführte Energie. Je nach Prüfdefinition wird die spektrale Beschleunigungsdichte innerhalb des wirksamen Frequenzbereichs konstant gehalten oder ändert sich mit definiertem Anstieg oder Abfall **(Bild 1)**.

Die Verteilung des Beschleunigungsspektrums entspricht einer Gauß'schen Normalverteilung **(Bild 2, vorhergehende Seite)**. Dabei treten auch einzelne, sehr hohe Werte der Beschleunigung auf. Über eine Spitzenwertbegrenzung (Crest-Faktor) wird verhindert, dass in diesem Fall bei niedrigen Frequenzen zu hohe Schwingwegamplituden verlangt werden, die die Kapazität der Prüfanlage übersteigen würden. Damit wird zwar die Normalverteilung der Beschleunigungswerte beeinflusst, der Fehler ist bei richtiger Wahl des Crest-Faktors jedoch gering, da nur bisweilen auftretende Werte abgeschnitten werden.

Die Regelung erfolgt, wie bei der Sinusschwingung, auf einen Bezugspunkt am Bauteil, bei komplexen Strukturen wird auch eine Mehrpunktregelung verwendet. Die Signale werden an den Bezugspunkten gemessen und sofort hinsichtlich Amplitude und Frequenz statistisch mittels *Fourier-Transformation* ausgewertet. Aus der Abweichung zum Sollsignal erfolgt die Leistungsregelung des Shakers. Für die Regelung muss dabei ein Kompromiss zwischen Regelungsgenauigkeit und Dauer des Regelungsvorganges gefunden werden.

Der Schärfegrad der Prüfung sollte den Umweltbedingungen angepasst sein, denen der Prüfling während Transport oder Einsatz ausgesetzt ist. Zur Verkürzung der Prüfzeit kann die spektrale Beschleunigungsdichte überhöht werden.

Schockprüfung (DIN EN 60 068-2-27)

Die Prüfung ist gekennzeichnet durch die folgenden Parameter:

- Spitzenbeschleunigung,
- Schockdauer,
- Anzahl der aufeinander folgenden Schocks.

Meist wird die Prüfung mit wenigen Schocks je Richtung durchgeführt (< 20), zur Prüfung der Ermüdungsbeständigkeit von Bauteilen wird auch das Dauerschocken (Anzahl der Schocks < 4000) eingesetzt. Der Schärfegrad der Prüfung richtet sich wesentlich nach der Spitzenbeschleunigung.

[1] Die spektrale Beschleunigungsdichte ist der quadratische Mittelwert des Beschleunigungssignals, das einen Schmalbandfilter passiert hat, dividiert durch die Bandbreite des Filters bei einer bestimmten Frequenz.

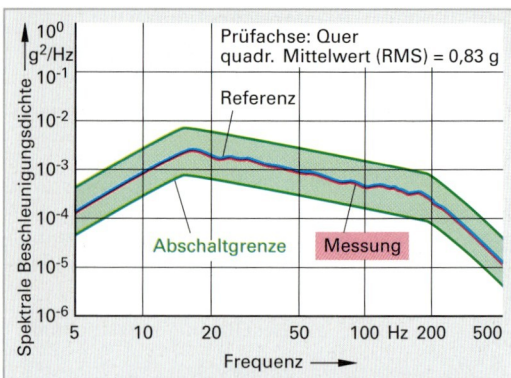

Bild 1: Frequenzspektrum für eine Rauschprüfung

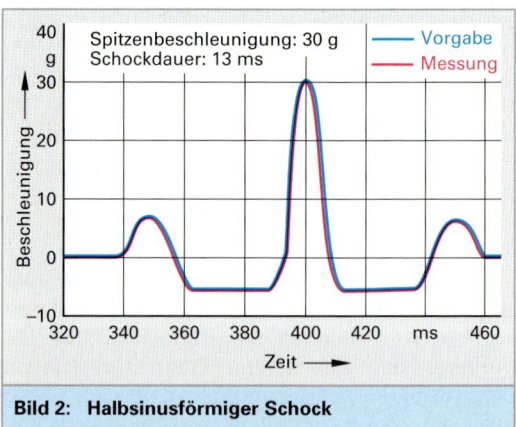

Bild 2: Halbsinusförmiger Schock

Folgende Formen des Beschleunigungs-Zeit-Verlaufes (Schockform) werden verwendet:

- Dreieckform mit flachem Anstieg und kurzer Abfalldauer,
- Halbsinusform,
- Trapezform.

Häufig müssen je Prüfachse beide Richtungen untersucht werden, da in der Struktur unterschiedliche Dämpfungseigenschaften vorliegen.

In **Bild 2** ist ein gemessener Beschleunigungs-Zeit-Verlauf eines sinusförmigen Schocks dargestellt. Nach der Schockanregung wird im Antwortsignal des Prüfkörpers eine abklingende Schwingung sichtbar, aus der eine Eigenfrequenz errechnet werden kann. Bei komplexen Prüfkörpern kann auch ein Spektrum unterschiedlicher Eigenfrequenzen aus unterschiedlichen Bereichen des Prüfkörpers auftreten.

Alle obengenannten Prüfungen, werden teilweise in Klimakammern durchgeführt, um zusätzliche Einflussfaktoren wie Feuchteänderungen und Temperaturwechsel zu berücksichtigen und so die Aussagefähigkeit der Ergebnisse zu erhöhen.

3.2 Schwingungen von Maschinen und Bauteilen

3.2.1 Einführung

Schwingbewegungen werden oft mit Unwuchten, Kurbelgetrieben oder elektrodynamisch erzeugt und in Geräten zur Förderung, zur lagerichtigen Zuführung **(Bild 1)**, zur Klassifizierung, zur Trennung und zur Sortierung genutzt.

Bild 1: Vibrations-Wendelförderer

Häufiger sind jedoch die ungewünschten schädlichen Schwingungen von Maschinen und Bauteilen. Sie beeinträchtigen oft die Funktion und die Qualität der erzielten Leistung oder gefährden die Standfestigkeit derselben. So können z. B. *Nachschwingbewegungen* die Greifsicherheit von Robotern verringern, *Werkzeugschwingungen* die Qualität der Fräsoberfläche mit Riefen verschlechtern oder die *Torsionsschwingung* die Betriebsfestigkeit einer Antriebswelle verringern.

Schwingungen werden ausgelöst durch abrupte Bewegungsänderungen, durch Restunwuchten, durch Ungleichförmigkeit der Bewegung des Hubkolbenmotors, durch Netzfrequenz oder durch stochastische (zufällige) Störungen aus der Umwelt.

Mit einer möglichst *weichen Lagerung* wird z. B. eine Koordinatenmessmaschine zur Überprüfung der Maßhaltigkeit von Werkstücken von den Schwingungen der benachbarten Bearbeitungsmaschinen abgeschirmt. Dies wird *passive Schwingungsisolierung* genannt **(Bild 2)**. Bild 3 zeigt die Verringerung der Schwingungsausschläge oberhalb der Lager-Eigenfrequenz.

Umgekehrt versteht man unter *aktiver Schwingungsisolierung*, wenn die Maschine federnd aufgestellt wird, um möglichst geringe Schwingungen in den Boden zu leiten. **Bild 4** zeigt hierzu das Einmassenmodell[1]. Das getrennte Maschinenfundament dient ebenfalls zur Entkopplung der Schwingbewegung.

> Schwingungen werden vor allem ausgelöst durch abrupte Bewegungsänderungen, Unwuchten und Störungen aus der Umwelt.

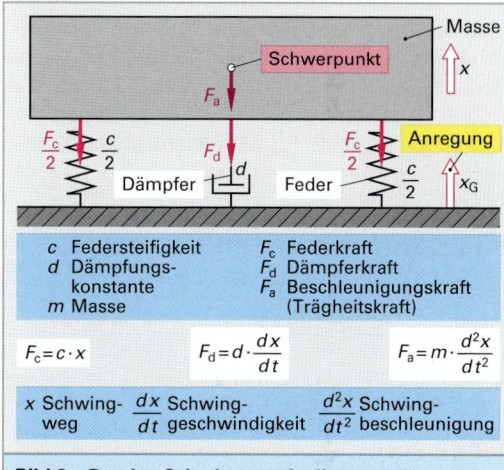

- c Federsteifigkeit
- d Dämpfungskonstante
- m Masse
- F_c Federkraft
- F_d Dämpferkraft
- F_a Beschleunigungskraft (Trägheitskraft)

$$F_c = c \cdot x \qquad F_d = d \cdot \frac{dx}{dt} \qquad F_a = m \cdot \frac{d^2 x}{dt^2}$$

x Schwingweg, $\frac{dx}{dt}$ Schwinggeschwindigkeit, $\frac{d^2 x}{dt^2}$ Schwingbeschleunigung

Bild 2: Passive Schwingungsisolierung

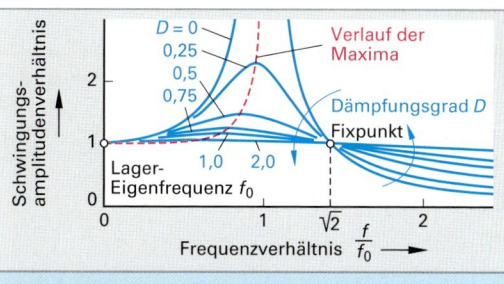

Bild 3: Schwingungsamplitude

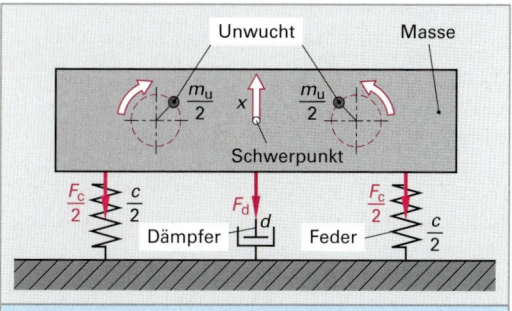

Bild 4: Aktive Schwingungsisolierung

---

[1] Im *Einmassenmodell* wird die Schwingungsanregung einer realen Maschine oder Anlage, z.B. durch zwei gegensinnig rotierende Punktmassen halber Größe dargestellt. Durch die Rotation entsteht eine senkrechte Massenschwingung. Diese wird in der Modelldarstellung durch eine masselose Feder und *einen* masselosen Dämpfer „abgefedert".

3.2.2 Eigenfrequenzen und Eigenformen

Maschinen, Geräte oder Bauteile können federnd gelagert als Gesamtes Schwingbewegungen ausführen, so genannte *Starrkörperbewegungen* oder sie verformen sich elastisch bei entsprechender Anregung selbst.

Diese Strukturschwingungen treten bei Anregung mit einer höheren, bauteil- oder systemtypischen Frequenz auf. Richtig deutlich werden die Schwingbewegungen erst ab der *1. Eigenfrequenz*.

Die Eigenfrequenzen sind typische dynamische Eigenschaften jedes Körpers. Nach entsprechender Auslenkung schwingt das Bauteil mit dieser Eigenfrequenz in einer für das Bauteil charakteristischen Form, der Eigenform (mode). Sie wird entscheidend durch die Art der Lagerung beeinflusst.

In **Tabelle 1** sind die ersten drei Eigenformen eines frei schwebenden, eines beidseitig eingespannten und frei aufliegenden und eines einseitig eingespannten Balkens dargestellt. So kann z. B. ein Werkzeughalter als einseitig eingespannter Balken, ein links und rechts festgepratztes Werkstück als beidseitig eingespannt oder frei aufliegend modelliert werden.

Die k-te Eigenfrequenz ist

$$f_k = \frac{\varkappa_k}{l^2} \sqrt{\frac{E \cdot I_y}{\varphi \cdot A}}$$

- f_k k-te Eigenfrequenz
- l Balkenlänge
- φ Dichte des Werkstoffs
- E Elastizitätsmodul
- I_y Flächenträgheitsmoment um Biegeachse
- A Balkenquerschnitt
- $\varkappa_K$ Faktor, siehe Tabelle 1

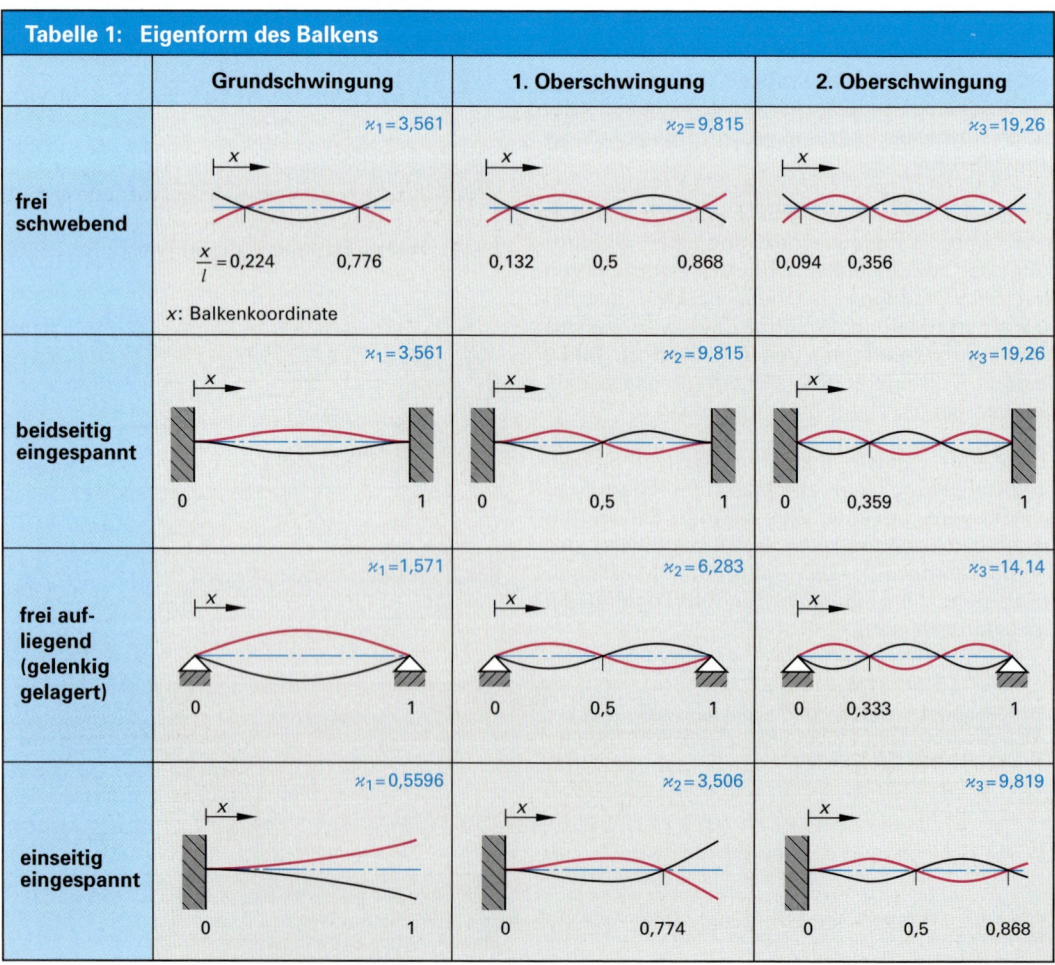

Tabelle 1: Eigenform des Balkens

3.2 Schwingungen von Maschinen und Bauteilen

Jeder Körper, jedes Bauteil und jede Maschine oder jedes Gerät besitzt theoretisch unendlich viele Eigenfrequenzen. Nur deutlich unterhalb der 1. Eigenfrequenz kann das Bauteil als Körper mit einer im Schwerpunkt vereinigten Masse und den Massenträgheitseigenschaften aufgefasst werden. Oberhalb dieser Frequenz muss man sich das statisch starre Bauteil aus einer Vielzahl von Massen und Federn zusammengesetzt vorstellen, deren Bewegung durch die Werkstoffdämpfung nur unwesentlich eingeschränkt wird **(Bild 1)**.

3.2.3 Modalanalyse

3.2.3.1 Rechnerische Modalanalyse[1]

Bild 1: Modellbildung

Analytisch lassen sich die Eigenfrequenzen und Eigenformen eines Bauteils nur für geometrisch einfach geformte Körper wie Balken, Kreisscheibe oder Rechteckplatte berechnen. Diese Grundformen sind jedoch zum Abschätzen der Eigenfrequenzen und Eigenformen komplizierterer technisch relevanter Formen nützlich.

So kann eine Kurbelwelle näherungsweise als Balken, ein Sägeblatt als Lochkreisscheibe und ein Nockenwellendeckel als Rechteckplatte angesehen werden.

Genau lassen sich die technischen Bauteile meist nur mit Hilfe der Finiten-Element-Methode (FEM) numerisch berechnen. Hierzu wird das zu untersuchende Bauteil mit programmintern, mathematisch beschriebenen Balkenelementen, Plattenelementen oder Schalenelementen dargestellt. Diese sind nur an den Knotenpunkten miteinander verbunden. Die automatische Vernetzung im Computerprogramm kann bauteilspezifisch beeinflusst werden.

Zur Bestätigung der Ergebnisse der FEM-Simulation und bei komplexen Strukturen oder aus mehreren Teilen zusammengesetzten Maschinen, die einer Berechnung nur schwer zugänglich sind, wird die **experimentelle Modalanalyse** eingesetzt.

Bei komplexen Bauteilen wächst der Aufwand der Berechnung mit FEM stark trotz komfortabler Rechenprogramme. Oft genügt jedoch eine grobe Modellierung, bei der nicht jede Aussparung, Sicke, Zapfen oder Konturänderung abgebildet wird.

---

[1] modal von lat. modus = Art und Weise; Modalanalyse = Ermittlung der Art und Weise der Schwingungsformen

Bild 2 zeigt die Torsionseigenformen einer mit Finiten Elementen berechneten Kurbelwelle eines V8-Motors. Sie entsprechen den Eigenformen des einseitig festgehaltenen Balkens. Die 1. Torsionseigenfrequenz hat einen maximalen Ausschlag des Torsionswinkels am oberen Ende **(Bild 2a)**, die 2. besitzt 1 „Verdrehbauch" und 1 Knoten **(Bild 2b)**, und die 3. bereits 2 „Verdrehbäuche" und 2 Knoten **(Bild 2c)**, wie aus der Farbkennung nach der Größe der Verdrehung von blau nach rot ausgewiesen ist.

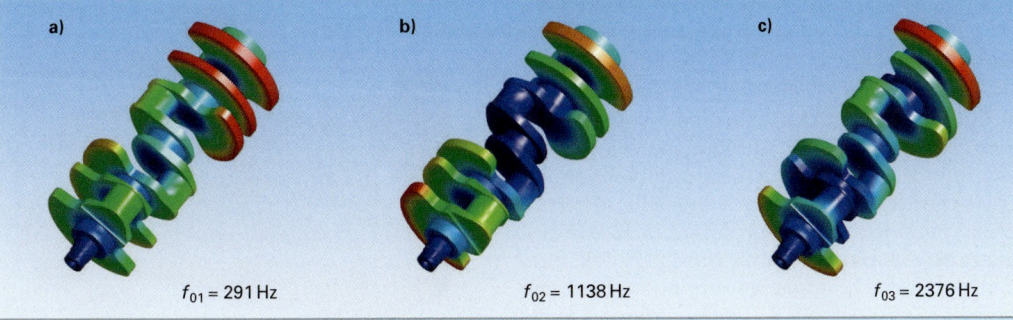

Bild 2: Torsionseigenschwingungsformen einer Kurbelwelle (FEM-Simulation)

3.2.3.2 Experimentelle Modalanalyse

Lagerung

Die Befestigung der Maschine oder die Lagerung des Bauteils wird in der Regel entsprechend dem realen Einsatz gewählt. Dabei sollte die Befestigung im Test eher steifer sein als die im späteren Einsatz, damit das zu prüfende Schwingungsverhalten weniger durch die Lagerung als durch das Bauteil selbst verursacht wird. Wenn die Schwingbewegung des zu untersuchenden Bauteils auf die Lagerung ermittelt werden soll, wenn eine weiche Lagerung vorliegt oder wenn die Lagerung noch unbekannt ist, wird der Prüfling zur Entkopplung an Federn oder an Expandern weich aufgehängt oder auf ein weiches Kissen gelegt. Dabei bedeutet „weich", dass die Eigenfrequenz der Aufhängung mindestens um den Faktor 1/10 unter den zu messenden Eigenfrequenzen liegen muss.

Anregung

Zur Ermittlung der Schwingungseigenschaften muss das Prüfobjekt in Schwingungen versetzt werden. Dies kann mit hydraulischen oder mit elektrodynamischen *Schwingerregern* oder mit einem *Prüfhammer* (**Bild 1**) oder akustisch über Luftschall mit einem Lautsprecher erfolgen.

Um Schwingungen mit allen Frequenzen im zu prüfenden Bereich zu erhalten, wird entweder das gewünschte Frequenzband mit einem Sinus-Sweep (sich in der Frequenz verändernde Schwingung) vom Schwingerreger durchfahren oder alle Frequenzen werden auf einmal als sogenanntes *Rauschsignal* im entsprechenden Frequenzband angeregt.

Kommt ein Prüfhammer zum Einsatz, muss das Anregungsspektrum mit der richtigen Prüfhammerspitze ausgewählt werden. Die Härte der Hammerspitze legt das Prüffrequenzband fest. **Bild 2** zeigt den Kraftverlauf des Hammerschlags über der Zeit und über der Frequenz bei der Spitze aus Stahl, aus Aluminium und aus Polyamid. Bei einer steifen und schweren Bauteilstruktur wird ein großer Schwingerreger oder ein schwerer Hammer benötigt, um für Schwingungen ausreichend Energie in das Bauteil zu bringen.

Die hydraulischen Schwingerreger, sogenannte *Hydropulser*, werden für Anregungen mit großer Kraft im niedrigen Frequenzbereich verwendet. Die elektrodynamischen *Schwingtische (Shaker)* werden häufig zur Bauteilprüfung bis 10 kHz eingesetzt (**Bild 3 und 4**). Um für große Bauteilstrukturen genügend Energie einzubringen oder für eine mehrdimensionale Anregung, können auch mehrere Schwingerreger gleichzeitig angekoppelt werden.

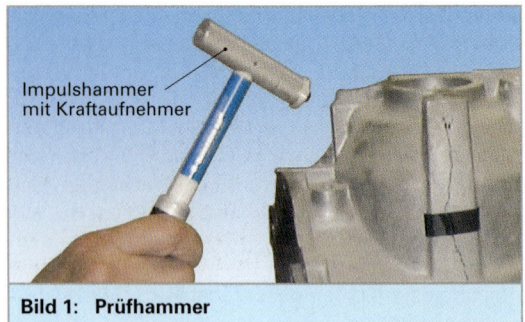

Bild 1: Prüfhammer

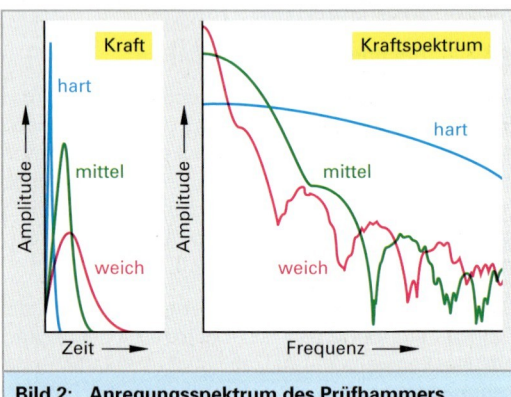

Bild 2: Anregungsspektrum des Prüfhammers

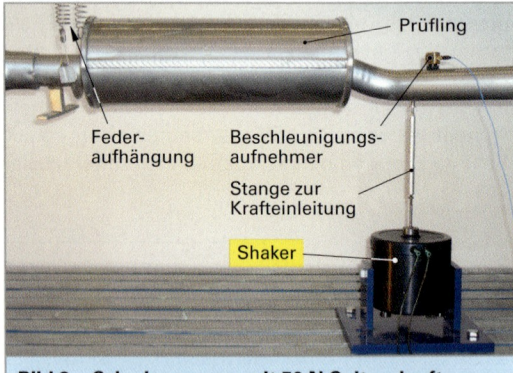

Bild 3: Schwingerreger mit 50 N Spitzenkraft

Bild 4: Schwingerreger mit 35 kN Spitzenkraft und mit Gleittisch

3.2 Schwingungen von Maschinen und Bauteilen

Verteilung der Messpunkte

Da die Bauteilstruktur an jeder Stelle unterschiedlich stark schwingt, werden geeignete Messpunkte auf dem zu untersuchenden Bauteil festgelegt. Die Dichte der Punkte und deren Verteilung auf dem Bauteil bzw. der Maschine richtet sich nach den geometrischen Verhältnissen, der erwarteten Steifigkeit des Bauteils und danach, wie viele Eigenformen ermittelt werden sollen. Im **Bild 1** sind extrem viele Messpunkte an einem Nockenwellendeckel ausgewählt worden, was nur bei berührungsfreier Messung realisiert werden kann.

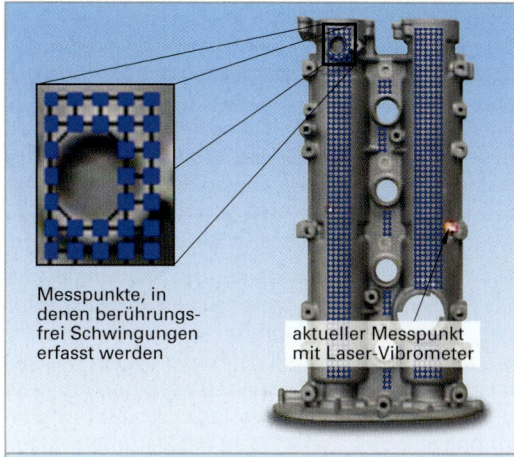

Bild 1: Aufteilung der Messpunkte

Schwingungsmessung

Zur Schwingungsmessung können Messaufnehmer eingesetzt werden, die die Beschleunigung mit einer trägen Masse nach dem *Piezoeffekt* messen. Die Ladungsverschiebung wird mit einem Verstärker in ein brauchbares Spannungssignal ausreichender Leistung gewandelt. Andere Beschleunigungsaufnehmer haben bereits einen integrierten Ladungsverstärker (ICP, d. h. Integrated Circuit Piezoelectric) eingebaut und liefern direkt das erforderliche Spannungssignal, das proportional der Beschleunigung ist.

Bild 2: Beschleunigungsaufnehmer

Für hohe Frequenzen und große Beschleunigungen gibt es Beschleunigungsaufnehmer mit minimaler Masse. Niedrige Beschleunigungen werden von einer großen trägen Masse im Sensor mit günstigerem Signal/Rauschverhältnis genauer erfasst (**Bild 2**). Es gibt auch Beschleunigungsaufnehmer, die gleichzeitig in den 3 Achsrichtungen messen können (**Bild 3**).

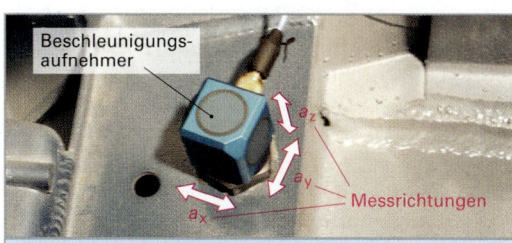

Bild 3: ICP-Triax-Beschleunigungsaufnehmer

Berührungsfrei wird die Schwinggeschwindigkeit oder der Schwingweg mit dem Laser-Doppler-Vibrometer ermittelt. Dabei muss das Gerät schwingungsfrei bezüglich des Messobjekts aufgestellt werden, weil nur die Relativgeschwindigkeit zwischen Messgerät und Prüfobjekt festgestellt wird. Dies ist der Hauptnachteil dieses Messverfahrens gegenüber den Beschleunigungsaufnehmern. Diese wiederum verändern durch ihre Masse das Schwingverhalten des zu untersuchenden Bauteils. Dies ist besonders bei der Erfassung von Strukturschwingungen der Fall, bei denen häufig 30 und mehr Beschleunigungsaufnehmer Verwendung finden.

Bis zu 256 × 256 Messpunkte können hingegen mit dem Scanning-Laser-Doppler-Vibrometer (**Bild 4**) nacheinander erfasst werden. Allerdings müssen die Messungen dann mit einem weiteren Schwingungsmesssignal synchronisiert werden.

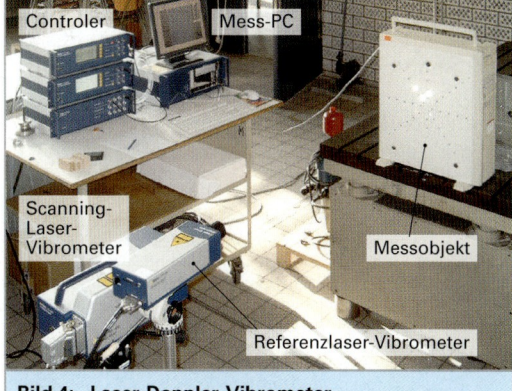

Bild 4: Laser-Doppler-Vibrometer

Fourieranalyse

Der zeitliche Verlauf der Schwingbewegungen selbst gibt kaum Aufschluss über die Ursache der Vibrationen. Deshalb werden die Messsignale der einzelnen Messpunkte einer Fourieranalyse unterzogen. So können die Eigenfrequenzen des Bauteils oder der Maschine an den Ausschlagspitzen ermittelt werden. **Bild 1** zeigt die Fourieranalysen[1] von Messsignalen in zwei Achsrichtungen.

Die digitale Signalanalyse des innerhalb der Messzeit nicht exakt periodischen Verlaufs erfordert dabei die Verwendung einer Fensterfunktion, z. B. das Hanning-Fenster, die diesen Mangel ausgleicht. Es gewichtet die Messgröße so, dass durch die geforderte Periodizität kein Signalsprung entsteht. Zur Analyse des Hammerschlags wird das Rechteckfenster genutzt.

Wenn man die maximalen Schwingwege bei einer speziellen Eigenfrequenz bezogen auf einen Referenzpunkt über das gesamte Bauteil darstellt, bekommt man näherungsweise die Eigenform des Bauteils bei der entsprechenden Eigenfrequenz. Denn den Amplitudenverlauf jedes Punktes kann man als Summe von Einmasseschwingungen ansehen, die mit der jeweiligen Eigenfrequenz schwingen **(Bild 2)**. Je nach Stärke der Anregung sind die Amplituden unterschiedlich stark ausgeprägt.

Ermittlung der Eigenform

Ein von der Anregung unabhängiges Ergebnis liefert die experimentelle Modalanalyse.

Hierzu muss die anregende Kraft gemessen und die Übertragungsfunktionen zu den einzelnen Schwingungsmesspunkten ermittelt werden. **Bild 3** zeigt eine Übertragungsfunktion mit Kohärenzbrechung. Mit den Übertragungsfunktionen sind prinzipiell die Struktureigenschaften des Bauteils mit Eigenfrequenzen, Eigenformen und Dämpfung festgelegt. Nun wird mit geeigneten Rechenalgorithmen (Curvefitting) ein mathematisches Modell des Schwingers gesucht, das diesen Übertragungsfunktionen entspricht. Dabei genügt bei modal entkoppelten Strukturen die Anzahl von Ein-Masse-Systemen mit Dämpfung (Single degree of freedom), die der Zahl der Eigenfrequenzen entspricht.

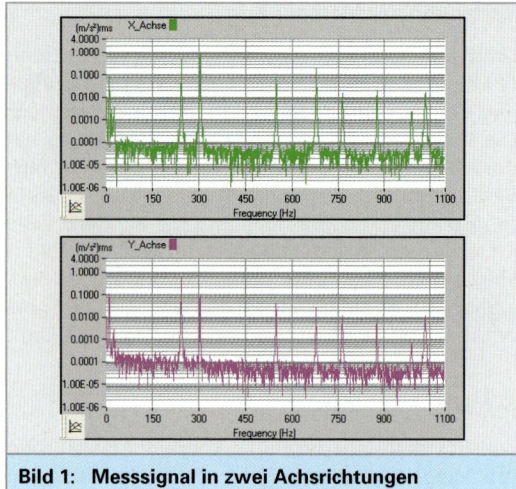

Bild 1: Messsignal in zwei Achsrichtungen

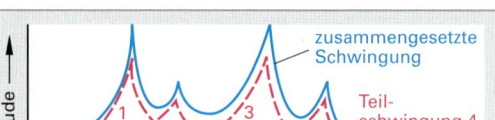

Bild 2: Aus vier Ein-Masse-Schwingern zusammengesetzte Schwingung

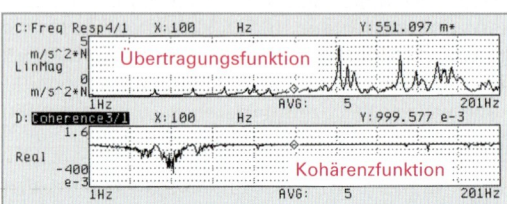

Bild 3: Übertragungsfunktion und Kohärenzfunktion[2] (Beispiel)

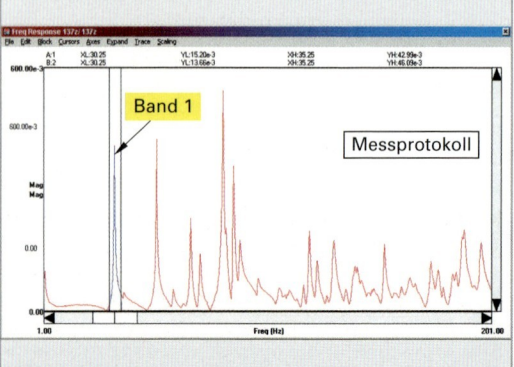

Bild 4: Frequenzband für 1. Eigenfrequenz

---

[1] Fourieranalyse, benannt nach dem franz. Mathematiker Jan-Baptiste-Joseph Baron de Fourier (1768 bis 1830). Ein beliebiges Signal kann zerlegt werden in eine endliche oder unendliche Anzahl von Sinusschwingungen. Bei der Fourieranalyse werden diese Sinusschwingungen nach Frequenz und Amplitude bestimmt.

[2] Kohärenz = Zusammenhang, von lat. cohaerere = zusammenhängen, die Kohärenz ist ein Maß für die Vertrauenswürdigkeit des Messergebnisses, das aus dem Vergleich von wiederholten Messungen gewonnen wird.

3.2 Schwingungen von Maschinen und Bauteilen

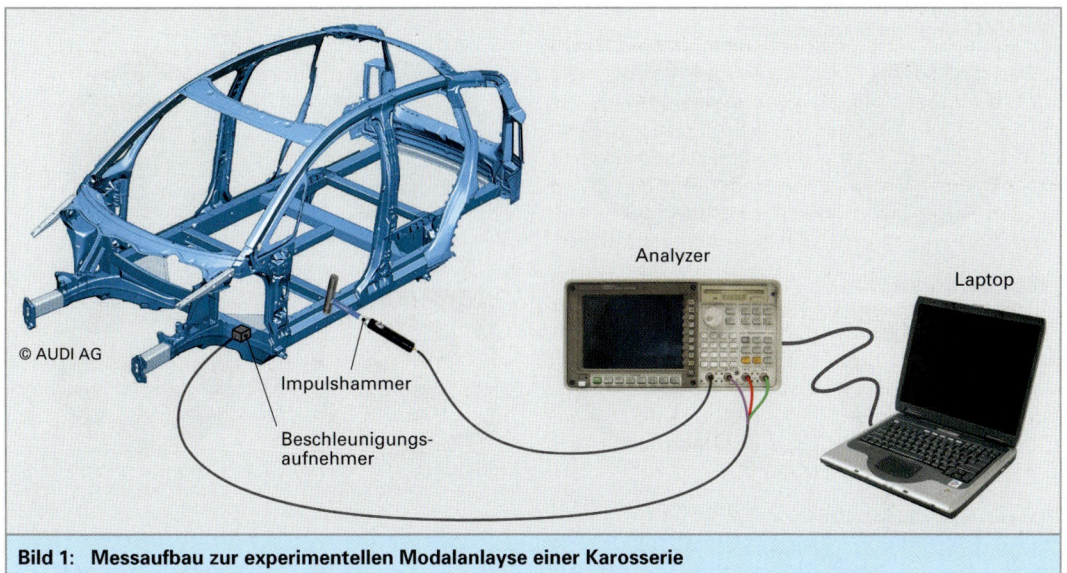

Bild 1: Messaufbau zur experimentellen Modalanlayse einer Karosserie

Im Band 1 ist nach **Bild 4, vorhergehende Seite** eine solche alleinstehende Eigenfrequenz markiert. Bei Doppelspitzen oder bei Dreifachspitzen nimmt man Modelle mit mehreren Freiheitsgraden (Multi degree of freedom).

Um eine gute Übereinstimmung des mathematischen Modells mit der gemessenen Übertragungsfunktion zu erreichen, wird häufig eine höhere Anzahl von Freiheitsgraden gewählt als Resonanzspitzen vorhanden sind. Diese führen dann jedoch zu zusätzlichen in der Realität nicht vorhandenen Eigenformen. Mit zunehmender Erfahrung bei der Auswertung können diese erkannt und eliminiert werden. Die experimentelle Modalanalyse liefert neben den Eigenfrequenzen, Eigenformen auch die *Dämpfung* des technischen Systems oder Bauteils.

3.2.3.3 Beispiele zur Modalanalyse

Der einfachste Aufbau zur experimentellen Modalanalyse ist am Beispiel einer Autokarosserie mit Impulshammererregung in **Bild 1** gezeigt. Die **Bilder 2 und 3** stellen die aus den gemessenen Schwingungen ermittelten Eigenformen dar.

Vergleichende Untersuchungen an einem Sägeblatt ergaben gute Übereinstimmung der mit einem Finiten-Element-Programm gerechneten Eigenformen mit der akustisch und mit Prüfhammer angeregten Eigenformen. Bei der Rechnung wurde keine Werkstoffdämpfung berücksichtigt. Die akustisch angeregten Eigenformen wurden mit feinen Sandkörnern sichtbar gemacht.

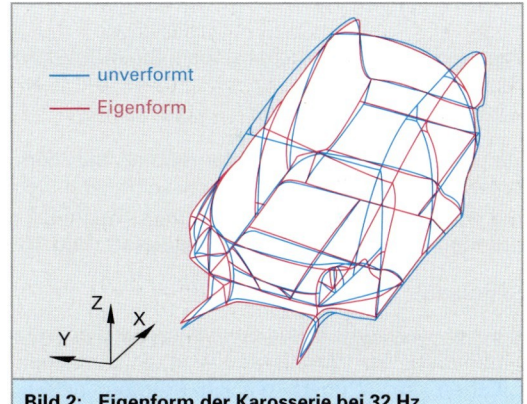

Bild 2: Eigenform der Karosserie bei 32 Hz

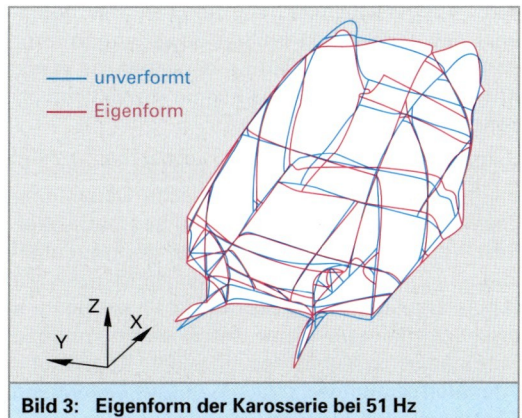

Bild 3: Eigenform der Karosserie bei 51 Hz

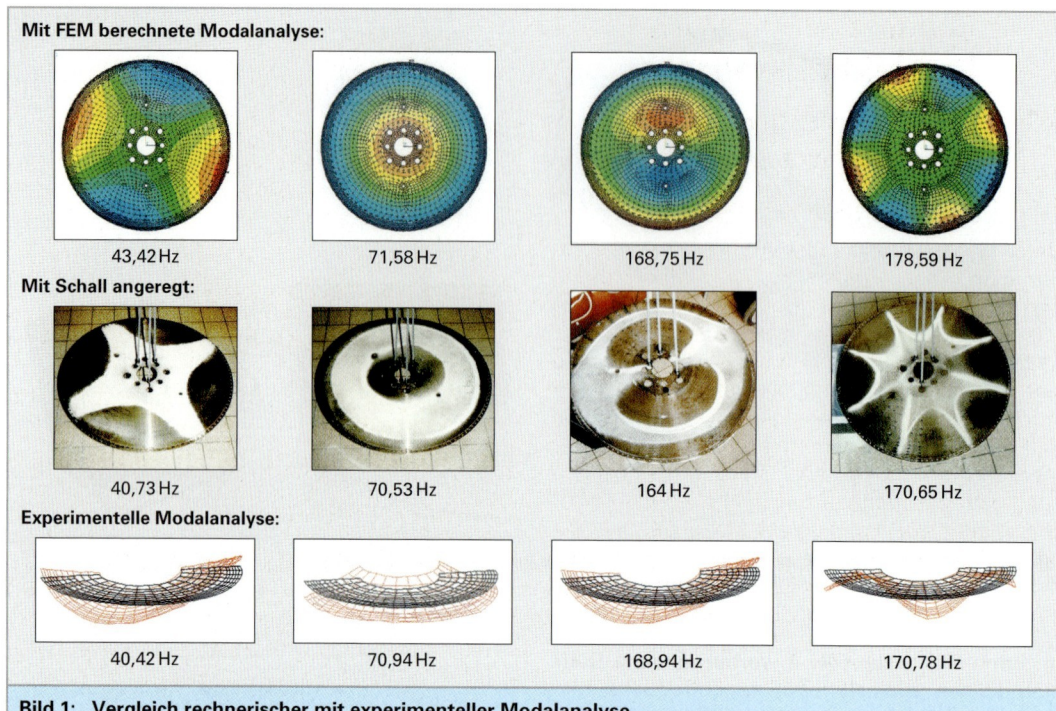

Bild 1: Vergleich rechnerischer mit experimenteller Modalanalyse

Die Messungen nach Klopfanregung mit computerunterstützter Auswertung beschränken sich auf nur einen Viertelkreis, was aus Symmetriegründen ausreichende Ergebnisse liefert **(Bild 1)**.

Simulation

Bei der virtuellen Produktentwicklung dient die Simulation der Voraussage von Systemeigenschaften, bevor überhaupt ein Prototyp gebaut wird. Strukturschwingungen können wegen des immensen Aufwands meist nur von einzelnen Bauteilen berechnet werden. Das Zusammenwirken von verschiedenen Einzelteilen mit gegenüber der Verformung großen Bewegungen erfordert häufig die Modellierung derselben als starre Körper, um den Rechenaufwand bewältigen zu können.

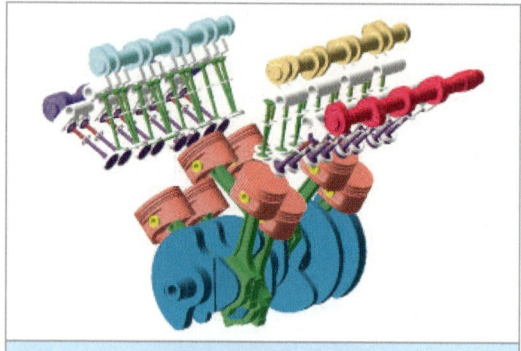

Bild 2: Simulationsmodell eines V8-Motors

Während bei der Berechnung mit der Finiten-Element-Methode eine mathematische Darstellung des Bauteils automatisch aus der geometrischen Beschreibung erfolgt, muss bei der Modellbildung einer Funktionseinheit oder der ganzen Maschine ingenieurmäßig diskretisiert[1] werden, d. h. diese Mehrkörpersysteme (MKS) werden mit den Masseneigenschaften der einzelnen Körper und ihrer Verknüpfungen durch Gelenke, Federn mit Dämpfern oder durch Kontakt beschrieben.

Zur anschaulichen Darstellung kann die CAD-Zeichnung des Bauteils in das MKS-Programm importiert werden **(Bild 2)**. Die Bewegungsgleichungen werden vom Rechenprogramm automatisch aufgestellt und numerisch im Zeitbereich (als zeitliche Schwingung) wegen der häufigen Nichtlinearitäten berechnet.

---

[1] diskretisiert = in einzelne Elemente aufgelöst, von lat. discernere = absondern, abspalten

4 Qualifizierung von Produktionsmitteln

4.1 Qualifizierung von Werkzeugmaschinen

4.1.1 Einleitung und Übersicht

Unter Qualifizierung (oder Abnahme) von Werkzeugmaschinen versteht man die Überprüfung und Bestimmung der Genauigkeit derselben. Man unterscheidet dabei zwischen der Herstellgenauigkeit der Maschine und der Arbeitsgenauigkeit, d. h. der Genauigkeit der hergestellten Werkstücke. Die **Herstellgenauigkeit** wird durch eine Reihe von geometrischen Prüfungen, z. B. der Messung der Tischgeradheit und der Tischebenheit, der Positionierabweichung einer Linearachse oder der Rundlaufabweichungen der Arbeitsspindel ermittelt. Ganz allgemein geht es dabei um die Messung von Maßen, Form und Lage von Maschinenteilen und deren Bewegungen.

Die **Arbeitsgenauigkeit** wird durch praktische Prüfungen, d. h. durch die Herstellung von Prüfwerkstücken und das anschließende Messen der Geometrieabweichungen dieser Werkstücke bestimmt **(Bild 1 und Bild 2)**.

Für werkstückgebundene Maschinen werden dabei häufig die später zu bearbeitenden Werkstücke auch als Prüfwerkstück verwendet. Man vergleicht die nach der Fertigung des Werkstücks tatsächlich vorhandenen Geometrieabweichungen mit den vorgegebenen Toleranzen des Werkstücks. Werkstückungebundene Maschinen, die eine Vielzahl von Werkstücken bearbeiten sollen, werden mit einheitlichen Prüfwerkstücken und Bearbeitungsbedingungen überprüft.

Die tatsächlich vorhandenen Geometrieabweichungen nach der Bearbeitung unterliegen jedoch einer statistischen Streuung. Daher müssen für die zuverlässige Bestimmung der Arbeitsgenauigkeit **statistische Methoden** angewendet werden[1].

Die erfolgreiche Abnahme **(Tabelle 1)** ist als Teil der Beschaffung von Werkzeugmaschinen Voraussetzung für die Bezahlung. Dementsprechend müssen bei der Auftragsvergabe die genauen Abnahmebedingungen festgelegt werden.

Bild 1: Prüfwerkstück nach NCG[2]

Bild 2: Test für die Mikrobearbeitung

Tabelle 1: Normen und Richtlinien zur Abnahme von Werkzeugmaschinen
DIN ISO 230 Prüfregeln für Werkzeugmaschinen, Geometrische Genauigkeit, Positionierunsicherheit, Kreisformtest
DIN 8601 Abnahmebedingungen für Werkzeugmaschinen für die spanende DIN 8602 Bearbeitung von Metallen
VDI/DGQ 3441-3444 Verhalten von Werkzeugmaschinen unter statischer und thermischer Beanspruchung
VDMA 8669 Statistische Prüfung der Arbeits- und Positionsgenauigkeit von Werkzeugmaschinen
VDI 2851 Fähigkeitsuntersuchung zur Abnahme spanender Werkzeugmaschinen
DIN 8615, 8620, Beurteilung von Werkzeugmaschinen 8625, 8626, 8658, durch Einfachprüfwerkstücke 8660, 8662

---

[1] Die geometrischen Prüfungen gehen auf von Prof. Schlesinger in den zwanziger Jahren des letzten Jahrhunderts entwickelte Prüfungen zurück: Prof. *Georg Schlesinger*, 1904 auf den neu gegründeten Lehrstuhl für Werkzeugmaschinen und Fabrikbetriebe an der Technischen Hochschule Berlin-Charlottenburg berufen, gilt als Begründer der modernen wissenschaftlichen Forschung auf den Gebieten der Fertigungstechnik und Betriebswissenschaft. Die statistischen Methoden bei der Maschinenabnahme wurden von der Automobilindustrie erstmals eingeführt.

[2] NCG von NC-Gesellschaft, e.V. Anwendung neuer Technologien, Ulm

4.1.2 Direkte Messungen der Maschineneigenschaften

Maßabweichungen an Werkstücken werden durch die folgenden Faktoren erzeugt und beeinflusst:

- technologisch bedingte Abweichungen, z. B. Werkzeugverschleiß,
- elastische Verformungen von Werkzeugen, Werkstücken und Spannvorrichtungen,
- Abweichungen der Vorschubbewegung der Maschine von der Soll-Bewegung,
- Lastbedingte Verformungen der Maschine,
- Abweichungen der linearen oder rotatorischen Hauptbewegung des Prozesses.

Die letzten drei Faktoren sind dabei der Maschine selbst zuzuschreiben.

Abweichungen können in *geometrische* und *kinematische* Abweichungen unterteilt werden.

Geometrische Abweichungen umfassen Lage- und Formabweichungen der Bauteile, z. B. Geradheitsabweichung einer Vorschubbewegung oder Rundlaufabweichung der Hauptspindel (**Tabelle 1**). Eine Vorschubachse kann dabei drei translatorische und drei rotatorische Abweichungen haben (**Bild 1**).

Kinematische Abweichungen sind Abweichungen von abhängigen Bewegungen zweier oder mehr Achsen, z. B. bei einer Bahnsteuerung oder beim Gewindeschneiden.

Geradheit

Es kann die Geradheit von Maschinenteilen, z. B. des Maschinentischs und die Geradheit von Bewegungen, z. B. der Vorschubbewegung einer Achse gemessen werden. Im ersten Fall bleibt der Maschinentisch stehen und der Bezugspunkt des Messgeräts wird bewegt. Im anderen Fall wird der Maschinentisch entlang seiner Führung bewegt und der Bezugspunkt des Messgeräts ruht.

> Eine Möglichkeit, die Geradheit der Vorschubbewegung eines Maschinentischs zu messen, ist in **Bild 2** dargestellt. Eine Messuhr (oder wie hier im Bild ein induktiver Wegaufnehmer) wird auf dem z-Schlitten der Maschine befestigt. Auf dem Maschinentisch liegt ein geeignetes Lineal. Der Messtaster wird auf das Lineal abgesenkt. Anschließend wird die Messuhr genullt und der Maschinentisch verfahren. Es werden Messwerte in definierten Abständen, z. B. alle 100 mm, abgelesen. Eine andere Möglichkeit ist die Messung der Geradheit mit einem Laserinterferometer.

Tabelle 1: Geometrische Maschinenabweichungen

- Geradheitsabweichung (rechtwinklig zur Bewegung),
- Positionierabweichungen,
- Drehungsabweichungen (um alle drei Raumachsen)
- Rundlauf,
- Planlauf,
- Winkelabweichungen zwischen zwei Achsen,
- Geometriefehler der Koppelstellen (z. B. Ebenheit des Maschinentischs),
- Formabweichungen des Werkzeug-Aufnahmekegels.

Bild 1: Abweichungen einer Vorschubachse

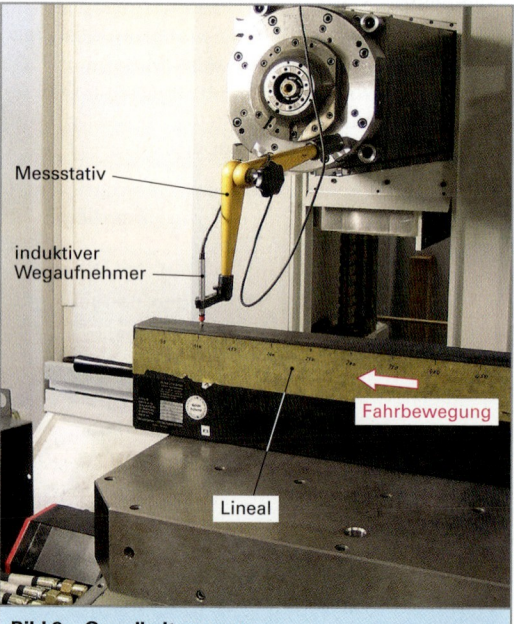

Bild 2: Geradheitsmessung

4.1 Qualifizierung von Werkzeugmaschinen

Der Messaufbau mit Laserinterferometer ist in **Bild 1** dargestellt. (Die roten Linien dienen zur Visualisierung der Strahlführung. Der Laserstrahl selbst ist nicht zu sehen). Hier sind Laserinterferometer und Durchgangsoptik ortsfest positioniert, während der Reflektor auf dem bewegten Maschinentisch montiert ist.

> Vorteile des Laserinterferometers sind die sehr hohe Genauigkeit, die Eignung für sehr lange Messwege (z. B. 40 m) und die Vielseitigkeit. Es kann z. B. für die Messung der Geradheit, der Ebenheit, der Rechtwinkligkeit aber auch für die Kippwinkelmessung und die Messung der Positionsgenauigkeit verwendet werden.

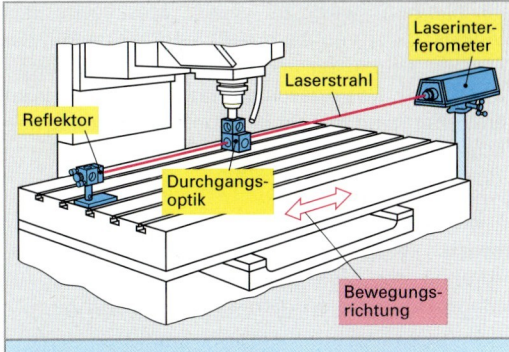

Bild 1: Geradheitsmessung

Winkelabweichungen linear bewegter Achsen

Die rotatorischen Bewegungen von linearen Vorschubachsen heißen *Rollen, Gieren* und *Stampfen* bzw. *Nicken*. Das Rollen ist die Bewegung um die Längsachse, Gieren ist die Bewegung um die Hochachse und Stampfen oder Nicken ist die Bewegung um die Querachse.

Winkelabweichungen können mit einem geeigneten Lineal und zwei Messuhren (bzw. Wegaufnehmern) ermittelt werden **(Bild 2)**. Für die Messung der Rollbewegung werden die Messuhren nebeneinander, d. h. quer zur Vorschubrichtung so angeordnet, dass sie das Lineal berühren. Anschließend wird der Maschinentisch verfahren und die Messwerte in definierten Abständen abgelesen. Beispielhafte Ergebnisse sind in **Bild 3** dargestellt.

Andere Möglichkeiten der Messung der Winkelbewegungen sind die elektronische Neigungswaage und der Laser-Interferometer mit Winkeloption.

Winkelabweichungen zwischen zwei Achsen

Die Messung der Rechtwinkligkeit mehrerer Achsen zueinander wird mit einem Winkelnormal durchgeführt, z. B. mit einem 90°-Winkel aus Granit als verkörpertem Winkelnormal oder mit einem Pentaprisma bei Anwendung des Laser-Interferometers **(Bild 4)**. Damit wird die Winkelmessung auf zwei Geradheitsmessungen zurückgeführt.

Bei Anwendung eines 90°-Winkels wird zunächst der Winkel an einer Achse ausgerichtet. Dazu wird die eine Messfläche des Winkels mit einer Messuhr angetastet, wobei die Achse verfahren wird. Durch Verdrehen des Winkels wird er so orientiert, dass die Messuhr auf dem gesamten Verfahrweg einen möglichst geringen Ausschlag zeigt.

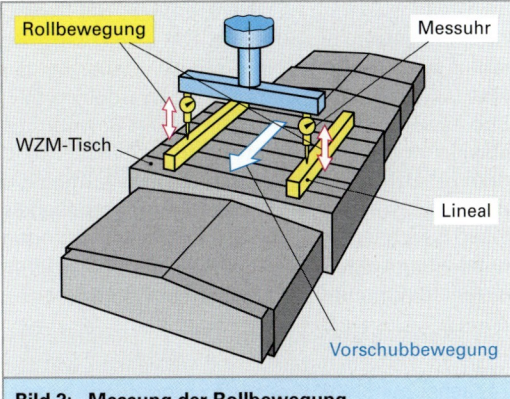

Bild 2: Messung der Rollbewegung

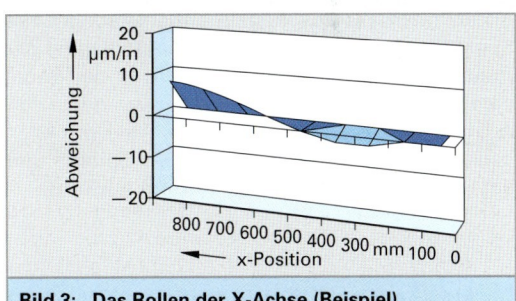

Bild 3: Das Rollen der X-Achse (Beispiel)

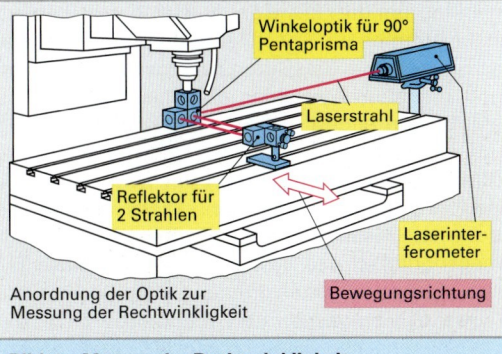

Bild 4: Messen der Rechtwinkligkeit

Anschließend wird die zweite Messfläche des Winkels, die zur ersten um 90° gedreht ist, mit der Messuhr angetastet und die zweite Achse verfahren (**Bild 1**). Der Ausschlag nach einem bestimmten Verfahrweg kann dann in einen Winkel umgerechnet werden. Dieser Winkel ist die Abweichung von 90°.

In vielen Fällen ist es möglich, die Winkelabweichungen zwischen den Vorschubachsen nach der Montage der Maschine durch geschliffene Abstimmplatten zu korrigieren bzw. zu verringern.

Rundlauf

Auch die Bewegungsabweichungen der rotatorischen Achsen beeinflussen die erreichbare Bearbeitungsgenauigkeit und müssen daher bei der Maschinenabnahme untersucht werden. Dabei interessieren oft nicht nur die reinen Bewegungsabweichungen der rotatorischen Achsen, sondern zusätzlich die Form- und Lagefehler der Koppelstellen wie z. B. des Werkzeugaufnahmekegels einer Fräsmaschine. Die Rundlaufabweichungen beinhalten beide Komponenten, die Bewegungsabweichungen und die Form- und Lagefehler.

Die Rundlaufabweichung einer Hauptspindel kann an verschiedenen Orten gemessen werden. Zunächst wird sie im Werkzeugaufnahmekegel gemessen (**Bild 2**). Dazu wird mit einem Messtaster innerhalb des Kegels angetastet und die Spindel gedreht. Der maximale Ausschlag ist der Rundlauf im Kegel. Zusätzlich wird in der Regel der Rundlauf an einem Dorn gemessen, der in den Aufnahmekegel eingespannt wird. Am Dorn kann dann der Rundlauf in der Nähe der Spindel und am Ende des Dorns gemessen werden (**Bild 3**).

Planlauf

Die Messung des Planlaufs gehört nach DIN 8601 zur Messung des Rundlaufs dazu. Es wird mit einer Messuhr die Fläche angetastet, deren Planlauf zu bestimmen ist. Anschließend wird die Spindelachse gedreht. Die Differenz zwischen größtem und kleinstem Ausschlag der Messuhr während einer Umdrehung ist die Planlaufabweichung (oder kurz der Planlauf). Im gezeigten Beispiel (**Bild 4**) wird der Planlauf an der Plananlage des Hohlschaftkegels gemessen. Diese Plananlage bestimmt zusammen mit dem Kegel die Aufnahmegenauigkeit des Werkzeugs. Wenn diese Fläche einen schlechten Planlauf hat, fluchtet die Achse des eingespannten Werkzeugs nicht mit der Spindelachse. Dadurch würde sich ein großer Rundlauffehler am Ende des Werkzeugs ergeben.

Bild 1: Messung der Rechtwinkligkeit von zwei Vorschubachsen

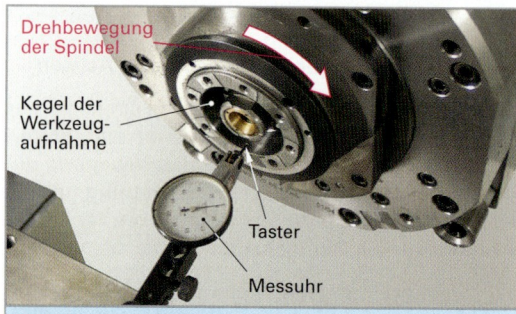

Bild 2: Messung des Rundlaufs in der Werkzeugaufnahme

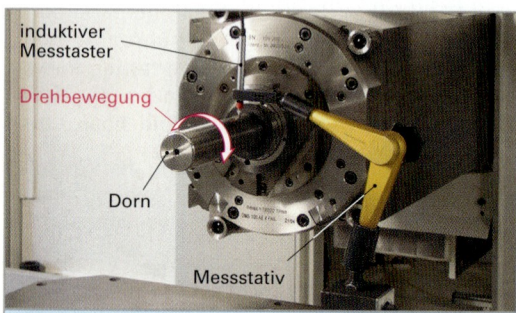

Bild 3: Messung des Rundlaufs am Dorn

Bild 4: Messung des Planlaufs

4.1 Qualifizierung von Werkzeugmaschinen

Positionsgenauigkeit

Die Positionsgenauigkeit ist die Genauigkeit, mit der eine Fertigungseinrichtung eine Position erreichen kann. Sie wird gemäß der Richtlinie VDI/DGQ 3441 bestimmt. Kenngrößen der Positionsgenauigkeit sind

- Umkehrspanne,
- Positionsstreubreite,
- Positionsabweichung und
- Positionsunsicherheit.

Beim mehrfachen Anfahren einer Position einer Vorschubachse ergibt sich folgende Situation. Die Sollposition wird nicht genau erreicht. Es ergibt sich eine Abweichung zwischen Sollposition und Istposition. Wenn die Position immer von einer Seite angefahren wird, sind diese Abweichungen normalverteilt. Die Verteilung hat einen Mittelwert $\bar{x}_{NEG}$ und eine Standardabweichung s_{jNEG}.

Wenn die gleiche Position von der anderen Seite angefahren wird, ergibt sich eine Normalverteilung mit in der Regel anderem Mittelwert $\bar{x}_{POS}$ und eventuell anderer Standardabweichung s_{jPOS} (**Bild 1**).

Die Umkehrspanne U an dieser Position ist dann die Differenz der beiden Mittelwerte $\bar{x}_{POS}$ und $\bar{x}_{NEG}$. Die Positionsstreubreite P_s ergibt sich aus dem Mittelwert der Streubreiten der beiden Verteilungen.

Zur Bestimmung der Positionsgenauigkeit werden nun diese Messungen an einer Vielzahl von Positionen entlang jeder Vorschubachse durchgeführt, z. B. alle etwa 100 mm. Dabei sollen die Messpositionen in unregelmäßigen Abständen zueinander festgelegt werden, damit auch eventuelle periodische Fehler erkannt werden. Die gemessenen Werte werden ausgewertet und in einem Diagramm wie in **Bild 2** dargestellt. Zunächst werden die Mittelwerte der beiden Verteilungen $\bar{x}_{POS}$ und $\bar{x}_{NEG}$ eingetragen. Von dort aus wird die Hälfte der Positionsstreubreite vom größeren Wert nach oben und vom kleineren Wert nach unten aufgetragen. Der zentrale Wert $\bar{\bar{x}}_j$, – die systematische Abweichung vom Sollwert an dieser Position, ergibt sich aus dem Mittelwert von $\bar{x}_{POS}$ und $\bar{x}_{NEG}$.

Die Umkehrspanne an Position j heißt dann U_j, die Positionsstreubreite an dieser Position heißt P_{sj}. Die Positionsabweichung einer Achse P_a ist die Differenz des größten und des kleinsten zentralen Wertes. Die Positionsunsicherheit einer Achse P ist die Gesamtabweichung der gesamten Achse und ergibt sich aus der Differenz des maximalen und des minimalen Wertes innerhalb der einzelnen Streubreiten.

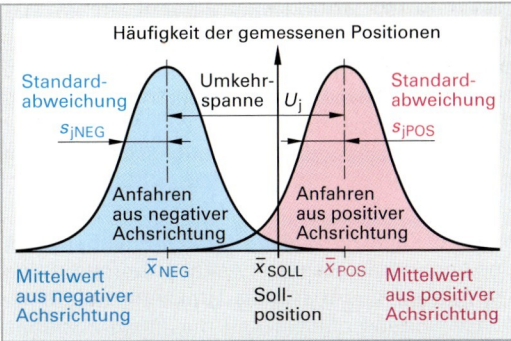

Bild 1: Häufigkeit der Messwerte bei der Position „j" (Beispiel)

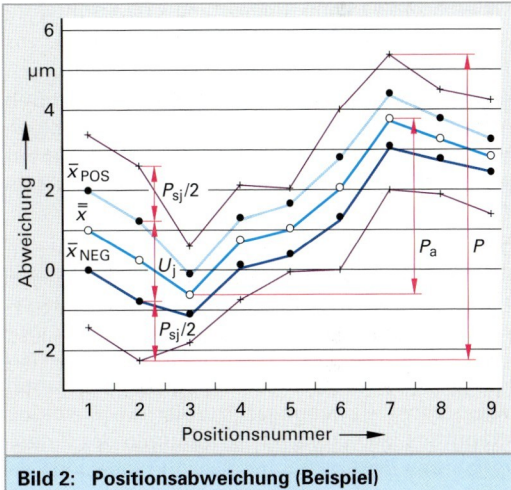

Bild 2: Positionsabweichung (Beispiel)

Berechnung der Kenngrößen

$U_j = \|x_{jPOS} - x_{jNEG}\|$	Umkehrspanne am Ort x_j
$\bar{s}_j = \dfrac{s_{jNEG} + s_{jPOS}}{2}$	Mittlere Standardabweichung
$P_{sj} = 6 \cdot \bar{s}_j$	Positionsstreubreite am Ort
$\bar{\bar{x}}_j = \bar{x}_{jPOS} + \bar{x}_{jNEG}/2$	Systematische Abweichung vom Sollwert am Ort x_j
$P_a = \|\bar{\bar{x}}_{j,max} - \bar{\bar{x}}_{j,min}\|$	Positionsabweichung
$P = [\bar{\bar{x}}_j + {}^1\!/_2\,(U_j + P_{sj})]_{max}$ $\quad - [\bar{\bar{x}}_j + {}^1\!/_2\,(U_j + P_{sj})]_{min}$	Positionsunsicherheit

Damit werden die Positionsabweichung, die Umkehrspanne und die Positionsstreubreite berücksichtigt, also die systematischen und auch die zufälligen Abweichungen. Positionsabweichung und Umkehrspanne gehören zu den systematischen Abweichungen, die Positionsstreubreite ist ein Kennwert der zufälligen Abweichungen.

Weitere Kennwerte, die im Zusammenhang der Positionsgenauigkeit verwendet werden, sind die mittlere und maximale Umkehrspanne einer Achse und die mittlere und maximale Positionsstreubreite der Achse. Insbesondere wenn die Vorschubachsen mit indirekten Wegmesssystemen ausgerüstet sind, spielt die Reihenfolge, mit der die einzelnen Positionen angefahren werden, eine große Rolle. Unterschiedliche Bewegungszyklen ergeben dann unterschiedliche Kennwerte.

Das Linearverfahren (Bild 1) zeichnet sich durch eine kurze Messdauer aus. Durch den großen zeitlichen Versatz beim Anfahren der jeweiligen Messpositionen ergeben sich jedoch in Verbindung mit einer Erwärmung der Maschine große Werte für die Positionsstreubreite.

Beim Pendelschrittverfahren ist der zeitliche Versatz beim Anfahren aller Messpositionen aus unterschiedlichen Richtungen relativ klein. Der zeitliche Versatz zwischen dem Anfahren der ersten und der letzten Position ist aber groß. Bei Anwendung dieses Bewegungszyklus ist die Positionsstreubreite kleiner als bei Anwendung des Linearverfahrens (natürlich ohne dass die Maschine dadurch besser geworden wäre).

Zur Messung der angefahrenen Positionen können verschiedene Messverfahren angewendet werden. Sehr genau und auch für große Messlängen geeignet ist der Laser-Interferometer (Bild 2). Es lassen sich dabei Längen bis 40 m bei einer Auflösung von 0,001 µm und einer Genauigkeit von ± 0,7 µm/m erreichen.

Eine weitere Möglichkeit der Positionsmessung ist der inkrementale Vergleichsmaßstab (Bild 3). Der Vergleichsmaßstab besteht aus einem Stahlmaßstab mit einer Kreuzgitterteilung und einem Abtastkopf. Es ist damit möglich, nicht nur die Position in Richtung der Vorschubachse, sondern auch die Führungsabweichung orthogonal dazu zu messen. Der Stahlmaßstab muss achsparallel auf dem Maschinentisch ausgerichtet werden. Der Abtastkopf wird z. B. an der Maschinenspindel befestigt.

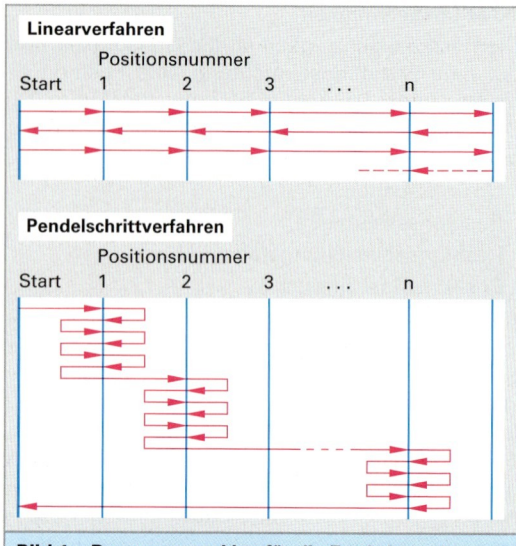

Bild 1: Bewegungszyklen für die Ermittlung der Positionsgenauigkeit

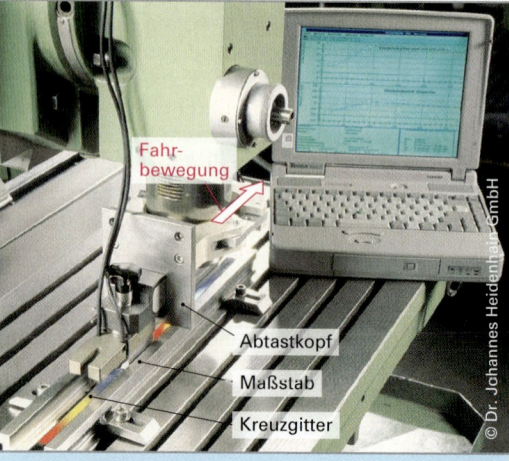

Bild 2: Positionsmessung mit Laserinterferometer

Bild 3: Inkrementaler Vergleichsmaßstab zur Messung der Position

Kreisformtest

Eine Möglichkeit, geometrische und kinematische Abweichungen zu analysieren, bietet der Kreisformtest. Hierbei wird der tatsächliche Radius einer von der Maschine interpolierten Kreisbahn gemessen. Bei großen Kreisen ist dabei die Maschinengeometrie dominant. Bei kleinen Kreisen und relativ hohen Vorschubgeschwindigkeiten werden die Messergebnisse vor allem von der Dynamik der Vorschubantriebe beeinflusst. Beim Double-Ball-Bar-Verfahren (**Bild 1**) wird eine Stange mit integriertem Messsystem mittels zwei Sockeln an Maschinentisch und Spindel drehbar befestigt. Der Durchmesser der Kreisbahn wird von der Länge dieser Stange bestimmt (und kann durch Verlängerungen verändert werden). Beim Abfahren der Kreisbahn werden die relativen Verlagerungen zwischen Tisch und Spindel vom Messsystem erfasst. Dabei wird die Kreisbahn so angeordnet, dass nur zwei Achsen verfahren müssen.

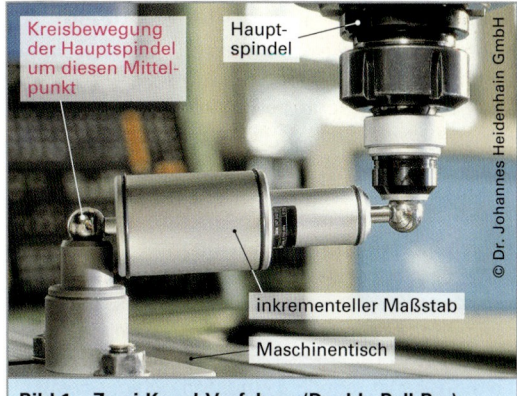

Bild 1: Zwei-Kugel-Verfahren (Double-Ball-Bar)

Maschinenfehler führen zu typischen Abweichungen der Messergebnisse von der Kreisform.

Wenn der Messschrieb eine um 45° geneigte Ellipse darstellt und wenn die Neigung der Ellipse nicht abhängig von der Drehrichtung ist, sind die beiden beteiligten Achsen nicht rechtwinklig zueinander (**Bild 2a**). Wenn die Neigung der Ellipse mit Änderung der Drehrichtung kippt, sind die K_v-Faktoren der beiden Achsen in der CNC-Steuerung unterschiedlich (**Bild 2b**). Ein Sprung im Messschrieb bei jedem Quadrantenübergang wie in **Bild 2c** weist auf nicht kompensierte Umkehrspiele in beiden Achsen hin. Die zwei Messschriebe in **Bild 2d** zeigen die Abhängigkeit der Messergebnisse von der Vorschubgeschwindigkeit und damit die Dynamik der Vorschubantriebe. Der äußere Messschrieb steht für eine relativ langsame Vorschubgeschwindigkeit. Bei höherer Vorschubgeschwindigkeit ist die Abweichung von der Sollbahn größer.

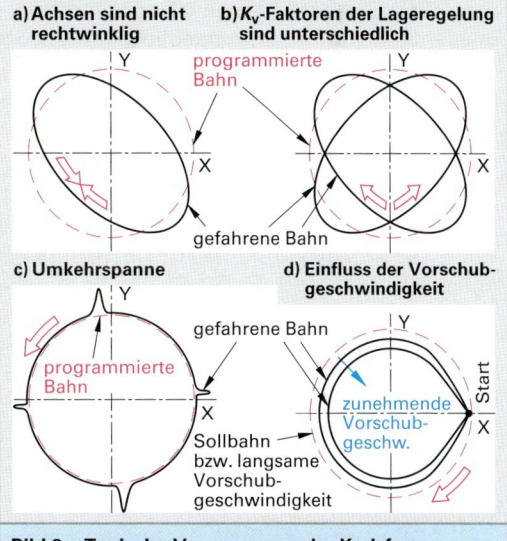

Bild 2: Typische Verzerrungen der Kreisform

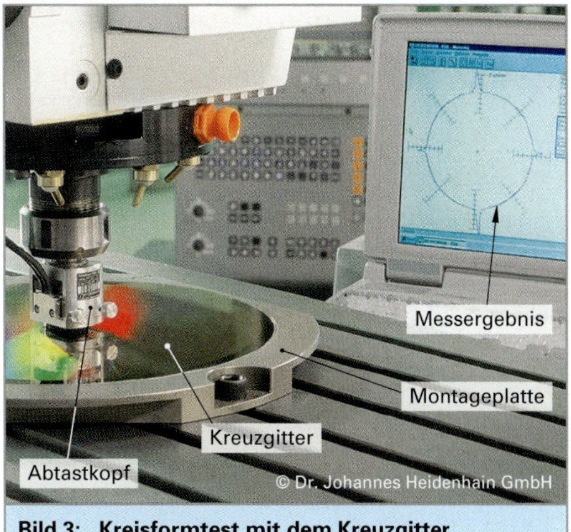

Eine andere Möglichkeit zur Durchführung des Kreisformtests ist das Kreuzgitter-Messgerät (**Bild 3**). Es ist ähnlich aufgebaut wie der inkrementale Vergleichsmaßstab und hat zweidimensionale Messbereiche z. B. vom Durchmesser 140 mm oder 230 mm. Das Kreuzgitter-Messgerät hat eine Genauigkeit von ± 2 µm. Es kann nicht nur für Kreisformtests verwendet werden. Auch beliebige zweidimensionale Freiformgeometrien können mit diesem Gerät mit hoher Genauigkeit abgefahren und gemessen werden. Es ist daher sehr gut geeignet für die dynamische Prüfung des Bahnverhaltens von Werkzeugmaschinen.

Bild 3: Kreisformtest mit dem Kreuzgitter

4.1.3 Abnahme- und Prüfwerkstücke

Während beim direkten Messen von Maschineneigenschaften wie dem Rundlauf die Herstellgenauigkeit ermittelt wird, kann man mit Abnahmewerkstücken (**Bild 1 und Bild 2**) die Arbeitsgenauigkeit und die Funktion der Werkzeugmaschine unter Bearbeitungsbedingungen untersuchen. Es ist weiterhin möglich, mit entsprechend konstruierten Abnahmewerkstücken auch Rückschlüsse auf einige Maschineneigenschaften zu ziehen. Die Abnahmewerkstücke bieten dabei gegenüber dem direkten Messen den Vorteil, dass keine Messmittel im Arbeitsraum nötig sind. Es ist jedoch grundsätzlich so, dass technologisch bedingte Abweichungen (z. B. durch die Schnittkraft) nicht von maschinenverursachten Abweichungen zu trennen sind. Daher wird in der Regel mit Schlichtbedingungen gearbeitet, um technologische Abweichungen klein zu halten.

Abnahme- und Prüfwerkstücke zur Ermittlung der Arbeitsgenauigkeit

Unter der Arbeitsgenauigkeit versteht man die Genauigkeit eines Werkstücks, welches auf der zu untersuchenden Werkzeugmaschine hergestellt wurde. Die *Arbeitsunsicherheit* ist ein Maß für die Arbeitsgenauigkeit. Sie ist definiert als die Summe aller maschinenbedingten systematischen und zufälligen Abweichungen (**Bild 3**). Sie kann jeweils nur für ein bestimmtes Fertigungsverfahren unter definierten Bedingungen ermittelt werden. Die Bestimmung der Arbeitsunsicherheit ist meistens sehr aufwändig, so dass man in der Regel nur die zufälligen Abweichungen in Form der Arbeitsstreubreite ermittelt. Die Arbeitsstreubreite ist die 6-fache Standardabweichung der Maßschwankungen am Prüfwerkstück. Sie wird bestimmt durch die Bearbeitung von sehr einfachen Prüfwerkstücken mit anschließender statistischer Auswertung.

Man unterscheidet zwischen der normalen Prüfung und der Kurzprüfung. Bei der normalen Prüfung wird über den gesamten Standweg des Werkzeugs gearbeitet. Insgesamt 10 Stichproben mit jeweils 5 Werkstücken werden für die statistische Auswertung verwendet. Mit dem zunehmenden Werkzeugverschleiß wird die systematische Abweichung und die Streubreite des Maßes (durch wachsende Schnittkräfte) verändert.

Bei der Kurzprüfung, die oft angewendet wird, um die Untersuchungskosten klein zu halten, werden 10 bis 50 Werkstücke in Folge bearbeitet. Die Sicherheit der Aussage wird durch die geringere Anzahl der bearbeiteten Werkstücke und den geringeren Einfluss des Werkzeugverschleißes aber schlechter.

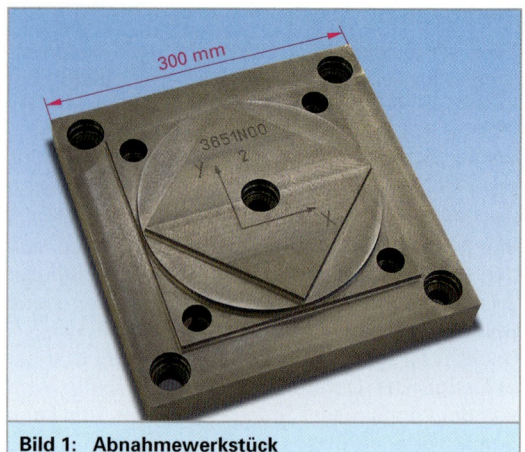

Bild 1: Abnahmewerkstück

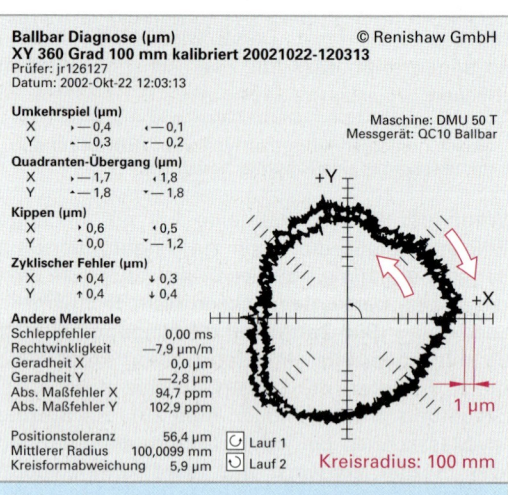

Bild 2: Kreisformgenauigkeit am Abnahmewerkstück

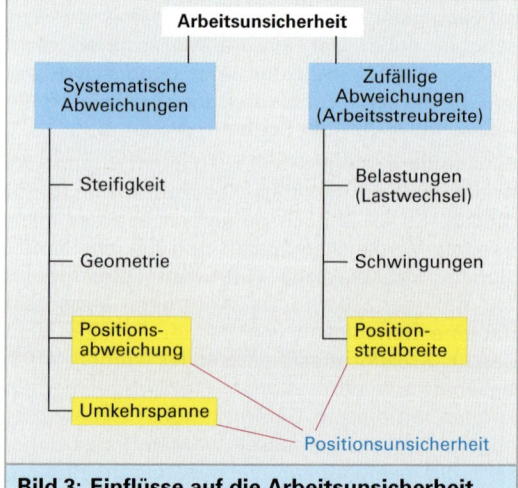

Bild 3: Einflüsse auf die Arbeitsunsicherheit

4.1 Qualifizierung von Werkzeugmaschinen

Drehmaschinen werden mit einem Prüfwerkstück nach **Bild 1** untersucht. Dabei wird über die Länge l_1 der Durchmesser D_1 mit einer Schnitttiefe von 0,5 mm bearbeitet. Für die Kurzprüfung werden beim Drehen 25 Prüfwerkstücke bearbeitet und in Stichproben mit je fünf Teilen ausgewertet. Nach VDI/DGQ 3442 wird dabei zur Schätzung der Standardabweichung die Spannweite der einzelnen Stichproben verwendet.

Mit der heute üblichen Computerunterstützung kann die Standardabweichung auf die herkömmliche Art berechnet werden. Die Bildung einzelner Stichproben ist aber weiterhin sinnvoll, um einen eventuellen Trend zu erkennen. Die Arbeitsstreubreite ist dann der 6-fache Wert der ermittelten Standardabweichung der Messwerte. Sie ist normalerweise größer als die Positionsstreubreite, deren Ermittlung im letzten Kapitel dargestellt ist.

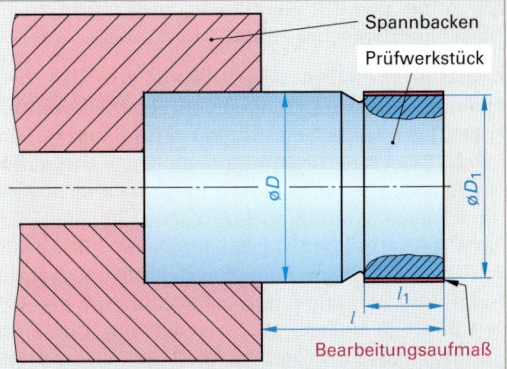

Bild 1: Prüfwerkstück nach VDI/DGQ 3442 für die Bestimmung der Arbeitsgenauigkeit von Drehmaschinen

Die Prüfwerkstücke für Fräsmaschinen **(Bild 2)** werden an mindestens zwei verschiedenen Spannstellen auf dem Maschinentisch aufgespannt. Für die statistische Auswertung müssen mindestens fünf Prüfwerkstücke auf jeder Spannstelle bearbeitet werden. Die Prüfwerkstücke müssen jeweils an genau der gleichen Position und mit der gleichen Ausrichtung aufgespannt werden. Das wird durch spezielle Spannvorrichtungen mit Anlageflächen für die Bezugsflächen des Prüfwerkstücks erreicht. Für das Messen der bearbeiteten Flächen werden die Prüfwerkstücke wieder an ihren Bezugsflächen ausgerichtet und die x-, y- und z-Werte der bearbeiteten Fläche gemessen. Für die Ausrichtung beim Messen wird dieselbe Spannvorrichtung verwendet. Ergebnisse der Messungen sind für jede Spannstelle je fünf Werte für die x-, y- und z-Koordinate, aus denen die Arbeitsstreubreite für die drei Richtungen berechnet werden können.

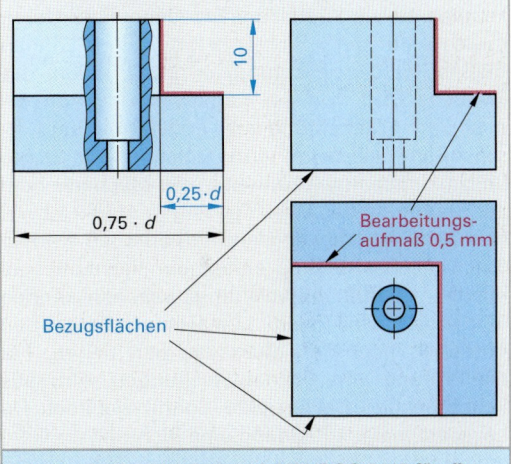

Bild 2: Prüfwerkstück nach VDI/DGQ 3443 für die Bestimmung der Arbeitsgenauigkeit von Fräsmaschinen

Für die Prüfung von Koordinatenbohrmaschinen und Bearbeitungszentren **(Bild 3)** werden die vorgebohrten Bohrungen[1] 1 bis 12 zunächst mit dem Werkzeug für Durchmesser D_1 der Reihe nach abgefahren und bearbeitet (aufgebohrt). Zwischen jeder Bohrung wird auf die Position des Bezugspunkts zurückgefahren, so dass alle Bohrungen von der gleichen Seite angefahren werden. Anschließend werden mit der gleichen Prozedur die Durchmesser D_2 bis D_5 bearbeitet. Jeder Durchmesser soll mindestens 0,2 mm größer sein, als der nächst kleinere. Für jede Bohrung erhält man fünf Messwerte für X- und Y- Koordinate, die eine statistische Auswertung ermöglichen.

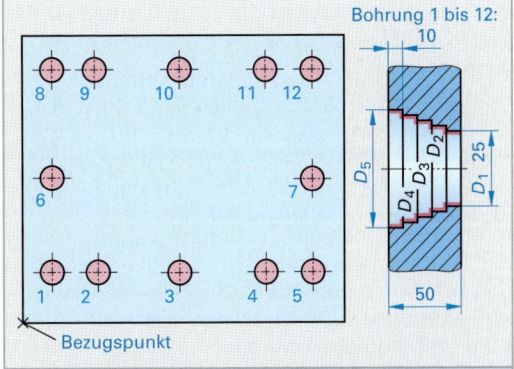

Bild 3: Prüfen der x- und y-Koordinaten von Koordinatenbohrmaschinen und Bearbeitungszentren – nach VDI/DGQ 3444

---

[1] Die genauen x- und y-Werte für die Bohrungen 1 bis 12 sind in der VDI/DGQ-Richtlinie 3444 angegeben.

Abnahme- und Prüfwerkstücke zur Ermittlung maschinentypischer Fehler

Nachdem im letzten Abschnitt die Arbeitsgenauigkeit von Werkzeugmaschinen ermittelt werden sollte, geht es hier darum, einzelne typische Fehler der Maschine zu untersuchen. Das kann durch die Bearbeitung und Messung geeigneter Konturen erreicht werden. Die Einfachprüfwerkstücke nach der VDI-Richtlinie 2851 können hierfür als Abnahmeprüfungen und auch als Wiederholprüfungen zur vorbeugenden Instandhaltung genutzt werden. Sie sollen der Einschätzung der Fertigungsgenauigkeit und dem Erkennen maschinentypischer Fehler bei einmaliger Herstellung dienen.

Einzelne Konturelemente für die Überprüfung von NC-Drehmaschinen zeigt **Tabelle 1**. Die Umkehrspanne wird durch das Erzeugen eines Durchmessers (für die x-Richtung) bzw. eines Längenmaßes (für die z-Richtung) ermittelt, indem das jeweilige Maß von der negativen und von der positiven Achsrichtung aus angefahren und anschließend bearbeitet wird. Ursachen für zu große Umkehrspannen können in der Mechanik oder der Steuerung der Maschine liegen. Winkelabweichungen und das Langsamfahrverhalten werden durch die Bearbeitung eines sehr flachen Kegelmantels geprüft. Abweichungsursachen können in der Mechanik, dem Linear-Interpolator, den Antrieben oder den Messsystemen liegen. Für die Prüfung von Bahnabweichungen wird aus Schrägen und Radien eine Kontur gebildet. Dabei sollte in der x-Richtung eine Richtungsumkehr innerhalb der Kontur enthalten sein. Die Bahnabweichung kann durch die Mechanik, den Zirkular-Interpolator, die Antriebe und die Messsysteme verursacht werden.

Aus den verschiedenen Konturelementen ist das Einfachprüfwerkstück für NC-Drehmaschinen zusammengesetzt **(Bild 1)**. Es wird mit einem Aufmaß von 0,2 mm bearbeitet. Um als Abnahmewerkstück zu dienen, müssen Werkstückmaße, zulässige Abweichungen, Messmittel und Messmethoden und der thermische Zustand der Maschine bei der Prüfung zwischen Maschinenlieferant und Abnehmer vereinbart werden. Neben den bisher beschriebenen grundlegenden Prüfungen können ergänzende Prüfungen wie Gewindeschneiden, statische Nachgiebigkeit und thermische Drift vereinbart werden.

Ein entsprechendes Einfachprüfwerkstück für Fräsmaschinen und Bearbeitungszentren zeigt **Bild 2**.

Tabelle 1: Konturelemente für Einfachprüfwerkstücke für NC-Drehmaschinen

Konturelement	Prüfung
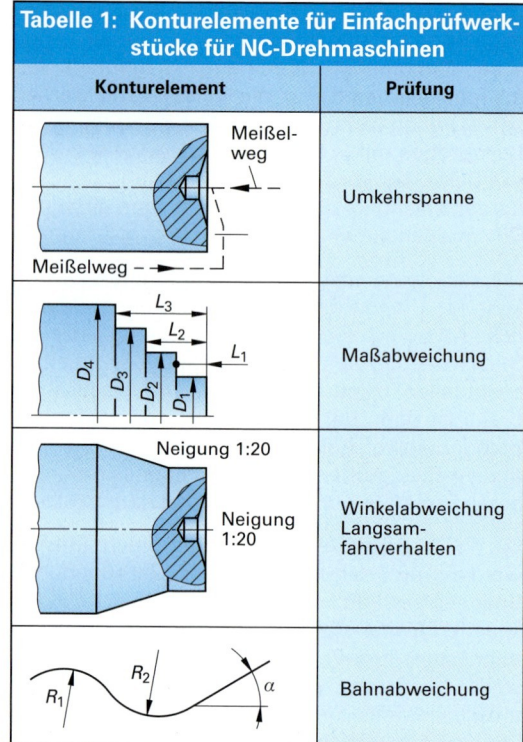 Meißelweg	Umkehrspanne
	Maßabweichung
Neigung 1:20	Winkelabweichung Langsamfahrverhalten
	Bahnabweichung

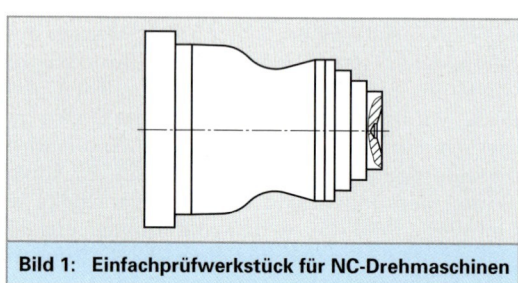

Bild 1: Einfachprüfwerkstück für NC-Drehmaschinen

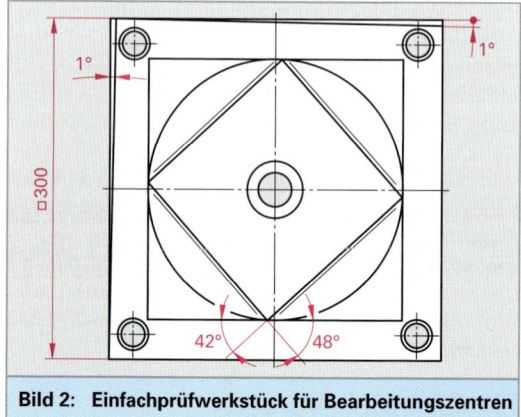

Bild 2: Einfachprüfwerkstück für Bearbeitungszentren

Es enthält zweifach ausgebohrte Bohrungen, anhand derer z. B. die Umkehrspanne (über die Konzentrizität der beiden Durchmesser) ermittelt werden kann. An den leichten Schrägen kann das Langsamfahrverhalten, am großen Kreis eventuelles Umkehrspiel und an den Quadraten die Rechtwinkligkeit der Achsen überprüft werden.

Das Einfachprüfwerkstück wird mit 0,3 mm bis 0,5 mm Aufmaß (0,2 mm bis 0,3 mm bei den Bohrungen) vorbearbeitet. Wenn Vor- und Fertigbearbeitung auf der gleichen Maschine erfolgen sollen, ist eine Abkühlpause vorzusehen. Außerdem muss das Werkstück zum Abbau von thermischen Abweichungen und freigewordenen Spannungen gelöst und wieder gespannt werden. Die Fertigungsreihenfolge ist dann: Fräsen des großen Quadrats, Zirkularfräsen des Kreises, Fräsen des kleinen Quadrats, je zwei Kreisausschnitte aus unterschiedlicher z-Richtung anfahren und fräsen, 1° Schrägen fräsen, Senkung der zentralen Bohrung zirkularfräsen, vier Bohrungen in positiver Achsrichtung anfahren und mit Durchmesser 27 mm ausdrehen, vier Bohrungen in negativer Achsrichtung anfahren und mit Durchmesser 28 mm ausdrehen und schließlich die zentrale Bohrung mit Durchmesser 30 mm ausdrehen.

Das besprochene Einfachprüfwerkstück für Bearbeitungszentren ist nicht geeignet, um das Zusammenspiel hochdynamischer Achsen bei hohen Vorschubgeschwindigkeiten zu überprüfen. Dies ist gerade im Werkzeug- und Formenbau für die Fertig-Bearbeitung von Freiformflächen sehr wichtig. Von der NC-Gesellschaft wurde daher ein HSC-Abnahmebauteil auf der Basis des Einfachprüfwerkstücks nach VDI 2851 entwickelt, das auch für diesen Anwenderkreis geeignet ist (**Bild 1**).

Es geht dabei nicht nur um die erzeugte Genauigkeit, sondern auch darum, welche Bearbeitungszeit gebraucht wurde. Entscheidend ist hier nicht nur die geometrische Genauigkeit der Werkzeugmaschine, sondern auch die dynamische Genauigkeit. Sie wird z. B. durch Steuerungseigenschaften wie Block-Zyklus-Zeit, Look-Ahead-Funktion und Ruckkontrolle sowie durch konstruktive Maschineneigenschaften wie die Leistung der Vorschubantriebe und die Steifigkeit der Mechanik bestimmt. Die NC-Gesellschaft hat desweiteren ein spezielles Abnahmewerkstück für die 5-achsige Bearbeitung entwickelt (**Bild 2**).

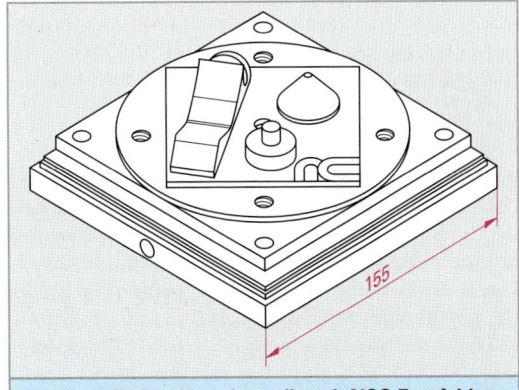

Bild 1: HSC-Abnahmebauteil nach NCG Empfehlung 2004

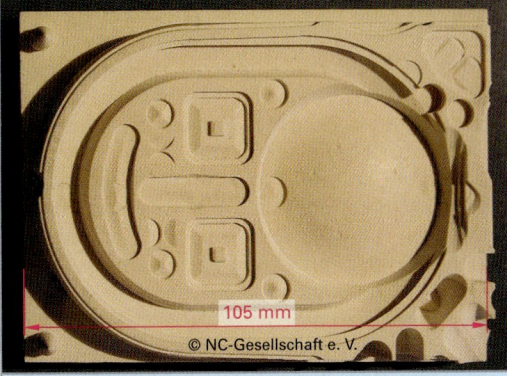

Bild 2: Abnahmebauteil für die 5-Achs-Bearbeitung nach NCG-Empfehlung 2005

Wiederholung und Vertiefung

1. Welche beiden Genauigkeitsarten unterscheidet man bei der Abnahme von Werkzeugmaschinen?
2. Durch welche Methode bestimmt man die Arbeitsgenauigkeit?
3. Nennen Sie die wichtigsten Normen und Richtlinien zur Abnahme von Werkzeugmaschinen.
4. Welche geometrischen Maschinenabweichungen unterscheidet man?
5. Beschreiben Sie eine mögliche Messanordnung zur Bestimmung der Rollbewegung.
6. Welche Kenngrößen sind für die Positionsgenauigkeit maßgeblich?
7. Beschreiben Sie eine Methode zur Darstellung des Kreisformtests.
8. Mit welchen Konturelementen wird die Arbeitsgenauigkeit von Drehmaschinen bestimmt?

4.1.4 Fähigkeitsuntersuchungen

Die Arbeitsgenauigkeit von Werkzeugmaschinen lässt sich nicht durch eine einzelne Messung eines Merkmals bestimmen. Sie unterliegt einer Streuung. Daher müssen für die umfassende Bestimmung der Arbeitsgenauigkeit eine größere Anzahl von Werkstücken bearbeitet werden und statistische Methoden angewendet werden. Dieser Ansatz für die Qualifikation von Werkzeugmaschinen wurde zuerst von der Automobilindustrie eingeführt, die ungeachtet von mittlerweile existierenden Normen und Richtlinien detaillierte firmenspezifische Abnahmevorschriften verwendet.

Der grundsätzliche Ablauf einer solchen Fähigkeitsuntersuchung zur Qualitätsabnahme einer Werkzeugmaschine ist in **Bild 1** dargestellt. Zunächst sind vor der Abnahme (und vor der eigentlichen Bestellung der Maschine) die Abnahmekriterien und Anforderungen genau zu spezifizieren. Hier werden u. a. die zu überprüfenden Maße, die einzuhaltenden Toleranzen und die geforderten Fähigkeitsindizes festgelegt. Auch Randbedingungen und Vorgehen bei der Abnahme sowie weitere Anforderungen (z. B. an die Ausführung von Elektrik, Hydraulik, Steuerung und Dokumentation) werden hier festgelegt.

Als vorbereitende Maßnahmen können ein Dauerlauf zur Überprüfung der Zuverlässigkeit der Mechanik und der Steuerung, ein Kaltstarttest zur Ermittlung der Auswirkungen des Wärmegangs und eine Überprüfung der Teilehandhabung vereinbart werden. Bei der eigentlichen Betrachtung der Maschinenfähigkeit für die Abnahme soll der Wärmegang in der Regel nicht berücksichtigt werden. Daher muss in einer Warmlaufphase die Maschine ihre Betriebstemperatur erreicht haben, bevor die Bearbeitung der zu vermessenden Werkstücke beginnt. Zunächst werden in einem Vorlauf eins bzw. fünf Werkstücke bearbeitet. Anschließend wird überprüft, ob die erzeugten Maße in der Mitte der Toleranzzone liegen, und gegebenenfalls werden Maschinenparameter korrigiert.

Im nun folgenden Schritt wird die festgelegte Anzahl von Werkstücken (oft 50, je nach Vereinbarung auch mehr) in Folge und möglichst ohne Unterbrechung bearbeitet.

Gemäß dem vorher festzulegenden Prüfplan werden dann die Werkstücke vermessen. Dabei werden einzelne Stichproben gebildet, die meistens einen Umfang von 5 Teilen haben. Jedes Merkmal wird einzeln statistisch ausgewertet. Zunächst wird geprüft, ob der Prozess stabil bzw. beherrscht ist (siehe **Bild 2**). Dabei wird überprüft, ob Mittelwert und Standardabweichung der Stichproben zu sehr variieren. Die Prozessstabilität wird mittels Qualitätsregelkarten **(Bild 3)** und der Berechnung von Eingriffsgrenzen (OEG und UEG) überprüft.

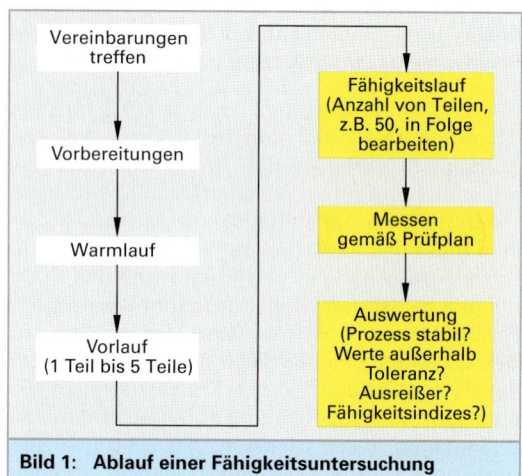

Bild 1: Ablauf einer Fähigkeitsuntersuchung

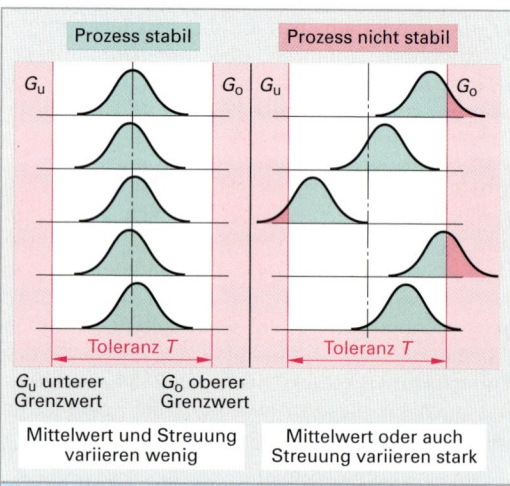

Bild 2: Prozessstabilität bzw. Beherrschtheit, Histogramme zur Verdeutlichung von Stabilität

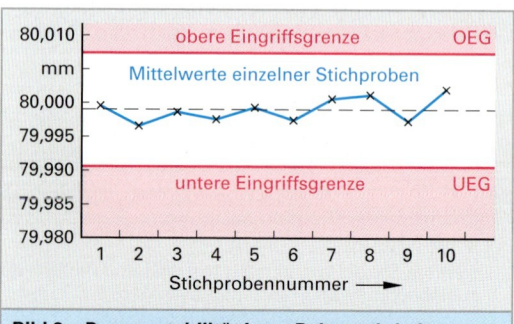

Bild 3: Prozessstabilität bzw. Beherrschtheit, Regelkarte mit Eingriffsgrenzen

4.1 Qualifizierung von Werkzeugmaschinen

Die Prozessstabilität ist Voraussetzung für die Gültigkeit der zu berechnenden Fähigkeitskennwerte in der Zukunft. Ein Ausreißertest wird ebenfalls durchgeführt. Es werden für jedes Merkmal zwei Fähigkeitsindizes berechnet, das Potenzial c_p bzw. c_m und die Fähigkeit c_{pk} bzw c_{mk}. Bei einer Kurzzeituntersuchung für die Ermittlung der Maschinenfähigkeit wird der Buchstabe m für Maschine verwendet, für eine Langzeituntersuchung zur Ermittlung der Prozessfähigkeit der Buchstabe p.

Zur Veranschaulichung werden die Daten gewöhnlich in einem Histogramm aufgetragen (**Bild 1 und Bild 2**). Dazu wird der Wertebereich der Messergebnisse in Klassen eingeteilt und die Klassenbelegung (die Häufigkeit, dass ein Messwert in die jeweiligen Klasse fällt) für jede Klasse ermittelt. Diese Klassenbelegung wird dann im Histogramm dargestellt.

Das Potenzial ist das Verhältnis von Toleranz zur 6fachen Standardabweichung. Die 6-fache Standardabweichung nennt man auch *Prozessstreuung*. Die Lage, d. h. der Mittelwert wird dabei nicht berücksichtigt. Die Fähigkeit ist das Verhältnis von Δx_{krit} zur 3-fachen Standardabweichung. Δx_{krit} ist dabei der kleinere Abstand vom Mittelwert der Messungen zur oberen bzw. zur unteren Toleranzgrenze.

Berechnung der Eingriffsgrenzen zur Beurteilung der Stabilität

Befinden sich die Mittelwerte und die Standardabweichungen der einzelnen 5er-Gruppen innerhalb der Eingriffsgrenzen (d. h. die nachfolgenden Bedingungen sind erfüllt) ist der Prozess stabil (Vertrauensniveau 99,5 %).

$\bar{x}_j \leq OEG_{\bar{x}j} = \bar{\bar{x}} + 1{,}15 \cdot \hat{\sigma}$ $s_j\ OEG_{sj} = 1{,}93 \cdot \hat{\sigma}$

$\bar{x}_j \geq UEG_{\bar{x}j} = \bar{\bar{x}} - 1{,}15 \cdot \hat{\sigma}$ $s_j\ UEG_{sj} = 0{,}23 \cdot \hat{\sigma}$

Ausreißertest nach Grubbs[1]

Wenn eine der folgenden Ungleichungen erfüllt ist, ist x_{max} bzw. x_{min} ein Ausreißer (Vertrauensniveau 99 %, Stichprobengröße 50)

$x_{max} > \bar{\bar{x}} + 3{,}34 \cdot \sigma$ $x_{min} < \bar{\bar{x}} - 3{,}34 \cdot \sigma$

Berechnung der Fähigkeitsindizes

Potenzial: c_p bzw. $c_m = \dfrac{T}{6 \cdot s}$

Fähigkeit: c_{pk} bzw. $c_{mk} = \dfrac{\Delta x_{krit}}{3 \cdot s}$

Messwertdarstellung mit Histogramm (Beispiel)

Aufgabe: Ermittlung eines Durchmessers mit Nennmaß 80 ± 0,02

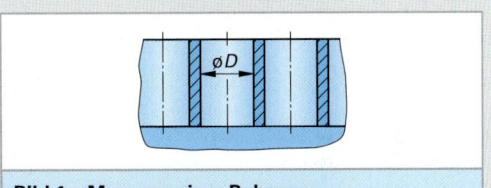

Bild 1: Messung einer Bohrung

50 gemessene Werte:	Klasse	Klassenbelegung		
80,00759347	79,980–79,984	I	1	2 %
80,00638161	79,985–79,989	III	3	6 %
80,00046323	79,990–79,994	IIII III	8	16 %
.	79,995–79,999	IIII IIII IIII	14	28 %
.	80,000–80,004	IIII IIII IIII	15	30 %
.	80,005–80,009	IIII II	7	14 %
80,00992005	80,010–80,014	II	2	4 %
80,00701881	80,015–80,020	I	1	2 %
79,98933554				

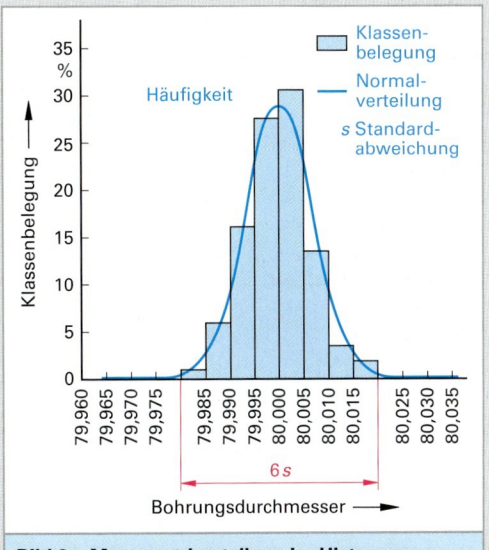

Bild 2: Messwertdarstellung im Histogramm

---

[1] *Frank Ephraim Grubbs* hat 1949 in den USA eine Doktorarbeit zum Thema „Sample Criteria for Testing Outlying Observations" geschrieben. Nach ihm ist diese Methode benannt.

Bei vielen Merkmalen, die messtechnisch erfasst werden, ergibt sich bei ausreichend vielen Messwerten eine *Gauß'sche* Normalverteilung. In dem Fall liegen 99,73 % aller Werte innerhalb des Bereichs von +/– dem Dreifachen der Standardabweichung um den Mittelwert der Messwerte.

Eine anschauliche Interpretation der Fähigkeitskennzahlen Potenzial und Fähigkeit zeigt **Bild 1**.

Zur Abnahme der Maschine werden für die Fähigkeit in der Regel Werte von mindestens 1,33 für Standardmerkmale und von 1,67 für besonders kritische Merkmale gefordert. Für das Potenzial werden oft Werte von mind. 1,67 (Standardmerkmal) bzw. 2,0 (kritisches Merkmal) gefordert.

Eine Reihe von Merkmalen, die für die Maschinenabnahme geprüft werden müssen, können nicht mit einer Normalverteilung beschrieben werden. Beispielsweise haben Rauheiten, Form- und Lagetoleranzen eine natürliche Grenze bei 0. Sie können keine negativen Werte annehmen. Für solche Merkmale können keine sinnvollen Potenziale berechnet werden.

Die Berechnung der Maschinenfähigkeit bzw. Prozessfähigkeit ist jedoch möglich. Für die Berechnung der Fähigkeit darf nicht die natürliche Grenze, sondern muss die andere Toleranzgrenze verwendet werden **(Bild 2)**.

Zur Beurteilung der Messmittel können Messmittelpotenzial c_g (als Maß für die Wiederholbarkeit des Messmittels) und Messmittelfähigkeit c_{gk} (als Maß für Wiederholbarkeit und Genauigkeit) berechnet werden. Dabei wird auf ähnliche Weise wie für die Berechnung der Maschinenfähigkeit vorgegangen. Für die Berechnung des Messmittelpotenzials wird z. B. die Streuung des Messmittels mit der zulässigen Toleranz am Werkstück verglichen.

Die Messergebnisse (dargestellt im Balkendiagramm) mit natürlicher Grenze bei 0 sind durch die Betragsverteilung (rot) wesentlich besser anzunähern als durch die Normalverteilung.

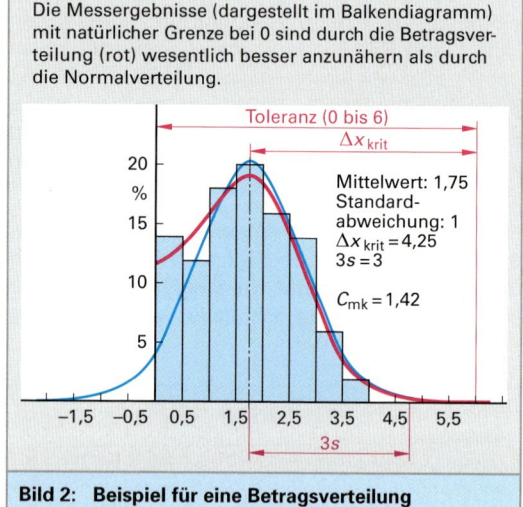

Bild 2: Beispiel für eine Betragsverteilung

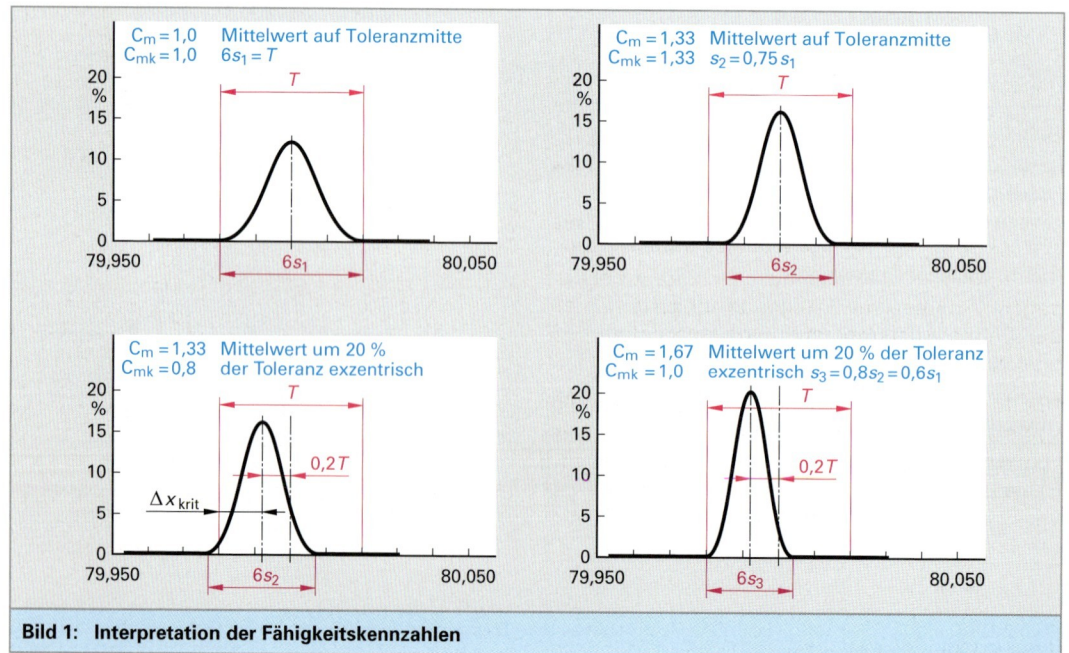

Bild 1: Interpretation der Fähigkeitskennzahlen

4.2 Qualifizierung von Industrierobotern

4.2.1 Übersicht und Allgemeines

Für die Anwendung von Industrierobotern sind folgende Kenngrößen von Bedeutung:

- Pose-Genauigkeit,
- Pose-Wiederholgenauigkeit,
- Schwankung der Pose-Genauigkeit,
- Positionierzeit,
- Pose-Überschwingverhalten,
- Drift,
- Austauschbarkeit,
- Bahn-Genauigkeit/Lineargenauigkeit,
- Bahn-Wiederholgenauigkeit/Linear-Wiederholgenauigkeit,
- dynamisches Fahrverhalten,
- Genauigkeit der Geschwindigkeit,
- dynamisches Geschwindigkeitsverhalten,
- statische Nachgiebigkeit.

In der Norm ISO 9283 sind zu diesen Robotereigenschaften die Testmethoden benannt und zur Qualifizierung die Kenngrößenermittlung angegeben.

Allgemeine Testvoraussetzung

Es müssen auch beim Testen eines Roboters die Sicherheitsrichtlinien eingehalten werden. Der Roboter sollte, mit Ausnahme bei der Ermittlung von Drifteigenschaften, zuvor „warmgelaufen" sein, d. h. etwa $1/2$ Stunde schon in Betrieb gewesen sein. Die vom Hersteller vorgegebenen Umgebungs- und Betriebsbedingungen sind einzuhalten. Das betrifft z. B. die Temperatur, die relative Feuchte, die Grenzhöhenlage und evtl. die Vorgaben zu maximalen Hochfrequenzstörpegeln. Roboter und Prüfgeräte müssen sich an die Umgebungstemperatur angepasst haben, z. B. über Nacht.

Die Messmittel müssen eine höhere Genauigkeit haben als die zu erwartenden, bzw. zu testierenden Ungenauigkeiten. Es können also mit Messtastern die auf 1/100 mm genau sind Roboter auf 4/100 mm-Genauigkeit hin überprüft und testiert werden.

Die gesamte Messunsicherheit darf 25 % der zu prüfenden Kenngröße nicht überschreiten. Bei dynamischen Messungen muss die Einschwingzeit des Messsystems bzw. die Abtastzeit (Zeit zwischen zwei Messvorgängen) deutlich kürzer sein, als die zu betrachtenden Reaktionszeiten des Roboters.

Messen und Prüfen unter Last

Alle Tests sind unter 100-prozentiger Nennlast auszuführen und zwar entsprechend den Nennlastangaben des Herstellers (100 % Masse in vorgegebener Schwerpunktposition). Optional können Messungen auch bei 10 % der Nennlast ausgeführt werden. Die Test-Geschwindigkeiten sind: 100 %, 50 % und 10 % der Nenngeschwindigkeiten.

Messort und Messvolumen

Die Messungen sind in einem quaderförmigen Testraum mit den Eckpunkten C1 ... C8 durchzuführen. Dieser Quader liegt im Hauptarbeitsraum des Roboters und zwar so, dass seine Flächen parallel zu den Hauptebenen des Basiskoordinatensystems liegen und dass er ein größtmögliches Volumen aufweist **(Bild 1)**.

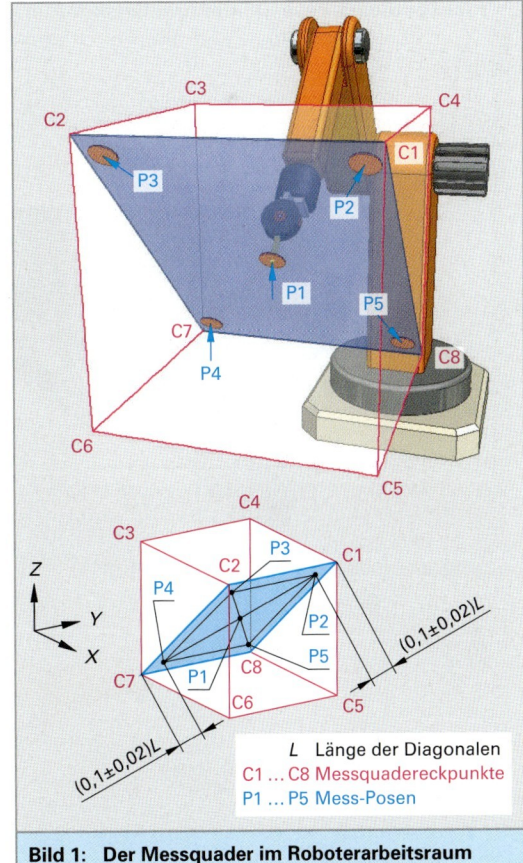

Bild 1: Der Messquader im Roboterarbeitsraum

4.2.2 Pose-Genauigkeit und Pose-Wiederholgenauigkeit

Eine Roboterpose ist die Position und die Orientierung des Tool-Center-Points (TCP). Dieser TCP wird z. B. durch eine Spitze **(Bild 1)** definiert. Der TCP ist von der Mitte des Roboterhandwurzelflansches im Allgemeinen versetzt. Für die praktische Messung kann man z. B. mit Hilfe eines Messwürfels ein Set von Messtastern anfahren oder man kann ein Messtarget verwenden, das mit drei Kugeln bestückt ist **(Bild 2)**.

Bei der Messungen mit dem 3-Kugel-Target wird durch Triangulation, berührungslos mit Hilfe von 2 Kameras die Position zu jeder der drei Kugeln erfasst. Aus diesen drei Positionen wird sodann die Tool-Center-Position (TCP) bestimmt und die Richtung des Orientierungsvektors im TCP. Dies kann auch in schneller Folge fortlaufend geschehen, so dass man damit Bahnaufzeichnungen mit gleichzeitiger Darstellung der begleitenden Orientierungen erhält. Diese Art der Messtechnik ist komfortabel aber ziemlich geräteaufwändig.

Es sind für die Ist-Pose „j" die drei Ortskoordinaten X_j, Y_j, Z_j zu bestimmen und die drei Orientierungswinkel a_j, b_j, c_j

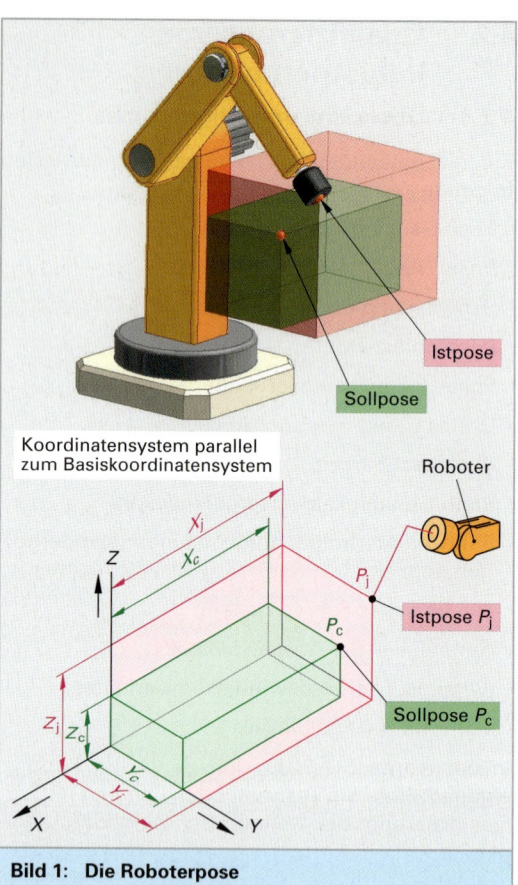

Bild 1: Die Roboterpose

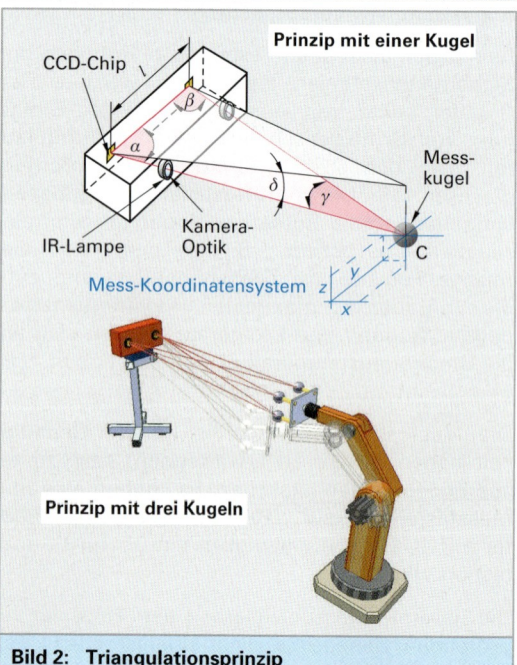

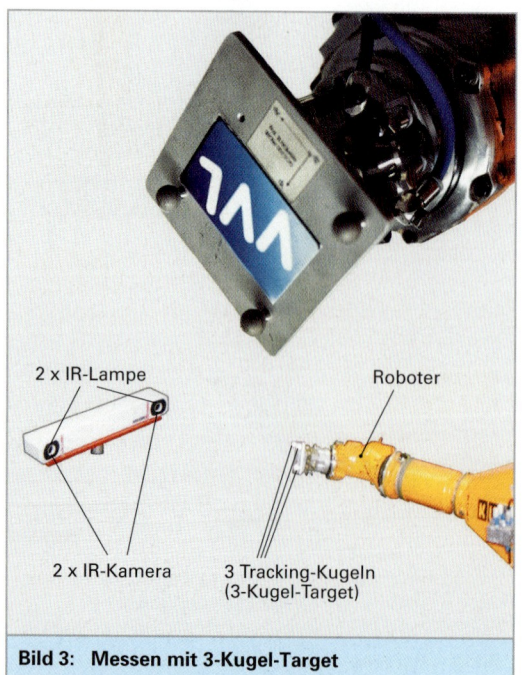

Bild 3: Messen mit 3-Kugel-Target

Bild 2: Triangulationsprinzip

4.2 Qualifizierung von Industrierobotern

Die Messungen sind 30mal zu wiederholen und zwar aus derselben Anfahrtsrichtung. Dabei ergeben sich 30 voneinander unterschiedliche Ist-Positionen. Diese sind in **Bild 1** stark überbewertet dargestellt und liegen überwiegend innerhalb der gezeichneten Kugel. Der Kugelmittelpunkt ist die gemittelte Position P_G mit den Koordinaten x_G, y_G, z_G.

Man berechnet diese durch die Mittelwertbildung der Messpunkte. Der Kugelradius RP wird als Positions-Wiederholgenauigkeit bezeichnet.

Die Positionsgenauigkeit ist der Abstand AP zwischen der mittleren Ist-Position P_G und der Soll-Position P_0 mit den Koordinaten x_0, y_0, z_0.

Die Positions-Wiederholgenauigkeit RP gibt die Exaktheit der Übereinstimmung zwischen den 30 Ist-Positionen untereinander an. Sie wird berechnet als Mittelwert der 30 Positionsabstände von der mittleren Position P_G, zuzüglich der 3-fachen Standardabweichung **(Beispiel 1)**.

Zur Ermittlung der Orientierungsgenauigkeit bzw. Orientierungs-Wiederholgenauigkeit wird entsprechend mit den zu messenden Orientierungswinkeln a_i, b_i, c_i eines jeden Messpunktes verfahren.

> Positionsgenauigkeit und Orientierungsgenauigkeit zusammen bilden die Posengenauigkeit.

> Positions-Wiederholgenauigkeit und Orientierungs-Wiederholgenauigkeit zusammen bilden die Posen-Wiederholgenauigkeit.

Positions-Wiederholgenauigkeit:

$$RP_l = \bar{l} + 3 s_l$$

$\bar{l}$ Mittelwert der Positionsabweichung

s_l Standardabweichung der Positionenen

Bei 30 Messungen:

$$\bar{l} = \frac{1}{30}(l_1 + l_2 + \ldots l_{30}) = \frac{1}{30}\sum_{i=1}^{30}$$

$$l_1 = \sqrt{(x_1 - x_G) + (y_1 - y_G) + (z_1 - z_G)}$$

$\left.\begin{array}{c} x_1 \\ y_1 \\ z_1 \end{array}\right\}$ aktuelle Koordinaten des Messpunktes 1

$$x_G = \frac{1}{30}(x_1 + x_2 + \ldots x_{30})$$
$$y_G = \frac{1}{30}(y_1 + y_2 + \ldots y_{30})$$
$$z_G = \frac{1}{30}(z_1 + z_2 + \ldots z_{30})$$

$\left.\begin{array}{c} x_G \\ y_1 \\ z_1 \end{array}\right\}$ Mittelwert der Koordinaten der des Messpunkte 1 ... 30

Standardabweichung:

$$s_l = \sqrt{\frac{(l_1 - \bar{l})^2 + (l_2 - \bar{l})^2 + \ldots (l_{30} - \bar{l})^2}{29}}$$

$$s_l = \sqrt{\frac{\sum_{i=1}^{n}(l_i - \bar{l})}{n-1}} \quad n = 30$$

Positionsgenauigkeit (absolut):

$$AP = \sqrt{(x_G - x_0)^2 + (y_G - y_0)^2 + (z_G - z_0)^2}$$

x_G, y_G, z_G
Schwerpunktkoordinaten von Schwerpunkt P_G[1]

x_0, y_0, z_0
Sollkoordinaten von Sollpunkt

[1] G von engl. gravity = Schwerpunkt

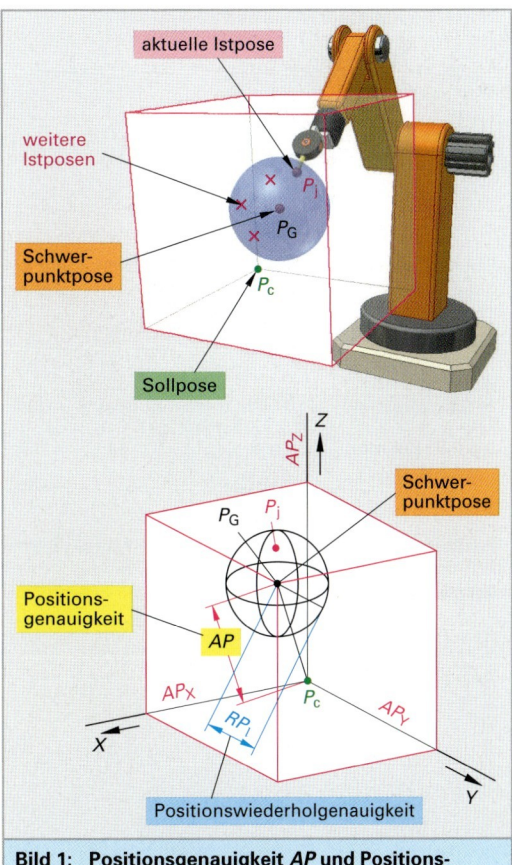

Bild 1: Positionsgenauigkeit AP und Positions-Wiederholgenauigkeit RP

Übung: Ermittlung der Positions-Wiederholgenauigkeit

Mit einem Roboter wird bei 50 % der Maximalgeschwindigkeit (v = 37,8 m/s) und mit 50 % der maximalen Last (m = 15 kg) eine Position 30 mal nacheinander angefahren. Mit Hilfe dreier Messtaster werden die Positionsabweichungen $x_1 \ldots x_j \ldots x_{30}$, $y_1 \ldots y_i \ldots y_{30}$, $z_1 \ldots z_i \ldots z_{30}$ in Richtung der Messtaster ermittelt **(Tabelle 1)**.

Berechnen Sie die Mittelwerte der Abweichungen x_G, y_G, z_G, den Mittelwert der Positionsabweichung l, die Standardabweichung der Position s_i und die Positionswiederholgenauigkeit RP.

Lösung:

Mittelwerte. Man addiert alle Einzelwerte der x-Spalte, der y-Spalte und der z-Spalte in Tabelle 1 und dividiert durch die Anzahl der Werte (30):

x_G = 0,0495 mm · y_G = 0,0763 mm, z_G = 0,0195 mm

Mittelwert der Positionsabweichung. Man addiert die Quadrate der einzelnen Differenzen aus den Positionsabweichungen und den berechneten Mittelwerten, zieht die Wurzel daraus und bildet davon den Mittelwert (quadratischer Mittelwert).

$$\bar{l} = \frac{1}{30}(l_1 + l \ldots l_i + \ldots l_{30})$$

$$l_i = \sqrt{(x_i - x_G)^2 + (y_i - y_G)^2 + (z_i - z_G)^2}$$

$\bar{l}$ = 0,04649 mm

Standardabweichung der Position. Man berechnet den quadratischen Mittelwert aus den Mittelwerten der Positionsabweichungen.

$$s_i = \sqrt{\frac{(l_1 - \bar{l})^2 + (l_2 - \bar{l})^2 + \ldots (l_i - \bar{l})^2 + \ldots (l_{30} - \bar{l})^2}{29}}$$

s_i = 0,01714 mm

Positionsgenauigkeit. Man addiert zum Mittelwert der Positionsabweichung die dreifache Standardabweichung der Positionen.

$RP = l + 3\,s_i$

RP = 0,09791 mm

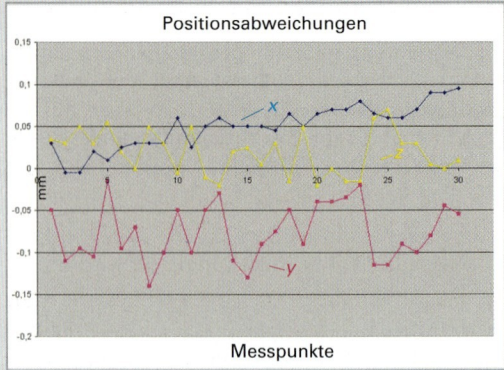

Bild 1: Positionsabweichungen (Messprotokoll)

Tabelle 1: Positionskoordinatenwerte

Messung mm Nr. i	x_i in mm	y_i in mm	z_i in mm
1	0,03	– 0,05	0,035
2	– 0,005	– 0,11	0,03
3	– 0,005	– 0,095	0,05
4	0,02	– 0,105	0,03
5	0,01	– 0,015	0,055
6	0,025	– 0,095	0,02
7	0,03	– 0,07	0
8	0,03	– 0,14	0,06
9	0,03	– 0,1	0,03
10	0,06	– 0,05	– 0,005
11	0,025	– 0,1	0,05
12	0,05	– 0,05	– 0,01
13	0,06	– 0,03	–0,02
14	0,05	– 0,11	0,02
15	0,05	– 0,13	0,026
16	0,05	– 0,09	0,005
17	0,045	– 0,076	0,03
18	0,065	– 0,05	– 0,015
19	0,05	– 0,09	0,05
20	0,065	– 0,04	– 0,02
21	0,07	– 0,04	0
22	0,07	– 0,035	– 0,016
23	0,08	– 0,02	– 0,015
24	0,065	– 0,116	0,06
25	0,06	– 0,115	0,07
26	0,06	– 0,09	0,03
27	0,07	– 0,1	0,03
28	0,09	– 0,08	0,006
29	0,09	– 0,045	0
30	0,095	– 0,055	0,1

4.2 Qualifizierung von Industrierobotern

4.2.3 Lineargenauigkeit/Bahngenauigkeit

In ISO 9283 wird die Bahngenauigkeit in der Weise definiert, dass gerade Linien oder Kreise im Roboterarbeitsraum mit dem TCP des Roboters gefahren werden **(Bild 1)**. Die Bahnabweichung ermittelt sich als Radiusfehler des Fehlerschlauches RTp vom gemittelten Bahnverlauf (Bild 1) und als Abstandsfehler ATp des gemittelten Bahnverlaufs vom programmierten Bahnverlauf.

Eine relativ einfache Messtechnik erreicht man mit Hilfe eines Laserstrahls (z. B. eines Helium-Neon-Lasers), wenn man diesen auf eine vom Roboter bewegte Kamera projiziert **(Bild 2)**. Als Kamera kann eine übliche CCD-Kamera bzw. ein CCD-Chip verwendet werden oder eine PSD (Position Sensitive Diode, **Bild 3**).

Bleibt während der Roboterbewegung der Laserauftreffpunkt in der Kameramitte, so verfährt der Roboter exakt geradlinig. Wandert der Laserauftreffpunkt aus der Kameramitte heraus, so ist dieser Versatz zugleich die Linearitätsabweichung. Sie wird ermittelt als laterale[1] Abweichung senkrecht zur Laserlichtlinie **(Bild 4)**.

> Die Lineargenauigkeit testet man am einfachsten durch Abfahren eines Laserstrahls mit einer Kamera

---
[1] lat. lateralis = seitlich

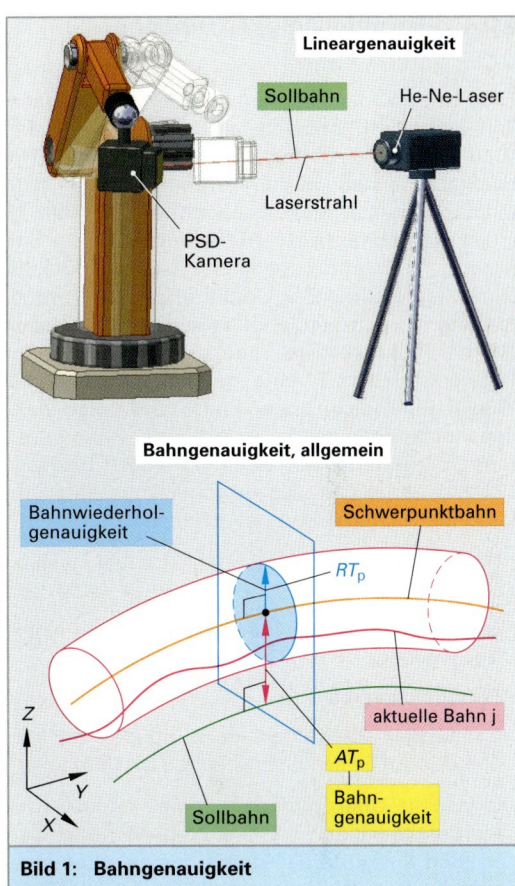

Bild 1: Bahngenauigkeit

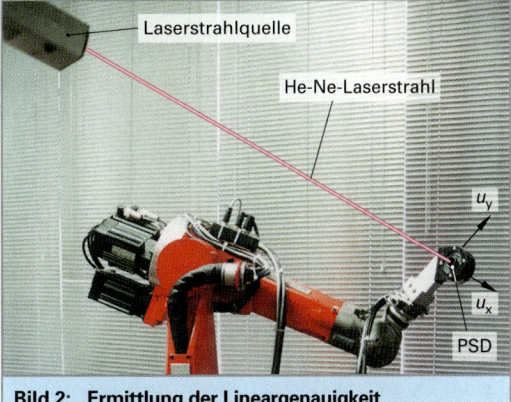

Bild 2: Ermittlung der Lineargenauigkeit

Bild 3: PSD-Kamera

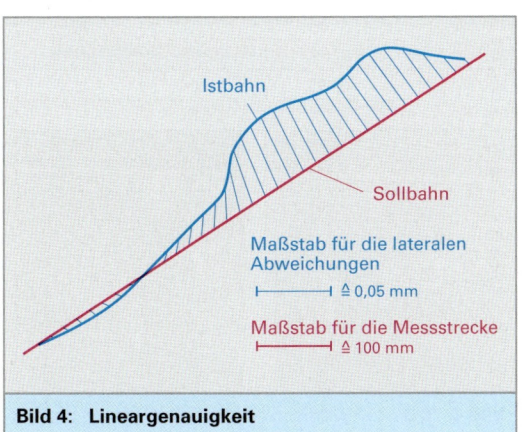

Bild 4: Lineargenauigkeit

4.2.4 Formgenauigkeit/Ebenengenauigkeit

Eine umfassende Beurteilung der Genauigkeit von Industrierobotern gelingt, wenn man „Flächen" erzeugt, z. B. durch Fräsen. Setzt man Roboter zur Herstellung von Körpern, z. B. von Bauteilmodellen aus Modellwerkstoffen ein **(Bild 1)**, so ist die geometrische Abbildungstreue im Sinne von *Form* und *Lagegenauigkeit* ein direktes Qualitätsmerkmal. Zur Qualifizierung von Robotern eignen sich nun, ähnlich wie für NC-Maschinen die Prüfwerkstücke, hergestellte Bauteile als *Testwerkstücke*, z. B. eine gefräste ebene Platte **(Bild 2)**. Eine solche ebene Platte wird durch viele nebeneinanderliegende geradlinige Bahnen erzeugt. Diese einzelnen Bahnen werden bewusst sichtbar hergestellt. Sie ermöglicht so eine umfassende Qualifizierung hinsichtlich:

- **Geradlinigkeit** (Bahngenauigkeit) bei vielen, z. B. 100 Bahnen,
- **Lagegenauigkeit** der Bahnen hinsichtlich einer vorgegebenen Form (z. B. Ebene),
- **Formgenauigkeit** und
- **Genauigkeit** im Kontext der Einzelbahnen mit Hinweis auf Systemeigenschaften (Systemfehler).

Die visuelle Überprüfung ist relativ einfach und kann bereits mit einem Lineal vorgenommen werden **(Bild 3)**. Störungen durch den Bearbeitungsprozess, wie z. B. Rauigkeit auf Grund der Spanbildung, ist leicht erkennbar und auch trennbar von den roboterbedingten Abweichungen.

Die praktische Durchführung erfolgt vorteilhaft mit einem spitz geschliffenen Zwei-Schneiden-Fräser, zur Flächenerzeugung mit starken Rillen. Am Verlauf der Rillen, der Rillentiefe und der Rillen Dachkante kann man unschwer auf die Gesamtgenauigkeit des Roboters in der Bearbeitungsebene schließen. So sieht man z. B. sofort die Wirkung der Umkehrspannen in den Achsen, wenn man die Fläche durch pendelndes Fräsen erzeugt. Wellen in der Oberfläche weisen auf Ungenauigkeiten quer zur Fräsbahn hin und unlineare Linien auf Ungenauigkeiten in Fräsbahnrichtung. Besondere Muster, z. B. Kreismuster zeigen sich als systembedingte Erscheinung, begründet durch die Koordinatentransformation oder durch Getriebefehler.

Die Bearbeitung einer Ebene durch Stirnfräsen zeigt sehr deutlich die Qualität der Orientierungsgenauigkeit des Roboters **(Bild 4)**. Die dabei entstehende Textur ist Ausdruck für die Qualität der Orientierungsinterpolation.

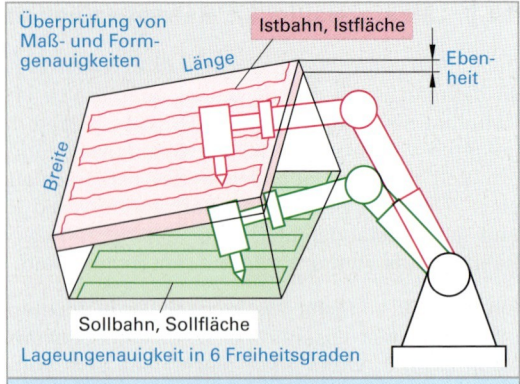

Bild 1: Lage- und Formgenauigkeit

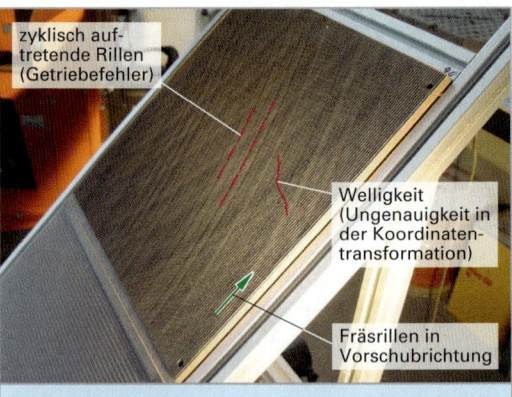

Bild 2: Testfläche

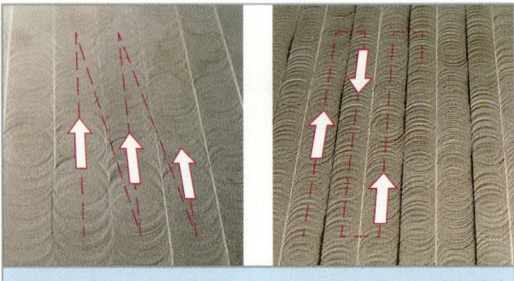

Bild 3: Gefrästes Testwerkstück und Überprüfung

Bild 4: Durch Stirnfräsen hergestelltes Testwerkstück

4.2.5 Dynamisches Bewegungsverhalten

Das dynamische Bewegungsverhalten zeigt sich beim Fahren von Bahnen mit Bahnrichtungsänderungen (**Bild 1**). Im Falle von Ecken, die ohne programmierte Geschwindigkeitsreduktion durchfahren werden, zeigt sich das dynamische Fahrverhalten besonders deutlich. Je steifer der Roboter und seine Lageregelkreise sind, um so besser wird – auch bei hohen Geschwindigkeiten – eine Ecke abgefahren (Bild 1). Bewertet werden die Eckenverrundung und die Eckenüberschwingweite. Bei linearen, dynamischen Antriebsverhalten sind diese proportional zur Bahngeschwindigkeit.

Eine einfache Messtechnik erhält man mit einem Gravierstichel und dem Eingravieren in eine rußgeschwärzte oder graphitgeschwärzte Glasplatte (**Bild 3**). Auch das Aufzeichnen mit einem feinen Filzstift auf Papier ist möglich. Eine komfortable Aufzeichnung mit numerischer Datenausgabe erlauben die Digitalisiertabletts in Verbindung mit einem Digitalisierstift.

Nach ISO 9283 wird zur Prüfung der dynamischen Eigenschaften ein Konturzug mit rechtwinkliger Ecke, spitz- und stumpfwinkliger Ecke, Halbkreis, Kreis, Mäander und Vor-Rückwärtslauf empfohlen (**Bild 3 und Bild 1, folgende Seite**). Dabei ist der mäanderförmige Abschnitt mit einer schnellen Folge von 90°-Ecken eine besondere Herausforderung. Hier liegen die Bahnabschnittslängen bei gleichzeitig hohen Bahngeschwindigkeiten unterhalb des Schleppabstandes der Lageregelung, so dass etwaige „Look ahead-Funktionalitäten" der Steuerung zum Tragen kommen.

Bahnen mit Ecken (ohne Halt) sind bei realen Anwendungen meist nicht vorkommend. Aber ähnlich wie die Testfunktion „Sprungantwort" bei Regelkreisgliedern zeigt das Bahnverhalten an Ecken, engen Kreisen und im Mäander das Bahnfolgevermögen eines Roboters unter erschwerten Verhältnissen und ist für eine vergleichende Bewertung geeignet.

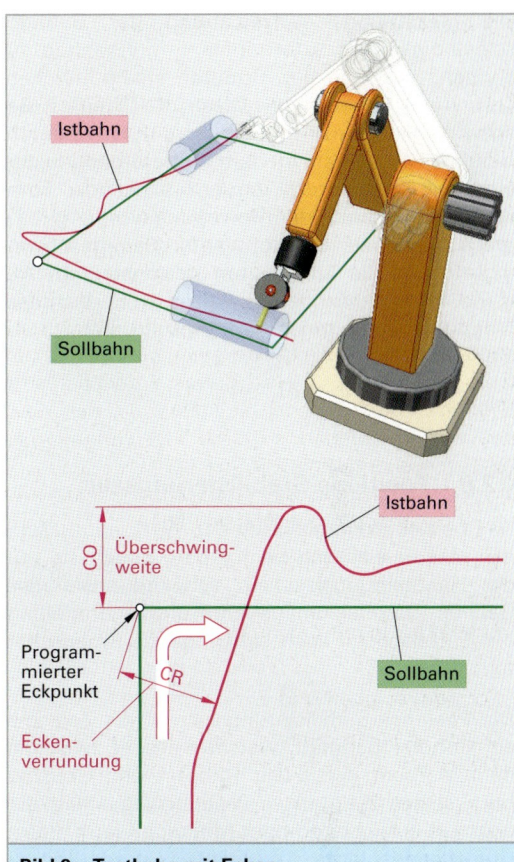

Bild 2: Testbahn mit Ecken

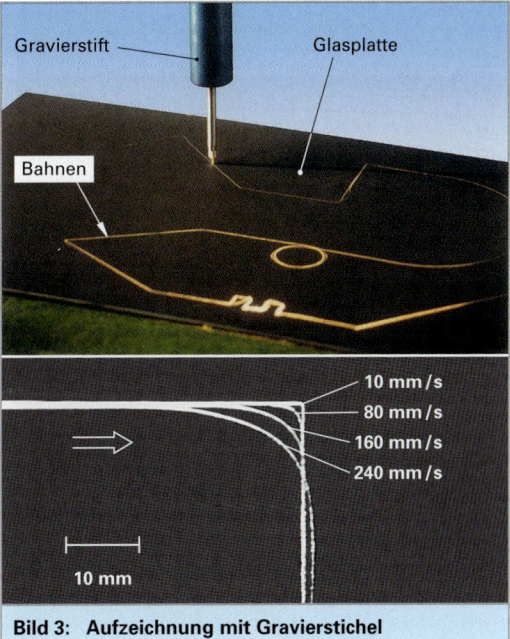

Bild 3: Aufzeichnung mit Gravierstichel

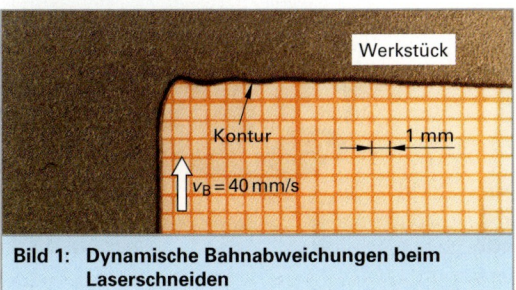

Bild 1: Dynamische Bahnabweichungen beim Laserschneiden

Die gleichzeitige Aufzeichnung der Bahngeschwindigkeit ist erforderlich um erkennen zu können, wie gut der Roboter einem solchen Testverlauf folgen kann. Diese gleichzeitige Geschwindigkeitsaufzeichnung wird z. B. dadurch möglich, dass man in dem Roboterendeffektor eine, mit konstanter Frequenz blinkende, Fotodiode mitführt und den Bewegungsvorgang fotografisch festhält. Bei konstanter Bahngeschwindigkeit sind die Blinkspuren in konstantem Abstand. Im Bild wird deutlich, dass im Bereich des Mäanders die Bahngeschwindigkeit erheblich absinkt (Bild 1).

4.2.6 Positions-Stabilisierungszeit

Da Roboter im Vergleich zu den Werkzeugmaschinen stärker elastisch nachgeben, bieten sie mit der Handhabungslast ein schwingungsfähiges Gebilde. Darüber hinaus kann die Lageregelung der Einzelachsen auch schwingende Eigenschaften haben.

Die Positions-Stabilisierungszeit ist die Zeit, die ein Roboter benötigt, welche vergeht zwischen dem Moment, wenn der Roboter den Grenzbereich seines Zielpunktes (Wiederholgenauigkeit) erstmals erreicht und dem Moment, wenn dieser Grenzbereich letztmals verlassen wird (Bild 2). Die anzufahrenden Zielpunkte liegen in einer Diagonalen des Testquaders.

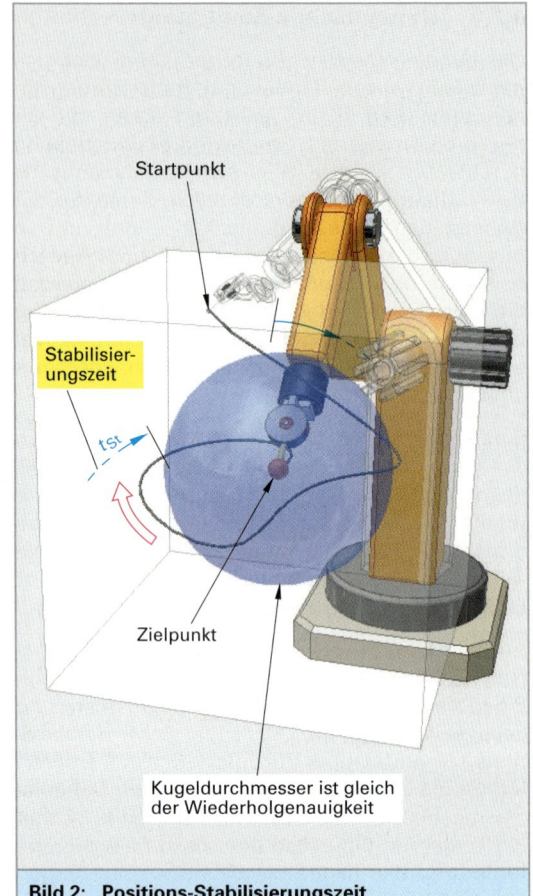

Bild 2: Positions-Stabilisierungszeit

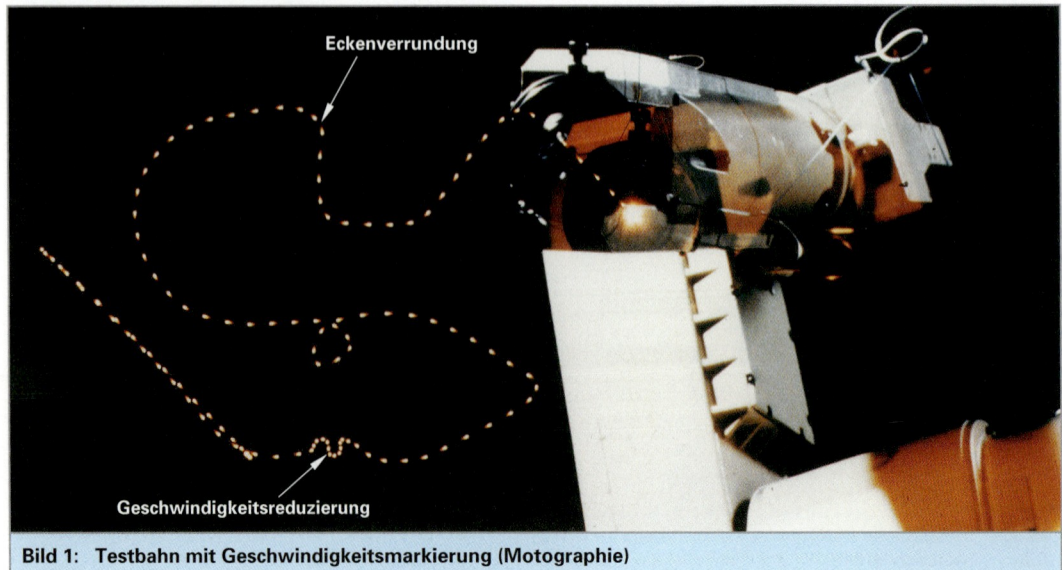

Bild 1: Testbahn mit Geschwindigkeitsmarkierung (Motographie)

4.2.7 Statische Nachgiebigkeit

Die statische Nachgiebigkeit wird ermittelt durch die Verlagerung der Ist-Pose auf Grund von Belastungskräften und zwar nacheinander in den Hauptrichtungen des Basiskoordinatensystems. Dabei wird die Last in Schritten von 10 % bis 100 % erhöht.

Für eine praktische Messung kann man Gewichte verwenden, die entsprechend der gewünschten Messrichtung über Rollen umgelenkt werden (**Bild 1**). Die Messungen sind sowohl in positiver als auch in negativer Achsrichtung vorzunehmen.

Die Messergebnisse stellt man für jede Roboterhauptachse abhängig von der Belastung dar.

4.2.8 Weitere Merkmale

Drift von Pose-Kenngrößen

Roboter sind hinsichtlich ihres Verhaltens über eine Arbeitsschicht hinweg (8 Stunden) zu prüfen. Diese Driftmessungen sollten aus dem kalten Zustand heraus beginnen.

Dabei wird die Posengenauigkeit in Abständen von 10 Minuten ermittelt und graphisch dargestellt. Dies erfolgt solange, bis ein stabiler Betriebszustand erreicht wird (**Bild 2**).

Austauschbarkeit

Die Austauschbarkeit ist gekennzeichnet durch die Abweichung der mittleren Positionspunkte P_G (Schwerpunkte) bei zu vergleichenden Robotern desselben Typs. Dazu werden die fünf Prüfpunkte $P_1 \ldots P_5$ herangezogen. Die Prüfung erfolgt mit 100 % Nennlast und 100 % Nenngeschwindigkeit.

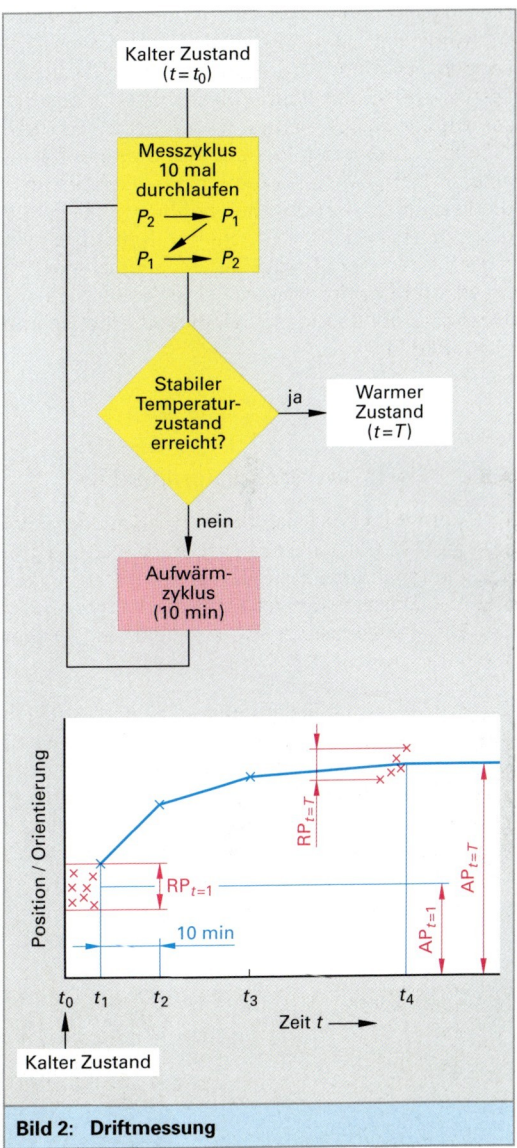

Bild 2: Driftmessung

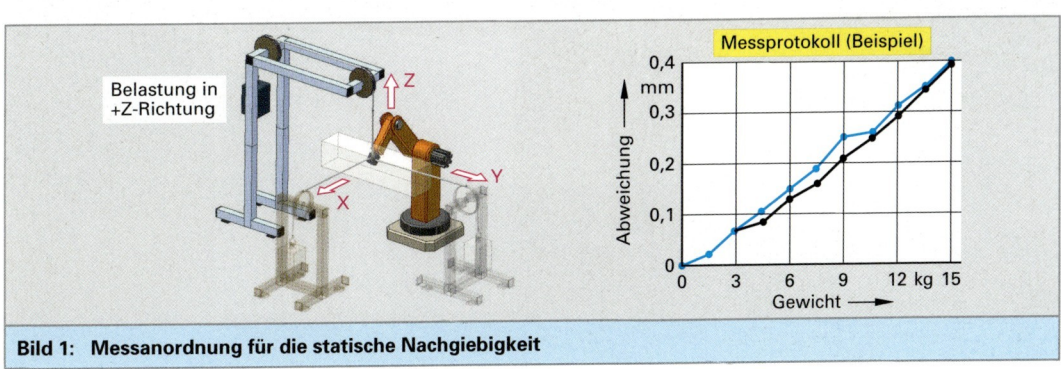

Bild 1: Messanordnung für die statische Nachgiebigkeit

Anhang: Kleine Werkstoffkunde der Metalle

1 Einleitung

Obwohl wir täglich mit Werkstoffen zu tun haben, sind wir uns dessen nur selten bewusst. Sind wir jedoch einmal sensibilisiert, so können wir wahrnehmen, dass die gesamte uns umgebende belebte und unbelebte Natur aus Werkstoffen besteht, die in ihrer heutigen Vielfalt kaum zu überschauen sind, was uns die „richtige" Wahl mitunter sehr erschwert.

Da hatten es die ersten Werkstoffanwender, die Menschen der Urzeit, doch bedeutend einfacher: Ihnen standen allein die in der Natur anzutreffenden und leicht zu beschaffenden Werkstoffe wie Stein, Holz, Knochen, Baumwolle, Wolle und Leder für Werkzeuge zur Erleichterung der Arbeit sowie für Gerätschaften zur komfortableren und sichereren Gestaltung des Lebens zur Verfügung.

Erst mit der Entdeckung des Feuers als Wärmespender ergab sich die Möglichkeit, in der Natur nicht so ohne weiteres zugängliche Werkstoffe wie gediegenes Kupfer und Gold sowie Keramik und Glas zu gewinnen und zu verarbeiten.

Der Mensch der Antike hatte mit zufälligen Erfahrungen sowie mehr oder weniger systematischem Probieren erhebliche Erfolge bei seiner ersten bewussten Werkstoffherstellung: In dieser Phase kam es zur Entwicklung von Bronze, Messing, einfachen Stählen und Porzellan **(Bild 1)**.

Es folgte die Entwicklung von Verbundwerkstoffen, bei denen die räumliche Anordnung der miteinander verbundenen Werkstoffe die Eigenschaften bestimmt **(Bild 2)**.

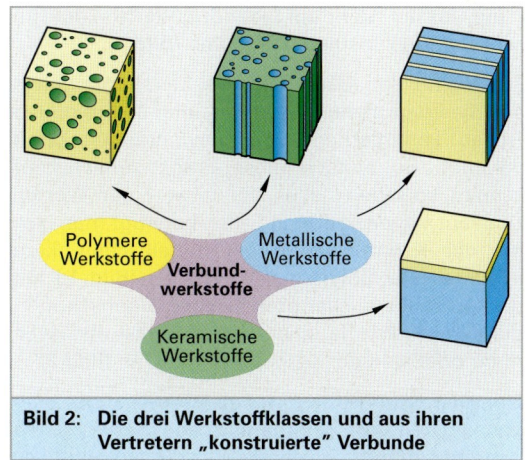

Bild 2: Die drei Werkstoffklassen und aus ihren Vertretern „konstruierte" Verbunde

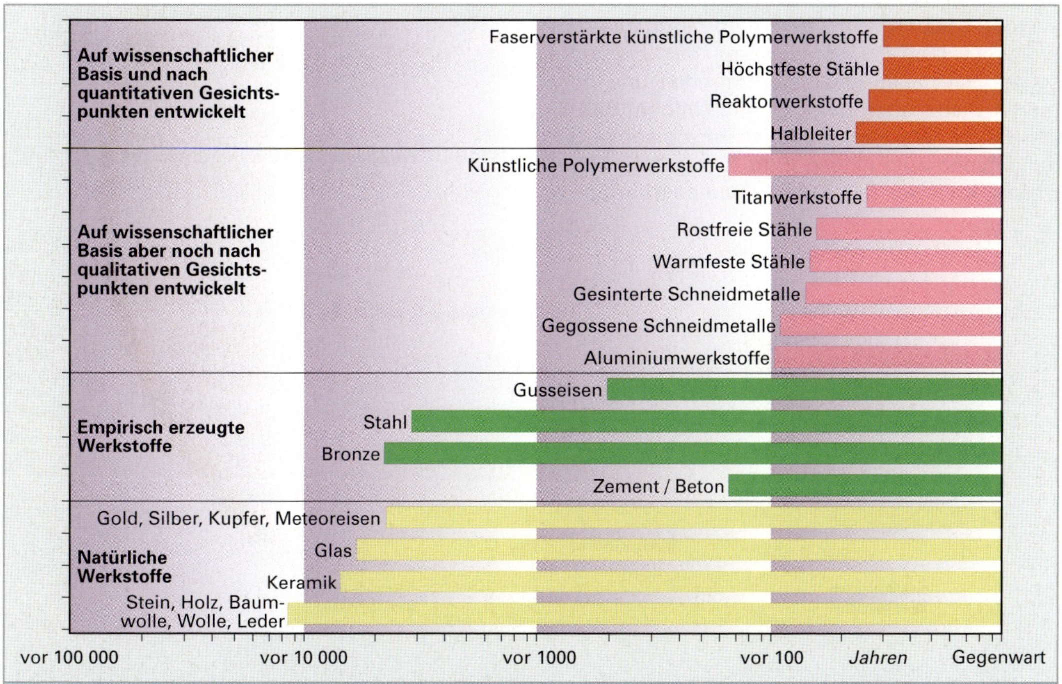

Bild 1: Werkstoffe im Laufe der Menschheitsgeschichte

Durch die vollzogene Wandlung des qualitativen zu einem quantitativen Wissen konnten „maßgeschneiderte" Werkstoffe und – durch den Verbund von mindestens zwei Vertretern einer oder mehrerer der Klassen der metallischen, keramischen oder polymeren Werkstoffe – „maßgeschneiderte" Verbundwerkstoffe mit einem bei Einzelbetrachtung keinem der Verbundpartner innewohnenden Eigenschaftsensemble „konstruiert" werden.

Es ist ein umfassendes Wissen des strukturellen Aufbaus der Werkstoffe sowie deren Reaktionen auf Beanspruchungen erforderlich, denn nur dann lassen sich aufgabenorientierte „maßgeschneiderte" Lösungen anbieten (**Bild 1**).

Zu Beginn der Klärung dieses Zusammenhangs soll die Frage stehen, was man unter einem metallischen, keramischen sowie polymeren Werkstoff versteht. So einfach diese Frage zunächst erscheint, so schwer ist es, sie mit wenigen Worten zu beantworten. In vielen Fällen begnügt man sich bei der Kennzeichnung der metallischen, keramischen oder polymeren Werkstoffe (Bild 1,) mit der Aufzählung charakteristischer Eigenschaften, die alle Werkstoffe einer dieser Werkstoffklassen mehr oder weniger ausgeprägt besitzen (**Bild 2**).

Um sie besser beantworten zu können, muss eine genaue Kenntnis des metallischen, keramischen und polymeren Zustandes vorliegen und es müssen die Gründe für das Auftreten dieses Zustandes bekannt sein. Der Grund dafür, dass die Elemente des *Periodensystems der Elemente* sowohl an metallischen, keramischen und polymeren Werkstoffen beteiligt sein können (**Bild 3**), ist in ihrer Fähigkeit zu suchen verschiedene Bindungstypen auszubilden (**Bild 1, folgende Seite**). Dies ist im jeweiligen Atomaufbau begründet.

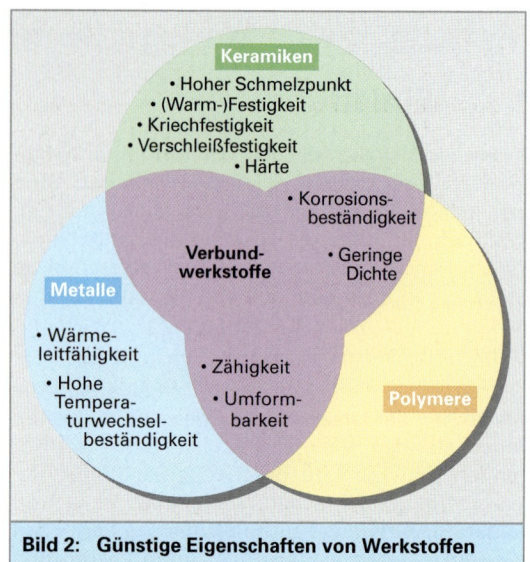

Bild 2: Günstige Eigenschaften von Werkstoffen

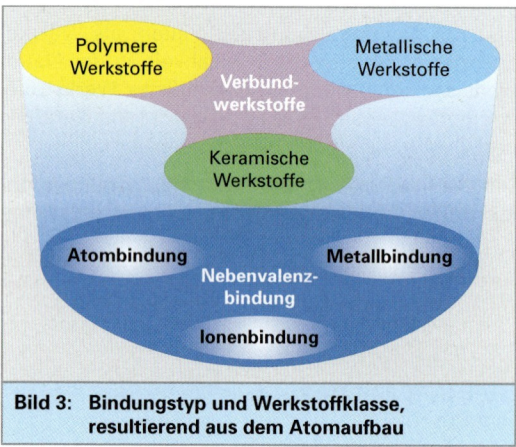

Bild 3: Bindungstyp und Werkstoffklasse, resultierend aus dem Atomaufbau

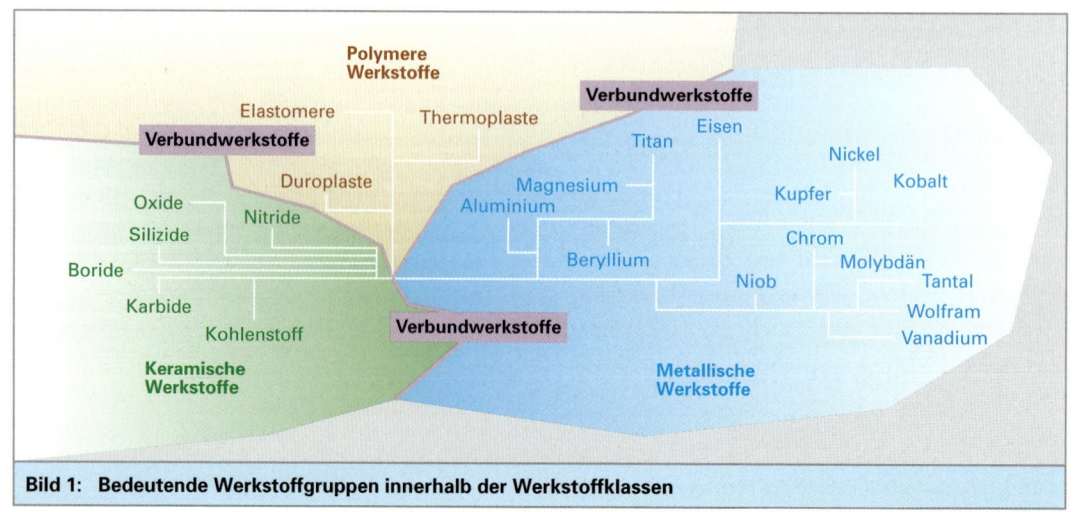

Bild 1: Bedeutende Werkstoffgruppen innerhalb der Werkstoffklassen

1 Einleitung

Zu den mechanischen Werkstoffeigenschaften, die den Anwender von Konstruktionswerkstoffen primär interessieren, zählen die

- **Steifigkeit**, die sich bei elastischer Verformung offenbart und der wir in unserer Fachsprache die Bezeichnung Elastizitätsmodul gegeben haben (Er gibt das Verhältnis aus der mechanischen Spannung, die zum Erreichen einer elastischen Verformung eines Werkstoffs aufzubringen ist, und der mit Erreichen dieser Spannung messbaren elastischen Verformung an.),
- **Versagensspannung** (Mit ihrem Erreichen verhält sich ein Werkstoff erstmals nicht mehr nur elastisch),
- **Bruchzähigkeit** (Sie ist ein Maß für die mechanische Spannung, mit deren Erreichen ein Riss, der in einem Werkstoff vorliegt, zu wachsen beginnt.),
- **Temperaturabhängigkeit** der Versagensspannung (Sie lässt erkennen, wie groß die Versagensspannung, die bei Erwärmung eines Werkstoffs abnimmt, bei einer konkreten Temperatur noch ist, was wir als die Warmfestigkeit eines Werkstoffs bezeichnen.).

Wie **Bild 2** erkennen lässt, zeigen die metallischen Konstruktionswerkstoffe im Vergleich zu den polymeren und keramischen Konstruktionswerkstoffen ein ausgewogenes Eigenschaftsspektrum. So zeigen die keramischen Konstruktionswerkstoffe zwar überwiegend einen höheren Elastizitätsmodul, eine höhere Warmfestigkeit und eine geringere Dichte, dafür aber auch eine geringere Versagensspannung als die metallischen Konstruktionswerkstoffe. Die polymeren Konstruktionswerkstoffe zeigen vielfach eine geringere Dichte, dafür aber auch einen geringeren Elastizitätsmodul, eine geringere Warmfestigkeit und eine geringere Versagensspannung als die metallischen Konstruktionswerkstoffe. Die Bruchzähigkeit der meisten metallischen Konstruktionswerkstoffe liegt sogar über der der keramischen und polymeren Konstruktionswerkstoffe. Insgesamt macht dies die weite Verbreitung der metallischen Konstruktionswerkstoffe in vielen Bereichen des täglichen Lebens verständlich.

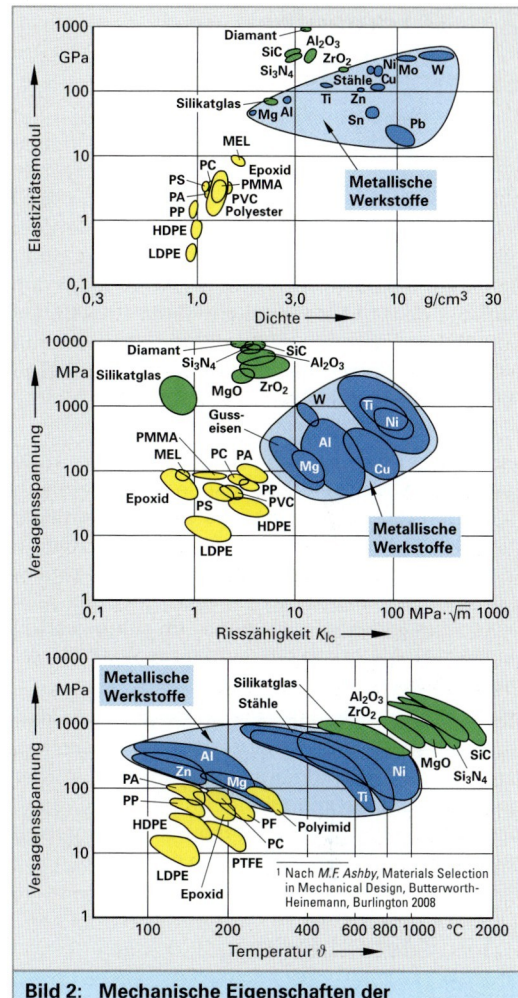

Bild 2: Mechanische Eigenschaften der Kunstruktionswerkstoffe[1]

[1] Nach *M.F. Ashby*, Materials Selection in Mechanical Design, Butterworth-Heinemann, Burlington 2008

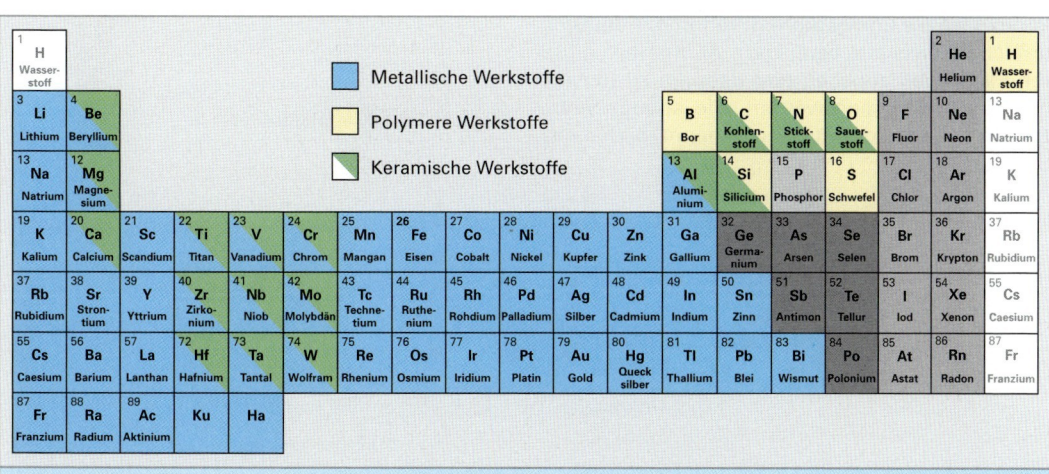

Bild 1: Beteiligung der Elemente des Periodensystems am Aufbau der Werkstoffe

2 Atomaufbau und Bindungstypen

Jedes einzelne Atom besteht aus einer Atomhülle und einem Atomkern. In der Atomhülle halten sich eine elementtypische Zahl von Elektronen auf, im Atomkern eine elementspezifische Zahl von Protonen und Neutronen (**Bild 1**). Die Zahl der Elektronen und Protonen entsprechen einander. Während die massearmen Elektronen für den in Abhängigkeit vom Bindungspartner zustande kommenden Bindungstyp verantwortlich sind, sind die massereichen Protonen und Neutronen für die Masse des Atoms und damit das spezifische Gewicht des Werkstoffs verantwortlich.

Jedes Atom hat das Bestreben, mit seiner äußeren Elektronenschale die stabile Elektronenkonfiguration des im Periodensystem der Elemente nächstgelegenen Edelgases zu erreichen, die sogenannte Edelgaskonfiguration (**Bild 2**). Dieses Ziel wird in Abhängigkeit von der Art, der sich beim Zustandekommen einer Bindung verbindenden Atome durch die Aufnahme oder die Abgabe von Elektronen erreicht.

Bei den Metallen steht sicherlich die Metallbindung im Vordergrund. Nur bei wenigen Metallen ist auch die Atombindung anzutreffen. Im Vordergrund stehen Atombindung und Ionenbindung dagegen bei den später angesprochenen intermetallischen Phasen. Daher werden nachfolgend alle drei Bindungstypen dargestellt.

2.1 Metallbindung

Betrachten wir zunächst die Reaktion von Metallatomen untereinander. Da Metallatome in der äußeren Schale maximal drei Elektronen aufweisen, können sie die Edelgaskonfiguration nur dadurch erreichen, dass alle beteiligten Atome ihre äußeren Elektronen abgeben und dadurch zu (positiv geladenen) Kationen werden. Die abgegebenen Elektronen, Valenzelektronen genannt, bilden das sogenannte Elektronengas. Die elektrostatischen Kräfte zwischen dem Elektronengas und den Kationen kennzeichnen die metallische Bindung (**Bild 3**).

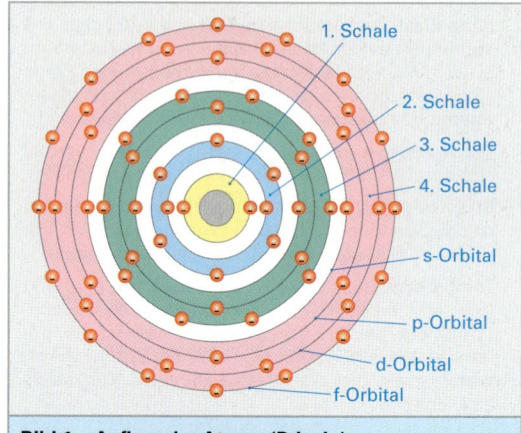

Bild 1: Aufbau der Atome (Prinzip)

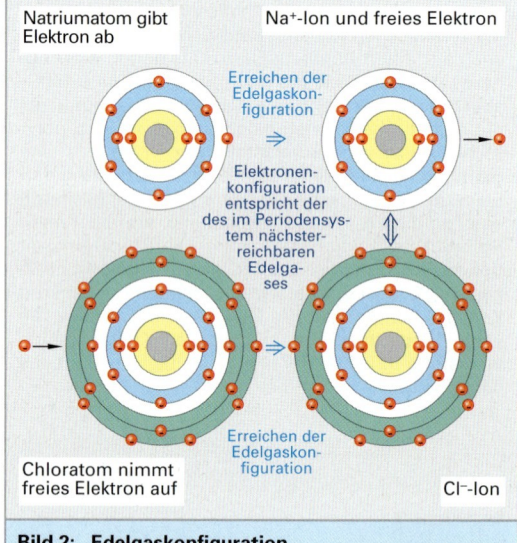

Bild 2: Edelgaskonfiguration

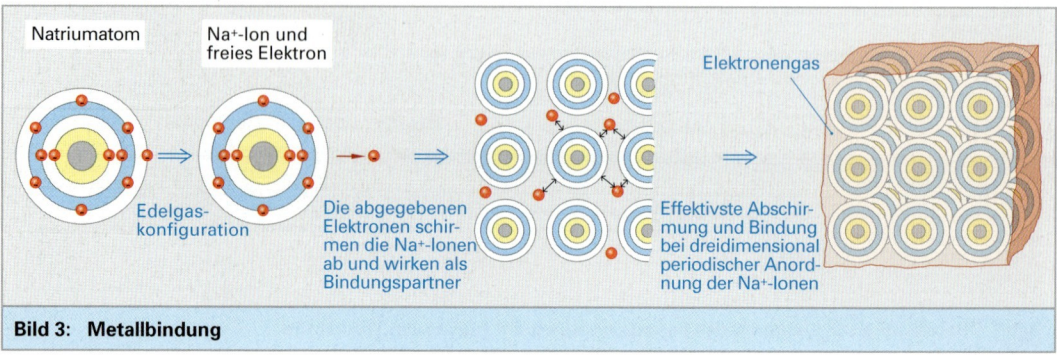

Bild 3: Metallbindung

2.2 Atombindung

Diese auch als kovalente Bindung bezeichnete Bindung kommt bei der Reaktion von Nichtmetallen untereinander zustande. Sie weisen in der äußeren Schale mindestens vier Elektronen auf. Um für jedes der beteiligten Atome die Edelgaskonfiguration zu erreichen, bilden die Atome gemeinsame Elektronenpaare aus, die als bindende Brücken zwischen den reagierenden Atomen fungieren, weswegen diese Bindungsform auch die Bezeichnung Elektronenpaarbindung trägt **(Bild 1)**.

Diese Bindungsform tritt bei Gasen auf und hat ihre werkstoffkundliche Bedeutung bei den auch als Kunststoffe bezeichneten polymeren sowie bei keramischen Werkstoffen. **Bild 2** zeigt das Zustandekommen der Atombindung am Beispiel des Moleküls des Gases Ethylen sowie eines aus ihm synthetisierten Makromoleküls des polymeren Werkstoffs Polyethylen.

Die elektrostatische Anziehung zwischen den entgegengesetzt geladenen Partnern ist die Ursache für die hohe Bindungsstabilität keramischer Werkstoffe. **Bild 3** zeigt über Ionenbindungen gebundene Natriumatome und Chloratome.

Wegen der überragenden Rolle, die die metallischen Werkstoffe heute spielen, soll nachfolgend deren Aufbau sowie Reaktionen auf Beanspruchungen beschrieben werden.

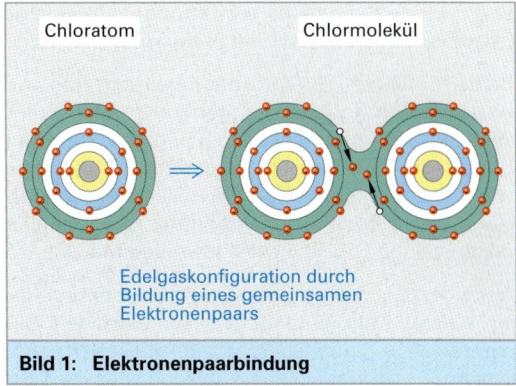

Bild 1: Elektronenpaarbindung

2.3 Ionenbindung

Ionenbindungen kommen zwischen metallischen und nichtmetallischen Bindungspartnern zustande. Sie haben ihre Bedeutung bei einer Vielzahl keramischer Werkstoffe. Die bei Metallatomen auf der äußeren Schale fehlenden Elektronen können von den nichtmetallischen Bindungspartnern in einfacher Weise geliefert werden: Sind die Atome einander infolge Massenanziehung hinreichend nahe gekommen, so treten die Valenzelektronen des metallischen zum nichtmetallischen Partner über, wodurch aus dem Metallatom ein (positiv geladenes) Kation und aus dem nichtmetallischen Atom ein (negativ geladenes) Anion wird.

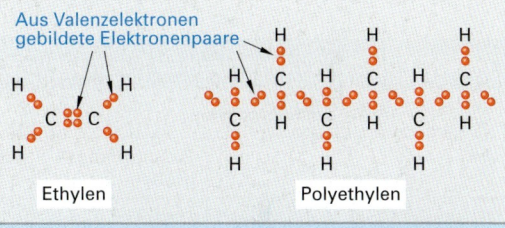

Bild 2: Atombindung am Beispiel des Moleküls des Gases Ethylen (links) sowie eines Ausschnitts aus dem Makromolekül des polymeren Werkstoffs Polyethylen (rechts)

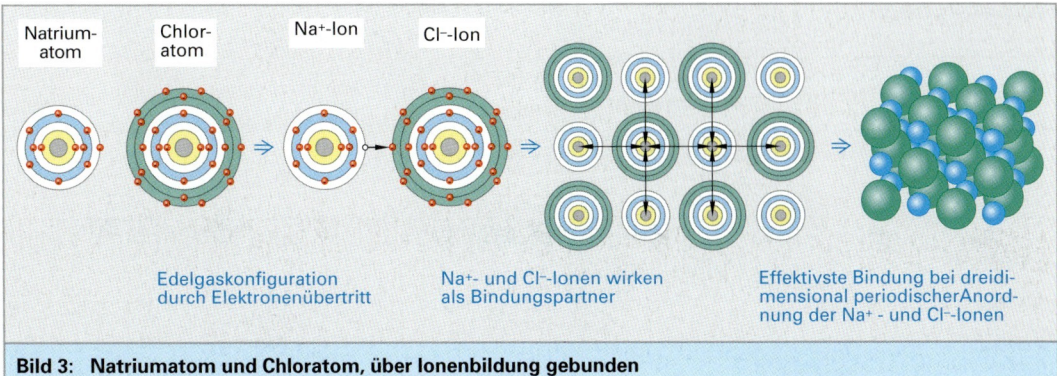

Bild 3: Natriumatom und Chloratom, über Ionenbildung gebunden

3 Aufbau metallischer Werkstoffe

3.1 Gitteraufbau des Idealkristalls

Bei den technisch üblichen Abkühlungsgeschwindigkeiten erstarren Metalle kristallin und bilden dabei ein dreidimensional periodisches Gitter **(Bild 1)**. Zwischen den Metallkationen und den Elektronen bestehen anziehende Kräfte **(Bild 1, Kurve 1)**. Andererseits stoßen sich die Elektronen und Protonen benachbarter Kationen infolge elektrostatischer Kräfte ab **(Bild 2, Kurve 2)**.

Beide Kräfte nehmen mit abnehmendem Abstand zwischen den Kationen zu, gehorchen aber unterschiedlichen Abhängigkeiten. Für eine bestimmte Entfernung sind die Kräfte gerade im Gleichgewicht. Diese Entfernung ist der Gleichgewichtsabstand der Kationen im Kristallgitter und eine charakteristische Größe für das jeweilige Metall.

Nach der Geometrie und den Abmessungen der ein Kristallgitter eindeutig beschreibenden Elementarzellen unterscheidet man sieben Kristallsysteme, von denen das kubische, das hexagonale und das tetragonale System für metallische Werkstoffe am wichtigsten sind **(Tabelle 1)**.

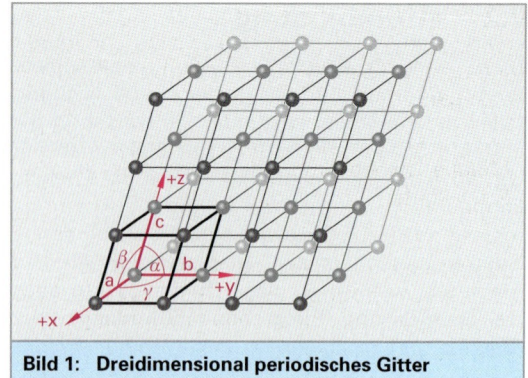

Bild 1: Dreidimensional periodisches Gitter

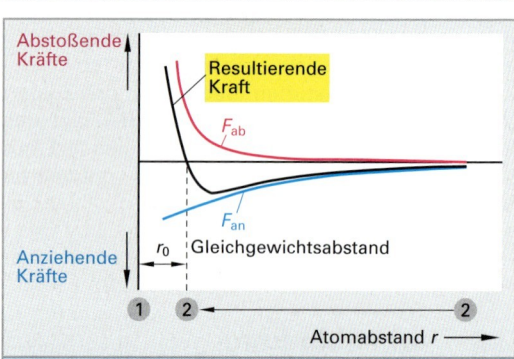

Bild 2: Kräfte zwischen Kationen

Tabelle 1: Kristallsysteme und Elementarzellentypen

Kristallsysteme			Elementarzellentypen			
Art		Bestimmungsgrößen	einfach	basisflächenzentriert	raumzentriert	flächenzentriert
Triklin		$a \neq b \neq c$ $\alpha \neq \beta \neq \gamma$				
Monoklin		$a \neq b \neq c$ $\alpha = \gamma = 90°$ $\beta \neq 90°$				
Orthorhombisch		$a \neq b \neq c$ $\alpha = \beta = \gamma = 90°$				
Rhomboedrisch		$a = b = c$ $\alpha = \beta = \gamma \neq 90°$				
Hexagonal		$a = b \neq c$ $\alpha = \beta = 90°$ $\gamma = 120°$				
Tetragonal		$a = b \neq c$ $\alpha = \beta = \gamma = 90°$				
Kubisch		$a = b = c$ $\alpha = \beta = \gamma = 90°$				

3 Aufbau metallischer Werkstoffe

Da bei den metallischen Elementen sogar nur das kubische und das hexagonale System von Bedeutung sind, wird nachfolgend allein auf diese eingegangen.

> Metalle haben kubische oder hexagonale Kristallgitter.

Oft enthalten die Elementarzellen zusätzlich zu den Eckatomen Atome in den Schnittpunkten der Flächendiagonalen oder der Raumdiagonalen. Dies führt zu 14 Elementarzellentypen (**Tabelle 1, vorhergehende Seite**). Die bei den metallischen Elementen am häufigsten auftretenden Elementarzellentypen sind das kubisch flächenzentrierte (kfz) Kristallgitter, das kubisch raumzentrierte (krz) Kristallgitter und das hexagonal dichtest gepackte Kristallgitter (hdp) (**Bild 1**).

Das kfz-Kristallgitter ist ebenso wie das hdp-Kristallgitter ein System von Ebenen dichtester Kugelpackung. Beide Systeme unterscheiden sich lediglich in der Lage und der Zahl der mit Atomen am dichtesten belegten Gitterflächen. So tritt die dichtest bepackte Fläche im kfz-Kristallgitter in vier unterschiedlichen Lagen im Raum auf (**Bild 1, mitte, blau gerastert**). Beim hdp-Kristallgitter (**Bild 1, unten**) tritt die äquivalente Fläche nur einmal im Raum auf (Basisfläche).

Die Mehrzahl der metallischen Elemente hat nur eine Kristallstruktur. Die Atome einiger Elemente wechseln jedoch bei bestimmten Temperaturen ihre Nachbarschaftsverhältnisse und damit die Gittermodifikation. Diese Erscheinung heißt Allotropie. **Tabelle 1** zeigt einige Elemente, die ihre Gittermodifikation bei Temperaturvariation ändern.

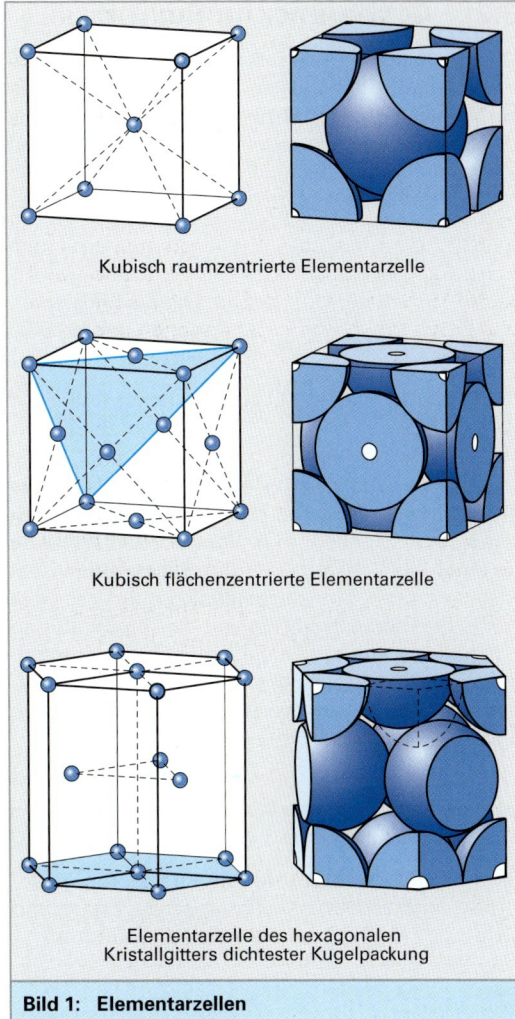

Kubisch raumzentrierte Elementarzelle

Kubisch flächenzentrierte Elementarzelle

Elementarzelle des hexagonalen Kristallgitters dichtester Kugelpackung

Bild 1: Elementarzellen

Tabelle 1: Einige Elemente und ihre Gittermodifikationswechsel					
Element	Strukturänderung*	Umwandlungstemperatur	Element	Strukturänderung *	Umwandlungstemp.
Li	kub. rz. → hexag.	durch Verformung bei tiefen Temperaturen	Sn	Diam.-Gitter → tetrag.	10 °C
Na	kub. rz. → kub. flz.	durch Verformung bei tiefen Temperaturen	U	orthorhomb. → totrag. tetrag. → kub. rz.	662 °C 770 °C
Ca	kub. flz. → hexag.	440 °C	Fe	kub. rz. → kub. flz. kub. flz. → kub. rz.	906 °C 1401 °C
La	hexag. → kub. flz.	350 °C	Co	hexag. → kub. flz.	1120 °C
Tl	hexag. → kub. rz.	234 °C	Ce	hexag. → kub. flz.	
Ti	hexag. → kub. rz.	882 °C	Pr	hexag. → kub. flz.	
Zr	hexag. → kub. rz.	852 °C		kub. flz. → tetrag. tetragonal → kub. rz.	450 °C 470 °C
Hf	hexag. - kub. rz.	1950 °C			
* Gittermodifikationswechsel gelten für die Aufheizphase					

3.2 Gitterfehler im Realkristall

Das Kristallgitter realer Kristalle weist viele Abweichungen vom idealen Aufbau auf. Jede dieser Abweichungen hat zur Konsequenz, dass die der Störung benachbarten Atome den Gleichgewichtsabstand nicht einhalten können, weswegen das Gitter lokal verspannt ist. Entsprechend ihrer Erstreckung im Raum werden die Gitterfehler in *punktförmige, linienförmige* und *flächige Fehler* eingeteilt.

3.2.1 Punktförmige Gitterfehler

Einige Gitterplätze bleiben unbesetzt, sind also leer, weswegen sie als *Leerstellen* bezeichnet werden **(Bild 1)**.

Die Häufigkeit der Leerstellen, die Leerstellendichte also ist temperaturabhängig. Sie beträgt bei Raumtemperatur ca. 10^{-12}, d. h. von 10^{12} Gitterplätzen ist einer nicht besetzt. Bis zum Schmelzpunkt der Metalle nimmt die Leerstellendichte auf ca. 10^{-4} zu. Da die Leerstellendichte von der Temperatur abhängig ist, befindet sich die *Leerstellenkonzentration* bei gleichgewichtsnaher Abkühlung im thermodynamischen Gleichgewicht, was bei den meisten anderen Gitterbaufehlern nicht möglich ist.

Fremdatome können im Matrixgitter gelöst werden; es liegt eine feste Lösung vor, die man als *Mischkristall* bezeichnet.

Sind Fremdatome und Matrixgitteratome in der Größe vergleichbar, so nehmen bei der Erstarrung an einigen Stellen statt der Matrixgitteratome Fremdatome die Kristallgitterplätze ein (darüber hinaus können Fremdatome auch durch Diffusionsprozesse von der Bauteiloberfläche aus in das Matrixgitter hineingelangen), weswegen man diese Fremdatome auch als *Austauschatome* oder *Substitutionsatome* bezeichnet **(Bild 1)**.

Voraussetzungen für eine lückenlose Mischkristallreihe sind:

- Matrixgitteratom und Fremdatom kristallisieren in Reinform im gleichen Gittertyp.
- Die Atomradien differieren um maximal 15 %.
- Es muss eine gewisse Affinität zwischen Matrixgitteratom und Fremdatom gegeben sein.

Sind die anziehenden Kräfte zwischen Matrixgitter- und Fremdatom stärker als zwischen den gleichartigen Atomen (Matrixgitteratom-Matrixgitteratom und Fremdatom-Fremdatom), so kommt es zu einer geordneten Verteilung der Fremdatome im Matrixgitter, was nur bei bestimmten Anteilen der gelösten Fremdatome möglich ist. Sind die anziehenden Kräfte zwischen Matrixgitter- und Fremdatom sogar wesentlich stärker als zwischen den gleichartigen Atomen, so kommt es zur Bildung von intermetallischen Verbindungen (zwischen metallischen Elementen). Sie erhielten das Attribut „inter ..." (= dazwischen), weil bei ihnen neben der vorherrschenden Metallbindung noch Atom- und/oder Ionenbindung wirksam sind. Ihre Kristallgitter weichen oft von denen der beteiligten Elemente ab und sind meistens sehr kompliziert aufgebaut. Die Folge davon sind große Härte und Sprödigkeit der gesamten Legierung, weswegen intermetallische Kristallanteile i. A. in nur geringen Gehalte zulässig sind. Sind die anziehenden Kräfte zwischen Matrixgitteratom und Fremdatom kleiner als zwischen den gleichartigen Atomen (Matrixgitteratom-Matrixgitteratom und Fremdatom-Fremdatom), so kommt es zu einer Entmischung, die sich bis zur Bildung von Ausscheidungen (s. u.) weiterentwickeln kann.

---

[1] *lat.* affinitas = Verwandtschaft, Bestreben sich zu verbinden

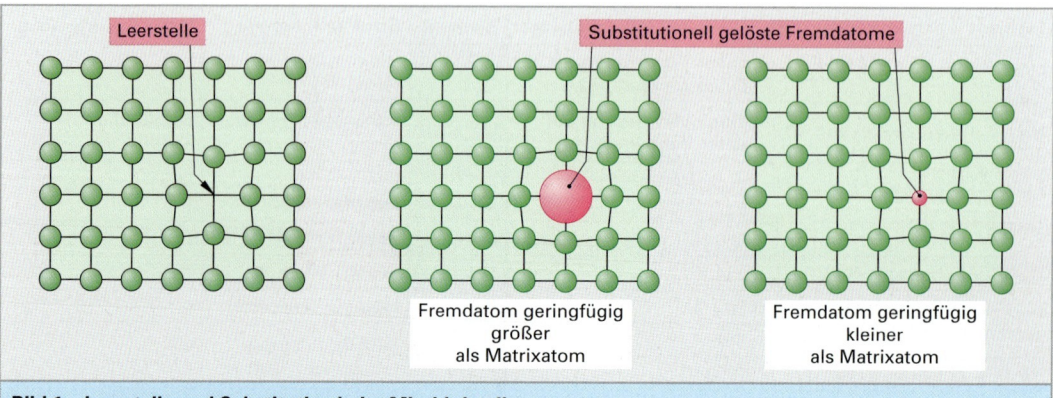

Bild 1: Leerstelle und Substitution beim Mischkristall

Normalerweise ist die Löslichkeit der Fremdatome im Matrixgitter begrenzt. Unter bestimmten Voraussetzungen kann jedes Matrixgitteratom aber durch ein Fremdatom ersetzt werden. Man spricht dann von einer lückenlosen Mischkristallreihe.

Ist der Fremdatomradius wesentlich kleiner als der Matrixgitteratomradius, so nehmen die Fremdatome bei der Erstarrung Zwischengitterplätze ein und werden als Einlagerungsatome oder interstitielle Atome bezeichnet (**Bild 1**; darüber hinaus können *interstitiell* gelöste Fremdatome auch durch Diffusionsprozesse von der Bauteiloberfläche aus in das Matrixgitter hineingelangen). Da die Verzerrung des umliegenden Matrixgitters sehr rasch ansteigt, ist die Löslichkeit interstitiell gelöster Fremdatome im Allgemeinen geringer als ein Prozent.

Wie bei den *substitutionell* gelösten Fremdatomen, so sind auch bei den interstitiell gelösten geordnete Verteilungen möglich. Solche geordneten Einlagerungsmischkristalle werden auch als *intermediäre* Phasen bezeichnet.

Hierbei handelt es sich im Wesentlichen um die Karbide, Nitride und Karbonitride der Übergangsmetallgruppen IV, V und VI sowie des Mangans und Eisens. Sie weisen bereits einen hohen Anteil an Atombindung auf. Verglichen mit den mehr über Ionenbindung gebundenen Karbiden elektropositiver Metalle und den mehr über Atombindung gebundenen Karbiden der Übergangsmetalle verfügen die intermediären Phasen aber über metallähnliche elektrische Leitfähigkeit. Die Metallkationen mit großem Atomdurchmesser (hierzu zählen nicht Cr, Mn und Fe) stellen den Einlagerungsatomen C und N in ihren Gittern große Lücken zur Verfügung, so dass die Bildung einfacher Kristallstrukturen möglich wird (**Bild 2**).

Diese Verbindungen sind mechanisch und thermisch sehr stabil, woraus hohe Härte und Schmelztemperatur resultieren. In den Gittern von Metallen mit kleinerem Atomdurchmesser wie Cr, Mn und Fe sind die Einlagerungslücken zu klein ausgebildet, um Fremdatome über die Mischkristalllöslichkeit hinaus aufnehmen zu können. Die Karbidbildung und Nitridbildung erfolgt daher unter Aufbau einer neuen und komplizierteren Gitterstruktur, bei allerdings geringerer Härte und Schmelztemperatur.

Infolge der mit der hohen Härte einhergehenden Sprödigkeit sind intermetallische wie intermediäre Phasenanteile i. A. in nur geringen Gehalten zulässig.

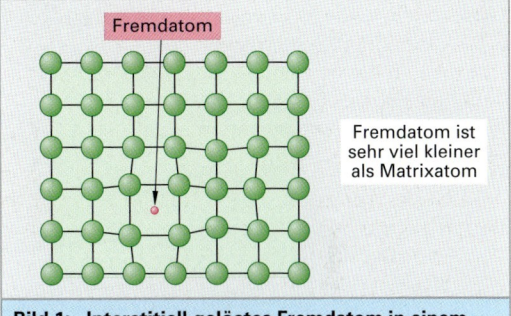

Bild 1: Interstitiell gelöstes Fremdatom in einem Mischkristall

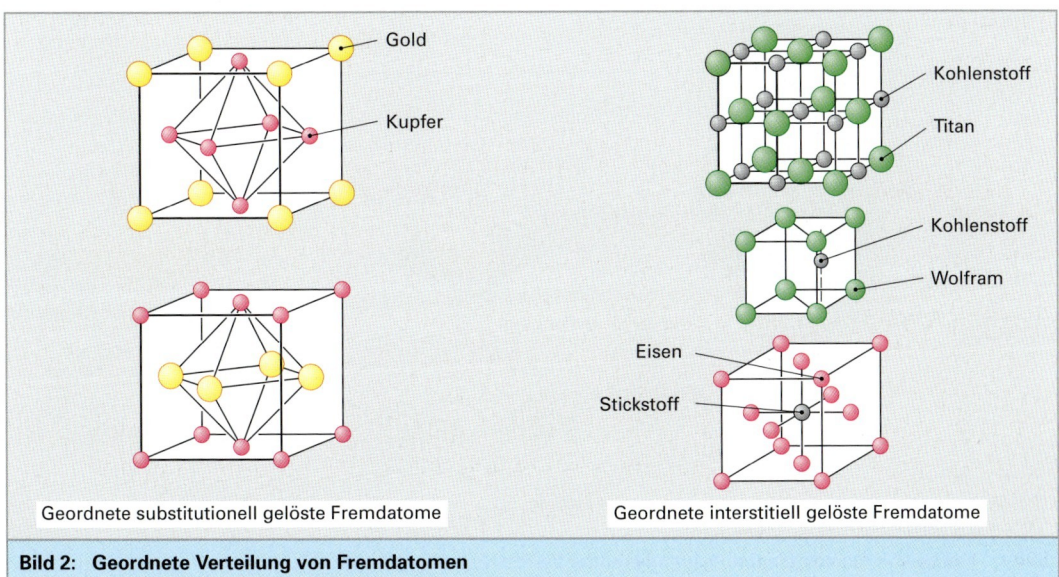

Bild 2: Geordnete Verteilung von Fremdatomen

3.2.2 Linienförmige Gitterfehler

Als linienförmige Gitterfehler sind allein *Versetzungen* möglich, wobei man zwischen *Stufenversetzungen* und *Schraubenversetzungen* zu unterscheiden hat.

Als **Stufenversetzungen** bezeichnet man den unteren Rand von Halbebenen des Gitters, die im Kristall enden **(Bild 1, links)**. Bei **Schraubenversetzungen** sind die Gitterebenen im Bereich der senkrecht zu ihnen stehenden Versetzungslinie schraubenartig verzerrt **(Bild 1, rechts)**.

Zur Minimierung der Verzerrungsenergie enden Versetzungen entweder an der Oberfläche des Kristalls oder bilden innerhalb des Kristalls geschlossene Linienzüge, Versetzungsringe genannt **(Bild 2)**. **Bild 3** zeigt ¼ eines solchen Versetzungsrings.

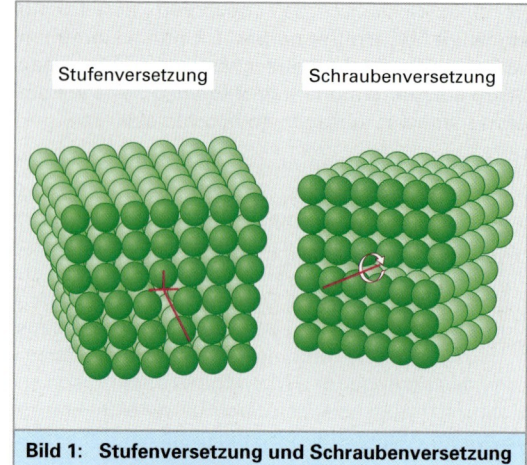

Bild 1: Stufenversetzung und Schraubenversetzung im Kristallgitter

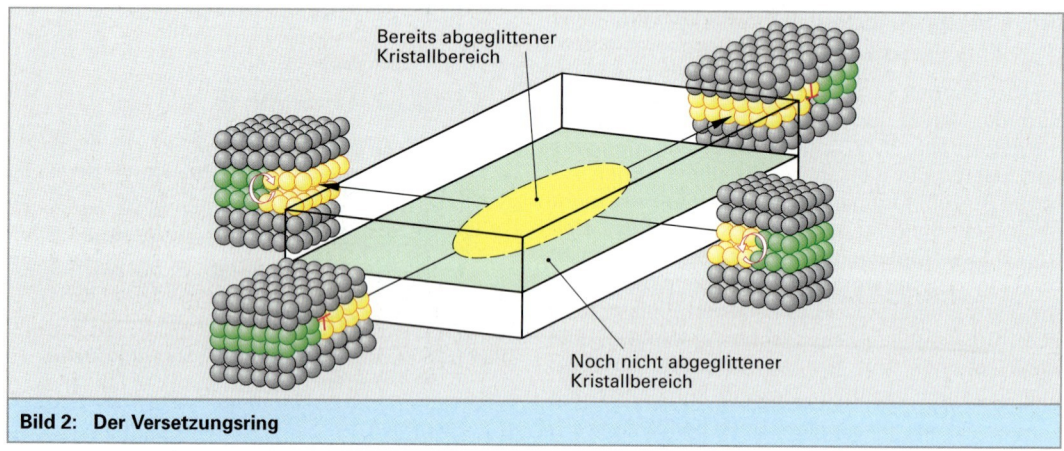

Bild 2: Der Versetzungsring

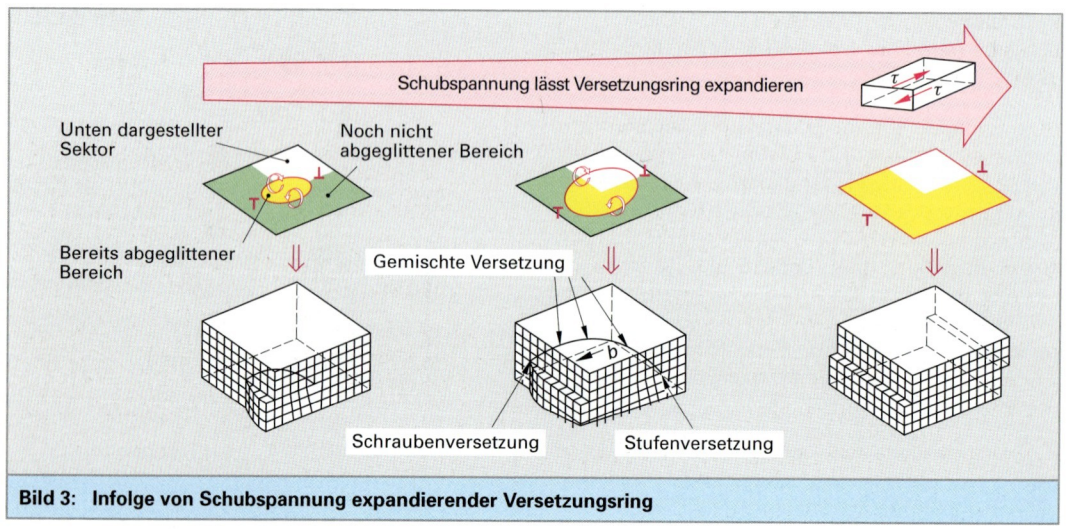

Bild 3: Infolge von Schubspannung expandierender Versetzungsring

3 Aufbau metallischer Werkstoffe

Es zeigt sich, dass Versetzungslinien meist nur auf kurzen Teilstücken reine Stufen- oder Schraubenversetzungscharakteristik aufweisen; über weite Strecken sind sie eine Kombination bei der Komponenten, was man als gemischte Versetzungen bezeichnet.

Die Häufigkeit von Versetzungen, die Versetzungsdichte, wird als Linienlänge je Volumeneinheit angegeben. In einem weichgeglühten Metall beträgt sie etwa 10^6 mm/mm^3. Durch Kaltverformung kann die Versetzungsdichte auf 10^{12} mm/mm^3 anwachsen.

Die weitreichenden Spannungsfelder von Versetzungen haben zur Folge, dass sich Versetzungen in ihrer Lage zueinander gegenseitig beeinflussen. Für den Fall, dass auf zueinander parallelen Gleitebenen bewegende Stufenversetzungen miteinander wechselwirken, zeigt **Bild 1** in Abhängigkeit von der Lage zueinander die Richtungen der wechselseitig ausgeübten Kräfte. Sie haben zur Folge, dass bei lagefest angenommener Versetzung 1 sich in den Sektoren A befindende Versetzungen bei Temperaturerhöhung von dieser entfernen und sich in den Sektoren B befindende Versetzungen bei Temperaturerhöhung über Versetzung 1 anordnen.

3.2.3 Flächige Gitterfehler

Die gegenseitige Beeinflussung der Spannungsfelder von Versetzungen kann zu einer Übereinanderreihung gleichartiger Stufenversetzungen führen. Die Folge ist eine flächenhafte Störung des Gitters, die in **Bild 2** dargestellt ist und als Kleinwinkelkorngrenze bezeichnet wird. Da Kleinwinkelkorngrenzen einen Kristall in Teilbereiche aufteilen, werden sie auch als Subkorngrenzen bezeichnet.

Berühren sich bei der Erstarrung einer Schmelze wachsende Kristalle, so bilden die Gitterebenen der beiden Kristalle meist größere Winkel untereinander und führen zu Großwinkelkorngrenzen. Sie umfassen eine 2 bis 3 Atomabstände dicke, strukturlose (amorphe) Zone **(Bild 3)**. Kristalle, die allseitig eine freie Oberfläche haben, also keine Korngrenze enthalten, werden als Einkristalle bezeichnet. Sie enthalten natürlich alle anderen Fehler, wie Leerstellen, Fremdatome, Versetzungen und Kleinwinkelkorngrenzen.

Aus übersättigten Mischkristallen scheiden sich im Laufe der Zeit die überschüssigen Fremdatome aus und bilden Ausscheidungen.

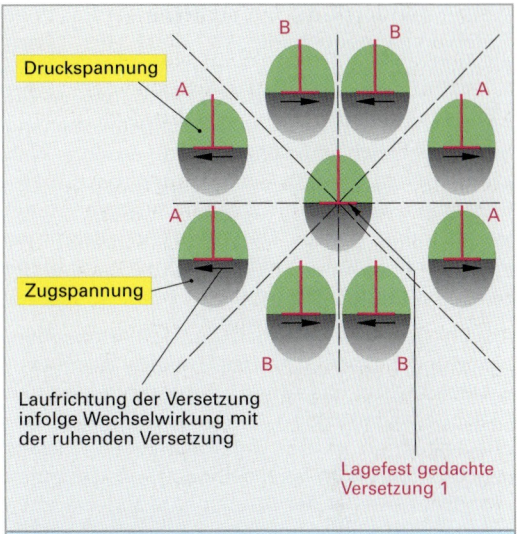

Bild 1: Wechselwirkung bei Versetzungen

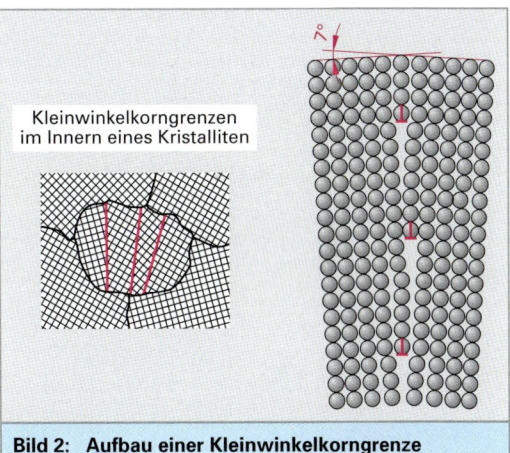

Bild 2: Aufbau einer Kleinwinkelkorngrenze

Bild 3: Großwinkelkorngrenze

Wegen der durch die Fremdatome verursachten Gitterverspannungen liegen diese im Mischkristall nie völlig regellos verteilt vor, sondern zeigen immer eine gewisse Nahordnung. In der Anfangsphase einer Ausscheidungsglühbehandlung finden sich an solchen Stellen erhöhter Nahordnung (u. U. unter Bevorzugung bestimmter Gitterebenen) immer mehr Fremdatome unter Verspannung großer Gitterbereiche zusammen (einphasige Entmischung; **Bild 1**), woraus später Ausscheidung werden können.

Als Phasengrenze ist auch die der Atmosphäre zugewandte Oberfläche des Kristalls zu nennen. Die in **Bild 2** für das Atom 1 dargestellte und den Gleichgewichtszustand repräsentierende Bindungssituation ist nur innerhalb eines Kristalls gegeben: Ein Atom ist allseitigen Kraftwirkungen ausgesetzt. An der der Atmosphäre zugewandten Oberfläche des Kristalls sind diese Kräfte nach außen hin nicht vorhanden, wodurch das Atom 2 einen höheren Energieinhalt hat: die Oberflächenenergie.

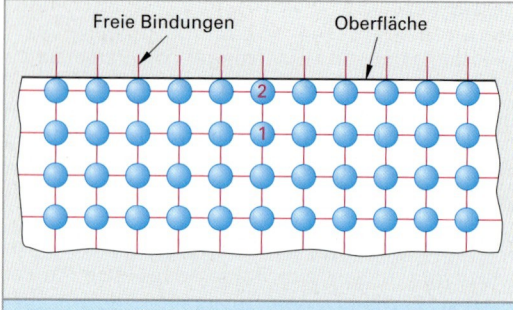

Bild 2: **Bindungssituation im Inneren und an der Oberfläche eines Kristalls**

Die Ausscheidungen weisen ein eigenes Kristallgitter und daher gegenüber der umliegenden Matrix eine Oberfläche auf, die, da sie die Kontinuität der Gitterperiodizität stören, zu den *flächigen Gitterfehlern* zählen. Die Phasengrenze zwischen Ausscheidung und dem umgebenden Matrixgitter kann dabei *kohärent, teilkohärent* oder *inkohärent* sein. Kohärente Ausscheidungen haben Gitterparameter, die nur geringfügig vom Matrixgitter abweichen. Dadurch kann das Wirtsgitter praktisch lückenlos in das Gitter der Ausscheidung übergehen; die Phasengrenze ist kohärent (= passend). Wegen der notwendigen Anpassung des Matrixgitters an das abweichende Gitter der Ausscheidung ist auch hier die Matrix in einem großen Bereich um die Ausscheidung verspannt. Das Gitter teilkohärenter (= teilweise passender) Ausscheidungen kann nicht mehr überall an das Matrixgitter angepasst werden. Regelmäßig müssen Versetzungen eingebaut werden. Auch hierbei ist die Matrix um die Ausscheidung verspannt. Die Gitter inkohärenter (= überhaupt nicht mehr passender) Ausscheidungen lassen keine Anpassung des Matrixgitters zu, weil die Gitterparameter zu stark voneinander abweichen. Die Phasengrenze zwischen der Ausscheidung und der umgebenden Matrix entspricht daher im Aufbau einer Großwinkelkorngrenze. Das Matrixgitter ist jetzt jedoch nicht mehr verspannt.

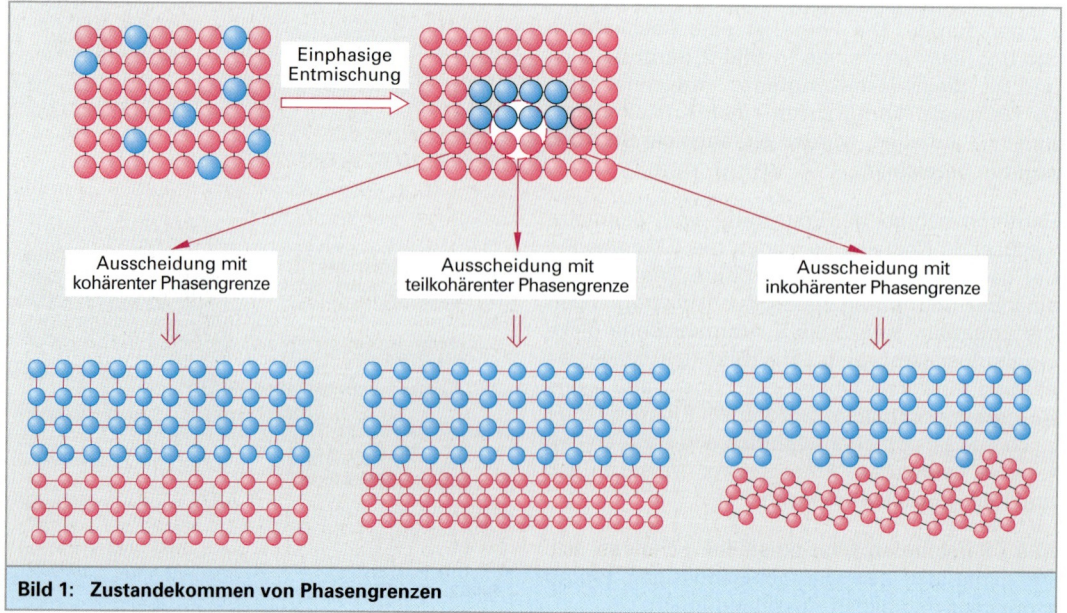

Bild 1: **Zustandekommen von Phasengrenzen**

3 Aufbau metallischer Werkstoffe

3.3 Gleichgewichtszustände

Zuvor wurde von Reinmetallen und Legierungen gesprochen und im Zusammenhang mit letzteren von Mischkristallen, intermetallischen bzw. intermediären Phasen sowie Ausscheidungen. Wie stehen diese miteinander in Zusammenhang?

Eine Legierung besteht aus mindestens zwei verschiedenen Atomsorten, Komponenten genannt. Bestehen Legierungen nur aus einer Komponente, so spricht man von Einstoffsystemen. Entsprechend bezeichnet man die Gesamtheit aller Legierungen aus zwei, drei oder mehr Elementen als Zwei-, Drei- oder Mehrstoffsysteme.

Das Gefüge einer Legierung besteht aus einzelnen Kristallen, die in ihrer chemischen Zusammensetzung identisch sein können (beim Reinmetall der Fall), bei Legierungen aber durchaus different sein können.

Einen räumlichen Bereich, der eine eigene chemische Zusammensetzung aufweist, bezeichnet man als Phase (Reinmetall, Mischkristall, intermetallische bzw. intermediäre Phase, Ausscheidung). Existiert in einer Legierung nur eine Phase, so wird sie homogen genannt. Treten mehrere Phasen auf, so bezeichnet man sie als heterogen.

Wird eine Legierung eingewogen, aufgeschmolzen und so langsam abgekühlt (1 bis 3 °C/min), dass in ihr Diffusionsprozesse so lange ablaufen können, bis der Gleichgewichtszustand erreicht wird, so ist das Nebeneinander der Phasen durch die Zustandsgrößen

- Temperatur T,
- Druck p,
- Konzentration c

eindeutig bestimmt. Da die meisten Herstell- und Verarbeitungsprozesse der Werkstoffe bei Normaldruck ablaufen, kann der Druck als konstant angesehen werden, weswegen jeder Werkstoffzustand durch ein bestimmtes Wertepaar $T - c$ beschrieben werden kann. Das Gleichgewichtszustandsdiagramm gibt in Abhängigkeit von der Temperatur T und der Konzentration c eine lückenlose Übersicht über alle möglichen Gleichgewichtszustände und bei langsamer Temperaturveränderung – Gleichgewichtszustandsänderungen aller Legierungen eines Legierungssystems A–B.

[1] lat. liquidus = flüssig
[2] lat. solidus = fest
[3] griech. konos = Kegel. (Isotherme Verbindungsgerade zwischen den Zustandspunkten zweier miteinander im Gleichgewicht stehenden Phasen innerhalb der Mischungslücke in einem Zustandsdiagramm.)

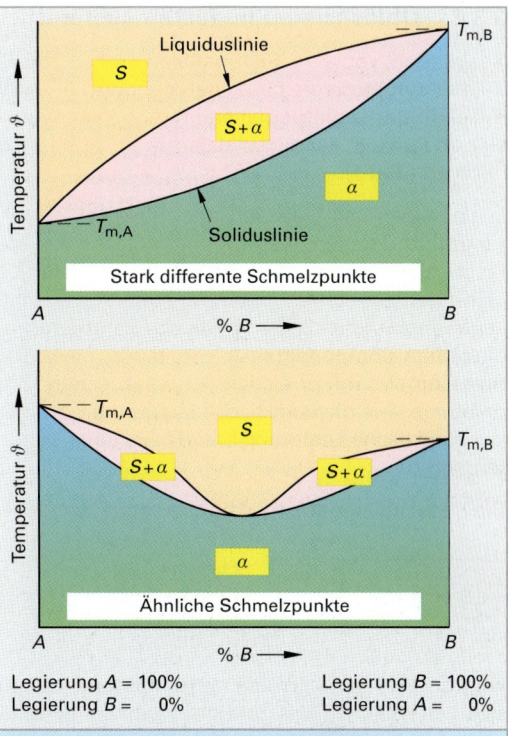

Bild 1: Gleichgewichtszustandsdiagramme mit lückenloser Mischkristallreihe

3.3.1 Bei lückenloser Mischkristallreihe

Bild 1 zeigt das Gleichgewichtszustandsdiagramm mit lückenloser Mischkristallreihe. Die Phasengrenzlinie zwischen der homogenen Schmelze (S) und dem Zweiphasenfeld Schmelze und Mischkristall (S + α) bezeichnet man als *Liquiduslinie*[1], die zwischen diesem Zweiphasenfeld und dem Mischkristall α als *Soliduslinie*[2]. Oberhalb der Liquiduslinie ist die Legierung vollständig flüssig, unterhalb der Soliduslinie vollständig erstarrt. Im Zweiphasenfeld existieren eine flüssige und eine feste Phase nebeneinander.

Die Zusammensetzung der hier aus der Schmelze aus kristallisierenden Mischkristalle gibt der Schnittpunkt der bei der konkreten Temperatur gezogenen Waagerechten (= Konode[3]) mit der Phasengrenze zum Einphasenraum α an. Da der B-Gehalt der gebildeten Mischkristalle geringer ist als der der ursprünglichen Schmelze, muss der B-Gehalt der Restschmelze größer sein als der der ursprünglichen Schmelze. Er lässt sich am Schnittpunkt der Konode mit der Liquiduslinie ablesen. Während der Erstarrung ändern die ausgeschiedenen Mischkristalle sowie die Restschmelze ständig ihre Zusammensetzung entlang der Soliduslinie bzw. die Liquiduslinie. Nach Unterschreiten der Soliduslinie ist die Kristallisation abgeschlossen. Es liegen homogene α-Mischkristalle vor.

3.3.2 Unlöslichkeit im festen Zustand

Ausgehend von den Reinmetallen sinken die Liquidustemperaturen bei zunehmendem A- oder B-Gehalt der Legierungen ständig und schneiden sich im Punkt E, der als eutektischer Punkt bezeichnet wird (**Bild 1**).

Legierungen, die links von der eutektischen Konzentration E liegen, werden untereutektische, die rechts davon liegenden als übereutektische Legierungen bezeichnet. Unter- und übereutektische Legierungen kristallisieren aus der Schmelze nur die reinen Komponenten A bzw. B aus, bevor die Restschmelze mit Erreichen der eutektischen Temperatur T_E wie die eutektische Legierung E zerfällt. Die eutektische Legierung erstarrt bei einer festen Temperatur.

Die dabei ablaufende Reaktion lautet:

$S \rightarrow A + B$

S Schmelze
A Komponente A
B Komponente B

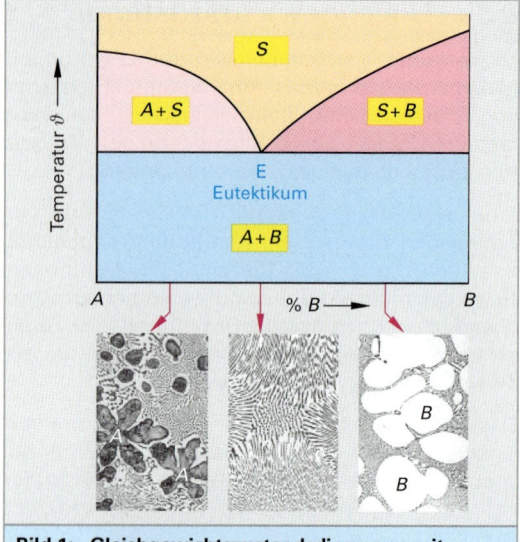

Bild 1: Gleichgewichtszustandsdiagramm mit Unlöslichkeit im festen Zustand

Wegen der niedrigen Schmelztemperatur bilden sich viele Keime, was zu einem sehr feinstrukturierten Gefüge mit oftmals lamellenartig angeordneten Phasen $A + B$ führt (**Bild 2**).

3.3.3 Begrenzte Löslichkeit im festen Zustand

Bei der überwiegenden Anzahl aller Legierungssysteme sind deren Komponenten im festen Zustand weder lückenlos ineinander mischbar noch vollständig unmischbar. Bei ihnen existieren Konzentrationsbereiche, in denen die Komponente A eine bestimmte Menge B lösen kann und jetzt als α-Phase bezeichnet wird und die Komponente B eine bestimmte Menge A lösen kann und jetzt als β-Phase bezeichnet wird.

Der Konzentrationsbereich, in dem mehrere nebeneinander Phasen auftreten, wird als Mischungslücke bezeichnet. **Bild 3** zeigt das Gleichgewichtszustandsdiagramm eines eutektischen Legierungssystems mit begrenzter Löslichkeit im festen Zustand.

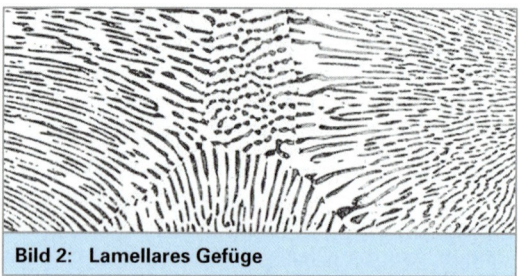

Bild 2: Lamellares Gefüge

Bei den meisten Legierungen sind die Komponenten weder lückenlos ineinander mischbar noch vollständig unmischbar; die Löslichkeit ist begrenzt.

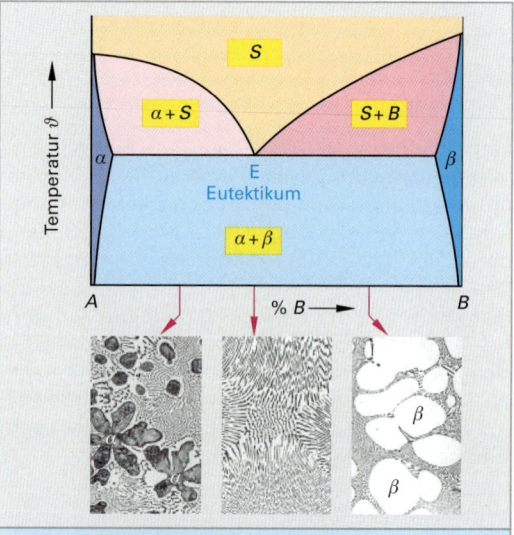

Bild 3: Gleichgewichtszustandsdiagramm eines eutektischen Legierungssystems mit begrenzter Löslichkeit im festen Zustand

---

[1] griech. eutekos = leicht zu schmelzen, eutektischer Punkt = tiefster Schmelzpunkt

3 Aufbau metallischer Werkstoffe

Wird bei Temperaturabsenkung die Löslichkeitsgrenze der Mischungslücke (rechte oder linke Begrenzungslinie) unterschritten, so wird aus einem Mischkristall der andere Mischkristall ausgeschieden. Grundsätzlich bilden sich die Ausscheidungen an allen energetisch günstigen Orten aus, so z. B. Korngrenzen, Zwillingsgrenzen und Versetzungen. **Bild 1** zeigt das Gleichgewichtszustandsdiagramm eines peritektischen Legierungssystems mit begrenzter Löslichkeit im festen Zustand.

Hierbei reagieren mit Erreichen der peritektischen Temperatur die Restschmelze S und primär erstarrte Mischkristalle (hier α) zu einer neuen Mischkristallart (hier β) entsprechend der Reaktionsgleichung:

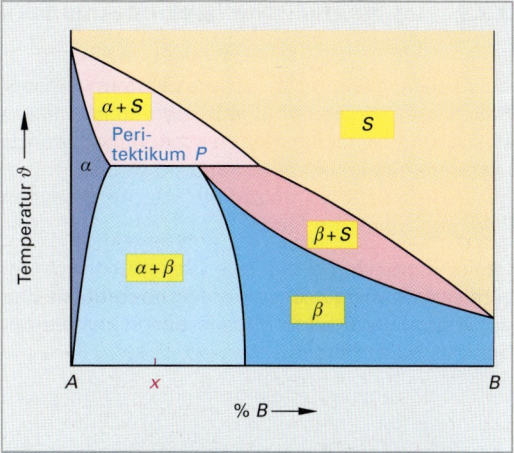

Bild 1: Gleichgewichtszustandsdiagramm eines peritektischen Legierungssystems mit begrenzter Löslichkeit im festen Zustand

$$S + \alpha \rightarrow \beta$$

- S Restschmelze
- α primäre Phase
- β neue β-Phase

Die Bildung der neuen Mischkristallart beginnt an der Oberfläche der Primärkristalle, weswegen dieses Gefüge die Bezeichnung *Peritektikum* (= das Herumgebaute) erhielt. Nachdem die Primärkristalle mit einer Hülle aus neuem Mischkristall umgeben sind, muss der weitere Massentransport durch diese feste Schale erfolgen **(Bild 2)**. **Bild 3** zeigt ein peritektisches Gefüge.

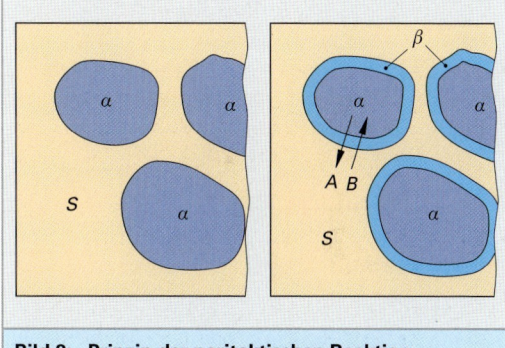

Bild 2: Prinzip der peritektischen Reaktion

Wiederholung und Vertiefung

1. Welche Werkstoffklassen gibt es?
2. Nennen Sie günstige Eigenschaften der drei Werkstoffklassen?
3. Welche Bindungstypen beherrschen welche Werkstoffklasse?
4. Wie kommt die Metallbindung zustande?
5. Welcher Kristallgittertyp ist bei den Metallen vorherrschend?
6. Was versteht man unter Allotropie?
7. Wie verändert sich die Leerstellenkonzentration mit der Temperatur?
8. Welche drei Voraussetzungen müssen für das Vorliegen einer lückenlosen Mischkristallreihe erfüllt sein?
9. Was sind substitutionell und was interstitiell gelöste Fremdatome?
10. Was sind Versetzungen?
11. Was sind Kleinwinkelkorngrenzen und was Großwinkelkorngrenzen?
12. Wie lautet die eutektische Reaktionsgleichung bei einer Legierung, deren Komponenten im Festen ineinander unlöslich sind?

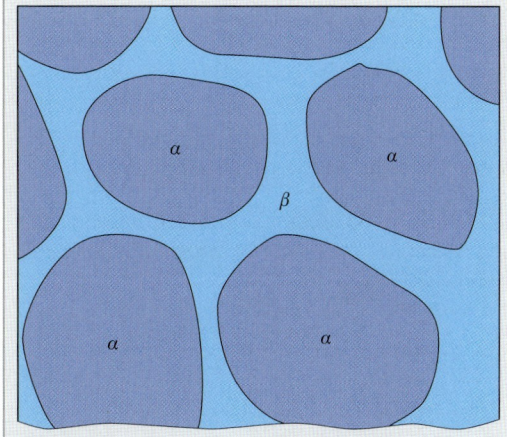

Bild 3: Peritektisches Gefüge von der Legierung x im Bild 1

3.3.4 Intermetallische bzw. intermediäre Phase

In Abhängigkeit vom Schmelz-/Erstarrungsverhalten der intermetallischen bzw. intermediären Phase unterscheidet man zwischen Legierungssystemen mit einer kongruent und solchen mit einer inkongruent schmelzenden intermetallischen bzw. intermediären Phase.

Legierungssysteme mit einer kongruent schmelzenden intermetallischen bzw. intermediären Phase besitzen, wie reine Metalle, einen definierten Schmelzpunkt (**Bild 1**).

Bei Legierungssystemen mit einer inkongruent schmelzenden intermetallischen bzw. intermediären Phase zerfällt diese Phase vor Erreichen der Liquiduslinie in einer peritektischen Reaktion in zwei neue Phasen (**Bild 2**).

Die vorstehend beschriebenen Prozesse gelten nun aber nur für den thermodynamischen Gleichgewichtszustand, was sehr geringe Abkühlgeschwindigkeiten voraussetzt. Technische Werkstoffe werden aus dem schmelzflüssigen Zustand aber sehr viel schneller abgekühlt, als es zum Einstellen des Gleichgewichts notwendig ist. Insbesondere werden dadurch Zustandsänderungen im festen Zustand gestört oder ganz unterdrückt. Solche Zustände bezeichnet man auch als metastabil.

Die nachfolgend beschriebenen Nichtgleichgewichtszustände sind aus den Gleichgewichtszustandsdiagrammen nicht zu entnehmen. Die Aussagen der Gleichgewichtszustandsdiagramme dürfen also nicht ohne Weiteres auf mit höherer Geschwindigkeit abgekühlte Legierungen übertragen werden. Die Phasengrenzen in bei höheren Abkühlgeschwindigkeiten aufgenommenen, metastabilen Zustandsdiagrammen sind gegenüber den Gleichgewichtszustandsdiagrammen zu tieferen Temperaturen verschoben.

[1] lat. intermedius = dazwischen, in der Mitte liegend
[2] lat. congruentis = übereinstimmend
[3] griech. meta ... = zwischen ... , metastabil = zwischendurch stabil

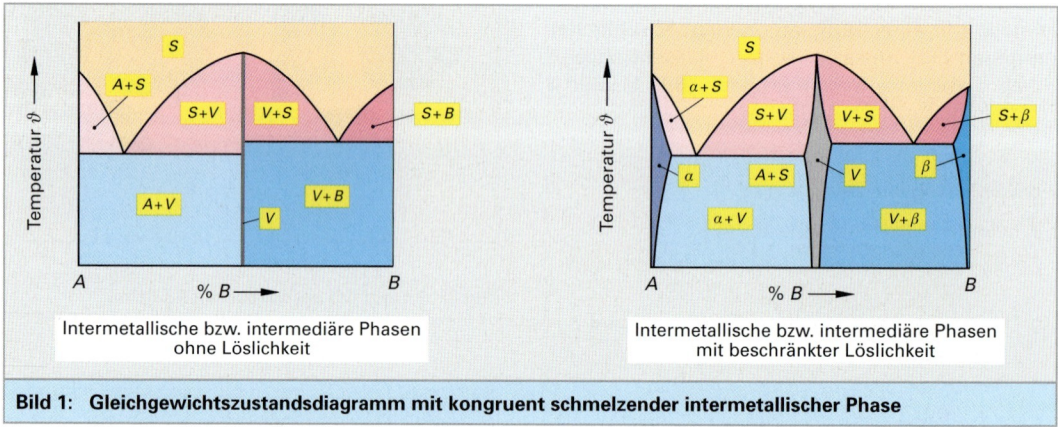

Bild 1: Gleichgewichtszustandsdiagramm mit kongruent schmelzender intermetallischer Phase

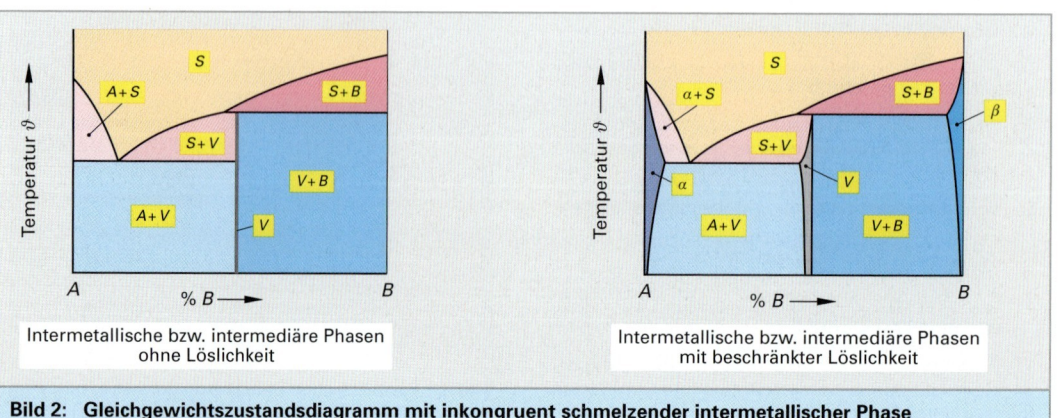

Bild 2: Gleichgewichtszustandsdiagramm mit inkongruent schmelzender intermetallischer Phase

3.4 Phasenumwandlungen

Beginnen wir mit der Phasenumwandlung, bei der eine Schmelze in einen Festkörper überführt wird, der Erstarrung (**Bild 1**).

3.4.1 Erstarrung

Da das Gussgefüge bei Knetwerkstoffen als auch bei Gusswerkstoffen nur noch bedingt durch eine Wärmebehandlung modifiziert werden kann, werden die Werkstoffeigenschaften in beiden Fällen von den bei der Erstarrung ablaufenden Prozessen erheblich mitbestimmt.

Der Übergang flüssig/fest wird als *Primärkristallisation*, das dabei entstehende Erstarrungsgefüge, das Gussgefüge, als Primärgefüge bezeichnet (durch thermische Behandlung [Wärmebehandlung] oder thermomechanische Behandlung [Verformung + Wärmebehandlung = Warmverformung] verändert sich das Gefüge und es entsteht das Sekundärgefüge).

Reinstmetalle sind vollkommen frei von Verunreinigungen, Bestandteilen, die in der Schmelze unlöslich sind. In der Schmelze befinden sich die Atome in einem weitgehend ungeordneten Zustand und sind in ständiger statistisch regelloser Bewegung.

Mit zunehmendem Wärmeentzug, abnehmender Temperatur also, finden die Atome immer häufiger die Möglichkeit, sich innerhalb kugelförmiger Volumina kristallähnlich anzuordnen, müssen diese Nahordnung aber nach sehr kurzer Zeit wieder aufgeben, denn der Energiebedarf zur Schaffung von Oberfläche kann nicht gedeckt werden. Mit abnehmender Temperatur, abnehmender Fluktuationsintensität in der Schmelze also, nimmt die Größe der in der Schmelze schwebenden kugelförmigen, kristallähnlich organisierten Volumina und deren Lebensdauer immer weiter zu (**Bild 2**).

Mit Erreichen der Schmelztemperatur besteht für einen solchen kugelförmigen Atomverband zum ersten Mal zumindest theoretisch die Möglichkeit, zeitlich stabil zu werden, sich also nicht mehr aufzulösen, denn thermodynamisch besteht bei der Schmelztemperatur ein Gleichgewicht zwischen schmelzflüssigem und kristallinem Zustand. Nach wie vor müsste aber, damit ein kristalliner Atomverband zeitlich stabil wird, zur Schaffung seiner Oberfläche Energie bereitgestellt werden.

Bild 1: Stahl vergießen

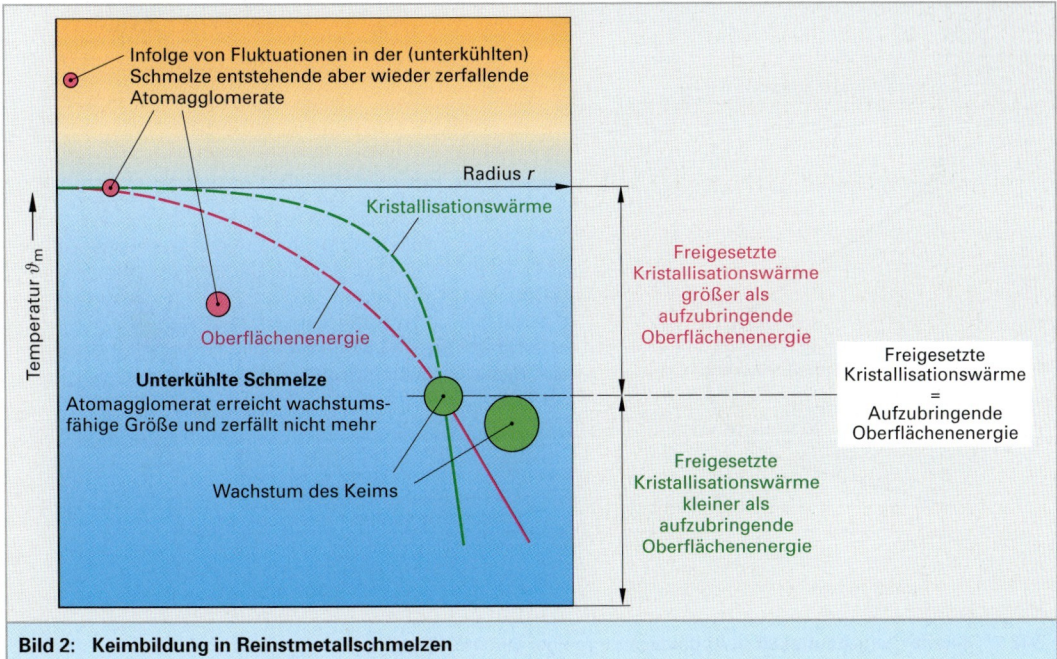

Bild 2: Keimbildung in Reinstmetallschmelzen

Da die abzugebende Kristallisationswärme aber bei der Schmelztemperatur gleich Null ist, kommt es nicht zu einer dauerhaften Verknüpfung der Atome untereinander; die kugelförmigen Volumina lösen sich wieder auf. Die Größe der in der Schmelze schwebenden kugelförmigen Volumina und deren Lebensdauer nimmt mit zunehmender Unterkühlung der Schmelze unter die Schmelztemperatur immer weiter zu. Haben die Volumina schließlich eine kritische Größe erreicht, so entspricht die aufzubringende Oberflächenenergie der potentiellen Kristallisationswärme, was dazu führt, dass sich die kugelförmigen Volumina jetzt endlich nicht mehr auflösen und jetzt als Keime bezeichnet werden. Diese Keime können nachfolgend durch weitere Atomanlagerung bis zur Berührung mit ihren (ebenfalls wachsenden) Nachbarkeimen wachsen. Eine Schmelze erstarrt also nicht bei der Schmelztemperatur, sondern erst bei einer um die Unterkühlung ΔT tiefer liegenden Temperatur. Dieser Weg der Keimbildung wird, da er überall im Innern der homogenen Schmelze gleich wahrscheinlich ist, als *homogene Keimbildung* bezeichnet.

Mit zunehmender erzwungener Unterkühlung der Schmelze (erreichbar durch beschleunigte Wärmeabfuhr) nimmt die kritische Keimgröße ab, wodurch die Zahl der in der unterkühlten Schmelze pro Zeiteinheit gebildeten Keime, die Keimbildungshäufigkeit also, zunächst größer wird (**Bild 1**). Man erhält ein zunehmend feinkörniger werdendes Erstarrungsgefüge.

Beliebig steigerbar ist dieser Effekt allerdings nicht, denn die zur Keimbildung führenden Fluktuationen verlaufen mit zunehmender Unterkühlung immer träger, wodurch die Keimbildungshäufigkeit wieder abnimmt. Diese Erscheinung führt bei sehr raschem Wärmeentzug (Abkühlungsgeschwindigkeiten von etwa 10^9 K/s) sogar zur einer Erstarrung ohne Kristallisation, wobei die die Schmelze bildenden Atome mit Erreichen der Glastemperatur ungeordnet (man sagt auch amorph) einfrieren. Man spricht jetzt von einem metallischen Glas.

In Reinmetallen (Metalle technischer Reinheit) sind immer genügend Oberflächen in der Schmelze vorhanden, an denen die Kristallisation wegen der Ersparnis von aufzubringender Oberflächenenergie bevorzugt, d. h. bei geringerer Unterkühlung beginnt.

Man bezeichnet diese Form der Keimbildung als heterogene Keimbildung.

Als Keime wirkende Oberflächen können sein

- höherschmelzende Verbindungen (Karbide, Nitride, Oxide, ...) oder Legierungsbestandteile
- willentlich kurz vor Erstarrungsbeginn zugesetzte und in der Schmelze dispergierte Stoffe, die
  – sich in der Schmelze nicht auflösen, also als echte Keime fungieren
  – sich in der Schmelze lösen, deren Unterkühlung aber erhöhen, was man als Impfen der Schmelze bezeichnet.

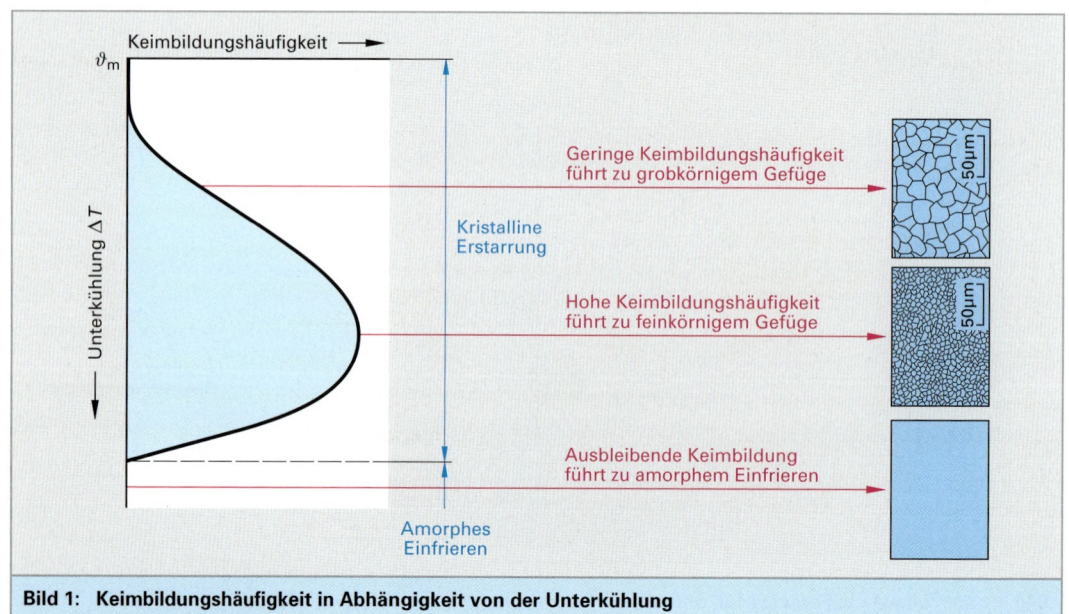

Bild 1: Keimbildungshäufigkeit in Abhängigkeit von der Unterkühlung

Das Erstarrungsgefüge ist aber nicht nur eine Folge der Keimbildungsbedingungen, sondern auch der Keimwachstumsbedingungen. Kühlt eine Reinmetallschmelze über den gesamten Querschnitt annähernd gleichmäßig ab, so entstehen über den gesamten Querschnitt eines Gussteils in heterogenen Keimbildungsprozessen als *Globulite*[1] bezeichnete rundliche Körner.

Bei einer ungleichmäßigen, d. h. gerichteten Wärmeabfuhr (i. A. radial zur Formwandung) bilden sich, auf der Formwand senkrecht aufsetzend, Kristalle, die bei geringer Unterkühlung der Schmelze stängelig wachsen (**Bild 1**). Bei starker Unterkühlung entarten diese Stängelkristalle sogar zu *Dendriten*[2] (**Bild 2**).

Die dendritische Erstarrung tritt bei der Erstarrung von Legierungen noch intensiver und vor allem bei wesentlich geringeren Unterkühlungen als bei Reinmetallen auf, was seinen Grund in der inhomogenen Verteilung der Legierungselemente vor der Erstarrungsfront hat (**Bild 3**).

Wird die Wärme so schnell abgeleitet, dass keine konstitutionell unterkühlte Zone zustande kommt, so entsteht eine ebene Erstarrungsfront, denn zufällig schneller als die Front wachsende Kristalle dringen in Bereiche höherer Temperatur ein, wodurch die Kristallisationsgeschwindigkeit sofort abnimmt.

> Mit zunehmender Unterkühlung steigt die Keimbildungshäufigkeit an. Dadurch ist ein feinkristallines Gefüge zu erzielen, das sehr gute mechanische Eigenschaften hat.

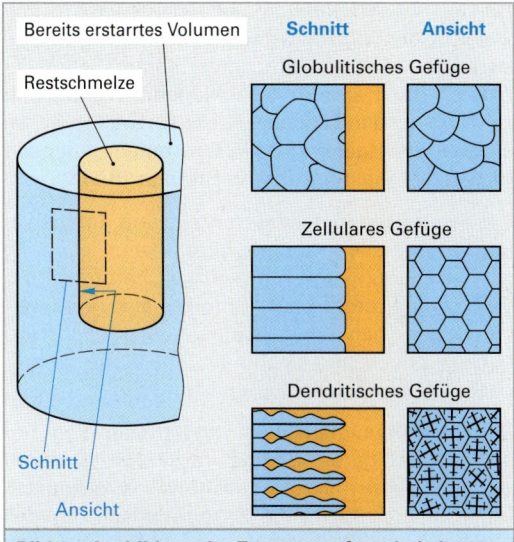

Bild 1: Ausbildung der Erstarrungsfront bei einem erstarrenden Reinmetall

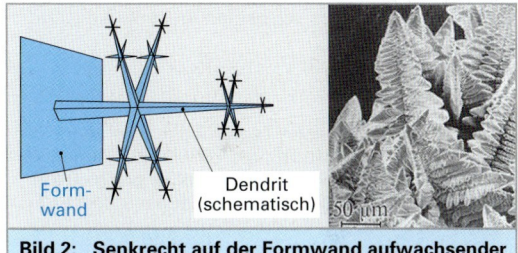

Bild 2: Senkrecht auf der Formwand aufwachsender Dendrit

---

[1] lat. globus = Kugel
[1] von griech. dendrites = zum Baum gehörend, dendritisch = verzweigt, verästelt (mit Nadeln)

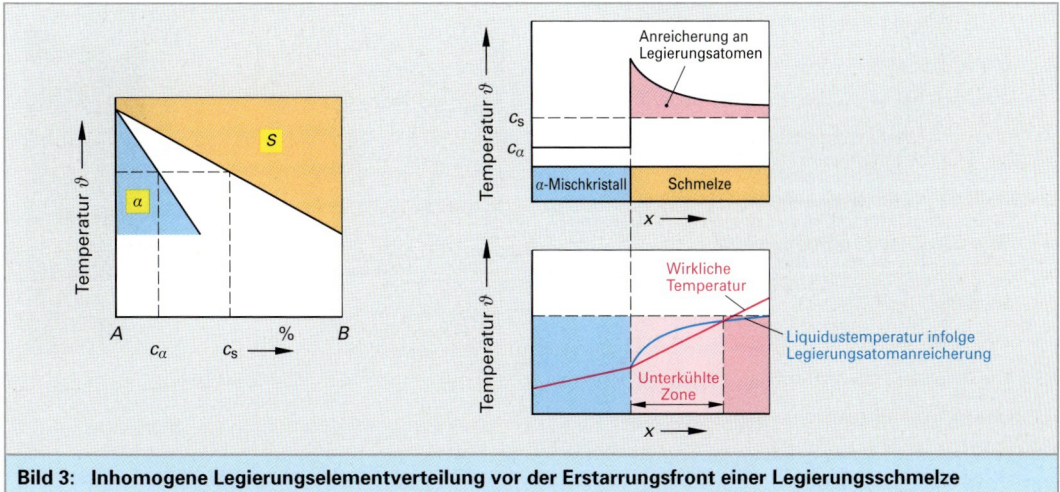

Bild 3: Inhomogene Legierungselementverteilung vor der Erstarrungsfront einer Legierungsschmelze

Bei kleinem unterkühltem Schmelzebereich (durch kleinere Abkühlgeschwindigkeit) bilden sich Zellstrukturen. Bei großem unterkühltem Schmelzebereich (durch sehr kleine Abkühlgeschwindigkeit) kann ein in die Schmelze voreilender Kristall beschleunigt entgegen dem Wärmegefälle wachsen. Es entsteht die dendritische Struktur (**Bild 1**).

Bei weitreichender und hinreichend intensiver (konstitutioneller) Unterkühlung kann es auch zur Keimbildung und zum Keimwachstum vor der Erstarrungsfront, in der Schmelze also, kommen, weswegen sich einer stängeligen oder dendritischen Zone dann nochmals eine Zone globulitischer Kristalle anschließen kann (**Bild 2**).

Eine beschleunigte Abkühlung hat aber nicht nur ein feinkörnigeres Gefüge zur Folge, sondern auch noch eine makroskopisch wie mikroskopisch inhomogene chemische Zusammensetzung des Gefüges.

In vielen Fällen kommt es an Stellen erhöhten Fremdatomgehalten zu verfrühtem Anschmelzen. Dies hat Verzug bis zu breiartigem Auseinanderlaufen zur Folge.

> Bei Legierungen haben Legierungselementanreicherungen vor der Erstarrungsfront mit abnehmender Steilheit des Temperaturverlaufs in der Schmelze ein globulitisches, zellulares oder sogar dentritisches Erstarrungsgefüge zur Folge. Bei großräumiger Unterkühlung kann es sogar zur neu einsetzenden Keimbildung vor der Erstarrungsfront kommen. Letzteres ist besonders bei großen Wanddicken möglich.

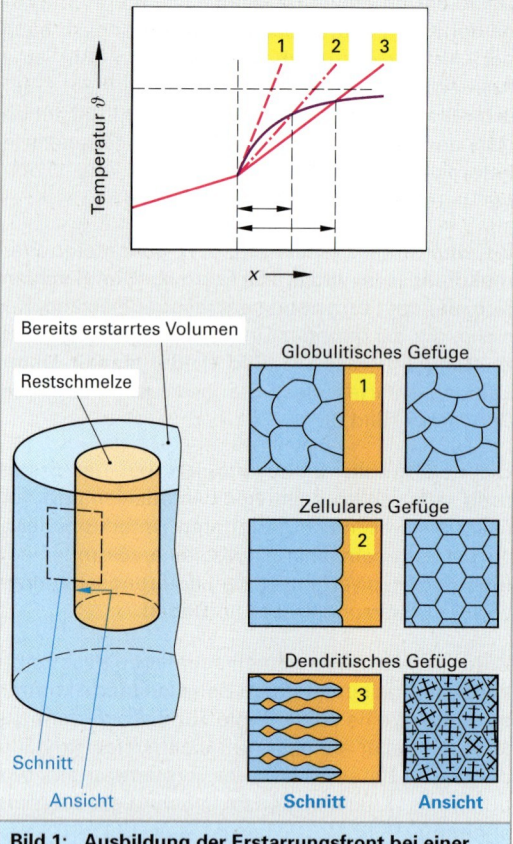

Bild 1: Ausbildung der Erstarrungsfront bei einer unterkühlten Schmelze

Wiederholung und Vertiefung

1. Wie ist der prinzipielle physikalische Ablauf bei der Erstarrung von metallischen Gusswerkstoffen?
2. Was versteht man unter Primärkristallisation?
3. Was läuft bei der homogenen Keimbildung ab?
4. Was versteht man unter heterogener Keimbildung und wie kommt es dazu?
5. Erklären Sie die physikalischen Ursachen für den Temperaturunterschied zwischen Schmelztemperatur und Erstarrungstemperatur.
6. Was versteht man unter dem Impfen einer Schmelze?
7. Was sind Dendriten?
8. Wie entstehen Globuliten?
9. Welche Oberflächen können als Keime wirken?
10. Erklären Sie die dreizonige Erstarrung bei einem Gussblock.

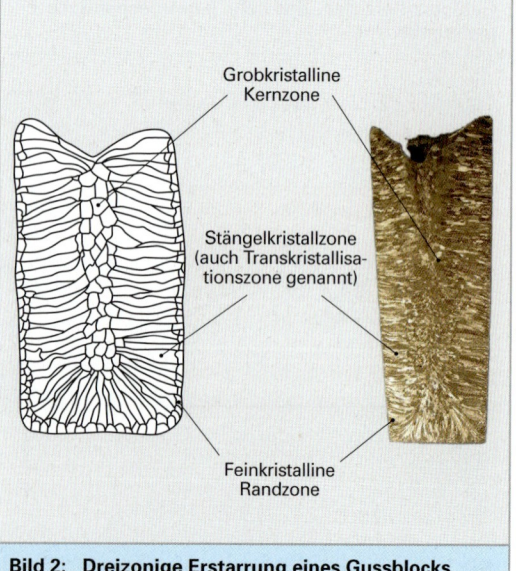

Bild 2: Dreizonige Erstarrung eines Gussblocks

3 Aufbau metallischer Werkstoffe

Die in der Schmelze nicht lösbaren sowie die bei niedrigen Temperaturen erstarrenden (niedrigschmelzenden) Bestandteile werden vielfach vor den Kristallisationsfronten hergeschoben und bilden nach dem Erstarren die Korngrenzensubstanz. Diese Bereiche führen grundsätzlich zu einer Abnahme der Bindungskräfte. Wegen der bevorzugten Anreicherung von Verunreinigungen auf den Grenzen von Stängelkristallen/Dendriten sind die mechanischen Eigenschaften quer zu deren Längsachse weniger gut als in Richtung der Längsachse.

Infolge einer zunehmenden Diffusionsbehinderung – vor allem im Festkörper – können die zuerst ausgeschiedenen Primärkristalle ihre Zusammensetzung bei beschleunigter Abkühlung nicht mehr vollständig entsprechend der Soliduslinie verändern, wie es für den Gleichgewichtsfall der Fall ist. Die chemische Zusammensetzung des wachsenden Kristalls ändert sich dadurch von Kern zur Oberfläche hin kontinuierlich, was man als Mikroseigerung bezeichnet (**Bild 1**).

Dem Mischkristall gab man wegen der infinitesimal schmalen Zonen unterschiedlicher chemischer Zusammensetzung die Bezeichnung Zonenmischkristall. Die der scheinbaren Soliduslinie folgende mittlere Zusammensetzung des Zonenmischkristalls erreicht mit Erreichen der Solidustemperatur nicht die Legierungseinwaage, so dass nach dem Hebelgesetz noch Restschmelze vorhanden sein muss (**Bild 1**).

Diese Restschmelze kann deshalb weiter abkühlen und Temperaturen unter der Solidustemperatur des Gleichgewichtssystems annehmen. Sie erstarrt erst bei einer tieferen Temperatur zu einem Mischkristall, dessen Zusammensetzung über der Gleichgewichtslegierungseinwaage liegt.

Eine Kristallseigerung, die bei jeder technischen Legierung mit einem Erstarrungsintervall im Gusszustand auftritt, kann durch langzeitiges Glühen dicht unter der scheinbaren Solidustemperatur abgebaut werden, was man als Homogenisieren bezeichnet.

> Die Kristallseigerung ist um so ausgeprägter:
> - je größer das Erstarrungsintervall ist,
> - je größer die Abkühlgeschwindigkeit ist (**Bild 2**),
> - je kleiner die Diffusionskoeffizienten der beteiligten Elemente sind.

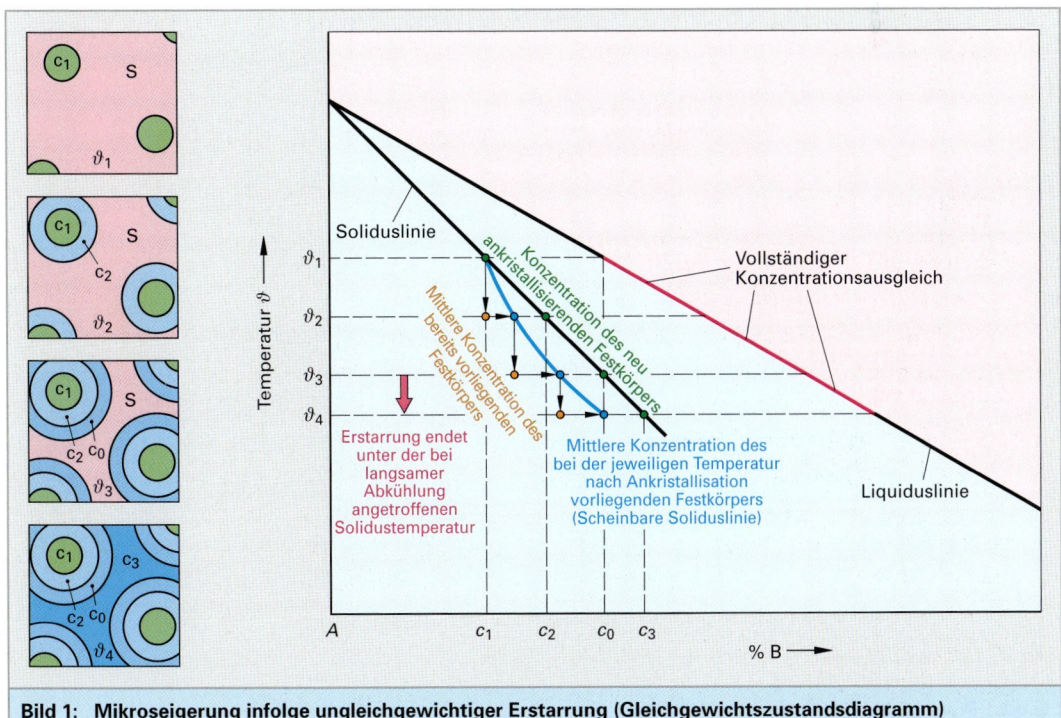

Bild 1: Mikroseigerung infolge ungleichgewichtiger Erstarrung (Gleichgewichtszustandsdiagramm)

3.4.2 Umwandlungen im festen Zustand

Phasenumwandlungen im Festen, die Diffusionsprozesse erforderlich machen, setzen eine hinreichend langsame Abkühlung am zweckmäßigsten im Ofen (**Bild 1**) voraus. Sie führen bei der Betrachtung von Legierungen zu den Zustandsdiagrammen, die man wegen der diffusionskontrollierten Prozesse als Gleichgewichtszustandsdiagramme bezeichnet. Als diffusionskontrollierte Phasenumwandlungen im Festen sind zu nennen:

- Einphasige Entmischungen,
- Ausscheidungen,
- eutektische und peritektische Reaktionen.

In allen Fällen entsteht die neue Phase auch hier durch heterogene Keimbildung an Korngrenzen, Zwillingsgrenzen und Versetzungen sowie durch Keimwachstum. Zur aufzubringenden Oberflächenenergie hinzu kommt oft auch eine erhebliche Menge an Verzerrungsenergie, denn die Ausgangsphase und die entstehende Phase haben nur selten die gleiche Dichte. Hat die entstehende Phase eine geringere Dichte als die Ausgangsphase, so kommt es in der umliegenden Matrix zu Spannungen.

Dies berücksichtigend, ist auch bei den genannten Umwandlungen im Festen prinzipiell der zuvor gezeigte Zusammenhang zu erwarten: Mit zunehmender (hier aber aus den genannten Gründen deutlich erhöhter) Unterkühlung nimmt die Umwandlungsgeschwindigkeit zunächst zu und wird nach Erreichen des Maximums geringer, da die zur Keimbildung erforderlichen Platzwechselvorgänge und damit die Umwandlung zunehmend erschwert sind.

Ohne Diffusionsprozesse – und daher auch erst bei einer Abschreckung (**Bild 3, folgende Seite**) (= kritische Abkühlgeschwindigkeit) ablaufend – kommt die Keimbildung und das Keimwachstum bei der Martensitbildung aus. Hier bilden sich erste Keime über kooperative Scherbewegungen ganzer Atomgruppen (**Bild 2**).

Bild 1: Langsame Abkühlung im Ofen

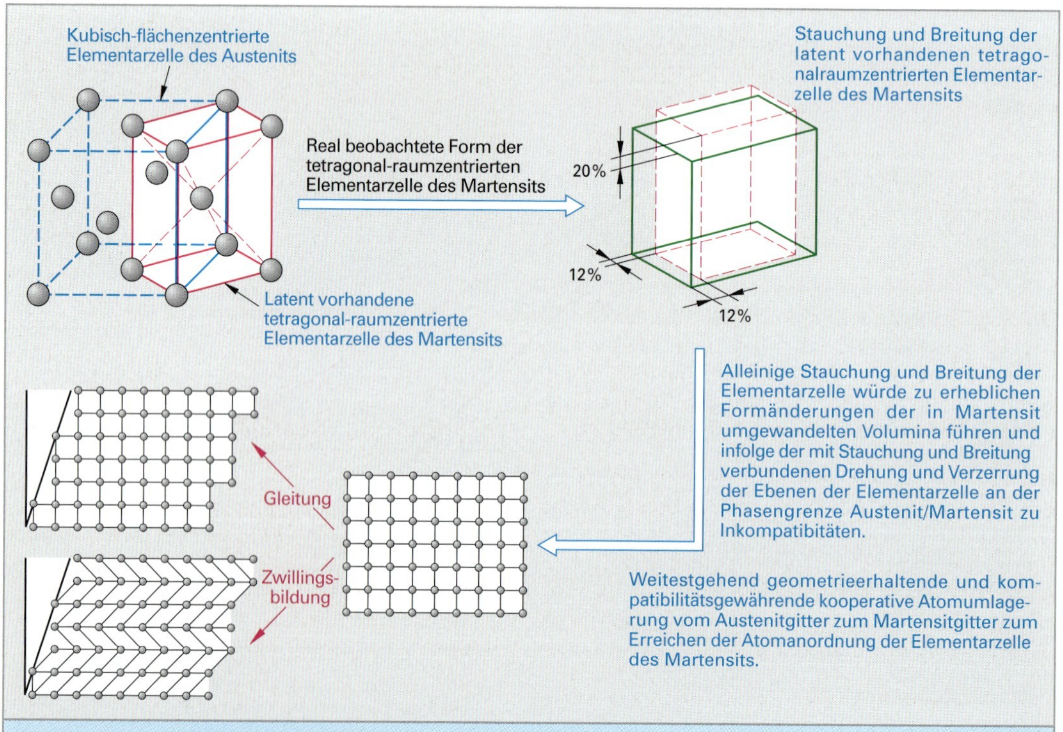

Bild 2: Prozesse bei der Martensitbildung

> Diffusionskontrollierte Umwandlungen setzen mit zunehmender Abkühlungsgeschwindigkeit bei immer geringerer Temperatur ein. Umwandlungen, die ohne Diffusionsbeteiligung erfolgen, wie es z. B. bei kooperativen Scherbewegungen der Fall ist, setzen, unabhängig von der Abkühlungsgeschwindigkeit, bei der gleichen niedrigen Temperatur ein.

> Die Martensitbildung kommt ohne Diffusionsprozesse aus.

Voraussetzung für die Martensitbildung ist, dass das Matrixgitter eine allotrope Umwandlung ermöglicht, also in mindestens zwei Modifikationen vorliegt, so z. B. bei Eisen, Titan und Kobalt. Für die Martensitbildung ist die Anwesenheit eines Legierungselementes also nicht erforderlich.

Kann die Hochtemperaturmodifikation mehr Legierungselemente lösen als die bei der niedrigen Temperatur beständige, so kann durch gelöste Legierungselemente allerdings eine deutliche Steigerung von Härte und Festigkeit des entstehenden Martensits erreicht werden. In jedem Fall entsteht durch die kooperative Scherung ganzer Atomgruppen ein nadeliges Gefüge. Im Falle des Eisens wird die kubisch flächenzentrierte Elementarzelle durch Stauchung in z-Richtung und Dehnung in x- und y-Richtung in das tetragonal raumzentrierte Gitter des Martensits umgewandelt.

Diese Gitterverformung würde aber zu Gestaltänderungen führen, die in Wirklichkeit nicht zu beobachten sind. Um die Geometrie zu erhalten, sind zusätzlich Verformungen durch Gleitung oder Zwillingsbildung notwendig.

Ist im kubisch-flächenzentrierten Kristallgitter des Eisens Kohlenstoff gelöst, so bleibt er infolge unterdrückter Diffusion, nach der Umwandlung im tetragonal raumzentrierten Gitter des Martensits zwangsgelöst.

Die Folge ist eine Behinderung der Stauchung in z-Richtung, was der Grund für die große Martensithärte ist. Da aber nicht alle möglichen Gitterlücken mit Kohlenstoffatomen besetzt sind, entstehen sogenannte Verzerrungsdipole (**Bild 2**).

Die bei der Martensitbildung (**Bild 3**) entstehenden Spannungen wirken der treibenden Kraft der Umwandlung entgegen und behindern weiterführende Verformungen, weswegen die gebildete Martensitmenge – sofern die kritische Abkühlgeschwindigkeit überschritten ist – nicht mehr von der Abkühlgeschwindigkeit, sondern nur noch von der Höhe der Unterkühlung abhängt. Der Martensitanteil nimmt erst dann wieder zu, wenn durch ausreichend große Unterkühlung eine weitere plastische Verformung erzwungen werden kann.

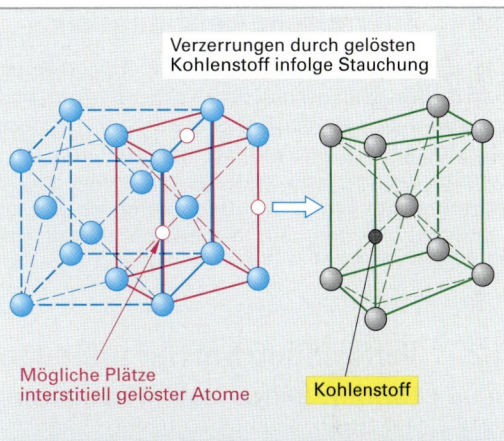

Bild 2: Verzerrungsdipole im martensitischen Gefüge des Eisens durch zwangsgelösten Kohlenstoff

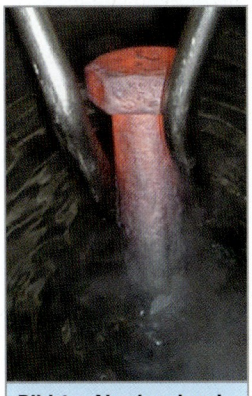

Bild 1: Abschrecken in Wasser

Bild 3: Martensitisches Gefüge

Wiederholung und Vertiefung

1. Wie kommt eine Zonenmischkristallbildung zustande?
2. Welche diffusionskontrollierten Phasenumwandlungen unterscheidet man bei Umwandlungen im festen Zustand?
3. Was ist die Ursache für Spannungen bei Phasenumwandlungen im festen Zustand?
4. Wie ist die Verteilung der Legierungselemente über den Kristallquerschnitt bei einer Zonenmischkristallbildung?
5. Was läuft bei der Martensitbildung ab?
6. Wie kommt es zu einer Steigerung von Härte und Festigkeit bei der Martensitbildung?
7 Verläuft die Martensitbildung volumenneutral?

4 Eigenschaften metallischer Werkstoffe

4.1 Thermische Leitfähigkeit

Die gute thermische Leitfähigkeit der Metalle beruht im Wesentlichen auf dem Vorhandensein und der Beweglichkeit der freien Elektronen, so dass die Möglichkeit des Wärmetransports durch Weitergabe des Impulses von Wärmeschwingungen nur von untergeordneter Bedeutung ist. Mit zunehmender Temperatur nimmt die thermische Leitfähigkeit ab.

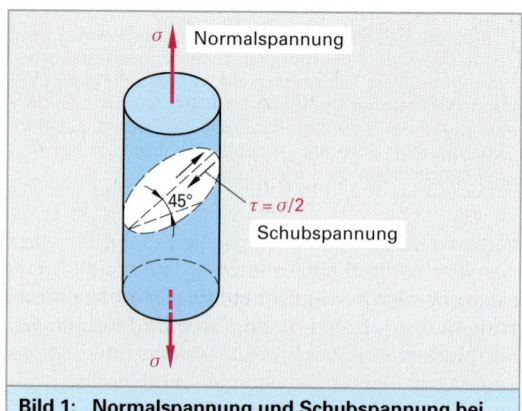

Bild 1: Normalspannung und Schubspannung bei einachsiger Zugbeanspruchung

4.2 Verformung bei nur unbedeutenden Diffusionsprozessen

Jede auf einen Körper wirkende Zug- oder Druckspannung führt im Körperinnern zu Schubspannungen, die für eine unter 45° zur Lastwirkrichtung liegende Schnittebene maximal und halb so groß wie die äußere Zugspannung bzw. Druckspannung ist (**Bild 1**). Derartige Schubspannungen haben zwei Formen von Verformung zur Folge: die *elastische* und die *plastische* Verformung.

4.2.1 Elastische Verformung

Kleine Schubspannungen führen nur zu einer Winkeländerung des Gitters. Wird die Spannung bis auf Null zurückgenommen, so verschwindet auch die Verformung; die Verformung war eine elastische Verformung. Die in **Bild 1** an der Zugprobe feststellbare Dehnung ist nach Hooke der angreifenden Spannung proportional, wobei der Proportionalitätsfaktor als Elastizitätsmodul bezeichnet wird:

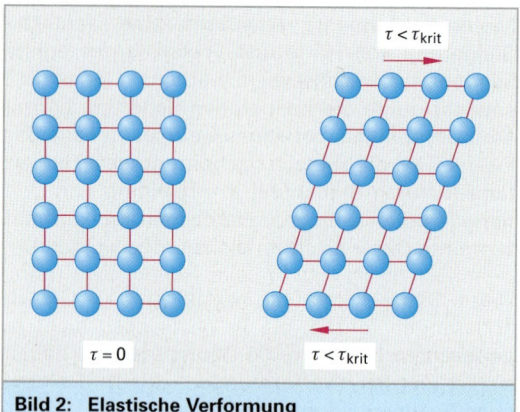

Bild 2: Elastische Verformung

$$\sigma = E \cdot \varepsilon$$

- σ Spannung
- E Elastizitätsmodul
- ε Dehnung

Innerhalb einer Elementarzelle eines Einkristalls sind die Abstände der Atome in den verschiedenen Richtungen unterschiedlich. Die unterschiedlichen Abstände der Atome haben zur Folge, dass die elastischen Eigenschaften richtungsabhängig sind, was man als Anisotropie bezeichnet.

In vielkristallinen Werkstoffen wirkt sich die Anisotropie so lange nicht aus, wie die einzelnen Kristallite im Raum statistisch regellos ausgerichtet sind. Es gibt aber auch vielkristalline Werkstoffe,

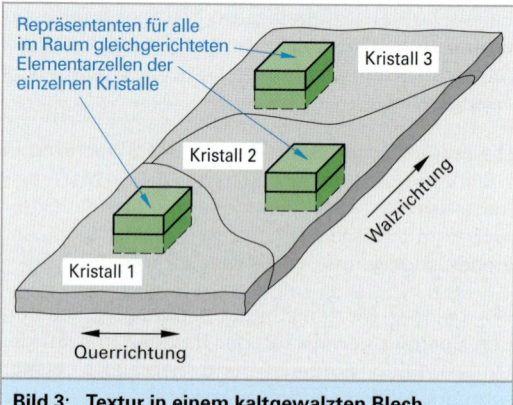

Bild 3: Textur in einem kaltgewalzten Blech

bei denen die Kristalle gleichgerichtet sind (z. B. Stängelkristalle des Gussgefüges; Halbzeuge nach einer Kaltumformung – **Bild 3**). Eine solche Ausrichtung der Kristalle eines vielkristallinen Bauteils/Halbzeugs bezeichnet man als *Textur*.

4.2.2 Plastische Verformung

Die Gleichwertigkeit der ein Reinmetall ausmachenden Kationen hat zur Folge, dass ein Platzwechsel von Kationen keine einschneidende Veränderung der elektrostatischen Kräfte zwischen diesen und dem Elektronengas bewirkt. Kationen lassen sich daher gegeneinander verschieben, ohne die metallische Bindung aufzuheben. Hierauf beruht der Mechanismus der plastischen Verformung von Metallen: Erreicht die Schubspannung bzw. die an der Probe angreifende Normalspannung einen kritischen Wert, so kann man bei unbedarfter Betrachtungsweise annehmen, dass alle in Schubspannungsrichtung nebeneinander liegende Atome einer Gitterebene gleichzeitig in das Wirkungsfeld des jeweils nächsten Atoms der benachbarten Gitterebene gelangen, dass alle bisherigen Bindungen gleichzeitig aufgebrochen und neue Bindungen zu den jeweils neuen Nachbarn geknüpft werden **(Bild 1)**.

Die neuen Plätze behalten die Atome auch nach Wegnahme der Spannung bei, weswegen diese Verformung als plastische (= bleibende) Verformung bezeichnet wird. Mathematische Abschätzungen zeigen nun, dass die kritische Schubspannung für diesen Weg der plastischen Verformung um mehrere Größenordnungen über den gemessenen Schubspannungswerten liegen. Die plastische Verformung muss folglich anders ablaufen, wobei Versetzungen eine wesentliche Rolle spielen **(Bild 2)**:

Eine parallel zur Gleitebene wirkende Schubspannung bewirkt eine geringfügige Verlagerung einzelner Atome, wobei es zu sukzessivem Lösen und Neuknüpfen von Bindungen in der dargestellten Weise kommt. Bei permanent anliegender Schubspannung wandert die Versetzung durch den Kristall und tritt unter Ausbildung einer Stufung an dessen Oberfläche aus **(Bild 3)**.

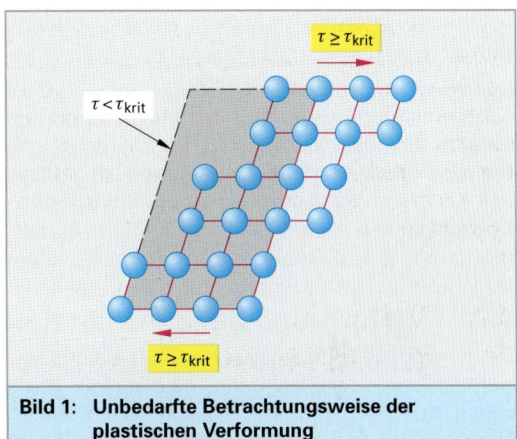

Bild 1: Unbedarfte Betrachtungsweise der plastischen Verformung

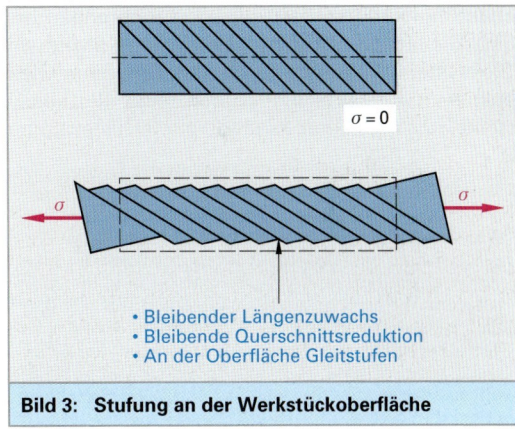

- Bleibender Längenzuwachs
- Bleibende Querschnittsreduktion
- An der Oberfläche Gleitstufen

Bild 3: Stufung an der Werkstückoberfläche

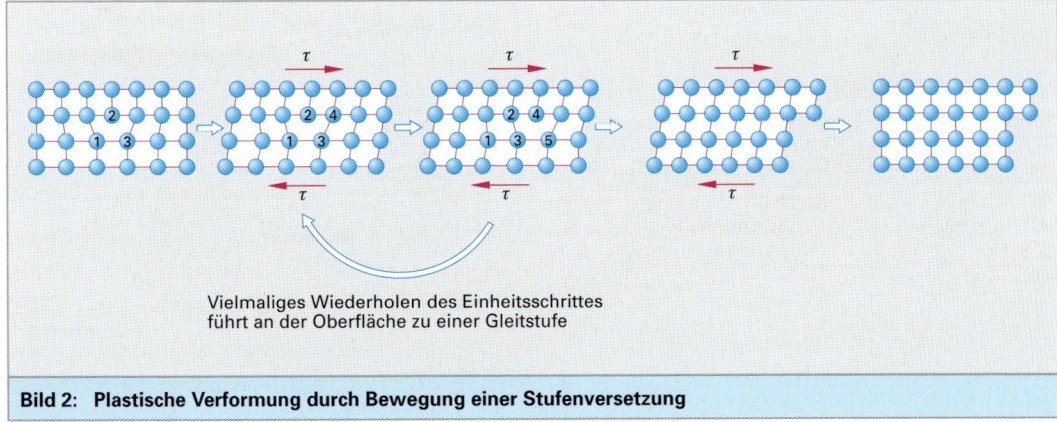

Vielmaliges Wiederholen des Einheitsschrittes führt an der Oberfläche zu einer Gleitstufe

Bild 2: Plastische Verformung durch Bewegung einer Stufenversetzung

Wegen der unterschiedlichen „Welligkeit" unterschiedlicher Gitterebenen und der unterschiedlichen „Welligkeit" unterschiedlicher Gitterrichtungen kann die Versetzungsbewegung nicht auf allen Gitterebenen und nicht in alle Gitterrichtungen energetisch gleich günstig erfolgen **(Bild 1)**.

Die Versetzungsbewegung erfolgt bevorzugt auf solchen Gitterebenen und in solche Gitterrichtungen, die dichtest gepackt sind. Die plastische Verformbarkeit von Einkristallen ist also ebenso wie die elastische richtungsabhängig, also anisotrop. In der Elementarzelle eines kubisch flächenzentrierten Kristallgitters gibt es vier nichtparallele dichtest gepackte Gleitebenen, die ein Oktaeder bilden **(Bild 2)**.

Das hexagonal dichtestgepackte Gitter hat nur *eine* dichtest gepackte Gleitebene, nämlich die Basisebene der Elementarzelle **(Bild 3)**. Bei höheren Temperaturen kann hier das Gleiten auch auf weiteren Ebenen erfolgen. In bei den Kristallsystemen bieten sich für die Gleitbewegung in einer Gleitebene nur drei dichtest gepackte Richtungen an; eine Gleitebene mit einer Gleitrichtung ergibt ein Gleitsystem. Demnach hat das kfz-Gitter vier Gleitebenen mit je drei Richtungen, also 12 Gleitsysteme, das hdp-Gitter dagegen nur 3 Gleitsysteme.

Dieser Unterschied ist die primäre Ursache für die vergleichsweise schlechte plastische Verformbarkeit von hdp-Werkstoffen im Vergleich zu kfz-Werkstoffen: Wegen der bald einsetzenden bewegungsbehindernden Wechselwirkung von Versetzungen ist bei einer plastischen Verformung von Vielkristallen mit weniger als fünf Gleitsystemen (hdp-Werkstoffe) die plastische Verformungsfähigkeit bald erschöpft. Das krz-Gitter weist zwar dichtest gepackte Richtungen aber keine dichtest gepackten Gleitebenen auf. Die relativ dicht gepackten Gleitebenen **(Bild 4)** bewirken eine bessere plastische Umformbarkeit als hdp-Gitter.

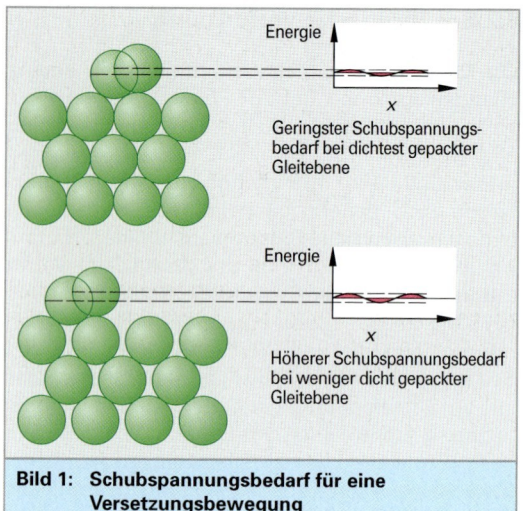

Bild 1: Schubspannungsbedarf für eine Versetzungsbewegung

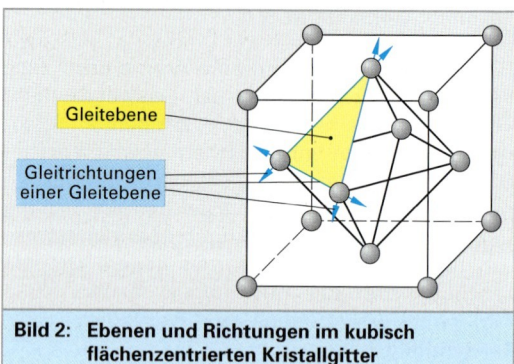

Bild 2: Ebenen und Richtungen im kubisch flächenzentrierten Kristallgitter

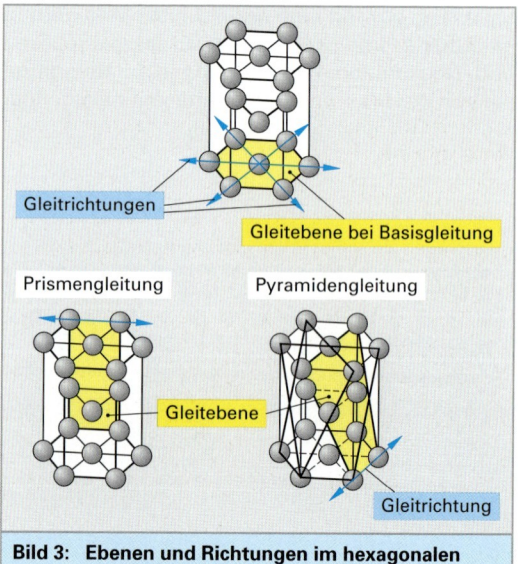

Bild 3: Ebenen und Richtungen im hexagonalen Kristallgitter

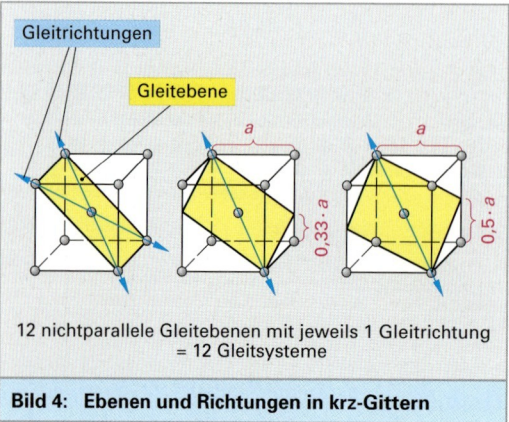

Bild 4: Ebenen und Richtungen in krz-Gittern

4 Eigenschaften metallischer Werkstoffe

Bei Werkstoffen mit mehr als fünf Gleitsystemen (kfz-Werkstoffe) ist eine plastische Verformung von Vielkristallinen über weite Strecken möglich **(Tabelle 1)**.

Daher sind kubisch flächenzentriert vorliegende Werkstoffe prädestinierte Knetwerkstoffe und kommen hexagonal dichtest gepackt vorliegende Werkstoffe fast ausschließlich als Gusswerkstoffe vor.

In komplizierter aufgebauten Kristallgittern, wie sie bei intermetallischen und intermediären Phasen anzutreffen sind, sind ebenfalls Versetzungsreaktionen möglich. Allerdings wird die Versetzungsdichte mit zunehmender Komplexität der Struktur immer geringer und die Versetzungsbeweglichkeit immer schwieriger: **Bild 1** zeigt, dass bei einer geordneten Struktur aus A- und B-Atomen eine vollständige Versetzung den Einschub von zwei Ebenen (AB) erfordert. Besteht die geordnete Struktur sogar aus A-, B-, C- und D-Atomen, so entsteht eine vollständige Versetzung erst durch das Einfügen von vier Ebenenstücken.

Dies zieht eine beträchtliche Erhöhung der Verzerrungsenergie nach sich, was wiederum zur Folge hat, dass die Dichte der bei der Kristallisation im Gitter entstehenden Versetzungen ab und die kritische Schubspannung zunimmt.

Nach von Mises erfordert die plastische Verformung eines polykristallinen Werkstoffs die gleichzeitige Betätigung von mindestens 5 Gleitsystemen. Da diese Bedingung bei krz und kfz kristallisierenden polykristallinen Werkstoffen speziell bei Raumtemperatur erfüllt ist, werden derart kristallisierende Werkstoffe auch als Knetwerkstoffe bezeichnet. Hdp kristallisierende polykristalline Werkstoffe können bei Raumtemperatur nur 3 Gleitsysteme und erst bei höheren Temperaturen weitere Gleitsysteme betätigen, sind also erst bei höheren Temperaturen in nennenswertem Maße plastisch verformbar. Wegen der bei Raumtemperatur erheblich eingeschränkten plastischen Verformbarkeit werden sie vorrangig als Gusswerkstoffe bezeichnet.

> hdp-Metalle haben weniger als fünf Gleitsysteme, weswegen sie schlecht plastisch verformbar sind.

Tabelle 1: Gleitsysteme

Kristallstruktur	Beispiel für Gleitsystem	Nicht parallele Gleitebenen	Gleitrichtungen pro Gleitebene	Zahl von Gleitsystemen
kubisch, flächenzentriert (Au, Ag, Al, Cu, Ni, Pt, Pb, γ-Fe)		4	3	3·4 = 12
hexagonal dichtest gepackt (Cd, Zn, Mg, Co, Zr, Ti, Be)		1	3	1·3 = 3
		3	1	3·1 = 3
		6	1	6·1 = 6
kubisch raumzentriert (W, Mo, V, Cr, Nb, Ta, α-Fe)		6	2	6·2 = 12
		24	1	24·1 = 24
		12	1	12·1 = 12

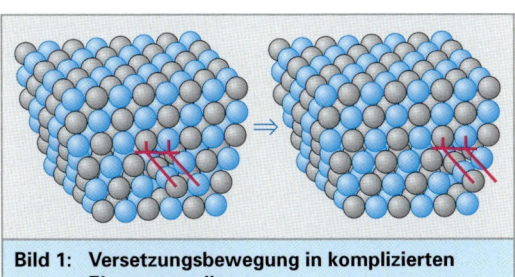

Bild 1: Versetzungsbewegung in komplizierten Elementarzellen

4.3 Verfestigung

Ziel vieler Bemühungen ist, die für das Einsetzen einer plastischen Verformung kritische Zugspannung und damit die durch sie verursachte kritische Schubspannung anzuheben, denn dadurch wären höhere Spannungen bei rein elastischer Verformbarkeit ertragbar. Dies ist durch Steigerung der Häufigkeit der Gitterfehler möglich, denn sie stellen für die Versetzungsbewegung Hindernisse dar.

4.3.1 Verfestigung durch linienförmige Gitterfehler

Die Wirksamkeit von Versetzungen hinsichtlich Festigkeitssteigerung sieht man bereits am Verlauf des plastischen Teils einer Spannungs-Dehnungs-Kurve. Wäre keine Festigkeitssteigerung im Laufe der plastischen Verformung festzustellen, so sollte die Spannungs-Dehnungs-Kurve in **Bild 1** den unteren Verlauf nehmen. Real misst man jedoch den oberen Verlauf.

Was ist Ursache dieser Verformungsverfestigung? Treffen innerhalb eines Kristalls Versetzungen, die sich auf nichtparallelen Gleitebenen bewegen, aufeinander, so kommt es an den Kollisionspunkten zu Versetzungsreaktionen, durch die die weitere Versetzungsbewegung in beiden Gleitsystemen in der Regel erschwert wird und für die weitere Versetzungsbewegung ein Anstieg der Schubspannung erforderlich wird. Über weite Strecken der plastischen Verformung kann diese erforderlich werdende Schubspannungssteigerung durch eine Neubildung behinderungsfreier, d. h. frei beweglicher Versetzungen gemildert werden: Versetzungsknoten bilden paarweise eine Versetzungsquelle (**Bild 2**), Frank-Read-Quelle[1] genannt.

Eine Versetzung ist hierbei an den Reaktionsorten D und D' verankert. Unter der Wirkung einer Schubspannung biegt sich die Versetzung zwischen den Ankerpunkten durch. Über Zwischenstadien kommt es zu einer Berührung der aufeinander zu laufenden Versetzungssegmente, die sich schließlich auslöschen, wodurch wieder die ursprüngliche Linie D-D' und ein zusätzlicher Versetzungsring entstanden sind. Da sich dieser Vorgang bei weiterhin anliegender Schubspannung wiederholt, erzeugt eine solche Quelle ständig neue Versetzungsringe. Nach der Freisetzung zunächst frei gleitfähiger Versetzungsringe reagieren diese aber ebenfalls mit anderen Versetzungs-

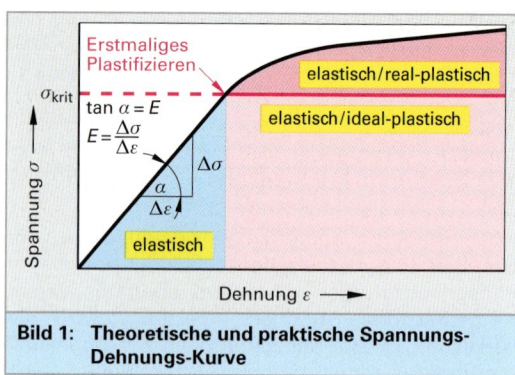

Bild 1: Theoretische und praktische Spannungs-Dehnungs-Kurve

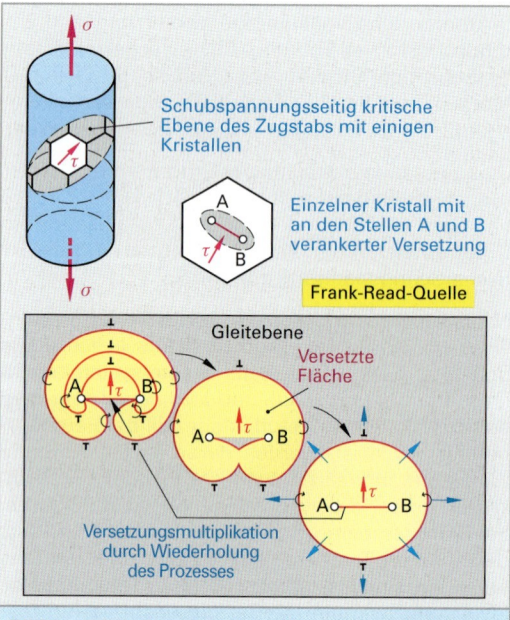

Bild 2: Frank-Read-Quelle und Versetzungsfreisetzung

ringen. Die jetzt wieder ablaufenden Versetzungsreaktionen zwischen den Versetzungslinien führen nach vielmaliger gleichartiger Reaktion schließlich zu Versetzungsnetzwerken. Es ist somit erklärlich, warum in einem stark kaltverformten Metall die Versetzungsdichte schließlich um Zehnerpotenzen größer ist als in einem unverformten Werkstoff. Die stetige gegenseitige Behinderung der Versetzungen erfordert eine stetige Erhöhung der Schubspannung zu ihrer Bewegung und Erzeugung, was man als Festigkeitssteigerung durch Verformung oder auch Kaltverfestigung bezeichnet.

---

[1] Benannt nach *W. T. Read* und *F. C. Frank*, amerik. Physiker. Sie entwickelten diese Modellvorstellung um 1950.

4.3.2 Verfestigung durch flächige Gitterfehler

Auch das Wechselspiel zwischen den gleitenden Versetzungen und den Korngrenzen macht eine stetige Erhöhung der Schubspannung erforderlich: Da Korngrenzen eine amorphe[1] Struktur haben, können sie von ankommenden Versetzungen nicht passiert werden; die Versetzungen werden vor einer Korngrenze aufgestaut **(Bild 1)**.

Dies hat infolge der sich addierenden Spannungsfelder der Einzelversetzungen eine abstoßende Kraft auf die nachfolgend ankommenden Versetzungen zur Folge und kann im Rückraum aktive Versetzungsquellen sogar zum Versiegen bringen.

Diese abstoßende Kraft muss für eine weitere Versetzungsbewegung in Richtung Korngrenze und Betätigung von Versetzungsquellen durch eine gesteigerte Schubspannung kompensiert werden. Dieser Rückstaueffekt macht sich um so rascher bemerkbar, je kleiner die Strecke zwischen der Versetzungsquelle und der Korngrenze, dem mittleren Korndurchmesser, also ist.

Der erhöhte Schubspannungsbedarf zur Fortsetzung der Bewegung und gegebenenfalls Erzeugung von Versetzungen äußert sich in einer Verfestigung, der man wegen ihrer ursächlichen Verknüpfung mit der Korngröße die Bezeichnung *Feinkornhärtung* gegeben hat.

Neben Korngrenzen stellen auch die als Phasengrenzen bezeichneten Grenzflächen zwischen Matrixgitter und im Korninnern vorliegenden Ausscheidungen Versetzungshindernisse dar. Für deren Effektivität sind die Art der Phasengrenze sowie die Größe und der mittlere Abstand der Ausscheidungen ausschlaggebend.

Sind die Randbedingungen erfüllt, so geht der Ausscheidungsbehandlung ein Lösungsglühen im Mischkristallbereich und ein Einfrieren dieses Zustandes durch Abschrecken voraus **(Bild 2)**. Die Folge ist ein übersättigter, thermodynamisch sehr instabiler Mischkristallzustand sowie Gitterverspannungen, was eine erste Verfestigung nach sich zieht.

In diesem Zustand kann das Material vergleichsweise maschinenschonend plastisch verformt werden.

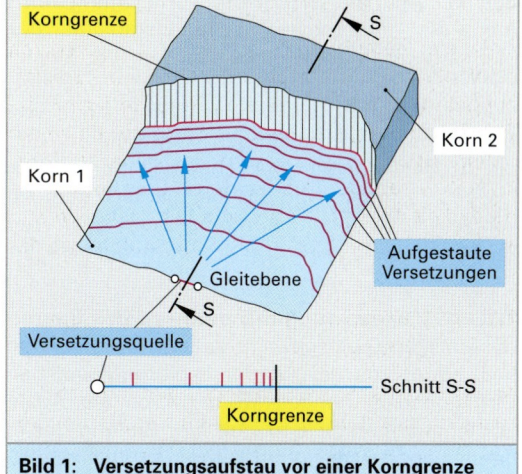

Bild 1: Versetzungsaufstau vor einer Korngrenze

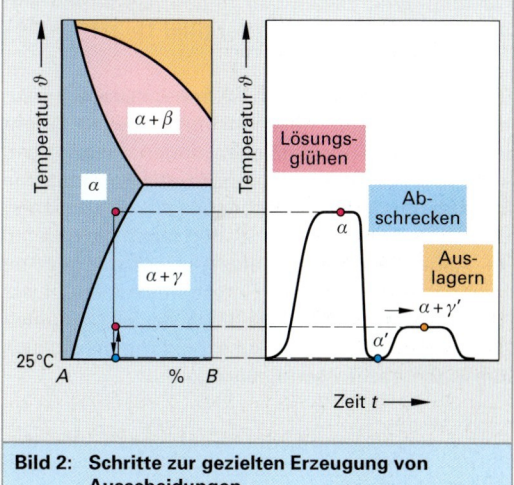

Bild 2: Schritte zur gezielten Erzeugung von Ausscheidungen

Das gezielte Erzeugen der „richtigen" Ausscheidungen/Ausscheidungsverteilung setzt voraus, dass das Gleichgewichtszustandsdiagramm

- bei höheren Temperaturen einen homogenen Mischkristallbereich aufweist,
- eine mit der Temperatur abnehmende Löslichkeit für eine Komponente und bei tieferen Temperaturen einen heterogenen Bereich mit mindestens zwei Phasen aufweist.

Im lösungsgeglühten und abgeschreckten Zustand kann eine ausscheidungshärtbare Legierung noch kräfteschonend umgeformt werden. Mit Annäherung an die Endkontur des Bauteils, spätestens aber nach dem Erreichen der Endkontur wird die Ausscheidungshärtung eingeleitet.

---

[1] amorph, von griech. amorphos = formlos, gestaltlos, kein Merkmal ausprägend

Zur weiteren Steigerung der Verfestigung nutzt man die thermodynamische Instabilität des übersättigten Mischkristalls aus. Um die Einstellung des thermodynamischen Gleichgewichtszustandes, nämlich den heterogenen Zustand von Matrix mit Ausscheidungen kontrollieren und die Ausscheidungen wunschgemäß heranreifen lassen zu können, wird das Gefüge nach dem Abschrecken kalt (= bei Raumtemperatur) oder – zur Beschleunigung der Prozesse – warm ausgelagert.

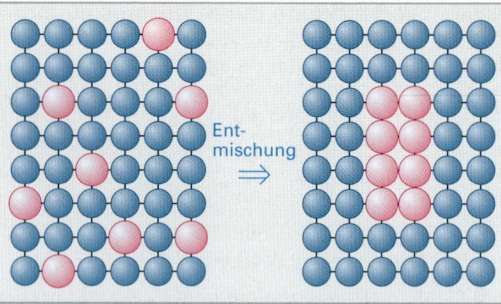

Bild 1: Einphasige Entmischungen als Vorstufe einer Ausscheidung

Wie weitgehend die Annäherung an das thermodynamische Gleichgewicht gelingt und gelingen soll, hängt von der Art der Legierung und den Diffusionsbedingungen ab, d. h. von der Auslagerungstemperatur und -zeit. Vor Bildung der eigentlichen Ausscheidung kommt es meistens zu einer einphasigen Entmischung, wobei sich die Fremdatome am Ort der später entstehenden Ausscheidung zusammen finden; sie bilden submikroskopisch kleine Cluster **(Bild 1)**.

Bei mäßigen Auslagerungstemperaturen können im übersättigten Mischkristall gewisser Legierungen die Diffusionsbedingungen hinreichend sein, um ein Zusammenlagern der Fremdatome auf bestimmten Gitterebenen zu ermöglichen. Durch die Bildung dieser Zonen (auch sie werden im Allgemeinen nicht als Ausscheidungen bezeichnet) werden große Gitterbereiche verspannt. Ihre festigkeitssteigernde Wirkung ist vergleichbar mit der kohärenter Ausscheidungen, die sich aus ihnen nachfolgend entwickeln.

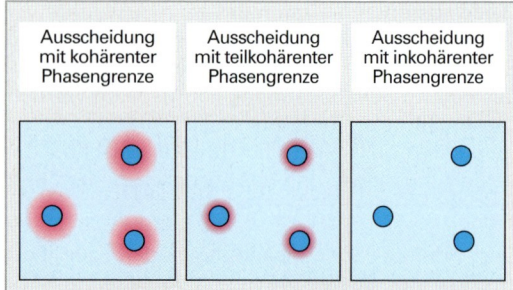

Bild 2: Reichweite der Spannungfelder von Phasengrenzen

Aus einem Mischkristall, der an einem oder mehreren Legierungselementen durch Abschrecken von hohen Temperaturen übersättigt ist, scheiden sich die übersättigten Legierungsatome im Laufe der Zeit aus. Eine erhöhte Auslagerungstemperatur beschleunigt die Ausscheidungsprozesse, da diese diffusionskontrolliert sind.

Eine Ausscheidung bildet ein eigenes Gitter, das im Falle einer intermetallischen oder intermediären Phase neben der Metallbindung noch Ionen- und Atombindungsanteile aufweisen kann.

Die Phasengrenze zwischen Ausscheidung und dem umgebenden Matrixgitter kann dabei kohärent, teilkohärent oder inkohärent sein.

- In der Anfangsphase sind die Ausscheidungen noch klein und fein verteilt und haben Gitterparameter, die oftmals nur geringfügig vom Matrixgitter abweichen. In diesem Fall kann das Matrixgitter praktisch lückenlos in das Gitter der Ausscheidung übergehen; die Phasengrenze ist kohärent. Wegen der notwendigen und durch Verzerrungen erfolgenden Anpassung des Matrixgitters an das abweichende Gitter der Ausscheidung ist auch hier die Matrix in einem großen Bereich um die Ausscheidung verspannt. Die Härtung durch kohärente Ausscheidungen ist am wirksamsten, weil sich die Härte der intermetallischen Phase zur Verspannung der Matrix addiert.

- Das Gitter teilkohärenter Ausscheidungen kann an das Matrixgitter nicht mehr überall angepasst werden. Regelmäßig müssen Versetzungen eingebaut werden. Auch hierbei ist die Matrix um die Ausscheidung noch verspannt, im Vergleich zur kohärenten Phasengrenze allerdings nicht mehr so effektiv.

- Die Gitter inkohärenter Ausscheidungen lassen keine Anpassung des Matrixgitters mehr zu, weil die Gitterparameter zu stark voneinander abweichen. Die Phasengrenze zwischen der Ausscheidung und der umgebenden Matrix entspricht daher im Aufbau einer Großwinkelkorngrenze. Die Ausscheidung wirkt zwar als Hindernis bei der Bewegung von Versetzungen, das Matrixgitter infolge der fehlenden Verspannung allerdings fast nicht mehr.

4 Eigenschaften metallischer Werkstoffe

Neben der Art der Phasengrenze beeinflusst die Größe und der mittlere Abstand der Ausscheidungen die Verfestigung entscheidend.

- **Bild 1a und b** zeigt die sehr frühe Situation einer Ausscheidungshärtung, wenn nämlich zwei (der vielen) Ausscheidungen durch Diffusion von übersättigten Legierungsatomen aus der übersättigten Matrix zur Oberfläche der Ausscheidungen wachsen; die Ausscheidungen sind jetzt noch klein, fein verteilt und vergleichsweise weich.

- **Bild 1c** zeigt dagegen die Lage, dass die Matrix nicht mehr übersättigt ist, was aber keineswegs bedeutet, dass die Situation der Ausscheidungen sich nicht mehr verändert: Die fein verteilten Ausscheidungen weisen sehr viel Oberfläche, also sehr viel Oberflächenenergie auf. Nun strebt die Natur immer einem Energieminimum entgegen. Entsprechend dem Konzentrationsgefälle in der Matrix zwischen den Ausscheidungen werden ausgeschiedene Legierungsatome durch die von der kleineren zur größeren Ausscheidungen hin diffundieren und sich dort anlagern **(Bild 1c)**. Nach einer gewissen Zeit ist die kleine Ausscheidung verschwunden **(Bild 1d)**. Diesen Prozess beobachtete erstmals Ostwald, weswegen man von der *Ostwaldreifung* spricht. Die nach der Ostreifung vorliegenden Ausscheidungen sind jetzt groß, grob verteilt und vergleichsweise hart.

Wie geht nun eine auf die Ausscheidungen treffende Versetzung mit diesen Ausscheidungen um:

- Sind die Teilchen **klein, fein verteilt und weich**, so werden sie von den Versetzungen geschnitten. **Bild 2** zeigt in einer Bildsequenz verschiedene Stadien dieses Schneidens von Ausscheidungen in der Aufsicht und in der Seitenansicht. Mit zunehmender Teilchengröße ist dafür eine immer größer werdende Schubspannung erforderlich.

- Hat die Ostwaldreifung eingesetzt und sind die Teilchen groß, grob verteilt und vergleichsweise hart, so ist das von Orowan beschriebene Umgehen der Ausscheidungen energetisch günstiger als das Schneiden. **Bild 3** zeigt in einer Bildsequenz verschiedene Stadien dieses Umgehens von Ausscheidungen in einer Aufsicht. Das Umgehen erfordert natürlich immer geringere Schubspannungen, je größer die mittleren Abstände zwischen den Ausscheidungen werden.

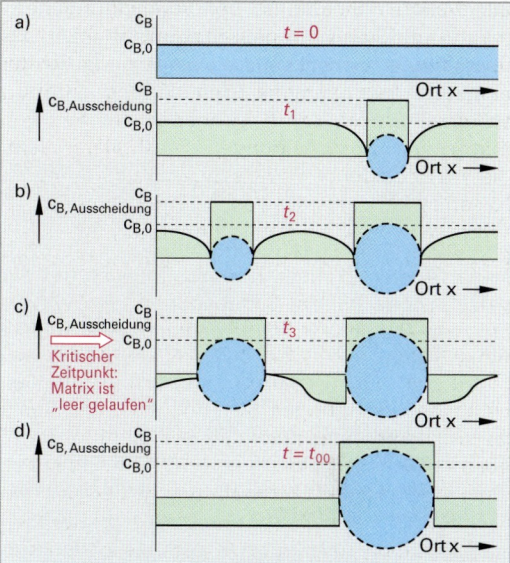

Bild 1: Konzentrationsverläufe einer Ausscheidungshärtung bei verschiedenen Zeiten

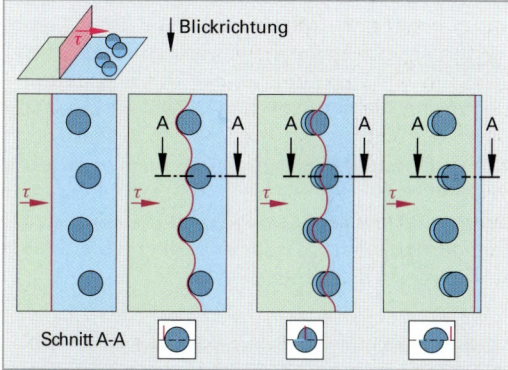

Bild 2: Schneiden von kleinen und fein verteilten Ausscheidungen

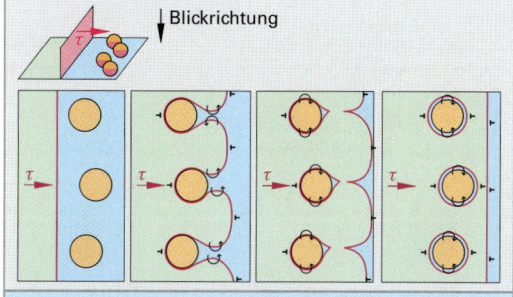

Bild 3: Umgehen von großen und grob verteilten Ausscheidungen nach *Orowan*[2]

---

[1] *Wilhelm Ostwald*, dt. Chemiker und Philosoph (1853 bis 1932), war Professor an der Universität Leipzig und erhielt 1909 den Chemie-Nobelpreis für seine Forschungen zur Katalyse über chemische Gleichgewichte und Reaktionsgeschwindigkeiten. 1897 beschrieb er die Stufenregel zur Darstellung instabiler Zwischenprodukte von Reaktionen auf dem Wege zum thermodynamisch stabilen Endprodukt und später (1900) die nach ihm benannte Ostwaldreifung, nämlich die Ausbildung grobkerniger Niederschläge.

[2] *Egon Orowan*, ung. Ingenieur und Materialkundler (1902 bis 1989) lehrte und arbeitete an den Universitäten in Wien, Berlin und Birmingham sowie in den USA am Massachusetts Institute of Technology. Seine wissenschaftlichen Arbeiten betreffen vor allem die Kristallplastizität mit mehreren Publikationen um 1934.

Bild 1 zeigt den Einfluss von Auslagerungstemperatur und Auslagerungszeit. Um die größte Festigkeit zu erreichen, müssen beide genau eingehalten werden, damit die optimale Teilchengröße erzielt wird.

Den Einfluss von Gitterkohärenz und wirksamer Teilchengröße verdeutlicht **Bild 2**. Kohärente Ausscheidungen sind infolge der Gitterverspannung scheinbar größer als inkohärente[1] und ihr wirksamer Abstand kleiner. Dadurch müssen auf die Versetzungen höhere Schubspannungen wirken, um diese Bereiche zu schneiden und auch, um sie zu umgehen.

Die Bewegung der Versetzungen wird dann am stärksten behindert, wenn ein Schneiden der Teilchen genauso wahrscheinlich ist wie ihr Umgehen. Dieser Ausscheidungszustand ergibt die höchsten Festigkeitswerte **(Bild 3)**.

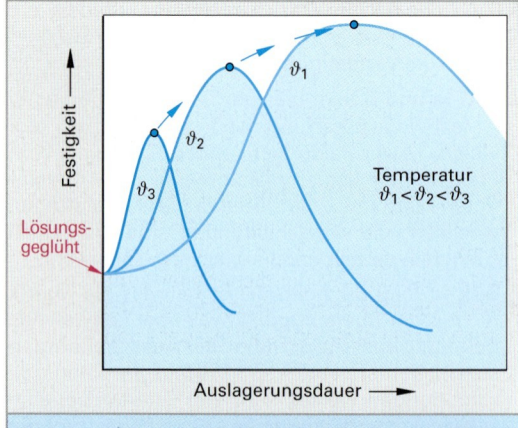

Bild 1: Festigkeit-Zeit-Abhängigkeit bei verschiedenen Auslagerungstemperaturen und sich ergebende Ausscheidungsverteilung

[1] inkohärent = nichtkohärent, lat. cohaerens = zusammenhängend

Wiederholung und Vertiefung

1. Was sind die Träger der thermischen Leitfähigkeit bei Metallen?
2. Wie sind Zugspannung und Dehnung bei der elastischen Verformung miteinander verknüpft?
3. Wie viele Gleitsysteme haben kfz- und wie viele hdp-Metalle?
4. Erklären Sie die Festigkeitssteigerung durch Feinkorn.
5. Wie arbeitet eine Frank-Read-Quelle?
6. Welche Schritte werden bei der Ausscheidungshärtung durchlaufen?

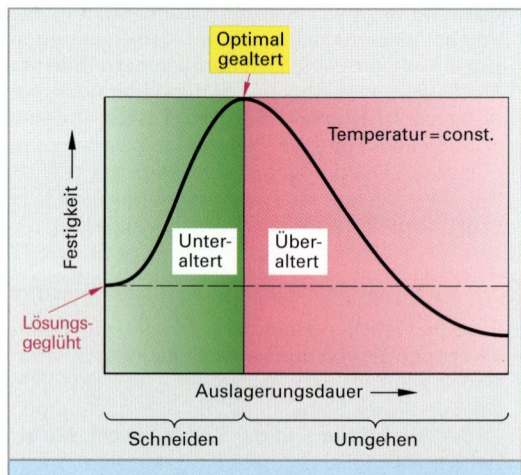

Bild 3: Schubspannungsbedarf in Abhängigkeit von den Wechselwirkungen der Versetzungen bzw. Ausscheidungen

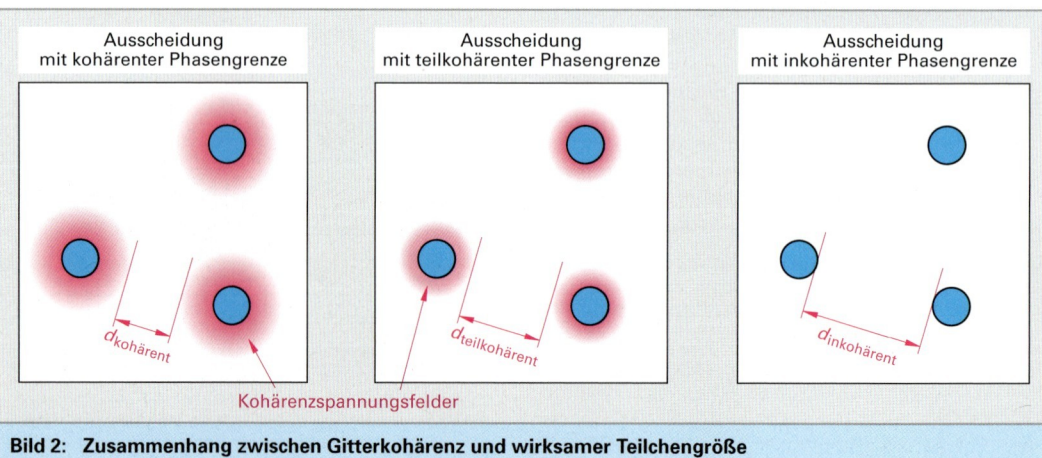

Bild 2: Zusammenhang zwischen Gitterkohärenz und wirksamer Teilchengröße

4.3.3 Verfestigung durch punktförmige Gitterfehler

Da die Gleitebenen durch die Einlagerung von Fremdatomen verzerrt werden, stellen auch nulldimensionale Gitterfehler Hindernisse für eine Versetzungsbewegung dar. Hier sind die Leerstellen und die im Matrixgitter gelösten Fremdatome zu nennen. Speziell wegen der letztgenannten Gitterfehlergruppe hat man der notwendig werdenden Steigerung der Schubspannung und der daraus resultierenden Verfestigung die Bezeichnung Mischkristallverfestigung gegeben.

4.4 Verfestigungsabbau

Durch eine plastische Verformung wird die Versetzungsdichte erhöht, was sich in einer Verfestigung, daneben aber auch in einem Verlust an plastischer Verformbarkeit (→ Versprödung) äußert.

4.4.1 Erholung

Eine nachfolgende Erwärmung auf eine Temperatur unter etwa $0{,}3 \cdot T_m$ (Schmelzpunkt in Kelvin) veranlasst das hochverformte Gefüge, die Gitterfehler energetisch günstiger anzuordnen oder sie in geringem Umfang sogar zu vernichten. Wie **Bild 1** zeigt, heilen Leerstellen aus und lagern sich Versetzungen in einen energieärmeren Zustand um und bilden bei höheren Temperaturen sogar Kleinwinkelkorngrenzen. Die Versetzungsdichte und das kaltverformte Gefüge bleiben nahezu erhalten.

> Durch plastische Verformung verfestigen sich die Werkstoffe.

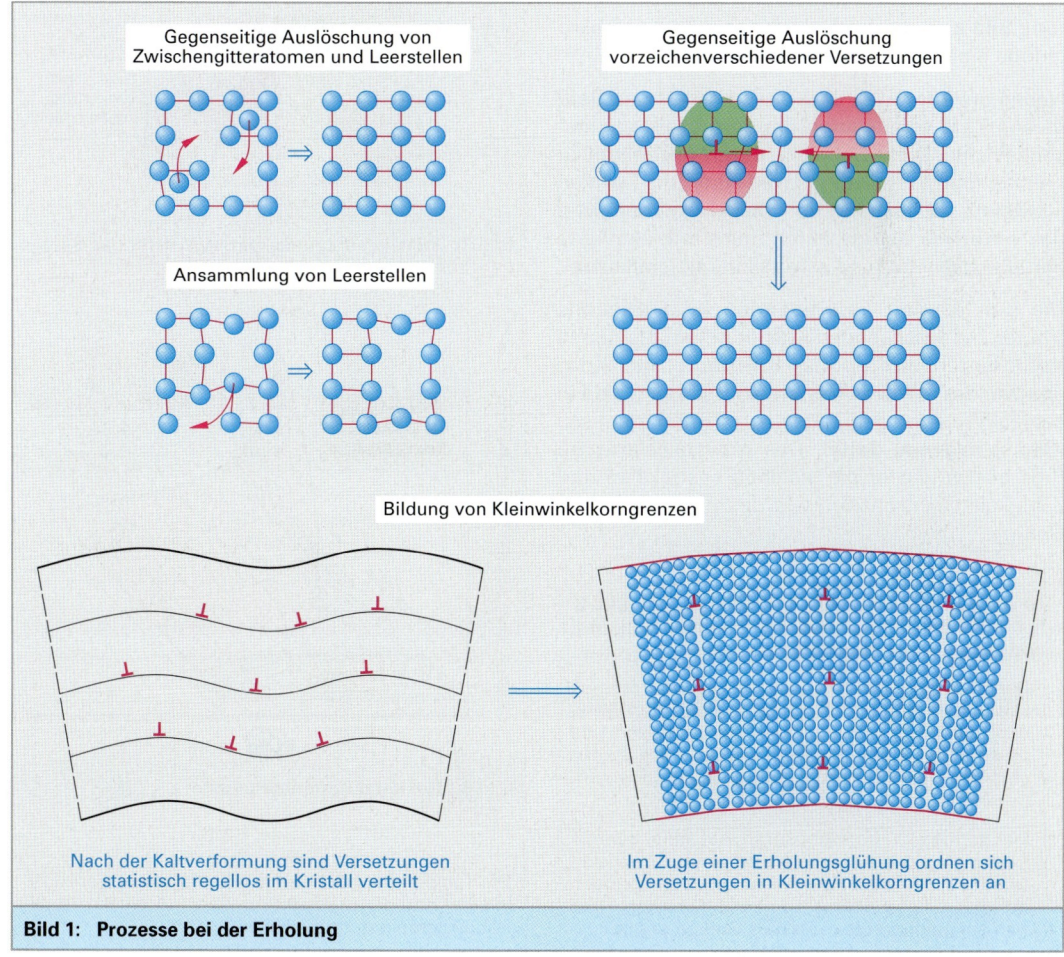

Bild 1: Prozesse bei der Erholung

Da die Modifikationen im Wesentlichen die punktförmigen Gitterfehler betrifft und daher kaum Auswirkung auf Verfestigung und Versprödung hat **(Bild 1)**, bezeichnet man diese Behandlung als Erholung.

4.4.2 Rekristallisation

Wird die Temperatur auf über etwa $0{,}3 \cdot T_m$ (Schmelzpunkt in Kelvin) erhöht, so kommt es zusätzlich zu einer Kristallneubildung, wobei die Versetzungsdichte auf die des unverformten Zustands zurück geht. Diese Behandlung bezeichnet man daher auch als „Rekristallisation". Hierbei hat man zu unterscheiden zwischen einer primären und einer sekundären Rekristallisation.

Treibende Kraft der primären Rekristallisation ist die elastische Verzerrungsenergie der in erhöhter Zahl vorhandenen Versetzungen. Die Kornneubildung verläuft ähnlich wie die Primärkristallisation über die Vorgänge Keimbildung und Keimwachstum: **Bild 2** zeigt schematisch das zellartige Mikrogefüge eines kaltverformten Werkstoffs.

Neben unverformten Bereichen besteht das Gefüge aus stark verspannten Bändern großer Versetzungsdichte. Diese Gebiete – deren Anzahl mit zunehmendem Verformungsgrad zunimmt – wirken als Keime. Ausgehend von diesen Keimen wird das verformte Gefüge durch thermisch aktivierte Platzwechselvorgänge allmählich rekristallisiert.

Die sich allseitig ausbreitenden Kristallisationsfronten der wachsenden Körner bilden die neuen Korngrenzen. Korngröße, Kornform und Korngrenzen des rekristallisierten Gefüges sind also in keiner Weise mit denen des verformten identisch **(Bild 1, folgende Seite)**. Das rekristallisierte Gefüge besitzt wieder die gleichen Festigkeits- und Zähigkeitseigenschaften wie das nicht verformte Gefüge.

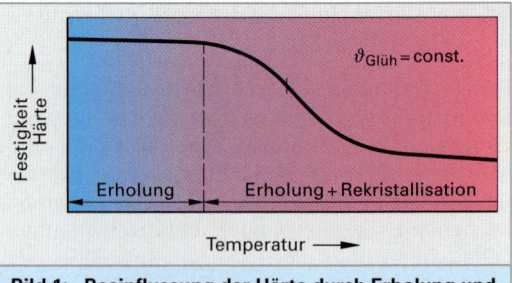

Bild 1: Beeinflussung der Härte durch Erholung und Rekristallisation

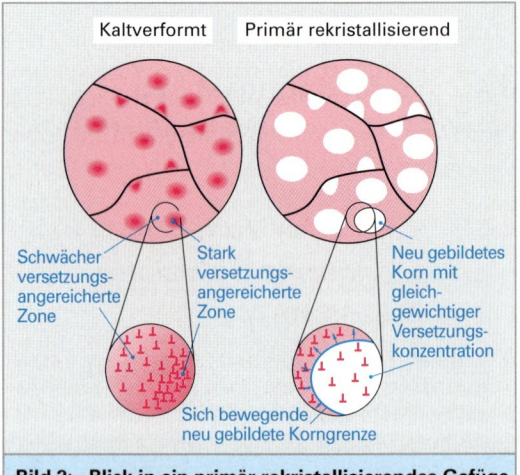

Bild 2: Blick in ein primär rekristallisierendes Gefüge

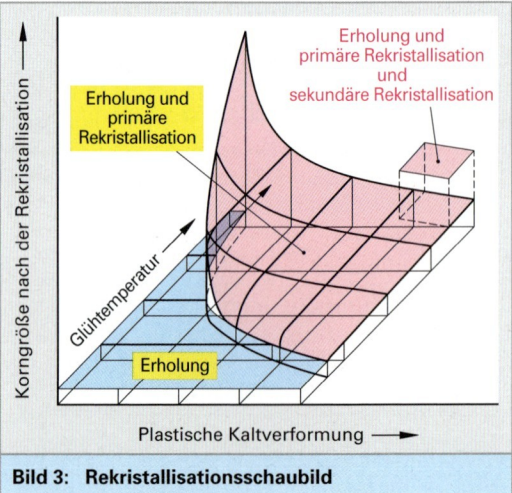

Bild 3: Rekristallisationsschaubild

Die danach beobachtbare Korngröße ist nach **Bild 3**, dem Rekristallisationsschaubild, abhängig vom Verformungsgrad und der Glühtemperatur:

- Damit es zur primären Rekristallisation kommen kann, muss der Verformungsgrad einen vom Werkstoff abhängigen Mindestwert überschreiten und die Glühtemperatur oberhalb von etwa $0{,}3 \cdot T_m$ liegen. Der kritische Verformungsgrad ist dabei umgekehrt proportional zur Glühtemperatur.

- Ein geringer Verformungsgrad hat eine geringe Keimzahl und damit ein grobes, primär rekristallisiertes Gefüge zur Folge. Die Glühbedingungen müssen daher meistens so gewählt werden, dass sich ein möglichst feinkörniges Gefüge ergibt.

Die Temperatur, bei der ein kaltverformter Werkstoff in einer Stunde rekristallisiert, wird i. A. als Rekristallisationstemperatur bezeichnet.

Die Rekristallisationstemperatur wird auch genutzt, um Kaltverformung und Warmverformung voneinander abzugrenzen: Kommt es bei der betrachteten Temperatur bereits nach einer plastischen Verformung von sich aus zu einer Rekristallisation, so bezeichnet man diese plastische Verformung als Warmverformung; die Verformungstemperatur lag oberhalb der Rekristallisationstemperatur und der Werkstoff wird nicht verfestigt. Im gegenteiligen Fall wird sie Kaltverformung genannt; die Verformungstemperatur lag unterhalb der Rekristallisationstemperatur und die durch plastische Verformung erzielte Verfestigung bleibt erhalten.

Bei hohen Glühtemperaturen und/oder langen Glühzeiten können die primär rekristallisierten Körner vergröbern, was man auch als sekundäre Rekristallisation bezeichnet. Die treibende Kraft ist die größere Oberflächenenergie eines feinkörnigen Gefüges.

4.5 Plastische Verformung bei merklichen Diffusionsprozessen

Mit zunehmender Temperatur werden Diffusionsprozesse im Festkörper immer deutlicher merkbar. Als Temperaturschwelle, oberhalb der die Diffusionsprozesse auch die plastischen Verformungsvorgänge merklich betreffen, wird (0,3 bis 0,4) · T_m (Schmelzpunkt in Kelvin) angegeben. Oberhalb dieser Temperaturschwelle ist die plastische Verformung nicht nur von der Spannung, sondern auch von der Zeit abhängig. Die mit zunehmender Zeit zunehmende plastische Verformung bei konstant gehaltener Belastung bezeichnet man als Kriechen. Hierfür zeigt **Bild 2** die Abhängigkeit der Gesamtdehnung von der Beanspruchungsdauer: Mit dem Aufbringen einer konstanten Last kommt es zu einer Dehnung, die sich aus einem elastischen und einem plastischen Anteil zusammensetzt.

Die Verformungsgeschwindigkeit nimmt im **1. Kriechbereich** stetig ab, denn hier überwiegen die metallphysikalischen Verfestigungsprozesse die geometrische Entfestigung. Eine Verringerung der Verformungsgeschwindigkeit ist die Folge.

Im **2. Kriechbereich** halten sich die metallphysikalischen Verfestigungsprozesse und die geometrische Entfestigung in ihrer Wirkung die Waage. Als Folge ist die Verformungsgeschwindigkeit minimal und konstant, weswegen das hier ablaufende Kriechen auch als stationäres Kriechen bezeichnet wird.

Der **3. Kriechbereich** ist gekennzeichnet durch stark beschleunigtes Kriechen, das rasch zum Bruch führt. Hier ist die geometrische Entfestigung wesentlich größer als die metallpyhsikalische Verfestigung.

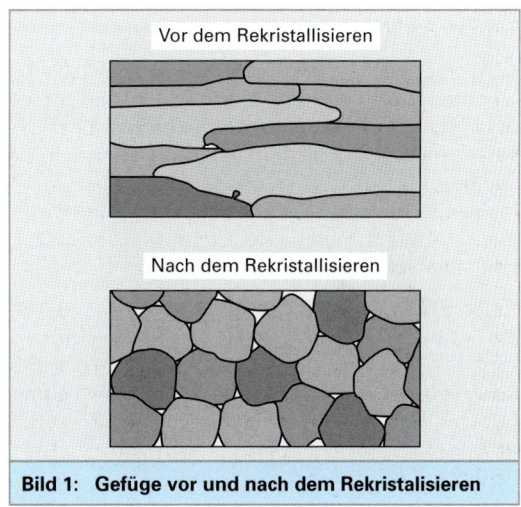

Bild 1: Gefüge vor und nach dem Rekristalisieren

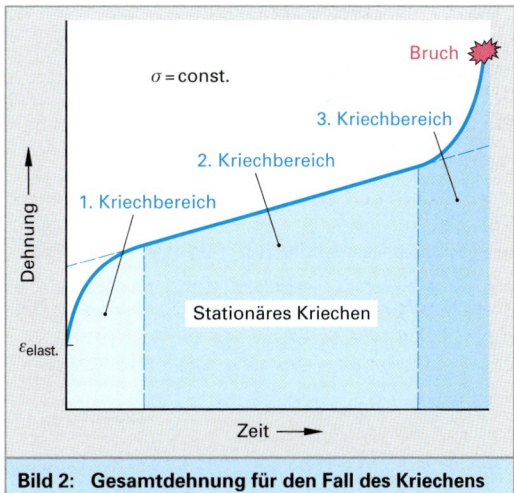

Bild 2: Gesamtdehnung für den Fall des Kriechens

Wiederholung und Vertiefung

1. In welchem Temperaturbereich ist Erholung möglich?
2. Was läuft bei einer Erholungsglühung ab?
3. In welchem Temperaturbereich kommt es nach der Erholung auch zur Rekristallisation?
4. Was läuft bei der sekundären Rekristallisation ab?

Fachwörterbuch Deutsch–Englisch[1], Sachwortverzeichnis

2D-Bildverarbeitung, 2D image processing 708
3-achsiges Fräsen, 3 axis milling 16
3D-Printer, 3D printer 588
3D-Bildaufnahme, 3D image recording 713
3D-Computertomograph, 3D Computer Tomograph 694
3D-CT, 3D-CT 693
3D-Digitalisierung, 3D digitizing 715
3D-Druckverfahren, 3D printing technology 588
3D-Laseranwendung, 3 dimensional laser applications 564
3D-Printing, 3D printing 577
3D-Scannen, 3D scanner 21, 715
5-Achsbearbeitung, 5 axis machining 815
5-achsige Fräsmaschine, 5 axis milling machine 16

Abbé, E. K., Abbé, E. K. 429, 599
Abbildungsfähigkeit, magnification ability 106
Abbildungsgenauigkeit, imaging exactness 108
Abbildungsverhältnis, imaging ratio 561
Abbrennstumpfschweißen, flash butt welding 453
Abdichten, sealing 480, 525
Abform-Modell, model of the shape 22
Abgraten, burring 140
Abkühlen, cooling 383
Abkühlgeschwindigkeit, cooling rate 848
Abkühlkurve, cooling curve 94
Ablaufgraph, flow chart 533
Abnahme, acceptance 805
Abnahmelehre, acceptance gage 632
Abnahmewerkstück, acceptance workpiece 812
Abnehmer, customer 814
Abott, E. J., Abott, E. J. 676
Abott-Kurve, Abott's diagram 676
Abrasion, abrasion 199
Abrastern, scanning 751
Abrichten, dressing 312
Abrichtwerkzeug, dressing tool 312
Abrisszone, breakaway 172
Abscheiden, elektrolytisch, electrolytical deposition 493
Abschneiden, cut off 11
Abschrecken, quench hardening 351
Absolutmaßstab, absolute line encoder 620
Absorption, absorption 562
Absorptionsgrad, absorption rate 562
Absorptionsverhalten, absorption properties 563
Abstandscodierung, distance coded 617
Abstandsschwankung, distance variation 561
Abstechdrehen, part-off turning 240
Abtasten, scanning 616
Abtastkopf, scanning head 810
Abtragen, removing (metal) 11
Abtragen, elektrochemisch, electrochemical milling 171
Abtrennen, separating 53
Abweichung, deviation 597, 806, 812
Acetylen, acetylene 174, 458
Achill, Achill 127
Achsbein, axle strut 14
Achse, axle 14
Achsrichtung, axis direction 320
Additive, additives 296, 412
Adhäsion, adhesion 199, 481
adhäsiv, adhesiveness 120
Aerostatik, aerostatic 330
AFM, AFM, Atomic Force Microscope 674
Agglomerieren, agglomeration 412
AKF, Autokollimationsfernrohr, autocollimator 641

Aktivieren, activation 510
Aktivieren, Oberflächen, activation of surface 488
Aktivlöten, active brazing 427, 477
Alberit, Alberit 375
Alkalimetalloxid, alkaline metal oxide 431
Al-Legierung, aluminum alloy 29
Alterung, aging 360
Alterungsverhalten, aging behavior 76
Alu-Legierung, aluminum alloy 228
Aluminium, aluminum 44
Aluminiumgusswerkstoff, aluminum casting material 75
Aluminiumlegierung, aluminum alloy 29, 44, 228
Aluminiumoxid, aluminum oxide 39
Aluminiumoxidkeramik, aluminumoxide ceramic 212
Aluminiumschweißen, aluminum welding 565
Aluminiumsilikat, aluminum silicate 39
Amboss, anvil 159
Aminoplaste, aminoplastics 376
amorph, amorphous 372
Anbohren, spotting drill, centering 255
Anguss, gate 52
Anguss, sprue 382
Angusssystem, feed system 387
anisotrop, anisotropic 129
Anisotropie, anisotropy 129, 361, 758
Ankopplungsmedium, coupling medium 728
Anlassen, temper 352
Anodisieren, Eloxieren, anodizing 497
Anregungsspektrum, excitation spectrum 800
Anschliff, polished section 747
Anschliffebene, cross-section plane 747
Anschnitt, gate 73, 395
Ansprengen, wringing 613
Anstellwinkel, relief angle, lead angle to work 285
ANSYS, ANSYS 20
Antastpunkt, touch point 686
Antastung, touch 678
Antifoulingzusätze, anti fouling agent 502
Antrieb, motor drive 683
Anwärmen, preheat 125
AP, AP, accuracy pose 821
AR, AR, augmented reality 21
Araldit, Araldite 375
Arbeitsgenauigkeit, precision of workpiece 805, 812
Arbeitsmaßstab, working scale 616
Arbeitsplatzgestaltung, work place layout 530
Arbeitsraum, working area 819
Arbeitsteilung, division of labor 10
Arbeitsunsicherheit, processing uncertainty 812
Architekturglas, architecture glass 429
Argonplasma, argon plasma 508
Artefakt, artifact 697
Asphärische Fläche, aspheric surface 669
Äsethik, esthetic 369
ASTM E - 399, ASTM E - 399 771
ASTM E - 813, ASTM E - 813 773
Atomaufbau, atomic structure 832
Atombindung, covalent binding 833
Atomdurchmesser, atomic diameter 837
Atomkern, atomic nucleus 718
Attritor, attritor 408
Ätzen, etching 748
Aufbaugranulieren, build-up granulation 412
Aufbauschneide, built-up edge 192, 201
Aufbereitung, preparation 401
Aufbohren, bore-up drilling 252
Aufbohrwerkzeug, bore-up tool 243
Aufdampfen, sputtering 13
Aufkohlen, carburize, carbonize 11

Auflagepunkte, support points 624
Auflichtbeleuchtung, epi illumination 705
Auflichtmikroskop, incidental light microscope 745
Auflichtverfahren, reflected illumination technique 618
Auflösung, resolution 696
Aufmaß, addition 82
Aufmaß, allowance 813
Aufrauhen, roughening 490
Aufschäumen, foaming 571
Aufstampfboden, joint board 62
Aufstäuben, spraying on 508
Auftrag, order 27
Auftragsdaten, data given in order 26
Aufwärmzyklus, warm up cycle 827
Aufweiten, widen 523
Augmented Reality, AR, augmented reality 21
Ausdehnungskoeffizient, expansion coefficient 80, 614
Ausfallwahrscheinlichkeit, probability of failure 787
Ausformtemperatur, lift temperature 88
Ausgießen, pour out 13
Ausgleichsspannsystem, balanced chuck 344
Aushängen, hook off 12
Aushärten, precipitation hardening 504
Auskohlung, decarburization 354
Auskoppelspiegel, outcoupling mirror 552
Auslagerungstemperatur, annealing temperature 858
Ausleerversuch, attempt of discharge 96
Ausreißer, outlier 816
Ausreißertest, test for outlier 817
Ausrichten, adjustment 602
Ausrichten, alignment 603
Ausschäumen, foaming 13
Ausscheidungen, precipitations 857
Ausschnitt, gate 109, 112
Ausschnitte, sections 171
Ausschuss, scrap 83
Ausschuss, rejections 631
Ausschusslehre, no-go gage 631
Außendrehfräsen, outside turn-milling 266
Außengewinde, male thread 268
Außenkern, outer core 69
Außenmaß, outer diameter 657
Aussteifung, strutbracing 324
Austauschatom, substitutional atom 836
Austauschbarkeit, exchangeability 819, 827
Austen R., Austin, R. 350
Austenitisieren, austenize 350
Austreibverfahren, evaporation process 419
Auswaschen, rinsing 419
Auswerfeinheit, ejection unit 51
Auswerfer, ejector, prue 53
Auswerfhub, ejection stroke 52
Auswerfkraft, ejection force 52
Auswucht-Gütestufen, unbalance quality index figure 292
Autofokus, auto-focus system 567
Autofokusprinzip, autofocus principle 650
Autofokus-Sensor, autofocus sensor 650
Autokolimationsfernrohr, AKF, autocollimator 641
Axialdehnung, axial strain 792
AZ91HP, AZ91HP 55

Bahnabweichung, deviations from the nominal contour 814
Bahngenauigkeit, path accuracy 823
Bakterizide, bactericides 502
Banddurchlaufofen, continuous strand furnace 121
Bandelektrode, foil electrode 465
Bandsägen, band saw 343
Barren, ingot 9

---
[1] Die Englischübersetzung ist kontextabhängig und darf nicht allgemeingültig verstanden werden. Sie gilt im Zusammenhang mit der angegebenen Seite.

Fachwörterbuch Deutsch–Englisch, Sachwortverzeichnis 865

Basiskoordinatensystem, base coordination system 819
Basiswerkstück, base workpiece 515
Baugruppenprüfstand, assembly durability test rig 786
Baumann, R., Baumann, R. 744
Baumann-Hammer, Baumann's-hammer 744
Baustahlschweißen, mild steel welding 565
Bauteil, constructional element / component 29
Bauteileigenschaft, component behavior 16
Bauteilprüfung, component testing 697
Bauteilprüfung, component test 779
Bauteilverhalten, part behavior 20
Bauteilvermessung, measurement of the part geometry 699
Baymidur, Baymidur 375
Baysilon, Baysilon 375
BAZ, Bearbeitungszentrum, machining center 320
Beanspruchung, stress 781
Beanspruchung, thermisch, thermal stress 491
Beanspruchungsanalyse, stress monitoring 782
Beanspruchungsart, type of stress 764
Bearbeitbarkeit, machinability 221
Bearbeitungsaufmaß, allowance 813
Bearbeitungsstabilität, machining stability 242
Bearbeitungsstrategie, processing strategies 282
Bearbeitungszeit, processing time 278
Bearbeitungszentrum, BAZ, machining center 320, 814
Beckopox, Beckopox 375
Behälter, box 518
Beherrschtheit, quality under control 816
Behinderung, hindrance 75
Beidhandarbeit, two handed working place 529
Beizen, pickling 487
Beizen, grinding 510
Belag, cover 486
Belastung, load 812
Belastungs-Zeit-Funktion, load history 782
Beleuchtung, lighting 531
Beleuchtung, illumination 704
Beleuchtung, strukturiert, illumination, structured 707
Belichten, expose 13
Benetzungsmittel, wetting agent 502
Benetzungswinkel, wetting angle of contact 475
Bentonit, bentonite 400
Berstdruckprüfung, bursting test 791
Berstversuch, bursting test 790
Beschichten, coating 11, 441, 488, 491
Beschleunigungsaufnehmer, acceleration sensor 794
Beschleunigungsaufnehmer, accelerometer 801
Beschwergewicht, mold weight 46
Bessel, F. W., Bessel, F. W. 604
Bessplunkt, airy point 605, 613
Bestandsdaten, inventory data 26
Bestrahlen, expose to radiation 13
Betriebsfestigkeit, operating-strength 781
Betriebsfestigkeitsprüfung, operating-strength verification testing 781
Betriebskosten, operation cost 163, 554
Betriebsmittel, resources 26
Bettfräsmaschine, piano-milling machine 317
Beugungsgitter, diffraction grating 618, 720
Beulfestigkeit, buckling strength 80
Bewegungsrichtung, moving direction 320
Bewegungsunschärfe, movement blur 707
Bewegungsverhalten, dynamic behavior 825
Bewegungszyklen, moving cycles 810
Bezugsfläche, reference surface 813
Bezugsflächentastsystem, reference surface feeler system 672

Bezugspunkt, reference point 813
Bezugstemperatur, reference temperature 609
Biegebruchfestigkeit, bending strength 207
Biegen, bending 125, 156, 523
Biegeradius, bending radius 156
Biegesteifigkeit, flexural strength 80
Biegeumformen, bending deformation 12
Biegeverfahren, bending technology 157
Biegewechselprüfung, alternating bending test 786
Bildverarbeitung, image processing 546, 700
Bi-Metall-Sägeband, bi-metal sawing band 15
Binärbild, binary image 702
Binarisierung, binary transformation 708
Bindemittel, binding agent 67, 71, 412, 501
Bindenaht, weld line 368, 395
Binder, binder 47, 71
Bindung, bond 308
Bindungstyp, binding type 832
Bionik, bionic 18
Bioplotter, bio plotter 590
Bissbreite, nip width 140
Blasformen, blow molding 379, 392
Blaskopf, film blowing die 379
Blasstation, blowing station 392
Blechkante, sheet edge 171
Blechumformung, pressing 125
Bleioxid, lead oxide 429
Blitzlicht, flash light 707
BN, boron nitride 213, 230, 257
Bode-Diagramm, Bode's diagram 331
Bodenabriss, ground plate break down 151
Bogenmaß, radian measure 598
Bohrbearbeitung, drilling 15, 243, 256
Bohrer, drill 244
Bohrgewindefräsen, drill thread milling 269
Bohrkopf, boring head 254
Bohrmesssystem, drill measuring system 345
Bohrtiefe, drilling depth 250
Bohrung, bore hole 631, 815, 817
Bohrungsdorn, bore gage 638
Bohrwerkzeuge, drilling tools 249
Bolzengewinde, male thread 268
Bolzenschweißen, stud welding 456
Borax, borax 432
Bördeln, bordering 523
Borieren, boronizing 492
Bornitrid, boron nitride 206, 213, 230, 305
Brechen, breaking 116
Brechen, cracking 171
Breckern, breaker core 104
Breitband, wide strip 136
Breiten, plating 138
Breitgrad, plating grade 134
Breitschlitzdüse, slit die 378
Brennbohren, gas drilling 175
Brennen, sintering 407
Brennfleck, focal spot 694
Brenngas, fuel gas 174, 459
Brennhobeln, gas planing 175
Brennschneiden, flame cutting 16, 158
Brinell, J. A., Brinell, J. A. 733
Brinellhärte, Brinell hardness 733
Brinellhärteprüfung, Brinell hardness test 733
Brinellkugel, ball according brinell 733
Bronze, bronze 38, 586
Bruch, rupture 199
Bruch, failure 360
Bruch, fracture 753, 763
Bruchausbildung, origin of fracture 764
Bruchaussehen, fracture appearance 764
Bruchbildung, breaking 201
Bruchdehnung, fracture elongation 754
Brucheinschnürung, breaking contraction 132
Brucheinschnürung, fracture cross section 757
Bruchfläche, cleavage plane 751
Bruchmechanik, fracture mechanics 770

Bruchtrennen, cracking 172
Bruchverhalten, rupture behavior 779
Bruchverlauf, cleavage plane 764
Brückenbauart, bridge construction 679
Buckelschweißen, projection welding 455
Bügelmessschraube, micrometer screw 634
Bunker, bunker 518
Bunkern, bunkering 518
Bürsten, brushing 487
Business Process, business process 27
Butadienpartikel, butadiene particle 490
Butzenbildung, center punching 241

C_{AD}, CAD 18
CAD-Modell, CAD model 22
CAM, computer aided manufacturing 286
Carbonisieren, carbonizing 423
CARLOS, CARLOS (CAR Loading Standard) 785
Cave, cave 21
CBN, CBN 15
CBN, cubic boron nitride 213, 257, 289, 477
CCD, CCD, charge-coupled device 649, 701, 820
CD-Abrichten, continuous dressing 313
Cermet, ceramic metal 210, 288,
C-Gestell, C-stand 322
Charpy, G., Charpy, G. 760
Charpy-Probe, Charpy test 760
Chemical Vapour Deposition, chemical vapor deposition 506
Chloratom, chlorine atom 833
Chlor-Thermoplaste, chlorinated thermoplaste 376
Chromatieren, chromating 497
Chvorinov N., Chvorinov N. 97
CIM, ceramic injection molding, ceramic injection molding 417
CK45, carbon steel with 0,45% carbon 39
CK60, carbon steel with 0,6% carbon 39
Clinchen, clinching 13, 18, 159, 524
CNC-Programmierung, computer numerical control programming 283
CO, CO 74
CO2-Laser, CO2-laser 549, 551
Codescheibe, code disc 620
Coil-Coating, coil-coating 503
Cold-Box-Verfahren, cold box casting 70
Compact-Tension-Probe, compact tension specimen 770
Computertomographie, Computer Tomography 693
Continuous Dressing, continuous dressing 313
Cracken, cracking 172
Crest-Faktor, crest factor 796
Cross-Jet, cross-jet 561, 564
Crushieren, crushing 312
CT, CT, computer tomography 693
CT-Probe, compact tension specimen 771
CVD, chemical vapor deposition 409, 506
Cyc-Arc-Verfahren, cyc-arc-process 456

$D_{achkantenprisma}$, ridge prism 644
Dachprismenführung, ridge prism slideways 326
Dampfentfetten, steam degreasing 486
Dämpfer, damper 797
Dämpfung, damping 322, 803
Dämpfungsschlitten, damping support 329
Danner, E., Danner, E. 437
Dannerpfeife, Danner's pipe 437
Daten, data 26
Datenaufbereitung, load-spectra analysis 783
Datenschutz, data private protection 26
Datensicherung, data safeguarding 26
Dauerfestigkeit, fatigue stress 16
Dauerfestigkeit, fatigue strength endurance limit 767
Dauerform, permanent die 37, 48, 88

Dauermodell, permanent pattern 58
Dauerschlichte, permanent mold coating 48
Dauerschocken, bump 796
Dauerschwingversuch, dynamic fatigue test 763
Dauerstrichlaser, continuous-wave laser 552
Davy H., Davy H. 35
Deckbeschichtung, top coat 502
Deformation, plastisch, deformation, ductile 200
Dehngrenze, permanent limit of elongation 754
Dehnmessstreifen, strain gauge 782
Dehnung, extension strain 84
Dehnung, strain 754
Dehnung, elongation 852
Dehnungsaufnehmer, extensometer 777
Dehydrieren, dehydrogenize 11
Dekapieren, pickling 487
Delta-Roboter, delta robot 319
Demontage, dismantling 513
Dendrit, dendrite 479, 848
Dengeln, beat out 138
Design, design 369, 576
Detonationsflammspritzen, detonation flame spraying 499
D-F-Kombination, D versus F 735
DGL, Differenzialgleichung, differential equation 96
Diamant, diamond 206, 211, 214, 305, 414, 424, 477
Diamantrolle, diamond dressingroller 312
Dichte, density 35, 38, 81,122, 322, 406
Dichteauflösung, density resolution 696
Dichtsintern, dense sintering 404
Dichtung, seal 424
Dickenmessgerät, thickness gauge 636
Dickenmessung, thickness gauging 600
Dielektrikum, dielectric 180
Differenzialdrossel, differential inductor 646
Differenzialkondensator, differential capacitor 647
Differenzialtransformator, differential transformer 645
Diffusion, diffusion 120, 199, 403, 492
Diffusionsprozess, diffusion process 485, 850, 863
Diffusionsschweißen, diffusion welding 450
Diffusionsvorgang, diffusion process 76
Digital Mock Up, digital mock up 25
Digitalisierstift, digitizer pen 825
Dilatation, dilatation 710
DIN, German Industrial Standard 43
DIN 50 100, DIN 50 100 763
DIN 7728, DIN 7728 376
DIN 8560, DIN 8560 377
DIN 8580, DIN 8580 11
DIN 86xx, DIN 86xx 805
DIN EN 10 002, DIN EN 10 002 752
DIN EN 10 045, DIN EN 10 045 760
DIN EN 10 291, DIN EN 10 291 776
DIN EN 60 068-2-27, DIN EN 60 068-2-27 796
DIN EN 60 068-2-6, DIN EN 60 068-2-6 794
DIN EN ISO 4288, DIN EN ISO 4288 670
DIN EN ISO 6506, DIN EN ISO 6506 733
DIN EN ISO 6507, DIN EN ISO 6507 736
DIN EN ISO 6508, DIN EN ISO 6508 740
DIN EN ISO 6803, DIN EN ISO 6803 789
DIN ISO 1101, DIN ISO 1101 685
DIN ISO 230, DIN ISO 230 805
DIN ISO 513, DIN ISO 513 218
Diodenlaser, diode laser 549, 553
Direktantrieb, direct drive 332
Direktes Metall Lasersintern, direct metal laser sintering 583
Direktzugriffspuffer, direct access buffer 517
Dispersionsschicht, dispersion coating 496
Divergenz, divergence 561
DMLS, DMLS 583
Dolomit, dolomite 432
Doppelhärten, double hardening 354
Doppelkopfschweißen, double head welding 465

Doppelstaurollenkette, double accumulating roller chain 521
Dorn, mandrel 149, 808
Double-Ball-Bar, double ballbar 811
DP, diamond 214
Drahterodieren, wire-EDM 183
Drahtziehen, wire drawing 149
Drehbearbeitung, turn machining 231
Drehen, turning 12
Drehen, turning 17
Drehen, turning 12, 17, 231
Drehfräsen, turn-milling 17, 266, 271
Dreh-Kipptisch, turn-swing-table 540
Drehmaschine, lathe 14, 336, 813
Drehmassel, whirl gate 112
Drehräumen, turn-broaching 276
Drehrichtung, rotational direction 811
Drehstromsynchronantrieb, three-phase synchronous motor 14
Drehtisch, rotary table 683
Drehungsabweichung, rotational deviation 806
Drehwerkzeuge, schwingungsgedämpft, turning tools, vibrations reduced 240
Dreidraht-Messmethode, three-wire measuring method 657
Dreiecksignal, triangular signal 617
Drei-Punkt-Aufnahme, three-point bearing 344
Drei-Punkt-Innenmessschraube, three point bore micrometer 636
Drift, drift 610, 814,819, 827
Drosselventil, throttle valve 330
Druck, pressure 103
Druck, metallisch, metallic pressure 103
Drücken, pressing, chasing 126, 153
Druckformen, pressing 125, 133, 153
Druckformen, pressing 133
Druckgas, pressure gas 40
Druckgießen, die casting 17, 51, 56, 57, 164
Druckgießen, pressure die casting 17, 51, 56, 57, 164
Druckgießmaschine, die casting machine 51
Druckgießprozess, die casting process 54
Druckgießverfahren, pressure die casting process 38
Druckknopfprinzip, push-button-principle 481
Druckschwellbeanspruchung, cyclic compression load 765
Druckumformen, forming under compressive conditions 12
Druckverlauf, pressure curve 789
Drückwalze, roller 153
Druckwechsel, pressure cycle 789
Dual-Code, dual code 620
Duktilität, ductility 470
Duktilität, Schneidstoff, ductility, cutting material 215
Dunkelfeld, dark field illumination 749
Dunkelfeldbeleuchtung, dark field illumination 705
Dünnschichtbeschichtungsanlage, vacuum coating machine 509
Durchbiegung, deflection 604
Durchdrücken, force through 145
Durchflutung, permeation 725
Durchhärten, full-harden 350
Durchlaufpuffer, continuous flow buffer 517
Durchlaufzeit, retention time / passage time 30
Durchleuchtungsverfahren, x-ray screening-method 727
Durchlichtbeleuchtung, transillumination 704
Durchlichtverfahren, transmitted light technique 618
Durchschallung, supersonic test 728
Durchsetzfügen, clinching 159, 524
Durchstrahlung, radiography 726
Durchziehen, dimpling 126, 149
Duroplaste, thermo set material 372, 375
Duroskop, duroscope 743

Düse, die 383
Dynamik, dynamics 825

Ebenengenauigkeit, plane accuracy 824
Ebenheit, flatness 23, 621
Ebenheit, evenness 685
Ebenheitsmessung, flatness measurement 640
Ebenheitsprüfung, flatness testing 625
Echo, echo 729
Ecke, corner 825
Eckenradius, corner radius 236
Eckenverhalten, cornering deviation 819
Eckenverrundung, round-off error 825
Eckenwinkel, included angle 236
Eckfräsen, angular milling 259
ECM, elektrochemische Bearbeitung, ECM, electrochemical machining 183
Edelkorund, special fused aluminia 305
Edelgaskonfiguration, inert gas configuration 832
Edlén, B, Edlén, B 665
EDM, elektroerosive Bearbeitung, EDM, electrical discharge machining 183
Eichen, calibrating 599
Eigenform, mode shape 798, 802
Eigenfrequenz, natural frequency 798, 800
Eigenresonanz, resonance frequency 795
Eigenschwingverhalten, natural resonance behavior 779
Eigenspannung, internal stress 470
Einbrennen, baking 427
Einbrennen, tempering 504
Eindringen, impressing 732
Eindringhärteprüfung, impression hardness test 732
Eindringtiefe, penetration depth 353
Eindringtiefe, impression depth 735
Eindrücken, indentation forming 126, 143
Eindrücken, impressing 731
Einfallstellen, sink marks 382
Eingießkanal, sprue 109
Eingießtrichter, sprue basin 109
Eingriffsgrenze, operating limit 817
Eingriffswinkel, pressure angle 284
Eingriffswinkel, Fräsen, nominal pressure angle, milling 261
Einguss, running system / sprue 62
Eingusssystem, running system / sprue 50
Einhalsen, necking 523
Einhängen, hang into 13, 528
Einkopplung (in ein LLK), coupling into a fiber 559
Einlippenbohrer, single-lip drill 253
Einmassenmodell, one-mass model 797
Ein-Masse-System, one-mass system 802
Einprägen, engrave 143
Einpressen, press into 13
Einprobentechnik, single specimen test 773
Einrenken, put into 528
Einrohrsystem, single-tube system 254
Einsatzhärten, carbonize, carburize 354
Einschnürdehnbereich, elongation without necking 757
Einschnürung, reduction of area 753
Einschnürung, reduction of cross section 757
Einsenken, hobbing, hubbing 143
Einspreizen, interspread 528
Einstechdrehen, plunge turning 240
Einstein, Albert, Einstein, Albert 550
Einstellwinkel, setting angle 234, 244
Einzelteil, single part / component part 46
Einzelversuch, single test 788
Eisenguss, iron casting 41
Eisenoxidpulver, iron oxide powder 75
Eisenwerkstoff, ferrous material 38
Elastizitätsgrenze, elastic limit 756
Elastizitätsmodul, Young's modulus 754, 852
Elastizitätstensor, elasticity tensor 607
Elastomerbindung, Elastomer-bonded 308
Elastomere, Elastomer material 372, 374, 376

Fachwörterbuch Deutsch–Englisch, Sachwortverzeichnis

Elektrode, electrode 179, 461
Elektrodenwerkstoff, electrode material 180
Elektrogasschweißen, electro-slag welding 464
Elektrolyse, electrolysis 116
Elektrolyt, electrolyte 185
Elektrolyt, electrolyte 494
Elektronenmikroskop, electron microscope 750
Elektronenstrahlhärten, electron-beam curing 354
Elektronenstrahlschneiden, electron beam cutting 171, 176
Elektronenstrahlschweißen, electron beam welding 466
Elektroschlackeschweißen, electro-slag welding 457
Elementarzelle, elementary cell 128, 835
Elin-Hafergut-Verfahren (EHV), Elin-Hafergut-process 466
Emaillieren, enamel 500
Emission, spontane, emission, spontaneous 550
Emission, stimulierte, emission, stimulated 550
Endloselektrode, endless electrode 458
Endmaß, block gage 613, 614
Endmaßharfe, block gage stack 614
Endmaßprüfung, block gage examination 614
Endoskop, endoscopes 700
Endspiegel, back mirror 552
Energie, energy 32, 43
Energieband, energy band 718
Energieeinsatz, energy consumption 89
Energieniveau, energy level 551, 718
Energiestufe, energy level 550
Engen, make tighter 523
Entbindern, debindering 407
Entbindern, evaporation process 419
Entfernen von Schichten, removal of coating 512
Entfetten, degreasing 486, 510
Entgraten, deburring 17, 545
Enthalpie, enthalpy / heat content 90
Entkohlen, decarburize 11, 756
Entlackungsmittel, paint removal media 512
Entlüftung, ventilation / venting 53
Entmischen, degradation 439
Entmischung, segregation 850
Entnahmetemperatur, ejection temperature 75
Entropie, entropy 90
Entsorgung, KSS, disposal of coolant 297
Entspiegeln, antireflecting 441
Entsticken, removal of nitrogen 756
Entwurf, draft 576
Entzundern, de-scale 140
EP-Additive, extreme pressure additive 296
Epikote, Epikote 375
Epoxin, Epoxin 375
Erdgas, natural gas 174
Erdogan, F., Erdogan, F. 774
Erholung, recovery 861
Ermüdung, fatigue 763
Ermüdungsbruch, fatigue fracture 763
Ermüdungsfestigkeit, fatigue strength 780
Ermüdungsriss, fatigue crack 765
Erodieren, eroding 11, 12, 16, 171
Erosion, erosion 710
ERP , ERP, enterprise resource planning 25
Erstarrung, solidification 74, 79, 97, 839, 845
Erstarrung, dendritisch, dendritic solidification 83
Erstarrung, globulitisch, globulite solidification 83
Erstarrungsfront, solidification front 82
Erstarrungsfront, melt-crystal interface 848
Erstarrungsgefüge, cast introduction 847
Erstarrungsmodell, solidification model 98
Erstarrungstemperatur, solidification temperature 75, 78
Erstarrungszeit, solidification time 72

Erwärmen, heat 140
Erz, ore 33, 34, 89
Erzeugnis, product 26
Ethylen, ethylene 833
Etikettieren, labeling 712
Eurepox, Eurepox 375
Eutektikum, eutectic 842
Evakuieren, evacuate 12
Excimerlaser, excimer laser 553, 549
Extruder, extruder 377, 416
Extrudieren, extrude 377, 407, 416
Extrusion, extrusion 377, 413
Exzenterpresse, eccentric press machine 14

Fähigkeit, capability 816
Fähigkeitskennzahl, capability index 818
Fähigkeitsuntersuchung, capability study 816
Fahrständer-Band-Sägemaschine, traveling column band saw machine 343
Fahrverhalten, driving behavior 819
Fallhammer, drop hammer 162
Fallhammer-Messgerät, scleroscope 743
Falschfarbendarstellung, false color presentation 701
Falzen, fold 523
Farbbild, color image 702
Farbeindringverfahren, penetration method 721
Farbmischung, color mixture 703
Fasen, beveling 15
Faser, fiber 437
Faserkern, fiber core 555
Faserverlauf, fiber orientation 138
FDM, FDM, Fused Deposition Modeling 587
Feder, spring 612, 797
Federelement, spring element 371
Feder-Masse-Schwingung, spring-mass-oscillation 611
Fehler, error 24
Fehler, defect 73
Fehlerkorrektur, error correction 683
Feinbohren, finebore 15
Feinformhartmetall, fine grained sintered carbide 210
Feingestalt, micro shape 593
Feingewinde, fine-pitch thread 268
Feingießen, precision casting 50, 57, 164
Feingießverfahren, investment casting process 37, 39
Feingussteil, precision casting 56
Feinkeramik, fine ceramic 399
Feinkornhärtung, fine-grain hardening 857
Feinschleifen, finish-grinding 16
Feinschneiden, fine structure cutting 172
Feinstkornhartmetall, finest grained sintered carbide 230, 288
Feinzeiger, comparator, mechanically 599
Feinzeiger, indicating caliper 599, 635, 637, 638
Feldspat, feldspar 399, 432
FEM, FEM (Finite Element Method) 156, 779, 799
FEM-Netz, finite element mesh 394
Ferrit, ferrite 222
Fertigung, handwerklich, hand-manufacturing 10
Fertigung, industriell, industrial-manufacturing 10
Fertigungsmesstechnik, manufacturing measurement technology 593
Fertigungsmittel, manufacturing tool 9
Fertigungstechnik, manufacturing engineering 9
Fertigungsverfahren, manufacturing processes 11
Fertigungszelle, manufacturing cell 321
Festigkeit, strength 33, 72, 767
Festigkeit, solidity 322
Festigkeitsberechnung, strength calculation 362
Festlager, fixed bearing 329
Festphasensintern, solid phase sintering 403

Feuchtigkeitsabhängigkeit, moisture dependence 361
Feuerverzinken, hot-dip galvanize 13
FFS, flexible manufacturing system 321
Filament, filament 437
Filmscharnier, integral hinge 371
Filter , filter 709
Filterbauteile, filter element 115
Filtration, filtration 439
Fizeau, A. H. L., Fizeau, A. H. L. 669
Flächendetektor, flat panel detector 693
Flächenform, surface form 621
Flächenkamera, matrix camera 700
Flächenrückführung, surface generation 22
Flachführung, plain slideways 326
Flachglas, plain glass 40
Flachschleifmaschine, surface grinding machine 342
Flachschliff, plane section 747
Flachziehen, shallow-form 149
Flachzugprobe, flat tensile test specimen 752
Flamme, flame 459
Flammhärten, flame-harden 353
Flammlöten, gas brazing 478
Flammschockspritzen, flame shock spraying 499
Flammspritzen, flame spraying 498
Flankendurchmesser, pitch diameter 657
Flankenzustellung, thread-flank feed 273
Flansch, flange 324
Flexibilität, flexibility 23
Flexibles Fertigungssystem, flexible manufacturing system 320
Fliehkraft, centrifugal force 40, 291
Fliehkraftausgleich, centrifugal force balance 338
Fließbruchmechanik, inelastic fracture mechanics 770, 773
Fließfähigkeit, flowability 106
Fließgeschwindigkeit, flow rate 107
Fließlänge, flow length 106
Fließpressen, extrusion 12, 145, 146
Fließpresswerkzeug, extrusion tool 148
Fließprozess, continuous process 377
Fließspan, flowing chip 194
Fließspannung, yield stress 131
Fließvermögen, fluidity, plasticity 116
Fließweg, flow path 388
Fließzone, craze flow layer 192
Flitter, spangle 49
Floatglasverfahren, float glass process 435
Fluor-Thermoplaste, fluorothermoplaste 376
Flüssigkeitsoberfläche, liquid surface 626
Flüssigkeitsreibung, liquid friction 327
Flüssigphase , liquid phase 421
Flüssigphasensintern, liquid phase sintering 405
Flussmittel, flux 476
Flussmittelbad, flux bath 505
Fokus, focus 650
Fokusdurchmesser, focus diameter 560
Fokussierlinse, focusing lens 557
Fokussierung, focusing 556, 560
Folienblasen, film blowing 377
Folienblasen, film blowing 379
Folienschlickergießen, foil slip casting 418
Förderbandmagazin, conveyor magazine 519
Fördern, convey 513
Fördersysteme, conveyor systems 520
Förderung, hydraulisch, hydraulic conveyance 40
Form, pattern, form, shape 57, 593, 621
Formabweichung, shape tolerance, form deviation 22
Formänderung, deformation 125, 128
Formänderungsvermögen, deformability 132
Formanlage, molding machine 68
Formdrehen, contour turning 231
Formelement, shape element 15

Formenbau, mold manufacturing 288, 815
Formenbau, die and mold making 288, 815
Formfestigkeit, mold strength 46, 75, 85
Formfüllphase, cavity filling phase 54
Formfüllung, cavity filling 55, 57, 73, 87, 114
Formfüllvorgang, die filling capacity 20
Formfüllvorgang, cavity filling process 49, 106
Formfüllzeit, cavity filling time 55, 72, 111
Formgebung, forming 401, 415, 427
Formgebung, endkonturnah, near net-shape forming 163
Formgebungseigenschaften, forming quality 78
Formgebungsverfahren, forming process 413
Formgenauigkeit, form accuracy 824
Formhälfte, half of mold 37, 386
Formhälfte, mold half 37, 386
Formherstellung, molding / mold making 46, 47, 58
Formhöhe, die height 52
Formhohlraum, mold cavity 37, 83, 387
Formhohlraum, cavity 37, 83, 385
Formmaschine, molding machine 47
Formmasse, molding component 382
Formmessgerät, form measuring station 659
Formnest, cavity 112
Formpressen, form pressing 402, 407, 413, 416
Formprüfung, shape test 669, 685
Formprüfung, form test 669, 685
Formsand, molding sand 46
Formsandfertigkeit, molding sand strength 88
Formschräge, draught 59
Formspeicherwerkzeug, form memory tool 154
Formstauchen, shape 141
Formstoff, molding material 39, 47, 58, 71
Formtechnik, molding processes 58
Formteilung, mold parting 59
Formverfahren, molding process 37, 63
Formverfahren, molding processes 37, 63
Forsterit, Forsterite 398
Fourieranalyse, Fourier analysis 802
Fourier-Transformation, Fourier transformation 796
Fraktographie, fracture appearance imaging 750
Frank, F. C., Frank, F. C. 856
Frank-Read-Quelle, Frank-Read-Source 856
Fräsen, milling 259
Fräsen, Beispiel, milling, example 265
Fräsergeometrie, cutter geometry 281
Fräsmaschine, milling machine 14, 316, 813
Fräsverfahren, milling procedures 259
Fräsvorgang, milling process 20
Fraunhofer J. v., Fraunhofer J. v. 429
Freiflächenverschleiß, flank wear 200
Freiformen, free forming 138
Freiformfläche, free-form surface 14, 23, 278, 831
Freiformflächenbearbeitung, free forming machining 283
Freiheitsgrad, degree of freedom 802
Freistrahl, raw beam 556
Freistrahlführung, raw beam guiding system 556
Freitaster, skid less pick-up 671
Fremdatom, alloying atom 836
Fremderregung, separate excitation 325
Frequenzband, frequency band 802
Frequenzgang, frequency response 325
FTS, driverless transport system 520, 522
Fügen, assembling work, joining 11, 42, 407, 427, 440, 443, 513, 523
Fühlhebelmessgerät, lever gage 638, 646
Führung, aerostatisch, slideways, aerostatical 330
Führung, hydrodynamisch, slideways, hydrodynamical 327
Führungen, slideways 326

Führungsabweichung, guideway deviation 598
Führungsleisten, pilot guide 258
Führungsspiel, guideway backlash 599
Füllen, charge 13
Füllstoff, filler 400
Füllvorgang, filling phase 396
Fünfachsfräsmaschine, fife-axis-milling machine 320
Fungizide, fungicides 502
Funkenerosion, electrical discharge machining 178
Funktionalität, functionality 369
Funktionsmodell, functionality model 577
Furchen, groove 143
Fused Deposition Modeling, FDM 587
Fuß, foot 594

Galvani, L., Galvani, L. 166
Galvanisierung, galvanizing 77
Galvanoformung, galvanic forming 12, 166
Gasflamme, gas flame 459
Gasinnendruck-Verfahren, gas internal pressure technique 390
Gaspressschweißen, gas press welding 455
Gasschmelzschweißen, gas welding 458
Gasschweißen, gas welding 13
Gasverdüsung, gas pulverizing 116
Gauß, C. F., Gauß, C. F. 654
Gebrauchsgegenstand, article of daily use 9
Gebrauchsguss, functional castings 41
Gefrierspannen, freeze clamping technology 653
Gefrierspanntechnik, freezing clamp technique 349
Gefüge, texture, microstructure 308, 717, 745, 842
Gefüge, austenitisch, matrix, austenitic 224
Gefüge, ferritisch, matrix, ferritic 224
Gefügebewertung, microstructure description 749
Gefügeentwicklung, etching 748
Gefügeumwandlung, structural transformation 351
Gefügeunterschied, difference of microstructure 73
Gegendruckgießverfahren, counter pressure casting process 55
Gegenlauffräsen, up milling 260
Gegenschlaghammer, counterblow hammer 162
Gel, gel 410
Gelenk, joint 371
Genauigkeit, precision, exactness 10, 278
Geometriefehler, geometry distortion 806
Gerade, straight line 621
Geradheit, linearity, straightness 23, 621, 685, 806
Geradheitsinterferometer, straightness interferometer 668
Geradheitsmessgerät, straightness gage 599, 662
Geradheitsmessung, straightness measurement 623,640, 642, 806
Geradheitstoleranz, tolerance of straightness 621
Geradlingkeit, straightness 824
Gerätefehler, device defect 683
Geschäftsprozess, business process 27
Geschwindigkeit, velocity 23
Geschwindigkeitsbeiwert, velocity factor 111
Geschwindigkeitsprofil, velocity profile 281
Geschwindigkeitsverhalten, velocity behavior 819
Gesenk, swage 16, 141
Gesenkbiegen, die bending 126
Gesenkbiegen, die bending 157
Gesenkformen, forming under compressive conditions 126
Gesenkrunden, swage rolling 12
Gesenkschmieden, drop forging, impact forging 125, 141

Gesenkschmieden, die forging 169
Gestaltabweichungen, form deviation 23
Gestaltungskriterien, design guidelines 364
Gestell, stand 321
Gestellbauarten, stand types 322
Gestellverformung, stand deforming 324
Gestellwerkstoffe, stand materials 323
Gesundheitsschaden, health injury 15
Gewaltbruch, overload fracture 763
Gewichtsersparnis, saving of weight 17
Gewindearten, types of thread 268
Gewindebohren, tapping 268
Gewindedrehen, thread turning 272
Gewindeformen, thread forming 144
Gewindefräsen, thread milling 269
Gewindefräsen, thread milling 271
Gewindefurchen, thread grooving 144
Gewindegang, flight 274
Gewindeherstellung, thread machining 268
Gewindemessung, thread measurement 657
Gewindenenndurchmesser, size of thread 268
Gewindeprüfung, thread gauging 627
Gewinderollen, thread rolling machine 144
Gewindesteigung, thread pitch 268
Gewindesteigungswinkel, thread pitch angle 274
Gewindewirbeln, thread whirling 272
GFK, glass fiber reinforced polymer 437
GID, GET 390
Gieren, yawing 806
Gießbarkeit, castability 111
Gießeinheit, casting unit 51
Gießen, 11, 29, 402, 413
Gießereitechnik, foundry technology 29
Gießgarnitur, injection unit 51
Gießkammer, shot sleeve 74
Gießkanal, running gate 110
Gießkolben, piston 51
Gießkraft, injection force 52
Gießleistung, casting output 40
Gießmäander, meander 106
Gießschmelzschweißen, non-pressure thermit welding 457
Gießspirale, fluidity spiral 106
Gießsystem, gate system 37, 110
Gießtemperatur, casting temperature 78, 107
Gießtümpel, pouring basin 110
Gießverfahren, casting process 39
Gießwerkstoff, casting material 89
Gitteraufbau, lattice structure 834
Gitterbox, grid tray 518
Gitterfehler, lattice defect 836, 839, 857
Gitterkohärenz, lattice coherence 860
Gittermodifikationswechsel, lattice modification change 835
Gitterperiodizität, lattice periodicity 840
Gitterspektrograph, grid spectroscope 720
Gitterstruktur, crystal lattice structure 129
Gitter-Verfahren, grid method 625
Gitterverformung, lattice deformation 851
Gitterverspannung, lattice bracing 840
Glanz, luster (metallic) 33
Glas, glass 428, 477
Glasbildung, glass forming 431
Glasblasen, glass blowing 436
Glasfaser, glass fiber 437
Glaskeramik, glass ceramic 438
Glaspunkt, glass temperature 431
Glastemperatur, glass temperature 405
Glasur, glaze 406
Glattdrücken, planishing 143
Glätten, smoothing 406, 440, 489
Gleichgewichtszustand, equilibrium situation 841
Gleichgewichtszustandsdiagramm, equilibrium phase diagram 842
Gleichlauffräsen, down milling 260
Gleichmaßdehnung, elongation without necking 755
Gleitbahnmagazin, slide channel 519
Gleitbegünstigung, slip promotion 493

Fachwörterbuch Deutsch–Englisch, Sachwortverzeichnis

Gleitbruch, sliding plane 762
Gleitebene, slip band, slip plain 763, 853
Gleitführung, sliding slideways 326, 329
Gleitgeschwindigkeit, gliding velocity 193
Gleitlager, sliding bearing 327
Gleitrichtung, sliding direction 128
Gleitziehen, slip drawing, slide drawing 12, 149
Glimmer, mica 400
Globulit, globulites 848
Glühen, anneal 150, 356
Glühfarben, heat color 356
Glühtemperatur, annealing temperature 863
Glühzeit, annealing time 863
Gneis, gneiss 400
Gold, gold 36
Goldener-Schnitt, golden cut 369
Gough, E., Gough, E. 319
Gradient, gradient 610
Graham-Verfahren, graham process 456
Granat, garnet 552
Granit, granite 400
Granulat, granules 378
Granulieren, granulate, grain 116
Granulieren, granulation 412
Graphit, graphite 38, 80, 414, 477
Graphitausbildung, graphite texture 226
Graphitisieren, graphitizing 423, 424
Graphitisierung, graphitization 216
Graphitstruktur, graphite texture 227
Gratanschnitt, connor gate 113
Graugussgestelle, gray cast iron stands 323
Grauwertbild, gray scaled image 702
Gravieren, engraving 571
Gravierstichel, engraving needle 825
Gray E., Gray E. 620
Gray-Code, gray code 620
Greifraum, grab area 531
Grenzfläche, boundary surface 73
Grenzfläche, boundary surface 92
Grenzflächenenergie, interface energy 108
Grenzleistung, power limit 279
Grenzschwingspielzahl, cycle limit 767
Grenzwert, limit 816
Grobgestalt, coarse shape? 593
Grobkornglühen, coarse-grain annealing 356
Grobzug, bull block 150
Großwinkelkorngrenze, high angle grain boundary 839
Grubbs, F. E., Grubbs, F. E. 817
Grünbearbeitung, green machining 418
Grundschwingung, first mode 798
Grünling, green compact 116, 401
GSK-Linie, GSK-line 350
Gurtförderer, rubber belt conveyor 520
Gusseisen, cast iron 45
Gusseisenwerkstoff, cast iron 38
Gussgefüge, cast microstructure 845
Gussnachbearbeitung, cleaning 53
Gussteil, casting part 72
Gusswerkstoffe, casting materials 43, 226
Gutlehre, go gage 631

Haagen, G., H., L., Haagen, G., H., L. 388
Haarlineal, straight-edge 621
Hafenofen, bath furnace 433
Haftreibung, static friction 327
Haibach, E., Haibach, E. 769
Haigh, B. P., Haigh, B. P. 769
Hakenverschluss, hook belt 528
Halbleiterlaser, semiconductor laser 665
Halbzeug, semi-product 9
Halsbildung, sinter-contact 403
Hammer, pendulum 761
Hammerwerk, hammer works 127, 162
Handarbeit, manual work 529
Handformen, hand molding 62
Handhaben, handle 513, 535
Handhabungsgerät, handling facility 53
Handmodell, hand made mold 61
Hängebahnförderer, suspended conveyor 520

Hartstoffschicht, hard platted 190
Hartbearbeitung, hard machining 230, 407, 427
Härte, hardness 16, 33, 308, 850, 861
Härtebildner, hardness 229
Härtemessung, hardness measuring 731
Härten, hardening 11, 13, 16, 353, 440
Härteprüfung, hardness test 717, 731
Härteprüfung, dynamisch, dynamic hardness test 743
Härtevergleich, hardness comparison 303
Härteverlauf, progression of the hardening process 207
Hartlote, hard solder 527
Hartmetall, sintered carbide, hard metal 206, 209, 477
Hartmetallform, hard metal form 424
Hartmetallgefüge, hard metal texture 209
Hart-PVC, rigid PVC 380
Hartstoffbeschichtung, hard plated 206
Hartstoffschicht, hard metal coating 506
Hart-Zerspanung, hard cutting 229
Harz, resin 580
Haspel, coiler 150
Häufigkeit, frequency 783, 809
Hauptbewegung, main feed 330
Hauptebene, main plane 819
Hauptprogramm, main program 542
Hauptrichtung, main direction 685
Hauptschneide, major cutting edge 257, 264
Hauptschnittkraft, Fräsen, main cutting force, milling 264
Hauptspindel, work spindle, main spindle 279, 333
HB (Härte nach Brinell), HB 733
HCF-Probe, high cycle fatigue specimen 766
hdp-Gitter, hexagonal close packed lattice 854
Heißkanal, hot runner 387
Heißriss, clink 471
Heizelementschweißen, heat element welding 472
Helicoidal-Bewegung, helicoids- motion 269
Hellfeld, light field 749
Hellfeldbeleuchtung, bright field illumination 705
He-Ne-Laser, He-Ne laser 665
Hephaistos, Hephaistos 127
Herstellgenauigkeit, precision of machining 805
Hertz, H. R., Hertz, H. R. 608
Hertz'sche Pressung, Hertzian stress 608
Hexapod, hexapod 317, 539
High Performance Cutting, high performance cutting 280
High Speed Cutting, high speed cutting 14, 278, 280
Hilfsantrieb, additional drive 15
Hilfsmasse, auxiliary mass 325
Hilfsstoffe, additives 501
Hintergrundbeleuchtung, backlight 571
Hinterschneidung, undercut 118, 153
Hinterschnitt, undercut 48
Histogramm, histogram 816, 817
Hitze, heat 11
Hobeln, planing 276
Hochdruckharze, high pressure resins 375
Hochfrequenzschweißen, high frequency welding 473
Hochgeschwindigkeitsbearbeitung, high speed cutting 278
Hochgeschwindigkeitsfräsen, high speed cutting 16
Hochgeschwindigkeitsspindel, high speed spindle 333
Hochlage, high energy absorbed in fracturing 762
Hochleistungswerkstoffe, high performance material 376
Hochpassfilter, high-pass filter 710
Hochtemperaturbehandlung, high temperature treatment 420
Höhenmessgerät, height gage 598

Höhenreißer, marking gage 598
Hohlblock, hollow shape 136
Hohlglas, hollow glass 428, 436
Hohlguss, shell casting 418
Hohlkörperblasen, blow molding 381, 390
Hohlnadel, blowing needle 390
Hohlraum, cavity 47, 74
Holzmodell, wood pattern 61
Honen, hone 16, 315
Hooke, R., Hooke, R. 128, 754
Hookesche Gerade, Hooke's straight line 128
Hook'sches Gesetz, Hooke's law 754
HPC, high performance cutting 278
HR (Härte nach Rockwell), HR 740
HRC, HRC 740
HS, high alloy steel 206
HSC, HSC, high speed cutting 14, 278
HSC-Abnahmebauteil, HSC acceptance workpiece 815
HSC-Werkzeug, high speed cutting tool 287
HSM, high speed machining 278
HSK (Hohlschaftkegel), HSK 291
HS-Schneidstoffe, high alloy cutting material 208
Hubbalkenmagazin, rocker bar magazine 519
Hubbalkenofen, rocker bar furnace 121
Hück, M., Hück, M. 769
HV, HV 736
HVM, high velocity machining 278
Hybridpresse, hybrid press 161
Hydraulik-Kissen, hydraulic pillow 153
Hydrodehnspannfutter, hydraulic extension chuck 250, 289, 290
Hysterese, hysteresis 602

ICP, ICP (Integrated Circuit Piezoelectric) 784, 801
IGES, IGES 286
IGRIP, IGRIP 20
IHU, internal high pressure forming 18, 154
Immersion, immersion 21
Implantat, implant 590
Imprägnieren, impregnation 423
Impuls-Echo-Verfahren, impulse-echo-method 729
Impulshammer, impulse hammer 800
Impuls-Laufzeit-Verfahren, impulse-time-method 729
Indextisch, indexing table 644
Induktionshärten, inductive hardening 353
Induktionslöten, induction brazing 478
Industrieroboter, industrial robot 454, 535, 819
Ineinanderlegen, nest into each other 528
Inertgas, inert gas 476
Infiltrieren, infiltration 122
Infiltrieren, interpenetration 418
Informationsfluss, information flow 27
Informationskette, information chain 22
Informationsverarbeitung, information processing 10
Inhibitor, inhibitor 512
Injektorbrenner, injector welding torch 458
Inklinometer, inclinometer 640
Inkrementalmaßstab, incremental line encoder 616, 619, 637
Innenausdrehen, internal turning 238
Innendefizit, internal deficit 82
Innendrehfräsen, internal turn- milling 267
Innendruckprüfung, pressure test 789
Innengewinde, female thread 268
Innengewindefräsen, female thread milling 269
Innenhochdruckumformung (IHU), internal high pressure forming 18, 167
Innenkern, internal core 69
Innenmaß, inner diameter 638, 657
Innenwirbeln, internal whirl milling 267
Innnhochdruckumformen, internal high pressure forming 154
Instabilität, instability 360
Integralbauweise, integral design 370

Interdiffusion, interdiffusion 505
Interferenz, interference 601, 618, 626, 663, 669
Interferenzmaßstab, interferential line encoder 618
Interferenzstreifen, interference line 635
Interferometer, interferometer 663
intermetallische Phase, intermetallic phase 844
Interpolation, interpolation 286, 617
Invertierung, inversion 708
Ionenbindung, ionic binding 833
Ionenimplantieren, ion implantation 509
Ionenplattieren, ion plating 13, 509
IR-Strahlung, infrared radiation 706
ISO, International Organization for Standardization 43
ISO 9283, ISO 9283 819
Isostatisches Pressen, isostatical pressuring 119
ISO-Trapezgewinde, trapezoid thread 268
Isotrop, isotropy 120
Ist-Pose, attained pose 820
Istposition, actual position 809
Istwert, actual value 596

Justieren, adjust 257, 513

Kalandrieren, calendering 377, 380
Kalibrieren, calibrate 122, 598, 609, 614, 686
Kalibrierwalzen, grovved cylinder 135
Kalifeldspat, potash feldspar 400
Kalk, lime 400
Kalkstein, lime stone 432
Kalteinsenken, cold sinking 143
Kaltfließpressen, cold extrusion 146
Kaltfließstelle, cold flow 73
Kaltformgebung, cold forming 125
Kaltkammerdruckgießmaschine, cold-chamber-die-casting-machine 51
Kaltpressschweißen, cold press welding 446
Kaltriss, cold crack 75, 86
Kaltrissbildung, cold shortness 471
Kaltstelle, cold junction 460
Kaltverfestigung, strain hardening 125, 129
Kaltverschweißen, cold welding 146
Kaltwalzen, cold rolling 136
Kamera, camera 701
Kammerofen, box furnace 121
Kanalmagazin, channel magazine 519
Kaolinit, kaolin 400
Karbid, carbide 408
Karbidkeramik, carbide ceramic 408
Karbidseigerung, carbide segregation 208
Kardangelenk, Cardan's joint 319
Karussell, rotary table 14
Kastenformen, flask molding 58
Kation, cation 834
Katzenauge, reflex reflector 716
Kavität, cavity 16
Kegeldurchmesser, cone diameter 658
Kehlnaht, fillet joint 565
Keilschieber, wedge bolt 347
Keilspanner, wedge clamp 346
Keim, nucleus 78
Keimbildung, nucleation 424, 438, 847, 850
Kerameikos, Kerameikos 397
Keramik, ceramics 397, 477
Keramikform, ceramic mold 50
Keramische Bindung, ceramic-bonded 308
Keramisierung, ceramizing 425
Kerbe, notch 762
Kerben, notching 143, 523
Kerbprobe, notched specimen 766
Kerbschlagarbeit, impact energy 761
Kerbschlagbiegeversuch, notch bending test 760
Kerbschlagzähigkeit, absorbed energy per cross sectional area 761
Kerbwirkung, notch effect 779
Kern, core 36, 47, 48, 53, 69

Kernblockverfahren, core box process 37
Kernbohren, core drilling 252
Kernherstellung, core molding 70
Kernmantel, cladding 555
Kernmodell, core pattern 61
Kernpaket, core box 69
Kernzugeinheit, core puller unit 51
Kettenaustragsbunker, chain conveyor bunker 518
Kettenförderer, chain conveyor 520
Kettenmagazin, chain magazine 519
Kevlar, Kevlar 555
kfz-Gitter, kubisch flächenzentr., face-centered cubic lattice 79, 351, 854
Kienzle, O., Kienzle, O. 197
Kinematik, kinematics 317, 537
Kinematik, parallel, parallel kinematics 14
Kinematik, seriell, serial kinematics 14
Kippscharnier, tilting-hinge 371
Kirkendall, Kirkendall 479
Kirkendalleffekt, Kirkendall-mechanism 479
Kitten, luting 653
Klasse, level 783
Klasse, class 817
Klassengrenze, boundary 783
Klassengrenzüberschreitung, level crossing counting 783
Kleben, adhering, gluing 443, 480, 525, 653
Klebenahtfestigkeit, adhesive strength 480
Klebestoffe, adhesive gum 525
Kleinserie, small production 46
Kleinteilelager, small part store 516
Kleinzahl, small number 108
Klettverschluss, Velcro fastening 528
Klimakammer, climate chamber 796
Klippverschluss, clip fastening 528
KMG (Koordinatenmessgerät), CMM (coordinate measuring machines) 677
KMT (Koordinatenmesstechnik), CMT (coordinate metrology) 677
Kneten, plasticize 138
Knetlegierung, wrought alloy 228
Knickbauchen, upset bulging 149
Knicksteifigkeit, buckling strength 80
Koagulation, coagulation 775
Kobaltlegierung, cobalt alloy 117
Kodelineal, line encoder 620
Kohärenzfunktion, coherence function 802
Kohlendioxidlaser, carbon dioxide laser 551
Kohlenmonoxid, carbon monoxide 34, 74
Kohlenstoff, carbon 38, 74, 408, 851
Kohlenstoffpulver, carbon powder 414
Kohlenstoffstähle, carbon steel 222
Kohlenstoffwerkstoff, carbon material 409
Kokille, die 37
Kokillengießen, die casting 58
Kokillengießverfahren, die casting process 37
Kokillenguss, permanent mold casting 48
Kokillengussteil, permanent mold casting part 56
Kokillenpressgießen, permanent mold squeeze casting 55
Koks, coke 408
Kolbengießen, piston casting 55
Kolkverschleiß, cratering wear 200
Kollimierlinse, collimating lens 557, 561, 704
Kommissionierung, commissioning 516
Kommunikation, communication 10
Komparator, comparator 598, 599, 647, 656
Komplettbearbeitung, full automatic machining 334
Komponentenprüfstand, component durability test rig 786
Kompressionsumformen, compression molding 381
Konfokale Sensoren, confocal sensors 651
Konizität, conicity 24, 86
Konode, conode 841
Konservieren, corrosion protection 510
Konservierung, preservation 510
Konsolfräsmaschine, knee type milling machine 316

Konstruktionszeichnung, drawing, engineering drawing 591
Kontaktkorrosion, galvanic corrosion 510
Kontaktlänge, contact length 203
Kontakttemperatur, contact temperature 95
Kontrastierung, contrasting 748
Kontrastmittel, contrasting fluid 725
Kontrastspreizung, spreading of contrast 708
Konturelemente, contour feature 814
Konversionsschicht, conversion coating 490, 496
Konvertieren, conversing 496
Koordinatenmessgerät, coordinate measuring machine 677
Koordinatensystem, system of coordinates 320, 537, 544
Koordinatensystem, coordinate system 685
Kopfspeiser, top feeder 100
Kopierdrehen, copying turning 231
Körnen, punch 143, 523
Kornfeinung, grain refinement 78
Korngrenze, grain boundary 74, 775, 839, 857
Korngrenzenätzung, grain boundary etching 748
Korngrenzendiffusion, grain boundary diffusion 403
Korngröße, grain size 108
Körnung, grain size 306
Kornvergröberung, grain growth 469
Körpergröße, height 530
Korrosion, corrosion 11, 77, 360, 511
Korrosionsbeständigkeit, corrosion-proof 17
Korrosionsfestigkeit, corrosion resistance 42, 77
Korrosionsschutz, corrosion protection 493
Korrosionsvermeidung, corrosion avoid 77
Korund, aluminous abrasive 305
Kraft-Rissöffnungskurve, load displacement curve 772
Kraftschrumpffutter, force shrink clamp 289
Kraftspannfutter, force clamping chuck 250, 290, 338
Kraftvektor, load vector 786
Kraft-Verlängerungs-Aufzeichnung, force-elongation-diagram 753
Kragenziehen, collar forming 149
Kratzenzug, carding train 150
Kreis, circle 627
Kreisausschnitt, section of circle 815
Kreisdefinition, definition of the circle 627
Kreisformgenauigkeit, accuracy of circular interpolation 812
Kreisformmessgerät, circular form measuring station 660
Kreisformtest, circular interpolation test 811
Kreislaufanteil, circuit part 83
Kreislaufmaterial, scrap return 35, 89
Kreissägen, buzz saw, circular saw 343
Kreuzgitter-Messgerät, grid encoder 811
Kreuztisch, cross table 603, 627
Kriechbereich, creep area 863
Kriechdehnung, creep strain 775
Kriechdehnungskurve, creep strain curve 777
Kriechen, creep 863
Kriechgeschwindigkeit, creep rate 775
Kriechkurve, creep curve 863
Kristallgitter, crystal lattice 760, 834
Kristallglas, crystal glass 429
Kristallisation, crystallization 82, 97, 425, 426
Kristallisationsfront, melt-crystal interface 862
Kristallisationswärme, crystallization heat 847
Kristallseigerung, micro segregation 468
krz-Gitter, kubisch raumzentr., body-centered cubic lattice 79, 351, 854
KSS, coolant, cooling lubricant 294
KSS, Entsorgung, disposal of coolant 297
Kufentaster, skidded pick-up 671
Kugelendmaß, ball gage 615
Kugelgelenk, ball jointed bearing 319
Kugelgewindetrieb, ball screw 331
Kugelgraphit, spheroidal graphite 227

Kugelkopffräser, spherical cutter 278, 281, 287
Kugelmühle, ball-mill 408
Kugelplatte, sphere plate 623
Kühlkanal, cooling channel 396
Kühlmittelbohrung, cooling lubricant bore 250
Kühlmitteltemperatur, coolant temperature 396
Kühlschmierstoffe, coolant, cooling lubricant 294
Kühlschmierstoffe, Einteilung, coolant, classification 295
Kühlschmierung, cooling lubrication 293
Kulissenantrieb, crank drive 347
Kunde, customer 26
Kundenguss, jobbing cast 41
Kunstglas, artificial glass 429
Kunstguss, art casting 41
Kunstharz, synthetic resin 411, 425
Kunstharzbindungen, resin-bonding 308
Kunstharzvorstufe, synthetic resin precursor 411
Kunststoffe, plastics 9, 357, 563
Kunststoffeigenschaften, plastics characteristics 365
Kupfergusswerkstoff, copper casting material 75
Kupferwerkstoff, alloy copper materials 39
Kurzbohrer, short drill 249
Kurzgewinde-Drehfräsen, shortthread turnmilling 271
Kurzzeitfestigkeit, short-term strength 767

Lackieren, coating, lacquering 17, 502
Lage, position 591, 621
Lageabweichung, position deviation 23
Lageabweichung, positional deviation 806
Lagegenauigkeit, location accuracy 824
Lageregelung, position control 811
Lagern, store 516
Lamellengraphit, lamellargraphite 227
Lamellenspan, lamellar chip 192, 194
Längen, stretching 126, 154
Längenausdehnungskoeffizient, stretching coefficient 47
Längenmaß, linear distance 613
Längenmesssystem, distance measuring system 645, 679
Langgewinde-Drehfräsen, longthread turnmilling 271
Langgewindefräsen, longthread milling 271
Langsamfahrverhalten, slow feed behavior 814
Längsdehnung, elongation 754
Längsdrehen, lengthwise turning 231
Längsfehler, crack in longitudinal direction 725
Längsrundschleifen, traverse grinding 310
Längsschliff, longitudinal section 747
Langzeitversuch, long term test 777
Laplace, Marquis de, P. S., Laplace, Marquis de, P. S. 710
Laplace-Filter, laplacian filter 710
läppen, lap 314, 624
Laser, laser 526, 549, 823
Laseranwendungen, laser applications 563
Laserbeschichten, laser cladding 572
Laserbeschriften, laser marking 571
Laserbohren, laser drilling 569
Laser-Doppler-Vibrometer, laser Doppler vibrometer 801
Laserhärten, laser hardening 354, 572
Laser-Interferometer, laser interferometer 618, 664, 807
Laserleistung, laser power 563
Laserlöten, laser brazing 570
Laserscanner, laser scanner 659
Laserschneiden, laser cutting 171, 567, 568, 825
Laserschweißen, laser welding 563
Laserschweißwerkzeug, laser welding tool 564

Lasersintern, laser sintering 577, 582
Laserstrahlschneiden, laser beam cutting 173, 177, 567, 568
Laserstrahlschweißen, laser beam welding 467
Laserstrahlung, laser radiation 549
Lasertechnik, laser technology 549
Lasertracker, laser tracker 716
Lasertrennen, laser beam cutting 174
Lasttragfähigkeit, strength 480
Lastwechsel, load alternation 812, 819
Lauf, runner 50, 109, 112
Lauflängencodierung, run length coding 712
LCM, LCM, Life Cycle Management 27
Lebenszyklusmanagement, Life Cycle Management 27
LEBM, linearelastische Bruchmechanik, LEBM 770
Leckage, leakage 791
Leerstelle, vacancy 836
Legierbarkeit, alloying 42
legieren, alloy 33, 117
Legierung, alloy 77, 78, 81
Legierungsatom, alloying atom 841
Legierung, übereutektisch, hypereutectic alloy 79
Legierung, untereutektisch, hypoeutectic alloy 79
Lehrdorn, plug gage 627
Lehre, gage 630
Lehrenprüfung, gauging 630
Lehrring, ring gage 627
Leichtbau, lightweight construction 18, 30, 325
Leichtmetall, light metal 17, 45
Leistungssensor, power sensor 545
Leitfähigkeit, conductivity 33
Leitfähigkeit, thermisch, thermal conductivity 90, 852
Lekuthem, Lekuthem 375
Leuchtgas, city gas 174
Leuchtwand, light wall 704
Libelle, spirit level 639
Licht, light 549
Lichtbogen, arc 461
Lichtbogenbolzenschweißen, arc stud welding 456
Lichtbogenhobeln, arc planing 175
Lichtbogenschneiden, arc cutting 175
Lichtbogenschweißen, arc welding 19, 456, 461
Lichtgeschwindigkeit, speed of light 595
Lichtleiter, optical fiber 442
Lichtleitkabel, laser light cable 554
Lichtleitkabel, laser light cable 559
Lichtschnitt, light section 713
Lichtspalt, light gap 621
Lichtstrahl, light beam 472
Lichtwelle, light wave 551
Lieferant, supplier 814
Linapod, Liniapod 319
Lineal, ruler 806
Linearachse, linear axis 330
Lineardirektantrieb, linear direct drive 332
Linear-Drehräumen, linear- turn-broaching 276
Linearführung, linear bearing 622
Lineargenauigkeit, linear accuracy 823
Linearinterpolator, linear interpolator 283, 286, 814
Linearitätsabweichung, linearity deviation 806
Linearmotor, linear direct drive 14
Linienform, line form 621
Linksgewinde, left hand tread 268
LLK, Lichtleitkabel, LLK 554, 559
lochen, perforate, hole 135, 140
Löffel, scoop 41
Logistikmanagement, logistic management 27
LOM, LOM, laminated object manufacturing 577

Look-Ahead-Funktion, look ahead function 825
Look-Up-Tabelle (LUT), look up table 708
Lorentz, H. A., Lorentz, H. A. 750
Lorentzkraft, Lorentz force 750
Lose, backlash 331
Lösemittel, solvent 502
Loslager, movable bearing 329
Löslichkeit, solubility 842
Lot, brazed connection 475
löten (hartlöten), braze 427, 443, 474, 570
löten, solder 526
Lötprozess, brazing process 478
Lötspalt, brazing gap 474
Lötstopp, brazing stop-off 478
Löttemperatur, brazing temperature 474
Lötverbindungen, brazed connection 474
LSLI, LSLI (least square line) 662
Lüdersband, lüders area 755, 763
Lüdersdehnung, lüders elongation 755
Luftfeder, pneumatic spring, air spring 611
Lüftungskern, ventilating core 105
Lunker, shrinkage hole 74, 77, 81
Lunker, void 382
Lunker, shrinkage cavity 469, 726
LUT, LUT, look up table 708
LVDT, LVDT, Linear Variable Differential Transducer 645

Magazin, magazine 519
Magazinieren, magazining 519
Magnesium, magnesium 44
Magnesiumlegierung, magnesium alloy 29, 44
Magnetisieren, magnetizing 11
Magnetpulverprüfung, magnaflux testing 700
Magnetpulverschweißen, magnetic powder welding 462
Magnetpulververfahren, magnetic powder process 700
Magnetronsputter, magnetron sputtering 508
Magnet-Spannplatte, magnetic clamping plate 349
Magnetspanntechnik, magnetic work holding 348
Magnetumformung, magnetic forming 155
MAG-Schweißen, metal active gas welding 463
Mahlen, milling 432, 408, 116
Mahlen, crushing 401
Makro, macro command 19
Makrolunker, macro shrinkage 74, 83
Makromolekül, macromolecule 833
Management, management 25
Manipulator, manipulator 536, 695
Markov, A. A., Markov, A. A. 784
Martens, A., Martens, A. 350, 731
Martensitbildung, martensite formation 350, 850
Maschinenabnahme, machine acceptance 805
Maschinenabweichung, machine deviation 806
Maschinenantriebsleistung, engine driving power 264
Maschineneigenschaft, machine property 806
Maschinenelemente, machine components 363
Maschinenfehler, machine error 811
Maschinengestaltung, machine design 325
Maschinengestell, stand 14
Maschinenkinematik, kinematics of machine tools 14
Maschinenlieferant, machine supplier 814
Maschinenmodell, mechanical mold 61
Maschinenrichtwaage, engineering level 639
Maske, mask 67, 185
Maskenformverfahren, shell mold casting 67
Maß, dimension 591

Maßabweichung, dimensional deviation 23, 806
Maßänderung, dimensional change 76
Maßbeständigkeit, dimensional stability 76
Masseln, ingot 9, 44
Massenverteilen, mass distribution 140
Maßgenauigkeit, dimensional accuracy 57
Maßhaltigkeit, accuracy of dimension 76
Massivumformung, massive forming 125
Maßstab, scale 616, 810
Maßverkörperung, solid measure 595, 679, 613, 808
Maßverkörperung, master gauge element 808
Materialbrücke, sinter-contact 403
Materialfluss, material flow 27, 516
Matrix, matrix 784
Matrixgitteratom, base material atom 836
Matrixkamera, matrix camera 701
Matrize, bottom die, swage 151, 159
Mechanik, mechanics 814
Medianfilter, median filter 710
Mehrfachreflexion, multiple reflection 562
Mehrmaschinenbedienung, multiple-machine assignment 335
Mehrprobentechnik, multi specimen test 773
Mehrpunktspannung, multipoint bearing 344
Mehrstellenmessgerät, multi probe measuring instrument 658
Mehrstempel-Presse, multiple stamp press 118
Menge, mass 23
Messabweichung, measurement deviation 595, 599
Messaufgabe, measuring problem 687
Messauftrag, measuring job 687
Messband, measuring tape 616
Messdraht, gauging wire 627
Messeinsatz, anvil, gage slide 634, 638
Messen, measuring 677
Messeranschnitt, blade gate 113
Messerschneide, cutting edge 171
Messfläche, measuring plane 638
Messflächenabweichung, deviation of measuring faces 600
Messgenauigkeit, measuring accuracy 666
Messgerät, measuring tool 633
Messing, brass 38
Messinglegierung, brass alloy 49
Messkraft, measuring force 606
Messlatte, leveling rod 616
Messmikroskop, measuring microscope 602, 654
Messort, measuring location 819
Messplanung, measuring planning 687
Messplatten, surface plates 624
Messprogramm, measuring program 689
Messprotokoll, measuring protocol 692
Messpunkte, measuring points 801
Messpunktezahl, number of measured points 661
Messquader, measuring cube 819
Messschieber, vernier caliper 597, 619, 633
Messschraube, measuring screw 601
Messschraube, micrometer 601, 634
Messspindel, measuring screw, micrometer 601
Messständer, measuring stand 606, 637, 652, 806
Messstrategie, measuring strategy 661, 688
Messsysteme, measuring system 679
Messtarget, measuring target 820
Messtaster, caliper 598, 637, 645
Messtaster, measuring pin 820
Messtechnik, metrology 591
Messtisch, plane-table 600
Messuhr, dial gage 636, 807
Messunsicherheit, measuring uncertainty 616
Messvolumen, measuring volume 819
Messwertauswertung, measured values evaluation 683

Metall, metal 9, 408
Metallabscheiden, metal deposition 494
Metallbindung, metal bonded 308
Metallbindung, metallic binding 832
Metalldampf, metal vapor 508
Metallfeinguss, metal lost-wax casting 577
Metallkleben, metal adhering 443
Metallmodell, metal pattern 61
Metallpulver, metal powder 115
Metallpulverspritzgießen (MIM), metal injection molding, (MIM) 166
Metallschaum, metal foam 18
Metallsintern, metal sintering 22
Meteoreisen, meteoric iron 34
Meter, meter 594
Meterdefinition, meter definition 594
Meterstab, pocket rule 616
Methylcellulose, methylene cellulose 412
Mg-Legierung, magnesium alloy 29
Michelson, A. A., Michelson, A. A. 663
MIG-Schweißen, metal inert gas welding 463
Mikrobearbeitung, micro machining 805
Mikrofokusröhre, micro focus X-ray source 694
Mikrofunktionen, micro functions 19
Mikrohärteprüfung, micro hardness test 739
Mikrolunker, micro shrinkage 74, 82
Mikroseigerung, Kristallseigerung, micro segregation 849
Mikrozerspanung, micro machining 258
Millefioriglas, millefiori glass 429
Mindestdicke, minimum thickness 742
Mindestlastspielzahl, number of cycles minimum 788
Mineralgussgestelle, mineral casted stands 323
Miniaturfräser, miniature milling cutter 288
Minimalmengenschmierung, minimum quantity lubrication 15, 190, 293, 298
Mischen, blending 67
Mischkeramik, composite ceramic 212
Mischkristall, solid solution 836, 841
Mischreibung, mixed friction 327
Mischung, mixture 81
Mischungslücke, two-phase region 843
Missbrauchsereignis, misuse events 782
Mittelwert, average 809, 816
Mittelwert, mean value 821
Mittelwert, quadratisch, square average 796
Mittelzug, second wire drawing 150
Mittenrauwert, center roughness 16, 24, 676
MMS, minimum quantity lubrication 15, 293, 298
MMS-Zufuhr, minimum quantity lubrication application 258
Modalanalyse, modal analysis 799
Mode, mode 558
Modell, pattern, model 22, 37, 46, 50, 57
Modell, verlorenes, consumable pattern 58
Modellart, pattern type 61
Modellbildung, modeling 799
Modellkörper, model simulation 766
Modellplatte, pattern plate 46
Modellteilung, pattern joint 59
Modifizieren, modification 372, 443
Moiré-Technik, moiré technique 714
Mol, mol 90
Moldflow, MOLDFLOW Company 20, 368
Monomer, monomer 411, 425
Montage, assembly 20, 513
Montagearbeitsplatz, assembly area 529
Montageoperationen, assembly operations 514
Montageplattform, assembly carrier 515
Montagestation, assembly station 532
Montagetechnik, assembly technology 513
Montagetopologie, assembly topography 533
Montmorillonit, montmorillonite 400
Moody-Verfahren, moody method 625
Motographie, motographical representation 826

Mullit, mullite 405
Muttergewinde, female screw thread 268
MZLI, MZLI (minimum zone lines) 662

Nacharbeit, reworking 631
Nachbehandlung, after-treatment 510
Nachdruck, holding pressure 382
Nachdruckphase, squeezing phase 54
Nachgiebigkeit, compliance 819, 827
Nachspeisen, feeding 54, 77
Nachtdesign, night-design 571
Nachverdichten, redensification 122
Nadelverschluss, needle valve 383
Näherungsschalter, proximity switch 647
Nahtformen, seam geometry 445
NaOH, sodium hydroxide 486
Napf, cup 758
Nassbearbeitung, wet machining 300
Nasslackieren, wet painting 504
Natriumatom, sodium 833
Natriumsulfat, sodium sulphate 432
Natron, sodium 432
Naturmodell, nature mold 61
Naturspeiser, nature feeder 100
NC-Drehmaschine, numerical controlled lathe 814
NCG, NCG (abbreviation of NC Gesellschaft) 805
NC-Gesellschaft, NC-Gesellschaft 805, 815
Nd:YAG-Laser, Nd:YAG-laser 549, 552
Nebenrichtung, auxiliary axel 685
Nebenschneide, minor cutting edge 257
Negativform, mold 16, 22
Negativformen, negative stretch forming 167
Neigungsmessgerät, inclinometer 639
Neigungswinkel, negative side rake 237
Nelson-Verfahren, nelson process 456
NE-Metallgusswerkstoffe, cast non ferrous metals 45
Nennlast, rated load 819
Nennspannung, nominal stress 776
Netzwerkbildner, net work former 431
Netzwerkwandler, net work changer 431
Neumann, Neumann 96
Neutralisieren, neutralize 488
Nibbeln, nibbling 171
Nichteisenmetall, non-ferrous metal 38
Nichtlinearität, non linearity 361
Nichtmetalle, nonmetals 831
Nichtoxidkeramik, non-oxide ceramic 399
Nichtsilikatkeramik, non-silicate ceramic 399, 407
Nickellegierung, nickel alloy 117
Nicken, pitching 806
Niederdruckharze, low pressure resins 375, 376
Niederdruckkokillenguss, low pressure die casting 39, 49, 55, 57
Nieten, cam switch 524
Niob, niob 209
Nitrid, nitride 408
Nitrieren, nitrify 11, 13, 355, 492,
Nitrierschicht, nitriding depth 355
Nonius, vernier 633
Norm, standard 43
Normalspannung, normal stress 511, 852
Nullpunkt-Spannsystem, zero-point clamping system 346
Nunes P., Nunes P. 633
NURBS, NURBS 283, 286
Nutsystem, groove system 345

Oberdruckhammer, double-acting hammer 162
Oberfläche, surface 626
Oberflächenbeschaffenheit, surface appearance 11, 77
Oberflächenfehler, surface defect 73
Oberflächengestalt, topography 650
Oberflächengüte, surface quality 24, 278
Oberflächenhärte, surface hardness 122

Fachwörterbuch Deutsch–Englisch, Sachwortverzeichnis 873

Oberflächenhärten, surface hardening 353
Oberflächenkenngrößen, surface characteristics 675
Oberflächenmesstaster, surface pick-up 671
Oberflächenmesstechnik, surface metrology 670
Oberflächenmodifikation, surface modification 485, 491
Oberflächenrauigkeit, surface roughness 779
Oberflächenspannung, surface tension 475
Oberflächenveredelung, surface treatment 77
Oberschwingung, second mode 798
Oberspannung, maximum stress 768
OEG, obere Eingriffsgrenze, upper operating limit 816
Ofenlöten, furnace brazing 478
O-Gestell, O-stands 322
Orientierung, orientation 820
Orowan, Orowan 859
Ortsauflösung, spatial resolution 696
Ostwaldreifung, Ostwald ripening 859
OT, oberer Totpunkt, upper death point 160
Oxidation, oxidation 199
Oxidationsbeständigkeit, oxidation resistance 168
Oxidationsschutz, oxidation protection 493
Oxidkeramik, oxide ceramic 399, 408
Oxidschicht, oxide layer 487, 497

Pacioli L., Pacioli L. 369
Palatal, palatal 375
Palettenmagazin, pallet magazine 334
Palettenmagazin, pallet magazine 519
Palettenzuführsystem, pallet conveyor 683
Panzern, armoring 572
Parallelendmaß, block gage 613
Parallelendmaß, block gage 613, 630
Parallelführung, parallel slide 161
Parallelität, parallelism 24
Parallelitätsprüfung, parallelism test 635
Parallelkinematik, parallel kinematics 14, 317, 539
Paris, P. C., Paris, P. C. 774
Paris-Erdogan-Gleichung, Paris Erdogan function 774
PASCAL, PASCAL 542
Passivschicht, passive oxide 488, 497
Paternoster, paternoster conveyor 529
PD, poly crystalline diamond 257
PDM, PDM, product data management 25
Pendelhammer, pendulum 743, 761
Pendelschrittverfahren, pendulum stepping procedure 810
Pendeltastsystem, pendulum pick-up system 671
Penetration, penetration 80
Penetrationsverfahren, penetration method 721
Pentagonprisma, penta prism, pentagon prism 627, 628
Periodensystem, periodic system 831
Peritektikum, peritectic 843
Perlit, perlite 222
Perowskit, Perowskite 398
Personal, staff 26
Pertinax, Pertinax 375
Pfanne, ladle 41
Phasengang, phase-shift diagram 325
Phasengrenze, phase boundary 478, 728, 745, 840
Phasen-Schiebe-Verfahren, phase shifting method 714
Phasenumwandlung, phase transformation 845
Phenoplaste, phenolics 376
Phosphatieren, phosphate treatment 497
Photon, photon 551
Pigmente, pigments 501
Pilgern, put through a pilger mill 136
Pilgerwalze, pilger mill 136
Pincheffekt, pinch effect 461

PKD, poly crystalline diamond 214, 257
PKW-Montage, car assembly 530
Planck, Max, Planck, Max 550
Planck'sche Konstante, Planck's constant 550
Plandrehen, facing, traverse turning 231
Planen, design 15
Planlauf, axial run out 806, 808
Planschleifen, surface grinding 340
Plasma, plasma 508, 719
Plasma-CVD, plasma-chemical vapor deposition 506
Plasmaflammspritzen, plasma spraying 499
Plasmaschneiden, plasma cutting 171, 174, 176
Plasmaspritzen, plasma spraying 12
Plasmastrahlschweißen, plasma welding 467
Plastifizieren, plasticizing 382, 401
Plastifiziermittel, plasticizer 123
Plastomer, plastomer 472
Plattieren, cladding 447
Play-back-Programmierung, play back programming 541
PM, powder metallurgy 115
Poisson, S. D., Poisson, S. D. 754
Poisson-Zahl, Poisson's ratio 754
Polarisation, polarization 706
Polarität, polarity 372
Poldi-Hammer, Poldi-hammer 744
Polieren, polishing 747
Polieren, ECM, polishing, ECM 187
Polyaddition, poly addition 375
Polyamid, polyamide plastics 584
Polyborosilan, poly-borosilane 411
Polycarbosilan, poly-carbosilane 411
Polyesterharz, polyester resin 375
Polyester-Thermoplaste, polyester thermoplaste 376
Polyethylen, polyethylene 833
Polygonspiegel, polygon mirror 618, 630, 643
Polykondensation, polycondensation 375
Polymer, polymer 425, 472
Polyolefine, polyolefin 376, 488
Polysilazan, poly-silazane 411
Polysiloxan, poly-siloxane 410, 411
Polystyrol, polystyrene plastics 584
Polyvinylalkohol, poly vinyl alcohol 412
Pore, porehole 74
Poren, pores 721
Porenausheilung, pore elimination 403
Porenbildung, cavity formation 775
Portal, gantry 322
Portalbauart, bridge construction 679
Portalfräsmaschine, gantry milling machine 317
Porzellan, porcelain 398
Pose-Genauigkeit, pose accuracy 819, 820
Poseuille, J.-L., M., Poseuille, J.-L., M. 386
Pose-Wiederholgenauigkeit, pose repeatability 819, 820
Positionierabweichung, positioning error 805
Positioniergenauigkeit, positional accuracy 806
Positionsgenauigkeit, positional accuracy 809
Positionsmessung, position measurement 810
Positions-Stabilisierungszeit, position stabilization time 819, 826
Positionsstreubreite, variation 809
Positionsunsicherheit, positioning uncertainty 809
Positivform, positive shape 16
Positivformgebung, positive stretch forming 167
Potenzreihe, power series 597
Pottasche, potash 429
Polycarbosiloxan, poly-carbosiloxane 411
Prägen, stamp 127
Präzisionsbauteile, precision parts 115
Präzisionsschmieden, precision forging 169

Precocast-Verfahren, counter pressure casting process 55
Precursorabhängigkeit, precursor dependence 426
Presse, press 161
Pressen, pressing 12, 58, 64, 437
Pressen, heißisostatisch (HIP), hot isostatic pressing 165, 422
Pressen, kaltisostatisch (CIP), cold isostatic pressing 165
Pressenstraße, press line 160
Pressmaschine, press machine 161
Pressschweißen, press welding 444
Presssitz, press fit 528
Pressung, stress 608
Primäraluminium, primary aluminum 35
Primärkristall, primary crystal 845
Prisma, prism 652
Probe, specimen 717, 752, 760, 766
Probeentnahme, specimen extraction 717
Probegläser, testing glasses 625
Probendicke, thickness of a flat bar 772
Probeneinfassung, embedding 747
Probenform, specimen geometry 766
Probenhalter, sample fixture 751
Probenherstellung, specimen manufacturing 766
Probennahme, sampling 747
Produkt, product 9
Produktdatenmanagement, product management 25
Produktdatenmodell, product model 25
Produktionsdaten, product data 26
Produktionsmittel, manufacturing facilities 805
Profil, profile 135
Profilprojektor, profile projector 654
Profilschleifen, profile grinding 340
Profil-Tragantteilkurve, Abbott-curve 676
Proliopas, Proliopas 375
Propan, propane 174
Proportion, proportion 369
Prototyp, prototype 30
Prozessbedingungen, process conditions 202
Prozesskette, process chain 22, 579
Prozessstabilität, process stability 816, 817
Prüfdruck, pressure 790
Prüfen, testing 513, 677
Prüffluid, test medium 790
Prüfflüssigkeit, testing fluid 721
Prüfhammer, impact hammer 800
Prüfkopf, supersonic emitting probe 728
Prüfkörper, testing body 731
Prüfkraft, force 735, 772, 777
Prüflast, load 75
Prüfmaßstab, testing scale 616
Prüfmedium, test medium 790
Prüfplan, inspection plan, quality control plan 591
Prüfplan, gauging plan 816
Prüfschacht, testing facility 792
Prüfstand, test rig 786
Prüfstandsversuch, bench test 786
Prüfstift, measuring pin 627
Prüfwerkstück, test workpiece 805, 812, 814
Prüfzylinder, cylinder square 628
PSD, PSD (position sensitive diode) 716, 823
PTB, Physikalisch Technische Bundesanstalt, PTB 595
PTFE, polytetrafluoroethylene 472
Puffer, buffer 517
Pulslaser, pulse laser 553
Pulsung, pulsing 552
Pulver, keramisch, ceramic powder 173
Pulverarten, metal powder types 116
Pulvermetallurgie, powder metallurgy 115, 165
Pulverspritzen, powder spraying 504
Pumpenenergie, pumping energy 552
Punktewolke, cloud of points 22
Punktkamera, single point camera 700
Punktschweißen, spot welding 454, 526

Putzen, cleaning 89
PVC, Polyvinylchlorid, PVC 380
PVD, physical vapor deposition 409, 427, 507
Pyramidalabweichung, pyramidal error 630
Pyrolyse, pyrolyses 411, 425

Quick Casting, quick casting 577
Quadrantendiode, Quadrant Photodiode 674
Quadrantenübergang, quadrant transition 811
Qualifizierung, qualification 805, 816, 819
Qualität, quality 9, 10, 23
Qualitätsabnahme, quality acceptance 816
Qualitätskontrolle, quality control 788
Qualitätsregelkarte, quality control chart 816
Quarz, quartz 399
Quarzsand, silica sand 586
Quellbild, source image 709
Querfehler, crack in perpendicular direction 724
Querkontraktion, reduction of area 754
Querkontraktionszahl, Poisson´s ratio 754
Querschnittreduzierung, reduction of cross section 756

R0,2, R0,2 84
Ra, quadratischer Mittenrauwert, hrms, height root mean square 24
Rachenlehre, gap gage 638
Radialsteifigkeit, radial stiffness 289
Radialzustellung, radial feed 273
Raffinieren, refining 430, 433, 434
Rahmenkonstruktion, frame construction 29
Rahmenrichtwaage, frame spirit level 639
Rainflow-Zählung, rain flow counting 784
Randentkohlung, surface decarburization 46
Randschale, skin / surface shell 94, 96
Randschicht, skin, boundary layer 73, 355
Randzonenbeeinflussung, case affection 230
Rangordnungsfilter, priority filter 710
Rapid Manufacturing, rapid manufacturing 591
Rapid Prototyping, rapid prototyping 22, 573
Rapid tooling, rapid tooling 575, 582
Rasterelektronenmikroskop, scanning electron microscope 750
Rastersondenmikroskop, scanning probe microscope 674
Rastertunnelmikroskop, scanning tunnel microscope (STM) 675
Rauheit, roughness 16, 23, 591, 613, 670
Rauhigkeit, surface roughness 284
Rauigkeit, roughness 779
Räumen, broaching 275
Räumnadel, broaching tool 275
Raumtemperatur, ambient temperature / room temperature 78
Räumwerkzeug, broaching tool 275
Rauschprüfung, broad-band random test 796
Rauschsignal, random signal 795
Rautiefe, surface roughness 16, 24, 287, 586, 675
Rautiefe, peak to valley height 16, 24, 287, 586, 675
Read, T., Read, T. 856
Reaktionsbeschleuniger, reaction accelerator 502
Reaktionssintern, reactive sintering 422
Reaktionszeit, reaction time 819
Rechtsgewinde, right hand tread 268
Rechtwinkligkeit, rectangularity, perpendicularity 24, 807
Recken, forge out 138
Reckgrad, stretching rate 140
Reckschmieden, stretch forging 139
Recycling, recycling 32, 89
Reduktion, deduction 116
Referenzmarke, reference mark 617
Reflektor, reflector 664, 716, 807
Reflexion, reflection 562, 705, 728
Reflexionsmaßstab, reflexion line encoder 618

Reflextaster, reflex sensor 681
Regal, rack 516
Regalförderfahrzeug, storage and retrieval carrier 516
Regallager, high bay store 516
Regalzeilenlager, rack row store 516
Reibahle, reamer 258
Reibarbeit, work consumed by friction 203
Reiben, reaming 257
Reibmetallschmelze, friction welding 448, 473
Reibung, friction 109, 327, 472, 602
Reibungsverhältnisse, friction conditions 245
Reibwerkzeuge, reamer 15
Reinigen, cleaning 12
Reinigen, cleaning 401,432
Reinmetall, pure metal 841
Reinstmetallschmelze, pure metal melt 845
Reißen, rupture 171
Reißspan, fearing chip 194
Reißspannung, fracture stress 754
Reißverschluss, zip 528
Rekristallisation, recrystallization 129, 469, 862
Rekristallisationsglühen, subcritical annealing 356
Rekristallisationsschaubild, recrystallization diagram 862
Relaxation, relaxation 322
REM, Rasterelektronenmikroskop, SEM 750
Resamin, Resamin 375
Resonator, resonator 550, 552
Resonatorspiegel, resonator mirror 552
Resopal, Resopal 375
Ressource, availability 163
Retroreflektor, retro reflector 667
Revolvermagazin, turret magazine 519
RFZ, Regalfahrzeug, RFZ 516
Richtungskettencodierung, directional-chain coding 712
Richtungsumkehr, change of direction 814
Ringanguss, ring gate 387
Ringwalzen, ring milling 137
Riss, crack 74, 75, 84, 250, 471, 489, 763
Riss, ausheilend, annealing crack 86
Rissanzeige, signal for cracks 722
Rissausbreitungsgeschwindigkeit, crack growth rate 774
Rissbildung, crack formation 201, 360, 510
Risse, cracks 721
Risslänge, crack length 772
Rissöffnungsart, crack opening modus 770
Rissspitze, crack tip 770
Risswachstum, crack growth 770
Ritzen, scratching 172
Ritzhärteprüfung, scratch hardness test 732
RM, RM, rapid machining 591
RMS (quadr. Mittelwert), rms, root mean square 796
ROBCAD, ROBCAD 20
Roboter, robot 525, 532, 535, 819
Roboterbasiskoordinaten, robot base coordinates system 544
Roboterprogrammierung, robot programming 541
Rockwell, S. P., Rockwell, S. P. 740
Rockwellhärteprüfung, Rockwell hardness test 740
Rohgussteil, raw casting 30, 35
Rohr, pipe 135, 149
Rohrextrusion, pipe extrusion 377
Rohstoff, raw material 9
Rollagglomerieren, roll agglomeration 412
Rollbahnmagazin, roller conveyor (magazine) 519
Rollbewegung, roll movement 807
Rollbiegen, edge rolling 158
Rollen, rolling 806
Rollenförderer, roller conveyor 520
Rollennahtschweißen, roller seam welding 454
Rollkopf, rolling head 144
Rollmesser, rolling cutter 171
Rollreibung, rolling friction 328

Rollscheren, rolling scissors 171
Röntgen, W. C., Roentgen, W. C. 693
Röntgendetektor, X-ray detector 695
Röntgenröhre, X-ray source 693
Röntgenstrahlung, x-ray 726
Rosettenverfahren, rosette method 623, 643
Rostfreie Stähle, stainless steel 225
Rotations-Drehräumen, rotations- turn-broaching 276
Roving, roving 437
RP, RP, rapid prototyping 22, 573
RP, RP, repeatability pose 821
RRR-Kinematik, RRR kinematics 539
RRT-Kinematik, RRT kinematics 538
RTT-Kinematik, RTT kinematics 538
Rückfederung, back springing 156
Rückstreuelektronen, backscattered electrons 751
Rückwärtsstrangpressen, backward extrusion 145
Rundbiegen, bending round 126
Rundführung, round slideways 326
Rundheit, roundness 23, 621, 685
Rundheitsmessung, roundness measurement 623
Rundheitsnormal, roundness standard 660
Rundkneten, rotary kneading, rotary swaging 138
Rundlauf, radial run out 289, 806, 808
Rundlaufgenauigkeit, radial run out accuracy 289
Rundschleifmaschine, cylindrical grinding machine 340
Rundtaktmontage, cyclic step machine 532
Rundzugprobe, cylindrical tensile test specimen 752
Rütapox, Rütapox 375
Rutsche, slide channel 520
r-Wert, r-value 758
Rz, Rz, surface roughness 24

Sägeband, sawing band 343
Sägemaschine, sawing machine 343
Sägen, sawing 16, 747
Sägengewinde, buttress thread 268
Salpeter, nitre 432
Salzbadhärten, salt bath hardening 355
Sand, sand 47, 112, 584
Sandeinschluss, sand inclusion 77
Sandformgießen, sand casting 57
Sandgießverfahren, sand casting process 40, 46
Sandguss, sand casting 12
Sandgussteil, sand casting 56
Sandkern, sand core 48
Sättigungsweite, saturation width 102
Sauerstoff, oxygen 74
Saugnapf, suction cup 348
SCARA-Roboter, SCARA-robot 532, 538
Schachtmagazin, hoisting magazine 519
Schädigung, damage 775
Schädigungsmechanismus, damage mechanism 775
Schaftfräser, end milling cutter 281
Schalenform, dish-shape 50
Schalenhartguss, chilled (cast) iron 38
Schallreflexion, wave reflection 728
Schärfentiefe, depth of focus 560
Schattenbild, silhouettes 727
Schaukelbunker, swinging bunker 518
Scheibenlaser, disc laser 549, 552
Scheiddicke, cutting depth 568
Scheimpflug, T., Scheimpflug, T. 650
Scheimpflugprinzip, Scheimpflug´s principle 649
Scherben, shard 406
Scherebene, shear plane 192
Scherschneiden, shearing 12
Scherschneiden, shear cutting 171
Scherspan, shearing chip 194
Scherung, shearing 480
Scherwinkel, shear plane angle 301

Fachwörterbuch Deutsch–Englisch, Sachwortverzeichnis

Scherzone, shear area 192
Scherzone, shear zone 294
Scheuern, grinding 487
Schichtwerkstoff, coating material 495, 507
Schießen, blasting 58, 64
Schirmanguss, diaphragm gate 387
Schlacke, slag 112, 461
Schlackenwehr, slag dam 110
Schlaggeschwindigkeit, impact bending velocity 760
Schlaghärteprüfung, impact hardness test 744
Schlauchstation, tubular station 390
Schleifen, grinding 12, 16, 19, 302, 487, 747
Schleifkorn, abrasive grain 303
Schleifkorngröße, abrasive particle size 306
Schleifmaschine, grinding machine 14, 340
Schleifmittel, abrasive material 304
Schleifmittelbindung, bond 306
Schleifmittelspezifikation, abrasive material specification 309
Schleifverfahren, grinding procedures 311
Schleppabstand, position error 825
Schlesinger, G., *Schlesinger, G.* 805
Schleudergießen, centrifugal casting 39, 58, 110
Schlichte, dressing / mold coating 48, 92, 94
Schlichten, finishing 15
Schlickergießen, slip casting 401, 407, 417
Schließeinheit, clamping unit 49, 51, 386
Schließhub, closing stroke 52
Schließkraft, closing force 52
Schmelze , melt 33, 54, 74, 78, 109, 839, 421
Schmelzen, melting 433
Schmelzhitze, melting temperature 43
Schmelzschweißen, fusion welding 444
Schmelzschweißen, fusion welding 457
Schmelztauchbeschichten, hot dip metal coating 505
Schmelztemperatur, melting temperature 78
Schmelztemperatur, melting point 396
Schmiedehammer, forging hammer 14
Schmiedelegierung, forge alloy 228
Schmieden, forging 125, 126, 139, 169
Schmiedetemperatur, forging temperature 139
Schmierdruck, lubrication pressure 328
Schmiernut, lubrication channel 328
Schmieröle, lubrication oil 300
Schmierung, lubrication 328
Schmuck, jewelry 36
Schnapphaken, snap-in hasp 363
Schnappverbindung, snap-in joint 371
Schnecke, screw 378
Schneiden, cutting 171, 747
Schneideneintritt, cutting action 262
Schneidengeometrie, edge geometry 241
Schneidenstaffelung, stepping 275
Schneidergebnis, cutting result 568
Schneidgeschwindigkeit, cutting speed 568
Schneidkante, wedge 197
Schneidkantentemperatur, wedge temperature 280
Schneidkeil, wedge 192
Schneidkeil, wedge 250
Schneidkeramik, ceramic cutting material 206, 211, 230, 406
Schneidplatte, tip 257
Schneidstoffbezeichnung, cutting material designation 206
Schneidstoffe, cutting materials 206, 288
Schneidstoffe, Klassifizierung, cutting material, classification 217
Schneidstoffeigenschaft, cutting material property 207
Schneidstofftabelle, cutting material tabular 219
Schnellarbeitsstähle, high alloy steel 206, 208
Schnittbedingungen, conditions of cutting 202
Schnittdaten, cutting data 282

Schnitte, cuts 171
Schnittgeschwindigkeit, cutting velocity 233, 278, 279
Schnittgeschwindigkeit, fräsen, cutting velocity, milling 264
Schnittgrößen, conditions of cutting 232
Schnittgrößen, Fräsen, cutting conditions, milling 261
Schnittkraft, cutting force 193, 281, 302
Schnittkraft, spezifische, cutting force, specific 264, 247
Schnittkräfte, Bohren, cutting force, drilling 245
Schnittleistung, Bohren, cutting performance 197, 248, 264
Schnittmoment, cutting moment 247
Schnittwerte, Bohren, cutting conditions, drilling 246
Schnürverschluss, lace up fastening 528
Schockdauer, shock duration 796
Schockprüfung, shock test 793
Schockschweißen, shock welding 447
Schockwellensynthese, shock-wave synthesis 424
Schöpfbunker, scoop elevator bunker 518
Schott F. O., *Schott F. O.* 429
Schrägbett, slanted bed 322
Schrägbettmaschine, slanted bed machine 336
Schrägwalzen, crossrolling 135
Schrauben, screwing 13
Schraube, screw 523
Schraubenversetzung, screw dislocation 838
Schrumpfen, shrinkage 528
Schrumpfung, shrinkage 402
Schubspannung, shear stress 756, 852
Schubumformen, forming under sharing conditions 125, 159
Schüttdichte, bulk density 116
Schutzfilm, protective coating 487
Schutzgas, inert gas 46, 50, 120, 461
Schwalbenschwanzführung, dovetailed slideways 326
Schwammeisenpulver, spongy iron powder 116
Schwanzhammer, tail hammer 127
Schwefeldioxid, sulphur dioxide 34
Schweißen, welding 138, 440, 443, 472, 526, 556
Schweißpulver, welding powder 465
Schweißraupe, welding bead 460
Schweißverfahren, welding process 444
Schweißzange, welding pliers 444
Schwellfestigkeit, cyclic tension strength 768
Schwenkbiegen, folding machine, bending press 158
Schwerbau, heavy mass construction 325
Schwerkraft, gravity 39, 40
Schwerkraftkokillenguss, gravity die casting 48, 56
Schwermetall, heavy metal 45
Schwermetallgusswerkstatt, heavy metal casting (factory) (foundry) 38
Schwermetallschaft, heavy metal shaft 288
Schwindmaß, shrinkage rate 46, 59
Schwindung, shrinkage 46, 49, 59, 75, 76, 87, 386
Schwindungsbehinderung, shrinkage hindrance 46, 84
Schwindungskoeffizient, shrinkage coefficient 80
Schwingbelastung, cyclic stress 765
Schwingbruch, fatigue fracture 763
Schwingerreger, shaker 800
Schwingerzeuger, shaker 793
Schwingfestigkeit, vibration stability 16
Schwinggriss, fatigue crack 763
Schwingspiel, cycle 765
Schwingspielzahl, cycle number 779
Schwingtisch, shaking table 800
Schwingung, vibration 325
Schwingungen, oscillations 611

Schwingungen, vibration 797, 812
Schwingungsamplitude, oscillatory amplitude 797
Schwingungsdämpfung, vibration damping 345
Schwingungsisolierung, vibration isolation 797
Schwingungsmessung, vibration measurement 801
Schwingungsquellen, sources of oscillation 611
Schwingungstilger-Platte, oscillation damper support 612
Schwingverhalten, vibrational behavior 779
Schwingversuch, dynamic fatigue test 765
SCM, SCM, supply chain management 27
SE, SE, simultaneous engineering 574
Sealen, sealing 525
Seigerung, segregation 468, 849
Sekundärelektronen, secondary electrons 751
Selbstausheilung, self healing effect 75
Selbsterregung, self-excitation 325
Selbsthemmung, self locked gearing 338
Senken , sinking 178
Senkerodieren, cavity sinking by EDM 16, 178
Senkrechtdrehmaschine, vertical lath 337
Senkrechtziehverfahren, vertical drawing 435
Sensorführung, sensor guidance 545
Seriellkinematik, serial kinematics 317
Serienfertigung, duplicate production 36
Serienmontage, series assembly 513
Serienüberwachung, in-service monitoring 788
Service, service 25
Serviceroboter, service robot 536
Servomotor, servo drive 332
SES, Simulationsprogramm, SES 20
Setzstock, fixed stay 341
Shaker, shaker 794, 800
Shore, A., *Shore, A.* 743
Sialon, silicon-aluminum-oxinitride 398
Sicherheit, security 339
Siebkern, strainer core 110
Sigma, sigma 85
Signalform, signal shape 617
Silikatglas, silicate glass 428
Silikatkeramik, silicate ceramic 399
Siliziumkarbid, silicon carbide 305, 398
Siliziumkarbonitrid, silicon carbonitrid 411
Siliziumnitrid, silicon nitride 398
Siliziumnitrid-Keramik, siliciumnitrid ceramic 212
Simulation, simulation 20, 114, 394, 804
Simultaneous Engineering, simultaneous engineering 574
Sinteraktivität, sinter activity 420
Sinterkorund, sintered corundum 398
Sintern, sintering 12, 13, 47, 401, 403, 583
Sinterofen, sinter furnace 121
Sinterofen, sinter furnace 403
Sinterprozess, sinter process 115
Sinter-Schmieden, sinter forging 122
Sintertemperartur, sinter temperature 121
Sinterwerkstoffe, sinter materials 115, 124
Sinuslineal, sine bar 629
Sinussweep, frequency sweep 794
Sinustisch, sine table 629
Sitz-Stehkonzept, sit and stand method 530
Skleroskop, sclerosope 743
Slicing-Prozess, slicing process 22
SLS, SLS, selective laser sintering 582
Smith, *Smith* 768
SO2, SO2 46
Sobel-Filter, Sobel's filter 710
Soda, soda 432
Sol, sol 410
Sol-Gel-Technik, sol-gel-technique 410
Soll-Pose, command pose 820
Sollposition, specified position 809
Solzustand, sol-condition 410
Sonderereignis, special event 782

Spaltbruch, cleavage fracture 762, 772
Spaltmaße, gap sizes 565
Spaltstück, cropped piece 142
Spalttoleranz, gap tolerance 565
Spanbildung, chip 192
Spanbruch, chip breaking 192
Spandickenmessung, chip thickness measure 193
Spandickenstauchung, chip thickness ratio 192, 193
Späneförderer, chip conveyor 339
Spanen, machining 12, 189
Spanfarbe, color of chip 194
Spanflächenreibwert, face coefficient of friction 193
Spanflächenverschleiß, face wear 200
Spanform, type of chip 194
Spanformdiagramm, chip diagram 195
Spanformen, types of chip 195
Spanformer, chip deflector 194
Spanformung, chip forming 242
Spangeschwindigkeit, chip velocity 193
Spanleistung, machining power 17
Spannbewegung, fastener movement 515
Spanndraht, tautening wire 662
Spannen, clamping 257
Spannmittel, chuck 653
Spanntechnik, clamping technique 344
Spanntechnik, clamping technology 652
Spannung, stress 24
Spannung, tension 84, 85
Spannungsabbau, stress reduction 438
Spannungs-Dehnungs-Kurve, stress-strain-curve 754
Spannungsglühen, stress-free annealing 356
Spannungsintensitätsfaktor, stress intensity factor 771
Spannungsriss, crack induced by stress 504
Spannzylinder, clamping cylinder 346
Spanstauchung, chip compression 264
Spanungsbreite, chip width 197
Spanungsdicke, chip thickness 197, 263
Spanungsgrößen, conditions of cutting 261
Spanungsquerschnitt, cross sectional area of cut 234
Spanwinkel, rake angle 192, 301
Speckstein, steatite 400
Speicher, store 54
Speicherdruck, store pressure 54
Speiser, feeding 62, 83, 99
Speisertechnik, feeding technology 99
Speisungsvolumen, feeding volume 104
Spektralanalyse, spectral analyses 719
Spektroskopie, spectroscopy 718
spezifische Schnittkraft, specific cutting force 196
Sphärische Fläche, spherical surface 669
Spiegel, mirror 552
Spiegelung, mirroring 705
Spiel, backlash 602
Spindel, spindle 808
Spindelpresse, screw press 162
Spindelstock, wheel head 341
Spindelsturz, spindle regulation 285
Spitzenbock, toe bearing stand 652
Spitzenwertbegrenzung, drive signal clipping 796
Spitzenwertzählung, peak counting 783
Spitzenwinkel, point angle 244
Splineinterpolation, spline interpolation 283, 286
SPP, Strahlenparameterprodukt, BPP 558
Spreizen, spread 523
Sprengkraft, explosive force / opening force 52
Sprengplattieren, explosive cladding 18
Sprengschweißen, explosive cladding 447
Spritzdruck, injection pressure 382
Spritzen, spraying 501

Spritzgießen, injection molding 123, 381, 407, 417
Spritzgießmaschine, injection molding machine 417
Spritzgießwerkzeug, injection molding tool 383
Spritzlackieren, spray coating 503
Spritzwerkzeug, spray tools 503
Spritzzyklus, molding cycle 381
Sprödbruch, brittle fracture 760
Sprühtrocknen, spray drying 412
Spülen, rinsing 486
Sputter, sputtering 508
Stabilisierungszeit, stabilization time 826
Stabziehen, bar drawing 149
Stadienplan, stage plan 148
Stahl, steel 17, 35, 43, 45, 223, 586
Stähle, hochlegiert, steel, high alloyed 224
Stähle, legiert, steel alloyed 223
Stähle, rostfrei, stainless 224
Stähle, untereutektoid, steel, hypoeutectoid 222, 223
Stahlgestelle, steel stands 323
Stahlguss, steel casting 44, 50
Stahlgussteil, steel cast component 56
Stampfen, pitching 807
Standardabweichung, standard deviation 809, 821
Standardereignis, in-service event 782
Standardformelement, standard geometrical element 684
Ständerbauart, stator design 679
Standmenge, tool life quantity 201
Standzeit, edge life 200, 202, 262
Standzeitberechnung, calculation of edge life 205
Standzeitgerade, characteristic of edge life 204
Standzeitkriterien, edge life criterions 200
Stange, bar 142
Stanzen, punch 17, 172
Stanzen, stamping 569
Stanzpaketieren, punch bundling 172
Stapelguss, stack molding 47
Startklasse, start level 784
Statik, static's 369
Statistik, statistics 805
Stäube, powder 15
Staubexplosion, dust explosion 15
Stauchgrad, upset rate 134
Staurollenkette, accumulating roller chain 521
Steatit, steatite 398
Stechplatte, part- off insert 241
Steifigkeit, stiffness 329, 812
Steigrohr, stand pipe / goose neck 49, 53
Steigungswinkel, thread pitch angle 274
Steingut, stoneware 399
Steinzeug, stoneware 399
Stellbewegung, positioning movement 330
Stempel, stamp 143
STEP, STEP 286
Stereolithographie, stereolithography 577, 578
Stereo-Mikroskop, stereographic microscope 749
Stereoprojektion, stereo projection 699
Steuerung, control system 683
Stewart, Stewart 319
Stewart-Plattform, Stewart's platform 319
Stichprobe, random sample 816
Stick-Slip-Effekt, stick-slip effect 327
Stimulation, stimulation 550
Stirnfräsen, face milling 259
Stirnplanfräsen, face milling 259
Stirn-Umfangs-Planfräsen, face- peripheral milling 259
STL, STL, stereolithography language 22, 578
STL-Datei, STL-file 394
STM, STM, scanning tunnel microscope 675
Stoffeigenschaft, material characteristics 11

Stoffteilchen, material parts 11
Stoffverbinden, material assembly 11
Stoffzusammenhalt, material confinement 11
Stopfen, stopper 149
Stopfenwalzgerüst, plug mill 135
Stoßen, shaping 276
Stoßgeometrie, joint geometry 565
Strahlanlage, blasting machine 487
Strahlen, blasting 13, 490
Strahlfleck, beam spot 557
Strahlformung, beam shaping 557
Strahlführung, beam guidance 554
Strahlfüllung, jet stream 113
Strahlleistung, beam power 552
Strahlparameterprodukt, beam parameter product 558
Strahlqualität, beam quality 558, 561
Strahlqualitätskennzahl, beam propagation factor 558
Strahltaille, beam waist 558
Strahltransport, beam propagation 554
Strahlungsquelle, radiation source 665
Stranggießen, continuous casting 39, 58, 93, 402
Strangpressen, extruding 145, 377, 407, 413, 16, 437
Streckgrenze, yield strength 128, 134, 755
Streckspannung, yield stress 360
Streckziehen, stretch forming 155, 167
Streckziehen, isotherm, isothermal stretch forming 168
Streufeld, flux field 724
Streuflussverfahren, leakage flux method 724
Streulichtmessung, scattered light measurement 673
Streuspanne, specimen standard deviation 768, 780
Streuung, variance 816
Stribeck K., Stribeck K. 327
Stribeck-Kurve, Stribeck's curve 327
Strichmaß, hairline gage 616
Strömung, flow 74
Strömungsdruck, flow pressure 107
Strömungsgeschwindigkeit, flow velocity 55
Strömungsvorgänge, flow phenomena 109
Strukturdaten, structural characteristics 26
Strukturprüfstand, durability test rig 786
STS, single- tube system 254
Stufenendmaß, step gage 615
Stufenmagazin, step magazine 519
Stufenversetzung, step dislocation 838, 853
Stumpfnaht, butt joint 470
Stumpfnahtschweißen, butt joint welding 457
Stützkonstruktion, support construction 573
Styrolpolymerisate, styrene polymer 376
Styroporzusatz, polystyrene additive 86
Subkorngrenze, Kleinwinkelkorngrenze, small angle grain boundary 839
Substitutionsatom, substitution atom 836
Summenkollektiv, cumulative load distribution 782
Superplastizität, superplasticity 168
Supply Chain Management, supply chain management 27
Supraleiter, superconductor 398
Suspension, suspension 412
Symmetrie, symmetry 24

Taillendivergenzwinkel, angle of divergence 559
Taillendurchmesser, beam waist diameter 559
Tailored Blank, tailored-blank 18, 566
Talk, talc 400
Tandem-Anlage, tandem mill 136
Tantal, tantal 209
Tänzerrolle, dancer roll 150
Target, target 820
Tastelement, probe element 682

Tastelement-Kalibrierung, calibration of probe element 686
Taster, gage stylus 808
Tasterkalibrierung, calipers calibration 661
Tasterwechseleinrichtung, probe changer 682
Tastkugel, probe ball 678
Tastschnittgerät, surface measurement device 671
Taststift, gage stylus 607, 808
Taststiftkombination, probe combination 682
Tastsystem, probing system 680
Tauchen, dipping 501
Tauchlackieren, dip coating 503
Tauchlöten, dip brazing 478
Taumelmessung, wobble measuring 644
Taylor, F. W., Taylor, F. W. 631
Taylorreihe, Taylor series 598
TCP, TCP (Tool Center Point) 820
Teach-In-Programmierung, teach-in programming 21, 541
Teilchengröße, particle size 860
Teileverzug, part warpage 396
Teilkreis, graduated circle 629
Teilungsebene, parting line 46, 47, 59
Teilungsperiode, grating period 616
Teilverrichtung, detail work 533
Teleoperator, teleoperator 536
Temperatur, temperature 596, 609
Temperaturabhängigkeit, temperature dependence 361
Temperaturabweichung, temperature deviation 666
Temperatureinfluss, influence of temperature 609
Temperaturmessung, temperature measurement 610
Temperaturverteilung, temperature distribution 610
Temperieren, tempering 489
Temperkohle, temper carbon 227
Temperung, temper 438
Testbahn, test path 825
Testmethoden, test methods 819
Testvoraussetzung, test conditions 819
Textur, texture 852
Thermische Drift, thermal drift 610
Thermit-Pressschweißen, thermit press welding 451
Thermoformen, thermo forming 393
Thermographie, thermographs 781
Thermoplaste, thermoplastic material 372, 373, 376, 411
Thermoumformen, thermoforming 381
Thetis, Thetis 127
Thixogießen, thixocasting 165
Thixomolding, thixomolding 55
Thixoschmieden, thixoforging 55, 170
Threshold, threshold 708
TiCN-Beschichtung, titanium carbonitride coating 209
Tiefbohren, deep-hole drilling 251
Tiefen, chase 126, 155
Tiefenmessung, depth gauging 597, 637
Tieflage, low energy absorbed in fracturing 762
Tieflochbohrer, deep- hole drill 243
Tiefpassfilter, low-pass filter 709
Tiefschleifen, deep grinding 341
Tiefschweißeffekt, deep-welding effect 563
Tiefziehen, dish 126, 151
Tiegelofen, crucible furnace 433
TiN-Beschichtung, titanium nitride coating 209
Titan, titanium 46
Titankarbonitrit, titanium carbonitride coating 289
Titanoxid, titanium oxide 398
Toleranz, tolerance 632, 816
Toleranzklassen, tolerance classes 613
Tonmineral, clay 399
Tomogramm, tomogram 695
Tool-Center-Point, Tool Center Point 820

Torsionseigenschwingungsformen, torsional mode shape 799
Torsionsschwingung, torsional vibration 797
Torusfräser, toroidal cutter 287
Totwegfehler, lost motion error 666
Tracking, tracking 21
Tragelement, supporting structure 328
Trägerfrequenzverfahren, carrier frequency method 645
Trägerfrequenzverstärker, carrier frequency amplifier 648
Tragverhalten, load bearing characteristic 779
Tränken, infiltrate 122
Transferstraße, transfer line 321
Transmission, transmission 562
Transportsystem, fahrerlos (FTS), driverless transport system 520, 522
Trapezgewinde, trapezoid thread 268
Trendlinie, trend line 788
Trennebene, parting surface 386
Trennen, machining 11, 42
Trennen, cutting 140, 747
Trennen, spanlos, cutting, chip less 171
Trennen, thermisch, thermal cutting 174
Trennverfahren, metal cutting method 189
Treppenstufenverfahren, staircase test 769
Triangulation, triangulation 681, 706, 820
Triangulationssensor, triangulation sensor 649
Trichterbunker, cone bunker 518
Trichtermagazin, cone magazine 519
Tripelprisma, triple prism 667
Tripod, tripod 317, 540
Trockenbearbeitung, dry machining 15, 294, 300
Trockenreibung, dry friction 327
Trockenschmierstoff, dry film lubricant 502
Trockenschrumpfung, dry shrinkage 402
Trocknen, drying 419, 486, 504
Trolitan, Trolitan 375
Trommelmagazin, drum magazine 519
Tschebyschew P. L., Tschebyschew P. L. 621
TTT-Kinematik, TTT kinematics 537
Turbulenz, turbulence 49
Tuschieren, spot-grinding 626
Tuschierplatte, spot-grinding plate 626
TWIST, TWIST (Transport Aircraft Wing Standard) 785

Übergangsmatrix, markov matrix 784
Übergangsmetall, transition metal 837
Überhitzung, overheating 97
Überlappanordnung, overlap joint geometry 565
Überlebenswahrscheinlichkeit, survival 769 780
Überschwingweite, overshoot error 825
UEG, lower operating limit 816
Ultrapas , Ultrapas 375
Ultraschall, ultrasonic wave 728
Ultraschallerosion, ultrasonic erosion process 188
Ultraschallschweißen, ultrasonic welding 449, 473
Umfangsfräsen, peripheral milling 259
Umfangsplanschleifen, peripheral surface grinding 311, 341
Umfangs-Rundschleifen, peripheral cylindrical grinding 311
Umformarbeit, deformation work 132
Umformbarkeit, deformationability 132
Umformen, forming 11, 13, 17, 42, 125, 523
Umformen, superplastisch, superplastic forming 168
Umformgeschwindigkeit, strain rate 131
Umformgrad, deformation ratio 130
Umformtechnik, forming technology 125
Umformwirkungsgrad, forming efficiency 132
Umkehrpunkt, death center 160

Umkehrspanne, backlash 331, 636, 809, 814
Umlauflager, circulating store 516
Umlaufpuffer, circulating buffer 517
Umlenkspiegel, bending mirror 556
Ummantelung, protecting hose 555
Umschlagmessung, change face measuring 639
Umschlagmethode, change face method 623
Umschlagsmessung, change face measuring 622, 643
Umspritzen, encapsulate by injection molding 391
Umweltprüfverfahren, environmental testing procedures 793
Unebenheit, unevenness 669
Unsicherheit, uncertainty 812
Unterbodenschutz, under body protection 510
Untergesenk, bottom die half 55
Unterkühlung, undercooling 847
Unterprogramm, subprogram 542
Unterpulverschweißen, submerged arc welding 465
Unterschienenschweißen, fire-cracker welding 466
Unterspannung, minimum stress 768
Unwucht, unbalance 291
U-Probe, U-specimen 760
Urformen, casting technology 11
Urformen, casting technology 12
Urformen, casting technology 42
Urformgebung, original forming 402
Urformgebung, original forming 434
Urmeter, standard meter 593
UT, lower dead center 160
UV-Strahlung, ultraviolet radiation 706

Vakuraldruckgießmaschine, vacural die casting machine 53
Vakuum, vacuum 41, 53, 64, 74
Vakuumbedampfen, vacuum coating 507
Vakuumgießen, vacuum casting 577
Vakuumlot, vacuum braze 477
Vakuumplatte, vacuum plate 348
Vakuumspannen, vacuum chuck 653
Vakuum-Spannsystem, vacuum clamping system 347
VB, Verschleißmarkenbreite, wear of cutting edge 198
VDG, German foundrymen association 32
VDI 2851, VDI 2851 805
VDI 2851, VDI 2851 815
VDI 3138, VDI 3138 148
VDI/DGQ 3441, VDI/DGQ 3441 809
VDI/DGQ 3441ff, VDI/DGQ 3441ff 805
VDI/DGQ 3442, VDI/DGQ 3442 813
VDI/DGQ 3444, VDI/DGQ 3444 813
VDI-Richtlinie 3323, VDI-Richtlinie 3323 220
VDI-Richtlinie 4600, VDI guideline 4600 32
VDMA 8669, VDMA 8669 805
VE, virtual environment, VE, virtual environment 21
Venturi-Prinzip, Venturi's principle 298
Verbiegung, distortion 471
Verdampfung , evaporation process 403, 425
Verdichten, squeeze molding 64
Verdichtungsstrahlen, peening 489
Verdrehen, twist 126
Verdüsen, pulverize 116
Verfestigen, compacting 13
Verfestigung, strengthening 756, 856
Verfestigungsabbau, hardening reduction 861
Verformung, deformation 84, 128, 604, 607, 743, 806, 852, 861
Verformung, anisotrop, anisotropic deformation 758
Verformungsverhalten, deformation behavior 361
Verformungsvermögen, deformation capacity 791

Verfügbarkeit, availability 42
Vergleichsbedingung, comparison condition 594
Vergrößerung, magnification 655
Vergrößerungsnormal, magnification standard 661
Vergüten, quench and temper 11, 352
Verhalten, thermisch, behavior, thermal 322, 372
Verjüngen, contract 145
Verkippung, tilting 597
Verkippungswinkel, tilting angle 598
Verlappen, lapping 523
Vermiculargraphit, vermicular graphite 227
Vernähen, sewing up 528
Vernetzung, interlacing 425
Verrichtung, carrying out 533
Verrippung, ribbing 324
Versagensstelle, failure location 779
Verschieben, shift 12, 126
Verschleiß, wear 11, 360, 806
Verschleiß, Fräsen, tool wear, milling 264
Verschleißdichte, wear density 48
Verschleißfestigkeit, wear resistance / abrasion resistance 38
Verschleißformen, type of wear 200
Verschleißmarkenbreite, wear of cutting edge 197
Verschleißschlichte, wear dressing 94
Verschleißschutz, wear protection 493
Verschleißwiderstand, wear resistance 207
Verschmutzungsschutz, pollution protection 561
Verschrauben, screwing down 11
Versetzung, dislocation 838, 853, 856
Versetzungsbewegung, dislocation movement 855
Versetzungsdichte, dislocation density 775, 862
Versetzungsfreisetzung, dislocation creation 856
Versetzungsquelle, dislocation source 856
Versetzungsring, dislocation circle 838, 856
Versprödung, embrittlement 510, 861
Versuchslast, test load 785
Verzinken, zincing 13, 17, 505
Vestopal, Vestopal 375
V-Führung, V-slideways 326
Vibrationsaustrag, vibration delivery 518
Vibrationsprüfung, vibration test 793
Vibrations-Wendelförderer, vibratory spiral conveyor 797
Vickers , Vickers 736
Vickershärte, Vickers hardness 736
Vierniveaulaser, four-level laser 551
Virtual Environment, virtual environment 21, 543
Virtuelle Realität, virtual reality 543
Viskoelastizität, visco-elasticity 361
Visualisierung, visualization 697
Vollbohren, solid drilling 252
Vollform, full mold 63
Vollständigkeit, completeness 72
Volumenausdehnungskoeffizient, expansion coefficient 87
Volumenbeiwert, volume factor 79
Volumendefizit, volume deficit 80, 81, 82
Volumendiffusion, volume diffusion 403
Volumeneigenschaft, volume property 78
Volumenkonstanz, volume constancy 754
Volumenmodell, volume model 22
Volumenschwindung, volume contraction 79
Volumenstrom, volume flow 111
Volumenzunahme, volume increase 80
Vorformen, preforming 140
Vorfüllphase, prefill phase 54
Vorprodukt, pre-product 9
Vorranggraph, priority graph 533
Vorschub, feed motion 233
Vorschubachse, feed drive 806, 808
Vorschubantrieb, feed drive 330
Vorschubgeschwindigkeit, feed rate 811

Vorschubkraft, feed force 193
Vorschubleistung, feed power 197
Vorschubwinkel, feed angle 245
Vorspannkraft, prestress force 329
Voxel, voxel 693
V-Probe, V-specimen 760
VR, VR, virtual reality 543
Vulkan, Vulkan 127

Waagrechtziehverfahren, horizontal drawing 435
Wachs, wax 37
Wachsausschmelzverfahren, lost-wax casting processes 22
Wachsfilm, wax coating 511
Wachsmodell, wax-model 22
Walzen, rolling 12, 126
Walzen-Gerüst, stand 137
Walzenradius, roll radius 134
Walzenstraße, roll train 134
Walzgerüst, roller housing 135
Wälzkörper, roll barrel 328
Walzplattieren, cladding by rolling 451
Walzrunden, roll bending 158
Wälzschleifen, roll grinding 340
Walzschweißen, cladding by rolling 451
Walzspalt, nip, roll slit 133
Walzverfahren, rolling technology 135
Wanddicke, wall thickness 56, 386
Wannenofen, bath furnace 430
Warengasschweißen, warm gas welding 472
Warmarbeitsstahl, hot work tool steel 39, 51
Warmband, hot strip 137
Warmbreitband, hot broad strip 136
Wärmeabfuhr, heat dissipation 82, 92
Wärmeabgabe, heat delivery 104
Wärmeausbreitung, heat transfer 281
Wärmebehandeln, heat treating 140
Wärmebehandlung, heat treatment 16, 89, 350, 510, 845
Wärmebilanz, heat balance 92
Wärmebild, thermal image 701
Wärmedämmung, heat insulation 493
Wärmedurchgangszahl, heat transmission coefficient 93
Wärmeeinbringung, heat input 560
Wärmeeinflusszone, heat affected zone 468
Wärmeentzug, heat reduction 845
Wärmefluss, heat flow 96
Wärmegang, range of temperature 816
Wärmeinhalt, heat content / enthalpy 91
Wärmeinsenken, hot hob, hot die -sinking 143
Wärmeleitkoeffizient, heat conductivity coefficient 93
Wärmeleitung, heat conductor 96
Wärmemenge, quantity of heat 91, 92
Wärmequelle, heat source 610
Wärmeschonung, reduced heat input 566
Wärmeübergang, heat transfer 55
Wärmeübergangskoeffizient, heat transfer coefficient 92
Warmfestigkeit, strength at elevated temperature 168
Warmformgebung, hot forming 125
Warmgasschweißen, warm gas welding 473
Warmhalteofen, holding furnace 53
Warmhärte, heat resistance 207, 216
Warmkammerdruckgießmaschine, hot-chamber-die-casting-machine 51
Warmlaufphase, heat up stage 816
Warmluft, warm air 472
Warmriss, heat crack 75, 86
Warmschrumpffutter, hot shrink clamp 289
Warmstreckgrenze, hot yield strength 470
Warmverformung, hot forming 863
Warmwalzen, hot rolling, hot milling 133
Warmzerspanung, hot machining 229
Wartungskosten, maintenance cost 554
WASH, WASH (Wave Action Standard History) 785

Wassergehalt, water content 401
Wasserstoff, hydrogen 74, 174
Wasserstoffaufnahme, hydrogen integration 510
Wasserstrahlschneiden, water-beam cutting 16, 171, 173
Wasserwaage, spirit level 639
Wechselbeanspruchung, alternating load 765
Wechselfestigkeit, alternating fatigue strength 768
Wechselgenauigkeit, replacement precision 289
Wegaufnehmer, motion pickup 806
Wegaufnehmer, induktiv, inductive caliper 645
Wegaufnehmer, kapazitiv, capacitive gage 647
Wegaufnehmer, optisch, displacement transducer, optical 649
Wegaufnehmer, pneumatisch, displacement transducer, pneumatic 649
Wehnelt, A. R., Wehnelt, A. R. 750
Wehneltzylinder, Wehnelt cylinder 750
Weichbearbeitung, soft machining 16
Weichglühen, spherodize annealing, soft-annealing 356
Weichlot, soft braze 476
Weichlot, solder 527
Weichmacher, softener 502
Weißbearbeitung, final machining 407, 420
Weißlichtinterferometer, white light interferometer 673
Weißlichtsensor, white light sensor 651
Weiten, widening 126, 154
Welding-on-the-fly, welding on the fly 556
Wellen, spindle 631
Wellenlänge, wavelength 549, 594
Wellen-Löten, reflow soldering 527
Wellennormal, wavelength standard 661
Welligkeit, waviness 23, 591, 670, 824, 854
Weltkoordinaten, world coordinates system 544
Wendelbohrer, twist drill 243, 249
Wendeplattenbohrer, carbide tip drill 251
Wendeschneidplatte, indexable insert, throwaway carbide 273
Werkstoff, material 15, 745, 829
Werkstoffabtrag, material removing 191
Werkstoffbezeichnung, material code 43
Werkstoffdichte, material density 42
Werkstoffeigenschaft, material property 42
Werkstoffgruppen, material groups 830
Werkstoffhärte, material hardness 226
Werkstoffkennwerte, material characteristics 80
Werkstoffkennzeichnung, material sighting mark 45
Werkstoffklassen, material classes 830
Werkstoffkonstante mc, material constant 196
Werkstoffkunde, material science 829
Werkstoffprobe, test specimen 766
Werkstoffprüfung, materials testing 717
Werkstofftrennungen, material cavities 717, 721
Werkstoffumwandlungen, material transformation 24
Werkstück, part, workpiece 9
Werkstückaufspannung, workpiece fixing 24
Werkstückbearbeitung, processing of the workpiece 560
Werkstückhandhabung, workpiece handling 547
Werkstückkoordinaten, workpiece coordinates system 544
Werkstückkoordinatensystem, workpiece basis coordinate system 685
Werkstückorganisation, part organization 335
Werkstückspannmittel, part clamping system 338

Werkstückspanntechnik, workpiece clamp technique 344
Werkstückträger, workpiece carrier 515
Werkzeug, tool 10, 15
Werkzeugabdrängung, tool anti-penetration 239
Werkzeugaufnahme, tool holding fixture, chuck 289
Werkzeugaufnahme, tool holder 808
Werkzeugbau, tool making 815
Werkzeuge, Bohren, tools for drilling 249
Werkzeugeinspannung, tool clamping 24
Werkzeuggeometrie, tool geometry 15
Werkzeuggeometrie, Bohren, wedge geometry, drilling 245
Werkzeughandhabung, workpiece handling 547
Werkzeugidentifizierung, tool identification 335
Werkzeugkasten, tool box 17
Werkzeugkomposition, tool composition 15
Werkzeugmagazin, tool magazine 335
Werkzeugmaschine, machine tool 10, 316, 805
Werkzeugschwingung, tool vibration 797
Werkzeugüberwachung, tool monitoring 190
Werkzeugverschleiß, tool wear 198
Werkzeugwechselsystem, tool changing system 334
Werkzeugwechsler, tool changer 334
Wert, richtiger, conventional true value 596
Wert, wahrer, true value 596
WEZ, heat affected zone 469
Whisker, whisker 212
Widerstandspressschweißen, resistance press welding 452
WIG-Schweißen, tungsten inert gas welding 464
Winkel, angle 629
Winkel, rechter, right angle 628
Winkelabweichung, angular deviation 630, 806, 807, 814
Winkelcodierer, angle encoder 620
Winkelendmaß, angle gage block 630
Winkelfunktion, trigonometric function 598
Winkelgrad, degree (of arc) 598
Winkelinterferometer, angular interferometer 667
Winkelkomparator, angle comparator 629
Winkelmesser, angle measuring system 639
Winkelmessgerät, angle measuring system 639
Winkelmesssystem, angle encoder 619
Winkeloptik, angular optics 807
Winkelprüfkopf, angle probe 730
Winkelprüfung, angle gauging 623, 643
Winkelspiegel, angular mirror 628
Winkeltoleranz, angular tolerance 628
Winkelverkörperung, angle solid 628
Wirbelagglomerieren, swirl agglomeration 412
Wirbelfräsen, whirl milling 267
Wirbelsintern, fluidized bed sintering 13, 504
Wirbelstromprüfen, eddy current testing 723
Wirbelstromsensor, eddy current sensor 646

Wirbelstromverfahren, eddy current method 723
Wirkraum, operating area 531
Wirkungsgrad, efficiency 554
Wirtschaftlichkeit, economics 42
Wissensmanagement, knowledge management 28
Wöhler, F., Wöhler, F. 35
Wöhler, A., Wöhler, A. 767
Wöhlerexponent, slope of Woehler curve 767
Wöhlerlinie, Woehler curve 767, 779, 785
Wöhlerversuch , Woehler test 767
Wrap-Verbindung, wrap-welding 446
WZM, Werkzeugmaschine, machine tool 325

YAG-Laser, YAG-laser 549
Yttrium, yttrium 552

Zähbruch, ductile fracture 760
Zähigkeit, toughness 207
Zählverfahren, counting methods 783
Zahnform, tooth form 343
Zapfen, trunnion / sprue 49
Zapfen, sprue 52
Zeilenkamera, line camera 700
Zeitabhängigkeit, time dependence 361
Zeitbruchdehnung, elongation at rupture 778
Zeitbrucheinschnürung, reduction of area at rupture 778
Zeitdehngrenze, time yield limit 776, 778
Zeitdehnlinie, time yield curve 776
Zeitfestigkeit, fatigue strength finite life 767
Zeitschwingfestigkeit, fatigue strength finite life 768
Zeitspanvolumen, rate of metal removal 261
Zeitspanvolumen, rate of metal removal 282
Zeitspanvolumen, rate of metal removal 301
Zeitstandbruchkurve, creep rupture curve 776
Zeitstandeigenschaft, creep strength behavior 778
Zeitstandfestigkeit, creep rupture strength 778
Zeitstandschaubild, creep diagram 776
Zeitstandversagen, creep rupture damage 775
Zeitstandversuch, creep test 775
Zellen, Zellgewebe, cellular tissue 584
Zementit, cementite / cemented carbide 38, 222
Zentrallager, central store 516
Zentrifugalkraft, centrifugal force 40
Zerlegen, decompose 12
Zerodur, Zerodur 605
Zersetzung, decomposition 425
Zerspanbarkeit, machinability 221
Zerspankraftkomponenten, cutting force component 196
Zerspankraftkomponenten, cutting force components 235
Zerspannung, machining 489
Zerspanungstemperatur, cutting heat 280
Zerspanungskräfte, cutting force 195
Zerspanungsleistung, cutting power 197
Zerspanungstechnik, cutting procedures 189

Zerspanungswärme, cutting heat 203
Zerstäuben, pulverize 116
Zerteilen, dividing 11, 12, 171
Ziehen, draw 149
Ziehen, drawing 437
Ziehkantenradius, drawing radius 152
Ziehkraft, drawing force 150
Ziehring, wire draw die 150
Ziehspalt, drawing gap 152
Ziehstein, drawing stone 149
Ziehstempel, drawing stamp 151
Ziehstempelgeschwindigkeit, drawing stamp rate 152
Ziehverfahren, drawing 435
Ziehverhältnis, drawing ratio 151
Ziehwalze, coiler tension rolling mill 149
Zielbild, destination image 709
Zielklasse, end level 784
Zink, zinc 44
Zinkdampf, zinc vapor 565
Zinkdruckgussteil, zinc die casting 52
Zinklegierung, zinc alloy 38
Zinklegierung, zinc alloy 44
Zinn, tin 44
Zinnlegierung, tin alloy 44
Zipfelbildung, distortion wedge 129, 758
Zirkonoxid, zirconia 398
Zirkonsand, zircon mineral 586
Zirkonsilikat, zircon / zirconium silicate 39
Zirkularfräsen, circular milling 267, 815
Zirkulargewindefräsen, circular thread milling 269
ZTU-Schaubild, TTT-curve 351
Zugänglichkeit, accessibility 561
Zugbeanspruchung, tensile stress 852
Zugdruckumformen, forming by tensile and compressive conditions 125, 149
Zug-Druck-Umformen, tension-compression forming 12
Zug-Druck-Wechselfestigkeit, alternating fatigue strength 768
Zug-Druck-Wechselfestigkeit, alternating fatigue strength 779
Zugfestigkeit, tensile strength 84
Zugfestigkeit, ultimate tensile strength 742, 754, 757
Zugprobe, tensile test specimen 752
Zugschwellbelastung, cyclic tension load 765
Zug-Schwellfestigkeit, cyclic tension strength 768
Zugumformen, tension forming 12, 125, 154
Zugversuch, tensile test 128, 752
Zuhaltekraft, locking force 52, 386
Zunder, forging scales 125
Zusammenlegen, folding 13, 528
Zusatzantrieb, additional engine 15
Zusatzmassen, additional masses 325
Zweifachsintern, double sintering 122
Zwei-Kugel-Verfahren, double ball procedure 811
Zweimatrizen-Verfahren, double die technique 119
Zwischenstufenvergüten, austempering 352
Zylinder, cylinder 622, 627
Zylinderform, cylindrical shape 23, 621, 685
Zylinderfräser, cylinder cutter 287

Professional-Dictionary English–German, Index

2D image processing, 2D-Bildverarbeitung 708
3 axis milling, 3-achsiges Fräsen 16
3 dimensional laser applications, 3D-Laseranwendung 564
3D Computer Tomograph, 3D-Computertomograph 694
3D digitizing, 3D-Digitalisierung 715
3D image recording, 3D-Bildaufnahme 713
3D printer, 3D-Printer 588
3D printing, 3D-Printing 577
3D printing technology, 3D-Druckverfahren 588
3D scanner, 3D-Scannen 21, 715
3D-CT, 3D-CT 693
5 axis machining, 5-Achsbearbeitung 815
5 axis milling machine, 5-achsige Fräsmaschine 16

Abbé, E. K., Abbé, E. K. 429, 599
Abbott-curve, Profil-Traganteilkurve 676
Abott, E. J., Abott, E. J. 676
Abott's diagram, Abott-Kurve 676
abrasion, Abrasion 199
abrasive grain, Schleifkorn 303
abrasive material, Schleifmittel 304
abrasive material specification, Schleifmittelspezifikation 309
abrasive particle size, Schleifkorngröße 306
absolute line encoder, Absolutmaßstab 620
absorbed energy per cross sectional area, Kerbschlagzähigkeit 761
absorption, Absorption 562
absorption properties, Absorptionsverhalten 563
absorption rate, Absorptionsgrad 562
acceleration sensor, Beschleunigungsaufnehmer 794
accelerometer, Beschleunigungsaufnehmer 801
acceptance, Abnahme 805
acceptance gage, Abnahmelehre 632
acceptance workpiece, Abnahmewerkstück 812
accessibility, Zugänglichkeit 561
accumulating roller chain, Staurollenkette 521
accuracy of circular interpolation, Kreisformgenauigkeit 812
accuracy of dimension, Maßhaltigkeit 76
acetylene, Acetylen 174, 458
Achill, Achill 127
activation, Aktivieren 510
activation of surface, Aktivieren, Oberflächen 488
active brazing, Aktivlöten 427, 477
actual position, Istposition 809
actual value, Istwert 596
addition, Aufmaß 82
additional drive, Hilfsantrieb 15
additional engine, Zusatzantrieb 15
additional masses, Zusatzmassen 325
additives, Additive 296, 412
additives, Hilfsstoffe 501
adhering, gluing, Kleben 443, 480, 525, 653
adhesion, Adhäsion 199, 481
adhesive gum, Klebestoffe 525
adhesive strength, Klebenfestigkeit 480
adhesiveness, adhäsiv 120
adjust, Justieren 257, 513
adjustment, Ausrichten 602
aerostatic, Aerostatik 330
AFM, Atomic Force Microscope, AFM 674
after-treatment, Nachbehandlung 510
agglomeration, Agglomerieren 412
aging, Alterung 360
aging behavior, Alterungsverhalten 76

airy point, Besselpunkt 605, 613
Alberit, Alberit 375
alignment, Ausrichten 603
alkaline metal oxide, Alkalimetalloxid 431
allowance, Aufmaß 813
allowance, Bearbeitungsaufmaß 813
alloy, legieren 33, 117
alloy, Legierung 77, 78, 81
alloy copper materials, Kupferwerkstoff 39
alloying, Legierbarkeit 42
alloying atom, Fremdatom 836
alloying atom, Legierungsatom 841
alternating bending test, Biegewechselprüfung 786
alternating fatigue strength, Wechselfestigkeit 768
alternating fatigue strength, Zug-Druck-Wechselfestigkeit 768
alternating fatigue strength, Zug-Druck-Wechselfestigkeit 779
alternating load, Wechselbeanspruchung 765
aluminous abrasive, Korund 305
aluminum, Aluminium 44
aluminum alloy, Al-Legierung 29
aluminum alloy, Alu-Legierung 228
aluminum alloy, Aluminiumlegierung 29, 44, 228
aluminum casting material, Aluminiumgusswerkstoff 75
aluminum oxide, Aluminiumoxid 39
aluminum silicate, Aluminiumsilikat 39
aluminum welding, Aluminiumschweißen 565
aluminumoxide ceramic, Aluminiumoxid-keramik 212
ambient temperature / room temperature, Raumtemperatur 78
aminoplastics, Aminoplaste 376
amorphous, amorph 372
angle, Winkel 629
angle comparator, Winkelkomparator 629
angle encoder, Winkelcodierer 620
angle encoder, Winkelmesssystem 619
angle gage block, Winkelendmaß 630
angle gauging, Winkelprüfung 623, 643
angle measuring system, Winkelmesser 639
angle measuring system, Winkelmessgerät 639
angle of divergence, Taillendivergenzwinkel 559
angle probe, Winkelprüfkopf 730
angle solid, Winkelverkörperung 628
angular deviation, Winkelabweichung 630, 806, 807, 814
angular interferometer, Winkelinterferometer 667
angular milling, Eckfräsen 259
angular mirror, Winkelspiegel 628
angular optics, Winkeloptik 807
angular tolerance, Winkeltoleranz 628
anisotropic, anisotrop 129
anisotropic deformation, Verformung, anisotrop 758
anisotropy, Anisotropie 129, 361, 758
anneal, Glühen 150, 356
annealing crack, Riss, ausheilend 86
annealing temperature, Auslagerungstemperatur 858
annealing temperature, Glühtemperatur 863
annealing time, Glühzeit 863
anodizing, Anodisieren, Eloxieren 497
ANSYS, ANSYS 20
anti fouling agent, Antifoulingszusätze 502
antireflecting, Entspiegeln 441
anvil, Amboss 159
anvil, gage slide, Messeinsatz 634, 638
AP, accuracy pose, AP 821

AR, augmented reality, AR 21
Araldite, Araldit 375
arc, Lichtbogen 461
arc cutting, Lichtbogenschneiden 175
arc planing, Lichtbogenhobeln 175
arc stud welding, Lichtbogenbolzenschweißen 456
arc welding, Lichtbogenschweißen 19, 456, 461
architecture glass, Architekturglas 429
argon plasma, Argonplasma 508
armoring, Panzern 572
art casting, Kunstguss 41
article of daily use, Gebrauchsgegenstand 9
artifact, Artefakt 697
artificial glass, Kunstglas 429
aspheric surface, Asphärische Fläche 669
assembling work, joining, Fügen 11, 42, 407, 427, 440, 443, 513, 523
assembly, Montage 20, 513
assembly area, Montagearbeitsplatz 529
assembly carrier, Montageplattform 515
assembly durability test rig, Baugruppenprüfstand 786
assembly operations, Montageoperationen 514
assembly station, Montagestation 532
assembly technology, Montagetechnik 513
assembly topography, Montagetopologie 533
ASTM E - 399, ASTM E - 399 771
ASTM E - 813, ASTM E - 813 773
atomic diameter, Atomdurchmesser 837
atomic nucleus, Atomkern 718
atomic structure, Atomaufbau 832
attained pose, Ist-Pose 820
attempt of discharge, Ausleerversuch 96
attritor, Attritor 408
augmented reality, Augmented Reality, AR 21
austempering, Zwischenstufenvergüten 352
austenize, Austenitisieren 350
Austin, R., Austen R. 350
autocollimator, AKF, Autokollimationsfernrohr 641
autocollimator, Autokolimationsfernrohr, AKF 641
autofocus principle, Autofokusprinzip 650
autofocus sensor, Autofokus-Sensor 650
auto-focus system, Autofokus 567
auxiliary axel, Nebenrichtung 685
auxiliary mass, Hilfsmasse 325
availability, Ressource 163
availability, Verfügbarkeit 42
average, Mittelwert 809, 816
axial run out, Planlauf 806, 808
axial strain, Axialdehnung 792
axis direction, Achsrichtung 320
axle, Achse 14
axle strut, Achsbein 14
AZ91HP, AZ91HP 55

back mirror, Endspiegel 552
back springing, Rückfederung 156
backlash, Lose 331
backlash, Umkehrspanne 331, 636, 809, 814
backlash, Spiel 602
backlight, Hintergrundbeleuchtung 571
backscattered electrons, Rückstreuelektronen 751
backward extrusion, Rückwärtsstrangpressen 145
bactericides, Bakterizide 502
baking, Einbrennen 427
balanced chuck, Ausgleichsspannsystem 344
ball according brinell, Brinellkugel 733

Professional-Dictionary English–German, Index

ball gage, Kugelendmaß 615
ball jointed bearing, Kugelgelenk 319
ball screw, Kugelgewindetrieb 331
ball-mill, Kugelmühle 408
band saw, Bandsägen 343
bar, Stange 142
bar drawing, Stabziehen 149
base coordination system,
  Basiskoordinatensystem 819
base material atom, Matrixgitteratom 836
base workpiece, Basiswerkstück 515
bath furnace, Hafenofen 433
bath furnace, Wannenofen 430
Baumann, R., *Baumann, R.* 744
Baumann's-hammer, Baumann-Hammer 744
Baymidur, Baymidur 375
Baysilon, Baysilon 375
beam guidance, Strahlführung 554
beam parameter product,
  Strahlparameterprodukt 558
beam power, Strahlleistung 552
beam propagation, Strahltransport 554
beam propagation factor,
  Strahlqualitätskennzahl 558
beam quality, Strahlqualität 558, 561
beam shaping, Strahlformung 557
beam spot, Strahlfleck 557
beam waist, Strahltaille 559
beam waist diameter, Taillendurchmesser 559
beat out, Dengeln 138
Beckopox, Beckopox 375
behavior, thermal, Verhalten, thermisch 322, 372
bench test, Prüfstandsversuch 786
bending, Biegen 125, 156, 523
bending deformation, Biegeumformen 12
bending mirror, Umlenkspiegel 556
bending radius, Biegeradius 156
bending round, Rundbiegen 126
bending strength, Biegebruchfestigkeit 207
bending technology, Biegeverfahren 157
bentonite, Bentonit 400
Bessel, F. W., *Bessel, F. W.* 604
beveling, Fasen 15
bi-metal sawing band, Bi-Metall-Sägeband 15
binary image, Binärbild 702
binary transformation, Binarisierung 708
binder, Binder 47, 71
binding agent, Bindemittel 67, 71, 412, 501
binding type, Bindungstyp 832
bio plotter, Bioplotter 126
bionic, Bionik 18
blade gate, Messeranschnitt 113
blasting, Schießen 58, 64
blasting, Strahlen 13, 490
blasting machine, Strahlanlage 487
blending, Mischen 412
block gage, Endmaß 613, 614
block gage, Parallelendmaß 613
block gage, Parallelendmaß 613, 630
block gage examination, Endmaßprüfung 614
block gage stack, Endmaßharfe 614
blow molding, Blasformen 379, 392
blow molding, Hohlkörperblasen 381, 390
blowing needle, Hohlnadel 390
blowing station, Blasstation 392
Bode's diagram, Bode-Diagramm 331
body-centered cubic lattice, krz-Gitter, kubisch raumzentr. 79, 351, 854
bond, Bindung 308
bond, Schleifmittelbindung 306
borax, Borax 432
bordering, Bördeln 523
bore gage, Bohrungsdorn 638
bore hole, Bohrung 631, 815, 817
bore-up drilling, Aufbohren 252
bore-up tool, Aufbohrwerkzeug 243
boring head, Bohrkopf 254
boron nitride, BN 213, 230, 257

boron nitride, Bornitrid 206, 213, 230, 305
boronizing, Borieren 492
bottom die half, Untergesenk 55
bottom die, swage, Matrize 151, 159
boundary, Klassengrenze 783
boundary surface, Grenzfläche 73
boundary surface, Grenzfläche 92
box, Behälter 518
box furnace, Kammerofen 121
BPP, SPP, Strahlenparameterprodukt 558
brass, Messing 38
brass alloy, Messinglegierung 49
braze, löten (hartlöten) 427, 443, 474, 570
brazed connection, Lot 475
brazed connection, Lötverbindungen 474
brazing gap, Lötspalt 474
brazing process, Lötprozess 478
brazing stop-off, Lötstopp 478
brazing temperature, Löttemperatur 474
breakaway, Abrisszone 172
breaker core, Brechkern 104
breaking, Brechen 116
breaking, Bruchbildung 201
breaking contraction, Brucheinschnürung 132
bridge construction, Brückenbauart 679
bridge construction, Portalbauart 679
bright field illumination, Hellfeldbeleuchtung 705
Brinell hardness, Brinellhärte 733
Brinell hardness test, Brinellhärteprüfung 733
Brinell, J. A., *Brinell, J. A.* 733
brittle fracture, Sprödbruch 760
broaching, Räumen 275
broaching tool, Räumnadel 275
broaching tool, Räumwerkzeug 275
broad-band random test, Rauschprüfung 796
bronze, Bronze 38, 586
brushing, Bürsten 487
buckling strength, Beulfestigkeit 80
buckling strength, Knicksteifigkeit 80
buffer, Puffer 517
build-up granulation, Aufbaugranulieren 412
built-up edge, Aufbauschneide 192, 201
bulk density, Schüttdichte 116
bull block, Grobzug 150
bump, Dauerschocken 796
bunker, Bunker 518
bunkering, Bunkern 518
burring, Abgraten 140
bursting test, Berstdruckprüfung 791
bursting test, Berstversuch 790
business process, Business Process 27
business process, Geschäftsprozess 27
butadiene particle, Butadienpartikel 490
butt joint, Stumpfnaht 470
butt joint welding, Stumpfnahtschweißen 457
buttress thread, Sägengewinde 268
buzz saw, circular saw, Kreissägen 343

C AD, CAD 18
CAD model, CAD-Modell 22
calculation of edge life, Standzeitberechnung 205
calendering, Kalandrieren 377, 380
calibrate, Kalibrieren 122, 598, 609, 614, 686
calibrating, Eichen 599
calibration of probe element, Tastelement-Kalibrierung 686
caliper, Messtaster 598, 637, 645
calipers calibration, Tasterkalibrierung 661
cam switch, Nieten 524
camera, Kamera 701
capability, Fähigkeit 816
capability index, Fähigkeitskennzahl 818
capability study, Fähigkeitsuntersuchung 816
capacitive gage, Wegaufnehmer, kapazitiv 647

car assembly, PKW-Montage 530
carbide, Karbid 408
carbide ceramic, Karbidkeramik 408
carbide segregation, Karbidseigerung 208
carbide tip drill, Wendeplattenbohrer 251
carbon, Kohlenstoff 38, 74, 408, 851
carbon dioxide laser, Kohlendioxidlaser 551
carbon material, Kohlenstoffwerkstoff 409
carbon monoxide, Kohlenmonoxid 34, 74
carbon powder, Kohlenstoffpulver 414
carbon steel, Kohlenstoffstähle 222
carbon steel with 0,45% carbon, CK45 39
carbon steel with 0,6% carbon, CK60 39
carbonize, carburize, Einsatzhärten 354
carbonizing, Carbonisieren 423
carburize, carbonize, Aufkohlen 11
Cardan's joint, Kardangelenk 319
carding train, Kratzenzug 150
CARLOS (CAR Loading Standard), CARLOS 785
carrier frequency amplifier,
  Trägerfrequenzverstärker 648
carrier frequency method,
  Trägerfrequenzverfahren 645
carrying out, Verrichtung 533
case affection, Randzonenbeeinflussung 230
cast introduction, Erstarrungsgefüge 847
cast iron, Gusseisen 45
cast iron, Gusseisenwerkstoff 38
cast microstructure, Gussgefüge 845
cast non ferrous metals,
  NE-Metallgusswerkstoffe 45
castability, Gießbarkeit 111
casting, Gießen 11, 29, 402, 413
casting material, Gießwerkstoff 89
casting materials, Gusswerkstoffe 43, 226
casting output, Gießleistung 40
casting part, Gussteil 72
casting process, Gießverfahren 39
casting technology, Urformen 11
casting technology, Urformen 12
casting technology, Urformen 42
casting temperature, Gießtemperatur 78, 107
casting unit, Gießeinheit 51
cation, Kation 834
cave, Cave 21
cavity, Formhohlraum 37, 83, 387
cavity, Formnest 112
cavity, Hohlraum 47, 74
cavity, Kavität 16
cavity filling, Formfüllung 55, 57, 73, 87, 114
cavity filling phase, Formfüllphase 54
cavity filling process, Formfüllvorgang 49, 106
cavity filling time, Formfüllzeit 55, 72, 111
cavity formation, Porenbildung 775
cavity sinking by EDM, Senkerodieren 16, 178
CBN, CBN 15
CCD, charge-coupled device, CCD 649, 701, 820
cellular tissue, Zellen, Zellgewebe 584
cementite / cemented carbide, Zementit 38, 222
center punching, Butzenbildung 241
center roughness, Mittenrauwert 16, 24, 676
central store, Zentrallager 516
centrifugal casting, Schleudergießen 39, 58, 110
centrifugal force, Fliehkraft 40, 291
centrifugal force, Zentrifugalkraft 40
centrifugal force balance, Fliehkraftausgleich 338
ceramic cutting material, Schneidkeramik 206, 211, 230, 406
ceramic injection molding, CIM, ceramic injection molding 417
ceramic metal, Cermet 210, 288,
ceramic mold, Keramikform 50
ceramic powder, Pulver, keramisch 173
ceramic-bonded, Keramische Bindung 308

ceramics, Keramik 397, 477
ceramizing, Keramisierung 425
chain conveyor, Kettenförderer 520
chain conveyor bunker, Kettenaustragsbunker 518
chain magazine, Kettenmagazin 519
change face measuring, Umschlagmessung 639
change face measuring, Umschlagsmessung 622, 643
change face method, Umschlagmethode 623
change of direction, Richtungsumkehr 814
channel magazine, Kanalmagazin 519
characteristic of edge life, Standzeitgerade 204
charge, Füllen 13
Charpy test, Charpy-Probe 760
Charpy, G., Charpy, G. 760
chase, Tiefen 126, 155
chemical vapor deposition, Chemical Vapour Deposition 506
chemical vapor deposition, CVD 409, 506
chilled (cast) iron, Schalenhartguss 38
chip, Spanbildung 192
chip breaking, Spanbruch 192
chip compression, Spanstauchung 264
chip conveyor, Späneförderer 339
chip deflector, Spanformer 194
chip diagram, Spanformdiagramm 195
chip forming, Spanformung 242
chip thickness, Spanungsdicke 197, 263
chip thickness measure, Spandickenmessung 193
chip thickness ratio, Spandickenstauchung 192, 193
chip velocity, Spangeschwindigkeit 193
chip width, Spanungsbreite 197
chlorinated thermoplaste, Chlor-Thermoplaste 376
chlorine atom, Chloratom 833
chromating, Chromatieren 497
chuck, Spannmittel 653
Chvorinov N., Chvorinov N. 97
circle, Kreis 627
circuit part, Kreislaufanteil 83
circular form measuring station, Kreisformmessgerät 660
circular interpolation test, Kreisformtest 811
circular milling, Zirkularfräsen 267, 815
circular thread milling, Zirkulargewindefräsen 269
circulating buffer, Umlaufpuffer 517
circulating store, Umlauflager 516
city gas, Leuchtgas 174
cladding, Kernmantel 555
cladding, Plattieren 447
cladding by rolling, Walzplattieren 451
cladding by rolling, Walzschweißen 451
clamping, Spannen 257
clamping cylinder, Spannzylinder 346
clamping technique, Spanntechnik 344
clamping technology, Spanntechnik 652
clamping unit, Schließeinheit 49, 51, 386
class, Klasse 817
clay, Tonmineral 399
cleaning, Gussnachbearbeitung 53
cleaning, Putzen 89
cleaning, Reinigen 12
cleaning, Reinigen 401,432
cleavage fracture, Spaltbruch 762, 772
cleavage plane, Bruchfläche 751
cleavage plane, Bruchverlauf 764
climate chamber, Klimakammer 796
clinching, Clinchen 13, 18, 159, 524
clinching, Durchsetzfügen 159, 524
clink, Heißriss 471
clip fastening, Klippverschluss 528
closing force, Schließkraft 52
closing stroke, Schließhub 52
cloud of points, Punktewolke 22
CMM (coordinate measuring machines), KMG (Koordinatenmessgerät) 677

CMT (coordinate metrology), KMT (Koordinatenmesstechnik) 677
CO, CO 74
CO2-laser, CO2-Laser 549, 551
coagulation, Koagulation 775
coarse shape, Grobgestalt 593
coarse-grain annealing, Grobkornglühen 356
coating, Beschichten 11, 441, 488, 491
coating material, Schichtwerkstoff 495, 507
coating, lacquering, Lackieren 17, 502
cobalt alloy, Kobaltlegierung 117
code disc, Codescheibe 620
coherence function, Kohärenzfunktion 802
coil-coating, Coil-Coating 503
coiler, Haspel 150
coiler tension rolling mill, Ziehwalze 149
coke, Koks 408
cold box casting, Cold-Box-Verfahren 70
cold crack, Kaltriss 75, 86
cold extrusion, Kaltfließpressen 146
cold flow, Kaltfließstelle 73
cold forming, Kaltformgebung 125
cold isostatic pressing, Pressen, kaltisostatisch (CIP) 165
cold junction, Kaltstelle 460
cold press welding, Kaltpressschweißen 446
cold rolling, Kaltwalzen 136
cold shortness, Kaltrissbildung 471
cold sinking, Kalteinsenken 143
cold welding, Kaltverschweißen 146
cold-chamber-die-casting-machine, Kaltkammerdruckgießmaschine 51
collar forming, Kragenziehen 149
collimating lens, Kollimierlinse 557, 561, 704
color image, Farbbild 702
color mixture, Farbmischung 703
color of chip, Spanfarbe 194
command pose, Soll-Pose 820
commissioning, Kommissionierung 516
communication, Kommunikation 10
compact tension specimen, Compact-Tension-Probe 770
compact tension specimen, CT-Probe 771
compacting, Verfestigen 13
comparator, Komparator 598, 599, 647, 656
comparator, mechanically, Feinzeiger 599
comparison condition, Vergleichsbedingung 594
completeness, Vollständigkeit 72
compliance, Nachgiebigkeit 819, 827
component behavior, Bauteileigenschaft 16
component durability test rig, Komponentenprüfstand 786
component test, Bauteilprüfung 779
component testing, Bauteilprüfung 697
composite ceramic, Mischkeramik 212
compression molding, Kompressionsumformen 381
computer aided manufacturing, CAM 286
computer numerical control programming, CNC-Programmierung 283
Computer Tomography, Computertomographie 693
conditions of cutting, Schnittbedingungen 202
conditions of cutting, Schnittgrößen 232
conditions of cutting, Spanungsgrößen 261
conductivity, Leitfähigkeit 33
cone bunker, Trichterbunker 518
cone diameter, Kegeldurchmesser 658
cone magazine, Trichtermagazin 519
confocal sensors, Konfokale Sensoren 651
conicity, Konizität 24, 86
connor gate, Gratanschnitt 113
conode, Konode 841
constructional element / component, Bauteil 29
consumable pattern, Modell, verlorenes 58
contact length, Kontaktlänge 203
contact temperature, Kontakttemperatur 95
continuous casting, Stranggießen 39, 58, 93, 402
continuous dressing, CD-Abrichten 313

continuous dressing, Continuous Dressing 313
continuous flow buffer, Durchlaufpuffer 517
continuous process, Fließprozess 377
continuous strand furnace, Banddurchlaufofen 121
continuous-wave laser, Dauerstrichlaser 552
contour feature, Konturelemente 814
contour turning, Formdrehen 231
contract, Verjüngen 145
contrasting , Kontrastierung 748
contrasting fluid, Kontrastmittel 725
control system, Steuerung 683
conventional true value, Wert, richtiger 596
conversing, Konvertieren 496
conversion coating, Konversionsschicht 490, 496
convey, Fördern 513
conveyor magazine, Förderbandmagazin 519
conveyor systems, Fördersysteme 520
coolant temperature, Kühlmitteltemperatur 396
coolant, classification, Kühlschmierstoffe, Einteilung 295
coolant, cooling lubricant, KSS 294
coolant, cooling lubricant, Kühlschmierstoffe 294
cooling, Abkühlen 383
cooling channel, Kühlkanal 396
cooling curve, Abkühlkurve 94
cooling lubricant bore, Kühlmittelbohrung 250
cooling lubrication, Kühlschmierung 293
cooling rate, Abkühlgeschwindigkeit 848
coordinate measuring machine, Koordinatenmessgerät 677
coordinate system, Koordinatensystem 685
copper casting material, Kupfergusswerkstoff 75
copying turning, Kopierdrehen 231
core, Kern 36, 47, 48, 53, 69
core box, Kernpaket 69
core box process, Kernblockverfahren 37
core drilling, Kernbohren 252
core molding, Kernherstellung 70
core pattern, Kernmodell 61
core puller unit, Kernzugeinheit 51
corner, Ecke 825
corner radius, Eckenradius 236
cornering deviation, Eckenverhalten 819
corrosion, Korrosion 11, 77, 360, 511
corrosion avoid, Korrosionsvermeidung 77
corrosion protection, Konservieren 510
corrosion protection, Korrosionsschutz 493
corrosion resistance, Korrosionsfestigkeit 42, 77
corrosion-proof, Korrosionsbeständigkeit 17
counter pressure casting process, Gegendruckgießverfahren 55
counter pressure casting process, Precocast-Verfahren 55
counterblow hammer, Gegenschlaghammer 162
counting methods, Zählverfahren 783
coupling into a fiber, Einkopplung (in ein LLK) 559
coupling medium, Ankopplungsmedium 728
covalent binding, Atombindung 833
cover, Belag 486
crack, Riss 74, 75, 84, 250, 471, 489, 763
crack formation, Rissbildung 201, 360, 510
crack growth, Risswachstum 770
crack growth rate, Rissausbreitungsgeschwindigkeit 774
crack in longitudinal direction, Längsfehler 725
crack in perpendicular direction, Querfehler 724
crack induced by stress, Spannungsriss 504
crack length, Risslänge 772
crack opening modus, Rissöffnungsart 770

crack tip, Rissspitze 770
cracking, Brechen 171
cracking, Bruchtrennen 172
cracking, Cracken 172
cracks, Risse 721
crank drive, Kulissenantrieb 347
cratering wear, Kolkverschleiß 200
craze flow layer, Fließzone 192
creep, Kriechen 863
creep area, Kriechbereich 863
creep curve, Kriechkurve 863
creep diagram, Zeitstandschaubild 776
creep rate, Kriechgeschwindigkeit 775
creep rupture curve, Zeitstandbruchkurve 776
creep rupture damage, Zeitstandversagen 775
creep rupture strength, Zeitstandfestigkeit 778
creep strain, Kriechdehnung 775
creep strain curve, Kriechdehnungskurve 777
creep strength behavior, Zeitstandeigenschaft 778
creep test, Zeitstandversuch 775
crest factor, Crest-Faktor 796
cropped piece, Spaltstück 142
cross sectional area of cut, Spanungsquerschnitt 234
cross table, Kreuztisch 603, 627
cross-jet, Cross-Jet 561, 564
crossrolling, Schrägwalzen 135
cross-section plane, Anschliffebene 747
crucible furnace, Tiegelofen 433
crushing, Crushieren 312
crushing, Mahlen 401
crystal glass, Kristallglas 429
crystal lattice, Kristallgitter 760, 834
crystal lattice structure, Gitterstruktur 129
crystallization, Kristallisation 82, 97, 425, 426
crystallization heat, Kristallisationswärme 847
C-stand, C-Gestell 322
CT, computer tomography, CT 693
cubic boron nitride, CBN 213, 257, 289, 477
cumulative load distribution, Summenkollektiv 782
cup, Napf 758
customer, Abnehmer 814
customer, Kunde 26
cut off, Abschneiden 11
cuts, Schnitte 171
cutter geometry, Fräsergeometrie 281
cutting, Schneiden 171, 747
cutting, Trennen 140, 747
cutting action, Schneideneintritt 262
cutting conditions, drilling, Schnittwerte, Bohren 246
cutting conditions, milling, Schnittgrößen, Fräsen 261
cutting data, Schnittdaten 282
cutting depth, Scheiddicke 568
cutting edge, Messerschneide 171
cutting force, Schnittkraft 193, 281, 302
cutting force, Zerspanungskräfte 195
cutting force component, Zerspankraftkomponenten 196
cutting force components, Zerspankraftkomponenten 235
cutting force, drilling, Schnittkräfte, Bohren 245
cutting force, specific, Schnittkraft, spezifische 264, 247
cutting heat, Zerspannungstemperatur 280
cutting heat, Zerspannungswärme 203
cutting material designation, Schneidstoffbezeichnung 206
cutting material property, Schneidstoffeigenschaft 207
cutting material tabular, Schneidstofftabelle 219
cutting material, classification, Schneidstoffe, Klassifizierung 217

cutting materials, Schneidstoffe 206, 288
cutting moment, Schnittmoment 247
cutting performance, Schnittleistung, Bohren 197, 248, 264
cutting power, Zerspanungsleistung 197
cutting procedures, Zerspanungstechnik 189
cutting result, Schneidergebnis 568
cutting speed, Schneidgeschwindigkeit 568
cutting velocity, Schnittgeschwindigkeit 233, 278, 279
cutting velocity, milling, Schnittgeschwindigkeit, fräsen 264
cutting, chip less, Trennen, spanlos 171
cyc-arc-process, Cyc-Arc-Verfahren 456
cycle, Schwingspiel 765
cycle limit, Grenzschwingspielzahl 767
cycle number, Schwingspielzahl 779
cyclic compression load, Druckschwellbeanspruchung 765
cyclic step machine, Rundtaktmontage 532
cyclic stress, Schwingbelastung 765
cyclic tension load, Zugschwellbelastung 765
cyclic tension strength, Schwellfestigkeit 768
cyclic tension strength, Zug-Schwellfestigkeit 768
cylinder, Zylinder 622, 627
cylinder cutter, Zylinderfräser 287
cylinder square, Prüfzylinder 628
cylindrical grinding machine, Rundschleifmaschine 340
cylindrical shape, Zylinderform 23, 621, 685
cylindrical tensile test specimen, Rundzugprobe 752

D versus F, D-F-Kombination 735
damage, Schädigung 775
damage mechanism, Schädigungsmechanismus 775
damper, Dämpfer 797
damping, Dämpfung 322, 803
damping support, Dämpfungsschlitten 329
dancer roll, Tänzerrolle 150
Danner, E., Danner, E. 437
Danner's pipe, Dannerpfeife 437
dark field illumination, Dunkelfeld 749
dark field illumination, Dunkelfeldbeleuchtung 705
data, Daten 26
data given in order, Auftragsdaten 26
data private protection, Datenschutz 26
data safeguarding, Datensicherung 26
Davy H., Davy H. 35
death center, Umkehrpunkt 160
debindering, Entbindern 407
deburring, Entgraten 17, 545
decarburization, Auskohlung 354
decarburize, Entkohlen 11, 756
decompose, Zerlegen 12
decomposition, Zersetzung 425
deduction, Reduktion 116
deep grinding, Tiefschleifen 341
deep-hole drill, Tieflochbohrer 243
deep-hole drilling, Tiefbohren 251
deep-welding effect, Tiefschweißeffekt 563
defect, Fehler 73
definition of the circle, Kreisdefinition 627
deflection, Durchbiegung 604
deformability, Formänderungsvermögen 132
deformation, Formänderung 125, 128
deformation, Verformung 84, 128, 604, 607, 743, 806, 852, 861
deformation behavior, Verformungsverhalten 361
deformation capacity, Verformungsvermögen 791
deformation ratio, Umformgrad 130
deformation work, Umformarbeit 132
deformation, ductile, Deformation, plastisch 200

deformationability, Umformbarkeit 132
degradation, Entmischen 439
degreasing, Entfetten 486, 510
degree (of arc), Winkelgrad 598
degree of freedom, Freiheitsgrad 802
dehydrogenize, Dehydrieren 11
delta robot, Delta-Roboter 319
dendrite, Dendrit 479, 848
dendritic solidification, Erstarrung, dendritisch 83
dense sintering, Dichtsintern 404
density, Dichte 35, 38, 81,122, 322, 406
density resolution, Dichteauflösung 696
depth gauging, Tiefenmessung 597, 637
depth of focus, Schärfentiefe 560
de-scale, Entzundern 140
design, Design 369, 576
design, Planen 15
design guidelines, Gestaltungskriterien 364
destination image, Zielbild 709
detail work, Teilverrichtung 533
detonation flame spraying, Detonationsflammspritzen 499
deviation, Abweichung 597, 806, 812
deviation of measuring faces, Messflächenabweichung 600
deviations from the nominal contour, Bahnabweichung 814
device defect, Gerätefehler 683
dial gage, Messuhr 636, 807
diamond, Diamant 206, 211, 214, 305, 414, 424, 477
diamond, DP 214
diamond dressingroller, Diamantrolle 312
diaphragm gate, Schirmanguss 387
die, Düse 383
die, Kokille 37
die and mold making, Formenbau 288, 815
die bending, Gesenkbiegen 126
die bending, Gesenkbiegen 157
die casting, Druckgießen 17, 51, 56, 164
die casting, Kokillengießen 58
die casting machine, Druckgießmaschine 51
die casting process, Druckgießprozess 54
die casting process, Kokillengießverfahren 37
die filling capacity, Formfüllvorgang 20
die forging, Gesenkschmieden 169
die height, Formhöhe 52
dielectric, Dielektrikum 180
difference of microstructure, Gefügeunterschied 73
differential capacitor, Differenzialkondensator 647
differential equation, DGL, Differenzialgleichung 96
differential inductor, Differenzialdrossel 646
differential transformer, Differenzialtransformator 645
diffraction grating, Beugungsgitter 618, 720
diffusion, Diffusion 120, 199, 403, 492
diffusion process, Diffusionsprozess 485, 850, 863
diffusion process, Diffusionsvorgang 76
diffusion welding, Diffusionsschweißen 450
digital mock up, Digital Mock Up 25
digitizer pen, Digitalisierstift 825
dilatation, Dilatation 710
dimension, Maß 591
dimensional accuracy, Maßgenauigkeit 57
dimensional change, Maßänderung 76
dimensional deviation, Maßabweichung 23, 806
dimensional stability, Maßbeständigkeit 76
dimpling, Durchzielen 126, 149
DIN 50 100, DIN 50 100 763
DIN 7728, DIN 7728 376
DIN 8560, DIN 8560 377
DIN 8580, DIN 8580 11
DIN 86xx, DIN 86xx 805
DIN EN 10 002, DIN EN 10 002 752
DIN EN 10 045, DIN EN 10 045 760
DIN EN 10 291, DIN EN 10 291 776

DIN EN 60 068-2-27, DIN EN 60 068-2-27 796
DIN EN 60 068-2-6, DIN EN 60 068-2-6 794
DIN EN ISO 4288, DIN EN ISO 4288 670
DIN EN ISO 6506, DIN EN ISO 6506 733
DIN EN ISO 6507, DIN EN ISO 6507 736
DIN EN ISO 6508, DIN EN ISO 6508 740
DIN EN ISO 6803, DIN EN ISO 6803 789
DIN ISO 1101, DIN ISO 1101 685
DIN ISO 230, DIN ISO 230 805
DIN ISO 513, DIN ISO 513 218
diode laser, Diodenlaser 549, 553
dip brazing, Tauchlöten 478
dip coating, Tauchlackieren 503
dipping, Tauchen 501
direct access buffer, Direktzugriffpuffer 517
direct drive, Direktantrieb 332
direct metal laser sintering, Direktes Metall Lasersintern 583
directional-chain coding, Richtungskettencodierung 712
disc laser, Scheibenlaser 549, 552
dish, Tiefziehen 126, 151
dish-shape, Schalenform 50
dislocation, Versetzung 838, 853, 856
dislocation circle, Versetzungsring 838, 856
dislocation creation, Versetzungsfreisetzung 856
dislocation density, Versetzungsdichte 775, 862
dislocation movement, Versetzungsbewegung 855
dislocation source, Versetzungsquelle 856
dismantling, Demontage 513
dispersion coating, Dispersionsschicht 496
displacement transducer, optical, Wegaufnehmer, optisch 649
displacement transducer, pneumatic, Wegaufnehmer, pneumatisch 649
disposal of coolant, Entsorgung, KSS 297
disposal of coolant, KSS, Entsorgung 297
distance coded, Abstandscodierung 617
distance measuring system, Längenmesssystem 645, 679
distance variation, Abstandsschwankung 561
distortion, Verbiegung 471
distortion wedge, Zipfelbildung 129, 758
divergence, Divergenz 561
dividing, Zerteilen 11, 12, 171
division of labor, Arbeitsteilung 10
DMLS, DMLS 583
dolomite, Dolomit 432
double accumulating roller chain, Doppelstaurollenkette 521
double ball procedure, Zwei-Kugel-Verfahren 811
double ballbar, Double-Ball-Bar 811
double die technique, Zweimatrizen-Verfahren 119
double hardening, Doppelhärten 354
double head welding, Doppelkopfschweißen 465
double sintering, Zweifachsintern 122
double-acting hammer, Oberdruckhammer 162
dovetailed slideways, Schwalbenschwanzführung 326
down milling, Gleichlauffräsen 260
draft, Entwurf 576
draught, Formschräge 59
draw, Ziehen 149
drawing, Ziehen 437
drawing, Ziehverfahren 435
drawing force, Ziehkraft 150
drawing gap, Ziehspalt 152
drawing radius, Ziehkantenradius 152
drawing ratio, Ziehverhältnis 151
drawing stamp, Ziehstempel 151
drawing stamp rate, Ziehstempelgeschwindigkeit 152
drawing stone, Ziehstein 149
drawing, engineering drawing, Konstruktionszeichnung 591

dressing, Abrichten 312
dressing / mold coating, Schlichte 48, 92, 94
dressing tool, Abrichtwerkzeug 312
drift, Drift 610, 814,819, 827
drill , Bohrer 244
drill measuring system, Bohrmesssystem 345
drill thread milling, Bohrgewindefräsen 269
drilling, Bohrbearbeitung 15, 243, 256
drilling depth, Bohrtiefe 250
drilling tools, Bohrwerkzeuge 249
drive signal clipping, Spitzenwertbegrenzung 796
driverless transport system, FTS 520, 522
driverless transport system, Transportsystem, fahrerlos (FTS) 520, 522
driving behavior, Fahrverhalten 819
drop forging, impact forging, Gesenkschmieden 125, 141
drop hammer, Fallhammer 162
drum magazine, Trommelmagazin 519
dry film lubricant, Trockenschmierstoff 502
dry friction, Trockenreibung 327
dry machining, Trockenbearbeitung 15, 294, 300
dry shrinkage, Trockenschrumpfung 402
drying, Trocknen 419, 486, 504
dual code, Dual-Code 620
ductile fracture, Zähbruch 760
ductility, Duktilität 470
ductility, cutting material, Duktilität, Schneidstoff 215
duplicate production, Serienfertigung 36
durability test rig, Strukturprüfstand 786
duroscope, Duroskop 743
dust explosion, Staubexplosion 15
dynamic behavior, Bewegungsverhalten 825
dynamic fatigue test, Dauerschwingversuch 763
dynamic fatigue test, Schwingversuch 765
dynamic hardness test, Härteprüfung, dynamisch 743
dynamics, Dynamik 825

eccentric press machine, Exzenterpresse 14
echo, Echo 729
ECM, electrochemical machining, ECM, elektrochemische Bearbeitung 183
economics, Wirtschaftlichkeit 42
eddy current method, Wirbelstromverfahren 723
eddy current sensor, Wirbelstromsensor 646
eddy current testing, Wirbelstromprüfen 723
edge geometry, Schneidengeometrie 241
edge life, Standzeit 200, 202, 262
edge life criterions, Standzeitkriterien 200
edge rolling, Rollbiegen 158
Edlén, B., Edlén, B. 665
EDM, electrical discharge machining, EDM, elektroerosive Bearbeitung 183
efficiency, Wirkungsgrad 554
Einstein, Albert, Einstein, Albert 550
ejection force, Auswerfkraft 52
ejection stroke, Auswerfhub 52
ejection temperature, Entnahmetemperatur 75
ejection unit, Auswerfeinheit 51
ejector, prue, Auswerfer 53
elastic limit, Elastizitätsgrenze 756
elasticity tensor, Elastizitätstensor 607
Elastomer-bonded, Elastomerbindung 308
Elastomer material, Elastomere 372, 374, 376
electrical discharge machining, Funkenerosion 178
electrochemical milling, Abtragen, elektrochemisch 171
electrode, Elektrode 179, 461
electrode material, Elektrodenwerkstoff 180
electrolysis, Elektrolyse 116

electrolyte, Elektrolyt 185
electrolyte, Elektrolyt 494
electrolytical deposition, Abscheiden, elektrolytisch 493
electron beam cutting, Elektronenstrahlschneiden 171, 176
electron beam welding, Elektronenstrahlschweißen 466
electron microscope, Elektronenmikroskop 750
electron-beam curing, Elektronenstrahlhärten 354
electro-slag welding, Elektrogasschweißen 464
electro-slag welding, Elektroschlackeschweißen 457
elementary cell, Elementarzelle 128, 835
Elin-Hafergut-process, Elin-Hafergut-Verfahren (EHV) 466
elongation, Dehnung 852
elongation, Längsdehnung 754
elongation at rupture, Zeitbruchdehnung 778
elongation without necking, Einschnürdehnbereich 757
elongation without necking, Gleichmaßdehnung 755
embedding, Probeneinfassung 747
embrittlement, Versprödung 510, 861
emission, spontaneous, Emission, spontane 550
emission, stimulated, Emission, stimulierte 550
enamel, Emaillieren 500
encapsulate by injection molding, Umspritzen 391
end level, Zielklasse 784
end milling cutter, Schaftfräser 281
endless electrode, Endloselektrode 458
endoscopes, Endoskop 700
energy, Energie 32, 43
energy band, Energieband 718
energy consumption, Energieeinsatz 89
energy level, Energieniveau 551, 718
energy level, Energiestufe 550
engine driving power, Maschinenantriebsleistung 264
engineering level, Maschinenrichtwaage 639
engrave, Einprägen 143
engraving, Gravieren 571
engraving needle, Gravierstichel 825
enthalpy / heat content, Enthalpie 90
entropy, Entropie 90
environmental testing procedures, Umweltprüfverfahren 793
epi illumination, Auflichtbeleuchtung 705
Epikote, Epikote 375
Epoxin, Epoxin 375
equilibrium phase diagram, Gleichgewichtszustandsdiagramm 842
equilibrium situation, Gleichgewichtszustand 841
Erdogan, F., Erdogan, F. 774
eroding, Erodieren 11, 12, 16, 171
erosion , Erosion 710
ERP, enterprise resource planning, ERP 25
error, Fehler 24
error correction, Fehlerkorrektur 683
esthetic, Äsethik 369
etching, Ätzen 748
etching, Gefügeentwicklung 748
ethylene, Ethylen 833
Eurepox, Eurepox 375
eutectic, Eutektikum 842
evacuate, Evakuieren 12
evaporation process, Austreibverfahren 419
evaporation process, Entbindern 419
evaporation process, Verdampfung 403, 425
evenness, Ebenheit 685
exchangeability, Austauschbarkeit 819, 827
excimer laser, Excimerlaser 553, 549
excitation spectrum, Anregungsspektrum 800

expansion coefficient,
 Ausdehnungskoeffizient 80, 614
expansion coefficient,
 Volumenausdehnungskoeffizient 87
explosive cladding, Sprengplattieren 18
explosive cladding, Sprengschweißen 447
explosive force / opening force, Sprengkraft 52
expose, Belichten 13
expose to radiation, Bestrahlen 13
extension strain, Dehnung 84
extensometer, Dehnungsaufnehmer 777
extreme pressure additive, EP-Additive 296
extrude, Extrudieren 377, 407, 416
extruder, Extruder 377, 416
extruding, Strangpressen 145, 377, 407, 413, 416, 437
extrusion, Extrusion 377, 413
extrusion, Fließpressen 12, 145, 146
extrusion tool, Fließpresswerkzeug 148

face coefficient of friction,
 Spanflächenreibwert 193
face milling, Stirnfräsen 259
face milling, Stirnplanfräsen 259
face-peripheral milling, Stirn-Umfangs-Planfräsen 259
face wear, Spanflächenverschleiß 200
face-centered cubic lattice, kfz-Gitter, kubisch flächenzentr. 79, 351, 854
facing, traverse turning, Plandrehen 231
failure, Bruch 360
failure location, Versagensstelle 779
false color presentation,
 Falschfarbendarstellung 701
fastener movement, Spannbewegung 515
fatigue, Ermüdung 763
fatigue crack, Ermüdungsriss 765
fatigue crack, Schwingriss 763
fatigue fracture, Ermüdungsbruch 763
fatigue fracture, Schwingbruch 763
fatigue strength, Ermüdungsfestigkeit 780
fatigue strength endurance limit,
 Dauerfestigkeit 767
fatigue strength finite life, Zeitfestigkeit 767
fatigue strength finite life,
 Zeitschwingfestigkeit 768
fatigue stress, Dauerfestigkeit 16
FDM, Fused Deposition Modeling 587
FDM, Fused Deposition Modeling, FDM 587
fearing chip, Reißspan 194
feed angle, Vorschubwinkel 245
feed drive, Vorschubachse 806, 808
feed drive, Vorschubantrieb 330
feed force, Vorschubkraft 193
feed motion, Vorschub 233
feed power, Vorschubleistung 197
feed rate, Vorschubgeschwindigkeit 811
feed system, Angusssystem 387
feeder, Speiser 62, 83, 99
feeding, Nachspeisen 54, 77
feeding technology, Speisertechnik 99
feeding volume, Speisungsvolumen 104
feldspar, Feldspat 399, 432
FEM (Finite Element Method), FEM 156, 779, 799
female screw thread, Muttergewinde 268
female thread, Innengewinde 268
female thread milling, Innengewindefräsen 269
ferrite, Ferrit 222
ferrous material, Eisenwerkstoff 38
fiber, Faser 437
fiber core, Faserkern 555
fiber orientation, Faserverlauf 138
fife-axis-milling machine,
 Fünfachsfräsmaschine 320
filament, Filament 437
filler, Füllstoff 400
fillet joint, Kehlnaht 565
filling phase, Füllvorgang 396
film blowing, Folienblasen 377

film blowing, Folienblasen 379
film blowing die, Blaskopf 379
filter, Filter 709
filter element, Filterbauteile 115
filtration, Filtration 439
final machining, Weißbearbeitung 407, 420
fine ceramic, Feinkeramik 399
fine grained sintered carbide,
 Feinformhartmetall 210
fine- pitch thread, Feingewinde 268
fine structure cutting, Feinschneiden 172
finebore, Feinbohren 257
fine-grain hardening, Feinkornhärtung 857
finest grained sintered carbide,
 Feinstkornhartmetall 230, 288
finish-grinding, Feinschleifen 16
finishing, Schlichten 15
finite element mesh, FEM-Netz 394
fire-cracker welding, Unterschienenschweißen 466
first mode, Grundschwingung 798
fixed bearing, Festlager 329
fixed stay, Setzstock 341
Fizeau, A. H. L., Fizeau, A. H. L. 669
flame, Flamme 459
flame cutting, Brennschneiden 16, 158
flame shock spraying, Flammschockspritzen 499
flame spraying, Flammspritzen 498
flame-harden, Flammhärten 353
flange, Flansch 324
flank wear, Freiflächenverschleiß 200
flash butt welding, Abbrennstumpfschweißen 453
flash light, Blitzlicht 707
flask molding, Kastenformen 58
flat panel detector, Flächendetektor 693
flat tensile test specimen, Flachzugprobe 752
flatness, Ebenheit 23, 621
flatness measurement, Ebenheitsmessung 640
flatness testing, Ebenheitsprüfung 625
flexibility, Flexibilität 23
flexible manufacturing system, FFS 321
flexible manufacturing system, Flexibles Fertigungssystem 320
flexural strength, Biegesteifigkeit 80
flight, Gewindegang 274
float glass process, Floatglasverfahren 435
flow, Strömung 74
flow chart, Ablaufgraph 533
flow length, Fließlänge 106
flow path, Fließweg 388
flow phenomena, Strömungsvorgänge 109
flow pressure, Strömungsdruck 107
flow rate, Fließgeschwindigkeit 107
flow velocity, Strömungsgeschwindigkeit 55
flowability, Fließfähigkeit 106
flowing chip, Fließspan 194
fluidity spiral, Gießspirale 106
fluidity, plasticity, Fließvermögen 116
fluidized bed sintering, Wirbelsintern 13, 504
fluorothermoplaste, Fluor-Thermoplaste 376
flux, Flussmittel 476
flux bath, Flussmittelbad 505
flux field, Streufeld 724
foaming, Aufschäumen 571
foaming, Ausschäumen 13
focal spot, Brennfleck 694
focus, Fokus 650
focus diameter, Fokusdurchmesser 560
focusing, Fokussierung 556, 560
focusing lens, Fokussierlinse 557
foil electrode, Bandelektrode 465
foil slip casting, Folienschlickergießen 418
fold, Falzen 523
folding, Zusammenlegen 13, 528
folding machine, bending press,
 Schwenkbiegen 158
foot, Fuß 594
force, Prüfkraft 735, 772, 777
force clamping chuck, Kraftspannfutter 250, 290, 338

force shrink clamp, Kraftschrumpffutter 289
force through, Durchdrücken 145
force-elongation-diagram, Kraft-Verlängerungs-Aufzeichnung 753
forge alloy, Schmiedelegierung 228
forge out, Recken 138
forging, Schmieden 125, 126, 139, 169
forging hammer, Schmiedehammer 14
forging scales, Zunder 125
forging temperature, Schmiedetemperatur 139
form accuracy, Formgenauigkeit 824
form deviation, Gestaltabweichungen 23
form measuring station, Formmessgerät 659
form memory tool, Formspeicherwerkzeug 154
form pressing, Formpressen 402, 407, 413, 416
form test, Formprüfung 669, 685
forming, Formgebung 401, 415, 427
forming, Umformen 11, 13, 17, 42, 125, 523
forming by tensile and compressive
 conditions, Zugdruckumformen 125, 149
forming efficiency, Umformwirkungsgrad 132
forming process, Formgebungsverfahren 413
forming quality, Formgebungseigenschaften 78
forming technology, Umformtechnik 125
forming under compressive conditions,
 Druckumformen 12
forming under compressive conditions,
 Gesenkformen 126
forming under sharing conditions,
 Schubumformen 125, 159
Forsterite, Forsterit 398
foundry technology, Gießereitechnik 29
Fourier analysis, Fourieranalyse 802
Fourier transformation, Fourier-Transformation 796
four-level laser, Vierniveaulaser 551
fracture, Bruch 753, 763
fracture appearance, Bruchaussehen 764
fracture appearance imaging, Fraktographie 750
fracture cross section, Brucheinschnürung 757
fracture elongation, Bruchdehnung 754
fracture mechanics, Bruchmechanik 770
fracture stress, Reißspannung 754
frame construction, Rahmenkonstruktion 29
frame spirit level, Rahmenrichtwaage 639
Frank, F. C., Frank, F. C. 856
Frank-Read-Source, Frank-Read-Quelle 856
Fraunhofer J. v., Fraunhofer J. v. 429
free forming, Freiformen 138
free forming machining,
 Freiformflächenbearbeitung 283
free-form surface, Freiformfläche 14, 23, 278, 815
freeze clamping technology, Gefrierspannen 653
freezing clamp technique, Gefrierspanntechnik 349
frequency, Häufigkeit 783, 809
frequency band, Frequenzband 802
frequency response, Frequenzgang 325
frequency sweep, Sinussweep 794
friction, Reibung 109, 327, 472, 602
friction conditions, Reibungsverhältnisse 245
friction welding, Reibschweißen 448, 473
fuel gas, Brenngas 174, 459
full automatic machining,
 Komplettbearbeitung 334
full mold, Vollform 63
full-harden, Durchhärten 350
functional castings, Gebrauchsguss 41
functionality, Funktionalität 369
functionality model, Funktionsmodell 577
fungicides, Fungizide 502

furnace brazing, Ofenlöten 478
fusion welding, Schmelzschweißen 444
fusion welding, Schmelzschweißen 457
gage, Lehre 630
gage stylus, Taster 808
gage stylus, Taststift 607, 808

Galvani, L., Galvani, L. 166
galvanic corrosion, Kontaktkorrosion 510
galvanic forming, Galvanoformung 12, 166
galvanizing, Galvanisierung 77
gantry, Portal 322
gantry milling machine, Portalfräsmaschine 317
gap gage, Rachenlehre 638
gap sizes, Spaltmaße 565
gap tolerance, Spalttoleranz 565
garnet, Granat 552
gas brazing, Flammlöten 478
gas drilling, Brennbohren 175
gas flame, Gasflamme 459
gas internal pressure technique, Gasinnendruck-Verfahren 390
gas planing, Brennhobeln 175
gas press welding, Gaspressschweißen 455
gas pulverizing, Gasverdüsung 116
gas welding, Gasschmelzschweißen 458
gas welding, Gasschweißen 13
gate, Anguss 52
gate, Anschnitt 73, 395
gate, Ausschnitt 109, 112
gate system, Gießsystem 37, 110
gauging, Lehrenprüfung 630
gauging plan, Prüfplan 816
gauging wire, Messdraht 627
Gauß, C. F., Gauß, C. F. 654
gel, Gel 410
geometry distortion, Geometriefehler 806
German foundrymen association, VDG 32
German Industrial Standard, DIN 43
GET, GID 390
glass, Glas 428, 477
glass blowing, Glasblasen 436
glass ceramic, Glaskeramik 438
glass fiber, Glasfaser 437
glass fiber reinforced polymer, GFK 437
glass forming, Glasbildung 431
glass temperature, Glaspunkt 431
glass temperature, Glastemperatur 405
glaze, Glasur 406
gliding velocity, Gleitgeschwindigkeit 193
globulite solidification, Erstarrung, globulitisch 83
globulites, Globulit 848
gneiss, Gneis 400
go gage, Gutlehre 631
gold, Gold 36
golden cut, Goldener-Schnitt 369
Gough, E., Gough, E. 319
grab area, Greifraum 531
gradient, Gradient 610
graduated circle, Teilkreis 629
graham process, Graham-Verfahren 456
grain boundary, Korngrenze 74, 775, 839, 857
grain boundary diffusion, Korngrenzendiffusion 403
grain boundary etching, Korngrenzenätzung 748
grain growth, Kornvergröberung 469
grain refinement, Kornfeinung 78
grain size, Korngröße 108
grain size, Körnung 306
granite, Granit 200
granulate, grain, Granulieren 116
granulation, Granulieren 412
granules, Granulat 378
graphite, Graphit 38, 80, 414, 477
graphite texture, Graphitausbildung 226
graphite texture, Graphitstruktur 227
graphitization, Graphitisierung 216
graphitizing, Graphitisieren 423, 424
grating period, Teilungsperiode 616

gravity, Schwerkraft 39, 40
gravity die casting, Schwerkraftkokillenguss 48, 56
gray cast iron stands, Graugussgestelle 323
gray code, Gray-Code 620
Gray E., Gray E. 620
gray scaled image, Grauwertbild 702
green compact, Grünling 116, 401
green machining, Grünbearbeitung 418
grid encoder, Kreuzgitter-Messgerät 811
grid method, Gitter-Verfahren 625
grid spectroscope, Gitterspektrograph 720
grid tray, Gitterbox 518
grinding, Beizen 510
grinding, Scheuern 487
grinding, Schleifen 12, 16, 19, 302, 487, 747
grinding machine, Schleifmaschine 14, 340
grinding procedures, Schleifverfahren 311
groove, Furchen 143
groove system, Nutsystem 345
ground plate break down, Bodenabriss 151
grovved cylinder, Kalibrierwalzen 135
Grubbs, F. E., Grubbs, F. E. 817
GSK-line, GSK-Linie 350
guideway backlash, Führungsspiel 599
guideway deviation, Führungsabweichung 598

Haagen, G., H., L., Haagen, G., H., L. 388
Haibach, E., Haibach, E. 769
Haigh, B. P., Haigh, B. P. 769
hairline gage, Strichmaß 616
half of mold, Formhälfte 37, 384
hammer works, Hammerwerk 127, 162
hand made mold, Handmodell 61
hand molding, Handformen 62
handle, Handhaben 513, 535
handling facility, Handhabungsgerät 53
hand-manufacturing, Fertigung, handwerklich 11
hang into, Einhängen 13, 528
hard cutting, Hart-Zerspanung 229
hard machining, Hartbearbeitung 230, 407, 427
hard metal coating, Hartstoffschicht 506
hard metal form, Hartmetallform 424
hard metal texture, Hartmetallgefüge 209
hard plated, Hartstoffbeschichtung 206
hard platted, Hartstoffschicht 190
hard solder, Hartlote 527
hardening, Härten 11, 13, 16, 353, 440
hardening reduction, Verfestigungsabbau 861
hardness, Härte 16, 33, 308, 850, 861
hardness, Härtebildner 229
hardness comparison, Härtevergleich 303
hardness measuring, Härtemessung 731
hardness test, Härteprüfung 717, 731
HB, HB (Härte nach Brinell) 733
health injury, Gesundheitsschaden 15
heat, Erwärmen 140
heat, Hitze 11
heat affected zone, Wärmeeinflusszone 468
heat affected zone, WEZ 469
heat balance, Wärmebilanz 92
heat color, Glühfarben 356
heat conductivity coefficient, Wärmeleitkoeffizient 93
heat conductor, Wärmeleitung 96
heat content / enthalpy, Wärmeinhalt 91
heat crack, Warmriss 75, 86
heat delivery, Wärmeabgabe 104
heat dissipation, Wärmeabfuhr 82, 92
heat element welding, Heizelementschweißen 472
heat flow, Wärmefluss 96
heat input, Wärmeeinbringung 560
heat insulation, Wärmedämmung 493
heat reduction, Wärmeentzug 845
heat resistance, Warmhärte 207, 216
heat source , Wärmequelle 610
heat transfer, Wärmeausbreitung 281

heat transfer, Wärmeübergang 55
heat transfer coefficient, Wärmeübergangskoeffizient 92
heat transmission coefficient, Wärmedurchgangszahl 93
heat treating, Wärmebehandeln 140
heat treatment, Wärmebehandlung 16, 89, 350, 510, 845
heat up stage, Warmlaufphase 816
heavy mass construction, Schwerbau 325
heavy metal, Schwermetall 45
heavy metal casting (factory) (foundry), Schwermetallgusswerkstatt 38
heavy metal shaft, Schwermetallschaft 288
height, Körpergröße 530
height gage , Höhenmessgerät 598
helicoids-motion, Helicoidal-Bewegung 269
He-Ne laser, He-Ne-Laser 665
Hephaistos, Hephaistos 127
Hertz, H. R., Hertz, H. R. 608
Hertzian stress, Hertz'sche Pressung 608
hexagonal close packed lattice, hdp-Gitter 854
hexapod, Hexapod 317, 539
high alloy cutting material, HS-Schneidstoffe 208
high alloy steel, HS 206
high alloy steel, Schnellarbeitsstähle 206, 208
high angle grain boundary, Großwinkelkorngrenze 839
high bay store, Regallager 516
high cycle fatigue specimen, HCF-Probe 766
high energy absorbed in fracturing, Hochlage 762
high frequency welding, Hochfrequenzschweißen 473
high performance cutting, High Performance Cutting 280
high performance cutting, HPC 278
high performance material, Hochleistungswerkstoffe 376
high pressure resins, Hochdruckharze 375
high speed cutting, High Speed Cutting 14, 278, 280
high speed cutting, Hochgeschwindigkeitsbearbeitung 278
high speed cutting, Hochgeschwindigkeitsfräsen 16
high speed cutting tool, HSC-Werkzeug 287
high speed machining, HSM 278
high speed spindle, Hochgeschwindigkeitsspindel 333
high temperature treatment, Hochtemperaturbehandlung 420
high velocity machining, HVM 278
high-pass filter, Hochpassfilter 710
hindrance, Behinderung 75
histogram, Histogramm 816, 817
hobbing, hubbing, Einsenken 143
hoisting magazine, Schachtmagazin 519
holding furnace, Warmhalteofen 53
holding pressure, Nachdruck 382
hollow glass, Hohlglas 428, 436
hollow shape, Hohlblock 136
hone, Honen 16, 315
hook belt, Hakenverschluss 528
hook off, Aushängen 12
Hooke, R., Hooke, R. 128, 754
Hooke's law, Hook'sches Gesetz 754
Hooke's straight line, Hookesche Gerade 128
horizontal drawing, Waagrechtziehverfahren 435
hot broad strip, Warmbreitband 136
hot dip metal coating, Schmelztauchbeschichten 505
hot forming, Warmformgebung 125
hot forming, Warmverformung 863
hot hob, hot die -sinking, Warmeinsenken 143
hot isostatic pressing, Pressen, heißisostatisch (HIP) 165, 422
hot machining, Warmzerspanung 229
hot rolling, hot milling, Warmwalzen 133

Professional-Dictionary English–German, Index

hot runner, Heißkanal 387
hot shrink clamp, Warmschrumpffutter 289
hot strip, Warmband 137
hot work tool steel, Warmarbeitsstahl 39, 51
hot yield strength, Warmstreckgrenze 470
hot-chamber-die-casting-machine,
  Warmkammerdruckgießmaschine 51
hot-dip galvanize, Feuerverzinken 13
HR, HR (Härte nach Rockwell) 740
HRC, HRC 740
hrms, height root mean square, Ra,
  quadratischer Mittenrauwert 24
HSC acceptance workpiece,
  HSC-Abnahmebauteil 815
HSC, high speed cutting, HSC 14, 278
HSK, HSK (Hohlschaftkegel) 291
Hück, M., Hück, M. 769
HV, HV 736
hybrid press, Hybridpresse 161
hydraulic conveyance, Förderung,
  hydraulisch 40
hydraulic extension chuck,
  Hydrodehnspannfutter 250, 289, 290
hydraulic pillow, Hydraulik-Kissen 153
hydrogen, Wasserstoff 74, 174
hydrogen integration, Wasserstoffaufnahme 510
hypereutectic alloy, Legierung, übereutektisch 79
hypoeutectic alloy, Legierung, untereutektisch 79
hysteresis, Hysterese 602

ICP (Integrated Circuit Piezoelectric), ICP 784, 801
IGES, IGES 286
IGRIP, IGRIP 20
illumination, Beleuchtung 704
illumination, structured, Beleuchtung, strukturiert 707
image processing, Bildverarbeitung 546, 700
imaging exactness, Abbildungsgenauigkeit 108
imaging ratio, Abbildungsverhältnis 561
immersion, Immersion 21
impact bending velocity,
  Schlaggeschwindigkeit 760
impact energy, Kerbschlagarbeit 761
impact hammer, Prüfhammer 800
impact hardness test, Schlaghärteprüfung 744
implant, Implantat 590
impregnation, Imprägnieren 423
impressing, Eindringen 732
impressing, Eindrücken 731
impression depth, Eindringtiefe 735
impression hardness test,
  Eindringhärteprüfung 732
impulse hammer, Impulshammer 800
impulse-echo-method, Impuls-Echo-Verfahren 729
impulse-time-method, Impuls-Laufzeit-Verfahren 729
incidental light microscope,
  Auflichtmikroskop 745
inclinometer, Inklinometer 640
inclinometer, Neigungsmessgerät 639
included angle, Eckenwinkel 236
incremental line encoder,
  Inkrementalmaßstab 616, 619, 637
indentation forming, Eindrücken 126, 143
indexable insert, throwaway carbide,
  Wendeschneidplatte 273
indexing table, Indextisch 644
indicating caliper, Feinzeiger 599, 635, 637, 638
induction brazing, Induktionslöten 478
inductive caliper, Wegaufnehmer, induktiv 645
inductive hardening, Induktionshärten 353
industrial robot, Industrieroboter 454, 535, 819

industrial-manufacturing, Fertigung, industriell 10
inelastic fracture mechanics,
  Fließbruchmechanik 770, 773
inert gas, Inertgas 476
inert gas, Schutzgas 46, 50, 120, 461
inert gas configuration, Edelgaskonfiguration 832
infiltrate, Tränken 122
infiltration, Infiltrieren 122
influence of temperature, Temperatureinfluss 609
information chain, Informationskette 22
information flow, Informationsfluss 27
information processing,
  Informationsverarbeitung 10
infrared radiation, IR-Strahlung 706
ingot, Barren 9
ingot, Masseln 9, 44
inhibitor, Inhibitor 512
injection force, Gießkraft 52
injection molding, Spritzgießen 123, 381, 407, 417
injection molding machine,
  Spritzgießmaschine 417
injection molding tool, Spritzgießwerkzeug 383
injection pressure, Spritzdruck 382
injection unit, Gießgarnitur 51
injector welding torch, Injektorbrenner 458
inner diameter, Innenmaß 638, 657
in-service event, Standardereignis 782
in-service monitoring,
  Serienüberwachung 788
inspection plan, quality control plan,
  Prüfplan 591
instability, Instabilität 360
integral design, Integralbauweise 370
integral hinge, Filmscharnier 371
interdiffusion, Interdiffusion 505
interface energy, Grenzflächenenergie 108
interference, Interferenz 601, 618, 626, 663, 669
interference line, Interferenzstreifen 635
interferential line encoder,
  Interferenzmaßstab 618
interferometer, Interferometer 663
interlacing, Vernetzung 425
intermetallic phase, intermetallische Phase 844
internal core, Innenkern 69
internal deficit, Innendefizit 82
internal high pressure forming, IHU 18, 154
internal high pressure forming,
  Innenhochdruckumformung (IHU) 18, 167
internal high pressure forming,
  Innenhochdruckumformen 154
internal stress, Eigenspannung 470
internal turn-milling, Innendrehfräsen 267
internal turning, Innenausdrehen 238
internal whirl milling, Innenwirbeln 267
International Organization for
  Standardization, ISO 43
interpenetration, Infiltrieren 418
interpolation, Interpolation 286, 617
interspread, Einspreizen 528
inventory data, Bestandsdaten 26
inversion, Invertierung 708
investment casting process,
  Feingießverfahren 37, 39
ion implantation, Ionenimplantieren 509
ion plating, Ionenplattieren 13, 509
ionic binding, Ionenbindung 833
iron casting, Eisenguss 41
iron oxide powder, Eisenoxidpulver 75
ISO 9283, ISO 9283 819
isostatical pressuring, Isostatisches Pressen 119
isothermal stretch forming, Streckziehen, isotherm 168
isotropy, Isotrop 120

jet stream, Strahlfüllung 113
jewelry, Schmuck 36
jobbing cast, Kundenguss 41
joint, Gelenk 371
joint board, Aufstampfboden 62
joint geometry, Stoßgeometrie 565

kaolin, Kaolinit 400
Kerameikos, Kerameikos 397
Kevlar, Kevlar 555
Kienzle, O., Kienzle, O. 197
kinematics, Kinematik 317, 537
kinematics of machine tools,
  Maschinenkinematik 14
Kirkendall, Kirkendall 479
Kirkendall-mechanism, Kirkendalleffekt 479
knee type milling machine,
  Konsolfräsmaschine 316
knowledge management,
  Wissensmanagement 28

labeling, Etikettieren 712
lace up fastening, Schnürverschluss 528
ladle, Pfanne 41
lamellar chip, Lamellenspan 192, 194
lamellargraphite, Lamellengraphit 227
lap, läppen 314, 624
Laplace, Marquis de, P. S., Laplace, Marquis de, P. S. 710
laplacian filter, Laplace-Filter 710
lapping, Verlappen 523
laser, Laser 526, 549, 823
laser applications, Laseranwendungen 563
laser beam cutting, Laserstrahlschneiden 173, 177, 567, 568
laser beam cutting, Lasertrennen 174
laser beam welding, Laserstrahlschweißen 467
laser brazing, Laserlöten 570
laser cladding, Laserbeschichten 572
laser cutting, Laserschneiden 171, 567, 568, 825
laser Doppler vibrometer, Laser-Doppler-Vibrometer 801
laser drilling, Laserbohren 569
laser hardening, Laserhärten 354, 572
laser interferometer, Laser-Interferometer 618, 664, 807
laser light cable, Lichtleitkabel 554
laser light cable, Lichtleitkabel 559
laser marking, Laserbeschriften 571
laser power, Laserleistung 563
laser radiation, Laserstrahlung 549
laser scanner, Laserscanner 659
laser sintering, Lasersintern 577, 582
laser technology, Lasertechnik 549
laser tracker, Lasertracker 716
laser welding, Laserschweißen 563
laser welding tool, Laserschweißwerkzeug 564
lathe, Drehmaschine 14, 336, 813
lattice bracing, Gitterverspannung 840
lattice coherence, Gitterkohärenz 840
lattice defect, Gitterfehler 836, 839, 857
lattice deformation, Gitterverformung 851
lattice modification change,
  Gittermodifikationswechsel 835
lattice periodicity, Gitterperiodizität 840
lattice structure, Gitteraufbau 834
LCM, Life Cycle Management, LCM 27
lead oxide, Bleioxid 429
leakage, Leckage 791
leakage flux method, Streuflussverfahren 724
LEBM, LEBM, linearelastische Bruchmechanik 770
left hand tread, Linksgewinde 268
Lekuthum, Lekuthem 375
lengthwise turning, Längsdrehen 231
level, Klasse 8
level crossing counting,
  Klassengrenzüberschreitung 783

leveling rod, Messlatte 616
lever gage, Fühlhebelmessgerät 638, 646
Life Cycle Management,
  Lebenszyklusmanagement 27
lift temperature, Ausformtemperatur 88
light, Licht 549
light beam, Lichtstrahl 472
light field, Hellfeld 749
light gap, Lichtspalt 621
light metal, Leichtmetall 17, 45
light section, Lichtschnitt 713
light wall, Leuchtwand 704
light wave, Lichtwelle 551
lighting, Beleuchtung 531
lightweight construction, Leichtbau 18, 30, 325
lime, Kalk 400
lime stone, Kalkstein 432
limit, Grenzwert 816
line camera, Zeilenkamera 700
line encoder, Kodelineal 620
line form, Linienform 621
linear accuracy, Lineargenauigkeit 823
linear axis, Linearachse 330
linear bearing, Linearführung 622
linear direct drive, Lineardirektantrieb 332
linear direct drive, Linearmotor 14
linear distance, Längenmaß 613
linear interpolator, Linearinterpolator 283, 286, 814
linear- turn-broaching, Linear-Drehräumen 276
linearity deviation, Linearitätsabweichung 806
linearity, straightness, Geradheit 23, 621, 685, 806
Liniapod, Linapod 319
liquid friction, Flüssigkeitsreibung 327
liquid phase, Flüssigphase 421
liquid phase sintering, Flüssigphasensintern 405
liquid surface, Flüssigkeitsoberfläche 626
LLK, LLK, Lichtleitkabel 554, 559
load, Belastung 812
load, Prüflast 777
load alternation, Lastwechsel 812, 819
load bearing characteristic, Tragverhalten 779
load displacement curve,
  Kraft-Rissöffnungskurve 772
load history, Belastungs-Zeit-Funktion 782
load vector, Kraftvektor 786
load-spectra analysis, Datenaufbereitung 783
location accuracy, Lagegenauigkeit 824
locking force, Zuhaltekraft 52, 386
logistic management, Logistikmanagement 27
LOM, laminated object manufacturing, LOM 577
long term test, Langzeitversuch 777
longitudinal section, Längsschliff 717
longthread milling, Langgewindefräsen 271
longthread turnmilling, Langgewinde-Drehfräsen 271
look ahead function, Look-Ahead-Funktion 825
look up table, Look-Up-Tabelle (LUT) 708
Lorentz force, Lorentzkraft 750
Lorentz, H. A., Lorentz, H. A. 750
lost motion error, Totwegfehler 666
lost-wax casting processes,
  Wachsausschmelzverfahren 22
low energy absorbed in fracturing, Tieflage 762
low pressure die casting,
  Niederdruckkokillenguss 39, 49, 55, 57
low pressure resins, Niederdruckharze 375, 376
lower dead center, UT 160
lower operating limit, UEG 816
low-pass filter, Tiefpassfilter 709
LSLI (least square line), LSLI 662

lubrication, Schmierung 328
lubrication channel, Schmiernut 328
lubrication oil, Schmieröle 300
lubrication pressure, Schmierdruck 328
lüders area, Lüdersband 755, 763
lüders elongation, Lüdersdehnung 755
luster (metallic), Glanz 33
LUT, look up table, LUT 708
luting, Kitten 653
LVDT, Linear Variable Differential Transducer, LVDT 645

machinability, Bearbeitbarkeit 221
machinability, Zerspanbarkeit 221
machine acceptance, Maschinenabnahme 805
machine components, Maschinenelemente 363
machine design, Maschinengestaltung 325
machine deviation, Maschinenabweichung 806
machine error, Maschinenfehler 811
machine property, Maschineneigenschaft 806
machine supplier, Maschinenlieferant 814
machine tool, Werkzeugmaschine 10, 316, 805
machine tool, WZM, Werkzeugmaschine 325
machining, Trennen 11, 42
machining, Zerspannung 489
machining, Spanen 12, 189
machining center, BAZ, Bearbeitungszentrum 320
machining center, Bearbeitungszentrum, BAZ 320, 814
machining power, Spanleistung 17
machining stability, Bearbeitungsstabilität 242
macro command, Makro 19
macro shrinkage, Makrolunker 74, 83
macromolecule, Makromolekül 833
magazine, Magazin 519
magazining, Magazinieren 519
magnaflux testing, Magnetpulverprüfung 700
magnesium, Magnesium 44
magnesium alloy, Magnesiumlegierung 29, 44
magnesium alloy, Mg-Legierung 29
magnetic clamping plate, Magnet-Spannplatte 349
magnetic forming, Magnetumformung 155
magnetic powder process,
  Magnetpulververfahren 462
magnetic powder welding,
  Magnetpulverschweißen 462
magnetic work holding, Magnetspanntechnik 348
magnetizing, Magnetisieren 11
magnetron sputtering, Magnetronsputter 508
magnification, Vergrößerung 655
magnification ability, Abbildungsfähigkeit 106
magnification standard,
  Vergrößerungsnormal 661
main cutting force, milling, Hauptschnittkraft, Fräsen 264
main direction, Hauptrichtung 685
main feed, Hauptbewegung 330
main plane, Hauptebene 819
main program, Hauptprogramm 542
maintenance cost, Wartungskosten 554
major cutting edge, Hauptschneide 257, 264
make tighter, Engen 523
male thread, Außengewinde 268
male thread, Bolzengewinde 268
management, Management 25
mandrel, Dorn 149, 808
manipulator, Manipulator 536, 695
manual work, Handarbeit 529
manufacturing cell, Fertigungszelle 321

manufacturing engineering,
  Fertigungstechnik 9
manufacturing facilities, Produktionsmittel 805
manufacturing measurement technology,
  Fertigungsmesstechnik 593
manufacturing processes,
  Fertigungsverfahren 11
manufacturing tool, Fertigungsmittel 9
marking gage, Höhenreißer 598
markov matrix, Übergangsmatrix 784
Markov, A. A., Markov, A. A. 784
Martens, A., Martens, A. 350, 731
martensite formation, Martensitbildung 350, 850
mask, Maske 67, 185
mass, Menge 23
mass distribution, Massenverteilen 140
massive forming, Massivumformung 125
master gauge element, Maßverkörperung 808
material, Werkstoff 15, 745, 829
material assembly, Stoffverbinden 11
material cavities, Werkstofftrennungen 717, 721
material characteristics, Stoffeigenschaft 11
material characteristics, Werkstoffkennwerte 80
material classes, Werkstoffklassen 830
material code, Werkstoffbezeichnung 43
material confinement, Stoffzusammenhalt 11
material constant, Werkstoffkonstante mc 196
material density, Werkstoffdichte 42
material flow, Materialfluss 27, 516
material groups, Werkstoffgruppen 830
material hardness, Werkstoffhärte 226
material parts, Stoffteilchen 11
material property, Werkstoffeigenschaft 42
material removing, Werkstoffabtrag 191
material science, Werkstoffkunde 829
material sighting mark,
  Werkstoffkennzeichnung 45
material transformation,
  Werkstoffumwandlungen 24
materials testing, Werkstoffprüfung 717
matrix, Matrix 784
matrix camera, Flächenkamera 700
matrix camera, Matrixkamera 700
matrix, austenitic, Gefüge, austenitisch 224
matrix, ferritic, Gefüge, ferritisch 224
maximum stress, Oberspannung 768
mean value, Mittelwert 821
meander, Gießmäander 106
measured values evaluation,
  Messwertauswertung 683
measurement deviation, Messabweichung 595, 599
measurement of the part geometry,
  Bauteilvermessung 699
measuring, Messen 677
measuring accuracy, Messgenauigkeit 666
measuring cube, Messquader 819
measuring force, Messkraft 606
measuring job, Messauftrag 687
measuring location, Messort 819
measuring microscope, Messmikroskop 602, 654
measuring pin, Messtaster 820
measuring pin, Prüfstift 627
measuring plane, Messfläche 638
measuring planning, Messplanung 687
measuring points, Messpunkte 801
measuring problem, Messaufgabe 687
measuring program, Messprogramm 689
measuring protocol, Messprotokoll 692
measuring screw, Messschraube 601
measuring screw, micrometer, Messspindel 601
measuring stand, Messständer 606, 637, 652, 806
measuring strategy, Messstrategie 661, 688

measuring system, Messsysteme 679
measuring tape, Messband 616
measuring target, Messtarget 820
measuring tool, Messgerät 633
measuring uncertainty, Messunsicherheit 616
measuring volume, Messvolumen 819
mechanical mold, Maschinenmodell 61
mechanics, Mechanik 814
median filter, Medianfilter 710
melt, Schmelze 33, 54, 74, 78, 109, 839, 421
melt-crystal interface, Erstarrungsfront 848
melt-crystal interface, Kristallisationsfront 862
melting, Schmelzen 433
melting point, Schmelztemperatur 396
melting temperature, Schmelzhitze 43
melting temperature, Schmelztemperatur 78
metal, Metall 9, 408
metal active gas welding, MAG-Schweißen 463
metal adhering, Metallkleben 443
metal bonded, Metallbindung 308
metal cutting method, Trennverfahren 189
metal deposition, Metallabscheiden 494
metal foam, Metallschaum 18
metal inert gas welding, MIG-Schweißen 463
metal injection molding, (MIM), Metallpulverspritzgießen (MIM) 166
metal lost-wax casting, Metallfeinguss 577
metal pattern, Metallmodell 61
metal powder, Metallpulver 115
metal powder types, Pulverarten 116
metal sintering, Metallsintern 22
metal vapor, Metalldampf 508
metallic binding, Metallbindung 832
metallic pressure, Druck, metallisch 103
meteoric iron, Meteoreisen 34
meter, Meter 594
meter definition, Meterdefinition 594
methylene cellulose, Methylcellulose 412
metrology, Messtechnik 591
mica, Glimmer 400
Michelson, A. A., Michelson, A. A. 663
micro focus X-ray source, Mikrofokusröhre 694
micro functions, Mikrofunktionen 19
micro hardness test, Mikrohärteprüfung 739
micro machining, Mikrobearbeitung 805
micro machining, Mikrozerspanung 258
micro segregation, Kristallseigerung 468
micro segregation, Mikroseigerung, Kristallseigerung 849
micro shape, Feingestalt 593
micro shrinkage, Mikrolunker 74, 82
micrometer, Messschraube 601, 634
micrometer screw, Bügelmessschraube 634
microstructure description, Gefügebewertung 749
mild steel welding, Baustahlschweißen 565
millefiori glass, Millefioriglas 429
milling, Fräsen 259
milling, Mahlen 432, 408, 116
milling machine, Fräsmaschine 14, 316, 813
milling procedures, Fräsverfahren 259
milling process, Fräsvorgang 20
milling, example, Fräsen, Beispiel 265
mineral casted stands, Mineralgussgestelle 323
miniature milling cutter, Miniaturfräser 288
minimum quantity lubrication, Minimalmengenschmierung 15, 190, 293, 298
minimum quantity lubrication, MMS 15, 293, 298
minimum quantity lubrication application, MMS-Zufuhr 258
minimum stress, Unterspannung 768
minimum thickness, Mindestdicke 742
minor cutting edge, Nebenschneide 257
mirror, Spiegel 552

mirroring, Spiegelung 705
misuse events, Missbrauchsereignis 782
mixed friction, Mischreibung 327
mixture, Mischung 81
modal analysis, Modalanalyse 799
mode, Mode 558
mode shape, Eigenform 798, 802
model of the shape, Abform-Modell 22
model simulation, Modellkörper 766
modeling, Modellbildung 799
modification, Modifizieren 372, 443
moiré technique, Moiré-Technik 714
moisture dependence, Feuchtigkeitsabhängigkeit 361
mol, Mol 90
mold, Negativform 16, 22
mold cavity, Formhohlraum 37, 83, 387
mold half, Formhälfte 37, 386
mold manufacturing, Formenbau 288, 815
mold parting, Formteilung 59
mold strength, Formfestigkeit 46, 75, 85
mold weight, Beschwergewicht 46
MOLDFLOW Company, Moldflow 20, 368
molding / mold making, Formherstellung 46, 47, 58
molding component, Formmasse 382
molding cycle, Spritzyklus 381
molding machine, Formanlage 68
molding machine, Formmaschine 47
molding material, Formstoff 39, 47, 58, 71
molding process, Formverfahren 37, 63
molding processes, Formtechnik 58
molding processes, Formverfahren 37, 63
molding sand, Formsand 46
molding sand strength, Formsandfertigkeit 88
monomer, Monomer 411, 425
montmorillonite, Montmorillonit 400
moody method, Moody-Verfahren 625
motion pickup, Wegaufnehmer 806
motographical representation, Motographie 826
motor drive, Antrieb 683
movable bearing, Loslager 329
movement blur, Bewegungsunschärfe 707
moving cycles, Bewegungszyklen 810
moving direction, Bewegungsrichtung 320
mullite, Mullit 405
multi probe measuring instrument, Mehrstellenmessgerät 658
multi specimen test, Mehrprobentechnik 773
multiple reflection, Mehrfachreflexion 562
multiple stamp press, Mehrstempel-Presse 118
multiple-machine assignment, Mehrmaschinenbedienung 335
multipoint bearing, Mehrpunktspannung 344
MZLI (minimum zone lines), MZLI 662

natural frequency, Eigenfrequenz 798, 800
natural gas, Erdgas 174
natural resonance behavior, Eigenschwingverhalten 779
nature feeder, Naturspeiser 100
nature mold, Naturmodell 61
NCG (abbreviation of NC Gesellschaft), NCG 805
NC-Gesellschaft, NC-Gesellschaft 805, 815
Nd:YAG-laser, Nd:YAG-Laser 549, 552
near net-shape forming, Formgebung, endkonturnah 163
necking, Einhalsen 523
needle valve, Nadelverschluss 383
negative side rake, Neigungswinkel 237
negative stretch forming, Negativformen 167
nelson process, Nelson-Verfahren 456
nest into each other, Ineinanderlegen 528
net work changer, Netzwerkwandler 431
net work former, Netzwerkbildner 431

Neumann, Neumann 96
neutralize, Neutralisieren 488
nibbling, Nibbeln 171
nickel alloy, Nickellegierung 117
night-design, Nachtdesign 571
niob, Niob 209
nip width, Bissbreite 140
nip, roll slit, Walzspalt 133
nitre, Salpeter 432
nitride, Nitrid 408
nitriding depth, Nitrierschicht 355
nitrify, Nitrieren 11, 13, 355, 492,
no-go gage, Ausschusslehre 631
nominal pressure angle, milling, Eingriffswinkel, Fräsen 261
nominal stress, Nennspannung 776
non linearity, Nichtlinearität 361
non-ferrous metal, Nichteisenmetall 38
nonmetals, Nichtmetalle 357
non-oxide ceramic, Nichtoxidkeramik 399
non-pressure thermit welding, Gießschmelzschweißen 457
non-silicate ceramic, Nichtsilikatkeramik 399, 407
normal stress, Normalspannung 511, 852
notch, Kerbe 762
notch bending test, Kerbschlagbiegeversuch 760
notch effect, Kerbwirkung 779
notched specimen, Kerbprobe 766
notching, Kerben 143, 523
nucleation, Keimbildung 424, 438, 847, 850
nucleus, Keim 78
number of cycles minimum, Mindestlastspielzahl 788
number of measured points, Messpunktezahl 661
numerical controlled lathe, NC-Drehmaschine 814
Nunes P., Nunes P. 633
NURBS, NURBS 283, 286

One-mass model, Einmassenmodell 797
one-mass system, Ein-Masse-System 802
operating area, Wirkraum 531
operating limit, Eingriffsgrenze 817
operating-strength, Betriebsfestigkeit 781
operating-strength verification testing, Betriebsfestigkeitsprüfung 781
operation cost, Betriebskosten 163, 554
optical fiber, Lichtleiter 442
order, Auftrag 27
ore, Erz 33, 34, 89
orientation, Orientierung 820
origin of fracture, Bruchausbildung 764
original forming, Urformgebung 402
original forming, Urformgebung 434
Orowan, Orowan 859
oscillation damper support, Schwingungstilger-Platte 612
oscillations, Schwingungen 611
oscillatory amplitude, Schwingungsamplitude 797
O-stands, O-Gestell 322
Ostwald ripening, Ostwaldreifung 859
outcoupling mirror, Auskoppelspiegel 552
outer core, Außenkern 69
outer diameter, Außenmaß 657
outlier, Ausreißer 816
outside turn-milling, Außenrundfräsen 266
overheating, Überhitzung 97
overlap joint geometry, Überlappanordnung 565
overload fracture, Gewaltbruch 763
overshoot error, Überschwingweite 825
oxidation, Oxidation 199
oxidation protection, Oxidationsschutz 493
oxidation resistance, Oxidationsbeständigkeit 168
oxide ceramic, Oxidkeramik 399, 408
oxide layer, Oxidschicht 487, 497
oxygen, Sauerstoff 74

Pacioli L., Pacioli L. 369
paint removal media, Entlackungsmittel 512
palatal, Palatal 375
pallet conveyor, Palettenzuführsystem 683
pallet magazine, Palettenmagazin 334
pallet magazine, Palettenmagazin 519
parallel kinematics, Kinematik, parallel 14
parallel kinematics, Parallelkinematik 14, 317, 539
parallel slide, Parallelführung 161
parallelism, Parallelität 24
parallelism test, Parallelitätsprüfung 635
Paris Erdogan function, Paris-Erdogan-Gleichung 774
Paris, P. C., Paris, P. C. 774
part behavior, Bauteilverhalten 20
part clamping system, Werkstückspannmittel 338
part-off insert, Stechplatte 241
part organization, Werkstückorganisation 335
part warpage, Teileverzug 396
part, workpiece, Werkstück 9
particle size, Teilchengröße 860
parting line, Teilungsebene 46, 47, 59
parting surface, Trennebene 386
part-off turning, Abstechdrehen 240
PASCAL, PASCAL 542
passive oxide, Passivschicht 488, 497
paternoster conveyor, Paternoster 529
path accuracy, Bahngenauigkeit 823
pattern joint, Modellteilung 75
pattern plate, Modellplatte 46
pattern type, Modellart 61
pattern, form, shape, Form 57, 593, 621
pattern, model, Modell 22, 37, 46, 50, 57
PDM, product data management, PDM 25
peak counting, Spitzenwertzählung 783
peak to valley height, Rautiefe 16, 24, 287, 586, 675
peening, Verdichtungsstrahlen 489
pendulum, Hammer 761
pendulum, Pendelhammer 743, 761
pendulum pick-up system, Pendeltastsystem 671
pendulum stepping procedure, Pendelschrittverfahren 810
penetration, Penetration 80
penetration depth, Eindringtiefe 353
penetration method, Farbeindringverfahren 721
penetration method, Penetrationsverfahren 721
penta prism, pentagon prism, Pentagonprisma 627, 628
perforate, hole, lochen 135, 140
periodic system, Periodensystem 831
peripheral cylindrical grinding, Umfangs-Rundschleifen 311
peripheral milling, Umfangsfräsen 259
peripheral surface grinding, Umfangsplanschleifen 311, 341
peritectic, Peritektikum 843
perlite, Perlit 222
permanent die, Dauerform 37, 48, 88
permanent limit of elongation, Dehngrenze 754
permanent mold casting, Kokilenguss 48
permanent mold casting part, Kokillengussteil 56
permanent mold casting, Dauerschlichte 48
permanent mold squeeze casting, Kokillenpressgießen 55
permanent pattern, Dauermodell 58
permeation, Durchflutung 725
Perowskite, Perowskit 398
Pertinax, Pertinax 375
phase boundary, Phasengrenze 478, 728, 745, 840
phase shifting method, Phasen-Schiebe-Verfahren 714
phase transformation, Phasenumwandlung 845

phase-shift diagram, Phasengang 325
phenolics, Phenoplaste 376
phosphate treatment, Phosphatieren 497
photon, Photon 551
physical vapor deposition, PVD 409, 427, 507
piano-milling machine, Bettfräsmaschine 317
pickling, Beizen 487
pickling, Dekapieren 487
pigments, Pigmente 501
pilger mill, Pilgerwalze 136
pilot guide, Führungsleisten 258
pinch effect, Pincheffekt 461
pipe, Rohr 135, 149
pipe extrusion, Rohrextrusion 377
piston, Gießkolben 51
piston casting, Kolbengießen 55
pitch diameter, Flankendurchmesser 657
pitching, Nicken 806
pitching, Stampfen 807
plain glass, Flachglas 429
plain slideways, Flachführung 326
Planck, Max, Planck, Max 550
Planck's constant, Planck'sche Konstante 550
plane accuracy, Ebenengenauigkeit 824
plane section, Flachschliff 747
plane-table, Messtisch 600
planing, Hobeln 276
planishing, Glattdrücken 143
plasma, Plasma 508, 719
plasma cutting, Plasmaschneiden 171, 174, 176
plasma spraying, Plasmaflammspritzen 499
plasma spraying, Plasmaspritzen 12
plasma welding, Plasmastrahlschweißen 467
plasma-chemical vapor deposition, Plasma-CVD 506
plasticize, Kneten 138
plasticizer, Plastifiziermittel 123
plasticizing, Plastifizieren 382, 401
plastics, Kunststoffe 9, 357, 563
plastics characteristics, Kunststoffeigenschaften 365
plastomer, Plastomer 472
plating, Breiten 138
plating grade, Breitgrad 134
play back programming, Play-back-Programmierung 541
plug gage, Lehrdorn 627
plug mill, Stopfenwalzgerüst 135
plunge turning, Einstechdrehen 240
pneumatic spring, air spring, Luftfeder 611
pocket rule, Meterstab 616
point angle, Spitzenwinkel 244
Poisson, S. D., Poisson, S. D. 754
Poisson's ratio, Poisson-Zahl 754
Poisson's ratio, Querkontraktionszahl 754
polarity, Polarität 372
polarization, Polarisation 706
Poldi-hammer, Poldi-Hammer 744
polished section, Anschliff 747
polishing, Polieren 747
polishing, ECM, Polieren, ECM 187
pollution protection, Verschmutzungsschutz 561
poly addition, Polyaddition 375
poly crystalline diamond, PD 257
poly crystalline diamond, PKD 214, 257
poly vinyl alcohol, Polyvinylalkohol 412
polyamide plastics, Polyamid 584
poly-borosilane, Polyborosilan 411
poly-carbosilane, Polycarbosilan 411
poly-carbosiloxane, Polycarbosiloxan 411
polycondensation, Polykondensation 375
polyester resin, Polyesterharz 375
polyester thermoplaste, Polyester-Thermoplaste 376
polyethylene, Polyethylen 833
polygon mirror, Polygonspiegel 618, 630, 643
polymer, Polymer 425, 472
polyolefin, Polyolefine 376, 488

poly-silazane, Polysilazan 411
poly-siloxane, Polysiloxan 410, 411
polystyrene additive, Styroporzusatz 86
polystyrene plastics, Polystyrol 584
polytetrafluoroethylene, PTFE 472
porcelain, Porzellan 398
pore elimination, Porenausheilung 403
porehole, Pore 74
pores, Poren 721
pose accuracy, Pose-Genauigkeit 819, 820
pose repeatability, Pose-Wiederholgenauigkeit 819, 820
Poseuille, J.-L., M., Poseuille, J.-L., M. 386
position, Lage 591, 621
position control, Lageregelung 811
position deviation, Lageabweichung 23
position error, Schleppabstand 825
position measurement, Positionsmessung 810
position stabilization time, Positions-Stabilisierungszeit 819, 826
positional accuracy, Positioniergenauigkeit 806
positional accuracy, Positionsgenauigkeit 809
positional deviation, Lageabweichung 806
positioning error, Positionierabweichung 805
positioning movement, Stellbewegung 330
positioning uncertainty, Positionsunsicherheit 809
positive shape, Positivform 16
positive stretch forming, Positivformgebung 167
potash, Pottasche 429
potash feldspar, Kalifeldspat 400
pour out, Ausgießen 13
pouring basin, Gießtümpel 110
powder, Stäube 15
powder metallurgy, PM 115
powder metallurgy, Pulvermetallurgie 115, 165
powder spraying, Pulverspritzen 504
power limit, Grenzleistung 279
power sensor, Leistungssensor 545
power series, Potenzreihe 597
precipitation hardening, Aushärten 504
precipitations, Ausscheidungen 857
precision casting, Feingießen 50, 57, 164
precision casting, Feingussteil 56
precision forging, Präzisionsschmieden 169
precision of machining, Herstellgenauigkeit 805
precision of workpiece, Arbeitsgenauigkeit 805, 812
precision parts, Präzisionsbauteile 115
precision, exactness, Genauigkeit 10, 278
precursor dependence, Precursorabhängigkeit 426
prefill phase, Vorfüllphase 54
preforming, Vorformen 140
preheat, Anwärmen 125
preparation, Aufbereitung 401
preservation, Konservierung 510
pre-product, Vorprodukt 9
press, Presse 161
press fit, Presssitz 528
press into, Einpressen 13
press line, Pressenstraße 160
press machine, Pressmaschine 161
press welding, Pressschweißen 444
pressing, Blechumformung 125
pressing, Druckformen 125, 133, 153
pressing, Druckformen 23
pressing, Pressen 12, 58, 64, 437
pressing, chasing, Drücken 126, 153
pressure, Druck 103
pressure, Prüfdruck 790
pressure angle, Eingriffswinkel 284
pressure curve, Druckverlauf 789
pressure cycle, Druckwechsel 789
pressure die casting, Druckgießen 17, 51, 56, 57, 164

Professional-Dictionary English–German, Index

pressure die casting process,
   Druckgießverfahren 38
pressure gas, Druckgas 40
pressure test, Innendruckprüfung 789
prestress force, Vorspannkraft 329
primary aluminum, Primäraluminium 35
primary crystal, Primärkristall 845
priority filter, Rangordnungsfilter 710
priority graph, Vorranggraph 533
prism, Prisma 652
probability of failure,
   Ausfallwahrscheinlichkeit 787
probe ball, Tastkugel 678
probe changer, Tasterwechseleinrichtung 682
probe combination), Taststiftkombination 682
probe element, Tastelement 682
probing system, Tastsystem 680
process chain, Prozesskette 22, 579
process conditions, Prozessbedingungen 202
process stability, Prozessstabilität 816, 817
processing of the workpiece,
   Werkstückbearbeitung 560
processing strategies, Bearbeitungsstrategie 282
processing time, Bearbeitungszeit 278
processing uncertainty, Arbeitsunsicherheit 812
product, Erzeugnis 26
product, Produkt 9
product data, Produktionsdaten 26
product management,
   Produktdatenmanagement 25
product model, Produktdatenmodell 25
profile, Profil 135
profile grinding, Profilschleifen 340
profile projector, Profilprojektor 654
progression of the hardening process,
   Härteverlauf 207
projection welding, Buckelschweißen 455
Proliopas, Proliopas 375
propane, Propan 174
proportion, Proportion 369
protecting hose, Ummantelung 555
protective coating, Schutzfilm 487
prototype, Prototyp 30
proximity switch, Näherungsschalter 647
PSD (position sensitive diode), PSD 716, 823
PTB, PTB, Physikalisch Technische
   Bundesanstalt 595
pulse laser, Pulslaser 553
pulsing, Pulsung 552
pulverize, Verdüsen 116
pulverize, Zerstäuben 116
pumping energy, Pumpenenergie 552
punch, Körnen 143, 523
punch, Stanzen 17, 172
punch bundling, Stanzpaketieren 172
pure metal, Reinmetall 841
pure metal melt, Reinstmetallschmelze 845
push-button-principle, Druckknopfprinzip 481
put into, Einrenken 528
put through a pilger mill, Pilgern 136
PVC, PVC, Polyvinylchlorid 380
pyramidal error, Pyramidalabweichung 630
pyrolyses, Pyrolyse 411, 425

Quadrant Photodiode, Quadrantendiode 674
quadrant transition, Quadrantenübergang 811
qualification, Qualifizierung 805, 816, 819
quality, Qualität 9, 10, 23
quality acceptance, Qualitätsabnahme 816
quality control, Qualitätskontrolle 788
quality control chart, Qualitätsregelkarte 816
quality under control, Beherrschtheit 816
quantity of heat, Wärmemenge 91, 92

quartz, Quarz 399
quench and temper, Vergüten 11, 352
quench hardening, Abschrecken 351
quick casting, Quick Casting 577

$R_{0,2}$, R0,2 84
rack, Regal 516
rack row store, Regalzeilenlager 516
radial feed, Radialzustellung 273
radial run out, Rundlauf 289, 806, 808
radial run out accuracy, Rundlaufgenauigkeit 289
radial stiffness, Radialsteifigkeit 289
radian measure, Bogenmaß 598
radiation source, Strahlungsquelle 665
radiography, Durchstrahlung 726
rain flow counting, Rainflow-Zählung 784
rake angle, Spanwinkel 192, 301
random sample, Stichprobe 816
random signal, Rauschsignal 795
range of temperature, Wärmegang 816
rapid manufacturing, Rapid Manufacturing 591
rapid prototyping, Rapid Prototyping 22, 573
rapid tooling, Rapid tooling 575, 582
rate of metal removal, Zeitspanvolumen 261, 282, 301
rated load, Nennlast 819
raw beam, Freistrahl 556
raw beam guiding system, Freistrahlführung 556
raw casting, Rohgussteil 30, 35
raw material, Rohstoff 9
reaction accelerator, Reaktionsbeschleuniger 502
reaction time, Reaktionszeit 819
reactive sintering, Reaktionsintern 422
Read, T., Read, T. 856
reamer, Reibahle 258
reamer, Reibwerkzeuge 15
reaming, Reiben 257
recovery, Erholung 861
recrystallization, Rekristallisation 129, 469, 862
recrystallization diagram,
   Rekristallisationsschaubild 862
rectangularity, perpendicularity,
   Rechtwinkligkeit 24, 807
recycling, Recycling 32, 89
redensification, Nachverdichten 122
reduced heat input, Wärmeschonung 566
reduction of area, Einschnürung 753
reduction of area, Querkontraktion 754
reduction of area at rupture,
   Zeitbrucheinschnürung 778
reduction of cross section, Einschnürung 757
reduction of cross section,
   Querschnittreduzierung 756
reference mark, Referenzmarke 617
reference point, Bezugspunkt 813
reference surface, Bezugsfläche 813
reference surface feeler system,
   Bezugsflächentastsystem 617
reference temperature, Bezugstemperatur 609
refining, Raffinieren 430, 433, 434
reflected illumination technique,
   Auflichtverfahren 618
reflection, Reflexion 562, 705, 728
reflector, Reflektor 664, 716, 807
reflex reflector, Katzenauge 716
reflex sensor, Reflextaster 681
reflexion line encoder, Reflexionsmaßstab 618
reflow soldering, Wellen-Löten 527
rejections, Ausschuss 631
relaxation, Relaxation 322
relief angle, lead angle to work,
   Anstellwinkel 285
removal of coating, Entfernen von Schichten 512

removal of nitrogen, Entsticken 756
removing (metal), Abtragen 11
replacement precision, Wechselgenauigkeit 289
Resamin, Resamin 375
resin, Harz 580
resin-bonding, Kunstharzbindungen 308
resistance press welding,
   Widerstandspressschweißen 452
resolution, Auflösung 696
resonance frequency, Eigenresonanz 795
resonator, Resonator 550, 552
resonator mirror, Resonatorspiegel 552
Resopal, Resopal 375
resources, Betriebsmittel 26
retention time / passage time, Durchlaufzeit 30
retro reflector, Retroreflektor 667
reworking, Nacharbeit 631
RFZ, RFZ, Regalfahrzeug 516
ribbing, Verrippung 324
ridge prism, Dachkantenprisma 644
ridge prism slideways, Dachprismenführung 326
right angle, Winkel, rechter 628
right hand tread, Rechtsgewinde 268
rigid PVC, Hart-PVC 380
ring gage, Lehrring 627
ring gate, Ringanguss 387
ring milling, Ringwalzen 137
rinsing, Auswaschen 419
rinsing, Spülen 486
RM, rapid machining, RM 591
rms, root mean square, RMS (quadr. Mittelwert) 796
ROBCAD, ROBCAD 20
robot, Roboter 525, 532, 535, 819
robot base coordinates system,
   Roboterbasiskoordinaten 544
robot programming,
   Roboterprogrammierung 541
rocker bar furnace, Hubbalkenofen 121
rocker bar magazine, Hubbalkenmagazin 519
Rockwell hardness test,
   Rockwellhärteprüfung 740
Rockwell, S. P., Rockwell, S. P. 740
Roentgen, W. C., Röntgen, W. C. 693
roll agglomeration, Rollagglomerieren 412
roll barrel, Walzkörper 328
roll bending, Walzrunden 158
roll grinding, Wälzschleifen 340
roll movement, Rollbewegung 807
roll radius, Walzenradius 134
roll train, Walzenstraße 134
roller, Drückwalze 153
roller conveyor, Rollenförderer 520
roller conveyor (magazine),
   Rollbahnmagazin 519
roller housing, Walzgerüst 135
roller seam welding, Rollennahtschweißen 454
rolling, Rollen 806
rolling, Walzen 12, 126
rolling cutter, Rollmesser 171
rolling friction, Rollreibung 328
rolling head, Rollkopf 144
rolling scissors, Rollschere 171
rolling slideways, Wälzführung 328
rolling technology, Walzverfahren 135
rosette method, Rosettenverfahren 623, 643
rotary kneading, rotary swaging, Rundkneten 138
rotary table, Drehtisch 683
rotary table, Karussell 14
rotational deviation, Drehungsabweichung 806
rotational direction, Drehrichtung 811
rotations- turn- broaching, Rotations-Drehräumen 276
roughening, Aufrauen 490
roughness, Rauheit 16, 23, 591, 613, 670
roughness, Rauigkeit 779

round slideways, Rundführung 326
roundness, Rundheit 23, 621, 685
roundness measurement, Rundheitsmessung 623
roundness standard, Rundheitsnormal 660
round-off error, Eckenverrundung 825
roving, Roving 437
RP, rapid prototyping, RP 22, 573
RP, repeatability pose , RP 821
RRR kinematics, RRR-Kinematik 539
RRT kinematics, RRT-Kinematik 538
RTT kinematics, RTT-Kinematik 538
rubber belt conveyor, Gurtförderer 520
ruler, Lineal 806
run length coding, Lauflängencodierung 712
runner, Lauf 50, 109, 112
running gate, Gießkanal 110
running system / sprue, Einguss 62
running system / sprue, Eingusssystem 50
rupture, Bruch 199
rupture, Reißen 171
rupture behavior, Bruchverhalten 779
Rütapox, Rütapox 375
r-value, r-Wert 758
Rz, surface roughness, Rz 24

Salt bath hardening, Salzbadhärten 355
sample fixture, Probenhalter 751
sampling, Probennahme 747
sand, Sand 47, 112, 584
sand casting, Sandguss 12
sand casting, Sandgussteil 56
sand casting , Sandformgießen 57
sand casting process, Sandgießverfahren 40, 46
sand core, Sandkern 48
sand inclusion, Sandeinschluss 77
saturation width, Sättigungsweite 102
saving of weight, Gewichtsersparnis 17
sawing, Sägen 16, 747
sawing band, Sägeband 343
sawing machine, Sägemaschine 343
scale, Maßstab 616, 810
scanning, Abtasten 616
scanning , Abrastern 751
scanning electron microscope, Rasterelektronenmikroskop 750
scanning head, Abtastkopf 810
scanning probe microscope, Rastersondenmikroskop 674
scanning tunnel microscope (STM), Rastertunnelmikroskop 675
SCARA-robot, SCARA-Roboter 532, 538
scattered light measurement, Streulichtmessung 673
Scheimpflug, T, Scheimpflug, T 650
Scheimpflug's principle, Scheimpflugprinzip 649
Schlesinger, G., Schlesinger, G. 805
Schott F. O., Schott F. O. 429
scleroscope, Fallhammer-Messgerät 743
scleroscope, Skleroskop 743
SCM, supply chain management, SCM 27
scoop, Löffel 41
scoop elevator bunker, Schöpfbunker 518
scrap, Ausschuss 83
scrap return, Kreislaufmaterial 35, 89
scratch hardness test, Ritzhärteprüfung 732
scratching, Ritzen 172
screw, Schnecke 378
screw, Schraube 523
screw dislocation, Schraubenversetzung 838
screw press, Spindelpresse 162
screwing, Schrauben 13
screwing down, Verschrauben 11
SE, simultaneous engineering, SE 574
seal, Dichtung 424
sealing, Abdichten 480, 525
sealing, Sealen 525
seam geometry, Nahtformen 445
second mode, Oberschwingung 798
second wire drawing, Mittelzug 150

secondary electrons, Sekundärelektronen 751
section of circle, Kreisausschnitt 815
sections, Ausschnitte 171
security, Sicherheit 339
segregation, Entmischung 850
segregation, Seigerung 468, 849
self healing effect, Selbstausheilung 75
self locked gearing, Selbsthemmung 338
self-excitation, Selbsterregung 325
SEM, REM, Rasterelektronenmikroskop 750
semiconductor laser, Halbleiterlaser 665
semi-product, Halbzeug 7
sensor guidance, Sensorführung 545
separate excitation, Fremderregung 325
separating, Abtrennen 53
serial kinematics, Kinematik, seriell 14
serial kinematics, Seriellkinematik 317
series assembly, Serienmontage 513
service, Service 25
service robot, Serviceroboter 536
servo drive, Servomotor 332
SES, SES, Simulationsprogramm 20
setting angle, Einstellwinkel 234, 244
sewing up, Vernähen 528
shaker, Schwingerreger 800
shaker, Schwingerzeuger 793
shaker, Shaker 794, 800
shaking table, Schwingtisch 800
shallow-form, Flachziehen 149
shape, Formstauchen 141
shape element, Formelement 15
shape test, Formprüfung 669, 685
shape tolerance, form deviation, Formabweichung 23, 806
shaping, Stoßen 276
shard, Scherben 406
shear area, Scherzone 192
shear cutting, Scherschneiden 171
shear plane, Scherebene 192
shear plane angle, Scherwinkel 301
shear stress, Schubspannung 756, 852
shear zone, Scherzone 294
shearing, Scherschneiden 12
shearing, Scherung 480
shearing chip, Scherspan 194
sheet edge, Blechkante 171
shell casting, Hohlguss 418
shell mold casting, Maskenformverfahren 67
shift, Verschieben 12, 126
shock duration, Schockdauer 796
shock test, Schockprüfung 793
shock welding, Schockschweißen 447
shock-wave synthesis, Schockwellensysthese 424
Shore, A., Shore, A. 743
short drill, Kurzbohrer 249
short-term strength, Kurzzeitfestigkeit 767
shortthread turnmilling, Kurzgewinde-Drehfräsen 271
shot sleeve, Gießkammer 74
shrinkage, Schrumpfen 528
shrinkage, Schrumpfung 402
shrinkage, Schwindung 46, 49, 59, 75, 76, 87, 386
shrinkage cavity, Lunker 469, 726
shrinkage coefficient, Schwindungskoeffizient 80
shrinkage hindrance, Schwindungsbehinderung 46, 84
shrinkage hole, Lunker 74, 77, 81
shrinkage rate, Schwindmaß 46, 59
sigma, Sigma 85
signal for cracks, Rissanzeige 722
signal shape, Signalform 617
silhouettes, Schattenbild 727
silica sand, Quarzsand 586
silicate ceramic, Silikatkeramik 399
silicate glass, Silikatglas 428
siliciumnitrid ceramic, Siliziumnitrid-Keramik 212
silicon carbide, Siliziumkarbid 305, 398

silicon carbonitrid, Siliziumkarbonitrid 411
silicon nitride, Siliziumnitrid 398
silicon-aluminum-oxinitride, Sialon 398
simulation, Simulation 20, 114, 394, 804
simultaneous engineering, Simultaneous Engineering 574
sine bar, Sinuslineal 629
sine table, Sinustisch 629
single part / component part, Einzelteil 46
single point camera, Punktkamera 700
single specimen test, Einprobentechnik 773
single test, Einzelversuch 788
single- tube system, STS 254
single-lip drill, Einlippenbohrer 253
single-tube system, Einrohrsystem 254
sink marks, Einfallstellen 382
sinking, Senken 178
sinter activity, Sinteraktivität 420
sinter forging, Sinter-Schmieden 122
sinter furnace, Sinterofen 121
sinter furnace, Sinterofen 403
sinter materials, Sinterwerkstoffe 115, 124
sinter process, Sinterprozess 115
sinter temperature, Sintertemperartur 121
sinter-contact, Halsbildung 403
sinter-contact, Materialbrücke 403
sintered carbide, hard metal, Hartmetall 206, 209, 477
sintered corundum, Sinterkorund 398
sintering, Brennen 407
sintering, Sintern 12, 13, 47, 401, 403, 583
sit and stand method, Sitz-Stehkonzept 530
size of thread, Gewindenenndurchmesser 268
skid less pick-up, Freitaster 671
skidded pick-up, Kufentaster 671
skin / surface shell, Randschale 94, 96
skin, boundary layer, Randschicht 73, 355
slag, Schlacke 112, 461
slag dam, Schlackenwehr 110
slanted bed, Schrägbett 322
slanted bed machine, Schrägbettmaschine 336
slicing process, Slicing-Prozess 22
slide channel, Gleitbahnmagazin 519
slide channel, Rutsche 520
slideways, Führungen 326
slideways, aerostatical, Führung, aerostatisch 330
slideways, hydrodynamical, Führung, hydrodynamisch 327
sliding bearing, Gleitlager 327
sliding direction, Gleitrichtung 128
sliding plane, Gleitbruch 762
sliding slideways, Gleitführung 326, 329
slip band, slip plain, Gleitebene 763, 853
slip casting, Schlickergießen 401, 407, 417
slip drawing, slide drawing, Gleitziehen 12, 149
slip promotion, Gleitbegünstigung 493
slit die, Breitschlitzdüse 378
slope of Woehler curve, Wöhlerexponent 767
slow feed behavior, Langsamfahrverhalten 814
SLS, selective laser sintering, SLS 582
small angle grain boundary, Subkorngrenze, Kleinwinkelkorngrenze 839
small number, Kleinzahl 108
small part store, Kleinteilelager 516
small production, Kleinserie 46
Smith, Smith 768
smoothing, Glätten 406, 440, 489
snap-in hasp, Schnapphaken 363
snap-in joint, Schnappverbindung 371
SO2, SO2 46
Sobel's filter, Sobel-Filter 710
soda, Soda 432
sodium, Natriumatom 833
sodium, Natron 432
sodium hydroxide, NaOH 486
sodium sulphate, Natriumsulfat 432
soft braze, Weichlot 476

Professional-Dictionary English–German, Index

soft machining, Weichbearbeitung 16
softener, Weichmacher 502
sol, Sol 410
sol-condition, Solzustand 410
solder, löten 526
solder, Weichlot 527
sol-gel-technique, Sol-Gel-Technik 410
solid drilling, Vollbohren 252
solid measure, Maßverkörperung 595, 679, 613, 808
solid phase sintering, Festphasensintern 403
solid solution, Mischkristall 836, 841
solidification, Erstarrung 74, 79, 97, 839, 845
solidification front, Erstarrungsfront 82
solidification model, Erstarrungsmodell 98
solidification temperature, Erstarrungstemperatur 75, 78
solidification time, Erstarrungszeit 72
solidity, Festigkeit 322
solubility, Löslichkeit 842
solvent, Lösemittel 502
source image, Quellbild 709
sources of oscillation, Schwingungsquellen 611
spangle, Flitter 49
spatial resolution, Ortsauflösung 696
special event, Sonderereignis 782
special fused aluminia, Edelkorund 305
specific cutting force, spezifische Schnittkraft 196
specified position, Sollposition 809
specimen, Probe 717, 752, 760, 766
specimen extraction, Probeentnahme 717
specimen geometry, Probenform 766
specimen manufacturing, Probenherstellung 766
specimen standard deviation, Streuspanne 768, 780
spectral analyses, Spektralanalyse 719
spectroscopy, Spektroskopie 718
speed of light, Lichtgeschwindigkeit 595
sphere plate, Kugelplatte 623
spherical cutter, Kugelkopffräser 278, 281, 287
spherical surface, Sphärische Fläche 669
spherodize annealing, soft-annealing, Weichglühen 356
spheroidal graphite, Kugelgraphit 227
spindle, Spindel 808
spindle, Wellen 631
spindle regulation, Spindelsturz 285
spirit level, Libelle 639
spirit level, Wasserwaage 639
spline interpolation, Splineinterpolation 283, 286
spongy iron powder, Schwammeisenpulver 116
spot welding, Punktschweißen 454, 526
spot-grinding, Tuschieren 626
spot-grinding plate, Tuschierplatte 626
spotting drill, centering, Anbohren 255
spray coating, Spritzlackieren 503
spray drying, Sprühtrocknen 412
spray tools, Spritzwerkzeug 503
spraying, Spritzen 501
spraying on, Aufstäuben 508
spread, Spreizen 523
spreading of contrast, Kontraspreizung 708
spring, Feder 612, 797
spring element, Federelement 371
spring-mass-oscillation, Feder-Masse-Schwingung 611
sprue, Anguss 382
sprue, Zapfen 52
sprue, Eingießkanal 109
sprue basin, Eingießtrichter 109
sputtering, Aufdampfen 13
sputtering, Sputter 508
square average, Mittelwert, quadratisch 796
squeeze molding, Verdichten 64
squeezing phase, Nachdruckphase 54

stabilization time, Stabilisierungszeit 826
stack molding, Stapelguss 47
staff, Personal 26
stage plan, Stadienplan 148
stainless, Stähle, rostfrei 224
stainless steel, Rostfreie Stähle 225
staircase test, Treppenstufenverfahren 769
stamp, Prägen 127
stamp, Stempel 143
stamping, Stanzen 569
stand, Gestell 321
stand, Maschinengestell 14
stand, Walzen-Gerüst 137
stand deforming, Gestellverformung 324
stand materials, Gestellwerkstoffe 323
stand pipe / goose neck, Steigrohr 49, 53
stand types, Gestellbauarten 322
standard, Norm 43
standard deviation, Standardabweichung 809, 821
standard geometrical element, Standardformelement 684
standard meter, Urmeter 593
start level, Startklasse 784
static friction, Haftreibung 327
static's, Statik 369
statistics, Statistik 805
stator design, Ständerbauart 679
steam degreasing, Dampfentfetten 486
steatite, Speckstein 400
steatite, Steatit 398
steel, Stahl 17, 35, 43, 45, 223, 586
steel alloyed, Stähle, legiert 223
steel cast component, Stahlgussteil 56
steel casting, Stahlguss 44, 50
steel stands, Stahlgestelle 323
steel, high alloyed, Stähle, hochlegiert 224
steel, hypoeutectoid, Stähle, untereutektoid 222, 223
STEP, STEP 286
step dislocation, Stufenversetzung 838, 853
step gage, Stufenendmaß 615
step magazine, Stufenmagazin 519
stepping, Schneidenstaffelung 275
stereo projection, Stereoprojektion 699
stereographic microscope, Stereo-Mikroskop 749
stereolithography, Stereolithographie 577, 578
Stewart, Stewart 319
Stewart's platform, Stewart-Plattform 319
stick-slip effect, Stick-Slip-Effekt 327
stiffness, Steifigkeit 329, 812
stimulation, Stimulation 550
STL, stereolithography language, STL 22, 578
STL-file, STL-Datei 394
STM, scanning tunnel microscope, STM 675
stoneware, Steingut 399
stoneware, Steinzeug 399
stopper, Stopfen 149
storage and retrieval carrier, Regalförderfahrzeug 516
store, Lagern 516
store, Speicher 54
store pressure, Speicherdruck 54
straight line, Gerade 621
straight-edge, Haarlineal 621
straightness, Geradlingkeit 824
straightness gage, Geradheitsmessgerät 599, 662
straightness interferometer, Geradheitsinterferometer 668
straightness measurement, Geradheitsmessung 623,640, 642, 806, 807
strain, Dehnung 754
strain gauge, Dehnmessstreifen 782
strain hardening, Kaltverfestigung 125, 129
strain rate, Umformgeschwindigkeit 131
strainer core, Siebkern 110
strength, Festigkeit 33, 72, 767
strength, Lasttragfähigkeit 480
strength at elevated temperature, Warmfestigkeit 168

strength calculation, Festigkeitsberechnung 362
strengthening, Verfestigung 756, 856
stress, Beanspruchung 781
stress, Pressung 608
stress, Spannung 24
stress intensity factor, Spannungsintensitätsfaktor 771
stress monitoring, Beanspruchungsanalyse 782
stress reduction, Spannungsabbau 438
stress-free annealing, Spannungsglühen 356
stress-strain-curve, Spannungs-Dehnungs-Kurve 754
stretch forging, Reckschmieden 139
stretch forming, Streckziehen 155, 167
stretching, Längen 126, 154
stretching coefficient, Längenausdehnungskoeffizient 87
stretching rate, Reckgrad 140
Stribeck K., *Stribeck K.* 327
Stribeck's curve, Stribeck-Kurve 327
structural characteristics, Strukturdaten 26
structural transformation, Gefügeumwandlung 351
strutbracing, Aussteifung 324
stud welding, Bolzenschweißen 456
styrene polymer, Styrolpolymerisate 376
subcritical annealing, Rekristallisationsglühen 356
submerged arc welding, Unterpulverschweißen 465
subprogram, Unterprogramm 542
substitution atom, Substitutionsatom 836
substitutional atom, Austauschatom 836
suction cup, Saugnapf 348
sulphur dioxide, Schwefeldioxid 34
superconductor, Supraleiter 398
superplastic forming, Umformen, superplastisch 168
superplasticity, Superplastizität 168
supersonic emitting probe, Prüfkopf 728
supersonic test, Durchschallung 728
supplier, Lieferant 814
supply chain management, Supply Chain Management 27
support construction, Stützkonstruktion 573
support points, Auflagepunkte 624
supporting structure, Tragelement 328
surface, Oberfläche 626
surface appearance, Oberflächenbeschaffenheit 11, 77
surface characteristics, Oberflächenkenngrößen 675
surface decarburization, Randentkohlung 46
surface defect, Oberflächenfehler 73
surface form, Flächenform 621
surface generation, Flächenrückführung 22
surface grinding, Planschleifen 340
surface grinding machine, Flachschleifmaschine 342
surface hardening, Oberflächenhärten 353
surface hardness, Oberflächenhärte 122
surface measurement device, Tastschnittgerät 671
surface metrology, Oberflächenmesstechnik 670
surface modification, Oberflächenmodifikation 485, 491
surface pick-up, Oberflächenmesstaster 671
surface plates, Messplatten 624
surface quality, Oberflächengüte 24, 278
surface roughness, Oberflächenrauigkeit 779
surface roughness, Rauhigkeit 284
surface roughness, Rautiefe 16, 24, 287, 586, 675
surface tension, Oberflächenspannung 475
surface treatment, Oberflächenveredelung 77
survival, Überlebenswahrscheinlichkeit 769, 780

suspended conveyor, Hängebahnförderer 520
suspension, Suspension 412
swage, Gesenk 16, 141
swage rolling, Gesenkrunden 12
swinging bunker, Schaukelbunker 518
swirl agglomeration, Wirbelagglomerieren 412
symmetry, Symmetrie 24
synthetic resin, Kunstharz 411, 425
synthetic resin precursor, Kunstharzvorstufe 411
system of coordinates, Koordinatensystem 320, 537, 544

tail hammer, Schwanzhammer 127
tailored-blank, Tailored Blank 18, 566
talc, Talk 400
tandem mill, Tandem-Anlage 136
tantal, Tantal 209
tapping, Gewindebohren 268
target, Target 820
tautening wire, Spanndraht 662
Taylor series, Taylorreihe 597
Taylor, F. W., Taylor, F. W. 631
TCP (Tool Center Point), TCP 820
teach-in programming, Teach-In-Programmierung 21, 541
teleoperator, Teleoperator 536
temper, Anlassen 352
temper, Temperung 438
temper carbon, Temperkohle 227
temperature, Temperatur 595, 609
temperature dependence, Temperaturabhängigkeit 361
temperature deviation, Temperaturabweichung 666
temperature distribution, Temperaturverteilung 610
temperature measurement, Temperaturmessung 610
tempering, Einbrennen 504
tempering, Temperieren 489
tensile strength, Zugfestigkeit 84
tensile stress, Zugbeanspruchung 852
tensile test, Zugversuch 128, 752
tensile test specimen, Zugprobe 752 84, 85
tension, Spannung 84
tension forming, Zugumformen 12, 125, 154
tension-compression forming, Zug-Druck-Umformen 12
test conditions, Testvoraussetzung 819
test for outlier, Ausreißertest 817
test load, Versuchslast 785
test medium, Prüffluid 790
test medium, Prüfmedium 790
test methods, Testmethoden 819
test path, Testbahn 825
test rig, Prüfstand 786
test specimen, Werkstoffprobe 766
test workpiece, Prüfwerkstück 805, 812, 814
testing, Prüfen 513, 677
testing body, Prüfkörper 731
testing facility, Prüfschacht 792
testing fluid, Prüfflüssigkeit 721
testing glasses, Probegläser 625
testing scale, Prüfmaßstab 616
texture, Textur 852
texture, microstructure, Gefüge 308, 717, 745, 842
thermal conductivity, Leitfähigkeit, thermisch 90, 852
thermal cutting, Trennen, thermisch 174
thermal drift, Thermische Drift 610
thermal image, Wärmebild 701
thermal stress, Beanspruchung, thermisch 491
thermit press welding, Thermit-Pressschweißen 451
thermo forming, Thermoformen 393
thermo set material, Duroplaste 372, 375
thermoforming, Thermoumformen 381

thermographs, Thermographie 781
thermoplastic material, Thermoplaste 372, 373, 376, 411
Thetis, Thetis 127
thickness gage, Dickenmessgerät 636
thickness gauging, Dickenmessung 600
thickness of a flat bar, Probendicke 772
thixocasting, Thixogießen 165
thixoforging, Thixoschmieden 55, 170
thixomolding, Thixomolding 55
thread- flank feed, Flankenzustellung 273
thread forming, Gewindeformen 144
thread gauging, Gewindeprüfung 627
thread grooving, Gewindefurchen 144
thread machining, Gewindeherstellung 268
thread measurement, Gewindemessung 657
thread milling, Gewindefräsen 269
thread milling, Gewindefräsen 271
thread pitch, Gewindesteigung 268
thread pitch angle, Gewindesteigungswinkel 274
thread pitch angle, Steigungswinkel 274
thread rolling machine, Gewinderollen 144
thread turning, Gewindedrehen 272
thread whirling, Gewindewirbeln 272
three point bore micrometer, Drei-Punkt-Innenmessschraube 636
three-phase synchronous motor, Drehstromsynchronantrieb 14
three-point bearing, Drei-Punkt-Aufnahme 344
three-wire measuring method, Dreidraht-Messmethode 657
threshold, Threshold 708
throttle valve, Drosselventil 330
tilting, Verkippung 597
tilting angle, Verkippungswinkel 598
tilting-hinge, Kippscharnier 371
time dependence, Zeitabhängigkeit 361
time yield curve, Zeitdehnlinie 776
time yield limit, Zeitdehngrenze 776, 778
tin, Zinn 44
tin alloy, Zinnlegierung 44
tip, Schneidplatte 257
titanium, Titan 46
titanium carbonitride coating, TiCN-Beschichtung 209
titanium carbonitride coating, Titankarbonitrit 289
titanium nitride coating, TiN-Beschichtung 209
titanium oxide, Titanoxid 398
toe bearing stand, Spitzenbock 652
tolerance, Toleranz 632, 816
tolerance classes, Toleranzklassen 613
tolerance of straightness, Geradheitstoleranz 621
tomogram, Tomogramm 695
tool, Werkzeug 10, 15
tool anti-penetration, Werkzeugabdrängung 239
tool box, Werkzeugkasten 17
Tool Center Point, Tool-Center-Point 820
tool changer, Werkzeugwechsler 334
tool changing system, Werkzeugwechselsystem 334
tool clamping, Werkzeugeinspannung 24
tool composition, Werkzeugkomposition 15
tool geometry, Werkzeuggeometrie 15
tool holder, Werkzeugaufnahme 808
tool holding fixture, chuck, Werkzeugaufnahme 289
tool identification, Werkzeugidentifizierung 335
tool life quantity, Standmenge 201
tool magazine, Werkzeugmagazin 335
tool making, Werkzeugbau 815
tool monitoring, Werkzeugüberwachung 190
tool vibration, Werkzeugschwingung 797
tool wear, Werkzeugverschleiß 198
tool wear, milling, Verschleiß, Fräsen 264
tools for drilling, Werkzeuge, Bohren 249

tooth form, Zahnform 343
top coat, Deckbeschichtung 502
top feeder, Kopfspeiser 100
topography, Oberflächengestalt 650
toroidal cutter, Torusfräser 287
torsional mode shape, Torsionseigenschwingungsformen 799
torsional vibration, Torsionsschwingung 797
touch, Antastung 678
touch point, Antastpunkt 686
toughness, Zähigkeit 207
tracking, Tracking 21
transfer line, Transferstraße 321
transillumination, Durchlichtbeleuchtung 704
transition metal, Übergangsmetall 837
transmission, Transmission 562
transmitted light technique, Durchlichtverfahren 618
trapezoid thread, ISO-Trapezgewinde 268
trapezoid thread, Trapezgewinde 268
traveling column band saw machine, Fahrständer-Band-Sägemaschine 343
traverse grinding, Längsrundschleifen 310
trend line, Trendlinie 788
triangular signal, Dreiecksignal 617
triangulation, Triangulation 681, 706, 820
triangulation sensor, Triangulationssensor 649
trigonometric function, Winkelfunktion 598
triple prism, Tripelprisma 667
tripod, Tripod 317, 540
Trolitan, Trolitan 375
true value, Wert, wahrer 596
trunnion / sprue, Zapfen 49
Tschebyschew P. L., Tschebyschew P. L. 621
TTT kinematics, TTT-Kinematik 537
TTT-curve, ZTU-Schaubild 351
tubular station, Schlauchstation 390
tungsten inert gas welding, WIG-Schweißen 464
turbulence, Turbulenz 49
turn-broaching, Drehräumen 276
turn machining, Drehbearbeitung 231
turning, Drehen 12, 17, 231
turning tools, Verschleißformen 200
turning tools reduced, Drehwerkzeuge, schwingungsgedämpft 240
turn-milling, Drehfräsen 17, 266, 271
turn-swing-table, Dreh-Kipptisch 540
turret magazine, Revolvermagazin 519
twist, Verdrehen 126
TWIST (Transport Aircraft Wing Standard), TWIST 785
twist drill, Wendelbohrer 243, 249
two handed working place, Beidhandarbeit 529
two-phase region, Mischungslücke 843
type of chip, Spanform 194
type of stress, Beanspruchungsart 764
type of wear, Verschleißformen 200
types of chip, Spanformen 195
types of thread, Gewindearten 268

Ultimate tensile strength, Zugfestigkeit 742, 754, 757
Ultrapas, Ultrapas 375
ultrasonic wave, Ultraschall 728
ultrasonic erosion process, Ultraschallerosion 188
ultrasonic welding, Ultraschallschweißen 449, 473
ultraviolet radiation, UV-Strahlung 706
unbalance, Unwucht 291
unbalance quality index figure, Auswucht-Gütestufen 292
uncertainty, Unsicherheit 812
under body protection, Unterbodenschutz 510
undercooling, Unterkühlung 847
undercut, Hinterschneidung 118, 153

Professional-Dictionary English–German, Index

undercut, Hinterschnitt 48
unevenness, Unebenheit 669
up milling, Gegenlauffräsen 260
upper death point, OT, oberer Totpunkt 160
upper operating limit, OEG, obere Eingriffsgrenze 816
upset bulging, Knickbauchen 149
upset rate, Stauchgrad 134
U-specimen, U-Probe 760

Vacancy, Leerstelle 836
vacural die casting machine, Vakuraldruckgießmaschine 53
vacuum, Vakuum 41, 53, 64, 74
vacuum braze, Vakuumlot 477
vacuum casting, Vakuumgießen 577
vacuum chuck, Vakuumspannen 653
vacuum clamping system, Vakuum-Spannsystem 347
vacuum coating, Vakuumbedampfen 507
vacuum coating machine, Dünnschichtbeschichtungsanlage 509
vacuum plate, Vakuumplatte 348
variance, Streuung 816
variation, Positionsstreubreite 809
VDI 2851, VDI 2851 805
VDI 2851, VDI 2851 815
VDI 3138, VDI 3138 148
VDI guideline 4600, VDI-Richtlinie 4600 32
VDI/DGQ 3441, VDI/DGQ 3441 809
VDI/DGQ 3441ff, VDI/DGQ 3441ff 805
VDI/DGQ 3442, VDI/DGQ 3442 813
VDI/DGQ 3444, VDI/DGQ 3444 813
VDI-Richtlinie 3323, VDI-Richtlinie 3323 220
VDMA 8669, VDMA 8669 805
VE, virtual environment, VE, virtual environment 21
Velcro fastening, Klettverschluss 528
velocity, Geschwindigkeit 23
velocity behavior, Geschwindigkeitsverhalten 819
velocity factor, Geschwindigkeitsbeiwert 111
velocity profile, Geschwindigkeitsprofil 281
ventilating core, Lüftungskern 105
ventilation / venting, Entlüftung 53
Venturi's principle, Venturi-Prinzip 298
vermicular graphite, Vermiculargraphit 227
vernier, Nonius 633
vernier caliper, Messschieber 597, 619, 633
vertical drawing, Senkrechtziehverfahren 435
vertical lath, Senkrechtdrehmaschine 337
Vestopal, Vestopal 375
vibration, Schwingung 325
vibration, Schwingungen 797, 812
vibration damping, Schwingungsdämpfung 345
vibration delivery, Vibrationsaustrag 518
vibration isolation, Schwingungsisolierung 797
vibration measurement, Schwingungsmessung 801
vibration stability, Schwingfestigkeit 16
vibration test, Vibrationsprüfung 793
vibrational behavior, Schwingverhalten 779
vibratory spiral conveyor, Vibrations-Wendelförderer 797
Vickers, Vickers 736
Vickers hardness, Vickershärte 736
virtual environment, Virtual Environment 21, 543
virtual reality, Virtuelle Realität 543

visco-elasticity, Viskoelastizität 361
visualization, Visualisierung 697
void, Lunker 382
volume constancy, Volumenkonstanz 754
volume contraction, Volumenschwindung 79
volume deficit, Volumendefizit 80, 81, 82
volume diffusion, Volumendiffusion 403
volume factor, Volumenbeiwert 79
volume flow, Volumenstrom 111
volume increase, Volumenzunahme 80
volume model, Volumenmodell 22
volume property, Volumeneigenschaft 78
voxel, Voxel 693
VR, virtual reality, VR 543
V-slideways, V-Führung 326
V-specimen, V-Probe 760
Vulkan, Vulkan 127

Wall thickness, Wanddicke 56, 386
warm air, Warmluft 472
warm gas welding, Warengasschweißen 472
warm gas welding, Warmgasschweißen 473
warm up cycle, Aufwärmzyklus 827
WASH (Wave Action Standard History), WASH 785
water content, Wassergehalt 401
water-beam cutting, Wasserstrahlschneiden 16, 171, 173
wave reflection, Schallreflexion 728
wavelength, Wellenlänge 549, 594
wavelength standard, Wellennormal 661
waviness, Welligkeit 23, 591, 670, 824, 854
wax, Wachs 37
wax coating, Wachsfilm 511
wax-model, Wachsmodell 22
wear, Verschleiß 11, 360, 806
wear density, Verschleißdichte 48
wear dressing, Verschleißschlichte 94
wear of cutting edge, VB, Verschleißmarkenbreite 198
wear of cutting edge, Verschleißmarkenbreite 197
wear protection, Verschleißschutz 493
wear resistance, Verschleißwiderstand 207
wear resistance / abrasion resistance, Verschleißfestigkeit 38
wedge, Schneidkante 197
wedge, Schneidkeil 192
wedge, Schneidkeil 250
wedge bolt, Keilschieber 347
wedge clamp, Keilspanner 346
wedge geometry, drilling, Werkzeuggeometrie, Bohren 245
wedge temperature, Schneidkantentemperatur 280
Wehnelt cylinder, Wehneltzylinder 750
Wehnelt, A. R., Wehnelt, A. R. 750
weld line, Bindenaht 368, 395
welding, Schweißen 138, 440, 443, 472, 526, 556
welding bead, Schweißraupe 460
welding on the fly, Welding-on-the-fly 556
welding pliers, Schweißzange 444
welding powder, Schweißpulver 465
welding process, Schweißverfahren 444
wet machining, Nassbearbeitung 300
wet painting, Nasslackieren 504
wetting agent, Benetzungsmittel 502
wetting angle of contact, Benetzungswinkel 475
wheel head, Spindelstock 341

whirl gate, Drehmassel 112
whirl milling, Wirbelfräsen 267
whisker, Whisker 212
white light interferometer, Weißlichtinterferometer 673
white light sensor, Weißlichtsensor 651
wide strip, Breitband 136
widen, Aufweiten 523
widening, Weiten 126, 154
wire draw die, Ziehring 150
wire drawing, Drahtziehen 149
wire-EDM, Drahterodieren 183
wobble measuring, Taumelmessung 644
Woehler curve, Wöhlerlinie 767, 779, 785
Woehler test, Wöhlerversuch 767
Wöhler, A., Wöhler, A. 767
Wöhler, F., Wöhler, F. 35
wood pattern, Holzmodell 61
work consumed by friction, Reibarbeit 203
work place layout, Arbeitsplatzgestaltung 530
work spindle, main spindle, Hauptspindel 279, 333
working area, Arbeitsraum 819
working scale, Arbeitsmaßstab 616
workpiece basis coordinate system, Werkstückkoordinatensystem 685
workpiece carrier, Werkstückträger 515
workpiece clamp technique, Werkstückspanntechnik 344
workpiece coordinates system, Werkstückkoordinaten 544
workpiece fixing, Werkstückaufspannung 24
workpiece handling, Werkstückhandhabung 547
workpiece handling, Werkzeughandhabung 547
world coordinates system, Weltkoordinaten 544
wrap-welding, Wrap-Verbindung 446
wringing, Ansprengen 613
wrought alloy, Knetlegierung 228

X-ray, Röntgenstrahlung 726
X-ray detector, Röntgendetektor 695
x-ray screening method, Durchleuchtungsverfahren 727
X-ray source, Röntgenröhre 693
YAG-laser, YAG-Laser 549
yawing, Gieren 806
yield strength, Streckgrenze 128, 134, 755
yield stress, Fließspannung 131
yield stress, Streckspannung 360
Young's modulus, Elastizitätsmodul 754, 852
yttrium, Yttrium 552

Zerodur, Zerodur 605
zero-point clamping system, Nullpunkt-Spannsystem 346
zinc, Zink 44
zinc alloy, Zinklegierung 38
zinc alloy, Zinklegierung 44
zinc die casting, Zinkdruckgussteil 52
zinc vapor, Zinkdampf 565
zincing, Verzinken 13, 17, 505
zip, Reißverschluss 528
zircon / zirconium silicate, Zirkonsilikat 39
zircon mineral, Zirkonsand 586
zirconia, Zirkonoxid 398

Quellenverzeichnis

Die meisten Bilder entstanden auf Basis von Entwürfen der Autoren bzw. entstammen ihrem Arbeitsumfeld. Ergänzend hierzu haben die nachfolgend aufgeführten Personen, Unternehmen und Institutionen[1] die bildliche Ausgestaltung unterstützt, sei es direkt mit der Beistellung von Fotos und Zeichnungen oder indirekt mit der Beistellung von Werkzeugen, Probewerkstücken und Werkstoffproben oder durch die Bereitschaft vor Ort Aufnahmen machen zu dürfen. Die Autoren danken hierfür allen Beteiligten sehr herzlich.

3D - Systems GmbH, Valencia , CA, 581/1, 582/1, 586/2
3D - CAM, Inc., Chatsworth, 582/2
ABB Roboter GmbH , Friedberg, 535/1/2
Airbus Deutschland GmbH, Bremen, 512/2
Alamannenmuseum, Ellwangen, 34/3, 127/1
Alfing Unternehmensgruppe, Aalen, 125/1/3, 140/1, 141/1
American Precision Products Inc., Huntsville, 575/2
AMF, Andreas Maier GmbH, Fellbach, 346/1
ASEA Roboter GmbH, Friedberg, 535/1/2
AST GmbH, Kassel, 536/4
Audi AG, Ingolstadt, 30/1, 803/1links
BASF AG, Ludwigshafen, 383/3
Bildarchiv Preussischer Kulturbesitz, Berlin, 10/2, 33/1,36/2, 127/2, 398/3, 429/1, 592/1, 594/1
BMW Group, München, 18/2, 39/1, 48/2
Bundesamt für Metrologie METAS, Bern, 662/1
Carl Zeiss, Oberkochen, 660/1, 677/1, 678/2, 681/1, 682/2, 683/1/2, 686/1, 689/1, 750/2
CeramTec AG, Plochingen, 398/1
Carl Cloos Schweißtechnik GmbH, Haiger, 174/2, 479/1unten
CMW, Mouzon, 319/1
Comau S.P.A., I- Grugliasco, 456/1, 515/1, 540/1
Concept-Laser GmbH, Lichtenfels, 586/1
Cross Hüller GmbH, Ludwigsburg, 321/1
Daimler AG, Stuttgart, 191/3, 499/2, 516/3, 521/4, 557/1, 561/2links, 564/3
Daubert Cromwell GmbH, Stuttgart, 511/4
Davis-Standard, GmbH, Erkrath, 378/3
Deutsches Museum , München, 30/2, 35/2
DIGMA GmbH, Schlierbach, 323/1
DISA Group, Herlev, Dk, 47/1, 64/1
DISA Industrie GmbH, Schaffhausen, 65/1/2/3/4
Dr. Johannes Heidenhain GmbH, Traunreut, 618/4, 619/2, 620/1/3, 810/3, 811/1, 811/3
Dyna Mess- und Prüfsysteme GmbH, Aachen, 743/2/3
DYNAenergetics GmbH, Burbach, 447/2/3
Emco Maier GmbH, A-Hallein, 731/1
EOS, Electro Optical Systems Gruppe, Krailling, 584/1
Erlau AG, Aalen, 125/2, 142/1, 157/2, 162/1l, 453/2
EMAG Gruppe, Salach, 17/2, 250/3
Escher-Wyss, GmbH, Ravensburg, 63/3
ESS Mikromechanik GmbH, Stockach, 622/1
Fabreeka GmbH, Büttelborn, 611/3
Festo Gruppe, Esslingen, 516/2
FhG, IWU, Chemnitz, 319/2
Flow Europe GmbH, Bretten, 173/2
Oskar Frech GmbH, Schorndorf, 53/3
Gehring Technologies GmbH, Ostfildern, 177/3
Gerling Versicherungen, HDI Gerling, Köln, 489/4
Gildemeister AG, Bielefeld, 317/2, 334/1, 335/2, 336/2
GROSS Ultraschall-Technik, Rottenburg, 188/1
Günter Ballbach Messzeuge GmbH, Altensteig, 636/2 links/3
HAINBUCH GMBH, Marbach, 339/2
Hans Wälischmiller GmbH, Markdorf, 693/1, 694/2
Maschinenfabrik Berthold Hermle AG, Gosheim, 285/2

Hessapp GmbH, Taunusstein-Hahn, 337/2
Hetzinger Maschinen GmbH, Kornwestheim, 317/1
HFM Modell- und Formenbau GmbH, Ostrach, 63/2
Hochschule Esslingen, Prof. Hörz, Esslingen, 315/2
Hohenstein GmbH, Hohenstein, 345/1
Honda Motor Europe (North) GmbH, Offenbach, 536/2
Hosokawa Alpine AG, Augsburg, 379/3
Hottinger Maschinenbau, GmbH, Mannheim, 67/1
Hüller Hille GmbH, Mosbach, 320/3, 334/2
HWL Scientific Instruments GmbH, Ammerbuch, 612/3
IFAM, Bremen, 490/1
IFSW, Stuttgart, 572/2/3
Illusign, Zotzenbach, 72/1, 89/3
Schaeffler Gruppe, Herzogenaurach, 329/1/2
INDEX-Werke GmbH, Esslingen, 337/1
INPRO GmbH, Berlin, 572/1
Institut Feuerverzinken GmbH, Düsseldorf, 505/1
Instron Structural Testing Systems GmbH, Darmstadt, 787/1
ISW, Uni Stuttgart, Stuttgart, 14/2, 319/3, 332/2
Italpresse Industrie S.P.A., Brescia, 41/3, 51/3
KEGELMANN-Technik GmbH, Rodgau-Jügesheim, 575/2
KESSLER+CO GmbH, Abtsgmünd, 504/1
Kolb und Baumann GmbH, Aschaffenburg, 614/1, 615/1
KUKA AG, Augsburg, 10/3, 454/3, 539/1
Kuka-Roboter GmbH, Augsburg, 480/3, 525/3, 526/1, 537/1/3o, 538/3, 539/1
Kunstverein Aalen, Aalen, 34/2, 397/2
Leica Geosystems GmbH, München, 640/3
Ling Dynamic Systems GmbH, München, 800/4
Mahr OKM GmbH, Jena, 599/2, 634/3, 638/2, 656/1, 657/1/2, 658/1/2, 671/2
Mannesmann-Demag AG, Offenburg, 521/1, 522/2
Mapal GmbH, Aalen, 15/1/2, 210/2, 243/1
Materialise Group, Leuven, 581/2
Materialprüfungsanstalt, Stuttgart, 770/1, 774/1, 775/2/3/4, 290/1, 291/1/2, 792/1/2, 793/1
Metzeler Automotive Profiles GmbH, Lindau, 374/1
MIAG Fahrzeugbau, Braunschweig, 536/3
Mössner GmbH, Eschach, 343/1/2, 547/2
MTU Aero Engines GmbH, München, 487/2, 489/2/3
Müller Weingarten AG, Weingarten, 53/1, 160/1
Museum für Vor- und Frühgeschichte, Berlin, 36/1, 37/4
Museum Ulm, Ulm, 191/1
NC-Gesellschaft, Ulm, 815/2
Objet Geometries GmbH, Rheinmünster, 588/2
Pfaudler Werke GmbH, Schwetzingen, 500/1
Philipp Hafner, Fellbach, 658/3
Physikalisch-Technische Bundesanstalt, Braunschweig, 593/3 rechts
PLATIT AG, Grenchen, CH, 508/2/4, 509/1
Porsche AG, Stuttgart, 707/4
Precitec KG, Gaggenau, 567/2

Preisser Messtechnik GmbH, Gammertingen, 629/4, 633/1, 635/2, 638/1, 639/1/2/3, 652/1
PTB Physikalisch-Technische Bundesanstalt, Braunschweig, 594/3
Reckermann GmbH, Solingen, 316/3
Renishaw GmbH, GB- Gloncestershire, 812/2
Robert Bosch GmbH, Stuttgart, 513/1, 515/2, 530/1/2, 599/2, 570/2, 700/1
Rofin-Dilas, Mainz, 553/1u
Röhm GmbH, Sontheim, 339/1
Rohmann GmbH, Frankenthal, 750/2
Römheld GmbH, Laubach, 346/3, 347/1
Roos & Kübler, Eislingen, 172/1/3
Sachs-Engineering GmbH, Engen-Welschingen, 18/1
Schantz Jt. u. a., University of Singapore, 589/1/2/3
Studer Schaudt GmbH, Stuttgart, 342/1
Schott AG, Mainz, 430/1/2/3, 433/2, 437/1, 438/1, 439/1, 440/1/2/3, 441/1, 442/1/3
Schüle Druckguss, Schwäb. Gmünd, 51/1
SHW Casting Technologies GmbH, Königsbronn, 38/2/3
SHW Automotive GmbH, Aalen, 115/1, 116/2, 118/2, 120/3, 121/2, 163/1
Siemens AG, München, 189/3, 325/1, 357/1, 499/4
Siemens Dematic AG, München, 530/1
Sommer-automatic GmbH, Pforzheim, 347/2
SPECTRO Analytical Instruments GmbH, Kleve, 719/1, 720/2
Staatl. Museen Berlin (SMB), Jörg P. Anders, Berlin, 592/2 rechts
Step-Tec AG, Luterbach , CH, 333/2
Stratasys Inc., Minneapolis, 587/1
Studer AG, Thun, 19/2
Südtiroler Amt für Bodendenkmäler, Brixen, 34/1
Tesa SA, CH-Renens, 636/1
ThyssenKrupp Steel Europe AG, Duisburg, 134/1, 137/2, 828/1
Trapo AG, Gescher, 520/1/2
TRUMPF Gruppe , Ditzingen, 156/1, 157/4, 171/3, 350/2, 551/2, 552/2/3, 555/1, 563/3, 566/2, 569/1/2/4, 571/1/2/4, 572/2/3
Tübinger Stahl-Feinguss, GmbH , Tübingen, 50/1/2/4
Ullstein Bild, Berlin, 592/2 links, 592/4
Voest Alpine AG, Linz, 505/4
Vohtec GmbH, Aalen, 722/1, 724/3, 725/2, 727/1
Volkswagen AG, Wolfsburg, 502/1, 503/2/3, 511/1
voxeljet technology GmbH, Friedberg, 589/2/3
Wagner Sinto Maschinenfabrik GmbH, Bad Laasphe, 66/1
Werth Messtechnik GmbH, Giessen, 655/1
Wikus-Sägenfabrik GmbH, Spangenberg, 343/3
Horst Witte Gerätebau Barskamp KG, Bleckede, 348/2, 349/3
WLM, Stuttgart, 166/3, 397/3, 428/2/3, 500/3, 523/3, 829/1
Z Corporation, Burlington, USA, 588/1
Z-Mike Lasermesstechnik GmbH, Groß-Umstadt, 659/2

[1] Namen und Ortsangaben sind konform mit den Ursprungsangaben zu dem Zeitpunkt der Quellenbereitstellung.